plurall

CB142224

Parabéns!
Agora você faz parte do **Plurall**, a plataforma digital do seu livro didático! Acesse e conheça todos os recursos e funcionalidades disponíveis para as suas aulas digitais.

Baixe o aplicativo do **Plurall** para Android e IOS ou acesse **www.plurall.net** e cadastre-se utilizando o seu código de acesso exclusivo:

AAANUJJAW

Este é o seu código de acesso Plurall. Cadastre-se e ative-o para ter acesso aos conteúdos relacionados a esta obra.

@plurallnet

@plurallnetoficial

SOMOS EDUCAÇÃO

PROJETO MÚLTIPLO

Biologia

Ensino Médio

Sérgio Linhares

Bacharel e licenciado em História Natural pela Universidade do Brasil (atual UFRJ).

Foi professor de Biologia Geral na Universidade do Brasil (atual UFRJ) e de Biologia no Colégio Pedro II e em outros colégios e cursinhos pré-vestibulares do Rio de Janeiro.

Fernando Gewandsznajder

Licenciado em Biologia pelo Instituto de Biologia da Universidade Federal do Rio de Janeiro.

Mestre em Educação pelo Instituto de Estudos Avançados em Educação da Fundação Getúlio Vargas (RJ).

Mestre em Filosofia pela Pontifícia Universidade Católica do Rio de Janeiro.

Doutor em Educação pela Faculdade de Educação da Universidade Federal do Rio de Janeiro.

Foi professor de Biologia e Ciências no Colégio Pedro II e em outros colégios e cursinhos pré-vestibulares do Rio de Janeiro.

editora ática

editora ática

Diretoria editorial: Lidiane Vivaldini Olo
Editoria de Ciências e Biologia: José Roberto Miney
Editores: Helena Pacca e Felipe Murro Capeli
Colaborador editorial: Ana Luisa Mengardo
Supervisor de arte e produção: Sérgio Yutaka
Supervisor de arte e criação: Didier Moraes
Coordenadora de arte e criação: Andréa Dellamagna
Editor de arte: André Gomes Vitale
Diagramação: Click Bits, Claudemir Camargo, Ester Inakake e Fábio Cavalcante
Design gráfico: UC Produção Editorial, Andréa Dellamagna (miolo e capa)
Gerente de revisão: Hélia de Jesus Gonsaga
Equipe de revisão: Rosângela Muricy (coord.), Ana Paula Chabaribery Malfa, Gloria Cunha, Luís Maurício Boa Nova e Sheila Folgueral; Flávia Venézio dos Santos e Gabriela Macedo de Andrade (estags.)
Supervisor de iconografia: Sílvio Kligin
Pesquisadora iconográfica: Cláudia Bertolazzi
Tratamento de imagem: Cesar Wolf e Fernanda Crevin
Foto da capa: alice-photo/Shutterstock/Glow Images
Grafismos: Shutterstock/Glow Images (utilizados na capa e aberturas de capítulos e seções)
Ilustrações: Casa de Tipos, Celso Oliveira, Daniel das Neves, Hiroe Sasaki, Ingeborg Asbach, Júlio Dian, Luis Moura, Luis Iria, Maspi, Mauro Nakata e Paulo Manzi
Cartografia: Portal dos Mapas e Maps World

Direitos desta edição cedidos à Editora Ática S.A.
Av. das Nações Unidas, 7221, 3º andar, setor C
Pinheiros – São Paulo – SP
CEP 05425-902
Tel.: 4003-3061
www.atica.com.br/editora@atica.com.br

Dados Internacionais de Catalogação na Publicação (CIP)
(Câmara Brasileira do Livro, SP, Brasil)

Linhares, Sérgio
Projeto Múltiplo: Biologia / Sérgio Linhares, Fernando Gewandsznajder. -- São Paulo : Ática, 2014.

Obra em 3 v.
Bibliografia.

1. Projeto Múltiplo: Biologia (Ensino médio)
I. Gewandsznajder, Fernando. II. Título.

14-01325 CDD-574.07

Índice para catálogo sistemático:
1. Projeto Múltiplo: Biologia : Ensino médio 574.07

2022
ISBN 978 85 08 16707-4 (AL)
ISBN 978 85 08 16708-1 (PR)
Código da obra CL 738362
CAE 501280 (AL)
CAE 501281 (PR)
1ª edição
7ª impressão

Impressão e acabamento: Ricargraf

Uma publicação Abril EDUCAÇÃO

Apresentação

"Por que eu tenho de aprender Biologia?" – essa é uma pergunta feita com muita frequência.

Basta ligar a televisão, ler notícias na internet ou em jornais e revistas. A todo momento aparece alguma informação que, para ser bem compreendida, necessita de um conhecimento básico de Biologia e de outras ciências: aquecimento global, transgênicos, genes, DNA, células-tronco, clonagem, poluição, dietas, atividade física, drogas, destino do lixo e muitas outras.

Conhecer Biologia é fundamental para entender o que acontece hoje, para participar de forma esclarecida de decisões que afetam a sua saúde, a saúde da coletividade, o ambiente.

Por isso, os livros desta coleção foram escritos com ênfase na conexão dos conceitos científicos com seu cotidiano, com temas atuais nas áreas da saúde e tecnologia, com questões ambientais, sociais e éticas, a fim de estimular a reflexão, o espírito crítico e oferecer ferramentas essenciais para o seu crescimento como estudante e cidadão em um mundo globalizado.

Sérgio Linhares
Fernando Gewandsznajder

Aleks Melnik/Shutterstock/Glow Images

Neste livro você vai encontrar

Abertura de temas

Texto e imagem apresentam o tema dos próximos capítulos.

Abertura do capítulo

Texto e imagens apresentam o conteúdo do capítulo e as questões iniciais avaliam seu conhecimento prévio do tema.

Atividades

Questões propostas pelo autor permitem avaliar sua aprendizagem.

Trabalho em equipe

Atividades que estimulam a cooperação e a participação ativa dentro e fora da escola.

Atividades práticas

Sugestões de práticas que simulam experimentos científicos.

Biologia e...

Boxes que relacionam conceitos científicos com o cotidiano, a sociedade, a tecnologia, a saúde e o ambiente.

Aprofunde seus conhecimentos

Informações adicionais para ampliar sua visão de cada assunto.

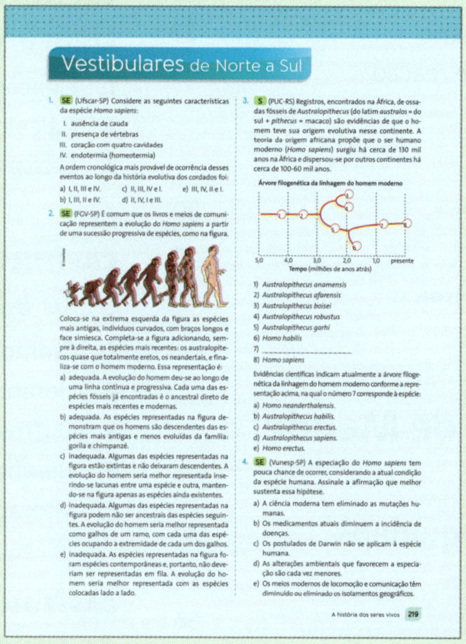

Vestibulares de Norte a Sul

Exercícios de vestibulares de todas as regiões do Brasil com diferentes abordagens dos assuntos.

Este ícone indica os Objetos Educacionais Digitais relacionados aos conteúdos do livro. Disponíveis em: <www.projetomultiplo.com.br>.

Enem

Preparamos duas seções especiais que vão aprimorar suas habilidades e competências: ***Pensando no Enem*** *e* ***Caiu no Enem****. Com elas você vai ficar mais do que pronto para encarar esse e outros desafios!*

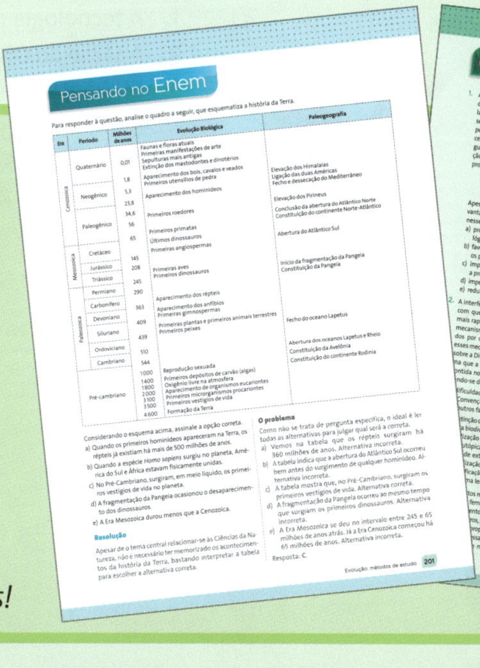

Sumário geral

Parte 1

Genética: o trabalho de Mendel

A genética depois de Mendel

Shutterstock/Glow Images

Panbazil/Shutterstock/Glow Images

Zhukov Oleg/Shutterstock/Glow Images

Shutterstock/Glow Images

Parte 2

Evolução

Ecologia

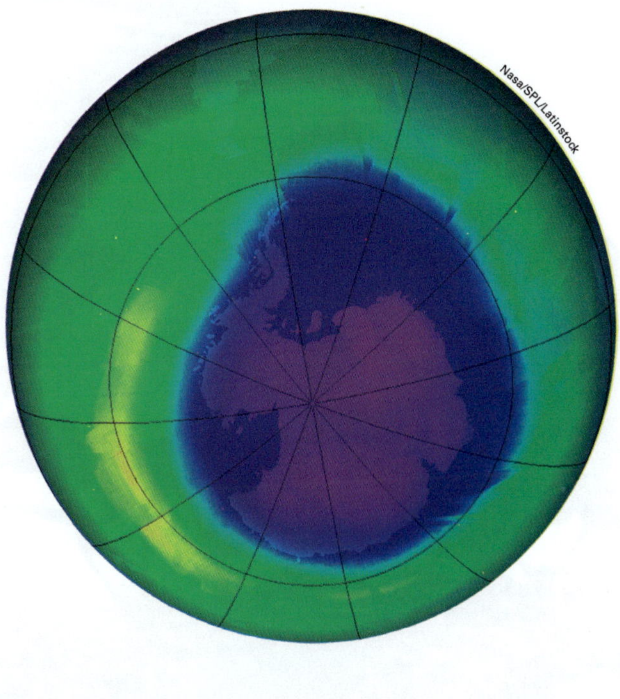
Nasa/SPL/Latinstock

Ryan M. Bolton/Shutterstock/Glow Images

Parte 1

Genética: o trabalho de Mendel

A genética depois de Mendel

Genética: o trabalho de Mendel

A Genética é a parte da Biologia que estuda as leis da hereditariedade, ou seja, como certas características são transmitidas pelos genes através das gerações. Uma vez que os genes estão presentes em todos os organismos, os conhecimentos de Genética podem ser relacionados a toda a vida do planeta.

Podemos compreender, por exemplo, por que os membros de uma família ou de uma população apresentam, ao mesmo tempo, tantas semelhanças e tantas diferenças.

Entender os gens e a hereditariedade também nos ajuda a desenvolver diferentes raças de animais domesticados e variedades de plantas cultivadas.

Para começar nossos estudos em Genética, vamos conhecer o trabalho do monge agostiniano Gregor Mendel.

CAPÍTULO

1 Primeira lei de Mendel

Pais e filhos costumam ter muitas características em comum.

- *Por que os filhos são parecidos com os pais? E os irmãos, por que geralmente se parecem, mas não são iguais?*
- *Você conhece a primeira lei de Mendel? O que essa lei procura explicar?*

1 Hereditariedade: os primeiros estudos

A semelhança entre pais e filhos foi explicada de diversas maneiras ao longo da História.

Em 1750, alguns cientistas acreditavam na teoria da pré-formação, segundo a qual um pequeno indivíduo em miniatura estaria totalmente presente no esperma (para outros, ele estaria presente no óvulo) e bastava apenas crescer e se desenvolver. No início do século XIX, outra teoria ganhou força: a teoria da epigênese, formulada em 1759, segundo a qual o embrião se desenvolve a partir de uma matéria indiferenciada, sem organização, sem estruturas pré-formadas.

Em 1868, o famoso cientista inglês Charles Darwin (1809-1882), que propôs o princípio da seleção natural, defendia a teoria da pangênese (*pân* = todo; *génesis* = origem, formação), pela qual os elementos sexuais continham partículas minúsculas, as gêmulas (gêmula = pequeno broto), provenientes de todas as partes do corpo. Essas partículas seriam transmitidas através das gerações e seriam responsáveis pela hereditariedade.

Para alguns, não eram partículas, mas fluidos do corpo (como o sangue) que continham as características transmitidas. Ainda hoje há vestígios desse conceito em expressões como cavalo "puro-sangue" e indivíduo de "sangue azul". Havia também a ideia de que os elementos determinantes das características paternas e maternas se misturavam nos filhos (teoria da herança misturada). E uma vez que esses elementos tivessem sido misturados, eles não se separariam mais. Essas ideias se mantiveram por quase todo o século XIX.

De 1858 a 1866, o monge austríaco Gregor Mendel (1822-1884; figura 1.1) realizou pesquisas sobre a hereditariedade em ervilhas da espécie *Pisum sativum* no jardim do mosteiro na cidade de Brünn, na Áustria (hoje Brno, na República Tcheca; pronuncia-se "brunó"). Em 1866, Mendel publicou o resultado de suas pesquisas. No entanto, seu trabalho não recebeu a devida atenção e permaneceu praticamente ignorado pela comunidade científica.

Em 1900, os botânicos Carl E. Correns (alemão, 1864-1933), Hugo de Vries (holandês, 1848-1935) e o agrônomo Erich von Tschermak-Seysenegg (austríaco, 1871-1962), trabalhando de forma independente e desconhecendo as experiências de Mendel, descobriram as mesmas leis da hereditariedade. Quando consultaram a literatura especializada, verificaram que Mendel já tinha alcançado conclusões semelhantes 34 anos antes.

Science Source/Photoresearchers/Latinstock

Figura 1.1 Gregor Mendel – por suas experiências, recebeu o título de "pai da Genética".

Os experimentos de Mendel

Uma das razões dos bons resultados de Mendel foi a escolha da ervilha da espécie *Pisum sativum* (figura 1.2). Esse vegetal apresenta uma série de vantagens: é de fácil cultivo; produz muitas sementes e, consequentemente, grande número de descendentes; a flor é hermafrodita e pode se reproduzir por autofecundação (isto é, a parte masculina pode fecundar a própria parte feminina), mas também pode-se conseguir fecundação cruzada entre dois pés de ervilha.

Além dessas vantagens, a ervilha apresenta algumas características simples e contrastantes: a cor da semente é amarela ou verde, sem tonalidades intermediárias; a forma da semente é lisa ou rugosa; em relação à altura, ou a planta era muito alta, com 2 m ou mais, ou muito baixa, com menos de 0,5 m. Veja essas e outras características na tabela abaixo.

O fato de Mendel ter analisado uma característica de cada vez, sem se preocupar com as demais, contribuiu para o sucesso de suas pesquisas. Antes dele, estudiosos que analisaram simultaneamente muitas características acabaram desorientados com todas as combinações que surgiram.

Além disso, Mendel sempre analisava um grande número de descendentes em cada geração para determinar a proporção das características estudadas. Evitava, assim, conclusões erradas, resultantes de simples coincidências. Mendel, portanto, tinha bons conhecimentos de estatística, o que não era comum na época.

Características das ervilhas estudadas por Mendel		
Forma da semente	lisa 	rugosa 
Cor da semente	amarela 	verde 
Forma da vagem	lisa 	ondulada 
Cor da vagem	verde 	amarela 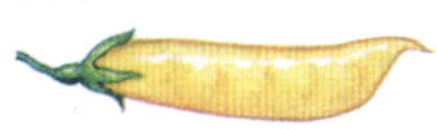
Cor da flor	púrpura 	branca 
Posição da flor	axial (ao longo do caule) 	terminal (na ponta do caule) 
Tamanho da planta	alta (cerca de 2 m) 	baixa (menos de 0,5 m) 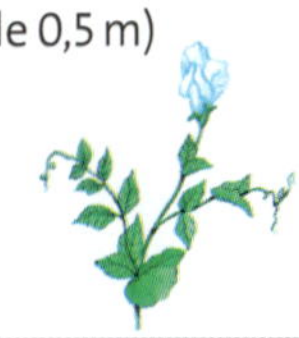

Ilustrações: Ingeborg Asbach/Arquivo da editora; fotos: Martin Shields/Photoresearchers/Latinstock

Nigel Cattlin/Photoresearchers/Latinstock

Figura 1.2 Pé de ervilha (comprimento: caule entre 0,24 m e 2,2 m).

Os primeiros cruzamentos

Mendel supôs que, se uma planta tinha semente amarela, ela devia possuir algum "elemento" (Mendel falava em *Element*, 'elemento' em alemão) ou "fator" responsável por essa cor. O mesmo ocorreria com a planta de semente verde, que teria um fator para essa cor.

Em um dos seus experimentos, ele começou cruzando plantas de sementes amarelas com plantas de sementes verdes. Antes, porém, selecionou plantas **puras**, isto é, sementes amarelas que só originassem sementes dessa cor, e sementes verdes que só produzissem sementes verdes. Para isso, escolhia um indivíduo e observava os resultados da autofecundação ao longo de seis gerações (cerca de dois anos). Em cada geração, analisava um grande número de descendentes e, se nenhum deles produzisse sementes de cor diferente da cor do indivíduo inicial, concluía que se tratava de uma planta pura.

Acompanhe a figura 1.3: em um desses experimentos, Mendel observou que todas as sementes da geração F_1 eram amarelas. O que teria acontecido com o fator para a cor verde? A resposta veio com o reaparecimento de sementes verdes em F_2. Assim, Mendel concluiu que o fator para a cor verde não tinha sido destruído, apenas não se manifestava na presença do fator para a cor amarela. Com base nisso, resolveu considerar **dominante** a característica "ervilha amarela" e **recessiva** a característica "ervilha verde".

Em outros cruzamentos, Mendel constatou que também havia uma característica dominante e outra recessiva. Na tabela da página 13, as características da primeira coluna são dominantes e as da segunda, recessivas: a superfície da semente pode ser lisa ou rugosa, sendo o caráter liso dominante sobre o rugoso; a cor da flor pode ser branca ou púrpura, sendo o caráter púrpura dominante sobre o branco.

Figura 1.3 Experimento com ervilhas verdes e amarelas (os elementos da ilustração não estão na mesma escala; cores fantasia).

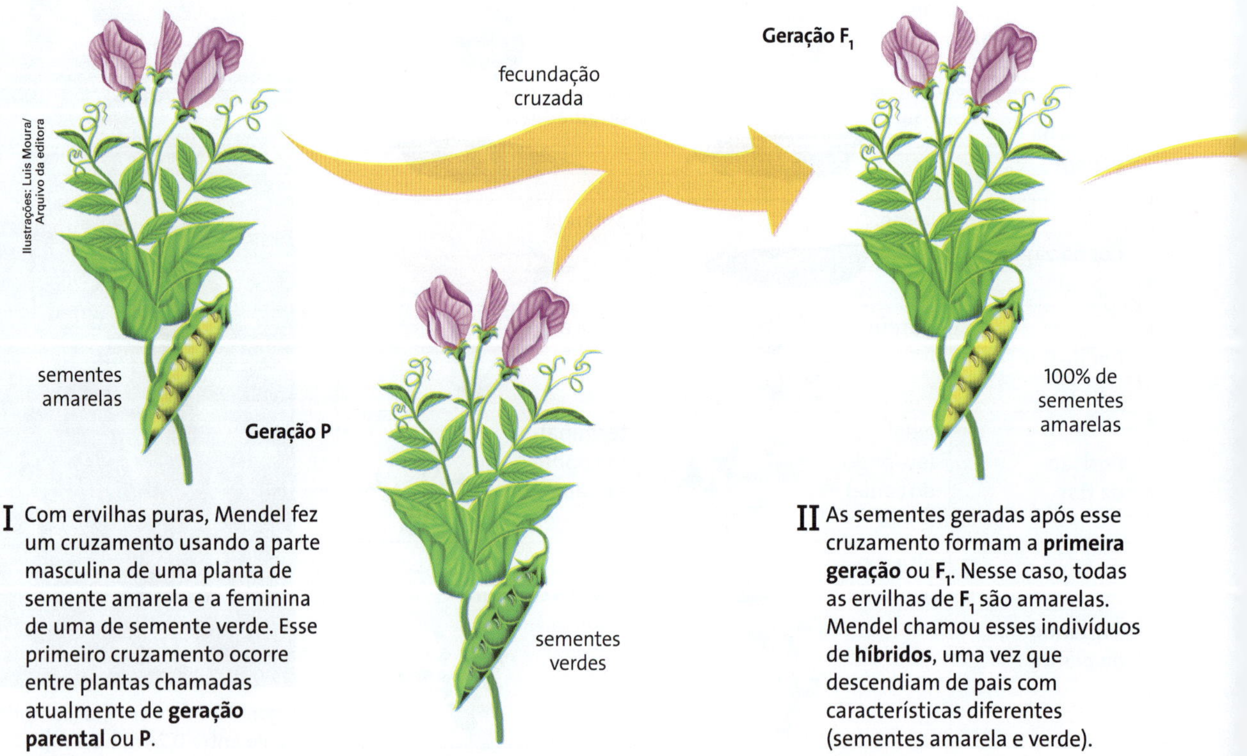

I Com ervilhas puras, Mendel fez um cruzamento usando a parte masculina de uma planta de semente amarela e a feminina de uma de semente verde. Esse primeiro cruzamento ocorre entre plantas chamadas atualmente de **geração parental** ou **P**.

II As sementes geradas após esse cruzamento formam a **primeira geração** ou F_1. Nesse caso, todas as ervilhas de F_1 são amarelas. Mendel chamou esses indivíduos de **híbridos**, uma vez que descendiam de pais com características diferentes (sementes amarela e verde).

As conclusões de Mendel

Todos os casos estudados por Mendel apresentavam resultados semelhantes ao que foi visto para a cor da ervilha: a geração $\mathbf{F_1}$ – resultante do cruzamento entre dois indivíduos puros (um dominante e outro recessivo) – tinha a característica dominante; a geração $\mathbf{F_2}$ apresentava uma proporção média de 3 dominantes para 1 recessivo. Em 7 324 ervilhas havia, por exemplo, 5 474 lisas e 1 850 rugosas.

Os resultados de Mendel podem ser explicados com as seguintes hipóteses:

- Cada organismo possui um par de fatores responsável pelo aparecimento de determinada característica.
- Esses fatores são recebidos dos indivíduos paterno e materno; cada um contribui com apenas um fator de cada par.
- Quando um organismo tem dois fatores diferentes, pode ocorrer que apenas uma das características se manifeste (a dominante) e a outra não apareça (recessiva).
- Os fatores de um par contrastante de características não se misturam. Durante a formação dos gametas, os fatores aparecem em dose simples, ou seja, cada gameta possui apenas um fator. Como vimos na experiência de Mendel, por exemplo, o gameta possui ou o fator para amarelo ou o fator para verde.

Esta última conclusão ficou conhecida como **primeira lei de Mendel**, **lei da segregação de um par de fatores** ou **lei do monoibridismo**, uma vez que ela se aplica ao estudo de híbridos em relação a apenas uma característica. É costume enunciá-la assim: "Cada caráter é condicionado por um par de fatores que se separam na formação dos gametas, nos quais ocorrem em dose simples".

III Mendel realizou a autofecundação de um desses híbridos de semente amarela, dando origem à **segunda geração** ou F_2. A contagem de ervilhas revelou cerca de 75% (3/4) de sementes amarelas e 25% (1/4) de sementes verdes, quer dizer, uma proporção de 3 sementes amarelas para 1 verde (a proporção exata foi de 6 022 amarelas para 2 001 verdes, o que dá uma relação de 3,01:1).

Aprofunde seus conhecimentos

A técnica de Mendel

Mendel podia decidir se promoveria cruzamentos por autofecundação ou por fecundação cruzada. A autofecundação ocorre naturalmente quando os grãos de pólen produzidos nos estames caem sobre os carpelos da mesma flor. Logo, se desejasse impedir esse tipo de cruzamento, Mendel abria a flor e removia os estames.

Para realizar a fecundação cruzada, ele recolhia os grãos de pólen com um pincel e o passava nos estigmas de outra flor (figura 1.4).

Figura 1.4 A ilustração mostra como Mendel realizava a fecundação cruzada em ervilhas. (Os elementos da ilustração não estão na mesma escala; cores fantasia.)

Interpretação atual dos fatores propostos por Mendel

Com base nos conhecimentos atuais sobre meiose, cromossomos e genes, podemos interpretar as conclusões de Mendel e explicar, em nível celular e até molecular, como suas leis são válidas. Mas vale lembrar que essas leis não se aplicam a todos os tipos de herança, isto é, elas são válidas apenas dentro de certos limites e para certos casos.

As células do corpo da maioria dos organismos são **diploides** (2n; *diploos* = duplo; *eidos* = semelhante), ou seja, nelas os cromossomos ocorrem aos pares (há dois cromossomos de cada tipo). Os cromossomos de um mesmo par possuem o mesmo tamanho e a mesma forma: são chamados de **cromossomos homólogos** (*homoios* = igual; *logos* = relação). Em cada par, um dos cromossomos tem origem materna; o outro, paterna.

O lugar em um cromossomo onde um gene está situado é chamado **loco** (ou **lócus**) **gênico** ou, simplesmente, **loco** (*locus* = lugar). Um par de cromossomos homólogos apresenta genes que atuam nas mesmas características (por exemplo, a cor da semente ou a forma da vagem). Mas em cromossomos homólogos pode haver formas ou versões diferentes de um mesmo gene. Essas diferentes versões são chamadas **alelos** (palavra que, em grego, significa 'de um a outro', indicando reciprocidade). Assim, em um cromossomo pode haver um alelo do gene para cor da semente que determina semente amarela, e no loco correspondente do outro cromossomo homólogo pode haver um alelo que determina semente verde (figura 1.5).

Como vimos, embora controlem o mesmo tipo de característica, os alelos podem ter efeitos diferentes. Vejamos mais um exemplo.

Na ervilha existem sete pares de cromossomos homólogos. Em um desses pares está o gene que determina a forma da semente (figura 1.5). Um dos cromossomos pode ter o alelo que determina o caráter liso e o seu homólogo pode ter o alelo que determina o caráter rugoso. Por convenção, usamos a letra inicial do caráter recessivo (rugoso, neste caso) para denominar os alelos: o alelo responsável pela característica dominante é indicado pela letra maiúscula e o responsável pela característica recessiva, pela minúscula. Assim, o alelo para a forma lisa da semente é chamado de **R** e o alelo para a forma rugosa, de **r**.

Em outro par de cromossomos homólogos estão, por exemplo, os alelos responsáveis pela cor da flor. Como a cor púrpura é dominante, o alelo para a cor branca é **b** e o alelo para a cor púrpura é **B**. De modo semelhante, o gene para cor da semente possui dois alelos: **V** para cor amarela e **v** para cor verde (figura 1.5).

Um indivíduo puro ou **homozigoto** (*homoios* = igual; *zygos* = par) para determinado caráter apresenta o mesmo alelo nos dois cromossomos do par de homólogos, enquanto o indivíduo híbrido ou **heterozigoto** (*hétero* = diferente) possui alelos diferentes. Devemos lembrar que estamos considerando apenas um gene do cromossomo, mas cada cromossomo pode conter milhares de genes que atuam em muitas características.

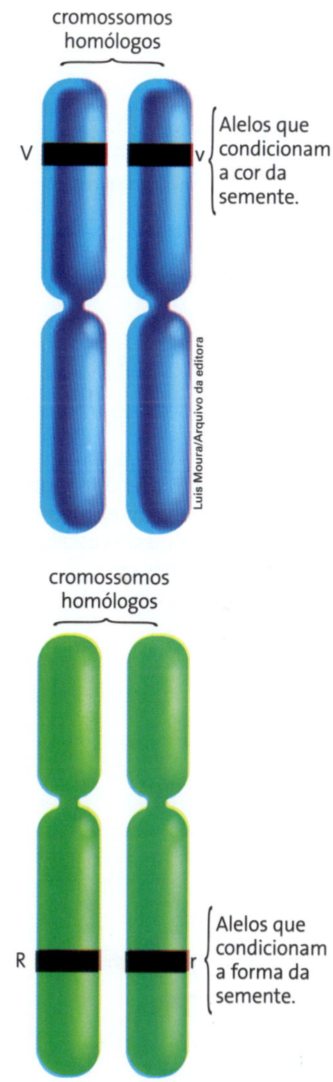

Figura 1.5 Esquema simplificado representando dois dos sete pares de cromossomos homólogos da célula da ervilha e dois pares de alelos. O gene para cor da semente, por exemplo, tem dois alelos, um para cor amarela (**V**) e outro para cor verde (**v**). (Comprimento dos cromossomos: de 1 μm a 10 μm; cores fantasia.)

Ilustrações: Luis Moura/Arquivo da editora; fotos: Martin Shields/Photoresearchers/Latinstock

Célula	Genótipo	Fenótipo
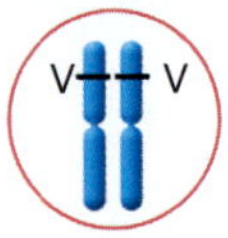	VV	
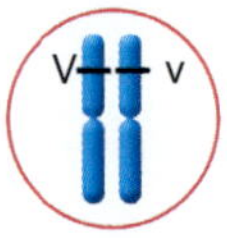	Vv	
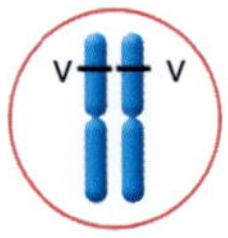	vv	
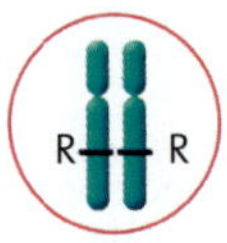	RR	
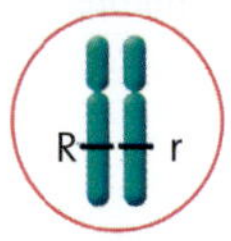	Rr	
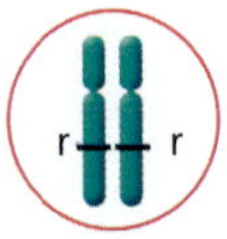	rr	

Figura 1.6 Genótipos e fenótipos para cor e forma da ervilha (os elementos acima não estão na mesma escala; células e cromossomos são microscópicos; cores fantasia).

Genótipo e fenótipo

O conjunto de genes que um indivíduo possui em suas células é chamado de **genótipo** (*gen* = gerar; *typos* = tipo, modelo). O conjunto de características morfológicas ou funcionais do indivíduo é o seu **fenótipo** (*phainein* = fazer aparecer).

Para a cor, se a ervilha apresentar dois alelos **V** no par de homólogos, seu genótipo será **VV** e o fenótipo será ervilha amarela. Se apresentar dois alelos **v**, terá genótipo **vv** e fenótipo ervilha verde. Caso apresente o alelo **V** em um cromossomo e **v** no outro, terá genótipo **Vv** e fenótipo ervilha amarela, uma vez que o alelo para cor amarela é dominante (seu efeito se manifesta da mesma forma tanto no homozigoto quanto no heterozigoto).

As ervilhas **VV** e **vv** são puras ou homozigotas. A ervilha **Vv** é híbrida ou heterozigota. É fácil concluir que um indivíduo com fenótipo dominante para determinada característica pode ser homozigoto ou heterozigoto, mas, se tiver fenótipo recessivo, será obrigatoriamente homozigoto (o alelo recessivo só se manifesta em dose dupla).

Na figura 1.6, veja alguns dos genótipos e respectivos fenótipos das ervilhas de Mendel.

Meiose: separação dos cromossomos homólogos

Para compreender como as leis de Mendel funcionam, vejamos alguns aspectos da meiose (a divisão celular por meiose foi estudada no volume 1 desta coleção).

Como vimos, a maioria dos organismos possui pares de cromossomos em suas células. Os gametas, no entanto, são células **haploides** (n; *haploos* = simples, único; *eidos* = semelhante), isto é, possuem metade dos cromossomos das outras células. Ou seja, cada gameta possui apenas um cromossomo de cada par de homólogos. Essa redução no número de cromossomos ocorre durante a meiose (figura 1.7).

Esquema simplificado da meiose

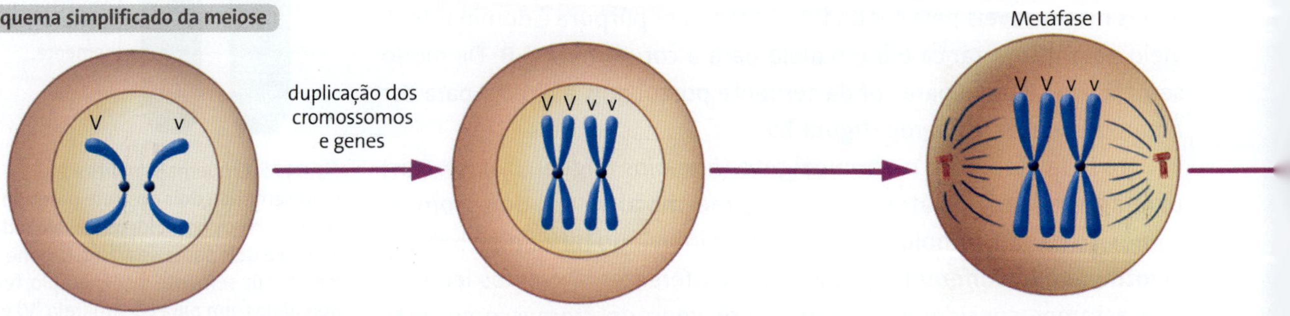

Figura 1.7 Esquema simplificado da meiose, indicando apenas um par de cromossomos. Observe que na meiose os cromossomos homólogos se separam; consequentemente, cada par de alelos vai para um gameta diferente. Por isso os gametas serão **V** ou **v**. (Os elementos da ilustração não estão na mesma escala; cores fantasia.)

Observe no esquema simplificado da meiose, que em cada cromossomo está indicado um alelo: **V** ou **v**. No início da meiose, os cromossomos estão duplicados: cada um é formado por duas cromátides (cromátides-irmãs). Os cromossomos homólogos se emparelham: o cromossomo duplicado de origem paterna fica alinhado com seu homólogo de origem materna. Durante a metáfase I, os cromossomos homólogos duplicados se colocam um de cada lado da região mediana da célula e separam-se: cada componente do par vai para uma célula.

Na segunda divisão da meiose, os cromossomos duplicados alinham-se na região mediana de cada célula e as cromátides separam-se: cada cromátide vai para um dos polos da célula. Formam-se, assim, quatro células, cada uma com um cromossomo simples de cada par de homólogos. Observe na figura 1.7 que, no fim da meiose, formam-se células com apenas um destes alelos: **V** ou **v**.

A união dos gametas masculino e feminino (representados, nos animais, pelo espermatozoide e pelo óvulo, e, nos vegetais, pelo anterozoide ou núcleo espermático e pela oosfera) produz um ovo ou zigoto, restaurando o número diploide de cromossomos (figura 1.8).

Em cada par de cromossomos homólogos desse zigoto, um dos cromossomos vem sempre do pai e o outro, da mãe; consequentemente, isso ocorre também com os pares de alelos (figura 1.8). Por meio de mitoses, que produzem células idênticas, forma-se um novo indivíduo, que terá em todas as suas células a mesma coleção de cromossomos que estava no zigoto.

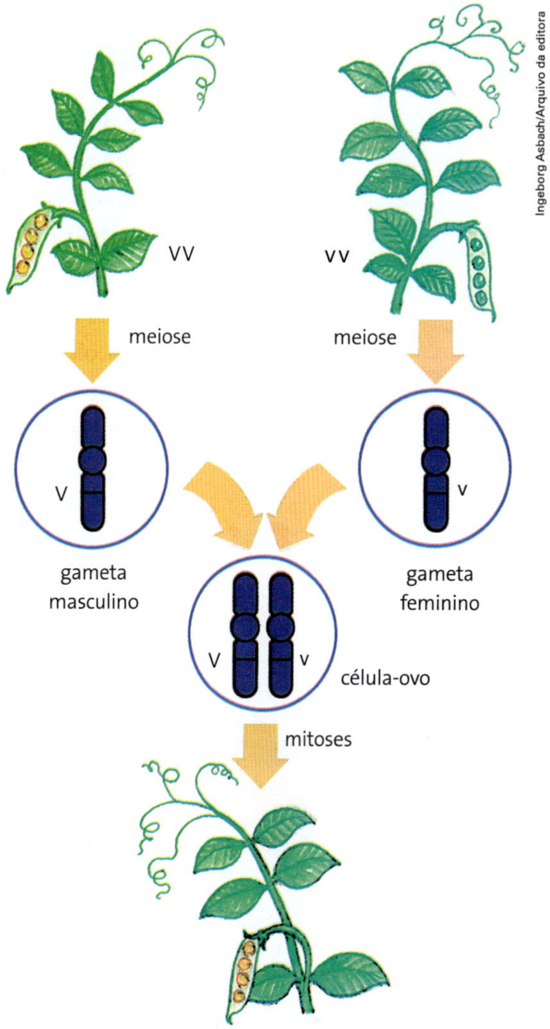

Figura 1.8 Com a fecundação, forma-se novamente um indivíduo com o número diploide de cromossomos. Observe que cada cromossomo de um par de homólogos veio de um indivíduo diferente. (Gametas e cromossomos são microscópicos; os elementos ilustrados não estão na mesma escala; cores fantasia.)

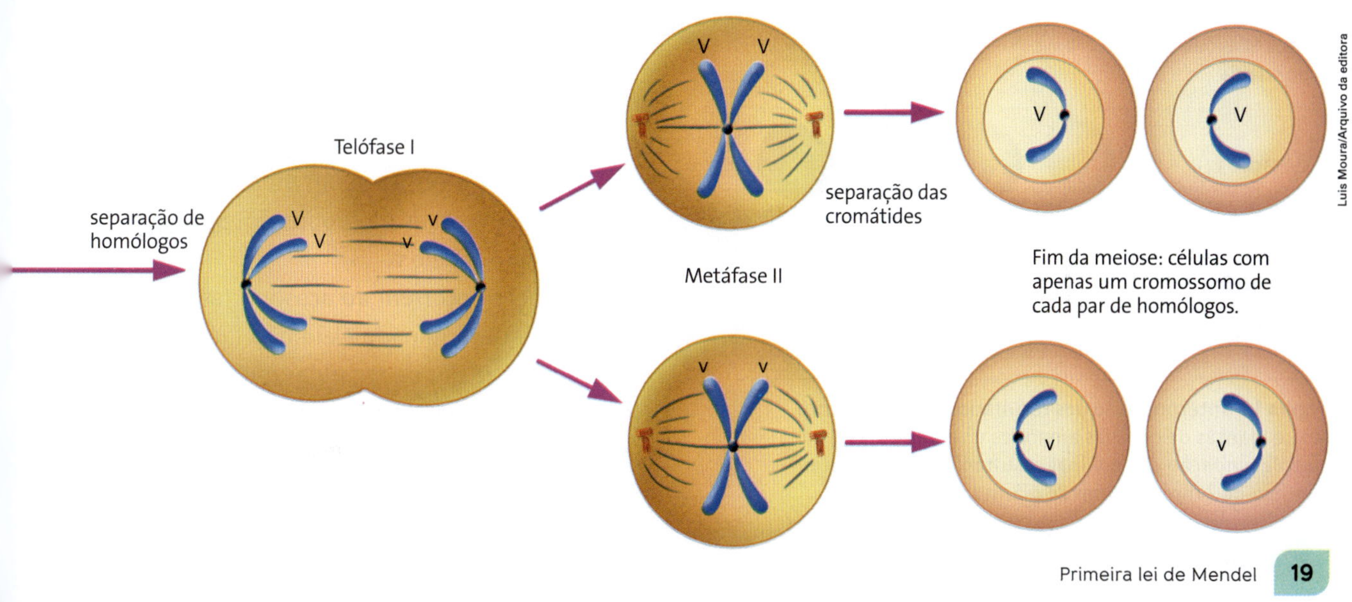

Interpretação atual da primeira lei de Mendel

Os conhecimentos que acabamos de ver podem ser aplicados à experiência e às conclusões de Mendel. Vejamos a cor das sementes, sem esquecer que o mesmo raciocínio vale para as demais características estudadas por Mendel.

Nas plantas de ervilha, o estame (**2n**) produz, por meiose, esporos (**n**). Estes se desenvolvem e formam grãos de pólen, que geram em seu interior o gameta masculino (**n**). Assim, se as células do estame forem **Vv**, serão produzidos gametas masculinos **V** e **v**. O carpelo (**2n**) produz, por meiose, esporos (**n**), que se desenvolvem no saco embrionário, contendo o gameta feminino (**n**). Assim, se as células do carpelo forem **Vv**, formam-se gametas femininos **V** e **v**.

Quando os grãos de pólen caem no carpelo (ou são levados artificialmente para outra flor, como no caso da ervilha de Mendel), vários gametas femininos são fecundados e forma-se um zigoto e, depois, um embrião dentro de uma semente (a ervilha). As sementes ficam nos frutos, que, nesse caso, são as vagens. Por isso, ao analisarmos os tipos de semente dentro das vagens, estamos analisando os indivíduos da geração seguinte à da planta que produziu a vagem.

Martin Shields/Photoresearchers/Latinstock

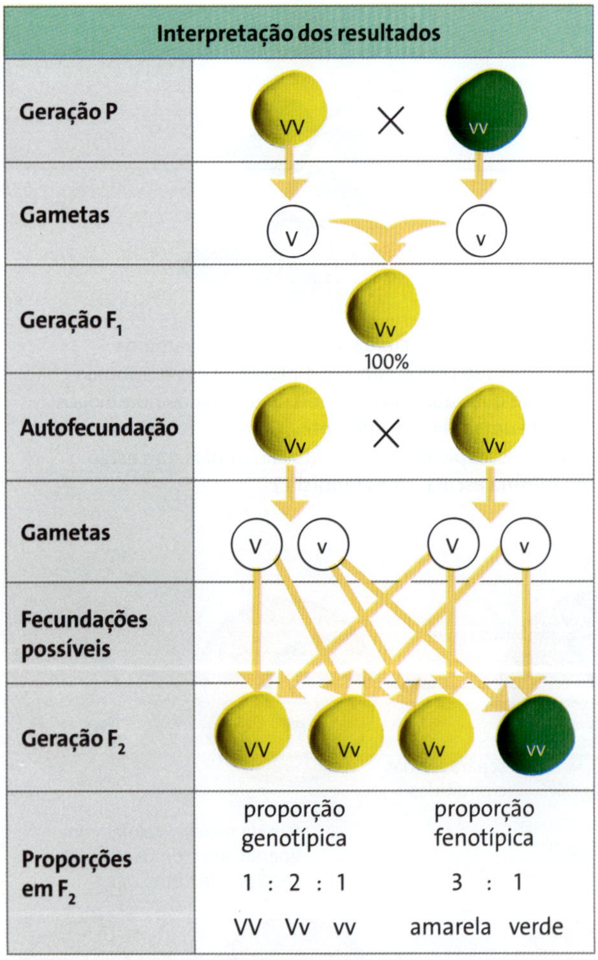

Figura 1.9 Interpretação dos resultados do cruzamento entre plantas de ervilhas amarelas e verdes puras e da autofecundação das ervilhas resultantes (as sementes medem de 7 mm a 10 mm de diâmetro).

Se a semente é amarela, isso significa que nas células dela (e da planta que germinará) existe um alelo **V** determinando essa cor. Se ela é pura, ou homozigota, os dois alelos são iguais. Portanto, os indivíduos da geração **P** (lembre-se de que a geração **P** deve ser pura) de fenótipo amarelo têm genótipo **VV**. Com o mesmo raciocínio, podemos concluir que as ervilhas verdes apresentam genótipo **vv**.

Veja na figura 1.9 como interpretamos o cruzamento entre ervilhas amarelas e verdes puras e a autofecundação das ervilhas resultantes.

O indivíduo **VV** produz por meiose células **V**; e o indivíduo **vv**, células **v**. A união de gametas **V** e **v** origina indivíduos heterozigóticos, **Vv**, de fenótipo amarelo, porque **V** domina **v**. A autofecundação de indivíduos **Vv** equivale ao cruzamento entre dois indivíduos iguais (**Vv** e **Vv**). Cada um produz por meiose gametas **V** e **v** na mesma proporção: 50% com o alelo **V** e 50% com o alelo **v**.

As fecundações ocorrem ao acaso: o fato de um gameta possuir determinado alelo não faz com que ele tenha chance maior de fecundar ou ser fecundado. No caso das ervilhas, tanto o gameta com o alelo para a cor amarela como o gameta com o alelo para a cor verde têm a mesma chance de formar um zigoto.

Logo, serão quatro combinações possíveis para os filhos da segunda geração: um **VV**, dois **Vv** e um **vv** (isto é, três amarelos e um verde), justificando o resultado de Mendel, 75% amarelos e 25% verdes.

A proporção de genótipos (PG) é de:
1 **VV** : 2 **Vv** : 1 **vv**

A proporção de fenótipos (PF) é de:
3 amarelos : 1 verde

Apresentamos na tabela a seguir as conclusões de Mendel e as interpretações com base nos conhecimentos atuais.

Conclusões de Mendel	Interpretações atuais
Cada caráter é condicionado por um par de fatores.	Cada caráter é condicionado por um par de alelos.
Esses fatores se separam na formação dos gametas.	Em consequência do emparelhamento e da separação dos cromossomos homólogos na meiose, os alelos se separam na formação dos gametas.
Nos gametas, os fatores ocorrem em dose simples, ou seja, os gametas são puros.	Como a meiose produz células com apenas um cromossomo do par, cada gameta possui apenas um alelo de cada par. Não há, portanto, "gametas híbridos".

É importante lembrar que, ao estudar acontecimentos ao acaso, usamos uma teoria da Matemática, a teoria da probabilidade, com aplicações em várias ciências. Quando falamos que, se jogarmos uma moeda muitas vezes para o alto, o resultado será de, aproximadamente, 50% de caras e 50% de coroas, estamos dizendo que a probabilidade de sair cara e a de sair coroa é de 50%. Quanto maior o número de lançamentos, mais os resultados obtidos se aproximarão dos valores esperados.

Isso significa que, como as fecundações ocorrem ao acaso, os resultados obtidos serão mais próximos aos resultados esperados quando analisarmos um grande número de filhos: quanto maior o número, menor o desvio estatístico (há testes estatísticos para avaliar esses desvios), ou seja, mais próximos devemos ficar da proporção esperada de 3 : 1 (fenotípica) ou de 1 : 2 : 1 (genotípica). Mendel teve essa preocupação e, por isso, analisava sempre grande número de indivíduos.

A primeira lei de Mendel vale para a transmissão de muitas características em várias espécies de plantas e animais. Como exemplo, veja o que acontece quando cruzamos porquinhos-da-índia de pelo preto (característica dominante) com porquinhos-da-índia de pelo marrom (característica recessiva) ambos homozigotos (figura 1.10).

Na primeira geração, todos os porquinhos são pretos e heterozigotos. Se cruzarmos dois porquinhos heterozigotos entre si, vamos ter, na segunda geração, 3/4 (75%) dos porquinhos com pelo preto e 1/4 (25%) com pelo marrom.

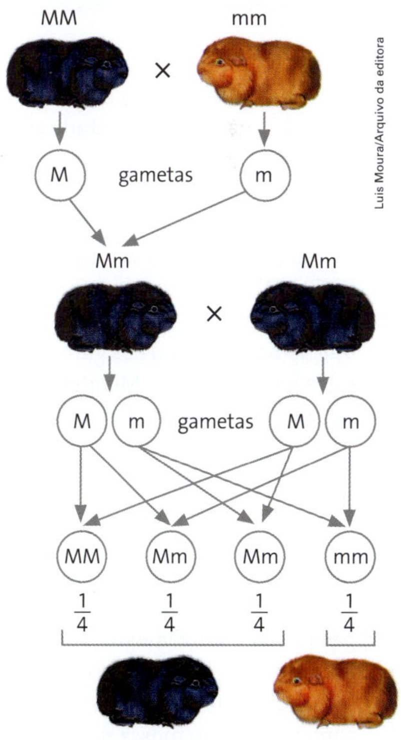

Figura 1.10 Cruzamento entre porquinhos-da-índia pretos e marrons. A herança da cor do pelo segue a primeira lei de Mendel. (Os elementos ilustrados não estão na mesma escala.)

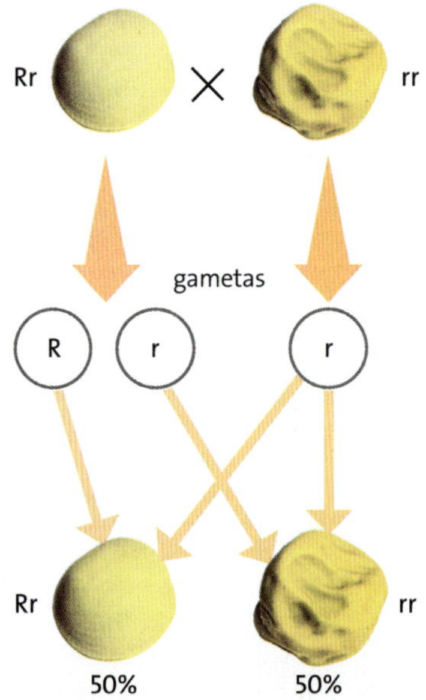

Martin Shields/Photoresearchers/Latinstock

Figura 1.11 O cruzamento-teste permite descobrir se um indivíduo com característica dominante é homozigoto ou heterozigoto. (As ervilhas têm de 7 mm a 10 mm de diâmetro.)

Cruzamento-teste

Para descobrir se um indivíduo portador de um caráter dominante qualquer é homozigoto ou heterozigoto, basta cruzá-lo com um indivíduo recessivo para a característica em questão. Se surgir algum descendente com o caráter recessivo, o indivíduo analisado é heterozigoto; se obtivermos grande número de descendentes, todos com a característica dominante, há uma boa probabilidade de que ele seja homozigoto. Esse tipo de cruzamento é chamado **cruzamento-teste** (figura 1.11).

O cruzamento de indivíduos de $\mathbf{F_1}$ com indivíduos da geração **P** ou com indivíduos de genótipos idênticos ao de um dos genitores é chamado de **retrocruzamento** (*retro* = atrás). Cruzamento-teste e retrocruzamento possuem o mesmo significado apenas quando o indivíduo de $\mathbf{F_1}$ possui o fenótipo dominante e for cruzado com indivíduo da geração **P** de fenótipo recessivo.

Biologia tem História

A sala das moscas

Em 1902, quando o trabalho de Mendel já era conhecido, o citologista estadunidense Walter Sutton (1877-1916), estudando gametas de ouriço-do-mar, percebeu que os cromossomos tinham de estar presentes para que o desenvolvimento embrionário ocorresse. Na mesma época, o zoólogo alemão Theodor Boveri (1862-1915), estudando gafanhotos, demonstrou que os cromossomos ocorriam aos pares e que sua distribuição na formação dos gametas coincidia com os fatores hereditários de Mendel. Surgia assim a chamada teoria cromossômica da hereditariedade ou teoria de Sutton-Boveri.

A identificação dos fatores de Mendel com os genes veio com os estudos do geneticista estadunidense Thomas Hunt e de seus alunos Alfred Sturtevant (1891-1970), Calvin Bridges (1889-1938) e Herman Müller (1890-1967). Entre 1910 e 1915, eles realizaram pesquisas com a mosca drosófila (*Drosophila melanogaster*; em grego *Drosophila* significa 'atração por orvalho' e *melanogaster*, 'barriga escura'), também conhecida como mosca-das-frutas (figura 1.12). A mosca era alimentada com banana, e o laboratório de Morgan era conhecido na universidade como "sala das moscas".

Dennis Kunkel/Microscopy, Inc./Visuals Unlimited/Corbis/Latinstock

Figura 1.12 A genética deve muito aos estudos com drosófilas (cerca de 3 mm de comprimento; imagem colorizada por computador) feitos por Morgan e seus colaboradores.

A vantagem de estudar essa mosca está no fato de ela ser pequena, fácil de alimentar e de criar, e de cada fêmea produzir centenas de ovos, desenvolvendo em pouco tempo (duas semanas) grande número de filhos. Em um ano pode-se estudar até vinte gerações de moscas. Além disso, ela possui apenas quatro tipos de cromossomos (os das células das glândulas salivares da larva são gigantes e facilmente visíveis ao microscópio) e muitas características fáceis de observar, como a cor dos olhos, o tipo de asa, etc.

Outro aspecto que facilitou o estudo da genética foi que, submetendo as moscas à irradiação por raios X em dose não letal, surgiram mutantes.

Fontes de consulta: MAYR, E. *The Growth of Biological Thought*. Cambridge: Harvard University Press, 1982. p. 747-776; HENIG, R. M. *O monge no jardim*: o gênio esquecido e redescoberto de Gregor Mendel, o pai da Genética. Rio de Janeiro: Rocco, 2001. p. 203-227.

2 Tipos de dominância

No caso da ervilha de Mendel, a presença de apenas um alelo para amarelo, por exemplo, é suficiente para produzir uma quantidade de proteínas responsável por um fenótipo igual ao do homozigoto de cor amarela. Trata-se, portanto, de uma **dominância completa**.

Na planta maravilha (*Mirabilis jalapa*), no entanto, o resultado do cruzamento entre plantas com flores vermelhas e plantas com flores brancas é uma planta com flores rosas (figura 1.13). Dizemos então que há **dominância incompleta** entre os alelos.

Na dominância incompleta, o heterozigoto apresenta fenótipo intermediário em termos quantitativos em relação ao dos homozigotos: a presença de apenas um alelo para cor vermelha leva a planta a produzir metade do pigmento vermelho; como o alelo para cor branca não produz pigmento, a planta será rosa.

Nesses casos, os alelos são representados por letras com índices, em vez de letras maiúsculas e minúsculas: a flor vermelha é $\mathbf{C^VC^V}$ (**C** de cor e **V** de vermelho); a branca, $\mathbf{C^BC^B}$; a rosa, $\mathbf{C^VC^B}$ (às vezes, essa notação é simplificada para **VV**, **BB** e **VB**). Veja a figura 1.14: o cruzamento entre dois híbridos produz, em $\mathbf{F_2}$, proporção genotípica igual à fenotípica (1 : 2 : 1).

Na **codominância**, cada alelo influencia a produção de proteínas diferentes. Com isso, o fenótipo do heterozigoto possui características presentes em ambos os homozigotos para esses alelos. Por exemplo, no sistema ABO de grupos sanguíneos (que será estudado no capítulo 4), o alelo $\mathbf{I^A}$ leva à produção do antígeno **A**, presente na membrana da hemácia, e o alelo $\mathbf{I^B}$ leva à produção do antígeno **B**. O indivíduo $\mathbf{I^AI^B}$ tem, então, ambos os antígenos na hemácia e é do grupo sanguíneo AB.

LTD1963/Shutterstock/Glow Images

Figura 1.13 Flor rosa da planta maravilha (cerca de 2,5 cm de diâmetro).

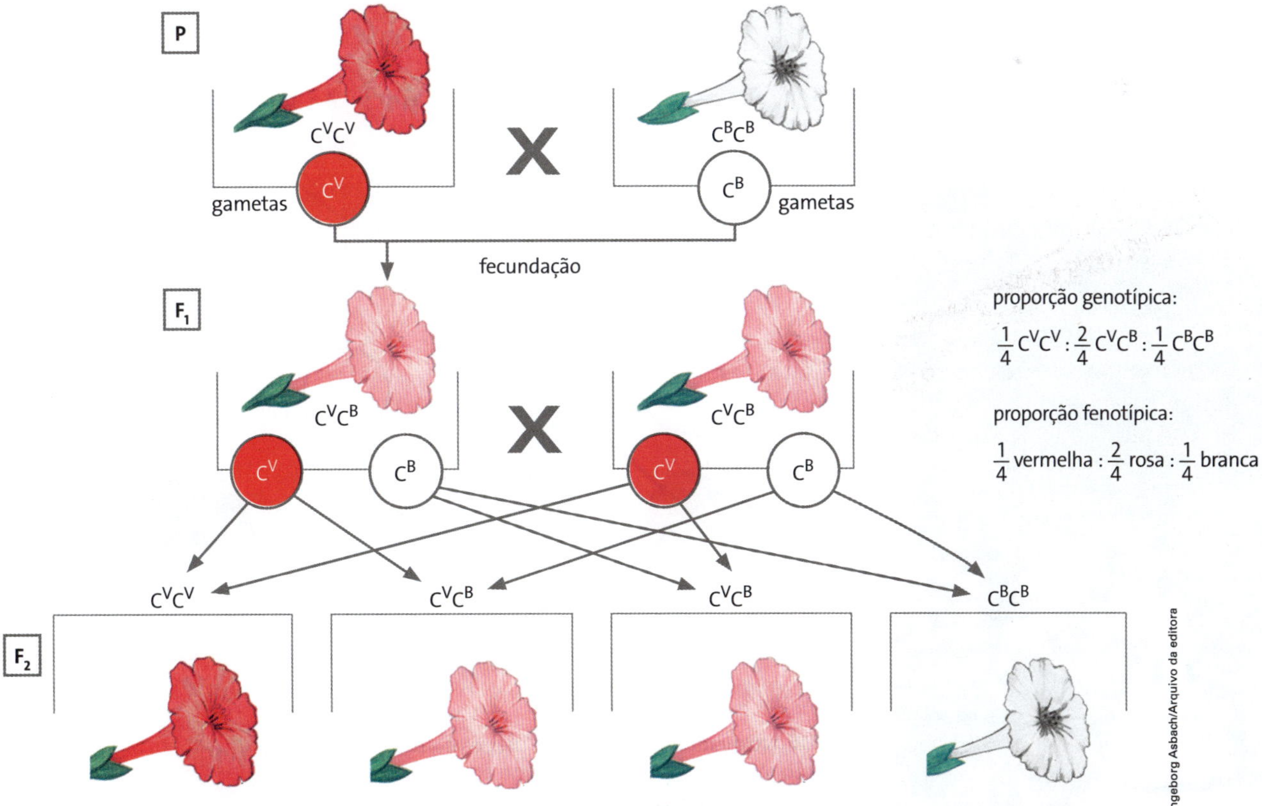

Ingeborg Asbach/Arquivo da editora

Figura 1.14 Representação do cruzamento entre indivíduos cujas características apresentam dominância incompleta.

Alelos letais

Em camundongos, a pelagem amarela é determinada por um alelo dominante e a pelagem marrom-acinzentada, por um alelo recessivo. Mas o cruzamento de dois camundongos amarelos heterozigotos resulta em uma descendência de 2 amarelos para 1 marrom-acinzentado, e não a proporção esperada de 3 para 1 (figura 1.15).

Qual a explicação para esse resultado? Os embriões amarelos homozigotos formam-se, mas não se desenvolvem, pois o alelo responsável por pelo amarelo em dose dupla é **letal**, ou seja, provoca a morte do embrião. Como o alelo para amarelo (**P**) só mata o embrião em dose dupla, dizemos que ele é recessivo para letalidade, apesar de ser dominante para a cor do pelo. Assim, os indivíduos **Pp** são amarelos e sobrevivem; indivíduos **pp** são marrom-acinzentados; e indivíduos **PP** morrem (figura 1.15).

Um exemplo de alelo letal em seres humanos está associado à **acondroplasia**, condição genética responsável por um dos tipos de nanismo (figura 1.16). Os indivíduos afetados pela acondroplasia são todos heterozigotos; o embrião ou feto portador de dois alelos para essa característica não sobrevive.

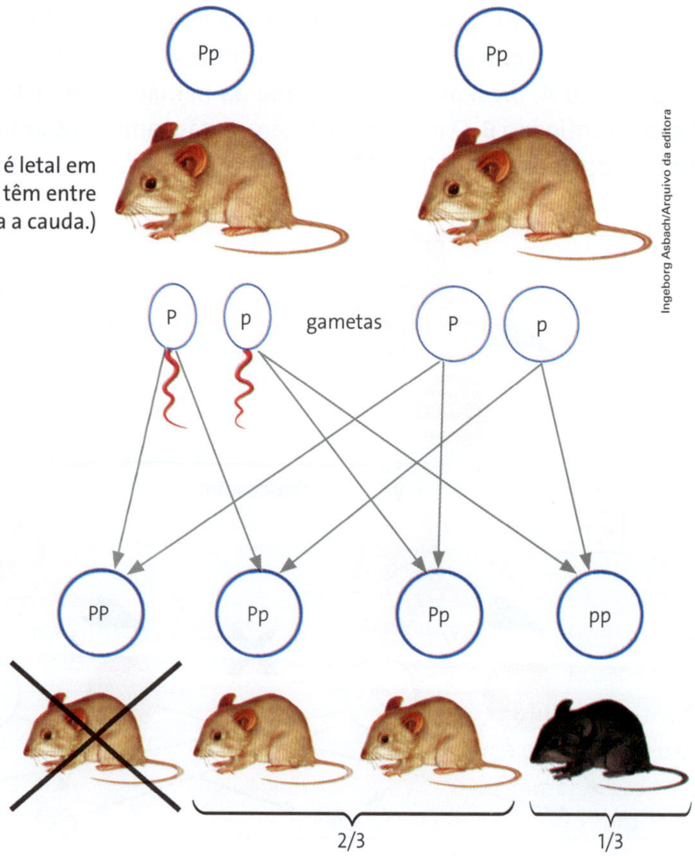

Figura 1.15 O alelo para pelo amarelo é letal em dose dupla. (Camundongos adultos têm entre 6 cm e 9 cm de comprimento, fora a cauda.)

Figura 1.16 No quadro *As meninas*, de Diego Velázquez (1656), são retratados (à direita, próximo ao cachorro) dois anões portadores de acondroplasia: a alemã Mari Bárbola e o italiano Nicolás Pertusato.

3 Regras de probabilidade

Existem duas regras simples de probabilidade que facilitam os cálculos em Genética: a **regra da multiplicação** (**do produto** ou **do "e"**) e a **regra da adição** (ou **do "ou"**).

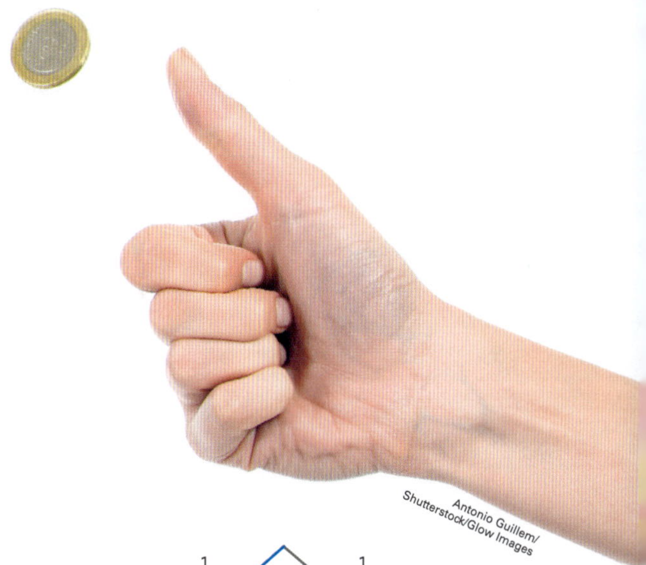

Antonio Guillem/ Shutterstock/Glow Images

Regra da multiplicação ou regra do "e"

Para determinar a probabilidade de, no lançamento de duas moedas, sair face cara nas duas, devemos multiplicar as probabilidades isoladas.

Quando lançamos uma moeda, a probabilidade de sair cara é 1/2; no lançamento da segunda moeda, a probabilidade também é 1/2; logo, para as duas juntas (cara e cara), temos 1/2 × 1/2 = 1/4 (figura 1.17). Isso significa que, a cada quatro lançamentos do par de moedas, espera-se que saia cara em ambas uma vez. O mesmo vale para o caso de jogarmos uma moeda duas vezes: a probabilidade de obter cara no primeiro lançamento é 1/2 e a probabilidade de obter cara no segundo também é 1/2. Então, a probabilidade de obtermos duas caras é de 1/4.

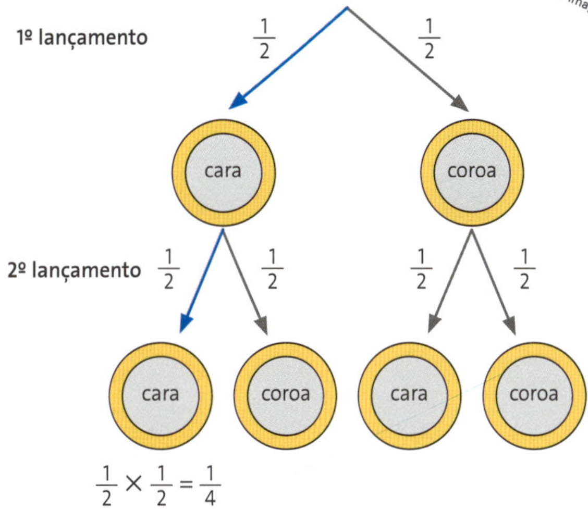

Figura 1.17 O diagrama acima mostra as probabilidades de ocorrer cada evento, a cada lançamento da moeda. Em destaque, a probabilidade de o resultado ser duas caras.

Do mesmo modo, a probabilidade de no lançamento de dois dados obtermos um deles com a face 5 e outro também com a face 5 é 1/6 × 1/6 = 1/36 (figura 1.18).

Assim, podemos concluir que a probabilidade de dois ou mais eventos independentes ocorrerem conjuntamente é o produto das probabilidades de cada um isolado. Dizemos que dois eventos são independentes quando a ocorrência de um evento não afeta a probabilidade da ocorrência do outro. Observe que o que estamos calculando é a probabilidade de ocorrer um evento **e** outro, daí o nome regra do "e".

No monoibridismo, aplicamos a regra da multiplicação quando realizamos o cálculo da proporção de filhos no cruzamento de dois heterozigotos. Cada indivíduo **Aa** produz gametas **A** e **a** na proporção de 50% (1/2) para cada um. A formação de um indivíduo **AA** depende do encontro simultâneo de dois gametas **A**. A probabilidade desse evento é o produto das probabilidades isoladas de cada gameta, ou seja, 1/2 × 1/2 = 1/4. Da mesma forma, a probabilidade para um descendente **aa** é de 1/2 × 1/2 = 1/4.

Outro exemplo: a probabilidade de um casal de heterozigotos em relação ao alelo do albinismo (caráter recessivo) ter dois filhos albinos é 1/16, pois, como a chance de nascer um filho albino é 1/4, a chance de nascerem dois filhos albinos é 1/4 × 1/4 = 1/16.

Figura 1.18 A probabilidade desse resultado é 1/36.

Undergroundarts.co.uk/ Shutterstock/Glow Images

Regra da adição ou regra do "ou"

Qual a probabilidade de sair o número 1 ou o número 6 no lançamento de um mesmo dado?

A probabilidade de um dado cair com a face 1 voltada para cima é 1/6, assim como a de cair com a face 6 voltada para cima. Logo, a resposta é: 1/6 + 1/6 = 2/6 = 1/3.

A regra da adição pode ser formulada assim: a probabilidade de ocorrerem dois acontecimentos que se excluem mutuamente é igual à soma das probabilidades de cada um ocorrer isoladamente. Nesse caso, os dois acontecimentos não podem ocorrer juntos (são mutuamente excludentes): se sair o número 1, não sai o 6 e, se sair este, não sai aquele. Observe que estamos calculando a probabilidade de ocorrer um evento **ou** outro, daí o nome de regra do "ou".

No monoibridismo, essa regra permite compreender por que a proporção de indivíduos **Aa** no cruzamento entre dois híbridos é 1/2. Esses indivíduos podem se formar de dois modos: se um espermatozoide **A** fecundar um óvulo **a** ou se um espermatozoide **a** fecundar um óvulo **A**. Como a probabilidade de cada um desses acontecimentos é 1/4, a probabilidade de surgirem indivíduos **Aa** será 1/4 + 1/4 = 2/4 = 1/2.

Vejamos mais este exemplo: em um lançamento de duas moedas, qual a probabilidade de em uma delas sair cara e na outra sair coroa?

Os resultados possíveis aparecem na figura 1.19. As faces cara e coroa em duas moedas podem ocorrer de duas maneiras, cada uma com probabilidade de 1/4.

Nesse caso, temos dois acontecimentos mutuamente exclusivos; portanto, usamos a regra da adição. A probabilidade do acontecimento é obtida somando as probabilidades de cada forma: 1/4 + 1/4 = 2/4 = 1/2. Se tivéssemos determinado a ordem dos acontecimentos – sair cara na moeda **A** e coroa na moeda **B**, por exemplo –, o resultado seria 1/4, pois, nesse caso, só haveria uma forma possível.

Como vemos, o resultado do lançamento de moedas e o encontro dos alelos na fecundação têm algo em comum: ambos são eventos aleatórios, que podem ser compreendidos pela teoria da probabilidade.

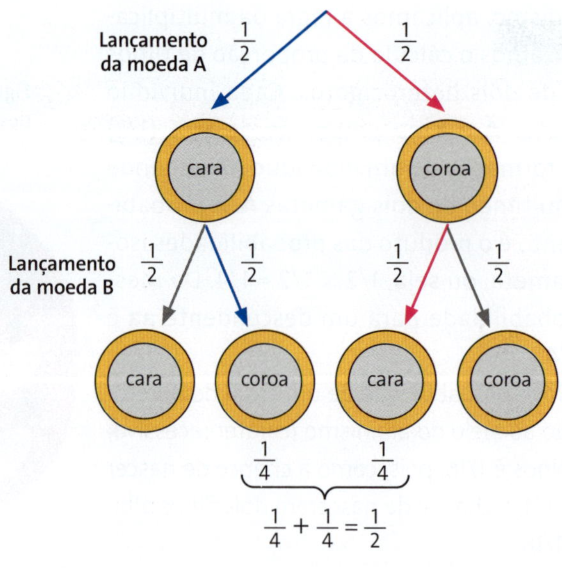

Figura 1.19
O diagrama ao lado mostra as probabilidades de ocorrer cada evento, no lançamento de duas moedas. Em destaque, as duas possibilidades de se obter cara em uma moeda e coroa em outra.

4 Monoibridismo no ser humano

A transmissão de algumas características humanas obedece à primeira lei de Mendel, o que significa que elas são condicionadas por um par de alelos. Quando isso acontece, dizemos que se trata de um caso de monoibridismo ou de **herança monogênica** (*monos* = um). Essas características são **autossômicas** (*autós* = próprio), isto é, devem-se a genes presentes nos autossomos e não nos cromossomos sexuais (X e Y). Veja alguns exemplos na figura 1.20.

Uma forma de descobrir como ocorre a herança das características humanas é elaborar **heredogramas** (*hers* = herança; *gramma* = letra, símbolo) ou **árvores genealógicas** (*geneá* = descendência; *logos* = estudo). Esses esquemas apresentam, com uma série de símbolos, os indivíduos de uma família, indicando o grau de parentesco, o sexo, a geração, a ordem de nascimento, a presença de um caráter afetado por determinada anomalia, etc.

Diana Koryakovtseva/Shutterstock/Glow Images

Presença de sardas (característica dominante).

Lebrecht Music & Arts/Corbis/Latinstock

Albinismo, uma característica recessiva. Na foto, Hermeto Pascoal (1936-), compositor e multi-instrumentista brasileiro.

Oscar Burriel/SPL/Latinstock

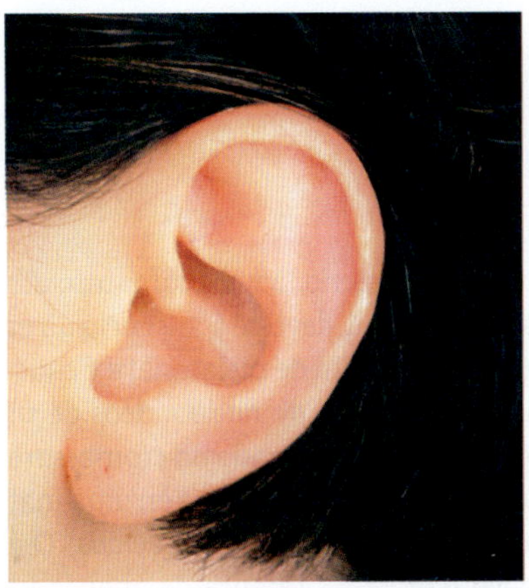

SPL/Latinstock

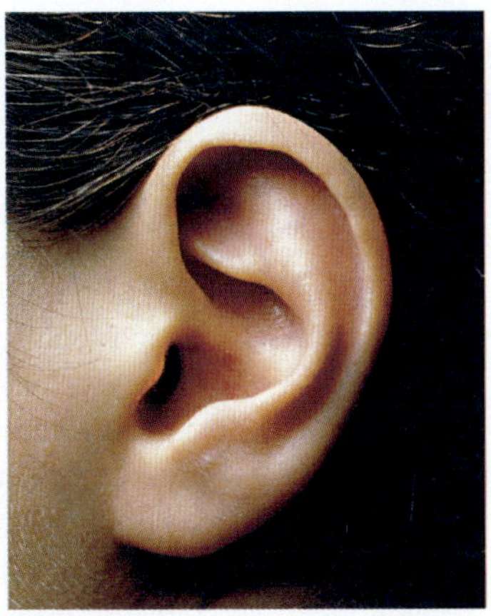

Lobo de orelha solto ou livre (dominante) e preso ou aderido (recessivo).

A. Parramón/AP Photo

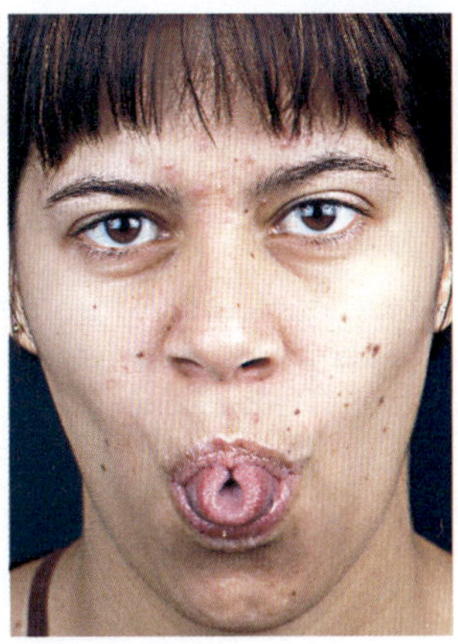

Capacidade de enrolar as bordas da língua em U (dominante).

Figura 1.20 Alguns exemplos de herança autossômica na espécie humana.

Veja na figura 1.21, abaixo, os símbolos usados nos heredogramas e seus significados. Ao lado está representado um heredograma de uma família em que aparece uma forma de albinismo (albinismo oculocutâneo tipo 1), causado por um alelo autossômico recessivo. No albinismo ocorre uma ausência parcial ou total de melanina na pele, no cabelo e nos olhos. Em geral, a pele é clara e rosada, os olhos podem ser azuis ou rosa-claros e os cabelos, brancos ou amarelados.

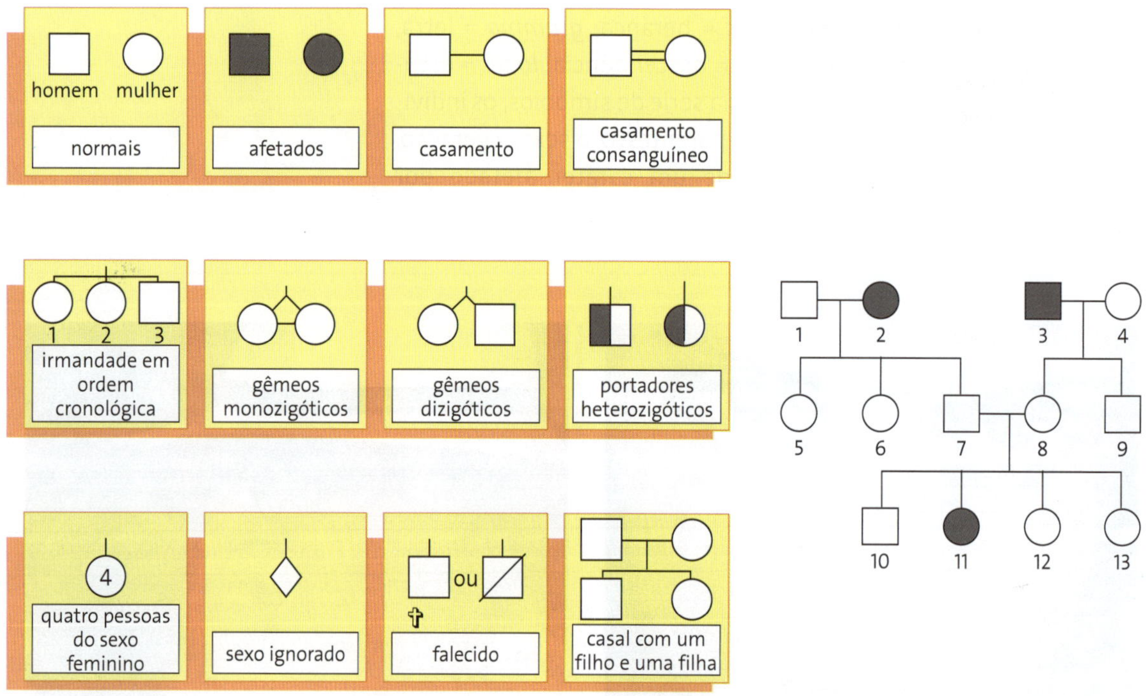

Figura 1.21 Símbolos usados nos heredogramas e, ao lado, heredograma de uma família que apresenta uma forma de albinismo. Observe que o indivíduo 11 é uma menina albina; sua avó paterna (2) e seu avô materno (3) também são albinos.

Aprofunde seus conhecimentos

Albinismo

A melanina, um pigmento escuro da pele, é sintetizada por uma série de etapas, resumidas no esquema simplificado abaixo:

gene 1 → enzima 1; gene 2 → enzima 2; gene 3 → tirosinase

fenilalanina → tirosina → dopamina → melanina

Há vários tipos de albinismo. O mais comum, o albinismo oculocutâneo do tipo 1, deve-se à ausência da enzima tirosinase (que leva à falta de melanina) e é causado pela alteração da sequência de nucleotídeos de um alelo autossômico recessivo (localizado no cromossomo 11 humano), o que leva à produção de uma enzima inativa (com uma sequência alterada de aminoácidos). O albinismo é recessivo porque a presença de apenas um alelo sem alteração produz uma quantidade suficiente de enzima necessária para a produção da melanina.

Exercícios resolvidos

1. Em cobaias (porquinhos-da-índia), pelos curtos dominam pelos longos. Qual o resultado (genótipos e fenótipos) do cruzamento entre um macho de pelo curto e heterozigoto e uma fêmea de pelo longo?

Resolução

Problemas de monoibridismo consideram apenas uma característica. Neste primeiro exercício, é fornecido o genótipo dos pais em relação à determinada característica e pede-se o da geração seguinte. O genótipo do macho de pelo curto e heterozigoto é **Ll** e o da fêmea de pelo longo é **ll**. Verificamos os tipos de gametas possíveis e associamos espermatozoides e óvulos:

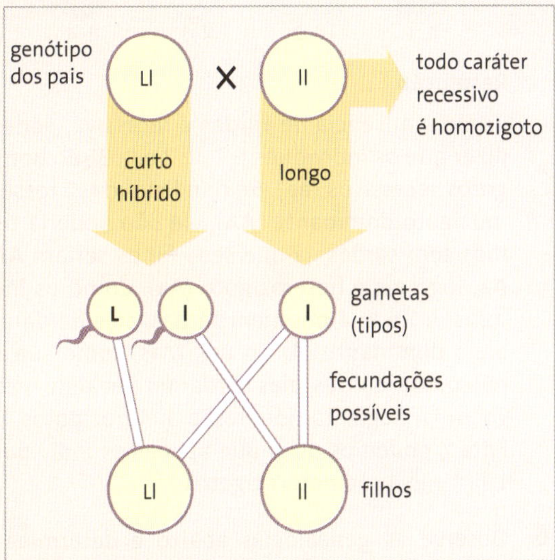

Assim, 50% dos filhos terão pelo curto (**Ll**) e 50% terão pelo longo (**ll**).

Outra forma de determinar as fecundações possíveis consiste em usar o **quadrado (ou quadro) de Punnett**, inventado pelo geneticista inglês Reginald C. Punnett (1875-1967), que facilita a visualização das fecundações. Nesse esquema, os gametas de um dos sexos ficam organizados em colunas e os do outro sexo, em linhas. Cada quadrado indica o resultado de uma fecundação possível.

gametas produzidos pelo macho ♂ / **gameta produzido pela fêmea ♀**	**L**	**l**
l	Ll	ll

2. Qual o resultado do cruzamento entre duas cobaias heterozigotas para o tipo de pelo (curto domina longo)?

Resolução

O problema pode ser resolvido com o quadrado de Punnett mostrado a seguir:

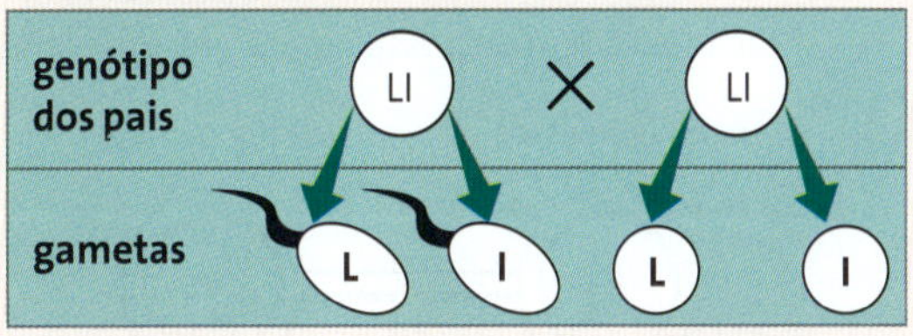

♂ / ♀	**L**	**l**
L	LL	Ll
l	Ll	ll

Portanto, serão 75% com pelo curto (50% **Ll** e 25% **LL**) e 25% com pelo longo (**ll**).

3. Um casal de pele pigmentada tem um filho albino. Qual o caráter dominante e qual o genótipo dos pais?

Resolução

Neste problema é fornecido o resultado de um cruzamento entre indivíduos dos quais só se conhece o fenótipo e pede-se o genótipo desses indivíduos ou o tipo de herança. Para solucionar esse tipo de problema, podemos estabelecer o seguinte método:

I. Traduzimos o enunciado do problema em um esquema, indicando com os símbolos ♂ e ♀ (ou □ e ○, respectivamente) todos os indivíduos envolvidos e mencionando apenas o seu fenótipo:

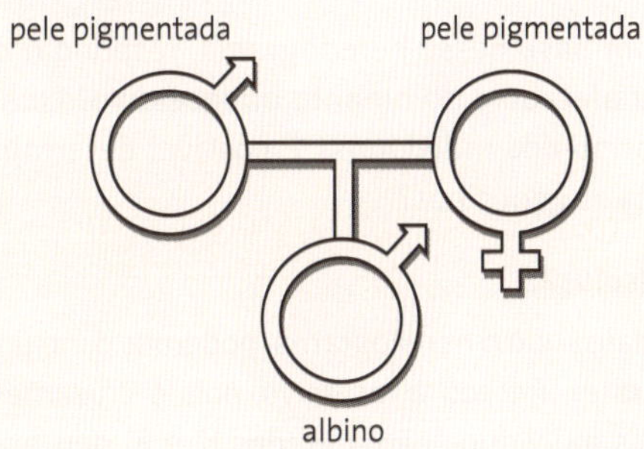

II. Passamos à pesquisa do caráter dominante: quando um casal com fenótipos iguais tem pelo menos um filho com fenótipo diferente, o fenótipo do casal corresponde ao caráter dominante. Neste exemplo, como um casal de pele pigmentada tem um filho albino, o caráter dominante é pele pigmentada. Estabelecemos que **A** é o alelo para pele pigmentada e **a**, o alelo para albinismo.

III. Colocamos os genótipos nos símbolos, partindo do caráter recessivo, pois sabemos que o fenótipo recessivo é sempre puro. Começamos pelo filho recessivo, **aa**. Como cada um desses alelos vem de cada pai, podemos colocar um **a** no pai e outro **a** na mãe. Se o fenótipo dos pais é pele com pigmentação, eles têm de possuir, cada um, um alelo **A**.

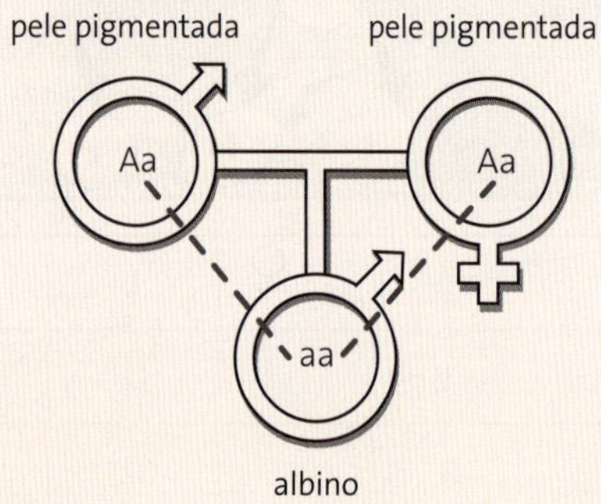

Portanto, o caráter dominante é pele pigmentada e os pais têm genótipo **Aa**.

4. No heredograma a seguir aparecem indivíduos afetados (símbolos escuros) por alguma característica determinada por um par de alelos.

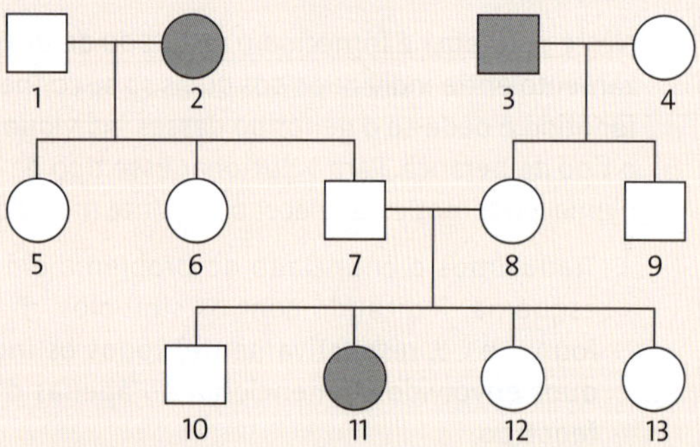

Com base nesse heredograma, responda: o caráter afetado é dominante ou recessivo? Qual o genótipo dos indivíduos? É possível determinar todos os genótipos?

Resolução

Analisando o heredograma, podemos concluir que o caráter afetado é recessivo, pois o cruzamento de dois indivíduos não afetados (7 e 8) deu origem a uma filha afetada (11, **aa**). Logo, os indivíduos 7 e 8 são portadores de um alelo **a**. Como não são afetados, seu genótipo é **Aa**. Os indivíduos 2 e 3 também são afetados (**aa**) e todos os filhos deles apresentarão pelo menos um alelo **a**. Como os filhos 5, 6, 7, 8 e 9 não são afetados, concluímos que eles apresentam genótipo **Aa**. Em relação aos indivíduos 10, 12 e 13, não podemos determinar se são **AA** ou **Aa**.

5. A presença de sardas é determinada por um alelo dominante (**A**) e sua ausência, por um alelo recessivo (**a**). O fato de um alelo ser dominante não significa que ele é encontrado em maior frequência na população. Significa apenas que seu fenótipo se manifesta tanto no homozigoto como no heterozigoto. No heredograma abaixo, os indivíduos assinalados em cinza possuem sardas (característica dominante). Quais são os indivíduos heterozigotos?

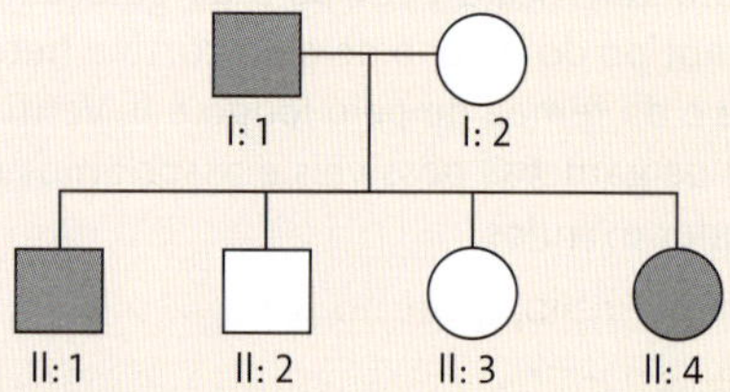

Resolução

Como a ausência de sardas é recessiva, podemos dizer que os indivíduos I: 2, II: 2 e II: 3 são homozigotos recessivos (**aa**). Se o indivíduo I: 1 fosse homozigoto dominante (**AA**), ele não poderia ter filhos sem sardas, já que seus filhos seriam **AA** ou **Aa**, logo ele é heterozigoto (**Aa**). Como os indivíduos II: 1 e II: 4 possuem sardas, eles herdaram o alelo dominante (**A**) do pai. Mas, como sua mãe não possui sardas, eles herdaram um alelo recessivo dela; logo, também são heterozigotos (**Aa**). Então, podemos dizer que apenas os indivíduos I: 1, II: 1 e II: 4 são heterozigotos.

6. Observe as genealogias abaixo e determine em cada caso se o caráter em questão deve-se a um alelo dominante ou recessivo.

1.

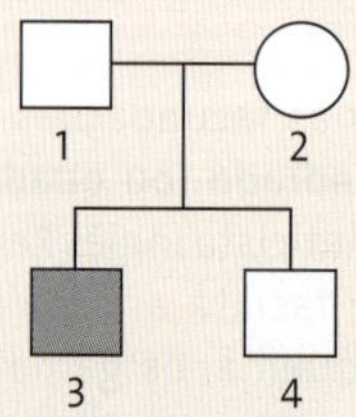

2.

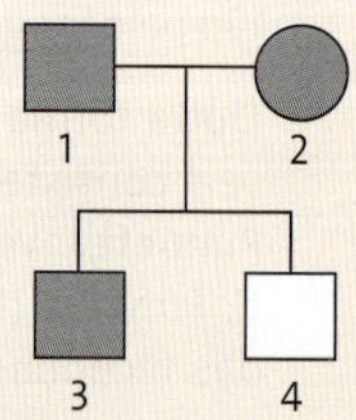

Resolução

O caráter a ser analisado, salvo orientação em contrário, é sempre o dos indivíduos hachurados ou em cor escura. No heredograma 1, nota-se que o casal, que não possui o caráter, produziu um menino com o caráter, o que nos leva à conclusão de que os pais são heterozigotos (**Aa**) e passaram o alelo **a** para o filho. Portanto, o caráter em questão deve-se a um alelo recessivo, sendo o genótipo do filho afetado **aa**. No heredograma 2, o casal apresenta o caráter e produz um filho sem ele. Portanto, pode-se concluir que o casal é heterozigoto (**Aa**) e o filho não afetado tem genótipo **aa**, sendo o caráter em estudo determinado por um alelo dominante.

5 Gene e ambiente: norma de reação

No desenvolvimento de um indivíduo, o genótipo não é o único fator em jogo. O ambiente também influencia na formação das características (fenótipo).

Às vezes, o efeito do ambiente é muito pequeno ou mesmo nulo, como é o caso do grupo sanguíneo de uma pessoa, determinado exclusivamente pelos genes. Na maioria das vezes, porém, o ambiente pode influir bastante no fenótipo. O termo *ambiente* abrange aqui desde o ambiente celular e do organismo, como os nutrientes, até fatores físicos do ambiente externo, como a luz do sol, e também fatores sociais e culturais, como a aprendizagem.

Chamamos de **norma de reação** a distribuição dos fenótipos possíveis, produzidos pelo mesmo genótipo, em resposta a condições ambientais diferentes. Por exemplo, quando uma pessoa de pele branca se expõe muito ao sol, sua pele escurece, mas não ultrapassará os limites de pigmento previstos em seu padrão genético.

Um caso interessante de influência de um fator ambiental sobre o fenótipo é o de certos mamíferos, como o gato siamês. Esses animais têm a pelagem clara, com as extremidades (orelhas, focinho, pés e rabo) pretas (figura 1.22). A presença do pigmento escuro é resultado da atividade de uma enzima. Acima de 34 °C, a enzima fica inativa e, como o corpo tem temperatura acima disso, o pelo torna-se claro. Nas extremidades a temperatura é inferior a 34 °C e a enzima torna-se ativa, formando o pigmento preto. Esfriando artificialmente partes claras do corpo desses animais, elas ficam escuras.

Figura 1.22 Efeito do ambiente no gato siamês. O animal mede cerca de 40 cm de comprimento.

Fabio Colombini/Acervo do fotógrafo

Biologia e saúde

Aconselhamento genético

A avaliação dos riscos de ter um bebê com um problema genético é feita por um médico geneticista, que também pode informar sobre a evolução, o tratamento e as opções para lidar com o problema. O profissional pode analisar a história familiar da doença e solicitar diversos exames, até mesmo exames de cromossomos e testes genéticos.

Um caso que merece atenção no aconselhamento genético é o dos casamentos consanguíneos (casamento entre pessoas da mesma família). Suponha que um alelo recessivo **a**, raro na população, determine alguma doença. Poucas pessoas serão portadoras desse alelo, isto é, poucas pessoas terão genótipo **Aa**. Se esse indivíduo se unir a uma pessoa de outra família, esta pessoa, muito provavelmente, será **AA**, pois o alelo **a**, sendo raro, é encontrado em poucas famílias. Dessa união (**Aa** com **AA**) nascerão filhos sem o problema (**AA** ou **Aa**). Mas, se o indivíduo **Aa** se unir a um parente, a probabilidade de esse parente também ser **Aa** é maior do que no caso anterior, pois o alelo **a** está presente nessa família. A união de **Aa** com **Aa** terá probabilidade de 1/4 (25%) de filhos **aa**, portadores da doença.

Muitas vezes os genes apenas aumentam o risco da doença e a pessoa só precisa tomar certas precauções. Por exemplo, mulheres com propensão ao câncer de mama devem realizar exames periódicos com mais frequência.

A identificação de vários genes permitiu desenvolver testes genéticos para a detecção precoce de algumas doenças. Para as doenças tratáveis, esses testes são, sem dúvida, muito importantes. Outras vezes, porém, o teste acusa uma doença genética fatal, que ainda não tem cura e que só se manifesta após certa idade, como é o caso da doença de Huntington. Nessas situações, a decisão de realizar o teste pode ser muito difícil. Há ainda o problema de garantir a privacidade da pessoa e impedir que empresas discriminem candidatos a vagas por terem propensão a determinadas doenças. Os testes genéticos envolvem, portanto, aspectos sociais, jurídicos e éticos e devem ser discutidos por toda a sociedade.

Anna Omelchenko/Shutterstock/Glow Images

Figura 1.23 A cor dos olhos é uma característica hereditária.

Caracteres hereditários e congênitos

A cor dos olhos, o tipo de nariz e algumas outras características do indivíduo resultam, principalmente, da influência dos genes e são transmitidas dos pais para os filhos. Por isso são chamadas **hereditárias** (figura 1.23).

Algumas doenças, como o câncer, surgem por causa de alterações genéticas; são doenças genéticas. Em alguns casos, essas alterações podem ser herdadas, o que faz com que a pessoa tenha uma predisposição à doença. Em outros, elas aparecem ao longo da vida por causa de fatores mutagênicos que atingem células somáticas (radiações, certos produtos químicos, etc.). Nem toda doença genética, portanto, é hereditária.

Um caráter é **congênito** quando está presente por ocasião do nascimento – independentemente de sua causa ser genética ou ambiental. Por exemplo, se uma mulher adquirir rubéola durante a gravidez, o vírus pode atingir o embrião e provocar surdez na criança. Mas a surdez pode ser causada também por alterações em um gene que é transmitido dos pais para os filhos. Nesse caso, trata-se de uma surdez hereditária.

Podemos dizer, então, que a surdez provocada pelo ambiente (infecção) está copiando um tipo de caráter que, em outros indivíduos, é consequência de um gene. Assim, a surdez causada pela rubéola é classificada pelos geneticistas como uma **fenocópia** (fenótipo copiado).

Aprofunde seus conhecimentos

Probabilidade condicional

A probabilidade de obter um resultado que depende de outro conhecido é chamada de probabilidade condicional. Vejamos sua aplicação em Genética.

a) Qual a probabilidade de uma semente na geração F_2 de Mendel ser heterozigota?

Resolução: A proporção genotípica é 1/4 AA, 2/4 Aa, 1/4 aa. Portanto, a resposta é 1/2.

Se perguntássemos qual a probabilidade de uma semente amarela ser heterozigota, a resposta não seria 1/2 porque já temos a informação de que a semente não é verde.

Eliminando essa possibilidade, chegamos ao resultado de 2/3. Observe na tabela a seguir que há 2 resultados em 3 que levam à formação de uma semente amarela heterozigota (considere que já sabemos que a semente não é verde e, por isso, excluímos dos resultados possíveis o genótipo aa).

♀ \ ♂	A	a
A	AA	Aa
a	Aa	~~aa~~

b) Um homem com pele pigmentada, filho de pais heterozigotos, casa-se com uma mulher albina. Qual a probabilidade de nascer um filho albino?

Resolução: Observe o esquema a seguir:

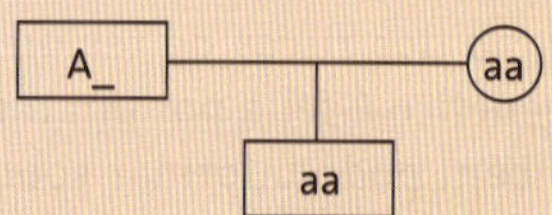

Vemos que o homem pode ser homozigoto ou heterozigoto. Se for homozigoto, não terá filhos albinos. Portanto, há uma condição imposta no problema: para ter filho albino, ele tem de ser heterozigoto. A probabilidade de ser heterozigoto é 2/3 e não 2/4, pois, se ele tem pele com pigmentação normal, eliminamos a probabilidade de ser aa, ficando apenas 1/3 para pele pigmentada homozigoto puro e 2/3 para pele pigmentada heterozigoto. Se for heterozigoto (Aa), a probabilidade de nascer um filho albino no casamento com mulher albina é de 1/2 (Aa × aa: 1/2 Aa e 1/2 aa).

Como há dois eventos que precisam ocorrer simultaneamente – ser heterozigoto e, sendo heterozigoto, ter um filho albino –, multiplicamos essas duas probabilidades: 2/3 × 1/2 = 2/6 = 1/3. Portanto, a resposta é 1/3.

Atividades

1. O esquema abaixo mostra dois tipos de divisão celular. Os bastões representam cromossomos.

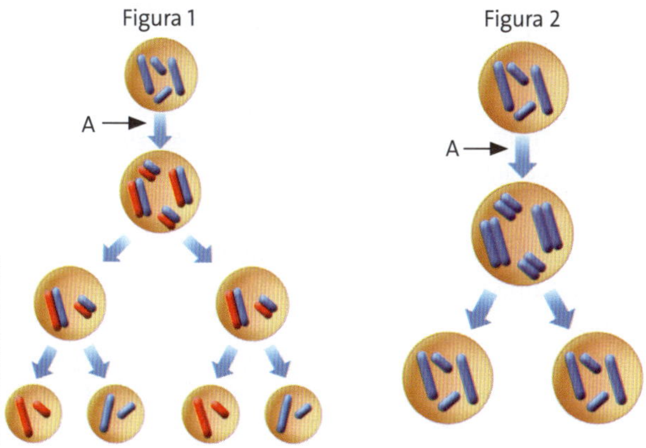

Luis Moura/Arquivo da editora

a) Identifique qual a figura da mitose e qual a da meiose. Justifique sua resposta.

b) Quantos pares de cromossomos homólogos as células possuem inicialmente?

c) O que acontece com os cromossomos na etapa indicada pela letra A?

d) Suponha que a célula inicial possua dois alelos, **A** e **a**, em um dos pares de cromossomos homólogos. Como são as células produzidas ao final da divisão da figura 1 em relação a esses alelos? E as da figura 2?

2. Na figura abaixo estão esquematizados (cores fantasia) quatro cromossomos de uma célula (indicados pelas letras) e vários alelos (indicados por números).

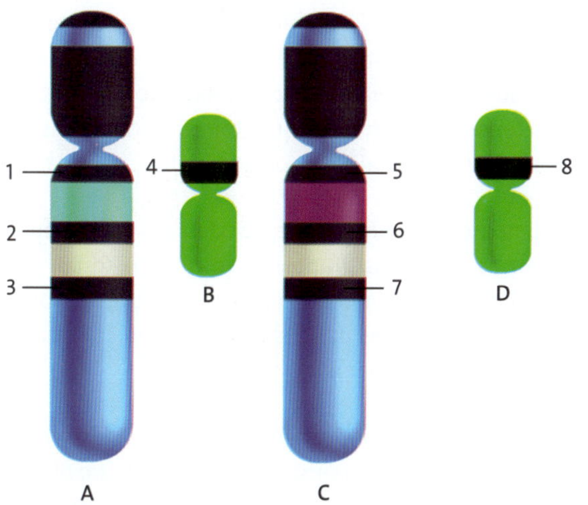

Luis Moura/Arquivo da editora

No caderno, identifique quais os pares de homólogos e os pares de alelos.

3. Um estudante afirmou que o fato de uma característica genética estar presente em muitos indivíduos de uma população significa que o alelo para essa característica é dominante. Você concorda? Justifique sua resposta.

4. O esquema a seguir ilustra o resultado de um cruzamento entre ervilhas amarelas e verdes feito por Mendel. A geração **P** era de ervilhas puras. A geração $\mathbf{F_2}$ foi obtida por autofecundação da geração $\mathbf{F_1}$.

Geração	**Cruzamento entre ervilhas amarelas e verdes**
P	 ×
F_1	 100% amarelas
F_2	

Martin Shields/Photoresearchers/Latinstock

No caderno, a partir do esquema, responda às questões:

a) Qual a característica dominante: a amarela ou a verde? Justifique sua resposta.

b) Quais os genótipos das ervilhas?

5. Qual a proporção genotípica e fenotípica obtida no cruzamento de dois heterozigotos quando há dominância incompleta?

6. Que tipos de gametas os indivíduos AA, Aa e aa podem produzir?

7. Determine as proporções genotípicas e fenotípicas resultantes dos seguintes cruzamentos (**a** é o alelo para albinismo, uma característica recessiva):

a) AA × AA.

b) aa × aa.

c) AA × aa.

d) Aa × aa.

e) Aa × Aa.

8. Estudando a formação de gametas, um estudante concluiu que o emparelhamento de cromossomos homólogos na prófase I e a organização dos cromossomos na região equatorial da célula na segunda divisão da meiose são eventos essenciais para explicar as leis de Mendel. Justifique a afirmação do estudante.

9. Um estudante afirmou que os gametas de um indivíduo eram heterozigotos. Por que essa afirmação está errada?

10. Para descobrir se uma planta que produz ervilhas amarelas (característica dominante) é homozigota ou heterozigota quanto ao par de alelos que condicionam esse caráter, devemos fazer seu cruzamento com outra que produza ervilhas amarelas ou com uma planta que produza ervilhas verdes? Justifique sua escolha.

11. Sabendo que a falta de melanina (doença conhecida como albinismo) depende de um alelo recessivo **a**, como serão os filhos de uma pessoa de pele pigmentada, filha de pai albino, e uma pessoa com albinismo?

12. A figura abaixo, baseada em uma ilustração feita em 1694, representa um espermatozoide. Ela mostra uma ideia popular na época sobre a função do espermatozoide para a formação de um novo ser vivo. Qual seria essa ideia? Por que, segundo nossos conhecimentos atuais, ela está errada?

Ingeborg Asbach/Arquivo da editora

13. Em ervilhas, o caráter semente lisa é condicionado por um alelo dominante **R**, enquanto o caráter semente rugosa é condicionado pelo alelo recessivo **r**. Quais são as proporções genotípica e fenotípica obtidas na autofecundação de uma ervilha heterozigota? Faça um esquema indicando como o resultado foi obtido.

14. A primeira lei de Mendel pode ser enunciada assim: "Cada caráter é condicionado por um par de fatores que se separam na formação dos gametas, nos quais ocorrem em dose simples". Quando Mendel chegou a essa conclusão, porém, ele não sabia exatamente o que seriam esses fatores nem como ocorreria sua separação. Explique o que, atualmente, corresponde a esses fatores e qual é o processo responsável pela separação deles.

15. Os gêmeos univitelinos são geneticamente iguais, pois vieram de uma mesma célula-ovo. Isso significa que suas características são também idênticas? Justifique sua resposta.

16. A planta maravilha apresenta dominância incompleta, produzindo flores vermelhas, brancas e rosas. Então, responda:

a) Se a teoria da herança misturada fosse verdadeira, o que deveria acontecer se cruzássemos uma flor rosa com uma flor vermelha?

b) O que acontece realmente? Tal resultado apoia a teoria da herança misturada ou a teoria de Mendel?

c) Segundo a teoria da herança misturada, uma vez que os elementos responsáveis pela hereditariedade tivessem sido misturados, eles não se separariam mais. A que correspondem esses elementos de acordo com a teoria atual?

Atividades práticas

Simulando cruzamentos em Genética

Cada grupo deve conseguir o seguinte material:

- dois sacos de papel opaco;
- 12 peças de jogo de damas brancas e 12 peças pretas, todas do mesmo tamanho (podem ser usados feijões pretos e feijões mais claros, como o carioquinha, desde que sejam aproximadamente do mesmo tamanho).

Em um dos sacos de papel deve ser escrito "gametas masculinos"; no outro, "gametas femininos". Cada saco deverá conter 6 peças pretas e 6 peças brancas.

Sem olhar o conteúdo do primeiro saco, um dos alunos do grupo retira uma peça de seu interior; e outro aluno retira uma peça do outro saco, também sem olhar. Um terceiro aluno do grupo anota a combinação formada pelas duas peças (a ordem em que foram tiradas não importa). As duas peças devem ser devolvidas aos respectivos sacos e misturadas com as outras. O processo deve ser repetido 32 vezes.

1. Suponham que cada peça corresponda a um alelo de determinado gene e cada sorteio represente o encontro de dois gametas. Usando letras maiúsculas e minúsculas para representar os alelos, representem os genótipos dos pais que participam desse cruzamento.

2. Usando as mesmas letras, informem qual a proporção genotípica esperada para a descendência desse cruzamento. Qual a proporção obtida pelo grupo na prática?

3. Suponham que haja dominância completa entre os alelos e respondam: qual a proporção fenotípica esperada (isto é, quantos são os indivíduos com a característica dominante e quantos têm a característica recessiva)? Qual a proporção fenotípica obtida?

4. Comparem as proporções obtidas em seu grupo com as de outros grupos: os resultados foram os mesmos? Expliquem por que as proporções genotípicas e fenotípicas obtidas não precisam ser iguais às proporções esperadas.

5. Redistribuam as peças de modo que um dos sacos fique com 3 peças brancas e 3 peças pretas e o outro saco fique com 6 peças brancas e repitam o processo de sorteio descrito anteriormente. Novamente, usando letras maiúsculas e minúsculas para os alelos e supondo que as peças brancas representam o alelo recessivo, respondam às questões de 1 a 4 adaptando-as a essa nova situação.

Pensando no Enem

Mendel cruzou plantas puras de ervilha com flores vermelhas e plantas puras com flores brancas, e observou que todos os descendentes tinham flores vermelhas. Nesse caso, Mendel chamou a cor vermelha de dominante e a cor branca de recessiva. A explicação oferecida por ele para esses resultados era a de que as plantas de flores vermelhas da geração inicial (**P**) possuíam dois fatores dominantes iguais para essa característica (VV), e as plantas de flores brancas possuíam dois fatores recessivos iguais (vv). Todos os descendentes desse cruzamento, a primeira geração de filhos (F_1), tinham um fator de cada progenitor e eram Vv, combinação que assegura a cor vermelha nas flores.

Tomando-se um grupo de plantas cujas flores são vermelhas, como distinguir aquelas que são VV das que são Vv?

a) Cruzando-as entre si, é possível identificar as plantas que têm o fator v na sua composição pela análise de características exteriores dos gametas masculinos, os grãos de pólen.

b) Cruzando-as com plantas recessivas, de flores brancas. As plantas VV produzirão apenas descendentes de flores vermelhas, enquanto as plantas Vv podem produzir descendentes de flores brancas.

c) Cruzando-as com plantas de flores vermelhas da geração **P**. Os cruzamentos com plantas Vv produzirão descendentes de flores brancas.

d) Cruzando-as entre si, é possível que surjam plantas de flores brancas. As plantas Vv cruzadas com outras Vv produzirão apenas descendentes vermelhas, portanto as demais serão VV.

e) Cruzando-as com plantas recessivas e analisando as características do ambiente onde se dão os cruzamentos, é possível identificar aquelas que possuem apenas fatores V.

Resolução

Para a resolução desta questão são necessários conhecimentos em hereditariedade, além de interpretação de texto e cálculo matemático simples de porcentagem.

É essencial ler com atenção o enunciado do problema e retirar dele a maior quantidade de dados fornecidos.

Neste caso, o enunciado apresenta uma breve explicação da Primeira Lei de Mendel, na qual estipula-se que as características hereditárias são determinadas por fatores herdados dos pais na mesma proporção. Esse enunciado funciona como um exemplo para lembrarmos detalhes dessa lei, além dos genótipos e fenótipos possíveis, os quais você utilizará para resolver a questão:

Fenótipo	Genótipo
Vermelho	VV ou Vv
Branco	vv

O problema

A questão propõe a realização de um experimento para distinguir as plantas vermelhas de genótipo VV daquelas com genótipo Vv.

Para isso, precisamos lembrar que:

- A cor vermelha é uma característica dominante; portanto, os indivíduos podem ser de dois tipos diferentes de genótipo, sendo VV homozigoto ou Vv heterozigoto.
- A cor branca, por ser recessiva, possui apenas um genótipo possível: vv.

O aluno deve lembrar que a única diferença entre as plantas é a cor de suas flores, por isso é desejável que o experimento de cruzamento forneça resultados diferentes se a planta for VV ou Vv.

Os cruzamentos possíveis são:

- flor vermelha (VV ou Vv) × flor vermelha (VV ou Vv).
- flor vermelha (VV ou Vv) × flor branca (vv)

Caso a primeira opção de cruzamento seja realizada, não será possível descobrir pela F_1 o genótipo da geração parental. Apenas no caso de haver diferença de cor entre as plantas da F_1, saberíamos o genótipo dos parentais (Vv × Vv). Nas demais possibilidades (VV × Vv, VV × VV e Vv × VV) F_1 seria composta apenas de flores vermelhas e continuaríamos sem saber o genótipo exato dos parentais.

Já por meio do cruzamento de flores vermelhas com floras brancas (V_ × vv), é possível obter uma diferença de coloração entre as plantas da geração F_1:

- Cruzamento entre vermelha homozigoto (VV) e branca (vv)

VV × vv
Vv Vv Vv Vv
(100% flores vermelhas)

- Cruzamento entre vermelha heterozigota (Vv) e branca (vv)

Vv × vv
Vv Vv vv vv
(50% flores vermelhas e 50% flores brancas)

Portanto, o melhor experimento seria aquele que propõe o cruzamento com uma planta recessiva (vv).

Resposta: **B**.

Vestibulares de Norte a Sul

1. **SE** (FEI-SP) Algumas variedades de canários mudam de cor dependendo da alimentação que recebem. Essa mudança indica que o:

a) fenótipo depende do ambiente.
b) genótipo depende do ambiente.
c) fenótipo depende do genótipo e do meio ambiente.
d) genótipo depende do fenótipo e do meio ambiente.
e) genótipo depende dos genes.

2. **CO** (UFG-GO) Após seu retorno à Inglaterra, Darwin casou-se com sua prima Emma, com quem teve dez filhos, dos quais três morreram. Suponha que uma dessas mortes tenha sido causada por uma doença autossômica recessiva. Nesse caso, qual seria o genótipo do casal para esta doença?

a) Aa e Aa.
b) AA e aa.
c) AA e Aa.
d) AA e AA.
e) aa e aa.

3. **SE** (UFU-MG) Em galinhas da raça andaluza, a cor da plumagem é determinada pelos genes P^P (pelagem preta) e P^B (pelagem branca). Cruzando aves pretas (P^PP^P) com aves brancas ($P^B P^B$), obtêm-se em F_1 100% de descendentes de plumagem azul-acinzentada (P^PP^B). Aves da geração F_1, quando cruzadas entre si, produzirão descendentes nas seguintes proporções:

a) 9 pretas : 3 azuladas : 3 acinzentadas : 1 branca.
b) 3 brancas : 1 preta.
c) 1 preta : 2 azul-acinzentadas : 1 branca.
d) 3 pretas : 1 branca.

4. **NE** (Ucsal-BA) Em urtigas, o caráter denteado das folhas domina o caráter liso. Em uma experiência de polinização cruzada, foi obtido o seguinte resultado: 89 denteadas e 29 lisas. A provável fórmula genética dos cruzantes é:

a) Dd × dd.
b) DD × dd.
c) Dd × Dd.
d) DD × Dd.
e) DD × DD.

5. **NE** (Uece) Se num cruzamento-teste encontramos a proporção fenotípica 1 : 1, isto é, 50% da progênie com fenótipo dominante e 50% com fenótipo recessivo, podemos concluir corretamente que:

a) o genótipo do indivíduo testado era homozigoto.
b) o genótipo do indivíduo testado era heterozigoto.
c) ambos os genótipos dos indivíduos cruzados eram homozigotos.
d) ambos os genótipos dos indivíduos cruzados eram heterozigotos.

6. **NE** (UFRN) O primeiro relato da ocorrência da Síndrome de Spoan foi feito em Serrinha dos Pintos, município no interior do Rio Grande do Norte.

Estima-se que 10% da população desse município possuam o gene causador da síndrome, que se manifesta por atrofia do sistema nervoso e paralisia. A síndrome é determinada por um alelo autossômico recessivo e as chances de ela ocorrer é favorecida através de descendentes de casais consanguíneos.

Disponível em: <www.wikipedia.com.br>. Acesso em: 12 jul. 2011.

Suponhamos que um casal de primos, natural de Serrinha dos Pintos, aguarde o nascimento do seu primeiro filho. Embora não apresentem a Síndrome de Spoan, o casal gostaria de saber a probabilidade de esse filho vir a apresentá-la, ou de ser saudável, mas portador do gene para esse tipo de síndrome.
Os princípios básicos que regem a transmissão de características hereditárias indicam que o filho desse casal tem:

a) 75% de probabilidade de apresentar a síndrome, se ambos os pais forem heterozigotos.
b) 25% de probabilidade de apresentar a síndrome, se apenas um dos pais possuir um alelo recessivo.
c) 50% de chance de ser saudável, mas ser portador do gene, se apenas um dos pais possuir um alelo recessivo.
d) 100% de chance de ser saudável, mas portador do gene, se ambos os pais forem heterozigotos.

7. **SE** (Vunesp-SP) Considerando que a cor da pelagem de cobaias é determinada por um par de alelos, que pode apresentar dominância ou recessividade, foram realizados cruzamentos entre esses animais, conforme a tabela.

	Cruzamentos		Número de descendentes em uma ninhada	
	♂	♀	Negros	Brancos
I	branco ×	branco	0	7
II	branco ×	negro	5	4
III	negro ×	negro	8	0
IV	branco ×	branco	2	7
V	negro ×	branco	0	8

A análise da tabela permite concluir que:

a) no cruzamento I, os pais são heterozigotos.
b) no cruzamento II, são observados dois fenótipos e três genótipos entre os descendentes.
c) no cruzamento III, os genótipos dos pais podem ser diferentes.
d) no cruzamento IV, os pais são heterozigotos.
e) no cruzamento V, podem ocorrer três genótipos diferentes entre os descendentes.

8. **SE** (Fuvest-SP) A figura mostra etapas da segregação de um par de cromossomos homólogos em uma meiose em que não ocorreu permuta.

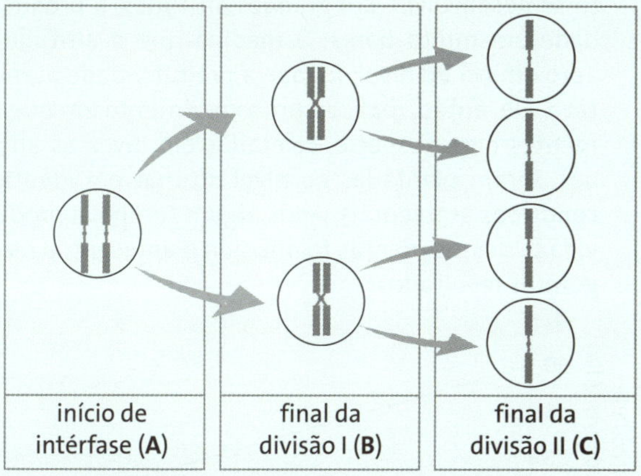

No início da intérfase, antes da duplicação cromossômica que precede a meiose, um dos representantes de um par de alelos mutou por perda de uma sequência de pares de nucleotídeos. Considerando as células que se formam no final da primeira divisão (**B**) e no final da segunda divisão (**C**), encontraremos o alelo mutante em:

a) uma célula em **B** e nas quatro em **C**.
b) uma célula em **B** e em duas em **C**.
c) uma célula em **B** e em uma em **C**.
d) duas células em **B** e em duas em **C**.
e) duas células em **B** e nas quatro em **C**.

9. **S** (UFSC) A figura abaixo apresenta uma genealogia hipotética.

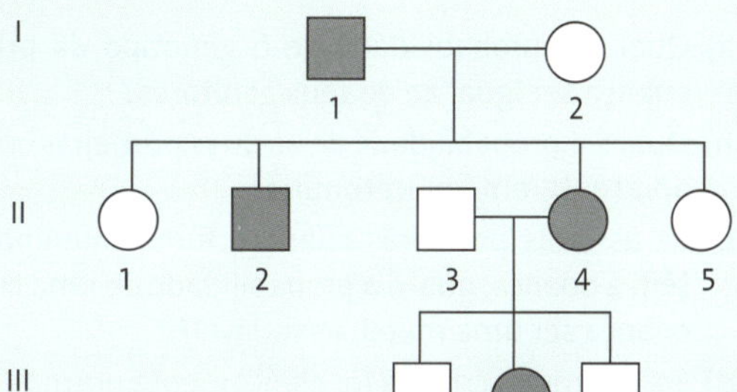

Com relação a essa figura é correto afirmar que [dê a soma dos números associados às proposições corretas]:

01. Os indivíduos II-3 e II-4 representam, respectivamente, um homem e uma mulher.
02. Os indivíduos I-1 e II-2, por exemplo, são indivíduos afetados pela característica que está sendo estudada, enquanto II-1 e III-3 não o são.
04. III-1 é neto(a) de I-1 e I-2.
08. III-2 é sobrinho(a) de II-5.
16. II-3 não tem nenhuma relação genética com I-2.
32. II-1 é mais jovem do que II-5.
64. Com exceção de II-3, os demais indivíduos da segunda geração são irmãos.

10. **SE** (Uerj) A doença de Von Willebrand, que atinge cerca de 3% da população mundial, tem causa hereditária, de natureza autossômica dominante. Essa doença se caracteriza pela diminuição ou disfunção da proteína conhecida como fator Von Willebrand, o que provoca quadros de hemorragia.

O esquema abaixo mostra o heredograma de uma família que registra alguns casos dessa doença.

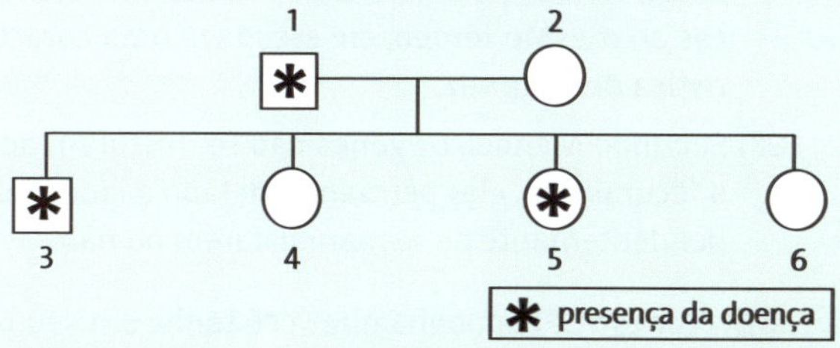

Admita que os indivíduos 3 e 4 casem com pessoas que não apresentam a doença de Von Willebrand.
As probabilidades percentuais de que seus filhos apresentem a doença são, respectivamente, de:

a) 50 e 0
b) 25 e 25
c) 70 e 30
d) 100 e 50

11. **S** (UFRGS-RS) Em 2005, iniciaram-se as comemorações do centenário da utilização da *Drosophila* sp. na pesquisa científica.

Assinale com V (verdadeiro) ou F (falso) as afirmações a seguir sobre esse inseto, amplamente utilizado em experimentos na área de genética e evolução.

( ) Apresenta variantes genéticas facilmente observáveis.
( ) Apresenta autofecundação.
( ) Apresenta ciclo reprodutivo curto e fecundidade alta.
( ) Apresenta pequeno número de cromossomos.
( ) Não apresenta dimorfismo sexual.

A sequência correta de preenchimento dos parênteses, de cima para baixo é:

a) F - V - F - F - V.
b) F - F - V - F - V.
c) V - V - F - V - F.
d) V - F - V - V - F.
e) V - F - F - V - V.

12. **S** (UEPG-PR) Na época em que Mendel escreveu suas leis, ainda não eram conhecidos os cromossomos e o fenômeno da meiose. No entanto, ele postulou algumas ideias básicas que sugeriam as etapas da divisão celular. Suas conclusões foram mais tarde transformadas por outros pesquisadores na Primeira Lei de Mendel. Sobre as afirmações e o sucesso de Mendel em suas pesquisas, assinale o que for correto.

01) Mendel concluiu que cada caráter hereditário é condicionado por dois fatores que se separam na formação dos gametas, indo apenas um fator para cada gameta.

02) A Primeira Lei de Mendel, também conhecida como "Lei da pureza dos gametas", postula que os gametas têm um só gene, sendo, portanto, sempre puros.

04) O sucesso de sua pesquisa deveu-se a algumas particularidades do método que usava: a escolha do material e a escolha de características contrastantes. Ao contrário de outros pesquisadores que tentavam sem sucesso entender a herança em bloco, isto é, considerando todas as características ao mesmo tempo, ele estudava uma característica de cada vez.

08) Segundo Mendel, os genes não se misturam após a fecundação, eles permanecem lado a lado, independentemente de se manifestarem ou não.

13. **SE** (Vunesp-SP) Suponha que você tenha em seu jardim exemplares da mesma espécie de ervilha utilizada por Mendel em seus experimentos. Alguns desses exemplares produzem sementes lisas e outros, sementes rugosas. Sabendo que a característica "lisa" das sementes da ervilha é determinada por um alelo dominante **L**, portanto por genótipos **LL** ou **Ll**, e sabendo ainda que as flores são hermafroditas e que sementes produzidas por autofecundação são viáveis:

a) Planeje um cruzamento experimental entre flores de exemplares diferentes que lhe permita determinar se uma planta que produz sementes lisas é homozigota ou heterozigota para esse caráter.

b) No caso de ocorrer autofecundação em uma planta que produz sementes lisas e é heterozigota, qual seria a proporção esperada de descendentes com sementes rugosas?

14. **SE** (UMC-SP) Por que nos animais o termo *heterozigoto*, referente a uma determinada característica genética, só se aplica aos indivíduos e não aos gametas?

15. **CO** (UFG-GO) O heredograma é a representação gráfica das relações de parentesco entre os indivíduos de uma família e das características particulares de seus membros. Com base na análise da figura, interprete o heredograma apresentado a seguir, considerando o grau de parentesco, a manifestação genética dos traços hereditários, a reprodução e a sobrevivência dos indivíduos.

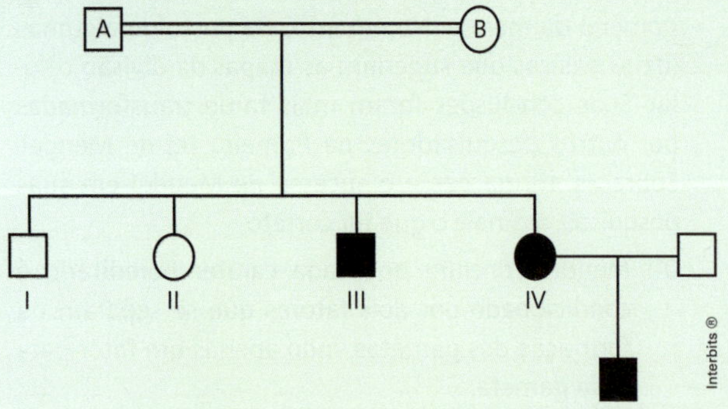

16. **SE** (UFRJ) Um pesquisador observou que uma certa espécie de planta apresentava uma grande variação de produtividade relacionada à altitude onde a planta se desenvolvia. Em grandes altitudes, a produtividade era muito baixa; à medida que a altitude se aproximava do nível do mar, a produtividade aumentava. Ele, então, realizou um experimento em que sementes dessa espécie, coletadas em diversas altitudes, foram plantadas ao nível do mar em idênticas condições ambientais. Após algum tempo, a produtividade dessas plantas foi medida e apresentou os seguintes resultados:

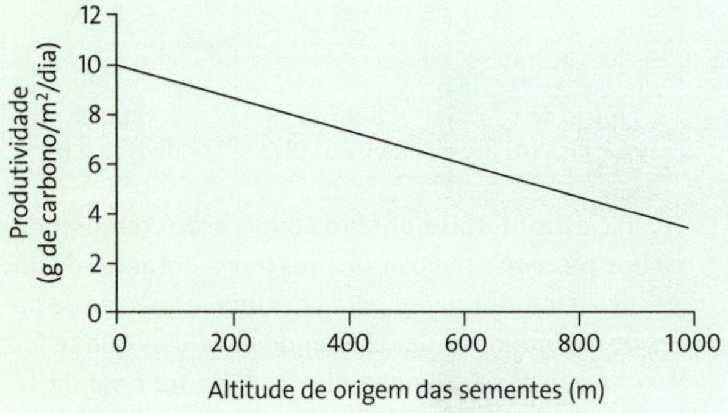

Identifique se é o componente genético ou o componente ambiental que predomina no condicionamento da produtividade dessas plantas. Justifique sua resposta.

17. **SE** (Fuvest-SP) A fenilcetonúria é uma doença que tem herança autossômica recessiva. Considere a prole de um casal de heterozigóticos quanto à mutação que causa a doença.

a) Qual é a probabilidade de o genótipo da primeira criança ser igual ao de seus genitores?

b) Qual é a probabilidade de as duas primeiras crianças apresentarem fenilcetonúria?

c) Se as duas primeiras crianças forem meninos que têm a doença, qual é a probabilidade de uma terceira criança ser uma menina saudável?

d) Se a primeira criança for clinicamente normal, qual é a probabilidade de ela não possuir a mutação que causa a fenilcetonúria?

18. **SE** (Uerj) Considere o cruzamento de um bode sem chifres com três cabras. Em cada cruzamento, foi gerado apenas um filhote. Observe os dados na tabela:

Cabra	Presença de chifres	
	na cabra	no filhote
1	sim	não
2	sim	sim
3	não	sim

Admita que a ausência de chifres em caprinos seja uma característica monogênica dominante.

Utilizando as letras **A** e **a** para representar os genes envolvidos, determine os genótipos do bode e das três cabras.

CAPÍTULO

2 Segunda lei de Mendel

Viacheslav V. Fedorov/Shutterstock/Glow Images

As características das ervilhas foram muito estudadas por Mendel.

↘ Você conhece algumas aplicações da genética em nosso dia a dia?

↘ Como seria o resultado de um cruzamento em que mais de uma característica está sendo selecionada?

1 Experiência de Mendel

Após estudar uma característica de cada vez (monoibridismo), Mendel passou a se preocupar com o comportamento de duas características, uma em relação à outra, no mesmo cruzamento. Por exemplo, como seriam os descendentes de um indivíduo de semente amarela e lisa com outro de semente verde e rugosa? O que ocorreria se realizasse a autofecundação de um híbrido para essas duas características?

Ao analisar cruzamentos que envolviam dois tipos de características (**di-hibridismo**), Mendel descobriu mais uma lei da Genética.

Mendel cruzou ervilhas puras para semente amarela e para superfície lisa (caracteres dominantes) com ervilhas de semente verde e superfície rugosa (caracteres recessivos). Constatou que $\mathbf{F_1}$ era totalmente constituída por indivíduos com sementes amarelas e lisas, o que era esperado, uma vez que esses caracteres são dominantes e os pais eram puros. Ao provocar a autofecundação de um indivíduo $\mathbf{F_1}$, observou que a geração $\mathbf{F_2}$ era composta de quatro tipos de sementes: amarela e lisa, 9/16; amarela e rugosa, 3/16; verde e lisa, 3/16; verde e rugosa, 1/16 (figura 2.1).

Os fenótipos "amarela e lisa" e "verde e rugosa" já eram conhecidos, mas os tipos "amarela e rugosa" e "verde e lisa" não estavam presentes na geração parental nem na $\mathbf{F_1}$. O aparecimento desses fenótipos de recombinação de caracteres paternos e maternos permitiu a Mendel concluir que a herança da cor era independente da herança da superfície da semente. O par de fatores para cor se distribuía entre os filhos sem influir na distribuição do par de fatores para superfície.

Essa é a **segunda lei de Mendel**, também chamada **lei da recombinação** ou **lei da segregação independente**, e pode ser assim enunciada: "Em um cruzamento em que estejam envolvidos dois ou mais caracteres, os fatores que determinam cada um se separam (se segregam) de forma independente durante a formação dos gametas, se recombinam ao acaso e formam todas as combinações possíveis".

Fotos: Martin Shields/Photoresearchers/Latinstock

Figura 2.1 Quadro demonstrativo da segunda lei de Mendel. Na foto, os quatro tipos de sementes: amarela e lisa, amarela e rugosa, verde e lisa, verde e rugosa (geralmente as ervilhas têm cerca de 7 mm a 10 mm de diâmetro).

Interpretação da segunda lei de Mendel

Em termos atuais, dizemos que o par de alelos para a cor da semente (**V** e **v**, com **V** determinando semente amarela e **v**, semente verde) segrega-se independentemente do par de alelos para a forma da semente (**R** condicionando semente lisa e **r**, rugosa), uma vez que estão em diferentes pares de cromossomos.

O genótipo de um indivíduo puro com sementes amarelas e lisas é VVRR e o de indivíduos com sementes verdes e rugosas é vvrr. Por meiose o indivíduo VVRR produz células **VR**, e o indivíduo vvrr, células **vr** (figura 2.2). A união de gametas **VR** e **vr** produz apenas um tipo de indivíduo na geração $\mathbf{F_1}$: VvRr. Esse indivíduo é di-híbrido e produz por meiose quatro tipos de células. Observe na figura 2.3 que, durante a meiose, há duas posições possíveis para os cromossomos na metáfase I. No total são produzidos quatro tipos de gametas: **VR**, **Vr**, **vR** e **vr**. Todos podem ocorrer com a mesma frequência: 25% ou 1/4.

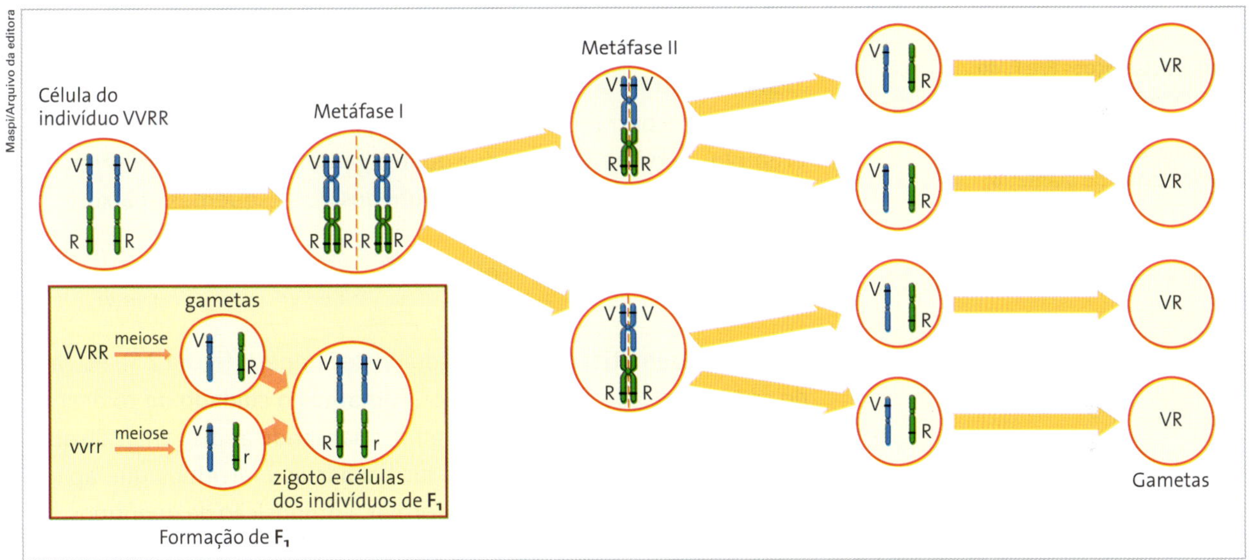

Figura 2.2 Produção de gametas dos indivíduos da geração parental. A meiose do indivíduo vvrr é idêntica à do indivíduo VVRR. Embaixo, à esquerda, formação de indivíduos da $\mathbf{F_1}$. (Os elementos ilustrados não estão na mesma escala; células e cromossomos são microscópicos; cores fantasia.)

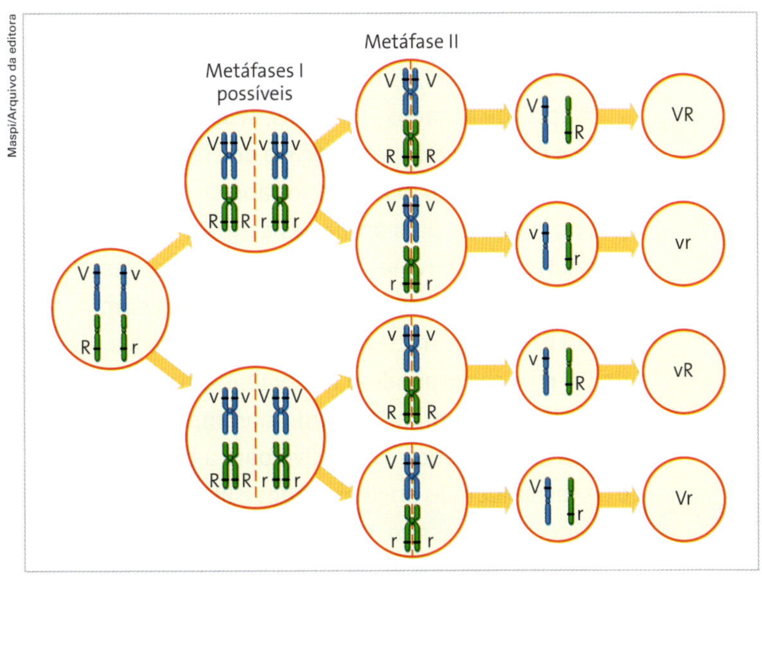

Figura 2.3 Os quatro tipos de gametas produzidos por um di-híbrido. (Os elementos ilustrados não estão na mesma escala; células e cromossomos são microscópicos; cores fantasia.)

Os filhos resultantes da autofecundação desse di-híbrido (VvRr) serão as possíveis combinações entre esses quatro tipos de gametas (figura 2.4).

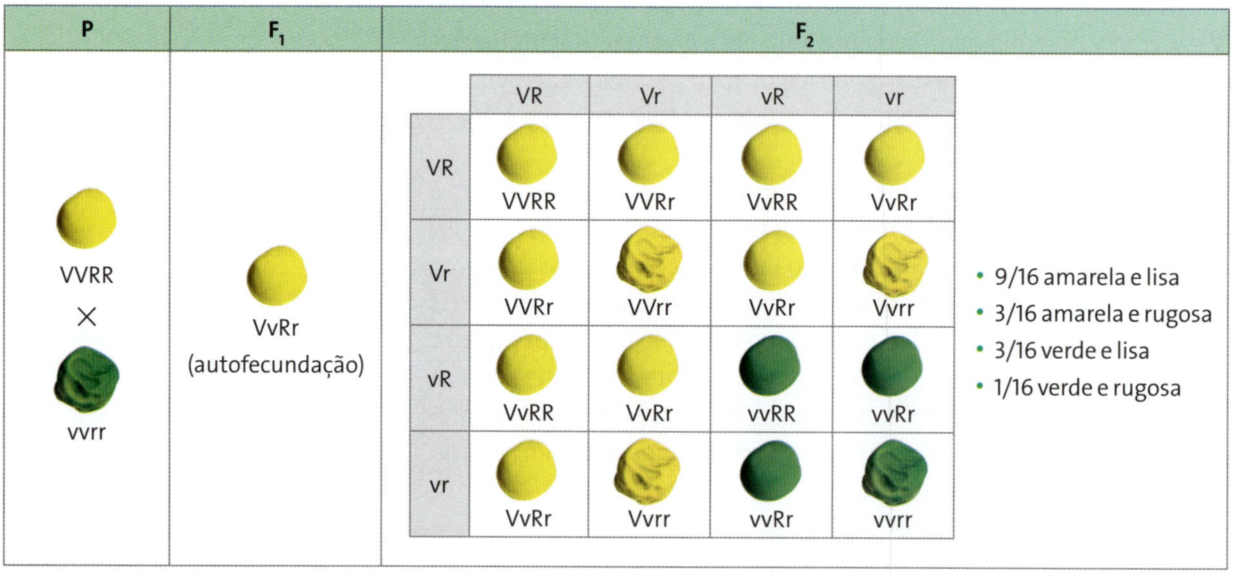

Martin Shields/Photoresearchers/Latinstock

Figura 2.4 Gerações F_1 e F_2 do cruzamento de semente amarela e lisa pura com semente verde e rugosa (as ervilhas têm cerca de 7 mm a 10 mm de diâmetro).

Para encontrar todos os genótipos e os fenótipos em um cruzamento:

- primeiro, encontramos os gametas que cada indivíduo produz; por exemplo, a ervilha VvRr produz quatro gametas, que podem ser achados por análise combinatória com um dos dois esquemas abaixo:

V v R r → VR, Vr, vR, vr ou V < R → VR, r → Vr; v < R → vR, r → vr

- depois, esquematizamos um quadrado de Punnett (figura 2.5); no caso do cruzamento de dois di-híbridos, tomamos o cuidado de colocar os gametas na ordem indicada na figura; analisando as diagonais do quadrado, fica mais fácil achar os indivíduos que aparecem repetidos e formar a proposição de genótipos.

A proporção genotípica do cruzamento de dois di-híbridos é 1 : 2 : 1 : 2 : 4 : 2 : 1 : 2 : 1. Nela, o número 4 indica a quantidade de di-híbridos (VvRr); o 2 indica os monoíbridos; e o 1, os homozigotos.

Depois de achar os genótipos, fazemos a correspondência com os fenótipos. No caso do cruzamento entre dois di-híbridos, 9/16 indivíduos apresentam os fenótipos dominantes para ambas as características (V_R_), que correspondem, nesse caso, às ervilhas amarelas e lisas; 3/16 indivíduos apresentam fenótipo dominante para a primeira característica e recessivo para a segunda (V_rr) e correspondem às ervilhas amarelas e rugosas; 3/16 apresentam fenótipo dominante para a segunda característica e recessivo para a primeira (vvR_) e correspondem às ervilhas verdes e lisas; 1/16 apresenta fenótipo recessivo para ambas as características (vvrr) e corresponde às ervilhas verdes e rugosas.

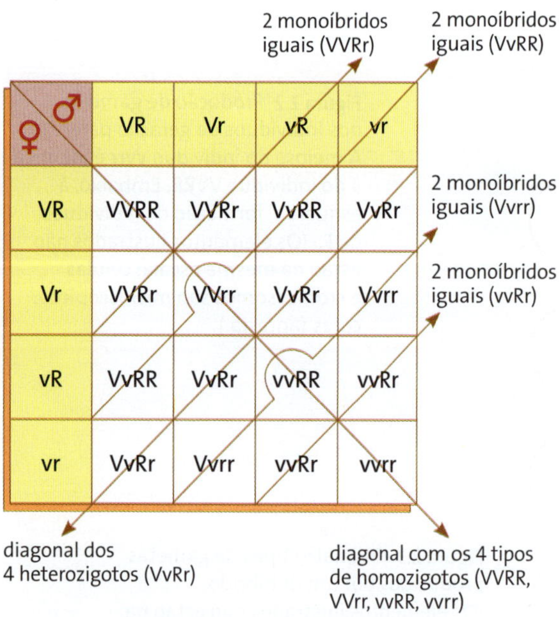

Figura 2.5 Genograma que facilita achar todos os indivíduos formados em F_2.

Outra maneira de achar genótipos e fenótipos no di-hibridismo

O di-hibridismo é a ocorrência simultânea de dois monoibridismos. Assim, podemos calcular separadamente a $\mathbf{F_2}$ de cada um e multiplicar os resultados. É o chamado método da probabilidade, um método alternativo ao do quadrado de Punnett.

Em primeiro lugar, fazemos o cruzamento para a cor da semente: $\mathbf{F_2}$ é o resultado do cruzamento de dois híbridos de $\mathbf{F_1}$. O mesmo raciocínio vale para o cruzamento da forma da semente.

Cor da semente		
$\mathbf{F_1}$	$\mathbf{F_2}$	
Vv × **Vv** amarelas	1/4 **VV**	3/4 amarela
	2/4 **Vv**	
	1/4 **vv**	1/4 verde

Forma da semente		
$\mathbf{F_1}$	$\mathbf{F_2}$	
Rr × **Rr** lisas	1/4 **RR**	3/4 lisa
	2/4 **Rr**	
	1/4 **rr**	1/4 rugosa

Agora, multiplicamos as probabilidades das proporções genotípicas:

×	$\frac{1}{4}$ **RR**	$\frac{2}{4}$ **Rr**	$\frac{1}{4}$ **rr**
$\frac{1}{4}$ **VV**	$\frac{1}{16}$ **VVRR**	$\frac{2}{16}$ **VVRr**	$\frac{1}{16}$ **VVrr**
$\frac{2}{4}$ **Vv**	$\frac{2}{16}$ **VvRR**	$\frac{4}{16}$ **VvRr**	$\frac{2}{16}$ **Vvrr**
$\frac{1}{4}$ **vv**	$\frac{1}{16}$ **vvRR**	$\frac{2}{16}$ **vvRr**	$\frac{1}{16}$ **vvrr**

A proporção genotípica de $\mathbf{F_2}$ do di-hibridismo é 1 : 2 : 1 : 2 : 4 : 2 : 1 : 2 : 1. O número 4 indica a proporção de di-híbridos (VvRr); o número 2 indica os monoíbridos; o número 1, os homozigotos.

Para a proporção fenotípica, fazemos o mesmo:

×	$\frac{3}{4}$ **lisa**	$\frac{1}{4}$ **rugosa**
$\frac{3}{4}$ **amarela**	$\frac{9}{16}$ amarela e lisa	$\frac{3}{16}$ amarela e rugosa
$\frac{1}{4}$ **verde**	$\frac{3}{16}$ verde e lisa	$\frac{1}{16}$ verde e rugosa

A proporção fenotípica de $\mathbf{F_2}$ do di-hibridismo é 9 : 3 : 3 : 1, em que 9 é a proporção de indivíduos duplos dominantes; o 3, indivíduos com uma característica dominante e outra recessiva; e o 1, de duplos recessivos.

Vejamos uma aplicação da lei de Mendel para um animal doméstico, o porquinho-da-índia: a cor preta da pelagem deve-se a um alelo dominante **M**, e a cor marrom, ao alelo recessivo **m**. O pelo curto deve-se a um alelo dominante **L**, e o pelo longo, ao alelo **l**. No cruzamento de porquinhos-da-índia di-híbridos pretos e de pelo curto (características dominantes), observa-se na F_2 a proporção fenotípica de 9 : 3 : 3 : 1, a mesma obtida por Mendel com as ervilhas (figura 2.6).

A segregação independente vale para muitas outras características em vários organismos, inclusive na espécie humana. Contudo, como veremos no capítulo 5, há uma restrição importante: a segunda lei não vale para genes situados no mesmo cromossomo, mas apenas para pares de alelos em cromossomos diferentes.

Figura 2.6 O resultado do cruzamento de dois porquinhos-da-índia di-híbridos. Esses animais, quando adultos, atingem cerca de 20 cm de comprimento.

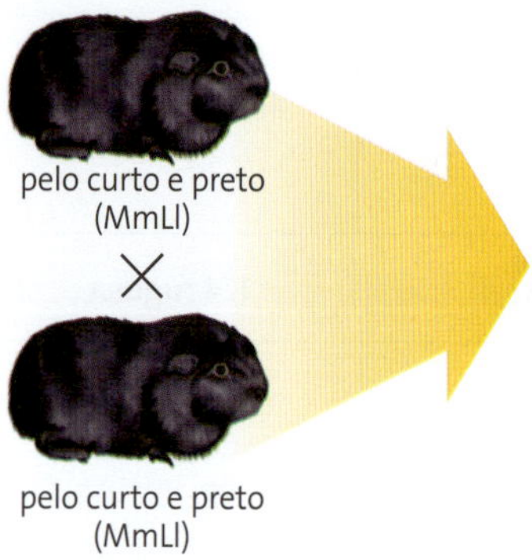

Genótipos

	ML	Ml	mL	ml
ML	MMLL	MMLl	MmLL	MmLl
Ml	MMLl	MMll	MmLl	Mmll
mL	MmLL	MmLl	mmLL	mmLl
ml	MmLl	Mmll	mmLl	mmll

Luis Moura/Arquivo da editora

Biologia tem História

Por que o trabalho de Mendel foi ignorado?

O trabalho de Mendel permaneceu ignorado pela comunidade científica por mais de trinta anos. É tão comum que trabalhos científicos não sejam imediatamente reconhecidos pela comunidade científica, que esse é um fato muito discutido em Filosofia e História da Ciência.

Para alguns, isso ocorreu porque as descobertas de Mendel foram ofuscadas pela polêmica acerca do livro *A origem das espécies*, de Charles Darwin. Outros acham que os agrônomos da época estavam mais interessados em resultados práticos e na formação de híbridos entre espécies do que nas generalizações estatísticas de Mendel. E talvez os cientistas ainda não estivessem preparados para o uso da Estatística como Mendel fez.

O que é certo é que as descobertas em citologia que dariam uma evidência física para a hereditariedade só ocorreram entre 1882 e 1903, e o trabalho de Mendel foi publicado em 1866.

Mendel tentou verificar se suas leis se aplicavam a uma planta do gênero *Hieracium* (figura 2.7), mas os resultados foram contrários aos esperados, já que essa planta se reproduz assexuadamente, a partir de um tecido diploide no ovário.

Além disso, Mendel não explicou a transmissão de características com variação contínua, como a altura de indivíduos ou o peso das sementes de plantas. Somente depois da redescoberta de seus trabalhos é que outros cientistas mostraram como as leis de Mendel podiam ser aplicadas a esses casos.

Brian Gadsby/SPL/Latinstock

Figura 2.7 Planta do gênero *Hieracium* (a inflorescência tem cerca de 3 cm de diâmetro).

Fontes de consulta: HENIG, R. M. *O monge no jardim*: o gênio esquecido e redescoberto de Gregor Mendel, o pai da Genética. Rio de Janeiro: Rocco, 2001; JANICK, J. Gregor Mendel. In: JANICK, J. (Ed.). *Classic Papers in Horticultural Science*. Englewood Cliffs: Prentice Hall, 1989. p. 406-412.

Exercícios resolvidos

1. Uma fêmea de porquinho-da-índia, de pelo curto e preto, heterozigota para as duas características, é cruzada com um macho de pelo curto (heterozigoto) e branco. Qual a probabilidade de nascer um filho com pelo curto e branco?

Resolução

Os problemas clássicos de di-hibridismo podem ser resolvidos achando os gametas e as fecundações possíveis ou multiplicando as probabilidades de cada caso de monoibridismo.

No primeiro caso, escolhemos as letras que representarão os alelos (iniciais do recessivo), descobrimos os genótipos dos pais, achamos os gametas produzidos e realizamos os cruzamentos possíveis. Assim, **L** indica curto; **l**, longo; **B**, preto; **b**, branco.

Pais	♀ Ll Bb curto e preto	×		♂ Ll bb curto e branco	
Gametas	**LB, lb, Lb, lB**			**Lb, lb**	
Filhos	♂ \ ♀	**LB**	**Lb**	**lB**	**lb**
	Lb	LLBb	LLbb	LlBb	Llbb
	lb	LlBb	Llbb	llBb	llbb

Portanto, a resposta é 3/8 (2 Llbb e 1 LLbb, curtos e brancos, em 8 indivíduos).

Agora, vamos resolver o problema usando a regra da multiplicação de probabilidades simultâneas. Veja a tabela abaixo.

	Comprimento do pelo	Cor do pelo
Pais	(♀) Ll × (♂) Ll	(♀) Bb × (♂) bb
Gametas	L, l L, l	B, b b
Filhos	LL Ll Ll (curto 3/4) ll (longo 1/4)	Bb (preto 1/2) bb (branco 1/2)

A probabilidade de nascer um filhote com pelo curto e branco é: 3/4 × 1/2 = 3/8

2. Nos suínos existem cascos indivisos (característica dominante) e cascos fendidos, condicionados pelo genótipo **ff**. Outro lócus, localizado em outro par cromossômico, condiciona a cor dos pelos, que pode ser branca (característica dominante) ou preta (genótipo **pp**). Um porco branco e de cascos indivisos foi cruzado com porcas genotipicamente iguais entre si e fenotipicamente iguais a ele. Nas várias ninhadas havia um total de 144 porquinhos, incluindo alguns pretos e com cascos fendidos.

a) Supondo que a proporção obtida foi idêntica à esperada, quantos porquinhos pretos e com cascos fendidos havia?

b) Quantos porquinhos, do total nascido das ninhadas, se espera que sejam genotipicamente idênticos ao pai, quanto aos alelos aqui considerados?

Resolução

a) Devemos começar o problema organizando os dados fornecidos sobre os alelos: **F** = cascos indivisos; **f** = cascos fendidos; **P** = branca; **p** = preta. O exercício informa que o porco é branco e tem os cascos indivisos; portanto, em seu genótipo existem, com certeza, os alelos **P** e **F**. Esse porco é cruzado com porcas de mesmo fenótipo que ele; portanto, possuem cascos indivisos e são brancas, tendo com certeza em seu genótipo os alelos **P** e **F**. Do cruzamento, surgem porquinhos pretos de cascos fendidos, isto é, duplamente homozigotos (genótipo ppff).

P_F_ × P_F_
↓
ppff

Então, podemos concluir que o casal era duplamente heterozigoto, conforme mostra o esquema a seguir:

PpFf × PpFf
↓
ppff

A proporção esperada de homozigotos recessivos em um cruzamento entre indivíduos de genótipo PpFf é 1/16. Como havia 144 porquinhos, o número esperado de homozigotos recessivos é 9 (1/16 × 144 = 9).

b) Os porquinhos genotipicamente iguais aos pais serão PpFf. Do cruzamento PpFf × PpFf, espera-se obter 2/4 de **Pp** e 2/4 de **Ff**, isto é, 4/16 ou 1/4 do total da prole. Se o total da prole são 144 porquinhos, 1/4 de 144 totaliza 36 porquinhos (144/4 = 36).

2 Tri-hibridismo e poli-hibridismo

Quando em um cruzamento estão em jogo três ou mais pares de alelos, o cálculo de F_2 pelo processo de construção de quadrados de Punnett pode ser, em alguns casos, muito trabalhoso, sendo mais fácil utilizar o método baseado em probabilidades simultâneas, que consiste em multiplicar os resultados de monoibridismos isolados. Vejamos um exemplo.

Imagine um cruzamento em que estejam em jogo três características da ervilha: cor da semente (amarela ou verde), superfície da semente (lisa ou rugosa) e altura da planta (alta ou baixa). Quais as combinações possíveis para F_2 desse cruzamento?

Podemos encontrar facilmente a proporção de qualquer fenótipo ou genótipo multiplicando as probabilidades de cada monoibridismo. Para saber qual a proporção de indivíduos de semente amarela, superfície lisa e planta alta em F_2, basta multiplicar 3/4 (probabilidade para semente amarela) por 3/4 (probabilidade para semente lisa) por 3/4 (probabilidade para planta alta). O resultado é 27/64, que é a proporção do fenótipo em F_2.

Para calcular a proporção em que um genótipo qualquer aparece em F_2, procedemos da mesma forma. Por exemplo, o indivíduo VvRrBb ocorrerá na proporção de 2/4 (**Vv**) × 2/4 (**Rr**) × 2/4 (**Bb**) = 8/64.

Podemos obter a proporção fenotípica e genotípica total de F_2 pelo produto de três monoibridismos ou pelo de um di-hibridismo por um monoibridismo:

Proporção fenotípica		**Proporção genotípica**	
9 : 3 : 3 : 1	(di-hibridismo)	1 : 2 : 1 : 2 : 4 : 2 : 1 : 2 : 1	(di-hibridismo)
3 : 1	(monoibridismo)	1 : 2 : 1	(monoibridismo)
27 : 9 : 9 : 3 : 9 : 3 : 3 : 1		1 : 2 : 1 : 2 : 4 : 2 : 1 : 2 : 1 :	
ou		: 2 : 4 : 2 : 4 : 8 : 4 : 2 : 4 : 2 :	
27 : 9 : 9 : 9 : 3 : 3 : 3 : 1		: 1 : 2 : 1 : 2 : 4 : 2 : 1 : 2 : 1	

Biologia e cotidiano

Canhoto ou destro

De 10% a 12% das pessoas são canhotas. Ainda não se sabe que fatores atuam nessa preferência. Pode haver uma influência genética. Um modelo hipotético atribui a um alelo, que podemos chamar de **C**, a preferência para o uso da mão direita e a seu alelo **c** a preferência pela esquerda. O alelo **C** é mais frequente na população.

Indivíduos **CC** seriam quase sempre destros; indivíduos **Cc** seriam também, na maioria, destros. Os indivíduos **cc** teriam 50% de chance de serem destros e 50% de chance de serem canhotos, dependendo do estímulo para o uso de uma das mãos na educação.

Essa preferência seria um comportamento parcialmente aprendido, o que explicaria a discordância de cerca de 18% em gêmeos idênticos nessa preferência. Há ainda os que consideram que influências na vida embrionária, como taxa de hormônios, também têm algum efeito na referência pelo uso.

Portanto, nesse caso, como em muitos outros, influências genéticas e ambientais da mão direita ou da mão esquerda podem interagir no efeito final. As influências culturais também podem ser consideradas como importantes efeitos do ambiente sobre as características.

Hibridismo em geral

No monoibridismo o número de tipos de gametas possíveis do híbrido de $\mathbf{F_1}$ é 2, no di-hibridismo é 4 e no tri-hibridismo é 8. Podemos notar que esses valores variam segundo a fórmula 2^n, em que **n** é o número de pares de alelos em heterozigose. Quanto ao número de gametas do híbrido: no monoibridismo (n = 1) é $2^1 = 2$; no di-hibridismo (n = 2) é $2^2 = 4$; no tri-hibridismo (n = 3) é $2^3 = 8$. Considerando um híbrido para quatro pares de alelos, o número de tipos de gametas possíveis em $\mathbf{F_1}$ é $2^4 = 16$.

Usando esse raciocínio, podemos deduzir também uma fórmula para o número de combinações possíveis em $\mathbf{F_2}$ e para o número de genótipos e fenótipos possíveis em $\mathbf{F_2}$ (resultado do cruzamento entre dois híbridos para todos os pares de alelos). Veja a tabela ao lado.

Assim, em um cruzamento entre di-híbridos AaBb e AaBb, por exemplo, ocorre:

- n = 2;
- $2^2 = 4$ gametas diferentes formados por di-híbrido: **AB**, **Ab**, **aB**, **ab**;
- $4^2 = 16$ tipos de células-ovo formadas em $\mathbf{F_2}$;
- $3^2 = 9$ classes genotípicas em $\mathbf{F_2}$.

Ocorrências	Fórmulas
Número de pares de alelos para os quais há hibridismo	n
Número de tipos de gametas formados pelos híbridos de $\mathbf{F_1}$	2^n
Número de combinações possíveis entre os gametas de $\mathbf{F_1}$	4^n
Número de fenótipos diferentes em $\mathbf{F_2}$	2^n
Número de genótipos diferentes em $\mathbf{F_2}$	3^n

Exercícios resolvidos

3. Que tipos de gameta produz um indivíduo AaBbCCDd?

Resolução

Nesse caso, podemos montar uma árvore de possibilidades (também chamada de método da linha bifurcada ou de diagrama de ramificação):

A — B — C — D → ABCD
A — B — C — d → ABCd
A — b — C — D → AbCD
A — b — C — d → AbCd

a — B — C — D → aBCD
a — B — C — d → aBCd
a — b — C — D → abCD
a — b — C — d → abCd

Podemos conferir o número de gametas possíveis pela fórmula 2^n. No caso, n = 3 (são 3 pares de híbridos): $2^3 = 8$.

4. Qual a probabilidade de se conseguir uma ervilha com flores brancas e sementes amarelas e rugosas em um cruzamento de duas plantas tri-híbridas?

Resolução

Podemos resolver esse problema pelo método do genograma ou pelo método da multiplicação das probabilidades. O segundo método é bem mais rápido. Observe:

- probabilidade de flores brancas: 1/4 (Bb × Bb);
- probabilidade de sementes amarelas: 3/4 (Vv × Vv);
- probabilidade de sementes rugosas: 1/4 (Rr × Rr);
- probabilidade de flores brancas com sementes amarelas e rugosas: 1/4 × 3/4 × 1/4 = 3/64.

Atividades

1. Qual o enunciado da segunda lei de Mendel?

2. Em di-hibridismo, qual a proporção fenotípica e genotípica em $\mathbf{F_2}$ ocorrendo dominância?

3. Você se lembra que ao realizar a autofecundação de ervilhas amarelas e lisas, Mendel obteve também ervilhas verdes e rugosas. Utilizando os conceitos atuais de genética, explique esse fato.

4. Uma cobaia fêmea híbrida de pelo preto e curto (características dominantes) é cruzada com um macho de pelo marrom e longo.

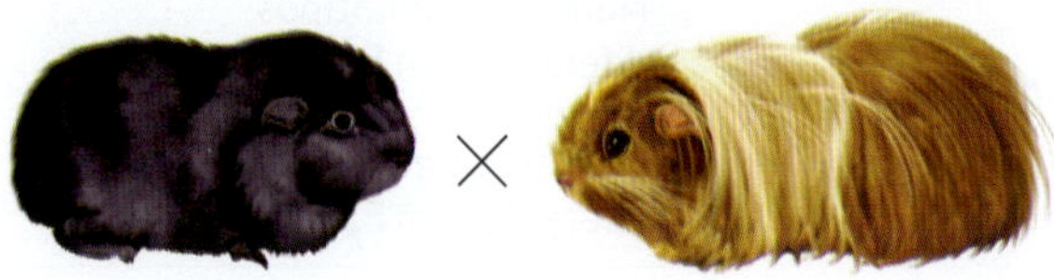

Luis Moura/Arquivo da editora

Qual a probabilidade de nascer um filhote de pelo preto e longo?

5. Uma distribuidora de grãos deseja obter uma variedade de trigo de alta produtividade. Seus técnicos selecionam três características vantajosas, sabidamente condicionadas por pares de alelos localizados em cromossomos homólogos diferentes. Na primeira etapa da pesquisa era necessário obter apenas indivíduos heterozigotos. Com base nessas informações, responda:

   a) Qual o genótipo escolhido para a geração parental?

   b) Quantos genótipos diferentes poderão surgir na geração obtida do cruzamento entre esses indivíduos heterozigotos obtidos?

   c) Um fazendeiro comprou de uma empresa agrícola sementes muito produtivas de uma planta heterozigota para várias características. A colheita foi boa e ele resolveu autofecundar as plantas obtidas, em vez de comprar novas sementes. No entanto, as plantas colhidas dessa autofecundação não apresentaram a mesma produtividade. Como você explica isso?

6. Que tipos de gametas são produzidos pelos indivíduos AALL, Aall e AaLl?

7. Dê o resultado dos cruzamentos entre os seguintes indivíduos:

   - AALL × aall;
   - AaLL × AaLL;
   - AaLl × aall.

8. Uma planta de semente amarela e lisa (características dominantes) foi cruzada com outra de semente verde e rugosa, produzindo metade de descendentes amarelos e rugosos e metade amarelos e lisos.

amarela e lisa — verde e rugosa

Martin Shields/Photoresearchers/Latinstock

Qual o genótipo dos pais?

9. Quantos tipos de gametas produz um híbrido para três pares de alelos? E para quatro pares?

10. Quantos tipos de genótipo e fenótipo se formarão em um cruzamento de dois tri-híbridos?

11. No cruzamento aaBbDd × AaBbDd, qual a probabilidade de nascer um indivíduo com genótipo AabbDD?

12. Vimos que o cruzamento de dois indivíduos di-híbridos, com segregação independente e dominância entre dois pares de genes alelos, origina uma proporção fenotípica de 9 : 3 : 3 : 1. Agora, suponha que em um cruzamento entre dois di-híbridos tenhamos encontrado a proporção fenotípica de 3 : 6 : 3 : 1 : 2 : 1. Explique esse resultado. (Sugestão: observe que há seis tipos de indivíduos, em vez de quatro.)

13. O cruzamento entre dois di-híbridos originou uma proporção fenotípica de 6 : 3 : 2 : 1. Como essa proporção pode ser explicada? (Sugestão: observe que a soma total dos números que indicam a proporção é 12, e não 16.)

14. Em uma espécie de planta, as folhas podem ser ovais ou redondas, e as flores, azuis ou vermelhas. O cruzamento entre duas plantas híbridas produziu 110 plantas com folhas redondas e flores azuis, 29 plantas com folhas redondas e flores vermelhas, 317 plantas com folhas ovais e flores azuis, 105 plantas com folhas ovais e flores vermelhas. Por esses resultados, quais são, provavelmente, as características dominantes? Justifique sua resposta.

15. Suponha que você seja geneticista e esteja trabalhando com alelos localizados em pares de cromossomos homólogos diferentes. Duas espécies de plantas duplo heterozigotas foram cruzadas e foi obtido um grande número de descendentes. Na espécie A, a proporção fenotípica obtida foi de 9 : 3 : 3 : 1. Na espécie B, a proporção fenotípica foi de 3 : 6 : 3 : 1 : 2 : 1 (observe que na espécie B há seis tipos de indivíduos, em vez de quatro, como ocorre na planta da espécie A). Como você explica essas duas proporções obtidas?

Vestibulares de Norte a Sul

1. **S** (PUC-RS) Para responder à questão, considere as quatro premissas a seguir.
   - Genes transmitidos por cromossomos diferentes.
   - Genes com expressão fenotípica independente.
   - Modo de herança com dominância.
   - Padrão de bialelismo.

   Um cruzamento di-híbrido entre dois indivíduos duplo heterozigotos teria como resultado a proporção fenotípica de:

   a) 1 : 2 : 1.
   b) 1 : 2 : 2 : 1.
   c) 1 : 3 : 3 : 1.
   d) 3 : 9 : 3.
   e) 9 : 3 : 3 : 1.

2. **SE** (PUC-MG) As pimentas são originárias das Américas e parece que já eram cultivadas pelos índios entre 5 200 e 3 400 a.C. Das espécies do gênero *Capsicum*, a mais difundida é a *Capsicum annuum*, à qual pertence o pimentão. Quatro variedades de pimentões com cores diferentes podem ser produzidas de acordo com o esquema a seguir. Somente alelos dominantes produzem enzimas funcionais.

Verde	Marrom	Amarelo	Vermelho
ccrr	ccR_	C_rr	C_R_

   O cruzamento de uma planta com pimentões amarelos com uma planta com pimentões marrons gerou descendentes que produziam frutos com os quatro fenótipos.

   Analisando as informações acima e de acordo com seus conhecimentos, é **incorreto** afirmar:

   a) Espera-se do cruzamento parental que a maioria dos descendentes produza frutos vermelhos.
   b) Do cruzamento parental, espera-se que 1/4 dos descendentes produza frutos amarelos.
   c) O cruzamento dos descendentes vermelhos produz, em F_2, 1/16 de descendentes verdes.
   d) O cruzamento de plantas duplo-homozigotas nunca produz diretamente os quatro fenótipos.

3. **NE** (Uece) Sabe-se que em porquinhos-da-índia o padrão "pelos lisos" domina sobre o padrão "pelos arrepiados", enquanto a cor negra domina sobre a cor branca, estando os genes determinantes destas características situados em pares de cromossomos homólogos diferentes. Cruzando-se porquinhos com padrão liso e de coloração negra, ambos heterozigotos para os dois *loci*, pode-se afirmar, corretamente, que a razão fenotípica de porquinhos arrepiados e brancos é de:

   a) 9 : 16.
   b) 3 : 8.
   c) 3 : 16.
   d) 1 : 16.

4. **NE** (UFPB) O aumento da população mundial tem provocado a busca por uma maior produção de alimentos. Dentre as estratégias utilizadas para aumentar a oferta de alimentos, o melhoramento animal, através de cruzamento direcionado, possibilita um ganho de produtividade nas gerações seguintes. Um pequeno pecuarista, de posse desses conhecimentos, para melhorar seu rebanho com relação à produtividade de leite e ao aumento de porte físico dos animais, selecionou uma vaca de seu rebanho, que tinha porte médio e produzia 15 litros de leite por dia, e cruzou com um touro de genótipo aaBb. Sabe-se que:
   - Cada alelo B contribui com 10 litros de leite por dia e cada alelo b com 5 litros;
   - O genótipo aa define grande porte; Aa médio porte e AA, pequeno porte.

   De acordo com essas informações, julgue os itens a seguir relativos aos possíveis resultados desses cruzamentos:

   ( ) A probabilidade de nascerem indivíduos com porte maior e mais produtivos que a mãe é admissível.
   ( ) A probabilidade de ocorrer diminuição na produção de leite da prole resultante do cruzamento é de pelo menos 50%.
   ( ) A probabilidade de nascerem indivíduos de pequeno porte é de 50%.
   ( ) A probabilidade de nascer um indivíduo de fenótipo igual ao da mãe é de 25%.
   ( ) A probabilidade de nascerem indivíduos com fenótipo inferior ao da mãe é de 25%.

5. **SE** (Mack-SP) A fibrose cística e a miopia são causadas por genes autossômicos recessivos. Uma mulher míope e normal para fibrose cística casa-se com um homem normal para ambas as características, filho de pai míope. A primeira criança nascida foi uma menina de visão normal, mas com fibrose. A probabilidade de o casal ter outra menina normal para ambas as características é de:

   a) 3/8
   b) 1/4
   c) 3/16
   d) 3/4
   e) 1/8

6. **S** (UFRGS-RS) Assinale a alternativa que preenche corretamente as lacunas do texto a seguir, na ordem em que aparecem.

   A famosa proporção 9 : 3 : 3 : 1 relacionada à segunda lei de Mendel refere-se à proporção ___ esperada da ___ de dois indivíduos heterozigóticos quanto a dois pares de genes (AaBb) localizados em ___ de cromossomos.

   a) genotípica – F_2 – diferentes pares
   b) fenotípica – F_1 – diferentes pares
   c) fenotípica – F_2 – um mesmo par
   d) genotípica – F_1 – um mesmo par
   e) fenotípica – F_2 – diferentes pares

7. SE (Ufla-MG) Oitenta células de um animal com a constituição apresentada na figura sofrem meiose.

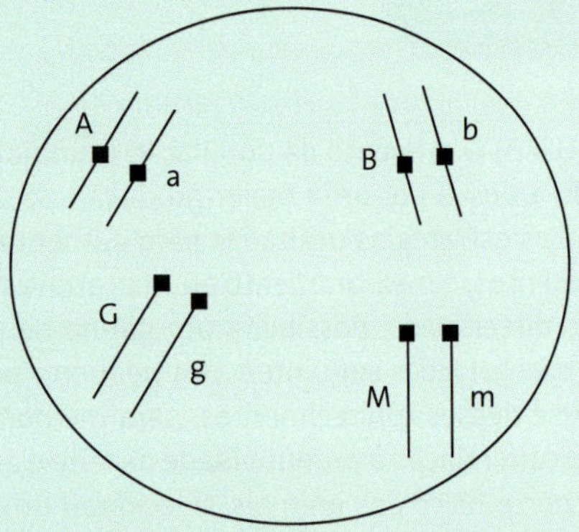

O número de espermatozoides diferentes produzidos por esse animal e o número de espermatozoides com a constituição AbGm será, respectivamente:

a) 16 e 40.
b) 8 e 20.
c) 16 e 20.
d) 8 e 40.

8. SE (Fuvest-SP) Em tomates, a característica planta alta é dominante em relação à característica planta anã e a cor vermelha do fruto é dominante em relação à cor amarela. Um agricultor cruzou duas linhagens puras: planta alta/fruto vermelho × planta anã/fruto amarelo. Interessado em obter uma linhagem de plantas anãs com frutos vermelhos, deixou que os descendentes dessas plantas cruzassem entre si, obtendo 320 novas plantas. O número esperado de plantas com o fenótipo desejado pelo agricultor e as plantas que ele deve utilizar nos próximos cruzamentos, para que os descendentes apresentem sempre as características desejadas (plantas anãs com frutos vermelhos), estão corretamente indicados em:

a) 16; plantas homozigóticas em relação às duas características.
b) 48; plantas homozigóticas em relação às duas características.
c) 48; plantas heterozigóticas em relação às duas características.
d) 60; plantas heterozigóticas em relação às duas características.
e) 60; plantas homozigóticas em relação às duas características.

9. SE (Unimar-SP) Um indivíduo heterozigoto para dois pares de genes (**A** e **a**, **B** e **b**), localizados em dois pares diferentes de cromossomos, formará que tipos de gametas e em que proporções?

a) 75% **AB** e 25% **ab**
b) 50% **Aa** e 50% **Bb**
c) 25% **aa**, 50% **AB** e 25% **bb**
d) 25% **AA**, 50% **ab** e 25% **BB**
e) 25% **AB**, 25% **aB**, 25% **Ab** e 25% **ab**

10. SE (Fatec-SP) Sabendo que a miopia e o uso da mão esquerda são condicionados por genes autossômicos recessivos, considere a genealogia a seguir.

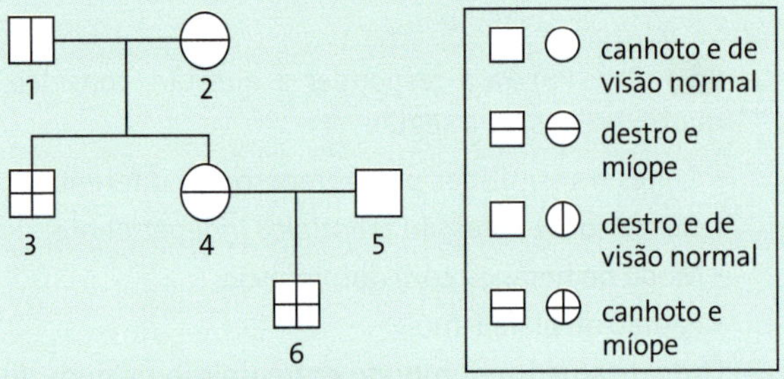

Assinale a alternativa correta.

a) O indivíduo 2 deve ser heterozigoto para os alelos dessas duas características.
b) O indivíduo 3 deve ter herdado os alelos dessas duas características apenas de sua mãe.
c) A probabilidade de o casal 1 × 2 ter uma criança destra e de visão normal é de 3/8.
d) Todos os descendentes de pai míope e canhoto possuem essas características.
e) A probabilidade de o casal 4 × 5 ter uma criança míope e canhota é de 3/8.

11. SE (PUC-SP) Foram analisadas em uma família duas características autossômicas dominantes com segregação independente: braquidactilia (dedos curtos) e prognatismo mandibular (projeção da mandíbula para a frente). As pessoas indicadas pelos números 1, 3, 5 e 6 são braquidáctilas e prognatas, enquanto 2 e 4 têm dedos e mandíbulas normais.

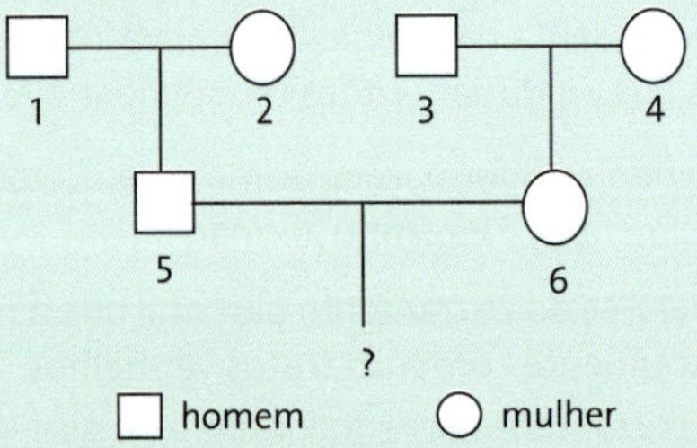

A probabilidade de o casal 5 × 6 ter um descendente simultaneamente braquidáctilo e prognata é de:

a) 1/16.
b) 3/16.
c) 9/16.
d) 3/4.
e) 1/4.

12. SE (UFU-MG) A cor do caule dos tomateiros é determinada por um par de genes alelos, sendo que o gene dominante (**A**) confere a cor púrpura, enquanto o gene recessivo (**a**) determina a cor verde. O aparecimento de duas cavidades no tomate é determinado por um gene dominante (**M**), enquanto cavidades múltiplas são determinadas pelo alelo recessivo (**m**). Considerando que esses dois *loci* gênicos se segregam independentemente, a proporção fenotípica esperada na geração F_1 de uma planta di-híbrida submetida a um cruzamento-teste é de:

a) 9 : 3 : 3 : 1.
b) 4 : 2 : 2 : 1.
c) 9 : 7.
d) 1 : 1 : 1 : 1.
e) 9 : 6 : 1.

13. **S** (PUC-RS) Quantos tipos de gameta deverá formar um descendente do cruzamento AABBCCDDEE × aabbccddee?

a) 84
b) 76
c) 46
d) 32
e) 24

14. **SE** (PUCC-SP) Qual é a probabilidade de um casal de duplo heterozigotos para dois pares de genes autossômicos com segregação independente vir a ter um descendente com apenas uma característica dominante?

a) 15/16
b) 9/16
c) 6/16
d) 3/16
e) 1/16

15. **S** (UEPG-PR) De acordo com a segunda lei de Mendel, assinale o que for correto, no que se refere ao cálculo referente aos tipos de gametas formados por um indivíduo.

01) Considerando-se um indivíduo AaBbcc pode-se esperar que sejam produzidos cinco tipos de gametas diferentes.
02) Considerando-se um indivíduo AabbCc, formam-se quatro tipos de gametas em iguais proporções: $\frac{1}{4}$ AbC, $\frac{1}{4}$ Abc, $\frac{1}{4}$ abC e $\frac{1}{4}$ abc.
04) Quando se deseja saber apenas o número de tipos diferentes de gametas, pode-se utilizar a seguinte fórmula: 2^n, onde n = número de pares de alelos em heterozigose.
08) Considerando-se um indivíduo AaBbCc pode-se esperar que sejam produzidos oito tipos de gametas diferentes.
16) Considerando-se um indivíduo AaBb, como esses pares de alelos segregam-se independentemente, um gameta tem de ter o alelo A e o outro o alelo a; tendo o alelo A, o outro alelo que pode ocorrer nesse gameta é o B ou o b. No indivíduo são formados, então, quatro tipos de gametas em iguais proporções: $\frac{1}{4}$ AB, $\frac{1}{4}$ Ab, $\frac{1}{4}$ aB e $\frac{1}{4}$ ab.

16. **S** (Unioeste-PR) Em ervilha de jardim, *Pisum sativum*, coloração e textura da semente são condicionadas por genes com segregação independente e dominância completa, onde o alelo que condiciona coloração amarela é dominante sobre o alelo que condiciona coloração verde, e o alelo que condiciona textura lisa é dominante sobre o alelo que condiciona textura rugosa. A partir de um cruzamento entre plantas com sementes amarelas e lisas (P_1) e plantas com sementes verdes e rugosas (P_2), ambas homozigotas para os dois genes, quantos descendentes homozigotos para os dois *loci* espera-se obter em uma F_2 com 160 indivíduos?

17. **CO** (UnB-DF) Em uma determinada espécie animal, foram analisadas duas características com segregação independente e codominante: cor e textura do pelo. Para a cor do pelo, os homozigotos podem ser vermelhos ou brancos. Para a textura, os homozigotos têm pelo liso ou crespo. Calcule a porcentagem esperada de descendentes fêmeas com pelo vermelho crespo oriundas do cruzamento de dois animais duplamente heterozigotos. Despreze a parte fracionária de seu resultado, caso exista.

18. **SE** (Fuvest-SP) Em cobaias, a cor preta é condicionada pelo alelo dominante **D** e a cor marrom, pelo alelo recessivo **d**. Em outro cromossomo, localiza-se o gene responsável pelo padrão da coloração: o alelo dominante **M** determina padrão uniforme (uma única cor) e o alelo recessivo **m**, o padrão malhado (preto/branco ou marrom/branco). O cruzamento de um macho de cor preta uniforme com uma fêmea de cor marrom uniforme produz uma ninhada de 8 filhotes: 3 de cor preta uniforme, 3 de cor marrom uniforme, 1 preto e branco e 1 marrom e branco.

a) Quais os genótipos dos pais?
b) Se o filho preto e branco for cruzado com uma fêmea cujo genótipo é igual ao da mãe dele, qual a proporção esperada de descendentes iguais a ele?

19. **SE** (Ufscar-SP) A figura mostra a segregação de dois pares de cromossomos homólogos na anáfase da primeira divisão meiótica de uma célula testicular de um animal heterozigótico quanto a dois genes. As localizações dos alelos desses genes, identificados pelas letras **Aa** e **Bb**, estão indicadas nos cromossomos representados no desenho.

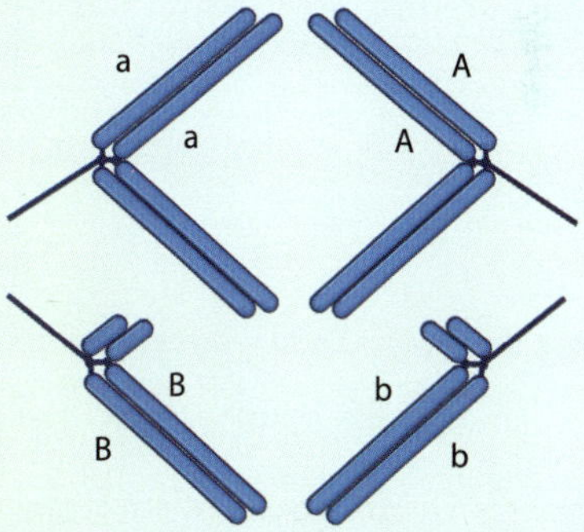

a) Ao final da segunda divisão meiótica dessa célula, quais serão os genótipos das quatro células haploides geradas?
b) Considerando o conjunto total de espermatozoides produzidos por esse animal, quais serão seus genótipos e em que proporção espera-se que eles sejam produzidos?

20. **NE** (UFRN) Considerando a 2ª Lei de Mendel e o cruzamento entre os indivíduos que apresentam os genótipos AaBb × AaBb:

a) Determine quantos e quais são os gametas que poderão ser formados nos indivíduos AaBb.
b) Demonstre a proporção genotípica desse cruzamento.

A genética depois de Mendel

Muitas descobertas em Genética foram feitas depois dos trabalhos de Mendel. Hoje conhecemos mais a fundo os mecanismos de hereditariedade, que vão além das leis mendelianas.

Também entendemos melhor a transmissão dos genes e o funcionamento do material genético como um todo. Com isso, podemos, por exemplo, saber qual a probabilidade de um casal ter um filho com certos problemas hereditários.

Atualmente, é possível até manipular diretamente a informação genética dos organismos. Essas técnicas, muitas vezes, geram polêmicas na sociedade porque interferem em uma característica essencial da vida.

Nos próximos capítulos, você vai estudar mais esses temas e, assim, embasar melhor suas opiniões.

CAPÍTULO

3 Polialelia e grupos sanguíneos

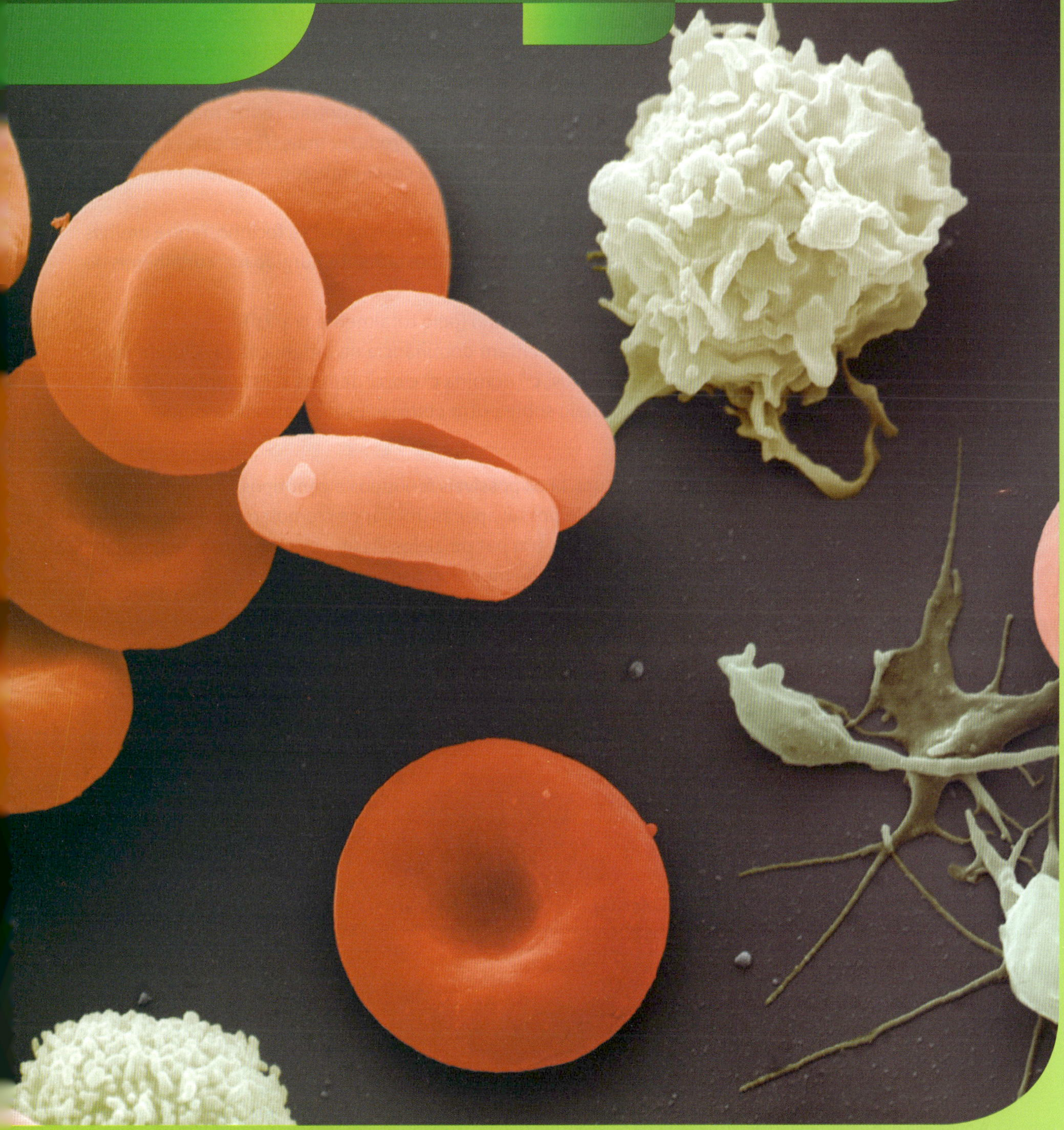
Meckes/Eye of Science/Latinstock

Alguns elementos figurados do sangue (imagem ao microscópio eletrônico; aumento de cerca de 7 000 vezes).

- *Você sabe qual é o seu tipo sanguíneo?*
- *O que diferencia os tipos sanguíneos?*
- *O sangue doado pode ser transfundido para qualquer pessoa?*
- *Qual a relação entre os grupos sanguíneos e a Genética?*

1 Alelos múltiplos em coelhos

Os genes podem sofrer diversas mutações ao longo do tempo e originar vários alelos. Assim, um alelo original **A**, chamado de **selvagem**, por ser o primeiro a aparecer na natureza, pode sofrer duas, três ou mais mutações diferentes e originar uma série de múltiplos alelos que influenciam o mesmo caráter.

Esse fenômeno é chamado de **polialelia** (*polys* = muitos).

A cor da pelagem dos coelhos é um exemplo clássico de polialelia. Ela é influenciada por quatro alelos. O alelo **C** (ou **c+**) condiciona pelagem selvagem, que é mais comum na natureza: pelo marrom-escuro com uma faixa amarela próximo à extremidade, o que dá um tom castanho à pelagem. Esse padrão de pelagem também é chamado aguti (do tupi *aku'ti* = cotia, já que esse tipo de pelo é encontrado entre mamíferos roedores). O alelo **C** sofreu mutações e produziu mais três alelos:

- o alelo $\mathbf{c^{ch}}$ para chinchila (o pelo, cinza-prateado, é semelhante ao das chinchilas, um roedor);
- o alelo $\mathbf{c^{h}}$ para himalaia (pelo branco, com patas, focinho, rabo e orelhas pretos; essa variedade teria, supostamente, surgido nas cordilheiras do Himalaia, na Ásia);
- o alelo **c** (ou $\mathbf{c^{a}}$) para albino (pelo totalmente branco).

Esses alelos apresentam dominância na ordem citada: **C** domina todos os outros alelos; $\mathbf{c^{ch}}$ domina $\mathbf{c^{h}}$ e **c**; $\mathbf{c^{h}}$ domina **c**. Essa ordem de dominância de um alelo sobre outro pode ser esquematizada assim:

$$C > c^{ch} > c^{h} > c$$

Veja na figura 3.1 os possíveis fenótipos e genótipos.

Cada indivíduo possui apenas um par de cromossomos homólogos e, consequentemente, um par de alelos. Assim, os problemas de polialelia são semelhantes aos de monoibridismo.

Fenótipo	 Panbazil/Shutterstock/Glow Images Selvagem ou aguti	 Zhukov Oleg/Shutterstock/Glow Images Chinchila	 Shutterstock/Glow Images Himalaia	 Shutterstock/Glow Images Albino
Genótipo	CC Cc^{ch} Cc^{h} Cc	$c^{ch}c^{ch}$ $c^{ch}c^{h}$ $c^{ch}c$	$c^{h}c^{h}$ $c^{h}c$	cc

Figura 3.1 A polialelia que determina o padrão de cores da pelagem em coelhos (coelhos adultos têm de 18 cm a 30 cm de comprimento, aproximadamente).

Exercícios resolvidos

1. Um coelho chinchila é cruzado com uma coelha himalaia e nasce um filhote albino. Dê os genótipos dos coelhos.

Resolução

Na resolução de problemas de polialelia, é preciso levar em conta que, apesar de estarem em jogo três ou mais alelos de cada gene, cada indivíduo apresenta apenas um par de cromossomos homólogos portadores desses alelos.

Montando um esquema como mostrado a seguir, descobrimos os genótipos pedidos. As setas indicam como cada alelo é descoberto.

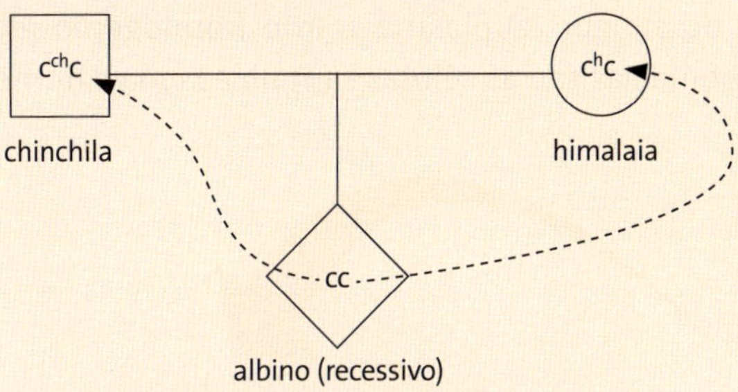

2. Observe a genealogia abaixo e responda às questões.

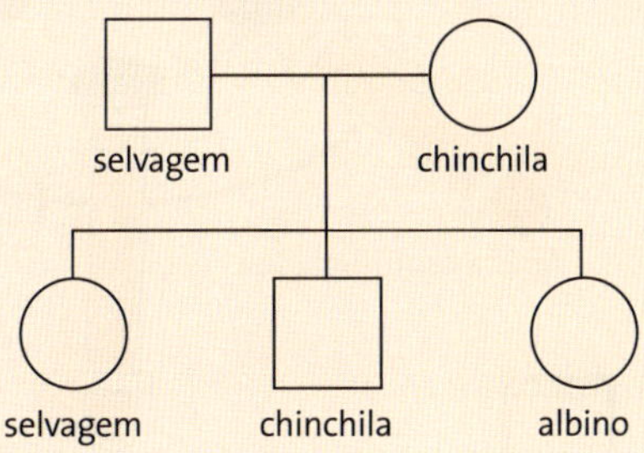

a) Qual o genótipo dos coelhos apresentados?

b) Se do cruzamento da coelha albina com um macho himalaia nascer um coelho albino, qual será a probabilidade de esse casal produzir duas coelhas albinas?

Resolução

a) Vamos por partes.

- A fêmea do casal é chinchila; portanto, possui o alelo $\mathbf{c^{ch}}$ em seu genótipo.
- O macho do casal é selvagem e, com certeza, apresenta o alelo **C**.
- O primeiro filho é uma coelha selvagem; portanto, sabemos apenas que possui o alelo **C**, recebido do pai.
- O segundo é chinchila; sabemos que possui o alelo $\mathbf{c^{ch}}$.
- O terceiro é uma coelha albina; portanto, seu genótipo é, com certeza, **cc**. Dessa forma, concluímos que tanto seu pai quanto sua mãe possuem o alelo **c** no genótipo e podemos concluir o genótipo da família.
- Voltando aos filhotes, nada podemos concluir a respeito do genótipo da coelha selvagem a não ser a presença do alelo **C**. O segundo coelho já tem um alelo $\mathbf{c^{ch}}$ de origem materna; portanto, recebeu de seu pai o alelo **c**.

Veja o esquema abaixo.

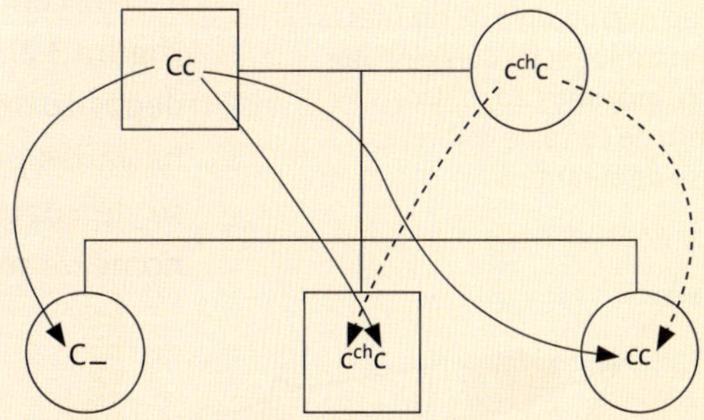

b) Se do cruzamento da coelha albina com o macho himalaia nascer um coelho albino, o genótipo do coelho himalaia será $\mathbf{c^hc}$.

Veja o esquema abaixo.

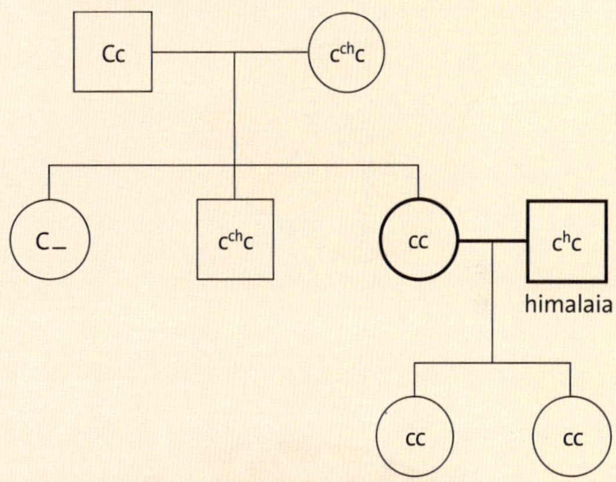

Assim, a chance de produzirem coelhos albinos em um cruzamento desse casal é de 1/2:

	$\mathbf{c^h}$	**c**
c	c^hc	cc

1/2 ou 50% de chance de o coelho ser albino

Para calcular coelhos albinos e fêmeas, devemos multiplicar 1/2 de chance de o casal produzir coelhos albinos por 1/2 de chance de o coelho ser fêmea, obtendo 1/4.

Como o problema pede duas coelhas, devemos multiplicar a chance de, em dois nascimentos consecutivos, obtermos coelhas albinas, isto é, multiplicamos 1/4 por 1/4 e obtemos 1/16.

2 Antígenos e anticorpos

Antes de estudarmos os grupos sanguíneos, vamos fazer uma breve revisão dos conceitos de antígenos e anticorpos, vistos no primeiro volume desta coleção.

O sangue é constituído por uma parte líquida denominada plasma. Nele estão mergulhadas as células ou fragmentos delas, conhecidos como elementos figurados: hemácias, glóbulos vermelhos ou eritrócitos; leucócitos ou glóbulos brancos; e plaquetas.

Por centrifugação, podemos separar esses componentes do sangue (figura 3.2). Desse processo, obtém-se um líquido claro (o plasma) e um depósito de células. O plasma representa cerca de 55% do sangue e nele há várias proteínas. Entre elas, o **fibrinogênio**, que participa do processo de coagulação do sangue. O plasma sem o fibrinogênio recebe o nome de **soro**. As hemácias são as células sanguíneas mais numerosas.

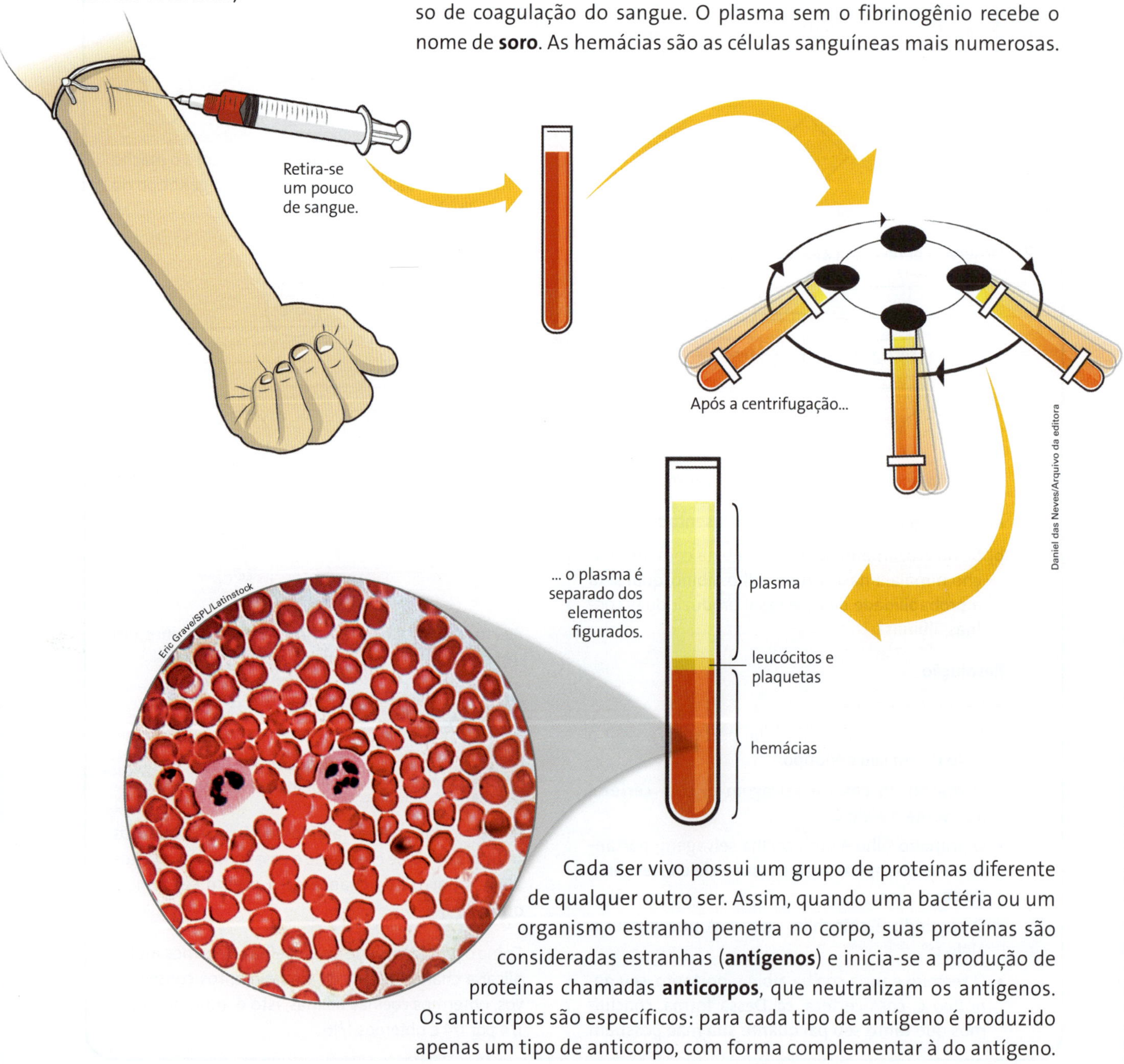

Figura 3.2 Esquema da separação dos componentes do sangue (os elementos da ilustração não estão na mesma escala; cores fantasia). Na foto, hemácias vistas ao microscópio de luz (nessa imagem também há dois glóbulos brancos, próximos ao centro; aumento de cerca de 350 vezes; com uso de corantes).

Cada ser vivo possui um grupo de proteínas diferente de qualquer outro ser. Assim, quando uma bactéria ou um organismo estranho penetra no corpo, suas proteínas são consideradas estranhas (**antígenos**) e inicia-se a produção de proteínas chamadas **anticorpos**, que neutralizam os antígenos. Os anticorpos são específicos: para cada tipo de antígeno é produzido apenas um tipo de anticorpo, com forma complementar à do antígeno.

3 Sistema ABO de grupos sanguíneos

Já vimos que quando uma bactéria ou um organismo estranho penetra no corpo, certas moléculas (proteínas ou polissacarídeos) situadas na membrana das células são consideradas estranhas (antígenos) e inicia-se a produção de proteínas chamadas anticorpos, que neutralizam os antígenos. Os anticorpos são específicos: para cada tipo de antígeno é produzido apenas um tipo de anticorpo, com forma complementar à do antígeno.

Na espécie humana existem quatro grupos sanguíneos do sistema ABO – A, B, AB e O –, relacionados à presença de certos antígenos na membrana das hemácias. Veja a tabela abaixo.

Pessoas do grupo A apresentam um antígeno chamado de **aglutinogênio A** (*gennan* = que gera); as do grupo B, o antígeno **aglutinogênio B**; as pessoas do grupo AB apresentam os dois antígenos; e as do grupo O não apresentam nem A nem B. O grupo O (letra "O" maiúscula) foi inicialmente chamado de "grupo zero (grupo 0)", por não ter antígenos A ou B, mas atualmente é mais comum usar a letra "O" para esse grupo, embora em algumas partes da Europa ainda se use o número zero (0).

Luis Moura/Arquivo da editora

Grupo	Hemácia	Plasma (aglutininas)	Genótipo
A	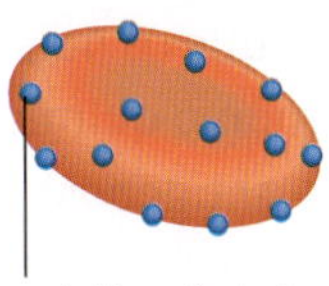 aglutinogênio A	 anti-B	I^AI^A (AA) I^Ai (AO)
B	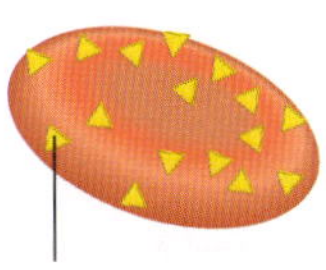 aglutinogênio B	 anti-A	I^BI^B (BB) I^Bi (BO)
AB	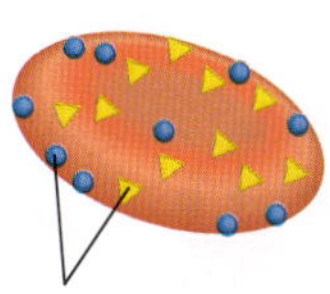 aglutinogênios A e B	nenhuma	I^AI^B (AB)
O	 sem aglutinogênios	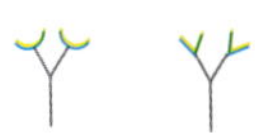 anti-A anti-B	ii (OO)

Esses antígenos são polissacarídeos presos à membrana da hemácia e sua presença é controlada por três alelos localizados no par do cromossomo 9. Esses alelos promovem a síntese de enzimas que acrescentam açúcares específicos a uma substância precursora na membrana da hemácia. O alelo **A** ou $\mathbf{I^A}$ condiciona a formação do aglutinogênio A; o alelo **B** ou $\mathbf{I^B}$ condiciona a formação do aglutinogênio B; o alelo **O** ou **i** (ou $\mathbf{I^o}$) não forma essas substâncias (a letra I vem de isoaglutinação, que é a aglutinação ocorrida na transfusão de sangue de indivíduos da mesma espécie).

Os alelos $\mathbf{I^A}$ e $\mathbf{I^B}$ são dominantes em relação a **i**. Por isso pessoas de genótipos $\mathbf{I^AI^A}$ e $\mathbf{I^Ai}$ apresentam o aglutinogênio A, e pessoas de genótipos $\mathbf{I^BI^B}$ e $\mathbf{I^Bi}$, o aglutinogênio B. Os indivíduos **ii** não possuem nem um nem outro aglutinogênio. Entre os alelos $\mathbf{I^A}$ e $\mathbf{I^B}$ há codominância; assim, cada um fornece o seu efeito e aparecem as duas substâncias.

Além dos aglutinogênios nas hemácias, podem ser encontrados no plasma anticorpos contra esses aglutinogênios, chamados de **aglutininas** ou **isoglutininas** (*isos* = igual). O termo *aglutinina* é usado para indicar que esses anticorpos provocam a aglutinação das hemácias (figura 3.3). Desse modo, os anticorpos impedem que as hemácias ou outros organismos invasores se espalhem no organismo, auxiliando no processo de fagocitose pelos glóbulos.

A formação dos anticorpos começa logo após o nascimento por causa da contaminação natural por bactérias que possuem polissacarídeos semelhantes aos aglutinogênios A e B. Assim, o organismo de uma criança do grupo A produz aglutininas anti-B (ou β) e o de uma criança do grupo B produz aglutinina anti-A (ou α). O organismo de crianças do grupo O forma as duas aglutininas, uma vez que os dois antígenos bacterianos (A e B) são estranhos ao seu patrimônio químico. Já o organismo de crianças do grupo AB (com os dois antígenos) não estranha a presença dos antígenos bacterianos e não forma aglutininas contra esses antígenos.

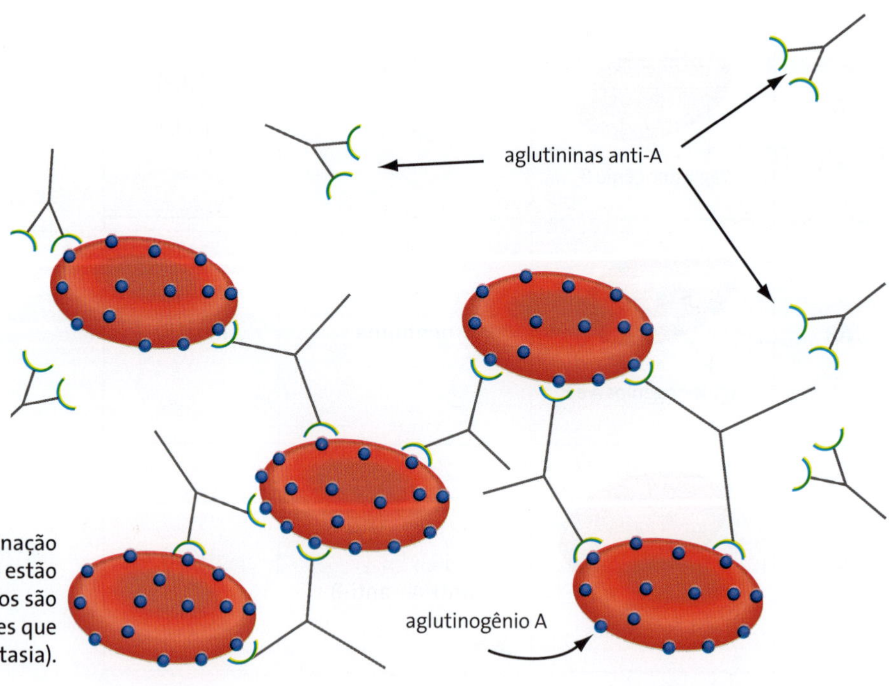

Figura 3.3 Exemplo de aglutinação (os elementos ilustrados não estão na mesma escala; anticorpos são cerca de cem vezes menores que uma célula; cores fantasia).

Teste para determinar o grupo sanguíneo

O teste para saber a que grupo sanguíneo uma pessoa pertence é feito por profissionais de saúde nos laboratórios ou nos hospitais (figura 3.4). São necessárias duas gotas de sangue: a uma delas adiciona-se uma gota de soro com aglutinina anti-A e à outra, soro anti-B (lembre-se de que o soro é a parte líquida do sangue). Assim, pode-se ver quando há aglutinação das hemácias. Se elas tiverem os dois aglutinogênios (sangue AB), a aglutinação ocorrerá nas duas misturas, ou seja, onde houver soro anti-A (portador de aglutinina anti-A) e soro anti-B (portador de aglutinina anti-B). Se nas hemácias houver apenas aglutinogênio A (sangue A), ocorrerá aglutinação somente no soro anti-A. Se apresentarem apenas aglutinogênio B (sangue B), ocorrerá aglutinação somente no soro anti-B. Se não houver aglutinação em nenhuma das misturas, as hemácias não possuem os aglutinogênios e o sangue é do tipo O.

A tabela abaixo ilustra as misturas dos tipos de sangue e de soro. As partes brancas com grupos de hemácias indicam que houve aglutinação.

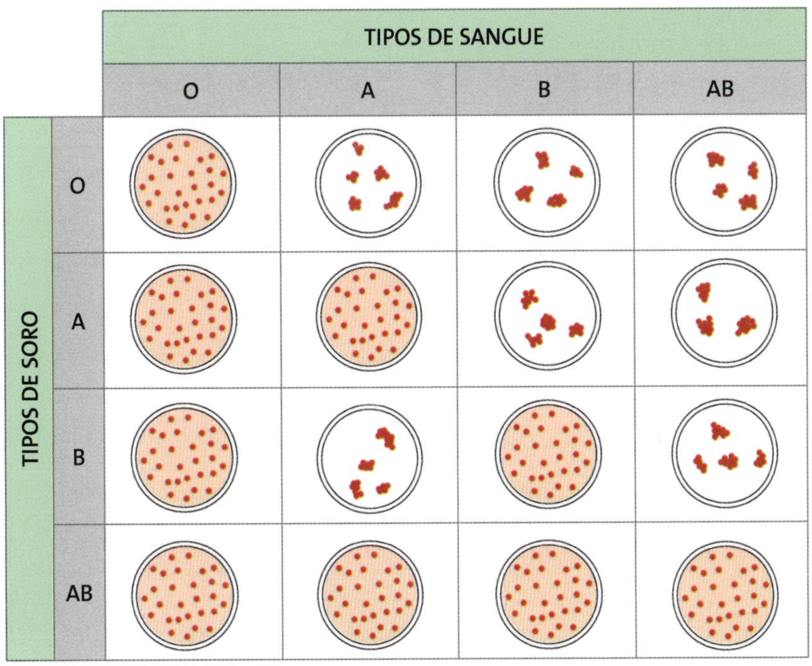

Shutterstock/Glow Images

Fotos: Mauro Fermariello/SPL/Latinstock

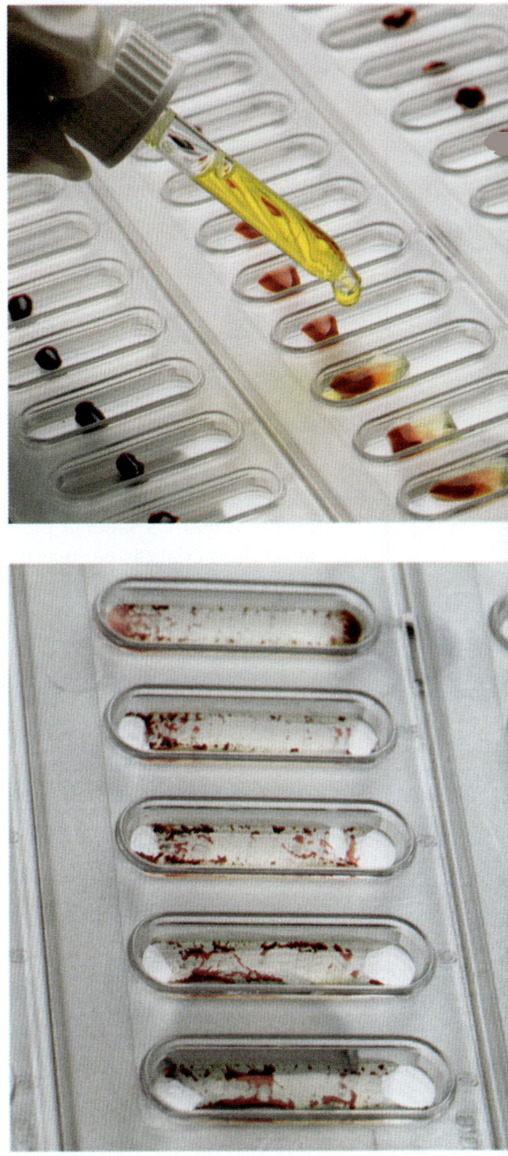

Figura 3.4 Nas fotos, amostras de sangue do grupo B; após a mistura desse sangue com soro anti-B, ocorre aglutinação das hemácias.

Biologia tem História

As descobertas dos grupos ABO

Até o início do século XX ocorriam muitos acidentes fatais decorrentes de transfusões de sangue. Em 1900, o médico austríaco Karl Landsteiner (1868-1943) observou que, ao misturar sangue de algumas pessoas com soro de outras, às vezes ocorria uma reação de aglutinação; em outras vezes, nada ocorria. A partir daí ele descobriu os grupos sanguíneos A, B e O. O grupo AB foi descoberto em 1902, por seus colaboradores. Landsteiner descobriu também que o soro de cada pessoa possui anticorpos contra os antígenos que estavam ausentes de suas hemácias e também que a aglutinação era causada por uma reação entre antígenos e anticorpos.

Exercícios resolvidos

3. (Fuvest-SP) O pai e a mãe de um par de gêmeos dizigóticos têm tipo sanguíneo AB. Qual a probabilidade de ambos os gêmeos terem sangue do tipo AB? Por quê?

Resolução

O pai e a mãe têm genótipo $\mathbf{I^AI^B}$. Portanto, a probabilidade de gerarem uma criança AB é 1/2.

	I^A	I^B
I^A	I^AI^A	I^AI^B
I^B	I^AI^B	I^BI^B

1/2 ou 50% de sangue AB

Como queremos saber a probabilidade de o casal gerar duas crianças gêmeas dizigóticas, resolvemos o problema como se fosse pedida a probabilidade de obtermos duas crianças nascidas em épocas distintas. Portanto, a probabilidade de a primeira e a segunda crianças serem AB é $1/2 \times 1/2 = 1/4$ ou 25%.

4. Uma mulher do grupo A, casada com um homem do grupo A, tem uma criança do grupo O. O marido acusa um indivíduo do grupo AB de ser o pai da criança. Responda:

a) A acusação é válida?

b) Podemos provar quem é o verdadeiro pai apenas analisando esses grupos de sangue?

Resolução

a) Veja o esquema abaixo:

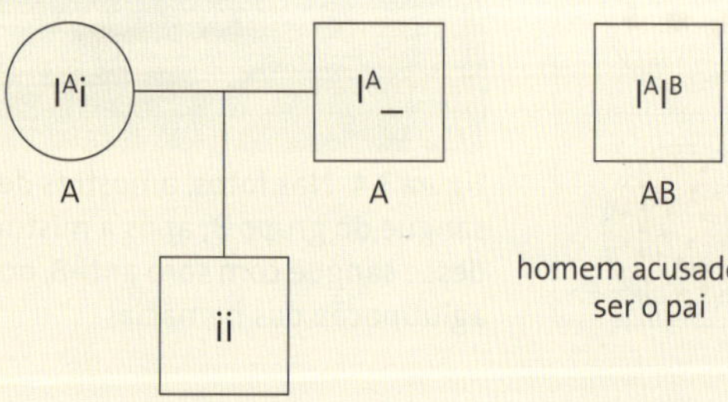

Pelo esquema, vemos que a acusação não é válida. O homem AB não pode ser o pai, pois não tem o alelo **i**, necessário para que um filho seu seja do grupo O.

b) Não podemos provar a paternidade apenas com o grupo sanguíneo ABO. A análise dos vários grupos sanguíneos permite apenas provar, em certos casos, que determinado indivíduo não pode ser o pai de uma criança. Como veremos no capítulo 7, a confiabilidade do teste de DNA pode ser igual ou maior do que 99,99%.

5. (UFRJ) O sangue de Orlando aglutina quando colocado em presença de soro contendo imunoglobulinas ou aglutininas anti-A, e não aglutina quando colocado em presença de imunoglobulinas ou aglutininas anti-B. Orlando casa-se com Leila, que apresenta aglutinações inversas. O casal tem um filho cujo sangue não aglutina em nenhum dos dois tipos de soro.

a) Qual o genótipo dos pais?

b) Qual a probabilidade de esse casal ter uma criança cujo sangue aglutine nos dois tipos de soro? Justifique sua resposta.

Resolução

a) Acompanhe:

- Como o sangue de Orlando aglutina em presença de aglutininas anti-A e não aglutina em aglutininas anti-B, ele apresenta apenas o aglutinogênio A nas hemácias e é do grupo A.
- O inverso ocorre com Leila; portanto, ela pertence ao grupo B.
- Como o filho não tem as hemácias aglutinadas em nenhum dos dois tipos de soro, ele é do grupo O.

Agora, veja o esquema abaixo:

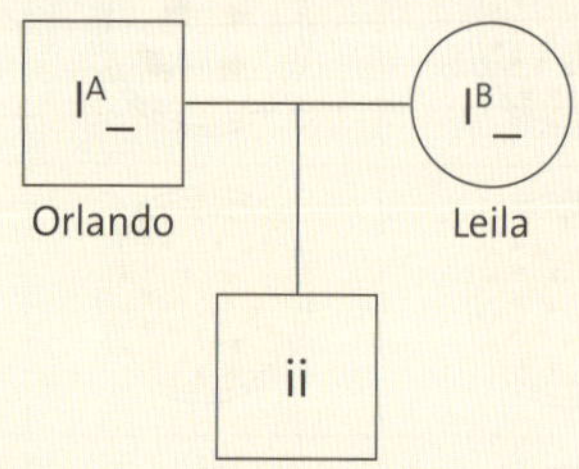

Assim, como o filho possui genótipo **ii**, Orlando e Leila são heterozigotos e seus genótipos são $\mathbf{I^Ai}$ (AO) e $\mathbf{I^Bi}$ (BO), respectivamente.

b) Uma criança cujo sangue aglutine nos dois tipos de soro terá os dois aglutinogênios nas hemácias; portanto, será do grupo AB. Como sabemos o genótipo de Orlando e de Leila, usamos o quadro a seguir para calcular as possíveis fecundações.

	I^A	i
I^B	I^AI^B	I^Bi
i	I^Ai	ii

1/4 ou 25% de sangue AB

A probabilidade de Orlando e Leila gerarem uma criança AB será 25% ou 1/4.

Transfusões de sangue

Uma das principais razões pelas quais o sangue é testado para o tipo sanguíneo é a necessidade de transfusão. A transfusão sanguínea é feita quando um paciente perde muito sangue e seu organismo não é capaz de repor sozinho o que foi perdido. Transfusões também podem ser parte do tratamento de algumas doenças (figura 3.5).

O sangue que será doado para transfusões é separado em diversos elementos: concentrado de hemácias, plasma (por sua vez, separado em vários componentes), concentrado de plaquetas, etc. Cada um poderá ser usado conforme a situação específica: em certos casos de anemia ou hemorragia aguda, por exemplo, há necessidade de transfusão de concentrado de hemácias. Já o plasma pode ser usado quando há deficiência de múltiplos fatores de coagulação e quando não estiverem disponíveis concentrados comerciais desses fatores (obtidos por técnicas de engenharia genética). Essas condições devem ser avaliadas pela equipe médica. A transfusão de sangue total, com todos os seus componentes, tem uso muito restrito. Se for necessário, o sangue pode ser reconstituído a partir do concentrado de hemácias e do plasma.

Antes da transfusão, deve ser observado se o sangue do doador é compatível com o sangue do receptor. Além disso, é feita a mistura do soro do receptor com as hemácias do doador, para investigar a presença de anticorpos contra os antígenos presentes nas hemácias do doador.

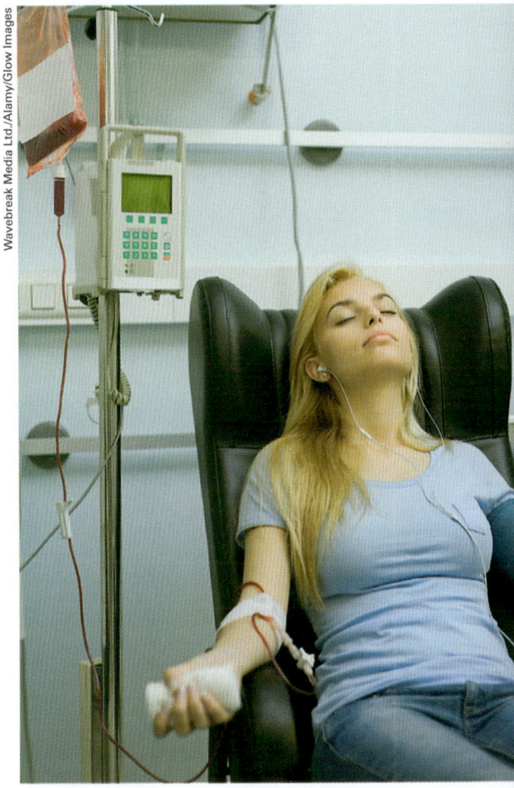

Wavebreak Media Ltd./Alamy/Glow Images

Figura 3.5 Pessoa recebendo sangue por transfusão.

Se o sangue (na forma de concentrado de hemácias) de um indivíduo do grupo A for doado a um indivíduo do grupo B, as hemácias A do doador serão aglutinadas pelas aglutininas anti-A do plasma do receptor. Os aglomerados de hemácias obstruem pequenos vasos sanguíneos e causam problemas circulatórios. Algum tempo depois, essas hemácias são destruídas por glóbulos brancos e liberam a hemoglobina e outros produtos no plasma. Com isso, pode ocorrer desde uma pequena reação alérgica até lesões renais graves (causadas pelos produtos liberados) e morte. O mesmo ocorre se um indivíduo do grupo B doar sangue a um do grupo A.

A pessoa portadora do tipo de sangue O não tem aglutinogênios A ou B nas hemácias. Por isso, dizemos que esse grupo é um **doador universal**, uma vez que seu sangue, na forma de concentrado de hemácia (melhor falar, portanto, em doador universal de hemácias), pode ser doado para pessoas com sangue A, B, AB ou O. Na prática, porém, a pessoa recebe sangue do mesmo tipo que o seu. As hemácias de sangue tipo O devem ser usadas em pacientes de outro grupo sanguíneo apenas em situações de emergência.

De modo semelhante, pessoas do grupo AB, por não terem aglutininas anti-A ou anti-B no plasma, aceitam transfusões de hemácias de pessoas com sangue A, B, AB ou O, sendo chamadas de **receptores universais** (ou receptores universais de hemácias).

Na resolução de problemas, é costume aceitar que o sangue O é um doador universal e o AB um receptor universal, ficando subentendido que se trata de uma transfusão de hemácias, e não de plasma. Veja ao lado o esquema de compatibilidade de grupos sanguíneos para a transfusão de hemácias.

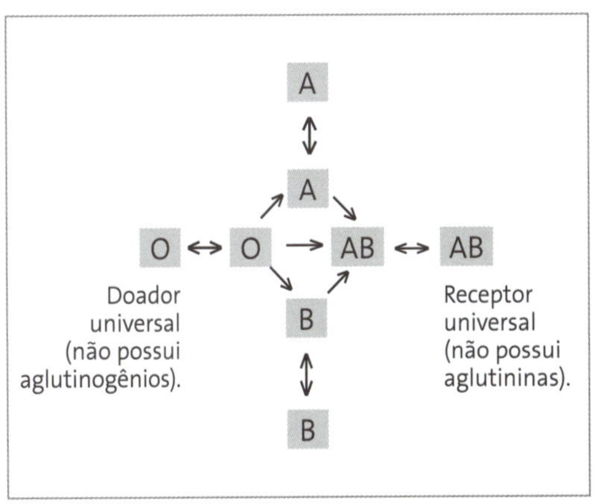

4 Sistema Rh de grupos sanguíneos

Outro sistema de classificação de grupos sanguíneos é chamado de sistema Rh (iniciais de *Rhesus*, o gênero de macaco no qual esse antígeno foi descoberto inicialmente). Cerca de 85% das pessoas possuem em suas hemácias o antígeno **Rh** e são chamadas de **Rh positivas** (**Rh^+**). As que não têm esse antígeno são **Rh negativas** (**Rh^-**).

Embora vários alelos estejam envolvidos na herança do fator Rh, para efeito de incompatibilidade de grupos sanguíneos podemos considerar apenas um par de alelos: **D** (dominante, faz aparecer esse antígeno) e **d** (recessivo).

Ao contrário dos antígenos do sistema ABO, o antígeno Rh não é encontrado em bactérias e, a princípio, um indivíduo negativo não possui anticorpos no plasma. Em geral, os indivíduos Rh^- produzem anticorpos correspondentes quando recebem hemácias com o antígeno Rh, o que pode ocorrer durante a gravidez e no parto ou em transfusões. Veja o quadro abaixo.

Genótipo	Grupo	Hemácia	Plasma
DD ou Dd	Rh^+	com antígeno Rh	sem anticorpos anti-Rh
dd	Rh^-	sem antígeno Rh	com anticorpos anti-Rh se recebeu hemácias com antígeno Rh

Nas transfusões de hemácias, uma pessoa com fator Rh positivo pode receber tanto sangue Rh positivo como negativo, enquanto uma pessoa Rh negativo deve receber apenas sangue Rh negativo. Por isso, o doador universal de hemácias deve ser **O Rh^-** e o receptor universal de hemácias deve ser **AB Rh^+** (em casos de urgência, é possível transfundir hemácias com fator Rh positivo para pacientes Rh negativos).

Quando uma mulher Rh^- tem um filho com um homem Rh^+, há duas possibilidades, dependendo de o homem ser homozigoto ou heterozigoto. No primeiro caso, todos os filhos do casal serão Rh^+; no segundo, podem nascer filhos Rh^+ e Rh^-. Observe o esquema abaixo.

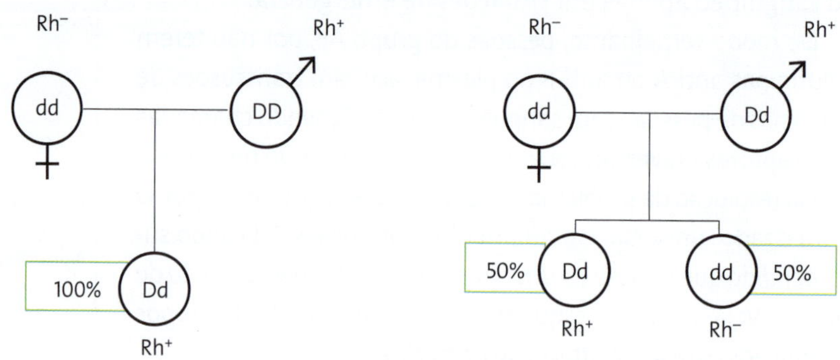

A **eritroblastose fetal** (*erythron* = vermelho; *blastós* = germe) ou **doença hemolítica do recém-nascido** (**DHRN**) (*haîma* = sangue; *lysis* = destruição) pode ocorrer em filhos de mãe Rh^-. Se o filho for Rh^-, terá o mesmo padrão da mãe e não haverá incompatibilidade entre eles. Se for Rh^+, alguns dias antes do nascimento e principalmente durante o parto, uma parte do sangue do feto escapa para o organismo materno, que é estimulado a produzir anticorpo anti-Rh. Como a produção não é imediata, esse primeiro filho nascerá livre de problemas (figura 3.6). Em uma segunda gestação, os anticorpos maternos, já concentrados no sangue, atravessam a placenta e podem provocar aglutinação das hemácias do feto, que serão fagocitadas e destruídas. Nesse caso, ao nascer, a criança apresenta anemia e icterícia: a hemoglobina da hemácia destruída é transformada em **bilirrubina** (pigmento amarelo), que em quantidade excessiva se deposita nos tecidos e dá coloração amarelada à pele. Além disso, pode se depositar no cérebro da criança e provocar surdez e deficiência mental. A destruição das hemácias do feto e do recém-nascido leva seus órgãos produtores de sangue a lançar na circulação hemácias ainda jovens – os **eritroblastos** –, daí o nome da doença.

Nos casos mais graves chega a ocorrer aborto involuntário. Se a criança nascer, poderá ser salva com a troca gradativa de seu sangue por sangue Rh^-. As novas hemácias Rh^- não serão destruídas e, após algum tempo, quando forem substituídas naturalmente por hemácias Rh^+ da própria criança, os anticorpos anti-Rh da mãe que passaram para a criança já terão sido eliminados.

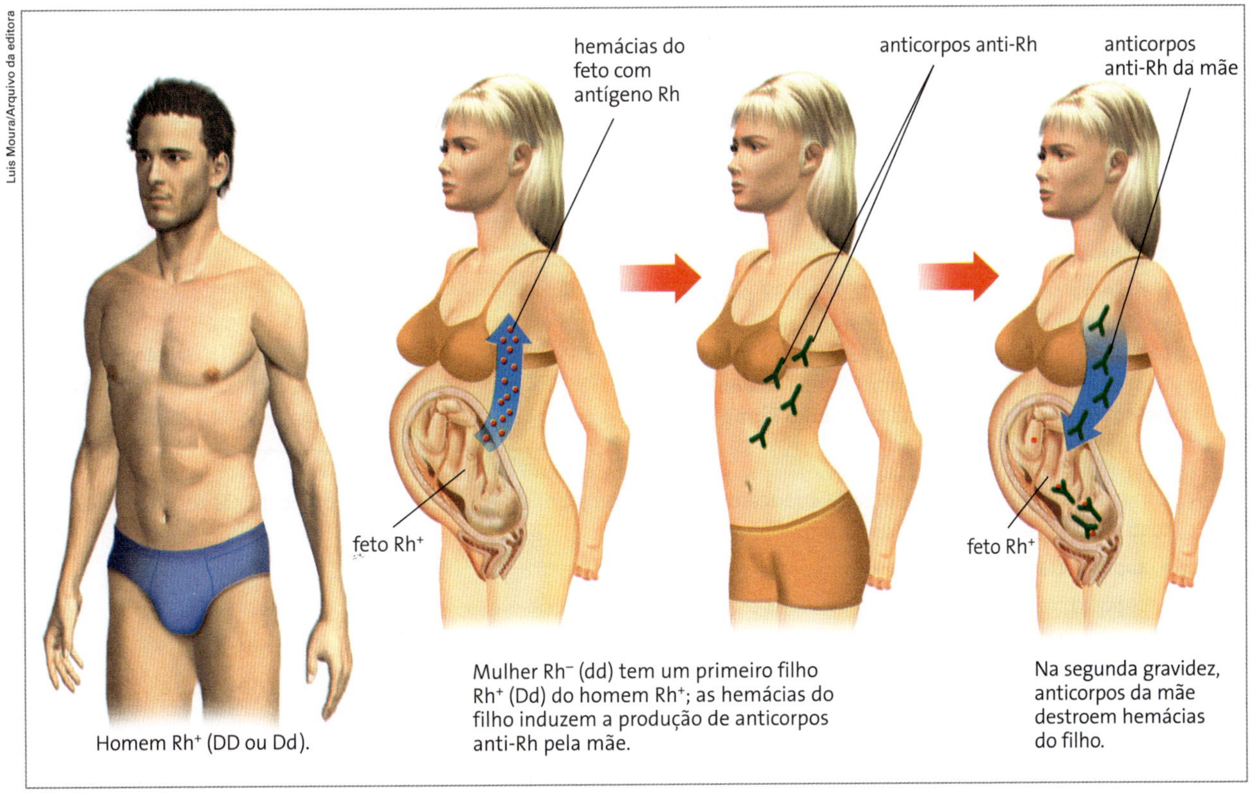

Figura 3.6 Condições para o aparecimento de eritroblastose fetal (os elementos ilustrados não estão na mesma escala; anticorpos são cerca de cem vezes menores que uma célula; cores fantasia).

Para prevenir a eritroblastose fetal, até três dias após o parto da primeira criança Rh^+ (ou entre a 28ª e a 30ª semana de gestação) a mãe Rh^- deve receber uma aplicação de anticorpos anti-Rh. Provenientes do plasma de pessoas Rh^- sensibilizadas, esses anticorpos destroem as hemácias Rh^+ deixadas pelo feto no sangue da mãe, o que impede o desencadeamento da produção de anticorpos maternos.

Com o tempo, esses anticorpos são eliminados. Como o sistema imune da mulher não foi sensibilizado, ela fica livre para uma nova gravidez. Se, novamente, a criança for Rh^+, não haverá problema, pois será como se fosse o primeiro filho. No entanto, o tratamento tem de ser repetido para prevenir acidentes na gravidez seguinte, pois durante o parto a criança, sendo positiva, pode lançar hemácias com antígenos no sangue materno.

Quando a mãe é Rh^+ e o filho é Rh^-, não há problemas para a mãe, uma vez que a produção de anticorpos pela criança só ocorre cerca de seis meses após o nascimento.

Sistema MN

Outro sistema sanguíneo é o **MN**. Entre os vários alelos relacionados a ele, destacam-se $\mathbf{L^M}$ ou **M** – que produz o antígeno **M** – e $\mathbf{L^N}$ ou **N** – que produz o antígeno **N**.

Como os alelos implicados no processo são codominantes, há três genótipos e três fenótipos: $\mathbf{L^M L^M}$ (antígeno **M**), grupo **M**; $\mathbf{L^N L^N}$ (antígeno **N**), grupo **N**; $\mathbf{L^M L^N}$ (antígenos **M** e **N**), grupo **MN**.

Exercícios resolvidos

6. (PUC-SP) Duas mulheres disputam a maternidade de uma criança que, ao nascer, apresentou a doença hemolítica ou eritroblastose fetal. O sangue das duas mulheres foi testado com o uso do soro anti-Rh (anti-D), e os resultados são apresentados a seguir. Qual das mulheres poderia ser a verdadeira mãe daquela criança? Justifique sua resposta.

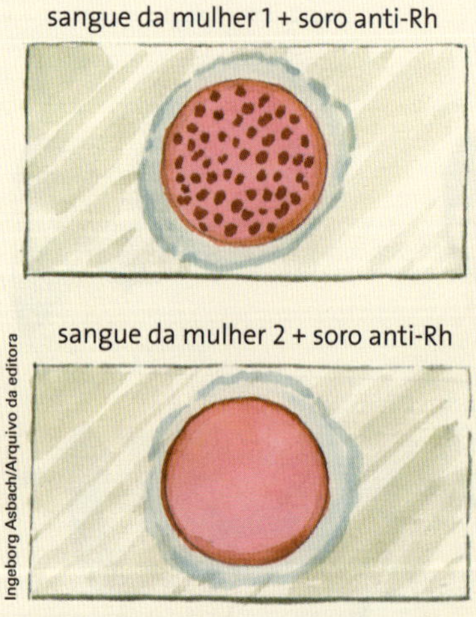

Ingeborg Asbach/Arquivo da editora

Resolução

A mãe da criança é a mulher número 2 porque é Rh^-, visto que seu sangue não sofre aglutinação em presença de soro anti-Rh (anti-D). Note que utilizamos um teste semelhante ao do sistema ABO para averiguar se a pessoa possui ou não o aglutinogênio Rh na superfície das hemácias.

7. Um casal afirma que determinada criança encontrada pela polícia é seu filho desaparecido. Os resultados dos testes para grupos sanguíneos foram:

- suposto pai: M;
- suposta mãe: N;
- criança: M.

Explique se esses resultados excluem ou não a possibilidade de ser a criança em questão filha do casal.

Resolução

A criança não pode ser filha do casal, pois apresenta genótipo $\mathbf{L^M L^M}$. Assim, temos certeza de que a mulher analisada não é sua mãe, visto que seu genótipo é $\mathbf{L^N L^N}$.

Atividades

1. Como podemos definir polialelia? Como surgem vários genes alelos?

2. Por que dizemos que problemas de polialelia são de monoibridismo?

3. Dê os aglutinogênios e as aglutininas de cada um dos quatro grupos sanguíneos. Indique também todos os genótipos possíveis de cada grupo.

4. Qual o perigo de se fazer transfusão de sangue tipo B para uma pessoa do tipo A?

5. Um mesmo gene pode ter muitos alelos. Então responda:
   a) Como podem surgir muitos alelos a partir de um gene?
   b) Um estudante afirmou que em casos de polialelia, a lei da segregação de um par de fatores não se aplica. Você concorda? Justifique sua resposta.

6. Uma pessoa do grupo O pode receber hemácias de uma pessoa do grupo AB? Justifique sua resposta.

7. Uma mulher que nunca recebeu transfusão deu à luz, em uma segunda gravidez, uma criança com eritroblastose fetal. Uma terceira criança nasceu normal. Qual o genótipo da mãe, do pai e dos três filhos em relação ao fator Rh? (Observação: a mulher não recebeu nenhum tratamento preventivo.)

8. Em um dia nasceram quatro bebês em uma maternidade, cada um filho de um casal. Com base nos grupos sanguíneos dos bebês e dos grupos dos casais de pais, identifique quais os pais de cada bebê.

bebê 1: grupo A	casal I: A e AB
bebê 2: grupo B	casal II: A e O
bebê 3: grupo AB	casal III: AB e O
bebê 4: grupo O	casal IV: O e O

9. Você já deve ter ouvido alguém dizer: "Este é meu filho. Ele tem meu sangue correndo nas veias". Sob o ponto de vista genético, essa afirmativa está inteiramente errada?

10. Uma mulher Rh^- M casa-se com um homem Rh^+ N, filho de pai Rh^-. Qual a probabilidade de nascer uma criança Rh^+ MN?

11. Um aluno aprendeu na aula de Biologia que uma maneira de evitar a eritroblastose fetal é a administração de soro com anticorpos anti-Rh em mãe Rh^- logo após o parto, para evitar a produção na mãe de anticorpos anti-Rh. O aluno perguntou ao professor se não seria mais prático injetar o soro durante a gravidez. O professor mostrou que essa aplicação poderia causar um problema no feto. Explique que problema é esse.

12. Um coelho selvagem cruzado com uma coelha chinchila resultou em um filho albino. Qual a probabilidade de esse casal ter um filhote com pelo chinchila?

Ingeborg Asbach/Arquivo da editora

13. Um estudante escreveu em seu caderno esta notação: $I^A = I^B > i$. O que isso significa?

14. Como serão os filhos de indivíduos com os seguintes grupos sanguíneos:
    a) grupo A (heterozigoto) com grupo B (heterozigoto);
    b) grupo AB com O;
    c) grupo AB com grupo AB.

15. Leia o texto abaixo e, em seguida, responda ao que se pede.

    Um tipo raro de sangue, de genótipo hh e sem o antígeno H, foi descoberto em Bombaim (Índia), onde existe 1 caso em cada 10 mil indivíduos. Por não ter substância H, o indivíduo hh não pode ter os aglutinogênios A e B, mesmo sendo portador dos genes I^A e I^B, e suas hemácias aparentam ser do grupo O, visto que não são aglutinadas por soros com anti-A ou anti-B.

    Apesar de não ter os antígenos A e B nas hemácias, o indivíduo hh é diferente do indivíduo O, pois este possui a substância H em suas hemácias, que podem, por isso, se aglutinar por um soro anti-H. O fenótipo correspondente ao genótipo hh é chamado fenótipo Bombaim, falso zero ou Oh.

    Um indivíduo falso zero pode ter os genes I^A ou I^B e transmiti-los aos seus descendentes, que poderão manifestar esses fenótipos se possuírem um gene H.

    a) Um exame de sangue com anticorpos anti-H pode distinguir um indivíduo do grupo O de um indivíduo falso zero (Bombaim)? Explique.
    b) Explique como um homem do grupo AB, casado com uma mulher homozigota do grupo A, pode ter um filho cujas hemácias não são aglutinadas por soro anti-A nem por soro anti-B. Dê os genótipos que explicam essa situação.

Trabalho em equipe

Pesquisem em hospitais ou bancos de sangue quais são os requisitos para que uma pessoa possa doar sangue. Procurem saber também quais são as leis que tratam da doação de órgãos, que órgãos podem ser doados e quais os requisitos em cada tipo de doação. Com auxílio do professor de Filosofia, discutam a importância ética e social da doação de sangue.

Vestibulares de Norte a Sul

1. **SE** (Unicamp-SP) O sangue humano costuma ser classificado em diversos grupos, sendo os sistemas ABO e Rh os métodos mais comuns de classificação. A primeira tabela abaixo fornece o percentual da população brasileira com cada combinação de tipo sanguíneo e fator Rh. Já a segunda tabela indica o tipo de aglutinogênio e de aglutinina presentes em cada grupo sanguíneo.

Tipo	Fator Rh	
	+	–
A	34%	8%
B	8%	2%
AB	2,5%	0,5%
O	36%	9%

Tipo	Aglutinogênios	Aglutininas
A	A	Anti-B
B	B	Anti-A
AB	A e B	Nenhuma
O	Nenhum	Anti-A e Anti-B

Em um teste sanguíneo realizado no Brasil, detectou-se, no sangue de um indivíduo, a presença de aglutinogênio A. Nesse caso, a probabilidade de que o indivíduo tenha sangue A+ é de cerca de:

a) 76%.
b) 34%.
c) 81%.
d) 39%.

2. **S** (PUC-RS) Um sistema de alelos múltiplos governa a cor de determinada flor da seguinte maneira: F = laranja; f^1 = amarela, f^2 = branca. Considerando que a sequência de dominância segue o padrão $F > f^1 > f^2$, plantas com os genótipos FF, Ff^1 e Ff^2 teriam flores de cor:

a) laranja, apenas.
b) laranja e amarela, apenas.
c) laranja e branca, apenas.
d) amarela e branca, apenas.
e) laranja, amarela e branca.

3. **S** (PUC-RS) Uma mulher com sangue do tipo $A/Rh^+/MM$ é casada com um homem com tipo sanguíneo $B/Rh^+/NN$. Qual das alternativas abaixo indica o tipo sanguíneo de uma criança que **não** poderia ter sido gerada por esse casal?

a) $A/Rh^+/NN$
b) $A/Rh^-/MN$
c) $AB/Rh^-/MN$
d) $O/Rh^+/MN$
e) $O/Rh^-/MN$

4. **SE** (PUC-SP) O sangue de um determinado casal foi testado com a utilização dos soros anti-A, anti-B e anti-Rh (anti-D). Os resultados são mostrados a seguir. O sinal + significa aglutinação de hemácias e – significa ausência de reação.

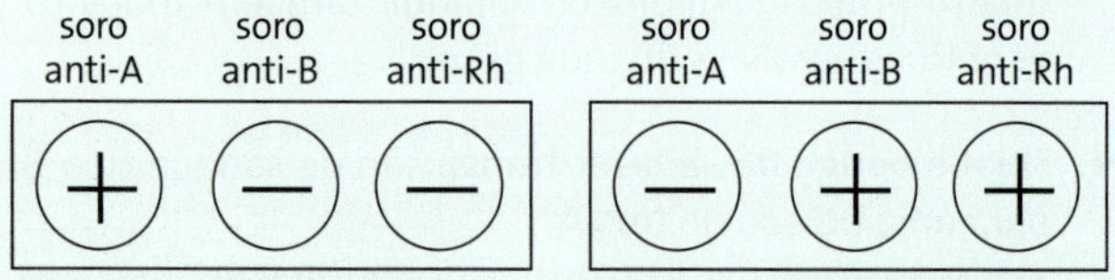

Lâmina I – contém gotas de sangue da mulher misturadas aos três tipos de soros

Lâmina II – contém gotas de sangue do homem misturadas aos três tipos de soros

Esse casal tem uma criança pertencente ao grupo O e Rh negativo. Qual a probabilidade de o casal vir a ter uma criança que apresente aglutinogênios (antígenos) A, B e Rh nas hemácias?

a) 1/2
b) 1/4
c) 1/8
d) 1/16
e) 3/4

5. **S** (UFRGS-RS) A cor da pelagem em coelhos é causada por quatro alelos diferentes do gene c: os alelos selvagem, chinchila, himalaia e albino. O alelo tipo selvagem é totalmente dominante em relação aos demais; o alelo chinchila apresenta dominância incompleta em relação ao alelo albino e codominância em relação ao alelo himalaia. O alelo himalaia, por sua vez, é totalmente dominante em relação ao alelo albino.

De acordo com essas informações, quantos diferentes fenótipos podem ser encontrados para a pelagem de coelhos?

a) 2
b) 3
c) 4
d) 5
e) 6

6. **SE** (Vunesp-SP) Paulo e Mariana têm dois filhos, Júlio e Baltazar. Com relação aos tipos sanguíneos do sistema ABO, pai, mãe e os dois filhos têm, cada um deles, um tipo sanguíneo diferente.

Em razão disso, pode-se afirmar corretamente que:

a) se o pai tem sangue tipo A, a mãe necessariamente tem sangue tipo B.
b) se a mãe tem sangue tipo AB, o pai necessariamente terá sangue tipo A ou tipo B.
c) se a mãe tem sangue tipo O, um dos filhos terá necessariamente sangue tipo AB.
d) se um dos filhos tem sangue tipo AB, o outro necessariamente terá sangue tipo A ou tipo B.
e) se um dos filhos tem sangue tipo O, o outro necessariamente terá sangue tipo A ou tipo B.

7. **SE** (Ufscar-SP) A transfusão de sangue tipo AB para uma pessoa com sangue tipo B:

a) pode ser realizada sem problema, porque as hemácias AB não possuem antígenos que possam interagir com anticorpos anti-A presentes no sangue do receptor.

b) pode ser realizada sem problema, porque as hemácias AB não possuem antígenos que possam interagir com anticorpos anti-B presentes no sangue do receptor.

c) pode ser realizada sem problema, porque, apesar de as hemácias AB apresentarem antígeno A e antígeno B, o sangue do receptor não possui anticorpos contra eles.

d) não deve ser realizada, pois os anticorpos anti-B presentes no sangue do receptor podem reagir com os antígenos B presentes nas hemácias AB.

e) não deve ser realizada, pois os anticorpos anti-A presentes no sangue do receptor podem reagir com os antígenos A presentes nas hemácias AB.

8. **N** (UFPA) A eritroblastose fetal, ou doença hemolítica perinatal, consiste na destruição das hemácias do feto (Rh^+) pelos anticorpos da mãe (Rh^-) que ultrapassam lentamente a placenta. Devido a uma destruição maciça das hemácias, o indivíduo torna-se anêmico, e a hemoglobina presente no plasma é transformada, no fígado, em bilirrubina.

Em relação a essa condição, é correto afirmar:

a) A mãe (Rh^-) só produzirá anticorpos anti-Rh se tiver uma gestação de uma criança Rh^+ com passagem de hemácias para a circulação materna.

b) A mãe (Rh^-) poderá produzir anticorpos anti-Rh devido a uma gestação de uma criança Rh^+ cujas hemácias passaram para a circulação materna, comumente, por ocasião do parto, ou se receber uma transfusão de sangue incompatível (Rh^+).

c) A mãe produzirá anticorpos anti-Rh que podem atingir todos os filhos Rh^+, incluindo o feto que primeiro induziu a produção desses anticorpos.

d) No caso de mulheres Rh^- que já tenham tido uma gestação anterior Rh^+ e estejam novamente grávidas, é ministrada uma dose da vacina Rhogam por volta da 28ª semana de gestação e outra até 72 horas após o parto, o que evita, assim, que essa criança, caso seja Rh^+, tenha eritroblastose fetal.

e) O tratamento de bebês que nascem com o problema pode incluir uma transfusão total de sangue. O bebê recebe sangue Rh^+, que já não terá mais suas hemácias destruídas pelos anticorpos da mãe presentes no recém-nascido.

9. **NE** (UPE) Tem-se como estatisticamente comprovado que grande número de abortos se deve a uma incompatibilidade sanguínea materno-fetal, condicionada por uma determinação genética. Em tais casos, os possíveis genótipos do pai e da mãe são, respectivamente:

a) $I^BI^BRhRh \times I^AI^Arhrh$.
b) $iirhrh \times I^AI^Arhrh$.
c) $I^AI^Arhrh \times iirhrh$.
d) $I^BI^Brhrh \times iiRhRh$.
e) $I^BI^BRhRh \times I^BI^BRhRh$.

10. **S** (UFSC) Ao final da gravidez, é comum haver pequenas rupturas placentárias que permitem a passagem de hemácias fetais para o sangue materno. A mãe, assim, pode ser sensibilizada e, dependendo de seu tipo sanguíneo e do tipo sanguíneo do feto em relação ao sistema Rh, gerar uma doença denominada eritroblastose fetal. Com relação ao fenômeno descrito e suas consequências, é CORRETO afirmar que:

01) a mãe tem que ser Rh negativo.
02) o pai tem que ser Rh positivo.
04) a criança é, obrigatoriamente, homozigota.
08) a mãe é, obrigatoriamente, homozigota.
16) o pai pode ser heterozigoto.
32) a criança é Rh negativo.
64) o pai pode ser homozigoto.

11. **SE** (Unip-SP) Na genealogia a seguir aparecem os grupos sanguíneos do sistema ABO. Qual é a probabilidade de 6 ser heterozigoto?

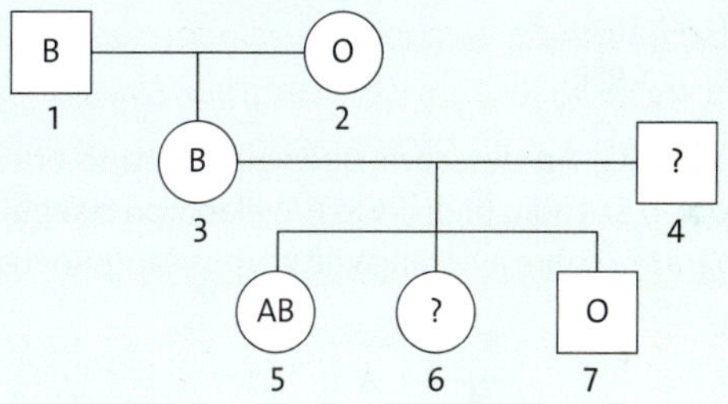

a) 25%
b) 33%
c) 50%
d) 66%
e) 75%

12. **S** (UEL-PR) Um menino tem o lobo da orelha preso e pertence a uma família na qual o pai, a mãe e a irmã possuem o lobo da orelha solto. Essa diferença não o incomodava até começar a estudar genética e aprender que o lobo da orelha solto é um caráter controlado por um gene com dominância completa. Aprendeu também que os grupos sanguíneos, do sistema ABO, são determinados pelos alelos IA, IB e i. Querendo saber se era ou não filho biológico desse casal, buscou informações acerca dos tipos sanguíneos de cada um da família. Ele verificou que a mãe e a irmã pertencem ao grupo sanguíneo O, e o pai, ao grupo AB.

Com base no enunciado é correto afirmar que:

a) a irmã é quem pode ser uma filha biológica, se o casal for heterozigoto para o caráter grupo sanguíneo.

b) ambos os irmãos podem ser os filhos biológicos, se o casal for heterozigoto para os dois caracteres.

c) o menino é quem pode ser um filho biológico, se o casal for heterozigoto para o caráter lobo da orelha solta.

d) a mãe dessa família pode ser a mãe biológica de ambos os filhos, se for homozigota para o caráter lobo da orelha solta.

e) o pai dessa família pode ser o pai biológico de ambos os filhos, se for homozigoto para o caráter grupo sanguíneo.

13. **SE** (Ufla-MG) O sistema Rh em seres humanos é controlado por um gene com dois alelos, dos quais o alelo dominante R é responsável pela presença do fator Rh nas hemácias, e portanto, fenótipo Rh^+. O alelo recessivo r é responsável pela ausência do fator Rh e fenótipo Rh^-.

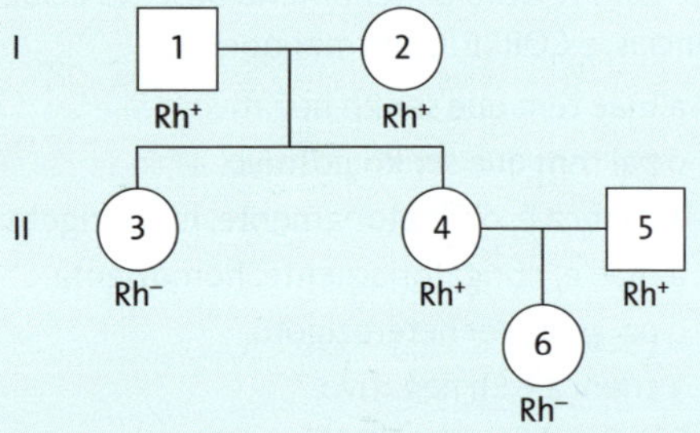

Com base no heredograma acima, determine os genótipos dos indivíduos 1, 2, 3, 4, 5 e 6, respectivamente.

a) RR, Rr, Rr, RR, Rr, RR
b) Rr, Rr, rr, Rr, Rr, rr
c) Rr, Rr, Rr, rr, RR, Rr
d) Rr, Rr, rr, RR, Rr, rr

14. **SE** (UFV-MG) Ao descobrir que seu genótipo era homozigoto, o Sr. Lalau (indivíduo II-1) elaborou o seguinte heredograma sobre a herança de grupos sanguíneos do sistema ABO:

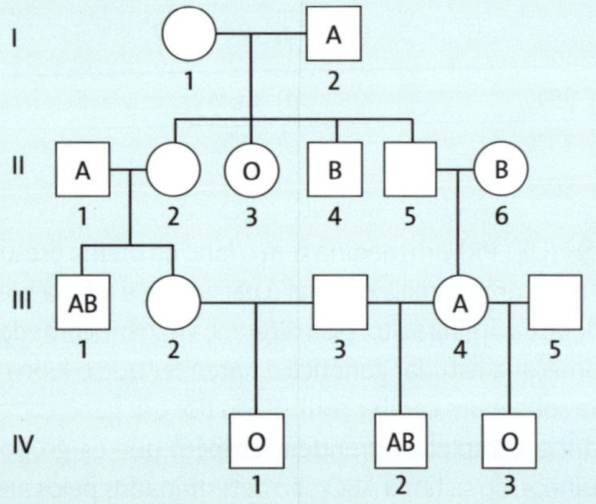

a) Identifique o grupo sanguíneo do indivíduo I-1.
b) Qual o genótipo do indivíduo II-5?
c) O Sr. Lalau poderá ser receptor de sangue de seu genro para transfusão?
d) O indivíduo III-5 não poderá ser de qual grupo sanguíneo?
e) No caso de o casal III-3 e III-4 ter uma segunda criança, qual é a probabilidade de ela ser uma menina do grupo sanguíneo B?

15. **SE** (Unicamp-SP) Na eritroblastose fetal ocorre destruição das hemácias, o que pode levar recém-nascidos à morte.

a) Explique como ocorre a eritroblastose fetal.
b) Como evitar sua ocorrência?
c) Qual o procedimento usual para salvar a vida do recém-nascido com eritroblastose fetal?

16. **SE** (Unicamp-SP) Com base no heredograma abaixo:

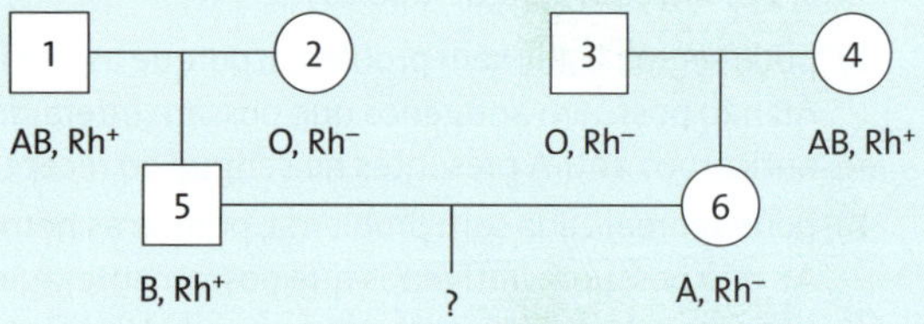

a) Qual a probabilidade de o casal formado por 5 e 6 ter duas crianças com sangue AB, Rh^+?
b) Se o casal em questão já tiver uma criança com sangue AB Rh^+, qual a probabilidade de ter outra com os mesmos fenótipos sanguíneos?

Observação: Indique os passos que você seguiu para chegar às duas respostas.

17. **SE** (Vunesp-SP) Em coelhos, conhecem-se os seguintes alelos para a cor da pelagem: **C** (selvagem), c^{ch} (chinchila), c^h (himalaia) e c^a (albino). A relação de dominância entre os quatro alelos dessa série é $C > c^{ch} > c^h > c^a$. Observe a genealogia.

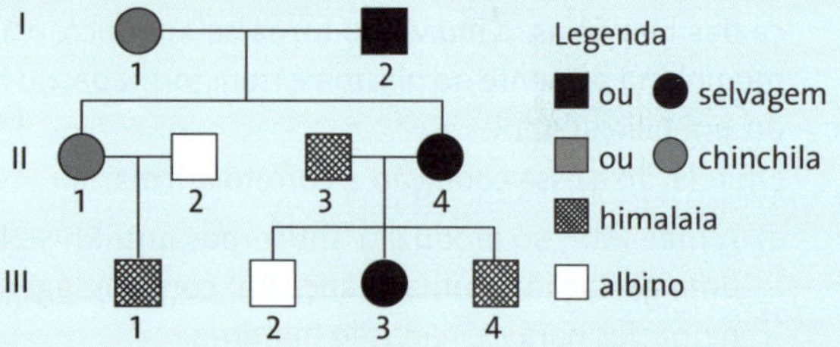

Analisando essa genealogia:

a) Quais são os genótipos dos animais I.1, I.2, II.3 e II.4?
b) Se o coelho III.1 for cruzado com a coelha I.1 e produzirem 12 descendentes, quantos se espera que sejam chinchilas? E himalaias? E albinos?

18. **CO** (UEG-GO) Amostras de sangue humano estão representadas nas figuras a seguir.

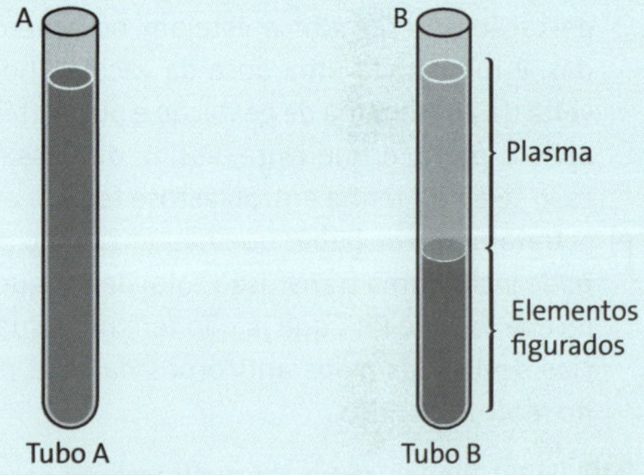

Tendo em vista a ilustração, responda ao que se pede:

a) Em qual das figuras ocorreu o processo de centrifugação? Justifique sua resposta.
b) No sistema ABO, a presença de proteínas no sangue possibilita a ocorrência de reações específicas. Quais os nomes dessas proteínas e quais são suas respectivas localizações no sangue humano?

CAPÍTULO

4 Interação gênica e pleiotropia

Abimelec Olan/Getty Images

A cor da pele resulta da interação entre dois ou mais pares de alelos.

- *Você já pensou em quantas cores diferentes o olho humano pode ter?*
- *Quantos tons de pele podemos observar em pessoas diferentes?*
- *Como os genes podem interagir e influenciar o fenótipo?*

1 Conceitos gerais

Quando dois ou mais pares de alelos agem na origem de uma mesma característica, o fenômeno é chamado **interação gênica**. Já na **pleiotropia** ocorre o inverso: um gene atua em várias características, como veremos adiante.

A compreensão da interação gênica deve muito aos trabalhos pioneiros dos geneticistas ingleses William Bateson (1861-1926) e Reginald Punnett (1875-1967), realizados no início do século XX.

Bateson foi um grande divulgador e defensor dos trabalhos de Mendel na Inglaterra, realizando vários estudos sobre hibridação em plantas (produção de indivíduos heterozigóticos para um ou mais caracteres).

Em 1908, ao explicar os resultados de seus estudos sobre interação gênica, Bateson criou o termo "epistasia". Ele também criou os termos "homozigoto", "heterozigoto" e "alelomorfo" (abreviado depois para "alelo"). Bateson sugeriu ainda o termo "genética" para o estudo da hereditariedade.

Além de inventar o famoso esquema (quadrado de Punnett) que permite visualizar os resultados das possíveis fecundações (visto no capítulo 1 deste livro), Punnett publicou, em 1905, um dos primeiros livros explicando a genética mendeliana para o público, entre vários outros estudos.

Os genes em interação podem estar ou não no mesmo cromossomo. Vamos analisar aqui o caso mais simples, que é a interação de genes situados em cromossomos não homólogos (figura 4.1). Como estão em cromossomos diferentes, esses genes sofrem segregação independente.

Há vários tipos de interação gênica. Em alguns, um par de alelos inibe a manifestação de outros pares: são as **interações epistáticas** (*epi* = sobre; *stásis* = parada). Nesse caso, no cruzamento de dois indivíduos duplo heterozigotos aparecem proporções fenotípicas como 9 : 3 : 4 ou 12 : 3 : 1 ou 9 : 7. Em outros casos, a proporção fenotípica que aparece nesse cruzamento lembra a do di-hibridismo: 9 : 3 : 3 : 1 – são as **interações não epistáticas**. No entanto, no di-hibridismo essa proporção se refere à combinação de duas características, enquanto na interação a proporção se refere a variedades de uma característica apenas, como veremos no caso das cristas de galinha.

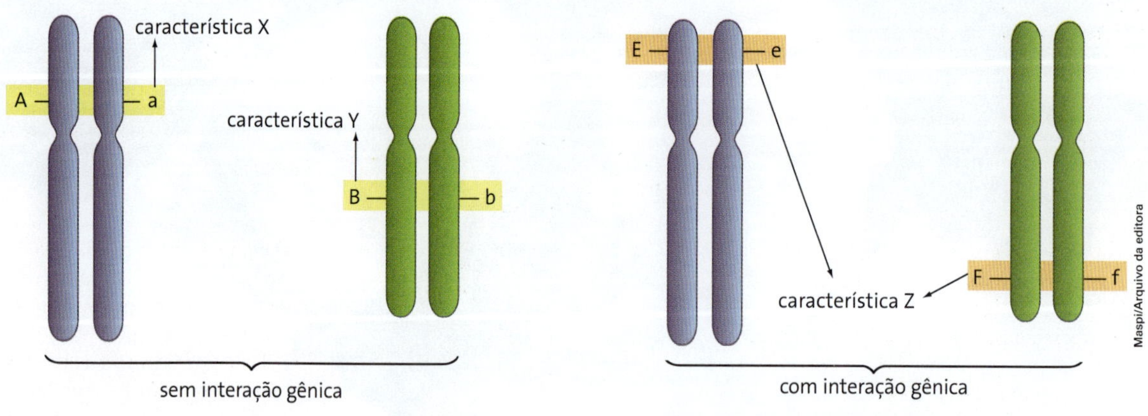

Figura 4.1 Os pares de alelos **Aa** e **Bb** atuam em características diferentes. Os pares **Ee** e **Ff** atuam na mesma característica, o que constitui uma interação gênica. (Esquema simplificado; cores fantasia.)

2 Interação não epistática

Entre os trabalhos de Bateson e Punnett estão os experimentos sobre a herança da forma da crista em algumas raças de galinha. Há quatro tipos básicos de cristas: **ervilha**, **rosa**, **noz** e **simples**. Eles verificaram que o cruzamento entre galos e galinhas com crista rosa e com crista ervilha produziam outro tipo de crista, que eles chamaram de "noz". Perceberam então que não havia dominância entre a crista rosa e a crista ervilha.

No entanto, ao cruzarem as aves com essa nova crista, obtiveram quatro tipos de cristas, na proporção 9 noz: 3 rosa: 3 ervilha: 1 simples. Esse resultado, que lembra a $\mathbf{F_2}$ no di-hibridismo, sugeria que essa característica era condicionada por dois pares de alelos com segregação independente. Nesse caso, a proporção se refere a apenas uma característica, a forma da crista; enquanto no di-hibridismo há duas características combinadas (cor e forma da ervilha, por exemplo).

Por meio de sucessivos cruzamentos entre as diversas variedades, elaboraram o modelo de interação para a forma da crista em galinhas, que veremos a seguir.

Os quatro tipos de cristas dependem de dois pares de alelos. A presença do alelo **E** (dominante) condiciona crista ervilha enquanto a do alelo **R** (dominante) condiciona crista rosa. Se os dois alelos dominantes estão presentes, há interação gênica e a crista é do tipo noz. A ausência de ambos condiciona crista simples.

Veja no quadro a seguir os fenótipos e os genótipos possíveis para a forma da crista:

Fenótipos (forma da crista)	Genótipos
noz	E_R_
ervilha	E_rr
rosa	eeR_
simples	eerr

O traço que aparece em alguns genótipos indica que o alelo presente pode ser dominante ou recessivo e não interfere no fenótipo resultante. Na figura 4.2 podemos observar o resultado do cruzamento parental.

Ilustrações: Luis Moura/Arquivo da editora

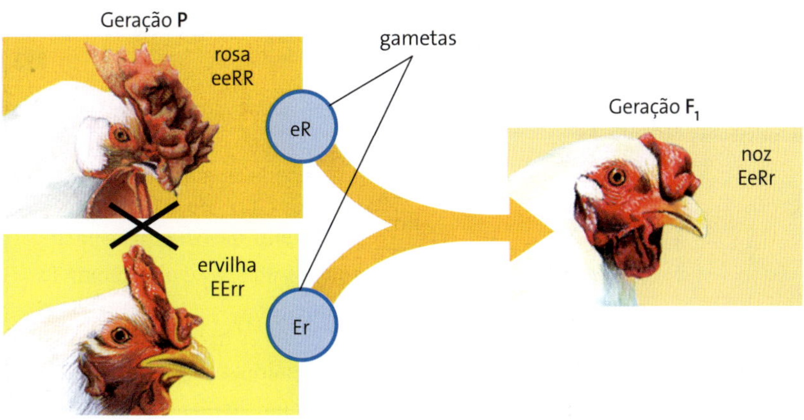

Figura 4.2 Cruzamento da geração **P** formando di-híbridos na geração $\mathbf{F_1}$.

Geração F_2 (cruzamento entre as aves duplo-heterozigotas de F_1)

♀ \ ♂	ER	eR	Er	er
ER	EERR	EeRR	EERr	EeRr
eR	EeRR	eeRR	EeRr	eeRr
Er	EERr	EeRr	EErr	Eerr
er	EeRr	eeRr	Eerr	eerr

Ilustrações: Luís Moura/Arquivo da editora

Proporção fenótipica em F_2

noz	ervilha	rosa	simples
$\frac{9}{16}$	$\frac{3}{16}$	$\frac{3}{16}$	$\frac{1}{16}$

Figura 4.3 Interação gênica no formato de cristas de galinhas.

Na figura 4.3 temos a proporção fenotípica esperada em F_2.

Em F_2 a proporção de 9 : 3 : 3 : 1 pode ser obtida de forma simples:

- são nove indivíduos com pelo menos um alelo dominante de cada par de alelos; esses indivíduos podem ser representados por E_R_;
- o número 3 indica indivíduos com apenas um alelo dominante de um dos dois pares de alelos: E_rr ou eeR_;
- o número 1 indica indivíduos sem alelos dominantes (eerr).

Com isso, deduzimos os fenótipos: E_R_: 9 com crista noz; E_rr: 3 com crista ervilha; eeR_: 3 com crista rosa; eerr: 1 com crista simples.

Observe que, quando **E** e **R** estão presentes, o fenótipo produzido é diferente do fenótipo obtido quando só **E** ou só **R** está presente. Esse tipo de interação é chamado de não epistática (é chamada também de interação simples ou herança complementar), em oposição à epistática, que estudaremos adiante.

Exercício resolvido

1. Em galinhas, a presença do alelo **E** (dominante) condiciona crista ervilha e a presença do alelo **R** (dominante), crista rosa. Se ambos os alelos dominantes estiverem presentes, a crista é do tipo noz. A ausência de ambos os alelos dominantes condiciona crista simples. Qual a proporção fenotípica resultante do cruzamento EERr com EeRR?

Resolução

As galinhas que estão cruzando possuem os genótipos EERr e EeRR e formam os seguintes gametas:

EERr × EeRR

gametas formados: ER, Er (de EERr); ER, eR (de EeRR)

Montamos o genograma abaixo para encontrar as possíveis fecundações:

Fecundações possíveis	ER	eR
ER	EERR noz	EeRR noz
Er	EERr noz	EeRr noz

Portanto, a proporção fenotípica é 100% noz.

3 Interações epistáticas

A **epistasia** é um tipo de interação gênica na qual os alelos de um gene impedem a manifestação dos alelos de outro par, como mostra a figura 4.4 ao lado.

Os alelos inibidores são chamados **epistáticos** e os inibidos, **hipostáticos** (*epi* = sobre; *stásis* = parada; *hipo* = abaixo).

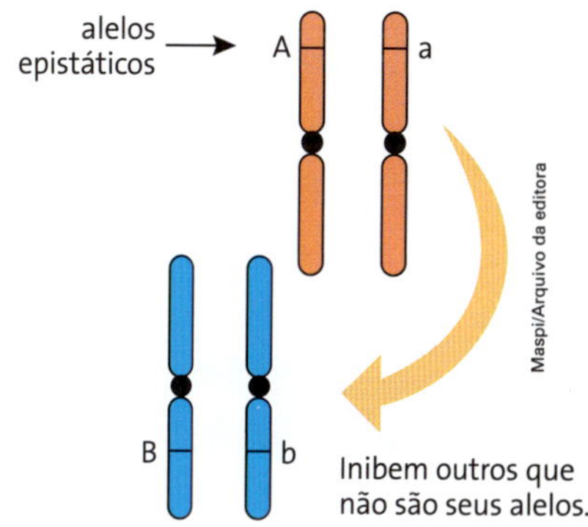

Figura 4.4 Esquema da atuação de alelos epistáticos.

Epistasia recessiva

Neste caso, os alelos epistáticos têm ação apenas quando estão em dose dupla, como veremos nos exemplos a seguir.

A cor do pelo de camundongos é influenciada por vários pares de alelos. De forma simplificada, o alelo dominante **A** fornece o padrão aguti, no qual o pelo é preto com uma faixa amarela, o que dá uma tonalidade marrom-acinzentada. O alelo **a** determina pelo preto uniforme. A presença de um alelo de outro gene, **C**, é condição indispensável para que se forme qualquer pigmento. Em dose dupla, o alelo **c** é epistático sobre **A** e **a**, e forma-se pelo albino. Assim, os animais aacc e A_cc são albinos.

Com essas informações, podemos montar um quadro com os fenótipos e os genótipos possíveis:

Fenótipos (pelagem em camundongos)	Genótipos
aguti	A_C_
preto	aaC_
albino	A_cc ou aacc

Cruzando dois indivíduos homozigotos e, depois, indivíduos duplo heterozigotos, obtém-se em F_2 uma proporção de 9 : 3 : 4 (figura 4.5).

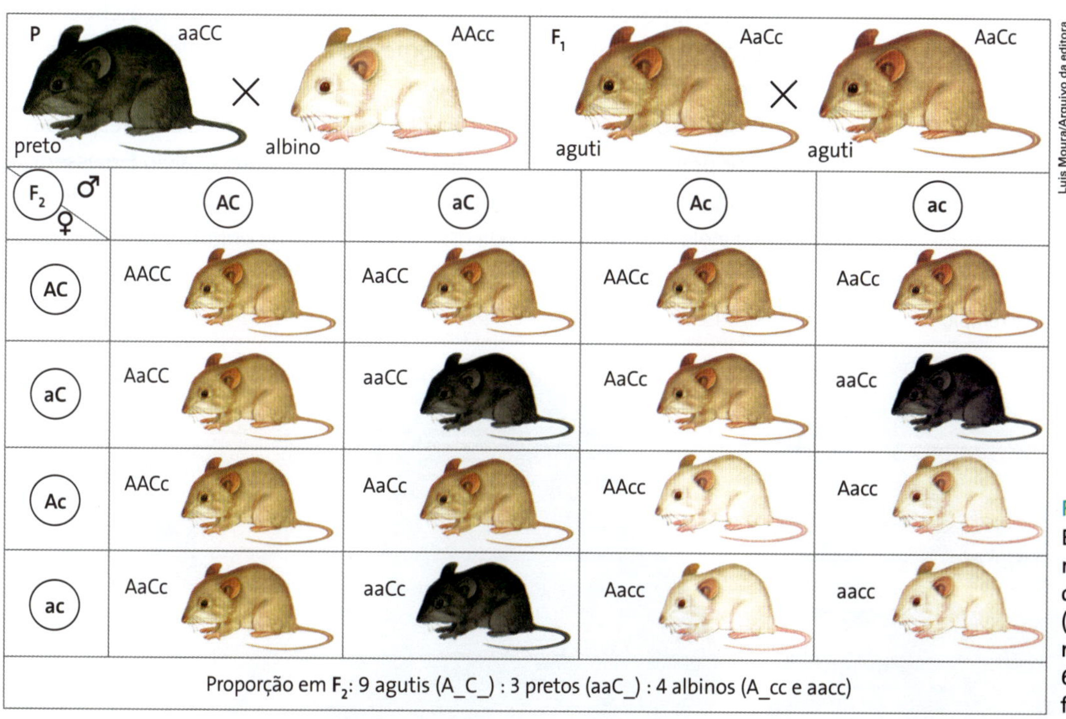

Figura 4.5 Epistasia recessiva na cor de camundongos (camundongos medem entre 6 cm e 9 cm, fora a cauda).

A epistasia ocorre quando dois ou mais pares de alelos diferentes influenciam a produção de enzimas que atuam em diferentes etapas de uma sequência de reações químicas, em que uma substância inicial é transformada em outras até originar um produto responsável (em interação com o ambiente) por uma característica. Veja um exemplo nos esquemas a seguir.

alelo **C** → enzima ativa ↓; alelo **A** → enzima ativa ↓

substância **X** → substância **Y** → pelo aguti

alelo **C** → enzima ativa ↓; alelos **aa** → enzima inativa ↓̸

substância **X** → substância **Y** → pelo preto

alelos **cc** → enzima inativa ↓̸

substância **X** → albino

Nas interações não epistáticas, os genes atuam em diferentes sequências de reações, e os produtos de cada sequência podem interagir e originar diferentes fenótipos.

Outro exemplo de epistasia recessiva é a cor do pelo do cão labrador (figura 4.6), que pode ser preta, dourada (que varia do creme-claro a vermelho-raposa) e chocolate (que varia da cor do fígado a chocolate-escuro). Em algumas partes do corpo, no entanto, a coloração pode ser mais escura que a do resto do corpo.

Neste caso, há interação entre dois pares de alelos: o alelo **B** é responsável pela cor preta, e o alelo **b**, recessivo, pela cor chocolate. O alelo **E** é essencial para o depósito de pigmento preto ou marrom (que dá o tipo chocolate) no pelo; o alelo recessivo **e** impede esse depósito, o que origina o pelo dourado.

O cruzamento entre dois duplo-heterozigotos (pelo preto) dá origem à proporção 9 (pretos) : 3 (chocolate) : 4 (dourados).

Figura 4.6 A cor do pelo dos cães labradores é um exemplo de epistasia recessiva.

Epistasia dominante

A epistasia dominante ocorre quando um alelo dominante impede o efeito de um alelo de outro gene.

Um exemplo de epistasia dominante é o que acontece com a cor das penas em certas raças de galinhas (figura 4.7). Um alelo epistático **I** inibe a manifestação de um alelo de outro par, situado em outro cromossomo, o alelo **C**, responsável pela produção da cor. O alelo **i** não tem efeito inibitório e o alelo **c** não produz a cor.

Com essas informações podemos montar um quadro com os fenótipos e os genótipos possíveis:

Fenótipos (cor das penas em galinhas)	Genótipos
coloridas	C_ii
brancas	C_I_ ccI_ ccii

Observe nos quadros abaixo o resultado do cruzamento entre um galo da variedade Leghorn, de cor branca (por causa da presença do alelo **I**), com uma galinha da variedade Wyandotte, de cor branca (por causa da falta do alelo **C**). A proporção fenotípica de F_2 é de 13/16 brancas para 3/16 coloridas.

P	**branca (Leghorn) CCII**		**branca (Wyandotte) ccii**
F_1	**branca CcIi**	×	**branca CcIi**

F_2 ♀ \ ♂	CI	cI	Ci	ci
CI	branca CCII	branca CcII	branca CCIi	branca CcIi
cI	branca CcII	branca ccII	branca CcIi	branca ccIi
Ci	branca CCIi	branca CcIi	cor CCii	cor Ccii
ci	branca CcIi	branca ccIi	cor Ccii	branca ccii

pelo processo simplificado

9	:	3	:	3	:	1
C_I_	:	ccI_	:	C_ii	:	ccii
↓		↓		↓		↓
branca		branca		cor		branca

PF: 13 brancas : 3 coloridas

Galo Leghorn branco (cerca de 2,5 kg).

Galinha Wyandotte branca (cerca de 3 kg).

Fotos: Robert Dowling/Corbis/Latinstock

Figura 4.7 A cor das penas nessas raças de galinha é um exemplo de epistasia dominante.

Exercício resolvido

2. A cor do bulbo em cebolas é condicionada por dois pares de alelos: o alelo dominante **A** condiciona cor vermelha e seu alelo recessivo **a** produz cor amarela. Em outro par de cromossomos, o alelo dominante **I** inibe a produção de pigmento, produzindo bulbo branco, e seu alelo recessivo, **i**, não interfere na cor. Qual a proporção fenotípica resultante do cruzamento entre cebolas IiAa e iiaa?

Resolução

O cruzamento origina a proporção genotípica: 1/4 IiAa : 1/4 iiAa : 1/4 Iiaa : 1/4 iiaa. A proporção fenotípica será então de 2 brancos : 1 vermelho : 1 amarelo.

Biologia e cotidiano

A cor dos olhos na espécie humana

O mesmo pigmento marrom (melanina) que dá cor à pele é encontrado em duas camadas da íris: uma mais superficial; outra mais profunda. Os olhos escuros possuem maior quantidade de melanina na camada mais superficial. Nos olhos claros, essa quantidade é bem menor (figura 4.8).

A cor da íris é resultado de uma interação de pelo menos 16 genes, em um processo que ainda está sendo decifrado. A interação acontece porque a produção de melanina envolve uma série de transformações reguladas por várias enzimas. Nessa série são produzidas duas classes de melanina: a eumelanina, de cor acastanhada ou preta, e a feomelanina, de cor avermelhada ou amarelada.

Os genes que parecem ter maior influência na quantidade e no tipo de melanina produzidos são identificados pelas siglas OCA2 e HERC2. Esses dois genes estão em posição adjacente no cromossomo 15. O gene OCA2 codifica uma proteína na membrana da célula que interfere na quantidade de melanina depositada nos melanócitos. Uma mutação nesse gene ocasiona uma forma de albinismo (albinismo oculocutâneo tipo II).

Em termos simplificados, os alelos do gene OCA2 possuem dominância incompleta, condicionando olhos mais escuros e olhos mais claros. Um alelo do gene HERC2 inibe a expressão do OCA2.

A interação epistática permite compreender por que duas pessoas de olhos azuis, por exemplo, podem ter filhos de olhos castanhos. Uma delas pode ser hhOo, em que os dois alelos recessivos do gene HERC2 (hh) inibem a produção de melanina do alelo **O** do gene OCA2. O alelo **O** é responsável por olhos castanhos. A outra pode ser Hhoo, com dois alelos **o** que condicionam olho azul. Nesse caso, há 25% de chance de um dos filhos ser HhOo e ter olhos castanhos.

A cor dos olhos de um bebê pode mudar, pois, ao nascer, ele ainda não produziu toda a melanina possível. A exposição à luz desencadeia essa produção e, até os três anos de idade, a íris já acumulou a quantidade total de melanina que ele pode produzir.

Em alguns casos raros, uma pessoa pode ter olhos de cores diferentes. Esse fenômeno, chamado heterocromia, pode ter várias causas; por exemplo, alguma inflamação ou trauma local durante o desenvolvimento embrionário ou algum problema genético que provoca a falta de expressão do gene nessa região.

Fontes de consulta: STURM, R.A.; LARSSON, M. Genetics of Human Iris Colour and Patterns. *Pigment & Cell Melanoma Research*, 22, p. 544-562, 2009. WHITE, D.; RABAGO-SMITH, M. Genotype-phenotype Associations and Human Eye Color. *Journal of Human Genetics*, 56, p. 5-7, 2011.

Martin Dhorn/SPL/Latinstock

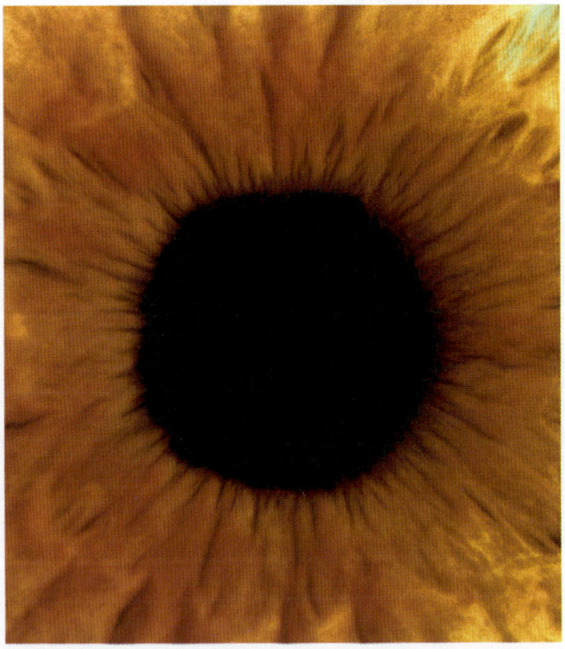

David Parker/SPL/Latinstock

Figura 4.8 Nos olhos claros há menor quantidade de melanina do que nos olhos escuros.

4 Herança quantitativa

Figura 4.9 A altura das pessoas é uma característica influenciada por herança quantitativa.

Nesse caso de interação gênica, dois ou mais pares de alelos somam ou acumulam seus efeitos, o que permite uma série de fenótipos gradativamente diferentes entre si. Por isso é chamada **herança quantitativa**, **multifatorial**, **cumulativa** ou **poligênica**, podendo ainda ser chamada **poligenia** ou **polimeria** (*polys* = muitos; *meros* = parte). Além disso, essas características sofrem, em geral, grande ação de fatores do ambiente, o que aumenta ainda mais a variação fenotípica. Isso significa que, enquanto nas características estudadas por Mendel havia uma variação descontínua, aqui a variação é contínua. Vejamos alguns exemplos.

Muitas características no ser humano, nos animais e nos vegetais resultam de herança poligênica e apresentam variação contínua; por exemplo, cor da semente do trigo, tamanho dos ovos de galinhas, volume do leite produzido por vacas, cor da pele, altura e peso na espécie humana (figura 4.9). Observe na figura 4.10 que as características extremas aparecem em frequências menores e as características intermediárias em frequências maiores.

O primeiro modelo para explicar as diferenças na cor da pele da espécie humana, que hoje sabemos ser falso, partia da hipótese de que ela seria resultante da ação de dois pares de alelos com efeitos cumulativos.

Os alelos representados por letras maiúsculas condicionam maior produção de melanina que os alelos representados pelas letras minúsculas. Quanto maior o número de alelos com letras maiúsculas, mais escura é a pele. Por isso esses alelos são chamados **efetivos** ou **aditivos**.

Segundo esse primeiro modelo simplificado, o indivíduo AABB tem a quantidade máxima de melanina e sua pele teria a cor denominada preta; o indivíduo aabb tem a quantidade mínima de melanina e sua pele teria a cor denominada branca. Os alelos **a** e **b** contribuem apenas para formar uma quantidade mínima da substância; eles não são aditivos (a ausência total de melanina é condicionada por uma mutação em outro gene independente dos genes em questão). Os indivíduos AaBb, AAbb e aaBB têm a mesma quantidade de pigmento e sua pele teria a cor denominada parda. Os indivíduos aaBb e Aabb só têm uma dose do pigmento e a cor de sua pele seria um pouco mais clara que a parda; os indivíduos AABb e AaBB têm três doses e a cor de sua pele seria um pouco mais escura que a parda.

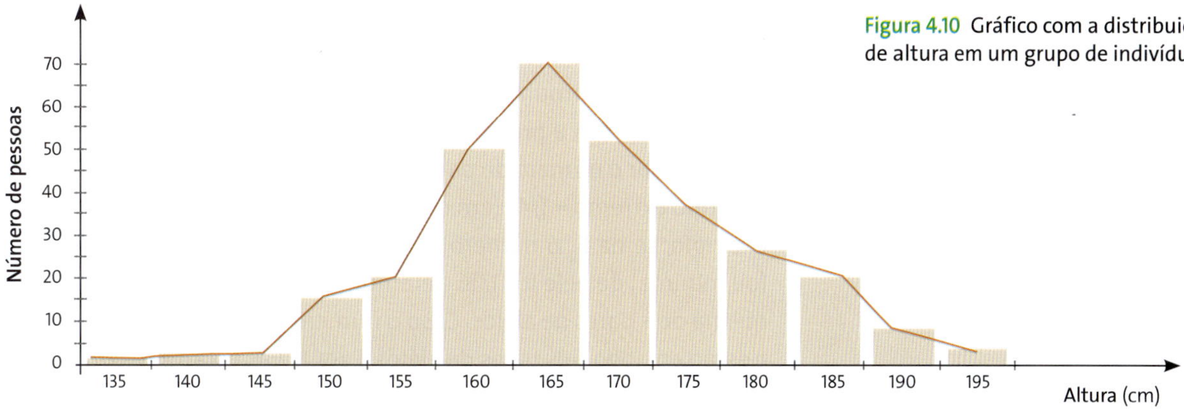

Figura 4.10 Gráfico com a distribuição de altura em um grupo de indivíduos.

F_2 ♀ \ ♂	AB	Ab	aB	ab
AB	AABB	AABb	AaBB	AaBb
Ab	AABb	AAbb	AaBb	Aabb
aB	AaBB	AaBb	aaBB	aaBb
ab	AaBb	Aabb	aaBb	aabb

Figura 4.11 Um modelo simplificado para a herança da cor da pele. Se essa herança fosse condicionada por dois pares de alelos, haveria cinco classes fenotípicas (sem considerar a influência ambiental).

Na figura 4.11 estão os genótipos resultantes das possíveis fecundações entre os gametas produzidos por dois indivíduos heterozigotos.

Na realidade, observamos nas tonalidades de pele uma variação maior que essa, em parte por causa da maior ou menor quantidade de sol a que uma pessoa se expõe. Além disso, dezenas de genes que atuam na série de etapas envolvendo a produção de melanina foram identificados. E cada um desses genes possui vários alelos. Portanto, o modelo de dois pares de alelos não é verdadeiro. Se houvesse, por exemplo, apenas três pares de alelos, a proporção fenotípica em F_2 seria de 1 : 6 : 15 : 20 : 15 : 6 : 1. Nessa proporção, há dois fenótipos intermediários (em vez de um) entre os fenótipos pele de cor preta e pele de cor parda e entre os fenótipos pele de cor branca e pele de cor parda.

Uma proporção de 1/16 de filhos com um dos fenótipos extremos (pele de cor preta ou de cor branca) indica que estão envolvidos dois pares de alelos. Se essa proporção for de 1/64, estão em jogo três pares.

Cálculos de genótipos e fenótipos na herança quantitativa

Com base no número de pares de alelos é possível calcular o número de classes genotípicas e fenotípicas (e vice-versa) resultantes da união de dois indivíduos heterozigóticos para todos os genes envolvidos.

Quando uma característica é condicionada por dois pares de alelos, são formados cinco tipos distintos de fenótipos. Se forem três pares de alelos, teremos sete tipos de fenótipos. Generalizando, o número de fenótipos possíveis será o número total de alelos mais 1. Com essa relação também podemos calcular o número total de alelos se soubermos o número de classes fenotípicas (fenótipos diferentes). Se aparecerem sete fenótipos, teremos $n + 1 = 7$, ou seja, $n = 6$, havendo, portanto, três pares de alelos envolvidos nessa herança.

Para calcular o número de classes genotípicas (genótipos diferentes), usamos a fórmula: 3^n, em que **n** é o número de pares de alelos.

Se soubermos a proporção de um dos fenótipos extremos, podemos calcular o número de pares de alelos pela fórmula: proporção do fenótipo extremo = $1/4^n$ (em que **n** é o número de pares de alelos). Por exemplo, se na F_2 o número de indivíduos com tonalidade máxima (ou mínima) de pele for 1/16, teremos $1/4^2$; portanto, $n = 2$, indicando que há dois pares de alelos. Caso o número seja 1/64, a fórmula é $1/4^3$ e estão em jogo três pares de alelos. Para 1/256, estão em jogo quatro pares de alelos: $1/4^4$.

Exercícios resolvidos

3. Em certa espécie de milho, a altura do pé varia de 90 cm a 210 cm, com intervalos de 20 cm em 20 cm entre cada altura. Responda:

a) Quantos alelos estão envolvidos na altura do milho?

b) Quais os genótipos possíveis de uma planta com 110 cm de altura?

Resolução

a) Para calcular o número de alelos envolvidos, precisamos achar o número total de fenótipos. Como estes variam de 20 cm em 20 cm, podemos construir a série: 90, 110 (90 + 20), 130, 150, 170, 190, 210. Portanto, são sete fenótipos possíveis e podemos concluir que há seis (7 – 1) alelos envolvidos.

b) A contribuição de cada alelo efetivo é de 20 cm, visto que o exercício informa que a variação de altura do pé de milho se dá de 20 cm em 20 cm. Portanto, a planta com 110 cm terá apenas um alelo efetivo (90 cm + 20 cm) e os genótipos possíveis serão Aabbcc, aaBbcc ou aabbCc.

4. Considere que, no arroz, a altura da planta seja um caso de herança quantitativa que envolve quatro pares de alelos. Os indivíduos de 150 cm de altura apresentam o genótipo AABBCCDD e os indivíduos com 90 cm de altura apresentam o genótipo aabbccdd.

a) Qual é a contribuição de cada alelo efetivo?

b) Determine a altura esperada e o genótipo dos descendentes do cruzamento de uma planta de 150 cm com outra de 90 cm.

Resolução

a) Cada alelo efetivo contribui com a mesma parcela acima da altura mínima. Se calcularmos a variação entre as alturas extremas e dividirmos pelo número total de alelos envolvidos, acharemos a contribuição de cada alelo efetivo:

altura máxima ↓ altura mínima ↓

$$\text{contribuição de cada alelo efetivo} = \frac{150\text{ cm} - 90\text{ cm}}{8} = 7{,}5\text{ cm}$$

↓ número de alelos envolvidos na altura

Portanto, a contribuição de cada alelo efetivo é de 7,5 cm.

b) A planta de altura máxima possui os oito alelos efetivos e tem o genótipo AABBCCDD, e a planta de altura mínima não possui alelos efetivos e tem o genótipo aabbccdd. O cruzamento será:

P ⇒ AABBCCDD × aabbccdd **F_1** ⇒ AaBbCcDd

Como os descendentes possuem quatro alelos efetivos, acrescentam um total de 30 cm à altura mínima (7,5 cm de cada alelo). Logo, a altura esperada (fenótipo) dos indivíduos de F_1 será 120 cm e o genótipo será AaBbCcDd.

5 Pleiotropia

Em muitos casos, um único gene tem efeito sobre várias características do organismo simultaneamente. Esse gene é denominado pleiotrópico; o fenômeno decorrente de sua ação é chamado **efeito pleiotrópico**, **pleiotropismo** ou **pleiotropia** (*pleîon* = mais; *tropé* = mudança de direção). Convém notar que esse efeito é contrário ao da interação gênica, em que dois ou mais pares de genes influenciam o mesmo tipo de característica.

Em termos moleculares, o gene fabrica apenas uma enzima, mas a presença ou a ausência dessa enzima tem várias consequências no organismo.

Um exemplo de pleiotropia é a síndrome de Marfan. Uma mutação no gene FBN1 (fibrilina 1) origina um alelo que produz fibras elásticas anormais do tecido conjuntivo, uma vez que o gene atua na síntese de uma proteína dessas fibras, a fibrilina. Como o tecido conjuntivo está distribuído por várias partes do corpo, a pessoa tem problemas nos vasos sanguíneos, nos ossos e nos olhos, entre outros órgãos. O nome da síndrome deve-se ao pediatra francês Antoine Marfan (1858-1942), que primeiro descreveu a doença em 1896.

Atividades

1. O que é interação gênica?

2. O que é epistasia?

3. O que é epistasia recessiva? Dê um exemplo.

4. Em galinhas, a presença do alelo dominante **E** determina crista ervilha e a presença do alelo **R** dominante de outro gene determina crista rosa. Se ambos os alelos dominantes estiverem presentes, a crista é do tipo noz. A ausência de ambos os alelos dominantes determina crista simples. Qual a proporção genotípica e a fenotípica resultante do cruzamento de EERr com Eerr?

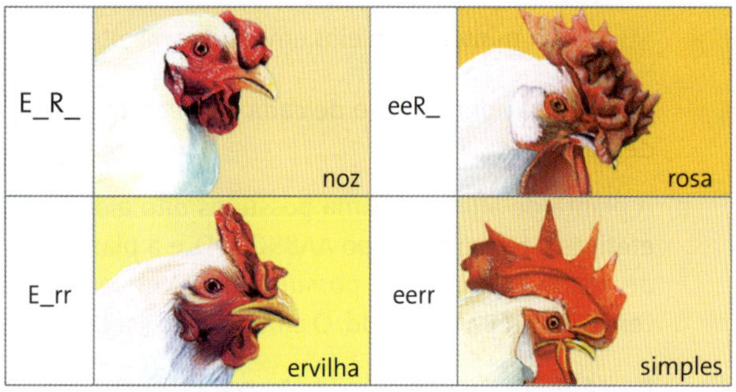

Luis Moura/Arquivo da editora

5. No cão labrador, o alelo dominante **B** é responsável pela cor preta; o alelo **b**, recessivo, pela cor chocolate; o alelo recessivo **e** impede o depósito de pigmento, originando pelo dourado. Um cruzamento entre dois cães da raça labrador, um de pelo preto e outro chocolate, pode originar filhotes dourados? Justifique sua resposta.

Susan Schmitz/Shutterstock/Glow Images

6. O que é herança quantitativa? Exemplifique.

7. Supondo que a cor da pele humana seja determinada por três pares de genes de efeitos cumulativos, situados em cromossomos diferentes, quantas classes diferentes de pigmentação poderiam ser identificadas?

8. O cruzamento de duas plantas heterozigotas, cuja altura era 1,70 m, produziu descendentes com altura variando de 0,90 m a 2,50 m. Entre os 1280 descendentes obtidos, cinco tinham 2,50 m de altura. Supondo que as condições ambientais eram idênticas para todos os descendentes, determine quantos pares de genes estão envolvidos na definição da altura da planta e qual a contribuição de cada alelo efetivo.

9. Galinhas com o alelo dominante **C** têm penas coloridas, a não ser que esteja presente o alelo dominante **I** de outro gene, que inibe **C** e produz cor branca. O alelo recessivo **i** não tem efeito inibidor, e o genótipo cc origina cor branca. Qual o resultado do cruzamento de duas aves duplamente heterozigotas?

10. Uma forma de surdez hereditária é condicionada por dois pares de alelos. Para que haja surdez, basta a ausência de um dos alelos dominantes (**D** e **E**) de cada gene. Qual a proporção genotípica e a fenotípica de um casal com genótipo DdEe e ddee?

11. Analisando um caso de interação gênica em que a proporção fenotípica era 9 : 3 : 3 : 1, um estudante afirmou que esse caso não diferia em nada do di-hibridismo mendeliano. Você concorda? Justifique sua resposta.

12. Nos casos de interações epistáticas estudados neste capítulo, as proporções fenotípicas do cruzamento de duplo-heterozigotos não correspondem às proporções mendelianas clássicas deste cruzamento. No entanto, as proporções genotípicas são idênticas às mendelianas para di-hibridismo. Observe a tabela e explique por que essas proporções não mudam.

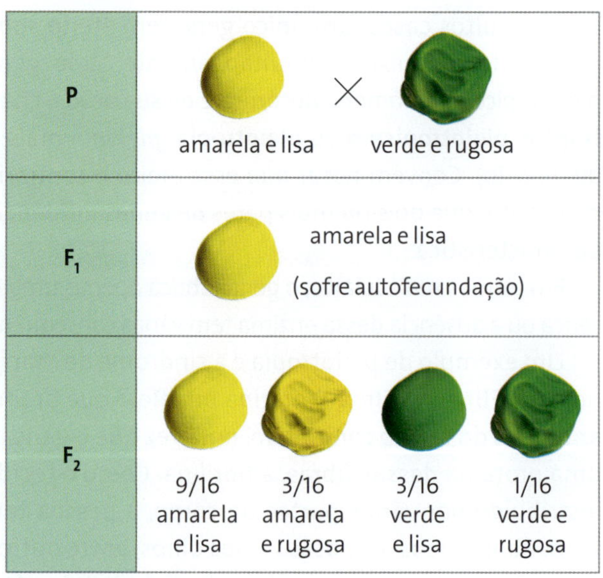

Martin Shields/Photoresearchers/Latinstock

13. O que significa efeito pleiotrópico?

Vestibulares de Norte a Sul

1. **NE** (UFPE) Na espécie humana há um gene que exerce ação simultaneamente sobre a fragilidade óssea, a surdez congênita e a esclerótica azulada. Assinale a alternativa que define o caso.
   a) ligação genética
   b) penetrância completa
   c) pleiotropia
   d) herança quantitativa
   e) polialelia

2. **SE** (UFU-MG) No homem, a surdez congênita é causada por homozigose de um dos dois genes recessivos **d** ou **e**. São necessários os dois genes dominantes **D** e **E** para a audição normal. Fernando, que é surdo, casou-se com Lúcia, que também é surda. Tiveram seis filhos, todos de audição normal. Portanto, você pode concluir que o genótipo dos filhos é:
   a) DDee.
   b) ddEE.
   c) DdEe.
   d) DDEE.
   e) DDEe.

3. **SE** (Unifesp) Os gráficos I e II representam a frequência de plantas com flores de diferentes cores em uma plantação de cravos (I) e rosas (II).

Gráfico 1

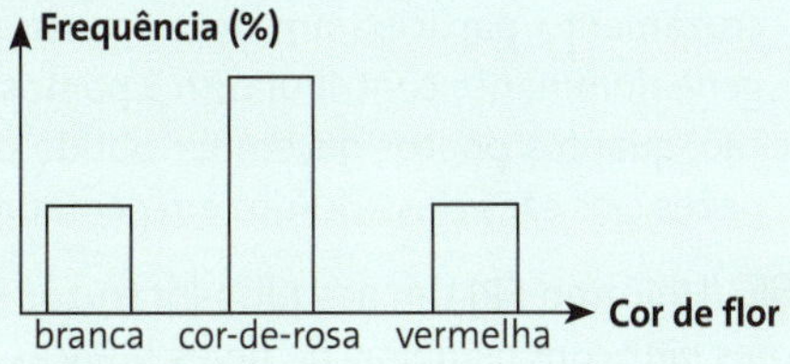

Gráfico 2

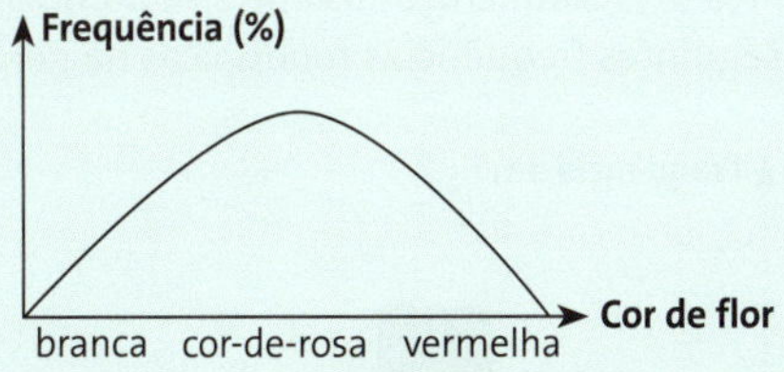

Os padrões de distribuição fenotípica são devidos a:
   a) I: 1 gene com dominância;
   II: 1 gene com dominância incompleta.
   b) I: 1 gene com dominância incompleta;
   II: vários genes com interação.
   c) I: 1 gene com dominância incompleta;
   II: 1 gene com alelos múltiplos.
   d) I: 3 genes com dominância incompleta;
   II: vários genes com interação.
   e) I: 2 genes com interação;
   II: 2 genes com dominância incompleta.

4. **SE** (PUC-MG) O esquema representa a ação do genótipo na produção de pigmento e consequente determinação da coloração da pelagem de ratos. Os genes representados são dominantes e são normalmente transcritos para a produção das respectivas enzimas, enquanto os alelos recessivos não codificam para enzimas funcionais. Uma única cópia funcional da enzima **A** ou da enzima **C** é suficiente para catalisar normalmente a sua respectiva reação. O composto 1 está sempre presente no organismo de qualquer rato e ratos que apresentam somente o composto 1 são albinos; os que produzem somente o composto 2 são pretos e aqueles que produzem o composto 3 são aguti.

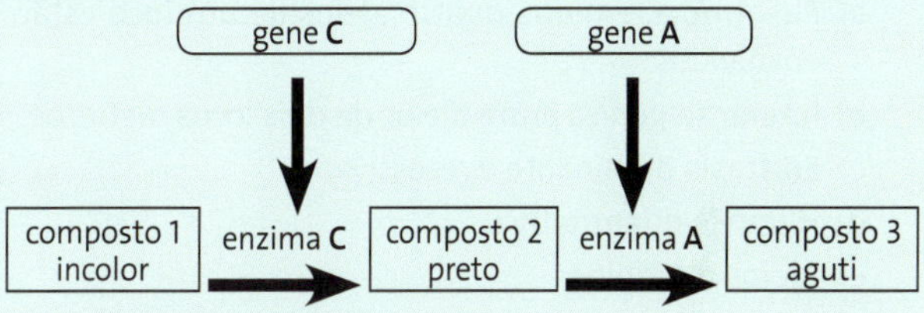

De acordo com os dados acima, é correto afirmar, **exceto**:
   a) Podem existir ratos albinos portadores de gene dominante para cor da pelagem.
   b) No cruzamento de ratos pretos, não se espera a ocorrência de descendentes aguti.
   c) O cruzamento entre um rato preto e uma ratazana albina pode produzir descendentes aguti.
   d) Se, na prole de um casal de ratos aguti, são encontrados os três fenótipos, a proporção esperada de albinos é de 1/16.

5. **CO** (UFMT) Observe a via metabólica esquematizada abaixo:

gene 1 gene 2 gene 3
I II III
↓ ↓ ↓
A → B → C → pigmentos (característica)

De acordo com a teoria *um gene-uma enzima*, pode-se afirmar que:
   a) na conversão A → B não há controle genético.
   b) um indivíduo deficiente de enzima I não formará pigmentos, a menos que lhe seja fornecido o composto B pronto.
   c) as etapas de reações sob a ação de I e II provavelmente não devem ser controladas por enzimas.
   d) um indivíduo deficiente de enzima I poderá formar pigmentos se lhe for fornecido o composto A pronto.
   e) nesse esquema há um único gene que atua na produção de pigmentos.

6. **NE** (Ufal) Em galináceos, foram observados quatro tipos de cristas: rosa, ervilha, simples e noz. Quando aves homozigóticas de crista rosa foram cruzadas com aves de crista simples, foram obtidas 75% de aves com crista rosa e apenas 25% com crista simples em F_2. Do cruzamento de aves homozigóticas de crista ervilha com aves de crista simples foram obtidas 75% de aves com crista ervilha e apenas 25% com crista simples, também em F_2.

Quando aves homozigóticas de crista rosa foram cruzadas com aves homozigóticas de crista ervilha, todos os descendentes F_1 apresentaram um novo tipo de crista, o tipo noz. Na F_2, produzida a partir do cruzamento de indivíduos F_1, foi observado que, para cada 16 descendentes, nove apresentavam crista noz, três, crista rosa, três, crista ervilha e apenas um apresentava crista simples. Esses dados indicam que, na herança da forma da crista nessas aves, tem-se um caso de:

a) Pleiotropia, em que quatro alelos de um loco estão envolvidos.
b) Interação gênica entre alelos de dois locos distintos.
c) Epistasia dominante e recessiva.
d) Herança quantitativa.
e) Alelos múltiplos.

7. **S** (UFRGS-RS) Na cebola, a presença de um alelo dominante **C** determina a produção de bulbo pigmentado; em cebolas cc, a enzima que catalisa a formação de pigmento não é produzida (cebolas brancas). Outro gene, herdado de forma independente, apresenta o alelo **B**, que impede a manifestação de gene **C**. Homozigotos bb não têm a manifestação da cor do bulbo impedida.

Quais as proporções fenotípicas esperadas do cruzamento de cebolas homozigotas coloridas com BBcc?

a) 9/16 de cebolas brancas e 7/16 de cebolas coloridas.
b) 12/16 de cebolas brancas e 4/16 de cebolas coloridas.
c) 13/16 de cebolas brancas e 3/16 de cebolas coloridas.
d) 15/16 de cebolas brancas e 1/16 de cebolas coloridas.
e) 16/16 de cebolas brancas.

8. **SE** (UFTM-MG – adaptado) Cães labradores podem apresentar pelagem chocolate, dourada e preta. Essas cores de pelagem são condicionadas por dois pares de alelos. O alelo dominante **B** determina a produção de pigmento preto e o alelo recessivo **b** determina a produção de pigmento chocolate. Outro gene, **I**, determina a deposição de pigmento, enquanto seu alelo recessivo **i** atua como epistático sobre os genes **B** e **b**, determinando a pelagem dourada.

Uma fêmea chocolate foi cruzada com um macho dourado e eles tiveram três filhotes, um de cada cor. O genótipo do macho dourado e o do filhote preto são respectivamente,

a) Bbii e Bbii.
b) bbii e BBIi.
c) Bbii e BbII.
d) bbii e bbii.
e) bbii e BbIi.

9. **SE** (Unicamp-SP) Certas características fenotípicas são determinadas por poucos genes (herança mendeliana), enquanto outras são determinadas por muitos genes (herança poligênica). Qual dos dois mecanismos explica a maior parte das variações fenotípicas nas populações? Justifique.

10. **SE** (UFRJ) A massa de um determinado tipo de fruto depende da ação de dois genes, **A** e **B**, não alelos, independentes e de ação cumulativa (polimeria). Esses genes contribuem com valores idênticos para o acréscimo de massa. Os genes a e b, alelos de **A** e **B**, respectivamente, não contribuem para o acréscimo de massa. O fruto de uma planta de genótipo AABB tem 40 g de massa, enquanto o de uma planta de genótipo aabb tem 20 g. Determine a massa do fruto de uma planta de genótipo AABb. Justifique sua resposta.

11. **SE** (Vunesp-SP) Em um concurso de cães, duas características são condicionadas por genes dominantes (**A** e **B**). O homozigoto dominante para essas duas características recebe mais pontos que os heterozigotos e estes, mais pontos que os recessivos, que ganham nota zero. Um criador, desejando participar do concurso, cruzou um macho e uma fêmea, ambos heterozigotos para os dois genes, obtendo uma descendência com todos os genótipos possíveis.

a) Qual a probabilidade de o criador obter um animal com a pontuação máxima? Qual a probabilidade de obter um animal homozigoto recessivo para os dois genes?
b) Considerando que todos os descendentes do referido cruzamento participaram do concurso e que cada gene dominante contribui com 5 pontos na premiação, quantos pontos devem ter obtido os vice-campeões e os cães classificados em penúltimo lugar?

12. **SE** (Unicamp-SP) Um pesquisador cruzou paineiras de flores *pink* com paineiras de flores brancas. Os descendentes (F_1) foram cruzados entre si, produzindo sempre as seguintes frequências fenotípicas na geração F_2:

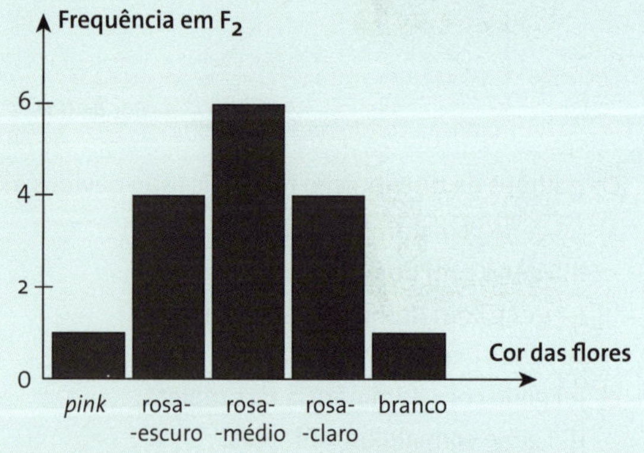

a) Qual o tipo de herança da cor da flor da paineira?
b) Indique as possibilidades de se obterem em um cruzamento: I. apenas flores de cor branca; II. apenas flores de cor rosa-médio.

CAPÍTULO

5 Ligação gênica

Darwin/Photoresearchers/Getty Images

Drosófila, espécie usada pelo geneticista Thomas Morgan para descrever modelos de herança de genes ligados.

Como se dá a transmissão de genes situados no mesmo cromossomo?

1 Ligação gênica e permutação

Em 1908, os cientistas Bateson e Punnett, ao estudarem cruzamentos entre ervilhas-de-cheiro, observaram também outra discrepância em relação às leis de Mendel. Cruzando ervilhas-de-cheiro puras de flor púrpura e pólen oval (PPLL) com as de flor vermelha e pólen esférico (caracteres recessivos – ppll), eles obtiveram na geração **F_1** o resultado esperado: 100% de flores púrpura e pólen oval. Mas a **F_2** apresentou um resultado muito diferente do di-hibridismo mendeliano: 9 : 3 : 3 : 1, como mostra a tabela abaixo:

	Número observado	**Número esperado no di-hibridismo**
Púrpura oval	248	215
Púrpura esférico	21	71
Vermelha oval	21	71
Vermelha esférico	55	24

Bateson e Punnett estranharam o baixo número obtido das classes de recombinação (púrpura esférico e vermelha oval). Supuseram que os gametas **PL** e **pl** estariam em maior quantidade por causa de um "acoplamento" entre os genes dominantes **P** e **L** e os genes recessivos **p** e **l**. Mas não souberam explicar o fenômeno.

Somente com o estudo da herança em drosófilas, realizado pelo geneticista estadunidense Thomas Morgan (1866-1945) e colaboradores, incluindo seus alunos, é que foi possível explicar esse resultado: os genes responsáveis por essas características estão no mesmo cromossomo. Mas vejamos o que significa "estar no mesmo cromossomo".

Como um cromossomo apresenta vários genes, existem situações em que duas características analisadas são condicionadas por genes situados no mesmo cromossomo. Dizemos que esses genes estão ligados; o fenômeno é chamado **ligação gênica**, ou **ligamento** (ou **ligação**) **fatorial**. Em língua inglesa, essa situação é chamada ***linkage*** (ligação, em inglês). Veja a figura 5.1.

Figura 5.1 Representações da segunda lei de Mendel e da ligação gênica (os elementos ilustrados não estão na mesma escala; células e cromossomos são microscópicos; cores fantasia).

Maspi/Arquivo da editora

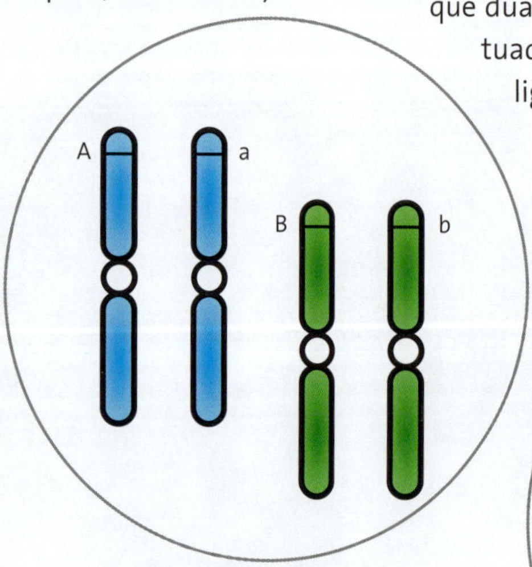

Segunda lei de Mendel ou **segregação independente**: dois pares de alelos (**A** e **a**, **B** e **b**) situados em pares de cromossomos diferentes.

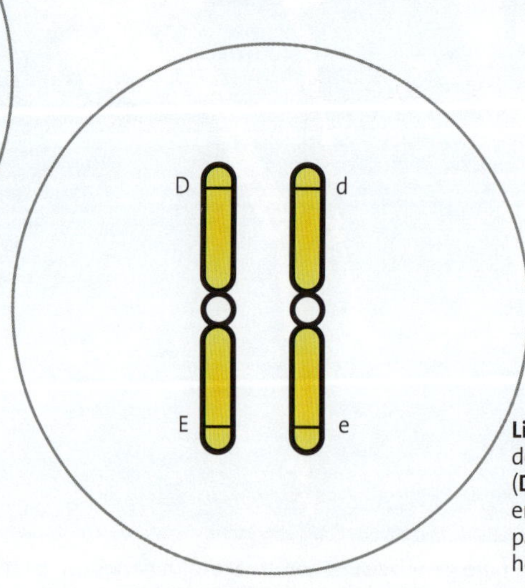

Ligação gênica: dois pares de alelos (**D** e **d**, **E** e **e**) localizados em um mesmo par de cromossomos homólogos.

Quando os pares de alelos estão situados em cromossomos homólogos distintos, um indivíduo di-híbrido produz quatro gametas diferentes na mesma proporção, mas, quando os dois pares de alelos de genes diferentes estiverem situados no mesmo cromossomo, o híbrido deve produzir, se não ocorrer permutação entre eles, apenas dois tipos de gametas. Quando isso acontece, dizemos que há uma **ligação completa** entre esses genes (figura 5.2).

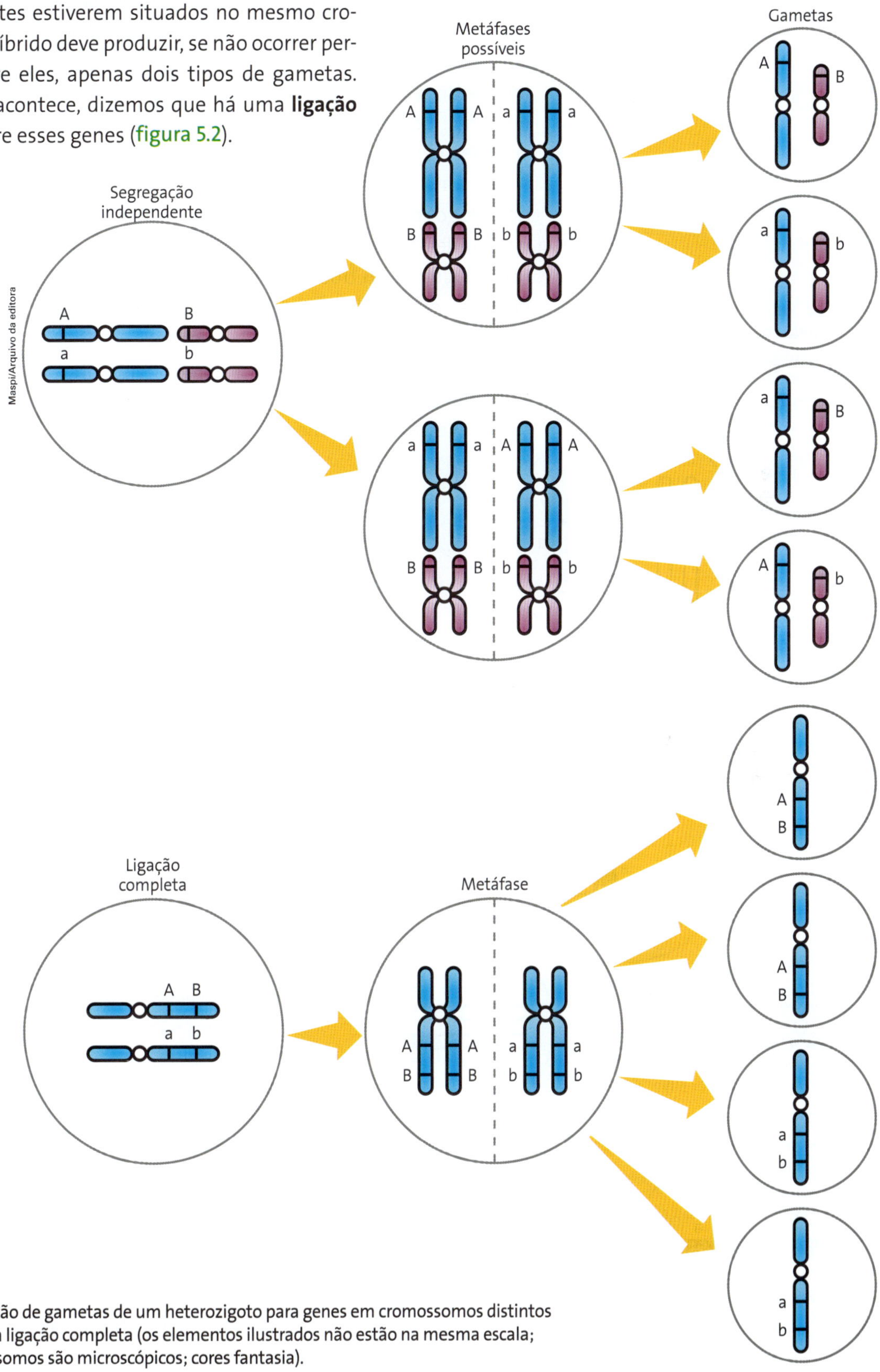

Figura 5.2 Produção de gametas de um heterozigoto para genes em cromossomos distintos e para genes com ligação completa (os elementos ilustrados não estão na mesma escala; células e cromossomos são microscópicos; cores fantasia).

Os tipos de gametas

Quando dois genes que estão situados em um mesmo cromossomo vão para o mesmo gameta durante a meiose, ocorre a chamada **ligação completa**. Mas isso nem sempre acontece, pois pode ocorrer uma **permutação**, também chamada **permutação cromossômica**. Em inglês, e também em alguns textos em português, é usada a expressão ***crossing-over*** (que pode ser traduzida por 'sobrecruzamento'). A permutação consiste em uma troca de partes entre as cromátides homólogas (como vimos no volume 1 desta coleção).

Durante a prófase da primeira divisão da meiose, os cromossomos homólogos duplicados se emparelham e formam um conjunto de quatro cromátides. Nesse momento, pode ocorrer quebra de cromátides e uma ressoldagem, com troca de pedaços de cromátides homólogas. Quando ocorre a permutação, um alelo situado acima do ponto de quebra se desliga de outro situado abaixo desse ponto.

Observe na figura 5.3 que, em consequência da permutação, dois alelos originalmente ligados podem separar-se e migrar para gametas diferentes. Nesse caso, na meiose se formarão:

- **gametas de recombinação** ou **recombinantes**, ou, ainda, **com permutação**, isto é, gametas com uma combinação de alelos diferente da que existia nos cromossomos dos pais; dizemos que houve uma ligação **parcial** ou **incompleta**;
- gametas com as mesmas combinações de alelos encontradas nos pais. Esses são chamados **gametas parentais**, **sem permutação** ou **não recombinantes**.

Figura 5.3 Permutação e formação dos gametas de recombinação (os elementos ilustrados não estão na mesma escala; células e cromossomos são microscópicos; cores fantasia).

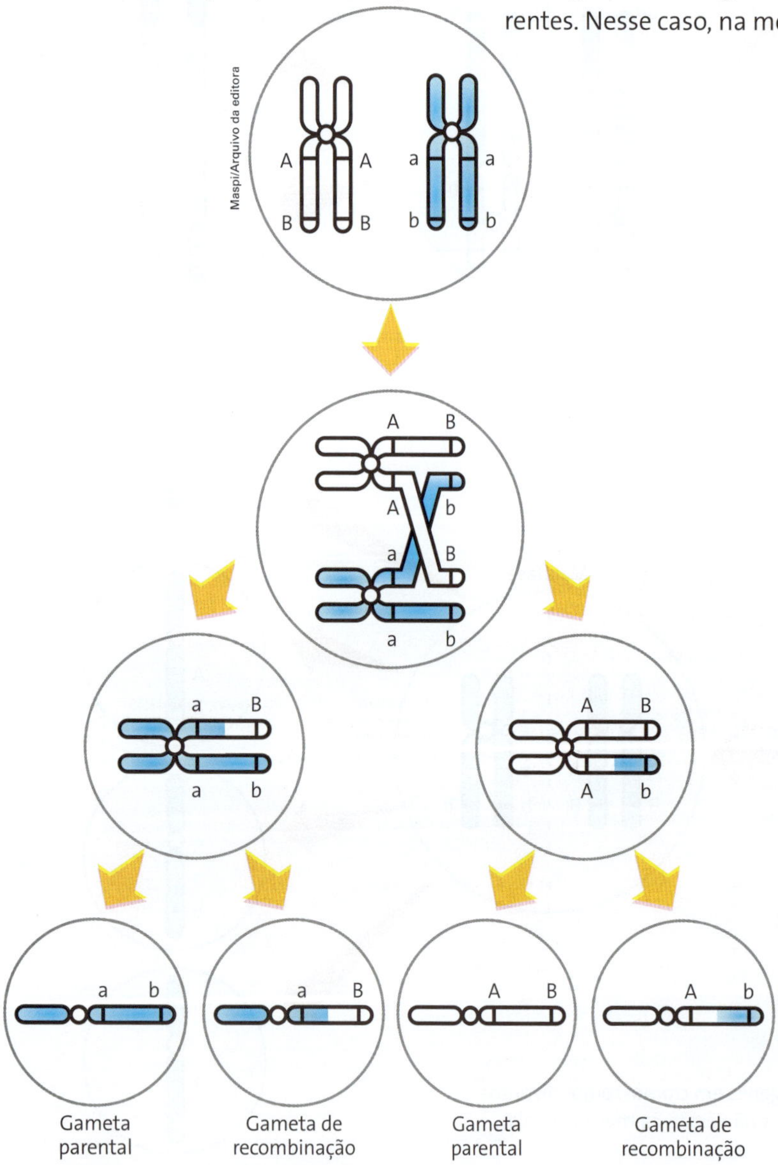

É importante ressaltar que a quebra e a troca de pedaços acontecem ao acaso, em qualquer ponto dos cromossomos. Desse modo, os gametas de recombinação só se formam quando a quebra ocorre no trecho situado entre os locos onde estão os genes em questão. Quando ocorre abaixo ou acima desse intervalo, os gametas de recombinação não se formam. Portanto, algumas meioses fornecem gametas de recombinação e outras não.

Podemos entender por que um híbrido para dois pares de alelos ligados, representado por $\frac{AB}{ab}$ ou $\frac{AB}{ab}$ (simplificadamente, AB/ab), produz geralmente uma porcentagem de gametas parentais (**AB** e **ab**) maior que a de gametas de recombinação (**Ab** e **aB**). Os gametas parentais se formam sempre, haja ou não permutação; os gametas de recombinação só aparecem quando a permutação ocorre entre os dois genes em questão.

2 Cálculo da taxa de permutação

Hoje sabemos que quanto maior a distância entre dois locos situados no mesmo cromossomo, maior a possibilidade de permutação entre eles e maior a quantidade de gametas formados por recombinação (figura 5.4).

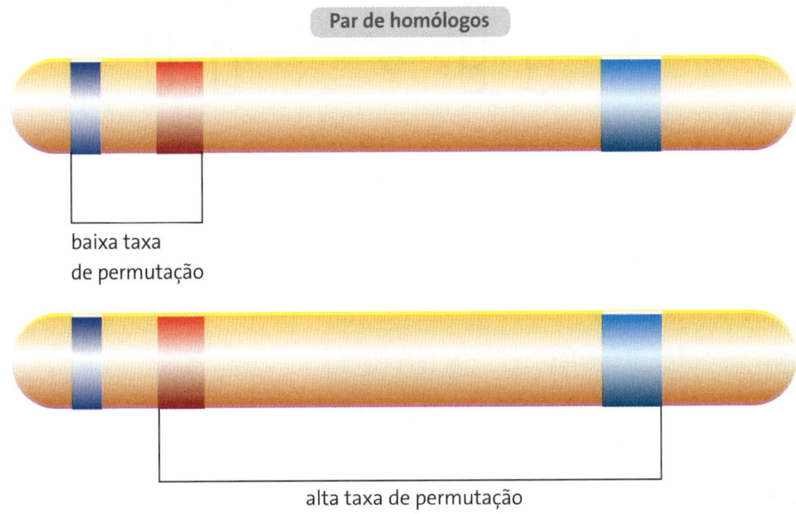

Figura 5.4 Quando os genes estão distantes, há maior chance de ocorrer a permutação entre eles, pois há mais possíveis pontos de quebra na cromátide. (Cromossomos são microscópicos; cores fantasia.)

Imagine dois genes afastados a uma distância que permite a ocorrência de permutação em 80% das meioses. Pelo esquema da figura 5.5 podemos ver que, nesse caso, se formam dois tipos de gametas de recombinação, cada um correspondendo a 20% do total de gametas formados. A soma dos gametas de recombinação é chamada de **taxa** ou **frequência de permutação** (ou de **recombinação**). No exemplo da figura 5.5, essa taxa é de 40% (20% de **Ab** mais 20% de **aB**).

A taxa de recombinação indica a distância relativa entre os genes: quanto mais distantes estiverem os genes, maior será a taxa. Convém notar que a taxa máxima de permutação é de 50%, pois corresponde a 100% de meioses com permutação. Nesse caso, os resultados não se distinguem dos gametas produzidos por genes em cromossomos diferentes.

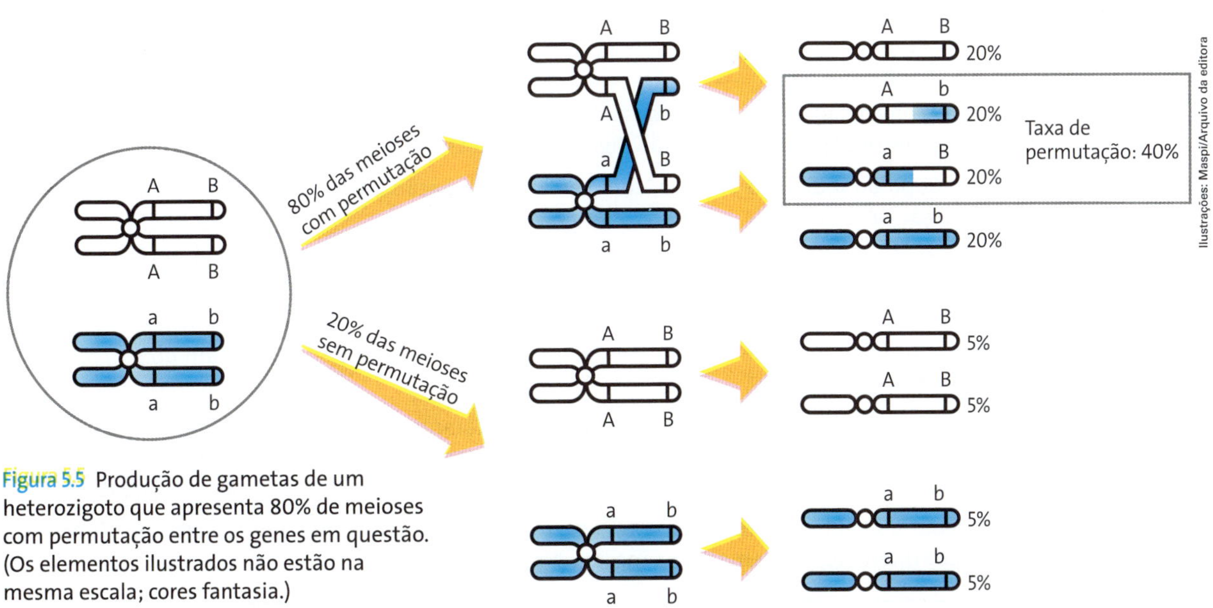

Figura 5.5 Produção de gametas de um heterozigoto que apresenta 80% de meioses com permutação entre os genes em questão. (Os elementos ilustrados não estão na mesma escala; cores fantasia.)

Exercícios resolvidos

1. Considere o esquema das células ao lado:

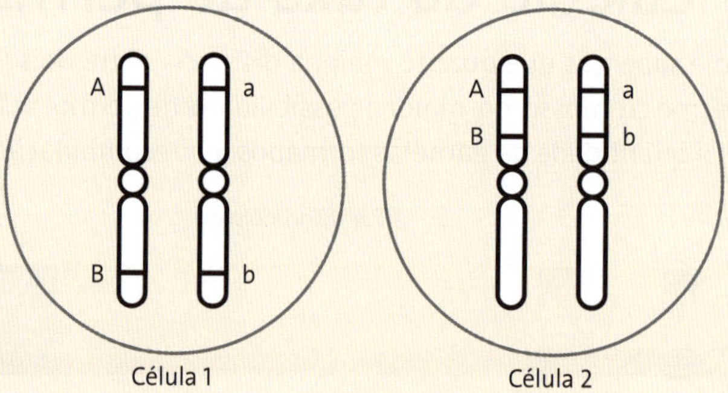

a) Em qual das células haverá menor taxa de recombinação entre **A** e **B**?

b) Em qual das células a porcentagem de gametas **Ab** deve ser maior? Justifique.

Resolução

a) Na célula 2, pois a distância entre **A** e **B** é menor.

b) Na célula 1, visto que **A** e **B** estão mais distantes e a frequência de recombinação será maior. Assim, a porcentagem de gametas de recombinação, como o gameta **Ab**, também será maior.

2. A tabela a seguir mostra os tipos de gametas produzidos por três organismos duplo heterozigotos (I, II e III).

Organismos	Gametas	Frequência
I AaBb	AB	25%
	Ab	25%
	aB	25%
	ab	25%
II CcDd	CD	50%
	cd	50%
III RrSs	RS	35%
	Rs	15%
	rS	15%
	rs	35%

a) Pela análise da proporção de gametas formados, identifique o genótipo do indivíduo em que não tenha havido permutação entre os genes em questão (ligação completa).

b) Identifique o genótipo do indivíduo em que, com certeza, há ligação parcial incompleta. Determine a taxa de recombinação nesse caso.

c) Identifique o genótipo do indivíduo que pode representar um caso de segregação independente.

Resolução

a) O indivíduo de genótipo CcDd representa o caso de ligação completa, pois só se formam dois tipos de gametas, na mesma proporção.

b) O indivíduo de genótipo RrSs representa o caso de ligação incompleta, pois se formam quatro tipos de gametas em proporções desiguais. Os gametas de menor proporção são os de recombinação e os de maior proporção são os parentais. A taxa de recombinação é de 30% (soma de 15% de **Rs** e 15% de **rS**).

c) O indivíduo de genótipo AaBb pode representar um caso de segregação independente, visto que são formados quatro tipos diferentes de gametas na mesma proporção.

3 O cruzamento-teste e a taxa de recombinação

Já vimos que a proporção de gametas formados por um di-híbrido pode indicar se os genes estão ligados ou não. E que é possível descobrir se houve ou não recombinação entre os genes estudados durante a formação dos gametas na meiose.

Outra forma de confirmar se os genes estão ligados é realizando um cruzamento-teste (com um indivíduo recessivo), que pode ser um retrocruzamento (com um dos indivíduos parentais).

Se cruzarmos um indivíduo di-híbrido AaBb, que possui dois pares de alelos em cromossomos diferentes, com um duplo recessivo aabb, veremos que se formam quatro tipos de filhos (figura 5.6). Quando os pares de alelos **AB** e **ab** estão no mesmo cromossomo e não ocorre a permutação na formação dos gametas, devem aparecer apenas dois tipos de filhos com o mesmo fenótipo dos pais (figura 5.7). Por causa da falta dos gametas **Ab** e **aB**, ficam ausentes as chamadas classes de recombinação, formadas pela recombinação de genes paternos e maternos.

A taxa de permutação pode ser calculada com base em cruzamentos-testes. Foi isso que Morgan fez: estudando as drosófilas, ele encontrou desvios em relação às proporções mendelianas quando analisava o resultado de cruzamentos para duas características simultâneas. Nas páginas seguintes, veremos um exemplo desse tipo de cruzamento.

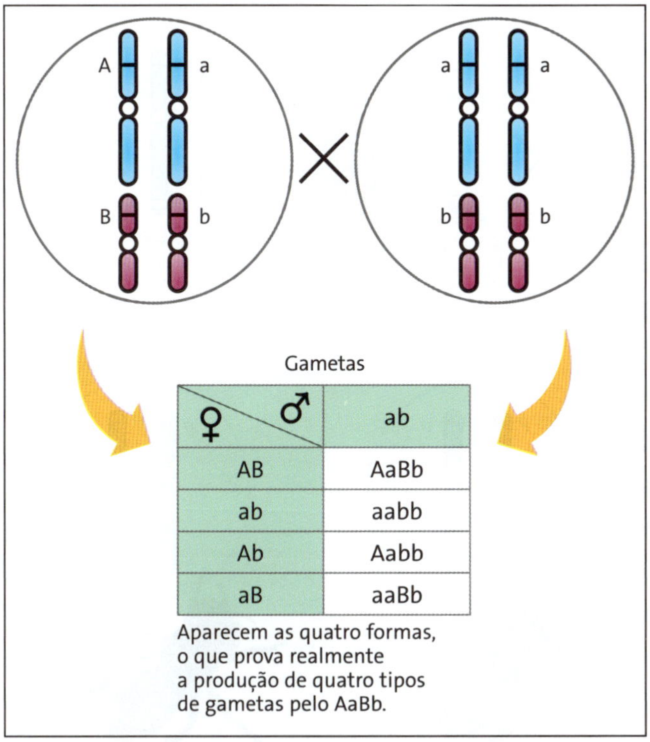

Gametas

♀ \ ♂	ab
AB	AaBb
ab	aabb
Ab	Aabb
aB	aaBb

Aparecem as quatro formas, o que prova realmente a produção de quatro tipos de gametas pelo AaBb.

Figura 5.6 Cruzamento-teste de um híbrido AaBb com genes situados em cromossomos diferentes (os elementos ilustrados não estão na mesma escala; cores fantasia).

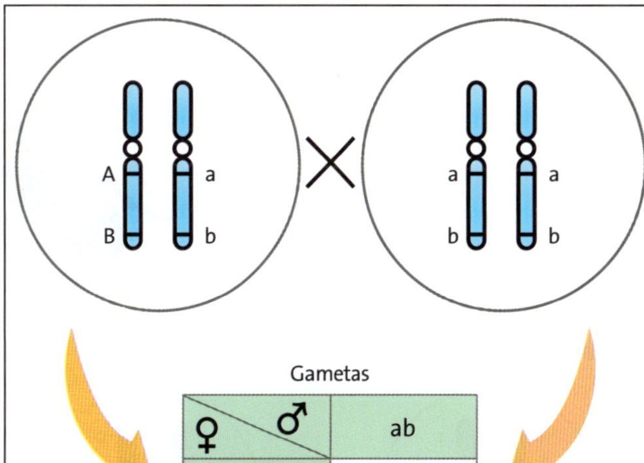

Gametas

♀ \ ♂	ab
AB	AaBb
ab	aabb

Não aparecem as formas de recombinação, o que prova que AaBb não formou os gametas Ab e aB. Logo, os genes apresentam ligação completa.

Figura 5.7 Cruzamento-teste de um híbrido AaBb com genes situados no mesmo cromossomo (os elementos ilustrados não estão na mesma escala; cores fantasia).

Maspi/Arquivo da editora

A figura 5.8 esquematiza um cruzamento de uma drosófila macho de corpo preto e asa vestigial, características recessivas (pv/pv), com uma drosófila fêmea de corpo castanho e asa normal, duplamente heterozigota (PV/pv). "Corpo castanho" e "asa normal" compõem o chamado **tipo selvagem**, porque é o fenótipo mais comum na natureza. Em oposição, "corpo preto" e "asa vestigial" compõem o chamado **mutante** (para simplificar, usamos para os alelos da drosófila o mesmo padrão de letras de outros organismos, embora para drosófilas haja uma notação específica, que usa uma ou mais letras da palavra em inglês correspondente à característica mutante – maiúscula se for dominante e minúscula se for recessiva – e a mesma letra com o sinal "+" sobrescrito para o alelo selvagem). No cruzamento foram obtidos 90 indivíduos de asa normal e corpo preto, 90 de asa vestigial e corpo castanho, 410 de corpo preto e asa vestigial e 410 de corpo castanho e asa normal. Se os genes estivessem em cromossomos diferentes, deveríamos esperar uma proporção fenotípica de 1 : 1 : 1 : 1, diferente da proporção obtida nesse cruzamento-teste.

Para explicar desvios desse tipo, Morgan sugeriu que os genes para as características estudadas – cor do corpo e tamanho da asa, no nosso exemplo – estariam no mesmo cromossomo e que no pareamento dos homólogos, durante a meiose, ocorria ocasionalmente uma troca entre as cromátides. Isso explicava o surgimento de indivíduos com novas combinações de características (corpo preto com asa normal e corpo castanho com asa vestigial, nesse exemplo). Morgan sugeriu também que quanto mais afastados em um cromossomo estiverem dois genes, maior é a probabilidade de ocorrer permutação entre eles.

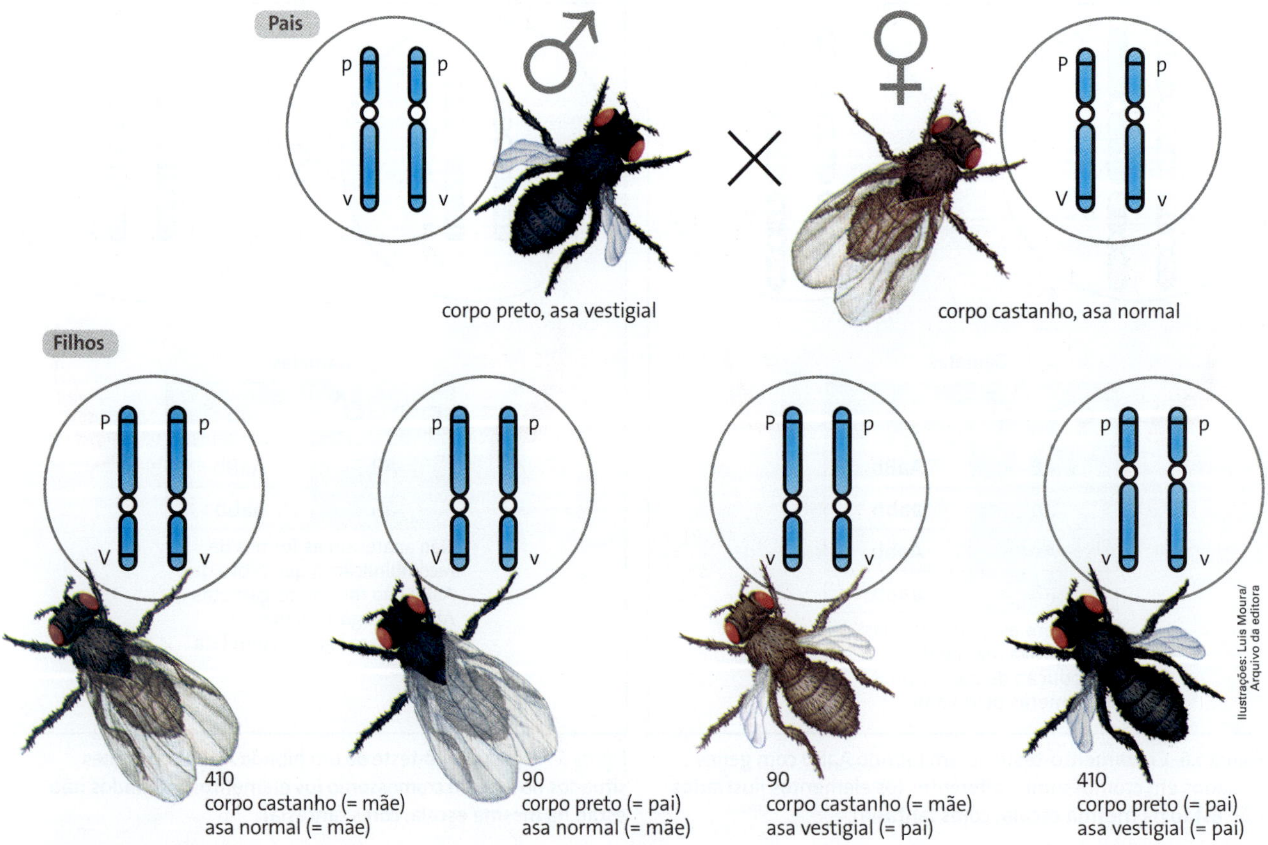

Figura 5.8 Cruzamento-teste com genes ligados para cor do corpo e tamanho da asa da drosófila (os elementos ilustrados não estão na mesma escala; drosófilas têm cerca de 3 mm de comprimento; cores fantasia).

Para chegar a essas conclusões, Morgan se valeu também de observações de vários pesquisadores em citologia relatando figuras em forma de X, que hoje chamamos quiasmas, nos pares de cromossomos. O quiasma acontece nos locais em que há permutação entre os cromossomos durante a meiose (figura 5.9). O quiasma serviu, então, como uma evidência citológica de que houve uma permutação naquele ponto.

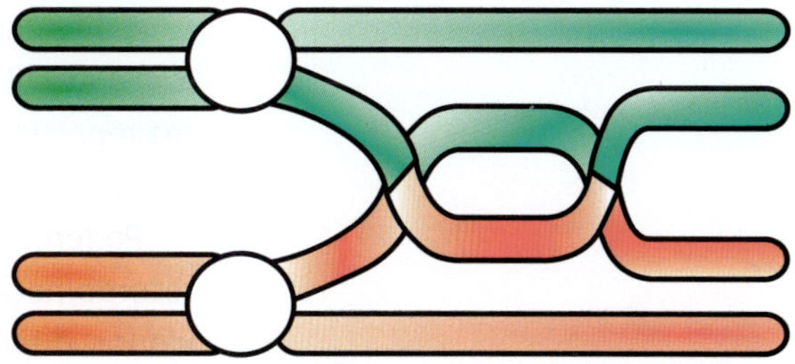

Figura 5.9 Ilustração de quiasma entre um par de cromossomos (cores fantasia).

Quando queremos calcular a taxa de permutação, primeiro identificamos os indivíduos formados por recombinação, aqueles resultantes dos gametas obtidos por permutação e que estão em menor número.

Nesse exemplo se formam dois grupos recombinantes, cada um com 90 indivíduos; portanto, o total de recombinantes é de 180 indivíduos. Como no cruzamento-teste a frequência de indivíduos recombinantes é igual à de gametas produzidos por permutação, basta transformar esse número em porcentagem: o total de indivíduos é 1 000 (90 + 90 + 410 + 410), que corresponde a 100%. Assim, 180 indivíduos correspondem a 18%. Logo, a taxa de permutação é de 18%.

Há casos, no entanto, em que a taxa de permutação já é conhecida. Por exemplo, **A** e **B** estão ligados e ocorre entre eles 20% de taxa de permutação. Sabendo disso, qual é o resultado do retrocruzamento do heterozigoto AB/ab com o homozigoto ab/ab?

Como a taxa de permutação indica a soma dos gametas de recombinação, temos: AB/ab, 80% (**AB** + **ab**) e 20% (**Ab** + **aB**).

Filhos	♀ \ ♂	**ab**	
80%	40% **AB**	AB/ab	40%
	40% **ab**	ab/ab	40%
20%	10% **Ab**	Ab/ab	10%
	10% **aB**	aB/ab	10%

Logo, a proporção genotípica é de 40% AB/ab, 40% ab/ab, 10% Ab/ab e 10% aB/ab ou 4 : 4 : 1 : 1.

Quando os alelos dominantes dos dois genes estão em um cromossomo e os recessivos no outro, ocorre a posição **cis**. Se os alelos ligados são um dominante para certa característica e o outro recessivo para outra característica, acontece a posição **trans**. Veja o esquema a seguir.

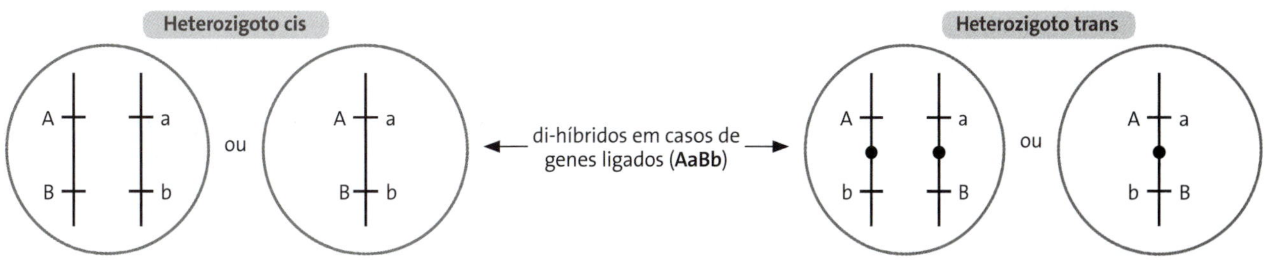

A diferença entre os dois casos fica clara na representação usual: AB/ab (cis) e Ab/aB (trans). Alguns autores usam para os casos de ligação a mesma representação do di-hibridismo. Nesse caso, tanto a posição cis como a posição trans são representadas por AaBb.

Podemos identificar a diferença pelo cruzamento-teste. As classes de recombinação serão sempre as menos frequentes. Na posição cis os indivíduos duplo-dominantes e os duplo-recessivos aparecem em maior quantidade; na posição trans eles formam as classes de recombinação e aparecem em menor quantidade.

Quando 100% das células que sofrem meiose realizam a permutação, não podemos distinguir os resultados de um cruzamento-teste obtidos de um di-híbrido com os genes ligados dos de um caso de segregação independente. Isso acontece porque a proporção de descendentes em ambos os casos é de 1 : 1 : 1 : 1, pois o di-híbrido forma, nesse caso, 25% de cada um dos quatro gametas (figura 5.10).

Quando dois genes estão muito próximos, por exemplo, praticamente não há permutação entre eles (taxa de permutação = 0), ocorrendo uma ligação completa, com a proporção de 1 : 1 no cruzamento-teste. Isso acontece porque o di-híbrido (AB/ab) forma apenas dois tipos de gametas (**AB** ou **ab**) e o indivíduo aabb forma apenas o gameta **ab**.

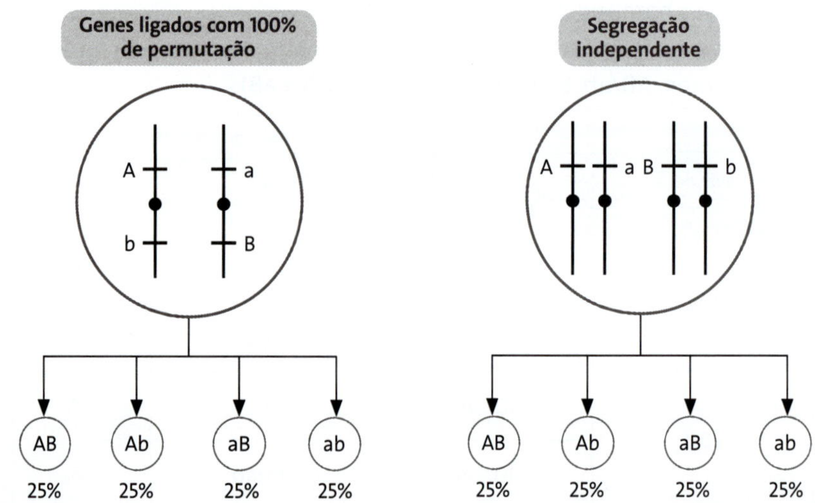

Figura 5.10 Em ambos os casos, em um cruzamento com um indivíduo aabb vão se formar quatro tipos de descendentes nas mesmas proporções.

Exercício resolvido

3. (Fuvest-SP) O cruzamento AaBb × aabb produziu a seguinte descendência: AaBb, 48%; aaBb, 2%; Aabb, 2%; aabb, 48%.

a) Qual a taxa de permutação entre os genes em questão?

b) Qual a posição dos genes nos cromossomos do heterozigoto utilizado no cruzamento?

Resolução

a) Somando os indivíduos provenientes de gametas de recombinação (aaBb e Aabb), obteremos 4%, que é a taxa de permutação.

b) Temos de procurar os indivíduos provenientes de gametas parentais, que estão em maior proporção. No caso, os indivíduos AaBb e aabb. Como sabemos que o indivíduo duplo recessivo sempre contribui com o mesmo gameta (**ab**), concluímos que os gametas parentais eram **AB** e **ab**. Portanto, os genes estão situados em posição cis, no heterozigoto.

Taxa de permutação e mapas genéticos

Como vimos, Morgan sugeriu que quanto mais afastados em um cromossomo estiverem dois genes, maior é a probabilidade de ocorrer permutação entre eles. Um aluno seu, Alfred H. Sturtevant (1891-1970) deu um passo além, propondo que a probabilidade de permutação entre dois genes poderia ser usada para indicar a distância relativa entre eles. Sturtevant analisou a frequência de permutação do resultado de vários cruzamentos realizados por Morgan e colaboradores e a partir daí elaborou alguns mapas genéticos.

Por convenção, a taxa de 1% de permutação corresponde ao valor de **1 unidade de recombinação** (**UR**) ou **1 unidade de mapa** (**UM**). Em homenagem a Thomas Morgan, essa unidade é também chamada **centimorgan** (**cM**) ou **morganídeo**. Se dois genes apresentam 10% de taxa de permutação, a distância entre eles no cromossomo é de 10 UR (ou 10 morganídeos).

Com base nas diferentes taxas de permutação entre os genes, é possível estabelecer sua posição nos cromossomos e montar um **mapa cromossômico** ou **genético**.

Vejamos como determinar a distância entre os genes.

Imagine três genes – **C**, **D** e **E** – situados no mesmo cromossomo. Qual será a posição desses genes? A taxa de permutação entre **C** e **D** é de 15%, ou seja, a distância entre eles é de 15 unidades de recombinação:

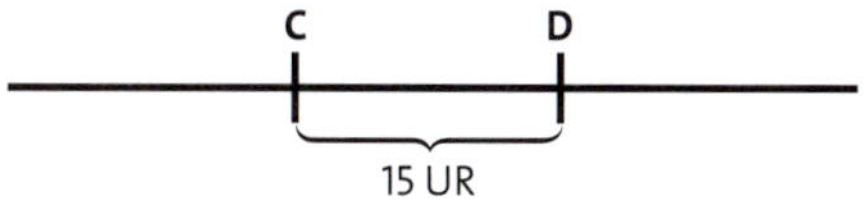

A taxa de permutação entre **C** e **E** é de 7%, e há duas possibilidades de posicionar o gene **E** em relação ao gene **C**:

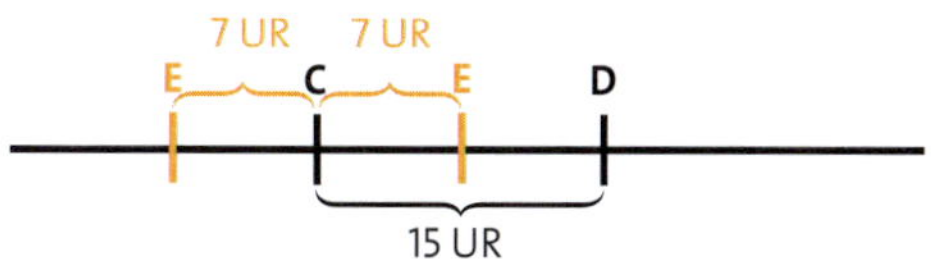

Nesse caso, para determinar a ordem correta, é preciso saber a taxa de recombinação (ou seja, a distância) entre os genes **E** e **D**: se a distância for de 22 UR, então a ordem dos genes é ECD; se for de 8 UR, então a ordem é CED. Veja abaixo:

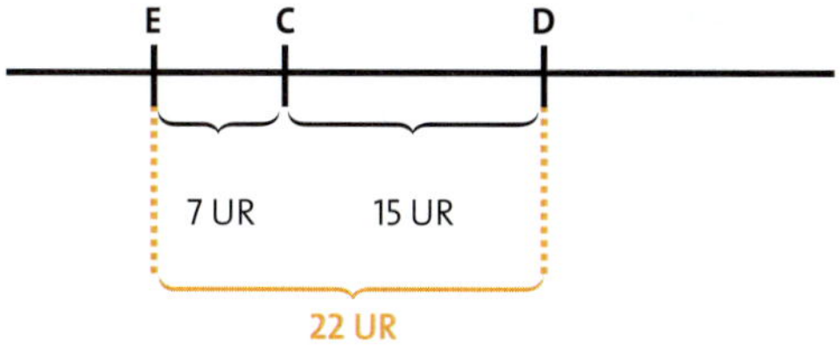

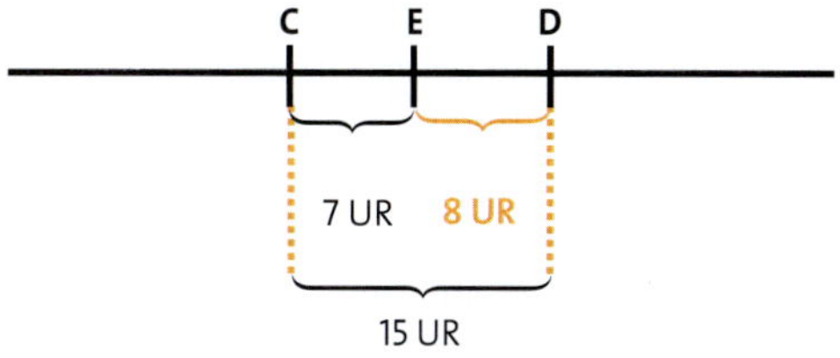

Quando dois genes estão muito distanciados um do outro, pode ocorrer entre eles uma permutação dupla. Quanto à produção de gametas de recombinação, a ocorrência de duas permutações acaba sendo nula, pois uma anula o efeito da outra.

Hoje, os marcadores moleculares do DNA, a análise genômica e outras tecnologias do DNA recombinante (tema do capítulo 7) permitem ter uma ideia da posição real dos genes em um mapa físico, com as distâncias indicadas em número de pares de bases. Foi possível estabelecer que 1 centimorgan, por exemplo, corresponde a cerca de 1 milhão de pares de bases. Essa relação é aproximada porque a chance de ocorrer permutação varia de uma região para outra do cromossomo (a permutação é inibida em regiões próximas ao centrômero, por exemplo).

Exercício resolvido

4. (Fuvest-SP) Um organismo, homozigoto para os genes **A**, **B**, **C** e **D**, todos localizados em um mesmo cromossomo, é cruzado com outro, que é homozigoto recessivo para os mesmos alelos. O retrocruzamento de $\mathbf{F_1}$ (com o duplo recessivo) mostra os seguintes resultados:

- não ocorreu permuta entre os genes **A** e **C**;
- ocorreu 20% de permuta entre os genes **A** e **B**, 30% entre **A** e **D**;
- ocorreu 10% de permuta entre os genes **B** e **D**.

Com base nesses resultados, qual a sequência mais provável desses quatro genes no cromossomo a partir do gene **A**?

Resolução

Com os dados da questão, esquematizamos a reta que representa o cromossomo e achamos a sequência mais provável. Observe:

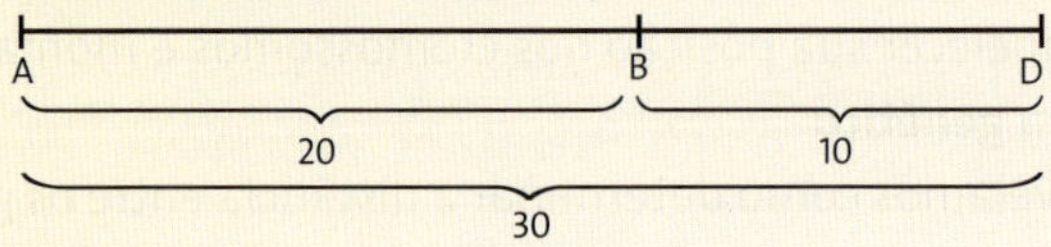

A sequência mais provável desses genes no cromossomo a partir do gene **A** seria: A C B D. Como não ocorre permutação entre **A** e **C**, podemos deduzir que esses genes estão muito próximos. Haveria também a possibilidade de o gene **C** estar antes de **A**. Então, a ordem seria C A B D.

Biologia tem História

Mendel e a ligação gênica

Na época de Mendel ainda não se sabia o papel dos cromossomos e dos genes na hereditariedade, e a ligação gênica não era conhecida. Então, será que Mendel não teria encontrado uma proporção diferente de 9 : 3 : 3 : 1, devido a alguma ligação gênica?

Mendel realizou muitos testes antes de escolher as características que estudaria. É possível que tenha desprezado pares de características que fugiam das proporções fenotípicas produzidas por genes situados em cromossomos diferentes. Outra hipótese é que os produtores que vendiam sementes para Mendel selecionavam suas ervilhas em função de características que se comportavam de forma independente.

Ainda é possível que, mesmo para alguns pares de genes situados no mesmo cromossomo, Mendel tenha encontrado a clássica proporção de 9 : 3 : 3 : 1. Esse pode ser o caso dos genes para cor da flor e cor da semente, que estão muito distantes (figura 5.11).

Saber o que realmente aconteceu depende da análise de documentos históricos, entre outras evidências (um trabalho para a história da Ciência).

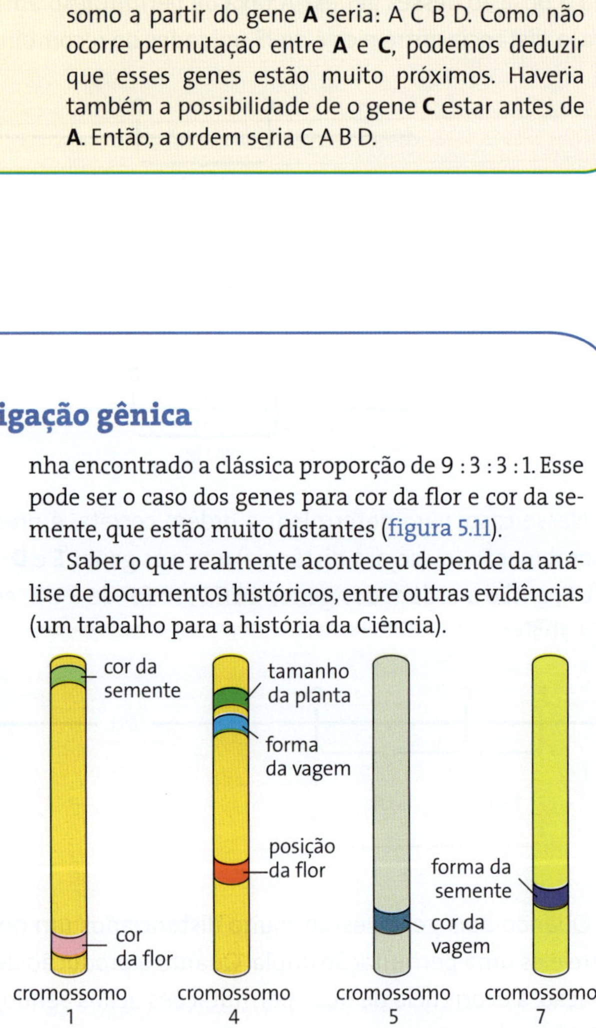

Figura 5.11 Localização de alguns genes da ervilha (os elementos ilustrados não estão na mesma escala; cores fantasia).

Atividades

1. O que são genes ligados?
2. Dois genes ligados se dirigem sempre para o mesmo gameta?
3. O que é permutação? Qual a sua consequência?
4. O que é taxa de permutação?
5. Como podemos descobrir se dois genes estão ligados por meio do resultado de um retrocruzamento?
6. Quanto maior a taxa de permutação, maior a distância entre os genes? Justifique.
7. Os genes **S** e **F** estão ligados com 40% de taxa de permutação. Qual a frequência de indivíduos SSFF no cruzamento de dois di-híbridos?
8. Imagine que os alelos dominantes **A** e **B** estejam ligados no mesmo cromossomo, ocorrendo, logicamente, o mesmo entre os alelos **a** e **b**. Supondo que não haja permutação entre eles, quais são os gametas produzidos pelo indivíduo portador desses cromossomos? Qual a proporção genotípica obtida no cruzamento desse indivíduo com o duplo recessivo aabb?
9. Um cruzamento-teste apresentou a proporção fenotípica 9 : 1 : 1 : 9. Qual a taxa de permutação? E a distância entre os genes em questão?
10. Sabendo que a distância entre dois alelos dominantes **A** e **B** é de 10 UR, que gametas, e em que proporções, um indivíduo AB/ab deve produzir?
11. Determine a posição relativa dos genes no cromossomo com base nas seguintes distâncias (em centimorgans): AB = 8, AC = 28, AD = 25, BC = 20, BD = 33.
12. Qual o resultado do retrocruzamento se os alelos dominantes **R** e **P** estão ligados com 30% de taxa de permutação?
13. Supondo que em apenas 40% das células de um indivíduo AB/ab haja permutação entre os genes em questão, que gametas são formados e em que proporção? Indique os gametas de recombinação. Qual a taxa de permutação?
14. No cruzamento-teste de um indivíduo AaBb com genes ligados, obteve-se a seguinte distribuição genotípica: 187 AaBb, 213 aabb, 310 Aabb, 290 aaBb. Qual a taxa de permutação? Os genes estão em posição cis ou trans?
15. Cruzando um indivíduo RP/rp, com ligação parcial entre os genes em questão, com um indivíduo duplo recessivo, obteve-se o seguinte resultado: 350 filhotes dominantes para ambas as características; 350 filhotes recessivos; 150 dominantes apenas para a característica condicionada pelo alelo **R**; 150 dominantes apenas para a característica condicionada pelo alelo **P**. Qual a taxa de permutação entre os genes?
16. A taxa de permutação entre os alelos **A** e **B** é de 12% e entre os alelos **B** e **C** é de 18%. Em um cruzamento-teste considerando os alelos **A** e **C**, obtivemos o seguinte resultado: 470 filhotes dominantes para as características determinadas por **A** e **C**; 470 recessivos; 30 dominantes apenas para as características determinadas por **A**; 30 dominantes para as características determinadas por **C**. Indique a posição dos genes no cromossomo.
17. Suponha que um geneticista esteja estudando di-hibridismo com dominância na ervilha de Mendel e no arroz. A ervilha possui sete pares de cromossomos homólogos e o arroz, doze pares. Se ele escolher ao acaso duas características em cada uma dessas plantas, em qual delas terá maior probabilidade de obter na geração F_2 a proporção de 9 : 3 : 3 : 1?
18. Os genes **G** e **L** (dominantes) estão ligados e apresentam interação gênica, originando uma flor vermelha em certa espécie de planta. Se qualquer um desses genes dominantes estiver faltando, a flor é branca. Sabendo que a taxa de permutação entre **G** e **L** é de 10%, qual a frequência de flores vermelhas e brancas resultantes de um cruzamento-teste com o híbrido GL/gl?
19. Em uma raça de coelhos, a cor do pelo negro é determinada por um gene dominante (**B**), enquanto seu alelo (**b**) determina a cor branca. O tamanho do pelo também é controlado por um par de genes, sendo o alelo dominante (**L**) para pelo curto e o alelo recessivo (**l**) para pelo longo. A tabela a seguir apresenta os fenótipos dos pais e os fenótipos das respectivas proles, após vários cruzamentos.

		Cruzamentos	
		Pelos negros e curtos × pelos negros e curtos	Pelos brancos e curtos × pelos brancos e curtos
Prole	Pelos negros e curtos	70	0
Prole	Pelos negros e longos	26	0
Prole	Pelos brancos e curtos	22	62
Prole	Pelos brancos e longos	8	20

Quais são os genótipos mais prováveis dos pais, em cada casal? Justifique sua resposta.

Vestibulares de Norte a Sul

1. **SE** (Unicamp-SP) Considere um indivíduo heterozigoto para dois locos gênicos que estão em *linkage*, ou seja, não apresentam segregação independente. A representação esquemática dos cromossomos presentes em uma de suas células somáticas em divisão mitótica é:

a) 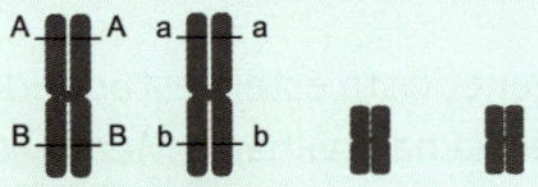

b) 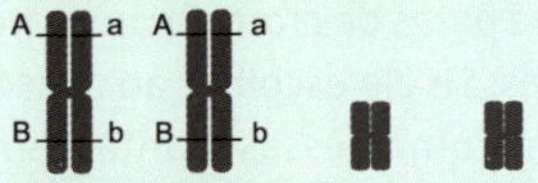

c) 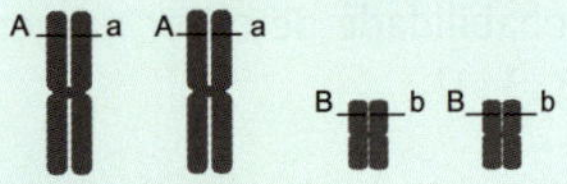

d) 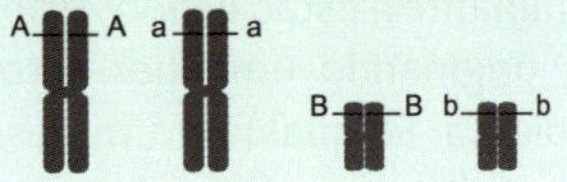

2. **S** (Unioeste-PR) *Crossing-over* ou permuta é um importante fenômeno que ocorre na prófase I meiótica, responsável pela recombinação entre os diferentes pares de genes de cromossomos homólogos. O desenho abaixo representa um par de cromossomos homólogos, com 3 genes: gene **A**, gene **B** e gene **C**, cada um destes possuindo dois alelos (alelo dominante e alelo recessivo). A partir deste desenho, assinale a alternativa correta.

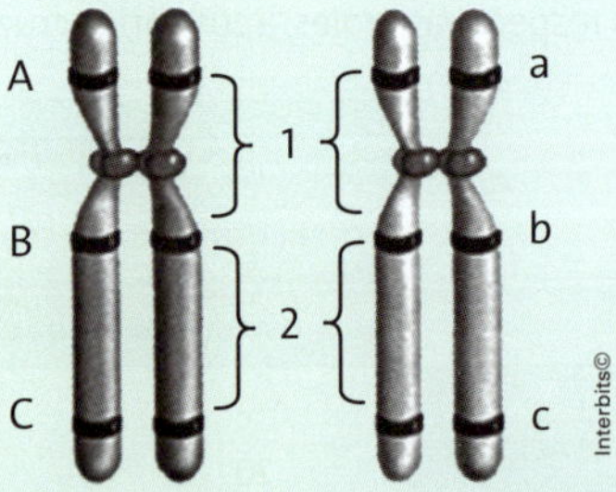

a) Se houver *crossing-over* apenas na região 1 serão produzidos gametas com as combinações ABC, abc, ABc e abC.
b) Se houver *crossing-over* apenas na região 2 serão produzidos gametas com as combinações ABC, abc, Abc e aBC.
c) Se houver *crossing-over* nas regiões 1 e 2 serão produzidos gametas com as combinações ABC, abc, AbC e aBc.
d) Se houver *crossing-over* apenas na região 1 serão produzidos somente gametas com as combinações Abc e aBC.
e) Se houver *crossing-over* apenas na região 2 serão produzidos somente gametas com as combinações ABc e abC.

3. **NE** (UPE) Um dado indivíduo heterozigoto para os genes **A** e **B** (configuração cis) é submetido a um cruzamento-teste. Se os dois genes forem:

I. não ligados (segregação independente);
II. separados por 40 centimorgam (cM).

Que porcentagem da prole desse cruzamento será aabb?

a) I- 50%; II- 40%
b) I- 20%; II- 50%
c) I- 25%; II- 30%
d) I- 40%; II- 20%
e) I- 30%; II- 25%

4. **NE** (UFPE) A frequência de recombinação entre os locos **A** e **B** é de 10%. Em que porcentual serão esperados descendentes de genótipo AB//ab a partir de progenitores com os genótipos mostrados na figura?

♂ $\frac{a \qquad b}{a \qquad b}$ × ♀ $\frac{A \qquad B}{a \qquad b}$

a) 5%
b) 90%
c) 45%
d) 10%
e) 20%

5. **SE** (Cesgranrio-RJ) No órgão reprodutor de um animal há 1000 células em cujos núcleos estão os cromossomos, como mostra o desenho abaixo.

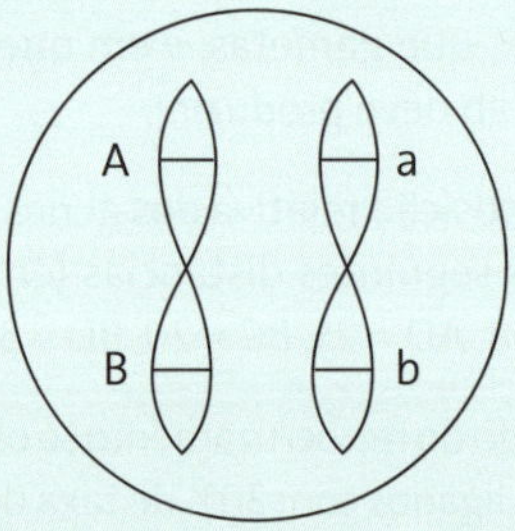

Se em todas as células ocorre *crossing-over* entre os genes **A** e **B**, e se cada uma originar 4 gametas, podemos afirmar que:

a) todos os gametas formados conterão as combinações resultantes do *crossing*.
b) a proporção de gametas com as formas não *crossing* seria maior do que a de gametas com as formas *crossing*.
c) a ocorrência de *crossing* não altera a sequência dos genes nos cromossomos porque só as cromátides irmãs são envolvidas.
d) as proporções entre os tipos de gametas seriam iguais às que ocorrem quando os genes estão em cromossomos diferentes.
e) não é possível calcular essas proporções porque os gametas recebem cromossomos ao acaso.

6. **S** (UEL-PR) Na cultura do pepino, as características de frutos de cor verde brilhante e textura rugosa são expressas por alelos dominantes em relação a frutos de cor verde fosco e textura lisa. Os genes são autossômicos e ligados com uma distância de 30 u.m. (unidade de mapa de ligação).

Considere o cruzamento entre as plantas duplo heterozigotas em arranjo *cis* para esses genes com plantas duplo homozigotas de cor verde fosca e textura lisa.

Com base nas informações e nos conhecimentos sobre o tema, considere as afirmativas a seguir, com as proporções esperadas destes cruzamentos.

I. 15% dos frutos serão de cor verde fosco e textura rugosa.
II. 25% dos frutos serão de cor verde fosco e textura lisa.
III. 25% dos frutos serão de cor verde brilhante e textura lisa.
IV. 35% dos frutos serão de cor verde brilhante e textura rugosa.

Assinale a alternativa CORRETA.

a) Somente as afirmativas I e IV são corretas.
b) Somente as afirmativas II e III são corretas.
c) Somente as afirmativas III e IV são corretas.
d) Somente as afirmativas I, II e III são corretas.
e) Somente as afirmativas I, II e IV são corretas.

7. **NE** (Uesc-BA) A taxa ou frequência de permutação entre pares de genes que estão ligados é constante e depende da distância que esses genes se encontram uns dos outros. O geneticista Alfred Sturtevant imaginou que seria possível construir mapas gênicos, que mostrariam a distribuição dos genes ao longo do cromossomo e as distâncias relativas entre eles. O quadro a seguir mostra um exemplo desse tipo de mapa gênico.

	Taxa de permutação experimental		
Gene	**A**	**B**	**C**
A	—	X	15%
B	20%	—	Y
C	15%	5%	—

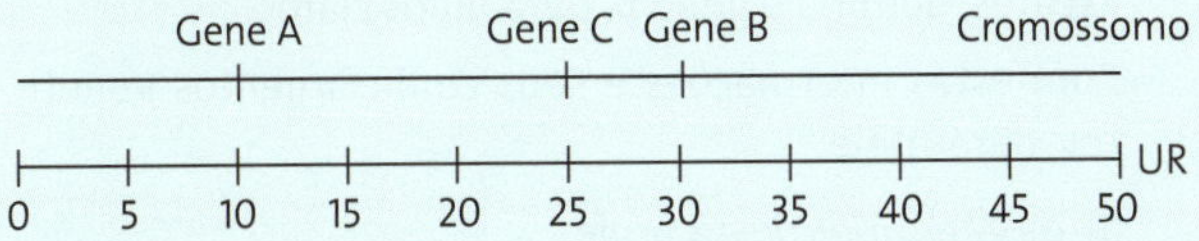

Com base nas informações contidas no quadro, é possível afirmar que os valores corretos para as taxas de permutação em **X** e **Y** são, respectivamente:

a) 5% e 20%
b) 15% e 20%
c) 15% e 5%
d) 20% e 15%
e) 20% e 5%

8. **S** (UEL-PR) Quatro genes, **A**, **B**, **C** e **D**, localizados no mesmo cromossomo, apresentam as seguintes frequências de recombinação: A-B = 32%; A-C = 45%; A-D = 12%; B-C = 13%; B-D = 20%; C-D = 33%. A sequência mais provável desses genes no cromossomo é:

a) ABCD.
b) ABDC.
c) ACDB.
d) ADBC.
e) ADCB.

9. **S** (UFPR) Admita que dois genes, **A** e **B**, estão localizados num mesmo cromossomo. Um macho AB/ab foi cruzado com uma fêmea ab/ab. Sabendo que entre esses dois genes há uma frequência de recombinação igual a 10%, qual será a frequência de indivíduos com genótipo Ab/ab encontrada na descendência desse cruzamento?

a) 50%
b) 25%
c) 30%
d) 100%
e) 5%

10. **SE** (Unirio-RJ) Um indivíduo com genótipo AaBb produz gametas nas seguintes proporções: 25% **AB**, 25% **Ab**, 25% **aB** e 25% **ab**. Outro indivíduo com genótipo DdEe produz gametas nas seguintes proporções: 50% **DE** e 50% **de**. Podemos concluir que:

a) os genes **D** e **E** estão ligados e entre eles não ocorre *crossing-over*.
b) os genes **D** e **E** estão ligados e entre eles ocorre *crossing-over*.
c) os genes **D** e **E** segregam-se independentemente e entre eles não ocorre *crossing-over*.
d) os genes **A** e **B** estão ligados e entre eles não ocorre *crossing-over*.
e) os genes **A** e **B** segregam-se independentemente e entre eles ocorre *crossing-over*.

11. **SE** (PUC-MG) Quatro genes ligados em sequência, **A**, **B**, **C** e **D**, têm as respectivas distâncias em UR: de **A** → **B**, 8 UR; **B** → **C**, 4 UR; **C** → **D**, 2 UR. A maior taxa de permutação ocorrerá entre os genes:

a) **A** e **B**.
b) **A** e **D**.
c) **C** e **D**.
d) **B** e **C**.
e) **A** e **C**.

12. **S** (UFRGS-RS) Quando se estuda uma célula meiótica duplo-heterozigota AaBb e se diz que, para esses genes, está ocorrendo segregação independente, é incorreto afirmar que:

a) os cromossomos de origem materna e paterna que contêm esses genes podem combinar-se livremente.
b) pode ocorrer recombinação entre os genes **A** e **B**.
c) os genes **A** e **B** que se situam em diferentes pares de homólogos distribuem-se ao acaso em diferentes gametas.
d) os genes **A** e **B** estão em grupos de ligação separados.
e) os genes **A** e **B** não são alelos.

13. **SE** (Unicamp-SP) Considere um indivíduo heterozigoto para três genes. Os alelos dominantes **A** e **B** estão no mesmo cromossomo. O gene **C** tem segregação independente dos outros dois genes. Se não houver *crossing-over* durante a meiose, a frequência esperada de gametas com genótipo abc produzidos por esse indivíduo é de:

a) 1/2.
b) 1/4.
c) 1/6.
d) 1/8.

14. **SE** (UFRJ) Considere a existência de dois locos em um indivíduo. Cada loco tem dois alelos, **A** e **a** e **B** e **b**, sendo que **A** e **B** são dominantes. Um pesquisador cruzou um indivíduo AaBb com um indivíduo aabb. A prole resultante foi: 40% AaBb; 40% aabb; 10% Aabb; 10% aaBb. O pesquisador ficou surpreso, pois esperava obter os quatro genótipos na mesma proporção, 25% para cada um deles. Esses resultados contrariam a segunda lei de Mendel ou lei da segregação independente? Justifique sua resposta.

15. **SE** (Fuvest-SP) Foram realizados cruzamentos entre uma linhagem pura de plantas de ervilha com flores púrpura e grãos de pólen longos e outra linhagem pura, com flores vermelhas e grãos de pólen redondos. Todas as plantas produzidas tinham flores púrpura e grãos de pólen longos. Cruzando-se essas plantas heterozigóticas com plantas da linhagem pura de flores vermelhas e grãos de pólen redondos, foram obtidas 160 plantas:

- 62 com flores púrpura e grãos de pólen longos;
- 66 com flores vermelhas e grãos de pólen redondos;
- 17 com flores púrpura e grãos de pólen redondos;
- 15 com flores vermelhas e grãos de pólen longos.

Essas frequências fenotípicas obtidas não estão de acordo com o esperado, considerando a segunda lei de Mendel (lei da segregação independente).

a) De acordo com a segunda lei de Mendel, quais são as frequências esperadas para os fenótipos?
b) Explique a razão das diferenças entre as frequências esperadas e as observadas.

16. **SE** (Unifesp) Os locos **M**, **N**, **O**, **P** estão localizados em um mesmo cromossomo. Um indivíduo homozigótico para os alelos **M**, **N**, **O**, **P** foi cruzado com outro, homozigótico para os alelos **m**, **n**, **o**, **p**. A geração F_1 foi então retrocruzada com o homozigótico **m**, **n**, **o**, **p**. A descendência desse retrocruzamento apresentou:

- 15% de permuta entre os locos **M** e **N**.
- 25% de permuta entre os locos **M** e **O**.
- 10% de permuta entre os locos **N** e **O**.

Não houve descendentes com permuta entre os locos **M** e **P**. Responda:

a) Qual a sequência mais provável desses locos no cromossomo? Faça um esquema do mapa genético desse trecho do cromossomo, indicando as distâncias entre os locos.
b) Por que não houve descendentes recombinantes com permuta entre os locos **M** e **P**?

17. **SE** (Unicamp-SP) Um cruzamento entre uma fêmea heterozigota para dois pares de genes (AaBb) e um macho homozigoto (aabb) resultou na seguinte descendência: AaBb, Aabb, aaBb, aabb. Foi observado também que todas as classes acima apareceram na mesma frequência (25%), tanto entre os machos como entre as fêmeas. Considerando que há interesse em determinar se existe ou não ligação entre os genes estudados, explique qual seria a informação que esse cruzamento fornece.

18. **NE** (UFC-CE) Mendel não acreditava na mistura de caracteres herdados. De acordo com suas conclusões, a partir dos cruzamentos realizados com ervilhas do gênero Pisum, as características não se misturam, permanecem separadas e são transmitidas independentemente. (HENIG, Robin. *O monge no jardim*. Rio de Janeiro: Rocco, 2001.)

a) Considerando as leis de Mendel para a hereditariedade, no momento da fecundação os cromossomos herdados dos progenitores se juntam, porém os alelos dos seus genes não se misturam. A partir dessa ideia, qual fenômeno explicaria a ocorrência de características intermediárias na progênie, que parecem ser uma mistura daquelas dos progenitores?
b) Posteriormente, estudos de grupos de geneticistas indicaram que pode haver troca de material genético entre cromossomos homólogos herdados do pai e da mãe. Em que etapa isso pode ocorrer e como se chama este processo?

19. **SE** (Unirio-RJ) Em certa espécie de cobaia, um macho duplo-heterozigoto (pelos e olhos escuros) foi cruzado com uma fêmea de pelo e olhos claros, produzindo, ao longo de suas vidas, 50 descendentes que apresentavam a seguinte distribuição:

- 46% indivíduos de pelo e olhos escuros
- 46% indivíduos de pelo e olhos claros
- 4% indivíduos de pelo escuro e olhos claros
- 4% indivíduos de pelo claro e olhos escuros

Considere que o gene **A**, para pelo escuro, domina o gene **a** para pelo claro, enquanto o gene **B**, para olhos escuros, domina o gene **b**, para olhos claros.

Com estas informações e seus conhecimentos genéticos, determine:

a) os genótipos desta prole.
b) os gametas produzidos pelo macho duplo-heterozigoto.
c) que tipo de segregação ocorre neste caso.

Considerando a porcentagem da prole gerada e que os genes se localizam linearmente no cromossomo, determine:

d) qual é a distância relativa entre o *locus* para cor de pelo e o *locus* para cor de olhos.

CAPÍTULO

6 Sexo e herança genética

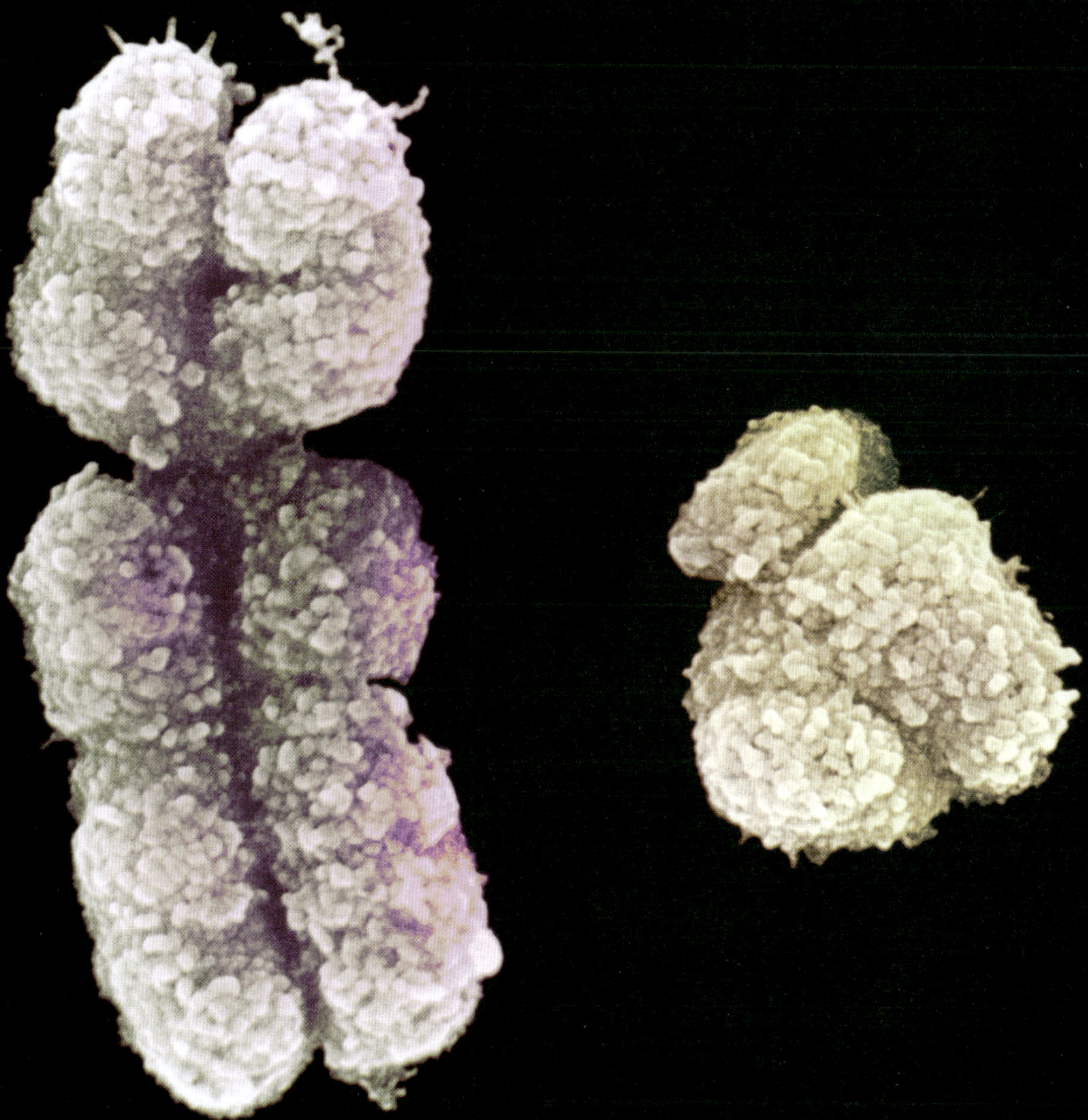
Biophoto Associates/Photoresearchers/Latinstock

Os cromossomos X (à esquerda) e Y dos seres humanos (microscopia eletrônica; cores fantasia).

- *Quais são os cromossomos sexuais em humanos?*
- *Como são herdadas as características determinadas por genes que se encontram nesses cromossomos?*

1 Cromossomos sexuais

Na maioria das espécies, o principal fator determinante do sexo são os genes. Em geral, esses genes estão situados em cromossomos especiais, chamados **cromossomos sexuais**, **heterossomos**, **heterocromossomos** ou **alossomos** (*hétero* = diferente; *alos* = outro; *soma* = corpo). Os demais cromossomos que não estão envolvidos na determinação do sexo são chamados autossomos (*autós* = si próprio). Como os cromossomos sexuais possuem também genes para outras características, a transmissão desses caracteres guarda alguma relação com o sexo do indivíduo.

Na maioria dos vertebrados e em muitos invertebrados em que os sexos são separados, as fêmeas apresentam dois cromossomos sexuais idênticos (XX) e os machos, um cromossomo idêntico ao das fêmeas e outro diferente (XY). Nos mamíferos um gene no cromossomo Y leva ao desenvolvimento de testículos que produzem hormônios masculinos. Na ausência desse gene, formam-se ovários que produzem hormônios femininos.

Esse sistema, chamado **sistema XY**, está presente também em muitas plantas.

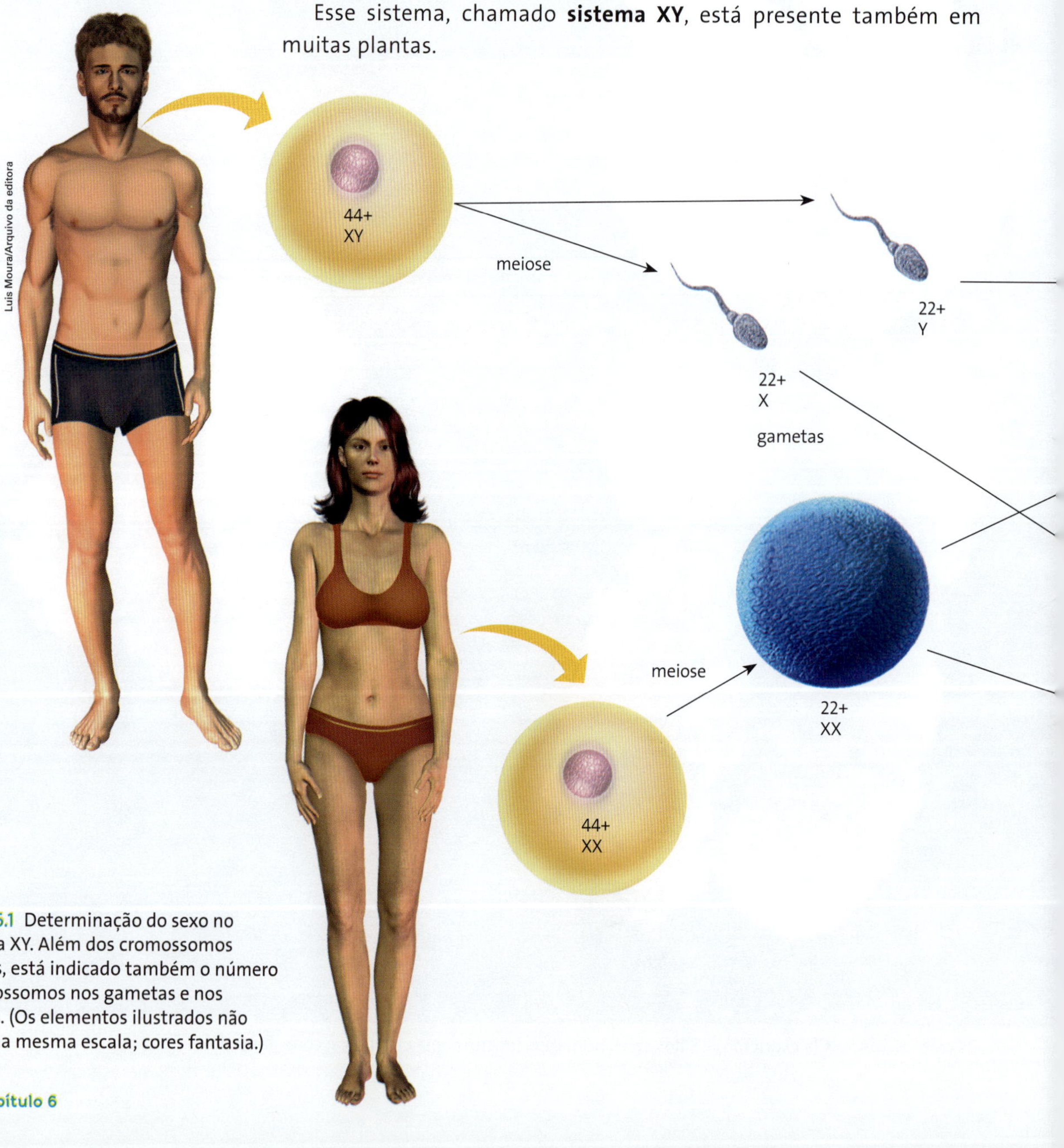

Figura 6.1 Determinação do sexo no sistema XY. Além dos cromossomos sexuais, está indicado também o número de autossomos nos gametas e nos zigotos. (Os elementos ilustrados não estão na mesma escala; cores fantasia.)

Como nas células diploides há dois autossomos de cada tipo, podemos representar os machos por 2AXY e as fêmeas por 2AXX (**A** representa um conjunto haploide de autossomos). Na espécie humana, há 44 autossomos e 2 cromossomos sexuais, o que pode ser representado por: mulher: 46, XX; homem: 46, XY. Como sabemos, o processo de divisão celular que origina os gametas é a meiose. Assim, metade dos espermatozoides do macho possui o cromossomo X e a outra metade, o cromossomo Y. Dizemos, então, que o sexo masculino é **heterogamético**. Nas fêmeas, todos os óvulos apresentam cromossomo X. Dizemos que o sexo feminino é **homogamético**.

O sexo é determinado no momento da fecundação. Se o óvulo (na maioria dos mamíferos, trata-se de um ovócito) for fecundado por um espermatozoide X, o embrião formado originará uma fêmea; se por um espermatozoide Y, nascerá um macho (figura 6.1).

A proporção de nascimentos de machos e fêmeas é de cerca de 50%. Na espécie humana, nasce um número um pouco maior de meninos (ainda se discute o motivo dessa alteração). Na faixa etária que corresponde à adolescência, entretanto, a proporção entre meninos e meninas aproxima-se de 50%.

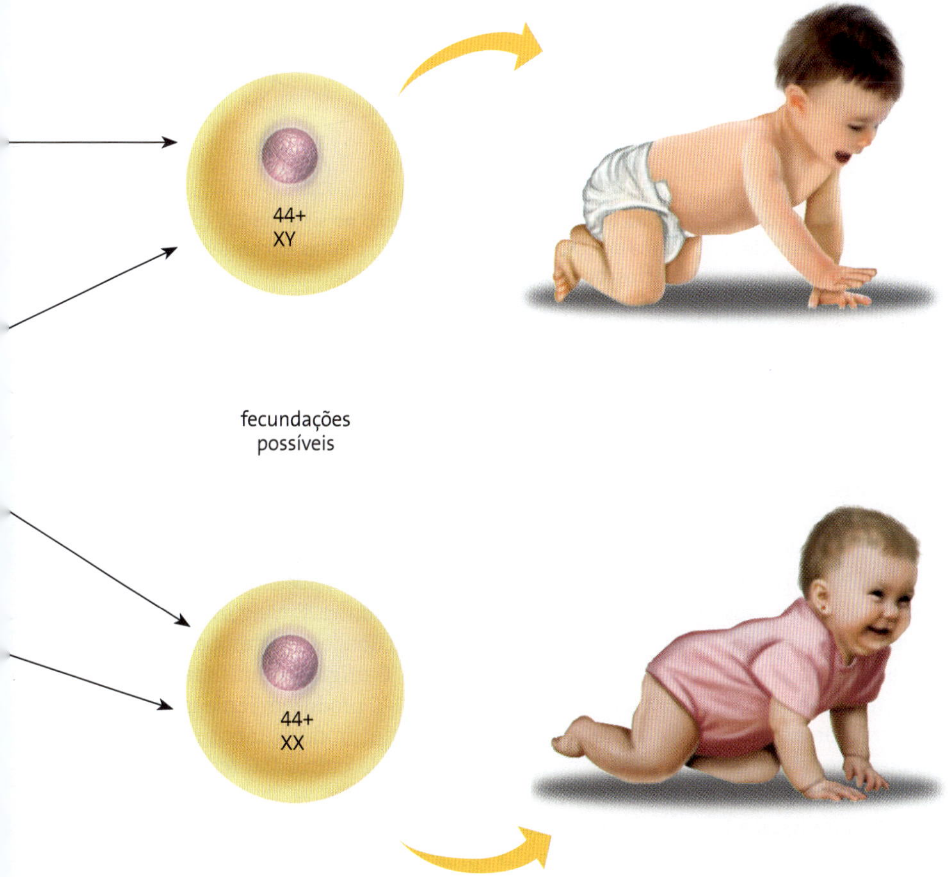

Em certos insetos, como gafanhotos, baratas e percevejos, a fêmea possui dois cromossomos sexuais e o macho, apenas um. As fêmeas são XX (ou 2AXX) e os machos, X0 (ou 2AX0). O "0" indica que os machos possuem apenas um cromossomo sexual. Os machos são o sexo heterogamético, pois produzem espermatozoides com ou sem o cromossomo X. É o **sistema X0** de determinação do sexo (figura 6.2).

Em muitas aves, mariposas, borboletas e peixes, a fêmea possui cromossomos diferentes (ZW), e o macho é homogamético (apresenta cromossomos iguais: ZZ). É o **sistema ZW** de determinação do sexo. No entanto, na galinha doméstica e em alguns répteis, não aparece o cromossomo W: as fêmeas são Z0 e o macho, ZZ (figura 6.3).

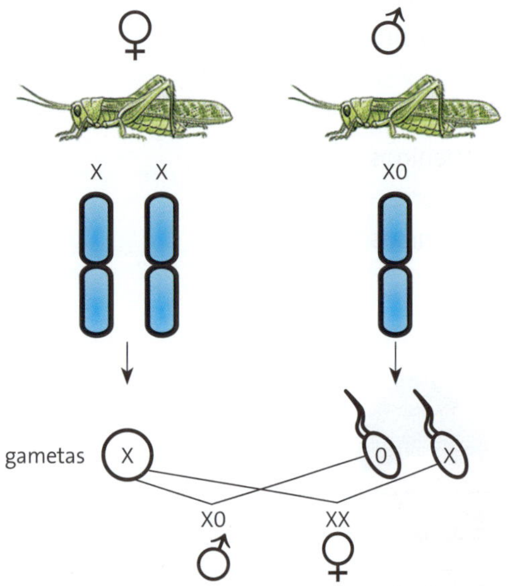

Figura 6.2 Determinação do sexo no sistema X0 (gafanhotos, em torno de 1 cm a 8 cm de comprimento, conforme a espécie; células e cromossomos são microscópicos; cores fantasia).

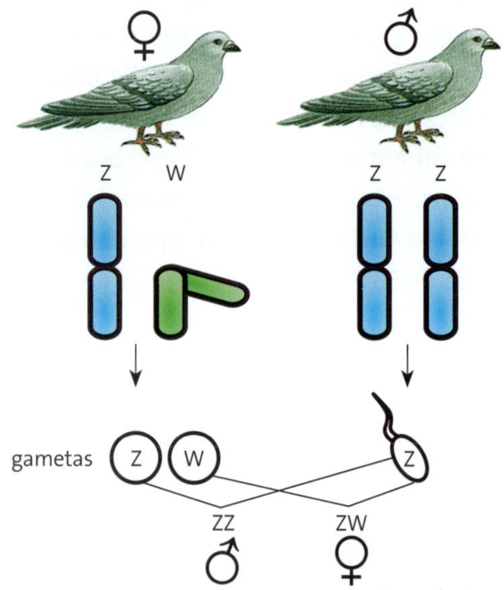

Figura 6.3 Determinação do sexo no sistema ZW (pombos, cerca de 30 cm de comprimento; células e cromossomos são microscópicos; cores fantasia).

Ilustrações: Hiroe Sasaki/Arquivo da editora

Aprofunde seus conhecimentos

Outros tipos de determinação do sexo

Em alguns animais, a determinação do sexo não depende de cromossomos sexuais. Em alguns insetos himenópteros, como as abelhas, a determinação do sexo depende do padrão cromossomial haploide ou diploide: os óvulos fecundados por espermatozoides geram ovos diploides, que originam fêmeas; os óvulos não fecundados desenvolvem-se por partenogênese e originam uma larva haploide, que se transforma em um macho.

Na mosca-das-frutas (*Drosophila*) o cromossomo sexual Y não atua na determinação do sexo. Este é determinado pela proporção de cromossomos X em relação aos autossomos. Quando a relação X/A for igual a 1 (A indicando um conjunto haploide de autossomos), a mosca é fêmea e, quando for 0,5 (ou menos), a mosca é macho. Embora não atue na determinação do sexo, o cromossomo Y promove a formação dos espermatozoides, e sua ausência determina esterilidade nos machos.

Nos crocodilianos, em muitas tartarugas e em alguns lagartos, o sexo do filhote é determinado pela temperatura ambiente durante o desenvolvimento do embrião. Uma variação de 2 °C ou 4 °C pode determinar se o embrião se tornará macho ou fêmea. Em algumas tartarugas, por exemplo, ovos incubados em temperaturas iguais ou menores que 26 °C originam machos; ovos em temperatura acima de 31 °C produzem fêmeas. Temperaturas de transição podem produzir tanto machos quanto fêmeas, dependendo de outros fatores, como a taxa de hormônios.

A temperatura age nas etapas iniciais do desenvolvimento. Como há variação diária ou sazonal de temperatura, ambos os sexos são produzidos. Além disso, a temperatura varia também de ninho para ninho, dependendo da luz e da sombra ou se os ovos estão na superfície ou no fundo do ninho.

2 Herança ligada ao sexo

Os cromossomos X e Y possuem pequenas regiões homólogas (pseudoautossômicas) nas extremidades que se emparelham na meiose, mas essas regiões correspondem a apenas 5% do Y – a maior parte não emparelha com o X nem realiza permutação. Na parte não homóloga do X, estão situados vários genes que controlam diversas funções no organismo, entre elas a produção de pigmentos nas células da retina (que possibilitam a visão de cores) e a produção de uma proteína importante para a coagulação do sangue. Mutações nesses genes podem causar distúrbios, como o daltonismo (dificuldade de percepção de certas cores) e a hemofilia (dificuldade de coagulação do sangue).

Os genes situados nessa região especial do cromossomo X, que não é homóloga ao cromossomo Y, são chamados de **genes ligados ao sexo** ou **genes ligados ao cromossomo X**. O tipo de herança no qual estão envolvidos é chamado de **herança ligada ao sexo** ou **herança ligada ao cromossomo X**. Os alelos desses genes podem aparecer em dose dupla nas mulheres; mas o homem (XY) só apresenta um deles. Por isso a mulher pode ser homozigótica ou heterozigótica para esses alelos; o homem é caracterizado como **hemizigótico** (*hemi* = meio; *zygos* = par). Assim, se ele possuir um alelo para um caráter recessivo ligado ao sexo (como o daltonismo e a hemofilia), esse caráter irá se manifestar. Na mulher, esse caráter recessivo só se manifestará quando o alelo estiver em dose dupla. Essa situação acarreta a existência de um número maior de homens que de mulheres com caracteres recessivos ligados ao sexo.

Biologia tem História

Morgan e a herança ligada ao sexo

Em seus estudos com drosófilas, Thomas Morgan cruzou um macho de olhos mutantes brancos com uma fêmea selvagem de olhos vermelhos e obteve 100% dos filhotes, machos e fêmeas, com olhos vermelhos. Ao analisar a segunda geração – resultante do cruzamento de um macho e uma fêmea da geração obtida no primeiro cruzamento –, Morgan obteve machos de olhos brancos e de olhos vermelhos na mesma proporção. No entanto, não apareceram fêmeas de olhos brancos (figura 6.4).

Morgan concluiu que o gene para a cor dos olhos devia estar situado no cromossomo X. Como o alelo para vermelho é dominante e o alelo para branco é recessivo, as fêmeas de olhos brancos só podem se formar quando cruzamos machos de olhos brancos (**X^bY**) com fêmeas portadoras de pelo menos um gene **b** (**X^BX^b**).

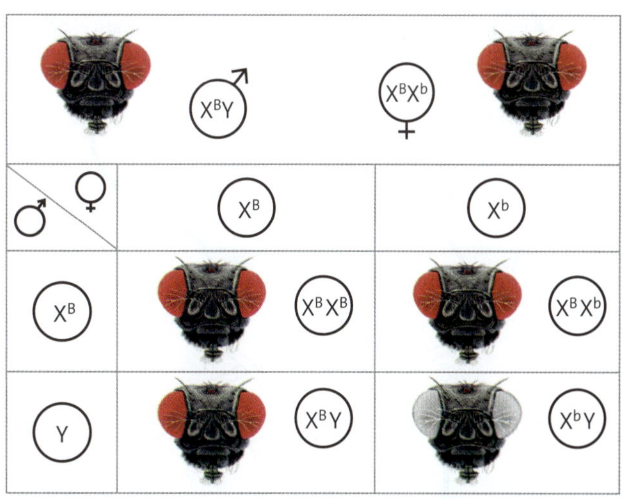

Luis Moura/Arquivo da editora

Figura 6.4 Cruzamento de drosófilas (cerca de 3 mm de comprimento; cores fantasia) para uma característica ligada ao sexo.

Daltonismo

O termo *daltonismo* vem do nome do químico inglês John Dalton (1766--1844), que em 1794 publicou um estudo revelando que tinha dificuldade para distinguir certas cores. Esse problema também é conhecido como "cegueira parcial para cores".

A visão em cores depende de pigmentos (proteínas) sensíveis à luz presentes em três tipos de células especiais da retina (os cones), cada uma com um tipo de pigmento: os que são ativados principalmente pelo comprimento de onda da luz vermelha, os ativados pela luz verde e os ativados pela luz azul. A percepção de determinada cor depende da quantidade relativa de cada tipo de cone ativado.

A dificuldade de percepção de cores pode ocorrer pela falta de um ou mais tipos de cones ou pela menor produção de alguns pigmentos. Um gene autossômico controla a produção de cones azuis, e a produção de cones verdes e vermelhos é controlada por genes no cromossomo X.

Em uma das formas de daltonismo, há dificuldade para distinguir entre certos tons de verde, amarelo e vermelho (figura 6.5). Isso pode acontecer por causa de um alelo alterado de um gene do cromossomo X, o que leva à ausência de cones para a cor verde ou à menor produção de pigmentos desse cone. Essa forma de daltonismo é provocada por um alelo recessivo **d**, ligado ao sexo; seu alelo **D** é responsável pela visão normal.

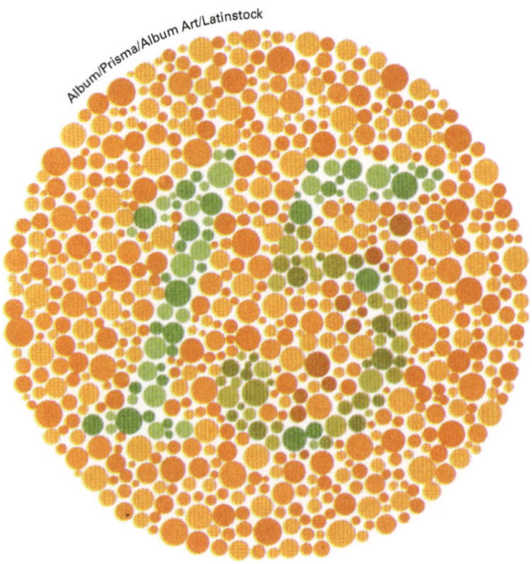

Figura 6.5 Em um tipo de daltonismo, a pessoa vê o vermelho como se fosse verde. Nesse caso, o daltônico vê o número 17 em vez do número 15. Mas são necessários outros testes para confirmar se alguém é mesmo daltônico e que tipo de daltonismo a pessoa apresenta.

Com essas informações, podemos montar o seguinte quadro:

Mulheres		Homens	
Genótipo	**Fenótipo**	**Genótipo**	**Fenótipo**
X^DX^D	visão normal	X^DY	visão normal
X^DX^d	visão normal (portadora)	X^dY	daltônico
X^dX^d	daltônica		

Vamos analisar como é a transmissão de um gene ligado ao sexo (exclusivo do cromossomo X).

Considere uma mulher com visão normal, mas portadora de um alelo para daltonismo (genótipo $\mathbf{X^DX^d}$). Imagine que seu marido também apresente percepção normal de cores (genótipo $\mathbf{X^DY}$). A figura 6.6 mostra como poderiam ser os filhos desse casal. Observe que o homem daltônico herda essa característica sempre da mãe, e não do pai (que fornece apenas o cromossomo Y).

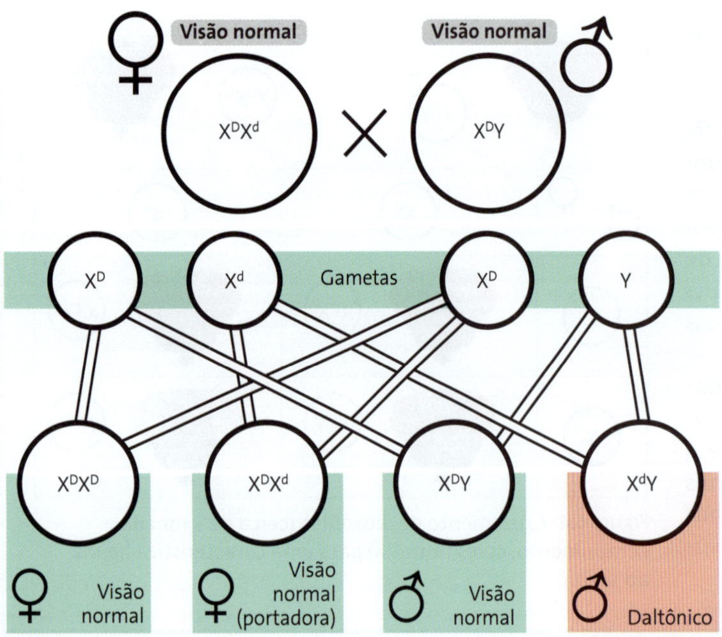

Figura 6.6 Exemplo de cruzamento que pode gerar um indivíduo daltônico.

Hemofilia

A hemofilia (*haîma* = sangue; *philein* = amigo) é uma doença genética em que a capacidade de coagulação do sangue é muito reduzida. A demora na coagulação provoca sangramentos prolongados em ferimentos ou hemorragias internas nas articulações e músculos.

Essa doença ocorre por causa da falta de um dos fatores de coagulação presentes no plasma. O tipo mais comum, responsável por cerca de 85% dos casos, é a **hemofilia A**, causada pela deficiência do fator VIII de coagulação. A síntese desse fator é controlada por um gene presente no cromossomo X. O alelo mutante e recessivo provoca a hemofilia pela ausência desse fator. Na **hemofilia B** está ausente o fator IX, também sintetizado por um gene no cromossomo X. Na **hemofilia C** está ausente o fator XI, sintetizado por um gene autossômico. A doença pode ser controlada administrando o fator que está ausente no sangue.

A herança da hemofilia A segue o mesmo padrão do daltonismo. A proporção de homens hemofílicos é de cerca de 6 em 10 mil.

Com essas informações, podemos montar o seguinte quadro para herança de hemofilia A:

Mulheres		Homens	
Genótipo	**Fenótipo**	**Genótipo**	**Fenótipo**
X^HX^H	coagulação normal	X^HY	coagulação normal
X^HX^h	coagulação normal (portadora)	X^hY	hemofílico
X^hX^h	hemofílica		

Se um homem com hemofilia A (**X^hY**) tiver filhos com uma mulher não hemofílica (**X^HX^H**), nenhum deles terá a doença, mas as filhas serão portadoras do alelo para a doença (**X^HX^h**) e poderão ter filhos hemofílicos, mesmo que se unam a homens não hemofílicos (figura 6.7). Portanto, a hemofilia (e outros caracteres ligados ao sexo) transfere-se de um homem para o seu neto por meio de sua filha.

As mulheres hemofílicas são muito raras (**X^hX^h**), pois as uniões capazes de produzi-las têm chance muito pequena de ocorrer. É necessário que um homem hemofílico (**X^hY**, pouco comum) tenha filhos com uma mulher **X^HX^h**, também pouco comum, para nascerem mulheres hemofílicas. As raras mulheres com a anomalia precisam receber tratamento intensivo com fator anti-hemofílico. Há casos em que é necessário inibir o ciclo menstrual com hormônios para evitar a perda de sangue na menstruação.

Figura 6.7 Hemofilia: exemplo de herança de avô para neto.

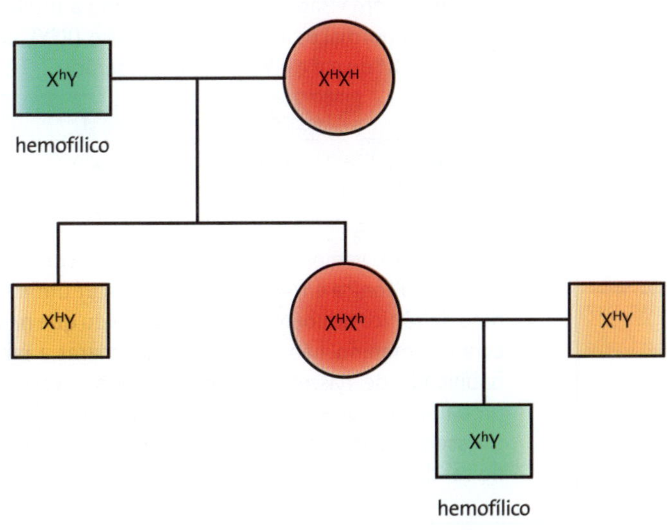

ATENÇÃO!

Para mais informações, procure orientação médica.

Figura 6.8 Gata calico (cerca de 50 cm de comprimento, fora a cauda).

Mosaico nas fêmeas dos mamíferos

Vimos no volume 1 que um dos cromossomos X das células femininas aparece condensado, como um corpúsculo corado, chamado de cromatina sexual. Mary Lyon (1925-), geneticista britânica, elaborou em 1961 a hipótese de que a maior parte dos genes desse cromossomo não está em atividade na célula, ou seja, a cromatina sexual seria um cromossomo X com a maioria dos genes "desligados" ou inativos (hipótese de Lyon). Essa inativação ocorre ao acaso, no início do desenvolvimento do embrião até o 16º dia após a fecundação.

A inativação pode ocorrer com o cromossomo de origem paterna ou com o de origem materna. Desse modo, o indivíduo terá seu corpo formado por regiões com células com X paterno ativo misturadas a regiões com X materno ativo. Essa mistura funciona como uma espécie de mosaico.

Um exemplo desse mosaico é o de gatas malhadas de branco, amarelo e preto (gata calico; figura 6.8). Os alelos para amarelo e preto estão situados no cromossomo X. A gata malhada é heterozigota e tem regiões em que o X com alelo para preto é funcional misturadas com regiões em que é funcional o X com alelo para amarelo. O pelo branco depende de um gene autossômico (os machos não podem ter pelo preto e amarelo ao mesmo tempo, pois só possuem um cromossomo X; às vezes, eles podem apresentar duas cores – preto e branco ou amarelo e branco –, mas nunca três).

Exercícios resolvidos

1. Uma mulher com visão normal, filha de pai daltônico, casa-se com um homem de visão normal. Qual a chance de nascer uma criança daltônica? E um menino daltônico? Se o casal já tem um menino, qual a chance de ele ser daltônico?

Resolução

O homem com visão normal é $\mathbf{X^DY}$. Como a mulher com visão normal é filha de pai daltônico ($\mathbf{X^dY}$), ela recebeu o $\mathbf{X^d}$ do pai e é $\mathbf{X^DX^d}$. Os filhos serão:

	X^D	Y
X^D	X^DX^D	X^DY
X^d	X^DX^d	X^dY

Pelo quadro, vemos que a chance de nascer uma criança daltônica é 1/4. A chance de nascer um menino daltônico também é 1/4. Se já é sabido que nascerá um menino, não precisamos considerar a probabilidade de nascer uma menina. Nesse caso, a probabilidade de esse menino ser daltônico é 1/2. Se tivéssemos perguntado qual a chance de um menino ser daltônico, a resposta também seria 1/2.

2. Algumas pessoas possuem na hemácia o antígeno $\mathbf{X^g}$ e outras não. Esse antígeno é codificado por um alelo dominante ($\mathbf{X^{g+}}$) ligado ao cromossomo X. O alelo recessivo ($\mathbf{X^g}$) não produz o antígeno. Como serão os filhos de um homem portador do antígeno com uma mulher não portadora?

Resolução

O homem portador é $\mathbf{X^{g+}Y}$ e a mulher não portadora é $\mathbf{X^gX^g}$. Os filhos do casal serão $\mathbf{X^gY}$ (todos os homens não portadores) e $\mathbf{X^{g+}X^g}$ (todas as mulheres portadoras).

3. Um casal não hemofílico teve uma criança hemofílica. Determine o genótipo do casal e o sexo da criança.

Resolução

Se o casal é normal, o homem tem genótipo $\mathbf{X^HY}$. Como a criança é hemofílica, ela não recebeu o alelo defeituoso do pai, pois este poderia lhe transmitir ou o cromossomo X com o alelo H ou o cromossomo Y. Portanto, recebeu o cromossomo Y do pai e o cromossomo $\mathbf{X^h}$ da mãe e é um menino. Sua mãe é heterozigota e tem o genótipo $\mathbf{X^HX^h}$.

3 Outros tipos de herança relacionada ao sexo

Há outros dois tipos de herança relacionada ao sexo: a relacionada aos genes exclusivos do cromossomo Y, chamada **holândrica** (*holos* = inteiro; *andros* = homem) ou **restrita ao sexo**, e aquela relacionada a genes autossômicos cujos efeitos podem ser modificados pelo sexo do indivíduo.

Herança ligada ao cromossomo Y

O cromossomo Y apresenta menos de cem genes. Um deles, chamado de região determinadora do sexo no cromossomo Y ou SRY (do inglês, *sex-determining region Y*), promove a transformação de uma gônada indiferenciada do embrião em testículo. Este produz testosterona, que, em ação com outros hormônios, promove o desenvolvimento dos órgãos genitais masculinos e de outras características masculinas. Sem cromossomo Y, ou mesmo na presença dele, mas com um SRY não funcional (pode ter sofrido uma mutação), o embrião será feminino.

Um exemplo de herança holândrica é um tipo de infertilidade masculina em virtude de mutações em um gene exclusivo do Y (gene USP9Y, do inglês *ubiquitin-specific protease 9Y*).

Veja a posição desses dois genes na figura 6.9.

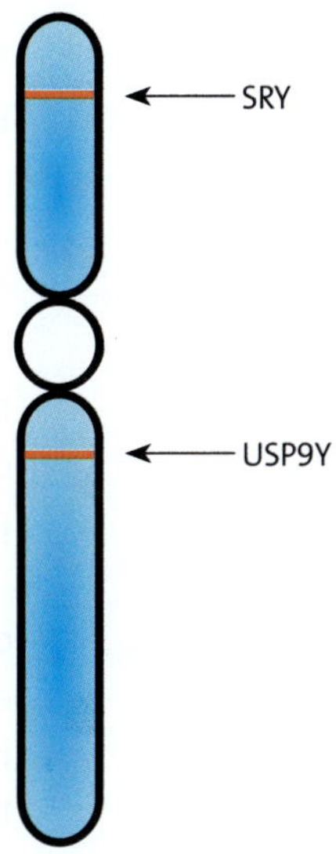

Figura 6.9 Esquema representando o cromossomo Y do homem e a posição dos genes SRY e USP9Y.

Herança influenciada pelo sexo

O sexo de um indivíduo pode mudar a expressão de um gene autossômico. Um exemplo de **caráter influenciado pelo sexo** é a calvície nos humanos. Esse caráter pode ser consequência de fatores ambientais (certas doenças levam à queda de cabelo), mas, em geral, é hereditário.

Na presença de testosterona, o alelo para calvície age como dominante. Em concentrações baixas desse hormônio, o alelo age como recessivo. Por isso a presença de um alelo para calvície já é suficiente para que o homem seja calvo. Na mulher são necessários dois alelos para que o fenótipo se manifeste e geralmente o efeito é limitado a uma diminuição do diâmetro dos fios e da quantidade de fios de cabelo.

Exercício resolvido

4. Um homem não calvo casa-se com uma mulher calva. Como serão seus filhos e filhas?

Resolução

Vamos chamar de **C** o alelo para a calvície e de **c** o alelo para a não calvície. Um homem calvo pode ser **CC** ou **Cc**; um não calvo, **cc**. Uma mulher calva será **CC**; uma não calva, **Cc** ou **cc**. Veja o esquema ao lado.

Portanto, todos os homens serão calvos e nenhuma mulher será calva.

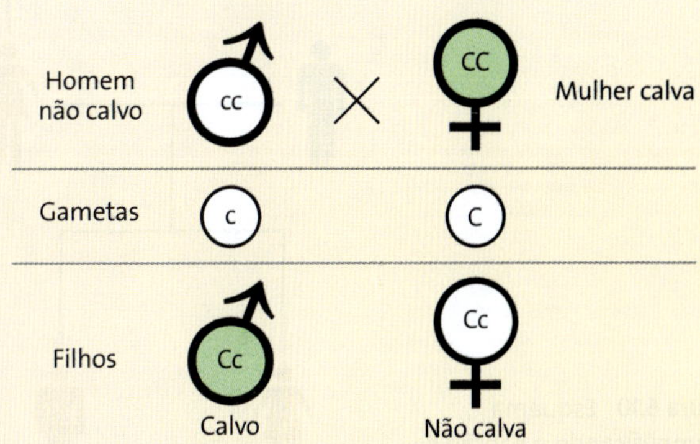

4 Herança materna

No volume 1, vimos que mitocôndrias (organelas que participam da respiração aeróbia nos eucariontes) e cloroplastos (organelas que realizam a fotossíntese em eucariontes) possuem um DNA próprio, contendo informações genéticas para a síntese de parte de suas proteínas e de seu RNA. Essas organelas podem se duplicar, passando então a informação genética para as células-filhas e para seus descendentes. Estamos, portanto, diante de um tipo de **herança extranuclear** (ou **extracromossômica**), chamada herança **organelar**.

No DNA das mitocôndrias, há alguns genes que não estão presentes no núcleo da célula (são exclusivos das mitocôndrias). Esse DNA corresponde a cerca de 0,5% do DNA de uma célula somática.

Como na formação da célula-ovo o espermatozoide contribui apenas com o núcleo, as mitocôndrias do embrião são todas de origem materna, vindas do óvulo. À medida que o zigoto se divide, as mitocôndrias também se dividem e passam para todas as células do embrião.

Portanto, tanto um homem quanto uma mulher herdam os genes das mitocôndrias de sua mãe, e não de seu pai (se, eventualmente, uma mitocôndria do espermatozoide estiver presente na célula-ovo, ela estará em muito menor número diante das mitocôndrias maternas). Por isso, esse tipo de herança é chamado **herança mitocondrial** ou **herança materna** (figura 6.10).

O DNA da mitocôndria está sujeito a mutações, que podem levar ao desenvolvimento de doenças. Essas doenças são de origem exclusivamente materna. Como a mitocôndria é responsável pela produção de energia na respiração aeróbia, esses problemas costumam afetar mais as células nervosas e musculares, que consomem grande quantidade de energia.

Dependendo da etapa do metabolismo afetada, pode haver falta de coordenação motora, demência, fraqueza muscular, problemas cardíacos, entre outros problemas com gravidade variável. Na neuropatia óptica de Leber, descrita pelo médico alemão Theodore Leber (1840-1917), no século XIX, há degeneração do nervo óptico, que leva à cegueira.

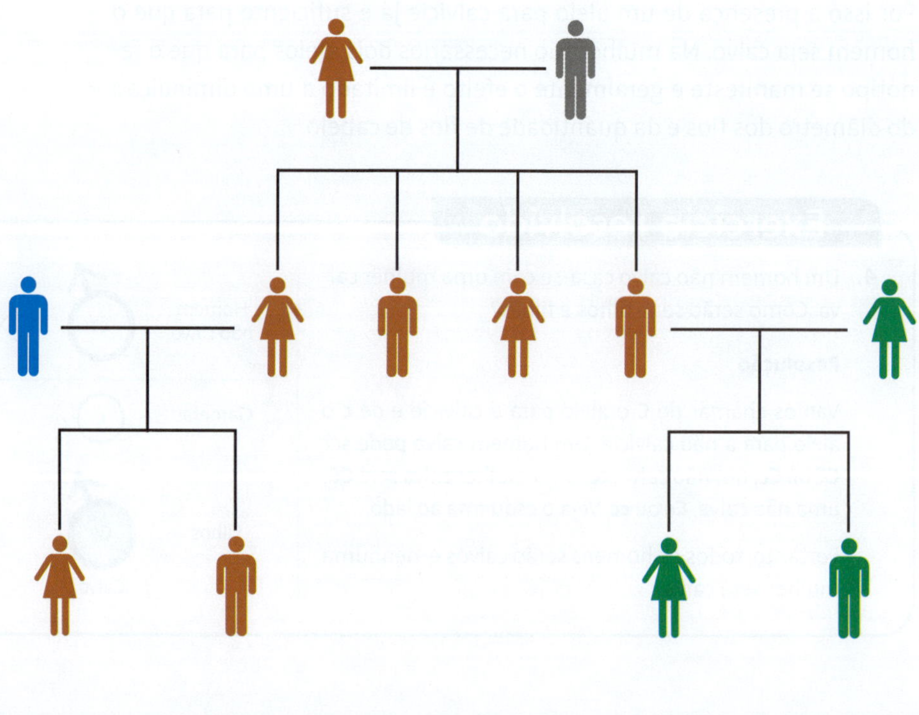

Figura 6.10 Esquema exemplificando o padrão de herança do DNA mitocondrial.

5 Alterações nos cromossomos sexuais

Nas células das fêmeas de mamíferos pode-se encontrar a cromatina sexual. Essa cromatina não está presente no núcleo das células masculinas.

Com o exame da cromatina sexual é possível identificar diversas anomalias sexuais – como a síndrome de Turner, a de Klinefelter e a do poli-X –, que podem ocorrer por causa de uma não disjunção de cromossomos durante a meiose, isto é, em vez de cada cromossomo sexual migrar para um dos polos, ambos migram para o mesmo polo (figura 6.11).

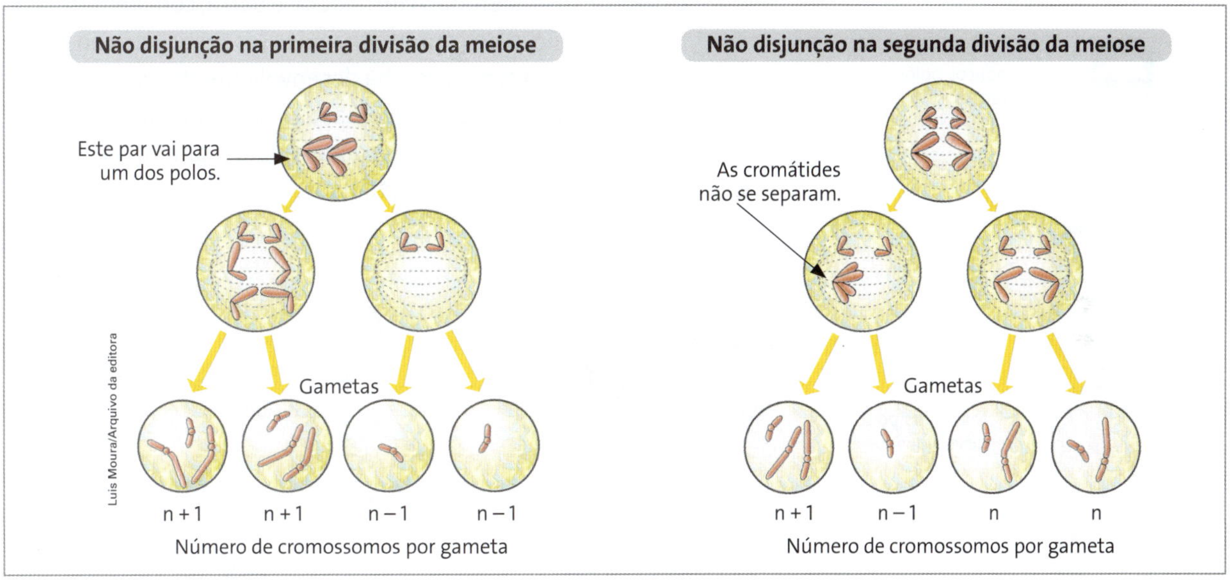

Figura 6.11 Esquemas da ocorrência de não disjunção.

Síndrome de Turner

Essa síndrome, descrita em 1938, pelo médico estadunidense Henry Turner (1892-1970), resulta, na maioria dos casos, de uma não disjunção durante a formação do espermatozoide, e a pessoa afetada é uma mulher com monossomia do cromossomo X (figura 6.12). O cariótipo é 45, X (45 cromossomos com falta de um cromossomo X; portanto, não apresenta cromatina sexual). Sua ocorrência está em torno de 1 em 2 500 meninas.

A portadora apresenta baixa estatura, ovários ausentes, pescoço alado (com pregas cutâneas bilaterais), malformação das orelhas, maior frequência de problemas renais e cardiovasculares, e é quase sempre estéril. O médico pode indicar tratamento hormonal a partir da puberdade.

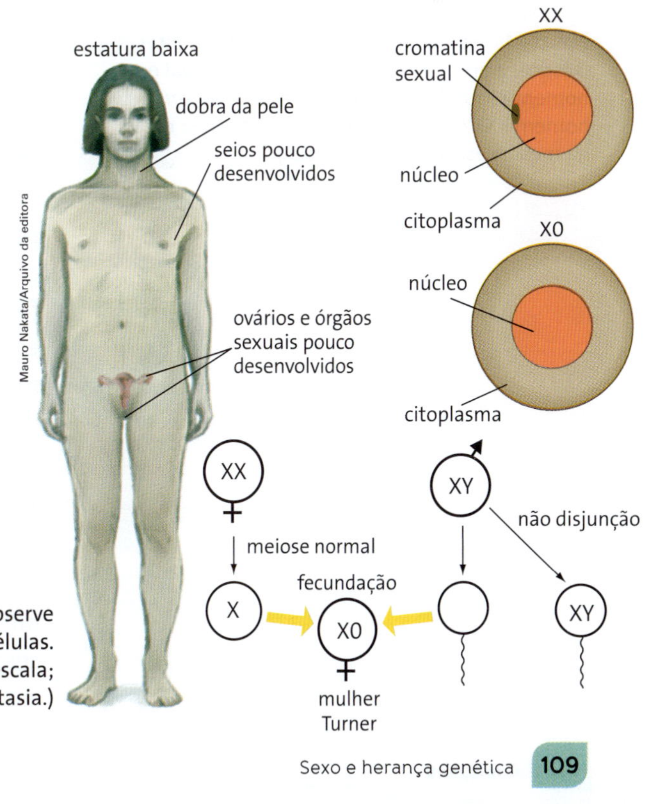

Figura 6.12 Mulher com síndrome de Turner. Observe a ausência de cromatina sexual em suas células. (Os elementos ilustrados não estão na mesma escala; células são microscópicas; cores fantasia.)

Síndrome de Klinefelter

Essa síndrome, descrita pelo médico estadunidense Harry Klinefelter (1912-1990) em 1942, ocorre em cerca de 1 a cada 600 nascimentos. A pessoa possui um cromossomo X extra (47, XXY), resultante, em geral, de uma não disjunção na formação do óvulo (figura 6.13). Embora apresente cromatina sexual, o indivíduo é do sexo masculino (este é determinado pelo cromossomo Y, mesmo quando acompanhado de mais de um cromossomo X). O material genético extra do cromossomo X impede o funcionamento normal dos testículos e reduz o nível de testosterona. A fertilidade é baixa, com nenhuma ou pouca produção de espermatozoides (os testículos são pouco desenvolvidos) e, às vezes, há desenvolvimento exagerado das glândulas mamárias (ginecomastia). A altura é acima da média. O tratamento hormonal pode ajudar a diminuir esses sintomas, mas não a baixa fertilidade.

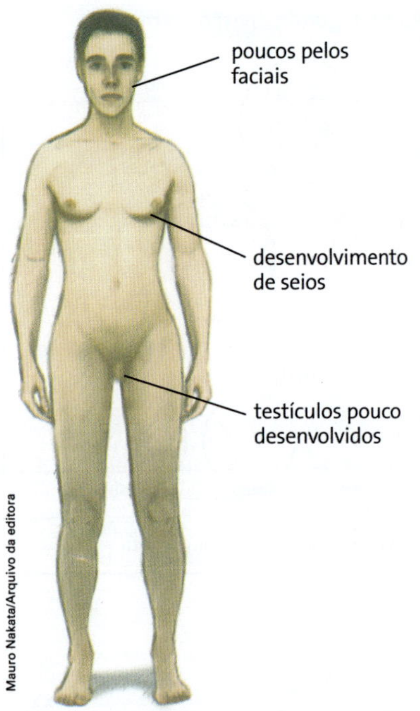

Mauro Nakata/Arquivo da editora

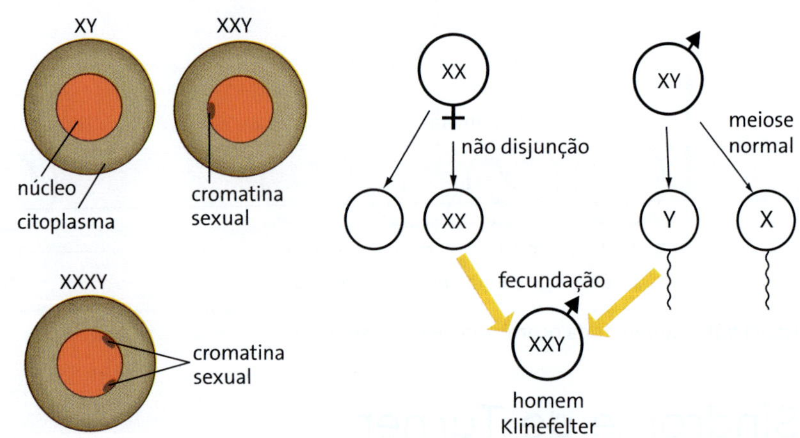

Figura 6.13 Homem com síndrome de Klinefelter. Observe a presença de uma cromatina sexual em homem XXY e de duas cromatinas sexuais em homem XXXY. (Os elementos ilustrados não estão na mesma escala; cores fantasia.)

Síndrome do poli-X

Ocorre em mulheres com cromossomos X extras (cariótipos com 47, XXX; 48, XXXX; 49, XXXXX; etc.). O número de cromatinas sexuais é igual ao de cromossomos X menos 1. A frequência de mulheres com três cromossomos X é de uma em mil nascimentos. Essas mulheres têm aspecto normal, mas algumas podem ter dificuldade inicial na aprendizagem. A fertilidade pode ser reduzida.

Homens duplo Y

Um em cerca de mil meninos nasce com um cromossomo Y extra (47, XYY). Em geral, a pessoa não apresenta nenhuma alteração física, embora, na puberdade, possa crescer um pouco mais rapidamente que a média e atingir uma estatura relativamente mais elevada.

Atividades

1. Explique como é a determinação do sexo na espécie humana.

2. O que é cromatina sexual?

3. Como são os cromossomos sexuais de homens com síndrome de Klinefelter? E de mulheres com síndrome de Turner?

4. Por que afirmamos que os homens são hemizigotos em relação aos genes ligados ao sexo?

5. Explique o que são daltonismo e hemofilia.

6. Por que as mulheres daltônicas são raras na população?

7. Um estudante afirmou que, para certas características ligadas ao sexo, há situações em que os filhos de um casal são parecidos com a mãe e as filhas, com o pai. Justifique essa afirmativa.

8. Observe a figura abaixo:

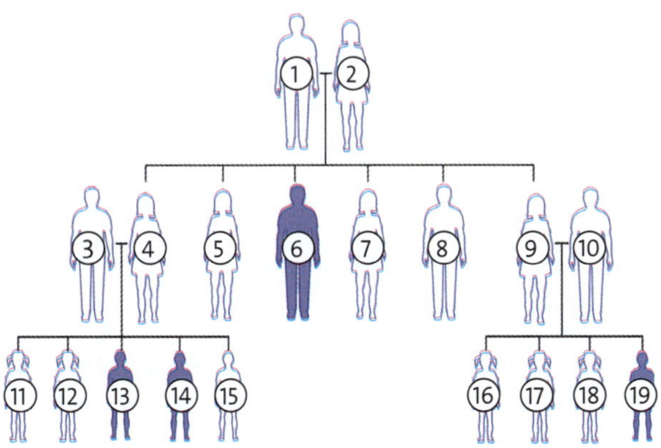

Luis Moura/Arquivo da editora

Sabendo que as mulheres têm dois cromossomos X em cada célula somática e os homens apenas um, um estudante perguntou ao professor por que a hemofilia é mais comum entre homens se o gene responsável por essa característica está no cromossomo X. Que explicação você daria a esse estudante?

9. Como podem ser os próximos filhos de um casal formado por uma mulher e um homem não hemofílicos, mas que já tiveram um filho com a doença?

10. Como se explica o fato de certos caracteres passarem do pai para as filhas e da mãe para os filhos?

11. Uma mulher com visão normal, cujo pai é daltônico, une-se a um homem daltônico. Qual a probabilidade de ela ter uma criança daltônica?

12. Qual a probabilidade de o casal apresentado na questão anterior ter um filho homem daltônico?

13. Um homem possui em seu DNA mitocondrial um alelo que causa uma doença grave. Seus filhos ou suas filhas têm probabilidade de herdar a doença desse homem? Justifique sua resposta.

14. Suponha que uma mulher seja portadora do alelo citado na questão anterior. Nesse caso, quem tem maior chance de herdar a doença: seus filhos ou suas filhas?

15. Um homem com uma anomalia rara teve muitos filhos. Todos os seus filhos homens são normais e todas as suas filhas são afetadas. Qual o tipo de herança mais provável nesse caso? Justifique sua resposta.

16. Por que um homem herda sempre da mãe os genes ligados ao sexo?

17. Nos peixes conhecidos como *guppies* (gênero *Lebistes*), muito comuns em aquários, a determinação do sexo é feita pelo sistema XY e um alelo mutante, presente somente no cromossomo Y, faz aparecer uma mancha na nadadeira dorsal. Como serão os filhotes do cruzamento de um macho manchado com uma fêmea?

Dr. Paul Zahl/Photoresearchers/Latinstock

Exemplo da diversidade de *Lebistes* ornamentais.

Trabalho em equipe

Em grupo, escolham uma das atividades abaixo para pesquisa (em livros, CD-ROMs, na internet, etc.).

a) Pesquisem que técnicas existem para a escolha do sexo de animais como bois e cavalos e suas aplicações práticas.

b) Nas técnicas de reprodução assistida é possível, por meio de um exame genético, detectar o sexo da criança antes de implantar o embrião no útero. Com auxílio dos professores de Filosofia, discutam as questões éticas envolvidas nesse processo. Pesquisem também qual a posição do Conselho Federal de Medicina a esse respeito.

Vestibulares de Norte a Sul

1. **SE** (PUC-RJ – adaptada) Uma característica genética recessiva presente no cromossomo Y:

a) pode ser herdada do pai ou da mãe pelos descendentes do sexo masculino e do feminino.
b) só pode ser herdada a partir do pai por seus descendentes do sexo masculino.
c) só pode ser herdada a partir do pai por seus descendentes do sexo feminino.
d) só pode ser herdada a partir da mãe por seus descendentes do sexo masculino.
e) só pode ser herdada a partir da mãe por seus descendentes do sexo feminino.

2. **SE** (Fuvest-SP) No heredograma abaixo, o símbolo ■ representa um homem afetado por uma doença genética rara, causada por mutação num gene localizado no cromossomo X. Os demais indivíduos são clinicamente normais.

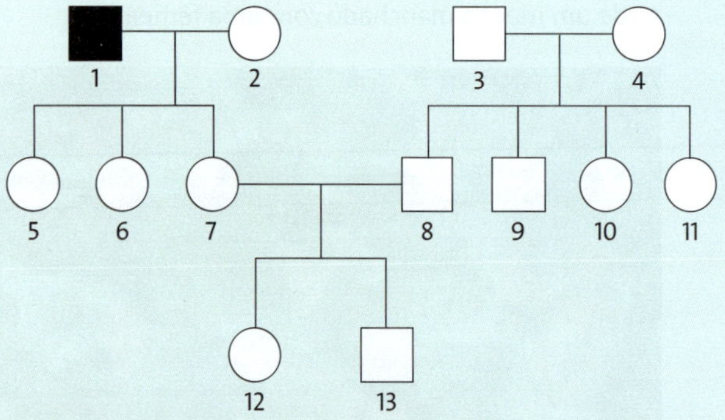

As probabilidades de os indivíduos 7, 12 e 13 serem portadores do alelo mutante são, respectivamente:

a) 0,5; 0,25 e 0,25.
b) 0,5; 0,25 e 0.
c) 1; 0,5 e 0,5.
d) 1; 0,5 e 0.
e) 0; 0 e 0.

3. **S** (UFRGS-RS) Nos gatos domésticos, a cor do pelo é ligada ao cromossomo X. Assim, os machos podem ser pretos ou amarelos e as fêmeas podem ser pretas, amarelas ou malhadas. Quando metade das fêmeas de uma ninhada é malhada, a outra metade é preta, e metade dos machos é amarela, de que cores são os pais?

a) A mãe é malhada e o pai, preto.
b) A mãe é malhada e o pai, amarelo.
c) A mãe é amarela e o pai, preto.
d) A mãe é preta e o pai, amarelo.
e) A mãe e o pai são pretos.

4. **NE** (UFPE) Foram analisados dados de famílias nas quais ocorriam casos de uma determinada anomalia e verificou-se que, em todas, os casamentos entre homens afetados e mulheres normais culminavam, sempre, em proles nas quais todas as fêmeas eram afetadas e todos os machos eram normais. De posse desses dados, pode-se concluir que a referida moléstia é condicionada por um alelo:

a) dominante autossômico.
b) autossômico recessivo.
c) dominante ligado ao Y.
d) recessivo ligado ao X.
e) dominante ligado ao X.

5. **SE** (UFF-RJ) O heredograma abaixo representa a incidência de uma característica fenotípica em uma família.

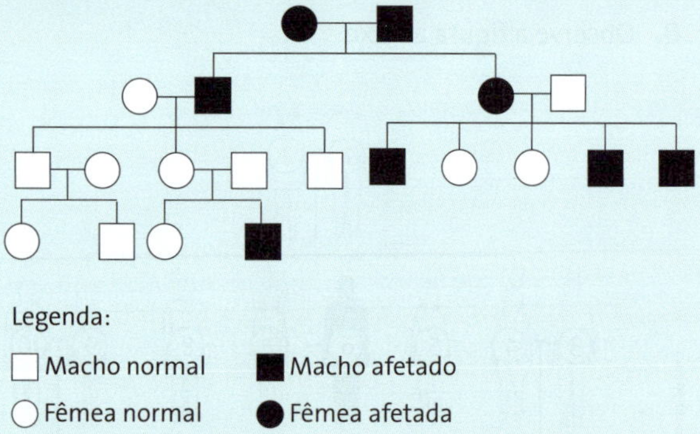

Pela análise dessas relações genealógicas, pode-se concluir que a característica fenotípica observada é transmitida por um tipo de herança:

a) dominante e ligada ao cromossomo X.
b) recessiva e ligada ao cromossomo X.
c) ligada ao cromossomo Y.
d) autossômica recessiva.
e) autossômica dominante.

6. **NE** (Unifor-CE) Em determinada espécie de ave, o gene A condiciona plumagem negra, enquanto seu alelo A1 condiciona plumagem amarela. Aves heterozigóticas para esse caráter apresentam plumagem cinzenta. Sabendo-se que esse caráter é ligado ao sexo e que nas aves o sexo heterogamético é o feminino, espera-se que o cruzamento entre um macho amarelo e uma fêmea negra produza na descendência:

a) somente machos negros.
b) somente fêmeas amarelas.
c) somente machos cinzentos.
d) 100% dos machos cinzentos e 100% das fêmeas amarelas.
e) 100% dos machos negros e 100% das fêmeas amarelas.

7. **SE** (UEMG) A neuropatia óptica hereditária de Leber (LHON) é uma disfunção do nervo óptico por mutações no DNA, com um modo de transmissão não mendeliano. As formas esporádicas e casos isolados de LHON são numerosos. A LHON afeta geralmente adultos jovens, com início numa idade média situada entre 18 e 35 anos. A perda de visão ocorre geralmente num dos olhos, de forma súbita, levando a uma perda rápida de acuidade visual em menos de uma semana ou, de forma progressiva, ao longo de poucos meses. O heredograma, a seguir, apresenta um caso familial de LHON.

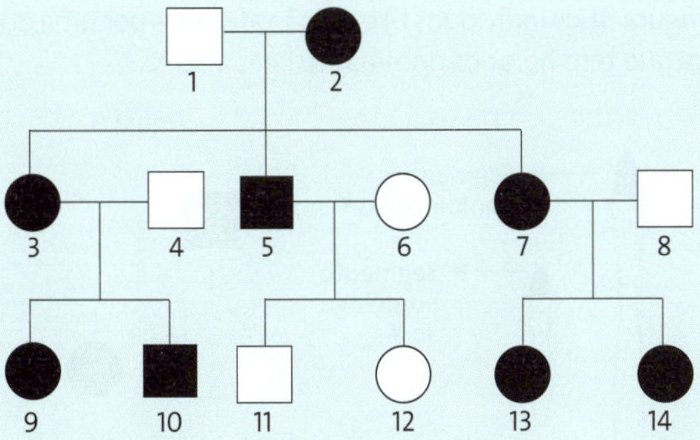

As informações do texto e do heredograma, acima fornecidas, e outros conhecimentos que você possui sobre o assunto permitem afirmar corretamente que:

a) o padrão de transmissão do gene é característico para herança recessiva e ligada ao sexo.
b) a manifestação da LHON pode ser explicada pela ausência do gene nas crianças.
c) o heredograma evidencia a LHON como um caso de herança mitocondrial.
d) um casal com fenótipos como 7 × 8 têm 50% de probabilidade de gerar uma criança com o gene para a LHON.

8. **S** (UEL-PR) A hemofilia é uma doença hereditária recessiva ligada ao cromossomo sexual X, presente em todos os grupos étnicos e em todas as regiões geográficas do mundo. Caracteriza-se por um defeito na coagulação sanguínea, manifestando-se através de sangramentos espontâneos que vão de simples manchas roxas (equimoses) até hemorragias abundantes.

Com base no enunciado e nos conhecimentos sobre o tema, é correto afirmar.

a) Casamento de consanguíneos diminui a probabilidade de nascimento de mulheres hemofílicas.
b) Pais saudáveis de filhos que apresentam hemofilia são heterozigotos.
c) A hemofilia ocorre com a mesma frequência entre homens e mulheres.
d) As crianças do sexo masculino herdam o gene da hemofilia do seu pai.
e) Mulheres hemofílicas são filhas de pai hemofílico e mãe heterozigota para este gene.

9. **NE** (IFPE) Considerando que o daltonismo na espécie humana é uma característica determinada por um gene recessivo e ligado ao sexo, assinale a única alternativa correta referente a um casal que, apesar de possuir visão normal para cores, tem uma criança daltônica.

a) Essa criança é do sexo feminino, e o gene para o daltonismo lhe foi transmitido pelo pai.
b) Essa criança é do sexo masculino, e o gene para o daltonismo lhe foi transmitido pelo pai.
c) Essa criança é do sexo feminino, e o gene para o daltonismo lhe foi transmitido pela mãe.
d) A criança é do sexo masculino, e o gene para o daltonismo lhe foi transmitido pela mãe.
e) Tanto o pai como a mãe podem ter transmitido o gene para o daltonismo a essa criança; mas, apenas com esses dados, nada podemos afirmar quanto ao sexo dela.

10. **SE** (Uerj) Na espécie humana, a calvície – uma herança influenciada pelo sexo – é determinada por um alelo dominante nos homens (C), mas recessivo nas mulheres (c). Considere um casal, ambos heterozigotos para a calvície, que tenha um filho e uma filha.

Com base apenas nos genótipos do casal, a probabilidade de que seus dois filhos sejam calvos é de:

a) $\frac{3}{16}$

b) $\frac{3}{4}$

c) $\frac{1}{8}$

d) $\frac{1}{2}$

11. **S** (UEM-PR) Considerando as heranças ligadas ao sexo, assinale o que for correto.

01) Os cromossomos sexuais de indivíduos com síndrome de Klinefelter são XXY e daqueles com síndrome de Turner são XO.
02) Um homem hemofílico casado com uma mulher normal homozigota terá 25% de probabilidade de ter um descendente hemofílico.
04) A determinação do sexo, em todas as espécies animais, é definida pela constituição de um par de cromossomos sexuais, sendo que as fêmeas apresentam cromossomos XX e os machos, XY.
08) Uma mulher normal, cujo pai é daltônico, casada com um homem daltônico, apresenta 50% de probabilidade de ter um descendente com essa característica.
16) Genes com expressão limitada ao sexo são aqueles que, apesar de estarem presentes em ambos os sexos, só se expressam em um deles.

12. **SE** (Fuvest-SP) O heredograma a seguir mostra homens afetados por uma doença causada por um gene mutado que está localizado no cromossomo X.

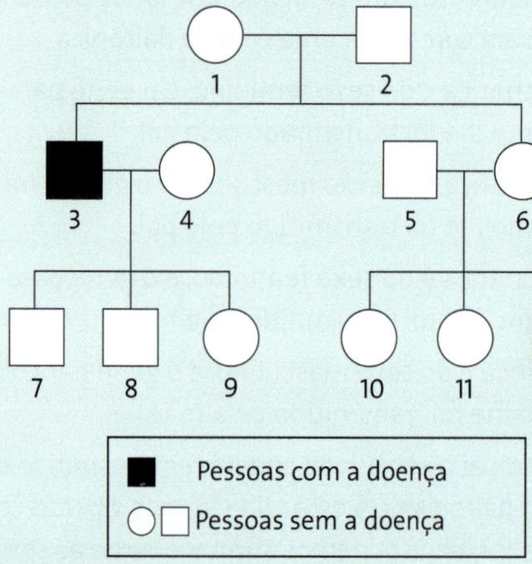

Considere as afirmações:

I. Os indivíduos 1, 6 e 9 são certamente portadores do gene mutado.

II. Os indivíduos 9 e 10 têm a mesma probabilidade de ter herdado o gene mutado.

III. Os casais 3-4 e 5-6 têm a mesma probabilidade de ter criança afetada pela doença.

Está correto apenas o que se afirma em:

a) I
b) II
c) III
d) I e II
e) II e III

13. **N** (UFPA) O albinismo é uma doença metabólica hereditária, resultado de disfunção gênica na produção de melanina. Para que a doença se manifeste é necessário que a mutação esteja em homozigose (doença autossômica recessiva). Já o daltonismo é uma doença recessiva ligada ao cromossomo X.
Considerando-se um homem daltônico com pigmentação de pele normal (cujo pai era albino), casado com uma mulher duplamente heterozigota para essas duas doenças, a probabilidade do casal ter uma filha com pigmentação de pele normal e com daltonismo é de:

a) 1/16.
b) 1/8.
c) 1/2.
d) 3/16.
e) 3/8.

14. **SE** (UFRJ) Fazendeiros que criam gado leiteiro podem, atualmente, determinar o sexo dos embriões logo após a fertilização usando um *kit* que determina a presença do cromossomo Y. Se o embrião for fêmea, é reimplantado no útero da vaca. Caso contrário, ele é eliminado ou congelado para uso futuro.

a) Para esses fazendeiros, qual a vantagem dessa prévia determinação do sexo dos embriões?
b) Por que o *kit* pesquisa somente a presença do cromossomo Y?

15. **SE** (Fuvest-SP) A hemofilia é uma doença de herança recessiva ligada ao cromossomo X. Um homem que trabalha em uma usina nuclear teve um filho hemofílico. Sua mulher concluiu que a doença do menino foi consequência da radiação que o marido recebeu na época da fecundação. Ela tem ou não razão?

16. **SE** (Fuvest-SP) A figura A abaixo mostra o par de cromossomos sexuais humanos X e Y. Esses cromossomos emparelham-se, na meiose, apenas pelos segmentos homólogos que possuem nas extremidades de seus braços curtos. Ocorre permuta entre esses segmentos. No heredograma (figura B), os indivíduos I-1 e II-2 são afetados por uma doença que tem herança dominante ligada ao X.

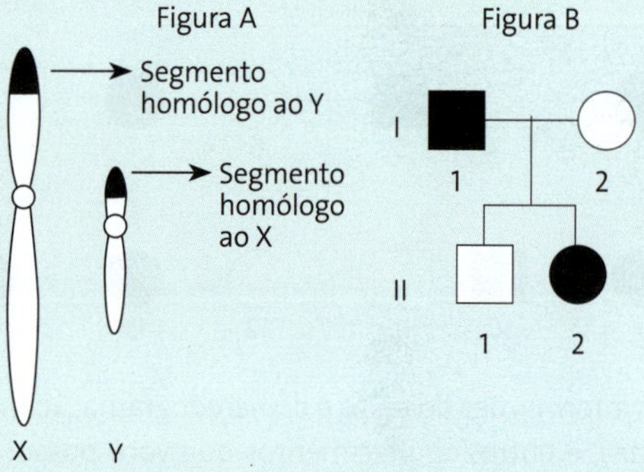

a) Desenhe os cromossomos sexuais de I-1 e II-2, representando-os como aparecem na figura A.
b) Indique os genótipos de I-1 e II-2, localizando, nos cromossomos desenhados, o alelo (d) normal e o alelo (D) determinante da doença.

17. **SE** (UFRJ) Em uma família, o pai possui uma doença determinada por um alelo dominante de um gene localizado no cromossomo X. A mãe possui fenótipo normal quanto a essa doença. O casal tem quatro filhos, dois homens e duas mulheres.

Apresente o heredograma dessa família usando os símbolos a seguir.

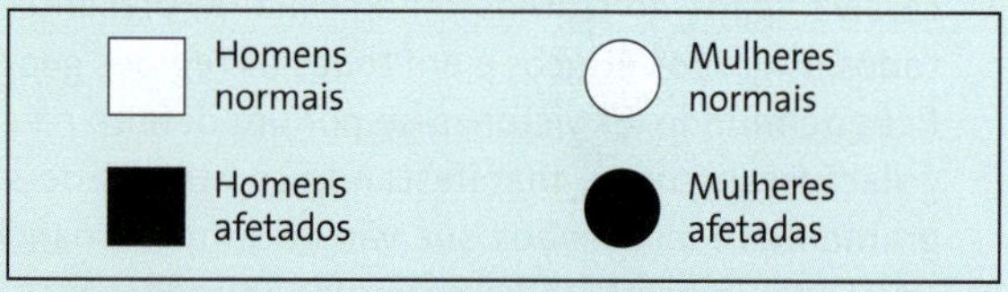

18. **S** (UFPR) Algumas raças de galinhas são criadas especificamente para a postura de ovos. É comum nessas raças a utilização de características fenotípicas que facilitam a determinação do sexo da ave logo após a eclosão do ovo. Em galinhas da raça "Plimouth Rock", um gene dominante "B", ligado ao sexo, produz plumagem barrada nos adultos. O alelo recessivo "b" produz plumagem uniforme. Aves com plumagem barrada podem ser reconhecidas logo após a eclosão, por uma mancha branca no topo da cabeça. Sugira um cruzamento que poderia ser utilizado para a seleção precoce de fêmeas destinadas à postura. Lembre-se de que em galinhas o sexo é determinado por um par de cromossomos denominados ZW, sendo o macho homogamético e a fêmea heterogamética.

CAPÍTULO

7 As aplicações da genética molecular

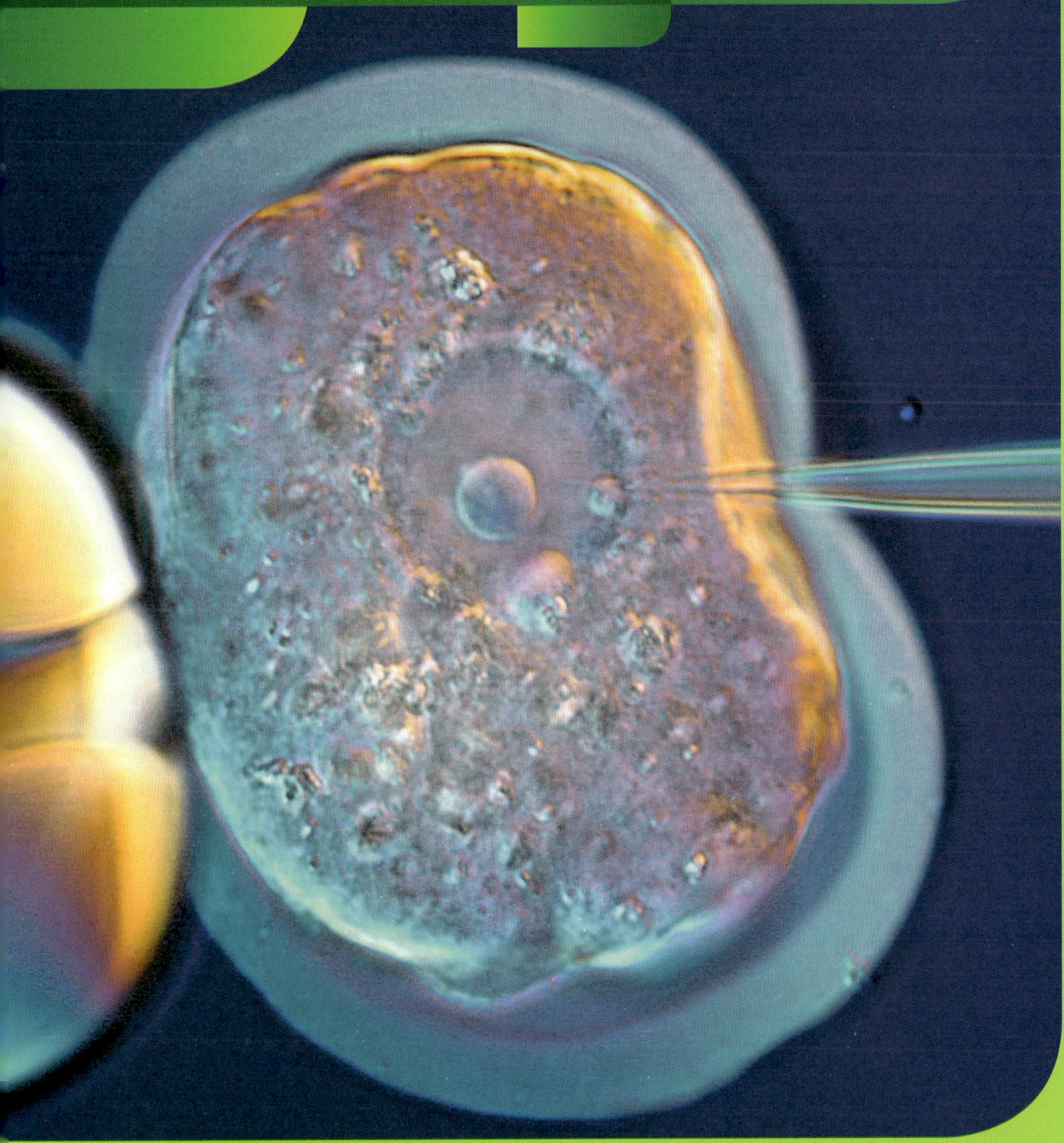

Martin Oeggerli/SPL/Latinstock

Óvulo de rato recebe material genético de outra espécie em técnica de genética molecular.

Você sabe o que são organismos transgênicos ou geneticamente modificados?

Como você acha que é feito um teste de paternidade?

1 A tecnologia do DNA recombinante

A tecnologia do DNA

A técnica conhecida como **engenharia genética** ou **tecnologia do DNA recombinante** permite, entre outras coisas, transplantar genes de uma espécie para outra e criar, assim, uma molécula de DNA que não existia na natureza. Essa molécula, formada pela combinação de duas moléculas diferentes de DNA, é chamada **DNA recombinante**.

A grande vantagem dessa técnica é a rapidez e a precisão da produção da substância ou da característica desejada. Antes, dependíamos da seleção de mutações, ocorridas ao acaso, dos resultados de cruzamentos artificiais ou da extração de substância normalmente produzida por algum organismo, procedimentos em geral demorados, e a característica ou substância obtida nem sempre era, exatamente, a desejada.

Cortando o DNA: enzimas de restrição

Como sabemos, os vírus bacteriófagos atacam bactérias, reproduzem-se no interior delas e as destroem no fim do ciclo. Algumas se defendem contra esse ataque produzindo enzimas especiais, **endonucleases de restrição** (*endon* = interno), também chamadas **enzimas de restrição**. Essas enzimas cortam o DNA do vírus em pontos específicos e impedem sua reprodução.

A enzima *Eco*RI, por exemplo, produzida pela bactéria *Escherichia coli*, foi a primeira a ser descoberta (o nome dela vem das iniciais de *Escherichia coli*, mais **R** de restrição e o **I** indica que ela foi a primeira enzima a ser descoberta). A *Eco*RI reconhece a sequência de bases GAATTC e corta as duas cadeias de uma molécula de DNA entre o G e o A (figura 7.1). Como essa sequência se repete algumas vezes ao longo do DNA viral, este é cortado em vários fragmentos. Outros organismos também apresentam essa sequência repetidas vezes em seu genoma. Dessa forma, a *Eco*RI pode ser usada como uma "tesoura" que corta o DNA dos seres vivos em partes menores.

Figura 7.1 Esquema da ação das enzimas de restrição. Na foto, moléculas da enzima de restrição *Eco*RI (em azul) aderidas a um fragmento de DNA bacteriano (em vermelho; imagem ao microscópio eletrônico; aumento de cerca de 60 mil vezes; imagem colorizada por computador).

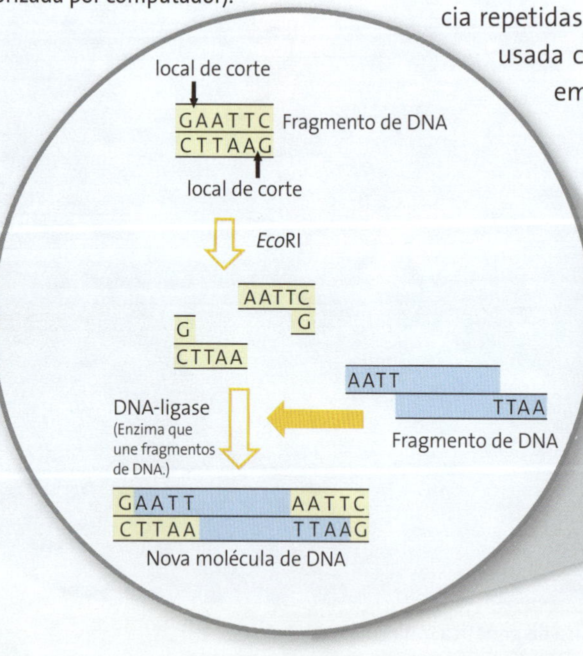

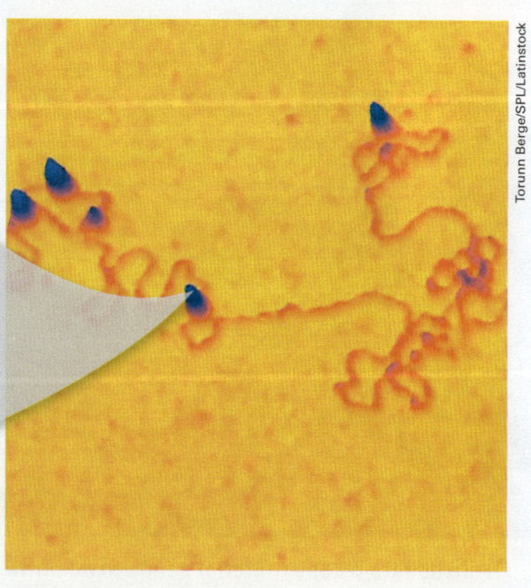

Clonagem do DNA e construção do DNA recombinante

Engenharia genética e produção de insulina

Para formar um DNA recombinante, usamos enzimas de restrição para cortar pontos específicos no DNA de um organismo. O trecho extraído é então inserido na fita de DNA de um organismo diferente. Ao se multiplicar, esse organismo passa a fazer várias cópias idênticas do DNA estranho (figura 7.2).

As bactérias possuem, além do DNA principal, um pequeno DNA circular, chamado **plasmídeo**, no qual estão, com frequência, genes que dão a elas resistência a antibióticos. No processo para formar um DNA recombinante, é comum utilizarmos o plasmídeo como um vetor (transportador) de genes. Esse plasmídeo tem apenas uma cópia da sequência de reconhecimento da enzima de restrição. Assim, quando se usa uma enzima de restrição, ele não se fragmenta, apenas abre o anel de DNA onde está a sequência de reconhecimento.

Com o anel de DNA aberto, é possível usar uma outra enzima para juntar os pedaços de DNA de diferentes origens. A enzima que promove essa ligação dos fragmentos de DNA é chamada **DNA-ligase**.

O fragmento de DNA estranho pode ser originário de uma célula humana, por exemplo, e ser responsável por determinada proteína. Ele deve ser obtido com a mesma enzima de restrição que foi usada para abrir o plasmídeo, garantindo assim que as extremidades do fragmento de DNA estranho sejam complementares às do plasmídeo cortado. Depois que recebe o fragmento de DNA de outro organismo, o plasmídeo torna-se um DNA recombinante, isto é, uma molécula formada pela união de duas ou mais moléculas de DNA não encontradas juntas na natureza. O DNA recombinante é então introduzido na bactéria, que passa a produzir, por exemplo, uma proteína humana.

Quando a bactéria se reproduz, o DNA recombinante também se replica e passa para as novas bactérias. Esse processo de produção de cópias idênticas de DNA é chamado **clonagem de DNA**, **clonagem molecular** ou **clonagem gênica**. O resultado é a formação de uma colônia de bactérias capazes de sintetizar, por exemplo, substâncias úteis ao ser humano. Como é relativamente simples manter a bactéria se reproduzindo em laboratório, é possível produzir essas substâncias em escala comercial.

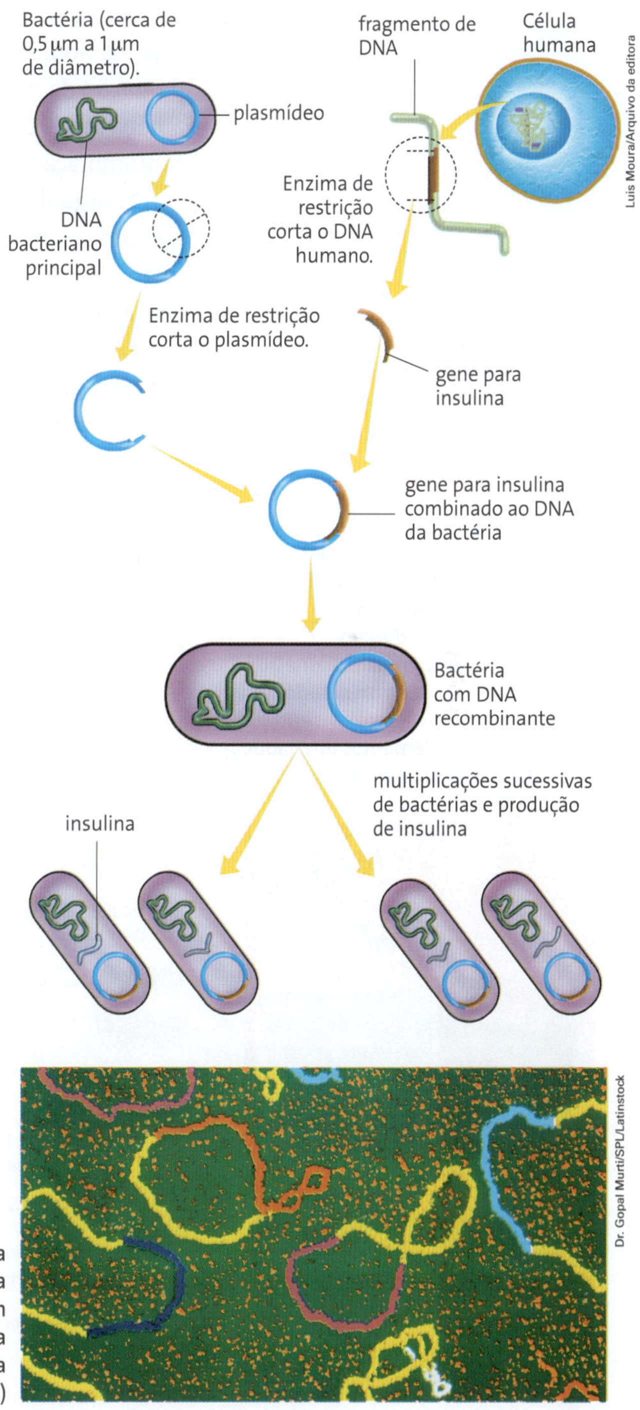

Figura 7.2 Esquema simplificado da produção de insulina humana por bactérias (os elementos da ilustração não estão na mesma escala; cores fantasia). Na foto, plasmídeos (em amarelo) com moléculas de DNA (em várias cores) inseridas por engenharia genética. (Imagem ao microscópio eletrônico; aumento de cerca de 150 mil vezes; imagem colorizada por computador.)

A figura da página anterior é um exemplo dessa técnica aplicada à produção de insulina, hormônio secretado pelo pâncreas e que controla a utilização de glicose pela célula. Os indivíduos portadores de diabete tipo I não produzem esse hormônio e, por isso, apresentam deficiência na utilização da glicose, com sérias consequências para a saúde. Antes da engenharia genética, a insulina utilizada pelos diabéticos era de origem suína e bovina. Mas o uso de insulina animal implicava um tempo prolongado de produção e purificação do hormônio, pois eram necessárias toneladas de pâncreas de porcos e bois para garantir a produção dessa substância para uso comercial. Além disso, como a insulina animal não é exatamente igual à humana, ela provocava reação alérgica em alguns pacientes.

Além da insulina, são produzidos, entre outros medicamentos, hormônios, como o hormônio do crescimento, a eritropoetina (que estimula a produção de glóbulos vermelhos), diversos tipos de vacina, como a contra a hepatite B. Os fatores obtidos por engenharia genética estão livres da contaminação por vírus que podem estar presentes no plasma humano.

Os **organismos geneticamente modificados** (**OGM**) são aqueles que tiveram seu material genético modificado por qualquer técnica de engenharia genética (DNA recombinante). Eles também são conhecidos como **organismos transgênicos** (*trans* = através de). As duas expressões não são exatamente iguais, já que o termo "transgênico" deve ser usado para um tipo especial de organismo geneticamente modificado: aquele em que o material genético introduzido veio de outra espécie. As bactérias com o DNA recombinante são um exemplo de transgênicos. Hoje em dia, além de bactérias, há também muitos animais e plantas transgênicos.

Há várias técnicas para se introduzir um gene em uma célula: ela pode ser infectada com vírus que levam o gene em questão; com micropipetas que perfuram a membrana e injetam o gene na célula; com uma espécie de "canhão" de genes que atira partículas microscópicas de ouro ou tungstênio com moléculas de DNA aderidas à superfície dessas partículas (técnica conhecida como biobalística); com auxílio da *Agrobacterium tumefaciens*, bactéria que tem capacidade natural de transferir parte de seu material genético para o genoma de algumas plantas (figura 7.3).

Figura 7.3 Duas técnicas utilizadas para introduzir genes nas células: a biobalística e a bactéria *Agrobacterium tumefaciens* (cerca de 0,5 µm a 1 µm de diâmetro). Na foto, tecidos sendo preparados para receber DNA na técnica de biobalística. (Os elementos ilustrados não estão na mesma escala; cores fantasia.)

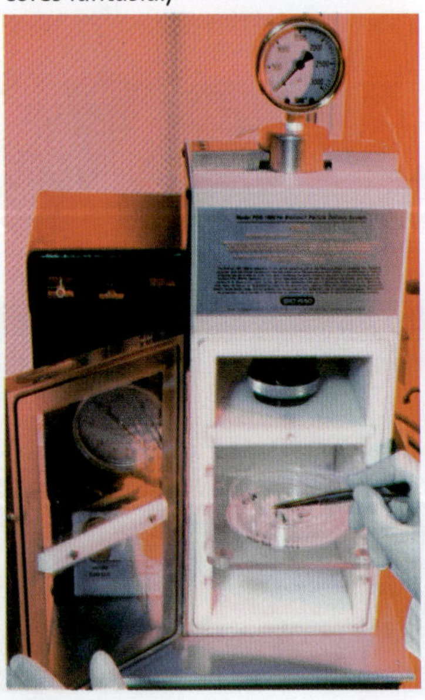

Mauro Fermariello/SPL/Latinstock

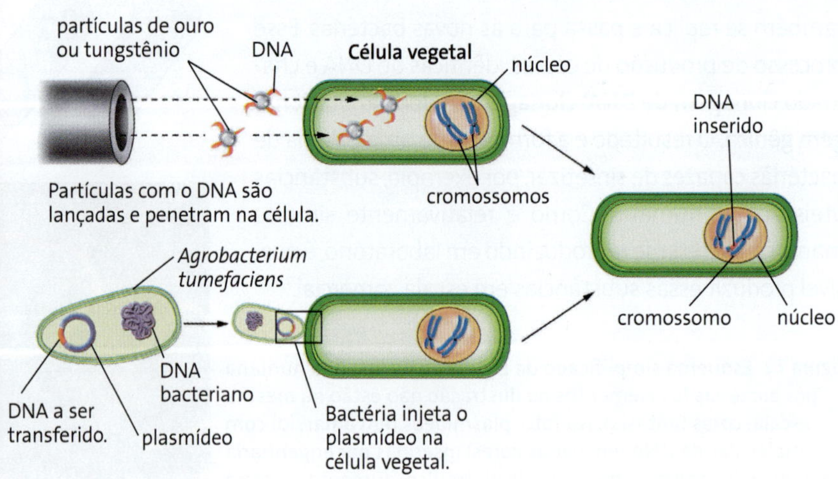

Luis Moura/Arquivo da editora

Veja na figura 7.4 como pesquisadores da Escola Superior de Agricultura Luiz de Queiroz (Esalq), da Universidade de São Paulo, introduziram um gene de ervilha em células de eucalipto, criando um eucalipto transgênico que produzirá mais biomassa e, portanto, mais celulose.

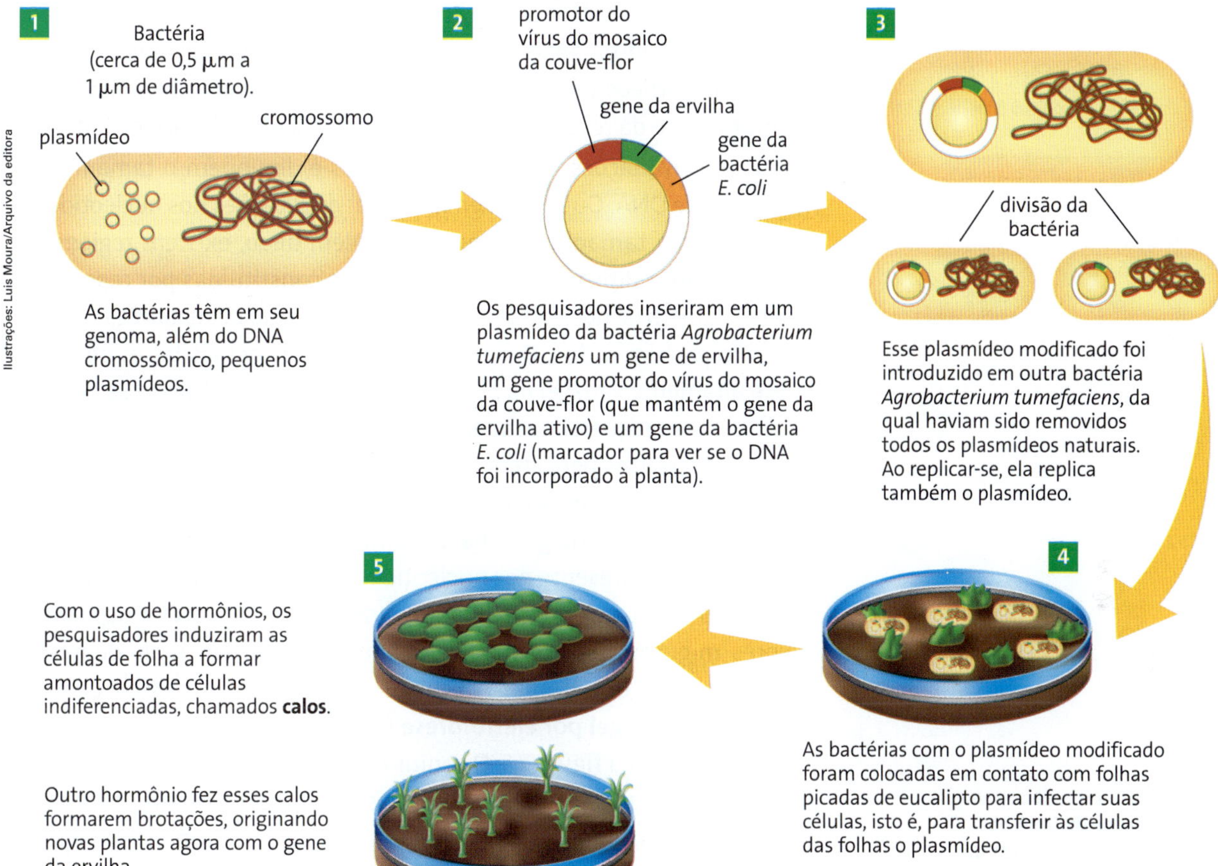

Adaptado de: SILVEIRA, Evanildo da. Eucalipto transgênico produz mais celulose. *O Estado de S. Paulo*, 23/8/2001, p. A17.

Figura 7.4 Pesquisadores usam bactérias para inserir genes de ervilha em células de eucalipto. (Os elementos ilustrados não estão na mesma escala; cores fantasia.)

Biologia tem História

A descoberta das enzimas de restrição

Na década de 1960, os cientistas perceberam que a recombinação do DNA ocorre no organismo em alguns casos, por exemplo, quando rupturas no DNA por radiação ultravioleta são reparadas. Começava então uma busca pela enzima capaz de promover esse "conserto".

Em 1967, o pesquisador de origem tcheca Martin Gellert (1929-) e outros três grupos de pesquisadores, independentemente, purificaram a enzima DNA-ligase.

Em 1968, o microbiologista suíço Werner Arber (1929-), o químico estadunidense Daniel Nathans (1928-1999) e o médico estadunidense Hamilton Smith (1931-) descobrem as enzimas de restrição.

Em 1973, os estadunidenses Stanley Cohen (1935-) e Herbert Boyer (1936-) tentavam compreender como os plasmídeos podiam tornar as bactérias resistentes a antibióticos. Em conjunto com outros pesquisadores, eles usam a enzima de restrição *Eco*RI para cortar o DNA de dois plasmídeos, cada um capaz de conferir resistência a um antibiótico. Após unir os plasmídeos a outro DNA, com auxílio da DNA-ligase, introduzem a nova molécula na bactéria *Escherichia coli* e conseguem, com isso, uma bactéria resistente aos dois antibióticos.

Estava aberta a porta para as pesquisas com DNA recombinante e para a produção da primeira proteína humana produzida por essa técnica, a insulina, em 1973. Em 1974, camundongos transgênicos foram produzidos e em 1994 começava a comercialização dos alimentos transgênicos.

2 Análise do DNA

Ao tratar uma molécula grande de DNA com uma enzima de restrição, obtém-se uma coleção de fragmentos de DNA com tamanhos diferentes. Cada indivíduo possui uma coleção característica. O conjunto de fragmentos de dois indivíduos aparentados é semelhante, mas não idêntico (exceto no caso de gêmeos univitelinos), por causa da variedade genética, fruto das mutações e da recombinação dos genes pela reprodução sexuada.

Algumas mutações retiram nucleotídeos e diminuem o tamanho do fragmento de DNA. Outras podem provocar duplicações nos nucleotídeos, aumentando o tamanho do fragmento. Além disso, existem regiões no DNA que não codificam proteínas e que são constituídas por repetições de certo número de nucleotídeos, sendo que o número de repetições varia de indivíduo para indivíduo. O número de repetições dessas bases em cada gene é altamente variável na população humana, constituindo-se de quatro até cem repetições, dependendo do indivíduo analisado.

Essas diferenças permitem que os fragmentos possam ser separados uns dos outros em função de seus tamanhos. Para isso, eles são colocados em uma espécie de gelatina e submetidos a um campo elétrico. Por causa do fosfato presente nos nucleotídeos, os fragmentos de DNA ficam carregados negativamente e migram para o polo positivo. Os fragmentos maiores migram mais devagar, e os menores migram mais depressa. Forma-se, assim, um conjunto de faixas ou bandas. O processo é chamado **separação em gel por eletroforese** (*elektron* = eletricidade; *phorein* = transportar). Veja a figura 7.5. O conjunto de bandas é semelhante ao código de barras das embalagens de vários produtos e é exclusivo de cada indivíduo. Assim, podemos conseguir uma espécie de "impressão digital" típica de cada pessoa. Por isso esse exame é denominado **impressão digital genética** ou **impressão digital do DNA** (*DNA fingerprint*, em inglês).

Figura 7.5 Esquema da separação dos fragmentos de DNA por eletroforese (os elementos da ilustração não estão na mesma escala; cores fantasia). Na foto, uma amostra de DNA é colocada no aparelho de eletroforese.

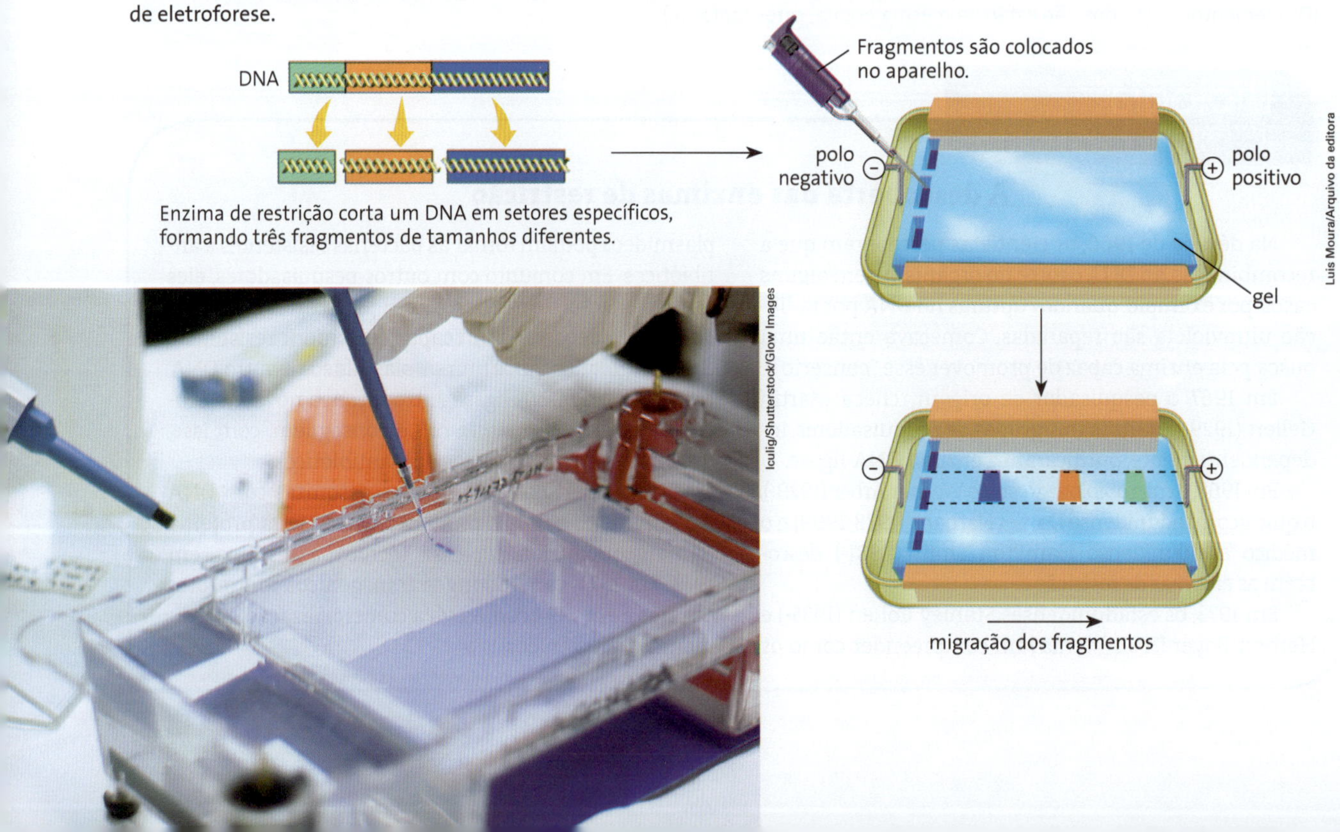

Aplicações

Com a impressão digital do DNA é possível identificar criminosos (ou inocentar suspeitos) a partir de amostras de sangue, fios de cabelo, sêmen ou algum tecido do corpo (figura 7.6). Na Inglaterra e nos Estados Unidos, já foi criado um banco nacional de DNA de criminosos, cujas amostras são arquivadas em computadores.

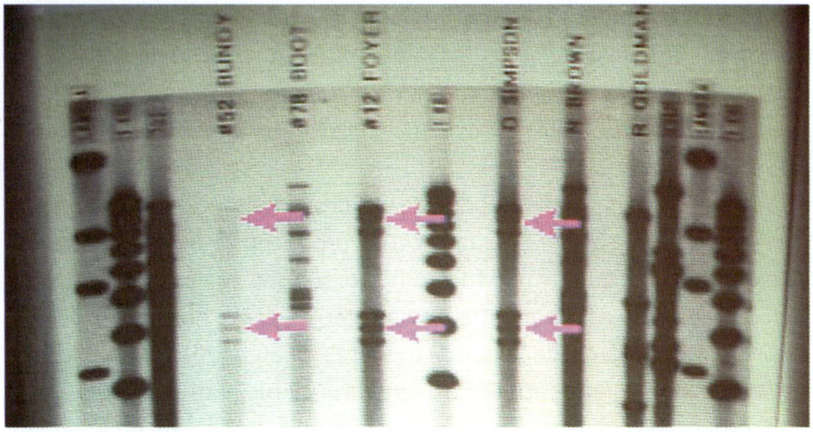

Kim Kulish/Pool/Agência France Presse

Figura 7.6 Impressão digital genética a partir de DNA obtido de uma mancha de sangue encontrada no local de um duplo assassinato em comparação com o sangue de um dos suspeitos. As setas (em rosa) indicam padrões coincidentes entre as amostras.

O exame serve também para determinação de paternidade. A técnica consiste em extrair DNA dos glóbulos brancos do sangue coletado da mãe, da criança e do suposto pai. O DNA de cada um é tratado pelas mesmas enzimas de restrição, e os fragmentos obtidos são separados, formando-se, assim, o padrão de bandas de cada indivíduo. Comparando o padrão da mãe com o da criança, certamente haverá bandas coincidentes por causa da herança genética (metade do DNA da criança vem da mãe e a outra metade do pai). Assim, se houver coincidência de bandas do homem e da criança, ficará provado que ele é o pai biológico. Caso não haja coincidência, ele não é o pai (figura 7.7).

Figura 7.7 Ilustração do resultado de um teste de paternidade. Cada barra indica um fragmento de DNA. Em **B**, observe que algumas barras da mãe coincidem com as do filho. Em **C**, podemos ver que as demais barras da criança coincidem com as do possível pai. Já **D** mostra que as barras da criança não coincidem com as de outro possível pai. Na foto, o resultado de um exame no qual duas crianças (letras **C**) compartilham bandas com a mãe (**M**) e com o pai (**P**).

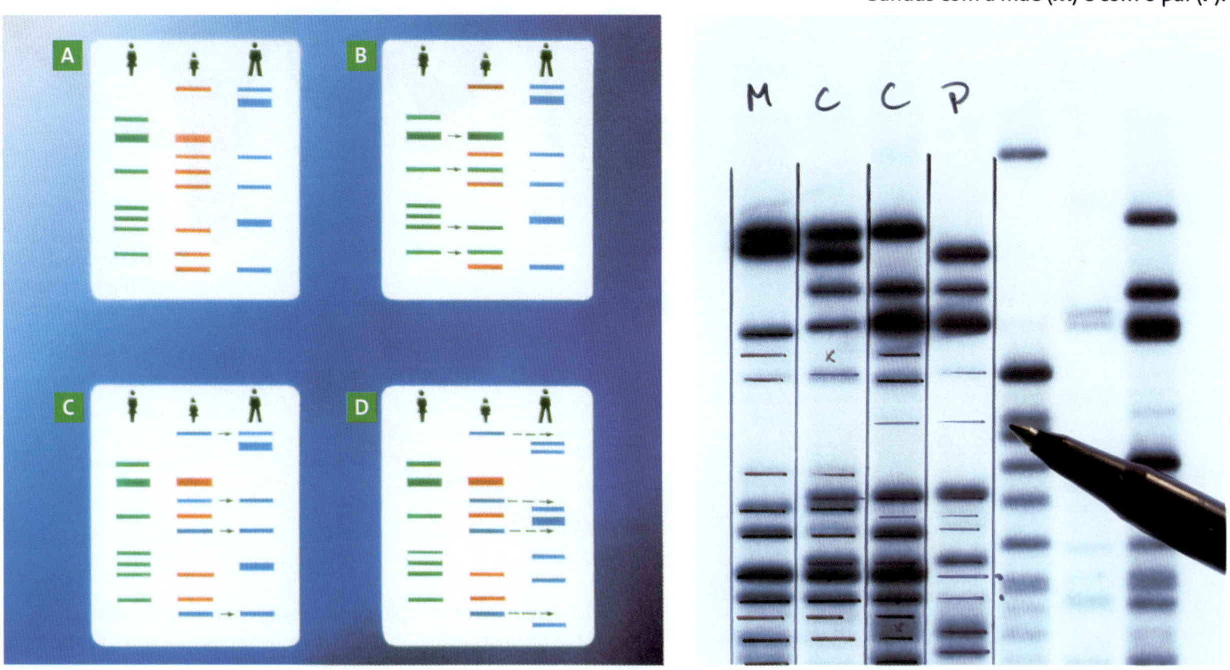

Michael Gilbert/SPL/Latinstock

David Parker/SPL/Latinstock

3 Diagnóstico e tratamento de doenças genéticas

As técnicas de engenharia genética podem ser usadas para diagnóstico e tratamento de diversas doenças genéticas.

O diagnóstico pode ser feito quando conhecemos o gene responsável pela doença. Nesse caso, pode-se utilizar uma **sonda**, ou seja, um trecho marcado (com radioatividade, substâncias fluorescentes, etc.) de DNA com uma sequência de bases complementar a um trecho do DNA que se quer identificar. Por enquanto, somente algumas doenças podem ser detectadas desse modo, mas essa quantidade tem aumentado ao longo dos anos.

A terapia gênica ou geneterapia é um procedimento muito complexo, que consiste em corrigir a deficiência da produção de uma proteína que não é produzida, ou que não funciona, porque seu gene sofreu uma mutação. A correção é feita por meio da injeção de genes normais. O pedaço de DNA que contém o gene que se quer introduzir pode ser passado para as células do paciente através de um vetor (vírus, nanopartículas, etc.) que contém o DNA. Além do trecho com o gene, o DNA possui uma sequência de inserção para permitir sua integração ao DNA genômico. A partir daí, a célula passará a produzir a proteína normal, que estava ausente no paciente doente (figura 7.8).

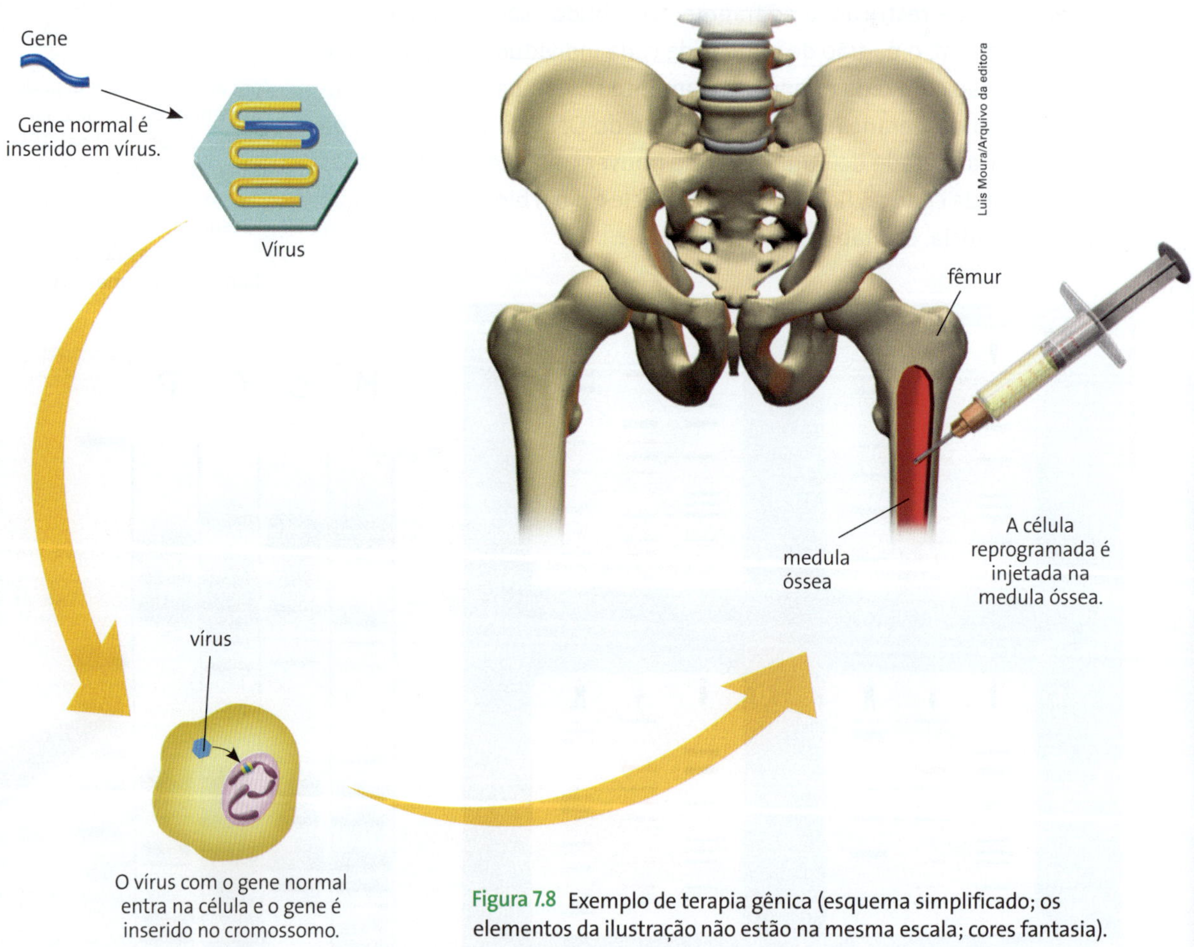

Figura 7.8 Exemplo de terapia gênica (esquema simplificado; os elementos da ilustração não estão na mesma escala; cores fantasia).

4 Sequenciamento de genomas

Sequenciar um genoma é determinar a ordem (sequência) de todas as bases nitrogenadas (ou dos nucleotídeos) do genoma de um organismo, isto é, de toda a informação hereditária contida no DNA (ou no RNA, no caso de alguns vírus). Nos seres diploides, o genoma se refere aos genes de um conjunto haploide de autossomos somado aos genes de cada cromossomo sexual.

O primeiro genoma a ser inteiramente sequenciado foi o da bactéria *Haemophilus influenzae* (o nome vem do fato de que essa bactéria foi, erroneamente, considerada como a causa da gripe ou *influenza* até 1933), completado em 1995.

Atualmente o sequenciamento é feito em aparelhos especiais (figura 7.9) e um grande número de organismos já tiveram seu genoma sequenciado: vírus, bactérias, fungos, animais e plantas.

Iniciado em 1990, o Projeto Genoma Humano procura descobrir a posição de cada gene no cromossomo (**mapeamento**) e estabelecer a sequência de bases de cada gene (**sequenciamento**).

Calcula-se que haja, nos seres humanos, cerca de 20 mil genes que codificam proteínas, mas há entre os genes dos eucariontes grandes sequências de nucleotídeos repetidos e trechos formados por sequências de bases que não codificam proteínas. Alguns desses trechos são formados por genes que participam da regulação da expressão dos outros genes. Alguns trechos do genoma parecem não ter nenhuma função codificante ou regulatória. Além disso, o RNAm sintetizado pelo DNA pode ser "cortado" e "recombinado", formando novas moléculas, o que faz com que um gene possa produzir mais de uma proteína (*splicing* alternativo ou encadeamento alternativo do RNA). Os genes codificadores de proteínas constituem apenas cerca de 2% do genoma. Em todo um genoma humano, apenas 0,01% dos nucleotídeos variam entre dois indivíduos.

Figura 7.9 Nucleotídeos modificados marcados com diferentes corantes aparecem em um sequenciador automático de DNA.

Philippe Plailly/SPL/Latinstock

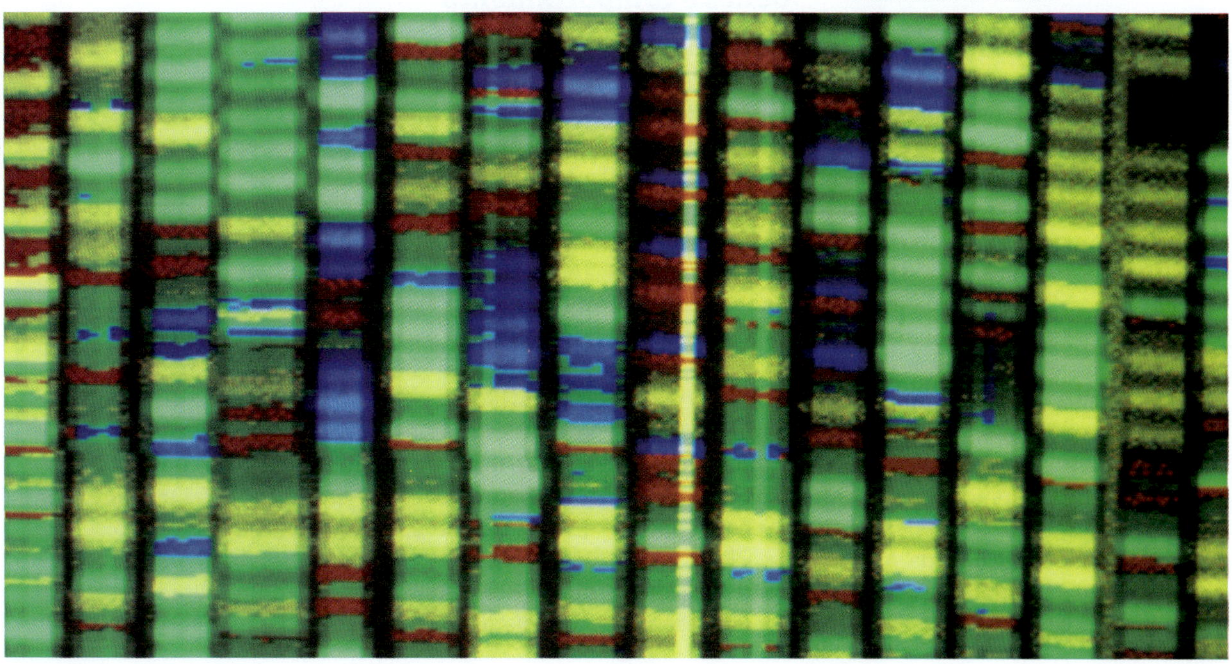

Vejamos algumas aplicações do sequenciamento de genomas:

- Permitir a identificação de genes que causam ou que contribuem para doenças genéticas ou para o câncer, aumentando a capacidade de diagnosticar doenças na fase inicial por meio de testes genéticos e a probabilidade de cura. Cerca de cinquenta alterações em genes que provocam câncer já são conhecidas.
- Ajudar no aconselhamento genético, que analisa as chances de um casal transmitir doenças hereditárias para o filho. Dessa forma, é possível, depois dos exames pré-natais, avaliar as doenças que poderão ser transmitidas aos filhos e as formas de evitá-las ou tratá-las desde cedo.
- Descobrir mais sobre o funcionamento do gene, e até a forma como ele controla ou influencia diversas características. Desse modo, podemos compreender melhor as causas do envelhecimento, da obesidade e de muitas doenças.
- Ajudar a descobrir a sequência de aminoácidos de várias proteínas, o que permitiria entender melhor sua função e criar novos medicamentos. É o estudo do proteoma.
- Criar drogas específicas para cada tipo de doença e de indivíduo, aumentando sua eficácia e reduzindo os efeitos colaterais.
- Analisar o grau de parentesco evolutivo entre as espécies (metade do genoma do ser humano é igual ao da mosca-das-frutas) e entre grupos de populações, criando árvores genealógicas, compreendendo melhor a evolução dos grupos e das espécies. O exame de ancestralidade genômica é capaz de revelar as origens de uma pessoa.
- Facilitar o desenvolvimento de plantas e animais transgênicos.
- Ajudar no melhoramento de animais e plantas consumidas pelo ser humano e no combate a pragas e doenças.

Biologia e sociedade

Genes e comportamento

Não é correto dizer que os genes determinam um comportamento: eles podem representar, em certos casos, uma entre outras influências, agindo sempre em interação com o ambiente e a cultura. Os genes, portanto, poderiam conferir, juntamente com outros fatores, apenas um potencial para certos comportamentos. Se no caso de características físicas, como a altura, por exemplo, o grau de influência dos genes pode chegar a 90%, em características de personalidade a interferência genética é bem mais fraca e muito mais difícil de ser avaliada. Nesse caso, o ambiente, sob a forma de estímulos externos, ou o próprio esforço da pessoa pode mudar bastante o resultado final. Isso acontece porque temos uma grande capacidade de aprender e de mudar nosso comportamento de acordo com as experiências pelas quais passamos ao longo da vida.

Além disso, o fato de uma característica ser influenciada geneticamente não significa que ela seja, por isso, boa ou má, ou que não possa ser mudada. Suponhamos, por exemplo, que houvesse tendência genética para agir agressivamente com pessoas estranhas e que essa tendência tivesse sido vantajosa para a sobrevivência da espécie nas sociedades pré-históricas. Isso não quer dizer que ela deva ser mantida nem que não possa ser modificada. Pelo contrário, com as armas de destruição em massa que o ser humano possui hoje, é vantajoso, nesse caso, estimular a cooperação e diminuir as disputas entre os povos, o que pode ser conseguido com educação, por exemplo.

Em resumo, o máximo que se pode dizer é que os genes são capazes de influenciar certos comportamentos, mas não de determiná-los. O comportamento humano depende de uma série de fatores culturais e sociais, como indicam os estudos em Psicologia e Sociologia. Esses estudos nos ajudam também a promover a cooperação e outros comportamentos necessários para uma vida harmoniosa em sociedade.

5 Organismos geneticamente modificados

Como vimos, organismos geneticamente modificados, também conhecidos como transgênicos, são aqueles que sofreram modificações em seu DNA, como é o caso das bactérias que produzem insulina humana.

Animais transgênicos

Entre os animais transgênicos, há aqueles com genes humanos para produção de determinadas substâncias, como as cabras transgênicas que produzem no leite fatores para a coagulação do sangue (figura 7.10).

Figura 7.10 Formação de cabras transgênicas produtoras de leite com fator coagulante (altura do ombro do animal adulto: de 0,70 m a 1,10 m). (Os elementos da ilustração não estão na mesma escala; cores fantasia.)

Em 2012, cientistas argentinos anunciaram que uma vaca clonada produziu leite com duas proteínas do leite humano, a lactoferrina e a lisozima, que atuam contra infecções e ajudam a evitar anemia nos recém-nascidos. O DNA que codifica essas proteínas foi incorporado ao DNA da vaca. O objetivo é produzir leite para bebês que não tenham acesso ao leite materno.

Outro exemplo de animais transgênicos são os camundongos gigantes. Nesse caso, cópias do gene para a produção do hormônio do crescimento do rato são injetadas em zigotos de camundongo. O gene do rato se integra ao genoma do zigoto, que é implantado em uma fêmea e se desenvolve. O resultado é um camundongo duas vezes maior que o normal. O camundongo gigante apresenta o novo gene em todas as células do corpo e, inclusive, produz gametas com o gene transplantado, produzindo filhotes que também serão gigantes.

Há também os camundongos que possuem em suas células uma proteína fluorescente, que emite luz quando exposta à radiação ultravioleta (figura 7.11). O gene responsável pela produção dessa proteína foi extraído de uma espécie de água-viva. A técnica pode ser usada para marcar células cancerosas e seguir seu movimento no corpo, entre outras aplicações. Hoje já existem milhares de cobaias transgênicas, geneticamente propensas a vários tipos de doenças, importantes para a pesquisa de novos medicamentos.

Figura 7.11 Camundongo fluorescente (camundongos adultos têm de 6 cm a 9 cm de comprimento, fora a cauda).

Makoto Iwafuji/SPL/Latinstock

As implicações da genética molecular

Plantas transgênicas

Há vários tipos de plantas transgênicas. Muitas ainda estão em fase de pesquisa. Algumas são mais produtivas ou nutritivas; outras resistem melhor à seca; e há ainda as que são resistentes a alguns agrotóxicos.

Algumas variedades de soja, algodão e milho transgênicos, por exemplo, possuem um gene, retirado de uma bactéria, que confere à planta resistência ao glifosato. Com esse gene a planta pode receber um determinado herbicida que mata as ervas daninhas sem ser afetada. Essa resistência faz com que o herbicida possa ser usado depois de a soja ou o algodão já terem sido plantados. Nas plantações convencionais, é preciso usar vários herbicidas, mais tóxicos que o glifosato, que só podem ser aplicados antes do cultivo (figura 7.12).

Outro tipo de planta transgênica resistente a pragas é o milho Bt. Para criá-lo, foi utilizado um gene da bactéria *Bacillus thuringiensis*, que vive no solo e produz a toxina Bt (iniciais do nome da bactéria) capaz de matar a lagarta do cartucho e da broca, pragas do milho. Esses insetos morrem assim que começam a comer a planta transgênica. Inofensiva ao ser humano, essa bactéria já é usada há mais de 50 anos como inseticida biológico.

Também tem sido estudada a opção de vacinação oral por meio da alimentação com vegetais transgênicos. Assim, esses alimentos funcionariam como medicamento. É o caso de bananas e de alfaces com vacina contra a meningite e a hepatite B, respectivamente.

Apesar dos benefícios, os transgênicos trazem também alguns riscos e uma grande polêmica entre cientistas e na sociedade em geral.

Para os críticos, não há provas suficientes de que esses produtos não causem danos à saúde ou desequilíbrios no ambiente – pelo menos a longo prazo. Por isso, em muitos países, é necessário identificar os produtos que possuem um componente transgênico acima de certa porcentagem mínima (no Brasil, o governo estabeleceu 1%). A identificação seria um direito do consumidor, além de tornar mais fáceis estudos sobre a ocorrência de alergia e outros possíveis problemas entre os consumidores.

Figura 7.12 Plantação de milho (até cerca de 2,5 m de altura) geneticamente modificado, em Concórdia (SC).

Andrew Koturanov/ Shutterstock/Glow Images

Em relação à saúde, os defensores dos transgênicos argumentam que os estudos não indicam nenhum problema. A maioria das proteínas e do DNA é destruída (fragmentada em aminoácidos e nucleotídeos) no cozimento ou pela digestão. Sabe-se, porém, que uma pequena quantidade de fragmentos de DNA e de proteína pode ser absorvida e cair no sangue. Mas tudo indica que essas moléculas são destruídas pelo sistema de defesa do organismo. Além disso, nos alimentos não transgênicos também há proteínas e genes – presentes nas células de plantas, de animais e nos vírus que parasitam essas células. E também não há evidências de que isso cause problemas ao nosso organismo.

Não podemos esquecer também que, pelo menos no uso de alguns transgênicos, há uma redução na quantidade de agrotóxicos, o que é benéfico para a saúde humana.

Sabe-se, porém, que algumas pessoas são alérgicas a certos alimentos. Da mesma forma, pode haver também pessoas alérgicas aos alimentos transgênicos. Por isso eles têm de ser testados antes de sua venda ser liberada no mercado. Mas, para os defensores dos transgênicos, o risco de alergia a esses alimentos não é maior do que o dos alimentos convencionais.

Em relação ao ambiente, os grãos de pólen das plantas transgênicas podem ser levados por vento ou insetos e fecundar plantas convencionais. Por isso é preciso fazer estudos ambientais analisando caso a caso. Em relação à soja, o risco é menor porque ela realiza autopolinização. No caso do milho, que faz polinização cruzada, o risco é maior. Para diminuí-lo, plantas transgênicas devem guardar uma distância mínima das culturas convencionais.

Outro problema é que os animais que atacam as pragas poderiam morrer quando ingerissem os insetos que comeram plantas transgênicas com agrotóxico em suas células. Mas o agrotóxico das culturas convencionais também pode matar esses insetos. Além disso, a diminuição do uso de agrotóxicos que alguns transgênicos proporcionam poderia ajudar na preservação das espécies selvagens.

Phaitoon Sutunyawatchai/Shutterstock/Glow Images

Sergio Ranalli/Pulsar Imagens

Figura 7.13 Experimento com soja geneticamente modificada realizado em laboratório da Embrapa.

É possível também que o uso de certos transgênicos provoque uma seleção de insetos resistentes ao agrotóxico presente na planta. Mas essa resistência também pode aparecer nas plantações que recebem agrotóxicos. O risco pode ser diminuído usando plantas não transgênicas como um refúgio para os insetos não resistentes.

Defensores dos transgênicos dizem que a população mundial vem crescendo e, para produzir mais alimento, os ambientes naturais serão destruídos cada vez mais. Transgênicos mais produtivos reduziriam essa destruição.

Os críticos afirmam que a preferência pelo cultivo de um único tipo de transgênico reduz a diversidade de plantas na região. Isso seria perigoso porque quanto maior a diversidade genética, maior a resistência a pragas e a mudanças climáticas. Por isso é importante preservar as plantas nativas, que podem servir até para a obtenção de novas variedades.

Outro problema é que o fornecimento de sementes poderia ficar sob controle de grandes empresas do setor agrícola, aumentando a dependência dos países menos desenvolvidos. No caso do Brasil, a Empresa de Pesquisa Agropecuária (Embrapa) já possui tecnologia para produzir alguns transgênicos (figura 7.13), o que diminuiria essa dependência. A Embrapa produz soja resistente a herbicida; mamão, batata e feijão imunes a certos vírus; cacau resistente à praga da vassoura-de-bruxa (um fungo). Essas plantas, porém, ainda não são cultivadas comercialmente.

Em resumo, apesar de alguns benefícios, ainda há preocupações acerca de questões sociais, econômicas, ambientais e de saúde envolvidas no cultivo de transgênicos.

Biologia e sociedade

Problemas legais e éticos nos testes genéticos

Nos Estados Unidos são realizados cerca de 4 milhões de testes genéticos por ano, que ajudam a diagnosticar e a tratar doenças como a anemia falciforme, a fenilcetonúria e as doenças da glândula tireóidea desde o nascimento.

Em alguns casos, os testes indicam apenas uma predisposição a certas doenças, como o câncer de mama.

Nesses casos, os indivíduos herdam genes que aumentam a propensão para a doença, mas isso não quer dizer que ela se desenvolverá obrigatoriamente. Sabendo dessa predisposição, a pessoa passaria a evitar os fatores ambientais que contribuem para o aumento do risco da doença. Em certos casos, passaria a adotar um modo de vida apropriado – escolhendo alimentos e ambientes ou tomando remédios preventivos – para diminuir as chances de ter a doença ou minimizar seus efeitos.

Por exemplo, um indivíduo propenso a ter câncer de pulmão não deveria se expor a fatores cancerígenos, como o cigarro, e passaria também a fazer exames periódicos para poder diagnosticar precocemente a doença se ela aparecesse.

Mas e quando o teste indica uma doença séria que poderá se desenvolver no futuro e para a qual não há prevenção nem tratamento? Será que a pessoa deve saber que terá a doença? Essa é uma escolha individual bastante difícil e a pessoa pode não estar preparada para saber disso.

Empresas teriam o direito de realizar testes em seus funcionários ou em candidatos a um emprego para procurar doenças que poderão desenvolver-se no futuro? Companhias de seguro poderiam fazer testes para aprovar ou rejeitar pedidos de seguro saúde? Nos Estados Unidos uma empresa foi proibida de realizar exames de sangue nos funcionários, pois estava fazendo testes para ver se eles possuíam tendências a certas doenças musculares.

Atividades

1. Durante a apresentação de um trabalho para os colegas, um estudante afirmou que, atualmente, a tecnologia de manipulação do DNA tem várias aplicações e mencionou as seguintes:

   a) investigação de paternidade;
   b) indício de culpado em alguns crimes;
   c) produção de hormônios humanos usando bactérias;
   d) recriação de espécies extintas;
   e) produção de novas variedades de plantas, para uso na alimentação humana;
   f) produção de clones de seres humanos.

   Corrigindo-o, o professor lembrou que duas das aplicações mencionadas por ele não são possíveis, pelo menos por enquanto, e que, além disso, uma delas é proibida em muitos países e condenada pela Unesco (Organização das Nações Unidas para a Educação, a Ciência e a Cultura). Identifique essas duas aplicações e diga qual das duas é condenada pela Unesco.

2. Um estudante afirmou que a produção de plantas geneticamente modificadas, também chamadas de plantas transgênicas, em nada difere do processo de seleção artificial (cruzamento seletivo de variedades de plantas com características desejáveis), há muito utilizado em agricultura. Ele está certo? Justifique sua resposta.

3. Um estudante afirmou que as enzimas de restrição podem ser comparadas a "tesouras moleculares". Disse também que determinada enzima pode ser usada para "cortar" qualquer ponto da molécula de DNA. Você concorda com as afirmações do estudante? Justifique sua resposta.

4. Dois irmãos podem ser identificados pela técnica de impressão digital genética (DNA *fingerprint*)? E dois gêmeos univitelinos? Justifique sua resposta.

5. A imagem abaixo conta, em linguagem figurada, uma história sobre um tema tratado neste capítulo. Qual poderia ser essa história?

Digital Art/Corbis/Latinstock

6. Em um experimento de terapia gênica, genes responsáveis pela produção de um fator de coagulação foram introduzidos em células do fígado de portadores de hemofilia. Se o experimento funcionar, os filhos de um casal de hemofílicos submetidos a esse tratamento poderão nascer sem o problema?

7. Para fabricar vitamina C (ácido ascórbico), um estudante propôs extrair, de células humanas, os genes responsáveis pela síntese das enzimas que atuam na produção dessa vitamina, mas o professor o corrigiu, dizendo que não é possível fazer isso usando células humanas. Complemente o que disse o professor explicando o porquê ao estudante.

8. Suponha que a sequência de bases nitrogenadas de um trecho do gene alterado seja TTAGCTAT. É possível saber se uma pessoa apresenta esse gene utilizando a técnica da sonda molecular, formada por um trecho de DNA capaz de se encaixar em um trecho do gene que está sendo pesquisado. Qual a sequência da sonda capaz de se encaixar no trecho indicado do gene defeituoso?

Trabalho em equipe

Em grupo, escolham um dos temas a seguir para pesquisar. Vocês podem consultar livros e internet, e também entrevistar profissionais das áreas de aconselhamento genético e engenharia genética.

Exponham os resultados da pesquisa para a classe e para a comunidade escolar.

1. Pesquisem que tipos de testes genéticos existem para o diagnóstico de doenças e se o teste está disponível no Sistema Único de Saúde (SUS). Expliquem ainda como esses testes podem ser úteis no aconselhamento genético.
2. Procurem notícias recentes sobre alimentos transgênicos. Verifiquem, por exemplo: se houve ou não crescimento em sua produção; se novos transgênicos foram disponibilizados no mercado; quais os transgênicos produzidos ou comercializados no Brasil, etc. Pesquisem também argumentos a favor ou contra o cultivo de plantas transgênicas e realizem um debate: a turma será dividida em dois grupos, um defenderá o cultivo desses organismos e o outro criticará o uso dessa tecnologia.
3. Pesquisem sobre a vida e o trabalho de alguns geneticistas brasileiros, como Crodowaldo Pavan, Warwick Estevam Kerr, Oswaldo Frota-Pessoa, Sérgio Danilo Junho Pena, entre outros.

Pensando no Enem

Durante muito tempo, os cientistas acreditaram que variações anatômicas entre os animais fossem consequência de diferenças significativas entre seus genomas. Porém, os projetos de sequenciamento de genoma revelaram o contrário. Hoje, sabe-se que 99% do genoma de um camundongo é igual ao do homem, apesar das notáveis diferenças entre eles. Sabe-se também que os genes ocupam apenas cerca de 1,5% do DNA e que menos de 10% dos genes codificam proteínas que atuam na construção e na definição das formas do corpo. O restante, possivelmente, constitui DNA não codificante. Como explicar, então, as diferenças fenotípicas entre as diversas espécies animais? A resposta pode estar na região não codificante do DNA.

(S. B. Carroll et al. "O jogo da evolução". In: *Scientific American Brasil*, jun./2008. Com adaptações.)

A região não codificante do DNA pode ser responsável pelas diferenças marcantes no fenótipo porque contém:

a) as sequências de DNA que codificam proteínas responsáveis pela definição das formas do corpo.
b) uma enzima que sintetiza proteínas a partir da sequência de aminoácidos que formam o gene.
c) centenas de aminoácidos que compõem a maioria de nossas proteínas.
d) informações que, apesar de não serem traduzidas em sequências de proteínas, interferem no fenótipo.
e) os genes associados à formação de estruturas similares às de outras espécies.

Resolução

Essa questão trata de temas relacionados às Ciências da Natureza, mais especificamente temas relacionados à área molecular, como codificação da informação genética e síntese proteica.

O enunciado exige do aluno a capacidade de compreender alguns fenômenos, como a decodificação do DNA, e relacioná-los a outras informações contidas no texto, neste caso, as diferenças entre variações anatômicas.

É necessário também que o aluno compreenda e avalie inconsistências e contradições entre alguns trechos do texto. Essa é uma competência importante para que o aluno consiga excluir alternativas em várias questões do Enem.

O problema

A citação presente no enunciado relaciona a variação anatômica nos animais e suas diferenças na constituição genômica. É importante ter em mente a causa dessa relação: os genes são responsáveis pela codificação de proteínas, que dão origem, entre outras características, à anatomia de um animal. Isso era tido como o "dogma central da Biologia": o DNA seria transcrito em RNA, que por sua vez seria traduzido em proteínas. Este é o processo de decodificação do DNA.

Entretanto, como afirma o enunciado, os projetos de sequenciamento do genoma revelaram que não são todas as regiões do DNA que codificam proteínas. Existem regiões de DNA não codificante no genoma, ou seja, regiões de DNA que não dão origem a proteínas.

Assim, essa questão contém uma característica comum em questões do Enem: mesmo que você não saiba a resposta exata, o entendimento da pergunta por si só já exclui algumas das alternativas. Por exemplo: a alternativa **A** propõe, resumidamente, que regiões de DNA não codificante contêm sequências que codificam. A simples leitura já revela uma inconsistência na afirmação, sendo, portanto, incorreta.

Para excluir as demais alternativas é preciso conhecimento além do que está explícito no enunciado. Neste caso, é necessário o conhecimento da composição de determinada região do DNA. É preciso saber que qualquer região do genoma é composta apenas de ácidos desoxirribonucleicos, ou DNA.

Dessa forma, podemos excluir as seguintes alternativas: **B**, que afirma que a região de DNA não codificante contém enzimas; e **C**, por afirmar que esta região contém centenas de aminoácidos.

Restam as alternativas **D** e **E**. Aparentemente ambas estão corretas, mas se analisarmos cada uma mais atentamente perceberemos que apenas uma é a alternativa correta.

A alternativa **E** afirma que o DNA não codificante é responsável por diferenças marcantes no fenótipo por conter "genes associados à formação de estruturas similares às de outras espécies". Se os genes geram estruturas que são similares às de outras espécies, como eles podem gerar as diferenças? Esperar-se-ia que eles gerassem similaridade, e não diferenças, se assim fosse. Assim, podemos concluir que esta alternativa contém uma contradição e, portanto, está incorreta.

Concluímos, então, que a alternativa **D** é a correta. Ela afirma que regiões de DNA não codificante podem ser responsáveis por diferenças no fenótipo por conterem "informações que, apesar de não serem traduzidas em sequências de proteínas," – correto, vimos acima que a região não codificante não dá origem a proteínas – "interferem no fenótipo".

Resposta: **D**.

Vestibulares de Norte a Sul

1. **SE** (Fuvest-SP) **Teste de DNA confirma paternidade de bebê perdido no *tsunami***

Um casal do Sri Lanka que alegava ser os pais de um bebê encontrado após o tsunami *que atingiu a Ásia, em dezembro, obteve a confirmação do fato através de um exame de DNA. O menino, que ficou conhecido como "Bebê 81" por ser o 81º sobrevivente a dar entrada no hospital de Kalmunai, era reivindicado por nove casais diferentes.*

(Folhaonline, 14/02/2005. Adaptado.)

Algumas regiões do DNA são sequências curtas de bases nitrogenadas que se repetem no genoma, e o número de repetições dessas regiões varia entre as pessoas. Existem procedimentos que permitem visualizar essa variabilidade, revelando padrões de fragmentos de DNA que são "uma impressão digital molecular". Não existem duas pessoas com o mesmo padrão de fragmentos com exceção dos gêmeos monozigóticos. Metade dos fragmentos de DNA de uma pessoa é herdada de sua mãe e metade, de seu pai. Com base nos padrões de fragmentos de DNA representados abaixo, qual dos casais pode ser considerado como pais biológicos do Bebê 81?

Bebê 81	a) Pai	a) Mãe	b) Pai	b) Mãe	c) Pai	c) Mãe	d) Pai	d) Mãe	e) Pai	e) Mãe
□	□	□	□	□	□	□	□	■	■	■
□	□	□	■	□	□	□	■	□	□	□
■	□	■	■	□	■	□	□	■	□	□
■	□	□	□	□	■	□	□	■	□	□
□	■	□	■	■	□	□	■	□	■	■
□	□	■	□	■	□	■	□	■	■	□
■	□	□	□	□	□	■	□	□	□	□
□	■	□	■	■	□	□	■	■	□	□
■	■	■	□	□	■	■	■	■	□	■
■	□	□	□	□	■	□	□	□	□	□
■	□	□	□	□	□	■	□	□	□	□
■	□	□	□	■	■	■	□	□	■	□
□	■	■	□	■	■	□	□	□	■	■
■	□	□	□	□	□	■	□	□	□	□

2. **NE** (UFRN) As técnicas de engenharia genética possibilitaram a produção de grandes quantidades de insulina por bactérias que receberam o gene humano para esse hormônio. Tal efeito só foi possível pelo emprego das enzimas de restrição, que agem:

a) traduzindo o gene da insulina para o código genético da bactéria.
b) ligando o pedaço de DNA humano ao DNA da bactéria.
c) identificando os aminoácidos codificados pelo gene.
d) cortando o DNA da bactéria em pontos específicos.

3. **NE** (UFPE/UFRPE) Para um pesquisador transferir um gene de interesse, diferentes etapas são cumpridas em laboratório, entre as quais: a utilização de enzima do tipo (1), para o corte e a separação do segmento de DNA a ser estudado; a extração e o rompimento de (2), e a inclusão em (2) do segmento obtido (gene isolado) com o auxílio de enzimas do tipo (3). Os números 1, 2 e 3 indicam, respectivamente:

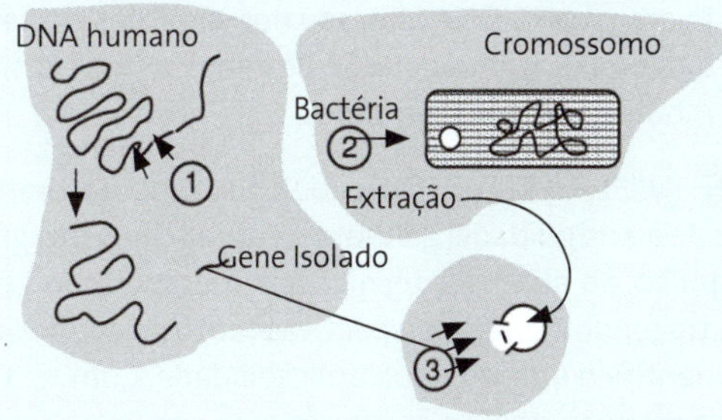

a) enzima de restrição, plasmídeo e enzima ligase.
b) enzima transcriptase reversa, cromossomo circular e enzima de restrição.
c) DNA recombinante, RNA plasmidial e enzima exonuclease.
d) enzima transcriptase reversa, plasmídeo e enzima de restrição.
e) enzima de restrição, RNA plasmidial e enzima transcriptase reversa.

4. **SE** (UFF-RJ) Recentes descobertas têm provocado grande discussão por poderem alterar o futuro do esporte. Nessas pesquisas, foi mostrada a existência de duas proteínas que atuam regulando o crescimento das células musculares: o fator de crescimento IGF-1 e a miostatina. O crescimento muscular é estimulado pelo fator IGF-1 e limitado pela miostatina. A partir desse conhecimento é possível modular o crescimento muscular por meio de vários procedimentos. (*Scientific American Brasil*, 8/2004.)

Analise os procedimentos abaixo e aponte aquele que poderia promover o desenvolvimento mais duradouro da massa muscular em indivíduos sedentários, se executado uma única vez, sem deixar vestígios detectáveis em exames de sangue ou urina.

a) Introduzir nas células musculares novas cópias de RNA mensageiro que codifica o fator IGF-1.
b) Injetar anticorpos produzidos contra a proteína miostatina.
c) Introduzir nas células musculares nova cópia do gene do fator IGF-1, utilizando técnicas aplicadas em terapia gênica.
d) Injetar a proteína miostatina mutada que bloqueia a ação da miostatina normal por competir pelo seu receptor.
e) Injetar anticorpos produzidos contra o fator IGF-1.

5. **SE** (Ufscar-SP) Vegetais e animais transgênicos:

a) são mutantes que têm o seu genoma alterado por processos como radiação, para desenvolvimento de características específicas.

b) passaram por processo de clonagem, onde sofrem transplante de órgãos em experiências científicas, para desenvolvimento de fenótipos específicos.

c) têm o seu fenótipo alterado mediante ação de mecanismos físicos ou biológicos, mas não passam as alterações sofridas às gerações seguintes.

d) são seres modificados por biotecnologia aplicável, que consiste na inserção de genes provenientes de outros organismos ao genoma que se deseja modificar.

e) tiveram o seu DNA alterado por variações climáticas, que provocaram a deleção de genes, o que ocasionou modificações nos fenótipos.

6. **NE** (UFPE/UFRPE) A biotecnologia, embora praticada desde a antiguidade, ganhou, na atualidade, um grande impulso, ao abranger técnicas de manipulação genética, trazendo ótimas perspectivas tanto ao conhecimento científico quanto à sua aplicabilidade. Com relação a esse assunto, analise as proposições seguintes (indique as afirmativas verdadeiras):

00. Enzimas de restrição são produzidas por bactérias e fazem parte dos mecanismos de defesa destas contra vírus; um DNA viral pode ser reduzido a pedaços e, assim, ser impedida a reprodução do vírus nas bactérias.

01. As enzimas de restrição cortam a molécula de DNA em sítios-alvo específicos, resultando em fragmentos cujas "pontas" mostram-se apropriadas à inserção dos mesmos a um vetor cortado pela mesma enzima.

02. Algumas bactérias possuem, além do "cromossomo", moléculas menores e circulares de DNA, denominadas plasmídeos, os quais são utilizáveis como vetores para o DNA que se quer transferir.

03. A introdução de um fragmento de DNA exógeno, numa molécula de DNA de um organismo manipulado geneticamente, resulta em um DNA recombinante. A construção de um genótipo específico, pela adição de DNA exógeno, pode ter grande importância científica e comercial.

04. Se um DNA recombinante é introduzido numa bactéria, as moléculas recombinantes podem ser multiplicadas, processo conhecido por clonagem gênica ou clonagem de DNA.

7. **S** (UEL-PR) Recentemente, um grupo de pesquisadores brasileiros conseguiu sequenciar o genoma da bactéria *Xylella fastidiosa*, causadora da doença conhecida como amarelinho, que acomete os laranjais e acarreta grandes perdas com relação a sua capacidade produtiva. O arrojado projeto, conhecido como Projeto Genoma da bactéria *Xylella*, teve amplo reconhecimento científico e foi largamente divulgado pelos meios de comunicação. É correto afirmar que o sequenciamento de *Xylella fastidiosa* trata-se da identificação:

a) do número e sequência de aminoácidos das proteínas desta bactéria.

b) do número e sequência de aminoácidos no cromossoma desta bactéria.

c) da sequência de bases nitrogenadas no cromossoma desta bactéria.

d) da sequência de alelos nos cromossomos desta bactéria.

e) do número de cromossomos e plasmídios desta bactéria.

8. **SE** (Vunesp-SP) Esforços de cientistas criaram a primeira rosa do mundo com pigmento para cor azul. Anteriormente, rosas de coloração azul já eram produzidas através de cruzamento, mas não eram consideradas azuis verdadeiras. Segundo o jornal *The Japan Times on line*, de 1.7.2004, a técnica recentemente utilizada consistiu no seguinte: o gene da enzima que produz o pigmento azul, delfinidina, foi extraído do amor-perfeito e ativado nas rosas.

a) Como se chamam as estruturas mais vistosas e atraentes dessas flores que passaram a ter cor azul? Qual o significado biológico do fato de certas plantas apresentarem flores com cores tão vistosas?

b) Qual é a relação entre essa técnica recente para a produção de flores azuis e aquela empregada para a produção de alimentos transgênicos?

9. **SE** (UFU-MG) Na tecnologia do DNA recombinante são utilizadas enzimas bacterianas que têm a propriedade de cortar a molécula de DNA em pontos específicos, o que permite, por exemplo, que genes humanos que codificam proteínas de interesse médico ou comercial sejam extraídos, clonados em bactérias ou vírus, e depois sejam transferidos para animais de laboratório, que passam a produzir sistematicamente tais proteínas. Pergunta-se:

a) Qual é o nome genérico que se dá a estas enzimas?

b) O que confere a especificidade a estas enzimas?

c) Na natureza, qual deve ser o papel desempenhado por elas?

d) Como são chamados os organismos que recebem e incorporam genes de outra espécie?

10. **SE** (UFRJ) O camundongo gigante da figura cresceu a partir de um zigoto no qual foi microinjetado o gene do hormônio do crescimento do rato. Esse camundongo é chamado transgênico. Se, em vez de injetar o zigoto com o DNA, fosse injetado o RNAm do gene do hormônio do crescimento do rato, o resultado seria o mesmo? Justifique sua resposta.

11. SE (Unirio-RJ) Na engenharia genética, a técnica de DNA recombinante vem sendo utilizada na pesquisa e no desenvolvimento, por exemplo, de vacinas e medicamentos. O esquema abaixo apresenta algumas etapas dessa técnica.

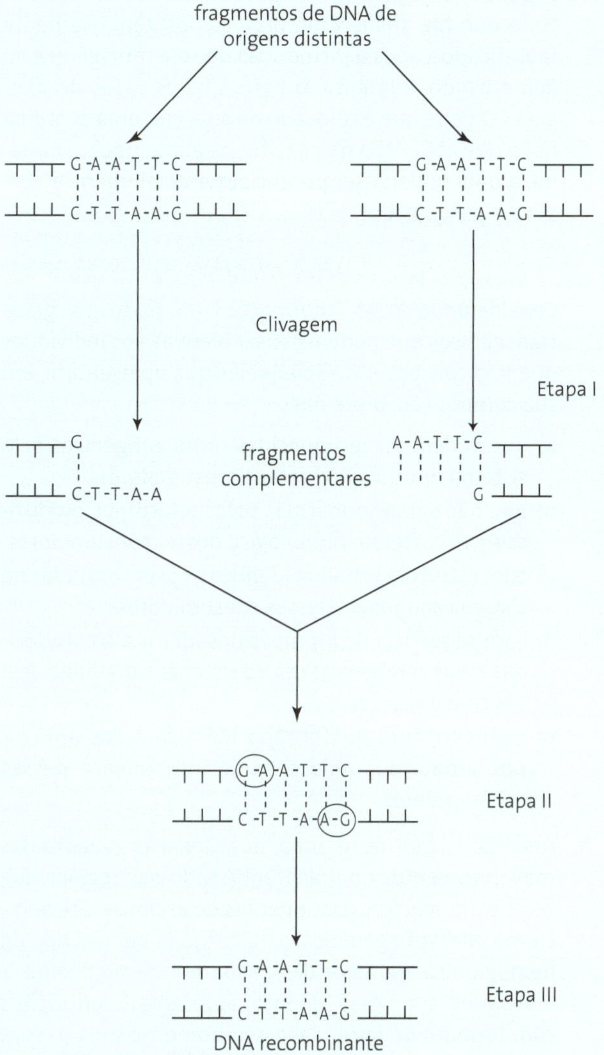

a) Analise as etapas I, II e III. Em quais delas se desenvolvem, respectivamente:

a_1) o pareamento das bases?

a_2) a ação das enzimas de restrição?

a_3) a ação da DNA-ligase?

b) “Os agricultores americanos, por exemplo, já estão plantando as sementes da terceira safra de milho, algodão e soja transgênicos.” (Adaptação do artigo Revolução invisível na mesa, da revista *Época*, 8 de junho de 1998.) Conceitue organismos transgênicos.

12. CO (UFG-GO) O exame de paternidade através da comparação de DNA sequenciado vem sendo utilizado para determinar progenitores. É possível determinar o pai de um recém-nascido quando a dúvida sobre a paternidade desse recém-nascido está entre gêmeos univitelinos? Justifique sua resposta.

13. SE (Vunesp-SP) A ilustração apresenta o resultado de um teste de paternidade obtido pelo método do DNA-Fingerprint, ou “impressão digital de DNA”.

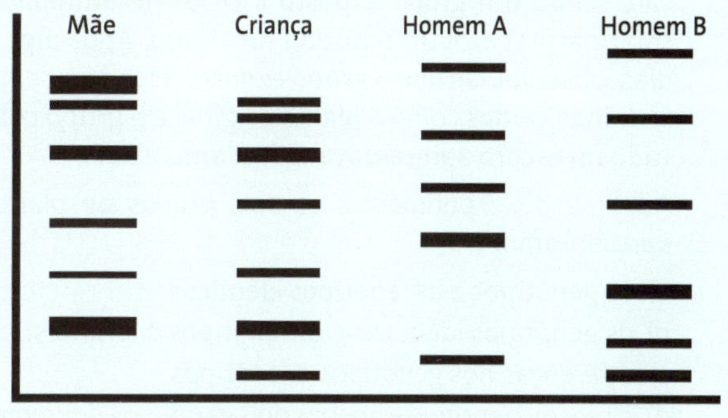

a) Segundo o resultado acima, qual dos homens, A ou B, é o provável pai da criança? Justifique.

b) Em linhas gerais, como é feito o teste de identificação individual pelo método do DNA-Fingerprint?

14. SE (Vunesp-SP) O primeiro teste de terapia gênica humana utilizou células sanguíneas, pois estas são de fácil obtenção e de fácil reintrodução no corpo. A paciente foi uma menina com a doença da imunodeficiência combinada severa. Esta criança possuía um sistema imune extremamente deficiente e não podia defender-se contra infecções. Sua doença era a mesma que a do “menino da bolha”, que viveu sua curta vida em um ambiente estéril. A causa da doença da menina era um defeito em um gene que codifica a enzima adenosina desaminase (ADA). Os cientistas do National Institute of Health dos Estados Unidos coletaram sangue da menina, separaram os linfócitos (células brancas) e usaram um retrovírus para introduzir uma cópia correta do gene nestas células. Então eles reintroduziram os linfócitos na paciente. As células alteradas produziram a enzima que faltava e, hoje, a menina é mais saudável do que antes. (Kreuzer, H.; Massey, A. *Engenharia Genética e Biotecnologia*. Porto Alegre. Artmed, 2002)

a) A partir do exemplo apresentado no texto, explique em que consistem, de maneira geral, os tratamentos denominados “terapia gênica”.

b) Selecione e transcreva o segmento do texto que justifica a afirmação de que a terapia gênica é um exemplo de engenharia genética.

Caiu no Enem

1. Em um experimento, preparou-se um conjunto de plantas por técnica de clonagem a partir de uma planta original que apresentava folhas verdes. Esse conjunto foi dividido em dois grupos, que foram tratados de maneira idêntica, com exceção das condições de iluminação, sendo um grupo exposto a ciclos de iluminação solar natural e outro mantido no escuro. Após alguns dias, observou-se que o grupo exposto à luz apresentava folhas verdes como a planta original e o grupo cultivado no escuro apresentava folhas amareladas.

   Ao final do experimento, os dois grupos de plantas apresentaram

   a) os genótipos e os fenótipos idênticos.
   b) os genótipos idênticos e os fenótipos diferentes.
   c) diferenças nos genótipos e fenótipos.
   d) o mesmo fenótipo e apenas dois genótipos diferentes.
   e) o mesmo fenótipo e grande variedade de genótipos.

2. Um novo método para produzir insulina artificial que utiliza tecnologia de DNA recombinante foi desenvolvido por pesquisadores do Departamento de Biologia Celular da Universidade de Brasília (UnB) em parceria com a iniciativa privada. Os pesquisadores modificaram geneticamente a bactéria *Escherichia coli* para torná-la capaz de sintetizar o hormônio. O processo permitiu fabricar insulina em maior quantidade e em apenas 30 dias, um terço do tempo necessário para obtê-la pelo método tradicional, que consiste na extração do hormônio a partir do pâncreas de animais abatidos. (Ciência Hoje, 24 abr. 2001. Disponível em: http://cienciahoje.uol.com.br. Adaptado.)

   A produção de insulina pela técnica do DNA recombinante tem, como consequência:

   a) o aperfeiçoamento do processo de extração de insulina a partir do pâncreas suíno.
   b) a seleção de microrganismos resistentes a antibióticos.
   c) o progresso na técnica da síntese química de hormônios.
   d) impacto favorável na saúde de indivíduos diabéticos.
   e) a criação de animais transgênicos.

3. Para a identificação de um rapaz vítima de acidente, fragmentos de tecidos foram retirados e submetidos à extração de DNA nuclear, para comparação com o DNA disponível dos possíveis familiares (pai, avô materno, avó materna, filho e filha). Como o teste com o DNA nuclear não foi conclusivo, os peritos optaram por usar também DNA mitocondrial, para dirimir dúvidas.

   Para identificar o corpo, os peritos devem verificar se há homologia entre o DNA mitocondrial do rapaz e o DNA mitocondrial do(a):

   a) pai.
   b) filho.
   c) filha.
   d) avó materna.
   e) avô materno.

4. Segundo Jeffrey M. Smith, pesquisador de um laboratório que faz análises de organismos geneticamente modificados, após a introdução da soja transgênica no Reino Unido, aumentaram em 50% os casos de alergias. "O gene que é colocado na soja cria uma proteína nova que até então não existia na alimentação humana, a qual poderia ser potencialmente alergênica", explica o pesquisador.

   Correio do Estado/MS. 19 abr. 2004 (adaptado).

   Considerando-se as informações do texto, os grãos transgênicos que podem causar alergias aos indivíduos que irão consumi-los são aqueles que apresentam, em sua composição, proteínas:

   a) que podem ser reconhecidas como antigênicas pelo sistema imunológico desses consumidores.
   b) que não são reconhecidas pelos anticorpos produzidos pelo sistema imunológico desses consumidores.
   c) com estrutura primária idêntica às já encontradas no sistema sanguíneo desses consumidores.
   d) com sequência de aminoácidos idêntica às produzidas pelas células brancas do sistema sanguíneo desses consumidores.
   e) com estrutura quaternária idêntica à dos anticorpos produzidos pelo sistema imunológico desses consumidores.

5. Anemia falciforme é uma das doenças hereditárias mais prevalentes no Brasil, sobretudo nas regiões que receberam maciços contingentes de escravos africanos. É uma alteração genética, caracterizada por um tipo de hemoglobina mutante designada por hemoglobina S. Indivíduos com essa doença apresentam eritrócitos com formato de foice, daí o seu nome. Se uma pessoa recebe um gene do pai e outro da mãe para produzir a hemoglobina S, ela nasce com um par de genes SS e assim terá a anemia falciforme. Se receber de um dos pais o gene para hemoglobina S e do outro o gene para hemoglobina A ela não terá a doença, apenas o traço falciforme (AS), e não precisará de tratamento especializado. Entretanto, deverá saber que se vier a ter filhos com uma pessoa que também herdou o traço, eles poderão desenvolver a doença. (Disponível em: http://www.opas.org.br. Acesso em: 2 maio 2009. Adaptado.)

   Dois casais, ambos membros heterozigotos do tipo AS para o gene da hemoglobina, querem ter um filho cada. Dado que um casal é composto por pessoas negras e o outro por pessoas brancas, a probabilidade de ambos os casais terem filhos (um para cada casal) com anemia falciforme é igual a:

   a) 5,05%.
   b) 6,25%.
   c) 10,25%.
   d) 18,05%.
   e) 25,00%.

6. Define-se genoma como o conjunto de todo o material genético de uma espécie, que, na maioria dos casos, são as moléculas de DNA. Durante muito tempo, especulou-se sobre a possível relação entre o tamanho do genoma – medido pelo número de pares de bases (pb) –, o número de proteínas produzidas e a complexidade do organismo. As primeiras respostas começam a aparecer e já deixam claro que essa relação não existe, como mostra a tabela a seguir.

Espécie	Nome comum	Tamanho estimado do genoma (pb)	Nº de proteínas descritas
Olyza sativa	Arroz	5000000000	224181
Mus musculus	Camundongo	3454200000	249081
Homo sapiens	Homem	3400000000	459114
Rattus novergicos	Rato	2900000000	109077
Drosophila melanogaster	Mosca-da-fruta	180000000	86255

Internet: <www.cbs.dtu.dk> e <www.ncbi.nim.nih.gov>

De acordo com as informações do texto:

a) o conjunto de genes de um organismo define o seu DNA.
b) a produção de proteínas não está vinculada à molécula de DNA.
c) o tamanho do genoma não é diretamente proporcional ao número de proteínas produzidas pelo organismo.
d) quanto mais complexo o organismo, maior o tamanho de seu genoma.
e) genomas com mais de um bilhão de pares de bases são encontrados apenas nos seres vertebrados.

7. A Embrapa possui uma linhagem de soja transgênica resistente ao herbicida Imazapir. A planta está passando por testes de segurança nutricional e ambiental, processo que exige cerca de três anos. Uma linhagem de soja transgênica requer a produção inicial de 200 plantas resistentes ao herbicida e destas são selecionadas as dez mais "estáveis", com maior capacidade de gerar descendentes também resistentes. Esses descendentes são submetidos a doses de herbicida três vezes superiores às aplicadas nas lavouras convencionais. Em seguida, as cinco melhores são separadas e apenas uma delas é levada a testes de segurança. Os riscos ambientais da soja transgênica são pequenos, já que ela não tem possibilidade de cruzamento com outras plantas e o perigo de polinização cruzada com outro tipo de soja é de apenas 1%.

A soja transgênica, segundo o texto, apresenta baixo risco ambiental porque:

a) a resistência ao herbicida não é estável e assim não passa para as plantas-filhas.
b) as doses de herbicida aplicadas nas plantas são 3 vezes superiores às usuais.
c) a capacidade da linhagem de cruzar com espécies selvagens é inexistente.
d) a linhagem passou por testes nutricionais e após três anos foi aprovada.
e) a linhagem obtida foi testada rigorosamente em relação a sua segurança.

8. O DNA (ácido desoxirribonucleico), material genético de seres vivos, é uma molécula de fita dupla, que pode ser extraída de forma caseira a partir de frutas, como morango ou banana amassados, com uso de detergente, de sal de cozinha, de álcool comercial e de uma peneira ou de um coador de papel.

O papel do detergente nessa extração de DNA é

a) aglomerar o DNA em solução para que se torne visível.
b) promover lise mecânica do tecido para obtenção do DNA.
c) emulsificar a mistura para promover a precipitação do DNA.
d) promover atividades enzimáticas para acelerar a extração do DNA.
e) romper as membranas celulares para liberação do DNA em solução.

9. Após a redescoberta do trabalho de Gregor Mendel, vários experimentos buscaram testar a universalidade de suas leis. Suponha um desses experimentos, realizado em um mesmo ambiente, em que uma planta de linhagem pura com baixa estatura (0,6 m) foi cruzada com uma planta de linhagem pura de alta estatura (1,0 m). Na prole (F1) todas as plantas apresentaram estatura de 0,8 m. Porém, na F2 (F1 x F1) os pesquisadores encontraram os dados a seguir.

Altura da planta (em metros)	Proporção da prole
1,0	63
0,9	245
0,8	375
0,7	255
0,6	62
Total	1000

Os pesquisadores chegaram à conclusão, a partir da observação da prole, que a altura nessa planta é uma característica que

a) não segue as leis de Mendel.
b) não é herdada e, sim, ambiental.
c) apresenta herança mitocondrial.
d) é definida por mais de um gene.
e) é definida por um gene com vários alelos.

Respostas

Capítulo 1

1. c
2. a
3. c
4. c
5. b
6. c
7. d
8. b
9. 1+2+4+8+16+64=95
10. a
11. d
12. 1+2+4+8=15

Capítulo 2

1. e
2. a
3. d
4. V, F, F, V, F
5. c
6. b
7. c
8. e
9. e
10. c
11. c
12. d
13. d
14. c
15. 2+4+8+16=30

Capítulo 3

1. a
2. a
3. a
4. c
5. e
6. a
7. e
8. b
9. d
10. 1+2+8+16+64=91
11. e
12. c
13. b

Capítulo 4

1. c
2. c
3. b
4. d
5. b
6. b
7. e
8. a

Capítulo 5

1. a
2. c
3. c
4. c
5. d
6. a
7. e
8. d
9. e
10. a
11. a
12. b
13. b

Capítulo 6

1. b
2. d
3. a
4. e
5. b
6. d
7. c
8. e
9. d
10. a
11. 1+8+16=25
12. a
13. d

Capítulo 7

1. c
2. d
3. a
4. c
5. d
6. V, V, V, V, V
7. c

Caiu no Enem

1. b
2. d
3. d
4. a
5. b
6. c
7. c
8. e
9. d

Parte 2

Evolução

Ecologia

Evolução

Cerca de 2 milhões de espécies de seres vivos já foram descritos pelos cientistas.

Com a teoria da evolução procuramos explicar como todas essas espécies surgiram na Terra; como elas podem se transformar ao longo do tempo e originar outras espécies; a razão de suas semelhanças e diferenças; e por que os seres vivos possuem adaptações que os ajudam a sobreviver e a se reproduzir em seu ambiente.

Um dos maiores estudiosos da evolução foi Charles Darwin. Observando a orquídea *Angraecum sesquipedale*, Darwin previu a existência da mariposa-esfinge (*Xanthopan morganii praedicta*) antes mesmo que essa espécie fosse descrita. Ele supôs que somente uma mariposa com probóscide suficientemente grande seria capaz de alcançar o nectário dessa orquídea. Esse é um exemplo de seleção natural, que estudaremos a seguir.

CAPÍTULO

8 Evolução: as primeiras teorias

Bill Sanderson/SPL/Latinstock

Caricatura representando o naturalista inglês Charles Darwin.

- *Quantos grupos de seres vivos você conhece? Como você acha que esses seres podem ser tão diferentes?*
- *Você sabe o que são fósseis? Por que eles são importantes para o estudo da vida?*
- *Todas as características dos pais são passadas para os filhos?*

1 Fixismo e gradualismo

De acordo com o **fixismo**, pensamento predominante no século XVIII, cada espécie teria surgido de maneira independente e permaneceria sempre com as mesmas características. Esse era o pensamento, por exemplo, de Carolus Linnaeus (1707-1778), conhecido como Lineu, que criou um sistema de classificação dos seres vivos (estudado no volume 2 desta coleção).

Ainda no século XVIII, os fósseis, que atualmente são considerados fortes evidências das transformações que os seres vivos sofreram ao longo do tempo, já eram estudados, mas não eram vistos como evidência da evolução. Até mesmo o cientista francês Georges Cuvier (1769-1832), figura 8.1, um dos fundadores da Paleontologia – ciência que estuda os fósseis (*palaios* = antigo; *ontos* = ser; *logos* = estudo), era fixista.

Bettmann/Corbis/Latinstock

Figura 8.1 Naturalista francês Georges Cuvier.

Já em 1796, Cuvier observou, em suas escavações, a presença de espécies novas nas camadas mais superficiais (recentes) da Terra e a ausência de outras espécies que estavam presentes nas camadas profundas (antigas). A explicação de Cuvier para esse fato era a de que as espécies antigas foram extintas por catástrofes naturais que ocorreram subitamente, e que as novas espécies teriam migrado de outras áreas.

No campo da Geologia (*geo* = Terra; *logos* = estudo), ciência que estuda as características físicas e químicas da Terra e de suas mudanças ao longo do tempo, alguns cientistas contribuíram com ideias diferentes do fixismo. Um exemplo foi o geólogo escocês James Hutton (1726-1797), que defendia a ideia de que as mudanças nas espécies podiam ser explicadas por mecanismos graduais, a exemplo das mudanças que ocorrem ainda hoje na Terra. Esse também era o pensamento do geólogo escocês Charles Lyell (1797-1875), figura 8.2, cujas ideias iriam influenciar o pensamento de Charles Darwin.

Desde meados do século XVIII, a hipótese de uma transformação das espécies (**transformismo** ou **transmutação das espécies**) passou a ser defendida, por alguns cientistas para explicar a diversidade das espécies e a existência de fósseis de organismos diferentes dos organismos atuais. O transformismo era a ideia defendida, por exemplo, pelo médico inglês Erasmus Darwin (1731-1802), o avô de Charles Darwin. No entanto, ele e outros defensores da evolução não apresentaram nenhum modelo para explicar as mudanças nas espécies ao longo dos milhões de anos.

Royal Institution of Great Britain/SPL/Latinstock

Figura 8.2 Charles Lyell, geólogo que influenciou o pensamento de Darwin sobre a seleção natural.

2 Lamarckismo

No início do século XIX, o naturalista Jean-Baptiste Pierre Antoine de Monet, Chevalier de Lamarck, ou, simplesmente, Lamarck (1744-1829), figura 8.3, sugeriu um mecanismo para explicar a transformação das espécies.

A tese de Lamarck é expressa com detalhes no livro *Philosophie zoologique* (*Filosofia zoológica*), publicado em 1809. Contrariando as ideias fixistas da época, o francês defendia que os organismos atuais surgiram de outros mais simples e teriam uma tendência a se transformar, gradualmente, em seres mais complexos. Os seres mais simples, por sua vez, poderiam surgir por geração espontânea e sua evolução seria, de acordo com Lamarck, guiada por necessidades internas dos organismos.

Atualmente, Lamarck não é tão reconhecido por ter sido um evolucionista que se opunha às ideias fixistas de sua época. O naturalista francês ficou mais conhecido por ter defendido duas leis que explicariam os mecanismos de transformação dos seres vivos: a **lei do uso e desuso** e a **lei da herança das características adquiridas**. Vale lembrar que, na época de Lamarck, era comum a crença nessas leis, que, além de não terem sido criadas por ele, tinham um papel secundário em sua teoria.

De acordo com a lei do uso e desuso, um órgão desenvolvia-se com o uso e atrofiava-se com o desuso. Assim, a língua comprida do tamanduá ou a do camaleão, por exemplo, teriam se desenvolvido em resposta às suas necessidades alimentares e ao uso desse órgão – esses dois animais usam a língua para capturar e comer insetos.

Essa lei apresenta uma verdade apenas parcial, porque o ambiente só pode alterar as características do organismo dentro de certos limites predeterminados pelo gene (norma de reação). Assim, embora a altura de uma pessoa possa variar, dependendo das condições em que ocorra o seu crescimento, essa variação não ultrapassará determinados valores máximos e mínimos previstos pelos genes dessa pessoa. Além disso, para certas características, o efeito do ambiente e o uso e desuso têm pouca ou nenhuma influência. Por exemplo, nossa percepção visual não aumenta com o uso dos olhos.

A segunda lei afirma que o caráter adquirido (resultante do desenvolvimento pelo uso ou da atrofia pelo desuso) seria transmitido aos descendentes. Assim, um halterofilista desenvolveria seus músculos com exercícios e essa característica passaria para os seus filhos.

Entre 1870 e 1875, o biólogo alemão August Weismann (1834-1914) estabeleceu a existência de duas linhagens de células – as germinativas (que originam os gametas) e as somáticas (que formam o corpo) – e mostrou que apenas as modificações surgidas na linhagem germinativa se transferem aos descendentes.

Em uma de suas experiências, ele cortou o rabo de camundongos por várias gerações, mas nenhum dos descendentes nasceu com rabo menor. O experimento de Weismann foi uma evidência contrária à herança das características adquiridas.

Figura 8.3 Em uma época em que muitos cientistas eram fixistas, Lamarck defendeu a teoria de que as espécies mudam com o tempo, descrevendo um mecanismo por meio do qual isso poderia ocorrer.

Atualmente, as evidências contra esse tipo de herança vêm do conhecimento que temos de genética. Hoje sabemos que apenas os genes dos gametas são passados para os descendentes; portanto, alterações nas células somáticas não são transmitidas de uma geração a outra.

Além disso, o uso e desuso de órgãos e outras estruturas não altera a sequência de bases do DNA que será transmitida aos descendentes. Fatores do ambiente podem alterar a expressão de certos genes, mas, com exceção daqueles que provocam mutações, como a radiação, não modificam a sequência de bases do DNA.

Finalmente, embora mutações alterem a sequência de bases do DNA, é importante destacar que elas não são dirigidas pelo ambiente. Isso significa que, em ambientes frios, por exemplo, não há maior probabilidade de surgir uma mutação que torne o indivíduo mais adaptado ao frio do que mutações que o tornem menos adaptado ou que sejam neutras em relação a esse fator ambiental.

Assim, é preciso situar Lamarck em sua época para compreender melhor o valor de seu trabalho. Ele defendeu a ideia de que as espécies mudam e a de que novas características podem ser transmitidas para novas gerações. Além disso, Lamarck propôs uma teoria da evolução, isto é, um mecanismo para explicar o surgimento de novas espécies e o fato de que os seres vivos passam por mudanças adaptativas. Sua tese provocou muitas discussões sobre a evolução e permitiu que o conhecimento desse fenômeno biológico se generalizasse. Além disso, Lamarck também contribuiu para o desenvolvimento da Biologia com vários estudos sobre Botânica e sobre a classificação dos animais (figura 8.4).

Paul D. Stewart/SPL/Latinstock

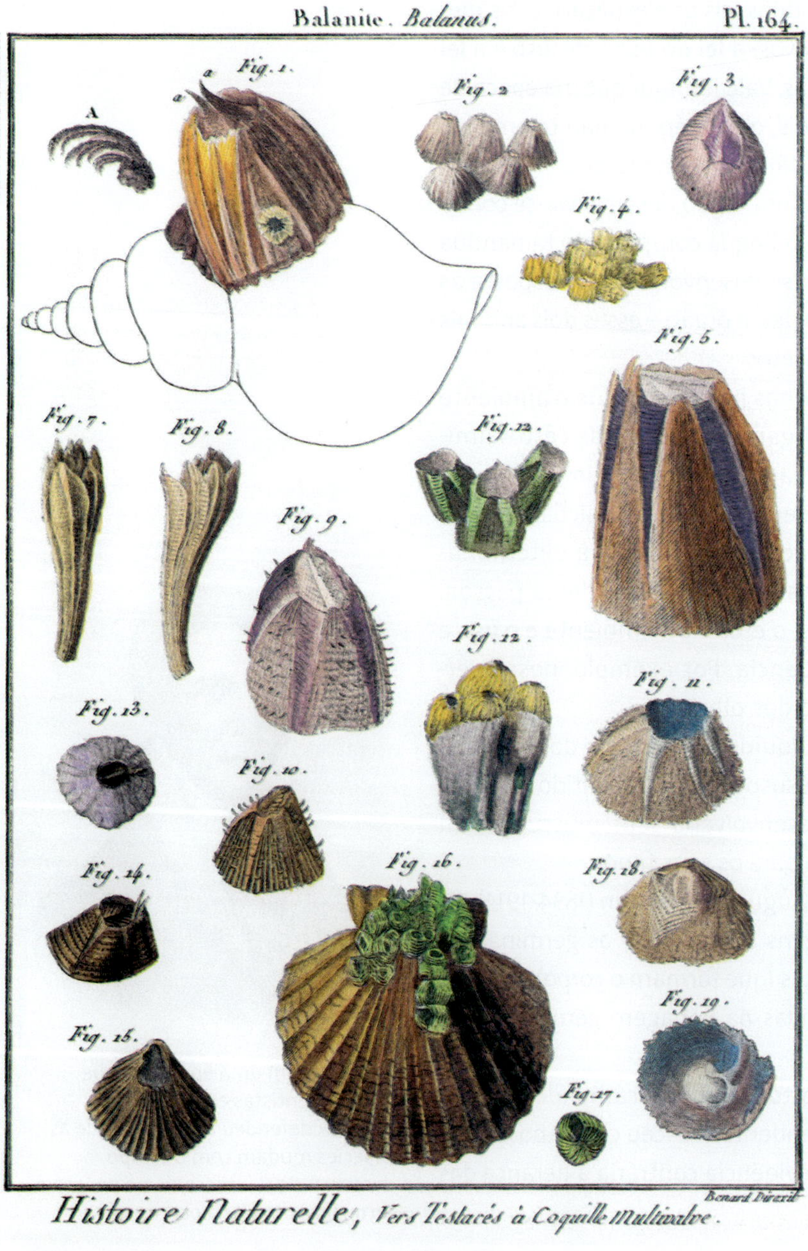

Figura 8.4 Lamarck deu uma importante contribuição para a classificação de animais invertebrados. Na foto, página de uma enciclopédia de 1792 em que Lamarck trabalhou com ilustrações de cracas (crustáceos) estudadas por ele.

3 Darwinismo

Em 1825, o inglês Charles Darwin (1809-1882) foi estudar Medicina na Universidade de Edimburgo (capital da Escócia), mas, sem vocação para a Medicina, acabou abandonando o curso e foi para a Universidade de Cambridge (Inglaterra) estudar para ser clérigo.

Após terminar os estudos, foi convidado para uma viagem em um barco da Real Marinha Britânica, o HMS Beagle, que tinha a missão inicial de explorar a costa da América do Sul, indo depois para a Nova Zelândia e para a Austrália. A viagem começou em 1831 e durou quase cinco anos (figura 8.5).

SPL/Latinstock

Gravura representando o HMS Beagle (cerca de 30 m de comprimento).

Fonte: NATIONAL GEOGRAPHIC BRASIL. São Paulo: Abril.

Figura 8.5 Mapa representando a rota de passagem do Beagle pela América do Sul.

Bettmann/Corbis/Latinstock

Charles Darwin pouco após a viagem do Beagle (aquarela de George Richmond, 1840).

Julia Margaret Cameron/Bettmann/Corbis/Latinstock

Charles Darwin aos 66 anos de idade.

Paul D. Stewart/SPL DC/Latinstock

Figura 8.6 Gravura representando a chegada do Beagle no Rio de Janeiro, em 1832. Darwin ficou horrorizado e com vergonha quando viu a forma brutal como os escravos eram tratados.

Darwin esteve no Brasil por duas vezes, nos trajetos de ida e de volta de sua viagem de cinco anos. Passou por Fernando de Noronha, Salvador, Recife, Abrolhos e Rio de Janeiro. Ficou fascinado com a exuberância da floresta tropical, mas chocado com a escravidão (figura 8.6).

Na Argentina, Darwin encontrou fósseis de estranhos animais gigantescos. Alguns eram semelhantes às preguiças e outros se pareciam com tatus. Como Darwin não conseguiu identificá-los, enviou os fósseis a Londres, onde eles foram analisados por outros cientistas, que identificaram semelhanças entre eles e os tatus e preguiças atuais. Isso fez com que Darwin se perguntasse por que os fósseis dos animais gigantes estavam nos mesmos lugares onde, no presente, podiam ser encontrados seus semelhantes em escala reduzida (figura 8.7). A explicação poderia estar na transformação das espécies a partir de ancestrais comuns por meio da descendência com modificações.

Darwin observou também que um mesmo tipo de animal mostrava diferenças de acordo com a região onde era encontrado: por exemplo, a ema encontrada ao norte da Patagônia era um pouco diferente da ema do sul da Patagônia (a Patagônia está localizada no sul do Chile e da Argentina).

Figura 8.7 Nas ilustrações, reconstituição de um animal que lembra um tatu--gigante (gênero *Glyptodon*), com cerca de 3 m de comprimento, e de outro que lembra uma preguiça-gigante (gênero *Megatherium*), com 6 m de comprimento. Ambos viveram na América do Sul e se extinguiram há alguns milhares de anos (figuras sem escala; cores fantasia). Nas fotos, um tatu-galinha (*Dasypus novemcinctus*; 38 cm a 58 cm de comprimento) e uma preguiça-de--coleira (*Bradypus torquatus*; cerca de 50 cm de comprimento).

Ilustrações: Luis Moura/ Arquivo da editora

Fotos: Fabio Colombini/Acervo do fotógrafo

Darwin passou quatro semanas no arquipélago de Galápagos, um conjunto de ilhas vulcânicas no oceano Pacífico, a cerca de 970 quilômetros da costa ocidental da América do Sul. Ele observou que lá havia vários animais que não existiam em nenhum outro lugar, como iguanas marinhas, tartarugas de grande porte (figura 8.8) e algumas espécies de aves, como os pássaros do grupo dos fringilídeos (família Fringillidae), que ficaram conhecidos como tentilhões de Darwin.

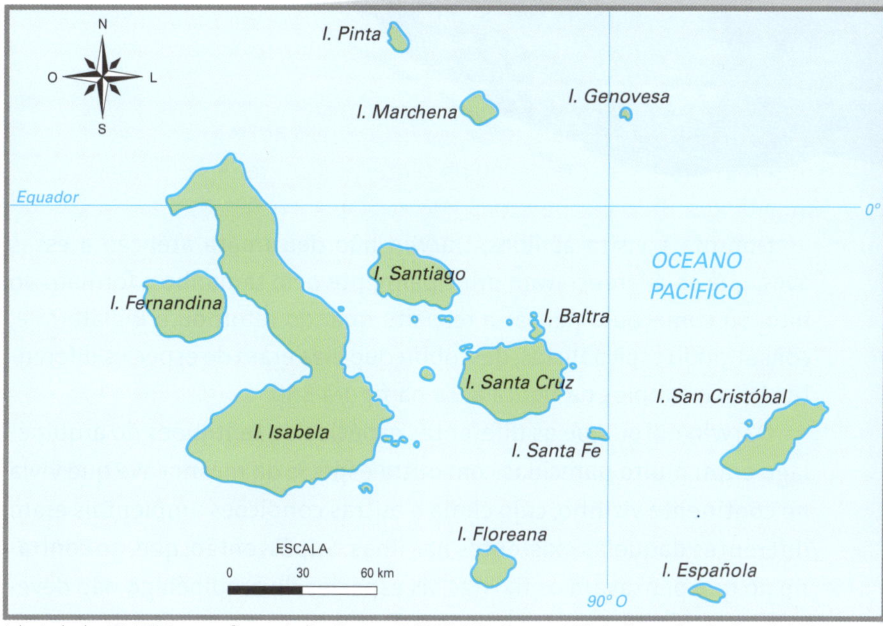

Adaptado de: ATLANTE geografico metodico De Agostini 2011-2012. Novara: Istituto Geografico De Agostini, 2011.

Figura 8.8 Ilhas Galápagos (os nomes das ilhas estão no idioma original, o espanhol) e alguns dos organismos característicos do arquipélago.

Cacto (*Opuntia echios*; até 12 m de altura) endêmico de Galápagos.

Patola-de-pés-azuis (*Sula nebouxii*; cerca de 80 cm de comprimento).

Apenas em Galápagos é encontrada a iguana marinha (*Amblyrhynchus cristatus*; de 0,6 m a 1,30 m de comprimento).

Tartaruga-gigante de Galápagos (*Chelonoidis nigra*), que atinge até 1,80 m de comprimento e 250 kg de peso.

Figura 8.9 Tentilhão (*Geospiza scandens*) que se alimenta de cacto.

Durante a visita às ilhas, Darwin não deu muita atenção a essas aves, que se diferenciavam principalmente pelo tamanho e formato do bico. Só começou a pensar a respeito quando retornou à Inglaterra e, consultando especialistas, descobriu que elas eram de espécies diferentes. Veja exemplos na figura 8.9 e na figura 8.10.

Darwin notou que as diferentes espécies de tentilhões do arquipélago eram muito parecidas com outra espécie da mesma ave que vivia no continente vizinho, cujo clima e outras condições ambientais eram diferentes daquelas existentes nas ilhas. Supôs, então, que, ao contrário do que pensavam os fixistas, as espécies do arquipélago não deveriam ter surgido nas próprias ilhas e permanecido imutáveis, mas teriam se originado de espécies provenientes do continente, o que explicaria a semelhança entre elas. Ao longo do tempo, essas espécies teriam se diversificado e se adaptado às condições do ambiente. Por exemplo, o formato do bico estaria adaptado ao tipo de alimentação disponível no local ocupado por elas (a evolução dos tentilhões será estudada no capítulo 10).

Recapitulando: por que as ilhas do arquipélago, que apresentavam solo e clima muito semelhantes, não tinham a mesma flora e a mesma fauna? Por que elas apresentavam flora e fauna muito mais parecidas com as existentes nas regiões continentais vizinhas do que parecidas entre si? E por que, como Darwin teve a chance de observar, havia duas espécies de ema (*Rhea americana* e *Rhea pennata*) em regiões tão próximas da América do Sul? Era difícil responder a essas e a outras perguntas com base no fixismo. No entanto, era possível respondê-las caso se admitisse que espécies semelhantes seriam descendentes de uma espécie ancestral comum, existente no passado, e teriam surgido por meio de uma série de modificações. Essa é a ideia de descendência com modificação a partir de um ancestral comum, defendida por Darwin.

Figura 8.10 Tentilhão (*Camarhynchus pallidus*) que se alimenta de insetos.

A explicação de Darwin

Formação de novas espécies

Qual seria então o mecanismo que explica a transformação das espécies?

A existência de fósseis sugeria que organismos diferentes tinham habitado a Terra no passado. Além disso, a Geologia começava a se desenvolver e revelava que a Terra era mais antiga do que se supunha e que tinha passado por muitas transformações. Tudo isso levou muitos cientistas a pensar que houve uma evolução da vida na Terra. Durante a viagem do Beagle, Darwin leu o livro *Princípios de Geologia*, de Charles Lyell. Entre outras coisas, o autor do livro interpretava as mudanças geológicas como consequências de pequenas mudanças que se acumulavam ao longo de enormes períodos de tempo.

Darwin começou a suspeitar que o mecanismo da evolução poderia ter alguma semelhança com a **seleção artificial**, processo em que o ser humano seleciona para reprodução espécies animais e vegetais com características desejáveis, desprezando as demais. Assim, surgiram todas as raças de cães, carneiros, cavalos, vacas; as variedades de milho e frutas; etc. (figura 8.11).

Darwin passou um bom tempo estudando os cruzamentos seletivos que os criadores de pombo usavam para obter as várias raças desse animal. De forma análoga, pensou ele, a natureza poderia selecionar determinadas características e, dado certo tempo, originar novas variedades de animais ou plantas.

Como o processo de seleção poderia ocorrer na natureza sem a interferência humana? Uma ideia para a resposta a essa pergunta veio em 1838, quando Darwin leu um livro do economista e clérigo inglês Thomas Malthus (1766-1834) sobre populações.

Figura 8.11 Da mostarda-selvagem (*Brassica* sp.; 30 cm a 1 m de altura), por meio de cruzamentos conduzidos pelo ser humano, foram obtidos a couve-flor, a couve-de-bruxelas, o repolho e o brócolis.

Ilustrações: Casa de Tipos/Arquivo da editora

Figura 8.12 Um exemplo de seleção natural (coruja com cerca de 60 cm de comprimento; rato com cerca de 15 cm de comprimento, fora a cauda; cores fantasia).

Malthus afirmava que as populações tendem a crescer em progressão geométrica, dobrando o número de indivíduos após determinado período de tempo (1, 2, 4, 8, 16, etc.), mas os recursos para sustentar os indivíduos (como o alimento) cresceriam bem mais devagar, em progressão aritmética (1, 2, 3, 4, 5, etc.). Esse crescimento acelerado de indivíduos levaria a uma escassez dos recursos (alimento, espaço, etc.) necessários à sobrevivência ou à reprodução da população. (Saiba mais sobre progressões geométricas e aritméticas no estudo da Matemática.)

Darwin concluiu que nem todos os organismos que nascem conseguem sobreviver ou – o que é mais importante – reproduzir-se. Os indivíduos com mais oportunidades de sobrevivência seriam aqueles com características apropriadas para enfrentar as condições ambientes; eles teriam maior probabilidade de se reproduzir e deixar descendentes férteis.

Nessas condições, as características favoráveis tenderiam a ser preservadas e as desfavoráveis, destruídas. Darwin afirmou: "Essa preservação de variações favoráveis e rejeição de variações prejudiciais eu chamo de **seleção natural**". Para Darwin, então, pelo lento e constante processo de seleção ao longo das gerações, as espécies podem diversificar-se e tornar-se adaptadas ao ambiente em que vivem.

Veja um exemplo de como a seleção natural promove uma mudança nas populações.

Na figura 8.12, você pode observar que a frequência de ratos amarelos na população está aumentando ao longo das gerações e a de ratos pretos, diminuindo. Isso está acontecendo porque, nesse ambiente em particular, as corujas, que se alimentam de ratos, localizam com mais facilidade os ratos pretos do que os ratos amarelos, já que estes últimos, cuja cor se confunde com a cor do solo, ficam mais camuflados. Pode acabar acontecendo de a população ser formada apenas por ratos amarelos.

Darwin, portanto, defendia a ideia de que as populações se diferenciam gradualmente, ao longo de muitas gerações (caráter gradual da evolução), resultando na diferenciação das espécies. Hoje sabemos, por exemplo, que as baleias, mamíferos aquáticos, surgiram da lenta evolução de mamíferos terrestres (os parentes evolutivos mais próximos desses animais são os hipopótamos), num processo que levou cerca de dez milhões de anos (como veremos no capítulo 11, há várias evidências fósseis desse processo, revelando uma progressiva adaptação ao ambiente aquático dos ancestrais das baleias às espécies atuais). No entanto, em certas situações, as mudanças podem ser bem mais rápidas, como veremos nos próximos capítulos.

Darwin e Wallace

As conclusões de Darwin não foram logo publicadas. Ele continuou recolhendo provas e trabalhando em sua teoria por mais vinte anos após a viagem a bordo do Beagle. A esse respeito afirmou: "A única maneira justa e legítima de considerar a questão é tentando provar se a minha teoria da evolução explica várias classes amplas de fatos".

As "classes amplas de fatos" a que Darwin se referia incluíam, entre outros, a adaptação, a transformação das espécies, a existência de fósseis e a semelhança dos organismos que vivem em ilhas com os que vivem no continente próximo.

Em 1858, Darwin recebeu um pequeno manuscrito do cientista inglês Alfred Russel Wallace (1823-1913), figura 8.13, intitulado *A tendência das variedades de se afastarem indefinidamente do tipo original*. Para sua surpresa, Wallace tinha chegado às mesmas conclusões que ele.

Um resumo do trabalho de Darwin e o ensaio de Wallace foram publicados em conjunto por uma instituição científica, a Linnean Society of London, mas não despertaram muita atenção. Em 1859 saiu a primeira edição do livro de Darwin, *Sobre a origem das espécies por meio da seleção natural, ou a preservação das raças favorecidas na luta pela vida* (mais conhecido como *A origem das espécies*; figura 8.14).

Embora alguns cientistas prefiram falar em teoria de Darwin-Wallace, Darwin tem o mérito de ter apresentado imensa série de evidências a favor de sua teoria e, por isso, para muitos cientistas, esse seria o principal motivo de a teoria da evolução ser mais identificada com o nome dele do que com o de Wallace. Outros também lembram o maior prestígio científico e social de Darwin na época.

Dr. Jeremy Burgess/SPL/Latinstock

Figura 8.13 Alfred Russel Wallace, naturalista inglês, em fotografia de 1902.

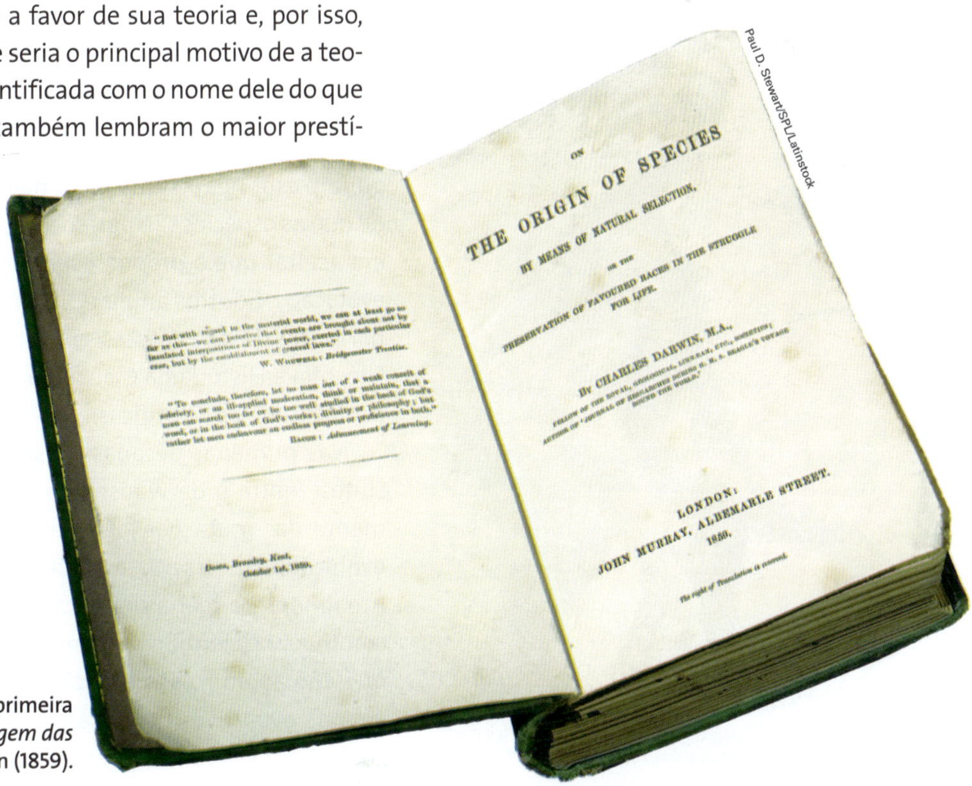

Paul D. Stewart/SPL/Latinstock

Figura 8.14 Cópia da primeira edição do livro *A origem das espécies*, de Charles Darwin (1859).

Problemas com o darwinismo

Darwin considerou a existência de um parentesco generalizado entre as espécies, até mesmo a humana (o que foi difícil de ser aceito na época). Para ele, as espécies estavam relacionadas evolutivamente, ou seja, compartilhavam um ancestral em algum ponto de sua história evolutiva (figura 8.15). Mas o principal problema dessa ideia era a falta de uma teoria que explicasse a origem e a transmissão das variações.

Darwin não sabia explicar como indivíduos com novas características (uma girafa com um pescoço maior que o de seus pais, por exemplo) poderiam surgir, visto que os genes, a mutação e a recombinação genética – resultante da meiose e da fecundação no processo de reprodução sexuada – não eram conhecidos na época.

Argumentava-se contra Darwin, por exemplo, que, de acordo com a teoria da herança misturada, aceita na época, uma nova característica, mesmo vantajosa, tenderia a se misturar com a característica antiga ao longo das gerações em virtude dos cruzamentos entre indivíduos diferentes. Hoje sabemos que os alelos de um gene são transmitidos às gerações seguintes sem se "misturarem".

Darwin não conseguiu responder satisfatoriamente às críticas, pois desconhecia a mutação e as leis da hereditariedade de Mendel. E atribuiu a transmissão de características entre gerações a hipotéticas "gêmulas", que migrariam dos tecidos até os órgãos sexuais e que, uma vez lá, se multiplicariam, sendo transmitidas às gerações seguintes. Darwin também admitia que, além da seleção, em certos casos, poderia ocorrer a herança dos caracteres adquiridos.

Entretanto, dada a falta de evidências acerca desses mecanismos de hereditariedade, entre outros motivos, muitos cientistas permaneciam céticos a respeito da teoria da evolução por seleção natural.

Figura 8.15 Caricatura de Charles Darwin com o corpo de um macaco. O desenho sugere que humanos e macacos estão relacionados na história evolutiva.

Além disso, argumentava-se, por exemplo, que não era possível ver uma espécie se transformando em outra. Ou que os fósseis eram resultado de grandes catástrofes que extinguiram espécies do passado. E havia também a ideia filosófica de que as espécies são perfeitas e imutáveis. Mais difícil ainda era aceitar que a própria espécie humana tinha surgido por evolução de outros animais (figura 8.15). Esse é mais um caso, portanto, de que fatores culturais e sociais (estudados em Filosofia e História da Ciência) podem influenciar a aceitação de novas ideias científicas.

Nas primeiras décadas do século XX, porém, houve uma síntese entre o darwinismo, as leis de Mendel e o conhecimento das mutações, que deu origem à **teoria sintética da evolução**, que será estudada nos próximos capítulos. Atualmente, a teoria sintética é aceita consensualmente pela comunidade científica – como veremos, há muitas evidências que dão apoio a essa teoria – e muitos fenômenos e mecanismos evolutivos novos, além da seleção natural, foram e continuam sendo descobertos.

Biologia e sociedade

A teoria da evolução e os limites da ciência

Em linguagem coloquial, a palavra "teoria" pode ser usada com diferentes significados, por exemplo, como sinônimo de hipótese ("eu tenho uma teoria para explicar isso"). Em ciência, porém, o uso desse termo é restrito – para a ciência, teoria é o conjunto de conceitos, leis e modelos que fornecem uma explicação para uma série de fenômenos em determinada área do conhecimento. Com base nas teorias científicas, são formuladas hipóteses, que devem poder ser testadas por meio de observações ou de experimentos.

Em ciências naturais (Física, Química, Biologia, etc.) as teorias elaboradas procuram explicar os fenômenos que envolvem matéria e energia.

Nessa área do conhecimento há vários exemplos de teorias aceitas pela comunidade científica – como a teoria da relatividade, a da mecânica quântica, a da tectônica de placas e a atual teoria da evolução, entre outras –, o que não quer dizer que sejam definitivas, isto é, que não possam ser corrigidas ou mesmo substituídas por outras.

Em relação à história da vida na Terra, o consenso dentro da comunidade científica é de que há evidências suficientes (como veremos adiante) para considerar que houve evolução biológica, ou seja, a evolução das espécies em nosso planeta pode ser considerada um fato – e a teoria da evolução procura explicar como isso ocorreu e continua a ocorrer. O que não significa que a teoria esteja pronta e acabada: vários pontos dela estão sendo debatidos, por exemplo, a importância relativa dos diversos fatores da evolução. Mas, para a comunidade científica, não há, pelo menos por enquanto, outra teoria capaz de explicar tantos fatos e de gerar novas observações e novos campos de pesquisa.

No entanto, embora a ciência possa nos dizer o que somos capazes de fazer, ela não nos diz o que devemos fazer ou o que é certo ou errado. O bem e o mal e o certo e o errado pertencem à esfera da ética (estudada em Filosofia), não à esfera científica.

Para muitos filósofos, enquanto a ciência trata de questões que podem ser testadas por meio de observações ou de experimentos, outros conhecimentos tratam de questões diferentes e fora do alcance da ciência. É o caso da arte (figura 8.16), que nos ensina muito sobre as emoções e os sentimentos humanos; por exemplo, lendo um romance podemos sentir as emoções das personagens e refletir sobre nossas próprias emoções. A ciência, juntamente com a arte, a religião, o conhecimento cotidiano e a filosofia (o que inclui a ética), é apenas uma parte da cultura humana. (Esse tópico pode ser explorado nas disciplinas de Filosofia e Sociologia.)

Confundir conhecimento científico e ética foi o grande engano do movimento conhecido como "darwinismo social", que, no século XIX, usou o conceito de seleção natural para tentar justificar a divisão da sociedade em classes e o imperialismo, pois seria natural o domínio dos mais fortes sobre os mais fracos, que tenderiam a perecer. O primeiro erro foi supor que a genética e a seleção natural são os únicos fatores que influenciam o ser humano, esquecendo que, em nossa espécie, a cultura e os valores sociais são importantes fatores de influência. O segundo foi confundir um fenômeno natural, a evolução, com a esfera ética – que trata do que deveria ser e não do que é de fato – extrapolando de fatos para princípios éticos e para a complexidade da cultura humana.

Bobbi Tull/Photodisc/Getty Images

Figura 8.16 Interpretação artística de uma paisagem natural.

Atividades

1. Se a transmissão de características adquiridas fosse válida, como deveria ser a cor da pele do filho de um casal, ambos de pele originalmente muito branca, mas que tomaram muito sol, por longos períodos, antes de gerá-lo? Critique essa ideia.

2. A domesticação do lobo provavelmente começou há cerca de 15 mil anos e deu origem a uma nova espécie, o cão doméstico, que conta com raças de grande diversidade de aparência.
   a) Explique como o ser humano conseguiu produzir raças de cães tão diferentes quanto bassês e labradores, por exemplo.
   b) Que semelhança há entre esse processo e um dos conceitos mais importantes da teoria de evolução de Darwin? Qual é esse conceito?

3. A foto a seguir reproduz uma página do caderno de anotações de Darwin, na qual, por volta de julho de 1837, ele fez um esquema parecido com uma árvore, atualmente conhecido como "árvore da vida". De acordo com o que estudou neste capítulo, responda: o que Darwin quis representar com esse esquema?

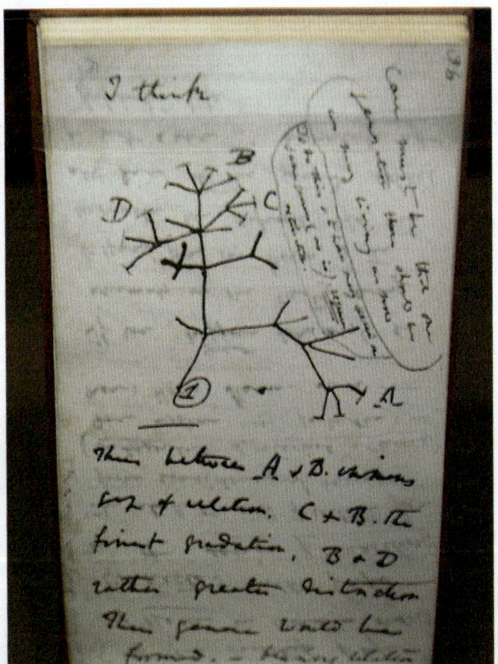

William Perlman/Star Ledger/Corbis/Latinstock

4. Suponha que a vantagem do longo pescoço da girafa seja a de possibilitar que esses animais se alimentem das folhas nos galhos mais altos das árvores e que esses animais tenham surgido de outros com pescoço mais curto. Como seria uma explicação baseada nas duas leis atribuídas a Lamarck? E uma baseada no princípio de seleção natural de Darwin? Critique também a lei da transmissão dos caracteres adquiridos.

5. No seu livro *A origem das espécies*, Charles Darwin refere que "[...] uma mudança acidental no tamanho e na forma do corpo, ou na curvatura e tamanho da probóscide, pequena demais para ser notada por nós, poderia favorecer a abelha ou outro inseto de tal maneira que um indivíduo com essa característica poderia conseguir seu alimento mais rapidamente e ter maior chance de sobreviver e deixar descendentes. Esses descendentes provavelmente herdariam essa tendência. [...] Assim, posso compreender como uma flor e a abelha podem, lentamente [...], modificar-se e tornar-se adaptadas uma à outra através da constante preservação de indivíduos que apresentam ligeiras modificações em sua estrutura".
   a) Que fenômeno origina o que Darwin chama de "uma mudança acidental no tamanho e na forma do corpo"? Ele sabia explicar como mudanças desse tipo aparecem?
   b) A que processo Darwin se refere no trecho "[...] um indivíduo com essa característica poderia conseguir seu alimento mais rapidamente e ter maior chance de sobreviver e deixar descendentes"?

6. Um estudante afirmou que a evolução das espécies pode ser perfeitamente explicada pela teoria proposta por Charles Darwin. Você concorda com essa afirmação? Por quê?

Trabalho em equipe

Em grupo, escolham um dos temas a seguir para pesquisar (em livros, CD-ROMs, na internet, etc.). Em seguida, apresentem o resultado do trabalho para a classe.

a) A passagem de Darwin pela América do Sul (o que inclui visitas ao Brasil) em sua viagem a bordo do HMS Beagle (a propósito, pesquisem o que significa a expressão "HMS"; vocês podem pedir ajuda aos professores de Inglês). Descubram onde Darwin esteve, o que ele viu, quais as suas impressões sobre os locais que visitou e como essa viagem influenciou suas ideias sobre a evolução das espécies. Façam cartazes com desenhos, fotos e mapas para ilustrar o trabalho, apresentando-o também para a comunidade escolar (alunos, professores e funcionários da escola e pais ou responsáveis). Peçam o auxílio dos professores de Geografia e História para a pesquisa.

b) Dados biográficos, ideias e obras de alguns cientistas que colaboraram com o darwinismo ou tiveram alguma influência sobre as primeiras teorias evolutivas, como Jean-Baptiste Lamarck, Alfred Russel Wallace, Henry Walter Bates e Fritz Müller.

c) Com auxílio dos professores de História e Filosofia, pesquisem o que foi o movimento conhecido como "darwinismo social", no século XIX. Façam críticas, demonstrando os equívocos desse movimento.

Pensando no Enem

1. Alguns anfíbios e répteis são adaptados à vida subterrânea. Nessa situação, apresentam algumas características corporais como, por exemplo, ausência de patas, corpo anelado que facilita o deslocamento no subsolo e, em alguns casos, ausência de olhos.

Suponha que um biólogo tentasse explicar a origem das adaptações mencionadas no texto utilizando conceitos da teoria evolutiva de Lamarck. Ao adotar esse ponto de vista, ele diria que:

a) as características citadas no texto foram originadas pela seleção natural.
b) a ausência de olhos teria sido causada pela falta de uso deles, segundo a lei do uso e desuso.
c) o corpo anelado é uma característica fortemente adaptativa, mas seria transmitida apenas à primeira geração de descendentes.
d) as patas teriam sido perdidas pela falta de uso e, em seguida, essa característica foi incorporada ao patrimônio genético e então transmitida aos descendentes.
e) as características citadas no texto foram adquiridas por meio de mutações e depois, ao longo do tempo, foram selecionadas por serem mais adaptadas ao ambiente em que os organismos se encontram.

Resolução

A questão aborda temas da área de Ciências da Natureza, exigindo conhecimento sobre as teorias evolutivas. É importante notar a intenção do enunciado em contrapor as teorias de Darwin e Lamarck. Deve-se atentar a isto para escolher entre as alternativas.

Além disso, a questão exige a compreensão das informações apresentadas sobre répteis e anfíbios, e a capacidade de relacioná-las a aspectos da teoria de Lamarck.

O problema

O enunciado apresenta algumas características normalmente presentes em répteis e anfíbios, mas que foram perdidas em alguns grupos que habitam áreas subterrâneas.

O conceito de uso e desuso foi utilizado por Lamarck para explicar o surgimento e o desaparecimento de características nos animais. Segundo esse conceito, se um animal utiliza muito alguma estrutura, esta se torna mais desenvolvida; da mesma forma, se alguma estrutura é pouco ou nada utilizada, ela se torna atrofiada e pode até desaparecer. Assim, por não utilizarem os olhos em locais subterrâneos, onde a luz não chega, essas estruturas se atrofiaram e foram perdidas.

Resposta: **B**.

2. Os anfíbios são animais que apresentam dependência de um ambiente úmido ou aquático. Nos anfíbios, a pele é de fundamental importância para a maioria das atividades vitais, apresenta glândulas de muco para conservar-se úmida, favorecendo as trocas gasosas e, também, pode apresentar glândulas de veneno contra microrganismos e predadores.

Segundo a Teoria Evolutiva de Darwin, essas características dos anfíbios representam a:

a) lei do uso e desuso.
b) atrofia do pulmão devido ao uso contínuo da pele.
c) transmissão de caracteres adquiridos aos descendentes.
d) futura extinção desses organismos, pois estão mal adaptados.
e) seleção de adaptações em função do meio ambiente em que vivem.

Resolução

Nesta questão deve-se compreender as informações apresentadas sobre as características de anfíbios e sua relação com o ambiente em que vivem. O enunciado exige a capacidade de relacionar as informações dadas com conceitos da área de Ciências da Natureza, principalmente sobre processos evolutivos.

Além disso, a questão exige do aluno a capacidade de reunir os conhecimentos apresentados e construir um argumento capaz de explicar esses conhecimentos.

O problema

As informações contidas no enunciado sobre a pele e o *habitat* dos anfíbios devem servir de base para uma reflexão sobre como essas características teriam surgido.

Nota-se também uma intenção nas alternativas em contrapor as teorias evolutivas de Darwin e Lamarck. As alternativas **A**, **B** e **C** abordam aspectos da teoria de Lamarck, como o uso e desuso e a herança de caracteres adquiridos. Já a alternativa **D** apresenta uma incoerência com o restante do enunciado, que mostra que esses animais estão bastante adaptados aos seus *habitat*. Portanto podemos concluir que essas características constituem adaptações que apareceram nesses animais, permitindo sua sobrevivência nos ambientes que habitam.

Dessa forma, com base na teoria de Darwin, a argumentação correta é a de que essas características da pele de anfíbios foram selecionadas por constituírem adaptações vantajosas ao ambiente em que esses animais vivem.

Resposta: **E**.

Vestibulares de Norte a Sul

1. **NE** (UFRN) Atualmente, a história da ciência procura entender como o conhecimento foi construído em determinada época, de modo contextualizado, e considera que cada cultura e tempo têm questões peculiares a serem solucionadas. Nesse contexto, em relação às teorias evolutivas, Jean-Baptiste de Lamarck:

   a) era defensor de que as espécies não evoluíam de outras espécies.
   b) acreditava que os seres vivos não se modificavam ao longo do tempo.
   c) propôs o princípio da seleção natural antes mesmo de Darwin.
   d) foi um dos primeiros pesquisadores a propor que os seres vivos evoluíam.

2. **SE** (UFSJ-MG) Pessoas que se mudam para regiões de grande altitude sofrem com a queda na disponibilidade de oxigênio atmosférico para as células do organismo. A hipoxia caracteriza-se por sono, fraqueza muscular, confusão mental e dificuldades visuais. Entretanto, após algumas semanas, o organismo aumenta a ventilação alveolar, a densidade de hemácias no sangue cresce em até 50% e os sintomas da hipoxia finalmente desaparecem. Essas adaptações orgânicas ao novo hábitat:

   a) são decorrentes da seleção natural e aumentam as chances de sobrevivência do indivíduo.
   b) podem ser transmitidas aos descendentes, segundo a premissa da lei do uso e desuso de que mudanças morfológicas e fisiológicas no decorrer da vida do indivíduo são herdáveis.
   c) ocorrem nos indivíduos mais aptos que, tendo aumentadas as suas chances de deixar descendentes, serão naturalmente selecionados no conjunto da população.
   d) são ajustes estritamente fisiológicos, portanto têm caráter reversível e não podem ser transmitidas aos descendentes.

3. **S** (UFRGS-RS) Existem duas grandes teorias que tentam explicar os mecanismos pelos quais os organismos evoluíram e continuam a evoluir. Tanto Lamarck como Darwin apresentam um fator como primordial para a evolução. A diferença é que, para Lamarck, esse fator é a causa direta das variações e, para Darwin, esse mesmo fator seria o que seleciona dentre as variações possíveis a mais adaptada. Esse fator é:

   a) o ambiente.
   b) a grande capacidade de reprodução.
   c) a competição.
   d) a variação hereditária transmissível.
   e) a migração.

4. **SE** (Fuvest-SP) Em 2009, comemoram-se os 150 anos da publicação da obra *A origem das espécies*, de Charles Darwin.

   Pode-se afirmar que a história da biologia evolutiva iniciou-se com Darwin, porque ele:

   a) foi o primeiro cientista a propor um sistema de classificação para os seres vivos, que serviu de base para sua teoria evolutiva da sobrevivência dos mais aptos.
   b) provou, experimentalmente, que o ser humano descende dos macacos, num processo de seleção que privilegia os mais bem adaptados.
   c) propôs um mecanismo para explicar a evolução das espécies, em que a variabilidade entre os indivíduos, relacionada à adaptação ao ambiente, influi nas chances de eles deixarem descendentes.
   d) demonstrou que mudanças no DNA, ou seja, mutações, são fonte da variabilidade genética para a evolução das espécies por meio da seleção natural.
   e) foi o primeiro cientista a propor que as espécies não se extinguem, mas se transformam ao longo do tempo.

5. **S** (Furg-RS) Um naturalista soltou 200 casais de pássaros da mesma espécie numa ilha afastada do continente, onde predominavam árvores com frutos de casca muito dura. Destes, 50% eram da variedade X, que possuía bico longo e forte, e 50% eram da variedade Y, com bicos curtos e fracos. Após alguns anos, pesquisadores capturaram 400 pássaros, ao acaso, e observaram 286 indivíduos da variedade X e 114 da variedade Y, o que levou à formulação de duas hipóteses:

   Hipótese I: Indivíduos da variedade Y desenvolveram gradualmente bicos maiores e mais fortes, até se tornarem semelhantes e igualmente adaptados àqueles da variedade X.

   Hipótese II: O tipo de alimento funcionou como fator determinante na escolha dos pássaros mais adaptados àquele ambiente, fazendo com que a variedade X obtivesse maior sucesso em relação à sobrevivência.

   Com base no exposto, indique as teorias e leis utilizadas para a formulação das hipóteses I e II, respectivamente:

   a) A teoria do transformismo e a lei do uso e desuso de Lamarck.
   b) A lei do uso e desuso de Lamarck e a teoria da seleção natural de Darwin.
   c) A teoria da seleção natural de Darwin e a teoria do transformismo.
   d) Ambas utilizaram a lei do uso e desuso de Lamarck.
   e) Ambas utilizaram a teoria da seleção natural de Darwin.

6. **SE** (UFTM-MG) Quando questionado sobre o significado biológico da evolução, um aluno respondeu:

Para mim, a evolução significa uma melhoria da nossa espécie e das outras. Significa um progresso para a perfeição, tal como é a natureza.

A partir da análise da resposta do aluno, pode-se afirmar que ela é:

a) correta, pois a seleção natural visa, de fato, à perfeição das espécies e sua melhoria no tempo evolutivo.
b) equivocada, pois a evolução não implica em perfeição, nem visa a um fim programado de melhorias, definido de modo antecipatório.
c) correta, pois as espécies buscam uma harmonia garantida pela evolução e já indexada em seu programa genético.
d) correta, podendo ser comprovada pela evidência fóssil, pela anatomia comparada e pela convergência adaptativa.
e) equivocada, pois a natureza não é marcada por sucessos na sobrevivência das espécies que ocupam nichos ecológicos similares.

7. **CO** (UFG-GO) Leia o texto a seguir.

"Há uma grandeza nessa visão da vida. A partir de um início tão simples, infinitas formas, as mais belas e maravilhosas, evoluíram e continuam evoluindo..."

Disponível em: <www.dominiopublico.gov.br>. Acesso em: 3 out. 2009.

O pensamento descrito no texto reflete o conhecimento de que:

a) os caracteres adquiridos em função do uso e desuso são transmitidos hereditariamente.
b) o genótipo sofre sucessivas mutações de uma geração para outra.
c) os organismos surgiram espontaneamente a partir da matéria não viva.
d) as espécies descendem umas das outras e estão ligadas por ancestral comum.
e) os seres vivos surgiram já adaptados ao ambiente e permanecem imutáveis.

8. **NE** (UFPI) O padrão de cor das serpentes *Micrurus corallinus* (coral-verdadeira) e *Erithrolampus aesculapi* (falsa-coral) é semelhante; elas são, no entanto, de famílias diferentes. Como explicar esse fato? Analise as proposições como verdadeiras, se totalmente corretas, ou como falsas.

( ) Em razão da adaptação por mimetismo, em que duas espécies diferentes compartilham alguma semelhança que é reconhecida por outra espécie, conferindo vantagens para uma ou ambas as espécies.

( ) Como resultado da adaptação da coral-verdadeira, em que a seleção natural agiu sobre seus ancestrais, aumentando sua frequência na população, por meio da camuflagem com a falsa-coral.

( ) Em virtude de a camuflagem entre as espécies favorecer o aumento na frequência da população da coral-verdadeira.

( ) Como resultado da adaptação da falsa-coral, em que seus ancestrais podem ter-se beneficiado do mimetismo por meio da seleção natural, aumentando a frequência na população de falsas-corais.

9. **CO** (UFG-GO) Quando Darwin chegou ao arquipélago de Galápagos, em 1835, observou pássaros da família Fringillidae (tentilhões) e ficou impressionado com as treze espécies dessas aves nas diferentes ilhas. Uma explicação para o surgimento dessas espécies é a irradiação adaptativa, na qual os tentilhões

a) apresentavam características semelhantes e hereditárias que surgiram a cada geração por acaso e não em resposta às necessidades adaptativas dos indivíduos.
b) surgiram a partir de um ancestral comum que emigrou do continente para as ilhas, ocupando-as, enquanto os diversos ambientes insulares selecionaram as aves mais adaptadas.
c) adquiriram características em consequência do uso mais ou menos acentuado de uma parte do organismo.
d) foram capazes de gerar descendentes férteis em resposta a uma competição entre os machos de uma mesma espécie em disputa pelas fêmeas.
e) surgiram em decorrência de uma barreira física que proporcionou um isolamento geográfico e causou a origem de aves diferenciadas.

10. **NE** (UFPI) A evolução biológica, amplamente aceita pelos cientistas, é a melhor explicação para a enorme variação dos organismos vivos. No entanto, muitas pessoas leigas ainda se sentem confusas em relação à Teoria da Evolução. Assinale a alternativa que melhor responderia, com base na teoria de Darwin, à seguinte indagação cética: "Se o homem veio do macaco, por que ainda existem macacos hoje?".

a) Algumas espécies de macacos sofreram pressões seletivas diferentes, porém certamente convergirão também para a espécie humana.
b) O homem não evoluiu dos macacos modernos, mas compartilhou com eles um ancestral comum, uma espécie que não existe mais.
c) Os macacos modernos, apesar de pertencerem a espécies diferentes da humana, possuem carga genética muito semelhante.
d) Os macacos modernos são produtos de uma evolução inacabada enquanto o homem já atingiu seu ápice.
e) Os macacos modernos certamente não chegaram a cruzar com os humanos.

11. **S** (UEPG-PR) Com relação ao conceito de evolução dentro do campo da Biologia, assinale o que for correto.

01) As mudanças que as espécies sofrem por evolução sempre as tornam mais aptas a sobreviver em seu ambiente.

02) Órgãos vestigiais constituem evidências anatômicas da evolução. São estruturas que não desempenham nenhuma função no organismo atual, mas que são homólogas a órgãos importantes de outras espécies.

04) Constituem evidências evolutivas o estudo da anatomia e embriologia comparada, o estudo dos fósseis e o estudo da bioquímica comparada.

08) Órgãos da mesma origem evolutiva que desempenham funções diferentes são denominados análogos.

12. **SE** (Unicamp-SP) Os antepassados dos golfinhos tinham patas, que, de tanto serem usadas para a natação, foram se transformando em nadadeiras.

a) A frase acima está de acordo com a teoria de Lamarck ou com a teoria de Darwin? Justifique relacionando a teoria escolhida com a frase.

b) Por que a frase está em desacordo com a teoria não escolhida?

13. **CO** (UFG-GO) Segundo a Teoria da Evolução, proposta por Charles Darwin, todos os seres vivos tiveram um ancestral comum em algum momento do passado. Como integrantes da diversidade biológica, todos os organismos estão sujeitos a modificações ao longo do tempo, que podem conduzir ao processo de especiação. Descreva duas causas que levam a esse processo.

14. **NE** (UFBA) Como, de cada espécie, nascem muito mais indivíduos do que o número capaz de sobreviver, e, como, consequentemente, ocorre uma frequente retomada da luta pela existência, segue-se daí que qualquer ser que sofra uma variação, mínima que seja, capaz de lhe conferir alguma vantagem sobre os demais, dentro das complexas e eventualmente variáveis condições de vida, terá maior condição de sobreviver [...]. E, em virtude do poderoso princípio da hereditariedade, qualquer variedade que tenha sido selecionada tenderá a propagar sua nova forma modificada.

(DARWIN, 1985, p. 45).

Com base nessas informações,

a) identifique o processo sugerido por Darwin que relaciona condições vantajosas a maiores chances de sobrevivência e reprodução;

b) explique, no contexto da Biologia contemporânea, o significado da expressão "poderoso princípio da hereditariedade", destacando as duas propriedades sugeridas no texto que são inerentes à sua natureza molecular.

15. **SE** (Unicamp-SP) O gráfico abaixo mostra a variação ao longo do tempo na frequência de dois fenótipos, relativos à forma do bico de uma espécie de ave. Os pesquisadores notaram uma relação dessa variação fenotípica com uma alteração na disponibilidade de diferentes tipos de organismos predados por essas aves e atribuíram a variação observada a seleção natural.

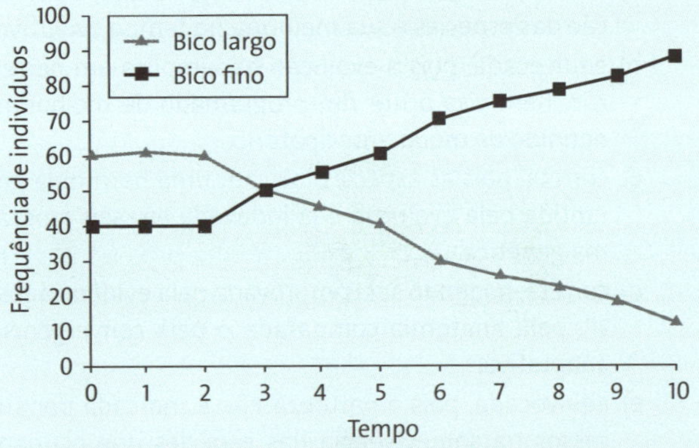

a) Explique como a variação em populações de presas pode causar as mudanças nas frequências dos fenótipos mostradas no gráfico.

b) Como o darwinismo explica o mecanismo de adaptação como parte do processo evolutivo?

16. **SE** (Unirio-RJ) Existiam 14 subespécies de tartaruga-gigante de Galápagos (*Chelonoidis nigra*) antes da descoberta das ilhas pelo homem 'civilizado'. Hoje em dia somente 11 subespécies sobreviveram. Os grandes vilões dessa história foram os marinheiros e pescadores de navios caçadores de baleias que, ao passarem pelas ilhas, capturavam grandes quantidades de tartarugas, que garantiam estoque de comida, por um longo período de tempo. O golpe final que extinguiu diversas destas subespécies foi a introdução de mamíferos nas ilhas de Galápagos. Propositalmente foram adicionadas cabras nas ilhas, como fonte de alimento alternativa para os marinheiros. Estas se tornaram concorrentes diretas das tartarugas, pois se alimentavam das mesmas plantas e, como a população de cabras cresceu rapidamente, ocorreu uma destruição da vegetação e uma grande erosão nos solos.

Atualmente, as tartarugas da ilha Pinzón apresentam uma elevação na porção anterior da carapaça, como uma sela (adaptação que facilita o hábito de elevar o pescoço). Já as tartarugas da ilha Santa Cruz têm a carapaça em forma de "domo" (cúpula redonda e côncava de edificações). A vegetação entre estas 2 ilhas também apresenta diferenças básicas. Numa das ilhas é comum a presença de cactos mais altos, enquanto na outra a vegetação rasteira é abundante.

Estabeleça como deve ser distribuída a vegetação nas ilhas mencionadas. Justifique sua resposta.

CAPÍTULO

9 A teoria sintética: variabilidade genética e seleção natural

George Bernard/SPL/Latinstock

Conchas (18 mm a 25 mm de largura) da espécie *Cepaea nemoralis*.

- *Como você explicaria as diferenças entre indivíduos de uma mesma espécie?*
- *Quais as fontes de variabilidade genética?*
- *Será que a seleção natural se aplica também aos seres humanos?*

1 Um pouco de História

Vimos no capítulo anterior que Darwin não sabia explicar como as variações apareciam, já que ele não conhecia as mutações; e também não entendia como essas variações podiam ser transmitidas aos descendentes (ele desconhecia as leis de Mendel). Nas primeiras décadas do século XX, porém, pesquisadores trabalharam em uma síntese entre o darwinismo, as leis de Mendel e o que se descobrira a respeito das mutações. Essa síntese deu origem à teoria atual, conhecida como **teoria sintética da evolução**.

Genes e mutações

Em 1900, as leis de Mendel foram redescobertas por Correns, Tschermak e De Vries, como vimos no capítulo 1. Assim, eliminava-se uma das objeções a Darwin: a de que os fatores responsáveis pelas características se misturam nos filhos. Na realidade, esses fatores (os genes) separam-se de forma independente na formação dos gametas.

A partir de 1909, os trabalhos de Morgan introduziram a expressão "alteração genética". Posteriormente, com a elaboração de um modelo de gene que corresponde a um trecho da molécula de DNA, a mutação pôde ser explicada como uma alteração na sequência de bases nitrogenadas do DNA (figura 9.1).

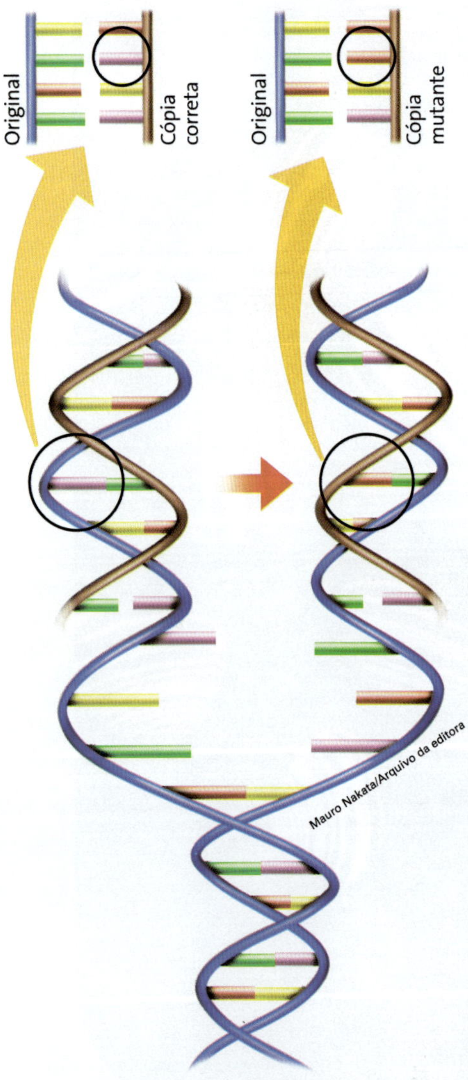

Figura 9.1 Representação esquemática de uma alteração na sequência de bases nitrogenadas do DNA.

Assim, a mutação mostrou-se como a matéria-prima para a seleção natural, já que origina novos alelos e produz variações fenotípicas.

A teoria atual

A teoria atualmente aceita para explicar a evolução é a teoria sintética da evolução (também conhecida como neodarwinismo ou Nova Síntese). Isso não quer dizer que ela não possa vir a ser corrigida e melhorada, como toda teoria científica.

A teoria sintética foi desenvolvida a partir da década de 1930 com base em contribuições de cientistas de vários países, como Ronald A. Fischer (1890-1962), J. B. S. Haldane (1892-1964), Sewall Wright (1889-1988), Theodosius Dobzhansky (1900-1975), George Gaylord Simpson (1902-1984), G. Ledyard Stebbins (1906-2000) e Ernst Mayr (1904-2005).

Nesse período várias descobertas e novas ideias ajudaram a esclarecer pontos obscuros do darwinismo, resultando na teoria sintética. Essa teoria analisa os fatores que alteram a frequência dos genes nas populações, como a mutação, a seleção natural, a migração seguida de isolamento geográfico e reprodutivo, e a deriva genética (mudança ao acaso na frequência dos genes).

A seguir, veremos o papel da mutação, da reprodução sexuada e da seleção natural na teoria sintética da evolução. No próximo capítulo analisaremos a deriva genética, a migração e o isolamento geográfico e reprodutivo.

Devemos nos lembrar de que a teoria da evolução, assim como as demais teorias científicas, é perfectível. Isso significa que as teorias são sempre sujeitas a melhorias e correções.

2 Variabilidade genética: mutações e reprodução sexuada

Uma mutação pode ser provocada por diversos fatores, como: defeitos no mecanismo de duplicação do DNA; fatores ambientais, como os raios ultravioleta e a radioatividade; certos vírus; ação de produtos químicos.

Embora existam enzimas com a função de corrigir os erros de duplicação ou de reparar os estragos feitos por aqueles fatores, nem sempre a reparação é possível, já que o mecanismo pode falhar.

Mutação e evolução

Chamamos **mutação** a mudança na sequência de bases do DNA. Essa mudança pode provocar o aparecimento de uma nova característica no organismo, porque pode alterar a sequência de aminoácidos da proteína e modificar suas propriedades.

Quando ocorrem nas células somáticas, as mutações não causam nenhum efeito evolutivo, pois não são transmitidas aos descendentes. Ocorrendo nas células germinativas, por outro lado, podem passar às gerações seguintes e gerar novas características (figura 9.2).

As mutações são um acontecimento raro; portanto, em princípio, sua frequência é muito baixa na população. Elas ocorrem ao acaso, sem direcionamento ligado às características do meio. Por exemplo, se um organismo vive em um lugar frio, esse ambiente não favorece o aparecimento de mutações que aumentem a defesa contra o frio.

Figura 9.2 Mutações em drosófila (cerca de 3 mm de comprimento).

Science Source/Photoresearchers/Latinstock

Drosófila mutante com corpo amarelo e asas em miniatura (acima) e o tipo selvagem (abaixo), que é o mais comum na população.

J.C. Revy, ISM/SPL/Latinstock

Drosófila com asas vestigiais

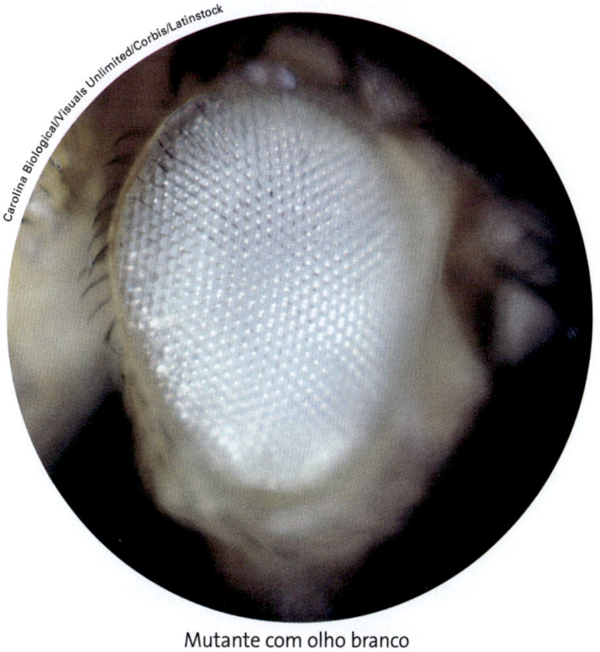

Carolina Biological/Visuals Unlimited/Corbis/Latinstock

Mutante com olho branco

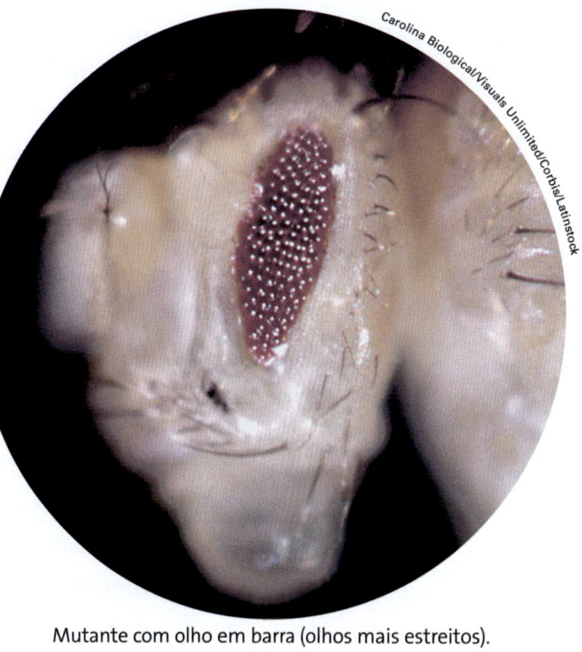

Carolina Biological/Visuals Unlimited/Corbis/Latinstock

Mutante com olho em barra (olhos mais estreitos).

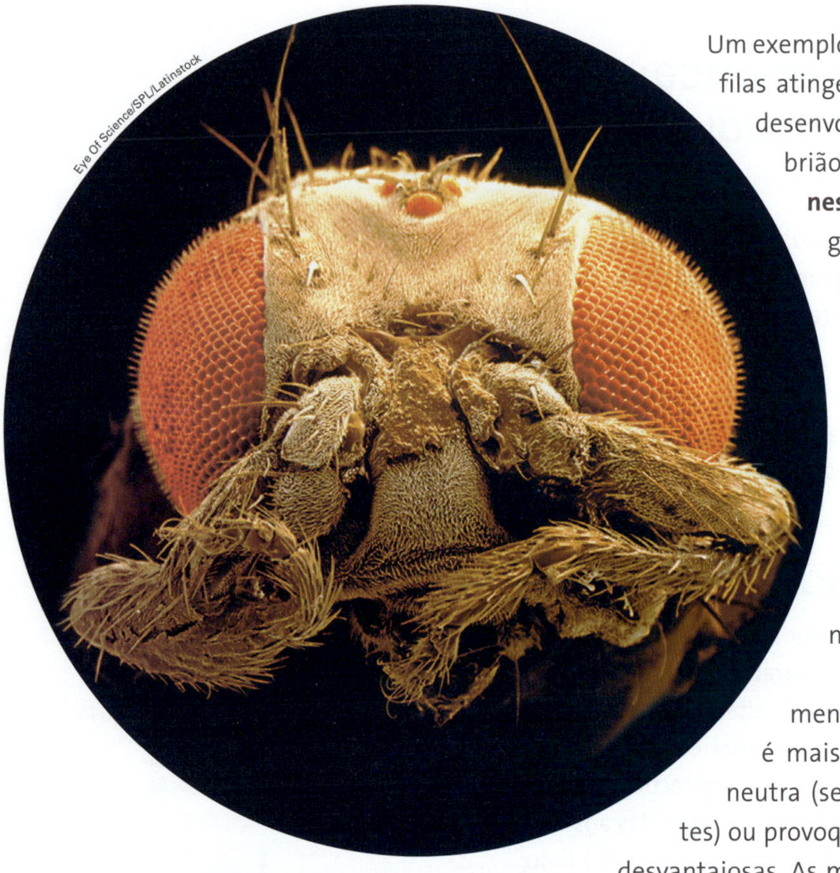

Um exemplo de mutação que ocorre em drosófilas atinge um grupo de genes especiais. O desenvolvimento das partes de um embrião é controlado pelos chamados **genes homeóticos**, que ativam outros genes para a construção dos diversos órgãos. Um grupo desses genes, chamados **genes Hox**, determina, por exemplo, que um segmento do corpo forme uma perna em vez de uma antena ou vice-versa. Mutações nesses genes podem fazer, por exemplo, com que uma mosca nasça com quatro asas em vez de duas ou pernas no lugar de antenas (figura 9.3).

Como a população está normalmente bem adaptada ao seu ambiente, é mais provável que uma mutação seja neutra (sem vantagens adaptativas aparentes) ou provoque o surgimento de características desvantajosas. As mutações que provocam mudanças pequenas e que, eventualmente, trazem alguma vantagem podem se acumular ao longo das gerações por meio da seleção natural. Não podemos esquecer, porém, que uma mutação pode ser vantajosa em um ambiente e desvantajosa em outro.

Figura 9.3 Na primeira foto, drosófila com pernas no lugar de antenas (microscópio eletrônico; aumento de cerca de 70 vezes; imagem colorizada por computador). Na segunda foto, drosófila com asas normais e mutante com quatro asas.

O acaso das mutações

O conhecimento mais recente sobre o mecanismo do código genético veio comprovar que as mutações ocorrem ao acaso. Isso significa que, apesar de elas poderem ser provocadas pelo ambiente, seus efeitos não são dirigidos por ele. Como já vimos, o aparecimento de uma mutação favorável em um determinado ambiente não é mais frequente nesse ambiente do que em qualquer outro onde a mutação poderia não ser vantajosa.

Em resumo, a mutação ocorre independentemente de seu valor adaptativo. A chance de uma mutação aparecer não é afetada pela vantagem que ela poderá conferir ao seu portador. Mas não devemos esquecer que, se por acaso aparecer alguma mutação favorável, ela será selecionada positivamente e o número de indivíduos com a mutação aumentará com o tempo.

Isso significa que, ao contrário da mutação, a seleção natural não é um processo aleatório: não é por acaso que os insetos resistentes a inseticidas ou as bactérias resistentes a antibióticos aumentam de número em ambientes com esses produtos. Por isso não se pode dizer que a evolução como um todo ocorra ao acaso.

Reprodução sexuada

Na reprodução assexuada, os filhos são iguais aos pais. As únicas modificações resultam de mutações ocasionais. Na reprodução sexuada, a meiose produz grande variedade de gametas, que, por fecundação, podem originar muitos filhos geneticamente diferentes. Isso acontece devido ao arranjo, ao acaso, dos cromossomos paternos e maternos e devido à permutação (troca de pedaços entre os cromossomos, fazendo surgir novas combinações genéticas). Veja a figura 9.4. No caso da espécie humana, mesmo que não houvesse permutação, seria possível a formação de 8 388 608 gametas diferentes (2^{23}) a partir dos 23 cromossomos. Os genes que condicionam as características do pai e da mãe são recombinados em infinitas possibilidades e produzem grande variedade de indivíduos, ou seja, grande diversidade genética.

Desse modo, embora a reprodução sexuada não crie novos alelos (só a mutação faz isso), ela promove recombinações, aumentando a variabilidade genética, condição necessária para a evolução. Sem variabilidade genética, não pode haver seleção natural nem evolução.

Figura 9.4 O arranjo dos cromossomos paternos e maternos na meiose e a permutação aumentam a variabilidade genética dos gametas produzidos. No esquema foram representados dois pares de cromossomos. (Os elementos ilustrados não estão na mesma escala; cores fantasia.)

Luis Moura/Arquivo da editora

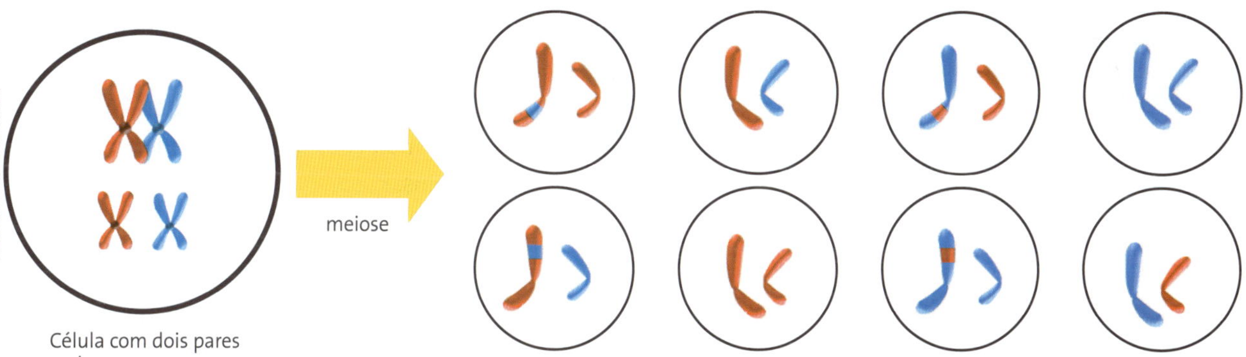

Célula com dois pares de cromossomos

Oito gametas diferentes produzidos na meiose com permutação em um único cromossomo

Aprofunde seus conhecimentos

Vantagens da reprodução sexuada

A longo prazo, a reprodução sexuada contribui para que as espécies se espalhem por diversos tipos de ambientes: um indivíduo menos adaptado a determinado ambiente pode ser mais adaptado a outro.

Embora isso explique por que a reprodução sexuada é importante para uma espécie a longo prazo, ainda são discutidas quais são as suas vantagens para o indivíduo e seus descendentes imediatos. Em outras palavras, é preciso verificar que vantagens ela confere a curto prazo. Afinal, devemos lembrar que a reprodução assexuada é mais rápida e consome menos energia e tempo quando comparada à forma sexuada. Os indivíduos que se reproduzem por meio do sexo precisam produzir gametas, achar parceiros e só depois originar filhos (geralmente em menor quantidade que na reprodução assexuada).

Alguns cientistas defendem a tese de que a reprodução sexuada é uma proteção contra parasitas (organismos – vírus, bactérias, fungos, etc. – que vivem no corpo de outro organismo – o hospedeiro –, retirando alimento e provocando doenças). Cada parasita está adaptado a um tipo de hospedeiro. Para um vírus penetrar em uma célula tem de haver um encaixe entre a sua proteína e as da membrana da célula atacada. A proteína do vírus funciona como uma chave, capaz de abrir apenas um tipo de fechadura.

A vantagem da reprodução sexuada estaria então em produzir indivíduos geneticamente diferentes, dos quais alguns possuirão proteínas que não se encaixarão nas do parasita e este não conseguirá penetrar nas células. A sua "chave" não se encaixa mais na "fechadura" do hospedeiro. Assim, a reprodução sexuada produz indivíduos mais resistentes às doenças que atacavam seus pais.

3 Seleção natural

Na seleção natural são favorecidas as características que aumentam as chances de um indivíduo alcançar a idade reprodutiva, levando-o indiretamente ao sucesso reprodutivo. Esse sucesso pode ser o resultado de vários tipos de adaptação. Algumas aumentam a chance de o organismo conseguir comida; outras o ajudam a se defender dos predadores ou a sobreviver às condições físicas do ambiente (proteção contra o frio, contra a perda de água, etc.). Com essas adaptações, cresce a chance de sobrevivência do indivíduo e aumentam suas oportunidades de chegar à idade reprodutiva.

Em outras vezes são beneficiados fatores que aumentam diretamente a fertilidade do indivíduo. Mesmo sobrevivendo menos tempo, ele poderá deixar um número maior de filhos que seu competidor. Também são favorecidas características que facilitam ao indivíduo conseguir um parceiro sexual ou aumentar os cuidados com a prole, fazendo com que um número maior de filhos sobreviva até a idade reprodutiva.

Podemos dizer então que a seleção natural é uma reprodução diferencial, ou seja, uma consequência do fato de indivíduos com genótipos diferentes terem sucesso reprodutivo distinto.

Os cientistas já estudaram vários casos de seleção natural. O processo é mais facilmente observado em populações que se reproduzem de forma rápida. Vejamos alguns exemplos.

Figura 9.5 Após o uso de inseticidas, os insetos sensíveis (representados em cor mais clara) são eliminados, e o número de insetos resistentes (em cor mais escura) aumenta, visto que eles sobrevivem e podem se reproduzir. (O tamanho dos gafanhotos varia entre 1 cm e 8 cm de comprimento, dependendo da espécie. O DNA é microscópico; cores fantasia.)

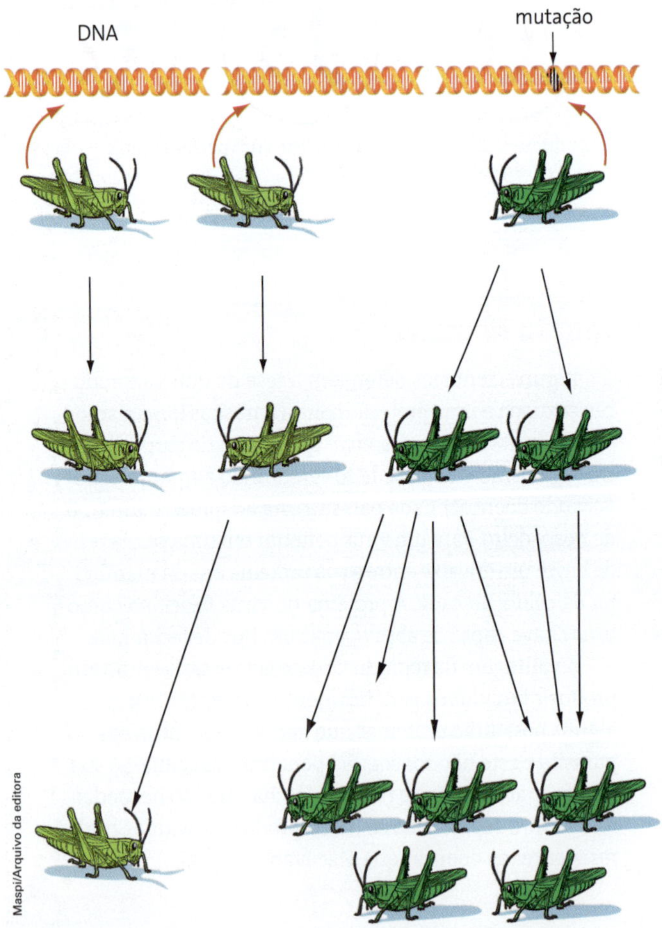

A resistência de insetos aos inseticidas

Em uma população de insetos, a alta taxa de reprodução por via sexuada fornece populações extremamente variadas, nas quais a quantidade de genes mutantes diferentes é relativamente alta. Quando essa população é submetida a determinado inseticida por um período prolongado, os indivíduos sensíveis morrem e os mutantes resistentes sobrevivem e deixam descendentes também resistentes. Gradativamente, geração após geração, diminui a quantidade de insetos sensíveis e aumenta a de resistentes (figura 9.5).

Veja que, no início, os mutantes resistentes são raros; a partir do momento em que o inseticida aparece, esses mutantes passam a ter muito mais possibilidade de sobreviver e podem deixar uma prole maior. Por isso a frequência de indivíduos resistentes aumenta aos poucos e eles acabam constituindo, depois de algum tempo, praticamente toda a população.

A resistência de bactérias aos antibióticos

Com bactérias e antibióticos ocorre fenômeno semelhante ao da resistência de insetos a inseticidas. Eventualmente aparece no ambiente, por mutação, um gene que confere resistência ao antibiótico; a bactéria com esse gene é capaz de, por exemplo, fabricar uma enzima que destrói a substância antibiótica.

Se não houver antibiótico no meio em que essa bactéria mutante se encontra, a característica não lhe traz nenhuma vantagem. A presença do antibiótico pode alterar essa situação: as bactérias sensíveis morrem e as resistentes sobrevivem e aumentam de número na população. O gene mutante também pode ser transferido para outras bactérias por conjugação ou por meio de vírus que infectam bactérias (bacteriófagos); novas bactérias também podem adquiri-lo ao incorporar material genético liberado no ambiente por bactérias mortas (figura 9.6).

A evolução explica, então, por que encontramos hoje várias linhagens de bactérias resistentes a antibióticos como a penicilina, que começou a ser utilizada a partir da década de 1940.

É importante ressaltar que a mutação que confere resistência ao inseticida ou ao antibiótico não foi provocada pelo produto. Ela já existia na população, porém em baixa frequência. A ação do antibiótico, por exemplo, consistiu em selecioná-la positivamente e espalhá-la na população. É claro que esse tipo de substância se torna incapaz de controlar a população de bactérias a partir do momento em que a maior parte da população passa a ser constituída por mutantes resistentes.

Figura 9.6 Três formas de surgirem resistência a antibióticos: a bactéria recebe um plasmídeo de outra bactéria, com gene que confere resistência (seta verde), de um vírus (seta azul) ou incorporando segmentos de DNA de células mortas (seta laranja). A outra forma, a mutação, não está representada. (Os elementos da ilustração não estão na mesma escala; cores fantasia.)

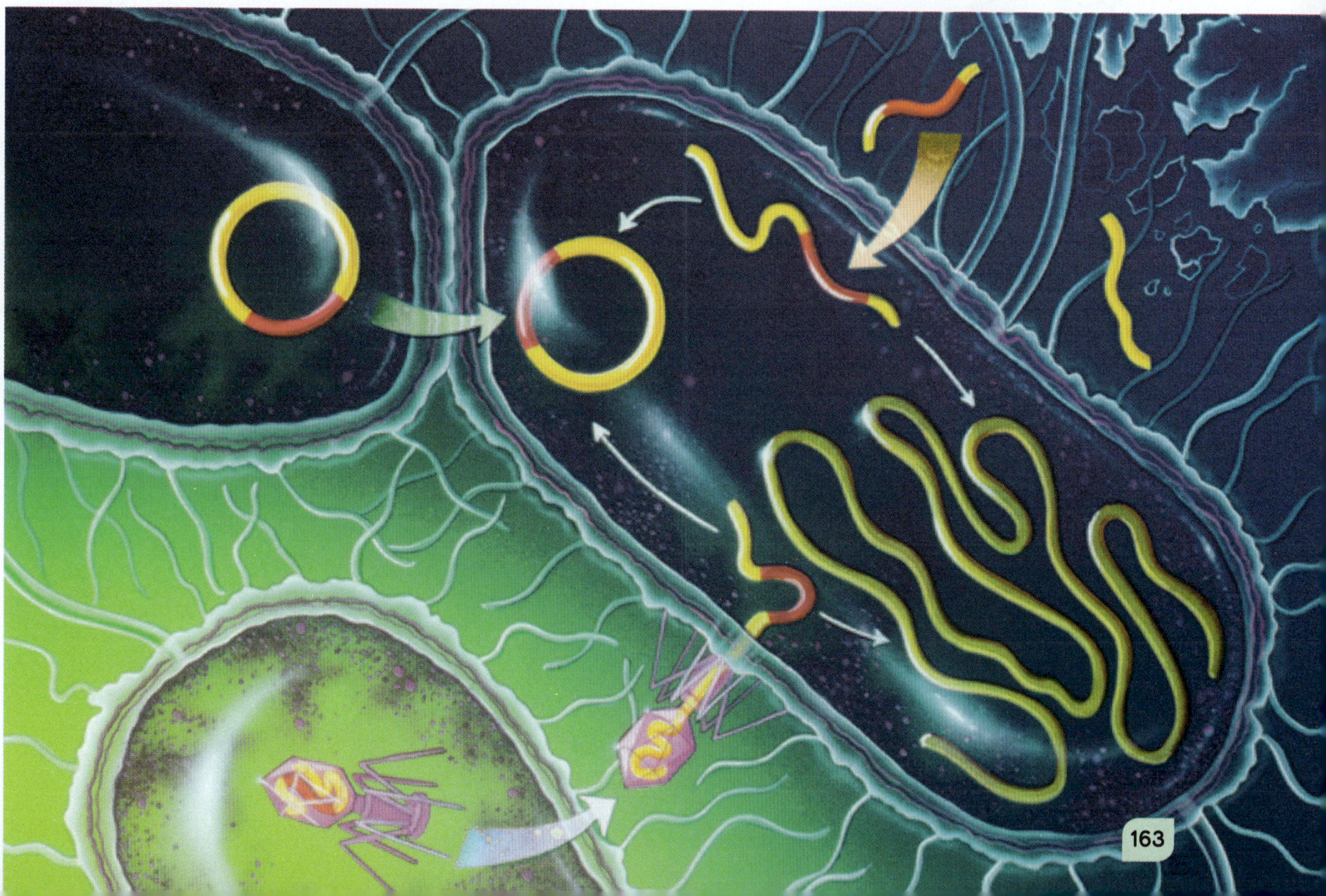

Bryson Biomedical Illustrations/Custom Medical Stock Photo/SPL/Latinstock

O bico dos tentilhões

A partir de 1973, um casal de biólogos ingleses, Peter (1936-) e Rosemary (1936-) Grant, pesquisadores da Universidade de Princeton (Estados Unidos), e seus colaboradores estudaram a evolução do bico de tentilhões em Dafne Maior, pequena ilha de Galápagos.

Eles observaram que, entre os tentilhões do solo (assim chamados porque comem sementes caídas no chão) da espécie *Geospiza fortis*, os de bico maior e mais forte conseguiam abrir e comer sementes grandes e pequenas, enquanto os pássaros de bico menor só conseguiam comer sementes pequenas (figura 9.7). Quanto maior e mais forte o bico, maior a semente que o pássaro era capaz de comer. O tamanho do bico é uma característica genética: pássaros de bico grande originam filhotes também de bico grande. O tamanho variava de 7 mm de comprimento a 12 mm de comprimento.

De 1976 a 1977, a ilha passou por um período de seca muito forte, o que provocou grande redução na produção de sementes e na população de tentilhões. A maioria das plantas que sobreviveram à seca era do tipo que produzia sementes grandes, as quais os pássaros de bico pequeno eram incapazes de consumir. Os pesquisadores verificaram que, justamente durante a seca, a mortalidade foi maior entre esses pássaros.

Comparando os pássaros antes e depois da seca, os pesquisadores constataram que, na média da população, o tamanho do bico aumentou.

Os Grant demonstraram também que essas espécies são descendentes de uma linhagem comum que chegou a Galápagos dois ou três milhões de anos atrás e identificaram o gene Bmp4 que influi no desenvolvimento do formato do bico.

Figura 9.7 Tentilhões do solo (macho e fêmea) da espécie *Geospiza fortis* (cerca de 10 cm de comprimento), estudados pelo casal Grant, e a ilha Dafne Maior (0,34 km²), onde realizaram esse estudo.

Anemia falciforme: exemplo de seleção natural na espécie humana

Em certas regiões da África, a frequência de um alelo que causa a **anemia falciforme** (ou **siclemia**) tornou-se muito alta. Esse alelo produz uma hemoglobina anormal (figura 9.8). Os indivíduos homozigotos que possuem esses dois alelos apresentam anemia e problemas circulatórios que podem ser fatais. Os heterozigotos (indivíduos com um alelo que condiciona a anemia e outro alelo normal) ou não têm a doença ou a têm em forma branda, que não prejudica a sobrevivência. Além disso, eles são resistentes à malária. Essa doença, comum nessas regiões da África, é provocada pelo protozoário plasmódio, que parasita a hemácia e o fígado. A resistência dos heterozigotos deve-se ao fato de os parasitas consumirem o oxigênio da hemácia infectada, o que facilita a aglutinação da hemoglobina e a formação de hemácias em meia-lua, que são destruídas pelo baço antes que o parasita complete seu desenvolvimento.

Assim, os indivíduos heterozigotos têm vantagem sobre as pessoas sem alelos para anemia falciforme (pois estas podem contrair a doença) e sobre os portadores de alelos para a anemia falciforme em homozigose (pois eles morrem cedo). A sobrevivência dos heterozigotos garante, naquelas regiões africanas, uma frequência maior de indivíduos heterozigotos do que em regiões onde não há malária.

De acordo com a teoria da evolução, poderíamos esperar que, uma vez erradicada a malária, a frequência do alelo para a anemia diminuísse. Porém, apesar do uso de inseticidas para combater o mosquito transmissor e de outras medidas, a erradicação total da malária nas regiões endêmicas é muito difícil. Ainda assim, aquela previsão foi confirmada por um estudo que mostrou que a frequência do alelo para anemia falciforme na população dos Estados Unidos vinda de regiões malarígenas da África diminuiu para 4,2%. A maioria dessa população emigrou das regiões malarígenas da África ocidental há cerca de trezentos anos, e nessas regiões a frequência do alelo é de 12%. Portanto, a mudança de ambiente exerceu uma seleção sobre o alelo para anemia falciforme e diminuiu sua frequência na população.

Figura 9.8 Hemácias de paciente com anemia falciforme. À direita, hemácia em meia-lua típica da doença.

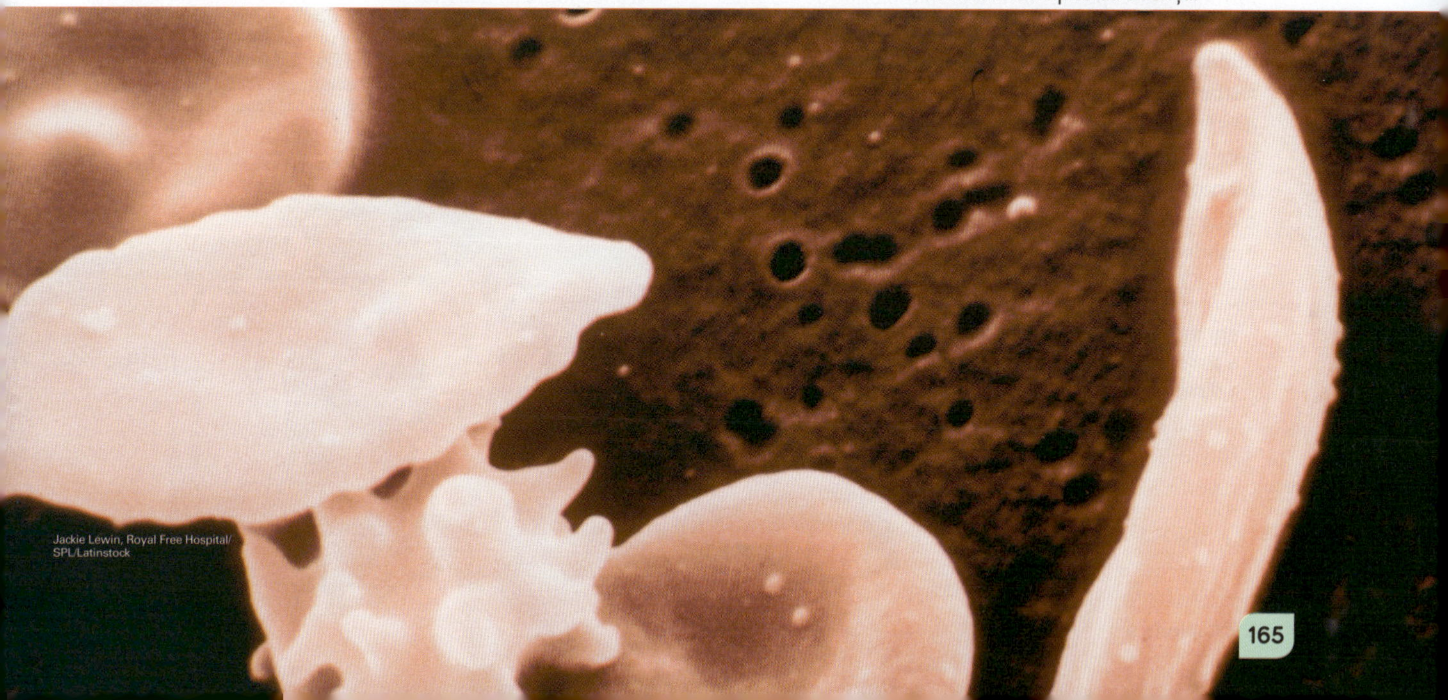

Jackie Lewin, Royal Free Hospital/ SPL/Latinstock

Aprofunde seus conhecimentos

A evolução e a Aids

A análise do ácido nucleico do vírus da Aids, o HIV, indica a semelhança desse vírus com os do grupo SIV (*simian immunodeficiency virus*), encontrados em chimpanzés. Essa semelhança indica que o HIV pode ter sido adquirido quando alguns seres humanos foram mordidos ou arranhados tentando caçar macacos infectados.

A partir dos anos 1970, o vírus espalhou-se pelo mundo por meio de relações sexuais, do uso de drogas injetáveis e de transfusões sanguíneas. À medida que se espalhava, seu código genético sofria mutações, e novas variedades surgiam.

Como o vírus HIV não possui as enzimas que corrigem erros de mutação, sua taxa de mutação é cerca de 1 milhão de vezes maior que a dos organismos em geral. As mutações produzem, assim, uma série imensa de novos vírus mutantes. Essas novas variedades podem aparecer em um mesmo indivíduo, na mesma infecção.

A análise do gene do vírus responsável pela síntese da transcriptase reversa demonstrou que esse gene mudou ao longo do tempo e tornou-se diferente daquele encontrado no início do tratamento em um mesmo indivíduo. Ao longo de uma infecção, são formados milhares de gerações de HIV e centenas de enzimas ligeiramente diferentes em um mesmo paciente. Os vírus com enzimas com afinidade pelo AZT, um medicamento antiviral, deixam de se replicar. Mas algumas das mutações produziram novas enzimas com menor afinidade pelo AZT. Com isso, essas novas variedades podem se replicar mesmo em presença do medicamento, que deixa de ter efeito.

Com o tempo foram descobertos outros medicamentos que agem de forma diferente do AZT. Um exemplo são os inibidores de protease, uma enzima que o vírus usa para "quebrar" proteínas em unidades menores e formar a sua cápsula. Como a probabilidade de surgirem mutantes resistentes ao AZT e também aos inibidores de protease é menor do que a probabilidade de surgirem mutantes resistentes a um ou a outro, a combinação dos dois medicamentos costuma ser mais eficiente no combate à infecção. O uso simultâneo de diferentes medicamentos também diminui a taxa de vírus no organismo, o que provoca impressionante melhora na saúde e na qualidade de vida dos pacientes.

Os parasitas mais agressivos costumam ser aqueles que se reproduzem mais rapidamente. Quanto maior a velocidade de reprodução de um parasita, maior chance de o hospedeiro ficar doente e morrer. Então, como a seleção natural poderia beneficiar um parasita que provoca a morte rápida de um hospedeiro?

Em certas situações, mesmo que o hospedeiro morra rapidamente, o parasita já espalhou um número grande de descendentes na população de hospedeiros. No caso de parasitas transmitidos por relação sexual, a disseminação da doença é tanto mais rápida quanto mais frequentes são as relações desprotegidas com parceiros diferentes. Nesse caso, parasitas muito agressivos, por exemplo, podem ser favorecidos pela seleção natural se forem capazes de passar rapidamente de um hospedeiro para outro.

A situação oposta ocorre quando se adotam medidas preventivas. Essas medidas incluem o uso de preservativo sempre e em todos os tipos de relações sexuais; o controle de qualidade do sangue doado; e o uso de seringas descartáveis. Com a adoção dessas medidas, as variedades de vírus menos agressivas, que demoram mais a provocar danos à saúde, são favorecidas pela seleção natural, pois elas sobrevivem mais tempo no hospedeiro até que haja uma falha em alguma das medidas preventivas (uma relação sexual sem camisinha, por exemplo).

Portanto, campanhas educativas e outras ações sociais que impliquem medidas preventivas (figura 9.9) ajudam não apenas a combater a Aids como podem influenciar a própria evolução do HIV. O mesmo vale para uma postura responsável (ética) em relação aos parceiros sexuais. Esse é um entre outros exemplos da interação entre fatores biológicos, médicos e sociais, estudados em Sociologia e Filosofia.

Fontes de consulta: EWALD, P. W. The Evolution of Virulence. *Scientific American*, 268 (4): 56-62, Apr. 1993. MEYER, D.; EL-HANI, C. N. *Evolução – O sentido da Biologia*. São Paulo: Unesp, 2005. STEARNS, S. C.; HOEKSTRA, R. F. *Evolução, uma introdução*. São Paulo: Atheneu, 2003.

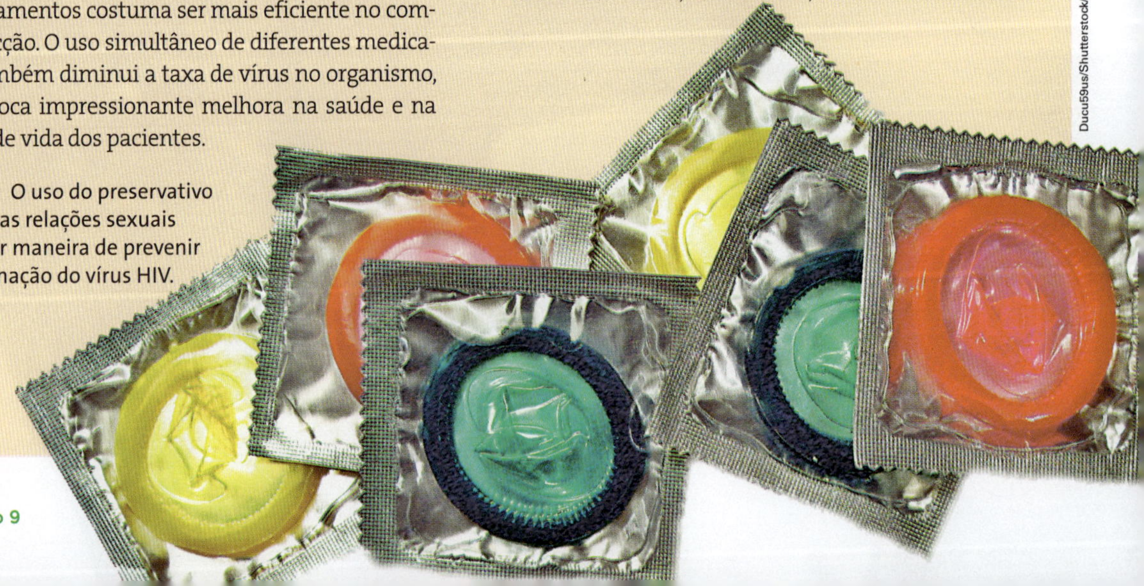

Ducu59us/Shutterstock/Glow Images

Figura 9.9 O uso do preservativo em todas as relações sexuais é a melhor maneira de prevenir a disseminação do vírus HIV.

Seleção sexual

Algumas características foram selecionadas e se espalharam na população porque ajudam o indivíduo a conseguir um parceiro sexual. Em certas espécies, os machos lutam entre si para conseguir fêmeas. Apenas os animais que ganham a disputa conseguem reproduzir-se. Nesse caso, são favorecidas características como força física, chifres, garras, etc. Em outras espécies, as fêmeas escolhem os machos com quem vão se acasalar e prevalecem as características que tornam os machos mais atraentes. Por exemplo, os pavões exibem-se para as fêmeas, que escolhem aqueles com cauda mais vistosa; o resultado é que, ao longo das gerações, a cauda do pavão torna-se maior e mais vistosa.

O pesquisador Malte Andersson (1952-), da Universidade de Gotenburgo (Suécia), estudando os hábitos de corte da ave da espécie *Euplectes progne*, conhecida como viúva-rabilonga, observou inicialmente que as fêmeas preferem se acasalar com os machos de cauda mais longa (figura 9.10). Para testar essa hipótese, ele selecionou três grupos de aves: no primeiro grupo, cortou parte da cauda do macho. No segundo grupo, colou algumas penas na cauda, aumentando seu comprimento. O terceiro ficou inalterado, servindo como um grupo de controle. Após algum tempo, contou o número de fêmeas que acasalaram com os machos de cada grupo e constatou que os de cauda mais longa acasalaram com mais fêmeas.

O processo pelo qual certas características sexuais se espalham, por causa da maior facilidade para conseguir parceiros para a reprodução, é chamado **seleção sexual** (figura 9.11).

Para alguns pesquisadores, características como a cauda do pavão e o colorido das penas de muitos pássaros ou das escamas de várias espécies de peixes funcionam como um sinal de que o animal não tem doenças causadas por parasitas. Nesse caso, a fêmea estaria escolhendo justamente os animais saudáveis para ter filhos, que herdarão as características responsáveis pelo sucesso dos pais.

Francois Loubser/Shutterstock/Glow Images

Martin Maritz/Shutterstock/Glow Images

Figura 9.10 Macho e fêmea da espécie *Euplectes progne* (cerca de 20 cm de comprimento, fora a cauda).

Bill Ross/Corbis/Latinstock

Uapitis machos (um tipo de cervo da América do Norte, de 2 m a 2,5 m de comprimento) lutam entre si para conseguir fêmeas para acasalamento.

Darrell Gulin/Corbis/Latinstock

Pavão macho (1,80 m a 2,30 m de comprimento) exibe a cauda. (As fêmeas preferem acasalar com pavões de cauda grande e vistosa.)

Figura 9.11 Alguns exemplos de seleção sexual.

Aprofunde seus conhecimentos

A história das mariposas: críticas e réplicas

A história das mariposas de Manchester, na Inglaterra, aparece em vários livros como um exemplo clássico de evolução por seleção natural. No entanto, ela tem sido alvo de críticas por parte de alguns cientistas.

Há duas variedades principais dessa espécie de mariposa (*Biston betularia*): uma de cor cinza-clara com pequenas manchas pretas e outra mais escura. Antes da industrialização, por volta de 1850, as mariposas claras eram mais comuns em Manchester. Após a Revolução Industrial, a variedade escura passou a ser dominante nas áreas próximas às indústrias – por volta de 1900 ela já representava cerca de 98% da população dessas mariposas nas regiões industrializadas da Inglaterra.

Nos anos de 1950, o médico e geneticista inglês Henry Bernard Davis Kettlewell (1907-1979) realizou uma série de experimentos que forneceram evidências a favor da explicação para essa mudança. Nas regiões não poluídas, os pássaros localizavam e comiam com mais facilidade as mariposas escuras, pois as formas claras ficavam camufladas sobre os troncos cobertos de liquens. A poluição provocada pela industrialização destruiu os liquens e escureceu os troncos (figura 9.12). Com isso, as formas escuras ficaram camufladas e protegidas dos pássaros – ao contrário das formas claras – e aumentaram de número. Esse fenômeno ficou conhecido como melanismo industrial, já que a forma mais escura é chamada forma melânica. Isso ocorre também com muitas outras espécies de mariposas que vivem em áreas poluídas em outros locais do mundo.

Alguns cientistas afirmaram que, em condições naturais, as mariposas não repousam sobre os troncos e citaram o pesquisador inglês Michael Majerus (1954-2009), especialista no assunto e autor do livro *Melanism: Evolution in Action*. Contudo, o que Majerus afirma no livro (página 122) é que esses insetos geralmente repousam em partes não expostas dos troncos, em três locais: a) nos troncos, algumas polegadas abaixo da junção com os ramos, na região de sombra; b) na parte de baixo das ramificações do caule; c) nos ramos com folhas.

Convém lembrar que os pássaros procuram por mariposas em todas as partes da árvore, que são igualmente afetadas pela poluição, o que torna a forma escura mais camuflada nas regiões poluídas, independentemente do local onde repouse. Experimentos feitos por Rory Howlett e Michael Majerus mostraram que não há diferença significativa de predação em posições expostas e não expostas dos troncos (veja a referência do artigo de Howlett e Majerus nas fontes de consulta, no final deste texto).

As fotos que aparecem na maioria dos livros didáticos foram feitas muitas vezes com mariposas mortas e coladas nos troncos. No livro de Majerus e em vários artigos (como os de Liebert e Brakefield e o do próprio Majerus, indicados nas fontes de consulta no final do texto), porém, há fotos de mariposas vivas que pousaram naturalmente nos ramos e troncos (figura 9.13). Além disso, as fotos nos livros didáticos têm apenas a função de ilustrar a camuflagem das duas formas de mariposas. As evidências de que a camuflagem e a predação pelos pássaros

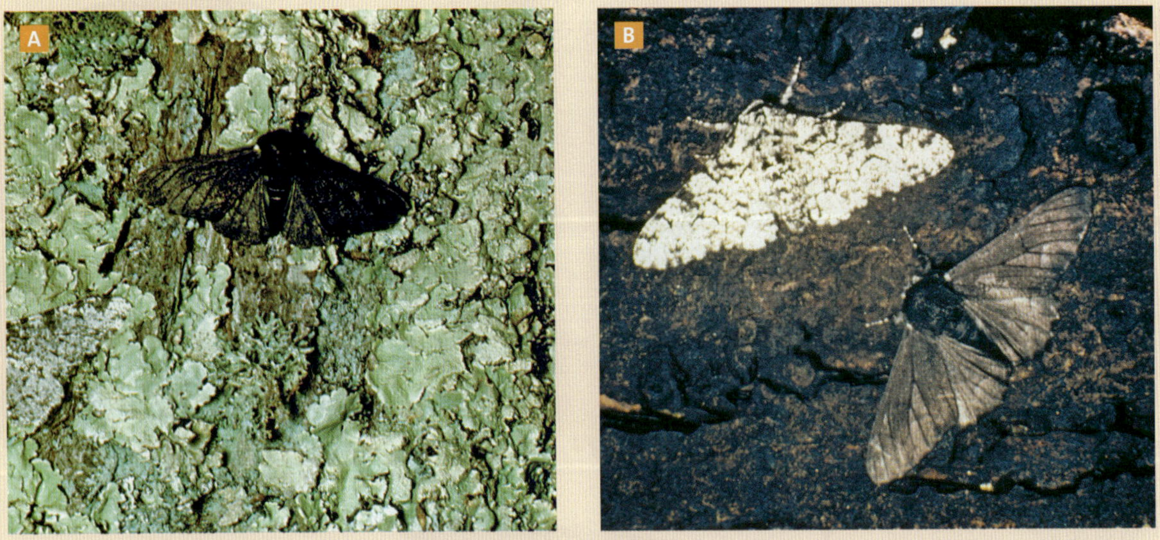

Fotos: Michael W. Tweedie/SPL/Latinstock

Figura 9.12 Mariposas escuras e claras (cerca de 4 cm a 6 cm da ponta de uma asa à ponta da outra) colocadas sobre troncos de árvores em regiões não poluídas (A) e poluídas (B).

foram os principais fatores de seleção natural para a mudança na frequência da cor na população de mariposas não vêm dessas fotos, e sim de uma série de experimentos realizados não apenas por Kettlewell, mas por vários cientistas ao longo de muitos anos.

Além da observação e filmagem de pássaros comendo mariposas, foram realizados experimentos em que se contava o número de mariposas brancas e negras soltas e recapturadas em regiões poluídas e não poluídas: um número maior de mariposas claras é capturado nos ambientes não poluídos e um número maior de mariposas escuras nos ambientes poluídos.

Majerus pôde constatar que cerca de 35% das mariposas repousavam nos troncos, 52% nos ramos horizontais e o restante nos galhos mais finos. Majerus observou também várias espécies de pássaros alimentando-se das mariposas, constatando que uma proporção significativamente maior de mariposas escuras foi devorada em relação à de mariposas claras, como se esperaria em um local sem poluição. Analisando os dados obtidos, ele concluiu que a predação diferencial dos pássaros foi o principal fator responsável pela diminuição da forma escura ao longo do experimento, confirmando, portanto, a conclusão de Kettlewell.

Entre 2001 e 2007, Michael Majerus realizou um novo experimento com as duas variedades de *Biston betularia* em um local não poluído, em Cambridge, na Inglaterra. Nesse experimento, ele procurou rebater certas críticas feitas ao experimento de Kettlewell. A primeira delas afirma que Kettlewell soltou as mariposas perto dos troncos, enquanto o local preferencial de pouso desses insetos seria na parte inferior dos ramos. Outra crítica diz que as mariposas foram soltas durante o dia, sendo que a escolha do local de repouso é feita à noite. Finalmente, afirma-se que foram soltas mais mariposas do que a quantidade normalmente presente em determinada área, o que poderia facilitar sua captura pelos pássaros.

Para evitar essas distorções, Majerus soltou mariposas nos ramos, à noite e na quantidade e proporção encontradas na região do experimento.

Um fato triste em toda essa polêmica foi a morte de Michael Majerus em 2009, ocorrida antes de ele publicar seus últimos resultados, deixando apenas uma palestra relatando o experimento.

Em 2012, porém, quatro biólogos que trabalham com essa questão publicaram os dados do experimento de Majerus (veja nas fontes de consulta o artigo de Cook, Grant, Saccheri e Mallet). A conclusão dos autores foi que os dados do experimento de Majerus mostram que os novos dados respondem às críticas feitas a trabalhos que utilizaram troncos de árvores como locais de repouso e que é praticamente impossível deixar de aceitar que a predação por aves é a principal causa de mudanças na frequência das mariposas. Finalmente, para os autores, o melanismo industrial é um exemplo claro e de fácil compreensão da evolução em ação.

Fontes de consulta: COOK, L. M.; GRANT. B.S.; SACCHERI, I. J.; MALLET, J. Selective Bird Predation on the Peppered Moth: the Last Experiment of Michael Majerus. *Biol. Lett.* 2012, doi:10.1098/rsbl.2011.1136. Publicado *on-line* em: <http://rsbl.royalsocietypublishing.org/content/early/2012/01/27/rsbl.2011.1136.full>. Acesso em: 18 jun. 2012.

GRANT, B. Fine Tuning the Peppered Moth Paradigm. *Evolution*, v. 53, n. 3, p. 980-4, 1999 (o artigo pode ser consultado em: <http://bsgran.people.wm.edu/>. Acesso em: abr. 2008.

GRANT, B. Sour grapes of wrath. *Science*, v. 297, n. 5 583, p. 940-1, ago. 2002.

HOWLETT, R. J.; MAJERUS, M. E. N. The Understanding of Industrial Melanism in the Peppered Moth (*Biston Betularia*) (Lepidoptera: Geometridae). *Biological Journal of the Linnean Society*, n. 30, p. 31-44, 1987.

MAJERUS, M. E. N. Industrial Melanism in the Peppered Moth. *Biston Betularia*: An Excellent Teaching Example of Darwinian Evolution in Action. *Evolution*: Education and Outreach. Jan. 2009. Disponível em: <www.springerlink.com/content/h7n4r6h026q1u6hk/fulltext.pdf>. Acesso em: 16 fev. 2009.

MAJERUS, M. E. N. *Melanism*: Evolution in Action. New York: Oxford University Press, 1998.

MALLET, J. The Peppered Moth: a Black and White Story After All. *Genetics Society News*, n. 50, p. 34-38. Acesso em: jan. 2004.

Fotos: Michael Majerus/Arquivo da editora

Figura 9.13 Mariposas vivas (cerca de 4 cm a 6 cm da ponta de uma asa à ponta da outra) fotografadas em locais naturais de pouso (cortesia de Michael Majerus). **A**: a redução da poluição nessa região (Cambridge) favorece o crescimento de liquens e o aumento da forma clara, como a da foto; **B**: mariposa escura, que atingiu frequência maior que 90% nas regiões poluídas nos anos 1960. Na região da foto (South London), a poluição está diminuindo e os liquens começam a crescer.

Além da seleção natural

Em certos momentos da história da Terra ocorreu a extinção de grande número de espécies – em alguns casos, mais de 80% delas – em um curto intervalo de tempo. Em termos geológicos, "curto" significa entre 10 mil e 100 mil anos. São as chamadas extinções em massa, provocadas, por exemplo, por grandes mudanças climáticas no planeta, causadas pelos movimentos das placas tectônicas ou pela queda de asteroides, entre outros fatores. Nesses períodos, o fato de uma espécie estar mais adaptada que outra pode não contar nada para a sobrevivência, pois houve uma mudança drástica e imprevisível no ambiente.

Muitas características se originam da herança de antepassados. Por exemplo, o fato de uma baleia ter pulmões em vez de brânquias é explicado por sua história evolutiva, isto é, pelo fato de ela ter evoluído a partir de um mamífero terrestre. Da mesma forma, o fato de ela utilizar movimentos verticais para nadar, em vez de horizontais, como fazem os peixes, deve-se à herança de uma estrutura óssea e muscular adaptada originalmente para a corrida e presente no mamífero terrestre que lhe deu origem. Portanto, mutações e seleção natural agem sobre estruturas herdadas de ancestrais, o que limita o potencial de adaptações que podem ser selecionadas em determinado ambiente.

Uma forma incorreta de ver a evolução é imaginar esse processo como uma escada, em que espécies menos adaptadas são substituídas por outras mais adaptadas. Na realidade, todas as formas atuais de vida surgiram depois de um longo processo de evolução, que produziu organismos capazes de sobreviver em determinado ambiente e deixar descendentes. Por isso não se pode dizer que um mamífero é "mais adaptado" que um réptil, por exemplo. Cada um está adaptado a um ambiente, a um modo de vida.

A história evolutiva das espécies deve ser vista então como uma árvore (figura 9.14). Na ponta de cada ramo da árvore estão as espécies atuais. Abaixo de cada ramo estão as espécies ancestrais, que não existem mais e originaram as atuais.

Figura 9.14 Árvore filogenética simplificada. Podemos ver que o cão é mais evolutivamente aparentado com o lobo do que com os outros animais, já que ambos possuem um ancestral comum exclusivo ou mais recente (que não existe mais). O esquema mostra também o grau de parentesco evolutivo desses animais com outras duas espécies, o chacal e o coiote. (As medidas indicam o comprimento do animal, fora a cauda.)

Atividades

1. Certa mutação provocada por radioatividade resulta obrigatoriamente em uma característica que dá resistência à radioatividade? Justifique sua resposta.

2. Utilizando os conceitos de mutação e de seleção natural, explique, com suas palavras, como uma população de bactérias pode se tornar resistente a um antibiótico.

3. Qual a relação entre reprodução sexuada e variedade genética?

4. Utilizando seus conhecimentos sobre evolução, explique por que a vacina contra a gripe precisa ser tomada todos os anos. (A vacina é indicada para pessoas com mais de 60 anos, mas, em certos casos, o médico também pode indicá-la para pessoas de outras faixas etárias.)

5. Algumas linhagens de microrganismos são capazes de usar como alimento moléculas sintéticas, isto é, que não existiam na natureza, foram fabricadas pelo ser humano. Um exemplo é uma linhagem de bactérias do gênero *Pseudomonas*, capazes de produzir enzimas que quebram ligações químicas das moléculas de um subproduto do náilon (o náilon começou a ser produzido na década de 1940). Em um experimento de laboratório, linhagens dessa bactéria que não fabricam a enzima foram cultivadas por várias gerações em um meio de cultura com esse subproduto, até que um mutante capaz de digeri-lo apareceu. Foi o material sintético que provocou o aparecimento desse mutante? Justifique sua resposta.

6. Por que as mutações que afetam apenas as células somáticas não têm um efeito importante, em termos de evolução, como as que afetam as células germinativas ou os gametas?

Atividade prática

Deve ser providenciado o seguinte material:

- tesouras sem ponta, para papel;
- lápis e borrachas;
- fita adesiva incolor;
- folhas de cartolina das mesmas cores das paredes e da porta da sala de aula e do tampo das carteiras (ou cores bem parecidas);
- folhas de cartolina de cor mais escura (que contraste com as primeiras).

Reunidos em grupos, os alunos desenham nas folhas de cartolina figuras de pequenas mariposas pousadas. ATENÇÃO: todas as figuras devem ter aproximadamente a mesma forma (fazer apenas o contorno do inseto) e o mesmo tamanho (de 2 cm a 3 cm da ponta de uma asa à ponta da outra). O professor pode copiar com folha de seda uma foto do livro, para servir de modelo para todos os grupos. Em seguida, usando a tesoura sem ponta (com cuidado, para evitar acidentes) os grupos devem recortar as figuras.

Dois alunos são escolhidos para aguardar do lado de fora da sala, enquanto os outros prendem as mariposas nas carteiras, porta e paredes da sala (por exemplo, usando um rolinho feito com a fita adesiva, colocado no verso da figura).

ATENÇÃO: deve ser distribuído aleatoriamente pela sala o mesmo número de mariposas de cada cor.

Em seguida, os alunos que saíram retornam e devem recolher o maior número possível de mariposas em apenas 15 segundos. Um deles pode recolher apenas as mariposas da parede, enquanto o outro retira as que estiverem na porta e nas carteiras.

Os alunos e o professor farão a contagem do número de mariposas capturadas de cada cor, e, depois, cada grupo deve responder às seguintes questões:

a) Quais as cores das mariposas capturadas em menor número nas carteiras e na porta? E nas paredes? Como esse resultado pode ser explicado?

b) Suponham que dois tipos de mariposas, de cor escura e de cor clara, vivam sobre troncos e ramos escuros de árvores de uma floresta. Se houver pássaros que comam essas mariposas, que tipo de mariposa estará mais adaptada a esse ambiente? Por quê?

c) Na situação relatada na questão anterior, que tipo de mariposa tende a desaparecer da população ao longo do tempo, se, nesse mesmo período, a cor dos ramos e troncos não se alterar?

d) Em evolução, como se chama o processo pelo qual os seres vivos mais adaptados aumentam de número na população, enquanto os menos adaptados diminuem?

e) Suponham que em uma população de mariposas de uma floresta todas tenham uma cor clara. Perto da floresta instalou-se uma fábrica e troncos e ramos ficaram cobertos de fuligem. Um estudante observou então a presença de uma mariposa escura, nunca antes observada. E também notou que o cruzamento dessa mariposa com uma mariposa clara, em laboratório, originou descendentes escuros e claros. Teria sido a fuligem a causa do aparecimento dessa primeira mariposa escura? Justifiquem a resposta.

Pensando no Enem

"Os progressos da Medicina condicionaram a sobrevivência de número cada vez maior de indivíduos com constituições genéticas que só permitem o bem-estar quando seus efeitos são devidamente controlados através de drogas ou procedimentos terapêuticos. São exemplos os diabéticos e os hemofílicos, que só sobrevivem e levam vida relativamente normal ao receberem suplementação de insulina ou do fator VIII da coagulação sanguínea."

(SALZANO, M. Francisco. *Ciência Hoje*, SBPC, 21 (125), 1996.)

Essas afirmações apontam para aspectos importantes que podem ser relacionados à evolução humana. Pode-se afirmar que, nos termos do texto:

a) os avanços da Medicina minimizam os efeitos da seleção natural sobre as populações.

b) os usos da insulina e do fator VIII da coagulação sanguínea funcionam como agentes modificadores do genoma humano.

c) as drogas medicamentosas impedem a transferência do material genético defeituoso ao longo das gerações.

d) os procedimentos terapêuticos normalizam o genótipo dos hemofílicos e diabéticos.

e) intervenções realizadas pela Medicina interrompem a evolução biológica do ser humano.

Resolução

Esta questão exige conhecimentos sobre a evolução da vida e a qualidade de vida de populações humanas. São necessários também conhecimentos básicos em outras áreas, principalmente de interpretação de texto, compreensão dos fenômenos descritos na citação presente no início do enunciado e o reconhecimento de informações úteis para a resolução dessa questão.

A parte mais relevante da citação apresentada é a informação de que, graças aos avanços da Medicina moderna, alguns indivíduos têm sua sobrevivência prolongada por receberem suplementação de certas drogas.

A segunda parte do enunciado contextualiza a citação anterior na situação proposta pela questão. É apresentado o problema de forma direta e espera-se que o aluno possua a capacidade de construir uma argumentação baseando-se nos dados dispostos anteriormente.

Os dados da citação devem ser relacionados com a segunda parte do enunciado, utilizando-se conhecimentos sobre o processo evolutivo. A relação entre a ação de medicamentos e os fatores evolutivos deve ser entendida para que se possa distinguir a alternativa correta das erradas.

Os fenômenos

Dois fenômenos apresentados no enunciado devem ser compreendidos para resolver o problema. O primeiro deles é a origem genética de algumas doenças e o segundo é como os medicamentos agem no tratamento dessas doenças.

Certos genótipos apresentam alguns genes que aumentam as chances do desenvolvimento de doenças nos indivíduos que os carregam, como é o caso de doenças como a hemofilia e a diabetes. Pode-se dizer que estas doenças, por terem uma origem genética, são características herdáveis, ou seja, que passam de pais para filhos.

O tratamento dessas doenças é feito com base em medicamentos que suprem as carências geradas pelos genes "defeituosos" que as causam. Assim, esses medicamentos não alteram os genes causadores das doenças, mas servem como suplementos, permitindo a sobrevivência dos indivíduos doentes.

O problema

A questão pede uma compreensão da relação existente entre o avanço da Medicina e o desenvolvimento de drogas capazes de prolongar a sobrevivência de indivíduos doentes, com o processo evolutivo.

A evolução de qualquer espécie depende de diversos fatores evolutivos que podem atuar no genótipo ou no fenótipo dos indivíduos de uma população. Por exemplo, a deriva genética atua somente na constituição genética dos indivíduos, selecionando certos genótipos pelo simples acaso. Já a seleção natural atua no fenótipo dos indivíduos de uma população, nas características geradas pelo genótipo que afetam a sobrevivência dos seus portadores.

Os medicamentos desenvolvidos pela Medicina não atuam diretamente na constituição genética (genoma ou genótipo) de um indivíduo. Eles atuam nas deficiências geradas pelo agente causador de uma doença, seja ele genético ou não. Assim, podemos excluir as respostas **B**, **C** e **D**, que fazem afirmações desse tipo.

Como dito acima, a seleção natural, conhecida popularmente como "sobrevivência do mais apto", é responsável pela exclusão dos indivíduos de uma população que apresentem problemas que afetem sua capacidade de sobrevivência. Como indivíduos portadores de certas doenças, como diabéticos e hemofílicos, têm sua capacidade de sobrevivência bastante limitada no ambiente natural, podemos dizer que sem o acesso a medicamentos eles provavelmente seriam excluídos de uma população. Assim, o uso de medicamentos minimiza a exclusão desses indivíduos de uma população e, portanto, minimiza os efeitos da seleção natural.

Resposta: **A**.

Vestibulares de Norte a Sul

1. **NE** (UFPE) Leia as notícias abaixo:

Dezessete hospitais de Brasília estão contaminados com bactéria resistente a antibióticos.

Jornal Zero Hora

... bactérias presentes na boca de tubarões tigre e cabeça-chata, apontados como responsáveis pelos ataques na costa de Pernambuco, são resistentes aos antibióticos...

Jornal do Comércio

Sobre este assunto, considere as alternativas abaixo e assinale V para as afirmativas verdadeiras, e F para as afirmativas falsas:

( ) Frederick Griffith mostrou que se duas linhagens da bactéria *Streptococcus pneumoniae*, uma viva e não patogênica (1) e outra patogênica (2), esta morta pelo calor, são misturadas e injetadas em um rato, como ilustrado abaixo, o animal morre. Assim, pode-se concluir que os mecanismos de transferência genética entre as duas bactérias também poderiam explicar a obtenção de resistência a antibióticos por algumas bactérias encontradas em hospitais.

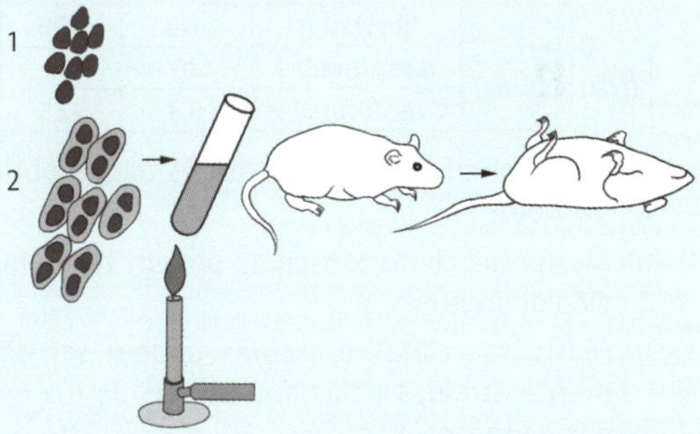

( ) bactérias que nunca tomaram contato com antibióticos também podem ser naturalmente resistentes aos mesmos.

( ) a automedicação de antibióticos pode determinar a seleção de bactérias resistentes como parte de um processo de seleção natural, em que aquelas mais aptas sobrevivem enquanto que as suscetíveis são eliminadas.

( ) quando se reproduzem em um tubo de ensaio, bactérias de uma única espécie produzem clones, caso não haja influência de fatores químicos ou físicos que possam induzir mutações.

( ) vítimas sobreviventes de incidentes com tubarões são igualmente susceptíveis a infecções por bactérias resistentes e não resistentes no ambiente hospitalar.

2. **SE** (FGV-SP) *A respeito da tendência das espécies em formar variedades e da perpetuação das variedades e espécies por meios naturais de seleção.*

Assim começava a leitura dos trabalhos de Charles Darwin e Alfred Russel Wallace, há 150 anos, na noite de 10 de julho de 1858, em uma reunião da Sociedade Lineana, em Londres.

Desde então, muito se pesquisou sobre os mecanismos evolutivos e estabeleceu-se que a sequência de eventos que explica a mudança evolutiva da população é:

a) alteração do fenótipo → mutação → alteração do genótipo → seleção.
b) mutação → variabilidade de genótipos → variabilidade de fenótipos → seleção.
c) seleção → alteração do fenótipo → produção de novos alelos → mutação.
d) variabilidade de fenótipos → variabilidade de genótipos → mutação → seleção.
e) variabilidade de fenótipos → produção de novos alelos → seleção → mutação.

3. **SE** (Fuvest-SP) A bactéria *Streptococcus iniae* afeta o cérebro de peixes, causando a "doença do peixe louco". A partir de 1995, os criadores de trutas de Israel começaram a vacinar seus peixes. Apesar disso, em 1997, ocorreu uma epidemia causada por uma linhagem de bactéria resistente à vacina. Os cientistas acreditam que essa linhagem surgiu por pressão evolutiva induzida pela vacina, o que quer dizer que a vacina:

a) induziu mutações específicas nas bactérias, tornando-as resistentes ao medicamento.
b) induziu mutações específicas nos peixes, tornando-os suscetíveis à infecção pela outra linhagem de bactéria.
c) causou o enfraquecimento dos órgãos dos peixes, permitindo sua infecção pela outra linhagem de bactéria.
d) levou ao desenvolvimento de anticorpos específicos que, ao se ligarem às bactérias, as tornaram mais agressivas.
e) permitiu a proliferação de bactérias mutantes resistentes, ao impedir o desenvolvimento das bactérias da linhagem original.

4. **S** (UEL-PR) As barreiras geográficas interrompem o fluxo gênico, permitindo que duas populações separadas tomem caminhos evolutivos diferentes na medida em que os agentes seletivos atuantes são diferentes em ambientes diferentes. Acidentes naturais como montanhas e rios podem funcionar como barreiras geográficas, separando populações de mesma espécie que antes viviam juntas no mesmo espaço. Se essas populações se mantiverem isoladas por muito tempo, esse tipo de evento pode levar a um processo conhecido como:

a) pangênese.
b) seleção natural.
c) panmixia.
d) especiação.
e) deriva genética.

5. **SE** (Fuvest-SP) Os resultados de uma pesquisa realizada na USP revelam que a araucária, o pinheiro brasileiro, produz substâncias antioxidantes e fotoprotetoras. Uma das autoras do estudo considera que, possivelmente, essa característica esteja relacionada ao ambiente com intensa radiação UV em que a espécie surgiu há cerca de 200 milhões de anos. Com base na Teoria Sintética da Evolução, é correto afirmar que:

a) essas substâncias surgiram para evitar que as plantas sofressem a ação danosa da radiação UV.
b) a radiação UV provocou mutações nas folhas da araucária, que passaram a produzir tais substâncias.
c) a radiação UV atuou como fator de seleção, de maneira que plantas sem tais substâncias eram mais suscetíveis à morte.
d) a exposição constante à radiação UV induziu os indivíduos de araucária a produzirem substâncias de defesa contra tal radiação.
e) a araucária é um exemplo típico da finalidade da evolução, que é a produção de indivíduos mais fortes e adaptados a qualquer ambiente.

6. **N** (UFPA) Na figura a seguir é mostrada parte da variabilidade existente na população humana.

UFPA/2008

A respeito dessa variabilidade, considere os mecanismos genéticos referidos a seguir:

I. mutação gênica (alterações de bases nitrogenadas do DNA) responsável pelo surgimento de novos alelos.
II. seleção natural responsável pelo surgimento de genes dominantes.
III. recombinação gênica decorrente da segregação independente de cromossomos homólogos e de permuta (*crossing-over*) na meiose I.

A alternativa que identifica o(s) principal(ais) mecanismo(s) responsável(eis) pelo surgimento dessa variabilidade da população humana é:

a) I somente.
b) II somente.
c) I e II.
d) I e III.
e) II e III.

7. **SE** (UFJF-MG) Em função da ocorrência de pragas em sua lavoura, um agricultor usou, durante anos seguidos, um produto químico não mutagênico para o combate aos insetos. Gradativamente, a eficácia do produto no controle dos insetos foi reduzida. Sobre o episódio descrito é correto afirmar que:

a) o produto químico provocou alterações no DNA dos insetos.
b) o produto químico provocou alterações no RNA dos insetos.
c) o produto químico perdeu sua eficácia em função do prazo de validade.
d) os indivíduos resistentes já existiam na população e foram selecionados.

8. **SE** (Fuvest-SP) A Revolução Industrial trouxe a poluição e a fuligem, que mataram os liquens e enegreceram os troncos das árvores da região de Birmingham, na Inglaterra. Em consequência, os espécimes escuros da mariposa *Biston betularia* aumentaram em número em relação aos de cor clara. H. B. D. Kettlewell investigou a questão capturando, marcando e devolvendo ao ambiente espécimes escuros e claros, em áreas poluídas e não poluídas. Passado algum tempo, tentou recapturar os espécimes marcados. Na tabela adiante estão mostrados os dados numéricos obtidos:

		Escuras	Claras	Total
Birminghan (Poluída)	libertadas	154	64	218
	recapturadas	82	16	98
	% recapturadas	53,2	25,0	
Dosert (Não poluída)	libertadas	473	496	969
	recapturadas	30	62	92
	% recapturadas	6,3	12,5	

Qual a melhor explicação para os dados obtidos por Kettlewell?

a) Mariposas claras e escuras podem ter durações de vida diferentes.
b) Mariposas claras e escuras podem ser diferentemente atraídas pelas armadilhas de luz empregadas na recaptura.
c) Pode estar havendo diferentes taxas de migração para as mariposas claras e escuras.
d) Pode estar ocorrendo predação diferencial das formas claras e escuras.
e) Pode estar havendo mutação da forma clara para a escura.

9. **S** (Ufpel-RS) Das teorias evolucionistas, destaca-se o neodarwinismo ou teoria sintética da evolução, que aborda o binômio variação/seleção. A variação ou variabilidade é uma característica que pode ser verificada com facilidade nas espécies biológicas.

Quais são os dois mecanismos fundamentais que causam essa variabilidade?

a) Adaptação e seleção natural.
b) Mutações e seleção natural.
c) Mutações e recombinação gênica.
d) Ambiente e recombinação gênica.

10. SE (Unifesp) Considere as seguintes proposições:

I. Os mais fortes sobrevivem independentemente da situação e do ambiente.

II. A seleção natural visa ao aperfeiçoamento da espécie e sua adaptação ao meio.

III. Não é possível compreender adaptação desvinculada de informações sobre o ambiente e a descendência.

Segundo os princípios do darwinismo e da teoria sintética da evolução, está correto o que se afirma em:

a) I, apenas.
b) II, apenas.
c) III, apenas.
d) I e II, apenas.
e) I, II e III.

11. SE (PUC-RJ) Foram introduzidas em dois frascos, que continham um mesmo meio de cultura, quantidades idênticas de um tipo de bactéria. Após algum tempo de incubação, adicionou-se a apenas um dos frascos um antibiótico estável, de uso frequente na clínica e cuja concentração não se modificou durante todo o experimento. O gráfico a seguir representa a variação do número de bactérias vivas no meio de cultura, em função do tempo de crescimento bacteriano em cada frasco.

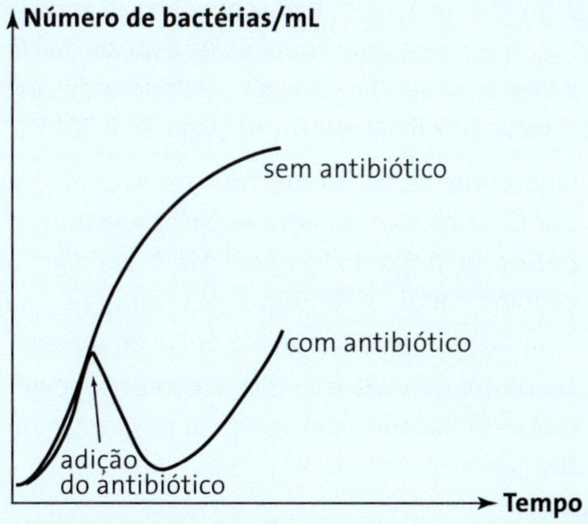

A observação do gráfico permite concluir que, no frasco em que se adicionou o antibiótico, ocorreu uma grande diminuição no número de bactérias e em seguida um aumento do seu crescimento. Segundo a teoria de evolução neodarwiniana, o fato observado nos frascos com antibiótico tem a seguinte explicação:

a) a dose usada de antibiótico eliminou a maioria da população selecionando uma minoria resistente que voltou a crescer.
b) a dose usada de antibiótico eliminou a grande maioria das bactérias e a minoria sobrevivente se adaptou às condições, voltando a crescer.
c) a dose usada de antibiótico provocou uma lentidão no crescimento das bactérias que, após algum tempo, adaptaram-se e voltaram a crescer.
d) a dose usada de antibiótico inibiu o crescimento da maioria das bactérias, mas, após a sua degradação, essas bactérias começaram a crescer novamente.
e) a dose usada de antibiótico estimulou a adaptação de bactérias, que demoraram mais a crescer.

12. SE (FGV-SP) Em entrevista aos meios de comunicação, o infectologista David Uip, à época diretor-executivo do Incor, afirmou que, ao longo dos últimos séculos, as epidemias têm se tornado menos avassaladoras, ou seja, algumas doenças, apesar do alto potencial de transmissão, apresentam taxas de mortalidade menores que antigamente.

Tal fato, cogita o médico, deve-se à "esperteza" do vírus, adquirida ao longo das gerações.

Essa propriedade do elemento viral — a sua esperteza — pode ser compreendida no contexto de um conceito biológico que é:

a) a mutação. Os vírus sofrem mutações específicas visando tornarem-se menos virulentos. Desse modo, propiciam quadros mais leves da doença, o que resulta em menor número de óbitos, além de permitir que proliferem por mais tempo.
b) a evolução. Os vírus evoluem visando tornarem-se menos virulentos. Desse modo, propiciam quadros mais leves da doença, o que resulta em menor número de óbitos, além de permitir que proliferem por mais tempo.
c) a seleção natural. As formas mais virulentas são eliminadas juntamente com seus hospedeiros e as formas que propiciam quadros mais leves da doença, o que resulta em menor número de óbitos, acabam por se proliferar por mais tempo.
d) a adaptação. Independentemente dos vírus, os hospedeiros se adaptam ao grau de virulência do agente patogênico, tornando-se mais resistentes à doença, o que resulta em menor número de óbitos e oportunidade para os vírus proliferarem por mais tempo.
e) a competição. As formas mais virulentas do agente patogênico, mais eficientes em provocar a doença, proliferam mais rapidamente que as formas menos virulentas. Desse modo, ao longo das gerações, aumentam em frequência na população de hospedeiros.

13. S (Udesc) Assinale a alternativa correta quanto à evolução das espécies.

a) Wallace, em seus estudos, chegou às mesmas conclusões que Lamarck quanto à evolução e à seleção natural das espécies.
b) Segundo a teoria de Lamarck, a característica do pescoço longo das girafas era resultante da seleção natural.
c) Na teoria de Darwin as características resultantes de condições ambientais, como a atrofia muscular ou hipertrofia, podem ser transmitidas para os descendentes.
d) O neodarwinismo, ou teoria sintética da evolução, reinterpretou a teoria da evolução de Darwin que, além da genética e dos conhecimentos em hereditariedade, incluiu fatores fundamentais da evolução, da mutação gênica e da recombinação gênica.
e) A lei do uso e desuso e a lei da transmissão dos caracteres adquiridos foram estabelecidas por Darwin.

14. SE (Fuvest-SP) Uma colônia de bactérias em que todos os indivíduos se originaram de uma única célula era incapaz de metabolizar lactose. Durante várias gerações, essas bactérias foram cultivadas em meio que continha glicose e lactose. Dessa cultura, foram retiradas duas amostras com quantidades iguais de células, que foram transferidas para novos meios de cultura: o meio **A** continha apenas glicose e o meio **B** apenas lactose como únicas fontes de carbono. O gráfico abaixo mostra as curvas de crescimento bacteriano nas culturas **A** e **B**.

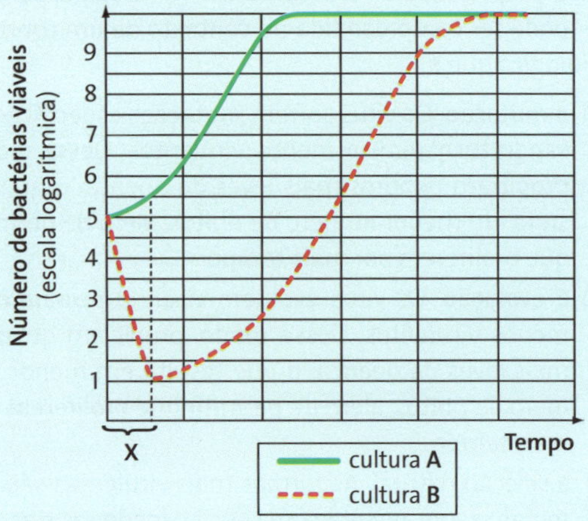

a) Como surgiram as bactérias capazes de sobreviver na cultura **B**?

b) Dê a razão para a diferença entre as curvas **A** e **B** no intervalo **X**.

15. SE (Unicamp-SP) O melanismo industrial tem sido frequentemente citado como exemplo de seleção natural. Esse fenômeno foi observado em Manchester, na Inglaterra, onde, com a industrialização iniciada em 1850, o ar carregado de fuligem e outros poluentes provocou o desaparecimento dos liquens de cor esbranquiçada que viviam no tronco das árvores. Antes da industrialização, esses liquens permitiam a camuflagem de mariposas da espécie *Biston betularia* de cor clara, que eram predominantes. Com o desaparecimento dos liquens e escurecimento dos troncos pela fuligem, as formas escuras das mariposas passaram a predominar.

a) Por que esse fenômeno pode ser considerado um exemplo de seleção natural?

b) Como a mudança ocorrida na população seria explicada pela teoria de Lamarck?

16. CO (UEG-GO) Recentemente, e poucos dias após o anúncio da OMS sobre o fim da pandemia da gripe A (H1N1), o alerta sobre o aparecimento de uma superbactéria resistente a quase todos os antibióticos e capaz de se espalhar pelos países do globo suscitou o medo do surgimento de uma nova pandemia.

CUMINALE, N. *Veja* [*on-line*]. 12/08/2012. Disponível em: <http://veja.abril.com.br/noticia/saude/a-superbacteria-e-o-medo-de-contagio>. Acesso em: 21 mar. 2011.

Sobre o assunto abordado e à luz da teoria da evolução, explique o processo evolutivo pelo qual as bactérias adquirem resistência aos antibióticos.

17. SE (Ufla-MG) "Dona Gertrudes tinha no seu quintal uma horta de couves. Toda vez que apareciam lagartas comendo as folhas de couve ela ia até o armazém do seu Zé do Adubo, e comprava o inseticida 'terror das lagartas' receitado por ele. No entanto, a cada ano que passava, ela percebia que o 'remédio' fazia menos efeito, mesmo que ela aumentasse a dose recomendada."

Explique, sucintamente, usando os conceitos de evolução, mutação gênica, seleção natural e mudança ambiental, o que ocorreu na horta de dona Gertrudes, supondo, para responder à pergunta, que o produto não estivesse adulterado.

18. SE (UFRRJ) Após sessenta anos da explosão da bomba atômica sobre as cidades de Hiroshima e Nagasaki, no Japão, as populações dessas cidades continuam a ser monitoradas. Com base nos efeitos biológicos das radiações sobre os seres vivos, aponte dois motivos pelos quais essas populações humanas devem ser monitoradas ainda hoje.

19. SE (Ufscar-SP) Evolução em ritmo acelerado – Pesquisadores do mundo animal têm chamado a atenção para um fenômeno curioso: há cada vez mais elefantes, principalmente na Ásia, que nascem sem as presas de marfim características dos machos da espécie. [...] O processo é desencadeado pela ação predadora dos caçadores, em busca do valioso marfim... (Veja, 10.8.2005.)

a) Que nome se dá ao mecanismo evolutivo proposto por Charles Darwin para explicar a evolução das espécies ao longo do tempo? Não fosse a ação dos caçadores, qual o fenótipo dos animais mais bem adaptados: presença ou ausência de presas?

b) Do ponto de vista genético e evolutivo, explique por que está havendo aumento na proporção de elefantes que nascem sem as presas.

20. SE (Vunesp-SP) Um estudante de Biologia tem em seu quintal um lindo pé de malva-rosa (*Hibiscus mutabilis*), planta cujas flores apresentam pétalas que são brancas pela manhã, quando a flor se abre, e vão se tornando de um cor-de-rosa intenso conforme o dia vai passando. Em um mesmo pé de malva-rosa, pode-se apreciar flores com cores de diferentes tons: desde as totalmente brancas, que acabaram de se abrir, até as totalmente rosas, abertas há várias horas.

O estudante tem uma hipótese para explicar o fenômeno: ao longo do dia a radiação solar induz mutações genéticas nas células das pétalas, que as levam à alteração da cor; se flores já totalmente cor-de-rosa forem polinizadas com pólen de flores da mesma cor, ou seja, se a polinização ocorrer depois da ocorrência das mutações, as sementes resultantes darão origem a plantas que produzirão apenas flores cor-de-rosa.

A explicação do estudante para a mudança da cor da pétala de malva-rosa e sua explicação para a transmissão hereditária dessa característica estão corretas? Justifique.

CAPÍTULO

10 A teoria sintética: genética das populações e formação de novas espécies

Ipatov/Shutterstock/Glow Images

Esse animal é resultado do cruzamento entre um leão macho e uma fêmea de tigre.

- *Como as transformações no ambiente podem influenciar no aparecimento de novas espécies?*
- *O que você acha que deve acontecer com a frequência de genes recessivos e dominantes ao longo do tempo?*

1 Evolução: uma mudança na frequência dos alelos da população

São as populações que evoluem. A evolução pode ser definida como uma mudança, ao longo do tempo, da frequência dos alelos de uma população. A parte da Biologia que estuda como essa mudança ocorre é conhecida como **Genética das populações**.

Lei de Hardy-Weinberg

No início do século XX, muitos cientistas pensavam que os alelos dominantes deveriam aumentar na população, ocorrendo o oposto com os alelos recessivos. Em 1908, o geneticista Reginald Punnett apresentou esse problema para o matemático inglês Godfrey Harold Hardy (1877-1947). Hardy e um médico alemão chamado Wilhelm Weinberg (1862-1937) demonstraram, de forma independente, que, na ausência de fatores evolutivos (mutação, seleção natural, migração, deriva genética, etc.), a frequência dos alelos não muda ao longo das gerações. Essa conclusão ficou conhecida como **lei** ou **teorema**, ou **princípio de Hardy-Weinberg** (leis com um papel fundamental em uma teoria são chamadas também de "princípios").

Eles calcularam o que aconteceria com a frequência de dois alelos (**A** e **a**) ao longo das gerações nas seguintes condições:

- a população é muito grande (o suficiente para que não ocorram desvios ou mudanças significativas por causa do acaso na frequência dos alelos);
- não há mutações;
- não há migrações (não podem entrar nem sair genes da população);
- todos os genótipos devem ter a mesma chance de sobrevivência ou reprodução (não há seleção natural);
- os cruzamentos ocorrem ao acaso, isto é, não há seleção sexual – a população é **pan-mítica** (*pân* = todos; *mixis* = misturado).

Em primeiro lugar, devemos compreender o que é frequência de um alelo de uma população. Vejamos um exemplo numérico.

Em uma população com 500 indivíduos, 320 são **AA**, 160 são **Aa** e 20 são **aa**. A frequência do alelo **A** é a sua proporção em relação ao total de alelos para a característica em questão. Como cada indivíduo tem dois alelos, o número de alelos é igual a 1000 (500 × 2). O número de alelos **A** é 2 × 320 (cada indivíduo **AA** tem dois alelos **A**) + 160 (cada indivíduo **Aa** tem apenas um alelo **A**). Existem, portanto, 800 alelos **A** e a sua frequência é 0,8 ou 80% (800/1000). Do mesmo modo, a frequência do alelo **a** será 0,2 ou 20%.

O que Hardy e Weinberg demonstraram foi que, na ausência de fatores evolutivos, a proporção dos alelos na população não muda e, após uma geração de cruzamentos ao acaso, as frequências dos genótipos também não se alteram e podem ser representadas por: $p^2 + 2pq + q^2$. Em seu cálculo, eles atribuíram ao alelo **A** a frequência inicial **p** e, ao seu alelo **a**, a frequência **q**. Como, em princípio, eram os únicos alelos, temos:

$$p + q = 1 \text{ ou } 100\%$$

Como cada gameta possui apenas um alelo de cada par, a proporção de gametas na população com o alelo **A** também é **p**, e a proporção de gametas com o alelo **a** é **q**.

De acordo com as leis de Mendel e com os princípios da probabilidade, a proporção de indivíduos **AA** na geração seguinte seria $p \times p$ ou p^2 (regra da multiplicação das probabilidades). Isso significa que, como existem **p** espermatozoides **A** e **p** óvulos **A**, a chance de esses dois gametas se encontrarem é $p \times p$ ou p^2.

Do mesmo modo, a frequência de indivíduos **aa** seria $q \times q$ ou q^2. Como os indivíduos **Aa** podem surgir de duas maneiras diferentes (um espermatozoide **A** fecunda um óvulo **a** ou um espermatozoide **a** fecunda um óvulo **A**), sua proporção seria $pq + pq$ ou $2pq$ (regra da soma das probabilidades). Observe a tabela a seguir.

Espermatozoide / Óvulo	A (p)	a (q)
A (p)	AA (p^2)	Aa (pq)
a (q)	Aa (pq)	aa (q^2)

Hardy e Weinberg demonstraram que a frequência relativa do alelo **A** não se alterou; ela continua valendo **p**, como na geração anterior. O raciocínio é o seguinte: como há p^2 indivíduos **AA**, há $2p^2$ alelos **A**, pois cada indivíduo **AA** tem dois alelos **A**. O alelo **A** aparece também nos indivíduos **Aa**. Como há 2pq indivíduos **Aa**, o número de alelos **A** é 2pq. O total de alelos **A** é:

$$2p^2 + 2pq = 2(p^2 + pq)$$

Como o total de alelos da população é $2(p^2 + 2pq + q^2)$, a frequência relativa de alelos **A** é:

$$2(p^2 + pq)/2(p^2 + 2pq + q^2) \text{ ou } p(p + q)/(p + q)^2$$
$$\text{ou } p/(p + q)$$

Como $p + q = 1$ (no denominador da equação), a frequência de **A** continua sendo **p**. O mesmo tipo de cálculo pode ser feito para mostrar que a frequência de **a** continua sendo **q**. Portanto, a frequência dos alelos **A** e **a** se manteve igual à da geração inicial. Quando a frequência de alelos e de genótipos de uma população se mantém, dizemos que a população está em **equilíbrio gênico**.

Pelo que foi demonstrado, vemos que apenas as leis de Mendel e a reprodução sexuada não alteram a frequência dos alelos em uma população. E o fato de **A** ser um alelo dominante também não faz com que sua frequência aumente ao longo das gerações.

Com base nessa população hipotética, podemos caracterizar matematicamente a evolução. Como dissemos, esta ocorre quando a frequência dos alelos de uma população se altera ao longo das gerações. Podemos então usar a lei de Hardy-Weinberg para descobrir se está havendo alteração na frequência de determinados alelos ao longo do tempo: temos de comparar a frequência obtida com a lei com a frequência obtida na prática e ver se houve ou não um desvio significativo entre elas. O desvio é causado por um dos fatores evolutivos. Podemos também tentar descobrir e quantificar que fator está provocando essa alteração. A lei ajuda ainda a tentar descobrir se um alelo está submetido à ação da seleção natural ou se tem um efeito neutro.

Cálculo da frequência de alelos

A equação $p^2 + 2pq + q^2$ é o desenvolvimento do binômio $(p + q)^n$. Os binômios são estudados em álgebra, uma divisão da Matemática, e aqui funcionam como ferramenta para o cálculo da frequência de alelos.

Com essa equação, podemos calcular a frequência de determinado alelo ou indivíduo, considerando um dado real obtido de uma amostra da população. Esse dado pode ser a frequência de indivíduos dominantes ou recessivos na população.

Podemos afirmar que a frequência obtida nos cálculos é verdadeira apenas para essa geração. Ela não se manterá obrigatoriamente ao longo das gerações seguintes, pois a população real sofre, por exemplo, mutações e seleção natural.

Vejamos um exemplo de aplicação da lei de Hardy-Weinberg com esse objetivo (vamos analisar apenas dois alelos, mas a lei pode ser estendida para alelos múltiplos).

Sabendo que a frequência de indivíduos albinos (genótipo **aa**) em uma população em equilíbrio é 1%, vamos calcular a frequência dos genótipos possíveis nessa geração.

Usamos a fórmula $p + q = 1$ e as seguintes convenções:

- frequência do alelo **A** = p
- frequência do alelo **a** = q
- frequência de indivíduos **AA** = p^2
- frequência de indivíduos **Aa** = 2pq
- frequência de indivíduos **aa** = q^2

A frequência de **aa** (q^2) é 1%. Então, $q^2 = 0{,}01$ e $q = 0{,}1$. Logo:

$$p = 1 - q = 1 - 0{,}1 = 0{,}9$$

Com esses valores, podemos descobrir a frequência dos outros genótipos:

- frequência de **AA** (p^2) = 0,81 ou 81%
- frequência de **Aa** (2pq) = $2 \times 0{,}9 \times 0{,}1 = 0{,}18$ ou 18%

Quando sabemos a frequência de indivíduos dominantes, é mais fácil calcular primeiro a frequência dos indivíduos recessivos e depois a do alelo recessivo. A frequência do alelo dominante é calculada pela fórmula $p = 1 - q$.

Nesse exemplo, se fossem 99% de indivíduos não albinos, calcularíamos a frequência de indivíduos **aa** e depois a de alelos **a**: $q^2 = 1 - 0{,}99 = 0{,}01$; $q = 0{,}1$.

Mutação e seleção natural são fatores evolutivos, uma vez que alteram a frequência gênica da população. A mutação porque introduz novos alelos na população. A seleção natural porque faz com que alguns genótipos tenham maior sucesso reprodutivo que outros. Por exemplo: a frequência relativa de bactérias com alelos que conferem resistência a determinado antibiótico aumenta em ambientes com o antibiótico, enquanto a frequência dos alelos que não conferem resistência diminui. A migração também altera essa frequência ao provocar o fluxo de alelos de uma população para outra. O último fator evolutivo é a deriva genética, que veremos a seguir.

Deriva genética

A frequência dos alelos em uma população pode mudar eventualmente. Isso pode ser observado mais facilmente em populações pequenas, quando, por acaso, morrem, por exemplo, mais indivíduos **aa** do que **AA** ou mais estes que aqueles.

Observe que essa mudança na frequência não ocorreu por mutação ou seleção natural, mas por acaso. Os indivíduos mortos ou que não tiveram descendentes não eram, nesse caso, os menos adaptados. Ou seja, desvios determinados pelo acaso podem alterar a frequência de um alelo independentemente de seu valor adaptativo.

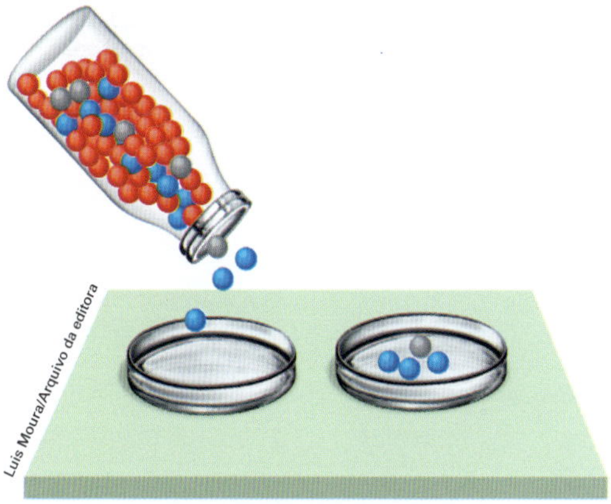

Luis Moura/Arquivo da editora

Figura 10.1 Efeito gargalo: a proporção relativa das bolas despejadas da garrafa pode ser bem diferente da proporção dentro da garrafa. Algo semelhante acontece com a composição genética de uma população que teve redução rápida de tamanho em virtude de alguma catástrofe.

Esse fenômeno é chamado **deriva** ou **oscilação genética**. Diferentemente da seleção natural, ele causa desvios na lei de Hardy-Weinberg mesmo sem proporcionar uma adaptação da espécie ao seu ambiente.

Uma alteração na frequência de alelos pode ser percebida mais facilmente quando algo provoca a morte de grande número de indivíduos de forma não seletiva. Essa redução drástica do tamanho de uma população é chamada **efeito gargalo**, porque é como se apenas uma parte da população conseguisse passar pela abertura estreita de um gargalo (figura 10.1). Há grande perda de variabilidade genética e a distribuição genética das populações poderá, nesse caso, ser bastante afetada. Foi o que ocorreu entre 20 mil e 10 mil anos atrás, quando algum fator (seca prolongada, destruição de *habitat*, etc.) reduziu muito o número de guepardos na África. Com isso, a variabilidade genética da população diminuiu (figura 10.2).

Figura 10.2 A deriva genética e o cruzamento em um pequeno grupo reduziram a variabilidade genética dos guepardos.

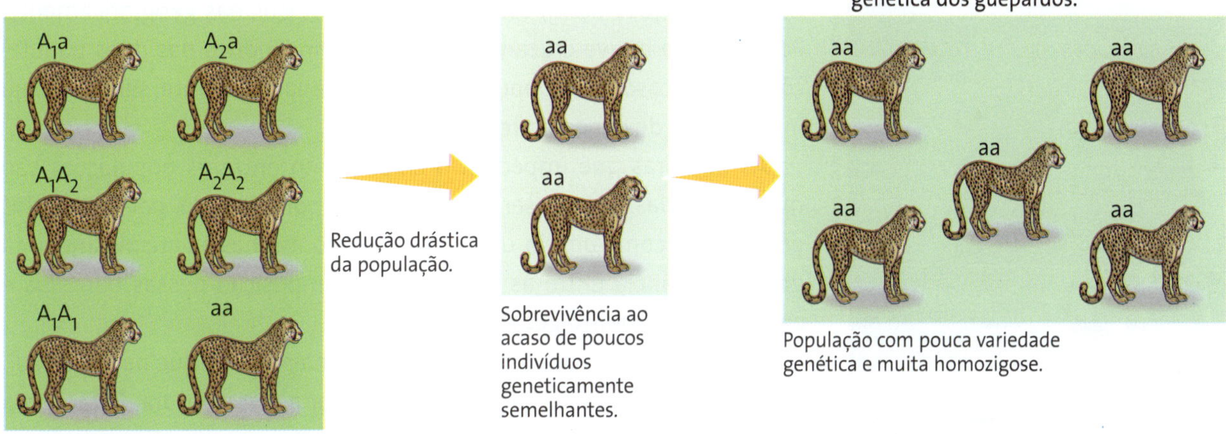

Alexey Pushkin/Shutterstock/Glow Images

População inicial.

Uma alteração na frequência alélica ocorre ainda quando um pequeno grupo de indivíduos migra para um novo *habitat*. Nesse pequeno grupo, a distribuição dos alelos pode ser diferente da distribuição dos alelos na população original. Esse tipo de deriva genética é chamado **efeito do fundador**.

Os descendentes de europeus que colonizaram a África do Sul (africânderes), por exemplo, apresentam uma frequência alta de uma doença genética chamada porfiria, que causa danos ao fígado e é rara em outras populações. Isso aconteceu porque a população de africânderes foi formada de uma população inicial pequena (apenas trinta famílias europeias), na qual, por acaso, a frequência do alelo para aquela doença era maior do que na população europeia original.

2 Formação de novas espécies

Uma espécie é formada por um grupo de populações capazes de se cruzar e originar filhos férteis, mas que não são capazes de cruzar com outros grupos.

Essa definição, chamada **conceito biológico de espécie**, não se aplica aos organismos fósseis e aos seres que se reproduzem assexuadamente. Nesses casos, podem ser usados critérios de semelhanças morfológicas (por exemplo, para classificar fósseis) ou genéticas, pela análise do DNA.

Vamos usar aqui o conceito biológico de espécie, que é bastante útil para explicar a **especiação**, isto é, a formação de novas espécies.

Isolamento geográfico

Para entender como novas espécies podem se formar por isolamento geográfico, vamos usar como exemplo duas espécies de raposa.

A raposa-do-ártico é encontrada ao norte dos Estados Unidos e a raposa-cinzenta na região sul (figura 10.3). Análises genéticas mostram que essas duas espécies descendem de uma mesma espécie ancestral de raposas.

Vamos supor que uma população inicial de raposas tenha se dividido em duas: uma delas migrou e chegou até o sul dos Estados Unidos; outra dirigiu-se para o norte da América do Norte. Durante esse período, as duas populações de raposas permaneceram isoladas geograficamente. Por isso, não houve cruzamentos entre os indivíduos das duas populações. Nesse caso, cada população evoluirá separadamente, sem que haja intercâmbio de genes entre elas.

As barreiras que impedem o cruzamento entre as populações são muito variadas. Podem ser representadas, por exemplo, por obstáculos geográficos, como um rio, uma cadeia de montanhas ou até mesmo uma grande distância entre as populações. A imposição dessas barreiras é chamada **isolamento geográfico**.

Figura 10.3 Raposa-do-ártico e raposa-cinzenta.

O clima ao norte dos Estados Unidos é mais frio do que na região sul: geralmente, quanto maior a latitude, menor a temperatura. Então, uma vez isoladas em condições ambientais distintas, as mutações selecionadas em cada ambiente devem ser diferentes. Mutações que favoreçam a sobrevivência em regiões frias serão selecionadas positivamente (aumentarão de frequência na população) nas raposas do norte: pelagem mais densa; pernas, orelhas e caudas mais curtas (o que diminui a perda de calor pelas extremidades), etc. As raposas do sul, ao contrário, tendem a ter pelagem menos densa e pernas, orelhas e caudas mais longas, que facilitam a perda de calor (figura 10.3).

O acúmulo seletivo de mutações pode fazer as raposas do norte ficarem cada vez mais diferentes das raposas do sul. Essas diferenças vão se acumulando a ponto de caracterizar a formação de duas ou mais **subespécies** ou **raças geográficas**.

Isolamento reprodutivo

As subespécies são originalmente populações da mesma espécie que vivem geograficamente isoladas e por isso acabaram desenvolvendo diferenças genéticas. Apesar dessas diferenças, o cruzamento entre subespécies pode ocorrer. No entanto, esse evento é raro, porque as subespécies vivem em diferentes *habitats*.

Se o isolamento geográfico terminar em um intervalo de tempo não muito longo, como aconteceria se um rio que separa duas subespécies de ratos secasse, as mudanças genéticas ocorridas em uma população se espalhariam para as outras, e não teríamos mais duas subespécies.

Persistindo o isolamento geográfico por um grande período de tempo, chega-se a um ponto em que as diferenças genéticas impedirão o cruzamento entre as populações, mesmo que o isolamento seja superado (figura 10.4).

Quando, pelo isolamento geográfico, uma população se torna diferente da original e atinge um **isolamento reprodutivo**, dizemos que surgiu uma nova espécie (especiação). Isso deve ter ocorrido com as duas populações de raposas: a raposa do Ártico pertence à espécie *Alopex lagopus* e a do sul, à espécie *Urocyon cinereoargenteus* do exemplo anterior.

Assim, os indivíduos de uma espécie estão isolados reprodutivamente dos indivíduos de outras espécies. Isso quer dizer que uma espécie não troca genes com outra, mesmo que elas habitem a mesma região. Em outras palavras, não há fluxo gênico entre duas espécies; os novos genes surgidos por mutação em uma espécie não passam para outra. Por isso, cada espécie segue seu próprio "caminho evolutivo", isto é, elas evoluem separadamente (figura 10.4).

Os mecanismos responsáveis pelo isolamento reprodutivo podem ser pré-zigóticos e pós-zigóticos.

Ingeborg Asbach/Arquivo da editora

População de ratos da mesma espécie (em torno de 7 cm a 16 cm de comprimento, fora a cauda).

Uma barreira geográfica surge. A mesma espécie é formada por duas populações isoladas geograficamente.

Ao longo do tempo, as duas populações acabam sofrendo mudanças genéticas, formando subespécies que ainda são capazes de se reproduzir.

Após muito tempo, mesmo que o isolamento geográfico desapareça, as subespécies não se cruzam mais e formam, portanto, duas espécies diferentes.

©Tony Craddock/SPL/Latinstock

Figura 10.4 Na formação de novas espécies, o isolamento geográfico forma subespécies. Se o isolamento persistir, pode haver um isolamento reprodutivo e a formação de novas espécies. Nas fotos, duas espécies de esquilos (*Ammospermophilus harrisii* e *Ammospermophilus leucurus*; cerca de 14 cm a 17 cm de comprimento, fora a cauda) que vivem em lados opostos do desfiladeiro Grand Canyon, Estados Unidos.

Fotos: Michael e Patricia Fogden/Minden Pictures/Latinstock

Neelsky/Shutterstock/Glow Images

Anan Kaewkhammul/Shutterstock/Glow Images

Figura 10.5 Leão asiático (*Panthera leo persica*; um pouco menor que o africano; 1,70 m a 2,50 m de comprimento, fora a cauda) e tigre (*Panthera tigris*; 1,40 m a 2,60 m, fora a cauda).

Mecanismos pré-zigóticos

Esses mecanismos impedem o encontro dos gametas ou dos casais potenciais (macho de uma população e fêmea de outra). Não há acasalamento nem fecundação. Há cinco desses mecanismos:

- **isolamento estacional**, **sazonal** ou **temporal** – ocorre quando duas populações, mesmo ocupando o mesmo *habitat*, se reproduzem em períodos diferentes. É muito comum em plantas que florescem em épocas diferentes do ano;
- **isolamento comportamental** ou **etológico** (a Etologia é a ciência que estuda o comportamento animal) – ocorre quando há diferença de comportamento (*éthos* = hábito) entre as espécies, particularmente nos rituais de acasalamento. Nessa situação, as fêmeas reconhecem apenas um padrão típico do macho da própria espécie: um tipo de dança, de movimento de cabeça ou de asa, por exemplo. No caso dos pássaros canoros, a fêmea só aceita parceiros sexuais com o canto típico da própria espécie;
- **isolamento mecânico** – não existe "ajuste" entre os órgãos genitais dos parceiros por causa de diferenças anatômicas. Ocorre também em flores cujas partes estão adaptadas a polinizadores diferentes: um tipo de flor pode ser polinizado apenas por beija-flores, por exemplo, e outro tipo apenas por abelhas;
- **isolamento gamético** – a fecundação não ocorre por causa da incompatibilidade entre os gametas. Pode não haver um encaixe entre as proteínas na membrana dos dois gametas ou, na fecundação interna, o gameta masculino não sobrevive no sistema reprodutor feminino da outra espécie;
- **isolamento de *habitat*** ou **ecológico** – as duas populações vivem na mesma área geográfica, mas em diferentes *habitat*. Até meados do século XIX, leões e tigres eram comuns na Ásia (os leões asiáticos foram muito caçados; hoje eles existem apenas em uma área protegida na floresta de Gir, na Índia). Os dois animais não se cruzavam porque os leões asiáticos viviam nas savanas e os tigres, nas florestas (figura 10.5).

Aprofunde seus conhecimentos

Especiação em laboratórios

A especiação também pode ser observada no laboratório. Em um experimento, uma população de drosófilas (mosca-das-frutas) foi dividida em vários grupos. Alguns foram criados em meio de cultura à base de amido e outros, em meio de cultura à base de maltose. Depois de muitas gerações, as drosófilas criadas na cultura à base de amido eram capazes de digerir com mais eficiência esse nutriente. Quando os descendentes de ambas as culturas foram colocados juntos em um recipiente, as fêmeas originadas de cultura à base de amido preferiam copular com machos também originados dessa cultura. Isso também acontecia com as fêmeas vindas de meios de cultura à base de maltose.

O experimento evidencia que o equivalente a um isolamento geográfico (a separação da população em garrafas com nutrientes diferentes) foi capaz de selecionar mudanças fisiológicas e no comportamento reprodutivo.

Fontes de consulta: IRWIN, D. E.; BENSCH, S.; PRICE, T. D. Speciation in a Ring. *Nature*, n. 409, p. 333-337, 18 jan. 2001.
DODD, D. M. B. Reproductive Isolation as a Consequence of Adaptive Divergence in *Drosophila pseudoobscura*. *Evolution*, v. 43, n. 6, p. 1308-1311, sep. 1989.

Mecanismos pós-zigóticos

Esses mecanismos ocorrem em etapas posteriores à fecundação, o que impede o desenvolvimento do embrião ou provoca a esterilidade dos descendentes. Há dois tipos:

- **inviabilidade do híbrido** – as diferenças genéticas entre os híbridos de duas populações impedem que os genes atuem de forma coordenada e harmoniosa durante o desenvolvimento embrionário. Em consequência, o embrião não completa o seu desenvolvimento ou o indivíduo morre antes de atingir a idade de reprodução;
- **esterilidade do híbrido** – neste caso, o híbrido é viável, mas não é capaz de produzir gametas funcionais, o que pode ser causado por diferenças no número ou na estrutura dos cromossomos herdados dos pais, que prejudica o pareamento na meiose. Também pode haver outras alterações, como desenvolvimento anormal do fuso mitótico, que prejudica o movimento dos cromossomos em direção aos polos da célula. Um exemplo de híbridos são o burro e a mula, animais resistentes ao trabalho pesado e resultantes do cruzamento entre o jumento (2n = 62) e a égua (2n = 64). Em alguns casos raros, a mula pode procriar (figura 10.6).

Os mecanismos de isolamento reprodutivo podem ser divididos também em **pré-copulatórios** e **pós-copulatórios**. No primeiro caso, estão os isolamentos estacional, comportamental e mecânico, que impedem o ato sexual (cópula). O isolamento gamético e a inviabilidade ou esterilidade do híbrido são pós-copulatórios.

Figura 10.6 A mula é um híbrido do cruzamento entre égua e jumento. O zebroide é um híbrido entre cavalos e zebras.

Mary Beth Angelo/Photoresearchers/Latinstock

Zebroide (1,50 m a 1,70 m de altura).

Federicofoto/Shutterstock/Glow Images

Jumento (até 1,30 m de altura).

Sergio Schnitzler/Shutterstock/Glow Images

Mula (até 1,70 m de altura).

Sari ONeal/Shutterstock/Glow Images

Égua (cerca de 1,50 m de altura).

Um exemplo de especiação: os tentilhões de Darwin

Na figura 10.7 você pode ver uma representação dos pássaros encontrados por Darwin em Galápagos, hoje conhecidos como tentilhões de Darwin. Essas aves são muito semelhantes entre si e diferem principalmente no tipo de bico, que é adaptado ao tipo de alimentação.

Darwin supôs que as várias espécies de tentilhões teriam surgido de um grupo pequeno desses pássaros vindo do continente sul-americano. Análises de DNA confirmaram essa suposição e permitiram reconstruir a história evolutiva dessas espécies. O pássaro atual mais próximo evolutivamente dos ancestrais dos tentilhões é a cigarra-parda (*Tiaris obscurus*). Foram identificados também os genes que regulam o desenvolvimento, no embrião, do bico de algumas espécies de tentilhões, tornando-o mais largo ou mais estreito.

Ocasionalmente, alguns descendentes desse grupo migraram para outras ilhas do arquipélago. Em cada ilha, a população se adaptou a um tipo de comida disponível. As ilhas estão muito distantes entre si, de modo que a migração de pássaros entre elas é muito rara. O isolamento geográfico, seguido do isolamento reprodutivo, levou à formação das várias espécies de tentilhões. Hoje, podemos encontrar diversas espécies vivendo na mesma ilha, mas, por causa do isolamento reprodutivo, elas não se cruzam.

O processo pelo qual uma espécie se espalha por vários ambientes e origina um número grande de espécies diferentes é chamado **irradiação adaptativa**.

Outro exemplo desse processo são os mamíferos, pois, de um único ancestral, surgiu um grande número de espécies diferentes, adaptadas aos mais variados modos de vida.

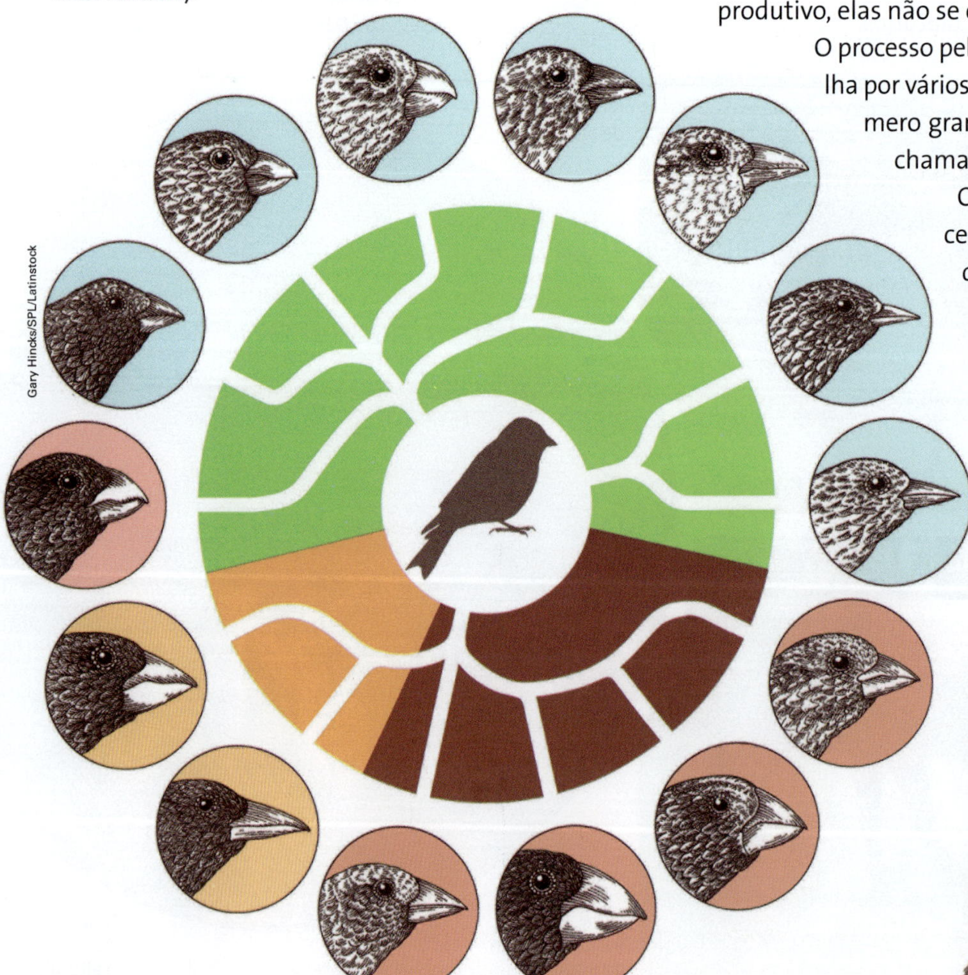

Figura 10.7 Irradiação adaptativa dos tentilhões de Darwin (10 cm a 20 cm de comprimento; figura sem escala; cores fantasia).

Gary Hincks/SPL/Latinstock

Especiação sem isolamento geográfico

Vimos que novas espécies surgem quando duas populações ficam isoladas sem que haja intercâmbio genético entre elas. Em alguns casos, o intercâmbio de genes pode ser impedido sem que ocorra isolamento geográfico e podem surgir novas espécies que vivem na mesma área geográfica.

Esse tipo de especiação é chamado **simpátrica** (*syn* = juntamente; *patria* = pátria); a especiação em espécies isoladas geograficamente se chama **alopátrica** (*alloio* = diferente).

Uma modalidade de especiação simpátrica ocorre em plantas pela formação de indivíduos poliploides. A poliploidia pode acontecer quando são produzidos gametas diploides (2n) por causa da não disjunção dos cromossomos durante a meiose (figura 10.8). Se esses gametas fecundarem outros gametas diploides, forma-se um indivíduo tetraploide (4n).

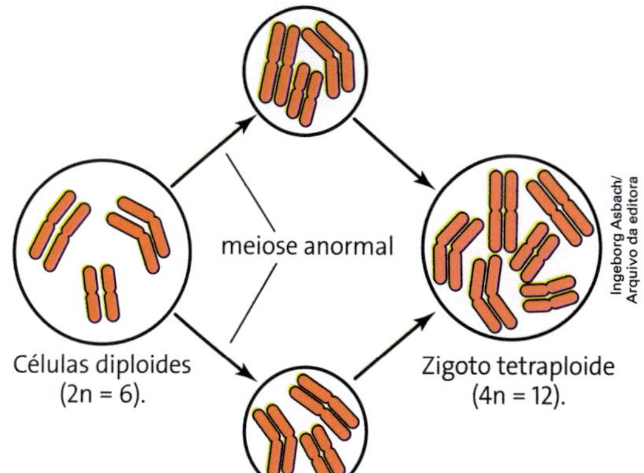

Figura 10.8 Esquema da formação de uma planta tetraploide por união de gametas diploides (os elementos ilustrados não estão na mesma escala; cromossomos – em vermelho – são microscópicos; cores fantasia).

Por que podemos considerar que indivíduos tetraploides formam uma nova espécie?

A explicação é que, se um gameta diploide – produzido pelas plantas tetraploides – fecundar um gameta haploide – originado de uma planta normal –, será formada uma planta triploide (3n). Essa planta é um híbrido estéril, pois, como possui número ímpar de cromossomos de cada tipo, não ocorre o emparelhamento correto entre os cromossomos na meiose e os gametas não são formados. Um exemplo de planta triploide é a laranja-da-baía; ela não produz gametas nem sementes e propaga-se assexuadamente por enxertos. Assim, as plantas tetraploides ficam isoladas reprodutivamente da planta original diploide e podemos dizer que essas plantas formam uma nova espécie.

Cerca de 40% das espécies de plantas cultivadas são poliploides. O triticale é um cereal híbrido (alopoliploide) que foi obtido no cruzamento do trigo (*Triticum* sp) com o centeio (*Secale* sp), sendo mais resistente a condições de acidez do solo que o trigo (figura 10.9). É utilizado principalmente na alimentação de animais.

Figura 10.9 Ramos de triticale (a planta pode atingir 50 cm a 1,50 m de altura).

Aprofunde seus conhecimentos

Evidências de especiação

Em alguns casos, há várias populações da mesma espécie em uma área geográfica, cada uma ligeiramente diferente da outra.

É o caso da salamandra *Ensatina eschscholtzii*, encontrada nos Estados Unidos. Há sete subespécies na Califórnia, distribuídas em uma cadeia de montanhas ao redor da região chamada Vale Central, do norte ao sul da Califórnia, que forma um tipo de anel em torno do vale. As populações próximas umas das outras cruzam entre si, mas as subespécies *Eschscholtzii eschscholtzii eschscholtzii* e *Eschscholtzii eschscholtzii klauberi*, apesar de viverem na mesma área geográfica, nos extremos do anel, na região sul, dificilmente cruzam entre si, indicando que essa espécie de salamandra está se dividindo em duas espécies diferentes.

Fontes de consulta: <http://evolution.berkeley.edu/evolibrary/article/_0_0/evo_45>; <www.talkorigins.org/indexcc/CB/CB910.html>; <www.talkorigins.org/faqs/speciation.html>; <www.zoology.ubc.ca/~irwin/GreenishWarblers.html>. Acesso em: 25 fev. 2014.

Biologia e sociedade

Raças na espécie humana?

Para afirmar que duas populações isoladas geograficamente pertencem a raças ou subespécies diferentes, tem de haver certo número de características genéticas que, em conjunto, seja exclusiva de uma das populações ou, pelo menos, bem mais frequente em uma população do que em outra.

No caso da espécie humana, a diferença genética entre dois indivíduos e entre duas populações é muito pequena e a variabilidade genética dentro de um grupo populacional é maior do que entre dois grupos (figura 10.10). Isso significa que pode haver mais diferenças genéticas entre dois europeus brancos do que entre um europeu e um africano, por exemplo. Assim, para o biólogo Jared Diamond, dependendo das diferenças genéticas que selecionarmos, uma mesma pessoa poderia pertencer a vários grupos diferentes. Se escolhêssemos, por exemplo, a presença da enzima lactase em adultos, os suecos seriam colocados no mesmo grupo dos fulas (grupo formado por várias populações da África Ocidental). Mas se o critério fosse a presença de genes que conferem resistência à malária, os suecos seriam agrupados com os xhosas (grupo de sul-africanos que falam a língua xhosa). Isso significa que, conforme o critério escolhido – genes para resistência à malária; para a presença de lactase no organismo; para a cor da pele; para impressões digitais; etc. –, os grupos humanos que comporiam as "raças" seriam completamente diferentes.

Em 2010, um estudo sobre o genoma de pessoas do grupo khoisan que vivem no sudoeste da África, mostrou que as diferenças genéticas entre dois indivíduos desse grupo que vivem próximos um do outro era maior do que entre qualquer um deles e um europeu de pele branca ou um japonês.

O pesquisador brasileiro Sergio Danilo Pena e sua equipe realizaram vários estudos sobre a origem do povo brasileiro, concluindo que é impossível dividi-lo em raças biológicas, pois a maioria das pessoas possui genes herdados de ancestrais brancos, negros e índios – independentemente da cor da pele. Isso significa que uma pessoa pode ter a pele clara, mas a maior parte de sua herança genética pode ter origem africana.

A ideia de "raça pura" é não apenas absurda, em relação à espécie humana, como indesejável – e não apenas por questões éticas mas também porque a variabilidade genética em uma espécie é importante para a sua sobrevivência. Também é absurdo falar em "raça superior" ou "raça inferior", ignorando a grande diversidade genética em cada população. Qualquer tentativa de formar uma "raça pura", de fazer com que todos os indivíduos da espécie humana sejam geneticamente muito parecidos, ameaçaria sua sobrevivência.

O conceito de raça é, portanto, uma construção social que, muitas vezes, serve apenas de pretexto para o preconceito e o racismo. A ideia de que há raças superiores a outras, não tem base científica. Ele serviu apenas para justificar a dominação e a exploração de um grupo por outro. Além de injusta, essa atitude discriminatória acaba levando à violência e à intolerância. Por isso, o racismo deve ser combatido com leis severas.

É importante ainda lembrar que nós, da espécie humana, somos capazes de, conscientemente, compreender que a cooperação é importante para todos – independentemente da cor da pele, do sexo, da religião ou da classe social de cada um.

Uma educação que aproxime as pessoas, que valorize a diversidade, que elimine preconceitos, funciona como um antídoto contra o racismo – e todos ganham com isso.

Fontes de consulta: BARBUJANI, G. *A invenção das raças*. São Paulo: Contexto, 2007. CAVALLI-SFORZA, L. L.; CAVALLI-SFORZA, F. *Quem somos? História da diversidade humana*. São Paulo: Unesp, 2002. DIAMOND, J. Race without Color. *Discover*, v. 15, n. 11, p. 82-89, nov. 1994. Disponível em: <http://discovermagazine.com/1994/nov/racewithoutcolor444>. Acesso em: 12 mar. 2009. GOULD, S. J. The Geometer of Race. *Discover*, v. 15, n. 11, p. 64-66, nov. 1994. JABLONSKI, N. G.; CHAPLIN, G. Todas as cores da pele. *Scientific American Brasil*. Duetto, p. 64-71, nov. 2002. LEWONTIN, R. C. *Human Diversity*. San Francisco: Scientific American, 1982. PENA, S. D. J. *Humanidade sem raças?* São Paulo: Publifolha, 2008. SCHUSTER, S. C. et al. Genomes from Southern Africa. *Nature*, fev., v. 18, n. 463, p. 943-947, 2010.

Ryan McVay/Stone/Getty Images

Figura 10.10 Apesar da diversidade aparente, todos pertencemos a uma única raça, a raça humana.

Atividades

1. Um estudante afirmou que, para determinar a frequência de um alelo recessivo, em determinado momento, em uma população que não está necessariamente em equilíbrio gênico, basta contar a frequência de indivíduos com a característica recessiva. Você concorda com essa afirmação? Por quê?

2. A frequência de um alelo para um dado caráter dominante em uma população em equilíbrio é 0,20. Calcule a frequência de heterozigotos.

3. Em um experimento, uma população da espécie de drosófilas, *Drosophila pseudoobscura*, foi dividida em dois grupos: um foi criado em um meio de cultura à base de amido e o outro, em um meio à base de maltose. Depois de muitas gerações, os descendentes de ambas as culturas foram colocados juntos em um recipiente. Observou-se que as fêmeas originadas de culturas à base de amido preferiam copular com machos também originados de culturas à base de amido. O mesmo acontecia com as fêmeas vindas de meios de cultura à base de maltose. Explique, em termos evolutivos, o que deve ter acontecido.

4. Uma espécie de drosófila, a *Drosophila pseudoobuscura*, se acasala pela manhã; outra espécie de drosófila, a *Drosophila persimilis*, acasala à tarde. Ambas são encontradas na mesma área geográfica. Que tipo de isolamento reprodutivo há entre as duas espécies? É um isolamento pré-zigótico ou pós-zigótico?

5. Pesquisadores acreditam que a formação do rio Congo, na África, por volta de 1,5 milhão de anos atrás, tenha colaborado para o surgimento, há cerca de 800 mil anos, a partir de um ancestral comum, das duas espécies de chimpanzés: o bonobo, encontrado ao sul de uma das margens do rio, e o chimpanzé comum, encontrado ao norte da margem oposta. Sabendo que esses animais não são bons nadadores, explique como a formação do rio pode ter influenciado essa especiação.

6. Em algumas populações, a frequência da fibrose cística, doença que, às vezes, provoca a morte do indivíduo ainda jovem, é de 1 para 2 500 nascimentos. Sabendo que essa doença é recessiva e monogênica (está envolvido apenas um par de alelos), responda às questões a seguir.
   a) Supondo que essas populações estivessem em equilíbrio gênico em relação a esses alelos, calcule a frequência de indivíduos heterozigotos portadores do gene para a doença.
   b) Cite um motivo pelo qual, na realidade, não deve estar havendo equilíbrio em relação a esses alelos.

7. Um estudante afirmou que se a frequência de determinado alelo aumentou ao longo do tempo em uma população, isso só pode ter ocorrido porque esse alelo conferiu alguma vantagem adaptativa a seus portadores. Você concorda com essa afirmação? Justifique sua resposta.

8. A doença de Huntington acomete, em geral, pessoas por volta dos 50 anos e é provocada por um alelo dominante. Cite dois motivos pelos quais o alelo para essa doença não é eliminado completamente pela seleção natural.

9. Em vários invertebrados aquáticos, como os ouriços-do-mar, a fecundação é externa: o macho lança espermatozoides na água e estes fecundam o óvulo das fêmeas da mesma espécie, embora não fecundem o óvulo das fêmeas de outras espécies. Que tipo de isolamento deve haver nessa situação?

10. De acordo com a teoria sintética da evolução, que fatores podem alterar a frequência dos genes de uma população?

11. Sabendo que a frequência de indivíduos **aa** de uma população é de 4%, determine a frequência dos alelos **A** e **a**. Indique também a frequência dos demais genótipos possíveis.

12. De acordo com o conceito biológico de espécie, quando podemos afirmar que duas populações se transformaram em duas espécies diferentes?

13. Imagine que à noite no campo você perceba dois padrões no pisca-pisca dos vaga-lumes, com variações no tempo entre dois *flashes* e no intervalo entre eles. Como você explica essa diferença de padrão em termos evolutivos?

14. Vamos supor que em determinada época, as sementes de uma planta tenham sido levadas por uma ave para um ambiente de clima mais quente e seco do que o ambiente original da planta. Vamos supor também que essa população tenha permanecido isolada geograficamente da população original por um longo período de tempo. Após esse período, foi observado que as plantas do novo ambiente constituíam uma nova variedade da população original, apresentando, por exemplo, folhas bem mais estreitas. Usando os conceitos da teoria sintética da evolução, explique que vantagens adaptativas essa característica confere às plantas do novo ambiente e como foi possível surgir uma nova variedade de plantas.

Trabalho em equipe

Com auxílio de professores de Filosofia e Sociologia, discutam as origens históricas e os fatores sociais ligados ao racismo, criticando-o e propondo medidas para combater essa atitude. Critiquem também a ideia de que existem raças na espécie humana.

Pensando no Enem

Os ratos *Peromyscus polionotus* encontram-se distribuídos em ampla região na América do Norte. A pelagem de ratos dessa espécie varia do marrom claro até o escuro, sendo que os ratos de uma mesma população têm coloração muito semelhante. Em geral, a coloração da pelagem também é muito parecida à cor do solo da região em que se encontram, que também apresenta a mesma variação de cor, distribuída ao longo de um gradiente sul-norte. Na figura, encontram-se representadas sete diferentes populações de *P. polionotus*. Cada população é representada pela pelagem do rato, por uma amostra de solo e por sua posição geográfica no mapa.

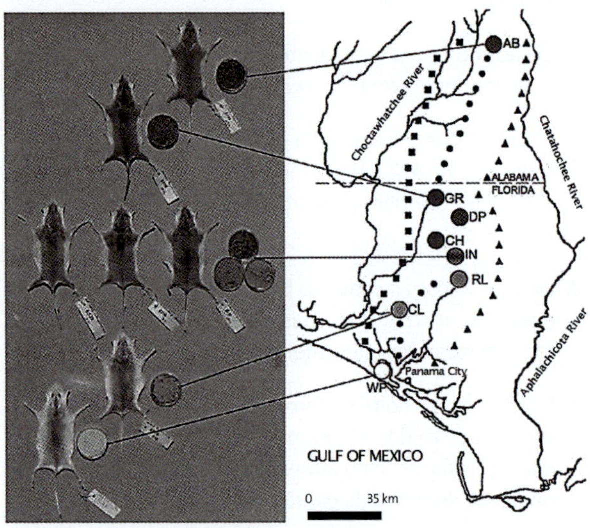

MULLEN, L. M.; HOEKSTRA, H. E.; Natural selection along an environmental gradient: a classic cline in mouse pigmentation. *Evolution*, 2008.

O mecanismo evolutivo envolvido na associação entre cores de pelagem e de substrato é:

a) a alimentação, pois pigmentos de terra são absorvidos e alteram a cor da pelagem dos roedores.

b) o fluxo gênico entre as diferentes populações, que mantém constante a grande diversidade interpopulacional.

c) a seleção natural, que, nesse caso, poderia ser entendida como a sobrevivência diferenciada de indivíduos com características distintas.

d) a mutação genética, que, em certos ambientes, como os de solo mais escuro, têm maior ocorrência e capacidade de alterar significativamente a cor da pelagem dos animais.

e) a herança de caracteres adquiridos, capacidade de organismos se adaptarem a diferentes ambientes e transmitirem suas características genéticas aos descendentes.

Resolução

A questão contém componentes relacionados às Ciências da Natureza, como os processos geradores da evolução dos organismos e as relações entre estes e o ambiente onde vivem. É necessário que o aluno tenha uma compreensão de outras áreas do conhecimento, exigindo a interpretação de uma figura com um mapa e sua relação com o restante do enunciado.

Interpretação da figura

A figura apresenta um mapa no qual está identificada a ocorrência de populações de ratos *Peromyscus polionotus* com diferentes colorações de pelagem, bem como diferentes colorações de amostras de solo.

De acordo com a figura, a coloração de pelagem é sempre parecida com a coloração do solo onde estes ratos vivem.

O problema

O problema apresentado pela questão é a semelhança entre as colorações de solo e a pelagem dos ratos. Pede-se que o aluno entenda o mecanismo gerador dessa semelhança apresentada.

Novas características surgem nos organismos por meio de mutações genéticas, que ocorrem de forma aleatória na produção do genoma de células reprodutivas, geralmente sem influência do ambiente externo.

A fixação dessas mutações geradas depende de muitos fatores, entre eles a interação das novas características com o meio ambiente. Podemos dizer que ratos cuja coloração é mais parecida com a coloração do ambiente que habitam estão menos susceptíveis à predação, uma vez que podem se camuflar no ambiente de forma mais eficiente.

Com a predação diminuída, esses indivíduos têm sua taxa de sobrevivência aumentada e podem ter mais descendentes do que os indivíduos mal camuflados. Logo, uma população que vive em um ambiente de solo escuro terá mais indivíduos com pelagem escura, uma vez que sua sobrevivência é aumentada pela diminuição da predação.

Assim, se entendermos seleção natural por "sobrevivência diferenciada de indivíduos com características distintas" e, nesse caso, os ratos com cores (características) parecidas com a do solo onde vivem têm uma sobrevivência aumentada, podemos dizer que a seleção natural é o fator que melhor explica o problema apresentado nesta questão.

Resposta: **C**.

Vestibulares de Norte a Sul

1. **NE** (Uece) O isolamento reprodutivo, isto é, a incapacidade de produção de descendência fértil em condições naturais, é o melhor critério para distinguir entre si os seguintes táxons:

a) variedades de plantas da mesma espécie (espécimes de variedades diferentes de milho – *Zea mays*).

b) raças diferentes de cães (dálmata de pastor alemão).

c) populações humanas (população que vive em Tóquio da população que vive em Fortaleza).

d) espécies filogeneticamente próximas (*Canis familiaris* e *Canis lupus*).

2. **NE** (UFPE) G. H. Hardy e W. Weinberg postularam que, em uma população, sob condições especiais, as frequências dos alelos, e de cada genótipo permanecem constantes geração após geração. Para que isso ocorra, segundo os referidos autores, é necessário que:

( ) não haja pressão de seleção natural, uma vez que esta tende a selecionar determinados alelos em detrimento de outros, que podem desaparecer.

( ) não ocorram fluxos migratórios, os quais acarretam troca de alelos entre populações diferentes.

( ) os cruzamentos, nas populações, ocorram ao acaso, ou seja, as populações sejam pan-míticas.

( ) os novos alelos, que surjam por mutação, se incorporem rapidamente ao estoque gênico.

( ) nas populações demasiadamente pequenas, os cruzamentos sejam ao acaso, a partir de seu estabelecimento.

3. **SE** (Cesgranrio-RJ) Em uma determinada população a capacidade de enrolar a língua é determinada por um gene dominante **A**. Nessa mesma população foi observado que 64% das pessoas apresentam essa característica. A frequência esperada de indivíduos heterozigotos será de:

a) 10%.

b) 16%.

c) 36%.

d) 48%.

e) 70%.

4. **NE** (UPE) O bloqueio da troca de genes entre populações de diferentes espécies existentes na natureza é um mecanismo conhecido como isolamento reprodutivo, que pode ser de dois tipos: o pré-zigótico e o pós-zigótico. A seguir, assinale o mecanismo de isolamento reprodutivo que corresponde a um pós-zigótico.

a) Barreiras mecânicas.

b) Amadurecimento sexual em épocas diferentes.

c) Inviabilidade do híbrido.

d) Utilização de *habitat* diferentes.

e) Utilização de nichos diferentes.

5. **S** (UEL-PR) Na espécie humana, há certas proteínas no sangue que permitem classificar as pessoas como pertencentes ao tipo sanguíneo M, N ou MN. Essa característica é determinada por um par de alelos entre os quais não há dominância. Se em uma população em equilíbrio de Hardy-Weinberg a frequência de indivíduos do grupo M é 49%, as frequências esperadas de indivíduos dos grupos N e MN são, respectivamente:

a) 9% e 42%.

b) 17% e 34%.

c) 18% e 21%.

d) 21% e 18%.

e) 34% e 17%.

Texto para as próximas duas questões:

Pena et al. (2000), no trabalho Retrato molecular do Brasil, *descreveram o perfil genômico da população brasileira, e os resultados obtidos por análise do cromossomo Y indicaram alta frequência de grupos gênicos europeus na população masculina. Por outro lado, análises do DNA mitocondrial indicaram a existência de alta frequência de grupos gênicos indígenas e africanos. Esses dados ajudam a entender a formação da população brasileira a partir da miscigenação ocorrida durante a colonização, uma vez que os primeiros imigrantes portugueses não trouxeram suas mulheres e iniciaram o processo de miscigenação com mulheres indígenas e mais tarde, no século XVI, esse processo se estendeu às mulheres africanas.*

A partir dessas informações, um estudo sobre a frequência gênica da população brasileira mostrou:

1. no ano de 1500, os alelos para o *locus* **A** e para o *locus* **B** apresentavam as seguintes frequências: **A** 90% e **a** 10%; **B** 20% e **b** 80%;
2. no ano de 1580, a frequência de heterozigotos para o *locus* **A** era de 42% e para o *locus* **B** era de 32%;
3. no ano de 1750, a frequência de heterozigotos para o *locus* **A** era de 42% e para o *locus* **B** era de 50%.

6. **NE** (UFPB) De acordo com a história da formação da população brasileira e os dados apresentados no texto, assim como a literatura sobre genética de populações, identifique as afirmativas corretas:

( ) O alelo **a** tem alta frequência na população europeia.

( ) O alelo **B** tem alta frequência na população indígena.

( ) O alelo **B** tem alta frequência na população africana.

( ) O alelo **A** tem alta frequência na população indígena.

( ) O alelo **B** tem alta frequência na população europeia.

7. **NE** (UFPB) Considerando as frequências gênicas apresentadas para o ano de 1500 e sabendo-se que, nesse ano, a população brasileira estava em equilíbrio; os alelos **A** e **B** não estão ligados ao sexo; e cada gameta apresenta um alelo de cada gene, identifique as afirmativas corretas:

( ) A probabilidade de formarem-se homozigotos **AA** seria de 81%.

( ) A probabilidade de formarem-se heterozigotos **Aa** seria de 9%.

( ) A probabilidade de formarem-se heterozigotos **Ab** seria de 10%.

( ) A probabilidade de formarem-se homozigotos **bb** seria de 64%.

( ) A probabilidade de formarem-se heterozigotos **Bb** seria de 32%.

8. **N** (UFPA) A teoria sintética da evolução, ou neodarwinismo, surgiu a partir da redescoberta dos trabalhos de Mendel, no início do século XX, e sua junção com estudos de genética de população. Essa teoria afirma que há forças que modificam as frequências alélicas e genotípicas em uma população, que provocam desvios do equilíbrio de Hardy-Weinberg e consequentemente, sua evolução.

Em relação a essas forças, chamadas de fatores evolutivos, é correto afirmar:

a) A origem da variabilidade genética está na ocorrência de mutações na linhagem germinativa. Essas mutações são aleatórias no que diz respeito às necessidades adaptativas dos organismos. A deriva genética é o fator evolutivo responsável por promover o aumento da frequência de mutações neutras, enquanto a seleção natural aumenta a frequência das mutações vantajosas.

b) O efeito da deriva genética é maior em populações grandes, influenciando na direção da mudança das frequências alélicas mesmo na presença de um fator evolutivo que apresente força contrária.

c) A maioria das mutações é neutra ou deletéria para os organismos nas quais ocorrem. No entanto, se o ambiente sofre modificações, alelos anteriormente considerados como neutros ou deletérios podem tornar-se vantajosos.

d) Dependendo de quais características são favorecidas na população, a seleção natural pode resultar em qualquer um de uma série de resultados substancialmente diferentes. Por exemplo, se indivíduos que se localizam em um dos extremos da curva de distribuição, os maiores, contribuem com um maior número de filhotes para a próxima geração de que outros indivíduos, então a média da população irá aumentar. Nesse caso, estará atuando a seleção disruptiva.

e) O fluxo gênico ocorre quando indivíduos migrantes cruzam na nova localidade. A modificação ocorre somente pelo fato de que as frequências dos alelos já presentes na população sofrerão um desvio do esperado pelo equilíbrio de Hardy-Weinberg.

9. **SE** (Fuvest-SP) Em uma população de 100 pessoas, 36 são afetadas por uma doença genética condicionada por um par de alelos de herança autossômica recessiva.

a) Expresse em frações decimais a frequência dos genes dominantes e recessivos.

b) Quantos indivíduos são homozigotos?

c) Suponha que nessa população os cruzamentos ocorram por acaso, deles resultando, em média, igual número de descendentes. Considere, também, que a característica em questão não altera o valor adaptativo dos indivíduos. Nessas condições, qual será a porcentagem esperada de indivíduos de fenótipo dominante na próxima geração?

Justifique suas respostas mostrando como chegou aos resultados numéricos.

10. **SE** (Fuvest-SP) Os fatos abaixo estão relacionados ao processo de formação de duas espécies a partir de um ancestral:

I. Acúmulo de diferenças genéticas entre as populações.
II. Estabelecimento de isolamento reprodutivo.
III. Aparecimento de barreira geográfica.

a) Qual é a sequência em que os fatos acima acontecem na formação das duas espécies?

b) Que mecanismos são responsáveis pelas diferenças genéticas entre as populações?

c) Qual é a importância do isolamento reprodutivo no processo de especiação?

11. **CO** (UFG-GO) Alguns biólogos estudaram as populações de anfíbios. A população **A** cruza com **B** em condições naturais, mas **A** e **B** não cruzam com **C**. Quantas espécies estão envolvidas nesse estudo? Justifique sua resposta.

12. **SE** (Unicamp-SP) A frequência do gene i, que determina o grupo sanguíneo O, é de 0,40 (40%) em uma certa população em equilíbrio. Em uma amostra de 1 000 pessoas dessa população, quantas se espera encontrar com sangue tipo O? Explique as etapas que você seguiu para chegar à resposta. Indique o genótipo das pessoas do grupo sanguíneo O.

13. **SE** (Uerj) Segundo o teorema de Hardy-Weinberg, uma população ideal deve atingir o equilíbrio, ou estado estático, sem grandes alterações de seu reservatório genético.

Em uma das ilhas do arquipélago de Galápagos, uma das condições estabelecidas por Hardy e Weinberg para populações ideais foi seriamente afetada por uma erupção vulcânica ocorrida há cerca de cem mil anos. Essa erupção teria diminuído drasticamente a população de jabutis gigantes da ilha.

a) Cite duas das condições propostas por Hardy e Weinberg para que o equilíbrio possa ser atingido.

b) Defina o conceito de evolução em função da frequência dos genes de uma população e indique de que forma a diminuição da população afetou a evolução dos jabutis gigantes.

CAPÍTULO

11 Evolução: métodos de estudo

STR/Agência France-Presse

Escavação de fóssil de dinossauro, China, em novembro de 2009.

- Você sabe como um fóssil se forma?
- Qual a importância desse material para o estudo da vida na Terra?
- O que o DNA pode nos informar sobre a evolução das espécies?

Figura 11.1 Esquema do processo de formação de fósseis (figura sem escala; cores fantasia).

Fóssil de peixe (cerca de 35 cm) exposto no Museu de Paleontologia da Universidade Regional do Cariri, no Ceará.

1 Fósseis

Fósseis

Chamamos de **fóssil** (do latim *fossile* = extraído da terra) os restos de seres vivos de épocas passadas ou ainda qualquer vestígio deixado por eles: pegadas, trilhas, túneis (feitos por vermes marinhos), etc.

Um fóssil só se forma em condições muito especiais, pois, normalmente, um cadáver é comido por animais ou decomposto por fungos e bactérias. Os tecidos moles têm mais chance de serem comidos e decompõem-se mais rapidamente que as partes duras (ossos, conchas, etc.); estas, portanto, apresentam mais chance de formarem fósseis.

Seja como for, só haverá fossilização se a morte do organismo ocorrer em condições que favoreçam esse fenômeno.

Os fósseis podem se formar com mais facilidade quando um animal é soterrado por sedimentos (areia ou argila) no fundo de lagos e mares ou no leito de rios. Com o tempo, os sedimentos se compactam e formam rochas (figura 11.1).

Às vezes, as partes do corpo são substituídas por minerais e sua forma original é preservada. Em outras, o organismo é completamente destruído, mas sua marca ou seu molde fica esculpido na rocha (figura 11.2).

São raros os casos em que um organismo fica intacto, como aconteceu com os mamutes (ancestrais do elefante) – que tiveram a carne e a pele preservadas – soterrados nas geleiras da Sibéria ou com insetos presos na resina de pinheiros. Em resina fossilizada, chamada âmbar, podemos encontrar insetos que viveram há milhões de anos (figura 11.2).

Como se vê, a probabilidade de se formarem fósseis é muito baixa. Além disso, muitos deles podem ser naturalmente destruídos por agentes erosivos. Tudo isso faz com que o registro fóssil da evolução de uma espécie seja muito falho e incompleto.

Figura 11.2 Fotos de fósseis de diferentes animais.

Insetos (cerca de 40 milhões de anos) conservados em âmbar. (Aumento de cerca de 2,5 vezes.)

A importância dos fósseis para o estudo da evolução

A Paleontologia (*palaios* = antigo; *ontos* = ser; *logos* = estudo; estudo dos fósseis) fornece importantes dados sobre a história evolutiva de uma espécie, isto é, sobre sua **filogenia** ou **filogênese** (*phylon* = grupo; *genos* = origem). Além disso, contribui com valiosas informações sobre espécies extintas. Para isso usa métodos e dados de várias outras ciências, como a Geografia, a Geologia, a Química e a Biologia, etc.

Estudando fósseis de ossos das pernas de um animal, por exemplo, podemos ter ideia de sua altura e de seu peso. Já os dentes podem indicar o tipo de alimentação, pois cada animal possui adaptações ao ambiente em que vive e a determinado modo de vida: carnívoros têm dentes geralmente pontiagudos e afiados, o que lhes permite prender, perfurar e comer carne.

De particular interesse são os fósseis com características intermediárias entre dois grupos, como veremos no próximo capítulo. A forma intermediária, conhecida como fóssil de transição, indica o grau de parentesco entre dois grupos. Nesse grupo estão fósseis de dinossauros com penas e de aves com dentes, entre outras características, mostrando o parentesco evolutivo entre os dois grupos.

É o caso também dos inúmeros fósseis intermediários entre baleias e mamíferos terrestres que mostram uma progressiva adaptação ao ambiente aquático. Uma das principais características são as aberturas nasais, que aos poucos migraram para o topo da cabeça e possibilitaram que as baleias, por exemplo, respirassem sem precisar emergir totalmente. Além disso, o corpo delas adquiriu um formato hidrodinâmico; os membros dianteiros modificaram-se em nadadeiras; os membros posteriores diminuíram até desaparecer (figura 11.3), o que tornou mais eficiente o deslocamento no meio líquido.

Figura 11.3 Representações artísticas de alguns fósseis de ancestrais das baleias (ilustração sem escala; cores fantasia) e foto de um fóssil.

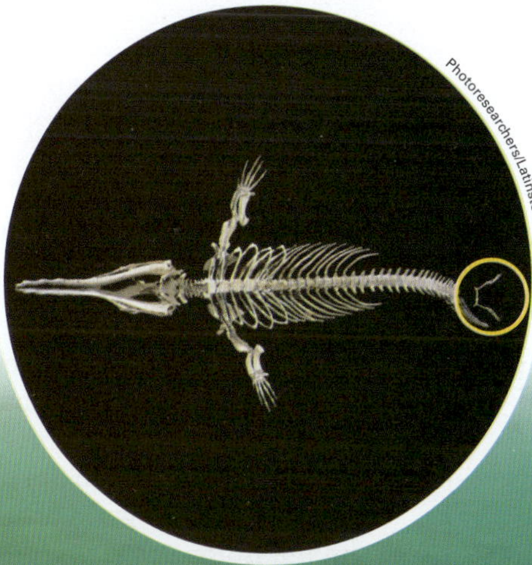

Photoresearchers/Latinstock

Esqueleto fóssil de animal do gênero *Dorudon* (41 milhões a 33 milhões de anos atrás; cerca de 5 m de comprimento). À direita da foto, em destaque, aparecem ossos em tamanho reduzido, semelhantes aos ossos dos membros posteriores dos mamíferos terrestres. Esses ossos também estão presentes em algumas baleias atuais.

Ilustração do *Ambulocetus natans* (48 milhões a 50 milhões de anos atrás; cerca de 5 m de comprimento). As membranas entre os dedos das pernas indicam que o animal podia nadar.

Ilustração de animal do gênero *Basilosaurus* (45 milhões a 36 milhões de anos atrás; cerca de 18 m de comprimento). Os membros anteriores são nadadeiras, e os posteriores estão muito reduzidos.

Ilustrações: Christian Darkin/SPL/Latinstock

Os dados obtidos pelo estudo dos fósseis são confrontados com outras evidências, como as obtidas pelo estudo comparado da anatomia e da embriologia dos organismos atuais e de suas proteínas e ácidos nucleicos. Esses estudos indicam que os peixes devem ter surgido antes dos anfíbios; estes, antes dos répteis, que surgiram antes das aves e dos mamíferos. Essa sequência é confirmada pela idade relativa dos fósseis de cada grupo.

De acordo com a teoria da evolução, espera-se que os fósseis mais semelhantes às espécies atuais sejam encontrados nas camadas mais superficiais (recentes) do terreno examinado (veja o boxe a seguir, "Determinação da idade de um fóssil"). Espera-se também encontrar fósseis de organismos de transição entre grupos com um ancestral comum mais recente, como aves e dinossauros, peixes e anfíbios, etc. Vejamos um exemplo.

Para encontrar fósseis de organismos de transição entre peixes e anfíbios, por exemplo, Neil Shubin, o descobridor de um ancestral comum desses grupos, o Tiktaalik (que foi estudado no volume 2), procurou por eles em estratos com cerca de 375 milhões de anos de idade. Ele escolheu esses estratos porque sabia que nas camadas mais recentes, com cerca de 360 milhões de anos, há fósseis de ancestrais de anfíbios; nas mais antigas, com 390 milhões de anos aproximadamente, há fósseis de um grupo de peixes com nadadeiras musculosas (dessas nadadeiras poderiam ter surgido os membros locomotores dos ancestrais dos anfíbios). Segundo a teoria da evolução, os fósseis de transição entre os dois grupos deveriam estar em uma camada com idade intermediária. E foi o que ocorreu. O mesmo tipo de raciocínio pode ser feito em relação à busca por fósseis de dinossauros e ancestrais de aves.

Biologia e tecnologia

Determinação da idade de um fóssil

A idade de um fóssil corresponde, aproximadamente, à idade do terreno em que ele se encontra. Em geral, quanto mais profundo o terreno, mais antigo o fóssil. A idade absoluta das rochas e a dos fósseis são calculadas por meio da desintegração de elementos radioativos, que funcionam como "relógios" naturais.

Quando se desintegra, o urânio (^{238}U) transforma-se em um isótopo do chumbo (^{206}Pb): 1 g de urânio demora cerca de 4,5 bilhões de anos para produzir 0,5 g de chumbo. Portanto, pela quantidade relativa de urânio e chumbo presentes em uma rocha (feita com análises químicas), podemos saber sua idade. A taxa de desintegração não varia com mudanças de pressão, temperatura ou reações químicas.

Com esse método, os cientistas determinaram a idade da Terra. Análises de meteoritos, rochas da Lua e rochas antigas do planeta comprovaram que ele tem 4,5 bilhões de anos.

Outro isótopo do urânio, ^{235}U, tem meia-vida de 704 milhões de anos, ou seja, nesse intervalo de tempo metade dos átomos transforma-se em um isótopo do chumbo, ^{207}Pb.

Em rochas recentes, porém, a quantidade relativa de urânio e de chumbo é muito pequena e difícil de ser analisada. Nesse caso, é usado o método do carbono-14 (^{14}C), isótopo radioativo do carbono normal (^{12}C), que se forma quando nêutrons de raios cósmicos colidem com átomos de nitrogênio atmosférico. Veja a equação que representa essa reação:

$$^{14}_{7}N + 1\ \text{nêutron} \rightarrow\ ^{14}_{6}C + 1\ \text{próton}$$

O ^{14}C pode combinar-se com o oxigênio do ar e formar gás carbônico, que se incorpora aos vegetais na fotossíntese e, indiretamente, aos animais pela cadeia alimentar. Todos os seres vivos possuem uma pequena taxa de isótopos radioativos do carbono (um em cada trilhão de átomos de carbono). Quando morre, o organismo para de absorver esse isótopo, que se desintegra do cadáver lentamente e forma nitrogênio. A cada 5 730 anos, a taxa de carbono radioativo cai pela metade. Assim, a medida da radioatividade causada pelo carbono radioativo fornece a idade aproximada do organismo.

2 Embriologia e anatomia comparadas

Muitas vezes, comparando o desenvolvimento embrionário e a anatomia de diversos organismos, é possível determinar o grau de parentesco entre eles. Estudando os detalhes da anatomia do braço do ser humano, da nadadeira da baleia e da asa do morcego, vemos que, apesar de terem funções diferentes, esses órgãos apresentam o mesmo "padrão de construção". Essas semelhanças podem ser explicadas pelo fato de que esses órgãos evoluíram a partir de um mesmo órgão presente no ancestral comum.

Estruturas como essas são **estruturas homólogas** (figura 11.4).

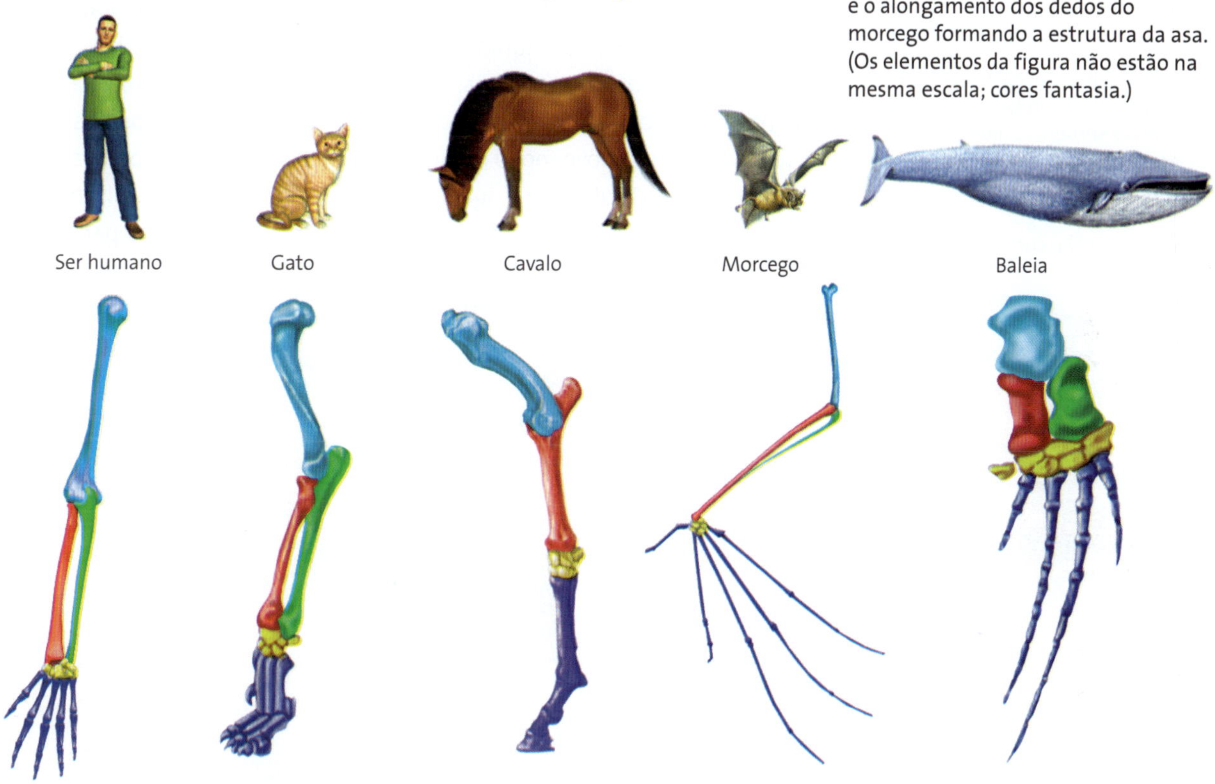

Luis Moura/Arquivo da editora

Figura 11.4 Homologia nos ossos do membro dianteiro dos mamíferos. Mudanças no número e no comprimento dos dedos ou em outras características funcionam como adaptações a diversas funções. Observe a fusão de ossos no cavalo e o alongamento dos dedos do morcego formando a estrutura da asa. (Os elementos da figura não estão na mesma escala; cores fantasia.)

O conceito de homologia pode ser aplicado não apenas a órgãos, mas a outras características: anatômicas, embriológicas, comportamentais e moleculares (como a sequência de aminoácidos de uma proteína ou a sequência de nucleotídeos no DNA ou RNA). É com base em todo um conjunto de semelhanças (homologias) entre dois ou mais grupos, que podemos supor uma ancestralidade comum.

No caso dos mamíferos, um ancestral exclusivo desse grupo deu origem a um grande número de espécies adaptadas a diferentes atividades: correr (cavalo); manipular objetos (ser humano); nadar (baleia); cavar (tatu); voar (morcego); etc.

A embriologia e a anatomia comparadas mostram também que as asas dos insetos e as das aves têm origem embrionária e estrutura anatômica diferentes, embora desempenhem a mesma função. Essas são as chamadas **estruturas análogas**. Nesse caso, esses dois grupos adaptaram-se de forma semelhante ao mesmo tipo de ambiente (figura 11.5). Esse fenômeno é chamado **convergência evolutiva** (ou **adaptativa**) ou **evolução convergente**.

Ingeborg Asbach/Arquivo da editora

Figura 11.5 Órgãos análogos: asas dos insetos e das aves. A função é a mesma, mas esses órgãos não têm a mesma origem embrionária, isto é, eles não se originam de uma mesma estrutura ancestral. (Os elementos da figura não estão na mesma escala; cores fantasia.)

Órgãos vestigiais

Outra evidência da evolução são os **órgãos vestigiais**, órgãos atrofiados, que não exercem mais sua função original. São exemplos o apêndice vermiforme humano e os ossos vestigiais de membros posteriores em algumas baleias e serpentes (figura 11.6).

O apêndice vermiforme humano corresponde a uma projeção do intestino que é bem desenvolvida em animais herbívoros não ruminantes (coelho, cavalo, etc.). Nesses animais, o apêndice vermiforme abriga microrganismos importantes para a digestão da celulose. Na espécie humana, essa função original do órgão foi perdida, o que o caracteriza como órgão vestigial. No entanto, um estudo recente sugere que ele pode colaborar em outras funções, como na imunidade ou no reservatório de bactérias.

A presença de ossos vestigiais de membros posteriores em baleias e serpentes indica que esses animais descendem de espécies com pernas que se adaptaram a um novo modo de vida. Nas baleias, a perda das pernas traseiras diminuiu o atrito com a água, tornando mais eficiente o deslocamento do animal no ambiente aquático. Nas serpentes, essa perda pode ter facilitado o deslizamento delas por fendas estreitas entre pedras e sua entrada em buracos no solo.

Figura 11.6 A presença de vestígios de pernas em algumas baleias e em certas serpentes indica que esses animais vieram de ancestrais com pernas. (Os elementos da figura não estão na mesma escala; cores fantasia.)

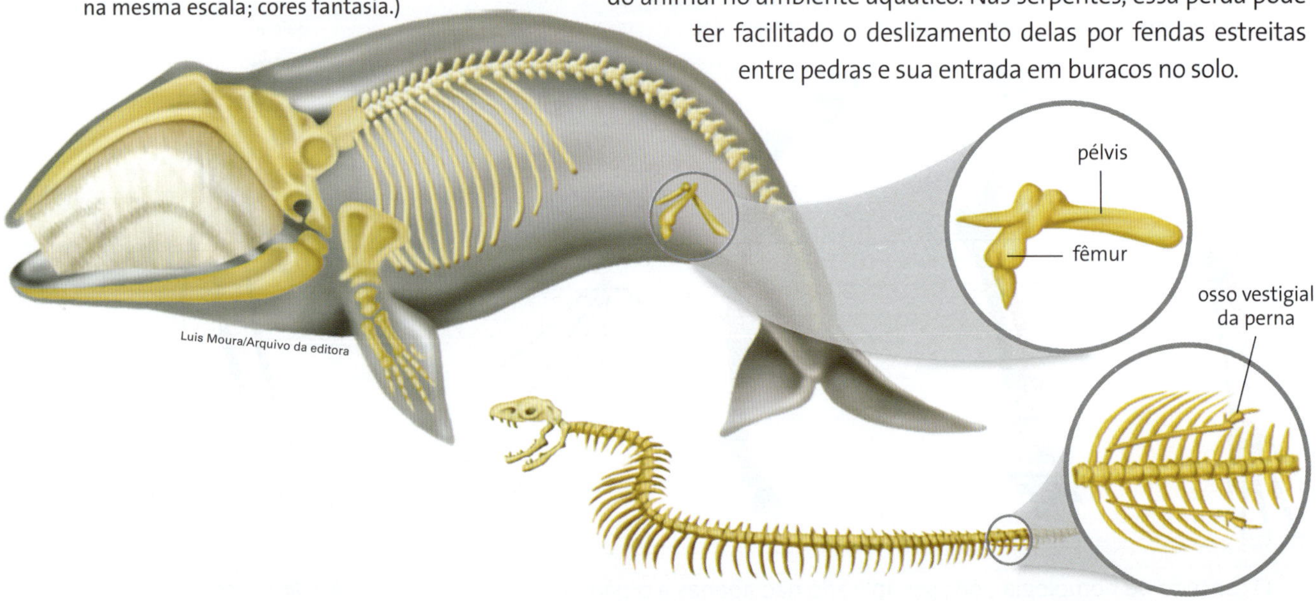

Semelhanças embrionárias

A embriologia comparada também fornece boas informações a respeito do parentesco entre grupos cujos representantes parecem muito diferentes uns dos outros quando comparados depois de já completamente formados.

A semelhança entre embriões pode ser observada, por exemplo, entre os diferentes grupos de vertebrados. A explicação está no fato de que, de uma organização básica do embrião, comum a todos os grupos, diferentes órgãos se desenvolvem, conforme o grupo a que o embrião pertence. Assim, todos os embriões de vertebrados possuem bolsas, sulcos e arcos faríngeos (figura 11.7), mas, nos peixes, essas estruturas farão parte das brânquias, e, em humanos, elas formarão diversas partes da cabeça e do pescoço (tonsilas palatinas, glândulas paratireóideas, timo, ossículos da orelha média, meato acústico externo, etc.).

Figura 11.7 Ilustração (cores fantasia) de embrião humano com 4 semanas (cerca de 7 mm de comprimento). Os arcos faríngeos, vistos no lado esquerdo da imagem, à direita da cabeça, estão presentes nos estágios iniciais dos embriões de todos os vertebrados.

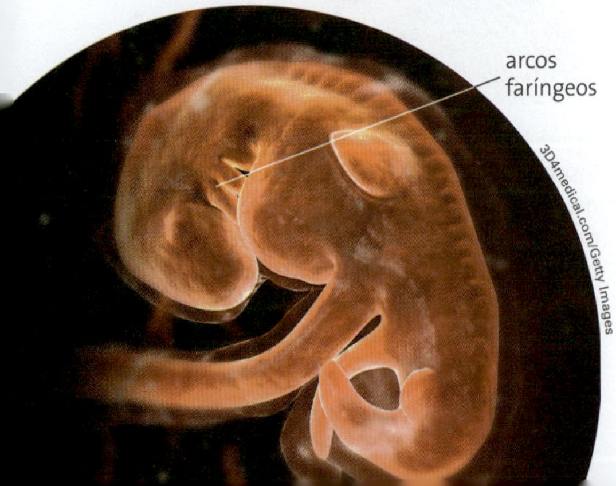

3 Estudos moleculares

Em termos bioquímicos, quanto maior a diferença entre os ácidos nucleicos de duas espécies, maior a distância evolutiva entre elas. Assim, as semelhanças na sequência dos aminoácidos de uma proteína ou de nucleotídeos do DNA podem indicar o grau de parentesco entre duas espécies.

Um exemplo do uso desse método é a comparação entre a hemoglobina humana e a de outros mamíferos. A humana é igual à do chimpanzé (mesma sequência de aminoácidos) e difere da de animais mais afastados evolutivamente.

Isso significa que seres humanos são mais próximos evolutivamente dos chimpanzés do que de outros animais. Em outras palavras, chimpanzés e humanos compartilham um ancestral comum mais recente.

As técnicas atuais de análise de ácidos nucleicos permitiram determinar a sequência de bases do DNA de várias espécies, mostrando, por exemplo, que o genoma humano apresenta maior grau de semelhança com o genoma do chimpanzé do que com o genoma de outros animais.

Essas técnicas de análise de sequências de aminoácidos e nucleotídeos permitem construir árvores filogenéticas dos grupos de organismos, que podem ser comparadas com as árvores construídas com dados morfológicos.

Como acabamos de ver, a teoria da evolução permite explicar grande número de fenômenos que, aparentemente, não teriam relação entre si: os fósseis, as adaptações, as semelhanças anatômicas, fisiológicas e moleculares entre os seres vivos, os órgãos vestigiais, entre muitos outros.

Fica claro, portanto, o título de um famoso artigo do renomado geneticista Theodosius Dobzhansky, um dos pais da teoria sintética da evolução: "Nada em Biologia faz sentido a não ser à luz da evolução" ("Nothing in Biology Makes Sense Except in the Light of Evolution". *The American Biology Teacher*. n. 35, p. 125-129. mar. 1973.).

Aprofunde seus conhecimentos

Cromossomos semelhantes

A análise do DNA dos cromossomos 2A e 2B do chimpanzé mostrou a semelhança de várias das partes desses cromossomos com o cromossomo 2 humano, indicando que este pode ter surgido da fusão entre dois cromossomos do ancestral comum de chimpanzés e humanos. Isso explicaria porque os humanos têm um par de cromossomos a menos (23 pares) em relação aos chimpanzés (24 pares).

De fato, pôde ser observado que, no meio do cromossomo 2 humano, há regiões de DNA que correspondem a partes inativas dos centrômeros e dos telômeros (regiões situadas na ponta dos cromossomos) dos cromossomos 2A e 2B dos chimpanzés (figura 11.8).

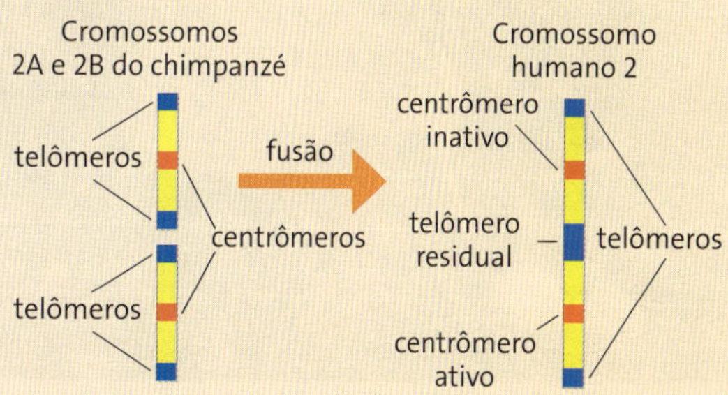

Figura 11.8 Esquema simplificado para explicar a semelhança entre o cromossomo 2 da espécie humana e os cromossomos 2A e 2B dos chimpanzés. Cromossomos têm entre cerca de 1 µm a 10 µm de comprimento. (Os elementos da figura não estão na mesma escala; cores fantasia.)

Atividades

1. Como se explica, do ponto de vista da evolução, a semelhança na disposição dos ossos do membro dianteiro de animais tão diferentes como baleias (que nadam), morcegos (que voam), cavalos e gatos (que andam, saltam e correm em ambiente terrestre)?

2. O evolucionista Ernst Mayr (1904-2005) afirmou que "a teoria da evolução é, muito justamente, considerada a maior teoria unificadora em Biologia". Explique o que ele quis dizer com isso e dê argumentos a favor dessa afirmação.

3. Costuma-se afirmar que a história evolutiva das espécies pode ser contada pelos fósseis, mas pode-se dizer que essa história está escrita também no DNA das espécies. Explique a segunda parte dessa afirmação.

4. É correto afirmar que, em certa etapa do desenvolvimento, o embrião dos mamíferos apresenta brânquias? Por quê?

5. Explique por que o registro fóssil da evolução de um grupo é necessariamente incompleto.

6. O que a sequência de aminoácidos de uma proteína ou a sequência de nucleotídeos de um ácido nucleico (DNA ou RNA) pode indicar sobre a evolução?

7. O quivi (gênero *Apteryx*) é uma ave endêmica da Nova Zelândia, que tem o tamanho aproximado de uma galinha (foto).

Steven Vidler/Eurasia Press/Corbis/Latinstock

Quivi

Ocultas entre as penas, a ave tem pequenas asas, com poucos centímetros e a mesma estrutura óssea das asas de outras aves, mas sem função aparente, pois o animal não voa. Que indicação esse dado fornece a respeito do parentesco evolutivo do quivi?

8. O chimpanzé é o animal de maior parentesco evolutivo com o ser humano. Suponha que um determinado trecho do DNA humano que codifica o citocromo C possua a seguinte sequência de bases: GAGGTATAAACCAACCGATTTG. Qual dos trechos de DNA codificadores do mesmo trecho da enzima seria o do chimpanzé:

   1. GAGGTCCCTTCCAACCAGTTTG;
   2. GAGGTCCCTTCCAACCGATTTG;
   3. GAAGTCCACTCCACCCCGAAAG.

   Justifique sua resposta.

9. Suponha que um colega diga que não acredita que houve evolução na Terra, afirmando que, embora muitas espécies tenham sido extintas, cada uma surgiu há muito tempo, de modo independente das outras e que não há nenhum parentesco evolutivo entre elas. Que argumentos você usaria para rebater essa afirmativa?

10. Apesar do tamanho, o pescoço da girafa tem o mesmo número de vértebras (sete) que o do rato, do ser humano e de quase todos os mamíferos. O que isso indica?

Trabalho em equipe

Em grupo, escolham um dos temas a seguir para pesquisar (em livros, na internet, CD-ROMs). Depois, exponham os resultados da pesquisa para a classe e para a comunidade escolar (alunos, professores e funcionários da escola e pais ou responsáveis).

1. Pesquisem as principais características de alguns fósseis de transição entre as baleias atuais e os mamíferos terrestres dos quais elas evoluíram, principalmente os seguintes gêneros:

   Pakicetus
   Ambulocetus
   Rhodocetus
   Dorudon
   Basilosaurus

   Destaquem as adaptações à vida aquática que surgiram ao longo desse processo evolutivo.

2. Com o auxílio de professores das disciplinas de Física e Química, pesquisem: a história da descoberta da radioatividade; o que são isótopos radioativos; quais as radiações emitidas pelo núcleo desses átomos; o conceito de meia-vida; outras aplicações tecnológicas dos isótopos (além da determinação da idade de rochas e fósseis).

3. Descubram o que se sabe atualmente em relação à evolução, na espécie humana, da capacidade de digerir a lactose, o principal açúcar do leite.

Pensando no Enem

Para responder à questão, analise o quadro a seguir, que esquematiza a história da Terra.

Era	Período	Milhões de anos	Evolução Biológica	Paleogeografia
Cenozoica	Quaternário	0,01	Faunas e floras atuais Primeiras manifestações de arte Sepulturas mais antigas Extinção dos mastodontes e dinotérios	
	Neogênico	1,8 5,3 23,8	Aparecimento dos bois, cavalos e veados Primeiros utensílios de pedra Aparecimento dos hominídeos	Elevação dos Himalaias Ligação das duas Américas Fecho e dessecação do Mediterrâneo
	Paleogênico	34,6 56 65	Primeiros roedores Primeiros primatas	Elevação dos Pirineus Conclusão da abertura do Atlântico Norte Constituição do continente Norte-Atlântico
Mesozoica	Cretáceo	145	Últimos dinossauros Primeiras angiospermas	Abertura do Atlântico Sul
	Jurássico	208		
	Triássico	245	Primeiras aves Primeiros dinossauros	Início da fragmentação da Pangeia Constituição da Pangeia
Paleozoica	Permiano	290		
	Carbonífero	363	Aparecimento dos répteis	
	Devoniano	409	Aparecimento dos anfíbios Primeiras gimnospermas	
	Siluriano	439	Primeiras plantas e primeiros animais terrestres Primeiros peixes	Fecho do oceano Lapetus
	Ordoviciano	510		
	Cambriano	544		Abertura dos oceanos Lapetus e Rheio
Pré-cambriano		1000 1400 1800 2000 3100 3500 4600	Reprodução sexuada Primeiros depósitos de carvão (algas) Oxigênio livre na atmosfera Aparecimento de organismos eucariontes Primeiros microrganismos procariontes Primeiros vestígios de vida Formação da Terra	Constituição da Avelônia Constituição do continente Rodinia

Considerando o esquema acima, assinale a opção correta.

a) Quando os primeiros hominídeos apareceram na Terra, os répteis já existiam há mais de 500 milhões de anos.

b) Quando a espécie *Homo sapiens* surgiu no planeta, América do Sul e África estavam fisicamente unidas.

c) No Pré-Cambriano, surgiram, em meio líquido, os primeiros vestígios de vida no planeta.

d) A fragmentação da Pangeia ocasionou o desaparecimento dos dinossauros.

e) A Era Mesozoica durou menos que a Cenozoica.

Resolução

Apesar de o tema central relacionar-se às Ciências da Natureza, não é necessário ter memorizado os acontecimentos da história da Terra, bastando interpretar a tabela para escolher a alternativa correta.

O problema

Como não se trata de pergunta específica, o ideal é ler todas as alternativas para julgar qual será a correta.

a) Vemos na tabela que os répteis surgiram há 360 milhões de anos. Alternativa incorreta.

b) A tabela indica que a abertura do Atlântico Sul ocorreu bem antes do surgimento de qualquer hominídeo. Alternativa incorreta.

c) A tabela mostra que, no Pré-Cambriano, surgiram os primeiros vestígios de vida. Alternativa correta.

d) A fragmentação da Pangeia ocorreu ao mesmo tempo que surgiam os primeiros dinossauros. Alternativa incorreta.

e) A Era Mesozoica se deu no intervalo entre 245 e 65 milhões de anos atrás. Já a Era Cenozoica começou há 65 milhões de anos. Alternativa incorreta.

Resposta: **C**.

Vestibulares de Norte a Sul

1. **NE** (Ufal) Rãs, crocodilos e hipopótamos, quando estão com seus corpos submersos na água, mantêm os olhos e as narinas alinhados, rente à superfície da água. Mas, eles descendem de ancestrais diferentes. Logo, a semelhança observada resulta de:

a) Irradiação adaptativa.
b) Convergência adaptativa.
c) Mimetismo.
d) Variabilidade genética.
e) Deriva genética.

2. **S** (UFSC) O quadro a seguir mostra a comparação do número de aminoácidos diferentes nas cadeias polipeptídicas da hemoglobina de vários mamíferos.

A análise bioquímica de polipeptídios e proteínas, além de outras evidências, permite aos cientistas traçarem as linhas evolutivas dos diferentes grupos de seres vivos.

Espécies comparadas	Números de aminoácidos diferentes
homem × chimpanzé	0
homem × gorila	2
homem × macaco *Rhesus*	12
macaco *Rhesus* × gorila	14
homem × cavalo	43
cavalo × gorila	45

Com respeito ao quadro e às evidências da evolução dos seres vivos, assinale a(s) proposição(ões) correta(s).

(01) O fato de encontrarmos a enzima tripsina desde protozoários até mamíferos não serve como uma evidência bioquímica do processo evolutivo.
(02) Além do estudo das proteínas, o sequenciamento do DNA também permite estudos evolutivos.
(04) Quanto à hemoglobina, o quadro mostra que o gorila é uma espécie mais próxima do homem do que o chimpanzé.
(08) Análises cromossômicas também permitem traçar linhas evolutivas.
(16) Com relação à hemoglobina, o cavalo apresenta maior similaridade com o gorila do que com o homem.
(32) O fato de não haver diferenças entre a hemoglobina do chimpanzé e a do homem nos permite classificá-los como pertencentes ao mesmo gênero.

Dê a soma dos números correspondentes às proposições corretas.

3. **SE** (PUC-SP) Analise as frases abaixo relacionadas com evidências do processo evolutivo.

I. As asas de um morcego, as nadadeiras anteriores de uma baleia e as patas dianteiras de um cavalo são estruturas homólogas, pois têm diferente origem embrionária.
II. As asas de uma andorinha e as asas de uma libélula são estruturas análogas, pois têm a mesma origem embrionária.

Pode-se considerar que:

a) as frases I e II são incorretas.
b) apenas a frase I é incorreta, pois as estruturas em questão são análogas.
c) apenas a frase II é incorreta, pois as estruturas em questão são homólogas.
d) apenas a frase I é incorreta, pois as estruturas homólogas têm a mesma origem embrionária.
e) as frases I e II são corretas.

4. **SE** (UFJF-MG) Considerando-se estruturas análogas e homólogas, observadas em um estudo comparado dos seres vivos, é correto afirmar que:

a) a semelhança funcional entre as estruturas análogas indica a existência de um ancestral comum.
b) as estruturas homólogas desempenham a mesma função e não indicam a existência de um ancestral comum.
c) as estruturas homólogas não têm a mesma origem embrionária e não apresentam divergência evolutiva.
d) as estruturas análogas são resultantes da convergência evolutiva e não refletem parentesco evolutivo.
e) as estruturas análogas e homólogas indicam parentesco evolutivo, sendo decorrentes de uma mesma carga genética.

5. **SE** (Unirio-RJ) Observe e analise a tabela a seguir, em que **X** indica enzima presente no organismo.

Organismos	Tipos de enzimas respiratórias			
	1	2	3	4
A	X		X	
B				X
C	X	X	X	X
D	X		X	X

Com base nesses dados, podemos inferir que os dois organismos mais aparentados do ponto de vista evolutivo são:

a) **A** e **B**.
b) **A** e **C**.
c) **B** e **C**.
d) **B** e **D**.
e) **C** e **D**.

6. **SE** (Cesgranrio-RJ) A análise do quadro abaixo permite fazer as seguintes afirmativas:

I. O grau de parentesco entre o gorila e o homem é maior que entre este e o chimpanzé.

II. A sequência de aminoácidos existentes na proteína do gibão é uma evidência de que, evolutivamente, ele está mais afastado do homem do que o macaco *Rhesus*.

III. Provavelmente, a grande distância evolutiva entre o homem e outras espécies deve-se à existência de mutações ocorridas no DNA.

Espécie	Aminoácidos diferentes em relação ao homem
chimpanzé	0
gorila	1
gibão	2
macaco *Rhesus*	8
sapo	67

A(s) afirmativa(s) correta(s) é(são):

a) I apenas.
b) II apenas.
c) III apenas.
d) I e III apenas.
e) II e III apenas.

7. **SE** (Fuvest-SP) Um determinado tipo de proteína, presente em praticamente todos os animais, ocorre em três formas diferentes: a forma **P**, a forma **PX**, resultante de mutação no gene que codifica **P**, e a forma **PY**, resultante de mutação no gene que codifica **PX**. A ocorrência dessas mutações pôde ser localizada nos pontos indicados pelos retângulos escuros na árvore filogenética, com base na forma da proteína presente nos grupos de animais I, II, III, IV e V.

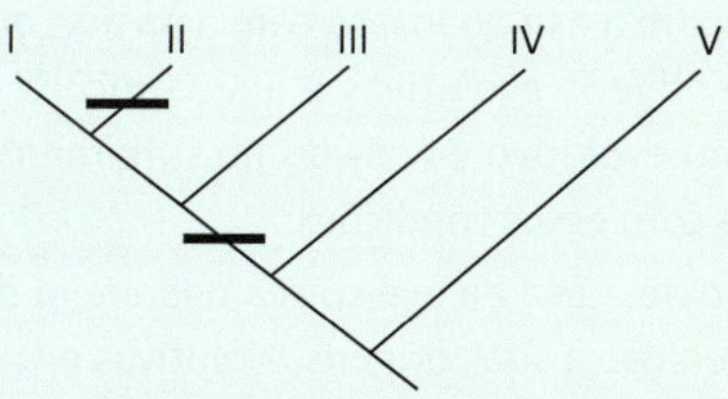

Indique a alternativa que mostra as proteínas encontradas nos grupos de animais I a V.

	Proteína P	Proteína PX	Proteína PY
a)	I, IV e V	III	II
b)	IV e V	I e III	II
c)	IV e V	II	I e III
d)	I e II	III	IV e V
e)	I e III	II	IV e V

8. **S** (UEL-PR) Atletas utilizam seus membros anteriores para a realização de lançamentos. As figuras a seguir representam membros anteriores de diferentes espécies animais.

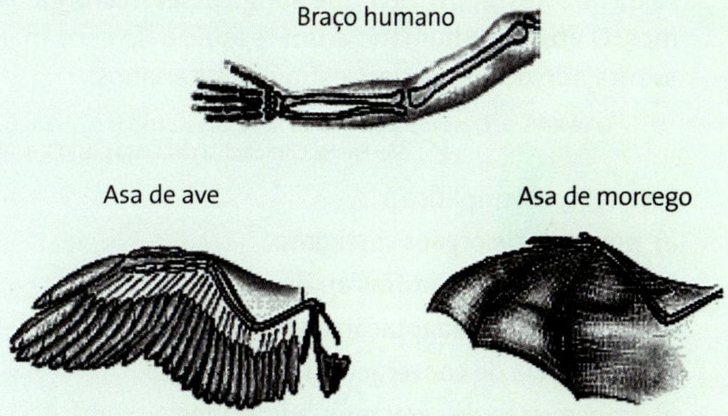

De acordo com as figuras e os conhecimentos sobre características evolutivas dos animais, considere as afirmativas a seguir.

I. Por terem funções distintas, os membros anteriores de humanos e de aves apresentam esqueletos com estrutura diferente.

II. Os membros anteriores de morcegos e de humanos são estruturas que surgiram de forma independente, com origem embrionária diferente.

III. As estruturas ósseas das asas de morcegos e de aves são homólogas, pois são derivadas de um ancestral comum.

IV. No processo de adaptação para o voo, asas de aves e de morcegos evoluíram independentemente, fenômeno conhecido como evolução convergente.

Assinale a alternativa correta.

a) Somente as afirmativas I e II são corretas.
b) Somente as afirmativas II e IV são corretas.
c) Somente as afirmativas III e IV são corretas.
d) Somente as afirmativas I, II e III são corretas.
e) Somente as afirmativas I, III e IV são corretas.

9. **SE** (IFSP) Fósseis são restos ou vestígios de animais ou plantas que viveram em tempos passados e que, por condições ambientais adequadas, ficaram preservados.

Em relação ao processo de fossilização, considere as etapas a seguir:

I. As partes moles do corpo são totalmente decompostas.

II. O corpo do animal morto é atacado por organismos decompositores e detritívoros.

III. Um animal morto à margem de uma lagoa afunda rapidamente e fica totalmente coberto pela água.

IV. Ocorre a mineralização das partes duras do corpo do animal.

Assinale a alternativa que apresenta a sequência correta das etapas de fossilização em uma lagoa.

a) I, II, III, IV
b) I, IV, II, III
c) II, III, IV, I
d) III, IV, I, II
e) III, II, I, IV

10. CO (UFG-GO) Leia o texto a seguir.

Os animais não podem digerir a celulose sem a ajuda de bactérias, e muitos vertebrados reservam um beco sem saída no intestino, o ceco, que abriga esses microrganismos. O apêndice humano é um resquício do ceco mais avantajado dos nossos ancestrais vegetarianos.

DAWKINS, R. *O maior espetáculo da Terra:* as evidências da evolução. São Paulo: Companhia das Letras, 2009. p. 113.

Esse texto exemplifica a

a) presença de órgãos vestigiais.
b) presença de estruturas análogas.
c) ocorrência de adaptação ao meio.
d) ocorrência de convergência adaptativa.
e) transmissão de caracteres adquiridos.

11. NE (UFC-CE) O filo dos invertebrados mais relacionado ao homem é aquele que inclui as estrelas-do-mar, ou seja, os equinodermas. A justificativa para essa conclusão surpreendente foi baseada principalmente no estudo comparativo:

a) do desenvolvimento embrionário.
b) da simetria dos organismos.
c) do documento fóssil.
d) da fisiologia.
e) do genoma.

12. SE (PUC-SP) A análise bioquímica comparativa de uma mesma proteína encontrada entre as espécies cavalo, chimpanzé e homem revelou que a molécula é constituída de 100 aminoácidos, dispostos da mesma maneira ou ordem no homem e no chimpanzé, enquanto no cavalo diferem em 10 dos 100 aminoácidos encontrados. Considerando que o DNA determina a síntese de proteínas na célula através do RNA-mensageiro, como você explica a:

a) semelhança entre essa proteína no homem e chimpanzé?
b) diferença entre essa proteína do cavalo, quando comparada com a do homem e a do chimpanzé?

13. S (UFPR) A datação de objetos pode se basear em diversos métodos, sendo o método por radioisótopos, em especial carbono-14, um dos mais conhecidos e empregados para artefatos arqueológicos. Em estudos sobre o histórico de contaminação ambiental, que datam desde a Revolução Industrial, o radionuclídeo natural ^{210}Pb tem sido utilizado para se estimar a data de deposição de sedimentos contaminados em lagos e estuários. O ^{210}Pb possui tempo de meia-vida ($t_{1/2}$) de 22,5 anos e é mais adequado para datação de eventos recentes que o ^{14}C, cujo $t_{1/2}$ = 5730 anos. Acerca desse assunto:

a) Explique o que é tempo de meia-vida ($t_{1/2}$).
b) Considerando que o sedimento a ter sua data estimada apresenta atividade de ^{210}Pb equivalente a 12,5% da atividade no momento da deposição (t = 0), qual a idade do sedimento?

14. SE (Fuvest-SP) O que são órgãos homólogos e órgãos análogos? Dê um exemplo de analogia que ocorra entre mamíferos e insetos.

15. SE (Ufes)

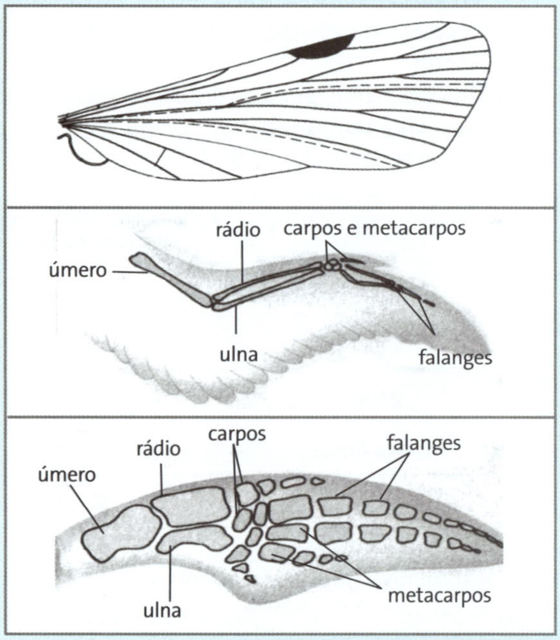

(CHAPMAN, R. F. *The Insects*: Structure and Function. 3. ed. Cambridge: Harvard University Press. 1982. p. 919. AMABIS, J. M.; MARTHO, G. R. *Biologia das populações*. 2. ed. São Paulo: Moderna, 2004.)

As estruturas corporais de diferentes animais podem indicar que essas espécies descendem de um ancestral comum, dependendo da organização anatômica e da origem embrionária dessas estruturas e independentemente de suas funções. As figuras acima representam a asa de um inseto, a asa de uma ave e a nadadeira anterior de um golfinho.

Com base no exposto, faça o que se pede.

a) Compare a asa do inseto com a da ave, em relação a suas origens evolutivas e suas funções. Explique o evento evolutivo envolvido no surgimento de estruturas com essas condições.
b) Compare a asa da ave com a nadadeira do golfinho, em relação a suas origens evolutivas e suas funções. Explique o evento evolutivo envolvido no surgimento de estruturas com essas condições.
c) Para Lamarck, o surgimento de uma nadadeira do tipo da do golfinho seria em decorrência do desenvolvimento de um outro tipo de apêndice, que, progressivamente, em cada indivíduo, ao longo de gerações, iria se modificando em decorrência do seu uso para o nado. As modificações adquiridas em cada indivíduo seriam transmitidas para seus descendentes, até que, ao longo de gerações, o apêndice se transformasse em uma nadadeira. Diga se essa hipótese é correta ou não e justifique a sua resposta.

CAPÍTULO

12 A história dos seres vivos

Representação artística de *Australopithecus afarensis*.

- *Como se deu a história da vida na Terra?*
- *Quais são os possíveis ancestrais da espécie humana?*
- *Como esses animais surgiram? Onde eles viveram e como se espalharam pelo mundo?*

1 Breve história da vida

Vamos apresentar um rápido resumo da evolução dos seres vivos (estudada ao longo dos capítulos do volume 2 desta coleção). Em seguida, apresentaremos a história da evolução humana.

Para facilitar o estudo da evolução da vida, costuma-se dividir a história em **éons**, **eras**, **períodos** e **épocas**, de acordo com grandes eventos geológicos que ocorreram na história do planeta. Veja o quadro abaixo; a primeira era corresponde à atual, retrocedendo-se até a época em que a Terra se formou.

<table>
<tr><th colspan="2">Éon</th><th>Era</th><th>Período</th><th>Época</th><th>Início (milhões de anos atrás)</th></tr>
<tr><td colspan="2" rowspan="16">Fanerozoico</td><td rowspan="7">Cenozoica</td><td rowspan="2">Quaternário</td><td>Holoceno (atual)</td><td>0,01</td></tr>
<tr><td>Pleistoceno</td><td>2,6</td></tr>
<tr><td rowspan="5">Terciário</td><td>Plioceno</td><td>5,3</td></tr>
<tr><td>Mioceno</td><td>23</td></tr>
<tr><td>Oligoceno</td><td>34</td></tr>
<tr><td>Eoceno</td><td>56</td></tr>
<tr><td>Paleoceno</td><td>65</td></tr>
<tr><td rowspan="3">Mesozoica</td><td colspan="2">Cretáceo</td><td>145</td></tr>
<tr><td colspan="2">Jurássico</td><td>200</td></tr>
<tr><td colspan="2">Triássico</td><td>251</td></tr>
<tr><td rowspan="6">Paleozoica</td><td colspan="2">Permiano</td><td>299</td></tr>
<tr><td colspan="2">Carbonífero</td><td>359</td></tr>
<tr><td colspan="2">Devoniano</td><td>416</td></tr>
<tr><td colspan="2">Siluriano</td><td>444</td></tr>
<tr><td colspan="2">Ordoviciano</td><td>488</td></tr>
<tr><td colspan="2">Cambriano</td><td>542</td></tr>
<tr><td rowspan="3">Pré-Cambriano</td><td>Proterozoico</td><td colspan="3"></td><td>2500</td></tr>
<tr><td>Arqueano</td><td colspan="3"></td><td>4000</td></tr>
<tr><td>Hadeano</td><td colspan="3"></td><td>4600</td></tr>
</table>

O Pré-Cambriano

Os éons Proterozoico, Arqueano e Hadeano são reunidos na divisão conhecida como Pré-Cambriano. O éon Hadeano é uma divisão informal (não oficial).

Os eventos geológicos que marcaram a história da Terra estão relacionados com a estrutura do nosso planeta. A crosta da Terra está dividida em vários pedaços (figura 12.1), que formam placas de rochas sólidas. Os continentes e também o fundo dos oceanos (o assoalho) fazem parte dessas placas. Há doze placas maiores e várias menores. Todas são chamadas de **placas tectônicas** (*tekné* = arte de construir).

Embaixo da crosta terrestre há uma camada denominada manto, com cerca de 2900 quilômetros de espessura. O manto possui partes líquidas, formadas por rochas derretidas. O calor que vem do núcleo da Terra provoca correntes que movimentam lentamente as placas da crosta. E, como os continentes estão apoiados sobre essas placas, eles acompanham esse movimento.

Esses e outros fatos são explicados por uma teoria da Geologia, a tectônica de placas, que, além do movimento dos continentes, explica o maior número de vulcões e terremotos em certos locais da Terra, a presença de fósseis e rochas semelhantes em continentes diferentes, entre vários outros fatos.

Placas tectônicas

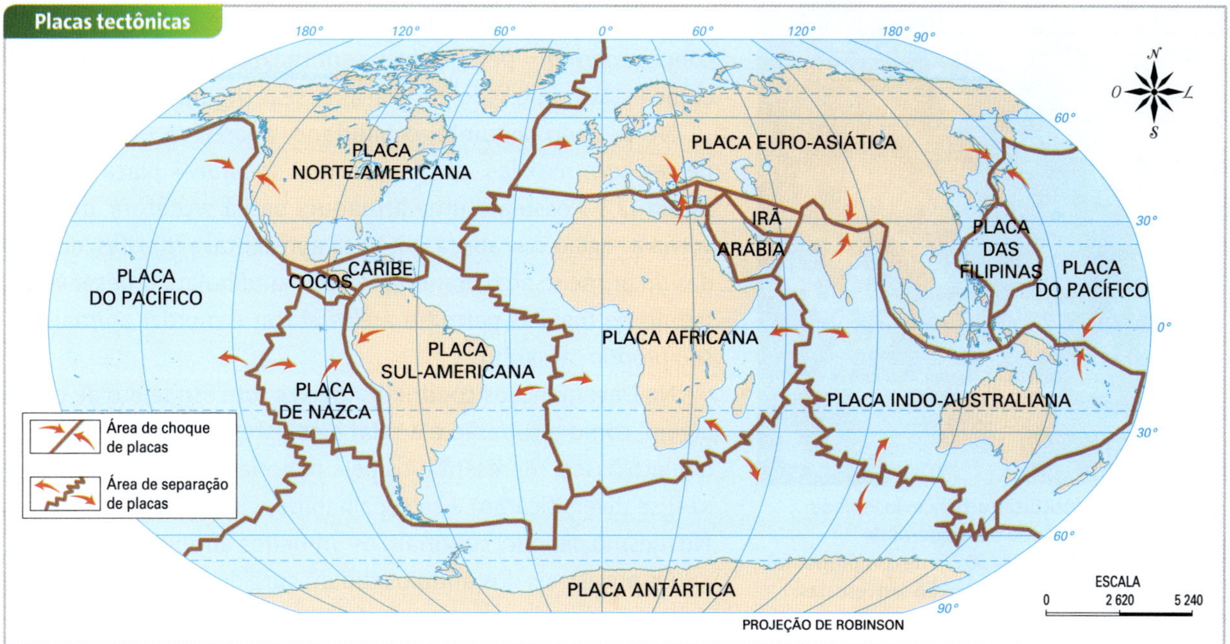

Adaptado de: IBGE. *Atlas geográfico escolar*. Rio de Janeiro, 2007.

Figura 12.1 Mapa com a distribuição das placas tectônicas. Os continentes e os oceanos ficam sobre placas. Observe que as placas não correspondem aos limites dos continentes. As setas vermelhas indicam os movimentos das placas.

O movimento das placas pode provocar alterações climáticas e no nível dos mares, que inundam imensas áreas de terra e depois recuam. Além disso, as mudanças climáticas podem ser provocadas também por vulcões que entram em erupção e meteoritos e asteroides vindos do espaço que se chocam contra a Terra.

Mudanças climáticas alteraram a distribuição das espécies no planeta e provocaram, em certos momentos da história da Terra, a extinção de grande número de espécies em um curto intervalo de tempo (em termos geológicos, curto significa entre 10 mil e 100 mil anos) – são as chamadas **extinções em massa**.

OED A fauna do Período Cambriano

No volume 1 desta coleção, estudamos as teorias acerca da origem da vida na Terra. Vimos que os primeiros seres vivos, procariontes, devem ter surgido entre 3,9 bilhões e 3,8 bilhões de anos atrás.

Os primeiros eucariontes unicelulares devem ter evoluído de procariontes, entre 2,1 bilhões e 1,6 bilhão de anos atrás. Também no passado, agregados de células formando colônias de protistas podem ter originado seres pluricelulares, como plantas, fungos e animais.

Os mais antigos fósseis de organismos pluricelulares com tecidos e órgãos, mas sem partes duras (esqueletos), aparecem no Pré-Cambriano, entre 635 milhões e 542 milhões de anos atrás.

No Ordoviciano (*ordovices* = antigo povo do País de Gales, onde foram realizados estudos desse estrato), há fósseis de esporos de plantas sem vasos condutores de seiva, como o grupo das briófitas. Essas plantas devem ter evoluído a partir de algas verdes e colonizado o ambiente terrestre.

No Siluriano, as primeiras plantas vasculares apareceram e se diversificaram; no Devoniano apareceram as primeiras plantas com sementes.

Como vimos no volume 2 desta coleção, os artrópodes foram os primeiros animais invertebrados a conquistar a terra, depois que algumas plantas já estavam estabelecidas nesse ambiente. Entre os artrópodes, os insetos são o grupo com o maior número de espécies descritas, e seus fósseis datam do Devoniano (*Devon* = região no sudoeste da Inglaterra, onde foram realizados estudos desse estrato).

Christian Jegou Publiphoto Diffusion/SPL/Latinstock

Figura 12.2 Reconstituição artística do Período Ordoviciano, mostrando três gêneros de ostracodermos (menos de 50 cm de comprimento) e alguns invertebrados. (Ilustração sem escalas; cores fantasia.)

Ainda no Ordoviciano, há fósseis de ostracodermos (*ostrakon* = concha; *derma* = pele), peixes sem maxilas e nadadeiras, cujo corpo estava protegido por placas ósseas (figura 12.2).

No período seguinte, o Siluriano, aparecem os primeiros peixes com maxilas, os placodermos (*plaque* = placa). Veja a figura 12.3. Possuíam uma armadura óssea protetora, que envolvia a região da cabeça, e a boca apresentava maxilas, derivadas do primeiro arco branquial (arco mandibular). O desenvolvimento de maxilas permitiu a eles atacar e morder animais de seu próprio tamanho.

No Devoniano, os condrictes (peixes com esqueleto de cartilagem, como o tubarão e a raia) e os osteíctes (peixes com esqueleto ósseo, representados pela maioria das espécies de peixes) se diversificaram e se espalharam pelo ambiente aquático. No mesmo período, surgiriam os primeiros anfíbios.

Os ancestrais dos anfíbios teriam surgido de peixes com nadadeiras musculosas e uma estrutura óssea semelhante à dos membros dos vertebrados terrestres, que poderiam ser usadas para a locomoção no ambiente terrestre, e um pulmão primitivo, além das brânquias, características que lhes permitiram invadir o ambiente terrestre. Esse processo evolutivo ocorreu entre cerca de 385 milhões de anos e 360 milhões de anos atrás.

No Carbonífero (*carbone* = carvão), as plantas vasculares e sem sementes, como as pteridófitas, formaram imensas florestas, com muitos metros de altura (algumas espécies atingiram mais de 30 m de altura). Os fósseis dessas florestas formaram depósitos de carvão, ainda hoje utilizado como combustível (figura 12.4).

National Geographic Vintage/Corbis/Latinstock

Figura 12.3 Reconstituição artística de um placodermo do gênero *Dinichthys* (até cerca de 8 m de comprimento).

Figura 12.4 Reconstituição artística do Período Carbonífero, em que as pteridófitas dominavam a paisagem da Terra. (Ilustração sem escala; cores fantasia.)

Ludek Pesek/SPL/Latinstock

Nesse período surgiram também os primeiros répteis, a partir dos ancestrais dos atuais anfíbios.

O Período Permiano (*Perm* = região da Rússia onde foram realizados estudos nessa área), frio e seco, favoreceu o domínio dos répteis, os primeiros vertebrados a resistirem a climas secos. Essa adaptação se deve ao fato de seus pulmões serem bem desenvolvidos, com dobras que aumentam a superfície de contato com o oxigênio. Além disso, sua pele tem uma cobertura impermeável, que diminui a perda de água. A fecundação é interna e o ovo, provido de casca, fornece proteção, suporte e alimento ao embrião.

No fim do Permiano, houve a maior extinção em massa da história do planeta: cerca de 90% das espécies marinhas, 70% dos animais terrestres e a maioria das plantas desapareceram.

No início da Era Mesozoica (*mesos* = meio; *zoon* = animal; *oíkos* = ambiente), o nível dos oceanos voltou a subir e o clima ficou mais quente. Os répteis diversificaram-se e, no fim do Triássico (*trias* = trindade), apareceram os primeiros dinossauros. No período seguinte, o Jurássico (o nome vem das montanhas Jura, nos Alpes franceses, onde há rochas desse período), surgiram os maiores dinossauros de todos os tempos. No Cretáceo (*creta* = tipo de calcário encontrado na região em que esse período foi estudado), surgiu um dos maiores carnívoros da Terra, o tiranossauro (figura 12.5).

Figura 12.5 Representação do tiranossauro, um dos maiores carnívoros do Cretáceo, com 15 m de comprimento e 6 m de altura. (Os elementos da figura não estão na mesma escala; cores fantasia.)

No fim do Cretáceo, ocorreu outra grande extinção em massa, eliminando cerca de 85% das espécies. O estudo dos fósseis parece indicar que no ambiente terrestre foram eliminadas as espécies com mais de 25 kg. Saíram de cena várias espécies de invertebrados, algas e répteis, incluídos os dinossauros. Uma das teorias mais aceitas para essa extinção é a que supõe a queda na superfície da Terra de um asteroide com cerca de 10 km de diâmetro. Alguns estudos, porém, indicam que ela pode ter sido causada por erupções vulcânicas.

No Carbonífero surgiram as primeiras plantas com semente, que se espalharam e se diversificaram na Era Mesozoica. Esse domínio foi favorecido pelos climas mais secos dessa era, que acabaram selecionando plantas que não dependem da água para a reprodução. Essas plantas produzem grãos de pólen, que são transportados pelo vento. Além disso, a semente se encarrega da dispersão da planta.

No Cretáceo, surgiram também as angiospermas, que dominam o ambiente terrestre até hoje. O desenvolvimento de flores, a polinização por insetos, a adaptação a vários climas e a presença de frutos (que facilitam a dispersão das sementes) possibilitaram sua expansão no ambiente terrestre.

Linda Bucklin/Shutterstock/Glow Images

Natursports/Shutterstock/Glow Images

Figura 12.6 Fóssil da espécie *Archaeopteryx lithographica* (fóssil com cerca de 150 milhões de anos) e reconstituição artística do arqueópterix (cerca de 50 cm de comprimento).

Estima-se que as aves tenham surgido de grupos de dinossauros bípedes (grupo dos terópodes), carnívoros e com penas, como evidenciam alguns fósseis, como o *Sinornithosaurus millenii*, com cerca de 125 milhões de anos, o *Sinosauropteryx* ou o *Protarchaeopteryx*, descobertos na China, com 145 milhões de anos. Embora não permitissem o voo, as penas ajudariam a reter o calor corporal. Outro fóssil, o *Archaeopteryx*, descoberto na Alemanha, com cerca de 150 milhões de anos, apresentava penas e um esqueleto semelhante ao dos dinossauros do grupo dos terópodes. Possuía dentes e uma longa cauda (figura 12.6).

Os primeiros mamíferos surgiram no final do Triássico de um grupo de répteis, os terapsidas. Eram pequenos (menores que um rato), alimentavam-se de insetos e tinham hábitos noturnos. Foi somente a partir da extinção dos dinossauros, há 65 milhões de anos, que os mamíferos puderam espalhar-se pelos mais variados ambientes (figura 12.7).

Figura 12.7 Representações de algumas das formas que surgiram com a diversificação dos mamíferos, mas que hoje estão extintas. (Figuras sem escala; cores fantasia.)

Catmando/Shutterstock/Glow Images

Tigre-dentes-de-sabre (gênero *Smilodon*), com 3 m de comprimento e caninos com 20 cm.

Mamute (gênero *Mammuthus*), com 3 m a 4 m de altura.

Leonello Calvetti/Shutterstock/Glow Images

2 Evolução da espécie humana

Evolução da espécie humana

Chimpanzés, gorilas e orangotangos são os parentes evolutivos mais próximos da espécie humana, fazendo parte da ordem dos primatas (Primates). De início, eram classificados na família dos pongídeos, mas, atualmente, são classificados na família dos hominídeos (Hominidae), juntamente com a espécie humana.

Uma das diferenças mais importantes entre o ser humano e os demais primatas é a capacidade caracteristicamente humana de se apoiar e se locomover apenas sobre os membros posteriores (gorilas, chimpanzés e outros símios não andam sobre dois pés por períodos prolongados), deixando as mãos livres para segurar e manipular objetos (recolher e transportar alimentos e filhos, pegar pedras e galhos que podem funcionar como armas, manusear instrumentos delicados de trabalho, etc.).

Ainda não sabemos ao certo quais foram as causas que favoreceram a postura ereta do ser humano. Uma hipótese é que o grupo de primatas que originou a espécie humana teria abandonado a floresta e ido viver nos campos ou nas savanas da África.

A postura ereta pode ter facilitado a corrida nas savanas, além de ter deixado as mãos livres para carregar e manipular comida. Pode ter favorecido também a observação de presas e predadores a distância por cima da grama alta. Alguns estudos mostram que a postura ereta proporciona ainda uma economia de energia no deslocamento. As articulações dos braços permitem lançar objetos com boa velocidade, e o polegar em oposição aos outros dedos facilita a preensão e a manipulação de objetos.

A inteligência pode ter se desenvolvido com a capacidade de manejar ferramentas e objetos, como uma adaptação à caça nas savanas africanas (o assunto ainda é muito discutido). Enquanto na espécie humana o volume médio do crânio é de 1350 cm^3, no chimpanzé atinge no máximo 500 cm^3 e no gorila, apesar de todo o tamanho desse animal, no máximo 750 cm^3 (figura 12.8). Além disso, na espécie humana, as circunvoluções do córtex cerebral estão mais desenvolvidas, o que aumenta consideravelmente a área dessa parte do cérebro, envolvida em funções como o raciocínio e a linguagem.

Figura 12.8 A maneira como os ossos da perna se articulam com os do quadril confere à espécie humana a postura ereta, uma das primeiras características de nossos ancestrais. Nas fotos, radiografia de crânios do chimpanzé e do ser humano. O crânio do chimpanzé é bem menor que o do ser humano, e a mandíbula, maior. Podem ser vistos também os grandes molares do chimpanzé, adaptados para triturar frutas e raízes.

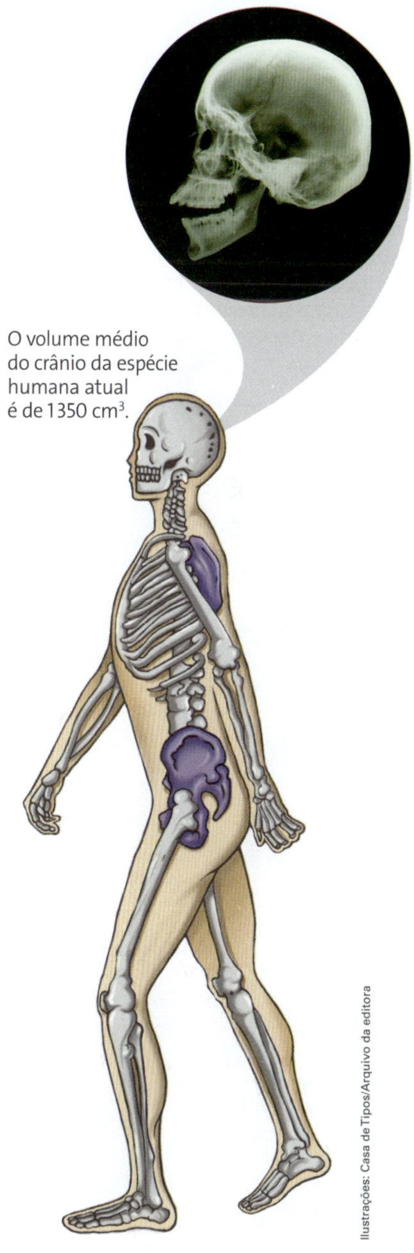

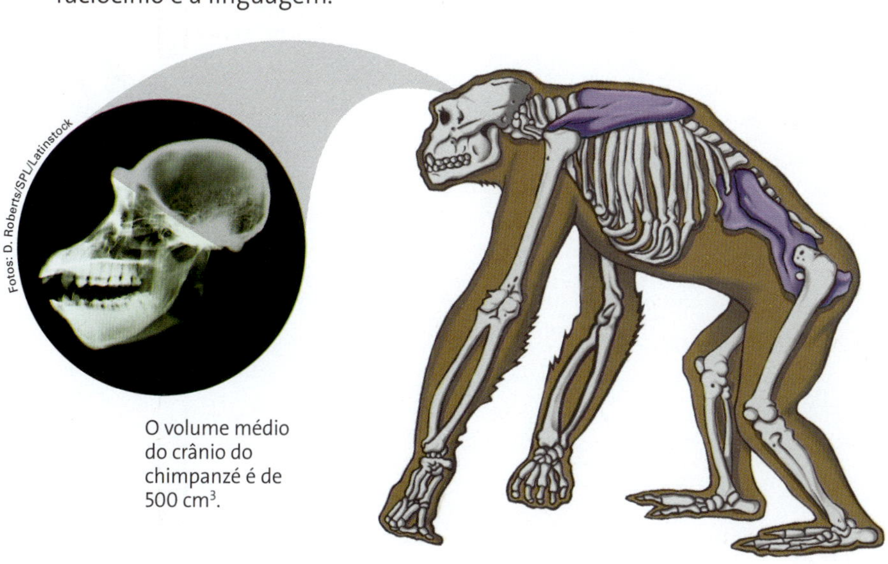

Fotos: D. Roberts/SPL/Latinstock

Ilustrações: Casa de Tipos/Arquivo da editora

Australopitecos

Entre os possíveis ancestrais da linhagem dos hominídeos estão os australopitecos, integrantes do gênero *Australopithecus* ('macaco do sul'). Eles viveram nas savanas africanas de 4,2 milhões a 1,4 milhão de anos atrás, mediam entre 1 m e 1,5 m de altura, pesavam entre 30 kg e 50 kg e tinham o crânio semelhante ao do chimpanzé. Estudando a posição dos ossos da bacia e do joelho e de impressões de suas pegadas, deduziu-se que todos podiam andar sobre duas pernas (bipedalismo), ou seja, tinham postura ereta.

Em 1974, foi descoberto na Etiópia um fóssil com cerca de 3,20 milhões de anos. Ele pertencia, possivelmente, a uma criatura do sexo feminino, com 30 kg, 1,07 m de altura e postura ereta. Era formado por 52 ossos e o crânio tinha 420 cm^3. O fóssil foi batizado de Lucy (figura 12.9). Lucy pertence à espécie *Australopithecus afarensis* (descoberta na região de Afar, na Etiópia), que viveu entre 3,8 milhões e 2,9 milhões de anos atrás e tinha de 375 cm^3 a 550 cm^3 de crânio, semelhante ao do chimpanzé, mas com dentes e ossos da perna parecidos com os da espécie humana, além de ter postura ereta (pegadas preservadas em cinzas vulcânicas reforçam essa hipótese).

Outros fósseis mais antigos do que Lucy foram descobertos, como o *Ardipithecus ramidus* (*Ardi* significa 'solo'; *pithecus*, 'macaco'; e *ramid*, 'raiz'), de 4,3 milhões a 4,5 milhões de anos; o *Australopithecus anamensis* (*anam* significa 'lago', porque foi encontrado próximo ao lago Turkana, no Quênia), de 4,1 milhões a 4,2 milhões de anos; o *Orrorin tugenensis* (*Orrorin* significa 'homem original' no dialeto Tugen; *tugenensis* porque foi encontrado na região de Tugen Hills, Quênia), de 6 milhões a 5,8 milhões de anos; e o *Sahelanthropus tchadensis* (o nome refere-se a Sahel e Chade, locais na África Central, onde o fóssil foi descoberto), que, com cerca de 7 milhões de anos, talvez seja o mais próximo dos antepassados comuns do chimpanzé e do homem.

Figura 12.9 Restos do esqueleto de Lucy e sua reconstituição.

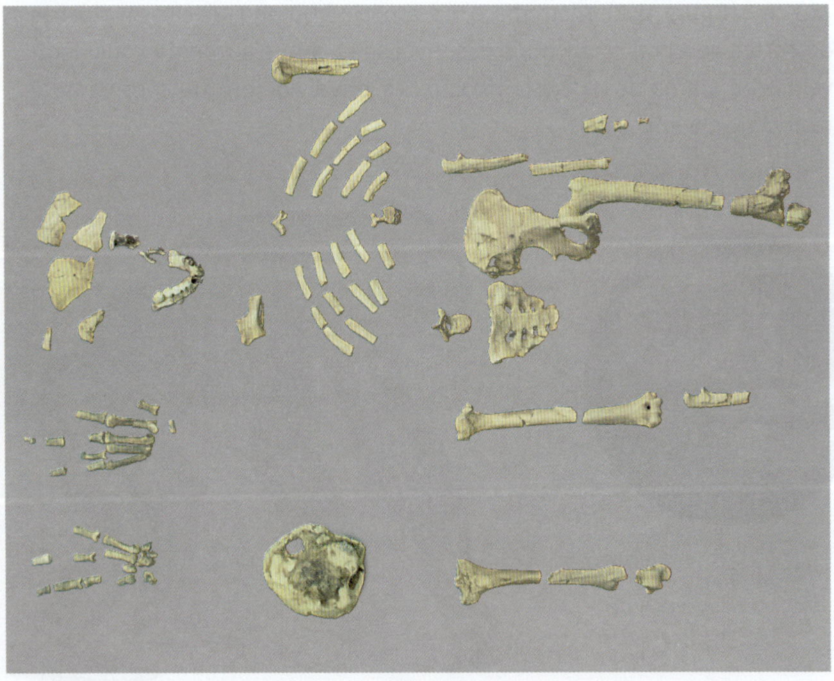

Com cerca de 1,20 m de altura, o *Ardipithecus ramidus* tinha capacidade craniana semelhante à do chimpanzé, mas seus caninos superiores eram menores do que os dos chimpanzés atuais e mais parecidos com os dos humanos. A anatomia da pélvis e das mãos sugere que ele poderia andar ereto por distâncias curtas, embora não tão bem quanto os australopitecos. O dedão do pé oposto aos outros dedos e os ossos longos dos dedos indicam que ele deveria passar parte do tempo deslocando-se nas árvores.

Há cerca de 3 milhões a 2,2 milhões de anos surgiram outras espécies de australopitecos (figura 12.10), como o *Australopithecus africanus*, o *Australopithecus garhi* (*garhi* significa 'surpresa', na língua afar, falada na Etiópia) e o *Australopithecus robustus* (mais tarde colocado em outro gênero e denominado *Paranthropus robustus*).

Figura 12.10 **A**: o crânio do *Australopithecus africanus* (à esquerda) é semelhante ao do chimpanzé (à direita), mas um pouco maior e com dentes mais semelhantes aos da espécie humana; **B**: reconstituição da face do *Australopithecus africanus*; **C**: crânio e reconstituição da face do *Paranthropus robustus*; **D**: reconstituição artística de *Paranthropus robustus* defendendo território (1,20 m de altura; cores fantasia).

A

B

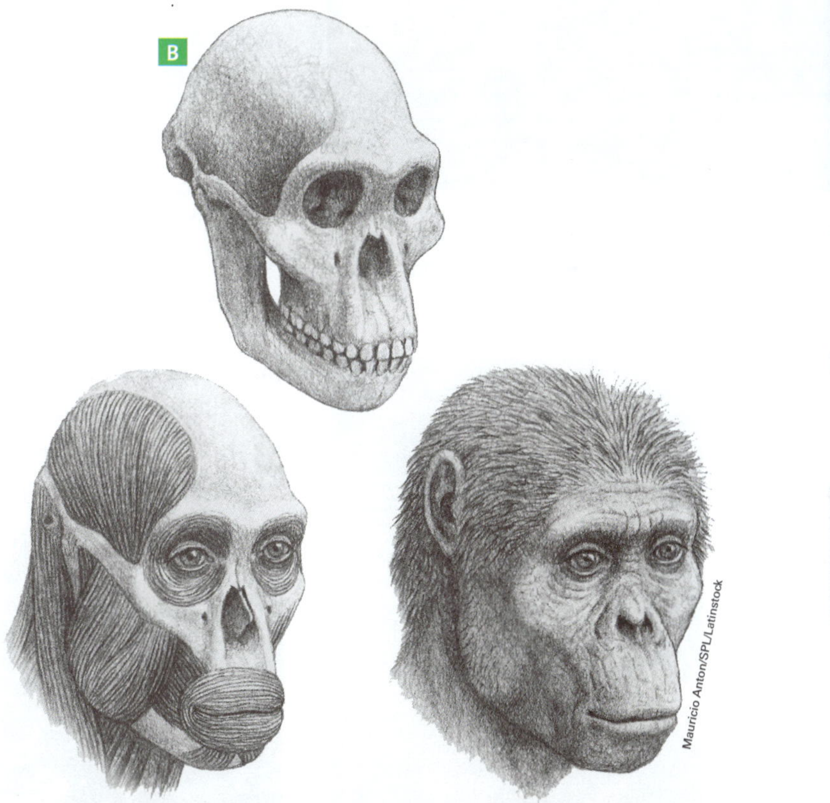

C

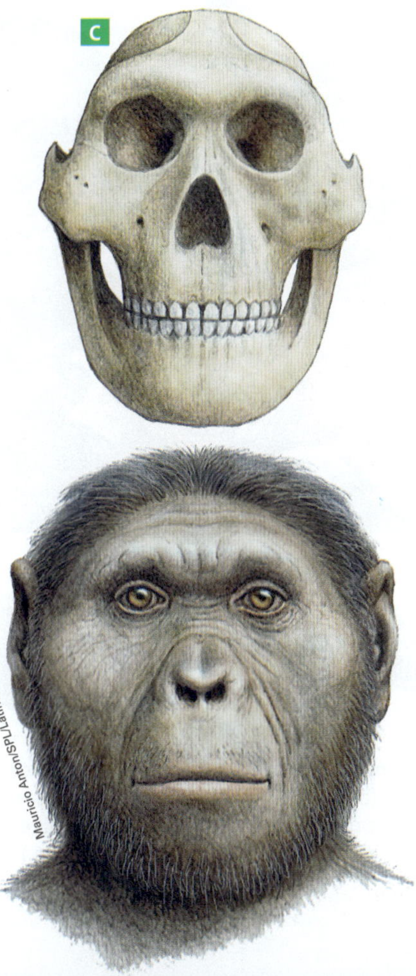

D

Philippe Plailly/Eurelios/SPL/Latinstock

Figura 12.11 Reconstituição do *Homo habilis* (cerca de 1,5 m de altura) fabricando ferramenta de pedra.

O gênero *Homo*

Dos australopitecos podem ter surgido os primeiros representantes do gênero *Homo*, com corpo e cérebro maiores, entre eles o *Homo habilis* (figura 12.11). Os australopitecos já usavam pedaços de pedra ou ossos para cavar, pegar pequenos animais e se defender, e o *Homo habilis* foi o primeiro a fabricar ferramentas de pedra lascada (quebradas de modo a ficar com uma borda afiada), que deviam servir de faca para cortar a carne de animais (pilhas de ossos de animais foram encontradas próximo aos fósseis dessa espécie). Dessa faculdade vem o nome da espécie: 'homem habilidoso'. Ele viveu entre 2,4 milhões e 4 milhões de anos atrás e seu cérebro era maior que o dos australopitecos. O volume do seu crânio variava de 500 cm^3 a 670 cm^3.

Embora tenha surgido depois do *Homo habilis*, o *Homo erectus* foi descoberto antes e considerado na época o primeiro hominídeo ereto. Foi uma espécie que perdurou por mais de 1 milhão de anos (viveu entre 1,8 milhão e 500 mil anos atrás). Nesse período, seu crânio, de início com 800 cm^3 (o dobro da média do crânio do chimpanzé e cerca de metade do crânio do ser humano atual), aumentou para mais de 1 300 cm^3 (figura 12.12). Deve ter sido também o primeiro a dominar e a usar o fogo; foram encontradas pilhas de carvão vegetal ao lado de ossos humanos em cavernas, que poderiam ter servido para se aquecer, cozinhar a carne ou trabalhar melhor a pedra. O uso do fogo deve ter facilitado sua capacidade de migração. Ele foi o primeiro de nossos ancestrais distantes a sair da África.

Sheila Terry/SPL/Latinstock

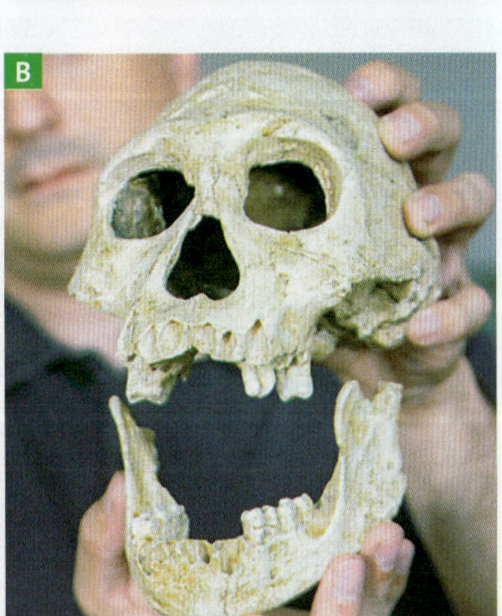

Reuters Newmedia/Corbis/Latinstock

Christian Jegou/SPL/Latinstock

John Readers/SPL/Latinstock

Figura 12.12 Reconstituição do rosto (**A**) do *Homo erectus* com base no crânio, com cerca de 960 cm^3 (**B**), e reconstituição dessa espécie (cerca de 1,70 m) usando o fogo e preparando lanças (**C**); ferramentas de pedra feitas por ele e usadas para cortar carne de animais e outras tarefas (**D**). (Os elementos das ilustrações não estão na mesma escala; cores fantasia.)

Enquanto os australopitecos e o *Homo habilis* foram encontrados apenas na África, o *Homo erectus* foi encontrado também na Ásia e na Europa. As ferramentas que usava eram mais complexas que as anteriores: o *Homo habilis* utilizava pedras lascadas apenas de um lado; o *Homo erectus* produzia pedras lascadas dos dois lados, o que sugere que elas podem ter sido usadas presas a pedaços de pau, formando uma espécie de machado. Tudo indica também que o *Homo erectus* caçava em bandos.

A partir de 500 mil anos atrás, aparecem fósseis com crânios maiores que os do *Homo erectus* e menores que os da espécie humana atual. Eles foram classificados como formas muito antigas do *Homo sapiens*.

Entre 230 mil e 30 mil anos atrás viveu outro hominídeo, que ficou conhecido como o homem de Neanderthal (figura 12.13), porque seus primeiros fósseis foram descobertos em uma caverna do vale de Neander, na Alemanha. Ele já foi considerado uma subespécie do *Homo sapiens* e batizado como *Homo sapiens neanderthalensis*, mas, atualmente, é classificado como uma espécie diferente, a *Homo neanderthalensis*.

Seu cérebro era maior que o da espécie humana atual – em média, 1450 cm^3 contra 1350 cm^3 –, mas essa diferença para mais pode estar relacionada à sua forma mais robusta (ele talvez precisasse de um número maior de neurônios para comandar a massa muscular maior), e não a uma inteligência mais desenvolvida. As ferramentas e as armas eram mais desenvolvidas que as do *Homo erectus*. Já fabricava instrumentos de pedra bem trabalhados, que usava para furar peles e confeccionar vestimentas, utilizava lanças de madeira, morava em cavernas e abatia animais de grande porte. A descoberta de grãos de pólen junto a certos fósseis leva a crer que enterrava seus mortos e colocava flores nos túmulos.

Figura 12.13 Crânio do homem de Neanderthal (em média, 1 450 cm^3) e representação artística de um grupo de indivíduos (cerca de 1,60 m de altura) fazendo ferramentas. Uma dessas ferramentas aparece no detalhe.

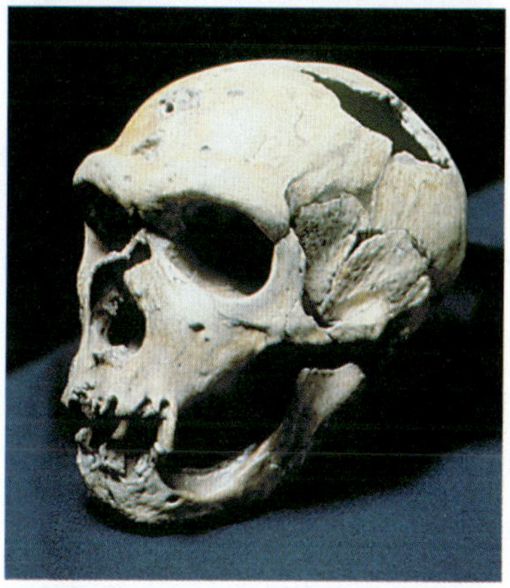

John Readers/SPL/Latinstock

Album/Prisma/Latinstock

PjrStudio/Alamy/Glow Images

Evolução humana

O homem de Neanderthal se extinguiu há cerca de 30 mil anos, talvez por causa da competição com a espécie atual do ser humano, a *Homo sapiens*, que pode ter surgido do *Homo erectus* entre 200 mil e 150 mil anos. O fóssil mais conhecido da espécie *Homo sapiens* é o homem de Cro-Magnon (em referência à região da França onde seu fóssil foi encontrado). Ele fabricava ótimas ferramentas (faca, lança, arco e flecha, etc.) e tinha certas habilidades artísticas; foram encontradas em cavernas pinturas que retratam diversas cenas de caça (figura 12.14).

Há cerca de 12 mil anos, o homem passava de caçador a agricultor e surgiam as primeiras civilizações. A partir daí, a evolução cultural foi responsável pela rápida aceleração das transformações humanas. Para avaliar esse desenvolvimento, basta comparar as rápidas transformações ocorridas nos últimos 10 mil anos com as lentas transformações ocorridas do australopiteco ao *Homo sapiens* (figura 12.15).

Bettmann/Corbis

Francis G. Mayer/Corbis

Figura 12.14 Reconstituição do rosto do homem de Cro-Magnon e uma pintura feita por ele em uma caverna de Lascaux, na França.

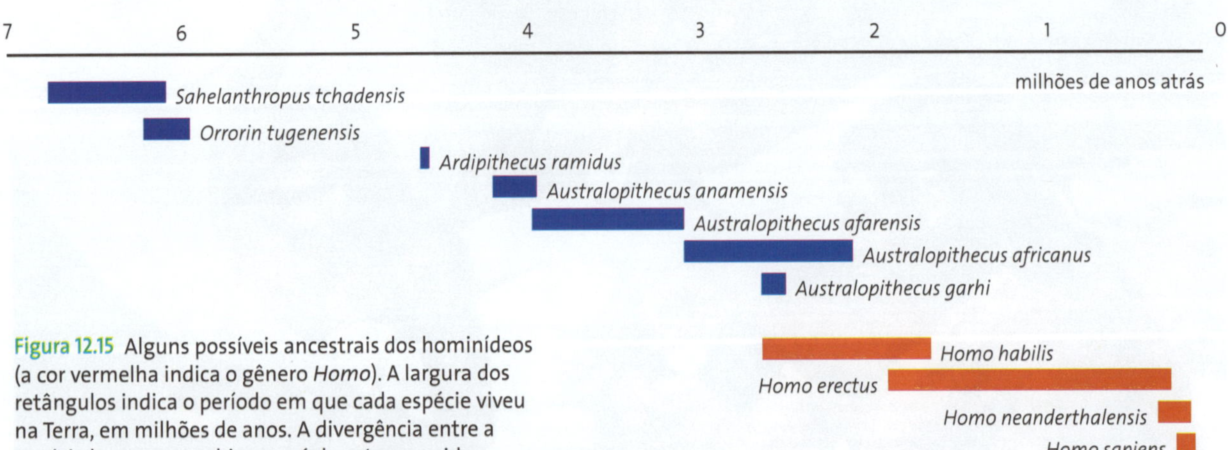

Figura 12.15 Alguns possíveis ancestrais dos hominídeos (a cor vermelha indica o gênero *Homo*). A largura dos retângulos indica o período em que cada espécie viveu na Terra, em milhões de anos. A divergência entre a espécie humana e o chimpanzé deve ter ocorrido entre 7 milhões e 4 milhões de anos atrás. A partir do *Australopithecus anamensis*, todos tinham postura ereta.

Atividades

1. A partir do cladograma abaixo, responda:

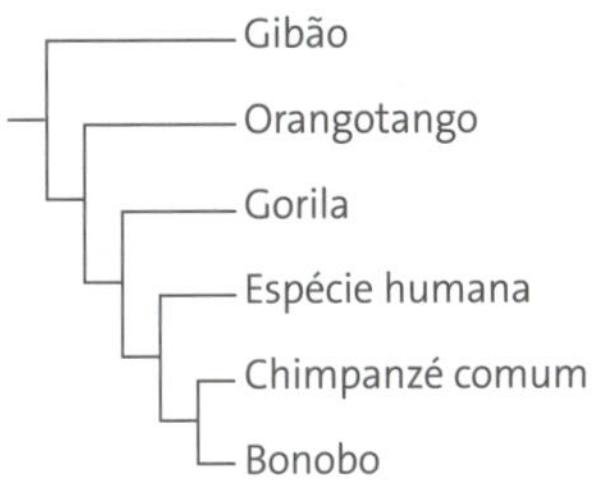

Qual o parente evolutivo mais próximo do bonobo? E da espécie humana?

2. Você aprendeu que ao longo da história da Terra houve grandes mudanças climáticas provocadas pelo deslocamento das placas tectônicas, pelos vulcões, pelos asteroides vindos do espaço que se chocam contra a Terra, entre outros fatores. Essas mudanças climáticas provocaram extinções em massa. Para muitos cientistas, está acontecendo atualmente mais uma extinção em massa; muitas espécies estão desaparecendo em um ritmo de cem a mil vezes mais rápido que o da extinção natural (a que ocorre fora dos períodos de extinção em massa). Em sua opinião, o que está provocando essa extinção atual?

3. No Pré-Cambriano, entre 635 milhões e 542 milhões de anos atrás, encontramos fósseis de animais pluricelulares, que, no entanto, além de serem raros, são, geralmente, apenas impressões em rochas. Já no Cambriano, há, entre outros, um grande número de fósseis bem conservados de trilobitas, animais do grupo dos artrópodes. Que estrutura, presente nos trilobitas e ausente na maioria dos animais do Pré-Cambriano, poderia explicar esse aumento na quantidade e na qualidade de preservação dos fósseis? Justifique sua resposta.

4. Um grupo de peixes já extintos, os ostracodermos, se alimentava absorvendo, pela boca, restos de matéria orgânica suspensos na água. Já entre os placodermos, outro grupo extinto de peixes, havia predadores ativos, que capturavam outros animais. Que nova estrutura, surgida com este último grupo, poderia explicar tal mudança nos hábitos alimentares?

5. Samambaias são plantas vasculares terrestres. Na história evolutiva, que adaptações favoreceram a sobrevivência e a reprodução dessas plantas no novo ambiente?

6. Foram encontrados fósseis de dinossauros carnívoros com penas recobrindo o corpo. Elas podem ter evoluído das escamas dos répteis, pois ambas são feitas de queratina e originam-se das mesmas estruturas embrionárias. Então, responda:

   a) Se as penas não serviam para voar, qual seria a função delas?

   b) Penas e escamas são órgãos homólogos ou análogos? Justifique sua resposta.

7. Que estrutura presente na superfície do corpo de alguns dinossauros fósseis apoia a ideia de parentesco próximo entre esses animais e as aves? Nesse sentido, qual a importância de fósseis como o do arqueópterix?

8. A figura abaixo indica o parentesco evolutivo entre diversos grupos de vertebrados. Cada número representa uma nova característica comum a todos os grupos que estão acima do número. Associe cada letra a um animal e cada número a uma característica entre as seguintes opções:

   Letras: pinguim, morcego, lampreia, lagartixa, tubarão, rã.

   Números: pelos, mandíbulas, penas, ovos com casca e âmnio, endotermia, pulmões.

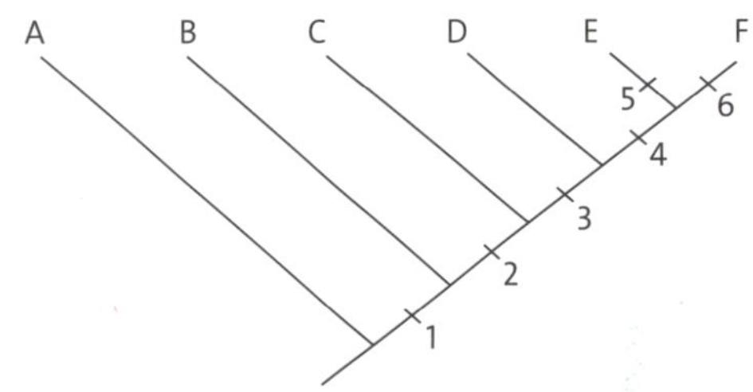

Trabalho em equipe

Em grupo, escolham um dos temas a seguir para pesquisar (em livros, na internet, em CD-ROMs). Depois, exponham os resultados do trabalho de pesquisa para a classe e organizem uma exposição para a comunidade escolar (alunos, professores, funcionários da escola e pais ou responsáveis). Se possível, com a ajuda do professor, convidem profissionais das áreas de Biologia e Paleontologia para a apresentação de palestras sobre o assunto pesquisado e convidem a comunidade escolar para assistir às exposições.

Informem-se também se em sua região existem museus ou outras instituições educacionais que desenvolvam trabalhos nessa área ou que mantenham exposições sobre os assuntos pesquisados e verifiquem se é possível agendar visitas ao local.

1. Descubram se existiram dinossauros no Brasil e, em caso afirmativo, quais são os fósseis desses animais encontrados em território nacional, onde foram encontrados, etc.
2. Pesquisem as características de fósseis de dinossauros com penas e das primeiras aves (*Caudipteryx*, *Sinosauropteryx*, *Protarchaeopteryx*, *Archaeopteryx*, etc.).
3. Pesquisem as principais características dos fósseis de possíveis antepassados da espécie humana e de outros parentes evolutivos próximos. Procurem saber, por exemplo, quais foram os fósseis descobertos mais recentemente, como o *Orrorin tugenensis*, o *Homo floresiensis*, o *Sahelanthropus tchadensis* e o *Ardipithecus ramidus*, entre outros.

Pensando no Enem

Uma expedição de paleontólogos descobre em um determinado extrato geológico marinho uma nova espécie de animal fossilizado. No mesmo extrato, foram encontrados artrópodes xifosuras e trilobitas, braquiópodos e peixes ostracodermos e placodermos. O esquema a seguir representa os períodos geológicos em que esses grupos viveram.

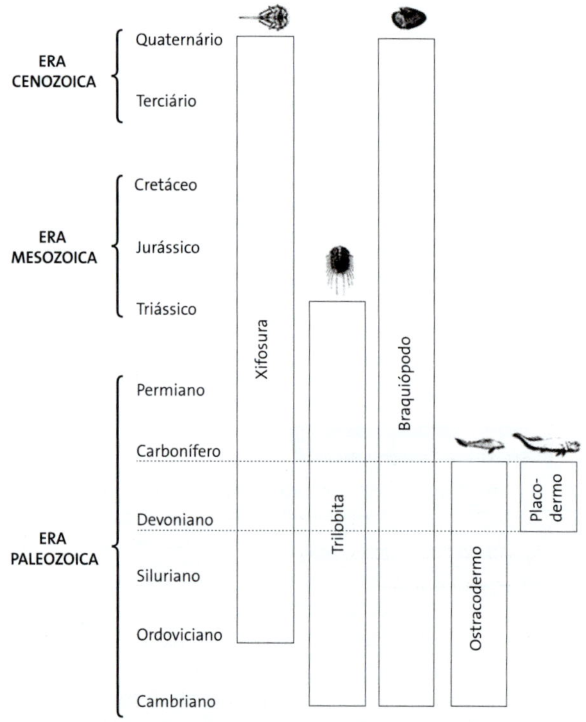

Observando esse esquema os paleontólogos concluíram que o período geológico em que haviam encontrado essa nova espécie era o Devoniano, tendo ela uma idade estimada entre 405 milhões e 345 milhões de anos. Desses cinco grupos de animais que estavam associados à nova espécie, aquele que foi determinante para a definição do período geológico em que ela foi encontrada é:

a) xifosura, grupo muito antigo, associado a outros animais.
b) trilobita, grupo típico da era Paleozoica.
c) braquiópodo, grupo de maior distribuição geológica.
d) ostracodermo, grupo de peixes que só aparece até o Devoniano.
e) placodermo, grupo que só existiu no Devoniano.

Resolução

Esta questão mescla conhecimentos básicos em Ciências da Natureza, sobre identidade dos seres vivos, sistemática e linhas de evolução. Trata ainda da distribuição espacial e temporal dos seres vivos, além de exigir interpretação de texto e figuras.

É importante salientar que, neste caso, a figura é a parte central para a resolução da questão. Quase todas as informações necessárias estão nela. A única informação realmente importante do texto é a de que o animal foi encontrado associado a fósseis de outros grupos.

Interpretação da figura

A figura apresenta a distribuição temporal, ou momentos de origem e extinção, de alguns grupos de animais. Esse tipo de figura é construído com base no registro fóssil desses animais, e é bastante importante para a comparação com novos achados.

As barras verticais indicam a presença dos respectivos grupos de animais. Os nomes à esquerda identificam os períodos geológicos, orientados de baixo (mais antigo) para cima (mais novo).

O problema

A questão apresenta o seguinte problema: dadas certas informações, como saber em que período geológico a nova espécie de animal fossilizado encontrada viveu?

A informação de que essa nova espécie foi encontrada no mesmo extrato geológico de outros animais é mais importante do enunciado. Extratos geológicos correspondem a períodos de tempo definidos, durante os quais esses extratos (e os fósseis neles contidos) foram formados. Logo, se esse animal foi encontrado com outros animais, isso nos indica que esses organismos viveram na mesma época.

O dado que deve ser extraído da figura é a distribuição temporal de cada um dos animais encontrados no referido extrato geológico. Com isso, podemos relacionar a ocorrência desses animais de distribuição conhecida com a ocorrência de uma nova espécie de distribuição desconhecida.

A análise da figura revela que o único período geológico em que esses cinco grupos de animais ocorreram juntos foi durante o Devoniano. Isto é indicado pela distribuição dos Placodermos, que só estão presentes nesse período.

Assim, se esses cinco grupos ocorreram no mesmo período que a nova espécie de animal fossilizado, e os Placodermos só ocorrem durante o Devoniano, podemos afirmar que, por causa dessa distribuição temporal limitada dos Placodermos a esse período geológico, este grupo determina o período geológico em que a nova espécie foi encontrada.

Resposta: **E**.

Vestibulares de Norte a Sul

1. **SE** (Ufscar-SP) Considere as seguintes características da espécie *Homo sapiens*:

   I. ausência de cauda
   II. presença de vértebras
   III. coração com quatro cavidades
   IV. endotermia (homeotermia)

   A ordem cronológica mais provável de ocorrência desses eventos ao longo da história evolutiva dos cordados foi:

   a) I, II, III e IV.
   b) I, III, II e IV.
   c) II, III, IV e I.
   d) II, IV, I e III.
   e) III, IV, II e I.

2. **SE** (FGV-SP) É comum que os livros e meios de comunicação representem a evolução do *Homo sapiens* a partir de uma sucessão progressiva de espécies, como na figura.

® Interbits

Coloca-se na extrema esquerda da figura as espécies mais antigas, indivíduos curvados, com braços longos e face simiesca. Completa-se a figura adicionando, sempre à direita, as espécies mais recentes: os australopitecos quase que totalmente eretos, os neandertais, e finaliza-se com o homem moderno. Essa representação é:

   a) adequada. A evolução do homem deu-se ao longo de uma linha contínua e progressiva. Cada uma das espécies fósseis já encontradas é o ancestral direto de espécies mais recentes e modernas.
   b) adequada. As espécies representadas na figura demonstram que os homens são descendentes das espécies mais antigas e menos evoluídas da família: gorila e chimpanzé.
   c) inadequada. Algumas das espécies representadas na figura estão extintas e não deixaram descendentes. A evolução do homem seria melhor representada inserindo-se lacunas entre uma espécie e outra, mantendo-se na figura apenas as espécies ainda existentes.
   d) inadequada. Algumas das espécies representadas na figura podem não ser ancestrais das espécies seguintes. A evolução do homem seria melhor representada como galhos de um ramo, com cada uma das espécies ocupando a extremidade de cada um dos galhos.
   e) inadequada. As espécies representadas na figura foram espécies contemporâneas e, portanto, não deveriam ser representadas em fila. A evolução do homem seria melhor representada com as espécies colocadas lado a lado.

3. **S** (PUC-RS) Registros, encontrados na África, de ossadas fósseis de *Australopithecus* (do latim *australos* = do sul + *pithecus* = macaco) são evidências de que o homem teve sua origem evolutiva nesse continente. A teoria da origem africana propõe que o ser humano moderno (*Homo sapiens*) surgiu há cerca de 130 mil anos na África e dispersou-se por outros continentes há cerca de 100-60 mil anos.

Árvore filogenética da linhagem do homem moderno

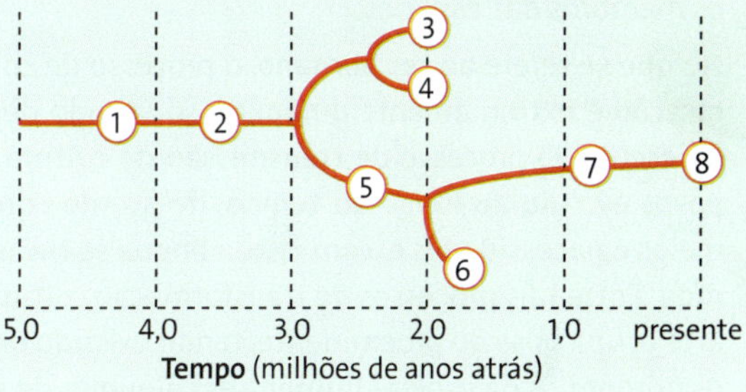

   1) *Australopithecus anamensis*
   2) *Australopithecus afarensis*
   3) *Australopithecus boisei*
   4) *Australopithecus robustus*
   5) *Australopithecus garhi*
   6) *Homo habilis*
   7) ____________________
   8) *Homo sapiens*

   Evidências científicas indicam atualmente a árvore filogenética da linhagem do homem moderno conforme a representação acima, na qual o número 7 corresponde à espécie:

   a) *Homo neanderthalensis.*
   b) *Australopithecus habilis.*
   c) *Australopithecus erectus.*
   d) *Australopithecus sapiens.*
   e) *Homo erectus.*

4. **SE** (Vunesp-SP) A especiação do *Homo sapiens* tem pouca chance de ocorrer, considerando a atual condição da espécie humana. Assinale a afirmação que melhor sustenta essa hipótese.

   a) A ciência moderna tem eliminado as mutações humanas.
   b) Os medicamentos atuais diminuem a incidência de doenças.
   c) Os postulados de Darwin não se aplicam à espécie humana.
   d) As alterações ambientais que favorecem a especiação são cada vez menores.
   e) Os meios modernos de locomoção e comunicação têm diminuído ou eliminado os isolamentos geográficos.

5. CO (UnB-DF) Foi no Período Cretáceo, há cerca de 145 milhões de anos, que o mundo assistiu àqueles que talvez tenham sido os dois últimos grandes cataclismos. Os dinossauros estavam no auge do seu domínio, quando, segundo as principais teorias, um meteorito caiu na crosta terrestre, provavelmente na região de Yucatán, no México. Esse acontecimento provocou, de imediato, muitas mortes e, mais lentamente, devido à grande quantidade de poeira que gerou, obscureceu o Sol, provocando a morte de seres que dependiam diretamente da luz. Esse evento deu início à Era Glacial. Entretanto, a vida, de modo geral, persistiu e se adaptou, apesar da dificuldade decorrente dos grandes obstáculos existentes nesse período à comunicação entre os membros das espécies.

No que se refere ao ser humano, o processo de comunicação é extremamente dinâmico, sobretudo depois da escrita. O processo de transmissão de cultura dos povos evoluiu ao longo do tempo, de acordo com os meios e necessidades e, com isso, a língua se transformou. Entre tais processos de transformação cultural, a arte ocupa posição proeminente, tendo existido desde os primórdios da espécie humana em algumas de suas diversas manifestações.

Tendo o texto acima como referência inicial, julgue os próximos itens.

a) As transformações culturais e linguísticas aludidas no texto são exemplos de evolução, paralelos à evolução biológica.
b) Considere que os dinossauros apresentassem as mesmas características que definem os répteis atuais. Nesse caso, é correto afirmar que eles eram endotérmicos e apresentavam coração com quatro câmaras.
c) Considerando que a extinção dos dinossauros ocorreu entre os períodos Cretáceo e Terciário, é correto inferir que os primeiros mamíferos surgiram antes da extinção dos dinossauros.
d) As fêmeas dos dinossauros botavam ovos com pequena quantidade de vitelo, distribuído uniformemente pelo citoplasma, o que é típico de organismos que possuem desenvolvimento embrionário longo e cujos embriões são nutridos pela mãe por intermédio de cordão umbilical.
e) Os seres que necessitam de luz utilizam a água como fonte de átomos de hidrogênio, que são posteriormente empregados na redução do CO_2, transformando-se em carboidrato.

6. S (UEPG-PR) De acordo com os conceitos sobre relações evolutivas entre os seres vivos, assinale o que for correto.

01) As primeiras células eucarióticas teriam surgido a partir das células procarióticas que passaram a desenvolver dobramentos da membrana plasmática, tornando-se ainda maiores e mais complexas. Esses dobramentos teriam originado as organelas citoplasmáticas e a carioteca.
02) Os primeiros eucariontes eram anaeróbios e englobavam bactérias como alimento. Em algum momento da evolução desses organismos, algumas dessas bactérias, que já tinham a capacidade de realizar a respiração, foram mantidas no citoplasma dos eucariontes sem serem degradadas. Essas bactérias teriam sido mantidas por beneficiarem os eucariontes, uma vez que realizavam para eles a respiração. Para a bactéria essa relação simbiótica também era vantajosa, pois recebia proteção e nutrientes dos eucariontes e desta forma teria se perpetuado, e essas bactérias teriam originado as atuais mitocôndrias.
04) Alguns eucariontes mantinham uma relação simbiótica com cianobactérias. Estas realizavam fotossíntese para o eucarionte e dele recebiam proteção e matéria-prima. Essa relação mostrou-se tão vantajosa que se perpetuou, e essas cianobactérias teriam originado os atuais cloroplastos.
08) Acredita-se que os primeiros seres vivos eram unicelulares, ou seja, formados por uma única célula e que esta era muito simples, formada por uma membrana plasmática delimitando o citoplasma, no qual estava presente uma molécula de ácido nucleico, em uma região denominada nucleoide. Tal organização corresponde às células procarióticas apresentadas nas bactérias e cianobactérias atuais.
16) Poderia se imaginar que os vírus, por serem formas tão simples de vida, teriam sido os primeiros seres a viverem na Terra. Entretanto, considerando-se que as manifestações vitais dos vírus são totalmente dependentes de uma célula, a qual eles invadem e passam a controlar em seu próprio benefício, conclui-se que as células hospedeiras surgiram antes dos vírus.

7. SE (Vunesp-SP) Há cerca de 40 000 anos, duas espécies do gênero *Homo* conviveram na área que hoje corresponde à Europa: *H. sapiens* e *H. neanderthalensis*. Há cerca de 30 000 anos, os neandertais se extinguiram, e tornamo-nos a única espécie do gênero.

No início de 2010, pesquisadores alemães anunciaram que, a partir de DNA extraído de ossos fossilizados, foi possível sequenciar cerca de 60% do genoma do neandertal. Ao comparar essas sequências com as sequências de populações modernas do *H. sapiens*, os pesquisadores concluíram que de 1% a 4% do genoma dos europeus e asiáticos é constituído por DNA de neandertais. Contudo, no genoma de populações africanas não há traços de DNA neandertal.

Isto significa que:

a) os *H. sapiens*, que teriam migrado da Europa e Ásia para a África, lá chegando entrecruzaram com os *H. neanderthalensis*.
b) os *H. sapiens*, que teriam migrado da África para a Europa, lá chegando entrecruzaram com os *H. neanderthalensis*.
c) o *H. sapiens* e o *H. neanderthalensis* não têm um ancestral em comum.
d) a origem do *H. sapiens* foi na Europa, e não na África, como se pensava.
e) a espécie *H. sapiens* surgiu independentemente na África, na Ásia e na Europa.

8. **SE** (Fuvest-SP) A passagem do modo de vida caçador-coletor para um modo de vida mais sedentário aconteceu há cerca de 12 mil anos e foi causada pela domesticação de animais e de plantas. Com base nessa informação, é correto afirmar que:

a) no início da domesticação, a espécie humana descobriu como induzir mutações nas plantas para obter sementes com características desejáveis.

b) a produção de excedentes agrícolas permitiu a paulatina regressão do trabalho, ou seja, a diminuição das intervenções humanas no meio natural com fins produtivos.

c) a grande concentração de plantas cultivadas em um único lugar aumentou a quantidade de alimentos, o que prejudicou o processo de sedentarização das populações.

d) no processo de domesticação, sementes com características desejáveis pelos seres humanos foram escolhidas para serem plantadas, num processo de seleção artificial.

e) a chamada Revolução Neolítica permitiu o desenvolvimento da agricultura e do pastoreio, garantindo a eliminação progressiva de relações sociais escravistas.

9. **SE** (Ufla-MG) A respeito do processo evolutivo da espécie humana (*Homo sapiens*), analise se as afirmativas são falsas (F) ou verdadeiras (V); a seguir, marque a alternativa **correta**.

( ) A espécie humana possui diferentes capacidades de se adaptar às condições ambientais.

( ) A espécie humana surgiu em uma atmosfera primitiva rica em metano, submetida a altas temperaturas.

( ) A espécie humana tem sua origem explicada pela teoria de abiogênese.

( ) A espécie humana é formada por seres eucariontes, heterótrofos, com circulação dupla, completa e fechada.

a) F – F – V – V

b) V – F – F – V

c) F – F – F – V

d) V – V – V – F

10. **SE** (Vunesp-SP) "Cientistas ingleses disseram ter descoberto os restos de um dos primeiros tubarões. Os fósseis encontrados datam de 25 milhões de anos antes do que se acreditava. A impressão, a partir dos achados, é que os tubarões dessa época não tinham mandíbulas." (*O Estado de S. Paulo*, 17/2/1998, p. A-12.)

a) Qual é o grupo de vertebrados que não possuía mandíbulas e que, provavelmente, antecedeu os peixes? Cite um exemplo de um animal desse grupo.

b) Qual a grande vantagem da aquisição de mandíbula pelos peixes?

11. **CO** (UFG-GO) Os registros fósseis evidenciam que a conquista do ambiente terrestre pelos seres vivos ocorreu na era Paleozoica, a partir do ambiente aquático.

a) Explique por que a conquista do ambiente terrestre pelos animais foi posterior à dos vegetais.

b) Explique duas características morfofisiológicas que permitiram a ocupação do ambiente terrestre pelos animais.

12. **SE** (Vunesp-SP) A figura representa a evolução dos grandes grupos de vertebrados atuais dotados de mandíbulas, enumerados de I a V. A largura das áreas hachuradas indica o número relativo de espécie de cada grupo durante as diferentes eras e períodos.

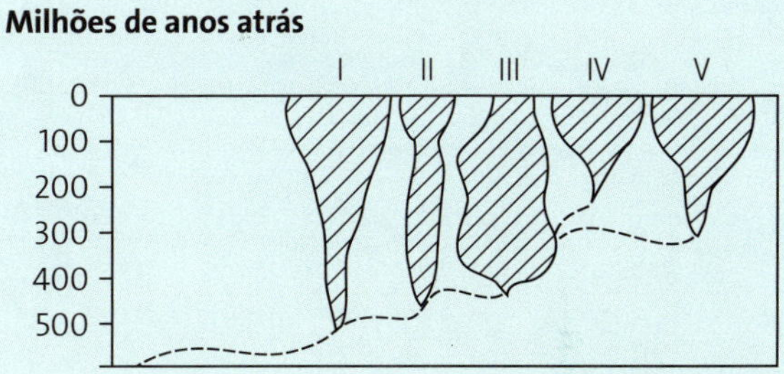

a) Qual a classe representada pelo número V? Cite o anexo embrionário exclusivo dessa classe.

b) Indique uma característica evolutiva relativa à respiração que está presente no grupo II e ausente no grupo I. Indique uma aquisição evolutiva referente à reprodução presente no grupo III e ausente na maioria dos animais representantes do grupo II.

13. **SE** (Vunesp-SP) Sabe-se que, em um determinado período da evolução dos animais, os répteis tiveram grande sucesso adaptativo. Esse fato pode ser evidenciado pela ocupação dos mais diversos ambientes e pelo grande número de espécies existentes na época. A que pode ser atribuído o grande sucesso dos répteis?

14. **SE** (Unicamp-SP) Imagine que tenha sido elaborada a seguinte hipótese para explicar a extinção dos dinossauros: os dinossauros eram répteis herbívoros que viveram no Período Cambriano, há cerca de 600 milhões de anos. Nesse mesmo período, surgiram as gimnospermas, que foram os primeiros vegetais a ocupar o ambiente terrestre. Essas plantas possuíam vasos pouco desenvolvidos e, por isso, a circulação de seiva elaborada através do xilema não era eficiente, causando a retenção de resíduos metabólicos tóxicos em suas folhas, flores e frutos. Os dinossauros, incapazes de reconhecer o sabor amargo característico das plantas tóxicas, alimentaram-se delas e morreram envenenados.

Há várias informações erradas no texto acima. Indique três delas e explique por que cada uma das afirmações que você selecionou é errada.

Ecologia

Nos próximos capítulos vamos analisar os diferentes fatores que compõem os ecossistemas e como esses fatores interagem entre si. Vamos estudar, por exemplo, qual é o papel do carbono no meio ambiente como elemento presente na constituição de todos os seres vivos. Estudaremos, ainda, através de uma área da Biologia conhecida como Ecologia, a forma como os seres vivos ocupam os diferentes ambientes e como interagem entre si e com o próprio meio.

Ao estudar Ecologia, percebemos como é complexo e delicado o equilíbrio entre os componentes na natureza.

A poluição do ar e da água, a desertificação do solo, o esgotamento de recursos naturais, a excessiva produção de lixo e a diminuição da biodiversidade são alguns dos efeitos colaterais da ação do ser humano sobre o ambiente ao longo da História.

A compreensão das causas e consequências desses desequilíbrios é importante para a criação de possíveis medidas que possam ser adotadas para preservar e restaurar o equilíbrio original.

CAPÍTULO

13 O campo de estudo da Ecologia

oksana.perkins/Shutterstock/Glow Images

Urso captura salmão em rio do Alasca.

- *Quais são os níveis de organização da vida?*
- *O que são fatores bióticos e abióticos? Como eles se relacionam em um ecossistema?*
- *O que a Ecologia estuda?*

1 Níveis de organização da vida

A maioria dos organismos pluricelulares é formada por grupos especializados de células – os **tecidos** –, que se agrupam em **órgãos**. Estes estão integrados em unidades mais amplas – os **sistemas** –, reunidos no organismo (figura 13.1).

Embora a Ecologia também estude como um indivíduo é influenciado pelos fatores ambientais (temperatura, umidade, etc.) e, nesse caso, superponha-se ao estudo da fisiologia do organismo, a maior parte dos estudos ecológicos preocupa-se com as relações que ocorrem em níveis de organização que vão além do organismo: **populações**, **comunidades** e **ecossistemas**.

Uma população é formada pelos indivíduos da mesma espécie que vivem em uma mesma área e mantêm relações entre si. É o caso da população humana de uma cidade, da população de esquilos de uma floresta ou da população de sapos de uma lagoa.

As populações de uma região dependem umas das outras. Por exemplo, os animais não vivem sem as plantas; são elas que produzem as substâncias orgânicas (açúcares, gorduras, proteínas, etc.) que eles utilizam como matéria-prima para o seu crescimento, manutenção e obtenção de energia.

Populações que habitam a mesma área e mantêm entre si relações formam um novo nível de organização, chamado **comunidade**, **biocenose** (*bios* = vida; *koinos* = em comum) ou **comunidade biótica** (figura 13.1).

A Ecologia estuda também as relações entre os seres vivos e o meio físico (ar, luz, temperatura, umidade, solo, etc.). Por exemplo, o gás carbônico, a água e os sais minerais são transformados pelas plantas em substâncias orgânicas. Microrganismos que vivem na terra transformam a matéria orgânica das folhas mortas, dos cadáveres e das excretas, novamente, em substâncias minerais. Desse modo, promovem importante reciclagem da matéria na natureza. Portanto, há um constante intercâmbio de matéria e energia entre os seres vivos e o ambiente.

Esses elementos físicos e químicos do ambiente que interagem com os seres vivos são chamados **fatores abióticos** (*a* = sem; *bios* = vida), em oposição aos **fatores bióticos**, formados pelos seres vivos. O conjunto dos fatores abióticos é chamado **biótopo** (*thopos* = lugar).

Figura 13.1 Níveis de organização da vida. (Os elementos da figura não estão na mesma escala; cores fantasia.)

A reunião e a interação da comunidade com o ambiente físico formam um **sistema ecológico** ou **ecossistema** (figura 13.1). Uma floresta – com sua vegetação, seus animais, seu tipo de solo e seu clima característico – é um ecossistema, assim como um lago, um oceano e até um simples aquário.

O conjunto de florestas, campos, desertos e outros grandes ecossistemas formam a **biosfera** (*bios* = vida; *sphaîra* = esfera, globo). A biosfera pode ser definida como a região da Terra onde há vida. O termo é usado também como o conjunto de regiões do planeta em condições de sustentar a vida de modo permanente. A biosfera estende-se do topo das montanhas mais altas (cerca de 8 km de altitude) até o fundo dos oceanos (cerca de 11 km de profundidade).

Biologia e sociedade

O estudo da Ecologia e a sustentabilidade

Assim como todos os seres vivos, o ser humano interage com outras formas de vida e consome recursos do ambiente. No entanto, a sociedade vem consumindo recursos naturais em excesso, de forma que hoje convivemos com a ameaça de escassez de muitos desses recursos, como a água potável e os combustíveis fósseis. Então, como garantir que as gerações futuras possam utilizar os recursos naturais para satisfazer suas necessidades?

Para isso, é preciso que o ambiente seja preservado, mantendo o equilíbrio que garante as propriedades essenciais para a vida. Essa é a ideia que a palavra "sustentabilidade" transmite: a manutenção da capacidade de nosso planeta sustentar a vida. E para isso o desenvolvimento humano deve ser feito de forma a não comprometer essa capacidade, isto é, deve ser um desenvolvimento sustentável.

Um conhecimento básico de Ecologia nos ajuda a participar, de forma esclarecida, das decisões que afetam toda a sociedade e o meio ambiente. Essa decisões envolvem, por exemplo, a destruição dos ecossistemas, o aquecimento global, a perda da biodiversidade ou o destino do lixo.

A partir dos anos 1970, as organizações não governamentais (ONGs), entidades sem fins lucrativos, ganharam importância na busca para a solução de problemas que envolvem a sustentabilidade.

Hoje há milhares de ONGs atuando nas mais diversas áreas, variando de grupos locais com poucos membros a entidades internacionais.

Na área ambiental, as ONGs colaboram elaborando projetos para a conservação e o uso sustentável dos ecossistemas e da biodiversidade, atuando muitas vezes em conjunto com o governo.

Nicho ecológico

2 *Habitat* e nicho ecológico

Para a Ecologia, o lugar em que uma espécie é encontrada chama-se ***habitat***. O conjunto de relações que a espécie mantém com as outras espécies e com o ambiente físico recebe o nome de **nicho ecológico** ou, simplesmente, **nicho**.

Desse modo, para conhecer o nicho de uma espécie, precisamos saber do que ela se alimenta, onde e em que hora do dia obtém esse alimento, onde se reproduz e se abriga, como ela se defende de seus predadores, etc. O nicho corresponde ao modo de vida ou ao papel ecológico que a espécie desempenha no ecossistema.

Por exemplo, o jacaré-do-pantanal e a capivara (figura 13.2) são encontrados no Pantanal Mato-Grossense (seu *habitat*); mas o jacaré é carnívoro e a capivara, herbívora. Portanto, essas duas espécies, embora vivam no mesmo *habitat*, têm nichos diferentes.

A onça é encontrada nas florestas tropicais, no Cerrado e no Pantanal. Com isso, nos referimos ao seu *habitat*. Quando dizemos que ela é um grande predador (figura 13.3), estamos nos referindo ao seu nicho ecológico.

Haroldo Palo Jr./kino.com.br

Figura 13.2 A capivara e o jacaré são dois animais que ocupam o mesmo *habitat*: o Pantanal Mato-Grossense.

Luiz Cláudio Marigo/Opção Brasil Imagens

Figura 13.3 Onça-pintada se alimentando. Características como o tipo de alimentação fazem parte do nicho ecológico de um ser vivo.

Atividades

1. O que a Ecologia estuda?

2. Conceitue e exemplifique população.

3. O que é biosfera?

4. Qual a diferença entre *habitat* e nicho?

5. Um homem e uma serpente podem pertencer à mesma população? E à mesma comunidade? Justifique as respostas.

6. Duas espécies de pássaros vivem na mata Atlântica do Rio de Janeiro. Uma delas se alimenta do néctar das flores, a outra come insetos. Essas duas espécies possuem o mesmo *habitat*? Ocupam o mesmo nicho ecológico? Justifique sua resposta.

7. O tamanduá-bandeira (*Myrmecophaga tridactyla*) é encontrado nas florestas tropicais e nos cerrados desde a Guatemala até a Argentina. É um animal de hábitos diurnos. Alimenta-se, principalmente, de cupins e de formigas (*myrmecophaga* = comedor de formiga), localizados com seu longo focinho e olfato bem desenvolvido. Suas patas dianteiras possuem fortes garras, que usa para cavar a terra onde estão os cupinzeiros e formigueiros. Ele introduz no buraco o focinho e a língua pegajosa e comprida, na qual prende os insetos e os engole.

   a) Qual o *habitat* do tamanduá-bandeira?

   b) Cite alguns trechos do texto que falam do nicho do tamanduá-bandeira.

   c) Parte da anatomia de um animal é uma adaptação ao seu nicho. Que adaptações podemos encontrar no tamanduá-bandeira relativas à sua alimentação?

Karel Gallas/Shutterstock/Glow Images

Tamanduá-bandeira (em torno de 1,30 m de comprimento e 90 cm de cauda).

8. Qual a diferença entre comunidade e ecossistema? Exemplifique.

9. O mosquito que transmite a malária (gênero *Anopheles*) é encontrado, principalmente, na região amazônica. O macho alimenta-se da seiva de plantas e a fêmea, do sangue de mamíferos. Ambos têm hábitos noturnos. O macho e a fêmea dessa espécie têm o mesmo nicho? Justifique sua resposta.

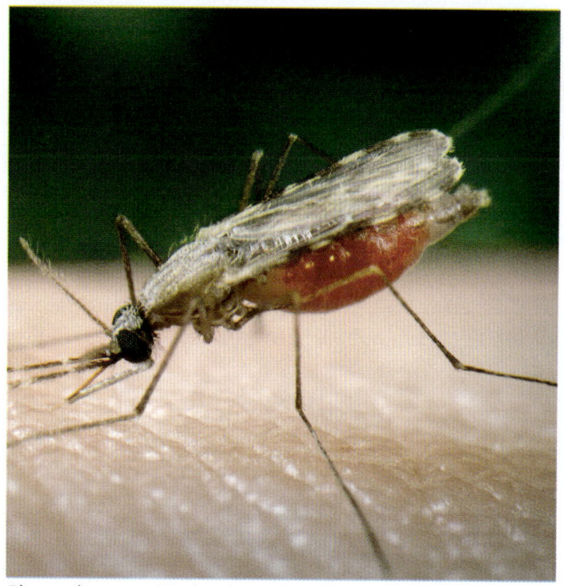

SPL/Latinstock

Fêmea do mosquito do gênero *Anopheles* alimenta-se de sangue.

10. As espécies podem ser divididas em generalistas e especialistas. Aquelas sobrevivem em uma ampla variedade de condições ambientais e costumam ser encontradas em vários *habitat* diferentes. As especialistas dependem de certas condições mais específicas para sobreviver. É o caso do pinguim, encontrado, normalmente, apenas no ambiente frio da Antártida. Qual dos dois tipos de espécie corre, em geral, maior risco de extinção? Justifique sua resposta.

Trabalho em equipe

Escolham um dos temas abaixo para pesquisa em grupo.

a) Com auxílio dos professores de Sociologia, expliquem o que são organizações não governamentais (ONGs), quais são seus objetivos e sua importância.

b) O que é a hipótese Gaia, quem a formulou e quando, e que avaliação os cientistas fazem a respeito dessa teoria?

Vestibulares de Norte a Sul

1. **S** (UEL-PR) Considere as frases seguintes:

    I. Atualmente, *Rattus norvegicus* ocorre em todos os continentes.
    II. As ratazanas de uma cidade vivem principalmente na rede de esgotos e nos depósitos de lixo.
    III. Um rato branco é submetido a um experimento de fisiologia em um laboratório.

    As frases nas quais se mencionam, respectivamente, um indivíduo, uma espécie e uma população são:

    a) I, II e III.
    b) I, III e II.
    c) II, III e I.
    d) III, I e II
    e) III, II e I.

2. **SE** (Fuvest-SP) O esquema a seguir mostra fatores do ambiente em que vive um gafanhoto.

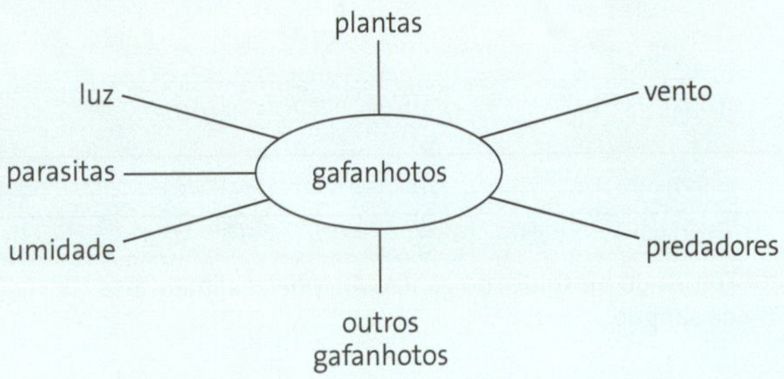

    Nesse ambiente, os números de fatores bióticos e abióticos são, respectivamente:

    a) 1 e 6.
    b) 2 e 5
    c) 3 e 4.
    d) 4 e 3.
    e) 5 e 2.

3. **S** (UEL-PR) Um professor recomendou a um aluno que fizesse uma observação cuidadosa em seu aquário considerando a água nele contida, o ar que estava sendo injetado, a luminosidade, a temperatura, o limo verde, as plantas aquáticas, os peixes, eventuais larvas, e não se esquecesse dos organismos invisíveis a olho nu. Nessa recomendação, o professor fez menções a componentes abióticos e bióticos do ecossistema aquário em número de, respectivamente:

    a) 4 e 5.
    b) 5 e 4.
    c) 6 e 3.
    d) 7 e 2.
    e) 8 e 1.

4. **SE** (Unirio-RJ) Durante o verão podem ser encontrados sobre as folhas de uma certa planta um tipo de gafanhoto verde ou "esperança" e um determinado tipo de louva-a-deus, também verde. O primeiro desses insetos alimenta-se de folhas da planta e enterra seus ovos no solo, enquanto o segundo é predador, alimenta-se de insetos e usa o caule da mesma planta para fixar seus ovos. Esses insetos apresentam:

    a) mesmo *habitat* e mesmo nicho ecológico.
    b) mesmo *habitat* e função de decompositores.
    c) diferentes *habitat* e biocenoses iguais.
    d) diferentes *habitat* e mesmo nicho ecológico.
    e) mesmo *habitat* e diferentes nichos ecológicos.

5. **S** (UFSM-RS) Na região da Quarta Colônia Italiana, no estado do RS, encontram-se fragmentos de mata Atlântica, o que levou essa região a ser incorporada à Reserva da Biosfera da Mata Atlântica, reconhecida pela Unesco em 1993. A importância dessa reserva reside na grande biodiversidade presente e no impedimento de sua extinção. Qual dos conceitos ecológicos a seguir abrange mais elementos da biodiversidade?

    a) Espécie.
    b) População.
    c) Nicho.
    d) Comunidade.
    e) *Habitat*.

6. **S** (UEL-PR) Em um ribeirão foram pescados dois peixes muito semelhantes, exceto pela coloração das nadadeiras. Um biólogo informou que pertenciam ao mesmo gênero; eram, porém, de espécies diferentes e apresentavam dietas distintas. O peixe com as nadadeiras claras alimentava-se de moluscos e crustáceos que viviam no fundo do ribeirão, e o outro, cujas nadadeiras eram avermelhadas, comia folhas de plantas e insetos aquáticos. Com base nessas informações, é correto afirmar:

    a) Os dois peixes viviam em *habitat* diferentes, mas ocupavam o mesmo nicho.
    b) Os dois peixes viviam no mesmo *habitat* e ocupavam o mesmo nicho.
    c) Os dois peixes viviam em *habitat* diferentes e ocupavam nichos diferentes.
    d) Os dois peixes viviam no mesmo *habitat*, mas ocupavam nichos diferentes.
    e) Os dois peixes viviam no mesmo nicho, mas ocupavam *habitat* diferentes.

7. **SE** (Vunesp-SP) Considere a afirmação: "As populações daquele ambiente pertencem a diferentes espécies de animais e vegetais". Escreva que conceitos estão implícitos nessa frase levando em consideração:

    a) somente o conjunto de populações;
    b) o conjunto de populações mais o ambiente abiótico.

CAPÍTULO

14 Cadeias e teias alimentares

Fabio Colombini/Acervo do fotógrafo

Louva-a-deus (cerca de 5 cm de comprimento) comendo gafanhoto.

↘ *Você sabe como as plantas obtêm energia? Por que essa energia é tão importante para o ecossistema?*

↘ *O que acontece com as plantas e os animais quando eles morrem?*

↘ *Você se alimenta de plantas e de animais? Ou apenas de plantas? Como a sua alimentação muda sua relação com os outros seres vivos?*

1 Cadeia alimentar

A matéria e a energia de um ecossistema passam de um ser vivo para outro por meio da nutrição. Veja este exemplo: o capim é comido pelo boi; este é comido pelo ser humano.

Essa sequência de seres vivos em que um serve de alimento para outro é chamada **cadeia alimentar**.

As plantas, as algas, algumas bactérias e alguns protistas são autotróficos, ou seja, conseguem produzir açúcares a partir de substâncias minerais ou inorgânicas, como água (H_2O), gás carbônico (CO_2) e sais minerais. Nesse processo (fotossíntese), a energia luminosa do Sol, absorvida pela clorofila, é armazenada nas ligações químicas dos açúcares formados (glicose, $C_6H_{12}O_6$); são produzidas também moléculas de oxigênio (O_2), que são eliminadas para o ambiente. A partir dos açúcares formados na fotossíntese e de sais minerais retirados do solo, a planta sintetiza as substâncias orgânicas que formam seu corpo.

Em vez da energia luminosa, algumas bactérias encontradas no solo e no fundo do mar usam a energia liberada na oxidação de amônia e de outros minerais. Esse processo é chamado de quimiossíntese.

Assim, os seres autotróficos são indispensáveis a qualquer comunidade ecológica, já que são os únicos capazes de transformar compostos inorgânicos em compostos orgânicos que servirão de alimento a todos os outros seres heterotróficos. Dizemos que os autotróficos são os **produtores** do ecossistema (ou produtores primários).

Para se alimentar, os animais herbívoros, como o gafanhoto, dependem diretamente dos vegetais; por isso são chamados **consumidores primários**. Eles servem de alimento aos carnívoros, que são os **consumidores secundários**, como o sapo, que se alimenta do gafanhoto. O sapo, por sua vez, pode servir de alimento para uma serpente. A serpente, neste caso, é um **consumidor terciário** (figura 14.1).

Cada etapa da cadeia alimentar é chamada **nível trófico** (*trophé* = nutrição). As plantas ocupam o nível trófico dos produtores; os animais herbívoros ocupam o nível trófico dos consumidores primários; e assim por diante.

Figura 14.1 Exemplo de cadeia alimentar. As setas indicam que a transferência do alimento e da energia ocorre do produtor para os consumidores. (Comprimento, em média, dos organismos: capim: 40 cm a 100 cm; gafanhoto: 1 cm a 8 cm; sapo: 14 cm a 18 cm; serpente: 3 m a 5 m.)

Decompositores

Uma parte da matéria orgânica proveniente dos alimentos é quebrada e oxidada no corpo dos seres vivos para obtenção da energia necessária às suas atividades. Nesse processo são formados e liberados para o ambiente gás carbônico e água (no caso da respiração celular aeróbia) ou outros produtos, como o ácido lático e o álcool etílico (no caso da fermentação).

Outra parte da matéria orgânica ingerida é usada na construção do corpo do organismo: crescimento, reposição das partes gastas ou aumento do peso.

Essa parte, que forma o corpo do organismo, é devolvida ao ambiente depois de sua morte. Isso ocorre, principalmente, por meio da ação de fungos e bactérias que vivem no solo e na água. Chamados **decompositores**, esses seres atacam cadáveres e as excretas, quebrando e oxidando a matéria orgânica para obter energia e substâncias necessárias ao funcionamento de seu organismo (figura 14.2). Nesse processo, ocorre a produção de resíduos como gás carbônico, água, amônia e outras substâncias.

Como as substâncias minerais produzidas pela decomposição podem ser utilizadas novamente pelos outros seres vivos, podemos compreender o papel fundamental dos decompositores ao promover a reciclagem da matéria orgânica contida nos cadáveres, excretas e fezes dos animais. Sem eles, a matéria mineral se esgotaria e a Terra seria transformada em um amontoado de cadáveres e restos orgânicos.

Figura 14.2 Bactérias, fungos e outros decompositores transformam a matéria orgânica em substâncias minerais que serão utilizadas pelas plantas na fotossíntese. (Os elementos da figura não estão na mesma escala; cores fantasia.)

2 Teia alimentar

Cadeias alimentares

Muitos animais têm alimentação variada, e outros servem de alimento a mais de uma espécie. Há também animais que, por se alimentarem de vegetais e de animais, podem ser consumidores primários, secundários ou terciários. São os animais **onívoros** (*omni* = tudo; *vorare* = devorar), como o ser humano. Portanto, em uma comunidade há cadeias interligadas, que formam uma **teia** ou **rede alimentar** (figura 14.3).

Nos ecossistemas terrestres, os principais produtores são os vegetais. Nos aquáticos (rios, mares, lagos, etc.), são as algas microscópicas, que formam o **fitoplâncton** (*phyton* = planta; *plagkton* = o que vaga), nome dado ao conjunto de seres autotróficos que flutuam livremente na água. As algas servem de alimento para o **zooplâncton** (*zoon* = animal), que é o conjunto de seres heterotróficos que também flutuam nas águas, como protozoários, pequenos invertebrados e larvas de vários animais.

Figura 14.3 Esquema de teia alimentar em uma região de floresta. Comprimento aproximado dos animais: preguiça: 45 cm a 86 cm; arara: 80 cm a 90 cm; rato: 7 cm a 16 cm, fora a cauda; capivara: 1 m a 1,3 m; gavião-real: 90 cm a 1 m; jiboia: 3 m a 5 m; onça: 1 m a 2 m, fora a cauda. Fungos e bactérias são decompositores e, portanto, recebem matéria orgânica de todos os seres vivos da teia. (Os elementos da figura não estão na mesma escala; bactérias e vários fungos são microscópicos; cores fantasia.)

Fluxo de energia e ciclo da matéria no ecossistema

Da energia luminosa que chega a um ecossistema, pouco mais de 1% é utilizado na fotossíntese, mas isso já é o suficiente para gerar de 150 bilhões a 200 bilhões de toneladas de matéria orgânica por ano. Boa parte desses compostos orgânicos é consumida na respiração da própria planta e eliminada como gás carbônico e água. Desse modo, a planta obtém energia para seu metabolismo. Parte dessa energia sai da planta na forma de calor, e o restante da matéria orgânica passa a fazer parte do corpo do organismo (raízes, caules e folhas, no caso dos vegetais superiores).

A matéria orgânica e a energia que ficaram retidas nos autotróficos compõem o alimento disponível para os consumidores. Uma parte das substâncias ingeridas por um animal é eliminada nas fezes e na urina. Outra parte é oxidada pela respiração para a produção da energia necessária ao movimento e às outras atividades do organismo. E há ainda uma parte que é incorporada ao corpo (crescimento e reposição de tecidos); esta é a parte que fica disponível ao nível trófico seguinte (figura 14.4).

Esses processos se repetem em todos os níveis da cadeia alimentar. Parte da matéria e da energia do alimento não passa para o nível trófico seguinte e sai da cadeia na forma de fezes, urina, gás carbônico, água e calor.

Em média, apenas 10% da energia de um nível trófico passa para o nível seguinte. Mas essa porcentagem pode variar entre 2% e 40%, dependendo das espécies da cadeia e do ecossistema em que estão.

Como vimos, os resíduos ficam novamente disponíveis para a cadeia alimentar pela ação dos decompositores, sendo utilizados mais uma vez pelos produtores. Assim, podemos dizer que a matéria de um ecossistema nunca se esgota e está em permanente reciclagem. No entanto, parte da energia é transformada em trabalho celular ou sai do corpo do organismo na forma de calor – e este é uma forma de energia que não pode ser usada na fotossíntese. Por isso, o ecossistema precisa, constantemente, receber energia de fora e há um fluxo unidirecional de energia, que vai dos produtores para os consumidores.

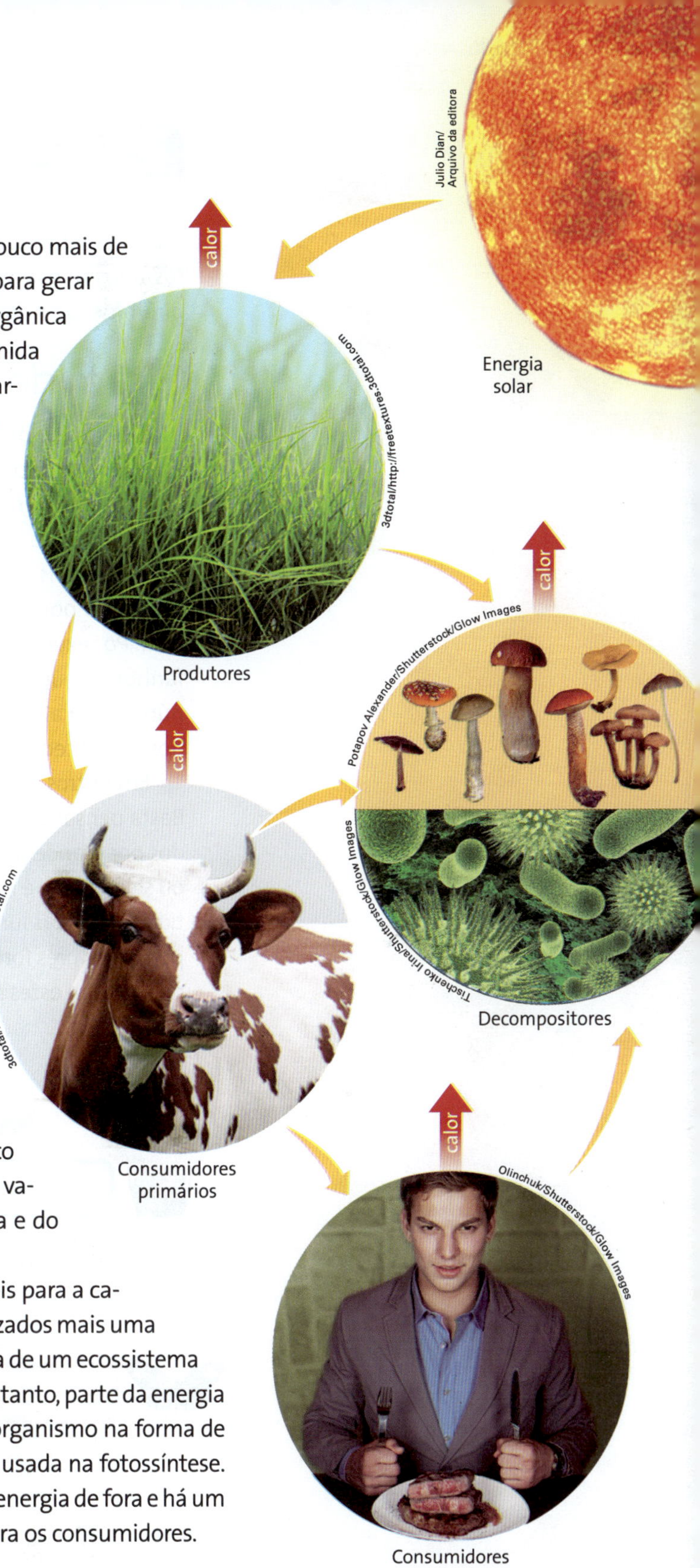

Figura 14.4 A quantidade de matéria e de energia disponíveis de um nível para outro diminui ao longo da cadeia alimentar. (Os elementos da figura não estão na mesma escala; cores fantasia.)

Produtividade dos ecossistemas

A quantidade de matéria orgânica ou de energia produzida pelas plantas de um ecossistema em certo intervalo de tempo e por determinada área ou determinado volume é chamada **produtividade primária bruta** (**PPB**). Se descontarmos a parte consumida pela própria planta na respiração (**R**), sobra a chamada **produtividade primária líquida** (**PPL**): PPB – R = PPL.

3 Pirâmides ecológicas

É possível representar os níveis tróficos de uma cadeia alimentar por meio de retângulos superpostos, que formam uma pirâmide ecológica (os decompositores não são incluídos nas pirâmides). Há três tipos de pirâmide: de número, de biomassa e de energia.

Pirâmide de número

A pirâmide de número indica a quantidade de organismos que há em cada nível trófico. Veja algumas dessas pirâmides na figura 14.5.

Como há perda da energia e da matéria disponíveis em cada nível da cadeia, apenas uma pequena fração da matéria e da energia chega aos últimos níveis. Por isso, em algumas cadeias o número de consumidores mantidos por essa energia e por essa matéria diminui ao longo da cadeia. Por exemplo, milhares de pés de capim sustentam centenas de gafanhotos, que alimentam apenas dezenas de pássaros. No mar, grande número de algas microscópicas alimenta um número menor de pequenos crustáceos, que sustentam um número ainda menor de peixes.

Em outros casos, como em uma cadeia com parasitas, ocorre o inverso. Basta pensar em uma árvore que sustenta vários pulgões, que são parasitados por grande número de protozoários. Nesse caso, a pirâmide é invertida, ou seja, a base é menor que o ápice. Outras vezes, a pirâmide começa invertida e depois assume o aspecto tradicional, como acontece quando algumas poucas árvores fornecem alimento suficiente para sustentar grande número de insetos e estes sustentam um número menor de pássaros.

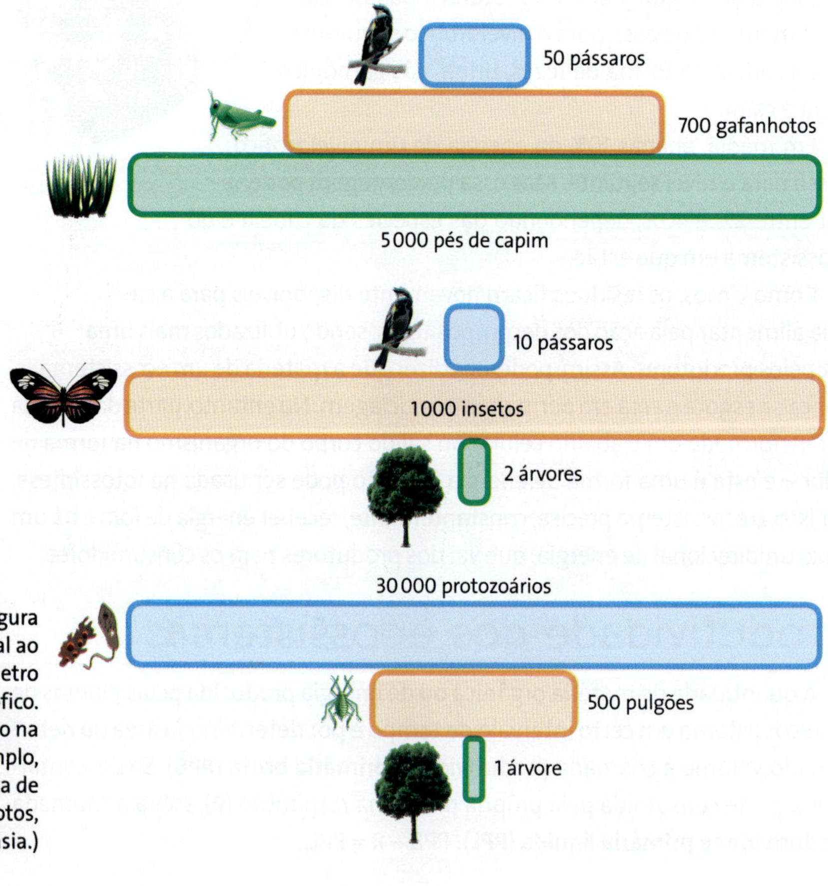

Casa de Tipos/Arquivo da editora

Figura 14.5 Pirâmides de número. A largura de cada retângulo é proporcional ao número de indivíduos (por metro quadrado) em cada nível trófico. (Os organismos ilustrados não estão na mesma escala: protozoários, por exemplo, são microscópicos; pulgões têm cerca de 2 mm de comprimento; e gafanhotos, de 1 cm a 8 cm; cores fantasia.)

Pirâmide de biomassa

A quantidade de matéria orgânica presente no corpo dos seres vivos de determinado nível trófico, em determinado momento, é chamada **biomassa**. Com frequência, ela é expressa em peso seco (para descontar a água, que não é matéria orgânica) por unidade de área (g/m^2, por exemplo) ou de volume (g/m^3). As plantas contêm 99% da biomassa terrestre; por causa da perda de matéria entre os níveis tróficos, em geral a biomassa diminui ao longo de uma cadeia.

Veja na figura 14.6 um exemplo de pirâmide de biomassa, descrito pelo ecologista estadunidense Eugene Odum (1913-2002). Ele calculou que cerca de 8 toneladas de alfafa sustentam 1 tonelada de bezerros em um ano e estes alimentam nesse período um adolescente de 47 kg.

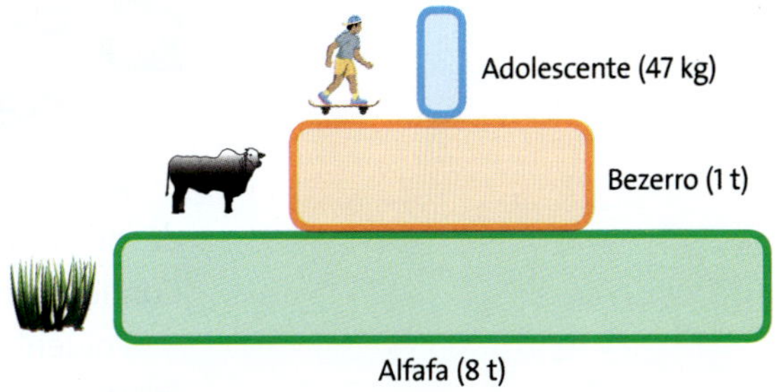

Figura 14.6 Pirâmide de biomassa. A largura de cada retângulo indica a quantidade de matéria orgânica, por hectare, em cada nível trófico em determinado momento. (Os organismos ilustrados não estão na mesma escala. Cores fantasia.)

Nesse caso, também pode aparecer uma pirâmide invertida em algumas situações. Por exemplo, em dado momento, a biomassa de algas microscópicas (fitoplâncton) pode ser menor que a de consumidores primários (zooplâncton; figura 14.7).

A inversão aparece porque a medição da biomassa é relativa apenas àquele momento e não considera a taxa de renovação da matéria orgânica (a velocidade de reprodução do fitoplâncton é maior que a do zooplâncton, o que permite a sua rápida renovação). Se considerarmos o ano inteiro, veremos que a quantidade média de fitoplâncton foi maior que a de zooplâncton.

Como veremos a seguir, na construção de uma pirâmide de energia o tempo é considerado e a pirâmide nunca fica invertida.

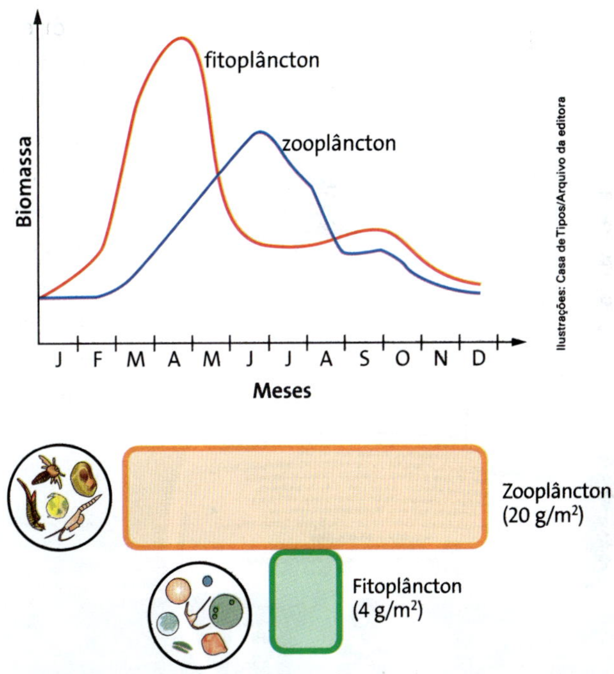

Figura 14.7 Observe no gráfico que, entre meados de maio e julho, a biomassa de zooplâncton era maior que a de fitoplâncton. Essa inversão ocorre por causa de mudanças na temperatura, na intensidade luminosa e nos nutrientes ao longo das estações do ano. (Os elementos da figura não estão na mesma escala: fitoplâncton e zooplâncton são microscópicos; cores fantasia.)

Pirâmide de energia

Nesse caso, representamos em cada nível trófico a quantidade de energia acumulada por unidade de área ou de volume e por unidade de tempo (kcal/m^2/ano ou kcal/m^3/ano). Assim, a pirâmide de energia indica a produtividade de um ecossistema, pois considera o fator tempo figura 14.8.

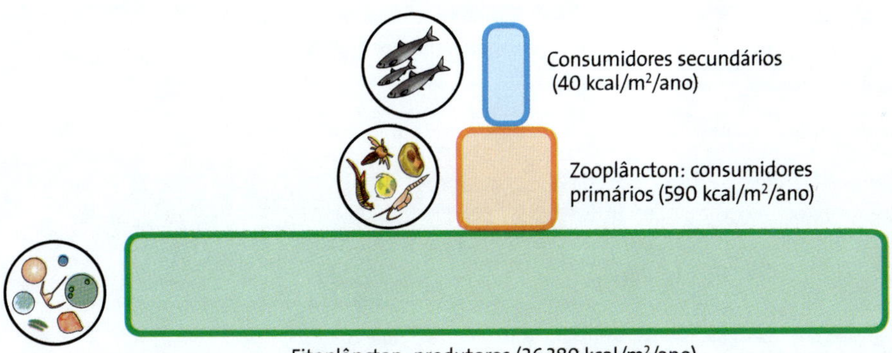

Figura 14.8 Exemplo de pirâmide de energia em um lago. (Os elementos da figura não estão na mesma escala: fitoplâncton e zooplâncton são microscópicos; cores fantasia.)

4 Poluição e desequilíbrio nas cadeias alimentares

Poluição é o acréscimo ao ambiente de produtos que ameacem a saúde ou a sobrevivência de seres humanos ou de outros organismos. Conheceremos mais sobre poluentes e seus efeitos no capítulo 20.

Poluentes e outros fatores podem levar a desequilíbrios ecológicos. Isso ocorre porque toda espécie faz parte de uma teia alimentar e a extinção de uma delas compromete o equilíbrio de toda a teia. Se pássaros, aranhas e outros animais que comem insetos herbívoros forem eliminados, por exemplo, esses insetos proliferarão e poderão destruir plantações.

Para combater insetos e outros organismos que se alimentam de plantas, é comum o uso de agrotóxicos, também chamados de pesticidas ou defensivos agrícolas (figura 14.9). Contra insetos, por exemplo, usam-se inseticidas; contra fungos, fungicidas; e assim por diante. Muitos inseticidas não são específicos e afetam também outros organismos. Além de destruírem os insetos perniciosos, afetam aqueles que transportam o pólen (essencial para a reprodução de certas plantas) e diversos outros que se alimentam das espécies perniciosas. Além disso, é possível que alguns insetos resistam ao veneno e fiquem livres de seus inimigos naturais, podendo proliferar mais rapidamente.

Por causa dos enormes impactos que podem ser causados pelo uso de substâncias como os agrotóxicos, é necessário entender as teias alimentares de cada região para que seja escolhida a solução menos danosa, protegendo tanto a plantação quanto o ecossistema.

Figura 14.9 Pesticidas são substâncias que podem ser tóxicas para vários seres vivos. Seu uso indiscriminado pode causar desiquilíbrios nas cadeias alimentares.

Magnificação trófica

Bioacumulação

A matéria orgânica presente no esgoto doméstico pode ser decomposta por microrganismos, como as bactérias. Dizemos então que ela é **biodegradável**.

Um dos problemas atuais mais sérios é o acúmulo de substâncias tóxicas no ambiente. Muitos desses produtos não podem ser decompostos pelas bactérias e pelos fungos: são **não biodegradáveis**. Ou então, eles demoram dezenas ou centenas de anos para se decompor, sendo, por isso, também chamados **poluentes persistentes** ou **conservativos**.

Muitos desses poluentes, uma vez absorvidos por um organismo, demoram muito tempo para serem eliminados e se acumulam até atingir concentrações muito nocivas, podendo provocar doenças e até a morte. É o caso de metais como o mercúrio e o chumbo, ou mesmo de substâncias orgânicas (em geral sintéticas), como o inseticida DDT (letras tiradas do nome diclorodifeniltricloroetano).

Por causa da redução da biomassa na passagem de um nível trófico para outro, a concentração do produto tóxico aumenta nos organismos ao longo da cadeia alimentar, e os organismos dos últimos níveis tróficos acabam absorvendo doses altas dessas substâncias prejudiciais à saúde. Esse fenômeno é conhecido como **magnificação trófica**, **biomagnificação**, **bioacumulação** ou **amplificação biológica**.

Um caso trágico de intoxicação por mercúrio ocorreu no Japão, quando uma indústria, instalada em 1932, começou a despejar mercúrio nas águas da baía de Minamata. O mercúrio foi transformado por bactérias em um composto orgânico chamado metilmercúrio. O metilmercúrio foi absorvido pelo plâncton e, através da cadeia alimentar, atingiu os peixes e moluscos, que serviam de alimento para a população local.

Por volta de 1950, começaram a aparecer os problemas decorrentes do depósito de mercúrio no sistema nervoso, no fígado e nos rins, causando a morte de cerca de mil pessoas, no desastre que ficou conhecido como doença de Minamata (figura 14.10).

Figura 14.10 Paciente com a doença de minamata. O acúmulo de mercúrio no organismo humano pode causar diversos problemas no sistema nervoso.

Chris Steele-Perkins/Magnum Photos/Latinstock

Biologia e ambiente

O perigo do mercúrio

Em certas regiões do Brasil, principalmente na Amazônia, os garimpeiros usam o mercúrio para separar o ouro das impurezas (essa é uma técnica de separação de misturas estudada em Química). Eles misturam esses dois metais para formar uma liga, o amálgama. Aquecendo-a, o mercúrio é vaporizado e resta o ouro puro. Nesse processo, o garimpeiro pode se contaminar ao inalar os vapores tóxicos do mercúrio. Além disso, parte desse metal contamina o solo e as águas na forma de metilmercúrio (o metil é o radical $-CH_3$, estudado em Química Orgânica), que é ingerido por peixes e outros animais silvestres.

Por isso é necessário investir em projetos de monitoramento da concentração local de mercúrio, usar equipamentos para recuperar o mercúrio vaporizado, evitar que o mercúrio escape no ambiente e descartar os resíduos em depósitos autorizados. É preciso também conscientizar os garimpeiros sobre o assunto, além de estimular o uso de luvas e a realização periódica de exames médicos.

Atividades

1. Classifique os organismos abaixo de acordo com sua posição na teia. Lembre-se de que alguns seres podem ter mais de uma classificação.

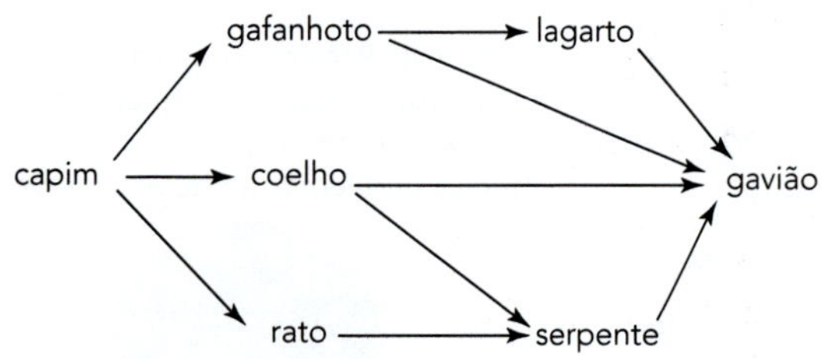

2. Um agricultor utilizou um agrotóxico persistente para eliminar insetos que atacavam sua plantação de algodão. Como você explica a presença desse agrotóxico no organismo de algumas espécies de aves, já que essas aves não comem plantas de algodão?

3. Por que podemos dizer que a produção de manteiga depende, em última análise, da luz do Sol?

4. Por que os produtores são indispensáveis a uma comunidade?

5. Monte uma cadeia alimentar com os seguintes organismos: tubarão, sardinha (adulto), algas microscópicas, larvas de moluscos.

6. Você aprendeu que a quantidade de energia diminui ao longo da cadeia, pois parte dessa energia se perde na forma de calor. Explique, então, por que a energia de um ecossistema não acaba.

7. O que deve estar acontecendo com a laranja da foto abaixo? Qual a importância desse processo para o ecossistema?

Fabio Fersa/Shutterstock/Glow Images

8. Diferencie produtividade primária bruta de produtividade primária líquida.

9. Sabendo que apenas cerca de 10% da energia de um nível trófico são transferidos para o nível trófico seguinte, calcule que porcentagem de energia – dos 100% de energia existentes no nível trófico dos produtores – estará disponível para os consumidores quaternários.

10. Veja uma das cadeias alimentares do ambiente polar:

fitoplâncton → zooplâncton → peixes → → focas → ursos-polares

Sabendo que houve contaminação desse ambiente por um poluente não biodegradável, responda: com o tempo, espera-se que a maior concentração do poluente acabe sendo encontrada em qual dos componentes da cadeia? Justifique sua resposta.

11. Quando o ser humano come arroz, que tipo de consumidor ele está representando na cadeia alimentar? E quando come um bife de carne de boi?

12. A figura 14.3, na página 232, mostra um esquema de teia alimentar. Observando a figura, faça as atividades a seguir.

a) Esquematize duas cadeias alimentares nas quais, além dos produtores (várias espécies de plantas), haja um consumidor primário, um consumidor secundário e um consumidor terciário.

b) Identifique também todos os animais que participam como consumidores secundários em alguma cadeia.

Trabalho em equipe

Em grupo, escolham um dos temas para pesquisa.

a) Com auxílio dos professores de Química, pesquisem os nomes e as fórmulas dos principais componentes dos plásticos mais comuns em nosso dia a dia. Expliquem também os problemas ambientais que o descarte de plásticos pode causar e que medidas podem ser tomadas para minimizar esses problemas.

b) Com auxílio dos professores de Química, pesquisem o que vem a ser "poluentes orgânicos persistentes (POPs)" e que problemas eles acarretam para o ambiente.

c) Com auxílio de professores de História, Sociologia e Filosofia, pesquisem a história e a influência social e ambiental da bióloga Rachel Carson (1907-1964) e de seu livro *Primavera silenciosa* (São Paulo: Melhoramentos, 1964).

Pensando no Enem

A figura representa uma cadeia alimentar em uma lagoa. As setas indicam o sentido do fluxo de energia entre os componentes dos níveis tróficos.

Sabendo-se que o mercúrio se acumula nos tecidos vivos, que componente dessa cadeia alimentar apresentará maior teor de mercúrio no organismo se nessa lagoa ocorrer um derramamento desse metal?

a) As aves, pois são os predadores do topo dessa cadeia e acumulam mercúrio incorporado pelos componentes dos demais elos.

b) Os caramujos, pois se alimentam das raízes das plantas, que acumulam maior quantidade de metal.

c) Os grandes peixes, pois acumulam o mercúrio presente nas plantas e nos peixes pequenos.

d) Os pequenos peixes, pois acumulam maior quantidade de mercúrio, já que se alimentam das plantas contaminadas.

e) As plantas aquáticas, pois absorvem grande quantidade de mercúrio da água através de suas raízes e folhas.

Resolução

Nessa questão são tratados os temas de ecologia e ciência ambiental, além dos domínios naturais e a relação do ser humano com o ambiente. Além disso, a questão envolve interpretação de texto, análise e interpretação de uma figura esquemática.

Normalmente, a presença de figuras, tabelas, gráficos ou demais ilustrações ajuda na resolução do problema ou insere dados que não foram contemplados no enunciado.

O aluno deve ficar atento ao texto que é fornecido pela primeira parte do enunciado, antes da figura. Nele pode haver informações importantes ou uma breve explicação da figura, como ocorre neste exercício.

Neste caso específico, o texto explica em qual sentido o fluxo de energia flui dentro de uma cadeia alimentar, representada pela figura.

Interpretação da figura

A figura mostra um ecossistema formado por dois ambientes. No ambiente aquático estão representados quatro indivíduos, sendo um produtor, dois consumidores primários e um consumidor secundário.

Já no ambiente terrestre está representado apenas um indivíduo que seria, neste ecossistema, o predador de topo de cadeia, ou seja, aquele que não é predado por ninguém na mesma cadeia.

O problema

O exercício propõe uma situação na qual um ambiente aquático é afetado por um derramamento de mercúrio, o qual se acumula nos tecidos vivos. A questão pede a identificação do indivíduo do ecossistema que acumularia maior quantidade de mercúrio.

Para solução do problema devemos lembrar que o fluxo energético entre os indivíduos é realizado durante a alimentação, ou seja, a figura além de mostrar a direção do fluxo de energia entre os indivíduos mostra também quais indivíduos são consumidores ou produtores e, principalmente, qual é o único indivíduo que não é predado.

Se o mercúrio foi derramado no lago, todos os indivíduos desse ambiente entrarão em contato com esse metal. Além disso, o enunciado explica que o mercúrio tem efeito cumulativo, portanto os indivíduos que se alimentam de outros que ingeriram mercúrio incorporarão o metal acumulado pela presa.

Se analisarmos a teia alimentar teremos:

- Planta (P) → Caramujo (C1) → Peixe grande (C2) → → Ave (C3).
- Planta (P) → Peixe pequeno (C1) → → Peixe grande (C2) → Ave (C3).
- Planta (P) → Peixe pequeno (C1) → Ave (C3).

Em todas as situações a ave, apesar de não ter sido afetada diretamente pelo derramamento de mercúrio, absorverá por meio da alimentação o mercúrio acumulado em todos os outros indivíduos da teia. Isso ocorre porque a ave é predador de topo de cadeia e, portanto, é o indivíduo que apresentará a maior quantidade de mercúrio acumulado no organismo.

Resposta: **A.**

Vestibulares de Norte a Sul

1. **SE** (Fuvest-SP) O homem estará ocupando o nível trófico em que há maior aproveitamento de energia fixada pelos produtores quando escolher como cardápio:

a) carne com creme de leite.
b) peixe com camarão.
c) frango com toucinho.
d) pão com geleia de frutas.
e) ovos com queijo.

2. **SE** (PUC-SP) Em uma cadeia alimentar, o homem se comportará como consumidor primário e secundário se sua dieta contiver:

a) leite de cabra e frango grelhado.
b) salada de verduras e suco de laranja.
c) carne de soja e arroz integral.
d) sopa de legumes e salada de frutas.
e) batata frita e bife de alcatra.

3. **SE** (UFF-RJ) Ao deixarem de ser nômades, caçadores e coletores, os humanos se estabeleceram em áreas determinadas e começaram a cultivar plantas. Nesse processo, as paisagens naturais foram modificadas, sendo retirada a cobertura vegetal original para dar lugar às plantas cultivadas. Ao mesmo tempo, começou-se a domesticar animais, dentre estes, os gatos. Estudos paleontológicos recentes mostraram que os felinos se aproximavam atraídos por roedores, dentre estes, os ratos, que por sua vez eram atraídos pelos grãos que eram colhidos e armazenados. Aponte o gráfico que melhor representa o fluxo de energia da interação entre grãos, ratos e gatos.

a)

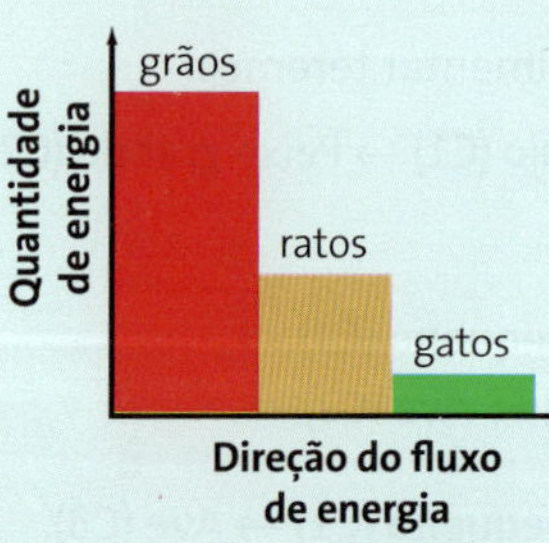

b)

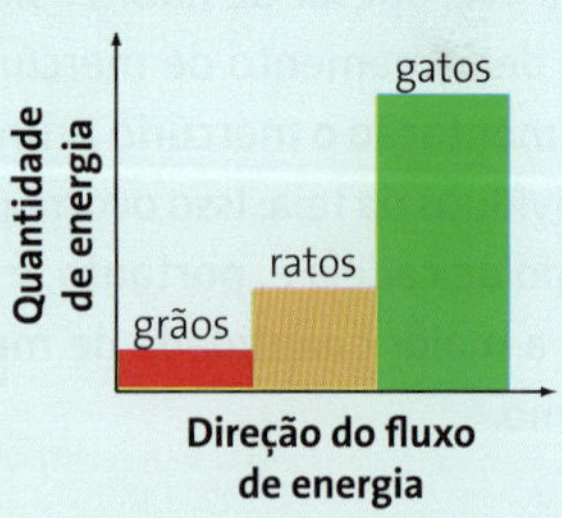

c)

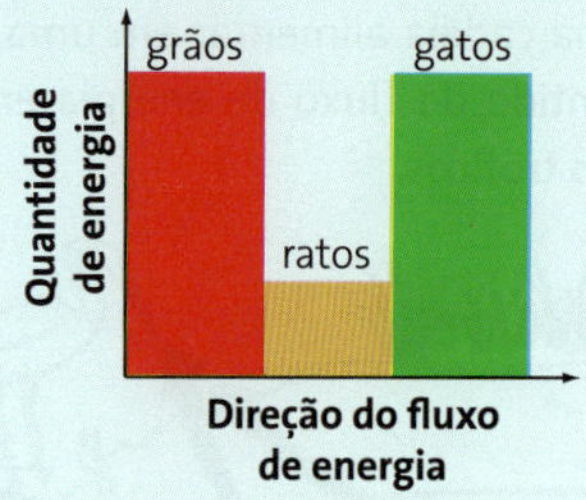

d)

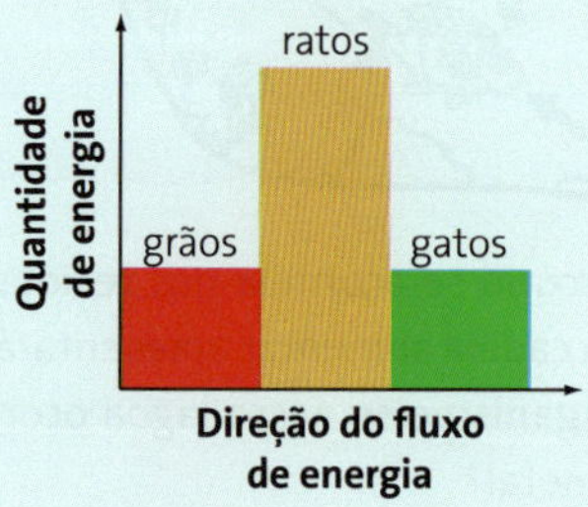

e)

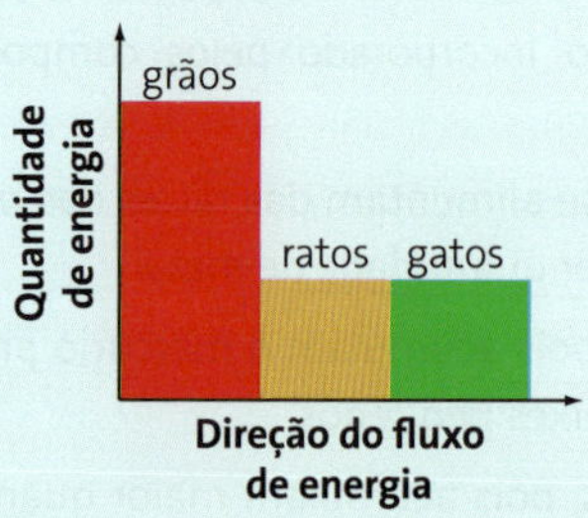

4. **SE** (Unirio-RJ) As pirâmides ecológicas podem ser de números, de biomassa ou de energia.

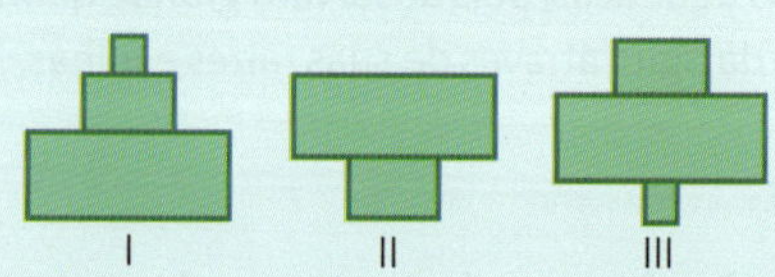

Observando as pirâmides simplificadas representadas acima, podemos concluir que:

a) as três formas podem representar qualquer tipo de pirâmide, dependendo apenas das populações consideradas.
b) somente a pirâmide I pode ser de energia porque, levando em conta o tempo, sua forma não pode se apresentar invertida.
c) a pirâmide II não pode ser de biomassa porque ocorre grande perda na transferência de um nível trófico para outro.
d) a pirâmide III poderia ser uma pirâmide de números cujos níveis tróficos seriam grama / zebras / carrapatos.
e) o nível trófico correspondente aos produtores é representado pelo retângulo de maior área, em quaisquer das três pirâmides.

5. **SE** (Fuvest-SP) O tico-tico tá comendo meu fubá / Se o tico-tico pensa / em se alimentar / que vá comer / umas minhocas no pomar (...) / Botei alpiste para ver se ele comia / Botei um gato, um espantalho e um alçapão (...)

(Zequinha de Abreu, *Tico-tico no fubá*.)

No contexto da música, na teia alimentar da qual fazem parte tico-tico, fubá, minhoca, alpiste e gato:

a) a minhoca aparece como produtor e o tico-tico como consumidor primário.
b) o fubá aparece como produtor e o tico-tico como consumidor primário e secundário.
c) o fubá aparece como produtor e o gato como consumidor primário.
d) o tico-tico e o gato aparecem como consumidores primários.
e) o alpiste aparece como produtor, o gato como consumidor primário e a minhoca como decompositor.

6. **NE** (UFC-CE) Em um pequeno experimento, um estudante montou algumas hortas contendo terra, folhas secas e madeira morta. Nestes locais ele plantou várias hortaliças. Com o passar do tempo, o estudante percebeu que pequenos cogumelos apareciam na madeira morta e nas folhas secas que estavam depositadas no chão. Temendo que isso pudesse matar as plantas, ele adicionou fungicida na horta matando apenas os fungos. Ao fazer isso, que consequência ocorrerá para as hortaliças?

a) A quantidade de herbívoros que se alimentam das hortaliças aumentará.
b) A disponibilidade de nutrientes para as hortaliças será menor.
c) A umidade do solo onde as hortaliças ocorrem reduzirá.
d) As folhas das hortaliças crescerão mais rapidamente.
e) As hortaliças adquirirão resistência a fungos.

7. **NE** (UFPB) Sabe-se que os organismos necessitam de energia para realizar suas funções vitais, como metabolismo e reprodução, e que essa energia pode ser obtida de diversas formas e fontes, as quais permitem agrupar os organismos em diferentes níveis tróficos.

Considerando os diversos níveis tróficos e a forma de obtenção de energia pelos organismos, identifique as afirmativas corretas:

( ) Produtores obtêm energia a partir da luz do sol.
( ) Onívoros obtêm energia a partir de plantas e de outros animais.
( ) Herbívoros obtêm energia a partir de tecidos dos produtores.
( ) Decompositores obtêm energia a partir de outros organismos vivos.
( ) Carnívoros obtêm energia a partir de cadáveres e excretas de outros organismos.

8. **S** (UFRGS-RS) A ema (*Rhea americana*), que habita campos e cerrados do Brasil até o Uruguai, e o avestruz (*Struthio camelus*), que habita savanas na África, são espécies afins que vivem em ambientes muito parecidos e que têm hábito alimentar onívoro.

No esquema de uma cadeia trófica com quatro níveis tróficos, a ema pode inserir-se:

a) apenas no segundo nível.
b) apenas no terceiro nível.
c) apenas no primeiro e no segundo nível.
d) apenas no terceiro e no quarto nível.
e) apenas no segundo, no terceiro e no quarto nível.

9. **SE** (Mack-SP)

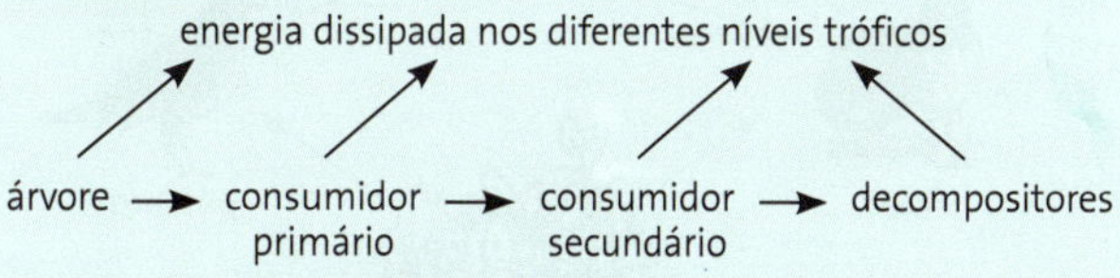

Observando o esquema acima, considere as afirmações I, II, III e IV, a seguir.

I. A quantidade de energia de um nível trófico é sempre maior que a energia que pode ser transferida ao nível seguinte.
II. A energia dissipada de um nível trófico, na forma de calor, pode ser aproveitada pelo nível trófico seguinte.
III. Em uma cadeia alimentar, a quantidade de biomassa dos produtores é, geralmente, maior do que a de todos os consumidores.
IV. Consumidores primários são sempre mais numerosos do que os consumidores secundários.

Estão corretas, apenas:

a) I e II.
b) I e III.
c) II e III.
d) I e IV.
e) II e IV.

10. **CO** (UFG-GO) Analise o diagrama a seguir.

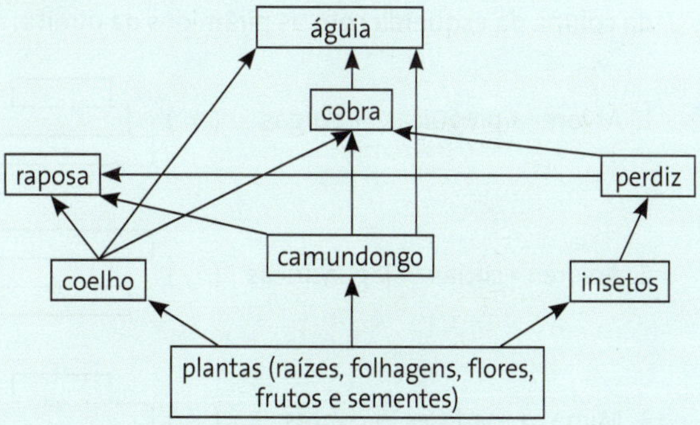

A teia alimentar representada evidencia as relações interespecíficas de uma comunidade que ocorre em vários ecossistemas. No caso da retirada dos consumidores secundários, espera-se inicialmente que a população de:

a) consumidores primários diminua.
b) consumidores terciários aumente.
c) produtores diminua.
d) consumidores quaternários aumente.
e) decompositores diminua.

11. **S** (PUC-RS)

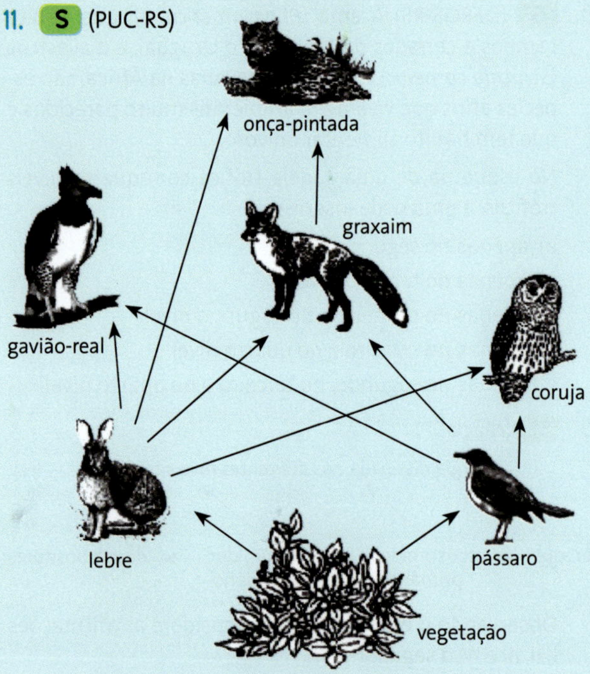

Qual das possibilidades apresentadas a seguir possui um efeito mais provável na promoção do aumento na população de graxains?

a) A redução da população de corujas.
b) O aumento da população de gaviões.
c) O aumento da população de onças.
d) A redução da vegetação.
e) A redução da população de pássaros.

12. **S** (UFPR) Abaixo estão representados três exemplos de cadeias alimentares na coluna da esquerda e, na coluna da direita, três pirâmides que expressam o número relativo de indivíduos em cada nível, numa situação de equilíbrio ecológico. Relacione as cadeias alimentares da coluna da esquerda com as pirâmides da direita.

1. Árvore → preguiças → pulgas ( ) 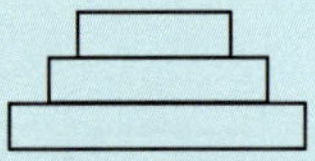

2. Árvore → cotias → jaguatiricas ( ) 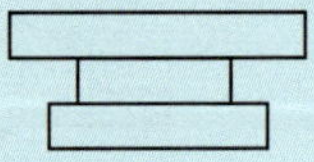

3. Milho → roedores → cobras ( ) 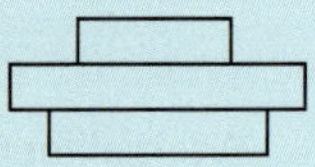

Assinale a alternativa que apresenta a numeração correta da coluna da direita, de cima para baixo.

a) 1 – 2 – 3.
b) 1 – 3 – 2.
c) 3 – 1 – 2.
d) 2 – 1 – 3.
e) 3 – 2 – 1.

13. **NE** (UFPB) A cadeia alimentar a seguir é encontrada em um determinado lago:

algas → microcrustáceos → besouros aquáticos

Supondo que o lago seja utilizado como criadouro de peixes e que estes se alimentem dos besouros, a população de algas pode ser prejudicada? Justifique sua resposta.

14. **NE** (Ufal) O mercúrio é um metal pesado que, acima de determinadas concentrações, é tóxico ao sistema nervoso central. Em regiões de garimpo de ouro na Amazônia, o mercúrio entra nas cadeias alimentares dos peixes. A tabela abaixo apresenta os hábitos alimentares dos peixes da região.

Peixe	Alimentação
tucunaré	peixe, camarão
traíra	peixe
pacu	frutas, plantas
piaba	frutas, insetos

Qual deles é mais aconselhado para a alimentação? Justifique sua resposta.

15. **CO** (UFG-GO) Considere um ecossistema em que a produtividade primária líquida é de 20 000 kJ $\cdot$ m^{-2} $\cdot$ ano^{-1} e os consumidores primários ingerem 13% dessa produção. Sabendo-se que, do que é ingerido, 60% é eliminado pelas fezes e pela urina, e 35% em calor pela respiração, qual é a produtividade secundária (kJ $\cdot$ m^{-2} $\cdot$ ano^{-1}) desse ecossistema?

16. **SE** (Vunesp-SP) A tabela mostra um exemplo de transferência de energia em um ecossistema, do qual se considerou uma cadeia alimentar de predadores.

Níveis tróficos	Quantidade de energia (kcal/m^3/ano)		
	Total assimilado pelos organismos	Quantidade disponível para os níveis tróficos seguintes	Diferença
Produtores	21 000	9 000	12 000
Consumidores primários	11 000	4 800	6 200
Consumidores secundários	3 500	1 500	2 000
Consumidores terciários	500	100	400

Baseando-se nos dados da tabela, responda:

a) A que corresponde a quantidade de energia discriminada na coluna Diferença?
b) Dificilmente essa cadeia alimentar, cujo fluxo de energia está representado na tabela, apresentará consumidores quaternários. Por quê?

CAPÍTULO

15 Ciclos biogeoquímicos

Matt Mawson/Corbis/Latinstock

Tempestade na Chapada dos Guimarães (MT) ilustra o ciclo da água.

> ↘ *Como os elementos químicos encontrados nos seres vivos circulam pela natureza?*
>
> ↘ *Que desequilíbrios o ser humano vem causando nos ciclos desses elementos?*

1 Ciclo do carbono

Ciclo do carbono

As cadeias de carbono que formam as moléculas de açúcar são fabricadas por meio da fotossíntese. A absorção do carbono atmosférico pelas plantas e outros seres autotróficos e sua transformação em substâncias orgânicas é chamada **fixação do carbono** ou **sequestro do carbono**. A partir disso, o carbono passa pela cadeia alimentar na forma de moléculas orgânicas. A devolução de gás carbônico ao ambiente físico se dá por meio da respiração de praticamente todos os seres vivos (microrganismos, animais, vegetais, fungos) e da decomposição de seus corpos após a morte (figura 15.1).

Boa parte do carbono da Terra está nos compostos minerais – como os carbonatos (até mesmo os depósitos de carapaças de organismos com concha ou esqueleto de carbonato de cálcio) – e nos depósitos orgânicos fósseis – como o carvão mineral, o petróleo e o gás natural. Esses depósitos se originaram de vegetais e de outros organismos que foram soterrados e, durante centenas de milhões de anos, estiveram sujeitos a grandes pressões das camadas de terra. Essas formas de carbono podem voltar à atmosfera pela oxidação lenta em contato com o ar ou pela queima de combustíveis fósseis.

No ambiente aquático, o gás carbônico reage com a água e produz ácido carbônico, que se ioniza em íons bicarbonato (HCO_3^-) e carbonato (CO_3^{2-}):

$$CO_2 + H_2O \leftrightarrow H_2CO_3 \leftrightarrow H^+ + HCO_3^- \leftrightarrow 2H^+ + CO_3^{2-}$$

Essas reações estão em equilíbrio dinâmico, isto é, quando a concentração de gás carbônico aumenta, a reação se desloca para a direita e aumenta a produção de bicarbonato e carbonato. Quando a concentração de gás carbônico diminui, o sentido da reação se inverte.

Figura 15.1 Ciclo do carbono. Pela respiração, pela decomposição e pela combustão, o gás carbônico é lançado no ambiente. Pela fotossíntese, é retirado. (Os elementos da figura não estão na mesma escala; cores fantasia.)

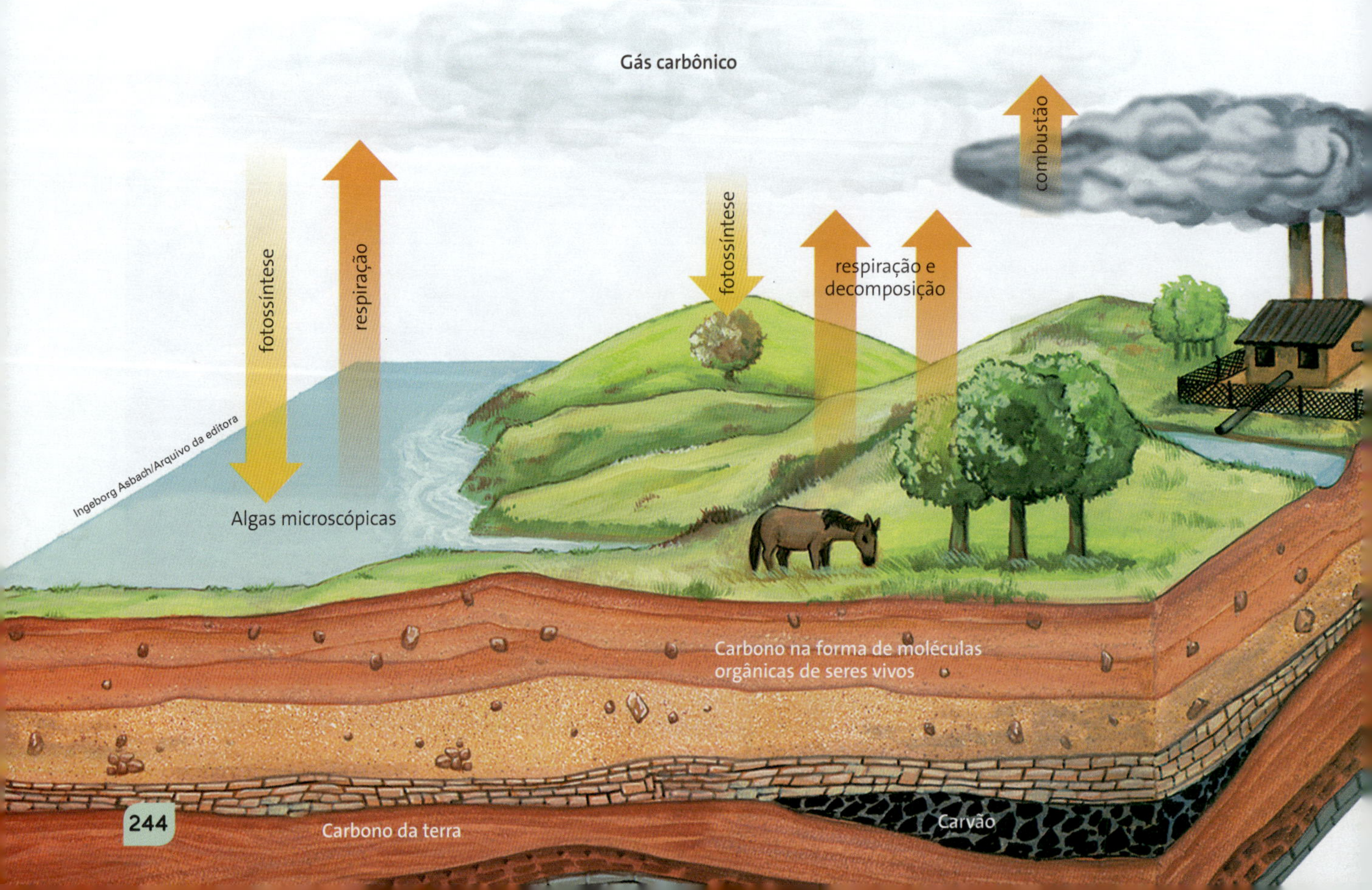

Efeito estufa

Na figura 15.2 podemos ver uma estufa de plantas. A luz do Sol passa pelo vidro e é absorvida pelas plantas e por outros objetos, que se aquecem e emitem raios infravermelhos. Essa emissão é também chamada **radiação**, **onda infravermelha** ou, ainda, **radiação térmica**. Por meio da radiação ocorre a transferência de calor de um corpo para outro, um fenômeno estudado pela Física. A radiação infravermelha não atravessa tão bem o vidro como o faz a luz; isso faz com que o calor fique preso, mantendo a estufa aquecida e ajudando na sobrevivência de certas plantas sensíveis a variações de temperatura.

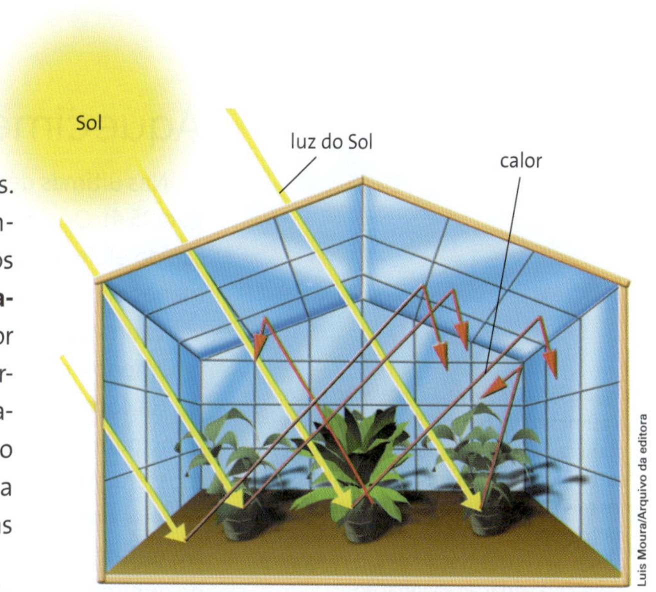

Figura 15.2 A estufa mantém as plantas aquecidas. (Ilustração sem escala; cores fantasia.)

De maneira semelhante ao que ocorre na estufa de plantas, as radiações do Sol passam pela atmosfera e esquentam a superfície do planeta, que emite raios infravermelhos. Uma parte desses raios atravessa a atmosfera e vai para o espaço. Outra parte é absorvida por certos gases da atmosfera e irradiada de volta para a Terra. Desse modo, a atmosfera mantém a temperatura do planeta nos níveis que conhecemos hoje (figura 15.3).

Esse efeito da atmosfera sobre a temperatura da Terra é chamado **efeito estufa**, pois lembra o que acontece nas estufas de vidro. Ele mantém a temperatura média da Terra em torno de 15 °C e, sem ele, o planeta estaria permanentemente coberto por uma camada de gelo e sua temperatura média estaria em torno de –18 °C.

Diversos gases na atmosfera colaboram para o efeito estufa, entre eles: o vapor de água, o gás carbônico, o gás metano, o dióxido de nitrogênio e os clorofluorcarbonos (CFCs). O gás carbônico é o principal gás para o efeito estufa, sendo responsável por cerca de 63% do efeito. O gás metano é produzido na decomposição da matéria orgânica em condições anaeróbicas, como ocorre em regiões pantanosas, no cultivo de arroz em terras alagadas e na decomposição do lixo, do esgoto e de florestas submersas em represas. O metano é produzido também na fermentação da comida no intestino de cupins e ruminantes. O dióxido de nitrogênio é produzido na combustão da matéria orgânica, e os clorofluorcarbonos são gases que tiveram aplicações industriais, como veremos adiante no ciclo do oxigênio.

Figura 15.3 Efeito estufa. (Os elementos da figura não estão na mesma escala; cores fantasia.)

Aquecimento global: as evidências

Nas últimas décadas, a temperatura média da Terra tem aumentado (figura 15.4). Os cientistas acreditam que isso ocorra por causa da intensificação do efeito estufa. Medidas feitas por satélites comprovam que cada vez menos radiação infravermelha escapa para o espaço. Ao mesmo tempo, vem aumentando a quantidade dessa radiação que volta para a Terra. Esse fenômeno é chamado **aquecimento global**.

Há fortes evidências de que a intensificação do efeito estufa resulta principalmente do aumento da concentração de gás carbônico na atmosfera. A produção desse gás pela respiração e pela decomposição deveria ser naturalmente compensada pelo seu consumo na fotossíntese. No entanto, com o aumento da produção de gás carbônico – por causa da queima de combustíveis fósseis (em motores, nas indústrias e nas usinas) e, em menor grau, pelas queimadas de florestas –, a concentração desse gás vem aumentando gradativamente.

Figura 15.4 Observe a correlação entre o aumento da temperatura média do planeta, o aumento da emissão de gás carbônico pela queima de combustíveis fósseis e o aumento da concentração de gás carbônico na atmosfera. (A variação anual na concentração de gás carbônico deve-se à variação sazonal do crescimento das plantas na primavera, quando a taxa de fotossíntese é maior, e no inverno, quando essa taxa é menor.)

Temperatura média global

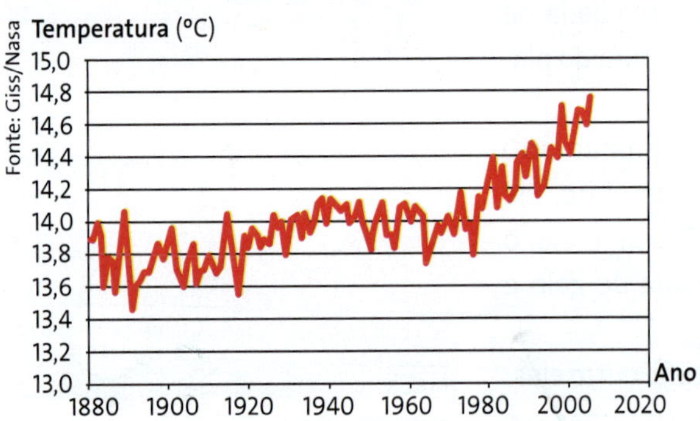

Emissão global de gás carbônico pela queima de combustíveis fósseis (milhões de toneladas)

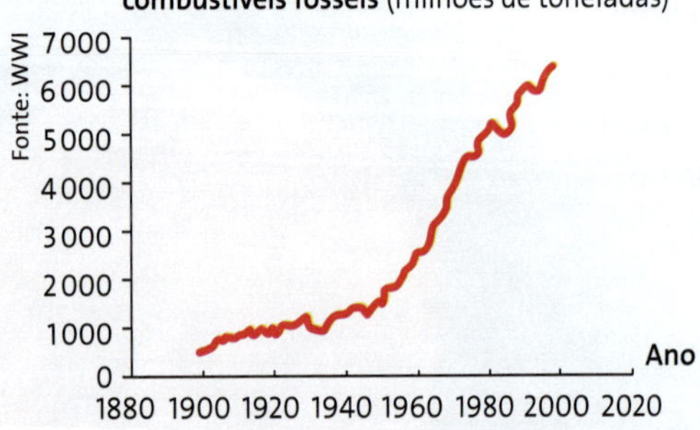

Concentração de CO_2 na atmosfera (ppm)

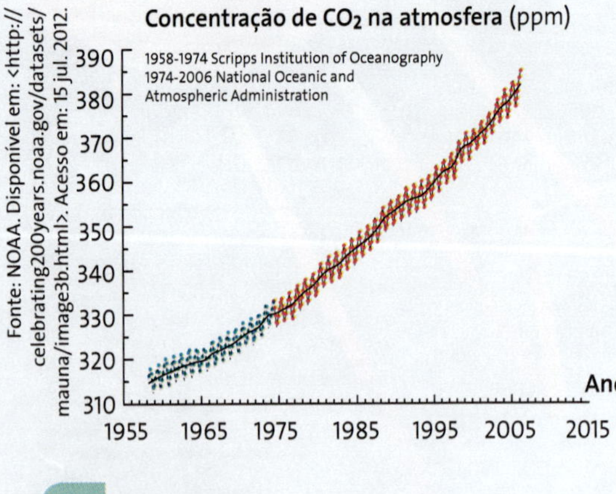

Veja nos gráficos da figura 15.4 como o aumento da temperatura média do planeta acompanha o aumento da emissão de gás carbônico pelo ser humano e o aumento da concentração desse gás na atmosfera.

No início da Revolução Industrial, iniciada na Inglaterra no final do século XVIII, a concentração de gás carbônico era de cerca de 280 partes por milhão (ppm). Com a substituição do trabalho artesanal pelo trabalho com o uso de máquinas, a concentração desse gás passou para 315 ppm no final da década de 1950, e em 2011 atingiu cerca de 392 ppm. A Revolução Industrial teve uma série de consequências ambientais e sociais e é estudada com mais detalhes em História e em Sociologia.

As análises indicam que nove dos dez anos mais quentes (desde 1880) ocorreram no século XXI. A única exceção foi o ano de 1998, em consequência do aquecimento provocado pelo El Niño (aquecimento anômalo das águas superficiais do oceano Pacífico, que influencia o clima de todo o planeta, um fenômeno estudado em Geografia e Meteorologia, entre outras disciplinas).

Além do aumento da temperatura, também é maior a rapidez com que esse aumento ocorre: desde 1850, a temperatura vem subindo em velocidade quatro vezes maior do que antes.

É importante também lembrar a diferença entre tempo (ou tempo atmosférico) e clima. Quando alguém pergunta como está o tempo, quer saber quais são as condições atmosféricas em um dado momento: um dia, dois dias, uma semana. Quando pergunta como é o clima de um lugar, quer saber como é a média das condições atmosféricas ao longo de um período bem mais longo de tempo. Clima e tempo atmosféricos são temas estudados com mais detalhes em Geografia e Meteorologia, entre outras disciplinas.

Assim, embora os climatologistas afirmem que a temperatura média da Terra está em elevação, isso não impede que, em algum ano, tenhamos um inverno mais rigoroso.

As variações climáticas são influenciadas também por mudanças na quantidade de radiação solar que chega a Terra. Mas nos últimos trinta anos, até 2011, essa quantidade diminuiu, o que, por si só, provocaria uma diminuição da temperatura – um efeito oposto ao que está ocorrendo.

Outros estudos mostram aumento no ritmo do derretimento do gelo nos polos e diminuição das geleiras em algumas regiões do planeta. Em 2011, a temperatura média no Ártico foi a mais alta desde que as medições começaram, em 1880: o Ártico ficou 2,28 °C mais quente do que a média do período de 1951 a 1980. O degelo nos últimos verões também tem sido maior do que a média histórica (figura 15.5).

Fotos: US Geological Survey/SPL/Latinstock

Figura 15.5 Glaciar Grinell, nas Montanhas Rochosas (EUA), em três momentos. Note como a área ocupada pelo glaciar, sobre o lago, diminuiu bastante ao longo dos anos.

Aprofunde seus conhecimentos

Concentração de gás carbônico no ar

Analisando bolhas de ar aprisionadas no gelo da Antártida, a mais de 3 km de profundidade, é possível comparar a concentração de gás carbônico na atmosfera de hoje com a do passado. Essas análises indicam que a concentração de gás carbônico na atmosfera é a maior dos últimos 400 mil anos (figura 15.6). E análises da relação entre os isótopos de carbono (carbono-12 e carbono-13) indicam que a porcentagem de gás carbônico originada da queima de combustível fóssil vem aumentando.

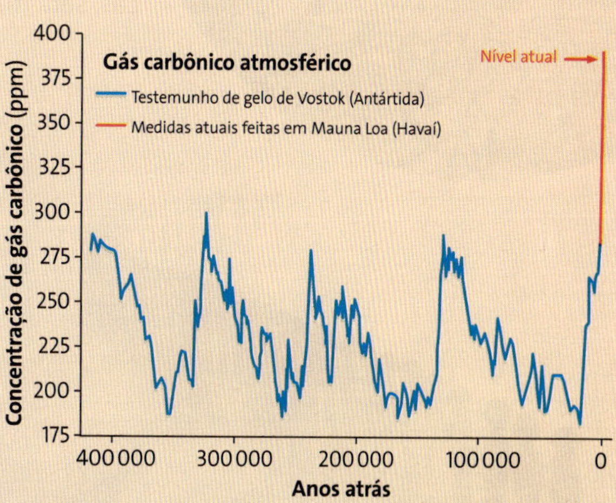

Figura 15.6 As análises feitas em amostras de gelo da Antártida revelam a concentração de gás carbônico atmosférico há centenas de milhares de anos. A seta vermelha aponta para o nível de concentração atual.

Adaptado de: SKEPTICAL Science. Disponível em: <www.skepticalscience.com/graphics.php?g=10>. Acesso em: 25 fev. 2014.

Aquecimento global: possíveis consequências

Em 2007, um relatório do Painel Intergovernamental sobre Mudança Climática (IPCC, do inglês *Intergovernmental Panel on Climate Change*) – elaborado por um comitê de especialistas de vários países, com base na análise de mais de 500 artigos científicos –, concluiu que muito provavelmente (com probabilidade maior do que 95%) o aquecimento global se deve ao aumento das emissões de gás carbônico provocadas pelo ser humano. Um aumento de mais de 2 °C já seria suficiente para provocar mudanças climáticas importantes, como um aumento de fenômenos climáticos extremos: ondas de forte calor, secas e inundações mais frequentes, ciclones tropicais e furacões mais intensos, aumento de chuvas torrenciais nas latitudes mais extremas e menos chuvas nas áreas subtropicais (figura 15.7).

Um estudo publicado em 2012 (por Dim Coumou e Stefan Rahmstorf, na revista *Nature Climate Change*, de 25 de março) concluiu que houve aumento expressivo de extremos climáticos na última década e que há uma conexão entre esse aumento e o aquecimento global.

O aquecimento do planeta também poderá interferir nos caminhos das correntes de ar e de água e alterar o regime de chuvas, afetando mais profundamente o clima de várias regiões.

Todas essas mudanças climáticas poderão prejudicar a agricultura. Um pequeno aumento da temperatura, por si só, pode até beneficiar algumas culturas agrícolas na América do Norte e na Europa, mas, após um acréscimo de 2 °C, a situação se reverteria. A agricultura praticada em latitudes mais baixas ficaria prejudicada, mesmo com pequenas alterações de temperatura.

A seca, a falta de água e os problemas na agricultura poderão fazer com que 600 milhões de pessoas sejam atingidas pela fome e pela desnutrição até o fim deste século. Outro fator negativo seria a proliferação de insetos (que se reproduzem melhor em climas mais quentes) que atacam plantações ou que transmitem microrganismos patogênicos. A região tropical, onde estão muitos países em desenvolvimento e onde a população tem menos condições de enfrentar os problemas causados pelas mudanças climáticas, será mais afetada.

Figura 15.7 Fenômenos climáticos extremos em pontos opostos do planeta.

Carlos Domínguez/SPL/Latinstock

Solo ressecado na Austrália: as árvores morreram por falta de água (janeiro de 2003).

Forte tempestade na costa da Inglaterra em 2007.

Ashley Cooper/Corbis/Latinstock

Há ainda riscos de perda de biodiversidade. O IPCC calcula que entre 20% e 30% das espécies do planeta podem ser extintas caso as temperaturas globais aumentem até 2,5 °C. Em relação à Amazônia, estudos realizados pelo Instituto Nacional de Pesquisas Espaciais (Inpe) indicam que o aumento de temperatura, aliado ao desmatamento, transformaria parte da floresta em savana, o que, entre outros efeitos, levaria a uma considerável perda de biodiversidade.

Particularmente atingidos serão os recifes de corais: o aumento da concentração de gás carbônico já está provocando elevação da acidez da água, o que, juntamente com o aumento da temperatura da água, pode provocar a morte das algas associadas aos corais, resultando na morte desses animais (figura 15.8). Não podemos esquecer que os recifes de corais abrigam enorme biodiversidade e deles dependem muitas espécies de peixes e o sustento de pescadores em várias partes do mundo.

O aumento da temperatura pode provocar a subida do nível dos mares por causa da expansão térmica da água (a água quente ocupa mais volume que a fria) e também do degelo de parte das calotas polares. No século passado, o nível do mar subiu de 10 cm a 20 cm. Se esse aumento continuar, grandes áreas do litoral serão inundadas, muitas ilhas ficarão submersas e milhões de pessoas ficarão desabrigadas. Além disso, o avanço das águas salgadas pode contaminar os reservatórios de água doce mais próximos das regiões costeiras.

Todas essas previsões dependem das emissões de carbono no futuro e de quanto será, de fato, o aumento da temperatura média do planeta. As consequências serão mais graves, por exemplo, se ocorrer um aumento de temperatura que ultrapassar os 2 °C até 2100, mas menos graves se esse aumento se mantiver em, no máximo, 2 °C.

Figura 15.8 Os corais e muitos outros organismos marinhos correm risco por causa da acidificação dos oceanos. No coral da fotografia, as partes brancas estão mortas.

Norbert Wu/Minden Pictures/Latinstock

O que fazer?

Em 2005, entrou em vigor o Protocolo de Kyoto (escreve-se também "Kioto" e "Quioto"), em que cerca de 190 países apoiaram a redução da emissão de gás carbônico de 5,2%, em média, em comparação com os níveis de 1990. A maioria dos países desenvolvidos se comprometeu a atingir essa meta entre 2008 e 2012, primeiro período de cumprimento do protocolo.

Em 2012, o Protocolo de Kyoto foi prorrogado até 2020 (figura 15.9), estabelecendo-se que novos encontros serão realizados a fim de que todos os países do mundo se comprometam a reduzir suas emissões e também para que os países mais ricos forneçam recursos para que os países mais pobres possam enfrentar os efeitos do aquecimento global.

No Brasil, a lei número 12187 instituiu a Política Nacional sobre Mudança do Clima, que formaliza o compromisso do país de reduzir entre 36,1% e 38,9% a emissão de gás carbônico até 2020.

Para atingir as metas estabelecidas, é possível, por exemplo, reduzir o consumo de combustíveis fósseis pela utilização de equipamentos mais eficientes, que queimem menos combustível. Outra saída é investir no aproveitamento de fontes alternativas de energia, que não emitem gás carbônico.

Os países em desenvolvimento, que não precisam cumprir, por enquanto, metas obrigatórias de redução, ainda podem ser beneficiados pelo Mecanismo de Desenvolvimento Limpo (MDL). Por esse mecanismo, algumas reduções de emissão nesses países podem ser vendidas como "créditos de carbono" a empresas ou governos das nações ricas. Esses "créditos de carbono" também podem ser contabilizados para o alcance das metas de redução. O argumento é que o importante é reduzir a emissão total de gás carbônico, para o planeta como um todo, não importando em que região a redução ocorra.

Novas tecnologias estão sendo pesquisadas para remover e armazenar o gás carbônico eliminado pelas indústrias. Por exemplo, tecnologias para bombear e armazenar o gás no subsolo ou no fundo do mar. O gás carbônico pode ser separado da fumaça das chaminés das indústrias e usinas, comprimido em tanques e, então, ser injetado no subsolo, a 2 km de profundidade, ou depositado em poços de petróleo já esgotados, por exemplo. No entanto, essas tecnologias ainda são caras e, no caso do mar, implicam riscos ambientais.

Além das medidas tomadas por governos e empresas, cada um de nós pode colaborar para a solução do problema: diminuindo o consumo de energia (apagando a luz de cômodos vazios, desligando aparelhos que não estejam em uso, optando por lâmpadas e aparelhos mais eficientes, por exemplo); utilizando, sempre que possível, transporte coletivo; usando carro a álcool; mantendo motores bem regulados; reduzindo o volume de lixo, reciclando e reaproveitando materiais.

Figura 15.9 Em 2012, uma conferência ocorrida em Doha, no Qatar, contou com a participação de muitos países e decidiu pela extensão do Protocolo de Kyoto.

Fadi Al-Assaad/Reuters/Latinstock

2 Ciclo do oxigênio

Os átomos de oxigênio estão nos mais variados compostos minerais e orgânicos, mas sua presença na forma de moléculas de oxigênio livre (O_2) – como é usado na respiração e na combustão – depende da fotossíntese. Nessa forma, compõe 21% da atmosfera. O gás oxigênio é produzido durante a construção de moléculas orgânicas pela fotossíntese e consumido quando essas moléculas são oxidadas na respiração ou na combustão. Por isso, o ciclo do oxigênio está muito relacionado ao do carbono (figura 15.10).

Parte do gás oxigênio da atmosfera combina-se com metais do solo (como o ferro) e forma óxidos. Na estratosfera, parte é transformada em ozônio (O_3) pelos raios ultravioleta do Sol com comprimento de onda menor que 200 nm (nanômetros). Na reação inversa, o ozônio é transformado em oxigênio pelos raios ultravioleta com comprimento de onda entre 200 nm e 300 nm. Essas duas reações ($O_2 \leftrightarrow O_3$) permitem que se mantenha na estratosfera uma camada de ozônio em equilíbrio, que funciona como um filtro protetor, retendo cerca de 80% de toda a radiação ultravioleta proveniente do Sol. A maior concentração de ozônio está entre 20 km e 25 km de altitude.

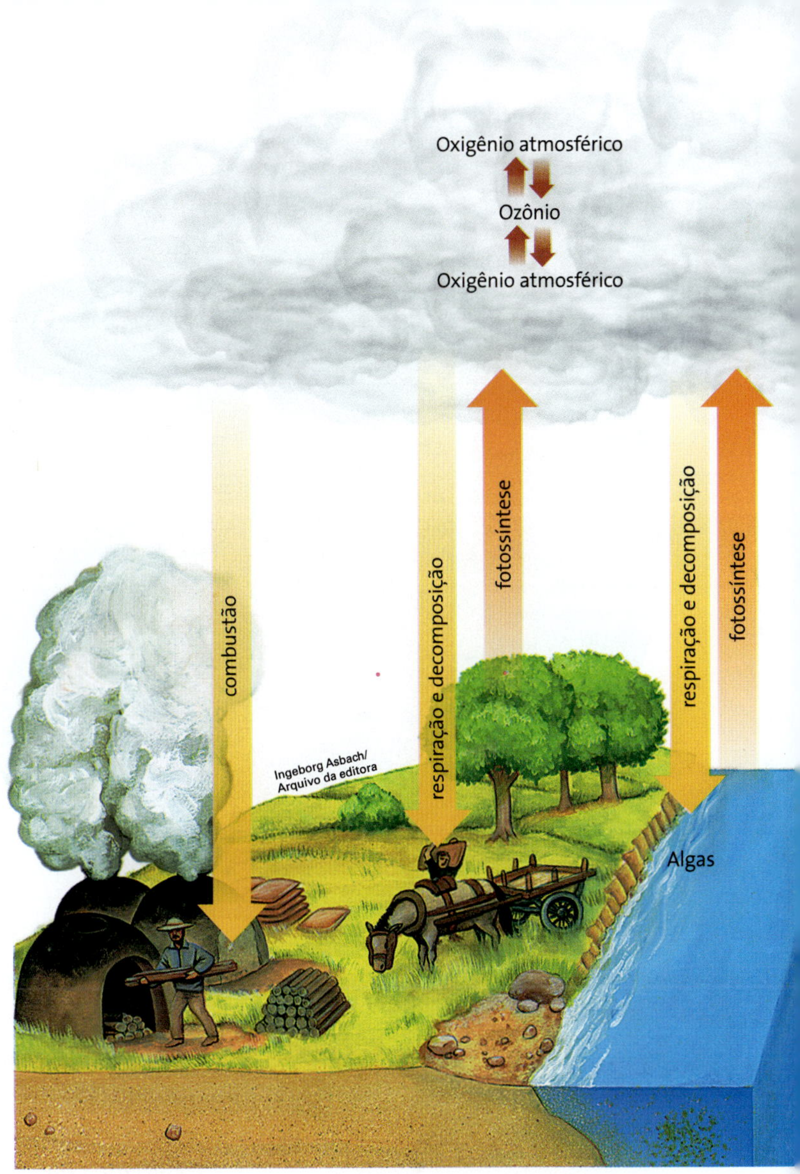

Figura 15.10 Ciclo do oxigênio (os elementos da figura não estão na mesma escala; cores fantasia).

Destruição da camada de ozônio

A camada de ozônio vem sendo destruída por gases liberados por aviões supersônicos (que voam acima de 20 km de altitude), cinzas de vulcões e, principalmente, pelos clorofluorcarbonos (CFCs), grupo de gases usados na indústria, com destaque para CF_2Cl_2 e $CFCl_3$.

Os CFCs são muito estáveis e sobem lentamente até a estratosfera, onde começam a destruir o ozônio. Além disso, também colaboram para o aumento do efeito estufa, como vimos no ciclo do carbono.

Sob ação dos raios ultravioleta, os CFCs liberam átomos de cloro, que reagem com o ozônio e o transformam em oxigênio. No fim da reação, os átomos de cloro são regenerados e destroem outras moléculas de ozônio. De forma simplificada, esse processo pode ser resumido pelas seguintes equações químicas:

$$CF_2Cl_2 \rightarrow CF_2Cl + Cl$$
$$Cl + O_3 \rightarrow ClO + O_2$$
$$ClO + O \rightarrow Cl + O_2$$

O processo de formação de ozônio a partir do oxigênio não é interrompido, mas a velocidade desse processo é inferior à do consumo do ozônio, o que leva a uma redução da sua concentração.

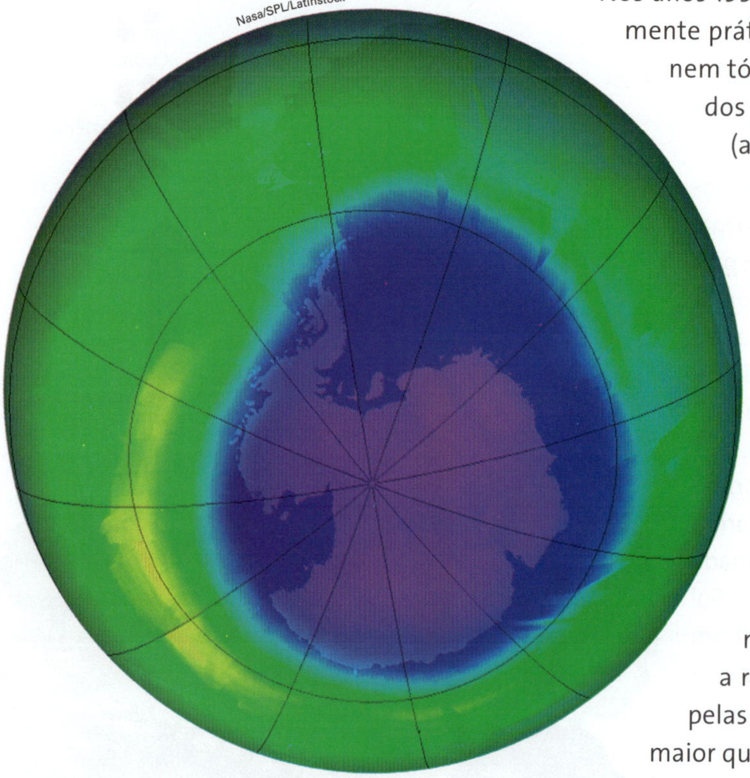

Figura 15.11 Imagem de satélite do buraco na camada de ozônio sobre a Antártida em 25 de setembro de 2010. O nível de ozônio é menor nas áreas violeta e aumenta na sequência azul e verde (imagem colorizada por computador).

Nos anos 1930, os CFCs foram considerados extremamente práticos, pois eram inertes, não inflamáveis nem tóxicos ou corrosivos, e podiam ser utilizados para dar pressão em embalagens *spray* (aerossóis) de inseticidas, desodorantes, etc. Também foram usados como gás de refrigeração em geladeiras e aparelhos de ar-condicionado, na limpeza de circuitos eletrônicos e na fabricação de espuma de plástico e isopor. Apenas nos anos 1970 ficou comprovada a ação danosa desses gases sobre a camada de ozônio.

Quando aqueles aparelhos precisam de conserto ou viram sucata, esses gases escapam para a atmosfera e o resultado é a formação de "buracos" na camada de ozônio, que correspondem a regiões em que essa camada é mais fina, pelas quais os raios ultravioleta passam em maior quantidade.

Algumas medições revelaram uma destruição maior do ozônio – chegando até a 50% – sobre a Antártida, mas trata-se de um fenômeno cíclico (figura 15.11). A massa de ar com gases que destroem o ozônio permanece estacionária em certas estações do ano, piorando a situação. Com a mudança de estação, o ar é renovado e a destruição diminui.

O aumento da passagem de radiação ultravioleta provocado pela progressiva destruição da camada de ozônio pode reduzir a fotossíntese – comprometendo as colheitas – e destruir o fitoplâncton – provocando desequilíbrios nos ecossistemas aquáticos.

No ser humano, esse tipo de radiação aumenta a incidência de câncer de pele (por causa do aumento da taxa de mutações), de catarata (por lesões no cristalino) e de prejuízos ao sistema imunológico. Assim, dada a gravidade do problema, foram feitas várias reuniões internacionais para decidir a redução da produção e do consumo de CFCs e sua substituição por gases que não atacam a camada de ozônio. Em setembro de 1987 foi assinado o Protocolo de Montreal e, desde que entrou em vigor, as emissões de CFCs diminuíram 97% nos países industrializados e 84% nos demais.

Além de não produzir mais CFCs, em 2007 o Brasil proibiu sua importação e o uso do herbicida brometo de metila, que também destrói a camada de ozônio.

Os últimos estudos confirmam que a expansão do buraco na camada de ozônio está contida. Espera-se que ela retorne, aos poucos, a seus níveis normais. No entanto, alguns dos gases usados nessa substituição (HFC, HCFC-22, etc.), assim como os CFCs, também intensificam o efeito estufa.

3 Ciclo da água

A água é fundamental para os seres vivos, pois possibilita a ocorrência das reações químicas, ajuda a regular a temperatura (absorve ou perde calor sem que sua temperatura varie muito) e facilita o transporte de substâncias.

Cerca de 71% da superfície da Terra é coberta por água em estado líquido. Do total desse volume, aproximadamente 97% estão nos oceanos. Cerca de 2% da água do planeta está no estado sólido, nas grandes massas de gelo nas regiões próximas aos polos e no topo de montanhas muito elevadas. A água do mar possui cerca de 3,5% de sais minerais. Essa salinidade dificulta o aproveitamento para o consumo humano. No caso da água na forma de gelo, é a localização que dificulta esse aproveitamento.

A água doce (com concentração de sais inferior a 0,5 g/L) no estado líquido está nos rios, nos lagos, nas represas e infiltrada no solo e nas rochas, e corresponde a cerca de 1% do total de água do planeta. A água na atmosfera corresponde a cerca de 0,001% do total.

A energia solar desempenha papel importante no ciclo da água ou **ciclo hidrológico** (*hydro* = água; figura 15.12). Graças a ela, a água em estado líquido sofre constante evaporação e penetra na atmosfera em forma de vapor. Nas camadas mais altas e mais frias da atmosfera, o vapor de água se condensa e forma as nuvens. As gotas de água nas nuvens são tão pequenas que a turbulência e as correntes de ar mantêm-nas flutuando. Quando várias gotas se juntam, elas podem ficar muito pesadas para se manter no ar e se precipitam na forma de chuva, neve ou granizo.

Figura 15.12 Ciclo da água ou hidrológico (os elementos da figura não estão na mesma escala; cores fantasia).

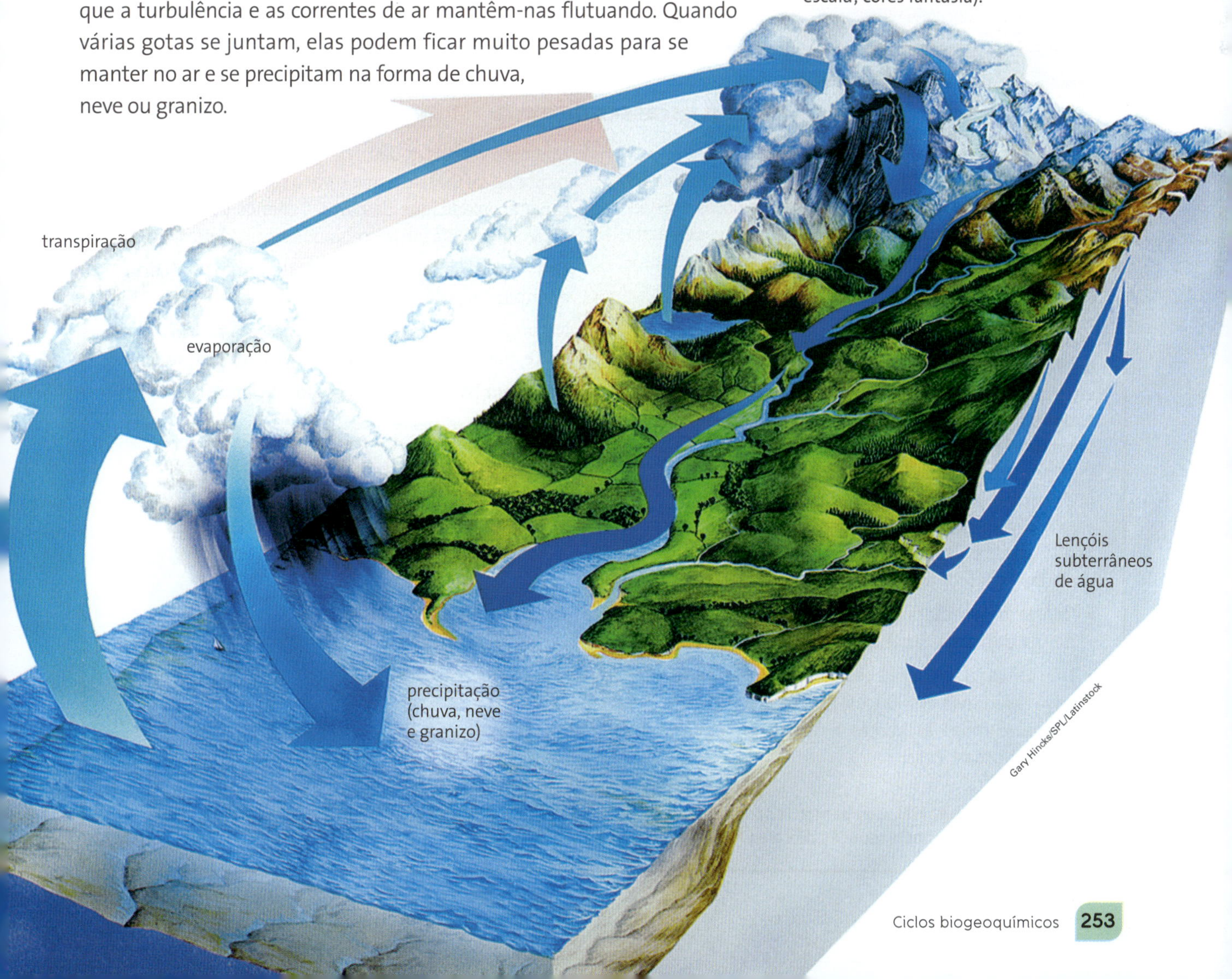

Por escoamento superficial, a água pode formar rios e lagos e voltar para o oceano. Pode também infiltrar-se no solo e formar os **lençóis subterrâneos** ou **freáticos**, ou imensos reservatórios subterrâneos de água, os **aquíferos**. Essa água passa aos poucos para rios, lagos e mares. Ela pode sair também em alguns pontos da superfície do solo e formar as fontes de água, ou ser retirada pelas raízes das plantas ou dos poços cavados pelo ser humano.

Há dois tipos de ciclo da água:

- **curto** ou **pequeno** – que ocorre pela evaporação da água de oceanos, rios, mares e lagos e sua volta à superfície da Terra na forma de chuva e neve;
- **longo** ou **grande** – aquele em que a água passa pelo corpo dos seres vivos antes de voltar ao ambiente. Ela é retirada do solo pelas raízes dos vegetais e utilizada na fotossíntese e pode, pela cadeia alimentar, ir para o corpo dos animais. A água volta para a atmosfera por meio da transpiração ou da respiração e retorna ao solo por meio da urina, das fezes ou da decomposição das folhas e dos cadáveres. O conjunto de evaporação e transpiração é chamado de evapotranspiração.

O ser humano vem consumindo grandes quantidades de água doce de rios, lagos e lençóis subterrâneos. Além disso, quando a vegetação natural é removida, o escoamento da água e a erosão do solo aumentam, e eleva-se o risco de inundações e deslizamentos de terra. O consumo excessivo e a poluição aceleram a escassez de água limpa.

Biologia e ambiente

A escassez de água

Em 2012, cerca de 11% da população mundial não tinha acesso à água potável segura. Parte desse problema vem sendo resolvido com a construção de poços e cisternas, mas um fator complicador é que as reservas de água estão cada vez mais poluídas por resíduos industriais e por esgoto doméstico lançados sem tratamento.

De forma geral devemos considerar a água doce um recurso limitado e caro. É preciso buscar formas eficientes de usá-la, tanto para irrigação na agricultura quanto em processos industriais. Manter a água limpa também é muito importante e, para isso, é preciso investir em saneamento e no controle da poluição.

Cada um de nós, começando em casa, também pode ajudar a preservar este precioso recurso – essa é uma questão de cidadania! A maneira mais fácil é evitar o desperdício (figura 15.13). Veja que medidas podemos tomar:

- Consertar imediatamente vazamentos de torneiras, descargas e canos.
- Não deixar a torneira aberta sem necessidade ao lavar mãos nem louças. Procurar ensaboar primeiro todas as louças e depois enxaguar tudo de uma vez só.
- Manter a válvula de descarga regulada para não lançar muita água. O ideal é que o vaso sanitário tenha uma caixa acoplada, que descarrega menos litros por vez. E não se deve usar o vaso sanitário como lata de lixo.
- Usar balde em vez de mangueira para lavar carros e limpar calçadas.
- No verão, regar jardins e plantas pela manhã ou à noite, para reduzir a perda de água por evaporação.
- Não jogar lixo em rios ou cursos de água.

Fontes de consulta: TUNDISI, J. G. *Água no século XXI*: enfrentando a escassez. São Paulo: Rima, 2005; VILLIERS, M. de. *Água*. Rio de Janeiro: Ediouro, 2002.

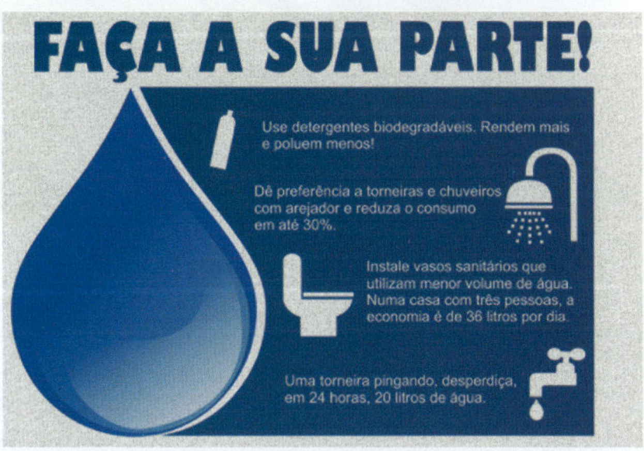

Reprodução/<www.ioc.fiocruz.br/abonaciencia/html>

Figura 15.13 Campanha de conscientização pela redução do consumo de água.

4 Ciclo do nitrogênio

O nitrogênio e a vida na Terra

O nitrogênio é um elemento químico fundamental para o ser vivo, pois entra na constituição de substâncias importantes, como as proteínas e os ácidos nucleicos. Entretanto, apesar de 78% da atmosfera ser constituída de gás nitrogênio (N_2, muito estável), a maioria dos seres vivos não pode utilizá-lo diretamente. Os vegetais só conseguem usá-lo na forma de amônia (NH_3) ou de nitrato (NO_3^-). Os animais aproveitam o nitrogênio na forma de aminoácidos.

A seguir, estudaremos o ciclo do nitrogênio dividido nas seguintes etapas: **fixação**, **amonificação**, **nitrificação** e **desnitrificação** (figura 15.14).

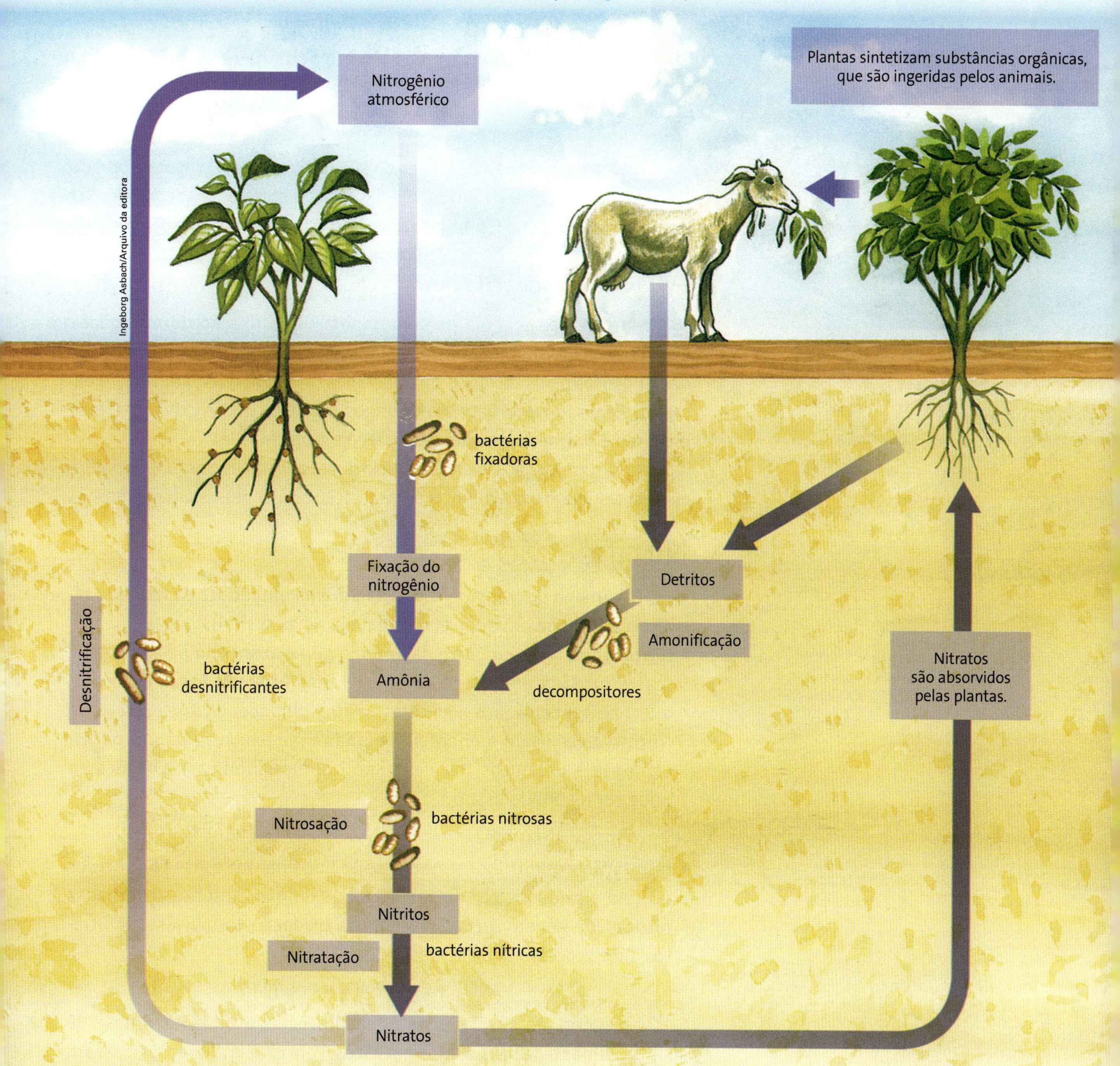

Figura 15.14 Ciclo do nitrogênio (os elementos da figura não estão na mesma escala; cores fantasia).

Figura 15.15 Nódulo na raiz de planta leguminosa (cada nódulo tem cerca de 1 mm de diâmetro).

Fixação do nitrogênio

A transformação do gás nitrogênio em amônia é chamada **fixação do nitrogênio**. Ela é feita por algumas bactérias que utilizam uma enzima especial: a **nitrogenase**. Esse processo, que envolve um custo energético muito alto, pode ser resumido pela seguinte equação química:

$$2N_2 + 6H_2O \rightarrow 4NH_3 + 3O_2$$

A amônia pode, então, ser incorporada às substâncias orgânicas ao combinar-se com o gás carbônico para formar aminoácidos.

As bactérias fixadoras podem ser encontradas no solo e na água e incluem os gêneros *Nostoc*, *Anabaena* (essas duas são cianobactérias), *Azotobacter* e *Clostridium*.

Há também as bactérias do gênero *Rhizobium*, que vivem nas raízes das plantas leguminosas (feijão, soja, ervilha, amendoim, alfafa, etc.). Examinando essas raízes, encontramos pequenos nódulos com milhões de bactérias fixadoras (figura 15.15). Uma parte do nitrogênio fixado é fornecida à leguminosa e o excesso é liberado no solo na forma de amônia. A associação entre essas bactérias e as células das raízes de leguminosas é chamada **bacteriorriza** (*rhiza* = raiz).

Amonificação

Uma parte da amônia do solo origina-se da fixação do nitrogênio. Outra parte é formada a partir da decomposição das proteínas, dos ácidos nucleicos e dos resíduos nitrogenados presentes em cadáveres e excretas. Realizado por bactérias, fungos e outros decompositores, esse processo é chamado **amonificação** (reveja a figura 15.14).

Essa decomposição é o processo pelo qual as bactérias e os fungos obtêm energia, ou seja, é consequência da respiração celular desses organismos.

Nitrificação

O fenômeno de transformação da amônia em nitrato é chamado **nitrificação** e ocorre em duas etapas (reveja a figura 15.14):

- **nitrosação** – a maior parte da amônia não é absorvida pelas plantas, mas é oxidada em nitrito pelas bactérias **nitrosas**. Essas bactérias, que pertencem aos gêneros *Nitrosomonas*, *Nitrosococcus* e *Nitrosolobus*, usam a energia liberada nessa oxidação para produzir compostos orgânicos (ou seja, são quimiossintéticas). O processo pode ser resumido assim:

$$2NH_3 + 3O_2 \rightarrow 2H^+ + 2NO_2^- + 2H_2O + \text{energia}$$

- **nitratação** – os nitritos formados pelas bactérias nitrosas são liberados no solo e oxidados por outras bactérias quimiossintéticas chamadas **nítricas** (do gênero *Nitrobacter*); nessa oxidação, formam-se os nitratos. Esse processo pode ser resumido assim:

$$2NO_2^- + O_2 \rightarrow 2NO_3^- + \text{energia}$$

Os nitratos são absorvidos e utilizados pelas plantas na síntese de suas proteínas e de seus ácidos nucleicos. Pela cadeia alimentar, passam para o corpo dos animais.

Desnitrificação

No solo, além das bactérias de nitrificação, existem outros tipos de bactérias, como a *Pseudomonas denitrificans*. Na ausência de oxigênio atmosférico, essas bactérias usam o nitrato para oxidar compostos orgânicos (respiração anaeróbia) e produzir energia. Por esse processo, chamado **desnitrificação**, uma parte dos nitratos do solo é transformada novamente em gás nitrogênio e volta para a atmosfera (reveja a figura 15.14); com isso, fecha-se o ciclo e estabiliza-se a taxa de nitrato do solo.

Fertilização do solo

Embora no solo haja uma quantidade limitada de nitratos, sais de amônia e de outros minerais necessários às plantas, nos ecossistemas naturais (uma floresta, por exemplo) a morte e a decomposição dos organismos promovem a rápida reciclagem desses elementos.

Nas culturas agrícolas, uma parte dos vegetais colhidos é consumida nas cidades; portanto, sai do ecossistema e impede a reciclagem dos sais. Para compensar isso, são aplicados no solo adubos ou fertilizantes sintéticos ricos em nitrogênio, fósforo, potássio e outros elementos. Os fertilizantes à base de nitrogênio podem ser produzidos industrialmente por meio de uma fixação artificial, com a transformação do nitrogênio do ar em amônia sob condições especiais de alta temperatura e pressão (figura 15.16).

Outra maneira de devolver ao solo os sais de nitrogênio é por meio da **rotação de culturas**, prática agrícola em que se alterna o plantio de arroz, milho, trigo, etc., com plantas leguminosas. Como vimos, as plantas leguminosas estão associadas a bactérias fixadoras, que ajudam a repor os sais de nitrogênio que os outros vegetais retiram do solo. Além disso, após a colheita, folhas e ramos das leguminosas podem servir de adubo natural (enriquecendo o solo com compostos nitrogenados). É a chamada **adubação verde**.

É preciso tomar cuidado ao usar fertilizantes, pois o excesso de nitratos pode ser levado para ambientes aquáticos e causar desequilíbrios ecológicos, como veremos no capítulo 20. Outro problema é a queima de combustíveis fósseis em altas temperaturas, que pode formar óxidos de nitrogênio pela combinação dos gases oxigênio e nitrogênio. Esses óxidos podem formar ácido nítrico ao reagirem com a água, ocasionando a chuva ácida, que também veremos no capítulo 20. Além disso, alguns óxidos de nitrogênio contribuem para a destruição da camada de ozônio e podem irritar os olhos e provocar danos ao sistema respiratório.

Robert Brook/SPL/Latinstock

Figura 15.16 Processos industriais de conversão de gás nitrogênio em amônia permitem a fabricação de fertilizantes.

Atividades

1. Depois de colher as batatas que plantara, um agricultor resolveu plantar feijão no mesmo terreno, como forma de melhorar a fertilidade do solo. Ele está agindo de maneira certa? Justifique sua resposta.

2. No fim do ano 2000, os 120 mil habitantes de Punta Arenas, a cidade mais ao sul do Chile, foram avisados para não saírem de casa entre 11h e 15h. Caso tivessem de sair, deveriam usar óculos escuros, protetor solar, roupa de mangas compridas e chapéu. Explique o que pode ter acontecido.

3. O átomo de carbono pode fazer parte tanto de substâncias inorgânicas ou minerais, sobretudo como CO_2, quanto de substâncias orgânicas, formadas por longas cadeias de carbono. Qual o principal processo que faz com que o carbono passe dessa forma mineral para a forma orgânica? Qual a importância desse processo para a vida na Terra?

4. Como o ser humano vem alterando a concentração de gás carbônico na atmosfera? Qual a relação entre esse desequilíbrio no ciclo do carbono e a temperatura média do planeta?

5. Ao descrever o ciclo do carbono, descrevemos também, ainda que parcialmente, o ciclo do oxigênio. Por que isso acontece? Justifique sua resposta.

6. Por que se recomenda o reflorestamento como forma de diminuir o problema causado pela emissão de gás carbônico?

7. Em relação aos gases conhecidos pela sigla CFC, que afetam negativamente a atmosfera terrestre, responda:
   a) Como eles danificam a atmosfera?
   b) Como isso pode afetar a saúde humana? Por quê?
   c) Que importante medida foi tomada em relação a esse problema?

8. Um aluno afirmou que o ciclo da água é movido por energia solar. Explique o que ele quer dizer com isso.

9. O cume do monte Kilimanjaro, na Tanzânia, com 5 895 m de altitude, permanecia sempre coberto de neve. Essa neve praticamente desapareceu e alguns estudos mostram que até 2020 todo o gelo terá sumido. Que fenômeno estudado neste capítulo poderia explicar o desaparecimento da neve?

Trabalho em equipe

Em grupo e com o auxílio dos professores das disciplinas de Biologia, Química, Física, Geografia e História, escolham um dos temas a seguir para pesquisar (em livros, em CD-ROMs, na internet, etc.). Depois, apresentem o resultado do trabalho para a classe e para a comunidade escolar (alunos, professores e funcionários da escola e pais ou responsáveis).

Verifiquem também a possibilidade de convidar profissionais da área de energia (que trabalhem com a exploração dos diferentes recursos energéticos, como petróleo, carvão mineral, gás natural, energias solar, eólica ou hidrelétrica, etc.) para a apresentação de palestras sobre os temas pesquisados e convidem a comunidade escolar para participar.

Informem-se também se em sua região existe alguma instituição, seja empresa particular seja centro de pesquisa, ligada à área energética e verifiquem se é possível agendar visitas ao local.

1. Busquem notícias recentes sobre os problemas de abastecimento de água, o acesso a ela no Brasil e no mundo e soluções que estão sendo implementadas; como é a distribuição de água doce no Brasil e no mundo; a relação aumento de consumo de água ao longo do tempo × crescimento da população; a quantidade relativa de água utilizada na produção de alimentos e de outros produtos.

2. Pesquisem qual a origem do petróleo, do carvão mineral e do gás natural; como é feita a extração de cada um desses recursos, como são usados e, se houver produtos derivados, quais são; como evoluiu a exploração dessas fontes energéticas fósseis a partir da Revolução Industrial; quais os problemas causados pela utilização desse tipo de energia; qual a proporção (em relação a outras fontes de energia) desse tipo de energia no mundo e no Brasil.

3. Como a energia solar e a energia eólica podem ser aproveitadas? Como elas têm sido utilizadas no Brasil e no mundo? Quais são as vantagens e desvantagens da utilização dessas formas de energia?

4. Como a energia hidrelétrica e a energia nuclear podem ser aproveitadas? Como elas têm sido utilizadas no Brasil e no mundo? Quais são as vantagens e desvantagens da utilização dessas formas de energia?

5. Como a energia geotérmica, de biomassa e das marés podem ser aproveitadas? Como elas têm sido utilizadas no Brasil e no mundo? Quais são as vantagens e desvantagens da utilização dessas formas de energia?

Atividade prática

Esta atividade deve ser feita em equipe. Cada uma deve construir um terrário com o seguinte material:

- uma garrafa de refrigerante limpa com água, sabão e álcool;
- cascalho fino e areia;
- carvão vegetal em pó;
- terra adubada ou terra preta de jardim (não peguem a terra com a mão);
- fita isolante;
- mudas de plantas de pequeno porte como: violeta-africana, hera, avenca e begônia.

1. Peçam ao professor que corte a parte de cima da garrafa com a tampa (mas não a joguem fora; guardem para usar depois).

2. Despejem no fundo do recipiente uma fina camada (poucos centímetros) de cascalho fino e, depois, a mesma espessura de areia. Por cima, uma camada bem fina de carvão vegetal em pó.

3. Coloquem por cima de tudo um pouco de terra vegetal.
4. Umedeçam a terra.
5. Plantem algumas mudas. Juntem a metade superior (bem tampada) à inferior, unindo-as com fita isolante.

Ilustrações: Mauro Nakata/Arquivo da editora

6. Deixem o terrário em um lugar bem iluminado (perto de uma janela, onde bata sol). Coloquem no recipiente uma etiqueta pequena com o nome das pessoas do grupo e a data em que foi montado o terrário.
7. Uma vez por semana observem o que está acontecendo e anotem em seus cadernos. Inicialmente, não se deve abrir o terrário. Mas, ocasionalmente, pode-se abri-lo para retirar folhas mortas.

Depois de observar o terrário por algumas semanas, respondam às seguintes perguntas:

a) Como as plantas conseguem respirar dentro do recipiente fechado?

b) As plantas conseguiriam sobreviver se o terrário fosse colocado permanentemente em um lugar totalmente escuro? Justifiquem sua resposta.

c) Observem se as paredes do terrário ficam molhadas do lado de dentro. Como vocês explicam esse fenômeno?

d) O terrário pode ser considerado uma espécie de ecossistema em miniatura. Citem alguns componentes bióticos e abióticos do terrário.

e) Caso o terrário tenha sido mantido fechado até agora, expliquem por que não foi preciso regar as plantas.

f) Identifiquem as etapas do ciclo da água que estão ocorrendo no terrário.

Pensando no Enem

1. Em uma área observa-se o seguinte regime pluviométrico:

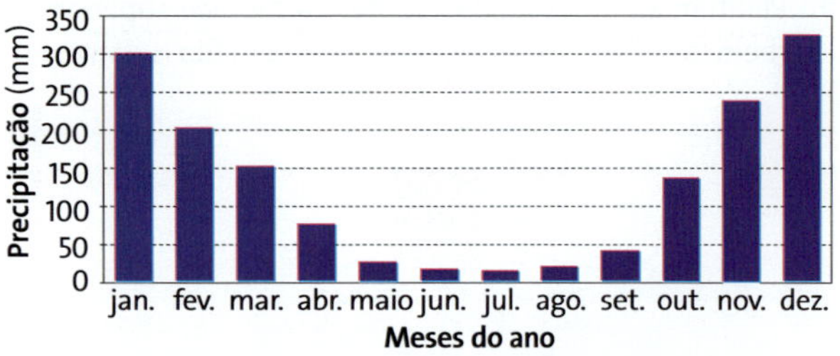

Os anfíbios são seres que podem ocupar tanto ambientes aquáticos quanto terrestres. Entretanto, há espécies de anfíbios que passam todo o tempo na terra ou então na água. Apesar disso, a maioria das espécies terrestres depende de água para se reproduzir e o faz quando essa existe em abundância. Os meses do ano em que, nessa área, esses anfíbios terrestres poderiam se reproduzir mais eficientemente são de:

a) setembro a dezembro.
b) novembro a fevereiro.
c) janeiro a abril.
d) março a julho.
e) maio a agosto.

Resolução

Nesta questão são tratados temas relacionados às Ciências da Natureza, como Ecologia e ciências ambientais, e temas de outras áreas como interpretação de texto e análise de gráfico.

Atente-se aos dados fornecidos pelo gráfico. Esses dados são importantes para o entendimento e resolução do exercício.

Neste exercício você utilizará informações contidas no gráfico para complementar e explicar as informações do enunciado.

Interpretação do gráfico

O gráfico resume o regime pluviométrico de uma área, ou seja, a precipitação mensal média durante um ano (de janeiro a dezembro), medida durante vários anos.

Observa-se que a taxa de precipitação decai de janeiro a julho e depois ascende de julho a dezembro, sendo os meses de maior precipitação os de janeiro, fevereiro, novembro e dezembro, e os de menor precipitação maio, junho, julho e agosto.

O problema

A questão propõe a identificação do período em que os anfíbios da área ilustrada pelo gráfico se reproduziriam mais eficientemente, levando em conta que a maioria das espécies se reproduz quando há água em abundância. Neste caso, o período com maior abundância de água vai de novembro a fevereiro. Vale ressaltar que, por ser um regime pluviométrico, espera-se que o mesmo padrão de precipitação ocorra ano após ano, e, portanto, o período de novembro de um ano até fevereiro do ano seguinte é o mais correto.

Resposta: **B**.

2. Devido ao aquecimento global e à consequente diminuição da cobertura de gelo no Ártico, aumenta a distância que os ursos-polares precisam nadar para encontrar alimentos. Apesar de exímios nadadores, eles acabam morrendo afogados devido ao cansaço.

A situação descrita acima:

a) enfoca o problema da interrupção da cadeia alimentar, o qual decorre das variações climáticas.
b) alerta para prejuízos que o aquecimento global pode acarretar à biodiversidade no Ártico.
c) ressalta que o aumento da temperatura decorrente de mudanças climáticas permite o surgimento de novas espécies.
d) mostra a importância das características das zonas frias para a manutenção de outros biomas na Terra.
e) evidencia a autonomia dos seres vivos em relação ao *habitat*, visto que eles se adaptam rapidamente às mudanças nas condições climáticas.

Resolução

Este exercício trata de Ecologia e ciências ambientais, domínios naturais e a relação do ser humano com o ambiente, além de exigir do aluno interpretação de texto.

Para a resolução do exercício o aluno utilizará principalmente as informações contidas no texto que precede o enunciado.

O problema

O texto apresenta um problema observado na região do Ártico e pede a identificação da alternativa que melhor traduz o texto mostrado, independentemente dos demais efeitos que o aquecimento global possa causar.

Interpretando o texto, observamos que o assunto principal seria a morte por afogamento dos ursos-polares por causa da diminuição da cobertura de gelo causada pelo aquecimento global.

Neste caso, as alternativas que citam interrupção na cadeia alimentar, surgimento de novas espécies, manutenção de biomas e adaptação a mudanças climáticas não traduzem o texto analisado.

Resposta: **B**.

Vestibulares de Norte a Sul

1. **S** (PUC-RS) Se o prefeito eleito de sua cidade prometeu desenvolver um programa com o objetivo de contribuir para a diminuição do efeito estufa em nível local, isso significa que ele pretende incentivar a adoção de medidas de controle da poluição atmosférica através da redução da emissão de __________ e __________ pelas atividades humanas.

   a) clorofluorcarbonetos e óxido sulfúrico
   b) clorofluorcarbonetos e monóxido de carbono
   c) dióxido de carbono e óxido sulfúrico
   d) dióxido de carbono e metano
   e) monóxido de carbono e metano

2. **SE** (Fatec-SP) Se forem reflorestadas várias áreas ao redor e dentro de grandes centros urbanos, podem-se combater os poluentes liberados pela queima de combustíveis fósseis. O dióxido de carbono é um dos poluentes mais abundantes, e sua remoção envolve a elaboração de um produto por um evento metabólico. Assinale a alternativa que apresenta, respectivamente, o produto e o fenômeno metabólico do processo descrito.

   a) carboidrato e fotossíntese
   b) proteína e fermentação
   c) carboidrato e fermentação
   d) proteína e fotossíntese
   e) oxigênio e respiração aeróbica

3. **SE** (Fuvest-SP) A recente descoberta de uma vasta região de mar descongelado no polo norte é um exemplo dos efeitos do aquecimento global pelo qual passa o planeta. Alarmados com a situação, alguns países industrializados elaboraram uma carta de intenções em que se comprometem a promover amplos reflorestamentos, como uma estratégia para reduzir o efeito estufa e conter o aquecimento global. Tal estratégia se baseia na hipótese de que o aumento das áreas de floresta promoverá maior:

   a) liberação de gás oxigênio, com aumento da camada de ozônio e redução da radiação ultravioleta.
   b) retenção do carbono na matéria orgânica das árvores, com diminuição do gás carbônico atmosférico responsável pelo efeito estufa.
   c) disponibilidade de combustíveis renováveis e, consequentemente, menor queima de combustíveis fósseis, que liberam CFC (clorofluorcarbono).
   d) absorção de CFC, gás responsável pela destruição da camada de ozônio.
   e) sombreamento do solo, com resfriamento da superfície terrestre.

4. **SE** (Fuvest-SP) O agravamento do efeito estufa pode estar sendo provocado pelo aumento da concentração de certos gases na atmosfera, principalmente do gás carbônico.
   Dentre as seguintes reações químicas:
   I. queima de combustíveis fósseis;
   II. fotossíntese;
   III. fermentação alcoólica;
   IV. saponificação de gorduras,
   produzem gás carbônico, contribuindo para o agravamento do efeito estufa:

   a) I e II
   b) I e III
   c) I e IV
   d) II e III
   e) II e IV

5. **SE** (Vunesp-SP) Dentre as várias formas de interferência do homem no ambiente natural, pode ser citada a destruição da camada de ozônio. Uma das consequências previsíveis advindas desse fenômeno para a humanidade seria:

   a) o aumento da temperatura da Terra, o que derreteria as calotas polares, elevaria o nível dos oceanos, submergindo cidades costeiras.
   b) o aumento da concentração de CO, que tem a propriedade de combinar-se com a hemoglobina do sangue de maneira estável, prejudicando assim o transporte de oxigênio.
   c) o aumento da concentração de dióxido de enxofre, que, em contato com ar úmido, se oxida e se transforma em ácido sulfúrico, que ataca mármores, paredes de edifícios, carros, etc.
   d) a ocorrência frequente de inversão térmica, levando a aumentos apreciáveis das taxas de poluentes do ar.
   e) o aumento na incidência da radiação ultravioleta proveniente do Sol, o que provocaria, muito provavelmente, um acréscimo da taxa de mutação gênica e casos de câncer de pele.

6. **CO** (UnB-DF) Uma prática correta na agricultura é alternar a plantação de culturas que empobrecem o solo com plantações de soja ou de feijão. Isso porque as raízes dessas leguminosas se associam a bactérias do gênero *Rhizobium*, que fixam o N_2 do ar. A partir dessa informação, indique as opções corretas.

   a) A participação do *Rhizobium* é importante porque as plantas não absorvem N_2 diretamente do ar.
   b) O solo apresenta outras bactérias que o enriquecem, como as nitrificantes, que transformam nitrato em amônia.
   c) A principal participação do metabolismo humano no ciclo do nitrogênio é representada pela absorção de compostos orgânicos nitrogenados e pela excreção de ureia.
   d) Uma forma artificial de se aumentar a concentração de nitrogênio no solo é a adição de adubos químicos ricos em nitrato.

7. **NE** (Uece) Apesar de o nitrogênio estar presente na atmosfera de forma bastante abundante, este elemento não pode ser diretamente absorvido pelos vegetais. Os organismos conseguem o nitrogênio essencial à vida pela absorção de nitratos presentes no solo e na água. Os nitratos encontram-se disponíveis para a utilização pelos seres vivos pela:

a) ação dos fungos decompositores.
b) decomposição de rochas a partir do intemperismo.
c) ação de bactérias do gênero *Rhizobium*.
d) presença de micorrizas nas raízes das plantas.

8. **S** (PUC-RS) Considerando as informações acerca das alterações ambientais, foco do Protocolo de Kyoto:

I. A elevação da concentração de dióxido do carbono na atmosfera é uma das unidades de medida utilizadas na previsão da dimensão do efeito estufa no planeta.
II. O gás carbônico é considerado um dos principais poluentes responsáveis pelo aquecimento global, e sua concentração na atmosfera é cada vez mais elevada.
III. O aumento progressivo de CO_2 irá elevar a temperatura do planeta, preservando apenas as regiões polares.
IV. Com o crescimento das taxas de emissão de CO_2, haverá elevação da temperatura do planeta e, consequentemente, redução do nível do mar, causada pela evaporação.

Estão corretas apenas as afirmativas:

a) I e II.
b) I e III.
c) II e III.
d) II e IV.
e) III e IV.

9. **NE** (UFPB) Em busca de uma sustentabilidade do planeta, procuram-se diferentes fontes de energia alternativas mais eficientes e menos poluentes, a exemplo da produção do etanol a partir da cana-de-açúcar. Essa produção de combustível está ligada diretamente a um dos ciclos biogeoquímicos, ilustrado na figura a seguir:

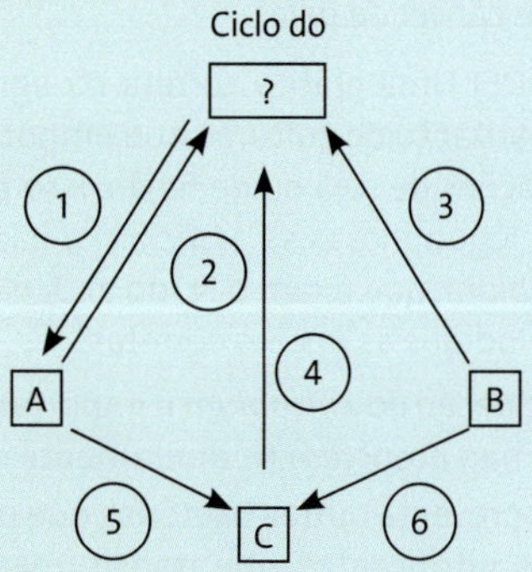

Com base nessa figura, julgue os itens a seguir:

( ) O ciclo representado é o do oxigênio.
( ) A letra C representa os decompositores.
( ) A transpiração está representada na etapa 4.
( ) A respiração está representada nas etapas 2 e 3.
( ) O acúmulo do carboidrato utilizado na produção de etanol está relacionado à etapa 1.

10. **SE** (Unaerp-SP)

I. O CO_2 atmosférico é liberado pelos organismos animais e vegetais.
II. O CO_2 atmosférico é assimilado pelos organismos vegetais.
III. O carbono dos organismos animais e vegetais mortos é transferido para o CO_2 atmosférico.
IV. O carbono dos organismos vegetais passa a fazer parte dos organismos animais.

Os itens acima, referentes ao ciclo do carbono na natureza, correspondem, respectivamente, aos seguintes processos:

a) respiração, fotossíntese, decomposição e nutrição.
b) respiração, fotossíntese, nutrição e decomposição.
c) fotossíntese, respiração, decomposição e nutrição.
d) fotossíntese, respiração, nutrição e decomposição.
e) decomposição, fotossíntese, respiração e nutrição.

11. **S** (UEPG-PR) Na natureza, átomos como os de nitrogênio, hidrogênio, carbono e oxigênio não são criados ou destruídos, nem transformados uns nos outros. A matéria que constitui os componentes dos ecossistemas é constantemente reciclada. Esses componentes da natureza têm movimento cíclico no ecossistema. É o caso da água. Sobre o ciclo da água na natureza, assinale o que for correto.

(01) A maior parte da água do planeta fica nos oceanos. O calor do Sol faz com que a água de mares, rios e lagoas evapore constantemente. O vapor de água que fica na atmosfera se condensa na forma de nuvem e volta à superfície sob a forma de chuva, neve ou granizo, recompondo o volume hídrico de rios, lagoas e oceanos.

(02) Nos oceanos há muito mais evaporação do que chuvas. Isso ocorre porque grande parte da água evaporada dos oceanos é carregada pelo vento em forma de nuvens até os continentes, nos quais ocorre exatamente o fenômeno inverso: mais chuva do que evaporação.

(04) A respiração de todos os seres vivos produz como subproduto água, mas sua quantidade é tão insignificante que não é incluída no ciclo da água.

(08) A água evaporada do continente provém muito mais da evaporação de massas aquáticas do que da transpiração da cobertura vegetal do planeta.

(16) Os animais, inclusive o ser humano, ingerem água diretamente ou a obtêm do seu alimento. Parte dessa água é devolvida ao ciclo pela transpiração, pela urina e pelas fezes, fazendo parte, portanto, do ciclo da água.

12. **SE** (Fuvest-SP) O gráfico mostra a variação na concentração de gás carbônico atmosférico (CO_2), nos últimos 600 milhões de anos, estimada por diferentes métodos.

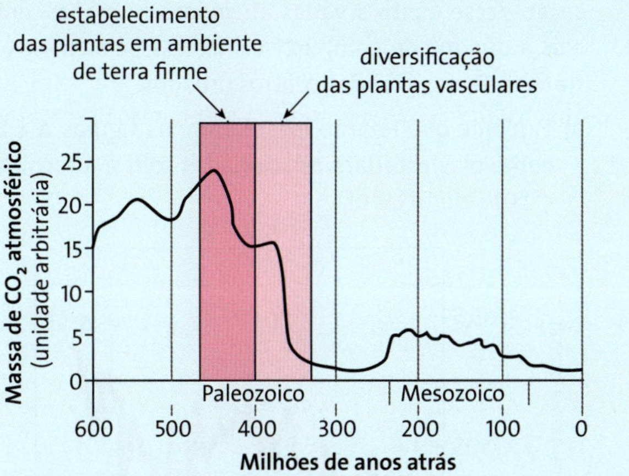

A relação entre o declínio da concentração atmosférica de CO_2 e o estabelecimento e a diversificação das plantas pode ser explicada, pelo menos em parte, pelo fato de as plantas:

a) usarem o gás carbônico na respiração celular.
b) transformarem átomos de carbono em átomos de oxigênio.
c) resfriarem a atmosfera evitando o efeito estufa.
d) produzirem gás carbônico na degradação de moléculas de glicose.
e) imobilizarem carbono em polímeros orgânicos, como celulose e lignina.

13. **NE** (Uesc-BA) O esquema a seguir representa de forma parcial o ciclo do nitrogênio presente na natureza com alguns dos seus componentes bióticos.

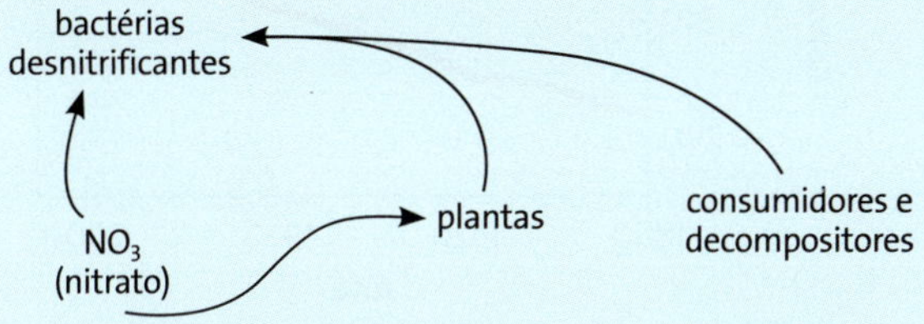

A respeito da dinâmica desse ciclo e das informações obtidas no esquema, é correto afirmar:

a) As plantas convertem o componente inorgânico em moléculas orgânicas que contêm nitrogênio, que poderá ser transferido para os outros níveis tróficos através das cadeias alimentares.
b) As bactérias desnitrificantes convertem o nitrogênio molecular, presente na atmosfera, fixando-o ao solo na forma orgânica.
c) A reciclagem dos resíduos nitrogenados pelos consumidores permite a reutilização desses compostos pelas bactérias nitrificantes.
d) O nitrato fixado pelas bactérias desnitrificantes deve ser convertido inicialmente em nitrito e finalmente em amônia para que possam estar acessíveis aos vegetais.
e) Consumidores e decompositores que consomem matéria nitrogenada se posicionam invariavelmente no 1º nível trófico das cadeias alimentares.

14. **SE** (Fuvest-SP) Uma das consequências do "efeito estufa" é o aquecimento dos oceanos. Esse aumento de temperatura provoca:

a) menor dissolução de CO_2 nas águas oceânicas, o que leva ao consumo de menor quantidade desse gás pelo fitoplâncton, contribuindo, assim, para o aumento do efeito estufa global.
b) menor dissolução de O_2 nas águas oceânicas, o que leva ao consumo de maior quantidade de CO_2 pelo fitoplâncton, contribuindo, assim, para a redução do efeito estufa global.
c) menor dissolução de CO_2 e O_2 nas águas oceânicas, o que leva ao consumo de maior quantidade de O_2 pelo fitoplâncton, contribuindo, assim, para a redução do efeito estufa global.
d) maior dissolução de CO_2 nas águas oceânicas, o que leva ao consumo de maior quantidade desse gás pelo fitoplâncton, contribuindo, assim, para a redução do efeito estufa global.
e) maior dissolução de O_2 nas águas oceânicas, o que leva à liberação de maior quantidade de CO_2 pelo fitoplâncton, contribuindo, assim, para o aumento do efeito estufa global.

15. **S** (UFSC) O esquema abaixo mostra de maneira simplificada o ciclo do nitrogênio na natureza. As letras A, B, C, D e E indicam processos metabólicos que ocorrem neste ciclo.

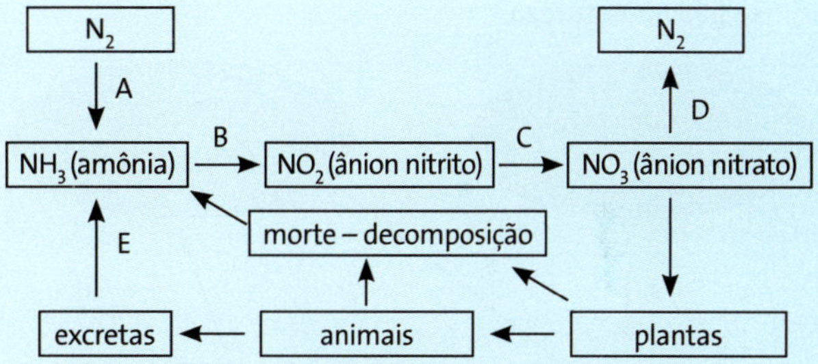

Sobre este ciclo, é correto afirmar que:

(01) o processo mostrado em A é realizado somente por bactérias simbiontes que vivem no interior das raízes de leguminosas.
(02) as mesmas bactérias que realizam o processo A, realizam os processos D e E.
(04) o esquema mostra que produtos nitrogenados originados de animais ou vegetais podem ser reaproveitados no ciclo.
(08) o processo mostrado em D constitui uma etapa fundamental no ciclo, chamada de fixação do nitrogênio.
(16) as plantas podem se utilizar diretamente da amônia e não dependem do processo que ocorre em C para obter os produtos nitrogenados.
(32) o processo mostrado em E indica que os animais excretam a amônia.
(64) o nitrogênio é importante para os seres vivos, pois entra na composição molecular dos aminoácidos e dos ácidos nucleicos.

16. **S** (UEM-PR) Sobre os ciclos biogeoquímicos, assinale o que for correto.

(01) A água que é incorporada nos tecidos dos vegetais e dos animais e que é devolvida ao ambiente, após a morte destes, faz parte do pequeno ciclo ou ciclo curto, uma vez que o deslocamento da água fica restrito à proximidade do solo.

(02) A evaporação dos lagos, rios e mares e a transpiração oriunda dos seres vivos participam do ciclo hidrológico, e a água que retorna ao solo, em forma de chuva, terá imprescindível papel na formação do lençol freático.

(04) O elemento químico carbono, presente nas moléculas orgânicas, é disponibilizado na atmosfera na forma de gás carbônico liberado pela respiração, decomposição de vegetais e animais mortos e pela queima dos combustíveis fósseis.

(08) O método de fertilizar o solo com leguminosas aumenta a quantidade de nitrogênio fixado, porque a adubação verde estimula a atividade fotossintética pelo acréscimo de clorofila ao meio.

(16) A atmosfera terrestre disponibiliza o gás oxigênio, o gás carbônico, o ozônio e o vapor de água como elementos participativos no ciclo do oxigênio.

17. **SE** (Uerj) O nitrogênio é um dos principais gases que compõem o ar atmosférico. No esquema abaixo, estão resumidas algumas etapas do ciclo biogeoquímico desse gás na natureza.

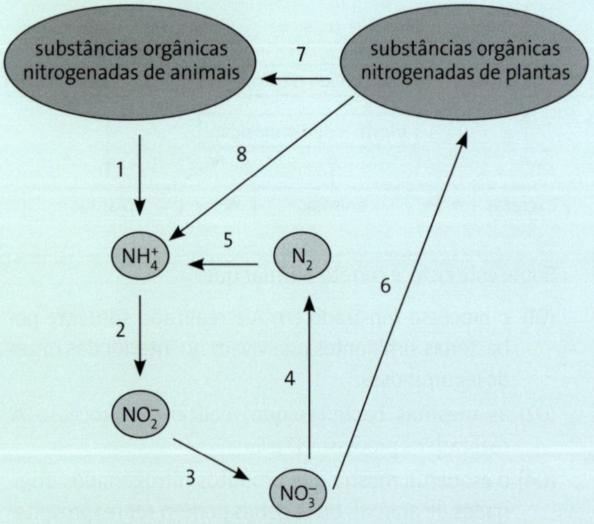

O processo de nitrificação, composto de duas etapas, e o de desnitrificação, ambos executados por microrganismos, estão identificados, respectivamente, pelos seguintes números:

a) 2 e 3; 4 b) 1 e 5; 7 c) 4 e 6; 8 d) 2 e 5; 1

18. **SE** (UFRJ) A agricultura depende, depois de um certo tempo, do uso de fertilizantes ou adubos, ao contrário do que ocorre em uma floresta natural. Baseado no conhecimento do ciclo da matéria na natureza, explique a razão dessa diferença.

19. **SE** (Unicamp-SP) O aquecimento global é assunto polêmico e tem sido associado à intensificação do efeito estufa. Diversos pesquisadores relacionam a intensificação desse efeito a várias atividades humanas, entre elas a queima de combustíveis fósseis pelos meios de transporte nos grandes centros urbanos.

a) Explique que relação existe entre as figuras **A** e **B** e como elas estariam relacionadas com a intensificação do efeito estufa.

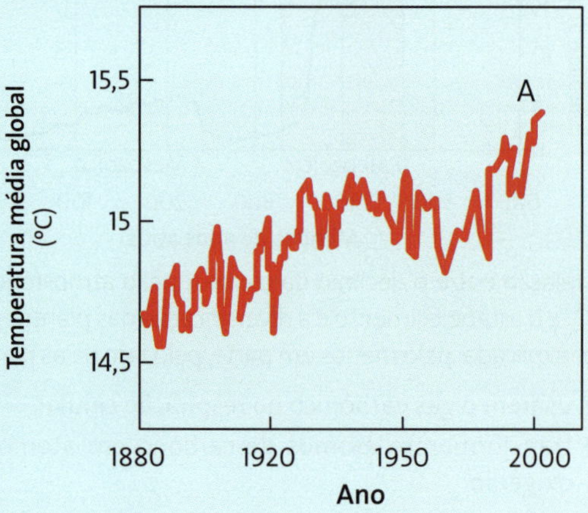

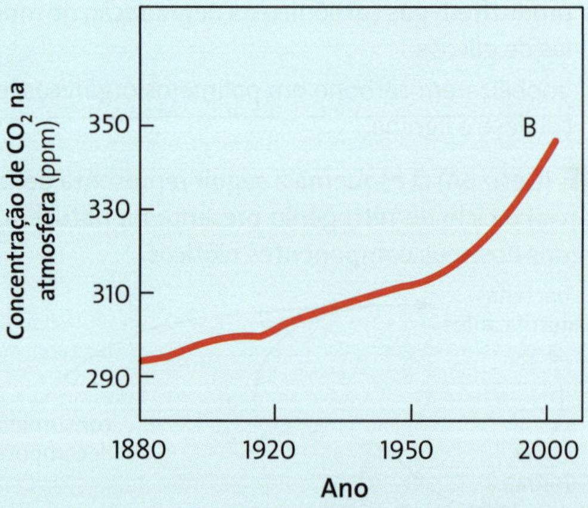

Figuras adaptadas de Karen Arms & Pamela S. Camp, *Biology*, Saunders College Publishing, 1995, p. 1 108.

b) Por que a intensificação do efeito estufa é considerada prejudicial para a Terra?

c) Indique uma outra atividade humana que também pode contribuir para a intensificação do efeito estufa. Justifique.

20. **CO** (UFG-GO) A ação inadequada do homem sobre o ecossistema pode prejudicar os ciclos biogeoquímicos de alguns elementos, como o nitrogênio, cuja disponibilidade é limitada no planeta Terra.

a) Explique um mecanismo que permite a fixação biológica do nitrogênio.

b) Apresente um exemplo dessa ação inadequada e explique sua consequência sobre o ciclo do nitrogênio.

CAPÍTULO

16 Populações

Rich Lindie/Shutterstock/Glow Images

Agrupamento de pinguins-reis (*Aptenodytes patagonicus*; cerca de 90 cm de altura).

Que fatores influenciam o crescimento das populações?

Você sabe o que é o censo? Por que essa pesquisa é tão importante para conhecer a população do Brasil?

Você sabe o que significa "densidade populacional"?

1 Crescimento das populações

Para estudar uma população, é necessário conhecer certos conceitos, como o de **densidade de população** ou **densidade populacional** (**D**). Ela pode ser definida como o número de indivíduos (**N**) por unidade de área (**S**), no caso de espécies terrestres, ou por unidade de volume (**V**), para espécies aquáticas:

$$D = \frac{N}{S} \text{ (espécies terrestres)} \quad \text{ou} \quad D = \frac{N}{V} \text{ (espécies aquáticas)}$$

Por exemplo, em 2010 a densidade de população no Brasil era de 22,4 habitantes/km^2.

A densidade de uma população é afetada por quatro taxas:

- **natalidade** – número de indivíduos que nascem por unidade de tempo;
- **mortalidade** – número de indivíduos que morrem por unidade de tempo;
- **imigração** – número de indivíduos que entram na população vindos de outras áreas;
- **emigração** – número de indivíduos que saem da população.

As taxas de natalidade e de imigração tendem a aumentar a densidade; as de mortalidade e de emigração tendem a diminuí-la. O equilíbrio pode ser atingido pela diminuição da taxa de natalidade ou de imigração ou pelo aumento da taxa de mortalidade ou de emigração.

Para saber se uma população está aumentando ou diminuindo, é comum utilizar o chamado **índice de crescimento**, que é a razão entre a taxa de natalidade e a de mortalidade. Um índice de crescimento maior que 1 indica que a população está aumentando e um índice menor que 1, que está diminuindo.

Estudo em laboratório

As populações formam-se e crescem graças à sua capacidade de reprodução. Se não houvesse obstáculo a esse crescimento, o número de indivíduos aumentaria de forma exponencial, ou seja, em progressão geométrica (em Matemática, progressão geométrica é uma sequência de números em que cada termo a partir do segundo é igual ao anterior multiplicado por uma constante denominada razão. Nesse exemplo, a razão é o número 2). Por exemplo, em condições ideais, algumas espécies de bactérias reproduzem-se a cada 20 minutos (figura 16.1). Se esse ritmo fosse mantido, em 15 horas haveria, a partir de uma única bactéria, uma população com mais de 1 bilhão de indivíduos, em 24 horas haveria 5×10^{21} bactérias e, em 36 horas, a Terra toda ficaria coberta por uma camada de bactérias.

Mas esse ritmo de crescimento não se mantém por muito tempo. Diversos fatores impedem que a população continue aumentando em progressão geométrica, levando-a a atingir o equilíbrio: a quantidade de alimento, o espaço disponível, a influência de predadores e parasitas, a competição com outras populações pelos mesmos recursos, etc.

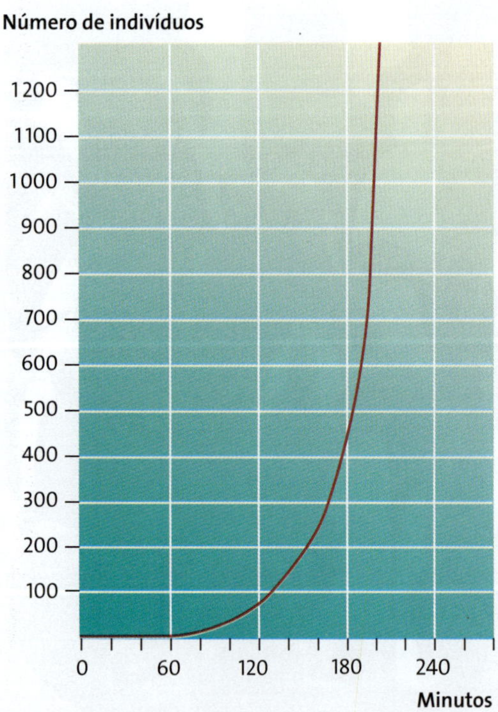

Figura 16.1 Curva de crescimento exponencial de uma população de bactérias em condições ideais.

Aprofunde seus conhecimentos

Calculando o tamanho das populações

Um dos métodos para calcular o tamanho de uma população consiste em capturar um certo número de indivíduos e colocar alguma marca que não cause qualquer prejuízo. Pode ser uma pequena marca de tinta na asa de uma mariposa ou um anel na perna de um pássaro, por exemplo.

Os indivíduos marcados são soltos na área em que eles foram encontrados e, passado algum tempo (um tempo suficiente para eles se misturarem à população original), uma nova amostra é capturada. Esse método é conhecido como método da marcação-soltura-recaptura.

Suponhamos que foram soltas 12 mariposas marcadas e alguns dias depois foram capturadas 25 mariposas, das quais 3 possuíam a marca. Uma estimativa do tamanho dessa população pode ser feita com um processo matemático simples, uma regra de três. Veja o esquema abaixo (figura 16.2).

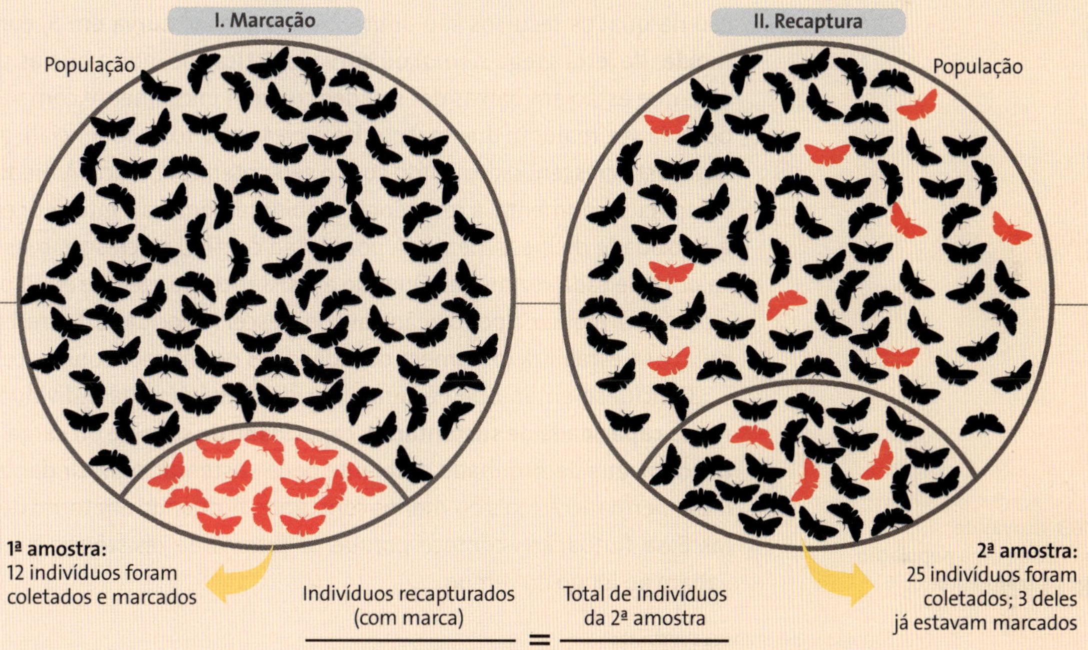

$$\frac{\text{Indivíduos recapturados (com marca)}}{\text{Total de indivíduos marcados (1ª amostra)}} = \frac{\text{Total de indivíduos da 2ª amostra}}{\text{Tamanho estimado da população}}$$

$$\frac{3}{12} = \frac{25}{\text{Tamanho estimado da população}}$$

$$\text{Tamanho estimado da população} = 100$$

Figura 16.2 Exemplo de método de marcação-soltura-recaptura aplicado à população de mariposas.

Esse é um cálculo aproximado. Há outras formas de cálculo, com o uso de ferramentas estatísticas mais sofisticadas, que aumentam a precisão do resultado. Outra forma de aprimorar os cálculos é fazer mais de uma recaptura.

Observe que há várias pressuposições que têm de ser verdadeiras para que o cálculo esteja correto, tais como: os indivíduos marcados não foram afetados pela marcação, eles se misturam de modo uniforme na população, eles têm a mesma chance de ser capturados que os não marcados, não houve migração, nenhuma marcação caiu ou sumiu do animal, a probabilidade de se capturar o indivíduo marcado é a mesma que capturar o não marcado, etc.

Esse exemplo ilustra o fato de que experimentos e observações científicas possuem sempre uma margem de erro e podem ser questionados, corrigidos e melhorados. Nesse caso, poderiam ser feitas observações prévias para verificar se está havendo migração ou se a sobrevivência de indivíduos marcados é afetada pela marcação, entre outras.

Chamamos **potencial biótico** ou **reprodutivo** a capacidade de uma população crescer em condições ideais (de espaço, alimento, temperatura, etc.) e longe da influência de predadores, parasitas e competidores. **Resistência ambiental** é o nome dado ao conjunto de fatores que se opõem a esse crescimento; ela pode ser indicada pela diferença entre o crescimento máximo possível (o potencial biótico) e o crescimento real da população nas condições naturais.

Vários cientistas estudaram populações de microrganismos em laboratório e observaram que, no início, o número de indivíduos crescia de forma exponencial. Depois, a partir de certo ponto, a velocidade de crescimento diminuía até a população parar de crescer, e o número de indivíduos permanecia aproximadamente constante (figura 16.3).

O gráfico do número de indivíduos em função do tempo em uma situação na qual os recursos são limitados é chamado **curva em S**, **curva sigmoide** (da letra grega *sigma*) ou **curva logística**. Ele indica que as populações que estão em baixas densidades crescem inicialmente com velocidade cada vez maior (o que caracteriza o crescimento exponencial): a população está crescendo de acordo com o seu potencial biótico. À medida que a população aumenta, a resistência ambiental começa a interferir e a frear a velocidade de crescimento. A população continua a crescer, mas a uma velocidade cada vez menor. Quando a resistência do meio se equilibra com o potencial biótico, a população para de crescer (velocidade de crescimento nula) e se estabiliza (o número de indivíduos permanece constante).

Conclui-se então que há uma densidade máxima de indivíduos, chamada **capacidade de sustentação**, **capacidade de suporte** ou **carga biótica máxima**, que determinado ambiente pode sustentar. A partir daí, a população permanece mais ou menos constante, flutuando em torno desse valor. Essa flutuação acontece porque os fatores da resistência ambiental variam ao longo do tempo.

Figura 16.3 Curvas de crescimento de uma população de fungos em laboratório.

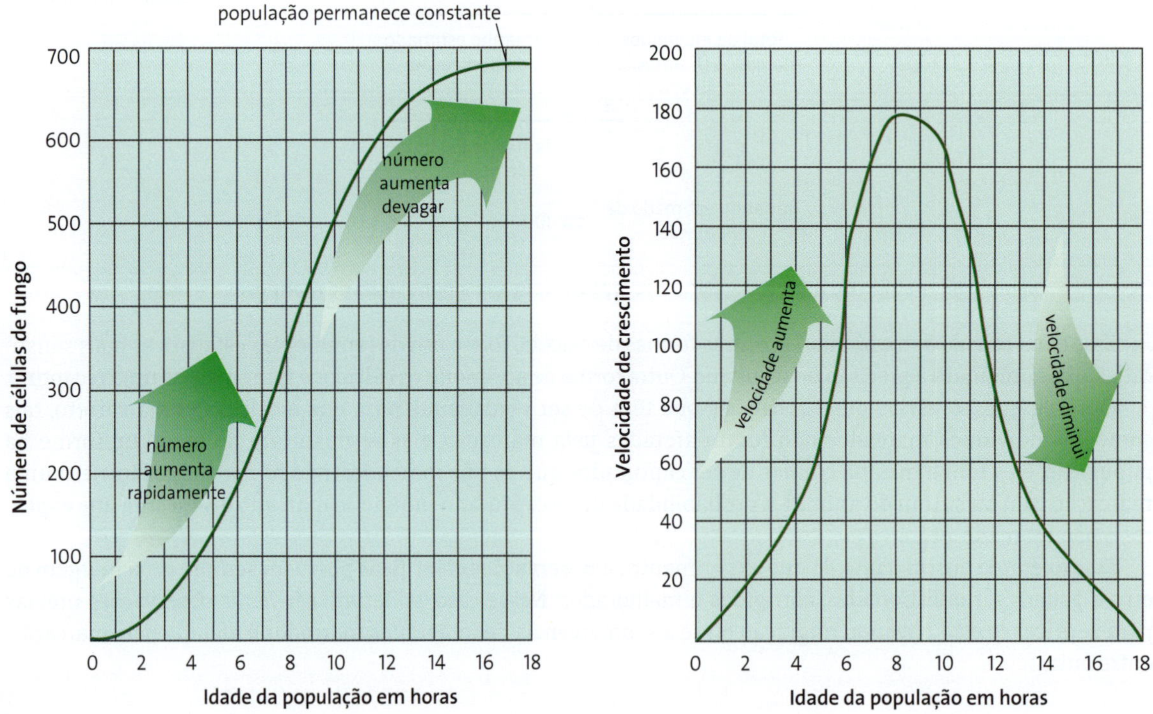

Estudos na natureza

Em alguns casos, o número de predadores e o de presas oscilam ao longo do tempo. Quando o número de presas aumenta, os predadores conseguem mais comida e seu número também cresce. Esse aumento provoca o crescimento da mortalidade das presas, que diminuem de número. Com isso, por causa da escassez de alimento, o número de predadores também diminui e volta ao ponto inicial.

O predador não é o único fator que influi nas oscilações periódicas dessas populações. No caso das populações de lebres e linces do Canadá, a queda no número de lebres (presa) deve-se ao aumento do número de linces e à diminuição na quantidade e na qualidade das plantas que servem de alimento às lebres, fazendo com que muitos indivíduos morram. Além disso, com a perda de peso, pela falta de alimento, as lebres ficam mais vulneráveis à predação dos linces.

A ação combinada da falta de alimento e da predação reduz o número de lebres, o que faz a população de linces diminuir e permite que a população de plantas se recupere. O ciclo recomeça com o aumento do número de lebres e de linces (figura 16.4).

Figura 16.4 Oscilações das populações de lebres e de linces do Canadá. Observe, a partir de 1910, um padrão mais regular, em que cada ciclo dura cerca de dez anos, e o número de linces começa a diminuir cerca de um ano após o declínio da população de lebres.

Howard Sandler/Shutterstock/Glow Images

Lebre (70 cm a 75 cm, fora a cauda).

Erni/Shutterstock/Glow Images

Lince (0,8 m a 1,3 m, fora a cauda).

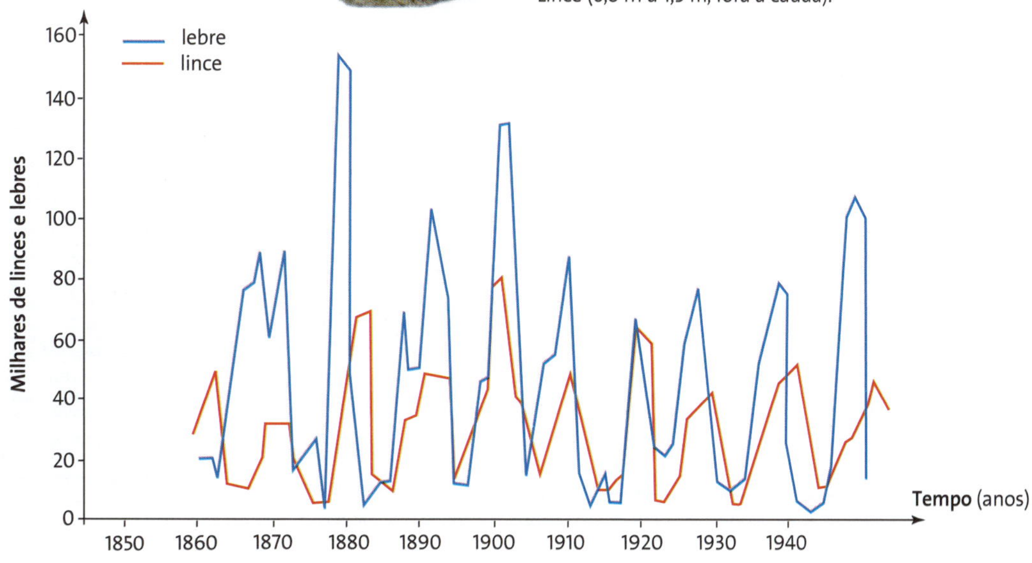

Índices de desenvolvimento humano

2 Crescimento da população humana

O aperfeiçoamento das técnicas de produção e conservação de alimentos e o controle de muitas doenças pela Medicina, pelo saneamento e pela vacinação propiciaram aumento na média de vida, queda na taxa de mortalidade e crescimento exponencial da população humana, chamado **explosão demográfica**, tema estudado também em Geografia e História, entre outras disciplinas (figura 16.5).

Há dois mil anos, a população mundial era de cerca de 300 milhões de pessoas. Em 1800, chegou a 1 bilhão; em 1927, atingiu 2 bilhões; foi para 3 bilhões em 1959, 5 bilhões em 1987 e 7 bilhões em 2011.

Devemos lembrar que um ambiente – e até o planeta inteiro – possui uma capacidade de suporte. Isso significa que há um número máximo de indivíduos de uma espécie que podem ser sustentados pelo ambiente sem comprometer a capacidade futura de suporte desse ambiente. Em outras palavras, sem causar degradação ambiental, utilizando os recursos naturais de modo que garanta a sustentabilidade para as futuras gerações. Essa capacidade vai depender da qualidade de vida que as pessoas desejam. E essa não é apenas uma questão científica, mas uma questão sobre valores humanos, que deve, portanto, ser decidida por toda a sociedade.

Embora a maioria dos cientistas concorde que é necessário desacelerar o crescimento populacional, de forma a estabilizar a população em um ponto compatível com os recursos do planeta, a superpopulação não pode ser apontada como a única causa da fome, da miséria e da degradação ambiental. O uso inadequado do solo e dos recursos hídricos – por causa da ignorância ou da busca de lucro rápido, sem a preocupação com a manutenção do equilíbrio ecológico –, a má distribuição de renda e os hábitos de consumo das nações ricas são também questões importantes, que precisam ser resolvidas para que se possa garantir um padrão de vida adequado a todos os habitantes do planeta.

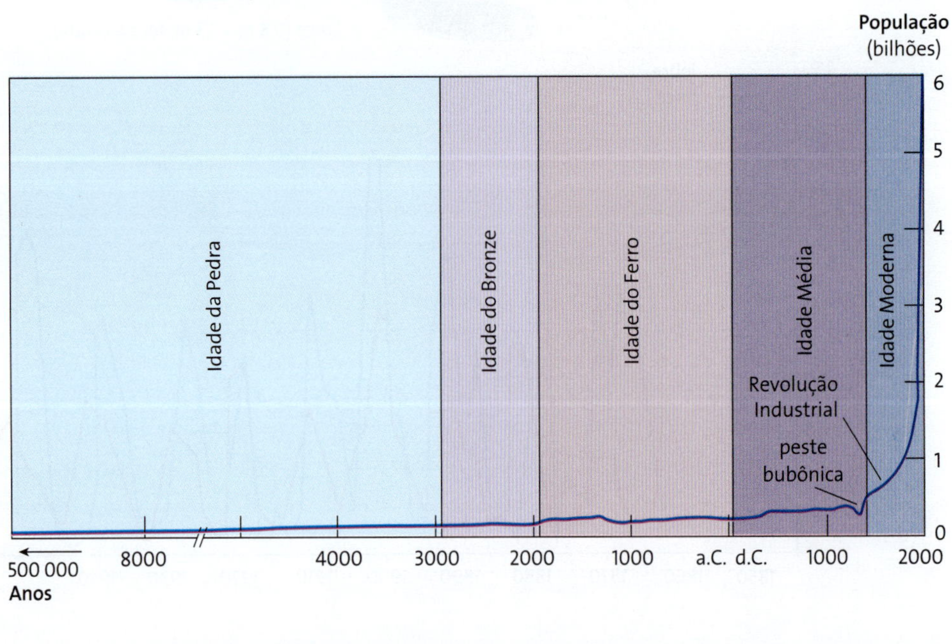

Figura 16.5 Observe o crescimento exponencial da população humana a partir da Revolução Industrial.

Em 2012, havia cerca de 7 bilhões de habitantes na Terra. Segundo a Organização das Nações Unidas (ONU), a população mundial deverá chegar a cerca de 9,3 bilhões em 2050 (figura 16.6). A taxa de crescimento, porém, vem diminuindo nas últimas décadas e deve cair de 1,17% (taxa atual) para 0,33%. Isso acontece principalmente por causa da redução da taxa de fecundidade (uma estimativa do número médio de filhos que uma mulher tem até o fim de seu período reprodutivo).

A elevação da qualidade de vida contribui para a conscientização da necessidade de um controle voluntário da natalidade, além de criar condições econômicas para realizar esse controle. Informação e assistência médica corretas possibilitarão aos casais decidir quando ter filhos.

Pawel Pietraszewski/Shutterstock/Glow Images

Figura 16.6 Vendedores de verduras em rua de Mumbai, Índia. A população dessa cidade é de aproximadamente 13 milhões de habitantes e está em crescimento.

Aprofunde seus conhecimentos

A função exponencial

Em Matemática, uma função é exponencial se $f(x) = b^x$, onde **b** é uma constante positiva e **x** um número real, ou seja, na função exponencial, a incógnita (ou a variável) está no expoente. Na curva exponencial apresentada neste capítulo, $f(x) = 2^x$.

As funções exponenciais crescem (ou decrescem) muito rapidamente. Elas são muito utilizadas em várias ciências além da Biologia. Na Química, por exemplo, aparecem no estudo do decaimento radioativo; em Economia, no cálculo com taxa de juros compostos.

Para ilustrar o aumento rápido que acontece nesses casos, conta-se uma lenda de um rei na Índia que, encantado com a invenção do jogo de xadrez por um súdito, perguntou que recompensa ele queria. O súdito pediu um grão de trigo pela primeira casa do tabuleiro, dois pela segunda casa, quatro pela terceira e assim sucessivamente até a última casa do tabuleiro, a de número 64. Nesse caso, o súdito iria receber 18 446 744 073 709 600 000 grãos!

Pirâmides de idades

As pirâmides etárias ou de idades são gráficos que indicam as proporções das diferentes faixas de idade na população e a proporção dos sexos. Elas são muito estudadas em Demografia, uma área da Geografia, e são importantes para o planejamento socioeconômico de uma nação. Veja a pirâmide etária do Brasil em 2010 (figura 16.7).

Nas regiões em desenvolvimento, é comum haver uma taxa de natalidade maior e uma expectativa de vida ao nascer menor que nas regiões desenvolvidas (a expectativa de vida ao nascer é o número de anos que se calcula que um recém-nascido pode viver, caso as taxas de mortalidade do local onde vive, no ano de seu nascimento, permaneçam as mesmas ao longo de sua vida). Por isso, as pirâmides das regiões em desenvolvimento costumam ter a base mais larga e o topo mais estreito, o que indica grande número de jovens e baixa proporção de idosos (figura 16.8). São populações predominantemente jovens, que tendem a um crescimento rápido por causa da grande proporção de jovens que poderão ter filhos nos próximos anos. No extremo oposto, há países com taxa de natalidade muito baixa e expectativa de vida elevada. Nesse caso, a pirâmide tem uma base mais estreita, o que indica grande número de idosos e baixa proporção de jovens. São populações maduras, com baixo crescimento e tendência a se estabilizar ou até declinar (figura 16.8).

Distribuição da população por sexo, segundo os grupos de idade

BRASIL – 2010

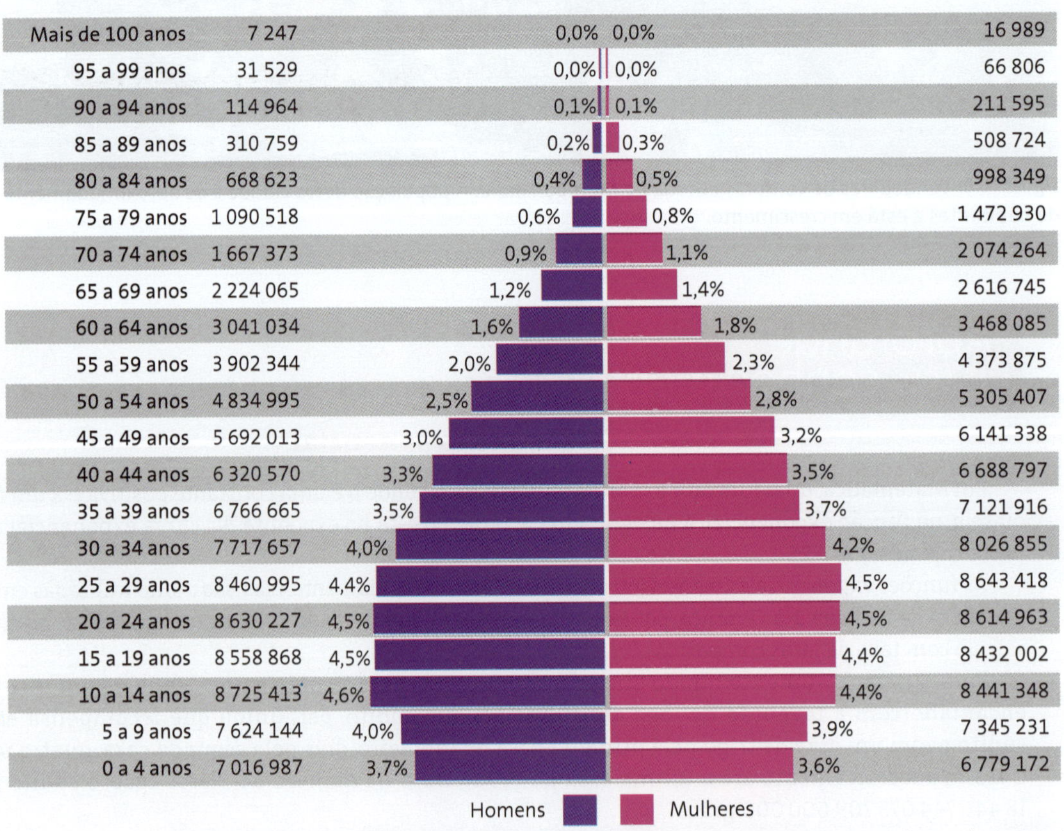

Figura 16.7 Pirâmide etária brasileira.

Fonte: IBGE. *Censo de 2010*. Disponível em: <www.censo2010.ibge.gov.br/sinopse/webservice/default.php?cod1=0&cod2=&cod3=&frm=piramide>. Acesso em: 22 jan. 2014.

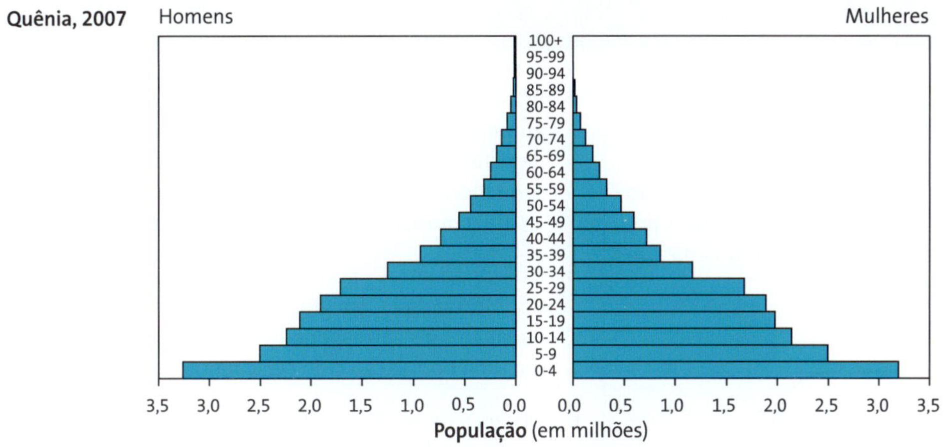

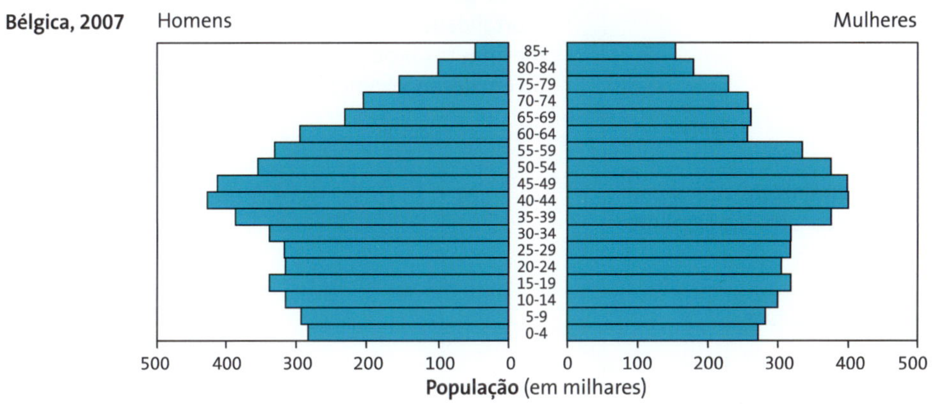

Fonte: U.S. Census Bureau. *International Database*.

Figura 16.8 **Pirâmide etária de país em desenvolvimento (Quênia) e de país desenvolvido (Bélgica).**

Embora o Brasil ainda seja um país com a maioria da população jovem, a proporção de adultos e idosos vem crescendo: passou de 4,7% da população em 1960 para 10,8% em 2010. As projeções indicam que em 2050 o número de pessoas com até 14 anos será o mesmo de pessoas com mais de 60 anos (figura 16.9). Essa mudança está ligada ao aumento na expectativa de vida e à queda na taxa de fecundidade. Na década de 1940, a expectativa de vida no Brasil não ultrapassava os 46 anos, enquanto ao final da década de 2000 a expectativa do brasileiro era de cerca de 73 anos. Em 2000, cada mulher tinha em média 2,38 filhos; em 2010, esse número passou para 1,9 filho. Essa taxa é inferior à taxa mínima para a reposição populacional, que é de 2,1 filhos (as duas crianças substituem os pais e a fração 0,1 compensa indivíduos que morrem sem se reproduzir). Algumas projeções indicam que a população deve continuar a crescer até por volta dos anos 2030; depois, deve estacionar ou até diminuir.

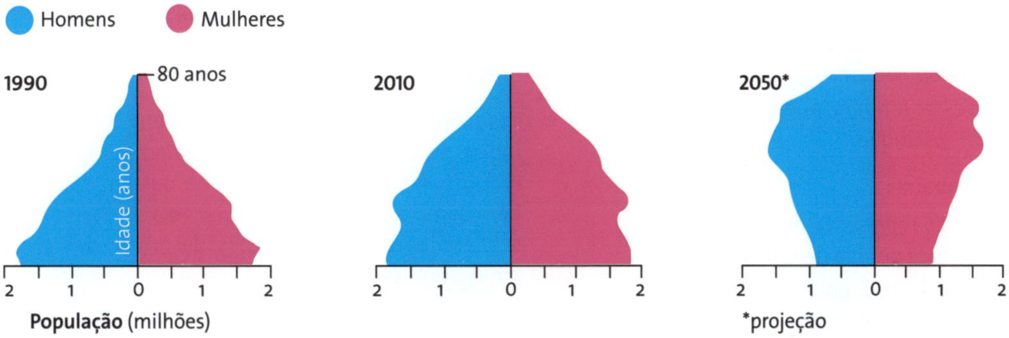

Figura 16.9 **Evolução da pirâmide etária brasileira.**

Fonte: AS DOENÇAS e o perfil etário da população. *Almanaque Abril 2012*. São Paulo: Abril, p. 138-139.

Atividades

1. Bactérias foram cultivadas em um frasco fechado com um meio nutritivo. Não houve reposição de nutrientes. O gráfico abaixo indica o número de bactérias ao longo do tempo. Explique o que ocorreu com a população de bactérias em cada trecho indicado. Que fatores podem estar influenciando o crescimento em cada trecho da curva?

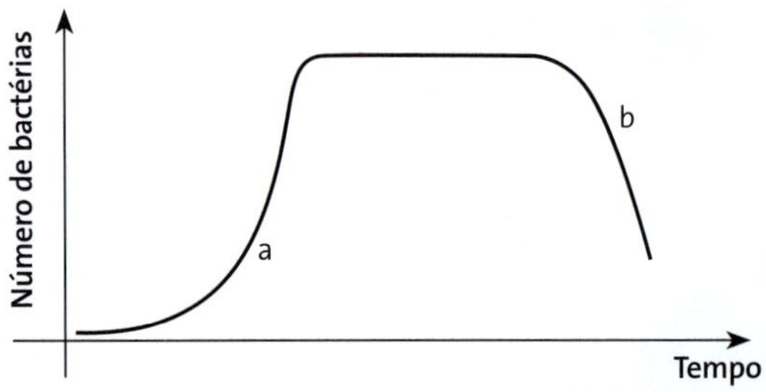

2. Um cientista acompanhou o crescimento de uma população de moscas em laboratório e construiu a seguinte tabela:

Dias	Número de indivíduos
5	2
10	4
15	10
20	24
25	48
30	70
35	87
40	93
45	98
50	99
55	100

a) Utilizando esses dados, construa uma curva aproximada do crescimento dessa população (de preferência, use papel milimetrado).

b) Que tipo de curva foi obtido e o que ela indica sobre o crescimento dessa população?

c) Que fatores podem estar influenciando o crescimento dessa população? Justifique.

3. Critique as afirmativas abaixo:

a) Crescimento econômico representa automaticamente melhoria nas condições de vida de uma população.

b) A cultura e a tecnologia não podem influenciar o crescimento populacional humano, fenômeno puramente biológico.

4. Imagine que o número de uma população de herbívoros aumente muito. O que pode ocorrer com a quantidade de plantas que servem de alimento para eles? Que consequências isso pode ter para o número de herbívoros? E para o número de predadores dos herbívoros?

5. Utilizando letras para representar as taxas de natalidade, mortalidade, imigração e emigração, monte uma equação que corresponda à relação entre essas taxas em uma população cujo crescimento está estabilizado.

6. Observe os gráficos abaixo. O que se pode dizer, de modo geral, a respeito das taxas de natalidade e de mortalidade de países desenvolvidos em relação às mesmas taxas de países mais pobres (subdesenvolvidos ou em desenvolvimento)?

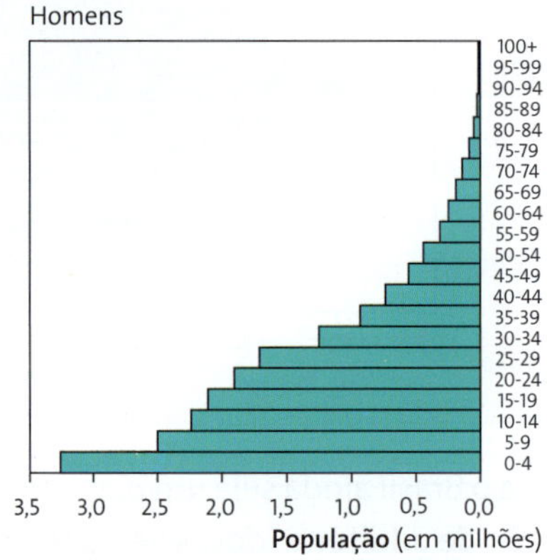

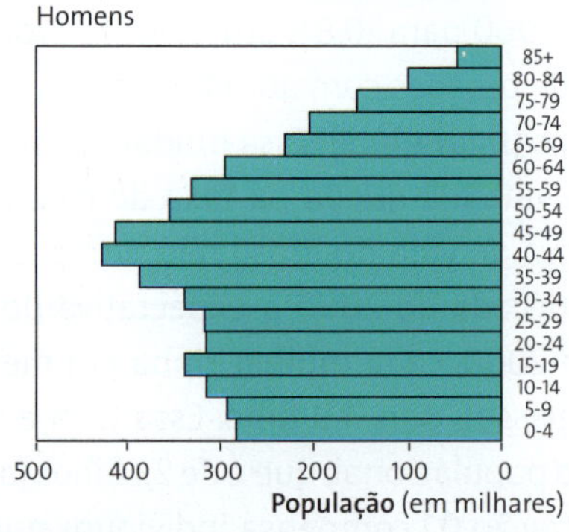

Fonte: U.S. Census Bureau. *International Database*.

Trabalho em equipe

Com auxílio dos professores de Geografia e Sociologia, escolham um dos temas abaixo para pesquisa.

1. Pesquisem e expliquem o que vem a ser o Índice de Desenvolvimento Humano (IDH) e o Produto Interno Bruto (PIB). Pesquisem também como está o Brasil em relação a esses índices, comparando-o a nações desenvolvidas e em desenvolvimento.

2. O que é transição demográfica.

Pensando no Enem

O quadro abaixo mostra a taxa de crescimento natural da população brasileira no século XX.

Período	Taxa anual média de crescimento natural (%)
1920-1940	1,90
1940-1950	2,40
1950-1960	2,99
1960-1970	2,89
1970-1980	2,48
1980-1991	1,93
1991-2000	1,64

Fonte: IBGE. *Anuários Estatísticos do Brasil.*

Analisando os dados, podemos caracterizar o período entre:

a) 1920 e 1960 como de crescimento do planejamento familiar.
b) 1950 e 1970 como de nítida explosão demográfica.
c) 1960 e 1980 como de crescimento da taxa de fertilidade.
d) 1970 e 1990 como de decréscimo da densidade demográfica.
e) 1980 e 2000 como de estabilização do crescimento demográfico.

Resolução

Esta questão apresenta assuntos relacionados principalmente à área de qualidade de vida de populações humanas. É necessário compreender o que significam as taxas de crescimento natural e quais suas relações com os conceitos de alguns indicadores sociais, como planejamento familiar, explosão demográfica, taxa de fertilidade e densidade demográfica.

Contudo, o enunciado também exige conhecimentos de outras áreas por envolver interpretação de índices matemáticos e análise de dados em uma tabela.

De forma geral, as informações mais importantes surgem da organização dos dados da tabela em grupos, e o conhecimento das relações com a determinação dos indicadores sociais.

Interpretação da tabela

A tabela lista alguns períodos do século XX e suas respectivas taxas anuais de crescimento natural, para a população brasileira.

É importante relacionar os dados entre as linhas da tabela para que se compare crescimento ou diminuição das taxas em relação a outros períodos, e não apenas seus valores absolutos.

O problema

O enunciado propõe uma análise relativa dos dados, levando a comparações entre períodos e entre outros indicadores sociais, cujos valores não foram apresentados.

Os indicadores citados cujos valores absolutos não foram apresentados são: planejamento familiar, crescimento e densidade demográfica e taxa de fertilidade. Todos eles guardam relação com a taxa de crescimento natural.

A taxa de crescimento natural é a diferença entre a taxa de natalidade e a taxa de mortalidade de uma população. Se a taxa de crescimento é positiva, a população cresce; se é igual a zero, a população não muda de tamanho; e se é negativa, a população diminui. A alternativa D afirma um decréscimo na densidade demográfica entre 1970 e 1990, mas a taxa de crescimento natural, apesar de diminuir nesse período, ainda é positiva, indicando um aumento na população e na densidade demográfica. Da mesma forma, a alternativa E menciona a estabilização do crescimento demográfico entre 1980 e 2000, mas a taxa diminui entre os períodos de 1980-1991 e 1991-2000, indicando uma diminuição no crescimento demográfico.

A taxa de natalidade é a quantidade de nascimentos pelo tamanho da população. Já a taxa de fertilidade é a quantidade de filhos nascidos pela quantidade de mulheres em idade fértil. Por isso, se uma taxa aumenta, a outra também aumenta, e o crescimento natural acompanha esse crescimento. Pelo decréscimo na taxa de crescimento natural entre 1960 e 1980, pode-se afirmar que a taxa de fertilidade deve ter também diminuído, ao contrário do que afirma a alternativa C.

É conhecida a correlação entre o aumento do planejamento familiar e o decréscimo da taxa de natalidade, o que levaria a uma diminuição na taxa de crescimento natural. Portanto, a alternativa A está incorreta ao afirmar que houve um crescimento no planejamento familiar no período de 1920 a 1960, quando nesse período a taxa de crescimento natural está aumentando.

A alternativa B, que afirma que entre 1950 e 1970 houve uma explosão demográfica, é a alternativa correta a esta questão, uma vez que, nesse período, a taxa de crescimento natural foi bastante alta em relação aos outros períodos, caracterizando um maior aumento populacional da população brasileira conhecido como explosão demográfica.

Resposta: **B**.

Vestibulares de Norte a Sul

1. **SE** (Uerj) A biomassa de quatro tipos de seres vivos existentes em uma pequena lagoa foi medida uma vez por mês, durante o período de um ano.

No gráfico abaixo estão mostrados os valores obtidos.

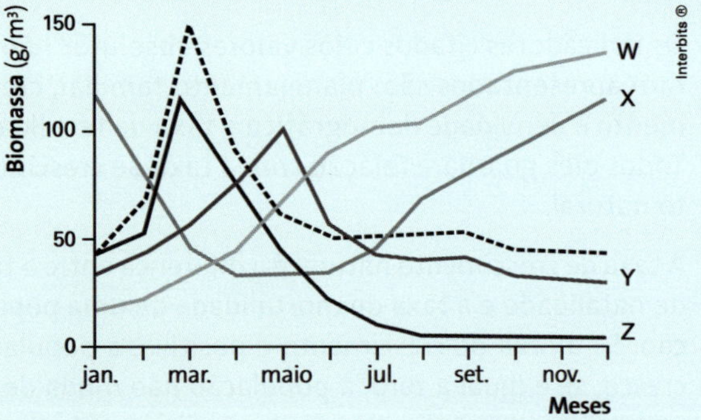

A curva pontilhada representa a variação da biomassa do fitoplâncton.

A variação da biomassa do zooplâncton está representada pela curva identificada por:

a) W
b) X
c) Y
d) Z

2. **SE** (Uerj) Traíras são predadores naturais dos lambaris. Acompanhou-se em uma pequena lagoa a evolução da densidade populacional dessas duas espécies de peixes. Tais populações, inicialmente em equilíbrio, sofreram notáveis alterações após o início da pesca predatória da traíra na mesma lagoa. Esse fato pode ser observado no gráfico a seguir, em que a curva 1 representa a variação da densidade populacional da traíra.

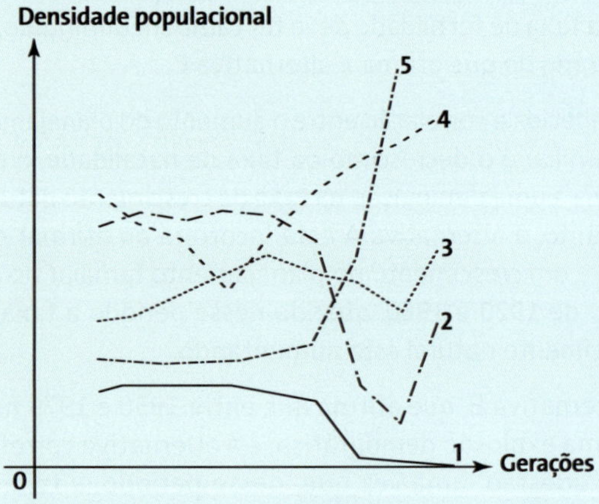

A curva que representa a variação da densidade populacional de lambaris é a de número:

a) 2.
b) 3.
c) 4.
d) 5.

3. **SE** (Fuvest-SP) Em 1910, cerca de 50 indivíduos de uma espécie de mamíferos foram introduzidos numa determinada região. O gráfico abaixo mostra quantos indivíduos dessa população foram registrados a cada ano, desde 1910 até 1950.

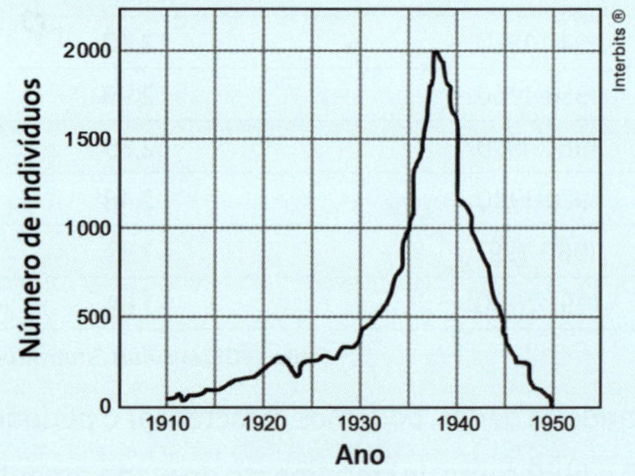

Fonte: *BSCS Biology – An Ecological Approach.* Kendal/Hunt Pub. Co., 5th ed. 2006. Adaptado.

Esse gráfico mostra que:

a) desde 1910 até 1940, a taxa de natalidade superou a de mortalidade em todos os anos.
b) a partir de 1938, a queda do número de indivíduos foi devida à emigração.
c) no período de 1920 a 1930, o número de nascimentos mais o de imigrantes foi equivalente ao número de mortes mais o de emigrantes.
d) no período de 1935 a 1940, o número de nascimentos mais o de imigrantes superou o número de mortes mais o de emigrantes.
e) no período de 1910 a 1950, o número de nascimentos mais o de imigrantes superou o número de mortes mais o de emigrantes.

4. **S** (UFRGS-RS) Leia os itens a seguir, que contêm informações sobre a dinâmica de três populações.

I. Uma população humana com taxa de natalidade de 150 nascimentos/ano, taxa de mortalidade de 80 mortes/ano e iguais taxas de imigração e emigração.
II. Uma população de insetos com iguais taxas de natalidade e mortalidade, taxa de emigração de 45 indivíduos/ano e taxa de imigração de 15 indivíduos/ano.
III. Uma população de roedores com taxa de natalidade de 50 nascimentos/ano, taxa de mortalidade de 27 mortes/ano e taxas de imigração e emigração iguais a zero.

Quais das populações mencionadas estariam mais sujeitas ao desaparecimento?

a) Somente a dos humanos.
b) Somente a dos insetos.
c) Somente a dos roedores.
d) Somente a dos humanos e a dos roedores.
e) Somente a dos humanos e a dos insetos.

5. CO (UFG-GO) Leia as informações a seguir.

De acordo com dados do IBGE, a distribuição da população brasileira por gênero se enquadra nos padrões mundiais; nascem mais homens que mulheres. Entretanto, as pirâmides etárias, na fase adulta, mostram uma parcela ligeiramente maior de população feminina. Segundo esse órgão, em 2010, a população brasileira compreendia 49,2% de homens e 50,8% de mulheres.

Disponível em: <http://www.ibge.gov.br>. Acesso em: 26 nov. 2012.

O texto menciona a existência de uma diferença entre o número de homens e mulheres na população brasileira. Algumas medidas diretamente voltadas para redução dessa diferença, na fase adulta, incluem:

a) a geração de emprego na construção civil e a vacinação contra a gripe.
b) a implementação de programa de saúde direcionado à população feminina e a vacinação contra a hepatite.
c) o controle da natalidade e o uso de equipamento de proteção individual no trabalho.
d) a geração de emprego direcionada à população masculina e a redução da mortalidade infantil.
e) a redução da criminalidade e a implementação de programa de saúde direcionado à população masculina.

6. NE (UFPB) A estrutura das populações não é estática, e mudanças bióticas e abióticas podem levar a um aumento ou diminuição dos componentes dessas populações ao longo do tempo. A análise dessas variações pode ser observada pelo estudo da dinâmica das populações, como mostra o gráfico abaixo.

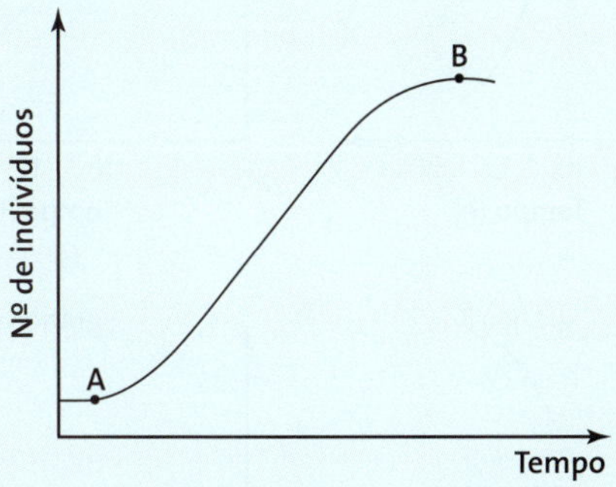

Analisando o gráfico a partir da literatura sobre o tema abordado, é correto afirmar que a população:

a) cresce independentemente da competição entre os indivíduos.
b) não apresenta, no ponto B, os efeitos da idade dos indivíduos.
c) cresce pouco até o ponto A, devido à elevada idade dos indivíduos.
d) não sofre os efeitos da mortalidade dos seus representantes.
e) tende, ao longo do tempo, ao equilíbrio, devido à capacidade de suporte do ambiente.

7. CO (UFMS) A densidade de uma população é afetada pela natalidade, mortalidade, imigração e emigração dos indivíduos. Para que haja aumento da densidade de uma população, é possível que ocorra(m):

01) aumento da imigração proporcional ao da emigração.
02) diminuição da natalidade associada com o aumento da imigração.
04) redução da mortalidade e estabilização da natalidade, imigração e emigração.
08) aumento da natalidade e da imigração.
16) aumento da emigração e diminuição da natalidade.
32) crescimento proporcional de natalidade, mortalidade, imigração e emigração.

8. SE (PUCC-SP) Considere as pirâmides de idades de duas populações humanas esquematizadas a seguir.

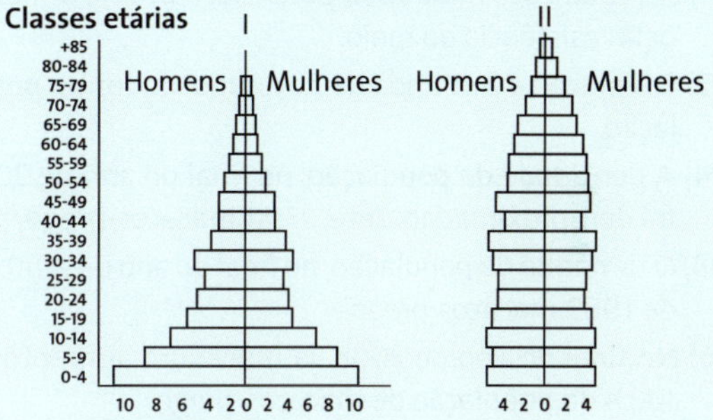

Comparando-as, pode-se afirmar que:

a) a mortalidade infantil é maior em II do que em I.
b) a expectativa de vida é maior em I do que em II.
c) o crescimento populacional é maior em I do que em II.
d) as mulheres vivem mais que os homens em I do que em II.
e) existe uniformidade na distribuição das classes etárias em I e não em II.

9. S (UEM-PR) Sobre a dinâmica populacional, é correto afirmar que:

01) o equilíbrio dinâmico de uma população é atingido quando a resistência do meio está em equilíbrio com seu potencial biótico.
02) as oscilações periódicas nas populações de alguns predadores também são provocadas pelas oscilações nas populações de presas.
04) quando duas espécies ocupam o mesmo *habitat*, mas não ocupam o mesmo nicho, ocorre entre elas competição intraespecífica.
08) quando uma população vive em situação de espaço limitado e de alimentação abundante se espera que ocorra um crescimento seguindo seu potencial biótico.
16) a taxa de crescimento populacional pode ser definida como o número de indivíduos de uma mesma espécie que vivem em determinada área ou volume.

10. **S** (UEM-PR) Em uma área de preservação ambiental, pesquisadores estudaram uma população de macacos-prego. A área em questão é de 84 ha (1 ha = 10 000 m^2). Considerando o tamanho inicial da população como 750 indivíduos (no início de 2006) e os dados de cinco anos que estão registrados na tabela a seguir, assinale a(s) alternativa(s) correta(s).

Determinantes populacionais	Ano				
	2006	2007	2008	2009	2010
Natalidade	200	250	320	450	510
Mortalidade	70	93	57	108	122
Imigração	7	28	65	70	48
Emigração	10	15	32	83	139

01) Em condições naturais, o potencial biótico é limitado pela resistência do meio.

02) Emigração é a entrada de novos indivíduos na população.

04) A densidade da população, no final do ano de 2010, foi de, aproximadamente, 23,44 macacos-prego/ha.

08) O tamanho da população, no final do ano de 2010, foi de 1 969 macacos-prego.

16) No final do ano de 2008, já houve um aumento de 100% da população de macacos-prego.

11. **NE** (UFC-CE) No gráfico abaixo, está representada a variação no tamanho das populações de três organismos, ao longo de um período de tempo. As populações são de um herbívoro, da planta que lhe serve de alimento e de seu predador. Em determinado momento, a população de predadores começou a declinar devido a uma doença, o que refletiu no tamanho das duas outras populações.

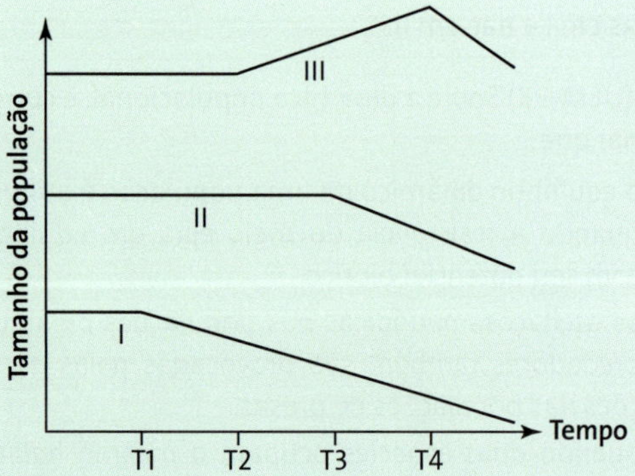

a) Quais populações estão representadas pela linha II e pela linha III?

b) O que provocou a mudança de trajetória da linha III no tempo T2?

c) O que provocou a mudança de trajetória da linha II no tempo T3?

d) O que provocou a mudança de trajetória da linha III no tempo T4?

12. **SE** (Fuvest-SP) O gráfico a seguir representa o crescimento de uma população de herbívoros e da população de seus predadores:

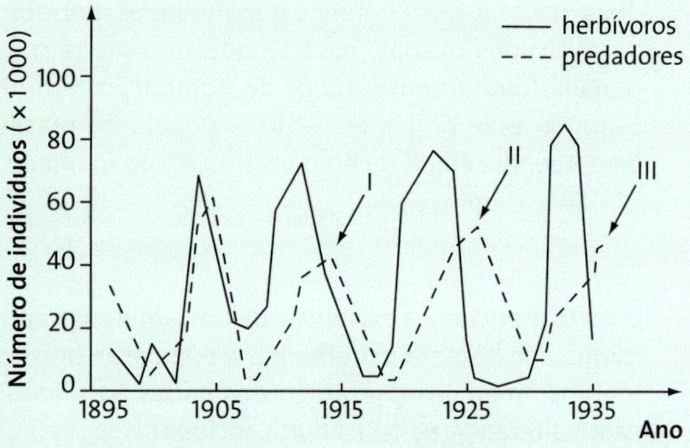

a) Pela análise do gráfico, como se explica o elevado número de predadores nos pontos I, II e III? Justifique sua resposta.

b) Se, a partir de 1935, os predadores tivessem sido retirados da região, o que se esperaria que **acontecesse** com a população de herbívoros? Justifique sua resposta.

13. **SE** (Uerj) Em uma experiência de laboratório, células de uma bactéria de crescimento rápido foram inoculadas em um frasco contendo meio de cultura adequado. Ao longo de um período de 20 horas, foram medidas, a intervalos regulares, entre outras variáveis, a densidade populacional e a velocidade de crescimento. Os gráficos a seguir representam os valores medidos.

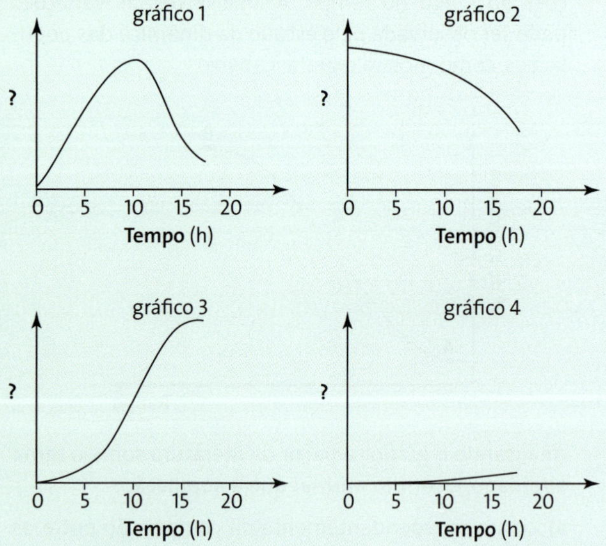

a) Sabendo que o gráfico 3 representa a densidade populacional, indique o gráfico que representa a velocidade de crescimento da bactéria, que é definida como o número de novas bactérias formadas por minuto.

b) Explique como a velocidade de crescimento varia em função da concentração de nutrientes nas condições experimentais citadas.

CAPÍTULO

17 Relações entre os seres vivos

Nigel Cattlin/Photoresearchers/Latinstock

Pulgão-da-ervilha (*Acyrthosiphon pisum*; 2,2 mm a 3,0 mm de comprimento).

- *Como você se relaciona com outros seres vivos?*
- *Você sabe o que é um ser parasita?*
- *Por que alguns animais se confundem com a paisagem, enquanto outros se destacam e chamam atenção?*

1 Tipos de relações

Em uma comunidade há várias relações (interações ou associações) entre os seres vivos. Algumas ocorrem entre seres da mesma espécie: são as **relações intraespecíficas** (*intra* = dentro); outras, entre seres de espécies diferentes: são as **relações interespecíficas** (*inter* = entre; figura 17.1).

Em alguns casos, ambos os participantes da relação são beneficiados (suas chances de sobrevivência e reprodução aumentam); em outros casos, um participante é beneficiado e o outro sofre algum prejuízo (suas chances de sobrevivência e reprodução diminuem) ou não tem nenhum benefício, mas também não sofre nenhum prejuízo. Quando há prejuízo para algum participante da relação, ela é dita **desarmônica**; caso não haja prejuízo para nenhum dos associados, a relação é **harmônica**.

Esses efeitos costumam ser representados por sinais: "+" quando houver benefícios para o participante; "–" quando houver prejuízo; "0" quando não houver benefício nem prejuízo para o participante. Uma interação entre o parasita e seu hospedeiro, por exemplo, é representada por "+ –", já que o parasita é beneficiado e o hospedeiro prejudicado.

Veja no esquema abaixo os diversos tipos de associação.

- Relações em que não há prejuízo para nenhum participante
  - intraespecíficas
    - sociedade
    - colônia
  - interespecíficas
    - mutualismo
    - protocooperação
    - comensalismo
- Relações em que há prejuízo para pelo menos um dos participantes
  - intraespecíficas
    - canibalismo
    - competição
  - interespecíficas
    - competição
    - predatismo
    - parasitismo

Figura 17.1 Os seres vivos de uma comunidade se inter-relacionam de diversas maneiras: os cupins podem se alimentar de madeira; o tamanduá pode comer cupins; as plantas competem por espaço e nutrientes no solo.

Fabio Colombini/Acervo do fotógrafo

2 Sociedades

São muitos os casos de indivíduos da mesma espécie que, em determinado momento, se agrupam e obtêm algumas vantagens. Por exemplo, muitas aves se reúnem nos locais de reprodução, o que facilita o encontro de machos e fêmeas e a proteção da prole. Chamados **reuniões** ou **bandos**, esses agrupamentos são instáveis e podem se desfazer quando as condições que os favoreceram deixam de existir.

As vantagens da vida em grupo são ainda maiores quando os animais se mantêm unidos de modo permanente. Esses agrupamentos são chamados **sociedades** e caracterizam-se pela divisão do trabalho e por grande solidariedade entre seus membros. São encontrados em alguns grupos de insetos (que, por isso, são chamados de insetos sociais: formigas, cupins e várias espécies de abelhas e vespas), nos castores, nos gorilas e na espécie humana.

Entre os insetos sociais, a divisão do trabalho é tão grande que o corpo dos indivíduos está modificado e adaptado de acordo com as funções que realizam. O resultado dessa extrema especialização é a existência, na mesma espécie, de grupos de indivíduos com características diferentes, fenômeno chamado **polimorfismo morfológico** (*polys* = muitos; *morphé* = forma); cada grupo diferente forma uma **casta**. Veja nos itens a seguir alguns exemplos de sociedade.

Sociedade das formigas

Sociedade das formigas

Há, aproximadamente, 20 mil espécies de formigas. Em uma sociedade de formigas saúvas (do gênero *Atta*), por exemplo, há fêmeas férteis (rainhas ou **içás**; pode haver mais de uma rainha por formigueiro), machos férteis (reis ou **bitus**) e operárias estéreis (figura 17.2). As operárias defendem a sociedade e coletam folhas para alimentar o fungo que lhes serve de alimento. Em certas épocas do ano, as rainhas e os machos, ambos dotados de asas, saem para o voo nupcial. Após a fecundação, os machos morrem e as rainhas vão fundar novos formigueiros.

Figura 17.2 Sociedade de formigas: operárias (cerca de 6 mm a 8 mm) carregando folhas.

Sociedade das abelhas

Várias espécies de abelhas formam sociedades altamente organizadas (figura 17.3), nas quais, de modo instintivo, cada indivíduo coloca a sobrevivência da colmeia acima de sua própria. O trabalho é feito, exclusivamente, pelas **operárias**, fêmeas estéreis com ovários atrofiados. Elas vivem apenas cerca de um mês e são as únicas que possuem aparelho bucal e patas especializadas para a colheita do pólen, sendo encarregadas de colher também o néctar das flores, alimentar as larvas e produzir a cera para construir a colmeia. A conservação e a limpeza da colmeia também são sua responsabilidade.

Na maioria das colmeias, há apenas uma fêmea fértil, a **rainha**, cuja única função é ser fecundada e botar ovos. Pode viver de cinco a dez anos, dependendo da espécie, e colocar cerca de mil ovos por dia. Com alguns dias de idade, ela executa o **voo nupcial** e é fecundada por um ou mais **zangões**, os machos (figura 17.4).

Milhões de espermatozoides ficam por alguns anos vivos, armazenados no sistema reprodutor da rainha. Quando fecundados, os óvulos resultam em ovos, que originam as larvas femininas. Os óvulos não fecundados se desenvolvem por partenogênese (*parthenos* = virgem; *genesis* = origem) e originam zangões.

Todas as larvas que saem dos ovos são alimentadas pelas operárias durante os dois primeiros dias com **geleia real**, secreção glandular produzida pelas operárias jovens. As larvas que se desenvolverão em operárias e em zangões passam a ser alimentadas com mel e pólen; aquelas que se desenvolverão em rainhas continuam recebendo geleia real. No caso de uma sociedade muito grande, a rainha antiga e parte das operárias abandonam a colmeia e vão fundar uma nova sociedade; esse ato é denominado enxameamento. A colmeia original permanece com larvas que vão criar uma nova rainha.

Serg64/Shutterstock/Glow Images

Fabio Colombini/Acervo do fotógrafo

Figura 17.3 **A**, abelha operária (cerca de 1,5 cm de comprimento) colhendo néctar em flor; **B**, colmeia com operárias e uma rainha (cerca de 3 cm; no centro da foto).

Otto Hahn/Picture Press/Latinstock

Figura 17.4 Zangão (cerca de 2 cm) copulando com rainha em pleno voo.

Sociedade dos cupins

Entre os cupins ou **térmites**, os operários são formados por machos e fêmeas estéreis. Os soldados compõem um grupo de machos e fêmeas estéreis com pernas e mandíbulas muito fortes, encarregados de defender a sociedade (figura 17.5).

Em certas épocas do ano, podemos ver machos e fêmeas alados, conhecidos como **siriris** ou **aleluias**, formando nuvens em torno das lâmpadas, mas o ato sexual realiza-se no solo, depois que ambos perdem as asas. Ao contrário dos zangões e dos machos de formiga, o cupim macho permanece com a rainha na câmara nupcial (cavidade feita na madeira pelo casal) e a fecunda periodicamente. A rainha pode botar milhares de ovos por dia, e seu abdome aumenta centenas de vezes.

Figura 17.5 Sociedade de cupins: **A**, cupins operários e a rainha (no centro, com o abdome dilatado – chega a 20 cm de comprimento –, cheio de ovos); **B**, aspecto externo de um cupinzeiro (pode chegar a 9 m de altura); **C**, cupim soldado (cerca de 3 mm a 20 mm, dependendo da espécie).

Biologia e ambiente

Urbanização e cupins

Na língua tupi, cupim significa 'montículo', em referência à forma de seus ninhos, e "térmita" ou "térmite", em latim, significa 'verme da madeira'. A maioria das espécies alimenta-se de madeira, raízes, folhas e matéria orgânica do solo, o que contribui para a reciclagem da matéria, além de manter diversas relações ecológicas com outras espécies. Os túneis construídos nos cupinzeiros favorecem a aeração do solo.

Com o aumento das cidades e do desmatamento, algumas espécies instalaram-se no ambiente urbano e destroem papéis, madeira (figura 17.6), fiação elétrica e outros materiais usados na construção civil.

Figura 17.6 Madeira atacada por cupins.

Figura 17.7 Algumas das vantagens da vida em sociedade.

Gregory G. Dimijian, M.D./Photoresearchers/Latinstock

Leões (1,7 m a 2,5 m de comprimento, fora a cauda) dividindo presa.

Fabio Colombini/Acervo do fotógrafo

Mico-leão-dourado (25 cm a 35 cm de comprimento, fora a cauda) cata piolhos de companheiro.

Cooperação nas sociedades de mamíferos

Entre os mamíferos, há várias sociedades com grande grau de união e de cooperação (figura 17.7).

Alguns animais soltam um grito de alarme quando veem um predador aproximar-se do grupo. Por exemplo, os macacos-vervet (*Chlorocebus pygerythrus*) do Quênia emitem três tipos de grito: um para leopardos; outro para serpentes; e um para águias. Cada grito produz uma reação diferente. Quando ouvem o grito para leopardos, eles sobem nas árvores. Se o aviso é sobre águias, imediatamente olham para o céu e correm para se esconder. Quando se refere a serpentes, erguem-se sobre as patas traseiras e observam com cuidado o mato ao redor.

É frequente os animais de determinada sociedade dividirem alimento entre si. Os morcegos vampiros que não conseguem comida quase sempre encontram outro morcego vampiro que lhes doa sangue por meio da regurgitação: o animal lança pela boca um pouco do alimento que ainda estava em seu estômago. Para o morcego, essa ajuda é fundamental, pois ele morrerá se não conseguir alimento por duas noites seguidas (figura 17.8).

Michael Lynch/Shutterstock/Glow Images

Figura 17.8 Morcego-vampiro (6 cm a 10 cm de comprimento).

Nigel Dennis/Photoresearchers/Latinstock

Algumas das suricatas (cerca de 22 cm de comprimento) vigiam a entrada da toca enquanto os demais realizam outras atividades.

3 Colônias

As vantagens da vida em grupo podem ser conseguidas também pela união anatômica dos organismos, com a formação de **colônias**. Estas podem ser de dois tipos:

- **homotípicas**, **homeomorfas** ou **isomorfas** (*homoios* = igual; *typos* = modelo; *morphé* = forma; *isos* = igual) – não há diferenças morfológicas entre seus membros, nem divisão de trabalho;
- **heterotípicas**, **heteromorfas** ou **polimorfas** (*hétero* = diferente; *polys* = muitos) – há diferenciação e divisão de trabalho entre os indivíduos.

Colônias homeomorfas costumam ocorrer em protozoários, algas e corais (figura 17.9). Nesse caso, como são iguais, todos os indivíduos realizam o mesmo trabalho. Isso não acontece com alguns cnidários, como a caravela-portuguesa (*Physalia physalis*; figura 17.9). Sua colônia é formada por indivíduos com formas e funções diferentes. Há indivíduos especializados na reprodução, na nutrição, na defesa e no ataque. Todos estão interligados e suspensos na água por uma bolsa de gás (pneumatóforo).

Caravela-portuguesa (*Physalia physalis*; a estrutura cheia de gás atinge cerca de 30 cm de altura e os tentáculos podem atingir 20 m de comprimento).

Peter Scoones/SPL/Latinstock

Peter Scoones/SPL/Latinstock

Indivíduos que formam uma colônia do gênero *Dendrophyllia* (dependendo da espécie, a altura de cada indivíduo varia entre 3 mm e 60 mm).

Alexis Rosenfeld/SPL/Latinstock

Corais da espécie *Millepora tenella*.

Figura 17.9 Tipos de colônias formadas por diferentes espécies de cnidários.

Eye Of Science/SPL/Latinstock

Eric V. Grave/Photoresearchers/Latinstock

celulose $\xrightarrow[\text{digestão pelo protozoário}]{}$ glicose $\xrightarrow[\text{fermentação pelo protozoário}]{\nearrow \text{ energia}}$

$\rightarrow$ ácido acético $\xrightarrow[\text{oxidação pelo cupim}]{\nearrow \text{ energia}}$ $CO_2 + H_2O$

Figura 17.10 Cupim (ao microscópio eletrônico; aumento de cerca de 20 vezes; imagem colorizada por computador) e o protozoário *Trichonympha* sp. (ao microscópio de luz; aumento de cerca de 240 vezes). No esquema, digestão e fermentação da celulose.

4 Mutualismo

Mutualismo

O termo **mutualismo** pode ser usado em sentido amplo para qualquer associação em que os dois organismos de espécies diferentes sejam beneficiados (*mutuare* = trocar, dar e receber). Mas ele é usado também em sentido mais estrito para indicar os casos em que há grande interdependência entre os organismos associados, envolvendo trocas de alimentos e de produtos do metabolismo com benefícios mútuos. Essa dependência é de tal ordem que a vida em separado se torna impossível. Os autores que usam o termo "mutualismo" em sentido amplo, referem-se a esses casos como **mutualismo obrigatório** ou **simbiose mutualística**. Quando a dependência é menor, possibilitando que os organismos sobrevivam quando isolados, a associação é chamada **mutualismo facultativo**, **cooperação** ou **protocooperação** (*protos* = primitivo).

O termo **simbiose** (*syn* = união; *bios* = vida) é empregado para indicar qualquer associação permanente entre organismos de espécies diferentes.

Vejamos alguns exemplos de mutualismo obrigatório (ou, simplesmente, mutualismo).

Cupim e protozoários

Apesar de se alimentar de madeira, o cupim não é capaz de sintetizar a enzima que participa da digestão da celulose (principal componente da madeira), mas em seu intestino vivem protozoários que a digerem (figura 17.10). Eles quebram a celulose em glicose e, com a fermentação dessa molécula, obtêm a energia necessária às suas funções. A fermentação produz ácido acético, que é oxidado pelo cupim e usado como fonte de energia.

Esse tipo de relação é encontrado também entre muitos mamíferos ruminantes (como o boi e a cabra) e bactérias que vivem em seu tubo digestório.

Leguminosas e bactérias

Como vimos no ciclo do nitrogênio, certas bactérias vivem nas raízes de leguminosas e fornecem-lhes nitrogênio, que será utilizado na produção de proteínas. As leguminosas fornecem nutrientes para as bactérias e um tipo de hemoglobina, com a função de se combinar com parte do gás oxigênio, cujo excesso poderia destruir a enzima que fixa o nitrogênio (nitrogenase). A associação entre essas bactérias e as células das raízes de leguminosas é chamada de bacteriorriza (figura 17.11).

Wally Eberhart/Corbis/Latinstock

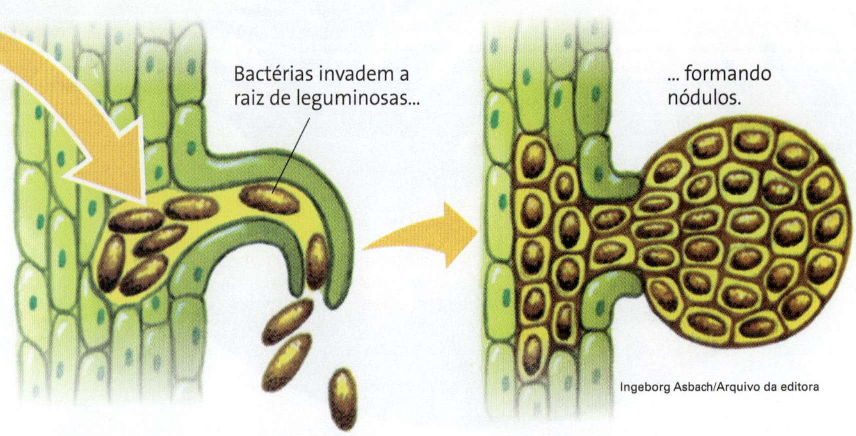

Ingeborg Asbach/Arquivo da editora

Figura 17.11 Mutualismo entre bactérias e leguminosas. Na foto, raízes de soja com os nódulos formados por grande número de bactérias do gênero *Rhizobium*. (Bactérias são microscópicas. Os nódulos têm entre 1 mm e 3 mm de diâmetro.)

Líquen

A associação entre certos fungos e algas clorofíceas ou cianobactérias costuma ser tão íntima que ambos formam um novo tipo de organismo: o **líquen** (figura 17.12). Sendo autotrófica, a alga fornece ao fungo parte da matéria orgânica que produz e recebe dele proteção, umidade e sais minerais.

Somadas as funções da alga e do fungo, o líquen se adapta aos mais variados lugares, como em troncos de árvores, pedras, montanhas e até no gelo. Apesar disso, os liquens são muito sensíveis à poluição do ar e funcionam como indicadores dessa forma de poluição: em ambientes poluídos, a maioria desaparece porque não possui cutícula e outras estruturas que, nos vegetais, funcionam como filtros da poluição. A poluição do ar pode ser medida também por processos físicos e químicos, mas os equipamentos utilizados nesses casos podem ter um custo mais elevado.

Alessandro0770/Shutterstock/Glow Images

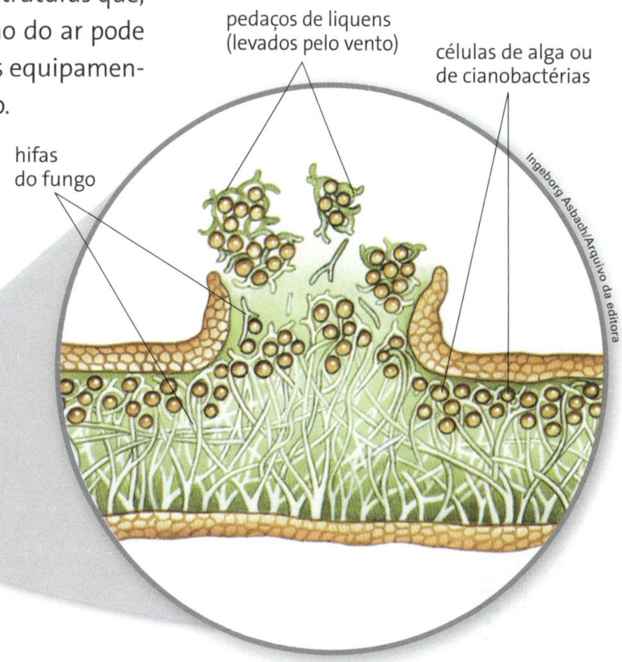

Ingeborg Asbach/Arquivo da editora

Figura 17.12 Foto de líquen e ilustração de como ele é visto ao microscópio, com aumento de cerca de mil vezes. (Cores fantasia.)

Micorriza

Outro caso de mutualismo, chamado **micorriza** (*mykes* = cogumelo; *rhiza* = raiz), ocorre entre plantas e certos fungos que crescem na superfície e no córtex das raízes delas (figura 17.13). O fungo facilita a absorção de sais minerais e a planta compartilha produtos orgânicos resultantes da fotossíntese. Uma prova dessa associação é que certas plantas não crescem – ou crescem mal – quando o fungo não está presente.

Eye Of Science/SPL/Latinstock

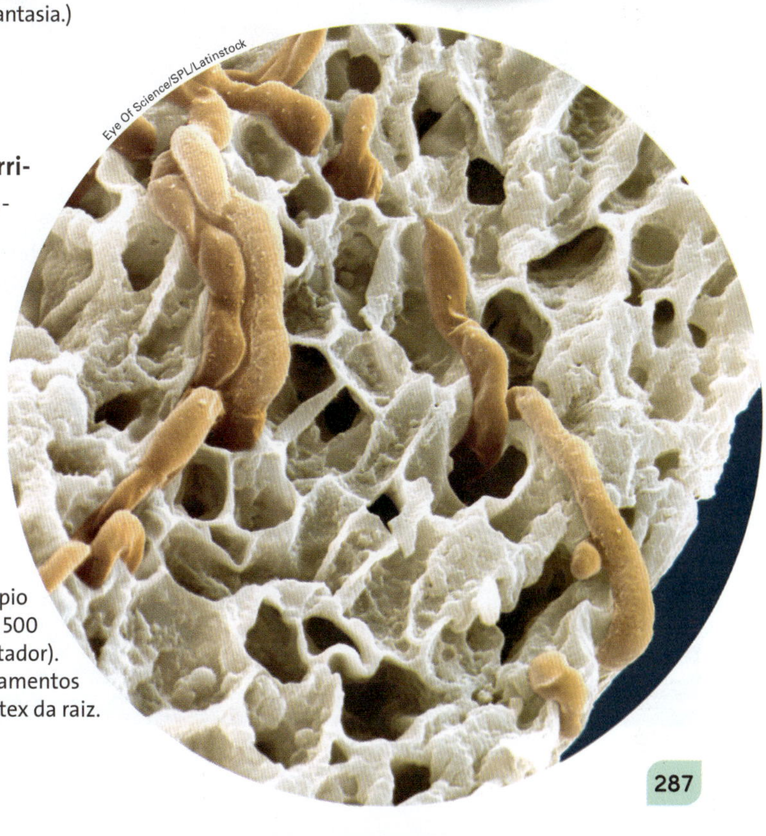

Figura 17.13 Micorriza vista ao microscópio eletrônico (aumento de cerca de 1 500 vezes; imagem colorizada por computador). Podem ser vistas as hifas do fungo (filamentos em laranja) no interior do córtex da raiz.

5 Protocooperação

Em muitos casos, indivíduos de espécies diferentes obtêm benefícios mútuos sem que haja dependência entre eles (ao contrário do que ocorre no mutualismo obrigatório, os indivíduos podem sobreviver quando isolados). Essa associação é chamada **protocooperação**, **cooperação** ou **mutualismo facultativo**. Alguns cientistas, como vimos, usam o termo *mutualismo* em sentido amplo, para qualquer associação em que os dois organismos sejam beneficiados.

Paguro e anêmona

O paguro (caranguejo também conhecido como bernardo-eremita) costuma viver dentro de conchas vazias, conseguindo proteção para seu abdome longo e desprovido de carapaça. Sobre a concha, ele coloca uma ou mais anêmonas, que, por terem células urticantes, afugentam possíveis predadores e lhe conferem uma proteção extra. A anêmona beneficia-se porque tem seu campo de alimentação ampliado quando o paguro se locomove e leva a concha, e pode também se alimentar dos restos dos alimentos do paguro (figura 17.14).

Figura 17.14 Protocooperação entre paguro (1,3 cm a 12 cm de comprimento, dependendo da espécie) e anêmonas: na primeira foto, a concha está sem anêmonas sobre ela; na segunda, há anêmonas, colocadas pelo próprio paguro.

Formiga e pulgão

Os pulgões alimentam-se da seiva das árvores e eliminam o excesso de comida pelo ânus, na forma de um líquido açucarado, que é ingerido pelas formigas. Eles também são beneficiados, pois as formigas os protegem de seus inimigos naturais, como a joaninha (essa associação é chamada **sinfilia** (*syn* = juntamente; *phylon* = grupo) e pode ser considerada um tipo de protocooperação entre um animal, o pulgão, e uma sociedade inteira, a das formigas (figura 17.15).

Pan Xunbin/Shutterstock/Glow Images

Figura 17.15 Protocooperação entre pulgão (cerca de 2 mm de comprimento) e formiga (6 mm a 8 mm de comprimento).

Peixe-palhaço e anêmona

O peixe-palhaço ganha proteção vivendo entre os tentáculos da anêmona; sua pele possui uma proteção especial, que impede que seja atingido pelo veneno dos tentáculos da anêmona. Esta se beneficia comendo restos de alimento do peixe-palhaço (figura 17.16).

David Mckee/Shutterstock/Glow Images

Figura 17.16 Peixe-palhaço (em torno de 5 cm a 10 cm de comprimento) entre os tentáculos da anêmona.

Aves e mamíferos

Certas aves alimentam-se de carrapatos e de outros parasitas que vivem no dorso de alguns mamíferos, como o boi, a capivara, o rinoceronte, entre outros. Além desse benefício, os gritos e os movimentos das aves ajudam os mamíferos a perceber quando há algum perigo por perto (figura 17.17).

Fabio Colombini/Acervo do fotógrafo

Figura 17.17 O anu-preto (cerca de 33 cm de comprimento) come os carrapatos que encontra entre os pelos da capivara (cerca de 1 m a 1,30 m de comprimento).

Michael Patrick O'Neill/Photoresearchers/Latinstock

Greg Amptman's Undersea Discoveries/Shutterstock/Glow Images

Figura 17.18 Rêmora (45 cm a 90 cm de comprimento) presa ao corpo de um tubarão-tigre (chega a mais de 5 m de comprimento) e detalhe de sua ventosa.

6 Comensalismo

Quando duas espécies se associam e apenas uma delas se beneficia, sem haver prejuízo para a outra, essa interação é chamada **comensalismo** (*cum* = com; *mensa* = mesa; *ismo* = costume).

O benefício pode ser de ordem alimentar, que ocorre quando uma espécie usa os restos alimentares da outra (comensal é cada um dos que comem à mesma mesa). Pode ser também o transporte de uma espécie por outra, que recebe o nome especial de **foresia** ou **forésia** (*phoresis* = ação de levar). Pode ocorrer ainda quando uma espécie usa outra como abrigo, situação conhecida como **inquilinismo**, ou como suporte para fixação de uma planta – **epifitismo** (*epi* = sobre; *phyton* = planta) – ou de um animal – **epizoísmo** (*zoon* = animal).

Rêmora e outros peixes

A rêmora ou peixe-piolho prende-se ao corpo de outros peixes, como o tubarão, por meio de uma nadadeira dorsal transformada em ventosa de fixação; com isso, obtém restos de comida e um eficiente meio de transporte (figura 17.18). Outros seres que estabelecem esse tipo de relação são, por exemplo, o peixe-piloto, que acompanha tubarões e aproveita os restos alimentares desses predadores.

Richard Chesher/Photoresearchers/Latinstock

Figura 17.19 Quando está sendo perseguido, o peixe-agulha (cerca de 9 cm de comprimento) esconde-se dentro do pepino-do-mar (cerca de 20 cm de comprimento).

Peixe-agulha e pepino-do-mar

Alguns animais aquáticos, como as esponjas e as colônias de corais, servem de abrigo a diversos outros seres, chamados **inquilinos**. Estes não prejudicam de nenhum modo o animal que os abriga e têm até mesmo hábitos alimentares diferentes. É o que ocorre com o pepino-do-mar, um equinodermo, em cujo interior o peixe-agulha, ou fierásfer, se refugia (figura 17.19).

Figura 17.20 Orquídea em tronco de uma árvore, que lhe serve de suporte.

Fabio Colombini/Acervo do fotógrafo

Epífitas e árvores

Entre os vegetais de pequeno porte, a competição pela energia luminosa favorece aqueles que vivem sobre árvores e conseguem, assim, uma posição privilegiada para captar a luz do Sol. Essa interação é chamada **epifitismo**; as plantas que fazem outras de suporte são chamadas **epífitas**, como as orquídeas (figura 17.20) e as bromélias. As epífitas não devem ser confundidas com plantas parasitas, como o cipó-chumbo, pois não retiram nenhum alimento das árvores em que vivem.

7 Competição intraespecífica

Os seres vivos competem por nutrientes e energia. Entre os vegetais, a competição se dá principalmente por luz, água e sais minerais. Entre os animais, ela é mais variada: há luta por matéria orgânica (alimento), espaço vital, parceiros para a reprodução, etc. (figura 17.21).

Quando seres vivos competem, há prejuízos para todos os indivíduos envolvidos, pois, mesmo para o vencedor, a competição custou parte de seu tempo e energia, que poderia ter sido usada para garantir sua sobrevivência e reprodução.

A competição intraespecífica (entre seres da mesma espécie) é um dos fatores que controlam o tamanho das populações, pois provoca a morte ou afeta a reprodução de alguns indivíduos. Em aves e mamíferos, é comum o indivíduo estabelecer, pelo menos durante a época de reprodução, uma região ou um território em que não permite a entrada de estranhos. O território pode ser demarcado de várias maneiras. No caso de lobos e coelhos, a urina e as fezes possuem substâncias com cheiro característico, por exemplo.

Figura 17.21 Combate entre machos pelo acesso à fêmea ou a um território. Muitas vezes não há uma verdadeira luta; cada um apenas exibe sua força ou suas armas.

Antílopes africanos (*Oryx gazella*, cerca de 1,8 m a 2 m de comprimento).

Shem Compion/Gallo Images/Getty Images

Raposas vermelhas (*Vulpes vulpes*, cerca de 46 cm a 90 cm de comprimento, fora a cauda).

Ronald Wittek/Mauritius/Latinstock

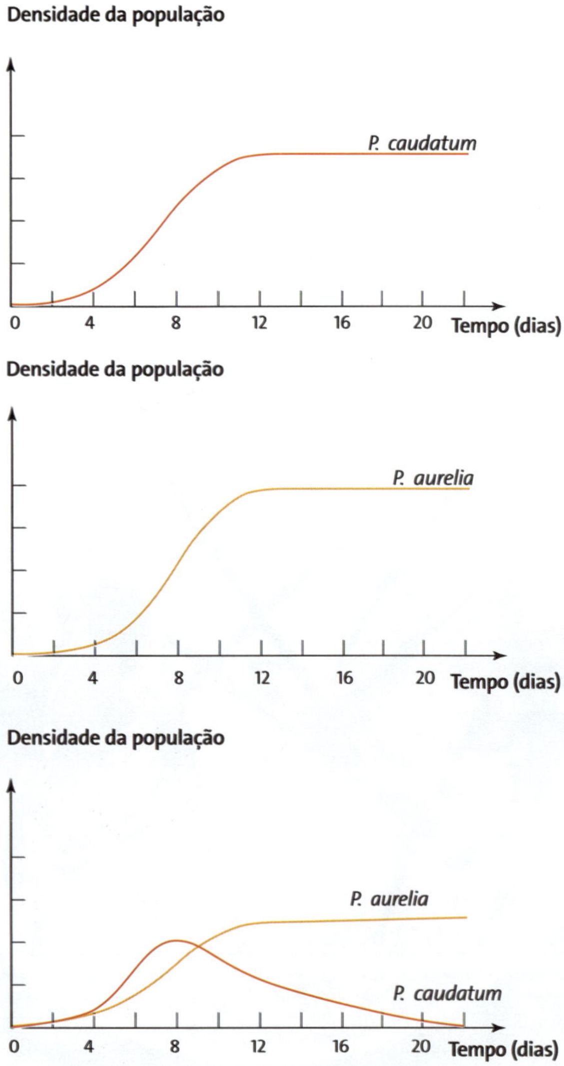

Figura 17.22 **Competição entre dois paramécios pelos mesmos recursos: uma das espécies é eliminada.**

8 Competição interespecífica

Em 1934, o cientista russo G. F. Gause (1910-1986) estudou o efeito da competição interespecífica em duas espécies do protozoário *Paramecium*: *P. aurelia* (de 40 μm a 130 μm de comprimento) e *P. caudatum* (menos de 0,25 μm de comprimento).

Em geral, criados separadamente, esses protozoários crescem até um nível que, aparentemente, equivale ao limite da capacidade de sustentação do ambiente. No experimento de Gause, as duas espécies foram cultivadas juntas. Maior e de reprodução mais lenta, a *P. caudatum* diminuía até se extinguir; a *P. aurelia* continuava a crescer até se estabilizar (figura 17.22).

Gause concluiu que duas espécies que competem pelos mesmos recursos não podem coexistir indefinidamente no mesmo *habitat*. Uma delas é mais eficiente na conquista desses recursos e tem maior sucesso reprodutivo; a outra é eliminada pela competição. Essa conclusão ficou conhecida como **princípio da exclusão competitiva** ou **de Gause**.

Caso duas espécies coexistam ao mesmo tempo no mesmo local, provavelmente haverá alguma diferenciação de nichos ecológicos, o que diminui a intensidade da competição. Por exemplo, espécies diferentes de um pássaro do gênero *Dendroica* se alimentam de insetos na mesma árvore, mas cada uma fica em determinada altura da árvore (figura 17.23), o que caracteriza nichos distintos. Isso é suficiente para evitar a competição direta. Além disso, sua alimentação é mais intensa nos períodos de construção dos ninhos, que também são diferentes de uma espécie para outra.

Figura 17.23 **Zonas de alimentação de três espécies de pássaros do gênero *Dendroica* (cerca de 12 cm a 14 cm de comprimento; os elementos ilustrados não estão na mesma escala; cores fantasia).**

9 Predatismo e herbivoria

No **predatismo** ou **predação** (*praedaris* = caçar), um organismo (predador) mata outro (presa) para se alimentar. É um fenômeno muito frequente na natureza. Um caso bem conhecido ocorre entre mamíferos carnívoros (predadores) e herbívoros (presas).

A **herbivoria** ou **herbivorismo** é uma relação semelhante ao predatismo, que ocorre entre um animal herbívoro e as plantas das quais se alimenta. É considerada, por alguns autores, como um tipo de predatismo.

A seleção natural favorece tanto os predadores mais eficientes, quanto as presas e plantas com defesas contra a predação e a herbivoria. Muitos predadores não escolhem ao acaso suas presas e, por isso, podem funcionar como fatores de seleção natural. Um guepardo capturará os antílopes menos velozes. Da mesma forma, os guepardos que não forem suficientemente velozes terão mais chance de morrer de fome.

A camuflagem, a coloração de advertência e o mimetismo são três artifícios usados por presas e predadores que, por sua importância ecológica, merecem ser vistos com mais detalhes.

Camuflagem

O animal confunde-se, no aspecto ou na cor, com o ambiente em que vive, o que dificulta sua visualização pelo predador ou pela presa. Para esta, a camuflagem serve de defesa, pois a ajuda a se esconder do predador. Para aquele, serve para facilitar sua aproximação até que dê o ataque. Os exemplos no reino animal são muitos: o urso-polar que se confunde com a neve; o leão, com o capim seco; os pássaros de cor verde, com a vegetação.

Nos insetos, a camuflagem atinge alto grau de aperfeiçoamento e podemos ver impressionantes imitações de folhas, galhos de árvores (figura 17.24), espinhos, etc.

O urutau (*Nyctibius griseus*) é uma ave encontrada no Pantanal Mato-Grossense que dorme sobre a extremidade de uma árvore, ficando bem camuflado (figura 17.24).

Figura 17.24 Exemplos de camuflagem: bicho-pau (cerca de 25 cm de comprimento, com as antenas) e urutau (cerca de 37 cm de comprimento).

Fabio Colombini/Acervo do fotógrafo

Rick & Nora Bowers/Alamy/Latinstock

Artur Keunecke/Pulsar Images

Figura 17.25 Anfíbios venenosos costumam ser bem coloridos, como se vê nesta imagem (de 2,50 cm a 5 cm de comprimento).

Coloração de advertência

Na coloração de advertência, também chamada **coloração aposemática** ou **aposematismo** (*apo* = afastado; *sema* = sinal), a presa possui uma cor ou um aspecto que funciona como um sinal para o predador de que ela possui defesas contra ele. Estas podem ter um gosto ruim ou liberar secreções irritantes ou certos tipos de veneno. A coloração de advertência permite que os predadores aprendam que essas defesas existem e passem a evitar esses animais (figura 17.25).

Mimetismo

O **mimetismo** (*mimesis* = imitação) ocorre quando os animais de uma espécie se assemelham aos de outra espécie venenosa, não palatável (tem gosto ruim) ou perigosa para o predador.

Algumas borboletas não têm gosto ruim, não eliminam substâncias irritantes nem são venenosas, mas apresentam a forma ou a cor daquelas que têm essas defesas. É também o caso de insetos inofensivos que se assemelham a vespas que picam com o ferrão. Ou, ainda, de serpentes pouco peçonhentas, como a cobra-coral-falsa, semelhantes às espécies muito peçonhentas, como a cobra-coral-verdadeira (figura 17.26). Com esse artifício, o animal pode ser poupado, pois engana o predador que já teve experiências desagradáveis com o animal mimetizado e aprendeu a evitá-lo.

Essa semelhança acontece por meio de um processo evolutivo, em que uma espécie inofensiva, por mutação, passa a assemelhar-se a outra que provoca danos ao predador (chamado animal-modelo), ganha uma vantagem seletiva e aumenta de número na população.

Esse tipo de mimetismo é chamado **mimetismo batesiano**, em homenagem ao seu descobridor, o naturalista inglês Henry Bates (1825-1892).

Outro caso de mimetismo ocorre quando várias espécies, todas protegidas contra predadores por alguma defesa, como veneno ou gosto ruim, evoluem e passam a apresentar a mesma aparência. Com isso, uma espécie é beneficiada pela experiência desagradável que o predador teve com outra espécie. Esse fenômeno foi descrito pelo zoólogo alemão Fritz Müller (1831-1897) e é chamado **mimetismo mülleriano**.

Figura 17.26 A cobra-coral-falsa, que não é peçonhenta, assemelha-se à cobra-coral-verdadeira, que é peçonhenta.

Cobra-coral-falsa (*Oxyrhopus guibei*; até 1,20 m de comprimento).

Cobra-coral-verdadeira (*Micrurus coralinus*; 60 cm a 70 cm de comprimento).

Fotos: Fabio Colombini/Acervo do fotógrafo

10 Parasitismo

Muitos organismos se instalam no corpo de outros seres para extrair alimento. Esses organismos são chamados **parasitas** (*para* = ao lado; *sitos* = alimento); os seres que lhes servem de moradia e dos quais extraem o alimento são conhecidos como hospedeiros.

Apesar de não causar a morte, pelo menos imediata, de seu hospedeiro, o parasita enfraquece e prejudica suas funções orgânicas, sendo responsável por várias doenças.

Há parasitas nos mais variados grupos de organismos, como vírus, bactérias, protozoários, fungos, vermes, insetos e até mesmo alguns vegetais. Por exemplo, o cipó-chumbo é uma planta sem clorofila que retira as substâncias orgânicas de outro vegetal (figura 17.27).

Apesar de clorofilada, a erva-de-passarinho (figura 17.28) precisa obter em outros vegetais a água e os sais minerais para realizar fotossíntese. Dizemos, por isso, que ela é **hemiparasita** (*hemi* = meio, pela metade), e, por comparação, que o cipó-chumbo é **holoparasita** (*holos* = inteiro).

Fotos: Fabio Colombini/Acervo do fotógrafo

Figura 17.28 Erva-de-passarinho (folhas com 5 cm a 8 cm de comprimento).

Figura 17.27 Cipó-chumbo (os elementos da ilustração não estão na mesma escala; cores fantasia).

Atividades

1. Os gráficos a seguir mostram o que acontece, ao longo do tempo, com a densidade populacional (número de indivíduos por metro quadrado) de duas espécies (A e B) vivendo isoladas uma da outra (gráfico 1) e vivendo juntas na mesma região (gráfico 2). Responda: que tipo de relação ecológica deve existir entre as duas espécies? Justifique sua resposta.

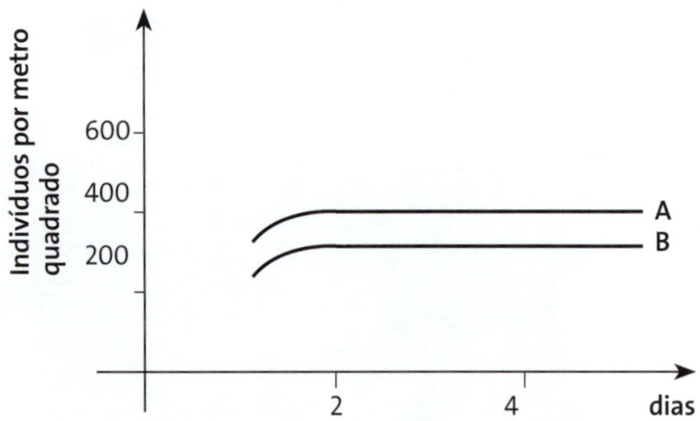

Gráfico 1

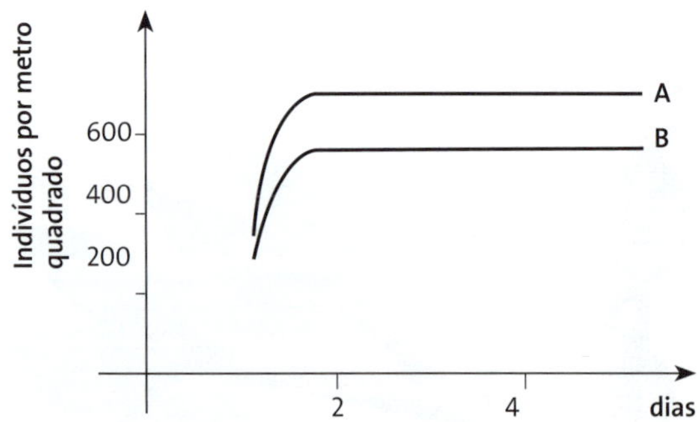

Gráfico 2

2. Nas florestas de Bornéu, vive o besouro-tigre, predador agressivo e rápido (desenvolve velocidades de até 9 km/h), que, com suas mandíbulas, ataca as presas e se defende de possíveis predadores. Na mesma região, vive também um gafanhoto (gênero *Condylodera*), inseto herbívoro que tem aparência e tamanho semelhantes aos do besouro.
   a) Como se chama esse fenômeno? Qual a vantagem auferida pelo gafanhoto nesse exemplo?
   b) Utilizando os conceitos de "mutação" e "seleção natural", sugira uma hipótese para explicar como os gafanhotos dessa espécie se tornaram semelhantes ao besouro-tigre.

3. O anu é um pássaro que se alimenta de carrapatos e de outros parasitas que encontra na pele de vários animais, como a capivara. Qual é a relação entre:
   a) o anu e o carrapato?
   b) o carrapato e a capivara?
   c) o anu e a capivara?

4. A malária é uma doença causada por um microrganismo chamado plasmódio, que é transmitido aos seres humanos pela picada de algumas espécies de mosquitos. Em certas regiões onde há malária, encontra-se um peixe, a tilápia, que se alimenta das larvas do mosquito.
   a) Quais são as relações ecológicas entre as tilápias e as larvas do mosquito e entre o plasmódio e o ser humano?
   b) Se nessa região for introduzido um peixe predador da tilápia, o que poderá acontecer com o número de casos de malária? Justifique sua resposta.

5. Embora a orquídea viva em cima das árvores, ela não é um parasita. O cipó-chumbo, que também vive nas árvores, é considerado um parasita. Por quê?

6. Você aprendeu neste capítulo que podemos usar sinais para caracterizar as relações entre seres vivos: "+", quando houver benefício para o participante; "–", quando houver prejuízo; "0", quando não houver benefício nem prejuízo para o participante, como na interação entre o parasita e seu hospedeiro, que é representada por "+ –". Reveja os exemplos do capítulo e aplique esses sinais para caracterizar as relações de mutualismo, protocooperação, comensalismo, competição interespecífica, amensalismo e predatismo.

7. Em algumas regiões do Brasil o número de onças-pintadas está diminuindo por causa do ataque de caçadores e fazendeiros, e já podem ser encontradas, no mesmo território, onças-pardas. Ambas as espécies se alimentam de animais herbívoros, como pacas, capivaras e tatus.
   a) Qual a relação ecológica entre a onça-pintada e a onça-parda?
   b) A extinção das onças poderia interferir no número de herbívoros da região?

8. O tuim é um pequeno periquito que usa como ninho os buracos abertos em árvores por pica-paus quando procuram insetos. Classifique a relação entre o tuim e o pica-pau e explique sua resposta.

Murray Cooper/Minden Pictures/Latinstock

9. Além de realizarem fotossíntese, as plantas carnívoras capturam e digerem pequenos animais, como insetos, que servem de fonte de nitrogênio para a fabricação de aminoácidos e de substâncias orgânicas nitrogenadas em geral. Classifique a relação entre a planta carnívora e o inseto capturado.

Pensando no Enem

Um grupo de ecólogos esperava encontrar aumento de tamanho das acácias, árvores preferidas de grandes mamíferos herbívoros africanos, como girafas e elefantes, já que a área estudada era cercada para evitar a entrada desses herbívoros. Para espanto dos cientistas, as acácias pareciam menos viçosas, o que os levou a compará-las com outras de duas áreas de savana: uma área na qual os herbívoros circulam livremente e fazem podas regulares nas acácias, e outra de onde eles foram retirados há 15 anos. O esquema a seguir mostra os resultados observados nessas duas áreas.

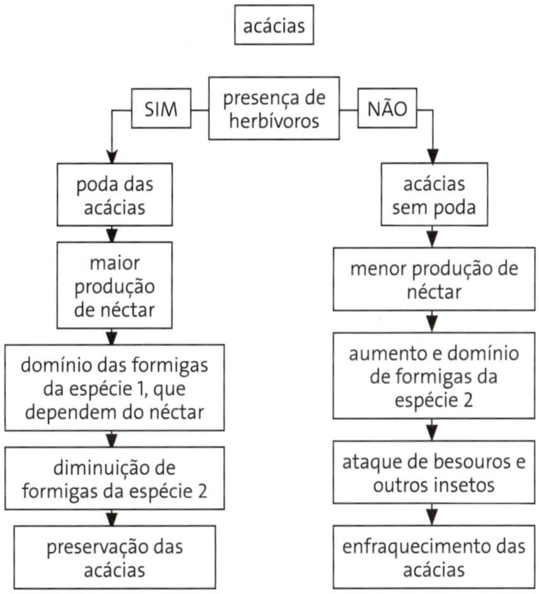

Internet: <cienciahoje.uol.com.br> (com adaptações).

De acordo com as informações acima:

a) a presença de populações de grandes mamíferos herbívoros provoca o declínio das acácias.

b) os hábitos de alimentação constituem um padrão de comportamento que os herbívoros aprendem pelo uso, mas que esquecem pelo desuso.

c) as formigas da espécie 1 e as acácias mantêm uma relação benéfica para ambas.

d) os besouros e as formigas da espécie 2 contribuem para a sobrevivência das acácias.

e) a relação entre os animais herbívoros, as formigas e as acácias é a mesma que ocorre entre qualquer predador e sua presa.

Resolução

Esta questão contempla componentes relacionados às Ciências da Natureza, como Ecologia e Ciências Ambientais, e competências de outras áreas, como interpretação de texto e análise de dados em um fluxograma.

Neste exercício as informações do fluxograma são essenciais para a resolução do problema, pois demonstram o que ocorre com as acácias na presença ou ausência de herbívoros.

Interpretação do fluxograma

No fluxograma estão presentes as duas situações expostas no texto prévio: o desenvolvimento das acácias na presença e na ausência de grandes mamíferos herbívoros africanos.

Observe que as setas mostram a cadeia de resultados obtidos a partir da escolha feita, de permitir ou não a entrada de herbívoros numa área com acácias.

De acordo com o fluxograma, a presença de herbívoros é benéfica às acácias, já que os herbívoros as podam, gerando uma cascata de consequências que terminam por preservar essas árvores.

Já a ausência de herbívoros impede a poda das acácias, que, por consequência, produzem menor quantidade de néctar, fazendo proliferar as formigas da espécie 2, aumentando assim o ataque de besouros e outros insetos, resultando no enfraquecimento das acácias.

O problema

A questão expõe um problema observado por ecólogos em uma área cercada que impede a entrada de grandes herbívoros. Como o problema é observado nas acácias, mostra-se um fluxograma com a comparação de dois outros ambientes que diferem na permissão ou não da entrada dos grandes herbívoros.

Por meio da análise do fluxograma infere-se que a presença de grandes herbívoros leva a uma maior preservação das acácias.

Além disso, a poda realizada pelos herbívoros aumenta a produção de néctar que atrai as formigas da espécie 1. Estas formigas se beneficiam utilizando o néctar das acácias e favorecem as acácias pela inibição das formigas da espécie 2, cuja presença aumenta o ataque de besouros e outros insetos, terminando por enfraquecer as acácias. Portanto, a relação entre acácias e formigas da espécie 1 é benéfica para ambas.

Por fim, a relação entre os herbívoros, as formigas e as acácias não é semelhante às encontradas nas relações entre predadores e presas, já que os predadores se beneficiam alimentando-se das presas e as presas não se beneficiam neste processo.

Resposta: **C**.

Vestibulares de Norte a Sul

1. NE (UFC-CE) Um dos maiores problemas ambientais da atualidade é o representado pelas espécies exóticas invasoras que são aquelas que, quando introduzidas em um *habitat* fora de sua área natural de distribuição, causam impacto negativo no ambiente. Como exemplos de espécies invasoras no Brasil e de alguns dos problemas que elas causam, podemos citar: o verme âncora, que vive fixado sobre peixes nativos, alimentando-se do sangue deles sem matá-los; o coral-sol, que disputa espaço para crescer com a espécie nativa (coral-cérebro), e o bagre-africano, que se alimenta de invertebrados nativos.

   As relações ecológicas citadas acima são classificadas, respectivamente, como:

   a) mutualismo, amensalismo, canibalismo.
   b) inquilinismo, mimetismo, comensalismo.
   c) comensalismo, parasitismo, mutualismo.
   d) parasitismo, competição interespecífica, predação.
   e) protocooperação, competição intraespecífica, escravagismo.

2. SE (UFJF-MG) Em um sistema de interações ecológicas formado por uma planta, uma espécie de pulgão se alimenta da seiva dessa planta e uma espécie de formiga se alimenta das fezes desse pulgão, as quais contêm uma substância açucarada de elevado valor nutricional.

   Leia as afirmativas a seguir:

   I. A planta é um produtor, pois por meio da fotossíntese consegue formar compostos orgânicos e obter a energia necessária para seus processos vitais.
   II. A planta é um organismo heterotrófico capaz de produzir seu próprio alimento.
   III. O pulgão é um consumidor, pois obtém os compostos orgânicos e a energia necessária para seus processos vitais a partir de um produtor.
   IV. O pulgão é um herbívoro.
   V. A formiga é um organismo autotrófico, pois não é capaz de produzir seu próprio alimento.

   Estão corretas:

   a) as afirmativas I, II e V.
   b) as afirmativas II, III e IV.
   c) as afirmativas I, IV e V.
   d) as afirmativas I, III e V.
   e) as afirmativas I, III e IV.

3. SE (UFMG) O fungo *Penicillium*, por causar apodrecimento de laranjas, acarreta prejuízos pós-colheita.

   Nesse caso, o controle biológico pode ser feito utilizando-se a levedura *Saccharomycopsis*, que mata esse fungo, após perfurar sua parede e absorver seus nutrientes.

   É **correto** afirmar que esse tipo de interação é conhecido como:

   a) comensalismo.
   b) mutualismo.
   c) parasitismo.
   d) predatismo.

4. SE (UFMG) Observe os gráficos referentes às curvas de crescimento populacional de duas espécies. O gráfico I representa o crescimento populacional dessas espécies criadas isoladamente. O gráfico II representa o crescimento populacional dessas espécies reunidas em uma cultura.

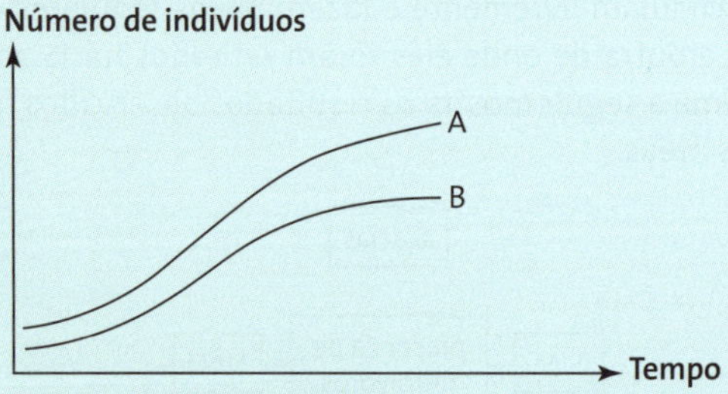

Gráfico I – Espécies isoladas

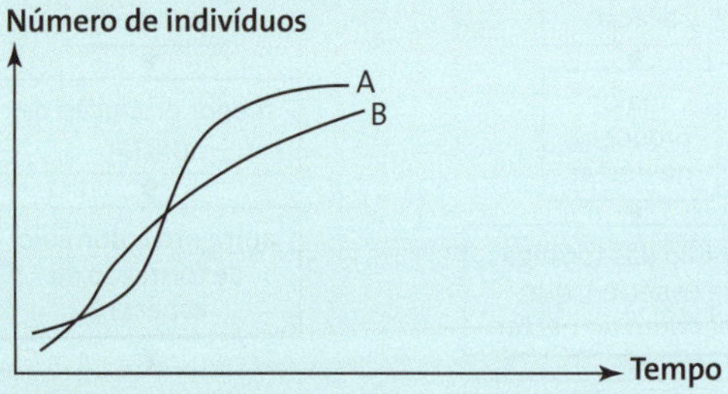

Gráfico II – Espécies reunidas

   Com base na comparação dos dois gráficos, pode-se afirmar que a provável relação ecológica entre as duas espécies seria mais bem definida como:

   a) inquilinismo.
   b) competição.
   c) protocooperação.
   d) comensalismo.

5. CO (UFG-GO) As interações ecológicas interespecíficas são comuns na natureza. Uma dessas é o mutualismo, que é exemplificado pela interação entre:

   a) o fungo e a alga, pois envolve uma espécie que provê substâncias inorgânicas para que a outra, que absorve luz solar, realize a fotossíntese.
   b) o pássaro chupim e o tico-tico, pois envolve uma espécie que cuida dos ovos da outra até a eclosão.
   c) o besouro escaravelho e o bovino, pois envolve uma espécie que busca obter alimento para suas larvas nos excrementos da outra.
   d) a rêmora e o tubarão, pois envolve uma espécie que se nutre das sobras de alimentos obtidos pela outra.
   e) a epífita e a planta de grande porte, pois envolve uma espécie que busca obter maior suprimento de luz no interior da mata, usando, como suporte, a outra.

6. SE (Unirio-RJ) A seguir são citados exemplos de interações ecológicas que ocorrem na natureza.

Exemplo 1: os gafanhotos e o gado alimentam-se do capim de um mesmo pasto.

Exemplo 2: o eucalipto libera de suas raízes substâncias que impedem a germinação de sementes de outras espécies ao seu redor.

Exemplo 3: as anêmonas-do-mar são beneficiadas por sua associação com o caranguejo paguro, que, ao se deslocar, possibilita à anêmona uma melhor exploração do espaço em busca do alimento; esta última possui células urticantes, que afugentam os predadores, beneficiando o paguro.

Exemplo 4: alguns protozoários que produzem celulase e vivem no tubo digestivo de cupins, possibilitando a esses insetos a utilização da madeira que ingerem.

Analisando os quatro exemplos, podemos afirmar que dizem respeito, respectivamente, a:

a) competição, amensalismo, protocooperação e mutualismo.
b) competição, amensalismo, mutualismo e protocooperação.
c) competição, comensalismo, protocooperação e mutualismo.
d) predatismo, amensalismo, protocooperação e mutualismo.
e) amensalismo, protocooperação, competição e mutualismo.

7. SE (Uerj) Bactérias de duas espécies foram cultivadas separadamente e em conjunto nas mesmas condições experimentais e com suprimento constante do mesmo tipo de alimento. No gráfico a seguir, as curvas mostram a variação da densidade populacional das bactérias estudadas em função do tempo de cultivo. As curvas 1 e 2 representam os resultados encontrados para as duas espécies quando cultivadas separadamente, e as curvas 3 e 4, quando cultivadas em conjunto.

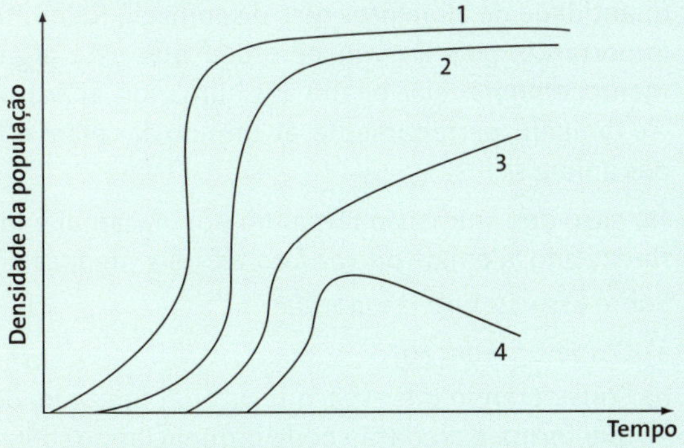

A relação ecológica estabelecida entre as bactérias que melhor explica os resultados encontrados é classificada como:

a) predação.
b) parasitismo.
c) competição.
d) comensalismo.

8. SE (Unimes-SP) A seguir são citados exemplos de interações ecológicas que ocorrem na natureza.

I. As bromélias, vivendo sobre outras plantas, conseguem melhores condições luminosas, mas nada retiram dos tecidos internos dessas plantas.
II. O gado e o gafanhoto alimentam-se do capim de um mesmo pasto.
III. As caravelas são uma espécie de celenterado marinho em que se encontram indivíduos especializados em promover proteção, defesa, flutuação, natação e reprodução.
IV. O eucalipto libera de suas raízes substâncias que impedem a germinação de sementes de outras espécies ao seu redor.
V. O anu é um pássaro que retira e devora carrapatos e outros parasitas normalmente encontrados na pele do gado. O gado se beneficia ao ficar livre dos parasitas e constitui uma fonte indireta de alimento ao pássaro.

Essas relações referem-se, respectivamente, a:

a) parasitismo, competição, sociedade, predatismo, mutualismo.
b) epifitismo, competição, colônias, antibiose, protocooperação.
c) parasitismo, competição, colônias, antibiose, mutualismo.
d) epifitismo, antibiose, sociedade, parasitismo, comensalismo.
e) parasitismo, competição, sociedade, predatismo, protocooperação.

9. NE (UFPE) As interações entre os diferentes seres vivos na natureza são importantes, não só para os organismos que participam dessas relações ecológicas, mas também para a manutenção do equilíbrio ecológico. A esse propósito, analise as afirmações seguintes.

( ) O canibalismo é um tipo de relação ecológica desarmônica entre indivíduos de uma mesma espécie; ocorre, por exemplo, entre as aranhas e entre os escorpiões.
( ) No amensalismo ou antibiose, uma das espécies envolvidas na relação é beneficiada enquanto a outra nem é beneficiada nem prejudicada.
( ) No mutualismo, há um beneficiamento recíproco entre as espécies que participam da relação ecológica; mas essa interação não é indispensável à sobrevivência dessas espécies.
( ) Enquanto o comensalismo, a protocooperação e o mutualismo são interações ecológicas harmônicas, a competição e o predatismo são desarmônicas.
( ) Um exemplo de relação ecológica do tipo protocooperação é observado na associação entre algas e cianobactérias, a qual compõe os liquens.

10. **S** (Udesc) Nos ecossistemas os organismos de uma comunidade interagem continuamente. Analise as proposições em relação a isso.

I. O louva-a-deus se alimenta de outros insetos, por exemplo, moscas e mariposas.
II. Após a cópula, a fêmea do louva-a-deus devora o macho.
III. Em uma mesma planta encontram-se lagartas e besouros comendo as suas folhas.
IV. As formigas são insetos que apresentam divisão de castas, por exemplo, operárias e soldados.
V. Os animais ruminantes, como boi e cabra, apresentam microrganismos simbiontes, como bactérias, no trato digestivo.

Assinale a alternativa que apresenta a sequência correta de interações entre organismos.

a) I. predação / II. predação / III. herbivoria / IV. sociedade / V. mutualismo.
b) I. predação / II. canibalismo / III. competição / IV. sociedade / V. mutualismo.
c) I. predação / II. canibalismo / III. herbivoria / IV. sociedade / V. infecção.
d) I. canibalismo / II. predação / III. competição / IV. agregação / V. infecção.
e) I. canibalismo / II. canibalismo / III. competição / IV. individualismo / V. comensalismo.

11. **SE** (FGV-SP) Um biólogo foi a campo e cavou os ninhos de dois formigueiros distintos, porém da mesma espécie de formigas saúvas. Um dos formigueiros havia sido abandonado pelas formigas há pouco tempo, enquanto o outro formigueiro ainda estava ativo. No formigueiro ativo, observou a presença de uma única espécie de fungo, o qual era cultivado e utilizado pelas formigas como alimento. No formigueiro abandonado, o biólogo observou a presença de fungos de várias espécies, mas não daquela presente no formigueiro ativo. Ao estudar o assunto, verificou que essa espécie de fungo só ocorre quando em associação com essa espécie de formiga.

Sobre essa espécie de formiga e essa espécie de fungo, pode-se dizer que apresentam uma relação conhecida como:

a) amensalismo, na qual o fungo é prejudicado pela presença das formigas, mas estas não são afetadas pela presença do fungo.
b) parasitismo, em que as formigas são as parasitas e dependem do fungo para sua alimentação e reprodução.
c) inquilinismo, no qual os fungos beneficiam-se do ambiente e cuidados proporcionados pelo formigueiro, sem prejuízo às formigas.
d) mutualismo, em que tanto os fungos quanto as formigas dependem uns dos outros para a sobrevivência.
e) comensalismo, no qual as formigas, comensais, obtêm seu alimento da espécie associada, os fungos, sem que estes sejam prejudicados ou beneficiados.

12. **CO** (UFG-GO) Leia o texto a seguir.

Em um experimento hipotético, visando à obtenção de hortaliças resistentes a altas temperaturas, foram utilizados fungos produtores de proteínas de resistência a choque térmico, presentes em plantas nativas das proximidades de fontes termais. Os fungos foram retirados dessas plantas, identificados e inoculados nas hortaliças estudadas. Os resultados obtidos mostraram que, após serem inoculados com os fungos, as hortaliças conseguiram crescer sob calor de 60 °C.

O experimento descrito promoveu artificialmente a ocorrência de:

a) relação de predação.
b) relação de parasitismo.
c) relação de protocooperação.
d) mutação gênica nas hortaliças.
e) modificação genética nos fungos.

13. **SE** (Vunesp-SP) Um grupo de estudantes, em visita à zona rural, observou bois e gafanhotos alimentando-se de capim; orquídeas, liquens e erva-de-passarinho em troncos de árvores; lagartos caçando insetos e, no pasto, ao lado de vários cupinzeiros, anus retirando carrapatos do dorso dos bois.

a) Identifique, entre as diferentes relações descritas no texto, dois exemplos de parasitismo.
b) Entre as relações observadas pelos estudantes, cite uma relação interespecífica de benefício mútuo e uma estrutura que indique uma relação intraespecífica.

14. **S** (UFSC) Em 2009, comemoram-se 200 anos do nascimento de Charles Darwin e 150 anos da publicação de sua obra *A Origem das Espécies*. Para essa obra, o pensamento de Thomas Malthus, segundo o qual "a população de um território é limitada pela quantidade de alimentos nele disponível", foi muito importante, pois Darwin percebeu que este argumento, embora relacionado aos humanos, aplicava-se também, perfeitamente, ao mundo das plantas e dos animais.

No caso dos animais o tamanho populacional é influenciado, além de outros fatores, pela predação.

Sobre esse assunto, responda:

a) O que é predação?
b) Considerando um espaço territorial limitado, de que forma a predação pode influenciar no tamanho populacional de presas?
c) Considerando um espaço territorial limitado, de que forma a predação pode influenciar no tamanho populacional de predadores?

CAPÍTULO

18 Sucessão ecológica

Jim Hughes/Visuals Unlimited/Corbis/Latinstock

Plantas florescem sobre rocha vulcânica nos Estados Unidos.

- *Como uma ilha coberta de lava pode voltar a ter vida?*
- *Como você imagina que devem ser as primeiras espécies a colonizar uma rocha, por exemplo?*

1 Etapas da sucessão

Em agosto de 1883, 75% da ilha de Krakatoa, situada na Indonésia, foi destruída por causa de uma erupção vulcânica. As populações de todos os seres vivos da ilha foram dizimadas. As condições para a sobrevivência de animais e vegetais nessa área eram extremamente desfavoráveis: a iluminação direta provocava altas temperaturas; a fixação dos vegetais na rocha era muito difícil; toda a água da chuva escorria ou evaporava.

No entanto, mesmo em ambiente tão inóspito podem se instalar liquens, trazidos pelo vento. Eles apresentam grande capacidade de reter água, realizam fotossíntese e fixam o nitrogênio atmosférico; por isso são capazes de viver apenas com água, ar e alguns sais minerais.

As primeiras espécies a se instalar em um ambiente sem vida, como os liquens do exemplo anterior, são chamadas **espécies pioneiras**. E o conjunto de espécies pioneiras que coloniza um ambiente forma uma **comunidade pioneira**.

Aos poucos, a comunidade pioneira modifica as condições iniciais da região (figura 18.1). Continuando com o exemplo, os liquens produzem ácidos que dissolvem partes da rocha e então se formam fendas, onde se acumulam liquens mortos, excretas dos fungos e minerais das rochas. Com isso, forma-se um solo no local. À medida que morrem, os seres pioneiros enriquecem o solo com matéria orgânica em decomposição (húmus). Desse modo, o terreno fica mais rico em sais minerais e mantém melhor a umidade.

Essas novas condições possibilitam a instalação de plantas de pequeno porte, que necessitam de poucos nutrientes para crescer e atingem rapidamente o período reprodutivo. É o caso, por exemplo, dos musgos, cujos esporos podem ser trazidos pelo vento ou pela água. Com o crescimento da população de musgos, aumentam a umidade no local e a camada de solo. Assim, melhoram-se as condições para a instalação e a sobrevivência de plantas herbáceas. O aumento de matéria orgânica possibilita a vida de minhocas e outros animais. Isso leva a novas modificações ambientais, que favorecem o desenvolvimento de plantas maiores e, aos poucos, mais animais também se estabelecem no local.

Portanto, a partir da instalação das espécies pioneiras, a comunidade passa por diversas mudanças. Essa modificação da estrutura da comunidade ao longo do tempo é denominada **sucessão ecológica** (figura 18.1).

Em alguns casos, pode-se chegar a uma comunidade relativamente estável, em equilíbrio com o ambiente físico, que é chamada **comunidade clímax**. Muitos ecologistas, porém, preferem usar a expressão **comunidade madura** (falando em comunidades jovens para referir-se às etapas anteriores da sucessão), pois tal estabilidade é relativa e poderá mesmo nunca ser alcançada se ocorrerem alterações frequentes no ambiente (como queimadas, furacões ou outros fatores).

Em geral, ao longo da sucessão ecológica, ocorre um aumento da biomassa total (quantidade de matéria orgânica na comunidade). Também se observa inicialmente um aumento progressivo da biodiversidade, pois novas espécies chegam, novos nichos ecológicos são explorados e as teias alimentares tornam-se mais complexas. Mas esse aumento da diversidade é apenas uma tendência, e não ocorre em todos os tipos de sucessão.

A comunidade formada depende do clima e de outros fatores físicos da região. Por exemplo, na Amazônia pode se formar uma floresta tropical; no Canadá, uma floresta temperada ou de pinheiros; no Nordeste do Brasil, uma caatinga. Às vezes, há uma região de transição entre duas comunidades (floresta e campo, por exemplo), em que ocorre uma mescla da flora e fauna de ambas. Nessa região, há maior diversidade de plantas e de animais e maior competição por espaço e recursos, criando uma "tensão ecológica" entre as comunidades. Por isso, ela é chamada **ecótone** ou **ecótono** (*oíkos* = ambiente; *tônus* = tensão).

Finalmente, deve-se compreender que os acontecimentos descritos acima são somente um modelo – na natureza nem sempre a sucessão ocorre da forma descrita. Além disso, embora frequentemente seja usado apenas o aspecto da vegetação e dos liquens para descrever a sucessão, animais, fungos e microrganismos diversos também fazem parte do processo e interferem nele.

Figura 18.1 Exemplo de sucessão ecológica em uma rocha nua. Fotografias tiradas em Ubatuba (SP).

2 Sucessão primária e secundária

A sucessão que ocorre em uma região totalmente desabitada (sem vida) é chamada **primária**. Ela ocorre, por exemplo, em terrenos cobertos por lava, rochas expostas por recuo de geleiras, ilhas vulcânicas ou dunas de areia em formação.

Mas a sucessão pode ocorrer também em plantações abandonadas, matas destruídas por incêndios, lagos que secaram ou à beira de estradas. Nesses locais, a vegetação foi parcialmente ou mesmo completamente removida, mas o solo não foi destruído e ainda persistem sementes ou esporos. No ambiente do cerrado, por exemplo, as regiões destruídas por incêndios ocasionais são logo recompostas pela sucessão ecológica (figura 18.2).

Figura 18.2 Após uma queimada ocasional, o cerrado se recupera, passando pelo processo de sucessão ecológica secundária.

Palê Zuppani/Pulsar Imagens

A sucessão que ocorre em locais já habitados, cujo equilíbrio foi rompido por alguma mudança ambiental, causada ou não pelo ser humano, é chamada **secundária**.

O processo de sucessão secundária pode demorar muito tempo. Em 2007 (revista *Nature*, n. 447, p. 995-998, 21 jun.), um grupo de cientistas brasileiros mostrou que leva pelo menos setenta anos para que uma floresta desmatada para uso agrícola recupere o nível de nitrogênio do solo (a baixa taxa de nitrogênio no solo é um fator limitante para o crescimento da floresta). Mesmo assim, a vegetação formada foi menos diversificada que a original e apenas cerca de 70% da biomassa original foi recuperada.

Biologia e ambiente

Culturas agrícolas

As plantações que fornecem alimento ao ser humano são ecossistemas simplificados, fora do estágio de clímax. As espécies de plantas foram selecionadas para proporcionar produtividade elevada de alimento (grande número de sementes, como no caso dos cereais e das leguminosas).

Mas esses sistemas são mais sensíveis ao ataque de pragas que uma floresta ou outra comunidade clímax. Os insetos nocivos à produção são beneficiados não apenas pela ausência de predadores e competidores, mas também pela farta quantidade de alimento disponível. Além disso, eles e os outros organismos parasitas, como os fungos, propagam-se com mais facilidade por causa da proximidade entre as plantas e porque não há vegetais resistentes, que poderiam funcionar como barreira.

Outro problema está nas culturas de propagação assexuada, como a cana-de-açúcar, formadas por organismos geneticamente idênticos. Como há menor variação genética, a população é mais suscetível ao ataque de pragas (quando há diversas variedades genéticas, há maior chance de que alguns indivíduos sejam resistentes e sobrevivam).

Nesses casos, passa a ser necessário o uso de agrotóxicos ou de outras formas de combate às pragas.

Atividades

1. O que é uma comunidade pioneira?

2. Qual a importância ecológica da comunidade pioneira?

3. O que é comunidade clímax?

4. Diferencie sucessão primária de sucessão secundária.

5. O que acontece com a diversidade de espécies e com a biomassa ao longo da sucessão ecológica?

6. A ilustração a seguir representa os estágios de uma área inicialmente desabitada onde se instala, ao cabo de muitos anos, uma floresta.

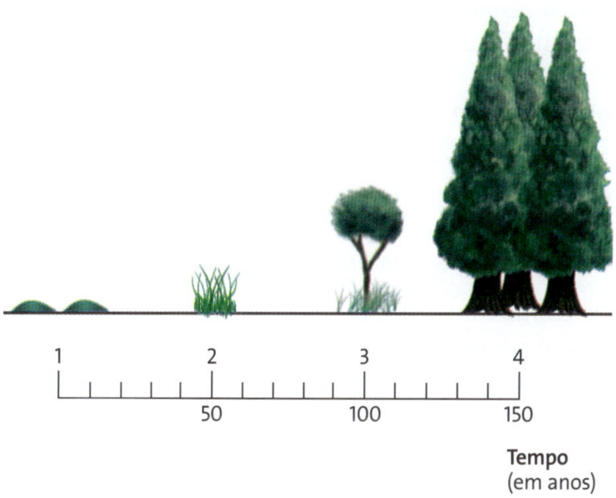

Casa de Tipos/Arquivo da editora

a) No estágio indicado pelo número 1 são encontrados apenas liquens e só depois de muito tempo são encontradas pequenas plantas rasteiras. Por que os liquens aparecem primeiro e só depois aparecem as primeiras plantas?

b) Um estudante disse que, ao estudar cadeias alimentares, ele aprendeu que a biomassa diminui ao longo da cadeia. Por isso, ele afirmou que a biomassa também diminui na sequência indicada na figura. Você concorda com o estudante? Por quê?

c) Suponha que essa área agora ocupada pela floresta seja desmatada e transformada em pastagem e, depois de algum tempo, seja abandonada. Com o passar dos anos, o que deve ocorrer no lugar?

7. De que fatores abióticos depende o tipo de comunidade clímax que se estabelece em uma região?

8. Algumas plantas podem se instalar em uma ilha por meio de aves e outros animais. Explique como isso pode acontecer.

9. Após uma aula sobre sucessão ecológica, um estudante disse que o professor estava se contradizendo, pois, em outra aula, havia dito que a biomassa diminui e, agora, que ela aumenta. Como você explicaria ao aluno que o professor não se contradisse?

10. Leia o texto a seguir e responda às questões.

Em 26 e 27 de agosto de 1883, 75% da ilha de Krakatoa, situada entre Java e Sumatra, desapareceu por causa de uma explosão vulcânica, a maior da história. Todos os seres vivos da ilha foram destruídos. Ondas de até 40 m de altura espalharam-se e devastaram aldeias e cidades, matando mais de 36 mil pessoas. As cinzas cobriram uma área de 800 mil quilômetros quadrados. A poeira espalhou-se pela atmosfera, o que provocou uma queda na temperatura global de cerca de 1,2 °C. A temperatura só voltou ao normal cerca de cinco anos depois.

Três anos depois, já podiam ser encontrados no solo do que restou da ilha liquens, musgos e samambaias; dez anos depois, cresciam as primeiras plantas com flores. Muitos insetos e aves chegaram à ilha voando. Animais e plantas podem chegar também a nado ou transportados por correntes marítimas. Sementes e esporos podem chegar pela água e por correntes de ar. Algumas sementes podem vir presas ao corpo dos animais ou trazidas no tubo digestivo dos pássaros.

Hoje, uma floresta tropical cobre o que restou de Krakatoa.

Fonte: THORNTON, Ian. *Krakatau: the Destruction and Reassembly of an Island Ecosystem.* Cambridge: Harvard University Press, 1996.

a) Por que a temperatura diminuiu depois da erupção vulcânica?

b) Os acontecimentos relatados representam uma sucessão primária ou secundária? Justifique sua resposta.

c) Qual a comunidade clímax estabelecida na região?

11. O tubo digestório de um recém-nascido é estéril. Após algum tempo, depois de passar a comer alimentos sólidos, é possível encontrar nele várias espécies de microrganismos, como bactérias e fungos.

David Sucsy/Getty Images

Fazendo uma analogia com o conteúdo deste capítulo, que tipo de fenômeno ecológico teria ocorrido nessa mudança?

Pensando no Enem

Uma pesquisadora deseja reflorestar uma área de mata ciliar quase que totalmente desmatada. Essa formação vegetal é um tipo de floresta muito comum nas margens de rios dos cerrados no Brasil central e, em seu clímax, possui vegetação arbórea perene e apresenta dossel fechado, com pouca incidência luminosa no solo e nas plântulas. Sabe-se que a incidência de luz, a disponibilidade de nutrientes e a umidade do solo são os principais fatores do meio ambiente físico que influenciam no desenvolvimento da planta. Para testar unicamente os efeitos da variação de luz, a pesquisadora analisou, em casas de vegetação com condições controladas, o desenvolvimento de plantas de 10 espécies nativas da região desmatada sob quatro condições de luminosidade: uma sob sol pleno e as demais em diferentes níveis de sombreamento. Para cada tratamento experimental, a pesquisadora relatou se o desenvolvimento da planta foi bom, razoável ou ruim, de acordo com critérios específicos. Os resultados obtidos foram os seguintes:

Espécie	Condição de luminosidade			
	Sol pleno	Sombreamento		
		30%	50%	90%
1	Razoável	Bom	Razoável	Ruim
2	Bom	Razoável	Ruim	Ruim
3	Bom	Bom	Razoável	Ruim
4	Bom	Bom	Bom	Bom
5	Bom	Razoável	Ruim	Ruim
6	Ruim	Razoável	Bom	Bom
7	Ruim	Ruim	Ruim	Razoável
8	Ruim	Ruim	Razoável	Ruim
9	Ruim	Razoável	Bom	Bom
10	Razoável	Razoável	Razoável	Bom

Para o reflorestamento da região desmatada,

a) a espécie 8 é mais indicada que a 1, uma vez que aquela possui melhor adaptação a regiões com maior incidência de luz.

b) recomenda-se a utilização de espécies pioneiras, isto é, aquelas que suportam alta incidência de luz, como as espécies 2, 3 e 5.

c) sugere-se o uso de espécies exóticas, pois somente essas podem suportar a alta incidência luminosa característica de regiões desmatadas.

d) espécies de comunidade clímax, como as 4 e 7, são as mais indicadas, uma vez que possuem boa capacidade de aclimatação a diferentes ambientes.

e) é recomendado o uso de espécies com melhor desenvolvimento à sombra, como as plantas das espécies 4, 6, 7, 9 e 10, pois essa floresta, mesmo no estágio de degradação referido, possui dossel fechado, o que impede a entrada de luz.

Resolução

Nesta questão são utilizados conceitos de Ecologia e Ciências Ambientais, domínios naturais e a relação do ser humano com o ambiente, interpretação de texto, análise de dados em uma tabela e conhecimento de porcentagem e proporção.

Na maioria dos casos, quando são apresentados recursos auxiliando o texto do enunciado, como tabelas, gráficos, figuras e outros, espera-se que estes sejam utilizados para a resolução do problema. Portanto, o aluno deve ficar atento aos dados que são fornecidos pela tabela.

Interpretação da tabela

A tabela mostra os resultados de desenvolvimento de diversas espécies de plantas em quatro diferentes condições de luminosidade: sol pleno, 30% de sombra, 50% de sombra e 90% de sombra.

De acordo com a tabela, por exemplo, o desenvolvimento da espécie 5 é bom em sol pleno, razoável em 30% de sombra e ruim em 50% e 90% de sombra.

O problema

O problema da questão é o reflorestamento de uma área de mata ciliar desmatada na qual se iniciará o plantio de mudas. Pergunta-se então quais seriam as plantas mais indicadas para iniciar o plantio nessa área desmatada.

Observe que a palavra-chave é **desmatada**. No enunciado explica-se a constituição de uma mata ciliar, porém precisamos lembrar que uma área desmatada apresenta pouca ou nenhuma planta, grande parte do solo desprotegido e grande incidência de luz solar, condições impróprias para a sobrevivência de espécies clímax.

Neste caso as melhores plantas para se iniciar o reflorestamento seriam aquelas de bom desenvolvimento em sol pleno, também conhecidas como pioneiras por serem as primeiras colonizadoras de ambientes de solo exposto.

Em nenhuma situação a introdução de espécies exóticas é indicada em situações de reflorestamento, já que competem com espécies nativas com a vantagem de não possuírem predadores naturais na região. Isso pode causar a explosão demográfica das espécies exóticas em detrimento das nativas.

Resposta: **B**.

Vestibulares de Norte a Sul

1. **SE** (Vunesp-SP) Segundo a teoria da curva ambiental de Kuznets, o índice de poluição e de impactos ambientais nas sociedades industriais comporta-se como na figura abaixo: a degradação da natureza aumenta durante os estágios iniciais do desenvolvimento de uma nação, mas se estabiliza e passa a decrescer quando o nível de renda e de educação da população aumenta. Considere a curva ambiental de Kuznets representada na figura e quatro situações ambientais distintas:

   I. Implantação de programas de reflorestamento.
   II. Mata nativa preservada.
   III. Estabelecimento de uma comunidade clímax.
   IV. Área desmatada para extração de madeira.

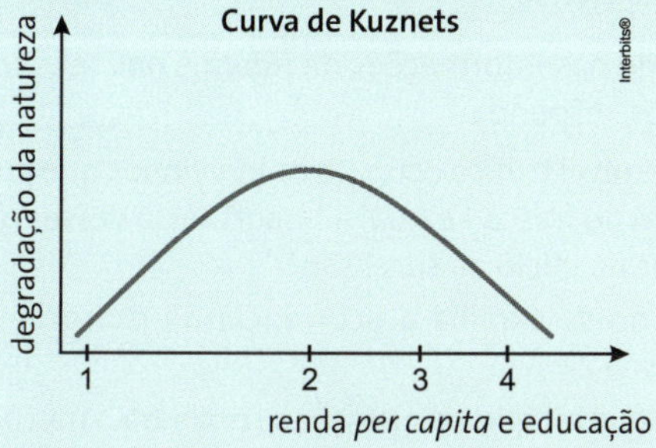

Na curva, as posições marcadas de 1 a 4 correspondem, respectivamente, às situações:

a) I, IV, III e II.
b) II, III, I e IV.
c) II, IV, I e III.
d) IV, I, II e III.
e) IV, III, I e II.

2. **SE** (Ufscar-SP) A substituição ordenada e gradual de uma comunidade por outra, até que se chegue a uma comunidade estável, é chamada sucessão ecológica. Nesse processo, pode-se dizer que o que ocorre é:

a) a constância de biomassa e de espécies.
b) a redução de biomassa e maior diversificação de espécies.
c) a redução de biomassa e menor diversificação de espécies.
d) o aumento de biomassa e menor diversificação de espécies.
e) o aumento de biomassa e maior diversificação de espécies.

3. **S** (UEL-PR) Considere os seguintes ambientes:

   I. superfície de rocha nua
   II. campo de cultivo abandonado
   III. floresta recém-derrubada
   IV. dunas de areia recém-formadas

A sucessão primária só pode ocorrer em:

a) I e II.
b) I e III.
c) I e IV.
d) II e III.
e) III e IV.

4. **SE** (Ufes) A tradição cultural de algumas tribos indígenas da Amazônia tem influência no tipo de agricultura praticado. Esse consiste na rotação de áreas de plantio, com a derrubada e queima de pequenas áreas de floresta, para o cultivo por um período de quatro anos. Ao final desse período, a baixa fertilidade do solo faz com que essa área seja abandonada, e uma nova área é submetida a esse processo. Após 20 anos, aproximadamente, a primeira área é novamente desmatada, queimada e cultivada. Do ponto de vista da ecologia, essa prática se apoia no conceito de:

a) sucessão primária, em que ocorre a substituição temporal das espécies colonizadoras.
b) sucessão secundária, em que ocorre a formação de uma floresta com espécies diferentes das da floresta original.
c) competição interespecífica, devido à escassez de nutrientes no solo.
d) exclusão competitiva, em que as espécies mais sensíveis são substituídas pelas mais resistentes.
e) evolução do ecossistema, com o aumento da produtividade primária líquida.

5. **S** (Udesc) A existência de queimadas gera imensas clareiras nas matas, deflagrando um novo processo de sucessão ecológica. Sobre o tema, assinale a alternativa correta.

a) Animais de grande porte são favorecidos no início da sucessão, considerando sua grande capacidade de deslocamento.
b) Entre as primeiras espécies vegetais a ocuparem o novo ambiente, destacam-se as palmeiras.
c) Entre o início da nova colonização do local e o estabelecimento da comunidade clímax são observadas variações na flora e fauna.
d) Mesmo ocorrendo grandes variações no clima da região, a mata devastada será substituída por outra de mesmas características.
e) A comunidade clímax restabelece-se após um curto processo de sucessão ecológica.

6. **NE** (UFC-CE) Observe as frases abaixo, relativas às características de um ecossistema à medida que a sucessão caminha para o clímax:

   01. A diversidade em espécies vai aumentando.
   02. Há um aumento nos nichos ecológicos, tornando a teia alimentar mais complexa.
   04. Há um aumento na biomassa total do ecossistema.
   08. O ecossistema tende a uma maior estabilidade ao se aproximar do clímax.
   16. Não há modificação do meio físico do ecossistema nos diferentes estágios da sucessão.

Dê como resposta a soma dos números das alternativas corretas.

7. **CO** (UFG-GO) Uma rocha vulcânica, ao longo do tempo, pode ser colonizada por microrganismos que alteram sua composição, criando assim condições para a instalação de outros seres vivos nesse ambiente. Esse processo é um exemplo de:

a) pirâmide ecológica.
b) sucessão ecológica.
c) nicho ecológico.
d) potencial biótico.
e) resistência ambiental.

8. **NE** (Ufal) Florestas em estado de clímax são comunidades caracterizadas por:

a) apresentar grande diversidade biológica e microclima ameno.
b) manter constantes a sua diversidade biológica e sua biomassa.
c) possuir grande riqueza de espécies e biomassa crescente.
d) uma grande fragilidade frente a mudanças ambientais.
e) grandes extensões de paisagens homogêneas.

9. **NE** (UFC-CE) São organismos pioneiros na sucessão ecológica, que atuam como produtores em lugares inóspitos e que apresentam os sorédios, eficientes estruturas de dispersão, formados por algas envolvidas por filamentos de fungos. Esta caracterização refere-se a:

a) micorrizas.
b) liquens.
c) bolores.
d) briófitas.
e) protozoários.

10. **NE** (Uece) Uma sucessão ecológica caracteriza-se por apresentar:

a) uma diminuição da biomassa no decorrer do processo.
b) inicialmente todas as comunidades em homeostase.
c) uma maior eficiência energética no estágio de clímax.
d) homogeneidade nos fatores físicos do ambiente.

11. **SE** (Uerj) Uma pequena e isolada ilha tropical foi devastada por uma grande queimada, que destruiu todos os seres vivos ali existentes. Quatro anos depois, o solo da ilha apresentava uma cobertura de cianobactérias, briófitas, pteridófitas, além de algumas fanerógamas. Após dez anos, já existiam diferentes representantes de artrópodes e, após sessenta anos, a ilha estava novamente coberta por uma mata densa, abrigando um grande número de espécies animais, incluindo répteis, aves e mamíferos.

Nomeie o fenômeno ecológico ocorrido na ilha ao longo desse período e explique a atuação dos primeiros organismos surgidos, após a queimada, na recuperação da biodiversidade local.

12. **SE** (Fuvest-SP) Considere dois estágios, **X** e **Y**, de um processo de sucessão ecológica. No estágio **X**, há maior biomassa e maior variedade de nichos ecológicos. No estágio **Y**, há maior concentração de espécies pioneiras e a comunidade está sujeita a variações mais intensas.

a) Qual dos dois estágios representa uma comunidade clímax?
b) Em qual dos estágios há maior biodiversidade? Justifique sua resposta.
c) Descreva o balanço entre a incorporação e a liberação de carbono nos estágios **X** e **Y**.

13. **SE** (UFMG) A figura abaixo representa frascos contendo comunidades de plâncton em estágios de sucessão:

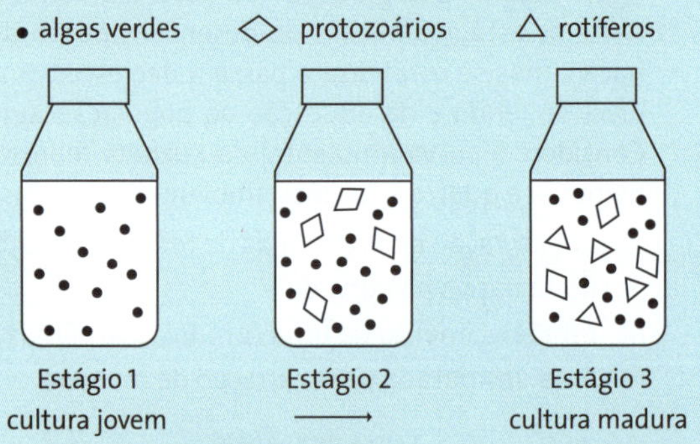

Baseado nas informações da figura e nos seus conhecimentos, responda:

a) Que nível trófico ocupam os indivíduos que predominam no frasco 1 e qual a importância desses organismos no início da sucessão?
b) Como se explica a ocorrência de protozoários no frasco 2?
c) Em que estágio da sucessão se encontra o frasco 3?
d) Cite dois fatores ecológicos que favorecem a estabilidade do número de indivíduos no frasco 3.
e) Cite um exemplo da interferência do homem alterando ou interrompendo a sucessão ecológica nos ecossistemas naturais.

14. **SE** (UFRJ) Dois agricultores possuem, cada um, 10 hectares de mata virgem, que abriga um grande número de insetos predadores. O primeiro agricultor derruba a mata e planta seus 10 hectares com soja. O segundo derruba 60% de sua mata, deixando 40% preservada na forma de várias ilhas de vegetação nativa e planta, na parte derrubada, milho, soja e feijão, em áreas iguais. Nenhum dos dois usa defensivos agrícolas (inseticidas). Qual dos dois agricultores corre maior risco de ter sua lavoura destruída por pragas? Justifique sua resposta.

15. **CO** (UFG-GO) "A Floresta Amazônica é o pulmão do mundo." Essa frase tem sido utilizada no sentido de que esse bioma é fonte de grande quantidade de oxigênio liberado para a atmosfera. Entretanto, é preciso lembrar que esta floresta sofreu alterações frequentes durante o processo de sucessão ecológica por milhares de anos, atingindo o estágio de clímax.

a) Considerando-se o exposto, explique as características que permitem considerar esta floresta como clímax.
b) Do ponto vista fisiológico, considerando-se a função do pulmão dos animais terrestres, por que o termo "pulmão" está equivocadamente empregado no enunciado "A Amazônia é o pulmão do mundo"?

CAPÍTULO

19 Distribuição dos organismos na biosfera

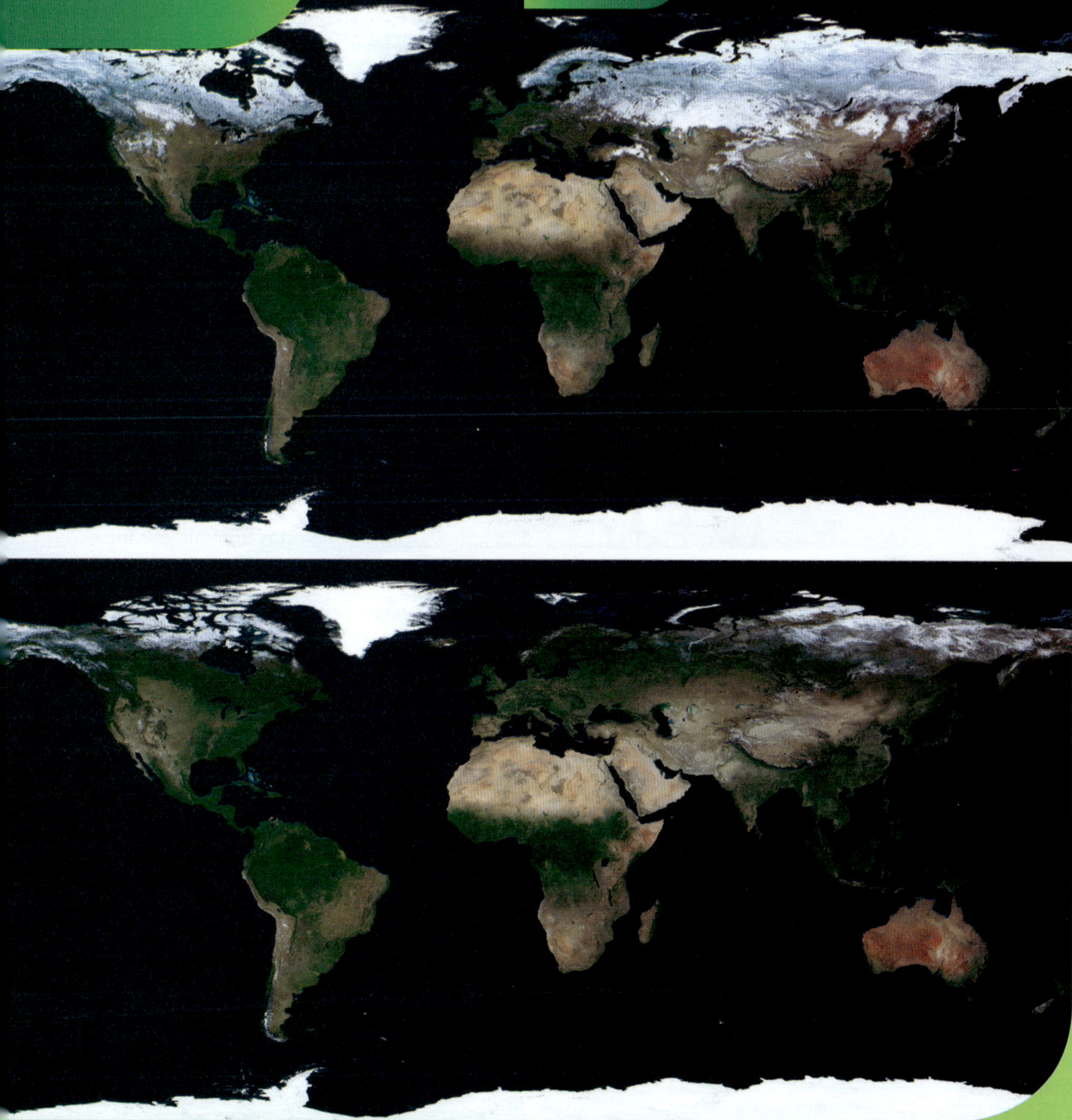

Reto Stockli/Nasa

Imagens da Terra montadas com informações coletadas por satélite em janeiro e julho de 2004, respectivamente.

- Como você acha que era a região onde você mora antes da ocupação humana?
- Você já esteve em alguma floresta? Além das florestas, que outros biomas você conhece?

1 Epinociclo

Correspondendo a aproximadamente 28% da área do globo terrestre, o **epinociclo** (conjunto de ecossistemas terrestres) possui grande diversidade de espécies. A ampla variação climática e o número de barreiras geográficas favorecem a especiação e, em consequência, a diversidade de espécies.

A biosfera pode ser dividida em **biomas** (*bios* = vida; *oma* = proliferação), grandes comunidades adaptadas a condições ecológicas específicas e caracterizadas principalmente pelo tipo de vegetação dominante. Em Geografia, aprendemos que a latitude influencia o clima: dos polos ao equador, ou seja, das regiões mais frias para as mais quentes, encontramos biomas diferentes, com fauna e flora adaptadas às condições climáticas de cada região. Aprendemos também que a temperatura diminui com a altitude. Por isso, podemos encontrar seres típicos de regiões frias em áreas de grande altitude, mesmo próximo ao equador. O maior número de espécies é encontrado nas regiões tropicais e diminui gradativamente em direção às regiões temperadas e aos polos (figura 19.1).

Os tipos de plantas e animais característicos de cada bioma são influenciados pelo tipo de solo e por fatores climáticos, principalmente a pluviosidade (quantidade de chuva) e a temperatura média anual.

Os principais biomas terrestres são a tundra, a taiga, as florestas temperadas, as florestas tropicais, os campos e os desertos (figura 19.2).

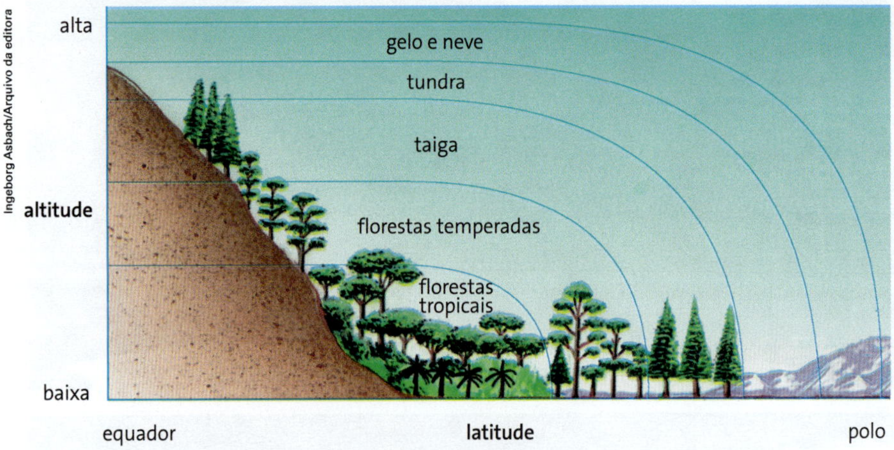

Figura 19.1 Variação da vegetação de acordo com a latitude e a altitude. (Os elementos da figura não estão na mesma escala; cores fantasia.)

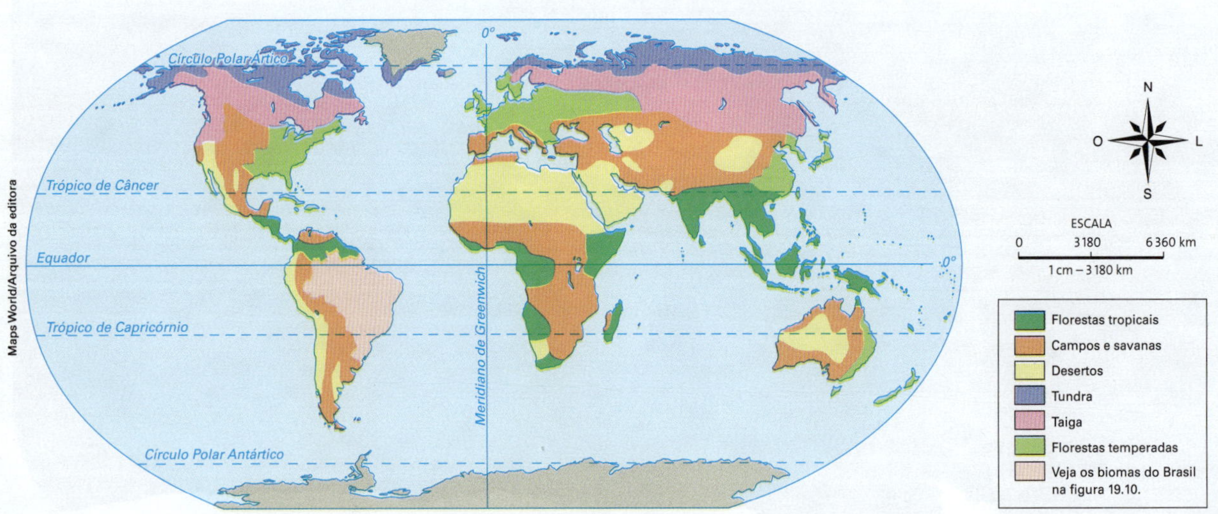

Adaptado de: COLLINS School World Atlas. London: Collins, 2009.

Figura 19.2 Principais biomas do planeta.

Tundra

A **tundra** (do finlandês *tunturia* = planície sem árvores) está presente ao redor do polo norte (tundra ártica) e no topo das montanhas mais altas (tundra alpina). É o bioma de temperaturas menores. O clima é frio e seco, com baixa precipitação e pouca luminosidade. A baixa temperatura dificulta a absorção da água do solo pelas plantas. Nesse bioma, o solo permanece congelado a maior parte do tempo. Durante o verão, que dura aproximadamente dois meses (temperatura máxima, em média, de 12 °C), uma fina camada na superfície do solo descongela, formam-se charcos e surge uma vegetação rasteira composta de musgos, liquens, capim e poucos e pequenos arbustos. Os ventos fortes são outro fator que dificulta a presença de plantas maiores. Entre os animais, há insetos, pássaros, caribus (ou renas americanas), lemingues, lebre ártica, raposa polar, urso-branco e lobo ártico (figura 19.3).

As mudanças climáticas provocadas pelo aquecimento global e a exploração de petróleo na região constituem ameaças a esse bioma.

A

Wild Arctic Pictures/Shutterstock/Glow Images

Figura 19.3 **A**: paisagem de tundra na América do Norte (Alasca), com caribu ou rena americana (1,2 m a 2,2 m de comprimento, fora a cauda; no inverno, o caribu escava o solo gelado à procura de liquens e raízes; caribu significa 'animal que escava a neve', em uma língua indígena norte-americana); **B**: tundra alpina, nos Andes (Peru).

B

Francesco Dazzi/Shutterstock/Glow Images

Taiga

A **taiga** (em russo, 'floresta alagada') é também chamada de floresta de coníferas ou floresta boreal (boreal = do lado Norte). Localiza-se ao sul da tundra, em áreas do Canadá, da Sibéria e dos Estados Unidos. É encontrada ainda em altitudes elevadas. Por estar mais próxima ao equador, recebe maior quantidade de energia solar que a tundra. É constituída por florestas de coníferas (gimnospermas), como o pinheiro e o abeto (figura 19.4).

A fauna é mais rica que a da tundra (figura 19.4), com insetos (muitos mosquitos), aves, lebres, alces, renas, marmotas e musaranhos, que servem de alimento a animais como martas, linces, lobos e ursos-pardos.

Algumas regiões da taiga têm sido devastadas pela exploração de madeira e pela poluição do ar, que causa chuvas ácidas. A água é poluída por gases tóxicos do ar, como veremos no capítulo 20.

Figura 19.4 **A**: aspecto da vegetação da taiga (Canadá); **B**: marmota (30 cm a 50 cm de comprimento, fora a cauda; pequeno roedor); **C**: urso-pardo (2 m a 3 m de comprimento; no inverno, ele dorme e se mantém graças à sua gordura; é um mamífero onívoro: come pequenos mamíferos, ovos de aves, raízes, folhas, frutos, mel, pinhas e insetos).

Pacific Northwest Photo/Shutterstock/Glow Images

Nicola Destefano/Shutterstock/Glow Images

Andre Nantel/Shutterstock/Glow Images

Florestas temperadas

As **florestas temperadas** localizam-se nas regiões de clima temperado, como algumas áreas dos Estados Unidos, da Europa, da Ásia e do sul da Oceania e têm as quatro estações do ano bem definidas.

A maioria das florestas temperadas caracteriza-se pela perda das folhas das árvores no fim do outono, o que reduz a perda de água no inverno (figura 19.5). Por isso, essas florestas são chamadas de **decíduas** ou **caducifólias** (*deciduus* ou *caducum* = que cai). As folhas voltam a crescer na primavera. Entre as árvores dominantes, estão o carvalho, o bordo, a nogueira e a faia. Há também musgos, samambaias e arbustos.

Entre os animais, existem vários invertebrados, anfíbios, répteis, aves e mamíferos. São exemplos de mamíferos que habitam as florestas temperadas: ratos silvestres, marmotas, veados, ursos, gambás, pumas, lobos, linces, raposas, gatos selvagens e esquilos (figura 19.5).

Hung Chung Chih/Shutterstock/Glow Images

Florin Mihai/Shutterstock/Glow Images

Figura 19.5 **A**: urso panda (1,6 m a 1,9 m de comprimento; animal raro que vive nas montanhas do sul da China e que come quase exclusivamente folhas e brotos de bambu); **B**: vista de floresta temperada no outono; **C**: gato selvagem europeu (55 cm a 80 cm de comprimento, fora a cauda; ao anoitecer, caça esquilos, coelhos e ratos; pode comer até vinte desses animais em uma noite); **D**: vista de floresta temperada no inverno.

Mark Bridger/Shutterstock/Glow Images

Stephane Bidouze/Shutterstock/Glow Images

Florestas tropicais

As **florestas tropicais** localizam-se na região equatorial, na América Central, no norte da América do Sul, nas partes leste e oeste da África central, no sul da Ásia, nas ilhas do Pacífico e no nordeste da Austrália (figura 19.6). Nessas regiões, o clima é quente e úmido, com temperatura relativamente constante (em média 27 °C) e chuvas frequentes e abundantes (daí o nome de floresta pluvial tropical). A floresta Amazônica, no norte da América do Sul, é a maior floresta tropical do mundo (vamos conhecê-la melhor adiante).

Ocupando apenas 7% da superfície do planeta, as florestas tropicais contêm mais espécies de plantas e animais que todos os outros biomas juntos.

Há diversas plantas **latifoliadas** (*latus* = largo; *folia* = folha), ou seja, com folhas largas. A grande superfície dessas folhas aumenta a área de absorção de luz sem perigo de desidratação (a perda de água por transpiração é compensada pela absorção das raízes). As plantas, em geral, são **perenes** ou **perenifólias** (*perennis* = duradouro), isto é, mantêm a maioria das folhas durante todo o ano. A copa das árvores de grande porte intercepta boa parte da luz solar, o que diminui o desenvolvimento de plantas rasteiras. Em compensação, sobre as árvores há grande número de cipós e epífitas, como orquídeas e bromélias. As poucas plantas rasteiras costumam ter folhas grandes, captando a pouca quantidade de luz que chega ao solo.

A exuberância do estrato arbóreo explica a quantidade de animais capazes de subir em árvores ou de voar em busca de frutos, sementes e/ou folhas. Por isso, há grande variedade de macacos, pássaros, lagartos, serpentes e, principalmente, insetos (figura 19.7).

Figura 19.6 **A**: vista aérea de uma floresta tropical na Costa Rica; **B**: vista do interior de uma floresta tropical na Malásia.

Szefei/Shutterstock/Glow Images

Ivalin/Shutterstock/Glow Images

O desmatamento das florestas tropicais provoca alterações climáticas porque a quantidade de água devolvida à atmosfera pela transpiração é maior que a restituída pela evaporação direta, por causa da grande área relativa formada pelas folhas. Com a destruição da vegetação, portanto, reduz-se o volume de água disponível para as chuvas. Assim, a quantidade de chuvas e a umidade reduzem-se progressivamente e pode instalar-se um clima do tipo semiárido. Além do que, a água devolvida pela transpiração forma nuvens que os ventos levam para o sul, regulando o clima em vários países. Portanto, a preservação das florestas é fundamental para o equilíbrio ecológico do planeta.

Outro problema do desmatamento é que, à medida que as florestas desaparecem, são extintas espécies fundamentais para a manutenção do equilíbrio do ecossistema. Muitas dessas espécies também são importantes para estudo, para produção de medicamentos e outros produtos: a maioria das espécies ainda não foi estudada e muitas não foram catalogadas. Mesmo que não ocorra extinção, já é bastante grave a diminuição da variabilidade genética das populações, pois isso as torna mais suscetíveis à extinção.

Além das razões ecológicas, estéticas e utilitárias, há também uma justificativa de ordem ética: a de não destruirmos outras espécies ou o ambiente em que vivemos.

Araquém Alcântara/Acervo do fotógrafo

Jamprchal/Shutterstock/Glow Images

Eduardo Rivero/Shutterstock/Glow Images

Figura 19.7 Alguns animais encontrados nas florestas tropicais. **A**: mico-de-cheiro (27 cm a 32 cm de comprimento, fora a cauda); **B**: arara-vermelha (*Ara chloropterus*, até 90 cm de comprimento); **C**: tucano-de-peito-amarelo (*Ramphastos sulfuratus*; 42 cm a 55 cm de comprimento).

Biologia e ambiente

O solo em florestas tropicais

O solo de muitas florestas tropicais é formado por uma massa de areia e argila, pobre em nutrientes minerais. Sobre ele, há apenas uma fina camada de **húmus** ou **humo** (*humus* = enterrado), uma camada fértil de terra escura originada da decomposição de restos de plantas e animais. Então, como se explica a riqueza vegetal dessas florestas? No solo, à sombra das árvores e dispondo de muito calor e umidade o ano todo, as bactérias e os fungos se reproduzem rapidamente. Com isso, a decomposição da matéria orgânica é muito rápida e formam-se os nutrientes minerais, imediatamente absorvidos pelas plantas.

Com o desmatamento da floresta, deixam de existir restos de vegetais e animais a serem decompostos. Além disso, os microrganismos decompositores são destruídos pelas queimadas ou perdem sua sombra protetora, que era dada pela copa das árvores. Sem reposição do húmus, o solo se esgota rapidamente.

A cobertura vegetal diminui a erosão do solo, provocada pela água, pelo vento e por outros fatores. A folhagem das plantas não deixa a chuva cair diretamente no solo, e as raízes ajudam a reter as partículas do solo. Por isso, quando as plantas são retiradas, a erosão acelera-se. Além disso, a chuva leva os sais minerais para o fundo do solo (lixiviação), em locais inacessíveis às plantas, e a terra levada pela erosão pode acumular-se no fundo dos rios (assoreamento), aumentando a ocorrência de inundações.

Campos

Os **campos** localizam-se em regiões tropicais e temperadas que recebem uma quantidade de chuvas intermediária entre o deserto e a floresta. Isso dificulta o desenvolvimento de árvores de grande porte e facilita o surgimento de plantas pequenas, como as gramíneas. Nos campos das regiões tropicais – como a **savana**, na África e na Austrália, e o **cerrado**, na região Centro-Oeste brasileira (que será estudado adiante) –, além das gramíneas, há arbustos e árvores esparsas. Os campos das regiões temperadas – formados por vastas extensões de capim – recebem diferentes nomes: **estepes**, na Ásia e Europa; **pradarias**, na América do Norte; **pampas** (que será visto adiante), no sul da América do Sul.

A vegetação rasteira permite a sobrevivência de muitos animais herbívoros e, consequentemente, dos carnívoros que deles se alimentam. Nas savanas da África, por exemplo, há antílopes, girafas, zebras, gnus, rinocerontes, leões, guepardos, chacais e hienas, entre outros animais (figura 19.8).

A ocupação dos campos para a criação de gado e para a agricultura vem provocando a extinção de vários animais. Além disso, as frequentes queimadas e o pastoreio excessivo aceleram a erosão e o esgotamento do solo.

Figura 19.8 **A**: bisão (2 m a 3,5 m de comprimento, fora a cauda) numa pradaria norte-americana; **B**: zebras (2,5 m a 3 m de comprimento, fora a cauda) em savana africana (Reserva Nacional do Masai Mara, Quênia).

Desertos

Em geral, os **desertos** estão situados em torno de 30° de latitude, ao norte e ao sul do equador, onde o ar que chega à superfície terrestre é muito seco. Existem desertos em regiões da África, da Ásia, dos Estados Unidos, do México e da Austrália. As chuvas são raras, com precipitação anual baixa (menos de 250 mm nas regiões áridas e menos de 500 mm nas semiáridas), o clima é seco e o solo é árido.

Nos desertos quentes, o dia tem temperatura acima de 40 °C, podendo chegar a 54 °C. A noite é muito fria, pois, com a falta de vapor de água, o calor escapa rapidamente do solo. Nos desertos frios, que ficam em latitudes altas, a variação diária de temperatura é menor.

Como há pouca água, a vegetação é pobre e esparsa. As poucas plantas que existem estão adaptadas ao clima seco, como as plantas denominadas **xerófilas**, ou **xerófitas**, ou **xeromorfas** (*xerós* = seco; *philein* = amigo; *phyton* = planta; *morpho* = forma). Essas plantas apresentam características que contribuem para diminuir a perda de água por transpiração. Algumas dessas características são epiderme com cutícula espessa, rica em ceras impermeabilizantes ou em pelos que retêm a umidade do ar, e estômatos pequenos localizados no interior de cavidades da folha (criptas). Além de raízes muito desenvolvidas, que aproveitam bem a água das eventuais chuvas, e de tecidos especiais que armazenam água (parênquimas aquíferos). Em alguns casos, como nos cactos, as folhas se transformaram em espinhos, reduzindo a superfície relativa da planta e, portanto, a perda de água por evaporação (figura 19.9). Os espinhos também protegem a planta contra animais que a procuram por suas reservas de água.

A fauna dos desertos não tem grande número de espécies. Além de roedores (como o rato-canguru), há répteis (lagartos e serpentes), insetos (besouros, grilos), aracnídeos (escorpiões) e aves (corujas), entre outros animais.

Figura 19.9 Cacto (o tamanho pode variar de 1 m a vários metros de altura) no deserto do Atacama, no Chile.

Steve Allen/Shutterstock/Glow Images

2 Biomas brasileiros

Com 8,5 milhões de quilômetros quadrados de território e grande variedade de clima, temperatura, solo e umidade, o Brasil apresenta extraordinária diversidade de ecossistemas e abriga cerca de 20% de todas as espécies animais e vegetais do mundo. No entanto, todos os biomas sofreram com a ocupação humana e parte da vegetação original já foi destruída (figura 19.10): o Brasil já perdeu cerca de 38% de sua vegetação nativa e continua perdendo anualmente milhares de quilômetros quadrados pelo corte de árvores e pelas queimadas.

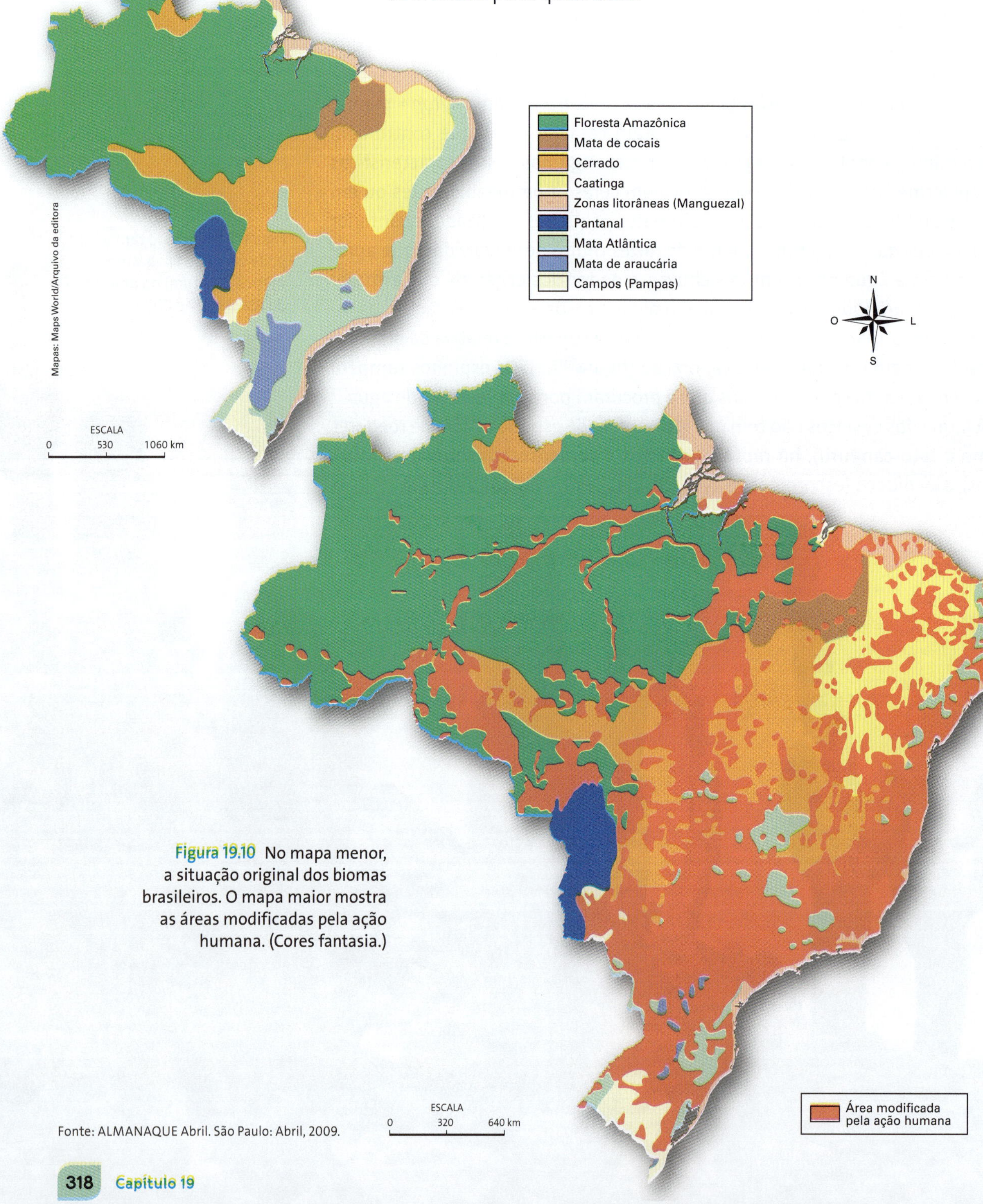

Figura 19.10 No mapa menor, a situação original dos biomas brasileiros. O mapa maior mostra as áreas modificadas pela ação humana. (Cores fantasia.)

Fonte: ALMANAQUE Abril. São Paulo: Abril, 2009.

Floresta Amazônica

Floresta Amazônica

A **floresta Amazônica** cobre a maior parte da região ao norte da América do Sul e é a maior floresta tropical pluvial do mundo, com clima quente e bastante úmido e chuvas abundantes. Como nas demais florestas tropicais, a rápida reciclagem da matéria orgânica é fundamental para a manutenção da comunidade, uma vez que o solo é pobre em nutrientes.

Em linhas gerais, ela divide-se em terra firme e alagada: as matas de terra firme localizam-se em regiões mais altas, onde não ocorrem inundações; as matas de igapó situam-se em terrenos baixos, próximo a rios, e, por isso, permanecem quase sempre inundadas. Há também as matas de várzea, que são apenas temporariamente inundadas (figura 19.11).

Figura 19.11 Vegetação da floresta Amazônica. **A**: a copa das árvores dificulta a passagem da luz; **B**: mata de igapó (Parque Nacional do Jaú, Amazonas); **C**: mata de terra firme (Estação Científica Ferreira Penna, Melgaço, Pará); **D**: mata de várzea (Pará).

Há árvores altas – como cedro, virola, buriti, açaizeiro, bacurizeiro, cumaru, jatobá, seringueira e castanheira-do-pará –, além de trepadeiras – como o guaranazeiro –, e grande número de epífitas. Na superfície das áreas tomadas pelas águas é comum encontrar a vitória-régia, vegetal com folhas circulares flutuantes, que podem chegar a 2 m de diâmetro (figura 19.12).

Fabio Colombini/Acervo do fotógrafo

Fabio Colombini/Acervo do fotógrafo

Figura 19.12 A: seringueira (*Hevea brasiliensis*; chega a 30 m de altura); B: da seringueira se extrai o látex, com o qual se fabrica borracha natural; C: vitórias-régias (*Victoria amazonica*; pode chegar a 2 m de diâmetro).

Videowokart/Shutterstock/Glow Images

Na Amazônia, encontra-se a maior variedade de espécies de aves, primatas, roedores, sapos, insetos, lagartos e peixes de água doce do mundo.

Entre os mamíferos, são comuns os primatas (guariba, barrigudo e outros macacos), os carnívoros (onça-pintada ou jaguar, cachorro-vinagre, quati, furão, jaguatirica, suçuarana ou onça-parda), tamanduás (que se alimentam de cupins), preguiças (que comem brotos de embaúba), esquilos, veados (galheiro, mateiro e catingueiro), porcos-do-mato (queixada e caititu) e mamíferos aquáticos (peixe-boi, boto, lontra e ariranha). Há grande variedade de aves, como mutuns, tucanos, araras, papagaios, jacus e pássaros. Entre os répteis, há lagartos, jacarés, tartarugas e serpentes (como sucuri, jiboia, surucucu e jararaca). Existe também grande diversidade de anfíbios (sapos, rãs e pererecas), peixes (pirarucu, tucunaré, pacu, tambaqui) e uma infinidade de invertebrados. Veja alguns exemplos da fauna amazônica na figura 19.13.

A região da Amazônia vem sendo destruída por desmatamentos para ceder espaço à agricultura, à pecuária e à extração de madeira e minérios. A caça predatória e a contaminação dos rios por mercúrio dos garimpos também contribuem para sua poluição e destruição.

Figura 19.13 **A**: papa-cacau (*Amazona festiva*; até 35 cm de comprimento) comendo bacuri (cerca de 10 cm de diâmetro), uma fruta da região Norte; **B**: ariranha (*Pteronura brasiliensis*; até 1,5 m de comprimento, fora a cauda); **C**: uacari-vermelho (*Cacajao rubicundus*; 40 cm a 45 cm de comprimento).

Fabio Colombini/Acervo do fotógrafo

Fabio Colombini/Acervo do fotógrafo

Stephen/Shutterstock/Glow Images

A preservação da Amazônia é de interesse mundial, pois ela abriga a maior biodiversidade do planeta – cerca de 15% de todas as espécies conhecidas de plantas e animais. Dessas espécies podem ser obtidas novas variedades vegetais e animais de maior importância econômica. Além disso, a destruição de florestas tropicais aumenta o aquecimento global e provoca outras alterações climáticas. A floresta produz um enorme volume de vapor de água, que responde pela formação de cerca de 60% das chuvas que caem sobre as regiões Norte, Centro-Oeste, Sudeste e Sul do Brasil.

Não podemos esquecer que os ecossistemas naturais não devem ser avaliados apenas pelos benefícios econômicos derivados de sua exploração, mas também por seus benefícios ecológicos, estéticos e éticos.

Outro problema grave é que a destruição das florestas tropicais coloca em risco a sobrevivência de diversas comunidades, como a indígena, que lá têm seu *habitat* e sustento. A preservação de outras culturas é uma obrigação moral e social. Com a destruição das culturas indígenas, perde-se o conhecimento que esses povos têm da floresta. A tradição indígena pode dar pistas sobre, por exemplo, plantas medicinais que merecem ser testadas para comprovação de seus efeitos. Assim como é importante preservar a diversidade de espécies, é importante preservar as culturas.

A exploração das florestas tropicais deve ser feita de forma cuidadosa para não alterar o equilíbrio ecológico, de modo a garantir a sustentabilidade. A coleta de produtos vegetais deve ser realizada nas reservas extrativistas, especialmente delimitadas para isso, sem colocar em risco o ecossistema. No caso da floresta Amazônica, é possível comercializar borracha, babaçu, dendê, cacau, açaí, guaraná e castanha-do-pará (figura 19.14).

Para preservar a Amazônia, várias medidas políticas e sociais devem ser tomadas. Entre elas: a geração de empregos formais para os que vivem do desmatamento ilegal; o investimento em saúde e educação; a regularização das propriedades rurais; o aumento do número de guardas florestais; a ampliação do reflorestamento e estímulo financeiro para a preservação da floresta.

Figura 19.14 O babaçu e alguns produtos feitos a partir dele, em uma reserva extrativista no norte de Tocantins.

Palê Zuppani/Pulsar Imagens

Mata Atlântica

A **mata Atlântica**, também conhecida como **floresta pluvial costeira**, é uma floresta tropical, de clima quente e úmido, que atualmente se estende em fragmentos esparsos ao longo do litoral brasileiro.

Entre as árvores, há o jequitibá-rosa, a quaresmeira, o ipê, a embaúba, a palmeira-juçara (da qual é extraído o palmito), a canela, o jacarandá, o cedro e a peroba. No interior da floresta, há grande variedade de trepadeiras, mata-paus e pteridófitas (figura 19.15).

Nela vivem diversos mamíferos: marsupiais (como o gambá e a cuíca-d'água), primatas (como o muriqui, o mico-leão, o mico-leão-dourado, o sagui-preto e o macaco-prego), guaxinins (mão-pelada), quatis, onças-pintadas, gatos-do-mato, cachorros-vinagre, suçuaranas, caxinguelês, cutias, ouriços-cacheiros, porcos-do-mato, tatus, pacas, tamanduás-mirins, capivaras, antas e preguiças. Entre as aves, estão: macuco, inhambu, patos selvagens, gaviões, mutum, saracura, tié-sangue, sanhaço, araponga, muitas espécies de beija-flor e saíra-sete-cores (figura 19.15). Muitas das espécies da mata Atlântica estão ameçadas de extinção.

Figura 19.15 **A**: vista aérea da mata Atlântica (Serra de Paranapiacaba, SP); **B**: interior da mata Atlântica (Ilha do Cardoso, Cananeia, SP); **C**: mico-leão-dourado (*Leontopithecus rosalia*; 25 cm a 35 cm de comprimento, fora a cauda); **D**: saíra-sete-cores (*Tangara seledon*; cerca de 15 cm de comprimento); **E**: sapo pingo-de-ouro (*Brachycephalus ephippium*; 12 cm a 19 cm de comprimento).

Estudos históricos mostram que desde o início da colonização do Brasil, a mata Atlântica foi o ecossistema que mais sofreu com a ação humana (figura 19.16). A extração do pau-brasil (usado como fonte de corante vermelho para tecidos), o ciclo da cana-de-açúcar e o do café, a mineração, a extração de madeiras nobres, a pecuária, a caça predatória e o crescimento das cidades (cerca de 2/3 da população brasileira vivem em áreas originalmente ocupadas pela mata Atlântica) foram os principais fatores da devastação ecológica dessa região. Levando-se em conta os fragmentos de mata com no mínimo 3 hectares (30 mil metros quadrados), restam apenas 11,62% da vegetação original.

Juntamente com o cerrado, a mata Atlântica é o ecossistema mais ameaçado do mundo, ao mesmo tempo que é um dos 34 *hotspots* ("pontos quentes", em inglês), ou seja, regiões de grande biodiversidade e ameaçadas de extinção. Para ser considerado um *hotspot*, um ecossistema deve ter pelo menos 1500 espécies endêmicas de plantas e ter perdido 70% ou mais de sua área original. Embora correspondam a menos de 3% da superfície do planeta, os *hotspots* abrigam cerca de metade de todas as espécies de plantas e 40% das espécies de vertebrados terrestres.

Associados à mata Atlântica aparecem ecossistemas costeiros, como os manguezais e as restingas, com vegetação adaptada a solos arenosos e secos, formada por ervas, arbustos e algumas árvores (aroeira-da-praia, cajueiro, etc.).

Figura 19.16 Este desenho, feito pelo alemão Johann Moritz Rugendas (1802-1858), registra o desmatamento da mata Atlântica que ocorria nos anos 1920.

Caatinga

A **caatinga** ocupa aproximadamente 1 milhão de quilômetros quadrados (pouco mais de 11% do território brasileiro) e estende-se pelos estados do Nordeste (Piauí, Ceará, Rio Grande do Norte, Paraíba, Pernambuco, Alagoas, Sergipe e Bahia) e pelo norte de Minas Gerais. Trata-se de uma zona quente e seca, de clima semiárido, com baixo índice pluviométrico e estações de seca prolongada.

Na época da seca, a maioria das árvores perde as folhas, e boa parte dos rios e lagoas secam. O aspecto árido, desbotado e sem folhas verdes deu nome a esse bioma: caatinga é um termo de origem tupi e significa 'mata branca', em referência às plantas sem folhas. Quando as chuvas retornam, as árvores se cobrem de folhas e a paisagem volta a ficar verde.

A vegetação está adaptada ao clima seco, com plantas xerófilas (figura 19.17). É comum a família das cactáceas, que inclui pequenas plantas, como o quipá, e plantas grandes e arborescentes, como o mandacaru, o facheiro, a coroa-de-frade e o xiquexique. Destacam-se também a maniçoba, o marmeleiro, o umbuzeiro, a barriguda e os ipês. Há ainda a oiticica e o juazeiro que caracterizam-se por não perderem suas duras folhas na época das secas.

A

B

C

Figura 19.17 Algumas plantas da caatinga: **A**: cacto xiquexique (*Pilosocereus gounellei*; até 3 m de altura); **B**: juazeiro (*Ziziphus joazeiro*; até 10 m de altura); **C**: cacto mandacaru (*Cereus jamacaru*; até 5 m de altura).

Entre os vertebrados, há várias espécies de lagartos, serpentes, quelônios (tartarugas e jabutis), anfíbios, aves e mamíferos. Alguns exemplos de mamíferos são o sagui-do-nordeste, o macaco-prego, o tatupeba, o mocó (pequeno roedor), o gambá, o preá, o caititu, o veado-catingueiro, a cutia e o tatu-bola. Entre as aves, estão o carcará, a gralha-canção, a ema, a seriema, a pomba-avoante e o galo-de-campina (figura 19.18). Há também répteis – como os calangos (pequenos lagartos), a jiboia e a cascavel – e anfíbios – como o sapo-cururu.

O desmatamento, principalmente para exploração não sustentável de lenha, vem provocando, entre outros problemas, a degradação do solo, com ameaça de **desertificação** (veja o boxe **Biologia e ambiente**, na página 329). É necessário, portanto, implementar o reflorestamento, entre outras práticas de manejo sustentável.

B

Figura 19.18 Alguns animais encontrados na caatinga; **A**: tatu-bola (*Tolypeutes tricinctus*; cerca de 50 cm de comprimento); **B**: galo-da-campina (*Paroaria dominicana*; aproximadamente 17 cm de comprimento).

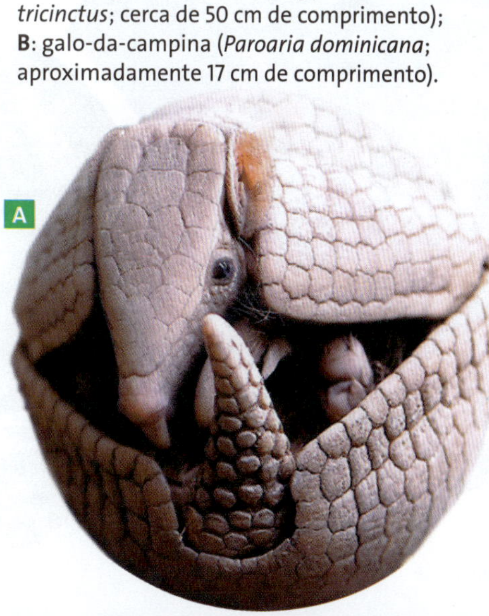

A

Fotos: Fabio Colombini/Acervo do fotógrafo

Cerrado

O **cerrado**, também chamado de **campo cerrado**, é um bioma semelhante à savana, com gramíneas e árvores e arbustos esparsos. O cerrado ocupa cerca de 1,3 milhão de quilômetros quadrados do Brasil central, em parte dos estados de Mato Grosso, Mato Grosso do Sul, Maranhão, Minas Gerais, Goiás e Tocantins. Aparece também em São Paulo e no Paraná. Considerando as zonas esparsas no Norte, Nordeste e Sul, a extensão do cerrado atinge cerca de 2 milhões de quilômetros quadrados, quase 25% do território nacional.

O clima é quente, com períodos alternados de chuva e seca (verão chuvoso e inverno seco). Na estação seca, a vegetação pode queimar espontaneamente. O fogo no cerrado ocorre periodicamente, causado por raios, e há até algumas plantas que dependem dele para a reprodução, florescendo apenas após uma queimada. Depois de esfriarem as cinzas, novas plantas brotam do solo e os animais da região voltam à área queimada. As árvores permanecem vivas graças às raízes profundas e aos caules subterrâneos ou à presença de uma cutícula espessa, rica em súber (cortiça) no caule, que age como isolante térmico. No entanto, essa situação natural nada tem a ver com as queimadas provocadas pelo ser humano, que são mais intensas e sem controle, além de mais frequentes, dificultando o crescimento das plantas.

O cerrado é a segunda área mais rica em biodiversidade no país, depois da Amazônia.

Estima-se que haja mais de 10 mil espécies de plantas no cerrado; 44% delas são endêmicas. As árvores, em geral, se distribuem de forma esparsa e têm no máximo 5 m de altura; comumente, os caules são tortuosos e retorcidos, as folhas são coriáceas, e as raízes longas (algumas com 18 m de comprimento) atingem as reservas de água subterrânea (figura 19.19).

Em condições naturais, o solo é muito ácido, com baixo conteúdo de cálcio e magnésio e grande quantidade de alumínio, o que dificulta a absorção de nutrientes pelas raízes. Durante a seca, algumas plantas perdem as folhas; outras perdem também os ramos e fica apenas o caule subterrâneo.

Entre as plantas típicas, há o buriti, o pau-santo, o araçá, o pau-terra, a catuaba, o indaiá, o gonçalo-alves, a sucupira, a gabiroba, o angico, a caviúna, o ipê-do-cerrado, a peroba-do-campo e o pequizeiro. Entre as plantas herbáceas, há o capim-flecha, o capim-barba-de-bode e o cajueiro-do-campo.

Fotos: Fabio Colombini/Acervo do fotógrafo

Figura 19.19 **A**: vegetação do cerrado; **B**: tronco retorcido de árvore.

Entre os mamíferos, há o tamanduá-bandeira e o tatu-canastra, característicos da América do Sul e ameaçados de extinção. São encontrados ainda o quati, o macaco-prego, o sagui, o rato-do-mato, a anta, a capivara (maior roedor do mundo), o porco-do-mato e o veado-campeiro, além de carnívoros, como a onça-pintada, a suçuarana, a jaguatirica, o lobo-guará ou guará, o cachorro-vinagre, o furão, o cangambá e o guaxinim. Entre as aves, há a seriema, a gralha, a asa-branca, o papagaio, a araraúna, o tucano, a coruja, o pica-pau, o socó, a ema (maior ave das Américas), o gavião-preto, o gavião-carcará e o urubu-rei (figura 19.20).

Quando tratado com fertilizantes e tendo a acidez corrigida com calcário, o solo do cerrado é muito usado para a agricultura, principalmente para a produção de cana-de-açúcar, soja e milho; além de seu uso para a criação de gado. Ao longo dos anos, esse tipo de exploração excessiva tem levado ao esgotamento e à erosão do solo do cerrado, que passou a sofrer risco de desertificação. Para combater a destruição do cerrado, é preciso, entre outras medidas, restaurar as áreas degradadas e manter as áreas de reservas naturais, como o Parque Nacional das Emas, em Goiás.

Figura 19.20 Alguns animais encontrados no cerrado. **A**: seriema (*Cariama cristata*; 75 cm a 90 cm de comprimento); **B**: ema (*Rhea americana*; 0,9 m a 1,6 m de altura); **C**: veado-campeiro (*Ozotoceros bezoarticus*; 1,1 m a 1,4 m de comprimento); **D**: lobo-guará (*Chrysocyon brachyurus*; cerca de 85 cm de altura).

Fotos: Fabio Colombini/Acervo do fotógrafo

Biologia e ambiente

A desertificação

Blacknote/Shutterstock/Glow Images

A desertificação (figura 19.21) pode ser provocada pela atividade humana ou por alterações climáticas e afeta a vida de um sexto da população mundial. No Brasil, ela ameaça 1 milhão de quilômetros quadrados no Nordeste, onde vivem aproximadamente 15 milhões de pessoas.

Atualmente, suas principais causas são as práticas agropecuárias inadequadas, o desmatamento e a mineração. O resultado é que o solo fica sem proteção contra a erosão, perde sua camada fértil e torna-se arenoso e estéril.

Figura 19.21 Terra seca pela desertificação na Austrália.

Pantanal

O **pantanal**, também chamado de **pantanal mato-grossense**, situa-se nos estados de Mato Grosso e Mato Grosso do Sul, estendendo-se até a Bolívia e o Paraguai. O verão é quente e úmido, e o inverno, seco. É a maior planície inundável do mundo: cerca de dois terços do pantanal (100 000 km^2) ficam alagados na época das chuvas abundantes em razão das enchentes dos rios. O solo recebe fertilizantes naturais vindos da água dos rios das regiões mais altas. Nos meses restantes, permanecem na região várias lagoas que se formaram com as enchentes (figura 19.22).

No pantanal, há uma mistura de campos, florestas tropicais, cerrado e vegetação típica de áreas alagadas. Ele pode ser dividido em três áreas:

- **alagadas** – a vegetação de gramíneas desenvolve-se no inverno e serve de alimento para o gado;
- **com alagamentos periódicos** – além de vegetação rasteira, apresenta arbustos e palmeiras;
- **que não sofrem inundação** – predomina o cerrado e, em locais mais úmidos, há espécies arbóreas da floresta tropical; esses trechos de mata não alagados servem de abrigo aos animais durante o período das cheias.

Nas lagoas, há vegetais aquáticos flutuantes – como o aguapé, a erva-de-santa-luzia, a elódea, a salvínia e a vitória-régia – e fixos com folhas emersas – como a sagitária. Entre as plantas submersas, há a cabomba e a utriculária (planta carnívora que se alimenta de invertebrados aquáticos microscópicos).

Há também extensos capinzais, ipês, jatobás, cambarás, imbiriçus, acácias, piúvas, pequizeiros, imbaúbas, timbó, carandá e angico-vermelho.

Há mais de cem espécies de mamíferos, entre elas: a onça-parda (suçuarana), a onça-pintada, a jaguatirica, o gato-do-mato, o lobo-guará e o cachorro-vinagre, que caçam o porco-do-mato, a capivara, o cervo-do-pantanal, a anta, os preás, etc. São encontrados também a lontra, a ariranha, o tamanduá-bandeira e o tatu-canastra.

Ernesto Reghran/Pulsar Imagens

No pantanal há a maior diversidade de aves do mundo, entre elas: garças, socós, colhereiros, tucanos, cabeças-secas, anhumas, biguás, gaivotas, araras, patos, marrecos, urubus, gaviões-reais, papagaios, periquitos, mutuns, emas, seriemas, martins-pescadores e jaburus (tuiuiús, símbolo do pantanal). Entre os répteis, há o jacaré-do-pantanal, a sucuri e o sinimbu (um lagarto). Entre as mais de duzentas espécies de peixes, destacam-se o pintado, o dourado, o jaú, o pacu, o surubim, a traíra, o lambari e a piranha. Veja exemplos da fauna na figura 19.22.

A pecuária e as práticas agrícolas sem controle em certos locais têm provocado a erosão do solo e o assoreamento de alguns rios. O garimpo de ouro vem poluindo alguns rios com mercúrio. A destruição da fauna pela caça clandestina e pela pesca sem controle é um dos maiores problemas da região.

A exploração do pantanal deve levar em conta sua ecologia e utilizar técnicas que evitem desequilíbrios ecológicos. É preciso, por exemplo, fiscalizar e controlar a pesca para evitar a captura de peixes na época de reprodução e para coibir o uso de rede de malhas muito finas, que apanham filhotes pequenos. A fiscalização e a repressão à caça clandestina, além da implantação de programas de estudo sobre a ecologia do pantanal, são algumas das medidas importantes que devem ser incentivadas pelo governo para evitar a destruição desse paraíso ecológico.

Um dos maiores atrativos do pantanal é o turismo ecológico, que precisa ser incentivado. A renda gerada por essa atividade pode ser usada para preservar o patrimônio ecológico da região.

Figura 19.22 Aspectos do pantanal. A: campo alagado e mata; B: jacarés-do-pantanal (*Caiman crocodylus yacare*; 2,5 m a 3 m de comprimento); C: cervo-do-pantanal (*Blastocerus dichotomus*; 1,8 m a 1,9 m de comprimento, fora a cauda); D: tuiuiú (*Jabiru mycteria*; chega a 1,6 m de altura).

Pampas

Os **pampas** (na língua indígena, quéchua significa 'região plana'), também chamados de **campos sulinos** ou **campos do sul**, localizam-se no extremo sul do país, principalmente no Rio Grande do Sul. A vegetação dominante é formada por gramíneas de pequeno porte, com poucos arbustos espalhados (figura 19.23). De modo geral, não há árvores (embora algumas sejam encontradas ao longo dos rios e na região litorânea); por isso, os pampas são chamados também de campos limpos (enquanto o cerrado é chamado de campo sujo, por apresentar vegetação arbórea e arbustiva).

Muitos animais, como o tatu e diversos roedores, cavam tocas. Entre os carnívoros, há o gato-do-pampa, o zorrilho (espécie de raposa) e o guaxinim. Entre as aves, encontram-se o marreco, o tachã e o quero-quero.

A região é utilizada na produção de trigo, arroz, milho e soja, além da pecuária. Essas atividades vêm provocando a erosão do solo.

Fotos: Fabio Colombini/Acervo do fotógrafo

Figura 19.23 **A**: aspecto de pampa (Área de Proteção Ambiental do Ibirapuitã, em Santana do Livramento-RS) e dois animais encontrados nesse bioma; **B**: quero-quero (*Vanellus chilen*; 32 cm a 38 cm de comprimento); **C**: guaxinim (*Procyon cancrivorus*; 45 cm a 70 cm de comprimento).

Mata de araucária

A **mata de araucária**, também chamada de **pinheral** ou **floresta de araucárias**, é um tipo de floresta de clima subtropical, que se encontra nos estados do Paraná, Santa Catarina e Rio Grande do Sul e também em regiões elevadas das serras do Mar e da Mantiqueira, ocupando cerca de 15% do território brasileiro.

A espécie vegetal predominante é o pinheiro-do-paraná, cujo nome científico, *Araucaria angustifolia*, origina o nome desse bioma (figura 19.24). Também há canela, imbuia, erva-mate, cedro, angico, gameleira, podocarpo e samambaiaçu.

Entre os animais, há várias espécies de insetos, de aves (como o sabiá e a gralha-azul; figura 19.24) e de mamíferos (como o tatu), muitas das quais se alimentam do pinhão (a semente do pinheiro).

Aproximadamente, 98% da mata de araucária foi devastada para a retirada de madeira e o cultivo de eucaliptos e pinheiros diferentes do pinheiro-do-paraná. Restam apenas, em média, 2% da vegetação original, principalmente em Unidades de Conservação.

Figura 19.24 **A**: aspecto da mata de araucária (Parque Estadual de Campos do Jordão, São Paulo); **B**: gralha-azul (cerca de 40 cm de comprimento).

Fotos: Fabio Colombini/Acervo do fotógrafo

Figura 19.25 Mata de cocais (Açu, Rio Grande do Norte).

Mata de cocais

Localizada nos estados do Maranhão, Piauí, Ceará e Rio Grande do Norte, entre a floresta Amazônica e a caatinga, a **mata de cocais** ou **babaçual** é formada por vários tipos de palmeira (figura 19.25): babaçu (o principal), carnaúba, oiticica e buriti. Das sementes do babaçu extraem-se óleo – usado na culinária e na indústria –, álcool, fibras e outros produtos. Da carnaúba são extraídas ceras utilizadas em produtos de polir e encerar; suas folhas são também usadas para tecelagem; e os troncos, na construção de moradias.

A mata de cocais é desmatada para as monoculturas, o que afeta o ambiente e as pessoas que dependem da comercialização dos produtos do babaçu e da carnaúba.

Manguezal

O **manguezal**, também conhecido como **mangue** ou **floresta de mangue**, situa-se em vários pontos da costa brasileira e é característico das regiões onde o mar se encontra com a água doce dos rios. Essa mistura de águas provoca um depósito de partículas orgânicas trazidas pela água doce e a formação de uma região alagada de fundo lodoso, salobro e mal arejado, condições que limitam bastante a variedade da vegetação (figura 19.26).

Figura 19.26 **A**: esquema de manguezal; **B**: área de manguezal na ilha do Cardoso, litoral sul de São Paulo, em que aparece o mangue-vermelho (*Rhizophora mangle*; até 35 m de altura); **C**: detalhe dos pneumotóforos do gênero *Avicennia* (cerca de 10 cm de comprimento). (Os elementos da ilustração não estão na mesma escala; cores fantasia.)

Fotos: Fabio Colombini/Acervo do fotógrafo

A

Paulo Manzi/Arquivo da editora

Entre as adaptações das plantas dos mangues, aparecem na *Rhizophora mangle* as chamadas raízes-escoras (na realidade, a estrutura interna é de caule, não de raiz), que partem de diversas alturas do caule, ramificam-se no solo lodoso e ajudam na sustentação. Outra adaptação, encontrada nas plantas do gênero *Avicennia*, são os pneumatóforos, ramificações verticais das raízes que afloram do solo e facilitam a absorção do oxigênio do ar por meio de poros, os **pneumatódios** (figura 19.26).

Nos mangues vivem moluscos, vermes poliquetos, crustáceos (camarões, caranguejos, guaiamuns), peixes, aves (gaivotas, garças, socós, maçaricos, urubus, gaviões, flamingos), jacarés e mamíferos, como o guaxinim, que, com o caranguejo chama-maré, é típico desse bioma.

Alguns animais, como certos caranguejos e ostras, vivem permanentemente no mangue, mas a maioria vem do mar e passa apenas uma fase da vida no mangue, que funciona como um grande viveiro, no qual várias larvas de invertebrados marinhos e peixes se reproduzem e se desenvolvem. Os mangues amortecem o impacto das marés e retêm sedimentos trazidos pelos rios, evitando o assoreamento das praias.

Infelizmente, por causa da valorização das regiões onde em geral estão localizados, boa parte dos mangues já foi degradada. Eles são geralmente aterrados e usados para a especulação imobiliária. Quando casas e prédios são construídos e ocupados, o mar acaba poluído pelo esgoto doméstico produzido. As áreas de mangue que ainda permanecem sofrem com impactos como o lançamento de produtos químicos por indústrias no litoral, derramamento de petróleo, pesca sem controle e exploração de madeira.

Além do manguezal, encontramos nas zonas litorâneas a **restinga**, uma região arenosa com ervas, arbustos e árvores (figura 19.27).

Figura 19.27 Vegetação de restinga na Ilha do Cardoso, no estado de São Paulo.

Fabio Colombini/Acervo do fotógrafo

Biomas aquáticos

Vida marinha

3 Ambientes aquáticos

Apesar de o conceito de bioma ter sido desenvolvido para o ambiente terrestre, alguns autores empregam esse termo também para o ambiente aquático, embora seja mais usada como equivalente aos biomas terrestres a expressão **zonas de vida aquática**. Nesse caso, são assim considerados os rios e riachos, os lagos e as lagoas, os estuários, os recifes de corais, a zona litorânea, a zona oceânica e a zona abissal, entre outros.

Entre os fatores que influenciam o tipo de vida encontrado no ambiente aquático, estão a salinidade (concentração de sais minerais dissolvidos na água), a luminosidade, a temperatura e o conteúdo de oxigênio dissolvido na água.

Cobrindo aproximadamente 71% do globo terrestre, os oceanos e os mares formam o maior biociclo. Na água, as condições climáticas estão menos sujeitas a mudanças. Por exemplo, a variação de temperatura é bem menor que no meio terrestre por causa da circulação da água, que também contribui para a distribuição uniforme dos constituintes químicos desse biociclo.

A variação da luz em função da profundidade influencia a distribuição dos seres vivos do biociclo marinho.

A **zona eufótica** ou **fótica** (*eu* = bem; *fotos* = luz) é uma região bem iluminada, que vai até cerca de 200 m de profundidade. Ela é rica em seres autotróficos (algas) que realizam fotossíntese. Consequentemente, é rica também em consumidores. Já na **zona afótica** (*a* = sem), que fica abaixo da zona fótica, a intensidade de luz é insuficiente para a realização da fotossíntese e não são encontradas algas. Os seres heterotróficos dessa região dependem da matéria orgânica vinda da zona eufótica.

Em algumas regiões costeiras, existem correntes marítimas, chamadas correntes de ressurgência, que levam os sais minerais do fundo para a superfície iluminada. Esse fenômeno aumenta o número de produtores e, em consequência, de consumidores, o que torna a região propícia à pesca (figura 19.28).

Outras regiões de grande produtividade são os recifes de corais, que se desenvolvem em águas quentes (acima de 20 °C) e pouco profundas das regiões tropicais e subtropicais.

Os corais obtêm boa parte de seu alimento de algas que vivem dentro do corpo deles. Em troca, fornecem a elas sais minerais e gás carbônico. As algas também possibilitam aos corais a transformação dos sais de cálcio da água do mar em carbonato de cálcio, base do esqueleto do coral. Além de proteger o litoral da erosão provocada pelas ondas, esses recifes servem de abrigo para imensa variedade de organismos – inclusive de peixes e crustáceos usados na alimentação humana. Podemos lembrar ainda que diversos produtos químicos, inclusive medicamentos, estão sendo pesquisados com base em substâncias extraídas de organismos que vivem nos recifes de corais.

Os corais estão ficando brancos. Isso significa que eles estão perdendo suas algas e, sem elas, sua sobrevivência fica ameaçada. Suspeita-se que um dos responsáveis seja o aumento da temperatura (a alga morre quando a temperatura aumenta) provocado pelo aquecimento global do planeta e/ou por outros fenômenos climáticos. Embora os recifes de corais correspondam a menos de 1% da área dos oceanos, eles servem de abrigo para 2 milhões de espécies ou 25% da vida marinha.

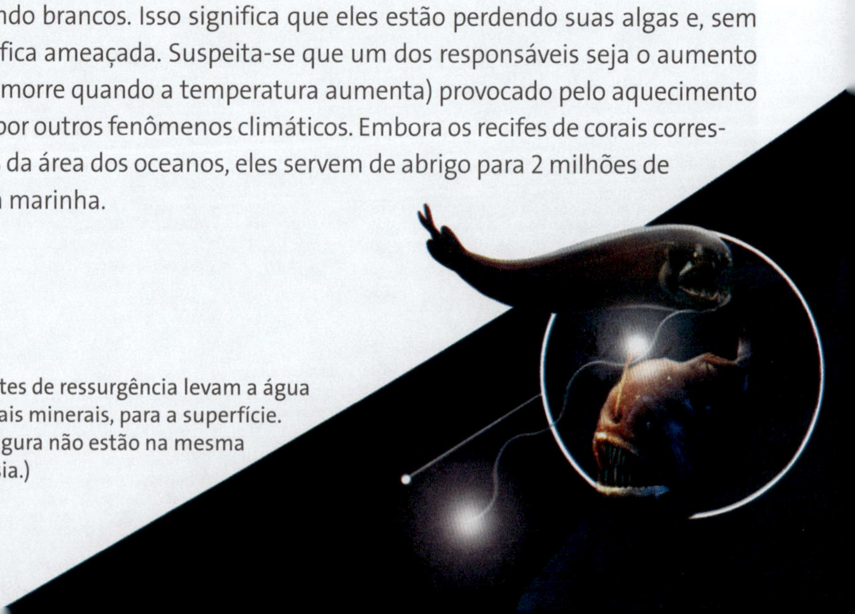

Figura 19.28 Correntes de ressurgência levam a água do fundo, rica em sais minerais, para a superfície. (Os elementos da figura não estão na mesma escala; cores fantasia.)

Luiz Iria/Arquivo da editora

De acordo com sua capacidade de deslocamento, os organismos aquáticos podem ser divididos em (figura 19.29):

- **plâncton** (*plagkton* = errante) – formado pelo conjunto de seres que se deslocam passivamente na água, arrastados pelas ondas e correntes marinhas: algas microscópicas, protozoários, pequenos crustáceos, larvas de crustáceos (como os copépodes e o *krill*), larvas de vários animais e medusas. Embora muitos desses seres possuam movimentos próprios, são fracos demais para vencer a força da correnteza e das ondas. As algas formam o fitoplâncton (*phyton* = planta), base da cadeia alimentar marinha. Os organismos heterotróficos formam o zooplâncton (*zoon* = animal);
- **nécton** (*nékton* = que nada) – inclui os seres com movimentos ativos, capazes de nadar e vencer as correntes, como os peixes e os mamíferos aquáticos;
- **bentos** (*bénthos* = profundidade) – formados pelos seres que vivem no leito do mar. Alguns são fixos (sésseis), como as algas macroscópicas, as esponjas, as ostras, as cracas e as anêmonas; outros se movem pelo fundo, como as estrelas-do-mar, os caranguejos, os siris e os caramujos.

Rios, córregos, lagos, lagoas, pântanos e brejos formam o limnociclo ou biociclo das águas doces. É o menor dos biociclos (0,017% da água do planeta) e possui, em relação ao mar, menor salinidade e profundidade.

Como veremos no capítulo 20, a contaminação da água doce é um dos mais sérios problemas ecológicos causados pelo ser humano. Os rios estão sendo poluídos por lixo industrial, esgotos, agrotóxicos e resíduos de mineração, condenando à morte diversos seres e comprometendo as já escassas reservas de água potável.

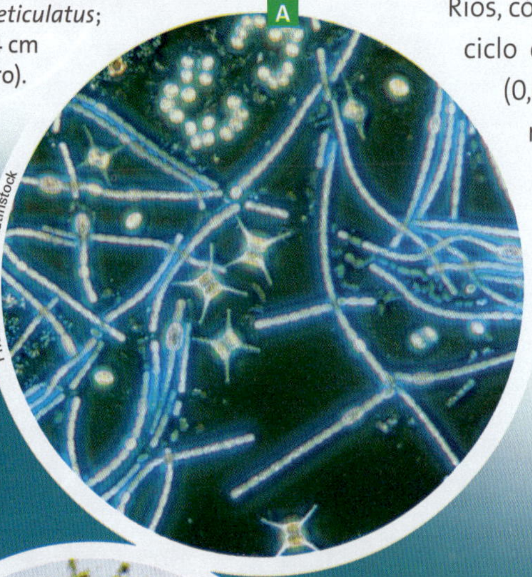

Figura 19.29 Alguns organismos que formam o plâncton e os bentos. **A**: algas microscópicas que fazem parte do fitoplâncton (ao microscópio óptico; aumento de cerca de 80 vezes); **B**: copépodo, um crustáceo do zooplâncton (aumento de cerca de 40 vezes); **C**: estrela-do-mar (*Oreaster reticulatus*; cerca de 24 cm de diâmetro).

Aprofunde seus conhecimentos

Adaptações ao clima frio

As coníferas conseguem sobreviver no inverno sem perder as folhas. Isso é possível porque, além de estreitas e afiladas (em forma de agulhas, aciculadas), as folhas possuem uma cutícula grossa e são impermeabilizadas por uma camada de cera, características que reduzem a perda de água por transpiração. Essa perda dificilmente seria compensada pela absorção por faltar água no solo (no inverno, a água do solo está congelada). Além disso, a forma em agulha dificulta o acúmulo da neve, e a folha e os ramos, em vez de quebrarem com o peso da neve, envergam e a deixam cair.

A presença constante de folhas permite que a fotossíntese comece tão logo se inicie a primavera, não sendo preciso esperar que novas folhas cresçam, o que é vantajoso em regiões onde o verão é curto.

Quanto maior um corpo, menor sua superfície relativa (razão entre a área e o volume), e vice-versa, pois, quando um corpo aumenta de tamanho, seu volume aumenta com o cubo de suas dimensões, enquanto sua área aumenta com o quadrado delas. Uma vez que a capacidade de trocar calor com o ambiente depende da superfície externa do animal e que animais endotérmicos (que usam a energia do metabolismo para regular a temperatura do corpo) tendem a perder calor pela pele, pode-se concluir que, quanto maior o animal, menor a perda de calor para o ambiente, proporcionalmente ao seu peso.

Ou seja, quanto menor o animal, maior o gasto de energia, por unidade de peso, para manter estável a temperatura corporal, e, portanto, maior o consumo de alimentos e de oxigênio (por unidade de peso). Assim, pelo menos em princípio, quanto maior um animal endotérmico, maior a sua capacidade de resistência ao frio, o que explica por que, em geral, animais que vivem em regiões frias tendem a apresentar maior porte que indivíduos da mesma espécie que vivem em ambiente quente.

Além disso, nos indivíduos de clima frio, em geral, as "expansões" do corpo (orelhas e pernas) são menores, pois a maior superfície relativa dessas partes facilitaria a perda de calor do corpo, o que seria uma desvantagem.

Outra adaptação ao frio é a capacidade de hibernação de alguns mamíferos, como certos morcegos e marmotas, em épocas de muito frio. A hibernação é uma espécie de sono profundo, com a manutenção da taxa metabólica em níveis muito baixos. A frequência cardíaca e a respiratória ficam reduzidas e a temperatura do corpo desses animais cai bastante. Com esse artifício, eles conseguem suportar as condições adversas do inverno, principalmente a escassez de comida, uma vez que, com o metabolismo reduzido, diminui o consumo de energia e eles podem viver à custa da gordura armazenada no corpo.

No caso do urso-polar (*Ursus maritimus*), a fêmea grávida passa o inverno dormindo, embora possa despertar de vez em quando. A frequência cardíaca do animal cai de 46 batimentos para 27 batimentos por minuto, mas sua temperatura diminui muito pouco e seu metabolismo continua mais alto que o de outros animais hibernantes. É nesse período que os filhotes nascem (figura 19.30). Essa é uma espécie ameaçada de extinção por causa, dentre outros fatores, das mudanças climáticas provocadas pelo aquecimento global.

Theo Allof/Moodboard/Glow Images

Figura 19.30 Urso-polar fêmea (de 1,80 m a 2 m de comprimento) descansa com seus dois filhotes.

Biologia e ambiente

Populações marinhas em perigo

Estima-se que, em média, um terço das espécies marinhas encontra-se ameaçada de extinção, principalmente por causa da eficiência da pesca em escala industrial, que utiliza grandes navios pesqueiros capazes de localizar os cardumes por satélite ou sonar e de fazer a captura com imensas redes de arrasto (figura 19.31).

Essas redes, puxadas junto ao fundo do mar, acabam arrastando também moluscos, crustáceos e peixes pequenos demais para o comércio, que, em sua maioria, morrem esmagados na própria rede ou no convés dos barcos, muito antes de serem devolvidos ao mar.

Apesar da imensa área marítima, os seres aquáticos estão concentrados em um número relativamente pequeno de "oásis": os recifes de corais, as zonas próximas ao litoral e as zonas de ressurgência. A pesca também se concentra nessas regiões, o que aumenta o risco de extinção das espécies. Alguns cientistas sugerem que a indústria de pesca diminui em 50% o número de peixes capturados por ano.

Em 2002, ocorreu em Johannesburgo (África do Sul) a Cúpula Mundial do Desenvolvimento Sustentável, conhecida como Rio+10, por ocorrer dez anos depois da Conferência das Nações Unidas sobre o Ambiente e o Desenvolvimento, realizada no Rio de Janeiro em 1992.

Naquela reunião houve um acordo entre os países participantes para recuperar os estoques de peixes comerciais até 2015 (se possível, antes), estabelecendo áreas de proteção marinha até 2012. O Instituto Brasileiro do Meio Ambiente e Recursos Naturais Renováveis (Ibama) proíbe a pesca de arrasto em certas regiões de vários estados.

Além de aumentar o número de áreas protegidas, estão sendo estudados mecanismos legais para regular a exploração em águas internacionais. Apesar dos problemas a curto prazo, essa medida garantiria o futuro das reservas de peixes.

Claro que uma parte dos recursos naturais precisa ser utilizada para atender às necessidades humanas; porém outra parte deve ser preservada, de modo a não provocar desequilíbrios no ambiente e não colocar em perigo a capacidade de sustentação das próximas gerações.

C.K.Ma/Shutterstock/Glow Images

AFMA/WWF

Tony Magdaraog/Shutterstock/Glow Images

Figura 19.31 A pesca industrial está ameaçando as populações marinhas. **A**: cardume de peixes sobre recife de corais, onde animais aquáticos costumam se agrupar; **B**: homens trabalhando em um navio de pesca industrial. A rede de arrasto captura vários peixes de uma só vez; **C**: trabalhadores preparando peixes para a venda. Não há problema em se utilizar um recurso natural para o consumo humano, desde que parte desse recurso seja preservada.

Atividades

1. Nos gráficos a seguir, a linha vermelha tracejada representa a variação de temperatura ao longo do ano (de janeiro a dezembro) e a linha azul contínua representa a variação da precipitação (chuva, neve, etc.) no mesmo período.

Compare-os e identifique qual corresponde aos biomas: tundra; floresta tropical; deserto. Justifique as respostas. (Observação: não se esqueça de que, no hemisfério norte, é inverno entre dezembro e março.)

a)

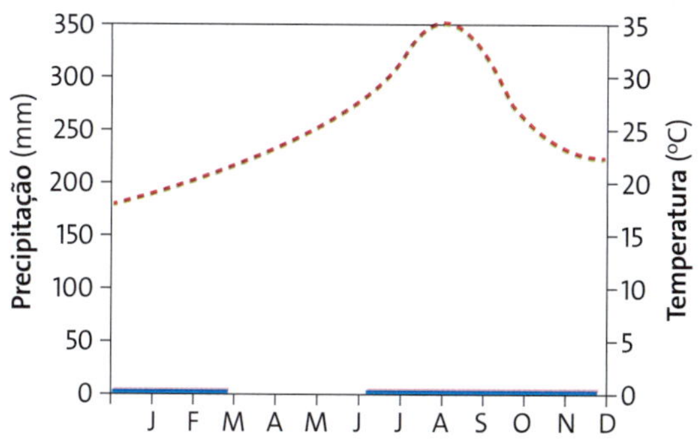

b)

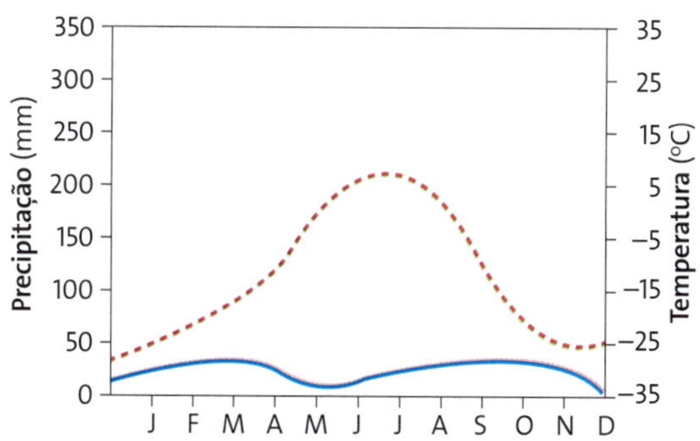

c)

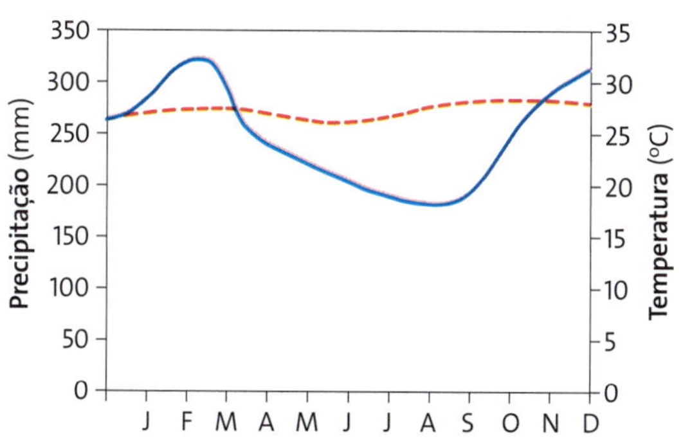

2. Por que podemos dizer que a maior parte da riqueza das florestas tropicais ainda não foi descoberta?

3. Em geral, após algum tempo, é preciso acrescentar fertilizante a uma cultura agrícola. Por que não é necessário tomar essa medida em ecossistemas naturais?

4. Critique a seguinte afirmativa: "Os manguezais são regiões pantanosas, com mau cheiro e sem importância ecológica ou econômica. Por isso, devem ser aterrados e usados para a instalação de moradias ou de fábricas".

5. Um dos gráficos a seguir indica a progressão do desmatamento que ocorreu na mata Atlântica, na Amazônia e no cerrado brasileiro ao longo dos anos. O outro indica a duração de alguns ciclos econômicos.

Determine o número correspondente a cada ecossistema, o ecossistema mais afetado proporcionalmente à sua área original e o ciclo econômico que mais contribuiu para o desmatamento do cerrado.

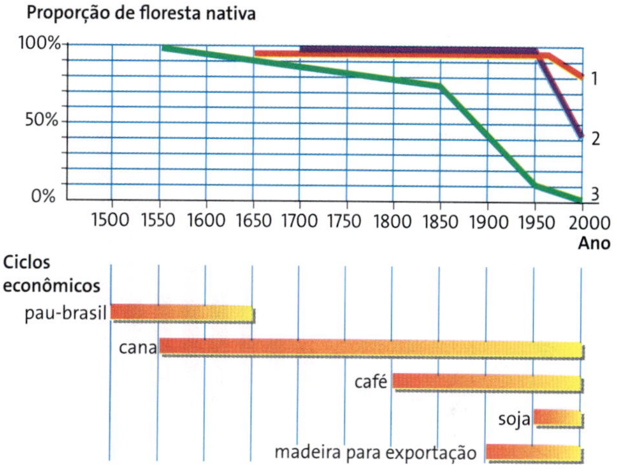

Adaptado de: ALMANAQUE Abril. São Paulo: Abril, 2002.

Trabalho em equipe

Formem grupos e, com o apoio dos professores de Biologia, Geografia e História, escolham um dos biomas brasileiros indicados a seguir para pesquisar (em livros, CD-ROMs, na internet, etc.): plantas e animais típicos desse bioma; mudanças que vêm ocorrendo e como elas estão afetando animais e plantas – e também o ser humano; medidas que devem ser tomadas para resolver os problemas ambientais e preservar o bioma.

Pesquisem também quais biomas estão presentes em sua cidade ou em seu estado e como eles vêm sendo afetados pela atividade humana.

Verifiquem se, em sua região, existe alguma universidade, centro de pesquisas ou outra instituição que desenvolva trabalhos nas áreas de ecologia e conservação ambiental, e se é possível agendar uma visita ao local. Aproveitem a oportunidade para entrevistar pessoas que trabalhem no local a respeito do bioma escolhido por vocês.

Finalmente, apresentem o resultado do trabalho para a classe e a comunidade escolar (alunos, professores e funcionários da escola e pais ou responsáveis).

a) Floresta Amazônica
b) Mata Atlântica
c) Caatinga
d) Cerrado
e) Pampas
f) Pantanal
g) Mata de araucária
h) Manguezal
i) Mata de cocais

Pensando no Enem

Programas de reintrodução de animais consistem em soltar indivíduos criados em cativeiro em ambientes onde sua espécie se encontra ameaçada ou extinta. O mico-leão-dourado da mata Atlântica faz parte de um desses programas. Como faltam aos micos criados em cativeiro habilidades para sobreviver em seu *habitat*, são formados grupos sociais desses micos com outros capturados na natureza, antes de soltá-los coletivamente. O gráfico mostra o número total de animais, em uma certa região, a cada ano, ao longo de um programa de reintrodução desse tipo.

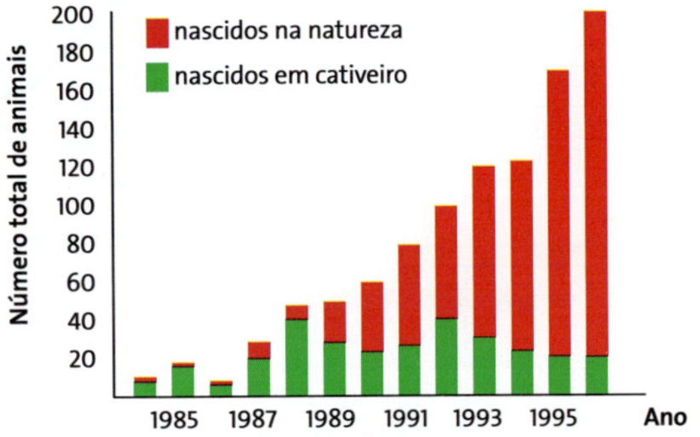

Primack e Rodrigues, *Biologia da Conservação*.

A análise do gráfico permite concluir que o sucesso do programa deveu-se:

a) à adaptação dos animais nascidos em cativeiro ao ambiente natural, mostrada pelo aumento do número de nascidos na natureza.

b) ao aumento da população total, resultante da reintrodução de um número cada vez maior de animais.

c) à eliminação dos animais nascidos em cativeiro pelos nascidos na natureza, que são mais fortes e selvagens.

d) ao pequeno número de animais reintroduzidos, que se mantiveram isolados da população de nascidos na natureza.

e) à grande sobrevivência dos animais reintroduzidos, que compensou a mortalidade dos nascidos na natureza.

Resolução

Nesta questão observa-se a utilização de componentes relacionados às Ciências da Natureza, como ecologia e ciências ambientais e também componentes de outras áreas, como interpretação de texto e análise de dados em um gráfico.

O aluno deve prestar atenção ao gráfico e tentar interpretá-lo corretamente. Esse tipo de recurso não textual é geralmente essencial para a resolução da questão.

Interpretação da tabela

As informações contidas no gráfico referem-se ao número de indivíduos de mico-leão-dourado por ano em uma certa região.

O número total de indivíduos presentes nas barras é dividido em animais nascidos na natureza (cor vermelha) e animais nascidos em cativeiro (cor verde) que, como o enunciado explica, foram reintroduzidos na natureza.

É preciso atentar ao tamanho proporcional das cores vermelha e verde na mesma barra e entre os diferentes anos. Se dentro da mesma barra a cor vermelha for maior que a verde, maior será a quantidade de animais nascidos na natureza naquele ano, sendo o contrário também verdadeiro.

Já observando o padrão das cores durante os anos, consegue-se entender as mudanças na população de micos-leões-dourados após anos de reintrodução de animais nascidos em cativeiro. Neste caso até 1989 o número de animais que nasciam em cativeiro era maior do que os nascidos na natureza, porém, a partir de 1990 esse número se iguala e é invertido, sendo que nos últimos anos mostrados o número de animais nascidos na natureza é bem maior do que os nascidos em cativeiro.

O problema

Neste exercício é apresentado o problema de reintrodução de grupos de micos-leões-dourados criados em cativeiro, e é mostrado no gráfico o acompanhamento anual da proporção desses animais. Pede-se a identificação da alternativa que melhor se adequa às informações.

Observa-se pelo gráfico que o número de animais introduzidos de 1985 a 1996 manteve-se abaixo de 60 e, portanto, não houve um aumento gradual do número de animais reintroduzidos. Além disso, pelo texto anterior ao gráfico, sabe-se que esses animais introduzidos foram mantidos em grupos com animais selvagens e não isolados deles.

Também no gráfico vemos que não houve a eliminação de animais nascidos em cativeiro pelos selvagens. Se acompanharmos a cor verde durante os anos de observação, percebe-se que em todos os anos há reintrodução de micos.

Da mesma forma, observamos que a partir de 1990 o número de animais nascidos na natureza é maior que os de cativeiro, e, portanto, não houve compensação da mortalidade dos selvagens pelos de cativeiro.

A alternativa correta afirma que os animais de cativeiro reintroduzidos conseguiram se adaptar ao grupo de animais selvagens, já que houve um aumento significativo do número de nascidos na natureza. Isso pode ser visualizado a partir de 1987, quando o número de nascidos na natureza começa a aumentar, significando um aumento dos cruzamentos de animais de cativeiro com animais selvagens.

Resposta: **A**.

Vestibulares de Norte a Sul

1. **CO** (UnB-DF) Das associações abaixo, todas mantêm o relacionamento correto de um bioma com o seu respectivo tipo de vegetação, exceto:
   a) savana – araucárias.
   b) deserto – xerófitas.
   c) tundra – musgos, liquens.
   d) taiga – coníferas.

2. **SE** (Vunesp-SP) Assinale a alternativa que representa, em ordem crescente, os ecossistemas com maior diversidade de vida:
   a) floresta tropical pluvial, tundra, taiga, floresta temperada caducifólia.
   b) tundra, taiga, floresta tropical pluvial, floresta temperada caducifólia.
   c) taiga, tundra, floresta tropical pluvial, floresta temperada caducifólia.
   d) taiga, floresta temperada caducifólia, tundra, floresta tropical pluvial.
   e) tundra, taiga, floresta temperada caducifólia, floresta tropical pluvial.

3. **SE** (PUC-SP) Nas áreas próximas a Brasília, encontramos parte do cerrado, um bioma que apresenta árvores de troncos tortuosos com folhas geralmente endurecidas. Algumas delas apresentam flores, como o ipê-amarelo e o ipê-roxo, e frutos como o pequi e a mangaba.

   Em um trecho da canção de Caetano Veloso denominada *Flor do Cerrado*, diz-se

   Mas da próxima vez que for a Brasília
   Eu trago uma flor do cerrado pra você.

   Com relação às informações descritas acima a respeito desse bioma, foram feitas três afirmações:
   I. O aspecto da vegetação do cerrado deve-se a escassez de nutrientes no solo.
   II. O fato de as plantas apresentarem folhas endurecidas é uma adaptação para evitar a perda de água.
   III. As flores e os frutos referidos no texto indicam a presença de plantas do grupo das angiospermas nesse bioma.

   Assinale:
   a) se apenas uma das afirmações for verdadeira.
   b) se apenas as afirmações I e II forem verdadeiras.
   c) se apenas as afirmações I e III forem verdadeiras.
   d) se apenas as afirmações II e III forem verdadeiras.
   e) se as três afirmações forem verdadeiras.

4. **SE** (Ufes) O manguezal é um ecossistema litorâneo, característico das regiões tropicais, que se localiza ao redor de ambiente aquático. Sobre esse ecossistema, analise as afirmativas abaixo:
   I. O solo lodoso e o mau cheiro que os manguezais muitas vezes exalam transformam-nos em ambientes inúteis, o que justifica seu aterro para construção de áreas residenciais.
   II. Nos manguezais, muitas espécies de animais encontram áreas para reprodução, desova, crescimento e alimentação.
   III. O manguezal, por ser coberto pelas águas, na maré alta é considerado uma área boa para depositar lixo e lançar esgoto.
   IV. Muitos caranguejos, peixes e moluscos passam toda sua vida no manguezal.

   Assinale:
   a) se apenas I e IV estiverem corretas.
   b) se apenas II e III estiverem corretas.
   c) se apenas I e II estiverem corretas.
   d) se apenas I e III estiverem corretas.
   e) se apenas II e IV estiverem corretas.

5. **SE** (PUC-RJ) Apesar de sua exuberância, as florestas tropicais estão geralmente localizadas sobre solos pobres em nutrientes. Destaque a alternativa que esclareça esse aparente paradoxo.
   a) Onde o solo é de baixa fertilidade, a biomassa vegetal e o número de espécies são sempre muito reduzidos.
   b) O número de espécies vegetais está relacionado à pobreza do solo e à temperatura.
   c) Uma taxa elevada de biodiversidade está ligada a solos ricos em nutrientes.
   d) A maioria dos nutrientes da floresta encontra-se estocada na biomassa vegetal e não no solo.
   e) As florestas sobre solos pobres sobrevivem em função da taxa acelerada de fotossíntese.

6. **SE** (Uerj) Em certos trechos de litoral, como na região do Cabo Frio, Rio de Janeiro, correntes marinhas profundas afloram à superfície. Esse fenômeno, denominado ressurgência, é consequência da disposição peculiar da região costeira e da direção dos ventos e correntes predominantes, proporcionando, nas proximidades da costa, uma maior produção de matéria orgânica por organismos autotróficos. Em relação às águas superficiais, as águas de correntes marinhas profundas apresentam a seguinte característica associada à elevação da produção primária da região de ressurgência:
   a) baixa salinidade.
   b) temperatura mais alta.
   c) baixa taxa de iluminação.
   d) maior teor de sais minerais.

7. **S** (UFSC) Sobre as formações fitogeográficas ou biomas existentes no Brasil, assinale a(s) proposição(ões) correta(s).

01) O Cerrado é uma formação fitogeográfica caracterizada por uma floresta tropical que cobre cerca de 40% do território brasileiro, ocorrendo na Região Norte.
02) A Caatinga é caracterizada por ser uma floresta úmida da região litorânea do Brasil, hoje muito devastada.
04) O Mangue ocorre desde o Amapá até Santa Catarina e desenvolve-se em estuários, sendo utilizado por vários animais marinhos para reprodução.
08) O Pampa ocorre na Região Centro-Oeste onde o clima é quente e seco. A flora e a fauna dessa região são extremamente diversificadas.
16) A Floresta Amazônica está localizada nos estados do Maranhão e do Piauí e as árvores típicas dessa formação são as palmeiras e os pinheiros.
32) O Pantanal ocorre nos estados do Mato Grosso do Sul e do Mato Grosso, caracterizando-se como uma região plana que é alagada nos meses de cheias dos rios.
64) A Mata Atlântica é uma formação que se estende de São Paulo ao Sul do país, onde predominam árvores como o babaçu e a carnaúba, e está muito bem preservada.

8. **NE** (Uece) A variedade de biomas existentes no Brasil reflete a riqueza de espécies vegetais e animais e, por este motivo, o nosso país é o principal dentre os chamados países megadiversos. Muitas das espécies encontradas aqui são endêmicas e muitas plantas, economicamente importantes, são brasileiras. Com relação à biodiversidade, coloque V, para as afirmações verdadeiras, e F, para as falsas.

( ) Atualmente, em virtude da conscientização ecológica, a diversidade biológica se constitui como base das atividades agrícolas no Brasil.
( ) Quanto maior o número de espécies menor a estabilidade dos ecossistemas devido às tensões resultantes da competição nesses ambientes.
( ) A diversidade biológica é mais elevada em áreas quentes e úmidas como acontece em regiões tropicais.
( ) Apesar de ser tipicamente brasileira, a caatinga é um ecossistema pobre em diversidade e, por isso, um dos menos degradados do país.
( ) A introdução de espécies exóticas em um ambiente pode levar à extinção de outras espécies que nele ocorrem naturalmente.

Assinale a alternativa que contém a sequência correta, de cima pra baixo.

a) V, V, F, F, V
b) F, F, V, F, V
c) V, V, V, F, F
d) F, F, F, V, V

9. **S** (UEPG-PR) Sobre biosfera, assinale o que for correto.

01) Biosfera é o nome que se dá a todo globo terrestre, único planeta conhecido que apresenta condições favoráveis ao surgimento e à manutenção da vida.
02) A biosfera é uma camada de pequena espessura, em relação ao tamanho do globo terrestre, constituída de mares, rios, lagos, solo (até poucos metros de profundidade) e atmosfera (a uma altitude de poucos quilômetros), ou seja, ela compreende apenas as partes do planeta que contém vida.
04) A biosfera é dividida em biomas, que são grandes ecossistemas com características bióticas e abióticas particulares.
08) Um bioma pode se apresentar em mais de uma região do planeta, como exemplos: a floresta tropical, o deserto e a floresta de coníferas.

10. **S** (UFRGS-RS) Plantas de deserto nem sempre apresentam adaptações estruturais para a retenção de água.

Considere as afirmações a seguir sobre as estratégias adaptativas dessas plantas.

I. Suas sementes apresentam longos períodos de dormência.
II. Elas germinam e crescem lentamente, após breve período de umidade no solo.
III. Elas cumprem seu ciclo de vida completo – de semente a semente – em um período de vários anos.

Quais estão corretas?

a) Apenas I.
b) Apenas II.
c) Apenas III.
d) Apenas I e II.
e) I, II e III.

11. **SE** (Fuvest-SP) Qual das alternativas indica corretamente o tipo de bioma que prevalece nas regiões assinaladas?

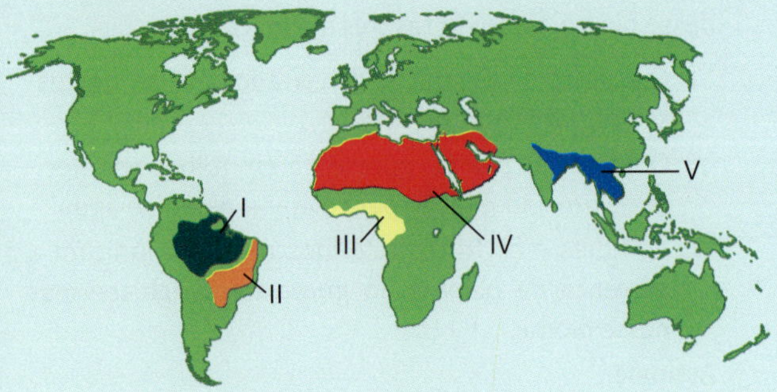

a) Floresta tropical em I, III e IV.
b) Floresta tropical em I, III e V.
c) Savana em I, III e IV.
d) Savana em II, III e IV.
e) Savana em II, IV e V.

12. **S** (PUC-PR) Os animais e vegetais apresentam, geralmente, adaptações morfofisiológicas, a fim de sobreviverem num determinado biociclo terrestre (epinociclo). Analise as características abaixo enunciadas:

- Dos vegetais: redução da superfície foliar, estômatos com ação mais rápida e capacidade de armazenamento de água.
- Dos animais: formação de urina e fezes concentradas, escassez ou ausência de glândulas sudoríparas e capacidade de utilização de água metabólica.

As adaptações acima descritas são características dos vegetais e animais que habitam:

a) as florestas temperadas decíduas.

b) a taiga.

c) as florestas tropicais.

d) os desertos.

e) as tundras.

13. **NE** (UFPE) A caatinga é um bioma que ocorre exclusivamente no Brasil. Seu nome vem do tupi-guarani, e significa "mata branca", uma referência a seu aspecto no período seco. Em relação à caatinga, analise as afirmações seguintes.

( ) Um dos grandes impactos sofridos por esse bioma deve-se à derrubada da mata para produção de carvão.

( ) O polo gesseiro de Pernambuco gera uma pressão negativa sobre a caatinga, por ter como fonte básica de energia a matéria vegetal.

( ) A caatinga é um bioma importante por ocupar grande parte do Nordeste brasileiro, embora seja muito pobre em biodiversidade.

( ) A caatinga não oferece uma preocupação especial em termos de conservação, por não abrigar espécies endêmicas.

( ) A caatinga é um bioma que não é exclusivo do Nordeste do Brasil, ocorrendo, também, em áreas do estado de Minas Gerais.

14. **N** (UFPA) Situada na região norte da América do Sul, a floresta amazônica possui uma extensão de aproximadamente 7 mil quilômetros quadrados, espalhada pelos estados da região Norte do Brasil e por outros países da América do Sul. Sobre esse bioma, é correto afirmar que:

a) é uma floresta tropical fechada, formada em boa parte por árvores de grande porte, situando-se próximas uma das outras. O solo dessa floresta é muito rico, pois possui uma espessa camada de nutrientes orgânicos.

b) a camada superficial do solo é formada pela decomposição de folhas, frutos e animais mortos. Esse rico húmus é matéria essencial para as milhares de espécies de plantas e árvores que se desenvolvem nessa região.

c) o clima que encontramos na região desta floresta é o tropical. Nesse tipo de clima, tanto as temperaturas como o índice pluviométrico são elevados.

d) a retirada da cobertura vegetal permitiria a perda de parte dos nutrientes do solo, que seriam levados pelas chuvas constantes. Entretanto, devido à espessura da camada de húmus, o solo amazônico ainda teria boa fertilidade para utilização na agricultura.

e) as águas amazônicas possuem características diferentes, resultantes da geologia das bacias fluviais da Amazônia. Os chamados rios de água branca ou turva, como o Solimões ou o Madeira, percorrem terras pobres em minerais e suspensões orgânicas. Os chamados rios de água preta, como o Negro, oriundos de terras arenosas ricas em minerais, são transparentes e coloridos em marrom pelas substâncias do húmus.

15. **N** (UFPA) O Brasil apresenta diversos tipos de bioma, cada um com suas características marcantes relacionadas ao tipo de vegetação, ou seja, à sua composição florística. Considerando os dados a seguir, estabeleça a associação correta entre cada bioma e sua composição florística.

I. Pampas
II. Cerrado
III. Caatinga
IV. Floresta Amazônica

( ) Grandes árvores de folhas largas e perenes; diversos estratos ou patamares formados pelas copas das árvores.

( ) Vegetação arbórea esparsa, com pequenas árvores, com casca grossa e troncos retorcidos, e muitos arbustos.

( ) Árvores baixas e arbustos com folhas, no geral, caducifólias, além de muitas cactáceas.

( ) Campos bastante homogêneos quanto à vegetação, que é sobretudo herbácea.

A associação correta está apresentada na alternativa:

a) IV, III, I e II

b) IV, II, III e I

c) II, III, IV e I

d) II, III, I e IV

e) III, II, I e IV

16. **SE** (UFRJ) A biomassa pode ser definida como "a quantidade de matéria presente nos seres vivos de todos os tipos". A figura a seguir mostra a distribuição da biomassa marinha em função da profundidade. Explique por que ocorre a variação da biomassa em função da profundidade.

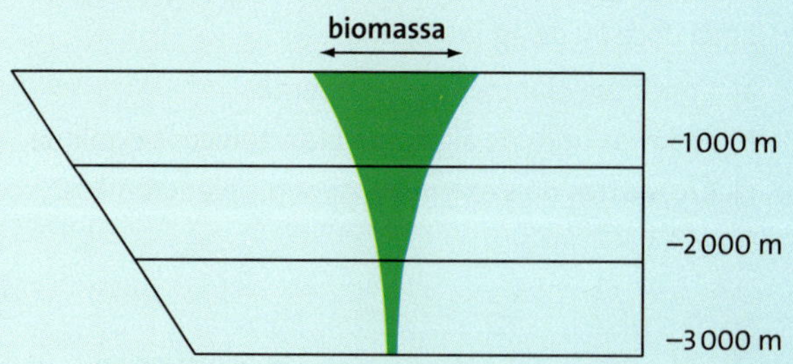

17. SE (Unicamp-SP) Mapas de vegetação, como o apresentado a seguir, fornecem a distribuição supostamente original das formações vegetais brasileiras. Identifique, através dos números, as regiões de mata Atlântica, cerrado e caatinga, mencionando um aspecto da vegetação que caracteriza cada uma dessas formações.

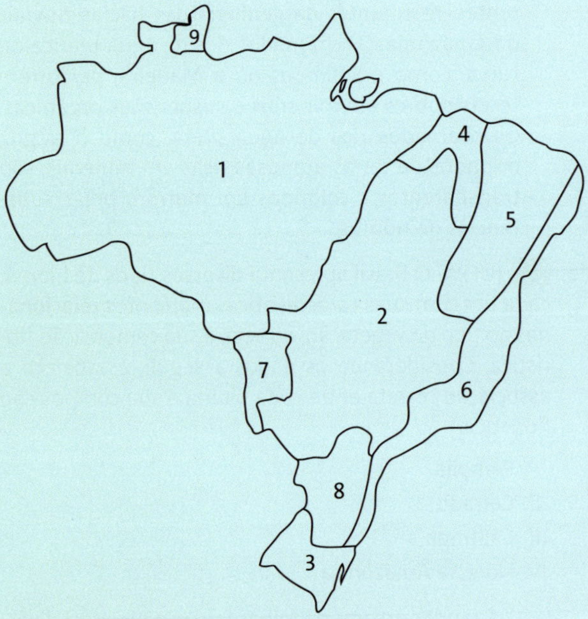

18. SE (UFF-RJ) Na Música Popular Brasileira (MPB), podem ser encontrados alguns temas de Biologia, os quais não estão devidamente conceituados como, por exemplo, no fragmento da música *Spiro Gyro* de Jorge Ben Jor, transcrito a seguir:

"Spiro Giro é Spyro Gyro

É um bichinho bonito e verdinho que dá na água
É um bichinho bonito e verdinho que dá na água
Você sabe o que é um Plâncton
Plâncton é uma alga
De água doce ou de água salgada
Mas Spiro Giro é doce, doce, doce, doce, doce
De água doce...
Mas Spiro Giro é doce, doce, doce, doce, doce
De água doce..."

O fragmento dessa música conceitua o plâncton como sendo uma comunidade formada apenas por algas de água doce ou de água salgada.

a) Conceitue plâncton corretamente.
b) Todos os tipos de algas são planctônicos? Explique.
c) Cite outros dois exemplos de seres planctônicos.

19. SE (Unicamp-SP) Em florestas temperadas de coníferas, a serrapilheira (detritos vegetais particulados no chão) constitui 20% do total da biomassa vegetal, enquanto nas florestas tropicais úmidas constitui somente 1 a 2%. Há poucos nutrientes no solo das florestas tropicais úmidas em comparação com as florestas temperadas. Diz-se, frequentemente, que as queimadas e o desmatamento nas florestas tropicais úmidas levarão ao empobrecimento total do solo fazendo com que, em pouco tempo, as áreas assim desmatadas não sirvam nem para pastagem.

a) Como se explica o fato de haver poucos nutrientes no solo das florestas tropicais úmidas em contraste com a exuberância dessas florestas?
b) Explique por que o desmatamento e as queimadas poderão provocar o empobrecimento total do solo dessas áreas.

20. NE (UFC-CE) Leia as estrofes do soneto a seguir e responda o que é perguntado.

Soneto

"Dezembro se anuncia estorricante
nos ares ressecados. No jardim,
a quietude branca de um jasmim
por água clama às águas tão distantes.
Amiga mão lha traz, exuberante
em seu próprio arco-íris engastada,
e vai, planta por planta desfolhada,
umedecendo o chão, perseverante."

(MAIA, Virgílio. Aguação do jardim. In: *Palimpsesto & outros sonetos*. Fortaleza: Ed. da UFC, 2004.)

a) Qual o fenômeno vegetal que possibilita a sobrevivência, na estação climática descrita, das plantas citadas no poema?
b) Cite os dois principais hormônios vegetais envolvidos nesse fenômeno.

21. SE (UFRJ) Dada a distribuição de nutrientes descrita nas figuras abaixo e sabendo que a pluviosidade média anual é maior na zona tropical, em que zona diminuiria mais rapidamente a produtividade de plantações instaladas após a retirada das árvores originais para utilização comercial da madeira? Justifique sua resposta.

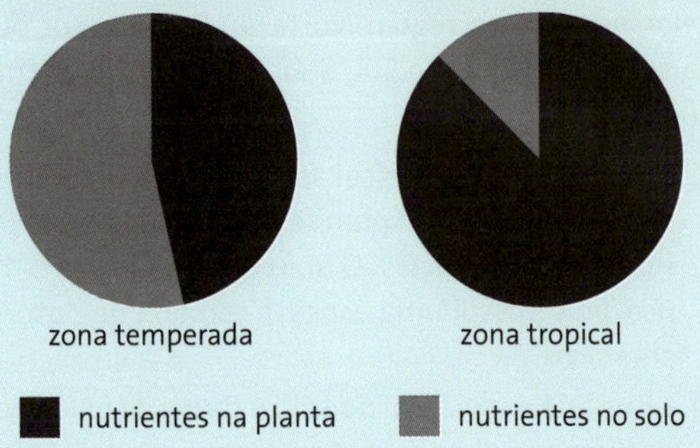

CAPÍTULO

20 Poluição

Luciana Whitaker/Pulsar Imagens

Transbordamento de esgoto na praia de Itapoá (SC), 2011.

- *Para onde vai o lixo que produzimos?*
- *Qual o destino do esgoto que sai de nossas casas?*
- *Quais as consequências da poluição para a saúde e o ambiente? O que pode ser feito para diminuir esse problema?*

1 Poluição do ar

A queima de combustíveis fósseis em fábricas, usinas e veículos motorizados lança uma série de produtos tóxicos no ar, além do dióxido de carbono, principal gás causador do aquecimento global (estudado no capítulo 15).

Um desses produtos, formado na combustão incompleta de combustíveis fósseis e liberado, por exemplo, na fumaça do cigarro, é o monóxido de carbono (CO). O CO combina-se com a hemoglobina, reduzindo o transporte de oxigênio pelas hemácias e dificultando a oxigenação dos tecidos. Os efeitos sobre o organismo dependem da concentração desse gás no local e do tempo que a pessoa o respira. Ela pode sentir apenas dor de cabeça e enjoo ou ter os reflexos prejudicados. Em lugares fechados, como uma garagem, o gás pode atingir concentrações maiores, capazes de fazer a pessoa perder a consciência e morrer asfixiada.

A combustão em veículos e fábricas que usam combustíveis fósseis, como o carvão mineral e os derivados de petróleo, pode produzir também gases com nitrogênio e enxofre, como o dióxido de nitrogênio (NO_2) e o dióxido de enxofre (SO_2), que irritam os olhos e prejudicam as vias respiratórias e os pulmões.

Além disso, quando se combinam com o vapor de água, geram ácidos, como o nítrico (HNO_3) e o sulfúrico (H_2SO_4), provocando a formação de chuva ácida. A água da chuva sem esses poluentes já é ligeiramente ácida por causa do ácido carbônico, formado a partir do gás carbônico do ar. Já a chuva ácida tem o pH menor que 5,6 e por isso altera a composição da água e do solo, prejudicando plantações, florestas e a vida aquática. A chuva ácida degrada ainda prédios e monumentos (figura 20.1).

Outros poluentes do ar são os hidrocarbonetos, compostos de carbono e hidrogênio emitidos por veículos e fábricas na queima de combustíveis. Alguns, como o benzopireno, são mutagênicos e cancerígenos. Há ainda os poluentes de material particulado, formados por partículas de material sólido ou líquido, com menos de 10 μm de diâmetro, que ficam em suspensão na atmosfera (poeira, fuligem, etc.), podendo irritar os olhos e causar ou agravar doenças respiratórias.

Shutterstock/Glow Images

Figura 20.1 Parede de pedra corroída pela chuva ácida.

Inversão térmica

Em situação normal, a temperatura do ar diminui com a altitude, uma vez que as camadas inferiores de ar são aquecidas pelo reflexo dos raios solares no solo. Com o aquecimento, o ar próximo ao solo fica menos denso que o ar mais frio das camadas superiores, o que faz surgir correntes de convecção, que facilitam a dispersão dos poluentes: uma de ar quente, que sobe; outra de ar frio, que desce e substitui o ar que subiu (figura 20.2). A convecção é uma forma de transmissão do calor, estudada em Física, que ocorre principalmente nos líquidos e gases. Quando esquentamos água numa panela, por exemplo, a camada no fundo se aquece primeiro, fica menos densa (a distância média entre moléculas aumenta) e sobe, enquanto a água da parte de cima, mais fria, desce e substitui a água que subiu. O processo se repete, formando correntes de convecção.

Porém, em certas condições atmosféricas, como após a passagem de uma frente fria, uma camada de ar quente pode ficar sobre uma camada de ar frio próxima ao solo (figura 20.2). Em cidades situadas em vales rodeados de montanhas, por exemplo, o ar próximo ao solo pode se tornar mais frio que o das camadas superiores. Essa situação é conhecida como **inversão térmica** e ocorre com mais frequência no inverno. Como os raios solares são mais fracos nessa estação do ano, eles não aquecem suficientemente o ar próximo ao solo para que se formem as correntes de convecção, dificultando a dispersão do ar frio das camadas em baixa altitude (100 metros a 300 metros), nas quais os poluentes estão sendo produzidos. Com isso, a concentração de poluentes nessa região aumenta, agravando problemas respiratórios, entre outros prejuízos à saúde.

Figura 20.2 Por causa da inversão térmica, os poluentes ficam junto ao ar frio, próximo do solo. (Os elementos da figura não estão na mesma escala; cores fantasia.)

Soluções

Vejamos algumas medidas para evitar ou diminuir a poluição do ar, sobretudo nas grandes cidades:

- Planejamento na instalação de indústrias e fábricas, de modo a evitar sua proximidade de centros populosos. Além disso, elas devem ter filtros e equipamentos antipoluentes.
- Melhoria da eficiência energética de máquinas e veículos.
- Implantação de áreas verdes e de lazer em centros urbanos, pois os vegetais atuam como barreira e "filtros" antipoluentes, absorvendo alguns gases tóxicos.
- Construção de vias expressas e gerenciamento do tráfego para diminuir os congestionamentos no trânsito.
- Controle da qualidade dos combustíveis e da emissão de poluentes pelos veículos automotores. Atualmente, os carros novos já são construídos com injeção eletrônica e catalisadores, que diminuem bastante a emissão de poluentes, mas deve haver uma preocupação constante com a manutenção das condições originais do veículo. Manter o motor sempre regulado também diminui a poluição.
- Fiscalização e multa em veículos com motor desregulado, que polui mais e consome mais combustível.
- Investimento em transportes coletivos, pois os carros são responsáveis por 90% da poluição do ar (um ônibus transporta em média trinta vezes mais pessoas que um carro).
- Monitoramento e controle dos níveis de poluição do ar (figura 20.3) para reduzir ou interromper as atividades poluidoras se a poluição atingir níveis altos.
- Substituição dos veículos movidos a combustíveis derivados de petróleo por outros menos poluentes, movidos a eletricidade, a biocombustíveis ou gás natural. Este, uma mistura de 90% de metano e 10% de outros gases, já utilizado em alguns ônibus e táxis, polui menos que a gasolina – emite 89% menos hidrocarbonetos, 79% menos monóxido de carbono e 65% menos óxido de nitrogênio.
- Se você fuma, evite fumar em recintos fechados com outras pessoas presentes. Em alguns estados brasileiros, já existe uma lei proibindo o fumo em ambientes fechados.
- Substituição da queima de combustíveis fósseis (carvão mineral e petróleo) por fontes renováveis de energia (eólica, solar, hidrelétrica, biomassa), o que diminui a emissão do principal gás do efeito estufa, o gás carbônico, contribuindo para combater o aquecimento global (como vimos no capítulo 15).

Gerson Gerloff/Pulsar Imagens

Figura 20.3 Unidade de monitoramento da qualidade do ar localizada perto de uma usina termelétrica na qual ocorre combustão de carvão.

A substituição dos clorofluorcarbonos (CFCs), utilizados, por exemplo, em aerossóis, geladeiras e aparelhos de ar condicionado, ajudou a diminuir a destruição da camada de ozônio na estratosfera, que protege os seres vivos do excesso de radiação ultravioleta.

No estado de São Paulo, de acordo com os níveis de poluentes, as autoridades podem decretar estado de atenção ou estado de alerta. No primeiro caso, apenas se recomenda às pessoas que evitem andar de carro na área atingida; no segundo, fica proibida a circulação de veículos na área entre as 6 e as 21 horas. Se a poluição aumentar ainda mais, a circulação de veículos é proibida nessas áreas: é o estado de emergência.

2 Poluição da água

Um dos problemas mais sérios da poluição da água é o lançamento de substâncias não biodegradáveis, como metais pesados (chumbo, mercúrio, etc.) e poluentes persistentes (que se degradam muito lentamente), como a maioria dos plásticos e alguns agrotóxicos, que tendem a se concentrar ao longo das cadeias alimentares e a intoxicar os seres dos últimos níveis tróficos, como vimos no capítulo 14.

Além de provocar o aquecimento global, parte do excesso de gás carbônico se dissolve na água e transforma-se em ácido carbônico, aumentando o nível de acidez da água e causando problemas a vários animais marinhos e ao plâncton. A acidez também provoca a morte dos corais que formam os recifes.

Poluição por petróleo

Em todas as fases de exploração, refino, transporte e distribuição do petróleo, podem acontecer vazamentos e danos ao ecossistema aquático. Quando os tanques de navios petroleiros são lavados no mar, essa região fica poluída. Quando o petroleiro está vazio, é costume encher seus tanques com água para equilibrá-lo; depois, a água suja de petróleo é jogada no mar, poluindo-o.

O petróleo liberado na água adere às brânquias dos peixes, impedindo sua respiração; também se prende às penas das aves e aos pelos dos mamíferos, eliminando o colchão de ar retido entre essas estruturas (figura 20.4). O resultado é a perda da capacidade de isolamento térmico. Assim, o animal não consegue se proteger do frio e morre por uma queda da temperatura do corpo abaixo do normal (hipotermia).

Além disso, uma parte do petróleo espalha-se pela superfície da água e forma uma fina película que diminui a passagem da luz e impede a troca de gases necessária à fotossíntese e à respiração dos seres aquáticos. Com isso, o plâncton é destruído e muitos animais morrem.

Figura 20.4 Petróleo derramado sobre a água e uma ave marinha tendo suas penas limpas.

Joel Sartore/National Geographic Society/Corbis/Latinstock

Christian Vinces/Shutterstock/Glow Images

Eutrofização

Quando são lançados esgotos domésticos, ou detergentes, fertilizantes e adubos nas águas de rios e mares, o excesso de minerais (nitratos, fosfatos, etc.) provoca a proliferação excessiva de algas, que formam uma camada densa sobre a superfície da água, diminuindo a luminosidade que chega até as algas abaixo da superfície, reduzindo a fotossíntese e provocando a morte destas. Isso acarreta um acúmulo de substâncias orgânicas na água, o que favorece a multiplicação das bactérias decompositoras, aumentando o consumo de oxigênio para a decomposição. O oxigênio produzido pelas algas da superfície passa quase todo para o ar, em vez de se dissolver na água. Começa, então, a faltar oxigênio na água, e os peixes e outros organismos aeróbios morrem (figura 20.5). Com a falta de oxigênio, a decomposição da matéria orgânica, antes aeróbica, passa a ser anaeróbica, o que leva à produção de gases tóxicos, como o gás sulfídrico.

André Feltes/RBS/Agência Estado

Figura 20.5 Peixes mortos em consequência da falta de oxigênio na água (Rio dos Sinos, RS, 2006).

Esse processo, pelo qual um ecossistema aquático adquire alta taxa de nutrientes (principalmente fosfato e nitrato), é chamado **eutrofização** ou **eutroficação** (*eu* = bem; *trophé* = desenvolvimento).

Em alguns casos, há proliferação apenas de certas espécies de algas capazes de liberar substâncias que se concentram ao longo da cadeia, intoxicando peixes e mamíferos aquáticos. Nos locais onde esse fenômeno ocorre, o mar geralmente adquire coloração avermelhada (maré vermelha), provocada pelos pigmentos das algas. Dependendo do tipo de alga, o mar pode adquirir um tom amarelado ou pardo (figura 20.6).

Kevin Schafer/Corbis/Latinstock

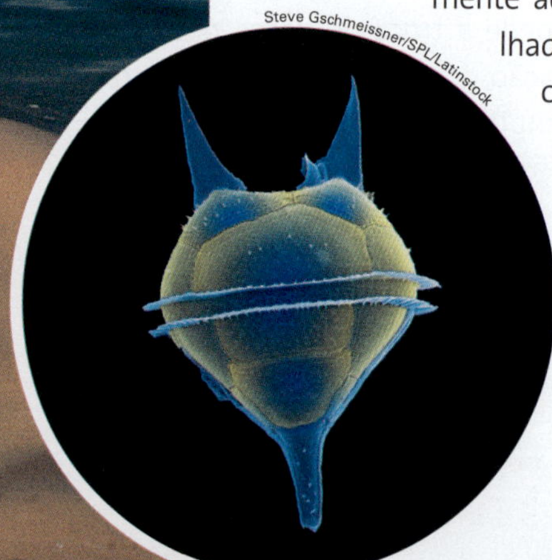

Steve Gschmeissner/SPL/Latinstock

Figura 20.6 A maré vermelha é formada por alguns tipos de alga (como o dinoflagelado *Ceratium furca*; comprimento entre 70 μm e 200 μm) que proliferam nesse processo (imagem ao microscópio eletrônico; colorizada por computador).

Poluição térmica

A poluição térmica ocorre quando a água utilizada na refrigeração de usinas que geram eletricidade é lançada em um ecossistema aquático (figura 20.7). O aquecimento da água pode prejudicar os animais que não suportam grandes variações de temperatura. Além disso, a quantidade de oxigênio dissolvido na água diminui com o aumento de temperatura, o que pode causar a morte dos seres aeróbios. Para evitar essa poluição, é preciso que o calor da água seja dissipado em poços artificiais.

Possíveis soluções

Ainda que seja possível a limpeza dos rios poluídos, esse processo pode ser demorado e caro. Por isso, o melhor é não poluir. Vejamos algumas medidas que podem ser adotadas.

- Proibição do lançamento de produtos químicos na água, multando indústrias poluidoras. Metais pesados não devem ser lançados na água, mas armazenados e reaproveitados. É preciso também evitar que baterias com chumbo, mercúrio e cádmio sejam misturadas com o lixo comum. Por lei, os fabricantes têm de implantar um programa de coleta e transporte de pilhas e baterias usadas, e providenciar a armazenagem ou o reaproveitamento dos metais pesados.
- Controle da poluição nos garimpos, com a utilização de tecnologias mais modernas e de aparelhos que reaproveitam o mercúrio.
- Fiscalização da exploração, do transporte e da distribuição de petróleo. Em caso de vazamento, devem-se utilizar técnicas para conter o óleo, removê-lo por meio de barcos com aparelhos de sucção, usar materiais que absorvam o petróleo, etc.
- Melhoria do saneamento básico, aumentando a rede de esgoto.
- Uso correto de fertilizantes e adubos para diminuir a eutrofização.

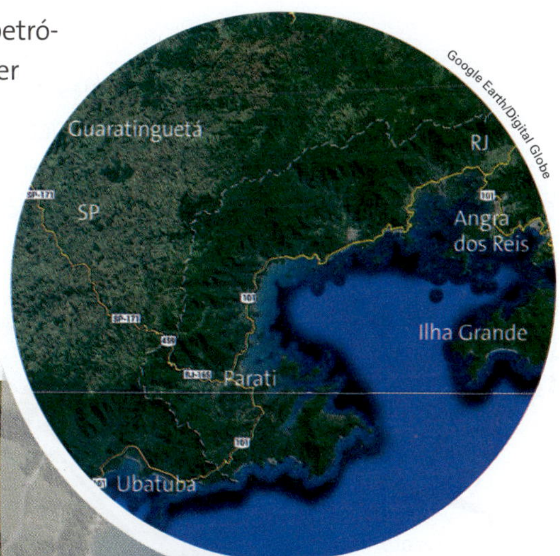

Figura 20.7 A água usada no resfriamento das usinas nucleares Angra 1 e Angra 2 é captada na praia de Itaorna. A descarga dessa água é feita no ponto indicado pela seta laranja, onde medições indicam aumento de até 9 °C, o que pode provocar alteração no ecossistema local.

Tratamento de esgoto

Em muitas residências de uma grande cidade, as águas servidas são levadas por uma rede de encanamentos (rede de esgotos) e despejadas diretamente em rios, lagos ou no mar. O mesmo ocorre com a água usada em muitas indústrias e hospitais.

Isso, no entanto, nunca deveria acontecer: é muito importante que o esgoto, antes de ser despejado nos corpos de água, seja tratado, para evitar a poluição e a contaminação dos mananciais.

Em uma estação de tratamento de esgoto (figura 20.8), o material passa inicialmente por grades, que funcionam como uma peneira segurando latas, papéis, vidros, plásticos e outros objetos. Esses materiais vão para aterros sanitários, onde o lixo é depositado.

Em seguida, o esgoto passa devagar por reservatórios, no fundo dos quais a terra, a areia e outras partículas grandes se depositam. O material depositado é removido e levado para outros locais, onde é enterrado.

O esgoto mais líquido, que ficou na parte de cima dos reservatórios, ainda contém um material sólido com partículas menores, como ovos de parasitas e matéria orgânica, que demora mais para se depositar. Por isso, o esgoto passa bem lentamente por tanques de decantação. No fundo desses tanques, forma-se um lodo rico em matéria orgânica.

O lodo do esgoto costuma ser levado para um biodigestor, onde bactérias anaeróbias fazem a decomposição da matéria orgânica e produzem o gás metano, que pode ser usado como combustível.

A parte líquida, que ficou acima do lodo, vai para um novo tanque. Nesse tanque, bactérias aeróbias decompõem o restante da matéria orgânica e produzem gás carbônico, água e outros minerais. Se não houver oxigênio suficiente, haverá decomposição anaeróbia, com a produção de gases tóxicos; por isso, para garantir a oxigenação do material, ele é agitado por meio de grandes hélices.

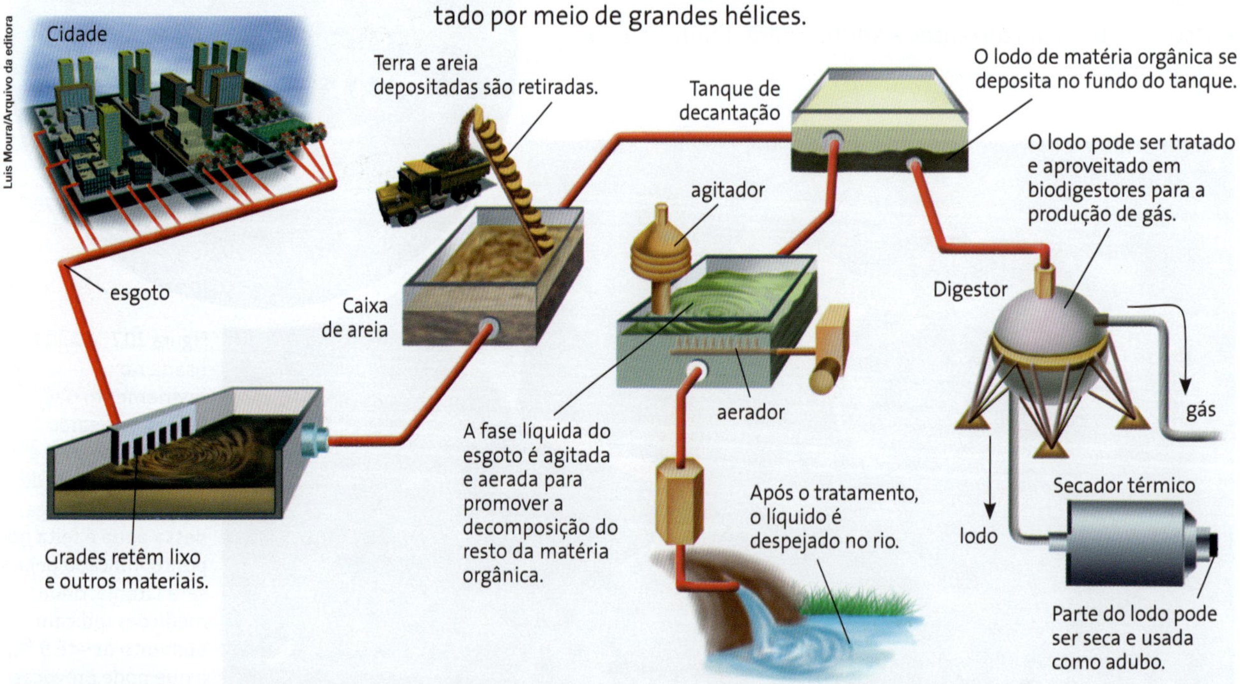

Figura 20.8 Esquema simplificado de uma estação de tratamento de esgoto (os elementos da figura não estão na mesma escala; cores fantasia).

Medidas individuais

Em lugares sem rede de esgotos, é preciso encontrar soluções individuais para o descarte das águas servidas. Uma medida possível é a construção de fossas.

Antes, porém, de construir qualquer sistema para recolher dejetos, é importante procurar a prefeitura para saber qual o melhor tipo para cada situação.

A fossa seca é uma solução sanitária precária, usada em locais que não têm acesso a água encanada. São simples buracos no chão, de 2 m a 3 m de profundidade e 1 m de diâmetro, onde as fezes e a urina são lançadas (figura 20.9). A fossa seca não deve ser muito funda para não contaminar o lençol de água subterrâneo.

Sobre o buraco, coloca-se um piso de madeira ou de concreto com uma abertura onde é colocado um assento com uma tampa. A tampa deve ser mantida fechada para impedir que moscas e outros animais entrem em contato com os resíduos e depois contaminem a água e os alimentos.

A fossa deve ficar a, pelo menos, 25 m de distância do poço, em nível mais baixo que ele, e 1,5 m acima do nível do lençol subterrâneo, para evitar a contaminação da água. Mesmo assim, antes de consumir a água do poço, é preciso filtrá-la e depois clorá-la ou fervê-la.

Dentro da fossa, os resíduos sofrem decomposição pela ação das bactérias. Os líquidos se infiltram na terra e os gases saem pela abertura do assento. Para diminuir o mau cheiro, deve-se jogar periodicamente um pouco de terra misturada com cal sobre os resíduos. Após alguns anos, o buraco deverá ser tapado com terra, e outra fossa deve ser construída.

Uma solução melhor é a fossa séptica, onde se joga toda a água que foi usada na casa. Consiste em um grande tanque subterrâneo de concreto. A parte sólida e orgânica do esgoto despejada na fossa vai, aos poucos, se decompondo, com a formação de um material líquido.

Por um cano, esse líquido passa para o sumidouro, que fica em nível mais baixo. O sumidouro tem paredes de concreto, mas o fundo é de terra ou de pedras, para permitir a absorção da parte líquida (figura 20.10).

A fossa séptica e o sumidouro devem ficar distantes da fonte de água potável para evitar sua contaminação.

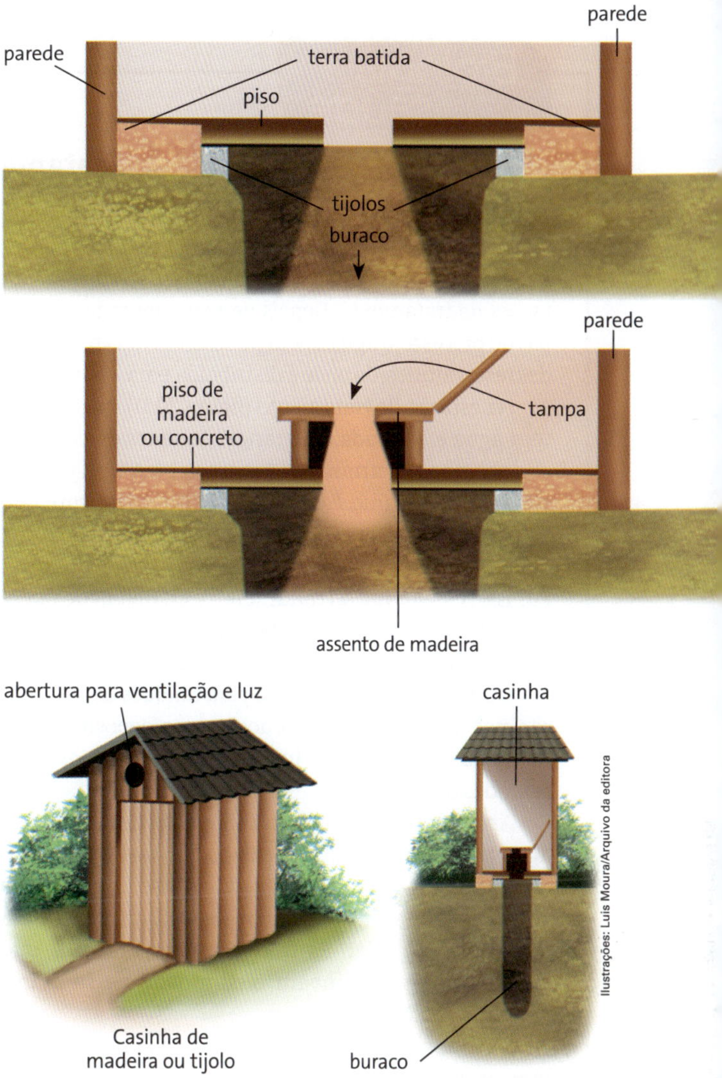

Figura 20.9 Construção de uma fossa seca. Esse tipo de fossa não passa de um buraco no chão onde são lançadas fezes e urina. (Os elementos da figura não estão na mesma escala; cores fantasia.)

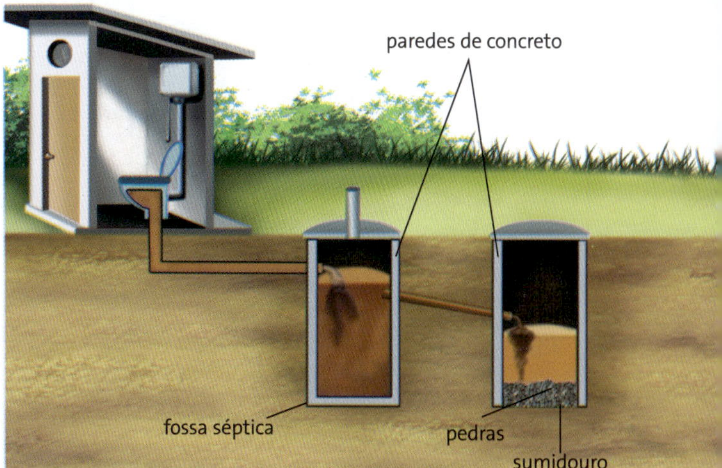

Figura 20.10 Esquema simplificado de uma fossa séptica (os elementos da figura não estão na mesma escala; cores fantasia).

Biologia e saúde

Tratamento de água

A água de lagos, rios e represas ou de lençóis subterrâneos – os chamados mananciais, cujo entorno, por lei, não pode ser desmatado nem poluído – é levada para estações de tratamento. Depois de percorrer todas as etapas do processo, a água, agora potável, é levada para grandes reservatórios, de onde é distribuída para a população.

Na estação de tratamento (figura 20.11), inicialmente, a água é colocada em grandes tanques de cimento, onde recebe determinados produtos químicos, como o sulfato de alumínio. Essas substâncias fazem com que as partículas finas de areia e de argila, presentes na água, se juntem e formem partículas maiores, os flocos. Por isso, essa etapa do tratamento é chamada de floculação. Nesses tanques também se adiciona hidróxido de cálcio (cal hidratada), que reduz a acidez da água.

A água é então transferida para tanques de decantação, nos quais os flocos vão, aos poucos, depositando-se no fundo. Desse modo, as impurezas sólidas maiores são retiradas da água.

Após algumas horas no tanque de decantação, a água passa por um filtro formado por várias camadas de cascalho e areia. No filtro são retidas as partículas de areia ou de argila que não se depositaram no fundo do tanque anterior. Parte dos microrganismos que existem na água também é eliminada nessa etapa, denominada filtração.

Na etapa final do tratamento, a água recebe substâncias que contêm cloro (cloração), que mata microrganismos que podem causar doenças, e substâncias que contêm flúor (fluoração), que fortalece os dentes da população que beber essa água.

A água é então levada por encanamentos subterrâneos para grandes reservatórios nos pontos mais elevados da cidade, de onde é distribuída para as casas e outros edifícios.

Nos locais em que não há estações de tratamento, a água é obtida diretamente de rios, lagos, nascentes, represas ou poços.

O tipo mais comum de poço é o raso, em que a água é encontrada a, no máximo, 20 m de profundidade. O poço deve ser construído longe das fontes de poluição e contaminação – a pelo menos 25 m de distância da fossa séptica (onde as fezes e os resíduos da casa são despejados). Deve ter uma tampa impermeável, colocada cerca de 20 cm acima do solo, para impedir a entrada de águas que escorrem pela superfície do solo.

É preciso também que os primeiros três metros do poço sejam revestidos internamente para que fiquem impermeáveis. A água que se infiltra no solo a mais de três metros de profundidade e que entra no poço não representa problema, pois já sofreu um processo de filtração ao atravessar o solo. A água do poço deve passar por uma análise laboratorial para verificar seu estado de pureza.

Qualquer que seja a fonte da água usada na casa, porém, é importante que toda a água consumida (para beber, lavar frutas e verduras, lavar pratos e talheres, etc.) seja filtrada.

Em certas situações, além da filtragem, a água para beber ou para lavar alimentos, louças e talheres também precisa ser fervida ou tratada com produtos à base de cloro. Esse tratamento é obrigatório quando a água não vem de uma estação de tratamento, não foi analisada por um laboratório ou quando, na região, houver muitos casos de doenças transmitidas por água contaminada.

Figura 20.11 Esquema simplificado de uma estação de tratamento de água. (Os elementos da figura não estão na mesma escala; cores fantasia.)

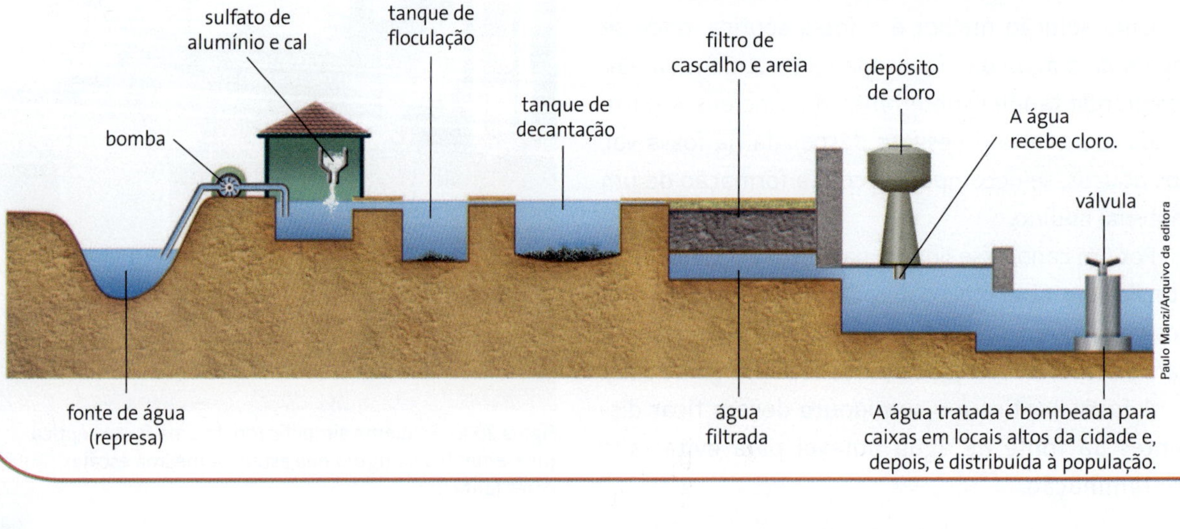

3 Destruição dos solos

A destruição progressiva da vegetação nativa para a agricultura, para a obtenção de madeira e minérios, e para a urbanização, diminui a proteção natural do solo contra a erosão.

Erosão acelerada

Fenômeno natural e lento, a erosão ocorre quando o impacto das chuvas desagrega as partículas que formam a camada superficial e mais fértil do solo, facilitando seu transporte pela água das chuvas e pelos ventos de regiões mais altas para rios, lagos, oceanos e vales. Esse processo é equilibrado pela desagregação natural das rochas, mas, quando o ser humano interfere, com desmatamento e queimada de florestas, por exemplo, essa compensação deixa de existir, e o processo é acelerado. A erosão provoca também o assoreamento dos rios, o que facilita seu transbordamento e inundações.

A cobertura vegetal protege o solo de várias maneiras. A copa das árvores impede que a chuva caia fortemente no solo e retire sua camada superficial; as raízes ajudam a reter as partículas do solo. Essa proteção também é importante para evitar a lixiviação, isto é, impedir que os sais minerais sejam levados pela água das chuvas para as camadas mais profundas do solo, onde as raízes não podem alcançá-los. As árvores impedem ainda a erosão do solo pela ação direta dos ventos (figura 20.12).

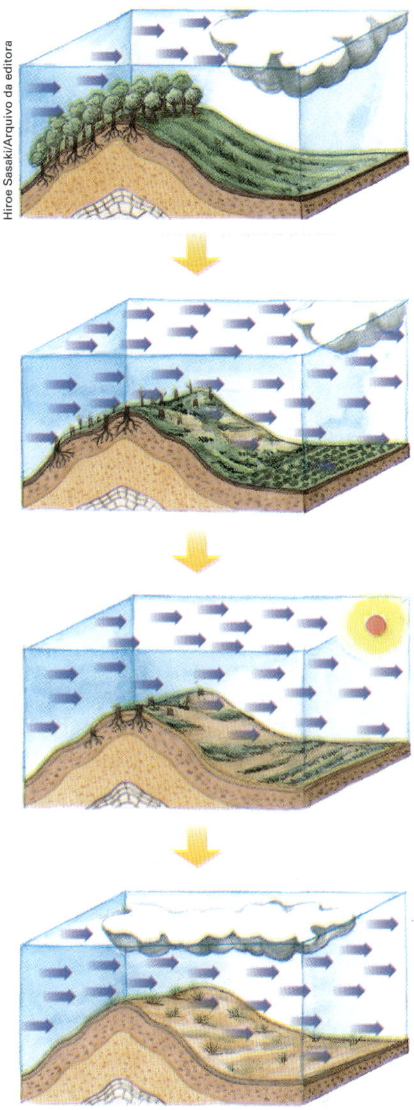

1. A vegetação natural protege o solo contra a ação dos ventos, do sol e das enxurradas.
2. O desmatamento facilita o início da erosão: chuvas e ventos carregam a camada superficial do solo, empobrecendo-o.
3. O solo é atingido pelos raios solares. Os ventos e as chuvas intensificam a erosão.
4. O solo fica parecido com o de um deserto, não oferecendo condições para a agricultura.

Figura 20.12 Esquema simplificado das etapas do processo de erosão e, na foto, exemplo de solo desmatado e erodido pela ação das chuvas. (Os elementos das ilustrações não estão na mesma escala; cores fantasia.)

Outro fator erosivo é a substituição da mata original por lavoura. Muitas plantações, como milho, cana-de-açúcar, algodão e feijão, deixam o solo exposto boa parte do ano. Mesmo culturas perenes (que cobrem o solo o ano todo), como café, não são capazes de fornecer a mesma proteção que a cobertura original: suas raízes são curtas e espaçadas, incapazes de reter bem o solo e de absorver os sais que foram levados para as camadas mais profundas depois do desmatamento.

Outro problema é que, nas plantações, a reciclagem de nutrientes fica prejudicada, pois o ser humano, ao fazer a colheita, retira os nutrientes do ambiente, impedindo que retornem ao solo.

O desmatamento por queimadas aumenta o aquecimento global e destrói os microrganismos decompositores responsáveis pela reciclagem dos nutrientes (figura 20.13). Assim, a fertilidade inicial resultante dos sais minerais presentes nas cinzas é passageira. Sem a reciclagem e o depósito de folhas e animais mortos, o húmus se esgota em dois ou três anos. (É crime ambiental derrubar matas em áreas preservadas por lei e promover queimadas sem autorização para fins agropecuários.)

Quando muito intensiva, a criação de gado também pode destruir o solo, visto que cada área só tem condições de manter determinado número de animais herbívoros. Quando esse número ultrapassa a capacidade de sustentação do terreno, a pastagem e o pisoteio excessivos destroem a vegetação de tal forma que ela não consegue mais se regenerar, ocorrendo o esgotamento do solo e a erosão.

O mau uso da terra acelera a erosão e provoca em algumas regiões a formação ou a expansão das condições típicas dos desertos, processo chamado de desertificação. Com a retirada da vegetação, diminuem a transpiração, a formação de nuvens e a quantidade de chuvas na região, e o clima fica mais seco.

Fabio Colombini/Acervo do fotógrafo

Figura 20.13 Queimada na Comunidade do Engenho. Itacoatiara (AM), em 2005.

A desertificação torna estéreis as terras agrícolas e férteis de regiões secas, como as terras semiáridas do Nordeste brasileiro. Mas não é só no Brasil: um quarto das terras do planeta está ameaçado por esse processo.

A vegetação nas margens dos rios e lagos, chamada mata ciliar ou de galeria, ajuda a segurar a terra. Se essa vegetação for retirada, a erosão provocará o acúmulo de sedimentos no fundo do rio, que fica mais raso e com menor capacidade de escoamento. Esse fenômeno é chamado de assoreamento, como vimos no capítulo 19.

Outro problema causado pelo desmatamento: sem a cobertura da vegetação, as encostas dos morros correm mais risco de desmoronar, provocando desabamentos de terra com graves consequências para os moradores da região.

Defensivos agrícolas

Em geral, as culturas agrícolas são muito sensíveis ao ataque de pragas. Isso é particularmente perigoso nas monoculturas, nas quais os insetos e outros organismos parasitas (como fungos) se propagam com muita facilidade por causa da proximidade entre as plantas e da ausência de predadores naturais.

Para proteger as culturas, o ser humano desenvolveu diversos tipos de defensivos agrícolas, também chamados de praguicidas, pesticidas, agrotóxicos ou biocidas (inseticidas, fungicidas, herbicidas, etc.). Esses compostos químicos protegem as sementes, as plantações e os alimentos estocados contra o ataque de pragas.

Um dos problemas que decorre do uso de defensivos agrícolas é que a degradação de alguns deles, como os organoclorados, dos quais o diclorodifeniltricloroetano (DDT) é um exemplo, é lenta e esses compostos tendem a se acumular ao longo das cadeias alimentares, como vimos no capítulo 14. Outro problema é o envenenamento do agricultor por absorção direta, através da pele, dos olhos e das vias respiratórias, caso não se proteja com máscara, luvas e macacão (figura 20.14). Na maioria dos países, incluído o Brasil, o uso do DDT e de outros organoclorados é proibido e utilizam-se outros grupos, como os organofosforados e os carbamatos, cuja degradação é mais rápida (entre uma e doze semanas). Mas mesmo esses compostos de degradação mais rápida também podem ser tóxicos para quem os aplica se forem usados sem a devida proteção.

Os agrotóxicos destroem, sem distinção, vários tipos de insetos, até mesmo aqueles que se alimentam de pragas nocivas, como o louva-a-deus, as vespas e a joaninha. Eles matam também outros insetos não nocivos, como as abelhas e as borboletas, responsáveis pela polinização.

O uso prolongado de inseticidas favorece as linhagens que resistem naturalmente a seus efeitos. Com isso, as populações de insetos passam a ser formadas por grande número de indivíduos resistentes.

Ricardo Azoury/Pulsar Imagens

Figura 20.14 Aplicação de agrotóxico. Observe que as pessoas estão devidamente protegidas.

Soluções

O solo deve ser cultivado de modo a diminuir ao máximo a erosão e o esgotamento dos seus minerais, com técnicas como a rotação de culturas, alternando, por exemplo, plantações de cereais e de leguminosas, que repõem no solo o nitrogênio retirado pelos cereais, como vimos no capítulo 15.

Em alguns casos, quando o solo está muito compacto e duro, é preciso arar a terra: ela é revolvida para que o solo fique mais poroso e permita a entrada do ar e da água. No entanto, o uso de trator em solos de países tropicais pode acelerar a erosão, porque nesses solos a camada fértil é pouco profunda. Nesse caso, o solo pode ser preparado com o mínimo de movimentação, muitas vezes sem aração. Na técnica conhecida como plantio direto, não há aração e a semente é colocada em pequenos sulcos. Além disso, boa parte da superfície do solo deve ficar coberta com palha seca da plantação anterior, o que diminui o impacto da água da chuva no solo.

Nas encostas, onde a erosão é maior, as plantações podem ser feitas em degraus ou terraços, que reduzem a velocidade de escoamento da água e ajudam a retê-la. Em encostas não muito inclinadas, em vez de plantar as espécies no sentido do fluxo da água, deve-se formar fileiras em um mesmo nível do terreno, deixando espaço entre as carreiras. Cada linha onde ficam as plantas é chamada **curva de nível** (figura 20.15).

Figura 20.15 **A**: cultivo de café em curvas de nível (MG); **B**: cultivo de arroz em terraços na China.

Alfredo Nagib Filho/Folhapress

Yu Xiangquan/Xinhua Press/Corbis/Latinstock

Outra técnica para minimizar a erosão é a cultura em faixas, em que fileiras de plantas que cobrem o solo completamente alternam com outras fileiras que deixam o solo mais exposto.

Ao lado de áreas destinadas a culturas, deve ser preservada uma região com vegetação natural, ocupando áreas críticas, como as encostas íngremes e as margens de rios e lagos. Além de evitar a erosão e o assoreamento, a vegetação natural contribui para a preservação das espécies selvagens e desvia a ação das pragas para plantas não produtivas.

É preciso que os agrotóxicos sejam vendidos apenas com receita de um agrônomo – o que já é obrigatório por lei – e utilizados sob sua supervisão, para que sejam aplicadas doses mínimas do produto e na época adequada, respeitando o prazo da colheita e da comercialização do alimento. Além disso, eles devem ser usados de forma cuidadosa e seletiva com outras técnicas em um processo chamado **manejo integrado de pragas**. Nessa estratégia são utilizadas práticas agrícolas, como o plantio direto e a rotação de culturas, barreiras físicas e armadilhas contra insetos, e o **combate** ou **controle biológico**, que consiste em atacar a praga com seus predadores ou parasitas naturais (ou com produtos produzidos pelos parasitas). Por exemplo: contra os pulgões, insetos que atacam o milho e o trigo, soltam-se joaninhas para comê-los (figura 20.16). Para destruir lagartas que atacam as folhas, pode-se usar certos besouros predadores. O combate biológico com parasitas é muito eficiente, pois muitos deles são altamente específicos. Alguns exemplos: o baculovírus (*Baculovirus anticarsia*), vírus não tóxico que ataca apenas a lagarta da soja (*Anticarsia gemmatalis*); o fungo *Metarhizium anisopliae*, que combate a cigarrinha da cana-de-açúcar; as vespas *Trichogramma pretiosum* e *Trichogramma atopovirilia*, que controlam pragas do milho e do tomate – todos produzidos e comercializados no Brasil.

Outra forma de combater consiste em produzir e soltar na natureza machos estéreis de insetos que atacam plantações. As fêmeas que copulam com esses machos depositam ovos não fecundados nas frutas, que não se transformam em larvas. Uma empresa em Juazeiro (BA), por exemplo, produz machos estéreis da *Ceratitis capitata* (mosca-do-mediterrâneo), causadora de prejuízos no cultivo de frutas do Vale do São Francisco.

Também podem ser usados os feromônios, substâncias eliminadas por um organismo que produzem mudanças de comportamento em outros organismos da mesma espécie. Os feromônios podem ser usados para atrair insetos que atacam as plantações para armadilhas ou para atrair os predadores desses insetos. A vantagem é que, ao contrário dos pesticidas, o uso de feromônios não atinge outros animais nem traz risco para a saúde dos consumidores e agricultores.

J. Calev/Shutterstock/Glow Images

Figura 20.16 Joaninha (cerca de 10 mm de comprimento) alimentando-se de pulgão (cerca de 2 mm de comprimento): predatismo como controle biológico.

4 Lixo

Uma das maiores agressões ao meio ambiente são os resíduos sólidos de áreas urbanas, popularmente chamados **lixo**. Se não receber tratamento e destino adequados, o lixo pode poluir e contaminar o solo e os ambientes aquáticos, provocando doenças. Pode também obstruir bueiros e cursos de água, provocando enchentes, entre outros problemas.

Vejamos algumas alternativas para minimizar essa situação.

Lixão

Célio Messias/Agência Estado

Figura 20.17 Lixão interditado em Ribeirão Preto (SP), 2008. Pessoas que recolhem plásticos, papéis e garrafas nos lixões para vender e conseguir algum dinheiro arriscam-se a contrair diversas doenças.

Os **lixões** são terrenos onde o lixo fica amontoado ao ar livre sem nenhum cuidado (figura 20.17).

A matéria orgânica em decomposição atrai insetos, ratos e outros animais que podem transmitir doenças. Além disso, a decomposição da matéria orgânica do lixo produz um caldo malcheiroso, o **chorume**. No chorume podem ser encontrados, ainda, produtos tóxicos, como o chumbo e o mercúrio, que se originam de tintas, solventes, pilhas, lâmpadas fluorescentes, etc. Quando o chorume é carregado pelas chuvas, pode contaminar os rios e a água subterrânea que abastece os poços domésticos.

O lixão é, portanto, uma péssima solução para o lixo.

Aterro sanitário

No **aterro sanitário**, o lixo é depositado em trincheiras que são abertas no solo e forradas com uma manta impermeável para protegê-lo (figura 20.18). O aterro também possui sistemas de escoamento do chorume e da água das chuvas, além de uma tubulação para a saída de gases – principalmente do gás metano, que é produzido na decomposição da matéria orgânica e pode ser queimado, servindo de fonte de energia.

Um trator espalha e amassa o lixo, compactando-o. Depois, essa camada de lixo é coberta com terra – que também é compactada – ou com manta impermeável. Uma nova camada de lixo pode então ser depositada sobre a primeira.

Se for bem construído, o aterro sanitário não polui o ambiente e sua camada impermeabilizante protege a água dos rios e o lençol freático. O problema é que o aterro sanitário necessita de áreas muito grandes, é mais caro que o lixão e tem capacidade limitada. Além disso, com o crescimento das cidades, o lixo é transportado para áreas cada vez mais distantes, o que encarece esse procedimento.

Figura 20.18 Ilustração de como é formado um aterro sanitário. (Os elementos da figura não estão na mesma escala; cores fantasia.)

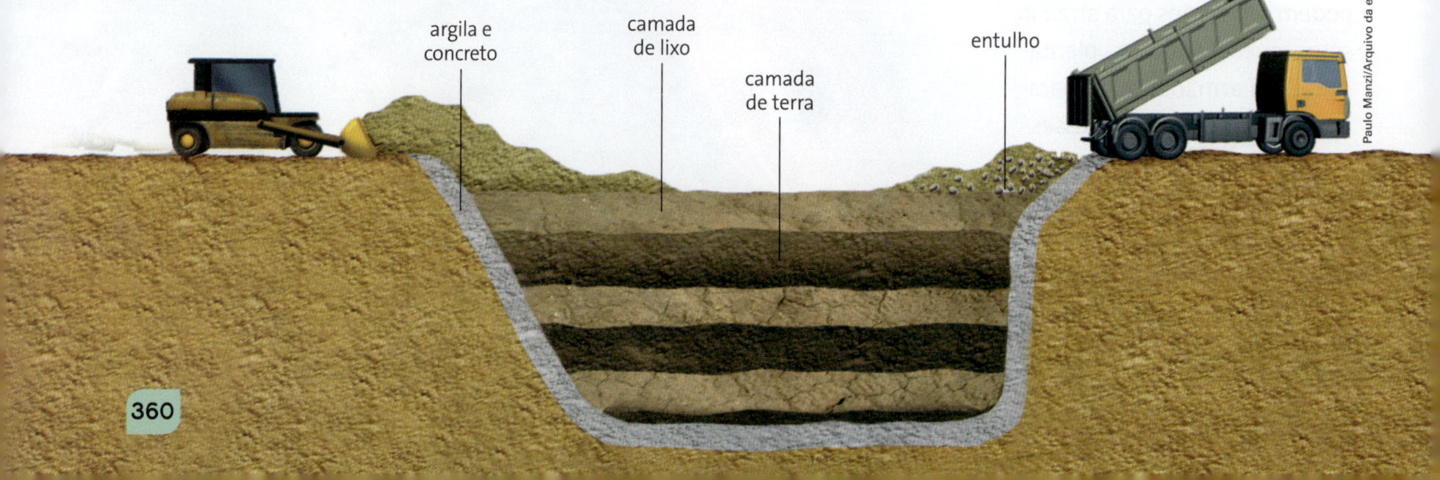

Paulo Manzi/Arquivo da editora

Incineração

A **incineração** é a queima controlada do lixo em equipamentos especiais (figura 20.19). Apresenta a vantagem de reduzir bastante o volume de resíduos, diminuindo também as áreas necessárias para aterro. Além disso, destrói os organismos que causam doenças, contidos principalmente no lixo hospitalar e no lixo industrial.

Certos componentes do lixo, no entanto, produzem gases tóxicos ao serem queimados. Nesses casos, é necessário instalar equipamentos para evitar a poluição do ar, o que encarece o processo.

Depois da queima do lixo sobram os resíduos, que podem ser encaminhados para os aterros sanitários ou mesmo para a reciclagem.

Compostagem

A **compostagem** transforma os restos orgânicos do lixo em matéria orgânica, chamada **composto**, que pode ser utilizada como adubo. O composto resulta da decomposição aeróbica parcial da matéria orgânica em condições controladas em usinas de triagem e compostagem de lixo. É preciso retirar do lixo o material não orgânico, que não pode ser decomposto. O lixo orgânico é então triturado e levado para equipamentos que aceleram o processo de decomposição e produção do adubo (figura 20.20). Porém, é preciso tomar cuidado e verificar se o lixo não está contaminado com produtos tóxicos.

Além do adubo, a decomposição do lixo orgânico pode produzir gases que serão aproveitados como combustíveis. Nesse caso, a matéria orgânica é depositada em recipientes, os biodigestores, onde será produzido o biogás (uma mistura de gases combustíveis), além de fertilizantes.

A compostagem diminui o volume de lixo que vai para os aterros sanitários, mas é necessário que haja demanda para o composto, de modo a reduzir os custos do processo.

Jota Correia/Angular

Figura 20.19 Usina de incineração de lixo em São Vicente (SP), 2007.

Roosevelt Cássio/Folhapress

Figura 20.20 Funcionários selecionando lixo em usina de compostagem na Vila Leopoldina, em São Paulo (SP), 2004.

Reciclagem

Alterfalter/Shutterstock/Glow Images

Figura 20.21 Garrafas PET (politereftalato de etileno) compactadas para serem recicladas. Depois de reciclado, esse plástico pode ser utilizado na fabricação de roupas, móveis, bolsas, etc.

Reciclagem é o reaproveitamento pela indústria de materiais total ou parcialmente recuperáveis, como plásticos (figura 20.21), papéis, metais e vidros, separando esses materiais do lixo orgânico, que pode ser encaminhado para usinas de compostagem.

O papel e o papelão são os materiais mais coletados e reciclados. O Brasil é o campeão em reciclagem desse material: 80% do papel é reciclado. O processo de reciclagem do papel gasta menos energia do que a produção de papel com a celulose de árvores. Ao reciclar o papel, evitamos que árvores sejam derrubadas e economizamos energia. Cada tonelada de papel reciclado contribui para preservar cerca de vinte árvores.

No caso da reciclagem do vidro e do alumínio, diminuímos o consumo de minérios e economizamos energia. O Brasil ocupa o primeiro lugar em reciclagem de alumínio: 98% das latas de bebida feitas de alumínio são recicladas. A produção de vidro reciclado economiza 75% de energia em relação à produção de vidro não reciclado, enquanto a produção de metal reciclado economiza 85%.

A reciclagem colabora para evitar a poluição do solo e da água, diminui o volume do lixo que vai para os aterros sanitários e gera trabalho nas usinas de reciclagem, na coleta de materiais, etc.

Nas cidades que adotam o sistema de coleta seletiva de lixo, as pessoas devem separar os diversos tipos de material (metais, plásticos, vidros, sobras de alimentos) e colocar cada um em coletores específicos. O material a ser reciclado é recolhido e encaminhado para usinas de reciclagem (figura 20.22).

Casa de Tipos/Arquivo da editora

Fabio Colombini/Acervo do fotógrafo

Figura 20.22 Símbolos da reciclagem. O número 1 indica que se trata do plástico PET usado em garrafas de refrigerantes. Já o número 3, por exemplo, indicaria policloreto de vinila (PVC), usado em encanamentos, esquadrias, etc. Na foto, lixeiras de coleta seletiva, no Guarujá (SP), 2008.

Faça a sua parte

Para melhorar o meio ambiente e, consequentemente, nossa qualidade de vida, a população, os governos, as instituições públicas e privadas precisam tomar medidas e atitudes que diminuam o volume de lixo e favoreçam os tratamentos adequados. Nesse sentido, a sociedade pode pressionar o governo a criar e fiscalizar medidas voltadas à proteção do meio ambiente e da saúde da população.

Mas há também coisas que você mesmo pode fazer no dia a dia:

- Evite pegar sacolas plásticas para carregar compras (ou reutilize-as). Sempre que possível, utilize sua própria sacola, bolsa ou mochila (figura 20.23).
- Evite produtos descartáveis. Dê preferência a toalhas de pano em vez de toalhas de papel; para guardar alimentos, utilize recipientes com tampa em vez de papel-filme ou papel-alumínio. Escolha os produtos com menos embalagens.
- Não jogue lixo na rua. Se estiver na praia, recolha o lixo em sacos e jogue em um cesto. O lixo jogado na rua pode entupir bueiros e causar enchentes.
- Não jogue no lixo roupas, brinquedos antigos, utensílios de casa ou sapatos; em muitos casos, podem ser doados ou restaurados. Há entidades que aceitam doações de computadores velhos.
- Separe vidros, jornais, revistas e embalagens de papel para vender ou dar a "catadores de rua" ou encaminhar para a coleta seletiva, se houver em sua cidade.
- Economize energia. Quanto menos energia elétrica for usada, menos usinas serão necessárias, e as lâmpadas durarão mais. Prefira lâmpadas fluorescentes (tubulares ou compactas) em vez de lâmpadas incandescentes. As fluorescentes consomem menos energia e duram mais.
- Participe de movimentos ecológicos para pressionar o governo em todas as questões ligadas à proteção do meio ambiente.
- Em algumas cidades, há empresas que coletam o óleo vegetal usado na cozinha e o utilizam para produzir sabão. Pode-se armazenar o óleo usado em garrafas de plástico.

Andy Shaw/Bloomberg/Getty Images

Figura 20.23 Ao fazer compras, utilize sacolas que não sejam descartáveis ou caixas de papelão para transportar os produtos.

Biologia e sociedade

Consumo e consciência

Em relação ao lixo, devemos pensar em 5 R's: REDUZIR a quantidade que produzimos; REUTILIZAR algo que já foi usado; RECICLAR, separando produtos, como latas de alumínio, que possam ser reciclados; REPENSAR nosso comportamento, avaliando se estamos sendo consumidores conscientes, com preocupação ecológica; RECUSAR produtos que agridam o meio ambiente ou, simplesmente, ao comprar algo, como uma revista, recusar um saco de plástico desnecessário ou preferir produtos com menos embalagens.

Além disso, na hora de comprar, você deve se perguntar se a compra é realmente necessária. Será que você precisa mesmo da última novidade que acabou de sair nas lojas? Quantas vezes já adquiriu uma coisa que outros tinham e depois se arrependeu? Será que você não está apenas sendo levado pela propaganda ou apenas porque outros colegas compraram? Você tem certeza de que quem decide suas compras é você mesmo? Ou é a propaganda e a pressão do grupo?

5 Poluição radioativa

Os testes nucleares e os acidentes nas usinas são uma fonte extra de radiação lançada no ambiente. Há também o problema do armazenamento dos resíduos radioativos (lixo atômico).

A radiação em um organismo pode romper as células, quebrar seus cromossomos ou alterar o material químico que forma os genes, originando as mutações (a taxa de mutação é diretamente proporcional à dose de radiação recebida). Algumas mutações podem causar câncer ou, se ocorrerem nas células reprodutoras, provocar mudanças que serão transmitidas às gerações seguintes. Doses altas podem matar em poucos dias.

Embora a maior parte dos produtos radioativos de uma usina seja reciclável, alguns são muito perigosos e precisam ser acondicionados em recipientes resistentes e duráveis, como contêineres de cimento ou aço, que são enterrados a grandes profundidades ou estocados em instalações especialmente construídas.

Os defensores da energia nuclear acreditam que vale a pena correr o risco de eventuais acidentes, especialmente no caso de países onde outras fontes energéticas não são suficientes. Eles argumentam ainda que a usina nuclear tem a vantagem de não poluir o ar, como as que queimam carvão e petróleo.

Outras pessoas pensam que os benefícios da energia atômica não compensam os riscos que ela representa (figura 20.24). Para elas, as usinas nucleares deveriam existir em número limitado e funcionar apenas para pesquisas, não para gerar energia.

Figura 20.24 Após o acidente na usina nuclear em Fukushima, no Japão (em 2011), uma enorme área ao redor foi evacuada e as plantações e criações de animais tiveram que ser abandonadas.

Max Hodges/Corbis/Latinstock

6 Poluição sonora

Os efeitos da poluição sonora dependem da intensidade do som, do tempo de exposição e da sensibilidade da pessoa, e podem variar de zumbidos e perda passageira da audição até a sua redução irreversível. Mas a poluição sonora não afeta apenas esse sentido. Ela também é estressante, pois estimula a produção de adrenalina e colesterol, favorecendo problemas cardíacos (hipertensão e infarto) e distúrbios emocionais. Quanto mais uma pessoa estiver incomodada com um ruído, maiores serão seus efeitos negativos.

Em geral, somos capazes de captar ondas sonoras entre as frequências de 20 hertz e 20 000 hertz (quanto maior a frequência, mais agudo é o som), embora esse intervalo varie de pessoa para pessoa. Isso significa que apenas ondas nesse intervalo de frequência são percebidas como sons. (As notas de um instrumento musical, por exemplo, diferem entre si por sua frequência.)

A intensidade do som pode ser medida por meio da unidade decibel (dB). Em tom normal, a voz humana produz um som da ordem de 60 dB. Uma britadeira a um metro de distância produz cerca de 90 dB. Acima de 120 dB, sentimos uma sensação dolorosa, e há risco de lesões permanentes na audição. Mas mesmo intensidades menores podem causar problemas, dependendo do tempo que se fica exposto ao som. Pode haver, por exemplo, uma perda progressiva da audição.

Quanto maior a intensidade sonora, menor o tempo necessário para que a exposição cause alguma perda de audição. Por isso, o limite de tolerância a ruídos estabelecido pelo Ministério do Trabalho para ambientes industriais é de 85 dB durante oito horas diárias. Para intensidades maiores, o tempo de exposição tem de ser progressivamente reduzido. Há leis que limitam o número de horas que determinados profissionais podem trabalhar por dia em função da intensidade sonora a que ficam expostos.

Soluções

Vejamos algumas medidas que podem ser adotadas pelos governantes para minimizar o problema da poluição sonora.

- Desviar o trânsito pesado, como o de caminhões, para longe dos centros residenciais e das áreas de lazer.
- Construir aeroportos longe de locais populosos.
- Conservar e ampliar as áreas verdes, porque elas funcionam como isolantes do som.
- Promover campanhas educativas para que os motoristas só buzinem quando necessário, evitem freadas violentas e não usem escapamentos abertos (o que já é proibido por lei).
- Obrigar o uso de protetores auriculares para aqueles que trabalham em lugares muito barulhentos (figura 20.25). Periodicamente, esses trabalhadores devem consultar um médico para verificar se a saúde não está sendo afetada.

Além disso, devemos evitar locais muito barulhentos e não ouvir música com o som muito alto (forte). Se, por exemplo, você está usando fones de ouvido e outra pessoa também consegue ouvir o que está tocando, é sinal de que o som está muito forte e pode causar algum dano à sua audição. Veja se há um aviso nas instruções de uso do seu fone quanto ao limite de volume.

Figura 20.25 Trabalhador em fábrica usando protetor auricular.

Kzenon/Shutterstock/Glow Images

7 Destruição da biodiversidade

Uma das maiores preocupações ecológicas atuais é a destruição da biodiversidade, isto é, da variedade de seres vivos existentes em determinado lugar ou no planeta como um todo. Os cientistas identificaram até hoje cerca de 2 milhões de espécies, mas esse número pode ultrapassar os 30 milhões.

Exceto nos períodos de extinção em massa, provocada por grandes mudanças no ambiente – como aconteceu há cerca de 65 milhões de anos, quando os dinossauros e outros organismos desapareceram –, a extinção de espécies é um processo natural e lento. Contudo, alguns cálculos indicam que a taxa atual de extinção é cerca de duzentas vezes maior que o normal.

A principal causa atual da extinção das espécies é a atividade humana: a destruição de *habitat* para ocupação humana, lavoura, pastagem e extração de madeira e outros produtos, a exploração comercial excessiva (como a caça e a pesca indiscriminadas), a poluição e a introdução de **espécies invasoras**. As espécies invasoras são aquelas introduzidas para fins econômicos ou transportadas acidentalmente que, por não terem inimigos naturais nas áreas às quais são levadas, proliferam e competem com as espécies nativas por recursos naturais ou atuam como predadores ou parasitas dessas espécies. Esse é o caso do caramujo-gigante-africano (*Achatina fulica*), trazido da África e introduzido no Brasil nos anos 1980. Sua criação e sua comercialização fracassaram e ele foi solto no ambiente, espalhando-se e destruindo plantações (figura 20.26).

A introdução de espécies invasoras é considerada a segunda maior causa – atrás apenas da destruição de *habitat* – de extinção das espécies.

Com a extinção de uma espécie, perdem-se substâncias potencialmente úteis à humanidade. Desaparecem também as chances de se conhecer mais a natureza. Além disso, muitas dessas espécies são essenciais ao equilíbrio dos ecossistemas que sustentam a vida na Terra.

Na agricultura e na pecuária, o ser humano sempre selecionou e passou a cultivar apenas as espécies mais disponíveis e rentáveis. Essa uniformidade é perigosa, pois a sensibilidade ao ataque de pragas e a mudanças climáticas passa a ser maior. Quando as espécies cultivadas são cruzadas com espécies selvagens, suas qualidades genéticas melhoram e elas passam a ser mais resistentes ou mais produtivas. Espécies selvagens, portanto, são um "banco genético" importante para, por meio de enxertos e cruzamentos, melhorar a qualidade das cultivadas, ou domésticas, e até mesmo salvá-las da extinção.

Figura 20.26 Caramujo-gigante-africano (pode atingir cerca de 15 cm de comprimento).

Com cruzamentos seletivos, por exemplo, pesquisadores brasileiros conseguem produzir mandiocas mais nutritivas, com maior teor de proteínas (figura 20.27). Essa e outras melhorias dependem, no entanto, da existência de espécies silvestres de mandioca, com características diferentes da espécie doméstica. O problema é que várias espécies de mandioca do cerrado, por exemplo, correm risco de extinção.

Figura 20.27 A pesquisadora Teresa Losada Valle é uma das responsáveis pelo desenvolvimento de novas variedades de mandioca no Instituto Agronômico de Campinas (IAC).

Além desses aspectos, deve-se considerar o grande potencial de substâncias químicas orgânicas com propriedades medicamentosas ou nutritivas existentes nas espécies selvagens e que ainda não foram estudadas pelos cientistas.

Em cerca de 25% dos medicamentos, há uma ou mais substâncias extraídas de plantas, fungos, bactérias e animais ou sintetizadas a partir de substâncias desses organismos. A aspirina (ácido acetilsalicílico) foi obtida da combinação do ácido acético com o ácido salicílico, isolado do salgueiro (*Spirea ulmaria*). A vincristina e a vinblastina, medicamentos contra a leucemia, são extraídas da pervinca rósea, uma planta de Madagascar. O capotem, remédio para hipertensão, é feito a partir da peçonha da jararaca.

Não podemos nos esquecer também dos benefícios estéticos da conservação das espécies, que podem gerar benefícios econômicos, como em vários países africanos que usam sua fauna para o ecoturismo.

Por fim, com a extinção das espécies, perdemos parte da beleza presente na diversidade da vida e diminuímos nosso contato com a natureza, que, entre outras coisas, é fonte de criatividade, de criações artísticas, de lazer, de recreação. Por isso, preservar o ambiente natural das espécies e a biodiversidade é também preservar nossa saúde física e mental.

Mas, além das razões utilitárias, ecológicas e estéticas, há também uma justificativa de ordem ética: a de que devemos preservar a biodiversidade independentemente da utilidade que ela tenha para nós, seres humanos.

Para proteger a biodiversidade, é preciso preservar o ambiente natural das espécies selvagens. Nesse sentido, é fundamental criar e manter unidades de conservação, como parques nacionais e reservas biológicas. O Brasil possui 298 unidades de conservação protegidas pelo governo federal, sendo 126 de preservação integral, além de 429 reservas particulares do patrimônio natural. Há doze tipos de área de preservação previstos na legislação: cinco de preservação integral, que não podem sofrer nenhum tipo de exploração econômica, e sete de uso sustentável, que comportam exploração econômica, desde que de forma planejada e que preserve os recursos naturais. As áreas de preservação federais somam cerca de 70 milhões de hectares, perto de 9% do território brasileiro, enquanto os estados possuem reservas com mais 4% da área do país.

É preciso também combater a biopirataria, ou seja, o envio ilegal de plantas e animais ao exterior para extração e pesquisa de medicamentos, cosméticos e outros produtos.

São necessárias leis para que os países desenvolvidos paguem pela exploração da biodiversidade de outros países. Além, é claro, de estimular as pesquisas e o desenvolvimento da indústria de cada país nesse setor.

Biologia e ambiente

O que se pode fazer para melhorar o mundo?

O mais importante é que cada pessoa se torne permanentemente ativa em favor do meio ambiente, ou seja, que se envolva em campanhas políticas e apoie os candidatos que trabalham em prol do meio ambiente, tanto nas comunidades locais quanto no âmbito federal.

Se não mudarmos o sistema energético, não seremos capazes de realizar as mudanças necessárias como indivíduos. Podemos tomar muito cuidado para não esquecer de desligar o interruptor ao deixar uma sala, mas, se a energia vier de uma usina de carvão, não importa quanto se economize, estaremos contribuindo para a desestabilização do clima na Terra. Portanto, temos, antes de mais nada, de mudar o sistema que provê a energia.

O passo seguinte é mudar nosso estilo de vida, reduzindo o uso de energia, reciclando materiais como papel, vidro, plástico, etc., e apoiando programas de reciclagem na nossa comunidade.

É o que podemos e devemos fazer individualmente para tornar mais leves nossas pisadas na Terra.

Adaptado de: BROWN, L. *Superinteressante*, jun. 2001. Disponível em: <super.abril.com.br/ecologia/lester-brown-442096.shtml>. Acesso em: 22 abr. 2013.

O tráfico de animais silvestres

Segundo o Instituto Brasileiro do Meio Ambiente e dos Recursos Naturais Renováveis (Ibama), o tráfico retira, anualmente, cerca de 12 milhões de animais silvestres de nossas matas. Essa estimativa se baseia no número de animais apreendidos – que, possivelmente, é muito menor do que o número de animais traficados.

O Ibama ressalta que o cativeiro não é o único sofrimento a que os animais traficados são submetidos: após a captura, eles são transportados em jaulas ou caixas com pouco espaço e, muitas vezes, sem água nem comida, o que leva muitos a morrerem no caminho. O Ibama lembra ainda que o impacto não se restringe à extinção da espécie capturada. Na natureza, as espécies estão interligadas por uma teia alimentar e a extinção de uma delas poderá prejudicar muitas outras espécies que dela dependem.

A Lei de Proteção à Fauna (Lei n. 5 197/1967) proíbe o comércio de espécies de animais silvestres (que vivem integrados à natureza) e de produtos que impliquem sua caça, perseguição, destruição ou captura. Já a Lei de Crimes Ambientais (Lei n. 9 605/1998) considera crime matar, perseguir, caçar, apanhar ou utilizar espécies silvestres sem a permissão das autoridades competentes.

As cidades e a ecologia

Melhorar a qualidade de vida nas grandes cidades é um dos grandes desafios deste século. Cidades bem planejadas devem contar com um sistema de tráfego mais eficiente, transporte coletivo que atenda satisfatoriamente a todos, abastecimento de água e rede de esgotos em todas as moradias, coleta seletiva em todos os bairros e otimização da reciclagem e da compostagem, preservação das áreas verdes e uso intensivo das energias renováveis disponíveis no local.

Um programa de educação ambiental é fundamental nesse processo, pois permite que a população se torne mais consciente dos problemas que afetam a cidade e das formas mais eficazes para combatê-los.

Há exemplos no mundo todo de cidades que melhoraram a qualidade de vida com medidas desse tipo. Entre elas, Leicester, na Inglaterra, Davis, nos Estados Unidos, e Curitiba, no Brasil (figura 20.28).

Thomaz Vita Neto/Pulsar Imagens

Figura 20.28 O sistema de transporte coletivo de Curitiba é um dos mais eficientes do Brasil. Na foto, uma plataforma de embarque, chamada estação-tubo.

Atividades

1. Cite dois poluentes do ar e diga que problemas eles provocam na saúde.
2. Indique três medidas contra a poluição do ar.
3. O que é inversão térmica e por que, com ela, a poluição do ar aumenta?
4. Quais as consequências do lançamento de metais pesados na água?
5. Cite duas técnicas para diminuir o esgotamento e a erosão do solo.
6. Que problema as queimadas trazem ao solo?
7. Cite algumas soluções para o lixo urbano.
8. Quais são os principais problemas provocados pelo uso excessivo de inseticidas? Como evitá-los?
9. Qual é o perigo da radioatividade para os organismos?
10. Por que os resíduos radioativos têm de ser armazenados em recipientes muito resistentes?
11. Um ecologista afirmou que a morte de peixes em uma lagoa fora causada pelo lançamento de gases poluentes pelas chaminés de uma indústria da região, mas foi contestado pelo dono da indústria, segundo o qual os gases estariam poluindo "apenas" o ar e não poderiam afetar os peixes, que vivem em outro ambiente. Quem você acha que está com a razão? Justifique sua resposta.
12. A expressão "maré negra" costuma ser usada para um tipo de poluição dos mares estudado neste capítulo.
    a) A que tipo de poluição essa expressão se refere?
    b) Quais os efeitos desse tipo de poluição sobre a vida aquática?
13. Em um lago próximo a uma cidade, foi observada a proliferação de algas, seguida da morte de muitos peixes. Explique por que isso deve ter acontecido.
14. Um estudante afirmou, equivocadamente, que não há nenhum problema em caçar baleias, mesmo que se provoque a extinção desses animais, porque isso não afetaria o bem-estar da humanidade. Explique por que ele está errado.

Atividade prática

Reciclagem de papel

Para realizar esta atividade, providencie o que se pede e siga as orientações.

Material

- Papéis variados que seriam jogados no lixo: revistas, papel de embrulho, folhas de caderno, folhetos, caixas, envelopes, sobras de cartolina, cartões, etc. Não use papel de fax, papel-carbono, papel higiênico, papel plastificado ou papéis sujos ou engordurados.
- Colher de pau.
- Liquidificador.
- Bacia grande.
- Peneira redonda (de arame ou de plástico) que caiba na bacia.
- Jornais.
- Panos.

Procedimentos

- Pique os papéis e jogue-os na bacia com água. Misture com a colher de pau e deixe de molho por 24 horas.
- Peça ao professor que bata uma xícara desse papel umedecido no liquidificador, acrescentando água até 3/4 do volume do copo do liquidificador (a própria água do "molho" pode ser aproveitada). A mistura deve ser batida até ficar bem homogênea.
- Ponha água até a metade da bacia e despeje o papel batido nela. Agite a mistura com a colher de pau.
- Mergulhe a peneira pela borda da bacia até o fundo e retire-a lentamente, recolhendo o papel batido nas malhas e deixando a água escorrer. Uma camada de papel se formará sobre a peneira.
- Ponha a peneira sobre as folhas de jornal para que o excesso de água seja absorvido. Troque as folhas até que elas não fiquem mais molhadas.
- Depois, cubra a peneira com um pano e aperte-o bem sobre a massa de papel para secá-la mais. Repita o procedimento com outros panos até que estes não fiquem mais molhados.
- Vire a peneira sobre as folhas de jornal secas e, depois, bata várias vezes no fundo, até que a massa de papel se solte.
- Ponha a massa (que agora já se tornou uma folha de papel) entre jornais secos e deixe-a secar até o dia seguinte.
- Com o auxílio dos professores de Língua Portuguesa e Arte, use o papel para produzir textos e ilustrações sobre a importância da reciclagem no mundo de hoje.

Trabalho em equipe

Formem grupos e escolham um dos temas a seguir para pesquisar (em livros, CD-ROMs, na internet, etc.), com o apoio dos professores de Biologia, Química, Geografia e História.

Depois, apresentem o resultado do trabalho para a classe e a comunidade escolar (outros estudantes, professores e funcionários da escola e pais ou responsáveis).

a) Como está a qualidade do ar nas grandes cidades do Brasil? Que tipos de poluente são lançados na atmosfera e o que está sendo feito para combater essa poluição? Com auxílio dos professores de Química, indiquem a que funções químicas correspondem esses poluentes. Como está o ar de sua cidade? Se está poluído, quais seriam as causas? Que medidas podem ser tomadas para melhorar essa situação? Pesquisem também quais as exigências do Programa de Controle da Poluição do Ar por Veículos Automotores (consultem, por exemplo, a resolução n. 403 do Conselho Nacional do Meio Ambiente ou outras mais recentes a esse respeito).

b) Que tipos de poluentes vêm ameaçando os rios e as regiões costeiras do Brasil e o que está sendo feito para minimizar esse problema? Como está a água do rio, lago ou mar que banha sua cidade? Se está poluída, quais as causas dessa poluição e o que deve ser feito para melhorar essa situação? Pesquisem também os pontos principais da legislação sobre as águas subterrâneas no Brasil (consultem, por exemplo, a resolução n. 396 do Conselho Nacional do Meio Ambiente, entre outras a esse respeito).

c) Quais as principais causas do desmatamento e da destruição do solo no Brasil? Obtenham dados atuais sobre o desmatamento e as áreas ameaçadas de desertificação. Quais os projetos e programas que estão sendo desenvolvidos para resolver esses problemas? Que tipos de controle biológico vêm sendo utilizados e desenvolvidos no Brasil? Esses problemas estão afetando alguma área agrícola de sua cidade? O que pode ser feito para minimizar o problema? Pesquisem também em que condições podem ser autorizadas alterações na vegetação em uma "Área de Preservação Permanente (APP)" no Brasil (consultem, por exemplo, a resolução n. 369 do Conselho Nacional do Meio Ambiente, entre outras a esse respeito).

d) Obtenham dados atualizados sobre a quantidade e o destino do lixo no Brasil. Que medidas devem ser tomadas para diminuir a quantidade de lixo? Em que cidades há coleta seletiva de lixo?
Que medidas estão sendo tomadas para controlar esse problema e diminuir o impacto ambiental do lixo? Como é feita a coleta de lixo em sua cidade e qual o destino dado a ele? Há coleta seletiva? Pesquisem também o que a legislação brasileira diz a respeito do destino que se deve dar a pilhas e baterias usadas (consultem, por exemplo, a resolução n. 401 do Conselho Nacional do Meio Ambiente ou outras mais recentes a esse respeito).

e) Como está a situação das grandes cidades brasileiras em relação à poluição sonora? Que medidas estão sendo tomadas para controlar esse problema? Ele afeta sua cidade? O que pode ser feito? Expliquem os pontos principais da legislação sobre a poluição sonora nos centros urbanos (consultem, por exemplo, a resolução n. 272 do Conselho Nacional do Meio Ambiente, entre outras a esse respeito).

f) Obtenham uma lista dos animais em risco de extinção no Brasil. Que medidas estão sendo tomadas para evitar esse problema? Quais as leis atuais contra a biopirataria? Essas leis garantem que as populações locais recebam uma participação na exploração de seus recursos naturais?

g) Pesquisem como ocorreram e quais as consequências de alguns acidentes em usinas nucleares ou com material radioativo, como o acidente na usina nuclear de Three Mile Island (Estados Unidos, 1979), em Chernobyl (Ucrânia, 1986), em Fukushima (Japão, 2011) e em Goiânia (Brasil, 1987), com o césio radioativo.

h) Pesquisem qual a área de atuação, a duração dos cursos relacionados e outras características de profissões em que sejam necessários conhecimentos sobre Ecologia. Alguns exemplos dessas profissões: engenheiro ambiental, engenheiro-agrônomo (ou agrônomo), engenheiro florestal, engenheiro sanitarista, bacharel em Ecologia, tecnólogo em gestão ambiental, tecnólogo em saneamento ambiental, técnico em controle ambiental, técnico em meio ambiente, etc. Se possível, entrevistem profissionais dessas áreas.

Pensando no Enem

No verão de 2000 foram realizadas, para análise, duas coletas do lixo deixado pelos frequentadores em uma praia no litoral brasileiro. O lixo foi pesado, separado e classificado. Os resultados das coletas feitas estão na tabela a seguir.

Dados obtidos (em área de cerca de 1900 m²)		
Coleta de lixo	1ª coleta	2ª coleta
Peso total	8,3 kg	3,2 kg
Itens de plástico	399 (86,4%)	174 (88,8%)
Itens de vidro	10 (2,1%)	3 (1,6%)
Itens de metal	14 (3,0%)	7 (3,6%)
Itens de papel	17 (3,7%)	6 (3,0%)
Número de pessoas na praia	270	80

Adaptada de: *Ciência Hoje*.

Embora fosse grande a venda de bebidas em latas nessa praia, não se encontrou a quantidade esperada dessas embalagens no lixo coletado, o que foi atribuído à existência de um bom mercado para a reciclagem de alumínio. Considerada essa hipótese, para reduzir o lixo nessa praia, a iniciativa que mais diretamente atende à variedade de interesses envolvidos, respeitando a preservação ambiental, seria:

a) proibir o consumo de bebidas e de outros alimentos nas praias.

b) realizar a coleta de lixo somente no período noturno.

c) proibir a comercialização apenas de produtos com embalagem.

d) substituir embalagens plásticas por embalagens de vidro.

e) incentivar a reciclagem de plásticos, estimulando seu recolhimento.

Resolução

Essa questão trata de assuntos relacionados às Ciências da Natureza, como domínios naturais, a relação do ser humano com o ambiente e a qualidade de vida das populações humanas, além de interpretação de texto, análise de tabela e interpretação de porcentagem.

O aluno deve ler com atenção o texto antes da tabela, pois este a explica. O aluno também deve analisar a tabela e absorver dela a maior quantidade de informações possível e assimilar do enunciado dados importantes que serão utilizados para a resolução da questão.

Interpretação da tabela

Na tabela estão contidos os dados obtidos em duas coletas de lixo na mesma praia. Os dados são do peso bruto por coleta e a porcentagem relativa de cada item no lixo.

Apesar de o número de pessoas na praia e o peso total do lixo coletado serem diferentes, na 1ª e na 2ª coleta, a porcentagem relativa indica que a proporção entre os materiais coletados pouco se alterou de uma coleta para outra.

Desta forma, conseguimos extrair da tabela a informação de que os materiais mais abundantes no lixo coletado são, em quantidade decrescente: (1) plástico, (2) papel na primeira coleta e metal na segunda, (3) metal na primeira coleta e papel na segunda, e, por último (4), vidro.

Analisando somente a porcentagem, conseguimos perceber que os itens de plástico estão substancialmente em maior quantidade que os demais itens, sendo que eles sozinhos são responsáveis por mais de 85% do lixo coletado nas duas coletas.

O problema

Neste exercício são fornecidas informações sobre a coleta de lixo em uma praia, com a porcentagem relativa dos itens, e é pedida a identificação da alternativa que reduzisse consideravelmente a quantidade de lixo neste local específico.

Já no enunciado é indicado que a coleta seletiva de alumínio, por causa do grande mercado de reciclagem deste material, é a responsável pela discrepância da quantidade de latinhas vendidas na praia e a encontrada no lixo. Com base nessa informação sabemos que a melhor alternativa seria a que conectasse a coleta seletiva com o item encontrado em maior quantidade no lixo, ou seja, o incentivo ao mercado de reciclagem de plástico.

Em nenhum momento no texto ou na tabela são informados dados que levem à escolha de alguma das três primeiras alternativas. O aluno deve lembrar de que o enunciado e a tabela são as informações disponíveis para a resolução do problema e, nesse caso específico, foi pedido que com base na informação do mercado de reciclagem de alumínio se propusesse uma alternativa para a redução da quantidade de lixo daquela praia.

No caso da troca de embalagens plásticas por de vidro, há uma substituição na quantidade de lixo dos itens de plástico pelos de vidro, não diminuindo a quantidade de lixo, portanto esta não é uma alternativa para redução do lixo no local.

Resposta: **E**.

Vestibulares de Norte a Sul

1. **SE** (UFF-RJ) As instituições de defesa do meio ambiente têm procurado exercer um controle mais rigoroso sobre o garimpo de ouro em rios e lagoas. Tal controle é importante para evitar:
   a) a mortandade de peixes devida à desoxigenação de água.
   b) o desequilíbrio ecológico causado pelo desmatamento das margens.
   c) a poluição das águas pelo mercúrio utilizado na separação do ouro.
   d) a turvação das águas decorrente da deposição de resíduos.
   e) a poluição das águas por dejetos humanos não tratados.

2. **S** (UFSC) O uso doméstico dos recursos hídricos tem preocupado as autoridades ambientais de todo o mundo, tanto no que diz respeito ao desperdício de água quanto à sua conservação.

   Um estudo publicado recentemente na Revista *Biotemas* (www.biotemas.ufsc.br) dá conta de que é possível criar peixes (tilápias) em lagoas de estabilização de efluentes domésticos tratados. Segundo o artigo: "O sistema de criação de peixes melhorou a qualidade do efluente gerado, reduzindo as concentrações de nitrogênio orgânico total e diminuindo os sólidos suspensos. As análises de coliformes fecais, *Salmonella* sp. e *Staphylococcus aureus* dos efluentes e da carne dos peixes produzidos ficaram dentro dos padrões exigidos pela OMS (Organização Mundial de Saúde)".

   A respeito do assunto, assinale a(s) proposição(ões) **correta(s)**.

   01) Quando uma quantidade excessiva de matéria orgânica é lançada nos rios e lagos pode haver um fenômeno biológico conhecido como eutrofização.
   02) O nitrogênio, sob qualquer forma que se apresente na natureza, não participa da composição química dos seres vivos.
   04) A análise quanto à variação e quantificação de coliformes fecais é um importante indicador do grau de poluição da água por esgotos domésticos.
   08) Salmonelas e estafilococos presentes nas águas são bactérias muito comuns, responsáveis pelo fenômeno biológico conhecido como "maré vermelha".
   16) Existem bactérias capazes de fixar o nitrogênio atmosférico e transferi-lo para o solo e para algumas plantas, como o feijão e a soja.
   32) A água tratada dos efluentes domésticos das lagoas de estabilização citadas no texto acima, por ser tóxica, não pode ser usada para nenhuma finalidade humana.

3. **SE** (Unifesp) O Brasil é apontado por cientistas de todo o mundo como um dos países de maior biodiversidade do planeta. Sobre essa diversidade de organismos, foram feitas as afirmações seguintes.
   I. A diversidade é produto de processos evolutivos mediados por mecanismos de seleção natural.
   II. Assim como a especiação, a colonização de novas áreas é um processo que aumenta a biodiversidade.
   III. A alta biodiversidade nos trópicos surgiu porque os solos são muito ricos em nutrientes nessas regiões e, por isso, permitem a instalação de florestas de grande porte.
   IV. Existem grupos de organismos em que o número de espécies ainda não é totalmente conhecido no Brasil, como os insetos. Em contrapartida, estima-se que todos os vertebrados de nossa fauna já estejam catalogados.
   V. Extinção, perda de *habitat* e competição com espécies introduzidas (não nativas) estão entre os fatores que conduzem à perda da biodiversidade.

   Estão corretas:
   a) I, II e V.
   b) I, III e IV.
   c) II, III e V.
   d) II, III e IV.
   e) III, IV e V.

4. **S** (UTFPR) *Todos os anos, 240 milhões de litros de chorume do Aterro da Caximba chegam ao Rio Iguaçu. Resultado do apodrecimento do material orgânico, o líquido é motivo de conflito entre a prefeitura de Curitiba e o Instituto Ambiental do Paraná (IAP) e razão de reclamação da comunidade e ambientalistas.*

   Texto retirado da *Gazeta do Povo* de 18/11/2009.

   A respeito da formação do chorume em um aterro sanitário, assinale a alternativa correta.
   a) Esse líquido advém do crescimento de vegetais sobre a matéria orgânica em decomposição, sendo de cor escura e muito contaminante para o ecossistema local.
   b) O crescimento de organismos microscópicos como bactérias, principalmente, acarreta a formação desse líquido de odor desagradável e contaminante.
   c) O chorume, que é um líquido benéfico para o meio ambiente, é formado pela pressão existente entre as camadas do lixo aterrado.
   d) A ação de roedores através de sua excreção constitui a principal causa de formação do chorume, que é um valioso fertilizante natural.
   e) A radiação solar incidindo diretamente no lixo é o principal fator de formação do chorume, que depois de formado pode penetrar no lençol freático sem causar danos à qualidade da água.

5. **SE** (Vunesp-SP) Os carros híbridos, cujos motores funcionam a combustão interna (geralmente combustíveis fósseis) e eletricidade, são tidos como alternativa viável para reduzir a emissão veicular de dióxido de carbono (CO_2) para a atmosfera. Para testar se são realmente ecológicos, pesquisadores italianos compararam as emissões de dióxido de carbono de quatro homens, em três situações, correndo, caminhando e andando de bicicleta, com as emissões de dióxido de carbono de carros movidos a gasolina, de carros movidos a óleo *diesel* e de carros híbridos, quando cada um desses tipos de carros transportava esses mesmos quatro homens em percursos urbanos. Os resultados são apresentados no gráfico a seguir, onde as barras representam a emissão de CO_2 de cada tipo de carro, e as linhas vermelhas representam a emissão de CO_2 pelo grupo de quatro homens.

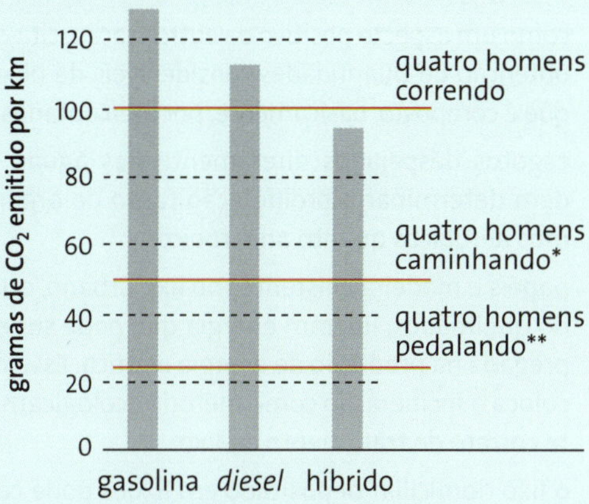

* Baseado na velocidade de 5 km/h
** Baseado na velocidade de 50 km/h

(*Scientific American Brasil*, junho de 2011. Adaptado.)

Considerando os resultados e as condições nas quais foi realizado o experimento, e considerando os processos de obtenção e produção da energia que permitem a movimentação dos músculos do homem, pode-se dizer corretamente que quatro homens:

a) transportados por um carro híbrido apresentam a mesma taxa respiratória que quatro homens pedalando, e liberam para a atmosfera maior quantidade de dióxido de carbono que aquela liberada pelo carro híbrido que os está transportando.

b) correndo consomem mais glicose que quatro homens pedalando ou quatro homens caminhando, e liberam para a atmosfera maior quantidade de dióxido de carbono que aquela liberada por um carro híbrido que os estivesse transportando.

c) pedalando consomem mais oxigênio que quatro homens caminhando ou correndo, e cada um desses grupos libera para a atmosfera maior quantidade de dióxido de carbono que aquela liberada por um veículo híbrido que os estivesse transportando.

d) pedalando têm maior consumo energético que quatro homens caminhando ou quatro homens correndo, e cada um desses grupos libera para a atmosfera menor quantidade de dióxido de carbono que aquela liberada por qualquer veículo que os estivesse transportando.

e) transportados por um veículo a gasolina ou por um veículo a *diesel* liberam para a atmosfera maior quantidade de dióxido de carbono que aquela liberada por quatro homens transportados por um veículo híbrido, ou por aquela liberada pelo carro híbrido que os está transportando.

6. **S** (UEL-PR) A prática da queimada, utilizada por agricultores para facilitar o plantio, tem efeitos prejudiciais para o solo. Assinale a alternativa que apresenta corretamente o efeito da alta temperatura no solo durante a queimada.

a) Incorporação do carbono em compostos orgânicos produzidos em altas temperaturas.

b) Perda de nitrogênio causada pela sua incorporação em compostos insolúveis, formados pelas cinzas.

c) Aumento da concentração de íons hidrogênio, levando à acidez e à diminuição do oxigênio.

d) Eliminação de microrganismos responsáveis pelo processo de degradação da matéria orgânica.

e) Absorção de monóxido de carbono e compostos inorgânicos pelas bactérias nitrificantes, causando baixa fertilidade do solo.

7. **N** (Uepa) Uma das formas de poluição do mar é o derramamento de petróleo que afeta consideravelmente os seres vivos das áreas atingidas. Uma camada de óleo sobrenadante de 1 cm de espessura é suficiente para reduzir a capacidade de penetração da luz na água, além de dificultar a oxigenação da água e impregnar as penas das aves marinhas que não conseguem voar e nem termorregular. Afeta também as estruturas de filtragem de ostras e de mariscos.

(Adaptado de Paulino, *Biologia: genética, evolução e ecologia*. Volume 3, 2008).

Diante dessa situação, as consequências acarretadas aos seres vivos atingidos por esse tipo de acidente são:

I. O processo fotossintético das algas fica comprometido.
II. As formas aquáticas de vida aeróbica morrem por asfixia.
III. As aves morrem de frio porque as penas perdem a impermeabilidade.
IV. As brânquias das ostras e mariscos, órgãos responsáveis pela filtração dos alimentos, são obstruídas.

De acordo com as afirmativas acima, a alternativa correta é:

a) I e III
b) II e III
c) I, II e IV
d) II, III e IV
e) I, II, III e IV

8. **NE** (UFPB) Os estudos sobre a evolução da atmosfera do planeta mostram que sua composição sofreu, ao longo de milhões de anos, profundas alterações. Atualmente, a atmosfera é composta, principalmente, pelos gases O_2, CO, CO_2, SO_4, NO_2 e CH_4. Com base nessas informações e nos estudos sobre a composição atual dos gases na atmosfera, julgue os itens a seguir:

( ) A manutenção dos grandes maciços florestais contribui para a redução da concentração de CO_2 atmosférico.

( ) A revolução industrial elevou a concentração de CO_2 e reduziu a de CO na atmosfera.

( ) As altas concentrações de SO_4 e NO_2 contribuem para a ocorrência de chuvas ácidas.

( ) A queima de combustíveis fósseis (carvão e óleo *diesel*) não influencia na concentração de CO_2 atmosférico.

( ) As concentrações de CO_2, CH_4, NO_2 e vapor de água na atmosfera são responsáveis pelo efeito estufa.

9. **CO** (UEG-GO) O gás carbônico age como um gás estufa e suas concentrações na atmosfera têm mudado no decorrer dos anos, conforme apresentado na figura a seguir.

Concentração de dióxido de carbono atmosférico

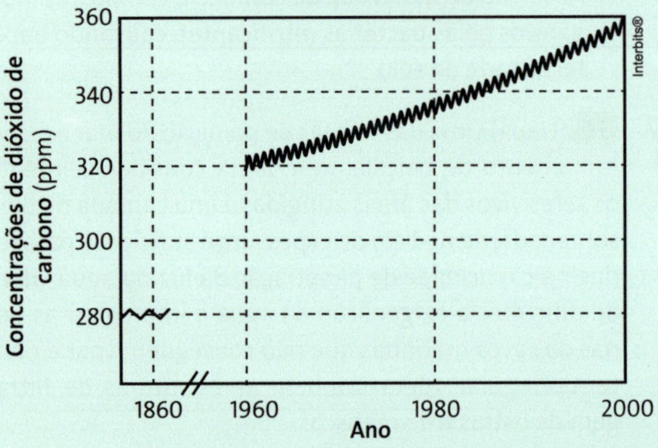

RICKLEFB, R. E. *A economia da natureza*. Rio de Janeiro: Guanabara Koogan, 2008. p. 473.

Sobre este assunto, é **correto** afirmar:

a) o aumento na concentração de CO_2 foi maior nos últimos 30 anos, atingindo a estabilidade a partir do ano 2000.

b) os níveis crescentes de CO_2 na atmosfera, a partir de 1860, podem ter sido ocasionados pela diminuição da temperatura média da Terra.

c) a diminuição da concentração de CO_2, na atmosfera, antes de 1960, pode ter sido causada pelo menor consumo de carvão, óleo e gás para produção de energia.

d) antes de 1860, a concentração de CO_2 na atmosfera era escassa numa ordem de 280ppm, havendo um aumento para mais de 350ppm, durante os últimos 150 anos.

10. **SE** (UFMG) Com frequência, agricultores têm utilizado queimadas como recurso na preparação do solo para o plantio. É correto afirmar que o uso sistemático dessa conduta não é indicado, principalmente porque:

a) retira a água do solo.

b) destrói microrganismos do solo.

c) impermeabiliza o solo.

d) dificulta a aeração do solo.

11. **NE** (UFPE) Com relação à eutrofização e a métodos de tratamento do lixo urbano, é correto afirmar que [indique no caderno **V** ou **F** caso as opções sejam verdadeiras ou falsas]:

( ) proliferação exagerada de algas é esperada quando há grande disponibilidade de nutrientes, determinada pelo lançamento de resíduos orgânicos nas águas dos rios.

( ) como um aspecto positivo da eutrofização, cita-se a obtenção de quantidades consideráveis de biogás, que é composto, basicamente, por mercaptanas.

( ) esgotos despejados diretamente nas águas podem determinar a proliferação tanto de organismos aeróbicos quanto anaeróbicos.

( ) papéis e madeira existentes no lixo urbano, quando queimados, liberam energia que pode ser empregada na produção de energia elétrica. Esse fato coloca a incineração como método ecologicamente correto de tratamento do lixo.

( ) o lixo domiciliar depositado em lixões pode comprometer o meio ambiente, não só pela infiltração de substâncias nos lençóis de água subterrânea, como também pela liberação de gases tóxicos.

12. **NE** (UFPE) Com relação a diferentes temas, como poluição e preservação da biodiversidade, é correto afirmar que [indique no caderno **V** ou **F** caso as afirmações sejam verdadeiras ou falsas]:

( ) A grande biodiversidade observada em florestas tropicais é importante como fonte de insumos e para a preservação da diversidade genética.

( ) O homem provoca a acentuação do efeito estufa e do aquecimento global com a crescente liberação de gás carbônico e de óxido nitroso na atmosfera.

( ) Amostras biológicas coletadas no Brasil são constantemente levadas para outros países e, em contrapartida, tem-se uma importante resposta no desenvolvimento científico de nosso país.

( ) Na inversão térmica, observa-se a formação de uma camada de ar quente, que se dispõe sobre uma camada de ar frio, esta última carregada de partículas poluentes.

( ) Entre os efeitos causados pelo desmatamento estão o esgotamento de nutrientes do solo e a redução da biodiversidade.

13. **CO** (UEG-GO) Os ecossistemas podem sofrer interferência em seus mecanismos de equilíbrio natural, tal como a poluição, uma modificação indesejável do ambiente. Em relação à poluição e às suas consequências, julgue as proposições a seguir:

I. A queima de combustíveis fósseis em fábricas, usinas e veículos motorizados lança uma série de produtos tóxicos no ar. Um desses produtos é o monóxido de carbono (CO), capaz de combinar-se com a hemoglobina, dificultando a oxigenação dos tecidos.

II. Os efeitos da poluição sonora dependem da intensidade do som, do tempo de exposição e da sensibilidade da pessoa e podem variar de zumbidos, perda passageira da audição e até a sua redução irreversível. Além disso, é estressante, pois estimula a produção de adrenalina e colesterol, causando problemas cardíacos e emocionais.

III. O aquecimento global é preocupação internacional. A maioria dos países apoiou a proposta, chamada Protocolo de Kyoto, de reduzir progressivamente até o ano de 2012 a emissão de gás carbônico.

Marque a alternativa correta.

a) Apenas a proposição I é verdadeira.
b) Apenas a proposição II é verdadeira.
c) Apenas a proposição III é verdadeira.
d) Apenas as proposições I e II são verdadeiras.
e) As proposições I, II e III são verdadeiras.

14. **SE** (UFJF-MG) "As árvores da floresta do Tatu estão ficando sem folhas. Pesquisadores do Jardim Botânico de Dnul (distrito de Palomas-MG), em recente estudo realizado na floresta do Tatu (importante remanescente de mata Atlântica), mostraram que os elevados índices pluviométricos registrados nas proximidades da metalúrgica Caribe S. A. e a incidência de ventos no sentido da floresta do Tatu podem ser os principais causadores da misteriosa queda de folhas e queima da vegetação na referida floresta. O Dr. João Silva, coordenador das pesquisas, prevê que, se não forem tomadas medidas urgentes, as árvores estarão sem uma folha em menos de dois anos."

A partir da leitura da matéria publicada no *Diário de Palomas*, é possível concluir que se trata de:

a) crescimento desordenado de Palomas.
b) vazamento no reservatório municipal de Palomas.
c) chuva ácida.
d) simples coincidência.
e) desmatamento clandestino para facilitar a exploração de madeira.

15. **NE** (UFRN) Em algumas cidades brasileiras, uma grande parte da área urbana não está saneada. Como consequência dessa situação, um problema sério é a contaminação de reservatórios naturais de água. Como diversos esgotos das cidades são lançados em locais que entram em contato com a água desses reservatórios, um grave problema de impacto ambiental que acontece é o fenômeno da eutrofização.

No gráfico a seguir, está representado o comportamento de quatro componentes que foram medidos em um reservatório natural: **peixes**, **bactérias aeróbias**, **nutrientes** e **oxigênio**. As variações da concentração desses componentes no tempo foram provocadas pela eutrofização.

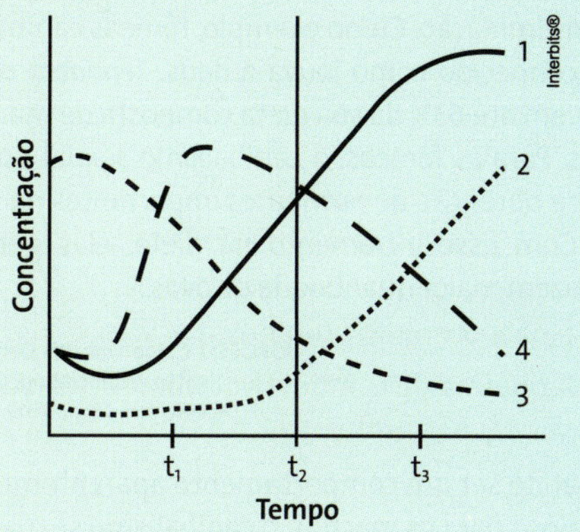

Considerando o gráfico,

a) identifique os componentes 1, 2, 3 e 4.
b) explique por que, a partir do tempo t_2, a concentração do componente 1 continua aumentando e a do componente 4 continua diminuindo.

16. **CO** (UFG-GO) Leia o texto.

Não bastasse os problemas enfrentados pelos países do Terceiro Mundo, agora aparece mais um: o lixo eletrônico (e-lixo). A exportação mundial de e-lixo está criando problemas de saúde e no meio ambiente. Estima-se que cada monitor colorido ou aparelho de televisão contenha em média 1,8 kg a 3,7 kg de chumbo, que podem contaminar o meio ambiente quando são jogados indevidamente nos lixões.

Disponível em: <http://www.serpro.gov.br>.
Acesso em: 5 out. 2007.

Poluentes semelhantes ao metal pesado citado no texto contaminam os ecossistemas e podem atingir a população humana.

a) De que maneira esses poluentes contaminam os ecossistemas aquáticos?
b) Explique o processo de magnificação desses poluentes no ecossistema aquático.

17. **CO** (UEG-GO) A contaminação do mar por grandes quantidades de petróleo acarreta a morte de muitos seres marinhos, além de aves que buscam alimento no mar. Em adição aos efeitos tóxicos dos poluentes, o petróleo compromete a concentração de oxigênio na água. Sobre os desastres ecológicos envolvendo manchas de óleo, responda ao que se pede.

a) Como as manchas de petróleo comprometem a concentração de oxigênio no mar?
b) Cite duas maneiras pelas quais os vazamentos de petróleo, bem como outros poluentes marinhos, podem comprometer a vida de aves que buscam alimentos no mar.

Caiu no Enem

1. As fêmeas de algumas espécies de aranhas, escorpiões e de outros invertebrados predam os machos após a cópula e inseminação. Como exemplo, fêmeas canibais do inseto conhecido como louva-a-deus, *Tenodera aridofolia*, possuem até 63% da sua dieta composta de machos parceiros. Para as fêmeas, o canibalismo sexual pode assegurar a obtenção de nutrientes importantes na reprodução. Com esse incremento na dieta, elas geralmente produzem maior quantidade de ovos.

BORGES, J. C. *Jogo mortal*. Disponível em: <http://cienciahoje.uol.com.br>. Acesso em: 1 mar. 2012 (adaptado).

Apesar de ser um comportamento aparentemente desvantajoso para os machos, o canibalismo sexual evoluiu nesses táxons animais porque:

a) promove a maior ocupação de diferentes nichos ecológicos pela espécie.
b) favorece o sucesso reprodutivo individual de ambos os parentais.
c) impossibilita a transmissão de genes do macho para a prole.
d) impede a sobrevivência e reprodução futura do macho.
e) reduz a variabilidade genética da população.

2. A interferência do homem no meio ambiente tem feito com que espécies de seres vivos desapareçam muito mais rapidamente do que em épocas anteriores. Vários mecanismos de proteção ao planeta têm sido discutidos por cientistas, organizações e governantes. Entre esses mecanismos, destaca-se o acordado na Convenção sobre a Diversidade Biológica durante a Rio-92, que afirma que a nação tem direito sobre a variedade de vida contida no seu território e o dever de conservá-la, utilizando-se dela de forma sustentável.

A dificuldade encontrada pelo Brasil em seguir o acordo da Convenção sobre a Diversidade Biológica decorre, entre outros fatores, do fato de a:

a) extinção de várias espécies ter ocorrido em larga escala.
b) alta biodiversidade no país impedir a sua conservação.
c) utilização de espécies nativas de forma sustentável ser utópica.
d) grande extensão de nosso território dificultar a sua fiscalização.
e) classificação taxonômica de novas espécies ocorrer de forma lenta.

3. Experimentos realizados no século XX demonstraram que hormônios femininos e mediadores químicos atuam no comportamento materno de determinados animais, como cachorros, gatos e ratos, reduzindo o medo e a ansiedade, o que proporciona maior habilidade de orientação espacial. Por essa razão, as fêmeas desses animais abandonam a prole momentaneamente, a fim de encontrar alimentos, o que ocorre com facilidade e rapidez. Ainda, são capazes de encontrar rapidamente o caminho de volta para proteger os filhotes.

VARELLA, D. *Borboletas da alma:* escritos sobre ciência e saúde. Companhia das Letras, 2006 (adaptado).

Considerando a situação descrita sob o ponto de vista da hereditariedade e da evolução biológica, o comportamento materno decorrente da ação das substâncias citadas é:

a) transmitido de geração a geração, sendo que indivíduos portadores dessas características terão mais chance de sobreviver e deixar descendentes com as mesmas características.
b) transmitido em intervalos de gerações, alternando descendentes machos e fêmeas, ou seja, em uma geração recebem a característica apenas os machos e, na outra geração, apenas as fêmeas.
c) determinado pela ação direta do ambiente sobre a fêmea quando ela está no período gestacional, portanto todos os descendentes receberão as características.
d) determinado pelas fêmeas, na medida em que elas transmitem o material genético necessário à produção de hormônios e dos mediadores químicos para sua prole de fêmeas, durante o período gestacional.
e) determinado após a fecundação, pois os espermatozoides dos machos transmitem as características para a prole e, ao nascerem, os indivíduos são selecionados pela ação do ambiente.

4. 

Nova Escola, n. 226, out. 2009.

A tirinha mostra que o ser humano, na busca de atender suas necessidades e de se apropriar dos espaços,

a) adotou a acomodação evolucionária como forma de sobrevivência ao se dar conta de suas deficiências impostas pelo meio ambiente.
b) utilizou o conhecimento e a técnica para criar equipamentos que lhe permitiram compensar as suas limitações físicas.
c) levou vantagens em relação aos seres de menor estatura, por possuir um físico bastante desenvolvido, que lhe permitia muita agilidade.
d) dispensou o uso da tecnologia por ter um organismo adaptável aos diferentes tipos de meio ambiente.
e) sofreu desvantagens em relação a outras espécies, por utilizar os recursos naturais como forma de se apropriar dos diferentes espaços.

5. Plantas terrestres que ainda estão em fase de crescimento fixam grandes quantidades de CO_2, utilizando-o para formar novas moléculas orgânicas, e liberam grande quantidade de O_2. No entanto, em florestas maduras, cujas árvores já atingiram o equilíbrio, o consumo de O_2 pela respiração tende a igualar sua produção pela fotossíntese.

A morte natural de árvores nessas florestas afeta temporariamente a concentração de O_2 e de CO_2 próximo à superfície do solo onde elas caíram.

A concentração de O_2 próximo ao solo, no local da queda, será:

a) menor, pois haverá consumo de O_2 durante a decomposição dessas árvores.
b) maior, pois haverá economia de O_2 pela ausência das árvores mortas.
c) maior, pois haverá liberação de O_2 durante a fotossíntese das árvores jovens.
d) igual, pois haverá consumo e produção de O_2 pelas árvores maduras restantes.
e) menor, pois haverá redução de O_2 pela falta da fotossíntese realizada pelas árvores mortas.

6.

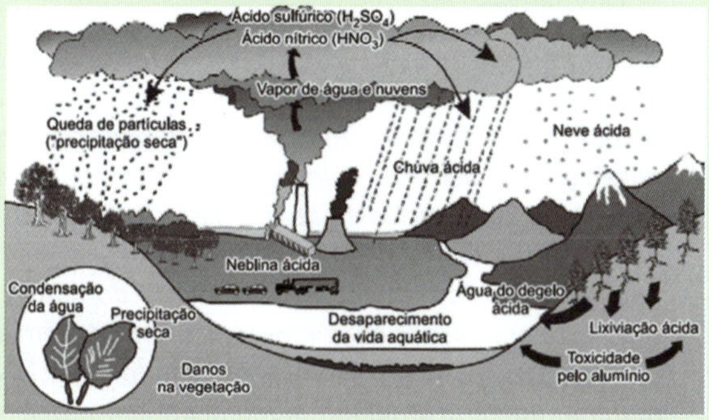

No esquema, o problema atmosférico relacionado ao ciclo da água acentuou-se após as revoluções industriais. Uma consequência direta desse problema está na:

a) redução da flora.
b) elevação das marés.
c) erosão das encostas.
d) laterização dos solos.
e) fragmentação das rochas.

7. Sabe-se que o aumento da concentração de gases como CO_2, CH_4 e N_2O na atmosfera é um dos fatores responsáveis pelo agravamento do efeito estufa. A agricultura é uma das atividades humanas que pode contribuir tanto para a emissão quanto para o sequestro desses gases, dependendo do manejo da matéria orgânica no solo.

ROSA, A. H.; COELHO, J. C. R. *Cadernos Temáticos da Química Nova na Escola*. São Paulo, n. 5, nov. 2003 (adaptado).

De que maneira as práticas agrícolas podem ajudar a minimizar o agravamento do efeito estufa?

a) Evitando a rotação de culturas.
b) Liberando o CO_2 presente no solo.
c) Aumentando a quantidade de matéria orgânica do solo.
d) Queimando a matéria orgânica que se deposita no solo.
e) Atenuando a concentração de resíduos vegetais do solo.

8. Química Verde pode ser definida como a criação, o desenvolvimento e a aplicação de produtos e processos químicos para reduzir ou eliminar o uso e a geração de substâncias nocivas à saúde humana e ao ambiente. Sabe-se que algumas fontes energéticas desenvolvidas pelo homem exercem, ou têm potencial para exercer, em algum nível, impactos ambientais negativos.

CORREA, A. G.; ZUIN, V. G. (Org.). *Química Verde: fundamentos e aplicações*. São Carlos: Edufscar, 2009.

À luz da Química Verde, métodos devem ser desenvolvidos para eliminar ou reduzir a poluição do ar causada especialmente pelas:

a) hidrelétricas.
b) termelétricas.
c) usinas geotérmicas.
d) fontes de energia solar.
e) fontes de energia eólica.

9. **Taxa de fecundidade total – Brasil – 1940-2010**

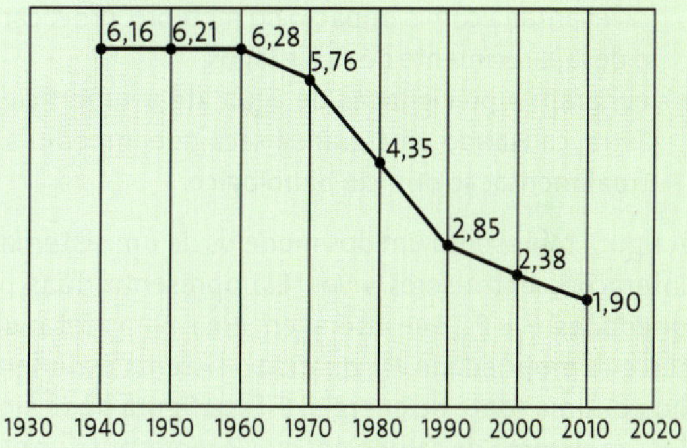

O processo registrado no gráfico gerou a seguinte consequência demográfica:

a) Decréscimo da população absoluta.
b) Redução do crescimento vegetativo.
c) Diminuição da proporção de adultos.
d) Expansão de políticas de controle da natalidade.
e) Aumento da renovação da população economicamente ativa.

10. No Brasil, cerca de 80% da energia elétrica advém de hidrelétricas, cuja construção implica o represamento de rios. A formação de um reservatório para esse fim, por sua vez, pode modificar a ictiofauna local. Um exemplo é o represamento do Rio Paraná, onde se observou o desaparecimento de peixes cascudos quase que simultaneamente ao aumento do número de peixes de espécies exóticas introduzidas, como o mapará e a corvina, as três espécies com nichos ecológicos semelhantes.

PETESSE, M. L.; PETRERE JR., M. *Ciência Hoje*. São Paulo. n. 293, v. 49, jun. 2012 (adaptado).

Nessa modificação da ictiofauna, o desaparecimento de cascudos é explicado pelo(a):

a) redução do fluxo gênico da espécie nativa.
b) diminuição da competição intraespecífica.
c) aumento da competição interespecífica.
d) isolamento geográfico dos peixes.
e) extinção de nichos ecológicos.

11. Paleontólogos estudam fósseis e esqueletos de dinossauros para tentar explicar o desaparecimento desses animais. Esses estudos permitem afirmar que esses animais foram extintos há cerca de 65 milhões de anos.

Uma teoria aceita atualmente é a de que um asteroide colidiu com a Terra, formando uma densa nuvem de poeira na atmosfera.

De acordo com essa teoria, a extinção ocorreu em função de modificações no planeta que:

a) desestabilizaram o relógio biológico dos animais, causando alterações no código genético.
b) reduziram a penetração da luz solar até a superfície da Terra, interferindo no fluxo energético das teias tróficas.
c) causaram uma série de intoxicações nos animais, provocando a bioacumulação de partículas de poeira nos organismos.
d) resultaram na sedimentação das partículas de poeira levantada com o impacto do meteoro, provocando o desaparecimento de rios e lagos.
e) evitaram a precipitação de água até a superfície da Terra, causando uma grande seca que impediu a retroalimentação do ciclo hidrológico.

12. A figura representa um dos modelos de um sistema de interações entre seres vivos. Ela apresenta duas propriedades, P_1 e P_2, que interagem em I, para afetar uma terceira propriedade, P_3, quando o sistema é alimentado por uma fonte de energia, E. Essa figura pode simular um sistema de campo em que P_1 representa as plantas verdes, P_2, um animal herbívoro e P_3, um animal onívoro.

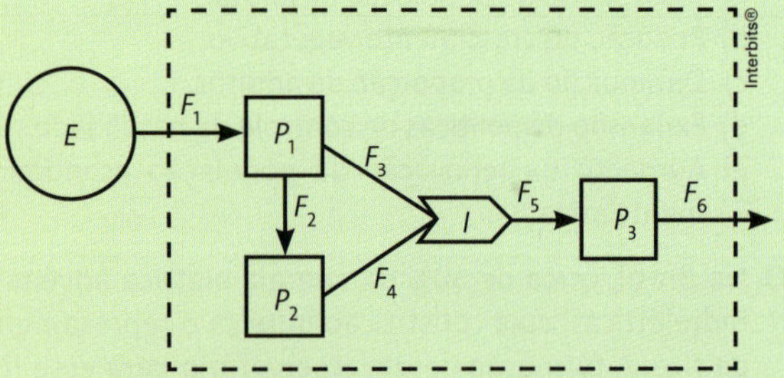

E: função motriz
P: propriedades
F: fluxos
I: interações

ODUM, E. P. *Ecologia*. Rio de Janeiro: Guanabara Koogan, 1988.

A função interativa I representa a proporção de:

a) herbivoria entre P_1 e P_2.
b) polinização entre P_1 e P_2.
c) P_3 utilizada na alimentação de P_1 e P_2.
d) P_1 ou P_2 utilizada na alimentação de P_3.
e) energia de P_1 e de P_2 que saem do sistema.

13. Apesar de belos e impressionantes, corais exóticos encontrados na Ilha Grande podem ser uma ameaça ao equilíbrio dos ecossistemas do litoral do Rio de Janeiro. Originários do Oceano Pacífico, esses organismos foram trazidos por plataformas de petróleo e outras embarcações, provavelmente na década de 1980, e disputam com as espécies nativas elementos primordiais para a sobrevivência, como espaço e alimento.

Organismos invasores são a segunda maior causa de perda de biodiversidade, superados somente pela destruição direta de *habitats* pela ação do homem. As populações de espécies invasoras crescem indefinidamente e ocupam o espaço de organismos nativos.

LEVY, I. Disponível em: <http://cienciahoje.uol.com.br>. Acesso em: 5 dez. 2011 (adaptado).

As populações de espécies invasoras crescem bastante por terem a vantagem de:

a) não apresentarem genes deletérios no seu *pool* gênico.
b) não possuírem parasitas e predadores naturais presentes no ambiente exótico.
c) apresentarem características genéticas para se adaptarem a qualquer clima ou condição ambiental.
d) apresentarem capacidade de consumir toda a variedade de alimentos disponibilizados no ambiente exótico.
e) apresentarem características fisiológicas que lhes conferem maior tamanho corporal que o das espécies nativas.

14. *O lixo orgânico de casa – constituído de restos de verduras, frutas, legumes, cascas de ovo, aparas de grama, entre outros –, se for depositado nos lixões, pode contribuir para o aparecimento de animais e de odores indesejáveis. Entretanto, sua reciclagem gera um excelente adubo orgânico, que pode ser usado no cultivo de hortaliças, frutíferas e plantas ornamentais. A produção do adubo ou composto orgânico se dá por meio da compostagem, um processo simples que requer alguns cuidados especiais. O material que é acumulado diariamente em recipientes próprios deve ser revirado com auxílio de ferramentas adequadas, semanalmente, de forma a homogeneizá-lo. É preciso também umedecê-lo periodicamente. O material de restos de capina pode ser intercalado entre uma camada e outra de lixo da cozinha. Por meio desse método, o adubo orgânico estará pronto em aproximadamente dois a três meses.*

Como usar o lixo orgânico em casa? *Ciência Hoje*, v. 42, jun. 2008 (adaptado).

Suponha que uma pessoa, desejosa de fazer seu próprio adubo orgânico, tenha seguido o procedimento descrito no texto, exceto no que se refere ao umedecimento periódico do composto. Nessa situação:

a) o processo de compostagem iria produzir intenso mau cheiro.
b) o adubo formado seria pobre em matéria orgânica que não foi transformada em composto.
c) a falta de água no composto vai impedir que microrganismos decomponham a matéria orgânica.
d) a falta de água no composto iria elevar a temperatura da mistura, o que resultaria na perda de nutrientes essenciais.
e) apenas microrganismos que independem de oxigênio poderiam agir sobre a matéria orgânica e transformá-la em adubo.

15. Os personagens da figura estão representando uma situação hipotética de cadeia alimentar.

Interbits®

Disponível em: <http://www.cienciasgaspar.blogspot.com>.

Suponha que, em cena anterior à apresentada, o homem tenha se alimentado de frutas e grãos que conseguiu coletar. Na hipótese de, nas próximas cenas, o tigre ser bem-sucedido e, posteriormente, servir de alimento aos abutres, tigre e abutres ocuparão, respectivamente, os níveis tróficos de:

a) produtor e consumidor primário.
b) consumidor primário e consumidor secundário.
c) consumidor secundário e consumidor terciário.
d) consumidor terciário e produtor.
e) consumidor secundário e consumidor primário.

16. Diferente do que o senso comum acredita, as lagartas de borboletas não possuem voracidade generalizada. Um estudo mostrou que as borboletas de asas transparentes da família *Ithomiinae*, comuns na Floresta Amazônica e na Mata Atlântica, consomem, sobretudo, plantas da família *Solanaceae*, a mesma do tomate. Contudo, os ancestrais dessas borboletas consumiam espécies vegetais da família *Apocinaceae*, mas a quantidade dessas plantas parece não ter sido suficiente para garantir o suprimento alimentar dessas borboletas. Dessa forma, as solanáceas tornaram-se uma opção de alimento, pois são abundantes na Mata Atlântica e na Floresta Amazônica.

Cores ao vento. Genes e fósseis revelam origem e diversidade de borboletas sul-americanas. *Revista Pesquisa FAPESP*. n. 170, 2010 (adaptado).

Nesse texto, a ideia do senso comum é confrontada com os conhecimentos científicos, ao se entender que as larvas das borboletas *Ithomiinae* encontradas atualmente na Mata Atlântica e na Floresta Amazônica, apresentam:

a) facilidade em digerir todas as plantas desses locais.
b) interação com as plantas hospedeiras da família *Apocinaceae*.
c) adaptação para se alimentar de todas as plantas desses locais.
d) voracidade indiscriminada por todas as plantas existentes nesses locais.
e) especificidade pelas plantas da família *Solanaceae* existentes nesses locais.

17. Desde os anos 1990, novas tecnologias para a produção de plásticos biodegradáveis foram pesquisadas em diversos países do mundo. No Brasil, foi desenvolvido um plástico empregando-se derivados da cana-de-açúcar e uma bactéria recém-identificada, capaz de transformar açúcar em plástico.

"A bactéria se alimenta de açúcar, transformando o excedente do seu metabolismo em um plástico biodegradável chamado PHB (poli-hidroxibutirato). Sua vantagem é que, ao ser descartado, o bioplástico é degradado por microrganismos existentes no solo em no máximo um ano, ao contrário dos plásticos de origem petroquímica, que geram resíduos que demoram mais de 200 anos para se degradarem."

GOMES, A. C. Biotecnologia ajuda na conservação do ambiente. *Revista Eletrônica Vox Sciencia*. Ano V, n. 28. São Paulo: Núcleo de Divulgação Científica José Gomes. Acesso em: 30 abr. 2009 (adaptado).

A nova tecnologia, apresentada no texto, tem como consequência:

a) a diminuição da matéria orgânica nos aterros e do mau cheiro nos lixões.
b) a ampliação do uso de recursos não renováveis, especialmente os plásticos.
c) a diminuição do metabolismo de bactérias decompositoras presentes nos solos.
d) a substituição de recursos não renováveis por renováveis para fabricar plásticos.
e) o lançamento no meio ambiente de produtos plásticos inertes em relação ao ciclo da matéria.

18. Confirmada pelos cientistas e já sentida pela população mundial, a mudança climática global é hoje o principal desafio socioambiental a ser enfrentado pela humanidade. Mudança climática é o nome que se dá ao conjunto de alterações nas condições do clima da Terra pelo acúmulo de seis tipos de gases na atmosfera – sendo os principais o dióxido de carbono (CO_2) e o metano (CH_4) – emitidos em quantidade excessiva através da queima de combustíveis (petróleo e carvão) e do uso inadequado do solo.

SANTILLI, M. Mudança climática global. *Almanaque Brasil Socioambiental 2008*. São Paulo, 2007 (adaptado).

Suponha que, ao invés de superaquecimento, o planeta sofresse uma queda de temperatura, resfriando-se como numa era glacial, nesse caso:

a) a camada de geleiras, bem como o nível do mar, diminuiriam.
b) as geleiras aumentariam, acarretando alterações no relevo do continente e no nível do mar.
c) o equilíbrio do clima do planeta seria restabelecido, uma vez que ele está em processo de aquecimento.
d) a fauna e a flora das regiões próximas ao círculo polar ártico e antártico nada sofreriam com a glaciação.
e) os centros urbanos permaneceriam os mesmos, sem prejuízo à população humana e ao seu desenvolvimento.

19. Os oceanos absorvem aproximadamente um terço das emissões de CO_2 procedentes de atividades humanas, como a queima de combustíveis fósseis e as queimadas. O CO_2 combina-se com as águas dos oceanos, provocando uma alteração importante em suas propriedades. Pesquisas com vários organismos marinhos revelam que essa alteração nos oceanos afeta uma série de processos biológicos necessários para o desenvolvimento e a sobrevivência de várias espécies da vida marinha.

A alteração a que se refere o texto diz respeito ao aumento:

a) da acidez das águas dos oceanos.
b) do estoque de pescado nos oceanos.
c) da temperatura média dos oceanos.
d) do nível das águas dos oceanos.
e) da salinização das águas dos oceanos.

20. O aquecimento global, ocasionado pelo aumento do efeito estufa, tem como uma de suas causas a disponibilização acelerada de átomos de carbono para a atmosfera. Essa disponibilização acontece, por exemplo, na queima de combustíveis fósseis, como a gasolina, os óleos e o carvão, que libera o gás carbônico (CO_2) para a atmosfera. Por outro lado, a produção de metano (CH_4), outro gás causador do efeito estufa, está associada à pecuária e à degradação de matéria orgânica em aterros sanitários.

Apesar dos problemas causados pela disponibilização acelerada dos gases citados, eles são imprescindíveis à vida na Terra e importantes para a manutenção do equilíbrio ecológico, porque, por exemplo, o:

a) metano é fonte de carbono para os organismos fotossintetizantes.
b) metano é fonte de hidrogênio para os organismos fotossintetizantes.
c) gás carbônico é fonte de energia para os organismos fotossintetizantes.
d) gás carbônico é fonte de carbono inorgânico para os organismos fotossintetizantes.
e) gás carbônico é fonte de oxigênio molecular para os organismos heterotróficos aeróbios.

21. Segundo dados do Balanço Energético Nacional de 2008, do Ministério das Minas e Energia, a matriz energética brasileira é composta de hidrelétrica (80%), termelétrica (19,9%) e eólica (0,1%). Nas termelétricas, esse percentual é dividido conforme o combustível usado, sendo: gás natural (6,6%), biomassa (5,3%), derivados de petróleo (3,3%), energia nuclear (3,1%) e carvão mineral (1,6%). Com a geração de eletricidade da biomassa, pode-se considerar que ocorre uma compensação do carbono liberado na queima do material vegetal pela absorção desse elemento no crescimento das plantas. Entretanto, estudos indicam que as emissões de metano (CH_4) das hidrelétricas podem ser comparáveis às emissões de CO_2 das termelétricas.

MORET, A. S.; FERREIRA, I. A. As hidrelétricas do Rio Madeira e os impactos socioambientais da eletrificação no Brasil. *Revista Ciência Hoje*. v. 45, n. 265, 2009 (adaptado).

No Brasil, em termos do impacto das fontes de energia no crescimento do efeito estufa, quanto à emissão de gases, as hidrelétricas seriam consideradas como uma fonte:

a) limpa de energia, contribuindo para minimizar os efeitos deste fenômeno.
b) eficaz de energia, tomando-se o percentual de oferta e os benefícios verificados.
c) limpa de energia, não afetando ou alterando os níveis dos gases do efeito estufa.
d) poluidora, colaborando com níveis altos de gases de efeito estufa em função de seu potencial de oferta.
e) alternativa, tomando-se por referência a grande emissão de gases de efeito estufa das demais fontes geradoras.

22. O despejo de dejetos de esgotos domésticos e industriais vem causando sérios problemas aos rios brasileiros. Esses poluentes são ricos em substâncias que contribuem para a eutrofização de ecossistemas, que é um enriquecimento da água por nutrientes, o que provoca um grande crescimento bacteriano e, por fim, pode promover escassez de oxigênio.

Uma maneira de evitar a diminuição da concentração de oxigênio no ambiente é:

a) aquecer as águas dos rios para aumentar a velocidade de decomposiçao dos dejetos.
b) retirar do esgoto os materiais ricos em nutrientes para diminuir a sua concentração nos rios.
c) adicionar bactérias anaeróbicas às águas dos rios para que elas sobrevivam mesmo sem o oxigênio.
d) substituir produtos não degradáveis por biodegradáveis para que as bactérias possam utilizar os nutrientes.
e) aumentar a solubilidade dos dejetos no esgoto para que os nutrientes fiquem mais acessíveis às bactérias.

23. O crescimento da população de uma praga agrícola está representado em função do tempo no gráfico a seguir, onde a densidade populacional superior a **P** causa prejuízo à lavoura.

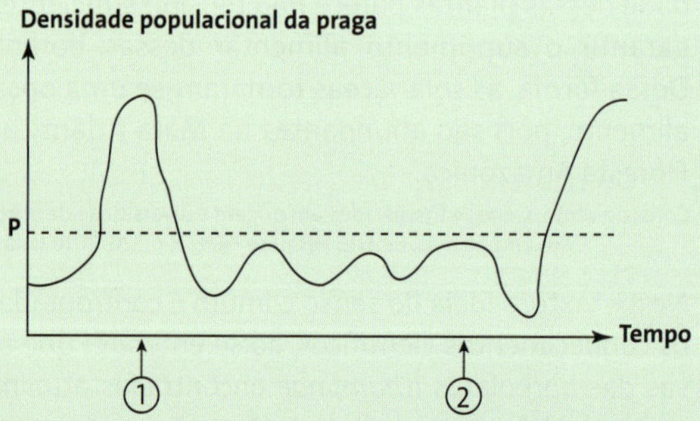

No momento apontado pela seta 1, um agricultor introduziu uma espécie de inseto que é inimigo natural da praga, na tentativa de controlá-la biologicamente. No momento indicado pela seta 2, o agricultor aplicou grande quantidade de inseticida, na tentativa de eliminar totalmente a praga. A análise do gráfico permite concluir que:

a) se o inseticida tivesse sido usado no momento marcado pela seta 1, a praga teria sido controlada definitivamente, sem necessidade de um tratamento posterior.

b) se não tivesse sido usado o inseticida no momento marcado pela seta 2, a população de praga continuaria aumentando rapidamente e causaria grandes danos à lavoura.
c) o uso do inseticida tornou-se necessário, uma vez que o controle biológico aplicado no momento 1 não resultou na diminuição da densidade da população da praga.
d) o inseticida atacou tanto as pragas quanto os seus predadores; entretanto, a população de pragas recuperou-se mais rápido, voltando a causar dano à lavoura.
e) o controle de pragas por meio do uso de inseticidas é muito mais eficaz que o controle biológico, pois os seus efeitos são muito mais rápidos e têm maior durabilidade.

24. *No ano de 2000, um vazamento em dutos de óleo na baía de Guanabara (RJ) causou um dos maiores acidentes ambientais do Brasil. Além de afetar a fauna e a flora, o acidente abalou o equilíbrio da cadeia alimentar de toda a baía. O petróleo forma uma película na superfície da água, o que prejudica as trocas gasosas da atmosfera com a água e desfavorece a realização de fotossíntese pelas algas, que estão na base da cadeia alimentar hídrica. Além disso, o derramamento de óleo contribuiu para o envenenamento das árvores e, consequentemente, para a intoxicação da fauna e flora aquáticas, bem como conduziu à morte diversas espécies de animais, entre outras formas de vida, afetando também a atividade pesqueira.*

LAUBIER, L. Diversidade da Maré Negra. In: *Scientific American Brasil*. 4(39), ago. 2005 (adaptado).

A situação exposta no texto e suas implicações:

a) indicam a independência da espécie humana com relação ao ambiente marinho.
b) alertam para a necessidade do controle da poluição ambiental para redução do efeito estufa.
c) ilustram a interdependência das diversas formas de vida (animal, vegetal e outras) e o seu *habitat*.
d) indicam a alta resistência do meio ambiente à ação do homem, além de evidenciar a sua sustentabilidade mesmo em condições extremas de poluição.
e) evidenciam a grande capacidade animal de se adaptar às mudanças ambientais, em contraste com a baixa capacidade das espécies vegetais, que estão na base da cadeia alimentar hídrica.

25. O controle biológico, técnica empregada no combate a espécies que causam danos e prejuízos aos seres humanos, é utilizado no combate à lagarta que se alimenta de folhas de algodoeiro. Algumas espécies de borboleta depositam seus ovos nessa cultura. A microvespa *Trichogramma* sp. introduz seus ovos nos ovos de outros insetos, incluindo os das borboletas em questão. Os embriões da vespa se alimentam do conteúdo desses ovos e impedem que as larvas de borboleta se desenvolvam. Assim, é possível reduzir a densidade populacional das borboletas até níveis que não prejudiquem a cultura. A técnica de controle biológico realizado pela microvespa *Trichogramma* sp. consiste na:

a) introdução de um parasita no ambiente da espécie que se deseja combater.
b) introdução de um gene letal nas borboletas para diminuir o número de indivíduos.
c) competição entre a borboleta e a microvespa para a obtenção de recursos.
d) modificação do ambiente para selecionar indivíduos melhor adaptados.
e) aplicação de inseticidas a fim de diminuir o número de indivíduos que se deseja combater.

26. *Uma colônia de formigas inicia-se com uma rainha jovem que, após ser fecundada pelo macho, voa e escolhe um lugar para cavar um buraco no chão. Ali dará origem a milhares de formigas, constituindo uma nova colônia. As fêmeas geradas poderão ser operárias, vivendo cerca de um ano, ou novas rainhas. Os machos provêm de óvulos não fertilizados e vivem aproximadamente uma semana. As operárias se dividem nos trabalhos do formigueiro. Há formigas forrageadoras que se encarregam da busca por alimentos, formigas operárias que retiram dejetos da colônia e são responsáveis pela manutenção ou que lidam com o alimento e alimentam as larvas, e as formigas patrulheiras. Uma colônia de formigas pode durar anos e dificilmente uma formiga social consegue sobreviver sozinha.*

MELO, A. *Como funciona uma sociedade de formigas?* Disponível em: <http://www.cienciahoje.uol.com.br>. Acesso em: 21 fev. 2009 (adaptado).

Uma característica que contribui diretamente para o sucesso da organização social dos formigueiros é:

a) a divisão de tarefas entre as formigas e a organização funcional da colônia.
b) o fato de as formigas machos serem provenientes de óvulos não fertilizados.
c) a alta taxa de mortalidade das formigas solitárias ou das que se afastam da colônia.
d) a existência de patrulheiras, que protegem o formigueiro do ataque de herbívoros.
e) o fato de as rainhas serem fecundadas antes do estabelecimento de um novo formigueiro.

27. Os vaga-lumes machos e fêmeas emitem sinais luminosos para se atraírem para o acasalamento. O macho reconhece a fêmea de sua espécie e, atraído por ela, vai ao seu encontro. Porém, existe um tipo de vaga-lume, o *Photuris*, cuja fêmea engana e atrai os machos de outro tipo, o *Photinus*, fingindo ser desse gênero. Quando o macho *Photinus* se aproxima da fêmea *Photuris*, muito maior que ele, é atacado e devorado por ela.

BERTOLDI, O. G.; VASCONCELLOS, J. R. *Ciência & sociedade*: a aventura da vida, a aventura da tecnologia. São Paulo: Scipione, 2000 (adaptado).

A relação descrita no texto, entre a fêmea do gênero *Photuris* e o macho do gênero *Photinus*, é um exemplo de:

a) comensalismo.
b) inquilinismo.
c) cooperação.
d) predatismo.
e) mutualismo.

Respostas

Vestibulares de Norte a Sul

Capítulo 8

1. d
2. d
3. a
4. c
5. b
6. b
7. d
8. V, F, F, V
9. b
10. b
11. 02 + 04 = 06

Capítulo 9

1. V, V, V, V, F
2. b
3. e
4. d
5. c
6. d
7. d
8. d
9. c
10. c
11. a
12. c
13. d

Capítulo 10

1. d
2. V, V, V, F, F
3. d
4. c
5. a
6. V, F, V, V, F
7. V, F, F, V, V
8. c

Capítulo 11

1. b
2. 02 + 08 = 10
3. a
4. d
5. e
6. c
7. b
8. c
9. e
10. a
11. a

Capítulo 12

1. c
2. d
3. e
4. e
5. F, F, V, F, F
6. 01 + 02 + 04 + 08 + 16 = 31
7. b
8. d
9. b

Capítulo 13

1. d
2. d
3. a
4. e
5. d
6. d

Capítulo 14

1. d
2. e
3. a
4. b
5. b
6. b
7. V, V, V, F, F
8. e
9. b
10. c
11. a
12. c

Capítulo 15

1. d
2. a
3. b
4. b
5. e
6. a, c, d
7. c
8. a
9. F, V, F, V, V
10. a
11. 01 + 02 + 16 = 19
12. e
13. a
14. a
15. 04 + 64 = 68
16. 01 + 02 + 08 = 11
17. a

Capítulo 16

1. c
2. d
3. d
4. b
5. e
6. e
7. 04 + 08 = 12
8. c
9. 01 + 02 = 03
10. 01 + 04 + 08 = 13

Capítulo 17

1. d
2. e
3. d
4. c
5. a
6. a
7. c
8. b
9. V, F, F, V, F
10. b
11. d
12. c

Capítulo 18

1. c
2. e
3. c
4. b
5. c
6. 01 + 02 + 04 + 08 = 15
7. b
8. b
9. b
10. c

Capítulo 19

1. a
2. e
3. e
4. e
5. d
6. d
7. 02 + 32 = 34
8. b
9. 02 + 04 + 08 = 14
10. a
11. b
12. d
13. V, V, F, F, V
14. b
15. b

Capítulo 20

1. c
2. 01 + 04 + 16 = 21
3. a
4. b
5. b
6. d
7. e
8. V, F, V, F, V
9. d
10. b
11. V, F, V, F, V
12. V, V, F, V, V
13. e
14. c

Caiu no Enem

1. b
2. d
3. a
4. b
5. a
6. a
7. c
8. b
9. b
10. c
11. b
12. d
13. b
14. c
15. c
16. e
17. d
18. b
19. a
20. d
21. d
22. b
23. d
24. c
25. a
26. a
27. d

Sugestões de leitura, filmes e *sites*

Livros

- ***A galinha e seus dentes e outras reflexões sobre história natural***
  Stephen Jay Gould. Rio de Janeiro: Paz e Terra, 1992.
- ***A história de quando éramos peixes: uma revolucionária teoria sobre a origem do corpo humano***
  Neil Shubin. Rio de Janeiro: Elsevier, 2008.
- ***A montanha de moluscos de Leonardo da Vinci***
  Stephen Jay Gould. São Paulo: Companhia das Letras, 2003.
- ***Darwin: do telhado das Américas à teoria da evolução***
  Nélio Bizzo. São Paulo: Odysseus, 2002.
- ***Darwin e a evolução em 90 minutos***
  Paul Strathern. Rio de Janeiro: Jorge Zahar, 2001.
- ***Darwin e os grandes enigmas da vida***
  Stephen Jay Gould. São Paulo: Martins Fontes, 1999.
- ***Decifrando o genoma***
  Kevin Davies. São Paulo: Companhia das Letras, 2001.
- ***Dinossauros***
  Fernando Gewandsznajder. 5. ed. São Paulo: Ática, 1999. (Coleção De Olho na Ciência).
- ***Fique por dentro da Genética***
  Martin Brookes. São Paulo: Cosac & Naify, 2001.
- ***O bico do tentilhão: uma história da evolução no nosso tempo***
  Jonathan Wiener. Rio de Janeiro: Rocco, 1995.
- ***O ecossistema marinho***
  Edson Futema. 2. ed. São Paulo: Ática, 2003. (Coleção Investigando).
- ***O livro de ouro da Amazônia: mitos e verdades sobre a região mais cobiçada do planeta***
  João Meirelles Filho. Rio de Janeiro: Ediouro, 2004.
- ***O planeta simbiótico: uma nova perspectiva da evolução***
  Lynn Margullis. Rio de Janeiro: Rocco, 2001.
- ***Preserve a vida silvestre***
  Malcom Penny. 3. ed. São Paulo: Scipione, 2002. (Coleção Preserve o Mundo).
- ***Uma verdade inconveniente: o que devemos saber (e fazer) sobre o aquecimento global***
  Al Gore. Barueri: Manole, 2006.
- ***Watson & Crick: a história da descoberta da estrutura do DNA***
  Ricardo Ferreira. São Paulo: Odysseus, 2003.
- ***1001 maneiras de salvar o planeta: ideias práticas para tornar o mundo melhor***
  Joanna Yarrow. São Paulo: Publifolha, 2007.

Filmes

- ***Uma verdade inconveniente*** (An Inconvenient Truth). Direção: Davis Guggenhein, Estados Unidos, 2006.
- **Homo sapiens *1900*** (*Homo sapiens* 1900). Direção: Peter Cohen, Suécia, 1998.
- ***A ilha das flores.*** Direção: Jorge Furtado, Brasil, 1989.

Sites

Todos os endereços eletrônicos sugeridos a seguir estavam ativos em 11 mar. 2014.

- Associação Nacional de Biossegurança: <www.anbio.org.br>
- Biotecnologia: <www.biotecnologia.com.br>
- Cetesb: <www.cetesb.sp.gov.br>
- Ciência Hoje: <http://cienciahoje.uol.com.br/view>
- Ciência, tecnologia e inovação: <www.ctnbio.gov.br>
- Espaço Ciência: <www.espacociencia.pe.gov.br>
- Evolucionismo.org: <http://evolucionismo.org/>
- Ibama: <www.ibama.gov.br>
- Instituto Brasileiro de Controle do Câncer: <www.ibcc.org.br>
- Laboratório de ensino de Ciências e Tecnologia: <http://darwin.futuro.usp.br>
- Seara da Ciência: <www.seara.ufc.br>
- Unesp saúde: <www.unespsaude.com.br>

Bibliografia

ARAGÃO, F. J. L. *Organismos transgênicos*: explicando e discutindo a tecnologia. Barueri: Manole, 2003.

ART, H. W. (Ed.). *Dicionário de Ecologia e ciências ambientais*. 2. ed. São Paulo: Ed. da Unesp/Melhoramentos, 2001.

BAIRD, C. *Química ambiental*. São Paulo: Bookman, 2002.

BARTON, N. H. et al. *Evolution*. New York: Cold Spring Harbor, 2007.

BEGON, M.; TOWNSEND, C. R.; HARPER, J. L. *Ecologia*: de indivíduos a ecossistemas. 4. ed. Porto Alegre: Artmed, 2007.

BRAGA, B. et al. *Introdução à engenharia ambiental*. 2. ed. São Paulo: Prentice Hall, 2005.

CAMDESSUS, M. *Água*. São Paulo: Bertrand Brasil, 2006.

CAMPBELL, N. A. et al. *Biology*. 7th ed. Menlo Park: Benjamin Cummings, 2005.

CARROLL, S. B. *Infinitas formas de grande beleza*: como a evolução forjou a grande quantidade de criaturas que habitam o nosso planeta. Rio de Janeiro: Jorge Zahar, 2006.

_____. *The Making of the Fittest*: DNA and the Ultimate Forensic Record of Evolution. New York: W. W. Norton, 2007.

DAJOZ, R. *Princípios de Ecologia*. 7. ed. Porto Alegre: Artmed, 2005.

DASHEFSKY, H. S. *Dicionário de ciência ambiental*. 2. ed. São Paulo: Gaia, 2001.

FARAH, S. B. *DNA*: segredos e mistérios. 2. ed. São Paulo: Sarvier, 2007.

FOOD AND AGRICULTURE ORGANIZATION OF THE UNITED NATIONS (FAO). *The State of Food and Agriculture 2003-2004 – Agricultural Biotechnology*: Meeting the Needs of the Poor?. Rome: FAO/WHO, 2004.

FORTEY, R. *Vida*: uma biografia não autorizada. São Paulo: Record, 2001.

FREEMAN, S.; HERRON, J. C. *Evolutionary Analysis*. 4th ed. Menlo Park: Benjamin Cummings, 2007.

FUTUYMA, D. *Evolution*. 2nd ed. Sunderland: Sinauer, 2009.

GOULD, S. J. *A galinha e seus dentes e outras reflexões sobre história natural*. Rio de Janeiro: Paz e Terra, 1992.

______. *Darwin e os grandes enigmas da vida*. São Paulo: Martins Fontes, 1999.

______. *O sorriso do flamingo*: reflexões sobre história natural. São Paulo: Martins Fontes, 1990.

GRIFFITHS, A. J. F. et al. *Introdução à Genética*. 8. ed. Rio de Janeiro: Guanabara Koogan, 2006.

HARTL, D. L. *Princípios de genética de população*. 3. ed. Ribeirão Preto: FUNPEC, 2008.

HILL, M. K. *Understanding Environmental Pollution*. 2nd ed. Cambridge: Cambridge University Press, 2004.

JORDE, L. B. et al. *Genética médica*. Rio de Janeiro: Elsevier, 2004.

KREUZER, H.; MASSEY, A. *Engenharia genética e biotecnologia*. 2. ed. Porto Alegre: Artmed, 2002.

KROGH, D. *Biology*: a Guide to the Natural World. 4th ed. Menlo Park: Benjamin Cummings, 2008.

MAJERUS, M. E. N. *Melanism*: Evolution in Action. Oxford: Oxford University Press, 1998.

MALAJOVICH, M. A. *Biotecnologia*. Rio de Janeiro: Axcel Books, 2004.

MEYER, D.; EL-HANI, C. N. *Evolução*: o sentido da Biologia. São Paulo: Ed. da Unesp, 2005.

MILLER, J. H. et al. *Introdução à Genética*. 8. ed. Rio de Janeiro: Guanabara Koogan, 2006.

MILLER, K. R.; LEVINE, J. L. *Biology*. 5th ed. Upper Saddle River: Prentice Hall, 2000.

MOLLES JR., M. C. *Ecology*: Concepts and Applications. 2nd ed. Boston: McGraw-Hill, 2002.

MOTA, S. *Introdução à engenharia ambiental*. 2. ed. Rio de Janeiro: Abes, 2000.

MOTTA, P. A. *Genética humana aplicada à Psicologia e toda a área biomédica*. Rio de Janeiro: Guanabara Koogan, 2005.

PENA, S. D. J. *Humanidade sem raças?*. São Paulo: Publifolha, 2008.

PIERCE, B. A. *Genética*: um enfoque conceitual. Rio de Janeiro: Guanabara Koogan, 2004.

PINTO-COELHO, R. M. *Fundamentos em Ecologia*. 2. ed. Porto Alegre: Artmed, 2006.

PROTHERO, D. R. *Evolution*: What the Fossils Say and Why it Matters. New York: Columbia University, 2007.

PURVES, W. K. et al. *Vida*: a ciência da Biologia. 6. ed. Porto Alegre: Artmed, 2005. 3 v.

RAVEN, P. H. et al. *Biology*. 7th ed. Boston: McGraw-Hill, 2005.

RICKLEFS, R. E. *A economia da natureza*. 5. ed. Rio de Janeiro: Guanabara Koogan, 2003.

RIDLEY, M. *Evolução*. 3. ed. Porto Alegre: Artmed, 2006.

RINGO, J. *Genética básica*. Rio de Janeiro: Guanabara Koogan, 2005.

RUMJANEK, F. D. *Introdução à Biologia molecular*. Rio de Janeiro: Âmbito Cultural, 2001.

SHUBIN, N. *A história de quando éramos peixes*: uma revolucionária teoria sobre a origem do corpo humano. Rio de Janeiro: Elsevier, 2008.

SNUSTAD, D. P.; SIMMONS, M. J. *Fundamentos de Genética*. 4. ed. Rio de Janeiro: Guanabara Koogan, 2008.

SOLOMON, E. P. et al. *Biology*. 7th ed. Belmont: Thomson Learning, 2005.

STARR, C; TAGGART, R. *Biology*: the Unity and Diversity of Life. 10th ed. Belmont: Wadsworth, 2003.

STEARNS, S. C.; HOEKSTRA, R. F. *Evolução*: uma introdução. São Paulo: Atheneu, 2003.

TUNDISI, J. G. *Água no século XXI*: enfrentando a escassez. 2. ed. São Carlos: Rima, 2005.

WIENER, J. *O bico do tentilhão*: uma história da evolução no nosso tempo. Rio de Janeiro: Rocco, 1995.

WILMUT, I.; CAMPBELL, K.; TUDGE, C. *Dolly*: a segunda criação. Rio de Janeiro: Objetiva, 2000.

PROJETO
MÚLTIPLO

Caderno de Estudo

Biologia

Ensino Médio

Sérgio Linhares

Bacharel e licenciado em História Natural pela Universidade do Brasil (atual UFRJ).

Foi professor de Biologia Geral na Universidade do Brasil (atual UFRJ) e de Biologia no Colégio Pedro II e em outros colégios e cursinhos pré-vestibulares do Rio de Janeiro.

Fernando Gewandsznajder

Licenciado em Biologia pelo Instituto de Biologia da Universidade Federal do Rio de Janeiro.

Mestre em Educação pelo Instituto de Estudos Avançados em Educação da Fundação Getúlio Vargas (RJ).

Mestre em Filosofia pela Pontifícia Universidade Católica do Rio de Janeiro.

Doutor em Educação pela Faculdade de Educação da Universidade Federal do Rio de Janeiro.

Foi professor de Biologia e Ciências no Colégio Pedro II e em outros colégios e cursinhos pré-vestibulares do Rio de Janeiro.

editora ática

editora ática

Diretoria editorial: Lidiane Vivaldini Olo
Editoria de Ciências e Biologia: José Roberto Miney
Editores: Helena Pacca e Felipe Murro Capeli
Colaborador editorial: Ana Luisa Mengardo
Supervisor de arte e produção: Sérgio Yutaka
Supervisor de arte e criação: Didier Moraes
Coordenadora de arte e criação: Andréa Dellamagna
Editor de arte: André Gomes Vitale
Diagramação: Casa de Tipos
Design gráfico: UC Produção Editorial, Andréa Dellamagna (miolo e capa)
Gerente de revisão: Hélia de Jesus Gonsaga
Equipe de revisão: Rosângela Muricy (coord.), Ana Paula Chabaribery Malfa, Gloria Cunha, Luís Maurício Boa Nova e Sheila Folgueral; Flávia Venézio dos Santos e Gabriela Macedo de Andrade (estags.)
Supervisor de iconografia: Sílvio Kligin
Pesquisadora iconográfica: Cláudia Bertolazzi
Tratamento de imagem: Cesar Wolf e Fernanda Crevin
Foto da capa: alice-photo/Shutterstock/Glow Images
Grafismos: Shutterstock/Glow Images
Ilustrações: Casa de Tipos, Ingeborg Asbach, Júlio Dian, Luis Moura, Maspi e Paulo Manzi
Cartografia: Maps World

Direitos desta edição cedidos à Editora Ática S.A.
Av. das Nações Unidas, 7221, 3º andar, setor C
Pinheiros – São Paulo – SP
CEP 05425-902
Tel.: 4003-3061
www.atica.com.br/editora@atica.com.br

Dados Internacionais de Catalogação na Publicação (CIP)
(Câmara Brasileira do Livro, SP, Brasil)

Linhares, Sérgio
Projeto Múltiplo: Biologia / Sérgio Linhares, Fernando Gewandsznajder. -- São Paulo : Ática, 2014.

Obra em 3 v.
Bibliografia.

1. Projeto Múltiplo: Biologia (Ensino médio)
I. Gewandsznajder, Fernando. II. Título.

14-01325 CDD-574.07

Índice para catálogo sistemático:
1. Projeto Múltiplo: Biologia : Ensino médio 574.07

2022
ISBN 978 85 08 16707-4 (AL)
ISBN 978 85 08 16708-1 (PR)
Código da obra CL 738362
CAE 501280 (AL)
CAE 501281 (PR)
1ª edição
7ª impressão

Impressão e acabamento: Ricargraf

Uma publicação Abril EDUCAÇÃO

Apresentação

O Ensino Médio é a época na qual a maioria dos adolescentes faz uma escolha que os acompanhará por toda a vida: a da profissão que desejam seguir.

Além da profissão, a escolha da universidade também é um fator decisivo para o seu futuro sucesso profissional. E para que você tenha um bom desempenho no exame vestibular da universidade que escolher, além de conhecer muito bem todo o conteúdo do Ensino Médio, você deve ter uma ótima habilidade em resolver exercícios. Por esse motivo, este caderno reúne mais de 200 questões das mais variadas e renomadas universidades do país, questões de níveis complexos, que, no todo, representam um momento único de preparação para o vestibular. Para auxiliá-lo com as resoluções, cada sequência de exercícios de um mesmo tema é precedida por quadros-resumos que sintetizam os principais tópicos do conteúdo.

Encare o período de estudo com este caderno como oportunidade de aperfeiçoar sua capacidade de resolver exercícios de forma rápida e segura.

Utilize este caderno como um instrumento de aperfeiçoamento de suas habilidades e não desista dos seus sonhos.

Bons estudos!

Sumário

Vestibular em foco

Theo Szczepanski/Arquivo da Editora

GENÉTICA I

Conceitos gerais

- Parentais (P) originam a primeira geração (F_1), chamada de **híbrida**, se resultar de pais com características diferentes. Cruzamento da F_1 origina F_2.
- Cada organismo possui um par de fatores (alelos de um gene) responsável pelo aparecimento de uma característica.
- **Homozigoto**: mesmo alelo no par de cromossomos homólogos.
  Heterozigoto: tem alelos diferentes em cada cromossomo do par.
- **Dominante**: heterozigoto manifesta apenas um alelo.
  Recessivo: só expressa a característica quando em homozigose.
- **Genótipo**: conjunto de genes do indivíduo.
  Fenótipo: características morfológicas ou funcionais (podem ter genótipos diferentes).
- **Loco**: lugar no cromossomo onde se situa o gene.

Célula	Genótipo	Fenótipo
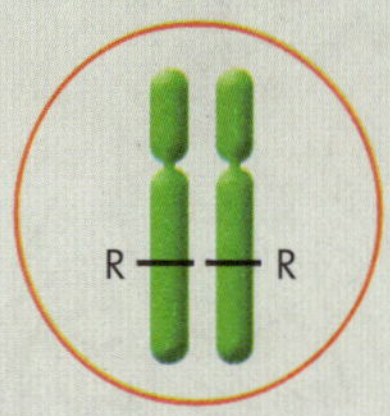	RR Homozigoto dominante	
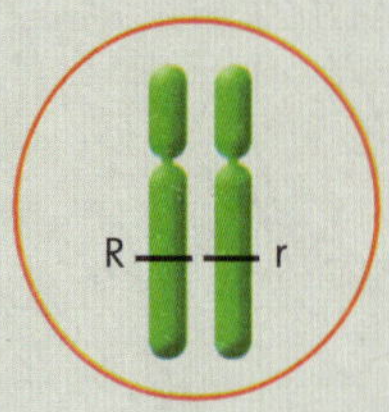	Rr Heterozigoto	
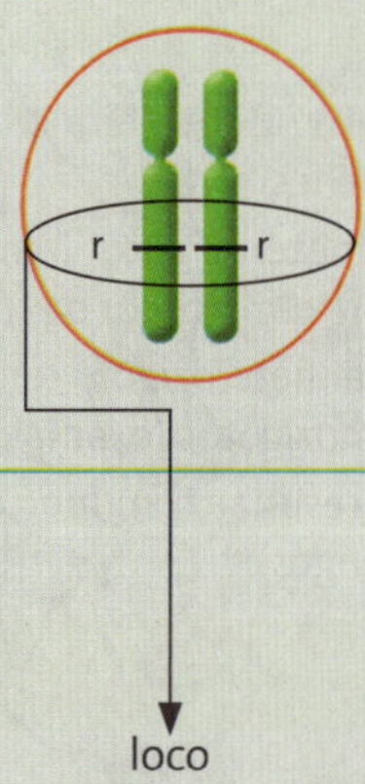	rr Homozigoto recessivo	

Luís Moura/Arquivo da editora

- **Cruzamento-teste**: permite descobrir se um indivíduo com fenótipo dominante é heterozigoto ou homozigoto cruzando-o com um recessivo e observando F_1.
- **Heredogramas**: árvores genealógicas que indicam graus de parentesco e caráter estudado.
- Caracteres **hereditários**: transmitidos de pai para filho pelos genes.
  Caracteres **congênitos**: presentes pelo nascimento.

Meiose	• Gametas haploides (n) gerados nos pais (a partir de divisão meiótica) se unem na fecundação para formar o zigoto, célula diploide (2n). • Na meiose há a separação dos cromossomos homólogos, que migram para células distintas (gametas). A fecundação restaura a união dos pares de cromossomos. 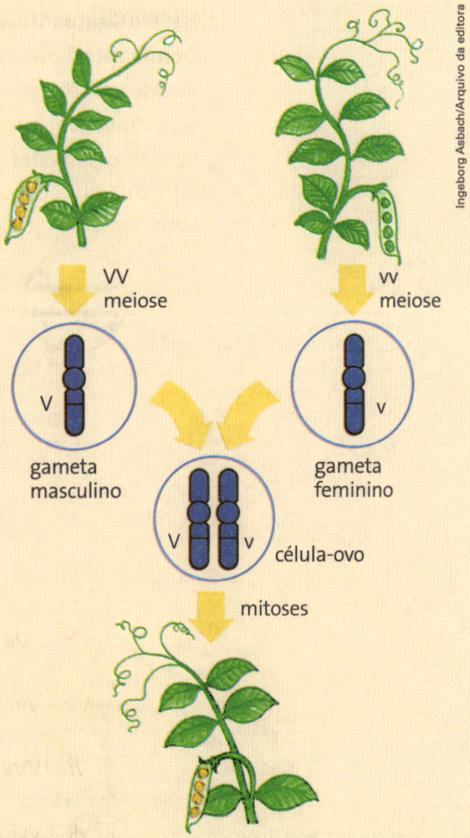

Dominância	• **Completa**: heterozigoto tem o mesmo fenótipo do homozigoto dominante (exemplo: ervilhas). • **Incompleta**: heterozigoto tem fenótipo intermediário em relação aos homozigotos (exemplo: cor da flor da planta maravilha). • **Codominância**: heterozigoto tem fenótipo com características presentes em ambos os homozigotos (exemplo: sistema sanguíneo ABO). • **Alelos letais**: resultam em morte quando em dose dupla (exemplo: pelagem dos camundongos).

Mendel Escolha da ervilha como modelo: a planta gera muitos descendentes, faz autofecundação, tem caracteres simples e contrastantes.	**Primeira lei de Mendel** • Lei da segregação de um par de fatores (monoibridismo). • Cada caráter é condicionado por um par de fatores (alelos) que se separam na formação dos gametas (separação dos cromossomos homólogos), nos quais ocorrem em dose simples (célula haploide com um alelo). • Monoibridismo: herança monogênica, com características autossômicas (não ligadas aos cromossomos sexuais).

Segunda lei de Mendel

- Lei da recombinação ou da segregação independente.
- Em um cruzamento envolvendo dois ou mais caracteres, os fatores que determinam cada um se separam (segregam) de forma independente durante a formação dos gametas, e se recombinam ao acaso.
- Di-hibridismo: cruzamentos que envolvem duas características.

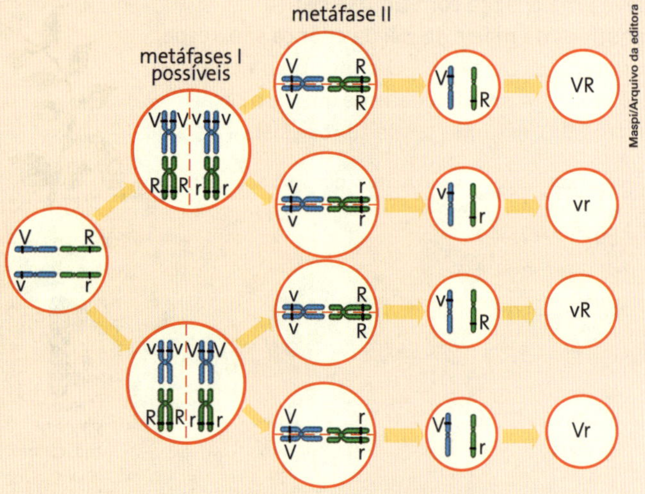

2 monoíbridos iguais (VVRr)

2 monoíbridos iguais (VvRR)

♀ \ ♂	VR	Vr	vR	vr
VR	VVRR	VVRr	VvRR	VvRr
Vr	VVRr	VVrr	VvRr	Vvrr
vR	VvRR	VvRr	vvRR	vvRr
vr	VvRr	Vvrr	vvRr	vvrr

2 monoíbridos iguais (Vvrr)

2 monoíbridos iguais (vvRr)

diagonal dos 4 heterozigotos (VvRr)

diagonal com os 4 tipos de homozigotos (VVRR, VVrr, vvRR, vvrr)

Hibridismos

- Número de tipos de gametas possíveis 2n (n = número de pares de alelos em heterozigose).

Probabilidades

Regra da multiplicação ou regra do "e"

- Probabilidade de dois ou mais eventos independentes (um não afeta a ocorrência do outro) ocorrerem conjuntamente é igual ao produto das probabilidades de cada um isolado.
- Um evento **e** outro.

Regra da adição ou regra do "ou"

- Probabilidade de ocorrerem dois eventos que se excluem mutuamente é igual à soma das probabilidades de cada um isolado.
- Um evento **ou** outro.

Exercícios

1. (Furg-RS) A fibrose cística é uma doença genética causada por um gene autossômico recessivo (f) que leva certas glândulas a produzirem secreções anormais. Selecione a alternativa que preenche corretamente as lacunas abaixo, supondo que um casal normal teve uma criança com fibrose cística.
Os genótipos da mãe e do pai da criança são, respectivamente, ____________. O genótipo da criança é ____________. A probabilidade de que, se o casal tiver um outro filho, este não tenha fibrose cística será de ____________.

a) FF e Ff – ff – 25%
b) Ff e Ff – Ff – 75%
c) Ff e Ff – ff – 75%
d) Ff e Ff – ff – 50%
e) Ff e FF – ff – 50%

2. (Unimontes-MG) Leia o fragmento da notícia a seguir: "Uma equipe de pesquisadores do Centro Nacional para Recursos do Genoma – EUA – mostra um teste que analisa o genoma de futuros pais e mães para detectar 448 doenças de origem hereditária comprovada e baseada em genes ditos recessivos." (*Folha on-line*, 13/1/2011)
Após esse teste, verificando-se que o pai e a mãe apresentam a mutação, a criança apresentará as seguintes chances, EXCETO:
a) 25% – afetada.
b) 50% – normal.
c) 50% – heterozigota.
d) 50% – homozigota.

3. (ESCS-DF) No heredograma abaixo, "P" representa um gene autossômico normal e "p" o seu alelo recessivo. Os indivíduos de genótipo "pp" são doentes.

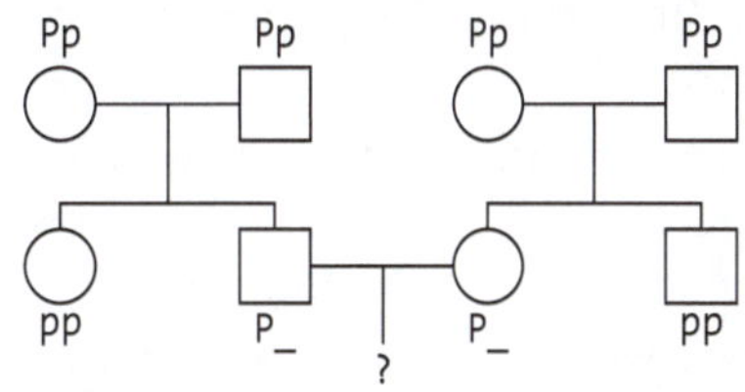

A probabilidade de que o homem A e a mulher B tenham um filho doente é de:
a) $2/3 \times 2/3 \times 1/4 = 4/36$
b) $2/4 \times 1/4 \times 1/2 = 2/32$
c) $2/3 \times 1/4 \times 1/4 = 2/48$
d) $1/4 \times 1/4 \times 1/4 = 1/64$
e) $2/3 \times 2/3 \times 2/3 = 8/27$

4. (UFF-RJ) Observe atentamente a genealogia abaixo. O caráter em questão é autossômico dominante e raro na população. O gene em consideração é de penetrância completa.

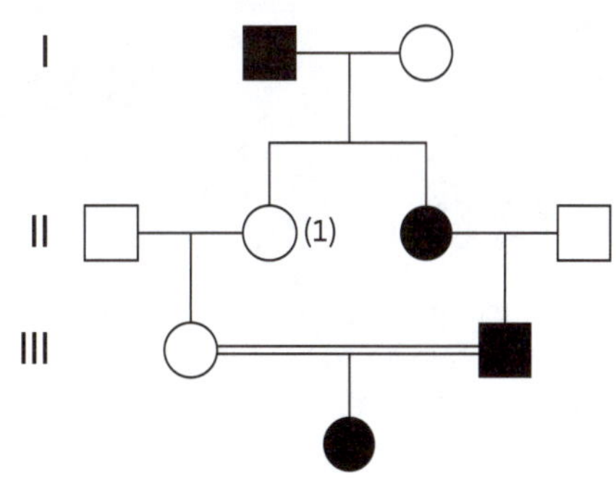

A chance de II (1) ser recessivo é de:
a) 2/3.
b) 1/2.
c) 1/4.
d) 3/4.
e) 1.

5. (UFRN) A fibrose cística é uma doença hereditária causada por alelos mutantes, autossômicos, recessivos. Em uma família hipotética, um dos genitores apresentava o fenótipo, enquanto que o outro não. Esses genitores tiveram dois descendentes: um apresentou o fenótipo e o outro não.
Com relação ao genótipo dessa família,
a) ambos genitores seriam heterozigotos, um descendente seria homozigoto recessivo, e o outro, heterozigoto.
b) um dos genitores e um dos descendentes são homozigotos recessivos, e os outros dois, genitor e descendente, são heterozigotos.
c) ambos genitores seriam homozigotos recessivos, um descendente seria homozigoto recessivo e o outro, heterozigoto.
d) um dos genitores seria homozigoto recessivo, enquanto que o outro genitor e os descendentes seriam heterozigotos.

6. (FFFCMPA-RS) Uma professora de Biologia solicitou a um aluno que analisasse o padrão de herança de uma determinada característica presente nos heredogramas de quatro famílias diferentes.

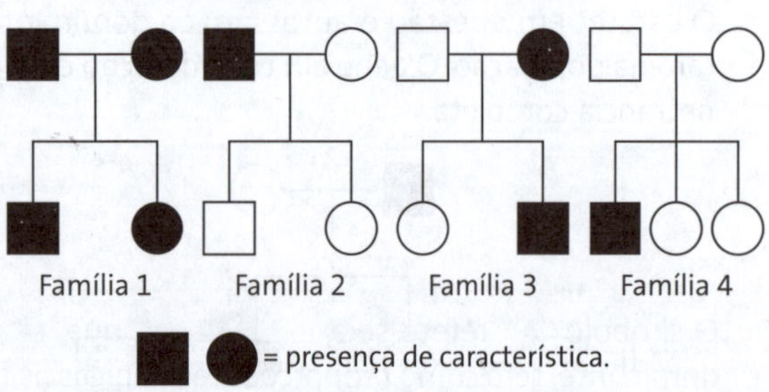

O aluno concluiu que a característica é autossômica dominante. A conclusão está
a) errada, devido ao observado na família 1.
b) errada, devido ao observado na família 2.
c) errada, devido ao observado na família 3.
d) errada, devido ao observado na família 4.
e) certa, devido ao observado nas quatro famílias.

7. (FMTM-MG) Observe a genealogia que representa uma família com pessoas afetadas por uma anomalia autossômica.

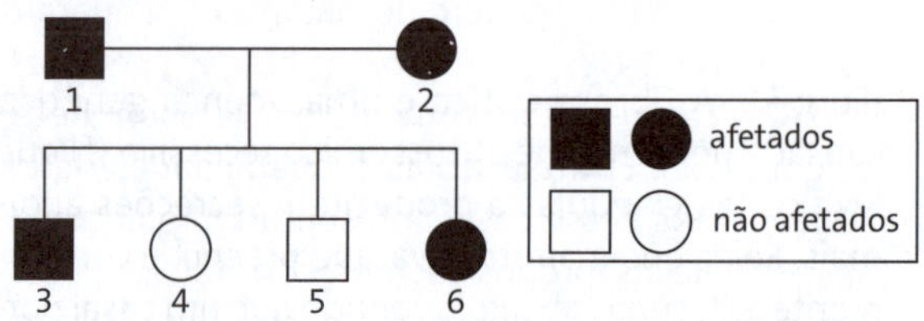

A partir da análise da genealogia, pode-se afirmar que a anomalia é:
a) recessiva, e os indivíduos 1 e 2 são homozigotos.
b) dominante, e a probabilidade de 6 ser heterozigota é de 2/3.
c) recessiva, e a probabilidade de 4 ser homozigota é de 1/4.
d) dominante, e a probabilidade de 3 ser heterozigoto é de 1/2.
e) recessiva, e a probabilidade de 5 ser heterozigoto é de 1/2.

8. (UCS-RS) Desde o início da civilização, o homem vem selecionando animais que lhe são úteis, como cães, gatos, bovinos, equinos, aves, peixes, etc. Em muitos casos, em função dos objetivos, surgiram raças que vêm sendo "aprimoradas", cujos exemplares devem apresentar características cada vez mais restritas. Para tanto, o homem tem utilizado a estratégia de cruzamentos consanguíneos. Com relação aos cruzamentos consanguíneos, é correto afirmar que:
a) proporcionam a fixação de características parentais às raças e a eliminação de doenças genéticas.
b) aumentam a variabilidade genética das espécies, proporcionando raças completamente distintas.
c) aumentam a variabilidade genética, eliminando diversos transtornos de ordem fisiológica ou morfológica aos exemplares.
d) produzem raças mais adaptadas aos objetivos propostos e o aumento da heterozigose genética.
e) aumentam o risco de doenças genéticas por ocorrência de homozigose.

9. (UFMS) A galactosemia é uma doença que leva a problemas na metabolização da galactose e é causada por um gene autossômico recessivo. Para análise, considere "G" para o alelo dominante e "g" para o alelo recessivo. Nesse sentido, um homem heterozigoto (Gg) casou-se com uma mulher também heterozigota (Gg). Em relação às probabilidades de os descendentes desse casal apresentarem galactosemia, assinale a(s) proposição(ões) correta(s).

01) Espera-se que nenhum dos descendentes apresente galactosemia.
02) Espera-se que 50% dos descendentes sejam galactosêmicos.
04) Espera-se que todos os descendentes apresentem galactosemia.
08) Espera-se que 25% dos descendentes sejam normais homozigotos (GG).
16) Espera-se que 100% dos descendentes sejam normais heterozigotos (Gg).
32) Espera-se que 25% dos descendentes apresentem galactosemia.

a) 40
b) 32
c) 12
d) 48
e) 46

10. (PUC-RS) Através de evidências como a ausência de movimentos oculares e de circulação encefálica, foi confirmada a morte cerebral de uma jovem vítima de um acidente automobilístico. Após a família haver concordado com a doação de seus órgãos, um grande e organizado esforço da equipe de saúde resultou no encaminhamento, para transplante, do fígado, das córneas, do coração, dos rins e dos pulmões.
O pulmão da doadora substituiu o órgão de um rapaz de 22 anos afetado pela doença autossômica recessiva chamada fibrose cística, a qual produz infecções respiratórias crônicas e graves. Tendo recuperado parte de sua saúde e sabendo-se fértil, o jovem pensa agora em constituir família.
Considerando que sua mulher não tem o gene que causa a fibrose cística, qual é a chance de eles virem a ter descendentes saudáveis?

a) 0%
b) 25%
c) 50%
d) 75%
e) 100%

11. (Unifor-CE) O albinismo, ou ausência de melanina na pele, é uma doença hereditária na espécie humana, causada por um gene recessivo autossômico. Um homem normal casou-se duas vezes. Com a primeira mulher, normal, teve nove filhos normais.
Com a segunda mulher, também normal, teve três filhos dos quais dois são normais e um albino.
A alternativa que contém os genótipos prováveis dos adultos mencionados é:

	Homem	1ª mulher	2ª mulher
a)	AA	AA	Aa
b)	AA	Aa	Aa
c)	Aa	Aa	AA
d)	Aa	AA	Aa
e)	Aa	Aa	aa

12. (PUC-RS) Considere as informações do quadro abaixo, o qual representa um cruzamento típico dos estudos da genética, e complete corretamente a sentença.

	A^1	A^2
A^1	A^1A^1	A^1A^2
A^2	A^1A^2	A^2A^2

O símbolo "A^1" refere-se a ________ , que, se for dominante, terá como proporções fenotípicas as frequências ________ .

a) um gene; 1:2:1
b) um lócus; 1:2:1
c) um cromossomo; 3:1
d) um alelo; 3:1
e) uma cromátide; 3:1

13. (UFRN) A figura abaixo apresenta os tipos de lobo da orelha, uma característica que é determinada pelos alelos **E** (livre ou descolado) e **e** (preso ou colado).

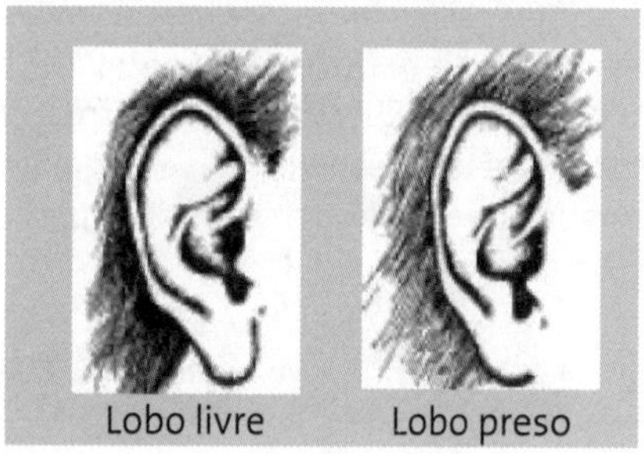

Os genótipos possíveis para os tipos de lobo da orelha são:

a) E, e, Ee.

b) EE, ee.

c) Ee, ee.

d) EE, Ee, ee.

14. (PUC-MG)

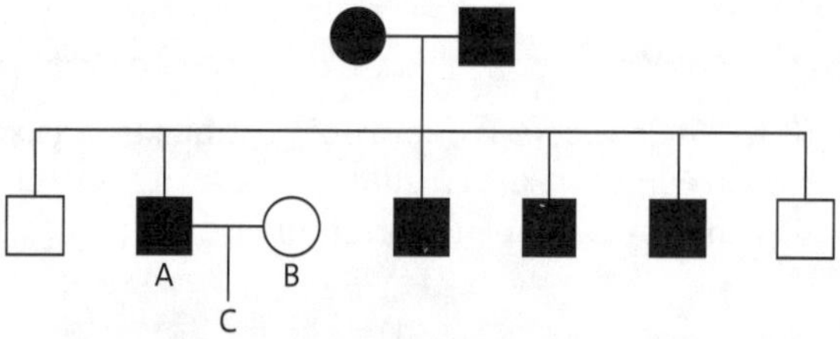

O albinismo é uma condição recessiva caracterizada pela total ausência de pigmentação (melanina) na pele, nos olhos e no cabelo. Na Figura 1, um casal (A e B) planeja ter um filho (C).

Sabendo que B (mãe) é albina e A (pai) tem irmãos albinos, a probabilidade de A ser portador do albinismo e de C ser albino é, respectivamente:

a) 1/4 e 1/8.

b) 2/3 e 1/3.

c) 1/4 e 1/2.

d) 1/3 e 1/6.

e) 1/2 e 1/2.

15. (Mack-SP) Na espécie humana, a fenilcetonúria é condicionada por um gene autossômico recessivo, enquanto a polidactilia é devida a um gene autossômico dominante. Uma mulher normal para a fenilcetonúria e não polidáctila casa-se com um homem normal para a fenilcetonúria, mas polidáctilo. O casal tem uma filha com fenilcetonúria e não polidáctila. A probabilidade de esse casal ter uma criança normal para a fenilcetonúria, e não polidáctila, é de:

a) 3/4.

b) 1/2.

c) 3/8.

d) 1/16.

e) 2/3.

16. (FGV-SP) O heredograma traz informações a respeito da hereditariedade de uma determinada característica fenotípica, indivíduos escuros, condicionada por um par de alelos.

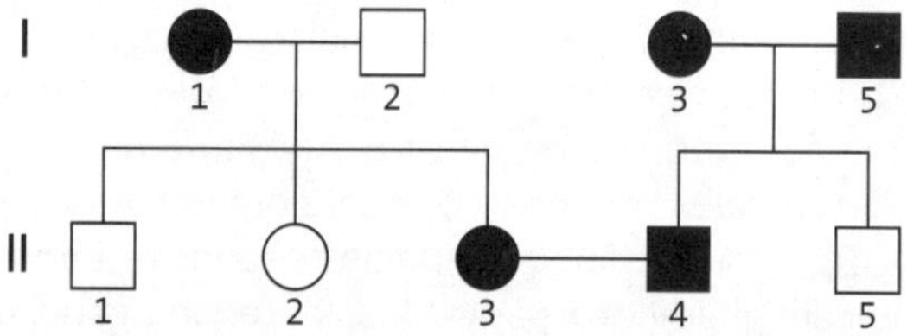

Admitindo que o indivíduo II_4 seja homozigoto, a probabilidade de nascimento de uma menina, também homozigota e afetada por tal característica, a partir do casamento entre II_3 e II_4, é:

a) 3/4.

b) 1/2.

c) 1/4.

d) 1/8.

e) zero.

17. (PUC-MG) As pimentas são originárias das Américas e parece que já eram cultivadas pelos índios entre 5200 e 3400 a.C. Das espécies do gênero Capsicum, a mais difundida é a *Capsicum annuum*, à qual pertence o pimentão. Quatro variedades de pimentões com cores diferentes podem ser produzidas de acordo com o esquema abaixo. Somente alelos dominantes produzem enzimas funcionais. O cruzamento de uma planta com pimentões amarelos com uma planta com pimentões marrons gerou descendentes que produziam frutos com os quatro fenótipos. Analisando as informações acima e de acordo com seus conhecimentos, é INCORRETO afirmar:

Verde	Marrom	Amarelo	Vermelho
ccrr	ccR_	C_rr	C_R_

a) Espera-se do cruzamento parental que a maioria dos descendentes produza frutos vermelhos.
b) Do cruzamento parental, espera-se que 1/4 dos descendentes produza frutos amarelos.
c) O cruzamento dos descendentes vermelhos produz, em F2, 1/16 de descendentes verdes.
d) O cruzamento de plantas duplo-homozigotas nunca produz diretamente os quatro fenótipos.

18. (Fuvest-SP) Um indivíduo é heterozigótico em dois locos: AaBb. Um espermatócito desse indivíduo sofre meiose. Simultaneamente, uma célula sanguínea do mesmo indivíduo entra em divisão mitótica. Ao final da interfase que precede a meiose e a mitose, cada uma dessas células terá, respectivamente, a seguinte constituição genética:
a) AaBb e AaBb.
b) AaBb e AAaaBBbb.
c) AAaaBBbb e AaBb.
d) AAaaBBbb e AAaaBBbb.
e) AB e AaBb.

19. (PUC-RS) A Doença de Huntington (DH) é uma anomalia autossômica com caráter dominante cuja manifestação ocorre na fase adulta, com uma progressiva perda do controle motor e problemas psiquiátricos como demência e distúrbios afetivos. No heredograma a seguir, os indivíduos afetados por DH estão indicados em negro.

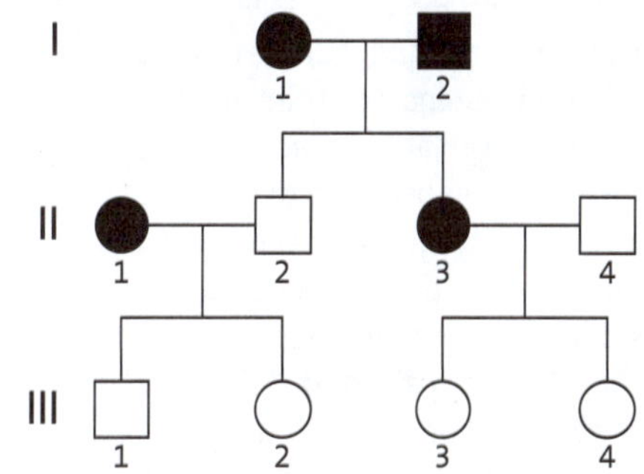

As afirmativas abaixo referem-se aos possíveis genótipos dos indivíduos indicados no heredograma. Assinale, nos parênteses, V para as verdadeiras e F para as falsas.
( ) Os indivíduos I-1, I-2, II-1 e II-3 são homozigotos.
( ) Os indivíduos II-1 e II-3 são heterozigotos.
( ) Os indivíduos II-2 e II-4 são heterozigotos.
( ) Os indivíduos III-1, III-2, III-3 e III-4 são homozigotos.
a) VVVF
b) FFVV
c) FVFV
d) VFVV
e) VFVF

20. (Mack-SP) Uma mulher polidáctila e com pigmentação normal, cujo pai era normal para os dois caracteres, casa-se com um homem normal para os dois caracteres. A primeira criança do casal nasce albina. Sabe-se que a polidactilia é devida a um gene autossômico dominante e o albinismo é condicionado por um gene também autossômico, mas recessivo. A probabilidade de o casal ter uma criança normal para os dois caracteres é de:
a) 3/8.
b) 1/8.
c) 1/4.
d) 1/2.
e) 3/4.

21. (Fatec-SP) O conhecido "teste do pezinho", cuja obrigatoriedade para todo o território brasileiro consta no *Estatuto da Criança e do Adolescente*, é realizado com uma gota de sangue retirada do pé dos recém-nascidos. Esse procedimento permite detectar os portadores da fenilcetonúria, doença genética recessiva.

As pessoas com essa anomalia são incapazes de produzir uma enzima que atua na transformação do aminoácido fenilalanina, no aminoácido tirosina. Sem essa conversão a fenilalanina acumula-se no sangue e é convertida em substância tóxica, que provoca lesões no sistema nervoso, principalmente na infância, culminando com o retardo mental do portador.

Considerando o nascimento de uma menina fenilcetonúrica, filha de pais saudáveis, que não apresentam essa doença, é correto afirmar que:

a) a probabilidade de o casal citado no enunciado ter um segundo descendente do sexo masculino e normal para fenilcetonúria é 3/4.

b) a análise das características do casal descrito e de sua filha permite concluir que a fenilcetonúria é uma doença recessiva ligada ao cromossomo sexual X.

c) a alimentação com quantidade reduzida em fenilalanina, a partir do primeiro mês de vida dessa criança, pode evitar significativamente o retardo mental.

d) o tratamento através de vacinas específicas deverá ser feito logo no primeiro mês de vida dessa criança a fim de garantir a total imunidade contra essa doença.

e) a criança terá vida saudável, pois as enzimas produzidas pela mãe e transferidas pela placenta atuarão constantemente na transformação de fenilalanina em tirosina.

22. (PUCC-SP)

(...) pelo menos 1,1 milhão de brasileiros trabalham no período noturno em centros urbanos e estão sujeitos a problemas de memória, obesidade, falta de sono e enfraquecimento do sistema imunológico, entre outros males. (...) os trabalhadores noturnos perdem aproximadamente cinco anos de vida a cada 15 trabalhados de madrugada. E têm 40% mais chances de desenvolverem transtornos neuropsicológicos, digestivos e cardiovasculares.

(...) nosso organismo precisa descansar durante as noites, quando libera hormônios como a melatonina, o cortisol e o GH (hormônio do crescimento). (...)

Uma das substâncias que dependem muito do escuro e da noite para serem liberadas é a melatonina. O hormônio ajuda a controlar o momento certo de cada função corporal.

(*Revista Galileu*, outubro de 2010, p. 22)

Além do hormônio do crescimento, outros fatores afetam o desenvolvimento do corpo humano, inclusive genéticos. A acondroplasia, que é uma disfunção genética que afeta 1 a cada 25 mil pessoas, demonstra isso. Essa síndrome é determinada por uma alteração no gene que codifica o receptor para o fator de crescimento de fibroblasto (FGFR3). Essa é uma condição autossômica e dominante, de forma que indivíduos heterozigotos a manifestam. Por outro lado, embriões homozigotos para essa condição não sobrevivem.

A probabilidade de um casal, cuja mulher é acondroplásica e o homem normal, ter uma criança acondroplásica é de:

a) 100%.

b) 75%.

c) 50%.

d) 25%.

e) 12,5%.

23. (PUC-MG) A Doença de Huntington (DH) é uma doença hereditária autossômica neurodegenerativa, que se caracteriza por uma demência e descoordenação motora progressivas devido à perda prematura de neurônios específicos do sistema nervoso central. Ela normalmente se manifesta em indivíduos após a idade reprodutiva e, mesmo que apenas um dos progenitores seja afetado por essa doença, a chance de os filhos serem também afetados é de 50%.
A genealogia abaixo foi montada para o acompanhamento de DH em uma família.

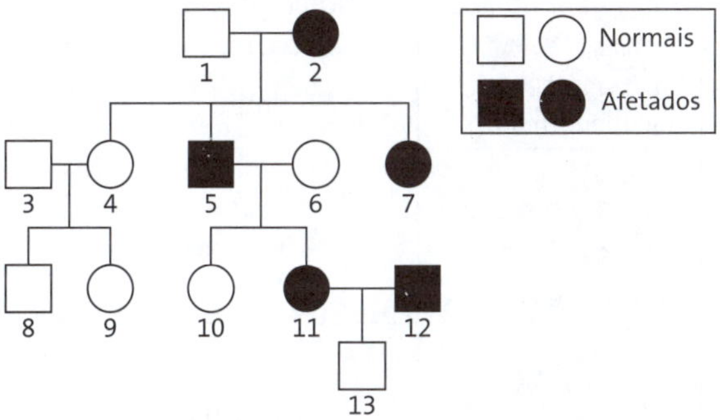

Analisando-se a genealogia e as informações acima, é correto afirmar, EXCETO:

a) Indivíduos heterozigotos são sempre afetados por esse caráter.
b) O gene que determina esse caráter não está presente no cromossomo X.
c) A chance de o casal 11 × 12 ter uma filha normal é de 1/8.
d) O cruzamento dos indivíduos 13 e 9 pode produzir 1/4 de descendentes afetados.

24. (UFU-MG) O albinismo é condicionado por um alelo recessivo a. Um casal normal heterozigoto para o albinismo quer saber, aproximadamente, qual a probabilidade de, se tiverem cinco filhos, serem os dois primeiros filhos albinos, o terceiro normal heterozigoto e os dois últimos normais homozigotos.

a) 0,2%.
b) 1%.
c) 31%.
d) 62%.

25. (UFPR) A acondroplasia (uma das formas de nanismo) é causada por um gene dominante autossômico.
Da união de um homem acondroplásico com uma mulher normal resulta um filho normal.
Este se casa com uma mulher normal cujos pais eram normais (conforme heredograma abaixo).

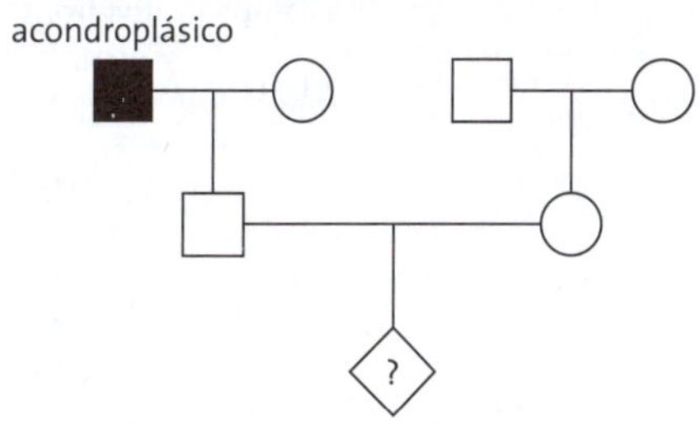

Em relação aos descendentes deste último casamento e ao caráter em questão, considerando ausência de mutação, é correto afirmar:

(01) O descendente será obrigatoriamente heterozigoto.
(02) A frequência genotípica na descendência será 1:2:1.
(04) A probabilidade de acondroplasia na descendência é igual a zero.
(08) A probabilidade de heterozigose na descendência em relação a esse *locus* é igual a zero.
(16) A frequência fenotípica numa prole numerosa será 3:1.
(32) Numa prole numerosa, a frequência fenotípica será de 1 acondroplásico para 1 normal.

a) 08
b) 12
c) 04
d) 40
e) 20

26. (PUC-RS) Estudos realizados em uma dada espécie de mamífero roedor permitiram verificar que nesses animais a pelagem preta era determinada por um gene autossômico dominante, e a branca, pelo seu alelo recessivo. Do cruzamento de indivíduos heterozigóticos, obteve-se uma descendência de 360 filhotes. Teoricamente, é de se esperar que entre esses filhotes o número de heterozigotos seja de:

a) 300.
b) 250.
c) 180.
d) 90.
e) 45.

Polialelia

- Genes podem sofrer mutações ao longo do tempo e originar diversos alelos.
- Problemas de polialelia são semelhantes aos de monoibridismo, pois há sempre um par de cromossomos homólogos por indivíduo.

Sistema ABO

Genótipo	Grupo	Hemácia	Plasma (aglutininas)
I^AI^A (AA) I^Ai (AO)	A	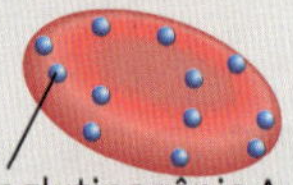 aglutinogênio A	 anti-B
I^BI^B (BB) I^Bi (BO)	B	 aglutinogênio B	 anti-A
I^AI^B (AB)	AB	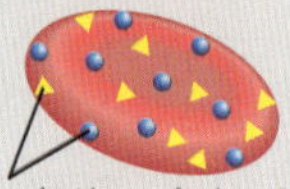 aglutinogênios A e B	nenhuma
ii (OO)	O	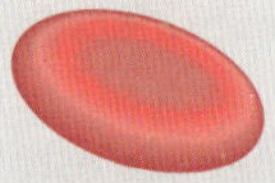 sem aglutinogênio	 anti-A anti-B

Luís Moura/Arquivo da editora

- Determinação do grupo sanguíneo: aglutinação das hemácias onde há soro com aglutininas, que reagem com o aglutinogênio do tipo sanguíneo.
  Sangue AB: aglutinogênios A e B reagem com aglutininas anti-A e anti-B, respectivamente.
  Sangue A: aglutinogênio A reage apenas com anti-A.
  Sangue B: aglutinogênio B reage apenas com anti-B.
  Sangue O: não há aglutinação.
- Transfusão: sangue tipo O é **doador universal** e tipo AB é **receptor universal**.

Sistema Rh

- Indivíduo Rh negativo não possui anticorpos no plasma, eles o fabricam apenas quando entram em contato com o sangue Rh positivo.

Genótipo	Grupo	Hemácia	Plasma
DD ou Dd	Rh^+	com antígeno Rh	sem anticorpos anti-Rh
dd	Rh^-	sem antígeno Rh	com anticorpos anti-Rh se recebeu hemácias com antígeno Rh

- Transfusão (na forma de concentrado de hemácias): Rh^+ recebe de ambos os tipos, enquanto Rh^- só recebe de Rh^- (doador universal apresenta sangue tipo O Rh^- e receptor universal tem sangue AB Rh^+).
- **Eritroblastose fetal**: mãe Rh^- que tem filho Rh^+ (heterozigoto). Se ocorrer contato dos sangues há produção de anticorpo anti-Rh pela mãe, e em uma segunda gestação os anticorpos podem provocar aglutinação das hemácias do feto durante a gravidez.

Sistema MN

Apresentam três genótipos e três fenótipos: L^ML^M, grupo M; L^NL^N, grupo N; L^ML^N, grupo MN.

Interação gênica

- Características que resultam da interação entre vários pares de alelos de genes diferentes.
- Genes se localizam em cromossomos não homólogos, portanto sofrem segregação independente (2ª lei de Mendel).

Interações epistáticas

- Um par de alelos (epistáticos) inibe a manifestação de outros (hipostáticos).
- Alelos influenciam produção de enzimas, atuando em sequências de reações químicas.

Epistasia recessiva

- Alelos têm ação apenas em dose dupla.
- Exemplo da pelagem de camundongos:

Fenótipos (pelagem em camundongos)	**Genótipos**
aguti	A_C_
preto	aaC_
albino	A_cc ou aacc

Presença do alelo C condiciona formação de pigmento, e cc inibe a produção.

Epistasia dominante

- Alelo dominante impede o efeito de alelo de outro gene.
- Exemplo da cor das penas de galinhas:

Fenótipos (cor das penas em galinhas)	**Genótipos**
coloridas	C_ii
brancas	C_I_ ccI_ ccii

Presença do alelo I inibe manifestação do alelo da produção da cor.

Interações não epistáticas

- Exemplo da forma da crista em galinhas (dois pares de alelos para uma característica):

Fenótipos (forma da crista)	**Genótipos**
noz	E_R_
ervilha	E_rr
rosa	eeR_
simples	eerr

Quando os dois alelos dominantes estão presentes há interação gênica (crista noz). Nos outros casos apenas um alelo (ou nenhum, na crista simples) age.

Herança quantitativa

- Dois ou mais pares de alelos somam ou acumulam efeitos, gerando fenótipos gradativamente diferentes.
- Exemplo da cor da pele humana: alelos aditivos condicionam maior produção de melanina conforme o número de alelos presentes.
- Com número de pares de alelos é possível calcular número de classes fenotípicas e genotípicas: número de alelos = n. Número de fenótipos = n + 1. Número de genótipos: 3^n (neste caso, n = número de pares de alelos).

Pleiotropia

- Um gene atua em várias características (o contrário da interação gênica).

Exercícios

1. (Unifor-CE) Dona Maria, 40 anos, moradora da zona rural de uma cidade no interior do estado, sem acesso a hospital, deu à luz três filhos com a ajuda de uma parteira da localidade, em sua própria residência. Da primeira gestação, nasceu uma criança saudável. Sua segunda criança teve que ser levada ao hospital da cidade vizinha e foi diagnosticada com eritroblastose fetal (Doença Hemolítica do Recém-Nascido – DHRN). A terceira criança nasceu bem, sem sinais de eritroblastose fetal ou de qualquer outro problema.
Com base na situação descrita, é possível concluir que:
   a) Se ocorreu DHRN, a mulher era Rh negativo, pois só assim viria a produzir antígenos anti-Rh.
   b) A primeira criança foi responsável pela sensibilização de sua mãe, já que a segunda criança teve DHRN.
   c) A terceira criança era Rh negativo, livre da ação destruidora dos antígenos anti-Rh que recebeu de sua mãe.
   d) Os genótipos das crianças, por ordem de nascimento, são respectivamente: DD, Dd e DD.
   e) Como a terceira criança é Rh negativo, o pai obrigatoriamente tem o genótipo homozigoto (dd).

2. (Univale-MG) O fruto do pimentão pode ser encontrado em quatro cores diferentes: verde, marrom, vermelho e amarelo. Cruzamento de plantas de frutos vermelhos com plantas de frutos verdes produziram, em F1, 100% de plantas de frutos vermelhos. Em F2, a proporção encontrada foi de 9/16 vermelho, 3/16 marrom, 3/16 amarelo e 1/16 verde. Com base nestes resultados, assinale a alternativa CORRETA:
   a) Trata-se de um caráter controlado por um par de alelos com interação do tipo dominância completa.
   b) É um exemplo de polialelismo, uma vez que há pelo menos três alelos diferentes.
   c) Plantas de fruto amarelo apresentam o mesmo genótipo de plantas de fruto marrom.
   d) Trata-se da interação entre dois pares de alelos, ambos apresentando dominância completa e segregação independente.
   e) A cor do fruto do pimentão é controlada por quatro *loci*, em cromossomos diferentes.

3. (UFPR) Joãozinho, ao nascer, apresentou a doença hemolítica do recém-nascido ou eritroblastose fetal. Foi abandonado quando criança e criado por pais adotivos. Anos mais tarde, Francisca, dizendo ser sua mãe biológica, veio reclamar sua posse. No intuito de esclarecer a situação, o Juiz da Vara de Família solicitou exames de tipagem sanguínea da suposta mãe e de Joãozinho. O resultado foi: Joãozinho, grupo O, Rh positivo; Francisca, grupo A, Rh positivo. Pode-se concluir, então:
   a) Joãozinho não poderia ser filho de Francisca porque ela tem sangue do tipo Rh positivo.
   b) Francisca poderia ser mãe biológica de Joãozinho.
   c) Para elucidar o caso seria preciso conhecer a tipagem sanguínea do pai biológico de Joãozinho.
   d) Francisca não poderia ser a mãe biológica de Joãozinho porque uma mulher de grupo sanguíneo A não pode gerar um filho de sangue do grupo O.
   e) Para que Francisca pudesse ser mãe de Joãozinho, teria sido preciso que ela tivesse gerado, anteriormente, um filho com sangue do tipo Rh negativo.

4. (Udesc) Assinale a alternativa incorreta em relação à possibilidade de doações e às possíveis transfusões sanguíneas.
   a) Pessoas do grupo sanguíneo O são as receptoras universais, enquanto as do grupo sanguíneo AB são as doadoras universais.
   b) Pessoas do grupo sanguíneo AB e fator Rh^+ (positivo) são receptoras universais.
   c) Pessoas do grupo sanguíneo O e fator Rh^- (negativo) são doadoras universais.
   d) Pessoas do grupo sanguíneo A podem doar para pessoas do grupo sanguíneo A e para as do grupo sanguíneo AB.
   e) Pessoas do grupo sanguíneo AB podem doar somente para as do grupo sanguíneo AB.

5. (FGV-SP)

Australiana muda de grupo sanguíneo após transplante

A australiana Demi-Lee Brennan, 15, mudou de grupo sanguíneo, O Rh^-, e adotou o tipo sanguíneo de seu doador, O Rh^+, após ter sido submetida a um transplante de fígado, informou a equipe médica do hospital infantil de Westmead, Sydney. A garota tinha nove anos quando fez o transplante. Nove meses depois, os médicos descobriram que havia mudado de grupo sanguíneo, depois que as células-tronco do novo fígado migraram para sua medula óssea. O fato contribuiu para que seu organismo não rejeitasse o órgão transplantado.

(*Folha on-line*, 24/01/2008)

Sobre esse fato, pode-se dizer que a garota:

a) não apresentava aglutinogênios anti-A e anti-B em suas hemácias, mas depois do transplante passou a apresentá-los.

b) apresentava aglutininas do sistema ABO em seu plasma sanguíneo, mas depois do transplante deixou de apresentá-las.

c) apresentava o fator Rh, mas não apresentava aglutininas anti-Rh em seu sangue, e depois do transplante passou a apresentá-las.

d) quando adulta, se engravidar de um rapaz de tipo sanguíneo Rh^-, poderá gerar uma criança de tipo sanguíneo Rh^+.

e) quando adulta, se engravidar de um rapaz de tipo sanguíneo Rh^+, não corre o risco de gerar uma criança com eritroblastose fetal.

6. (Mack-SP) Em galinhas, a cor da plumagem é determinada por 2 pares de genes. O gene C condiciona plumagem colorida, enquanto seu alelo c determina plumagem branca. O gene I impede a expressão do gene C, enquanto seu alelo i não interfere nessa expressão. Com esses dados, conclui-se que se trata de um caso de:

a) epistasia recessiva.

b) herança quantitativa.

c) pleiotropia.

d) codominância.

e) epistasia dominante.

7. (UFTM-MG) Analise a genealogia.

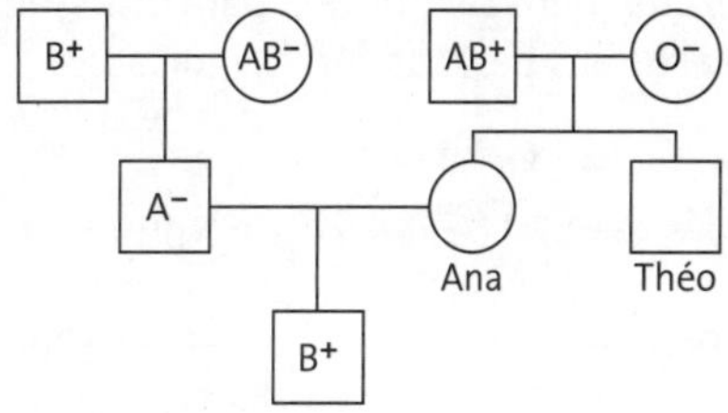

Ana e Théo são irmãos e não sabiam os seus respectivos tipos sanguíneos. Antes de se submeterem ao teste sanguíneo, seria possível deduzir algumas informações, com base nessa genealogia. Assim, pode-se afirmar corretamente que

a) a probabilidade de Ana gerar uma criança do grupo AB e Rh positivo é 1/4.

b) Théo pertence ao grupo sanguíneo receptor universal e pode ser Rh positivo.

c) Ana pertence obrigatoriamente ao grupo sanguíneo B e Rh positivo.

d) a probabilidade de Théo pertencer ao grupo doador universal é 1/2.

e) Ana poderia gerar uma criança com eritroblastose fetal para o fator Rh.

8. (Unifor-CE) Na moranga, a cor dos frutos deve-se às seguintes combinações de genes:

B_aa = amarelo; B_A_ = branco;

bbA_ = branco; bbaa = verde.

Estas informações permitem concluir que o gene:

a) A é epistático sobre seu alelo.

b) B é epistático sobre A e sobre a.

c) a é hipostático em relação a A.

d) b é hipostático em relação a B.

e) A é epistático sobre B e sobre b.

9. (Fameca-SP) Analise o heredograma de uma família, onde as tipagens sanguíneas para os sistemas ABO e Rh de algumas pessoas foram indicadas.

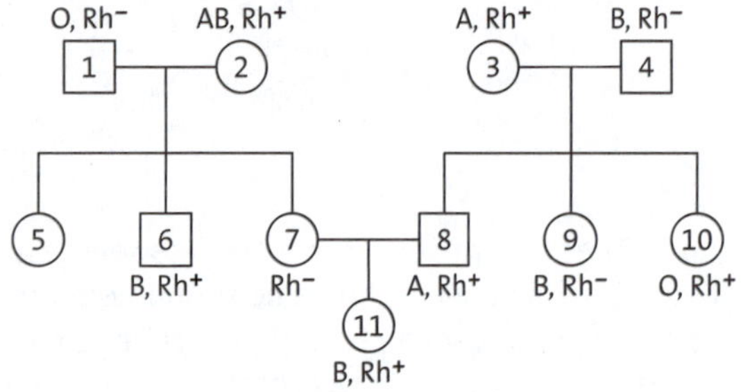

Analise algumas afirmações.

I. A mulher 7 pertence obrigatoriamente ao grupo sanguíneo B e seu próximo filho poderá desenvolver a eritroblastose fetal, caso tenha sido sensibilizada.

II. A probabilidade de o casal 3 e 4 gerar uma criança do tipo sanguíneo AB é 1/4.

III. A mulher 5 poderá ser do grupo sanguíneo A, B ou AB.

IV. A probabilidade de o casal 7 e 8 gerar uma criança do tipo sanguíneo AB, Rh negativo é de 1/4.

É correto o que se afirma, apenas, em:

a) II.

b) III.

c) I e II.

d) III e IV.

e) I, II e IV.

10. (Ufpel-RS) Um dos principais problemas em cirurgias de emergência – a falta de sangue compatível com o da vítima para transfusões – pode estar prestes a ser resolvido. Uma equipe internacional de pesquisadores descobriu uma maneira de converter sangue dos tipos A, B e AB, que hoje podem ser doados apenas com restrição, no tipo O. Os cientistas descreveram o uso de novas enzimas que "limpam" esses tipos sanguíneos de seus antígenos, tornando-os viáveis para qualquer tipo de transfusão. Esta possibilidade liberaria os hospitais da dependência do tipo O.

O Estado de S. Paulo (<www.universia.com.br/noticia/materia_clipping.jsp?not=36754, acessado em 20/04/2007>). [Adapt.]

Com base no texto e em seus conhecimentos, desconsiderando o fator Rh, é correto afirmar que, através da nova tecnologia,

a) uma pessoa com sangue tipo "O" poderia receber sangue de qualquer outro grupo sanguíneo, pois os sangues tipo "A", "B" e "AB" não apresentariam aglutinogênios "A" e "B" nas hemácias; não ocorreriam, portanto, reações de aglutinação.

b) uma pessoa com sangue tipo "O" poderia receber sangue de qualquer outro grupo sanguíneo, pois os sangues tipo "A", "B" e "AB" não apresentariam aglutininas anti-A e anti-B no plasma; não ocorreriam, portanto, reações de aglutinação.

c) uma pessoa com sangue tipo "A" poderia receber sangue, além do tipo "O" e "A", dos tipos "B" e "AB", pois os anticorpos anti-A e anti-B, presentes nas hemácias do sangue desses grupos sanguíneos, seriam neutralizados.

d) uma pessoa com sangue tipo "B" poderia receber sangue, além do tipo "O" e "B", dos tipos "A" e "AB", pois os aglutinogênios "A" e "B", presentes no plasma do sangue desses grupos sanguíneos, seriam neutralizados.

e) todos os grupos sanguíneos seriam doadores universais, pois seriam eliminados os aglutinogênios anti-A e anti-B das hemácias e as aglutininas A e B do plasma; não ocorreriam mais reações de aglutinação.

11. (Fatec-SP) Pares de genes, com segregação independente, podem agir, conjuntamente, na determinação de uma mesma característica fenotípica. Este fenômeno é conhecido como:

a) interação gênica.

b) epistasia.

c) poligenia.

d) dominância completa.

12. (PUC-SP) Em uma lâmina, três gotas de sangue de um indivíduo foram misturadas a três tipos de soros: anti-A, anti-Rh e anti-M. Os resultados estão apresentados abaixo:

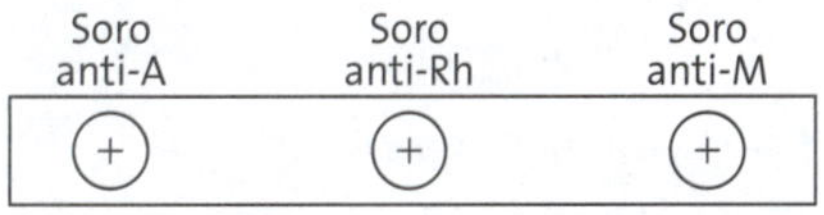

+ = Reação de aglutinação de hemácia

Pela análise dos resultados podemos afirmar corretamente que esse indivíduo:

a) pertence aos grupos sanguíneos A, Rh^+ e M.

b) pertence aos grupos sanguíneos B, Rh^- e N.

c) pertence aos grupos sanguíneos AB, Rh^+ e MN.

d) apresenta aglutinogênios A, Rh e M.

e) não apresenta aglutinogênios A, Rh e M.

13. (Uespi) Considerando um teste de sangue para reconhecimento de paternidade e maternidade de Carlinhos, que possui genótipo ii, podemos afirmar que, se a suposta mãe de Carlinhos:

a) tem genótipo I^AI^B, e o suposto pai tem genótipo I^BI^B, a criança teria de ter genótipos do tipo I^AI^A ou I^BI^B.

b) tem genótipo I^Ai, e o suposto pai tem genótipo I^Bi, a chance de eles serem pais da criança é de 50%.

c) tem genótipo I^AI^A, e o suposto pai tem genótipo I^BI^B, a criança teria de ter sangue do tipo A para ser considerada filha do casal.

d) tem genótipo I^AI^A, e o suposto pai tem genótipo ii, a chance de Carlinhos ser doador universal, caso fosse filho do casal, seria de 100%.

e) tem genótipo I^AI^A, e o suposto pai tem genótipo I^Bi, ambos não podem ser os pais da criança.

14. (PUCC-SP) Nas membranas plasmáticas dos glóbulos vermelhos encontram-se os antígenos responsáveis pela determinação dos grupos sanguíneos do sistema ABO, assim como do sistema Rh. Uma mulher com tipo sanguíneo AB, Rh negativo tem um filho do grupo B, Rh positivo. Os quatro candidatos a pai desta criança foram analisados e os resultados foram os seguintes:

Candidato I – grupo A, Rh positivo.
Candidato II – grupo B, Rh negativo.
Candidato III – grupo O, Rh positivo.
Candidato IV – grupo AB, Rh positivo.

A partir desses resultados,

a) o candidato II pode ser excluído da paternidade.

b) os candidatos III e IV podem ser excluídos da paternidade.

c) o candidato I é o pai da criança.

d) os candidatos II e IV podem ser excluídos da paternidade.

e) o candidato IV é o pai da criança.

15. (PUC-RJ) A análise de grupos sanguíneos é uma maneira simples de se esclarecer casos de paternidade duvidosa. Esse tipo de teste permite provar, em alguns casos, que determinada pessoa não pode ser o pai de uma criança, o que ocorre em apenas uma das situações abaixo:

a) mulher do grupo A, homem do grupo A, criança do grupo O

b) mulher do grupo A, homem do grupo B, criança do grupo O

c) mulher do grupo B, homem do grupo AB, criança do grupo O

d) mulher do grupo AB, homem do grupo A, criança do grupo B

e) mulher do grupo O, homem do grupo A, criança do grupo A

Ligação gênica

- Genes para características diferentes localizados no mesmo cromossomo.
- Se não ocorrer permutação, são produzidos apenas dois tipos de gametas com os pares de alelos (gametas parentais), ocorrendo uma **ligação completa**.

Permutação

- *Crossing-over*, a troca de partes entre as cromátides homólogas.
- Na prófase da meiose I (emparelhamento dos cromossomos homólogos).
- Gera gametas recombinantes, havendo uma **ligação incompleta**.
- Representação: AB/ab (gametas parentais), Ab/aB (gametas de recombinação, em porcentagem menor).

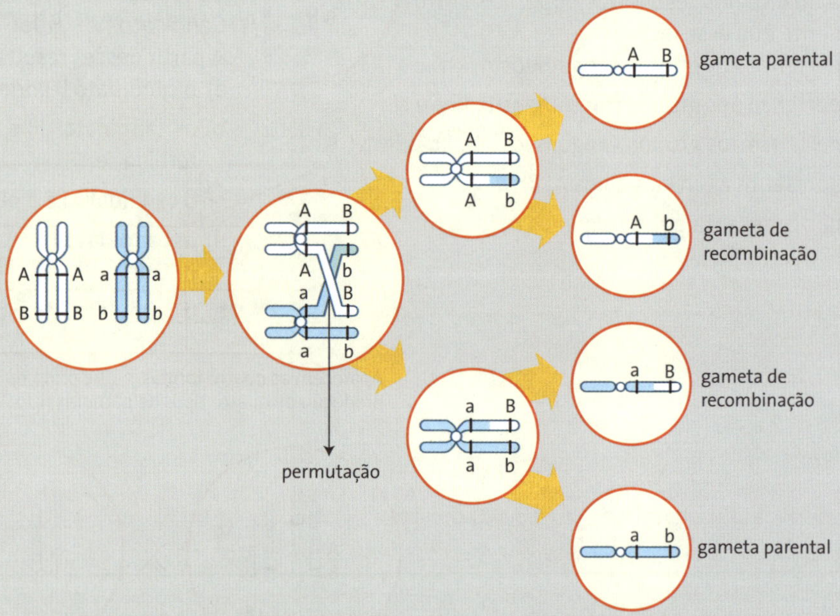

- Quanto maior a distância entre dois locos, maior a possibilidade de permutação (e maior a quantidade de gametas de recombinação).
- Soma dos indivíduos provenientes de recombinação é a **taxa de permutação**.

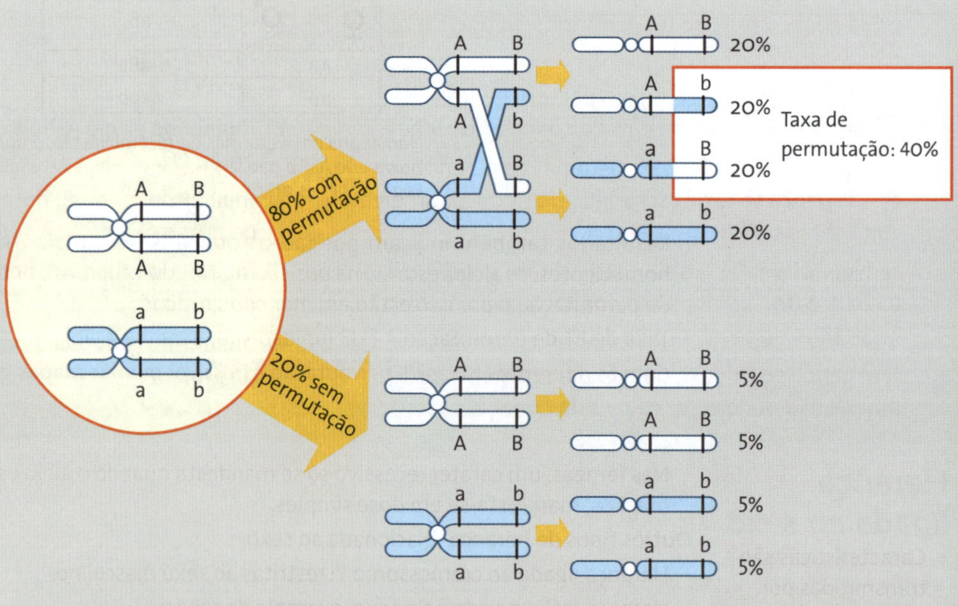

Ilustrações: Maspi/Arquivo da editora

- Quando os alelos dominantes dos dois genes estão localizados no mesmo cromossomo (e os respectivos recessivos no outro) diz-se que estão em posição **cis** (AB/ab). O contrário é a posição **trans** (Ab/aB).

Cruzamento-teste

- Para atestar a presença de ligação gênica, cruzamento com indivíduo homozigoto recessivo.

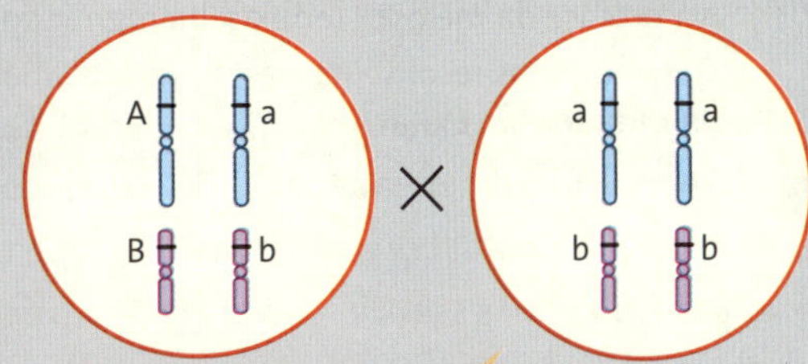

Maspi/Arquivo da editora

gametas

♀ \ ♂	ab
AB	AaBb
ab	aabb
Ab	Aabb
aB	aaBb

Aparecem as quatro formas, o que prova realmente a produção de quatro tipos de gametas pelo AaBb.

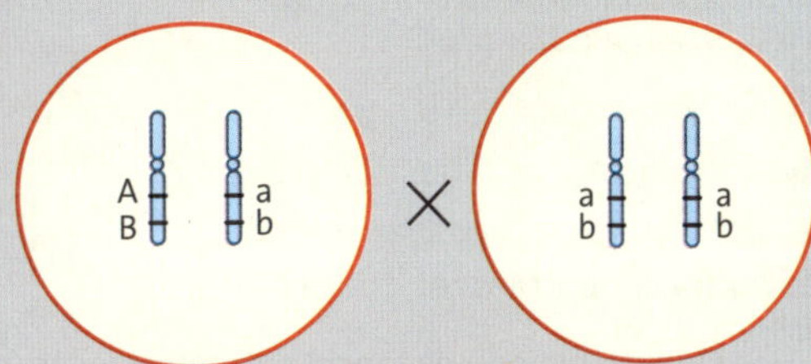

gametas

♀ \ ♂	ab
AB	AaBb
ab	aabb

Não aparecem as formas de recombinação, o que prova que AaBb não formou os gametas Ab e aB. Logo, os genes apresentam ligação completa.

- Resultados também indicam posição cis ou trans (se a maior quantidade obtida for de homozigotos, os alelos estarão na posição cis. Na posição trans os homozigotos são resultado de permutação e por isso estão em menor quantidade).
- Taxa de 1% de permutação = 1 UR (unidade de recombinação).
- Com as diferentes taxas de permutação é possível montar **mapas genéticos**.

Herança ligada ao sexo

- Características são transmitidas por genes presentes apenas no cromossomo X.

- Nas fêmeas, um caráter recessivo só se manifesta quando o alelo estiver em dose dupla; nos machos, manifesta-se em dose simples.

Outros tipos de herança relacionada ao sexo:

- Herança ligada ao cromossomo Y: restritas ao sexo masculino.
- Herança influenciada pelo sexo: exemplo da calvície.
- Herança materna: mitocôndria possui DNA próprio, e passa informação genética como herança organelar.

Exercícios

1. (Unirio-RJ) Na espécie humana, o cariótipo 47, XXY determina um indivíduo:
   a) masculino, anormal (Klinefelter), com uma cromatina sexual.
   b) masculino, normal, sem cromatina sexual.
   c) feminino, anormal (Turner), sem cromatina sexual.
   d) feminino, normal, com uma cromatina sexual.
   e) hermafrodita, com duas cromatinas sexuais.

2. (UCDB-MT) O daltonismo é condicionado por genes recessivos ligados ao sexo. Eles podem aparecer em dose dupla na mulher, mas o homem só pode apresentar um gene. Uma mulher daltônica X^dX^d casou-se com homem normal X^DY. Os filhos do casal podem ser:
   a) Todas as filhas portadoras não sobrevivem porque esse gene é letal para o sexo feminino.
   b) Apenas os filhos do sexo masculino são normais.
   c) Todas as filhas são daltônicas e os filhos são portadores.
   d) Todas as filhas são normais e portadoras; todos os filhos são daltônicos.
   e) Todos os filhos do sexo masculino portadores morrem porque essa condição é letal para o sexo masculino.

3. (UFT-TO) Um homem daltônico, incapaz de distinguir entre as cores verde e vermelha, casa-se com uma mulher normal. Considerando que a mulher é heterozigota para a característica, os fenótipos esperados são:
   a) Filhos daltônicos e filhas normais.
   b) Filhas normais e filhos daltônicos e normais nas mesmas proporções.
   c) Filhos e filhas normais e daltônicos nas mesmas proporções.
   d) Filhos normais e filhas daltônicas e normais nas mesmas proporções.
   e) Filhos e filhas daltônicos e nenhum normal.

4. (Fuvest-SP) Um homem com cariótipo 47, XYY pode originar-se da união de dois gametas, um com 24 cromossomos e outro com 23. O gameta anormal:
   a) é um óvulo.
   b) é um espermatozoide.
   c) pode ser um óvulo ou um espermatozoide.
   d) é uma ovogônia.
   e) é uma espermatogônia.

5. (UPE) Da família Silva nasceu um casal de gêmeos. O menino apresentou, logo na infância, sintomas da agamaglobulinemia, condição hereditária recessiva ligada ao cromossomo X, que afeta o sistema imunológico. A menina, de nome Sandra, era normal. Sandra casou-se com um homem normal, e seu primeiro filho, do sexo masculino, também nasceu afetado pela agamaglobulinemia. A probabilidade de Sandra e seu esposo, na próxima gravidez, terem uma menina com agamaglobulinemia é:
   a) 100%.
   b) 75%.
   c) 50%.
   d) 25%.
   e) zero.

6. (UFMG) Considere as células A e B representadas abaixo e suponha que elas pertençam a linhagens germinativas de dois diferentes organismos. Após sofrer meiose, uma célula A e uma célula B originarão, respectivamente, quantos e quais tipos de gametas, se não houver permutação na meiose?

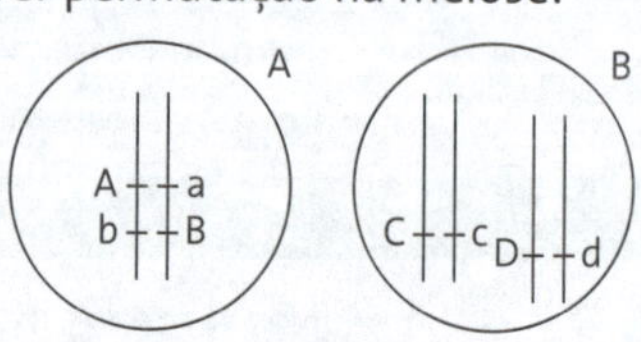

   a) 2 (Ab/aB), 4 (CD/Cd/cD/cd);
   b) 2 (Ab/aB), 2 (CD/cd ou Cd/cD);
   c) 1 (Ab ou aB), 4 (CD/Cd/cD/cd);
   d) 4 (Ab/aB/AB/ab), 2 (CD/cd);
   e) 1 (Ab ou aB), 2 (CD/cd ou Cd e cD).

7. (UFF-RJ) Considere as seguintes proposições:
   1. Em nenhuma hipótese a calvície ocorre na mulher, por se tratar de herança ligada ao sexo.
   2. Um homem calvo (homozigoto) transmite a característica da calvície a todos os filhos homens nascidos de seu casamento com uma mulher não calva.
   3. A calvície é dominante no sexo masculino.
   4. A calvície pode ser originada por causas ambientais, mas na maioria dos casos é claramente hereditária.
   5. Uma mulher será calva se seus pais forem calvos e se sua mãe (heterozigota) possuir um de seus genitores calvo.

   Conclui-se com relação a estas proposições que:
   a) Apenas a 2, a 3 e a 4 são corretas.
   b) Apenas a 1, a 2, e a 3 são corretas.
   c) Apenas a 1, a 3, e a 4 são corretas.
   d) Apenas a 1, a 2, a 3 e a 4 são corretas.
   e) Apenas a 2, a 3, a 4, e a 5 são corretas.

8. (UFF-RJ) Apesar da série de polêmicas sobre os efeitos negativos da mestiçagem racial discutidos no século XIX e referidos no texto de Marta Abreu, atualmente a ciência já estabelece que a identidade genética é o que realmente determina a incidência de doenças e anomalias presentes nas populações. Assim, a miscigenação pode diminuir a incidência dessas doenças, ao diminuir estatisticamente o pareamento de genes recessivos naquelas populações.
   O heredograma abaixo mostra a ocorrência de uma determinada anomalia em uma família.

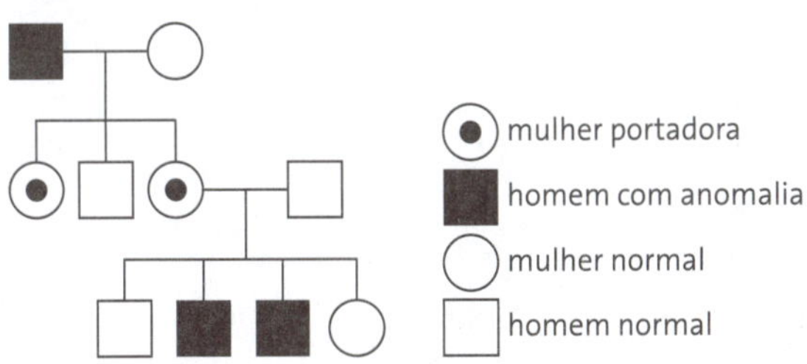

   A condição demonstrada no heredograma é herdada como característica:
   a) dominante autossômica.
   b) recessiva autossômica.
   c) recessiva ligada ao cromossomo Y.
   d) recessiva ligada ao cromossomo X.
   e) dominante ligada ao cromossomo X.

9. (Mack-SP)
   No heredograma, os indivíduos marcados são daltônicos.
   A respeito desse heredograma, é correto afirmar que:

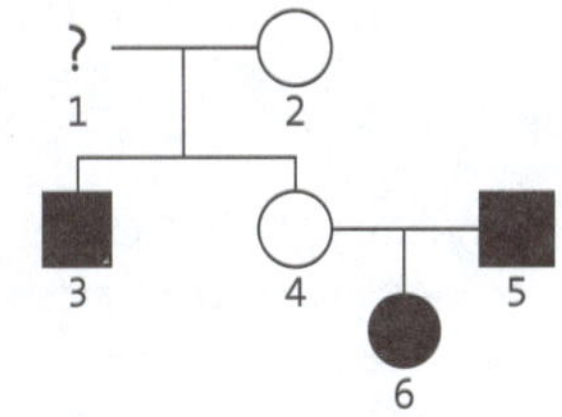

   a) 1 é daltônico.
   b) todos os meninos filhos do casal 4 × 5 serão daltônicos.
   c) se a mulher 6 se casar com um homem normal, todos os seus filhos de sexo masculino serão normais.
   d) o casal 4 × 5 não tem probabilidade de ter uma filha normal.
   e) a mulher 2 é heterozigota para o gene do daltonismo.

10. (FGV-SP) Em experimentos envolvendo cruzamentos de moscas *Drosophila melanogaster*, cujos alelos apresentam ligação gênica, estudantes analisaram insetos selvagens, insetos com asas vestigiais e insetos com corpo escuro.
    As características fenotípicas e genotípicas estão ilustradas no quadro a seguir.

Selvagem *V_E_* Asas vestigiais *vv* Corpo escuro *ee*

    O cruzamento entre moscas duplo heterozigotas, VE/ve, com duplo recessivas, ve/ve, para essas características gerou cerca de 4 800 descendentes.
    Admitindo-se que não ocorreu permutação entre os alelos, espera-se que o número de descendentes selvagens; com asas vestigiais; com corpo escuro; e com asas vestigiais e corpo escuro seja, respectivamente, em torno de:
    a) 3 600; 450; 450 e 300.
    b) 2 700; 900; 900 e 300.
    c) 2 400; 0; 0 e 2 400.
    d) 2 400; 1 200; 1 200 e 0.
    e) 1 200; 1 200; 1 200 e 1 200.

GENÉTICA MOLECULAR

Engenharia genética

- Tecnologia do **DNA recombinante** permite o transplante de genes entre espécies.

- As **enzimas de restrição** cortam o DNA em pontos específicos.
- **Plasmídeo** é o transportador dos genes, que são inseridos em seu DNA pela **DNA-ligase**, formando o DNA recombinante.
- Bactérias produzem clones desse novo DNA.

Organismos geneticamente modificados (OGM, transgênicos)

- Tiveram seu material genético modificado pela técnica do DNA recombinante.
- Benefícios × riscos: sociais, ambientais e econômicos.

Análise do DNA

- Separação dos fragmentos de DNA por tamanho, formando bandas que são a impressão digital do DNA.
- Método serve para identificação de pessoas.

Sequenciamento do genoma

- Determinar a ordem dos nucleotídeos e a posição de cada gene no cromossomo (mapeamento).

Clonagem

- Cópia (clone) de outro indivíduo.
- Quando realizada pelo homem é chamada clonagem artificial.
- Pode ser realizada tanto em plantas (mudas) quanto em animais (transferência nuclear).

Ingeborg Asbach/Arquivo da editora

Aplicações

- Seleção e clonagem de espécies com características desejáveis.
- Cópias de OGMs.
- Clonagem reprodutiva (ovelha Dolly) × clonagem terapêutica (desenvolvimento de órgãos com utilização das células-tronco).

Células-tronco

- Células não especializadas com capacidade de se dividir e originar outros tecidos.
- Encontradas nos embriões, no cordão umbilical e em tecidos adultos, como a medula óssea.

Exercícios

1. (UFSM-RS) Em junho de 2000, foi anunciada a conclusão da fase do Projeto Genoma Humano em que se determinou a sequência de, aproximadamente, 3 bilhões de nucleotídeos do genoma humano. O conhecimento dessa sequência permitirá determinar:
   a) o número de cromossomos presentes nas células humanas.
   b) o número de proteínas que compõem os genes humanos.
   c) quantas moléculas de DNA estão presentes nos cromossomos humanos.
   d) o número de doenças que podem afligir a humanidade.
   e) o número total de genes humanos e quais as proteínas codificadas por esses genes.

2. (UFMG) Todas as alternativas apresentam aplicações da tecnologia do DNA recombinante nas duas últimas décadas, EXCETO:
   a) investigação de paternidade e criminalística.
   b) recuperação de espécies extintas.
   c) produção, em bactérias, de proteínas humanas de interesse médico.
   d) terapia gênica de algumas doenças hereditárias.

3. (UFRGS-RS) Escolha a alternativa que apresenta um exemplo de transgenia.
   a) Incorporação e expressão de gene humano que codifica insulina por bactérias.
   b) Desenvolvimento de um organismo completo a partir de uma célula somática.
   c) Organismo que apresenta tanto estruturas reprodutoras masculinas quanto femininas.
   d) Gene que sofreu mutações, originando múltiplos alelos para um mesmo lócus.
   e) Organismo mais vigoroso, com muitos genes em heterozigose, resultante do cruzamento de duas variedades puras distintas.

4. (Fuvest-SP) Células-tronco são células indiferenciadas que têm a capacidade de se diferenciar em diversos tipos celulares. Para que ocorra tal diferenciação, as células-tronco terão necessariamente que alterar:
   a) o número de cromossomos.
   b) a quantidade de genes nucleares.
   c) a quantidade de genes mitocondriais.
   d) o padrão de atividade dos genes.
   e) a estrutura de genes específicos por mutações.

5. (Vunesp-SP) A engenharia genética permitiu a introdução, em ratos, do gene humano para produção do hormônio de crescimento, levando à produção de ratos gigantes. Esses ratos são considerados:
   a) isogênicos.
   b) transgênicos.
   c) infectados.
   d) mutantes.
   e) clones.

6. (Mack-SP) Por sua capacidade de cortar o DNA em pontos específicos, são utilizadas enzimas de restrição na engenharia genética, originando fragmentos dessa molécula. Sobre essas enzimas é INCORRETO afirmar que:
   a) reconhecem sequências específicas de bases nitrogenadas.
   b) removem os fosfatos e as pentoses, deixando somente as bases nitrogenadas, que serão manipuladas.
   c) cada uma pode originar fragmentos de DNA com tamanhos diferentes.
   d) são utilizadas nos atuais testes de DNA.
   e) fazendo-se uso delas, pode-se isolar um único gene de um cromossomo.

7. (UFF-RJ) Recentes descobertas têm provocado grande discussão por poderem alterar o futuro do esporte. Nessas pesquisas, foi mostrada a existência de duas proteínas que atuam regulando o crescimento das células musculares: o fator de crescimento IGF-1 e a miostatina. O crescimento muscular é estimulado pelo fator IGF-1 e limitado pela miostatina. A partir desse conhecimento é possível modular o crescimento muscular por meio de vários procedimentos. ("Scientific American Brasil", 08/2004)

Analise os procedimentos a seguir e aponte aquele que poderia promover o desenvolvimento mais duradouro da massa muscular, em indivíduos sedentários, se executado uma única vez, sem deixar vestígios detectáveis em exames de sangue ou urina.

a) Introduzir nas células musculares novas cópias de RNA mensageiro que codifica o fator IGF-1.
b) Injetar anticorpos produzidos contra a proteína miostatina.
c) Introduzir nas células musculares nova cópia do gene do fator IGF-1, utilizando técnicas aplicadas em terapia gênica.
d) Injetar a proteína miostatina mutada que bloqueia a ação da miostatina normal por competir pelo seu receptor.
e) Injetar anticorpos produzidos contra o IGF-1.

8. (Fuvest-SP) Um horticultor deseja obter indivíduos geneticamente idênticos (clones) a uma samambaia comercialmente valiosa. Para alcançar esse objetivo, ele deve:

a) cultivar os esporos produzidos por essa samambaia.
b) induzir artificialmente a autofecundação dessa samambaia.
c) implantar núcleos de esporos dessa samambaia em oosferas anucleadas de outras plantas.
d) introduzir DNA extraído de folhas dessa samambaia em zigotos de outras plantas.
e) obter fragmentos de rizoma (caule) dessa samambaia e cultivá-los.

9. (PUC-MG) Vírus têm sido utilizados como veículo para introduzir genes de interesse em células específicas de um animal vivo. Devido à ação terapêutica desses genes, o processo vem sendo denominado de terapia genética. Recentemente, cientistas conseguiram que ratos gorduchos ficassem magrinhos após injetar nos roedores um gene capaz de transformar as células que armazenam gordura, tornando-as capazes de sinalizar para o cérebro do animal a sensação de saciedade. Um gene que controla a proteína leptina foi colocado dentro de um vírus da gripe desativado, o qual, atuando como "Cavalo de Troia", introduziu o gene nos adipócitos dos roedores que, duas semanas depois, estavam comendo 30% menos e seus adipócitos estavam menores e repletos de mitocôndrias. (Texto parcialmente extraído do "Jornal Folha de S.Paulo" de 10/02/04.)

A utilização de vírus em terapias genéticas, como a descrita acima, é uma realidade nas pesquisas atuais. Assinale a opção INCORRETA.

a) Genes inseridos no material genético viral podem ser transcritos no interior da célula.
b) Os vírus apresentam código genético diferente do da célula que invadem.
c) Alguns vírus têm a capacidade de inserir seu material genético no genoma da célula hospedeira.
d) É possível torná-los incapazes de se reproduzir no interior da célula infectada.

10. (PUC-PR) O primeiro organismo transgênico foi obtido por volta de 1981 quando genes de coelhos foram injetados em ovos de camundongos que se desenvolveram no útero de fêmeas dessa espécie.

Os camundongos nascidos desses ovos apresentaram hemoglobina de coelho em suas hemácias, porque:

a) DNA do coelho injetado no ovo se incorporou a um cromossomo e foi transmitido de célula a célula através de mitoses.
b) DNA do coelho injetado no ovo foi transcrito para o RNA ribossômico que conduziu a síntese de proteínas nessa célula.
c) RNA mensageiro do coelho injetado no ovo passou a conduzir a síntese de proteínas nessa célula.
d) RNA mensageiro do coelho injetado no ovo se incorporou a um cromossomo e foi transmitido de célula a célula através de mitoses.
e) DNA do coelho injetado no ovo se incorporou a um cromossomo e passou a conduzir a síntese de proteínas nessa célula.

EVOLUÇÃO I

História do pensamento evolutivo

Fixismo
- Espécies surgem de maneira independente e sempre com as mesmas características.

Lamarckismo
- Transformação gradual dos seres em outros mais complexos (evolucionismo).
- Espécies mudam e as características podem ser transmitidas a novas gerações.
- Defende a **lei do uso e desuso** e a **lei da herança dos caracteres adquiridos**.

Darwinismo
- Descendência com modificação a partir de um ancestral comum.
- **Seleção natural**: preservação de variações favoráveis e rejeição de variações prejudiciais.
- Populações se diferenciam gradualmente, ao longo de muitas gerações.

Teoria sintética
- Síntese entre o darwinismo, as leis de Mendel e o conhecimento das mutações.
- Teoria mais aceita atualmente.

Variabilidade genética

Mutações
- Mudança ao acaso na sequência de bases do DNA.
- Para ter efeito evolutivo, devem ocorrer nas células germinativas.
- Se favoráveis, serão selecionadas positivamente, e a frequência na população aumentará com o tempo; ocorre o oposto se forem desfavoráveis.

Seleção natural
- Adaptações que aumentam as chances de sobrevivência, levando indiretamente ao sucesso reprodutivo.
- Genótipos diferentes tem sucesso reprodutivo distinto.
- Exemplos: resistência de bactérias aos antibióticos, anemia falciforme (e a resistência à malária em heterozigotos).

Seleção sexual
- Características selecionadas porque ajudam a conseguir parceiro sexual (cauda do pavão, chifres, etc.).

Métodos de estudo

Fósseis
- Restos de seres vivos ou vestígios (pegadas, trilhas, etc.).
- Fóssil de transição: forma intermediária que indica grau de parentesco evolutivo entre dois grupos.
- Fósseis mais recentes encontram-se nas camadas mais superficiais do terreno.

Embriologia e anatomia comparadas
- **Estruturas homólogas**: originárias de um ancestral comum exclusivo (podem ou não desempenhar a mesma função).
- **Irradiação adaptativa**: um ancestral deu origem a todo um grupo adaptado a condições diferentes.
- **Estruturas análogas**: desempenham mesma função, mas têm origem embrionária diferente.
- **Convergência evolutiva**: adaptação semelhante ao mesmo tipo de ambiente.
- **Órgãos vestigiais**: não exercem mais sua função original, são indícios de que os organismos descendem de espécies em que os órgãos tinham utilização.
- Semelhança entre embriões fornece informações de parentesco de grupos aparentemente distintos.

Estudos moleculares
- Semelhanças na sequência de aminoácidos ou nucleotídeos do DNA podem indicar grau de parentesco entre espécies.

Exercícios

1. (Ufla-MG) A Teoria da Evolução por meio de Caracteres Adquiridos foi proposta no princípio do século XIX. O naturalista que desenvolveu essa teoria escreveu o livro "Filosofia Zoológica", que pode ser considerado um marco na história da Biologia. Escolha qual dos eminentes cientistas abaixo listados é o autor desta Teoria e do livro.
   a) Geoffroy Saint-Hilaire.
   b) Charles Darwin.
   c) Jean Baptiste Antoine de Monet (Lamarck).
   d) Alfred Russel Wallace.
   e) Leonardo Da Vinci.

2. (Mack-SP) Darwin não conseguiu responder satisfatoriamente às críticas sobre sua teoria evolucionista, pois não soube explicar as causas das diferenças observadas entre os indivíduos, por desconhecer a ocorrência da:
   a) seleção natural.
   b) mutação.
   c) lei do uso e desuso.
   d) transmissão das características adquiridas.
   e) adaptação ao meio.

3. (UEL-PR) Em relação à evolução biológica, considere os fatores abaixo.
   I. Seleção natural.
   II. Adaptação ao meio.
   III. Lei do uso e desuso.
   IV. Herança dos caracteres adquiridos.
   V. Recombinação gênica e mutação.

   Quais desses fatores Darwin considerou quando elaborou a teoria da evolução das espécies?
   a) Apenas I e II.
   b) Apenas I e V.
   c) Apenas II e III.
   d) Apenas III e IV.
   e) Apenas IV e V.

4. (Unimep-SP) Analise o texto abaixo e assinale a alternativa correta: "Os ancestrais da girafa tinham pescoço curto. Como esses animais se alimentavam de brotos de árvores, seus esforços para alcançar os ramos mais altos teriam determinado o alongamento do pescoço."
   A teoria com a qual o texto está de acordo é:
   a) Darwinismo.
   b) Mendelismo.
   c) Fixismo.
   d) Hibridismo.
   e) nenhuma das anteriores.

5. (UFPE/UFRPE) Entre os fatores evolutivos, um se destaca pela capacidade de incrementar o conjunto gênico da população e se constitui na fonte primária da variabilidade genética. Esse fator é denominado:
   a) mutacão gênica.
   b) recombinação genética.
   c) migracão.
   d) selecão natural.
   e) deriva genética.

6. (UEMG) Em 2009, comemorou-se o 150º aniversário da publicação do livro "Origem das espécies", de Charles Robert Darwin. Esse livro trouxe uma teoria que revolucionou o modo de pensar dos seres humanos, a respeito das espécies biológicas.
   Considerando o pensamento de Darwin sobre esse assunto, só está CORRETO afirmar que:
   a) as mutações gênicas são casuais e o meio ambiente seleciona as mais favoráveis.
   b) os seres vivos têm características diferenciais que respondem às forças do ambiente.
   c) os seres vivos mudam com o tempo, por pressões indutoras do meio ambiente.
   d) as competições por recursos promovem o desenvolvimento de novas características.

7. (Unicid-SP) "Quando vejo essas ilhas visíveis umas desde as outras e possuindo apenas uma quantidade escassa de animais, habitadas por essas aves mas ligeiramente distintas em sua estrutura e ocupando o mesmo lugar na natureza, devo suspeitar de que são variedades. Se existe fundamento para essas observações, então a zoologia dos arquipélagos valerá a pena ser examinada, pois tais fatos enfraqueceriam a estabilidade das espécies". Tal trecho, descrito por Darwin, descreve a fauna do arquipélago de Galápagos quando o cientista o visitou.
As palavras sublinhadas estão relacionadas com a suspeita do autor de que os animais observados
a) pertenciam a espécies diferentes, contrariando o fato de as espécies serem imutáveis desde sua criação.
b) estavam isolados geograficamente, mas mantinham as características principais de sua espécie.
c) representavam variações da mesma espécie, porém presentes desde o surgimento de todas as espécies.
d) apresentavam estabilidade com relação a sua variedade, mas pertenciam a espécies que se cruzavam.
e) desafiavam o conceito de isolamento geográfico, uma vez que ocorriam variedades das espécies.

8. (Unaerp-SP) Sobre as mutações é correto afirmar que:
a) só ocorrem pela ação de agentes mutagênicos como, por exemplo, radiação ionizante e algumas substâncias químicas.
b) produzem somente características que levam o indivíduo a aumentar sua adaptação ao meio.
c) são alterações na molécula de DNA, causando sempre prejuízo ao organismo.
d) ocorrem ao acaso, ou seja, jamais serão direcionadas pela necessidade do organismo.
e) produzem variabilidade que jamais poderá ser transmitida às futuras gerações.

9. (PUC-MG) A análise morfofuncional das semelhanças e diferenças nas estruturas corporais de diferentes animais fornece subsídios para a classificação filogenética sendo evidências da evolução biológica. A figura abaixo representa a estrutura interna e externa dos membros anteriores de três animais.

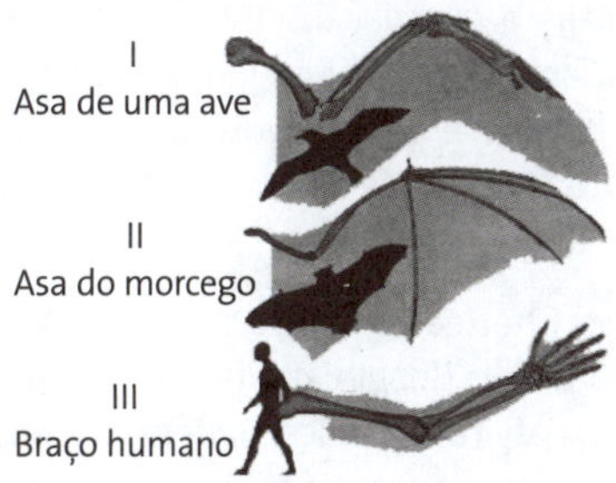

Analisando-se esses apêndices articulados, é CORRETO afirmar:
a) I, II e III surgiram em um processo de divergência adaptativa.
b) I, II e III são órgãos homólogos originados por irradiação adaptativa.
c) II e III são órgãos análogos que indicam ancestralidade comum e função homóloga.
d) I e II são órgãos análogos que foram selecionados por convergência adaptativa.

10. (Unifor-CE) Numa população de insetos, a reprodução sexuada produz indivíduos bastante variados. Quando essa população é submetida a um determinado inseticida durante um longo período de tempo, os indivíduos sensíveis morrem enquanto os resistentes sobrevivem e se reproduzem. Com a continuidade do processo, aumenta cada vez mais a quantidade de indivíduos resistentes na população e o inseticida praticamente não tem mais efeito sobre os insetos.
A ação do inseticida foi a de:
a) eliminar os descendentes dos indivíduos resistentes.
b) provocar mutações que tornaram os insetos bem adaptados ao ambiente.
c) aumentar a resistência ao produto em todos os indivíduos.
d) selecionar positivamente os indivíduos resistentes.
e) diminuir a resistência ao produto em todos os indivíduos.

11. (PUC-RS) Dos fatores evolutivos abaixo, o que gera variabilidade genética em nível de DNA é a:
a) migração.
b) seleção natural.
c) adaptação.
d) mitose.
e) mutação.

12. (UEG-GO) Charles Darwin, o naturalista inglês, realizou a bordo do Beagle, navio da Marinha Britânica, uma das mais fascinantes viagens em busca de descobertas que viriam a ser decisivas para a formulação de sua teoria.
Sobre essa teoria, é CORRETO afirmar:
a) constata que os organismos evoluem através de mecanismos relacionados à seleção sexual e artificial e por meio de um processo não direcionado conhecido como evolução horizontal.
b) defende a ideia de que as diferentes partes do corpo humano produziam pequenas cópias de si, gêmulas, que iriam para os órgãos corporais, sendo misturados no momento da fecundação.
c) propõe que a evolução das espécies baseia-se na existência de variações herdáveis entre os organismos que são originadas pelas diferenças nos pares de bases nitrogenadas da molécula de DNA.
d) representa o início de um paradigma e de uma revolução científica que atingiu vários campos do conhecimento e da atividade humana.

13. (Ufam) A mudança da informação contida no gene e que ocorre tanto por causas naturais quanto por ação de agentes específicos é denominado de:
a) seleção natural.
b) migração.
c) mutação.
d) variabilidade.
e) oscilação genética.

14. (UEPB) As bactérias patogênicas (causadoras de doenças) quando se instalam em seus hospedeiros, podem levá-los à morte se o seu combate não for feito em curto espaço de tempo. Normalmente, tais organismos são sensíveis a antibióticos. Acontece que a ciência vem observando que muitas bactérias estão se tornando insensíveis e ganhando resistência aos medicamentos disponíveis para combatê-los. Com isso, conclui-se que:
a) as bactérias vêm sofrendo mutações genéticas, o que leva a ganhar resistência.
b) mesmo sofrendo mutações, sua estrutura química permanece inalterada, não influenciando na ação dos antibióticos.
c) o uso indiscriminado de antibióticos dificulta a ação dos mesmos em casos específicos, não determinando o aumento de sua resistência.
d) as bactérias estão se tornando mais resistentes por não se verificar um avanço das indústrias de medicamento.
e) a bactéria se reproduz rapidamente, o que levaria à perda do controle do seu metabolismo.

15. (Mack-SP)

Folha de S.Paulo

A ilustração mostra uma situação conhecida como convergência adaptativa, em que os indivíduos envolvidos possuem estruturas análogas. Nesse caso, é correto afirmar que:
a) esses indivíduos possuem ancestrais comuns.
b) o ambiente provoca mutações semelhantes, resultando nessas estruturas análogas.
c) esses indivíduos são híbridos.
d) a convergência adaptativa é um importante mecanismo de especiação.
e) a convergência adaptativa reflete a ação de pressões seletivas semelhantes, levando ao surgimento de analogias.

EVOLUÇÃO II — TEORIA SINTÉTICA

Genética de populações

- Evolução é uma mudança na frequência dos alelos em uma população.
- Seleção natural age no aumento do número de indivíduos portadores de um alelo útil.

Lei de Hardy-Weinberg

- Na ausência de fatores evolutivos a frequência dos alelos não muda ao longo das gerações (população em equilíbrio gênico).
- Equação: $p^2 + 2pq + q^2$ (p = frequência do alelo dominante, q = frequência do alelo recessivo; $p + q = 100\%$).

Espermatozoide / Óvulo	A (p)	a (q)
A (p)	AA (p^2)	Aa (pq)
a (q)	Aa (pq)	aa (q^2)

- A comparação da frequência obtida pela lei com a frequência obtida na prática atesta se houve evolução.

Deriva genética

- Mudanças na frequência dos alelos em uma população ocorrem ao acaso.
- A deriva causa desvios na lei de Hardy-Weinberg, mesmo sem proporcionar adaptação ao ambiente.
- **Efeito gargalo**: redução drástica no tamanho de uma população (por catástrofes, por exemplo), com perda de variabilidade genética.
- **Efeito do fundador**: grupo (que não representa a frequência alélica da população) migra para novo *habitat*, mudando a frequência sem evolução.

Formação de novas espécies

- Espécie: grupo de populações capazes de cruzar e originar filhos férteis (e que não são capazes de cruzar com outros grupos).

Isolamento geográfico

- Barreiras que impedem o cruzamento entre as populações e vão formando **subespécies** (populações da mesma espécie).
- Depende da capacidade de deslocamento dos indivíduos.

Isolamento reprodutivo

- Com a persistência do isolamento geográfico surge isolamento reprodutivo entre as subespécies, formando-se uma nova espécie.

População de ratos da mesma espécie.

Uma barreira geográfica surge. A mesma espécie é formada por duas populações isoladas geograficamente.

Ao longo do tempo, as duas populações acabam sofrendo mudanças genéticas, formando subespécies que ainda são capazes de se reproduzir.

Após muito tempo, mesmo que o isolamento geográfico desapareça, as subespécies não se cruzam mais e formam, portanto, duas espécies diferentes.

Ingeborg Asbach/Arquivo da editora

Mecanismos pré-zigóticos

- Impedem o encontro dos gametas ou de casais, não há fecundação.
- Isolamentos sazonal (em plantas), comportamental, mecânico, gamético e ecológico (*habitats* ou nichos diferentes).

Mecanismos pós-zigóticos

- Em etapas posteriores à fecundação.
- Inviabilidade e esterilidade do híbrido.

Especiação sem isolamento geográfico

- Chamada simpátrica (a especiação com isolamento geográfico é a alopátrica), população vivendo na mesma área.
- Comum em plantas que formam indivíduos poliploides.

Exercícios

1. (Unioeste-PR) A frequência do alelo recessivo a é 0,60 em uma população em equilíbrio de Hardy-Weinberg. Assinale a alternativa correta, sabendo que esta população é composta por 40 000 indivíduos e que a herança é do tipo autossômica com dominância completa.
   a) A frequência do genótipo homozigoto dominante é 0,40 ou 40% da população.
   b) A frequência do genótipo heterozigoto é 0,24 ou 24% da população.
   c) A frequência do genótipo homozigoto recessivo é 0,16 ou 16% da população.
   d) O número de indivíduos portadores do fenótipo recessivo é 24 000.
   e) O número de indivíduos portadores do fenótipo dominante é 25 600.

2. (Mack-SP) Numa população em equilíbrio de Hardy--Weinberg, as frequências dos genes IA e IB do sistema ABO são 0,3 e 0,4, respectivamente. A frequência esperada de indivíduos do grupo O é:
   a) 0,3.
   b) 0,12.
   c) 0,16.
   d) 0,09.
   e) 0,07.

3. (PUC-MG) A sensibilidade ao PTC é controlada por um par de genes autossômicos. O gene I é responsável pela sensibilidade e seu alelo recessivo i, pela insensibilidade. Determinada população pan-mítica, com cruzamentos ao acaso, foi analisada. Dos 100 indivíduos da amostra, 91 eram sensíveis.
   A partir dessas informações, e considerando que a população se mantém em equilíbrio, é CORRETO afirmar:
   a) A ocorrência de homozigotos nessa população é 42%.
   b) Os heterozigotos representam 49% da população.
   c) Os indivíduos sensíveis representam 80% da população.
   d) A frequência do alelo para a sensibilidade é 70%.
   e) A ocorrência do fenótipo recessivo é de 41%.

4. (UFTM-MG) A Síndrome de Spoan, doença degenerativa que atinge os moradores de Serrinha dos Pintos, no sertão do Rio Grande do Norte, foi descrita por pesquisadores do Centro de Estudos do Genoma Humano e do Hospital das Clínicas da USP, em 2005. A síndrome é determinada por um alelo autossômico recessivo que, na população local de 4 000 pessoas, 22 delas afetadas, aparece com frequência de 0,075. Supondo que, para a característica em questão, a população apresenta-se em equilíbrio de Hardy-Weinberg, espera-se que, dentre os 4 000 moradores da cidade,
   a) 22 deles sejam heterozigotos.
   b) 3 978 deles sejam heterozigotos.
   c) 2 000 deles sejam heterozigotos.
   d) 3 445 deles sejam heterozigotos.
   e) 555 deles sejam heterozigotos.

5. (Udesc) Há vários mecanismos que impedem a troca de genes entre espécies distintas. Esse impedimento pode ocorrer na fase pré-zigótica ou pós-zigótica. Assinale a alternativa que apresenta APENAS impedimentos pré-zigóticos.
   a) Híbrido estéril e híbrido inviável.
   b) Híbrido estéril e isolamento etológico.
   c) Isolamento ecológico e híbrido estéril.
   d) Híbrido inviável e isolamento geográfico.
   e) Isolamento geográfico e isolamento ecológico.

6. (UFPI) Existem vários modos de especiação: aquele que ocorre em populações isoladas geograficamente, via bloqueio do fluxo gênico entre elas; o que ocorre a partir de uma população geograficamente contígua à espécie ancestral e o que acontece em populações com áreas de distribuição geográficas coincidentes. Esses tipos de especiação podem ser chamados, respectivamente:
   a) alopátrica, parapátrica e simpátrica.
   b) parapátrica, simpátrica e alopátrica.
   c) alopátrica, simpátrica e parapátrica.
   d) simpátrica, parapátrica e alopátrica.
   e) parapátrica, alopátrica e simpátrica.

7. (Unimontes-MG) O conhecimento das frequências gênicas e genotípicas em uma população é importante para compreender a variação genética existente. Em relação aos grupos sanguíneos, o sistema MN representa uma situação ideal para a estimativa de frequência gênica, pois, devido à codominância, os três genótipos podem ser facilmente distinguidos e contados. Em uma população em que foram caracterizados 200 indivíduos para o sistema MN, verificou-se o seguinte resultado:
Número de indivíduos M = 64
Número de indivíduos MN = 120
Número de indivíduos N = 16
Considerando os resultados apresentados e o assunto relacionado a eles, analise as afirmativas abaixo e assinale a alternativa CORRETA.
a) A frequência do genótipo MN é igual a 0,08.
b) Existe na população um total de 32 alelos N no *locus* MN.
c) Existe na população um total de 248 alelos M no *locus* MN.
d) A frequência do alelo N é igual a 0,32.

8. (UEFS-BA) A organização de indivíduos e populações em espécies evita a degradação de genótipos maduros, bem-sucedidos, que ocorreria caso se misturassem com genótipos incompatíveis. A hibridação, quando possível, costuma produzir indivíduos inferiores, muitas vezes estéreis, isso demonstra que os genótipos, por serem sistemas harmoniosos e bem ajustados, devem ser similares para que um cruzamento seja bem-sucedido.

MAYR, Ernst. *O que é a evolução*. Rio de janeiro: Rocco, 2009.

Considerando-se as etapas necessárias para o estabelecimento da especiação a partir de populações originais e a importância desse processo evolutivo na diversidade da vida, é possível afirmar:
a) Genótipos incompatíveis se expressam inexoravelmente na formação de híbridos inferiores ou estéreis.
b) A hibridação produz indivíduos inferiores devido à baixa estatura provocada pelo nascimento precoce das crias.
c) Na especiação simpátrica, o distanciamento genético que provoca a incompatibilidade entre os indivíduos se estabelece apesar da interação persistente entre os grupos.
d) Organismos capazes de produzir descendentes não devem apresentar diferenças significativas no seu conjunto gênico que justifiquem algum tipo de progresso especiativo.
e) O isolamento geográfico em populações alopátricas favorece uma aproximação do conjunto gênico durante o processo de especiação.

9. (UCS-RS) Quanto ao equilíbrio genético de Hardy-Weinberg, nas populações, podemos afirmar que:
I. populações em processo evolutivo encontram-se em equilíbrio genético perfeito;
II. populações cuja frequência gênica se mantém constante geração após geração não evoluem;
III. os fatores que impedem o equilíbrio genético, também promovem transformações genéticas nas populações.
Dessas afirmativas,
a) apenas a I está correta.
b) apenas a II e a III estão corretas.
c) apenas a II está correta.
d) apenas a III está correta.
e) apenas a I e a II estão corretas.

10. (Unifor-CE) Os esquemas abaixo referem-se a dois modelos de especiação que ocorrem ao longo do tempo.

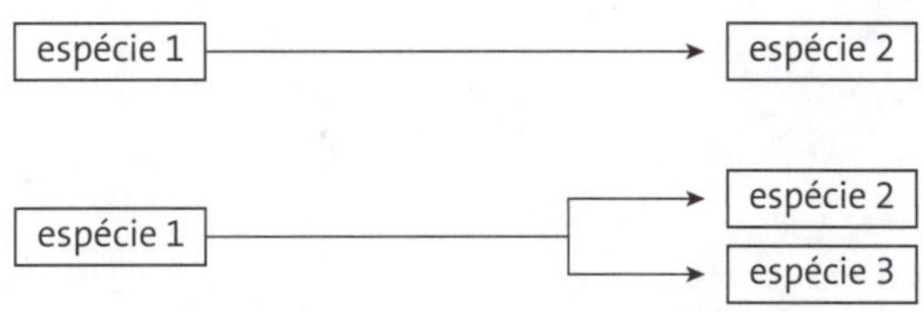

Sobre eles foram feitas as seguintes informações:
I. O modelo A é um exemplo de especiação filética que pressupõe a ocorrência de isolamento geográfico.
II. O modelo A é um exemplo de especiação por anagênese, envolvendo seleção natural e adaptação gradual às modificações ambientais.
III. O modelo B é um exemplo de especiação por cladogênese, envolvendo isolamento de populações, adaptações a diferentes ambientes e isolamento reprodutivo.
Está correto o que se afirmou SOMENTE em
a) I.
b) II.
c) III.
d) I e III.
e) II e III.

EVOLUÇÃO III — EVOLUÇÃO HUMANA

História da vida

- Placas tectônicas sustentam os continentes e oceanos, e seu movimento provoca mudanças climáticas e no nível dos mares.
- Extinções em massa foram provocadas por mudanças climáticas.

- Os primeiros seres procariontes deram origem aos eucariontes, que originaram protistas, plantas, fungos e animais.
- Divisão da história e seus principais acontecimentos:

Éon Pré-Cambriano	primeiros fósseis de pluricelulares
Período Ordoviciano	briófitas
Período Siluriano	plantas vasculares e peixes com maxilas
Período Devoniano	plantas com sementes, insetos, peixes sem maxilas, anfíbios
Período Carbonífero	pteridófitas e plantas com sementes
Período Permiano	extinção em massa
Era Mesozoica	diversificação dos répteis
Período Triássico e Jurássico	dinossauros e primeiros mamíferos
Período Cretáceo	extinção em massa, ascensão de angiospermas e mamíferos

Evolução da espécie humana

- Diferença entre ser humano e primatas: apoio e locomoção apenas sobre membros posteriores (postura ereta), volume maior do crânio.

Australopitecos

- Possível ancestral, crânio semelhante ao do chimpanzé, mas ossos, dentes e postura ereta como a espécie humana.

Homo

- Surgiram a partir dos australopitecos, com corpo e cérebro maiores, e utilização de ferramentas.
- Há 12 mil anos o homem passou de caçador a agricultor e surgiram civilizações.

Exercícios

1. (UEL-PR) A taxonomia evolutiva tradicional dos primatas antropoides coloca os humanos (gênero *Homo*) e seus ancestrais fósseis imediatos na família *Hominidae*; os gibões (gênero *Hylobates*), na família *Hylobatidae*; e os chimpanzés (gênero *Pan*), gorilas (gênero *Gorilla*) e orangotangos (gênero *Pongo*), na família *Pongidae*. Todavia, análises morfológicas e moleculares resultaram na seguinte filogenia.

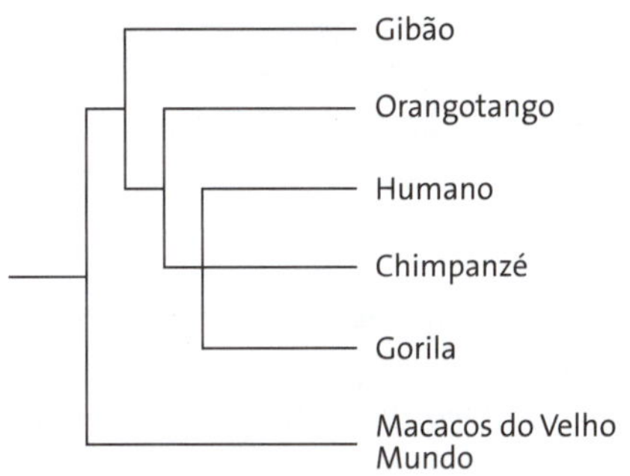

Com base no texto e de acordo com essas relações filogenéticas, é correto afirmar que uma revisão taxonômica dos primatas antropoides deveria agrupar:

a) Orangotangos e gibões na família *Hylobatidae*.
b) Orangotangos, gibões e gorilas em um táxon específico.
c) Humanos, chimpanzés e gorilas na mesma família.
d) Gibões e orangotangos na mesma espécie.
e) Chimpanzés e gorilas apenas, na família *Pongidae*.

2. (UFPB) As técnicas moleculares modernas permitem que as rotas migratórias humanas possam ser identificadas da África aos demais continentes conquistados. Isso é possível, pois o isolamento entre as populações que escolheram rotas migratórias diferentes impede que as variações acumuladas por um grupo sejam compartilhadas com os demais. Dessa forma, as diferentes populações apresentam diferentes marcas genéticas. De acordo com o texto e com base na literatura sobre o assunto, é correto afirmar que os fatores evolutivos envolvidos nesse fenômeno são:

a) mutação e deriva.
b) mutação e casamento aleatório.
c) seleção natural e casamento aleatório.
d) migração e grande tamanho populacional.
e) efeito fundador e grande tamanho populacional.

3. (Fuvest-SP) A passagem do modo de vida caçador-coletor para um modo de vida mais sedentário aconteceu há cerca de 12 mil anos e foi causada pela domesticação de animais e de plantas. Com base nessa informação, é correto afirmar que:

a) no início da domesticação, a espécie humana descobriu como induzir mutações nas plantas para obter sementes com características desejáveis.
b) a produção de excedentes agrícolas permitiu a paulatina regressão do trabalho, ou seja, a diminuição das intervenções humanas no meio natural com fins produtivos.
c) a grande concentração de plantas cultivadas em um único lugar aumentou a quantidade de alimentos, o que prejudicou o processo de sedentarização das populações.
d) no processo de domesticação, sementes com características desejáveis pelos seres humanos foram escolhidas para serem plantadas, num processo de seleção artificial.
e) a chamada Revolução Neolítica permitiu o desenvolvimento da agricultura e do pastoreio, garantindo a eliminação progressiva de relações sociais escravistas.

4. (Ufla-MG) A respeito do processo evolutivo da espécie humana (*Homo sapiens*), analise se as afirmativas são falsas (F) ou verdadeiras (V); a seguir, marque a alternativa CORRETA.

( ) A espécie humana possui diferentes capacidades de se adaptar às condições ambientais.
( ) A espécie humana surgiu em uma atmosfera primitiva rica em metano, submetida a altas temperaturas.
( ) A espécie humana tem sua origem explicada pela teoria de abiogênese.
( ) A espécie humana é formada por seres eucariontes, heterótrofos, com circulação dupla, completa e fechada.

a) F – F – V – V
b) V – F – F – V
c) F – F – F – V
d) V – V – V – F

5. (Vunesp-SP) Há cerca de 40 000 anos, duas espécies do gênero *Homo* conviveram na área que hoje corresponde à Europa: *H. sapiens* e *H. neanderthalensis*. Há cerca de 30 000 anos, os Neandertais se extinguiram, e tornamo-nos a única espécie do gênero.

No início de 2010, pesquisadores alemães anunciaram que, a partir de DNA extraído de ossos fossilizados, foi possível sequenciar cerca de 60% do genoma do neandertal. Ao comparar essas sequências com as sequências de populações modernas do *H. sapiens*, os pesquisadores concluíram que de 1 a 4% do genoma dos europeus e asiáticos é constituído por DNA de neandertais. Contudo, no genoma de populações africanas não há traços de DNA neandertal.

Isto significa que:

a) os *H. sapiens*, que teriam migrado da Europa e Ásia para a África, lá chegando entrecruzaram com os *H. neanderthalensis*.

b) os *H. sapiens*, que teriam migrado da África para a Europa, lá chegando entrecruzaram com os *H. neanderthalensis*.

c) o *H. sapiens* e o *H. neanderthalensis* não têm um ancestral em comum.

d) a origem do *H. sapiens* foi na Europa, e não na África, como se pensava.

e) a espécie *H. sapiens* surgiu independentemente na África, na Ásia e na Europa.

6. (Cefet-MG) Observe a figura seguinte.

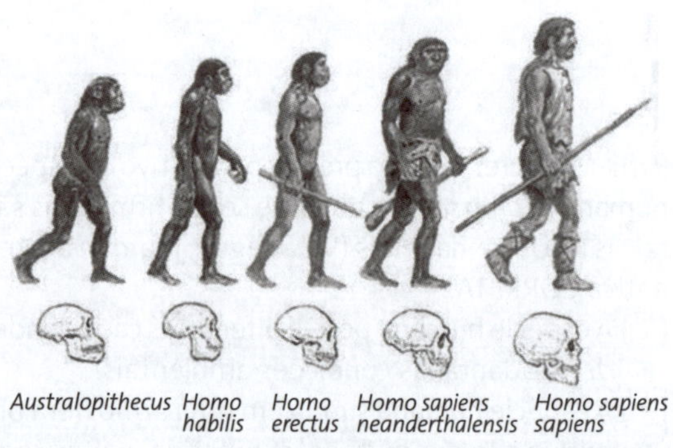

Disponível em: <http://www.ahistoria.com.br/wp-content/uploads/historia-daevolucao-humana.jpg>. Acesso: em 7 dez. 2012.

Ao longo do processo evolutivo da espécie humana, percebe-se o aumento da(o)

a) massa muscular.

b) habilidade manual.

c) tamanho da mandíbula.

d) comprimento dos membros.

e) quantidade de pelos corporais.

7. (PUC-RS)

"Venho tentando traçar meus ancestrais mas, depois de duas gerações, eles viram outra espécie."

Sidney Harris. *A Ciência Ri*, 2007. Ed. da UNESP (Adaptado).

Considerando o processo evolutivo que deu origem ao *Homo sapiens*, como espécie, a ordem correta de aparecimento dos grupos ancestrais, do mais antigo ao mais recente, foi:

a) *Australopitecus afarensis*, *Homo habilis* e *Homo erectus*.

b) *Australopitecus afarensis*, *Homo erectus* e *Homo habilis*.

c) *Australopitecus anamensis*, *Homo erectus* e *Homo habilis*.

d) *Australopitecus anamensis*, *Homo neanderthalensis* e *Homo habilis*.

e) *Australopitecus anamensis*, *Homo neanderthalensis* e *Homo erectus*.

8. (UCS-RS) As diferentes categorias raciais da humanidade são construções sociais, baseadas nas características comportamentais e morfológicas de diferentes populações. Seguindo os princípios genéticos, podemos dizer que:

a) esse conceito foi incorporado à medicina, e muitos tratamentos devem ser específicos para cada raça.

b) a classificação por raças tem sido corretamente usada para justificar a ordem social e a dominação de certos grupos por outros.

c) os seres humanos são muito similares; portanto uma análise baseada em características morfológicas não deve suplantar a que considera características de ordem genética.

d) a miscigenação provoca sobreposição de raças; por isso podemos dizer que atualmente existem dezenas de raças, o que pode ser considerado uma especiação simpátrica.

e) a farmacogenética deve ser baseada nas raças e não no indivíduo, procurando, assim, desenvolver medicamentos específicos.

9. (UEL-PR)

Muitas vezes, o processo de evolução por seleção natural é alvo de interpretações distorcidas. E quando o assunto é a evolução humana, a distorção pode ser ainda maior, pois o Homo sapiens *é apresentado como o ápice do desenvolvimento. As ilustrações mais conhecidas da evolução estão todas direcionadas no sentido de reforçar uma cômoda concepção da inevitabilidade e da superioridade humanas. A principal versão dessas ilustrações é a série evolutiva ou escada de progresso linear. Esse avanço linear ultrapassa os limites das representações e alcança a própria definição do termo evolução: a palavra tornou-se sinônimo de progresso. A história da vida não é uma escada em que o progresso se faz de forma previsível e sim um arbusto ramificado e continuamente podado pela tesoura da extinção.*

(Adaptado de: GOULD, S. J. *Vida maravilhosa*: o acaso na evolução e a natureza da história. São Paulo: Companhia das Letras, 1989. p. 23-31.)

Adaptado de: GOULD, S. J. *Vida Maravilhosa*: o acaso na evolução e a natureza da história. São Paulo: Companhia das Letras, 1989. p. 27.

A árvore filogenética, representada na figura a seguir, é construída com base nas comparações de DNA e proteínas.

Árvore filogenética

Com base na análise dessa árvore filogenética, assinale a alternativa correta.

a) O grupo formado pelos lêmures é o mais recente, porque divergiu há mais tempo de um ancestral comum.
b) Os chimpanzés apresentam maior proximidade filogenética com os gorilas do que com os humanos.
c) Os gorilas compartilham um ancestral comum mais recente com os gibões do que com o grupo formado por chimpanzés e seres humanos.
d) Os gorilas são os ancestrais comuns mais recentes do grupo formado por chimpanzés e seres humanos.
e) Os macacos do Velho Mundo e do Novo Mundo apresentam grande proximidade filogenética entre si.

10. (Vunesp-SP) Recentemente, uma marca de arroz colocou nos meios de comunicação uma campanha publicitária com o tema *Só os saudáveis sobrevivem*. Em um dos filmes da campanha, um homem pré-histórico, carregando um pacote de batatas fritas, é perseguido por um dinossauro, que despreza as batatas e devora o homem. Em outro filme, um homem que come *pizza* não consegue fugir a tempo, enquanto seu companheiro de hábitos alimentares mais saudáveis sobrevive.

As figuras apresentam cenas desses dois filmes publicitários.

(<www.rosalito.com.br>)

Embora se trate de uma campanha publicitária, sem qualquer compromisso com o rigor científico, uma professora de biologia resolveu usar esses filmes para promover com seus alunos uma discussão sobre alguns conceitos biológicos e alguns fatos da evolução humana.

Pedro afirmou que ambos os filmes traziam uma informação errada, pois homens e dinossauros não coexistiram.

Alice afirmou que o tema da campanha publicitária, *Só os saudáveis sobrevivem*, remete ao conceito de seleção natural.

Marcos afirmou que os tubérculos e as sementes, não necessariamente as batatas e o arroz, só vieram a fazer parte da dieta humana uma vez estabelecida a agricultura.

Catarina observou que no primeiro filme o dinossauro desprezou as batatas, uma vez que esses animais, qualquer que fosse a espécie, eram predadores e, necessariamente, carnívoros.

Pode-se afirmar que estão corretos:

a) Pedro, Alice, Marcos e Catarina.
b) Pedro e Alice, apenas.
c) Pedro e Marcos, apenas.
d) Alice e Marcos, apenas.
e) Marcos e Catarina, apenas.

ECOLOGIA I — ORGANIZAÇÃO E POPULAÇÕES

Níveis de organização da vida

- Indivíduo: tem células, que formam tecidos, que constituem os órgãos, que se integram em sistemas.
- População: grupo de indivíduos da mesma espécie.
- Comunidade: conjunto de populações da mesma área.
- Ecossistema: reunião da comunidade com os fatores abióticos.
- Biosfera: conjunto de ecossistemas da Terra.

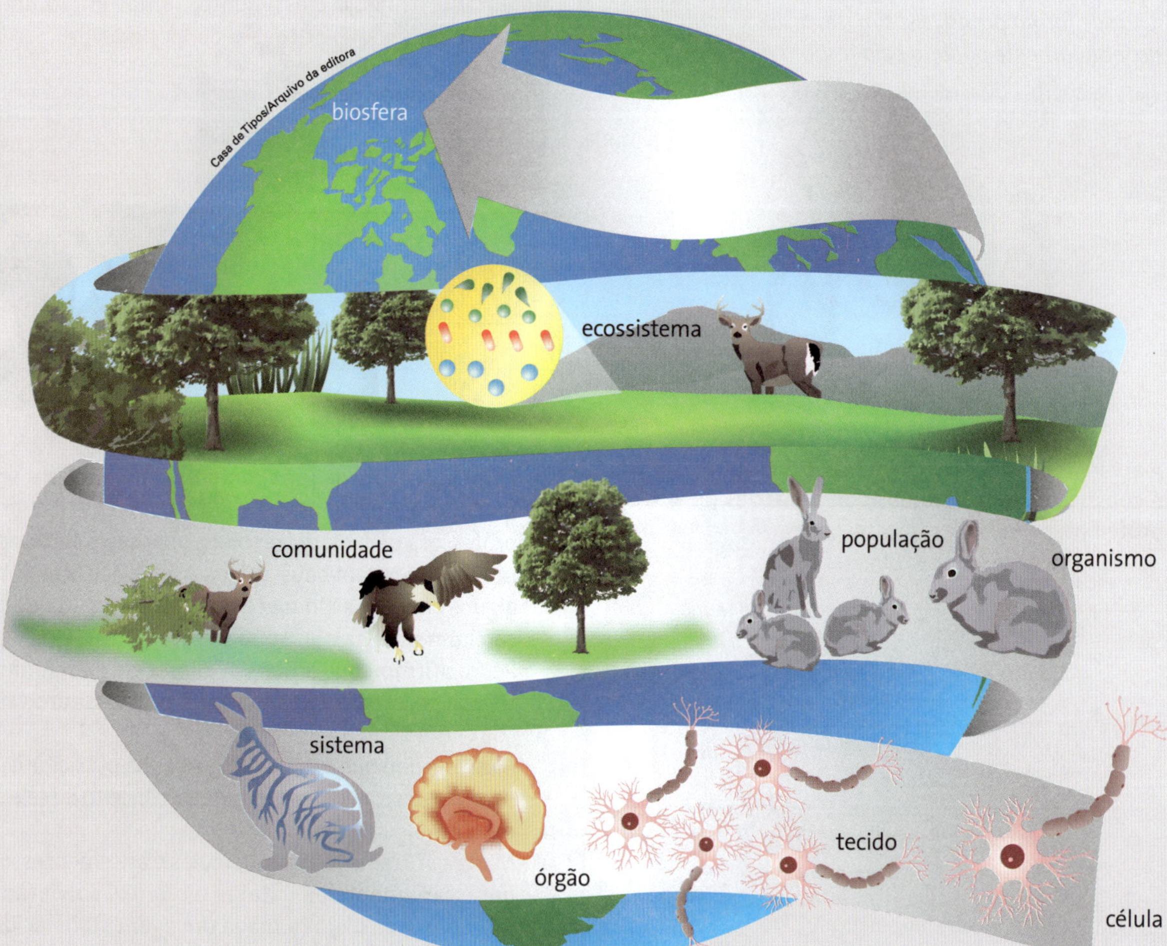

Conceitos

Habitat

Lugar que uma espécie habita.

Nicho ecológico

Conjunto das relações e necessidades que uma espécie apresenta com outras e com o meio em que vive (papel ecológico).

Populações

Crescimento

- Densidade populacional: D = N/S (N = número de indivíduos, S = área).
- Fatores:

  aumento da população: natalidade e imigração (indivíduos que entram na população);

  diminuição da população: mortalidade e emigração (indivíduos que saem da população).
- **Potencial biótico**: capacidade de uma população crescer em condições ideais. Mas a **resistência ambiental** restringe o crescimento. Temos então um **crescimento real** (menor que o potencial biótico), em curva sigmoide:

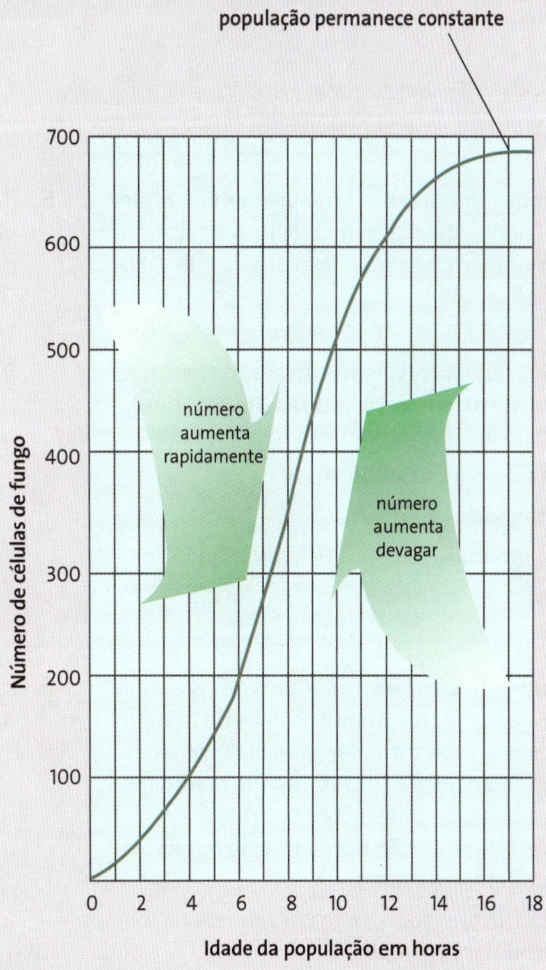

- **Capacidade de suporte**: densidade máxima de indivíduos que o ambiente sustenta (parte de cima do "S"). O número de indivíduos oscila em torno da capacidade.
- População humana: explosão demográfica.

Pirâmides de idade

- Indicam proporções de faixas de idade e sexo.
- Países em desenvolvimento: base mais larga da pirâmide.

Exercícios

1. (Unimontes-MG) Considerando os conceitos básicos em Ecologia, analise a figura abaixo.

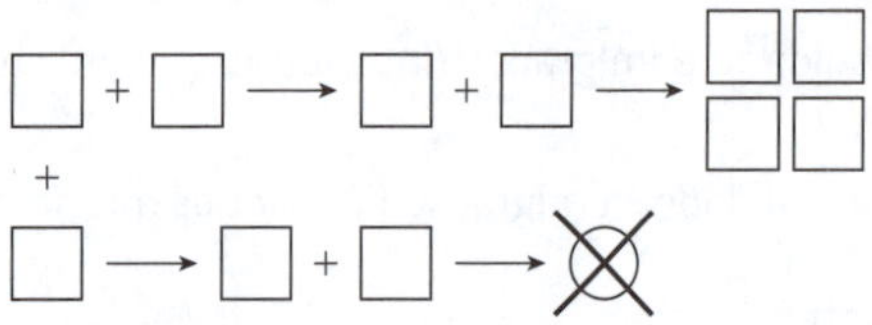

O esquema apresentado na figura representa melhor o conceito de:
a) população.
b) comunidade.
c) espécie.
d) ecossistema.

2. (UFRRJ) Mundo perde a cada 13 minutos uma espécie. Estudo do Fundo Mundial para a Natureza diz que população mundial gasta mais recursos do que o planeta oferece.

(jornal *O Globo*, 22/10/2004)

As espécies mais vulneráveis ao processo de extinção causado por atividades humanas são aquelas que:
a) apresentam apenas reprodução sexuada.
b) são predadas por outras espécies.
c) apresentam nichos variados.
d) apresentam uma alta especificidade alimentar.
e) são capazes de se dispersar com facilidade.

3. (UFRN) O aumento das infestações por cupins em casas e prédios pode ser resultante da ação do homem sobre o ambiente e das características biológicas desses animais. A combinação de fatores que **melhor** explica esse aumento de infestações nas cidades é:
a) facilidade de reprodução e organização dos indivíduos em diferentes castas.
b) eliminação de predadores e maior número de machos reprodutores na colônia.
c) disponibilidade de alimento e facilidade para instalação de novas colônias.
d) presença de numerosos indivíduos operários e maior proteção do ninho.

4. (Unisc-RS) Em algumas espécies de insetos os machos e as fêmeas vivem no mesmo esconderijo; mas, na hora de alimentar-se, a fêmea busca sangue de outros animais, enquanto o macho se alimenta da seiva das plantas. Nessas circunstâncias, pode-se afirmar que:
a) ambos ocupam nichos ecológicos diferentes, porém têm o mesmo *habitat*.
b) ambos ocupam o mesmo nicho ecológico, porém com *habitat* diferentes.
c) ambos ocupam o mesmo nicho ecológico e o mesmo *habitat*.
d) o macho é consumidor e carnívoro.
e) a fêmea é carnívora.

5. (Fuvest-SP) Em um lago, estão presentes diversas espécies de animais, plantas, algas, protozoários, fungos e bactérias.
O conjunto desses seres vivos constitui
a) uma cadeia alimentar.
b) uma comunidade biológica.
c) um ecossistema.
d) uma população.
e) uma sucessão ecológica.

6. (Udesc) Analise as proposições em relação à ecologia.
I. As populações são formadas quando vários indivíduos da mesma espécie vivem em uma mesma área e mantêm relação entre si.
II. O *habitat* corresponde ao modo de vida ou ao papel ecológico que a espécie desempenha no ecossistema.
III. Comunidade ou biocenose são formadas por indivíduos da mesma espécie, que possuem pouca relação de interação entre si.
IV. Ecossistema é a reunião e a interação das comunidades com os fatores abióticos que atuam sobre essas comunidades.

Assinale a alternativa correta.
a) Somente as afirmativas II, III e IV são verdadeiras.
b) Somente as afirmativas I e II são verdadeiras.
c) Somente as afirmativas I e IV são verdadeiras.
d) Somente as afirmativas II e III são verdadeiras.
e) Todas as afirmativas são verdadeiras.

7. (Uespi) Considerando a curva de crescimento populacional mostrada abaixo, assinale a alternativa correta.

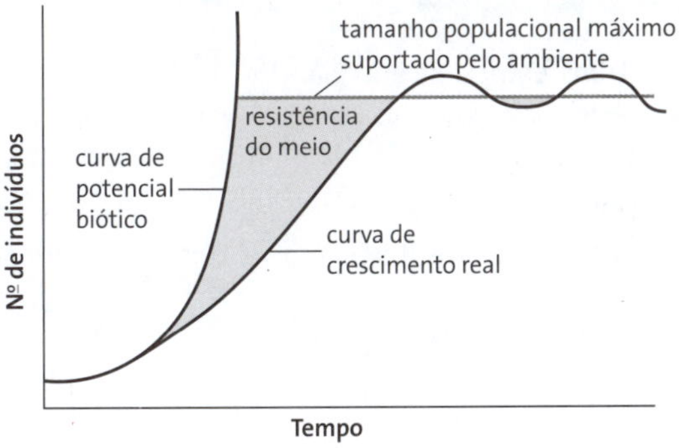

a) O potencial biótico de uma população é determinado pela capacidade mínima de seu crescimento.
b) O crescimento real de uma população pode ser representado por uma contínua curva ascendente, ao longo do tempo.
c) A curva de crescimento real pode, eventualmente, superar, em número de indivíduos, a curva de potencial biótico.
d) A carga biótica máxima do ambiente é dada pelo limite máximo de indivíduos que o ambiente suporta.
e) Fatores de resistência do meio, como a oferta ilimitada de alimento e espaço, impedem o crescimento da população.

8. (PUC-RS) Instrução: Responder à questão a seguir analisando os dados fornecidos no gráfico abaixo.

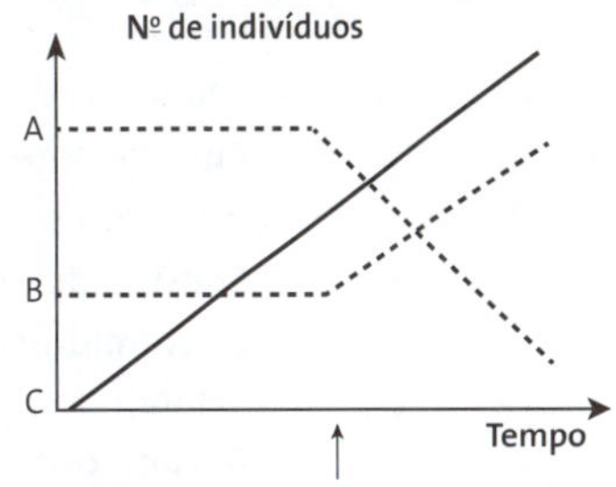

O gráfico apresenta o número de indivíduos de três populações de insetos (A: herbívoros; B: nectarívoros; C: carnívoros) que vivem em uma lavoura ao longo do tempo. A seta (↑) indica o momento da aplicação de um forte herbicida.
Os dados apresentados no gráfico nos permitem concluir que a aplicação do herbicida:
a) prejudicou a espécie A e beneficiou as espécies B e C, dado que as duas últimas aumentaram número de indivíduos.
b) beneficiou a espécie B, pois esta aumentou sua taxa de predação sobre a espécie A, a qual acabou sendo prejudicada.
c) prejudicou a espécie A, beneficiou a espécie B e não interferiu no aumento populacional da espécie C.
d) beneficiou a espécie B porque esta competia com a espécie A, a qual foi prejudicada.
e) teve efeito semelhante nas três espécies.

9. (UFU-MG) "Todos os organismos são capazes de lidar com situações que fogem da regularidade ou equilíbrio, como forma de se adaptar ou aclimatar rapidamente a uma nova situação, seja ela ambiental, populacional ou social. Um exemplo é o da lebre americana, que habita o Canadá e o norte dos Estados Unidos. Sua população apresenta ciclos de cerca de 10 anos, variando de números baixíssimos até altíssimas densidades, quando ocorre forte redução de fecundidade e aumento da mortalidade, devido ao aumento de interações conflituosas entre indivíduos. Esse estresse social leva o organismo a uma resposta de aclimatação em geral rápida – a síndrome da adaptação. Os indivíduos tentam superar a situação estressante por meio de mudanças no balanço hormonal. Entretanto, se o agente estressante continuar ativo por prolongados períodos, ou seja, se o nível populacional da lebre permanecer elevado, as mudanças hormonais induzidas antes levam os animais à morte. Isso mostra que agentes estressantes em curtos períodos podem ser superados pela plasticidade de cada organismo, mas quando se mantêm durante longos períodos são fatores importantes na dinâmica das populações, por vezes atuando na regulação das mesmas."

Ciência Hoje, v. 42, n. 247, 2008.

De acordo com as informações apresentadas no texto acima, marque a alternativa que apresenta o gráfico da curva esquemática de resistência ao estresse social da lebre americana.

a)
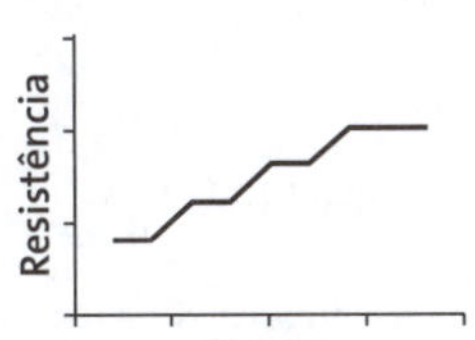

b)
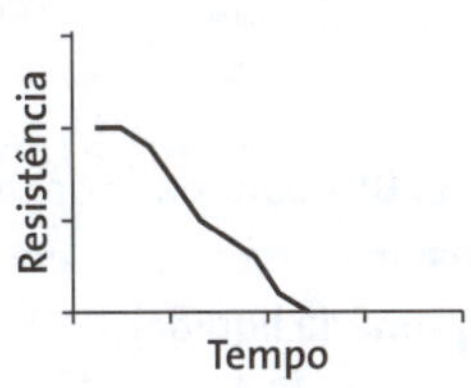

c)
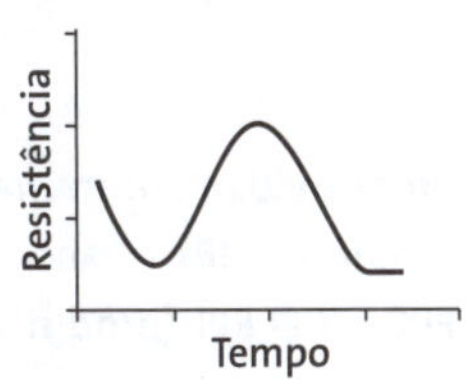

d)
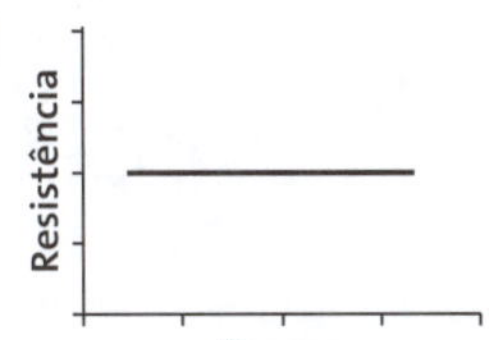

ECOLOGIA II — CADEIA E TEIA ALIMENTAR

Cadeia alimentar

- Sequência de seres vivos mostrando a transferência de energia.
- Componentes da cadeia:

  Produtores: autotróficos (primeiro nível trófico);

  Consumidores primários: herbívoros (segundo nível trófico);

  Consumidores secundários, terciários, etc: carnívoros (terceiro nível trófico, e assim por diante).

  Decompositores: fungos e bactérias, reciclam a matéria orgânica.

Teia alimentar

- Interligação de cadeias alimentares.

Fluxo de energia

- Perda de matéria e de energia por calor, pela respiração, pelas fezes e pelas excretas. Restante vai para o metabolismo e constituição do corpo (essa menor parte é a disponível para o consumidor).
- Fluxo unidirecional, dos produtores aos consumidores e decompositores.

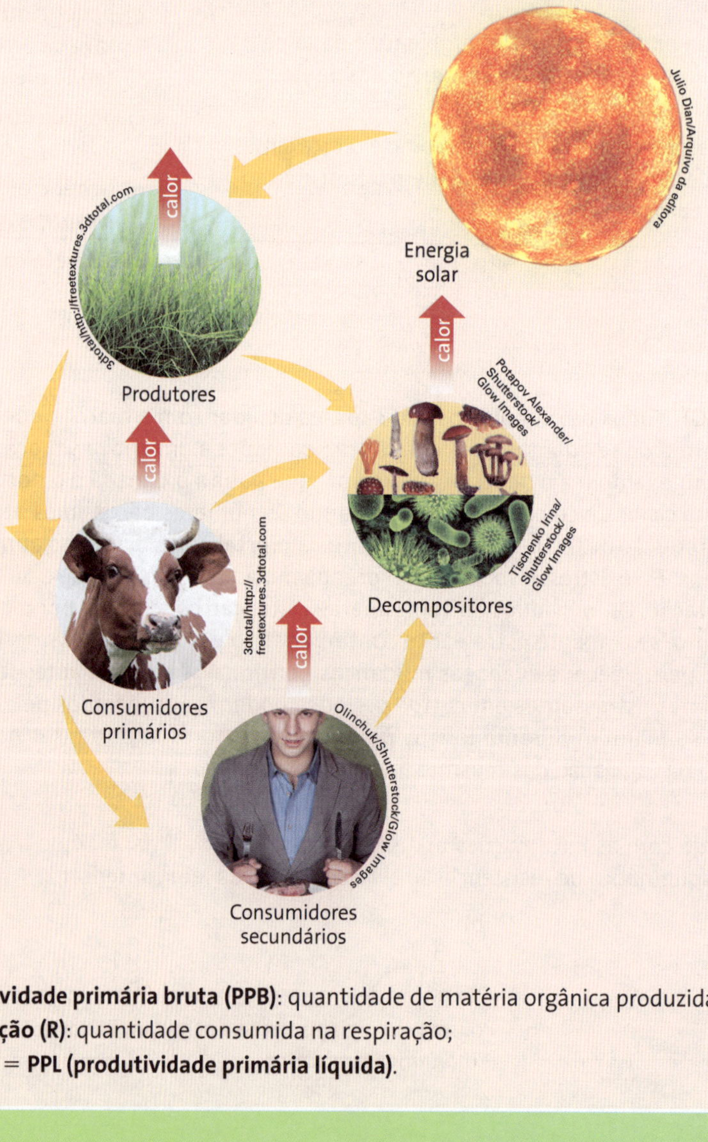

- **Produtividade primária bruta (PPB)**: quantidade de matéria orgânica produzida;

  Respiração (R): quantidade consumida na respiração;

  PPB – R = PPL (produtividade primária líquida).

Pirâmides ecológicas

- Representam os níveis tróficos superpostos.

Pirâmides de número

- Indicam a quantidade de organismos, dependem da energia disponível do nível anterior.
- Pode ter o formato invertido.

Ilustrações: Casa de Tipos/ Arquivo da editora

Pirâmide de biomassa

Representa a quantidade de matéria orgânica no corpo dos organismos. Pode ter o formato invertido.

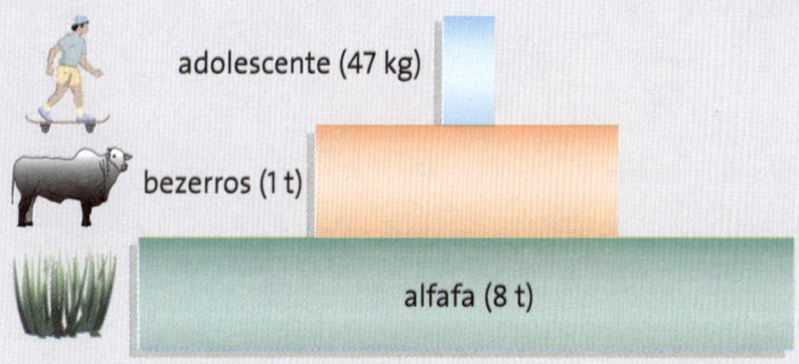

Pirâmide de energia

Cada nível representa a quantidade de energia acumulada. Nunca pode ser invertida.

Desequilíbrios nas cadeias alimentares

- A extinção de uma espécie pode afetar toda a teia alimentar.
- Poluentes persistentes se acumulam ao longo da cadeia (pela diminuição da biomassa) – **magnificação trófica**.

Exercícios

1. (Uern) Em uma cadeia alimentar, a quantidade de energia presente em um nível trófico é sempre maior que a quantidade de energia transferível para o nível seguinte. Isso porque todos os seres vivos consomem parte da energia do alimento para a manutenção de sua própria vida, liberando calor e, portanto, não a transferindo para os níveis seguintes. A porcentagem de energia transferida de um nível para o seguinte é denominada eficiência ecológica, varia entre os organismos, situando-se entre 5% e 20%. Na transferência dos herbívoros para os carnívoros, essa perda é significativa, isso se deve ao(à)
   a) metabolismo diferenciado dos herbívoros.
   b) fato dos vegetais serem de fácil digestão.
   c) eliminação excessiva de fibras de celulose não digeridas nas fezes dos herbívoros.
   d) fato dos herbívoros estarem mais no início da cadeia alimentar.

2. (Udesc) A transferência de energia e matéria entre os seres vivos de uma comunidade passa constantemente por meio de cadeias e teias alimentares. Analise as proposições abaixo, em relação ao enunciado.
   I. É chamada de cadeia alimentar a sequência de seres vivos em que um serve de alimento ao outro.
   II. Em uma comunidade existem várias cadeias interligadas, que formam uma teia ou rede alimentar.
   III. O fluxo de matéria e energia é repassado integralmente aos consumidores e depois aos produtores e decompositores.
   IV. Parte da matéria orgânica e da energia que fica nos autotróficos constitui alimento disponível para os consumidores.

   Assinale a alternativa correta.
   a) Somente as afirmativas I, II e III são verdadeiras.
   b) Somente as afirmativas II e IV são verdadeiras.
   c) Somente as afirmativas I, II e IV são verdadeiras.
   d) Somente as afirmativas I e III são verdadeiras.
   e) Somente as afirmativas III e IV são verdadeiras.

3. (Mack-SP) Analise a pirâmide de biomassa, representada abaixo de forma invertida.

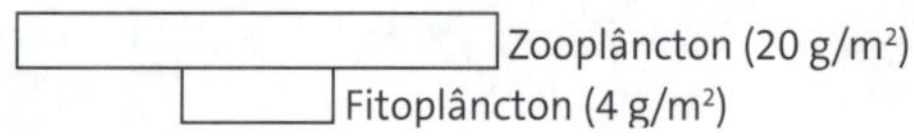

   Essa pirâmide:
   a) nunca pode ocorrer, pois o zooplâncton depende da biomassa do fitoplâncton.
   b) pode ocorrer, quando a velocidade de reprodução do zooplâncton é maior do que a do fitoplâncton.
   c) pode ocorrer, quando a velocidade de reprodução do fitoplâncton é maior do que a do zooplâncton.
   d) pode ocorrer, quando a medida da biomassa é feita num período longo de tempo.
   e) nunca pode ocorrer, não importando a velocidade de reprodução do zooplâncton e do fitoplâncton.

4. (ESCS-DF) O diagrama a seguir ilustra, de modo simplificado, alguns dos fenômenos que ocorrem nos ecossistemas. As setas escuras indicam produção e as setas claras indicam consumo de um determinado gás. As demais setas indicam os fluxos identificados na legenda.

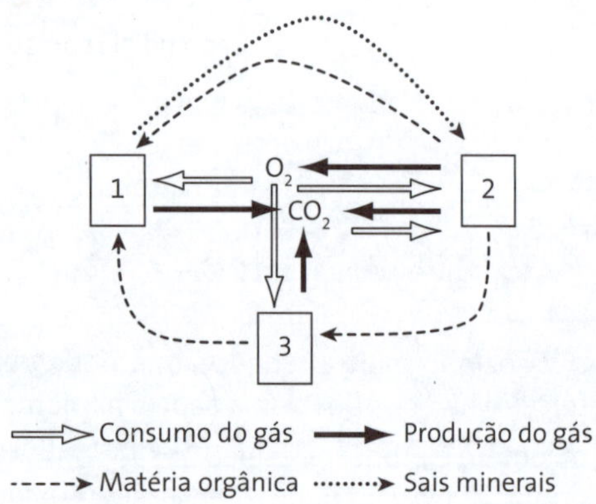

   A opção que associa corretamente cada número a seu nível trófico é:
   a) 1 – consumidores, 2 – produtores, 3 – decompositores.
   b) 1 – decompositores, 2 – produtores, 3 – consumidores.
   c) 1 – produtores, 2 – decompositores, 3 – consumidores.
   d) 1 – produtores, 2 – consumidores, 3 – decompositores.
   e) 1 – decompositores, 2 – consumidores, 3 – produtores.

5. (UFPR) Abaixo estão representados três exemplos de cadeias alimentares na coluna da esquerda e, na coluna da direita, três pirâmides que expressam o número relativo de indivíduos em cada nível, numa situação de equilíbrio ecológico.
Relacione as cadeias alimentares da coluna da esquerda com as pirâmides da direita.

1. Árvore → preguiças → pulgas ( )

2. Árvore → cotias → jaguatiricas ( )

3. Milho → roedores → cobras ( )

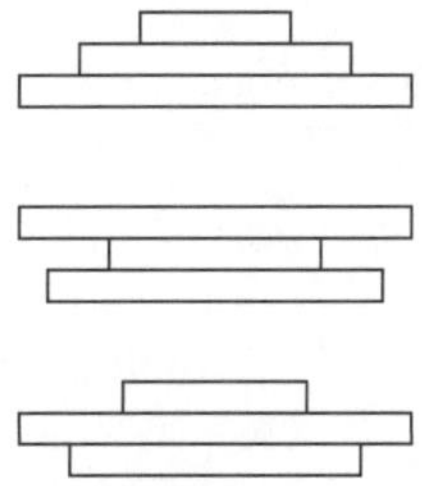

Assinale a alternativa que apresenta a numeração correta da coluna da direita, de cima para baixo.

a) 1 – 2 – 3.
b) 1 – 3 – 2.
c) 3 – 1 – 2.
d) 2 – 1 – 3.
e) 3 – 2 – 1.

6. (Vunesp-SP) Sr. José Horácio, um morador de Ipatinga, MG, flagrou uma cena curiosa, filmou-a e mandou-a para um telejornal. Da ponte de um lago no parque da cidade, pessoas atiravam migalhas de pão aos peixes. Um socozinho (*Butorides striata*), ave que se alimenta de peixes, recolhia com seu bico algumas migalhas de pão e as levava para um lugar mais calmo, à beira do lago e longe das pessoas. Atirava essas migalhas "roubadas" no lago e, quando os peixes vinham para comê-las, capturava e engolia esses peixes.
Sobre os organismos presentes na cena, pode-se afirmar que:

a) o socozinho é um parasita, os homens e os peixes são os organismos parasitados.
b) o socozinho é um predador, que pode ocupar o terceiro nível trófico dessa cadeia alimentar.
c) o homem é produtor, os peixes são consumidores primários e o socozinho é consumidor secundário.
d) os peixes e o socozinho são consumidores secundários, enquanto o homem ocupa o último nível trófico dessa cadeia alimentar.
e) os peixes são detritívoros e o socozinho é consumidor primário.

7. (UFMG) Analise este gráfico, em que estão representados dados obtidos em um estudo sobre a cadeia alimentar presente em determinada área:

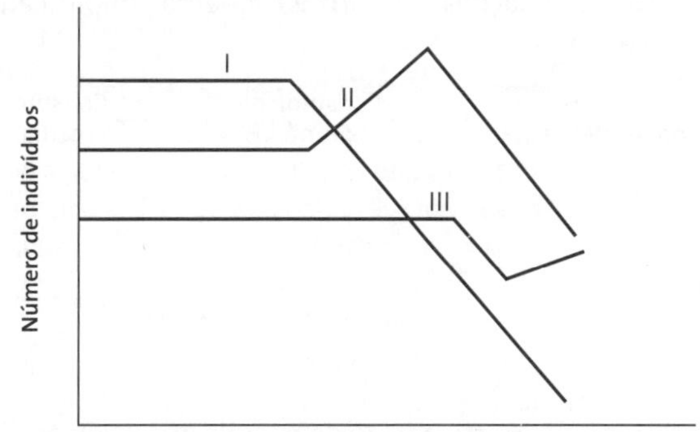

Considerando-se essas informações, é CORRETO afirmar que as curvas I, II e III representam, respectivamente, populações de:

a) capim, gafanhotos e sapos.
b) capim, sapos e gafanhotos.
c) sapos, capim e gafanhotos.
d) sapos, gafanhotos e capim.

8. (UFSM-RS)
Você já ouviu falar no vírus Nipah? Pois ele quase provocou uma tragédia na Malásia, em 1998. Ele foi encontrado em morcegos que se alimentavam de frutos (frugívoros). As fazendas de criação de porcos invadiram o ambiente natural dos morcegos. Instalados sob as árvores, os chiqueiros ficaram cheios de frutas mordidas, fezes e urina infectada. Os porcos adoeceram e as pessoas foram contaminadas pela carne ou excrementos dos animais – dos infectados, 50% morreram.

Disponível em: <http://revistaepoca.globo.com/Revista/Epoca/UMA+AMEAÇA+A+MENOS>. Acesso em: 20 de jul. 2012. (adaptado)

Considerando as informações do texto, pode-se afirmar:

I. A sequência morcego → porco → homem é um exemplo de cadeia alimentar.
II. No texto, a expressão "ambiente natural" é sinônimo de *habitat*.
III. Em relação às árvores, os morcegos são consumidores primários.

Está(ão) correta(s):

a) apenas I.
b) apenas II.
c) apenas III.
d) apenas I e II.
e) apenas II e III.

9. (UFG-GO) Uma cadeia alimentar típica começa com a absorção de energia luminosa pelos seres fotossintetizantes. Nos níveis tróficos seguintes, a energia sofre variações, conforme esquema simplificado a seguir.

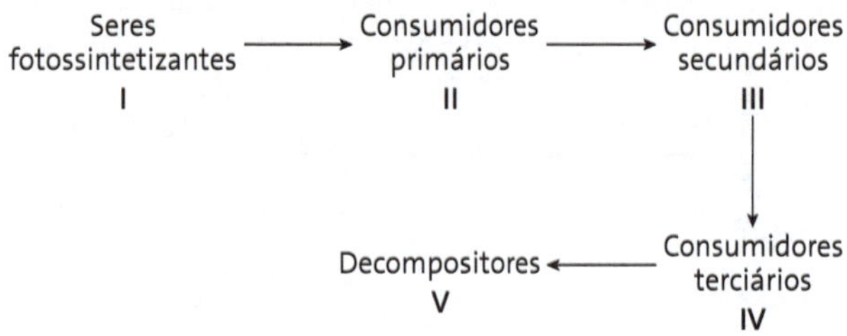

Tendo em vista o fluxo de energia nos níveis tróficos apresentados, e considerando-os em seu conjunto global de reações químicas, conclui-se que o nível com maior energia potencial é:

a) I.
b) II.
c) III.
d) IV.
e) V.

10. (PUC-RJ) O esquema abaixo representa a ingestão de alimento, a utilização deste e a liberação de produtos por determinado organismo.

Alimento ingerido			
Alimento assimilado			Defecação
Substâncias incorporadas aos tecidos	Excreção	Respiração	

Considerando que esse organismo seja um consumidor primário de uma cadeia de três níveis tróficos num determinado ecossistema, podemos chegar às seguintes afirmativas, EXCETO:

a) pequena parcela do alimento assimilado é gasta e liberada posteriormente na forma de produtos nitrogenados.
b) a parcela perdida na defecação deste consumidor primário é incapaz de ser reaproveitada pelo ecossistema.
c) apenas uma parcela do alimento recebido do produtor é incorporada por esse consumidor primário.
d) apenas uma parcela da energia obtida por esse consumidor primário passa ao consumidor secundário.
e) grande parcela do alimento assimilado é liberado posteriormente sob a forma de CO_2 e H_2O.

11. (UCS-RS) Uma cadeia alimentar é um sistema em que a energia vai sendo transferida entre cada etapa da cadeia.
Considerando a representação da seguinte cadeia alimentar, assinale a alternativa correta.

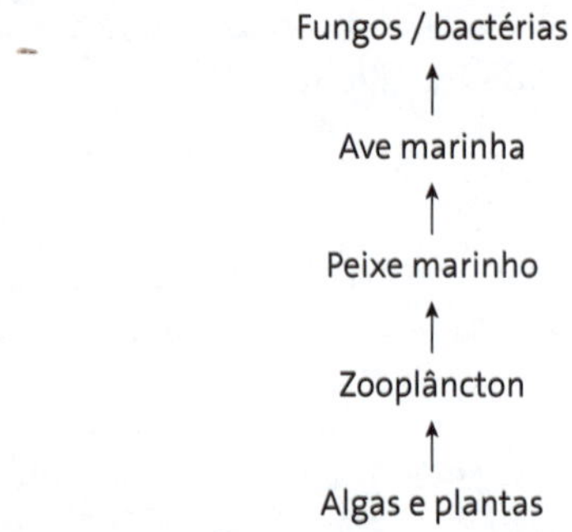

a) O peixe marinho é um decompositor.
b) A ave marinha é um consumidor terciário.
c) O zooplâncton é um produtor primário.
d) Algas e plantas são consumidores secundários.
e) Fungos e bactérias são consumidores primários.

12. (Udesc) Analise as proposições a seguir, a respeito da energia nos ecossistemas.

I. Organismos fotossintetizantes (como algas e plantas) são capazes de capturar a energia luminosa do Sol e convertê-la em energia química, que fica armazenada nas moléculas das substâncias orgânicas. Esse processo é chamado de fotossíntese.
II. Em uma cadeia alimentar, a quantidade de energia de um nível trófico é sempre maior que a energia que pode ser transferida ao nível seguinte, uma vez que todos os seres vivos consomem parte da energia do alimento para a manutenção de sua própria vida.
III. A transferência de energia na cadeia alimentar é unidirecional; tem início nos organismos produtores, passa para os consumidores e finaliza com os organismos decompositores.
IV. Os consumidores primários obtêm a energia necessária à sua sobrevivência alimentando-se diretamente dos organismos fotossintetizantes.
V. Os organismos decompositores obtêm a energia necessária à sua sobrevivência através da decomposição da matéria orgânica morta.

Assinale a alternativa **correta**.

a) Somente as afirmativas I, IV e V são verdadeiras.
b) Somente as afirmativas III e IV são verdadeiras.
c) Somente as afirmativas II, III e V são verdadeiras.
d) Somente as afirmativas I, II e V são verdadeiras.
e) Todas as afirmativas são verdadeiras.

13. (Ufop-MG) Os seres vivos, para sobreviverem, necessitam continuamente de energia. A maneira de obtê-la varia de espécie para espécie. Em ambientes terrestres, os vegetais ficam com a energia luminosa que é transferida para os herbívoros quando estes os ingerem. Os carnívoros predam os herbívoros obtendo assim a energia necessária para a sua sobrevivência. Em ambientes aquáticos também ocorre essa mesma dinâmica de transferência de energia. Qual das opções abaixo representa a sequência correta de transferência energética?

a) zooplâncton → filoplâncton → peixe vegetariano
b) peixe vegetariano → peixe carnívoro → zooplâncton
c) zooplâncton → fitoplâncton → peixe carnívoro
d) fitoplâncton → zooplâncton → peixe carnívoro
e) peixe carnívoro → zooplâncton → fitoplâncton

14. (Uespi) Considerando os conceitos de produtividade energética nas cadeias alimentares, assinale a alternativa correta.

a) A produtividade primária bruta consiste na quantidade de energia efetivamente consumida pelo último consumidor da cadeia alimentar.
b) A produtividade primária líquida é dada com subtração da energia da produtividade primária bruta pela energia perdida na respiração celular.
c) A produtividade primária líquida é a energia total disponibilizada pelos produtores para os demais níveis tróficos.
d) A eficiência dos produtores de um ecossistema pode ser avaliada pela produtividade primária bruta.
e) Quanto menos níveis tróficos houver na cadeia alimentar, maior será a dissipação energética ao longo dela.

15. (UFPR) O estudo de cadeias tróficas é importante para a compreensão das relações entre organismos em um ambiente. Uma forma de estudá-las é pela produtividade, em biomassa, em cada nível da cadeia. Supondo a existência de uma cadeia, num ambiente aquático, com três comunidades de organismos (vegetação, herbívoros e carnívoros) em equilíbrio, qual dos gráficos representa a variação dessas comunidades, em biomassa (g/m^2), em função da disponibilidade de luz?

a)
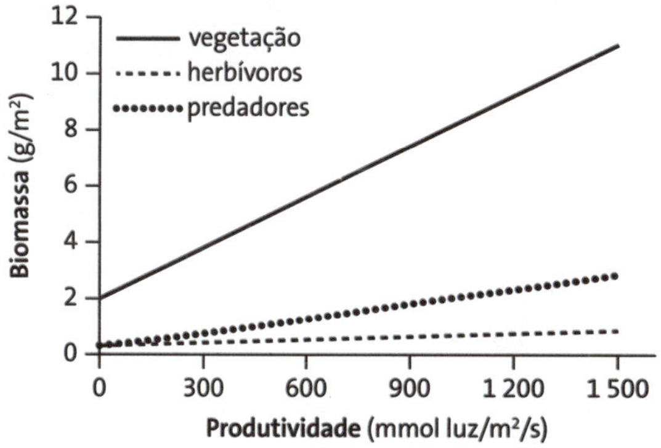

d)
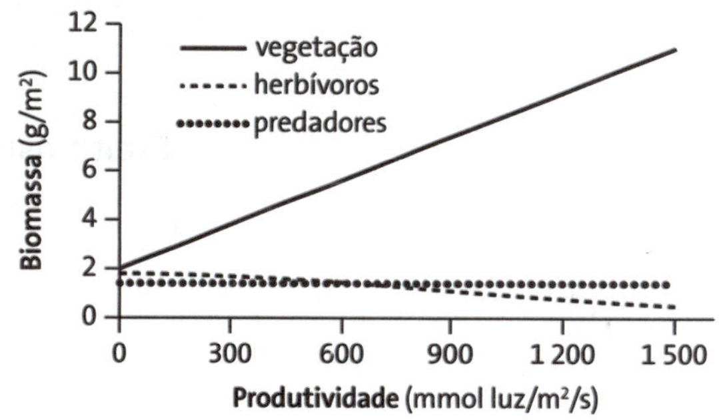

b)
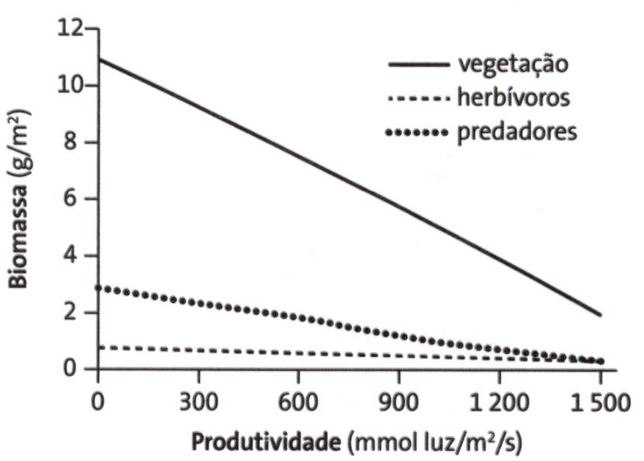

e)
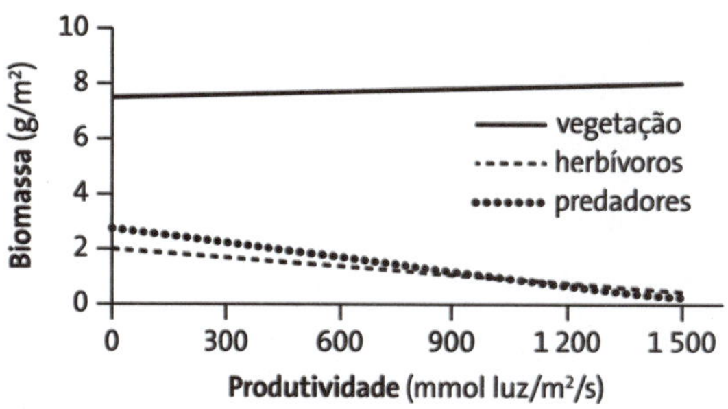

c)
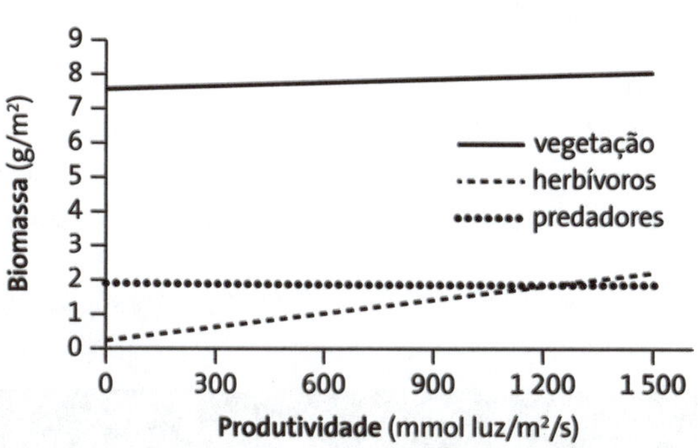

Ciclo do carbono

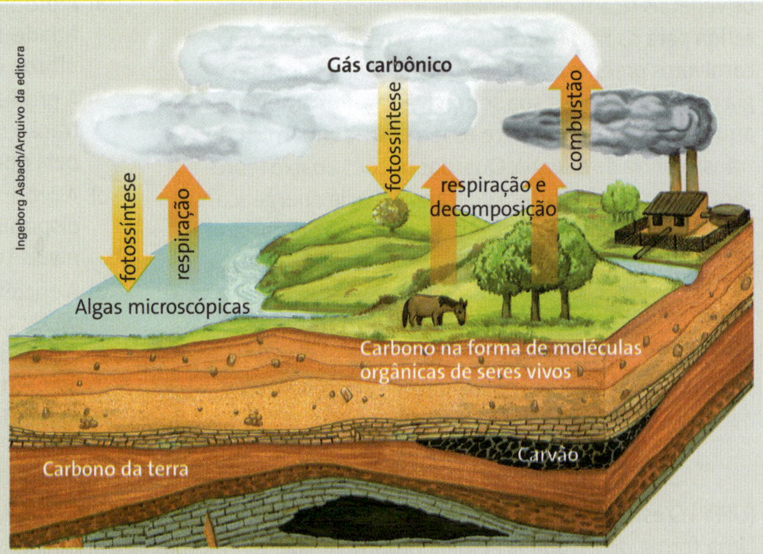

Ingeborg Asbach/Arquivo da editora

- **Fixação de carbono**: absorção do carbono da atmosfera pelos seres autotróficos, e transformação em moléculas orgânicas.
- Devolução do carbono à atmosfera se dá pela respiração e decomposição.
- Boa parte do carbono está em depósitos na Terra (petróleo, carvão, etc.).

Efeito estufa

Ilustrações: Luis Moura/Arquivo da editora

- Raios infravermelhos são irradiados de volta para a Terra, portanto a atmosfera mantém a temperatura do planeta.
- Gás carbônico é o principal gás do efeito estufa (absorve os raios).

Aquecimento global

- Intensificação do efeito estufa causada pelo aumento da emissão de gases.
- Consequências: aumento da temperatura, que gera aumento de fenômenos climáticos extremos, prejuízos na agricultura, perda de biodiversidade, entre outros.
- Protocolo de Kyoto: compromisso de diversos países para a diminuição da emissão de gases.

Ciclo do oxigênio

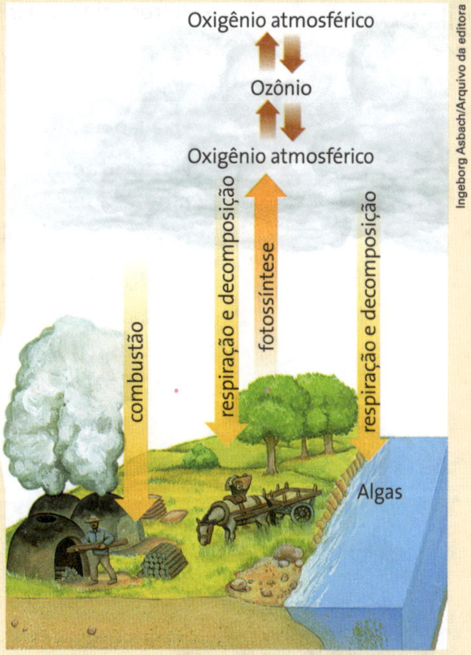

- Ciclo está relacionado ao do carbono (dependência da respiração e fotossíntese).
- Parte do oxigênio gasoso é transformada em ozônio na estratosfera.

Destruição da camada de ozônio

- Alguns tipos de gases (como o CFC, por exemplo) destroem a camada de ozônio.
- Nos buracos da camada passam mais raios ultravioleta, que causam danos à saúde humana, à vegetação, entre outros.

Ciclo da água

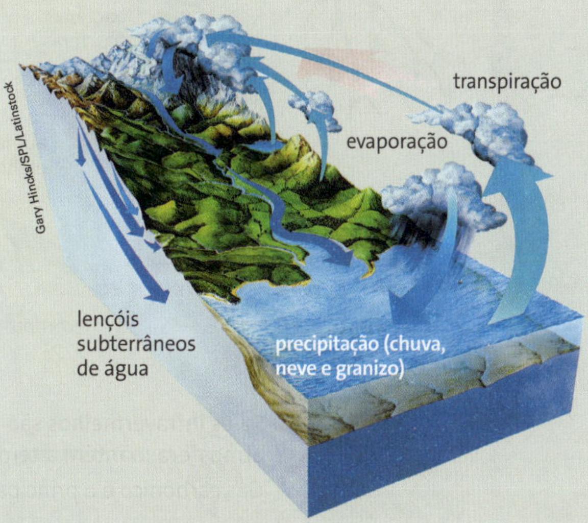

- Mais da metade da Terra é coberta por água.
- Água vai para a atmosfera em forma de vapor, e volta na forma líquida (chuva) ou sólida (neve e granizo).
- Aquíferos são enormes reservas de água subterrânea.
- Há dois tipos de ciclos, o curto e o longo – que considera também a passagem da água pelo corpo dos seres vivos.
- Problema do mau uso da água causa escassez no mundo todo.

Ciclo do nitrogênio

- Nitrogênio faz parte da composição de proteínas e ácidos nucleicos.
- Maioria dos seres vivos não consegue utilizar o nitrogênio da atmosfera, depende de bactérias realizarem a fixação.
- **Fixação do nitrogênio**: transformação do gás em amônia.
- **Nitrificação**: transformação da amônia em nitrato (duas etapas: nitrosação e nitratação).
- **Desnitrificação**: nitratos no solo são transformados novamente em gás.
- Fertilizantes à base de nitrogênio podem ser necessários na agricultura. Eles podem ser feitos em indústrias, mas também com a rotação de culturas (alternando com leguminosas que se associam a bactérias fixadoras) ou com a adubação verde.

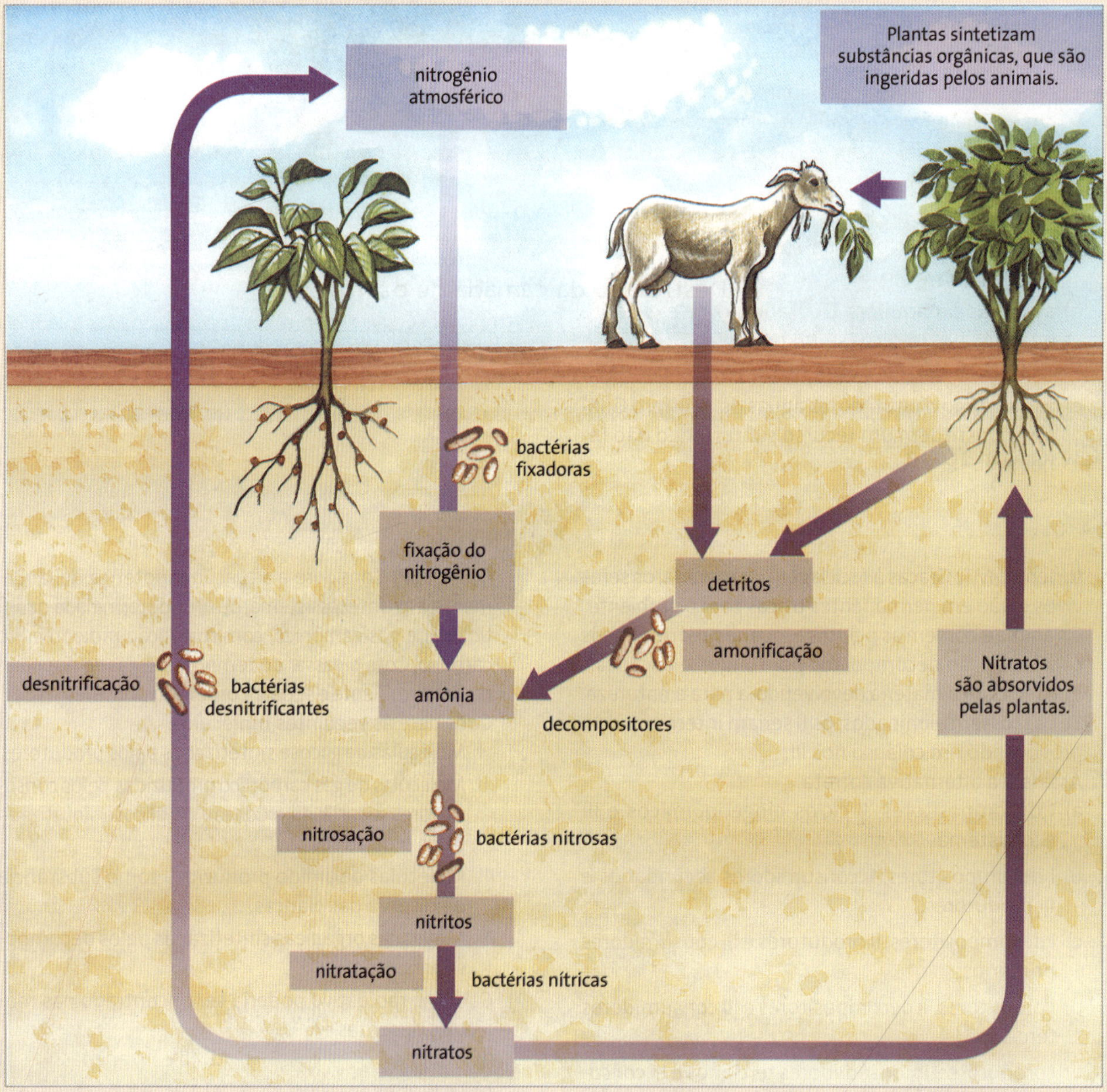

Ingeborg Asbach/Arquivo da editora

Exercícios

1. (Vunesp-SP) O aquífero Guarani é a principal reserva subterrânea de água doce da América do Sul e um dos maiores sistemas aquíferos do mundo. (...) Sua recarga natural anual (principalmente pelas chuvas) é de 160 km³/ano, sendo que desta, 40 km³/ano constituem o potencial explorável sem riscos para o sistema aquífero. Sua área de recarga (...) é a mais vulnerável e deve ser objeto de programas de planejamento e gestão ambiental permanentes para se evitar a contaminação da água subterrânea e sobrexplotação do aquífero.

(www.ambiente.sp.gov.br)

Sobre o aquífero e o ciclo da água, pode-se dizer que:

a) a água acumulada no aquífero Guarani, se não extraída pelo homem, permanece indisponível para a realização do ciclo da água.

b) sendo reabastecido continuamente com água da chuva, o aquífero Guarani é uma fonte inesgotável de água, sendo desnecessário o controle de sua exploração.

c) quando a água do aquífero Guarani é utilizada para irrigação da lavoura, passa a compor o ciclo longo da água.

d) as águas do aquífero Guarani são de excelente qualidade para o consumo doméstico, pois esse depósito é abastecido por rios ainda não poluídos.

e) assim como o petróleo, as águas do aquífero Guarani constituem um recurso subterrâneo não renovável.

2. (Unemat-MT) Graças à reciclagem da matéria, os seres vivos estão em permanentes trocas com o ambiente. Os animais comem as plantas e, quando morrem, seus cadáveres são decompostos por fungos e bactérias, que reciclam a matéria devolvendo-a para a natureza. Se os I fossem eliminados, os II seriam interrompidos, provocando um colapso nos III.
Assinale a alternativa correta.

a) I decompositores, II ciclos biogeoquímicos e III ecossistemas.

b) I decompositores, II consumidores secundários e III produtores.

c) I decompositores, II produtores e III consumidores primários.

d) I produtores, II decompositores e III consumidores terciários.

e) I produtores, II consumidores terciários e III consumidores secundários.

3. (Uerj) O nitrogênio é um dos principais gases que compõem o ar atmosférico. No esquema abaixo, estão resumidas algumas etapas do ciclo biogeoquímico desse gás na natureza.

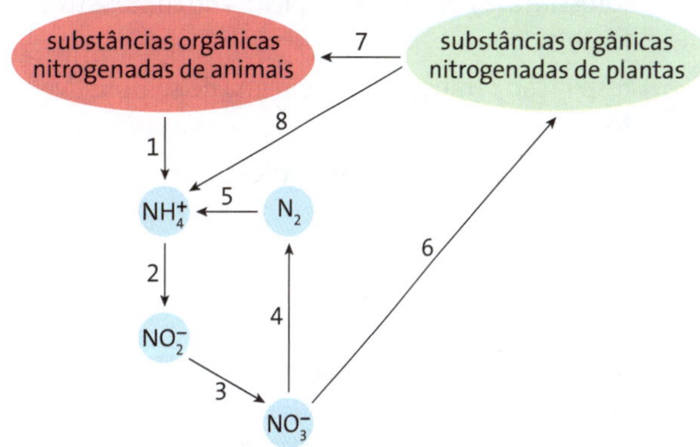

O processo de nitrificação, composto de duas etapas, e o de desnitrificação, ambos executados por microrganismos, estão identificados, respectivamente, pelos seguintes números:

a) 2 e 3; 4.

b) 1 e 5; 7.

c) 4 e 6; 8.

d) 2 e 5; 1.

4. (Fuvest-SP) Considere a situação hipotética de lançamento, em um ecossistema, de uma determinada quantidade de gás carbônico, com marcação radioativa no carbono. Com o passar do tempo, esse gás se dispersaria pelo ambiente e seria incorporado por seres vivos.
Considere as seguintes moléculas:

I. Moléculas de glicose sintetizadas pelos produtores.

II. Moléculas de gás carbônico produzidas pelos consumidores a partir da oxidação da glicose sintetizada pelos produtores.

III. Moléculas de amido produzidas como substância de reserva das plantas.

IV. Moléculas orgânicas sintetizadas pelos decompositores.

Carbono radioativo poderia ser encontrado nas moléculas descritas em:

a) I, apenas.

b) I e II, apenas.

c) I, II e III, apenas.

d) III e IV, apenas.

e) I, II, III e IV.

5. (UPF-RS) Na biosfera, o carbono fixado na _____________ retorna, gradativamente, à atmosfera em consequência da _____________ e da _____________.

O que completa **corretamente** a frase se encontra na alternativa:

a) respiração / fotossíntese / transpiração
b) fotossíntese / transpiração / queima de combustíveis fósseis
c) fotossíntese / respiração / queima de combustíveis fósseis
d) respiração / transpiração / queima de combustíveis fósseis
e) transpiração / respiração / fotossíntese

6. (Udesc) Com relação aos ciclos biogeoquímicos, analise as seguintes afirmativas:

I. No ciclo do carbono: as cadeias de carbono formam as moléculas orgânicas através dos seres autotróficos por meio da fotossíntese, na qual o gás carbônico é absorvido, fixado e transformado em matéria orgânica pelos produtores. O carbono volta ao ambiente através do gás carbônico por meio da respiração.

II. No ciclo do oxigênio: o gás oxigênio é produzido durante a construção de moléculas orgânicas pela respiração e consumido quando essas moléculas são oxidadas na fotossíntese.

III. No ciclo da água: a energia solar possui um papel importante, pois ela permite que a água em estado líquido sofra evaporação. O vapor de água, nas camadas mais altas e frias, condensa-se e forma nuvens que, posteriormente, precipitam-se na forma de chuva, e a água dessa chuva retorna ao solo formando rios, lagos, oceanos ou ainda se infiltrando no solo e formando os lençóis freáticos.

IV. No ciclo do nitrogênio: uma das etapas é a de fixação do nitrogênio, na qual algumas bactérias utilizam o nitrogênio atmosférico e fazem-no reagir com oxigênio para produzir nitrito, que será transformado em amônia no processo de nitrificação.

Assinale a alternativa correta.

a) Somente as afirmativas II e IV são verdadeiras.
b) Somente as afirmativas I e II são verdadeiras.
c) Somente as afirmativas I, III e IV são verdadeiras.
d) Somente as afirmativas II, III e IV são verdadeiras.
e) Somente as afirmativas I e III são verdadeiras.

7. (FMJ-SP) Após assistir a uma aula sobre ciclo do carbono e do oxigênio, um aluno fez as seguintes observações:

I. Os vegetais participam do ciclo do carbono quando liberam CO_2 durante a noite e o dia.

II. Os animais participam durante o dia e a noite do ciclo do oxigênio.

III. Os vegetais têm participação ativa nos dois ciclos, já que realizam respiração e fotossíntese.

IV. Os fungos têm participação ativa nesses ciclos quando absorvem CO_2 do meio, pois são anaeróbios.

Pode-se afirmar que está correto o contido apenas em:

a) II.
b) I e IV.
c) II e III.
d) III e IV.
e) I, II e III.

8. (Udesc) Com relação aos ciclos biogeoquímicos, analise as seguintes afirmativas:

I. No ciclo do carbono: as cadeias de carbono formam as moléculas orgânicas através dos seres autotróficos por meio da fotossíntese, na qual o gás carbônico é absorvido, fixado e transformado em matéria orgânica pelos produtores. O carbono volta ao ambiente através do gás carbônico por meio da respiração.

II. No ciclo do oxigênio: o gás oxigênio é produzido durante a construção de moléculas orgânicas pela respiração e consumido quando essas moléculas são oxidadas na fotossíntese.

III. No ciclo da água: a energia solar possui um papel importante, pois ela permite que a água em estado líquido sofra evaporação. O vapor de água, nas camadas mais altas e frias, condensa-se e forma nuvens que, posteriormente, precipitam-se na forma de chuva, e a água dessa chuva retorna ao solo formando rios, lagos, oceanos ou ainda se infiltrando no solo e formando os lençóis freáticos.

IV. No ciclo do nitrogênio: uma das etapas é a de fixação do nitrogênio, na qual algumas bactérias utilizam o nitrogênio atmosférico e fazem-no reagir com oxigênio para produzir nitrito, que será transformado em amônia no processo de nitrificação.

Assinale a alternativa correta.

a) Somente as afirmativas II e IV são verdadeiras.
b) Somente as afirmativas I e II são verdadeiras.
c) Somente as afirmativas I, III e IV são verdadeiras.
d) Somente as afirmativas II, III e IV são verdadeiras.
e) Somente as afirmativas I e III são verdadeiras.

9. (Uerj) Utilize as informações a seguir para responder à(s) seguinte(s) questão(ões)

O ciclo do nitrogênio é extremamente importante para os seres vivos. Esse elemento faz parte de diversos compostos orgânicos, como proteínas e ácidos nucleicos. Na tabela, há exemplos de formas químicas do nitrogênio incorporadas por alguns seres vivos.

<table>
<tr><th rowspan="2">Seres vivos</th><th colspan="2">Composto nitrogenado</th></tr>
<tr><th>Orgânico</th><th>Inorgânico</th></tr>
<tr><td>plantas</td><td rowspan="3">aminoácidos</td><td>amônia (NH_3)
nitrato (NO_3^-)</td></tr>
<tr><td>bactérias</td><td>amônia (NO_3)
nitrato (NO_3^-)
nitrito (NO_2^-)</td></tr>
<tr><td>animais</td><td>———</td></tr>
</table>

No ciclo do nitrogênio, as bactérias desnitrificantes estão relacionadas à função apontada em:

a) conversão da amônia em nitrito

b) produção de nitrato a partir da amônia

c) liberação de gás nitrogênio para o ambiente

d) incorporação de nitrogênio molecular em aminoácidos

11. (Fatec-SP) Sabendo-se que:

— o maior reservatório de nitrogênio do planeta é a atmosfera, onde esse elemento químico se encontra na forma de nitrogênio molecular (N_2);

— apenas umas poucas espécies de bactérias, conhecidas genericamente como fixadoras de nitrogênio são capazes de utilizar diretamente o N_2, incorporando esses átomos em suas moléculas orgânicas;

— algumas bactérias do gênero *Rhizobium* (rizóbios), fixadoras de N_2, vivem no interior de nódulos formados em raízes de plantas leguminosas, como a soja e o feijão;

— a soja e o feijão, graças à associação com os rizóbios, podem viver em solos pobres de compostos nitrogenados.

É correto concluir que, sobre o ciclo do nitrogênio na natureza,

a) os rizóbios recebem nitrogênio molecular das leguminosas.

b) as plantas fixam o nitrogênio molecular ao fazerem fotossíntese.

c) os herbívoros obtêm nitrogênio na natureza ao comerem as plantas.

d) o nitrogênio atmosférico pode ser absorvido pelas folhas das leguminosas.

e) as leguminosas usadas na recuperação de solos pobres fixam diretamente o nitrogênio molecular.

10. (Fuvest-SP) Uma das consequências do "efeito estufa" é o aquecimento dos oceanos. Esse aumento de temperatura provoca:

a) menor dissolução de CO_2 nas águas oceânicas, o que leva ao consumo de menor quantidade desse gás pelo fitoplâncton, contribuindo, assim, para o aumento do efeito estufa global.

b) menor dissolução de O_2 nas águas oceânicas, o que leva ao consumo de maior quantidade de CO_2 pelo fitoplâncton, contribuindo, assim, para a redução do efeito estufa global.

c) menor dissolução de CO_2 e O_2 nas águas oceânicas, o que leva ao consumo de maior quantidade de O_2 pelo fitoplâncton, contribuindo, assim, para a redução do efeito estufa global.

d) maior dissolução de CO_2 nas águas oceânicas, o que leva ao consumo de maior quantidade desse gás pelo fitoplâncton, contribuindo, assim, para a redução do efeito estufa global.

e) maior dissolução de O_2 nas águas oceânicas, o que leva à liberação de maior quantidade de CO_2 pelo fitoplâncton, contribuindo, assim, para o aumento do efeito estufa global.

12. (UFJF-MG) A exploração da camada geológica denominada Pré-sal, que abrange desde o litoral do Espírito Santo a Santa Catarina, pode colocar o Brasil entre as 10 maiores reservas de petróleo do mundo. Segundo as expectativas, o incremento das reservas representará um crescimento dos atuais 14,4 bilhões de barris de óleo para algo entre 70 e 107 bilhões de barris. A exploração da camada Pré-sal está diretamente relacionada ao ciclo do carbono. Sobre esse ciclo é INCORRETO afirmar que:

a) a quantidade de CO_2 na atmosfera atual é menor do que na atmosfera primitiva do planeta.

b) a quantidade de CO_2 na atmosfera aumentou nos últimos duzentos anos.

c) a quantidade de carbono na forma de petróleo vem aumentando com a exploração da camada Pré-sal.

d) as quantidades das diferentes formas em que podemos encontrar o carbono mudam constantemente com a queima de combustíveis fósseis.

e) a quantidade total de carbono no planeta Terra não mudou significativamente nos últimos cinquenta anos.

13. (UCS-RS) Os átomos dos elementos químicos são assimilados e transferidos continuamente entre os organismos e o ambiente, e a ciclagem desses elementos é denominada Ciclo Biogeoquímico. Considere o Ciclo Biogeoquímico do Carbono representado na figura abaixo.

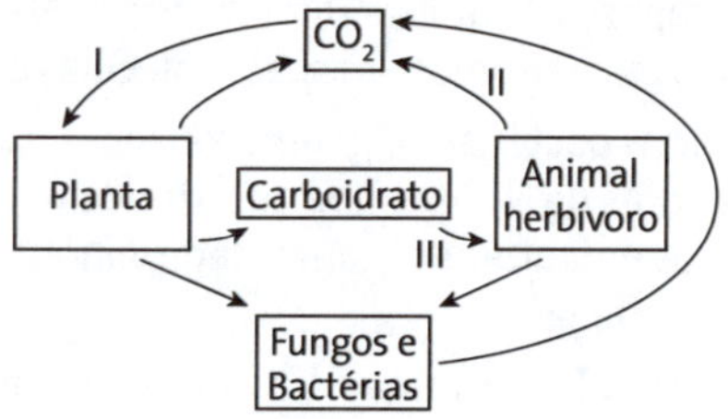

Analise as afirmações a seguir, de acordo com a figura acima apresentada.

I. O processo I corresponde à assimilação pela fotossíntese.

II. O processo II corresponde à respiração.

III. O processo III corresponde à assimilação pela decomposição.

Das afirmações acima,

a) apenas I está correta.

b) apenas II está correta.

c) apenas I e II estão corretas.

d) apenas II e III estão corretas.

e) I, II e III estão corretas.

14. (Uesc) O esquema a seguir representa de forma parcial o ciclo do nitrogênio presente na natureza com alguns dos seus componentes bióticos.

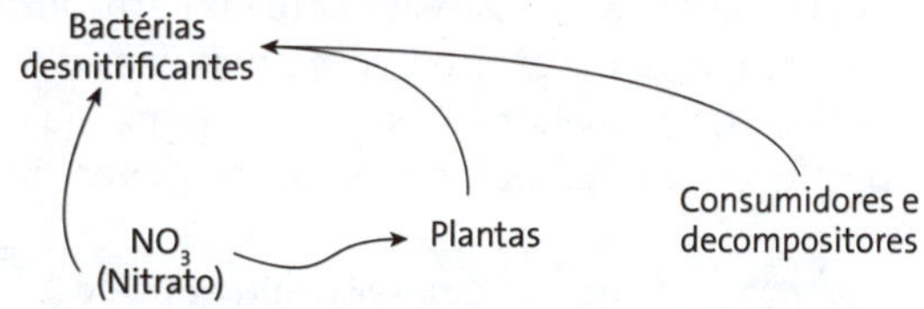

A respeito da dinâmica desse ciclo e das informações obtidas no esquema, é correto afirmar:

a) as plantas convertem o componente inorgânico em moléculas orgânicas que contém nitrogênio, que poderá ser transferido para os outros níveis tróficos através das cadeias alimentares.

b) as bactérias desnitrificantes convertem o nitrogênio molecular, presente na atmosfera, fixando-o ao solo na forma orgânica.

c) a reciclagem dos resíduos nitrogenados pelos consumidores permite a reutilização desses compostos pelas bactérias nitrificantes.

d) o nitrato fixado pelas bactérias desnitrificantes deve ser convertido inicialmente em nitrito e finalmente em amônia para que possam estar acessíveis aos vegetais.

e) consumidores e decompositores que consomem matéria nitrogenada se posicionam invariavelmente no 1º nível trófico das cadeias alimentares.

15. (UFPI) Os ciclos biogeoquímicos correspondem aos padrões dos elementos químicos através dos organismos e dos comportamentos do ambiente físico. Com relação a esses ciclos, analise as proposições a seguir, como verdadeiras, se totalmente corretas, ou como falsas, e, em seguida, marque a alternativa com a sequência correta.

I. O ciclo hidrológico é determinado pela evaporação da água, principalmente das superfícies oceânicas; porém, ela também evapora dos solos, dos lagos, rios de água doce e das folhas das plantas, mas a quantidade total evaporada é menor do que a quantidade que cai na terra como precipitação.

II. O dióxido de carbono atmosférico é a fonte imediata de carbono para os organismos terrestres, mas apenas uma pequena fração de carbono na Terra é encontrada na atmosfera. Concentrações crescentes de dióxido de carbono na atmosfera estão alterando os climas e influenciando os processos ecológicos.

III. O gás nitrogênio (N_2), em sua forma inorgânica, não pode ser usado pela maioria dos organismos, muito embora ele represente 79% da atmosfera. Poucas espécies de bactérias (especialmente as cianobactérias) são capazes de convertê-lo em formas biologicamente úteis, como a amônia; o que se realiza por intermédio de um processo de fixação de nitrogênio.

IV. O ciclo do fósforo difere dos outros ciclos biogeoquímicos por não possuir uma fase gasosa. O fósforo existe, principalmente, como fosfato ou compostos semelhantes. A maioria dos depósitos de fosfato é de origem marinha. Na terra, o fosfato torna-se disponível por meio do lento intemperismo. Os organismos precisam de fósforo como um componente das moléculas ricas em energia envolvidas no metabolismo.

A sequência correta é:

a) V – V – V – V.

b) F – V – V – V.

c) V – F – V – V.

d) F – F – V – V.

e) V – V – F – F.

ECOLOGIA IV – RELAÇÕES ENTRE OS SERES VIVOS

Harmônicas

Intraespecíficas (dentro da mesma espécie)

Sociedades

- União permanente de indivíduos, com divisão de trabalho. Sociedade humana é um exemplo.
- Nas abelhas há castas com grupos de morfologias distintas. Operárias são fêmeas estéreis, rainha é a fêmea fértil e zangão nasce por partenogênese (óvulos não fecundados).

Colônias

- União anatômica dos organismos.
- Colônias isomorfas: não há diferença entre os organismos nem divisão de trabalho, como nos corais.
- Colônias polimorfas: diferenciação e divisão, como na caravela portuguesa.

Interespecíficas (entre espécies diferentes)

Mutualismo

- Há interdependência entre os organismos e ambos são beneficiados. Vida separada pode ser impossível (mutualismo obrigatório).
- Cupins e protozoários que digerem a madeira ou as leguminosas e as bactérias que fixam o nitrogênio.
- Liquens: novo tipo de organismo formado pela associação de fungos com algas.

Protocooperação

- É um caso de mutualismo que permite a sobrevivência dos organismos separadamente (mutualismo facultativo).
- Exemplo do peixe-palhaço e anêmona.

Comensalismo

- Apenas uma das espécies envolvida se beneficia.
- Epífitas sobre as árvores e o peixe rêmora, que se prende ao corpo do tubarão.

Desarmônicas

Intraespecíficas

Canibalismo

- Alimentação de indivíduos da mesma espécie.

Competição

- Luta por alimento, espaço, parceiros, luz, etc. Ambos podem ser prejudicados, pois gastam energia e tempo na competição.

Interespecíficas

Competição

- **Princípio da exclusão competitiva**: espécies que competem pelos mesmos recursos não podem coexistir indefinidamente no mesmo *habitat*. Apenas a mais apta sobreviverá.
- Diferenciação no nicho permite coexistência.

Predatismo e herbivoria

- Um organismo mata (preda) o outro para alimentação.
- Camuflagem (animal confunde-se no aspecto ou na cor com o ambiente), mimetismo (semelhança com animais de outra espécie para proteção) e coloração de advertência (sinal de que há defesas contra o predador) são adaptações de presas e predadores para melhorar (ou evitar) a predação.

Parasitismo

- Obtenção de alimento pela instalação em outro organismo (hospedeiro).
- Cipó-chumbo parasita as ávores e arbustos, vírus parasitam o homem.

Exercícios

1. (IFG-GO) Relacione corretamente os trechos abaixo com a forma especial de adaptação ao predatismo correspondente:

   I. Adaptação revelada por muitas espécies que se assemelham bastante a outras, obtendo assim algumas vantagens. Ex.: a cobra falsa-coral é confundida com a coral-verdadeira.

   II. Adaptação morfológica pela qual uma espécie procura confundir sua presa ou seu predador, revelando cor e/ou forma semelhante a coisas do ambiente. Ex.: louva-a-deus se assemelha a folhas ou galhos.

   III. Adaptação pela qual uma espécie revela cores vivas e marcantes para advertir seus possíveis predadores, que a reconhecem pelo gosto ruim ou veneno que possui. Ex.: *Dendrobates leucomelas*, um sapo venenoso colorido com listas pretas e amarelas.

   1. Camuflagem.
   2. Aposematismo.
   3. Mimetismo.

   a) I-2, II-3, III-1.
   b) I-3, II-1, III-2.
   c) I-1, II-2, III-3.
   d) I-2, II-1, III-3.
   e) I-3, II-2, III-1.

2. (Udesc) As orquídeas e a erva-de-passarinho são plantas que fazem fotossíntese e vivem sobre outras plantas. As orquídeas apenas se apoiam sobre as plantas, enquanto a erva-de-passarinho retira água e sais minerais das árvores em que vivem.
   Assinale a alternativa correta quanto às relações da erva-de-passarinho e das orquídeas com as plantas hospedeiras, respectivamente.

   a) amensalismo e parasitismo
   b) parasitismo e epifitismo
   c) parasitismo e predatismo
   d) parasitismo e protocooperação
   e) protocooperação e epifitismo

3. (Udesc) Nos ecossistemas os organismos de uma comunidade interagem continuamente. Analise as proposições em relação a isso.

   I. O louva-a-deus se alimenta de outros insetos, por exemplo, moscas e mariposas.

   II. Após a cópula, a fêmea do louva-a-deus devora o macho.

   III. Em uma mesma planta encontram-se lagartas e besouros comendo as suas folhas.

   IV. As formigas são insetos que apresentam divisão de castas, por exemplo, operárias e soldados.

   V. Os animais ruminantes, como boi e cabra, apresentam microrganismos simbiontes, como bactérias, no trato digestivo.

   Assinale a alternativa que apresenta a sequência correta de interações entre organismos.

   a) I. predação / II. predação / III. herbivoria / IV. sociedade / V. mutualismo
   b) I. predação / II. canibalismo / III. competição / IV. sociedade / V. mutualismo
   c) I. predação / II. canibalismo / III. herbivoria / IV. sociedade / V. infecção
   d) I. canibalismo / II. predação / III. competição / IV. agregação / V. infecção
   e) I. canibalismo / II. canibalismo / III. competição / IV. individualismo / V. comensalismo

4. (UFC-CE) As esponjas desempenham papéis importantes em muitos *habitat* marinhos. A natureza porosa das esponjas as torna uma habitação ideal para vários crustáceos, equinodermos e vermes marinhos. Além disso, alguns caramujos e crustáceos têm, tipicamente, esponjas grudadas em suas conchas e carapaças, tornando-os imperceptíveis aos predadores. Neste caso, a esponja se beneficia por se nutrir de partículas de alimento liberadas durante a alimentação de seu hospedeiro. As relações ecológicas presentes no texto são:

   a) protocooperação e competição.
   b) inquilinismo e protocooperação.
   c) inquilinismo e parasitismo.
   d) competição e predação.
   e) parasitismo e predação.

5. (UPE) As cotias são roedores comuns na Floresta Amazônica e importantes dispersores de sementes, como a castanha-do-pará. Por sua vez, as castanheiras dependem principalmente das cotias para a abertura do fruto, com casca muito dura e espessa. A forma de dispersão das sementes praticada pelas cotias também é essencial para o recrutamento dessa espécie de árvore. Esse roedor enterra grande quantidade de sementes no solo, na intenção de guardá-las para uma próxima refeição.
É CORRETO afirmar, nesse caso, que se trata da interação animal-planta do tipo

a) mutualismo, que é uma relação entre indivíduos de espécies diferentes; as duas espécies envolvidas são beneficiadas, e a associação é necessária para a sobrevivência de ambas.
b) protocooperação, que é uma relação na qual as duas espécies envolvidas são beneficiadas, embora vivam de modo independente, sem que isso as prejudique.
c) inquilinismo, que é uma relação entre indivíduos da mesma espécie ou de espécies diferentes, ligados fisicamente entre si, ocorrendo ou não divisão de trabalho.
d) simbiose, que é uma relação entre indivíduos de espécies diferentes, em que apenas uma delas se beneficia sem prejudicar ou beneficiar a outra.
e) comensalismo, que é uma relação mantida entre indivíduos de espécies diferentes, em que apenas uma se beneficia sem prejudicar a outra. Nesse caso, a espécie beneficiada obtém abrigo ou, ainda, suporte no corpo da outra espécie.

6. (UFRGS-RS) Quanto à caracterização de grupos vegetais e suas interações, é correto afirmar que:

a) plantas parasitas se fixam nas plantas hospedeiras através de hidatódios.
b) liquens são um exemplo de mutualismo entre algas e fungos.
c) epífitas são plantas parasitas, porque retiram nutrientes da planta hospedeira.
d) orquídeas são angiospermas aclorofiladas saprófitas.
e) musgos são vegetais vasculares clorofilados considerados hemiparasitas.

7. (UFTM-MG) Duas populações de lagartos (A e B), que habitam diferentes ilhas, foram estudadas por um determinado tempo. As variações dos números de indivíduos dessas populações, em um determinado tempo, foram indicadas em um gráfico.

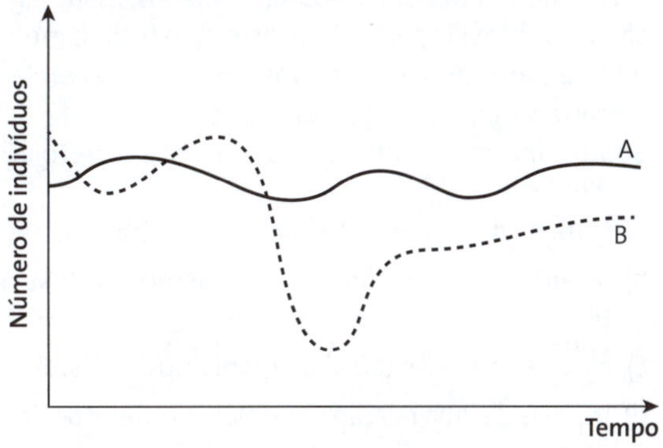

A partir da análise do gráfico, pode-se concluir que a população:

a) A é predadora da população B.
b) A vive em mutualismo com a população B.
c) B compete com a população A pelos mesmos recursos ambientais.
d) B poderia ter se contaminado por algum tipo de virose.
e) B se reproduziu mais do que a população A.

8. (Uece) Como consequência de práticas de cultivo inadequadas, ocorrem alterações ambientais que resultam na perda de nutrientes essenciais ao desenvolvimento das plantas. Para minimizar essa perda, é recomendado o plantio de leguminosas que auxiliam na fixação do nitrogênio no solo. Assinale a alternativa que contém o tipo de interação entre espécies que está envolvido nesta relação.

a) Mutualismo
b) Competição
c) Parasitismo
d) Amensalismo

9. (PUC-RJ) De acordo com pesquisas recentes, os corais são muito influenciados pelo aumento da temperatura e pela poluição, pois só conseguem sobreviver em águas transparentes.

Se a água for quente demais, os corais perdem as algas que vivem dentro dos seus tecidos. Essas algas são responsáveis pela coloração e pelo fornecimento de boa parte do alimento dos corais e recebem em troca sais minerais e gás carbônico.

Sobre a interação entre corais e algas, é correto afirmar que:

a) trata-se de uma relação harmônica intraespecífica.

b) as algas em questão são organismos endossimbiontes.

c) as algas em questão são organismos parasitas.

d) trata-se de uma relação desarmônica interespecífica.

e) trata-se de uma interação negativa intraespecífica

10. (FMABC-SP) Em uma cadeia alimentar, o produtor é uma leguminosa e apresenta em sua raiz nódulos originados por bactérias do gênero *Rhizobium*, capazes de transformar nitrogênio do ar em matéria-prima transferida à planta para a produção de compostos orgânicos nitrogenados. Essas bactérias beneficiam-se da associação, pois utilizam em seu metabolismo compostos sintetizados pela planta. A associação acima descrita constitui um exemplo de:

a) comensalismo, que possibilita à planta produzir compostos como aminoácidos.

b) comensalismo, que possibilita à planta produzir compostos como pentoses.

c) mutualismo, que possibilita à planta produzir compostos como aminoácidos.

d) mutualismo, que possibilita à planta produzir compostos como pentoses.

e) parasitismo, que possibilita à planta produzir compostos como aminoácidos e pentoses.

11. (UFG-GO) As interações ecológicas interespecíficas são comuns na natureza. Uma dessas é o mutualismo, que é exemplificado pela interação entre:

a) o fungo e a alga, pois envolve uma espécie que provê substâncias inorgânicas para que a outra, que absorve luz solar, realize a fotossíntese.

b) o pássaro chupim e o tico-tico, pois envolve uma espécie que cuida dos ovos da outra até a eclosão.

c) o besouro escaravelho e o bovino, pois envolve uma espécie que busca obter alimento para suas larvas nos excrementos da outra.

d) a rêmora e o tubarão, pois envolve uma espécie que se nutre das sobras de alimentos obtidos pela outra.

e) a epífita e a planta de grande porte, pois envolve uma espécie que busca obter maior suprimento de luz no interior da mata, usando, como suporte, a outra.

12. (UFC-CE) Um dos maiores problemas ambientais da atualidade é o representado pelas espécies exóticas invasoras que são aquelas que, quando introduzidas em um *habitat* fora de sua área natural de distribuição, causam impacto negativo no ambiente. Como exemplos de espécies invasoras no Brasil e de alguns dos problemas que elas causam, podemos citar: o verme âncora, que vive fixado sobre peixes nativos, alimentando-se do sangue deles sem matá-los; o coral-sol, que disputa espaço para crescer com a espécie nativa (coral-cérebro), e o bagre-africano, que se alimenta de invertebrados nativos.

As relações ecológicas citadas acima são classificadas, respectivamente, como:

a) mutualismo, amensalismo, canibalismo.

b) inquilinismo, mimetismo, comensalismo.

c) comensalismo, parasitismo, mutualismo.

d) parasitismo, competição interespecífica, predação.

e) protocooperação, competição intraespecífica, esclavagismo.

13. (UFG-GO) Leia o texto a seguir.

Em um experimento hipotético, visando à obtenção de hortaliças resistentes a altas temperaturas, foram utilizados fungos produtores de proteínas de resistência a choque térmico, presentes em plantas nativas das proximidades de fontes termais. Os fungos foram retirados dessas plantas, identificados e inoculados nas hortaliças estudadas. Os resultados obtidos mostraram que, após serem inoculados com os fungos, as hortaliças conseguiram crescer sob calor de 60 °C.

O experimento descrito promoveu artificialmente a ocorrência de:

a) relação de predação.
b) relação de parasitismo.
c) relação de protocooperação.
d) mutação gênica nas hortaliças.
e) modificação genética nos fungos.

14. (UFRGS-RS) Considere as seguintes interações entre seres vivos de uma comunidade.

1 – As garças-vaqueiras que se alimentam de carrapatos ectoparasitas de búfalos.

2 – Algas e fungos que formam os liquens.

3 – Duas espécies de cracas que convivem em litorais rochosos e utilizam os mesmos recursos.

Os casos referidos em 1, 2 e 3 são, respectivamente, exemplos de:

a) comensalismo, mutualismo e predatismo.
b) comensalismo, mutualismo e competição.
c) protocooperação, amensalismo e predatismo.
d) protocooperação, mutualismo e competição.
e) protocooperação, amensalismo e competição.

15. (Udesc) As interações ecológicas entre as populações são muito complexas. Existem três tipos de relações: as positivas ou harmônicas, as negativas ou desarmônicas e as neutras.

Em relação ao enunciado, associe as colunas abaixo:

1. Colônia	( ) Relação harmônica interespecífica, caracterizada pela associação de duas espécies, com benefício apenas a um dos indivíduos, sem prejuízo ao outro. Muitos seres se aproveitam dos restos alimentares de outros, estando em perfeita harmonia com estes. É o exemplo do peixe-piloto, que se alimenta dos restos de alimentos do tubarão.
2. Mutualismo	( ) Relação harmônica intraespecífica, caracterizada pela união de indivíduos da mesma espécie. Eles apresentam um grau profundo de interdependência, sendo impossível a vida quando isolados. É o exemplo de caravelas e corais.
3. Comensalismo	( ) Relação desarmônica interespecífica, caracterizada por uma espécie ser prejudicada e a outra não; ocorre com indivíduos de uma população que produzem e secretam substâncias inibidoras do desenvolvimento de indivíduos de populações de outras espécies. É o caso do fungo *Penicillium notatum*, que produz o antibiótico penicilina.
4. Parasitismo	( ) Relação desarmônica interespecífica, caracterizada por organismos que se instalam e vivem no corpo de outros, retirando alimentos e outros recursos. É o exemplo de alguns protozoários e helmintos.
5. Amensalismo ou antibiose	( ) Relação harmônica interespecífica, caracterizada pela íntima associação, em nível anatômico e fisiológico, entre indivíduos de espécies diferentes, ocorrendo a troca de alimentos e de metabólicos. A separação desses indivíduos impossibilita a sobrevivência de ambos. É o exemplo de cupins e protozoários.

Assinale a alternativa que contém a sequência correta, de cima para baixo.

a) 2 – 1 – 5 – 4 – 3
b) 3 – 2 – 4 – 5 – 1
c) 2 – 3 – 5 – 4 – 1
d) 3 – 1 – 5 – 4 – 2
e) 1 – 3 – 4 – 5 – 2

ECOLOGIA V – SUCESSÃO ECOLÓGICA

Sucessão

- Processo de modificação da estrutura da comunidade ao longo do tempo.
- Ao longo do processo há um aumento gradual da biomassa e da biodiversidade.

Primária

- Ocorre em uma região totalmente sem vida (como após a erupção de um vulcão, por exemplo).

Secundária

- Se dá em regiões onde o solo e alguns organismos ainda persistem (como pastagens abandonadas, matas destruídas, entre outros).
- Processo pode ser demorado e não recuperar totalmente os valores de nutrientes e biomassa originais.

Etapas

- **Espécies pioneiras**: primeiras a se instalar em um ambiente sem vida. Comunidade pioneira é o conjunto de espécies que colonizam um ambiente (liquens, etc.). Ela vai modificando as condições locais e permite instalação de novos organismos.
- As espécies pioneiras vão sendo substituídas pelas **espécies intermediárias**, e assim por diante.
- **Comunidade clímax**: aparece nas etapas finais da sucessão, é relativamente estável e em equilíbrio com o ambiente, mais biodiversa que as iniciais.

Exercícios

1. (UFRRJ) Após o incêndio que destruiu grande área florestal em Roraima, foi publicada a seguinte reportagem:

"Devagar e sempre (se ninguém atrapalhar)
Veja as fases de reconstrução da floresta queimada"

Como ficou

O fogo não só queimou as árvores como calcinou todas as sementes do chão.

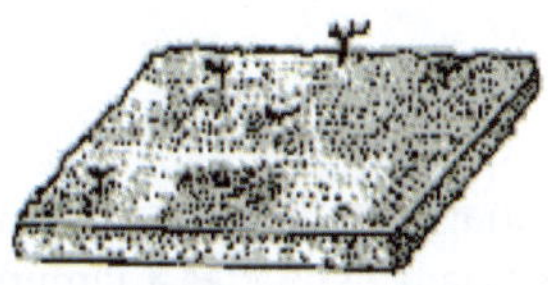

Daqui a vinte anos

Plantas e arbustos cobrem o solo e protegem do impacto do sol as mudas de árvores que mais tarde serão grandes.

Em 200 anos

Se não houver interferência humana, a floresta de Roraima voltará ao estado original.

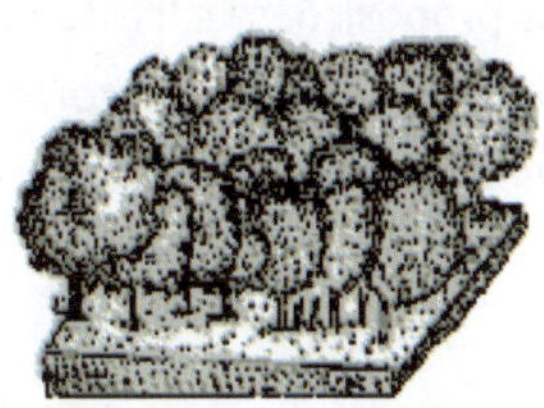

Revista *Superinteressante*, maio 1998, p. 18.

As etapas descritas na reportagem demonstram a previsão da evolução do ecossistema nos próximos 200 anos. Durante esse processo pode-se prever que:

a) a composição em espécies muda lentamente no início e mais rapidamente nos estágios intermediários e no clímax.
b) a produtividade é pequena inicialmente, mas vai aumentando aos poucos, tornando-se estável no clímax.
c) a biomassa é pequena no início, aumentando durante todo o processo até estabilizar no clímax.
d) a teia alimentar torna-se menos complexa durante o processo pois surgem novos nichos ecológicos.
e) as taxas de respiração e fotossíntese são iguais no início, já no clímax a taxa de fotossíntese é menor que a de respiração.

2. (Vunesp-SP) A figura mostra uma antiga área de cultivo em processo de recuperação ambiental.

(<www.google.com.br>)

Já os gráficos representam alterações que ocorrem nessa área durante o processo de recuperação.

gráfico I

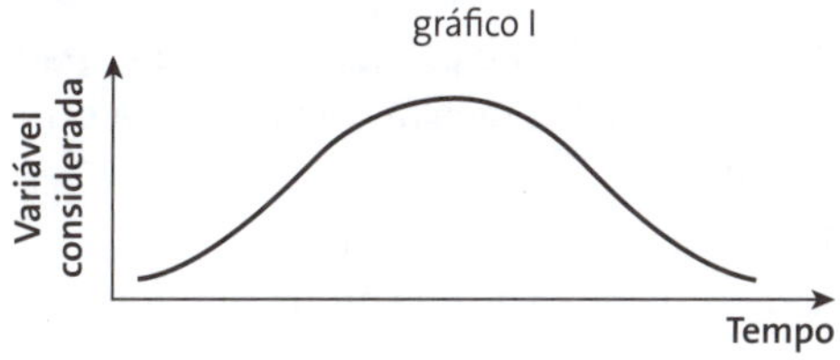

gráfico II

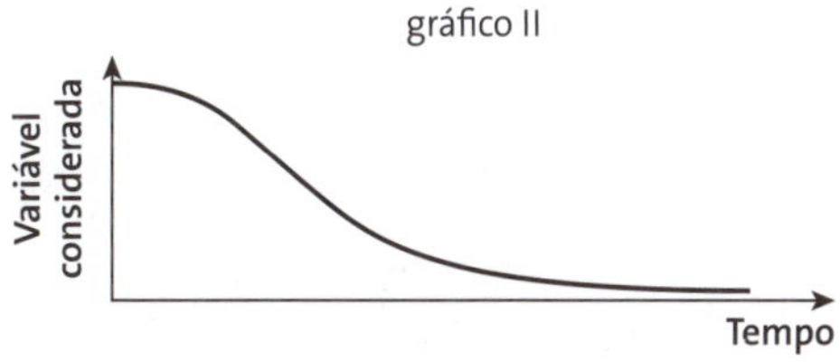

gráfico III

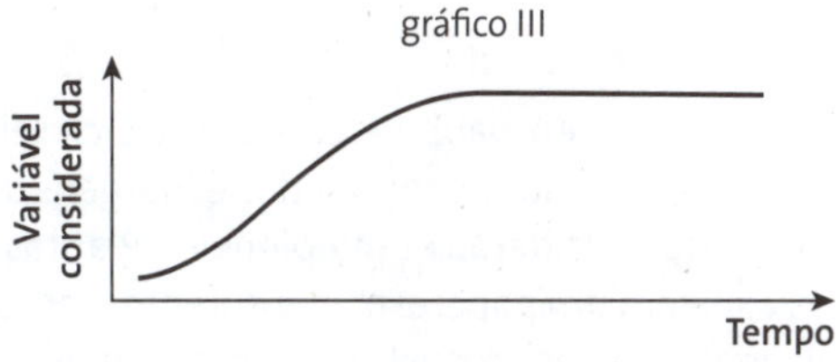

Durante o processo de sucessão secundária da área, em direção ao estabelecimento de uma comunidade clímax florestal, os gráficos que representam o número de espécies de gramíneas, a biomassa, o número de espécies de arbustos e a diversidade de espécies são, respectivamente,

a) II, III, III e II.
b) III, I, III e II.
c) II, I, III e II.
d) I, III, II e I.
e) I, III, I e III.

3. (PUC-SP) Considere os itens abaixo:

I. Biomassa

II. Biodiversidade

III. Tipos de relações ecológicas

Ao longo do processo de sucessão ecológica constata-se:

a) aumento de I, II e III.

b) aumento de I e II e diminuição de III.

c) aumento de I e III e diminuição de II.

d) aumento de I e diminuição de II e III.

e) diminuição de I, II e III.

4. (Fuvest-SP) Considere as seguintes comparações entre uma comunidade pioneira e uma comunidade clímax, ambas sujeitas às mesmas condições ambientais, em um processo de sucessão ecológica primária:

I. A produtividade primária bruta é maior numa comunidade clímax do que numa comunidade pioneira.

II. A produtividade primária líquida é maior numa comunidade pioneira do que numa comunidade clímax.

III. A complexidade de nichos é maior numa comunidade pioneira do que numa comunidade clímax.

Está correto apenas o que se afirma em:

a) I.

b) II.

c) III.

d) I e II.

e) I e III.

5. (Unifor-CE) A embaúba é comum nas clareiras das florestas, terrenos abandonados e margens de estrada, sendo considerada uma pioneira. Plantas pioneiras exercem um papel especial durante o processo de recuperação dos ecossistemas porque esses vegetais:

a) são muito sensíveis a variações ambientais.

b) suportam ambientes abertos.

c) melhoram as condições do ambiente.

d) não ocorrem em comunidades climáxicas.

e) adaptam-se bem à sombra.

6. (Fuvest-SP) Um grande rochedo nu começa a ser colonizado por seres vivos. Os primeiros organismos a se instalarem são:

a) gramíneas.

b) liquens.

c) fungos.

d) briófitas.

e) pteridófitas.

7. (Ufla-MG) Analise as seguintes proposições sobre culturas agrícolas destinadas à alimentação humana, as quais constituem ecossistemas simplificados fora do estágio clímax e, a seguir, marque a alternativa CORRETA.

I. Estas culturas agrícolas são mais suscetíveis às pragas, devido à menor quantidade de predadores nesses ecossistemas.

II. A menor variabilidade genética nesse ecossistema torna-o mais sensível ao ataque de pragas.

III. O aumento de áreas cultivadas provoca a destruição de comunidades clímax, acarretando extinção de espécies e erosão do solo.

a) Apenas as proposições II e III estão corretas.

b) Apenas as proposições I e II estão corretas.

c) As proposições I, II e III estão corretas.

d) Apenas as proposições I e III estão corretas.

8. (UFTM-MG) A preservação dos biomas é crucial para a manutenção das funções e serviços ecológicos. No caso de fragmentos florestais, é possível que ocorram algumas perturbações naturais e humanas, como a formação de clareiras, a partir da queda de algumas árvores. Em relação às clareiras, pode-se afirmar que:

a) possibilitam, primeiro, o crescimento de plantas umbrófilas, com folhas largas.

b) permitem que espécies pioneiras de lenhos densos, duráveis e de grande diâmetro ali se estabeleçam.

c) podem ser expandidas pela ação contínua do fogo, intensificada pela ação antrópica, sem grandes malefícios ecológicos.

d) dinamizam, inicialmente, o crescimento de plantas que requerem luz, ampliando a riqueza de espécies.

e) alteram significativamente o ecossistema, gerando novos nichos para o estabelecimento de espécies que vivem na comunidade clímax.

9. (UFRGS-RS) Ao longo do tempo, ocorrem mudanças na repartição de energia, na estrutura das espécies e nos processos de uma comunidade biológica, e essa sequência de mudanças é denominada sucessão ecológica.
Com relação à sucessão ecológica, considere as afirmações abaixo.

I. O estágio inicial de uma sucessão caracteriza-se pela presença de plantas pioneiras que exibem altas taxas de crescimento.

II. A sucessão secundária leva mais tempo para atingir o clímax do que a primária.

III. O estágio de clímax caracteriza-se por baixa diversidade de espécies, em função do aumento dos nichos ecológicos.

Quais estão corretas?

a) Apenas I.
b) Apenas III.
c) Apenas I e II.
d) Apenas II e III.
e) I, II e III.

10. (UFRGS-RS) Na Floresta Atlântica, várias áreas utilizadas no passado para extração madeireira ou para cultivo foram abandonadas e hoje se encontram em processo de sucessão secundária.
Assinale com **V** (verdadeiro) ou com **F** (falso) as afirmações que seguem sobre esse processo.

( ) Ele se caracteriza, em seu início, pela colonização de espécies pioneiras, tais como gramíneas e vassouras.

( ) As espécies dos estágios iniciais e intermediários mantêm-se em locais de estágio avançado da sucessão florestal.

( ) As redes alimentares e as interações entre espécies tornam-se mais complexas com o avanço do processo.

( ) A biodiversidade e a biomassa tendem a um aumento progressivo, mesmo quando a comunidade atingiu o estágio clímax.

A sequência correta de preenchimento dos parênteses, de cima para baixo, é

a) V – F – V – F.
b) F – V – V – F.
c) V – V – F – F.
d) F – F – V – V.
e) V – F – F – V.

11. (UFTM-MG) Uma área florestal, de relevo plano, foi desmatada para a construção de um condomínio fechado, na cidade de Uberaba. Em razão de uma ordem judicial, porém, o local ficou abandonado por alguns anos. Nessa situação, é correto afirmar que:

a) os mesmos vegetais irão ocupar essa área e recuperar totalmente o ecossistema local, gerando a mesma floresta.
b) haverá nessa área um aumento da biodiversidade depois de certo tempo, possivelmente superando a que havia anteriormente.
c) a área será ocupada inicialmente por árvores e arbustos; depois, será povoada por gramíneas e liquens.
d) haverá uma ocupação sucessiva por diferentes organismos, porém, não é possível afirmar que os mesmos vegetais farão parte dessa floresta.
e) o solo ficará nu, transformando-se em um ambiente com características desérticas, pois não será possível seres vivos sobreviverem nesse local.

12. (PUC-RJ) Observe a figura abaixo e classifique as afirmações como Falsas ou Verdadeiras:

Fonte: <http://sousa-cienciasnaturais.blogspot.com/2011/01>.

I. **C** corresponde a um ecótono.

II. **A** corresponde à comunidade pioneira.

III. A sucessão mostrada na figura é primária.

IV. A biomassa se mantém estável no sentido de **A** para **E**.

a) Apenas III é verdadeira.
b) Apenas I é falsa.
c) Todas são falsas.
d) Apenas I e III são verdadeiras.
e) Apenas II e IV são falsas.

13. (UPE) Um pesquisador levantou fotos antigas e atuais, entrevistou moradores, analisou imagens de satélites e visitou diversas áreas da Floresta Amazônica, procurando conhecer os diferentes estágios de sucessão em áreas degradadas e preservadas.

Organizou as informações e propôs 3 etapas.

1ª etapa: Ilustração da degradação progressiva

Fonte: Monitoramento da cobertura florestal da Amazônia por satélites (2007-2008). <www.obt.inpe.br/deter>.

2ª etapa: Atividade degradadora

I. Retirada de madeira e queimada

II. Corte raso

III. Recorrência de queimada

IV. Extração seletiva de madeira

3ª etapa: Características ecológicas da sucessão

A. Área em processo inicial de sucessão, com poucas espécies e espaço para ser colonizado por espécies pioneiras arbustivas ou rasteiras.

B. Permanência apenas das espécies do sub-bosque, com solo exposto para colonização por espécies pioneiras arbustivas ou rasteiras.

C. Área com redução de espécies da comunidade clímax, estimulando a sucessão secundária a partir de árvores jovens que compõem o sub-bosque.

D. Estágio, no qual permanecem algumas poucas espécies da comunidade clímax, predominando espécies do sub-bosque.

Assinale a alternativa que apresenta a correlação CORRETA entre Ilustração, Atividade degradadora e Características ecológicas da sucessão:

a) 1-I-A; 2-II-C; 3-III-B; 4-IV-D.

b) 1-IV-B; 2-II-A; 3-I-C; 4-III-D.

c) 1-III-B; 2-IV-A; 3-II-C; 4-I-D.

d) 1-I-D; 2-III-B; 3-IV-A; 4-II-C.

e) 1-IV-C; 2-I-D; 3-III-B; 4-II-A.

14. (Vunesp-SP) Segundo a teoria da curva ambiental de Kuznets, o índice de poluição e de impactos ambientais nas sociedades industriais comporta-se como na figura ao lado: a degradação da natureza aumenta durante os estágios iniciais do desenvolvimento de uma nação, mas se estabiliza e passa a decrescer quando o nível de renda e de educação da população aumenta. Considere a curva ambiental de Kuznets representada na figura e quatro situações ambientais distintas:

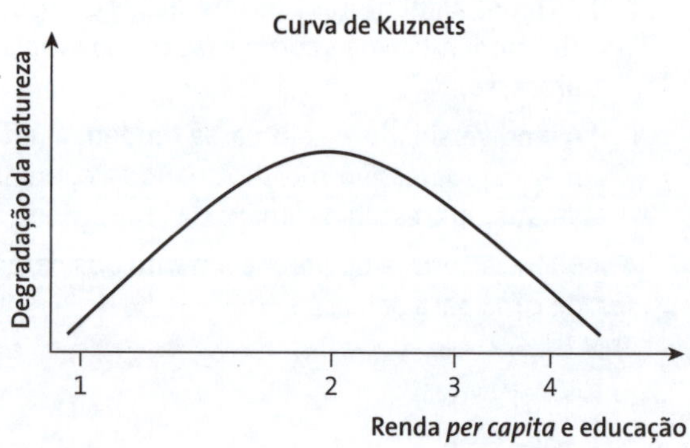

I. Implantação de programas de reflorestamento.

II. Mata nativa preservada.

III. Estabelecimento de uma comunidade clímax.

IV. Área desmatada para extração de madeira.

Na curva, as posições marcadas de 1 a 4 correspondem, respectivamente, às situações:

a) I, IV, III e II.

b) II, III, I e IV.

c) II, IV, I e III.

d) IV, I, II e III.

e) IV, III, I e II.

ECOLOGIA VI – BIOMAS

Biomas do planeta

- Biomas são grandes comunidades adaptadas a condições ecológicas específicas e caracterizadas pela vegetação que predomina.
- Distribuição dos diferentes tipos de plantas e animais depende dos fatores climáticos e do tipo de solo.
- Distribuição e tipos de biomas no planeta:

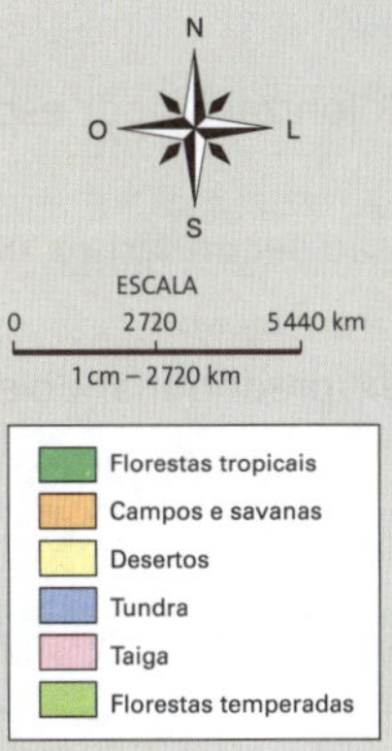

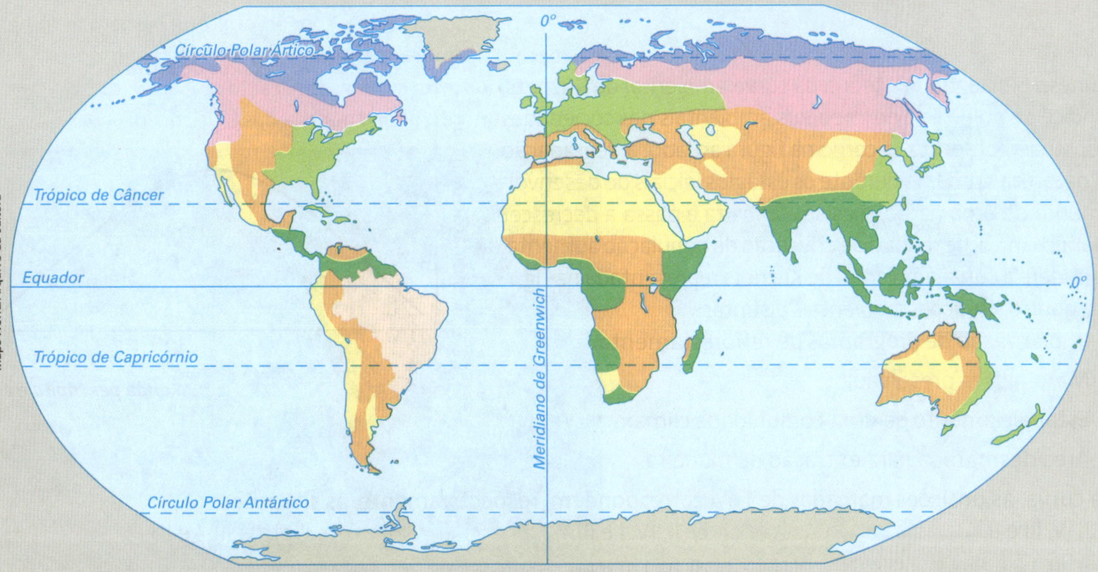

Maps World/Arquivo da editora

Adaptado de: COLLINS School World Atlas. London: Collins, 2009.

Tundra

- Bioma mais frio, solo congelado maior parte do tempo, no verão surgem plantas rasteiras.

Taiga

- Floresta de coníferas (pinheiros). Atualmente sofre com o impacto da chuva ácida.

Florestas temperadas

- Em climas temperados, com estações bem definidas. Árvores como a faia e o carvalho perdem as folhas no outono (decíduas).

Florestas tropicais

- Clima quente e úmido, chuvas frequentes e abundantes. Essas florestas detêm o maior número de espécies de plantas e animais do mundo.
- Com a destruição desse bioma pode-se instaurar um clima semiárido, pois a perda da floresta causa alterações climáticas.
- Solo é pobre, mas coberto pelo húmus nutritivo. O desmatamento causa perda do húmus e lixiviação (carregamento de nutrientes pelo escoamento da água da chuva), entre outros impactos.

Campos

- Savanas, cerrados, pampas, estepes e pradarias.
- Superfície do solo é coberta por vegetação rasteira (gramíneas, capins e arbustos) e árvores esparsas.
- Presença de grandes mamíferos herbívoros em alguns locais.

Desertos

- Ar seco, baixa pluviosidade e solo árido.
- Vegetação xeromorfa (adaptada contra a perda de água pela transpiração) e diversidade baixa de fauna.

Ambientes aquáticos

Zonas de vida aquática

- Rios, lagos, estuários, recifes de corais, zona litorânea, zona oceânica e zona abissal.
- São regiões distribuídas de acordo com a salinidade, luminosidade, temperatura e conteúdo de oxigênio dissolvido nas águas.
- Regiões mais diversas ficam nas costas e nos corais.

Organismos aquáticos

- **Plâncton**: seres que se deslocam passivamente na água, são levados pelas correntes. Exemplos: algas do fitoplâncton e crustáceos do zooplâncton.
- **Nécton**: seres com movimentação ativa, como peixes.
- **Bentos**: seres que vivem no fundo, podem ser fixos (sésseis, como as cracas) ou móveis (estrelas-do-mar, siris).

Biomas brasileiros I

- País abriga cerca de 20% de todas as espécies animais e vegetais do mundo.
- Todos os nossos biomas sofrem com impactos resultantes da ação humana.

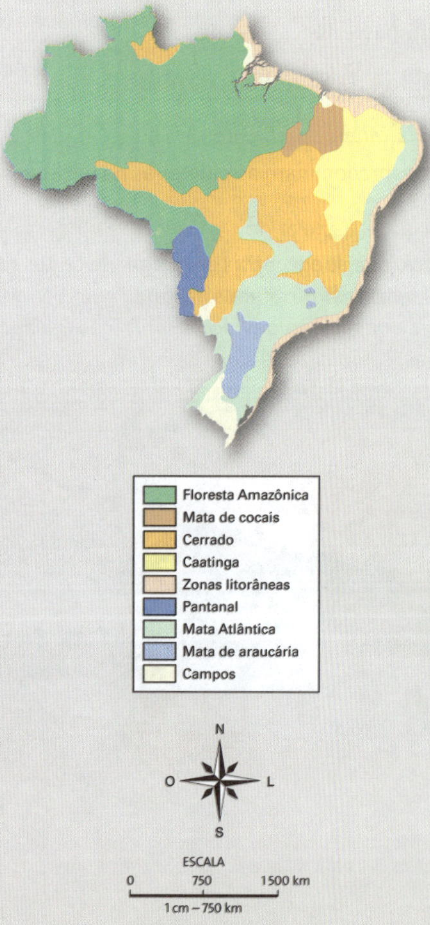

Maps World/Arquivo da editora

Floresta Amazônica

- Clima quente e úmido e chuvas abundantes.
- Solo pobre em nutrientes, depende da reciclagem e da decomposição.
- Divisão: terra firme (onde não ocorrem inundações) e alagadas (matas de igapó são permanentemente alagadas próximas aos rios, enquanto as matas de várzea ficam inundadas temporariamente).
- Maior biodiversidade de fauna e flora do mundo.
- Principais impactos negativos são o desmatamento para extração da madeira, agricultura e pecuária. A caça predatória e a extração de minérios também prejudicam a floresta.
- Degradação do bioma causa aumento no aquecimento global e perda de biodiversidade.

Mata Atlântica

- Bioma que mais sofreu com a exploração humana, possui muitas espécies ameaçadas de extinção.

Caatinga

- Clima semiárido do sertão, com árvores que perdem as folhas e rios que secam na época mais quente e seca (estiagem).
- Vegetação xerófita com muitos cactos.
- O desmatamento pode causar a desertificação.

Fabio Colombini/Acervo fotográfico

Biomas brasileiros II

Cerrado

- Clima quente com verão chuvoso e inverno seco. Podem ocorrer queimadas espontâneas na época seca.
- Solo ácido e com bastante alumínio.
- Árvores adaptadas com raízes profundas, caule subterrâneo e cutícula espessa.
- Bioma com alta biodiversidade e muitos endemismos.

Pampas

- Campos sulinos, vegetação de gramíneas com poucos arbustos.
- Bioma muito utilizado para a agricultura e criação de gado, que podem trazer impactos negativos à biodiversidade.

Pantanal

- Maior planície inundável do mundo.
- Na época mais seca, formam-se lagoas que agregam a diversidade de fauna, principalmente aves.
- Vegetação é mistura de campos, cerrados e florestas.
- Pecuária, agricultura e pesca trazem impactos negativos, assim como o garimpo.

Mata de araucária

- Nas matas com clima subtropical, onde há predominância do pinheiro-do-paraná. Quase toda vegetação já foi devastada para monocultura de eucalipto e para a retirada da madeira.

Mata de cocais

- Mais na região Nordeste, predominam as palmeiras na vegetação.

Manguezal

- Ocorre em regiões onde o mar se encontra com a água doce dos rios.
- Áreas muito nutritivas, são viveiros naturais da fauna aquática. Mas tem pouca variedade de vegetação devido às limitações: plantas apresentam adaptações, como raízes escora e pneumatóforos.
- Boa parte dos mangues já foi destruída para a habitação humana.

Paulo Manzi/Arquivo da editora

Exercícios

1. (PUC-SP) Nas áreas próximas a Brasília, encontramos parte do cerrado, um bioma que apresenta árvores de troncos tortuosos com folhas geralmente endurecidas. Algumas delas apresentam flores, como o ipê-amarelo e o ipê-roxo, e frutos como o pequi e a mangaba. Em um trecho da canção de Caetano Veloso denominada **Flor do Cerrado**, diz-se:
"Mas da próxima vez que for a Brasília
Eu trago uma flor do cerrado pra você."
Com relação às informações descritas acima a respeito desse bioma, foram feitas três afirmações:
   I. O aspecto da vegetação do cerrado deve-se a escassez de nutrientes no solo.
   II. O fato de as plantas apresentarem folhas endurecidas é uma adaptação para evitar a perda de água.
   III. As flores e os frutos referidos no texto indicam a presença de plantas do grupo das angiospermas nesse bioma.

   Assinale:
   a) se apenas uma das afirmações for verdadeira.
   b) se apenas as afirmações I e II forem verdadeiras.
   c) se apenas as afirmações I e III forem verdadeiras.
   d) se apenas as afirmações II e III forem verdadeiras.
   e) se as três afirmações forem verdadeiras.

2. (PUC-PR) Os animais e vegetais apresentam, geralmente, adaptações morfofisiológicas, a fim de sobreviverem num determinado Biociclo Terrestre (Epinociclo). Analise as características abaixo enunciadas:
   – Dos vegetais: redução da superfície foliar, estômatos com ação mais rápida e capacidade de armazenamento de água.
   – Dos animais: formação de urina e fezes concentradas, escassez ou ausência de glândulas sudoríparas e capacidade de utilização de água metabólica.

   As adaptações acima descritas são características dos vegetais e animais que habitam:
   a) as florestas temperadas decíduas.
   b) a taiga.
   c) as florestas tropicais.
   d) os desertos.
   e) as tundras.

3. (Udesc) As florestas cobrem 31% de toda a área terrestre do planeta e têm responsabilidade direta na garantia da sobrevivência de 1,6 bilhão de pessoas e de 80% da biodiversidade terrestre. Pela importância que têm para o planeta, elas merecem ser mais preservadas e valorizadas, por isso a ONU declarou 2011 o Ano Internacional das Florestas.
Analise as proposições abaixo, em relação às florestas:
   I. A Floresta Atlântica é uma floresta tropical de clima quente e úmido, distribuída ao longo do litoral brasileiro.
   II. A Floresta Amazônica é a maior floresta tropical do mundo e está situada no norte da América do Sul.
   III. A Mata de Araucárias é um tipo de floresta subtropical onde predomina o pinheiro-do-paraná.
   IV. Na Floresta Atlântica há o predomínio de cactáceas e gramíneas de pequeno porte, e poucas árvores e arbustos.

   Assinale a alternativa correta.
   a) Somente as afirmativas I, III e IV são verdadeiras.
   b) Somente as afirmativas II e IV são verdadeiras.
   c) Somente as afirmativas I, II e III são verdadeiras.
   d) Somente as afirmativas I, II e IV são verdadeiras.
   e) Todas as afirmativas são verdadeiras.

4. (Vunesp-SP) Observe a figura.

   O bioma apresentado é conhecido como:
   a) mata atlântica.
   b) tundra.
   c) taiga.
   d) cerrado.
   e) floresta decídua temperada.

5. (UFRGS-RS) O mapa abaixo representa os principais biomas brasileiros.

Disponível em: <http://www.guiadoestudante.abril.com.br>. Acesso em: 10 set. 2012.

Assinale a alternativa correta com relação aos biomas representados.

a) O **2** é pobre em recursos hídricos.

b) O **3** caracteriza-se pela presença de vegetação caducifólia.

c) O **4** caracteriza-se pela presença de vegetais com pneumatóforos.

d) O **5** é o que perdeu a maior parte de sua área original.

e) O **6** caracteriza-se pela inundação de grandes áreas, nos meses de cheia.

6. (FMJ-SP) O desmatamento da Amazônia continua, e o futuro código florestal, se aprovado, pode promover alterações ambientais. Como consequências desse desmatamento, podem ser citados(as):

a) aumento de nichos ecológicos, redução de ecótonos e redução na evapotranspiração.

b) alteração no regime hidrológico, redução da biodiversidade e intensificação da lixiviação.

c) processo de savanização, aumento na precipitação e aumento de teias alimentares.

d) redução na precipitação, intensificação da inversão térmica e resfriamento do solo.

e) solo com microclima mais seco, intensificação do efeito estufa e aumento da comunidade clímax.

7. (UFPR) Um arquiteto encomendou a um paisagista um terrário para colocar num apartamento como divisória entre dois ambientes. Uma das exigências do proprietário do apartamento é que o terrário representasse um ambiente de floresta úmida, semelhante à Floresta Atlântica. Solicitou, também, que o ambiente incluísse exclusivamente representantes das divisões do Reino Plantae. Com base nos conhecimentos sobre esse Reino, considere os seguintes grupos:

1. Musgos, pois são encontrados sobre troncos e solo da floresta.
2. Algas cianofíceas, pois são produtores primários.
3. Samambaias, pois são os principais elementos do sub-bosque.
4. *Pinus* sp., pois formam o dossel das florestas.
5. Epífitas, pois são frequentes sobre os ramos das árvores.

Atendem às exigências do proprietário os itens:

a) 1, 2 e 4 apenas.

b) 1, 3 e 5 apenas.

c) 2, 3 e 4 apenas.

d) 3, 4 e 5 apenas.

e) 1, 2 e 5 apenas.

8. (UFRGS-RS) A figura a seguir representa gráficos climáticos que relacionam a temperatura média anual e a precipitação média anual dos principais biomas terrestres, numerados de 1 a 6.

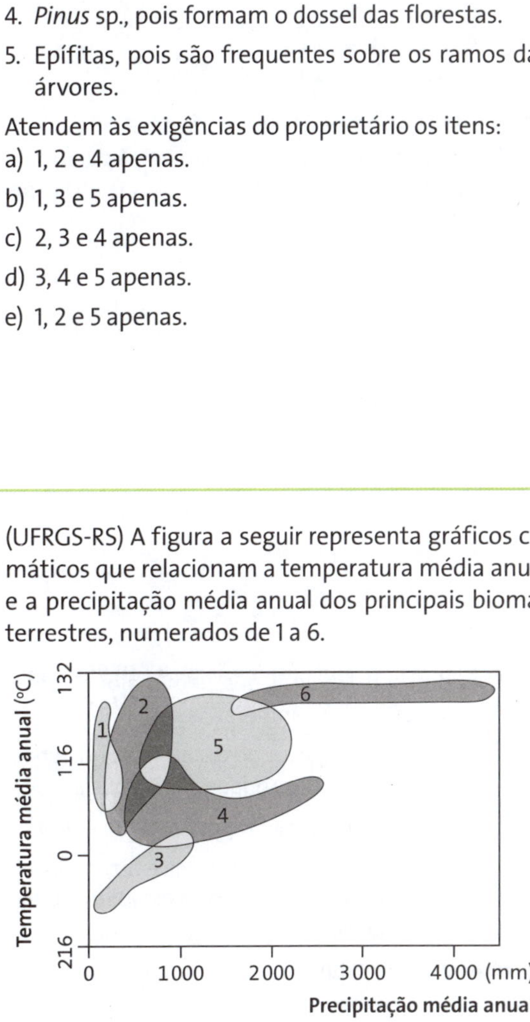

Adaptado de: ODUM, E. P. *Ecologia*. Rio de Janeiro: Guanabara, 1998.

Os biomas assinalados com os números 3 e 6 correspondem, respectivamente, a

a) campo e taiga.

b) floresta tropical e deserto.

c) deserto e tundra.

d) taiga e floresta decídua temperada.

e) tundra e floresta tropical.

9. (UEG-GO) Sobre os biomas brasileiros, é CORRETO afirmar:
a) a floresta amazônica possui extensão que abrange a Argentina, o Chile e o Peru; devido a sua localização, concentra um terço das espécies existentes no planeta.
b) a mata de Araucária possui vegetação xerófila, sendo sua fauna formada por lagartos, aracnídeos e cobras.
c) a floresta latifoliada tropical possui a maior parte das espécies de animais brasileiros ameaçados de extinção.
d) o pantanal possui vegetação homogênea e abrange a planície sulista, atingindo os territórios argentino e venezuelano.

10. (UEL-PR) Considere a seguinte frase:
"Estas formações cobrem apenas 7% da superfície terrestre, mas abrigam quase a metade das espécies atuais."
Ela se refere às:
a) tundras.
b) taigas.
c) savanas.
d) florestas tropicais.
e) florestas temperadas.

11. (Fuvest-SP)
I. As florestas tropicais possuem maior diversidade biológica que as temperadas.
II. As florestas tropicais possuem maior diversidade vegetal e menor diversidade animal que as savanas.
III. As florestas temperadas possuem maior biomassa que a tundra.
IV. As savanas possuem maior biomassa que as florestas tropicais.
Está correto apenas o que se afirma em
a) I e II.
b) I e III.
c) I e IV.
d) II e III.
e) III e IV.

12. (Vunesp-SP) Assinale a alternativa que representa, em ordem crescente, os ecossistemas com maior diversidade de vida.
a) Floresta tropical pluvial, tundra, taiga, floresta temperada caducifólia.
b) Tundra, taiga, floresta tropical pluvial, floresta temperada caducifólia.
c) Taiga, tundra, floresta tropical pluvial, floresta temperada caducifólia.
d) Taiga, floresta temperada caducifólia, tundra, floresta tropical pluvial.
e) Tundra, taiga, floresta temperada caducifólia, floresta tropical pluvial.

13. (UFF-RJ) Assinale a opção que encerra a afirmação INCORRETA.
a) No deserto, a vegetação é esparsa e à noite observa-se queda de temperatura.
b) A zona entre dois ecossistemas é chamada ecótono.
c) São exemplos de floresta pluvial tropical: a Floresta Amazônica e a Mata Atlântica.
d) Nas savanas, há alternância entre plantas e arbustos.
e) As tundras são características do hemisfério norte. Nelas a vegetação se desenvolve o ano todo, caracterizando-se pela presença de gimnospermas.

14. (Uespi) São características observadas nos biomas da Caatinga, do Cerrado e dos Manguezais, respectivamente:
a) baixo índice pluviométrico; árvores com diversidade de epífitas; plantas com pneumatóforos.
b) plantas xeromórficas; planícies inundadas; plantas com rizóforos.
c) árvores com folhas perenes; temperatura moderada; alto índice pluviométrico.
d) prevalência de gramíneas; amplas planícies; solo salgado.
e) plantas caducifólias; clima quente; solo lodoso.

15. (Udesc) O Brasil divide-se em seis grandes biomas, que, em conjunto, abrigam uma das maiores biodiversidades do mundo. Analise as descrições abaixo a respeito de cinco biomas brasileiros.

I. Bioma caracterizado pela presença de uma grande diversidade de gramíneas. Estende-se por áreas de planície, apresentando um clima subtropical, com verões quentes e invernos frios. Devido à intensa exploração para a agricultura e a pecuária, apresenta apenas 36% de sua cobertura original.

II. Segundo bioma em extensão do Brasil. Caracteriza-se pelo clima tropical-sazonal, com chuvas concentradas em um período do ano. O solo é ácido e pouco fértil, com plantas adaptadas a estas condições, como árvores de cascas grossas e troncos retorcidos. Dados atuais mostram que o bioma já perdeu quase 50% de sua cobertura original.

III. Maior Floresta Pluvial Tropical do mundo. Caracteriza-se pela presença de um dossel fechado formado por árvores altas e um subdossel onde pode ser identificada uma grande quantidade de lianas e epífitas. Encontra-se ameaçada, tendo perdido aproximadamente 20% de sua cobertura original.

IV. Bioma único no Planeta, tombado como patrimônio natural da humanidade pela Unesco. Considerado a maior planície inundável do mundo, apresenta uma elevada biodiversidade, onde se destaca a fauna aquática. Dados atuais revelam que o bioma já perdeu aproximadamente 15% de sua cobertura original.

V. Bioma que se estendia, originalmente, do Rio Grande do Norte ao Rio Grande do Sul, pela linha costeira do país. Apresenta clima que vai do tropical ao subtropical e uma grande diversidade de ecossistemas, como as Florestas Ombrófilas Densas, as Florestas Ombrófilas Mistas e as formações pioneiras. Apresenta apenas 7% de sua cobertura original.

Assinale a alternativa que relaciona corretamente a descrição do bioma com o seu nome.

a) I. Pampa / II. Caatinga / III. Floresta Amazônica / IV. Pantanal / V. Floresta Atlântica
b) I. Pampa / II. Floresta Atlântica / III. Pantanal / IV. Floresta Amazônica / V. Cerrado
c) I. Cerrado / II. Pampa / III. Pantanal / IV. Floresta Amazônica / V. Floresta Atlântica
d) I. Pantanal / II. Caatinga / III. Floresta Amazônica / IV. Pampa / V. Floresta Atlântica
e) I. Pampa / II. Cerrado / III. Floresta Amazônica / IV. Pantanal / V. Floresta Atlântica

16. (Uece) A variedade de biomas existentes no Brasil reflete a riqueza de espécies vegetais e animais e, por este motivo, o nosso país é o principal dentre os chamados países megadiversos. Muitas das espécies encontradas aqui são endêmicas e muitas plantas, economicamente importantes, são brasileiras. Com relação à biodiversidade, coloque V, para as afirmações verdadeiras, e F, para as falsas.

( ) Atualmente, em virtude da conscientização ecológica, a diversidade biológica se constitui como base das atividades agrícolas no Brasil.
( ) Quanto maior o número de espécies menor a estabilidade dos ecossistemas devido às tensões resultantes da competição nesses ambientes.
( ) A diversidade biológica é mais elevada em áreas quentes e úmidas como acontece em regiões tropicais.
( ) Apesar de ser tipicamente brasileira, a caatinga é um ecossistema pobre em diversidade e, por isso, um dos menos degradados do país.
( ) A introdução de espécies exóticas em um ambiente pode levar à extinção de outras espécies que nele ocorrem naturalmente.

Assinale a alternativa que contém a sequência correta, de cima para baixo.

a) V, V, F, F, V
b) F, F, V, F, V
c) V, V, V, F, F
d) F, F, F, V, V

ECOLOGIA VII – DEGRADAÇÃO AMBIENTAL

Poluição

Do ar

- Liberação de produtos tóxicos no ar, como óxidos de nitrogênio e enxofre, e monóxido de carbono.
- Alguns gases reagem com vapor de água e formam ácidos, causando a **chuva ácida**, que prejudica plantações, florestas e animais.

Inversão térmica

- Uma camada de ar quente fica sobre uma camada de ar frio próxima ao solo.
- A camada de ar frio encontra dificuldades em dispersar-se.

Aumenta a concentração de poluentes próximo ao solo (principalmente no inverno), gerando problemas à saúde humana.

Julio Dian/Arquivo da editora

Soluções

- Áreas verdes servem de barreira e filtro que ajuda a purificar o ar.
- Melhoria da eficiência energética de máquinas e veículos.
- Tomada de medidas que diminuam os congestionamentos no trânsito.
- Planejamento na instalação de indústrias e fábricas (locais afastados de centros populosos).
- Investimento em transportes coletivos.
- Monitoramento e controle dos níveis de poluição do ar.

Gerson Gerloff/Pulsar Imagens

Da água

- A principal forma é o lançamento de materiais não biodegradáveis (petróleo, metais pesados).
- Gás carbônico em excesso se dilui na água formando ácido, gerando inúmeros problemas à fauna aquática.

Eutrofização

Lançamento de esgotos ou outras substâncias na água, gera proliferação excessiva de algas, turbidez, aumento da matéria orgânica dissolvida e proliferação de bactérias decompositoras, resultando em falta de oxigênio dissolvido.

Poluição térmica

Aquecimento da água por atividades industriais ou de produção de energia, prejudica a vida aquática.

Soluções

- Entre várias, o desenvolvimento e a utilização de energias limpas.
- Tratamento de esgoto:

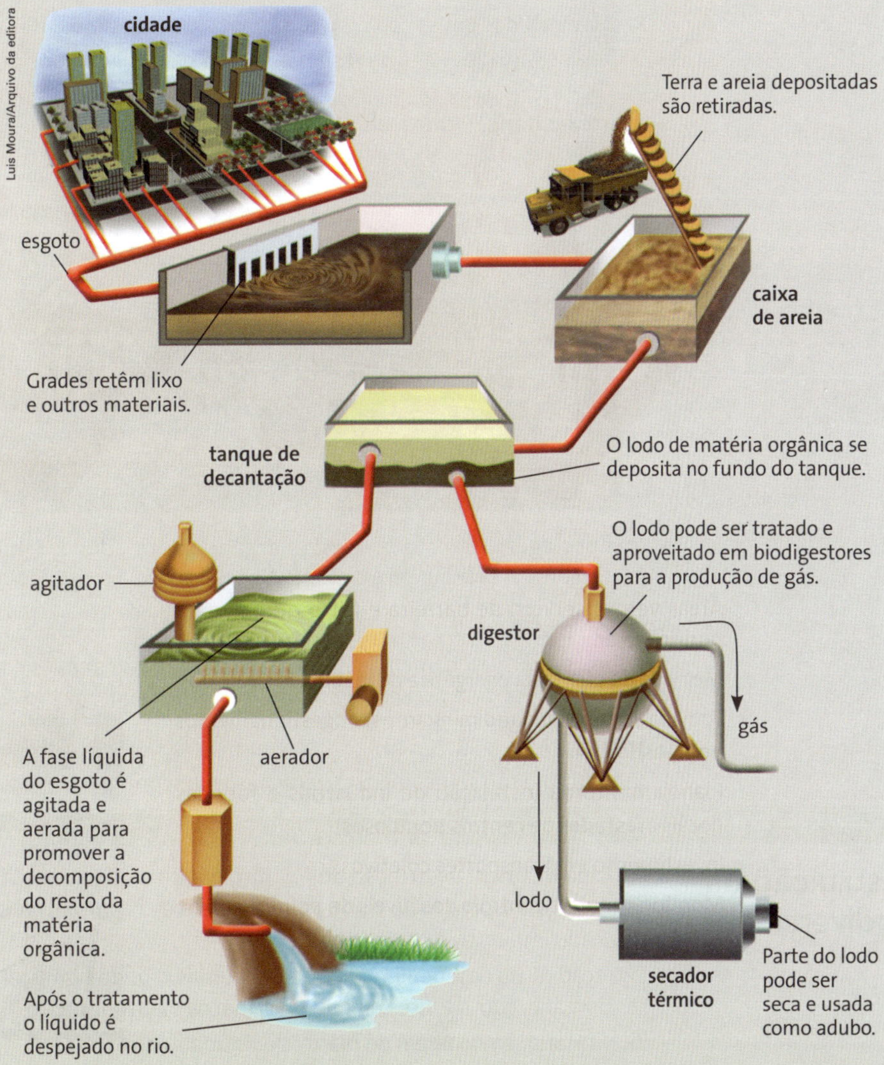

Luis Moura/Arquivo da editora

Do solo

- **Erosão**: camada superficial e mais fértil do solo é arrastada pela água das chuvas ou pelo vento, sendo depositada em cursos de água.
- A erosão causa também o assoreamento dos rios (pelo acúmulo de sedimento trazido), gerando inundações. A mata ciliar na beira dos rios ajuda a segurar o solo e previne o assoreamento.
- **Lixiviação**: em solos expostos, a água da chuva carrega os nutrientes para camadas profundas, empobrecendo a superfície.
- Agricultura prejudica a ciclagem dos nutrientes e pode facilitar a lixiviação e erosão. As queimadas matam os decompositores e interferem na reciclagem de nutrientes.
- **Desertificação**: torna a terra estéril em regiões secas.

Defensivos agrícolas

Degradação de alguns defensivos é lenta e eles podem se acumular nas cadeias alimentares; outros podem prejudicar animais úteis (predadores e polinizadores).

Soluções

Plantações planejadas como rotação de culturas ou em curvas de nível (nas áreas íngremes), além da adoção do manejo integrado de pragas e controle biológico.

Lixo

- Resíduos sólidos podem poluir e contaminar o solo e ambientes aquáticos.
- **Lixões**: péssima maneira de disposição, pois geram inúmeros problemas, como a produção do chorume.
- **Aterro sanitário**: forma mais adequada de disposição do lixo.

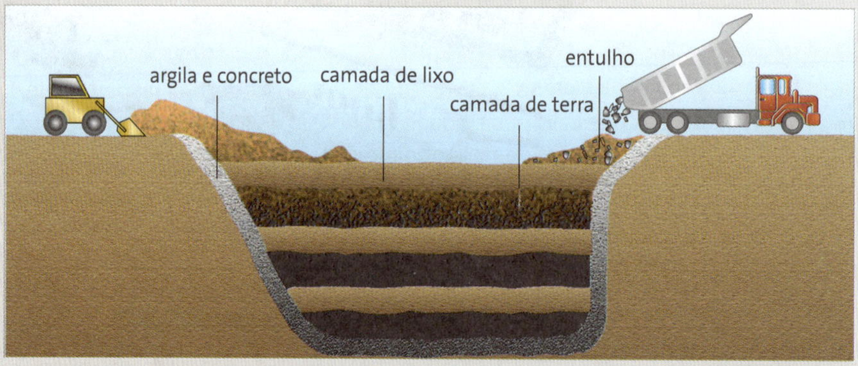

Casa de Tipos/Arquivo da editora

- **Compostagem**: transforma restos orgânicos em adubo, também produzindo biogás e fertilizantes. A **reciclagem** é a alternativa para o lixo inorgânico.

Radioativa

Problemas no armazenamento de lixo atômico e acidentes em usinas liberam radiação (provoca mutações que podem gerar diversos problemas de saúde, inclusive em gerações futuras).

Sonora

Efeitos da poluição sonora podem gerar desde desconforto até redução irreversível da audição.

Destruição da biodiversidade

- Principais causas: destruição do *habitat*, exploração excessiva, poluição e introdução de espécies invasoras (que dominam ambientes e passam a competir com as nativas, trazendo impactos negativos).
- Extinção causa desequilíbrio nos ecossistemas, e pode significar perda de espécies úteis ao ser humano, como fontes de novos fármacos ou de alimento.
- Biopirataria: envio ilegal de plantas e animais ao exterior.

Exercícios

1. (UFG-GO) Leia as informações a seguir.
Em meados do século XVIII, James Watt patenteou na Inglaterra seu invento, sobre o qual escreveu a seu pai: "O negócio a que me dedico agora se tornou um grande sucesso. A máquina de fogo que eu inventei está funcionando e obtendo uma resposta muito melhor do que qualquer outra que tenha sido inventada até agora".
Disponível em: <http://www.ampltd.co.uk/digital_guides/ind-rev-series-3-parts-1-to-3/detailed-listing-part-1.aspx>. Acesso em: 29 out. 2012. (Adaptado).
A revolução histórica relacionada ao texto, a fonte primária de energia utilizada em tal máquina e a consequência ambiental de seu uso são, respectivamente,
a) puritana, gás natural e aumento na ocorrência de inversão térmica.
b) gloriosa, petróleo e destruição da camada de ozônio.
c) gloriosa, carvão mineral e aumento do processo de desgelo das calotas polares.
d) industrial, gás natural e redução da umidade atmosférica.
e) industrial, carvão mineral e aumento da poluição atmosférica.

2. (Uerj) Utilize as informações a seguir para responder à questão.
Com as chuvas intensas que caíram na cidade do Rio de Janeiro em março de 2013, grande quantidade de matéria orgânica se depositou na lagoa Rodrigo de Freitas. O consumo biológico desse material contribuiu para a redução a zero do nível de gás oxigênio dissolvido na água, provocando a mortandade dos peixes.
Os dois principais grupos de seres vivos envolvidos no processo de diminuição da taxa de oxigênio disponível são:
a) algas e bactérias.
b) plantas e bactérias.
c) algas e microcrustáceos.
d) plantas e microcrustáceos.

3. (UFRGS-RS) As chuvas ácidas são causadas pelas alterações humanas nos ciclos do
a) carbono e do fósforo.
b) carbono e do enxofre.
c) carbono e da água.
d) nitrogênio e do enxofre.
e) nitrogênio e do fósforo.

4. (PUC-RJ) Durante o processo de eutrofização dos ambientes aquáticos, podem ocorrer as seguintes etapas:
a) contaminação da água por esgotos domésticos, proliferação de algas e de bactérias decompositoras, diminuição da concentração de oxigênio, produção de gases tóxicos.
b) contaminação da água por petróleo, morte de peixes, proliferação de bactérias, diminuição da concentração de oxigênio, produção de gases tóxicos.
c) contaminação da água por esgotos domésticos, aumento na quantidade de matéria orgânica e oferta de alimentos, aumento na concentração de oxigênio e proliferação de peixes.
d) contaminação da água por metais pesados, mortandade de peixes, diminuição da concentração de oxigênio, produção de gases tóxicos.
e) contaminação da água pelo excesso de gás carbônico produzido por atividades humanas, aumento da acidez da água, mortandade de peixes.

5. (Mack-SP) O ozônio (O_3) é um gás existente na atmosfera. A respeito dele, considere as seguintes afirmações:
I. É um dos responsáveis pela ocorrência de chuva ácida.
II. A presença dele em qualquer nível da atmosfera é responsável pelo bloqueio de raios ultravioleta.
III. Grandes quantidades desse gás nas camadas mais baixas da atmosfera são responsáveis pelo aumento do risco de câncer.
Assinale:
a) se somente as afirmações II e III estiverem corretas.
b) se somente as afirmações I e II estiverem corretas.
c) se somente a afirmação III estiver correta.
d) se somente a afirmação II estiver correta.
e) se somente as afirmações I e III estiverem corretas.

6. (PUC-RJ) Um processo de reflorestamento pode contribuir diretamente para a diminuição do efeito estufa porque as plantas em crescimento
a) consomem gás carbônico durante sua respiração.
b) fixam nitrogênio atmosférico em suas folhas.
c) liberam oxigênio durante sua respiração.
d) sequestram carbono durante a fotossíntese.
e) absorvem metano durante a fotossíntese.

7. (FGV-SP) Leia as notícias a seguir.

"Pesquisadores afirmam que o mar de gelo está ficando cada vez mais fino e vulnerável no norte do planeta. No mês de setembro, o derretimento deixou o gelo do Ártico no seu menor nível em mais de 30 anos, desde que começaram as medições via satélite."

Disponível em: <www.bbc.co.uk/portuguese/noticias/2012/09/120907_artico_derretimento_dg.shtml>. Adaptado.

"Cerca de um mês após o anúncio do maior derretimento de gelo já registrado no Ártico, o Centro Nacional de Informações de Neve e Gelo dos EUA (NSIDC) liberou dados que mostram que a cobertura congelada na região da Antártica bateu recorde neste ano com relação aos anos anteriores. Não há, também, evidências de que o fenômeno significaria que não esteja havendo aquecimento global."

Disponível em: <http://g1.globo.com/natureza/noticia/2012/10/apos-degelo-no-articoantartica-bate-recorde-de-congelamento-diz-instituto.html>. Adaptado.

A hipótese científica atualmente mais verossímil, em relação às mudanças climáticas nas quais se constatam a aceleração do degelo no Ártico e o maior congelamento na Antártica, está fundamentada:

a) na liberação de gases poluentes, por meio da combustão, intensificada a partir da revolução industrial.
b) no fato de o planeta ser capaz de compensar isoladamente as alterações climáticas em diferentes regiões.
c) no efeito sazonal de grande amplitude, recorrente a cada ano, nos invernos e verões polares.
d) nos eventos geológicos de grande magnitude, tais como terremotos e *tsunamis*, ocorridos recentemente.
e) na poluição das águas continentais e oceânicas em função de desastres ambientais.

8. (UEG-GO) O termo eutrofia, atribuindo conotação de aumento de fertilidade em ecossistemas aquáticos continentais, foi utilizado originalmente por piscicultores alemães, que adicionavam carbonato de cálcio aos tanques de piscicultura. Posteriormente, esse termo foi substituído por eutrofização, definido como o aumento na concentração de nutrientes, especialmente de fósforo e nitrogênio, nos ecossistemas aquáticos. Os poluentes que podem causar a eutrofização das águas de lagos são, respectivamente,

a) óleos e detergentes.
b) óleos e fertilizantes.
c) óleos e metais pesados.
d) fertilizantes e detergentes.

9. (Uerj) O processo de eutrofização ocorrido em um determinado lago acarretou alterações em diversos parâmetros medidos na água, dentre eles, as concentrações de nutrientes, de oxigênio dissolvido, de organismos aeróbicos e de organismos anaeróbicos. Observe os gráficos abaixo, que relacionam as concentrações desses parâmetros e o tempo no processo citado.

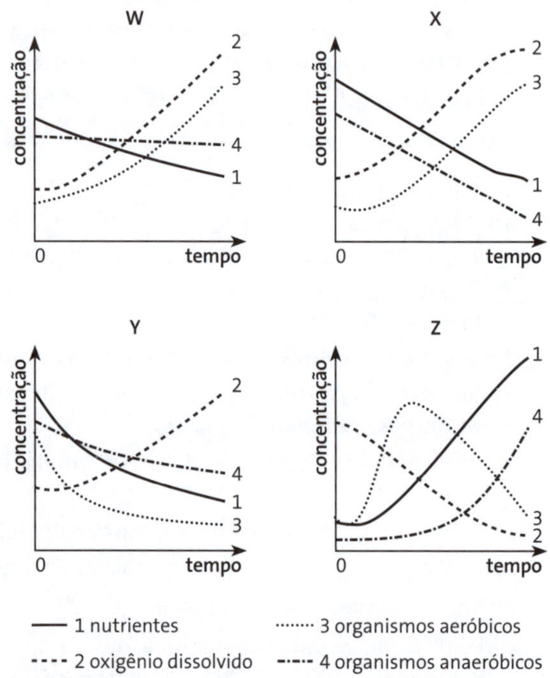

O gráfico que representa o processo de eutrofização ocorrido na água desse lago está indicado pela seguinte letra:

a) W. b) X. c) Y. d) Z.

10. (Ufscar-SP) A prática da queima da palha da cana-de-açúcar para facilitar a colheita deve ser extinta no Estado de São Paulo, por causar danos ao meio ambiente. Estes danos estão diretamente relacionados com

a) o aumento de compostos nitrogenados no solo, como amônia e nitrato.
b) a redução na evaporação da água do solo.
c) o aumento da matéria orgânica na superfície do solo, provocado pela queima da matéria vegetal.
d) a redução da erosão na área, provocando o acúmulo de cinzas na superfície.
e) o aumento na concentração de gases tóxicos na atmosfera, provocado pela combustão da matéria orgânica.

11. (UEPB) Em 2012, estamos comemorando o centenário de Luiz Gonzaga, o Rei do Baião. Festas juninas em todo o Brasil estiveram prestando homenagens a este ícone da cultura brasileira, e em Campina Grande, cidade do maior São João do mundo, não poderia ser diferente. Um vestibulando, ao visitar a festa no Parque do Povo, ouviu a música "Xote ecológico", e começou a associar as palavras do Rei do Baião, escritas na década de 80, com a atual crise ecológica.
Analise a letra da música e assinale a alternativa que contém problemas ambientais citados no texto.

Xote ecológico
(Aguinaldo Batista e Luiz Gonzaga/Luiz Gonzaga)
Não posso respirar, não posso mais nadar
A terra está morrendo, não dá mais pra plantar
Se planta não nasce se nasce não dá
Até pinga da boa é difícil de encontrar
Cadê a flor que estava aqui?
Poluição comeu.
E o peixe que é do mar?
Poluição comeu
E o verde onde que está?
Poluição comeu
Nem o Chico Mendes sobreviveu

a) Efeito estufa, eutrofização, desmatamento
b) Poluição do ar, aquecimento global, queimadas
c) Aquecimento global, poluição da água, chuva ácida
d) Poluição do ar, poluição marinha, desmatamento
e) Poluição do solo, chuva ácida, desertificação

12. (UFRN) Sempre que apertamos a descarga ou lavamos alguma coisa na pia, produzimos esgoto. O necessário tratamento do esgoto produzido pode ser privado (a fossa séptica), em que as próprias pessoas instalam estações particulares de tratamento de esgoto, ou, dependendo da situação, é criado um sistema de tratamento de esgoto urbano, quando há grande concentração de pessoas e muito mais dejeto a ser tratado. Uma das razões que explicam a necessidade de tratamento do esgoto, antes de ser despejado em um ambiente aquático, é o fato de ele:

a) aumentar o risco de doenças provocadas pelos coliformes totais e fecais.
b) ocasionar a morte de peixes, se houver grande consumo do oxigênio da água, por bactérias aeróbicas.
c) favorecer a respiração anaeróbia das algas potencialmente patogênicas, impedindo a produção de oxigênio.
d) proporcionar a baixa biodegradabilidade do fosfato e do nitrato presentes na água.

13. (Uece) Vazamento de petróleo desafia a tecnologia no Golfo do México – Robôs, drenos e dispersantes são usados para tentar evitar desastre. Quase um milhão de litros de óleo se espalha no mar por dia nos EUA.

Disponível em: <http://g1.globo.com/mundo/noticia/2010/05/vazamento-de-petroleo-desafia-tecnologia-no-golfo-do-mexico.html>.

A manchete acima relata um dos maiores acidentes ecológicos da história, que irá desencadear sérios problemas ambientais. Como consequências de uma catástrofe dessa natureza são apontadas:

I. A diminuição da quantidade de oxigênio na água o que leva à morte por asfixia de animais como as baleias.
II. A diminuição da taxa fotossintética e consequentemente alterações no equilíbrio das cadeias alimentares, assim como a diminuição da concentração de O_2 na água.
III. A proliferação de bactérias oportunistas e o aumento de doenças próprias do sistema nervoso central de aves que perdem o sentido migratório.
IV. A morte de muitas aves por hipotermia devido ao óleo que fica impregnado no corpo e as impede de voar.

Realmente, são consequências as apontadas em:

a) I e II, apenas.
b) II e IV, apenas.
c) I, II, III e IV.
d) I e IV, apenas.

14. (UEG-GO) Dentre as várias formas de interferência do homem nos corpos de água, podem ser citadas construção de hidrelétricas, alterações no ciclo da água, poluição dos mananciais, entre outras.
Sobre o assunto, é **INCORRETO** afirmar:

a) A construção de hidrelétricas causa impactos regionais, pois aumenta a evaporação da água na região da represa, com consequente aumento local da umidade relativa do ar.
b) No Brasil, os problemas com as reservas de água doce são crescentes por causa da poluição por resíduos industriais e esgoto doméstico sem tratamento adequado.
c) A água é um recurso natural renovável; entretanto, o uso inadequado desse recurso poderá gerar sua escassez em algumas regiões do planeta.
d) O assoreamento fluvial é a retirada de solo dos fundos dos rios e contribui para a inundação de territórios adjacentes em épocas de chuva.

15. (UEL-PR) Para obter-se o terreno para o plantio, o mato precisa ser derrubado, galhos e ramos cortados e, depois de secarem, precisam ser queimados. É um trabalho duro. Em geral é feito por grupos de homens acostumados com esse serviço, e que são pagos por um chefe o qual contrata o serviço com os donos das terras... Depois de mais ou menos 2 a 3 meses que o sol secou as folhas e os galhos, pode-se começar a queima do mato, um acontecimento notável, esperado com grande tensão.

MAIER, Max Hermann. *Um advogado de Frankfurt se torna cafeicultor na selva brasileira*. CDPH/UEL.

Reconhecendo a importância da atmosfera para o equilíbrio térmico da Terra, é possível prever que a modificação em sua composição pode acarretar um desequilíbrio na manutenção da vida. Realizar amplos reflorestamentos no planeta é uma forma de reduzir o efeito estufa e conter o aquecimento global. Este procedimento baseia-se na hipótese de que o aumento de áreas de florestas promove:

a) absorção de CFC, gás responsável pela destruição da camada de ozônio.

b) aumento do gás carbônico no solo, diminuindo a emissão de gás metano para a atmosfera, causando resfriamento da superfície terrestre.

c) maior disponibilidade de combustíveis fósseis, diminuindo o fenômeno da inversão térmica.

d) redução da radiação ultravioleta causada pela liberação de gás oxigênio, resultante do processo fotossintético dos vegetais.

e) retenção do carbono pelas árvores, com diminuição do gás carbônico atmosférico, o qual acentua o efeito estufa.

16. (UFG-GO) No estado de Goiás, bem como em outros estados brasileiros, o ano de 2010 foi marcado por alto índice de queimadas. Elas ocorreram não apenas em áreas particulares, mas também em áreas públicas de preservação ambiental como, por exemplo, no Parque Estadual das Emas, Parque Estadual da Serra dos Pirineus, Parque Nacional da Chapada dos Veadeiros e Parque Ecológico Altamiro de Moura Pacheco. Uma consequência socioambiental, a curto prazo, desse tipo de impacto é:

a) a destruição da camada de ozônio, com aumento da incidência de raios ultravioleta e de câncer de pele.

b) a redução da umidade relativa do ar, elevando a incidência de doenças das vias respiratórias.

c) o controle de espécies vegetais invasoras de pastagens, reduzindo gastos no manejo agropecuário.

d) o acúmulo de matéria orgânica no solo, melhorando sua fertilidade.

e) a transferência de água subterrânea para alimentar rios temporários, aumentando a fauna aquática local.

17. (UEG-GO) O gás carbônico age como um gás estufa e suas concentrações na atmosfera têm mudado no decorrer dos anos, conforme apresentado na figura a seguir.

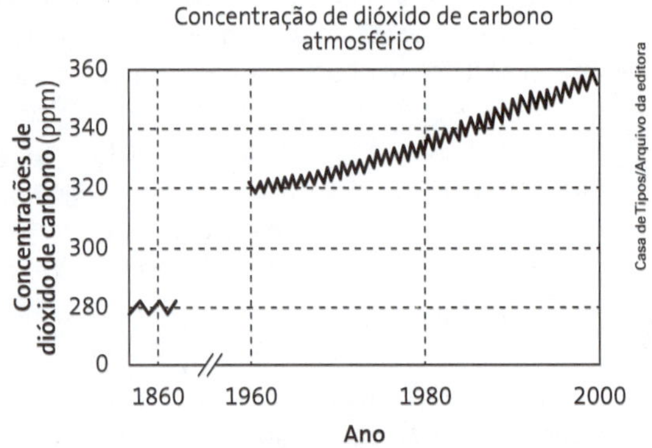

RICKLEFS, R. E. *A economia da natureza*. Rio de Janeiro: Guanabara Koogan, 2009. p. 473.

Sobre este assunto, é CORRETO afirmar:

a) o aumento na concentração de CO_2 foi maior nos últimos 30 anos, atingindo a estabilidade a partir do ano 2000.

b) os níveis crescentes de CO_2 na atmosfera, a partir de 1860, podem ter sido ocasionados pela diminuição da temperatura média da Terra.

c) a diminuição da concentração de CO_2, na atmosfera, antes de 1960, pode ter sido causada pelo menor consumo de carvão, óleo e gás para produção de energia.

d) antes de 1860, a concentração de CO_2 na atmosfera era escassa numa ordem de 280ppm, havendo um aumento para mais de 350ppm, durante os últimos 150 anos.

18. (UFRGS-RS) O efeito estufa leva ao aquecimento global que, a longo prazo, pode ocasionar derretimento das calotas polares, aumento dos níveis dos mares e alteração nos ciclos das chuvas.
Com base nas causas do efeito estufa, assinale com V (verdadeiro) ou F (falso) as afirmações abaixo.

( ) O metano é um potente gás-estufa que contribui para o aquecimento global.

( ) Depósitos massivos de metano presos sob camadas de gelo muito antigas que estão derretendo irão agravar o efeito estufa nos próximos anos.

( ) O aumento da concentração de fósforo atmosférico intensifica o efeito estufa.

( ) Duas grandes fontes de emissão de metano são a flatulência dos ruminantes e as plantações de arroz.

A sequência correta de preenchimento dos parênteses, de cima para baixo, é:

a) V – V – F – V.
b) V – F – V – F.
c) F – V – V – F.
d) F – F – V – V.
e) V – F – F – V.

19. (Uern) O esquema relacionado a seguir demonstra a disseminação de DDT (sigla de *Dicloro-Difenil-Tricloroetano*) através de uma cadeia alimentar, processo conhecido como bioacumulação.

Acumulação de DDT em diferentes compartimentos de um ecossistema

Valores em partes por milhão

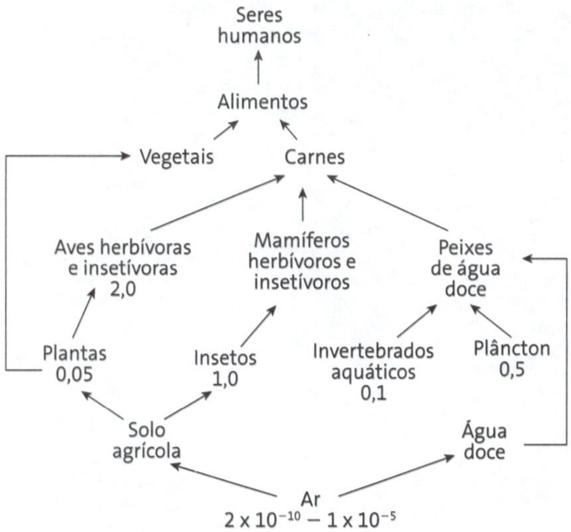

(Edwards, 1975 apud Melo & Vallejo, 1990/<www.fiocruz.br>.)

Para evitar a ingestão de DDT nos alimentos de origem marinha, deve-se adotar a prática de:

a) ingerir esses alimentos, partindo do pressuposto que são dispensáveis à dieta humana.

b) se alimentar de seres do topo da teia alimentar, já que os componentes tóxicos não alcançam esse nível trófico.

c) ingerir grandes quantidades de água, para evitar o acúmulo desses elementos na célula.

d) se alimentar de seres do início da cadeia alimentar, pois eles possuem menores concentrações em seus organismos.

21. (UPE) Observe o gráfico a seguir:

Emissão antropogênica anual de CO_2 por continentes – 1995 (em milhões de toneladas)

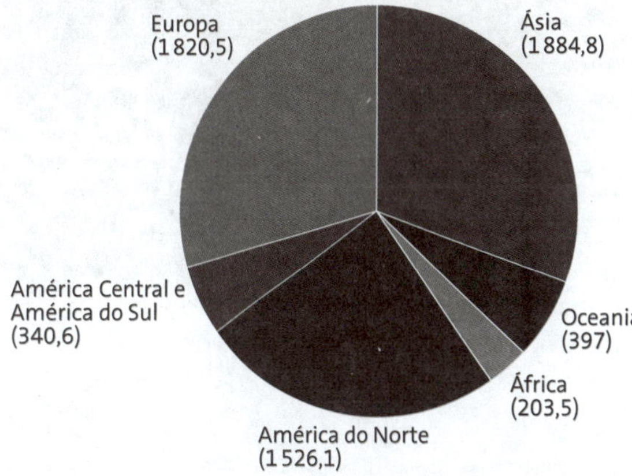

Com base nele, assinale a alternativa CORRETA.

a) A emissão antropogênica encontrada no gráfico diz respeito à emissão de CO_2 por decomposição de matéria orgânica em lixões.

b) Gases estufas, como vapor de água, CO_2 e NO, são os responsáveis pelo aquecimento global, que é consequência da emissão apresentada no gráfico.

c) O gráfico apresenta uma nítida relação entre a área geográfica dos continentes e a sua potencial capacidade de contribuir com a emissão de CO_2 na atmosfera.

d) O gráfico apresenta uma relação direta do grau de industrialização dos continentes e sua dependência do uso de combustíveis fósseis.

e) Se fosse apresentado um gráfico de localização da rarefação da camada de ozônio, encontraríamos uma completa semelhança com o gráfico figurado nesta questão.

20. (UCS-RS) Os frutos do mar não são os únicos alimentos que podem conter substâncias nocivas. Dependendo da preparação, os produtos hortifrutigranjeiros têm o poder deletério similar ao do *fast-food*. A FAO (Organização para Agricultura e Alimentação) classifica o Brasil como o terceiro maior consumidor de agrotóxicos do mundo. A absorção desses agrotóxicos causa intoxicações agudas, que têm como principais consequências

a) vômitos e diarreia.

b) emagrecimento e diabetes.

c) paralisia e doenças severas, como o câncer.

d) hepatite e insuficiência renal.

e) anemia e depressão.

22. (UFTM-MG) Sobre a emissão de gases e seus efeitos no planeta Terra, pode-se afirmar que:

a) no caso do Brasil, a queima de combustíveis fósseis libera mais CO_2 para a atmosfera do que as queimadas e desmatamentos.

b) a retenção de ondas de calor na atmosfera é maléfica, independente do aumento nas concentrações de CO_2 na atmosfera.

c) mesmo em áreas degradadas, a emissão de CO_2 é compensada por sua absorção.

d) o avanço da pecuária contribui para a elevação das concentrações de CH_4 na atmosfera, o que também agrava o problema.

e) o "mercado de carbono" se justifica diante do fato de as florestas não serem bons sorvedouros de CO_2.

Desafio

Theo Szczepanski/Arquivo da editora

Olimpíada Brasileira de Biologia

1. A condição elementar para que populações vivam um processo de competição é que as:
   a) espécies por essas populações sejam representadas pelo mesmo gênero.
   b) populações coabitem uma dada área em que algum recurso de relevância para ambas seja limitado para as demandas de coexistência.
   c) populações apresentem padrões ecomorfológicos semelhantes que resultem na utilização de um mesmo recurso.
   d) populações sejam consideradas como estrategistas *k*, compartilhando o mesmo nicho.
   e) espécies representadas por essas populações sejam consideradas como um grau de superposição de nicho estatisticamente significativo.

2. Observe o heredograma abaixo.

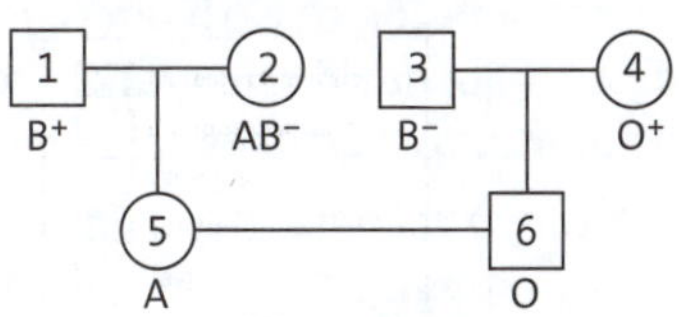

Considere o heredograma acima, que mostra a tipagem ABO e Rh dos indivíduos.
Sabendo que o casal 5 × 6 já perdeu uma criança com eritroblastose fetal, a probabilidade de nascer uma menina do tipo O, Rh^+ é de:
   a) 1/6.
   b) 1/8.
   c) 1/2.
   d) 1/4.
   e) 1/3.

3. Num banco de sangue foram selecionados os seguintes doadores: grupo AB – 5; grupo A – 8; grupo B – 3; grupo O – 12. O primeiro pedido de doação partiu de um hospital que tinha dois pacientes nas condições descritas a seguir.
   Paciente I – possui ambos os tipos de aglutininas no plasma;
   Paciente II – possui apenas um tipo de antígeno nas hemácias e aglutinina anti-B no plasma.
   O número de doadores disponíveis para os pacientes I e II, respectivamente, é:
   a) 5 e 11.
   b) 12 e 12.
   c) 8 e 3.
   d) 12 e 20.
   e) 28 e 11.

4. A transição do nomadismo à vida em pequenas aldeias foi um marco importante na evolução do homem. Homens tornaram-se cada vez menos caçadores e coletores, passando gradativamente a dedicar-se à agricultura e à criação animal. Sobre este assunto pode-se afirmar que:
   a) A existência de predadores como os dinossauros exigiu artefatos de caça mais elaborados.
   b) A espécie humana deixou de sofrer a ação da seleção natural graças a confecção de roupas e artefatos.
   c) O uso do fogo permitiu maior obtenção de nutrientes, defesa e construção de novos artefatos.
   d) O homem primitivo não era capaz de modificar a natureza.
   e) Períodos glaciais permitiam maior quantidade de alimento ao homem pré-histórico.

5. Uma mulher do grupo sanguíneo A, cuja mãe era do grupo O, casa-se com um homem doador universal. Os grupos sanguíneos dos prováveis filhos do casal poderão ser:
a) A ou AB.
b) A ou B.
c) Apenas A.
d) Apenas O.
e) A ou O.

6. "A hemofilia do tipo A é bem conhecida nas famílias reais da Europa. Essa doença pode ser acompanhada até a rainha Vitória, que deve ter sido heterozigota. Não se conhece hemofilia em seus ancestrais, e daí se supõe que seu alelo de hemofilia surgiu de um gameta mutante."

Com base nas informações do texto e sabendo que esse tipo de hemofilia é condicionado por um gene recessivo ligado ao cromossomo X, assinale o item que representa a afirmativa verdadeira.
a) A rainha Vitória não era hemofílica e somente suas filhas mulheres podem ter sido.
b) Tanto a rainha Vitória como seus descendentes eram hemofílicos.
c) A rainha Vitória não era hemofílica, mas todos os seus filhos, homens e mulheres, foram.
d) A rainha Vitória era hemofílica e somente seus filhos homens podem ter sido hemofílicos também.
e) A rainha Vitória não era hemofílica e somente seus filhos homens podem ter sido hemofílicos.

7. Tentativas de introduzir espécies exóticas no Brasil, como o experimento da cochonilha em Pernambuco, têm se mostrado, em alguns casos, um desastre ambiental por conta da ausência de inimigos naturais no ambiente. Tal mecanismo é conhecido na ecologia como:
a) biorremediação.
b) bioacumulação.
c) bioinvasão.
d) biocenose.
e) eutrofização.

8. Analise o gráfico abaixo e assinale a alternativa correta.

Biomas brasileiros que correm mais risco de destruição

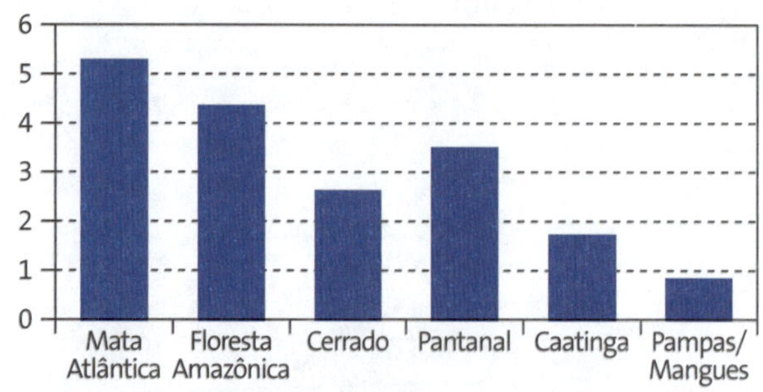

a) A Floresta Amazônica é o bioma com maior índice de destruição, devido ao grande desmatamento para a abertura de campos para a criação de gados.
b) Com a construção de barragens do rio São Francisco, a caatinga se tornou o bioma com maior risco de destruição.
c) A Mata Atlântica é o bioma com maior risco de destruição, devido à alta urbanização local.
d) O cerrado apresenta baixo índice de destruição, pois não apresenta interesse econômico aos homens.
e) O mangue e os pampas gaúchos não apresentam chances de serem totalmente destruídos.

9. Carlos e Carina apresentam coagulação sanguínea normal. O pai de Carina é hemofílico. Carlos e Carina se casam. Eles têm medo de ter filhos hemofílicos e procuram um serviço de aconselhamento genético. A orientação correta a ser dada é:

a) não há risco de o casal ter filhos hemofílicos, já que os pais são normais.

b) a probabilidade de nascer uma criança hemofílica é de 25%.

c) a probabilidade de nascer uma criança hemofílica é de 50%.

d) a probabilidade de nascer uma menina hemofílica é de 50%.

e) o casal não deve ter filhos porque todos serão hemofílicos ou portadores de gene para hemofilia.

10. Sobre as diversas mutações que ocorrem nos seres humanos, reflita sobre as informações a seguir, colocando F para falso e V para verdadeiro:

( ) o espermatozoide + o óvulo formam um zigoto XXY, cujo desenvolvimento determina a síndrome de Klinefelter.

( ) o espermatozoide + o óvulo formam um zigoto X0, cujo desenvolvimento determina a síndrome de Turner.

( ) as mutações gênicas são sempre deletérias e enfraquecem a espécie.

( ) o espermatozoide + o óvulo formam um zigoto XXX, que determina a formação de uma mulher com síndrome de Down.

( ) o fenômeno de não disjunção de cromossomos pode ocorrer tanto na espermatogênese como na ovulogênese.

a) V – V – V – V – V

b) V – V – F – V – V

c) V – V – F – F – F

d) V – V – F – F – V

e) F – F – F – F – F

11. A tira a seguir faz referência à manipulação de genes em laboratório. Se esse tipo de experimento fosse realizado, poderíamos afirmar que:

Frank & Ernest / Bob Thaves

O Estado de S. Paulo. 27 de maio de 2004.

a) o elefante e o vaga-lume são organismos transgênicos.

b) apenas o vaga-lume é um organismo transgênico

c) uma sequência de RNA do vaga-lume foi transferida para células do elefante.

d) o gene do vaga-lume controlou a produção de RNA e de proteína no interior das células do elefante.

e) uma sequência de DNA do elefante sofreu mutação devido à introdução do gene do vaga-lume em células daquele mamífero.

12. Você realizou um cruzamento entre moscas homozigóticas para os caracteres olhos púrpura e asas vestigiais com moscas selvagens. Moscas da F_1 são todas fenotipicamente selvagens. Na prole do cruzamento teste de fêmeas da F_1 você observou os seguintes fenótipos:

Fenótipo	Prole
Olhos púrpura e asas vestigiais	1193
Olhos púrpura e asas normais	159
Olhos normais e asas vestigiais	161
Olhos normais e asas normais	1129

Qual é a distância gênica mapeada entre esses dois loci?

a) 12,1 U.R. (morganídeos).

b) 48,2 U.R. (morganídeos).

c) 6,2 U.R. (morganídeos).

d) 24,4 U.R. (morganídeos).

e) nenhuma das respostas acima.

Analise o heredograma abaixo e responda as questões 13 a 15.

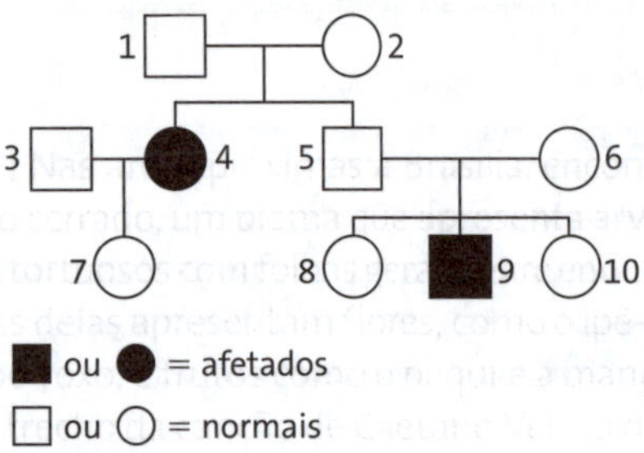

13. Pode-se afirmar que a herança da característica em questão é:
a) autossômica dominante.
b) autossômica recessiva.
c) ligada ao sexo dominante.
d) ligada ao sexo recessiva.
e) restrita ao sexo.

16. O gráfico abaixo mostra a distribuição de quatro espécies de roedores que ocupam diferentes profundidades do solo para alimentação e repouso. Utilize-o para responder as questões 16 e 17.

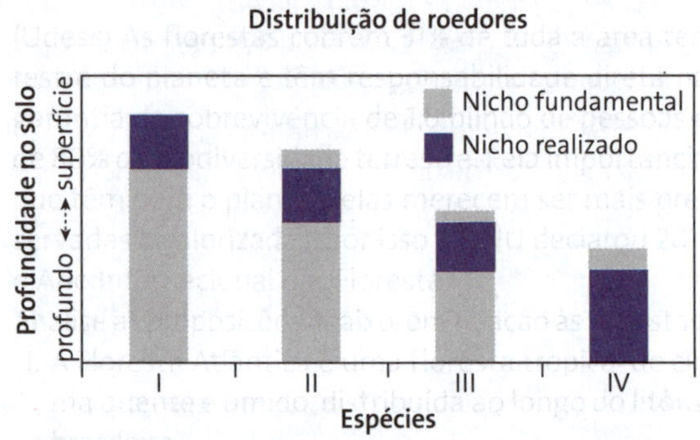

Pode-se afirmar que a espécie de roedor mais tolerante é a:
a) I.
b) II.
c) III.
d) IV.
e) n.d.a.

14. A probabilidade de o indivíduo 8 ser heterozigoto é de:
a) 3/4.
b) 1/2.
c) 1/3.
d) 2/3.
e) 0.

17. Qual interação entre as espécies de roedores pode justificar tal distribuição?
a) Canibalismo.
b) Competição intraespecífica.
c) Competição interespecífica.
d) Predação.
e) Mutualismo.

15. A probabilidade de os indivíduos 5 e 6 terem outra filha normal é de:
a) 3/4.
b) 1/2.
c) 3/8.
d) 1/8.
e) 0.

18. Afídeos possuem relação ecológica com formigas que em troca do exsudato (*honeydew*) secretado fornecem proteção ao afídeo contra predadores e parasitoides. Essa relação ecológica pode ser comparada a:
a) fungos produtores de antibióticos e bactérias.
b) gastrozooides e dactilozooides de uma caravela *Physalia*.
c) bromélias localizadas sobre uma jaqueira.
d) mitocôndrias na célula eucarionte.
e) pulgas em um cachorro.

19. O advento da agricultura irrigada no semiárido nordestino tem possibilitado um grande avanço econômico em polos de irrigação de Pernambuco e Bahia. Mas impactos ambientais já são notórios nos perímetros irrigados, reduzindo a produtividade das áreas irrigadas. É INCORRETO afirmar que:

a) o uso excessivo de água provoca a salinização das terras agricultáveis.

b) a aplicação de defensivos agrícolas acelera os processos de seleção artificial de insetos que se apresentam sensíveis ao defensivo.

c) o uso de adubos químicos reduz a fertilidade natural do solo, por prejudicar a sobrevivência de bactérias nitrificantes.

d) o desmatamento para implantação de cultivos expõe o solo às chuvas inconstantes da área semiárida, acelerando a erosão do solo.

e) O estabelecimento de plantios irrigados reduz a biodiversidade da flora regional.

21. Certa vez, um aluno curioso, ao assistir um documentário sobre savanas, perguntou a seu professor: "A zebra é preta de listras brancas ou branca de listras pretas?". Qual alternativa abaixo poderia ser correta para responder tal questão?

a) Podemos responder a partir da análise do desenvolvimento embrionário do animal, pois assim poderemos detectar qual pigmento aparece inicialmente.

b) Depende do ancestral evolutivo da zebra. A partir de uma análise evolutiva podemos observar qual cor foi inicialmente selecionada.

c) Depende do ambiente em que a zebra vive. Se ela viver em ambiente homogêneo sua cor poderá mudar novamente.

d) A cor da zebra não interfere na sua sobrevivência.

e) As letras **a** e **b** estão corretas.

20. As lagoas do Rio de Janeiro vêm sofrendo bastante há décadas com o despejo excessivo de dejetos orgânicos (ex.: fezes). Como consequência desse despejo, são problemas comuns nessas lagoas:

a) grande mortalidade de peixes devido ao acúmulo de substâncias não biodegradáveis ao longo da cadeia alimentar.

b) grande proliferação de algas que utilizam diretamente esses nutrientes orgânicos lançados na lagoa em seu metabolismo.

c) baixa contaminação por bactérias intestinais humanas.

d) aumento da transparência da água e de sua profundidade.

e) baixa oxigenação da coluna de água.

22. Embora mutações recessivas tendam a se expressar mais lentamente na população humana, a eliminação de alelos mutantes recessivos através da seleção natural também mostra-se bastante lenta e, em alguns casos bastante improvável. Sobre este tema pode-se afirmar que a melhor afirmativa é:

a) Genes recessivos têm maior chance de expressão em cruzamentos consanguíneos uma vez que a probabilidade de que estes entrem em homozigose é maior do que em cruzamentos ao acaso.

b) Genes que se expressam após a idade reprodutiva não podem ser eliminados pela seleção natural.

c) Genes dominantes letais podem ser eliminados em homozigose e heterozigose.

d) Genes recessivos podem não acrescentar aumento ou decréscimo do *fitness* (aptidão) em indivíduos diploides.

e) Todas as alternativas anteriores estão corretas.

23. A lesma-do-mar, *Elysia chlorotica*, é um curioso molusco que habita as águas da costa leste dos EUA e do Canadá. Esse animal compensa a ausência de um escudo protetor externo (uma concha), com um mecanismo diferente de camuflagem, que lhe confere uma coloração verde-esmeralda e o faz ser confundido com folhas. Porém, essa estratégia de disfarce contra predadores é adquirida de uma forma ímpar: através da realização de fotossíntese! Essa espécie não só é capaz de se misturar com as algas verdes, como também de captar energia solar para o processo autótrofo. Sabe-se que a habilidade de realizar fotossíntese da lesma-do-mar decorre do consumo de sua principal fonte de alimentação, as algas *Vaucheria litorea*. Esse animal, a *E. chlorotica*, consegue quebrar as células da alga de forma que lhes "rouba" os cloroplastos (cleptoplastia) e os mantêm intracelularmente no epitélio digestivo. Assim, observa-se que o molusco não herda os cloroplastos, ou seja, a cada nova geração tem que obtê-los através das algas.

Foto de *Elysia chlorotica* (disponível em: <http://www.pnas.org/content/105>).

O incrível é que os cloroplastos conseguem permanecer funcionais dentro da lesma-do-mar, participando de um processo denominado endossimbiose, por um período de até 9 meses. Aprofundando-se no assunto, um estudo recente "Horizontal gene transfer of the algal nuclear gene psbO to the photosynthetic sea slug *Elysia chlorotica*" foi publicado em novembro de 2008 na revista PNAS (n. 105, V. 46), revelando, através de experimentos na região genômica dos plastídios (ptDNA) da alga *V. litorea*, que falta a eles o complemento total de genes para a realização da fotossíntese, sendo então necessário que a lesma-do-mar fornecesse as proteínas para o processo fotossintético. O que podemos extrair desses fatos é que o conhecimento não é estável e novos eventos estão sempre surgindo para quebrar com os conceitos e as ideias estabelecidas. Todos os dias a natureza nos surpreende e nos mostra a grande diversidade e beleza que existe, nos desafiando a buscar respostas para entendermos melhor o mundo no qual vivemos.

Foto de *Elysia chlorotica* (disponível em: <http://www.plantphysiol.org/>).

Texto modificado a partir de: Mariana Resende de Oliveira . <http://www.labec.com.br>

A obtenção dos plastos a cada geração do molusco, devido à ausência de herdabilidade dessa característica, refuta os princípios evolutivos defendidos pelo evolucionista:

a) Jean Baptiste de Lamarck.
b) Charles Darwin.
c) Ernst Mayr.
d) Thomas Malthus.
e) Stephen Jay Gould.

24.

(Fernando Gonsales. *Folha de S. Paulo*, 8 jul. 2008.)

A carapaça dos insetos foi característica fundamental para seu sucesso adaptativo no ambiente terrestre. Marque a alternativa abaixo que não se relaciona com a irradiação adaptativa sofrida pelos insetos no ambiente terrestre:

a) a irradiação adaptativa das angiospermas;
b) diversidade de hábitos alimentares;
c) redução da dessecação;
d) tamanho reduzido;
e) circulação aberta.

25. A subida do istmo do Panamá, conectando a América do Sul com a América do Norte, começou a acontecer há cerca de 10 milhões de anos. Naquela época, o planeta começou um processo de esfriamento, aumentando a superfície das calotas polares, diminuindo o nível do mar, e expondo, consequentemente, o istmo. O nível do mar parou de descer no Pleistoceno. Dentre os efeitos desse evento geológico, para espécies da região, está a especiação:

a) peripátrica de espécies terrestres.
b) alopátrica de espécies que voam.
c) parapátrica de espécies marinhas.
d) alopátrica de espécies marinhas.
e) simpátrica de espécies marinhas.

26. As mutações são a fonte mais importante de variação procariótica. Apesar de os procariotos poderem adquirir novos alelos por transformação, transdução ou conjugação, a fonte mais importante de variação genética em procariotos é a mutação. Mutações, principalmente as recessivas, são muito lentas para que sejam notadas nas populações humanas e em outros organismos diploides. Ao contrário, uma mutação em um procarioto, que é haploide, tem consequências imediatas. Se não for letal, será transmitida para as células-filhas do organismo, que irão expressá-la – e nas células-filhas dessas, e assim por diante. Logo, um alelo mutante benéfico se espalha rapidamente.

Fonte: Vida a Ciência da Biologia, *Purves* et al. 2005.

Com base no texto, analise as afirmativas abaixo:

I. Procariotos sofrem mais mutações do que os eucariotos.
II. Uma mutação sofrida em um espermatozoide que fecundou um óvulo pode não ser expressa no indivíduo formado.
III. Uma mutação ocorrida em uma célula muscular humana pode ser herdável.

São corretas as afirmativas:

a) I e II.
b) I e III.
c) II e III.
d) Todas estão corretas.
e) Nenhuma está correta.

27. A hipótese da Rainha Vermelha (Leigh Van Valen) tem seu nome em homenagem ao livro de Lewis Carrol, *Alice no fundo do espelho*. No livro, a menina Alice deve correr seu máximo para conseguir "permanecer no mesmo lugar". A hipótese versa sobre:

a) coevolução entre diversidade e fatores abióticos
b) adaptação a ambientes estáveis.
c) relação entre especiação e adaptação.
d) adaptação a ambientes instáveis.
e) relação entre mutação e adaptação.

28. Um fazendeiro ganhou de um amigo dois pés de ervilha. Os dois davam ervilhas amarelas e lisas. Ao cruzar esses dois pés de ervilha, ele obteve diversas variedades diferentes, variando na cor (verde ou amarela) e textura (lisa ou rugosa). Ao colocar suas novas ervilhas para vender, ele notou que as verdes e enrugadas vendiam mais que as amarelas e lisas. Infelizmente, essas ervilhas verdes e enrugadas foram produzidas em menor quantidade em relação às ervilhas amarelas e lisas. Após uma rápida observação, ele resolveu separar os preços das ervilhas de acordo com sua quantidade no estoque. A ervilha verde e enrugada passou a custar 15 vezes mais do que as outras variedades de ervilha. Em compensação, o fazendeiro colocou a variedade mais comum em promoção. Qual é a variedade de ervilha mais comum considerando sua cor (verde ou amarela) e textura (lisa ou enrugada) e qual sua proporção em relação à variedade mais rara?

a) Verde e lisa, 3:1.
b) Amarela e enrugada, 3:1.
c) Verde e lisa, 9:1.
d) Amarela e lisa, 9:1.
e) Amarela e enrugada, 3:1.

29. Crianças acometidas por uma doença autossômica dominante letal estão recebendo um tratamento médico recentemente descoberto que permite a elas se desenvolverem normalmente. Podemos esperar que esse alelo:

a) venha a diminuir de frequência na população.

b) venha a aumentar de frequência na população.

c) venha a desaparecer da população.

d) venha a se fixar na população.

e) não mude a frequência na população, pois o alelo é letal.

30. Numa amostra de sangue coletados de brasileiros em 1970, foram observados os seguintes genótipos: OO – 50; AO – 20; AA – 7; BO – 4 para o sistema ABO. Depois de uma geração de panmixia, estudos indicam que a população está em equilíbrio de Hardy-Weinberg para esse locus. Marque a alternativa que apresenta as frequências gênicas aproximadas da população hoje

a) f(O) = 0,50; f(A) = 0,20; f(B) = 0,30

b) f(O) = 0,77; f(A) = 0,21; f(B) = 0,02

c) f(O) = 0,54; f(A) = 0,42; f(B) = 0,04

d) f(O) = 0,70; f(A) = 0,21; f(B) = 0,09

e) f(O) = 0,90; f(A) = 0,10; f(B) = 0,00

31. Uma população de uma espécie de insetos rastejantes é dividida em duas populações menores em decorrência do surgimento de um rio. No entanto, os ambientes nos dois lados do rio permanecem muito semelhantes. Sobre essas populações separadas geograficamente podemos afirmar, EXCETO:

a) as mutações vão diferenciar as duas populações.

b) caso haja migração entre as duas margens do rio, esta vai retardar a especiação.

c) caso não haja migração entre as duas margens do rio, as populações certamente vão se especiar.

d) a deriva gênica vai acelerar o processo de diferenciação.

e) como os ambientes permanecem muito semelhantes, a seleção natural não vai atuar na diferenciação.

32. O alelo que provoca a doença (fatal em homozigose) anemia falciforme aumenta de frequência em regiões que estão sujeitas à malária. Esse fenômeno é consequência de:

a) coevolução.

b) seleção natural direcional.

c) seleção natural balanceada.

d) acaso.

e) seleção natural disruptiva.

33. O Cerrado – 2º maior bioma brasileiro em extensão – é considerado por muitos especialistas como a Savana brasileira. Marque a alternativa abaixo que contenha característica incomum no Cerrado:

a) solos férteis.

b) período seco bem definido.

c) maior concentração de biomassa subterrânea.

d) adaptações das plantas ao fogo.

e) alta riqueza animal.

34. Analise as seguintes frases sobre deriva gênica, e escolha a única alternativa verdadeira.

I. Deriva gênica é o acaso, uma das principais forças evolutivas.

II. Deriva gênica sempre atua com maior intensidade em populações pequenas.

III. Numa dada situação, a deriva gênica aumenta a frequência do alelo mais vantajoso.

a) Só a primeira frase está correta.

b) Apenas as duas primeiras frases estão corretas.

c) Nenhuma frase está correta.

d) Apenas a terceira está correta.

e) Todas as frases estão corretas.

35. Observe:

OBB/2006

Como atualmente é classificada a relação supracitada?

a) mutualismo.

b) comensalismo.

c) sociedade.

d) competição.

e) colônia.

36. Entre as relações ecológicas mais estudadas no Ensino Médio estão a do pássaro-palito, que se alimenta de sanguessugas localizadas entre os dentes de crocodilos, e a do tubarão e da rêmor, que se alimenta dos restos alimentares dos peixes mortos pelo ataque do tubarão. A relação encontrada entre o crocodilo e as sanguessugas pode ser classificada como:

a) comensalismo.

b) predação.

c) parasitismo.

d) competição.

e) protocooperação.

37. Suponha que Mônica casa-se com Cebolinha e logo na lua-de-mel resolvem ter um filho. Ambos, Mônica e Cebolinha, apresentam um alelo G dominante para uma determinada característica e um gene g recessivo para a mesma característica. Portanto, ambos os pais são heterozigotos para essa característica. A probabilidade que um espermatozoide G encontre um ovócito G é:

a) 2/4.

b) 1/2.

c) 1/8.

d) 1/16.

e) 1/4.

Respostas

Vestibular em foco

Genética I

1. c
2. b
3. a
4. e
5. b
6. d
7. b
8. e
9. a
10. e
11. d
12. d
13. d
14. b
15. c
16. c
17. a
18. d
19. c
20. a
21. c
22. c
23. d
24. a
25. b
26. c

Genética II

1. b
2. b
3. a
4. e
5. e
6. e
7. c
8. e
9. c
10. a
11. a
12. d
13. e
14. a
15. c

Genética III

1. a
2. d
3. c
4. b
5. e
6. a
7. e
8. d
9. e
10. c

Genética molecular

1. e
2. b
3. a
4. d
5. b
6. b
7. c
8. e
9. b
10. a

Evolução I

1. c
2. b
3. a
4. e
5. a
6. b
7. a
8. d
9. d
10. d
11. e
12. d
13. c
14. a
15. e

Evolução II – Teoria sintética

1. e
2. d
3. d
4. e
5. e
6. a
7. c
8. c
9. b
10. e

Evolução III – Evolução humana

1. c
2. a
3. d
4. b
5. b
6. b
7. a
8. c
9. e
10. b

Ecologia I – Organização e populações

1. a
2. d
3. c
4. a
5. b
6. c
7. d
8. c
9. c

Ecologia II – Cadeia e teia alimentar

1. c
2. c
3. b
4. b
5. c
6. b
7. d
8. e
9. a
10. b
11. b
12. e
13. d
14. b
15. a

Ecologia III – Ciclos biogeoquímicos

1. c
2. a
3. a
4. e
5. c
6. e
7. e
8. e
9. c
10. a
11. c
12. c
13. c
14. a
15. a

Ecologia IV – Relações entre os seres vivos

1. b
2. b
3. b
4. b
5. a
6. b
7. d
8. a
9. b
10. c
11. a
12. d
13. c
14. d
15. d

Ecologia V – Sucessão ecológica

1. c
2. e
3. a
4. d
5. c
6. b
7. c
8. d
9. a
10. a
11. d
12. c
13. e
14. c

Ecologia VI – Biomas

1. c
2. d
3. c
4. c
5. e
6. b
7. b
8. e
9. c
10. d
11. b
12. e
13. e
14. e
15. e
16. b

Ecologia VII – Degradação ambiental

1. e
2. a
3. d
4. a
5. c
6. d
7. a
8. d
9. d
10. e
11. d
12. b
13. b
14. d
15. e
16. b
17. d
18. a
19. d
20. a
21. d
22. d

Desafio

1. b
2. b
3. d
4. c
5. d
6. e
7. c
8. c
9. b
10. d
11. d
12. a
13. b
14. d
15. c
16. d
17. c
18. d
19. a
20. e
21. e
22. e
23. a
24. e
25. d
26. a
27. d
28. d
29. b
30. b
31. e
32. b
33. a
34. e
35. a
36. c
37. e

Significado das siglas

Acafe-SC Associação Catarinense das Fundações Educacionais (Santa Catarina)

ACE-SC Associação Catarinense de Ensino (Santa Catarina)

AEDB-RJ Associação Educacional Dom Bosco (Rio de Janeiro)

Aeso-PE Associação de Ensino Superior de Olinda (Pernambuco)

Aespi Associação de Ensino Superior do Piauí

AFA-SP Academia da Força Aérea (São Paulo)

Aman-RJ Academia Militar das Agulhas Negras (Rio de Janeiro)

APMBB-SP Academia de Polícia Militar do Barro Branco (São Paulo)

Asser-SP Associação das Escolas Reunidas (São Paulo)

CBM-SP Centro Universitário Barão de Mauá (São Paulo)

Ceap Centro de Ensino Superior do Amapá

Ceeteps-SP Centro Estadual de Educação Tecnológica Paula Souza (São Paulo)

Cefet-CE Centro Federal de Educação Tecnológica do Ceará

Cefet-ES Centro Federal de Educação Tecnológica do Espírito Santo

Cefet-GO Centro Federal de Educação Tecnológica de Goiás

Cefet-MG Centro Federal de Educação Tecnológica de Minas Gerais

Cefet-PE Centro Federal de Educação Tecnológica de Pernambuco

Cefet-PR Centro Federal de Educação Tecnológica do Paraná

Cefet-RS Centro Federal de Educação Tecnológica de Pelotas (Rio Grande do Sul)

Cefet-SC Centro Federal de Educação Tecnológica de Santa Catarina

Cefet-SP Centro Federal de Educação Tecnológica de São Paulo

Cefos-MG Centro Educacional de Formação Odontológica Superior (Minas Gerais)

Centec-BA Centro de Educação Tecnológica da Bahia

CES/JF-MG Centro de Ensino Superior de Juiz de Fora (Minas Gerais)

Cesat-ES Centro de Ensino Superior Anísio Teixeira (Espírito Santo)

Cesesp-PE Centro de Seleção ao Ensino Superior de Pernambuco

Cesgranrio-RJ Centro de Seleção de Candidatos ao Ensino Superior do Grande Rio (Rio de Janeiro)

Cesul-PR Centro Sulamericano de Ensino Superior (Paraná)

CEU-SP Centro de Extensão Universitária (São Paulo)

Ceub-DF Centro de Ensino Unificado de Brasília (Distrito Federal)

Ceulp/Ulbra-TO Centro Universitário Luterano de Palmas (Tocantins)

Ceut-PI Centro de Ensino Unificado de Teresina (Piauí)

Ciesa-AM Centro Integrado de Ensino Superior do Amazonas

Ecmal Escola de Ciências Médicas de Alagoas

EEP-SP Escola de Engenharia de Piracicaba (São Paulo)

EEWB-MG Escola de Enfermagem de Wenceslau Braz (Minas Gerais)

Ence-RJ Escola Nacional de Ciências Estatísticas (Rio de Janeiro)

Enem Exame Nacional do Ensino Médio

Epcar-MG Escola Preparatória de Cadetes do Ar (Minas Gerais)

Esamc-MG Escola Superior de Administração, Marketing e Comunicação de Uberlândia (Minas Gerais)

Esamc-SP Escola Superior de Administração, Marketing e Comunicação (São Paulo)

Esan-SP Escola Superior de Administração de Negócios (São Paulo)

ESPM-RS Escola Superior de Propaganda e Marketing (Rio Grande do Sul)

ESPM-SP Escola Superior de Propaganda e Marketing (São Paulo)

Etec-SP Escola Técnica Estadual (São Paulo)

FAA-RJ Fundação Educacional D. André Arcoverde (Rio de Janeiro)

Faap-SP Fundação Armando Álvares Penteado (São Paulo)

Fabac-BA Faculdade Baiana de Ciências Contábeis (Bahia)

Fabrai-MG Faculdade Brasileira de Informática (Minas Gerais)

FAC-MG Faculdade de Administração Champagnat (Minas Gerais)

Facamp-SP Faculdades de Campinas (São Paulo)

Facape-PE Faculdade de Ciências Aplicadas e Sociais de Petrolina (Pernambuco)

Faccca-RS Faculdade Camaquense de Ciências Contábeis e Administrativas (Rio Grande do Sul)

Facens-SP Faculdade de Engenharia de Sorocaba (São Paulo)

Facos-RS Faculdade Cenecista de Osório (Rio Grande do Sul)

Fadap-SP Faculdade de Direito da Alta Paulista (São Paulo)

FAJ-SP Faculdade de Jaguariúna (São Paulo)

Fama-MA Faculdade Atenas Maranhense (Maranhão)

Fameca-SP Faculdade de Medicina de Catanduva (São Paulo)

Fames-RS Faculdade Metodista de Santa Maria (Rio Grande do Sul)

Fanese Faculdade de Administração e Negócios de Sergipe

Fapa-RS Faculdade Porto-Alegrense (Rio Grande do Sul)

Fargs-RS Faculdades Rio-Grandenses (Rio Grande do Sul)

FASM-SP Faculdade Santa Marcelina (São Paulo)

Fatec-SP Faculdade de Tecnologia (São Paulo)

Fati-SP Faculdades Integradas Tibiriçá (São Paulo)

Favip-PE Faculdade do Vale do Ipojuca (Caruaru, Pernambuco)

Fazu-MG Faculdade de Agronomia e Zootecnia de Uberaba (Minas Gerais)

FBV-PE Faculdade Boa Viagem (Pernambuco)

FCC-BA Fundação Carlos Chagas (Bahia)

FCC-SP	Fundação Carlos Chagas (São Paulo)
FCL-SP	Fundação Cásper Líbero (São Paulo)
FCMMG	Faculdade de Ciências Médicas de Minas Gerais
FCMS-SP	Faculdade de Ciências Médicas de Santos (São Paulo)
FCMSCSP	Faculdade de Ciências Médicas da Santa Casa de São Paulo
FDV-ES	Faculdades Integradas de Vitória (Espírito Santo)
Feaa-SP	Faculdade de Engenharia de Agrimensura de Araraquara (São Paulo)
Fead-MG	Faculdade de Estudos Administrativos (Minas Gerais)
Febe-SC	Fundação Educacional de Brusque (Santa Catarina)
Fecap-SP	Fundação Escola de Comércio Álvares Penteado (São Paulo)
Feevale-RS	Universidade Feevale (Rio Grande do Sul)
Fefasp	Faculdade de Economia, Finanças e Administração de São Paulo
FEI-SP	Centro Universitário da Faculdade de Engenharia Industrial (São Paulo)
Fempar-PR	Fundação Escola do Ministério Público do Estado do Paraná
Fepar-PR	Faculdade Evangélica do Paraná
Fesb-SP	Fundação Municipal de Ensino Superior de Bragança Paulista (São Paulo)
Feuc-SP	Faculdade Euclides da Cunha (São Paulo)
FFCLBH-MG	Faculdade de Filosofia, Ciências e Letras de Belo Horizonte (Minas Gerais)
FFFCMPA-RS	Fundação Faculdade Federal de Ciências Médicas de Porto Alegre (Rio Grande do Sul)
FGV-SP	Fundação Getúlio Vargas (São Paulo)
Fiam Faam-SP	Centro Universitário Fiam Faam (São Paulo)
Fiap-SP	Faculdade de Informática e Administração Paulista (São Paulo)
FIB-BA	Faculdades Integradas da Bahia
FIR-PE	Faculdades Integradas do Recife (Pernambuco)
Fisp	Faculdades Integradas de São Paulo
FMABC-SP	Faculdade de Medicina do ABC (São Paulo)
FMJ-SP	Faculdade de Medicina de Jundiaí (São Paulo)
FMP-RJ	Faculdade de Medicina de Petrópolis (Rio de Janeiro)
FMT-SP	Faculdade de Medicina de Taubaté (São Paulo)
FMU-SP	Faculdades Metropolitanas Unidas (São Paulo)
FOC-SP	Faculdade Oswaldo Cruz (São Paulo)
Focca-PE	Faculdade Olindense de Ciências Contábeis e Administrativas (Pernambuco)
FPTE-SP	Fundação Paulista de Tecnologia e Educação de Lins (São Paulo)
FSA-SP	Centro Universitário Fundação Santo André (São Paulo)
FSG-RS	Faculdade da Serra Gaúcha (Rio Grande do Sul)
FTBB-DF	Faculdade Teológica Batista de Brasília (Distrito Federal)
Furb-SC	Universidade Regional de Blumenau (Santa Catarina)
Furg-RS	Fundação Universidade Federal do Rio Grande (Rio Grande do Sul)
FURRN	Fundação Universidade Regional do Rio Grande do Norte
Fuvest-SP	Fundação Universitária para o Vestibular (São Paulo)
FVC-BA	Fundação Visconde de Cairu (Bahia)
Ifal	Instituto Federal de Alagoas
IFBA	Instituto Federal de Educação, Ciência e Tecnologia da Bahia
IFCE	Instituto Federal de Educação, Ciência e Tecnologia do Ceará
Ifes	Instituto Federal de Educação, Ciência e Tecnologia do Espírito Santo
IFG-GO	Instituto Federal de Educação, Ciência e Tecnologia de Goiás
IFMG	Instituto Federal de Educação, Ciência e Tecnologia de Minas Gerais
IFPE	Instituto Federal de Educação, Ciência e Tecnologia de Pernambuco
IFPR	Instituto Federal do Paraná
IFRS	Instituto Federal de Educação, Ciência e Tecnologia do Rio Grande do Sul
IFSC	Instituto Federal de Educação, Ciência e Tecnologia de Santa Catarina
IFSP	Instituto Federal de Educação, Ciência e Tecnologia de São Paulo
IME-RJ	Instituto Militar de Engenharia (Rio de Janeiro)
Imes-SP	Centro Universitário Municipal de São Caetano do Sul (São Paulo)
IMS-SP	Instituto Metodista de Ensino Superior (São Paulo)
IMT-SP	Instituto Mauá de Tecnologia (São Paulo)
Inatel-MG	Instituto Nacional de Telecomunicações de Santa Rita do Sapucaí (Minas Gerais)
IPA-RS	Centro Universitário Metodista (Rio Grande do Sul)
IRBR-DF	Instituto Rio Branco (Distrito Federal)
ISBL-PR	Faculdade de Teologia (Paraná)
ITA-SP	Instituto Tecnológico de Aeronáutica (São Paulo)
ITE-SP	Instituto Toledo de Ensino Superior de Bauru (São Paulo)
Mack-SP	Universidade Presbiteriana Mackenzie (São Paulo)
Moraes Jr.-RJ	Faculdade Moraes Júnior (Rio de Janeiro)
Omec-SP	Organização Mogiana de Educação e Cultura (São Paulo)
PUC-MG	Pontifícia Universidade Católica de Minas Gerais
PUC-PR	Pontifícia Universidade Católica do Paraná
PUC-RJ	Pontifícia Universidade Católica do Rio de Janeiro
PUC-RS	Pontifícia Universidade Católica do Rio Grande do Sul
PUC-SP	Pontifícia Universidade Católica de São Paulo
PUCC-SP	Pontifícia Universidade Católica de Campinas (São Paulo)
Spet-PR	Sociedade Paranaense de Ensino e Tecnologia (Paraná)
Suesc-RJ	Sociedade Unificada de Ensino Superior e Cultura (Rio de Janeiro)
UAM-SP	Universidade Anhembi Morumbi (São Paulo)
UBC-SP	Universidade Braz Cubas (São Paulo)
UCB-DF	Universidade Católica de Brasília (Distrito Federal)

UCB-RJ	Universidade Castelo Branco (Rio de Janeiro)
UCDB-MS	Universidade Católica Dom Bosco (Mato Grosso do Sul)
UCG-GO	Universidade Católica de Goiás
UCL-RJ	Centro Universitário Celso Lisboa (Rio de Janeiro)
UCMG	Universidade Católica de Minas Gerais
UCP-RJ	Universidade Católica de Petrópolis (Rio de Janeiro)
Ucpel-RS	Universidade Católica de Pelotas (Rio Grande do Sul)
UCS-RS	Universidade de Caxias do Sul (Rio Grande do Sul)
Ucsal-BA	Universidade Católica de Salvador (Bahia)
Udesc	Universidade do Estado de Santa Catarina
UEA-AM	Universidade do Estado do Amazonas
Ueap	Universidade do Estado do Amapá
Ueba	Universidades Estaduais da Bahia (Uesc, Uesb, Uneb e Uefs)
Uece	Universidade Estadual do Ceará
UEFS-BA	Universidade Estadual de Feira de Santana (Bahia)
UEG-GO	Universidade Estadual de Goiás
UEL-PR	Universidade Estadual de Londrina (Paraná)
UEM-PR	Universidade Estadual de Maringá (Paraná)
Uema	Universidade Estadual do Maranhão
UEMG	Universidade Estadual de Minas Gerais
UEMS	Universidade Estadual de Mato Grosso do Sul
UEMT	Universidade do Estado de Mato Grosso
Uenf-RJ	Universidade Estadual do Norte Fluminense (Rio de Janeiro)
UENP-PR	Universidade Estadual do Norte do Paraná
Uepa	Universidade do Estado do Pará
UEPB	Universidade Estadual da Paraíba
UEPG-PR	Universidade Estadual de Ponta Grossa (Paraná)
Uergs-RS	Universidade Estadual do Rio Grande do Sul
Uerj	Universidade do Estado do Rio de Janeiro
Uern	Universidade do Estado do Rio Grande do Norte
Uesb-BA	Universidade Estadual do Sudoeste da Bahia
Uesc-BA	Universidade Estadual de Santa Cruz (Bahia)
Uespi	Universidade Estadual do Piauí
UFABC-SP	Universidade Federal do ABC (São Paulo)
Ufac	Universidade Federal do Acre
Ufal	Universidade Federal de Alagoas
Ufam	Universidade Federal do Amazonas
UFBA	Universidade Federal da Bahia
UFC-CE	Universidade Federal do Ceará
UFCG-PB	Universidade Federal de Campina Grande (Paraíba)
Ufes	Universidade Federal do Espírito Santo
UFF-RJ	Universidade Federal Fluminense (Rio de Janeiro)
UFG-GO	Universidade Federal de Goiás
UFJF-MG	Universidade Federal de Juiz de Fora (Minas Gerais)
Ufla-MG	Universidade Federal de Lavras (Minas Gerais)
UFMA	Universidade Federal do Maranhão
UFMG	Universidade Federal de Minas Gerais
UFMS	Universidade Federal de Mato Grosso do Sul
UFMT	Universidade Federal de Mato Grosso
Ufop-MG	Universidade Federal de Ouro Preto (Minas Gerais)
UFPA	Universidade Federal do Pará
UFPB	Universidade Federal da Paraíba
UFPE	Universidade Federal de Pernambuco
Ufpel-RS	Universidade Federal de Pelotas (Rio Grande do Sul)
UFPI	Universidade Federal do Piauí
UFPR	Universidade Federal do Paraná
Ufra-PA	Universidade Federal Rural da Amazônia (Pará)
UFRGS-RS	Universidade Federal do Rio Grande do Sul
UFRJ	Universidade Federal do Rio de Janeiro
UFRN	Universidade Federal do Rio Grande do Norte
UFRPE	Universidade Federal Rural de Pernambuco
UFRR	Universidade Federal de Roraima
UFRRJ	Universidade Federal Rural do Rio de Janeiro
UFS-SE	Universidade Federal de Sergipe
UFSC	Universidade Federal de Santa Catarina
Ufscar-SP	Universidade Federal de São Carlos (São Paulo)
UFSJ-MG	Universidade Federal de São João del-Rei (Minas Gerais)
UFSM-RS	Universidade Federal de Santa Maria (Rio Grande do Sul)
UFT-TO	Universidade Federal do Tocantins
UFTM-MG	Universidade Federal do Triângulo Mineiro (Minas Gerais)
UFU-MG	Universidade Federal de Uberlândia (Minas Gerais)
UFV-MG	Universidade Federal de Viçosa (Minas Gerais)
UGF-RJ	Universidade Gama Filho (Rio de Janeiro)
Ulbra-RS	Universidade Luterana do Brasil (Rio Grande do Sul)
UMC-SP	Universidade de Mogi das Cruzes (São Paulo)
Umesp	Universidade Metodista de São Paulo
Unaerp-SP	Universidade de Ribeirão Preto (São Paulo)
Unama-PA	Universidade da Amazônia (Pará)
UnB-DF	Universidade de Brasília (Distrito Federal)
Uncisal	Universidade Estadual de Ciências da Saúde de Alagoas
Uneal	Universidade Estadual de Alagoas
Uneb-BA	Universidade do Estado da Bahia
Uneb-DF	União Educacional de Brasília (Distrito Federal)
Unemat-MT	Universidade do Estado de Mato Grosso
Unerj-SC	Centro Universitário de Jaraguá do Sul (Santa Catarina)
Unes	Faculdade do Espírito Santo
Unesa-RJ	Universidade Estácio de Sá (Rio de Janeiro)
Unesc-ES	União de Escolas de Ensino Superior Capixaba (Espírito Santo)
Unesc-RO	União das Escolas Superiores de Cacoal (Rondônia)
Unesp-SP	Universidade Estadual Paulista "Júlio de Mesquita Filho" (São Paulo)
Unespar-PR	Universidade Estadual do Paraná

UNG-SP	Universidade de Guarulhos (São Paulo)
Uniabc-SP	Universidade do Grande ABC (São Paulo)
Uniara-SP	Centro Universitário de Araraquara (São Paulo)
Uniararas-SP	Fundação Hermínio Ometto (São Paulo)
Unib-SP	Universidade Ibirapuera (São Paulo)
Uniban-SP	Universidade Bandeirante de São Paulo
Unic-MT	Universidade de Cuiabá (Mato Grosso)
Unicamp-SP	Universidade Estadual de Campinas (São Paulo)
Unicap-PE	Universidade Católica de Pernambuco
Unicentro-PR	Universidade Estadual do Centro-Oeste (Paraná)
Unicid-SP	Universidade Cidade de São Paulo
Unicruz-RS	Universidade de Cruz Alta (Rio Grande do Sul)
Unicsul-SP	Universidade Cruzeiro do Sul (São Paulo)
Uniderp-MS	Universidade para o Desenvolvimento do Estado e da Região do Pantanal (Mato Grosso do Sul)
Uniesp-SP	União das Instituições Educacionais do Estado de São Paulo
Unieuro-DF	Centro Universitário Euro-Americano (Distrito Federal)
Unifac-SP	Faculdades Integradas de Botucatu (São Paulo)
Unifacs-BA	Universidade Salvador (Bahia)
Unifai-SP	Centro Universitário Assunção (São Paulo)
Unifal-MG	Universidade Federal de Alfenas (Minas Gerais)
Unifap	Universidade Federal do Amapá
Unifei-MG	Universidade Federal de Itajubá (Minas Gerais)
Unifenas-MG	Universidade José do Rosário Vellano (Minas Gerais)
Unifesp	Universidade Federal de São Paulo
Unifoa-RJ	Universidade Fundação Oswaldo Aranha (Rio de Janeiro)
Unifor-CE	Fundação Edson Queiroz Universidade de Fortaleza (Ceará)
Unigranrio-RJ	Universidade do Grande Rio (Rio de Janeiro)
Unijuí-RS	Universidade Regional do Noroeste do Estado do Rio Grande do Sul
Unilasalle-RS	Centro Universitário La Salle (Rio Grande do Sul)
Unilavras-MG	Centro Universitário de Lavras (Minas Gerais)
Unimar-SP	Universidade de Marília (São Paulo)
Unimep-SP	Universidade Metodista de Piracicaba (São Paulo)
Unimontes-SP	Centro Universitário Monte Serrat (Santos, São Paulo)
Unioeste-PR	Universidade Estadual do Oeste do Paraná
Unip-SP	Universidade Paulista (São Paulo)
Unipar-PR	Universidade Paranaense (Paraná)
Unipe-PB	Centro de Ensino Superior do IPE (Paraíba)
Unirio-RJ	Universidade Federal do Rio de Janeiro
Unirondon-MT	Faculdades Integradas Cândido Rondon (Mato Grosso)
Unisa-SP	Universidade de Santo Amaro (São Paulo)
Unisal-SP	Centro Universitário Salesiano de São Paulo
Unisantos-SP	Universidade Católica de Santos (São Paulo)
Unisc-RS	Universidade de Santa Cruz do Sul (Rio Grande do Sul)
Unisul-SC	Universidade do Sul de Santa Catarina
Unit-MG	Centro Universitário do Triângulo (Minas Gerais)
Unit-SE	Universidade Tiradentes (Sergipe)
Unitas-MT	União das Faculdades de Tangará da Serra (Mato Grosso)
Unitau-SP	Universidade de Taubaté (São Paulo)
Univates-RS	Centro Universitário (Rio Grande do Sul)
Unoesc	Universidade do Oeste de Santa Catarina
Unoeste-SP	Universidade do Oeste Paulista-Presidente Prudente (São Paulo)
Unopar-PR	Universidade Norte do Paraná
UPE	Universidade de Pernambuco
UPF-RS	Universidade de Passo Fundo (Rio Grande do Sul)
USF-SP	Universidade São Francisco (São Paulo)
USJT-SP	Universidade São Judas Tadeu (São Paulo)
USM-SP	Universidade São Marcos (São Paulo)
USS-RJ	Universidade Severino Sombra (Rio de Janeiro)
UTFPR	Universidade Tecnológica Federal do Paraná
UTP-PR	Universidade Tuiuti do Paraná
Vunesp-SP	Fundação para o Vestibular da Unesp (São Paulo)

PROJETO MÚLTIPLO

Revisão

Biologia

Ensino Médio

Sérgio Linhares

Bacharel e licenciado em História Natural pela Universidade do Brasil (atual UFRJ).

Foi professor de Biologia Geral na Universidade do Brasil (atual UFRJ) e de Biologia no Colégio Pedro II e em outros colégios e cursinhos pré-vestibulares do Rio de Janeiro.

Fernando Gewandsznajder

Licenciado em Biologia pelo Instituto de Biologia da Universidade Federal do Rio de Janeiro.

Mestre em Educação pelo Instituto de Estudos Avançados em Educação da Fundação Getúlio Vargas (RJ).

Mestre em Filosofia pela Pontifícia Universidade Católica do Rio de Janeiro.

Doutor em Educação pela Faculdade de Educação da Universidade Federal do Rio de Janeiro.

Foi professor de Biologia e Ciências no Colégio Pedro II e em outros colégios e cursinhos pré-vestibulares do Rio de Janeiro.

editora ática

editora ática

Diretoria editorial: Lidiane Vivaldini Olo
Editoria de Ciências e Biologia: José Roberto Miney
Editores: Helena Pacca e Felipe Murro Capeli
Colaboradora editorial: Marcella Sobral
Supervisor de arte e produção: Sérgio Yutaka
Supervisor de arte e criação: Didier Moraes
Coordenadora de arte e criação: Andréa Dellamagna
Editor de arte: André Gomes Vitale
Diagramação: Casa de Tipos
Design gráfico: UC Produção Editorial, Andréa Dellamagna (miolo e capa)
Gerente de revisão: Hélia de Jesus Gonsaga
Equipe de revisão: Rosângela Muricy (coord.), Ana Paula Chabaribery Malfa, Gloria Cunha, Luís Maurício Boa Nova e Sheila Folgueral; Flávia Venézio dos Santos e Gabriela Macedo de Andrade (estags.)
Supervisor de iconografia: Sílvio Kligin
Pesquisadora iconográfica: Cláudia Bertolazzi
Tratamento de imagem: Cesar Wolf e Fernanda Crevin
Foto da capa: alice-photo/Shutterstock/Glow Images
Grafismos: Shutterstock/Glow Images
(utilizados na capa e aberturas de capítulos e seções)
Ilustrações: Casa de Tipos, Hiroe Sasaki, Ingeborg Asbach, Joel Bueno, Luis Moura, Maspi e Mauro Nakata

---

Direitos desta edição cedidos à Editora Ática S.A.
Av. das Nações Unidas, 7221, 3º andar, setor C
Pinheiros – São Paulo – SP
CEP 05425-902
Tel.: 4003-3061
www.atica.com.br/editora@atica.com.br

Dados Internacionais de Catalogação na Publicação (CIP)
(Câmara Brasileira do Livro, SP, Brasil)

Linhares, Sérgio
Projeto Múltiplo: Biologia / Sérgio Linhares, Fernando Gewandsznajder. -- São Paulo : Ática, 2014.

Obra em 3 v.
Bibliografia.

1. Projeto Múltiplo: Biologia (Ensino médio)
I. Gewandsznajder, Fernando. II. Título.

14-01325 CDD-574.07

Índice para catálogo sistemático:
1. Projeto Múltiplo: Biologia : Ensino médio 574.07

2022
ISBN 978 85 08 16707-4 (AL)
ISBN 978 85 08 16708-1 (PR)
Código da obra CL 738362
CAE 501280 (AL)
CAE 501281 (PR)
1ª edição
7ª impressão

Impressão e acabamento: Ricargraf

Uma publicação Abril EDUCAÇÃO

Apresentação

O final de um ciclo escolar se aproxima e, com ele, um momento propício para reforçar a aprendizagem adquirida até aqui. Hora de resgatar o conteúdo e recordar os modelos de exercícios mais comuns nos principais vestibulares do país. Afinal, você chegou à última série do Ensino Médio, e o exame vestibular, cada vez mais próximo, coloca à prova todo o conhecimento abordado nesses três anos.

Este caderno de revisão foi preparado para ajudá-lo a transpor essa etapa com segurança e tranquilidade. Nele você encontra resumos de todos os tópicos tratados no Ensino Médio, além de questões resolvidas, questões propostas e exercícios-tarefa. Enfim, um material completo de revisão à sua disposição.

Aproveite a oportunidade, consolide a aprendizagem e garanta o ingresso nas melhores universidades do país.

Boa revisão!

Sumário geral

Revisão 1

Frente A

Frente B

Revisão 2

Frente A

Frente B

Revisão 1

Frente A

Frente B

MÓDULO 1 • Compostos inorgânicos e orgânicos

Compostos inorgânicos

Água

As propriedades da água, substância essencial para a vida dos seres vivos, são conferidas pela estrutura polar de sua molécula: há uma região negativa, a do oxigênio, e outra positiva, a dos hidrogênios (figura 1).

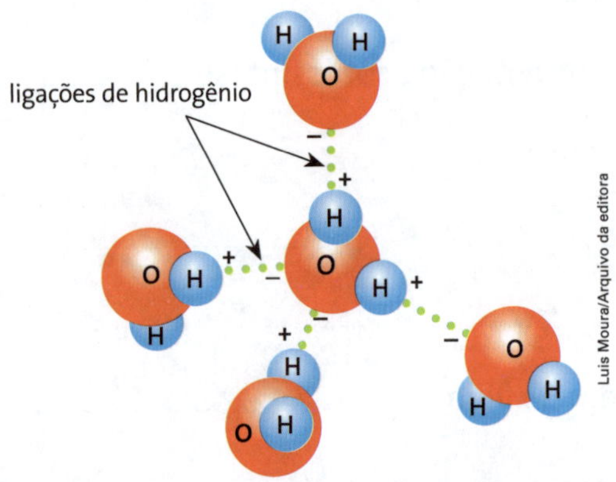

Figura 1 O átomo de oxigênio de uma molécula de água tem carga parcial negativa. Por isso, atrai um átomo de hidrogênio (com carga parcial positiva) de outra molécula. Essa atração elétrica fraca é chamada ligação de hidrogênio. (Modelos da molécula; cores fantasia.)

A capacidade de dissolver substâncias está associada à polaridade da molécula de água. O sal de cozinha, por exemplo, é um composto formado por íons negativos (Cl^-) e íons positivos (Na^+). Quando em água, seus íons ficam separados e distribuídos de maneira homogênea, ou seja, estão dissolvidos. A carga parcial negativa da água atrai os íons Na^+, enquanto a positiva atrai os íons Cl^-. A substância que se dissolve, neste caso o sal, é o **soluto**, e a água, o **solvente** (figura 2). A dissolução proporciona o choque entre as partículas, facilitando a ocorrência das reações químicas, e permite o transporte de substâncias por todo o corpo.

Outra propriedade da água importante para os organismos é a de absorver grande quantidade de calor sem que haja muita variação em sua temperatura. Isso se deve a seu elevado calor específico. Como os seres vivos possuem muita água em sua constituição (em seres humanos, por exemplo, ela corresponde a quase 70% da massa do corpo), essa propriedade permite que a temperatura corporal varie pouco durante a entrada e saída de calor.

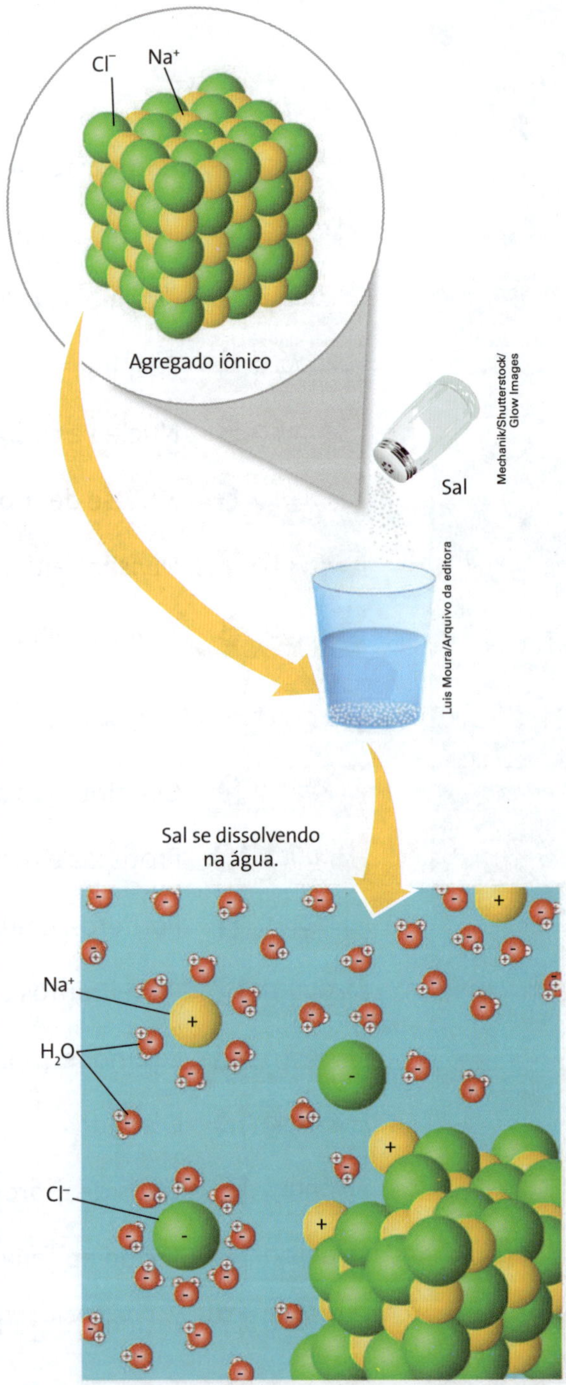

Figura 2 Esquema da dissolução de sal em água (modelos de moléculas e íons; os elementos da ilustração não estão na mesma escala; cores fantasia).

Em muitos mamíferos, a manutenção da temperatura ocorre por meio da sudorese: as glândulas sudoríferas eliminam água (suor) que, ao evaporar, absorve o calor do sangue abaixo da pele e refrigera o corpo.

Sais minerais

Os sais minerais fazem parte da constituição dos seres vivos, podendo estar dissolvidos na forma de íons, formando cristais, ou combinados a moléculas orgânicas. Na tabela abaixo são apresentados os elementos dos sais minerais, suas respectivas funções no corpo humano e os principais alimentos em que são encontrados.

Elementos dos sais minerais	Funções	Principais alimentos
Cálcio	forma o esqueleto e os dentes e atua na contração dos músculos, no funcionamento dos nervos e na coagulação do sangue	leite e laticínios, hortaliças de folhas verdes (brócolis, espinafre, etc.)
Fósforo	forma o esqueleto e os dentes e participa da transferência de energia no interior da célula e da molécula dos ácidos nucleicos	carnes, aves, peixes, ovos, leite e laticínios, feijão, ervilha, cereais
Sódio	ajuda no equilíbrio dos líquidos do corpo e no funcionamento dos nervos e da membrana das células	sal de cozinha e sal natural dos alimentos
Cloro	age com o sódio e ajuda no equilíbrio dos líquidos do corpo; forma o ácido clorídrico do estômago	encontra-se combinado ao sódio no sal comum
Potássio	age com o sódio no equilíbrio de líquidos do organismo e no funcionamento dos nervos e da membrana da célula	frutas, verduras, feijão, leite, cereais
Magnésio	forma a clorofila; atua em várias reações químicas com enzimas	hortaliças de folhas verdes, cereais, peixes, carnes, ovos, feijão, soja, banana
Ferro	participa da hemoglobina e atua na respiração celular; sua falta causa um tipo de anemia	fígado, carnes, gema de ovo, pinhão, legumes e hortaliças de folhas verdes
Iodo	faz parte dos hormônios da glândula tireóidea, que controlam a taxa de oxidação da célula e o crescimento	sal de cozinha iodado, peixes e frutos do mar
Flúor	forma ossos e dentes e protege contra as cáries	é acrescentado à água de várias cidades; presente também em peixes, chás e, em pequena quantidade, em todos os alimentos
Manganês	ajuda a regular diversas reações químicas	cereais, hortaliças e frutas
Cobre	ajuda na produção de hemoglobina, na formação do pigmento que dá cor à pele (melanina) e participa das enzimas da respiração celular	bem distribuído nos alimentos, principalmente fígado, carnes e frutos do mar

Compostos orgânicos

Glicídios

Por serem ricos em **glicídios**, os cereais, as raízes, as leguminosas, as frutas e os alimentos preparados com o açúcar comum são chamados **energéticos**. É a partir da oxidação dos glicídios por meio da respiração celular que o ser vivo obtém a maior parte da energia necessária para suas atividades. No entanto, proteínas e lipídios também podem ser utilizados nesse processo.

Para medir a quantidade de energia obtida pela oxidação dos alimentos costuma-se utilizar a unidade **quilocaloria (kcal)**, que equivale a 1 000 calorias. Quanto maior o nível de atividade física, mais calorias são consumidas pelo organismo.

Além de fornecer energia aos seres vivos, os glicídios também participam da formação de algumas de suas estruturas, compondo o revestimento ou a membrana das células. Ainda fazem parte da constituição dos ácidos nucleicos, participando da estrutura dos genes do organismo.

Também conhecidos como **carboidratos**, os glicídios podem ser classificados em:

- **monossacarídeos**: açúcares simples e que não podem ser quebrados em açúcares menores durante a digestão. O glicídio simples mais utilizado pelos seres vivos para obtenção de energia é a glicose, fabricada pelos vegetais por meio da fotossíntese e armazenada na forma de compostos mais complexos;
- **dissacarídeos**: formados pela união de duas moléculas de monossacarídeos. Como exemplos, podem ser citadas a sacarose (formada por uma molécula de glicose e uma de frutose), a lactose (formada por uma molécula de glicose e uma de galactose) e a maltose (formada por duas moléculas de glicose). A sacarose é o açúcar comum;
- **polissacarídeos**: formados pela união de muitos monossacarídeos, ou seja, são glicídios de cadeia longa, como a **celulose**, o **glicogênio** e o **amido** (figura 3). A celulose, formada pela união de moléculas de glicose, é o glicídio mais abundante na natureza e compõe a estrutura de sustentação dos vegetais. O amido, por sua vez, é utilizado como reserva energética pelas plantas e é produzido como consequência do excesso de glicose resultante da fotossíntese. É encontrado no caule, mas, principalmente, em raízes, tubérculos e sementes. Já o glicogênio é a reserva de glicose para os animais e fica armazenado nos músculos e no fígado. Há ainda os **polissacarídeos nitrogenados**, ou seja, aqueles que possuem nitrogênio em sua molécula. É o caso da quitina, presente na carapaça dos artrópodes, e do ácido hialurônico, que funciona como uma cola entre as células dos tecidos animais.

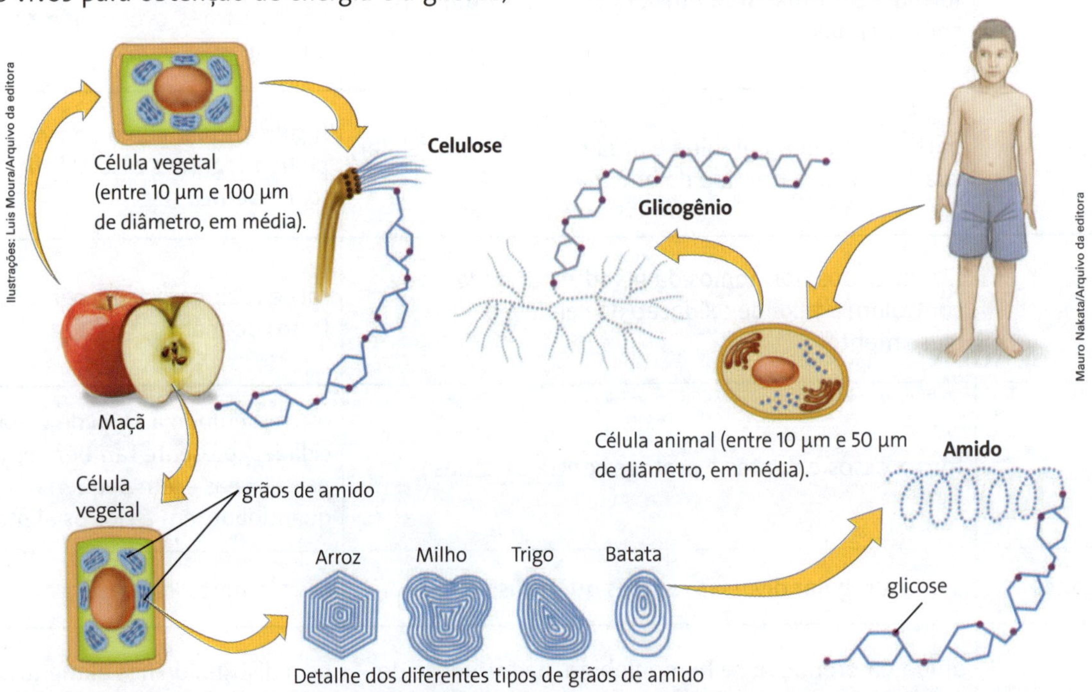

Figura 3 Três tipos de polissacarídeos: amido, glicogênio e celulose. Todos são formados por glicose, mas a ligação entre as moléculas de glicose é diferente em cada tipo. (Fórmulas simplificadas; os elementos da figura não estão na mesma escala; um micrômetro – 1 μm – equivale à milésima parte do milímetro; cores fantasia.)

Lipídios

Os **lipídios** são encontrados no leite e derivados, na gema do ovo, nas carnes, nos óleos vegetais e em alguns frutos. Embora os glicídios sejam a principal fonte de obtenção de energia dos seres vivos, os lipídios funcionam como uma eficiente reserva: quando metabolizado, 1 g de lipídio libera mais energia que 1 g de glicídio. Essa reserva energética é produzida quando o animal ingere alimentos ricos em gorduras e glicídios.

A gordura é depositada nas células adiposas, que, por se disporem ao redor dos órgãos ou na região mais profunda da pele, formam uma camada protetora. Essa camada também atua como um isolante térmico, uma vez que o calor tem dificuldade para atravessá-la.

Os lipídios ainda desempenham outras funções importantes para os seres vivos: fazem parte da constituição da membrana celular, são isolantes elétricos do impulso nervoso e também fazem parte de hormônios e vitaminas.

Os **glicerídios** são os lipídios presentes em maior quantidade nos alimentos e os principais presentes nas células adiposas. Também chamados de **acilgliceróis**, são formados pela união de glicerol (um álcool) e **ácidos graxos** (ácidos com mais de doze átomos de carbono). Quando há três moléculas de ácido graxo ligadas ao glicerol, o composto recebe o nome de **triglicerídio** ou **triacilglicerol**.

Alguns ácidos graxos possuem ligações químicas duplas unindo átomos de carbono, sendo denominados **insaturados**. É o caso, por exemplo, dos ácidos oleico e linoleico. Quando há apenas ligações simples entre os carbonos, o ácido graxo é chamado **saturado**. As características de óleos e gorduras, ambos representantes dos glicerídios, se devem a presença ou ausência das duplas ligações. Os óleos são ricos em ácidos graxos insaturados, o que os faz líquidos na temperatura ambiente, enquanto as gorduras são sólidas devido à presença de ácidos graxos saturados. Por meio de um processo conhecido como hidrogenação, é possível converter um óleo em gordura: átomos de hidrogênio são adicionados, quebrando as ligações duplas existentes no óleo. Esse método é utilizado, por exemplo, na conversão de óleos vegetais em margarina.

As ceras, como as da orelha humana e da carnaúba, pertencem aos lipídios do grupo conhecido como **cerídios** e são formadas pela união de álcoois de cadeia longa com ácidos graxos. A cera da orelha protege contra germes, enquanto a das folhas das plantas evita a perda de água.

Os **fosfoacilgliceróis**, também chamados de fosfolipídios, possuem, além de álcool e ácido graxo, ácido fosfórico e uma molécula nitrogenada. O ácido fosfórico perde prótons, adquirindo carga elétrica negativa. Ao mesmo tempo, a molécula nitrogenada ganha prótons, ficando positivamente carregada. Assim, o fosfolipídio fica com uma região polar, que se mistura com a água (região hidrófila), e uma região apolar, que não se mistura com a água (região hidrófoba), onde estão os ácidos graxos. Como consequência, os fosfolipídios assumem uma arrumação típica na composição da membrana da célula.

Embora os **esteroides** não sejam ácidos graxos, apresentam cadeias associadas aos lipídios, com os quais possuem algumas propriedades em comum. Os esteroides compreendem os hormônios sexuais, os corticosteroides, o colesterol (presente na membrana da célula animal), os sais biliares do fígado e a vitamina D.

Proteínas

As **proteínas** são substâncias orgânicas formadas pela união de **aminoácidos**, cadeias de carbono com hidrogênio, oxigênio, nitrogênio e, às vezes, enxofre. A constituição de um aminoácido compreende um grupamento **carboxila (COOH)**, característico de ácidos orgânicos, e um grupamento **amina (NH_2)**.

Os aminoácidos se unem por meio de uma **ligação peptídica**, sempre feita entre a carboxila de uma unidade e o grupo amina de outra (figura 4). Ao composto formado dá-se o nome de peptídio. Se forem duas unidades, é um **dipeptídio**; três, **tripeptídio**, e assim por diante. Dessa forma, formam-se filamentos longos, chamados **polipeptídios**. O número de aminoácidos pode variar de algumas dezenas, nas proteínas menores, a centenas de milhares nas maiores.

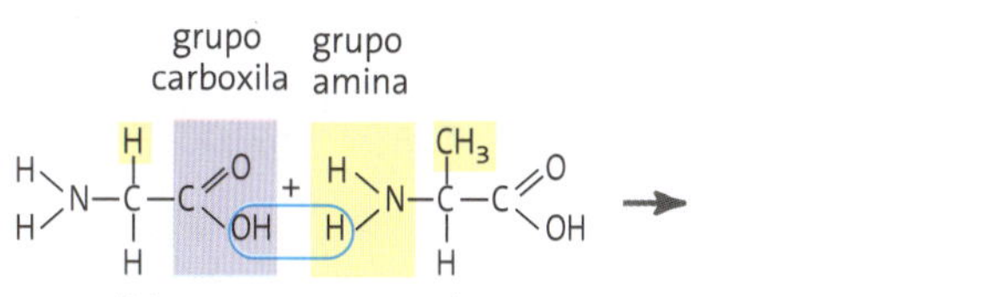

Figura 4 Formação de peptídios. Os peptídios possuem uma cadeia principal, na qual se ligam os grupamentos que distinguem um aminoácido de outro. Dois polipeptídios diferem entre si pelos grupos que se prendem à cadeia principal (marcados em amarelo).

Diferente dos vegetais, que fabricam todos os aminoácidos de que necessitam a partir de cadeias de carbono e de nitrato retirados do ambiente, os animais podem fabricar um tipo de aminoácido a partir de outro obtido na alimentação. Os aminoácidos que não são fabricados em quantidade suficiente são chamados aminoácidos **essenciais** e devem ser obtidos por meio da dieta.

Com vinte tipos de aminoácidos pode ser formado um número quase infinito de proteínas diferentes. O tipo, o número e principalmente a sequência dos aminoácidos na cadeia é que diferenciam uma proteína da outra. Essa sequência, chamada **estrutura primária**, confere as propriedades da proteína (figura 5).

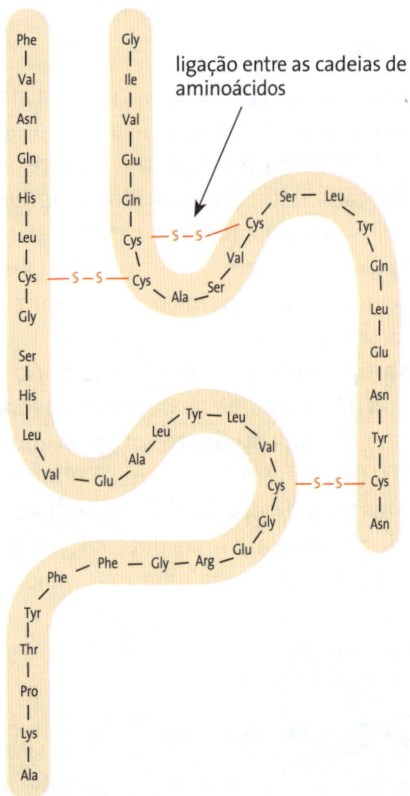

Figura 5 Fórmula simplificada da estrutura primária da insulina, formada por duas cadeias polipeptídicas unidas entre si por ligações entre os enxofres das cisteínas. Os aminoácidos são indicados por abreviaturas de três letras tiradas do nome em inglês.

Dentre as proteínas estão enzimas, hormônios, anticorpos e moléculas que regulam a atividade dos genes. A função que cada uma delas desempenhará (por exemplo: estrutural, enzimática, contrátil, hormonal, de transporte ou de defesa) é determinada pela sequência de seus aminoácidos, e esta é controlada pelo DNA. Assim, uma alteração genética (mutação) pode comprometer essa sequência e, consequentemente, a função da proteína (figura 6).

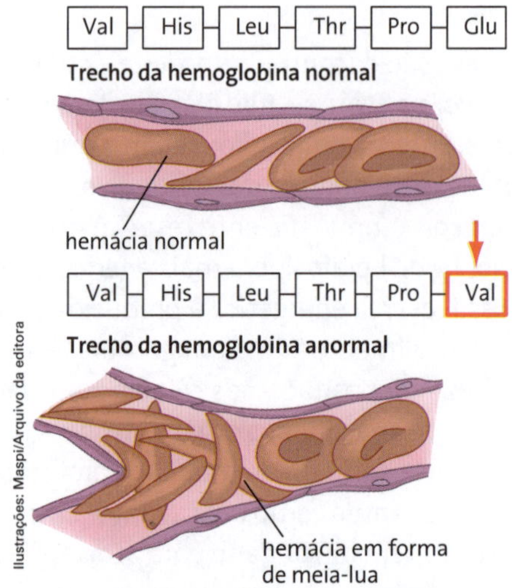

Figura 6 Anemia falciforme: a troca de um aminoácido faz surgir hemácias que podem obstruir capilares sanguíneos. (Cores fantasia.)

O filamento de proteína pode se torcer e adquirir a forma de uma hélice, mantida devido às ligações de hidrogênio (pontes de hidrogênio). Esse enrolamento da cadeia de aminoácidos é chamado de **estrutura secundária** (figura 7).

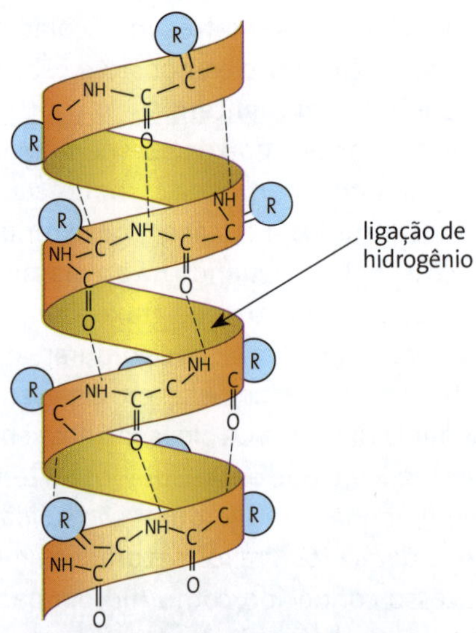

Figura 7 Fórmula simplificada da estrutura secundária da proteína: as ligações de hidrogênio fazem a cadeia de aminoácidos se dobrar em forma de hélice. (Cores fantasia.)

Na maior parte dos casos, a cadeia se enrola mais de uma vez. A hélice se dobra várias vezes sobre si mesma e descreve curvas nas três direções do espaço, fazendo com que a proteína adquira uma **estrutura terciária**, tridimensional (figura 8). Essas curvas resultam das atrações químicas entre aminoácidos de diferentes pontos da cadeia. Dessa maneira, podemos concluir que a estrutura terciária da proteína depende da sequência de aminoácidos, ou seja, de sua estrutura primária.

Há ainda proteínas formadas pela associação entre várias cadeias polipeptídicas enoveladas, como a hemoglobina, que apresenta quatro cadeias, iguais duas a duas. Essa associação espacial de vários novelos é classificada como **estrutura quaternária**.

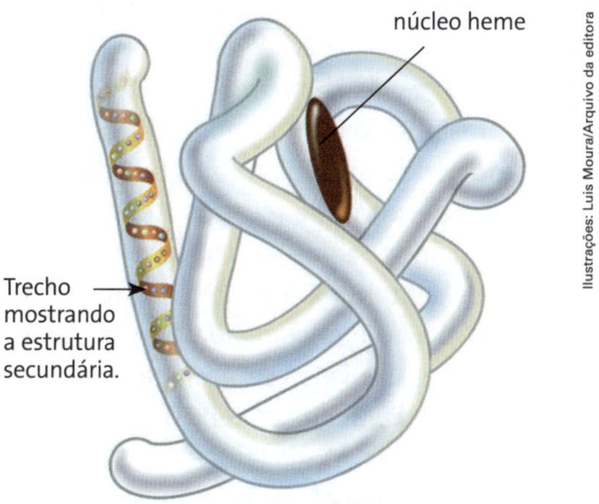

Figura 8 Representação simplificada da estrutura terciária da mioglobina, proteína com 153 aminoácidos, encontrada nos músculos. Ela funciona como uma reserva de oxigênio, pois sua parte não proteica, chamada de núcleo heme, com um átomo de ferro, é capaz de se combinar com esse gás. (Cores fantasia.)

Para que uma proteína seja capaz de desempenhar sua função, as ligações que mantêm sua forma devem permanecer intactas. Fatores como calor, variação da acidez e presença de algumas substâncias podem romper tais ligações e desmanchar a estrutura espacial da molécula, modificando suas propriedades. Neste caso, dizemos que ocorreu desnaturação (figura 9). Um dos grandes problemas da desnaturação é seu efeito sobre as enzimas, responsáveis por acelerar as reações químicas. Quase todas as enzimas são proteínas e, sem elas, a vida não seria possível.

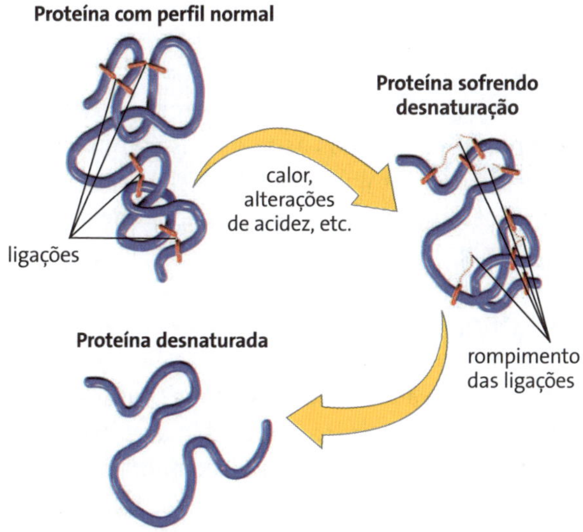

Figura 9 Esquema simplificado da desnaturação de uma proteína (cores fantasia).

Para que uma reação seja desencadeada, há a necessidade de uma quantidade inicial de energia, a chamada **energia de ativação**. Na presença de enzimas, a quantidade de energia de ativação é menor, pois as enzimas funcionam como catalisadores, diminuindo a quantidade de energia necessária para que as reações ocorram (figura 10).

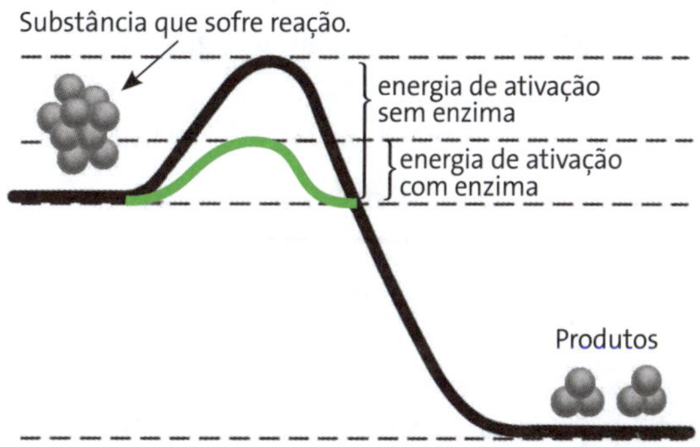

Figura 10 A enzima diminui a energia de ativação necessária a uma reação.

As enzimas podem ser proteínas simples, constituídas apenas por aminoácidos, ou conjugadas, quando associadas a uma parte não proteica. O composto não proteico é chamado **cofator** e pode ser um metal ou uma molécula orgânica. Neste último caso, a enzima conjugada é chamada **coenzima**.

Toda enzima possui uma região denominada **sítio ativo**. Essa região possui um formato que possibilita o encaixe nos reagentes da reação, os substratos. Ao se encaixar nesses reagentes, a enzima pode alterar a estrutura dessas moléculas, permitindo que a reação ocorra com menor energia de ativação. Ao final da reação, a enzima permanece inalterada, separando-se do produto e permanecendo livre para repetir o processo com novos reagentes.

Podemos concluir, então, que uma enzima só catalisa reações cujos reagentes tenham forma complementar à sua. Devido a essa especificidade, costuma-se dizer que uma enzima está para o substrato como uma chave está para uma fechadura (figura 11).

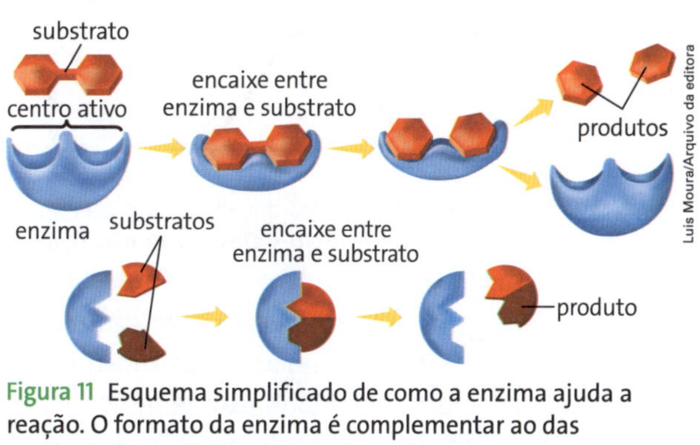

Figura 11 Esquema simplificado de como a enzima ajuda a reação. O formato da enzima é complementar ao das moléculas que vão reagir. Com isso, ela pode encaixar-se nelas, facilitando a reação. (Cores fantasia.)

A velocidade de uma reação na presença de enzimas pode ser influenciada por fatores como a **concentração da enzima** e a **concentração do substrato** no meio. Ao se aumentar a concentração da enzima, a velocidade da reação aumenta desde que a quantidade de substrato seja suficiente. Quando se aumenta a concentração do substrato, a velocidade da reação aumenta até que todas as enzimas fiquem ocupadas. Neste momento, a velocidade da reação é máxima (figura 12).

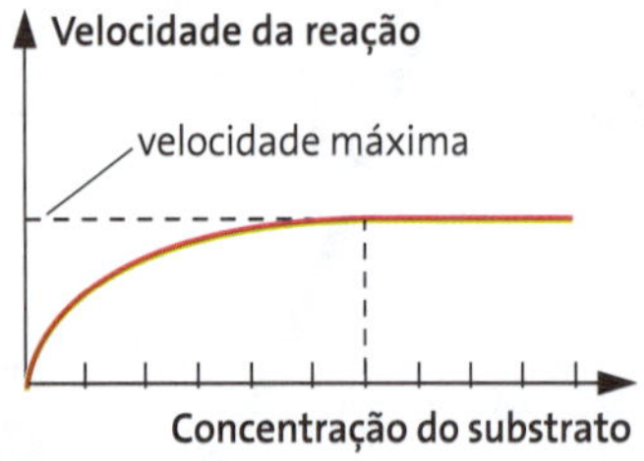

Figura 12 Influência da concentração do substrato na velocidade da reação enzimática.

A **temperatura** e o **pH** da solução também interferem na velocidade da reação. Com o aumento do calor, a velocidade tende a aumentar. No entanto, ela começa a diminuir a partir de determinada temperatura devido à desnaturação das enzimas (figura 13). Mudanças no grau de acidez da solução também podem mudar a forma da enzima, afetando seu funcionamento (figura 14).

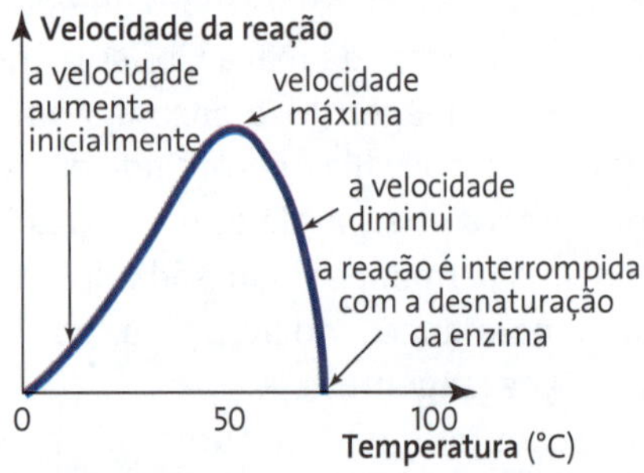

Figura 13 Influência da temperatura na velocidade da reação enzimática.

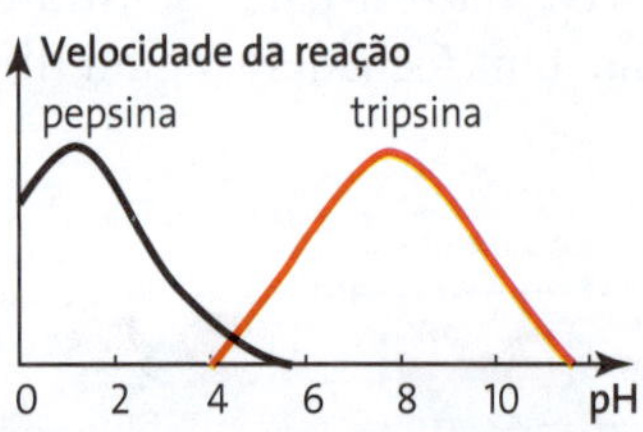

Figura 14 Atividade de duas enzimas que digerem proteína, a pepsina e a tripsina, em função do pH. Observe que a pepsina é mais ativa em pH ácido, e a tripsina, em pH alcalino.

De maneira geral, o nome das enzimas é formado pelo acréscimo do sufixo **ase** ao nome do substrato: a amilase age sobre o amido, a maltase age sobre a maltose e assim por diante. No entanto, algumas delas não obedecem a essa regra.

Vitaminas

As vitaminas são consideradas **alimentos reguladores** por controlarem várias das atividades celulares. Embora essenciais para o bom funcionamento do organismo, são necessárias em pequenas quantidades e podem ser obtidas por meio de uma alimentação equilibrada.

A **vitamina A** participa da formação da rodopsina, substância presente na retina. A falta dessa vitamina no organismo pode causar distúrbios como a **cegueira noturna** e a **xeroftalmia** (cegueira permanente). Além de ser encontrada nos alimentos mencionados anteriormente, a vitamina A é fabricada no fígado a partir do β-caroteno e encontrada em verduras de folhas verde-escuras e vegetais amarelos ou alaranjados. A **vitamina D** facilita a deposição de sais de cálcio e fósforo nos ossos. Sua falta implica alterações e deformidades no esqueleto de crianças e fraqueza óssea em adultos. A **vitamina E** compreende vários compostos, os **tocoferóis**. Sua carência pode ocasionar, por exemplo, danos nos glóbulos vermelhos e anemia. O termo **vitamina K** abrange um grupo de substâncias conhecidas como **quinonas**. Além de ser obtida por meio da alimentação, é fabricada por bactérias que vivem no intestino grosso. A carência dessa vitamina pode dificultar a contenção de hemorragias, uma vez que ela participa da coagulação do sangue.

As vitaminas hidrossolúveis são aquelas que se dissolvem bem em água. Encontradas normalmente nos vegetais, são representadas pelas vitaminas do **complexo B** (vitaminas B_1, B_2, B_6, B_{12}, niacina, ácido fólico, biotina e ácido pantotênico) e pela **vitamina C**. Diferente do que ocorre com as vitaminas lipossolúveis, o excesso de vitaminas hidrossolúveis é eliminado pela urina, o que torna necessário seu consumo mais regular.

As vitaminas do **complexo B** agem principalmente no processo de respiração celular. Como as células nervosas necessitam de muita energia proveniente desse processo, são elas as que mais sofrem com a deficiência da vitamina B_1. Sua falta causa paralisia e atrofia dos músculos, caracterizando a doença chamada beribéri. A carência das vitaminas B_2 e B_6 e da niacina também provoca lesões no sistema nervoso. A deficiência de vitamina B_{12}, exclusiva de alimentos de origem animal, e de **ácido fólico**, ambos importantes para a renovação das células, pode causar **anemia perniciosa**. Já a vitamina C ou ácido ascórbico, tem papel na manutenção dos tecidos conjuntivos, atuando na síntese de colágeno. Sua falta pode levar à doença conhecida como **escorbuto**, que causa sangramento nas gengivas, na pele e nas articulações.

Exercícios propostos

1. (FGV-SP) A substituição de apenas um nucleotídeo no DNA pode representar uma grave consequência ao seu portador, em função de uma modificação de um componente molecular na proteína sintetizada a partir do trecho alterado.
É o caso da anemia falciforme, na qual a síntese da hemoglobina humana normal, Hb A, é parcial ou totalmente substituída pela hemoglobina falciforme mutante, Hb S, em decorrência da presença de um nucleotídeo com adenina no lugar de outro com timina.
Tal mutação é responsável pela
a) leitura incompleta do RNAm transcrito, codificador da hemoglobina.
b) alteração na sequência de aminoácidos da hemoglobina sintetizada.
c) modificação na sequência de nucleotídeos da hemoglobina das hemácias.
d) tradução de uma hemoglobina mutante com um aminoácido a mais.
e) transcrição de uma hemoglobina mutante com um aminoácido a menos.

2. (Cesgranrio-RJ) "A margarina finlandesa que reduz o COLESTEROL chega ao mercado americano ano que vem."
(JORNAL DO BRASIL, 23/07/98)
"O uso de ALBUMINA está sob suspeita."
(O GLOBO, 27/07/98)
"A LACTOSE não degradada gera dificuldades digestivas."
(IMPRENSA BRASILEIRA, agosto/98)
As substâncias em destaque nos artigos são, respectivamente, de natureza:
a) lipídica, proteica e glicídica.
b) lipídica, glicídica e proteica.
c) glicídica, orgânica e lipídica.
d) glicerídica, inorgânica e proteica.
e) glicerídica, proteica e inorgânica.

3. (UEG-GO) Na dieta dos brasileiros, o arroz e o feijão são alimentos indispensáveis. A tabela abaixo contém informações nutricionais desses alimentos, tomando como medida uma colher de sopa.

Composição	Arroz	Feijão
Calorias (kcal)	45	59
Amido (g)	7,07	11,2
Proteínas (g)	0,61	4,53
Lipídeos (g)	0,82	0,19
Colesterol (g)	0	0

Considerando-se a leitura das informações contidas no gráfico, é CORRETO afirmar:
a) as proteínas do feijão possuem a mesma constituição de aminoácidos do que as do arroz.
b) o arroz é mais calórico do que o feijão, por conter maior quantidade de lipídios.
c) o arroz e o feijão são alimentos calóricos, embora pobres em lipídeos e colesterol.
d) o dissacarídeo amido contido no arroz é mais nutritivo e calórico do que no feijão.

4. (Uepa) O surgimento e a manutenção da vida, no nosso planeta, estão associados à **água** que é a substância mais abundante dentro e fora do corpo dos seres vivos. Entretanto, segundo dados fornecidos pela Associação Brasileira de Entidades do Meio Ambiente (Abema), 80% dos esgotos do país não recebem nenhum tipo de tratamento e são despejados diretamente em rios, mares, lagos e mananciais, contaminando a água aí existente.
(Adaptado de Poluição da Água. Disponível em: <www.colegioweb.com.br/biologia/constituicao-da-agua.html>. Acesso em: 05 set.2011.)
Considerando as funções exercidas nos seres vivos pela substância em destaque no texto, analise as afirmativas abaixo.
I. Facilita o transporte das demais substâncias no organismo.
II. Participa do processo da fotossíntese.
III. Dissolve as gorduras facilitando sua absorção.
IV. Auxilia na manutenção da temperatura do corpo.
De acordo com as afirmativas acima, a alternativa correta é:
a) I e II
b) I, II e III
c) I, II e IV
d) II, III e IV
e) I, II, III e IV

5. (PUC-RJ) Não é necessário que a alimentação seja rica em gordura para que esse tipo de molécula se acumule no corpo, pois ela pode ser produzida a partir do excesso de glicose. É por esse motivo que alimentos ricos em glicídios podem engordar.
A vantagem do organismo de transformar o excesso de glicose em gordura está no fato de que os lipídios:
a) quando metabolizados pelo organismo, produzem menos energia que os glicídios, mas geram mais calor.
b) sendo insolúveis em água, permitem ao organismo formar uma reserva energética sem aumentar muito o volume corporal.
c) por serem formados por moléculas menores do que a dos glicídios, facilitam o trabalho mitocondrial de produção de energia.
d) por difundirem bem o calor, depositam-se sob a pele, permitindo trocas de calor entre o organismo e o ambiente.
e) como são formados por moléculas apolares, constituem os principais componentes do sistema coloidal das células.

MÓDULO 2 • Membrana plasmática: composição, modelo e transporte

Estrutura da membrana

Constituída principalmente por fosfolipídios, proteínas e uma pequena quantidade de glicídios, a **membrana plasmática** tem cerca de 8 nm de espessura (figura 1). Os fosfolipídios, dispostos em camada dupla, se arrumam espontaneamente na membrana devido às diferentes afinidades de suas duas regiões: a região polar dos lipídios fica voltada para o meio aquoso, que também é polar, tanto para fora quanto para dentro da célula. As regiões apolares dos lipídios das duas camadas ficam voltadas umas para as outras.

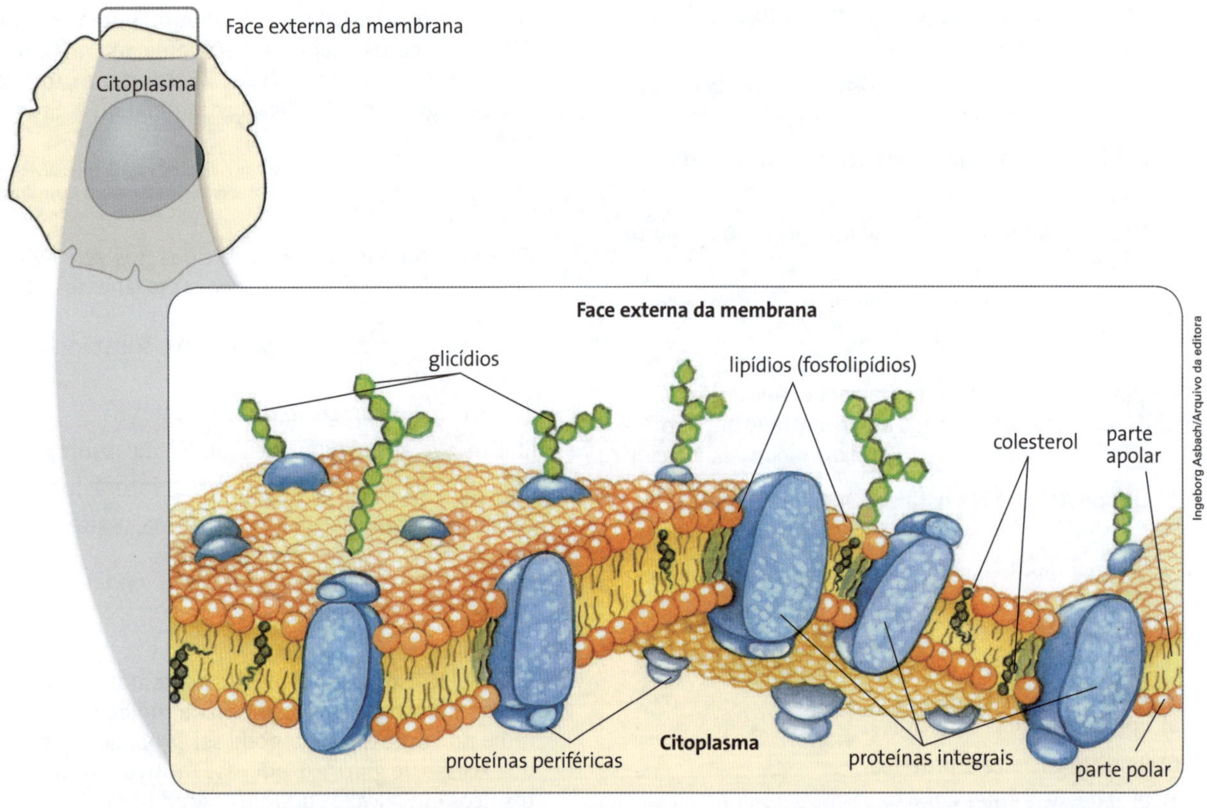

Figura 1 Modelo do mosaico fluido para a membrana (cerca de 8 nm de espessura; cores fantasia).

Dentre as proteínas que fazem parte da membrana plasmática estão as **proteínas integrais**, que são maioria e atravessam a camada dupla de lipídios, interrompendo sua continuidade, e as **proteínas periféricas**, que estão aderidas às primeiras. Como as proteínas integrais podem se movimentar lateralmente por entre os fosfolipídios, a membrana se assemelha a um mosaico de proteínas em um fluido. Daí vem o nome **mosaico fluido**, modelo utilizado para representar essa estrutura. Algumas dessas proteínas podem atuar no transporte de substâncias para dentro ou para fora da célula, enquanto outras se ligam a substâncias extracelulares, atuando como receptores e desencadeando alguma atividade no meio intracelular.

Os glicídios, localizados na face da membrana voltada para o meio extracelular, podem estar ligados a lipídios, constituindo glicolipídios, ou a proteínas, formando glicoproteínas. Neste último caso, os glicídios possibilitam o reconhecimento de células do mesmo tecido, promovendo a adesão entre elas, e a identificação de células estranhas. Assim, a membrana plasmática pode atuar também na comunicação com outras células e com o ambiente interno. O conjunto de glicolipídios e glicoproteínas, presente em células animais, recebe o nome de **glicocálice** ou **glicocálix**.

Como as substâncias atravessam a membrana

É a membrana plasmática que controla as substâncias que entram e saem da célula. Por realizar essa espécie de seleção, diz-se que a membrana possui **permeabilidade seletiva**. Dessa forma, ela colabora para manter constante a composição química da célula.

Existem duas maneiras pelas quais as substâncias podem atravessar a membrana: por **transporte passivo** e por **transporte ativo**.

Um dos tipos de transporte passivo é a **difusão**, na qual as partículas fluem da região onde há maior concentração delas para a menos concentrada, se espalhando uniformemente por todo o espaço disponível. Portanto, movem-se a favor do gradiente de concentração (figura 2). Nesse processo não há consumo de energia pela célula.

É por difusão, por exemplo, que o oxigênio entra nas células e o gás carbônico sai: o oxigênio é consumido na respiração celular e, por isso, o meio extracelular apresenta uma concentração maior desse gás; o gás carbônico é produto desse mesmo processo, o que faz com que sua concentração dentro da célula seja maior que a do meio externo.

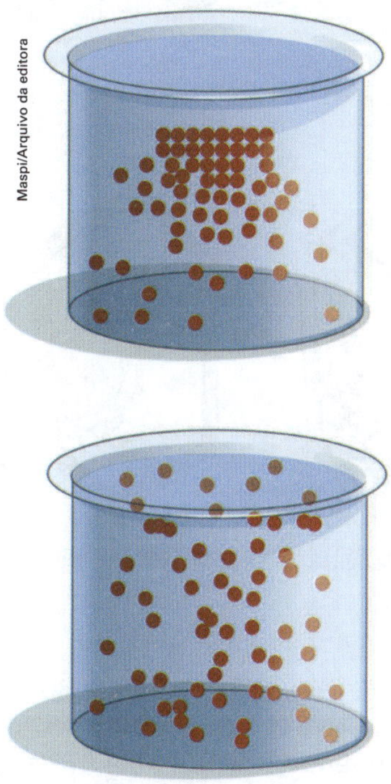

Maspi/Arquivo da editora

Figura 2 Difusão: o movimento das partículas de água e de tinta (em vermelho) faz com que a tinta se espalhe por todo o recipiente. (As partículas não são visíveis; cores fantasia.)

A **osmose** também é um tipo de transporte passivo, uma espécie de difusão de moléculas de solvente (água) através de uma membrana semipermeável. A água flui espontaneamente da solução menos concentrada para a de maior concentração de soluto.

A **pressão osmótica** é a pressão que equilibra a entrada de água na célula e é proporcional à concentração da solução. Ao compararmos soluções com concentrações diferentes, dizemos que a solução com maior pressão osmótica, ou seja, que possui uma maior concentração de soluto, é **hipertônica**, enquanto a solução com menor concentração de soluto é considerada **hipotônica** em relação à primeira.

Quando uma célula animal é imersa em solução bastante concentrada, hipertônica em relação a seu citoplasma, ela perde água por osmose e murcha. Sua superfície adquire um aspecto enrugado, em um fenômeno conhecido como **crenação**. Já quando em solução hipotônica, a água tende a entrar na célula por osmose, o que aumenta excessivamente seu volume e pode causar sua ruptura, a **plasmoptise**. Se mergulhada em solução **isotônica**, ou seja, com concentração semelhante à de seu citoplasma, a célula não sofre alteração de sua forma ou volume. Na figura 3 pode-se observar o que ocorre com uma hemácia quando submetida a cada uma das três situações mencionadas.

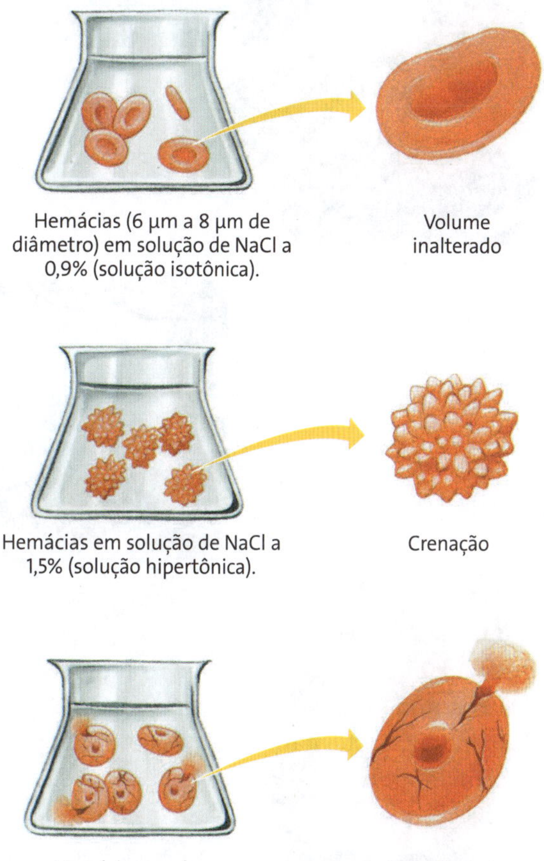

Ingeborg Asbach/Arquivo da editora

Figura 3 Alterações na forma da hemácia por causa da osmose (os elementos ilustrados não estão na mesma escala; cores fantasia.)

Em células vegetais existe uma parede celular, também chamada de membrana celulósica ou parede esquelética, que envolve a membrana plasmática e sustenta a célula vegetal. Devido a suas características, a parede resiste à variação de pressão osmótica, impedindo que a célula vegetal sofra plasmoptise.

Os fenômenos osmóticos nas células vegetais ocorrem entre o meio externo e o vacúolo, que ocupa quase todo o interior da célula . Quando o meio é hipotônico em relação ao vacúolo, este ganha água e a célula aumenta de volume. Dessa forma, ocorre a **turgência**, que força a parede celulósica para fora. À medida que ela se distende, exerce uma força maior contrária à entrada de água.

Em geral, as células vegetais encontram-se túrgidas, o que aumenta a rigidez de alguns tecidos e ajuda a sustentação das folhas e partes menos rígidas da planta. Em casos em que o vacúolo perde água, a parede celular perde pressão, ocasionando a flacidez das células. Com isso, as folhas tendem a murchar. A turgência pode voltar caso a planta receba água. No entanto, se isso não ocorrer, o meio extracelular se torna hipertônico em relação ao vacúolo, que, nesse caso, perde muita água. Assim, ocorre **plasmólise**, que pode ser fatal para a célula. A turgência e a plasmólise de uma célula vegetal podem ser observadas na figura 4.

A

B

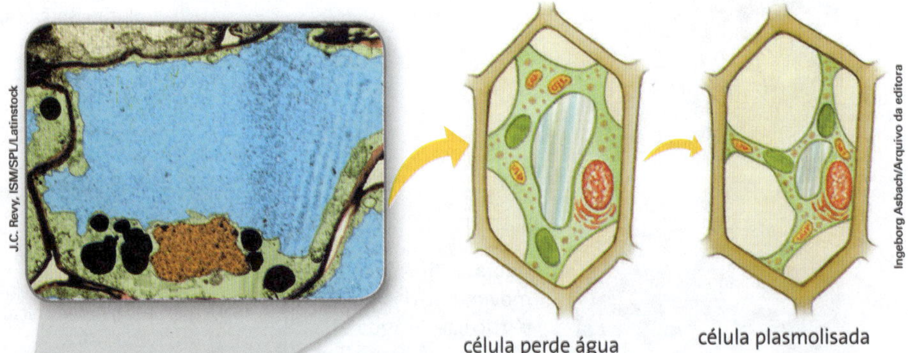

Figura 4 **A:** A turgência ajuda a manter a planta ereta. Células vegetais (imagem ao microscópio eletrônico; aumento de cerca de 4 000 vezes; colorizada por computador) em meio hipotônico ficam túrgidas. A parede celular impede que a célula arrebente. Na ilustração, célula vegetal túrgida. (Cores fantasia.)
B: Quando a planta perde muita água por transpiração, sem repor com a água do solo, a perda da turgência faz a planta murchar. Em soluções hipertônicas, as células vegetais (imagem ao microscópio eletrônico; aumento de cerca de 4 000 vezes; colorizada por computador) sofrem plasmólise. Na ilustração, células vegetais perdendo água e sofrendo plasmólise. (Os elementos da figura não estão em escala; cores fantasia.)

Diferente do que ocorre no transporte passivo, no **transporte ativo** o movimento ocorre de regiões onde a concentração da substância é baixa para outras de maior concentração, ou seja, ocorre contra o gradiente. Esse movimento em sentido contrário à difusão consome energia e depende de proteínas carreadoras que se combinam à substância de um lado da membrana e a soltam do outro lado. A proteína muda de forma e se abre, deixando a substância entrar. Depois, se abre na face oposta e solta a substância do outro lado da membrana (figura 5).

O exemplo mais comum de transporte ativo é o da **bomba de sódio e potássio**, apresentada na figura 5. Fora da célula, a concentração de sódio (Na^+) é maior que em seu interior, ocorrendo o inverso com o íon potássio (K^+). A bomba manda sódio para fora da célula e potássio para seu interior, contrariando o gradiente de concentração desses íons. Esse processo e a diferença de cargas elétricas entre os dois lados da membrana gerada por ele são importantes para os fenômenos elétricos de células nervosas e musculares.

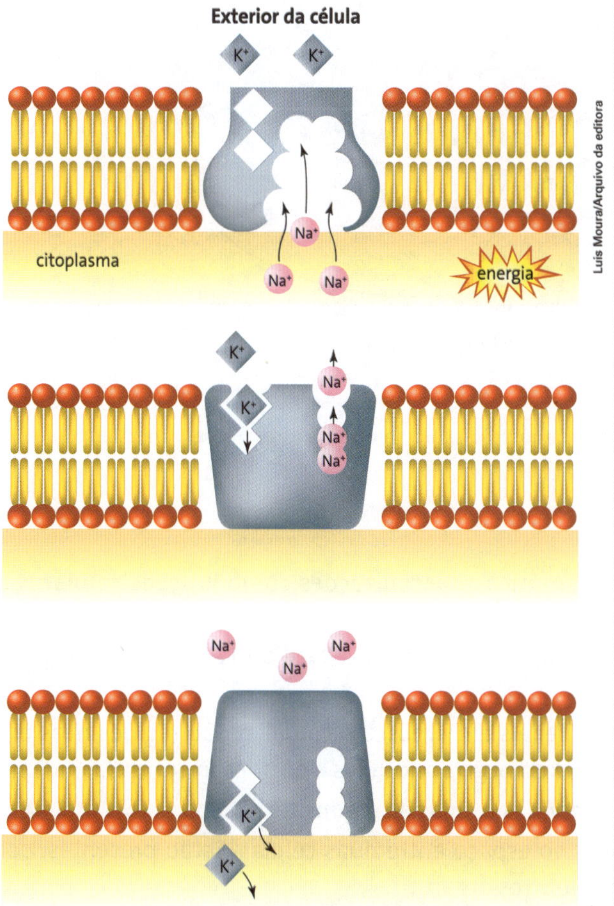

Figura 5 Esquema do transporte ativo de sódio e potássio (a membrana tem cerca de 8 nm de espessura; os elementos representados não estão na mesma escala; cores fantasia).

A energia utilizada provém de moléculas de ATP (adenosina-trifosfato), produzidas na respiração celular. As proteínas que usam o ATP para realizar transporte ativo são chamadas de ATP-ases, e quebram essa molécula em ADP (adenosina-difosfato) e fosfato, liberando energia.

$$\text{ATP} \rightarrow \text{ADP} + \text{P} + \text{energia}$$

Transporte de grandes moléculas e partículas

Moléculas maiores, como proteínas e polissacarídeos, não conseguem atravessar a membrana celular. A entrada dessas substâncias ou partículas é feita por **endocitose**, enquanto a saída ocorre por **exocitose**.

Existem dois tipos de endocitose: a **fagocitose**, quando a célula ingere partículas como microrganismos e fragmentos celulares, e a **pinocitose**.

Na fagocitose, o citoplasma emite expansões, os **pseudópodes**, que envolvem o alimento e o colocam em uma cavidade no interior da célula (figura 6). Nessa cavidade acontece a digestão do material englobado e a absorção dos produtos obtidos. Em alguns invertebrados, a fagocitose serve como mecanismo de captura de alimento. Nos vertebrados é usada por algumas células para defender o organismo contra a invasão de corpos estranhos e para destruir células velhas do corpo.

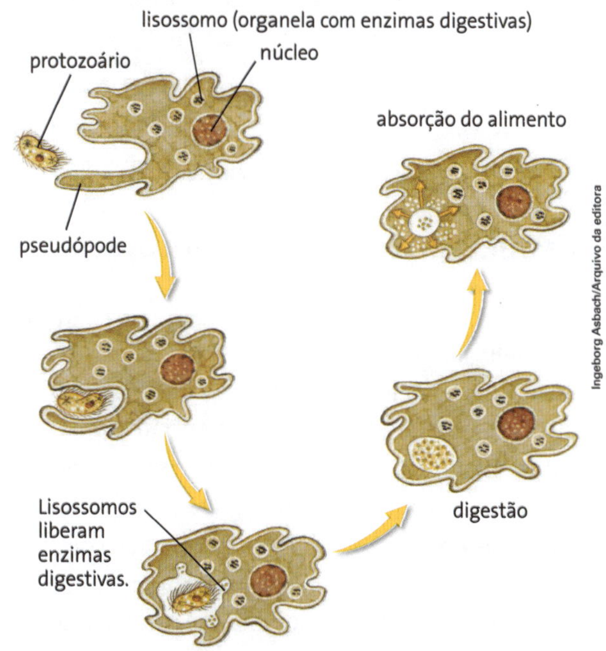

Figura 6 Desenho esquemático de ameba se alimentando por meio de fagocitose. (Os elementos da ilustração não estão na mesma escala; cores fantasia.)

Já na pinocitose a célula captura, por meio de invaginações da membrana, líquidos ou macromoléculas dissolvidas em água. Há, então, a formação de pequenas vesículas, os pinossomos (figura 7).

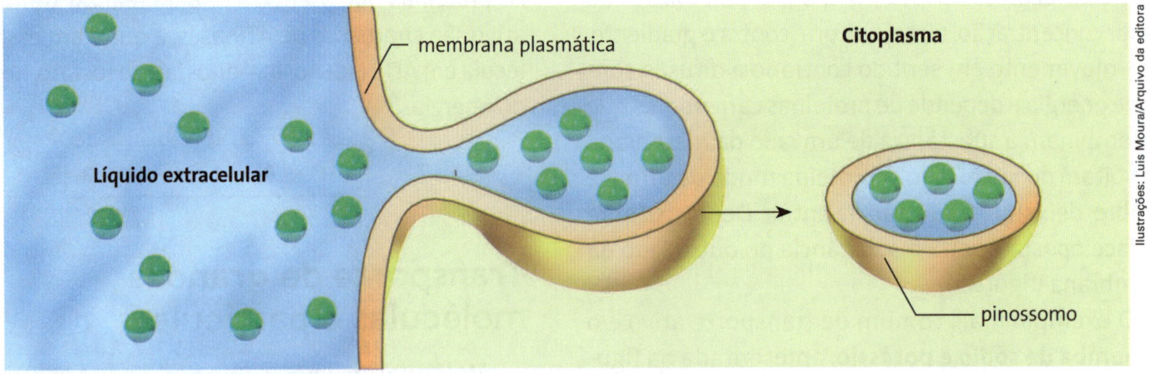

Figura 7 Célula realizando pinocitose. (Os elementos representados não estão na mesma escala; cores fantasia.)

Os produtos do metabolismo celular são eliminados para o exterior da célula por meio da exocitose (figura 8). Essas substâncias estão no interior de vesículas, que se fundem à membrana plasmática em um processo oposto ao da endocitose. É dessa forma que acontece, por exemplo, a saída para a circulação de gotículas de gordura capturadas pelas células intestinais.

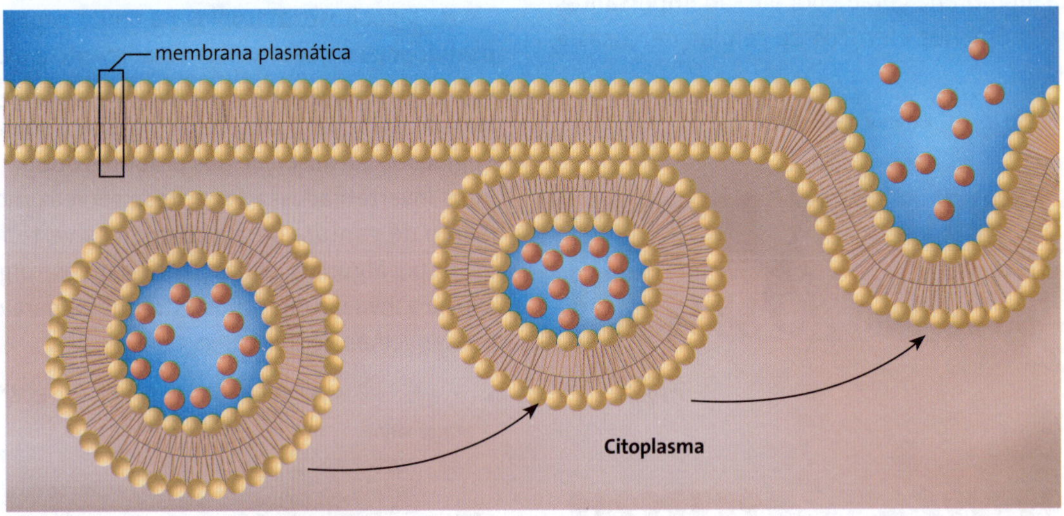

Figura 8 Célula realizando exocitose. (Os elementos representados não estão na mesma escala; cores fantasia.)

Especializações da membrana

Algumas células apresentam em sua membrana plasmática especializações como **junções celulares** e **microvilosidades**.

As junções celulares promovem a adesão entre células de um mesmo tecido e facilitam a circulação de substâncias entre elas. Podem ser diferenciadas em:

- **desmossomos**: encontrados entre células dos tecidos epiteliais e no músculo cardíaco. São regiões ricas em substâncias adesivas e fios de queratina, auxiliando na sustentação das células e na adesão entre elas;
- **zônulas de adesão**: formam um cinturão contínuo ao redor das células de alguns tecidos, como o epitelial;
- **zônulas de oclusão**: impedem a passagem de produtos no espaço entre duas células. Estão presentes, por exemplo, em células epiteliais que revestem o intestino e outros órgãos;
- **nexos** ou **junções comunicantes**: presentes em células embrionárias, cardíacas e hepáticas. Nessas junções, as proteínas das membranas de duas células se unem e formam canais que permitem a passagem de íons e pequenas moléculas.

Os tipos de junções celulares são apresentados na figura 9.

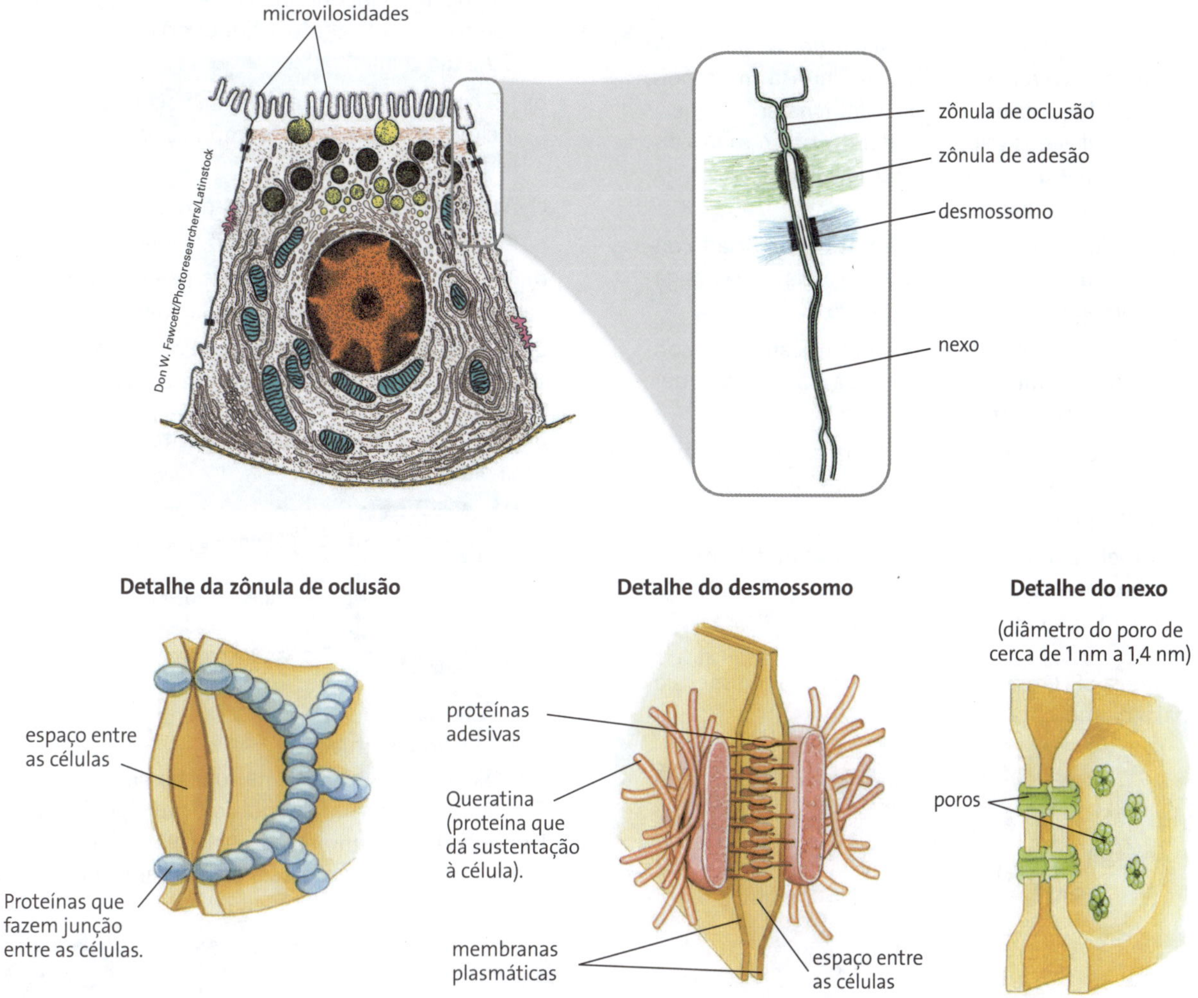

Figura 9 Diversos tipos de união entre as células (os elementos da figura não estão na mesma escala; cores fantasia).

Em células como as que revestem o intestino, existem dobras da membrana que se projetam para fora da célula, as chamadas microvilosidades (figura 10). Tais projeções, voltadas para a cavidade intestinal, aumentam a superfície de absorção dos alimentos.

Figura 10 Microvilosidades no intestino delgado e, sobre elas, o glicocálice (microscópio eletrônico; aumento de cerca de 20 000 vezes; imagem colorizada por computador).

Exercícios propostos

1. (Fatec-SP) É prática comum salgarmos os palitos de batata após terem sido fritos, mas nunca antes, pois, se assim for, eles murcharão. E murcharão porque
   a) as células dos palitos de batata ficam mais concentradas que o meio externo a elas e, assim, ganham água por osmose.
   b) as células dos palitos da batata ficam mais concentradas que o meio externo a ela e, assim, ganham água por transporte ativo.
   c) as células dos palitos da batata ficam mais concentradas que o meio externo a elas e, assim, perdem água por transporte ativo.
   d) o meio externo aos palitos da batata fica mais concentrado que as células deles, que, assim, perdem água por osmose.
   e) o meio externo aos palitos de batata fica menos concentrado que as células deles, que, assim, ganham água por pinocitose.

2. (Fameca-SP) O esquema ilustra de forma tridimensional a biomembrana.

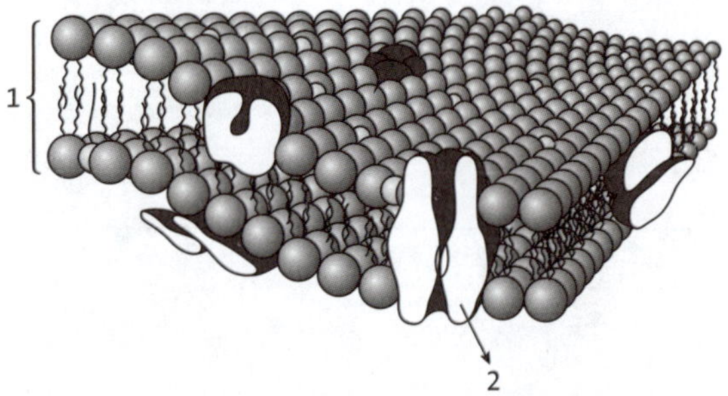

(www.towardsoneworld.eu/toowEBCell.php)

Sobre a biomembrana, foram feitas algumas afirmações:

I. A seta 1 aponta para moléculas de fosfolipídios, substâncias formadas por uma região hidrofílica e hidrofóbica.

II. As substâncias polares podem atravessar facilmente a bicamada de lipídios.

III. A seta 2 aponta para a molécula de proteína, que pode funcionar como canais, permitindo a passagem de substâncias.

IV. As moléculas de proteínas ficam estáticas na bicamada lipídica, enquanto moléculas de fosfolipídios possuem uma mobilidade constante.

Está correto, apenas, o que se afirma em

a) I.
b) II.
c) III.
d) I e III.
e) II e IV.

3. (UFSM-RS) Os transportes através da membrana plasmática podem ser feitos a favor do gradiente de concentração ou contra ele. No entanto, quando as moléculas são grandes demais, as células recorrem a outros mecanismos, como a endocitose e exocitose.

É, então, correto afirmar:

a) A exocitose é denominada clasmocitose, quando libera exclusivamente resíduos grandes durante a digestão celular.
b) No conjunto de processos da exocitose, não está incluída a liberação de hormônios para o metabolismo celular.
c) A pinocitose é o processo usado pelas células para englobar partículas pequenas e sólidas.
d) Na fagocitose, a célula emite pseudópodes que envolvem a partícula a ser englobada.
e) As bolsas citoplasmáticas que contêm o material englobado por pinocitose são chamadas fagossomas.

4. (Fuvest-SP) A figura abaixo representa uma célula de uma planta jovem.

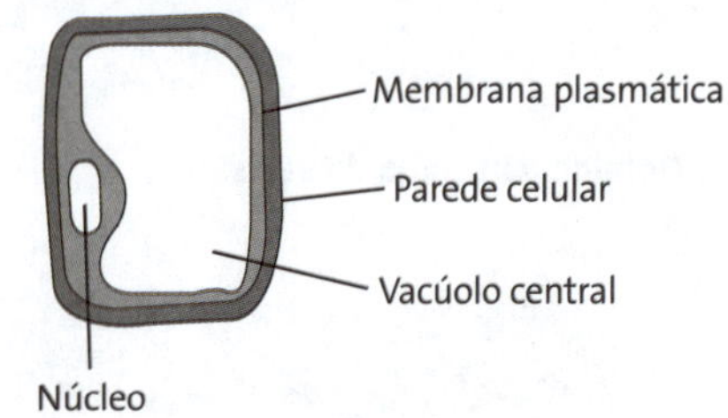

Considere duas situações:

1) a célula mergulhada numa solução hipertônica;
2) a célula mergulhada numa solução hipotônica.

Dentre as figuras numeradas de I a III, quais representam o aspecto da célula, respectivamente, nas situações 1 e 2?

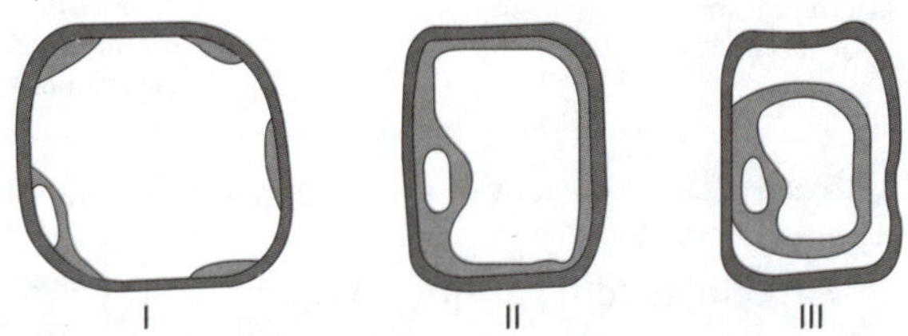

a) I e II.
b) I e III.
c) II e I.
d) III e I.
e) III e II.

5. (UFSM-RS) No transporte ativo de substâncias através da membrana plasmática, é ativada a bomba de sódio e potássio. Então, considera(m)-se correta(s) a(s) afirmativa(s):

I. A passagem de íons Na^+ e K^+ por difusão simples é compensada pela bomba de sódio e potássio.

II. Não há envolvimento de gasto de energia, no que se refere a moléculas de ATP.

III. Cada vez que a bomba de sódio é acionada, três íons de sódio se ligam à proteína transportadora, e a energia fornecida por um ATP altera a forma da proteína, favorecendo a saída de íons de sódio.

Está(ão) correta(s)

a) apenas I.
b) apenas II.
c) apenas I e III.
d) apenas II e III.
e) I, II e III.

Organelas celulares

Sustentação da célula: o citoesqueleto

O **citoplasma** corresponde à região entre a membrana plasmática e o núcleo da célula. É constituído por um material gelatinoso, o **citosol** ou **hialoplasma**, onde acontecem diversas reações químicas do metabolismo, e é onde encontram-se diferentes organelas responsáveis pelas atividades celulares.

Em células eucariotas, isto é, que apresentam um envelope nuclear, o citosol é formado por fibras de proteína que dão suporte e mantêm o formato da célula. Tais fibras também contribuem com os movimentos celulares e o transporte de substâncias. O conjunto dessas fibras, composto por **microfilamentos**, **microtúbulos** e **filamentos intermediários**, é chamado **citoesqueleto** (figura 1).

esquema do citoesqueleto

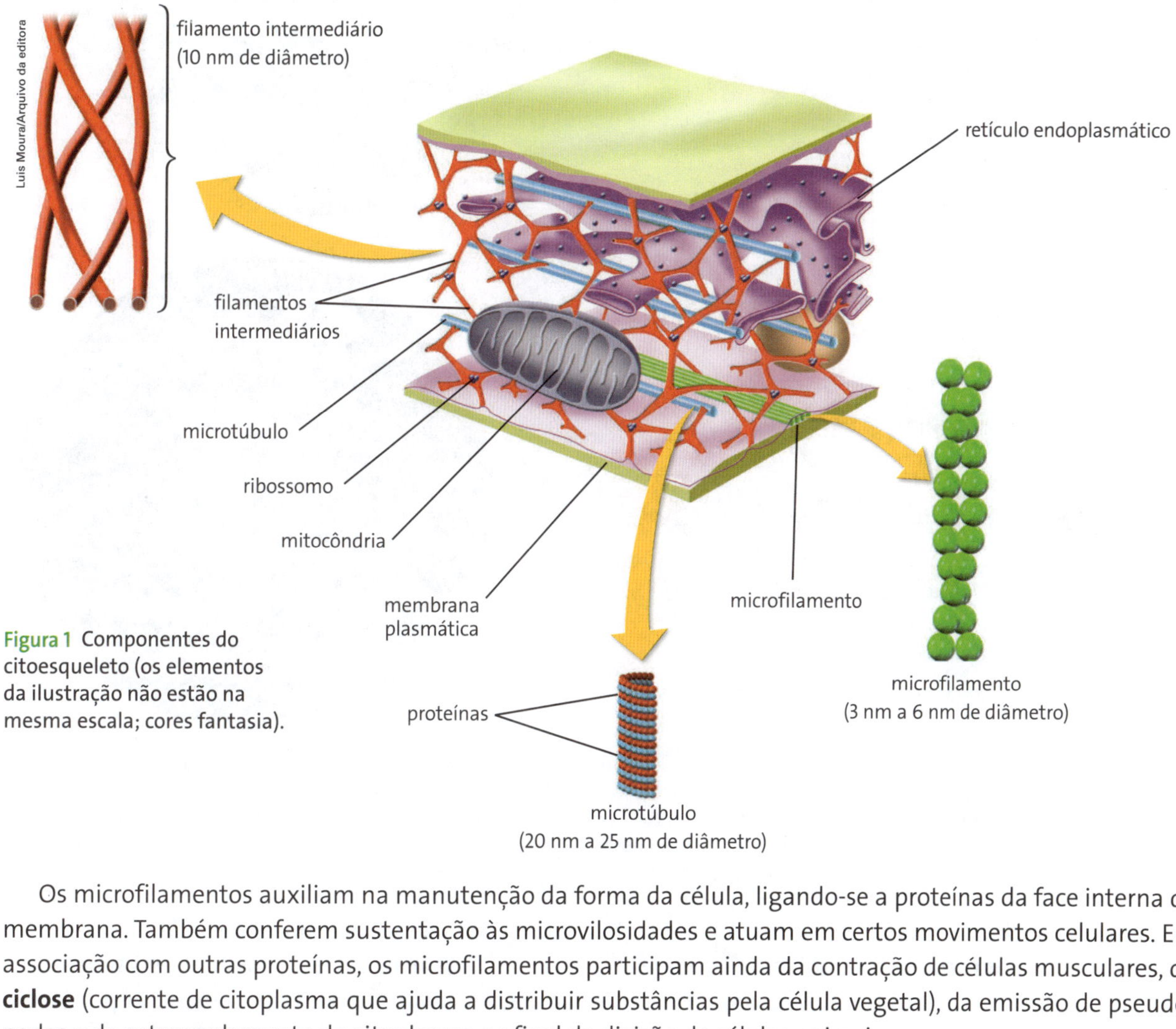

Figura 1 Componentes do citoesqueleto (os elementos da ilustração não estão na mesma escala; cores fantasia).

Os microfilamentos auxiliam na manutenção da forma da célula, ligando-se a proteínas da face interna da membrana. Também conferem sustentação às microvilosidades e atuam em certos movimentos celulares. Em associação com outras proteínas, os microfilamentos participam ainda da contração de células musculares, da **ciclose** (corrente de citoplasma que ajuda a distribuir substâncias pela célula vegetal), da emissão de pseudópodes e do estrangulamento do citoplasma ao final da divisão de células animais.

Os microtúbulos funcionam como trilhos para o transporte de organelas de uma região à outra da célula, atuando ainda nos movimentos dos cromossomos durante a divisão celular e na formação de centríolos, cílios e flagelos. Os filamentos intermediários são compostos de vários fios de proteínas, aumentando a resistência da célula a tensões e auxiliando na sustentação do núcleo e de outras organelas.

Centríolos

Os **centríolos** são pequenos cilindros presentes em muitas células eucariotas, sendo encontrados geralmente aos pares e formando um ângulo reto entre si. Localizados próximos ao núcleo, em uma região denominada **centrossomo**, os centríolos atuam na formação do fuso mitótico de células animais. Além disso, possuem a capacidade de se autoduplicar e colaborar para a formação de flagelos e cílios. Cada centríolo é formado por nove grupos de três microtúbulos (figura 2).

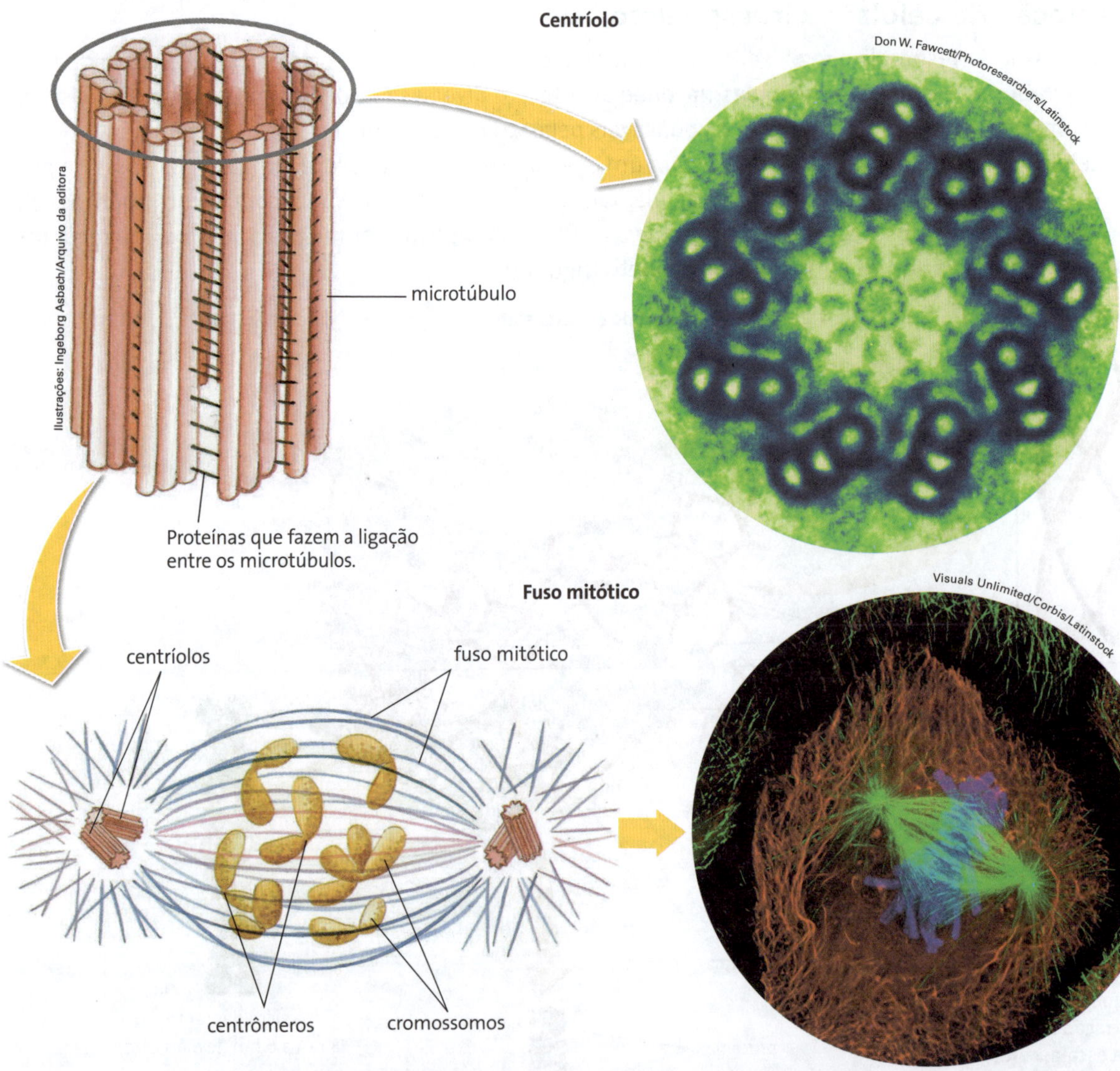

Figura 2 Na ilustração de cima, centríolo (cerca de 0,15 μm de diâmetro; os elementos da ilustração não estão na mesma escala; cores fantasia). Na foto, centríolo em corte transversal (microscópio eletrônico; aumento de cerca de 120 000 vezes; imagem colorizada por computador). Na ilustração de baixo, fuso mitótico (os elementos da ilustração não estão na mesma escala; cores fantasia). Na foto, fuso mitótico em célula durante processo de divisão (microscopia de fluorescência; aumento de cerca de 2 000 vezes; fuso mitótico em verde; cromossomos em azul).

Os flagelos e cílios presentes em algas, alguns protozoários e certas células animais realizam movimentos capazes de provocar correntes no ambiente líquido em que se encontram. As correntes podem ser usadas para locomoção e captura de alimentos ou, como no caso das vias respiratórias humanas, para expulsar partículas estranhas ao organismo.

Tanto cílios quanto flagelos são constituídos por microtúbulos, sempre nove pares periféricos e um par central, envoltos por uma projeção da membrana plasmática. Embora apresentem a mesma organização, os cílios são mais numerosos e mais curtos, enquanto os flagelos são longos e em pequeno número. Na base das duas estruturas está o **corpo basal** ou **cinetossoma**, que orienta a arrumação dos microtúbulos.

Ribossomos

Os **ribossomos**, presentes em todos os seres vivos, são estruturas formadas por RNA e proteínas. Cada um deles é composto de duas subunidades de tamanhos e densidades diferentes.

A síntese de proteínas ocorre nos ribossomos por meio da união entre aminoácidos. O RNA mensageiro comanda a sequência destes na proteína, que é formada conforme os ribossomos deslizam pela molécula de RNA.

Os ribossomos livres no citoplasma sintetizam proteínas que serão usadas no citosol. Já os que fazem parte do retículo endoplasmático rugoso, apresentado no item a seguir, sintetizam proteínas que serão lançadas nas cavidades dessa organela.

Retículo endoplasmático

O **retículo endoplasmático** é um conjunto de membranas que envolve cavidades de diferentes formatos e em cujo interior ocorre a síntese e transporte de várias substâncias.

Há dois tipos de retículo endoplasmático (figura 3):

- **retículo endoplasmático granuloso**: formado por cavidades achatadas que apresentam vários ribossomos na parte externa de sua membrana, em contato com o citoplasma. As proteínas sintetizadas por esses ribossomos são lançadas na cavidade do retículo e envoltas por pedaços de membrana, formando vesículas cheias do composto recém-sintetizado. Tais vesículas são enviadas para o complexo golgiense, de onde podem ser enviadas para fora da célula. Esse retículo produz ainda proteínas que constituem a membrana plasmática e a membrana que envolve as organelas. Há casos em que ele também produz glicídios, que são adicionados às proteínas sintetizadas pelos ribossomos aderidos à membrana do retículo. É o que ocorre quando a célula secreta glicoproteínas.
- **retículo endoplasmático não granuloso**: formado por bolsas e tubos, esse retículo não possui ribossomos aderidos às suas membranas e, portanto, não realiza a síntese de proteínas. Em seu interior existem enzimas que sintetizam diferentes lipídios, como os da membrana plasmática e os esteroides. Existem também enzimas responsáveis pela desintoxicação do organismo, transformando substâncias tóxicas em produtos menos nocivos. No fígado, o retículo endoplasmático não granuloso transforma glicogênio em glicose, que pode ser lançada no sangue e usada como fonte de energia. Nos músculos, recebe o nome de **retículo sarcoplasmático** e funciona como reservatório de íons cálcio, importante para os mecanismos de contração.

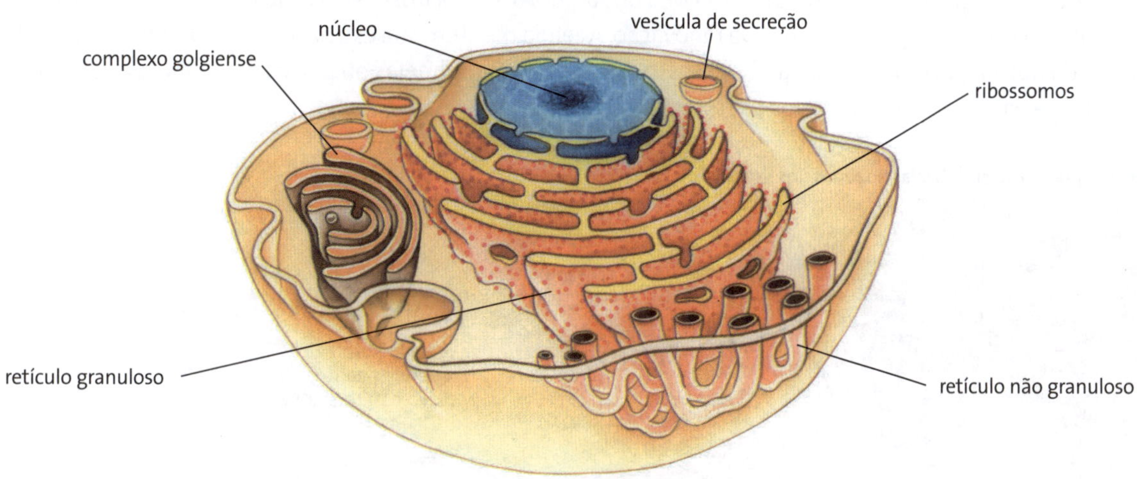

Ingeborg Asbach/Arquivo da editora

Figura 3 Representação de retículo endoplasmático e complexo golgiense (os elementos da ilustração não estão na mesma escala; cores fantasia).

Complexo golgiense

O **complexo golgiense** é formado por uma pilha de sacos achatados e pequenas vesículas esféricas. As proteínas e lipídios sintetizados nos retículos endoplasmáticos são recebidas por ele e concentrados em pequenos sacos ou vesículas que, dependendo do tipo de proteína, podem ser levados para outras organelas, para a membrana plasmática ou para fora da célula.

As vesículas cheias de proteínas provenientes do retículo granuloso se fundem à parte do complexo golgiense voltada para o centro da célula. Na parte externa desta organela as proteínas são novamente envoltas por vesículas que brotam nessa região, os chamados grânulos de secreção. Essas vesículas migram para a superfície da célula, se fundem à membrana e liberam seu conteúdo no meio extracelular (figura 4).

Em células vegetais, o complexo golgiense é responsável pela produção de vesículas que se fundem e formam uma nova membrana plasmática entre as duas células-filhas. Nos espermatozoides, atua na formação do **acrossoma**, vesícula rica em enzimas que facilitam a penetração desse gameta no óvulo.

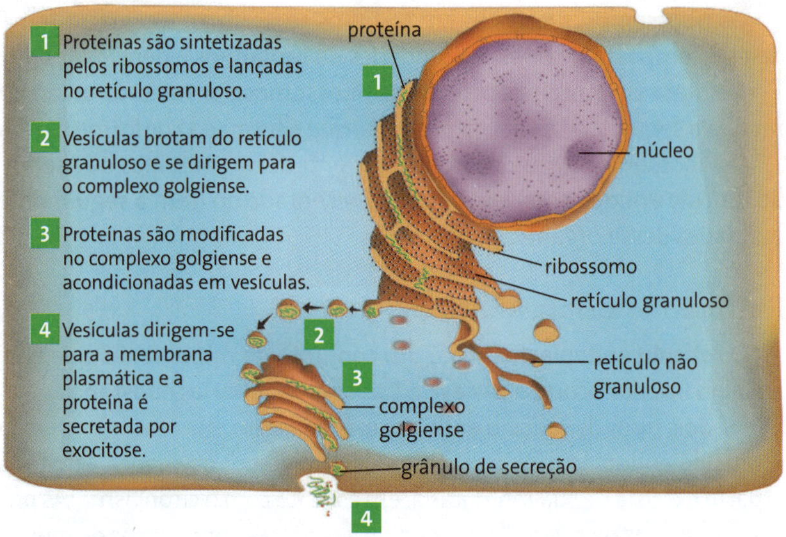

Figura 4 A proteína fabricada no retículo é encaminhada ao complexo golgiense e acondicionada em vesículas que serão secretadas.
(Os elementos da figura não estão na mesma escala; cores fantasia.)

Lisossomos

Os **lisossomos** são pequenas vesículas dentro das quais estão enzimas que realizam a digestão intracelular de moléculas orgânicas complexas. Essas enzimas são produzidas no retículo endoplasmático granuloso e encaminhadas ao complexo golgiense, onde são empacotadas nos lisossomos. Em células vegetais, o vacúolo de suco celular, que contém enzimas digestivas, funciona como um lisossomo.

Durante a fagocitose, desenvolve-se no interior da célula um vacúolo chamado **fagossomo**, que se funde a um lisossomo e forma o **vacúolo digestivo**, no qual estão a partícula ingerida e as enzimas digestivas. As moléculas resultantes da digestão atravessam a membrana do vacúolo e se espalham pelo citosol.

Além de sua função na nutrição, para a maioria dos animais a fagocitose tem como papel a defesa do organismo contra partículas estranhas, bem como sua renovação. A célula mantém sua estrutura em permanente reconstrução por meio da **autofagia**, processo no qual os lisossomos removem organelas ou partes desgastadas da célula.

As funções desempenhadas pelos lisossomos estão ilustradas na figura 5.

Luis Moura/Arquivo da editora

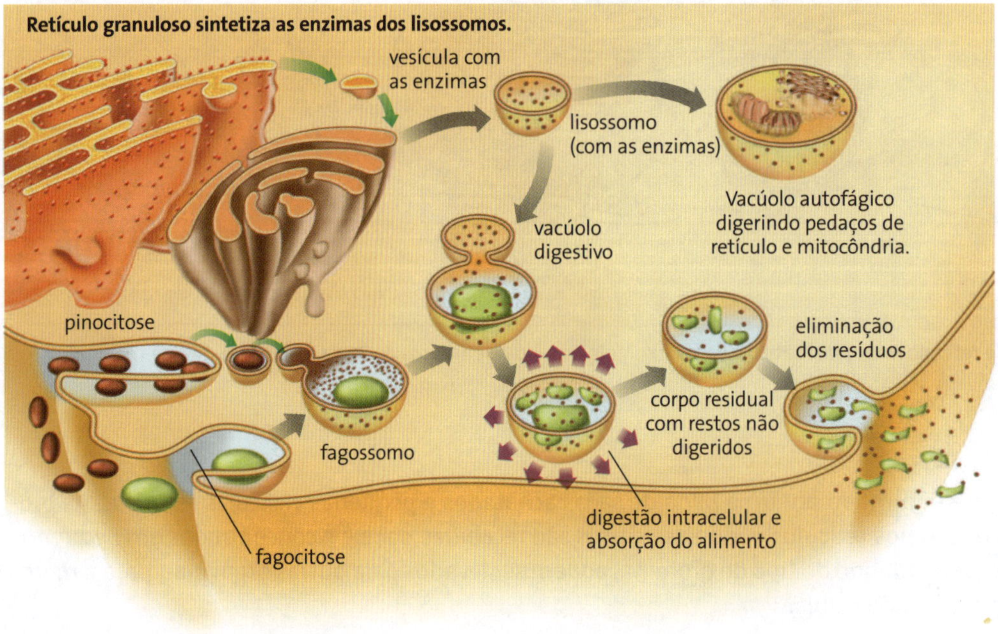

Figura 5 Processo de digestão intracelular (os elementos ilustrados não estão na mesma escala; cores fantasia).

Peroxissomos

Os **peroxissomos** estão presentes no citoplasma de células eucariotas. São pequenas vesículas que contêm enzimas que promovem a reação do oxigênio com algumas moléculas orgânicas. Nessa reação há formação de água oxigenada, que é decomposta pela **catalase**, enzima também presente no peroxissomo.

Nos peroxissomos, parte dos ácidos graxos encontrados nas gorduras é oxidada, transformando-os em moléculas menores utilizadas pela célula como fonte de energia. O álcool ingerido também é oxidado nos peroxissomos e mitocôndrias das células do fígado e dos rins.

Nos vegetais, existe um tipo de peroxissomo chamado **glioxissomo**, que possui enzimas que transformam em glicídios os lipídios armazenados nas sementes.

Vacúolos

Além dos vacúolos digestivos, mencionados no item "Lisossomos", existem também os **vacúolos contráteis** ou **pulsáteis**, presentes em protozoários de água doce. Tais vacúolos são responsáveis por eliminar o excesso de água nas células, hipertônicas em relação ao meio e que absorvem continuamente água por osmose. A água é levada para o vacúolo, que aumenta de volume. Depois, ele se contrai, mandando o excesso de água para fora. Assim, o vacúolo regula o equilíbrio osmótico desses organismos (figura 6).

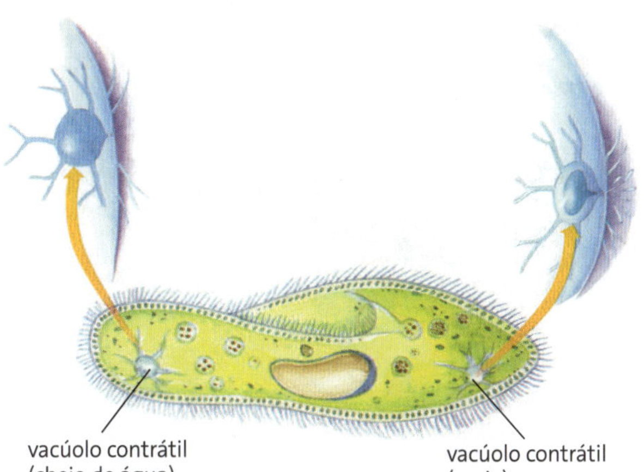

Figura 6 No paramécio (100 μm a 350 μm de comprimento), o excesso de água é bombeado para fora pelo vacúolo contrátil. (Os elementos da ilustração não estão na mesma escala; cores fantasia).

Em células vegetais está presente o **vacúolo vegetal** ou **central**, que ocupa boa parte de seu volume. Esses vacúolos armazenam diversas substâncias fabricadas pela célula, tais como pigmentos e enzimas digestivas.

Mitocôndrias

A **mitocôndria**, cujo tamanho se assemelha ao de uma bactéria, é a organela na qual ocorrem as duas últimas etapas da respiração celular aeróbia, que será discutida posteriormente. Esse é o processo pelo qual a célula obtém energia do alimento com consumo de gás oxigênio (O_2).

Cada mitocôndria apresenta duas membranas. A interna forma uma série de dobras ou septos, as chamadas **cristas mitocondriais**. Entre as cristas há uma solução gelatinosa de aspecto semelhante ao citosol, a **matriz mitocondrial** (figura 7). Tanto na membrana interna quanto na matriz existem enzimas responsáveis por reações químicas da respiração.

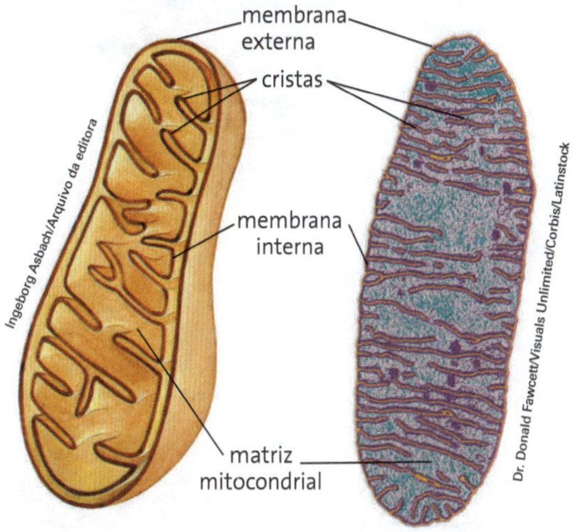

Figura 7 Na ilustração, esquema simplificado de mitocôndria (cores fantasia). Na foto, mitocôndria ao microscópio eletrônico (aumento de cerca de 60 000 vezes; imagem colorizada por computador.

O número de mitocôndrias em células resultantes da divisão celular se mantém constante graças a sua capacidade de se autoduplicar. Em sua matriz existe DNA, RNA e ribossomos, isto é, equipamento próprio para a síntese de proteínas.

De acordo com a **teoria endossimbiótica das mitocôndrias**, estas teriam surgido de bactérias aeróbias que, há bilhões de anos, foram fagocitadas por seres unicelulares maiores que elas e anaeróbios (incapazes de usar o gás oxigênio do ambiente para liberar energia). Como a respiração aeróbia libera mais energia por molécula de glicose, a célula hospedeira obteve maior disponibilidade energética, enquanto a bactéria ganhou proteção e alimento. Ao longo do tempo, ambos perderam a capacidade de viver independentemente. A autonomia reprodutiva das mitocôndrias bem como a presença de DNA e equipamento próprio para a síntese de proteínas são evidências que dão suporte a essa hipótese.

Cloroplastos

Pertencentes ao grupo dos **plastos** ou **plastídeos**, os **cloroplastos** são organelas encontradas nas células de plantas e algas. Em seu interior está situada a clorofila, pigmento relacionado à fotossíntese, processo que será discutido mais adiante. Em procariontes, como as cianobactérias, esse e outros pigmentos estão aderidos a membranas no citoplasma.

Os cloroplastos são envolvidos por membrana dupla e em seu interior há uma rede de membranas nas quais estão a clorofila e demais pigmentos. Parte dessas membranas forma os tilacoides, vesículas achatadas que ficam empilhadas. Cada pilha recebe o nome de ***grano*** ou ***granum***. Nas membranas dos tilacoides, também chamadas **membranas tilacoides**, estão concentradas as clorofilas. As membranas entre eles são denominadas **membranas intergrana** ou **lamelas**. O espaço restante, que contém muitas enzimas que participam da fotossíntese, é preenchido pelo **estroma**, matriz semelhante ao citosol (figura 8).

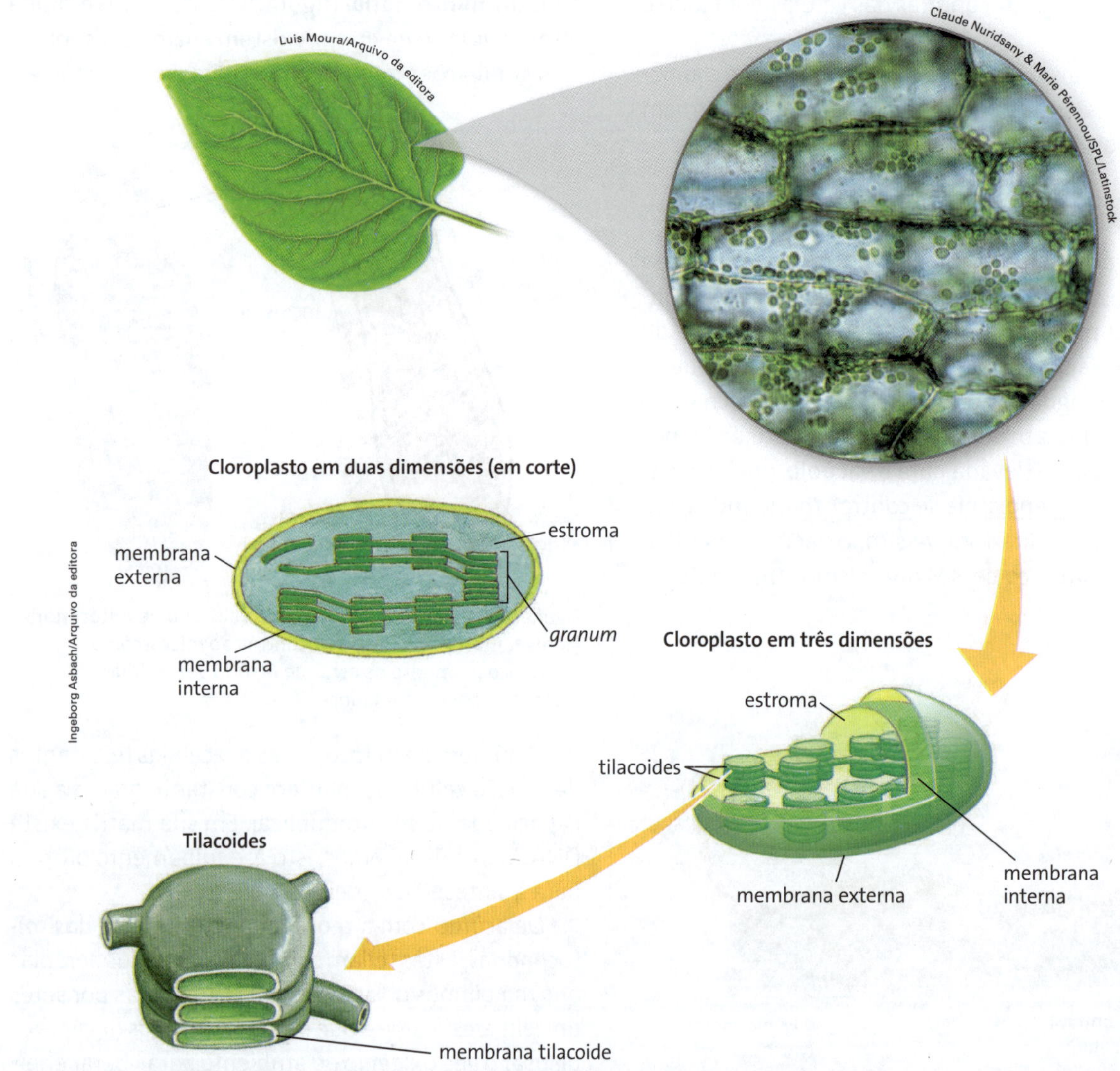

Figura 8 Na ilustração, estrutura do cloroplasto (4 μm a 7 μm de comprimento; os elementos da ilustração não estão na mesma escala; cores fantasia). Na foto, células vegetais com cloroplastos (grãos verdes; ao microscópio óptico; aumento de cerca de 300 vezes).

Assim como as mitocôndrias, os cloroplastos também são capazes de se autoduplicar, possuindo em seu interior todo o equipamento necessário para a síntese de uma parte de suas proteínas.

A hipótese para a origem dessas organelas é similar à teoria endossimbiótica das mitocôndrias: seres procariontes autotróficos semelhantes às cianobactérias teriam sido fagocitados por organismos maiores e passaram a viver harmoniosamente dentro deles.

Exercícios propostos

1. (Uern) Praticamente, todas as células do corpo humano apresentam estruturas essenciais para o funcionamento do organismo. Essas estruturas, denominadas organelas, estão presentes em quase todas as células do corpo humano. A maioria das células animais é apresentada por três partes: membrana plasmática, citoplasma e núcleo. Cada parte dessa constituição apresenta características e funções distintas que protegem e ajudam a manter o equilíbrio metabólico celular. Acerca das características e funções das organelas, assinale a afirmativa INCORRETA.
   a) O complexo golgiense é uma organela que apresenta cavidades em que há enzimas que sintetizam diversos tipos de lipídios, como os da membrana plasmática e os esteroides.
   b) O glicocalix, encontrado na maioria das células animais, forma uma malha que retém nutrientes e enzimas ao redor da célula, de modo a manter nessa região um meio externo adequado.
   c) Os peroxissomas ou microcorpos são pequenas vesículas presentes em todas as células eucariontes. Nos vegetais, existe um tipo de enzima, que transforma lipídios armazenados nas sementes em glicídios.
   d) O retículo endoplasmático granuloso produz proteína para exportação, sendo bem desenvolvido em células glandulares que secretam hormônios e outros produtos, cuja ação se dará fora dessas células.

2. (UFPB) Em uma aula de Biologia, os estudantes puderam observar, ao microscópio, emissão de pseudópodos em amebas e movimento de ciclose em células de folhas de *Elodea*. As estruturas celulares diretamente envolvidas nos movimentos celulares observados são os
   a) microtúbulos.
   b) microfilamentos.
   c) filamentos intermediários.
   d) cílios.
   e) flagelos.

3. (UFPA) Milhões de espermatozoides disputam uma "verdadeira maratona" até o óvulo, que culmina com a entrada de um deles. Essa "corrida" e a penetração no óvulo ocorrem graças a duas organelas celulares. Uma delas possibilita a agitação dos flagelos; a outra origina uma bolsa de enzimas digestivas – o acrossomo –, cuja função é perfurar o óvulo. O texto refere-se, respectivamente, às seguintes organelas citoplasmáticas:
   a) retículo endoplasmático e ribossomos.
   b) complexo de Golgi e lisossomos.
   c) microtúbulos e centríolos.
   d) vacúolos e microtúbulos.
   e) mitocôndria e complexo de Golgi.

4. (Ufscar-SP) Em uma célula vegetal o material genético concentra-se no interior do núcleo, o qual é delimitado por uma membrana. Além dessa região, material genético também é encontrado no interior do
   a) retículo endoplasmático e complexo Golgiense.
   b) complexo Golgiense e cloroplasto.
   c) lisossomo e retículo endoplasmático.
   d) lisossomo e mitocôndria.
   e) cloroplasto e mitocôndria

5. (UFPR) Os vertebrados possuem grupos de células bastante variados, com adaptações necessárias ao seu funcionamento. Essas adaptações refletem-se, muitas vezes, na própria estrutura celular, de modo que as células podem tornar-se especializadas em determinadas funções, como contração, transmissão de impulsos nervosos, "geração" de calor, síntese de proteínas e lipídios, secreção, etc. Considere os resultados obtidos do estudo de duas células diferentes, apresentados na tabela.
   Estrutura de duas células extraídas de tecidos diferentes, observadas ao microscópio.

	Célula A	Célula B
Filamentos de actina	+ + +	+
Microtúbulos	+	+ +
Retículo endoplasmático liso	+ + +	+ +
Retículo endoplasmático rugoso	+	+ + +
Mitocôndrias	+ + +	+ + +
Aparato de Golgi	+	+ + +
Núcleo	+ + +	+

+ poucos ou escassos; ++ intermediários; +++ muitos ou abundantes.

   Considerando os resultados, que função poderia ser desempenhada pelas células A e B, respectivamente?
   a) Contração e secreção.
   b) Síntese de lipídios e contração.
   c) Geração de calor e síntese de lipídios.
   d) Síntese de proteínas e geração de calor.
   e) Transmissão de impulso nervoso e síntese de proteínas.

6. (Uece) O retículo endoplasmático e o complexo de Golgi são organelas celulares cujas funções estão relacionadas da seguinte forma: o complexo de Golgi
   a) recebe proteínas sintetizadas no retículo endoplasmático.
   b) envia proteínas, nele sintetizadas, para o retículo endoplasmático.
   c) envia polissacarídeos, nele sintetizados, para o retículo endoplasmático.
   d) recebe monossacarídeos sintetizados no retículo endoplasmático, para o qual envia polissacarídeos.

MÓDULO 4 • Respiração celular, fermentação e fotossíntese

Respiração celular

Aspectos gerais da respiração aeróbia

Na respiração aeróbia, a liberação de energia ocorre com consumo do gás oxigênio (O_2). O processo começa no citosol e, em procariontes que realizam esse tipo de respiração, termina na membrana plasmática. No caso de eucariontes, as etapas finais ocorrem no interior da mitocôndria.

A glicose é a principal molécula utilizada pelas células como fonte de energia. Durante o processo de respiração aeróbia, resumido na equação abaixo, a glicose e o oxigênio são consumidos, havendo produção de gás carbônico e água.

$$C_6H_{12}O_6 + 6O_2 \rightarrow 6CO_2 + 6H_2O + \text{energia}$$

A energia obtida é liberada em pequenas parcelas, sendo cada uma delas utilizada na síntese de uma molécula de ATP (adenosina trifosfato). A síntese ocorre a partir de uma molécula de ADP (adenosina difosfato) e um íon fosfato em uma reação chamada **fosforilação** (figura 1). Quando uma célula precisa de energia, a ligação entre o ADP e o fosfato é quebrada.

A energia armazenada nas ligações químicas da glicose é liberada por meio da perda de elétrons, isto é, de oxidações sucessivas. Elas podem ocorrer pela retirada de átomos de hidrogênio, as chamadas **desidrogenações**. As **desidrogenases** são as enzimas que catalisam tais reações e que possuem como coenzima o grupamento **nicotinamida adenina dinucleotídeo (NAD)**. Na forma de NAD^+, o NAD é capaz de se combinar com os átomos de hidrogênio retirados da molécula que está sendo oxidada. As desidrogenações podem também ser catalisadas por enzimas com a **flavina adenina dinucleotídeo (FAD)**.

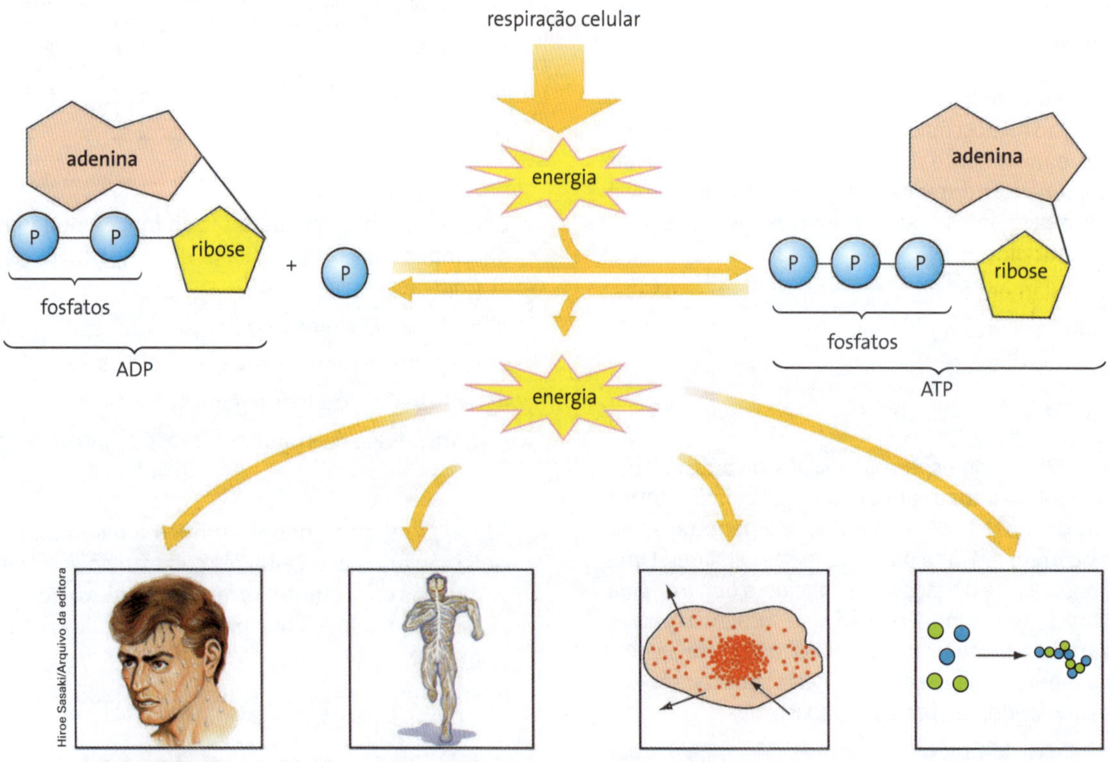

Figura 1 O ATP (em esquema simplificado) acumula a energia da respiração celular e é distribuído para as diversas partes da célula que consomem energia. (Os elementos da figura não estão na mesma escala, cores fantasia.)

Etapas da respiração aeróbia

Podemos dividir a respiração aeróbia em três etapas, descritas a seguir.

- **glicólise**: etapa que ocorre no citosol e na qual há quebra parcial da molécula de glicose em duas moléculas de ácido pirúvico, que quando ionizado recebe o nome de **piruvato**. Durante essa quebra há produção de quatro moléculas de ATP (figura 2). No entanto, o saldo da glicólise é de apenas duas moléculas de ATP, uma vez que duas foram utilizadas para ativar a glicose. Há ainda a formação de duas moléculas de NADH.
- **ciclo de Krebs**: etapa que ocorre na matriz mitocondrial e no citosol de bactérias aeróbias. Antes de o ciclo ser iniciado, as moléculas de ácido pirúvico resultantes da glicólise são oxidadas e perdem átomos de hidrogênio e elétrons. Perdem também átomos de carbono e de oxigênio, havendo formação de gás carbônico (CO_2) e NADH (figura 3). Há ainda formação de compostos intermediários, como o **ácido cítrico**, que irão participar do ciclo de Krebs, durante o qual ocorre liberação gradativa de energia e de moléculas de gás carbônico. Esse ciclo permite também que os compostos intermediários formados sirvam de ligação entre o metabolismo da glicose e de outros constituintes dos alimentos, como lipídios e proteínas.

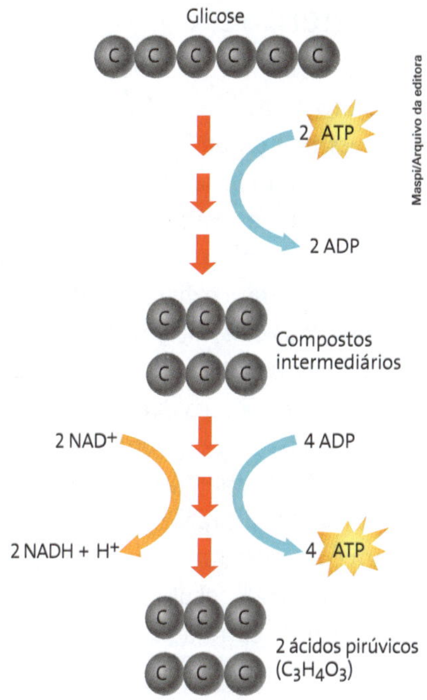

Figura 2 Esquema simplificado da glicólise, em que uma molécula de glicose origina duas moléculas de ácido pirúvico após uma série de reações que não estão representadas. (Cores fantasia.)

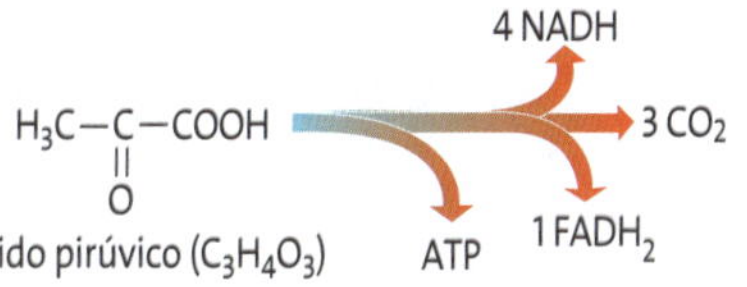

Figura 3 Resumo geral do ciclo de Krebs.

- **cadeia respiratória**: etapa que ocorre na membrana interna da mitocôndria, no caso dos eucariontes, e na membrana plasmática de bactérias aeróbias. Os elétrons dos átomos de hidrogênio retirados pelo NAD durante as duas primeiras etapas da respiração aeróbia são transportados por moléculas intermediárias até o oxigênio, formando água e muitas moléculas de ATP (figura 4). As moléculas transportadoras estão arranjadas de acordo com o trajeto que os elétrons percorrem. A energia liberada durante o transporte é utilizada na síntese de ATP.

A cadeia respiratória é também denominada **fosforilação oxidativa**, pois a síntese de ATP depende da fosforilação, que é realizada com energia proveniente de oxidações. O rendimento em células eucariotas pode chegar a 30 ou 32 moléculas de ATP.

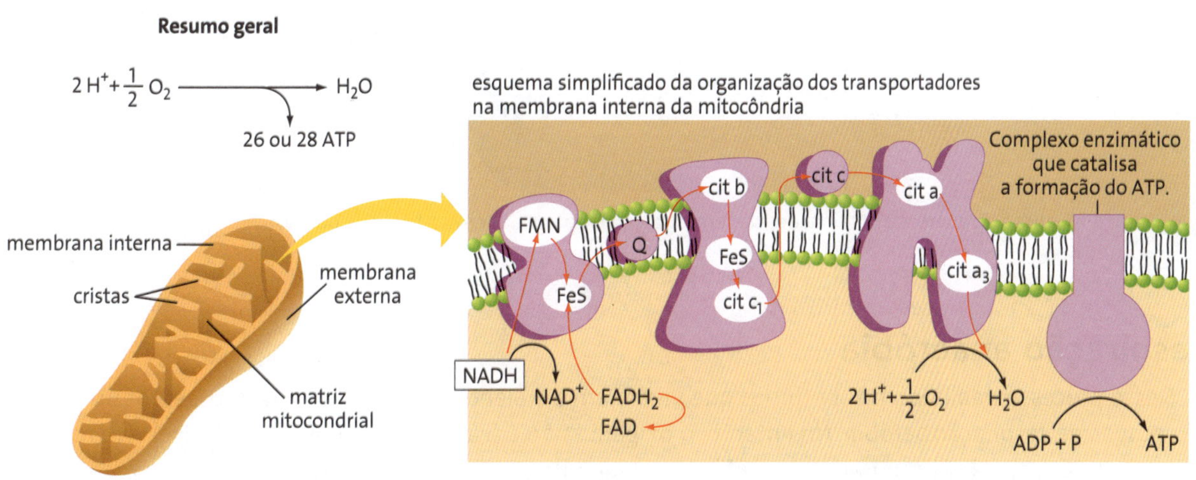

Figura 4 Cadeia respiratória: resumo geral e esquema simplificado (os elementos ilustrados não estão na mesma escala; cores fantasia).

Fermentação

Na fermentação, a quebra da glicose ocorre sem consumo de oxigênio. Os organismos que utilizam esse processo para obtenção de energia, e só crescem e se reproduzem na ausência desse gás, são chamados **anaeróbios estritos** ou **obrigatórios**. Organismos que fazem respiração aeróbia e que podem realizar fermentação na falta de oxigênio são chamados **anaeróbios facultativos**.

Como na fermentação a quebra da glicose termina na glicólise, ou seja, ela é quebrada parcialmente (não há ciclo de Krebs nem cadeia respiratória), os produtos do processo ainda apresentam energia armazenada. Assim, o saldo energético da fermentação é de apenas duas moléculas de ATP por molécula de glicose.

Podemos classificar os tipos principais de fermentação em **láctica** e **alcoólica**. Na primeira, há a produção de ácido láctico (figura 5). É a que ocorre, por exemplo, em nosso organismo: dependendo da disponibilidade de oxigênio e da intensidade do exercício, as células musculares podem realizar tanto a respiração aeróbia como a fermentação láctica. Quando o esforço é muito intenso, o oxigênio que chega ao músculo não é suficiente para a obtenção de energia e as células musculares realizam fermentação láctica para suprir a demanda. Já a fermentação alcoólica é realizada por um fungo unicelular, o levedo de cerveja ou fermento (*Saccharomyces cerevisiae*), e tem como produtos o gás carbônico e o álcool etílico (figura 5). Esse tipo de fermentação também é usada na produção do álcool utilizado como combustível nos veículos. No Brasil, esse álcool é produzido pela fermentação do açúcar da cana-de-açúcar.

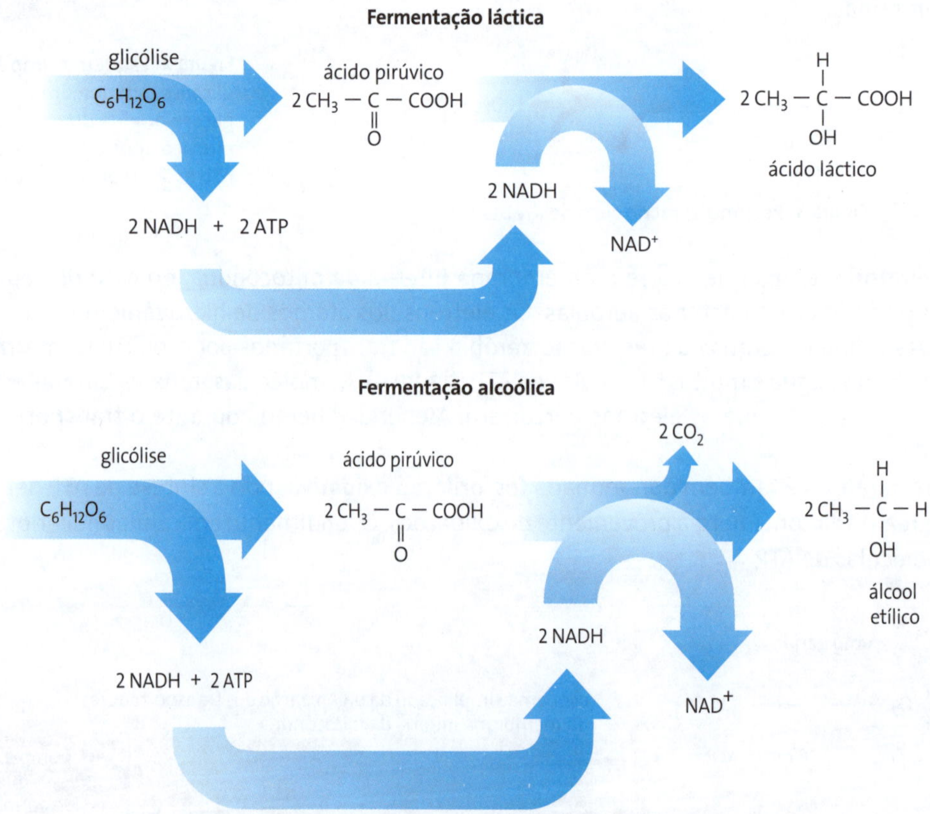

Figura 5 Esquemas simplificados da fermentação láctica e da fermentação alcoólica.

Respiração anaeróbia

Nesse processo, realizado por bactérias que vivem em ambientes com pouco oxigênio, estão presentes as três etapas da respiração aeróbia. No entanto, o oxigênio não é o aceptor final de elétrons. Eles são recebidos por compostos inorgânicos retirados do ambiente, como nitratos, sulfatos ou carbonatos.

A respiração anaeróbia é realizada por algumas bactérias que vivem em solos profundos, com pouco oxigênio, e produz uma quantidade menor de ATP em relação à respiração aeróbia.

Fotossíntese

A equação química apresentada abaixo sintetiza o processo da fotossíntese: a partir de moléculas de gás carbônico e água, e com utilização de energia luminosa, há produção de açúcares e gás oxigênio.

$$6CO_2 + 6H_2O \rightarrow C_6H_{12}O_6 + 6O_2$$

Fornecendo à planta água com o isótopo ${}_{18}O$ do oxigênio e gás carbônico com oxigênio normal (${}_{16}O$), verificamos que todo o oxigênio desprendido é formado por aquele isótopo. Se fornecermos gás carbônico com ${}_{18}O$, veremos que nenhum oxigênio desprendido é formado por esse isótopo. Concluímos, assim, que a fonte exclusiva do oxigênio liberado na fotossíntese é a agua.

Etapas da fotossíntese

A fotossíntese é constituída por duas etapas: a **fotoquímica** (fase clara) e a **química** (fase escura).

Na etapa fotoquímica, que ocorre nos tilacoides, a energia luminosa é captada pela clorofila e armazenada em moléculas de ATP. A molécula de água é quebrada em hidrogênio e oxigênio (figura 6). A energia do ATP e o hidrogênio serão utilizados na etapa seguinte, enquanto o oxigênio será liberado pela planta.

A etapa química é conhecida como **ciclo das pentoses** ou **de Calvin** e ocorre no estroma, para onde o hidrogênio proveniente da primeira etapa é transportado. Uma série de reações químicas sintetiza glicídios a partir dos produtos da fase fotoquímica. A energia para isso é proveniente do ATP sintetizado anteriormente. A conversão do gás carbônico em um composto orgânico é chamada **fixação do carbono** (figura 7).

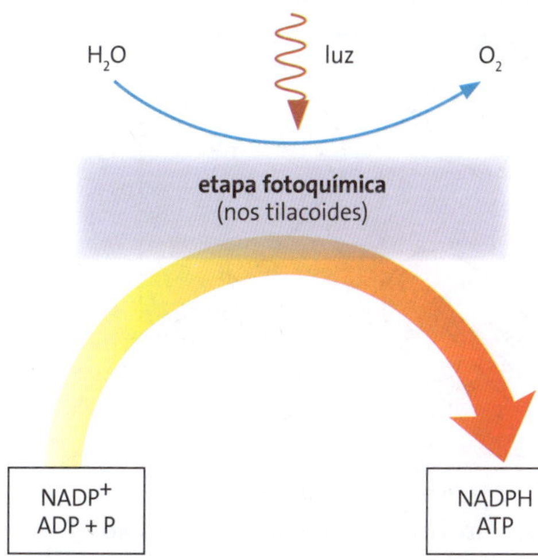

Figura 6 Esquema simplificado da etapa fotoquímica da fotossíntese.

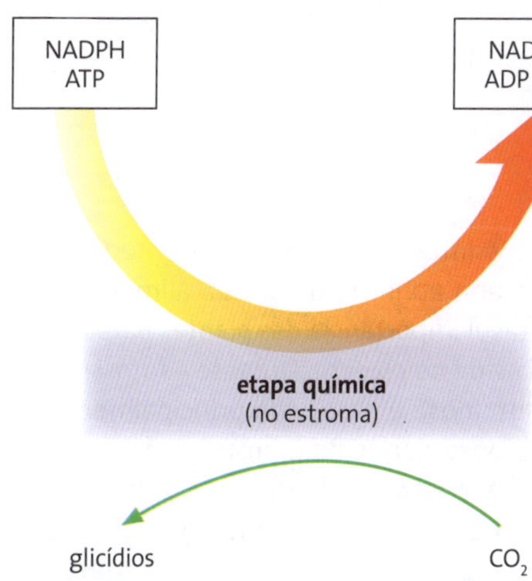

Luis Moura/Arquivo da editora

Figura 7 Esquema simplificado da etapa química da fotossíntese. Note que nessa fase não há participação da luz.

Nos eucariontes, a fotossíntese ocorre nos cloroplastos. A figura 8 mostra, esquematicamente, o resumo geral desse processo.

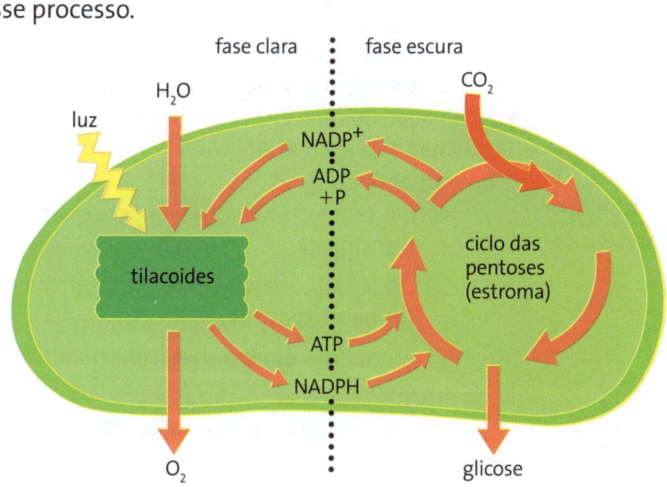

Figura 8 Esquema com resumo geral das duas etapas da fotossíntese (a linha pontilhada foi utilizada para separar as duas fases e não indica compartimentos do cloroplasto; cores fantasia).

Exercícios propostos

1. (PUCC-SP) O cardiologista John Kheir, do Hospital Infantil de Boston (EUA), liderou um estudo em que coelhos com a traqueia bloqueada sobreviveram por até 15 minutos sem respiração natural, apenas por meio de injeção de oxigênio na corrente sanguínea. A técnica poderá prevenir parada cardíaca e danos cerebrais induzidos pela privação de oxigênio, além de evitar a paralisia cerebral quando há comprometimento de oxigenação fetal.

(***Revista Quanta***, ano 2, n. 6, agosto e setembro de 2012. p. 19)

O oxigênio é usado no processo de respiração celular, sobre o qual foram feitas as seguintes afirmações:

I. O CO_2 é liberado apenas durante a glicólise.

II. No ciclo de Krebs há formação de ATP.

III. O ciclo de Krebs ocorre nas cristas mitocondriais.

IV. O oxigênio é utilizado apenas na cadeia respiratória.

Está correto o que se afirma APENAS em

a) I, II e III.

b) I e II.

c) II e IV.

d) I e IV.

e) III e IV.

2. (Uece) Fotossíntese é um processo que produz a energia necessária ao início da cadeia alimentar, daí a incontestável importância das plantas para a manutenção da vida no planeta. Durante a fotossíntese, a energia luminosa é absorvida principalmente pela clorofila e, posteriormente, transformada em energia química. Para isso as plantas precisam consumir ________ e ________ para produzir ________ e ao final liberar ________.

Assinale a alternativa que contém a sequência que preenche corretamente e na ordem as lacunas do texto anterior.

a) água, CO_2, glicose e oxigênio

b) CO_2, oxigênio, glicose e água

c) glicose, água, CO_2 e oxigênio

d) água, glicose, oxigênio e CO_2

3. (PUC-RJ) A produção de álcool combustível a partir do açúcar da cana está diretamente relacionada a qual dos processos metabólicos de microrganismos a seguir relacionados?

a) Respiração.

b) Fermentação.

c) Digestão.

d) Fixação de N_2.

e) Quimiossíntese.

4. (UFRGS-RS) A reação química abaixo está relacionada à origem de vários produtos.

$$6CO_2 + 6H_2O \rightarrow C_6H_{12}O_6 + 6O_2$$

Considere os produtos citados a seguir.

1. álcool combustível (etanol)
2. petróleo
3. papel higiênico
4. óleo de soja
5. pão

Quais desses produtos têm sua origem relacionada à equação apresentada acima?

a) Apenas 1 e 2.

b) Apenas 3 e 4.

c) Apenas 1, 4 e 5.

d) Apenas 2, 3 e 5.

e) 1, 2, 3, 4 e 5.

5. (PUC-RJ) O esquema a seguir representa uma das etapas de um processo biológico fundamental para a manutenção dos ecossistemas.

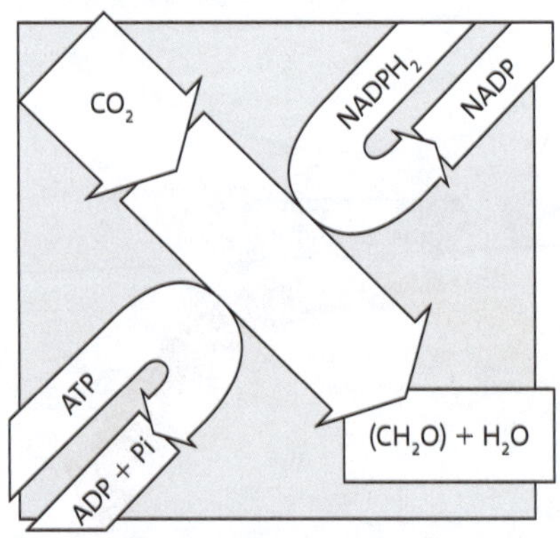

O processo em questão é:

a) desnitrificação por bactérias do solo.

b) respiração de células eucarióticas.

c) fase química da fotossíntese.

d) fase intermediária da fermentação.

e) metanogênese de extremófilas.

6. (Udesc) A glicólise é um processo que compreende dez reações químicas, cada uma delas com a participação de uma enzima específica.

Assinale a alternativa CORRETA em relação à glicólise anaeróbica.

a) É o processo responsável pela quebra da glicose, transformando-a em piruvato ou ácido pirúvico.

b) É realizada apenas em células animais e procariontes heterotróficos.

c) Promove a quebra da glicose no interior da mitocôndria.

d) Libera energia na forma de 38 ATPs.

e) Transforma ácido lático em ácido pirúvico.

Componentes do núcleo

Característico dos seres eucariontes, o **núcleo** é uma estrutura composta de um **envelope nuclear**, ou **carioteca**, que envolve a **cromatina**, os **nucléolos** e o **nucleoplasma**. Esse envelope apresenta poros em sua membrana dupla, possibilitando a troca de material entre o núcleo e o citoplasma (figura 1).

A cromatina resulta da associação entre moléculas de DNA e proteínas, e está imersa em um líquido, o **nucleoplasma** ou cariolinfa, no qual são encontrados água, sais minerais, proteínas e material que participa da síntese de ácidos nucleicos. No nucleoplasma há também um ou mais nucléolos, corpúsculos nos quais o RNA ribossômico é sintetizado de acordo com os comandos do DNA. Associado a proteínas, esse RNA forma as subunidades que compõem os ribossomos.

As regiões mais densas da cromatina, a **heterocromatina**, correspondem às partes dos filamentos dobradas de forma compacta. Os filamentos mais "esticados" e que adquirem coloração mais fraca quando coradas correspondem à **eucromatina**. Nestas regiões os genes estão ativos, coordenando a síntese de RNA e de proteínas.

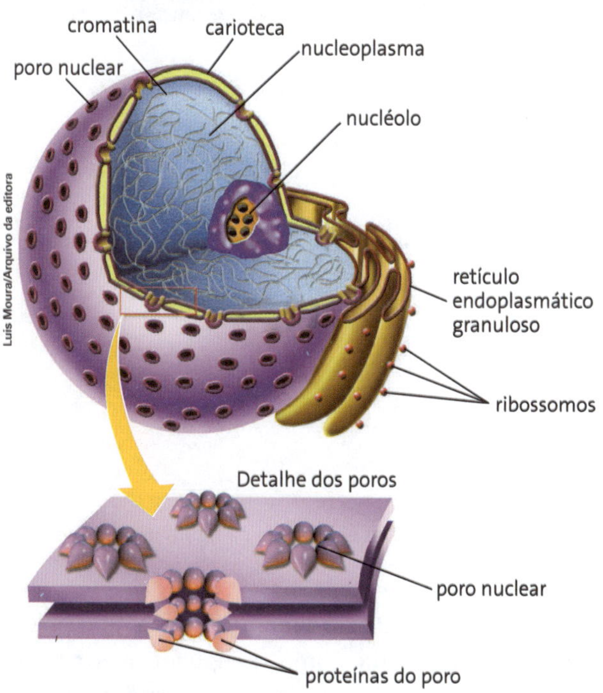

Figura 1 Ilustração do núcleo (em torno de 5 μm de diâmetro; os elementos da figura não estão na mesma escala; cores fantasia).

Cromossomos

Em células eucariotas em divisão podemos observar os **cromossomos**. Cada um é formado por uma molécula de DNA dobrada várias vezes sobre si mesma. Algumas regiões da molécula se enrolam em volta de proteínas chamadas **histonas**. Ao conjunto de oito unidades de histonas envoltas por DNA dá-se o nome de **nucleossomo**. Essa compactação permite que o DNA de uma célula caiba dentro de seu núcleo (figura 2).

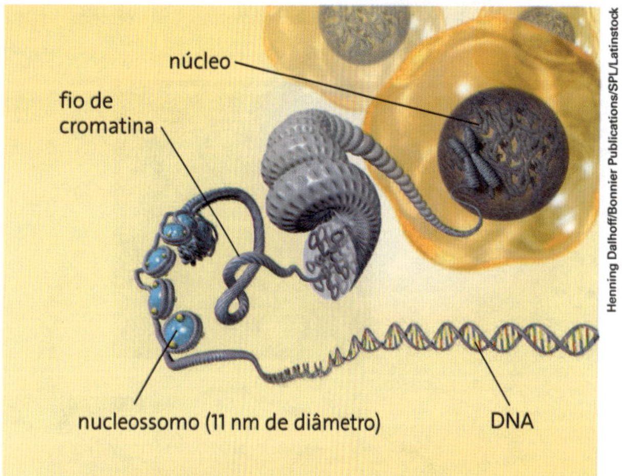

Figura 2 Diferentes níveis de compactação da cromatina e do DNA no cromossomo (os elementos da ilustração não estão na mesma escala; cores fantasia).

Quando um cromossomo se duplica, o que ocorre antes de uma célula se dividir, cada um de seus filamentos é chamado de **cromátide**. As cromátides de um mesmo cromossomo são denominadas **cromátides irmãs** (figura 3). Ao final da divisão, os cromossomos voltam a ser simples.

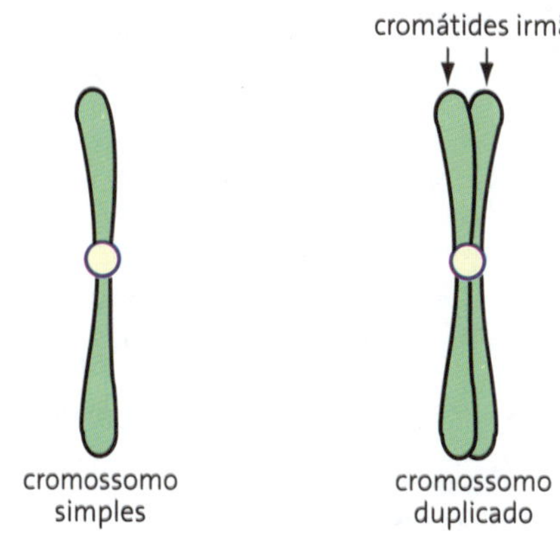

Figura 3 Ilustrações de cromossomo simples e de cromossomo duplicado (cores fantasia).

Os cromossomos possuem um estrangulamento chamado **centrômero** e são classificados de acordo com a posição deste, como apresentado na figura 4. No centrômero há o **cinetócoro**, ao qual os filamentos do fuso se prendem durante a divisão celular. A extremidade do cromossomo é chamada **telômero** e o protege contra danos.

Cada espécie apresenta um conjunto particular de cromossomos e que pode ser identificado pelo número, pela forma e pelo tamanho característicos. A esse conjunto dá-se o nome de **cariótipo**. Em células **somáticas**, os cromossomos aparecem sempre aos pares, pois um foi herdado do pai e o outro da mãe (figura 5). Por esse motivo, diz-se que essas células são **diploides** ou **2n**. Cada par de um determinado tipo de cromossomo forma um par de **homólogos**. As células somáticas são originadas por divisões sucessivas da célula-ovo, formada pela união do espermatozoide com o óvulo. As células sexuais são **haploides** ou **n**, ou seja, apresentam apenas um cromossomo de cada tipo. A informação genética total em uma célula ou organismo é denominada **genoma**.

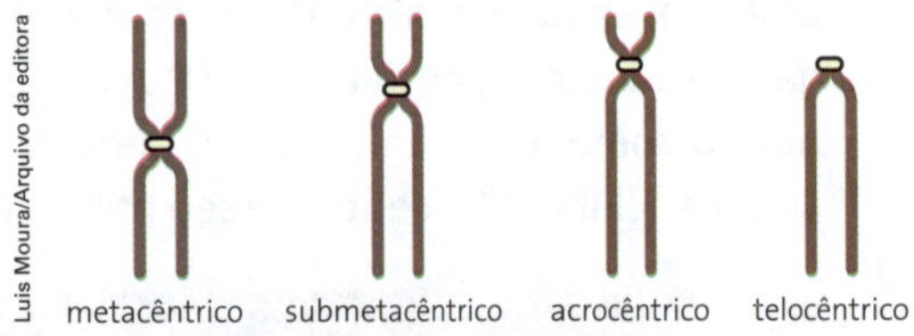

Figura 4 Tipos de cromossomos de acordo com a posição do centrômero (os elementos ilustrados não estão na mesma escala; cores fantasia).

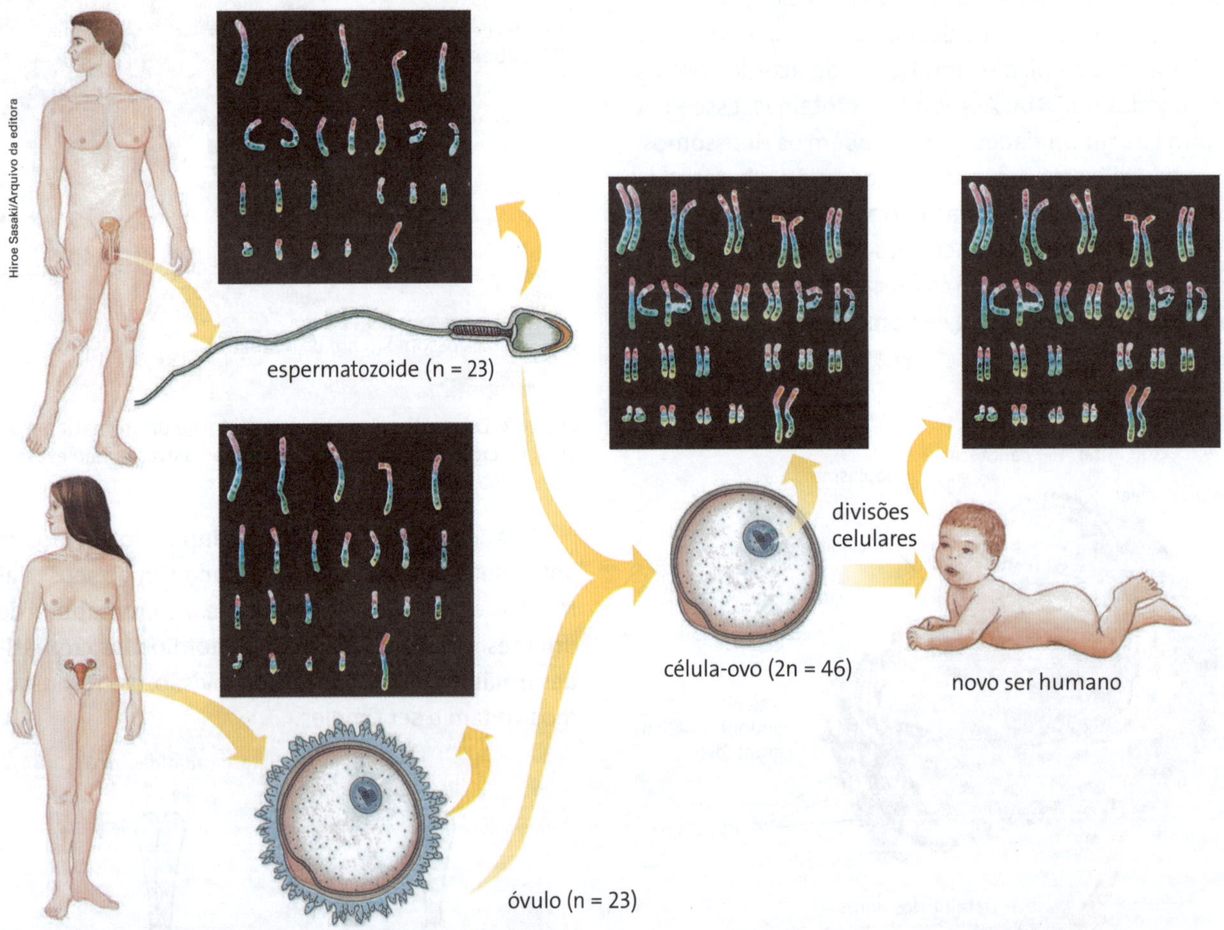

Figura 5 Cromossomos (comprimento entre 1 µm e 10 µm) passam dos pais para os filhos (os elementos da figura não estão na mesma escala; as células são microscópicas; cores fantasia).

Na maioria das espécies existe um par de **cromossomos sexuais**, responsável pela diferença entre os dois sexos. Em geral, esses cromossomos são iguais nas fêmeas (cada um é denominado cromossomo X), enquanto nos machos um é igual ao das fêmeas (cromossomo X) e o outro é diferente (cromossomo Y). Em fêmeas de mamíferos existe a chamada **cromatina sexual** ou **corpúsculo de Barr**, uma massa heterocromática. Ela seria um cromossomo X com a maioria dos genes inativos. Os demais cromossomos do organismo são denominados **autossomos**.

Clonagem

Os **clones** são cópias de determinado ser vivo. A clonagem pode ser natural ou artificial, feita pelo ser humano. Os organismos que se originam por reprodução assexuada, por exemplo, são geneticamente iguais entre si, ou seja, são clones, desde que não tenha havido mutação.

Os seres humanos são capazes de clonar seres vivos artificialmente. Para clonar o mais famoso deles, a ovelha Dolly, foi utilizada a técnica de clonagem por transferência nuclear: o núcleo de uma célula foi transferido para outra, cujo núcleo havia sido retirado (figura 6).

A clonagem apresenta muitas vantagens. Ela permite, por exemplo, clonar animais para pesquisas científicas, produzir organismos mais resistentes a doenças e até mesmo clonar seres vivos em risco de extinção. Embora existam muitos aspectos positivos relacionados à clonagem, ainda há muito que se discutir quanto a questões éticas.

Figura 6 Ilustração do processo de clonagem da ovelha Dolly (os elementos ilustrados não estão na mesma escala; as células são microscópicas; cores fantasia).

Ácidos nucleicos

Estrutura

O RNA e o DNA são ácidos nucleicos. O DNA é encontrado no núcleo e também em pequena quantidade nas mitocôndrias e cloroplastos. O RNA é encontrado no nucléolo, nos ribossomos, no citosol, nos cloroplastos e nas mitocôndrias.

Os ácidos nucleicos são formados pelo encadeamento de um grande número de moléculas menores, os **nucleotídeos**, constituídos por três tipos de substâncias químicas: um **fosfato**, uma **pentose** e uma **base nitrogenada** (figura 7). O fosfato (PO_4^{3-}) é um íon do ácido fosfórico, a pentose é um açúcar com cinco átomos de carbono e a base nitrogenada é uma cadeia de carbonos que contém nitrogênio. O fosfato e a base nitrogenada se ligam ao açúcar para formar um nucleotídeo. O **nucleosídeo** corresponde à base nitrogenada ligada ao açúcar. A união entre os nucleotídeos forma os **polinucleotídeos**. A ligação ocorre entre o fosfato de um nucleotídeo e a pentose da unidade vizinha.

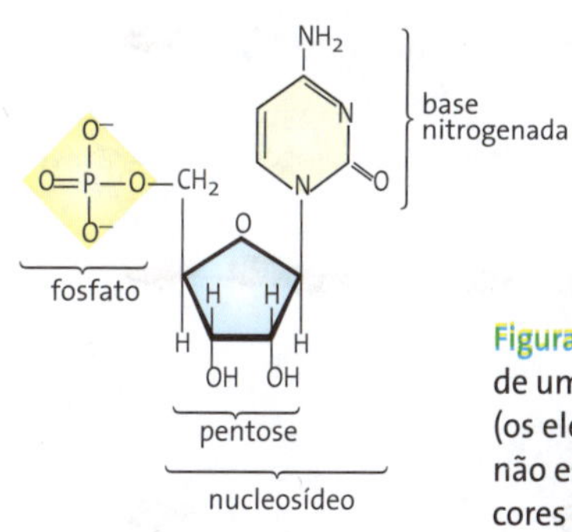

Figura 7 Fórmula estrutural de um nucleotídeo (os elementos da ilustração não estão na mesma escala; cores fantasia).

Há cinco tipos de bases nitrogenadas, sendo duas **bases púricas** (**adenina** e **guanina**) e três **pirimídicas** (**citosina**, **timina** e **uracila**). Adenina, guanina, citosina e timina estão presentes na molécula de DNA. A uracila é uma base exclusiva das moléculas de RNA, que não apresentam timina. Outra diferença entre os ácidos nucleicos está no tipo de pentose: no DNA a pentose é a **desoxirribose**, enquanto a **ribose** é o açúcar presente no RNA.

O DNA

De acordo com o **modelo da dupla hélice**, proposto por James Watson e Francis Crick, a molécula de DNA é composta por duas cadeias de polinucleotídeos ligadas uma à outra pelas bases nitrogenadas. A ligação entre as bases é feita por pontes de hidrogênio, e as cadeias, emparelhadas em sentidos opostos, formam uma hélice (figura 8).

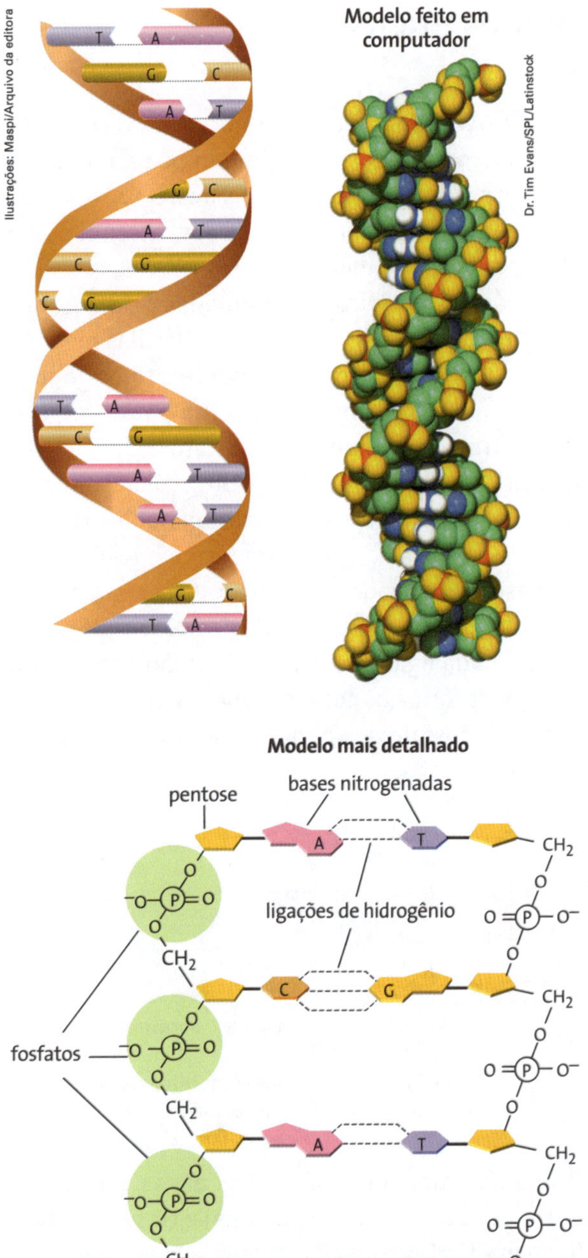

Figura 8 Modelos simplificados do DNA (os elementos da ilustração não estão na mesma escala; cores fantasia).

Em uma molécula de DNA, a base timina (T) se liga sempre à adenina (A) por duas ligações de hidrogênio. A base citosina (C) está sempre ligada à guanina (G) por três ligações desse tipo. Assim, a sequência de bases de uma fita determina a sequência de bases da outra.

De forma simplificada, dois genes diferem pelo número e sequência de bases que possuem. A sequência pode ser comparada a uma frase em código escrita com quatro letras (A, G, C, T), que simboliza a informação genética responsável por uma molécula de RNA.

Antes de uma divisão celular, o DNA se duplica. Enzimas quebram as ligações de hidrogênio e desenrolam as hélices. Para evitar que voltem a se enrolar, proteínas mantêm as duas hélices afastadas. Novos nucleotídeos dissolvidos no nucleoplasma começam a se encaixar em cada fita. A união entre os nucleotídeos novos é feita com a ajuda das enzimas **DNA polimerases**. Ao final da duplicação, a fita nova fica igual à antiga que ocupava aquela posição. Desse modo, as duas moléculas resultantes serão exatamente iguais à original. Como cada molécula nova contém uma fita antiga, diz-se que a duplicação é **semiconservativa** (figura 9).

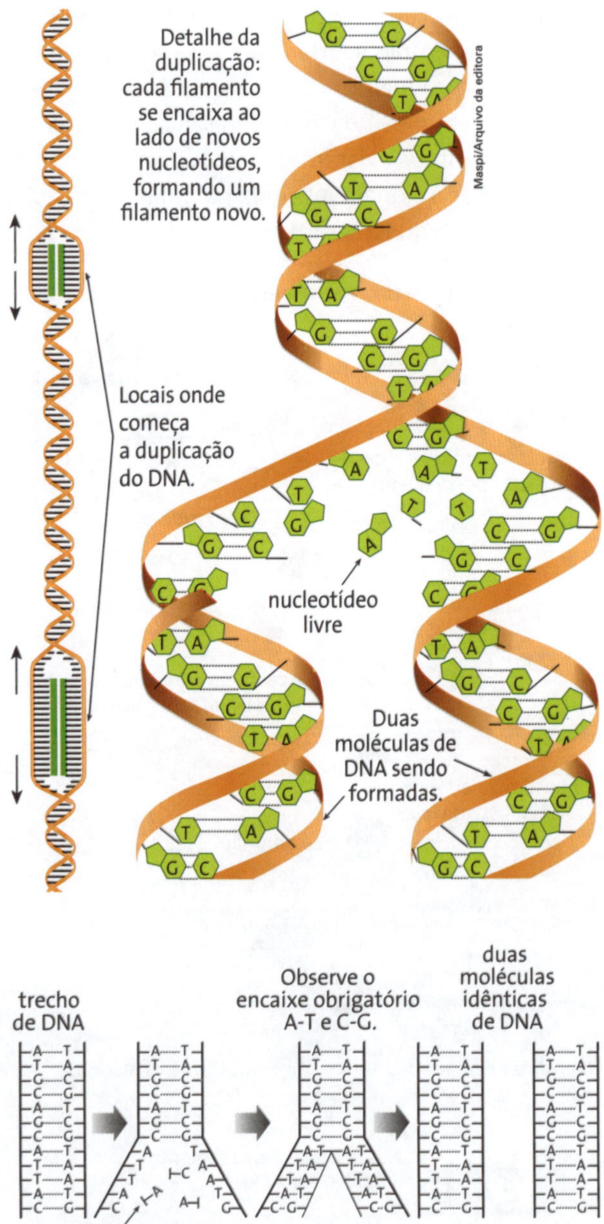

Figura 9 Duplicação do DNA (esquemas simplificados, com omissão das enzimas que atuam na replicação; cores fantasia).

Exercícios propostos

1. (PUCC-SP) Considere que a biópsia de pele foi feita em uma mulher normal e que as células em cultivo mantêm todas as suas características. Na fase G_2 do ciclo de divisão celular, cada célula apresenta:
   a) 46 centrômeros, 92 cromossomos e 46 cromátides.
   b) 92 centrômeros, 46 cromossomos e 92 cromátides.
   c) 46 centrômeros, 46 cromossomos e 92 cromátides.
   d) 46 centrômeros, 92 cromossomos e 92 cromátides.
   e) 92 centrômeros, 46 cromossomos e 46 cromátides.

2. (UFU-MG) Em uma olimpíada, a ausência de corpúsculo de Barr (cromatina sexual) nas células interfásicas da mucosa bucal pode ser um critério utilizado para a exclusão de atletas de uma competição feminina. Sabendo-se que o corpúsculo de Barr corresponde a um cromossomo X inativo (heterocromatina), analise as seguintes afirmativas:
   I. Nas mulheres (assim como nas fêmeas dos mamíferos em geral), o cromossomo X inativo é, preferencialmente, o cromossomo X de origem paterna.
   II. A ausência de cromatina sexual, nas células interfásicas da mucosa bucal, permite detectar mulheres com cariótipo masculino (46, XY) que possuem mutação ou deleção no gene SRY.
   III. A inativação do cromossomo X faz com que a quantidade de genes ativos nas células das fêmeas dos mamíferos seja igual à quantidade de genes ativos nas células dos machos. A esse mecanismo dá-se o nome de compensação de dose.
   IV. O exame de corpúsculo de Barr permite detectar precocemente indivíduos aneuploides com cariótipos: 45, X; 47, XXY; e 47, XYY.

   Assinale a alternativa correta.
   a) Apenas I e III são verdadeiras.
   b) Apenas I e IV são verdadeiras.
   c) Apenas II e III são verdadeiras.
   d) Apenas II e IV são verdadeiras.

3. (Udesc) Analise o quadro abaixo:

Ácido nucleico	Nº de fitas	Bases nitrogenadas	Tipo de açúcar
DNA	(1)	(3)	(5)
RNA	(2)	(4)	(6)

   Assinale a alternativa correta em relação à correspondência entre o número indicado no quadro e a característica correspondente do ácido nucleico DNA ou RNA, respectivamente:
   a) (1) duas, (2) uma, (3) Adenina, Citosina, Guanina, Timina e Uracila, (4) Adenina, Citosina, Guanina, Timina e Uracila, (5) desoxirribose, (6) ribose
   b) (1) duas, (2) uma, (3) Uracila, (4) Timina, (5) desoxirribose, (6) ribose
   c) (1) duas, (2) uma, (3) Adenina, Citosina, Guanina e Timina, (4) Adenina, Citosina, Guanina e Uracila, (5) desoxirribose, (6) ribose
   d) (1) duas, (2) uma, (3) Adenina, Citosina, Guanina e Timina, (4) Adenina, Citosina, Guanina e Uracila, (5) ribose, (6) desoxirribose
   e) (1) uma, (2) duas, (3) Adenina, Citosina, Guanina e Uracila, (4) Adenina, Citosina, Guanina e Timina, (5) desoxirribose, (6) ribose

4. (UPE) Nos ácidos nucleicos, encontram-se bases nitrogenadas formando pares de relativas especificidades. Ao se analisar o DNA de uma determinada bactéria, encontram-se 38% de bases Citosina (C). Que percentuais de bases Adenina (A), Guanina (G) e Timina (T) são esperados, respectivamente?
   a) 62% , 38%, 62%
   b) 24% , 38%, 24%
   c) 38%, 12%, 12%
   d) 62%, 12%, 12%
   e) 12%, 38%, 12%

5. (Fuvest-SP) Quando afirmamos que o metabolismo da célula é controlado pelo núcleo celular, isso significa que
   a) todas as reações metabólicas são catalisadas por moléculas e componentes nucleares.
   b) o núcleo produz moléculas que, no citoplasma, promovem a síntese de enzimas catalisadoras das reações metabólicas.
   c) o núcleo produz e envia, para todas as partes da célula, moléculas que catalisam as reações metabólicas.
   d) dentro do núcleo, moléculas sintetizam enzimas catalisadoras das reações metabólicas.
   e) o conteúdo do núcleo passa para o citoplasma e atua diretamente nas funções celulares, catalisando as reações metabólicas.

MÓDULO 6 • Síntese de proteínas

A produção de proteínas

Embora as células que constituem um organismo tenham a mesma coleção de genes, elas podem ser diferentes: alguns genes podem estar em atividade em algumas delas e inativos em outras, e os genes ativos não são exatamente os mesmos nos diferentes tecidos. Assim, as células produzem proteínas diferentes, o que resulta em diferenças morfológicas e fisiológicas entre elas. A produção das proteínas depende, principalmente, do DNA, do RNA, de enzimas e dos ribossomos.

O RNA

O RNA é uma molécula formada por um filamento único. Ele é fabricado no núcleo, a partir da molécula de DNA, utilizada como modelo. Existem três tipos principais de RNA: **RNA mensageiro (RNAm)**, que determina a sequência de aminoácidos da proteína; **RNA transportador (RNAt)**, que leva os aminoácidos até o local da síntese proteica; e **RNA ribossômico (RNAr)**, que participa da estrutura dos ribossomos e pode atuar como enzimas, as chamadas ribozimas.

Transcrição

Na primeira etapa da síntese de proteínas, denominada **transcrição**, o código do DNA é passado para o RNAm. As **RNA polimerases** se ligam a determinado trecho da sequência do DNA, chamado **promotor**, e que define para as enzimas qual das duas cadeias deve ser lida. A dupla hélice é desenrolada por enzimas e os ribonucleotídeos começam a se encaixar nas bases expostas (figura 1). Sempre que houver uma adenina no DNA, será encaixada uma uracila.

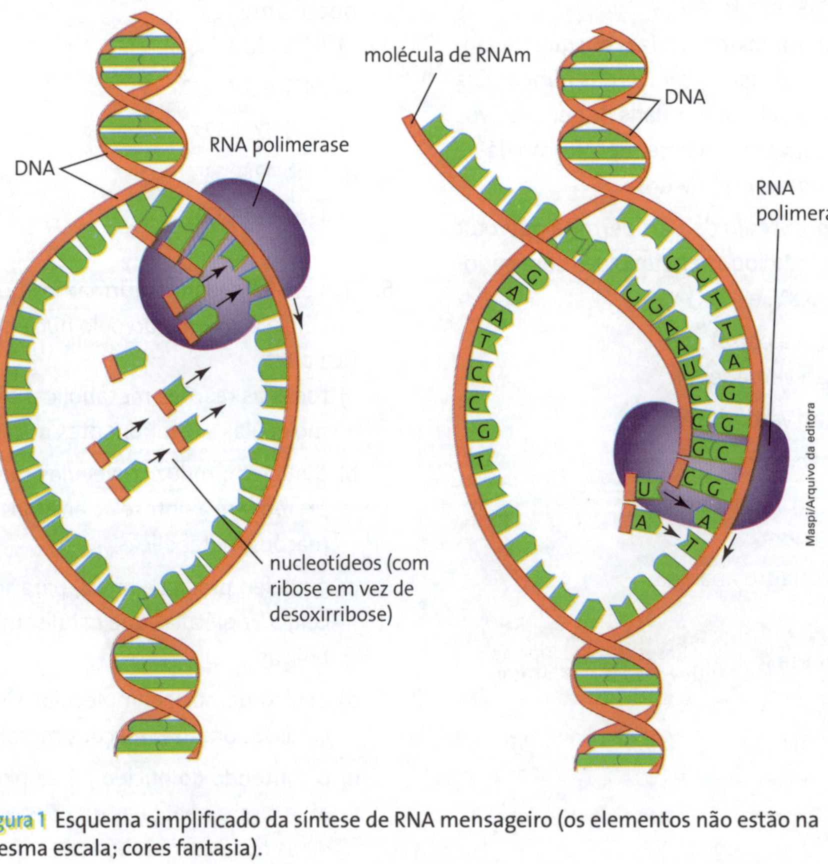

Figura 1 Esquema simplificado da síntese de RNA mensageiro (os elementos não estão na mesma escala; cores fantasia).

Processamento do RNA

Nos eucariontes, o RNAm transcrito passa por um processamento para se tornar funcional. Antes dessa etapa, o RNA apresenta **íntrons**, trechos que não codificam proteínas. Por meio de ***splicing***, eles são cortados e retirados da molécula, originando um RNAm funcional e composto por segmentos codificadores, os **éxons** (figura 2).

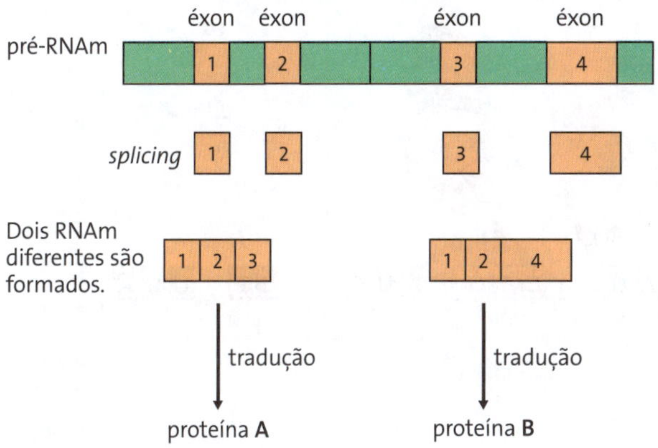

Figura 2 No núcleo da célula, os segmentos não codificadores (íntrons) do pré-RNAm são removidos, e os segmentos codificadores (éxons), reunidos. O RNAm formado migra para o citoplasma, onde orientará a síntese de proteínas. Em certos casos, podem ser formadas diferentes moléculas de RNA por esse processo. (Esquema simplificado; cores fantasia.)

Tradução

O RNAm funcional é, então, enviado ao citoplasma, onde ocorre a **tradução**. A informação presente nessa molécula é convertida em uma sequência de aminoácidos: cada grupo de três bases nitrogenadas consecutivas no RNAm representa um **códon** e corresponde a um aminoácido específico.

Alguns códons, como UAG, UAA e UGA não correspondem a um aminoácido, mas indicam o fim de uma cadeia. O códon AUG pode codificar o aminoácido metionina ou determinar o começo da síntese de um novo polipeptídeo. Um mesmo aminoácido pode ser especificado por mais de um códon. Os códons GCU, GCC, GCA e GCG, por exemplo, correspondem à alanina. Por esse motivo, diz-se que o código genético é "degenerado" ou "redundante". No entanto, um códon nunca especifica mais de um aminoácido.

O RNAt se liga a aminoácidos dissolvidos no citoplasma e os transporta até o RNAm. Em uma de suas curvas há o **anticódon**, que varia de acordo com o transportador e por meio do qual o RNAt se encaixa nos códons do RNAm (figura 3). A ligação entre o transportador e o aminoácido é específica.

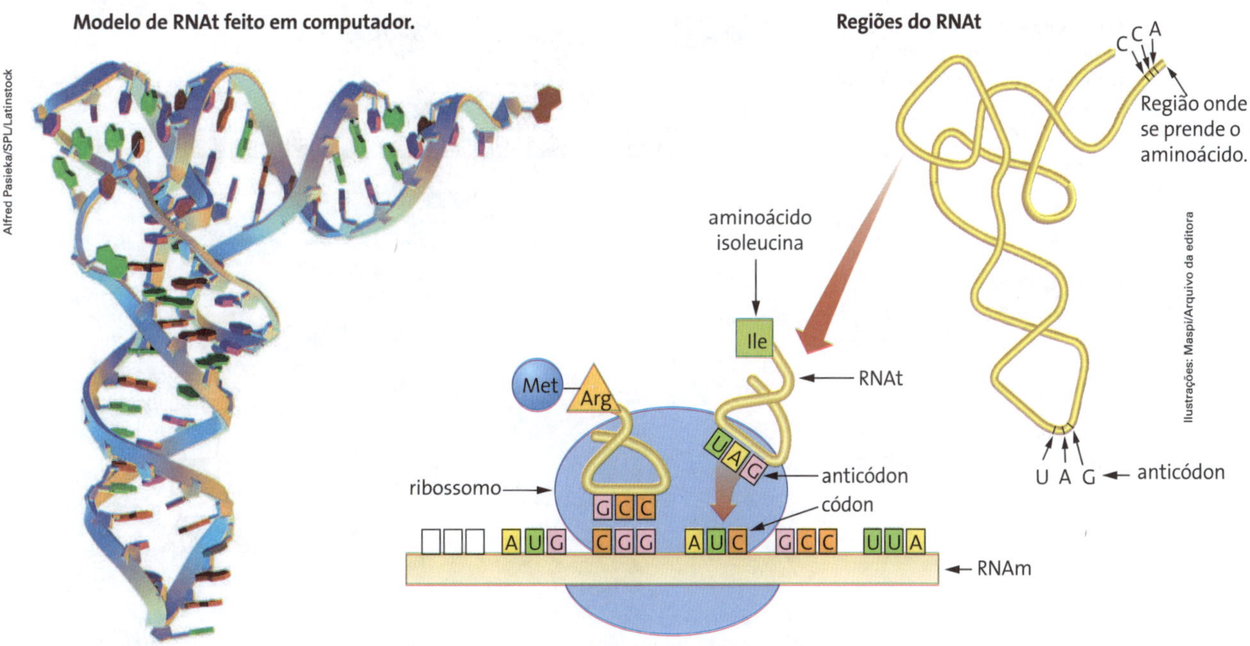

Figura 3 Cada RNAt se encaixa, pelo anticódon, em um ponto determinado do RNAm, levando um aminoácido específico. Desse modo, os aminoácidos são colocados na sequência correta da proteína. (O RNAt tem, em média, de 74 a 95 nucleotídeos; o ribossomo tem cerca de 25 nm de diâmetro; os elementos da ilustração não estão na mesma escala; cores fantasia.)

A tradução ocorre nos ribossomos. Os RNAt com os aminoácidos específicos se encaixam nos códons correspondentes do RNAm. Conforme os ribossomos deslizam pela molécula, os aminoácidos se unem e formam a proteína (figura 4). Os transportadores, então, se soltam e ficam livres para transportar outros aminoácidos. A síntese termina quando o ribossomo chega a um dos códons de parada.

1. A síntese começa na região do RNAm com o códon AUG, aonde chegam o ribossomo e os RNAt.

2. A metionina une-se à arginina por uma ligação peptídica e se solta do RNAt onde estava presa.

3. O RNAt livre sai do ribossomo, que desliza pelo RNAm, colocando o terceiro códon na posição de receber o RNAt.

4. As subunidades do ribossomo se separam, soltando um polipeptídeo e o RNAm.

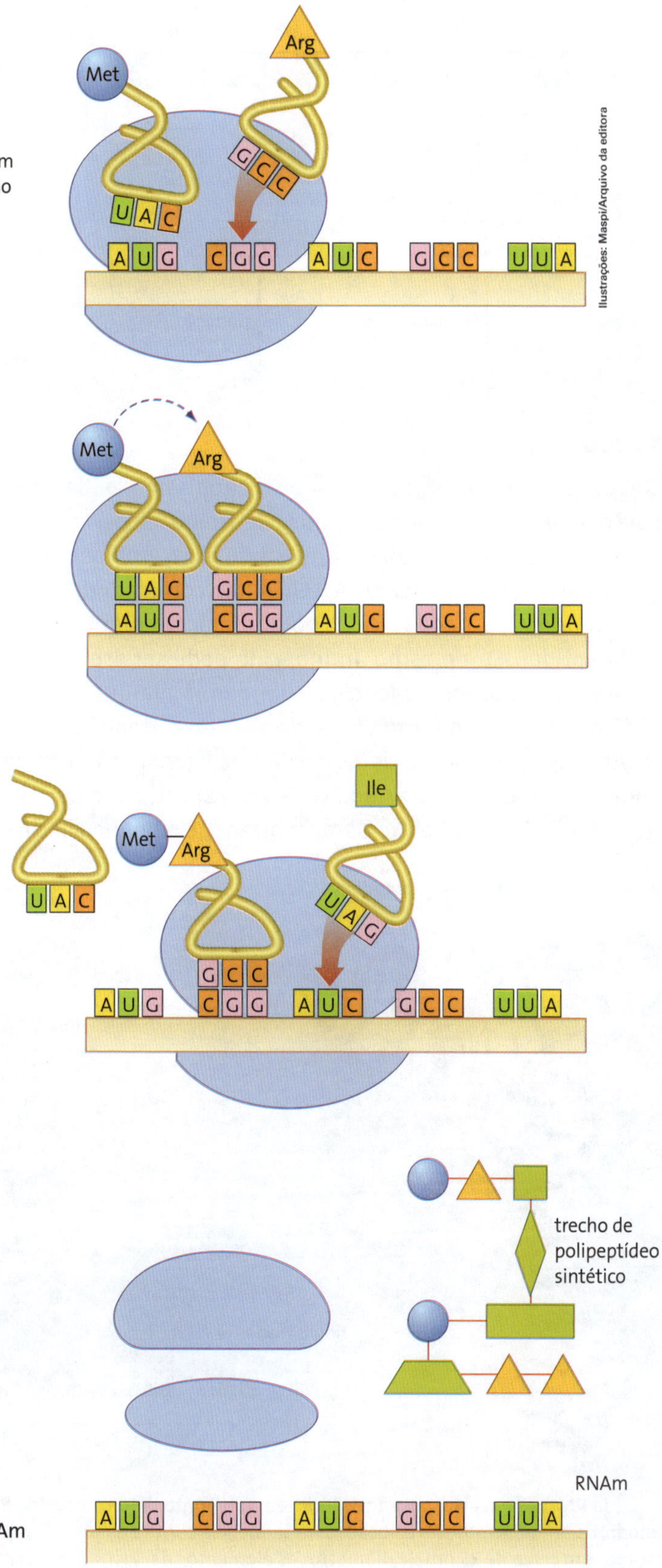

Figura 4 Esquema simplificado da tradução do RNAm (cores fantasia).

Exercícios propostos

1. (Ufop-MG) O esquema apresentado a seguir mostra um processo importante que ocorre no citoplasma das células eucariotas.

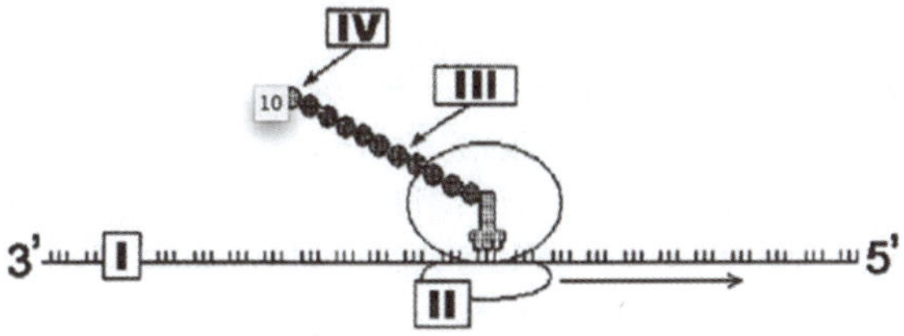

Observe as estruturas indicadas por I, II, III e IV e assinale a alternativa incorreta:

a) O esquema representa o processo de transcrição dos RNAs ou síntese proteica.

b) I indica o RNA mensageiro contendo os códons de 3 nucleotídeos cada.

c) II indica o ribossomo, composto fundamentalmente por RNA ribossomal e proteínas.

d) III representa um peptídeo que começa a ser sintetizado e IV indica o aminoácido metionina.

2. (Uerj) As características abaixo são referentes aos processos de replicação, transcrição e tradução, que ocorrem em seres vivos.

I. A síntese de proteínas tem início antes mesmo do término da transcrição.

II. A grande maioria dos genes contém íntrons, retirados antes da tradução.

III. A síntese de proteínas sempre ocorre em ribossomos livres no citoplasma.

IV. O processo de replicação possui uma única origem.

As características I, II, III e IV estão associadas, respectivamente, aos organismos indicados em:

a) eucariotos – eucariotos – procariotos – eucariotos

b) eucariotos – procariotos – eucariotos – procariotos

c) procariotos – eucariotos – procariotos – procariotos

d) procariotos – procariotos – eucariotos – procariotos

3. (Unicamp-SP) Em um experimento, um segmento de DNA que contém a região codificadora de uma proteína humana foi introduzido em um plasmídeo e passou a ser expresso em uma bactéria. Considere que o 50º códon do RNA mensageiro produzido na bactéria a partir desse segmento seja um códon de parada da tradução. Nesse caso, é correto afirmar que:

a) A proteína resultante da tradução desse RNA mensageiro possui 50 aminoácidos.

b) A proteína resultante da tradução desse RNA mensageiro possui 49 aminoácidos.

c) A proteína resultante da tradução desse RNA mensageiro possui 150 aminoácidos.

d) Nenhuma proteína é formada, pois esse RNA mensageiro apresenta um códon de parada.

4. (FGV-SP) A substituição de apenas um nucleotídeo no DNA pode representar uma grave consequência ao seu portador, em função de uma modificação de um componente molecular na proteína sintetizada a partir do trecho alterado.
É o caso da anemia falciforme, na qual a síntese da hemoglobina humana normal, Hb A, é parcial ou totalmente substituída pela hemoglobina falciforme mutante, Hb S, em decorrência da presença de um nucleotídeo com adenina no lugar de outro com timina.
Tal mutação é responsável pela

a) leitura incompleta do RNAm transcrito, codificador da hemoglobina.

b) alteração na sequência de aminoácidos da hemoglobina sintetizada.

c) modificação na sequência de nucleotídeos da hemoglobina das hemácias.

d) tradução de uma hemoglobina mutante com um aminoácido a mais.

e) transcrição de uma hemoglobina mutante com um aminoácido a menos.

5. (UCS-RS) O DNA desempenha suas funções por meio do RNA mensageiro (RNAm). A maioria das moléculas de RNA, por sua vez, orienta a produção de proteínas.
Considere as seguintes afirmações em relação aos processos de expressão gênica.

I. Nos procariotos, a transcrição gênica dá origem a um pré-RNAm, que posteriormente passa pelo processo de *splicing* para gerar o RNAm.

II. Nos eucariotos e procariotos, uma molécula de RNAm passa pela tradução, para dar origem a um peptídeo.

III. Nos eucariotos, o ribossomo pode acoplar-se ao retículo endoplasmático, durante o processo de tradução.

Das afirmações acima,

a) apenas I está correta.

b) apenas II está correta.

c) apenas III está correta.

d) apenas I e III estão corretas.

e) apenas II e III estão corretas.

MÓDULO 7 • Divisão celular

Tipos de divisão celular

A **mitose** e a **meiose** são os dois tipos de divisão celular que ocorrem em organismos eucariotos e sexuados. Na primeira, as células formadas possuem o mesmo número de cromossomos da célula-mãe. É por esse tipo de divisão que os seres pluricelulares são formados e crescem. Na segunda, as células-filhas apresentam metade do número de cromossomos da célula inicial, isto é, a meiose sempre origina células haploides (figura 1).

Em organismos unicelulares eucariontes, a mitose é o mecanismo mais comum de reprodução.

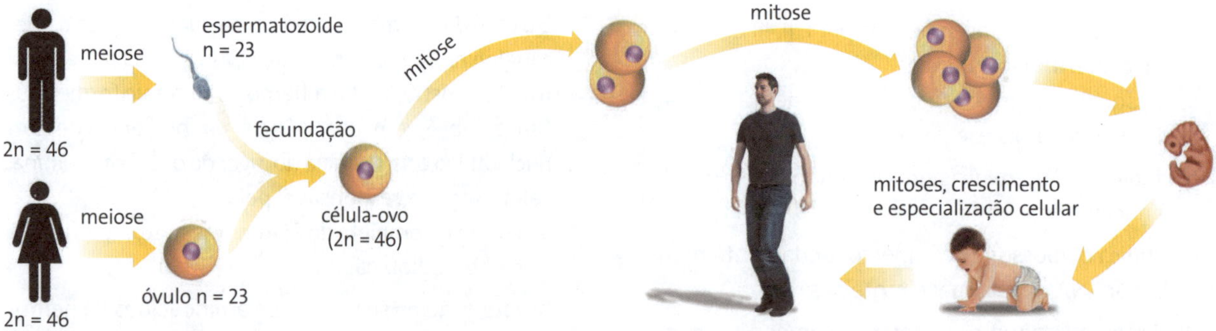

Figura 1 Na formação dos gametas, a meiose produz células com metade dos cromossomos. A mitose forma células com o mesmo número de cromossomos da célula original. Na espécie humana, células diploides têm 46 cromossomos (2n = 46) e células haploides, 23 (n = 23). (Os elementos da figura não estão na mesma escala; cores fantasia.)

Mitose

O **ciclo celular** corresponde ao período entre a origem da célula, a partir de outra, e o fim de uma divisão celular. Esse ciclo compreende a **intérfase**, etapa em que a célula não está se dividindo, e quatro fases de divisão.

A intérfase pode ser dividida em três períodos: $\mathbf{G_1}$, fase anterior à duplicação do material genético e na qual a célula cresce, sintetizando RNA e proteínas; **S**, etapa em que ocorre a duplicação dos filamentos de cromatina e dos centríolos; e $\mathbf{G_2}$, período entre a duplicação do DNA e o começo da divisão celular (figura 2).

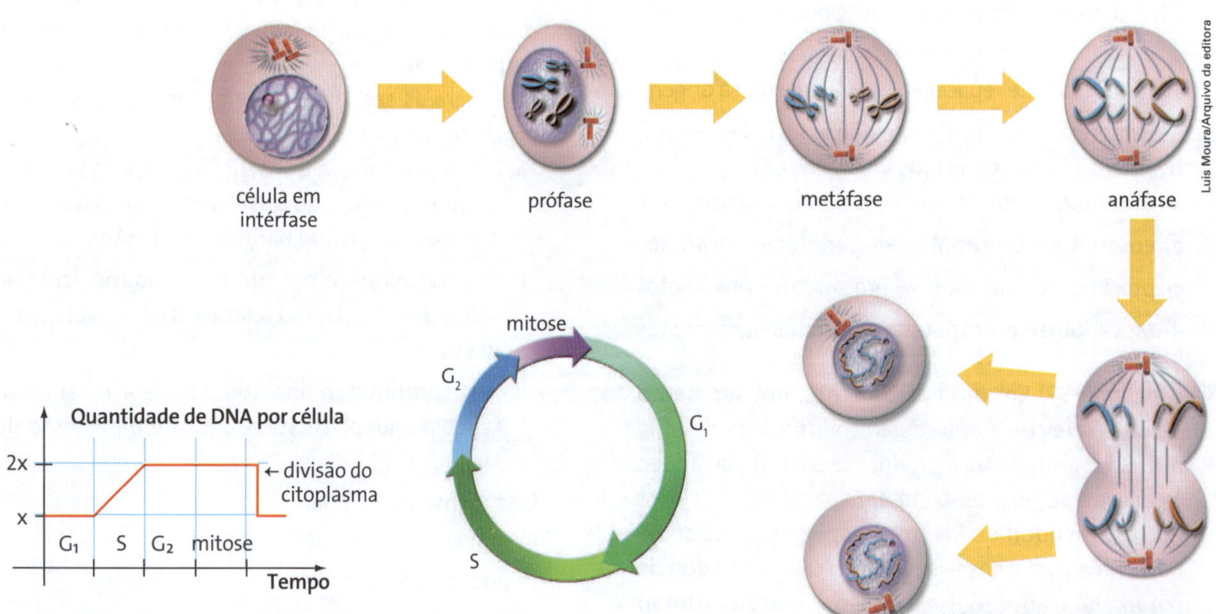

Figura 2 Ciclo celular. Observe no gráfico que, na intérfase, a célula cresce e duplica seu DNA. Após a divisão do citoplasma, formam-se duas novas células, cada uma com a mesma quantidade de DNA da célula original. (Os elementos ilustrados não estão na mesma escala; cores fantasia.)

Ao final das fases G_1 e G_2 existem os **pontos de controle** ou **pontos de checagem**. A célula passa por esses momentos de verificação antes de entrar em divisão, e caso haja algum dano no DNA ou o tamanho da célula não esteja adequado para a divisão, por exemplo, o problema é reparado. Quando ele não pode ser corrigido, é acionado o mecanismo de **apoptose**, uma espécie de morte programada da célula.

Na mitose, a divisão celular, que ocorre após a fase G_2, compreende quatro etapas:

- **prófase**: os filamentos de cromatina, já duplicados, começam a se enrolar, formando os cromossomos. Os centríolos migram para os polos da célula, a carioteca começa a se fragmentar e os nucléolos desaparecem. Na região onde está o centríolo se forma o fuso mitótico. Entre o final da prófase e o início da fase seguinte ocorre a **prometáfase**, durante a qual há o rompimento da carioteca e a ligação dos microtúbulos do fuso aos cinetócoros. Os cromossomos, então, se movimentam para a região mediana da célula.
- **metáfase**: nessa fase os cromossomos atingem sua máxima condensação e estão na região mediana da célula, formando a placa equatorial. As cromátides irmãs estão voltadas uma para cada polo da célula e presas às fibras do fuso pelo cinetócoro.
- **anáfase**: as cromátides irmãs são separadas e levadas para polos opostos da célula devido ao encurtamento das fibras do fuso.
- **telófase**: os cromossomos começam a se desenrolar e adquirem o aspecto de filamentos de cromatina. A carioteca e o nucléolo voltam a se formar.

Ao final da mitose, dois núcleos são formados e há a divisão do citoplasma, denominada citocinese. Em células animais, a membrana plasmática sofre uma invaginação no final do processo devido a um anel contrátil de filamentos de actina e miosina. Cada uma das duas células formadas inicia, então, um período de interfase. No caso de células dos vegetais com semente, não há centríolos e nem constrição do citoplasma na telófase: vesículas do complexo golgiense se fundem na região mediana da célula, formando as novas membranas plasmáticas das duas células-filhas.

Meiose

A meiose é o tipo de divisão celular que ocorre durante a produção de gametas, no caso dos animais. Ao final do processo são originadas quatro células com metade do número de cromossomos da célula original. Dessa forma, a união de dois gametas resultará em uma célula diploide. Nos vegetais, a meiose ocorre na formação dos **esporos**.

A principal diferença entre esse tipo de divisão e a mitose é que, na meiose, ocorrem duas divisões seguidas, o que origina quatro células-filhas. Como o material genético é duplicado apenas uma vez, as células resultantes são haploides (figura 3).

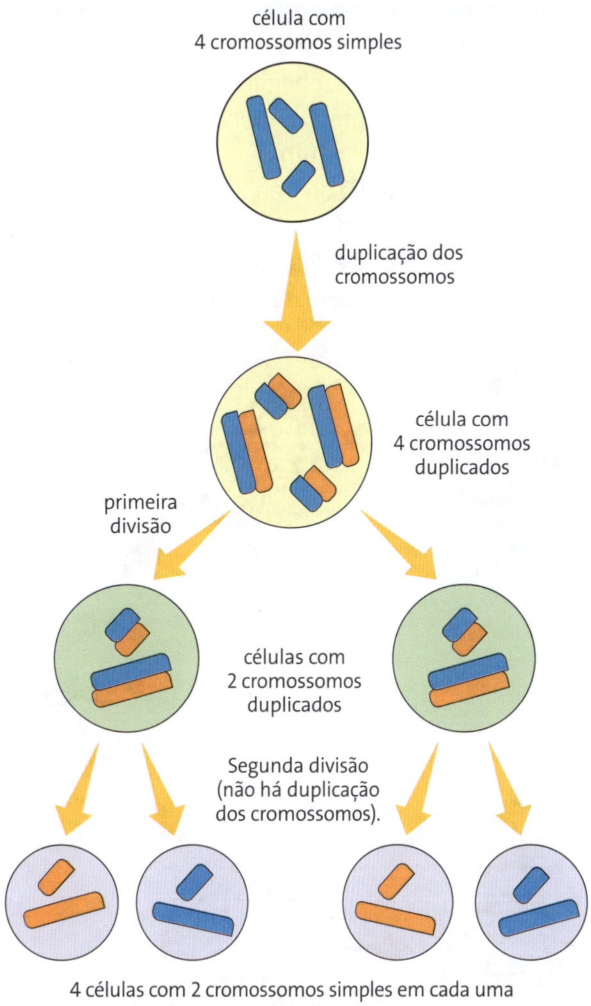

Figura 3 Esquema com o resumo das duas divisões da meiose. Observe que são formadas células com a metade dos cromossomos da célula original (os elementos da figura não estão na mesma escala; cores fantasia).

A primeira divisão da meiose é constituída de quatro etapas: **prófase I**, **metáfase I**, **anáfase I** e **telófase I** (figura 4). Na prófase I ocorre o pareamento dos cromossomos homólogos, evento exclusivo da meiose e que possibilita a troca de genes entre eles: alguns dos genes que estavam no cromossomo de origem materna podem passar para o de origem paterna e vice-versa. Esse fenômeno é conhecido como **permutação** ou ***crossing-over*** e aumenta a diversidade de gametas produzidos. Essa fase é diferente da prófase da mitose e subdividida em cinco etapas (leptóteno, zigóteno, paquíteno, diplóteno e diacinese). Na prófase I ocorre também a fragmentação da carioteca e do nucléolo e a condensação dos fios de cromatina.

Por causa do emparelhamento dos homólogos, os cromossomos não ficam alinhados no mesmo plano durante a metáfase I. Eles se mantêm um de cada lado da região mediana do fuso mitótico. Na anáfase I, há a separação dos cromossomos homólogos, e não das cromátides, como ocorre na mitose. Após a separação, durante a telófase I, os cromossomos, ainda duplicados, chegam aos polos e não se desenrolam totalmente. O citoplasma se divide e são originadas duas células-filhas.

Ao final da primeira divisão, cada célula-filha possui um cromossomo de cada tipo, sendo, portanto, haploide. Essa divisão é chamada de **reducional**, pois reduz à metade o número de cromossomos.

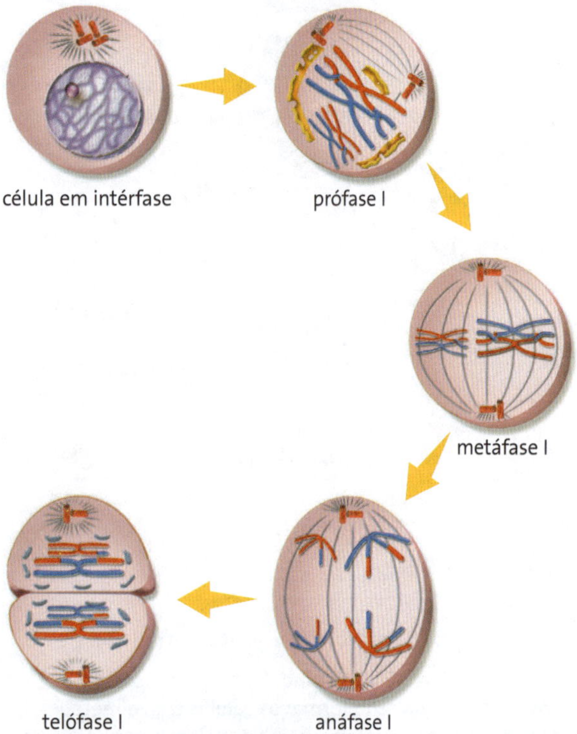

Figura 4 Primeira divisão da meiose (os elementos ilustrados não estão na mesma escala; cores fantasia).

Entre a primeira e a segunda divisão da meiose há um intervalo, chamado **intercinese**. Como não existem cromossomos homólogos na mesma célula, a segunda divisão é semelhante à mitose (figura 5). Uma vez que não há redução no número de cromossomos, essa divisão é chamada **equacional**.

De maneira resumida, ao final da mitose são produzidas duas células-filhas geneticamente iguais e com o mesmo número de cromossomos da célula original. Na meiose, as quatro células-filhas são geneticamente diferentes entre si e apresentam metade do número de cromossomos da célula-mãe.

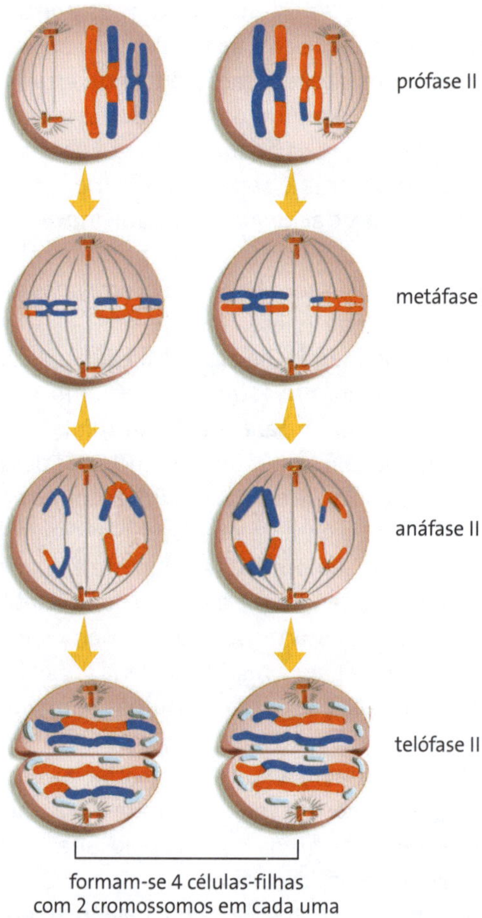

Figura 5 Segunda divisão da meiose (os elementos ilustrados não estão na mesma escala; cores fantasia).

Mutações

Durante a duplicação, a DNA polimerase confere cada nucleotídeo novo e os erros detectados são reparados. No entanto, os mecanismos de reparação podem falhar, o que resulta em modificação no código genético inicial. Essa modificação pode ocasionar alguma alteração na função celular ou até mesmo provocar uma doença.

Quando uma célula é exposta a **fatores mutagênicos**, como substâncias químicas e raios ultravioleta do Sol, as chances de que ocorram mutações aumentam. Eles podem ocasionar quebra na molécula de DNA, acrescentando ou retirando nucleotídeos, ou alterar o pareamento normal das bases.

A alteração de uma única base pode resultar em uma nova característica no organismo ou causar graves consequências. No entanto, como o código genético é degenerado, a troca de uma das bases pode gerar um novo códon que especifique o mesmo aminoácido. Dessa forma, a mutação não prejudicaria o organismo. Os efeitos são mais graves quando uma base é adicionada ou retirada da sequência.

Exercícios propostos

1. (UEPB) Os pesquisadores Leland Hartwell, Paul Nurse e Timothy Hunt dividiram o Nobel de Medicina ou Fisiologia em 2001. Eles foram contemplados pela descoberta de genes e moléculas envolvidos na regulação da divisão celular. Esse processo faz parte do ciclo celular e qualquer alteração pode levar à reprodução desordenada das células, que caracteriza o câncer. Analise as assertivas abaixo:
   I. No ciclo celular devemos considerar dois momentos: a interfase, etapa em que a célula apresenta intensa atividade metabólica, e a divisão.
   II. Os períodos da interfase são denominados G_1, S e G_2. Nos períodos G_1 e G_2 o crescimento celular é acentuado e são ativados mecanismos celulares que verificam as condições da célula antes de prosseguir de uma fase para outra; no período S ocorre síntese de DNA nuclear.
   III. No período G_2 a célula verifica se o DNA sofreu alterações em suas sequências de bases; caso tenham ocorrido mutações a célula não entra na fase seguinte e o DNA danificado não será replicado.

   Está(ão) correta(s) a(s) assertiva(s):
   a) I, II e III.
   b) I e II, apenas.
   c) I e III, apenas.
   d) I, apenas.
   e) III, apenas.

2. (Unifor-CE) As fases abaixo fazem parte do ciclo celular.
   I. Caracteriza-se pela duplicação dos cromossomos.
   II. Caracteriza-se pela presença de cromossomos condensados e posicionados no equador da célula.
   III. Caracteriza-se pela separação das cromátides irmãs.

   I, II e III correspondem, respectivamente, a:
   a) interfase, metáfase, anáfase.
   b) interfase, anáfase, metáfase.
   c) metáfase, interfase, anáfase.
   d) metáfase, anáfase, interfase.
   e) anáfase, interfase, metáfase.

3. (PUC-RJ) Considere as afirmativas abaixo acerca dos processos de divisão celular:
   I. Na mitose, a célula-mãe dá origem a duas células-filhas geneticamente idênticas.
   II. Em todos os organismos que fazem reprodução sexuada, a produção de gametas se dá por meiose.
   III. Na primeira fase da meiose, ocorre o pareamento e a segregação dos cromossomos homólogos.
   IV. Na mitose, os cromossomos são alinhados na placa equatorial e ocorre a separação das cromátides irmãs.

   Estão corretas:
   a) Todas as afirmativas.
   b) Somente I e IV.
   c) Somente I, III e IV.
   d) Somente I, II e IV.
   e) Somente I, II e III.

4. (Fuvest-SP) Na figura abaixo, está representado o ciclo celular. Na fase **S**, ocorre síntese de DNA; na fase **M**, ocorre a mitose e, dela, resultam novas células, indicadas no esquema pelas letras **C**.

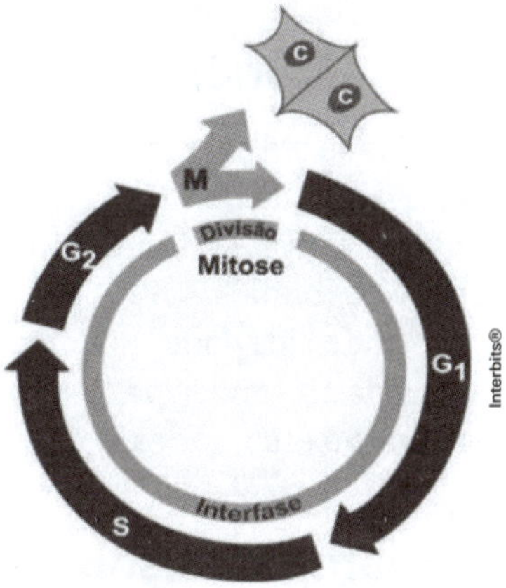

   Considerando que, em G_1, existe um par de alelos Bb, quantos representantes de cada alelo existirão ao final de S e de G_2 e em cada C?
   a) 4, 4 e 4.
   b) 4, 4 e 2.
   c) 4, 2 e 1.
   d) 2, 2 e 2.
   e) 2, 2 e 1.

5. (UFPA) Os processos celulares estão interligados de tal forma que cada organela, cada componente do citoesqueleto e o citosol encontram-se direta ou indiretamente vinculados a eventos fisiológicos celulares. Uma forma de correlação fisiológica direta, entre membrana, citoplasma e núcleo, está indicada na alternativa:
   a) A duplicação dos centríolos direciona a mobilização dos microtúbulos e consequente redistribuição de organelas para futuras células-filhas.
   b) Fagocitose de bactérias resulta na formação de um fagolisossomo, o qual transporta, durante a digestão, moléculas básicas ao citosol que podem ser direcionadas às atividades das demais organelas, como lipídios, aminoácidos, monossacarídeos e nucleotídeos.
   c) A exocitose pode ser observada tanto na liberação de enzimas de digestão extracelular, como na liberação de neurotransmissores dentro de uma fenda sináptica. Ambos os processos necessitam de sinais extracelulares para ocorrer.
   d) O bloqueio da difusão de O_2 para dentro da célula afeta a respiração celular, o que leva ao declínio comprometedor das atividades mitocondriais e induz morte celular programada.
   e) Receptores de superfície induzem reações enzimáticas em cascata que resultam na fosforilação de proteínas de membrana nuclear e desintegração desta, o que marca o início do processo de divisão celular.

Teoria da abiogênese

Da Antiguidade até pelo menos o início do século XVII, acreditava-se que pequenos seres vivos, como moscas e girinos (larvas de sapos), podiam nascer da matéria sem vida (bruta).

A ideia de que a vida pode surgir regularmente da matéria sem vida era conhecida como **teoria da abiogênese** ou geração espontânea.

Questionamentos sobre a teoria da geração espontânea

Experiência de Redi

Francesco Redi, médico italiano, foi um dos primeiros cientistas a questionar a teoria da geração espontânea. Em 1668, reparou que pequenos "vermes" apareciam em lugares onde também eram encontradas moscas. Isso o levou a acreditar que tais "vermes" eram, na realidade, provenientes de ovos depositados por esses insetos.

Para testar sua hipótese, Redi realizou o seguinte experimento: colocou carne e outras matérias orgânicas em oito vidros, cobrindo quatro deles com gaze e deixando os demais abertos. Após alguns dias, foram observadas larvas apenas na matéria orgânica contida nos vidros descobertos (figura 1).

Figura 1 Experimento de Redi (os elementos da figura não estão na mesma escala; cores fantasia).

Se realmente surgissem da transformação da matéria orgânica, como acreditavam os defensores da teoria da geração espontânea, as larvas deveriam estar presentes nos oito vidros utilizados no experimento, e não apenas naqueles que foram mantidos abertos. Redi então concluiu que as larvas provinham dos ovos depositados pelas moscas. A partir de suas observações, ele afirmou que os seres vivos surgem sempre de outros seres vivos e, assim, originou-se a **teoria da biogênese**.

Renascimento da geração espontânea

No século XVII, com a descoberta dos microrganismos, a teoria da geração espontânea voltou a ganhar força. O baixo grau de complexidade desses seres vivos era o principal argumento utilizado para justificar a possibilidade de surgirem a partir da matéria sem vida.

O naturalista inglês John Needham foi um dos cientistas a utilizar essa teoria para explicar os resultados de seus experimentos. Em 1745, Needham aqueceu e fechou hermeticamente vários frascos contendo caldo de carne. Ainda assim, observou neles o desenvolvimento de grande quantidade de microrganismos. Para o naturalista, isso era mais uma evidência a favor da geração espontânea. No entanto, diversos cientistas passaram a questionar as conclusões apresentadas por ele.

Lazzaro Spallanzani, um padre italiano, acreditava que a temperatura utilizada por Needham para aquecer os frascos não era alta o suficiente. Isso favoreceria a sobrevivência de muitos dos microrganismos presentes no caldo de carne. Considerando essa hipótese, Spallanzani ferveu por tempo prolongado o caldo de carne distribuído em diversos frascos, mantendo alguns deles abertos e vedando o restante após a fervura. Uma vez que os microrganismos apareciam somente nos frascos abertos, Spallanzani concluiu que os mesmos provinham do ar, reforçando a ideia de que a teoria da geração espontânea estava errada. Para os cientistas que a defendiam, a fervura havia destruído o "princípio vital" presente no caldo e que era essencial para o surgimento dos seres vivos.

Experimento de Pasteur

Foi em 1862, por meio dos experimentos realizados pelo cientista francês Louis Pasteur, que mais evidências importantes contra a teoria da geração espontânea foram apresentadas. Pasteur ferveu o caldo de carne em vidros abertos, porém com o gargalo em forma de **S**, o que permitiu que o líquido dentro dos frascos permanecesse estéril por mais tempo. Os microrganismos provenientes do ar ficavam retidos junto à poeira na curvatura do gargalo, não entrando em contato com o caldo (figura 2).

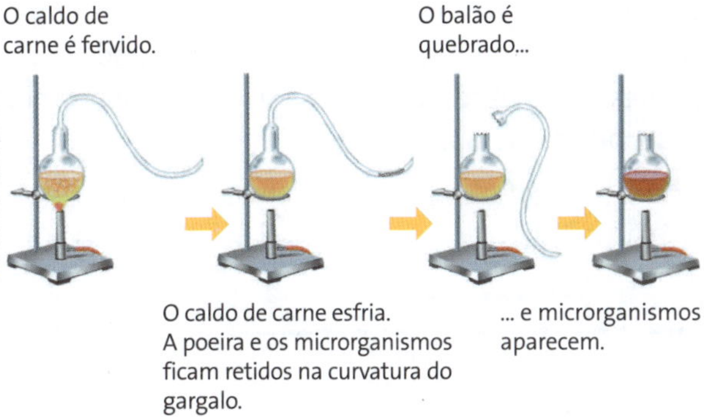

Luis Moura/Arquivo da editora

Figura 2 Ilustração do experimento de Pasteur, que tem o objetivo de derrubar a ideia de que os microrganismos surgem por geração espontânea (os elementos da ilustração não estão na mesma escala; cores fantasia).

Para evitar que questionassem suas conclusões argumentando sobre a falta do "princípio vital" no caldo de carne, Pasteur quebrou o gargalo do frasco para que o caldo estéril entrasse em contato com o ar. Horas depois, o frasco estava cheio de microrganismos.

Teoria de Oparin e Haldane

Durante a década de 1930, de forma independente, os cientistas Aleksandr I. Oparin e John B. S. Haldane concluíram que, nas condições existentes na Terra primitiva, a vida teria surgido em nosso planeta a partir da matéria sem vida. Embora possa parecer que Oparin e Haldane defendiam a ideia da geração espontânea, ambos consideravam condições que não existem mais e um longo intervalo de tempo para que o primeiro ser vivo se formasse a partir das substâncias iniciais.

A hipótese proposta por esses dois cientistas foi testada pelo estudante Stanley Miller em meados do século XX. Miller simulou as condições que se acreditava ocorrerem na Terra primitiva ao aplicar fortes descargas elétricas em uma mistura de hidrogênio, amoníaco e metano. Além das descargas elétricas, a mistura recebia, ao mesmo tempo, vapor de água condensado. Depois de uma semana de experimentos, Miller detectou no líquido resultante compostos orgânicos simples, como alguns aminoácidos (figura 3).

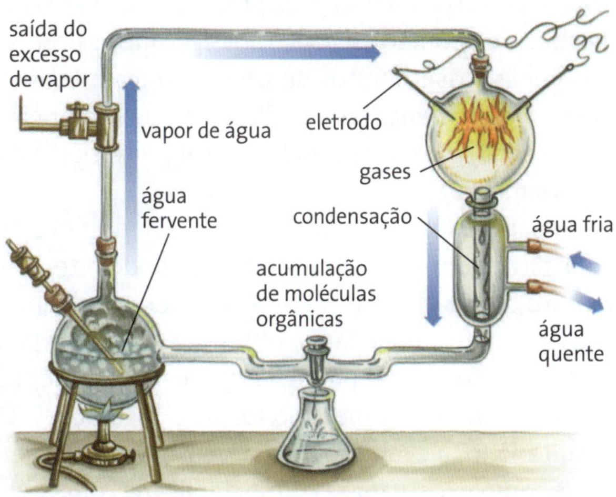

Ingeborg Asbach/Arquivo da editora

Figura 3 Experimento de Miller (os elementos da ilustração não estão na mesma escala; cores fantasia).

As primeiras células

Na mesma época dos experimentos de Miller, o cientista norte-americano Sidney Walter Fox mostrou que, em dadas condições, aminoácidos poderiam se unir de maneira espontânea e originar pequenos peptídios. Fox demonstrou ainda que o resfriamento de proteínas presentes em solução de água quente poderiam produzir pequenas vesículas esféricas, chamadas **microsferas**.

Algumas dessas microsferas reagem a variações osmóticas do meio em que se encontram, absorvendo compostos orgânicos em sua superfície. Embora sejam simples quando comparadas ao ser vivo mais primitivo, reações químicas ocorrem dentro das microsferas quando nelas são inseridas enzimas e seus substratos, caracterizando uma forma de metabolismo primitivo.

Oparin obteve outro tipo de aglomerado de moléculas orgânicas ao misturar ácido a uma solução de proteínas em água, chamada **coloide**: a aproximação entre as moléculas de proteínas forma aglomerados visíveis ao microscópio, os **coacervatos**. Supõe-se que muitos deles evoluíram para uma forma mais complexa, com a adesão de moléculas de gordura à sua superfície, formando uma membrana primitiva.

A presença de uma membrana protegendo uma célula primitiva seria capaz de selecionar as substâncias que entram e saem da célula, permitindo uma diferenciação entre a composição química do ser vivo e a do meio em que se encontra. Além disso, a presença de enzimas que permitissem as reações químicas do metabolismo dentro da célula e de uma molécula capaz de se replicar e controlar a síntese das enzimas, como fazem os ácidos nucleicos, poderiam conferir à célula primitiva propriedades de vida. Considerando que a duplicação do

DNA e o controle da síntese de proteínas são processos bastante elaborados, é pouco possível que os primeiros genes fossem feitos de DNA. O mais provável, como alguns cientistas acreditam, é que o primeiro gene tenha sido feito de RNA ou de alguma molécula mais simples.

A ocorrência de mutações ao acaso durante as replicações dos primeiros seres vivos podem ter iniciado o processo de seleção natural: seres com enzimas mais eficientes para a obtenção de alimento e energia ou que se reproduziam mais rapidamente aumentavam de número ao longo das gerações. O resultado foi a evolução de sistemas vivos cada vez mais complexos, capazes de se duplicar e conseguir energia de forma mais eficiente. Uma das consequências dessa evolução pode ter sido o aparecimento da molécula de DNA.

Hipótese heterotrófica e sucesso dos seres aeróbios

A hipótese mais aceita para explicar como os primeiros seres vivos obtinham moléculas orgânicas para seu crescimento é a **hipótese heterotrófica**. Segundo ela, os seres vivos primitivos apresentariam **nutrição sapróbia**, obtendo alimento por meio da absorção de moléculas orgânicas simples presentes nos mares primitivos. A hipótese heterotrófica tem como principal argumento favorável o fato de a nutrição autotrófica ser um processo bastante complexo e que exige uma gama muito grande de enzimas, improvável de existir em organismos muito simples.

A maioria dos seres vivos hoje realiza a respiração aeróbia, na qual há a participação de oxigênio livre para extrair a energia presente na molécula de glicose. Além do oxigênio, participam também inúmeras enzimas que catalisam diversas das reações que compreendem a respiração aeróbia. Uma vez que na Terra primitiva não havia oxigênio, os primeiros seres vivos provavelmente obtinham energia por meio de um processo anaeróbio, tal como a fermentação.

O surgimento da respiração aeróbia, muito mais eficiente que a fermentação em termos energéticos, somente foi possível após a produção de oxigênio pelos organismos autotróficos. Esse tipo de respiração permitiu o surgimento de seres vivos mais complexos e de maior tamanho. Por apresentarem grande eficiência metabólica, os organismos aeróbios sobreviviam mais tempo, o que contribuiu para o aumento gradativo do número de indivíduos.

De procariontes a eucariontes

A hipótese de que procariontes surgiram antes de organismos eucariontes é confirmada por fósseis mais antigos (figura 4). Supõe-se que essa transição tenha ocorrido de duas maneiras. Em uma delas, o desenvolvimento de dobras da membrana plasmática originou o complexo golgiense e canais da célula. Na outra, uma bactéria aeróbia pode ter sido fagocitada por um procarionte anaeróbio. A bactéria aeróbia passou a viver no interior deste, recebendo proteção e alimento enquanto aumentava a eficiência energética da associação por meio da respiração aeróbia. Ao longo do tempo, tais bactérias originaram as mitocôndrias dos eucariontes. Acredita-se que um processo semelhante tenha originado os cloroplastos.

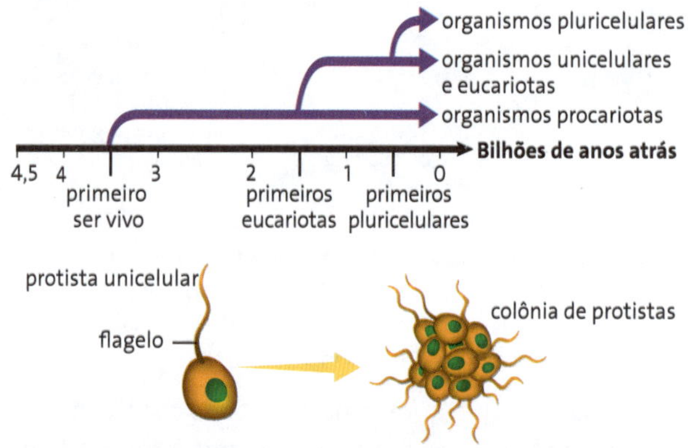

Figura 4 Esquema da evolução do primeiro ser vivo aos seres pluricelulares (os protistas representados no esquema são microscópicos e não estão na mesma escala; cores fantasia).

Outras teorias sobre a origem da vida

Não há um consenso entre os cientistas sobre a origem da vida, pois muitos não consideram possível que a Terra primitiva apresentasse todas as condições necessárias para a síntese de matéria orgânica. Duas teorias confrontam a de Oparin e Haldane, demonstrada experimentalmente por Miller, para explicar a origem da vida: a teoria das **fontes hidrotermais** e a da **panspermia**.

De acordo com a teoria das fontes hidrotermais, os primeiros seres vivos podem ter aparecido no fundo dos oceanos, ao redor de fontes ou fendas hidrotermais que proporcionariam proteção para o desenvolvimento dos primeiros seres vivos. A partir de experimentos em laboratório para reproduzir as condições químicas das fendas, obteve-se o ácido pirúvico, composto orgânico comum nos seres vivos. A teoria da panspermia acredita na existência de vida em outras partes do Universo e que microrganismos ou esporos extraterrestres tenham originado a vida na Terra.

Exercícios propostos

1. (UFRN) A partir de 1977, foram descobertas, em várias regiões abissais dos oceanos, fendas hidrotérmicas, onde a água atinge temperatura de até 400 °C e fica rica em minerais procedentes da rocha. Os ecossistemas nessas regiões são baseados em bactérias que utilizam o gás sulfídrico e o calor para formar moléculas complexas que servem como alimento para os organismos que vivem na região. Devido às características do ecossistema e à riqueza de bactérias que processam as substâncias liberadas em profusão por essas fendas, os cientistas já especulam sobre a possibilidade de usar essas regiões para explicar o surgimento da vida na Terra.
   Uma condição que pode ser levada em conta para considerar essa possibilidade é que, nessa região,
   a) a alta pressão favorece uma grande variedade de espécies.
   b) predomina a formação de pequenas moléculas de proteína.
   c) as espécies de organismos do reino Plantae estão ausentes.
   d) a temperatura elevada inibe a multiplicação do DNA.

2. (UPE) Observe as frases abaixo.
   I. No canto XIX do poema épico Ilíada (Homero VIII-IX a.C.), Aquiles pede a Tétis que proteja o corpo de Pátrocles contra os insetos, que poderiam dar origem a vermes e assim comer a carne do cadáver.
   II. A geração espontânea foi aceita por muitos cientistas, dentre estes, pelo filósofo grego Aristóteles (384-322 a.C.).
   III. "...colocam-se, num canto sossegado e pouco iluminado, camisas sujas. Sobre elas, espalham-se grãos de trigo, e o resultado será que, em vinte e um dias, surgirão ratos..." (Jan Baptista van Helmont – 1577-1644).
   IV. Pasteur (1861) demonstrou que os microrganismos surgem em caldos nutritivos, através da contaminação por germes, vindos do ambiente externo.
   Assinale a alternativa que correlaciona adequadamente os exemplos com as teorias relativas à origem dos seres vivos.
   a) I-abiogênese, II-biogênese, III-abiogênese e IV-biogênese.
   b) I-abiogênese, II-biogênese, III-biogênese e IV-abiogênese.
   c) I-abiogênese, II-abiogênese, III-biogênese e IV-biogênese.
   d) I-biogênese, II-abiogênese, III-biogênese e IV-abiogênese.
   e) I-biogênese, II-abiogênese, III-abiogênese e IV-biogênese.

3. (Uespi) Após utilizar parte do molho de tomate que preparara, Mariana guardou o que restou na geladeira. Depois de alguns dias, ao tentar reutilizar o molho, percebeu que este estava tomado por bolores (fungos). Considerando os princípios da origem da vida, é correto afirmar que:
   a) o surgimento de bolores no molho de tomate (matéria inanimada) ilustra o princípio da geração espontânea.
   b) segundo o princípio da biogênese, o bolor haveria crescido no molho devido à sua contaminação anterior por fungos presentes no ambiente.
   c) o princípio da geração espontânea sustenta que organismos vivos surgem de organismos mortos da mesma espécie.
   d) caso não houvessem surgido bolores no molho de tomate, o princípio da biogênese estaria refutado.
   e) os princípios da Biogênese e da Geração espontânea não explicam o surgimento de bolores em alimentos.

4. (PUCC-SP) As fontes termais submarinas constituem um ambiente favorável para o estudo da origem da vida em nosso planeta.
   I. Para alguns pesquisadores, essas condições se assemelham ao ambiente inicial, que foi favorável à formação e integridade de moléculas orgânicas, e que existiu nos primórdios da evolução biológica.
   II. Para outros pesquisadores, a água rica em gás sulfeto de hidrogênio seria uma fonte de nutrientes e energia para que os primeiros organismos produzissem seu alimento.
   As informações acima estão relacionadas com duas hipóteses distintas sobre a origem da vida. Sobre isso, assinale a alternativa correta.
   a) I refere-se a hipótese autotrófica, segundo a qual organismos fotossintetizantes convertiam H_2O e CO_2 em compostos orgânicos mais complexos e ricos em energia química.
   b) II refere-se à hipótese heterotrófica, segundo a qual os primeiros organismos se alimentavam de compostos orgânicos formados de forma abiótica a partir de compostos simples.
   c) I está relacionado à panspermia, hipótese segundo a qual a vida teria surgido fora do planeta e semeada aqui por meteoritos vindos do espaço sideral.
   d) II relaciona-se a hipótese autotrófica, segundo a qual organismos quimiossintetizantes produzem alimento com energia obtida por reações químicas inorgânicas.
   e) I está associado à hipótese simbiótica segundo a qual organismos eucarióticos primitivos incorporaram bactérias que passaram a funcionar como mitocôndrias e cloroplastos.

MÓDULO 9 • Classificação dos seres vivos: vírus e bactérias

Objetivos da classificação

A grande diversidade de seres vivos foi organizada pelos cientistas em uma **árvore filogenética**, um esquema com a possível sequência de origem dos vários organismos. Trata-se, então, da representação de uma hipótese de **filogenia**, que é a suposta história evolutiva de cada grupo. A partir das semelhanças entre os seres vivos, os cientistas podem descobrir o grau de parentesco evolutivo entre eles.

A **Taxonomia** é a área de Biologia que identifica, nomeia e classifica os seres vivos. A **Sistemática** é aquela que, além disso, estuda as relações evolutivas entre eles.

Categorias taxonômicas

A categoria taxonômica básica é a **espécie**. De acordo com o conceito biológico de espécie, ela é formada por um grupo de indivíduos que são capazes de cruzar e originar descendentes férteis. O **gênero** é o segundo grupo taxonômico, formado por espécies que são parentes próximas. Gêneros aparentados formam **famílias**, enquanto estas são reunidas em **ordens** que, agrupadas, constituem **classes**. As classes, por sua vez, compõem os **filos**, que estão distribuídos em **reinos** (figura 1). O grau de parentesco entre os organismos de cada grupo diminui quando se parte de espécie em direção ao reino.

Fotos: Dean Pennala/Shutterstock/Glow Images (urso-pardo)/Papilio Corbis/Latinstock (gato selvagem europeu)/Fabio Colombini/Acervo do fotógrafo (onça-pintada, lobo-guará, capivara, harpia, rã-touro, borboleta, mico-leão-dourado)/Ehtesham/Shutterstock/Glow Images (tigre)

Figura 1 Classificação da onça-pintada (*Panthera onca*; 1,90 m a 2,10 m de comprimento). Nas fotos aparecem também (tamanhos aproximados): o tigre (*Panthera tigris*; 1,40 m a 2,80 m de comprimento), o lobo-guará (*Chrysocyon brachyurus*; cerca de 80 cm de altura), o urso-pardo (*Ursus arctos*; 2,5 m de comprimento), a capivara (*Hydrochoerus hydrochaeris*; até 1,30 m de comprimento), o gato selvagem europeu (*Felis silvestris*; 65 cm de comprimento), a harpia (*Harpia harpyja*; cerca de 90 cm de altura), a rã-touro (*Rana catesbeiana*; 15 cm de comprimento), a borboleta (*Morpho anaxibia*; 15 cm de envergadura) e o mico-leão-dourado (*Leontopithecus rosalia*; 20 cm de comprimento).

Para uniformizar a classificação dos seres vivos, existem regras de nomenclatura que são seguidas por todos os cientistas:

- os nomes científicos devem ser escritos em latim, uma vez que esta língua não sofre modificações com o tempo e não privilegia nenhuma nação atual;
- o gênero deve ser escrito em *itálico* ou sublinhado. Deve também ter a inicial maiúscula, assim como todos os termos acima dele (de família a reino);
- o nome das espécies é duplo, binomial como proposto por Lineu, e escrito em *itálico* ou sublinhado. Por exemplo: *Homo sapiens* (ser humano). A primeira palavra corresponde ao gênero, enquanto a segunda, que deve apresentar inicial minúscula, ao termo específico. Após a primeira vez em que aparece, o nome da espécie pode ser abreviado. Mantendo o exemplo anterior, a partir da segunda vez poderia aparecer H. *sapiens*;
- a nomenclatura de uma subespécie é trinomial: *Crotalus durissus terrificus* (cascavel encontrada na Amazônia).

Classificação e evolução

O conjunto de processos que promovem a **especiação** é chamado **cladogênese**. A **anagênese** é o acúmulo de modificações sofridas por uma população ao longo do tempo, o que origina uma espécie com características diferentes sem haver separação de populações (figura 2).

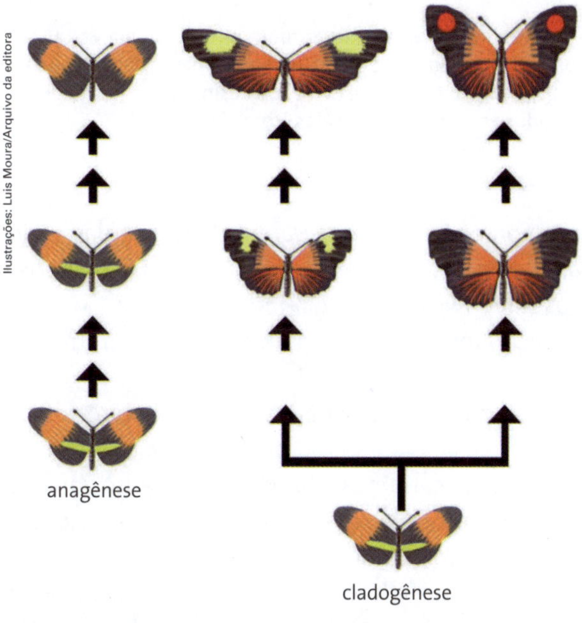

Figura 2 Na anagênese, há um acúmulo de mudanças hereditárias que alteram as características de uma espécie. Na cladogênese, uma população se divide em duas e origina duas novas espécies que não cruzam mais entre si (borboletas têm de 1,3 cm a 30 cm da ponta de uma asa à ponta da outra, conforme a espécie).

A classificação tem como objetivo identificar o grau de parentesco evolutivo entre os grupos de organismos. Para isso, são utilizadas características anatômicas, fisiológicas, comportamentais ou moleculares. Atualmente, a **cladística** ou sistemática filogenética é o sistema de classificação mais aceito e busca identificar grupos **monofiléticos**, que incluam todos os descendentes de um ancestral comum exclusivo.

As relações filogenéticas entre os grupos são apresentadas na forma de **árvores filogenéticas**, sendo o **cladograma** o tipo mais comum delas (figura 3). Os **nós** estão relacionados à origem de novas espécies, apresentadas nos ápices dos **terminais**, a partir de uma espécie ancestral hipotética. Os ramos do cladograma representam as relações entre os organismos (figura 4).

Figura 3 Duas formas de esquematizar um cladograma indicando o parentesco evolutivo entre a espécie humana, o chimpanzé (70 cm a 90 cm de altura) e o gorila (*Gorilla gorilla*; 1,30 m a 1,90 m de altura). Há duas espécies de chimpanzés: o chimpanzé comum (*Pan troglodytes*) e o bonobo (*Pan paniscus*). (Os elementos ilustrados não estão na mesma escala; cores fantasia.)

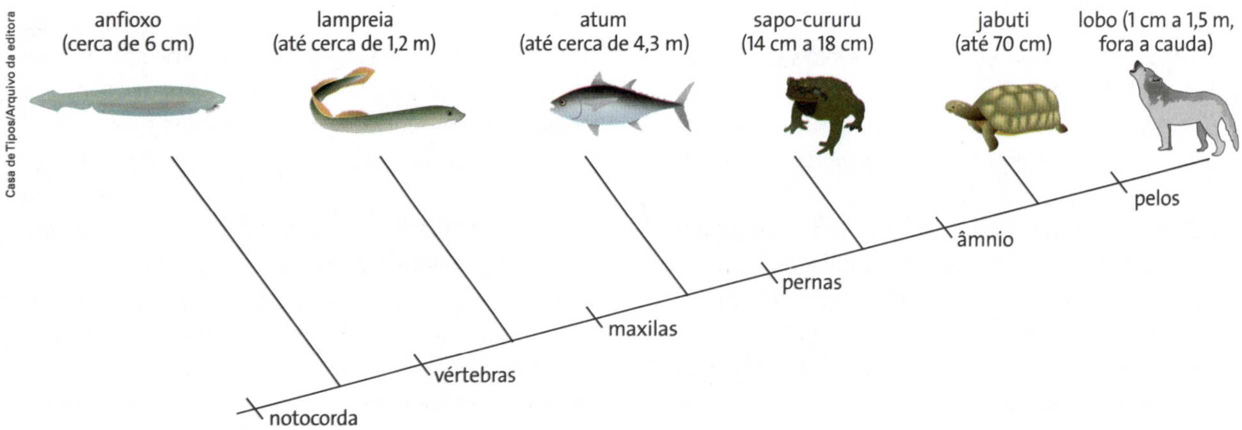

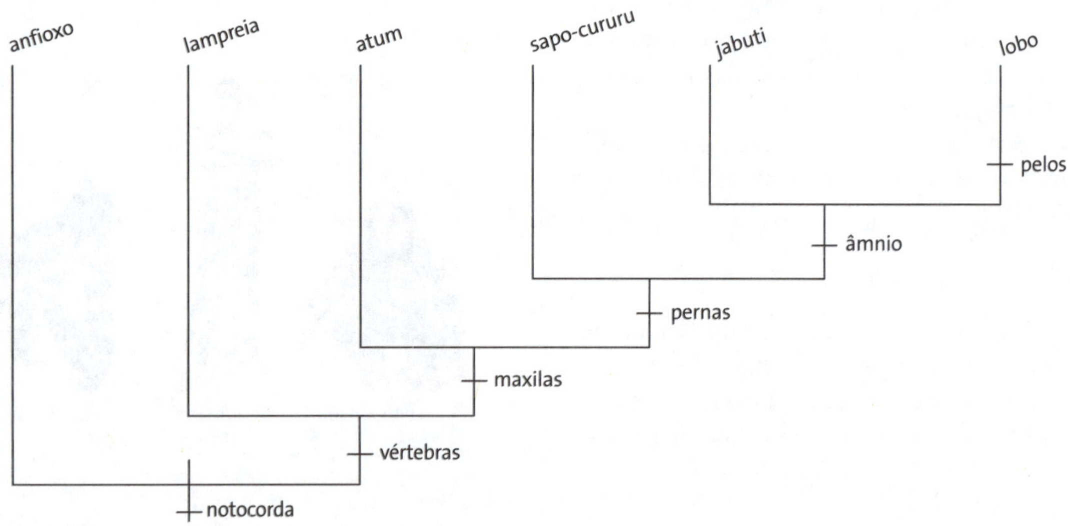

Figura 4 Diagramas simplificados representando relações filogenéticas entre alguns vertebrados (animais com coluna vertebral). Os vertebrados fazem parte do filo dos cordados, animais com notocorda, e possuem uma estrutura em forma de bastonete na região dorsal. O âmnio é uma bolsa com um líquido que protege o embrião contra choques e evita sua desidratação (as medidas indicam o comprimento aproximado de cada animal, que estão desenhados em diferentes escalas; cores fantasia).

Reinos e domínios

Para organizar a grande diversidade de espécies atuais e compreender o grau de parentesco entre elas, vários sistemas de classificação já foram propostos. A partir de características como a organização celular e o tipo de nutrição, o cientista Robert Whittaker, em 1969, classificou os seres vivos em cinco reinos:

- **Monera**: composto pelas bactérias, que são unicelulares procariontes. Embora muitas sejam heterotróficas, existem as autotróficas, como as cianobactérias;
- **Protista**: compreende os organismos unicelulares eucariontes, como os protozoários, que são heterotróficos, e a maioria das algas unicelulares, que são autotróficas;
- **Plantae** ou **Metaphyta**: formado pelas plantas terrestres, que são eucariontes, pluricelulares e autotróficas;
- **Animalia** ou **Metazoa**: reúne os eucariontes pluricelulares e heterotróficos por ingestão, ou seja, aqueles que ingerem moléculas orgânicas complexas retiradas do corpo de outros organismos;
- **Fungi**: inclui os fungos, organismos eucariontes, unicelulares ou pluricelulares e heterotróficos por absorção, isto é, que absorvem moléculas orgânicas simples do ambiente.

Mais recentemente, os seres vivos foram agrupados em três domínios: **Archea**, **Bacteria** e **Eukarya**. O domínio Archea reúne procariontes que já foram colocados no mesmo domínio das bactérias, mas que são encontrados em condições ambientais adversas. O domínio Bacteria compreende as bactérias e cianobactérias. Já o domínio Eukarya inclui plantas, animais, fungos e organismos que já foram classificados como protistas.

Vírus

Características gerais

Para muitos cientistas, os vírus não são considerados seres vivos, pois não apresentam organização celular nem metabolismo próprio. Por necessitarem se instalar em células de seres humanos e outros organismos para se reproduzir, os vírus são **parasitas intracelulares obrigatórios**. No entanto, a capacidade de replicação, a hereditariedade e a evolução são suficientes para que outros pesquisadores os considerem seres vivos.

Estrutura e reprodução

Os vírus são constituídos pelo **capsídeo**, uma cápsula proteica formada por várias subunidades, os **capsômeros**. O conjunto formado pelo capsídeo e o ácido nucleico (DNA ou RNA) em seu interior recebe o nome de **nucleocapsídeo** (figura 5). Em alguns vírus, uma membrana plasmática recobre a cápsula.

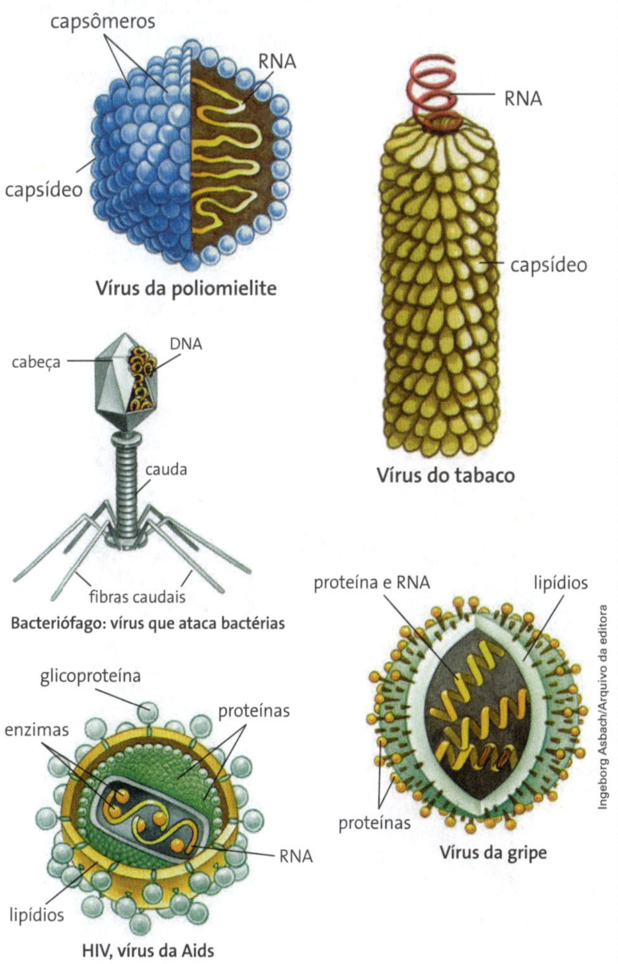

Figura 5 Estrutura de alguns vírus (medem entre 0,01 μm e 0,9 μm; os elementos da ilustração não estão na mesma escala; cores fantasia).

Para se reproduzir, os vírus necessitam do equipamento metabólico de uma célula viva. Os bacteriófagos, vírus que atacam bactérias, encaixam as fibras de sua cauda na membrana da célula, injetando seu DNA dentro dela. A cápsula fica do lado de fora, enquanto o DNA do vírus comanda a produção de uma enzima que inativa o DNA da bactéria e assume o controle do metabolismo celular. São, então, produzidas cópias do DNA do vírus e proteínas da cápsula, formando novos vírus. Posteriormente, há a ruptura da parede bacteriana, devido à ação de uma enzima produzida pelo vírus, e a célula morre (figura 6).

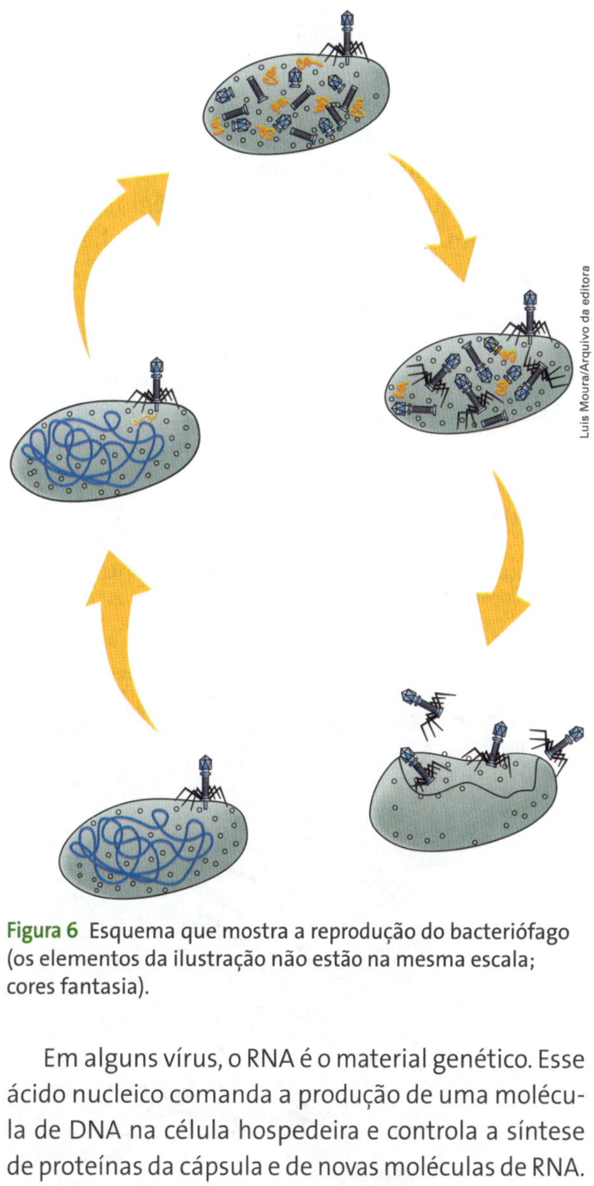

Figura 6 Esquema que mostra a reprodução do bacteriófago (os elementos da ilustração não estão na mesma escala; cores fantasia).

Em alguns vírus, o RNA é o material genético. Esse ácido nucleico comanda a produção de uma molécula de DNA na célula hospedeira e controla a síntese de proteínas da cápsula e de novas moléculas de RNA. Nos vírus conhecidos como **retrovírus**, caso do vírus da Aids, o RNA sintetiza uma molécula de DNA que comandará a produção de RNA viral e proteínas do capsídeo.

Doenças causadas por vírus

As doenças causadas por vírus são denominadas **viroses**. A dengue, a febre amarela e a Aids são exemplos de viroses que acometem os seres humanos.

No Brasil, o **vetor** da dengue, isto é, o organismo que transmite o **agente etiológico** (causador da doença) é o mosquito da espécie *Aedes aegypti*. Dentre os sintomas da doença estão febre alta, dores musculares, de cabeça e nos olhos, inflamação na garganta e sangramento na boca e no nariz, bem como manchas avermelhadas pelo corpo. Quem já teve a doença pode contrair a **dengue hemorrágica**, provocada por outro tipo de vírus e com sintomas mais graves. O combate ao mosquito é uma importante medida de prevenção. Eliminar locais onde há água acumulada é uma das principais formas de combatê-lo, visto que as fêmeas buscam água parada e limpa para realizar a postura dos ovos.

O vírus da febre amarela também é transmitido pela picada do mosquito *Aedes aegypti*. Tem como sintomas febre, vômito, dor de estômago e lesões no fígado, o que confere à pele uma coloração amarelada. A prevenção é feita com combate ao mosquito e vacinação.

A Aids (sigla, em inglês, para síndrome da imunodeficiência adquirida) é causada pelo **vírus da imunodeficiência humana**, o HIV. Sua cápsula esférica de glicoproteínas está mergulhada em uma dupla camada de lipídios e proteínas, e em seu interior há duas moléculas de RNA e enzimas.

A principal célula atacada pelo HIV é o linfócito T4, constituinte do sistema imunitário. O vírus injeta seu material genético na célula e, com o auxílio da enzima transcriptase reversa, o RNA sintetiza uma molécula de DNA. Esta produz outra molécula de DNA, complementar, e se une a ela, formando uma dupla fita que se incorpora ao material genético no núcleo da célula (figura 7). Novas moléculas de RNA são sintetizadas e orientam a síntese de proteínas da cápsula e das enzimas virais. Dessa forma, novos vírus são formados, migram para a periferia da célula e são envoltos por membrana. Ao se soltarem da célula, podem infectar outros linfócitos T4, diminuindo progressivamente a quantidade dessas células no organismo. Por esse motivo, o sistema imunitário do indivíduo infectado fica comprometido, facilitando a entrada de microrganismos causadores de doenças.

O HIV é transmitido por fluídos corporais contaminados (tais como sêmen, secreção vaginal, sangue, leite materno e líquido amniótico), quando eles entram em contato com as mucosas do corpo ou com feridas na pele. A transmissão pode ocorrer também por transfusão de sangue contaminado, por perfuração com agulha contaminada e em transplantes de órgãos. Uma mãe que possua o vírus também pode transmiti-lo ao filho durante a gestação, o parto e o aleitamento.

Os sintomas variam muito e não são específicos da doença. A Aids não tem cura, mas existem medicamentos capazes de retardar a evolução da doença.

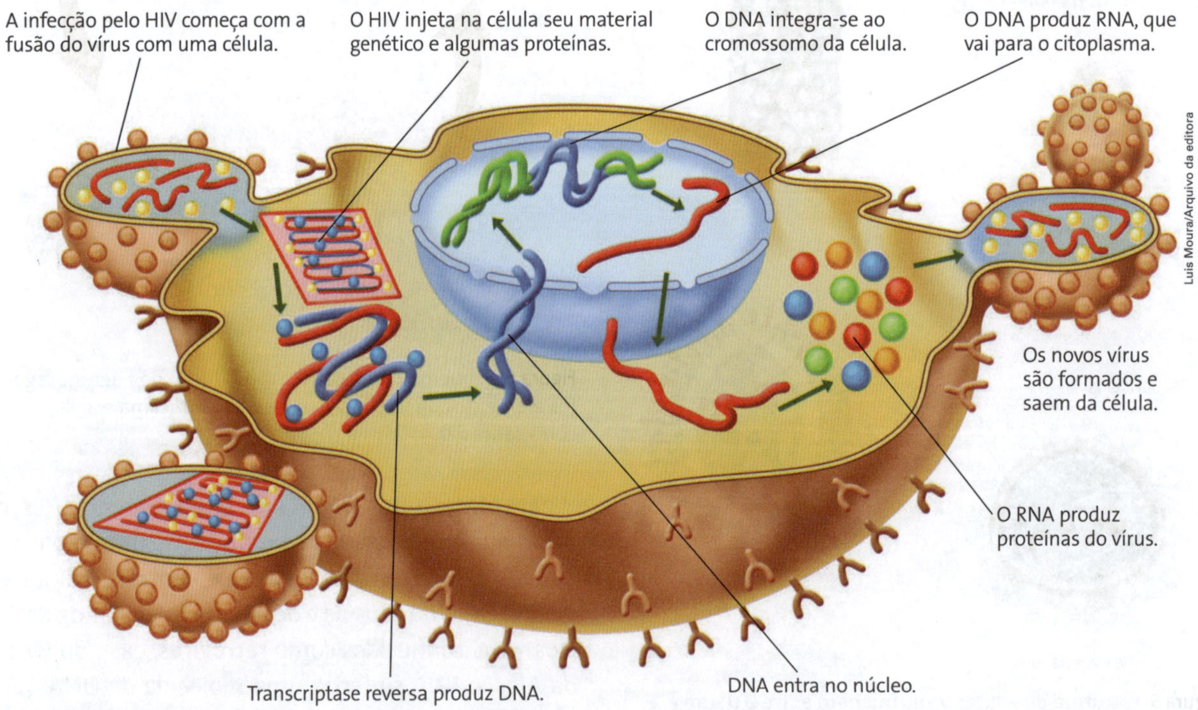

Figura 7 Na ilustração, esquema mostrando a entrada do HIV (cerca de 0,1 μm de diâmetro) na célula e sua multiplicação. (Os elementos não estão na mesma escala; cores fantasia.)

Procariontes

Características gerais

As bactérias, as cianobactérias e as arqueas são organismos procariontes. No sistema proposto por Whittaker, as duas primeiras pertencem ao reino Monera. Já na classificação em domínios, bactérias e cianobactérias compõem o domínio Bacteria, enquanto as arqueas fazem parte do domínio Archaea.

As bactérias podem estabelecer vários tipos de associações com outros seres vivos. Associações que as beneficiam e não causam prejuízo à outra parte são chamadas **comensalismo**. Aquelas em que todos os envolvidos são beneficiados são denominadas **mutualismo**. Há também bactérias que habitam o corpo de organismos vivos e nele se reproduzem e se alimentam. Nestes casos, as bactérias são consideradas **parasitas** e podem provocar doenças no hospedeiro.

Morfologia e fisiologia das bactérias

Envolvendo a membrana plasmática da maioria das bactérias existe uma **parede celular** constituída de **peptidoglicano**, uma rede de peptídeos ligados a polissacarídeos. No citoplasma estão apenas DNA, ribossomos e grãos de glicogênio. Diferente do que ocorre nos eucariontes, o DNA das bactérias é circular e não está associado a proteínas. Pode haver também um ou mais **plasmídeos**, moléculas menores de DNA.

Algumas bactérias apresentam **flagelos**, que as auxiliam em sua locomoção, e **fímbrias**, filamentos de citoplasma que tem função na reprodução e que facilitam a adesão da bactéria à célula do hospedeiro (figura 8).

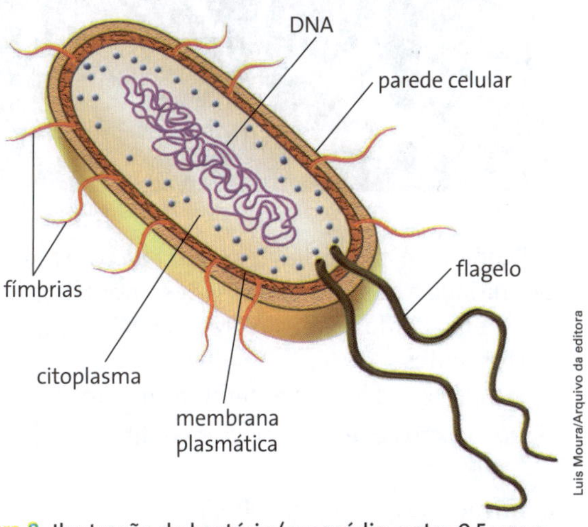

Figura 8 Ilustração de bactéria (em média, entre 0,5 μm e 1 μm de diâmetro) com fímbrias e flagelos. (Os elementos da ilustração não estão na mesma escala; cores fantasia.)

De acordo com a forma que apresentam, as bactérias podem ser denominadas **cocos**, **bacilos**, **vibriões** e **espirilos** (figura 9). Em algumas espécies de bactérias, vários cocos se unem uns aos outros formando uma colônia. Quando estão em cadeia, têm-se o **estreptococo**. Quando formam cachos, fala-se em **estafilococo**.

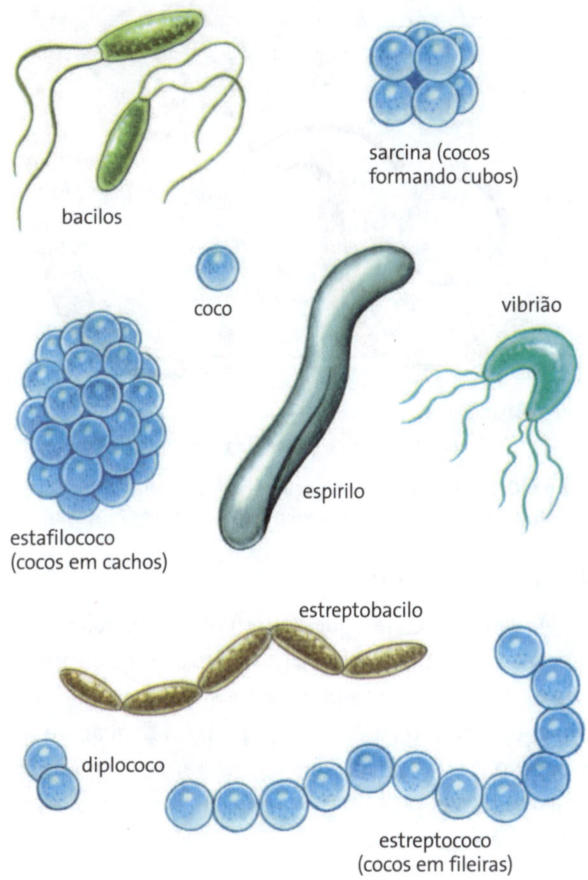

Figura 9 Formas e tipos de colônias de bactérias (os elementos da ilustração não estão na mesma escala; cores fantasia).

A maioria das bactérias é heterotrófica por absorção, mas existem as autotróficas por fotossíntese ou por quimiossíntese. Em relação à respiração, há bactérias **aeróbias** (dependem do oxigênio para obter energia), **anaeróbias facultativas** (realizam respiração aeróbia se houver oxigênio disponível, mas podem obter energia por processos anaeróbios) e **anaeróbias obrigatórias** ou **estritas** (não sobrevivem na presença de oxigênio).

A reprodução desses organismos pode ocorrer de duas formas: por **divisão binária** ou **bipartição** e por **conjugação**. A divisão binária é assexuada e é a principal forma de reprodução das bactérias. O DNA se duplica, a célula aumenta de tamanho e ocorre a divisão. Cada bactéria resultante apresenta uma cópia do DNA.

Na conjugação, duas bactérias se ligam pelas fímbrias e há transferência de plasmídeo (figura 10).

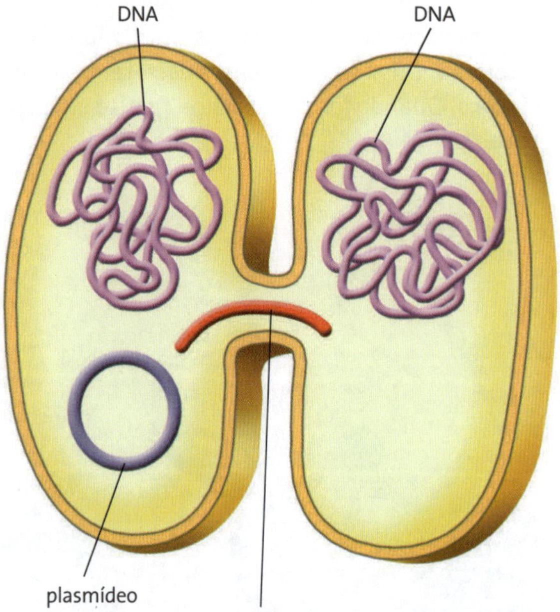

Figura 10 Esquema de conjugação entre bactérias (os elementos não estão na mesma escala; cores fantasia).

Cianobactérias

As cianobactérias, que podem viver isoladas ou em colônias, são autotróficas e possuem em seu citoplasma clorofila e outros pigmentos. Algumas colônias apresentam **heterocistos**, nos quais há fixação de nitrogênio. As cianobactérias aproveitam esse gás para construir suas proteínas. A reprodução desses organismos é assexuada.

Doenças causadas por bactérias

A transmissão de bactérias patogênicas pode ocorrer por gotículas de saliva contaminada, por contato com alimento, água ou objeto contaminado ou por contato sexual. Para algumas das doenças provocadas por esses organismos existem vacinas e soros. O tratamento é feito por meio do uso de antibióticos. Tuberculose, tétano, leptospirose e cólera são exemplos de doenças causadas por bactérias.

Domínio Archaea

Por viverem em condições extremas de temperatura, salinidade ou pH, as arqueas são chamadas de **extremófilas**. Sua parede celular não apresenta peptidoglicanos, diferente das bactérias. Análises de RNA demonstraram um grau de parentesco maior entre arqueas e eucariontes do que entre elas e as bactérias.

Exercícios propostos

1. (PUCC-SP) "A receita mais antiga da história ensina a fazer cerveja e foi escrita na Mesopotâmia, há cerca de 4 mil anos. Desde aquela época, a matéria-prima básica da bebida era a cevada, primeiro cultivo da humanidade. O grão desse cereal é tão duro que, colocado na água, ele não amolece. É por isso que os cervejeiros precisam fazer o malte – um grão de cevada germinado e seco. O embrião da semente produz enzimas que quebram as pedrinhas de amido guardadas ali. Macio, o grão solta na água esse ingrediente energético para formar o mosto. As enzimas também partem o amido em moléculas de maltose, açúcar que vai alimentar as leveduras, a seguir, na fermentação."

(***Revista Galileu***, outubro de 2012. p. 77)

Dado: Reação global que ocorre na fermentação da maltose:

$C_{12}H_{22}O_{11} + H_2O \rightarrow 4C_2H_5OH + 4CO_2 + 196\ kJ$

Identifique, dentre as espécies a seguir, aquela que é filogeneticamente a mais próxima da cevada, *Hordeum vulgare*.

a) *Hordeum californica*.
b) *Triticum vulgare*.
c) *Bambusa vulgaris*.
d) milho.
e) centeio.

2. (FGV-SP) A fotografia mostra um cão lobo tchecoslovaco, uma raça relativamente nova de cachorro, gerada inicialmente a partir do cruzamento entre um macho pastor-alemão e uma fêmea loba da região dos Cárpatos europeus.

(www.lobocheco.com/admin/galeria/uploads/1201447619_doc_5156.jpg)

Tal canídeo é capaz de gerar descendentes férteis, permitindo a classificação dos cães e dos lobos europeus, em acordo com as regras taxonômicas, como pertencentes:

a) à mesma espécie, mas diferindo quanto à raça.
b) ao mesmo gênero e espécie, mas diferindo quanto à subespécie.
c) ao mesmo gênero, mas diferindo quanto à espécie.
d) ao mesmo gênero, mas diferindo quanto à família.
e) à mesma subespécie, mas diferindo quanto à raça.

3. (PUC-RJ) Observe os cladogramas abaixo e assinale a afirmativa correta. Considere A, B e C como sendo três espécies distintas.

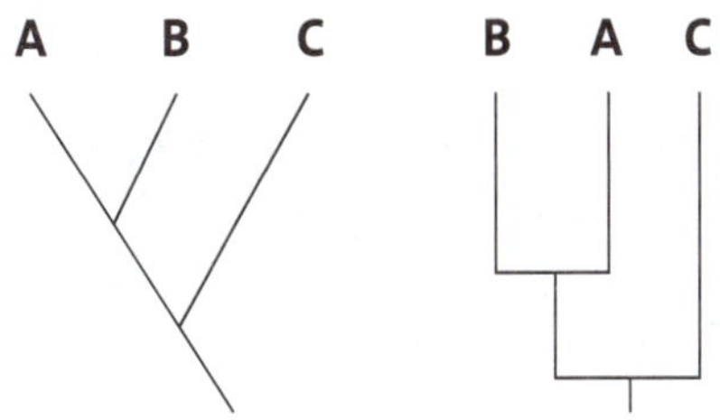

a) Os dois cladogramas mostram relações evolutivas distintas.

b) As espécies A e B fazem parte, obrigatoriamente, de um gênero distinto de C.

c) A, B e C formam um grupo monofilético.

d) A, B e C não compartilham um ancestral comum.

e) A, B e C formam um grupo polifilético.

4. (UERN) Analise o cladograma que representa o estudo filogenético dos três grandes domínios ou super-reinos denominados Bacteria, Archaea e Eukarya.

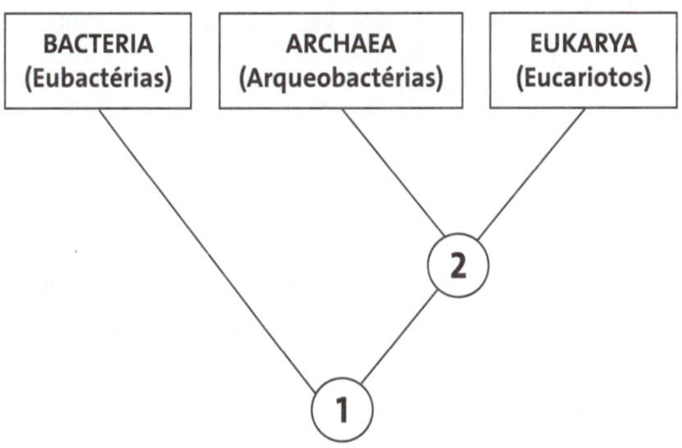

Com base no diagrama, podemos concluir que:

a) as bactérias atuais são mais evoluídas em relação às arqueobactérias.

b) a partir do organismo 2, todos são eucarióticos.

c) as arqueobactérias são mais evoluídas em relação às bactérias atuais.

d) o super-reino Archaea é mais aparentado evolutivamente com o super-reino Eukarya.

5. (Fatec-SP) Os alimentos mal preparados ou conservados de forma inadequada podem estar contaminados pela bactéria anaeróbia obrigatória denominada *Clostridium botulinum*. Essa bactéria é produtora da neurotoxina botulínica, que pode acumular-se nos alimentos mal conservados e causar a doença botulismo. Essa doença é grave, não muito frequente e provoca paralisia flácida (fraqueza dos músculos), dificuldade de engolir, vômito, fala ininteligível, retenção de urina, podendo evoluir para paralisia respiratória, se não for tratada rapidamente.

Com relação a essa doença, assinale a alternativa correta.

a) O botulismo é uma doença contagiosa.

b) As bactérias causadoras do botulismo são autótrofas.

c) As bactérias *Clostridium botulinum* somente se desenvolvem na ausência de oxigênio.

d) As latas que possuem alimentos contaminados pela bactéria *Clostridium botulinum* podem ficar estufadas devido ao acúmulo de nitrogênio.

e) As bactérias causadoras do botulismo obtêm a energia necessária ao seu metabolismo, a partir da quebra de compostos orgânicos na presença de oxigênio.

6. (UFSJ-MG) Considere as fichas taxonômicas abaixo apresentando os táxons, sendo que sempre a linha superior refere-se a uma categoria mais abrangente que a linha inferior.

1	2	3	4
Metazoa	Metazoa	Metazoa	Metazoa
Chordata	Chordata	Chordata	Chordata
Mammalia	Mammalia	Mammalia	Mammalia
Carnivora	Carnivora	Carnivora	Carnivora
Procyonidae	Canidae	Canidae	Canidae
Potos flavus	*Chrysocyon brachyurus*	*Canis latrans*	*Canis lupus*

Analise as afirmativas abaixo, baseando-se nas informações apresentadas nas fichas.

I. Independente do hábito alimentar de cada um dos animais e embora nem todos possam ser considerados carnívoros, todos pertencem à ordem Carnivora.

II. Os indivíduos 2, 3 e 4 pertencem ao mesmo gênero, embora sejam de famílias distintas.

III. Os indivíduos 3 e 4 pertencem ao mesmo gênero. Esses animais pertencem à mesma família do indivíduo 2.

IV. Todos os indivíduos apresentam a mesma ordem e à mesma família, variando apenas as subfamílias.

Com base nessa análise, estão CORRETAS apenas as afirmativas:

a) I e III.

b) I e II.

c) II e III.

d) II e IV.

Protistas

Características gerais

Em virtude da complexidade da divisão dos protistas em vários reinos, serão abordados aqui os protozoários e as algas, dois grandes grupos de protistas. Ambos são constituídos por organismos eucariontes e unicelulares. No entanto, as algas também possuem representantes pluricelulares.

Protozoários

Os protozoários são organismos encontrados nos mais variados ambientes. Alguns possuem vida livre, enquanto outros são encontrados em associações com diferentes seres vivos.

Quando em condições ambientais adversas, alguns protozoários parasitas e de água doce adotam a forma de **cisto**, que é dissolvido assim que o meio se torna propício. O protozoário, então, retorna à forma ativa.

O tipo de locomoção desses seres vivos é variado, o que permite, para fins didáticos, sua divisão em grupos:

- protozoários com **pseudópodes**: são aqueles que reagem a estímulos químicos por meio da emissão de pseudópodes, expansões citoplasmáticas com as quais podem se aproximar do alimento e englobá-lo por fagocitose (figura 1). O alimento é digerido em vacúolos com enzimas dos lisossomos. A reprodução ocorre por divisão binária. Um dos principais representantes desses protozoários é a ameba. O grupo inclui ainda espécies com carapaça de sílica ou carbonato de cálcio e que confere sustentação e proteção à célula.

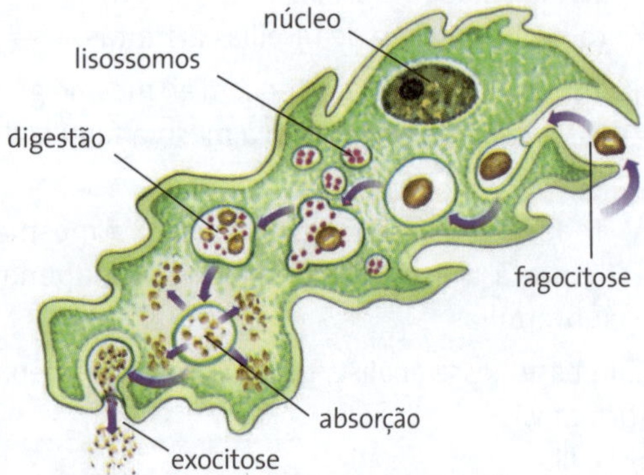

Figura 1 Nutrição da ameba: o material não digerido é eliminado por exocitose, processo inverso à fagocitose. (Os elementos ilustrados não estão na mesma escala; cores fantasia.)

- protozoários com cílios: também são conhecidos como **protozoários ciliados** devido à presença de numerosos cílios (figura 2). Podem se reproduzir por divisão binária ou conjugação.

Figura 2 Protozoários ciliados. O *Didinium* sp. (em marrom) ataca um paramécio (em verde; aumento de cerca de 200 vezes ao microscópio eletrônico; imagem colorizada por computador).

- protozoários com flagelos: são também chamados **protozoários flagelados**. Os flagelos estão presentes em número variável e atuam na locomoção e na captura de alimento. A maioria dos representantes é de vida livre, mas alguns são parasitas. A reprodução é por divisão binária.
- protozoários sem organelas de locomoção: também chamados de **esporozoários**, esses protozoários são parasitas intracelulares. O organismo entra na célula hospedeira com o auxílio do **complexo apical**, um conjunto de organelas filamentosas presentes em uma de suas extremidades (figura 3). A reprodução desses protozoários é assexuada, por divisão múltipla.

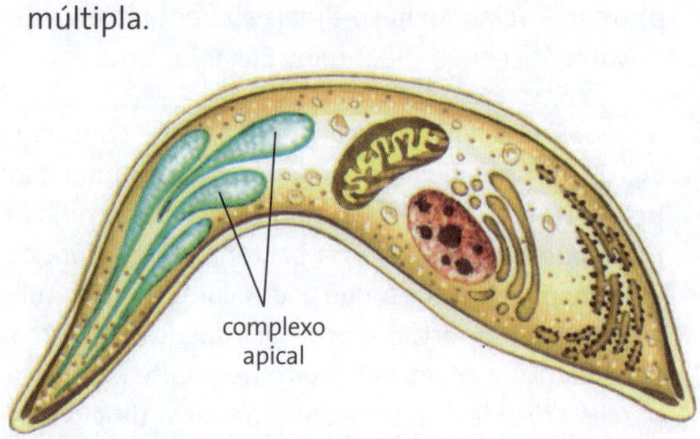

Figura 3 Ilustração de um esporozoário (*Toxoplasma gondii*; cores fantasia) com suas organelas para penetração na célula que será parasitada.

Doenças causadas por protozoários

Alguns protozoários são parasitas e provocam doenças em seres humanos. Dentre elas, podemos citar a doença de Chagas e a malária.

A doença de Chagas é causada pelo *Trypanosoma cruzi*, protozoário transmitido pelo percevejo *Triatoma infestans*, conhecido como barbeiro. O protozoário sai pelas fezes do inseto e penetra no organismo humano pelo orifício feito pela picada, assim que a pessoa se coça. O protozoário, então, se reproduz por divisão binária e chega ao sangue, por meio do qual alcança órgãos como o coração e o fígado (figura 4).

Os barbeiros se reproduzem e se abrigam em frestas de casas de pau a pique. Por isso, as principais medidas preventivas são o combate direto ao inseto por meio de inseticidas e a construção de casas de alvenaria. A contaminação pelo protozoário também pode ocorrer por transfusão de sangue contaminado, pela ingestão de alimento contendo fezes do barbeiro ou através da placenta ou leite materno.

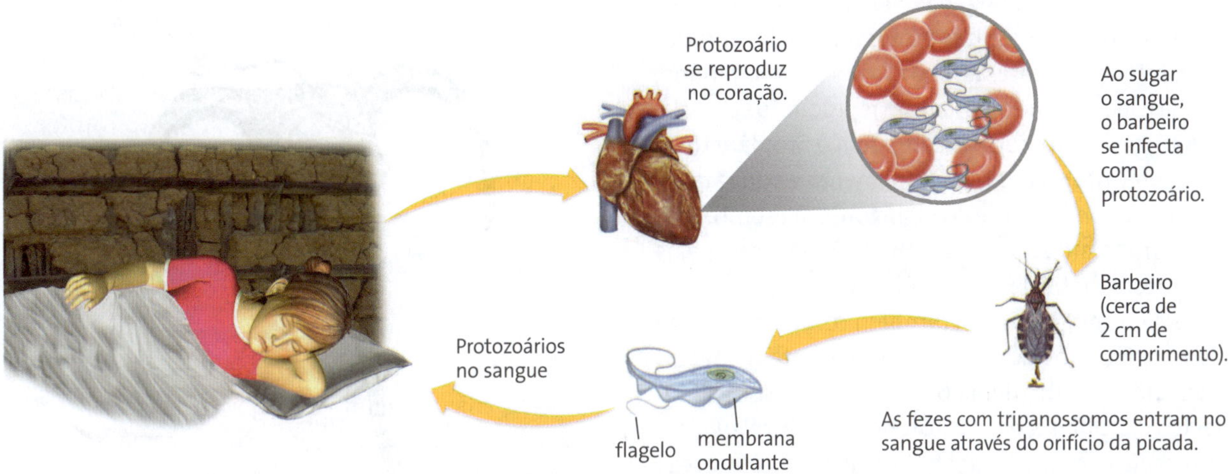

Figura 4 Ciclo do *Trypanosoma cruzi* (cerca de 20 µm de comprimento, fora o flagelo; figuras sem escala; cores fantasia).

A malária é causada pelo plasmódio, protozoário transmitido pela picada das fêmeas do mosquito do gênero *Anopheles*, popularmente conhecido como mosquito-prego. A saliva do mosquito contém **esporozoítos**, formas do plasmódio que penetram no indivíduo no momento da picada. Os esporozoítos chegam ao fígado e ao baço pelo sangue, e se reproduzem por divisão múltipla. Nesses órgãos, produzem formas denominadas **merozoítos**, que invadem as hemácias, onde crescem e sofrem novas divisões. Posteriormente, aparecem formas que não se dividem, os **gametócitos**.

Por abrigar a fase assexuada do parasita, o ser humano é considerado o **hospedeiro intermediário** do plasmódio. Já a fêmea do mosquito, por ser o organismo no qual ocorre a reprodução sexuada, é o **hospedeiro definitivo**. O ciclo do plasmódio é apresentado na figura 5.

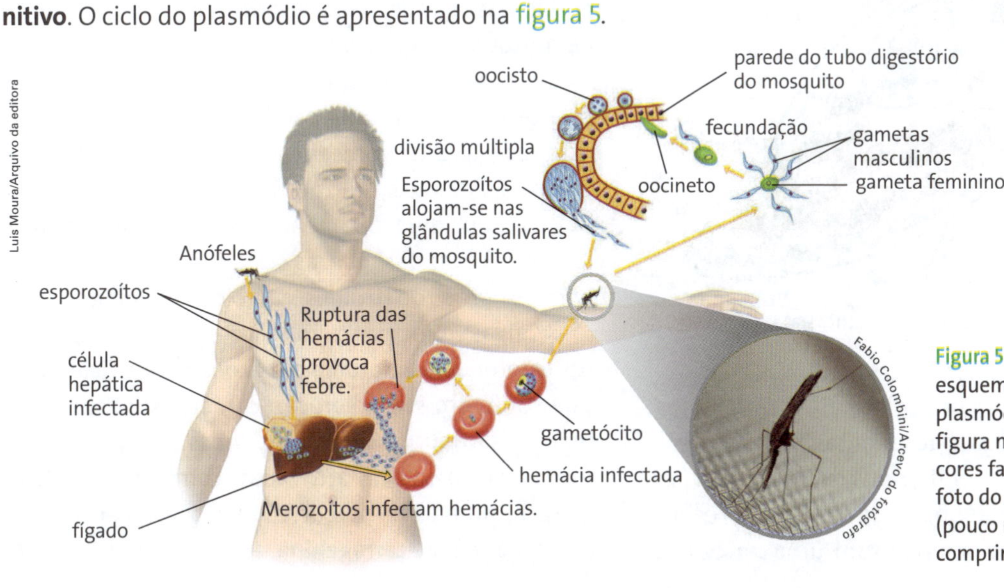

Figura 5 Ilustração de esquema do ciclo do plasmódio (os elementos da figura não estão em escala; cores fantasia). No detalhe, foto do mosquito anófeles (pouco menos de 1 cm de comprimento).

Dentre os sintomas, que variam de acordo com a espécie do esporozoário (*Plasmodium vivax*, *Plasmodium malarie*, *Plasmodium falciparum* ou *Plasmodium ovale*), estão febre, anemia, cansaço, desânimo e falta de ar. A profilaxia inclui o combate direto ao inseto, uso de telas em portas e janelas, e cuidados com transfusões de sangue, compartilhamento de agulhas e na hora do parto, se a mãe estiver infectada.

Algas

São encontradas em ambientes terrestres úmidos, na água doce ou na salgada. Podem ser unicelulares ou pluricelulares e realizam fotossíntese. A reprodução é, principalmente, assexuada por divisão binária, mas há espécies que apresentam reprodução sexuada.

As algas microscópicas compõem o **fitoplâncton** e são os produtores das cadeias alimentares aquáticas. O fitoplâncton faz parte do **plâncton**, uma comunidade de organismos que flutuam e são levados pelas correntes aquáticas.

As algas **euglenófitas**, também conhecidas como euglenoides, são microscópicas e apresentam flagelos e vacúolo contrátil (figura 6). Possuem em seus cloroplastos clorofilas a e b e carotenoides. A *Euglena*, gênero mais comum, é capaz de realizar fotossíntese caso haja luz e nutrientes inorgânicos. Quando não há condições para a fotossíntese, as euglenas realizam nutrição heterotrófica. A reprodução das euglenófitas ocorre por divisão binária.

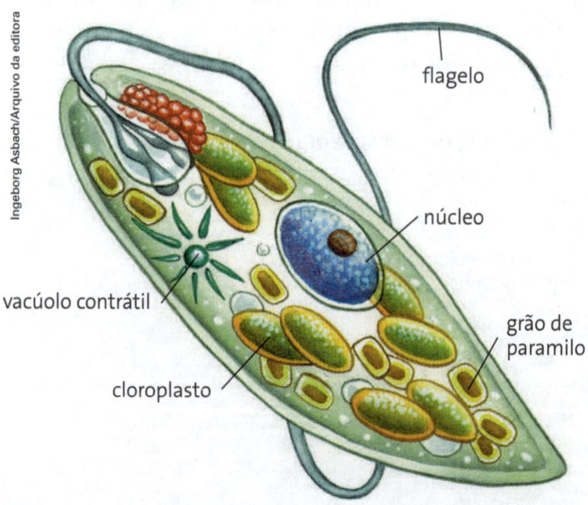

Figura 6 Esquema de *Euglena* sp. (cores fantasia).

As **diatomáceas**, um dos principais constituintes do fitoplâncton, são algas bacilariófitas. Seus pigmentos lhe conferem uma cor dourada característica e a carapaça, geralmente impregnada de sílica, apresenta duas metades que se encaixam uma na outra. A reprodução pode ser por divisão binária (assexuada) ou com produção de gametas (sexuada).

As algas do grupo dos **dinoflagelados** apresentam dois flagelos, cujos batimentos originam no organismo um movimento de rotação conforme ele se desloca. Cada flagelo está alojado em um dos dois sulcos em forma de cinta (figura 7). Em razão de sua cor avermelhada, o grupo é também conhecido como pirrófitas. São importantes representantes do plâncton marinho, mas podem ser encontrados na água doce. A reprodução acontece por divisão binária.

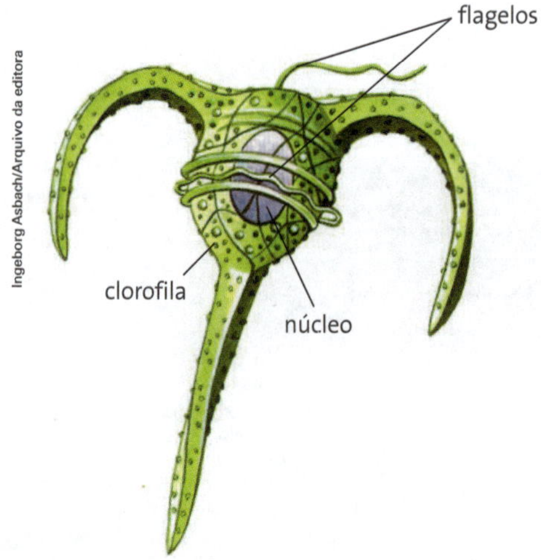

Figura 7 Esquema de um dinoflagelado (gênero *Ceratium*; cores fantasia).

Nas algas verdes, a clorofila predomina sobre os outros pigmentos. Essas algas apresentam parede celular de celulose e reserva de amido. Existem formas unicelulares móveis, imóveis, coloniais ou de vida livre, e espécies pluricelulares. As algas pluricelulares são formadas por um talo, no qual não se distinguem órgãos como raiz, caule e folhas. São encontradas em ambientes aquáticos, úmidos, no gelo e até no interior de outros seres vivos ou em associações.

As algas pardas ou feofíceas são predominantemente marinhas, macroscópicas e pluricelulares. A parede celular apresenta celulose e substâncias como os alginatos, utilizados na indústria. Por vezes, o corpo pode apresentar partes semelhantes ao caule, raiz e folhas das plantas superiores. Por isso, recebem os nomes de **rizoides**, **cauloides** e **filoides**.

As algas vermelhas ou rodofíceas possuem pigmentos carotenoides, clorofila a e **ficoeritrina** e **ficobilina**, que conferem sua coloração característica. Em sua maioria, são pluricelulares e marinhas, existindo desde formas microscópicas até formas com alguns metros de comprimento. A parede celular, além de celulose, apresenta **ágar** e **carragenina**, ambos polissacarídeos.

A reprodução assexuada das algas pode ocorrer de três formas: por divisão binária nas formas unicelulares; por **fragmentação** do talo, na qual um pedaço se desprende e origina outro filamento por mitoses; e por **esporulação**, formando esporos. Algumas algas possuem alternância entre reprodução assexuada e sexuada e de indivíduos haploides e diploides, como apresentado na figura 8.

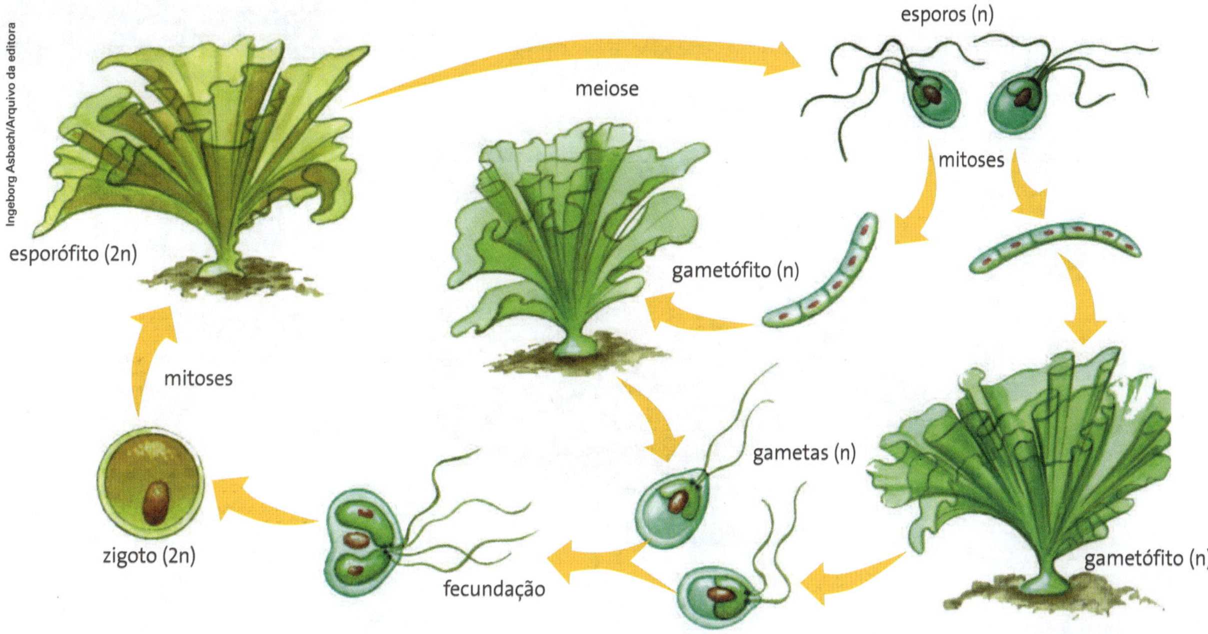

Figura 8 Esquema do ciclo reprodutivo da *Ulva* sp., uma alga verde (comprimento da lâmina: de 10 cm a 15 cm). Observe que indivíduos diploides (esporófitos) alternam com indivíduos haploides (gametófitos). Nesse caso, os esporos são flagelados e se chamam zoósporos. (Os elementos do esquema não estão na mesma escala; cores fantasia.)

Fungos

Características gerais

Assim como as bactérias, esses organismos têm a capacidade de decompor matéria orgânica, contribuindo para a reciclagem da matéria.

Embora possam ocasionar problemas para o ser humano, os fungos são utilizados em diferentes aplicações, como na produção de alimentos, bebidas e medicamentos. Além disso, podem ser aproveitados na **biorremediação**, em casos de acidentes com derramamento de petróleo no mar, e como bioinseticidas, no combate a pragas agrícolas.

Os fungos são eucariontes. Existem formas unicelulares, mas a predominância é de organismos formados por **hifas**, um emaranhado de filamentos de células. O conjunto de hifas é denominado **micélio** (figura 9). A parede celular é formada por **quitina**, um polissacarídeo nitrogenado.

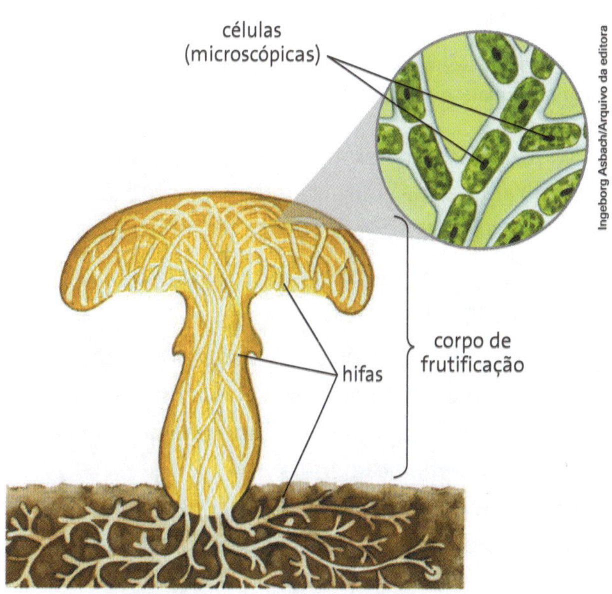

Figura 9 Esquema de um cogumelo em corte ampliado (os elementos da ilustração não estão na mesma escala; cores fantasia).

A reprodução ocorre por meio de estruturas reprodutoras, os **corpos frutíferos** ou **de frutificação**, que podem ser observados na figura 9 e correspondem ao **cogumelo**. Nas formas unicelulares, a reprodução assexuada ocorre por brotamento, fragmentação do micélio ou pela produção de esporos, resistentes a ambientes desfavoráveis. Os esporos são produzidos pelos **esporângios**, que se elevam acima do micélio. Por mitoses sucessivas, os esporos originam novos indivíduos.

A reprodução sexuada ocorre pela fusão de duas hifas haploides, originando hifas diploides. Ao se dividirem por meiose, formam os esporos. Na figura 10 são apresentadas a reprodução assexuada e a reprodução sexuada dos fungos.

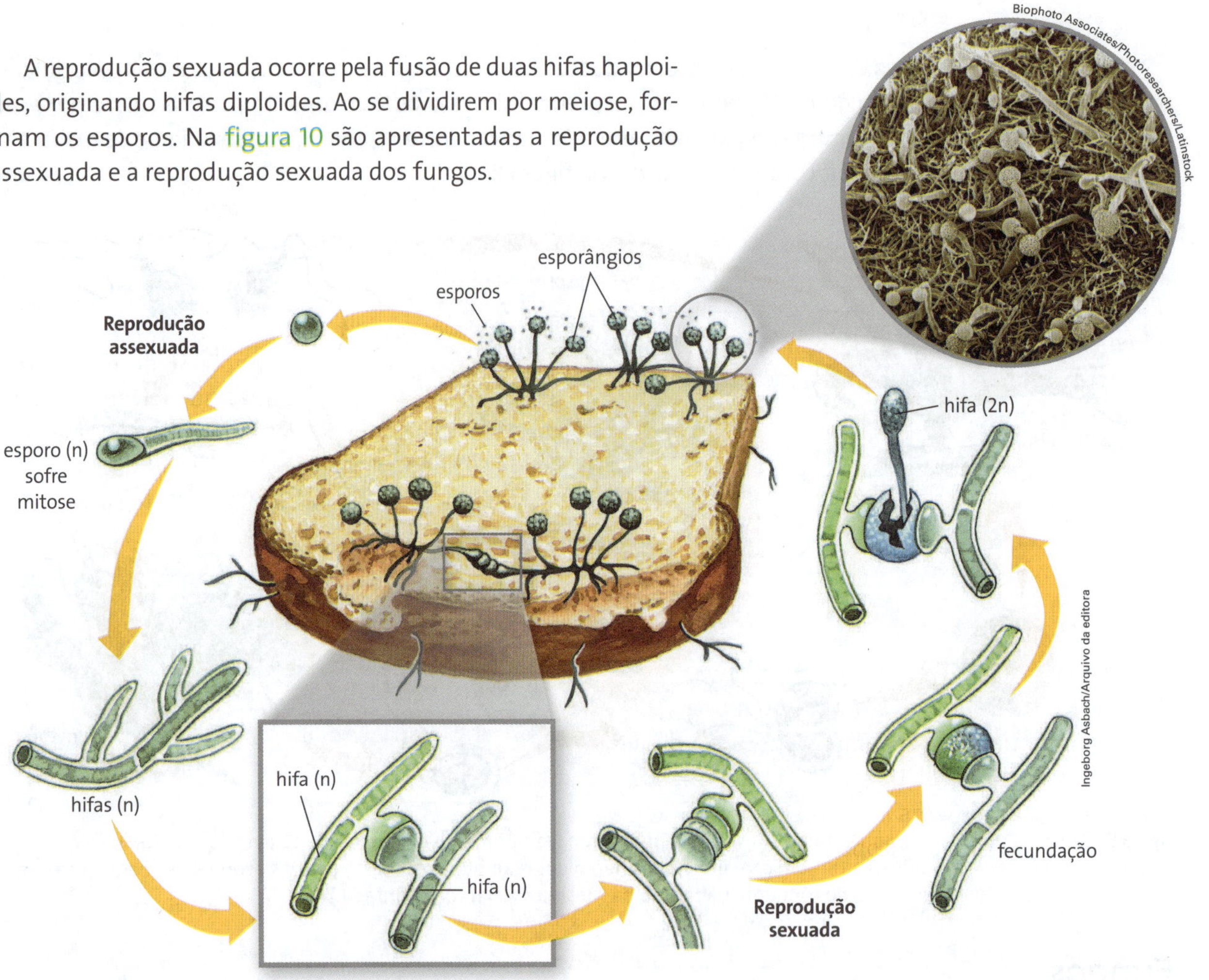

Figura 10 Representação gráfica da reprodução do mofo preto do pão. Na foto (detalhe), esporângios e hifas do fungo (microscópio eletrônico; aumento de cerca de 150 vezes).

Os fungos são heterotróficos, absorvendo moléculas orgânicas simples provenientes da digestão extracorpórea do alimento. As enzimas digestivas são lançadas no ambiente e quebram moléculas orgânicas complexas. É por esse processo que os fungos atuam como decompositores, sendo chamados de **sapróbios** ou **saprófagos**.

Classificação

Zigomicetos: vivem no solo e tem nos esporos sua principal forma de reprodução. Esses fungos são amplamente utilizados pelos seres humanos na produção de alimentos e medicamentos.

Ascomicetos: caracterizados pela presença do **asco**, estrutura responsável pela produção de esporos. Os ascos, em sua maioria, estão agrupados em corpos de frutificação, os **ascocarpos** (figura 11). Os representantes desse grupo são utilizados pelo homem na fabricação de bebidas alcoólicas, pães, queijos e alguns medicamentos. Compreende também espécies parasitas de plantas e outras nocivas quando ingeridas por animais. Reproduzem-se, principalmente, de forma assexuada, mas a sexuada também pode ser observada no grupo.

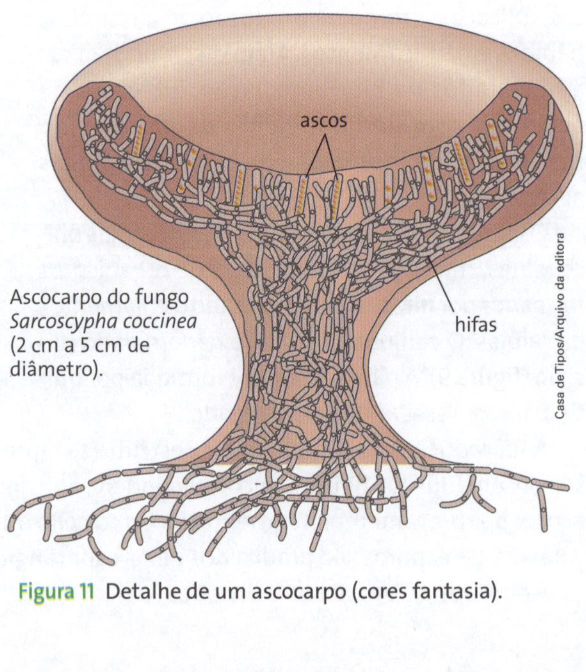

Figura 11 Detalhe de um ascocarpo (cores fantasia).

Basidiomicetos: compreende os cogumelos e as orelhas-de-pau. Embora existam espécies comestíveis, há representantes no grupo que são venenosos e podem causar a morte se ingeridos. Há também espécies que atacam os vegetais, causando as **ferrugens**, que causam prejuízos à agricultura. A reprodução sexuada é mais frequente que a assexuada: hifas se fundem, crescem e originam o **basidiocarpo**, onde são produzidos esporos por meiose (figura 12).

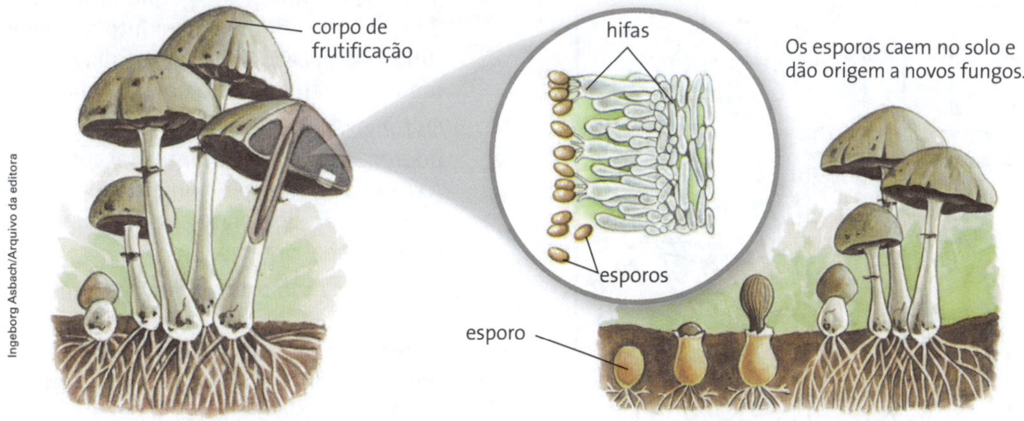

Figura 12 Reprodução de um basidiomiceto. As hifas têm entre 5 μm e 10 μm de diâmetro. (Esquema sem escala; cores fantasia.)

Liquens e micorrizas

Os fungos podem estabelecer associações com outros organismos, formando os **liquens** e as **micorrizas**. Nos dois casos, todos os organismos obtêm benefícios e a sobrevivência sem a outra parte fica comprometida.

Os liquens são associações entre um fungo e uma alga ou uma cianobactéria (figura 13). O fungo fornece água e sais minerais, enquanto a água proporciona a ele a matéria orgânica produzida na fotossíntese. A reprodução é assexuada e ocorre por meio de **sorédios**, pequenos fragmentos que podem ser levados pelo vento. Os liquens são **seres pioneiros**. Por serem resistentes a condições extremas de temperatura e falta de água, conseguem se estabelecer em locais como rochas expostas ao sol e desertos, criando condições para que, posteriormente, outros seres vivos se instalem. Os liquens são também considerados excelentes bioindicadores por sua sensibilidade à poluição do ar.

As micorrizas são associações entre fungos e raízes de algumas espécies de plantas: as hifas penetram nas células da planta ou envolvem suas raízes (figura 14). O fungo aumenta a superfície de absorção da raiz e recebe da planta substâncias orgânicas. Além disso, o fungo converte alguns sais minerais em formas que podem ser mais facilmente absorvidas por ela.

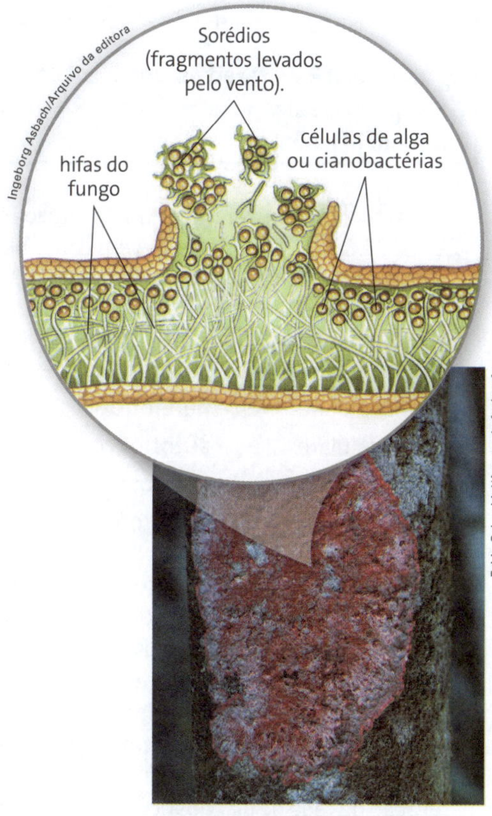

Figura 13 Foto de árvore com liquens e detalhe ilustrado da estrutura de um líquen (visto ao microscópio de luz, com aumento de cerca de 1 000 vezes; cores fantasia).

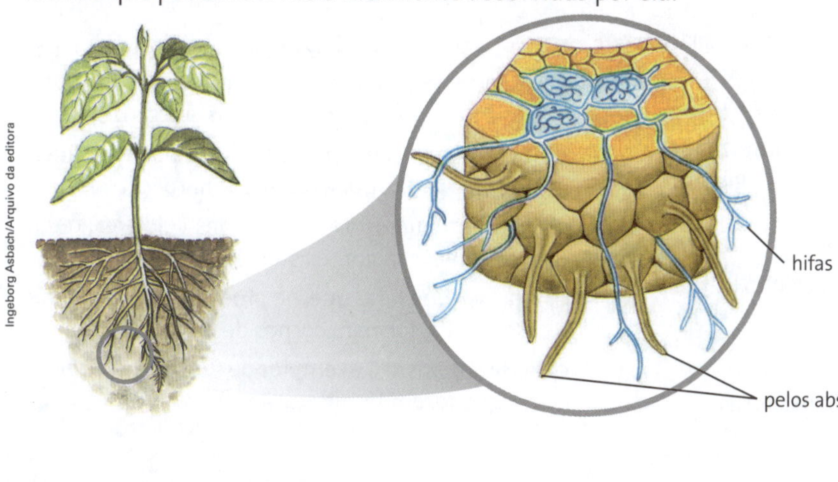

Figura 14 Micorriza (os elementos da ilustração não estão na mesma escala; cores fantasia).

Exercícios propostos

1. (PUC-RS)

"É do Comitê de Direitos dos Protozoários. Eles querem saber para que o senhor está usando seus clientes."

O cartum acima refere-se aos protozoários, seres ________________ que servem como bons indicadores da qualidade do meio ambiente. Os protozoários são, em sua maioria, seres ________________ de vida livre e ________________.

a) unicelulares – autotróficos – terrestre
b) unicelulares – heterotróficos – aquática
c) unicelulares – autotróficos – aquática
d) multicelulares – heterotróficos – aquática
e) multicelulares – autotróficos – terrestre

2. (UFPR) No Brasil, de acordo com o Ministério da Saúde, ocorreu uma queda dos casos de malária, de 500 mil em 1990 para pouco mais de 300 mil em 2008 e 2009 (último ano com dados fechados). Também houve redução na mortalidade: de 3 em 10 mil habitantes, em 1999, para 1,5 em 10 mil, em 2008, ainda segundo o ministério. O órgão credita esses resultados à ampliação da rede de diagnóstico e tratamento na região amazônica.

(Fonte: GIRARDI, G. Decifra-me ou te devoro. *Revista Unesp Ciência*, n. 20, 2011.)

O diagnóstico da malária (causada pelo protozoário *Plasmodium* sp.) descrito no texto deve ser realizado pela identificação:

a) do parasita no sangue do paciente.
b) dos ovos do parasita nas fezes do paciente.
c) do parasita nas fezes do paciente.
d) do parasita na urina do paciente.
e) dos ovos do parasita no sangue do paciente.

3. (Cefet-PR) O reino dos Fungos é composto por organismos uni ou pluricelulares, eucarióticos.
Assinale a alternativa INCORRETA a respeito deste reino.

a) Os fungos são constituídos em sua maioria por inúmeros filamentos, geralmente ramificados, denominados hifas. O conjunto das hifas de um fungo é o micélio. A parede de uma hifa é basicamente constituída pelo polissacarídeo quitina.
b) Os fungos são heterotróficos, isto significa que não podem sintetizar nutrientes tal como as plantas. A maioria vive no solo, alimentando-se de organismos mortos, liberando enzimas digestivas sobre este material orgânico.
c) Ficomicetos são os mais simples, um exemplo é o bolor negro que cresce sobre pão velho. O levedo de cerveja é um Ascomiceto unicelular. Os conhecidos cogumelos *champignon* e *shiitake*, pertencem ao filo dos Basidiomicetos.
d) Os liquens são associações heterotróficas mutualísticas entre certas espécies de fungos e algas, ou entre certas espécies de fungos e raízes. Podem viver sobre rochas, árvores e até mesmo paredes e telhados.
e) Os fungos são extremamente importantes. Espécies saprofágicas decompõem matéria orgânica, outros são usados nas indústrias de produção de queijos, vinhos e panificação, e até podem produzir antibióticos.

4. (Ufes) A energia solar é fundamental no processo de fotossíntese. Cerca de 90% do oxigênio gerado no planeta Terra é oriundo da fotossíntese realizada por:

a) angiospermas dicotiledôneas, que dominam as florestas tropicais, como a Amazônia.
b) angiospermas monocotiledôneas, que dominam os cerrados e as savanas.
c) gimnospermas, que dominam a taiga e outras florestas de coníferas das altas latitudes.
d) fitoplâncton, algas microscópicas encontradas na camada superficial das águas dos mares e lagos.
e) arqueobactérias, como as sulfurosas verdes e púrpuras encontradas no lodo dos manguezais e em outras áreas alagadas.

5. (UFRGS-RS) Assinale a alternativa correta sobre fungos.

a) Trata-se de organismos heterotróficos, cuja nutrição ocorre por absorção de substâncias orgânicas.
b) Incluem espécies parasitas que podem causar doenças como, por exemplo, a herpes.
c) Possuem queratina nas paredes celulares, o que lhes confere maior resistência estrutural.
d) Apresentam hifas que, no processo de reprodução assexuada, formam corpos de frutificação.
e) As leveduras são exemplos de fungos multicelulares que fazem fermentação.

MÓDULO 11 • Poríferos, cnidários, moluscos, anelídeos e artrópodes

Poríferos

O filo **Porifera** é composto de organismos aquáticos, especialmente marinhos, e que apresentam uma organização bastante simples. Podem viver isolados ou formar colônias de tamanhos variados e não possuem órgãos de locomoção.

Morfologia e fisiologia

Por não apresentarem tecidos definidos, os poríferos não possuem sistemas, como o nervoso, o respiratório, etc. Sua superfície possui inúmeros **poros (óstios)** pelos quais a água entra, trazendo nutrientes e gás oxigênio. Em seu interior há uma cavidade, o **átrio** ou espongiocele. O **ósculo** é uma abertura maior, localizada na parte superior da esponja, por onde a água sai levando gás carbônico e excretas (figura 1).

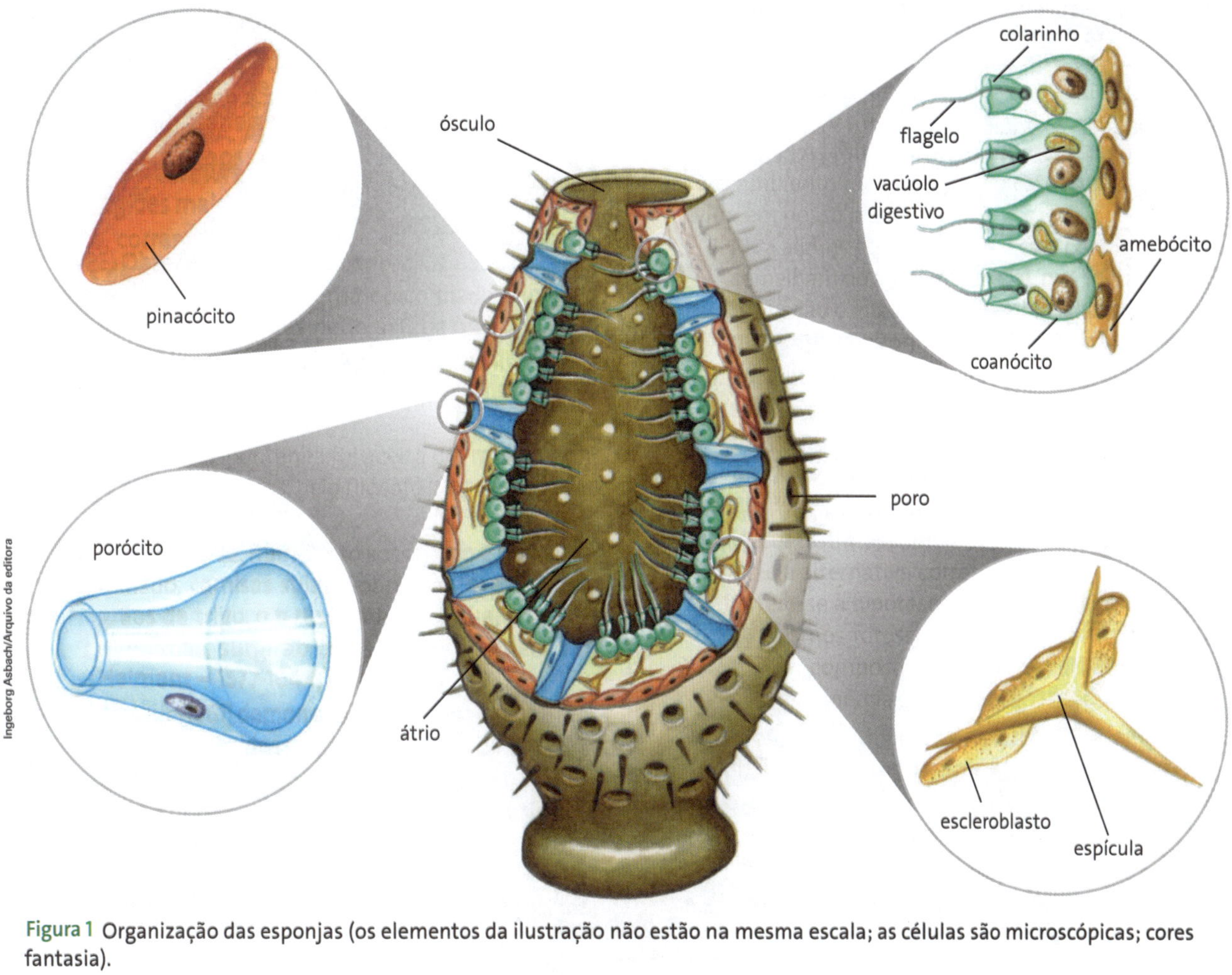

Figura 1 Organização das esponjas (os elementos da ilustração não estão na mesma escala; as células são microscópicas; cores fantasia).

Envolvendo o corpo das esponjas há uma camada de células chamadas **pinacócitos**. Os **coanócitos**, células características do grupo, formam a camada interna. Os batimentos de seus flagelos provocam correntes de água, facilitando que essas células fagocitem partículas de alimento em suspensão. Entre a camada de pinacócitos e a de coanócitos são encontrados diferentes tipos de células: os **amebócitos**, que se locomovem por pseudópodes e realizam a digestão intracelular; os **arqueócitos**, que são capazes de originar outros tipos de células; e os **espongioblastos** e escleroblastos, que produzem o esqueleto da esponja (figura 1).

As esponjas são **filtradores**: os coanócitos e amebócitos capturam as partículas de alimento suspensas na água que circula no interior do animal (figura 2). Os gases e excretas entram e saem das células por difusão, sendo carregados pela água.

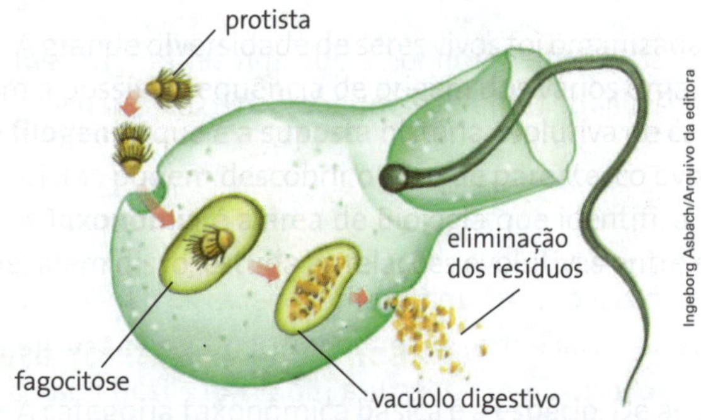

Figura 2 Digestão intracelular das esponjas no interior de um coanócito (os elementos da ilustração não estão na mesma escala; cores fantasia).

A reprodução desses animais pode ser assexuada ou sexuada. A primeira pode ocorrer por fragmentação, uma vez que as esponjas são capazes de se regenerar (pedaços pequenos podem regenerar um corpo inteiro), ou por brotamento. Os brotos são formados por amebócitos e podem se destacar ou permanecer presos, formando colônias.

Na reprodução sexuada, os espermatozoides são liberados na água através do ósculo e penetram em outras esponjas, fecundando os óvulos. Esse tipo de fecundação é interna, mas existem espécies com fecundação externa. O desenvolvimento embrionário é indireto: o ovo se diferencia em larvas móveis que acabam se fixando ao substrato e dando origem a novas esponjas.

Cnidários

Os representantes do filo **Cnidaria** são todos aquáticos, a maioria marinhos. São exemplos de **cnidários** corais, águas-vivas, anêmonas, caravelas e hidras.

Morfologia e fisiologia

Os cnidários são diblásticos e apresentam simetria **radial**.

No grupo existem duas formas de animais: **polipoide**, ou **pólipo**, e **medusoide**, ou **medusa**. Os pólipos, como as anêmonas, são cilíndricos e sésseis ou têm mobilidade limitada. Uma de suas extremidades fica apoiada em um substrato, enquanto a outra abriga a abertura bucal, rodeada por tentáculos. As medusas movimentam-se devido aos jatos de água que lançam (jato propulsão). Os tentáculos estão presentes na periferia do corpo.

A epiderme e a gastroderme formam a parede do corpo dos cnidários. Entre elas está a mesogleia, um material gelatinoso. Na superfície do cnidário estão os **cnidócitos**, células relacionadas à defesa contra predadores e à captura de presas. Nessas células está o nematocisto, uma cápsula com um fio enrolado e cuja extremidade atua como um arpão. Quando o cnidócito é tocado, o filamento se desenrola e penetra na pele da presa, injetando nela uma toxina (figura 3).

No caso dos corais, a epiderme secreta um exoesqueleto de calcário e substâncias orgânicas. Em outros cnidários, o corpo não possui nenhum tipo de sustentação.

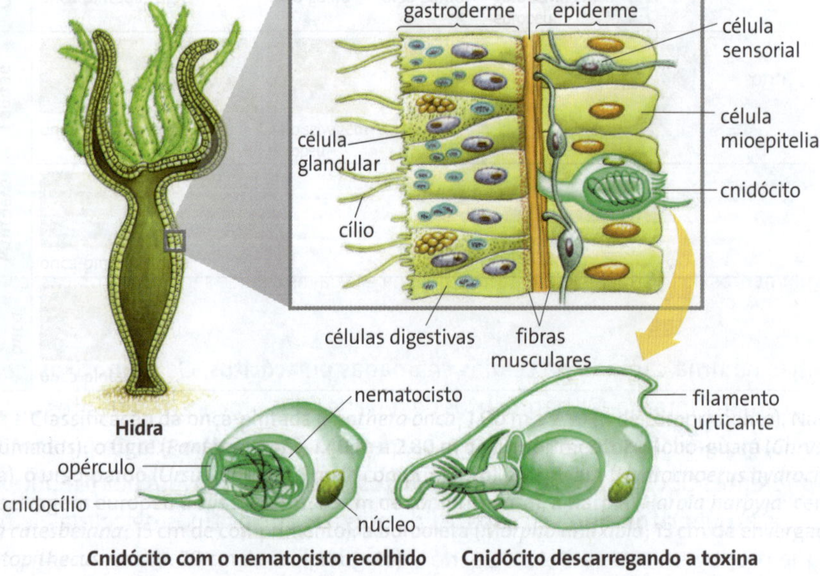

Figura 3 Estrutura de um cnidário do tipo pólipo (hidra) e detalhe do cnidócitos (os elementos da ilustração não estão na mesma escala; cores fantasia).

Os cnidários apresentam uma cavidade digestória denominada cavidade gastrovascular ou celêntero, de onde provém o antigo nome do grupo: celenterado. Devido à ausência de abertura anal, seu tubo digestório é considerado incompleto. A digestão é intra e extracelular: as células glandulares da gastroderme produzem enzimas que são lançadas na cavidade gastrovascular (digestão extracelular), enquanto as células digestórias fazem a digestão intracelular do alimento parcialmente digerido.

Assim como as esponjas, os cnidários não apresentam sistemas respiratório, circulatório e excretor: a distribuição de nutrientes e de outras substâncias ocorre por difusão. Também não existe um centro nervoso. Todas as atividades do organismo são controladas por um sistema nervoso difuso.

Reprodução

Muitas espécies de cnidários se reproduzem por brotamento: as células de uma região do corpo se multiplicam e originam um broto, que pode se soltar ou permanecer conectado, formando colônias (figura 4).

Photolibrary/Getty Images

Figura 4 Reprodução por brotamento em uma hidra (3 mm a 10 mm de altura).

Na maior parte das espécies que se reproduzem sexuadamente, os sexos são separados e a fecundação é externa. Do ovo surge a **plânula**, larva ciliada que sofre metamorfose e se transforma em adulto, caracterizando o desenvolvimento **indireto**. Em muitos cnidários a reprodução assexuada alterna-se com a sexuada em um ciclo conhecido como **metagênese** ou **alternância de gerações**. Nesse ciclo há também alternância entre as formas pólipo e medusa.

Classificação

Os cnidários podem ser divididos em quatro classes:

- **hidrozoários**: têm como principais representantes o gênero *Hydra*, um pólipo de água doce, e a *Physalia*, conhecida como caravela-portuguesa. Algumas espécies apresentam alternância de gerações, enquanto outras têm apenas uma das formas;
- **cifozoários**: são representados pelas águas-vivas. As espécies são marinhas e representadas basicamente pela forma de medusa;
- **antozoários**: incluem corais, que são colônias de pólipos, e as anêmonas, pólipos isolados. Nesse grupo, composto de animais marinhos, não há forma de medusa. Nos corais, como já mencionado, os pólipos secretam um exoesqueleto calcário, responsável pela formação dos recifes. Estes são utilizados como abrigo e alimento por muitos seres marinhos, apresentando uma enorme biodiversidade. Parte do alimento dos corais é produzida pelas algas associadas a eles, uma relação de mutualismo na qual o coral oferece a elas sais minerais e gás carbônico;
- **cubozoários**: representados por algumas medusas, os cubozoários são caracterizados pelo corpo com formato cúbico. Seus cnidócitos são extremamente tóxicos.

Moluscos

Características gerais

O filo **Mollusca** compreende espécies terrestres, de água doce e, majoritariamente, de água salgada. Representado, por exemplo, por polvos, lulas e caracóis, o grupo tem como principal característica o corpo mole.

Os moluscos são triblásticos, celomados e de simetria bilateral. De maneira geral, o corpo dos moluscos pode ser dividido em **cabeça**, **pé** e **massa visceral**, mas existem variações entre os grupos que constituem o filo (figura 5). Há grupos em que as glândulas presentes na epiderme secretam uma concha calcária. Outros não apresentam concha ou ela é interna.

As estruturas sensoriais e gânglios cerebrais estão localizados na cabeça ou **região cefálica**. O pé é uma estrutura musculosa, e a massa visceral é formada pelos principais órgãos do molusco.

Caracol (até 5 cm de comprimento)

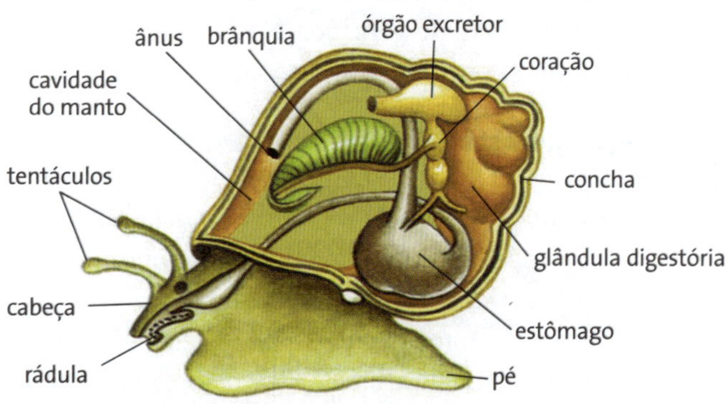

Detalhe da cabeça do caracol.

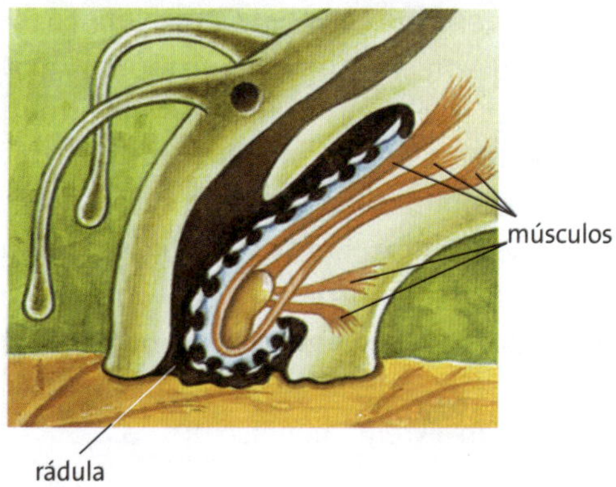

Mexilhão (até 7 cm de comprimento)

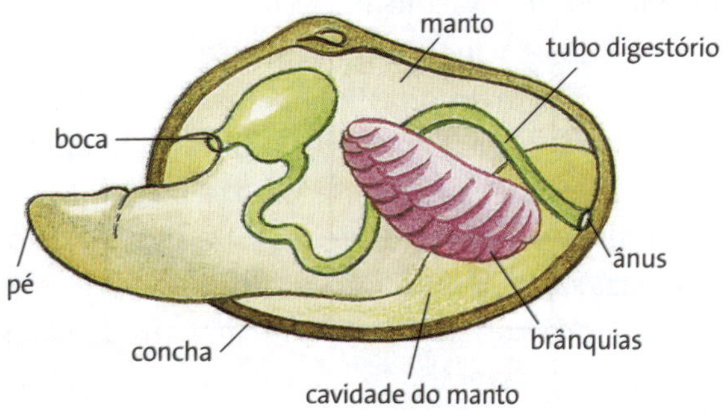

Lula
(de alguns centímetros a alguns metros de comprimento)

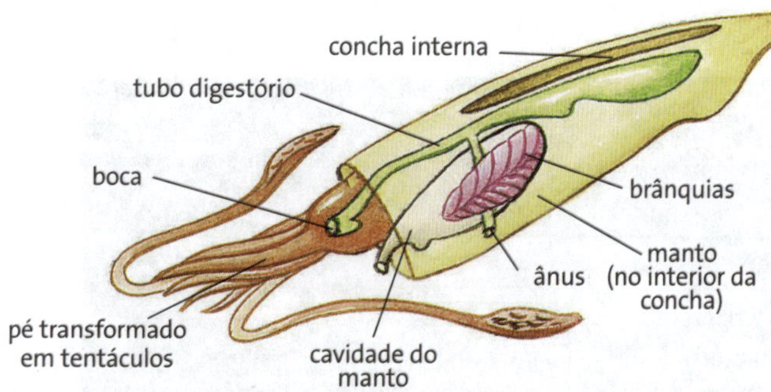

Ingeborg Asbach/Arquivo da editora

Figura 5 **Corpo dos moluscos (os elementos da ilustração não estão na mesma escala; cores fantasia).**

Revestindo a massa visceral está o **manto** ou **pálio**, uma dobra da epiderme. Essa dobra delimita a **cavidade do manto**, espaço entre a epiderme e a massa visceral. As aberturas dos sistemas digestório, que é completo, e excretor estão voltadas para essa cavidade. Nela também estão localizadas as brânquias, estrutura respiratória da maioria dos moluscos. As brânquias retiram da água o oxigênio dissolvido, que é distribuído para todas as células do corpo pelo sangue. Nos representantes terrestres e de água doce, como os caramujos, a respiração ocorre por meio de câmaras que funcionam como **pulmão**, retirando o oxigênio do ar. Algumas lesmas apresentam respiração cutânea.

A maioria dos moluscos possui na boca a **rádula**, uma estrutura semelhante a uma língua, porém com dentes de quitina. Essa estrutura é utilizada para raspar alimento preso em conchas e pedras.

O sangue, na maior parte dos grupos, não fica restrito a vasos sanguíneos: o coração, situado na cavidade pericárdica, impulsiona o sangue oxigenado por um sistema ramificado de vasos e lacunas (hemoceles), onde os órgãos encontram-se mergulhados, caracterizando uma **circulação aberta**. No polvo e na lula, a circulação é fechada, pois o sangue circula sempre dentro de vasos. As excretas saem do sangue e caem na cavidade pericárdica, sendo recolhidas pelos **metanefrídios** e enviadas à cavidade do manto por meio do poro renal.

Cordões nervosos unem os pares de gânglios, formando o sistema nervoso. Alguns grupos possuem órgãos visuais simples, capazes de captar a luz (**células fotorreceptoras**), enquanto outros possuem olhos bem desenvolvidos.

Em relação à reprodução, há espécies hermafroditas, que raramente realizam autofecundação, e espécies de sexos separados. A fecundação pode ser externa e o desenvolvimento, direto ou indireto.

Classificação

As classes **Gastropoda**, **Bivalvia** e **Cephalopoda** são as classes de moluscos mais conhecidas.

Os gastrópodes recebem esse nome por apresentarem o pé na região ventral do corpo. Algumas espécies possuem concha enrolada em espiral, mas existem aquelas que não a apresentam ou cuja concha é interna e reduzida. O grupo é representado pelos caramujos, lesmas e caracóis.

A classe dos bivalves compreende moluscos com conchas divididas em duas **valvas**, unidas por um ligamento. A fixação ao substrato ocorre por meio do **bisso**, filamentos secretados pelo pé. Ostras e mexilhões fazem parte do grupo, que, em sua maioria, apresenta pé em forma de machado.

Os cefalópodes são representados por polvos, lulas, náutilos, entre outros. Existem espécies com concha externa, com concha interna e reduzida ou ausente. O sistema nervoso é bastante desenvolvido, com olhos capazes de formar imagens detalhadas, e o sistema circulatório é fechado. O pé foi transformado em tentáculos com ventosas e que auxiliam na locomoção e na captura de presas. Outra característica do grupo é seu deslocamento por propulsão de jatos de água. Como defesa, liberam um jato de tinta que turva a água e os permite fugir.

Anelídeos

Características gerais

O filo **Annelida** compreende espécies terrestres, marinhas e ectoparasitas. São animais triblásticos, de simetria bilateral e celomados. O celoma, dividido por septos em anéis ou **metâmeros**, é preenchido por um líquido e contém os órgãos de excreção e reprodução. O nome do grupo refere-se à segmentação do corpo, com repetições desses segmentos em forma de anel, fenômeno conhecido como **metameria** (figura 6).

Revestindo a epiderme dos anelídeos há uma cutícula externa, que pode ou não apresentar **cerdas**. Essas estruturas são de quitina e auxiliam na locomoção do animal, funcionando como âncoras. Em poliquetos, representantes marinhos do filo, essas cerdas são mais numerosas e estão inseridas nos **parapódios**, expansões laterais que funcionam como pernas.

Abaixo da epiderme está presente a musculatura, que tem papel na locomoção do anelídeo. O líquido presente no celoma confere sustentação, atuando como esqueleto hidrostático.

Ilustrações: Luis Moura/Arquivo da editora

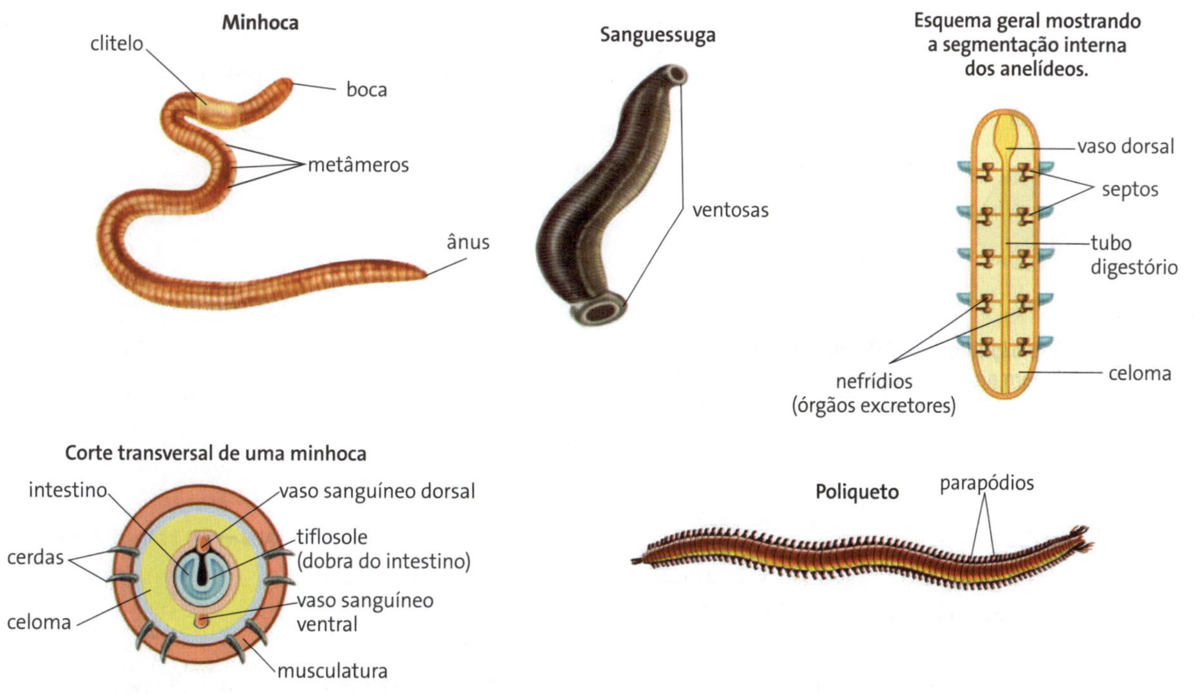

Figura 6 Estrutura dos anelídeos (os elementos da ilustração não estão na mesma escala; cores fantasia).

Em relação à alimentação, existem anelídeos carnívoros, parasitas e que se alimentam de detritos vegetais. O tubo digestório é completo e a digestão, extracelular. Em minhocas, representantes terrestres do grupo, existe um **papo**, que armazena o alimento, e a **moela**, que o tritura.

O sistema circulatório das minhocas é fechado, com dois vasos principais dispostos longitudinalmente: um dorsal, que impulsiona o sangue, e um ventral.

Os **capilares**, vasos finos e ramificados do sistema circulatório, levam alimento e oxigênio aos órgãos do animal e retiram gás carbônico e excretas. **Pigmentos respiratórios** estão presentes em alguns anelídeos, aumentando a capacidade de transporte de oxigênio pelo sangue. O mais comum é a **hemoglobina**, que apresenta cor vermelha.

Nas minhocas e sanguessugas, a respiração é **cutânea**. Para que ela aconteça, a pele do anelídeo necessita estar úmida. Por isso, a epiderme possui células produtoras de muco, capaz de manter a umidade da pele. Poliquetos maiores apresentam brânquias, que aumentam a superfície de contato com o ambiente. Algumas espécies de sanguessugas respiram por brânquias.

Cada segmento do corpo possui um par de **metanefrídios**, tubos abertos em ambas extremidades que retiram excretas do celoma. As substâncias tóxicas, como a amônia, ou substâncias em excesso são eliminadas pelo **nefridióporo**, que se abre para o exterior do corpo.

O sistema nervoso dos integrantes do filo é constituído de dois cordões ventrais e um par de gânglios por segmento (figura 7).

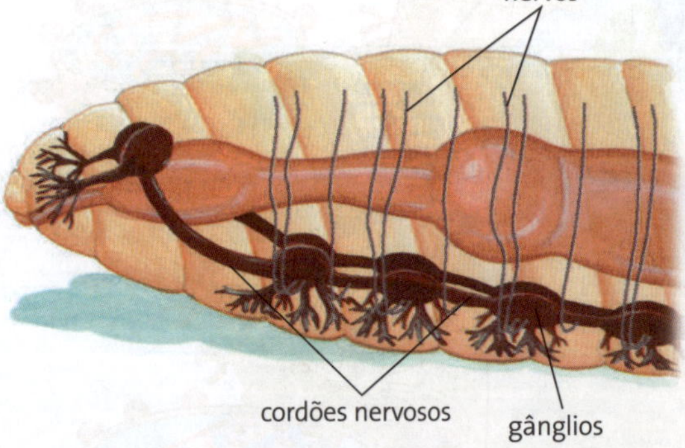

Figura 7 Sistema nervoso dos anelídeos (os elementos da ilustração não estão na mesma escala; cores fantasia).

Sanguessugas e minhocas são hermafroditas e apresentam fecundação cruzada. O **clitelo**, estrutura glandular presente nas minhocas, produz uma cápsula (**casulo**) na qual os óvulos são lançados. A cápsula, então, desliza até a abertura do receptáculo seminal, onde recebe os espermatozoides. A fecundação ocorre dentro do casulo. Da eclosão dos ovos surgem indivíduos jovens semelhantes aos adultos.

Em poliquetos, os sexos são, em geral, separados e o desenvolvimento inclui uma fase larval.

Classificação

A classificação mais usual divide os anelídeos em três grupos: **Polychaeta**, que compreende os poliquetos; **Oligochaeta**, que inclui as minhocas terrestres; e **Hirudinoidea**, que tem como representantes as sanguessugas.

Dentre os poliquetos existem espécies que vivem em túneis ou que constroem tubos, os chamados tubícolas, e os que se deslocam ativamente, os errantes.

Os oligoquetos possuem representantes terrestres e de água doce, com espécies que variam entre 5 centímetros a 2 metros de comprimento.

Os hirudíneos, conhecidos como sanguessugas, são de água doce, não apresentam cerdas espalhadas pelo corpo e possuem duas ventosas. A da extremidade posterior auxilia na locomoção, enquanto a da anterior, em volta da boca, atua na sucção do sangue de animais.

Artrópodes

Características gerais

Os artrópodes, cujo número de espécies descritas ultrapassa um milhão, são organismos com simetria bilateral, triblásticos e celomados. Apresentam exoesqueleto, corpo segmentado e apêndices articulados, característica que dá o nome ao grupo. A contração rápida dos músculos inseridos no esqueleto aciona os apêndices. O celoma é reduzido, ficando restrito às cavidades das gônadas e, em alguns grupos, pela cavidade dos órgãos excretores.

No filo ocorre um fenômeno chamado **tagmatização**: ao longo do desenvolvimento, os segmentos do corpo se fundem e formam regiões funcionais chamadas **tagmas**. Nos insetos, por exemplo, podem ser diferenciados três tagmas: **cabeça**, **tórax** e **abdome**. Em outros artrópodes, como a aranha, a cabeça e o tórax estão fundidos, formando o **cefalotórax**.

Revestindo o corpo desses organismos está um exoesqueleto de quitina, um polissacarídeo nitrogenado. Nas formas terrestres, principalmente, há também uma cobertura de cera impermeável, cuja função é impedir a desidratação.

Por causa de sua rigidez, o exoesqueleto limita o crescimento dos artrópodes. Daí a importância das **mudas** ou **ecdises**. Sob o controle do hormônio ecdisona, a epiderme secreta periodicamente uma substância que forma um espaço entre ela e o exoesqueleto. A própria epiderme, então, produz um novo esqueleto. Inicialmente, por ainda ser flexível, ele permite o crescimento do animal. Posteriormente, a **exúvia** (esqueleto velho) arrebenta e o animal a abandona. Após o crescimento do indivíduo, o esqueleto novo endurece.

Como pode ser observado na figura 8, o crescimento dos artrópodes não é contínuo.

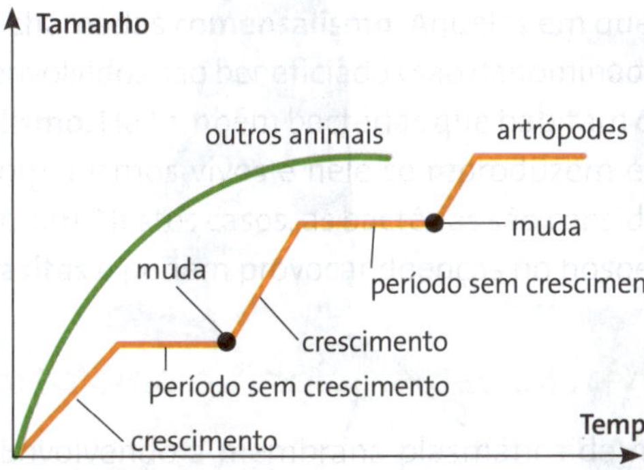

Figura 8 No gráfico, compare a curva descontínua de crescimento dos artrópodes (vermelha) com a curva contínua de crescimento dos outros animais (verde). Nos artrópodes, o crescimento ocorre logo após a muda.

A seguir, serão apresentadas quatro classes de artrópodes (Insecta, Arachnida, Chilopoda e Diplopoda) e um subfilo do grupo (Crustacea).

Insetos

Os insetos são o grupo com maior diversidade dentre os artrópodes.

Como já mencionado, o corpo dos insetos é composto de três tagmas: cabeça, tórax e abdome. Na cabeça estão um par de antenas, dois olhos compostos e três ocelos, localizados entre os dois primeiros (figura 9).

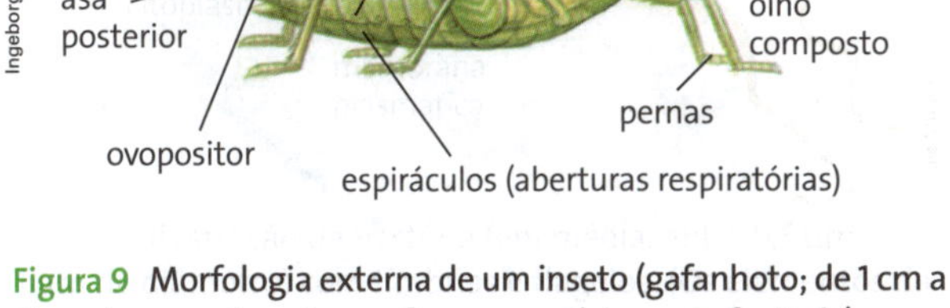

Figura 9 Morfologia externa de um inseto (gafanhoto; de 1 cm a 8 cm de comprimento, conforme a espécie; cores fantasia).

Próximo à boca estão os apêndices bucais, relacionados e adaptados ao tipo de dieta dos vários grupos de insetos. No tórax estão inseridos três pares de pernas. A ele também se prendem, na maioria das espécies, dois pares de asas. Mosquitos e moscas, por exemplo, apresentam apenas um par, e ainda há os que não as possuem, como pulgas e piolhos.

O tubo digestório é completo. A respiração ocorre por **traqueias**, invaginações da epiderme em forma de tubos ramificados (figura 10). As ramificações se tornam cada vez mais finas e atingem diretamente os tecidos. O transporte de gases, portanto, não é feito pelo sangue. O ar entra pelos **espiráculos**, par de orifícios presentes na superfície de cada segmento do tórax e do abdome.

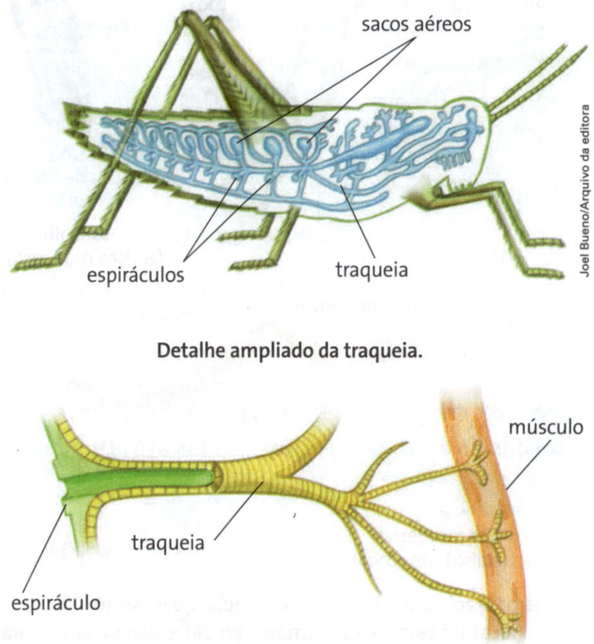

Figura 10 Respiração traqueal dos insetos (cores fantasia).

O sistema circulatório é aberto e composto por um coração na região dorsal do abdome e que bombeia o sangue para um vaso anterior. No resto do corpo, o sangue (**hemolinfa**) circula por lacunas (hemoceles), banhando os órgãos, e retorna ao coração por orifícios chamados **óstios**.

Os **túbulos de Malpighi** são responsáveis pela absorção de excretas e sua liberação no intestino, de onde saem do organismo com as fezes. O **ácido úrico** é a principal excreta produzida e, por ser insolúvel, diminui a perda de água do animal.

Gânglios cerebrais e gânglios ventrais unidos por cordões nervosos formam o sistema nervoso. Há também receptores espalhados por estruturas como aparelho bucal, antenas, pernas ou abdome.

Os insetos apresentam olhos simples, que apenas captam a intensidade luminosa, e olhos compostos, que formam imagem. Estes últimos são formados por unidades cilíndricas, os **omatídeos**. Cada omatídeo forma a imagem de uma pequena parte do objeto, e o conjunto deles proporciona a visão total como um mosaico.

Os insetos se comunicam por meio de substâncias odoríferas lançadas no ambiente, os **feromônios**. Eles transmitem informações a indivíduos da mesma espécie, podem atrair parceiros sexuais e permitir que um inseto localize outros de sua espécie pelo rastro deixado.

Em relação à reprodução, os sexos são separados. A fecundação é interna e o desenvolvimento pode incluir ou não metamorfose, o que permite a classificação dos insetos em:

- **holometábolos**: é o caso, por exemplo, de borboletas e besouros. A metamorfose é **completa**, ou seja, o adulto é bem diferente da larva, que passa por mudas sucessivas. Esse tipo de metamorfose ocorre em três etapas: larva → pupa → adulto (figura 11). Em geral, as larvas e os adultos possuem alimentação diferente, evitando a competição entre as etapas de desenvolvimento da espécie.

Figura 11 As borboletas apresentam metamorfose completa.

- **hemimetábolos**: insetos em que a metamorfose é incompleta. A ninfa que sai do ovo é bastante semelhante ao adulto e sofre sucessivas mudas até atingir esse estágio (figura 12).

Figura 12 Metamorfose incompleta do gafanhoto (1 cm a 8 cm de comprimento, conforme a espécie).

- **ametábolos**: são os insetos que não realizam metaformose, como as traças. Jovens e adultos apenas diferem no tamanho e na maturidade sexual (figura 13).

Figura 13 Desenvolvimento da traça, um inseto ametábolo (12 mm a 25 mm de comprimento, conforme a espécie).

Muitos insetos contribuem para reprodução de diversas plantas, pois elas dependem do transporte de grãos de pólen feito por eles. Esse fenômeno é conhecido como polinização. Há ainda insetos que produzem substâncias de importância econômica, como as abelhas, produtoras de mel. No entanto, existem aqueles que podem transmitir agentes causadores de doenças ou que podem ocasionar prejuízos a plantações, tecidos, móveis, etc.

Crustáceos

Composto principalmente de organismos aquáticos, o subfilo tem dentre seus representantes os caranguejos, camarões, lagostas e cracas. A maioria deles é marinha, mas existem espécies de água doce e aquelas que vivem em ambientes terrestres úmidos. Crustáceos pequenos e larvas de crustáceos maiores fazem parte do zooplâncton, importante para as cadeias alimentares aquáticas.

Em muitos crustáceos, o exoesqueleto é impregnado por sais de cálcio, o que lhe confere maior rigidez e proteção. A segmentação do corpo varia de acordo com o grupo: cabeça, tórax e abdome em alguns, e cefalotórax e abdome nos mais conhecidos, como o camarão, a lagosta e o siri. O mesmo é válido para o número de apêndices locomotores. Há grupos em que eles se projetam do cefalotórax, enquanto em outros estão presentes também no abdome (figura 14). Em alguns crustáceos, o primeiro par de pernas tem o formato de pinças e é utilizado na captura de alimentos ou para defesa.

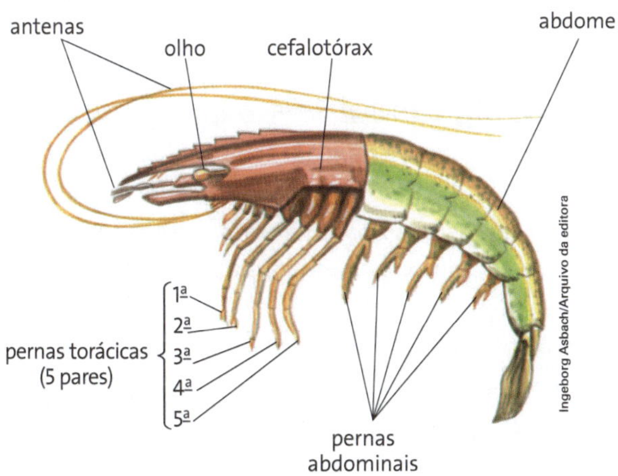

Figura 14 Esquema de um camarão (cores fantasia).

A circulação é semelhante à dos insetos. A principal diferença está no fato de que os crustáceos possuem pigmentos respiratórios, como a hemocianina e a hemoglobina. Assim, nesse grupo, a circulação participa do transporte de oxigênio. A respiração ocorre, em geral, pelas brânquias, ramificações laterais localizadas na base das pernas. As **glândulas maxilares** e **glândulas verdes** ou **antenares** são responsáveis pela excreção: retiram as excretas do sangue e as liberam por poros na base das antenas.

O sistema nervoso, similar ao dos outros artrópodes: órgãos táteis e olfatórios nas antenas e região da boca, e dois olhos compostos, além de estatocistos, que são órgãos de equilíbrio.

Em relação à reprodução, os crustáceos apresentam, em sua maioria, sexos separados. O desenvolvimento pode ser direto ou envolver estágios larvais.

Aracnídeos

Os aracnídeos, como aranhas e escorpiões, são uma classe de artrópodes tipicamente terrestre e que possui representantes de vida livre e ectoparasitas, caso de muitos ácaros. Alguns destes podem, inclusive, transmitir ou causar doenças em seres humanos.

O corpo desses artrópodes é dividido em cefalotórax, no qual se inserem quatro pares de pernas, e abdome (figura 15). Em alguns ácaros, esses dois segmentos estão fundidos. No caso dos escorpiões, o abdome forma uma cauda, que possui um aguilhão que injeta a peçonha.

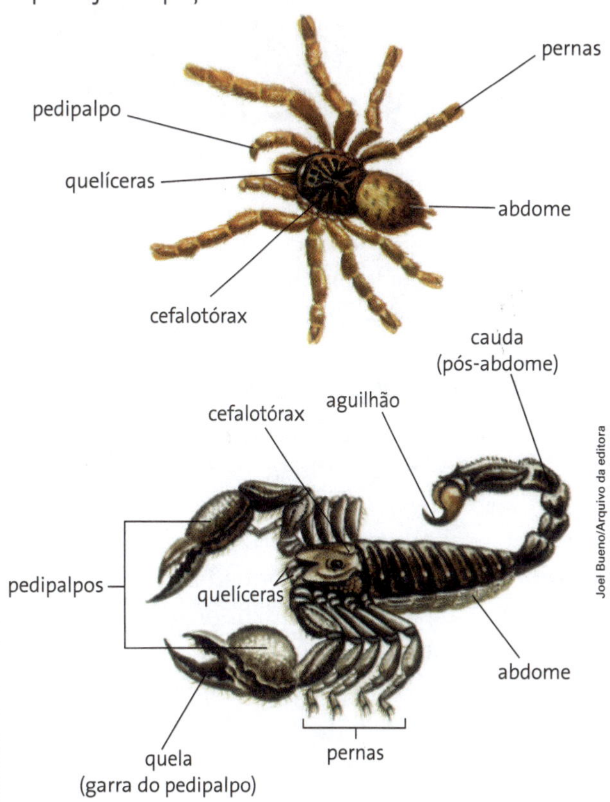

Figura 15 Morfologia externa da aranha e do escorpião (escalas diferentes; cores fantasia).

Os aracnídeos não possuem antenas nem mandíbulas. Na região anterior do cefalotórax estão um par de quelíceras e um par de pedipalpos. Nas aranhas, as quelíceras são utilizadas para injetar a peçonha e os pedipalpos têm função sensorial. Nos escorpiões, estes últimos são preensores.

No abdome das aranhas estão presentes as **fiandeiras**, pequenos apêndices que liberam uma secreção. Em contato com o ar, essa secreção se transforma no fio com o qual ela constrói sua teia ou casulo para os ovos ou para armazenar alimento. A digestão de aranhas e escorpiões é extracorpórea: após capturar a presa, o animal secreta enzimas digestivas e suga o produto líquido.

As **filotraqueias** ou **pulmões foliáceos** são traqueias modificadas, presentes em aranhas maiores e escorpiões, e que formam cavidades mais amplas (figura 16). Tais cavidades contêm sangue, responsável pelo transporte de gases com auxílio dos pigmentos respiratórios. As **glândulas coxais**, que se abrem na base das pernas, e os **túbulos de Malpighi** realizam a excreção. Os olhos são simples e o sistema nervoso segue o padrão dos artrópodes, além de contar com órgãos táteis e olfativos.

Em geral, os sexos são separados. A fecundação é interna e o desenvolvimento, na maioria dos grupos, é direto. Os ácaros apresentam fase larval.

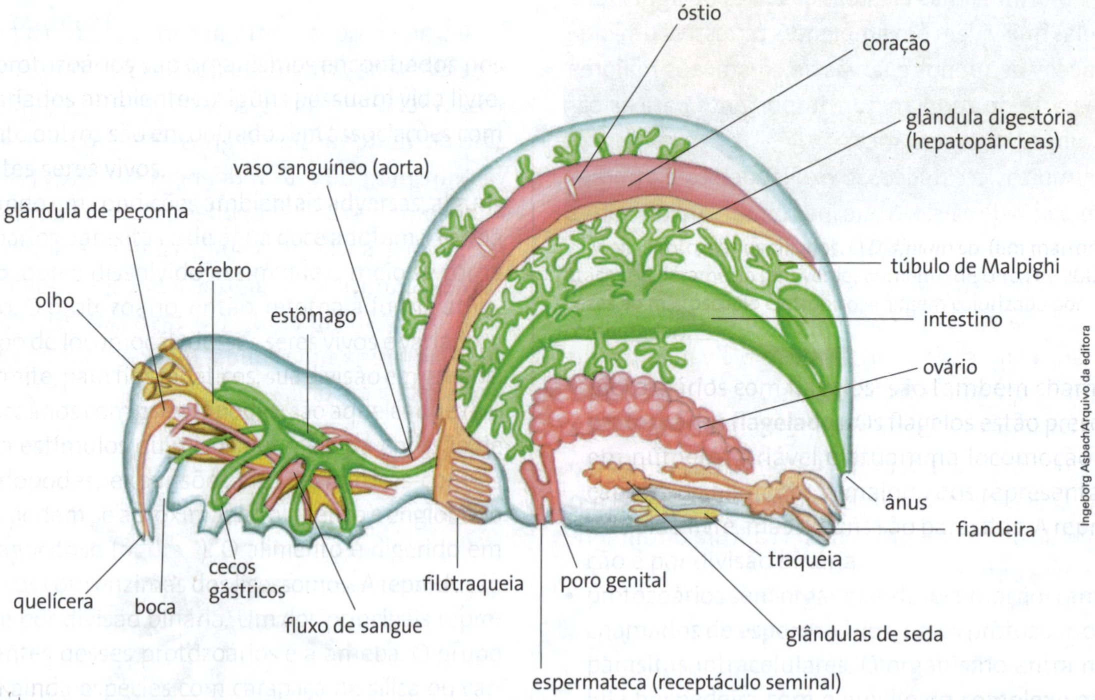

Figura 16 Anatomia de uma aranha (os elementos da ilustração não estão na mesma escala; cores fantasia).

Quilópodes e diplópodes

Os quilópodes e diplópodes são artrópodes terrestres que formam o grupo dos miriápodes, cujo nome está relacionado ao grande número de pernas desses animais. Os quilópodes são representados por lacraias ou centopeias. Os diplópodes, por piolhos-de-cobra.

O corpo dos miriápodes é dividido em cabeça e tronco. A cabeça apresenta um par de antenas e um par de olhos simples. Já o tronco é formado por uma sequência de segmentos. Embora sejam muito semelhantes, quilópodes e diplópodes apresentam diferenças morfológicas marcantes. Nas lacraias há um par de pernas longas por segmento, enquanto nos piolhos-de-cobra existem dois pares de pernas curtas por anel. As lacraias são carnívoras e apresentam um par de **forcípulas** para inocular veneno. Os piolhos-de-cobra são herbívoros e não possuem peçonha. Como forma de defesa, enrolam-se e permanecem imóveis. Algumas espécies liberam substâncias repelentes.

Os miriápodes se assemelham aos insetos na respiração por traqueias, excreção por túbulos de Malpighi, sistema circulatório aberto e sistema nervoso ganglionar e ventral. Em relação à reprodução, os sexos são separados, a fecundação é interna e o desenvolvimento é direto.

Exercícios propostos

1. (Furg-RS) Observe o quadro 1 abaixo. Os algarismos I, II e III correspondem às três Classes de Annelida, e os outros algarismos referem-se a características morfológicas enumeradas no quadro 2.

Quadro 1		
I	II	III
3	1	2
4	5	3
7	8	4
		6

Quadro 2
1. cerdas numerosas
2. ausência de cerdas
3. presença de clitelo
4. hermafroditas
5. cabeça diferenciada do corpo
6. presença de ventosas
7. reduzido número de cerdas
8. presença de estágio larval

Assim, I, II e III representam, respectivamente, as Classes:

a) Oligochaeta, Polychaeta e Hirudinea.

b) Polychaeta, Hirudinea e Oligochaeta.

c) Oligochaeta, Hirudinea e Polychaeta.

d) Hirudinea, Oligochaeta e Polychaeta.

e) Hirudinea, Polychaeta e Oligochaeta.

2. (Furg-RS) Leia as afirmações abaixo:

I. Antozoários são os maiores responsáveis pela formação de corais.

II. Cnidoblastos são células especializadas para defesa e captura de alimentos.

III. Cifomedusas frequentemente provocam lesões em banhistas.

IV. A metagênese é um processo reprodutivo comum entre os hidrozoários.

Quais afirmativas estão corretas?

a) Estão corretas apenas as afirmativas I, II e IV e são relativas ao filo Echinodermata.

b) Estão corretas apenas as afirmativas II, III e IV e são relativas ao filo Porifera.

c) Estão corretas apenas as afirmativas I, II e III e são relativas ao filo Cnidaria.

d) Todas as afirmativas estão corretas e são relativas ao filo Porifera.

e) Todas as afirmativas estão corretas e são relativas ao filo Cnidaria.

3. (Fatec-SP) No reino Animalia, o filo dos artrópodes é o mais diversificado do planeta, apresentando mais de 1 milhão de espécies catalogadas, das quais cerca de 900 mil são só de insetos.

Entre as características estruturais que garantiram a conquista e a adaptação dos insetos ao meio ambiente terrestre, destaca-se a presença de:

a) endoesqueleto, que favorece a sustentação do corpo e a locomoção.

b) pulmões, que favorecem as trocas gasosas no meio ambiente aéreo.

c) exoesqueleto quitinoso e impermeabilizante, que favorece a economia de água.

d) ovos com cascas permeáveis, que favorecem a transpiração e impedem a desidratação.

e) corpo dividido em cefatórax e abdome, que favorece a locomoção e a obtenção de alimentos.

4. (UFRGS-RS) O filo Mollusca é o segundo filo com maior diversidade de espécies, possuindo representantes nos ambientes marinho, de água doce e terrestre. Considere as afirmações abaixo, relacionadas às características apresentadas por esse filo.

I. O corpo compreende três regiões distintas: região cefálica, massa visceral e pé.

II. O sistema nervoso é centralizado e do tipo ganglionar.

III. A reprodução é sexuada e se dá mediante fecundação externa ou interna.

Quais são corretas?

a) Apenas I.

b) Apenas II.

c) Apenas I e III.

d) Apenas II e III.

e) I, II e III.

5. (PUC-RJ) O gráfico abaixo mostra uma curva (A) que representa o crescimento de um artrópode e uma curva (B) que representa o crescimento de outros animais. Com relação ao crescimento do corpo dos artrópodes, podemos afirmar que:

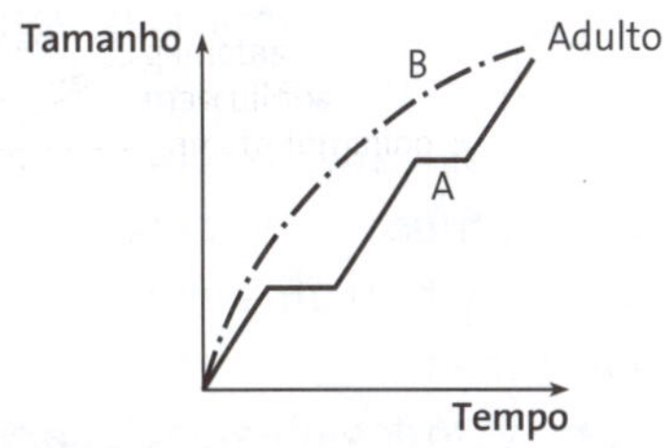

a) é contínuo e acompanha o crescimento do exoesqueleto.

b) ocorre durante a muda.

c) é contínuo e não envolve muda.

d) é descontínuo e ocorre um pouco antes da muda.

e) é descontínuo e ocorre logo após a muda.

Platelmintos

Características gerais

O filo **Platyhelmintes** compreende os animais com o corpo achatado dorsoventralmente, como a planária, que tem vida livre, a tênia e o esquistossomo, ambos endoparasitas. A simetria do corpo desses organismos é bilateral.

Os platelmintos são triblásticos e acelomados. As espécies de vida livre apresentam **cefalização**: a região anterior do corpo possui uma concentração maior de órgãos sensoriais e de tecido nervoso que o restante do animal. Essa região é especializada em receber os estímulos do ambiente.

Nos platelmintos parasitas, a epiderme é revestida por uma **cutícula** que protege o animal das enzimas digestivas do hospedeiro. Na porção anterior do corpo estão presentes ventosas e, por vezes, ganchos de fixação.

O tubo digestório é incompleto, sendo os resíduos da digestão intra e extracelular eliminados pela boca. Os platelmintos de vida livre são carnívoros. Parasitas, como a tênia, aproveitam o alimento já digerido do sangue do hospedeiro e não apresentam tubo digestório.

Não há sistema circulatório nem respiratório: a cavidade digestória distribui o alimento, e o oxigênio absorvido pela pele se difunde pelo corpo do animal. A difusão é também a forma pela qual a amônia, produzida pela oxidação de proteínas, é eliminada. Outros produtos do metabolismo e o excesso de água são eliminados pelos **solenócitos**, células com um flagelo, ou pelas **células-flama**, com vários flagelos (figura 1). Tais células realizam a excreção através de tubos e poros na epiderme. As células-flama são consideradas **protonefrídeos**, pois são órgãos excretores formados por tubos com uma extremidade aberta e outra interna, fechada.

O sistema nervoso dos integrantes do grupo é composto de dois **gânglios cerebrais**, ligados entre si por dois **cordões nervosos**. Essa centralização do sistema nervoso contribui para a melhor coordenação de movimentos complexos. Além dos ocelos presentes nas formas livres, existem quimiorreceptores que indicam a presença de substâncias químicas no ambiente.

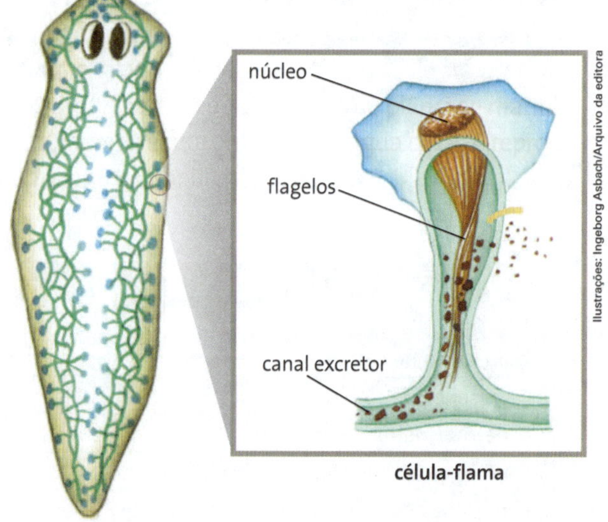

Figura 1 Excreção nos platelmintos: o batimento dos flagelos das células-flama (em detalhe ampliado) impulsiona as excretas ao longo de tubos excretores que se abrem na epiderme (cores fantasia).

A planária pode se reproduzir assexuadamente por **laceração** ou **fissão** (figura 2). Cada uma das partes se regenera e origina um indivíduo inteiro.

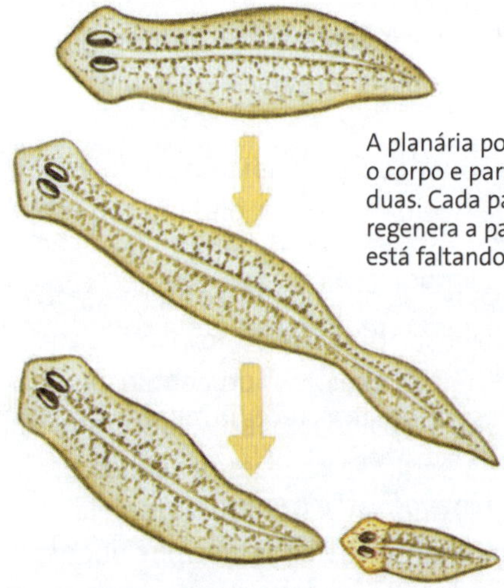

Figura 2 Reprodução assexuada das planárias (cores fantasia).

As planárias são hermafroditas e também podem realizar reprodução sexuada. A fecundação é cruzada e mútua, e o desenvolvimento é direto. As tênias também são hermafroditas (cada anel possui gônadas masculinas e femininas) e o indivíduo realiza autofecundação. Os ovos são eliminados com as fezes do hospedeiro e o desenvolvimento é indireto.

Classificação

Os platelmintos são divididos em três classes: **Turbellaria** (turbelários), **Trematoda** (trematódeos) e **Cestoda** (cestódeos).

Os **turbelários** são, em sua maioria, aquáticos de vida livre, como as planárias.

Os **trematódeos** têm o corpo revestido por cutícula e, em geral, são hermafroditas. A boca pode apresentar ventosas. O principal representante da classe é o esquistossomo, causador da **esquistossomose** ou **doença do caramujo**. Nele o **miracídio**, larva ciliada, cresce e se desenvolve, formando vários **esporocistos** que originarão outro tipo de larva, a **cercária**. O desenvolvimento do esquistossomo se completa no sistema porta-hepático do ser humano, hospedeiro definitivo. O macho apresenta um sulco, o **canal ginecóforo**, no qual a fêmea permanece durante a cópula (figura 3).

O ciclo desse platelminto é apresentado na figura 4. Os sintomas da doença incluem problemas no fígado, baço e intestino, diarreia, dores abdominais e emagrecimento. Por causa do crescimento dos órgãos mencionados, há um aumento do volume da região abdominal, o que dá o nome popular à doença: barriga-d'água. Como medidas profiláticas recomenda-se instalações sanitárias adequadas, sistema de esgoto eficiente, combate ao caramujo, ingerir somente água fervida e utilizar luvas e botas.

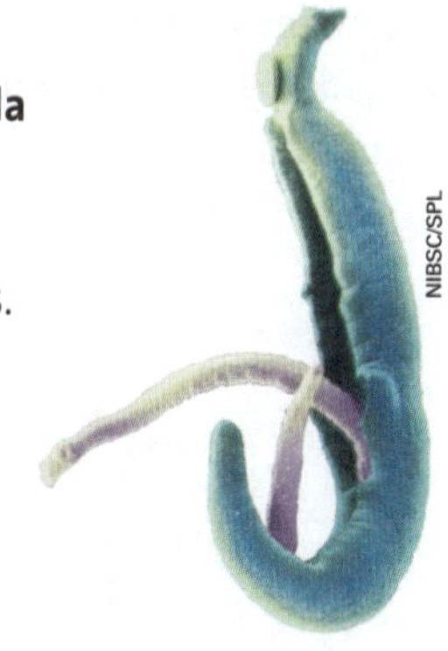

Figura 3 Fêmea do esquistossomo no canal do corpo do macho, que tem cerca de 1 cm de comprimento (microscopia eletrônica; imagem colorizada por computador).

Figura 4 Ciclo do esquistossomo. O macho tem cerca de 1 cm de comprimento; os ovos, cerca de 0,15 mm; o miracídio, cerca de 0,16 mm; a cercária, cerca de 0,3 mm. (Os elementos da ilustração não estão na mesma escala; cores fantasia.)

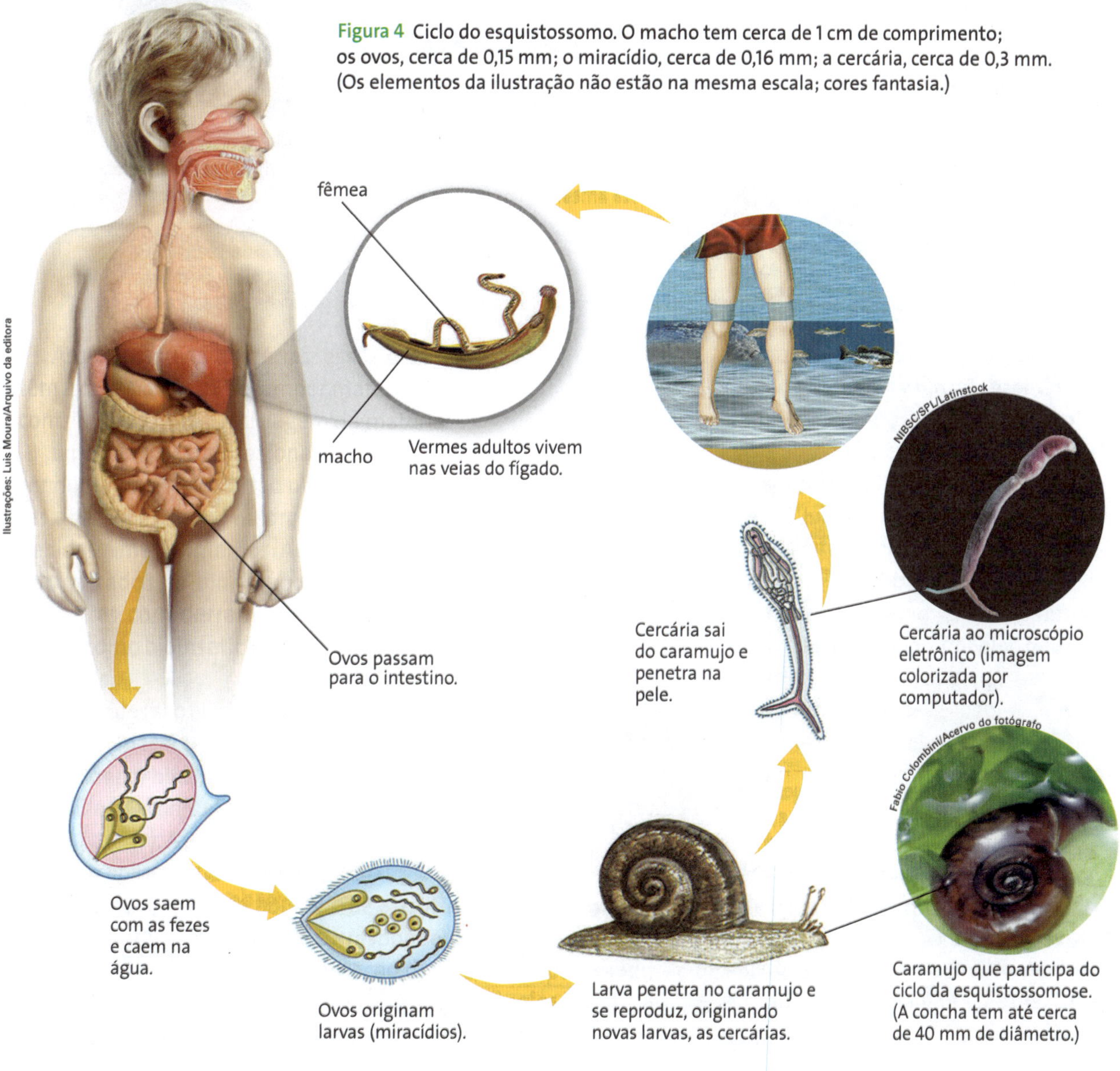

Os **cestódeos** incluem as tênias (*Taenia solium* e *Taenia saginata*). O corpo ou **estróbilo** é constituído por **proglótides** ou **proglotes**, repetições de segmentos que crescem por **estrobilização**: divisão dos segmentos próximos à cabeça, chamada **escólex** e que pode apresentar ventosas ou ganchos (figura 5). Cordões nervosos e canais excretores percorrem todo o estróbilo, e cada segmento é hermafrodita e capaz de se autofecundar.

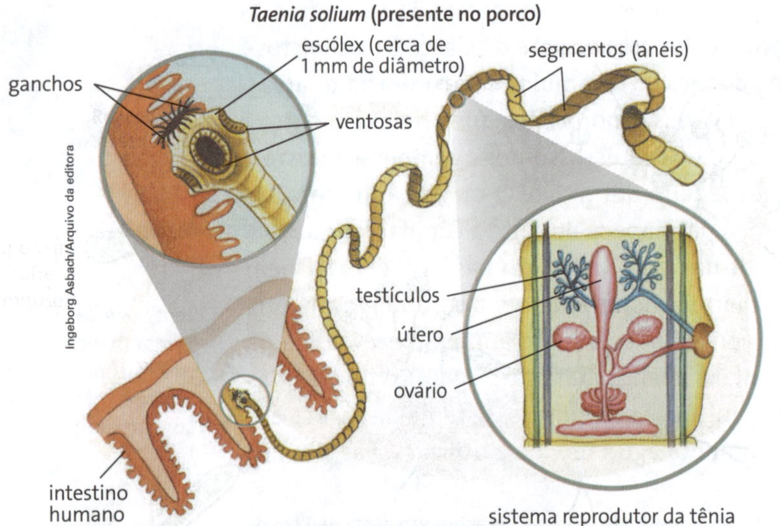

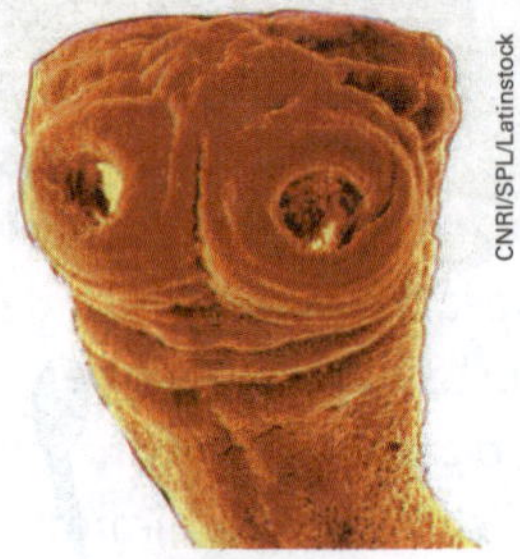

Escólex de *Taenia saginata* (microscópio eletrônico; aumento de cerca de 25 vezes; colorizada por computador). O corpo desta tênia atinge, em geral, até 8 m de comprimento.

Corpo da *Taenia solium* (essa tênia atinge, em geral, até 3 m de comprimento).

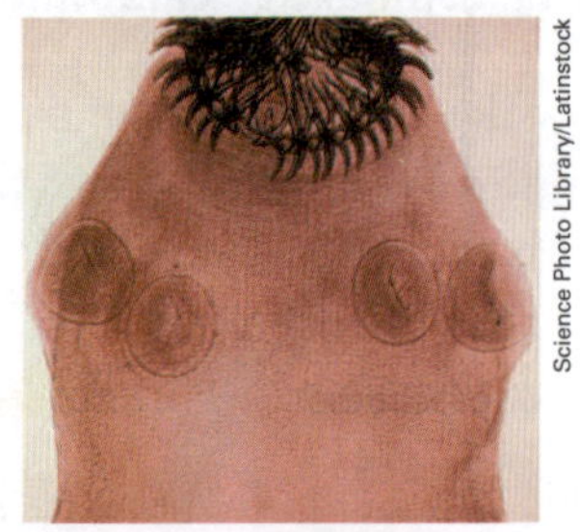

Escólex da tênia do porco (microscópio óptico; aumento de cerca de 15 vezes).

Figura 5 Tênia presa ao intestino humano e estrutura do corpo da tênia (ilustrações sem escala; cores fantasia).

Duas espécies de tênia podem causar a **teníase**: *Taenia solium*, cujo hospedeiro intermediário é o porco, e a *Taenia saginata*, que tem o boi como hospedeiro intermediário. Em ambas, o homem é o hospedeiro definitivo e se contamina ao ingerir a carne crua, mal-assada ou malcozida que contém cisticercos. A reprodução ocorre no intestino delgado, onde a tênia adulta vive presa à parede intestinal. As proglotes fecundadas são eliminadas com as fezes. Quando estas chegam ao solo, os ovos podem contaminar água e alimentos devido à ausência de instalações sanitárias adequadas e ser ingeridos pelos hospedeiros intermediários. Na figura 6 é apresentado o ciclo da *Taenia solium*. As tênias também são chamadas **solitárias**, pois geralmente há apenas um indivíduo por hospedeiro.

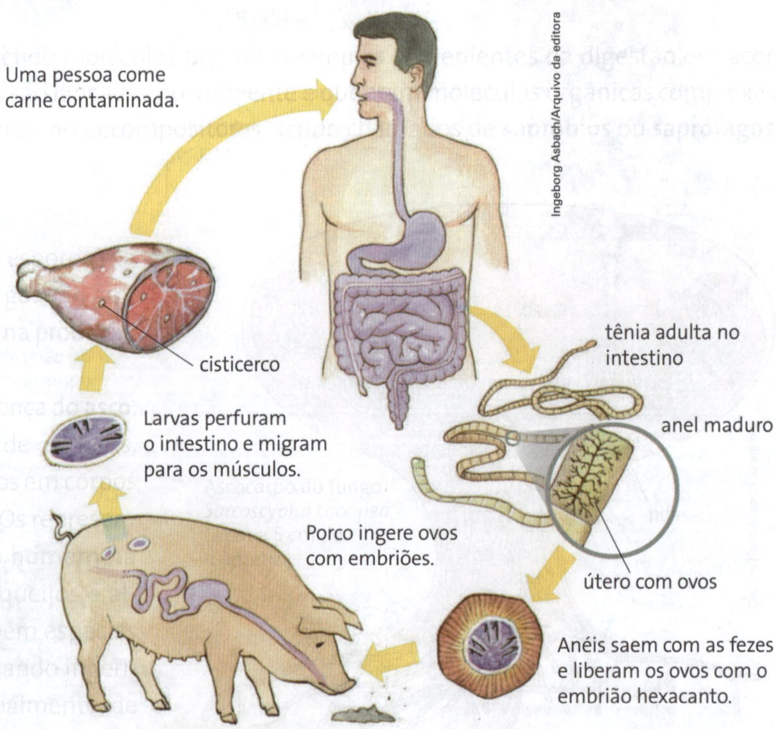

Figura 6 Ciclo da tênia. Seu corpo tem cerca de mil proglotes (os elementos da ilustração não estão na mesma escala; cores fantasia).

A **cisticercose humana** ocorre quando os ovos eliminados por um indivíduo contaminado com *Taenia solium* são transmitidos para ele próprio ou para outras pessoas. Na cisticercose, o ser humano é hospedeiro intermediário. As oncosferas, embriões esféricos, passam do intestino para a circulação e podem se alojar nos olhos, no cérebro, na pele e em outros órgãos. A doença é mais grave que a teníase. Ambas podem ser combatidas com medidas de saneamento básico, hábitos de higiene pessoal e ingestão somente de alimentos bem higienizados. Evitar a ingestão de carne crua ou mal cozida é a principal medida para evitar a teníase.

Nematódeos

Características gerais

Os nematódeos são vermes de corpo cilíndrico, alongado e afilado nas extremidades. São triblásticos e possuem um pseudoceloma, que proporciona um maior espaço para o desenvolvimento dos órgãos. A distribuição de nutrientes resultantes da digestão e a eliminação de excretas são responsabilidade do líquido que preenche o pseudoceloma. Além disso, esse líquido também funciona como esqueleto hidrostático.

Uma **cutícula** resistente secretada pela epiderme recobre o corpo dos nematódeos. Nas espécies parasitas, essa estrutura protege contra as defesas do organismo hospedeiro. Abaixo da epiderme há músculos longitudinais. O tubo digestório é completo e a digestão é extra e intracelular. As espécies parasitas absorvem o alimento já digerido pelo hospedeiro.

A excreção se dá por meio de **renetes**, par de células alongadas em forma de saco e que se abrem para o exterior através de um poro na epiderme. Na região anterior do corpo está presente um anel do qual partem cordões nervosos longitudinais.

Na maioria das espécies, os sexos são separados. A fecundação é interna e o jovem é semelhante ao adulto. Ao longo de várias mudas, nas quais há troca de cutícula, o indivíduo cresce e seu sistema reprodutor amadurece.

Nematódeos parasitas do ser humano

Dentre as doenças causadas por nematódeos em seres humanos, podemos citar:

- **ascaridíase**: causada pelo *Ascaris lumbricoides*, também conhecido como **lombriga**. A infestação ocorre, principalmente, por meio da ingestão de água e alimentos contaminados com os ovos do verme. Ao chegar ao intestino, os ovos eclodem e as larvas conseguem atingir veias e vasos linfáticos, sendo levadas para o coração e, depois, para os pulmões. Posteriormente, passam pelos brônquios, traqueia, laringe e faringe, indo parar no estômago. Os adultos se instalam definitivamente no intestino delgado do hospedeiro, onde se reproduzem. Os ovos são eliminados juntamente com as fezes da pessoa contaminada. O ciclo da lombriga é ilustrado na figura 7. Dentre os sintomas da doença estão urticária, cólicas, diarreias, prisão de ventre, tosse seca e chiado. A prevenção inclui instalação de rede de esgoto, hábitos de higiene pessoal, construção de fossas e educação sanitária.

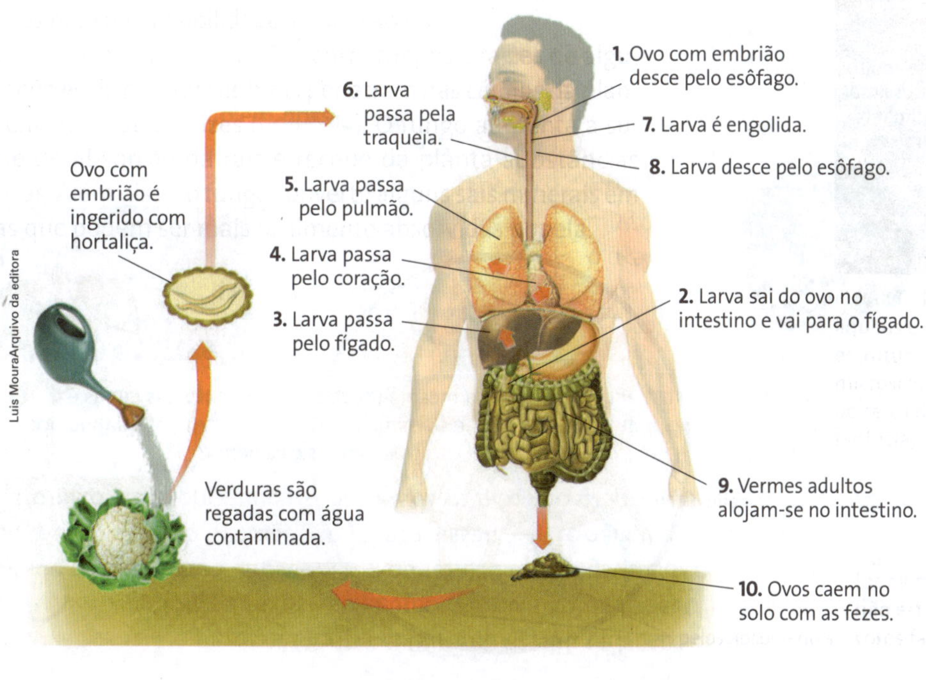

Figura 7 Esquema do ciclo do *Ascaris lumbricoides* (os elementos ilustrados não estão na mesma escala; cores fantasia).

- **ancilostomose**: também conhecida como **ancilostomíase** ou **amarelão** (devido à aparência pálida do indivíduo contaminado). Assim como a lombriga, o verme adulto se instala no intestino delgado do ser humano e os ovos são eliminados juntos com as fezes. As larvas liberadas vivem no solo até penetrarem em um novo hospedeiro através da pele. Então, migram para os vasos linfáticos e passam para os sanguíneos, que as leva até coração e pulmões, de onde passa para os bronquíolos. Destes, as larvas chegam à faringe, descem para o esôfago e alcançam o intestino delgado, onde se tornam adultos. A doença pode ser causada pelos nematódeos *Necator americanus* e *Ancylostoma duodenale*, cujo ciclo de vida é apresentado na figura 8. Tais vermes apresentam placas cortantes ou dentes, que rasgam a parede intestinal e sugam o sangue do hospedeiro. A hemorragia causada ocasiona anemia e, consequentemente, cansaço, fraqueza, tonturas, desânimo e dores musculares. Conforme a anemia se agrava, há deficiência na circulação e no funcionamento do coração. A prevenção é feita com a melhoria de instalações sanitárias, hábitos de higiene e uso de calçados, visto que a larva costuma penetrar pelos pés descalços. O tratamento inclui a administração de ferro para combater a anemia.

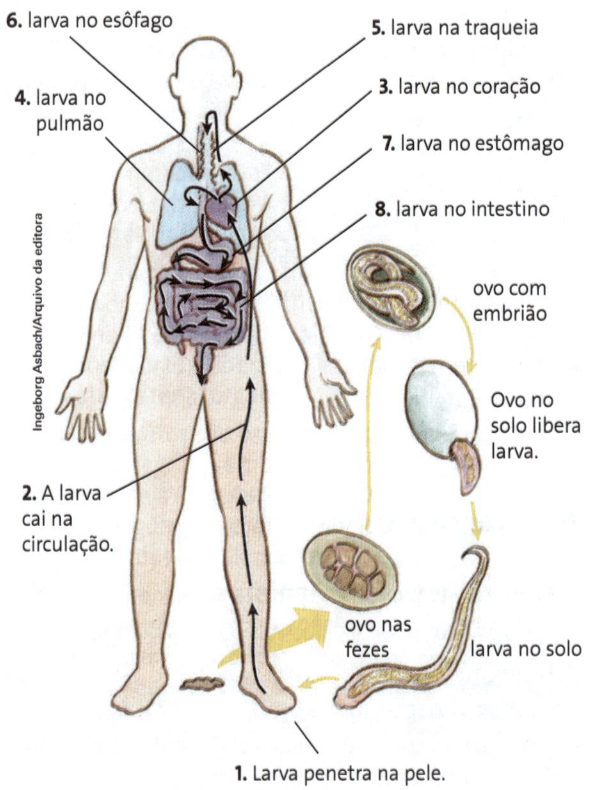

Figura 8 Esquema do ciclo do *Ancylostoma duodenale* (os elementos da ilustração não estão na mesma escala; cores fantasia).

- **filariose**: causada pelo verme *Wucherera bancrofti* ou **filária**, transmitido pela picada do mosquito do gênero *Culex*. O mosquito contaminado transfere as larvas ao picar uma pessoa. As larvas chegam aos vasos linfáticos, onde se tornam adultas, e os obstruem, impedindo-os de realizar sua função. Assim, o líquido linfático fica acumulado na região afetada, causando inchaços e deformações. Por esse motivo, a doença é também conhecida como **elefantíase**. O ciclo da filária pode ser observado na figura 9. Combate ao mosquito, saneamento ambiental e tratamento de esgoto estão entre as medidas preventivas.

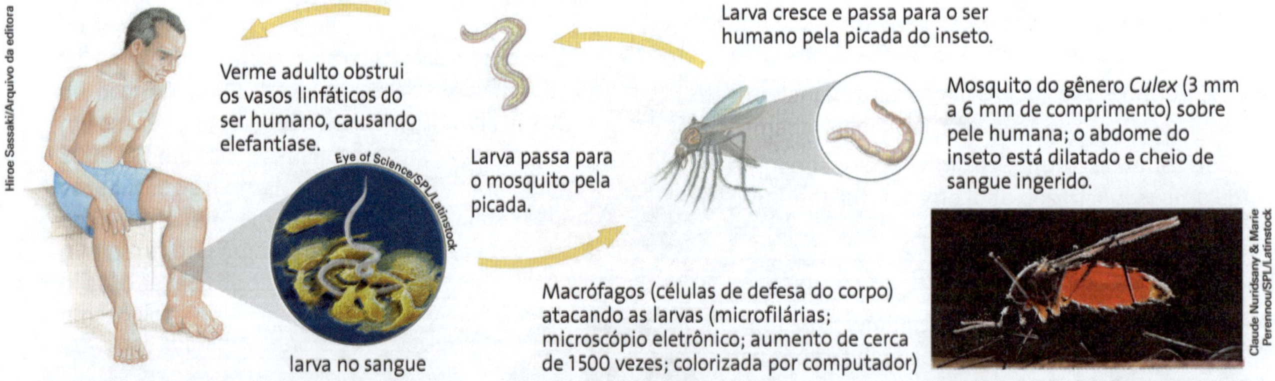

Figura 9 Esquema do ciclo da filária (os elementos ilustrados não estão na mesma escala: comprimento das larvas é de 0,3 mm a 0,6 mm, e dos vermes adultos, de 4 cm a 10 cm; cores fantasia). Os vasos do sistema linfático são obstruídos quando ocorre a infestação pelo *W. bancrofti*, causando o inchaço e a deformação de locais como as mamas e as pernas.

- **enterobíase**: provocada pelo *Enterobius vermicularis* ou *Oxyurus vermicularis*, conhecido como **oxiúro**, a doença tem como principal sintoma a coceira na região anal. É nesse local que as fêmeas, que se desenvolvem no intestino grosso, depositam os ovos. A transmissão pode ocorrer de um indivíduo para outro ou por autoinfestação. A prevenção está relacionada, basicamente, a medidas de higiene, como troca diária de roupas de cama e de dormir, já que podem conter os ovos, e limpeza das unhas e do corpo.

Exercícios propostos

1. (PUC-RS) Considere a figura e as informações apresentadas abaixo, sobre um tipo de parasitose.

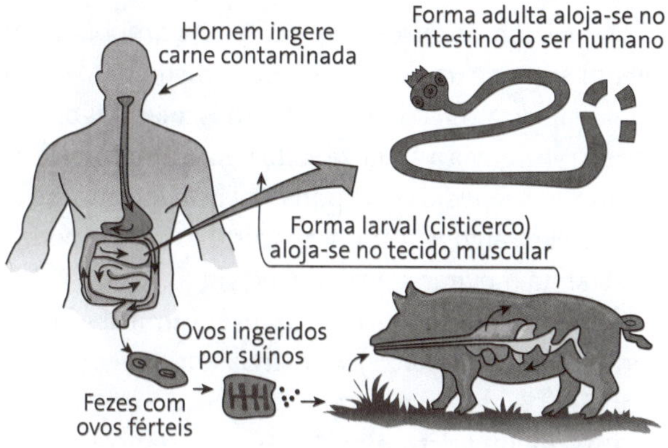

O esquema apresentado na figura representa uma parasitose conhecida como ___________, ocasionada por um animal pertencente ao grupo dos ___________, na qual o homem é o hospedeiro ___________.

a) ascaridíase – platelmintos – intermediário
b) oxiurose – platelmintos – definitivo
c) filariose – asquelmintos – definitivo
d) teníase – platelmintos – definitivo
e) esquistossomose – asquelmintos – intermediário

2. (UFF-RJ) Os platelmintos pertencem ao primeiro grupo de animais a possuir um sistema excretor. Este é bastante primitivo, formado por células-flama. A principal função destas células é:

a) remover o excesso de água e os resíduos nitrogenados do sangue e lançá-los para o intestino.
b) remover o excesso de água e os resíduos nitrogenados do sistema circulatório e lançá-los para o exterior.
c) remover o excesso de água e os resíduos nitrogenados do tecido epitelial e lançá-los para o intestino.
d) remover o excesso de água e os resíduos nitrogenados do ectoderma e lançá-los para os túbulos de Malpighi.
e) remover o excesso de água e os resíduos nitrogenados do mesoderma e lançá-los para o exterior.

3. (PUC-SP) O parasita que penetra no organismo pela boca, em fase de ovo, vai consecutivamente para o aparelho digestivo, circulatório, respiratório e volta novamente para o tubo digestivo é:

a) Ascaris.
b) Taenia.
c) Wuchereria.
d) Ancylostoma.
e) Necator.

4. (PUC-RJ) No ciclo de *Taenia solium*, os hospedeiros definitivo e intermediário são, respectivamente:

a) homem – porco.
b) boi – homem.
c) porco – homem.
d) homem – boi.
e) homem – frango.

5. (Unifor-CE) A série de figuras abaixo mostra um dos processos reprodutivos da planária.

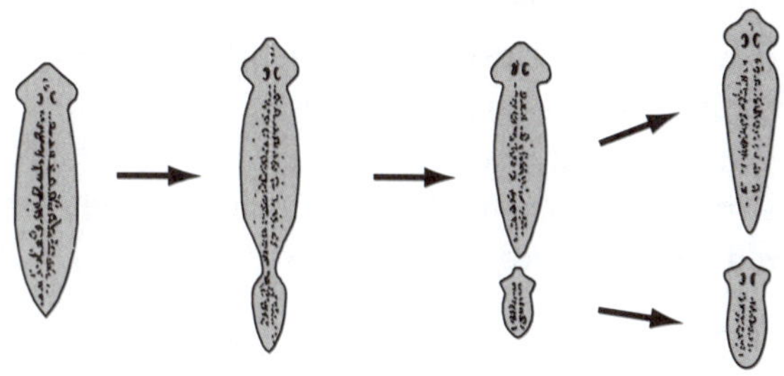

O processo representado é o de:

a) fecundação cruzada.
b) fissão transversal.
c) estrobilização.
d) partenogênese.
e) brotamento.

6. (Uece) O *Ascaris lumbricoides* é causador da verminose mais difundida no mundo: a ascaridíase. Sobre esses vermes, pode-se afirmar corretamente que

a) possuem coloração que varia entre o branco e o amarelado, corpo liso e brilhante, alongado e achatado.
b) os machos são maiores do que as fêmeas e apresentam a extremidade posterior do corpo fortemente encurvada para a face ventral.
c) a intensidade das alterações provocadas independe do número de larvas presente no hospedeiro e mesmo as pequenas infecções causam sintomas graves, como lesões hepáticas e perfuração de órgãos, levando à morte.
d) em consequência de sua elevada prevalência e de sua ação patogênica, esse verme pode ser considerado uma das causas do subdesenvolvimento nutricional de grande parte da população de países subdesenvolvidos.

7. (Fuvest-SP) Um determinado animal adulto é desprovido de crânio e apêndices articulares. Apresenta corpo alongado e cilíndrico. Esse animal pode pertencer ao grupo dos

a) répteis ou nematelmintos.
b) platelmintos ou anelídeos.
c) moluscos ou platelmintos.
d) anelídeos ou nematelmintos.
e) anelídeos ou artrópodes.

Equinodermos

O filo **Echinodermata** é exclusivamente marinho de vida livre e representado por estrelas-do-mar, bolachas-da-praia, estrelas-serpentes, pepinos-do-mar, lírios-do-mar e ouriços-do-mar. Esses animais são triblásticos, deuterostômios e celomados, e têm como característica marcante a presença de espinhos na pele. Vivem no leito do mar, podendo ser sésseis ou se moverem pelo fundo, constituindo parte da **comunidade bentônica**.

Morfologia e fisiologia

Grande parte dos equinodermos possui simetria **pentarradial** ou **pentarradiada**. Isso significa que o corpo pode ser dividido em cinco planos em volta de um eixo central. As chamadas **zonas radiais**, **ambulacrárias** ou **ambulacrais** delimitam esses planos.

Abaixo da epiderme está o esqueleto, de origem mesodérmica e constituído por ossículos calcários que podem se fundir, formando placas calcárias. Uma das principais características do grupo é a presença de um **sistema ambulacrário** ou **hidrovascular**. O sistema compreende canais pelos quais a água circula e que se comunicam com os **pódios**, também conhecidos como **pés ambulacrários** ou **ambulacrais**. Estes são pequenos tubos ligados a dilatações denominadas **ampolas**, como ilustrado na figura 1.

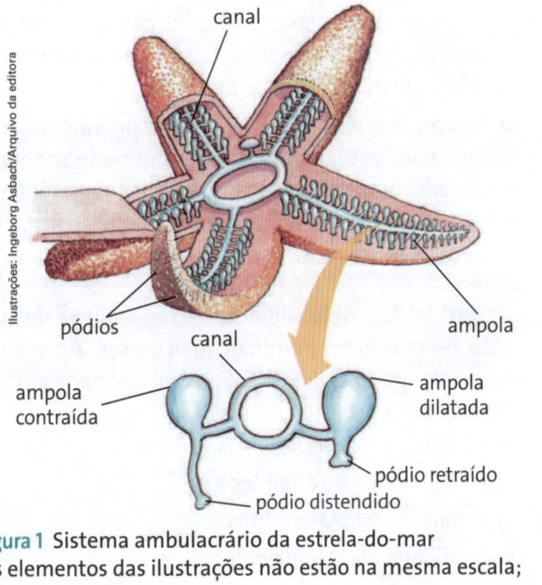

Figura 1 Sistema ambulacrário da estrela-do-mar (os elementos das ilustrações não estão na mesma escala; cores fantasia).

Ao se contraírem, os músculos da ampola bombeiam a água para os pódios, que se distendem e atingem o substrato. A contração dos músculos dos pódios, por sua vez, envia a água de volta para a ampola. A ação conjunta dos pódios é responsável pela locomoção do animal. Em alguns grupos, braços e espinhos podem auxiliar na movimentação do indivíduo.

Todos os equinodermos apresentam tubo digestório completo (figura 2). As estrelas-do-mar possuem glândulas digestórias, enquanto o ouriço-do-mar tem a **lanterna de aristóteles**. Este órgão é formado por cinco dentes utilizados para raspar o alimento de rochas e do fundo do mar.

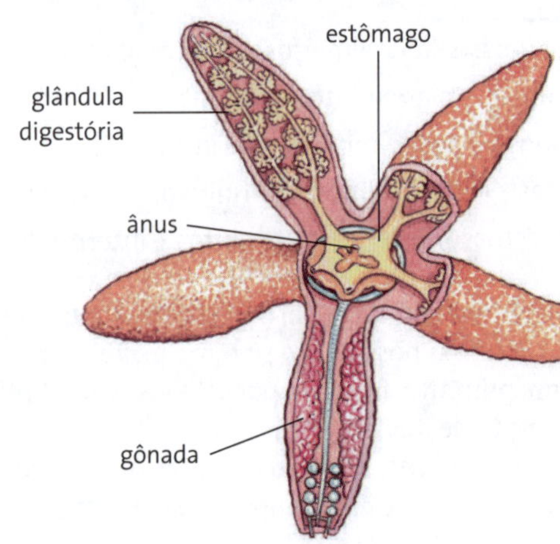

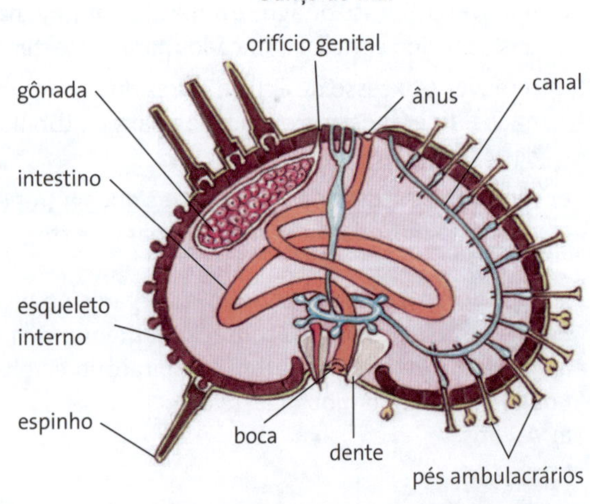

Figura 2 Sistemas digestório e reprodutor dos equinodermos (os elementos da ilustração não estão na mesma escala; cores fantasia).

A troca de gases com a água ocorre nos pódios, mas alguns grupos apresentam estruturas respiratórias especializadas: o pepino-do-mar possui **árvores respiratórias**, ramificações da parede da cloaca e que recebem a água do mar através do ânus; o ouriço-do-mar tem brânquias que se projetam para fora do corpo.

As funções do sistema circulatório são desempenhadas pelo sistema ambulacrário e pelo líquido celômico. As excretas são eliminadas pelos pódios e pelas pápulas.

O sistema nervoso desses animais é pouco desenvolvido: alguns grupos apresentam órgãos capazes de perceber a luz e células táteis e olfativas espalhadas pela epiderme.

Reprodução

A maioria dos equinodermos apresenta sexos separados, com as gônadas se abrindo para o exterior através de orifícios na epiderme. A fecundação é externa e o desenvolvimento inclui uma fase larval ciliada, de simetria bilateral, que sofre metamorfose e se transforma em adulto.

Algumas espécies de estrelas-do-mar regeneram braços danificados, desde que apresentem parte do disco central, e originam um indivíduo completo.

Classificação

Podemos dividir o filo em cinco classes:

- **Asteroidea**: representada pela estrela-do-mar. Apresenta cinco braços que partem de um disco central e auxiliam na locomoção do organismo e captura de presas. Os asteroides são carnívoros, alimentando-se de invertebrados pequenos e até peixe.
- **Euchinoidea**: compreende os ouriços-do-mar e bolachas-da-praia (figura 3). Os equinoides não possuem braços.

Figura 3 Na foto abaixo, um ouriço-do-mar (*Echinometra lucunter*; 7 cm de diâmetro). Na foto ao lado, bolacha-da-praia (6 cm a 10 cm de diâmetro).

Fotos: Fabio Colombini/Acervo do fotógrafo

- **Holothuroidea**: constituída pelos pepinos-do-mar ou holotúrias, animais que apresentam esqueleto reduzido (figura 4). Ao redor da boca existem tentáculos que auxiliam na captura de partículas de alimento.

Fabio Colombini/Acervo do fotógrafo

Figura 4 Pepino-do-mar (cerca de 10 cm de comprimento).

- **Ophiuroidea**: representado pela estrela-serpente ou ofiúro (figura 5). Os ofiuroides se assemelham às estrelas-do-mar, mas seus braços são mais longos e flexíveis.

Geogette Douwma/SPL/Latinstock

Figura 5 Serpente-do-mar (atinge 50 cm de diâmetro).

- **Crinoidea**: tem como representante o lírio-do-mar. Esses animais são sésseis, permanecendo fixos por meio dos cirros (figura 6).

Fabio Colombini/Acervo do fotógrafo

Figura 6 Lírio-do-mar (*Tropiometra carinata*; 9 cm de diâmetro).

Protocordados

O filo dos **cordados** compreende urocordados, cefalocordados e os vertebrados. Dois dos três grupos que constituem o filo são classificados como **protocordados**: os cefalocordados e os urocordados.

Características gerais

Todos os cordados apresentam simetria bilateral, corpo segmentado e circulação fechada, características que compartilham com alguns invertebrados. A deuterostomia é comum com os equinodermos.

Como uma de suas características exclusiva, os cordados possuem a **notocorda** ou **corda dorsal**, um bastão de células acima do tubo digestório e que se estende pelo dorso do animal (figura 7). Serve como ponto de apoio para os músculos e, nos vertebrados, dá lugar à coluna vertebral durante o desenvolvimento embrionário.

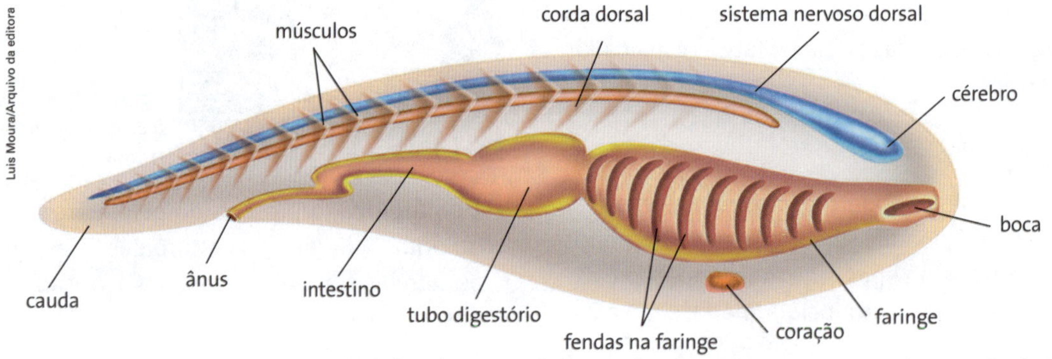

Figura 7 Esquema geral de um cordado (os elementos da ilustração não estão na mesma escala; cores fantasia).

A partir do tubo neural se forma o **sistema nervoso dorsal**, cuja posição é diferente da apresentada pelos grupos estudados anteriormente. Além disso, enquanto nestes o sistema nervoso era formado por um cordão maciço de células, nos cordados ele é oco.

Em embriões de cordados estão presentes os **arcos faríngeos**, separados pelas **fendas** ou **sulcos faríngeos** (também chamados de **fendas branquiais**) e evaginações, as **bolsas faríngeas**. Em alguns grupos, os arcos e fendas persistem no indivíduo adulto. Em outros, dão origem a estruturas como a tuba auditiva.

Nos cefalocordados, a notocorda se estende da cauda à região cefálica. O grupo tem como representante o anfioxo, animal de corpo transparente e em forma de lança com duas pontas (figura 8). O anfioxo é marinho e possui três nadadeiras: uma dorsal, uma caudal e uma ventral, todas interligadas.

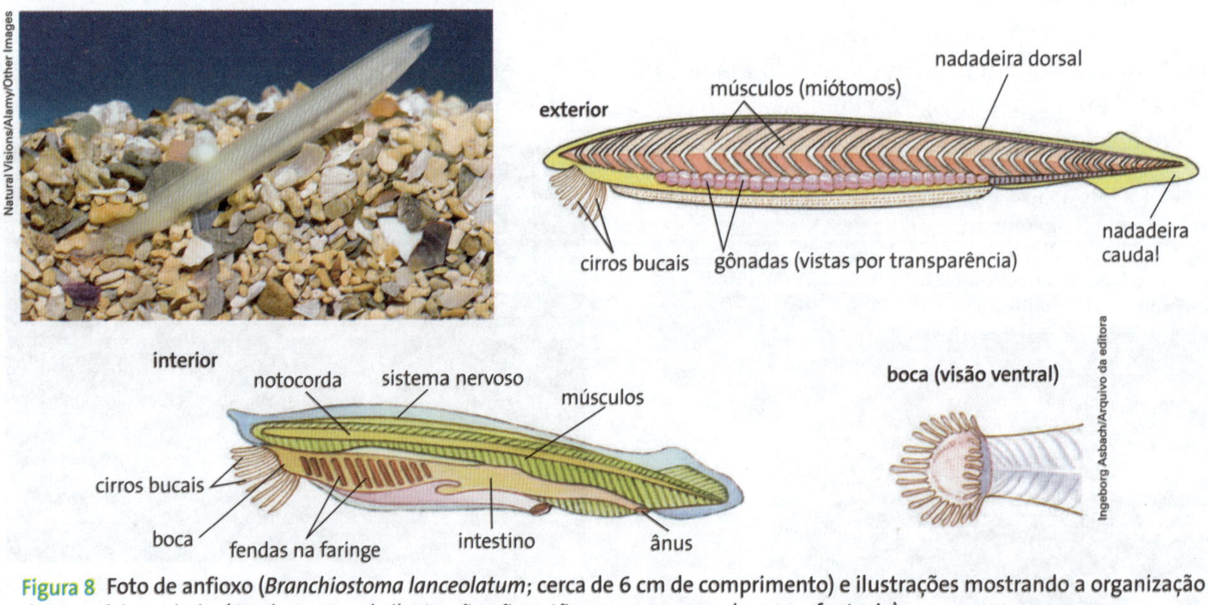

Figura 8 Foto de anfioxo (*Branchiostoma lanceolatum*; cerca de 6 cm de comprimento) e ilustrações mostrando a organização desse cefalocordado. (Os elementos da ilustração não estão na mesma escala; cores fantasia).

Nos urocordados, a notocorda se localiza na região caudal da larva. Seus representantes, as ascídias, são marinhos sésseis, e podem ser solitários ou coloniais (figura 9). Esses animais são revestidos por uma túnica protetora constituída por **tunicina**.

Reinhard Dirscherl/Look/Latinstock

Fabio Colombini/Acervo do fotógrafo

Figura 9 Ascídias (*Polycarpa aurata*; de 4 a 6 cm de altura) e uma ascídia encontrada no litoral do Brasil, a ascídia negra (*Phallusia nigra*; cerca de 10 cm de altura).

Os indivíduos adultos possuem um sifão por onde entra a água, o **oral** ou **inalante**, e um **cloacal** ou **exalante**, pelo qual saem os resíduos, a água e os gametas (figura 10). As ascídias se alimentam do plâncton retido pelas fendas faríngeas. A reprodução pode ocorrer por brotamento ou de forma sexuada, com fecundação externa e desenvolvimento indireto, com larva natante. Esta apresenta características típicas dos cordados: tubo nervoso dorsal, fendas faríngeas, notocorda, coração ventral e cauda. Quando adulto, a ascídia se fixa ao substrato e a notocorda e o tubo nervoso desaparecem.

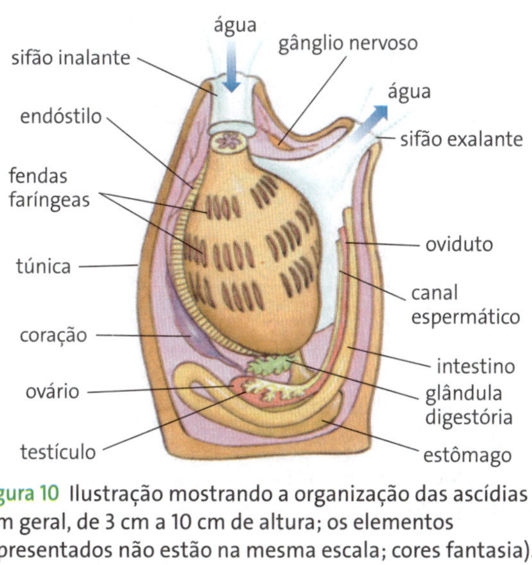

Ingeborg Asbach/Arquivo da editora

Figura 10 Ilustração mostrando a organização das ascídias (em geral, de 3 cm a 10 cm de altura; os elementos representados não estão na mesma escala; cores fantasia).

Exercícios propostos

1. (PUC-PR) Com relação ao anfioxo, precioso elo para o estudo evolutivo das espécies, pode-se afirmar:

   I. Pertence ao filo Chordata.

   II. É encontrado apenas em ambientes marinhos.

   III. É mais evoluído do que os ciclóstomos.

   IV. Possui notocorda apenas durante uma fase de sua vida.

   V. Tem respiração branquial.

   Estão corretas as afirmações:

   a) III, IV e V.
   b) I, II e IV.
   c) II, III e IV.
   d) II, III e V.
   e) I, II e V.

2. (Ufes) Um aluno esquematizou um anfioxo, indicando, com legendas, os principais caracteres do filo Chordata. Indique a legenda que aponta o ERRO cometido pelo aluno.

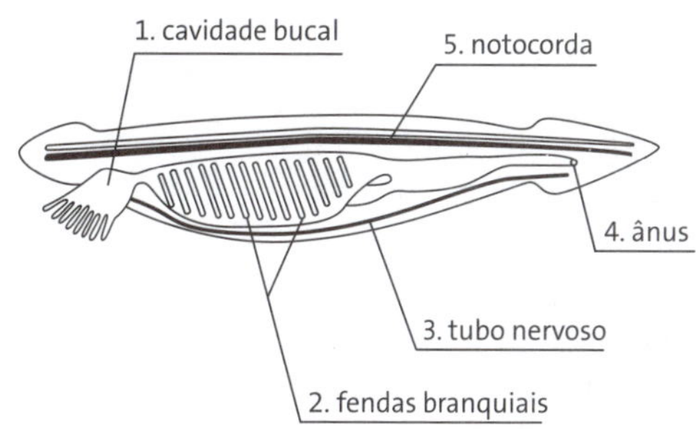

   a) Legenda 1.
   b) Legenda 2.
   c) Legenda 3.
   d) Legenda 4.
   e) Legenda 5.

3. (UEG-GO) Sobre as características de alguns grupos de invertebrados, é INCORRETO afirmar:

   a) Nos platelmintos, encontramos os vermes de corpo achatado e vida parasitária, muitos dos quais são responsáveis por várias doenças que acometem o ser humano.
   b) Nos moluscos, o tubo digestório é incompleto, podendo existir uma estrutura denominada rádula cuja função é a captura de presas.
   c) Nos equinodermos, a simetria observada é a radial, ou seja, existem vários planos de divisão do corpo em partes simétricas.
   d) Alguns representantes dos celenterados apresentam ciclo de vida com alternância de gerações, sucedendo-se reprodução assexuada e sexuada.

4. (Unaerp-SP) A figura abaixo representa a estrutura interna de um filo do reino Animalia. Sobre os representantes desse filo é correto afirmar, exceto:

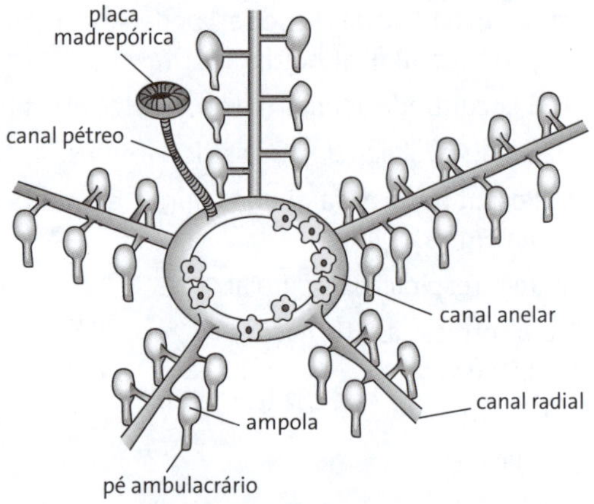

a) São exclusivamente marinhos.
b) São protostômios, ou seja, o blastóporo dá origem à boca.
c) Possuem simetria pentarradial.
d) Possuem um esqueleto calcário interno recoberto por uma epiderme.
e) Possuem fecundação externa com desenvolvimento indireto, ou seja, há formação de larva.

5. (UEPB) Nos Chordata, a notocorda dispõe-se, pelo menos na fase embrionária:
a) ventralmente à aorta.
b) dorsalmente ao tubo neural.
c) dorsalmente ao intestino.
d) ventralmente à coluna vertebral.
e) anteriormente ao intestino.

6. (PUC-PR) Com relação ao Anfioxo, precioso elo para o estudo evolutivo das espécies, pode se afirmar:
I. Pertence ao filo Chordata.
II. É encontrado apenas em ambientes marinhos.
III. É mais evoluído do que os Ciclóstomos.
IV. Possui notocorda apenas durante uma fase de sua vida.
V. Tem respiração branquial.

Estão corretas as afirmações:
a) III, IV e V.
b) I, II e IV.
c) II, III e IV.
d) II, III e V.
e) I, II e V.

7. (UFMS) Simetria pentarradial, sistema hidrovascular, presença de uma placa madrepórica e de pés-ambulacrais, são características do(a):
a) Estrela-do-mar.
b) Ácaro.
c) Minhoca.
d) Anêmona-do-mar.
e) Sapo.

8. (UPF-RS)

"Um pequenino grão de areia
que era um pobre sonhador
olhando o céu viu uma estrela
e imaginou coisas de amor
(...)
(...) o que há de verdade
é que depois, muito depois
apareceu a estrela-do-mar"

(Herivelto Martins)

As estrelas-do-mar são:
a) equinodermos com revestimento calcário, sem espinhos e tecido muscular
b) equinodermos com epiderme recobrindo os espinhos calcários articulados às placas do endoesqueleto.
c) equinodermos com epiderme queratinizada nos pés ambulacrais e superfície corporal lisa.
d) poríferos com epiderme recobrindo os espinhos calcários articulados às placas do esqueleto.
e) poríferos com epiderme queratinizada nos pés ambulacrais.

9. (Unaerp-SP) Os animais A, B e C apresentam as seguintes características:
A: pés ambulacrários, espinhos no corpo e simetria radiada.
B: cefalotórax, quelíceras e exoesqueleto de quitina.
C: presença de rádula, massa visceral e concha.

A, B e C podem ser, respectivamente:
a) pepino-do-mar, minhoca e polvo.
b) aranha, pepino-do-mar e polvo.
c) estrela-do-mar, aranha e caracol.
d) estrela-do-mar, aranha e minhoca.
e) minhoca, aranha e pepino-do-mar.

10. (UFV-MG) Os invertebrados prepararam uma grande festa zoológica. Entretanto, para manter os bons costumes e evitar confusão, os convites continham a seguinte advertência: "Aqueles que apresentarem fecundação interna, não entram". Assim, dos invertebrados abaixo, aquele que poderá participar da festa é:
a) a aranha.
b) a lombriga.
c) o ouriço-do-mar.
d) o gafanhoto.
e) o caracol-de-jardim.

11. (UFC-CE) O filo dos invertebrados mais relacionado ao homem é aquele que inclui as estrelas-do-mar, ou seja, os equinodermas. A justificativa para essa conclusão surpreendente foi baseada principalmente no estudo comparativo:
a) do desenvolvimento embrionário.
b) da simetria dos organismos.
c) do documentário fóssil.
d) da fisiologia.
e) do genoma.

Características gerais

O filo dos cordados é formado pelos cefalocordados, urocordados e vertebrados. Os dois primeiros constituem o grupo dos protocordados, estudado anteriormente. O dos vertebrados é composto de peixes, anfíbios, répteis, aves e mamíferos.

Os representantes dos vertebrados apresentam uma **coluna vertebral** e um **crânio**, constituintes do esqueleto. A primeira atua na sustentação do corpo e na proteção da medula espinal. Já o crânio protege o encéfalo. O grupo formado pelos vertebrados e o peixe-bruxa, que apesar de possuir crânio não apresenta vértebras, é conhecido como **Craniata**.

Aves e mamíferos são capazes de manter constante a temperatura corporal mesmo com as variações térmicas do ambiente: dependendo de suas necessidades, aumentam ou diminuem a perda de calor pelo corpo e podem usar a energia liberada no metabolismo para regular sua temperatura. Por esse motivo, esses animais são denominados **homeotérmicos**. Aqueles que não apresentam mecanismos eficientes de regulação térmica são chamados **pecilotérmicos**, **poiquilotérmicos** ou **heterotérmicos**. No entanto, alguns desses organismos podem, de certa forma, controlar as variações de temperatura por meio de seu comportamento: os lagartos, por exemplo, se expõem ao sol se a temperatura corporal cai. Atualmente, utilizam-se os termos **ectotérmicos** e **endotérmicos** para classificar os animais. Os ectotérmicos dependem do comportamento e de fontes externas de calor para controlar a temperatura. Os endotérmicos utilizam a energia do metabolismo para isso.

A seguir, são apresentadas as características dos grupos de vertebrados. Cabe ressaltar que o grupo dos peixes (formado por ágnatos, condrictes e osteíctes) e o dos répteis não são considerados monofiléticos.

Peixes

Ágnatos

Os integrantes desse grupo, caso das lampreias, não apresentam maxilas. Encontrados tanto no mar como em água doce, os agnatos possuem uma boca circular, de onde provém seu outro nome, **Cyclostomata**. Essa estrutura atua como uma ventosa, permitindo que o animal se fixe ao corpo de outros peixes e sugue o sangue e outros tecidos do hospedeiro.

O esqueleto desses animais é cartilaginoso e não existem escamas nem nadadeiras pares. O intestino, que termina no ânus, possui dobras, formando uma **válvula espiral** que aumenta a superfície de contato com o alimento.

A respiração ocorre por meio de brânquias: a água entra pela boca e sai pelas fendas. O sistema urinário consiste em um par de rins, que retira as excretas do sangue, e um par de tubos, que leva o produto de excreção para o orifício por onde será eliminado do organismo, a cloaca.

Com relação à reprodução, a fêmea libera os óvulos em buracos no fundo do rio. Posteriormente, o macho os cobre com esperma. A fecundação, portanto, é externa. A larva que sai dos ovos é denominada **amocete**.

Condrictes

Os condrictes, cujos representantes mais conhecidos são os tubarões e as raias, são principalmente marinhos e possuem esqueleto de cartilagem calcificada. Juntamente com osteíctes, anfíbios, répteis, aves e mamíferos, os condrictes formam o grupo dos **gnatostomados**, ou seja, possuem maxilas, sendo uma peça fixa e outra móvel.

Esses peixes possuem nadadeiras pares: as **peitorais** e as **pélvicas** (figura 1). Elas proporcionam ao animal maior velocidade de natação, mais estabilidade e maior capacidade de subir ou descer na coluna de água.

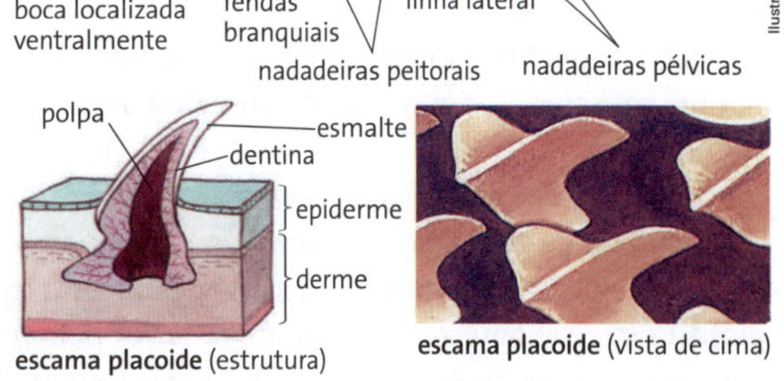

Figura 1 Morfologia externa dos condrictes, com detalhes das escamas (os elementos da ilustração não estão na mesma escala; cores fantasia).

A cauda possui uma nadadeira bem desenvolvida e tem importante papel na propulsão do indivíduo.

Como ilustrado na figura 1, a epiderme apresenta escamas **placoides**, constituídas por uma parte externa, o **esmalte**, e uma parte interna, a **dentina**. Esta, por sua vez, envolve a **polpa**. Além das escamas, a epiderme também possui glândulas produtoras de muco.

No grupo, a boca é ventral, com maxilas e muitas fileiras de dentes pontiagudos. Estão presentes intestino com válvula espiral, pâncreas e fígado. O intestino termina em uma cloaca.

Nos condrictes estão presentes de cinco a sete pares de brânquias.

Vibrações provocadas por sons na água são captadas pela orelha interna. Existem ainda órgãos de equilíbrio, que enviam informações sobre a posição do corpo. A **linha lateral**, presente também em outros peixes e em larvas de anfíbios, tem função sensorial e é formada por canais que se comunicam com o exterior, captando vibrações causadas por diferentes fontes. Assim, o animal obtém informações sobre seu movimento e o de suas presas.

O encéfalo e a medula espinal formam o sistema nervoso, que recebe os estímulos percebidos pelos órgãos dos sentidos e envia mensagens para os músculos do corpo.

Nos condrictes, a fecundação é interna e o desenvolvimento é direto, sendo a maioria das espécies ovíparas ou ovovivíparas. Nas espécies vivíparas, caso de alguns tubarões, há formação de uma espécie de placenta, que se prende ao útero da mãe.

Osteíctes

Diferentemente dos condrictes, o esqueleto predominante nos osteíctes é o ósseo. A epiderme, além de glândulas produtoras de muco, também apresenta escamas dérmicas. Suas nadadeiras são mais flexíveis, lhes permitindo manobras mais rápidas. Os movimentos da cauda e da nadadeira caudal impulsionam e aumentam a velocidade de natação do organismo, enquanto as nadadeiras dorsais e anal conferem estabilidade. Já as peitorais e as pélvicas auxiliam no equilíbrio e em movimentos mais precisos.

A posição da boca é anterior. As maxilas estão presentes e, na maioria das espécies, os dentes são iguais entre si. O intestino termina no ânus e, em geral, não possui a válvula espiral (figura 2).

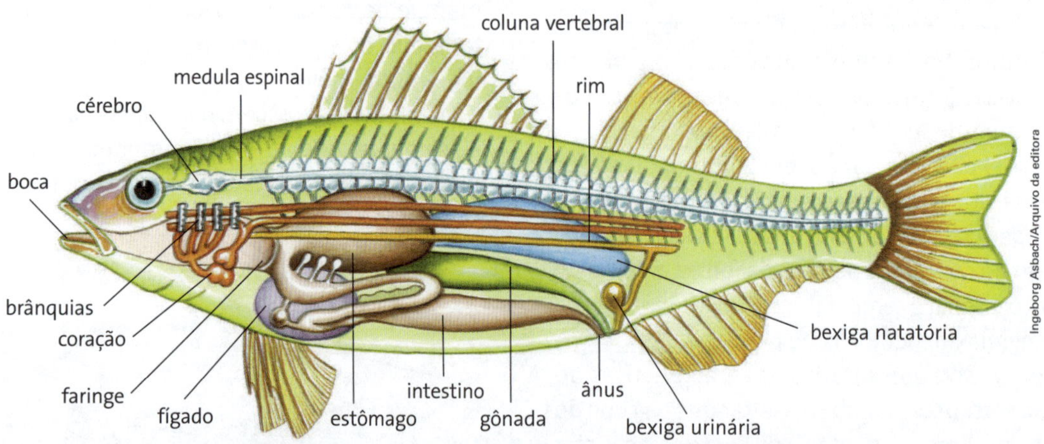

Figura 2 Anatomia interna de um osteícte. A amônia é a principal excreta nitrogenada eliminada pelo sistema urinário. (Os elementos da ilustração não estão na mesma escala; as células são microscópicas; cores fantasia.)

As brânquias, geralmente quatro pares, estão cobertas pelo **opérculo**, que se movimenta quando acionado por um músculo. Esse movimento aumenta a eficácia da circulação de água e da troca de gases nas brânquias (figura 3).

Um **átrio** e um **ventrículo** constituem o coração dos peixes. A **hematose** acontece nos capilares das brânquias. O sangue perde gás carbônico para a água que passa por entre as brânquias e recebe dela o oxigênio.

Por não haver mistura entre o sangue pobre em oxigênio e o oxigenado, a circulação dos peixes é dita **completa**. Como o sangue passa somente uma vez pelo coração, ela é considerada **simples**.

O principal composto nitrogenado liberado pelos rins é a amônia, que embora seja bastante tóxica, pode ser eliminada muito diluída devido à disponibilidade de água no ambiente em que esses animais vivem. Por excretarem amônia, os peixes são denominados **amoniotélicos**.

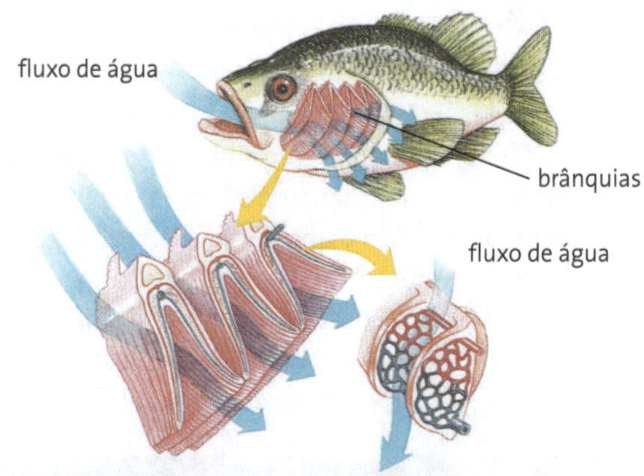

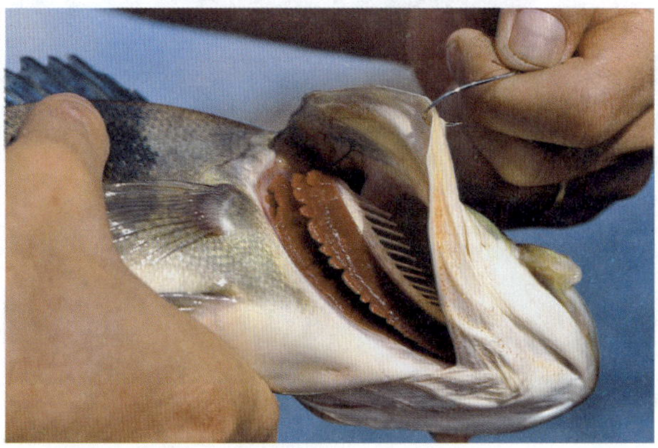
Fabio Colombini/Acervo do fotógrafo

Foto de brânquias, sob o opérculo.

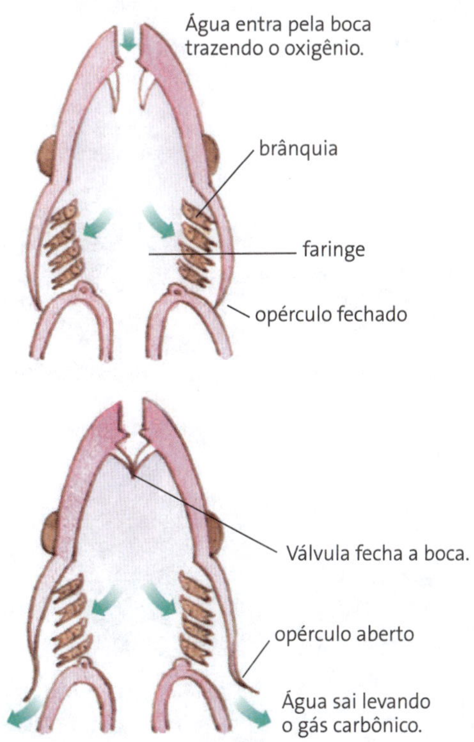

Figura 3 Respiração branquial nos osteíctes: a água penetra na boca e passa pelas brânquias, formadas por filamentos sustentados pelos arcos branquiais por onde o sangue circula, recebendo o oxigênio da água e eliminando o gás carbônico. A água com gás carbônico é eliminada através do opérculo. (Os elementos ilustrados não estão na mesma escala; cores fantasia.)

A maioria dos osteíctes apresenta uma bolsa chamada **bexiga natatória**. Tal estrutura atua na flutuação, permitindo que o animal mantenha o equilíbrio em diferentes profundidades (figura 4). Seu volume varia de acordo com a entrada e saída de gases do sangue: a subida do animal é facilitada quando os gases saem do sangue para a bexiga natatória, enquanto o contrário permite que ele afunde.

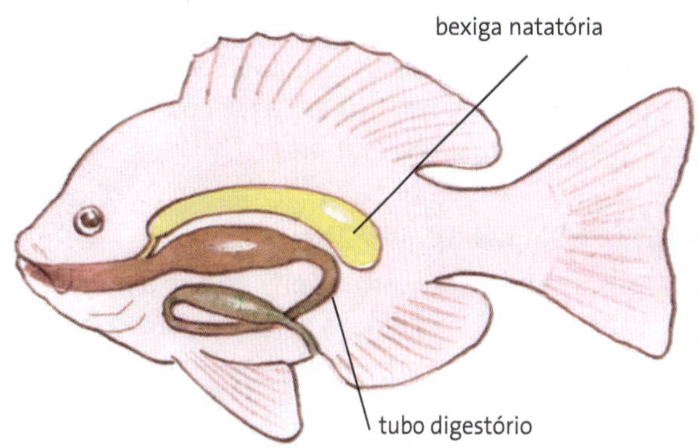

Ilustrações: Ingeborg Asbach/Arquivo da editora

Figura 4 Esquema simplificado de bexiga natatória (os elementos da ilustração não estão na mesma escala; cores fantasia).

Os peixes pertencentes ao grupo dos **dipnoicos** ou **pulmonados** utilizam um pulmão primitivo para absorver oxigênio do ar. É o caso, por exemplo, da piramboia, encontrada no Brasil: em época de seca, ela se entoca no leito seco dos rios e respira somente através do pulmão.

Assim como os condrictes, o sistema neurossensorial dos osteíctes compreende narinas, olhos, orelha interna e linha lateral.

Os osteíctes apresentam sexos separados e reprodução sexuada. A fecundação, na maioria das espécies, é externa, mas existem aquelas em que a fecundação ocorre dentro da fêmea. O ovo é posteriormente liberado na água com uma reserva de alimento, que o embrião utiliza para se desenvolver fora do corpo materno. Essa reserva é armazenada na chamada **vesícula vitelínica** ou saco **vitelínico**.

O desenvolvimento da maioria dos peixes é direto: do ovo sai um **alevino**, filhote muito semelhante ao adulto.

Os osteíctes podem ser divididos em:

- **Actinopterygii**: representam a maioria dos peixes. Suas nadadeiras são raiadas, em forma de leque, e a bexiga natatória está presente;
- **Sarcopterygii**: representados por poucas espécies, que incluem os dipnoicos. Apresentam nadadeiras carnosas, com suporte ósseo e músculos bem desenvolvidos, e coanas, abertura que comunica a cavidade nasal e a faringe.

Anfíbios

Características gerais

Em razão principalmente da presença de pulmões e de dois pares de pernas, os anfíbios foram os primeiros vertebrados a ocupar o ambiente terrestre. Por apresentarem quatro pernas, anfíbios, répteis, aves e mamíferos são denominados **tetrápodes** ou **tetrápodos**.

Dentre os representantes do grupo estão sapos, rãs, pererecas, salamandras e cobras-cegas ou cecílias. Sua reprodução é dependente da água, havendo a formação de uma larva. No caso de sapos, rãs e pererecas ela é denominada **girino**.

Morfologia e fisiologia

As trocas gasosas ocorrem em parte pela pele, entre o ar e os vasos sanguíneos que a irrigam. Para que esse processo seja eficaz, a pele é bastante fina e permeável, além de apresentar muitas glândulas mucosas que a mantêm úmida.

As larvas respiram tanto por brânquias como pela pele. Na maioria dos anfíbios adultos, a respiração é pulmonar e cutânea, mas em algumas salamandras as brânquias ainda persistem. A respiração através da pele pode ser mais importante por causa da pequena superfície dos pulmões.

Diferente do coração dos peixes, o dos anfíbios possui três cavidades (figura 5), sendo dois átrios e um ventrículo. Como o sangue passa duas vezes pelo coração em cada ciclo, a circulação é **dupla**. A circulação é também considerada **incompleta**, pois há mistura, mesmo que pequena, do sangue oxigenado com o sangue pobre em oxigênio no ventrículo.

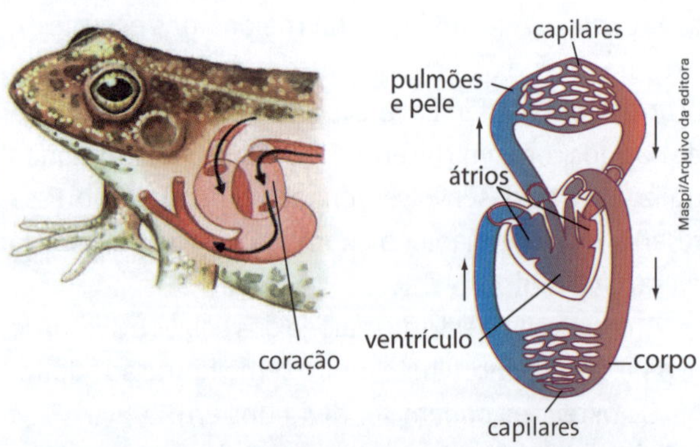

Figura 5 Esquemas simplificados do coração e da circulação dos anfíbios (em vermelho, o sangue rico em oxigênio; em azul, sangue pobre em oxigênio). (Os elementos da ilustração não estão na mesma escala; cores fantasia.)

As larvas dos anfíbios, que se desenvolvem em meio aquático, excretam amônia. Os adultos eliminam ureia, que demanda menor quantidade de água para ser excretada.

Reprodução

Em geral, machos e fêmeas lançam seus gametas à beira da água, isto é, a fecundação é externa. Do ovo surge o girino, bastante diferente do indivíduo adulto: apresenta uma cauda, não tem pernas e respira por meio de brânquias. A figura 6 apresenta as modificações que acontecem durante a metamorfose, que origina o adulto sem cauda e brânquias e com pernas e pulmões. Existem também espécies ovíparas e vivíparas, em que a fecundação é interna e o desenvolvimento é direto.

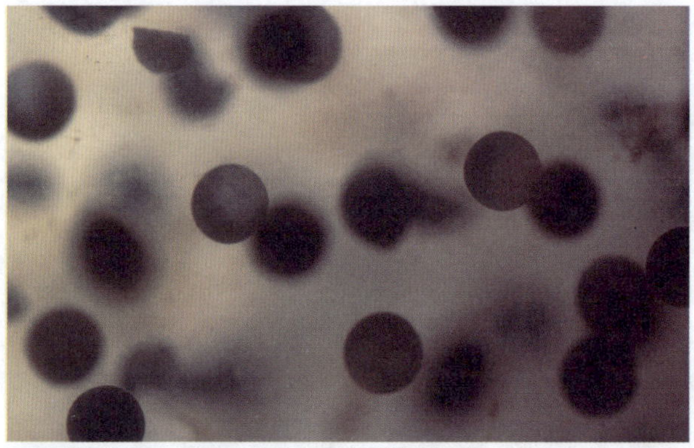

Fabio Colombini/Acervo do fotógrafo

Ovos de rã-touro (cerca de 1 mm de diâmetro).

Fabio Colombini/Acervo do fotógrafo

Girino (cerca de 2,5 cm de comprimento).

Fabio Colombini/Acervo do fotógrafo

Aparecem os membros posteriores (cerca de 3,5 cm de comprimento).

Fabio Colombini/Acervo do fotógrafo

Aparecem os membros anteriores (cerca de 9 cm de comprimento).

Fabio Colombini/Acervo do fotógrafo

A cauda regride (cerca de 10 cm de comprimento).

Kenneth H. Thomas/Photo Researchers, Inc./Latinstock

Adulto (10 cm a 20 cm de comprimento, em média).

Fabio Colombini/Acervo do fotógrafo

O macho abraça a fêmea, que, por sua vez, solta óvulos na água. Parte desses óvulos será fecundada pelos espermatozoides.

Figura 6 Metamorfose da rã-touro (*Lithobates catesbeianus*).

Classificação

Anura, **Urodela** (ou **Caudata**) e **Gymnophiona** (ou **Apoda**) são as três ordens de anfíbios.

Os anuros incluem os anfíbios mais conhecidos: sapos, rãs e pererecas. A maioria das espécies é terrestre, mas há algumas arborícolas. Seus representantes não possuem cauda e alguns apresentam glândulas de veneno na pele.

As salamandras representam os urodelos. Além de possuírem pernas, como os anuros, uma cauda também está presente. Em algumas salamandras terrestres, a fecundação é interna.

Os anfíbios ápodes têm como representantes as cecílias, ou cobras-cegas. Não apresentam pernas, os olhos são atrofiados e há vestígios de escamas na pele.

Répteis

Características gerais

Os répteis são representados por jacarés, tartarugas, serpentes e lagartos. As quatro pernas, ausentes nas serpentes, sustentam o corpo de forma eficiente no ambiente terrestre. Os répteis foram os primeiros vertebrados a se tornar independentes da água, embora alguns vivam a maior parte do tempo nela, onde obtêm alimento.

São animais ectotérmicos, pois se aquecem com o calor vindo de fora do corpo: quando está muito frio, o animal se expõe ao sol, retornando à sombra quando a temperatura se eleva demais. Quando ele não tem como se esquentar, sua temperatura, e consequentemente a velocidade de seu metabolismo, diminui. Isto pode dificultar a locomoção do animal e sua atividade.

Morfologia e fisiologia

A pele dos répteis, ao contrário da dos anfíbios, é seca, sem glândulas mucosas e bastante queratinizada. A presença de escamas córneas em serpentes e lagartos e de placas nos crocodilos e jacarés contribui para evitar a perda de água, possibilitando que esses animais vivam em ambientes bastante secos.

A maioria dos répteis elimina ácido úrico, composto nitrogenado insolúvel e que é liberado pela cloaca junto com as fezes. Dessa forma, o animal consegue diminuir a perda de água na forma de urina.

O sistema nervoso segue o padrão dos vertebrados e existem muitas terminações nervosas na pele. A audição e a gustação são menos eficientes que a visão e o olfato.

A respiração é exclusivamente pulmonar. Os músculos das costelas auxiliam a ventilação dos pulmões ao aumentar e diminuir o volume do corpo, causando a diferença de pressão que leva à entrada e saída de ar.

Dois átrios e um ventrículo compõem o coração dos répteis. Na maioria deles, o ventrículo é parcialmente dividido por um septo incompleto (figura 7). Nos crocodilianos, o coração possui quatro cavidades, pois a separação entre os ventrículos é total. A circulação é dupla e incompleta, com pouca mistura de sangues.

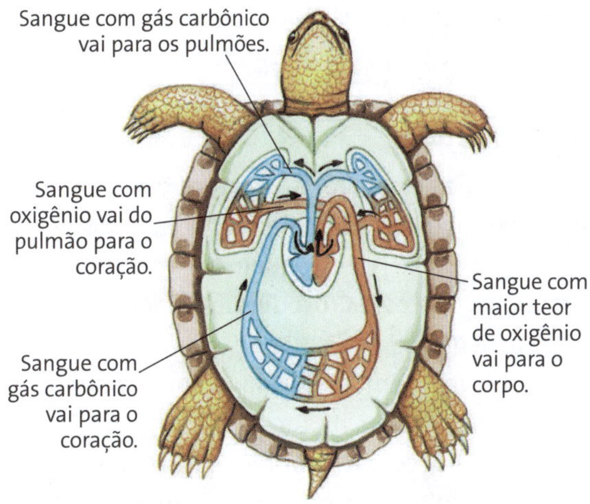

Figura 7 Esquema simplificado da circulação dos répteis (os elementos da ilustração não estão na mesma escala; cores fantasia).

Reprodução

A fecundação é interna, diminuindo o risco de que os gametas percam água. Os machos da maioria das espécies apresentam um pênis, que libera os gametas no interior da fêmea. O desenvolvimento é direto.

O embrião se desenvolve dentro do ovo, que lhe garante proteção mecânica e permite trocas gasosas com o ambiente, graças à sua casca porosa (figura 8).

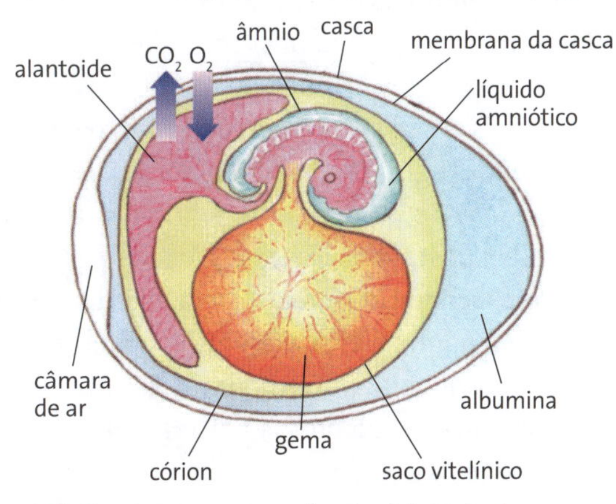

Figura 8 O ovo com casca e o desenvolvimento dos anexos embrionários foram fatores decisivos para a colonização do ambiente terrestre pelos répteis. Esses anexos estão ausentes nos anfíbios. (Os elementos da ilustração não estão na mesma escala; cores fantasia.)

O saco vitelínico está presente, assim como nos anfíbios. No entanto, os répteis apresentam mais três anexos embrionários: o **âmnio**, a **alantoide** e o **córion**. O âmnio protege o embrião contra o ressecamento. O alantoide acumula as excretas produzidas pelo embrião e retira oxigênio do ar. O córion constitui uma proteção complementar e também colabora com a respiração. Tanto a casca como os anexos foram importantes para que os répteis pudessem ocupar o ambiente terrestre.

Embora a maioria dos répteis seja ovípara, existem espécies ovovivíparas ou vivíparas.

Classificação

Serão aqui apresentados os grupos tradicionais de répteis: **Testudinea** (ou **Chelonia**), que compreende tartaruga, cágado e jabuti; **Squamata**, constituído por lagartos e serpentes; e **Crocodilia**, formado por crocodilo, jacaré e gavial.

As tartarugas, embora vivam principalmente na água, põem seus ovos na terra. Os cágados são, em geral, de água doce, e os jabutis, terrestres. Suas placas ósseas fundidas dão origem à **carapaça** na região dorsal e a um **plastrão** na região ventral.

Os escamados incluem lagartos, lagartixas, camaleões, serpentes e anfisbenas ou cobras-de-duas-cabeças. Durante o crescimento dos répteis, em especial dos Squamata, os animais sofrem mudanças periódicas da pele, nas quais a parte superficial da epiderme é substituída por outra.

As serpentes apresentam uma língua bífida que desempenha função no tato e no olfato, uma vez que partículas aderem a ela e são levadas para o interior da boca, atingindo os órgãos olfativos da cavidade nasal. Algumas serpentes possuem glândulas que produzem peçonha, inoculada por dentes que apresentam canais em seu interior e conduzem o veneno para o exterior (figura 9). Serpentes sem tais dentes são chamadas não peçonhentas, embora sua saliva possa conter substâncias tóxicas.

A **fosseta lacrimal** (ou **loreal**) é uma abertura entre cada olho e a narina e está presente na maioria das serpentes peçonhentas (rever figura 9). Essa abertura facilita a localização de presas por registrar o calor emanado por elas.

Já os crocodilianos têm o corpo coberto por escamas e placas ósseas e passam a maior parte do tempo dentro da água. No Brasil, o grupo tem como representantes apenas os jacarés.

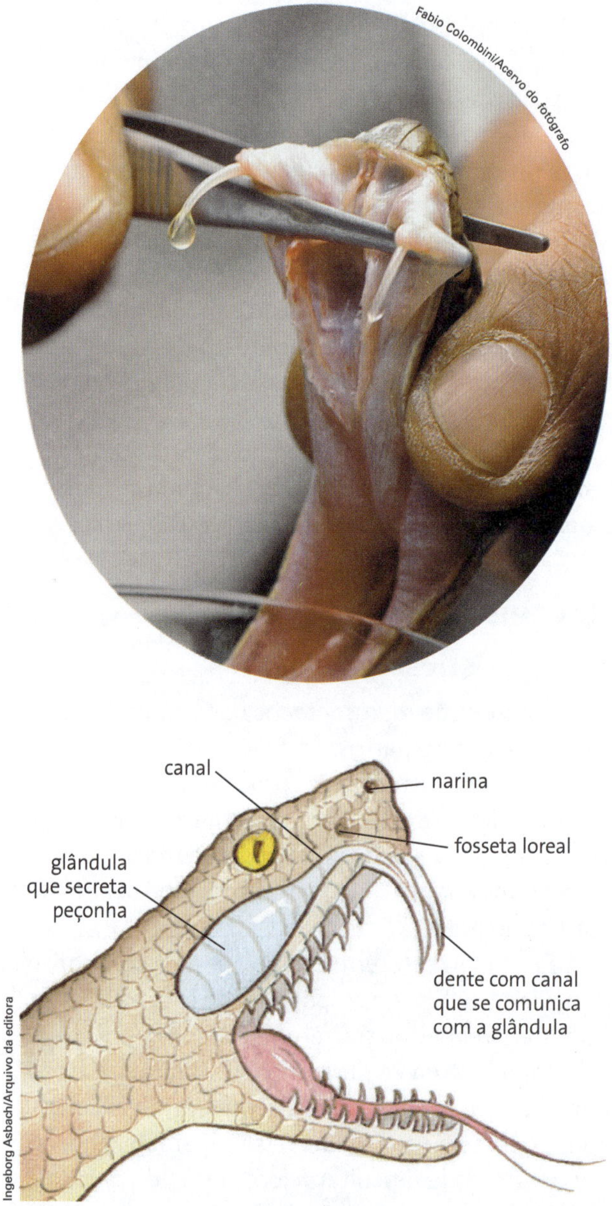

Figura 9 Na foto, extração da peçonha de jararaca. Observe os dentes inoculadores da peçonha, que podem ser vistos também na ilustração (cores fantasia).

Aves

Morfologia e fisiologia

As aves têm como características mais marcantes a transformação dos membros anteriores em asas, o corpo aerodinâmico coberto por penas e o bico, cujo formato, assim como a forma dos pés, está relacionado ao modo de vida do animal.

As penas, constituídas de queratina, desempenham diferentes funções: protegem a ave, diminuem a perda de água e ajudam a conservar o calor. Juntamente com as asas e o corpo, formam uma superfície aerodinâmica que permite que o animal se mantenha no ar.

Os ossos leves são uma adaptação ao voo. Os que apresentam espaços em seu interior e se comunicam com os sacos aéreos são denominados **ossos pneumáticos**. O osso esterno possui uma expansão chamada **quilha** ou **carena**, na qual está inserida a musculatura peitoral, responsável pelo movimento das asas (figura 10). A **membrana nictitante** protege os olhos contra a entrada de partículas e o ressecamento durante o voo.

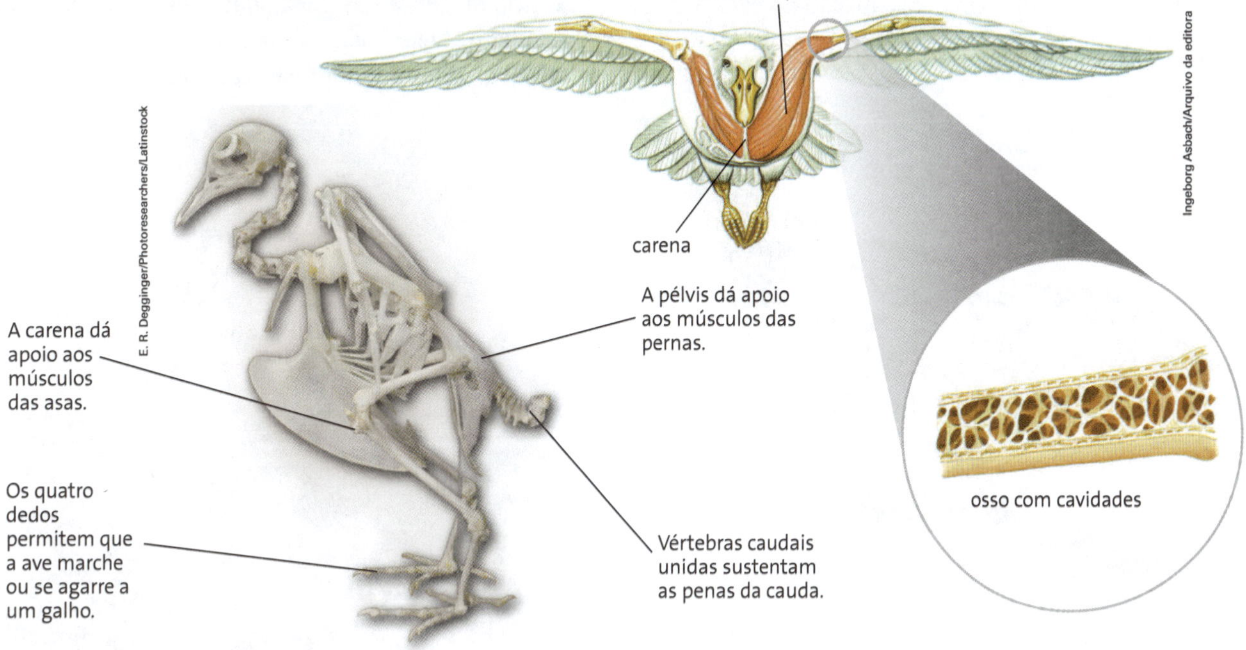

Figura 10 As asas, a carena e os músculos peitorais muito desenvolvidos estão entre as principais adaptações das aves à vida aérea. Na foto, esqueleto de pombo (cerca de 20 cm de altura). (Os elementos da ilustração não estão na mesma escala; cores fantasia.)

O formato do bico córneo está associado ao tipo de alimento ingerido pela ave. No **estômago químico** ou **proventrículo** são produzidas as enzimas digestivas. Em aves que não possuem dentes, a **moela** ou **estômago mecânico** é responsável por triturar o alimento. Essas aves possuem também o estômago químico. Muitas espécies apresentam o **papo**, uma dilatação na qual o alimento é armazenado (figura 11).

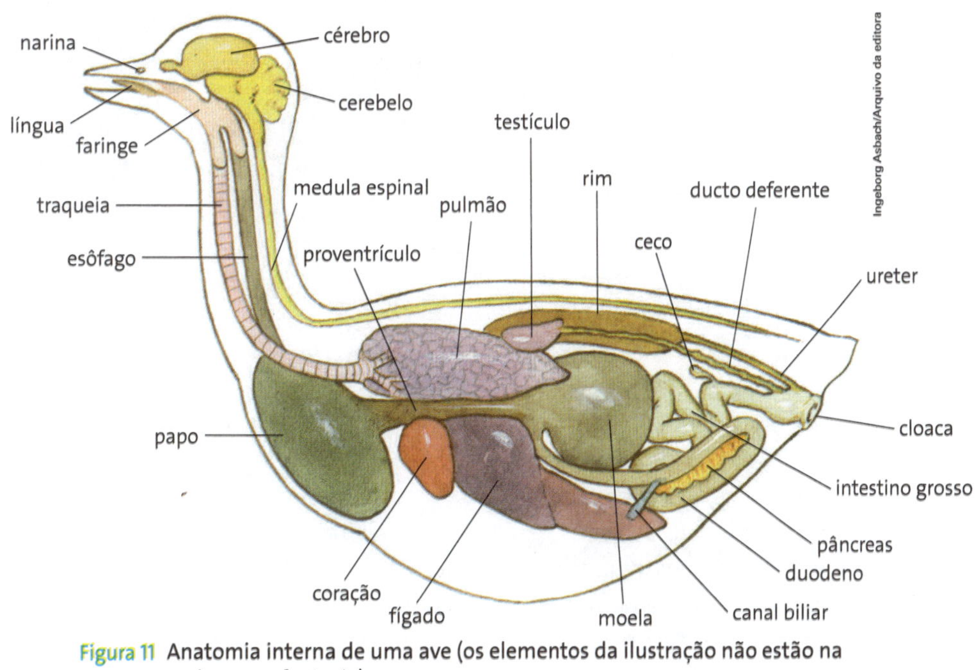

Figura 11 Anatomia interna de uma ave (os elementos da ilustração não estão na mesma escala; cores fantasia).

As aves têm respiração pulmonar. A figura 12 ilustra o pulmão e os sacos aéreos, prolongamentos desse órgão. Eles melhoram a ventilação pulmonar por bombear ar para o pulmão durante a inspiração e a expiração, o que garante o fluxo contínuo de ar. Isso também contribui para a dissipação do calor, em especial durante o voo.

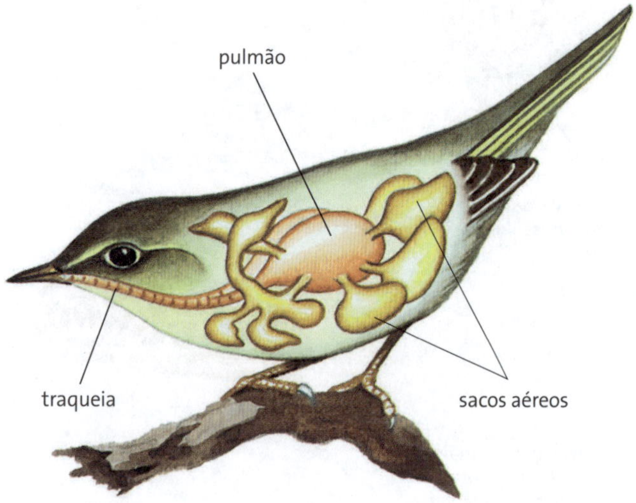

Figura 12 Sistema respiratório das aves (os elementos da ilustração não estão na mesma escala; cores fantasia).

O coração das aves apresenta quatro cavidades, o que caracteriza uma circulação dupla e **completa**, na qual não ocorre mistura entre os sangues. Essa característica está relacionada às adaptações ao voo e à endotermia. Por serem funções que demandam muita energia, a alta concentração de oxigênio no sangue é extremamente importante.

Assim como os répteis, as aves excretam ácido úrico juntamente com as fezes. Além de diminuir a perda de água, a eliminação contínua evita o acúmulo de peso, outra adaptação ao voo.

Para controlar a temperatura de seu corpo, as aves produzem, retêm ou deixam sair do organismo mais ou menos calor. A produção de maior quantidade de calor está associada à capacidade de oxidação do alimento. Esta, por sua vez, depende da boa oxigenação dos tecidos.

Reprodução

Nas aves, os sexos são separados. Os **ductos deferentes** que saem de dois testículos desembocam na cloaca, mas algumas espécies possuem pênis.

Após a postura, os ovos são chocados, garantindo a manutenção da temperatura adequada para que o filhote se desenvolva. Após a eclosão, ele recebe alimento e proteção dos pais por determinado período.

Mamíferos

Morfologia e fisiologia

O corpo dos mamíferos é coberto, total ou parcialmente, por pelos formados de queratina, mesma substância presente nas penas das aves. Estão presentes também as **glândulas mamárias**, que dão nome ao grupo, as **glândulas sudoríferas** e as **sebáceas** (figura 13).

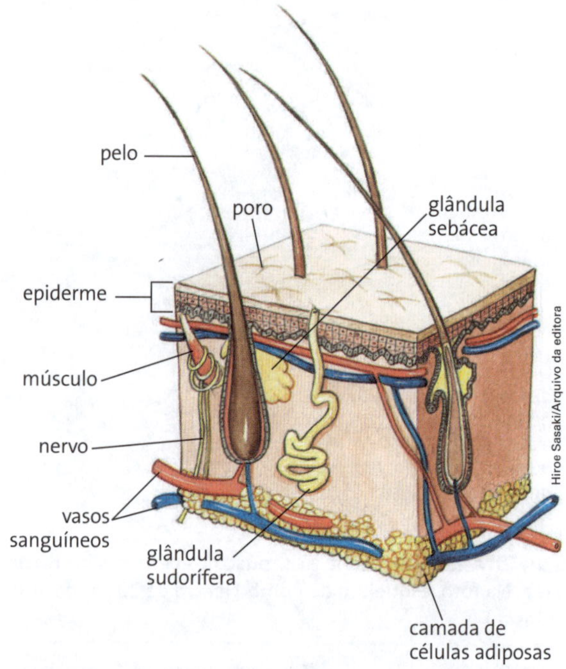

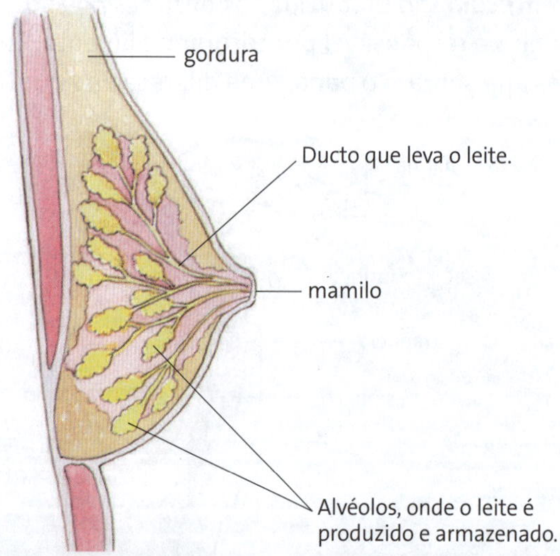

Figura 13 Pelos e glândulas mamárias são características exclusivas dos mamíferos. (Os elementos da ilustração não estão na mesma escala; cores fantasia.)

A pele possui pelos e é constituída pela epiderme queratinizada e a derme, abaixo da qual está o tecido adiposo. Tanto os pelos como a gordura atuam como isolante térmico, mantendo constante a temperatura corporal.

O suor liberado pelas glândulas sudoríferas ajuda a resfriar o corpo, pois a água do suor, ao evaporar, retira calor da pele e do sangue abaixo dela.

Os vertebrados possuem sistema digestório completo, com boca e ânus. Alguns grupos apresentam modificações nesse sistema, como no caso dos ruminantes. O estômago desses animais é dividido em **pança** (ou **rúmen**), **barrete** (ou **retículo**), **folhoso** (ou **omaso**), **coagulador** (ou **abomaso**) (figura 14). Essa divisão possibilita que o animal aproveite melhor a celulose dos vegetais que consome. O alimento ingerido é amassado na pança, onde as bactérias digerem a celulose. Em seguida, segue para o barrete, que possui glândulas salivares e mais bactérias, continuando a digestão desse polissacarídeo. Pequenas porções do alimento misturado à saliva são regurgitadas e mastigadas vagarosamente na boca. Ao ser deglutido novamente, o alimento vai para o folhoso, que ajuda a triturá-lo e também absorve água. Então, segue para o coagulador, local da digestão de proteínas e das bactérias que chegam a ele. O final da digestão ocorre no intestino, onde os nutrientes são absorvidos. Em herbívoros não ruminantes, a celulose é digerida por bactérias do ceco e do apêndice.

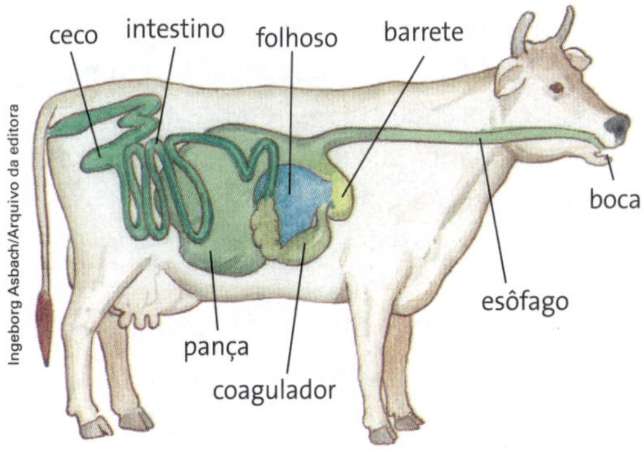

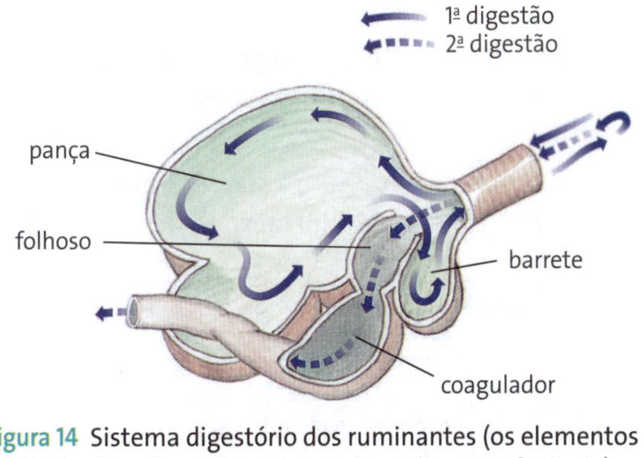

Figura 14 Sistema digestório dos ruminantes (os elementos da ilustração não estão na mesma escala; cores fantasia).

A respiração dos mamíferos, inclusive a dos aquáticos, ocorre por meio dos pulmões, que apresentam numerosos **alvéolos pulmonares** que aumentam a superfície de absorção de oxigênio.

Assim como nas aves, o coração dos mamíferos é composto por dois átrios e dois ventrículos e não há mistura de sangues. Portanto, a circulação é dupla e completa, garantindo um fornecimento de oxigênio suficiente para suprir a demanda energética.

Dois rins, dois ureteres, uma bexiga e uma uretra constituem o sistema urinário. As substâncias resultantes do metabolismo celular, bem como a água e os sais minerais em excesso, são retiradas do sangue pelos rins. Essas substâncias, eliminadas e dissolvidas na água, formam a urina, que se acumula na bexiga antes de sair do organismo pela uretra.

O sistema nervoso é formado por encéfalo, medula espinal e nervos. O cérebro dos representantes do grupo é o maior dentre os vertebrados e lhes confere inteligência, capacidade de memória e aprendizagem. Os órgãos dos sentidos são bastante desenvolvidos, havendo também receptores sensoriais espalhados pela pele.

Os mamíferos são animais endotérmicos. A manutenção da temperatura corporal quando o ambiente esfria ocorre à custa do calor liberado pela oxidação dos alimentos.

Reprodução e desenvolvimento

A fecundação é interna. Os machos possuem um pênis que permite que os espermatozoides sejam lançados no interior da vagina. O desenvolvimento é direto.

Quase todos os representantes do grupo são vivíparos. A mãe fornece ao filhote, que se desenvolve em seu útero, alimento e oxigênio. Esse processo é feito pela placenta, bem como a eliminação de excretas e gás carbônico. Como pode ser observado na figura 15, estão presentes o âmnio, o córion, a alantoide e o saco vitelínico.

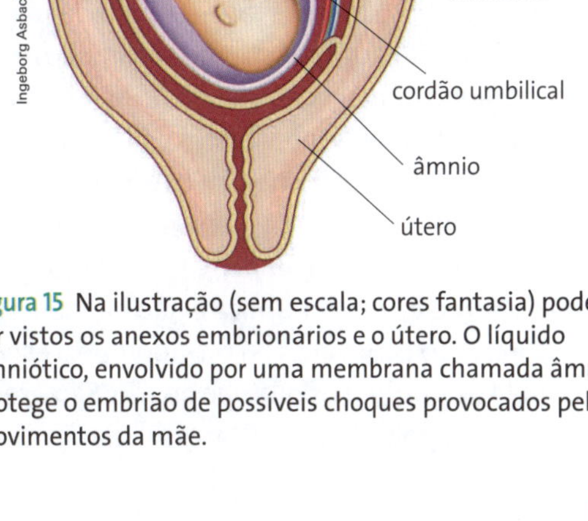

Figura 15 Na ilustração (sem escala; cores fantasia) podem ser vistos os anexos embrionários e o útero. O líquido amniótico, envolvido por uma membrana chamada âmnio, protege o embrião de possíveis choques provocados pelos movimentos da mãe.

Após o nascimento, o filhote recebe o leite materno durante certo período, produzido pelas glândulas mamárias. Além disso, os cuidados com os descendentes são mais intensos e mais duradouros que nos outros vertebrados.

Classificação

Podemos dividir os mamíferos em três grandes grupos: **Prototheria** (ou **Monotremata**), **Metatheria** (ou **Marsupialia**) e **Eutheria**.

Os prototérios têm como representantes o ornitorrinco e a equidna, que apresentam algumas características de répteis: postura de ovos com casca e gema e presença da cloaca. Apresentam também pelos e glândulas mamárias. O ornitorrinco possui um bico córneo com o qual escava o fundo dos rios em busca de alimento. O leite produzido pela mãe escorre por entre os pelos da barriga e é lambido pelos filhotes, pois não há mamilos. A equidna também apresenta um bico, utilizado na busca de alimento. Estão presentes também espinhos nas costas e patas com garras.

Os metatérios, como coalas, cangurus e gambás, são vivíparos, mas a placenta é rudimentar e transitória. Quando o filhote nasce, se arrasta até o **marsúpio**, bolsa de pele no ventre materno e na qual estão as glândulas mamárias. É nessa bolsa que o filhote completa seu desenvolvimento.

Os eutérios correspondem à maioria dos mamíferos e apresentam placenta desenvolvida e duradoura. O grupo é composto de muitas ordens, dentre as quais estão:

- **Rodentia**, que tem o maior número de espécies e cujos representantes são herbívoros, apresentando dois pares de dentes incisivos bem desenvolvidos. São exemplos o rato, o camundongo, o esquilo e a capivara;
- **Carnivora**, que tem representantes com caninos e garras bem desenvolvidos. Muitos se alimentam somente de carne, mas há aqueles que possuem alimentação variada. São exemplos de carnívoros o leão, o cão, o tigre, o urso e a onça-pintada;
- **Primates**, cujos representantes apresentam adaptações à vida em árvore, tais como cinco dedos nas mãos e nos pés, adaptados à preensão. Sua postura é ereta ou semiereta e são muito inteligentes. São exemplos o chimpanzé, o gorila, o babuíno, o mico e o ser humano;
- **Cetaceae**, constituído por organismos com membros anteriores transformados em nadadeiras. A forma do corpo é hidrodinâmica e não há membros posteriores. São carnívoros ou filtradores e a espessa camada de gordura os protege do frio. São exemplos: baleias e golfinhos.

Exercícios propostos

1. (UFRN) "Biólogos descrevem nova espécie de perereca que habita as bromélias em áreas de Mata Atlântica, no interior do Rio de Janeiro. A descoberta mostra a importância da conservação de florestas próximas aos grandes centros populacionais. *Scinax insperatus*, nome dado à nova espécie, pertence a um grupo de pererecas bem particulares, que utilizam a água da chuva acumulada nas bromélias para se reproduzirem e criarem seus girinos.

Essas "pererequinhas" medem entre 1 cm e 5 cm de comprimento e vivem a maior parte de suas vidas dentro dessas plantas, que chegam a acumular cerca de 20 litros de água em seu interior, tornando-se verdadeiros aquários suspensos essenciais para a proliferação desses animais."

(Disponível em: <http://cienciahoje.uol.com.br/noticias/2011/ 12/ surpresa-nas-bromelias>. Acesso em: 4 ago. 2012.)

Com base no texto, é correto afirmar que esse anfíbio, além de apresentar metamorfose,

a) apresenta fecundação externa e constitui um dos elementos bióticos do ecossistema presente nas bromélias.

b) necessita da água para a sua reprodução e atua como ser autótrofo, fornecendo matéria orgânica para a bromélia.

c) necessita da água para a sua reprodução e estabelece uma relação intraespecífica com as bromélias.

d) apresenta fecundação interna e externa, na presença de água, e forma o bioma das bromélias.

2. (Ufop-MG) Um jardim zoológico separou os vertebrados em grupos, de acordo com suas características anatômicas, e os instalou em diferentes setores. No dia em que chegaram ao local seis novos animais adultos não classificados, um funcionário deparou-se com a necessidade de encaminhá-los aos setores adequados sabendo apenas que:

- O animal nº 1 possuía coração tricavitado, mas o nº 2 apresentava quatro cavidades.
- O animal nº 3 era ovíparo e revestido por escamas, sendo bastante diferente do nº 5, que era recoberto por pelos.
- O animal nº 4 respirava por brânquias e possuía duas cavidades cardíacas, enquanto o nº 6 apresentava respiração pulmonar e cutânea.

Auxilie o funcionário do zoológico, correlacionando a COLUNA I com a coluna II:

I. Peixe
II. Anfíbio
III. Réptil
IV. Mamífero
V. Não há dados suficientes para a classificação

( ) animal nº 1
( ) animal nº 2
( ) animal nº 3
( ) animal nº 4
( ) animal nº 5
( ) animal nº 6

Assinale a alternativa que contém a alternativa correta:
a) V, IV, V, I, IV, II
b) III, IV, V, I, IV, V
c) V, IV, III, I, IV, II
d) III, IV, III, I, IV, V
e) III, IV, III, I, IV, II

3. (Feevale-RS) Segundo a Sociedade Brasileira de Herpetologia, há aproximadamente 870 espécies de anfíbios no Brasil, que ocupa a primeira colocação na relação de países com maior riqueza para esse grupo de vertebrados, seguido por Colômbia e Equador. Várias espécies ocorrem na Mata Atlântica e vivem em pequenas cavidades úmidas, encontradas em troncos caídos, embaixo de pedras e casca de árvores, no folhiço e no chão da floresta.
Sobre os anfíbios anuros, são feitas algumas afirmações.
I. Sapos, rãs e pererecas são anfíbios anuros.
II. Apresentam corpo dotado de cauda e desprovido de patas.
III. A circulação sanguínea é aberta e o coração de um adulto apresenta duas cavidades.
Assinale a alternativa correta.
a) Apenas a afirmação I está correta.
b) Apenas a afirmação II está correta.
c) Apenas a afirmação III está correta.
d) Apenas as afirmações II e III estão corretas.
e) Todas as afirmações estão incorretas.

4. (Udesc) As aves que voam têm o corpo muito leve, inclusive porque seus ossos são ocos. Em algumas partes internas os ossos possuem nervuras, como as de uma asa de avião, para torná-los mais fortes. O esqueleto de uma águia calva, por exemplo, não pesa mais do que 300 gramas. Alguns ossos são soldados, isto é, ligados uns aos outros, de maneira a dar uma estrutura mais compacta à ave.
Assinale a alternativa correta em relação ao excerto e ao voo das aves.
a) O osso do peito é adaptado em forma de quilha, como a de um barco, e é chamado de carena, servindo como suporte para a musculatura peitoral.
b) Os ossos do peito são adaptados em forma de concha, o que facilita a aerodinâmica.
c) Somente as asas são as responsáveis pelo voo. As asas são mais longas, ou seja, permitem que a ave plane no ar sem cair, e o peso e a estrutura do corpo não influenciam no voo.
d) As asas são impermeabilizadas com óleo que reage com o pH do ar, elevando todo o corpo da ave.
e) Os ossos são flexíveis, pobres em cálcio, ricos em potássio e não possuem adaptações que favoreçam o voo.

5. (UFG-GO) Leia o texto a seguir.
A criação de peixes ósseos de água doce para fins comerciais impõe aos animais estresses decorrentes do manejo de rotina e doenças ocasionadas por protozoários. Para reduzir o aparecimento dessas doenças utiliza-se banhos com solução de NaCl em concentrações entre 2% e 5% com tempo de exposição variando entre 20 segundos e 20 minutos.

KUBITZA, Fernando. A versatilidade do sal na piscicultura. *Panorama da aquicultura*, set./out. 2007. p. 14-23. (Adaptado).

De acordo com o texto, o controle de protozoários requer a utilização de solução salina em concentração superior à fisiológica. Portanto, para que o banho salino não cause a morte dos animais, ele deve ser breve o suficiente para impedir que os peixes
a) inchem por absorção excessiva de água.
b) inchem por retenção de urina concentrada.
c) inchem por ingestão de solução salina.
d) desidratem por perda excessiva de água.
e) desidratem por excreção de urina concentrada.

6. (UFSM-RS) Na natureza, a gordura nem sempre representa um problema; ao contrário, ela pode funcionar como isolante, ajudando os animais endotérmicos a manter constante a temperatura corporal.
Essa característica da gordura aparece no(s) grupo(s) de
a) anfíbios e répteis.
b) aves e mamíferos.
c) anfíbios apenas.
d) répteis apenas.
e) mamíferos apenas.

MÓDULO 15 • Tipos de reprodução e desenvolvimento embrionário

Reprodução assexuada

Na reprodução assexuada, os descendentes são formados por mitoses a partir de um único indivíduo, originando seres geneticamente idênticos entre si. Ela pode ocorrer por: **divisão binária** (**bipartição** ou **cissiparidade**), no caso dos organismos unicelulares (figura 1); **laceração** (**fragmentação** ou **fissão**), na qual o corpo do animal parte-se em dois ou mais pedaços e cada pedaço regenera a parte perdida por mitoses (ocorre, por exemplo, em poríferos, cnidários, vermes e equinodermos) (figura 2); e **brotamento** ou **gemiparidade**, em que há um crescimento por sucessivas mitoses e, posteriormente, ocorre o corte. O **broto** formado pode ou não se desligar do indivíduo original.

Nas plantas há tanto reprodução sexuada como assexuada, que ocorre, por exemplo, quando caules ou folhas originam novas plantas completas.

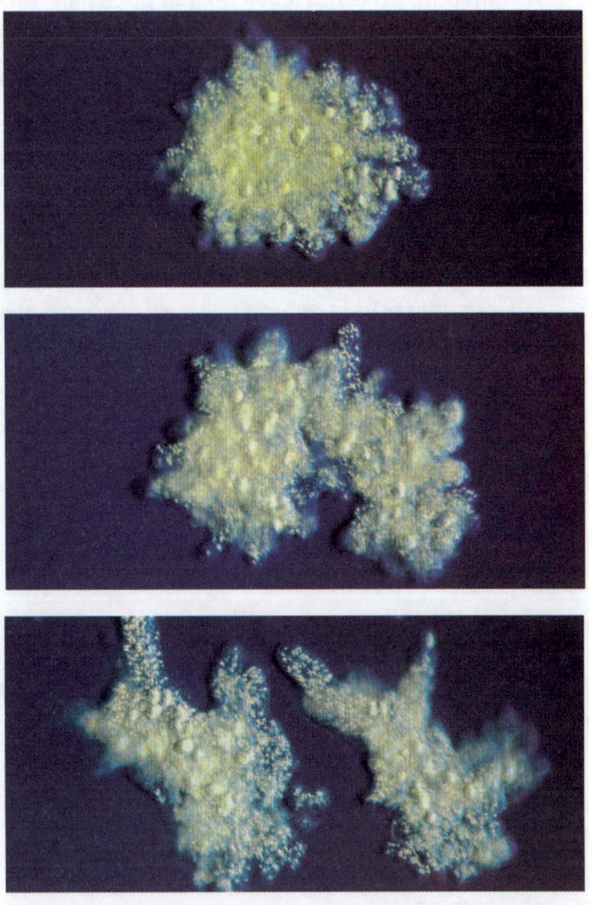

Fotos: Carolina Biological/Visuals Unlimited/Corbis/Latinstock

Figura 1 Foto (ao microscópio óptico) da reprodução de uma ameba (cerca de 0,7 mm), um organismo unicelular.

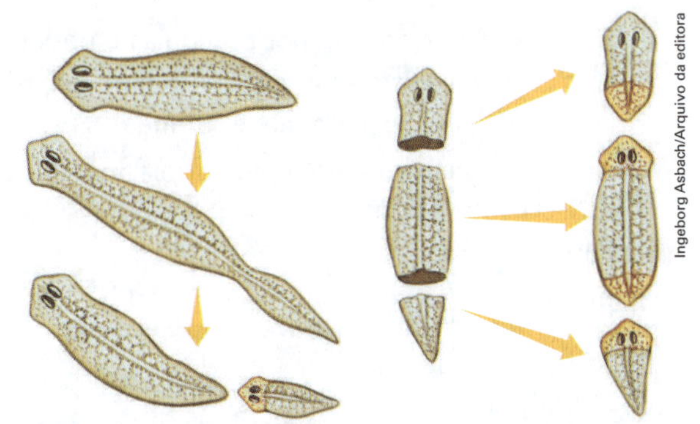

Ingeborg Asbach/Arquivo da editora

A planária pode esticar o corpo e partir-se em duas. Cada parte regenera a parte que está faltando.

Cada uma das três partes da planária é capaz de originar um animal completo.

Figura 2 Na ilustração, representação de reprodução assexuada e capacidade de regeneração das planárias (cores fantasia).

Reprodução sexuada

Presente na maioria das espécies pluricelulares, a reprodução sexuada é caracterizada pela formação dos gametas, processo chamado **gametogênese**, e pela união deles, denominada **fecundação** e que se alterna com a meiose. A meiose origina células haploides, enquanto a fecundação restaura o número de cromossomos.

Diferentemente da reprodução assexuada, a sexuada envolve dois indivíduos, cada um contribuindo com um gameta. A união desses gametas origina uma célula-ovo ou zigoto diploide. Este, por sua vez, sofre diversas mitoses e forma um novo indivíduo.

Os organismos masculinos, na maior parte das espécies, produzem **espermatozoides**, que são pequenos e móveis. Os **óvulos**, gametas grandes e sem mobilidade, são produzidos por organismos femininos. A principal vantagem da reprodução sexuada em relação à assexuada é a grande variedade genética, já que os gametas são geneticamente diferentes e podem se associar de formas distintas por meio da fecundação.

A formação dos gametas ocorre nas **glândulas sexuais** ou **gônadas**: os **testículos** produzem espermatozoides por espermatogênese, enquanto os **ovários** originam os óvulos (na espécie humana, ovócitos) por ovulogênese. Os dois processos são similares e constituídos, basicamente, por três fases: **multiplicação**, **crescimento** e **maturação**. A espermatogênese possui ainda uma última etapa, a **especialização** ou **espermiogênese**.

Espermatogênese

Na espermatogênese, a fase de multiplicação se inicia no testículo do embrião. As **células germinativas primordiais** se multiplicam, originando as **espermatogônias**. A partir da puberdade, estas células sofrem mitose e aumentam de número, processo que ocorre por toda a vida do indivíduo. Parte das espermatogônias continua se multiplicando, enquanto outra parte entra na fase de crescimento e forma **espermatócitos primários** (**de primeira ordem** ou **espermatócito I**).

A primeira divisão meiótica ocorre nos espermatócitos primários e dá origem a dois **espermatócitos secundários** (**de segunda ordem** ou **espermatócito II**), que são haploides. A segunda divisão da meiose forma quatro **espermátides**. Essas duas divisões constituem a maturação. As espermátides não sofrem mais divisão, apenas se especializam: perdem parte do citoplasma e desenvolvem o **flagelo** ou **cauda**.

As células resultantes da especialização são móveis e capazes de se deslocar em direção ao óvulo. Na **peça intermediária**, no início do flagelo, estão agrupadas mitocôndrias que fornecem energia para o movimento. Na **cabeça** do espermatozoide está o **acrossoma**, que contém enzimas que facilitam sua entrada no óvulo (ou ovócito).

O processo de espermatogênese, bem como a estrutura do espermatozoide, é apresentado na figura 3.

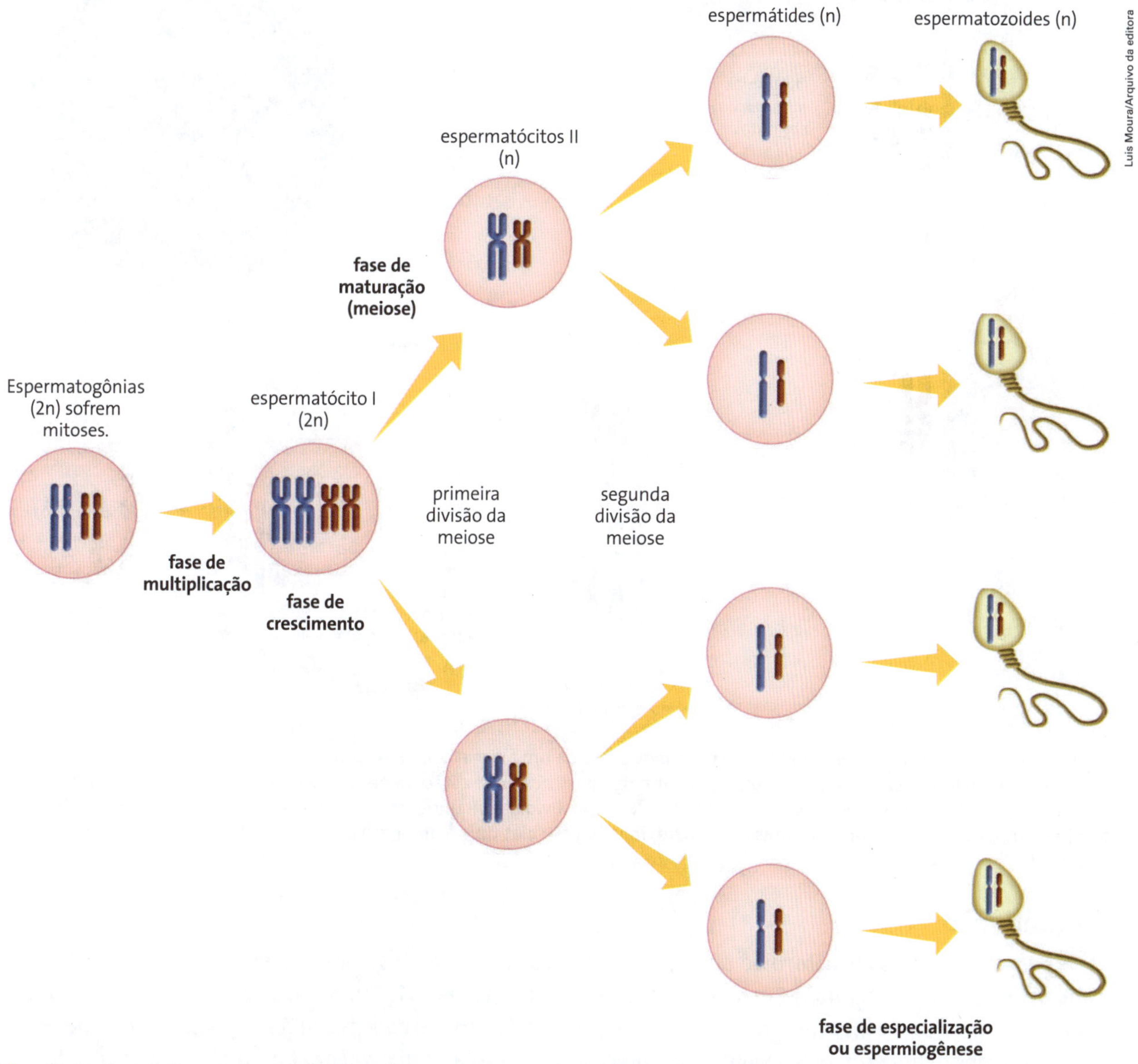

Figura 3 Na ilustração, esquema simplificado da espermatogênese de um animal com quatro cromossomos nas células do corpo. A primeira divisão da meiose reduz o número de cromossomos à metade. Na segunda divisão, os cromossomos duplos voltam a ser simples. (Os elementos ilustrados não estão na mesma escala; cores fantasia.)

Ovulogênese

As células germinativas femininas se multiplicam na fase embrionária e originam **ovogônias** dentro dos ovários. Parte delas cresce e se torna o **ovócito primário** (**de primeira ordem** ou **ovócito I**), em cujo citoplasma é armazenado o vitelo para o início do desenvolvimento do embrião. A quantidade de vitelo varia de acordo com o grupo.

Na puberdade, um ovócito por mês completa a primeira divisão da meiose e origina o **ovócito secundário** (**de segunda ordem** ou **ovócito II**) e o **primeiro glóbulo polar** (**corpúsculo polar** ou **polócito I**), duas células haploides e de tamanho diferentes. O primeiro glóbulo polar degenera.

Na maioria dos mamíferos, é o ovócito II, estacionado na metáfase II, que é lançado pelo ovário na tuba uterina. A segunda divisão meiótica termina quando o espermatozoide penetra no ovócito II, originando um **óvulo** e um **segundo glóbulo polar**, que, assim como o primeiro, degenera. A formação desses glóbulos é importante porque permite que o ovócito se livre de metade dos cromossomos sem comprometer o vitelo, que fica todo concentrado no óvulo em vez de ser dividido entre quatro células-filhas.

A figura 4 ilustra, de maneira simplificada, o processo de ovulogênese.

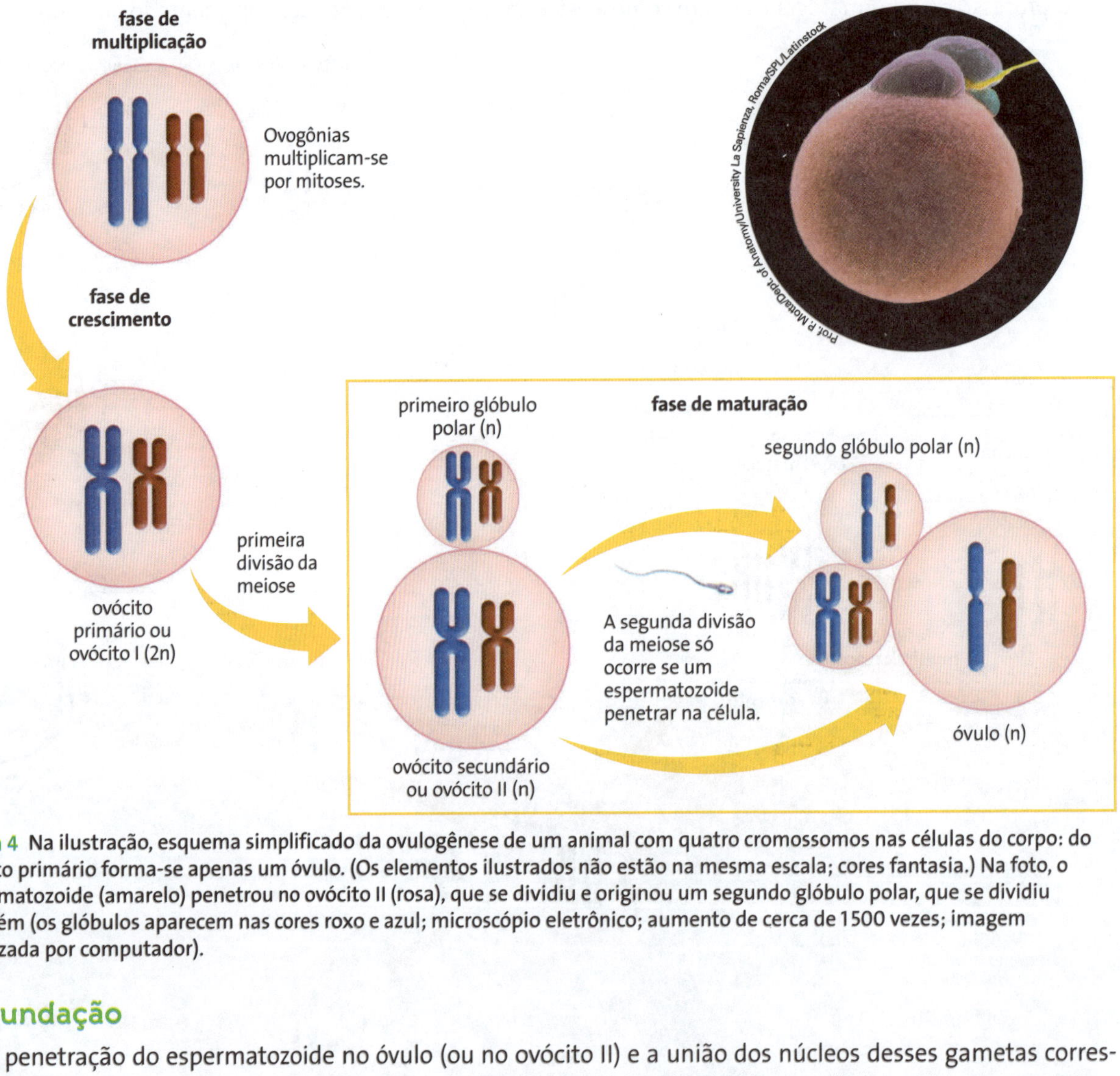

Figura 4 Na ilustração, esquema simplificado da ovulogênese de um animal com quatro cromossomos nas células do corpo: do ovócito primário forma-se apenas um óvulo. (Os elementos ilustrados não estão na mesma escala; cores fantasia.) Na foto, o espermatozoide (amarelo) penetrou no ovócito II (rosa), que se dividiu e originou um segundo glóbulo polar, que se dividiu também (os glóbulos aparecem nas cores roxo e azul; microscópio eletrônico; aumento de cerca de 1500 vezes; imagem colorizada por computador).

Fecundação

A penetração do espermatozoide no óvulo (ou no ovócito II) e a união dos núcleos desses gametas correspondem à fecundação (figura 5). Em razão da presença de proteínas nas membranas dos gametas que garantem a adesão entre eles, o espermatozoide apenas penetra em óvulos (ou ovócitos II) de fêmeas de sua espécie.

No caso dos mamíferos, o espermatozoide precisa atravessar a *corona radiata* (ou **coroa radiada**), células que saem do ovário junto com o ovócito II. Em seguida, o gameta masculino entra em contato com a **zona pelúcida**, uma camada gelatinosa e com propriedades que desencadeiam a liberação das enzimas presentes no acrossoma.

Tais enzimas são responsáveis por facilitar a penetração do espermatozoide. Assim que a membrana plasmática de um espermatozoide se funde à membrana do ovócito, ocorrem modificações que impedem a fusão de outros gametas masculinos (figura 5).

Na etapa final da fecundação, conhecida como **cariogamia** ou **singamia**, o núcleo do espermatozoide e o núcleo do óvulo se fundem, formando o zigoto. O espermatozoide contribui com o núcleo e os centríolos, enquanto o óvulo (ou ovócito II), além do núcleo, contribui com o citoplasma e organelas.

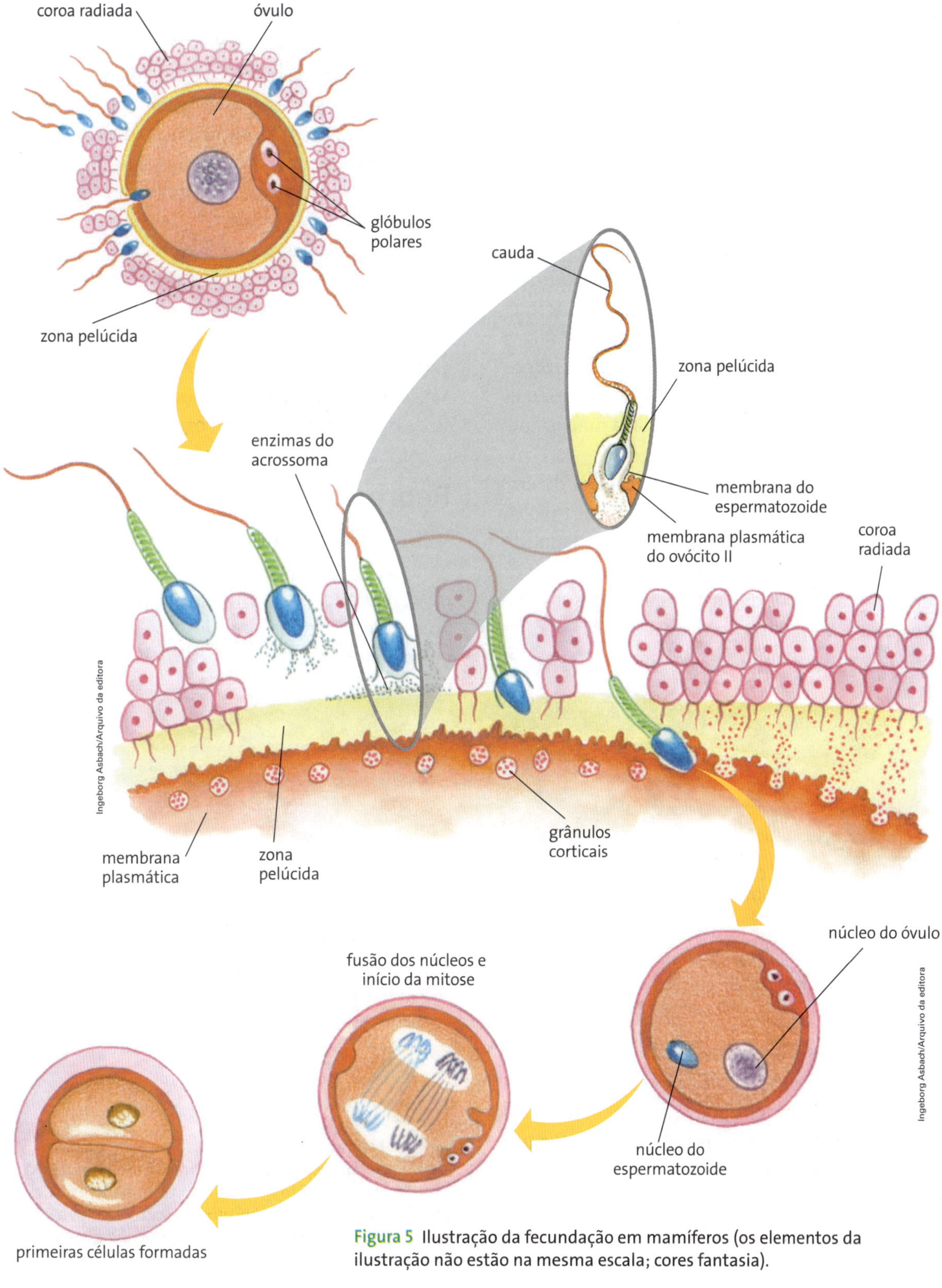

Figura 5 Ilustração da fecundação em mamíferos (os elementos da ilustração não estão na mesma escala; cores fantasia).

A fecundação pode ser externa ou interna. Na primeira, comum em invertebrados aquáticos, peixes e anfíbios, os gametas masculinos e femininos são lançados na água, isto é, seu encontro ocorre fora do corpo. Nesse tipo de fecundação o número de gametas produzidos é grande para compensar a perda. Já na fecundação interna, os espermatozoides são liberados no sistema genital feminino. Essa é a principal forma de fecundação dos animais terrestres e de alguns organismos aquáticos, o que impede a desidratação dos gametas e contribui para a economia no número de óvulos produzidos.

Na maioria das espécies, a diferença entre os sexos masculino e feminino é determinada pelos **cromossomos sexuais** ou **heterocromossomos**. De maneira geral, esses cromossomos são idênticos nas fêmeas. Já nos machos, um é igual ao das fêmeas e o outro é diferente. Existem grupos em que a fêmea é heterogamética (possui cromossomos diferentes – **ZW**) e o macho, homogamético (possui dois cromossomos iguais – **ZZ**). Em alguns insetos, a fêmea possui dois cromossomos sexuais (XX), enquanto o macho tem apenas um (X0) (figura 6).

No caso da espécie humana, a presença do cromossomo Y no embrião determinará o desenvolvimento do testículo. Na ausência dele, a gônada primitiva origina o ovário. Cada gônada vai produzir os respectivos hormônios que estimulam o desenvolvimento do sistema genital e as características sexuais secundárias, que aparecem na puberdade.

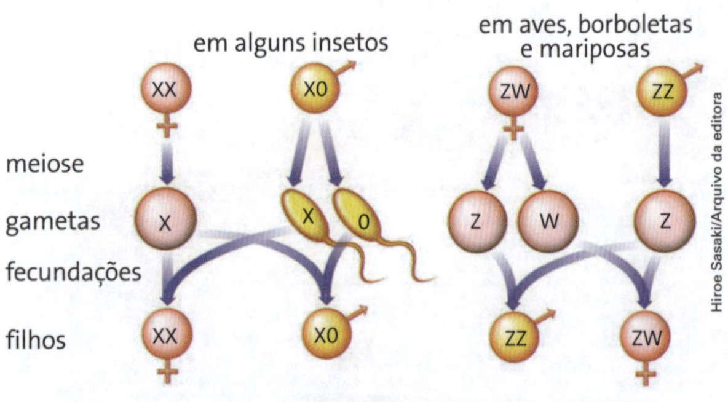

Figura 6 Esquema demonstrando determinação do sexo nos sistemas XX/X0 e ZW/ZZ (as células são microscópicas e não estão na mesma escala; cores fantasia).

Indivíduos que produzem normalmente tanto espermatozoides quanto óvulos são chamados **hermafroditas** e, em princípio, podem fecundar a si mesmos (**autofecundação**). No entanto, na maioria das vezes, esses organismos realizam fecundação cruzada, na qual um indivíduo funciona como macho e o outro, como fêmea. Existem casos, como o das minhocas, em que os dois hermafroditas atuam como macho e fêmea simultaneamente, dando e recebendo espermatozoides. Esse fenômeno é chamado **fecundação recíproca** ou **fecundação cruzada mútua**.

Alguns mecanismos podem dificultar a autofecundação. Dentre eles estão a **protandria**, quando o sistema reprodutor masculino amadurece antes do feminino, e a **protoginia**, quando ocorre o contrário. A grande vantagem desses mecanismos é evitar a redução da variedade genética.

A **partenogênese** é uma forma de reprodução em que os óvulos se desenvolvem sem que sejam fecundados, isto é, não há a participação do espermatozoide. Dessa forma, não ocorre mistura de genes. É bastante comum em vermes, crustáceos e alguns insetos, como as abelhas.

Embora realizem reprodução assexuada, como mencionado anteriormente, alguns organismos unicelulares também podem trocar material genético entre si por meio de um fenômeno conhecido como **conjugação**: dois indivíduos se unem e trocam material genético contido em pequenos núcleos, que sofrem meiose e são transferidos de um organismo para o outro.

Reprodução humana

Durante a puberdade, o corpo de meninos e meninas sofre diversas transformações que os prepara para a reprodução. Tais mudanças são controladas por hormônios, que são lançados no sangue pelas **glândulas endócrinas** (figura 7).

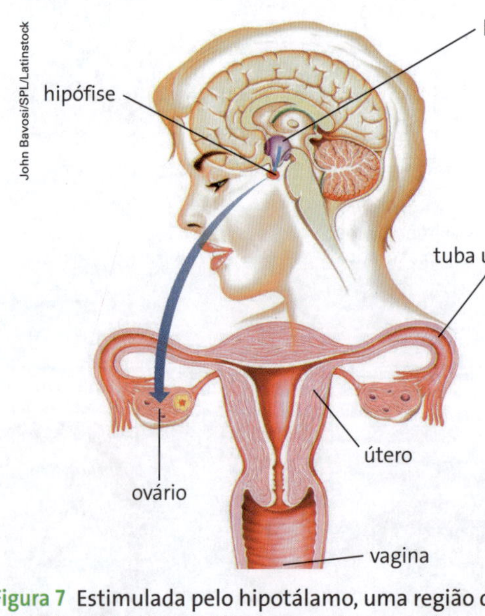

Figura 7 Estimulada pelo hipotálamo, uma região do encéfalo, a hipófise produz hormônios que estimulam a ovulação (lançamento de um óvulo secundário na tuba uterina) e a produção de hormônios sexuais pelos ovários e pelos testículos. (Os elementos da figura não estão na mesma escala; cores fantasia.)

Sistema genital masculino

A figura 8 ilustra o sistema genital masculino, bem como as características dos túbulos seminíferos.

Os testículos estão alojados dentro do **escroto**, favorecendo a espermatogênese, que ocorre em temperaturas inferiores à temperatura corporal. Dentro dele estão cerca de mil **túbulos seminíferos**, tubos enovelados responsáveis pela produção de espermatozoides a partir da puberdade.

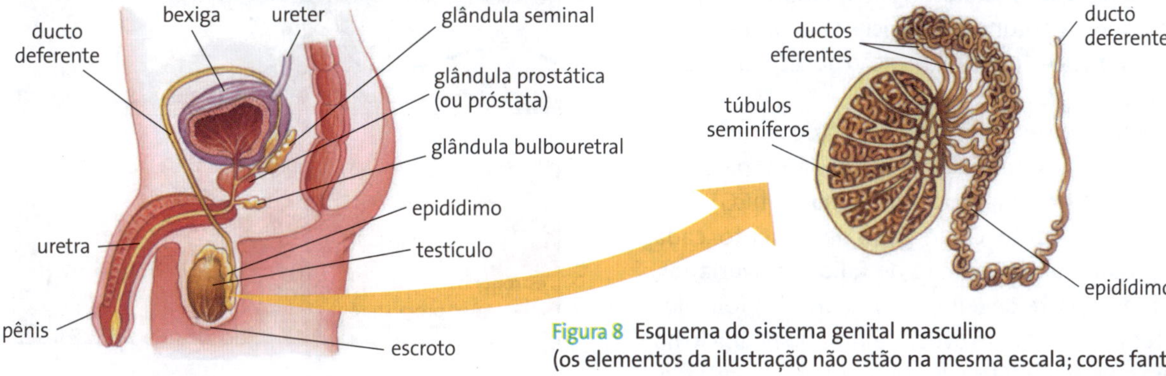

Ingeborg Asbach/Arquivo da editora

Figura 8 Esquema do sistema genital masculino (os elementos da ilustração não estão na mesma escala; cores fantasia).

Ainda compõem o sistema genital masculino as **glândulas seminais**, a **glândula prostática** (ou **próstata**) e as **glândulas bulbouretrais**. Juntamente com os espermatozoides, as secreções produzidas por essas glândulas constituem o **sêmen** ou **esperma**. A secreção da próstata e das vesículas seminais apresenta substâncias que contribuem para a sobrevivência do espermatozoide no sistema genital feminino. As glândulas bulbouretrais liberam um líquido que auxilia na neutralização da acidez da uretra.

Durante o ato sexual, quando os estímulos são muito intensos, o sêmen é lançado para o exterior por meio das contrações dos músculos lisos do epidídimo, do canal deferente, da uretra e das glândulas anexas. Dentro do sistema genital feminino, os espermatozoides se deslocam da vagina em direção às tubas uterinas, onde encontrarão o ovócito II.

Os hormônios **folículo estimulante** (**FSH**) e **luteinizante** (**LH**), produzidos pela hipófise, estimulam os testículos durante a puberdade: o primeiro estimula os epiteliócitos e a espermatogênese, enquanto o segundo atua sobre as células intersticiais, estimulando a secreção de testosterona. Esta, por sua vez, determina o desenvolvimento das características sexuais primárias, a descida dos testículos para o escroto e as características sexuais secundárias.

Sistema genital feminino

O sistema genital feminino, como ilustrado na figura 9, é constituído por um par de ovários e um par de **tubas uterinas** (antes chamadas trompas de Falópio) que os conectam ao útero. O útero é um órgão oco e muscular no qual o embrião se desenvolve durante a gravidez e de onde sai a **vagina**, que se abre nos órgãos genitais externos. É através dela que o bebê sai no momento do parto.

Ilustrações: Hiroe Sasaki/Arquivo da editora

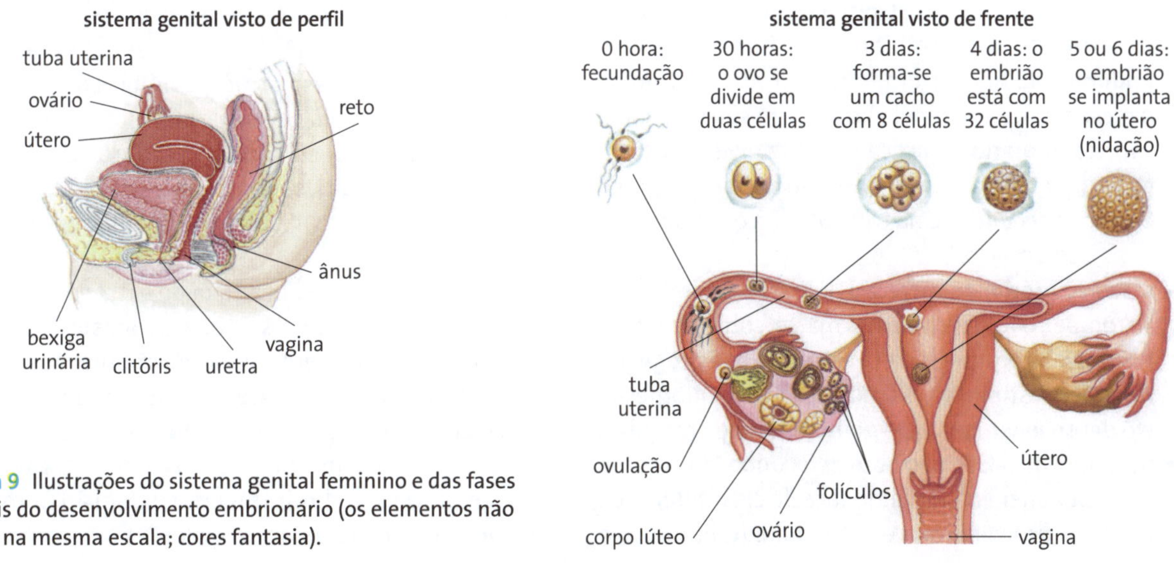

Figura 9 Ilustrações do sistema genital feminino e das fases iniciais do desenvolvimento embrionário (os elementos não estão na mesma escala; cores fantasia).

A fecundação acontece na parte superior das tubas uterinas, cujas células ciliares, juntamente com contrações musculares, encaminham o zigoto para o útero. Esse trajeto demora cerca de três dias, período no qual o zigoto sofre mitoses. Ao chegar ao útero, ele já apresenta de 12 a 16 células. Aproximadamente uma semana após a fecundação inicia-se o processo de **nidação**, nome dado à implantação do zigoto no útero, e começa a gravidez (figura 9).

Em bebês do sexo feminino, os ovários funcionam desde a fase embrionária e são estimulados pelo hormônio **gonadotrofina coriônica humana** (hCG), produzido pela placenta. Quando do nascimento, cada ovário possui quase 1 milhão de **folículos ovarianos**, mas a maior parte degenera. Cada um dos folículos restantes apresenta um ovócito primário no início da primeira divisão meiótica, que se encontra paralisada. A meiose continua na puberdade e, em cada ciclo menstrual, que será estudado a seguir, a primeira divisão se completa e um ovócito secundário é liberado na tuba uterina. Esse processo se mantém até a **menopausa**, quando todos os folículos degeneram.

O ciclo menstrual

Em média, o ovário lança um ovócito II na tuba uterina uma vez ao mês, fenômeno chamado ovulação, e o útero começa a se preparar para receber um embrião, caso ocorra fecundação. Se esta não acontecer, o ovócito II degenera e a porção interna do útero é eliminada pela vagina na chamada **menstruação**. O **ciclo menstrual** corresponde aos eventos, controlados pelos hormônios FSH e LH, que ocorrem nos ovários e no útero (figura 10). Podemos dividi-lo em três fases:

- **fase proliferativa** ou **folicular**: etapa na qual o folículo cresce e se prepara para a ovulação. O crescimento é estimulado pelo FSH. Durante esse processo, o folículo produz **estrogênios**, que provocam o crescimento da membrana que forra o útero, o **endométrio**. Apenas um folículo ovariano termina o crescimento e acumula líquido em seu interior. O ovócito primário finaliza a primeira divisão meiótica enquanto o folículo crescido se rompe, lançando o ovócito secundário na tuba uterina e terminando essa fase do ciclo.
- **fase secretória**, **de secreção**, **lútea** ou **luteínica**: ao se romper, o folículo transforma-se, sob ação do LH, no **corpo lúteo**, que secreta estrogênios e **progesterona**. Esta estimula a vascularização do endométrio e o desenvolvimento das glândulas nele presentes.
- **fase menstrual**: se não houver fecundação, o corpo lúteo degenera na segunda fase do ciclo e deixa de produzir progesterona e estrógeno. A diminuição da progesterona leva à degeneração e eliminação de parte do endométrio por meio da menstruação, que dura de três a sete dias.

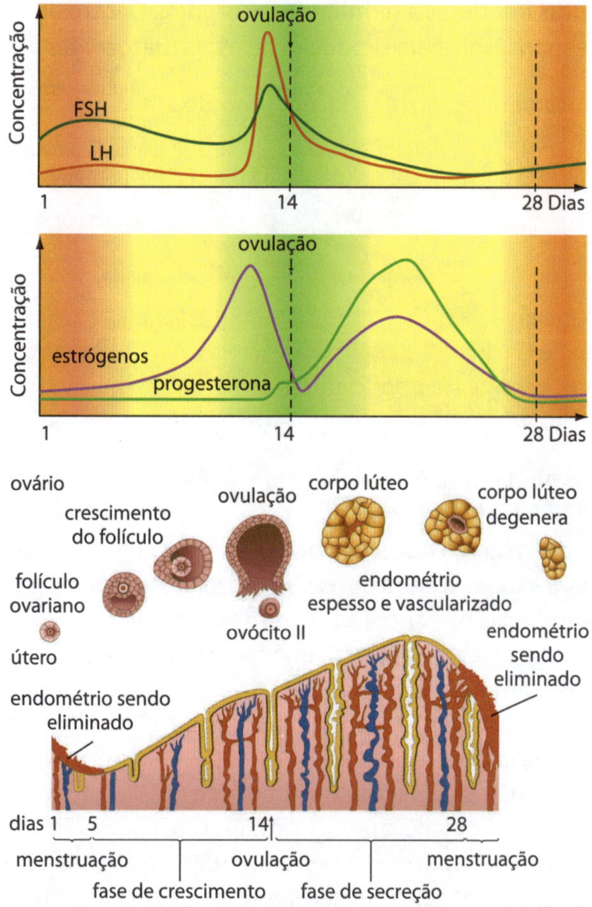

Figura 10 Esquema simplificado do ciclo menstrual (os elementos da ilustração não estão na mesma escala; cores fantasia) e, na parte superior da figura, gráficos da concentração no sangue dos hormônios da hipófise e do ovário ao longo do ciclo.

O primeiro dia da menstruação é considerado o início do ciclo menstrual. Na primeira metade do ciclo, o FSH estimula o crescimento de um novo folículo, que produz estrogênios. O aumento gradativo da concentração desses hormônios inibe a produção de FSH e LH. No meio do ciclo, os altos índices de estrogênios acabam por estimular a produção de LH e FSH por *feedback* positivo, como pode ser observado na figura 10. Perto do 14º dia, com o LH alto, ocorre a ovulação.

Depois da ovulação, a taxa de estrogênio cai e o corpo lúteo começa a secretar progesterona, cuja concentração aumenta. Esse hormônio, associado a um pouco de estrogênio, inibe a produção de FSH e LH. Com a queda da concentração destes, o corpo lúteo tende a regredir e as taxas de estrogênio e progesterona, a diminuir. Ocorre, então, a menstruação e o início de outro ciclo.

Depois de ter sido lançado nas tubas uterinas, o ovócito II tem de 24 a 36 horas para ser fecundado. Como os espermatozoides permanecem vivos no sistema genital feminino por até 72 horas, uma mulher pode engravidar caso ovule até 72 horas depois da relação ou até 36 horas antes.

O período fértil está próximo do meio do ciclo menstrual. O período estéril, portanto, é perto do início e do final do ciclo. Como o ciclo pode, muitas vezes, ser irregular, é difícil prever o período fértil com exatidão.

Quando a mulher está grávida, a placenta libera o hormônio hCG, que mantém o corpo lúteo ativo e impede que ocorra a menstruação e ovulação. Assim, a presença desse hormônio na urina ou no sangue indica a gravidez.

Por volta do terceiro mês, a produção de progesterona e estrógenos pela placenta faz com que a gravidez independa do ovário.

Métodos contraceptivos ou anticoncepcionais

Diferentes métodos podem ser utilizados para se evitar uma gravidez. Dentre eles, podemos citar:

- **camisinha**: existente nas versões masculina e feminina. Tanto uma quanto a outra têm como objetivo reter o sêmen ejaculado, impedindo que os espermatozoides cheguem ao óvulo. Além de ser eficaz na prevenção da gravidez quando utilizada corretamente, a camisinha ainda protege contra doenças sexualmente transmissíveis.
- **método de abstinência periódica**: método pouco eficiente, pois consiste em evitar as relações sexuais durante o período fértil, determinado pelo acompanhamento da temperatura corporal e do aspecto da secreção vaginal.
- **métodos hormonais**: têm como principal método a **pílula anticoncepcional**, uma mistura de derivados sintéticos de estrogênios e progesterona que atuam na inibição do aumento de LH. Assim como a camisinha, é um método de alta eficácia quando utilizado de maneira adequada. As **injeções**, aplicadas mensalmente (ou a cada dois ou três meses), o **adesivo transdérmico**, que libera hormônios na pele e deve ser trocado semanalmente, e a **minipílula**, com um único hormônio, são outros métodos hormonais.
- **dispositivo intrauterino (DIU)**: peça recoberta de cobre e colocada no útero pelo médico. Esse método atua de duas formas: impede a fecundação por dificultar a chegada dos espermatozoides ao ovócito e impede que o embrião se fixe no útero caso haja fecundação. É um método confiável, mas necessita de acompanhamento periódico.
- **diafragma**: capuz de borracha flexível que deve ser colocado na entrada do útero para bloquear os espermatozoides. O diafragma pode ser reutilizado depois da higienização adequada. É menos eficaz que a pílula e o DIU porque pode ser colocado de forma incorreta, além de ser deslocado durante a relação sexual.
- **técnicas de esterilização**: na feminina, conhecida como **laqueadura tubária**, a tuba uterina é cortada, interrompendo a ligação entre o ovário e o útero e, consequentemente, impedindo que ocorra a fecundação. A **vasectomia** é o nome dado à esterilização masculina e consiste na secção dos ductos deferentes, o que faz com que o sêmen seja desprovido de espermatozoides. Embora as técnicas de esterilização possam falhar, são consideradas irreversíveis.

Desenvolvimento embrionário

Tipos de ovos e de segmentação

A **embriogênese** refere-se ao desenvolvimento embrionário e inclui os processos de multiplicação, crescimento e diferenciação dos tecidos e órgãos de um embrião (**organogênese**).

As divisões iniciais da célula-ovo correspondem à **segmentação** ou **clivagem**. As células resultantes deste processo são chamadas **blastômeros** e, juntas, formam uma esfera maciça, a **mórula**.

O tipo de segmentação está relacionado, dentre outros fatores, à quantidade de vitelo acumulada no óvulo. Considerando esta característica, existem quatro tipos de ovos e quatro tipos de segmentação:

- **oligolécito**: ovo que apresenta pouco vitelo, distribuído de maneira uniforme. A segmentação é **total** (ou **holoblástica**) e **igual**, pois os blastômeros que constituem a mórula têm todos praticamente o mesmo tamanho (figura 11). Esse tipo de ovo é comum em invertebrados marinhos e está presente em quase todos os mamíferos. Nestes últimos, o vitelo é praticamente ausente.

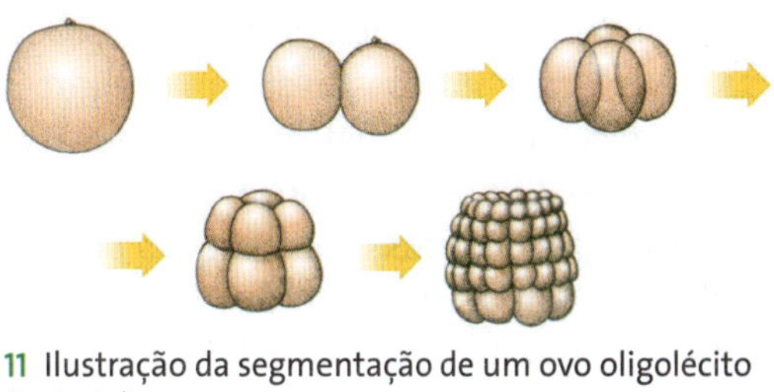

Ingeborg Asbach/Arquivo da editora

Figura 11 Ilustração da segmentação de um ovo oligolécito (cores fantasia).

- **heterolécito**: ovo também chamado **mesolécito** (ou **mediolécito**) por apresentar quantidade de vitelo intermediária entre a dos ovos oligolécitos e telolécitos. O vitelo está mais concentrado em um dos polos da célula (**polo vegetativo**) que no outro (**polo animal**, no qual se encontra o núcleo). A segmentação é **total** e **desigual**, pois a região que apresenta menos vitelo se divide mais rápido e produz células menores, denominadas **micrômeros**, que são mais numerosas que as originadas no polo vegetativo, chamadas **macrômeros** (figura 12). É o caso, por exemplo, dos ovos de alguns invertebrados, de anfíbios e de alguns peixes.

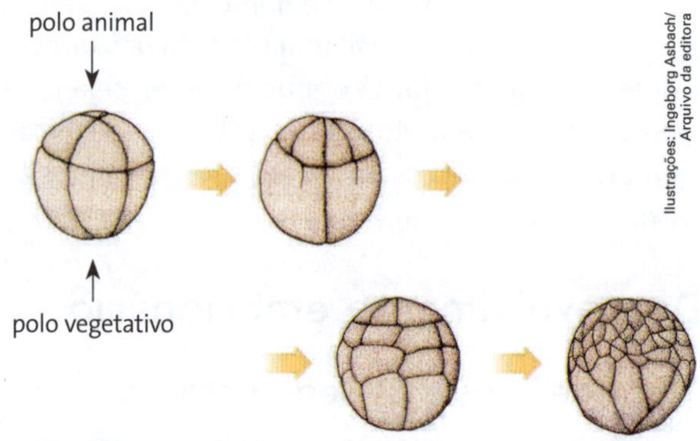

Figura 12 Ilustração da segmentação de um ovo heterolécito de sapo (cores fantasia).

- **telolécito**: também chamado **megalécito**, esse ovo apresenta uma grande quantidade de vitelo, sobre a qual estão o núcleo e o citoplasma formando um pequeno disco. O vitelo ocupa quase toda a célula. A segmentação é **meroblástica** (ou **parcial**) e **discoidal**, pois ocorre somente no polo animal e origina um pequeno disco de células (figura 13). Esse tipo de ovo está presente em répteis, aves, moluscos cefalópodes, mamíferos ovíparos e na maioria dos peixes.
- **centrolécito**: neste tipo de ovo o vitelo ocupa a região central da célula e não se divide. O núcleo se divide diversas vezes e migra para a periferia. A divisão citoplasmática ocorre posteriormente à nuclear. A segmentação é **meroblástica** e **superficial**, como representado na figura 14. A maioria dos artrópodes apresenta esse tipo de ovo.

Quando o desenvolvimento não inclui fase larval, fala-se em **desenvolvimento** direto. É o que ocorre em répteis, aves e mamíferos, pois forma-se um filhote semelhante ao adulto. A maioria dos peixes também apresenta esse tipo de desenvolvimento.

Em anfíbios e muitos invertebrados ocorre o **desenvolvimento indireto**, pois os filhotes possuem estrutura mais simples. O processo de transformação é chamado **metamorfose**.

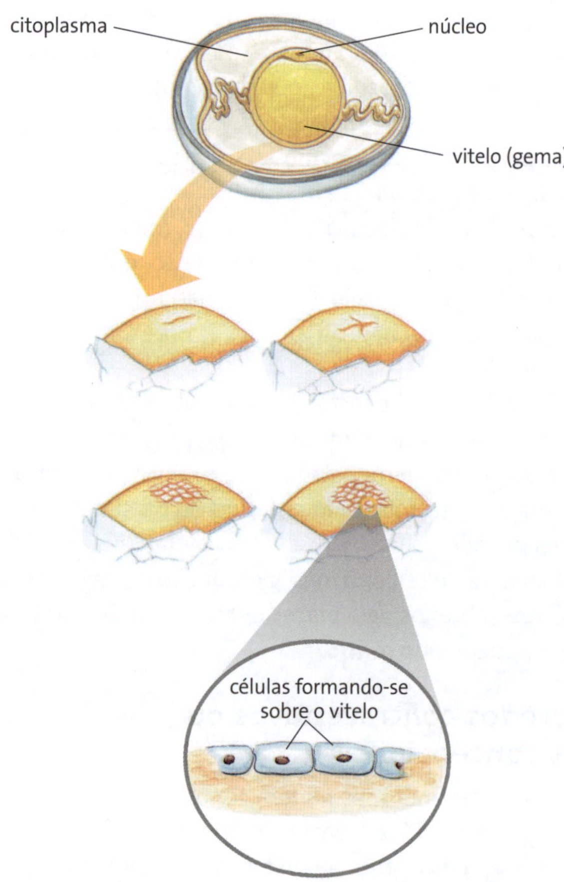

Figura 13 Ilustração da segmentação parcial e discoidal de um ovo megalécito de ave (galinha). (Os elementos ilustrados não estão na mesma escala; cores fantasia.)

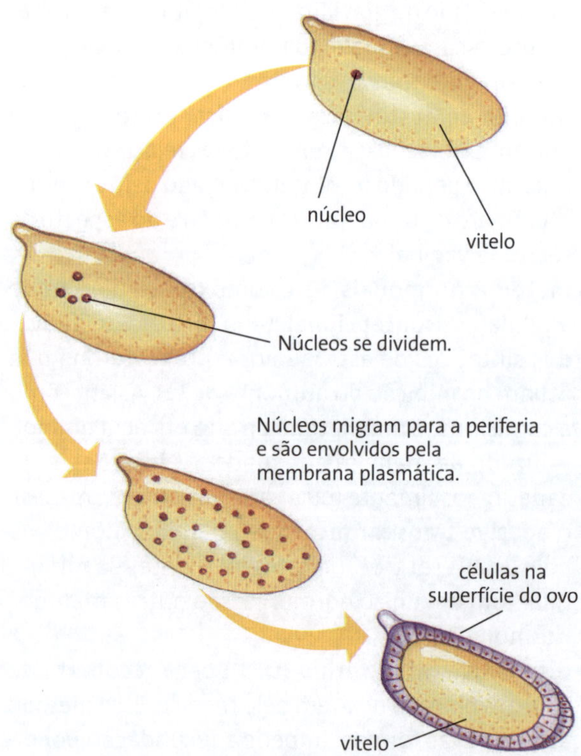

Figura 14 Ilustração da segmentação parcial e superficial de um ovo centrolécito (cores fantasia).

Local de desenvolvimento

Os animais que apresentam fecundação interna podem ser classificados de acordo com o local em que ocorre o desenvolvimento dos embriões:

- **ovíparos**: o ovo é depositado pela fêmea e se desenvolve no meio exterior, utilizando para isso suas reservas nutritivas. Répteis, aves e vários invertebrados são ovíparos.
- **ovovivíparos**: o ovo fica retido no oviduto e o embrião se desenvolve no interior da fêmea, sem, no entanto, utilizar nutrientes do organismo materno. É o caso de alguns invertebrados, alguns peixes e determinados répteis. O filhote já sai formado de dentro da mãe.
- **vivíparos**: os nutrientes necessários são absorvidos pelo embrião diretamente do sangue materno através da placenta. É por meio dela também que ele elimina suas excretas. O embrião se desenvolve no útero materno, caso típico dos mamíferos.

Formação e destino dos folhetos embrionários

Em sua fase embrionária, os vertebrados, que pertencem ao filo dos cordados, apresentam um bastão dorsal de sustentação, a **notocorda** (ou **corda dorsal**). Nesses animais, esta estrutura é total ou parcialmente substituída pela coluna vertebral.

O anfioxo, também pertencente ao filo dos cordados, é comumente utilizado como exemplo do processo de formação das estruturas embrionárias dos vertebrados em geral. Esse animal vive no mar e apresenta as extremidades do corpo afiladas (figura 15).

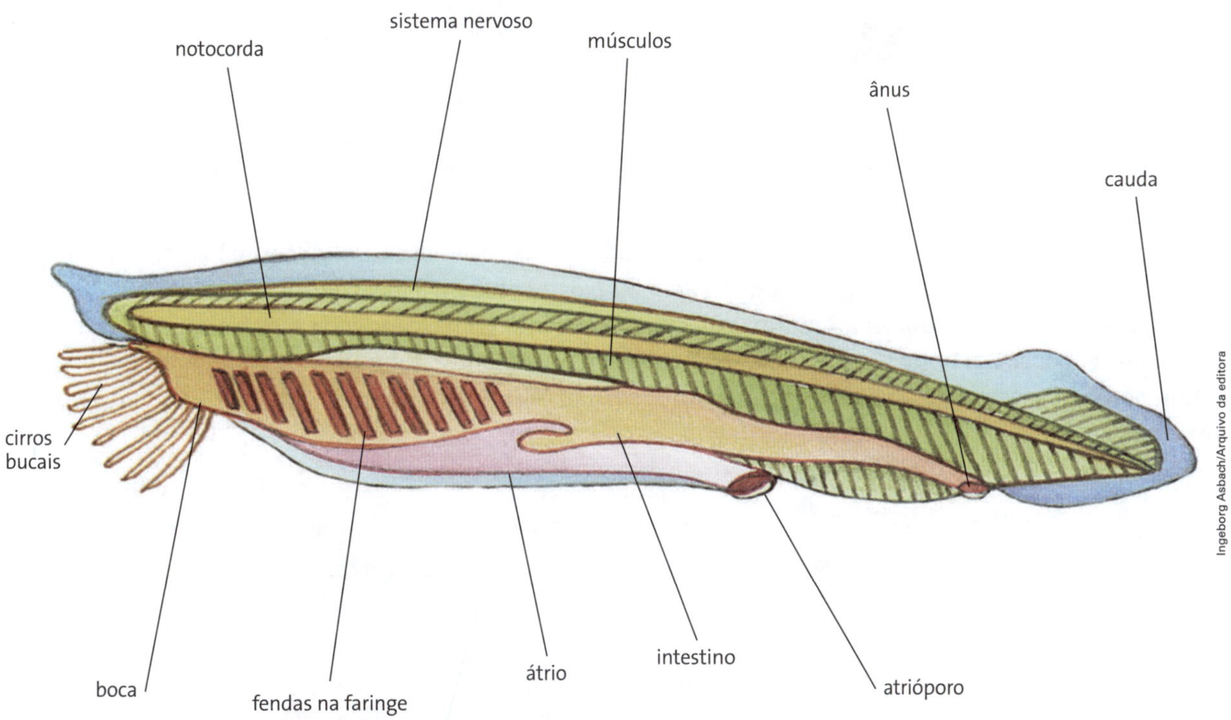

Figura 15 Estrutura interna do anfioxo, gênero *Branchiostoma* (os elementos da ilustração não estão na mesma escala; cores fantasia).

A segmentação do anfioxo é holoblástica e a mórula transforma-se em um embrião oco, a blástula, cuja cavidade é denominada blastocele. A invaginação da blastocele origina a **gástrula** por um processo chamado **gastrulação**. Dois **folhetos embrionários** formam a gástrula: a **ectoderme** e a **endoderme**.

Nesse embrião está presente o **arquêntero**, cavidade que dará origem ao tubo digestório e que se comunica com o meio exterior através de um orifício denominado **blastóporo**. Quando este origina a boca do futuro animal, como na maioria dos invertebrados, diz-se que são **protostômios**. Os equinodermos e cordados são **deuterostômios**, pois o blastóporo dá origem ao ânus. A boca forma-se posteriormente, em outra região.

Em seguida, surge, a partir de uma região do folheto interno, um terceiro folheto, a **mesoderme**. Ao mesmo tempo, são formados o **celoma**, cavidade onde se localizam os órgãos, a **notocorda** e o **intestino primitivo**. Um **tubo neural** se forma proveniente da ectoderme. A partir deste momento, o embrião recebe o nome de **nêurula** e se inicia a organogênese. O processo inicial de desenvolvimento do embrião, descrito até aqui, é apresentado na figura 16.

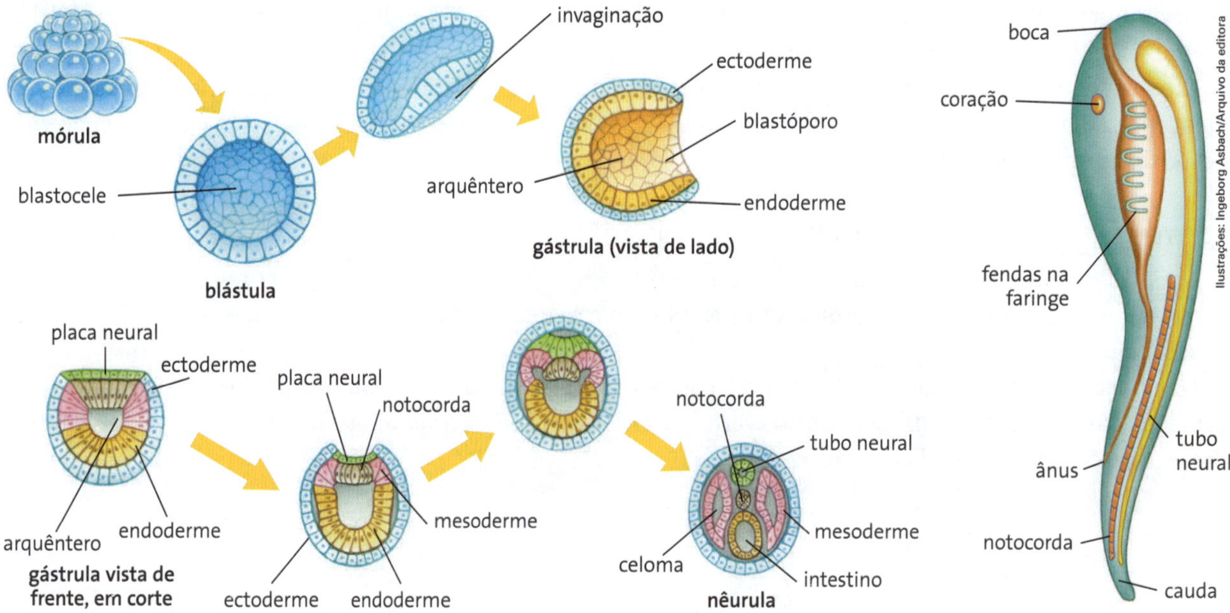

Figura 16 Desenvolvimento do anfioxo. A última figura é um esquema geral de um cordado na fase embrionária. As fendas na faringe (fendas faríngeas) desempenham função respiratória em alguns cordados, como os peixes. Em outros, a função respiratória é exercida pelos pulmões. (Os elementos da figura não estão na mesma escala; cores fantasia.)

Organismos que apresentam apenas dois folhetos embrionários (ectoderme e endoderme), como os cnidários, são chamados **diblásticos**. Nos outros grupos de animais existe também a mesoderme e, por isso, são denominados **triblásticos**. Aqueles que apresentam uma cavidade no interior da mesoderme, o celoma, são chamados **celomados** (anelídeos, artrópodes, moluscos, equinodermos e cordados) (figura 17). Os platelmintos são **acelomados**, pois não possuem tal cavidade. Já os nematódeos são considerados **pseudocelomados** porque apresentam um falso celoma.

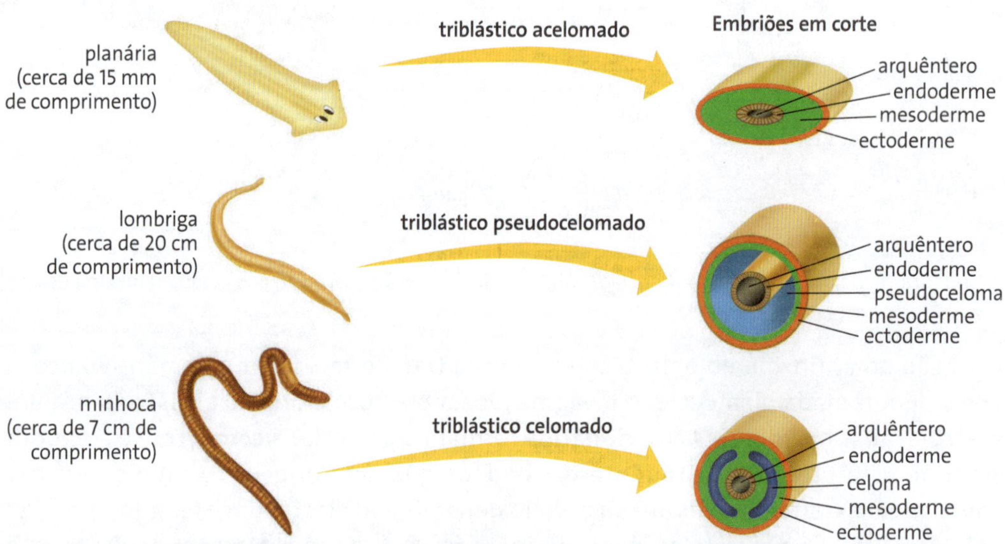

Figura 17 Estrutura do corpo dos embriões de um platelminto (vermes com o corpo achatado dorsoventralmente, como a planária e a tênia ou solitária), de um nematódeo (vermes com o corpo em forma de fio, como a lombriga) e de um anelídeo (vermes com o corpo segmentado, como a minhoca). (Os elementos da figura não estão na mesma escala; cores fantasia.)

Os principais tecidos e órgãos originados a partir de cada um dos folhetos embrionários são apresentados na figura 18.

Ectoderme	Mesoderme	Endoderme
• epiderme e anexos (pelos, unhas, chifres, penas, etc.) • glândulas sudoríferas ou sudoríparas (*sudor* = suor; *ferre* = levar; *para* = produzir), sebáceas, mamárias, lacrimais, medula da adrenal e hipófise • sistema nervoso (encéfalo, medula espinal, gânglios e nervos) • lente (cristalino), retina e córnea • revestimento (tecido epitelial) da boca, do nariz e do ânus • esmalte dos dentes	• músculos • tecidos conjuntivos (cartilagens, ossos, derme, tecido hematopoético, sangue) • sistemas cardiovascular e linfático • sistemas urinário e genital • pericárdio, pleura e peritônio (membranas que revestem o coração, os pulmões e os intestinos) • córtex da adrenal	• revestimento epitelial do tubo digestório e do sistema respiratório • fígado, pâncreas, glândula tireóidea e glândulas paratireóideas • revestimento da bexiga urinária

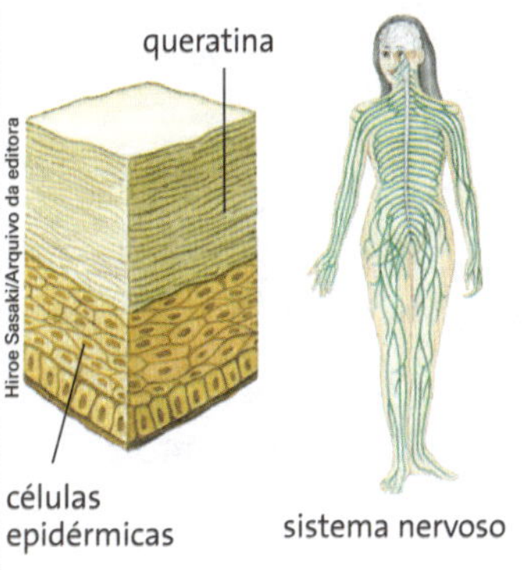

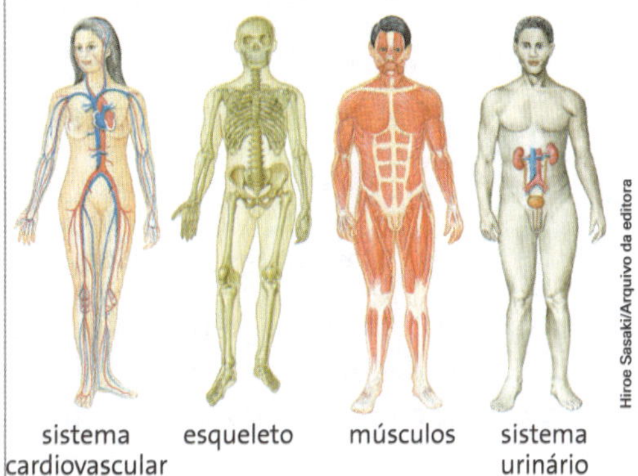

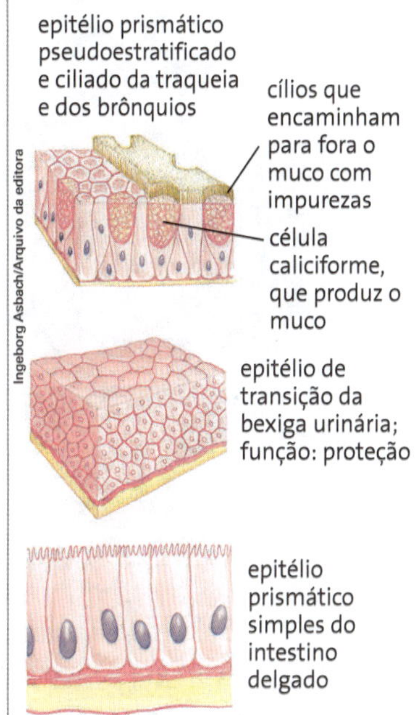

Figura 18 Os principais tecidos e os órgãos originados de cada folheto embrionário (os elementos da figura não estão na mesma escala; cores fantasia).

Anexos embrionários

Os **anexos embrionários** são estruturas presentes nos vertebrados e que auxiliam o desenvolvimento do embrião. Em répteis e aves estão presentes quatro anexos, representados na figura 19:

- **âmnio** ou **bolsa de água**: protege o embrião contra choques mecânicos e previne sua desidratação graças ao líquido que contém;
- **vesícula vitelínica** ou **saco vitelínico**: contém alimento de reserva para o embrião;
- **alantoide**: acumula as excretas do embrião, retira o oxigênio do ar, elimina gás carbônico e retira cálcio da casca;
- **córion**: desempenha papel na proteção do embrião e também participa das trocas gasosas.

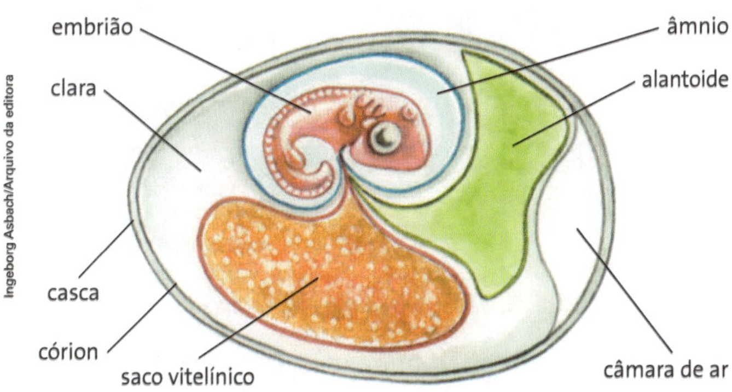

Figura 19 O embrião dos répteis e das aves está protegido por um ovo com casca. Em seu interior há reserva de alimento (clara e gema) e anexos embrionários. (Os elementos da ilustração não estão na mesma escala; cores fantasia.)

Os vertebrados que apresentam âmnio, alantoide e córion, caso dos répteis, aves e mamíferos, são denominados amniotas. Os peixes e anfíbios são chamados anamniotas.

Em sua maioria, os mamíferos, além dos anexos, também apresentam a placenta, estrutura formada por vilosidades do córion e sua união com o endométrio (figura 20). Por meio dela os vasos sanguíneos de mãe e embrião permanecem próximos, facilitando as trocas de alimento, gases e excretas.

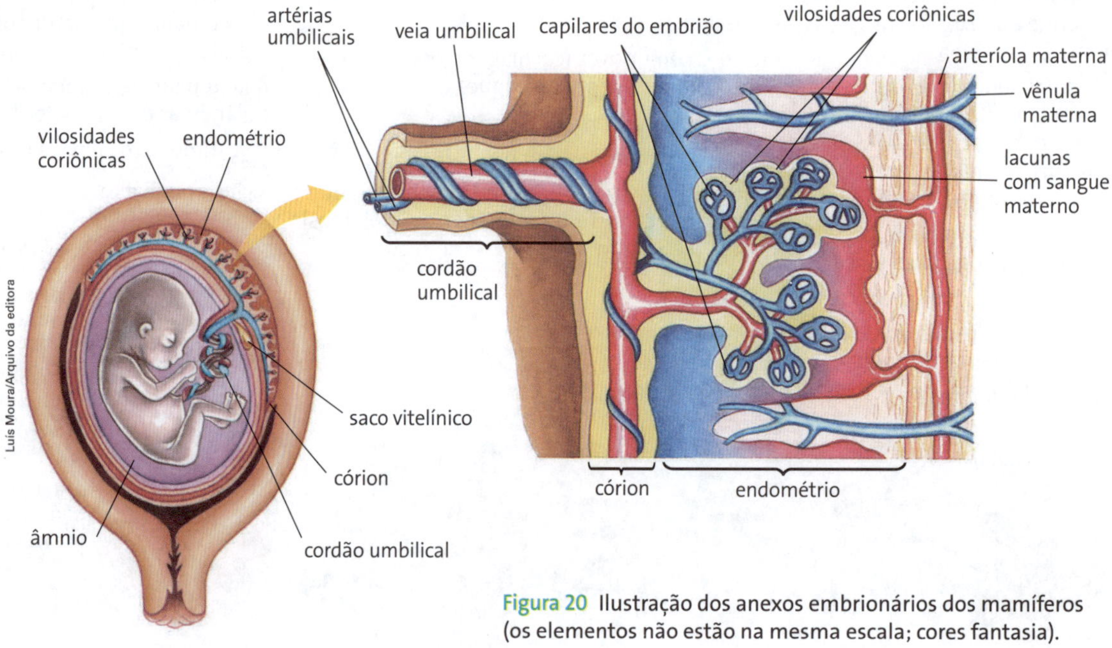

Figura 20 Ilustração dos anexos embrionários dos mamíferos (os elementos não estão na mesma escala; cores fantasia).

Mamíferos que apresentam placenta são denominados eutérios. Aqueles em que ela está ausente recebem o nome de prototérios. Os metatérios são mamíferos que possuem placenta rudimentar: o nascimento do filhote é precoce e ele migra para o marsúpio, onde estão as glândulas mamárias.

Desenvolvimento embrionário humano

Como já vimos, na espécie humana a fecundação acontece na tuba uterina. Enquanto é encaminhado para o útero, o embrião passa por uma segmentação. Quando chega à cavidade uterina, já na fase de mórula, ele tem de doze a dezesseis blastômeros. Após três dias, é uma blástula, com quase cem células, e inicia o processo de nidação. Nesta fase, o **trofoblasto**, camada mais externa de células e que origina o córion, e a **massa celular interna**, que formará o embrião e os anexos, podem ser observados (figura 21). Próximo ao décimo quarto dia, o endométrio já envolve o embrião e o isola da cavidade uterina. Formam-se as vilosidades do córion, que ficarão mergulhadas no endométrio, em cavidades cheias de sangue, originando a placenta.

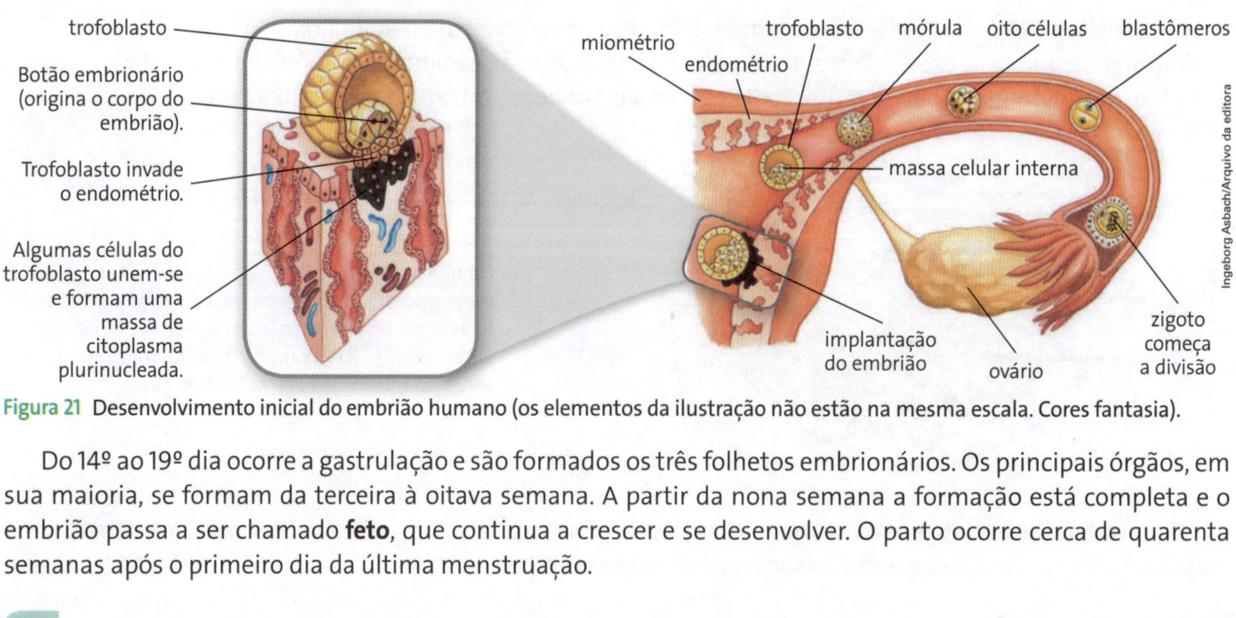

Figura 21 Desenvolvimento inicial do embrião humano (os elementos da ilustração não estão na mesma escala. Cores fantasia).

Do 14º ao 19º dia ocorre a gastrulação e são formados os três folhetos embrionários. Os principais órgãos, em sua maioria, se formam da terceira à oitava semana. A partir da nona semana a formação está completa e o embrião passa a ser chamado **feto**, que continua a crescer e se desenvolver. O parto ocorre cerca de quarenta semanas após o primeiro dia da última menstruação.

Quando a fecundação de um único óvulo por um único espermatozoide origina dois ou mais embriões, diz-se que eles são gêmeos **monozigóticos**, **univitelinos**, **idênticos** ou **verdadeiros** (figura 22). Esses indivíduos são geneticamente iguais. Logo, são sempre do mesmo sexo.

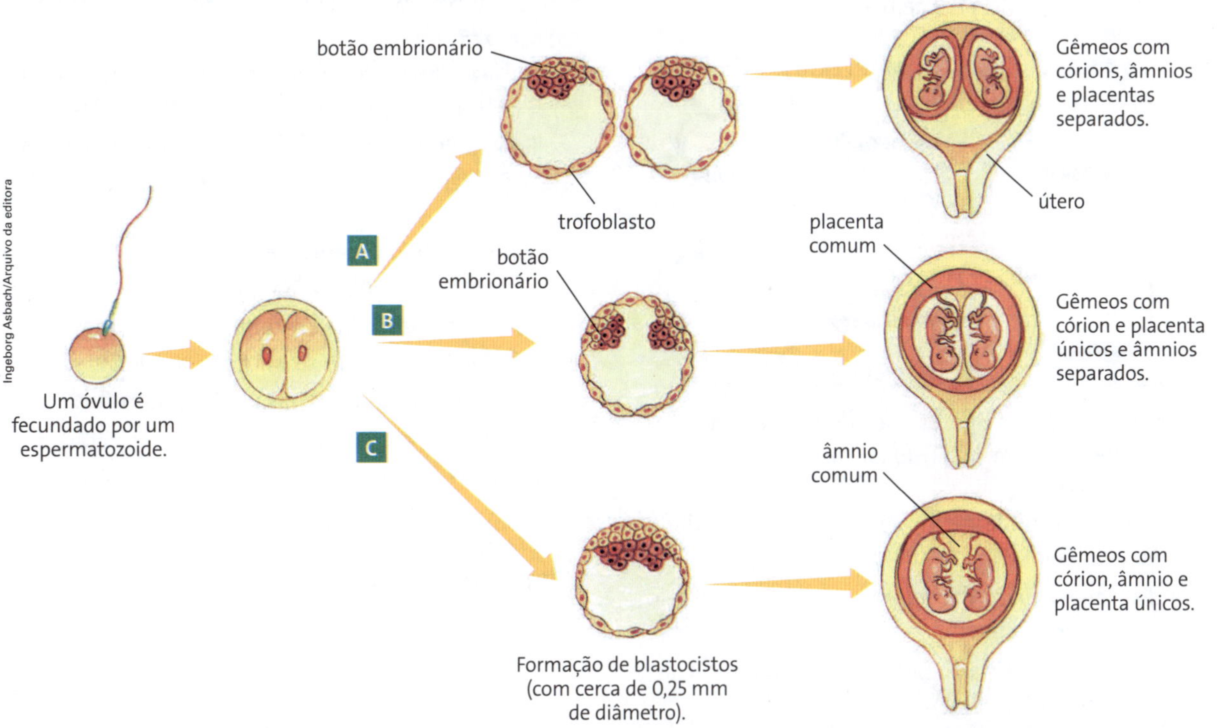

Figura 22 Formação de gêmeos verdadeiros: **A**, separação precoce dos blastômeros, antes da formação do trofoblasto (dois a três dias); **B**, separação da massa celular interna (primeira semana); **C**, separação tardia (nove a quinze dias). (Os elementos da ilustração não estão na mesma escala; cores fantasia.)

Há casos em que a fêmea libera para a tuba uterina dois ou mais ovócitos II no mesmo ciclo, e cada um é fecundado por um espermatozoide. Assim, esses indivíduos são geneticamente diferentes, não tão parecidos e podem ou não ser do mesmo sexo. São chamados **gêmeos fraternos**, **dizigóticos** ou **bivitelinos** (figura 23).

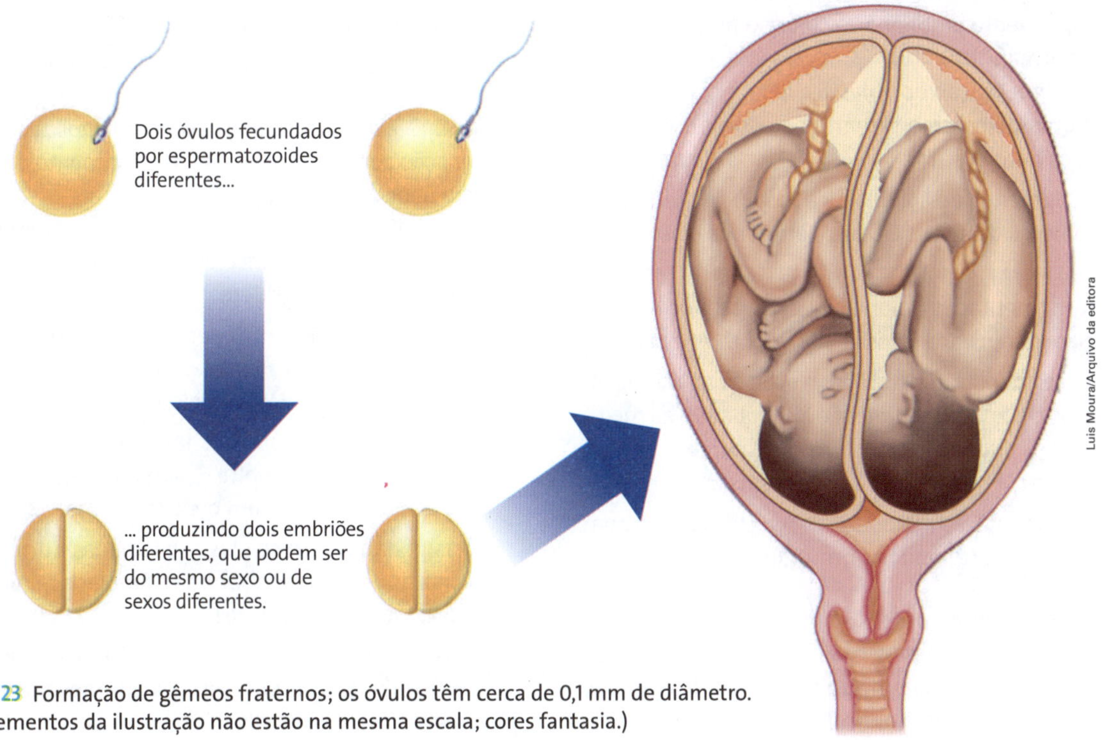

Figura 23 Formação de gêmeos fraternos; os óvulos têm cerca de 0,1 mm de diâmetro. (Os elementos da ilustração não estão na mesma escala; cores fantasia.)

Exercícios propostos

1. (Unifor-CE) Os esquemas abaixo representam embriões nas fases de 4 e 8 células.

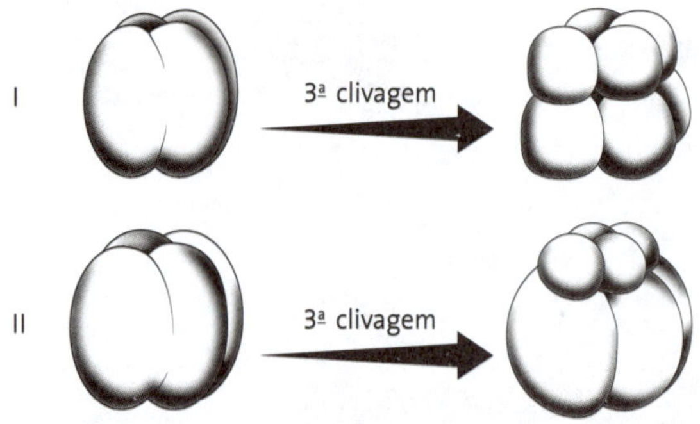

Sabendo-se que os zigotos que originaram esses embriões têm a mesma quantidade de vitelo, conclui-se que em I o vitelo:

a) distribui-se uniformemente e em II há mais vitelo no polo animal.

b) distribui-se uniformemente e em II há mais vitelo no polo vegetativo.

c) concentra-se mais no polo vegetativo e em II distribui-se uniformemente.

d) concentra-se mais no polo animal e em II distribui-se uniformemente.

e) tem a mesma distribuição da encontrada em II.

2. (UFPA) Após a fecundação, uma célula-ovo ou zigoto se forma e sofre divisões mitóticas sucessivas. Este processo, denominado de clivagem, é o início do desenvolvimento embrionário. Sobre o processo é correto afirmar:

a) A segmentação holoblástica igual origina blastômeros de mesmo tamanho e ocorre em alguns ovos heterolécitos.

b) A segmentação holoblástica desigual origina blastômeros desiguais e ocorre em todos os ovos oligolécitos.

c) A segmentação holoblástica desigual ocorre em platelmintos, anelídeos, moluscos, peixes e anfíbios.

d) Na segmentação meroblástica superficial, a clivagem ocorre no polo superior do ovo, enquanto, na meroblástica discoidal, a clivagem ocorre na região central do ovo e, em seguida, células migram para a periferia.

e) A segmentação meroblástica superficial ocorre em todos os vertebrados e em alguns insetos.

3. (UEL-PR) Durante o desenvolvimento embrionário de peixes, anfíbios, répteis, aves e mamíferos surgem estruturas que permitem a sobrevivência do embrião, denominados de anexos embrionários.

Com base nessas informações, considere as afirmativas sobre o anexo embrionário alantoide:

I. Em embriões de peixes e anfíbios, o alantoide tem a função de permitir as trocas gasosas com o meio aquático.

II. Nas aves, o alantoide possui a função de armazenar os excretas nitrogenados do embrião.

III. Na maioria dos embriões de mamíferos, o alantoide é reduzido e participa da formação da placenta e cordão umbilical.

IV. Nos répteis, o alantoide tem a função de proteger o embrião contra a dessecação.

Assinale a alternativa correta.

a) Somente as afirmativas I e IV são corretas.

b) Somente as afirmativas II e III são corretas.

c) Somente as afirmativas III e IV são corretas.

d) Somente as afirmativas I, II e III são corretas.

e) Somente as afirmativas I, II e IV são corretas.

4. (UFSJ-MG) Analise o cladograma abaixo

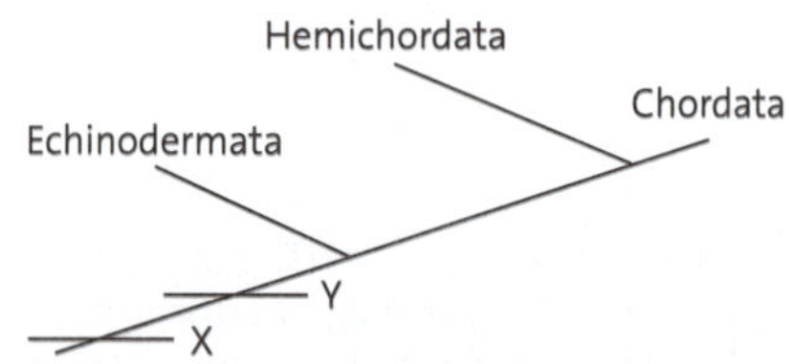

No cladograma apresentado, as letras X e Y poderiam ser substituídas corretamente por

a) esquizocelia e protostomia.

b) enterocelia e deuterostomia.

c) clivagem espiral e notocorda.

d) endosqueleto calcário e fendas na faringe.

5. (UFG-GO) A idade materna avançada implica em preocupação com a possibilidade do nascimento de bebês com anomalias, por que:

a) os folículos ovarianos entram em atividade, mas, em geral, apenas um cresce e amadurece, enquanto os demais regridem.

b) os ovócitos maternos permanecem um longo período em divisão meiótica, mais suscetíveis a agentes físicos, químicos e biológicos.

c) as ovogônias maternas interrompem a fase de multiplicação por volta da 15ª semana de vida fetal e transformam-se em ovócitos primários.

d) as gônadas têm células conservadas num estado indiferenciado e, quando estimuladas, iniciam a produção dos gametas.

e) as células do ovário materno sofrem inúmeras divisões mitóticas em resposta aos mecanismos de controle do ciclo celular.

MÓDULO 16 • Tecido epitelial

Características gerais

Revestimento do corpo humano e das cavidades internas, o **tecido epitelial** ou **epitélio** não é formado apenas por células estreitamente unidas. Também faz parte de sua composição a **substância intercelular** (ou **matriz extracelular**), material fabricado pelas próprias células e que funciona como ligação entre elas. Nos tecidos animais há ainda o **líquido intersticial**, que sai dos vasos sanguíneos e troca substâncias com o tecido.

A nutrição do epitélio, que, salvo poucas exceções, não apresenta vasos sanguíneos, é feita pelo tecido conjuntivo logo abaixo dele. Em geral, apresenta muitas terminações nervosas sensíveis aos estímulos do ambiente.

Epitélio de revestimento

Esse tipo de epitélio reveste o corpo e as cavidades, tendo como função a defesa do organismo contra atritos, evaporação e invasão de microrganismos, além de atuar na absorção de alimentos e oxigênio. A **lâmina basal**, formada por glicoproteínas e fibras proteicas, promove adesão entre o epitélio e o tecido conjuntivo que o nutre.

De acordo com o número de camadas de células que o constitui, o epitélio de revestimento pode ser considerado **simples**, quando possui apenas uma camada, ou **estratificado**, quando é composto de várias delas. Há ainda o **epitélio pseudoestratificado**, que é composto por apenas uma camada de células, mas devido a diferença na altura dos núcleos das células, aparenta possuir um número maior de camadas.

O epitélio pode também ser classificado segundo o formato de suas células: **epitélio cúbico**, quando apresenta células cúbicas; **epitélio prismático** (ou **cilíndrico**), quando apresenta células cilíndricas; e **epitélio pavimentoso**, quando apresenta células achatadas. Na bexiga urinária é encontrado o **epitélio de transição**, cujas células mudam de forma de acordo com o grau de distensão do órgão (figura 1).

As características das células de um epitélio estão relacionadas à sua função. A presença de microvilosidades nas células do intestino delgado, por exemplo, aumentam a área de absorção do alimento. Já os cílios das células do epitélio da traqueia e brônquios, juntamente com o muco produzido pelas **células caliciformes**, protegem e limpam as vias respiratórias.

Ingeborg Asbach/Arquivo da editora

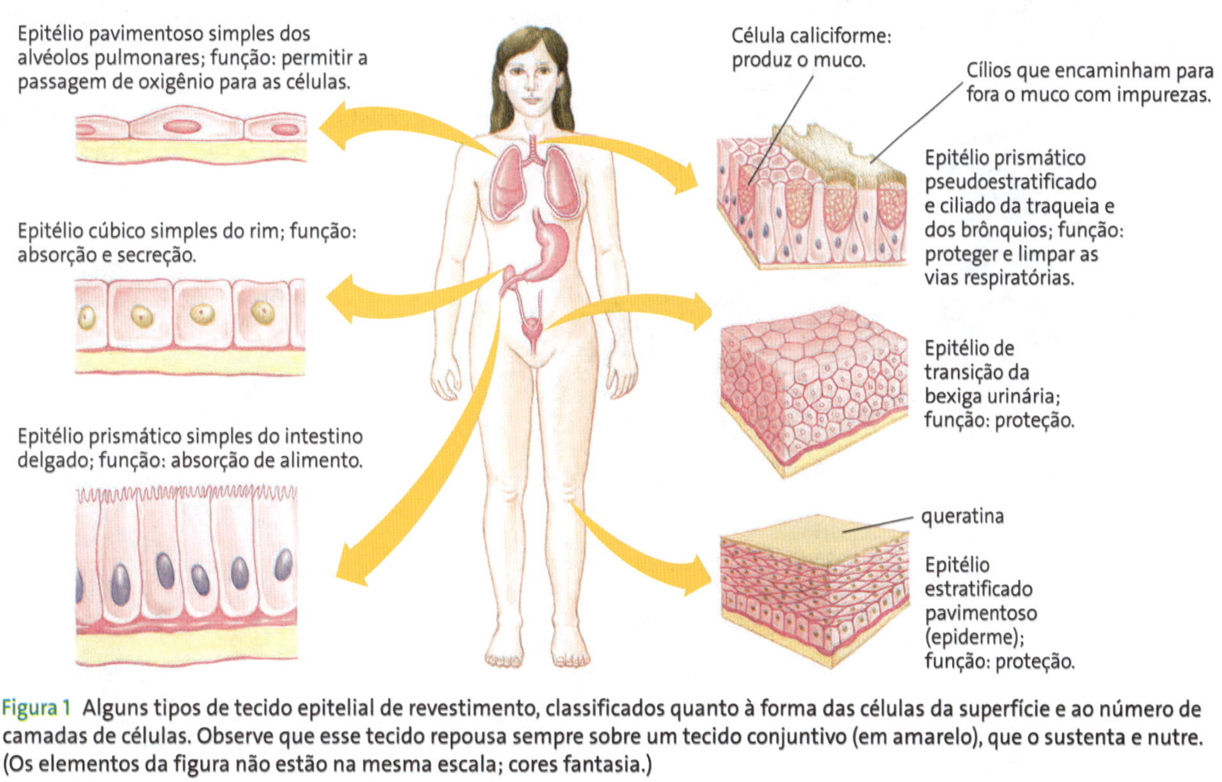

Figura 1 Alguns tipos de tecido epitelial de revestimento, classificados quanto à forma das células da superfície e ao número de camadas de células. Observe que esse tecido repousa sempre sobre um tecido conjuntivo (em amarelo), que o sustenta e nutre. (Os elementos da figura não estão na mesma escala; cores fantasia.)

A epiderme é o epitélio estratificado que reveste externamente o corpo (figura 2). Junto com a **derme**, tecido conjuntivo com o qual está em contato, forma a **pele**, o maior órgão do corpo e que tem como função principal a proteção do organismo contra agentes estranhos.

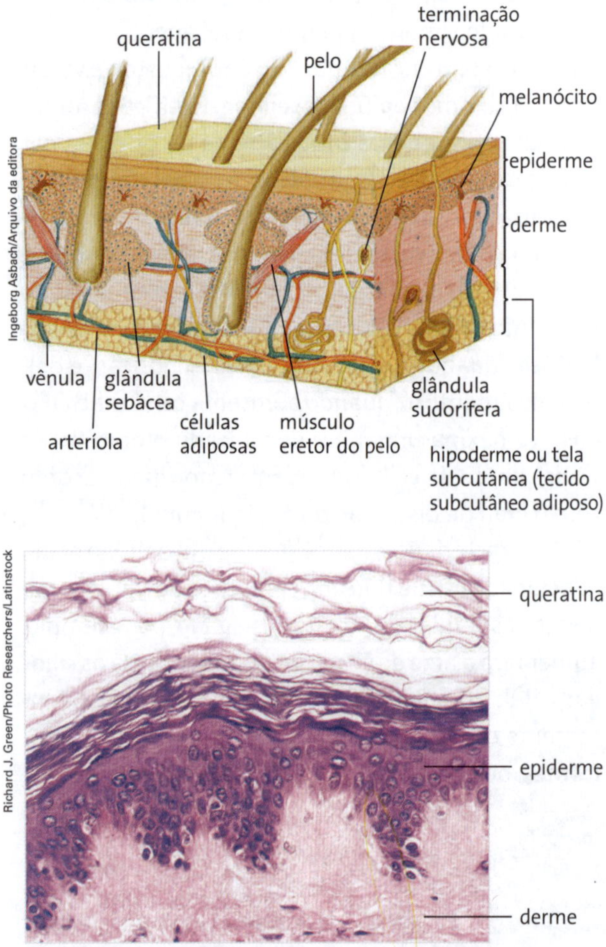

Figura 2 Esquema de pele humana (os elementos da figura não estão na mesma escala; cores fantasia). Na foto, corte de pele ao microscópio óptico (aumento de 100 vezes; com uso de corantes).

À medida que se desgastam, as células superficiais da epiderme são substituídas por células da camada mais profunda e que se dividem constantemente. Nos vertebrados terrestres, essas células produzem queratina, uma proteína impermeável. Após acumulá-la em seu citoplasma, as células morrem e formam uma camada impermeável que protege o corpo e evita a desidratação.

A cor da pele deve-se à **melanina**, pigmento produzido pelos **melanócitos**, células das camadas profundas da epiderme. A melanina também é responsável pela proteção contra o excesso de raios ultravioleta.

Epitélio de secreção: glândulas

O tecido epitelial também forma glândulas, que podem ser divididas em exócrinas, endócrinas e mistas (figura 3). São formadas por agrupamento de células epiteliais que se multiplicam e penetram no tecido conjuntivo subjacente.

As **glândulas exócrinas** são as que eliminam substâncias para fora do organismo ou em cavidades abertas. É o caso, por exemplo, das glândulas sudoríferas, sebáceas, lacrimais, salivares e mamárias. As substâncias produzidas por elas são liberadas em um canal ou ducto, de onde são lançadas.

Quando as substâncias produzidas são liberadas diretamente na corrente sanguínea, a glândula é considerada **endócrina**. Não há ducto comunicando a glândula com o exterior, e a secreção, chamada **hormônio**, é lançada no sangue. A hipófise, as glândulas tireóidea e paratireóideas, as adrenais, os testículos e os ovários são glândulas endócrinas.

As **glândulas mistas**, também chamadas **mesócrinas** ou **anfícrinas**, liberam suas secreções tanto diretamente no sangue como em cavidades. O pâncreas é um exemplo desse tipo de glândula.

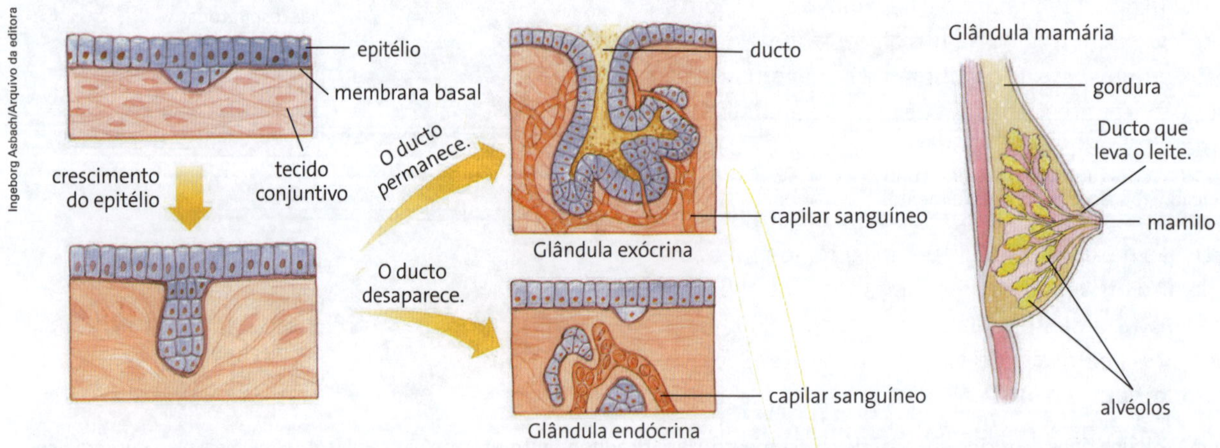

Figura 3 Formação de glândulas endócrinas e exócrinas e esquema de glândula mamária (os elementos da figura não estão na mesma escala; cores fantasia).

Exercícios propostos

1. (Cesgranrio-RJ) As glândulas são estruturas formadas por agrupamentos de células epiteliais que se multiplicam e penetram no tecido conjuntivo subjacente. Como exemplos de glândulas exócrinas, mesócrinas e endócrinas temos, respectivamente:
   a) salivares, hipófise e sebáceas
   b) salivares, pâncreas e tireoide
   c) tireoide, fígado e hipófise
   d) sebáceas, pâncreas e salivares
   e) sebáceas, hipófise e fígado

2. (UTFPR) O tecido epitelial glandular é formado por glândulas que produzem e secretam substâncias no sangue ou em cavidades ou superfícies do corpo. A hipófise, que lança seus hormônios no sangue, e as glândulas salivares, que lançam suas secreções na boca, são, respectivamente, glândulas:
   a) exócrinas, ambas.
   b) endócrinas, ambas.
   c) exócrina e endócrina.
   d) endócrina e exócrina.
   e) de função mista, ambas.

3. (Ufla-MG) O epitélio que forma a bexiga urinária é denominado:
   a) epitélio simples pavimentoso.
   b) epitélio estratificado cilíndrico.
   c) epitélio simples cúbico.
   d) epitélio pseudoestratificado.
   e) epitélio de transição.

4. (Udesc) Assinale a alternativa incorreta a respeito do tecido epitelial glandular.
   a) A paratireoide é um exemplo de glândula endócrina. Esse tipo de glândula não possui uma comunicação com o epitélio por meio de um ducto ou canal. A secreção dessa glândula é liberada para os vasos sanguíneos.
   b) As glândulas são agrupamentos de células especializadas na produção de secreções.
   c) Glândulas sudoríparas são exemplos de glândula exócrina. Esse tipo de glândula mantém uma comunicação com o epitélio por meio de um ducto ou canal, que permite a liberação da secreção.
   d) A tireoide é um exemplo de glândula endócrina. Esse tipo de glândula não possui uma comunicação com o epitélio por meio de um ducto ou canal. A secreção dessa glândula é liberada para os vasos sanguíneos.
   e) A hipófise é uma glândula mista, ou seja, ela apresenta uma parte endócrina que libera o hormônio antidiurético, e outra exócrina que libera oxitocina (ocitocina).

5. (PUC-MG) Quanto à origem da secreção, uma glândula será classificada como holócrina quando:
   a) ela apenas elimina seus produtos de secreção, não alterando sua forma e seu volume.
   b) perde parte do seu protoplasma, tendo que se regenerar para reiniciar o processo de secreção.
   c) a célula, como um todo, acumula a secreção gordurosa e se desintegra.
   d) a célula estiver em plena atividade secretora.
   e) a atividade secretora da célula estiver encerrada.

6. (Ufes) Com relação ao tecido epitelial, considere as afirmativas abaixo:
   I. O epitélio de revestimento do tipo prismático com microvilosidades é comum aos órgãos relacionados com a absorção, como o intestino delgado.
   II. As glândulas merócrinas, formadas pelo epitélio glandular, são aquelas que apresentam um ciclo secretor completo, ou seja, elaboram, armazenam e eliminam apenas a secreção.
   III. O epitélio pavimentoso estratificado queratinizado apresenta uma única camada de células e recobre a superfície corporal dos mamíferos.
   IV. As células epiteliais recebem a sua nutrição a partir do tecido conjuntivo subjacente, uma vez que o tecido epitelial é avascular.
   V. Denominamos glândulas endócrinas aquelas que lançam parte de seus produtos de secreção na corrente sanguínea e parte em cavidades ou na superfície do corpo.

   Assinale:
   a) se todas forem corretas.
   b) se todas forem incorretas.
   c) se I, II e III forem corretas.
   d) se I, IV e V forem corretas.
   e) se I, II e IV forem corretas.

7. (Uece) Na primeira coluna da tabela a seguir, encontram-se listadas estruturas da pele e, na segunda, algumas das funções desempenhadas por essas estruturas.

Estruturas	Funções
Pelos	Controle de temperatura
Células adiposas	
Glândulas sebáceas	Excreção
Glândulas sudoríparas	Armazenagem

   Tomando como base a tabela anterior, assinale a alternativa que contém, apenas, estruturas que desempenham, pelo menos, duas das funções mencionadas na tabela.
   a) Glândulas sudoríparas e glândulas sebáceas.
   b) Pelos e células adiposas.
   c) Pelos e glândulas sudoríparas.
   d) Glândulas sudoríparas e células adiposas.

MÓDULO 17 • Tecidos conjuntivos

Características gerais

Formados a partir do **mesênquima**, tecido originado da mesoderme, todos os tecidos conjuntivos apresentam uma grande quantidade de substância intercelular. Tal substância é formada por fibras, que ficam imersas na **substância fundamental**, também chamada de **substância fundamental amorfa**.

Os tecidos conjuntivos são classificados em: tecido conjuntivo propriamente dito, tecido adiposo, tecido cartilaginoso, tecido ósseo e tecido hematopoético.

Tecido conjuntivo propriamente dito

O tecido conjuntivo propriamente dito tem como função nutrir tecidos sem vascularização, como o epitelial, e servir como acolchoamento, preenchendo espaços e fazendo a ligação entre dois tecidos diferentes. É encontrado abaixo do epitélio e em volta dos órgãos.

A substância fundamental é formada por mucopolissacarídeos e proteínas ligadas a glicídios. Nela estão imersos três tipos de fibras: **colágenas** (feitas de colágeno e resistentes à tração); **elásticas** (feitas de elastina, que cede à tração, mas retorna à forma original); e **reticulares** (feitas de colágeno associado à glicoproteína, formando uma rede de sustentação). A quantidade dessas fibras presentes no tecido permite sua classificação em:

- **frouxo**, que apresenta poucas fibras. Está espalhado por todo o corpo, preenche espaços e dá suporte a epitélios e órgãos (figura 1).

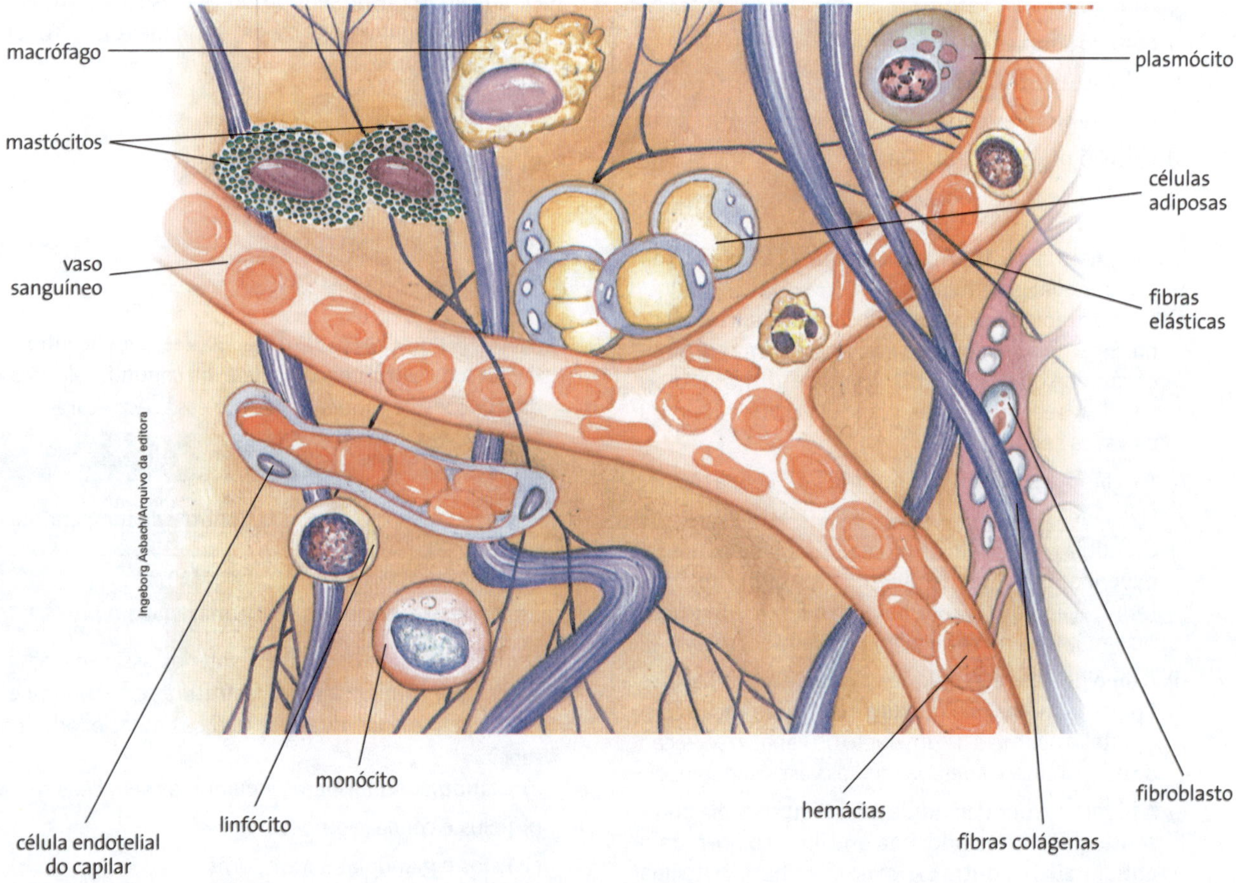

Figura 1 Tecido conjuntivo propriamente dito frouxo (os elementos ilustrados não estão na mesma escala; cores fantasia).

- **denso**, que apresenta uma maior concentração de fibras. Encontrado na derme, nos ligamentos (que ligam os ossos entre si) e nos tendões (que ligam os músculos aos ossos) (figura 2).

Os **fibroblastos**, que atuam na regeneração do tecido, são os responsáveis por fabricar a substância intercelular do tecido conjuntivo. No que fica sob o epitélio, existem células de defesa, os **macrófagos**, e células produtoras de anticorpos, os **plasmócitos**. Os plasmócitos são formados a partir dos **linfócitos**, glóbulos brancos que saem do sangue e invadem o tecido conjuntivo.

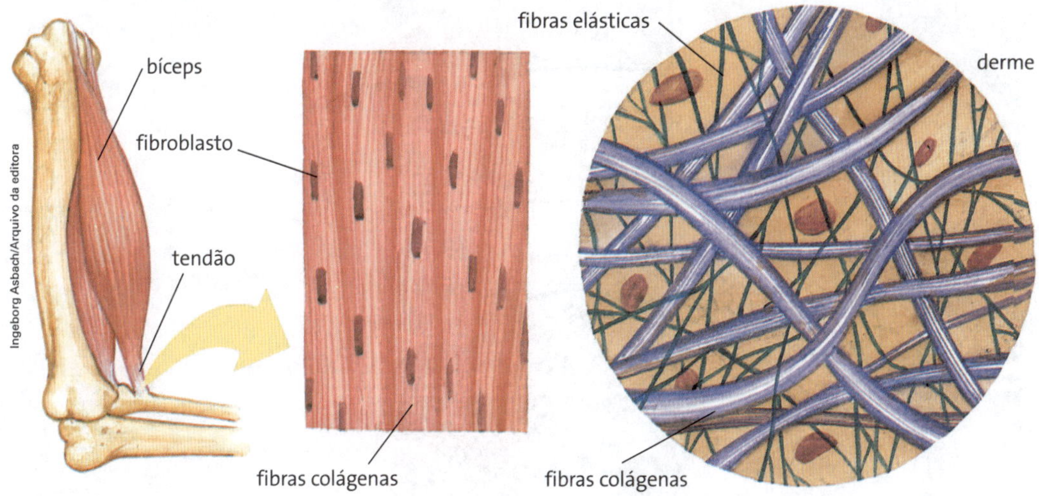

Figura 2 Tecido conjuntivo denso: tendão e derme (os elementos ilustrados não estão na mesma escala; cores fantasia).

Tecido conjuntivo adiposo

O tecido conjuntivo adiposo é rico em **células adiposas** (ou **adipócitos**), que acumulam gordura (figura 3). Funciona como reserva de energia, proteção contra o frio e contra choques mecânicos. Esse tecido está presente ainda na cavidade de alguns ossos e forma uma camada sob a pele, a **hipoderme**.

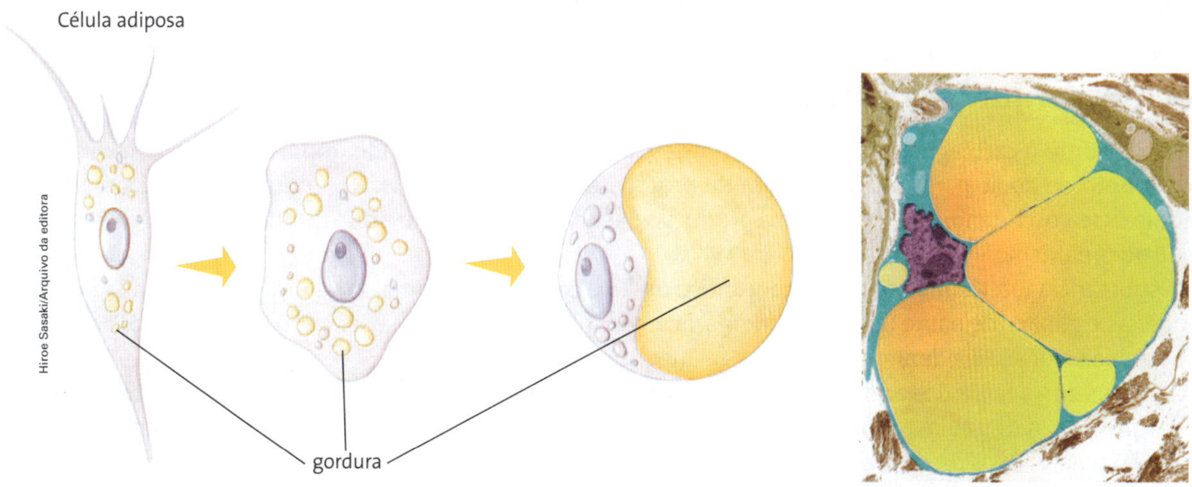

Figura 3 Acúmulo de gordura nas células adiposas (cores fantasia). A quantidade de gordura em cada célula diminui ou aumenta conforme a pessoa emagrece ou engorda. Na foto, a célula adiposa ao microscópio eletrônico (aumento de cerca de 2700 vezes; imagem colorizada em computador).

Tecido conjuntivo cartilaginoso

O tecido conjuntivo cartilaginoso é firme e flexível, capaz de sustentar diversas partes do corpo. Formado por fibras colágenas e elásticas, possui ainda glicídios e glicoproteínas, e é encontrado em estruturas como orelha, nariz, traqueia, discos intervertebrais, brônquios e nas articulações, cobrindo a superfície dos ossos. A diminuição do atrito entre eles é garantida pelo **líquido sinovial**.

A substância intercelular é formada por fibras e condrócitos, células originadas de condroblastos, que são células jovens. Os condrócitos estão alojados em cavidades (figura 4).

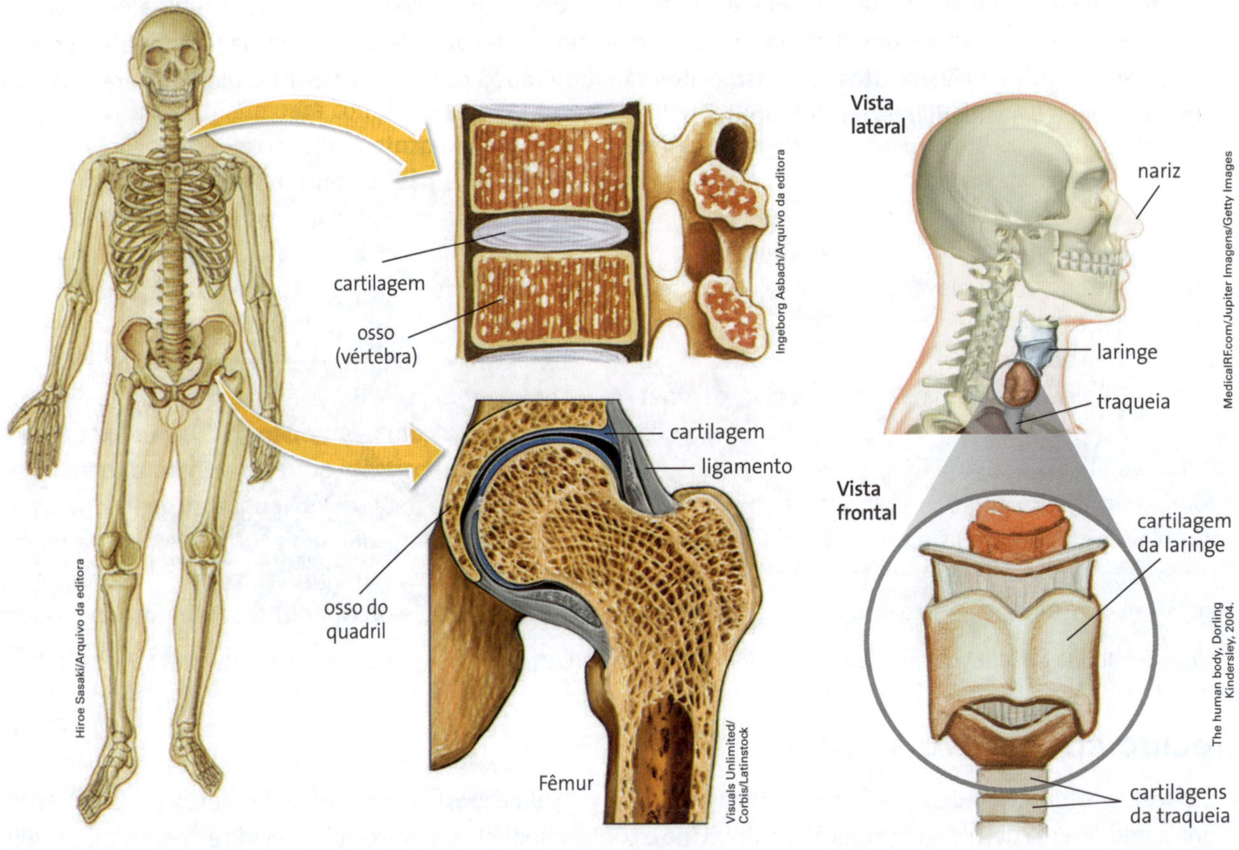

Figura 4 O tecido cartilaginoso é encontrado em locais em que sustentação e flexibilidade são necessárias. (Os elementos ilustrados não estão na mesma escala; cores fantasia.)

Tecido conjuntivo ósseo

Assim como a cartilagem, os ossos atuam na sustentação do corpo, sendo importantes nos movimentos e como ponto de apoio para músculos, além de protegerem os órgãos vitais. No interior de vários ossos está a **medula óssea** ou **tutano**, responsável pela produção das células do sangue e que também atua como reserva de cálcio do organismo.

A substância intercelular do tecido conjuntivo ósseo é composta de uma parte orgânica, formada por fibras colágenas e glicoproteínas, e uma parte inorgânica, constituída de sais, em especial o fosfato de cálcio, que são responsáveis por sua rigidez.

Alojadas em lacunas do tecido ósseo estão os **osteócitos**, que se formam a partir dos **osteoblastos**, as células ósseas jovens. Os osteoblastos possuem finos prolongamentos de citoplasma que se ligam entre si.

Em sua maioria, os ossos são formados a partir um molde de cartilagem, em um processo chamado **ossificação endocondral**. No embrião, os ossos em miniatura, feitos de cartilagem, recebem fosfato de cálcio em sua matriz, o que a torna dura e impermeável.

Nos ossos longos, as extremidades ainda apresentam uma região cartilaginosa, o **disco epifisário**, que proporciona o crescimento longitudinal do osso. As extremidades são as **epífises**, enquanto a região central é chamada de **diáfise**. Essa cartilagem é inteiramente substituída por osso até o fim da adolescência, e o indivíduo para de crescer.

O crescimento em espessura ocorre a partir do **periósteo** e do **endósteo**, que originam novos osteoblastos. Os **osteoclastos** são células capazes de dissolver os sais de cálcio, desfazendo o osso e aumentando a cavidade da medula. Dessa forma, colaboram para o equilíbrio de cálcio no organismo: quando sua taxa diminui, os osteoclastos são ativados e retiram o cálcio do osso e o enviam para o sangue.

Tecido hematopoético

O **tecido hematopoético** é responsável por produzir os glóbulos do sangue. Podemos diferenciá-lo em **medula óssea vermelha** (ou **tecido mieloide**) e **tecido linfático** (ou **linfoide**).

Na medula óssea estão as **células-tronco hematopoéticas**, que originam todas as células sanguíneas. Em embriões, quase todos os ossos possuem uma medula ativa, enquanto, nos adultos, a medula vermelha é encontrada apenas nas costelas, vértebras, esterno e ossos do crânio. No restante dos ossos ela foi substituída por **medula amarela** ao longo do crescimento do indivíduo.

Tecido linfático

O tecido linfático é formado por órgãos que, em conjunto, formam o **sistema linfático**: timo, baço, linfonodos e tonsilas palatinas (figura 5).

O sistema linfático tem como função recolher, por meio dos **vasos linfáticos**, o excesso de líquido intersticial. Ao entrar nos vasos, esse líquido passa a receber o nome de **linfa** e, após circular por eles, retorna para o sangue. Ao atravessarem os órgãos do sistema linfático e os linfonodos, os vasos linfáticos recebem linfócitos, que auxiliam na defesa do organismo.

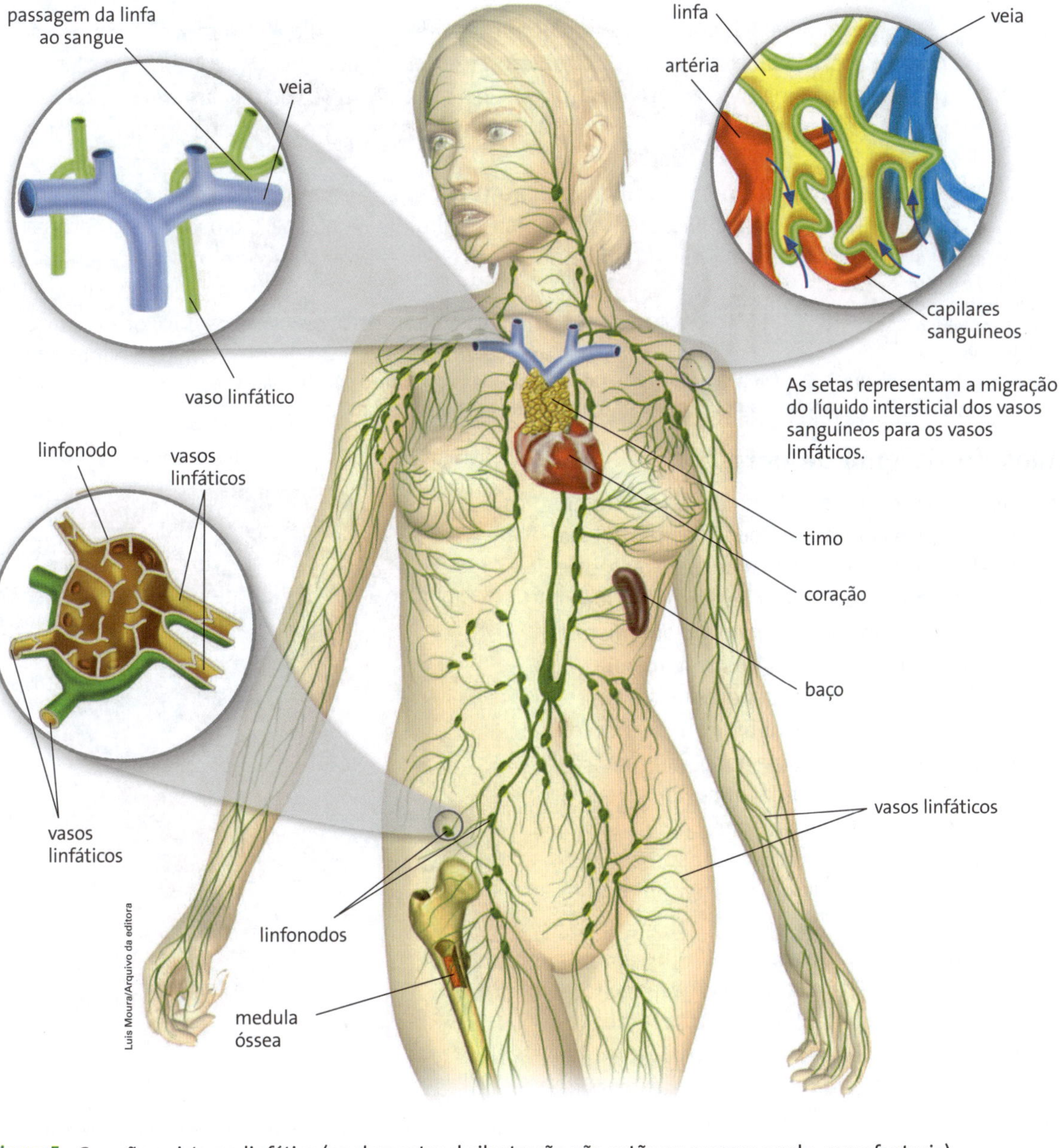

Figura 5 Coração e sistema linfático (os elementos da ilustração não estão na mesma escala; cores fantasia).

Sangue

O sangue é constituído por **plasma** e pelos chamados **elementos figurados**. O plasma é formado por água, sais, proteínas e diferentes substâncias que são transportadas pelo sangue. Os elementos figurados são os glóbulos sanguíneos: **hemácias** (**glóbulos vermelhos** ou **eritrócitos**), **leucócitos** (**glóbulos brancos**) e **plaquetas** (**trombócitos**).

As hemácias correspondem a maior parte dos elementos figurados. Seu formato circular bicôncavo e achatado no centro aumenta sua superfície de contato com os gases a serem transportados, o que torna a absorção e eliminação mais rápidas. Em mamíferos, as hemácias não possuem núcleo: a maior parte do citoplasma é ocupada pela hemoglobina, pigmento responsável pelo transporte de oxigênio. Produzidas na medula óssea a partir dos **eritroblastos**, que são nucleados, as hemácias sofrem diversas transformações, até que o momento em que são destruídas no fígado e no baço.

Ao chegar aos vasos sanguíneos do pulmão, a hemoglobina presente nas hemácias se combina com o oxigênio, que está em alta concentração. Forma-se, então, a **oxigênio-hemoglobina** ou **oxiemoglobina**, que libera o oxigênio para as células ao chegar aos tecidos, transformando-se novamente em hemoglobina (figura 6). Parte do gás carbônico resultante do metabolismo celular é transportada dissolvida no plasma, enquanto outra parte liga-se a grupos aminas da hemoglobina, formando a **carbamino-hemoglobina** ou **carbo-hemoglobina**. Cerca de 70% do gás carbônico é transportado no plasma na forma de **íons bicarbonato** (HCO_3^-).

Nos tecidos, a oxiemoglobina libera oxigênio e o gás carbônico combina-se com a água, formando íon bicarbonato.

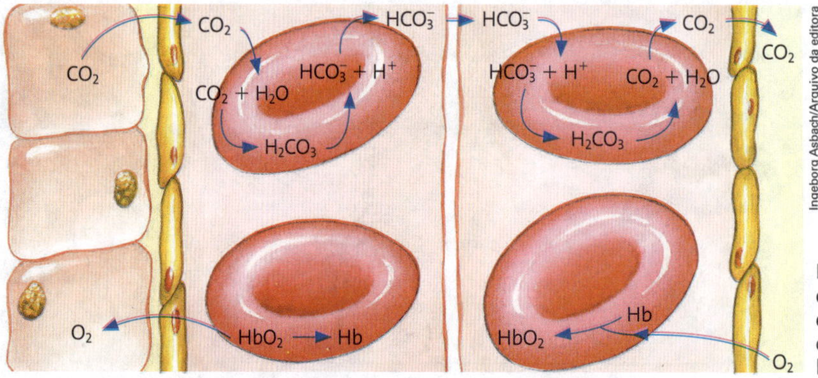

Nos pulmões, o oxigênio combina-se com a hemoglobina e o íon bicarbonato libera gás carbônico.

Figura 6 Esquema de transporte de oxigênio e gás carbônico pela hemácia (os elementos da figura não estão na mesma escala; cores fantasia).

Células do sistema de defesa

Os leucócitos formam o sistema de defesa do organismo contra causadores de doenças e partículas estranhas, além de destruir células mortas e restos de tecidos. A produção descontrolada de leucócitos anormais, o que os impossibilita de defender o organismo, caracteriza um tipo de câncer chamado **leucemia**.

Os glóbulos brancos podem ser divididos em:

- **granulócitos** (neutrófilos, acidófilos ou eosinófilos e basófilos): recebem esse nome por possuírem grânulos no citoplasma. Caracterizam-se por apresentarem núcleos com formas variadas.
- **agranulócitos** (monócitos e linfócitos): não possuem grânulos no citoplasma e apresentam núcleo esférico.

Os leucócitos encontrados com maior frequência são os neutrófilos, as células mais ativas na fagocitose e com grãos ricos em enzimas digestivas. A entrada de bactérias no tecido conjuntivo libera substâncias que atraem os neutrófilos (figura 7). A passagem destes para o tecido conjuntivo é chamada **diapedese**. Os neutrófilos fagocitam os invasores e os digerem nos lisossomos.

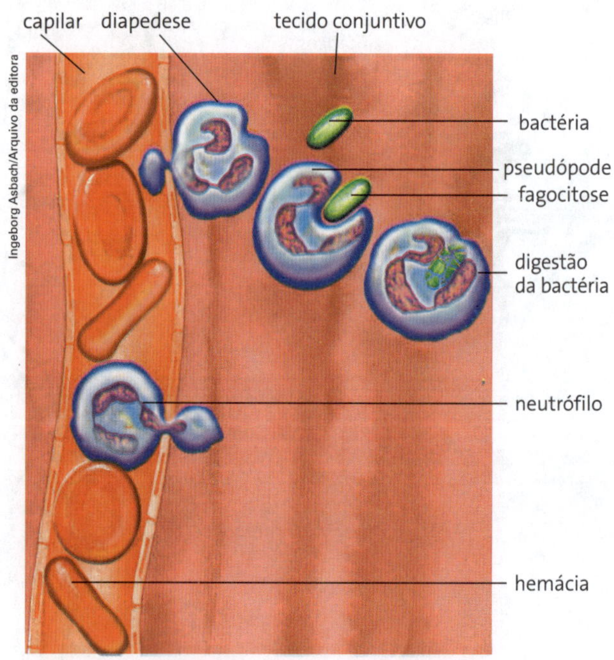

Figura 7 Na ilustração, esquema da saída de um neutrófilo do sangue e fagocitose de microrganismos invasores (os elementos ilustrados não estão na mesma escala; cores fantasia).

Os eosinófilos defendem o organismo contra vermes parasitas, fagocitando o complexo antígeno-anticorpo formado nas reações alérgicas. Os basófilos, encontrados em menor frequência no sangue, apresentam grãos ricos em histamina. Quando há a invasão do organismo por uma proteína estranha, os plasmócitos produzem anticorpos contra ela, que se fixa nos mastócitos e basófilos e promovem a ruptura da membrana. Isso ocasiona a liberação de histamina e causa reações alérgicas.

Os monócitos são os glóbulos brancos de maior tamanho e transformam-se em macrófagos ao sair do sangue, fagocitando microrganismos e células mortas. Já os linfócitos surgem na medula e depois migram para os tecidos linfáticos. Eles fazem parte do **sistema imunitário** e podem ser classificados em dois tipos: **linfócitos B** e **linfócitos T** (figura 8).

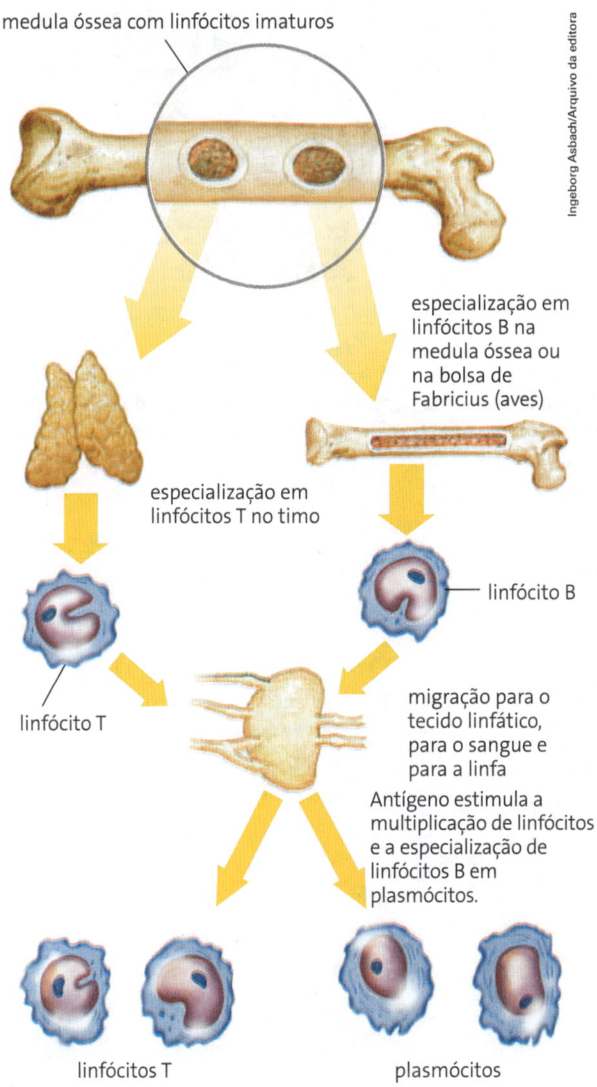

Figura 8 Esquema da formação e especialização dos linfócitos B e T (os elementos da ilustração não estão na mesma escala; cores fantasia).

Os linfócitos B são produzidos a partir de células da medula óssea. Nos mamíferos, os linfócitos B amadurecem na própria medula, indo posteriormente para os tecidos linfáticos, onde podem se transformar em plasmócitos e produzir **anticorpos** caso entrem em contato com uma proteína estranha ou **antígeno**.

Quando uma bactéria ou outro microrganismo penetra no corpo de uma pessoa, suas proteínas não são reconhecidas. Isso inicia a produção de anticorpos ou imunoglobulinas, que são proteínas do corpo invadido capazes de neutralizar as proteínas estranhas, os antígenos. Para cada antígeno é formado apenas um tipo de anticorpo. Assim, quando um antígeno invade o organismo, o anticorpo complementar se liga a ele, ativando o linfócito que tem o anticorpo em sua membrana. Os linfócitos se multiplicam e se transformam em plasmócitos, produzindo anticorpos que circulam no sangue. Esse tipo de defesa é chamada **imunidade humoral**. Os linfócitos ativados transformam-se em **células de memória**: caso o corpo seja invadido pelo mesmo antígeno, essas células se transformam em plasmócitos em pouco tempo (figura 9).

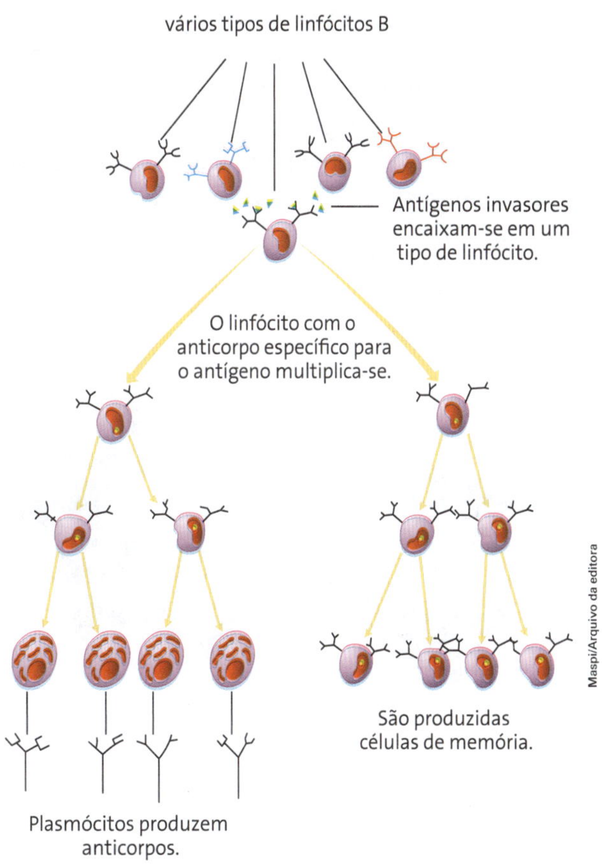

Figura 9 Esquema da produção de anticorpos (as células são microscópicas e os anticorpos são cerca de 1000 vezes menores que as células; cores fantasia).

Assim como os linfócitos B, os linfócitos T são produzidos a partir de células da medula óssea. No entanto, passam pelo timo antes de se dirigirem para o baço, os linfonodos e outras partes do sistema linfático.

Os linfócitos T produzem substâncias que vão ativar outros linfócitos e células que atacam diretamente as células do organismo invadidas. Esse tipo de defesa é chamado de **imunidade celular**. Os linfócitos T podem ser divididos em **linfócito T4** (também chamado **célula CD4**, **auxiliador** ou ***helper***), **linfócito T8** (também conhecido como **célula CD8**, **linfócito citotóxico** ou **linfócito T matador** ou ***killer***) e **linfócito T supressor**. Cada linfócito exerce um tipo de função, como ilustrado na figura 10. Os linfócitos citotóxicos destroem as células do corpo invadidas, enquanto o linfócito T supressor é responsável por cessar as respostas do sistema imunitário.

Plaquetas

As plaquetas, fragmentos de citoplasma desprovidos de núcleo, são formadas na medula óssea a partir dos **megacariócitos** e tem a função de prevenir ou interromper hemorragias. Quando há o rompimento de um vaso sanguíneo, elas se acumulam na região e diminuem a perda de sangue. As plaquetas secretam substâncias que promovem a contração do vaso, diminuem o fluxo sanguíneo e desencadeiam reações que promovem a coagulação do sangue (figura 11).

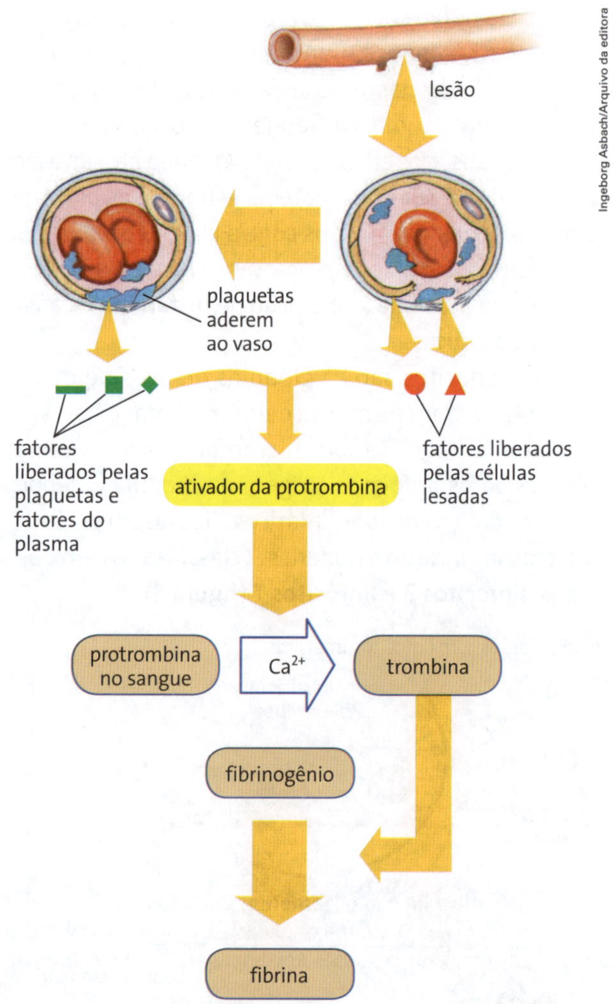

Figura 11 Esquema simplificado da coagulação do sangue (os elementos da ilustração não estão na mesma escala; cores fantasia).

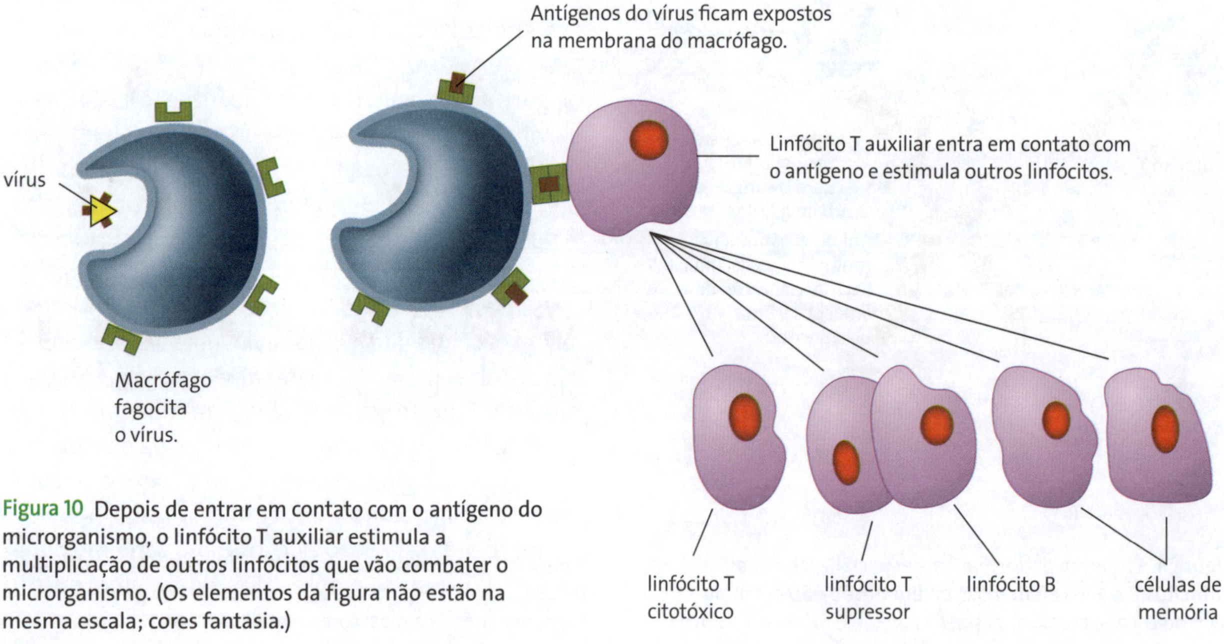

Figura 10 Depois de entrar em contato com o antígeno do microrganismo, o linfócito T auxiliar estimula a multiplicação de outros linfócitos que vão combater o microrganismo. (Os elementos da figura não estão na mesma escala; cores fantasia.)

Exercícios propostos

1. (UFJF-MG) O tecido ósseo é um tipo de tecido conjuntivo que funciona como depósito de cálcio e outros íons. Dentre os mecanismos existentes para a mobilização do cálcio, está a ação do hormônio da paratireoide sobre o tecido ósseo que provoca o aumento no número de determinadas células. Estas células são capazes de reabsorverem a matriz óssea provocando a liberação do cálcio. A partir dessa informação, pode-se concluir que as células mencionadas são:
   a) osteoblastos.
   b) osteócitos.
   c) osteoclastos.
   d) condroblastos.

2. (Fuvest-SP) Além da sustentação do corpo, são funções dos ossos:
   a) armazenar cálcio e fósforo; produzir hemácias e leucócitos.
   b) armazenar cálcio e fósforo; produzir glicogênio.
   c) armazenar glicogênio; produzir hemácias e leucócitos.
   d) armazenar vitaminas; produzir hemácias e leucócitos.
   e) armazenar vitaminas; produzir proteínas do plasma.

3. (UFF-RJ) O sistema imune apresenta um tipo de célula que passa do vaso sanguíneo para o tecido conjuntivo onde irá exercer sua função de defesa.
   A célula e a passagem são, respectivamente, identificadas como:
   a) basófilos e pinocitose.
   b) macrófagos e fagocitose.
   c) leucócitos e endocitose.
   d) leucócitos e diapedese.
   e) glóbulos brancos e endocitose.

4. (PUC-RS) Uma pessoa que tivesse seriamente comprometida a atividade dos plasmócitos teria problemas com a:
   a) produção de anticorpos.
   b) circulação venosa.
   c) produção de ureia.
   d) circulação linfática.
   e) produção de toxinas.

5. (Unifor-CE) Nos vertebrados, há um tecido formado por células e por material intercelular, a matriz. Esta é constituída por 65% de substâncias inorgânicas (fosfato de cálcio, fosfato de magnésio e carbonato de cálcio) e 35% de substâncias orgânicas (fibras colágenas e mucopolissacarídeos).
   A descrição anterior se refere ao tecido conjuntivo:
   a) adiposo.
   b) sanguíneo.
   c) ósseo.
   d) cartilaginoso.
   e) denso fibroso.

6. (Udesc) O tecido cartilaginoso pode ser encontrado na orelha, no nariz, na traqueia e nas articulações e possui algumas características que são comuns aos demais tecidos conjuntivos. Analise as proposições abaixo, quanto ao tecido cartilaginoso.
   I. As células jovens do tecido cartilaginoso são chamadas de condroblastos e as células adultas de condrócitos.
   II. As fibras colágenas e as fibras elásticas, em associação com proteínas e carboidratos, conferem consistência e flexibilidade ao tecido.
   III. O tecido cartilaginoso adulto é calcificado e apresenta os canais de Havers, responsáveis pela nutrição das células.
   IV. A abundância de glândulas mucosas, nervos e vasos sanguíneos permite a fácil regeneração deste tecido.

   Assinale a alternativa CORRETA.
   a) Somente as afirmativas III e IV são verdadeiras.
   b) Somente as afirmativas I, II e III são verdadeiras.
   c) Somente as afirmativas I e II são verdadeiras.
   d) Somente as afirmativas I e IV são verdadeiras.
   e) Todas as afirmativas são verdadeiras.

7. (Unicamp-SP) A osteoporose, principal causa de quedas entre idosos, é resultado da perda gradual da densidade da matriz óssea, que é remodelada por osteoblastos e osteoclastos. Segundo os especialistas, a prevenção contra a osteoporose deve começar na infância, com alimentação rica em cálcio e em vitamina D, exposição diária ao sol e exercícios físicos. Sobre os vários fatores envolvidos na formação do osso, é correto afirmar que:
   a) A fixação do cálcio no tecido ósseo depende da presença de vitamina D, cuja síntese é diminuída em indivíduos que têm o hábito de tomar sol.
   b) O excesso de vitamina C pode levar à diminuição da densidade óssea, pois essa vitamina causa degradação das moléculas de colágeno.
   c) Os osteoblastos e os osteoclastos são células responsáveis, respectivamente, pela captura de cálcio e pela absorção de vitamina D.
   d) Os osteoblastos e os osteoclastos são células responsáveis, respectivamente, pela produção e pela degradação de componentes da matriz óssea.

MÓDULO 18 • Tecido muscular e tecido nervoso

Tecido muscular

As células que constituem o tecido muscular são chamadas **fibras musculares** ou **miócitos**. Sua capacidade de se contrair depende da presença de filamentos de proteínas especiais, as **miofibrilas** ou **miofilamentos**, em seu citoplasma.

Tipos de tecido muscular

De acordo com as características de suas células e localização no organismo, esse tecido pode ser dividido em três tipos:

- **tecido muscular estriado esquelético**: constituído por longas células cilíndricas plurinucleadas, a maioria dos músculos esqueléticos está ligada a nossos ossos. O termo estriado se deve às faixas claras e escuras alternadas de miofibrila, que formam estrias transversais. Atua nos movimentos do corpo e na sustentação das vísceras. Suas contrações, rápidas e fortes, são **voluntárias**.
- **tecido muscular não estriado**: formado por células mononucleadas e sem estrias transversais, esse músculo é também chamado **liso**. É encontrado nas paredes dos órgãos ocos, em torno de glândulas e preso aos pelos e aos fios de cabelo. Dentre suas muitas funções, empurra o alimento pelo tubo digestório, regula o fluxo de ar para os pulmões e o de sangue para cada região do corpo, e ajuda a eliminar a urina da bexiga. Todos esses movimentos ocorrem sem que necessitemos controlá-los, ou seja, são **involuntários**.
- **tecido muscular estriado cardíaco**: forma o miocárdio, localizado no coração. É constituído por células longas, mononucleadas e ramificadas e, assim como o músculo estriado esquelético, apresenta estrias transversais. Sua contração é rápida, **involuntária** e ritmada. As membranas das células estão unidas por discos intercalares.

Os três tipos de tecido muscular estão apresentados na figura 1.

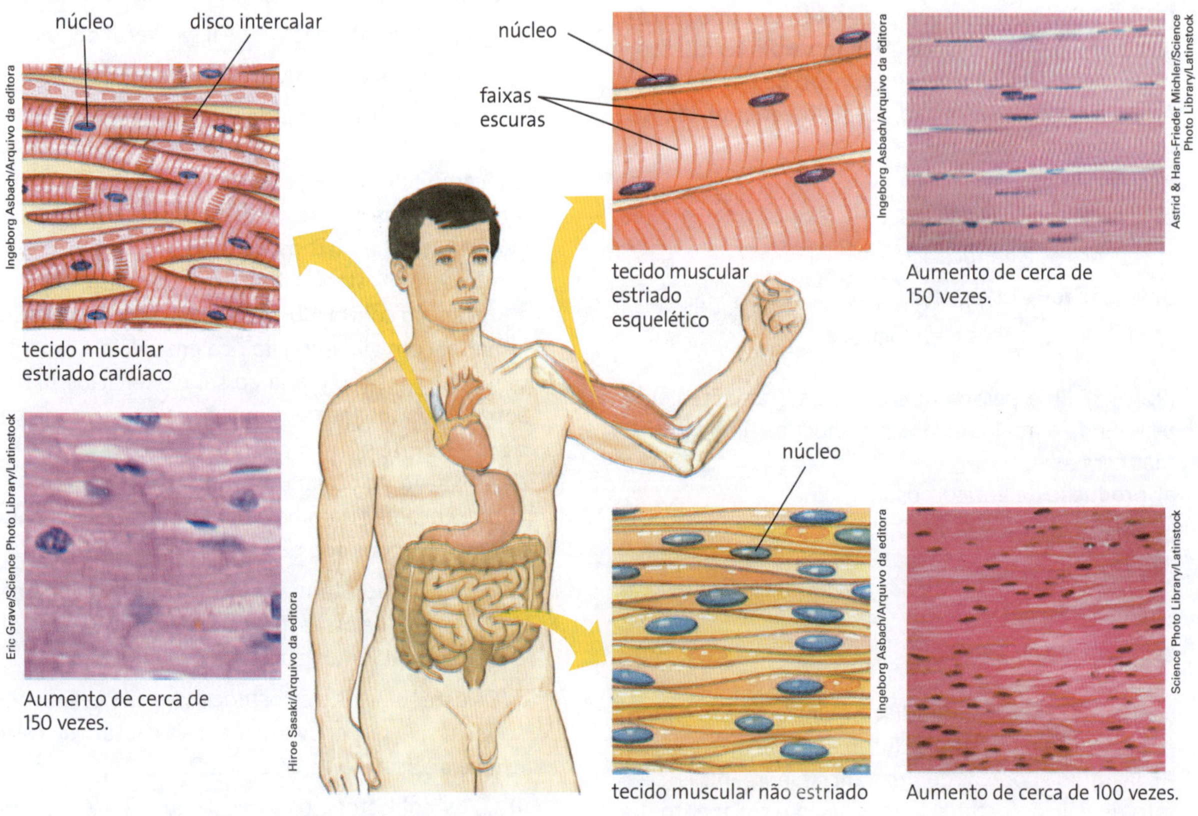

Figura 1 Na ilustração, os três tipos de músculos (os elementos não estão na mesma escala; cores fantasia). Nas fotos, imagens ao microscópio óptico (com uso de corantes).

Contração muscular

As miofibrilas dos músculos estriados são constituídas pelas proteínas **miosina** e **actina**. Nos músculos esqueléticos elas estão organizadas em filamentos, que se alinham formando regiões claras, as **bandas I**, onde há predomínio de actina, alternadas com áreas escuras, as **bandas A**, formadas pela superposição de miosina e actina. No centro da banda A está a **banda H**, faixa mais clara composta apenas por miosina. A **linha Z**, formada pela proteína **alfa-actinina**, é uma linha escura no centro da banda I. O espaço entre duas dessas linhas é chamado **miômero** ou **sarcômero** (figura 2).

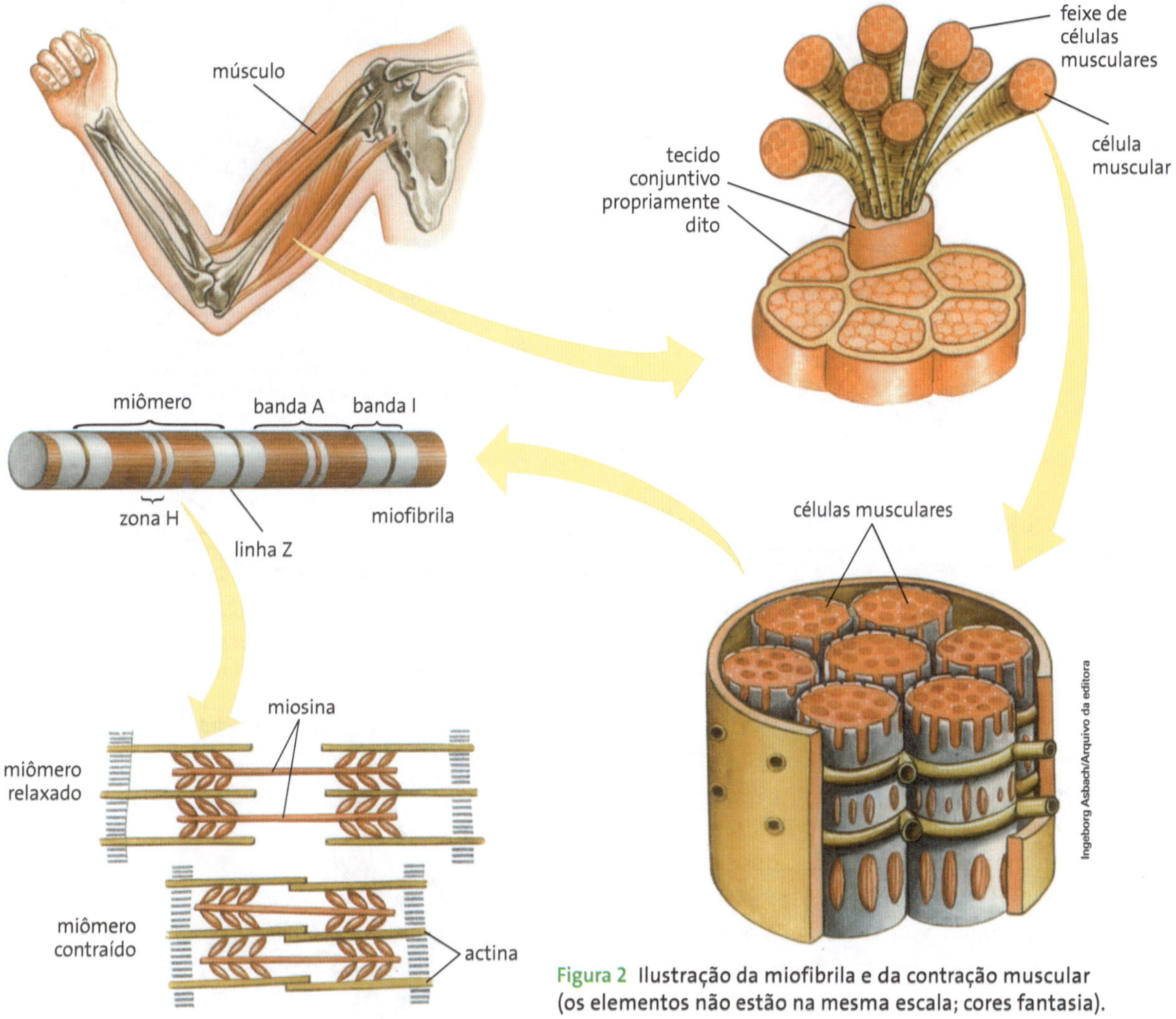

Figura 2 Ilustração da miofibrila e da contração muscular (os elementos não estão na mesma escala; cores fantasia).

A contração desse tipo de músculo se deve ao deslizamento dos filamentos de actina, mais finos, em relação aos de miosina, mais espessos. Esse deslizamento resulta na diminuição da distância entre duas linhas Z e no desaparecimento da banda H.

No músculo liso, a contração se dá de forma semelhante, envolvendo o deslizamento da actina. Porém, em vez de estarem alinhados, os filamentos das proteínas formam uma rede dentro da célula.

No músculo esquelético, a **placa motora** ou **junção mioneural** corresponde ao local onde as terminações nervosas entram em contato com as fibras musculares. As substâncias liberadas por essas terminações alteram as cargas elétricas na membrana da célula, provocando a liberação de íons cálcio armazenados no interior do retículo sarcoplasmático. Esses íons promovem a união entre as moléculas de actina e miosina, ocasionando o deslizamento com gasto de ATP. A miosina se solta e se liga em outro ponto da molécula de actina, puxando-a novamente. Assim, os filamentos movem-se entre si. Terminado o impulso nervoso, o cálcio é bombeado novamente para o retículo e as ligações entre a miosina e a actina deixam de existir, fazendo com que o músculo relaxe.

Tecido nervoso

Neurônio

Os neurônios são células especializadas que se comunicam entre si por meio de impulsos nervosos. Os estímulos recebidos pelos órgãos dos sentidos são enviados pelos neurônios à medula espinal ou ao encéfalo, onde são feitas conexões. Uma mensagem é, então, enviada para músculos e glândulas por meio das células nervosas (figura 3).

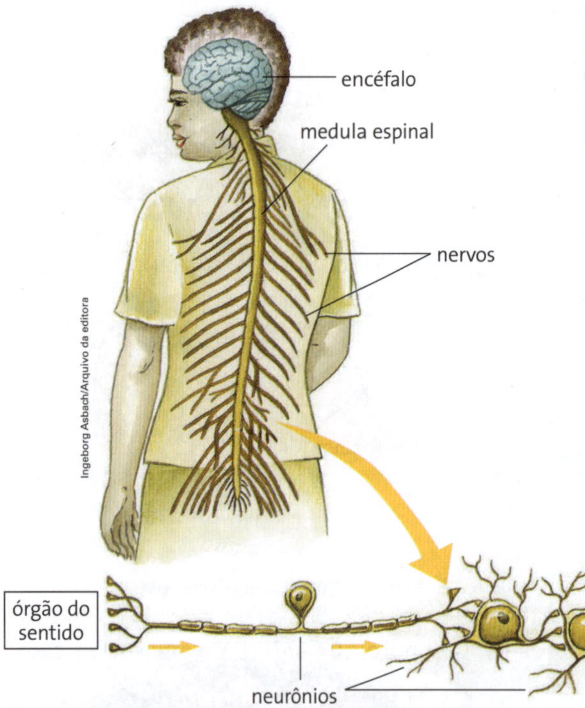

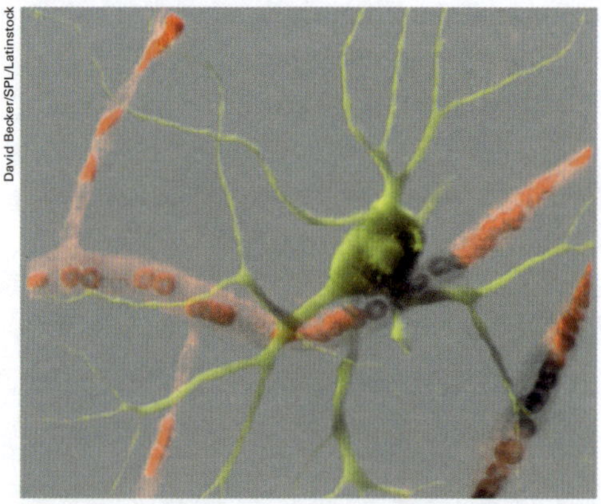

Neurônio ao lado de capilares sanguíneos (imagem ao microscópio; aumento de cerca de 1 000 vezes; imagem colorizada por computador).

Figura 3 Organização do sistema nervoso (os elementos da ilustração não estão na mesma escala; cores fantasia). Na foto, neurônio ao lado de capilares sanguíneos (imagem ao microscópio; aumento de cerca de 1 000 vezes; imagem colorizada por computador).

A maioria dos neurônios apresenta uma região chamada **corpo celular** ou **pericário**, onde estão o citoplasma e o núcleo. Dela partem os **dendritos**, ramificações que recebem mensagens dos órgãos dos sentidos ou de outros neurônios. As informações recebidas são passadas para um músculo, uma glândula ou outro neurônio pelo **telodendro**, região final e ramificada do **axônio**. Na ponta de cada ramificação estão os **bulbos terminais** ou **botões sinápticos**, dilatações que contêm vesículas com mensageiros químicos. Feixes de axônios envoltos por tecido conjuntivo formam os **nervos**.

A maioria dos axônios é envolvida por **células de Schwann** (ou **neurolemócitos**), que depositam diversas camadas de membrana plasmática sobre eles, formando o **estrato mielínico** (ou **bainha de mielina**) (figura 4). Essa bainha age como isolante elétrico e aumenta a velocidade de condução do impulso nervoso. Entre as células de Schwann há **nós neurofibrosos** (**nódulos de Ranvier**), que são espaços sem mielina. A **neurofibra**, também chamada **fibra nervosa**, corresponde ao conjunto formado pelo axônio e as células que o envolvem.

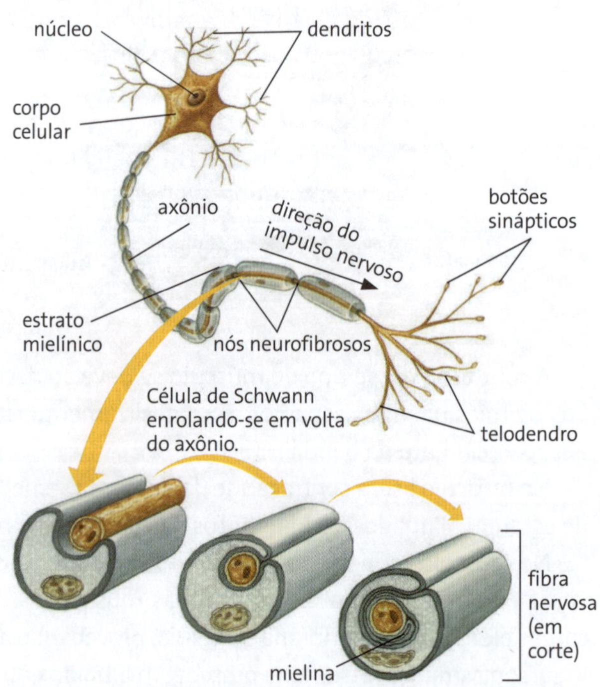

Figura 4 Estrutura do neurônio e formação do estrato mielínico (o diâmetro de um axônio varia entre 0,2 μm e 20 μm, e o dos corpos celulares, entre cerca de 4 μm e 100 μm – os elementos da figura não estão na mesma escala; cores fantasia).

Impulso nervoso

A quantidade de íons sódio fora da célula é maior que a de íons potássio no meio intracelular. Assim, a face externa da membrana tem carga positiva, enquanto a interna, com maior concentração de íons fosfato, bicarbonato e proteínas, tem carga negativa. A membrana fica, então, polarizada.

Quando o neurônio capta um estímulo do ambiente por meio de **receptores**, os canais que estavam fechados pra a passagem de íons sódio se abrem. A membrana torna-se mais permeável a eles, que entram por difusão com uma velocidade maior do que a dos íons que são enviados para fora pela bomba de sódio. Isso provoca a inversão da carga elétrica da membrana, que fica negativa por fora e positiva por dentro (figura 5). Essa alteração de carga elétrica é chamada **potencial de ação**. O impulso nervoso é a sequência de trocas de cargas elétricas se propagando pelo neurônio.

Após a entrada de sódio, os canais de sódio se fecham e os de potássio se abrem, fazendo com que a membrana volte a ficar positiva na face externa e negativa na interna. Esse fenômeno é chamado **repolarização**. O neurônio torna-se, então, preparado para conduzir um novo impulso nervoso.

A velocidade do impulso é maior em axônios com estrato mielínico. Como a mielina é um isolante elétrico, a troca de cargas elétricas ocorre apenas nos nós neurofibrosos, em uma condução dita saltatória.

Apenas estímulos com intensidade mínima, chamada **limiar excitatório**, são capazes de provocar impulsos.

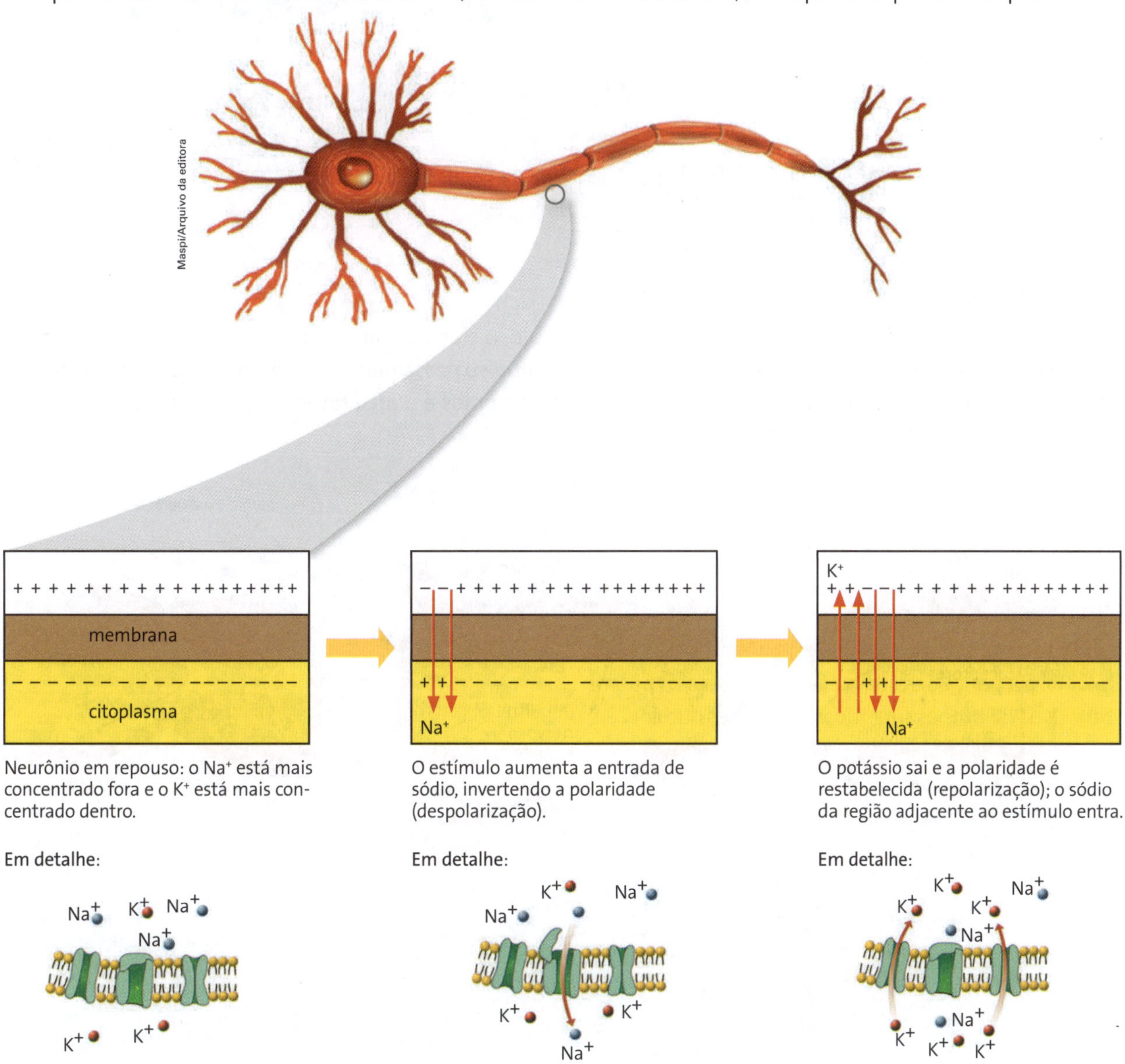

Figura 5 Formação e condução do impulso nervoso (o diâmetro do axônio varia entre 0,2 µm e 20 µm; os elementos da figura não estão na mesma escala; cores fantasia).

Passagem do impulso entre os neurônios

A passagem do impulso entre neurônios ocorre na **sinapse**, formada pela união entre o axônio de um e os dendritos ou corpo celular de outro. Entre o axônio e os dendritos há um pequeno espaço, a **fenda sináptica**. Quando chega às ramificações finais do axônio, o impulso ocasiona a liberação de **neurotransmissores** presentes nas vesículas sinápticas. Essas substâncias se ligam às proteínas de membrana de outro neurônio, tornando-a mais permeável ao sódio e ocasionando um potencial de ação (figura 6). Posteriormente, os neurotransmissores são destruídos por enzimas, cessando o estímulo. A acetilcolina, a adrenalina e a noradrenalina são exemplos de neurotransmissores.

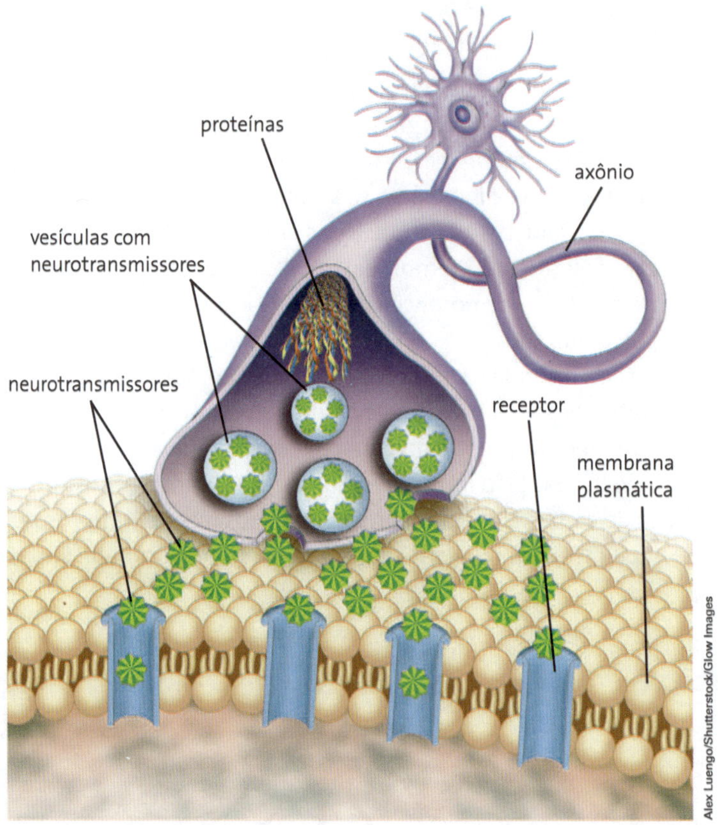

Figura 6 Condução do impulso nervoso pela sinapse (os elementos da ilustração não estão na mesma escala; cores fantasia).

Arcos reflexos

O **neurônio sensitivo** ou **aferente**, que capta o estímulo, o transforma em impulso nervoso e o leva até o **neurônio associativo** no cérebro ou na medula. Depois, o impulso passa para o **neurônio motor** ou **eferente**, que leva a resposta ao órgão efetor. Esse encadeamento dos neurônios é o **arco reflexo**, a base das respostas involuntárias a certos estímulos (figura 7).

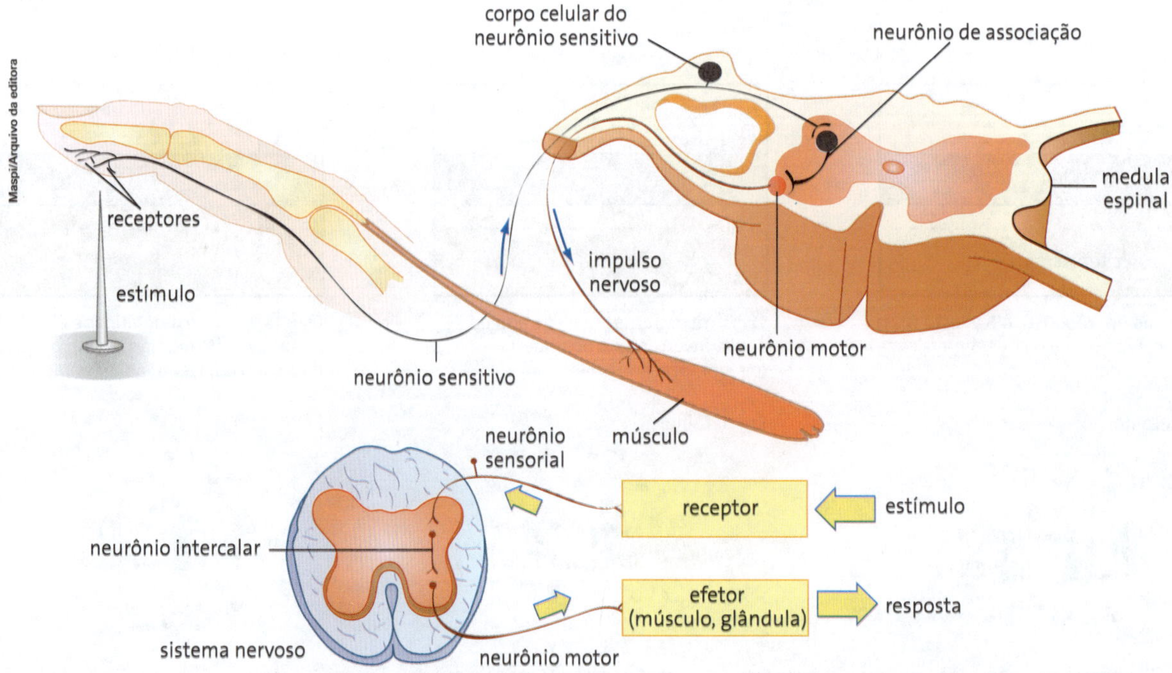

Figura 7 Esquemas do arco reflexo (os elementos da figura não estão na mesma escala; cores fantasia).

Exercícios propostos

1. (UFGD-MS) Observe a figura a seguir.

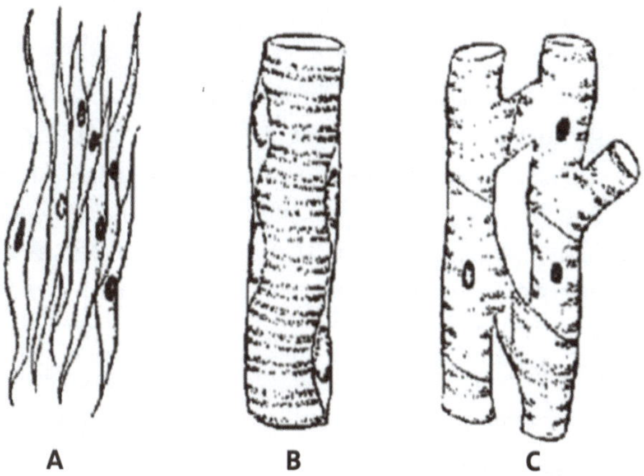

Assinale a alternativa correta para os tipos de tecido animal representados:

a) Tecido epitelial, sendo: A = de revestimento; B = glandular; e C = sensitivo.

b) Tecido conjuntivo, sendo: A = conjuntivo propriamente dito; B = cartilaginoso; e C = tecido ósseo.

c) Tecido nervoso, sendo: A = dendritos; B = axônio; e C = bainha de mielina.

d) Tecido muscular, sendo: A = liso; B = esquelético; e C = cardíaco.

e) Tecido conjuntivo de transporte (sangue), sendo: A = glóbulos vermelhos, B = glóbulos brancos; e C = plaquetas.

2. (Ufscar-SP) Se um músculo da perna de uma rã for dissecado e mantido em uma solução isotônica em recipiente hermeticamente fechado, o músculo é capaz de se contrair algumas vezes quando estimulado, mas logo deixa de responder aos estímulos. No entanto, se a solução for arejada, o músculo readquire a capacidade de se contrair quando estimulado.
A explicação para o fenômeno é que o ar fornece o gás:

a) nitrogênio, necessário à transmissão do impulso nervoso ao músculo.

b) nitrogênio, necessário à síntese dos aminoácidos componentes da miosina.

c) oxigênio, necessário à oxidação da miosina e da actina que se unem na contração.

d) oxigênio, necessário à respiração celular da qual provém a energia para a contração.

e) carbônico, necessário à oxidação do ácido lático acumulado nas fibras musculares.

3. (Unesp-SP) As lâminas I, II e III representam o aspecto de três tipos de tecido muscular de cães, quando analisados sob microscópio.

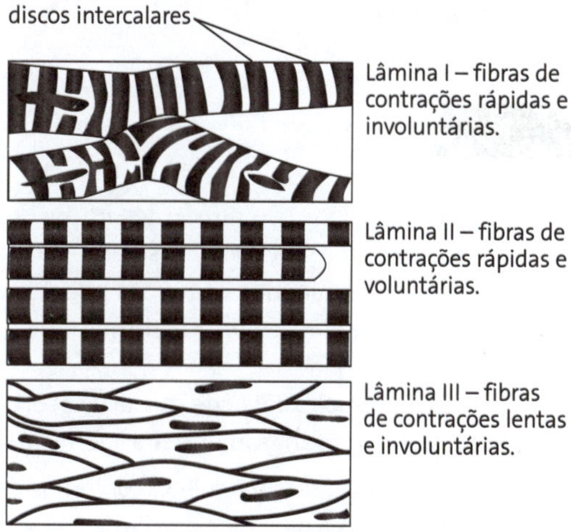

As fibras observadas nas lâminas I, II e III foram retiradas, respectivamente, dos músculos

a) do estômago, do coração e da pata.

b) do coração, da pata e do estômago.

c) da pata, do estômago e do coração.

d) do coração, do estômago e da pata.

e) do estômago, da pata e do coração.

4. (PUC-PR) Os neurônios são células extremamente especializadas do sistema nervoso. Cada neurônio é formado essencialmente por:

a) Dentritos, corpo celular e axônio.

b) Dentritos, sinapses e axônio.

c) Sinapses, dentritos e corpo celular.

d) Axônio e sinapses.

e) Dentritos e axônios.

5. (Unifor-CE) O esquema abaixo mostra componentes de um neurônio.

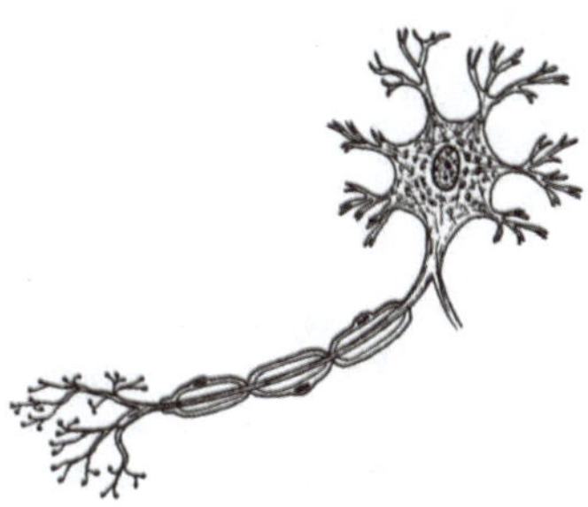

Nesse neurônio, a bainha mielínica envolve:

a) o nervo.

b) o corpo celular.

c) os dendritos.

d) o axônio.

e) as terminações nervosas.

Exercícios-tarefa

MÓDULO 1

1. (Fasm-SP) As vitaminas são nutrientes importantes para regulação do organismo. Considerando que a deficiência de determinadas vitaminas pode causar doenças no ser humano, é correto afirmar que a carência de:
   a) vitaminas do complexo B pode causar o escorbuto, doença que causa sangramento nas gengivas.
   b) vitamina A pode causar uma doença conhecida como beribéri que provoca paralisia e atrofia dos músculos.
   c) vitamina K pode promover quadros hemorrágicos, já que ela participa da coagulação do sangue.
   d) vitamina C pode provocar problemas de visão, como a cegueira noturna.
   e) vitamina E é responsável pela anemia falciforme, doença caracterizada pela alteração na forma da hemácia.

2. (UEG-GO) As vitaminas são um conjunto de moléculas orgânicas que desempenham, dependendo de suas características químicas, papéis distintos, porém importantes para o bom funcionamento do corpo humano. Abaixo, estão apresentadas as estruturas químicas de algumas dessas moléculas.

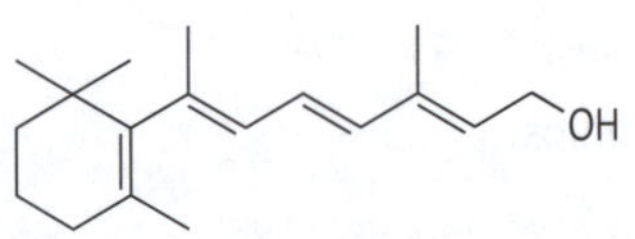

Vitamina A

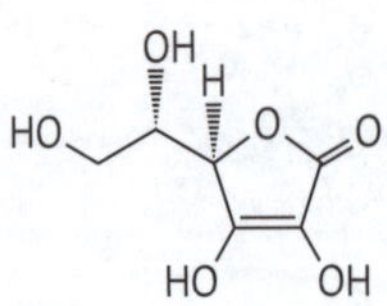

Vitamina C

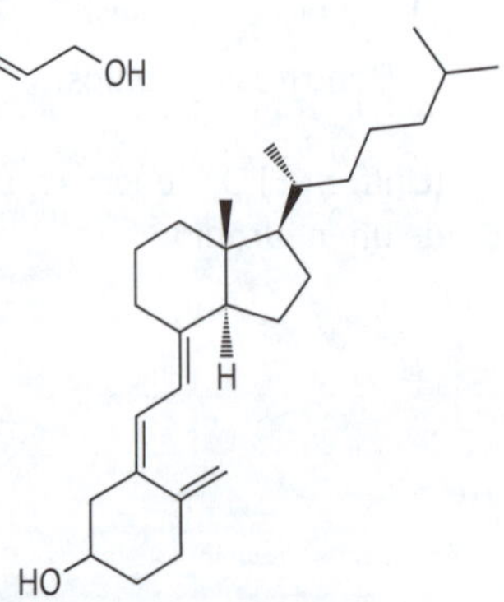

Vitamina D_3

Tendo em vista as consequências da carência dessas vitaminas e as propriedades de suas moléculas, pode-se afirmar que a
   a) carência de vitamina A leva ao raquitismo infantil.
   b) carência de vitamina D provoca doença óssea.
   c) vitamina C apresenta o grupo funcional ácido carboxílico.
   d) vitamina C é lipossolúvel.

3. (UFSM-RS) Durante a caminhada dos escoteiros, o gasto energético foi grande. Estavam avisados de que o passeio seria cansativo, por isso muitos levaram barrinhas de cereais, mas alguns não tinham levado nada e precisaram utilizar suas próprias reservas de energia. Essa reserva estava armazenada em seu organismo, na forma de
   a) glicerídeo.
   b) vitamina.
   c) esteroide.
   d) proteína.
   e) glicogênio.

4. (Unesp-SP) As proteínas são moléculas complexas formadas por unidades denominadas __________, que se unem umas às outras por meio de __________. Cada unidade é formada por um átomo de carbono, ao qual se ligam um grupo __________, um grupo __________, que apresenta um átomo de nitrogênio, e um radical de estrutura variável.
   Os termos que completam corretamente os espaços em branco são, pela ordem,
   a) monopeptídeos – ligação glicosídica – carboxila – amina
   b) monopeptídeos – ligação peptídica – amina – carboxila
   c) aminoácidos – ligação peptídica – carboxila – amina
   d) aminoácidos – ligação glicosídica – amina – carboxila
   e) nucleotídeos – reação de desidratação – carboxila – amina

5. (Unesp-SP) Há alguns meses, foi lançado no mercado um novo produto alimentício voltado para o consumidor vegetariano: uma bebida sabor iogurte feita à base de leite de soja. À época, os comerciais informavam tratar-se do primeiro iogurte totalmente isento de produtos de origem animal.
   Sobre esse produto, pode-se dizer que é isento de:
   a) colesterol e carboidratos.
   b) lactose e colesterol.
   c) proteínas e colesterol.
   d) proteínas e lactose.
   e) lactose e carboidratos.

6. (PUC-RJ) Considere as afirmações abaixo relativas aos efeitos da elevação da temperatura no funcionamento das reações enzimáticas:

I. A elevação da temperatura, muito acima de sua temperatura ótima, pode reduzir a atividade de uma enzima.

II. A elevação da temperatura pode desnaturar uma enzima.

III. Todas as enzimas têm a mesma temperatura ótima.

IV. Algumas enzimas são estáveis no ponto de ebulição da água.

Estão corretas:

a) I, II e IV, apenas.
b) I, II e III, apenas.
c) II, III e IV, apenas.
d) II e IV, apenas.
e) todas as afirmações.

7. (Fatec-SP) Entre as pessoas muito pobres, a deficiência calórica e proteica está comumente associada à deficiência de vitaminas e sais minerais. Assinale a alternativa que indica os efeitos causados pela deficiência ou ausência das vitaminas A, D e de FERRO.

a) raquitismo, cegueira noturna, distrofia muscular.
b) raquitismo, escorbuto, hemorragia.
c) anemia, esterilidade, raquitismo.
d) cegueira noturna, hemorragia, escorbuto.
e) cegueira noturna, raquitismo, anemia.

8. (IFCE) Os sais minerais são reguladores e desempenham diversas funções relacionadas com o metabolismo. São considerados ativadores enzimáticos e essenciais para o funcionamento celular. Sobre isso, é correto afirmar-se que

a) o sódio interfere na pressão arterial e no volume celular.
b) a condução de impulsos nervosos nos nervos, nos músculos e no coração é desencadeada pelo ferro.
c) o enxofre atua na produção de hormônios pela glândula tireoide.
d) a coagulação sanguínea depende diretamente do potássio.
e) o magnésio faz parte da hemoglobina.

9. (UEPB) Leia o trecho transcrito da entrevista intitulada "Fome oculta", realizada por Maria Fernanda Elias Llanos, com a Professora Dra. Andréa Ramalho, da UFRJ, que se encontra na *Revista Nestlé*. Bio – págs. 4-9, maio de 2011.

"Segundo o Dr. Jacques Diouf, diretor-geral da FAO (*Food and Agriculture Organization of the United Nations*), a fome permanece a maior tragédia e o maior escândalo do mundo, sendo que o número de pessoas subnutridas encontra-se inaceitavelmente alto. A carência de micronutrientes, conhecida como fome oculta, afeta cerca de um terço da população mundial e está relacionada principalmente à deficiência de ferro, zinco, iodo e vitamina A. (...) No Brasil, as deficiências mais significativas são as de ferro e vitamina A."

Agora analise as proposições que seguem:

I. A vitamina A, encontrada em vegetais verdes e amarelos, frutas amarelas e alaranjadas, gema de ovo, leite e derivados e fígado, é necessária à manutenção da integridade da pele, dos epitélios respiratório, intestinal e urinário, além de atuar na síntese de pigmentos da retina.

II. No Brasil a deficiência de iodo não é significativa, visto que o país já obrigou, por força de lei, a adição de iodo ao sal de cozinha. A carência deste oligoelemento gera o hipertireoidismo.

III. O ferro pode ser obtido a partir da ingestão de leguminosas, vegetais verde-escuros, fígado e carnes; assim, feijão com arroz, salada de alface com rúcula e bife é um bom caminho para evitar a carência deste microminerais, indispensável na constituição da hemoglobina e mioglobina.

Está(ão) correta(s) a(s) proposição(ões)

a) II e III, apenas.
b) I e II, apenas.
c) I, II e III.
d) I e III, apenas.
e) II, apenas.

10. (Mack-SP) Um estudo publicado recentemente revelou que as amostras de alimentos preparados em domicílios apresentavam teores de ferro abaixo do recomendado, mas quantidade excessiva de sódio. O estudo mostrou, também, quantidades insuficientes de lipídios nesses alimentos, alertando para a necessidade desse nutriente na maturação do sistema nervoso.

A respeito desses fatos, considere as afirmativas abaixo.

I. As crianças que recebem esses alimentos podem apresentar quadros de atraso de desenvolvimento devido à falta de oxigenação dos tecidos.

II. O sódio é necessário para o funcionamento dos neurônios, mas, em excesso, pode prejudicar o funcionamento dos rins.

III. No processo de maturação do sistema nervoso, há produção de mielina, um lipídio responsável por acelerar a condução do impulso.

IV. A falta de lipídios pode também acarretar doenças provocadas pela falta de vitaminas, uma vez que algumas delas são lipossolúveis e somente são absorvidas se dissolvidas em lipídios.

Assinale

a) se todas estiverem corretas.
b) se somente II e III estiverem corretas.
c) se somente I, II e IV estiverem corretas.
d) se somente II e IV estiverem corretas.
e) se somente I e III estiverem corretas.

11. (Unesp-SP) "Homem de gelo" era intolerante à lactose e pouco saudável.

Ötzi, o "homem de gelo" que viveu na Idade do Bronze e cujo corpo foi encontrado nos Alpes italianos em 1991, tinha olhos e cabelos castanhos e era intolerante à lactose [...]. Essas características surgiram da análise do DNA da múmia [...]. Mutações do gene MCM6 indicam que ele não conseguia digerir a proteína da lactose encontrada no leite.

(Disponível em: <www.folha.uol.com.br>. Acesso em: 28 fev. 2012.)

Considere as afirmações:

I. O texto apresenta uma incorreção biológica, pois a lactose não é uma proteína.

II. A mutação a qual o texto se refere deve impedir que o indivíduo intolerante à lactose produza uma enzima funcional que a quebre em unidades menores, passíveis de serem absorvidas pelo intestino.

III. A mutação que torna o indivíduo intolerante à lactose é provocada pela presença de leite na dieta, o que indica que Ötzi era membro de uma tribo que tinha por hábito o consumo de leite na idade adulta.

Assinale a alternativa correta.

a) As três afirmações estão erradas.
b) As três afirmações estão corretas.
c) Apenas a afirmação I está errada.
d) Apenas a afirmação II está errada.
e) Apenas a afirmação III está errada.

12. (Ufal) A matéria que constitui os seres vivos revela abundância em água, cerca de 75% a 85%, além de proteínas (10 a 15%), lipídios (2 a 3%), glicídios (1%), ácidos nucleicos (1%), e de sais minerais diversos (1%). Com relação a alguns componentes químicos do corpo humano, assinale a alternativa incorreta.

a) Na composição química das membranas celulares, há fosfolipídios organizados em duas camadas; há também moléculas de proteína.
b) O colesterol, conhecido principalmente por estar associado ao enfarte e a doenças do sistema circulatório, é um importante componente de membranas celulares.
c) Um importante polissacarídeo, o amido, é armazenado no fígado e, quando o organismo necessitar, esse polissacarídeo pode ser quebrado, originando moléculas de glicose para o metabolismo energético.
d) Os íons de cálcio (Ca^{2+}) participam das reações de coagulação do sangue e da contração muscular, além de serem componentes fundamentais dos ossos.
e) Os íons de sódio (Na^{+}) e de potássio (K^{+}), entre outras funções, são responsáveis pelo funcionamento das células nervosas.

13. (Uece) Analise o quadro abaixo, associando o problema de saúde à carência vitamínica e ao alimento capaz de suprir esta carência.

	Problema de saúde	Carência de vitamina	Alimento suplementar
I.	Beribéri	B_1	Levedo de cerveja
II.	Raquitismo infantil	D	Gema de ovo
III.	Escorbuto	C	Acerola
IV.	Cegueira	K	Fígado de boi

Está correta a associação em

a) I, II, III e IV.
b) I, II e IV apenas.
c) I, II e III apenas.
d) III e IV apenas.

14. (UEPB) Os lipídios constituem um grupo heterogêneo de substâncias orgânicas, cuja característica comum é a sua pequena solubilidade em água e sua grande solubilidade em solventes orgânicos, como éter, benzeno e clorofórmio. Entre os lipídios, encontramos aqueles conhecidos como óleos e gorduras, formados a partir de ácidos orgânicos chamados ácidos graxos. Estes lipídios denominam-se:

a) terpenos.
b) fosfolipídios.
c) ceras.
d) esteroides.
e) triacilgliceróis.

15. (Uespi) O funcionamento dos organismos vivos depende de enzimas, as quais são essenciais às reações metabólicas celulares. Essas moléculas:

a) possuem cadeias nucleotídicas com dobramentos tridimensionais que reconhecem o substrato numa reação do tipo chave-fechadura.
b) diminuem a energia de ativação necessária à conversão dos reagentes em produtos.
c) aumentam a velocidade das reações químicas quando submetidas a pH maior que 8,0 e menor que 6,0.
d) são desnaturadas em temperaturas próximas de 0°C, paralisando as reações químicas metabólicas.
e) são consumidas em reações metabólicas exotérmicas, mas não alteram o equilíbrio químico.

16. (Unisa-SP) Os aminoácidos, cuja fórmula geral está representada na figura, são monômeros que, quando unidos, formam polímeros.

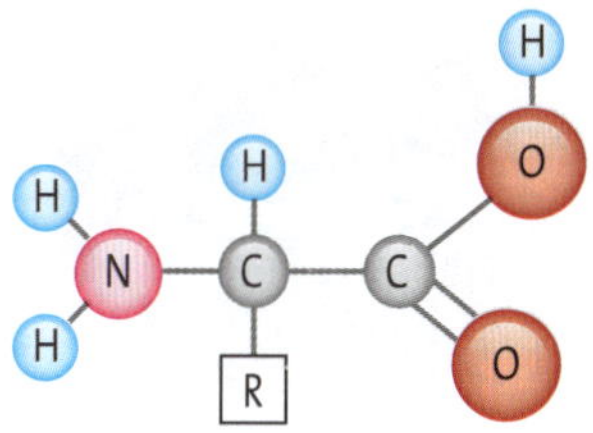

A respeito dos aminoácidos, assinale a alternativa correta.

a) Quando unidos em cadeias longas, formam os polipeptídios, os quais podem exercer função estrutural e regulatória.

b) Existem milhares de tipos, todos com a fórmula geral apresentada, mas que diferem entre si quanto ao radical R.

c) O ser humano, pela sua evolução, é um dos animais capazes de sintetizar todos os tipos de aminoácidos existentes.

d) O átomo de carbono central, ligado ao radical R, é denominado carbono alfa, sendo o responsável pela ligação entre aminoácidos.

e) Ligam-se através das ligações peptídicas entre o grupo carboxila e o grupo hidrogênio do aminoácido seguinte.

MÓDULO 2

1. (UFU-MG) São poucas as células que realizam o transporte de substâncias por meio da fagocitose. As amebas (protozoários), por exemplo, utilizam esse processo em sua alimentação.

Considerando esse tipo de transporte, analise as afirmativas abaixo.

I. Pela emissão de pseudópodes, a ameba captura o alimento, que é digerido no seu interior por meio de enzimas específicas.

II. A fagocitose é um transporte ativo, pois o alimento atravessa a membrana com a ajuda de proteínas que carregam o alimento para o interior da ameba.

III. Nos vertebrados, o processo de fagocitose é utilizado por algumas células de defesa, como, por exemplo, alguns glóbulos brancos.

Marque a alternativa correta.

a) apenas I e III são corretas.

b) apenas I e II são corretas.

c) apenas II e III são corretas.

d) I, II e III são corretas.

2. (UCS-RS) Para entender as propriedades da membrana celular e o processo de osmose, um biólogo realizou o experimento descrito a seguir.

Três conjuntos de hemácias foram expostos a três diferentes soluções, conforme descrito abaixo.

A. O primeiro conjunto foi exposto a uma solução isotônica em relação ao líquido intracelular das hemácias.

B. O segundo conjunto foi exposto a uma solução hipotônica em relação ao líquido intracelular das hemácias.

C. O terceiro conjunto foi exposto a uma solução hipertônica em relação ao líquido intracelular das hemácias.

Assinale a alternativa correta, que corresponde aos resultados desse experimento.

a) As hemácias mantêm sua forma e seu volume, pois são impermeáveis à água.

b) As hemácias mantêm sua forma e seu volume somente quando expostas à solução hipertônica.

c) As hemácias murcham quando expostas à solução isotônica.

d) As hemácias incham quando expostas à solução hipotônica.

e) As hemácias incham quando expostas à solução isotônica.

3. (UFRGS-RS) Assinale a alternativa que preenche corretamente as lacunas do texto a seguir, na ordem em que aparecem.

A prática de conservar frutas em caldas açucaradas (compotas) e de salgar certos alimentos, como, por exemplo, carne bovina (charque) e bacalhau, constitui-se num eficiente método de conservação de alimentos contra a ação de organismos decompositores, como fungos e bactérias. Em ambos os casos, a adição de um __________ ao alimento produz um meio __________. Assim, quando entram em contato com esse alimento, as células dos organismos decompositores acabam __________ água por __________.

a) soluto – hipotônico – ganhando – transporte ativo.

b) solvente – hipertônico – ganhando – osmose.

c) solvente – isotônico – perdendo – difusão.

d) soluto – hipertônico – perdendo – osmose.

e) solvente – hipotônico – perdendo – difusão.

4. (UFPE) Os resultados da análise das concentrações de íons cloro e de íons sódio, dentro das células de uma determinada planta aquática, em relação às concentrações desses íons na água do lago onde vivem essas plantas, são mostrados na figura a seguir.

As diferenças entre as concentrações desses íons, no interior das células dessa planta aquática e na água do lago, devem ser mantidas por:

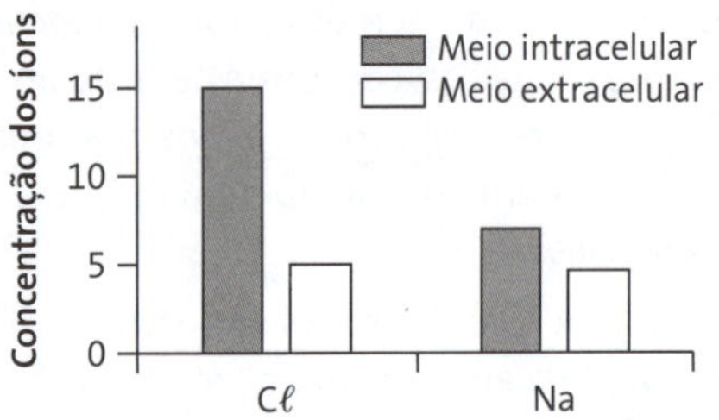

a) Transporte ativo.
b) Fagocitose.
c) Pinocitose.
d) Difusão simples.
e) Osmose.

5. (Ufla-MG) As formas pelas quais a substância está sendo transportada em A e B são, respectivamente:

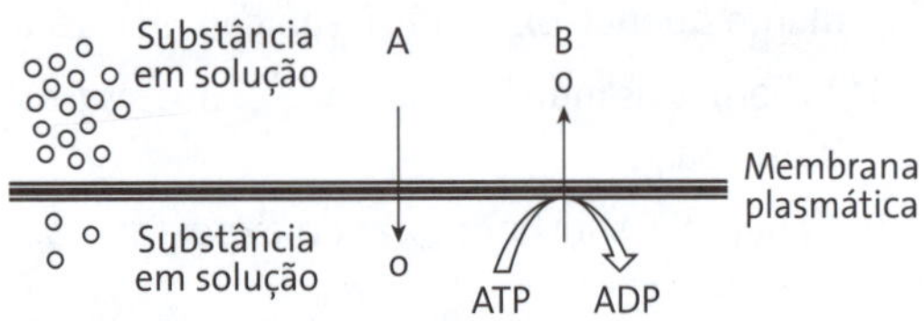

a) Transporte ativo; transporte passivo.
b) Transporte passivo; difusão facilitada.
c) Difusão; difusão facilitada.
d) Transporte passivo; transporte ativo.
e) Transporte ativo; difusão.

6. (Uespi) O esquema abaixo ilustra a estrutura molecular da membrana plasmática, segundo o modelo do mosaico fluido. Analise-o e assinale a alternativa que indica os componentes indicados em (I) e em (II), nesta ordem.

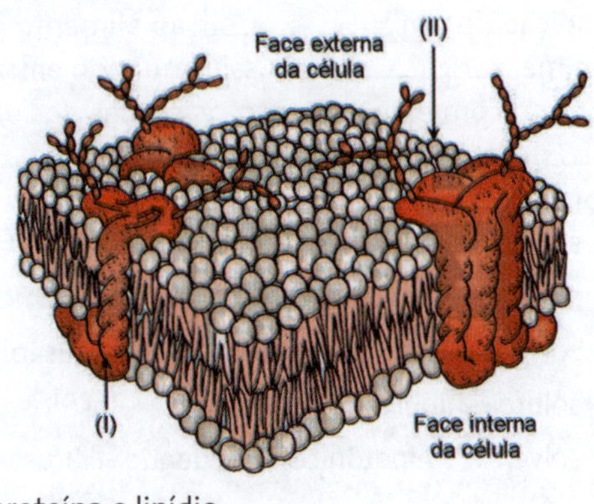

a) proteína e lipídio.
b) lipídio e carboidrato.
c) carboidrato e proteína.
d) lipídio e proteína.
e) polissacarídeo e hidratos de carbono.

7. (PUC-SP) Uma célula vegetal flácida foi colocada em um determinado meio e adquiriu o aspecto mostrado abaixo:

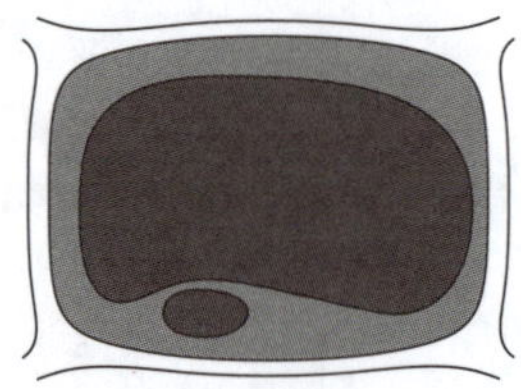

A célula está
a) túrgida e foi colocada em meio hipotônico.
b) túrgida e foi colocada em meio hipertônico.
c) plasmolisada e foi colocada em meio hipotônico.
d) plasmolisada e foi colocada em meio hipertônico.
e) murcha e foi colocada em meio hipotônico.

8. (UFRGS-RS) O quadro a seguir refere-se aos envoltórios celulares e a algumas de suas especializações. Assinale a alternativa que associa corretamente a estrutura celular com suas características.

	Nome	Função	Presença em células vegetais	Presença em células animais
a)	Microvilosidades	Aderência entre as células	não	sim
b)	Glicocálix	Proteção da superfície celular contra lesões mecânicas e químicas	não	sim
c)	Membrana plasmática	Controle de trocas entre a célula e o meio externo	não	sim
d)	Parede celular	Sustentação e manutenção da forma da célula	não	sim
e)	Desmossomos	Aumento da superfície da membrana	não	sim

9. (PUC-RS) Responder à questão a partir da figura que representa um organismo unicelular eucariota durante o processo de alimentação.

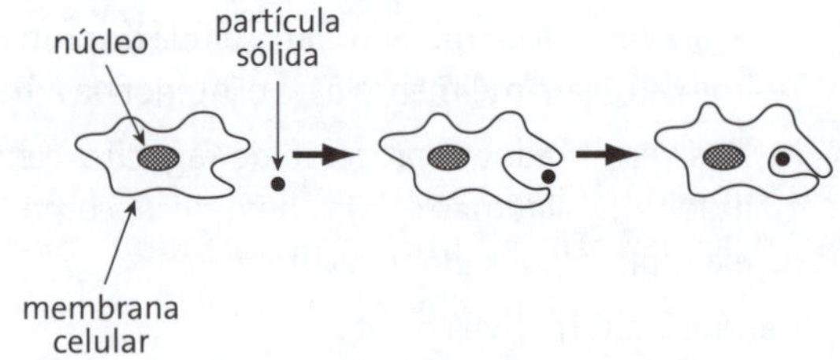

O processo acima representado é denominado
a) clasmocitose.
b) pinocitose.
c) fagocitose.
d) exocitose.
e) citocinese.

10. (UFTM-MG) Durante uma aula prática, os alunos colocaram algumas hemácias humanas em água destilada e analisaram a variação do volume celular. Após o experimento, as variações no volume das células foram indicadas em um gráfico. Sabendo-se que as hemácias humanas ficam mergulhadas no plasma sanguíneo, cuja solução apresenta 0,9% de NaCl, o gráfico que ilustra corretamente a variação do volume das hemácias na água destilada, em função do tempo, está indicado em

a)

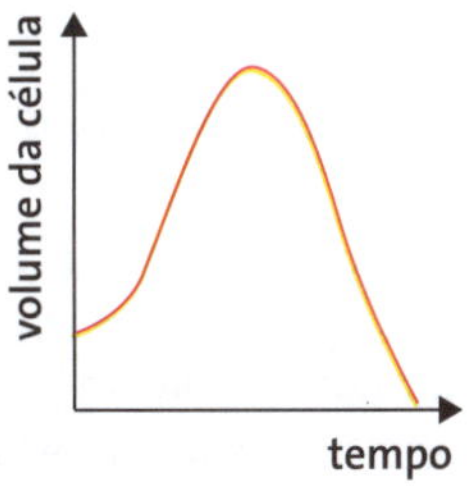

b)

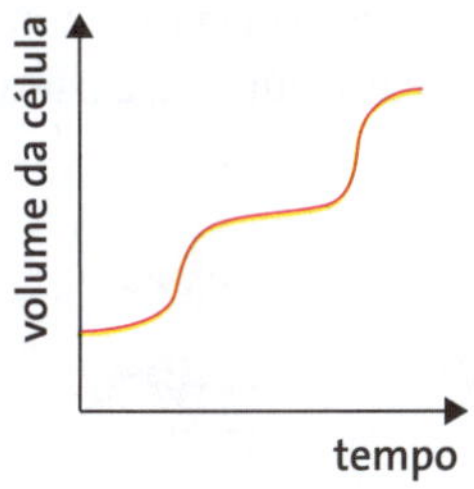

c)

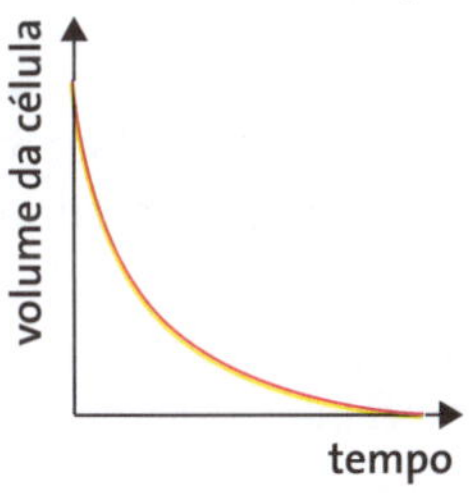

d)

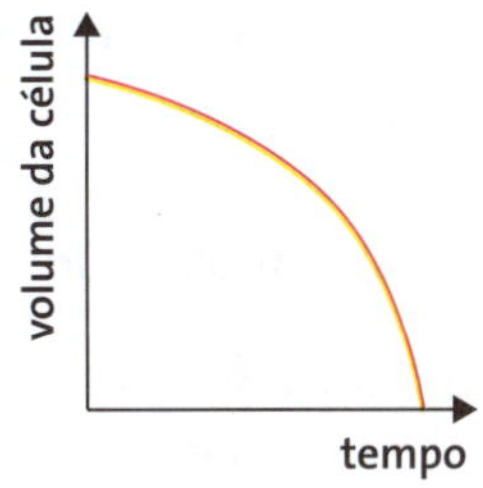

e)

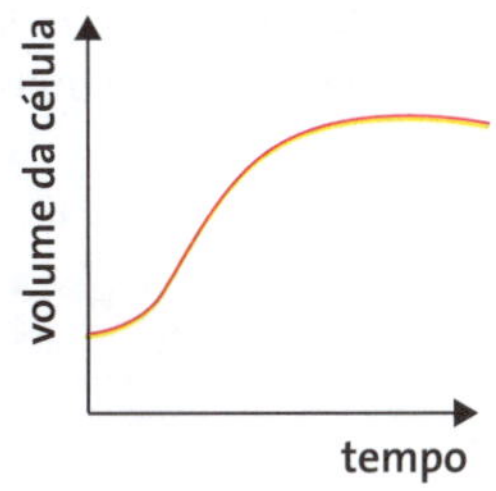

11. (UFPE) Assinale a alternativa incorreta:

a) a difusão é um processo que ocorre sem gastos de energia

b) a difusão do solvente é chamada osmose

c) gás carbônico e oxigênio não atravessam a membrana porque não são solúveis em lipídios

d) pequenas moléculas e água passam livremente pela membrana celular

e) a difusão é o movimento de moléculas a favor de um gradiente de concentração

12. (Unifor-CE) Através da membrana viva que separa o meio intracelular do meio extracelular ocorrem os seguintes transportes:

I. moléculas de água passam do meio menos concentrado para o meio mais concentrado;

II. moléculas de O_2 e de CO_2 entram ou saem da célula, obedecendo ao gradiente de concentração;

III. íons $\mathbf{K^+}$ e íons $\mathbf{Na^+}$ movimentam-se contra o gradiente de concentração, fazendo com que a concentração de $\mathbf{K^+}$ seja maior no interior da célula e a de $\mathbf{Na^+}$ seja maior no meio extracelular.

Os movimentos I, II, e III devem-se, respectivamente, à:

a) difusão, transporte ativo, transporte ativo.

b) difusão, difusão facilitada, transporte ativo.

c) osmose, osmose, difusão facilitada.

d) osmose, difusão, transporte ativo.

e) osmose, difusão, difusão facilitada.

13. (UEL-PR) Uma célula que perdeu grande quantidade de água só poderá se recuperar se colocada em solução

a) isotônica.

b) hipotônica.

c) hipertônica.

d) isotônica ou hipertônica.

e) isotônica ou hipotônica.

14. (PUC-MG) A membrana plasmática apresenta, em sua superfície, moléculas especiais que permitem à célula detectar outras substâncias presentes no meio externo, dando a ela certa sensibilidade química. Essas moléculas fazem parte:

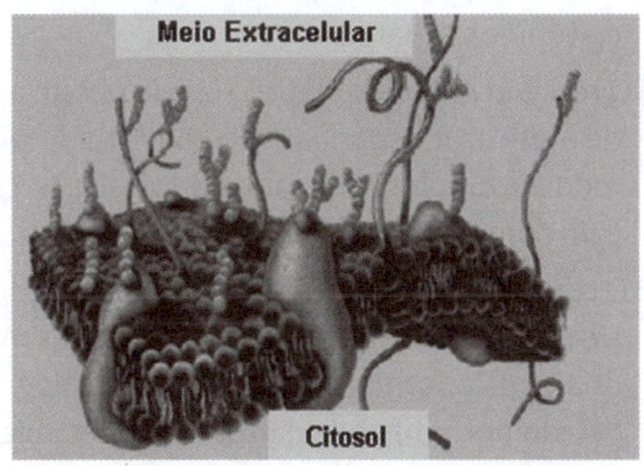

a) da cutícula.

b) do glicocálix.

c) dos desmossomos.

d) dos cílios.

15. (Mack-SP) O esquema a seguir representa o modelo de organização molecular da membrana plasmática.

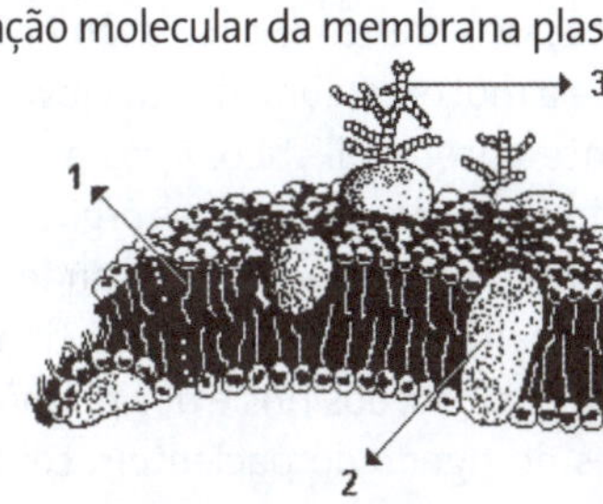

Assinale a alternativa INCORRETA.

a) Esse mesmo tipo de membrana é encontrado em organelas citoplasmáticas;

b) 1 indica a camada de fosfolipídios;

c) 2 indica a proteína responsável pelo transporte de certas substâncias que atravessam a membrana;

d) Trata-se da membrana de uma célula eucariota, já que nas procariotas há apenas uma camada de fosfolipídios;

e) 3 indica carboidrato que forma o glicocálix.

MÓDULO 3

1. (UFJF-MG) Analisando a morfologia da célula testicular ao microscópio eletrônico, um pesquisador observou no citoplasma grande quantidade de retículo endoplasmático liso. A partir dessa informação, pode-se atribuir a essa célula elevada capacidade de:
   a) síntese de lipídeos.
   b) endocitose de diversas substâncias.
   c) síntese proteica.
   d) produção de calor.
   e) digestão intracelular.

2. (Udesc) Assinale a alternativa correta quanto à célula.
   a) O peroxissoma é responsável pelo armazenamento das proteínas ligadas ao peróxido de nitrogênio e é constituído por uma rede de túbulos separados.
   b) O retículo endoplasmático liso possui a função de sintetizar proteínas e é constituído por uma rede de túbulos separados.
   c) O retículo endoplasmático rugoso possui a função de sintetizar proteínas e é constituído por uma rede de túbulos interconectados que se comunicam com o envoltório nuclear.
   d) O complexo de Golgi possui algumas funções, dentre elas, é responsável pela formação das mitocôndrias e pela formação do espermatozoide. É constituído por uma rede de túbulos interconectados que permitem o armazenamento de lipídeos.
   e) O lisossomo possui a função de sintetizar lipídio e é constituído por uma rede de lipídeos.

3. (PUC-RS) Através de evidências como a ausência de movimentos oculares e de circulação encefálica, foi confirmada a morte cerebral de uma jovem vítima de um acidente automobilístico. Após a família haver concordado com a doação de seus órgãos, um grande e organizado esforço da equipe de saúde resultou no encaminhamento, para transplante, do fígado, das córneas, do coração, dos rins e dos pulmões.
   As funções do fígado do paciente receptor haviam falhado em decorrência de uma doença crônica que destruiu a estrutura responsável pela modificação química de pequenas moléculas internalizadas pela célula hepática, especialmente drogas e pesticidas. Essa estrutura denomina-se
   a) peroxissomo.
   b) lisossomo.
   c) ribossomo.
   d) complexo de Golgi.
   e) retículo endoplasmático liso.

4. (Ulbra-RS) A silicose é uma patologia comum entre os mineiros decorrente da inalação repetida de sílica. Nesta condição, os macrófagos pulmonares são recrutados e fagocitam essas partículas inorgânicas não degradáveis. Esse processo leva ao rompimento e à liberação de enzimas no citoplasma, acarretando morte celular. Qual organela presente nos macrófagos é a principal responsável pelo processo acima descrito?
   a) Ribossomos.
   b) Mitocôndrias.
   c) Lisossomos.
   d) Nucléolo.
   e) Retículo endoplasmático agranular.

5. (Unimontes-MG) O trabalho desenvolvido por uma determinada célula no nosso organismo é resultado das funções de várias de suas organelas. A figura abaixo representa duas organelas celulares. Observe-as.

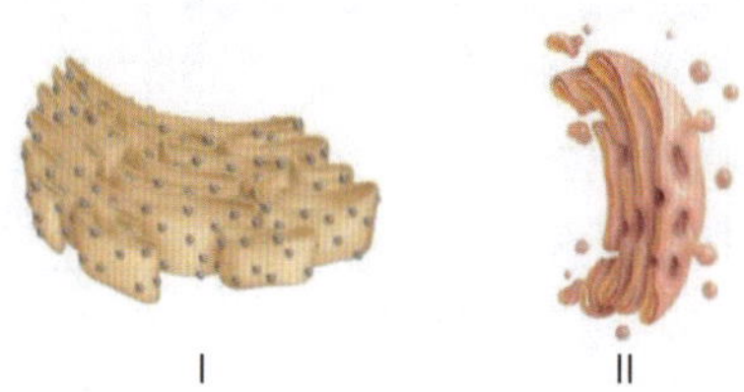

   De acordo com a figura apresentada e o assunto abordado, analise as afirmativas abaixo e assinale a alternativa **CORRETA**.
   a) I é responsável pela secreção de substâncias que irão atuar no meio extracelular.
   b) As duas organelas apresentadas são constituintes de células eucariotas.
   c) O centro de armazenamento e empacotamento intracelular localiza-se em I.
   d) II é rico em ribossomos, sendo responsável pela síntese de proteínas.

6. (Unifor-CE) A figura abaixo representa uma célula animal.

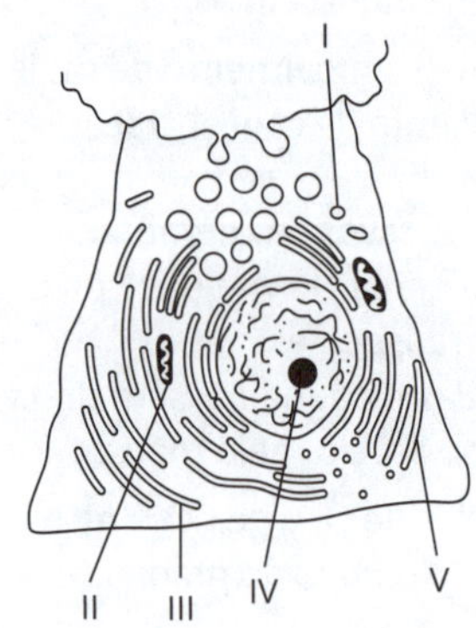

   Células que produzem hormônios esteroides possuem bem desenvolvida a estrutura identificada em:
   a) I b) II c) III d) IV e) V

7. (Ufscar-SP) A droga cloranfenicol tem efeito antibiótico por impedir que os ribossomos das bactérias realizem sua função. O efeito imediato desse antibiótico sobre as bactérias sensíveis a ele é inibir a síntese de:
a) ATP.
b) DNA.
c) proteínas.
d) RNA mensageiro.
e) lipídios da parede bacteriana.

8. (UFF-RJ) As mitocôndrias são organelas celulares envolvidas por membrana, contendo DNA autônomo e circular. Isto indica que elas:
a) confirmam a hipótese autotrófica sobre a origem dos seres vivos.
b) são responsáveis pela síntese de proteínas e glicídios.
c) modificam as macromoléculas e as secretam para o meio externo ou para o interior de outras organelas.
d) contêm enzimas hidrolíticas, envolvidas na digestão intracelular.
e) são provavelmente os descendentes de células procariotas primitivas que se estabeleceram como simbiontes internos de uma célula anaeróbica.

9. (Fuvest-SP) O retículo endoplasmático e o complexo de Golgi são organelas celulares cujas funções estão relacionadas. O complexo de Golgi
a) recebe proteínas sintetizadas no retículo endoplasmático.
b) envia proteínas nele sintetizadas para o retículo endoplasmático.
c) recebe polissacarídeos sintetizados no retículo endoplasmático.
d) envia polissacarídeos nele sintetizados para o retículo endoplasmático.
e) recebe monossacarídeos sintetizados no retículo endoplasmático e para ele envia polissacarídeos.

10. (UEL-PR) Na tabela a seguir estão assinaladas a presença (+) ou a ausência (–) de alguns componentes encontrados em quatro diferentes tipos celulares (A, B, C e D).

Componentes	Tipos celulares			
	A	B	C	D
envoltório nuclear	+	–	+	–
ribossomos	+	+	+	+
mitocôndrias	+	–	+	–
clorofila	–	+	+	–
retículo endoplasmático	+	–	+	–

Os tipos celulares: A, B, C e D pertencem, respectivamente, a organismos
a) procarioto heterótrofo, eucarioto heterótrofo, procarioto autótrofo e eucarioto autótrofo.
b) procarioto autótrofo, eucarioto autótrofo, eucarioto heterótrofo e procarioto heterótrofo.
c) eucarioto heterótrofo, procarioto heterótrofo, procarioto autótrofo e eucarioto autótrofo.
d) eucarioto autótrofo, procarioto autótrofo, eucarioto heterótrofo e procarioto heterótrofo.
e) eucarioto heterótrofo, procarioto autótrofo, eucarioto autótrofo e procarioto heterótrofo.

11. (UFRGS-RS) Durante as fases da respiração celular aeróbia, a produção de CO_2 e água ocorre, respectivamente,
a) na glicólise e no ciclo de Krebs.
b) no ciclo de Krebs e na cadeia respiratória.
c) na fosforilação oxidativa e na cadeia respiratória.
d) no ciclo de Krebs e na fermentação.
e) na glicólise e na cadeia respiratória.

12. (UEL-PR) Pode-se considerar a organização e o funcionamento de uma célula eucarionte animal de modo análogo ao que ocorre em uma cidade. Desse modo, a membrana plasmática seria o perímetro urbano e o citoplasma, com suas organelas, o espaço urbano. Algumas dessas similaridades funcionais entre a cidade e a célula corresponderiam às vias públicas como sendo o retículo endoplasmático, para o transporte e a distribuição de mercadorias; os supermercados como sendo o complexo de Golgi, responsável pelo armazenamento de mercadorias, e a companhia elétrica como sendo as mitocôndrias, que correspondem à usina de força da cidade. Pode-se, ainda, considerar que a molécula de adenosina trifosfato (ATP) seja a moeda circulante para o comércio de mercadorias.
Assinale a alternativa que justifica, corretamente, a analogia descrita para as mitocôndrias.
a) Absorção de energia luminosa utilizada na produção de ATP.
b) Armazenamento de ATP produzido da energia de substâncias inorgânicas.
c) Armazenamento de ATP produzido na digestão dos alimentos.
d) Produção de ATP a partir da oxidação de substâncias orgânicas.
e) Produção de ATP a partir da síntese de amido e glicogênio.

13. (UFU-MG) Considere as atividades celulares e as organelas apresentadas nas colunas abaixo.

I. Digestão intracelular
II. Síntese de proteínas
III. Acúmulo e eliminação de secreções
IV. Participação na divisão celular
V. Respiração celular

A – Retículo endoplasmático granular
B – Centríolos
C – Mitocôndrias
D – Lisossomos
E – Complexo de Golgi

Assinale a alternativa que corresponde à associação correta entre as duas colunas.

a) I-C; II-B; III-A; IV-E; V-D
b) I-E; II-A; III-C; IV-D; V-B
c) I-D; II-A; III-E; IV-B; V-C
d) I-D; II-E; III-A; IV-B; V-C

14. (UEPB) Complete as frases abaixo de forma a torná-las corretas:

I. No processo de ___A___ a célula utiliza os lisossomos para renovação de estruturas de seu citoplasma.
II. O desenvolvimento de seres multicelulares depende da morte programada de certas células. Nestas, a membrana do lisossomo se rompe e as enzimas digestivas entram em contato com o citoplasma, destruindo-o. Este fenômeno biológico é regulado por genes e denominado ___B___.
III. No processo de ___C___, o material nutritivo, que entra na célula por fagocitose ou pinocitose, é envolto por uma vesícula membranosa; essas vesículas se unem aos lisossomos, formando o vacúolo digestivo.

A alternativa que apresenta a sequência correta é:

a) A – apoptose; B – heterofagia; C – autofagia.
b) A – heterofagia; B – autofagia; C – apoptose.
c) A – autofagia; B – apoptose; C – heterofagia.
d) A – apoptose; B – autofagia; C – heterofagia.
e) A – heterofagia; B – apoptose; C – autofagia.

15. (PUC-MG) Observe a figura a seguir, que representa o corte transversal de um cílio de um protozoário:

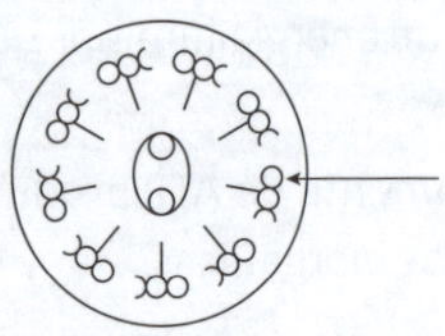

A estrutura apontada pela seta corresponde:

a) ao microtúbulo.
b) à unidade de membrana.
c) ao feixe esquelético calcificado.
d) ao tecido conjuntivo fibroso.
e) a uma fibra conjuntiva elástica.

MÓDULO 4

1. (UFRGS-RS) A fotossíntese consiste em um processo metabólico pelo qual a energia da luz solar é utilizada na conversão de dióxido de carbono e de água em carboidratos e oxigênio.
Com relação a esse processo, considere as seguintes afirmações.

I. A produção de carboidratos ocorre na etapa fotoquímica.
II. A água é a fonte do oxigênio produzido pela fotossíntese.
III. A etapa química ocorre no estroma dos cloroplastos.

Quais estão corretas?

a) Apenas I.
b) Apenas II.
c) Apenas I e III.
d) Apenas II e III.
e) I, II e III.

2. (IFSP) As duas organelas desenhadas são fundamentais para o trabalho celular que ocorre em um vegetal. Sem elas, provavelmente, não existiriam os seres produtores eucarióticos e talvez não existiriam também os animais, fungos e protozoários.

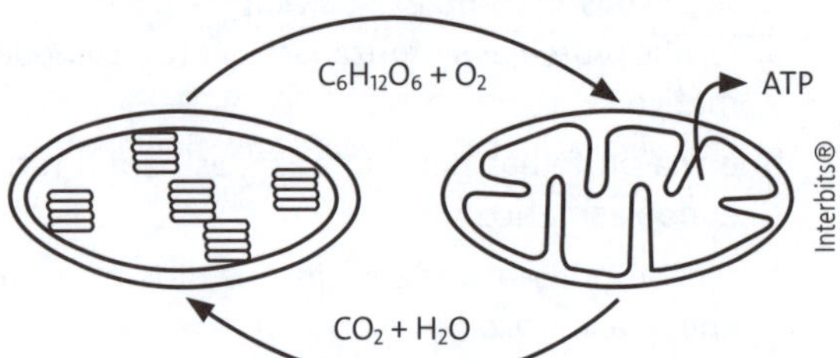

A respeito dessas organelas e das reações químicas que ocorrem no interior delas, pode-se afirmar que

a) a síntese de ATP é exclusiva das mitocôndrias e isso depende dos pigmentos verdes existentes em seu interior.
b) os cloroplastos podem utilizar o gás carbônico proveniente da respiração celular, sendo esta última dependente da luz solar para ocorrer.
c) os cloroplastos sintetizam glicose e liberam o gás oxigênio, e este é proveniente da molécula de gás carbônico fornecido pelas mitocôndrias.
d) as duas organelas apresentam DNA e RNA próprios, que são fundamentais na autoduplicação dessas organelas.
e) as mitocôndrias realizam suas reações durante a noite e os cloroplastos realizam suas atividades somente quando há luz solar.

3. (UFU-MG) Sobre a organela cloroplasto, analise a figura e o texto abaixo.

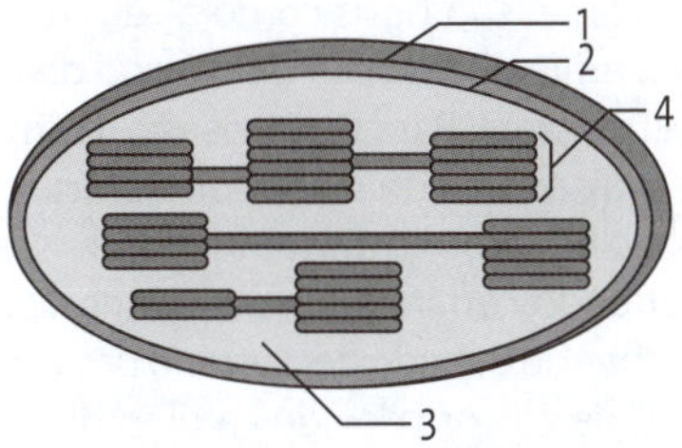

Fonte: http://web.educastur.princast.es/proyectos/blogeo_cw/2bch/B3_METABOLISMO/132_FOTOSINTESIS/TEST/65_Diapositiva.GIF

Os cloroplastos são envoltos por duas membranas, uma ___1___ e outra ___2___, separadas por um espaço intermembranar. No interior dessa organela, existe uma matriz amorfa ___3___, que contém enzimas, amido, ribossomos e DNA. Mergulhados nessa matriz, existe um sistema membranar que forma um conjunto de vesículas achatadas ___4___, em forma de discos, onde se encontra o pigmento clorofila. Assinale a alternativa que preenche CORRETAMENTE os números das lacunas.

a) 1 – membrana externa, 2 – membrana interna, 3 – estroma, 4 – tilacoide.
b) 1 – membrana interna, 2 – membrana externa, 3 – grana, 4 – estroma.
c) 1 – membrana externa, 2 – membrana interna, 3 – estroma, 4 – granum.
d) 1 – membrana externa, 2 – membrana interna, 3 – estroma, 4 – lamela.
e) 1 – membrana interna, 2 – membrana externa, 3 – lamela, 4 – tilacoide.

4. (PUC-RJ) A fotossíntese é um processo complexo que ocorre em duas fases: fase luminosa e Ciclo de Calvin. Sobre as duas etapas da fotossíntese, foram feitas as seguintes afirmativas:

I. Na fase luminosa, ocorre a conversão da energia solar em energia química.
II. Na fase luminosa, ocorre liberação de oxigênio, produção de NADPH e consumo de ATP.
III. No Ciclo de Calvin, o CO_2 atmosférico é incorporado em moléculas orgânicas do cloroplasto.
IV. O Ciclo de Calvin necessita indiretamente da luz, pois a produção de açúcar depende do ATP e NADPH produzidos na fase luminosa.

Estão corretas:

a) Somente I, II e III.
b) Somente II, III e IV.
c) Somente I, III e IV.
d) Somente I, II e IV.
e) Todas as afirmativas.

5. (Fuvest-SP) A lei 7.678 de 1988 define que "vinho é a bebida obtida pela fermentação alcoólica do mosto simples de uva sã, fresca e madura". Na produção de vinho, são utilizadas leveduras anaeróbicas facultativas. Os pequenos produtores adicionam essas leveduras ao mosto (uvas esmagadas, suco e cascas) com os tanques abertos, para que elas se reproduzam mais rapidamente. Posteriormente, os tanques são hermeticamente fechados. Nessas condições, pode-se afirmar, corretamente, que

a) o vinho se forma somente após o fechamento dos tanques, pois, na fase anterior, os produtos da ação das leveduras são a água e o gás carbônico.
b) o vinho começa a ser formado já com os tanques abertos, pois o produto da ação das leveduras, nessa fase, é utilizado depois como substrato para a fermentação.
c) a fermentação ocorre principalmente durante a reprodução das leveduras, pois esses organismos necessitam de grande aporte de energia para sua multiplicação.
d) a fermentação só é possível se, antes, houver um processo de respiração aeróbica que forneça energia para as etapas posteriores, que são anaeróbicas.
e) o vinho se forma somente quando os tanques voltam a ser abertos, após a fermentação se completar, para que as leveduras realizem respiração aeróbica.

6. (UFG-GO) Leia as informações a seguir.
O cloreto de cobalto ($CoC\ell_2$) é um composto com propriedades higroscópicas, mudando sua coloração, de azul, quando seco, para rosa, quando hidratado. Papéis porosos, com área de 2 cm^2, impregnados com solução do composto descrito, foram secos em estufa e então usados em um experimento para estimar a fotossíntese. Esses papéis, inicialmente azuis, foram colocados em contato com folhas de feijão, em semelhante estágio de desenvolvimento, mantidas em condições ambientais diferentes. O contato do papel com a mão do experimentador foi evitado. Dez minutos após o início do experimento, observou-se os resultados apresentados na tabela a seguir.

Folha	% de mudança na coloração do papel, de azul para rosa, quando em contato com a folha
I	0
II	30
III	80
IV	25
V	90

Pela análise dos resultados, quais folhas estão realizando fotossíntese em taxa baixa?

a) I e II
b) I e IV
c) II e IV
d) II e V
e) III e V

7. (UFSJ-MG) Assinale a alternativa CORRETA:
   a) As plantas obtêm energia metabólica da luz solar, da água e dos nutrientes absorvidos do solo.
   b) Os seres humanos, assim como outros animais, recuperam energia metabólica durante o sono para terem energia durante seu período de vigília.
   c) A energia metabólica, ou seja, aquela necessária para a manutenção das células vivas, vem exclusivamente da glicose, obtida do consumo de carboidratos, proteínas e lipídeos da alimentação.
   d) Os peixes, as galinhas e as samambaias são dependentes do oxigênio para obterem a energia necessária à manutenção da vida.

8. (UEPB) Sobre o processo de respiração nos seres humanos, é correto afirmar que:
   a) Os centros nervosos que controlam a respiração localizam-se no cerebelo e na medula espinal.
   b) Dentre todos os mamíferos, é apenas na espécie humana que vamos encontrar a denominada ventilação pulmonar, ou seja, a renovação de ar nos pulmões, dependendo principalmente da ação dos músculos intercostais e do diafragma.
   c) Quando nos exercitamos, as células musculares aumentam a taxa de respiração celular, liberando mais gás carbônico. Esse gás combina-se com a água e forma ácido carbônico, o que torna o sangue mais ácido. O aumento da acidez sanguínea é detectado pelo sistema nervoso e serve de estímulo para o aumento da frequência respiratória.
   d) Nos alvéolos pulmonares ocorre o fenômeno-chave da respiração celular: a hematose, onde o gás oxigênio presente no ar dos alvéolos difunde-se para os capilares sanguíneos e penetra nas hemácias, onde se combina com a hemoglobina.
   e) Cada movimento respiratório compõe-se de uma inspiração e uma expiração, ou seja, de uma saída e uma entrada de ar nos pulmões, respectivamente.

9. (Fuvest-SP) Considere os átomos de carbono de uma molécula de amido armazenada na semente de uma árvore. O carbono volta ao ambiente, na forma inorgânica, se o amido for:
   a) usado diretamente como substrato da respiração pelo embrião da planta ou por um herbívoro.
   b) digerido e a glicose resultante for usada na respiração pelo embrião da planta ou por um herbívoro.
   c) digerido pelo embrião da planta e a glicose resultante for usada como substrato da fotossíntese.
   d) digerido por um herbívoro e a glicose resultante for usada na síntese de substâncias de reserva.
   e) usado diretamente como substrato da fotossíntese pelo embrião da planta.

10. (Unesp-SP) Os carros híbridos, cujos motores funcionam a combustão interna (geralmente combustíveis fósseis) e eletricidade, são tidos como alternativa viável para reduzir a emissão veicular de dióxido de carbono (CO_2) para a atmosfera. Para testar se são realmente ecológicos, pesquisadores italianos compararam as emissões de dióxido de carbono de quatro homens, em três situações, correndo, caminhando e andando de bicicleta, com as emissões de dióxido de carbono de carros movidos a gasolina, de carros movidos a óleo diesel e de carros híbridos, quando cada um desses tipos de carros transportava esses mesmos quatro homens em percursos urbanos. Os resultados são apresentados no gráfico a seguir, onde as barras representam a emissão de CO_2 de cada tipo de carro, e as linhas vermelhas representam a emissão de CO_2 pelo grupo de quatro homens.

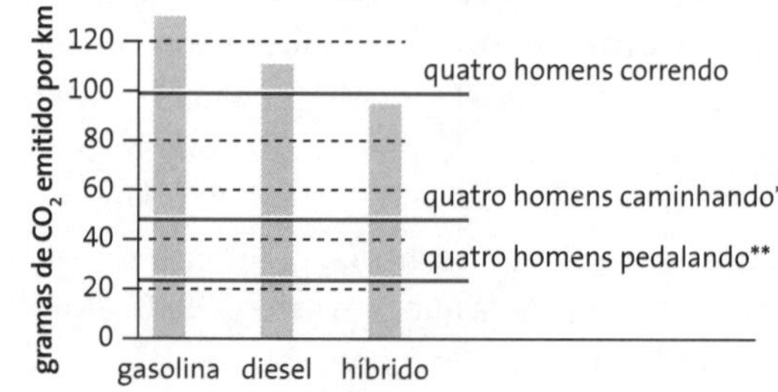

* Baseado na velocidade de 5 km/hora
* Baseado na velocidade de 50 km/hora

(*Scientific American Brasil*, junho de 2011. Adaptado.)

Considerando os resultados e as condições nas quais foi realizado o experimento, e considerando os processos de obtenção e produção da energia que permitem a movimentação dos músculos do homem, pode-se dizer corretamente que quatro homens
   a) transportados por um carro híbrido apresentam a mesma taxa respiratória que quatro homens pedalando, e liberam para a atmosfera maior quantidade de dióxido de carbono que aquela liberada pelo carro híbrido que os está transportando.
   b) correndo consomem mais glicose que quatro homens pedalando ou quatro homens caminhando, e liberaram para a atmosfera maior quantidade de dióxido de carbono que aquela liberada por um carro híbrido que os estivesse transportando.
   c) pedalando consomem mais oxigênio que quatro homens caminhando ou correndo, e cada um desses grupos libera para a atmosfera maior quantidade de dióxido de carbono que aquela liberada por um veículo híbrido que os estivesse transportando.
   d) pedalando têm maior consumo energético que quatro homens caminhando ou quatro homens correndo, e cada um desses grupos libera para a atmosfera menor quantidade de dióxido de carbono que aquela liberada por qualquer veículo que os estivesse transportando.
   e) transportados por um veículo a gasolina ou por um veículo a diesel liberam para a atmosfera maior quantidade de dióxido de carbono que aquela liberada por quatro homens transportados por um veículo híbrido, ou por aquela liberada pelo carro híbrido que os está transportando.

11. (PUC-SP) Considere os esquemas simplificados de duas vias metabólicas indicados por I e II:

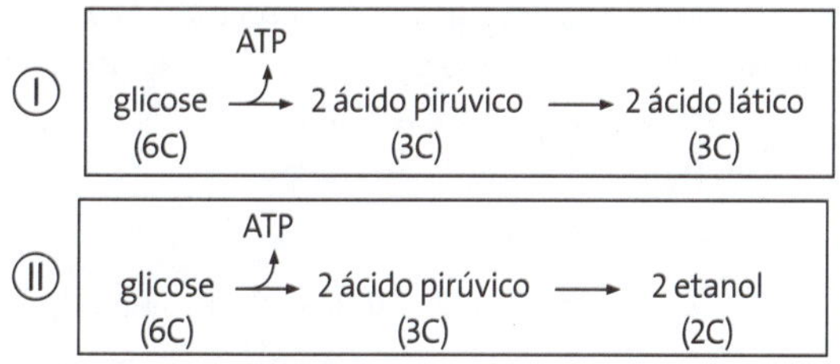

É correto afirmar que

a) I é apresentado exclusivamente por certas bactérias e II exclusivamente por certos fungos, pois estes organismos são todos anaeróbicos.

b) I e II são apresentados exclusivamente por procariontes, pois estes organismos são todos anaeróbicos.

c) em I e II há liberação de gás carbônico e os dois processos apresentam o mesmo rendimento energético.

d) I é apresentado por células do tecido muscular esquelético humano quando o nível de oxigênio é insatisfatório para manter a produção de ATP necessária.

e) I é um processo utilizado na fabricação de pães e II, um processo utilizado na indústria alimentícia para a produção de alimentos como iogurtes e queijos.

12. (Fatec-SP) Os esquemas a seguir evidenciam três maneiras diferentes através das quais a glicose pode ser utilizada como fonte de energia necessária à manutenção da vida.

Esquema 1	Esquema 2	Esquema 3
Glicose	Glicose	Glicose
↓ Glicólise	↓ Glicólise	↓ Glicólise
Ácido pirúvico	Ácido pirúvico	Ácido pirúvico
↓ Fermentação	↓ Fermentação	↓ Ciclo de Krebs
Etanol, CO_2 e ATP	Ácido láctico e ATP	↓ Cadeia repiratória
		H_2O, CO_2 e ATP

Assinale a alternativa correta sobre esses esquemas.

a) Os esquemas 1 e 3 ocorrem em ambientes totalmente anaeróbios para a produção de pães e bolos.

b) O esquema 1 exibe a fermentação alcoólica realizada nas mitocôndrias de leveduras com consumo de oxigênio.

c) O esquema 2 revela um processo aeróbio realizado nas mitocôndrias de lactobacilos e de células musculares humanas.

d) O esquema 3 demonstra um processo aeróbio em que o gás oxigênio atua como agente oxidante de moléculas orgânicas.

e) Os esquemas 1, 2 e 3 evidenciam processos aeróbios de obtenção de energia que ocorrem em plantas e animais em geral.

13. (FGV-SP) Considere o consumo de O_2, medido em microlitros por grama de peso corpóreo, por hora, de um homem, um rato e um elefante, todos em repouso e à temperatura ambiente de 20 °C.
Pode-se dizer que, em ordem crescente de consumo, a sequência é:

a) rato, homem e elefante.

b) rato, elefante e homem.

c) elefante, homem e rato.

d) elefante, rato e homem.

e) homem, elefante e rato.

14. (FGV-SP) Sovar a massa do pão significa amassá-la vigorosamente, batê-la contra o tampo de uma mesa até que fique bem compactada. Segundo os cozinheiros, se a massa não for bem sovada, o pão "desanda", não "cresce".
Esse procedimento justifica-se, pois permite a mistura adequada dos ingredientes,

a) dentre os quais leveduras aeróbicas estritas que, misturadas à massa, realizam respiração aeróbica, convertendo os carboidratos da receita em CO_2 e água. O CO_2 permanece preso no interior da massa, aumentando o seu volume.

b) dentre os quais bactérias fermentadoras que, misturadas à massa, realizam fermentação láctica, convertendo a lactose do leite da receita em CO_2 e ácido lático. O CO_2 permanece preso no interior da massa, aumentando o seu volume.

c) dentre os quais leveduras aeróbicas facultativas que, misturadas à massa, realizam respiração aeróbica, convertendo os carboidratos da receita em CO_2 e água. O CO_2 permanece preso no interior da massa, aumentando o seu volume.

d) além de propiciar um ambiente anaeróbico adequado para as leveduras anaeróbicas facultativas realizarem fermentação alcoólica, convertendo os carboidratos da receita em CO_2 e álcool. O CO_2 permanece preso no interior da massa, aumentando o seu volume.

e) além de incorporar à massa o ar atmosférico. Nesse ambiente aeróbico, leveduras aeróbicas estritas realizam fermentação alcoólica, convertendo os carboidratos da receita em CO_2 e álcool. O CO_2 permanece preso no interior da massa, aumentando o seu volume.

15. (Feevale-RS) Marque a alternativa que completa corretamente a frase que segue.
As folhas das árvores parecem-nos verde porque a luz solar que incide sobre elas:

a) é verde e as folhas refletem-na.

b) contém a cor verde e esta é absorvida pelas folhas.

c) contém a cor verde e esta é refletida pelas folhas.

d) não contém a cor verde e as plantas emitem-na.

e) contém as cores vermelha e azul, e a cor verde emitida pelas folhas é uma mistura destas duas.

MÓDULO 5

1. (UFMG) A composição de bases nitrogenadas do DNA total isolado de células de tecido epitelial de um vertebrado apresenta estes percentuais:
A = 20%; T = 20%; G = 30%; C = 30%.
Considerando-se essas informações e outros conhecimentos sobre o assunto, é INCORRETO afirmar que essa composição de bases nitrogenadas
a) é igual à de outras células somáticas.
b) permanece inalterada ao longo da vida.
c) se reduz à metade nos gametas.
d) varia entre indivíduos de espécies diferentes.

2. (UFPA) Em 1953, Watson e Crick decifraram que a estrutura da molécula de DNA (ácido desoxirribonucleico) é uma dupla hélice, responsável pelas características dos organismos. Com os conhecimentos atuais, julgue as afirmativas sobre a molécula de DNA:
I. Na autoduplicação da molécula de DNA, cada filamento original serve de molde para a síntese de um novo filamento (duplicação semiconservativa).
II. A base nitrogenada adenina emparelha-se com a citosina, enquanto a timina emparelha-se com a guanina.
III. As bases nitrogenadas dos dois filamentos estão unidas por ligações denominadas pontes de hidrogênio.
Está ou estão corretas as afirmativas:
a) I somente c) I e II. e) II e III.
b) II somente d) I e III.

3. (Fatec-SP) O metabolismo celular depende de uma série de reações químicas controladas por enzimas, isto é, proteínas que atuam como catalisadores e que podem sofrer mutações genéticas sendo modificadas ou eliminadas. Assinale a alternativa correta, levando em conta os ácidos nucleicos, a ocorrência de mutações e as consequentes mudanças do ciclo de vida da célula.
a) O DNA é constituído por códons, que determinam a sequência de bases do RNA mensageiro, necessária à formação dos anticódons, responsáveis pela produção das proteínas.
b) No caso de uma mutação acarretar a transformação de um códon em outro relacionado ao mesmo aminoácido, não haverá alteração na molécula proteica formada, nem no metabolismo celular.
c) A mutação altera a sequência de aminoácidos do DNA, acarretando alterações na sequência de bases do RNA mensageiro e, consequentemente, na produção das proteínas.
d) As mutações atuam diretamente sobre as proteínas, provocando a desnaturação dessas moléculas e, consequentemente, a inativação delas.
e) Quando algumas proteínas são alteradas por mutações, suas funções no metabolismo celular passam a ser realizadas pelos aminoácidos.

4. (PUC-SP) O gato doméstico (*Felis domestica*) apresenta 38 cromossomos em suas células somáticas. No núcleo do óvulo normal de uma gata são esperados:
a) 19 cromossomos simples e 19 moléculas de DNA.
b) 19 cromossomos duplicados e 38 moléculas de DNA.
c) 38 cromossomos simples e 38 moléculas de DNA.
d) 38 cromossomos simples e 19 moléculas de DNA.
e) 19 cromossomos duplicados e 19 moléculas de DNA.

5. (UFSM-RS) Analise as afirmativas:
I. As proteínas e os ácidos nucleicos são formados por aminoácidos.
II. DNA e RNA são os ácidos nucleicos encontrados tanto em células eucariontes como procariontes.
III. A informação contida no DNA pode ser copiada em uma fita de RNA, através do processo denominado transcrição.
IV. A informação presente no RNA pode ser transformada em uma sequência de aminoácidos, através do processo denominado tradução.
Está(ão) correta(s)
a) apenas I. d) apenas I, III e IV.
b) apenas I e II. e) apenas II, III e IV.
c) apenas II e III.

6. (Ibmec) O núcleo celular foi descoberto pelo pesquisador escocês Robert Brown, que o reconheceu como componente fundamental das células. O nome escolhido para essa organela expressa bem essa ideia: a palavra "núcleo", de acordo com o dicionário brasileiro, significa centro ou parte central. A respeito da constituição e função do núcleo celular, julgue as afirmativas, como FALSAS ou VERDADEIRAS:
I. O núcleo só é encontrado em células eucariontes, portanto as bactérias não apresentam essa organela.
II. Existem células eucariontes com um único núcleo, células com vários núcleos e outras células anucleadas.
III. O núcleo abriga o código genético das células, uma vez que dentro dele se encontram os cromossomos que contém a informação genética.
IV. A carioteca é o envoltório nuclear, que impede a troca de qualquer tipo de material entre o núcleo e o restante da célula.
a) V – V – F – F
b) F – F – F – V
c) V – F – V – F
d) V – V – V – F
e) V – F – V – V

7. (UFPI) A grande parte do DNA em células eucarióticas está compactada em ___1___, formados imediatamente após a ___2___, que é composta por um núcleo com oito proteínas ___3___, com DNA enrolado em torno deste núcleo, formando um fio cromossômico helicoidal chamado ___4___.
Marque a alternativa que completa corretamente o trecho anterior.
a) 1 – microssomos; 2 – transcrição; 3 – não histônicas; 4 – nucleoide.
b) 1 – microssomos; 2 – replicação; 3 – histônicas; 4 – fio de cromossomo extranuclear.
c) 1 – nucleossomos; 2 – replicação; 3 – histônicas; 4 – solenoide.
d) 1 – microssomos; 2 – tradução; 3 – endonucleases; 4 – mesossomo.
e) 1 – nucleossomos; 2 – transcrição; 3 – não histônicas; 4 – fio de cromossomo plasmidial.

8. (PUC-SP) Encontra-se ao lado esquematizado o cromossomo 21 humano. O desenho foi feito com base na observação ao microscópio de um linfócito (glóbulo branco) em divisão. A partir da análise do desenho, assinale a alternativa INCORRETA.

a) O cromossomo encontra-se duplicado e bem condensado.
b) Ele pode ser observado durante a metáfase da divisão celular.
c) As cromátides, indicadas por A e A', são constituídas por moléculas de DNA diferentes.
d) O centrômero localiza-se próximo a uma das extremidades desse cromossomo e este apresenta um de seus braços bem maior que o outro.
e) A trissomia desse cromossomo é responsável pela síndrome de Down.

9. (PUC-MG) O envelope nuclear encerra o DNA e define o compartimento nuclear.
Assinale a afirmativa INCORRETA sobre o envelope nuclear.
a) É formado por duas membranas concêntricas e contínuas, com composições proteicas diferentes, perfuradas por grandes aberturas denominadas poros nucleares.
b) O surgimento da membrana nuclear determinou a separação dos processos de transcrição e tradução.
c) Os fosfolípides das membranas nucleares externa e interna são produzidas no retículo endoplasmático liso.
d) Os poros nucleares permitem o livre trânsito de moléculas entre o núcleo e o citoplasma, sem necessidade de seleção.

10. (UFMG) A identificação do fator que origina indivíduos com síndrome de Down tornou-se possível pela utilização da técnica de
a) contagem e identificação dos cromossomos.
b) cultura de células e tecidos.
c) mapeamento do genoma humano.
d) produção de DNA recombinante.

11. (UFC-CE) Alguns estudos com gêmeos idênticos mostraram que o QI, a ALTURA e os TALENTOS ARTÍSTICOS podem ser diferentes entre esses indivíduos. A melhor explicação para essas diferenças é que:
a) a hereditariedade e o ambiente não possuem influência sobre a expressão dos fenótipos.
b) o ambiente e os genes interagem no desenvolvimento e expressão das características herdadas.
c) o genótipo dos gêmeos depende da interação da dieta e do controle hormonal.
d) as características QI, altura e talentos artísticos dependem apenas do ambiente.
e) os alelos responsáveis por essas características possuem efeito fenotípico múltiplo.

12. (Fuvest-SP) Qual das alternativas se refere a um cromossomo?
a) Um conjunto de moléculas de DNA com todas as informações genéticas da espécie.
b) Uma única molécula de DNA com informação genética para algumas proteínas.
c) Um segmento de molécula de DNA com informação para uma cadeia polipeptídica.
d) Uma única molécula de RNA com informação para uma cadeia polipeptídica.
e) Uma sequência de três bases nitrogenadas do RNA mensageiro correspondente a um aminoácido na cadeia polipeptídica.

13. (UFPI) As células musculares são diferentes das células nervosas porque:
a) contêm genes diferentes.
b) possuem maior número de genes.
c) usam códigos genéticos diferentes.
d) possuem menor número de genes.
e) expressam genes diferentes.

14. (Ufscar-SP) O segmento de DNA humano que contém informação para a síntese da enzima pepsina é um
a) cariótipo.
b) cromossomo.
c) códon.
d) genoma.
e) gene.

15. (Ufscar-SP) Um pesquisador verificou que o núcleo celular dos óvulos de uma certa espécie de formiga tem 4 cromossomos e uma quantidade X de DNA. Considerando-se que os machos de formiga desenvolvem-se por partenogênese e são haploides, que quantidade de DNA e de cromossomos se espera encontrar no núcleo dos espermatozoides dessa espécie?
a) 2X de DNA e 8 cromossomos.
b) 2X de DNA e 4 cromossomos.
c) X de DNA e 4 cromossomos.
d) X de DNA e 2 cromossomos.
e) $\frac{1}{2}$X de DNA e 2 cromossomos.

MÓDULO 6

1. (Fatec-SP) O metabolismo celular depende de uma série de reações químicas controladas por enzimas, isto é, proteínas que atuam como catalisadores e que podem sofrer mutações genéticas sendo modificadas ou eliminadas. Assinale a alternativa correta, levando em conta os ácidos nucleicos, a ocorrência de mutações e as consequentes mudanças do ciclo de vida da célula.
a) O DNA é constituído por códons, que determinam a sequência de bases do RNA mensageiro, necessária à formação dos anticódons, responsáveis pela produção das proteínas.
b) No caso de uma mutação acarretar a transformação de um códon em outro relacionado ao mesmo aminoácido, não haverá alteração na molécula proteica formada, nem no metabolismo celular.
c) A mutação altera a sequência de aminoácidos do DNA, acarretando alterações na sequência de bases do RNA mensageiro e, consequentemente, na produção das proteínas.
d) As mutações atuam diretamente sobre as proteínas, provocando a desnaturação dessas moléculas e, consequentemente, a inativação delas.
e) Quando algumas proteínas são alteradas por mutações, suas funções no metabolismo celular passam a ser realizadas pelos aminoácidos.

2. (PUC-RJ) As tetraciclinas constituem uma classe de antibióticos produzidos por bactérias do gênero *Streptomyces*. Elas atuam impedindo que o RNA transportador se fixe ao ribossomo nas células bacterianas.
Em qual processo biológico este antibiótico atua?
a) Transcrição
b) Síntese proteica
c) Replicação do DNA
d) Divisão celular
e) Recombinação

3. (UEL-PR) A teoria "Um Gene uma Enzima" propunha que cada gene era responsável pela síntese de uma enzima, que expressava uma determinada característica biológica. Hoje, sabe-se que a partir de um gene é produzida uma cadeia polipeptídica. Assinale a alternativa cuja sequência de eventos resulta na produção de cadeias polipeptídicas.
a) Descondensação dos cromossomos, tradução do RNAm e transcrição da cadeia polipeptídica no citoplasma.
b) Leitura da sequência de DNA no citoplasma, transcrição no núcleo, tradução no núcleo e síntese polipeptídica no citoplasma.
c) Leitura da sequência de DNA específica, transcrição no citoplasma, tradução do RNAm imaturo no núcleo e síntese polipeptídica no citoplasma.
d) Leitura da sequência de DNA específica, transcrição do DNA no citoplasma, processamento do RNAm no núcleo, síntese polipeptídica no núcleo e maturação da proteína no citoplasma.
e) Leitura da sequência de DNA específica, produção de RNAm heterogêneo no núcleo, saída do RNAm do núcleo e síntese da cadeia polipeptídica no citoplasma.

4. (UFSM-RS) Analise as afirmativas:
I. As proteínas e os ácidos nucleicos são formados por aminoácidos.
II. DNA e RNA são os ácidos nucleicos encontrados tanto em células eucariontes como procariontes.
III. A informação contida no DNA pode ser copiada em uma fita de RNA, através do processo denominado transcrição.
IV. A informação presente no RNA pode ser transformada em uma sequência de aminoácidos, através do processo denominado tradução.
Está(ão) correta(s)
a) apenas I.
b) apenas I e II.
c) apenas II e III.
d) apenas I, III e IV.
e) apenas II, III e IV.

5. (PUC-RS) A sequência de nucleotídeos ATGCACCT forma um segmento de DNA dupla hélice ao se ligar à fita complementar
a) AUGCACCU.
b) UACGUGGA.
c) TACGTGGA.
d) TCCACGTA.
e) ATGCACCT

6. (Ibmec) A descoberta do código genético data do início da década de 1960, quando já se sabia que existia uma relação entre a sequência de nucleotídeos presentes nos ácidos nucleicos e a sequência de aminoácidos das proteínas. Sobre o código genético, julgue as afirmativas a seguir:

I. O código genético é considerado universal, pois seu funcionamento é idêntico para todos os seres vivos.

II. Ele é degenerado, pois um mesmo aminoácido pode ser codificado por mais de um códon.

III. Esse código é estabelecido por meio da complementaridade entre as bases nitrogenadas e o RNAr (ribossômico).

a) V – F – F
b) V – V – V
c) F – V – V
d) F – V – F
e) V – V – F

7. (Uerj) A mutação no DNA de uma célula eucariota acarretou a substituição, no RNA mensageiro de uma proteína, da 15ª base nitrogenada por uma base C.
A disposição de bases da porção inicial do RNA mensageiro da célula, antes de sua mutação, é apresentada a seguir:
Início da tradução
→
AUGCUUCUCAUCUUUUUAGCU...
Observe os códons correspondentes a alguns aminoácidos:

Aminoácido codificado	Códon
fenilalanina	UUU
fenilalanina	UUC
leucina	UUA
leucina	UUG
leucina	CUC
metionina	AUG
valina	GUU
valina	GUA

Sabe-se que o códon de iniciação de leitura é AUG.
A probabilidade de que a proteína a ser traduzida pelo RNA mensageiro da célula que sofreu mutação NÃO apresente alterações na disposição de seus aminoácidos é de:

a) 0
b) 0,25
c) 0,50
d) 1,00

8. (Unifesp) Com a finalidade de bloquear certas funções celulares, um pesquisador utilizou alguns antibióticos em uma cultura de células de camundongo. Entre os antibióticos usados, a tetraciclina atua diretamente na síntese de proteína, a mitomicina inibe a ação das polimerases do DNA e a estreptomicina introduz erros na leitura dos códons do RNA mensageiro.
Esses antibióticos atuam, respectivamente, no:

a) ribossomo, ribossomo, núcleo.
b) ribossomo, núcleo, ribossomo.
c) núcleo, ribossomo, ribossomo.
d) ribossomo, núcleo, núcleo.
e) núcleo, núcleo, ribossomo.

9. (PUC-RS) Responder à questão com base na ilustração e afirmativas a seguir.

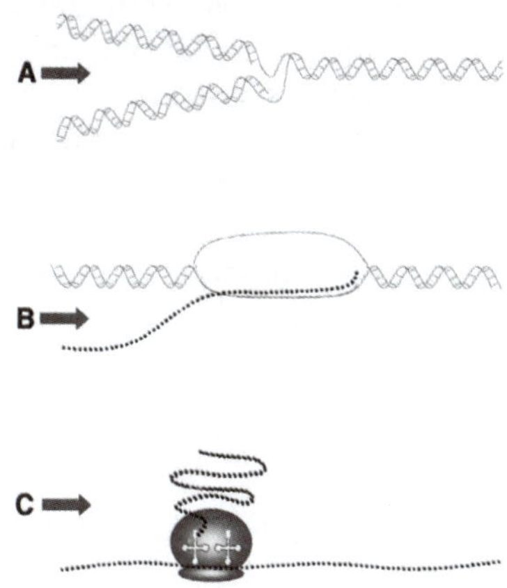

I. Durante o processo A, denominado replicação, o DNA se duplica.

II. Durante o processo B, denominado transcrição, ocorre a síntese de RNA.

III. Durante o processo C, denominado tradução, dá-se a síntese proteica.

IV. Nos eucariotos, os processos A, B e C ocorrem no interior do núcleo.

Considerando os processos intracelulares, todas as afirmativas corretas encontram-se na alternativa

a) I, II e III.
b) I, III e IV.
c) I e IV.
d) II e III.
e) II, III e IV.

10. (UFRGS-RS) O dogma central da biologia molecular refere-se ao sentido do fluxo de informação genética nos seres vivos, o qual está representado a seguir.

$$\text{DNA} \xrightarrow{\text{I}} \text{RNA} \xrightarrow{\text{II}} \text{Proteína}$$

Assinale com V (verdadeiro) ou F (falso) as afirmações adiante, relacionadas aos processos indicados pelos números I e II.

( ) Em I, a RNA-polimerase liga-se a uma sequência especial de DNA, denominada sítio promotor.

( ) Em I, a fita de DNA que é molde para um gene pode ser complementar para outro gene.

( ) Em II, um determinado ribossomo é específico para a produção de uma determinada proteína.

( ) Em II, a formação de polissomos aumenta a taxa de síntese proteica.

A sequência correta de preenchimento dos parênteses, de cima para baixo, é

a) F – F – F – V.
b) V – V – F – V.
c) F – V – F – F.
d) V – F – V – V.
e) V – F – V – F.

11. (Ifsul-RS) As proteínas são substâncias essenciais da estrutura das células vivas e podem ser formadas por um ou mais polipeptídios. O processo de síntese de uma cadeia polipeptídica consiste em unir aminoácidos de acordo com a sequência de códons de RNAm. Como essa sequência é determinada pelas bases de DNA que serviu de molde ao RNAm, a síntese de proteínas é denominada

a) duplicação semiconservativa.
b) transcrição gênica.
c) tradução gênica.
d) programação genética.

12. (UFRN) Observe as sequências de nucleotídeos de um vírus de RNA:

5' GCA UCA CAC CUC AUU GCG UAG 3'

Considerando que esse segmento de RNA codifica um determinado peptídeo, é correto afirmar:

a) Os códons dessa sequência sinalizam os mesmos aminoácidos em seres humanos.
b) A inserção de um nucleotídeo entre a 4ª e a 5ª base não altera o código genético.
c) Os códons GCA e GCG são degenerados porque codificam aminoácidos diferentes.
d) Os anticódons do 1º do 2º códon dessa sequência são, respectivamente, GCA e UGA.

13. (Mack-SP) Recentemente foi noticiada a criação de uma planta transgênica, capaz de produzir hemoglobina. Para que isso fosse possível, essa planta recebeu:

a) os anticódons que determinam a sequência de aminoácidos nessa proteína.
b) os ribossomos utilizados na produção dessa proteína.
c) o fragmento de DNA, cuja sequência de nucleotídeos determina a sequência de aminoácidos da hemoglobina.
d) O RNAm que carrega os aminoácidos usados na síntese de hemoglobina.
e) somente os aminoácidos usados nessa proteína.

14. (PUC-PR) Os itens abaixo se referem aos ácidos nucleicos:

Estrutura

I. Cadeia simples	II. Dupla hélice

Composição

1. Com Timina	2. Com Uracila

Função

a. Transcrição	b. Síntese proteica

São características do ácido desoxirribonucleico (DNA):

a) II – 1 – b
b) I – 1 – a
c) II – 1 – a
d) II – 2 – a
e) I – 2 – b

15. (Mack-SP)

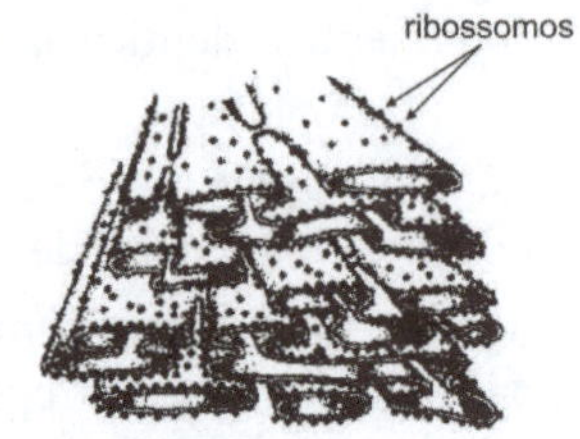

Assinale a alternativa correta a respeito da organela representada no desenho acima.

a) Representa o complexo de Golgi.
b) Está presente tanto em células procariotas quanto em células eucariotas.
c) Apresenta um sistema de membranas duplas e possui DNA e RNA próprios.
d) É responsável pelo armazenamento e secreção de substâncias.
e) Está diretamente envolvida na síntese proteica.

MÓDULO 7

1. (UEPB) Observe os esquemas didáticos de processos de divisão celular.

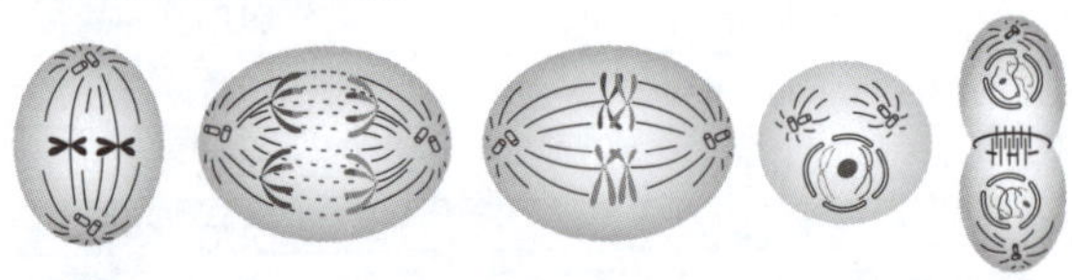

Assinale a alternativa na qual está identificado corretamente cada estágio.

a) prometáfase, anáfase, metáfase I, prófase da mitose, telófase.
b) metáfase I, anáfase I, metáfase da mitose, prófase da mitose, citocinese.
c) metáfase da mitose, anáfase I, metáfase I, prófase da mitose, telófase.
d) metáfase da mitose, anáfase, metáfase I, prófase da mitose, telófase.
e) prometáfase, anáfase, metáfase, prófase da mitose, cariocinese.

2. (UFSM-RS) Ao observar a produção de vinho em uma vinícola, um grupo de turistas percebeu que vários tipos de uvas eram utilizados para fazer o vinho. Esses tipos ocorrem devido também à reprodução sexuada. A divisão celular meiótica garante o aumento da variabilidade genética através do(a)

a) pareamento dos cromossomos homólogos durante a prófase I.
b) terminalização dos quiasmas na diacinese.
c) permuta que ocorre entre cromátides não irmãs no paquíteno.
d) formação das tétrades na telófase II.
e) formação do complexo sinaptonêmico no zigóteno.

3. (UPE) A proliferação celular exagerada está diretamente relacionada ao desenvolvimento de câncer. Tem-se como exemplo de bloqueio desse processo o uso de drogas antimitóticas, que desorganizam o fuso mitótico. Em relação à formação e ao papel do fuso mitótico em condições normais, é CORRETO afirmar que
   a) a carioteca, membrana nuclear formada por proteínas fibrosas do citoesqueleto, está envolvida na formação do fuso mitótico, essencial à adesão celular.
   b) o citoesqueleto é uma rede citoplasmática de ácidos nucleicos envolvidos no processo da formação do fuso mitótico, de lisossomos e do acrossomo, responsáveis pela mitose.
   c) os centríolos são cilindros formados por actina e miosina, envolvidos na formação do fuso mitótico, dos cílios e flagelos, que auxiliam na movimentação celular.
   d) os centrômeros são responsáveis pela formação do fuso mitótico constituído de carboidratos, essencial ao direcionamento do ciclo celular.
   e) os microtúbulos são constituídos de tubulinas e formam o fuso mitótico, responsável pela correta segregação dos cromossomos durante a divisão celular.

4. (Unisa-SP) A figura representa uma célula em uma etapa do processo de divisão celular.

   A partir da figura, é correto afirmar que se trata da
   a) metáfase da mitose e que a ploidia da célula-mãe era 2n = 12 cromossomos não duplicados.
   b) anáfase I da meiose e que a ploidia da célula-mãe era n = 3 cromossomos duplicados.
   c) metáfase II da meiose e que a ploidia da célula-mãe era 2n = 12 cromossomos duplicados.
   d) telófase da mitose e que a ploidia da célula-mãe era n = 6 cromossomos não duplicados.
   e) anáfase II da meiose e que a ploidia da célula-mãe era 2n = 6 cromossomos duplicados.

5. (Udesc) Assinale a alternativa **correta** quanto à característica da meiose.
   a) Quando sofre mutações, estas são do tipo somáticas e induzem a célula à apoptose.
   b) Garante a manutenção das características genéticas ao longo dos anos.
   c) Garante a variabilidade genética da espécie, através do *crossing-over*.
   d) Reduz as características genéticas do indivíduo pela metade, ou seja, incompletas.
   e) Reduz as características da célula, por isso requer uma nova duplicação do material genético.

6. (Unioeste-PR) Um dos efeitos do terremoto e do *tsunami* ocorrido em 11 de março de 2011 foi a explosão ocorrida, no dia seguinte, na Central Nuclear de Fukushima com consequente vazamento de radiação. Entre os efeitos causados por radiações está a ocorrência de mutações no material genético. Sobre o processo de mutação, assinale a alternativa INCORRETA.
   a) Mutação é um processo irreversível.
   b) Mutação pode ser causada por agentes biológicos.
   c) Mutação pode ser causada por agentes químicos.
   d) Mutação pode ser causada por agentes físicos.
   e) Mutação pode ser espontânea, decorrente da tautomeria das bases nitrogenadas.

7. (Fuvest-SP) A figura abaixo representa uma célula diploide e as células resultantes de sua divisão.

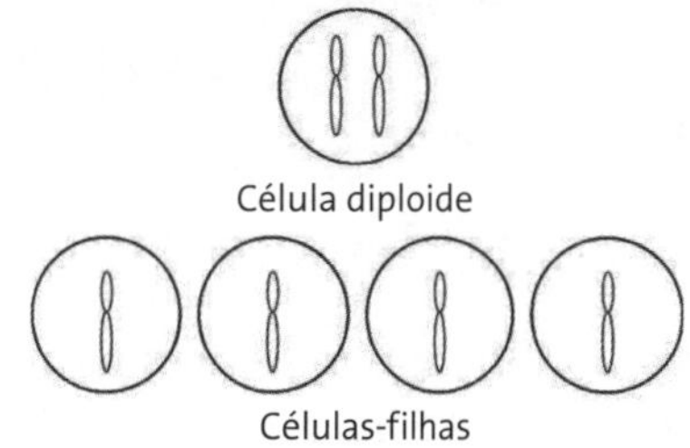

   Nesse processo,
   a) houve um único período de síntese de DNA, seguido de uma única divisão celular.
   b) houve um único período de síntese de DNA, seguido de duas divisões celulares.
   c) houve dois períodos de síntese de DNA, seguidos de duas divisões celulares.
   d) não pode ter ocorrido permutação cromossômica.
   e) a quantidade de DNA das células-filhas permaneceu igual à da célula-mãe.

8. (Unisa-SP) Considere uma célula diploide 2n = 2 durante uma fase da meiose.

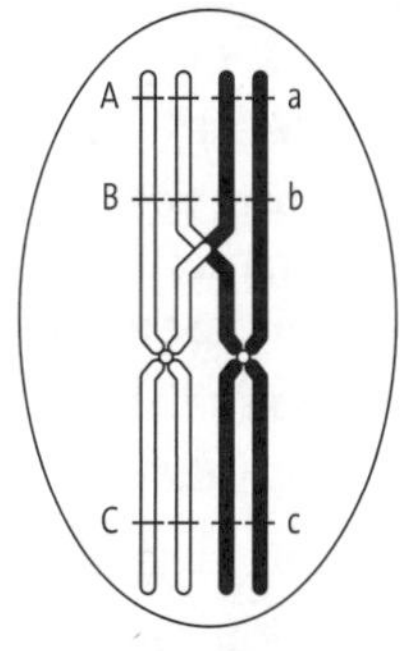

   Pode-se afirmar que essa célula encontra-se em:
   a) prófase II e produzirá 2 tipos diferentes de gametas.
   b) prófase I e produzirá 2 tipos diferentes de gametas.
   c) metáfase I e produzirá pelo menos 2 tipos diferentes de gametas.
   d) telófase, pois a carioteca já desapareceu e produzirá 4 tipos diferentes de gametas.
   e) prófase I e produzirá 4 tipos diferentes de gametas.

9. (Ufla-MG) Apresentam-se a seguir eventos que ocorrem durante o processo de divisão celular mitótico. Analise os eventos e marque a alternativa CORRETA.

I. Condensação máxima dos cromossomos

II. Segregação cromatídica

III. Cromossomos no equador da célula

IV. Desestruturação da carioteca

Na metáfase

a) ocorrem somente os eventos I e III.

b) ocorrem somente os eventos I e II.

c) ocorrem somente os eventos II e IV.

d) ocorrem somente os eventos II e III.

10. (UFRGS-RS) Observe o quadro a seguir, referente a diferentes fases do ciclo celular de uma célula meiótica de uma determinada espécie.

	A	B	C	D	E	F
Número de cromátides por célula	20	40	40	20	20	10
Número de cromossomos por célula	20	20	20	10	10	10

Com base nos dados apresentados no quadro, assinale a afirmação correta.

a) A separação das cromátides irmãs é responsável pela redução do número de cromossomos entre as fases **C** e **D**.

b) O aumento do número de cromátides em relação ao número de cromossomos na fase **B** é consequência da separação dos cromossomos homólogos.

c) O valor **n** mantém-se constante em todas as fases do ciclo celular.

d) O número de cromossomos de células haploides desta espécie é 20.

e) A redução do número de cromátides entre as fases **E** e **F** deve-se à separação das cromátides irmãs.

11. (PUC-SP) Os biólogos costumam dividir o ciclo celular em INTERFASE (G_1, S e G_2) e DIVISÃO. Uma célula tem ciclo de 20 horas e leva 1 hora para realizar a divisão completa, 8 horas para realizar a fase G_1 e 3 horas para realizar G_2. Portanto, essa célula leva:

a) 3 horas para duplicar seu DNA.

b) 1 hora para duplicar seu DNA.

c) 8 horas para condensar seus cromossomos.

d) 1 hora para descondensar seus cromossomos.

e) 8 horas para duplicar seus cromossomos.

12. (PUCC-SP) A radiação UV-B causa mutações no DNA. Se uma célula sofrer uma mutação que impede a organização das fibras do fuso mitótico, o processo de divisão celular será interrompido na fase de

a) interfase, G_1.

b) interfase, G_2.

c) citocinese.

d) metáfase.

e) anáfase.

13. (UFPA) Em organismos sexuados ocorrem dois tipos de divisões celulares: mitose e meiose. Na mitose ocorre distribuição idêntica do número de cromossomos e as mesmas informações genéticas entre as células-filhas. Na meiose, o número de cromossomos é reduzido à metade entre as células-filhas, que são denominadas haploides. Intercalando divisões celulares mitóticas ou meióticas, existe a interfase, que consiste de períodos preparatórios para a divisão celular.

Sobre estas fases do ciclo celular é correto afirmar:

a) Leptóteno, zigóteno, paquíteno, diplóteno, diacinese e citocinese são as etapas que constituem a meiose.

b) A interfase apresenta etapas denominadas G_1, S e G_2, sendo que algumas células especializadas podem ficar vários anos em G_2, recebendo, então, a denominação de fase G_0.

c) A mitose é um processo que envolve etapas denominadas prófase, metáfase, anáfase, telófase e citocinese.

d) Tanto na mitose quanto na meiose, os microfilamentos têm importante papel na distribuição dos cromossomos entre células-filhas, e erros nesta distribuição podem levar a aneuploidias ou poliploidias.

e) Os gametas humanos masculinos e femininos passam por duas divisões mitóticas antes de estarem prontos para a fecundação.

14. (Unifor-CE) Sobre os processos de divisão celular fizeram-se as seguintes afirmações:

I. A mitose produz duas células cujos núcleos são idênticos entre si e ao da célula-mãe.

II. A meiose ocorre em dois estágios, produzindo quatro células cujos núcleos são necessariamente idênticos entre si, mas que possuem somente metade do número de cromossomos existente no núcleo da célula inicial.

III. No início da mitose, os cromossomos homólogos se emparelham ao passo que na meiose esse fato não ocorre.

É correto SOMENTE o que se afirmou em:

a) I

b) II

c) III

d) I e II

e) II e III

15. (FGV-SP) Observe a figura que ilustra uma célula em determinada etapa de um processo de divisão celular.

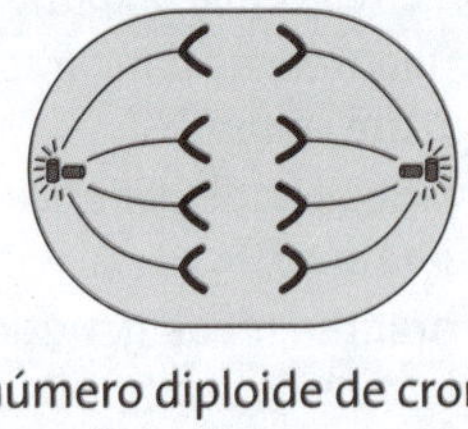

Sendo 2n o número diploide de cromossomos, é correto afirmar que tal célula encontra-se em anáfase da mitose de uma célula-mãe

a) $2n = 8$, ou anáfase I da meiose de uma célula-mãe $2n = 8$.
b) $2n = 16$, ou anáfase II da meiose de uma célula-mãe $2n = 8$.
c) $2n = 4$, ou anáfase I da meiose de uma célula-mãe $2n = 8$.
d) $2n = 8$, ou anáfase II da meiose de uma célula-mãe $2n = 16$.
e) $2n = 4$, ou anáfase II da meiose de uma célula-mãe $2n = 8$.

MÓDULO 8

1. (UEFS-BA) Com base nos conhecimentos referentes à organização básica dos seres vivos, pode-se inferir:
a) Associações simbióticas estabelecidas entre células de complexidade diferenciada permitiram o surgimento da multicelularidade.
b) A seleção de células procarióticas primitivas induziu a modificações que culminaram com o desenvolvimento de células eucarióticas.
c) O desenvolvimento de características mais adaptadas ao ambiente terrestre possibilitou o surgimento de células eucarióticas em detrimento das células procarióticas.
d) O agrupamento de células com características comuns e organização intracelular semelhante dita as bases da existência de vida no planeta Terra.
e) O aumento da especialização celular possibilitou a evolução de agregados celulares primitivos para verdadeiros organismos multicelulares.

2. (Uece) Sabe-se que a presença do oxigênio livre na atmosfera se deve à ação fotossintética dos seres vivos. Inicialmente, o oxigênio foi liberado graças ao surgimento de seres do tipo
a) bactérias.
b) cianobactérias.
c) algas.
d) plantas.

3. (Uespi) A teoria da Biogênese afirma que os organismos vivos surgiram a partir de outros que os precederam. Contudo, não explica como surgiu o primeiro organismo, que possivelmente tinha as seguintes características:
a) eram acelulares e heterótrofos.
b) realizavam fotossíntese a partir de descargas elétricas e raios ultravioleta.
c) possuíam carioteca envolvendo seu material genético de RNA.
d) eram procariontes com material genético de DNA e ribossomos para síntese proteica.
e) constituíam-se de elementos químicos tais como carbono, hidrogênio e enxofre.

4. (UFPB) Muitas são as teorias acerca da origem da vida na Terra primitiva e, em especial, sobre a evolução dos processos energéticos dos primeiros organismos que surgiram na Terra. A reação química, esquematizada a seguir, representa um desses processos de obtenção de energia.

$$FeS + H_2S \rightarrow FeS_2 + H_2 + \text{Energia}$$

Nesse contexto, é correto afirmar que os organismos que obtinham energia pela reação esquematizada eram
a) quimiolitoautotróficos.
b) fotossintetizantes.
c) aeróbicos.
d) fermentadores.
e) heterotróficos.

5. (UEFS-BA) A vida estabelecida no planeta Terra apresenta uma base físico-química presente, possivelmente, em outros refúgios do Universo.
Ao considerar as condições necessárias para se reconhecer cientificamente a possibilidade de vida em outro planeta e com base no padrão terrestre, é possível afirmar:
a) A presença de moléculas baseadas em cadeias de carbono, de água na forma líquida e de uma fonte de energia é considerada como condição essencial para uma possível biogênese.
b) A amônia presente na atmosfera dos planetas externos pode desenvolver vida na condição de estar combinada com uma força vital etérea, essencial à geração espontânea.
c) Os elementos químicos presentes nos seres vivos são exclusivos dos sistemas biológicos, portanto inexistentes em um ambiente abiótico.
d) As condições mínimas para formação de vida, com base no referencial terrestre, exigem a presença de moléculas orgânicas associadas à luz solar e à presença de oxigênio molecular.
e) A vida extraterrestre depende essencialmente da capacidade de se preservar as mesmas estruturas moleculares primordiais da formação do sistema solar.

6. (UCS-RS) Há 4,5 milhões de anos, a atmosfera e os oceanos apresentavam composição diferente da atual. Os componentes químicos existentes naquela época se associaram, originando então compostos orgânicos, que se tornaram cada vez mais complexos, controlando a entrada de nutrientes por uma membrana seletiva. Esses mesmos compostos englobaram partículas menores que, por um processo mais simples que a fermentação, obtinham energia e substâncias para incorporar à sua constituição.
O texto acima corrobora com a hipótese
a) abiogênica.
b) biogênica.
c) heterotrófica.
d) autotrófica.
e) evolucionista.

7. (PUC-RJ) Louis Pasteur derrubou a teoria da abiogênese, comprovando que a vida não surgia espontaneamente. Para isso, ele realizou experimento utilizando um frasco com gargalo em forma de pescoço de cisne que impedia
a) a alteração do pH do líquido dentro do frasco.
b) a alteração da temperatura do líquido dentro do frasco.
c) o contato do oxigênio presente no ar com o líquido dentro do frasco.
d) o contato do vapor de água presente no ar com o líquido dentro do frasco.
e) o contato de microrganismos presentes no ar com o líquido dentro do frasco.

8. (UFPA) A Terra tem uma idade estimada de 4,5 bilhões de anos e há cerca de 3,5 bilhões surgiram as primeiras formas de vida que evoluíram, originando toda a biodiversidade existente no planeta. Sobre a origem e evolução dos seres vivos é correto afirmar:
a) As primeiras formas primitivas de vida surgiram com as algas e bactérias heterotróficas que por meio da endosimbiose originaram os primeiros organismos eucariontes. Essa concepção é reforçada pela presença de moléculas de DNA em mitocôndrias e cloroplastos.
b) Os coacervados resultaram de uma combinação de NH_3, CH_4, H_2 e vapores de água, presentes numa atmosfera rica em descargas elétricas e radiações ultravioleta, o que provocou a origem dos primeiros aminoácidos e associação de moléculas mais complexas.
c) De acordo com a teoria evolucionista de Lamarck, os fatores ambientais alteram as características fenotípicas dos organismos, porém jamais serão transmitidas a seus descendentes.
d) O isolamento geográfico pode gerar espécies novas a partir de uma espécie ancestral, porém as diversidades genéticas surgidas podem ser revertidas com o fim do isolamento.
e) Estudos sobre mutação e origem da variabilidade genética permitiram criar a Teoria do Neodarwinismo, que associa variação e seleção, anulando teorias como o Fixismo, Lamarkismo e o próprio Darwinismo.

9. (UEPB) A origem dos seres vivos na Terra tem sido um grande desafio para a ciência, pois as explicações mencionam apenas hipóteses e teorias. Segundo a hipótese heterotrófica, os principais fenômenos bioquímicos conhecidos surgiram na Terra na seguinte sequência.
a) fermentação – fotossíntese – respiração aeróbica.
b) fotossíntese – respiração aeróbica – fermentação.
c) respiração aeróbica – fotossíntese – fermentação.
d) fotossíntese – fermentação – respiração aeróbica.
e) fermentação – respiração aeróbica – fotossíntese

10. (UEFS-BA) A busca de evidências da existência de vida em outros planetas conduz o ser humano à análise das condições iniciais no planeta Terra. Diante dos conhecimentos atuais, propostos por Oparin e Haldane e relacionados à primeira forma de vida existente na Terra e às condições da sua atmosfera primitiva, pode-se inferir que os primeiros seres vivos possuíam modo de vida
a) autotrófico, habitando uma atmosfera redutora diferente da atmosfera atual.
b) autotrófico, sobrevivendo em uma atmosfera rica em gases complexos, tais como metano e gás carbônico.
c) heterotrófico anaeróbico, habitando uma atmosfera redutora, possivelmente devido à combinação do oxigênio com outros elementos químicos, formando determinados compostos.
d) heterotrófico anaeróbico, habitando uma atmosfera oxidante, semelhante às condições atuais da atmosfera terrestre.
e) heterotrófico aeróbico, sobrevivendo em uma atmosfera altamente oxidante.

11. (PUC-RS) Observe a figura abaixo:

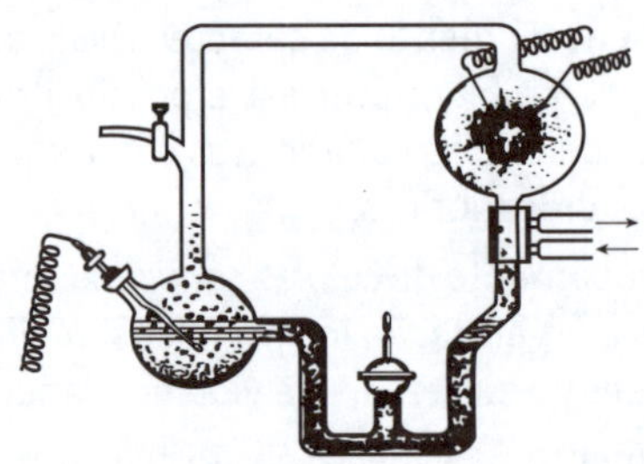

O aparelho cuja montagem é representada acima permitiu verificar a possibilidade da origem de aminoácidos a partir:
a) da atmosfera rica em oxigênio que existiu no início do nosso planeta.
b) de descargas elétricas em um meio muito rico em compostos orgânicos.
c) da atmosfera atual que envolve o nosso planeta.
d) da chamada atmosfera primitiva que envolvia o nosso planeta em seus primórdios.
e) de descargas elétricas em um meio rico em gás carbônico e etano.

12. (CFT-CE) É INCORRETO em relação à teoria da biogênese:
a) trata-se de uma teoria contrária à da geração espontânea.
b) comprovou que os seres vivos se originam de matéria não viva.
c) teve como principal defensor o cientista francês Louis Pasteur.
d) baseava-se no fato de que todo ser vivo se origina por reprodução de outro ser vivo da mesma espécie.
e) o pesquisador italiano Lazzaro Spallanzani foi um grande aliado desta teoria.

13. (UFMA) Associe a Coluna I à Coluna II.

Coluna I

(1) Experiência de Redi
(2) Hipótese da Panspermia
(3) Experiência de Oparin
(4) Hipótese de Miller

Coluna II

( ) As moléculas orgânicas acumuladas nos lagos podem ter se agregado, originando pequenos glóbulos, os coacervados.

( ) Moléculas orgânicas complexas, talvez precursoras dos seres vivos, podem ter se formado a partir dos gases atmosféricos, admitindo-se que a atmosfera da Terra primitiva tenha sido realmente semelhante às supostas nas experiências.

( ) A presença de compostos orgânicos em meteoritos e cometas sugere que a matéria-prima para a vida pode ter vindo do espaço.

( ) "Os seres vermiformes que surgem na carne em putrefação são larvas que surgem a partir dos ovos colocados por moscas, e não por geração espontânea a partir da putrefação da carne."

Marque a opção correta:

a) 4, 3, 1, 2
b) 3, 4, 2, 1
c) 3, 1, 4, 2
d) 3, 2, 1, 4
e) 1, 3, 4, 2

14. (Uece) Analise as afirmativas abaixo:

I. O experimento de Miller, realizado em 1953, no qual ele usou num aparato de vidro, descargas elétricas e vapores gasosos demonstrou a hipótese da geração espontânea.

II. A experiência de Redi, em 1668, usando frascos cobertos com gases e descobertos, demonstrou que a carne em decomposição não gera larvas espontaneamente.

III. Afirmando que "a vida é o germe e o germe é a vida", em 7 de abril de 1864, Pasteur quis provar a teoria da abiogênese.

Marque a opção que contém somente afirmativa(s) verdadeira(s)

a) I
b) II
c) III
d) I, II e III

15. (Uece) Acontecimentos históricos refletem apoios ou contestações relacionadas a disputas entre as teorias da Abiogênese e da Biogênese. No que concerne a esse assunto, associe o nome do autor ao experimento ou à teoria a seguir, numerando a segunda coluna de acordo com a primeira.

1. REDI
2. SPALLANZANI
3. NEEDHAM
4. PASTEUR
5. OPARIN

( ) Efetuou a esterilização de caldos nutritivos, fechando-os hermeticamente nos frascos que os continham. Foi o precursor dos enlatados.

( ) Elaborou experimento, alongando os gargalos dos frascos que continham os caldos nutritivos, os quais ficaram parecendo pescoço de cisne. Provou definitivamente a impossibilidade da geração espontânea.

( ) Defendeu a teoria da origem da vida de forma espontânea nos mares primitivos.

( ) Por meio de experimento com frascos contendo carne, cobertos com material do tipo gaze, para impedir o acesso de moscas, e com frascos não cobertos que permitiam acesso livre desses insetos à carne, provou que larvas de moscas não se originavam espontaneamente.

( ) Defendeu a teoria da geração espontânea. Seus experimentos não se cercavam dos devidos cuidados de acesso a microrganismos, os quais cresciam nas infusões preparadas e aquecidas; segundo ele, os germes apareciam por geração espontânea.

Está correta, de cima para baixo, a seguinte sequência:

a) 2, 4, 5, 1, 3.
b) 4, 3, 2, 5, 1.
c) 3, 1, 4, 5, 2.
d) 5, 4, 3, 2, 1.

MÓDULO 9

1. (Uece) Classificar é uma tendência própria de nossa espécie para facilitar a compreensão das diferenças e semelhanças existentes no mundo vivo. Assim, a classificação biológica acompanha a história de nossa espécie desde os tempos mais remotos. Para nomear-se um ser vivo é necessário que se observe algumas regras universais. Com relação à nomenclatura dos seres vivos, é correto afirmar-se que

a) o nome de uma espécie é único e formado por dois nomes: o primeiro representa a ordem a que pertence a espécie e o segundo constitui o epíteto específico.

b) qualquer nome científico deve ser escrito em latim, composto pelo gênero, expresso com letra inicial maiúscula, e por um segundo termo que determina a espécie, escrito sempre com letra inicial minúscula.

c) em determinadas situações é permitido usar o grego para denominar uma espécie, desde que o prenome venha expresso com inicial minúscula e o nome da espécie seja escrito com letra maiúscula.

d) espécies diferentes devem necessariamente apresentar gêneros diferentes em seus nomes científicos.

2. (PUC-RJ) Um grupo de pessoas deu entrada em um Hospital, após ingerirem um bolo de aniversário comprado em estabelecimento comercial. O diagnóstico foi intoxicação por uma bactéria do gênero *Salmonella*. Marque a alternativa que indica a descrição correta de uma bactéria.

a) Um organismo macroscópico, unicelular, eucarionte.

b) Um organismo microscópico, unicelular, procarionte.

c) Um organismo microscópico, unicelular, eucarionte.

d) Um organismo macroscópico, pluricelular, procarionte.

e) Um organismo microscópico, unicelular, heterotérmico.

3. (Fuvest-SP) Um biólogo está analisando a reprodução de uma população de bactérias, que se iniciou com 100 indivíduos. Admite-se que a taxa de mortalidade das bactérias é nula. Os resultados obtidos, na primeira hora, são:

Tempo decorrido (minutos)	Número de bactérias
0	100
20	200
40	400
60	800

Supondo-se que as condições de reprodução continuem válidas nas horas que se seguem, após 4 horas do início do experimento, a população de bactérias será de

a) 51 200 c) 409 600 e) 1 638 400

b) 102 400 d) 819 200

4. (Unirio-RJ) Bactérias do gênero *Clostridium* causam a gangrena gasosa, uma doença que, até recentemente, era 100% fatal. Atualmente, para tratamento dessa patologia, utiliza-se a oxigenação hiperbárica, desde que essa providência seja tomada rapidamente. As bactérias sensíveis a esse tratamento são:

a) fermentadoras

b) fotossintéticas

c) termófilas

d) aeróbicas facultativas

e) anaeróbicas

5. (PUC-RS) Um biologista, estudando a estrutura de uma célula bacteriana, iria encontrar, como uma organela deste tipo celular, o:

a) cloroplasto.

b) retículo endoplasmático liso.

c) centríolo.

d) ribossomo.

e) retículo endoplasmático rugoso.

6. (Udesc) Assinale a alternativa **correta** em relação aos vírus.

a) Os vírus não têm estrutura celular, são menores que as bactérias, possuem uma cápsula de proteína chamada capsídeo e ácido nucleico em seu interior.

b) Os vírus possuem organelas celulares, por isso são classificados dentro dos cinco reinos.

c) O bacteriófago é uma estrutura bacteriana e não faz parte da organização viral.

d) Algumas doenças são causadas por vírus, como Aids, cólera e sífilis.

e) Para combater todos os vírus, o ser humano deve tomar doses de antibióticos e anti-helmínticos.

7. (UPE) Uma aranha denominada Aranha-azul ou Tarântula-azul foi descoberta em 2011 por pesquisadores brasileiros e está entre as dez maiores descobertas, segundo a lista produzida anualmente pelo Instituto Internacional de Exploração das Espécies da Universidade do Estado do Arizona. Para que ela fosse catalogada como uma nova espécie, os cientistas analisaram suas características e classificaram a espécie com um nome científico, de acordo com a nomenclatura binomial.

Divulgação/Caroline Fukushima

Fonte: http://exame.abril.com.br/ciencia/noticias/top-10-das-novas-especies-inclui-descobertas-brasileiras
Foto: Divulgação/Caroline Fukushima

Marque a alternativa que apresenta o nome científico escrito CORRETAMENTE.

a) Pterinopelma sazimai

b) *Pterinopelma sazimai*

c) Pterinopelma Sazimai

d) Pterinopelma *sazimai*

e) pterinopelma sazimai

8. (UFG-GO) Analise o cladograma a seguir.

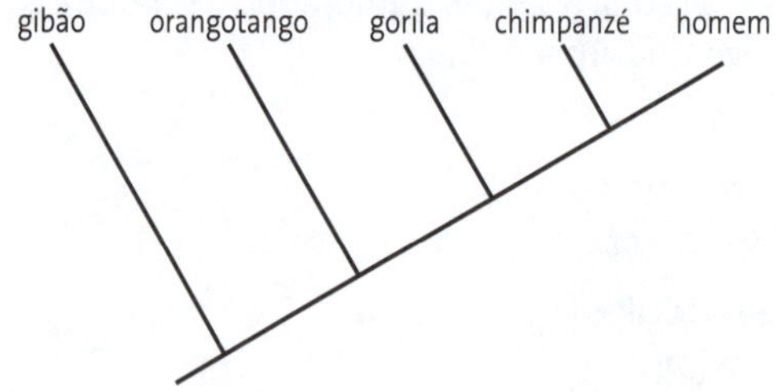

Pelo cladograma, o

a) chimpanzé pertence à família do homem.

b) gorila evoluiu a partir do orangotango.

c) gibão convergiu evolutivamente com o gorila.

d) homem compartilha o mesmo ancestral do gibão.

e) orangotango é ancestral do chimpanzé.

9. (Uespi) Com relação ao vírus da AIDS, um retrovírus, é correto afirmar que ele:

1) entra na célula hospedeira por endocitose.

2) carrega suas informações genéticas numa molécula de RNA.

3) para produzir DNA viral, precisa de uma enzima de restrição (uma polimerase).

Está(ão) correta(s):

a) 1, 2 e 3.

b) 1 e 2 apenas.

c) 2 e 3 apenas.

d) 1 e 3 apenas.

e) 3 apenas.

10. (Fuvest-SP) O organismo A é um parasita intracelular constituído por uma cápsula proteica que envolve a molécula de ácido nucleico. O organismo B tem uma membrana lipoproteica revestida por uma parede rica em polissacarídeos que envolve um citoplasma, onde se encontra seu material genético, constituído por uma molécula circular de DNA. Esses organismos são, respectivamente:

a) uma bactéria e um vírus.

b) um vírus e um fungo.

c) uma bactéria e um fungo.

d) um vírus e uma bactéria.

e) um vírus e um protozoário.

11. (UFPE) Em relação à AIDS (Síndrome de Imunodeficiência Adquirida), analise as proposições a seguir:

1. É causada por um retrovírus.
2. Pode ser transmitida pelo leite materno das mães contaminadas pelo HIV.
3. O uso de preservativos (camisinha) durante as relações sexuais é uma das principais medidas profiláticas.
4. A transmissão é frequente pelo contato de mãos.

Considerando o estágio atual de conhecimentos, estão corretos:

a) 1, 3 e 4, apenas

b) 2 e 4, apenas

c) 1, 2 e 3, apenas

d) 2 e 3, apenas

e) 1, 2, 3 e 4

12. (Fatec-SP) Os vírus são minúsculos "piratas" biológicos porque invadem as células, saqueiam seus nutrientes e utilizam as reações químicas das mesmas para se reproduzir. Logo em seguida os descendentes dos invasores transmitem-se a outras células, provocando danos devastadores. A estes danos, dá-se o nome de virose, como a raiva, a dengue hemorrágica, o sarampo, a gripe, etc.

(Texto modificado do livro "PIRATAS DA CÉLULA", de Andrew Scott.)

De acordo com o texto, é correto afirmar:

a) Os vírus utilizam o seu próprio metabolismo para destruir células, causando viroses.

b) Os vírus utilizam o DNA da célula hospedeira para produzir outros vírus.

c) Os vírus não têm metabolismo próprio.

d) As viroses resultam sempre das modificações genéticas da célula hospedeira.

e) As viroses são transcrições genéticas induzidas pelos vírus que degeneram a cromatina na célula hospedeira.

13. (Mack-SP) Todos os indivíduos pertencentes ao reino Monera, em sua célula, não apresentam:

a) DNA.

b) ribossomo.

c) plasto.

d) clorofila.

e) membrana plasmática.

14. (Fuvest-SP) Considere as seguintes características atribuídas aos seres vivos:

I. Os seres vivos são constituídos por uma ou mais células.

II. Os seres vivos têm material genético interpretado por um código universal.

III. Quando considerados como populações, os seres vivos se modificam ao longo do tempo.

Admitindo que possuir todas essas características seja requisito obrigatório para ser classificado como "ser vivo", é correto afirmar que:

a) os vírus e as bactérias são seres vivos, porque ambos preenchem os requisitos I, II e III.

b) os vírus e as bactérias não são seres vivos, porque ambos não preenchem o requisito I.

c) os vírus não são seres vivos, porque preenchem os requisitos II e III, mas não o requisito I.

d) os vírus não são seres vivos, porque preenchem o requisito III, mas não os requisitos I e II.

e) os vírus não são seres vivos, porque não preenchem os requisitos I, II e III.

15. (Vunesp-SP) No ano de 1500, os portugueses já se referiam ao Brasil como a "Terra dos Papagaios", incluindo nessa designação os papagaios, araras e periquitos. Estas aves pertencem a uma mesma família da ordem Psittaciformes. Dentre elas, pode-se citar:

Araras	Papagaios	Periquitos
Arara-vermelha *Ara chioroptera*	Papagaio-verdadeiro *Amazona aestiva*	Periquito-de-cabeça-azul *Aratinga acuticaudata*
Arara-canga *Ara macau*	Papagaio-de-cara-roxa *Amazona brasiliensis*	Periquito-rei *Aratinga aurea*
Arara-canindé *Ara ararauna*	Papagaio-chauá *Amazona rhodocorytha*	Periquito-da-caatinga *Aratinga cactorum*

O grupo de aves relacionadas compreende
a) 3 espécies e 3 gêneros.
b) 9 espécies e 3 gêneros.
c) 3 espécies de uma única família.
d) 9 espécies de um mesmo gênero.
e) 3 espécies de uma única ordem.

MÓDULO 10

1. (Fuvest-SP) O quadro abaixo lista características que diferenciam os reinos dos fungos, das plantas e dos animais, quanto ao tipo e ao número de células e quanto à forma de nutrição de seus integrantes.

Característica	I	II	III
Tipo de célula	Exclusivamente procarióticos	Maioria eucarióticos	Exclusivamente eucarióticos
Número de células	Exclusivamente unicelulares	Unicelulares ou pluricelulares	Exclusivamente pluricelulares
Forma de nutrição	Exclusivamente heterotróficos	Autotróficos ou heterotróficos	Exclusivamente autotróficos

Com relação a essas características, os seres vivos que compõem o reino dos fungos estão indicados em:

	Tipo de célula	Número de células	Forma de nutrição
a)	I	III	II
b)	II	III	I
c)	III	II	I
d)	III	I	II
e)	II	II	III

2. (Mack-SP) ALGAS NA GUARAPIRANGA NA MIRA DA SABESP
Proliferação da planta, que causa odor e gosto estranhos à água, vai ser monitorada daqui a 1 ano.
(Fonte *Jornal da Tarde*, 25/08/2009.)

Nas classificações mais usuais, as algas estão colocadas no Reino Protoctista (Protista), mas durante muito tempo foram consideradas como plantas.
Todas as algas e plantas possuem, em comum,
a) parede celular basicamente constituída de celulose.
b) amido como material de reserva.
c) tecidos condutores especializados.
d) fases alternantes de vida.
e) capacidade fotossintética, utilizando como matéria prima o CO_2 e a água.

3. (Ufop-MG) Com relação à Malária, é INCORRETO afirmar:
a) As formas infectantes são transmitidas por inoculação pela picada do transmissor.
b) É diagnosticada através do exame das fezes humanas.
c) É uma doença que causa febre em intervalos regulares.
d) O transmissor é um inseto popularmente chamado de mosquito prego.

4. (UFSJ-MG) Observe a figura abaixo.

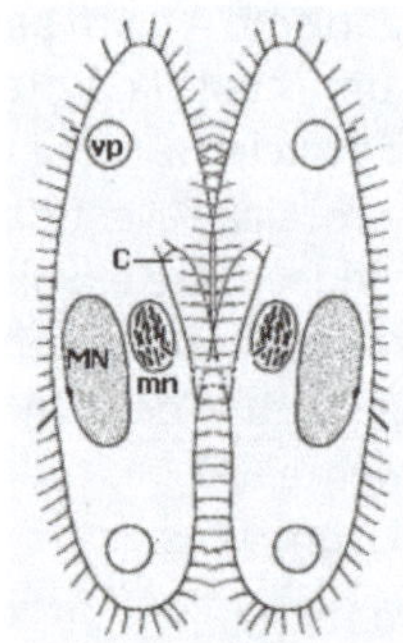

Legenda: vp = vacúolo pulsátil, C = citóstoma, MN = macronúcleo, mn = micronúcleo.

Os ciliados são protistas que apresentam reprodução assexuada por divisão binária e sexuada pelo processo de conjugação. Durante o processo de conjugação, não existe divisão e os protozoários pareiam seus citóstomas e trocam os micronúcleos. Além de apresentarem dimorfismo nuclear com macro e micronúcleo, outra característica importante dos ciliados é a presença de uma ultraestrutura esquelética abaixo da membrana chamada infraciliatura. A infraciliatura está organizada apresentando elementos rígidos orientados transversalmente. O padrão de disposição desses elementos impede a divisão dos ciliados no plano longitudinal.
Com base nas informações do texto, é CORRETO afirmar que a figura acima representa
a) dois ciliados em reprodução sexuada.
b) um ciliado em reprodução assexuada.
c) uma colônia de ciliados em estádio inicial de formação.
d) o processo de brotamento em ciliados.

5. (Cefet-MG) O grupo no qual se encontra tanto organismos unicelulares quanto pluricelulares é o das(dos)

a) fungos.
b) plantas.
c) animais.
d) bactérias.

6. (PUC-SP) Foram feitas três afirmações a respeito dos liquens:

I. são organismos pioneiros em um processo de sucessão ecológica;
II. os dois tipos de organismos que constituem um líquen são capazes de produzir glicose e oxigênio utilizando gás carbônico, água e energia luminosa.
III. os organismos que constituem um líquen apresentam uma relação mutualística.

Assinale

a) se apenas uma das afirmações estiver correta.
b) se apenas as afirmações I e II estiverem corretas.
c) se apenas as afirmações I e III estiverem corretas.
d) se apenas as afirmações II e III estiverem corretas.
e) se as afirmações I, II e III estiverem corretas.

7. (Ufes) BIOCIDA PODE SALVAR PROFETAS DE ALEIJADINHO

A salvação de um dos mais importantes patrimônios históricos e culturais do Brasil pode estar no p-hidroxibenzoato de etila. Pesquisadores mineiros estão usando esse ácido orgânico na preservação da obra "Os Profetas", um conjunto de 12 estátuas esculpidas em pedra-sabão pelo artista Aleijadinho no século XVIII. O composto mostrou-se capaz de matar liquens e outros microrganismos que ameaçavam a integridade das peças, localizadas em Congonhas (MG). Os liquens penetram na rocha e causam trincas, produzem também o ácido oxálico, muito corrosivo.

("Ciência Hoje". v. 38, n. 227, p. 56, 2006. Adaptado.)

Sobre os temas abordados no texto, É CORRETO afirmar que

a) a estrutura de suporte do líquen no meio é conhecida por caliptra.
b) o para-hidroxibenzoato de etila apresenta as funções químicas álcool e éster.
c) os liquens se reproduzem assexuadamente por meio de sorédios.
d) a reação do ácido para-hidroxibenzoico com cloreto de etanoíla produz o para-hidroxibenzoato de etila.
e) os liquens são seres heterótrofos compostos por micélios parenquimatosos.

8. (Cefet-MG) A malária, doença grave e de maior incidência nos estados do Norte e Nordeste brasileiro, é transmitida pela picada da fêmea do mosquito *Anopheles* que injeta formas infectantes denominadas

a) merozoítos.
b) gametócitos.
c) amastigotas.
d) esporozoítos.

9. (PUC-RJ) Liquens são considerados colonizadores de superfícies inóspitas porque são basicamente autossuficientes em termos nutricionais. Isso se deve, entre outros, ao fato de os liquens serem compostos por uma associação entre:

a) cianobactérias fotossintetizantes e fungos com grande capacidade de absorção de água e sais minerais.
b) bactérias anaeróbias e fungos filamentosos com grande atividade fotossintetizante.
c) vegetais fotossintetizantes e fungos com grande capacidade de absorção de água e sais minerais.
d) bactérias anaeróbias heterotróficas e cianobactérias que fazem fotossíntese.
e) protistas heterotróficos por absorção e protistas autotróficos por fotossíntese.

10. (Uerj) O aumento da poluição atmosférica, especialmente pelo acúmulo de gases do efeito estufa, como o CO_2, tem acarretado a elevação da temperatura global. Alguns seres vivos, no entanto, apresentam um metabolismo capaz de fixar esse gás em matéria orgânica. Em condições ideais, o grupo de organismos com maior capacidade de fixar CO_2 é:

a) levedo
b) bactéria
c) zooplâncton
d) fitoplâncton

11. (UFRN) Uma das doenças do algodoeiro é provocada pelo acúmulo de micélios e esporos de um fungo do gênero *Fusarium* no interior dos vasos da planta, prejudicando o fluxo de seiva. Para o fungo, essas estruturas são importantes, pois estão relacionadas, respectivamente, com:

a) fixação e digestão
b) crescimento e reprodução
c) dispersão e toxicidade
d) armazenamento e respiração

12. (UFPE) Com relação às algas e aos fungos, é INCORRETO afirmar que:

a) o fenômeno das marés vermelhas, um sério problema ambiental, é provocado pela proliferação intensa de algas do grupo dos dinoflagelados.
b) entre as algas, observa-se reprodução sexuada e assexuada, podendo esta última se dar por divisão binária.
c) além de servir de alimento para praticamente todos os organismos marinhos, as algas do fitoplâncton produzem a maior parte do oxigênio da atmosfera terrestre.
d) certas espécies de fungos são parasitas, vivendo à custa de plantas e de animais vivos. Outras espécies vivem em associações harmoniosas com outros organismos, trocando benefícios.
e) certas espécies de fungos, como as micorrizas e os liquens, são importantes para o reaproveitamento da matéria orgânica dos seres mortos, devido a seus papéis como agentes decompositores.

13. (Unesp-SP) A parte comestível do cogumelo ("champignon") corresponde ao:
a) micélio monocariótico do Ascomiceto.
b) corpo de frutificação do Ascomiceto.
c) micélio monocariótico do Basidiomiceto.
d) corpo de frutificação do Basidiomiceto.
e) sorédio do fungo.

14. (Unifesp) As bolhas microscópicas de gás carbônico eliminadas pela levedura na massa contribuem para tornar o pão macio. Em relação à organização celular e ao modo de obtenção dos alimentos, leveduras são organismos, respectivamente,
a) eucariontes unicelulares e autótrofos.
b) eucariontes unicelulares e heterótrofos.
c) procariontes unicelulares e heterótrofos.
d) procariontes coloniais e autótrofos.
e) procariontes coloniais e heterótrofos.

15. (UFC-CE) A vida nos mares depende do fitoplâncton flutuante, constituído, principalmente, por diatomáceas e dinoflagelados. Considere as afirmações abaixo sobre as algas planctônicas.
I. Todas são organismos procariontes.
II. Constituem a base que sustenta a cadeia de alimentação nos mares e lagos.
III. São os principais responsáveis pela presença de oxigênio na atmosfera.
A análise das afirmações nos permite concluir corretamente que:
a) apenas II está correta.
b) II e III estão corretas.
c) I e II estão corretas.
d) apenas III está correta.
e) I e III estão corretas.

MÓDULO 11

1. (UFPB) Em uma aula de Ecologia, o professor falou sobre a importância de alguns representantes do grupo dos anelídeos para o meio ambiente e de sua larga utilização no cultivo de produtos orgânicos. Sobre esses organismos, é correto afirmar que são
a) acelomados, possuem sistema digestório completo e corpo formado por vários metâmeros.
b) acelomados, possuem sistema circulatório aberto e respiração cutânea.
c) celomados, possuem sistema circulatório fechado e liberam amônia como produto de excreção.
d) celomados, diploblásticos e possuem reprodução do tipo sexuada e assexuada.
e) celomados, deuterostômios e possuem sistema nervoso formado por gânglios ligados por cordões nervosos.

2. (UEL-PR) Além dos vegetais, uma horta pode manter uma diversidade de animais, principalmente de invertebrados. Alguns são considerados úteis, tais como as minhocas (anelídeos), e os piolhos-de-cobra (diplópodes), porque produzem húmus ou arejam o solo. Entretanto, tatuzinhos-de-jardim (crustáceos) e lesmas (moluscos) comem as plantas e geralmente não são desejados.
Considerando as características morfológicas desses animais, assinale a alternativa que contenha aquelas que sejam comuns a todos esses animais.
a) Simetria radial, sistema circulatório fechado e reprodução sexuada.
b) Gânglios nervosos, sistema circulatório fechado e hermafroditismo.
c) Sistema circulatório aberto, hermafroditismo e sistema nervoso difuso.
d) Simetria bilateral, gânglios nervosos e sistema digestório completo.
e) Nefrídios, reprodução sexuada e sistema circulatório fechado.

3. (UPE) Antes da descoberta do plástico, as esponjas de banho utilizadas na higiene pessoal eram obtidas a partir de animais marinhos pertencentes ao Filo Porifera. Em relação aos animais desse Filo e suas características, pode-se afirmar que:
I. são invertebrados aquáticos filtradores, de corpo esponjoso e de estrutura simples, sem tecidos ou órgãos diferenciados nem sistema nervoso.
II. apresentam numerosos poros laterais e, na região superior do corpo, uma única abertura para a entrada do alimento e da água, denominada de ósculo.
III. apresentam digestão extracelular na espongiocele, que ocorre por meio de enzimas produzidas pelos nematocistos.
IV. apresentam digestão intracelular, que ocorre no interior dos coanócitos e dos amebócitos.
V. apresentam circulação de água, facilitada por meio de células especiais flageladas, denominadas de coanócitos.
Assinale a alternativa correta.
a) I, II, V, apenas
b) II, III, IV, apenas
c) I, IV, V, apenas
d) I, III, V, apenas
e) III, IV, V, apenas

4. (UFT-TO) As trocas gasosas nos anelídeos ocorrem através de:
a) Brânquias ou epiderme
b) Brânquias ou pulmões foliáceos
c) Brânquias e traqueias
d) Brânquias apenas
e) Traqueias apenas

5. (FURG-RS) Em um laboratório de histologia foram recebidos fragmentos de um organismo Cnidário Hidrozoário e de um Porífero. Durante o processo de identificação das lâminas histológicas já prontas, o laboratorista mistura o material e não lembra qual deles se refere ao Cnidário nem qual se refere ao Porífero. Que característica microscópica um biólogo poderia utilizar para diferenciar Cnidário de Porífero, respectivamente, e etiquetar corretamente as lâminas?
a) porócitos e mesogleia.
b) coanócitos e nematocistos.
c) porócitos e quitinócitos.
d) protonefrídeos e células-flama.
e) nematocistos e coanócitos.

6. (UFSJ-MG) Sobre os artrópodes, é INCORRETO afirmar que
a) os diplópodes alimentam-se geralmente de matéria vegetal e os quilópodes são predadores.
b) os insetos apresentam respiração traqueal e excreção por túbulos de Malpighi.
c) os crustáceos apresentam respiração branquial, sendo, por isso, restritos ao ambiente aquático ou semiaquático.
d) todas as espécies de escorpião e aranha utilizam as quelíceras, diferentemente dos insetos e crustáceos, que utilizam as mandíbulas na alimentação.

7. (UEL-PR) É comum, quando pessoas entram em lagoas do Pantanal, anelídeos sanguessugas se fixarem na pele para se alimentarem. Para isso, utilizam uma ventosa oral que possui pequenos dentes afiados que raspam a pele, provocando hemorragia.
Com relação às sanguessugas, considere as afirmativas a seguir.
I. Contêm um par de nefrídio individualizado para cada segmento corporal.
II. São celomados com inúmeros segmentos iguais separados internamente por septos transversais membranosos.
III. Da mesma forma que as minhocas, as sanguessugas apresentam cerdas para a locomoção.
IV. Assim como nas minhocas, os órgãos são irrigados por uma rede contínua de capilares que se estende sob a epiderme.
Assinale a alternativa correta.
a) Somente as afirmativas I e II são corretas.
b) Somente as afirmativas I e III são corretas.
c) Somente as afirmativas III e IV são corretas.
d) Somente as afirmativas I, II e IV são corretas.
e) Somente as afirmativas II, III e IV são corretas.

8. (Mack-SP) A respeito dos moluscos, é correto afirmar que
a) são de simetria bilateral, celomados e não segmentados.
b) são encontrados, unicamente, no ambiente marinho.
c) todos apresentam sistema circulatório aberto.
d) têm excreção por túbulos de Malpighi.

9. (Ufla-MG) Os celenterados (Cnidaria) formam um dos grupos mais antigos de metazoários e apresentam dois tipos morfológicos, polipoide e medusoide. A figura seguinte ilustra uma das hipóteses de relações filogenéticas entre as classes de Cnidaria, e os pontos numerados de 1 a 4 assinalam possibilidades de surgimento de novidades evolutivas em cada linhagem.

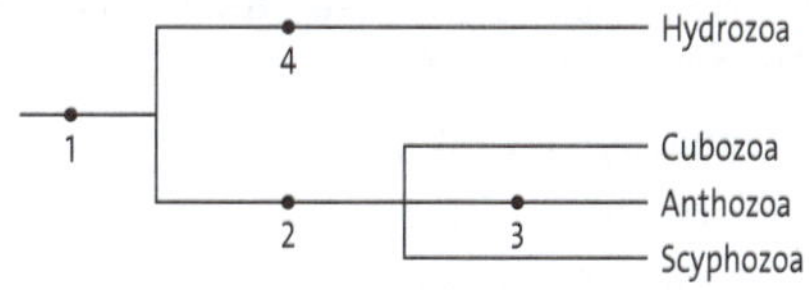

Com base na figura, é CORRETO afirmar que:
a) na linhagem 1 ocorreu apenas a fase medusoide.
b) na linhagem 3 ocorreu a perda da fase medusoide.
c) na linhagem 4 ocorreu perda da fase medusoide.
d) na linhagem 2 surgiu a fase medusoide.

10. (UFF-RJ) Os insetos reúnem maior número de espécies animais conhecidas, sendo, portanto, o grupo mais diversificado dentro dos artrópodes e, consequentemente, dentre todos os animais. Os diferentes grupos de artrópodes podem ser identificados com base nas características de sua morfologia externa. A tabela a seguir descreve as características das classes Insecta, Chilopodas, Diplopoda e Arachinida.

Classes	Características	
	Divisão do corpo	Número de pernas
A	Cabeça e tronco	1 par por segmento do tronco
B	Cefalotórax e abdome ou prossoma e opistossoma	4 pares
C	Cabeça, tórax e abdome	3 pares
D	Cabeça e tronco	2 pares por segmento do tronco

Assinale a alternativa que identifica corretamente as classes A, B, C e D respectivamente.
a) Arachinida, Insecta, Chilopodas e Diplopoda
b) Chilopodas, Diplopoda, Arachinida e Insecta
c) Chilopodas, Arachinida, Insecta e Diplopoda
d) Diplopoda, Chilopodas, Insecta e Arachinida
e) Diplopoda, Arachinida, Chilopodas e Insecta

11. (UFF-RJ) "Durante dois meses, 80 milhões de caranguejos invadem a Ilha Christmas, território australiano, no Oceano Índico. Ocupam estradas, devoram a vegetação e entram nas casas. Parece pesadelo, mas não é."

(*Superinteressante*, julho de 1999.)

Pode-se afirmar que, em sua grande maioria, os caranguejos apresentam respiração:
a) pulmonar
b) traqueal
c) cutânea
d) branquial
e) traqueopulmonar

12. (Uece) Maria Paula e Pedro combinaram fazer um sorteio de estruturas que deveriam estar presentes no animal que iriam consumir em uma saborosa refeição. Dentre as estruturas sorteadas apareceram: glândulas coxais, maxilípedes e brânquias.
Para esta refeição escolheram um caranguejo. Quanto à escolha, podemos afirmar, corretamente, que é
a) equivocada, pois não existe um animal com as três estruturas sorteadas.
b) acertada, pois o caranguejo possui as três estruturas sorteadas.
c) equivocada, pois o animal com as três estruturas sorteadas é a aranha.
d) equivocada, pois o animal com as três estruturas sorteadas é a lagosta.

13. (Uerj) A visão de uma medusa, um delicado domo transparente de cristal pulsando, sugeriu-me de forma irresistível que a vida é água organizada.

Jacques Cousteau ("Vida Simples", outubro de 2003).

A analogia proposta refere-se à grande proporção de água no corpo das medusas.
No entanto, uma característica importante do filo ao qual pertencem é a presença de cnidócitos ou cnidoblastos, células que produzem substâncias urticantes.
Dois animais que pertencem ao mesmo filo das medusas estão indicados em:
a) hidra – craca
b) hidra – esponja
c) anêmona do mar – coral
d) anêmona do mar – esponja
e) esponja – anêmonas.

14. (UFJF/Pism-MG) Dentre os anelídeos encontram-se as minhocas, que desempenham um importante papel ecológico na agricultura. Sua atividade cavadora promove a aeração do solo e suas fezes contribuem para a formação do húmus, composto extremamente fértil, valioso para o crescimento das plantas. Ainda sobre os anelídeos, considere as seguintes informações:
I. Os anelídeos são protostômios, celomados, triblásticos e apresentam metameria.
II. As minhocas possuem sistema digestivo incompleto, com presença de dentes na faringe, papo e moela.
III. A excreção nos anelídeos é feita por um par de metanefrídeos por metâmero, os quais eliminam os excretas através dos nefridióporos.
IV. Por serem ectoparasitas hematófagos, a saliva da maioria das sanguessugas contém hirudina, cuja ação é anticoagulante.
V. As minhocas são hermafroditas, realizam autofecundação e os ovos são depositados em um casulo produzido pelo clitelo.
Estão CORRETAS as afirmativas:
a) I, II e IV.
b) I, II e V.
c) I, III e IV.
d) II, III e V.
e) III, IV e V.

15. (Cesgranrio-RJ) No processo evolutivo foram selecionados os seres de fecundação externa que liberam uma grande quantidade de gametas para o meio ambiente. As hidras, no entanto, reproduzem-se rapidamente, embora lancem um pequeno número de gametas na água. A explicação para esse fato é que as hidras apresentam um acelerado processo de reprodução:
a) assexuada por divisão binária.
b) assexuada por esporulação.
c) assexuada por brotamento.
d) sexuada por autofecundação.
e) sexuada por partenogênese.

MÓDULO 12

1. (PUC-MG) O *Schistosoma mansoni* provoca no homem a esquistossomose ou barriga-d'água (ascite), muito comum no Brasil. Esse Trematódeo parasita as veias do intestino, afetando também o fígado e vias urinárias. É CORRETO afirmar sobre a esquistossomose:
a) o exame de fezes pode indicar a presença do parasita nos seres humanos.
b) o vetor da doença na transmissão humana é um invertebrado.
c) o cuidado com a alimentação, especialmente com verduras, evita o risco de contaminação.
d) a transfusão sanguínea favorece a dispersão da doença em grande escala.

2. (UFG-GO) A incidência de verminoses em geral pode ser reduzida por meio de medidas de saneamento e de orientação às populações carentes, no sentido de evitar o lançamento de seus dejetos diretamente no solo ou nos cursos de água. No entanto, a eficiência dos métodos de prevenção depende do conhecimento de particularidades no ciclo de cada parasita para que o bloqueio ocorra antes do desenvolvimento de formas infectantes para o homem. No caso da esquistossomose, constitui medida profilática importante
a) a drenagem de reservatórios de água e a aplicação de substâncias químicas, para evitar o desenvolvimento de cercárias no hospedeiro.
b) a ingestão de alimentos higienizados e bem cozidos, para evitar a contaminação por proglotes, que se alojam no intestino delgado do hospedeiro.
c) os bons hábitos de higiene pessoal, reduzindo a possibilidade de contaminação por embrião hexacanto, que pode alojar-se no músculo do hospedeiro.
d) a ingestão de água tratada, para evitar o desenvolvimento de larvas capazes de migrarem para diversos órgãos, como pulmões, traqueia e faringe.
e) a utilização de calçados, para evitar o desenvolvimento de larvas no intestino delgado do hospedeiro, que podem provocar hemorragias.

3. (PUC-SP)

(*Folha de S.Paulo*, 9/9/2006)

Na tira de quadrinhos, faz-se referência a um verme parasita. Sobre ele, foram feitas cinco afirmações. Assinale a única correta.

a) Trata-se de um nematelminto hermafrodita.
b) Apresenta simetria bilateral, corpo cilíndrico e amplo celoma.
c) Várias espécies desse verme, que utilizam o ser humano como hospedeiro definitivo, têm o porco como hospedeiro intermediário.
d) É o verme causador da esquistossomose no ser humano.
e) Ao ingerir ovos do parasita, o ser humano passa a ser seu hospedeiro intermediário, podendo apresentar cisticercose.

4. (PUC-MG) Dentre os seres vivos, as planárias são conhecidas pela sua grande capacidade regenerativa. Sobre esses animais, é correto afirmar, EXCETO:

a) As planárias são vermes planos do Filo Platyhelminthes, de vida livre, geralmente encontradas nas margens de lagos e córregos.
b) As planárias apresentam sistema nervoso e órgãos dos sentidos que permitem a elas a busca de alimento e fuga de predação.
c) A capacidade regenerativa das planárias deve-se à presença de células-tronco totipotentes que podem, quando necessário, gerar todos os outros tipos celulares do animal.
d) As planárias, por serem diblásticas, não apresentam arquêntero e o sistema circulatório é aberto.

5. (PUC-RJ) O filo Platyhelminthes inclui tanto formas de vida livre como organismos endo e ectoparasitas. Platelmintos endoparasitas se caracterizam por:

a) ausência de cutícula, de tubo digestório e de ocelos.
b) ausência de cutícula, presença de ganchos e ventosas e de estágios larvais.
c) presença de cutícula, de ganchos e ventosas e de estágios larvais.
d) presença de cutícula, ausência de tubo digestório, presença de ocelos no estágio adulto.
e) presença de tubo digestório completo, com boca e ânus.

6. (Fasm-SP) A esquistossomose e a ancilostomíase são doenças causadas por animais invertebrados. Essas doenças são endêmicas e estão relacionadas com falta de higiene e de saneamento básico adequado. Ao comparar essas duas doenças, pode-se afirmar corretamente que

a) o quadro clínico característico da ancilostomíase é a anemia e da esquistossomose é aumento do fígado e do baço.
b) o verme causador da esquistossomose é monoxênico e os vermes causadores da ancilostomíase são heteroxênicos.
c) os vermes causadores da esquistossomose pertencem ao filo dos Nematelmintos e os que causam a ancilostomíase pertencem ao filo dos Platelmintos.
d) na esquistossomose o hospedeiro intermediário é o caramujo e na ancilostomíase é o boi.
e) dentro do corpo humano, as larvas de ambos os vermes passam pelos pulmões e faringe, são deglutidas e vão para o intestino.

7. (UFMG) Organismos que apresentam corpo dividido em proglotes, com escólex na parte anterior e sem tubo digestivo, podem parasitar o homem através de:

a) Contato com água contaminada;
b) Ingestão de carne malcozida;
c) Pés descalços;
d) Picada de inseto;
e) Transfusão de sangue.

8. (Fameca-SP) Comprar carne de boi ou de porco com o selo da vigilância sanitária pode ser uma garantia para evitar determinadas doenças. Se essas carnes não fossem fiscalizadas, a população poderia adquirir a

a) teníase, caso a carne estivesse contaminada com cisticercos.
b) cisticercose, caso a carne estivesse contaminada com cisticercos.
c) teníase, caso a carne estivesse contaminada com ovos da tênia.
d) cisticercose, caso a carne estivesse contaminada com larvas do verme.
e) teníase, caso a carne estivesse contaminada com esporos da tênia.

9. (UEL-PR) O grupo dos platelmintos é caracterizado pelo aparecimento, pela primeira vez na escala zoológica, da simetria bilateral. Com base nesse fato, assinale a alternativa que apresenta as características que, durante a evolução destes animais, surgiram associadas ao aparecimento da simetria bilateral.
a) Aparecimento do ânus e de células-flama.
b) Aparecimento da boca e maior dimensão do corpo.
c) Aparecimento da cefalização e movimentação direcional do corpo.
d) Aparecimento da mesoderme e da cavidade gastrovascular.
e) Aparecimento de digestão intracelular e melhor captura de presas.

10. (Mack-SP) As verminoses representam um grande problema de saúde, principalmente nos países subdesenvolvidos. A falta de redes de água e de esgoto, de campanhas de esclarecimento público, de higiene pessoal e de programas de combate aos transmissores leva ao aparecimento de milhares de novos casos na população brasileira.
Dentre as verminoses humanas causadas por nematódos, citam-se, corretamente,
a) teníase, ascaridíase e ancilostomose.
b) filariose, ancilostomose e ascaridíase.
c) esquistossomose, ascaridíase e ancilostomose.
d) esquistossomose, filariose e oxiurose.
e) teníase, filariose e esquistossomose.

11. (Unifesp) Considere o ciclo de vida e as características de uma tênia ou solitária (*Taenia solium*) e de uma lombriga (*Ascaris lumbricoides*), e assinale a alternativa correta.
a) Como a tênia não possui trato digestório, sua cutícula é delgada, para permitir a passagem de água e de nutrientes.
b) O controle da ascaridíase deve ser feito pela eliminação do hospedeiro intermediário e o da teníase, pela eliminação dos ovos com a ingestão de substâncias que acidifiquem o meio, pois esses ovos são destruídos por ácidos.
c) Tanto os indivíduos adultos de lombriga quanto os de tênia têm baixa resistência a pHs alcalinos, por isso, uma forma de tratamento para ambas as doenças é a ingestão de remédios que tornem mais básico o pH do meio.
d) Pela forma como se alimenta, a pressão osmótica interna de uma tênia deve ser mais baixa que a do meio que a circunda, ao passo que, numa lombriga, a presença da boca permite a tomada direta de alimentos.
e) Tênias e lombrigas fazem respiração aeróbica e anaeróbica; porém, predomina a respiração aeróbica pela alta concentração de oxigênio do meio em que se encontram.

12. (UFRJ) No ciclo evolutivo da *Taenia solium* (tênia) o homem pode atuar tanto como hospedeiro intermediário como hospedeiro definitivo. A forma de infestação nessas duas situações ocorre, respectivamente, ao
a) ingerir-se ovos da tênia e andar descalço.
b) comer-se carne de porco contendo os cisticercos e andar descalço.
c) ser picado pelo mosquito vetor e beber água não tratada.
d) ingerir-se ovos da tênia e comer carne de porco contendo os cisticercos.
e) andar descalço e ser picado pelo mosquito vetor.

13. (UEL-PR) Nematódeos são animais vermiformes de vida livre ou parasitária, encontrados em plantas e animais, inclusive no homem. Sobre as características presentes em nematódeos, considere as afirmativas a seguir.
I. Corpo não segmentado coberto por cutícula.
II. Trato digestório completo.
III. Órgãos especializados para circulação.
IV. Pseudoceloma.
Estão corretas apenas as afirmativas:
a) I e III.
b) I e IV.
c) II e III.
d) I, II e IV.
e) II, III e IV.

14. (Mack-SP) O Filo Nematoda reúne animais de corpo cilíndrico e afilado nas extremidades, cujo tamanho pode variar de 1 mm a 1 m de comprimento. Muitas espécies de nematódeos são endoparasitas de plantas e animais. O ser humano é parasitado por mais de 50 espécies desses vermes. Assinale a alternativa que apresenta corretamente algumas características e exemplos de nematódeos.

	Características	Exemplos
a)	Triblásticos, pseudocelomados e simetria bilateral	*Ascaris lumbricoides* e *Ancylostoma duodenale*
b)	Triblásticos, pseudocelomados e sist. dig. incompleto	*Ascaris lumbricoides* e *Wuchereria bancrofti*
c)	Triblásticos, celomados e sist. dig. completo	*Ancylostoma duodenale* e *Schistosoma mansoni*
d)	Diblásticos, pseudocelomados e sist. dig. completo	*Ascaris lumbricoides* e *Schistosoma mansoni*
e)	Diblásticos, pseudocelomados e sist. dig. incompleto	*Ascaris lumbricoides* e *Wuchereria bancrofti*

15. (Unifor-CE) O mosquito *Culex* é o vetor de um nematódeo que pode causar, no homem, obstrução da circulação linfática, característica da moléstia
a) filariose.
b) teníase.
c) ascaridíase.
d) ancilostomose.
e) esquistossomose.

MÓDULO 13

1. (FMABC-SP) A notocorda:
   a) ocorre apenas na fase adulta dos cordados;
   b) desaparece nos vertebrados adultos;
   c) vai dar origem ao sistema nervoso;
   d) ocorre em todos os cordados, apenas na fase embrionária;
   e) tem origem ecto e endodérmica.

2. (Unisc-RS) Clitelo, rádula e lanterna de aristóteles são estruturas que ocorrem, respectivamente, em
   a) anelídeos, equinodermos e moluscos.
   b) anelídeos, insetos e moluscos.
   c) anelídeos, moluscos e equinodermos.
   d) cnidários, moluscos e equinodermos.
   e) moluscos, cnidários e equinodermos.

3. (UFPR) Dois estudantes de Biologia encontraram no mar, próximo à praia, um organismo que nunca tinham visto antes, mas que pelos seus conhecimentos prévios supuseram que poderia ser um porífera ou um urocordado. Como eles devem proceder para decidir a qual grupo pertence esse organismo?
   a) Verificar se é unicelular ou pluricelular.
   b) Verificar se é um procarioto ou um eucarioto.
   c) Descobrir se ele é séssil ou se desloca num substrato.
   d) Descobrir se ele é predominantemente aquático ou terrestre.
   e) Verificar se possui tubo digestivo.

4. (UEL-PR) Quanto à localização do esqueleto, o ouriço-do-mar é comparável a um
   a) tubarão.
   b) escorpião.
   c) caranguejo.
   d) besouro.
   e) caramujo.

5. (Cesgranrio-RJ) O elo entre os invertebrados e os cordados superiores é representado pelos protocordados, que apresentam as seguintes características:
   a) fendas branquiais, notocorda e encéfalo.
   b) fendas branquiais, notocorda e acraniatos.
   c) fendas branquiais, acraniata e alantoide.
   d) acraniatos, notocorda e encéfalo.
   e) encéfalo, alantoide e tubo neural.

6. (UFMS) Simetria pentarradial, sistema hidrovascular, presença de uma placa madrepórica e de pés ambulacrais, são características do(a):
   a) Estrela-do-mar.
   b) Ácaro.
   c) Minhoca.
   d) Anêmona-do-mar.
   e) Sapo.

7. (UFRGS-RS) A coluna 1, abaixo, apresenta características de diferentes grupos de invertebrados; a 2, três grupos de invertebrados.
   Associe adequadamente as colunas 1 e 2.

   Coluna 1
   1. Rádula como estrutura para alimentação
   2. Locomoção realizada pelo sistema ambulacrário
   3. Corpo composto de exoesqueleto
   4. Presença de respiração por espiráculos

   Coluna 2
   ( ) Crustáceos
   ( ) Moluscos
   ( ) Equinodermas

   A sequência correta de preenchimento dos parênteses, de cima para baixo, é
   a) 3 – 4 – 1
   b) 3 – 1 – 2
   c) 1 – 4 – 3
   d) 2 – 1 – 4
   e) 1 – 2 – 3

8. (ESS-UFRJ) Qual das alternativas a seguir relaciona invertebrados exclusivamente marinhos que apresentam notocorda?
   a) Lampreia – feiticeira
   b) Anfioxo – ascídia
   c) Ouriço-do-mar – anfioxo
   d) Ascídia – lampreia
   e) Feiticeira – ouriço-do-mar

9. (PUC-MG) O esqueleto dos equinodermos é um:
   a) endoesqueleto ectodérmico quitinoso.
   b) endoesqueleto mesodérmico calcário.
   c) exoesqueleto endodérmico calcário.
   d) exoesqueleto ectodérmico quitinoso.
   e) exoesqueleto mesodérmico quitinoso.

10. (Unesp-SP) São características diferenciais e exclusivamente dos cordados, presentes pelo menos nas primeiras fases do desenvolvimento:
    a) simetria bilateral, corpo segmentado e notocorda.
    b) corpo segmentado, tubo nervoso dorsal e fendas branquiais.
    c) simetria bilateral, tubo nervoso dorsal e fendas branquiais.
    d) tubo nervoso dorsal, notocorda e fendas branquiais.
    e) simetria bilateral, corpo segmentado e tubo nervoso dorsal.

11. (FGV-SP) O filo dos cordados compreende os subfilos urocordados, cefalocordados e vertebrados. Os dois primeiros são, costumeiramente, agrupados sob a designação de protocordados. A notocorda existe:
    a) somente na fase embrionária dos vertebrados e durante toda a vida dos protocordados.
    b) na fase adulta dos vertebrados e na vida embrionária dos protocordados.
    c) nos embriões de todos os cordados e no estágio adulto de apenas alguns protocordados.
    d) durante toda a vida dos cordados.
    e) somente na fase embrionária dos cordados.

12. (UFRGS-RS) Em relação a grupos de invertebrados, considere as características citadas abaixo.

1. presença de dois pares de antenas
2. corpo metamerizado
3. *habitat* exclusivamente marinho
4. presença de exoesqueleto
5. locomoção através de sistema ambulacrário

Assinale a alternativa que apresenta a correspondência correta entre o grupo animal e suas características.

a) Anelídeos – 2 e 5
b) Moluscos – 2 e 4
c) Crustáceos – 3 e 4
d) Insetos – 1 e 4
e) Equinodermos – 3 e 5

13. (Unicamp-SP) Levantamentos faunísticos da serapilheira (material recém-caído no solo, constituído principalmente de folhas, cascas, galhos, flores, frutos e sementes) de florestas tropicais revelam a presença de uma grande variedade de espécies nessa camada superficial do solo. Considerando-se os diferentes filos animais, espera-se encontrar na serapilheira representantes de:

a) Chordata, Arthropoda, Cnidaria.
b) Echinodermata, Anellida, Mollusca.
c) Chordata, Arthropoda, Mollusca.
d) Echinodermata, Anellida, Cnidaria.

14. (UFJF-MG) Com relação aos animais do grupo Chordata, além da presença de notocorda e da cauda propulsora, quais dos caracteres abaixo os distinguem de outros grupos de animais?

a) Fendas faringeanas e tubo nervoso dorsal.
b) Respiração pulmonar ou branquial e sistema circulatório com coração.
c) Celoma derivado do arquêntero e clivagem radial indeterminada.
d) Sistema bilateral e triblásticos.
e) Enterocelomados e corpo metamerizado.

15. (UFV-MG) Das alternativas abaixo, que característica não é própria dos cordados?

a) notocorda
b) fendas branquiais
c) tubo nervoso ventral
d) presença de boca e ânus
e) simetria bilateral

MÓDULO 14

1. (Cefet-MG) Os peixes apresentam uma grande diversidade de formas, tamanhos e modos de vida. NÃO constitui característica exclusiva desse grupo a(o)

a) brânquia.
b) linha lateral.
c) bexiga natatória.
d) coração bicavitário.

2. (PUC-PR) Analisando a circulação ou Sistema Circulatório nos diferentes grupos animais, podemos afirmar que:

I. Mamíferos e Aves têm o coração com quatro cavidades, dois átrios e dois ventrículos.
II. Répteis têm o coração com três cavidades, no entanto, existem os que têm o coração com quatro e outros com apenas duas cavidades.
III. Anfíbios e Peixes têm o coração com três cavidades, dois átrios e um ventrículo.

Está correta ou estão corretas:

a) I, II e III.
b) apenas I e II.
c) apenas I e III.
d) apenas I.
e) apenas II e III.

3. (UFJF-MG) A manutenção da temperatura do corpo nos vertebrados terrestres é realizada através de dois mecanismos termorreguladores. Em relação a esses mecanismos, é CORRETO afirmar:

a) Em animais ectotérmicos, o aquecimento do corpo é obtido através da exposição à luz solar. Presente exclusivamente em aves, anfíbios e na maioria dos répteis.
b) Em animais endotérmicos, o aquecimento do corpo é feito através da movimentação dos apêndices locomotores. Presente em mamíferos, aves e na maioria dos répteis.
c) Em animais ectotérmicos, o aquecimento do corpo é feito através da elevação do metabolismo, aumentando a quantidade de alimento ingerida. Presente em anfíbios e na maioria dos répteis.
d) Em animais ectotérmicos, o aquecimento do corpo é garantido pela presença de penas e de pelos que garantem o isolamento térmico. Presente em aves e mamíferos.
e) Em animais endotérmicos, o aquecimento do corpo é feito através da produção metabólica de calor, elevando a própria temperatura. Presente em aves e mamíferos.

4. (UFPR) O gráfico abaixo mostra a temperatura de dois animais expostos ao sol durante a manhã.

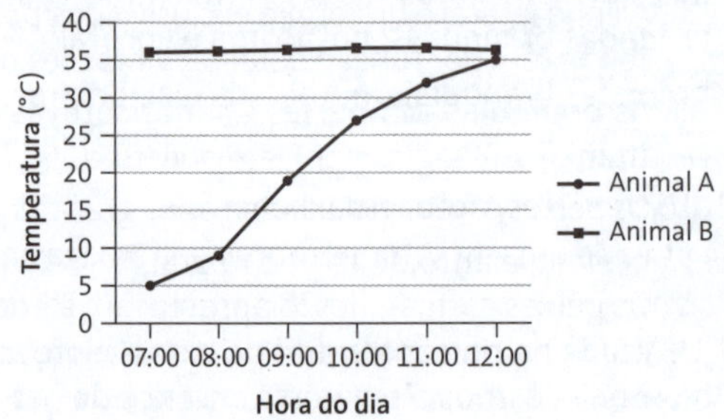

Os animais A e B podem ser, respectivamente:

a) uma galinha e uma tartaruga.
b) uma lagartixa e um cavalo.
c) um pato e um cachorro.
d) um gato e um sapo.
e) um jacaré e uma cobra.

5. (Uece) Ruminantes são mamíferos herbívoros que se diferenciam de outros mamíferos por serem capazes de digerir a celulose ingerida na alimentação. Esses animais são capazes de digerir a celulose dos vegetais porque
a) em seu intestino existem glândulas capazes de produzir enzimas que hidrolisam a celulose.
b) em sua saliva existem fungos capazes de digerir a celulose durante os períodos de ruminação.
c) em suas câmaras gástricas existem vermes que se alimentam do vegetal e defecam o material digerido e preparado para a absorção.
d) ao longo do seu aparelho digestivo, existem bactérias e protozoários que realizam a digestão do polissacarídeo presente na parede celulósica dos vegetais.

6. (UFRGS-RS) Com relação às aves, considere as seguintes afirmações.
I. Elas apresentam taxa metabólica elevada.
II. Suas penas atuam como isolante térmico.
III. Sua excreta nitrogenada é a ureia.
Quais estão corretas?
a) Apenas I. c) Apenas III e) I, II e III.
b) Apenas II. d) Apenas I e II.

7. (Udesc) Observe as figuras abaixo.

Figura 1

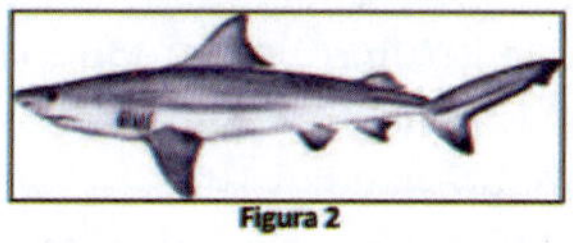
Figura 2

Elas representam duas classes de animais pertencentes ao Filo Chordata. A respeito das principais características desses animais, analise as proposições abaixo.
I. Na **Figura 1**, pode-se observar um peixe da Classe Chondrichthyes, animal que apresenta esqueleto cartilaginoso; e, na **Figura 2**, um representante da Classe Osteichthyes, animais de esqueleto ósseo.
II. A linha lateral é um órgão exclusivo dos peixes ósseos e tem por função detectar vibrações na água.
III. As brânquias dos peixes Chondrichthyes encontram-se protegidas por um opérculo.
IV. Os peixes ósseos flutuam na água graças à presença de uma estrutura denominada bexiga natatória.
V. Os peixes cartilaginosos apresentam a boca localizada na porção ventral do corpo, enquanto nos peixes ósseos a posição é anterior.
Assinale a alternativa correta.
a) Somente as afirmativas I, II e IV são verdadeiras.
b) Somente as afirmativas IV e V são verdadeiras.
c) Somente as afirmativas III e IV são verdadeiras.
d) Somente as afirmativas I, III e V são verdadeiras.
e) Todas as afirmativas são verdadeiras.

8. (UCS-RS) Analise a veracidade (V) ou falsidade (F) das proposições abaixo, que representam as características compartilhadas por todos os mamíferos.
( ) Presença de glândulas mamárias.
( ) Abertura do ducto dos sistemas urinário, digestivo e reprodutor em um único canal.
( ) Viviparidade e presença de placenta.
( ) Presença de diafragma, que participa na ventilação dos pulmões.
Assinale a alternativa que preenche corretamente os parênteses, de cima para baixo.
a) V – F – V – F d) F – V – V – V
b) F – V – V – F e) V – F – V – V
c) V – F – F – V

9. (PUC-RS) A classificação sistemática de um animal normalmente é baseada em diferentes critérios, como suas características morfológicas e fisiológicas, e seu desenvolvimento embrionário. Um taxonomista, considerando os critérios gerais das diferentes classes de cordados, observa em um animal as seguintes características:
– reprodução com fecundação externa;
– desenvolvimento embrionário em um ovo incapaz de evitar a perda de água em ambientes secos;
– respiração branquial e cutânea na fase larval; respiração pulmonar e cutânea na fase adulta;
– temperatura corporal acompanhando as alterações da temperatura ambiental.
Conclui, então, que se trata de
a) um peixe. d) uma ave.
b) um réptil. e) um mamífero.
c) um anfíbio.

10. (UFRGS-RS) A expressão "cara de cuíca" é usada para designar a simpática fisionomia de um marsupial com olhos grandes e assustados.
Quanto ao seu desenvolvimento embrionário, as cuícas são animais
a) com placenta rudimentar.
b) eutérios.
c) com segmentação meroblástica.
d) ovíparos.
e) telolécitos.

11. (UFPI) A maioria dos peixes ósseos apresenta sacos similares a pulmões, que permitem o controle da flutuação e da profundidade em que pode ficar na água, sem gastar energia. Marque a alternativa que contém a estrutura em questão.
a) Nadadeira ventral.
b) Nadadeira lobada.
c) Nadadeiras pélvicas.
d) Nadadeiras peitorais.
e) Bexiga natatória.

12. (UFSM-RS) O Cerrado apresenta uma fauna característica adaptada à sua vegetação. Os mamíferos possuem espécies características do Cerrado, como o tamanduá-bandeira e o lobo-guará. No entanto, a classe Mammalia é bem diversificada no mundo, apresentando espécies adaptadas à maioria dos ambientes. Sobre os mamíferos, é correto afirmar:
a) A classe apresenta dois grupos viventes, os marsupiais, como o gambá e o canguru, e os placentários, como o tatu e o cavalo.
b) O músculo diafragma, envolvido na respiração, está presente na classe, como ocorre nas aves e répteis.
c) Seu coração tem quatro câmaras, dois átrios e dois ventrículos, como ocorre nas aves.
d) São monoicos e podem apresentar dimorfismo sexual, por exemplo, a juba do leão.
e) Seus rins removem do sangue tanto ureia quanto ácido úrico.

13. (PUC-RJ) Os pássaros apresentam determinadas adaptações que facilitam sua capacidade de voar. Essas adaptações incluem:
a) Presença de sacos aéreos e amônia como excreta nitrogenado.
b) Pecilotermia e ácido úrico como excreta nitrogenado.
c) Presença de ossos pneumáticos e de sacos aéreos.
d) Presença de sacos aéreos e de moela.
e) Homeotermia e amônia como excreta nitrogenado.

14. (UFRN)

As aves são animais que apresentam o metabolismo muito elevado em relação aos répteis, exercendo um bom controle sobre a temperatura corporal. Isso ocorre porque as aves apresentam
a) glândulas sudoríparas e excreção de ácido úrico.
b) sacos aéreos e corpo coberto de penas.
c) circulação dupla e coração tetracavitário.
d) sistema digestório completo e tecido adiposo.

15. (Fatec-SP) A vida animal originou-se nos oceanos primitivos, sendo que os peixes com nadadeiras lobadas, os crossopterígios, cujos representantes atuais são os celacantos, provavelmente teriam ocasionado o surgimento dos animais de quatro pernas, os tetrápodes, grupo ao qual pertencem os anfíbios, os répteis, as aves e os mamíferos atuais. Assim, a partir dos ancestrais marinhos, alguns grupos invadiram a água doce enquanto outros se deslocaram para a terra.

Dentre as adaptações importantes para a ocupação do ambiente terrestre é correto citar
a) a eliminação de excretas com elevado teor de água.
b) a fecundação externa e a ausência de anexos embrionários.
c) a presença de estruturas respiratórias externas, finas e úmidas.
d) a pele com revestimento impermeável, com escamas e placas córneas.
e) a presença de grande quantidade de tecido adiposo subcutâneo e o desenvolvimento larval.

MÓDULO 15

1. (UEPB) Observe o desenho abaixo, que representa um espermatozoide humano. Em seguida, analise as proporções e coloque **V** para as Verdadeiras e **F** para as Falsas.

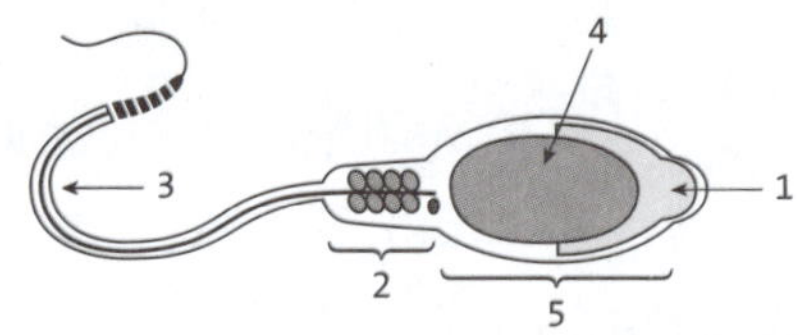

( ) A estrutura **1** é o acrossomo, estrutura formada pela fusão de vesículas do complexo golgiense e que contém enzimas que irão digerir os envoltórios do ovócito na fecundação.
( ) A estrutura **2** é a peça intermediária e apresenta muitas mitocôndrias, responsáveis pela liberação da energia necessária à movimentação do espermatozoide.
( ) A estrutura **3** é a cauda, originada a partir do centríolo.
( ) A estrutura **4** é o núcleo, que traz em seu interior os cromossomos pareados.
( ) **5** representa a cabeça do espermatozoide, onde encontramos o capuz acrossômico e o núcleo.

A alternativa que apresenta a sequência correta é:
a) V F F F V
b) F V V V V
c) F F V V V
d) V V V F V
e) V V V F F

2. (Fatec-SP) Considere os seguintes processos:
I. Uma planária fragmenta-se em três pedaços, originando três novas planárias.
II. Uma população de microcrustáceos é formada somente por fêmeas que põem ovos dos quais se desenvolvem novas fêmeas.
III. Um rato macho acasala-se com uma fêmea, produzindo seis filhotes.

Pode-se afirmar, com certeza, que a variabilidade genética é uma das características dos descendentes resultantes somente de
a) I.
b) II.
c) III.
d) I e II.
e) I e III.

3. (Ufla-MG) Observe a figura na qual se verificam as relações hormonais e estruturais entre hipófise/hipotálamo/ovário em mamíferos, e a seguir assinale a alternativa inteiramente CORRETA.

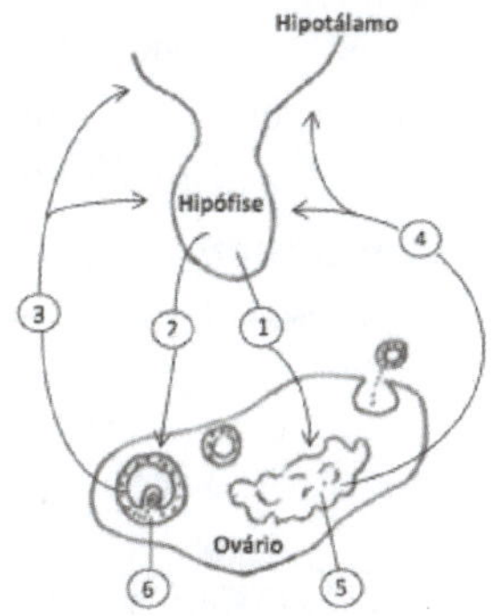

a) A permanência do corpo lúteo (5), por longo período de tempo, indica que o ovócito não foi fecundado.
b) A elevação dos níveis de hormônio luteinizante (2) leva à formação do corpo lúteo (6).
c) Caso o nível de progesterona (4) se eleve, haverá inibição do hormônio folículo – estimulante (1).
d) A secreção do estrógeno (2) estimula a produção dos hormônios luteinizantes (1).

4. (Cefet-PR) Durante o desenvolvimento embrionário, em muitas espécies, surgem os anexos embrionários, estruturas especiais que derivam dos folhetos embrionários mas não fazem parte do embrião. O alantoide é um anexo embrionário que se desenvolve da região do intestino posterior formando uma espécie de saco. Com relação ao alantoide, é correto afirmar que:
a) nas aves e répteis, a sua função é armazenar excretas como o ácido úrico do embrião.
b) nos peixes, a sua função é nutrir o embrião durante o desenvolvimento.
c) nos mamíferos, a sua função é armazenar vitelo e nutrir o embrião até o nascimento.
d) o alantoide está presente em todos os organismos que se reproduzem sexuadamente.
e) em espécies ovovivíparas de répteis, o alantoide e a placenta constituem o cordão umbilical.

5. (UPE) Com relação ao tipo de óvulo encontrado nos seres humanos, é correto afirmar que ele é
a) telolécito, como o da maioria dos mamíferos.
b) alécito, pois a nutrição do embrião se processará via placenta.
c) alécito, com grande quantidade de vitelo na região central, o que provoca uma segmentação holoblástica igual.
d) centrolécito, o que se justifica pelo consumo inicial do vitelo pelo embrião, até que a placenta esteja pronta para a função.
e) isolécito, com segmentação holoblástica desigual antes do processo de nidação.

6. (PUC-RS) Se compararmos as sequências de DNA de duas pessoas, veremos que são idênticas:
a) apenas nos cromossomos autossômicos.
b) apenas no cromossomo mitocondrial.
c) no cromossomo X, se forem de duas mulheres.
d) no cromossomo Y, se forem de dois homens.
e) em tudo, se forem de gêmeos monozigóticos.

7. (UFCG-PB) Para que ocorra a fecundação na espécie humana, os espermatozoides precisam transpor uma série de barreiras até que possam encontrar o ovócito e, por fim, fecundá-lo.
Em relação a esse processo, leia as alternativas e escolha a INCORRETA:
a) A quantidade de microtúbulos no flagelo e a produção de substâncias lubrificantes que facilitam o deslocamento dos espermatozoides são as principais condições para que um espermatozoide fecunde um ovócito.
b) A motilidade dos espermatozoides se dá graças aos movimentos dos flagelos e esse movimento ocorre utilizando a energia produzida a partir de reações metabólicas sediadas nas mitocôndrias.
c) No trajeto percorrido pelos espermatozoides rumo ao encontro com o ovócito, há fatores dificultantes a exemplo do pH ácido e secreções mucosas da vagina.
d) As enzimas presentes no acrossomo do espermatozoide (Ex. hialuronidase) são úteis na transposição da zona pelúcida que envolve e protege o ovócito.
e) Após a entrada do espermatozoide no ovócito ocorre um bloqueio à polispermia, onde mecanismos são desenvolvidos para impedir a entrada de outros espermatozoides.

8. (UFSC) O uso de preservativo masculino ("camisinha") tem sido amplamente divulgado e estimulado nos dias de hoje. Várias são suas indicações, como:
01. evitar doenças como sífilis e gonorreia.
02. controle de natalidade.
04. bloqueio da produção de gametas masculinos.
08. prevenção da Aids.
16. controle da ovulação.
Dê como resposta a soma dos números associados às alternativas corretas.
a) 8 b) 11 c) 10 d) 14 e) 15

9. (Ufop-MG) Sobre a organogênese em vertebrados, todas as alternativas a seguir estão corretas, exceto:
a) A ectoderme originará a epiderme e as estruturas associadas como pelos e unhas.
b) A endoderme originará as glândulas, como fígado e pâncreas.
c) A endoderme originará o sistema nervoso.
d) A ectoderme originará as mucosas da boca, nariz, ânus e o esmalte dos dentes.

10. (FGV-SP) Associe as estruturas abaixo relacionadas com a função realizada por cada uma:
1. túbulos seminíferos
2. epidídimo
3. células intersticiais do testículo
4. próstata
( ) local de produção de espermatozoides
( ) local de armazenamento de espermatozoides
( ) local de produção do hormônio sexual masculino
( ) local de produção do esperma
a) 1, 2, 3, 4
b) 2, 3, 4, 1
c) 3, 4, 1, 2
d) 4, 3, 2, 1
e) 2, 1, 4, 3

11. (UFU-MG) No quadro a seguir estão citadas algumas características embrionárias presentes em diferentes filos do Reino Animalia, indicados pelas letras de A a F.

Filo	Número de folhetos germinativos	Presença de cavidade corporal	Celoma	Metameria
A	diblástico	—	—	—
B	triblástico	acelomado	—	—
C	triblástico	celomado	esquizocélico	não segmentado
D	triblástico	celomado	esquizocélico	segmentado
E	triblástico	celomado	enterocélico	não segmentado
F	triblástico	celomado	enterocélico	segmentado

Assinale a alternativa que indica corretamente os nomes dos filos.
a) A – Cnidaria; B – Platyhelminthes; C – Mollusca; D – Annelida; E – Echinodermata; F – Chordata.
b) A – Platyelmintes; B – Nematoda; C – Mollusca; D – Arthropoda; E – Echinodermata; F – Chordata.
c) A – Cnidaria; B – Nematoda; C – Mollusca; D – Arthropoda; E – Echinodermata; F – Chordata.
d) A – Platyelmintes; B – Nematoda; C – Arthropoda; D – Annelida; E – Chordata; F – Echinodermata.

12. (Unaerp-SP) As funções sexuais femininas são reguladas pelos hormônios: folículo estimulante (FSH), luteinizante (LH), estrógeno (estradiol) e progesterona. Considere as seguintes afirmações relacionadas a tais hormônios:
I. Os hormônios folículo estimulante (FSH) e progesterona são produzidos pela adenohipófise.
II. A ovulação ocorre quando o nível do hormônio luteinizante (LH) atinge seu valor mais elevado.
III. O hormônio progesterona atinge seu valor máximo após a ovulação.
Podemos dizer que:
a) Somente a afirmação I está correta.
b) Somente a afirmação II está correta.
c) As afirmações I e II estão corretas.
d) As afirmações II e III estão corretas.
e) Todas as afirmações estão corretas.

13. (Unesp-SP) Segundo o desenvolvimento dos três folhetos germinativos, ectoderme, mesoderme e endoderme e, pela formação do celoma, a sequência evolutiva, partindo do grupo mais primitivo para o mais evoluído, é a seguinte:
a) Platelmintes, Cnidários e Moluscos.
b) Poríferos, Platelmintes e Anelídeos.
c) Poríferos, Anelídeos e Platelmintes.
d) Platelmintes, Cnidários e Anelídeos.
e) Moluscos, Anelídeos e Platelmintes.

14. (UFF-RJ) A fecundação é o processo reprodutivo que se desencadeia pela fusão do gameta masculino com o feminino.
Marque a opção que apresenta o trajeto correto do espermatozoide desde o local de sua produção até o local onde acontece a fecundação.
a) Testículo → Epidídimo → Ducto Deferente → → Uretra → Vagina → Útero → Tuba Uterina.
b) Testículo → Epidídimo → Túbulo Eferente → → Uretra → Vagina → Útero → Tuba Uterina → → Ovário.
c) Testículo → Ducto Deferente → Epidídimo → → Uretra → Vagina → Útero → Tuba Uterina → → Ovário.
d) Testículo → Ducto Deferente → Próstata → → Uretra → Vagina → Útero → Tuba Uterina.
e) Testículo → Epidídimo → Túbulo Eferente → → Uretra → Vagina → Útero → Tuba Uterina.

15. (UFRGS-RS) Assinale a alternativa que completa corretamente as lacunas do texto abaixo.
A menina, ao nascer, já realizou as fases de multiplicação e crescimento do processo denominado gametogênese, possuindo um grande número de ________ em processo interrompido de ________.
Essas últimas células são ________.
a) óvulos – meiose – haploides
b) ovócitos I – mitose – haploides
c) ovócitos II – meiose – haploides
d) ovócitos I – meiose – diploides
e) corpúsculos polares – mitose – diploides

MÓDULO 16

1. (PUC-RJ) O tecido epitelial tem como função fazer o revestimento de todos os órgãos do corpo. Neste sentido, pode-se afirmar que:
a) é ricamente vascularizado.
b) suas células são anucleadas.
c) suas células encontram-se justapostas.
d) apresenta junções celulares como as sinapses.
e) possui grande quantidade de substância intercelular.

2. (UFPR) O esquema a seguir é representativo de um epitélio de revestimento estratificado. Pode-se observar que as camadas superiores, em contato com o meio externo, são compostas por células cada vez mais achatadas. Além disso, essas células achatadas geralmente estão mortas e descamam do tecido. Um exemplo desse tipo de epitélio é encontrado no esôfago de animais carnívoros.

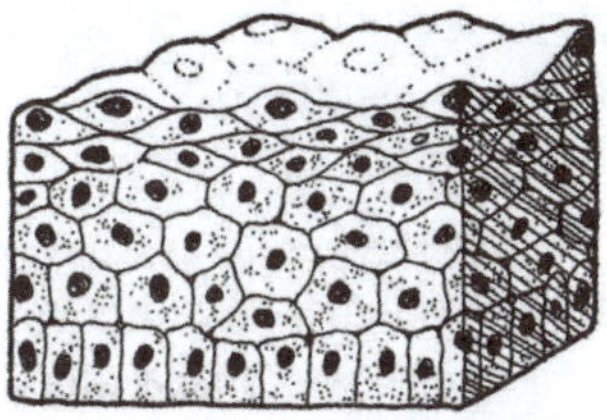

Qual o principal motivo que leva essas células a morrerem e descamarem do epitélio?

a) O atrito causado pelos componentes de meio externo que entram em contato com o epitélio.
b) A justaposição das células, que cria uma falta de espaço para que todas se acomodem na superfície do epitélio.
c) O contato com o meio externo, que leva a uma hiperoxigenação das células.
d) A distância dessas células em relação às fontes de oxigênio e alimento, trazidos pelos tecidos adjacentes ao epitélio.
e) O deslocamento da posição das organelas intracelulares, por conta do achatamento promovido pelo citoesqueleto.

3. (Ufpel-RS) A pele é um órgão muito importante para a homeostasia do corpo humano. Ela protege contra agentes mecânicos, químicos e biológicos, além de evitar a perda excessiva de água e fazer o controle da temperatura corporal.
Baseado no texto e em seus conhecimentos, é INCORRETO afirmar que

a) o suor é formado por água e outras substâncias, como os sais. Ele é produzido pelas glândulas sudoríparas presentes na pele, que são exemplos de glândulas exócrinas.
b) a epiderme é formada por um epitélio estratificado, e a camada mais superficial é formada por células repletas de queratina e, normalmente, esse epitélio descama.
c) a derme é formada predominantemente por tecido conjuntivo; esse tecido é vascularizado e responsável pela nutrição do tecido epitelial que é avascular.
d) a pele possui células mecanorreceptoras, que estão associadas a terminações nervosas e conduzem o estímulo mecânico ao sistema nervoso.
e) o tecido adiposo é encontrado na região mais profunda da derme. Ele produz gordura (sebo), que é liberada diretamente para a epiderme, fazendo a sua lubrificação.

4. (Uncisal) Considerando as figuras a seguir, assinale a alternativa que representa os epitélios pseudoestratificado, simples e estratificado, respectivamente.

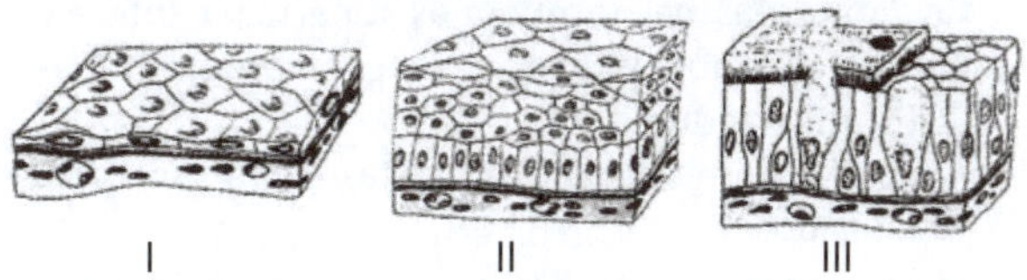

a) I, II e III.
b) I, III e II.
c) III, I e II.
d) II, III e I.
e) II, I e III.

5. (UFCG-PB) Os epitélios são camadas de células coesas que cobrem ou revestem as superfícies corporais e, ainda, formam as unidades funcionais das glândulas de secreção exócrina e endócrina.
Sobre as características desse tecido, analise as assertivas e marque as corretas:

I. Suas funções básicas incluem: proteção (pele); absorção (intestinos); transporte de substâncias sobre as superfícies (ação de cílios); secreção (glândulas); excreção (túbulos renais); trocas gasosas (alvéolos pulmonares) e deslizamento entre superfícies (ex. pleura).
II. Apresenta uma capacidade de renovação contínua. O ciclo celular, definido como o intervalo entre duas divisões mitóticas sucessivas que resultam na produção de duas células-filhas, é constante. Dessa forma, as células são classificadas como lábeis.
III. A coesão de um epitélio é mantida por moléculas de adesão celular e complexos juncionais, sendo estes representados pelas junções de oclusão, zônula de adesão ou desmossoma, junções comunicantes e hemidesmossomas.
IV. Apresenta especializações que se projetam na superfície e podem ser móveis (cílios) – presentes no epitélio de revestimento das vias aéreas – ou não móveis (microvilos e estereocílios) – presentes no revestimento intestinal e no epidídimo.
V. A nutrição do epitélio de revestimento está na dependência de pequenos vasos sanguíneos que chegam até à superfície e terminam entre as células epiteliais, fornecendo gases (ex. O_2) e nutrientes (ex. glicose).

A alternativa CORRETA é:

a) II, III e V.
b) I, III, IV e V.
c) II, III, IV e V.
d) I, II e IV.
e) I, II, III e IV.

6. (Unifor-CE) A superfície dos epitélios aumenta quando, na parte livre das células, formam-se:

a) microvilosidades.
b) cílios.
c) zônulas de adesão.
d) desmossomos.
e) interdigitações.

7. (UFV-MG) Com o surgimento de invaginações e de diferentes tubos e cavidades no corpo dos animais, os epitélios passaram a revestir não apenas a superfície externa, mas também as superfícies internas. Com relação aos epitélios de revestimento, é INCORRETO afirmar que:
   a) apresentam células justapostas e não são vascularizados.
   b) são nutridos por difusão a partir dos tecidos conjuntivos adjacentes.
   c) o epitélio de revestimento pode ter função de absorção de alimento.
   d) sua classificação baseia-se no número de camadas e na morfologia celular.
   e) o epitélio dos vasos sanguíneos e do peritônio originam-se do endoderma.

8. (UFCG-PB) Um agrupamento de células diferenciadas e especializadas na execução de uma função biológica denomina-se tecido, que são classificados em tecido epitelial, conjuntivo, muscular e nervoso. São os tecidos que constituem os órgãos e estes constituem os sistemas.
   Os sistemas, por sua vez, comandam as atividades vitais nos seres vivos.
   Nesse contexto, é INCORRETO afirmar que o tecido epitelial
   a) constitui-se de dois tipos básicos: o primeiro, de revestimento ou protetor e o segundo, glandular ou secretor.
   b) é formado por células justapostas, geralmente poliédricas, e apresenta escassez de substâncias intercelulares, tendo como principal função revestir e proteger as superfícies do organismo.
   c) apresenta elevada quantidade de substância intercelular e suas células possuem formas e funções bastante variadas com diversas especializações.
   d) pode ser classificado quanto ao número de camadas e ao formato das células, tais como: pavimentoso simples e estratificado, cúbico simples e estratificado e prismático simples.
   e) é identificado no revestimento da traqueia e dos brônquios como pseudoestratificado e no revestimento interno da bexiga como estratificado de transição.

9. (UFSJ-MG) Os diversos tipos de tecido epitelial podem ser classificados basicamente em glandulares e de revestimento; entretanto, todos eles possuem, em comum, células:
   a) Diversificadas em forma e em função, com material intercelular rico em fibras.
   b) Alongadas e apropriadas à distensão e à contração, dispostas paralelamente em feixes.
   c) Com prolongamentos e ramificações intercomunicantes.
   d) Justapostas, com material intercelular escasso e ausência de vasos sanguíneos.

10. (Cefet-MG) Referindo-se ao tecido epitelial, podemos afirmar:
    I. Os órgãos são revestidos internamente através das mucosas.
    II. Na epiderme, encontram-se, numerosamente, fibras colágenas, elásticas e reticulares.
    III. Na superfície de contato de um epitélio com o tecido conjuntivo subjacente, encontra-se uma película proteica acelular denominada lâmina basal.

    É correto afirmar que apenas:
    a) o item I é verdadeiro.
    b) o item II é verdadeiro.
    c) o item III é verdadeiro.
    d) os itens I e II são verdadeiros.
    e) os itens I e III são verdadeiros.

11. (Efoa-MG) Nos vertebrados terrestres, aparece, na superfície da epiderme, uma camada córnea formada por uma proteína impermeabilizante chamada:
    a) muco
    b) cromatóforos
    c) queratina
    d) melanina
    e) clorofila

12. (UFJF-MG) Analise as seguintes afirmativas sobre tecido epitelial:
    I. O tecido epitelial reveste o corpo e protege o organismo contra atritos, invasão de microrganismos e evaporação.
    II. É caracterizado pela pouca quantidade de substância intercelular e abundância de vasos sanguíneos, o que favorece sua função de barreira contra invasão de patógenos.
    III. Quanto mais grosso for o epitélio, melhor será sua capacidade de proteção; quanto mais fino, melhor sua capacidade de absorção.
    IV. Nos vertebrados terrestres (répteis, aves e mamíferos), as células epiteliais da epiderme fabricam a actina, uma proteína impermeável que evita a desidratação.
    V. As pessoas idosas têm cabelos grisalhos porque os melanócitos da base do pelo perderam a capacidade de produzir melanina.

    Assinale a opção que apresenta somente informações CORRETAS.
    a) I e II
    b) I, III, IV
    c) II e IV
    d) I, III, V
    e) II, IV, V

13. (UPE) Analise as características de um tecido animal.
    I. Justaposição de células, com pouca substância intercelular.
    II. Ausência de vasos sanguíneos.
    III. Primeira barreira contra a penetração de microrganismos estranhos ao corpo.
    IV. Resistência a trações e atrito em decorrência de especializações na região de contato entre suas células.

V. Apresentação de dupla polaridade: um polo relacionado à membrana basal e outro, à superfície livre das células.

Assinale a alternativa que contempla corretamente o tecido descrito.

a) Tecido conjuntivo.
b) Tecido adiposo.
c) Tecido cartilaginoso.
d) Tecido epitelial.
e) Tecido muscular.

14. (UFMG) A doença celíaca consiste em um distúrbio inflamatório do intestino delgado, que ocorre em indivíduos com sensibilidade ao glúten e à ingestão de trigo, centeio ou cevada.

Analise estas duas figuras, em que está representada uma região do intestino delgado em um indivíduo normal – I – e em um indivíduo com doença celíaca – II

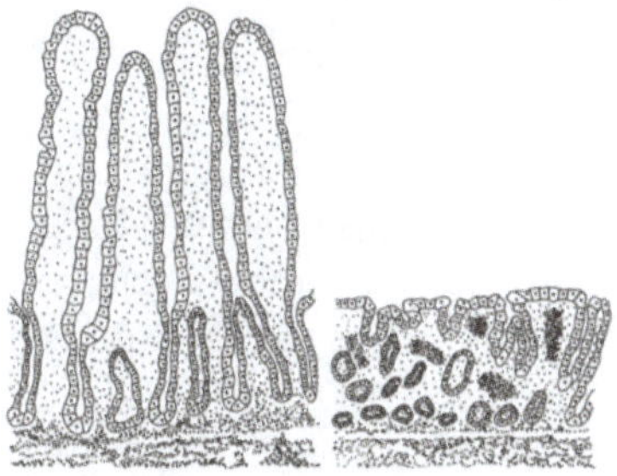

I II

Considerando-se a alteração estrutural representada na Figura II, é INCORRETO afirmar que indivíduos portadores de doença celíaca podem apresentar

a) baixa produção de hemoglobina.
b) diminuição da densidade mineral óssea.
c) aumento da absorção de água.
d) retardo do crescimento corporal.

15. (UFMT) A ozonosfera é uma das principais barreiras de proteção contra a excessiva radiação ultravioleta que traz sérios prejuízos aos seres vivos. Em relação à pele humana, é correto afirmar que a incidência excessiva dos raios UV agride as células podendo provocar alterações genéticas com danos profundos na

a) Endoderme, camada mais interna da pele.
b) Hipoderme, camada localizada após a epiderme.
c) Epiderme, camada superficial da pele.
d) Ectoderme, camada mais externa da pele.
e) Mesoderme, camada abaixo da endoderme.

MÓDULO 17

1. (FEI-SP) Os componentes do sangue que têm a função de defesa do organismo e de coagulação são, respectivamente:

a) leucócitos e hemácias
b) plaquetas e hemácias
c) leucócitos e plaquetas
d) plaquetas e leucócitos
e) hemácias e plaquetas

2. (IFPE) O sangue humano é constituído por uma parte líquida, o plasma, e uma parte sólida, os elementos figurados.

Sobre os componentes do sangue citados, foram feitas as seguintes afirmativas:

I. O plasma sanguíneo é responsável pelo transporte de nutrientes dos intestinos, onde são absorvidos, para os demais tecidos, bem como, pelo transporte de hormônios das glândulas que os produzem para os locais onde vão atuar.
II. Os trombócitos são células sanguíneas que liberam tromboplastina, atuando assim no processo de coagulação do sangue.
III. Os leucócitos são células anucleadas que atuam na defesa do organismo, produzindo anticorpos ou fagocitando vírus e bactérias.
IV. Os eritrócitos são as células predominantes no sangue e sua função consiste em transportar oxigênio dos pulmões para os tecidos e dióxido de Carbono no sentido inverso.
V. A leucocitose corresponde ao aumento do número de glóbulos brancos no sangue.

Estão corretas, apenas:

a) I, II e III
b) II, III e IV
c) I, III e IV
d) I, IV e V
e) I, II e V

3. (Uece) Em uma prova prática de histologia humana, o professor solicitou que os estudantes analisassem uma lâmina e elaborassem uma descrição do material observado. Uma das respostas foi: "o tecido apresenta espaço entre as células, é ricamente vascularizado, possui grande quantidade de substância intercelular e nele constata-se a presença de fibras na matriz extracelular".

Pode-se afirmar corretamente que a descrição acima se refere ao tecido

a) epitelial.
b) conjuntivo.
c) muscular.
d) nervoso.

4. (Unesp-SP) A professora explicava aos alunos que alguns tecidos e/ou órgãos são mais indicados para se obter células nas diferentes fases da mitose. Nos animais e vegetais, esses tecidos e/ou órgãos são, respectivamente,

a) medula óssea e meristema.
b) sangue e meristema.
c) medula óssea e esclerênquima.
d) testículo e esclerênquima.
e) testículo e xilema.

5. (Uespi) Não constituem células, tecidos ou órgãos hematopoéticos, em qualquer fase do ciclo da vida humana:
a) a medula óssea vermelha.
b) as células-tronco linfoides.
c) o fígado.
d) o baço.
e) o pâncreas.

6. (Unisc-RS) A ação dos mastócitos do tecido conjuntivo propriamente dito pode ser relacionada com
a) processos alérgicos.
b) produção de fibras colágenas.
c) fagocitose de antígenos.
d) regeneração do tecido.
e) Nenhuma das alternativas anteriores está correta.

7. (UPE) Assinale a alternativa CORRETA que apresenta um tipo celular, sua respectiva função e o tecido a que pertence.
a) Adiposa: acúmulo de gordura – tecido epitelial.
b) Plasmócito: defesa por fagocitose – tecido muscular.
c) Mastócito: síntese de anticorpos – tecido nervoso.
d) Fibroblasto: síntese da substância intercelular – tecido conjuntivo.
e) Macrófago: síntese de anticorpos – tecido cartilaginoso.

8. (UFC-CE) "Durante a infância e adolescência, a formação óssea se processa a uma velocidade maior que a reabsorção, resultando em um aumento da densidade até que os jovens adultos alcancem, por volta dos 18 anos, o pico da massa óssea".

(*Scientific American Brasil*, abril 2003, pág. 84.)

De acordo com o texto, as atividades de formação e reabsorção, responsáveis pelo aumento da densidade óssea, decorrem da ação de dois tipos celulares que são, respectivamente:
a) osteoblastos e osteoclastos.
b) condroblastos e condrócitos.
c) condrócitos e condroblastos.
d) osteoclastos e osteoblastos.
e) condroblastos e osteoblastos.

9. (Vunesp-SP) Mamíferos aquáticos, como os cetáceos, possuem um espesso revestimento de tecido adiposo com importante função para
a) facilitar a flutuação.
b) proteção contra predadores.
c) evitar perda de calor.
d) evitar perda de água.
e) moldar o corpo, tornando-o mais hidrodinâmico.

10. (Cesgranrio-RJ) Analise as afirmações a seguir sobre um grupo de células pertencentes ao tecido hematopoético:
I. A destruição dessas células leva à formação da bilirrubina.
II. São células que permanecem na circulação no máximo por 120 dias.
III. São células bicôncavas com uma grande área que permite a entrada de oxigênio.

As células a que se referem as afirmações anteriores são os(as):
a) linfócitos.
b) eritrócitos.
c) leucócitos.
d) monócitos.
e) plaquetas.

11. (UFPR) Células e outras estruturas com funções especializadas formam os diferentes tecidos do organismo. A esse respeito, numere a coluna da direita com base nas informações da coluna da esquerda.

1. Síntese de fibras colágenas	( ) Macrófagos
2. Capacidade fagocitária	( ) Plaquetas
3. Produção de anticorpos	( ) Fibroblastos
4. Coagulação sanguínea	( ) Plasmócitos
5. Percepção de cores	( ) Células da glia
6. Sustentação dos neurônios	( ) Cones

Assinale a alternativa que apresenta a sequência correta da coluna da direita, de cima para baixo.
a) 1, 4, 6, 2, 3, 5.
b) 2, 4, 1, 3, 6, 5.
c) 3, 2, 1, 4, 5, 6.
d) 4, 2, 3, 5, 6, 1.
e) 1, 3, 4, 2, 5, 6.

12. (UFPE) Nas alternativas a seguir, estão correlacionados alguns tipos de células e os tecidos onde as mesmas são encontradas. Uma destas associações está INCORRETA. Assinale-a.

	Células	Tecido
a)	macrófagos	epitelial simples
b)	osteoblastos	conjuntivo ósseo
c)	condroblastos	conjuntivo cartilaginoso
d)	neurônios	nervoso
e)	células da glia	nervoso

13. (PUC-MG) Talvez você já tenha feito exames de sangue por solicitação médica para saber como está sua saúde. Células sanguíneas apresentam funções específicas ou não, e a alteração na quantidade delas nos indica determinados desequilíbrios na saúde. A relação está INCORRETA em:
a) menor quantidade de leucócitos → leucemia
b) menor quantidade de plaquetas → deficiência de coagulação
c) menor quantidade de hemácias → anemia
d) maior quantidade de eosinófilos → processo alérgico

14. (PUCC-SP) Nos eritroblastos ocorre intensa síntese de hemoglobina. Essa síntese relaciona-se diretamente com
a) o complexo de Golgi.
b) os centríolos.
c) as mitocôndrias.
d) os lisossomos.
e) os ribossomos.

15. (Udesc) Observe as três afirmativas sobre o tecido hematopoético e o sangue:
I. O tecido hematopoético possui como função a produção de células do sangue.
II. Os glóbulos vermelhos são produzidos na medula óssea e, posteriormente, passam para a corrente sanguínea.
III. Os anticorpos são produzidos pelas plaquetas.
Assinale a alternativa CORRETA.
a) I, II e III são verdadeiras.
b) I e II são verdadeiras.
c) II e III são verdadeiras.
d) I e III são verdadeiras.
e) apenas II é verdadeira

MÓDULO 18

1. (PUCC-SP) As várias partes do corpo divergem quanto às necessidades dos tipos de músculos que utilizam. Por exemplo, o tipo de músculo requisitado por um jogador de tênis para correr e bater na bola com força e precisão não é o mesmo tipo usado para movimentar a comida ao longo do trato digestório, para que o alimento possa ser digerido.
Os dois tipos de músculos anteriormente mencionados diferem em várias características, mas assemelham-se por possuírem
a) miofibrilas.
b) células mononucleadas.
c) estrias transversais.
d) fibras plurinucleadas:
e) sarcolema.

2. (UFPE) Com relação ao mecanismo de contração de um músculo estriado esquelético, analise a representação abaixo e assinale a alternativa que completa as lacunas 1, 2, 3 e 4, nesta ordem:

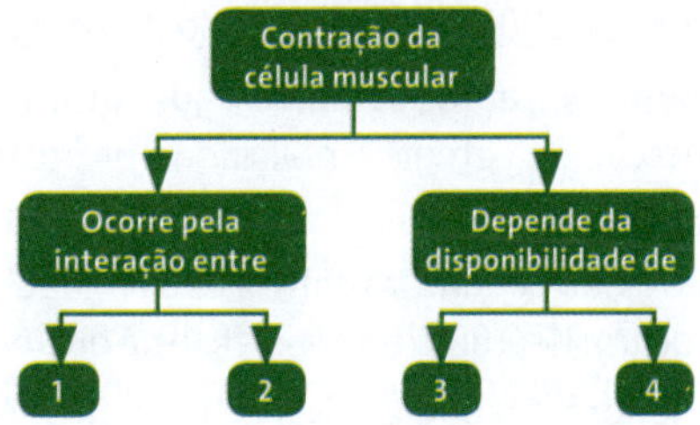

a) (1) mioglobina, (2) actina, (3) íons de cálcio, (4) íons de sódio
b) (1) mioglobina, (2) energia, (3) íons de cálcio, (4) íons de sódio
c) (1) miosina, (2) actina, (3) mioglobina, (4) energia
d) (1) miosina, (2) mioglobina, (3) íons de cálcio, (4) íons de sódio
e) (1) actina, (2) miosina, (3) energia, (4) íons de cálcio

3. (Mack-SP)

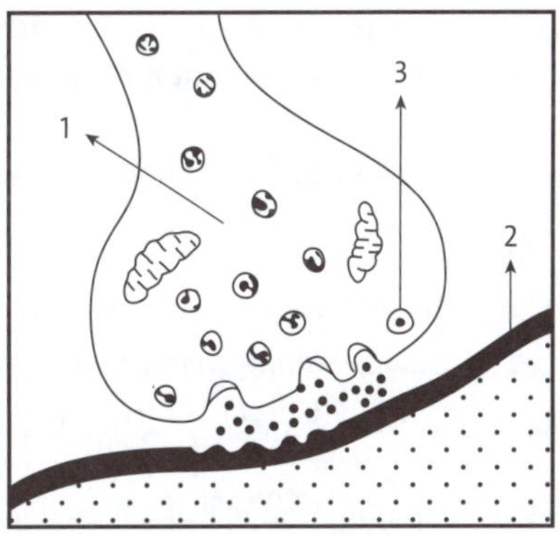

A respeito da sinapse representada acima, é correto afirmar que:
a) só está presente no sistema nervoso central.
b) o impulso nervoso passa de 2 para 1.
c) a liberação das substâncias presentes em 3 determina a passagem de impulso de um neurônio para outro.
d) as substâncias presentes em 3 são produzidas exclusivamente nas células desse sistema.
e) é possível haver contato físico entre 1 e 2.

4. (UFRGS-RS) Para que um impulso nervoso possa ser transmitido de um neurônio a outro, é necessária a liberação, na fenda sináptica, de mediadores químicos. Um desses mediadores é a
a) insulina.
b) tirosina.
c) vasopressina.
d) acetilcolina.
e) histamina.

5. (PUC-MG) A sinapse é:

a) um tipo de fibra muscular envolvida no processo de contração cardíaca.

b) uma célula sanguínea envolvida na liberação de tromboplastina para o processo de coagulação.

c) um tipo de reprodução sexuada, que envolve a formação de gametas, realizada por protozoários ciliados.

d) uma região de contato entre a extremidade do axônio de um neurônio e a superfície de outras células.

e) um fenômeno que explica o fluxo de seiva bruta em espermatófitas.

6. (PUCC-SP) As afirmações a seguir referem-se ao tecido muscular.

I. Encontra-se em órgãos viscerais e nas paredes dos vasos sanguíneos.

II. Constitui a maior parte da musculatura dos vertebrados.

III. Apresenta miofilamentos de actina e de miosina.

IV. Possui numerosas estrias transversais.

V. Contrai-se sempre involuntariamente.

Assinale a alternativa que classifica corretamente cada tipo de tecido muscular quanto a essas características.

a) Estriado: I – IV; Cardíaco: I – III; Liso: II – V.

b) Estriado: I – IV; Cardíaco: I – III – V; Liso: II – III – V.

c) Estriado: I – III – IV; Cardíaco: III – IV; Liso: II – IV – V.

d) Estriado: II – III – IV; Cardíaco: III – IV – V; Liso: I – III – V.

e) Estriado: II – III – V; Cardíaco: I – IV – V; Liso: I – III.

7. (Unirio-RJ) Estão numeradas de I a III, no esquema a seguir, as partes fundamentais do neurônio, que são, respectivamente:

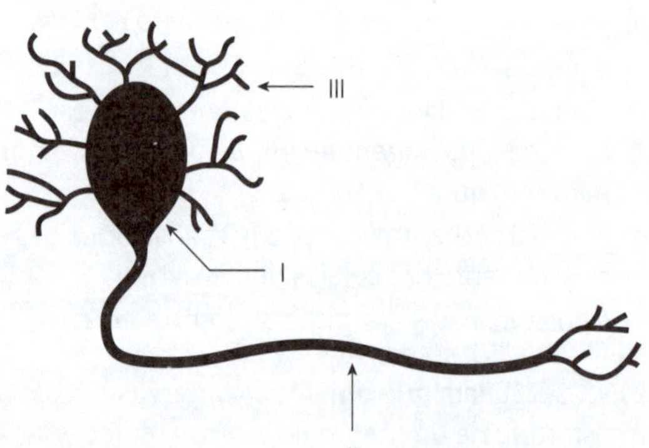

a) I- axônio; II- dendritos; III- corpo celular

b) I- axônio; II- corpo celular; III- dendritos

c) I- dendritos; II- axônio; III- corpo celular

d) I- corpo celular; II- axônio; III- dendritos

e) I- corpo celular; II- impulso nervoso; III- sinapse

8. (UFSJ-MG) Observe a imagem abaixo.

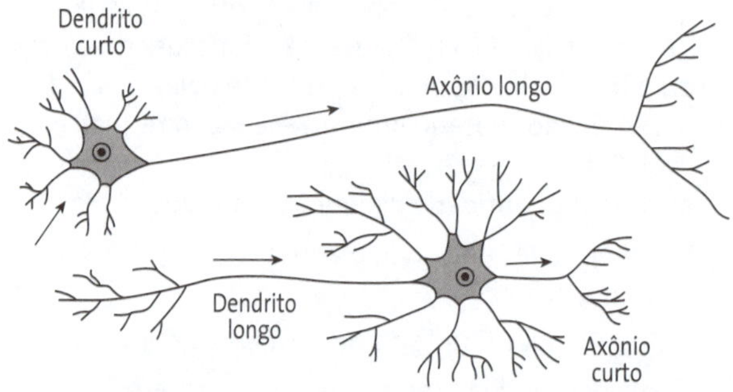

A partir dessa imagem assinale a alternativa CORRETA.

a) Os dendritos e os axônios são responsáveis pela condução do impulso nervoso.
O que os diferencia é que o axônio é o prolongamento mais longo e não ramificado e os dendritos são prolongamentos mais finos e ramificados.

b) O axônio é o prolongamento celular mais longo dos neurônios e é responsável por conduzir o impulso nervoso.

c) Os dendritos e axônios são caracterizados por sua função em conduzir impulso nervoso e não por sua morfologia. Assim, através dos dendritos, o impulso nervoso é transmitido na direção do corpo celular e através dos axônios o impulso nervoso é conduzido a partir do corpo celular.

d) Os neurônios são tipos celulares diferenciados que têm como característica prolongamentos celulares finos e ramificados chamados de dendritos e um prolongamento longo chamado de axônio.

9. (Ufla-MG) Assinale a alternativa que caracteriza CORRETAMENTE a fibra muscular estriada esquelética.

a) Multinucleada, núcleos centralizados, contração involuntária

b) Mononucleada, núcleo periférico, contração involuntária

c) Mononucleada, núcleo centralizado, contração voluntária

d) Multinucleada, núcleos periféricos, contração voluntária

10. (Uece) Na cadeia de propagação do impulso nervoso, na ordem de passagem do impulso pelo neurônio, podemos afirmar corretamente que o corpo celular é a estrutura neuronal que o recebe

a) por último, passando-o para um novo neurônio.

b) intermediariamente, passando-o para o dendrito.

c) primeiro, passando-o para o axônio.

d) intermediariamente, passando-o para o axônio.

11. (Cesgranrio-RJ)

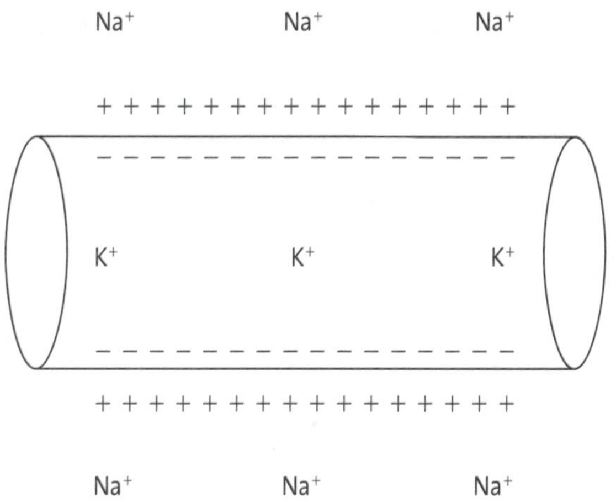

Observando o esquema acima, que representa um neurônio em repouso, podemos afirmar que, nestas condições:

a) se a membrana do neurônio for atingida por um estímulo, as quantidades de íons Na^+ e K^+ dentro e fora da membrana se igualam.

b) devido à diferença de cargas entre as faces externa e interna, o neurônio está polarizado.

c) a ocorrência do impulso nervoso depende de estímulos de natureza elétrica.

d) a quantidade de íons K^+ é menor na parte interna do neurônio devido à sua saída por osmose.

e) as concentrações dos íons Na^+ e K^+ se fazem sem gasto de energia, sendo exemplo de transporte ativo.

12. (Fatec-SP) Analise a tabela abaixo:

Cultura de tecido nervoso	Mielinização	Quantidade de nódulos de Ranvier	ATP disponível
A	+ +	+ + +	+ + +
B	–	–	+ + +
C	+ +	+ +	+
D	+ +	+ +	+ + +

Assinale a sequência de cultura de tecido de neurônios, do mais veloz para o menos veloz.

a) ADCB

b) ABCD

c) ABDC

d) ACDB

e) ADBC

13. (UFPB) O tecido muscular caracteriza-se por apresentar diversidade morfológica e células especializadas e responsáveis pelos movimentos. Sobre a estrutura dos tecidos musculares e suas características, é correto afirmar:

a) Os sarcômeros são constituídos unicamente por filamentos proteicos de miosina.

b) A contração, nas células musculares, é causada pela ausência de ATP e íons cálcio, livres no citosol.

c) Os filamentos de actina deslizam entre os de miosina durante a contração muscular.

d) As fibras musculares brancas, nos músculos esqueléticos, são ricas em mioglobina e possuem grande quantidade de mitocôndrias.

e) As fibras musculares esqueléticas de um indivíduo que passa muito tempo em repouso apresentam altas concentrações de ácido lático.

14. (Udesc) O bolo alimentar passa do esôfago para o estômago com o auxílio de movimentos peristálticos. No estômago ele sofre a quimificação e, no intestino delgado, transforma-se em quilo (produto final da digestão), quando a maior parte dos nutrientes começa a ser absorvida pelas células que revestem o intestino.
Assinale a alternativa **correta** que contém o tecido responsável pelos movimentos peristálticos e o tecido das células absortivas do intestino, respectivamente.

a) tecido epitelial estratificado pavimentoso e tecido epitelial simples prismático

b) tecido muscular esquelético e tecido epitelial estratificado cúbico

c) tecido muscular liso e tecido epitelial simples prismático

d) tecido muscular liso e tecido epitelial estratificado pavimentoso

e) tecido muscular esquelético e tecido epitelial simples prismático

15. (UFSC) Assinale a(s) proposição(ões) que apresenta(m) atividades dependentes diretamente do tecido muscular para sua efetivação.

01. Mobilidade da língua.

02. Ação enzimática.

04. Inspiração.

08. Batimento cardíaco.

16. Eriçamento dos pelos.

32. Síntese de carboidratos.

64. Contração do útero.

16. (Vunesp-SP) Alguns chefes de cozinha sugerem que o peru não deve ser preparado inteiro, pois a carne do peito e a da coxa têm características diferentes, que exigem preparos diferentes. A carne do peito é branca e macia, e pode ressecar dependendo do modo como é preparada. A carne da coxa, mais escura, é mais densa e suculenta e deve ser preparada separadamente. Embora os perus comercializados em supermercados venham de criações em confinamento, o que pode alterar o desenvolvimento da musculatura, eles ainda mantêm as características das populações selvagens, nas quais a textura e a coloração da carne do peito e da coxa decorrem da composição de suas fibras musculares e da adequação dessas musculaturas às funções que exercem. Considerando as funções desses músculos nessas aves, é correto afirmar que a carne

a) do peito é formada por fibras musculares de contração lenta, pobres em mitocôndrias e em mioglobina, e eficientes na realização de esforço moderado e prolongado.

b) do peito é rica em fibras musculares de contração rápida, ricas em mitocôndrias e em mioglobina, e eficientes na realização de esforço intenso de curta duração.

c) da coxa é formada por fibras musculares de contração lenta, ricas em mitocôndrias e em mioglobina, e eficientes na realização de esforço moderado e prolongado.

d) da coxa é formada por fibras musculares de contração rápida, pobres em mitocôndrias e em mioglobina, e eficientes na realização de esforço intenso de curta duração.

e) do peito é rica em fibras musculares de contração lenta, ricas em mitocôndrias e em mioglobina, e eficientes na realização de esforço moderado e prolongado.

17. (UPE) Os músculos esqueléticos dos vertebrados são compostos por dois tipos de fibras: I – as fibras lentas oxidativas ou vermelhas, e II – as fibras rápidas ou brancas. O tipo de atividade física exercida por uma pessoa pode, até um certo grau, alterar a proporção dessas fibras em seu corpo. De acordo com a modalidade esportiva e o tipo de treinamento, quais desses atletas olímpicos apresentam maior número de fibras lentas?

I. Corredor de 100 m

II. Maratonista (percorre 42 km)

III. Nadador de 1500 m

IV. Levantador de peso

V. Atleta de salto

a) I e II.

b) I e III.

c) III e IV.

e) IV e V.

18. (UFG-GO) O reino animal é constituído por uma grande variedade de organismos, distribuídos em diversos filos com características peculiares. Uma característica apresentada por esse reino, que o distingue dos demais seres vivos, é a

a) reprodução de forma sexuada, garantindo a variedade de espécies.

b) produção de hormônios que atuam em células-alvo, regulando o seu crescimento e desenvolvimento.

c) presença de tecidos nervoso e muscular responsáveis por movimentos rápidos e precisos.

d) obtenção de energia para as suas atividades vitais por meio da respiração celular aeróbica.

e) existência de DNA e RNA como material genético no núcleo de suas células.

Respostas

Exercícios propostos

MÓDULO 1

1. b 2. a 3. c
4. c 5. b

MÓDULO 2

1. d 2. d 3. d
4. d 5. c

MÓDULO 3

1. a 2. b 3. e
4. e 5. a 6. a

MÓDULO 4

1. c 2. a 3. b
4. e 5. c 6. a

MÓDULO 5

1. a 2. c 3. c
4. a 5. b

MÓDULO 6

1. a 2. c 3. b
4. b 5. e

MÓDULO 7

1. b 2. a 3. c
4. e 5. e

MÓDULO 8

1. c 2. e 3. b
4. d

MÓDULO 9

1. a 2. b 3. c
4. d 5. c 6. a

MÓDULO 10

1. b 2. a 3. d
4. d 5. a

MÓDULO 11

1. a 2. e 3. c
4. e 5. e

MÓDULO 12

1. d 2. e 3. a
4. a 5. b 6. d
7. d

MÓDULO 13

1. e 2. c 3. b
4. b 5. c 6. e
7. a 8. b 9. c
10. c 11. a

MÓDULO 14

1. a 2. c 3. a
4. a 5. d 6. c

MÓDULO 15

1. b 2. c 3. b
4. b 5. b

MÓDULO 16

1. b 2. d 3. e
4. e 5. c 6. e
7. d

MÓDULO 17

1. c 2. a 3. d
4. a 5. c 6. c
7. d

MÓDULO 18

1. d 2. d 3. b
4. a 5. d

Exercícios-tarefa

MÓDULO 1

1. c 2. b 3. e
4. c 5. b 6. d
7. e 8. a 9. d
10. a 11. e 12. c
13. c 14. e 15. b
16. a

MÓDULO 2

1. a 2. d 3. d
4. a 5. d 6. a
7. a 8. b 9. c
10. a 11. c 12. d
13. b 14. b 15. d

MÓDULO 3

1. a 2. e 3. e
4. c 5. b 6. e
7. c 8. e 9. a
10. e 11. b 12. d
13. c 14. c 15. a

MÓDULO 4

1. d 2. d 3. c
4. c 5. a 6. c
7. d 8. c 9. b
10. b 11. d 12. d
13. c 14. d 15. c

MÓDULO 5

1. c 2. d 3. b
4. a 5. e 6. d
7. c 8. c 9. d
10. a 11. b 12. b
13. e 14. e 15. c

Respostas

MÓDULO 6

1. b
2. b
3. e
4. e
5. c
6. e
7. d
8. b
9. a
10. b
11. c
12. a
13. c
14. c
15. e

MÓDULO 7

1. c
2. c
3. e
4. e
5. c
6. a
7. b
8. b
9. a
10. e
11. e
12. d
13. c
14. a
15. e

MÓDULO 8

1. e
2. b
3. e
4. a
5. a
6. c
7. e
8. b
9. a
10. c
11. d
12. b
13. b
14. b
15. a

MÓDULO 9

1. b
2. b
3. c
4. e
5. d
6. a
7. b
8. d
9. b
10. d
11. c
12. c
13. c
14. c
15. b

MÓDULO 10

1. c
2. e
3. b
4. a
5. a
6. c
7. c
8. d
9. a
10. d
11. b
12. e
13. d
14. b
15. b

MÓDULO 11

1. c
2. d
3. c
4. a
5. e
6. c
7. d
8. a
9. b
10. c
11. d
12. a
13. c
14. c
15. c

MÓDULO 12

1. a
2. a
3. e
4. d
5. c
6. a
7. b
8. a
9. c
10. b
11. a
12. d
13. d
14. a
15. a

MÓDULO 13

1. b
2. c
3. e
4. a
5. b
6. a
7. b
8. b
9. b
10. d
11. c
12. e
13. c
14. a
15. c

MÓDULO 14

1. a
2. d
3. e
4. b
5. d
6. d
7. b
8. c
9. c
10. a
11. e
12. c
13. c
14. c
15. d

MÓDULO 15

1. d
2. c
3. c
4. a
5. b
6. e
7. a
8. b
9. c
10. a
11. a
12. d
13. b
14. a
15. d

MÓDULO 16

1. c
2. d
3. e
4. c
5. e
6. a
7. e
8. c
9. d
10. e
11. c
12. d
13. d
14. c
15. c

MÓDULO 17

1. c
2. d
3. b
4. a
5. e
6. a
7. d
8. a
9. c
10. b
11. b
12. a
13. a
14. e
15. b

MÓDULO 18

1. a
2. e
3. c
4. d
5. d
6. d
7. d
8. c
9. d
10. d
11. b
12. a
13. c
14. c
15. 93 (01+04+08+16+64)
16. c
17. c
18. c

PROJETO MÚLTIPLO

Revisão

Biologia

Ensino Médio

Sérgio Linhares

Bacharel e licenciado em História Natural pela Universidade do Brasil (atual UFRJ).

Foi professor de Biologia Geral na Universidade do Brasil (atual UFRJ) e de Biologia no Colégio Pedro II e em outros colégios e cursinhos pré-vestibulares do Rio de Janeiro.

Fernando Gewandsznajder

Licenciado em Biologia pelo Instituto de Biologia da Universidade Federal do Rio de Janeiro.

Mestre em Educação pelo Instituto de Estudos Avançados em Educação da Fundação Getúlio Vargas (RJ).

Mestre em Filosofia pela Pontifícia Universidade Católica do Rio de Janeiro.

Doutor em Educação pela Faculdade de Educação da Universidade Federal do Rio de Janeiro.

Foi professor de Biologia e Ciências no Colégio Pedro II e em outros colégios e cursinhos pré-vestibulares do Rio de Janeiro.

editora ática

Revisão 2

Frente A

Frente B

MÓDULO 19 • Termos aplicados e primeira lei de Mendel

Hereditariedade: os primeiros estudos

A genética é a área da Biologia que estuda a hereditariedade, ou seja, a transferência de caracteres de geração em geração.

Ao longo da História, diferentes cientistas apresentaram explicações para a semelhança entre pais e filhos, mas foi o monge austríaco George Mendel que, estudando cruzamentos entre ervilhas da espécie *Pisum sativum* no mosteiro em que vivia, descobriu as leis da hereditariedade. Seu trabalho, porém, permaneceu ignorado pela comunidade científica por 34 anos, até que outros pesquisadores chegaram às mesmas conclusões e encontraram posteriormente as de Mendel.

Os experimentos de Mendel

A escolha da *Pisum sativum* foi decisiva para o sucesso dos experimentos de Mendel. Além de ser de fácil cultivo, se reproduzir naturalmente por autofecundação e produzir muitos descendentes, essa ervilha possui características contrastantes e simples, tais como a cor (amarela ou verde) e a forma (lisa ou rugosa) das sementes (figura 1). Em seus experimentos, Mendel analisou uma característica por vez em um grande número de descendentes, determinando a proporção em que ela aparecia nesses indivíduos.

Forma da semente	lisa 	rugosa 
Cor da semente	amarela 	verde 
Forma da vagem	lisa 	ondulada 
Cor da vagem	verde 	amarela 
Cor da flor	púrpura 	branca 
Posição da flor	axial (ao longo do caule) 	terminal (na ponta do caule) 
Tamanho da planta	alta (caule de 1,9 m a 2,2 m de comprimento) 	baixa (caule de 0,24 m a 0,46 m de comprimento) 

Ilustrações: Ingeborg Asbach/Arquivo da editora

Nigel Cattlin/Photoresearchers/Latinstock

Figura 1 Características das ervilhas estudadas por Mendel. (Os elementos ilustrados não estão na mesma escala; cores fantasia.) Na foto, pé de ervilha (comprimento do caule entre 0,24 m e 2,2 m).

Mendel supôs que para que uma planta tivesse uma determinada característica, como semente amarela, ela deveria possuir um "elemento" ou "fator" responsável por essa cor. Antes de iniciar os cruzamentos, escolheu espécimes **puros**, ou seja, plantas que se reproduziram por seis gerações e geraram apenas indivíduos com a mesma característica (Ex.: plantas com sementes rugosas que geraram, por seis autofecundações consecutivas, apenas descendentes com sementes rugosas).

Após a seleção dos espécimes ideais, Mendel cruzou uma planta pura de sementes amarelas com uma de sementes verdes (figura 2). Essa geração é atualmente denominada **geração parental** ou **P**. As plantas geradas por este cruzamento constituem a **primeira geração** ou $\mathbf{F_1}$ e, no caso do experimento mencionado, apresentaram 100% de sementes amarelas. Mendel chamou esses indivíduos de **híbridos**, uma vez que foram originados a partir de pais com características contrastantes. Quando as plantas de $\mathbf{F_1}$ se reproduziram por autofecundação, foi gerada a **segunda geração** ou $\mathbf{F_2}$.

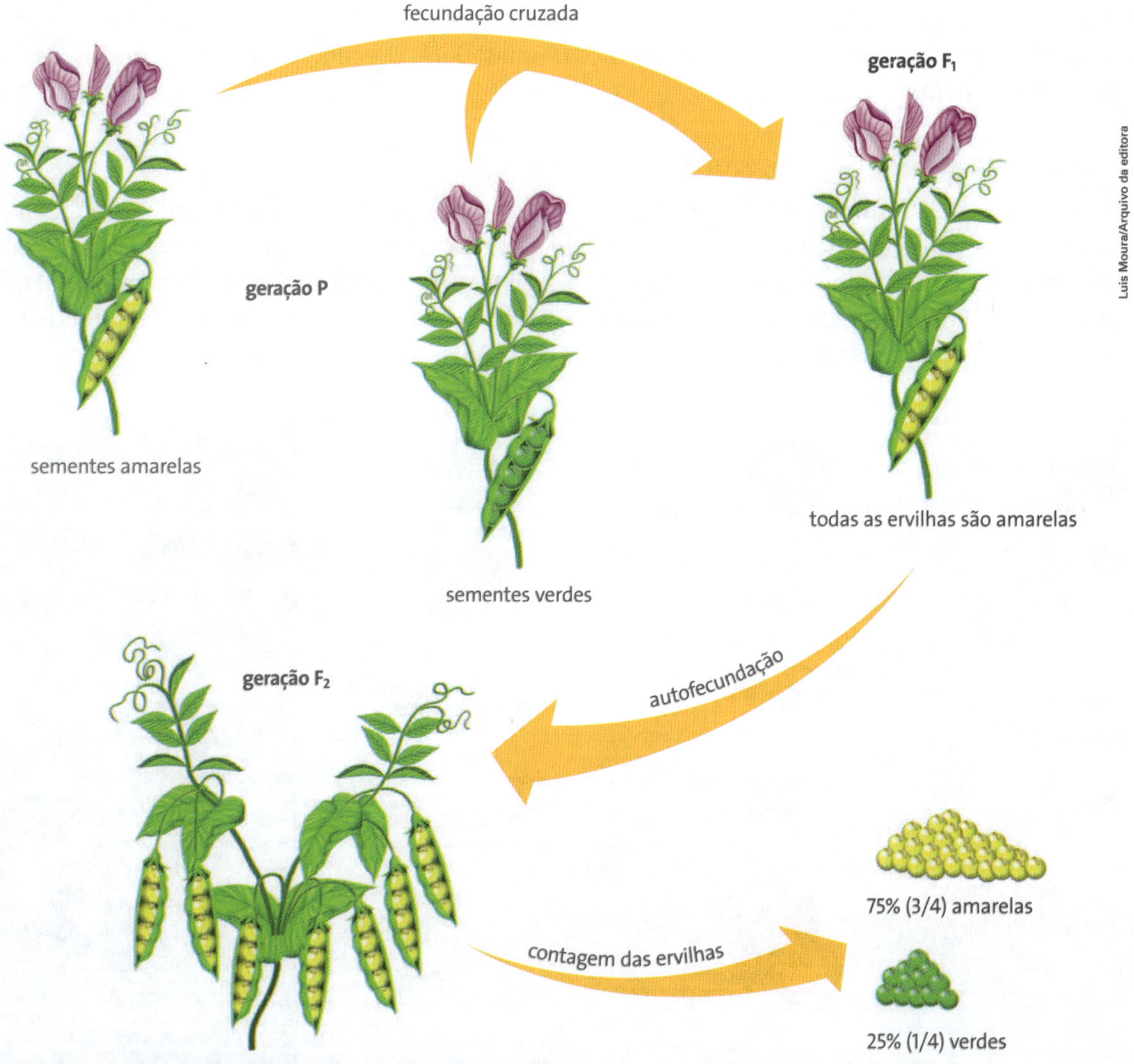

Figura 2 No cruzamento de ervilhas amarelas e verdes puras (geração P), Mendel obteve plantas com todas as ervilhas amarelas (geração F_1). A autofecundação dessas plantas produziu 75% de ervilhas amarelas e 25% de ervilhas verdes (geração F_2). (Os elementos da ilustração não estão na mesma escala; cores fantasia.)

Dentre os indivíduos da segunda geração, Mendel observou que aproximadamente 75% das plantas tinham sementes amarelas e 25%, sementes verdes, uma proporção média de 3:1 (figura 2). Tal resultado permitiu que Mendel concluísse que o "elemento" verde havia permanecido na geração $\mathbf{F_1}$, porém, sem manifestação, e que a cor amarela havia predominado. Assim, chamou a cor amarela de **dominante** e a cor verde de **recessiva**. Na figura 1, a coluna da esquerda corresponde às características dominantes na ervilha, enquanto a coluna da direita corresponde às recessivas.

Ao analisar os descendentes para outras características, tais como cor da vagem e forma das ervilhas, Mendel constatou resultados parecidos com o anterior: todos os indivíduos da geração F_1 tinham a característica dominante, enquanto na geração F_2 havia uma proporção de três indivíduos com característica dominante para um indivíduo com característica recessiva.

A partir desses resultados, Mendel pôde concluir que cada característica é determinada por um par de fatores, sendo um recebido da mãe e o outro do pai. Quando esses dois fatores são diferentes, apenas o dominante se manifesta. O fator que não aparece é chamado recessivo. Outra importante constatação de Mendel está relacionada à formação dos gametas: cada gameta possui apenas um fator. Esta conclusão é conhecida como **primeira lei de Mendel, lei da segregação de um par de fatores** ou **lei do monoibridismo**, e é enunciada da seguinte forma: "Cada caráter é condicionado por um par de fatores que se separam na formação dos gametas, nos quais ocorrem em dose simples".

Interpretação atual da primeira lei de Mendel

As conclusões de Mendel podem ser explicadas com base nos conhecimentos atuais sobre genética. No entanto, como veremos posteriormente, não se aplicam a todos os tipos de herança.

A maioria dos seres vivos são organismos **diploides** (2n), apresentando dois cromossomos de cada tipo. Os cromossomos de um mesmo par, que possuem as mesmas características, são chamados **cromossomos homólogos** e têm origens diferentes: um é proveniente do pai e o outro da mãe.

Cada cromossomo do par de homólogos possui a mesma quantidade de genes que atuam nas mesmas características. O lugar em que um gene está situado no cromossomo é chamado **loco (ou lócus) gênico** ou simplesmente **loco** (figura 3).

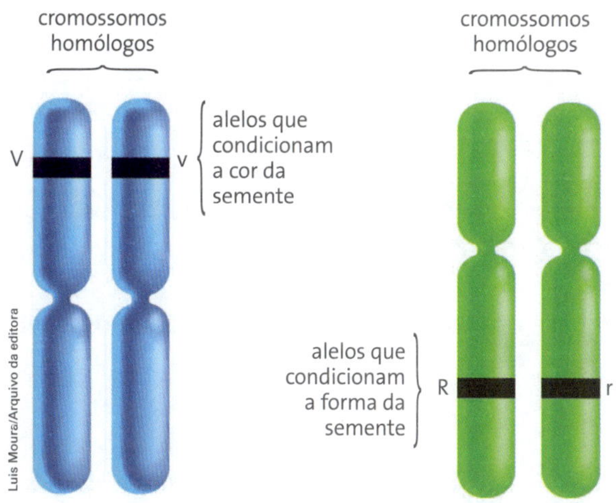

Figura 3 Esquema simplificado representando dois dos sete pares de cromossomos homólogos da célula da ervilha e dois pares de alelos. O gene para cor da semente, por exemplo, tem dois alelos, um para cor amarela (V) e outro para cor verde (v). (Comprimento dos cromossomos de 1 µm a 10 µm; cores fantasia.)

Para uma mesma característica pode haver versões diferentes de um mesmo gene. Tais versões são denominadas **alelos**. Assim, um dos cromossomos pode ter um alelo diferente daquele presente no mesmo loco de seu homólogo, como representado na figura 3. É a interação destes alelos que determinará qual característica será expressa em cada indivíduo.

Por convenção, se utiliza a letra inicial do caráter recessivo para denominar os alelos: o dominante é representado pela letra maiúscula da característica recessiva, enquanto o recessivo, pela minúscula. Assim, no caso da forma da semente, o alelo responsável pela ervilha rugosa, característica recessiva, é representado pela letra **r**. O alelo dominante, responsável pela ervilha lisa, pela letra **R**. As características dominantes são expressas quando existe um alelo dominante em algum dos cromossomos (genótipo **Rr** ou **RR**, ou seja, dominante **heterozigoto** ou dominante **homozigoto**, respectivamente). Já a característica recessiva é expressa somente quando o alelo recessivo está presente nos dois cromossomos (genótipo **rr**, isto é, recessivo **homozigoto**). O **genótipo** é o conjunto de genes que um indivíduo apresenta em suas células. O conjunto das características determinadas por eles corresponde ao **fenótipo**.

Com base nesses partir desses conhecimentos, podemos dizer que o cruzamento entre plantas puras de ervilhas amarelas (VV) com plantas puras de ervilhas verdes (vv) gera uma descendência F_1 com 100% de ervilhas amarelas heterozigotas (Vv). A autofecundação desses indivíduos, por sua vez, gera em F_2 3/4 de descendentes com ervilhas amarelas (1/4 VV e 2/4 Vv) e 1/4 de descendentes com ervilhas verdes (vv), como mostra a figura 4. Pode-se concluir que indivíduos com fenótipo dominante para dada característica podem ser homozigotos ou heterozigotos.

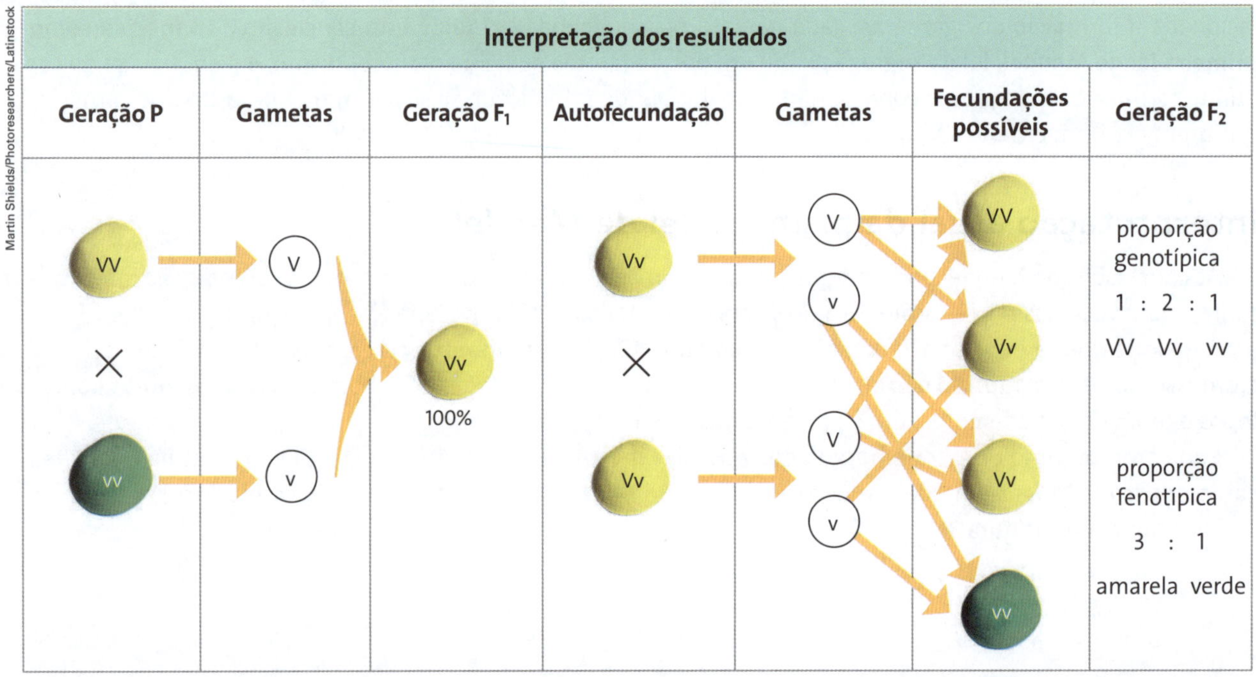

Figura 4 Interpretação dos resultados do cruzamento entre plantas de ervilhas amarelas e verdes puras e da autofecundação das ervilhas resultantes (as sementes medem de 7 mm a 10 mm de diâmetro).

Como as fecundações são ao acaso, os resultados obtidos somente serão parecidos aos observados por Mendel quando um grande número de descendentes é analisado. A proporção genotípica será de 1:2:1, enquanto a fenotípica será de 3:1.

Assim, analisando as descobertas de Mendel com base nos conhecimentos atuais, podemos fazer as afirmações apresentadas no quadro abaixo.

Conclusões de Mendel	Cada caráter é condicionado por um par de fatores.	Esses fatores se separam na formação dos gametas.	Nos gametas, os fatores ocorrem em dose simples, ou seja, os gametas são puros.
Interpretações atuais	Cada caráter é condicionado por um par de alelos.	Em consequência do emparelhamento e da separação dos cromossomos homólogos na meiose, os alelos se separam na formação dos gametas.	Como a meiose produz células com apenas um cromossomo do par, cada gameta possui apenas um alelo de cada par. Não há, portanto, "gametas híbridos".

Quando se pretende descobrir se um indivíduo com característica dominante é homozigoto ou heterozigoto, realiza-se o chamado **cruzamento-teste**, que consiste no cruzamento do indivíduo dominante com um recessivo para a característica em questão. A presença de descendentes com a característica recessiva indica que o dominante é heterozigoto.

Exercícios resolvidos

1. (UFG-GO) Ao realizar experimentos para investigar a hereditariedade, Mendel analisou o cruzamento entre duas linhagens de ervilha para uma mesma característica. Assim, ao cruzar linhagens puras de ervilha de semente amarela com as ervilhas de semente verde, Mendel verificou que, em F_1,
   a) 25% das sementes apresentavam o alelo recessivo para cor.
   b) 50% das sementes obtidas tinham fenótipo de cor verde.
   c) 50% das sementes formadas eram homozigotas.
   d) 75% das sementes apresentavam o genótipo dominante.
   e) 100% das sementes formadas eram amarelas.

Resolução

Linhagens puras de ervilha de semente amarela são VV. Linhagens puras de ervilha de semente verde são vv. Ao cruzarmos ervilhas VV com ervilhas vv, temos:

	v	v
V	Vv	Vv
V	Vv	Vv

A geração F_1 é 100% heterozigota (Vv). Como o alelo para semente amarela é dominante, 100% dos descendentes terão sementes amarelas.

Resposta: **E**.

2. (UFRN) Em ervilhas, a cor amarela é dominante em relação à verde. Do cruzamento de heterozigotos, nasceram 720 descendentes.
   Assinale a opção cujo número corresponde à quantidade de descendentes amarelos.
   a) 360
   b) 540
   c) 180
   d) 720

Resolução

Do cruzamento de heterozigotos, segundo a 1ª lei de Mendel, espera-se uma proporção fenotípica de 3 dominantes para 1 recessivo. Podemos observar isso ao realizar o cruzamento proposto entre os heterozigotos:

	V	v
V	VV	Vv
v	Vv	vv

Note que 3 dos 4 genótipos resultantes possuem pelo menos um V, ou seja, apresentarão cor amarela. Assim, o número de descendentes com ervilhas amarelas será 3/4 de 720, isto é, 540.

Resposta: **B**.

Exercícios propostos

1. (UFRN) Tanto o indivíduo homozigoto para genes dominantes quanto o heterozigoto exibem a mesma característica fenotípica, sendo, portanto, fenotipicamente indistinguíveis. Para determinar seus genótipos, utiliza-se:
   a) cruzamento com indivíduos homozigotos dominantes
   b) estudo do cariótipo
   c) exame de sangue
   d) "crossing- over"
   e) cruzamento teste

2. (Unifor-CE) Um estudante, ao iniciar o curso de Genética, anotou o seguinte:
   I. Cada caráter hereditário é determinado por um par de fatores e, como estes se separam na formação dos gametas, cada gameta recebe apenas um fator do par.
   II. Cada par de alelos presentes nas células diploides separa-se na meiose, de modo que cada célula haploide só recebe um alelo do par.
   III. Antes da divisão celular se iniciar, cada molécula de DNA se duplica e, na mitose, as duas moléculas resultantes se separam, indo para células diferentes.

   A primeira lei de Mendel está expressa em:
   a) I, somente.
   b) II, somente.
   c) I e II, somente.
   d) II e III, somente.
   e) I, II e III.

3. (Udesc) Relacione os conceitos dos verbetes, utilizados na genética, da primeira coluna com o significado da segunda coluna.

   (1) Genótipo
   (2) Fenótipo
   (3) Alelo dominante
   (4) Alelo recessivo
   (5) Cromossomos homólogos
   (6) Lócus gênico

   ( ) Expressa-se mesmo em heterozigose.
   ( ) Pareiam-se durante a meiose.
   ( ) Conjunto de características morfológicas ou funcionais do indivíduo.
   ( ) Local ocupado pelos genes nos cromossomos.
   ( ) Constituição genética dos indivíduos.
   ( ) Expressa-se apenas em homozigose.

   Assinale a alternativa que contém a sequência correta, de cima para baixo.
   a) 4 – 6 – 5 – 2 – 1 – 3
   b) 3 – 5 – 6 – 2 – 1 – 4
   c) 3 – 5 – 1 – 6 – 2 – 4
   d) 3 – 5 – 2 – 6 – 1 – 4
   e) 4 – 3 – 1 – 5 – 6 – 2

4. (Unifesp) Uma planta A e outra B, com ervilhas amarelas e de genótipos desconhecidos, foram cruzadas com plantas C que produzem ervilhas verdes. O cruzamento A × C originou 100% de plantas com ervilhas amarelas e o cruzamento B × C originou 50% de plantas com ervilhas amarelas e 50% verdes. Os genótipos das plantas A, B e C são, respectivamente,

a) Vv, vv, VV.

b) VV, vv, Vv.

c) VV, Vv, vv.

d) vv, VV, Vv.

e) vv, Vv, VV.

5. (PUC-PR) Quando duas populações da espécie vegetal *Zea mays* (milho), uma homozigota para o alelo dominante (AA) e uma homozigota para um alelo recessivo (aa), são cruzadas, toda a descendência da primeira geração (F_1) assemelha-se ao tipo parental dominante (Aa), embora seja heterozigota. Porém, quando a geração F_1 se intercruza, a proporção fenotípica mendeliana 3:1 aparecerá na geração F_2, pois os genótipos serão:

a) 1/2 AA e 1/2 aa

b) 1/4 AA, 1/2 Aa e 1/4 aa

c) 1/3 AA e 1/4 aa

d) 1/4 Aa, 1/2 AA e 1/4 aa

e) É impossível determinar os genótipos utilizando os dados acima.

6. (Fuvest-SP) Para que a célula possa transportar, para seu interior, o colesterol da circulação sanguínea, é necessária a presença de uma determinada proteína em sua membrana. Existem mutações no gene responsável pela síntese dessa proteína que impedem sua produção. Quando um homem ou uma mulher possui uma dessas mutações, mesmo tendo também um alelo normal, apresenta hipercolesterolemia, ou seja, aumento do nível de colesterol no sangue.
A hipercolesterolemia devida a essa mutação tem, portanto, herança:

a) autossômica dominante.

b) autossômica recessiva.

c) ligada ao X dominante.

d) ligada ao X recessiva.

e) autossômica codominante.

7. (UCS-RS) Alelos são pares de genes responsáveis pela expressão de determinadas características num organismo. Em cobaias de laboratório, foram identificados alelos que controlam a coloração do pelo, seguindo o padrão abaixo.

Cobaia 1: AA – coloração cinza

Cobaia 2: Aa – coloração cinza

Cobaia 3: aa – coloração branca

A partir desse padrão, analise as afirmações abaixo.

– Considerando um cruzamento das cobaias 1 × 2, a chance de obtenção de um indivíduo cinza é de ________.

– Considerando um cruzamento das cobaias 2 × 3, a chance de obtenção de um indivíduo branco é de ________.

– A coloração branca só aparece em indivíduos ________.

Assinale a alternativa que completa, correta e respectivamente, as lacunas acima.

a) 100% – 50% – homozigóticos recessivos.

b) 50% – 50% – homozigóticos recessivos.

c) 75% – 25% – heterozigóticos dominantes.

d) 25% – 50% – heterozigóticos recessivos.

e) 100% – 50% – homozigóticos dominantes.

MÓDULO 20 • Noções de probabilidade

A Probabilidade, uma teoria da Matemática, é aplicada por várias ciências e permite que se estime a possibilidade de que determinado evento ocorra. Em Genética, são empregadas duas regras simples de probabilidade, apresentadas a seguir.

Regra da multiplicação ou regra do "e"

Essa regra define a probabilidade de dois ou mais eventos independentes acontecerem de maneira conjunta. Os eventos são considerados independentes quando a ocorrência de um deles não interfere na probabilidade de ocorrência do outro.

Quando estudamos o cruzamento de dois indivíduos heterozigotos, por exemplo, usamos a probabilidade para calcular a proporção de descendentes. Cada indivíduo **Aa** produzirá 50% (ou 1/2) de gametas **A** e 50% (ou 1/2) de gametas **a**. A probabilidade de que nesse cruzamento seja originado um homozigoto **AA** depende da probabilidade de que seus pais produzam gametas **A**. Assim, a probabilidade de que esse evento aconteça é obtida pelo produto das probabilidades isoladas de cada gameta ($1/2 \times 1/2 = 1/4 = 25\%$).

Podemos dizer que a probabilidade de que dois ou mais eventos independentes ocorram conjuntamente é calculada multiplicando-se a probabilidade de cada evento acontecer de forma isolada.

Regra da adição ou regra do "ou"

Essa regra define a probabilidade de que ocorra um evento ou outro, isto é, de que ocorram dois eventos que se excluem mutuamente (não podem acontecer juntos). Para calculá-la, faz-se a soma das probabilidades de cada evento acontecer de forma isolada.

Indivíduos **Aa** podem ser originados de duas formas: um espermatozoide **A** pode fecundar um óvulo **a** ou um espermatozoide **a** pode fecundar um óvulo **A**. A fim de determinar a proporção de indivíduos **Aa** gerados no cruzamento de dois indivíduos heterozigotos, somamos a probabilidade de que sejam formados indivíduos com **a** proveniente da mãe e **A** proveniente do pai à probabilidade de que sejam originados indivíduos com **A** vindo da mãe e **a** do pai. Como a probabilidade de cada um desses eventos é 1/4, tem-se: $1/4 + 1/4 = 2/4 = 1/2 = 50\%$.

Em suma, quando há dois ou mais acontecimentos mutuamente exclusivos ocorrendo, usamos a regra da adição, que consiste na soma das probabilidades.

Exercício resolvido

(UFPI) Um casal pretende ter um filho, mas ambos possuem registro de fibrose cística na família. (**1**) Qual o único modo pelo qual o homem e a mulher podem ter um filho com fibrose cística? (**2**) Qual a probabilidade de ambos, o homem e a mulher, serem heterozigotos? (**3**) Qual a probabilidade de terem filhos com fibrose cística? (**4**) Qual a probabilidade de os pais serem heterozigotos e de seu primeiro filho ter fibrose cística?

A alternativa com as respostas corretas para todas as indagações é:

a) (**1**) Os pais devem ser heterozigotos. (**2**) 4/9. (**3**) 1/4. (**4**) 1/9.

b) (**1**) Os pais devem ser homozigotos dominantes.

(**2**) 2/3. (**3**) 1/4. (**4**) 1/4.

c) (**1**) Os pais devem ser homozigotos recessivos. (**2**) 1/4. (**3**) 2/3.(**4**) 4/9.

d) (**1**) Os pais devem ser heterozigotos. (**2**) 2/3. (**3**) 1/4. (**4**) 1/9.

e) (**1**) Os pais devem ser homozigotos recessivos. (**2**) 2/3. (**3**) 1/4. (**4**) 1/2.

Resolução

Para que o casal tenha um filho com fibrose cística, tanto o pai quanto a mãe devem ser heterozigotos. Considerando que ambos são normais, a probabilidade de que sejam heterozigotos é de 2/3 para o pai e 2/3 para mãe. Logo, a probabilidade de que os dois sejam heterozigotos é $4/9 (2/3 \times 2/3)$. Uma vez que os dois são heterozigotos, a probabilidade de que tenham descendentes com a doença é de 1/4, conforme o cruzamento:

A partir das probabilidades já apresentadas, pode-se concluir que a probabilidade de a mãe ser heterozigota **e** de o pai ser heterozigoto **e** de o primeiro filho ter fibrose cística é de 1/9 ($2/3 \times 2/3 \times 1/4$).

	A	*a*
A	*AA*	*Aa*
a	*Aa*	*aa*

Resposta: **A**.

Exercícios propostos

1. (Mack-SP) Um casal, em que ambos são polidáctilos (uma condição dominante), tem uma filha também polidáctila e um filho normal. A probabilidade de o casal vir a ter uma filha normal é de:

a) 1/4
b) 1/6
c) 1/8
d) 1/12
e) 2/3

2. (Unemat-MT) Maria possui a anomalia genética autossômica recessiva chamada galactosemia. Indivíduos galactosêmicos apresentam, entre outras manifestações, a incapacidade de degradar a lactose existente no leite. Maria casou-se com João, homem normal, cujo pai era galactosêmico. Este casal teve dois filhos do sexo masculino e normais. Maria está grávida da terceira criança e quer saber qual a probabilidade desta criança ser do sexo feminino e ter a galactosemia.

Assinale a alternativa CORRETA.

a) 1/2
b) 1/4
c) 3/4
d) 1/8
e) 3/8

3. (Unirio-RJ) Fenilcetonúria é uma doença hereditária humana resultante da inabilidade do organismo de processar o aminoácido fenilalanina, que está presente nas proteínas da dieta humana, e é causada por um alelo recessivo por herança Mendeliana simples. Um casal decide ter um filho, mas consulta um geneticista porque o homem tem uma irmã com fenilcetonúria, e a mulher tem um irmão com esta mesma doença. Não há outros casos conhecidos nas famílias. A probabilidade de sua primeira criança ter fenilcetonúria é de:

a) 1/2.
b) 1/4.
c) 1/9.
d) 2/3.
e) 4/9.

4. (PUC-RS) Em uma clínica de aconselhamento genético, um casal recebeu a notícia de que teria 1/4 de probabilidade de gerar um descendente portador de uma grave anomalia. Qual a probabilidade que tem esse casal de gerar um filho do sexo feminino portador dessa anomalia genética?

a) 1/8
b) 1/15
c) 1/17
d) 1/21
e) 1/23

5. (UFPR) Os seres vivos são acometidos por várias doenças, que podem ter diversas origens. A exostose múltipla é uma anomalia que se caracteriza por lesões nos ossos e ocorre tanto em seres humanos quanto em cavalos. Segundo os pesquisadores que a estudaram, é determinada por um gene autossômico dominante. Considere um macho afetado, filho de uma fêmea normal, que seja cruzado com uma fêmea também normal. A probabilidade desse cruzamento produzir um descendente (macho ou fêmea) normal é de:

a) 100%
b) 75%
c) 50%
d) 25%
e) 0%

MÓDULO 21 • Polialelia, genes letais e heredogramas

Alelos múltiplos em coelhos

A **polialelia** ocorre quando há múltiplos alelos que influenciam a mesma característica. O alelo original e que sofreu diferentes mutações é chamado de **selvagem**.

Um exemplo clássico de polialelia é a cor da pelagem em coelhos, da qual participam quatro alelos. O alelo **C** determina a pelagem selvagem, também chamada aguti. Mutações nesse alelo geraram os alelos $\mathbf{c^{ch}}$ (para chinchila, de pelo cinza-prateado), $\mathbf{c^{h}}$ (para himalaia, de pelo branco com extremidades do corpo pretas) e **c** (para albino, de pelos totalmente brancos) (figura 1).

A dominância ocorre na seguinte ordem:

$\mathbf{C > c^{ch} > c^{h} > c}$.

Veja no quadro abaixo os possíveis fenótipos e genótipos:

Fenótipo	Genótipo
Selvagem ou aguti	$CC; Cc^{ch}; Cc^{h}; Cc$
Chinchila	$c^{ch}c^{ch}; c^{ch}c^{h}; c^{ch}c$
Himalaia	$c^{h}c^{h}; c^{h}c$
Albino	cc

Fenótipo	 Selvagem ou aguti	 Chinchila	 Himalaia	 Albino
Genótipo	CC Cc^{ch} Cc^{h} Cc	$c^{ch}c^{ch}$ $c^{ch}c^{h}$ $c^{ch}c$	$c^{h}c^{h}$ $c^{h}c$	cc

Figura 1 A polialelia que determina o padrão de cores da pelagem em coelhos (coelhos adultos têm de 18 cm a 30 cm de comprimento, aproximadamente).

Genes letais

Alguns alelos, quando ocorrem, podem ocasionar a morte dos embriões. Os chamados **alelos letais** são encontrados, por exemplo, em camundongos: o alelo dominante para a coloração da pelagem (**P**) confere a cor amarela aos animais, mas quando ocorre em homozigose dominante (**PP**), ocasiona a morte do embrião. Assim, nos cruzamentos entre animais heterozigotos, a descendência é de dois animais de pelagem amarela (**Pp**) para um animal de pelo marrom-acinzentado (**pp**), como pode ser observado na figura 2. Embora os embriões de genótipo PP se formem, não conseguem se desenvolver. O alelo P é dominante para a cor do pelo, mas recessivo para letalidade porque só mata quando em homozigose.

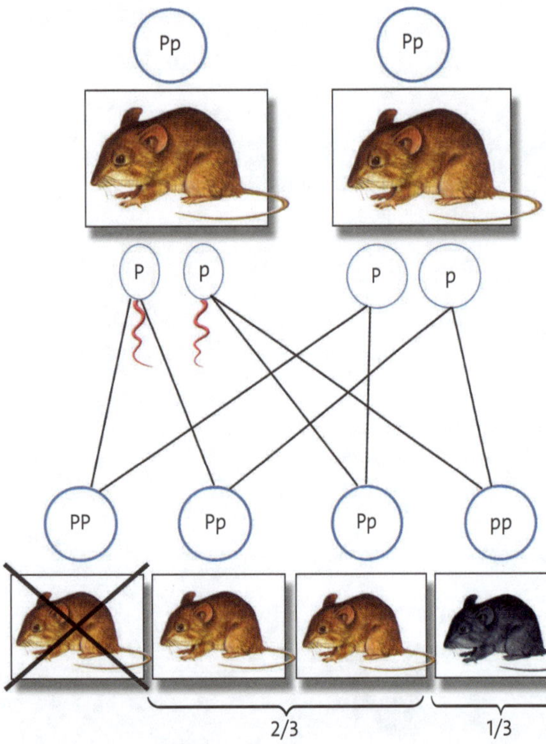

Luis Moura/Arquivo da editora

Figura 2 O alelo para pelo amarelo é letal em dose dupla (camundongos adultos têm entre 6 cm e 9 cm de comprimento, fora a cauda).

Heredograma

Os **heredogramas** ou **árvores genealógicas** são esquemas elaborados para descobrir a herança das características humanas. Por meio de símbolos, é possível, por exemplo, representar as relações de parentesco em uma família, o sexo dos indivíduos, a ordem de nascimento e quais são afetados por determinada anomalia. O quadro a seguir exemplifica uma família acometida por albinismo e ilustra os símbolos utilizados para a confecção de heredogramas e reconhecidos internacionalmente (figura 3).

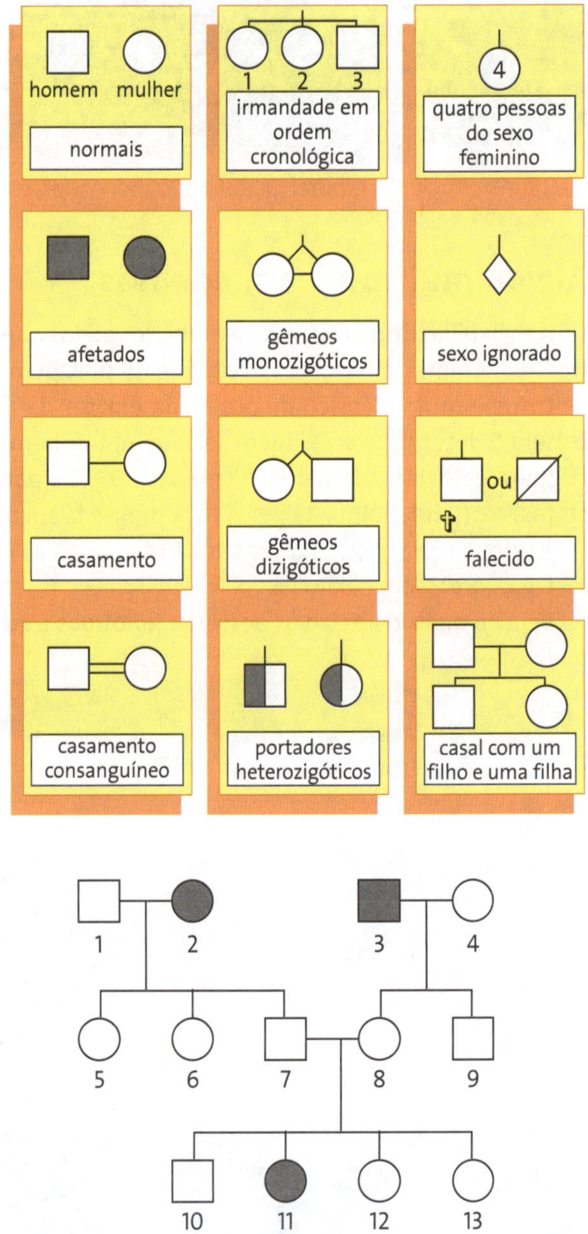

Figura 3 Símbolos usados nos heredogramas e heredograma de uma família que apresenta uma forma de albinismo.

Analisando o heredograma apresentado na figura 3 podemos concluir que:

- o caráter em questão, o albinismo, é recessivo, pois o cruzamento entre os indivíduos 7 e 8 (não afetados), gerou uma descendente (11) afetada (aa). Assim, podemos dizer que 7 e 8 são heterozigotos (Aa);
- os indivíduos 2 e 3 também são afetados e, portanto, homozigotos recessivos (aa);
- os filhos do casal 1 e 2 e os filhos do casal 3 e 4 são heterozigotos (Aa), pois um de seus pais é homozigoto recessivo (aa) e o outro não é afetado (podendo ser AA ou Aa);
- não é possível saber o genótipo de 10, 12 e 13.

Exercícios resolvidos

1. (Uece) Sabe-se que em determinada população manifestam-se 3 (três) tipos de alelos A^x, A^y e A^z e que a relação de dominância é $A^x > A^y > A^z$. Suponha que numa população hipotética de 15 000 indivíduos, este caso de polialelia se expresse de acordo com o quadro abaixo.

Genótipo	Frequência
A^xA^x	3000
A^xA^y	3500
A^xA^z	1000
A^yA^y	4000
A^yA^z	2000
A^zA^z	1500
TOTAL	15000

Partindo dessa suposição, pode-se concluir corretamente que a frequência de fenótipos que expressam o gene A^z é de

a) 75%. b) 50%. c) 25%. d) 10%.

Resolução

Considerando a relação de dominância, apenas os indivíduos A^zA^z expressaram a característica condicionada por esse alelo. Logo, $1500/15\,000 = 0{,}1 = 10\%$.

Resposta: **D**.

2. (FPS-PE) Abaixo é mostrada a genealogia de uma família acometida pela doença X. Considerando três gerações dessa família, identifique corretamente os genótipos de alguns dos familiares, dentre as alternativas que se seguem:

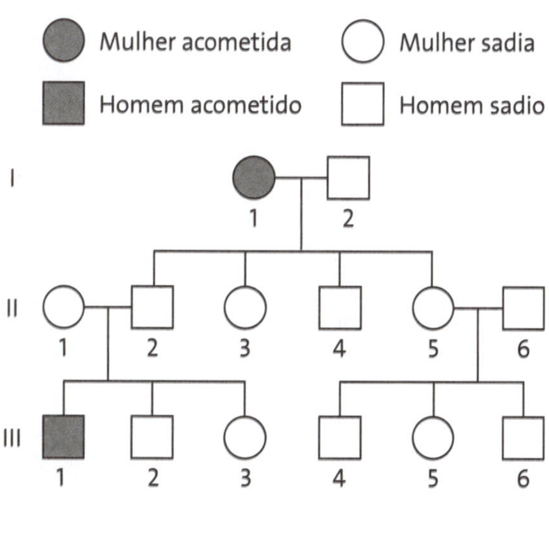

a) I-1 (aa); II-2 (aa); III-2 (Aa)
b) I-1 (aa); II-1 (Aa); III-5 (AA)
c) I-2 (Aa); II-6 (AA); III-4 (aa)
d) I-1 (Aa); II-5 (Aa); III-3 (AA)
e) I-2 (aa); II-4 (Aa); III-6 (Aa)

Resolução

Pela análise do heredograma, pode-se concluir que a doença é recessiva, visto que uma mulher afetada (ou acometida) teve filhos sadios. Logo, considerando as alternativas apresentadas, a única correta é a que mostra os seguintes genótipos: I-1 (aa), II-1 (Aa) e III-5 (AA):

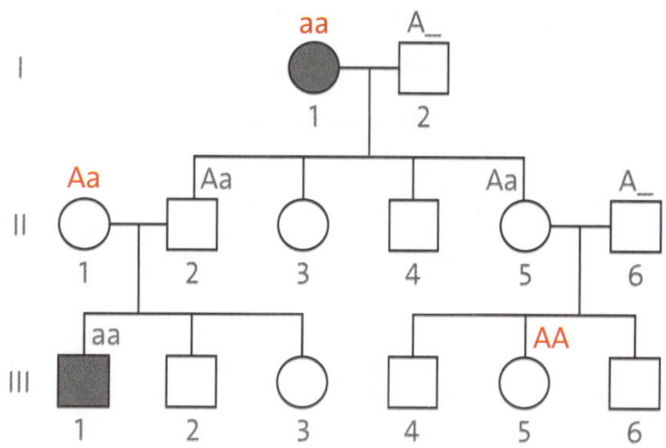

Resposta: **B**.

Exercícios propostos

1. (PUC-SP) Uma determinada doença humana segue o padrão de herança autossômica, com os seguintes genótipos e fenótipos:

AA – determina indivíduos normais.

AA_1 – determina uma forma branda da doença.

A_1A_1 – determina uma forma grave da doença.

Sabendo-se que os indivíduos com genótipo A_1A_1 morrem durante a embriogênese, qual a probabilidade do nascimento de uma criança de fenótipo normal a partir de um casal heterozigótico para a doença?

a) 1/2 b) 1/3 c) 1/4 d) 2/3 e) 3/4

2. (Fepecs-DF) O heredograma abaixo mostra uma família em que o casal (1 e 2) de fenótipo normal tem dois filhos, um menino (3) e uma menina (4). A menina apresenta uma doença monogênica.

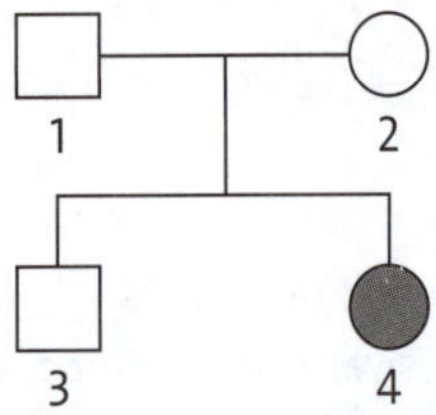

Sabendo que existem dois genes alelos (A e a) envolvidos na herança da doença, os genótipos de cada membro da família são:

a) 1-Aa; 2-Aa; 3-AA ou Aa; 4-Aa;

b) 1-Aa; 2-Aa; 3-AA ; 4-Aa ou aa;

c) 1-Aa; 2-AA ou Aa; 3-Aa; 4-aa;

d) 1-AA; 2-Aa; 3-AA ou Aa; 4-aa;

e) 1-Aa; 2-Aa; 3-AA ou Aa; 4-aa.

3. (Fatec-SP) Observe o heredograma a seguir que representa indivíduos albinos (afetados) e com pigmentação normal (normais).

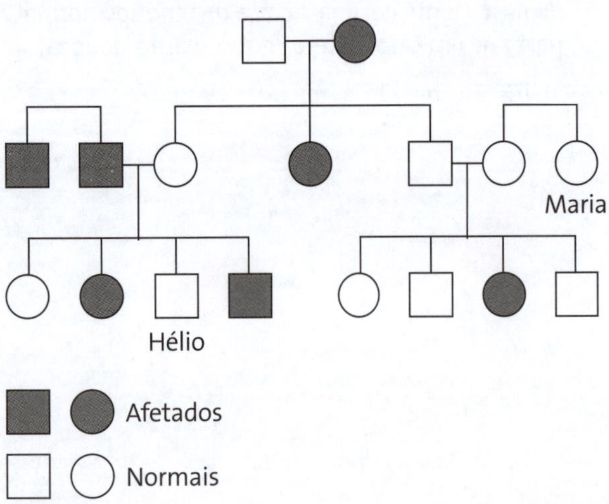

Hélio e Maria vão se casar.

A chance de que o casal tenha uma filha albina, considerando que Maria é filha de pais heterozigotos, é:

a) zero

b) 1/12

c) 1/8

d) 1/6

e) 1/4

4. (Mack-SP) Assinale a alternativa correta a respeito do heredograma abaixo.

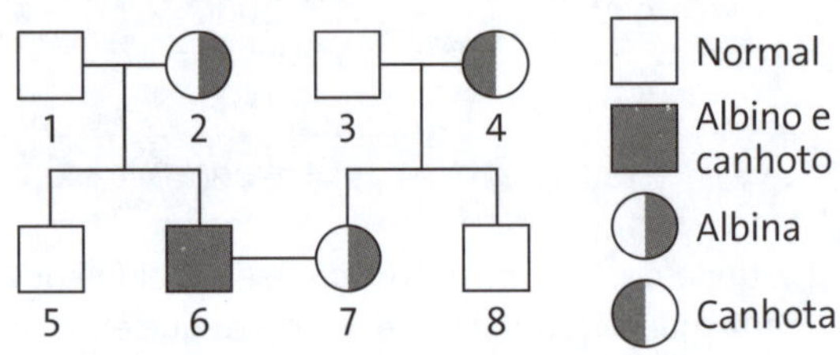

a) O indivíduo 1 pode ser homozigoto para o albinismo.

b) O casal 1 × 2 tem 50% de probabilidade de ter uma criança destra e normal para o albinismo.

c) Um dos pais do indivíduo 4 é obrigatoriamente canhoto.

d) Todos os filhos do casal 6 × 7 serão albinos.

e) Os indivíduos 1 e 8 têm obrigatoriamente o mesmo genótipo.

5. (PUC-RS) Um sistema de alelos múltiplos governa a cor de determinada flor da seguinte maneira: F = laranja; f^1 = amarela; f^2 = branca. Considerando que a sequência de dominância segue o padrão $F > f^1 > f^2$, plantas com os genótipos FF, Ff^1 e Ff^2 teriam flores de cor:

a) laranja, apenas.

b) laranja e amarela, apenas.

c) laranja e branca, apenas.

d) amarela e branca, apenas.

e) laranja, amarela e branca.

Sistema ABO

Nos seres humanos são encontrados quatro tipos sanguíneos do sistema ABO: A, B, AB e O. Os indivíduos que possuem sangue tipo A apresentam o antígeno **aglutinogênio A**. Pessoas com tipo sanguíneo B, possuem o antígeno **aglutinogênio B**. Quem é do tipo AB apresenta os dois antígenos, enquanto indivíduos do grupo O não possuem nenhum deles.

Os aglutinogênios são polissacarídeos que se localizam na membrana das hemácias e cuja presença é determinada geneticamente por uma série de três alelos: o alelo **A** ou $\mathbf{I^A}$ condiciona a formação do aglutinogênio A; o alelo **B** ou $\mathbf{I^B}$ condiciona a formação do aglutinogênio B; e o alelo **O** ou **i** (ou $\mathbf{I^O}$) não promove a produção de aglutinogênio.

Os alelos I^A e I^B são dominantes em relação ao alelo i e apresentam codominância entre si. Assim, pessoas de genótipo I^AI^A e I^Ai apresentam aglutinogênio A, pessoas com genótipo I^BI^B e I^Bi possuem o aglutinogênio B, pessoas com genótipo I^AI^B apresentam tanto o aglutinogênio A quanto o B, e indivíduos com genótipo ii não possuem nenhum dos dois (figura 1).

No plasma podem ser encontradas as **aglutininas**, anticorpos produzidos pelo organismo contra os aglutinogênios e que promovem a aglutinação das hemácias. Pessoas de tipo sanguíneo A, por exemplo, produzem aglutininas anti-B, isto é, contra o aglutinogênio B. Indivíduos do grupo B produzem aglutininas anti-A, ou seja, contra o aglutinogênio A. Os do tipo sanguíneo AB não produzem aglutininas, e pessoas do grupo O produzem aglutininas contra os aglutinogênios A e B, pois são estranhos ao seu organismo.

Para determinar o tipo sanguíneo de uma pessoa são necessárias duas gotas de sangue, uma em cada extremidade de uma lâmina de microscopia. Em uma das gotas é aplicada uma gota de soro com aglutinina anti-A. Na outra, soro com aglutinina anti-B. Após misturar o sangue com a respectiva aglutinina, verifica-se se houve ou não aglutinação das hemácias. A aglutinação nas duas extremidades indica a presença dos aglutinogênios A e B e, portanto, o sangue é tipo AB. Se a aglutinação ocorrer apenas na extremidade em que foi colocada aglutinina anti-A, conclui-se que o tipo sanguíneo é A. Caso ela aconteça apenas na gota de sangue que foi misturada à aglutinina anti-B, o sangue é tipo B. O fato de não haver aglutinação das hemácias em nenhuma das extremidades indica a ausência de aglutinogênios A e B. Logo, o tipo sanguíneo é O.

Genótipo	Grupo	Hemácia	Plasma (aglutininas)
I^AI^A (AA) I^Ai (AO)	A	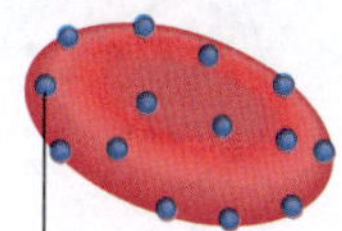 aglutinogênio A	anti-B
I^BI^B (BB) I^Bi (BO)	B	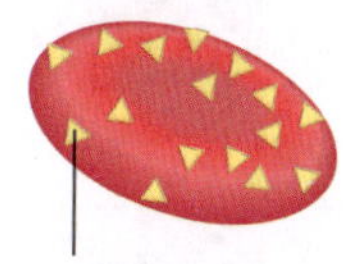 aglutinogênio B	anti-A
I^AI^B (AB)	AB	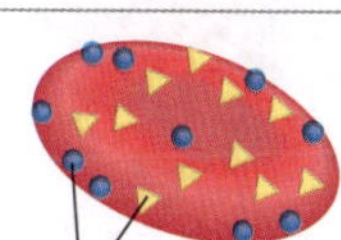 aglutinogênios A e B	nenhuma
ii (OO)	O	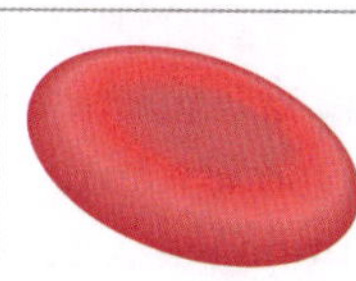 sem aglutinogênios	anti-A anti-B

Ilustrações: Luís Moura/Arquivo da editora

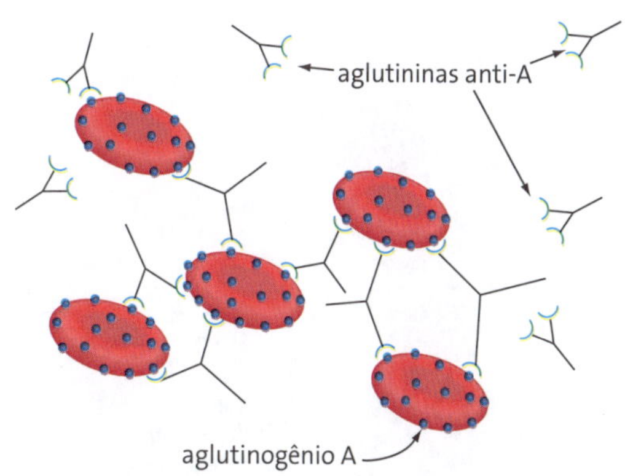

Figura 1 Os quatro grupos do sistema sanguíneo ABO e um exemplo de aglutinação (os elementos ilustrados não estão na mesma escala; anticorpos são cerca de cem vezes menores que uma célula; cores fantasia).

O mesmo ocorre quando há a mistura de tipos sanguíneos diferentes, como mostra a figura 2.

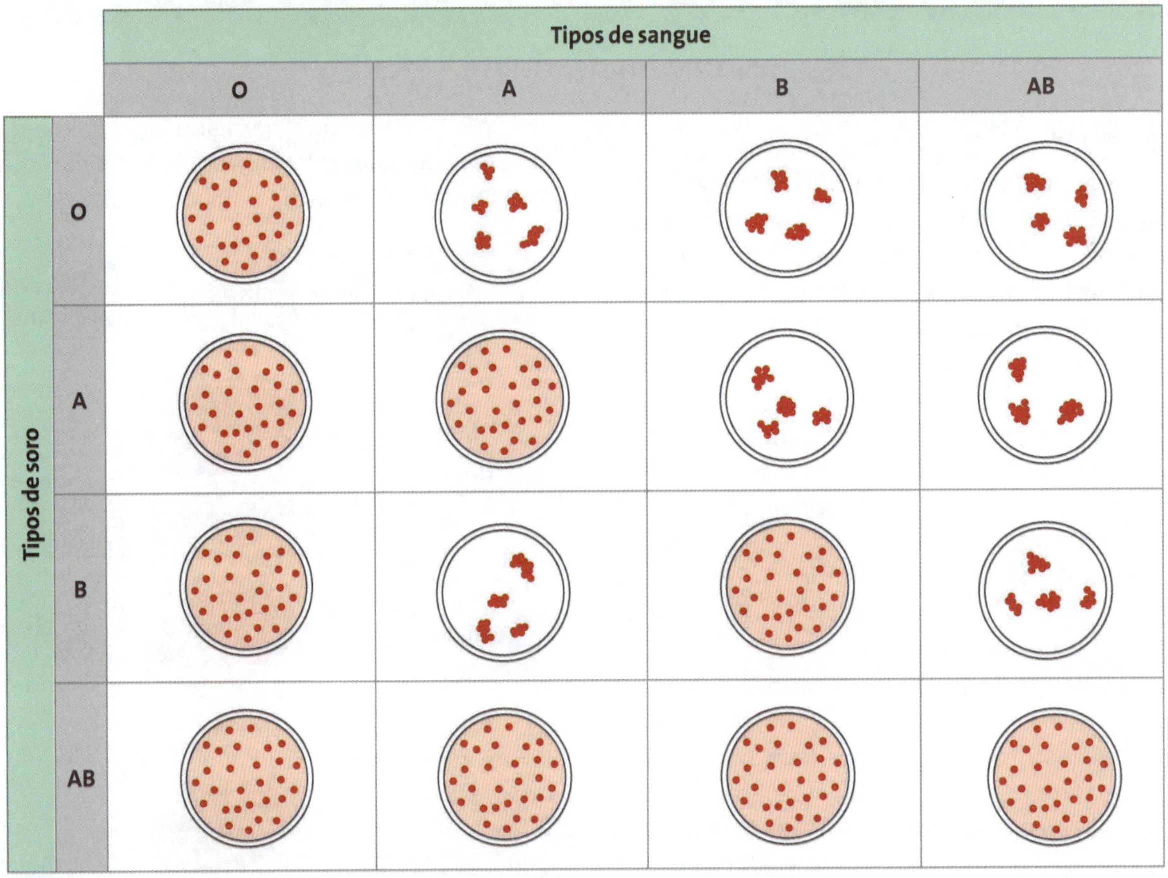

Shutterstock/Glow Images

Figura 2 Resultado das misturas dos tipos de soros e tipos de sangue. As partes brancas com grupos de hemácias indicam que houve aglutinação (figura sem escala; cores fantasia).

Para que seja realizada transfusão sanguínea segura, devem ser efetuados testes para a determinação do tipo sanguíneo e verificação da compatibilidade entre o sangue do doador e do receptor. Como o tipo sanguíneo O não possui aglutinogênio, é considerado doador universal, uma vez que pode ser recebido pelos outros grupos sanguíneos. O tipo sanguíneo AB, por sua vez, é considerado o **receptor universal** porque não possui aglutininas anti-A e anti-B. Já pessoas dos grupos A ou B, somente podem receber hemácias de pessoas de mesmo tipo sanguíneo ou de pessoas do grupo O (figura 3).

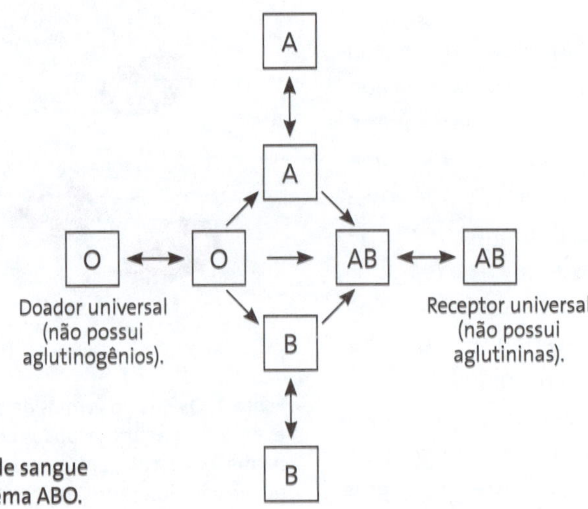

Figura 3 Possíveis transfusões de sangue tradicionais em relação ao sistema ABO.

Sistema Rh de grupo sanguíneo

Além do sistema ABO, existe também o sistema Rh de classificação de tipos sanguíneos. Ele é determinado pela presença ou não do antígeno **Rh** na superfície da hemácia. Pessoas que possuem o antígeno **Rh** são classificadas como Rh positivas (**Rh⁺**). Aquelas que não o possuem são denominadas Rh negativas (**Rh⁻**).

Para efeito de incompatibilidade de grupos sanguíneos, pode-se considerar um par de alelos envolvido na herança do fator Rh, sendo **D** dominante e **d** recessivo. Desse modo, indivíduos Rh positivos apresentam genótipo **DD** ou **Dd**, enquanto os Rh negativos são dd.

Um indivíduo Rh⁻, a princípio, não apresenta anticorpos anti-Rh no plasma. Eles passam a ser produzidos quando a pessoa recebe hemácias com o antígeno Rh, o que pode ocorrer em transfusões, durante a gravidez ou no parto.

Genótipo	Grupo	Hemácia	Plasma
DD ou Dd	Rh⁺	com antígeno Rh	sem anticorpos anti-Rh
dd	Rh⁻	sem antígeno Rh	com anticorpos anti-Rh se recebeu hemácias com antígeno Rh

No caso de transfusão de hemácias, as pessoas com tipo sanguíneo Rh⁺ podem receber sangue de pessoas Rh⁺ e Rh⁻. Já as Rh⁻ somente podem receber sangue do tipo Rh⁻, isto é, cujas hemácias não apresentam o antígeno Rh. Por esse motivo, os doadores universais de hemácias são do tipo sanguíneo O Rh⁻. Os receptores universais possuem sangue do tipo **AB Rh⁺**.

A **eritroblastose fetal** ou **doença hemolítica do recém-nascido** ocorre quando mães com sangue tipo Rh⁻, que já tenham tido contato prévio com sangue Rh⁺ (isto é, passaram a produzir anticorpos contra o antígeno Rh, provavelmente por causa de uma gestação anterior de feto com sangue Rh⁺), engravidam de feto com tipo sanguíneo Rh⁺. Neste caso, os anticorpos da mãe passam através da placenta e podem destruir as hemácias do feto. Em casos mais graves, pode ocorrer aborto involuntário. Caso a criança nasça, o tratamento é feito com a troca gradual do sangue Rh⁺ por sangue Rh⁻. Assim, os anticorpos anti-Rh da mãe não agirão mais e serão eliminados gradativamente.

Para evitar que esse problema ocorra, mães Rh⁻ que tenham a gestação anterior de bebê Rh⁺ devem receber, até três dias após o parto, anticorpos contra o antígeno Rh. Dessa forma, os antígenos são eliminados pelos anticorpos recebidos e não há a sensibilização da mãe. Caso a gravidez subsequente seja também de uma criança Rh⁺, não haverá risco (figura 4).

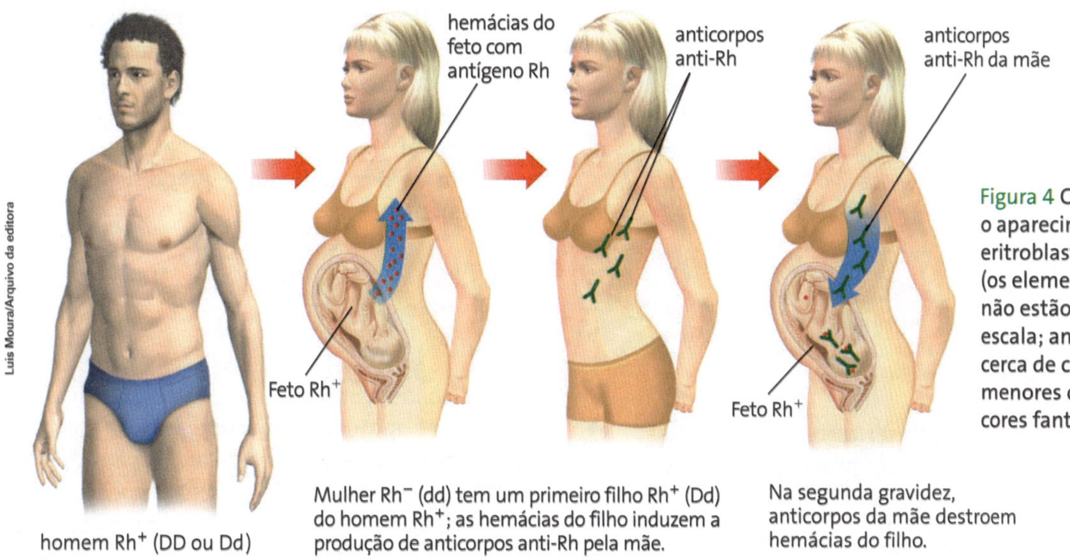

Figura 4 Condições para o aparecimento de eritroblastose fetal (os elementos ilustrados não estão na mesma escala; anticorpos são cerca de cem vezes menores que uma célula; cores fantasia).

Sistema MN

Além dos sistemas já apresentados, existe também o sistema **MN** de tipos sanguíneos. Nele, existem três genótipos e três fenótipos: tipo sanguíneo **M**, que produz antígeno M e tem genótipo L^ML^M ; tipo sanguíneo **N**, que produz o antígeno N e cujo genótipo é L^NL^N; e tipo sanguíneo **MN**, que apresenta os dois antígenos e tem genótipo L^ML^N, uma vez que os alelos associados ao processo são codominantes.

Exercícios resolvidos

1. (UFT-TO) Os grupos sanguíneos na espécie humana são classificados de acordo com o sistema ABO, o sistema Rh e o sistema MN. Avalie o caso a seguir e marque a alternativa CORRETA:
Uma criança que estava desaparecida foi encontrada e dois casais afirmam que são os pais. Os envolvidos apresentam os seguintes grupos sanguíneos:
CRIANÇA: A, M, Rh^-

CASAL 1	CASAL 2
♀ : O, MN, Rh^+	♀: AB, MN, Rh^+
♂ : AB, N, Rh^-	♂: AB, M, Rh^+

a) A partir da avaliação dos três grupos sanguíneos, a criança pode ser filha dos dois casais, portanto outros testes devem ser realizados.
b) Com relação ao sistema Rh, o casal 2 não poderia ter filhos Rh negativos.
c) Com relação ao sistema MN, tanto o casal 1 como o casal 2 poderiam ser os pais da criança.
d) A partir dos testes realizados, não há possibilidade dos casais 1 e 2 serem os pais da criança.
e) Se apenas o sistema ABO fosse analisado no caso acima, os dois casais poderiam ser os pais da criança.

Resolução

• Casal 1:
Sistema ABO: ii x I^AI^B. Os genótipos possíveis dos descendentes são: I^Ai (sangue tipo A) e I^Bi (sangue tipo B).

	i	i
I^A	I^Ai	I^Ai
I^B	I^Bi	I^Bi

Sistema MN: Os fenótipos possíveis seriam apenas MN e N.

	L^N	L^N
L^M	L^ML^N	L^ML^N
L^N	L^NL^N	L^NL^N

Sistema Rh: Não podemos ter certeza se esse casal geraria um filho Rh^-, mas essa possibilidade existe.

	D	
d	Dd	_d
d	Dd	_d

• Casal 2:
Sistema ABO: I^AI^B x I^AI^B. Os genótipos possíveis dos descendentes são: I^AI^B (sangue tipo AB), I^AI^A (sangue tipo A) e I^BI^B (sangue tipo B).

	I^A	I^B
I^A	I^AI^A	I^AI^B
I^B	I^AI^B	I^BI^B

Sistema MN: O casal pode, com certeza, gerar descendentes com sangue M e MN.

	L^M	L^-
L^M	L^ML^N	L^ML^-
L^N	L^ML^N	L^-L^N

Sistema Rh: Não podemos ter certeza se esse casal geraria um filho Rh^-, mas essa possibilidade existe, caso o casal seja heterozigoto.

	D	_
D	Dd	D_
_	D_	__

Sendo assim, tanto o casal 1 quanto o casal 2 podem gerar um filho com tipo sanguíneo A.

Resposta: **E**.

2. (Cefet-PR) O fenótipo de um grupo sanguíneo é dado pela presença de determinados antígenos na superfície das hemácias e de determinados anticorpos no soro sanguíneo. Uma mulher, doadora universal para o sistema ABO, casou-se com um homem cujo sangue apresenta aglutinação para o soro anti-A e para o soro anti-B.
Seus 2 filhos apresentam genótipos diferentes dos de seus pais. Seu primeiro filho pode doar sangue para seu pai e apresenta aglutinação para o soro anti-A. Seu segundo filho pode receber sangue de sua mãe, mas não pode doar sangue para seu irmão. Os genótipos do primeiro e do segundo filhos são respectivamente:
a) I^AI^B e I^Bi
b) I^Bi e ii
c) I^Ai e I^Bi
d) I^AI^B e ii
e) I^Ai e I^AI^B

Resolução

A mãe é doadora universal e, portanto, possui sangue tipo O (genótipo ii). O pai, por apresentar aglutinação para o soro anti-A e para o soro anti-B, tem genótipo tipo I^AI^B, ou seja, possui tipo sanguíneo AB.
Uma vez que o primeiro filho tem genótipo diferente de seus pais e possui aglutinina anti-A (é do grupo sanguíneo A), seu genótipo só pode ser I^Ai. O segundo filho também tem genótipo diferente dos pais, mas não pode doar sangue ao irmão. Logo, seu sangue é do tipo B. Como o genótipo da mãe é ii, o genótipo do segundo filho só pode ser I^Bi.

Resposta: **C**.

Exercícios propostos

1. (Mack-SP)

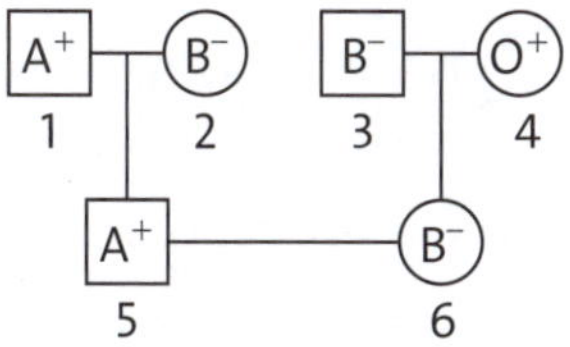

A probabilidade do casal 5 × 6 ter uma criança pertencente ao tipo O, Rh^- é de

a) 1
b) 1/2
c) 1/4
d) 1/8
e) 1/6

2. (Mack-SP) A eritroblastose fetal é uma doença, em que as hemácias de um embrião são destruídas por anticorpos anti-Rh, produzidos pela mãe. Considere, a esse respeito, I, II, III e IV, abaixo.

I. Os anticorpos são transferidos através da placenta.

II. Os anticorpos anti-Rh só serão produzidos se a mulher tiver sido sensibilizada, ou seja, se ela tiver sido exposta a hemácias Rh^+.

III. Um dos tratamentos possíveis é a utilização de um soro anti-Rh, que destrói as hemácias Rh^+ que tiverem penetrado na circulação da mulher.

IV. Para que uma criança tenha eritroblastose é obrigatório que o pai seja Rh^+.

Estão corretas

a) I, II, III e IV.
b) somente I, II e III.
c) somente I, II e IV.
d) somente II, III e IV.
e) somente I e II.

3. (UFRN) Três indivíduos foram ao banco de sangue e tiveram seus tipos sanguíneos identificados a fim de se tornarem doadores. As figuras abaixo mostram os resultados da identificação de tipagem sanguínea ABO Rh obtida, em cada um dos indivíduos, após a realização dos testes de aglutinação. Para a realização desse teste, são adicionados os anticorpos específicos à amostra de sangue do indivíduo.

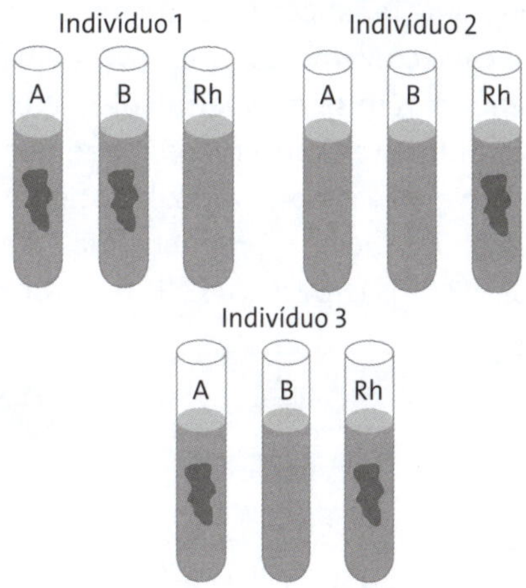

A partir dos resultados obtidos nos testes, pode-se afirmar que o indivíduo

a) 1 é um doador universal.
b) 1 pode doar sangue para o indivíduo 2.
c) 2 pode doar sangue para o indivíduo 3.
d) 3 apresenta anticorpos anti-A

4. (Udesc) Após um acidente de carro, uma pessoa é levada rapidamente ao hospital necessitando de transfusão sanguínea. Antes da transfusão foi realizado o teste de determinação sanguínea, quando foi coletado o sangue da pessoa acidentada. Em uma lâmina de vidro pingou-se uma gota desse sangue e adicionou-se uma gota de soro anti-A, em uma outra gota de sangue foi adicionada uma gota de soro anti-B. A seguir foi observada uma aglutinação das hemácias na gota que continha o soro anti-B.
Assinale a alternativa correta que indica (1) o tipo sanguíneo da pessoa acidentada e (2) os possíveis tipos sanguíneos da transfusão, respectivamente.

a) (1) AB e (2) AB e B
b) (1) A e (2) A e O
c) (1) AB e (2) AB e A
d) (1) B e (2) B e AB
e) (1) B e (2) B e O

A segunda lei de Mendel

Após os estudos que resultaram em sua primeira lei, Mendel começou a se preocupar com o comportamento de duas características, uma em relação à outra, em um mesmo cruzamento.

Analisando cruzamentos que envolviam **di-hibridismo**, Mendel obteve argumentos para formular mais uma lei da Genética. Em seus experimentos, cruzou ervilhas puras para semente amarela e para superfície lisa, caracteres dominantes, com ervilhas de semente verde e superfície rugosa, caracteres recessivos. Na geração F_1 foi observado o que já era esperado: todos os indivíduos apresentaram sementes amarelas e lisas. A autofecundação de um indivíduo de F_1 originou uma geração F_2 com quatro tipos de sementes: amarela e lisa (9/16), amarela e rugosa (3/16), verde e lisa (3/16) e verde e rugosa (3/16), como ilustrado na figura 1.

Fotos: Martin Shields/Photoresearchers/Latinstock

Figura 1 Quadro demonstrativo da segunda lei de Mendel. Na foto, os quatro tipos de sementes: amarela e lisa, amarela e rugosa, verde e lisa, verde e rugosa (geralmente as ervilhas têm cerca de 7 mm a 10 mm de diâmetro).

Os fenótipos "amarela e rugosa" e "verde e lisa" não estavam presentes nas gerações anteriores e possibilitaram que Mendel concluísse que a cor era independente da superfície da semente, ou seja, que uma herança não exercia influência sobre a outra. Essa é a **segunda lei de Mendel** ou **lei da recombinação** ou **lei da segregação independente**, e que pode ser enunciada da seguinte forma: "Em um cruzamento em que estejam envolvidos dois ou mais caracteres, os fatores que determinam cada um se separam (se segregam) de forma independente durante a formação dos gametas, se recombinam ao acaso e formam todas as combinações possíveis".

Atualmente se diz que o par de alelos para a cor da semente segrega-se independentemente do par de alelos para a superfície da semente, visto que estão localizados em pares de cromossomos diferentes.

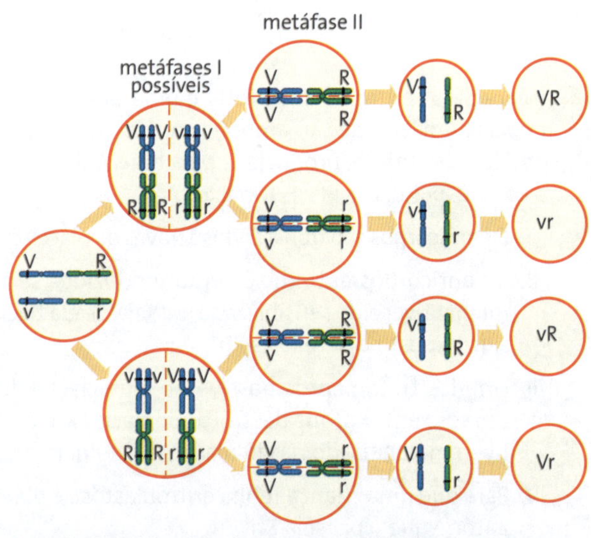

Maspi/Arquivo da editora

Figura 2 Os quatro tipos de gametas produzidos por um di-híbrido. (Os elementos ilustrados não estão na mesma escala; células e cromossomos são microscópicos; cores fantasia.)

Indivíduos puros com sementes amarelas e lisas (VVRR) produzem gametas **VR**. Já indivíduos com sementes verdes e rugosas originam por meiose células **vr**. A união entre gametas VR e vr forma, na geração F_1, apenas descendentes VvRr. Estes, por sua vez, produzem quatro tipos de gametas: **VR**, **Vr**, **vR** e **vr**, todos com a mesma frequência, ou seja, 25% ou 1/4 (figura 2).

A figura 3 apresenta os possíveis genótipos dos descendentes da autofecundação do di-híbrido.

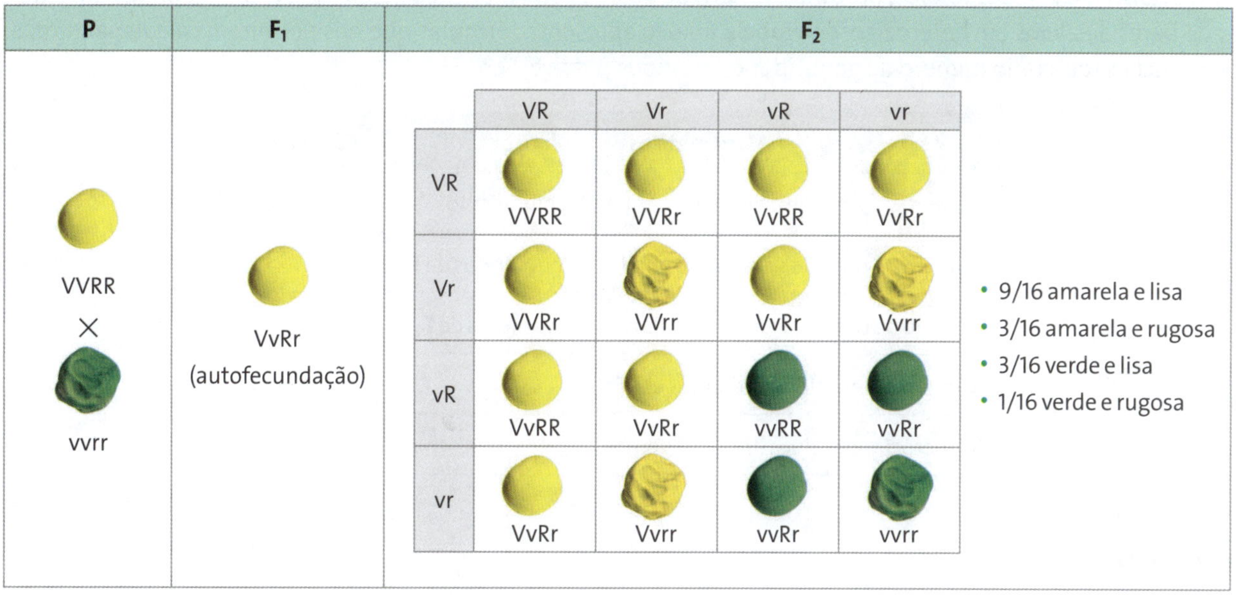

Figura 3 Gerações F_1 e F_2 do cruzamento de semente amarela e lisa pura com semente verde e rugosa (as ervilhas têm cerca de 7 mm a 10 mm de diâmetro).

Para determinar os genótipos e os fenótipos resultantes de um cruzamento é necessário, primeiramente, encontrar os gametas produzidos por indivíduo. O esquema abaixo representa os gametas produzidos por uma ervilha VvRr.

V v R r → VR, Vr, vR, vr   ou

V — R → VR
V — r → Vr
v — R → vR
v — r → vr

Em seguida, esquematiza-se um quadrado de Punnet, como o apresentado na figura 4. No cruzamento entre di-híbridos procura-se colocar os gametas na ordem indicada na figura. Assim, pode-se analisar as diagonais do quadrado, facilitando a identificação de indivíduos que aparecem repetidos.

A partir do quadrado de Punnet é possível observar a proporção genotípica do cruzamento entre dois di-híbridos: 1:2:1:2:4:2:1:2:1. O número 4 corresponde à quantidade de di-híbridos. O número 2, de monoíbridos. Já o número 1 indica os homozigotos.

Ainda considerando um cruzamento entre di-híbridos, 9/16 indivíduos possuem os fenótipos dominantes para as duas características (V_R_), ou seja, são ervilhas amarelas e lisas; 3/16 apresentam fenótipo dominante para a primeira característica e recessiva para a segunda (V_rr), correspondendo às ervilhas amarelas e rugosas; 3/16 têm fenótipo recessivo para a primeira característica e dominante para a segunda (vvR_), isto é, são verdes e lisas; e 1/16 é recessiva para as duas características (vvrr), correspondendo às ervilhas verdes e rugosas.

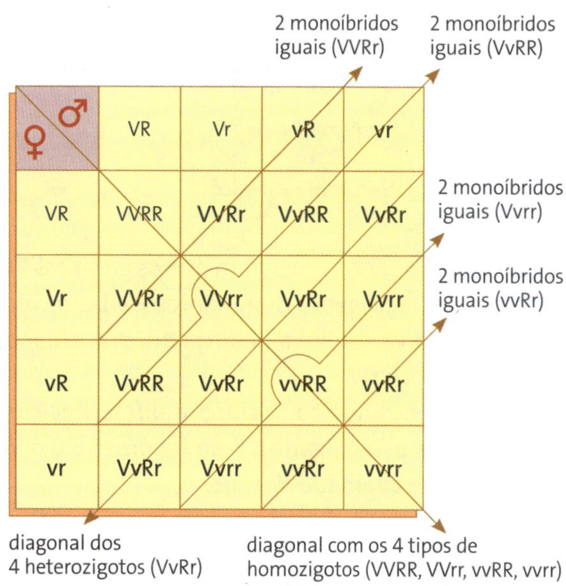

Figura 4 Genograma que facilita achar todos os indivíduos formados em F_2.

No monoibridismo o número de tipos de gametas possíveis do híbrido de F_1 é 2, no di-hibridismo é 4 e no tri-hibridismo é 8. Esses valores, portanto, variam de acordo com a fórmula 2^n, em que **n** corresponde ao número de pares de alelos em heterozigose. A tabela abaixo apresenta fórmulas que nos permitem calcular algumas ocorrências, tais como número de genótipos e fenótipos possíveis em F_2.

Ocorrências	Fórmulas
Número de pares de alelos para os quais há hibridismo	n
Número de tipos de gametas formados pelos híbridos de $\mathbf{F_1}$	2^n
Número de combinações possíveis entre os gametas de $\mathbf{F_1}$	4^n
Número de fenótipos diferentes em $\mathbf{F_2}$	2^n
Número de genótipos diferentes em $\mathbf{F_2}$	3^n

Linkage

Ligação gênica e permutação

Durante o estudo do cruzamento entre ervilhas-de-cheiro, os cientistas Bateson e Punnet notaram uma disparidade de seus resultados em relação às leis de Mendel. Quando ervilhas-de-cheiro puras de flor púrpura e pólen oval (PPLL) foram cruzadas com as de flor vermelha e pólen esférico (ppll), a geração F_1 era composta apenas de indivíduos com flores púrpuras e pólen oval, resultado que já era esperado. No entanto, a geração F_2 mostrou-se diferente do di-hibridismo mendeliano: 9:3:3:1. A tabela abaixo apresenta o resultado obtido e o esperado.

	Número observado	Número esperado no di-hibridismo
Púrpura oval	248	215
Púrpura esférico	21	71
Vermelha oval	21	71
Vermelha esférico	55	24

Bateson e Punnett supuseram que os gametas **PL** e **pl** estariam em maior quantidade em razão de um "acoplamento" entre os genes dominantes **P** e **L** e os recessivos **p** e **l**. Esse resultado somente foi explicado com os estudos de Morgan sobre a herança em drosófila: os genes responsáveis pelas dadas características estão no mesmo cromossomo.

Quando genes que condicionam diferentes características estão situados em um mesmo cromossomo diz-se que eles estão ligados. Esse fenômeno é denominado **ligação gênica** ou **ligamento fatorial** (figura 5). Em inglês, ele é chamado ***linkage***.

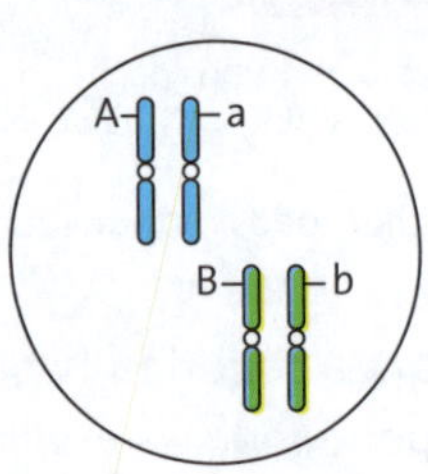

Segunda lei de Mendel ou **segregação independente:** dois pares de alelos (**A** e **a**, **B** e **b**) situados em pares de cromossomos diferentes.

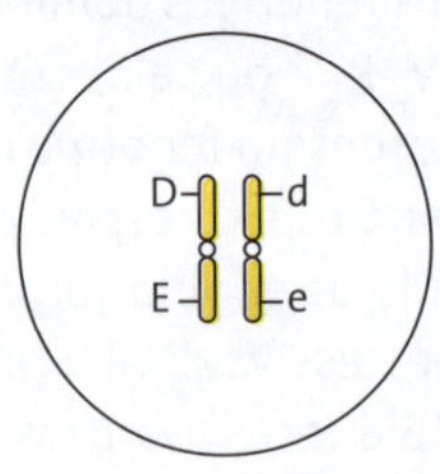

Ligação gênica: dois pares de alelos (**D** e **d**, **E** e **e**) localizados em um mesmo par de cromossomos homólogos.

Maspi/Arquivo da editora

Figura 5. Representações da segunda lei de Mendel e da ligação gênica.

Se dois pares de alelos de genes diferentes estão situados no mesmo cromossomo, o híbrido produz, na ausência de permutação, somente dois tipos de gameta. Quando isso ocorre, fala-se em **ligação completa** entre os genes (figura 6). Quando os pares de alelos estão em cromossomos distintos, o di-híbrido produz quatro tipos diferentes de gametas na mesma proporção.

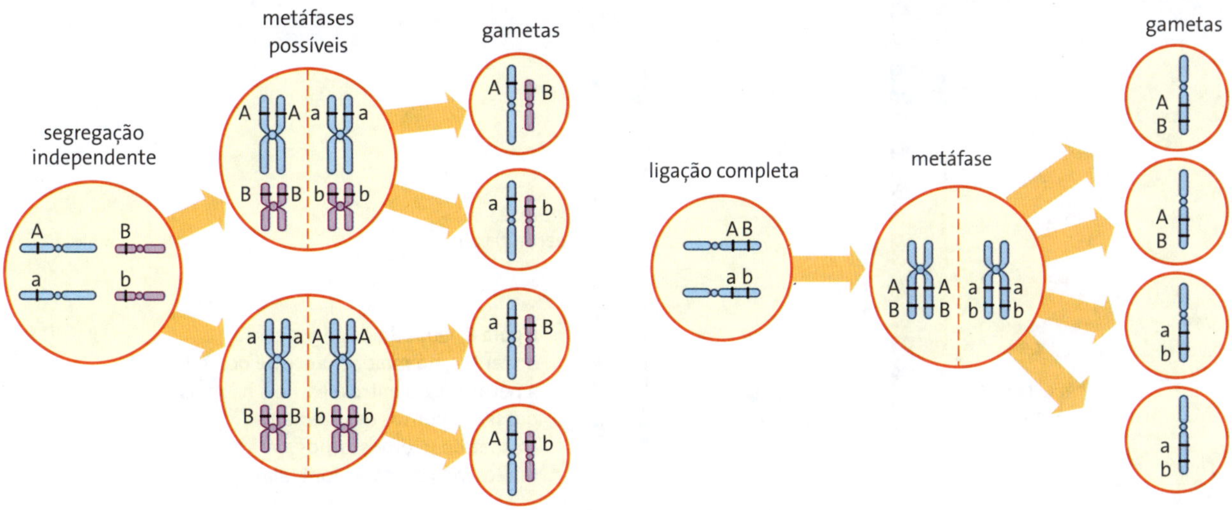

Figura 6 Produção de gametas de um heterozigoto para genes em cromossomos distintos e para genes com ligação completa.

A **permutação** consiste na troca de partes entre cromátides homólogas. Esse fenômeno ocorre durante a prófase da primeira divisão da meiose, quando os cromossomos homólogos duplicados se emparelham. A figura 7 nos permite observar os tipos de gametas que podem ser formados:

- **gametas de recombinação** ou **recombinantes** ou **com permutação**: são aqueles com uma combinação de alelos diferente da que existia nos cromossomos parentais. Neste caso, diz-se que a ligação é **parcial** ou **incompleta**;
- **gametas parentais**, **sem permutação** ou **não recombinantes**: são aqueles que possuem as mesmas combinações de alelos presentes nos cromossomos dos pais.

Ilustrações: Maspi/Arquivo da editora

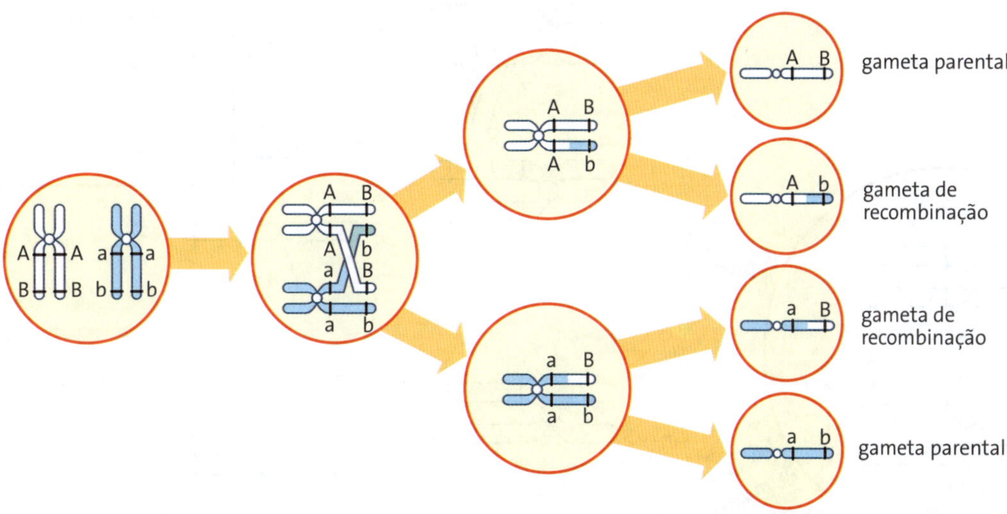

Figura 7 Permutação e formação dos gametas de recombinação (os elementos ilustrados não estão na mesma escala; células e cromossomos são microscópicos; cores fantasia).

A permutação acontece ao acaso. Os gametas recombinantes só são formados quando a quebra ocorre no trecho situado entre os locos onde estão os genes em questão. Se a quebra ocorrer acima ou abaixo desse intervalo, esses gametas não se formam.

Um híbrido para dois pares de alelos ligados produz, em geral, gametas parentais em uma proporção maior que a de gametas recombinantes. Independentemente de ocorrer ou não permutação, os gametas parentais sempre são formados.

Cálculo da taxa de permutação

Quanto maior for a distância entre dois genes situados em um mesmo cromossomo, maior é a probabilidade de que ocorra a permutação entre eles (figura 8).

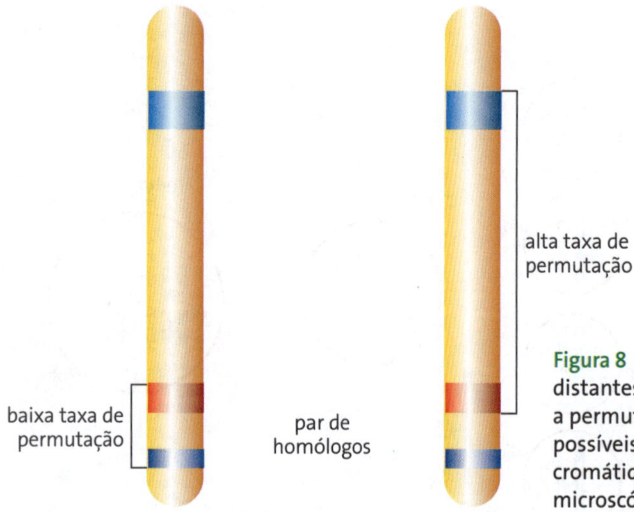

Figura 8 Quando os genes estão distantes, há maior chance de ocorrer a permutação entre eles, pois há mais possíveis pontos de quebra na cromátide (cromossomos são microscópicos; cores fantasia).

Se considerarmos dois genes afastados a uma distância que possibilite a ocorrência de permutação em 80% das meioses, veremos que serão formados dois tipos de gametas recombinantes, cada um correspondendo a 20% do total de gametas formados. A **taxa** ou **frequência de permutação** ou de **recombinação** se refere à soma dos gametas recombinantes.

A figura 9 apresenta um exemplo cuja taxa de recombinação é de 40%, sendo 20% de **Ab** e 20% de **aB**. Essa taxa indica a distância relativa entre os genes. Como já mencionado, quanto mais distantes eles estiverem, maior ela será.

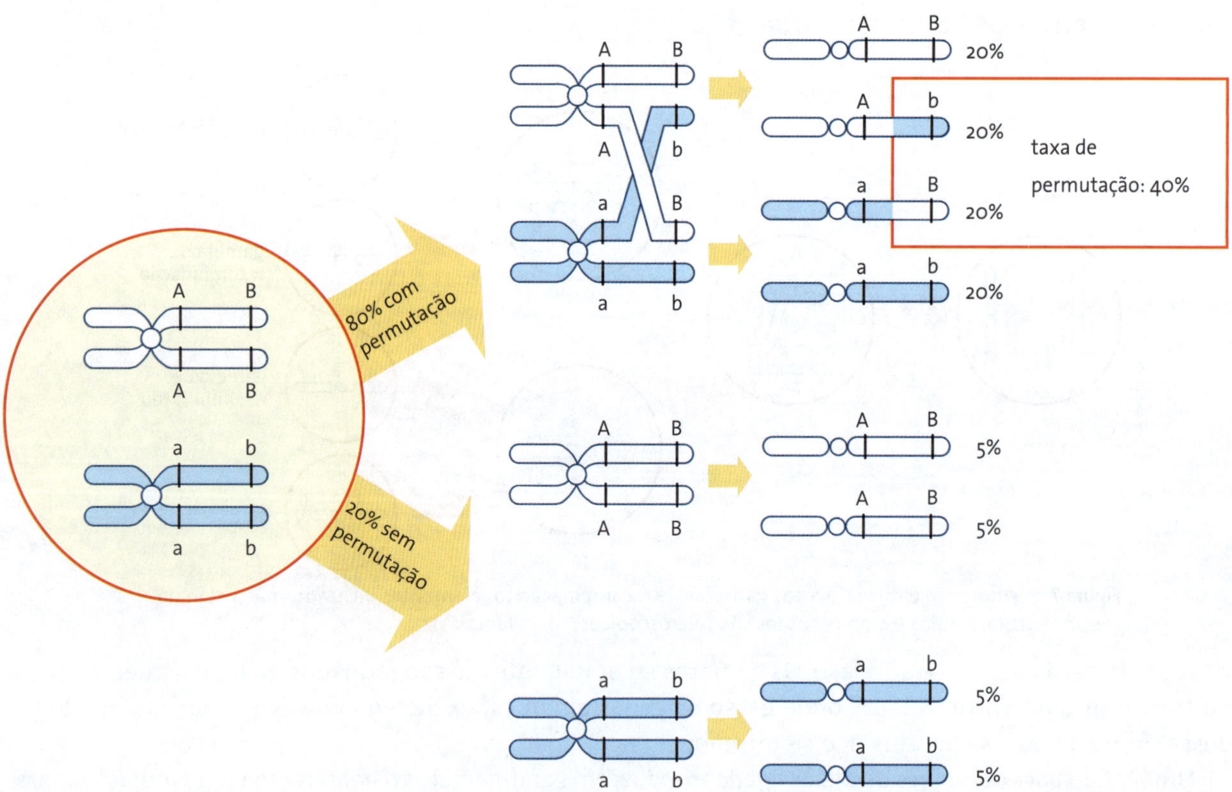

Ilustrações: Maspi/Arquivo da editora

Figura 9 Produção de gametas de um heterozigoto que apresenta 80% de meioses com permutação entre os genes em questão. (Os elementos ilustrados não estão na mesma escala; cores fantasia.)

Cruzamento-teste e a taxa de combinação

Para verificar se os genes estão ligados ou não, pode-se observar a proporção de gametas formados. Outra forma de confirmar a ligação entre eles é realizando um cruzamento-teste, isto é, com um indivíduo recessivo, que pode ser um retrocruzamento.

Se um di-híbrido AaBb for cruzado com um duplo recessivo (aabb), serão formados quatro tipos de filhos, como mostra o esquema I na figura 10, pois os pares de alelos estão em cromossomos diferentes. Quando AB e ab estão no mesmo cromossomo e não há permutação, são esperados dois tipos de filhos com o mesmo fenótipo dos pais (figura 10, esquema II).

Esquema I

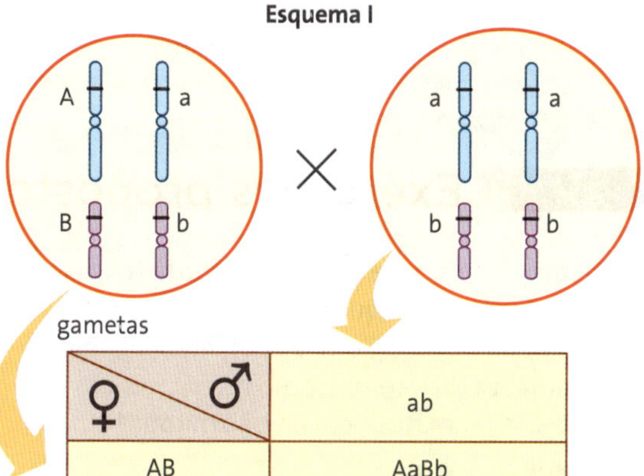

♀ \ ♂	ab
AB	AaBb
ab	aabb
Ab	Aabb
aB	aaBb

Aparecem as quatro formas, o que prova realmente a produção de quatro tipos de gametas pelo AaBb.

Esquema II

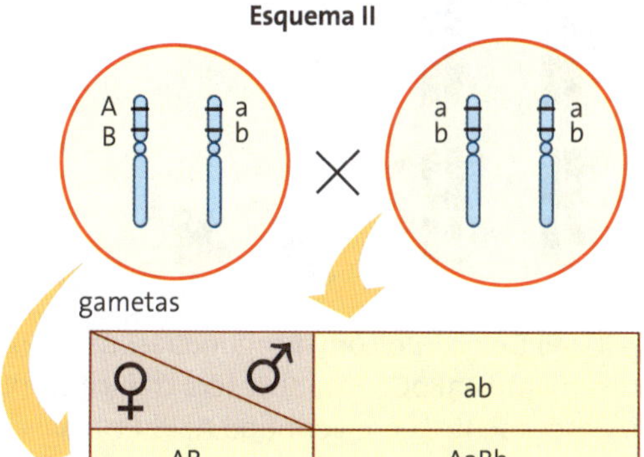

♀ \ ♂	ab
AB	AaBb
ab	aabb

Não aparecem as formas de recombinação, o que prova que AaBb não formou os gametas Ab e aB. Logo, os genes apresentam ligação completa.

Figura 10 Cruzamento-teste de um híbrido AaBb com genes situados em cromossomos diferentes com ligação completa. (Os elementos ilustrados não estão na mesma escala; cores fantasia.)

Para calcular a taxa de permutação é necessário identificar os indivíduos formados por recombinação, ou seja, aqueles que estão em menor número.

Considere um cruzamento entre uma drosófila macho de corpo preto e asa vestigial (pv/pv) com uma drosófila fêmea de corpo castanho e asa normal duplamente heterozigota (PV/pv). Corpo castanho e asa normal correspondem ao **tipo selvagem**. Corpo preto e asa vestigial, **ao mutante**. Imagine que nesse cruzamento foram obtidos 90 indivíduos de asa normal e corpo preto, 90 de asa vestigial e corpo castanho, 410 de corpo preto e asa vestigial e 410 de corpo castanho e asa normal. Neste exemplo, há um total de 180 indivíduos recombinantes (90 + 90). Como o total de indivíduos é 1 000 e corresponde a 100%, os recombinantes correspondem a 18%, que é a taxa de permutação.

Taxas de permutação e mapas genéticos

Alfred H. Sturtevant propôs que a probabilidade de permutação entre dois genes poderia ser utilizada para indicar a distância relativa entre eles. Pela análise de alguns cruzamentos realizados por Morgan, seu professor, Sturtevant, elaborou alguns mapas genéticos.

Foi convencionado que **1 unidade de recombinação (UR)** ou **1 unidade de mapa (UM)** corresponde à taxa de 1% de permutação. Tal unidade é também conhecida como **morganídeo**, em homenagem a Morgan. Assim, se dois genes apresentam uma taxa de permutação de 10%, a distância entre eles no cromossomo é de 10 UR. Com base nas diferentes taxas de permutação entre os genes é possível determinar sua posição nos cromossomos e elaborar um **mapa cromossômico** ou **genético.**

Considerando, por exemplo, uma taxa de permutação de 15% entre **C** e **D** e de 7% entre **C** e **E**, temos duas possibilidades: a taxa de permutação entre **D** e **E** é de 8% (8 + 7 = 15) e, assim, **E** está entre **C** e **D**, como mostrado no esquema I; ou essa taxa de permutação é 22% (15 + 7 = 22) e, portanto, **C** está entre **E** e **D** no cromossomo, como indicado no esquema II.

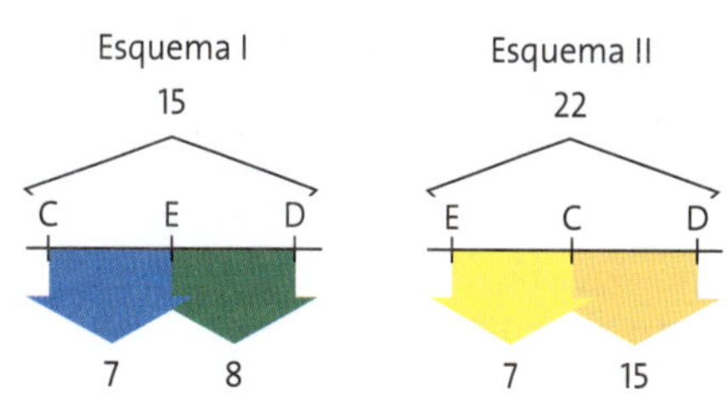

Exercícios resolvidos

1. (UFRR) Periquitos australianos apresentam grande diversidade de cores, determinadas por dezenas de genes. No entanto, na determinação das cores básicas da plumagem – verde, azul, amarela e branca – estão envolvidos apenas dois genes, cada um deles com dois alelos A/a e B/b que se segregam independentemente, sendo que:
Periquitos homozigóticos recessivos quanto a estes dois genes (aabb) são brancos; homozigóticos recessivos aa, mas com pelo menos um alelo dominante B (aaBB ou aaBb) são amarelos; homozigóticos recessivos bb, mas com pelo menos um alelo dominante A (AAbb ou Aabb) são azuis; periquitos que apresentem pelo menos um alelo dominante de cada gene (AABB, AABb, AaBB ou AaBb) têm cor verde.
De acordo com a informação acima, num cruzamento de periquitos verdes, duplo-heterozigóticos (AaBb), qual a proporção esperada em relação à cor da plumagem dos descendentes.
a) 9/16 azuis, 3/16 verdes, 3/16 amarelos e 1/16 brancos.
b) 9/16 verdes, 3/16 azuis, 3/16 amarelos e 1/16 brancos.
c) 9/16 brancos, 3/16 verdes, 3/16 amarelos e 1/16 azuis.
d) 5/16 verdes, 5/16 azuis, 5/16 amarelos e 1/16 brancos.
e) 5/16 azuis, 5/16 brancos, 5/16 verdes e 1/16 amarelos.

Resolução

No caso mencionado, periquitos duplamente heterozigotos vão formar quatro tipos de gametas: AB, Ab, aB e ab. Logo, um cruzamento entre dois desses indivíduos resultará em: um indivíduo AABB (verde), dois indivíduos AABb (verde), um indivíduo AAbb (azul), dois indivíduos AaBB (verde), quatro indivíduos AaBb (verde), dois indivíduos Aabb (azul), dois indivíduos aaBB (amarelo), um indivíduo aaBb (amarelo) e um indivíduo aabb (branco), conforme o cruzamento abaixo:

	AB	Ab	aB	ab
AB	AABB	AABb	AaBB	AaBb
Ab	AABb	AAbb	AaBb	Aabb
aB	AaBB	AaBb	aaBB	aaBb
ab	AaBb	Aabb	aaBb	aabb

Assim, temos a proporção de: 9/16 verdes, 3/16 azuis, 3/16 amarelos e 1/16 brancos.
Resposta: **B**.

2. (Unimep-SP) Os genes A e B localizados num mesmo cromossomo distam entre si de 16 unidades de recombinação. Um indivíduo de genótipo Ab/aB produzirá os gametas AB, Ab, aB e ab, respectivamente, com as seguintes proporções percentuais:
a) 8%, 42%, 42% e 8%
b) 42%, 8%, 8% e 42%
c) 16%, 34%, 34% e 16%
d) 25%, 25%, 25% e 25%
e) nenhuma das anteriores

Resolução

Considerando a distância de 16 unidades de recombinação, podemos inferir que a taxa de recombinação é de 16%, sendo 8% de AB e 8% de ab. Logo, a porcentagem de gametas parentais (Ab e aB) será de 42% (100 − 16 = 84 , 84/2 = 42) para cada um.
Resposta: **A**.

Exercícios propostos

1. (Unicamp-SP) Considere um indivíduo heterozigoto para dois locos gênicos que estão em *linkage*, ou seja, não apresentam segregação independente. A representação esquemática dos cromossomos presentes em uma de suas células somáticas em divisão mitótica é:

a) 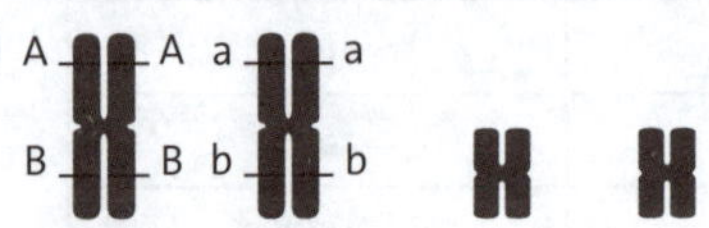

b) 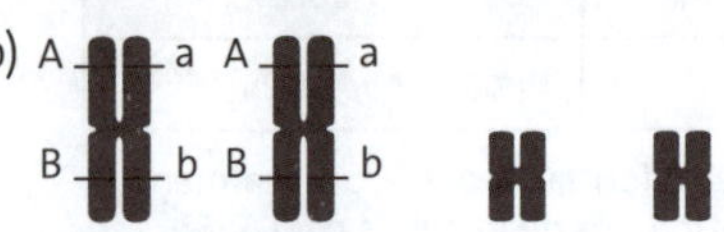

c) 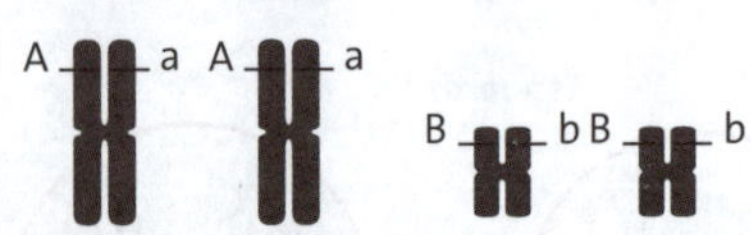

d) 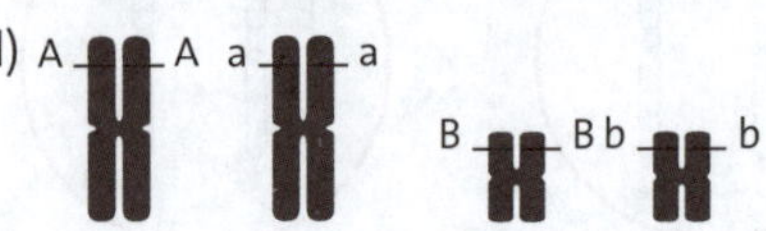

2. (PUC-SP) De acordo com a segunda lei de Mendel, o cruzamento AaBbCc × aabbcc terá chance de produzir descendentes com genótipo AaBbCc igual a
a) 1/2
b) 1/4
c) 1/8
d) 1/16
e) 1/64

3. (Uniube-MG) Na galinha doméstica a crista pode ser do tipo rosa, ervilha, noz ou simples, determinada pela interação de dois pares de genes, cada um com dois alelos (R, r e E, e) que se segregam independentemente:

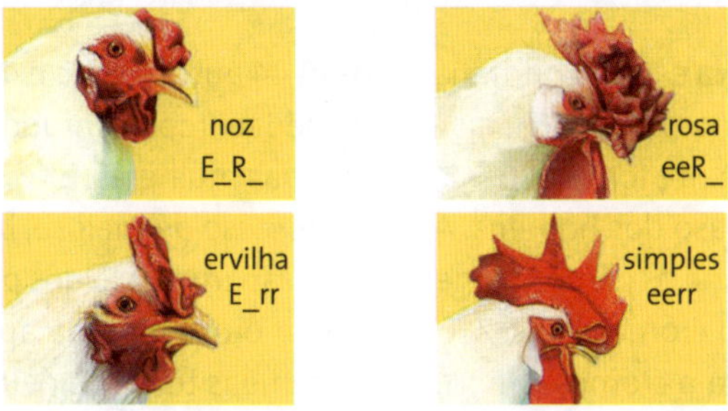

Do cruzamento entre uma ave (1) com crista ervilha e uma ave (2) com crista rosa, foram obtidos 3 descendentes com crista noz, 3 com crista rosa, 1 com crista ervilha e 1 com crista simples. Diante dos resultados obtidos, podemos afirmar que os genótipos dos pais são:

a) (1) Eerr e (2) eeRr
b) (1) EErr e (2) eeRr
c) (1) Eerr e (2) eeRR
d) (1) E_rr e (2) eeR_

4. (UEPB) Os genes A, B, C e D estão no mesmo cromossomo e apresentam as seguintes frequências de recombinação:
A – B = 17%
A – C = 5%
A – D = 35%
B – D = 18%
C – D = 30%
A sequência mais provável destes genes no cromossomo é:

a) A – D – C – B
b) C – D – B – A
c) A – B – C – D
d) A – C – B – D
e) C – B – D – A

5. (UFPR) A figura abaixo representa um cromossomo hipotético, em que estão assinaladas as posições de 5 genes (aqui chamados de able, binor, clang, ebrac e fong), e a tabela na sequência mostra a distância entre eles.

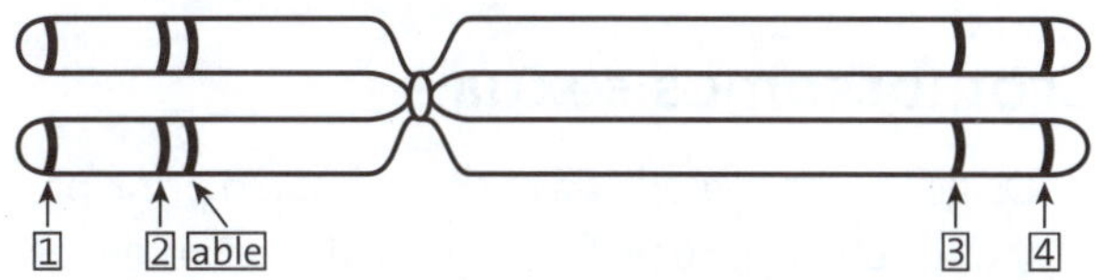

Par de genes	**Distância entre eles** (unidades de recombinação – UR)
clang – binor	10,7
binor – able	2,8
able – fong	72,6
able – clang	13,5
fong – ebrac	8,4
fong – binor	75,4
fong – clang	86,1
ebrac – able	81
ebrac – binor	83,8
ebrac – clang	94,5

Com base nos estudos sobre mapeamento genético, considere as seguintes afirmativas:

1. Depois de able, o gene mais próximo do centrômero é binor.
2. Os genes fong e ebrac estão no mesmo braço cromossômico.
3. A maior chance de ocorrer uma permuta é entre os genes clang e binor.
4. Os genes identificados com os números 3 e 4 são, respectivamente, ebrac e binor.

Assinale a alternativa correta.

a) Somente a afirmativa 4 é verdadeira.
b) Somente as afirmativas 1 e 2 são verdadeiras.
c) Somente as afirmativas 2 e 3 são verdadeiras.
d) Somente as afirmativas 1, 2 e 3 são verdadeiras.
e) Somente as afirmativas 1, 3 e 4 são verdadeiras.

MÓDULO 24 • Herança sexual e interação gênica

Cromossomos sexuais

Os genes, na maioria das espécies, são o principal fator que determina o sexo de um indivíduo. Tais genes estão situados nos chamados **cromossomos sexuais**, **heterossomos**, **heterocromossomos** ou **alossomos**, que também apresentam genes que determinam outras características. Assim, a transmissão desses caracteres está relacionada, de alguma forma, ao sexo do indivíduo. Os cromossomos que não estão ligados à determinação do sexo são denominados autossomos.

Na maior parte dos animais em que os sexos são separados, as fêmeas possuem dois cromossomos sexuais iguais (XX), enquanto os machos têm um idêntico ao das fêmeas e um diferente (XY). Esse sistema, que também é encontrado nas plantas, é denominado **sistema XY**. No caso dos mamíferos, a presença do cromossomo Y leva ao desenvolvimento dos testículos, responsáveis pela produção dos hormônios masculinos. Na ausência desse cromossomo e dos genes nele presentes, são formados os ovários, que produzem os hormônios femininos.

Na espécie humana existem 44 autossomos e dois cromossomos sexuais, o que pode ser representado da seguinte forma: 46, XX, no caso das mulheres, e 46, XY, no caso dos homens. Após o processo de meiose, que origina os gametas, metade dos espermatozoides possui o cromossomo X, enquanto a outra metade apresenta o cromossomo Y. Já nas fêmeas todos os óvulos possuem o cromossomo X. O sexo masculino é, portanto, considerado **heterogamético**. O feminino é o **homogamético**. Como ilustrado na figura 1, o sexo de um organismo é determinado no momento da fecundação.

Existem outros dois tipos de sistema:

- **sistema X0**: a fêmea possui dois cromossomos sexuais (XX) e o macho apenas um (X0). São produzidos, portanto, espermatozoides com o cromossomo X e espermatozoides sem. Esse sistema é encontrado em alguns insetos;
- **sistema ZW**: ocorre em aves, mariposas, borboletas e peixes. As fêmeas são heterogaméticas (ZW), e os machos, homogaméticos (ZZ). Em alguns casos, o cromossomo W não aparece, isto é, as fêmeas são Z0.

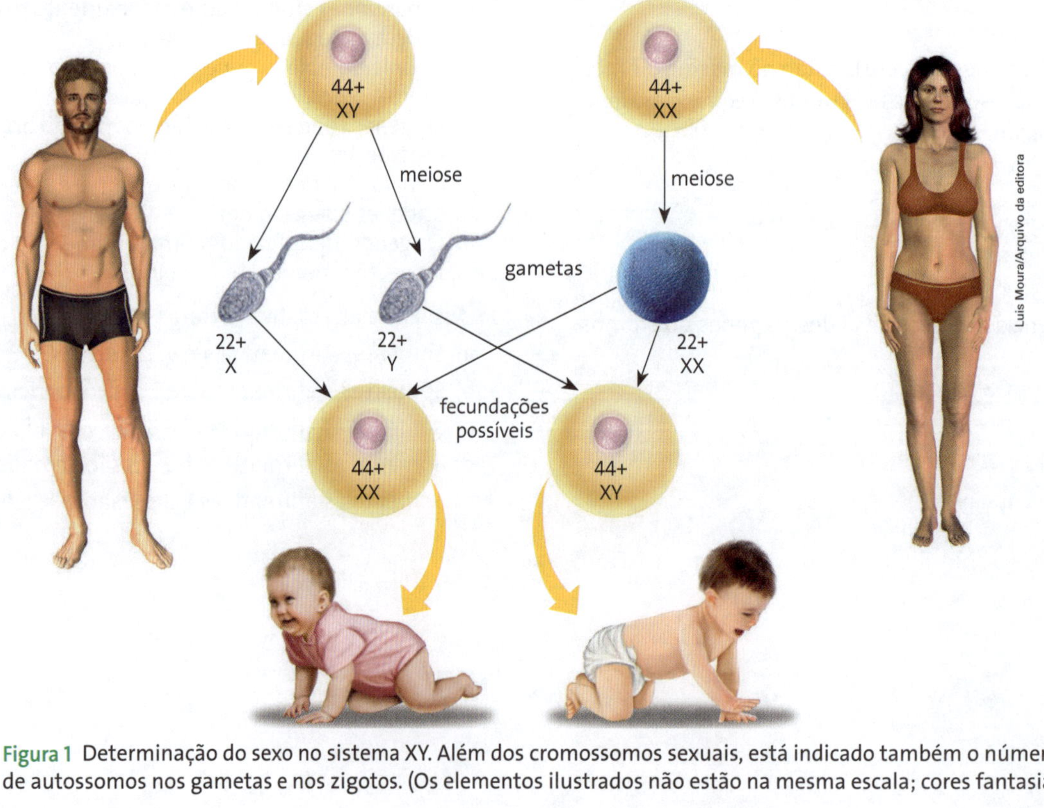

Figura 1 Determinação do sexo no sistema XY. Além dos cromossomos sexuais, está indicado também o número de autossomos nos gametas e nos zigotos. (Os elementos ilustrados não estão na mesma escala; cores fantasia.)

Herança ligada ao sexo

Apenas 5% do cromossomo Y se emparelha ao X durante a meiose. Os genes localizados na região do cromossomo X que não é homóloga ao Y são chamados **genes ligados ao sexo** ou **genes ligados ao cromossomo X**. O tipo de herança ao qual estão relacionados é denominado **herança ligada ao sexo** ou **herança ligada ao cromossomo X**.

Os alelos desses genes podem aparecer em dose dupla nas mulheres, mas o homem possui apenas um deles. Assim, a mulher pode tanto ser homozigótica como heterozigótica para esses alelos, mas o homem é denominado **hemizigótico**. Isso quer dizer que caso ele possua um alelo para um caráter recessivo ligado ao sexo, esse caráter vai se manifestar, enquanto nas mulheres isso somente ocorrerá se esse alelo estiver em dose dupla.

Daltonismo

O daltonismo é um exemplo de herança ligada ao sexo. A dificuldade de percepção das cores pode ocorrer por falta de um ou mais cones ou pela menor produção de alguns pigmentos. Em uma das formas da doença, o portador não consegue distinguir entre tons de verde, amarelo e vermelho, o que pode estar relacionado a um alelo alterado de um gene do cromossomo X. Tal forma de daltonismo é causada por um alelo recessivo, denominado **d** e ligado ao sexo. O alelo **D** é relacionado à visão normal. A tabela a seguir foi elaborada com base nessas informações:

Mulheres		Homens	
Genótipo	Fenótipo	Genótipo	Fenótipo
X^DX^D	visão normal	X^DY	visão normal
X^DX^d	visão normal (portadora)	X^dY	daltônico
X^dX^d	daltônica		

Para termos uma ideia de como ocorre a transmissão de um gene ligado ao sexo, considere uma mulher de visão normal e portadora do alelo para daltonismo. Observando a tabela apresentada, podemos concluir que seu genótipo é $\mathbf{X^DX^d}$. Essa mulher é casada com um homem que não é daltônico, o que nos leva a inferir que seu genótipo é $\mathbf{X^DY}$. Os possíveis filhos do casal e seus respectivos genótipos são apresentados na figura 2, que nos permite observar que o homem herda essa característica da mãe, uma vez que o pai fornece o cromossomo Y.

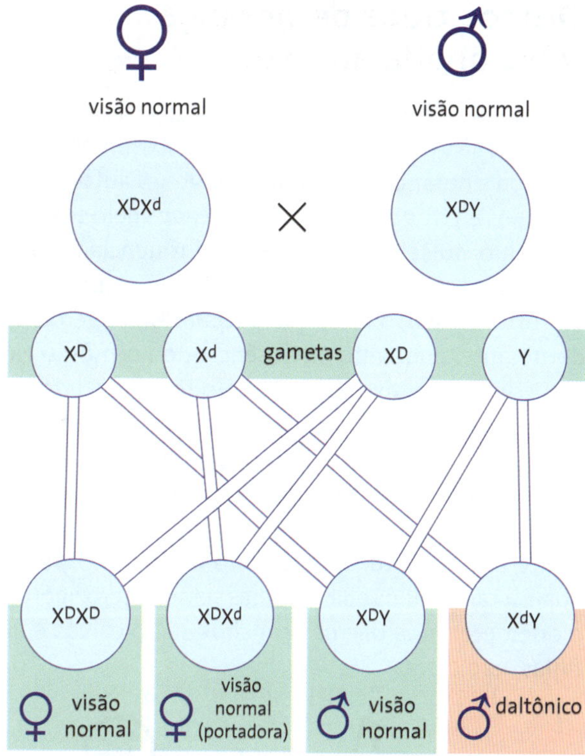

Figura 2 Exemplo de cruzamento que pode gerar um indivíduo daltônico.

Hemofilia

Assim como o daltonismo, a **hemofilia A** é uma doença ligada ao sexo: é causada pela falta de um dos fatores de coagulação presentes no plasma, o fator VIII, cuja síntese é controlada por um gene no cromossomo X. A redução da capacidade de coagulação do sangue pode levar a sangramentos prolongados em ferimentos ou hemorragias internas. A tabela abaixo apresenta os genótipos e os fenótipos possíveis para homens e mulheres.

Mulheres		Homens	
Genótipo	Fenótipo	Genótipo	Fenótipo
X^HX^H	coagulação normal	X^HY	coagulação normal
X^HX^h	coagulação normal (portadora)	X^hY	hemofílico
X^hX^h	hemofílica		

Filhos ou filhas de um homem hemofílico nunca serão hemofílicos se ele se casar com uma mulher de coagulação normal, ou seja, X^HX^H. No entanto, suas filhas serão portadoras, podendo ter filhos hemofílicos (X^hY) mesmo que se casem com homens de coagulação normal.

Outros tipos de herança relacionada ao sexo

A herança **holândrica** ou **restrita ao sexo** é aquela relacionada a genes exclusivos do cromossomo Y. Existe ainda a herança relacionada aos genes autossômicos cujos efeitos podem ser modificados pelo sexo do indivíduo, ou seja, é uma **herança influenciada pelo sexo**. É o caso, por exemplo, da calvície: na presença de testosterona, o alelo que a condiciona age como dominante, enquanto na ausência do hormônio ele age como recessivo. Assim, como representado na imagem abaixo, todos os filhos de um homem não calvo com uma mulher calva serão calvos, enquanto as filhas serão não calvas. Isso acontece porque o pai não calvo apresenta genótipo **cc** e a mãe, calva, é **CC**. Neste cruzamento, apresentado no heredrograma abaixo, tanto filhos quanto filhas serão heterozigotos, o que determina que os primeiros serão calvos e as filhas, não calvas.

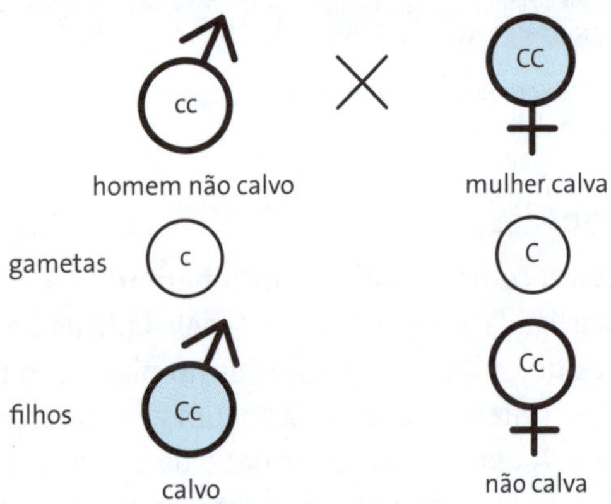

Herança materna

Como já estudado anteriormente, as mitocôndrias possuem DNA próprio e são capazes de se duplicar, transmitindo a informação genética para as células-filhas. Esse tipo de herança é chamada **organelar**. Na formação da célula-ovo, as mitocôndrias do embrião são de origem materna, vindas do óvulo. Uma vez que tanto homens como mulheres herdam os genes mitocondriais de sua mãe, essa herança é denominada **herança mitocondrial** ou **herança materna**.

Mutações também podem ocorrer no DNA de uma mitocôndria. Doenças causadas por elas são de origem exclusivamente materna. Considerando que essa organela é responsável pela respiração aeróbia, tais doenças costumam afetar principalmente células que consomem muita energia, como as nervosas e musculares.

Interação gênica

A **interação gênica** corresponde à ação de dois ou mais pares de alelos na origem de uma mesma característica (figura 3). Os genes em interação podem ou não estar no mesmo cromossomo.

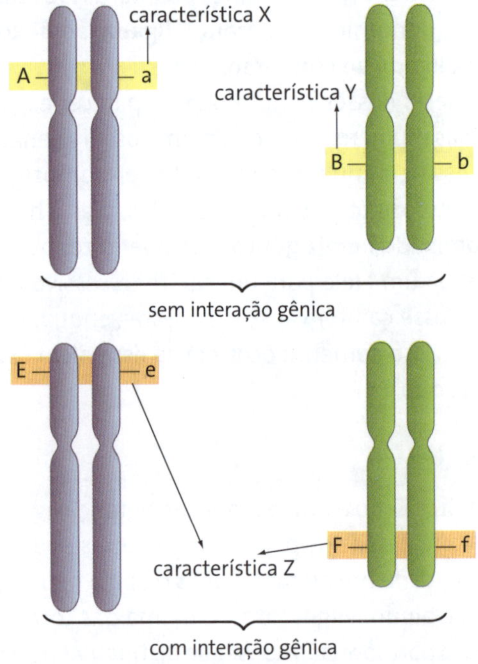

Figura 3 Os pares de alelos **Aa** e **Bb** atuam em características diferentes. Os pares **Ee** e **Ff** atuam na mesma característica, o que constitui uma interação gênica (esquema simplificado; cores fantasia).

Interação não epistática

Em algumas raças de galinhas são observados quatro tipos de crista: **ervilha**, **rosa**, **noz** e **simples**. Bateson e Punnet observaram que o cruzamento entre indivíduos com crista rosa e indivíduos com crista ervilha originava um terceiro tipo de crista, a crista noz, o que indicava a ausência de dominância entre as duas primeiras. Entretanto, ao se cruzar aves com a crista noz, são obtidos quatro tipos de cristas: 9 noz, 3 rosa, 3 ervilha e 1 simples, proporção bastante semelhante à obtida no di-hibridismo. A diferença é que, no di-hibridismo, ela se refere à combinação de duas características, enquanto na interação, apenas a uma.

Sucessivos cruzamentos entre as diversas variedades permitiram a elaboração de um modelo de interação para a forma da crista em galinhas, como pode ser observado a seguir. Os tipos de crista estão relacionados a dois pares de alelos: a presença do alelo **E** (dominante) condiciona a crista ervilha; o alelo **R** (dominante) condiciona a crista rosa; a presença dos dois alelos dominantes resulta em interação gênica e origina crista noz; a ausência desses alelos condiciona crista simples.

Fenótipos (forma da crista)	Genótipos
noz	E_R_
ervilha	E_rr
rosa	eeR_
simples	eerr

A figura 4 apresenta o cruzamento da geração parental, composta de indivíduos de crista rosa e de crista ervilha, e a geração F_1, de crista noz.

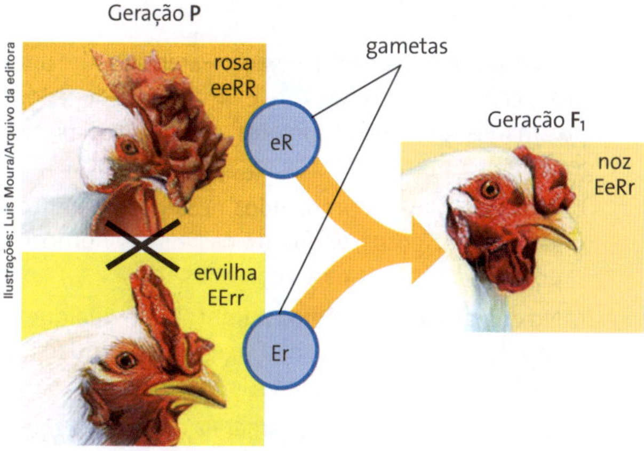

Figura 4 Cruzamento da geração **P** formando di-híbridos na geração F_1.

Na geração F_2, teremos:

- nove indivíduos com pelo menos um alelo dominante de cada par de alelos, o que caracteriza crista noz;
- seis indivíduos com apenas um alelo dominante de um dos dois pares de alelos, sendo três com a presença do alelo E, o que indica crista ervilha, e três com o alelo R, caracterizando crista rosa;
- um sem alelos dominantes e, portanto, de crista simples.

Interação epistática

Quando o par de alelos inibe a manifestação de outros pares, fala-se em **interação epistática** ou **epistasia** (figura 5). Os alelos inibidores são chamados **epistáticos**. Os inibidos, **hipostáticos**.

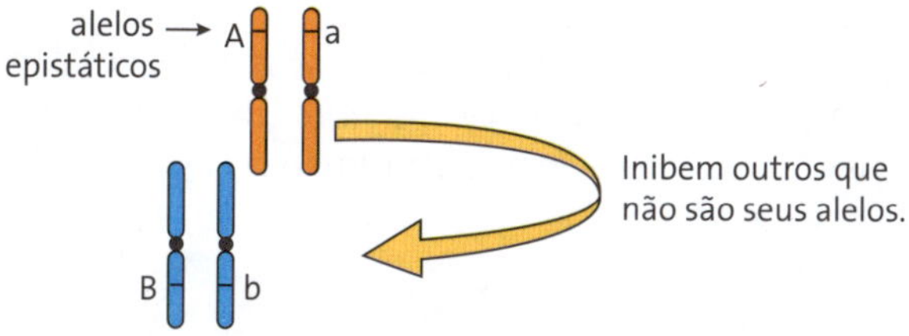

Figura 5 Esquema da atuação de alelos epistáticos.

Epistasia recessiva

Na epistasia recessiva, os alelos epistáticos só agem quando em dose dupla. É o que ocorre, por exemplo, com a cor do pelo de camundongos, influenciada por vários pares de alelos. O quadro abaixo apresenta os possíveis fenótipos e genótipos:

Fenótipos (pelagem em camundongos)	Genótipos
aguti	A_C_
preto	aaC_
albino	A_cc ou aacc

O alelo **A** fornece o padrão aguti, enquanto o **a** determina o pelo preto. O alelo **C**, presente em outro gene, é importante para que se forme qualquer pigmento. Já o alelo **c**, quando em dose dupla, é epistático sobre **A** e **a**, ou seja, os inibe, originando organismos albinos.

A cor do pelo em cães labradores também é um exemplo de epistasia recessiva. O alelo **B** é responsável pela cor preta, e o **b**, recessivo, pela cor chocolate. Já o alelo **E** é importante para que o pigmento preto ou marrom seja depositado no pelo, enquanto o recessivo **e** impede esse processo e condiciona o pelo dourado.

Epistasia dominante

Esse tipo de epistasia ocorre quando um alelo dominante impede o efeito de um alelo de outro gene. É o que acontece com a cor das penas de certas raças de galinha, em que o alelo epistático **I** inibe a manifestação do alelo **C**, localizado em outro cromossomo e responsável pela produção da cor. O alelo **i** não causa inibição e o alelo **c** não produz cor. A tabela abaixo, que apresenta os fenótipos e respectivos genótipos, resume essas informações.

Fenótipos (cor das penas em galinhas)	Genótipos
coloridas	C_ii
brancas	C_I_ ccI_ ccii

Herança quantitativa

Essa interação ocorre quando dois ou mais pares de alelos somam ou acumulam seus efeitos. É também chamada **herança multifatorial**, **cumulativa** ou **poligênica** e resulta em fenótipos gradativamente diferentes entre si. A diversidade fenotípica pode também aumentar por causa da ação de fatores ambientais.

A variação das características nesse tipo de herança é contínua, como observado, por exemplo, em relação à altura e ao peso na espécie humana. A figura 6 apresenta a distribuição da altura de um grupo de pessoas e nos permite observar que as características intermediárias aparecem em frequências maiores que as características extremas.

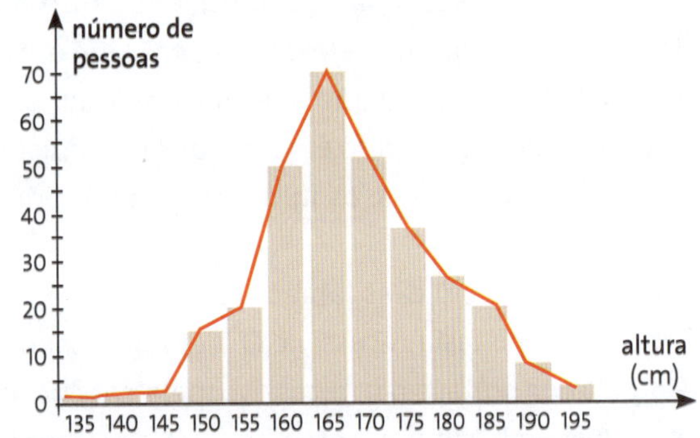

Figura 6 Gráfico com a distribuição de altura em um grupo de indivíduos.

Cálculo de genótipos e fenótipos na herança quantitativa

O número de classes genotípicas e fenotípicas resultantes do cruzamento de dois heterozigóticos pode ser calculado a partir do número de pares de alelos. De maneira geral, o número de fenótipos possíveis corresponde ao número total de alelos mais 1. Assim, se uma característica é condicionada por dois pares de alelos, são formados cinco fenótipos distintos.

Essa equação também nos permite determinar o número de alelos se soubermos o número de classes fenotípicas. O número de classes genotípicas é calculado pela fórmula 3n, em que **n** é o número de pares de alelos.

Pleiotropia

Quando um gene atua simultaneamente sobre várias características ele é chamado pleiotrópico. O fenômeno causado por sua ação é denominado **pleiotropia**, **pleiotropismo** ou **efeito pleiotrópico** e é contrário à interação gênica.

Exercícios resolvidos

1. (PUC-MG) Em cães da raça Labrador Retriever, a cor da pelagem é determinada por um tipo de interação gênica epistática de acordo com o esquema a seguir.

Fenótipos	 preta	 chocolate	 amarela
Genótipos	BBEE BbEE BBEe BbEe	bbEE bbEe	BBee Bbee bbee

Sabendo que o cruzamento (geração Parental) entre um macho com fenótipo chocolate e uma fêmea de fenótipo amarela gera apenas filhotes com pelagem preta (geração F_1), um criador fez as seguintes afirmações:

I. Todos os filhotes produzidos nesse cruzamento são heterozigotos, enquanto os pais são homozigotos para os dois pares de genes.

II. No cruzamento da fêmea parental com qualquer cão de pelagem preta, não se espera a produção de descendentes com fenótipo chocolate.

III. No cruzamento da fêmea amarela com um de seus filhotes de F_1, espera-se que 50% dos descendentes apresentem pelagem amarela.

IV. No cruzamento entre os filhotes de F_1, espera-se que 25% dos descendentes apresentem pelagem chocolate.

São afirmações CORRETAS:

a) I, II e III apenas.
b) II, III e IV apenas.
c) I, III e IV apenas.
d) I, II, III e IV.

Resolução

Com base nas informações apresentadas, pode-se concluir que o único genótipo possível para os descendentes de pelagem preta na geração F_1 é BbEe.

	Be
bE	BbEe

Assim, os genótipos da geração parental seriam: bbEE (macho) e BBee (fêmea). Do cruzamento dessa fêmea com qualquer macho de pelagem preta não nascerão filhotes chocolate, uma vez que a fêmea é homozigótica para o alelo B.

Do cruzamento da fêmea amarela com um dos descendentes da geração F_1 (BBee x BbEe) espera-se 50% de descendentes de pelagem amarela e 50% de pelagem preta.

	BE	**Be**	**bE**	**be**
Be	BBEe	Bbee	BbEe	Bbee

A única afirmativa falsa é a IV, pois no cruzamento entre filhotes de F_1 apenas 3/16 dos descendentes apresentarão pelagem chocolate, ou seja, menos de 20%

Resposta: **A**.

2. (UFU-MG) As ciências naturais têm se esforçado para oferecer cada vez mais qualidade de vida para a população. Graças aos estudos de Gregor Mendel, no século XIX, foi possível entender o que era material genético e seus mecanismos de transmissão ao longo das gerações. Esses estudos permitem, por exemplo, compreender que o daltonismo está associado à herança genética ligada ao sexo.
Com base nessas informações, analise o heredograma e as afirmativas abaixo.

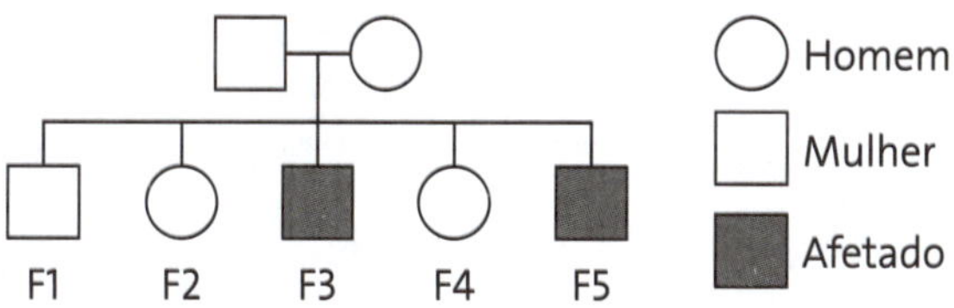

I. O casal representado no heredograma poderia ter tido uma filha daltônica.
II. A mãe tem visão normal, embora seja portadora do gene para o daltonismo.
III. Os filhos 3 e 5 são daltônicos e herdaram o gene do daltonismo da mãe.
IV. As filhas 2 e 4 têm visão normal, mas não se pode afirmar, a partir de seu fenótipo, se são homo ou heterozigotas.

Assinale a alternativa que contém as afirmativas corretas.

a) II, III e IV.
b) II e IV.
c) I, II e IV.
d) I, II e III.

Resolução

Analisando o heredograma, sabe-se que o genótipo do pai é X^DY e o da mãe é X^DX^d. Assim, os únicos genótipos possíveis de seus descendentes seriam: X^DY, X^DX^-, X^DY, X^DX^- e X^dY.

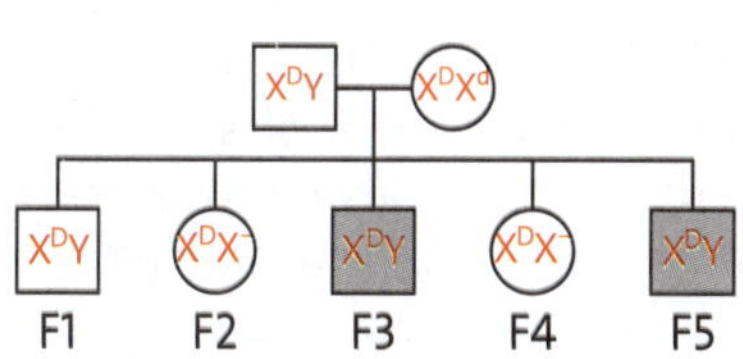

Logo, esse casal não poderia ter tido uma filha daltônica, o que torna a afirmação I incorreta.

Resposta: **A**.

Exercícios propostos

1. (Ufac) O raquitismo hipofosfatêmico é uma doença hereditária de caráter dominante ligada ao sexo. Ela acarreta um aumento da excreção do fosfato e alterações nos mecanismos de deposição mineral nos ossos. Suas principais consequências são deformidades ósseas, crescimento reduzido, formação anormal dos dentes e alterações metabólicas da vitamina D.
A figura abaixo mostra o heredograma de uma família afetada pelo raquitismo hipofosfatêmico.

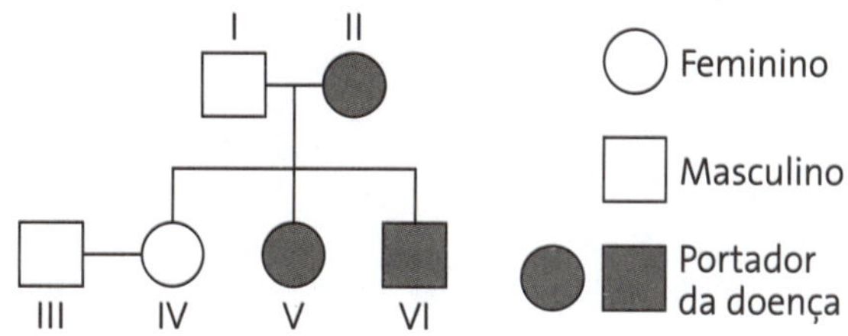

Assinale a alternativa correta:

a) Se os indivíduos III e IV tiverem filhos, não há chance de apresentar um filho com raquitismo hipofosfatêmico.
b) Se os indivíduos III e IV tiverem filhos, há 25% de chance de apresentarem um filho com raquitismo hipofosfatêmico.
c) O mecanismo de herança genética dessa doença está relacionado ao cromossomo Y.
d) Se o indivíduo VI casar com um indivíduo normal, todos os filhos do sexo masculino serão portadores da doença.
e) Pode-se afirmar que os indivíduos I e III são portadores da doença.

2. (UEL-PR) Em camundongos, a coloração da pelagem é determinada por dois pares de genes, Aa e Cc, com segregação independente. O gene A determina coloração aguti e é dominante sobre seu alelo a que condiciona coloração preta. O gene C determina a produção de pigmentos e é dominante sobre seu alelo c que inibe a formação de pigmentos dando origem a indivíduos albinos. Do cruzamento de um camundongo preto com um albino, foram obtidos apenas descendentes agutis. Qual é o genótipo desse casal?

a) aaCC × aacc
b) Aacc × aaCc
c) aaCc × AAcc
d) AaCc × AaCc
e) aaCC × AAcc

3. (Udesc) A figura a seguir mostra uma genealogia hipotética na qual aparecem casos de hemofilia, doença relacionada a um gene recessivo.

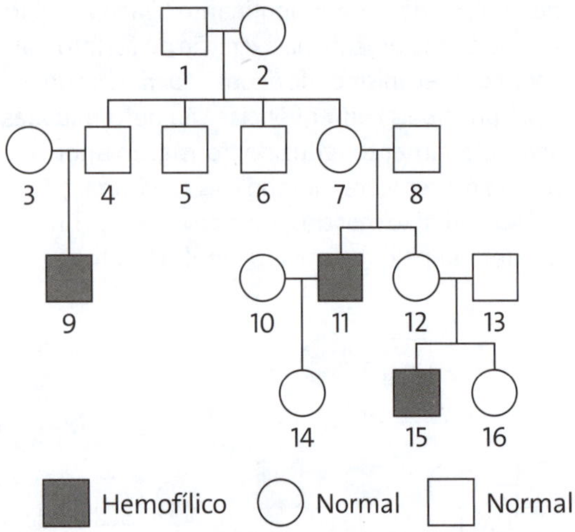

Analise as proposições abaixo.

I. A hemofilia é uma doença ligada ao cromossomo X, caracterizada por uma falha no sistema de coagulação do sangue.

II. A mulher número 2 é portadora do alelo para a hemofilia, apresentando o genótipo X^HX^h.

III. O homem número 9 recebeu o alelo para a hemofilia de sua avó paterna.

IV. Sabendo-se que a mulher número 10 não é portadora do alelo da hemofilia, a probabilidade de sua filha ter o genótipo X^HX^h é de 50%.

V. A probabilidade de a mulher número 16 ser portadora do alelo da hemofilia é de 50%.

Assinale a alternativa correta.

a) Somente a afirmativa I é verdadeira.
b) Somente as afirmativas I, II, III e V são verdadeiras.
c) Somente as afirmativas I, II e V são verdadeiras.
d) Somente as afirmativas III e IV são verdadeiras.
e) Todas as afirmativas são verdadeiras.

4. (Fatec-SP) Do casamento de um homem normal com uma mulher normal nasceram:

- um menino daltônico com sangue tipo A,
- um menino normal com sangue tipo O,
- um menino daltônico com sangue tipo AB,
- uma menina normal com sangue tipo B e
- uma menina normal com sangue tipo O.

Sabendo-se que o daltonismo é uma herança ligada ao sexo e que o lócus gênico para o sistema ABO encontra-se em um autossomo, pode-se afirmar que

a) apenas o pai possui o gene para o daltonismo, sendo que pai e mãe têm sangue tipo AB.
b) o pai e a mãe possuem o gene para o daltonismo, o pai tem sangue tipo A, e a mãe tem sangue tipo B ou vice-versa.
c) apenas a mãe possui o gene para o daltonismo, o pai tem sangue tipo A, e a mãe tem sangue tipo B ou vice-versa.
d) apenas a mãe possui o gene para o daltonismo, o pai tem sangue tipo AB, e a mãe tem sangue tipo O ou vice-versa.
e) apenas a mãe possui o gene para o daltonismo, o pai tem sangue tipo AB, e a mãe tem sangue tipo A ou vice-versa.

5. (UFF-RJ) "Em algumas populações da América do Sul, praticamente todos os cromossomos Y são da Europa e todo DNA mitocondrial é de grupos locais"

(Carvajal-Carmona et al., "American Journal of Human Genetics" 67: 1062-66, 2000. Citado em "A História da Humanidade", Olson S., Ed. Campus.)

Analise a frase e assinale a alternativa que indica a origem do cromossomo Y e do DNA das mitocôndrias nas células humanas.

a) O cromossomo Y é herdado somente do pai e apenas pelos filhos homens, enquanto o DNA mitocondrial é somente de origem materna e é herdado apenas pelas filhas.
b) O cromossomo Y é herdado somente do pai e apenas pelos filhos homens, enquanto o DNA mitocondrial é somente de origem materna, tanto nos filhos quanto nas filhas.
c) O cromossomo Y é herdado somente do pai e está presente no nucleoplasma, enquanto o DNA mitocondrial é tanto de origem paterna quanto materna e encontra-se no citoplasma.
d) O cromossomo Y é herdado somente do pai e está presente nas células germinativas, enquanto o DNA mitocondrial é de origem materna e está presente nas células somáticas.
e) O cromossomo Y é herdado somente do pai e está presente nas células somáticas, enquanto o DNA mitocondrial é de origem materna e está presente nas células germinativas.

MÓDULO 25 • Alterações cromossômicas e engenharia genética

Durante a divisão celular podem ocorrer erros que alteram os cromossomos da célula. Essas alterações ou mutações são chamadas **numéricas** ou **estruturais**, como você verá a seguir.

Alterações numéricas

As alterações numéricas, como o próprio nome diz, são mudanças no número de cromossomos de uma célula (figura 1). Podemos classificá-las em:

- **euploidia**: se refere à redução ou aumento em todo conjunto de cromossomos. Podem ser formadas células n (**monoploidia**), 3n (**triploidia**), e assim por diante;
- **aneuploidia**: ocorre quando somente o número de determinado cromossomo sofre alteração para mais ou para menos. A **nulissomia** corresponde à falta de um par de homólogos. Na **monossomia** está presente apenas um cromossomo do par. Já na **trissomia** existem três cromossomos de determinado tipo.

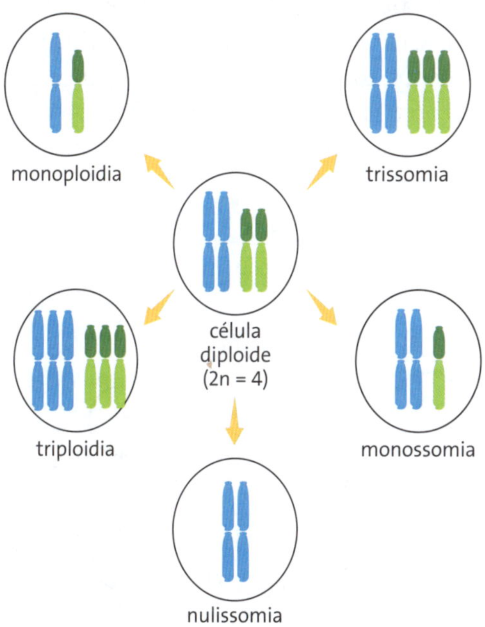

Figura 1 Esquema mostrando algumas alterações cromossômicas (os elementos da figura não estão na mesma escala; cores fantasia).

Substâncias químicas, vírus ou radiação podem interferir na formação do fuso mitótico durante a divisão celular. Na presença de colchicina, por exemplo, os cromossomos podem se duplicar sem que haja migração para os polos, o que origina uma célula com o dobro de cromossomos. Em outros casos, apenas determinadas fibras do fuso ou determinado centrômero são rompidos. Quando isso ocorre em células germinativas, os cromossomos homólogos podem não se separar e não migram para polos opostos (figura 2). Esse fenômeno é denominado **não disjunção** e também pode ocorrer na segunda divisão da meiose, fazendo com que as cromátides migrem ambas para o mesmo polo.

não disjunção na primeira divisão da meiose

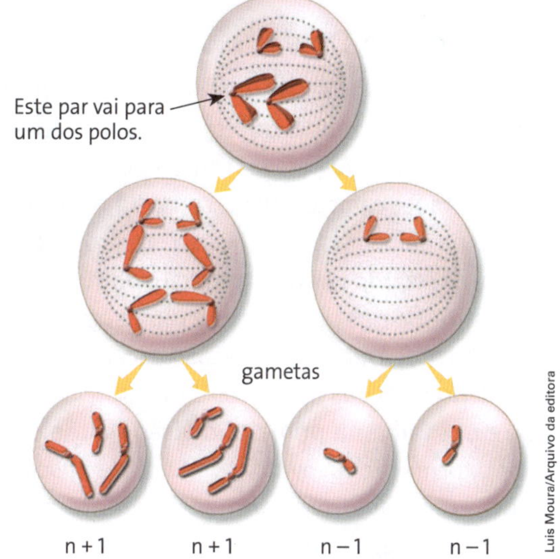

não disjunção na segunda divisão da meiose

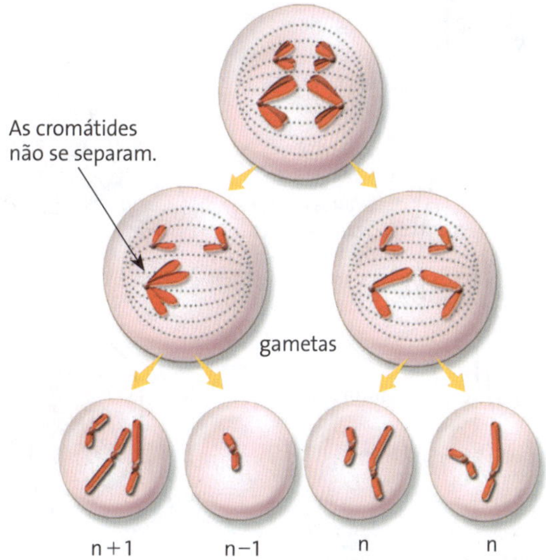

Figura 2 Esquemas da ocorrência de não disjunção (os elementos ilustrados não estão na mesma escala; cores fantasia).

Como resultado da não disjunção, são formados gametas defeituosos. A ausência ou excesso de cromossomos pode ser responsável, por exemplo, pela formação de zigotos com número de cromossomos anormal e de embriões que não se desenvolvem. Se a não disjunção for parcial, pode ocorrer aneuploidia. Quando ela ocorre em todo conjunto de cromossomos, causa euploidia, formando um gameta 2n que, após a fecundação, originaria um zigoto triploide.

A poliploidia é bastante comum entre os vegetais, havendo três ou mais conjuntos de cromossomos na célula. Embora seja difícil distinguir uma planta poliploide apenas pelo aspecto, algumas delas têm um tamanho maior devido ao maior número de cromossomos.

Síndrome de Down

Dentre as mutações cromossomiais, a síndrome de Down é a mais comum e corresponde a uma trissomia no cromossomo 21. As pessoas com a síndrome possuem sinais bastante característicos, como olhos com prega cutânea na pálpebra superior e pescoço grosso e adiposo, além de retardo ou atraso mental e outros sintomas.

O cariótipo dos portadores é representado da seguinte forma: 47, XY + 21, no caso dos homens, e 47, XX + 21, no caso das mulheres. Em geral, a alteração ocorre por falha na primeira divisão da meiose durante a formação do óvulo. A chance de nascer uma criança com a síndrome aumenta conforme avança a idade da mãe.

Alterações nos cromossomos sexuais

Os cromossomos sexuais são responsáveis pela diferença entre os sexos. No caso da espécie humana, a mulher possui dois cromossomos X. O homem, um X e um Y. Essa diferença vai determinar a formação de glândulas masculinas ou femininas e a produção dos respectivos hormônios.

Um exame de cariótipo ou o teste da cromatina sexual, procedimento mais simples, permitem que se verifique a diferença entre os sexos. A cromatina sexual corresponde a um cromossomo X com quase todos os genes inativos e que permanece "enrolado" durante a interfase. Nas células de um indivíduo do sexo feminino, a cromatina sexual pode ser visualizada como uma mancha mais corada que o restante do núcleo. Em células masculinas ela está ausente.

O teste da cromatina sexual permite que sejam identificadas anomalias como as síndromes de Turner, Klinefelter e a do poli-X, que são apresentadas a seguir.

A **Síndrome de Turner** é resultado da não disjunção durante a formação do espermatozoide (figura 3). O indivíduo afetado é uma mulher com monossomia do cromossomo X e cujo cariótipo é 45, X. São características da síndrome a baixa estatura, órgãos sexuais e caracteres sexuais secundários pouco desenvolvidos, tórax largo em barril, pescoço alado, má formação das orelhas, maior frequência de problemas renais e cardiovasculares e, quase sempre, a esterilidade.

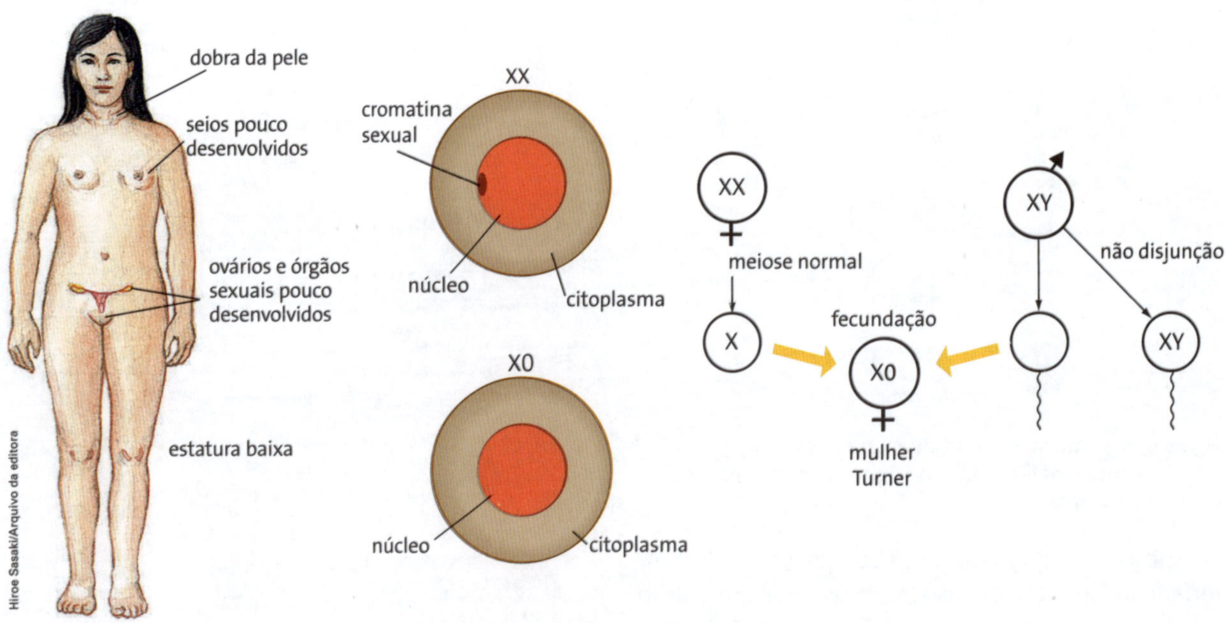

Figura 3 Mulher com síndrome de Turner. Observe a ausência de cromatina sexual em suas células (as células são microscópicas; os elementos da figura não estão na mesma escala; cores fantasia).

Os indivíduos acometidos pela **síndrome de Klinefelter** apresentam um cromossomo X extra, que, em geral, resulta de uma não disjunção do óvulo (figura 4). O indivíduo, embora apresente dois cromossomos X, é do sexo masculino, determinado pelo cromossomo Y. A doença tem como características a baixa fertilidade do indivíduo e, às vezes, o desenvolvimento exagerado das glândulas mamárias. O tratamento hormonal ajuda a diminuir alguns dos sintomas.

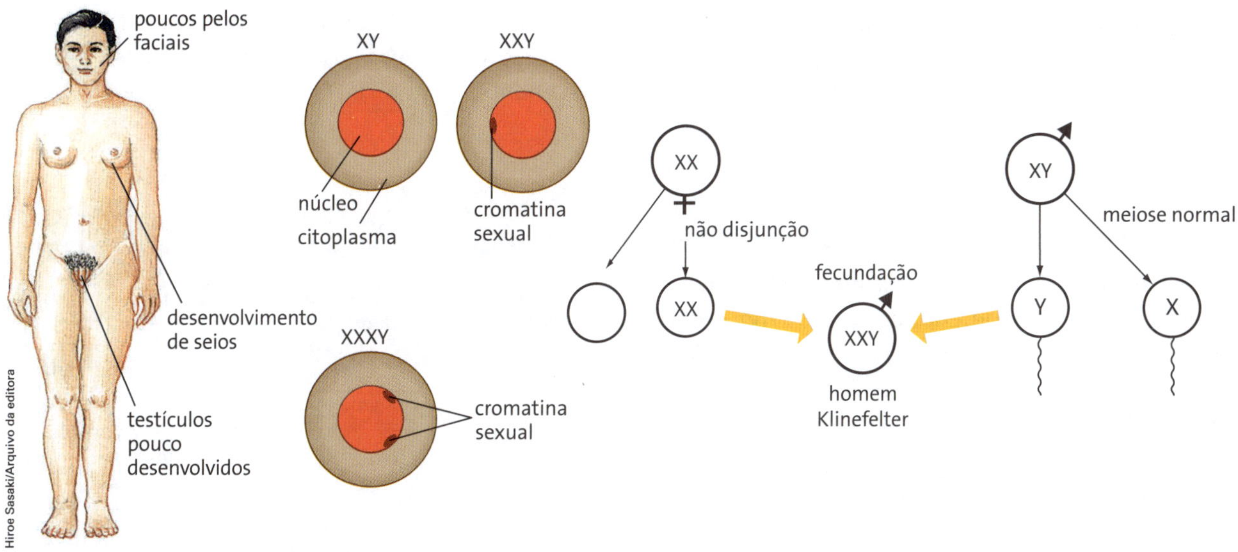

Figura 4 Homem com síndrome de Klinefelter. Observe a presença de uma cromatina sexual em homem XXY e de duas cromatinas sexuais em homem XXXY (as células são microscópicas; os elementos da figura não estão na mesma escala; cores fantasia).

Alterações estruturais

Nas chamadas alterações **estruturais** há alterações na sequência de genes de um cromossomo. Quando essas mudanças acontecem durante a mitose de células do corpo, há poucas consequências, pois apenas algumas delas são afetadas. No entanto, se ocorrem na meiose, podem ser transmitidas aos descendentes, que terão cromossomos anormais em todas as suas células.

Existem quatro tipos de alterações estruturais (figura 5):

- **inversão**: ocorre quando um pedaço de um cromossomo se solta e sofre ressoldagem em posição invertida, causando a inversão na sequência de genes;
- **deleção** (ou **deficiência**) e **duplicação**: ocorrem quando um pedaço de um cromossomo se desloca e se fixa em outro cromossomo homólogo, que contém genes para as mesmas características. O cromossomo original, que perdeu um pedaço, sofre deleção, enquanto o que o recebeu apresenta duplicação na sequência de seus genes;
- **translocação**: diz-se quando o pedaço de um cromossomo se liga a um cromossomo não homólogo.

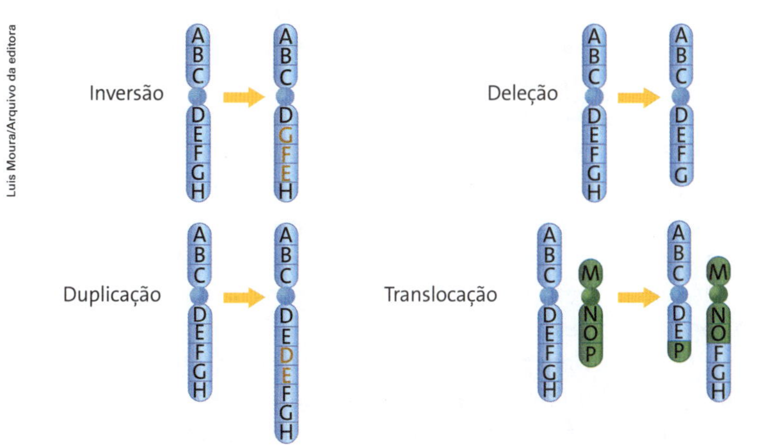

Figura 5 Esquemas dos quatro tipos de anomalias estruturais. As letras indicam regiões dos cromossomos com muitos genes. (Os elementos ilustrados não estão na mesma escala; cores fantasia.)

Engenharia genética

Tecnologia do DNA recombinante

A **engenharia genética** ou **tecnologia do DNA recombinante** possibilita aos seres humanos transplantar genes de uma espécie para outra e, a partir disso, criar uma molécula de DNA que não existia na natureza. Tal molécula é denominada **DNA recombinante**. A principal vantagem dessa tecnologia é a rapidez com a qual é efetuada a produção da substância ou da característica desejada.

Cortando o DNA: enzimas de restrição

Os bacteriófagos são vírus que atacam bactérias e se reproduzem em seu interior, causando a morte desse organismo ao final do ciclo. Como defesa, algumas bactérias produzem enzimas especiais, denominadas **enzimas de restrição**, que cortam o DNA do vírus em locais específicos, impedindo sua reprodução.

A primeira enzima de restrição a ser descoberta foi a *Eco*RI, produzida pela bactéria *Escherichia coli*. A enzima reconhece a sequência de bases GAATTC e corta as duas cadeias de uma molécula de DNA entre o G e o A, como esquematizado na figura 6. Essa sequência está presente repetidas vezes no DNA de muitos organismos, o que permite a utilização da *Eco*RI como "tesoura" para cortar o DNA dos seres vivos em porções menores.

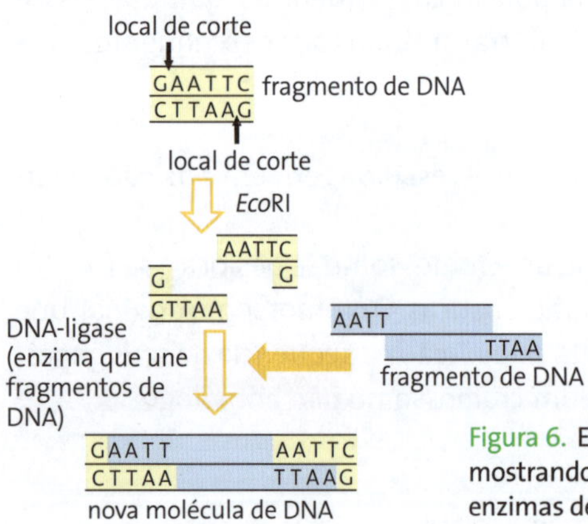

Figura 6. Esquema mostrando a ação das enzimas de restrição.

Clonagem do DNA e construção do DNA recombinante

As enzimas de restrição são utilizadas para cortar o DNA de um organismo em pontos específicos. O trecho desejado é, então, extraído e transplantado para um organismo diferente, formando um DNA recombinante. A multiplicação desse organismo origina várias cópias idênticas do DNA estranho.

Além do DNA principal, as bactérias possuem também o **plasmídeo**, pequeno DNA circular. Ele é comumente utilizado como vetor de genes na formação de um DNA recombinante. Como o plasmídeo apresenta somente uma cópia para cada tipo de sequência de reconhecimento da enzima de restrição, o anel de DNA apenas se abre onde está a sequência, impedindo que a molécula se fragmente. Outra enzima é utilizada para inserir os pedaços de DNA desejados no anel de DNA aberto. A DNA-ligase é a responsável por ligar os fragmentos (figura 7).

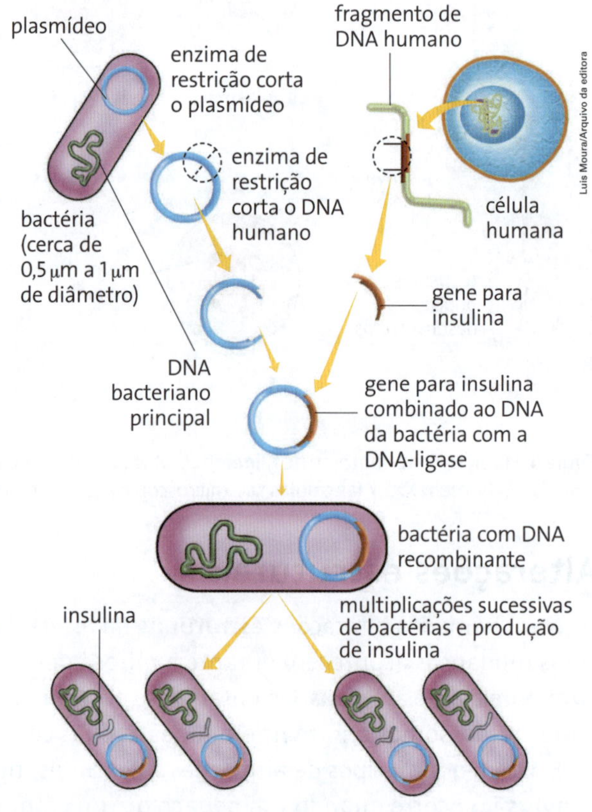

Figura 7 **Esquema simplificado da produção de insulina humana por bactérias (os elementos da ilustração não estão na mesma escala; cores fantasia).**

A reprodução da bactéria que apresenta o DNA recombinante leva à replicação dele, que é passado aos descendentes. A produção de cópias idênticas do DNA é denominada **clonagem de DNA**, **clonagem molecular** ou **clonagem gênica**. Uma vez que a manutenção de bactérias se reproduzindo em laboratório é simples, a produção das substâncias produzidas por elas pode ser feita em escala comercial. Essa técnica foi aplicada, por exemplo, na produção de insulina humana.

Os organismos que tiveram seu DNA modificado pela engenharia genética são chamados **organismos geneticamente modificados (OGM)** ou **organismos transgênicos**. Esse último termo, no entanto, deve ser utilizado apenas para organismos cujo material genético introduzido tenha vindo de outra espécie.

Análise do DNA

Após o tratamento com enzima de restrição, obtém-se fragmentos de DNA com tamanhos variáveis. Em razão da variedade genética, o conjunto de fragmentos de um indivíduo é diferente do de outro, mesmo que eles sejam aparentados.

Para determinar o tamanho dos fragmentos, eles são colocados em um gel e submetidos a um campo elétrico. Por causa da constituição dos nucleotídeos, os fragmentos ficam carregados negativamente, migrando para o polo positivo. Há, então, a formação de um conjunto de bandas, uma vez que os fragmentos menores migram mais rápido que os maiores. A figura 8 representa esse processo, denominado **separação em gel por eletroforese**. Como o conjunto de bandas é único, esse exame é conhecido como **impressão digital genética** ou **impressão digital do DNA** (ou *DNA fingerprint*).

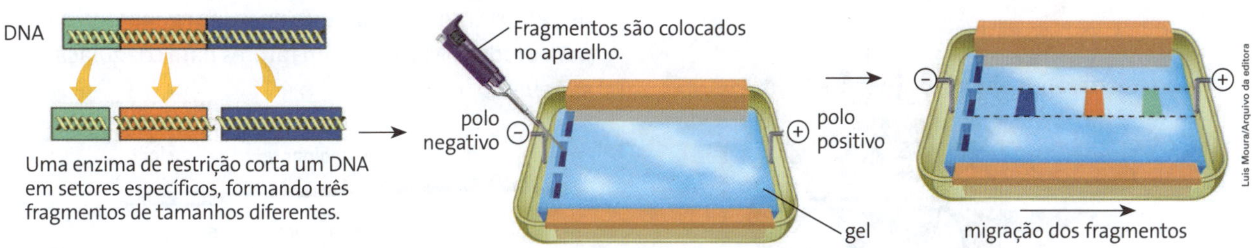

Figura 8 Esquema da separação dos fragmentos de restrição por eletroforese.

A partir da impressão digital do DNA, obtida de amostras de sangue, cabelo, sêmen ou algum tecido do corpo, pode-se identificar criminosos. Pode-se ainda determinar a paternidade um indivíduo. Para isso, utilizam-se as mesmas enzimas de restrição no tratamento do DNA do suposto pai, da mãe e da criança. A comparação entre o padrão das bandas obtido para cada indivíduo permite determinar se o homem é ou não o pai biológico (figura 9).

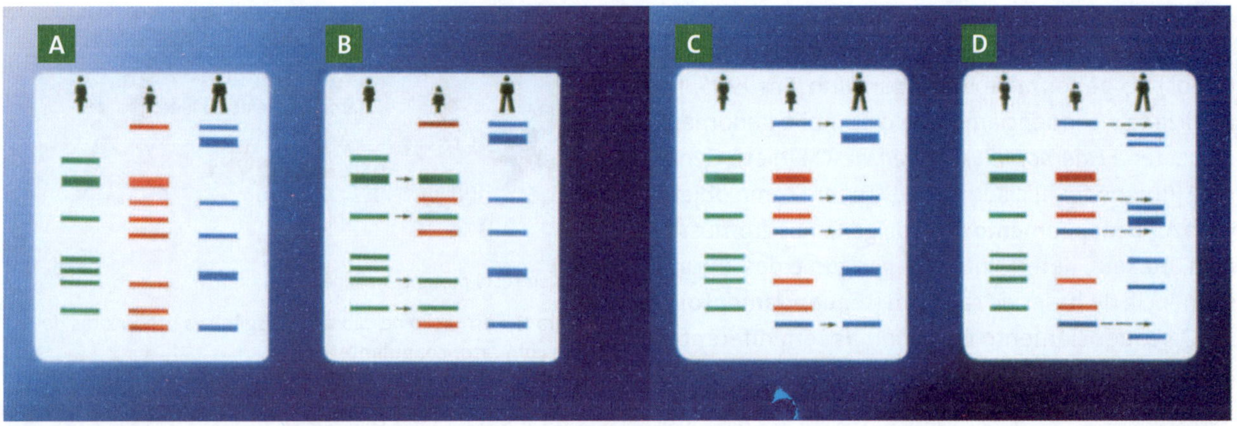

Figura 9 Ilustração do resultado de um exame de DNA para teste de paternidade. Cada barra indica um fragmento de DNA. Em **B**, observe que algumas barras da mãe coincidem com as do filho. Em **C**, podemos ver as barras da criança que coincidem com as do possível pai. Já **D** mostra que as barras da criança não coincidem com as de outro possível pai.

Diagnóstico e tratamento de doenças genéticas

O diagnóstico de doenças genéticas pode ser realizado quando se conhece os genes responsáveis por elas. Para isso, utiliza-se um trecho marcado de DNA com uma sequência de bases complementar ao trecho do DNA que se deseja identificar.

Algumas doenças genéticas podem ser corrigidas por meio da **terapia gênica** ou **geneterapia**. A deficiência na produção ou funcionamento de uma proteína causada por uma mutação no gene, por exemplo, pode ser corrigida pela injeção de genes normais. A inserção, nas células do paciente, do pedaço de DNA que contém o gene em questão pode ser feita através de um vetor. Uma sequência de inserção permite que esse trecho se integre ao DNA genômico.

A célula, então, passará a produzir a proteína que estava ausente (figura 10).

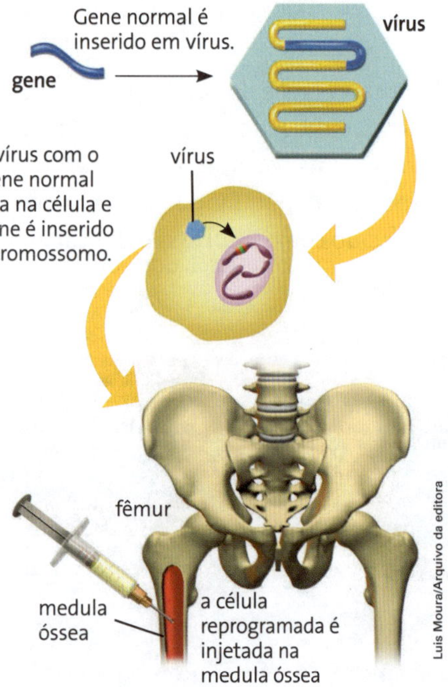

Figura 10 Exemplo de terapia gênica (esquema simplificado; os elementos da ilustração não estão na mesma escala; cores fantasia).

Sequenciamento de genomas

O sequenciamento corresponde à determinação da ordem de todas as bases nitrogenadas (ou nucleotídeos) do genoma de um organismo. Em 1995, foi finalizado o sequenciamento do primeiro genoma, o da bactéria *Haemophilus influenzae*. O Projeto Genoma Humano foi iniciado em 1990 e tem como objetivo fazer o **mapeamento** de cada gene nos cromossomos, ou seja, determinar sua posição e descobrir a sequência de bases de cada um (**sequenciamento**).

O sequenciamento de genomas tem diferentes aplicações. Entre elas:

- permitir a identificação dos genes que causam ou que contribuem para doenças genéticas ou para o câncer, o que aumentaria a capacidade de diagnosticar doenças na fase inicial a partir de testes genéticos;
- auxiliar no aconselhamento genético, possibilitando avaliar as doenças que podem ser transmitidas aos filhos e como evitá-las ou tratá-las;
- descobrir mais sobre o funcionamento do gene;
- ajudar a descobrir a sequência de aminoácidos de diferentes proteínas, permitindo compreender melhor suas funções;
- criar drogas específicas para cada doença, ampliando sua eficácia;
- analisar o grau de parentesco evolutivo entre as espécies;
- facilitar o desenvolvimento de organismos transgênicos;
- ajudar no melhoramento de animais e plantas.

Organismos geneticamente modificados

Os organismos geneticamente modificados, isto é, que sofreram modificações em seu DNA, são conhecidos como transgênicos. A figura 11 mostra a formação de cabras transgênicas, que possuem genes humanos para produção de leite com fatores para coagulação do sangue.

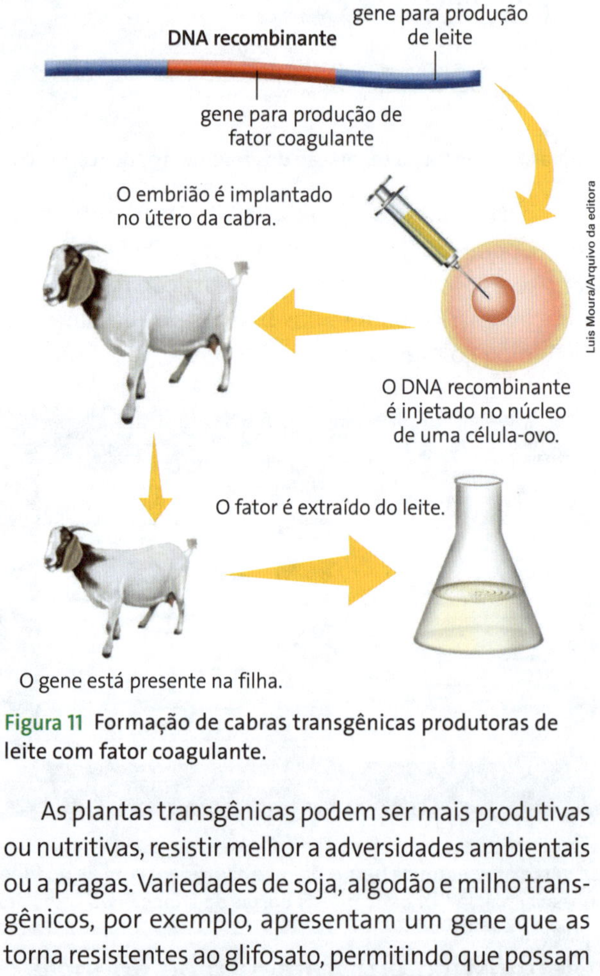

Figura 11 Formação de cabras transgênicas produtoras de leite com fator coagulante.

As plantas transgênicas podem ser mais produtivas ou nutritivas, resistir melhor a adversidades ambientais ou a pragas. Variedades de soja, algodão e milho transgênicos, por exemplo, apresentam um gene que as torna resistentes ao glifosato, permitindo que possam receber um herbicida que elimine invasoras sem que sejam afetadas. Em plantações convencionais, é necessário o uso de herbicidas mais tóxicos que o glifosato.

Embora os transgênicos tragam muitos benefícios (a Embrapa, por exemplo, produz mamão, batata e feijão imunes a vírus e soja resistente a herbicidas), o uso dessas variedades gera muita polêmica, pois não existem evidências suficientes de que não causem prejuízos à saúde humana ou ao ambiente.

Exercícios propostos

1. (Ufal) A tecnologia do DNA recombinante tem produzido uma série de avanços no setor agropecuário brasileiro. A inserção de um gene da bactéria *Bacillus thuringiensis* em algumas variedades de plantas, por exemplo, as torna resistentes a certas pragas. Sobre essas tecnologias, é correto afirmar:
   a) a transferência de qualquer gene de um organismo a outro produz variabilidade genética; daí, os transgênicos serem resistentes a pragas.
   b) plasmídios virais são utilizados como vetores de genes de interesse que serão transferidos a um organismo.
   c) a resistência de uma planta transgênica a uma praga se deve à ação do produto do gene inserido na planta, e não à presença do gene em si.
   d) plantas naturalmente resistentes a pragas não passam necessariamente esta característica à prole; daí, a necessidade das técnicas de engenharia genética.
   e) a clonagem de plantas com características de resistência a pragas as torna menos susceptíveis à extinção ao longo da evolução, segundo as leis da seleção natural.

2. (Mack-SP) Três em cada quatro pessoas nunca ouviram falar sobre os produtos alterados em laboratório (transgênicos).

   Jornal da Tarde, 28/08/2010

   A respeito dos transgênicos, são feitas as afirmações abaixo.
   I. São sempre indivíduos incapazes de se reproduzir.
   II. Aumentam a produtividade dos alimentos.
   III. São organismos tanto vegetais quanto animais, produzidos pela Engenharia Genética, que contém genes de outra(s) espécie(s).
   IV. São vegetais produzidos por radiação que se tornam resistentes a predadores.

   Assinale
   a) se somente I e II estiverem corretas.
   b) se somente II e III estiverem corretas.
   c) se somente I e III estiverem corretas.
   d) se somente II e IV estiverem corretas.
   e) se somente III e IV estiverem corretas.

3. (UEG-GO) Além de identificar um número representativo de genes humanos e de outros organismos, os cientistas brasileiros desenvolveram uma estratégia de sequenciamento do genoma de uma bactéria que causa a doença conhecida como "amarelinho" e que atinge as plantações de frutos cítricos no Brasil. A finalidade dos "projetos genômicos" dos diferentes seres vivos permite:
   a) identificar os organismos transgênicos e possibilitar a reprodução sexuada em ambiente natural destes organismos.
   b) reconhecer as mutações como alterações no código genético e os fatores radioquímicos que geraram tais mutações.
   c) identificar a posição de cada gene no cromossomo e estabelecer a sequência de base nitrogenada.
   d) manipular genes, corrigir defeitos no código genético e diminuir os efeitos dos genes letais.

4. (Cefet-MG) Chegou ao mercado o primeiro medicamento de terapia gênica – um marco na história da medicina. A droga é a esperança de uma vida sem sofrimento para milhares de pessoas que possuem uma doença genética rara, caracterizada por um defeito no gene que determina a produção da enzima lipase, responsável pela digestão de gorduras.

   Disponível em: <www.istoe.com.br/reportagens/270736_A+REVOLUCAO+DA+TERAPIA+GENETICA>. Acesso em: 18 fev. 2013.

   A respeito dos transgênicos, são feitas as afirmações abaixo.
   I. São sempre indivíduos incapazes de se reproduzir.
   II. Aumentam a produtividade dos alimentos.
   III. São organismos tanto vegetais quanto animais, produzidos pela Engenharia Genética, que contêm genes de outra(s) espécie(s).
   IV. São vegetais produzidos por radiação que se tornam resistentes a predadores.

   Assinale
   a) se somente I e II estiverem corretas.
   b) se somente II e III estiverem corretas.
   c) se somente I e III estiverem corretas.
   d) se somente II e IV estiverem corretas.
   e) se somente III e IV estiverem corretas.

5. (UFMG) O número de cromossomos da espécie humana pode, às vezes, apresentar alterações. Pessoas com síndrome de Klinefelter possuem 47 cromossomos, entre os quais, os cromossomos sexuais representados por XXY. Com base nessas informações e outros conhecimentos sobre o assunto, é INCORRETO afirmar que
   a) os pais de um indivíduo Klinefelter têm número normal de cromossomos nas células somáticas.
   b) a presença de dois cromossomos X impede a manifestação do fenótipo masculino.
   c) a ocorrência do fenótipo mutante é resultado de um cromossomo extra.
   d) a fecundação de um óvulo X por um espermatozoide XY dá origem a um indivíduo Klinefelter.

MÓDULO 26 • Teorias evolucionistas e evidências da evolução

Fixismo

O **fixismo** foi o pensamento predominante no século XVIII. Segundo ele, cada espécie teria surgido de forma independente e mantido sempre as mesmas caraterísticas. Embora os fósseis já fossem estudados nessa época, não eram considerados como evidências da evolução.

Ainda no século XVIII, alguns cientistas passaram a defender a hipótese de uma transformação das espécies (**transformismo** ou **transmutação das espécies**) para explicar sua diversidade, bem como a existência de fósseis de organismos diferentes dos atuais. No entanto, não foi apresentado nenhum modelo da forma como se deu esse processo.

Lamarckismo

O **lamarckismo** é o nome dado à teoria proposta, no início do século XIX, pelo naturalista Lamarck. Tal teoria sugeria que as espécies mudam com o tempo, contrariando as ideias fixistas.

Lamarck defendia que os seres vivos atuais surgiram dos mais simples e se transformaram, de forma gradual, em organismos de maior complexidade. Os seres mais simples poderiam surgir por geração espontânea. O naturalista, no entanto, é mais reconhecido por defender as duas leis que explicavam os mecanismos de transformação: *a lei do uso e desuso* e a *lei da herança das características adquiridas*. A primeira apresentava a ideia de que um órgão se desenvolvia com o uso e se atrofiava devido ao desuso. Uma vez que o ambiente só pode modificar as características de um indivíduo dentro de limites determinados pela genética, essa lei apresenta uma verdade apenas parcial. Já a segunda lei afirmava que os caráteres adquiridos seriam passados aos descendentes. Tais caráteres seriam resultantes do uso ou desuso de determinados órgãos.

O biólogo alemão Weismann demonstrou, entre 1870 e 1875, que somente mudanças nas células que originam os gametas são transferidas aos descendentes, fornecendo evidências contra a lei da herança das características adquiridas. Atualmente, a genética apresenta dados contra esse tipo de herança, já que ela comprova que alterações em células somáticas não são transmitidas para a geração seguinte. Além disso, o uso ou não de determinados órgãos e estruturas não influencia a sequência de bases do DNA, assim como o ambiente não influencia a ocorrência de mutações.

Lamarck teve contribuição importante para a ciência ao defender a ideia de que as espécies sofrem alterações e que novas características podem ser transmitidas aos descendentes. Propôs também uma teoria de evolução, desenvolvendo explicações para o surgimento de novas espécies e para as mudanças adaptativas sofridas por elas.

Darwinismo

Em 1831, o inglês Charles Darwin iniciou uma viagem de cinco anos a bordo do Beagle para explorar a América do Sul, a Nova Zelândia e a Austrália.

Na Argentina, Darwin encontrou fósseis de animais gigantescos e os enviou para serem analisados por cientistas de Londres. Foram observadas semelhanças entre eles e preguiças e tatus atuais, o que levou Darwin a questionar o motivo pelo qual esses fósseis estavam em lugares onde eram encontrados, no presente, seres vivos semelhantes a eles, mas de menor tamanho. A resposta estaria na transformação das espécies semelhantes a partir de um ancestral comum. A ideia de descendência com modificação era defendida por Darwin.

Em sua viagem pelas ilhas Galápagos, Darwin observou que as diferentes espécies de tentilhões que lá existiam apresentavam semelhanças com uma espécie da mesma ave que vivia no continente vizinho, com condições ambientais diferentes das da ilha (figura 1). Darwin supôs que as espécies do arquipélago teriam se originado de espécies do continente, explicando, assim, as semelhanças. Nas ilhas, elas teriam se diversificado e se adaptado ao longo do tempo às condições do meio. As diferenças observadas por Darwin nessas espécies estavam relacionadas, principalmente, ao formato e tamanho do bico, que seriam adaptados ao alimento a que cada espécie de tentilhão teria acesso.

Stubblefield Photography/Shutterstock/Glow Images

Tentilhão que se alimenta de cacto (*Geospiza scandens*).

Tui de Roy/Minden Pictures/Latinstock

Tentilhão que se alimenta de insetos (*Camarhynchus pallidus*).

Figura 1 Duas espécies de tentilhões observadas por Darwin em Galápagos. A semelhança entre as espécies de tentilhões do arquipélago e os tentilhões do continente (costa ocidental da América do Sul) levou Darwin a supor que uma espécie ancestral do continente teria dado origem às espécies insulares. (Os tentilhões medem de 10 cm a 20 cm de comprimento.)

Darwin continuou suas pesquisas com seres vivos e, com base na observação de cruzamentos seletivos feitos por criadores de pombos, pensou que a natureza poderia selecionar certas características dos indivíduos. Essa características, após algum tempo, poderiam se acumular até o ponto de originar novas variedades de seres. Darwin concluiu também que indivíduos com mais oportunidades de sobreviver teriam maior sucesso em se reproduzir e apresentariam características mais apropriadas para superar as condições do meio em que viviam. Logo, as características que conferiam alguma vantagem tenderiam a ser preservadas, enquanto as desfavoráveis seriam descartadas. Esse processo foi chamado por Darwin de **seleção natural**. As espécies, então, passariam por um longo e constante processo de seleção no decorrer das gerações, diversificando-se e tornando-se adaptadas a seu ambiente.

Segundo Darwin, as populações se diferenciariam progressivamente, resultando em diferentes espécies após muitas gerações. A figura 2 apresenta um exemplo da ideia defendida por ele: em uma população, a frequência de ratos amarelos aumenta ao longo das gerações, enquanto a de ratos pretos diminui. No ambiente em que esses animais vivem, os ratos pretos são mais facilmente localizados por predadores, no caso a coruja, pois os amarelos se confundem com a cor do solo. A população, posteriormente, pode ser formada apenas por indivíduos amarelos.

Ilustrações: Casa de Tipos/Arquivo da editora

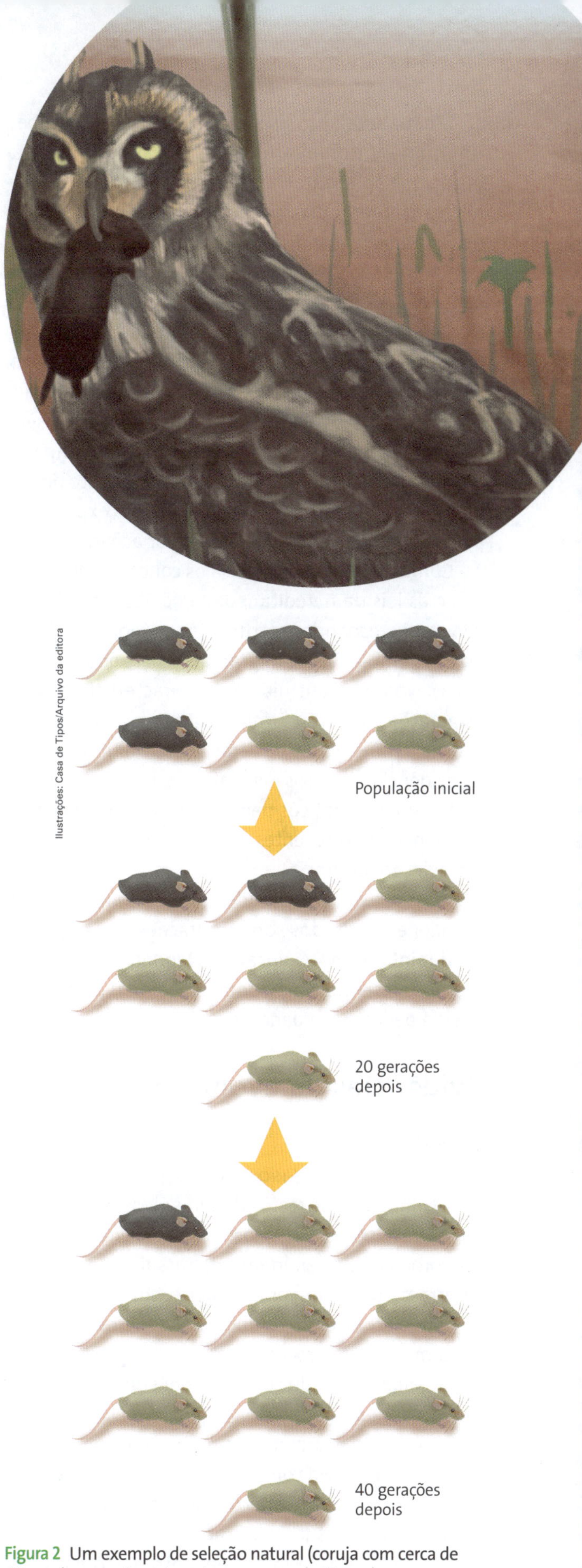

Figura 2 Um exemplo de seleção natural (coruja com cerca de 60 cm de comprimento; rato com cerca de 15 cm de comprimento, fora a cauda; cores fantasia).

Muitos anos após suas conclusões, Darwin recebeu um manuscrito de Alfred Russel Wallace, cientista inglês que apresentou as mesmas ideias que ele. Publicaram então, em conjunto, um resumo do trabalho de Darwin e o ensaio de Wallace, mas não despertaram a atenção da comunidade científica. Apesar da contribuição de Wallace, muitos pesquisadores mencionam apenas Darwin devido às inúmeras evidências apresentadas a favor de sua teoria. Por esse motivo, seu nome é o mais relacionado à teoria da evolução.

Baseado nas evidências obtidas no decorrer de seus estudos, Darwin defendia que as espécies compartilhavam um ancestral comum em algum ponto de sua história evolutiva, mas não havia na época explicações para a origem e a transmissão das variações.

Como Darwin desconhecia os conceitos de mutação e as leis da hereditariedade de Mendel, ele não conseguiu responder às críticas à sua teoria, atribuindo às "gêmulas", que migrariam dos tecidos aos órgãos sexuais, a transmissão das características entre as gerações. Admitiu também que, em alguns casos, ocorria a transmissão de caráteres adquiridos. A falta de evidências sobre os mecanismos da hereditariedade foi um dos motivos pelos quais muitos cientistas permaneceram reticentes quanto à teoria da evolução por seleção natural.

A associação entre as ideias de Darwin, as leis de Mendel e os estudos sobre mutações deu origem à **teoria sintética da evolução** ou **Neodarwinismo**. Essa teoria, apresentada mais adiante, é a mais aceita hoje em dia pela comunidade científica.

Evidências da evolução

Fósseis

Fóssil é o nome dado aos vestígios (pegadas, túneis, trilhas, etc) ou restos de seres vivos que viveram em outras épocas. Ele se forma apenas em condições que propiciem o fenômeno da fossilização, como o soterramento de um animal por sedimentos (figura 3). Com o decorrer do tempo, os sedimentos se compactam e formam rochas.

Quando partes do corpo do indivíduo são substituídas por minerais, a forma original é preservada. Por vezes, embora o organismo tenha sido totalmente destruído, seu molde ou vestígio permanece marcado na rocha. Apenas em raras ocasiões o organismo fica intacto: mamutes já foram achados soterrados em geleiras e insetos já foram encontrados presos em resina de pinheiros.

Ilustrações: Ingeborg Asbach/Arquivo da editora

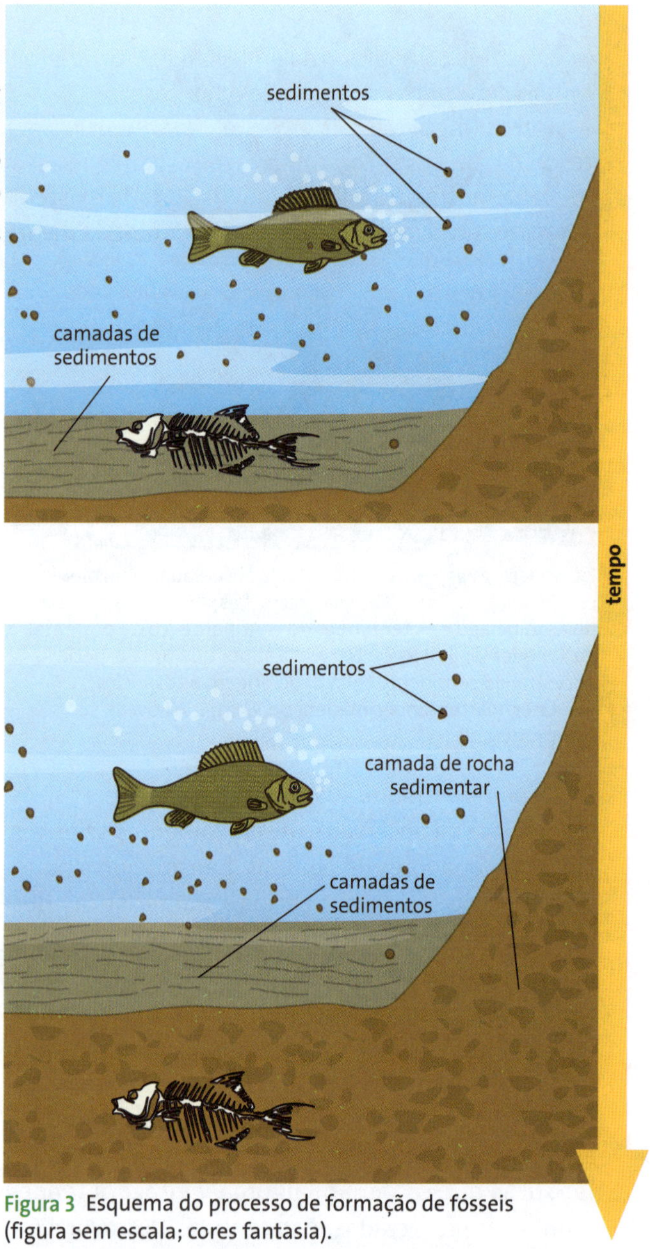

Figura 3 Esquema do processo de formação de fósseis (figura sem escala; cores fantasia).

Embora a probabilidade de formação e de conservação seja baixa, visto que podem ser naturalmente destruídos por fatores ambientais, os fósseis são importantes registros da evolução de uma espécie, além de fornecerem informações sobre aquelas já extintas. Estudos de fósseis de ossos ou de dentes, por exemplo, podem fornecer dados sobre o tamanho do animal e seu tipo de alimentação, já que cada indivíduo apresenta adaptações ao ambiente e a certo modo de vida. Fósseis com características intermediárias entre dois grupos são os de maior interesse para os estudos evolutivos, pois indicariam o grau de parentesco entre eles.

Adicionalmente, outras evidências são comparadas aos dados fósseis a fim de complementar o estudo evolutivo, como veremos a seguir.

Embriologia e anatomia comparadas

O estudo comparado da embriologia e da anatomia de diferentes organismos pode fornecer dados que permitam determinar seu grau de parentesco.

Estruturas presentes em espécies diferentes e que se originaram a partir de uma mesma estrutura existente no ancestral comum a esses organismos são chamadas **estruturas homólogas** e podem ou não apresentar a mesma função (figura 4). Quando existente, a diferença de funções estaria relacionada à seleção de características mais adaptadas, denominada **divergência evolutiva.**

Figura 4 Homologia nos ossos do membro dianteiro dos mamíferos. Mudanças no número e no comprimento dos dedos ou em outras características funcionam como adaptações a diversas funções. Observe a perda e a fusão de ossos na baleia e no cavalo e o alongamento dos dedos do morcego formando a estrutura da asa. (Os elementos da figura não estão na mesma escala; cores fantasia.)

O conceito de homologia pode ser aplicado também a características anatômicas, embriológicas, comportamentais e moleculares. A suposição de um ancestral comum para diferentes grupos é realizada analisando-se esse conjunto de semelhanças. No caso dos mamíferos, um ancestral exclusivo originou diversas espécies adaptadas a diferentes condições, fenômeno chamado **irradiação adaptativa**. Como pode ser observado na figura 4, os ossos dos membros dianteiros dos mamíferos são adaptados a funções distintas.

Estruturas que têm origem embrionária e anatomia diferentes, mas desempenham a mesma função, são denominadas **estruturas análogas**. Os grupos que as apresentam teriam se adaptado de forma semelhante às mesmas condições ambientais. Esse processo é denominado **convergência adaptativa** ou **evolução convergente**.

Os **órgãos vestigiais**, como o apêndice vermiforme humano, são mais uma evidência da evolução. Embora não exerçam mais sua função original, sua presença pode indicar relações de parentesco, como apresentado na figura 5.

As semelhanças durante o desenvolvimento embrionário de diferentes grupos permitem descobrir relações de parentesco entre eles. Isso é explicado pelo fato de que os diversos órgãos se desenvolvem a partir de uma organização básica do embrião, comum a todos os grupos.

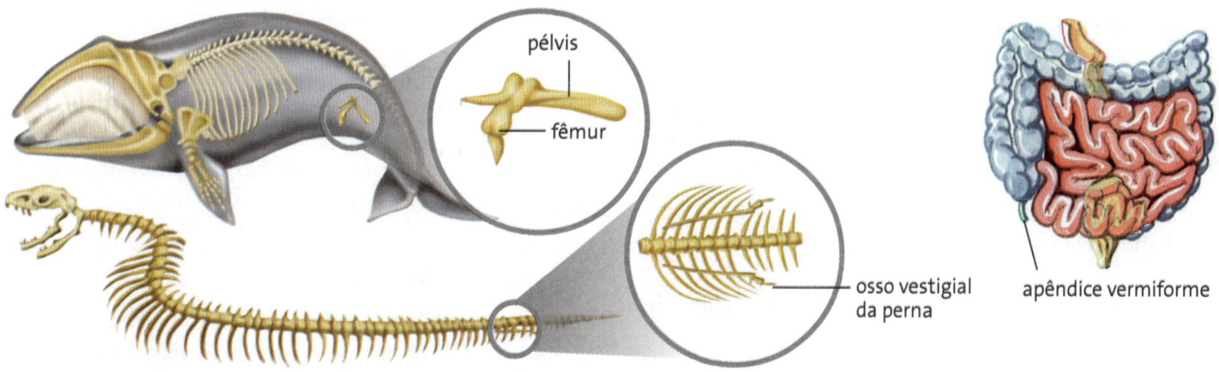

Ilustrações: Luis Moura/Arquivo da editora

Figura 5 A presença de vestígios de pernas em algumas baleias e em certas serpentes indica que esses animais vieram de ancestrais com pernas. O apêndice vermiforme no ser humano é vestígio de um compartimento do intestino de seus ancestrais herbívoros. (Os elementos da figura não estão na mesma escala; cores fantasia.)

Estudos moleculares

A comparação entre as sequências dos aminoácidos de uma proteína ou de nucleotídeos do DNA de duas espécies também pode indicar o grau de proximidade evolutiva entre elas: quanto maiores as diferenças, maior a distância evolutiva. As técnicas utilizadas nessas análises possibilitam a elaboração de árvores filogenéticas que podem ser comparadas a árvores obtidas a partir de outras evidências da evolução.

Exercícios propostos

1. (PUC-SP)

Sobre o pensamento evolutivo proposto por Darwin, é INCORRETO afirmar que

a) a seleção natural age no fenótipo e explica a especiação dos seres vivos.

b) forças externas agem sobre a variabilidade dos organismos.

c) a pressão seletiva modifica os genes para que o organismo se adapte.

d) as características hereditárias favoráveis tornam-se mais comuns ao longo das gerações.

e) em determinado ambiente, indivíduos mais adaptados sobrevivem e deixam descendentes.

2. (Ufscar-SP) "O meio ambiente cria a necessidade de uma determinada estrutura em um organismo. Este se esforça para responder a essa necessidade. Como resposta a esse esforço, há uma modificação na estrutura do organismo. Tal modificação é transmitida aos descendentes."
O texto sintetiza as principais ideias relacionadas ao

a) fixismo.

b) darwinismo.

c) mendelismo.

d) criacionismo.

e) lamarckismo

3. (UFJF-MG) Em relação às evidências da evolução biológica, é correto afirmar que:

a) um órgão vestigial, como o apêndice vermiforme no homem, não é evidência da evolução, porque é uma estrutura atrofiada e sem função aparente.

b) a pata dianteira de um cavalo e a asa de um morcego constituem evidência da evolução, porque são estruturas homólogas, apesar de o cavalo ter perdido os dedos, enquanto no morcego estes não só foram mantidos como alongados.

c) a asa de uma ave e o élitro (asa dura) de um besouro podem ser considerados como evidência da evolução, porque são estruturas análogas, que possuem origem embriológica diferente.

d) os fósseis constituem uma evidência da evolução, porque mostram que os organismos atuais são mais especializados e mais adaptados que os extintos.

e) a embriogênese é uma evidência da evolução, porque mostra que uma célula-ovo evolui para mórula, blástula, gástrula e embrião, que, finalmente, evolui para o indivíduo adulto.

4. (Mack-SP) O texto abaixo descreve um experimento com a mariposa *Biston betularia*, realizado, na Inglaterra em 1950, por um pesquisador chamado Kettlewell.
Em um bosque poluído por fuligem, foram soltas 630 mariposas, das quais 137 eram claras e 493 escuras. Todas elas haviam sido marcadas por uma pequena mancha de tinta. Após algumas horas, o pesquisador procedeu a uma recaptura, com a ajuda de uma lâmpada ultravioleta, que atraía as mariposas para uma armadilha. Conseguiu recapturar 131 escuras e 18 claras.
Esse experimento visou demonstrar

a) o processo evolutivo segundo Lamarck e Darwin.

b) a seleção natural, base da teoria evolucionista de Darwin.

c) a lei do uso e desuso, base da teoria proposta por Lamarck.

d) ocorrência da mutação, base da teoria sintética da evolução.

e) o neodarwinismo, baseado na mutação e na seleção natural.

5. (UFG-GO) Leia o texto a seguir.

"Há uma grandeza nessa visão da vida. A partir de um início tão simples, infinitas formas, as mais belas e maravilhosas evoluíram e continuam evoluindo..."

Disponível em: <www.dominiopublico.gov.br>. Acesso em: 3 out. 2009.

O pensamento descrito no texto reflete o conhecimento de que

a) os caracteres adquiridos em função do uso e desuso são transmitidos hereditariamente.

b) o genótipo sofre sucessivas mutações de uma geração para outra.

c) os organismos surgiram espontaneamente a partir da matéria não viva.

d) as espécies descendem umas das outras e estão ligadas por ancestral comum.

e) os seres vivos surgiram já adaptados ao ambiente e permanecem imutáveis.

MÓDULO 27 • Neodarwinismo

A **teoria sintética da evolução**, amplamente aceita pela comunidade científica, foi proposta no início do século XX a partir da união entre o darwinismo, as leis de Mendel e os conhecimentos obtidos sobre as mutações. Essa teoria é também chamada **Neodarwinismo** ou **Nova Síntese** e analisa fatores que interferem na frequência dos genes nas populações. A seguir, é apresentada a participação das mutações, da reprodução sexuada e da seleção natural nessa teoria.

Variabilidade genética: mutações e reprodução sexuada

Diferentes fatores podem ocasionar uma mutação. Erros na duplicação do DNA, radioatividade e ação de produtos químicos são exemplos deles. Embora falhas na duplicação do material genético ou estragos causados por agentes mutagênicos possam ser corrigidos por determinadas enzimas, o mecanismo de reparação está sujeito a falhas.

Uma **mutação** corresponde à alteração na sequência de bases do DNA e pode levar ao surgimento de uma nova característica no organismo. Como há mudança na sequência de bases, pode haver modificação na sequência de aminoácidos da proteína resultante, alterando suas propriedades. Mutações que ocorrem em células germinativas podem ser passadas às gerações seguintes, diferente do que acontece com mutações em células somáticas.

Caso uma mutação proporcione alguma vantagem para o indivíduo, ela provavelmente será mantida e, com o tempo, o número de organismos que a possuem aumentará. Portanto, ao contrário da mutação, a seleção natural não é aleatória. Cabe lembrar ainda que as mutações podem não resultar em características relacionadas às necessidades de adaptação do organismo às condições ambientais, ou seja, podem ser neutras ou desfavoráveis.

A meiose, divisão celular que ocorre na reprodução sexuada, produz uma grande diversidade de gametas. Desse modo, por meio da fecundação, podem ser originados indivíduos geneticamente muito diferentes graças ao arranjo dos cromossomos dos genitores e à permutação (figura 1). Apesar desse tipo de reprodução não originar novos alelos, promove recombinações, o que aumenta a variabilidade genética, condição para a evolução.

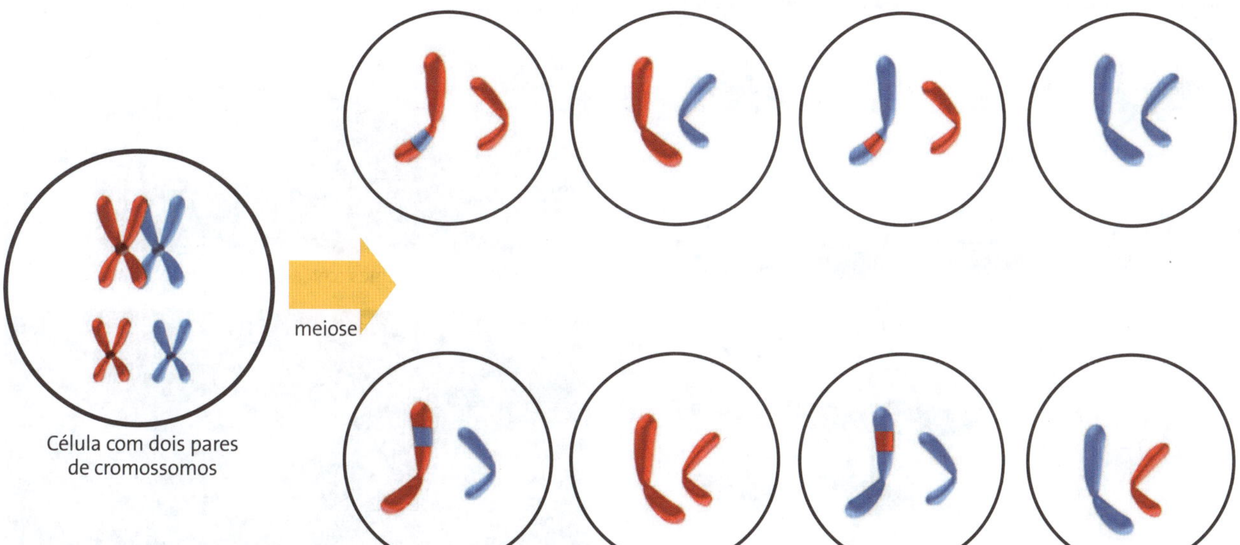

Luis Moura/Arquivo da editora

Figura 1 O arranjo dos cromossomos paternos e maternos na meiose e a permutação aumentam a variabilidade genética dos gametas produzidos. No esquema foram representados dois pares de cromossomos. (Os elementos ilustrados não estão na mesma escala; cores fantasia.)

Seleção natural

Características que conferem vantagens ao indivíduo, aumentando suas chances de chegar à idade adulta e obter sucesso reprodutivo, são favorecidas pela seleção natural. Vários tipos de adaptação podem estar relacionados a esse sucesso, como as que aumentam a possibilidade de obtenção de comida e as que facilitam sua defesa contra predadores ou adversidades do ambiente em que vive, aumentando suas chances de sobrevivência. Fatores que aumentam a fertilidade do indivíduo, que facilitem a obtenção de um parceiro sexual ou aumentem os cuidados com a prole também são beneficiados.

A resistência de insetos aos inseticidas é um exemplo do processo de seleção natural. A exposição de uma população a determinado inseticida por um longo período mata os indivíduos mais sensíveis. Já os resistentes sobrevivem, aumentando suas chances de se reproduzir e transmitir a seus descendentes os genes que conferem tal resistência. A tendência é que a quantidade de indivíduos sensíveis ao inseticida diminua geração após geração, enquanto o número de insetos resistentes cresça (figura 2). Depois de certo tempo, esses últimos constituem quase toda a população. Em suma, a mutação que confere resistência ao inseticida já existia em alguns indivíduos e foi selecionada positivamente.

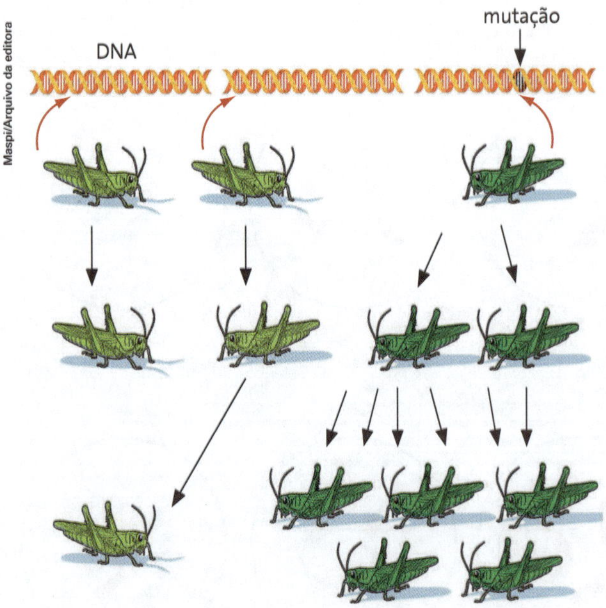

Figura 2 Após o uso de inseticidas, os insetos sensíveis (representados em cor mais clara) são eliminados, e o número de insetos resistentes (em cor mais escura) aumenta, visto que eles sobrevivem e podem se reproduzir (gafanhotos variam em torno de 1 cm a 8 cm de comprimento, dependendo da espécie; o DNA é microscópico; cores fantasia).

O exemplo apresentado na figura 2 demonstra, de maneira geral, o que acontece durante o processo de seleção natural. A resistência das bactérias a antibióticos ocorre de forma semelhante, bem como o caso do bico dos tentilhões estudados pelo casal Peter e Rosemary Grant: indivíduos com características que lhes permitiram sobreviver às alterações no ambiente foram selecionados positivamente e transmitiram tais características às gerações seguintes.

A seleção de características sexuais que facilitem a obtenção de parceiros para a reprodução é chamada **seleção sexual**. A figura 3 apresenta alguns exemplos desse processo.

Uapitis machos (um tipo de cervo da América do Norte, de 2 m a 2,5 m de comprimento) lutam entre si para conseguir fêmeas para acasalamento.

Pavão macho (1,8 m a 2,3 m de comprimento) exibe a cauda (as fêmeas preferem acasalar com pavões de cauda grande e vistosa).

Urso-pardo corteja a fêmea (cerca de 2 m de comprimento).

O albatroz-errante executa uma dança de acasalamento para a fêmea (1 m a 1,35 m de comprimento).

Figura 3 Alguns exemplos de seleção sexual.

Exercícios propostos

1. (FGV-SP) O ambiente é responsável direto pela seleção de características, genotípicas e fenotípicas, de uma população. Os eventos ilustrados nas figuras representam uma possível sequência de um processo evolutivo.

http://portaldoprofessor.mec.gov.br/fichaTecnicaAula.html?aula=586

De acordo com a teoria sintética da evolução, é correto afirmar que

a) a visão e o bico do pássaro evoluíram em decorrência de suas utilizações.
b) a diversidade gênica dos besouros não é afetada pela predação do pássaro.
c) o pássaro é um agente de seleção de características genotípicas nos besouros.
d) a seleção natural atua na população de besouros, mas não na de pássaros.
e) a coloração dos besouros que sofrem maior predação é um fenótipo recessivo.

2. (Efoa-MG) Os processos evolutivos dos seres vivos estão fundamentados em três mecanismos básicos, conforme representados no esquema abaixo. Um deles (I) representa a única fonte de variabilidade nova. Esta variabilidade é aumentada pelo segundo (II) e diminuída pelo terceiro (III).

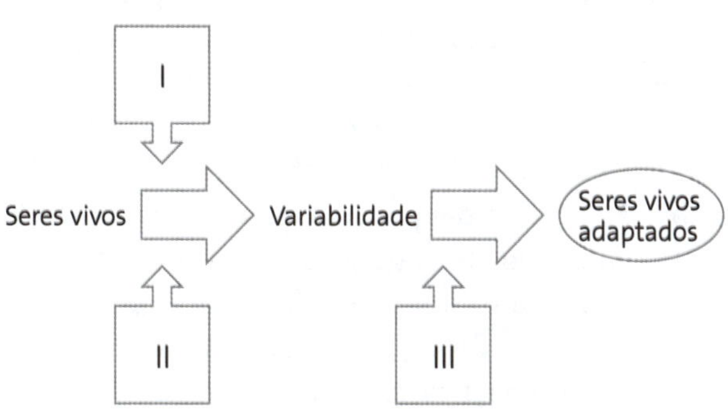

Assinale a alternativa que corresponde aos números I, II e III, respectivamente:

a) Mutação, seleção natural, recombinação.
b) Recombinação, deriva gênica, migração.
c) Mutação, recombinação, seleção natural.
d) Seleção natural, migração, recombinação.
e) Recombinação, seleção natural, mutação.

3. (Uerj) Alterações climáticas, como as provocadas pelo *"El Niño"*, mudam as condições de vida, antecipando floradas, estimulando a reprodução de diferentes espécies etc...

Segundo a Teoria Sintética, o conceito que explica a interferência dessas alterações no processo evolutivo é:

a) mutação
b) uso e desuso
c) seleção natural
d) caráter adquirido

4. (PUC-RS) A adequada interpretação evolutiva para a afirmativa "Bactérias capazes de resistir à ação dos antibióticos aumentam tanto em número que suas populações acabam por substituir as das sensíveis às drogas." encontra-se em:

a) Devido à seleção natural, os indivíduos se tornam resistentes às diferentes drogas, sobrevivem e deixam descendentes.
b) A transmissão dos caracteres adquiridos diminui a resistência de alguns indivíduos, que acabam morrendo.
c) A ação mutagênica dos antibióticos induz mutações que tornam os indivíduos resistentes à própria droga.
d) Graças à variabilidade genética, decorrente de mutações no DNA, os indivíduos mais resistentes são selecionados.
e) A taxa de mutação nos indivíduos sensíveis ao antibiótico é superior à taxa de mutação dos indivíduos resistentes.

5. (Fuvest-SP) São mecanismos responsáveis pelo aumento da variabilidade genética dos organismos a:

a) mutação, a seleção natural e a partenogênese.
b) mutação, a autogamia e a recombinação gênica.
c) mutação, a segregação independente dos cromossomos e a recombinação gênica.
d) seleção natural, a segregação independe dos cromossomos e a autogamia.
e) seleção natural, a recombinação gênica e a partenogênese.

MÓDULO 28 • Genética das populações e especiação

Evolução: uma mudança na frequência dos alelos em uma população

A **genética das populações** é a área da Biologia que estuda a mudança da frequência dos alelos de uma população ao longo do tempo. Se o alelo proporciona características vantajosas para a sobrevivência ou reprodução, o número de indivíduos portadores de tal alelo tende a aumentar na população graças à seleção natural. Consequentemente, a frequência desse alelo também aumenta. Já a frequência de alelos que sejam prejudiciais à sobrevivência ou ao sucesso reprodutivo de um indivíduo tende a diminuir.

Lei de Hardy-Weinberg

De forma independente, Hardy, um matemático inglês, e Weinberg, um médico alemão, observaram que a frequência dos alelos ao longo das gerações não muda se não existirem fatores evolutivos, como mutações, migrações e a seleção natural. Essa conclusão é chamada **lei** ou **teorema** ou **princípio de Hardy-Weinberg**. Ambos calcularam o que ocorreria com a frequência de dois alelos ao longo das gerações em uma população grande, sem a ocorrência de mutações ou migrações, sem seleção sexual e na qual todos os genótipos têm a mesma chance de sobrevivência ou reprodução.

Os dois pesquisadores demonstraram que a proporção dos alelos em uma população não muda na ausência de fatores evolutivos e que, após uma geração de cruzamentos ao acaso, as frequências dos genótipos também não se alteram. Elas podem ser representadas por $p^2 + 2pq + q^2$, em que as letras **p** e **q** corresponderiam à frequência de cada alelo (**A** e **a**, respectivamente). Como, em princípio, esses eram os únicos alelos, tem-se $p + q = 1$ ou 100%.

Dessa forma, a proporção de indivíduos **AA** na geração seguinte seria p^2, o que significa que, uma vez que existem **p** espermatozoides **A** e **p** óvulos **A**, a probabilidade de que esses dois gametas se encontrem é de $p \times p$. O mesmo raciocínio é válido para a frequência de indivíduos **aa**, que seria q^2. Já os indivíduos heterozigotos podem ser formados de duas maneiras diferentes (um espermatozoide **A** fecunda um óvulo **a** ou um espermatozoide **a** fecunda um óvulo **A**) e, portanto, sua proporção seria 2pq, ou seja, pq + pq. A tabela abaixo resume essas informações:

Espermatozoide / Óvulo	A(p)	a(q)
A(p)	AA(p^2)	Aa(q)
a(q)	Aa(pq)	aa(q^2)

Uma população está em **equilíbrio gênico** quando a frequência de alelos e genótipos é mantida. Para determinar se está havendo alteração ou não ao longo do tempo, compara-se a frequência obtida com a lei de Hardy-Weinberg e aquela obtida na prática. O desvio entre elas é resultante da ação de um dos fatores evolutivos.

Vamos considerar uma população em equilíbrio cuja frequência de indivíduos de genótipo **aa** seja, por exemplo, 1%. Com base nessa informação, podemos inferir que $q^2 = 0{,}01$ e, consequentemente, $q = 0{,}1$. Como $p + q = 1$, tem-se p (frequência do alelo **A**) = 0,9. Portanto, a frequência de **AA** (p^2) é 0,81 ou 81%. Já a frequência de **Aa** (2pq) é 0,18 ou 18%.

Mudanças na frequência dos alelos podem ocorrer ao acaso. Desvios desse tipo podem alterar a frequência de um alelo independentemente de seu valor adaptativo. Tal fenômeno é conhecido como **deriva genética**, um fator evolutivo assim como as mutações, a seleção natural e as migrações, pois altera a frequência gênica de uma população.

Quando catástrofes ecológicas causam a morte de muitos indivíduos de maneira não seletiva, a mudança na frequência de alelos é mais facilmente percebida. A grande diminuição do tamanho de uma população é denominada **efeito gargalo**, pois é como se apenas parte dos indivíduos que a constituem conseguisse passar pela abertura da garrafa. Como consequência, há perda da variabilidade genética e alteração na distribuição genética das populações. A figura 1 apresenta um exemplo do efeito gargalo: entre 20 mil e 10 mil anos atrás, algum fator levou à diminuição do número de guepardos na África, o que resultou na redução da variabilidade genética da população.

Figura 1 A deriva genética e o cruzamento em um pequeno grupo reduziram a variabilidade genética dos guepardos.

A migração de um grupo de indivíduos para um novo *habitat* também pode resultar em uma alteração na frequência alélica. A distribuição dos alelos nesse grupo pode ser diferente daquela observada na população original. Tal tipo de deriva genética é conhecido como **efeito do fundador**.

Especiação: formação de novas espécies

De acordo com o **conceito biológico de espécie**, uma espécie é constituída por um grupo de populações capazes de se cruzar e originar descendentes férteis. Essa definição, no entanto, não se aplica aos organismos fósseis nem aos que apresentam reprodução assexuada.

O conceito biológico de espécie será utilizado aqui na explicação do processo de formação de novas espécies, chamado **especiação.**

Isolamento geográfico

Análises genéticas mostraram que a raposa ártica, que vive no norte dos Estados Unidos, e a raposa cinzenta, encontrada na região sul, descendem de uma mesma espécie ancestral (figura 2).

Suponha que uma população inicial de raposas tenha se divido em duas, tendo uma migrado para o norte e outra para o sul, e que não houve cruzamento entre indivíduos que delas fazem parte. Esse isolamento impediu o intercâmbio de genes entre as duas populações, o que fez com que cada uma evoluísse independentemente da outra.

No caso acima, a distância física entre as populações foi uma barreira que impediu o cruzamento entre os indivíduos. Há ainda outras barreiras que atuam da mesma forma, como obstáculos geográficos (rios ou cadeias de montanhas, por exemplo). A imposição dessas barreiras é denominada **isolamento geográfico**.

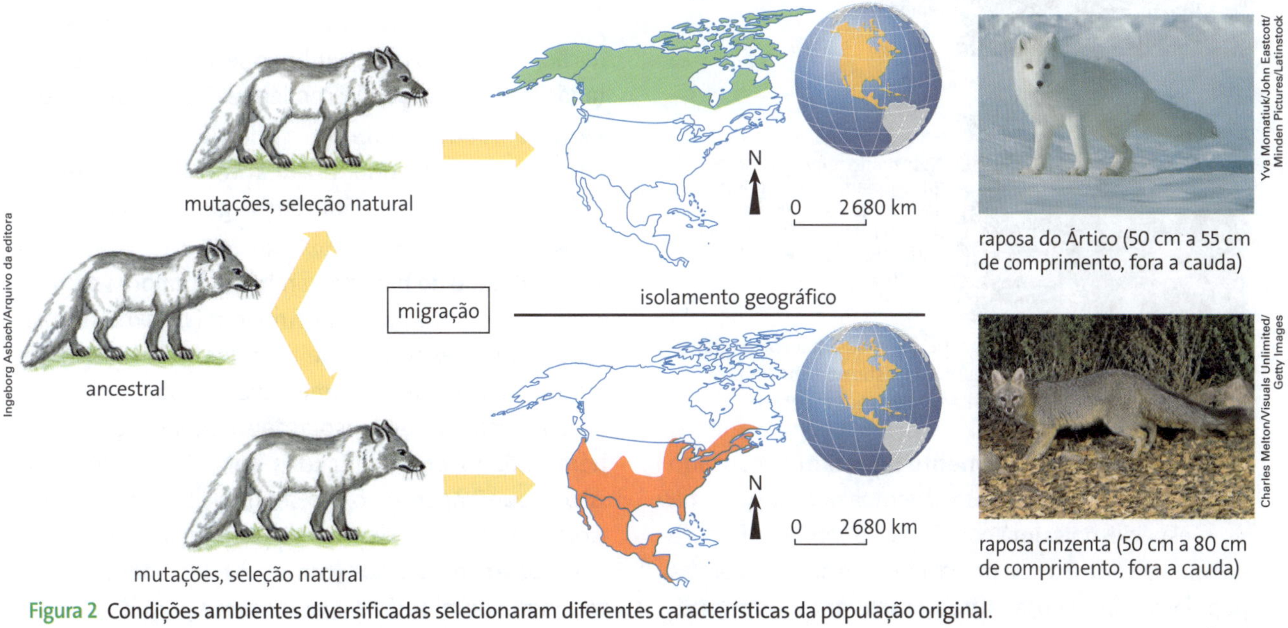

Figura 2 Condições ambientes diversificadas selecionaram diferentes características da população original.

Como as populações isoladas enfrentaram condições ambientais distintas, as mutações selecionadas positivamente ao longo do tempo foram diferentes em cada ambiente. O acúmulo dessas mutações pode levar a uma diferenciação cada vez maior entre as populações até o ponto em que se formam duas ou mais **subespécies**.

Isolamento reprodutivo

Se o isolamento geográfico persiste por um longo período de tempo, pode-se chegar a uma situação em que o cruzamento entre as populações torna-se inviável por causa das diferenças genéticas, mesmo que não haja mais a barreira inicial (figura 3).

Ingeborg Asbach/Arquivo da editora

População de ratos (em torno de 7 cm a 16 cm de comprimento, fora a cauda) da mesma espécie.

Uma barreira geográfica surge. A mesma espécie é formada por duas populações isoladas geograficamente.

Ao longo do tempo, as duas populações acabam sofrendo mudanças genéticas, formando subespécies que ainda são capazes de se reproduzir.

Após muito tempo, mesmo que o isolamento geográfico desapareça, as subespécies não se cruzam mais e formam, portanto, duas espécies diferentes.

Figura 3 Na formação de novas espécies, o isolamento geográfico forma subespécies. Se o isolamento persistir, pode haver um isolamento reprodutivo e a formação de novas espécies.

Quando há um **isolamento reprodutivo** causado pelo isolamento geográfico, dizemos que surgiu uma nova espécie, pois uma população se tornou diferente da original. Isto é o que provavelmente ocorreu com as populações de raposas apresentadas anteriormente.

O isolamento reprodutivo entre duas espécies significa que não há troca de genes entre elas, independentemente de estarem ou não em um mesmo *habitat*. Como os genes resultantes de mutações ocorridas em uma espécie não passam para outra, elas evoluem separadamente, como ilustrado na figura 3.

Podemos dividir os mecanismos de isolamento reprodutivo em pré-zigóticos e pós-zigóticos.

Mecanismos pré-zigóticos

São mecanismos que impedem que potenciais casais ou seus gametas se encontrem, impedindo, respectivamente, o acasalamento e a fecundação. Entre esses mecanismos estão:

- **isolamento estacional, sazonal ou temporal**: ocorre quando duas populações se reproduzem em épocas diferentes;
- **isolamento comportamental ou etológico**: refere-se àquele em que há diferença no comportamento reprodutivo entre as espécies, o que faz com que a fêmea reconheça apenas um padrão típico do macho da mesma espécie;
- **isolamento mecânico**: as peças genitais dos parceiros não são compatíveis em razão de diferenças anatômicas;
- **isolamento gamético**: não ocorre fecundação porque não há compatibilidade entre os gametas;
- **isolamento de *habitat*** ou **ecológico**: embora vivam na mesma área geográfica, as duas populações ocupam *habitat* diferentes.

Mecanismos pós-zigóticos

São aqueles que ocorrem em etapas após a fecundação, impedindo que o embrião se desenvolva ou afetando a fertilidade dos descendentes. Existem dois tipos:

- **inviabilidade do híbrido**: o embrião não se desenvolve ou o indivíduo morre antes da idade reprodutiva em razão de diferenças genéticas entre os híbridos de duas populações;
- **esterilidade do híbrido**: o híbrido, embora seja viável, não produz gametas funcionais. As mulas e os burros são exemplos de híbridos, resultantes do cruzamento entre o jumento e a égua.

Os mecanismos de isolamento reprodutivo também podem ser classificados em **pré-copulatórios**, isto é, que impedem o ato sexual (como o caso dos isolamentos estacional, comportamental e mecânico), e **pós-copulatórios** (como a inviabilidade ou esterilidade do híbrido e o isolamento gamético).

Os tentilhões de Darwin, estudados no capítulo sobre teorias da evolução, são um exemplo de especiação. Análises de DNA corroboraram a suposição de Darwin de que as várias espécies desse pássaro seriam descendentes de um grupo pequeno vindo do continente sul-americano.

Ocasionalmente, alguns indivíduos migraram para outras ilhas de Galápagos e cada população se adaptou ao tipo de comida disponível. O deslocamento para outras ilhas era difícil para os pássaros devido à distância entre elas, o que resultou em um isolamento geográfico das populações. O posterior isolamento reprodutivo levou a várias espécies de tentilhões, cuja principal diferença está no tipo de bico, adaptado ao tipo de alimentação (figura 4). Esse processo, no qual uma espécie se dispersa para outros ambientes e origina várias espécies diferentes, é conhecido como **irradiação adaptativa**.

A ausência de troca de material genético entre duas populações pode ocorrer sem que haja um isolamento geográfico e podem surgir novas espécies que vivem em um mesmo local. Esse tipo de especiação, que ocorre em uma população vivendo na mesma área geográfica, é conhecida como **simpátrica**. Especiação em espécies que tiveram um isolamento geográfico é denominada **alopátrica**.

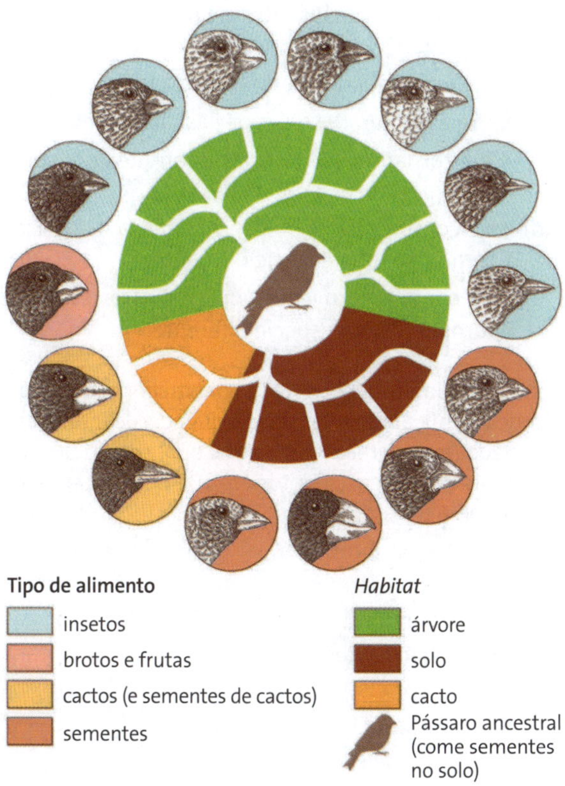

Gary Hincks/SPL DC/Latinstock

Figura 4 Irradiação adaptativa dos tentilhões de Darwin (10 cm a 20 cm de comprimento; figura sem escala; cores fantasia).

Exercícios resolvidos

1. (Unisa-SP) Numa população de Hardy-Weinberg, a frequência do alelo C é o triplo da frequência do alelo c. A frequência de indivíduos que possuem o fenótipo dominante nessa população é de
   a) 3/16.
   b) 6/16.
   c) 15/16.
   d) 9/16.
   e) 1/16.

Resolução

Conforme os cálculos apresentados abaixo, a frequência de indivíduos que possuem o fenótipo dominante é de 15/16.

$$\begin{cases} f(C) = 3\,f(c) \\ f(C) + f(c) = 1 \end{cases}$$

Logo, $4f(c) = 1 \rightarrow f(c) = 1/4$ ou 0,25. Consequentemente, $f(C) = 3/4$ ou 0,75.

A frequência de indivíduos com fenótipo dominante será $f(CC) + f(Cc)$:

$f(CC) = 3/4 \times 3/4 = 9/16$

$f(Cc) = 2 \times 3/4 \times 3/4 = 3/8$

$f(CC) + f(Cc) = 9/16 + 3/8 = 15/16.$

Resposta: **C**.

2. (UFG-GO) Se nenhum fator evolutivo atuar sobre uma população, as frequências de seus alelos permanecerão inalteradas ao longo das gerações. Com base nesse princípio, suponha uma população em equilíbrio gênico com 5 000 indivíduos, na qual as frequências dos alelos A e a, não ligados ao sexo, são, respectivamente, 0,8 e 0,2. Considerando o exposto, quantos indivíduos desta população poderiam ter o genótipo AA?
   a) 200
   b) 400
   c) 800
   d) 1 600
   e) 3 200

Resolução

Dado que $f(A) = 0{,}8$ e $f(a) = 0{,}2$, temos $f(AA) = 0{,}64$ ou 64%. Logo, dos 5 000 indivíduos, 3 200 (64%) teriam o genótipo AA.

Resposta: **E**.

Exercícios propostos

1. (UFJF-MG-modificado) De forma não tão rara, a imprensa divulga a descoberta de uma nova espécie. Mecanismos de isolamento geográfico e/ou reprodutivos contribuem para o processo de especiação. Associe os exemplos listados na coluna 1 com os respectivos mecanismos de isolamento reprodutivo apresentados na coluna 2.

Coluna 1

1. Florescimento em épocas diferentes
2. Desenvolvimento embrionário irregular
3. Alterações nos rituais de acasalamento
4. Meiose anômala
5. Impedimento da cópula por incompatibilidade dos órgãos reprodutores

Coluna 2

( ) Isolamento mecânico
( ) Isolamento estacional
( ) Mortalidade do zigoto
( ) Esterilidade do híbrido
( ) Isolamento comportamental

Assinale a alternativa que apresenta a associação CORRETA.

a) 1, 3, 4, 2 e 5
b) 4, 3, 2, 5 e 1
c) 4, 3, 5, 2 e 1
d) 5, 1, 4, 3 e 2
e) 5, 1, 2, 4 e 3

2. (PUC-RS) Grande parte do álcool que circula no sangue é metabolizado no fígado por enzimas hepáticas como a aldeído-desidrogenase 2 (ALDH2). Indivíduos leste-asiáticos apresentam uma variante genética 'a' da ALDH2 que a deixa pouco eficiente, fazendo com que eles sejam mais sensíveis ao efeito do álcool. Havendo 16% de homozigotos 'aa' numa população equilibrada do leste-asiático, espera-se que a porcentagem de heterozigotos seja

a) 4%.
b) 24%.
c) 32%.
d) 48%
e) 84%

3. (UFMS) Na sequência mostrada a seguir, estão relacionados determinados eventos referentes ao processo de especiação biológica.

I. População original;
II. Surgimento de barreira geográfica;
III. Populações que já podem ser consideradas raças distintas;
IV. Populações que já podem ser consideradas espécies distintas;
V. Acúmulo de diferenças genéticas entre populações;
VI. Estabelecimento de isolamento reprodutivo.

Assinale a sequência correta que ocorreu na formação de duas espécies novas a partir da população ancestral.

a) I, V, VI, II, III, IV.
b) I, VI, V, II, III, IV.
c) I, II, V, III, VI, IV.
d) I, II, IV, III, VI, V.
e) I, VI, V, IV, II, III.

4. (Vunesp-SP) Três populações de insetos, X, Y e Z, habitantes de uma mesma região e pertencentes a uma mesma espécie, foram isoladas geograficamente. Após vários anos, com o desaparecimento da barreira geográfica, verificou-se que o cruzamento dos indivíduos da população X com os da população Y produzia híbridos estéreis. O cruzamento dos indivíduos da população X com os da população Z produzia descendentes férteis, e o dos indivíduos da população Y com os da população Z não produzia descendentes. A análise desses resultados permite concluir que:

a) X, Y e Z continuaram pertencendo à mesma espécie.
b) X, Y e Z formaram três espécies diferentes.
c) X e Z tornaram-se espécies diferentes e Y continuou a pertencer à mesma espécie.
d) X e Z continuaram a pertencer à mesma espécie e Y tornou-se uma espécie diferente.
e) X e Y continuaram a pertencer à mesma espécie e Z tornou-se uma espécie diferente.

5. (UCS-RS) Em uma população em equilíbrio, que hipoteticamente apresente uma frequência de uma determinada doença recessiva de 4%, qual seria o número de indivíduos heterozigotos em 50 000 habitantes?

a) 2.000 habitantes
b) 16.000 habitantes
c) 32.000 habitantes
d) 42.000 habitantes
e) 48.000 habitantes

MÓDULO 29 • Sistema digestório

O sistema digestório humano compreende boca, faringe, esôfago, estômago, intestinos delgado e grosso, e ânus (figura 1). A digestão é iniciada na boca, onde estão os dentes, a língua e glândulas salivares.

Enquanto os dentes cortam e trituram o alimento, aumentando sua superfície de contato com as enzimas digestivas, a língua o mistura à saliva, que contém a **amilase salivar** ou **ptialina**. Essa enzima age em pH neutro e é responsável por iniciar a digestão do amido e do glicogênio, transformando-os em maltose. Ao chegar ao estômago, sua ação é inibida pela acidez do suco gástrico. Os dentes, portanto, realizam juntamente com a língua a **digestão mecânica**. As enzimas digestivas realizam a **digestão química**, que quebra os nutrientes em moléculas capazes de serem absorvidas pelo intestino delgado.

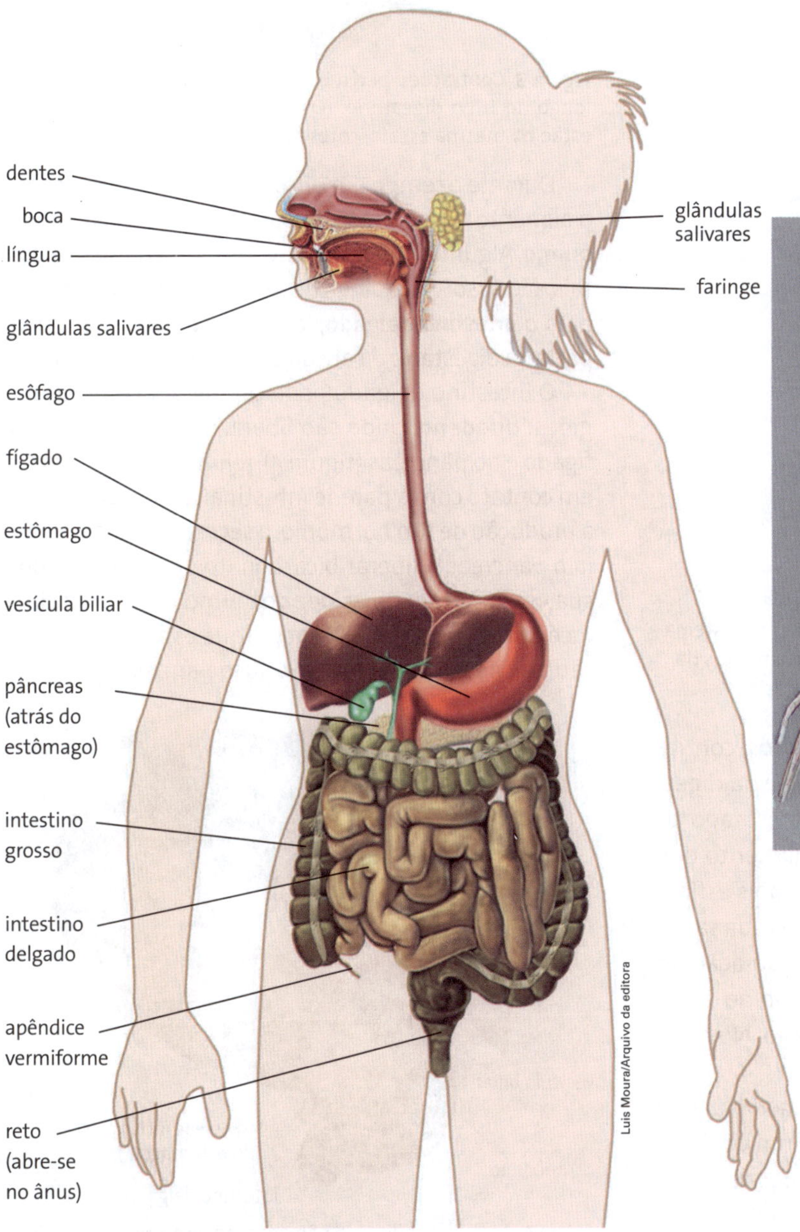

Luis Moura/Arquivo da editora

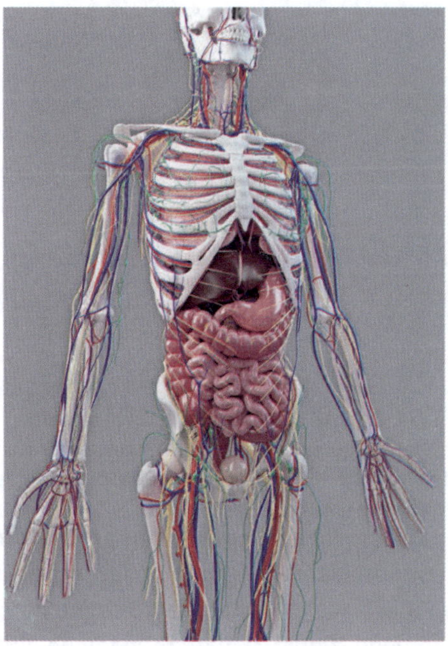

Science Photo Library/SPL/Latinstock

Figura 1 O sistema digestório (figura sem escala; cores fantasia). A segunda ilustração mostra parte do sistema digestório e do esqueleto, vasos sanguíneos, nervos e pulmões (atrás das costelas).

O alimento triturado é engolido, passando para a faringe e, em seguida, para o esôfago. O fechamento da **epiglote** impede que o alimento entre na laringe e seja direcionado para o sistema respiratório (figura 2). Após a deglutição, a epiglote se eleva e libera a passagem de ar para a laringe.

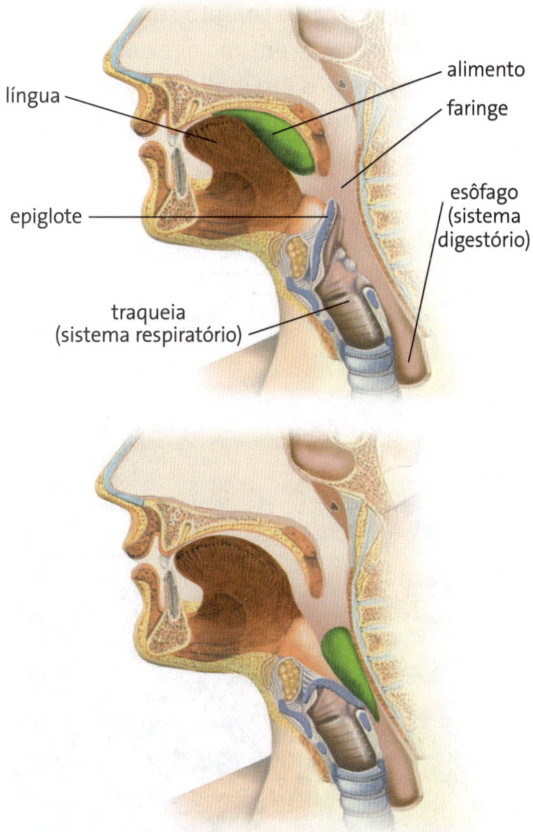

A epiglote abaixa e fecha a entrada para a traqueia

Figura 2 Observe como a epiglote cobre a abertura do sistema respiratório quando o alimento é engolido. (Os elementos da ilustração não estão na mesma escala; cores fantasia.)

É por meio dos **movimentos peristálticos**, contrações musculares que também fazem parte da digestão mecânica, que o alimento segue do esôfago ao estômago (figura 3). A quantidade de alimento que entra e sai do estômago é controlada por dois esfíncteres: a **cárdia**, na sua entrada, e o **piloro**, na sua saída. Na cavidade estomacal o alimento fica sob ação do suco gástrico, extremamente ácido devido ao ácido clorídrico que faz parte de sua composição. No estômago ocorre a digestão de proteínas.

Sobre o estômago há ação do sistema nervoso, que ativa diretamente a secreção gástrica, e um controle hormonal, que estimula as células estomacais a produzirem gastrina quando entram em contato com o alimento. Ao ser lançada no sangue, a **gastrina** ativa a produção e secreção de suco gástrico.

A **pepsina**, cuja forma inativa é o pepsinogênio, é a principal enzima presente no estômago. O ácido clorídrico transforma o pepsinogênio em pepsina, que inicia a quebra das ligações entre certos aminoácidos. Assim, a proteína é quebrada em polipeptídios de diferentes tamanhos.

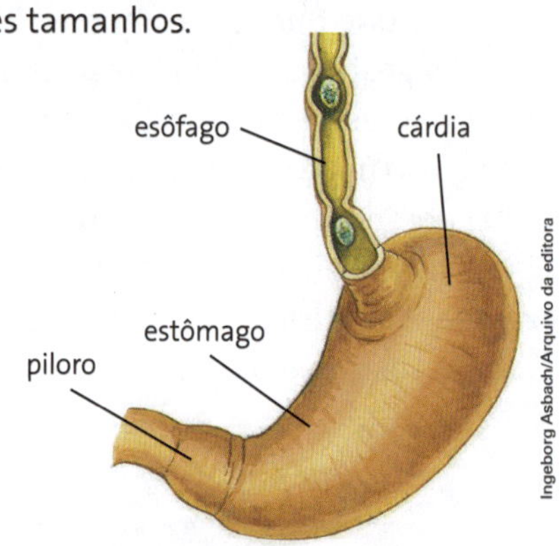

Figura 3 Contrações peristálticas empurram o alimento ao longo do tubo digestório. (Os elementos da ilustração não estão na mesma escala; cores fantasia.)

Durante o tempo em que permanece no estômago, o alimento forma uma massa ácida pastosa chamada **quimo**. Algumas substâncias, como parte da água e dos sais, são absorvidas ainda nesse órgão. O restante segue para o **intestino delgado**, local em que ocorre a maior parte da digestão e da absorção de tudo que ingerimos.

O intestino delgado pode ser dividido em três regiões: **duodeno**, onde são liberadas as secreções do fígado e do pâncreas (figura 4), **jejuno e íleo**. Ao entrar em contato com a parede intestinal, o quimo provoca a produção de um hormônio, a **secretina**, que estimula o pâncreas a liberar bicarbonato de sódio. Ele, por sua vez, neutraliza a acidez do quimo. A **colecistocinina** é outro hormônio liberado e que estimula a secreção da bile e das enzimas do suco pancreático.

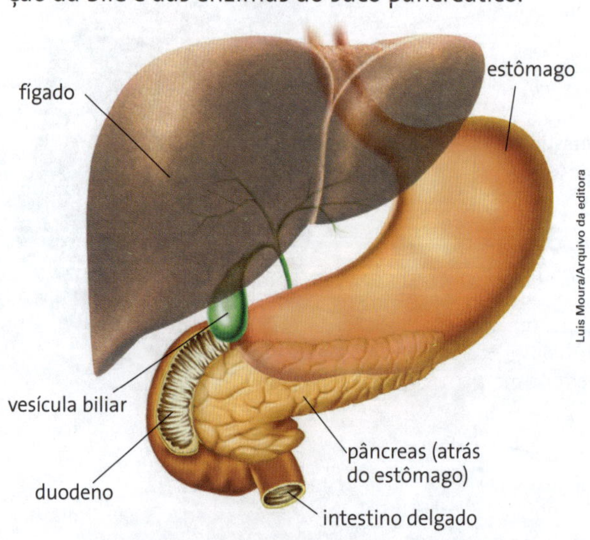

Figura 4 A vesícula biliar e o pâncreas lançam a bile, produzida no fígado, no duodeno (os elementos da ilustração não estão na mesma escala; cores fantasia).

No suco pancreático, de pH alcalino, estão as enzimas **tripsina** e **quimiotripsina**, ambas responsáveis pela digestão dos fragmentos de proteínas resultantes da ação da pepsina.

No pâncreas também são produzidas outras enzimas:

- **amilase pancreática**, que termina a digestão iniciada pela ptialina;
- **nucleases**, que quebram os ácidos nucleicos em nucleotídeos;
- **carboxipeptidase**, que quebra mais ligações dos peptídios;
- **lipase**, que digere gorduras em ácidos graxos, glicerol e monoglicerídios.

A bile, que é produzida no fígado, transforma as gorduras em gotículas. Essas gotículas, ao se misturarem com a água, formam uma emulsão, facilitando a ação da lipase. O processo de digestão termina no jejuno e no íleo, que produzem enzimas das etapas finais: **maltase**, que quebra a maltose em glicose; **sacarase**, que transforma a sacarose em glicose e frutose; **lactase**, que hidrolisa a lactose em glicose e galactose; **aminopeptidases**, **dipeptidases** e **tripeptidases**, que quebram os polipeptídeos em aminoácidos; **nucleosidades** e **nucleotidases**, que atacam nucleosídeos e nucleotídeos.

Ao final da digestão, o alimento é um líquido branco denominado **quilo**. Monossacarídeos e aminoácidos passam pela parede do intestino e são absorvidos pelos capilares sanguíneos. As **vilosidades** e **microvilosidades** intestinais aumentam a superfície de absorção do alimento (figura 5). O que não foi absorvido pelo intestino delgado chega ao **intestino grosso**.

A porção inicial do intestino grosso, na qual se abre o intestino delgado, é chamada **ceco** e é o local em que está o **apêndice vermiforme**. A parte intermediária é o **colo** ou **cólon**, que se divide em **ascendente**, **transverso**, **descendente** e **sigmoide**. O ânus está no **reto**, parte final do intestino grosso.

No colo ocorre a absorção de água e sais minerais. Nessa região há também bactérias que participam da produção de vitaminas e da formação das fezes, eliminadas pelo reto através do ânus.

O tempo da digestão, desde a ingestão do alimento até a eliminação das fezes, é de 12 a 24 horas.

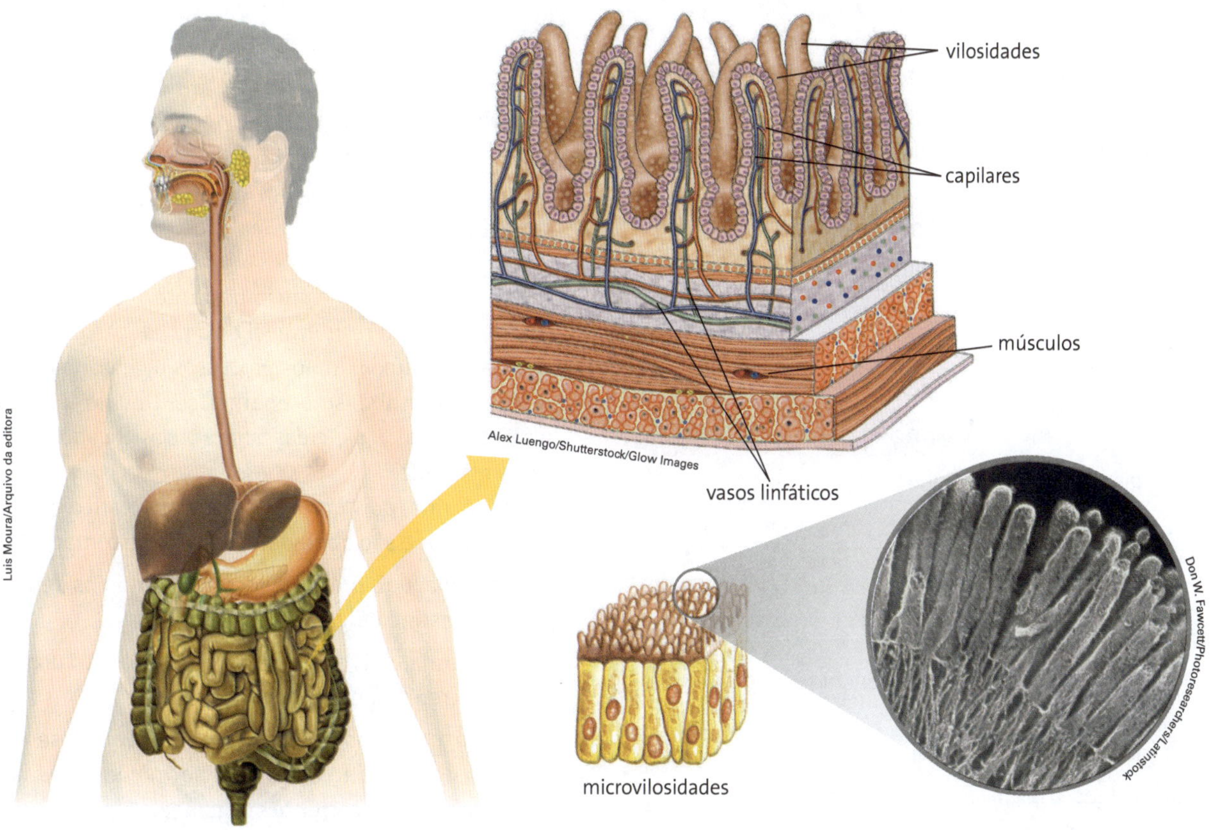

Figura 5 O grande número de dobras na parede do intestino (10 a 40 vilosidades por milímetro quadrado) e em suas células (microvilosidades) aumenta a área de absorção do alimento. (Os elementos da ilustração não estão na mesma escala; as células são microscópicas; cores fantasia.)

Exercícios propostos

1. (PUCC-SP) "Cada um dos bastõezinhos espiralados da *Campylobacter jejuni* tem de 0,5 a 5 micrômetros de comprimento. Eles são uma das principais causas de diarreia do mundo, via consumo de água ou de leite contaminados, em geral. Um levantamento feito no Reino Unido em 2000, por exemplo, concluiu que a *C. jejuni* estava por trás de 77% das intoxicações alimentares causadas por bactérias."

(*Revista Galileu*, agosto de 2012. p. 81)

A *diarreia* por contaminação alimentar é normalmente causada pela lesão da mucosa intestinal por *bactérias* ou por suas toxinas. Quando a infecção ocorre no intestino grosso, o principal processo afetado é a

a) absorção de água.
b) digestão de proteínas.
c) emulsificação das gorduras.
d) digestão de carboidratos.
e) neutralização do quimo.

2. (Uece) O intestino faz parte do sistema digestório e é através dele que ocorre a absorção dos nutrientes no organismo; nesse caso, as microvilosidades do epitélio do intestino apresentam como principal função

a) minimizar a perda de água e de nutrientes durante a digestão.
b) aumentar a superfície de absorção dos nutrientes.
c) realizar os movimentos peristálticos importantes para a digestão dos alimentos.
d) facilitar a quebra dos alimentos em moléculas menores.

3. (Mack-SP)

Local	Enzima	Substrato
Glândula salivar	Ptialina	A
Estômago	B	Proteínas
Pâncreas	C	Amido
D	Lipase entérica	Lipídios

Os espaços A, B, C e D são preenchidos correta e respectivamente por

a) glicose, tripsina, amilase, fígado.
b) lipídeos, tripsina, lipase, intestino grosso.
c) amido, pepsina, amilase, intestino delgado.
d) maltose, pepsina, tripsina, intestino delgado.
e) amido, protease, tripsina, intestino grosso.

4. (UFTM-MG) O gráfico indica a ação de diferentes enzimas digestivas humanas (I, II e III) em diferentes valores de pH.

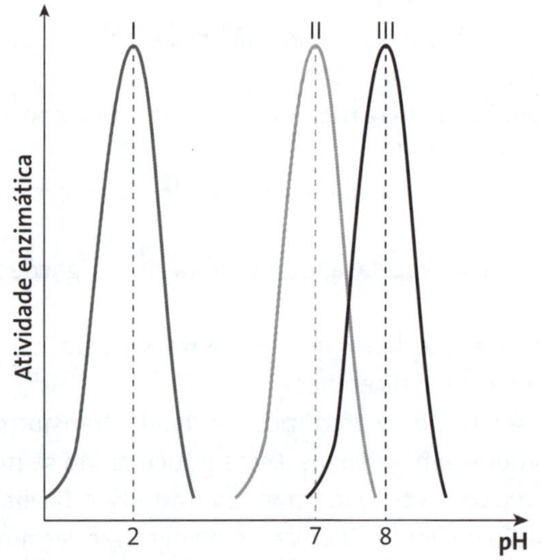

Em relação à atividade dessas substâncias, é correto afirmar que

a) III é a quimiotripsina, que transforma ácidos nucleicos em nucleotídeos.
b) II é a ptialina contida na saliva, que hidrolisa o amido em moléculas menores.
c) I e III são, respectivamente, a lactase e a sacarase, que digerem os açúcares do leite e da cana.
d) I hidrolisa proteínas no duodeno, transformando-as em peptonas.
e) II é a lipase, que transforma lipídios em ácidos graxos e glicerol.

5. (UCS-RS) O pâncreas é um importante órgão do corpo humano, sendo responsável pela produção de substâncias que auxiliam nos processos digestórios e regulam o metabolismo energético. Devido a essas características, o pâncreas pode ser classificado como uma glândula

a) endócrina, pois produz o suco pancreático e a insulina, que são liberados dentro do estômago.
b) exócrina, pois produz e secreta hormônios dentro do intestino delgado.
c) endócrina, pois a secreção de bicarbonato ocorre na corrente sanguínea.
d) mista, pois produz suco pancreático, que é secretado no intestino delgado, e hormônios, que são secretados na corrente sanguínea.
e) mista, pois produz ácidos, que são secretados na circulação sanguínea, e bases, que são secretadas dentro do intestino grosso.

Sistema respiratório

O caminho percorrido pelo ar ao entrar pelas narinas dos seres humanos é composto de cavidades nasais, faringe, laringe, traqueia, brônquios, bronquíolos e alvéolos pulmonares, onde ocorrem as trocas gasosas (figura 1).

Vias respiratórias

Parte dos microrganismos que penetram com o ar na **cavidade nasal** adere ao muco que a reveste e é arrastada pelos movimentos dos cílios para fora do corpo. Essa cavidade é responsável por umedecer, aquecer e filtrar o ar que inalamos, além de possuir terminações nervosas especializadas na percepção de odores.

Da cavidade nasal, o ar passa para a faringe e, posteriormente, para a **laringe**, onde se localizam as **pregas vocais**. Após a laringe, o ar segue em direção à **traqueia**, que se bifurca e forma os **brônquios**. Tanto traqueia quanto brônquios são protegidos por anéis cartilaginosos. No interior dos **pulmões**, os brônquios se ramificam formando os **bronquíolos**, ramos bastante finos e que terminam nos **alvéolos pulmonares**. O conjunto dos bronquíolos forma a **árvore respiratória** ou **bronquial** (figura 2).

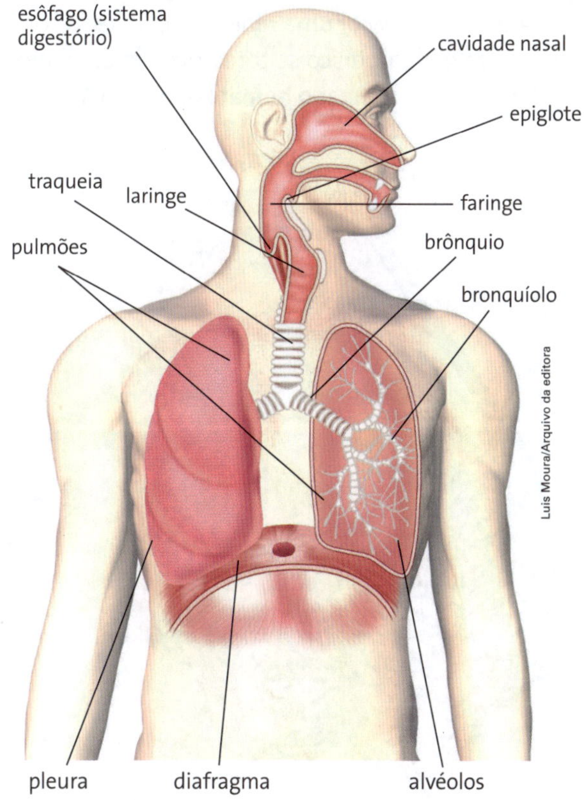

Figura 1 O sistema respiratório. No adulto, os brônquios têm cerca de 12 mm de diâmetro e o pulmão em torno de 25 cm a 30 cm de comprimento. (Os elementos ilustrados não estão na mesma escala; cores fantasia.)

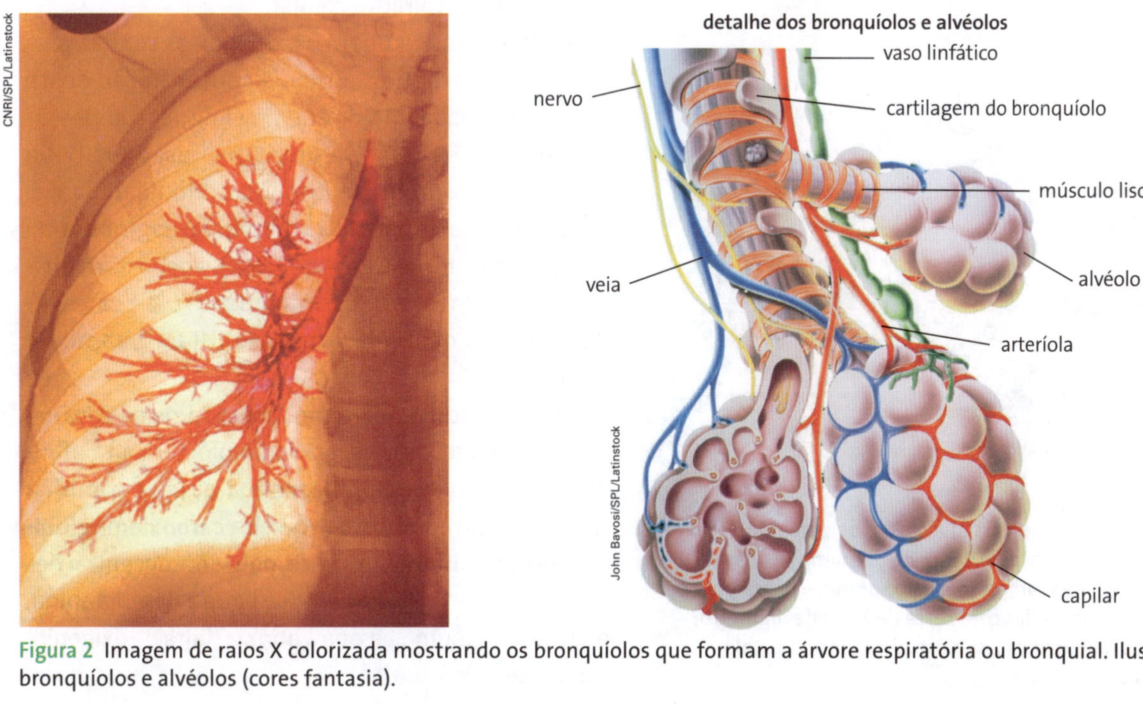

Figura 2 Imagem de raios X colorizada mostrando os bronquíolos que formam a árvore respiratória ou bronquial. Ilustração de bronquíolos e alvéolos (cores fantasia).

Pulmões

Quase toda a caixa torácica é ocupada pelos pulmões. O grande número de alvéolos presentes em cada um deles aumenta a superfície de contato com o gás oxigênio. Nos alvéolos, formados por células achatadas envoltas por uma rede de capilares, o sangue rico em gás carbônico se torna rico em oxigênio. Esse fenômeno é chamado **hematose** (figura 3).

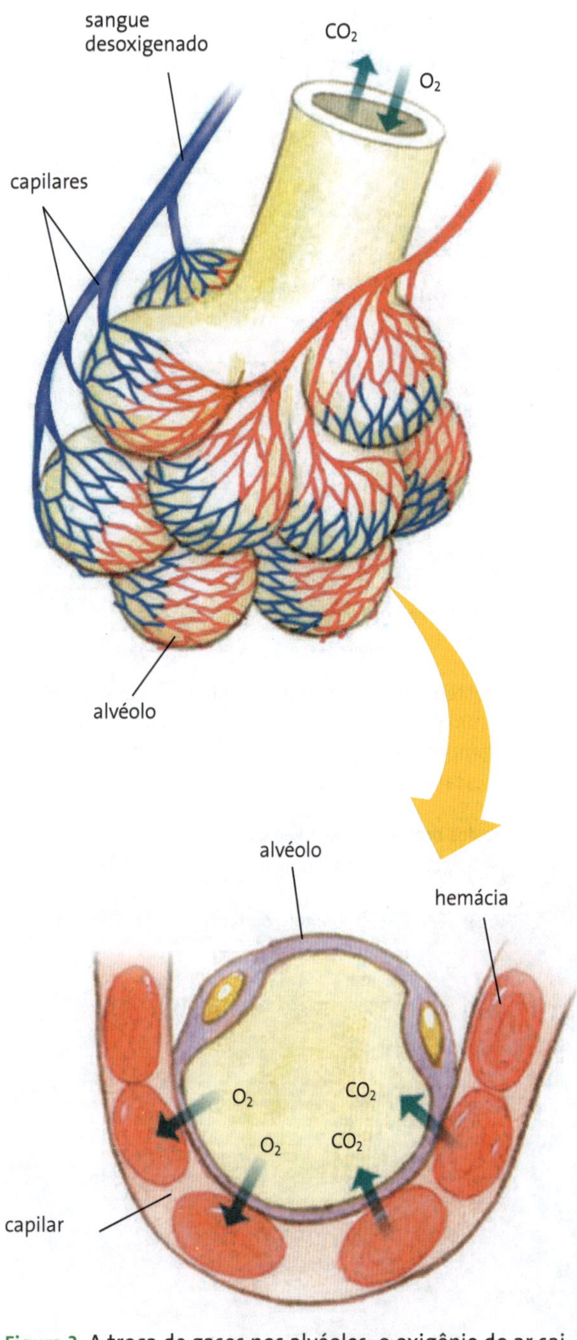

John Bavosi/SPL/Latinstock

Figura 3 A troca de gases nos alvéolos: o oxigênio do ar sai dos alvéolos (com cerca de 0,2 mm de diâmetro) e passa para o sangue; o gás carbônico sai do sangue e passa para o ar dos alvéolos (hemácias com cerca de 7 μm de diâmetro; os elementos da ilustração não estão na mesma escala; cores fantasia).

A contração e o relaxamento do **diafragma** e dos **músculos intercostais** são os principais responsáveis pela entrada e saída de ar dos pulmões. A contração do diafragma e dos músculos intercostais externos aumenta o volume da caixa torácica, tornando a pressão interna menor que a do ar na atmosfera. É essa diferença de pressão que permite que o ar entre nos pulmões. O relaxamento dos músculos, de forma contrária, reduz o volume torácico, fazendo com que o ar saia devido à pressão interna ser maior que a externa. A entrada e a saída de ar dos pulmões, bem como a troca de gases que ocorre nos alvéolos, são chamadas **ventilação pulmonar**.

Os movimentos da respiração acontecem sem o nosso controle por causa da ação de neurônios em dois centros respiratórios, localizados no encéfalo: o bulbo controla a inspiração e a expiração, enquanto a ponte atua na frequência e profundidade da ventilação. Quando a concentração de gás carbônico no sangue aumenta, o pH sanguíneo diminui por causa da formação de ácido carbônico no plasma. Neurônios enviam impulsos ao diafragma e aos músculos intercostais, e ambos se contraem independente de nossa vontade.

O oxigênio presente nos alvéolos pulmonares passa para o sangue nos capilares por difusão. Parte do gás se dissolve no plasma, mas a maioria combina-se à hemoglobina nos glóbulos vermelhos. Nos tecidos, o oxigênio passa do sangue para as células, devido a diferença de concentração desse gás pelo consumo contínuo na respiração celular.

Enquanto consomem o oxigênio, as células produzem gás carbônico. Como a concentração desse gás nas células é maior que no sangue, sua passagem para ele também ocorre por difusão. De 15% a 23% do gás carbônico é transportado ligado à hemoglobina, formando a **carbaminoemoglobina** ou **carboemoglobina**. Cerca de 7% é transportado dissolvido no plasma, enquanto quase 70% é carregado na forma de íon bicarbonato (HCO_3^-), também dissolvido.

O monóxido de carbono, liberado pelos escapamentos de automóveis, por exemplo, tem alta afinidade com a hemoglobina, com a qual se combina formando um composto estável: a **carboxiemoglobina**. É um gás altamente tóxico, pois, em concentrações altas, impede que o oxigênio se ligue à hemoglobina, podendo levar uma pessoa à **anoxia** (falta de oxigênio) e à morte.

Sistema circulatório

Coração

O coração, o principal órgão do sistema circulatório, está situado atrás do osso esterno, no meio da caixa torácica. Ele é formado pelo **miocárdio**, músculo cardíaco, e revestido por uma membrana dupla, o **pericárdio**. O **endocárdio** o reveste internamente e o sangue com nutrientes e oxigênio chega ao miocárdio pelas artérias **coronárias**. As veias coronárias recolhem o sangue com excretas e gás carbônico produzidos pelo órgão.

Quatro **câmaras cardíacas** ou cavidades estão presentes no coração (dois átrios e dois ventrículos) e se contraem e relaxam ritmicamente. A contração é chamada **sístole** e o relaxamento, **diástole**. A extremidade inferior do coração está voltada para o lado esquerdo (figura 4).

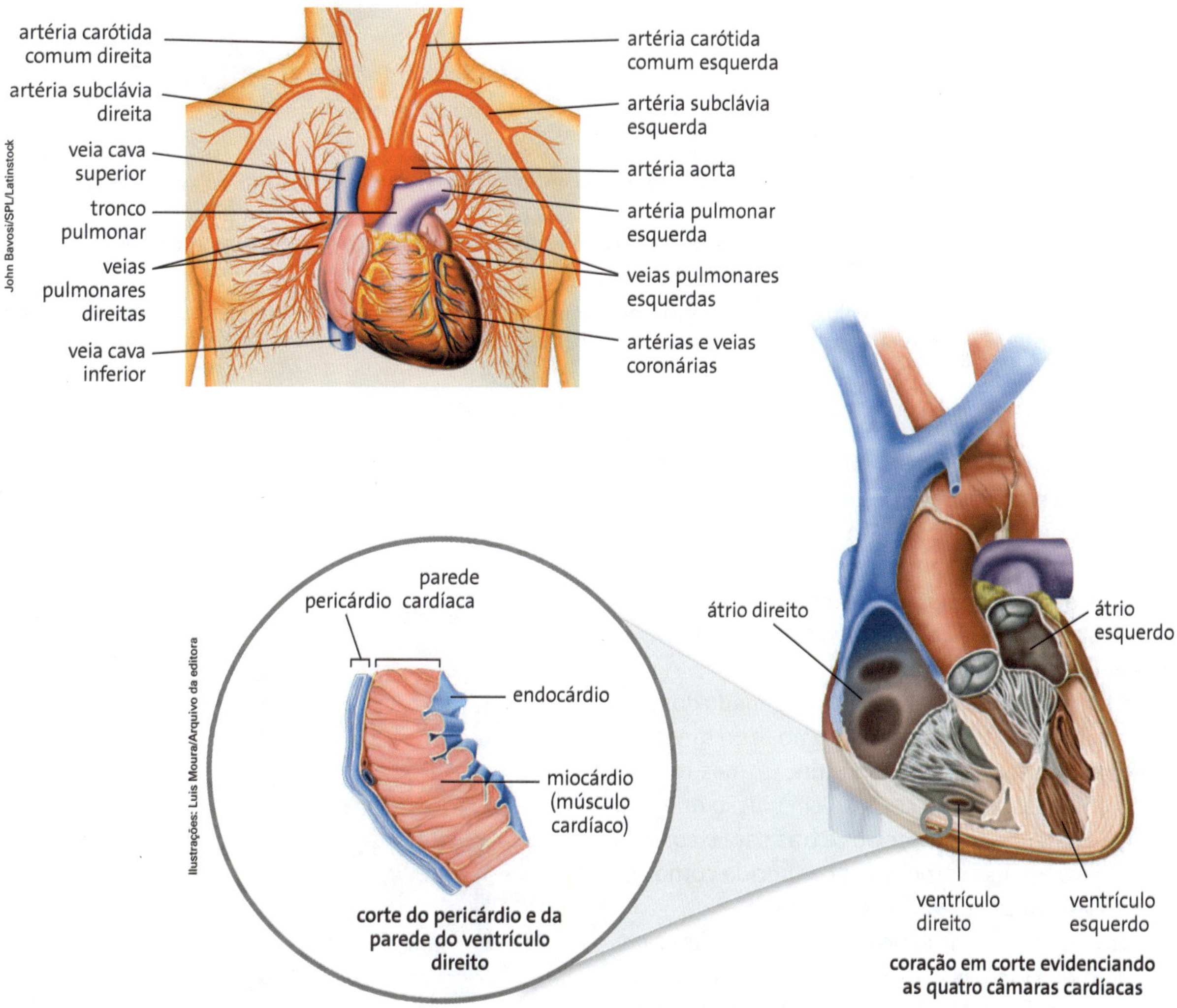

Figura 4 Esquema mostrando a localização do coração humano no tórax e de alguns vasos que saem desse órgão. No detalhe, o esquema mostra os tecidos que compõem o coração. (Os elementos da figura não estão na mesma escala; cores fantasia.)

Cada átrio se comunica com o respectivo ventrículo através de orifícios protegidos por **valvas**. A **valva atrioventricular direita** é formada por três peças ou válvulas e também é conhecida como tricúspide. A **valva atrioventricular esquerda** é chamada mitral ou bicúspide, pois é formada por apenas duas válvulas. O sangue as atravessa apenas no sentido do átrio para o ventrículo (figura 5). Na passagem do sangue dos ventrículos para as artérias estão a valva pulmonar e a valva aórtica, ambas chamadas de valvas semilunares ou sigmoides.

O **nó sinoatrial** ou **marca-passo** é um grupo de células situadas no átrio direito e que gera impulsos elétricos, determinando o ritmo das contrações. Embora possua autonomia, o coração sofre influência do sistema nervoso e de hormônios.

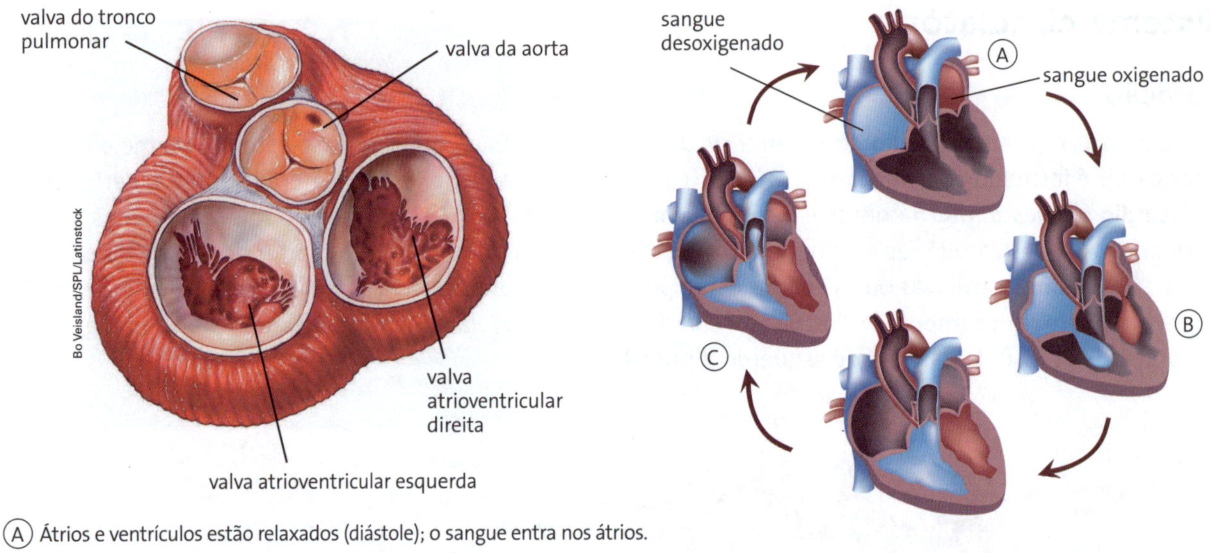

Ⓐ Átrios e ventrículos estão relaxados (diástole); o sangue entra nos átrios.

Ⓑ Os átrios contraem-se (sístole atrial) e o sangue entra nos ventrículos, que estão relaxados. As valvas entre os átrios e os ventrículos abrem-se.

Ⓒ Os ventrículos contraem-se (sístole ventricular). As valvas na saída dos ventrículos abrem-se e o sangue entra nas artérias. As valvas entre os átrios e os ventrículos fecham-se e impedem o refluxo do sangue.

Figura 5 Ilustração representando o fluxo do sangue no coração com a participação das valvas. Os números seguem a circulação pulmonar e a sistêmica. À esquerda, o detalhe das valvas (os elementos ilustrados não estão na mesma escala; cores fantasia).

Circulação sistêmica e pulmonar

Do ventrículo esquerdo, o sangue rico em oxigênio sai pela aorta, que se ramifica e segue pelo corpo (figura 6). As ramificações vão se estreitando e formam arteríolas e capilares sanguíneos, nos quais ocorrem as trocas de gases e nutrientes entre o sangue e as células. A união dos capilares volta a formar vasos cada vez maiores, originando vênulas e veias. A **veia cava superior** recolhe o sangue desoxigenado dos braços, cabeça e pescoço, lançando-o no átrio direito. A **veia cava inferior** tem a mesma função, mas recolhe o sangue do restante do corpo. A circulação que leva o sangue oxigenado aos tecidos e traz para o coração sangue rico em gás carbônico é conhecida como **circulação sistêmica** ou **grande circulação**.

Após ser lançado no átrio direito pelas veias cavas, o sangue rico em gás carbônico passa para o ventrículo direito e é bombeado para as **artérias pulmonares**, que o levam para os pulmões. Nos alvéolos pulmonares ocorre a hematose. O sangue oxigenado retorna ao coração pelas **veias pulmonares**, que desembocam no átrio esquerdo e recomeçam o trajeto, como representado na figura 6. A circulação que leva o sangue pobre em oxigênio até os pulmões e o devolve oxigenado ao coração é conhecida como **circulação pulmonar** ou **pequena circulação**.

A pressão exercida pelo sangue contra as paredes das artérias ao ser impulsionado pelo coração recebe o nome de **pressão arterial**.

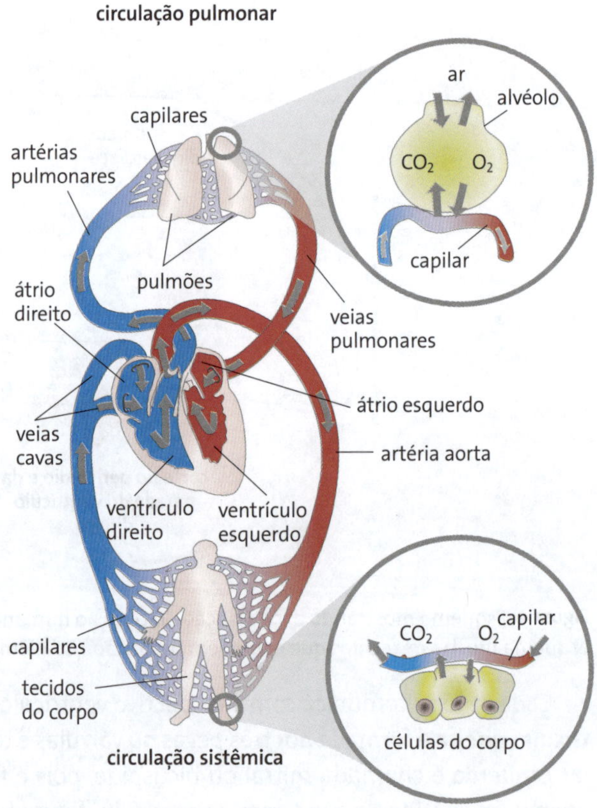

Figura 6 Esquema da circulação humana. Os capilares têm apenas 0,008 mm de diâmetro. Já as maiores artérias e veias do corpo chegam a ter 3 cm de diâmetro (os elementos da ilustração não estão na mesma escala; cores fantasia).

Circulação linfática

Parte da água e pequenas moléculas presentes no sangue rico em oxigênio passam dos capilares para os tecidos. Esse líquido que banha os tecidos chama-se **líquido intersticial**. Uma parte desse líquido volta para os capilares; outra parte é recolhida pelos **vasos linfáticos** e passa a se chamar **linfa** (*limpha* = água).

Os vasos linfáticos de todo o corpo unem-se em dois grandes vasos, que lançam a linfa nas veias próximas ao coração. Desse modo, ela retorna à circulação sanguínea (figura 7).

Esses vasos apresentam outras funções, entre as quais: recolher algumas proteínas que vazam dos capilares e devolvê-las ao sangue; absorver gorduras do intestino (com isso, após uma refeição rica em gordura, a linfa fica com aspecto leitoso); recolher linfócitos dos linfonodos e lançá-los no sangue.

Os linfócitos defendem o corpo atacando moléculas e organismos invasores (vírus, bactérias, proteínas estranhas ao organismo, etc.). Em algumas infecções, os linfonodos aumentam de tamanho e podem ser percebidos sob a pele em certos pontos do corpo, como o pescoço, as axilas e as virilhas. Essa reação é chamada linfadenopatia (*adenos* = glândula; *pathos* = doença) reacional, conhecida também como íngua (*inguen*, *inis* = virilha), e indicam, geralmente, que os linfonodos da região estão combatendo os microrganismos que causam infecção (mas somente o médico pode atestar se não há outro problema).

Os vasos linfáticos passam ainda pelo baço, pelo timo e pelas tonsilas palatinas (também chamadas amígdalas), que, como os linfonodos, produzem células de defesa do corpo. O conjunto desses órgãos e dos vasos linfáticos forma o **sistema linfático**.

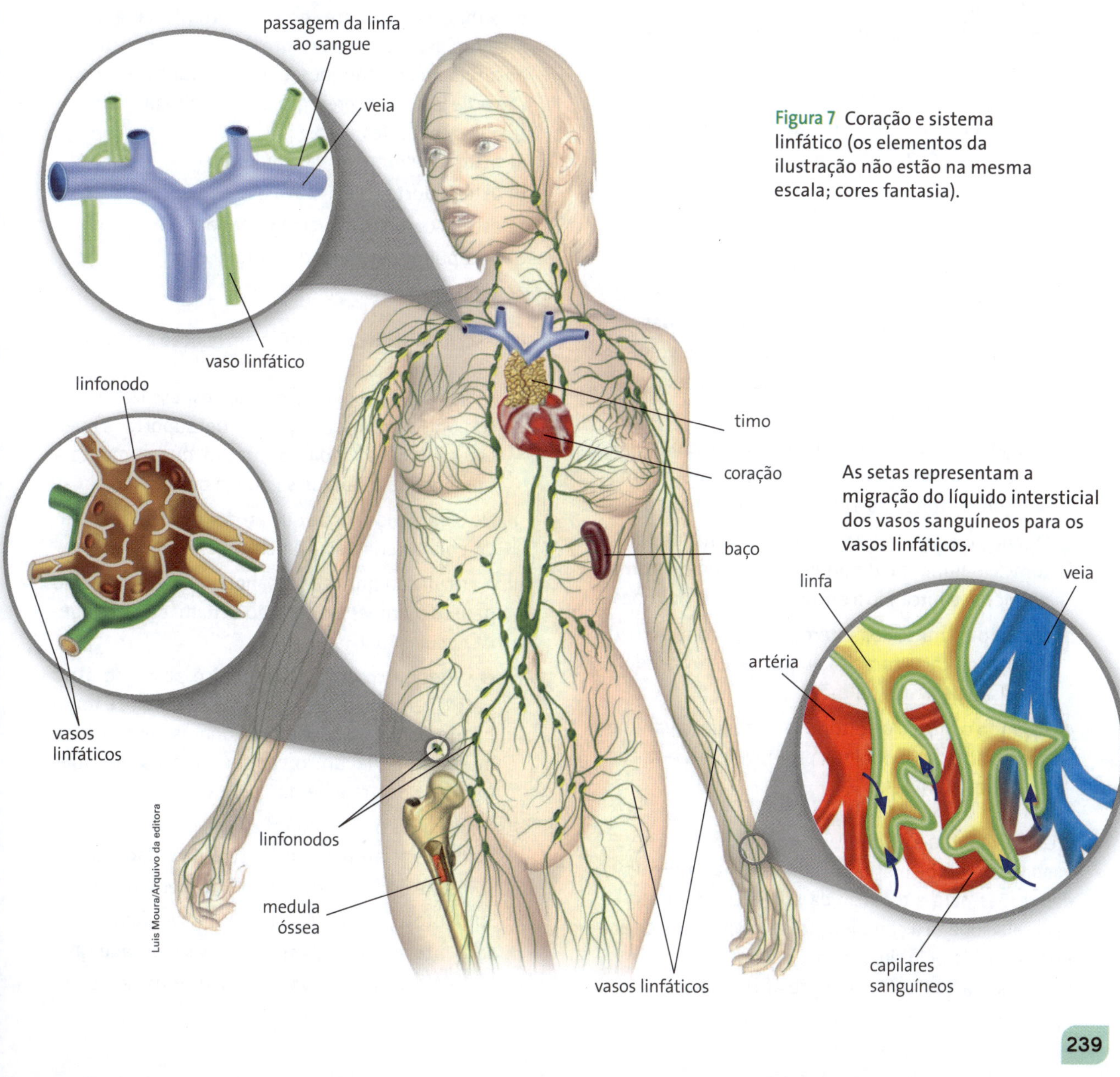

Figura 7 Coração e sistema linfático (os elementos da ilustração não estão na mesma escala; cores fantasia).

Exercícios propostos

1. (FGV-SP) Em condições normais de saúde e repouso, o número de pulsações de um homem adulto é da ordem de 70 por minuto. Após um abundante almoço ou jantar, em que se ingerem carnes, conservas, pães e doces, o que se espera em relação ao número de pulsações por minuto é que
   a) haja aumento desse número, devido à atividade cardíaca que se acelera em razão da diminuição da temperatura interna do corpo.
   b) haja aumento desse número devido à maior necessidade de irrigação sanguínea dos tecidos do trato digestivo.
   c) haja redução desse número, uma vez que a temperatura do corpo sofrerá pequena redução e, com isso, a atividade cardíaca diminui.
   d) não haja qualquer alteração, uma vez que os alimentos ingeridos sofrerão digestão no estômago e intestino, sem qualquer interferência com a atividade cardíaca.
   e) não haja qualquer alteração desse número, mas que haja aumento da pressão sanguínea em decorrência da quantidade de sal ingerida.

2. (PUC-RJ) Os pulmões dos mamíferos não possuem capacidade de movimentos próprios. Assim, necessitam da movimentação de um músculo específico denominado diafragma. Identifique o mecanismo através do qual ocorre a entrada e a saída de ar dos pulmões.
   a) Quando o músculo cardíaco se contrai, o volume da caixa torácica aumenta, provocando a expulsão de ar dos pulmões.
   b) Quando o diafragma se contrai, o volume da caixa torácica diminui, aumentando a pressão interna pulmonar e forçando a entrada do ar nos pulmões.
   c) Quando o diafragma se contrai, o volume da caixa torácica aumenta, diminuindo a pressão interna pulmonar e forçando a entrada do ar nos pulmões.
   d) Quando os músculos intercostais se contraem, o volume da caixa torácica aumenta, provocando a expulsão de ar dos pulmões.
   e) Quando o músculo peitoral se distende, o volume da caixa torácica diminui, promovendo a entrada do ar nos pulmões.

3. (PUC-RJ) O fumo é responsável por provocar ou agravar diversos problemas no sistema respiratório, e uma das razões para a redução da eficiência respiratória está relacionada à combinação do monóxido de carbono emitido pelo cigarro com a hemoglobina. Sobre essa associação, é correto afirmar que:
   a) o monóxido de carbono se liga à hemoglobina formando um composto instável chamado carboemoglobina.
   b) o monóxido de carbono se liga à hemoglobina formando um composto estável chamado oxiemoglobina.
   c) o monóxido de carbono se liga à hemoglobina formando um composto estável chamado carboxiemoglobina.
   d) a ligação entre o monóxido de carbono e a hemoglobina, apesar de estável, é mais fraca do que aquela que ocorre entre a hemoglobina e o oxigênio.
   e) o monóxido de carbono destrói a molécula de hemoglobina após a combinação.

4. (Fepecs-DF) Por ser fumado, o *crack* tem um efeito mais rápido do que a cocaína, uma vez que, atingindo os pulmões, chega rapidamente ao cérebro, enquanto que a cocaína é aspirada pelo nariz e absorvida pela mucosa nasal até chegar à corrente sanguínea. Essa rapidez é devida ao fato de que a droga, ao ser absorvida pelos pulmões, é transportada até o coração e, de lá, para o cérebro, passando obrigatoriamente pelos seguintes vasos:
   a) artéria pulmonar e veia pulmonar;
   b) artéria aorta e veias cavas;
   c) artéria coronária e veia pulmonar;
   d) veia pulmonar e artéria aorta;
   e) veias cavas e artéria coronária.

5. (Udesc) Analise as proposições em relação à circulação sanguínea humana.
   I. As veias possuem uma camada espessa de tecido conjuntivo e muscular para poder suportar a pressão sanguínea vinda do coração, que aumenta à medida que o sangue se afasta do coração.
   II. No coração, o sangue que sai do ventrículo esquerdo pela artéria aorta é rico em oxigênio.
   III. A circulação que leva o sangue rico em oxigênio para os pulmões e o coração é chamada de pequena circulação.
   IV. O sangue rico em gás carbônico passa do átrio para o ventrículo direito. Depois, o sangue é bombeado para as artérias pulmonares, direita e esquerda, que levam o sangue para os pulmões para que ocorra a hematose.

   Assinale a alternativa correta.
   a) Somente as afirmativas II e IV são verdadeiras.
   b) Somente as afirmativas II e III são verdadeiras.
   c) Somente as afirmativas III e IV são verdadeiras.
   d) Somente as afirmativas I, II e IV são verdadeiras.
   e) Somente as afirmativas I e III são verdadeiras.

MÓDULO 31 • Sistema urinário e sistema endócrino

Sistema urinário

Funções

A **osmorregulação** é o processo pelo qual o organismo consegue manter constantes as concentrações dos solutos para a manutenção das funções biológicas. Com outros sistemas que constituem o corpo humano, o sistema urinário contribui para o **homeostase**, ou seja, para o equilíbrio do meio interno: eliminam as substâncias em excesso e aquelas prejudiciais que resultam do metabolismo.

As **excretas** são substâncias que passam pelo interior da célula ou produtos de atividade metabólica e que serão eliminadas pelo organismo. No caso dos animais, as moléculas nitrogenadas são as principais substâncias a serem excretadas. Tais moléculas são obtidas a partir da oxidação de aminoácidos e de ácidos nucleicos. Um dos produtos desse processo é a **amônia**, eliminada diretamente por alguns animais ou transformada em ureia ou ácido úrico por outros.

Os animais aquáticos excretam amônia, pois, embora seja tóxica, sua concentração no organismo é baixa. A amônia é eliminada diluída em uma grande quantidade de água. Animais terrestres como mamíferos e anfíbios adultos eliminam ureia, que é menos tóxica e pode ser eliminada um pouco mais concentrada. A amônia é transformada em ureia no fígado por meio do chamado **ciclo da ureia** ou da **ornitina**. Os embriões da maioria dos répteis, das aves e dos insetos excretam ácido úrico, que, por ser insolúvel na água, pode ser acumulado em um compartimento do ovo separado do embrião.

Componentes e funcionamento do sistema

Embora outros órgãos de nosso corpo tenham importante papel na excreção, a maior parte do trabalho é realizada pelos rins, que eliminam a ureia produzida no fígado e regulam a concentração de água e sais no organismo. Os rins são dois órgãos formados pelos **néfrons** ou **nefros** e têm formato semelhante ao de grãos de feijão.

O sangue chega aos rins pelas artérias renais, que se ramificam em muitas arteríolas, cada um se dirigindo para um néfron. As veias renais levam o sangue que sai dos rins até a veia cava inferior, que chega ao coração. A urina produzida em cada rim é levada à **bexiga urinária** por um ureter e nela permanece acumulada até ser lançada para o exterior através da uretra (figura 1).

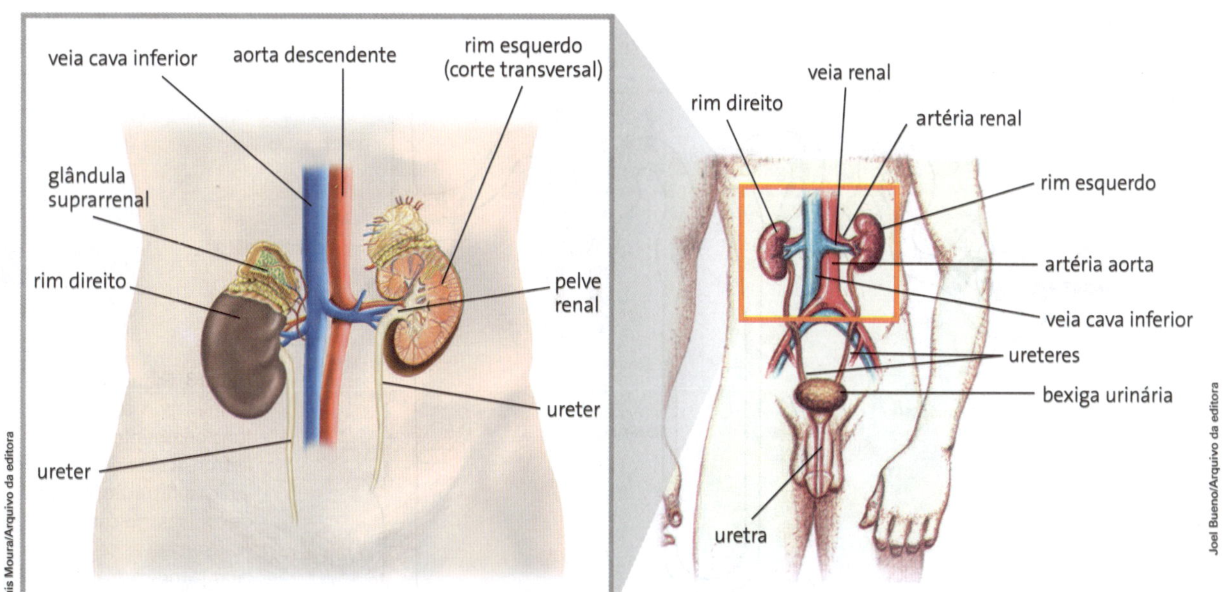

Figura 1 Sistema urinário humano e os vasos que o abastecem de sangue (as medidas de um rim, em centímetros, são: $11 \times 6 \times 3$, aproximadamente; cores fantasia).

No néfron podem ser diferenciados o **corpúsculo renal**, antes chamado corpúsculo de Malpighi, e o **túbulo néfrico** (figura 2). O primeiro é formado pelo **glomérulo renal**, envolto pela **cápsula renal** ou **glomerular**, que é a extremidade dilatada do túbulo renal. Na figura 2 pode-se observar que esse túbulo é dividido em três porções: **túbulo contorcido proximal**, **alça néfrica** (antiga alça de Henle) e **túbulo contorcido distal**.

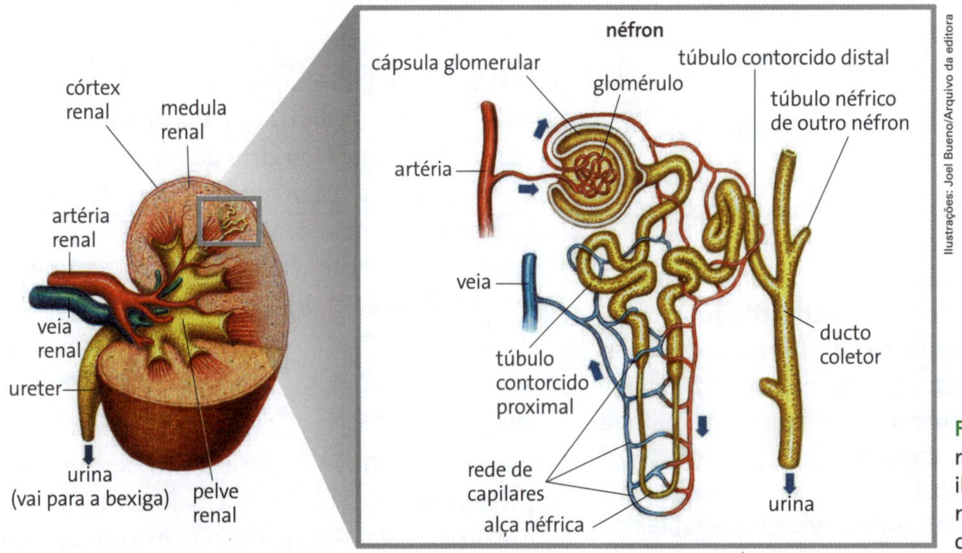

Figura 2 Esquema do néfron (os elementos ilustrados não estão na mesma escala; cores fantasia).

Da **arteríola eferente**, que forma uma rede de capilares ao redor do néfron, sai sangue oxigenado. O sangue dos capilares fornece oxigênio para as células e recebe delas o gás carbônico. A reunião deles forma vênulas e veias que desembocam na veia renal.

No **córtex**, região externa do rim, estão concentrados os glomérulos. Os túbulos estão parte no córtex e parte na **medula**. Como se pode observar na figura 2, os túbulos confluem e formam os **ductos coletores**, que lançam a urina na **pelve renal**.

No néfron ocorrem a **filtração**, a **reabsorção** e a **secreção** (figura 3). A pressão sanguínea expulsa a água e pequenas moléculas dissolvidas do glomérulo para a cápsula. O líquido formado na filtração recebe o nome de **filtrado glomerular**.

A reabsorção ocorre ao longo do túbulo: a água e as substâncias importantes que tenham sido filtradas voltam para o sangue. Por transporte ativo, as células do túbulo contorcido proximal reabsorvem quase toda glicose, aminoácidos e substâncias úteis. O sangue, então, fica mais concentrado que o líquido do túbulo, fazendo com que a água seja reabsorvida por osmose.

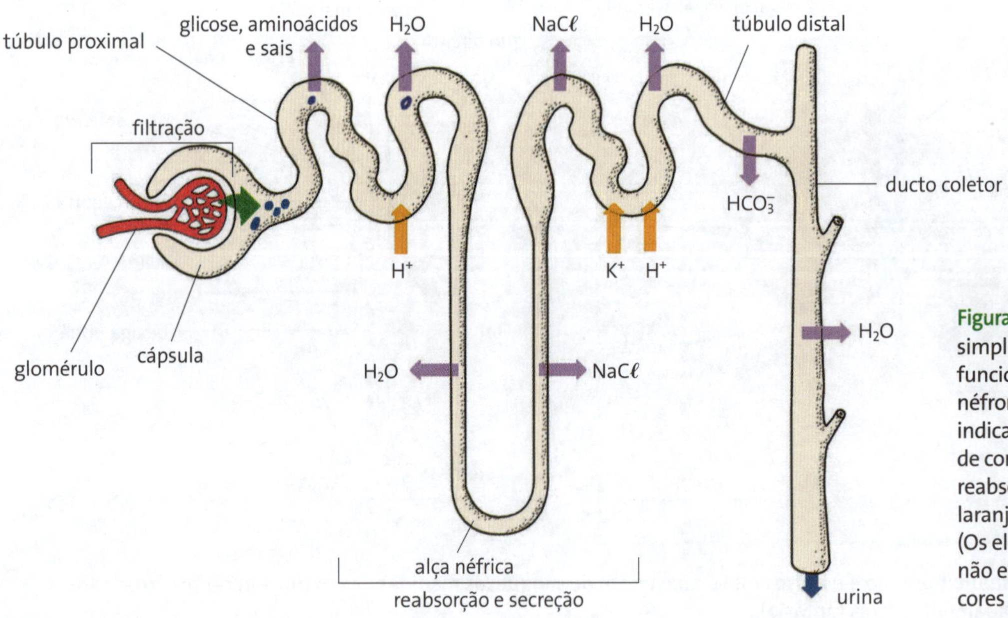

Figura 3 Esquema simplificado do funcionamento de um néfron. A seta de cor verde indica a filtração; as setas de cor lilás indicam a reabsorção; as setas em laranja indicam a secreção. (Os elementos da ilustração não estão na mesma escala; cores fantasia.)

A reabsorção de água por osmose continua no ramo descendente da alça néfrica. No ascendente, são reabsorvidos sais. No túbulo contorcido distal os sais são reabsorvidos ativamente e, em caso de necessidade do organismo, suas paredes podem se tornar mais permeáveis à agua. Na etapa de secreção, que complementa as duas primeiras, as células do túbulo controlam a taxa de potássio no sangue e ajudam a manter constante o pH sanguíneo.

Com o acúmulo de urina, o volume da bexiga aumenta. Ao atingir cerca de 300 ml, a contração muscular é estimulada pelos nervos, fazendo com que os músculos involuntários no esfíncter interno relaxem. O relaxamento dos músculos do esfíncter externo, de controle voluntário, libera a urina para o exterior.

Quando o organismo perde muita água, o **hipotálamo** produz o **hormônio antidiurético (ADH)**, que é armazenado e lançado no sangue pela hipófise. Com o aumento da pressão osmótica do sangue em razão da perda de água, o ADH faz aumentar a permeabilidade do túbulo contorcido distal e do ducto coletor à agua, reabsorvendo uma maior proporção dela por osmose. A urina torna-se, portanto, mais concentrada. Quando a pressão osmótica do sangue cai graças à maior quantidade de água no organismo, a produção do hormônio é inibida e a permeabilidade do túbulo diminui. Nesse caso, a urina fica mais diluída.

O álcool também é um inibidor da produção de ADH, o que explica o efeito diurético das bebidas alcoólicas.

Sistema endócrino

Hormônios

Formado pelo conjunto das glândulas endócrinas, produtoras de hormônios, o sistema endócrino é responsável pela coordenação das funções do organismo juntamente com o sistema nervoso. Em geral, os hormônios são lançados no sangue e atuam sobre a atividade de vários órgãos. O sistema nervoso e células especializadas de diferentes órgãos também podem produzir hormônios.

Os hormônios podem ser classificados como lipossolúveis, quando solúveis em lipídios, e hidrossolúveis, quando solúveis em água. Esteroides e hormônios da glândula tireóidea são lipossolúveis, enquanto os hormônios proteicos e a adrenalina são hidrossolúveis. A maioria dos hormônios é constituída por proteínas, mas há os que são formados por esteroides, caso dos sexuais e daqueles do córtex da suprarrenal.

Ao se ligarem aos **receptores hormonais** na membrana das células, os hormônios atuam como mensageiros químicos. Após a ligação e ativação do receptor, uma série de reações químicas é desencadeada no interior da célula. Uma reação comum é a produção do **AMP cíclico**, que pode ocasionar diferentes efeitos. Outros hormônios passam pela membrana plasmática e se ligam diretamente a receptores intracelulares.

O controle da produção de vários hormônios ocorre por um mecanismo conhecido como ***feedback* negativo**: a substância produzida sob estímulo da glândula controla sua própria produção. Se falta uma substância no sangue, certa glândula é estimulada e inicia a secreção de um hormônio que estimula a produção da substância necessária. Quando ela se acumula no sangue, inibe a glândula, que diminui a produção do hormônio. Em certos casos, o controle depende de outro hormônio.

A figura 4 apresenta a localização das glândulas endócrinas humanas, descritas a seguir.

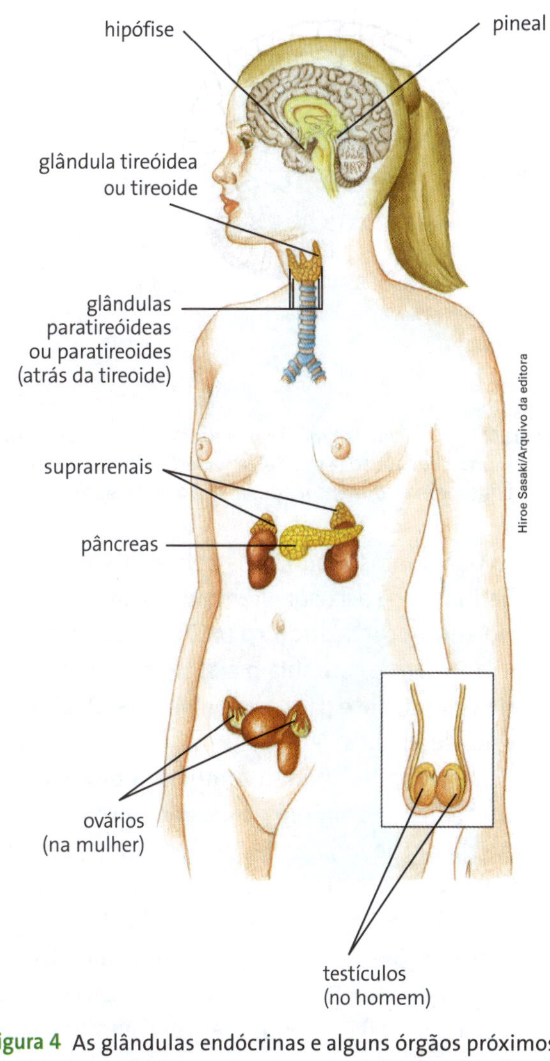

Figura 4 As glândulas endócrinas e alguns órgãos próximos (os elementos da ilustração não estão na mesma escala; cores fantasia).

Glândula pineal

Produz a **melatonina**, hormônio relacionado ao nosso relógio biológico. A glândula e esse hormônio regulam funções associadas à duração dos dias e das noites. A melatonina é produzida somente à noite e influencia o crescimento e o ciclo reprodutivo de muitos animais. Também tem relação com os ritmos circadianos.

Hipófise

Também chamada **pituitária**, a hipófise é dividida em **adenoipófise** e **neuroipófise**. A secreção dos hormônios da primeira é controlada pelos **hormônios de liberação** e de **inibição**, produzidos no hipotálamo (figura 5).

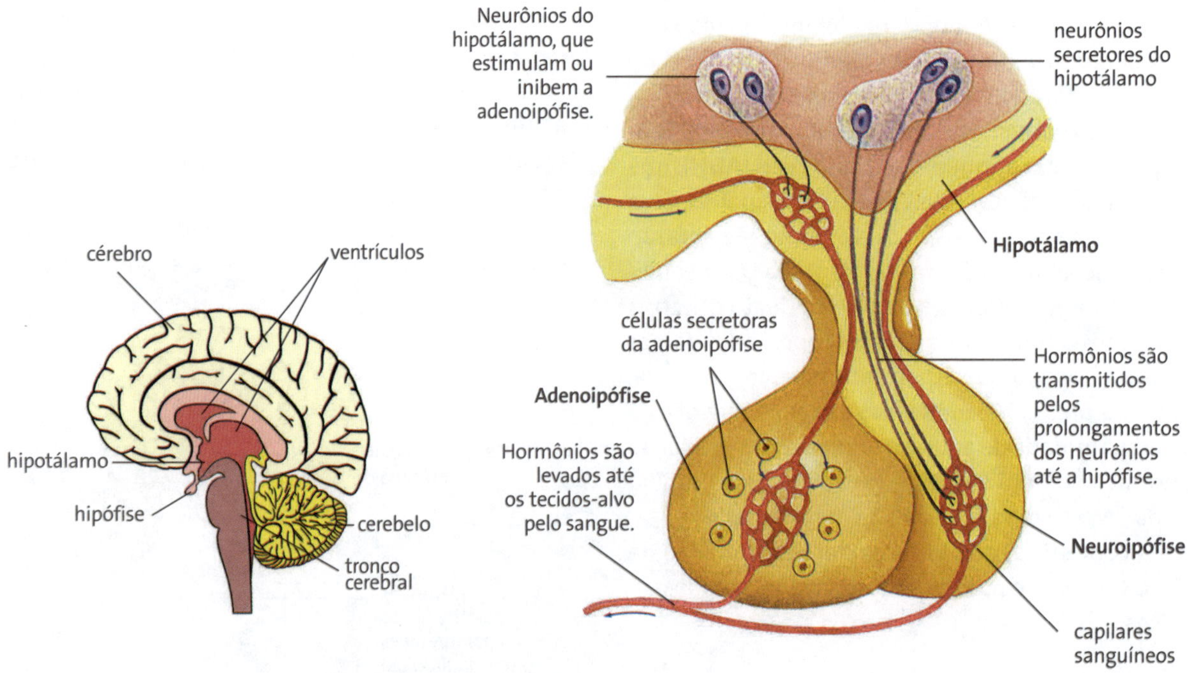

Ingeborg Asbach/Arquivo da editora

Figura 5 Localização da hipófise no encéfalo, indicando também várias partes do encéfalo que serão estudadas no próximo capítulo. Na segunda ilustração (à direita), a secreção dos hormônios da adenoipófise (em laranja) e da neuroipófise (em amarelo). (A hipófise tem as dimensões de um grão de ervilha; os elementos da ilustração não estão na mesma escala; cores fantasia.)

Os hormônios produzidos pela adenoipófise são chamados **tróficos** porque controlam outras glândulas endócrinas. É o caso, por exemplo, do **hormônio tireotrófico** (TSH), que estimula a glândula tireóidea; do **hormônio adrenocorticotrópico** (ACTH), que controla o córtex das suprarrenais; dos **hormônios gonadotrópicos**, como o FSH, que estimula o crescimento dos folículos ovarianos e a formação de espermatozoides; e do **hormônio luteinizante** (LH), que provoca ovulação, formação do corpo lúteo nos ovários e produção de testosterona nos testículos.

A adenoipófise produz também a **prolactina** (estimula a produção de leite durante a gravidez e amamentação) e o **hormônio do crescimento** (também chamado GH ou **somatotrofina** e que estimula o crescimento de praticamente todos os tecidos), ambos hormônios que não agem sobre glândulas endócrinas.

A neuroipófise, uma expansão do hipotálamo, secreta **ocitocina** (ou **oxitocina**) e **vasopressina** (também chamado hormônio antidiurético ou ADH). Esses hormônios são fabricados por neurônios e denominados **neurossecreções**. A ocitocina estimula a contração uterina na hora do parto e provoca a liberação de leite na amamentação. Quanto maior a sucção realizada pelo bebê, maior a produção desse hormônio. Já a vasopressina (ADH) é responsável pela eliminação de água pelos rins e, quando em alta concentração, aumenta a pressão arterial por provocar a contração das arteríolas. A deficiência desse hormônio caracteriza a **diabetes insípida.**

Glândula tireóidea

Está localizada na frente da traqueia, encravada na cartilagem. Essa glândula produz os hormônios **tiroxina** ou **tetraiodotironina** (T4) e **tri-iodotironina** (T3), que tem como função estimular a disponibilidade e o consumo de oxigênio pelos órgãos, aumentando a respiração celular. Também são responsáveis por estimular a frequência dos batimentos cardíacos e respiratórios, aumentando o fluxo de sangue para os tecidos.

Quando a glândula funciona acima do nível normal, caracteriza-se o **hipertireoidismo**. Quando é deficiente, o **hipotireoidismo**. O primeiro distúrbio pode causar perda de peso, aceleração dos batimentos cardíacos, suor, tremores, nervosismo, entre outros, além do aumento do tamanho da glândula.

No hipotireoidismo, a ação da glândula é deficiente e o metabolismo está baixo. Como sintomas nota-se apatia, sonolência, ganho de peso sem aumento da ingestão de alimento, redução na frequência cardíaca, baixa tolerância ao frio e, por vezes, inchaço em várias partes do corpo. A falta de iodo pode provocar a doença, já que ele é necessário para a formação dos hormônios. Sem eles, não há inibição da produção de TSH por *feedback* e esse hormônio continua estimulando a tireóidea, que cresce e mantém a produção de precursores inativos dos hormônios. Esse aumento da glândula pela carência de iodo é chamado **bócio endêmico** ou **carencial**.

Além dos hormônios já mencionados, a glândula tireóidea também produz **calcitonina**, que diminui a liberação de cálcio no sangue.

Glândulas paratireóideas

Localizadas atrás da glândula tireóidea, as paratireóideas são quatro. Produzem o **paratormônio** ou **hormônio paratireóideo**, responsável por controlar a taxa de cálcio no sangue. Quando a concentração no sangue diminui, o paratormônio estimula a retirada do cálcio do osso, lançando-o no sangue, e aumenta sua absorção pelo intestino e sua reabsorção nos rins.

A figura 6 apresenta a interação entre os hormônios da tireóidea e das glândulas paratireóideas.

O funcionamento excessivo das glândulas pode levar ao enfraquecimento dos ossos, aos cálculos renais e debilitar o organismo. Já a hipofunção causa contrações musculares e pode levar à morte por asfixia devido à contração da musculatura da laringe.

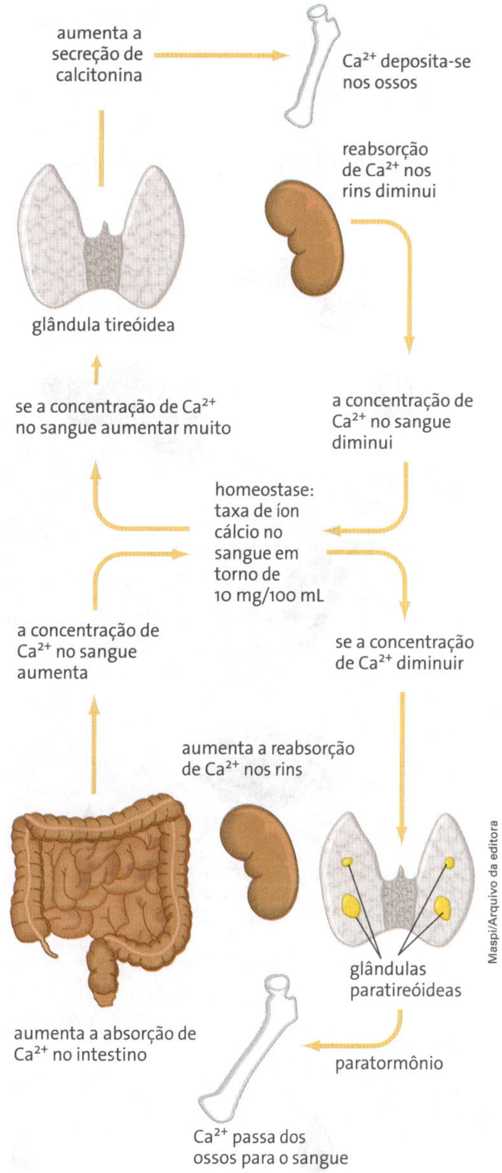

Figura 6 A ação conjunta de hormônios das glândulas tireóidea e paratireóideas impede que a taxa de cálcio suba ou caia muito abaixo do valor médio de 10 mg/100 mL. (Os elementos da ilustração não estão na mesma escala; cores fantasia.)

Pâncreas

As ilhotas pancreáticas formam a porção endócrina do pâncreas. São compostas de dois tipos de células: as **células beta**, produtoras da **insulina**, e as **células alfa**, que produzem o **glucagon**.

A insulina auxilia a entrada da glicose nas várias células do corpo, diminuindo seu nível no sangue. Esse hormônio também estimula a síntese de glicogênio no fígado a partir da glicose, facilita a absorção de aminoácidos, estimula a síntese de proteínas, além de inibir a transformação de aminoácidos e lipídios em glicose pelo fígado, processo conhecido como **gliconeogênese**.

A conversão de glicogênio em glicose é chamada **glicogenólise**. O glucagon tem efeito contrário ao da insulina, aumentando o nível de glicose no sangue por meio da glicogenólise. A ação conjunta da insulina e do glicogênio contribui para a manutenção da taxa de glicose no sangue (figura 7).

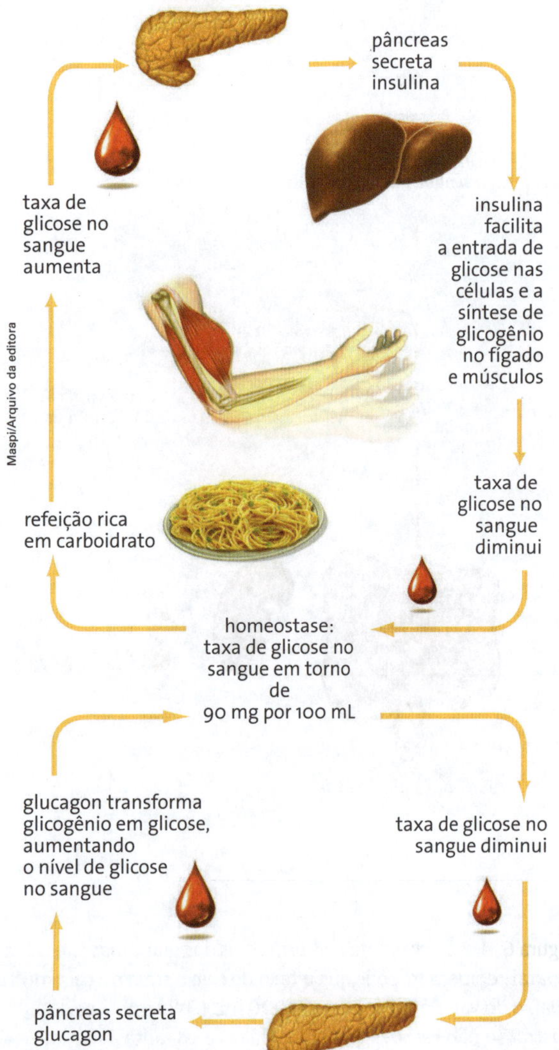

Figura 7 O controle da taxa de glicose no sangue, um exemplo de homeostase (o pâncreas mede cerca de 15 cm de comprimento; cores fantasia).

A diminuição ou parada na produção de insulina leva ao acúmulo de glicose no sangue. Essa doença é conhecida como **diabetes melito**, que precisa ser tratada adequadamente, pois pode causar perda de visão, feridas na pele e problemas cardíacos e renais. Como o indivíduo não consegue aproveitar a glicose, passa a depender apenas de gordura para obtenção de energia. Por essa razão, a produção de alguns ácidos pode aumentar, causando desequilíbrio no sangue e podendo levar o indivíduo ao coma e até à morte.

Glândulas suprarrenais

Localizam-se sobre os rins. Também chamadas de **adrenais**, essas glândulas são formadas por **córtex** e **medula**. No primeiro, são produzidos **corticosteroides** (mineralocorticoides e glicocorticoides) a partir do colesterol. A **aldosterona** é o principal mineralocorticoide. Atua no aumento da reabsorção de íons sódio e causa a secreção de íon potássio e hidrogênio pelas células do túbulo renal. Isso regula a taxa de água e sais no organismo.

O **cortisol** é um glicocorticoide importante, pois estimula o fígado a lançar glicose no sangue, além de promover a conversão de aminoácidos e lipídios em glicose por esse mesmo órgão. Esse processo é essencial para que o organismo supere situações sem comida ou estressantes.

A medula produz a **adrenalina** ou **epinefrina** e a **noradrenalina** ou **norepinefrina**, hormônios que contribuem para a regulação da pressão arterial. Em situações de perigo, a medula é estimulada pelo sistema nervoso simpático e libera grande quantidade desses hormônios, como representado na figura 8.

Isso prepara o organismo para enfrentar situações de alarme. Há uma maior conversão de glicogênio em glicose pelo fígado, que a lança no sangue. Este, por sua vez, é desviado para os músculos e para o cérebro. A pressão sanguínea e a frequência cardíaca aumentam, elevando a disponibilidade de oxigênio e glicose para o organismo. A adrenalina também leva à liberação de lipídios no tecido adiposo.

Em uma etapa seguinte, de reação de resistência, o córtex libera o cortisol, cujos efeitos ajudam a prolongar o tempo em que o organismo suporta tal situação.

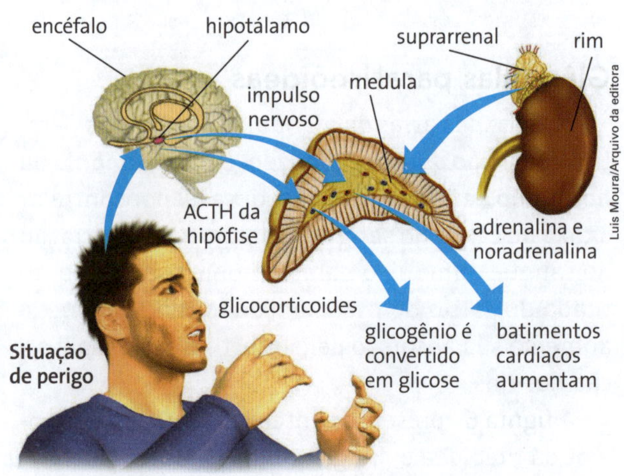

Figura 8 Em uma situação de perigo, a suprarrenal é estimulada tanto pelo hipotálamo (no encéfalo) como pelo hormônio adrenocorticotrófico, produzido pela hipófise, e seus hormônios preparam o organismo para enfrentar aquela situação (dimensões da suprarrenal, em centímetros: $3 \times 5 \times 1$; os elementos da ilustração não estão na mesma escala; cores fantasia).

Timo

Produz a timosina, promovendo a multiplicação e o desenvolvimento dos linfócitos T. Essas células do sistema imune ajudam a defender o organismo contra agentes invasores.

Gônadas

Os testículos produzem os hormônios andrógenos. A testosterona é o principal deles e responsável pelo desenvolvimento das características sexuais primárias e secundárias masculinas. Na puberdade, o hormônio luteinizante (LH) estimula o testículo a produzir testosterona. Já o hormônio folículo-estimulante (FSH), juntamente com a testosterona, estimula o início da produção de espermatozoides.

Os ovários produzem estrógenos, responsáveis pelas características sexuais secundárias femininas, e progesterona. Tanto os estrógenos quanto a progesterona estão envolvidos no ciclo menstrual.

Exercícios propostos

1. (Fatec-SP) A diabetes é uma doença caracterizada por um distúrbio no metabolismo do organismo chamado de hiperglicemia, que ocorre quando a taxa de glicose no sangue fica muito alta, o que pode trazer várias complicações à nossa saúde. A maior preocupação é com os jovens, pois a alimentação desequilibrada é um dos fatores que faz com que a doença se manifeste cada vez mais cedo.
Sobre esse assunto, pode-se afirmar corretamente que
a) a diabetes ocorre quando o pâncreas não produz a enzima amilase, que atua na digestão dos carboidratos.
b) o fígado e o pâncreas possuem regiões endócrinas que produzem hormônios relacionados com o metabolismo da glicose.
c) o hormônio glucagon, produzido pelo pâncreas, é essencial para que ocorra a redução do nível de glicose no sangue.
d) o hormônio insulina promove a passagem da glicose do sangue para as células, nas quais ela é utilizada ou armazenada.
e) os tipos de diabetes conhecidos são consequência dos hábitos sedentários, da obesidade e da alimentação inadequada.

2. (Asces-PE) O sistema urinário é responsável pela excreção de metabólitos celulares com vistas a manter a homeostase corporal. Considerando a ureia como produto metabólico, que tipo de dieta aumenta sua excreção do organismo humano?
a) Massas, pois são ricas em carboidratos.
b) Carnes brancas, pois são ricas em proteínas.
c) Vegetais, pois são ricos em vitaminas.
d) Frituras, pois são ricas em gordura.
e) Lanches salgados, pois são ricos em cloreto de sódio.

3. (UEG-GO) Imagine o sistema hormonal como uma orquestra. O hipotálamo, no centro do cérebro, é o diretor artístico, e a hipófise, na base do crânio, o maestro. Nesse conjunto, os hormônios sintetizados por outros órgãos e as glândulas equivalem às orquestras de câmara. Como em um concerto, em que todos os músicos tocam juntos, os hormônios interagem entre si e o bom funcionamento de um depende da ação precisa do outro.
LOPES, A. D.; CUMINALE, N. Hormônios. *Veja*, São Paulo, ed. 2283, ano 45 n. 34, 22 ago. 2012. p. 91
Sobre os hormônios animais e suas relações, como substâncias-alvo no concerto, pode-se deduzir a seguinte comparação:
a) a calcitonina, hormônio que diminui o estresse, compõe a orquestra de câmara, sintetizada pelo hipotálamo-diretor artístico do concerto.
b) a dopamina e a adrenalina são hormônios produzidos pela hipófise-maestro do concerto e considerados os hormônios da felicidade e do prazer.
c) a insulina, hormônio sintetizado pela glândula pineal, compõe a orquestra de câmara juntamente com o glucagon.
d) a ocitocina e a vasopressina são hormônios produzidos pelo diretor artístico da orquestra, o hipotálamo, sendo armazenados na neuroipófise.

4. (Uece) Assinale a alternativa que apresenta corretamente o processo que ocorre no túbulo contorcido proximal, durante a formação da urina no néfron.
a) Recepção da urina e sua condução ao ureter.
b) Ocorrência de osmose e reabsorção de água do filtrado para os capilares sanguíneos.
c) Transporte ativo executado pelas células dos túbulos que removem excretas dos capilares sanguíneos, lançando-os na urina.
d) Difusão e transporte ativo executado pelas células dos túbulos que devolvem substâncias do filtrado para os capilares sanguíneos.

5. (UEG-GO) A coordenação das funções do organismo humano é feita pelos sistemas nervoso e endócrino. Ambos os sistemas produzem os hormônios, substâncias importantes que influenciam a atividade de vários órgãos. Sobre os hormônios e seus mecanismos de ação, é CORRETO afirmar:
a) a célula beta do pâncreas produz o glucagon, hormônio que facilita a entrada da glicose que está no sangue nas células corporais.
b) a ocitocina, hormônio secretado pela neuroipófise, estimula a dilatação muscular do útero durante o processo de pré-parto.
c) a tireoide produz os hormônios tiroxina e calcitonina, que diminuem a liberação de cálcio e fósforo no sangue.
d) o hormônio ADH atua sobre os túbulos renais, promovendo a absorção de água do filtrado glomerular.

MÓDULO 32 • Sistema nervoso e sensorial

Sistema nervoso

Exclusivo dos animais, o sistema nervoso coordena as diversas funções do organismo por meio de mensagens elétricas, além de contribuir para o equilíbrio e permitir respostas rápidas aos estímulos recebidos do ambiente.

Sistema nervoso central

O **sistema nervoso central** dos seres humanos é formado pela medula espinal e o encéfalo (figura 1). Está protegido por ossos e três membranas chamadas **meninges** (**dura-máter**, mais externa; **aracnoide**, em posição mediana; e **pia-máter**, mais interna e que apresenta vasos sanguíneos). O **líquido cerebrospinal** ou **cefalirraquidiano**, presente no interior das cavidades do sistema nervoso e entre as duas meninges mais internas, amortece possíveis choques dos ossos com o sistema nervoso.

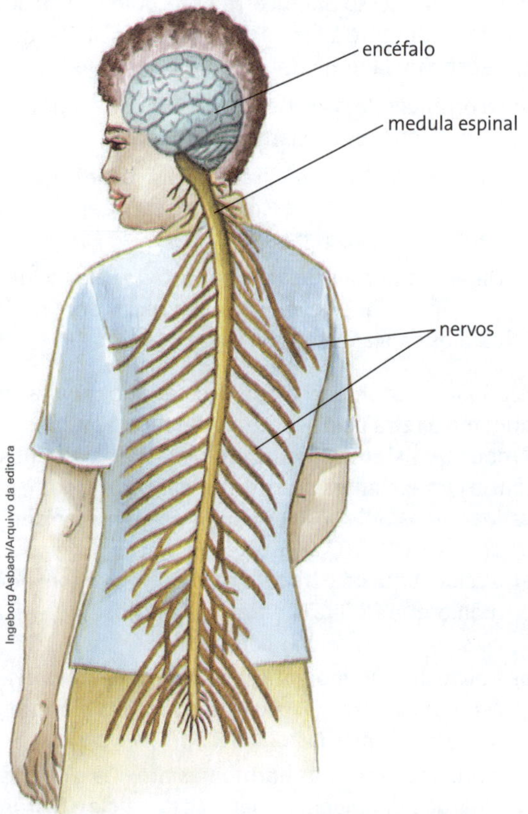

Figura 1 Ilustração simplificada do sistema nervoso humano, (os elementos da ilustração não estão na mesma escala; cores fantasia).

O encéfalo, cujas regiões interagem de forma complexa, recebe as informações dos órgãos sensoriais e associa as mensagens de órgãos diferentes; envia mensagens para os órgãos efetores, sendo responsável, também, pelas emoções e capacidade de resolver problemas e de responder por todas as formas de pensamento abstrato. Ele controla muitos órgãos e muitas funções de nosso organismo. No caso dos seres humanos, a região mais desenvolvida do cérebro é a camada mais externa, chamada **córtex cerebral**. Essa camada apresenta cor cinzenta em razão do grande número de corpos celulares dos neurônios. A camada inferior é branca, constituída pelos prolongamentos dos neurônios provenientes do córtex ou que chegam até ele.

O córtex processa as informações recebidas dos órgãos dos sentidos, controla as emoções (responsabilidade da região chamada amígdala) e atos voluntários, é sede do pensamento, da inteligência, da linguagem, da aprendizagem, da consciência e da memória, da qual participa o hipocampo.

No interior da coluna vertebral está a medula espinal, que também apresenta uma **substância branca**, formada por fibras nervosas e cuja cor se deve à mielina destas, e uma **substância cinzenta**, constituída pelos corpos celulares dos neurônios. A disposição das substâncias na medula é diferente da observada no encéfalo: a substância cinzenta está no interior e a branca, na parte externa do órgão.

Como pode ser observado na figura 2, prolongamentos dos neurônios motores saem pela **raiz ventral** da medula, enquanto na **raiz ventral** há prolongamentos dos neurônios sensitivos. Caso ocorra lesão na raiz dorsal, há perda da sensibilidade da parte correspondente do corpo, já que o estímulo não chega à medula para que seja encaminhado ao cérebro.

Os gânglios nervosos, nervos espinais e nervos cranianos constituem o **sistema nervoso periférico**. Os nervos espinais saem da medula. Já os cranianos saem do encéfalo e fazem a conexão com órgãos dos sentidos e músculos da face.

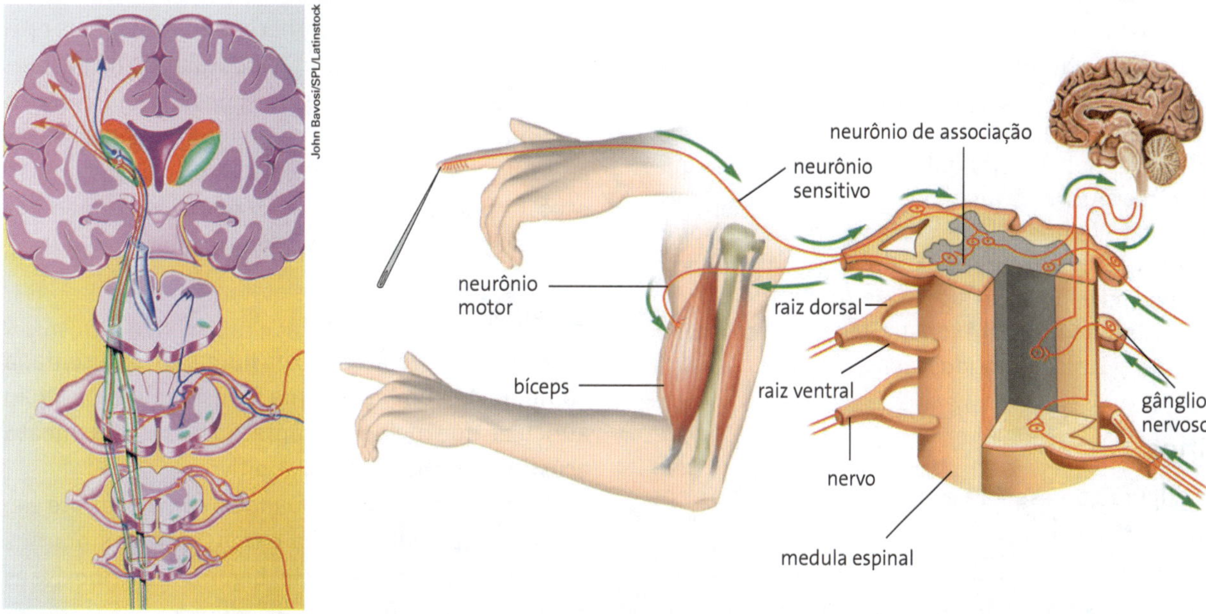

Figura 2 Além de enviar impulsos para o encéfalo, a medula espinal é sede de vários atos reflexos. Os nervos (em vermelho e azul) conduzem impulsos nervosos entre a medula e o encéfalo. Os impulsos sensoriais passam inicialmente pelo tálamo (em vermelho e verde) e depois para o cérebro. (Os elementos da ilustração não estão na mesma escala; cores fantasia.)

Sistema nervoso periférico

Fazem parte do sistema nervoso periférico os nervos sensitivos (responsáveis por recolher as informações dos órgãos dos sentidos e órgãos internos), os nervos motores (que levam a mensagem do sistema nervoso central para músculos e glândulas) e os nervos mistos, com fibras sensitivas e motoras.

Os músculos esqueléticos, que realizam respostas voluntárias, são controlados pelos nervos motores. Essa parte do sistema nervoso periférico é conhecida como **sistema nervoso somático** e pode também responder ao ambiente de modo involuntário, como ocorre com os atos reflexos. O **sistema nervoso autônomo** ou **visceral** é composto de nervos que levam impulsos aos músculos lisos, glândulas e ao músculo cardíaco. Esse sistema, portanto, controla as ações involuntárias. Em geral, os órgãos controlados por ele recebem um nervo que estimula sua atividade e outro que a inibe.

O sistema nervoso periférico é dividido em **simpático** e **parassimpático**. Os nervos que constituem o simpático saem da região mediana da medula, enquanto os do parassimpático saem do bulbo e da porção final dela. O efeito de cada sistema varia de órgão para órgão. O simpático, por exemplo, aumenta as frequências respiratória e cardíaca, a pressão arterial, dilata a pupila e desvia o sangue da pele e outros órgãos para o cérebro e os músculos, além de estimular a produção de adrenalina e noradrenalina, potencializando os efeitos mencionados. Tais respostas são características de quando o animal está em situação de perigo. O sistema nervoso parassimpático, por sua vez, faz com que o organismo retorne ao seu ritmo normal passada tal situação.

Os receptores sensoriais

Os **receptores sensoriais** são estruturas presentes nos animais e que respondem a estímulos dos ambientes externo (**exteroceptores**) e interno (**interoceptores**). Tais estruturas podem ser formadas por terminações nervosas dos neurônios ou células epiteliais especializadas.

Os exteroceptores são encontrados nos órgãos dos sentidos, enquanto os interoceptores informam variações nas pressões arterial e osmótica, no pH do sangue, etc. Já os **proprioceptores** nos possibilitam perceber a posição de nosso corpo e suas partes, pois estão localizados nos tendões, ligamentos, articulações e músculos esqueléticos.

A organização de cada receptor está relacionada ao tipo de estímulo a que vai responder: os **fotorreceptores** são ativados pela luz e ocorrem nos olhos; os **mecanorreceptores** respondem a estímulos mecânicos e são responsáveis pelas sensações táteis, equilíbrio, audição; as substâncias químicas estimulam os **quimiorreceptores**, que atuam no olfato e na gustação; a variação de temperatura é percebida pelos **termorreceptores**; os **nocirrepcetores** são ativados quando o estímulo pode provocar alguma lesão.

O **sistema sensorial** é constituído pelos receptores e pelos órgãos dos sentidos, apresentados a seguir.

Olhos

A figura 3 apresenta a estrutura geral do olho e nos permite observar:

- a **esclera**, uma camada protetora de tecido conjuntivo fibroso. A parte anterior é transparente, formando a **córnea**;
- a **conjuntiva**, membrana que reveste parte da esclera e a superfície interna das pálpebras;
- a **corioide**, que possui vasos sanguíneos e melanina;
- a **íris**, parte anterior da corioide e responsável pela cor dos olhos;
- a **pupila**, abertura localizada no centro da íris e pela qual a luz entra. Seu diâmetro é controlado pela contração da íris.

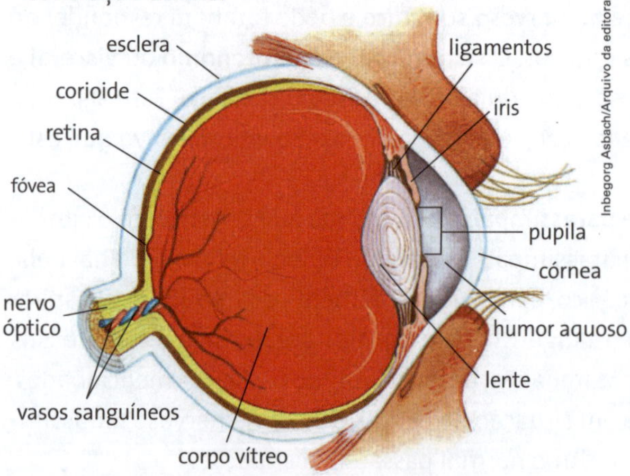

Figura 3 Esquema do olho humano (os elementos da ilustração não estão na mesma escala; cores fantasia).

A córnea, o **humor aquoso**, a **lente** e o **corpo vítreo** desviam os raios luminosos, compondo um sistema de lentes que forma uma imagem na **retina**, parte sensível do olho. O **nervo óptico** sai da retina e leva os impulsos nervosos para o cérebro. A região onde esse nervo é formado pelo agrupamento dos axônios dos neurônios da retina é chamada **disco do nervo óptico** (**ponto cego**), na qual não há formação de imagem.

Os **cones** e **bastonetes** são as células fotossensíveis da retina. Os primeiros fornecem imagens mais nítidas e coloridas e são estimulados quando há bastante luz. Existem três tipos de cones: os sensíveis ao comprimento de onda do vermelho, os mais sensíveis ao azul e os mais sensíveis ao verde. Os bastonetes captam imagens mesmo com pouca luz, sendo importantes para a visão na obscuridade.

Orelha

A estrutura geral da orelha humana é apresentada na figura 4. A orelha externa apresenta um pavilhão auricular, que melhora a captação do som, e o **meato acústico externo** ou canal auditivo.

O tímpano, que vibra quando o som chega até ele, é o início da orelha média e transmite as vibrações para três ossículos: **martelo**, **bigorna** e **estribo**. Esses ossos se articulam entre si e podem amplificar ou diminuir as vibrações do tímpano.

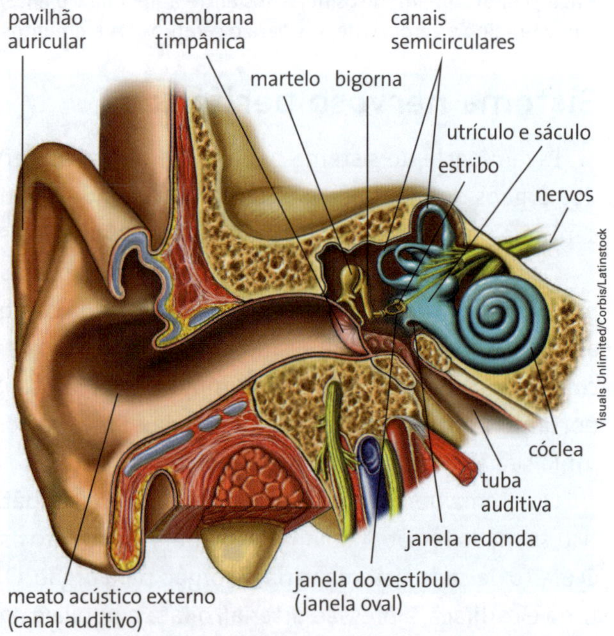

Figura 4 Estrutura da orelha humana (cores fantasia).

A **tuba auditiva** comunica a orelha média e a garganta, permitindo o equilíbrio entre a pressão atmosférica e a do ar no interior da primeira.

Os ossículos transmitem a vibração do tímpano para a **janela do vestíbulo**, que a transfere para um líquido no interior da **cóclea**. A cóclea, por sua vez, possui uma **membrana basilar** com células ciliadas, agrupadas no **órgão espiral** e capazes de captar as vibrações causadas no líquido pela janela oval. O movimento do líquido estimula os cílios, o que gera o impulso nervoso que será levado ao centro da audição pelo **nervo vestibulococlear**.

A orelha interna, como pode ser notado na figura 4, ainda apresenta o sáculo, o utrículo e os canais semicirculares, estruturas relacionadas ao equilíbrio e que formam o **aparelho vestibular** ou **labirinto**. As células ciliadas em seu interior enviam para o sistema nervoso mensagens sobre as mudanças de posição do corpo. O sistema nervoso manda sinais aos músculos para que se ajuste a postura e mantenha o equilíbrio.

Nariz

Os estímulos químicos do ambiente são captados por receptores químicos. Os **receptores olfatórios** são capazes de detectar partículas emitidas por objetos distantes.

Na parte superior das **cavidades nasais** estão presentes células olfatórias ciliadas. O impulso nervoso gerado quando moléculas do ambiente ligam-se a elas é encaminhado pelo bulbo olfatório (figura 5).

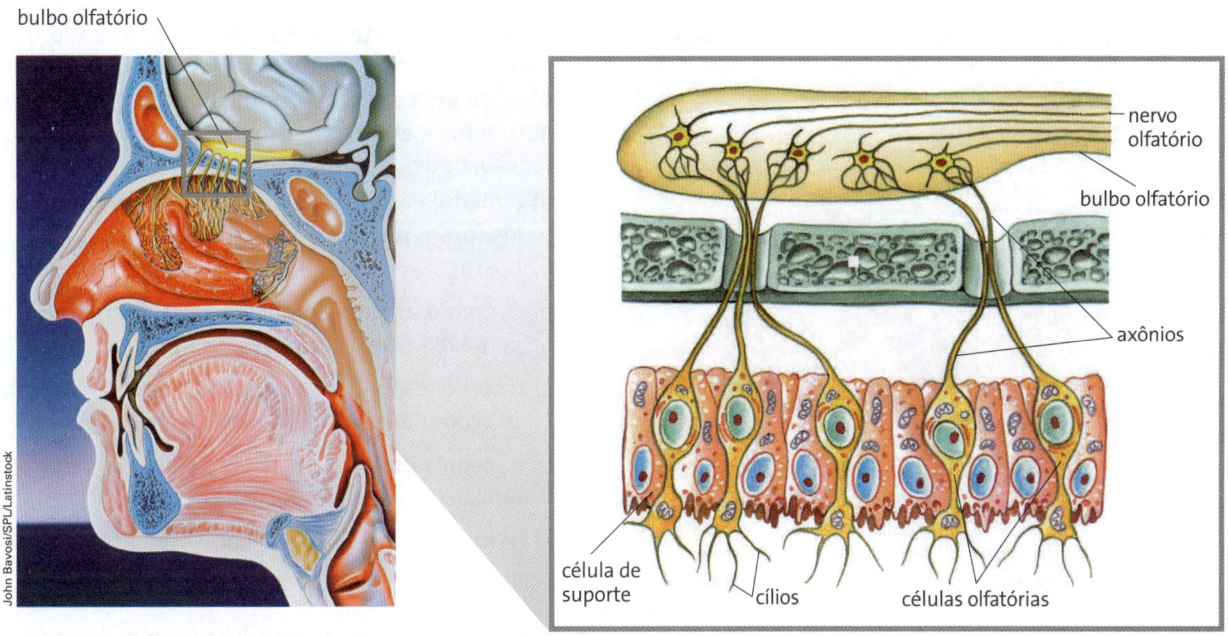

Figura 5 As células olfatórias localizam-se no teto das cavidades nasais (as células são microscópicas; os elementos da ilustração não estão na mesma escala; cores fantasia).

Língua

Os **receptores gustatórios** são estimulados por partículas que entram em contato direto com eles e estão concentrados nas **papilas gustatórias**, localizadas na língua (figura 6). Com eles, somos capazes de perceber quatro tipos de sensações: doce, salgado, azedo e amargo. Hoje em dia reconhece-se o *umami* como um quinto sabor.

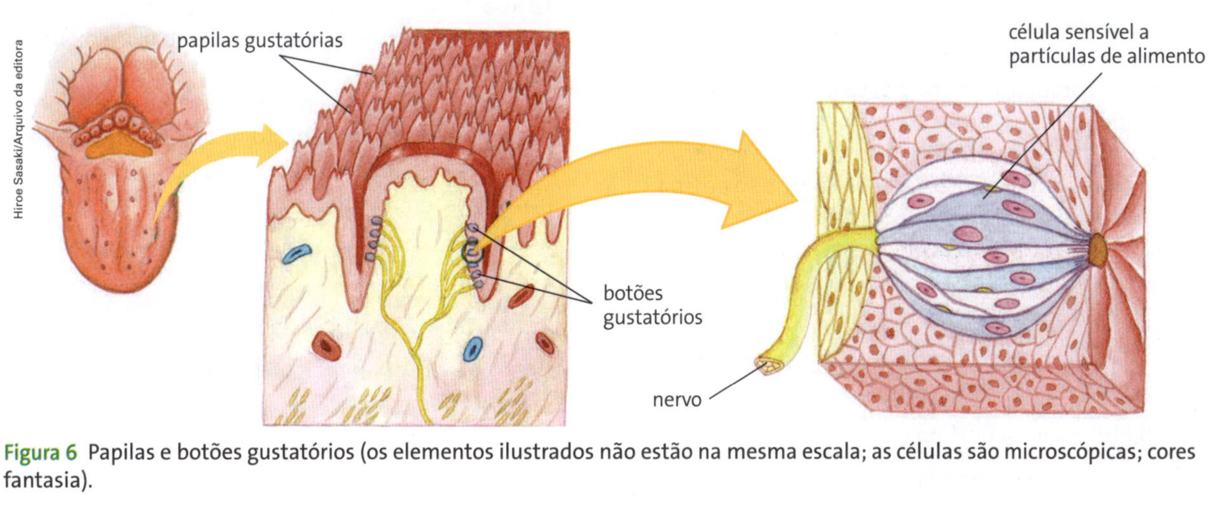

Figura 6 Papilas e botões gustatórios (os elementos ilustrados não estão na mesma escala; as células são microscópicas; cores fantasia).

Pele

A pele apresenta em sua extensão vários tipos de receptores: há os que acusam dor, os que promovem sensações táteis (tato e pressão) e os responsáveis pelas sensações térmicas (calor e frio).

A figura 7 mostra a localização dos tipos de receptores da pele. Algumas áreas da pele possuem mais receptores que outras, por isso são mais sensíveis: a extremidade dos dedos, por exemplo, tem maior concentração de receptores que o dorso da mão.

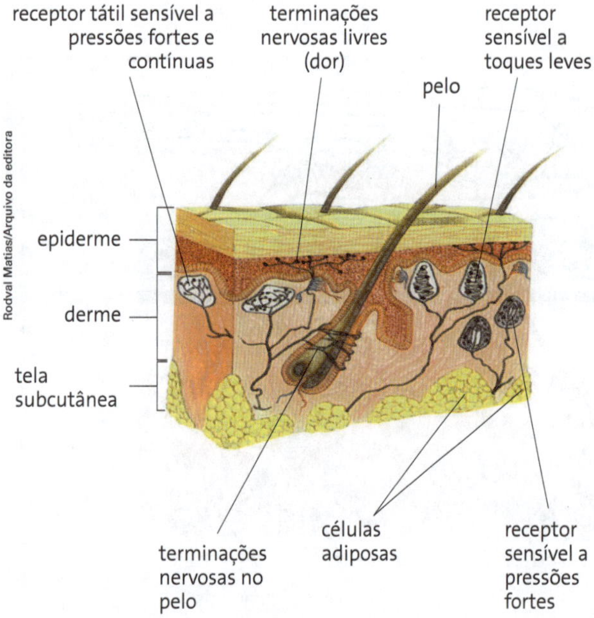

Figura 7 Os diversos receptores da pele. Algumas áreas da pele possuem mais receptores que outras, por isso são mais sensíveis: a extremidade dos dedos, por exemplo, tem maior concentração de receptores que o dorso da mão.
(Os elementos ilustrados não estão na mesma escala: as células são microscópicas; cores fantasia.)

Exercícios propostos

1. (UFRN) A ingestão de bebida alcoólica provoca muitos efeitos no sistema nervoso central, pois o álcool interfere na comunicação entre as células. Algumas das consequências são o enfraquecimento dos centros inibidores do comportamento e a inibição da secreção do hormônio antidiurético, fazendo com que a pessoa se torne mais falante e produza mais urina.
Considerando-se as alterações mencionadas anteriormente, é correto afirmar que as áreas afetadas pelo álcool são, respectivamente,
a) o cérebro e o hipotálamo.
b) o cerebelo e o córtex cerebral.
c) o bulbo e o mesencéfalo.
d) o encéfalo e a medula oblonga.

2. (Mack-SP) A labirintite é uma inflamação e um de seus principais sintomas são distúrbios de equilíbrio como a tontura, que impedem a pessoa de se locomover e até mesmo de se levantar. Assinale a alternativa que apresenta a estrutura afetada.
a) Cóclea.
b) Cerebelo.
c) Trompa de Eustáquio.
d) Canais semicirculares.
e) Janela oval.

3. (IFSP) Uma garota ganhou de seu namorado um buquê de rosas e sem querer tocou em um "espinho" de uma das flores. Imediatamente, de forma automática, ela recolheu o braço. A respeito dessa reação, pode-se afirmar que
a) a medula espinhal, alguns neurônios e músculos foram responsáveis na execução dessa resposta.
b) o cérebro, alguns neurônios e músculos foram responsáveis na execução dessa resposta.
c) o corpo responde a um estímulo, como o citado, se ocorrer anteriormente uma grande emoção.
d) a medula espinhal e o cérebro coordenam simultaneamente essa resposta de defesa.
e) os músculos do braço reagiram involuntariamente independentemente do sistema nervoso.

4. (Uece) Os neurônios que conduzem o impulso do sistema nervoso central para o órgão que efetua a resposta que pode ser uma glândula, são do tipo:
a) Sensitivo.
b) Associativo.
c) Misto.
d) Motor.

5. (UFRGS-RS) Assinale a alternativa que preenche corretamente as lacunas do enunciado abaixo, na ordem em que aparecem.
A ________ humana contém dois tipos de fotorreceptores: os cones e os bastonetes. Os cones contribuem pouco para a visão noturna por ________.
a) retina – terem menor sensibilidade à luz
b) córnea – serem menos abundantes que os bastonetes
c) íris – terem maior sensibilidade à luz
d) retina – absorverem igualmente todos os comprimentos de onda
e) córnea – serem responsáveis pela percepção das cores

MÓDULO 33 • Características gerais e reprodução das plantas

Introdução ao estudo das plantas

As plantas são organismos eucariontes e pluricelulares. Seus cloroplastos apresentam, entre outros pigmentos, clorofilas **a** e **b**, essenciais para a realização da fotossíntese, processo pelo qual as plantas produzem glicose a partir de substâncias inorgânicas retiradas do ambiente.

As **briófitas** são plantas pequenas e que não apresentam vasos para o transporte de água e nutrientes. Por esse motivo, são chamadas **avasculares**. Seu tamanho reduzido permite que o transporte de substâncias ocorra de uma célula para outra por difusão, limitando seu crescimento por causa da lentidão desse processo. Entretanto, a maioria das plantas terrestres é **vascular** ou **traqueófita**, ou seja, possui vasos condutores. Sua presença permitiu que tais plantas atingissem tamanhos maiores.

Os **vasos lenhosos** são responsáveis pelo transporte de água e sais minerais (seiva bruta) da raiz para as folhas. O conjunto desses vasos recebe o nome de lenho ou xilema. Os **vasos liberianos** transportam para toda a planta as substâncias orgânicas produzidas na folha por meio da fotossíntese. O **liber** ou **floema** corresponde ao conjunto desses vasos e outros tecidos a eles associados.

As **pteridófitas**, como as samambaias e avencas, são as primeiras plantas vasculares e não apresentam flores nem sementes. Delas surgiram as **espermatófitas** ou **espermáfitas**, plantas com semente. A semente é a estrutura que protege o embrião contra a perda de água e auxilia na dispersão do vegetal, o que contribuiu para a ocupação do ambiente terrestre. As **gimnospermas** e **angiospermas** fazem parte desse grupo. Nas primeiras, representadas pelos pinheiros, as sementes estão expostas e não há frutos. Já nas angiospermas, que correspondem à maioria das plantas, as flores e frutos estão presentes.

Para plantas com estrutura reprodutora pouco visível é utilizado o termo **criptógamas**. Para aquelas em que essas estruturas são bastante aparentes, usa-se o termo **fanerógamas**. Assim, as briófitas e pteridófitas são criptógamas, enquanto as gimnospermas e angiospermas são fanerógamas. A figura 1 sintetiza a classificação das plantas terrestres, também chamadas **embriófitas** pelo fato de o desenvolvimento inicial do embrião ocorrer no corpo da planta.

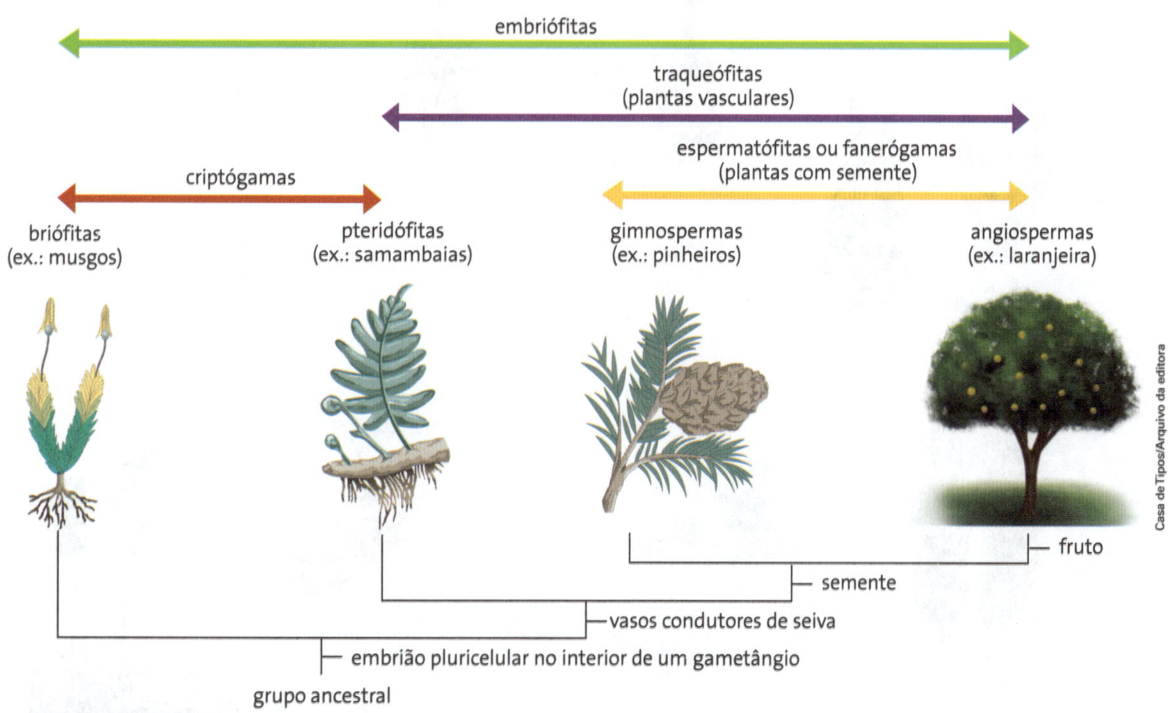

Figura 1 Árvore filogenética simplificada das plantas com indicação de algumas novidades evolutivas (os elementos da ilustração não estão na mesma escala; cores fantasia).

A reprodução assexuada é frequente: pedaços de caule, galhos ou folhas podem originar um novo organismo. Entretanto, na maioria das plantas observa-se a alternância entre indivíduos haploides e diploides. O indivíduo diploide é chamado **esporófito** e produz esporos por meiose. Os esporos dão origem a indivíduos haploides, denominados **gametófitos**, e que produzem gametas por mitoses. Por fecundação, forma-se uma célula-ovo e um novo organismo diploide.

O ciclo das plantas é conhecido como **haplonte-diplonte**, **haplodiplobiôntico** ou **meiose espórica**, uma vez que envolve a alternância entre as gerações haploides e diploides.

Briófitas

Representadas principalmente pelos musgos, as briófitas constituem o primeiro grupo de plantas a ocupar o ambiente terrestre, sendo bastante comuns em locais úmidos e sombreados. Não apresentam estruturas de sustentação e não há um sistema condutor de seiva, o que restringe seu tamanho. O transporte de substâncias, como mencionado anteriormente, ocorre por difusão.

O indivíduo maior, que tem vida duradoura, é constituído por **rizoides**, **cauloides** e **filoides** (tais estruturas lembram, respectivamente, a raiz, o caule e as folhas das plantas vasculares). Esse organismo é o gametófito, de vida independente, e apresenta **gametângios**, responsáveis pela produção de gametas: o **anterídio** produz os gametas masculinos, chamados **anterozoides**, e o **arquegônio** produz o gameta feminino, conhecido como **oosfera**. Em geral, cada gametófito apresenta apenas um sexo. Nas briófitas, o esporófito tem curta duração e cresce sobre o gametófito, dependendo dele para obter nutrientes. No esporófito estão os **esporângios**, responsáveis pela produção de esporos.

A figura 2 apresenta o ciclo haplonte-diplonte de um musgo. Os gametas são transportados por gotas de chuva que atingem um gametófito e respingam em outro, levando alguns anterozoides até o arquegônio de uma planta feminina. Após a fecundação, o zigoto sofre mitoses, originando um embrião que fica protegido no arquegônio. O desenvolvimento do embrião forma o **esporogônio**, um esporófito diploide preso ao gametófito pelo **haustório**. Dele, segue-se um pedúnculo chamado **haste** ou **seta** e que apresenta em sua extremidade uma cápsula, coberta pelo **opérculo**.

No esporângio, as **células-mães dos esporos** originam esporos por meiose, iniciando a fase haploide. Quando a cápsula se abre, os esporos são liberados e levados pelo vento. Ao germinar, o esporo origina o **protonema**, que formará os gametófitos. O gametófito é a fase dominante nas briófitas, pois o esporófito morre após a liberação dos esporos.

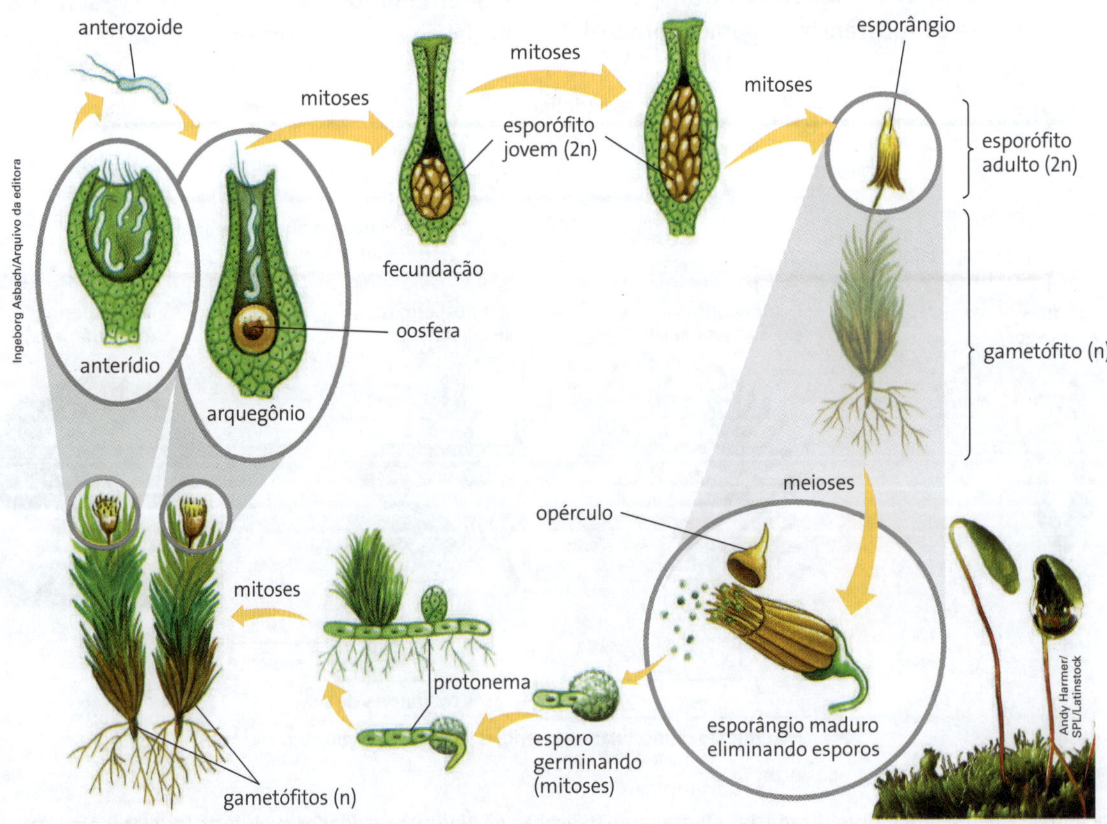

Figura 2 Na ilustração, esquema do ciclo reprodutivo dos musgos. Na foto, musgos e cápsulas do esporófito.

Pteridófitas

Como já vimos, a presença de vasos condutores permitiu que as plantas vasculares atingissem maior altura que as briófitas, já que aumentaram a eficiência no transporte de água e nutrientes e contribuíram para a sustentação das mesmas.

As pteridófitas têm entre seus representantes as samambaias e avencas, que vivem em ambiente úmido; as salvínias, aquáticas e de pequeno porte; e a samambaiaçu, que é arborescente. A fase duradoura do ciclo dessas plantas, diferente do que ocorre nas briófitas, é o esporófito (2n). As folhas são, em geral, divididas em folíolos na forma de penas, o que permite que captem a luz distribuída irregularmente na altura do chão em uma floresta. As folhas mais jovens são denominadas **báculos** e ficam enroladas. Em geral, o caule, conhecido como **rizoma**, é subterrâneo, o que faz com que apenas as folhas permaneçam visíveis.

No esporófito estão os esporângios agrupados em **soros**, localizados na face inferior ou na borda dos folíolos, como ilustrado na figura 3. O gametófito (n) é denominado **prótalo** e apresenta-se menos desenvolvido que o esporófito, embora tenha vida independente dele. Na época da reprodução, os esporos são produzidos por meiose no interior dos esporângios e, posteriormente, levados pelo vento. Ao germinar, se fixam pelos rizoides e formam o prótalo. Este, por sua vez, apresenta os anterídios e arquegônios. A fecundação é facilitada pela água da chuva ou pelo orvalho, pois permite que os anterozoides nadem até a oosfera. O zigoto dará origem ao esporófito, que inicialmente recolhe alimento do gametófito. Quando ele se torna independente, o gametófito regride.

Figura 3 Esquema do ciclo reprodutivo da samambaia (esporos e gametas estão muito ampliados; os elementos da ilustração não estão na mesma escala; prótalo: 3 mm a 10 mm de comprimento por 2 mm a 8 mm de largura; soros: cerca de 1 mm a 3 mm de diâmetro; cores fantasia).

Gimnospermas

As gimnospermas são plantas vasculares e que apresentam raiz, caule e folhas. Possuem ramos especializados na produção de esporos, que germinam na própria planta e dão origem aos gametófitos. A presença de semente contribuiu para seu sucesso evolutivo no ambiente terrestre.

As coníferas são os principais representantes do grupo e compreendem os pinheiros, os ciprestes e as sequoias. Existem ainda três outros filos: **Cycadophyta** (cicadáceas), **Gnetophyta** (gnetófitas) e **Ginkgophyta** (gincófitas), cuja única espécie viva é o *Ginkgo biloba*.

As coníferas serão utilizadas aqui como referência para o estudo da reprodução das gimnospermas. Além das folhas que realizam fotossíntese, as coníferas apresentam folhas relacionadas à reprodução, as **esporófilas**, que possuem esporângios. Essas folhas estão reunidas em **estróbilos** ou **cones**, e as sementes se formam em sua superfície após a fecundação dos gametas.

Nas gimnospermas, a planta é o esporófito (2n) propriamente dito. Dois tipos de esporos são produzidos nas folhas destinadas à reprodução: os **micrósporos** e os **megásporos**. O micrósporo origina o gametófito masculino, chamado **grão de pólen**. Já o megásporo dá origem ao gametófito feminino ou **megagametófito**.

Há folhas do estróbilo masculino que são modificadas em escamas: as **microsporófilas,** que contêm cápsulas **(microsporângios)** em cujo interior são formados os micrósporos (n) por meiose. Mitoses sucessivas destas células formam o grão de pólen.

A produção de esporos e gametófitos é apresentada na figura 4.

Os grãos de pólen são levados pelo vento e chegam ao cone feminino, polinizando-o. Esse processo é chamado **polinização anemófila** ou **anemofilia.**

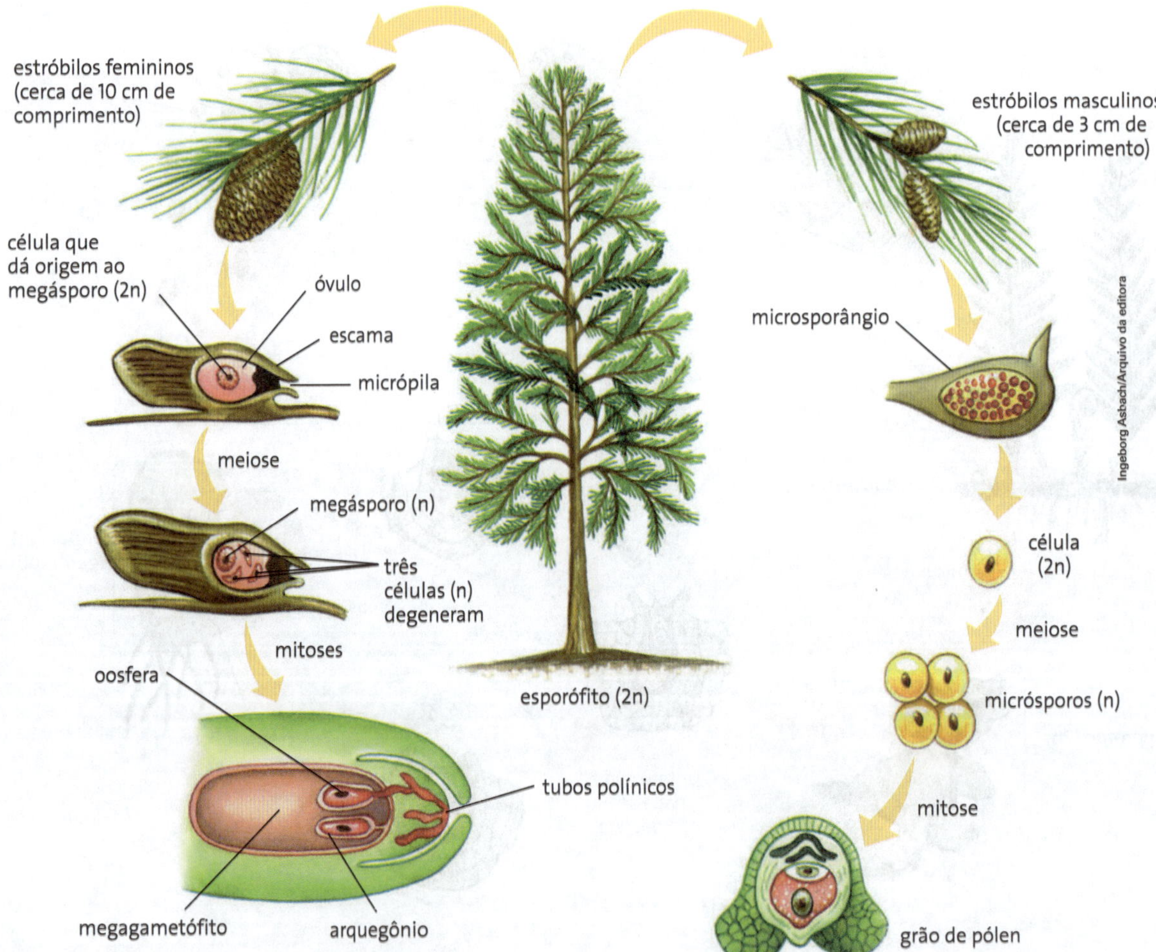

Figura 4 A produção de esporos e gametófitos em um pinheiro do gênero *Pinus* (10 m a 40 m de altura). (Os elementos da ilustração não estão na mesma escala; cores fantasia.)

As **pinhas** são os estróbilos femininos. Suas folhas são modificadas em escamas (**megasporófilas**), que contêm os **megasporângios**. O óvulo é formado pelo megasporângio revestido por uma ou duas camadas de tecidos, que constituem o **tegumento**. A abertura presente no óvulo é conhecida como **micrópila**. Cabe lembrar que o óvulo não é o gameta feminino, mas uma cápsula na qual ele se encontra. No óvulo, uma célula especial sofre meiose: três das células resultantes degeneram e uma origina o **megásporo**, que germina dentro do óvulo.

O núcleo do megásporo começa a se multiplicar por mitose, mas não há divisão do citoplasma. A massa plurinucleada corresponde ao gametófito feminino, cujo processo de formação é representado na figura 5. Nessa massa formam-se membranas celulares e surgem dois ou mais arquegônios, que irão produzir os gametas femininos. Cada arquegônio contém apenas uma oosfera.

Os grãos de pólen que chegam ao óvulo ficam presos próximo à micrópila. Quando germinam, há formação do tubo polínico, que cresce rumo à oosfera. Duas **células espermáticas** localizadas no interior do tubo atuam como gametas masculinos (figura 5). Assim, o grão de pólen seria o gametófito masculino jovem e o tubo polínico, o gametófito maduro. Uma das células espermáticas se funde à oosfera, formando o zigoto. Depois da fecundação, o óvulo se transforma em semente. O surgimento do tubo polínico torna a água desnecessária para a fecundação das gimnospermas, enquanto a semente facilita a ocupação do meio terrestre por proteger o embrião contra a perda de água.

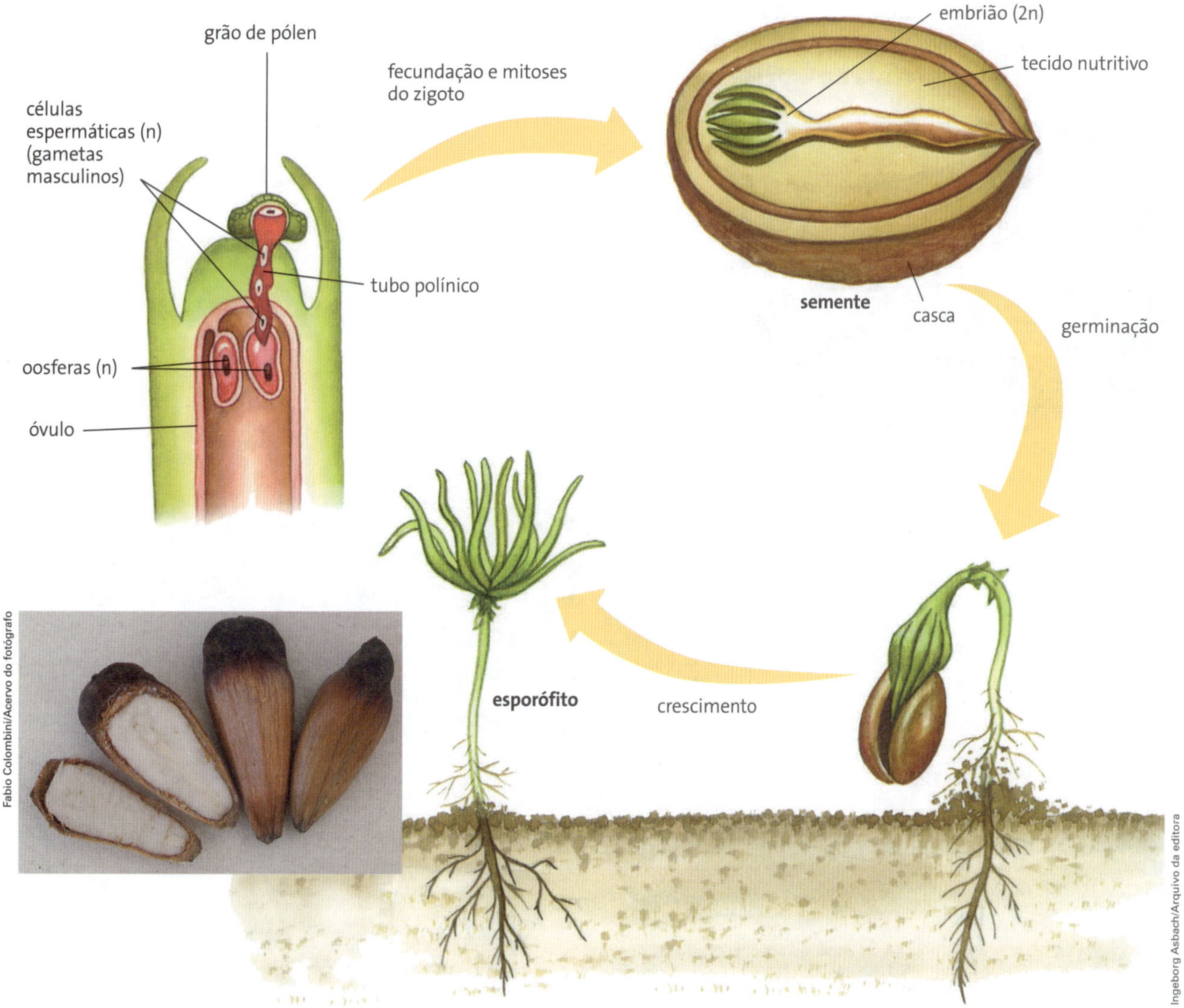

Figura 5 Esquema da fecundação e da formação do embrião nas gimnospermas (os elementos da ilustração não estão na mesma escala; cores fantasia.) Na foto, pinhões inteiros e em corte, expondo o tecido nutritivo.

Angiospermas

Constituintes do filo Anthophyta, as angiospermas apresentam um eficiente sistema de vasos condutores e são caracterizadas pela presença de flores e frutos. O grupo é bastante diversificado e disseminado por regiões tropicais e temperadas. Compreende desde pequenas ervas até grandes árvores.

Nas flores, típicas do grupo, existem folhas modificadas, os chamados **carpelos**, que se fecham formando uma estrutura semelhante a um vaso, o **pistilo**, no qual se desenvolvem as sementes. Após a fecundação, parte do pistilo dá origem ao fruto.

Assim como nas gimnospermas, nas angiospermas a fase duradoura é o esporófito, em cujos tecidos se desenvolve um gametófito bastante reduzido.

Na figura 6 pode-se observar as estruturas que compõem uma flor:

- **pedúnculo**: haste de sustentação que prende a flor ao caule;
- **receptáculo**: extremidade do pedúnculo na qual se prendem os **verticilos florais**, folhas modificadas e geralmente dispostas em círculo;
- **cálice**: conjunto de folhas protetoras chamadas sépalas, que, em geral, são verdes;
- **corola**: formada por **pétalas** que podem ser coloridas e apresentar aromas ou secreções adocicadas, que acabam por atrair animais polinizadores. O **perianto** corresponde ao conjunto formado pelo cálice e pela corola;
- **androceu**: composto dos estames, que correspondem a microsporófilos. Cada estame é formado por um pedúnculo (**filete**) com uma dilatação na extremidade (**antera**):
- **gineceu**: formado pelos **carpelos**, que se enrolam e formam os **pistilos**. O ovário corresponde à base dilatada do pistilo. A extremidade oposta é o **estigma**, que se liga ao ovário pelo **estilete**.

Fabio Colombini/Acervo do fotógrafo

Flor de lírio (cerca de 7 cm a 10 cm de diâmetro).

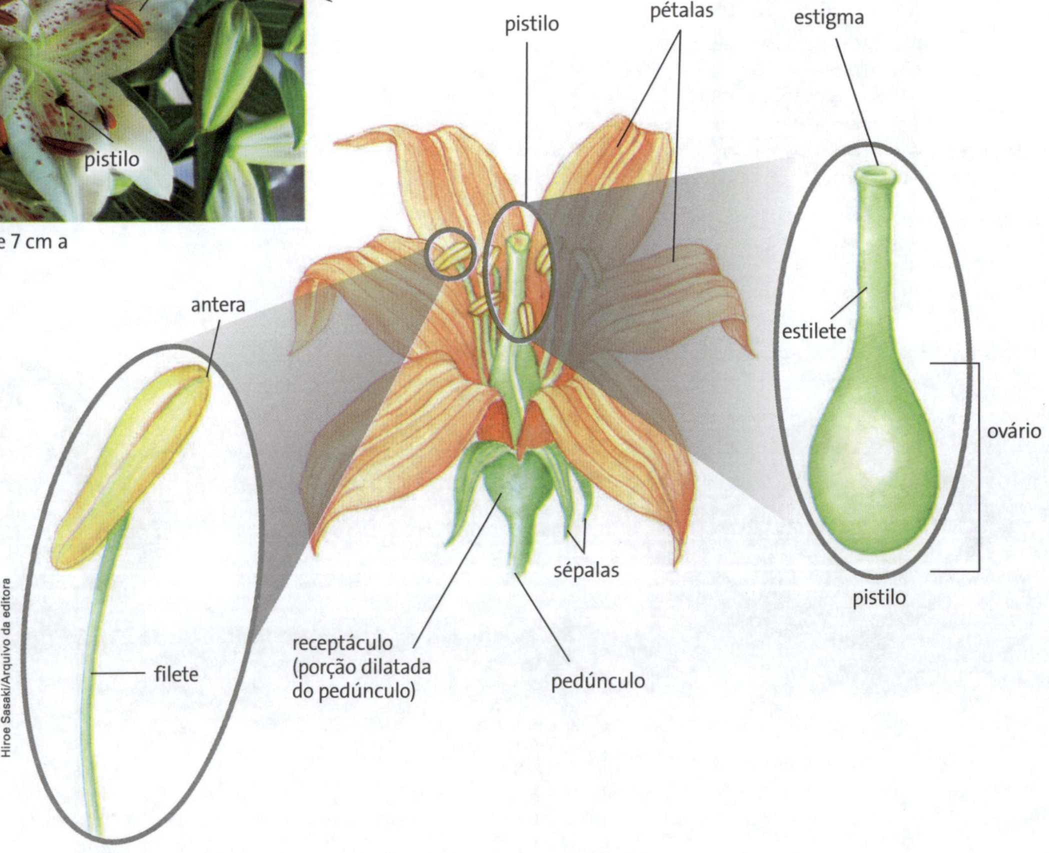

Hiroe Sasaki/Arquivo da editora

Figura 6 Partes de uma flor (os elementos da ilustração não estão na mesma escala; cores fantasia.)

Os micrósporos são produzidos nos estames, onde estão os **sacos polínicos**, correspondentes aos **microsporângios**. O esporo sofre mitose e origina o grão de pólen. Dessa mitose, surgem a **célula generativa** e a **célula vegetativa** ou **do tubo**.

Os megásporos são produzidos no ovário, onde são encontrados um ou mais macrosporângios (óvulos) presos por um **pedúnculo**. A célula-mãe do esporo sofre meiose, originando o megásporo e outras três células haploides que degeneram.

O núcleo do megásporo sofre três divisões sucessivas, formando uma massa citoplasmática com oito núcleos haploides. Três permanecem em um polo, três migram para o polo oposto e lá se individualizam como células, e dois migram para o centro, formando os **núcleos polares**. Assim, origina-se o gametófito feminino, chamado **saco embrionário**. Ele é constituído pelos dois núcleos polares, três **antípodas** e uma oosfera, que apresenta uma **sinérgide** de cada lado.

Ao entrar em contato com o estigma, o grão de pólen desenvolve o tubo polínico, que cresce em direção ao ovário. Duas células espermáticas haploides são formadas pela divisão do núcleo da célula geradora (figura 7).

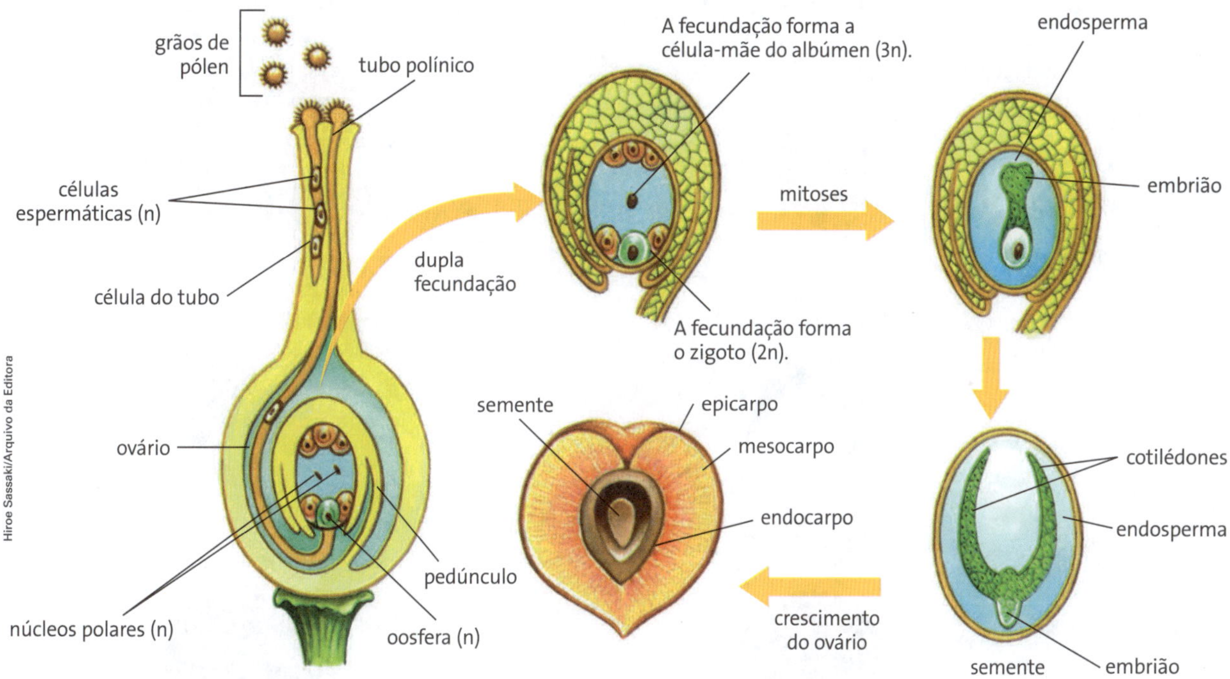

Figura 7 Na ilustração, esquema de fecundação e formação da semente e do fruto (os elementos da ilustração não estão na mesma escala; cores fantasia.)

No ovário, o tubo penetra no óvulo, em geral pela micrópila. Uma das células espermáticas se funde com a oosfera, formando o zigoto que se desenvolverá em um embrião diploide por mitose. Aos dois núcleos polares se funde a outra célula espermática, originando a **célula-mãe do albúmen**, que é triploide. Esta célula sofrerá mitoses e dará origem ao **albúmen** ou **endosperma**, reserva nutritiva para o embrião.

Após a fecundação, o ovário transforma-se em fruto. Os óvulos, em sementes. O fruto possui o **pericarpo**, uma parede formada por **epicarpo**, **mesocarpo** e **endocarpo**, como ilustrado na figura 7. O **tegumento**, originado a partir das paredes do óvulo, e a amêndoa, formada de embrião e endosperma, formam a semente. O embrião possui cotilédones, folhas especiais que tem como função armazenar nutrientes ou transferi-los do endosperma para o embrião.

Alguns frutos possuem estruturas com as quais se prendem aos pelos de animais, o que facilita sua dispersão (**zoocoria**). Outros estão adaptados à dispersão pelo vento (anemocoria). Há também os que são levados pela água (**hidrocoria**).

Quando as condições são adequadas, a semente germina, originando um novo esporófito. O embrião é formado por **radícula**, **caulículo**, **gêmula** e **cotilédone**.

Durante o desenvolvimento, o embrião consome suas reservas nutritivas. Quando estas se esgotam, já há uma pequena raiz, originada da radícula, capaz de retirar água e sais do solo, e um tecido com células clorofiladas que realizam fotossíntese.

Além da reprodução sexuada, as angiospermas também podem se reproduzir assexuadamente, em um processo chamado **propagação vegetativa**. Nela, caules ou folhas são capazes de originar novos indivíduos a partir de suas gemas ou botões vegetativos. É o que ocorre, por exemplo, em caules subterrâneos, os **estolhos** ou **estolões**, que formam raízes que dão origem a novos pés de planta.

A reprodução assexuada é um processo mais rápido e que origina indivíduos geneticamente idênticos ao original, permitindo a preservação de características importantes para a agricultura. No entanto, também possui desvantagem, pois todos podem ser igualmente acometidos por determinado parasita ou praga.

As angiospermas podem ser divididas em **monocotiledôneas**, **eudicotiledôneas** e **angiospermas basais**. O primeiro grupo é composto principalmente de plantas herbáceas. Já as eudicotiledôneas compreendem a maioria das árvores e dos arbustos e muitas ervas. No grupo das angiospermas basais estão representantes que, embora possuam sementes com dois cotilédones, apresentam muitas características em comum com monocotiledôneas. As principais diferenças entre monocotiledôneas e dicotiledôneas são apresentadas na figura 8.

	Monocotiledônea	**Eudicotiledônea**
Sementes	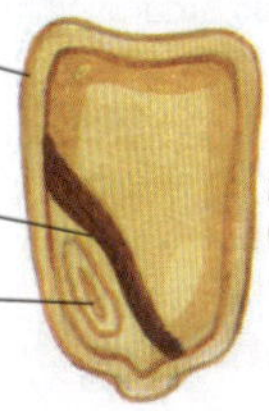	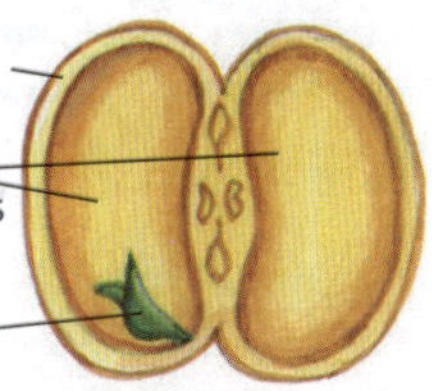
Folhas	folhas com nervuras paralelas (paralelinérveas) 	folhas com nervuras ramificadas (reticuladas) 
Caules	vasos irregularmente espalhados pelo caule 	vasos na periferia do caule em arranjo regular 
Raízes	raiz fasciculada (sem raiz principal) 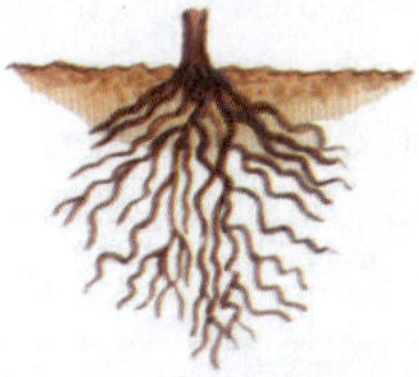	raiz axial (com raiz principal) 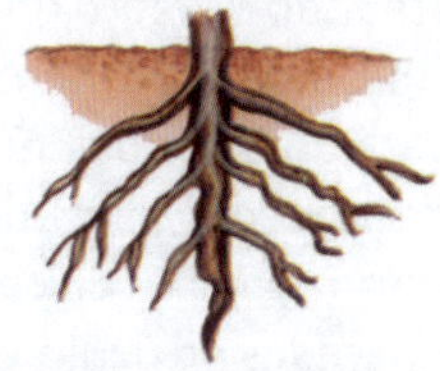
Flores	flor trímera (organização em três ou múltiplos de três) 	flor tetrâmera ou pentâmera (organização em quatro, cinco ou múltiplos) 

Figura 8 Diferenças entre monocotiledôneas e eudicotiledôneas (os elementos da ilustração não estão na mesma escala; cores fantasia).

Exercícios propostos

1. (FASM-SP) O esquema representa uma árvore filogenética com os principais grupos de plantas. As letras A, B e C representam características adaptativas adquiridas ao longo da evolução das plantas.

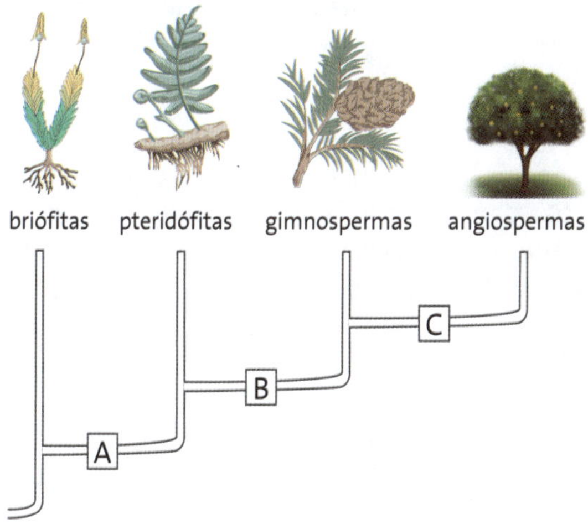

Com relação à árvore filogenética, é correto afirmar que

a) a característica B marca o surgimento de vasos condutores, aquisição relacionada ao grande porte das gimnospermas.

b) a principal aquisição evolutiva das pteridófitas, característica A, é a presença de sementes em suas folhas.

c) a característica C representa o aparecimento de flores e frutos, responsáveis pela eficiência reprodutiva das angiospermas.

d) as briófitas apresentam apenas raiz, caule e folhas, pois não compartilham das características A, B e C.

e) as gimnospermas são evolutivamente mais próximas das pteridófitas, uma vez que compartilham a característica B.

2. (Mack-SP) Comparando-se os ciclos reprodutivos das criptógamas (Briófitas e Pteridófitas) com os das fanerógamas (Gimnospermas e Angiospermas), destacamos a seguinte diferença:

a) ciclo de vida alternante.

b) meiose gamética.

c) independência da água para a reprodução.

d) predominância da geração gametofítica sobre a esporofítica.

e) geração esporofítica diploide.

3. (Unifor-CE) O esquema a seguir representa, de forma simplificada, o ciclo de vida de uma samambaia.

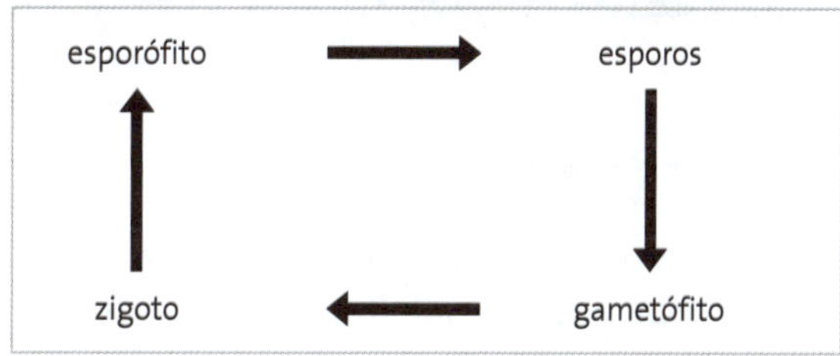

Nesse ciclo, surgem por reprodução sexuada e por reprodução assexuada, respectivamente, o

a) esporófito e o gametófito.

b) gametófito e o esporófito.

c) esporófito e os esporos.

d) gametófito e o zigoto.

e) zigoto e o esporófito.

4. (UFMA) Uma planta com caule do tipo colmo, feixes vasculares dispostos aleatoriamente e sistema radicular fasciculado, pode ser considerada:

a) monocotiledônea como a cana-de-açúcar

b) dicotiledônea como o feijão

c) gimnosperma como o pinheiro

d) monocotiledônea como o feijão

e) dicotiledônea como a cana-de-açúcar

5. (PUC-PR) Um botânico, ao examinar vegetais pertencentes a três grupos diferentes, anotou algumas características:

Grupos		
I	II	III
Flores com óvario	Caule tipo rizoma	Flores sem ovário
Presença de frutos	O gametófito é prótalo	Ausência de frutos
Presença de sementes	Presença de esporos nas folhas	Presença de sementes

Em função das características anotadas, conclui-se que os vegetais dos grupos I, II e III são, respectivamente:

a) Angiospermas – Pteridófitas – Gimnospermas

b) Gimnospermas – Pteridófitas – Angiospermas

c) Pteridófitas – Briófitas – Gimnospermas

d) Angiospermas – Briófitas – Gimnospermas

e) Angiospermas – Gimnospermas – Pteridófitas

MÓDULO 34 • Histologia e morfologia vegetal

Tecidos vegetais

Como você verá a seguir, podemos dividir os tecidos vegetais em **tecidos de formação** (**meristemáticos** ou **meristemas**) e **tecidos adultos** (**permanentes** ou **diferenciados**).

Meristemas

Os meristemas são formados por células não diferenciadas e que conservam as características embrionárias. Tais células têm grande capacidade de se dividir e se diferenciar, dando origem a outros tecidos.

O meristema apical está presente nas extremidades do caule e da raiz. Na ponta do caule são encontradas as **gemas apicais**. Nas axilas das folhas, as **gemas axilares**. A **coifa** ou **caliptra** forma um tipo de "capacete" que protege o meristema da ponta da raiz (figura 1).

Nos dois órgãos o meristema apical se diferencia em **meristemas primários**:

- **protoderme**, que dá origem à epiderme, tecido que reveste o vegetal;
- **procâmbio**, que se diferencia nos tecidos condutores de seiva, presentes no interior do caule e da raiz;
- **meristema fundamental**, que origina os demais tecidos da planta, responsáveis por diferentes funções.

Os tecidos formados a partir da multiplicação e diferenciação dos meristemas primários compõem a estrutura primária da planta e levam ao crescimento em comprimento, o **crescimento primário**.

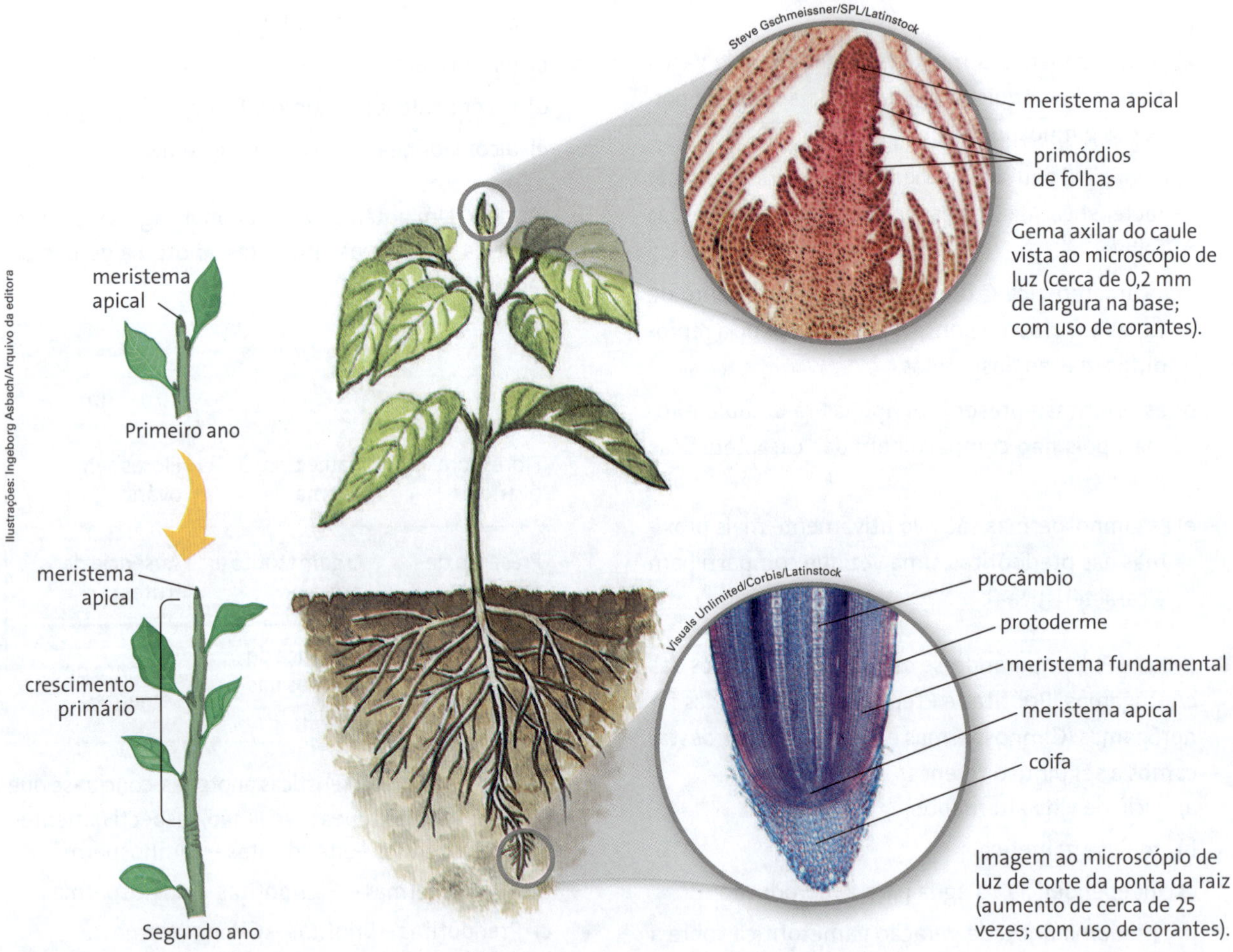

Figura 1 Esquemas e fotos de meristema apical de caule e de raiz de planta em crescimento (os elementos da ilustração não estão na mesma escala; cores fantasia).

O crescimento em espessura, denominado **crescimento secundário**, é responsabilidade do **meristema secundário** (figura 2). Esse meristema, localizado no interior do caule e da raiz das gimnospermas e da maioria das angiospermas, é dividido em:

- **felogênio**: situado na parte mais externa do caule e da raiz. Origina células de preenchimento e de reserva (**feloderma**) e células de proteção (**súber**), que substituem a epiderme;
- **câmbio**: situado mais internamente tanto no caule como na raiz. Produz o **lenho** ou **xilema**, tecido com vasos condutores de seiva bruta, e o **líber** ou **floema**, tecido com vasos condutores de seiva elaborada.

Os tecidos derivados da multiplicação e diferenciação do meristema secundário formam a estrutura secundária do vegetal.

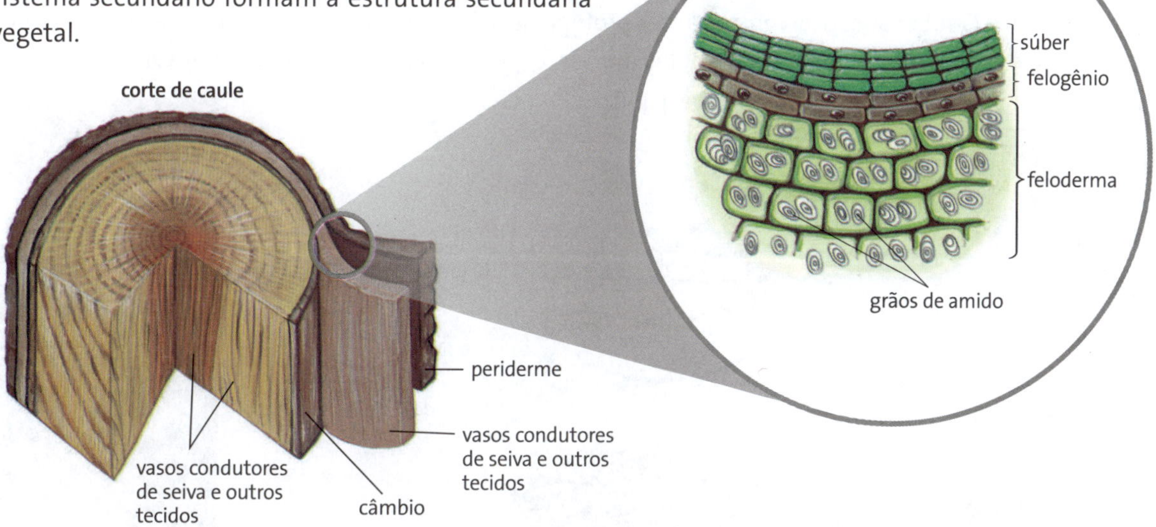

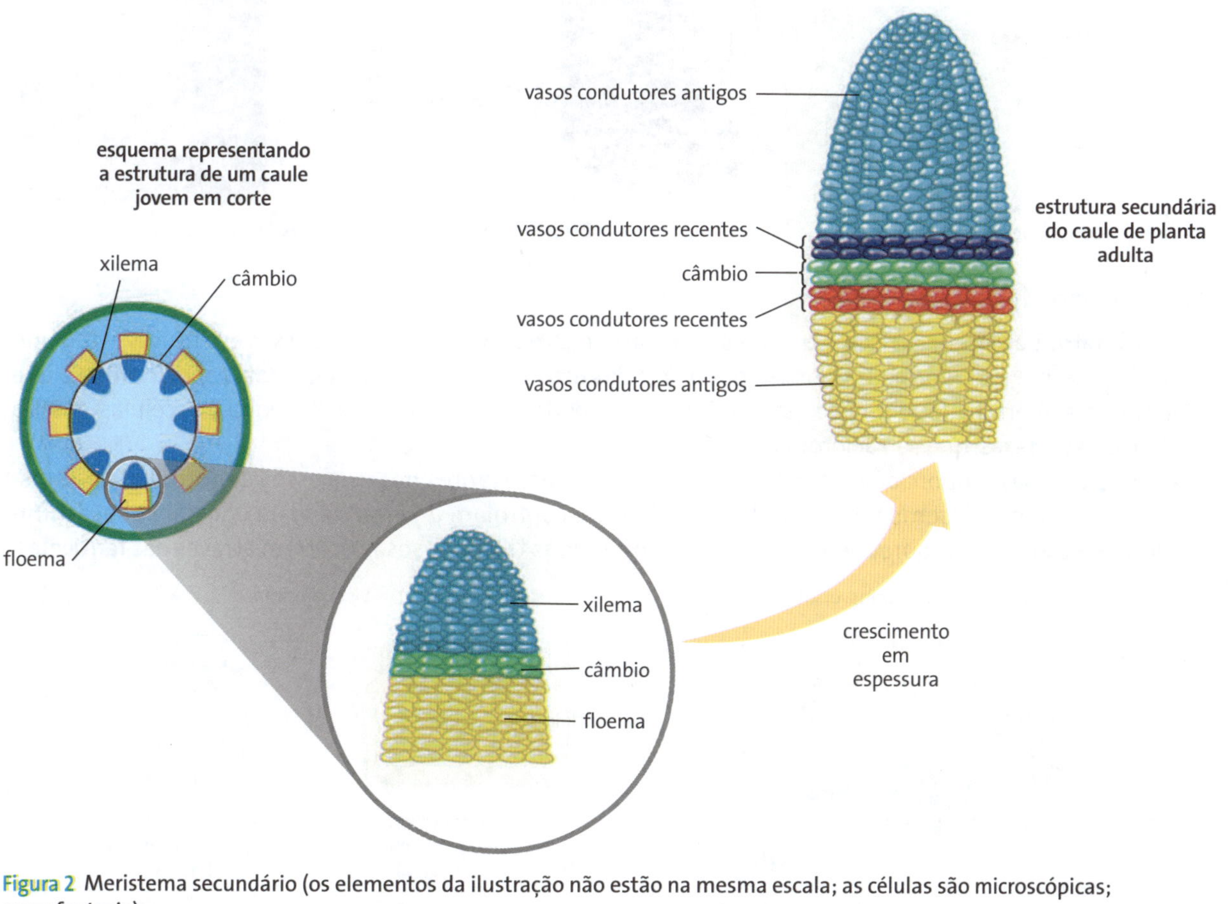

Figura 2 Meristema secundário (os elementos da ilustração não estão na mesma escala; as células são microscópicas; cores fantasia).

Tecidos de revestimento e proteção

A **epiderme** e o **súber** são tecidos que revestem os vegetais, fornecendo proteção a eles e evitando a perda excessiva de água. A epiderme é formada por uma camada de células vivas e sem clorofila. As folhas e partes jovens do caule e da raiz das plantas lenhosas e todo o corpo das herbáceas são revestidos por essa camada de células, cuja face externa apresenta uma cobertura impermeável chamada **cutícula** e constituída de **cutina**.

A epiderme da raiz não possui cutina. Suas células formam prolongamentos chamados pelos **absorventes** ou **radiculares**, que aumentam a superfície de absorção de água e sais (figura 3).

As células epidérmicas de algumas plantas possuem **pelos** ou **tricomas**, que desempenham diferentes funções. A epiderme pode formar também os **acúleos**, que são saliências pontiagudas, como as presentes nas roseiras.

As plantas lenhosas possuem outro tipo de tecido protetor no caule e na raiz: o súber, que resulta da atividade do felogênio. O súber substitui regiões antes protegidas pela epiderme e aparece nas partes mais antigas do vegetal. Ele é formado por camadas de células mortas, cujas paredes são reforçadas por **suberina**.

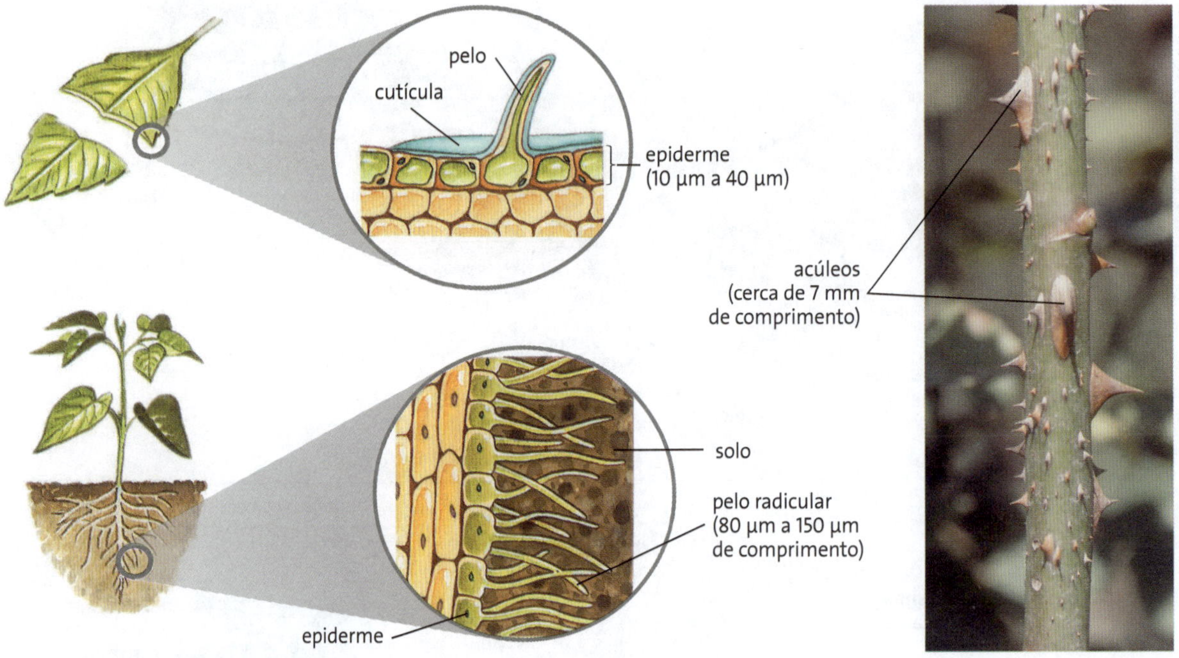

Figura 3 Epiderme, pelos e acúleos (os elementos das ilustrações não estão na mesma escala; cores fantasia).

Arejamento da planta

Os **estômatos** permitem a entrada e saída de gás carbônico e oxigênio (figura 4). Essas estruturas estão presentes na epiderme e são formadas por um par de **células estomáticas** ou **células-guarda**, com clorofila, e que delimitam uma abertura denominada ostíolo. É por esta abertura que o ar passa. Em volta das células-guarda estão as **células anexas**, que são aclorofiladas.

As trocas gasosas proporcionadas pelos estômatos são importantes nos processos de fotossíntese e respiração. Os estômatos desempenham ainda outra função: controlam a perda de água por transpiração, impedindo que ela ameace a sobrevivência da planta. No súber, as trocas gasosas ocorrem através das **lenticelas**.

Figura 4 Ilustrações de estômatos (cores fantasia).

Tecidos de assimilação e de reserva

Os **parênquimas** formam os sistemas responsáveis por realizar a fotossíntese e por armazenar substâncias. Constituídos por células vivas que apresentam pouco citoplasma e grandes vacúolos, os parênquimas são encontrados em todos os órgãos dos vegetais e têm papel importante na regeneração e cicatrização de feridas.

O **parênquima clorofiliano** é o responsável pela produção da matéria orgânica: suas células são ricas em cloroplastos e realizam fotossíntese. Esse tipo de parênquima está presente nas partes aéreas dos vegetais, principalmente nas folhas (figura 5).

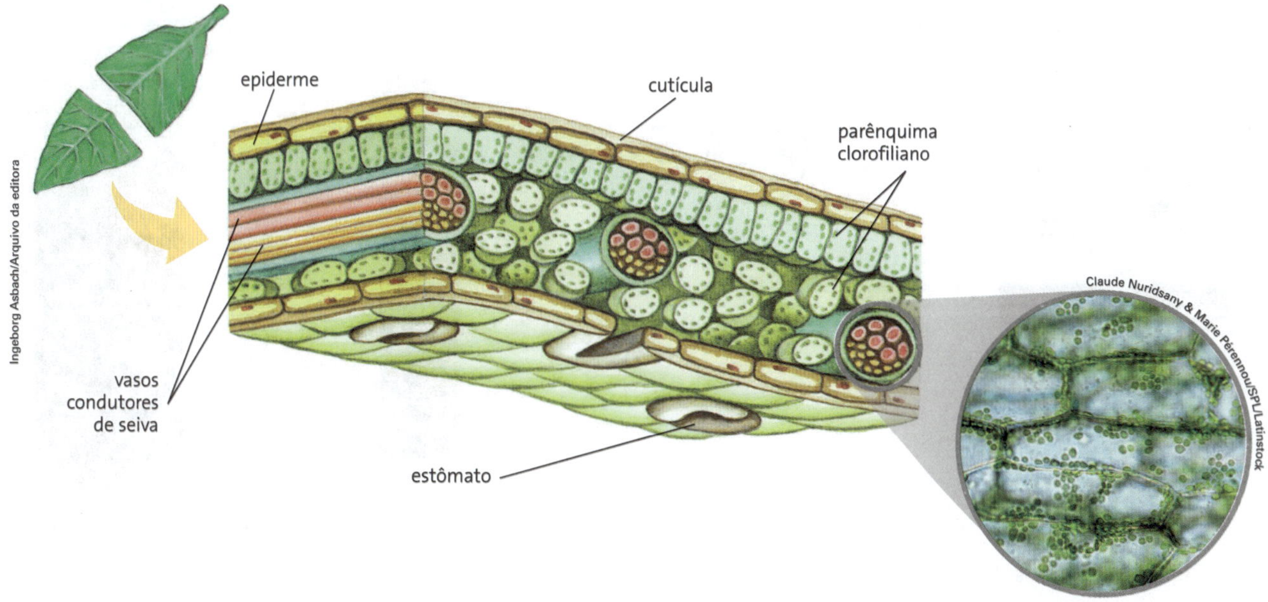

Figura 5 Ilustração mostrando o interior de uma folha (cores fantasia). Na foto, parênquima clorofiliano da folha de elódea (microscópio de luz; aumento de cerca de 300 vezes; com uso de corantes).

Como pode ser observado na figura 5, em uma das faces da folha as células do parênquima estão dispostas perpendicularmente à superfície, correspondendo ao **parênquima paliçádico**. Na outra face, a disposição das células é irregular, com muitos espaços entre elas. Esse parênquima recebe o nome de **lacunoso** e os espaços se comunicam com o exterior pelos estômatos. O mesofilo corresponde ao conjunto formado por esses dois parênquimas.

O **parênquima de reserva** é aquele que armazena substâncias que podem ser utilizadas posteriormente pela planta ou embrião. O **parênquima amilífero**, encontrado em raízes, folhas, sementes e frutos, armazena amido. Em plantas que vivem em ambiente seco, como é o caso do cacto, o parênquima auxilia no armazenamento de água (parênquima **aquífero**). Em determinadas plantas aquáticas, o ar se acumula nos grandes espaços formados pelo arranjo das células desse tecido, permitindo a flutuação da planta (parênquima **aerífero**).

Tecidos de sustentação

Os tecidos de sustentação, **colênquima** e **esclerênquima**, são formados por células de parede espessa, que conferem resistência e sustentação a diferentes partes do vegetal.

O colênquima está na periferia do caule e da folha, logo abaixo da epiderme. Suas células são alongadas e com espessamento de celulose nos ângulos, mas ainda apresenta muita flexibilidade, permitindo o crescimento da planta.

O esclerênquima é constituído por células mortas com paredes espessas, constituídas de celulose e de **lignina**, substância rígida e impermeável. As células que fazem parte do esclerênquima podem ser **fibras** ou **esclereides**. As primeiras são mais abundantes na parte interior do caule, contribuindo para a sustentação da planta ao se associar a feixes dos tecidos condutores no interior do caule e da raiz. As esclereides são células duras que contribuem para a sustentação e proteção dos embriões de algumas sementes.

Tecidos condutores de seiva

Os **vasos condutores de seiva** estão presentes nas chamadas plantas vasculares ou traqueófitas. São compostos de células cilíndricas ligadas entre si, que formam tubos ao longo do vegetal.

O transporte da seiva bruta da raiz até as folhas é realizado pelos vasos lenhosos, formados por células que morrem quando adultas. Nessas células permanece apenas a parede celular reforçada de celulose e lignina.

Existem dois tipos de vasos lenhosos: as **traqueídes** e os **elementos de vasos** (figura 6). Em algumas regiões das traqueídes não há lignina, apenas celulose. Por esse motivo, as traqueídes recebem o nome de vasos **fechados**. As regiões sem lignina são denominadas **pontuações**. Nos elementos de vaso, a parede celular desaparece totalmente em alguns pontos e ficam **perfurações** que possibilitam a passagem da água. Esses vasos são chamados **abertos**.

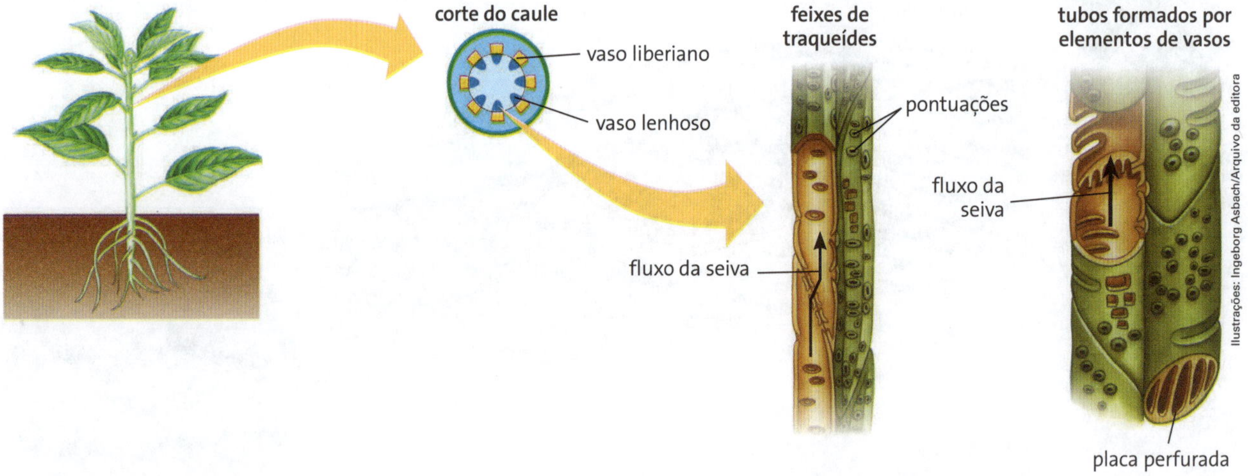

Figura 6 Tipos de vasos lenhosos (os elementos ilustrados não estão na mesma escala; cores fantasia).

O **xilema** ou **lenho** corresponde ao conjunto dos vasos lenhosos e do parênquima e esclerênquima que preenchem os espaços entre eles. Em pteridófitas e gimnospermas, somente as traqueídes estão presentes. As angiospermas apresentam os dois tipos de vasos.

O xilema leva até as folhas a água e os sais minerais. O processo de fotossíntese utiliza a água e o gás carbônico para produzir carboidratos. Eles, juntamente com a participação dos sais, produzem diferentes compostos orgânicos, que constituem a seiva elaborada. Os **vasos liberianos** a distribuem para todas as partes da planta.

Os vasos liberianos são compostos de células vivas, porém sem núcleo e boa parte das organelas celulares. Tais células são alongadas e ligadas pelas extremidades. Na união entre duas células, a parede possui **orifícios** ou **crivos**, que permitem a comunicação entre os citoplasmas. Em razão da presença dessa **placa crivada**, esses vasos recebem o nome de **tubos crivados** (figura 7).

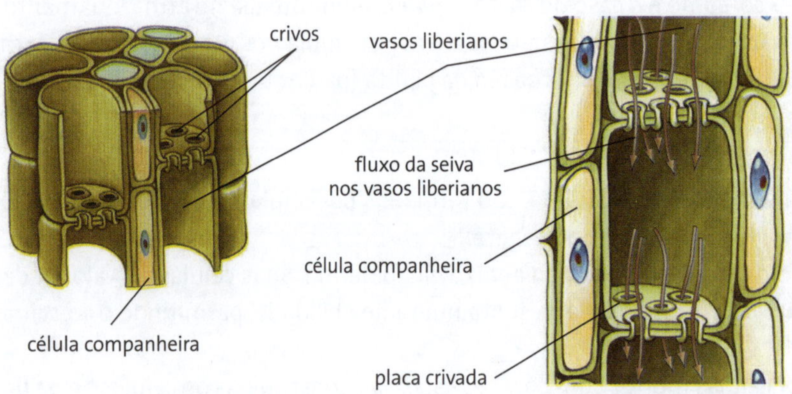

Figura 7 Vasos liberianos com células companheiras (o citoplasma das células dos vasos liberianos não foi representado e os elementos ilustrados não estão na mesma escala; cores fantasia).

Como essas células não apresentam nem núcleo nem grande parte das organelas, são dependentes da troca de substâncias com as células parenquimatosas ao redor, as **células companheiras**.

Junto aos tubos crivados e células companheiras há fibras de esclerênquima e células do parênquima. O **floema** corresponde ao conjunto desses elementos.

Morfologia vegetal

Raiz

A raiz é, em geral, um órgão subterrâneo e que tem como funções fixar a planta no solo e absorver água e sais minerais. A coifa protege os meristemas, e acima dela está a chamada **região lisa**, responsável pelo crescimento da raiz. Por esse motivo, tal região é também denominada **região de crescimento** ou **de alongamento**. Na **região pilífera** ocorre a absorção de água e sais minerais. Já na **suberosa**, que é composta de células cobertas de suberina, estão as ramificações da raiz.

A raiz **axial** ou **pivotante**, caracterizada por uma raiz principal e mais desenvolvida que as ramificações, é típica das eudicotiledôneas. Esse tipo de raiz dá grande sustentação ao vegetal e é capaz de absorver água e nutrientes de camadas mais profundas do solo. Quando as ramificações são quase do mesmo tamanho e partem de um ponto comum, a raiz é classificada como **fasciculada** ou **cabeleira**, característica de monocotiledôneas. Raízes que se desenvolvem a partir do meio do caule ou da folha são chamadas **adventícias**.

As raízes podem também desempenhar outras funções, como: **raízes-suporte** e **raízes tabulares**, por exemplo, atuam na sustentação; **raízes tuberosas** armazenam alimento; **raízes respiratórias** ou **pneumatóforos** auxiliam na respiração; **raízes aéreas** absorvem a umidade do ar; e **raízes sugadoras** ou **haustórios** absorvem seiva de outras plantas.

Caule

Como apresentado anteriormente, o caule possui em sua região apical a **gema terminal**, responsável por seu crescimento. Nela aparecem os **primórdios foliares**, que são protuberâncias laterais que originam as folhas. Nas axilas das folhas estão as gemas laterais, primórdios dos ramos laterais do caule. O **nó** corresponde à região das gemas laterais. Já o **entrenó**, à região entre dois nós (figura 8).

Existem diferentes tipos de caule:

- **aéreos**, como o do tipo haste (que é flexível), o do tipo colmo (com nós e entrenós bem marcados), o rastejante (que cresce apoiado no solo), o volúvel (que cresce se enrolando em um suporte), o tronco (ramificado e resistente) e o do tipo estipe (cilíndrico, sem ramificações e com folhas nas pontas);
- **subterrâneos**, que podem armazenar nutrientes. O do tipo rizoma cresce horizontalmente sob o solo e produz ramos aéreos ou folhas. O do tipo bulbo é rodeado de folhas modificadas, os catafilos. Já o do tipo tubérculo armazena grande quantidade de alimento;
- **aquáticos**, que se desenvolvem em meio líquido.

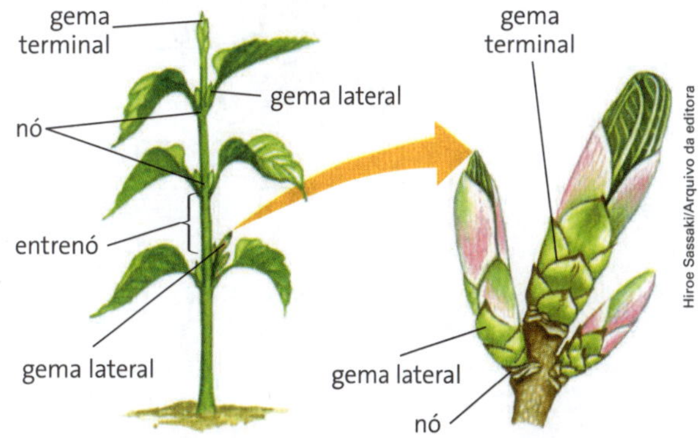

Figura 8 Visão externa do caule (os elementos ilustrados não estão na mesma escala; cores fantasia).

Alguns caules podem apresentar modificações como **espinhos**, **acúleos**, **gavinhas** e **cladódios**. Os espinhos são ramos pontiagudos que protegem a planta. Os acúleos são projeções rígidas formadas na epiderme do caule. Já as gavinhas são ramos que se enrolam em volta de um suporte, enquanto os cladódios são caules achatados e sem folhas.

Um corte transversal em uma região jovem do caule nos permite visualizar sua estrutura primária. Os feixes condutores em monocotiledôneas e eudicotiledôneas herbáceas são mistos, ou seja, **liberolenhosos**, e dispersos pelo parênquima fundamental. O líber é voltado para o exterior. O lenho, para o interior. A disposição dos feixes pode ser observada na figura 9.

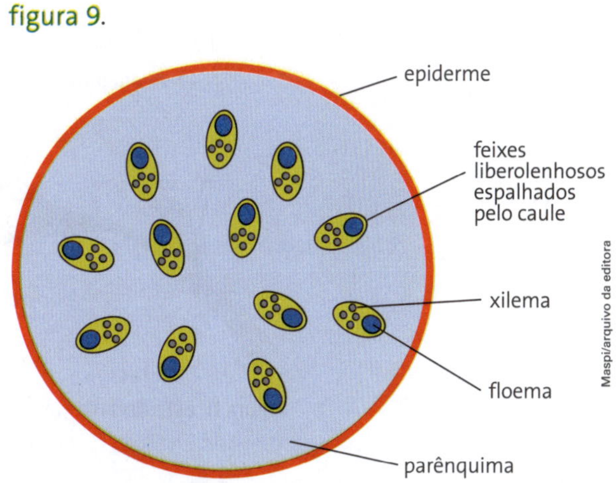

Figura 9 Esquema de corte de caule de monocotiledôneas (baseado em imagem ao microscópio; aumento de cerca de 30 vezes; cores fantasia).

Na maioria das eudicotiledôneas, embora os feixes também sejam liberolenhosos, a disposição é em forma de anel, ao redor de uma medula de parênquima (figura 10). Entre o floema e o xilema há o **câmbio fascicular**.

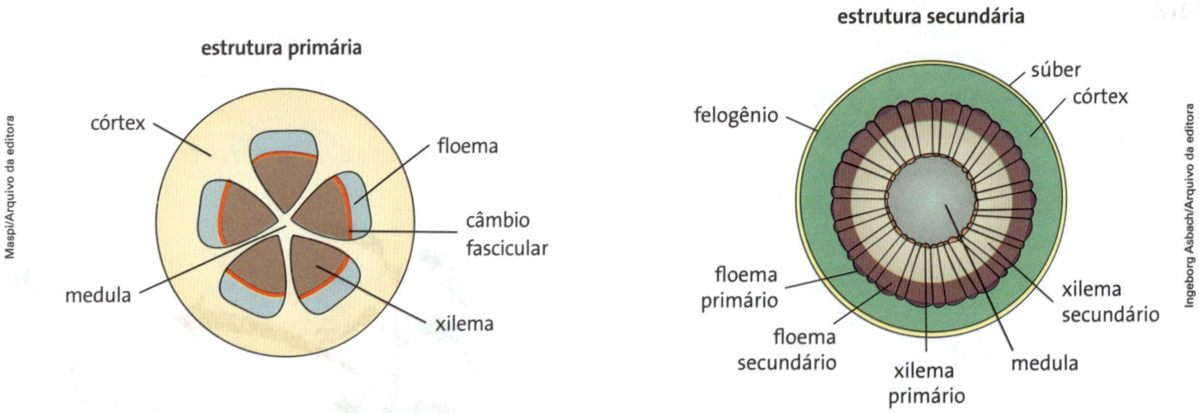

Figura 10 **Esquemas mostrando as estruturas primária e secundária do caule de eudicotiledôneas (os elementos ilustrados não estão na mesma escala; cores fantasia).**

A estrutura secundária das eudicotiledôneas se forma a partir das atividades do câmbio e do felogênio. O primeiro origina novos feixes de floema, para fora, e de xilema, para dentro. Já o felogênio forma o súber, para fora, e a feloderme, para dentro.

O **alburno**, zona externa que pode ser observada em troncos cortados, corresponde ao xilema ainda em atividade. O **cerne**, parte mais interna, corresponde ao xilema não funcional e confere resistência à madeira.

Os **anéis de crescimento** são observados em troncos em regiões com estações do ano bem delimitadas. Cada anel corresponde a um ano de vida da planta.

Folha

A folha é um órgão especializado na realização da fotossíntese. Sua superfície laminar facilita a absorção de gás carbônico e expõe um grande número de cloroplastos à luz, essencial para que a fotossíntese ocorra.

A estrutura de uma folha compreende **limbo**, **pecíolo** e **bainha** (figura 11). O limbo é a região laminar, enquanto o pecíolo e a bainha são as partes que prendem a folha ao caule. Folhas que não apresentam o limbo dividido são classificadas como **simples**. Aquelas cujo limbo é dividido em folíolos são denominadas **compostas**. Em alguns tipos de folhas o pecíolo pode estar ausente. Nesse caso, elas são chamadas **invaginantes**, muito comuns em monocotiledôneas.

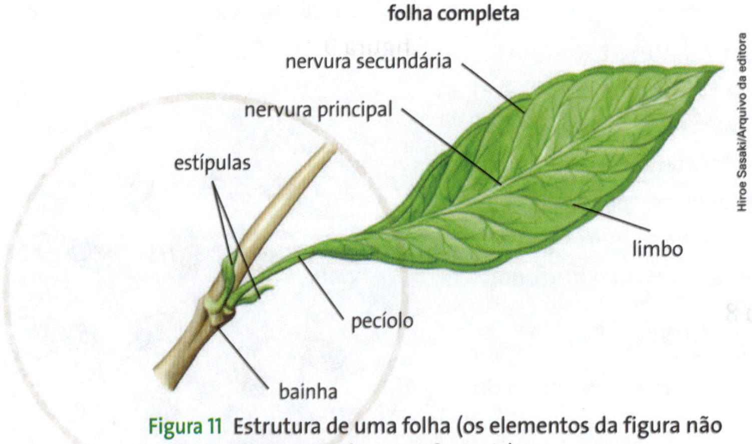

Figura 11 **Estrutura de uma folha (os elementos da figura não estão na mesma escala; cores fantasia).**

Existem dois tipos principais de folhas quando se considera o aspecto das nervuras: **paralelinérveas**, características de monocotiledôneas e com nervuras paralelas, e **peninérveas**, nas quais ramificações partem de uma nervura mediana. Este tipo de folha é típico de eudicotiledôneas.

Fruto

O fruto, originado pela hipertrofia do ovário após a fecundação, apresenta **pericarpo** e semente. O primeiro é composto de **epicarpo**, **mesocarpo** e **endocarpo** (figura 12): o epicarpo resulta da epiderme externa do ovário; o mesocarpo é a parte comestível e proveniente do tecido médio do ovário; e o endocarpo forma-se da epiderme interna. A semente é originada do óvulo.

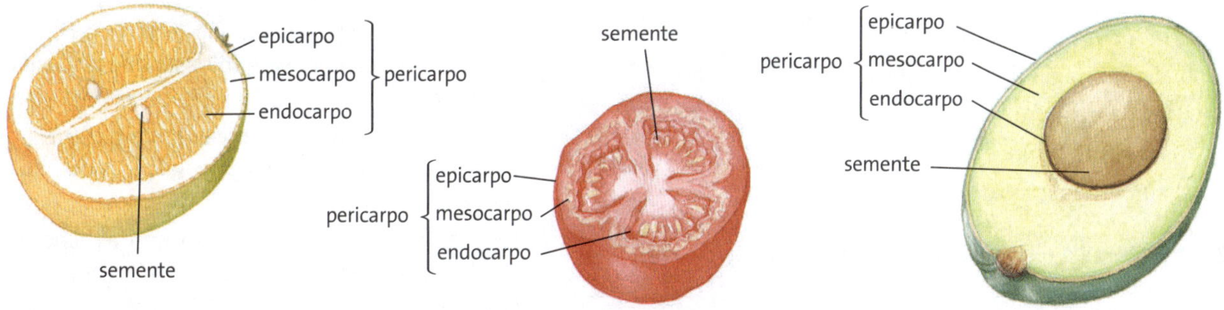

Ilustrações: Hiroe Sasaki/Arquivo da editora

Figura 12 Partes de alguns frutos: laranja, tomate e abacate (as ilustrações não estão na mesma escala; cores fantasia).

Os frutos sem semente, como a banana, são denominados **partenocárpicos**. O termo *fruta* é utilizado para as partes comestíveis que vieram da flor, que nem sempre se desenvolvem do ovário. Se forem formados a partir de outras partes daquela estrutura, são denominados **pseudofrutos** (figura 13). É o caso, por exemplo, do caju, cujo fruto verdadeiro é a castanha.

Eduardo Pozella/Arquivo da editora

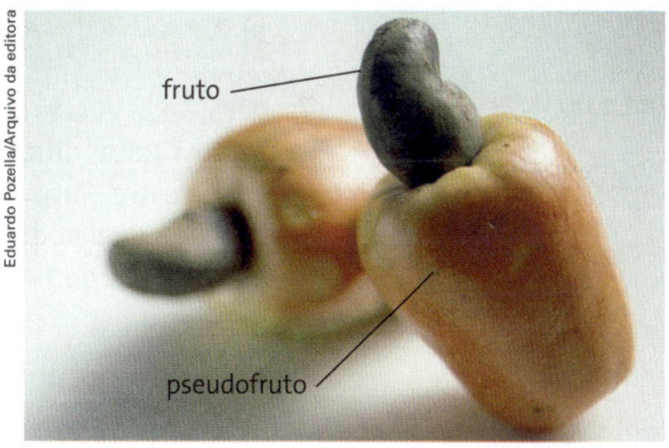

Cajus (fruto com 3 cm a 5 cm de comprimento).

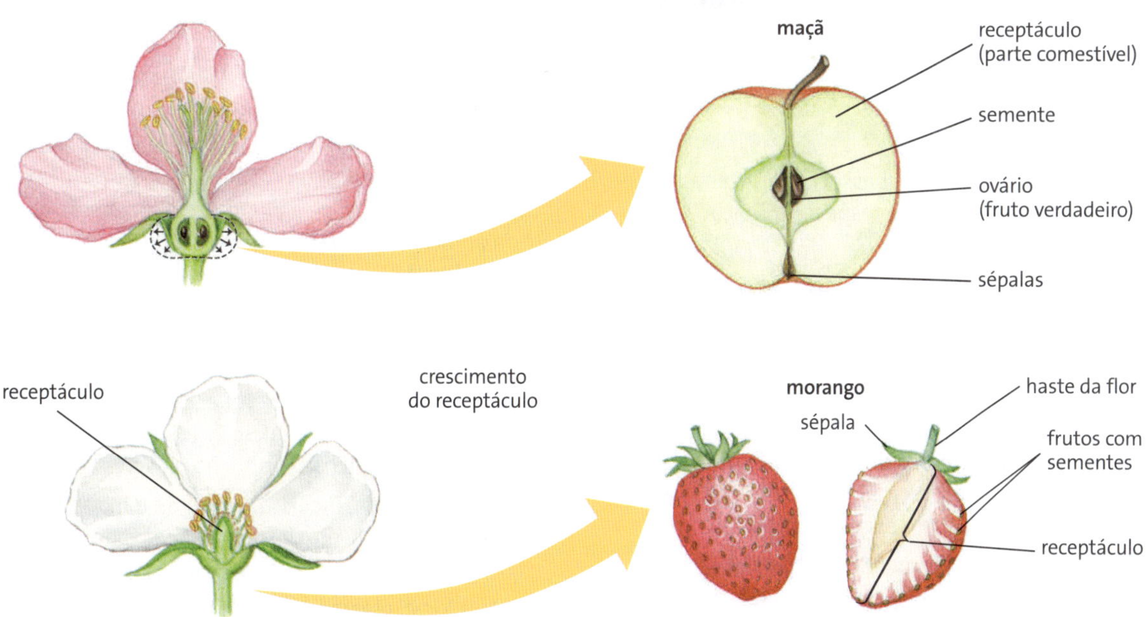

Figura 13 Pseudofrutos: sua parte carnosa e comestível não é originada do desenvolvimento do ovário (os elementos da ilustração não estão na mesma escala; cores fantasia.)

Exercícios propostos

1. (Cesgranrio-RJ) Os animais apresentam o corpo com uma forma compacta que lhes é vantajosa, pois facilita o movimento. Já para os vegetais, que são fixos, a forma do corpo ramificada é mais adaptada às suas funções porque:
   a) diminui a perda de água pela transpiração.
   b) diminui a eliminação de gases pela fotossíntese.
   c) aumenta a proteção contra agentes externos.
   d) aumenta a superfície de absorção da luz.
   e) aumenta o ciclo de respiração anaeróbia.

2. (UEL-PR) Leia o texto a seguir e assinale a alternativa correta.
   O crescimento em espessura da raiz e do caule de vegetais dicotiledôneos e gimnospermas, denominado crescimento secundário, se deve fundamentalmente:
   a) à hipertrofia das células do parênquima cortical.
   b) à hipertrofia das células do parênquima medular.
   c) à divisão celular verificada no câmbio e no felogênio.
   d) à divisão celular verificada no periblema e no pleroma.
   e) à atividade condutora do xilema e do floema.

3. (Ufal) Considere as duas listas abaixo:
   Coluna I
   I. nectários
   II. vasos lenhosos
   III. fibras esclerenquimáticas
   IV. epiderme com cutícula
   Coluna II
   a) sustentação
   b) condução
   c) secreção
   d) proteção
   Assinale a alternativa que associa corretamente as estruturas mencionadas à respectiva função.
   a) I - b; II - a; III - c; IV - d
   b) I - b; II - c; III - d; IV - a
   c) I - c; II - a; III - b; IV - d
   d) I - c; II - b; III - a; IV - d
   e) I - d; II - b, III - c; IV – a

4. (Unesp-SP) São exemplos de tecidos de sustentação, condução e proteção, respectivamente:
   a) súber – traqueídeos – esclerênquima.
   b) epiderme – esclerênquima – súber.
   c) súber – colênquima – fibras.
   d) esclerênquima – traqueídeos – súber.
   e) colênquima – xilema – traqueídeos.

5. (UFJF-MG) As plantas vasculares apresentam uma grande diversidade de adaptações morfológicas que permitem a ocupação dos mais diferentes tipos de ambientes. Com relação aos sistemas radiculares e caulinares, é CORRETO afirmar que:
   a) O rizoma da bananeira é um tipo de raiz pivotante armazenadora de amido.
   b) Na cebola, o sistema caulinar é do tipo colmo, formado por camadas de folhas carnosas armazenadoras.
   c) As plantas parasitas, como a erva-de-passarinho, desenvolveram raízes aéreas sugadoras ou haustórios.
   d) Em regiões com estresse hídrico, muitas espécies de plantas xerófitas, como os cactos, desenvolvem raízes do tipo pneumatóforos.
   e) Os cladódios são sistemas radiculares especializados no armazenamento de nutrientes.

6. (UFPR) Uma pessoa vai ao mercado e compra pepino, cenoura, abóbora, tomate, uva, feijão, beterraba, couve e milho. Quantos desses produtos são frutos?
   a) 1.
   b) 2.
   c) 3.
   d) 4.
   e) 5.

7. (UFSM-RS) Vindas da água, as plantas também enfrentaram muitas dificuldades na colonização do ambiente terrestre. Para reduzir a transpiração de folhas e caules, a qual poderia ser fatal, elas desenvolveram:
   a) tecidos condutores.
   b) estômatos.
   c) parede celular.
   d) tecidos mecânicos.
   e) cutícula.

8. (UFRN) O palmito juçara é extraído do topo da palmeira *Euterpe edulis* Martius (parente do açaí), outrora abundante em toda a Mata Atlântica. Para essa extração é realizado um corte que produz um único rolo de palmito e é responsável pela parada de crescimento e morte da árvore. Uma alternativa para a produção comercial de palmito é a pupunha (*Bactris gasipaes* Kunth), que, além de ser mais fácil de cultivar, diferente do juçara, é capaz de sobreviver à mutilação, fazendo brotar novos ramos. Essa limitação de sobrevivência da palmeira juçara ao corte se explica porque:
   a) na retirada do palmito do interior do caule, há comprometimento da condução da seiva.
   b) nessa planta, inexiste tecido de expansão celular além daquele encontrado no ápice do caule.
   c) em todas as palmeiras, não há folhas além daquelas localizadas no topo da planta.
   d) nessa espécie, a ausência de gemas laterais não permite a formação de novos ramos.

Nutrição

No processo de fotossíntese as plantas produzem carboidratos. Em conjunto com os sais minerais absorvido do solo, esses compostos podem ser transformados em outras substâncias orgânicas, utilizadas como fonte de energia pelas células da planta.

As plantas carnívoras, além da fotossíntese, também são capazes de capturar e digerir com sucos digestivos pequenos animais, complementando sua nutrição. Em geral, capturam insetos, mas algumas chegam a capturar vertebrados de pequeno porte.

Transporte da seiva bruta

As raízes absorvem do solo água e sais minerais, que são transportados pelos vasos lenhosos até as folhas. A absorção ocorre principalmente na região dos pelos absorventes. Os sais são absorvidos por transporte ativo pelas células epidérmicas, do córtex e da endoderme. Como acumulam em seu interior uma concentração de íons maior que a do solo, essas células ficam hipertônicas em relação a ele, o que faz com que a água entre por osmose.

Os sais são bombeados para o interior dos vasos pelas células parenquimais próximas a eles, levando também água por osmose. Isso gera a chamada pressão de raiz ou pressão positiva de raiz, que empurra a seiva para cima. Essa pressão, no entanto, não é suficiente para que a seiva chegue ao topo de árvores altas. Dessa forma, o principal responsável por isso é o fenômeno da transpiração. A teoria que explica a subida da seiva é conhecida como **teoria da transpiração-coesão**-tensão ou coesão-tensão ou teoria de Dixon.

Revestindo a epiderme da folha existe uma cutícula, que dificulta a perda de água por evaporação. Apesar de proteger o organismo contra a desidratação, a cutícula também bloqueia a entrada de CO_2, importante para a fotossíntese. Os estômatos possibilitam a entrada desse gás e controlam a perda de água: se ela é muito elevada, os estômatos se fecham.

Conforme as células do mesofilo perdem água, a pressão osmótica aumenta e elas absorvem água dos vasos lenhosos nas nervuras das folhas. Assim, a água vai do xilema para o mesofilo e passa para o meio externo através dos estômatos, processo que corresponde à transpiração e está representado na figura 1. Por meio dela, a água é puxada para cima pela extremidade superior do xilema.

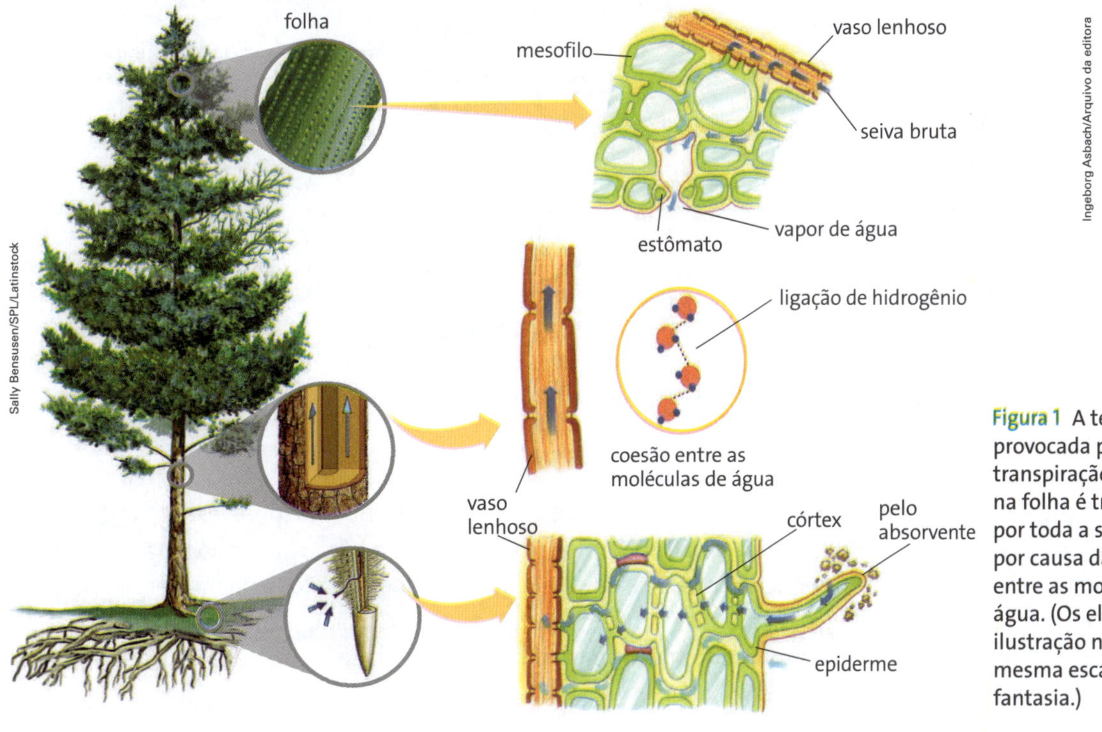

Figura 1 A tensão provocada pela transpiração da água na folha é transmitida por toda a seiva bruta por causa da coesão entre as moléculas de água. (Os elementos da ilustração não estão na mesma escala; cores fantasia.)

Em virtude da coesão entre as moléculas de água, que se ligam umas às outras por meio de **pontes de hidrogênio**, a sucção causada pela transpiração no alto do vaso lenhoso é transmitida por toda a coluna líquida até a raiz, o que impede que a coluna se rompa e cesse a subida da seiva. As pontes de hidrogênio também promovem a adesão entre as moléculas de água e a parede dos vasos, impedindo a descida da água por ação da gravidade.

Funcionamento dos estômatos

Quando há luz e disponibilidade suficiente de água, os estômatos ficam abertos, permitindo a transpiração e a entrada de gás carbônico. Caso não haja luz ou a planta sofra risco de desidratação, os estômatos se fecham.

As células-guarda dos estômatos são capazes de absorver água das células vizinhas. Durante esse processo, ocorre uma mudança no formato da célula, o que provoca a abertura do ostíolo. Tal alteração acontece por causa dos espessamentos de celulose, que impedem que as células cresçam em espessura quando absorvem água. Quando as células-guarda perdem água, elas voltam ao volume normal e o ostíolo se fecha.

Transporte da seiva orgânica

O floema transporta a matéria orgânica produzida nas folhas para as partes da planta que não realizam fotossíntese. A sacarose formada em suas células se difunde pelas células do parênquima clorofiliano até as imediações do floema e é absorvida por transporte ativo pelas células-companheiras dos vasos liberianos. A entrada de sacarose no floema acarreta aumento da pressão osmótica, levando à absorção de água do xilema vizinho (figura 2).

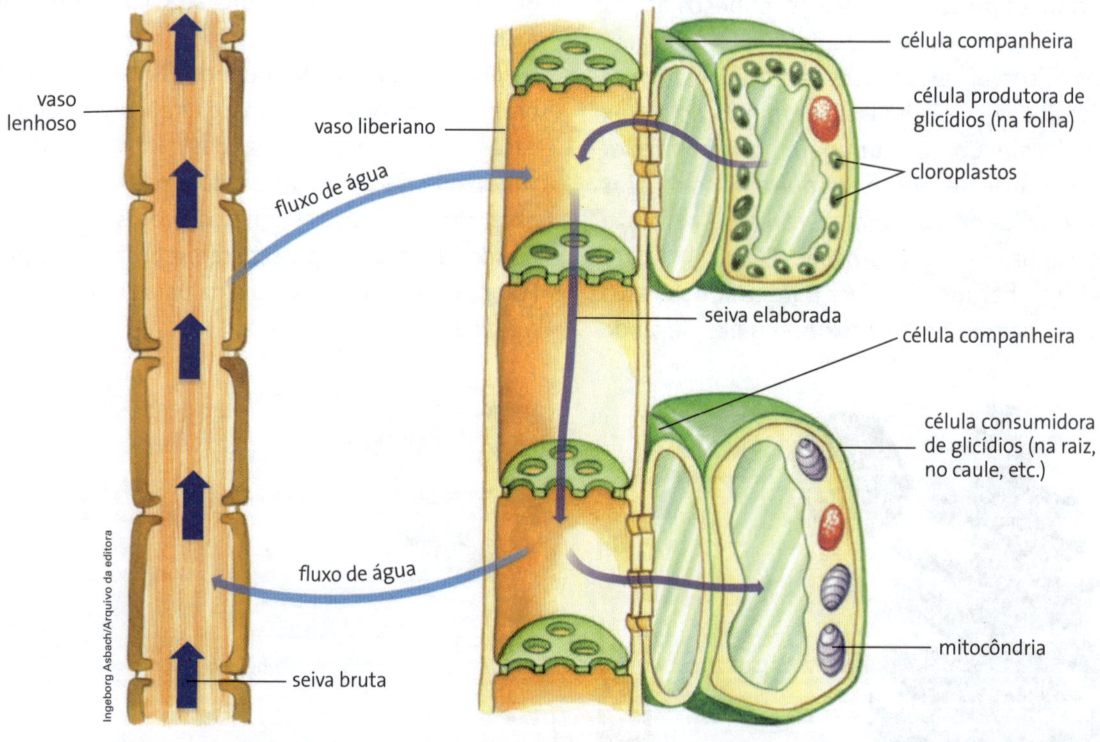

Figura 2 Transporte de seiva elaborada (os elementos da ilustração não estão na mesma escala; as células são microscópicas; cores fantasia).

A entrada da sacarose e de água no vaso da folha leva ao aumento do volume de seiva dentro do vaso e da pressão da água, ou seja, da **pressão hidrostática**. Na outra extremidade do floema, onde está o órgão que vai consumir a seiva elaborada, as células companheiras bombeiam a sacarose do vaso liberiano para as células do órgão. A saída da sacarose diminui a pressão osmótica da célula do vaso, que perde água para o órgão consumidor. A pressão hidrostática nessa região, então, diminui, e a seiva passa da região onde a pressão hidrostática é mais alta para onde ela é menor. Essa teoria do movimento da seiva elaborada é chamada **teoria do fluxo de pressão** ou **teoria do fluxo em massa**.

Se for realizado um corte em anel na casca de uma planta, haverá a interrupção do fluxo no floema. A porção abaixo do corte não receberá a seiva orgânica e morrerá por falta de nutrientes. A parte de cima, por sua vez, ficará intumescida por causa do acúmulo da seiva (figura 3). Essa experiência, denominada **anel de Malpighi**, foi realizada em meados do século XVII.

Figura 3 Anel de Malpighi: após a remoção da casca, há um intumescimento da parte acima do corte, e as raízes acabam morrendo pela falta de seiva elaborada. (Os elementos da ilustração não estão na mesma escala; cores fantasia.)

Hormônios vegetais ou fitormônios

As atividades de uma planta, como a reação a estímulos do ambiente e o controle de seu desenvolvimento e crescimento, são comandadas pelos hormônios vegetais. Abaixo são apresentadas as cinco classes desses hormônios.

Auxina

As **auxinas** são hormônios produzidos pelas células meristemáticas, em especial na ponta do caule, sendo o **ácido indolacético** (AIA) o principal deles. A auxina promove o alongamento do caule e da raiz. No entanto, as concentrações ideais desse hormônio para o crescimento de cada um desses órgãos são diferentes. Concentrações ótimas para o caule podem inibir o crescimento da raiz. Já concentrações de auxina acima do ideal inibem o crescimento dos dois. Outra função desempenhada pela auxina é o estímulo ao desenvolvimento dos frutos. Esses hormônios também estimulam a formação de raízes adventícias e a diferenciação celular do câmbio em vasos condutores da seiva.

A auxina produzida pela gema terminal inibe o crescimento das gemas laterais, fenômeno denominado **dominância apical** e esquematizado na figura 4. Conforme a planta cresce, a gema terminal se afasta das gemas laterais, diminuindo seu efeito sobre elas, que começam a se desenvolver.

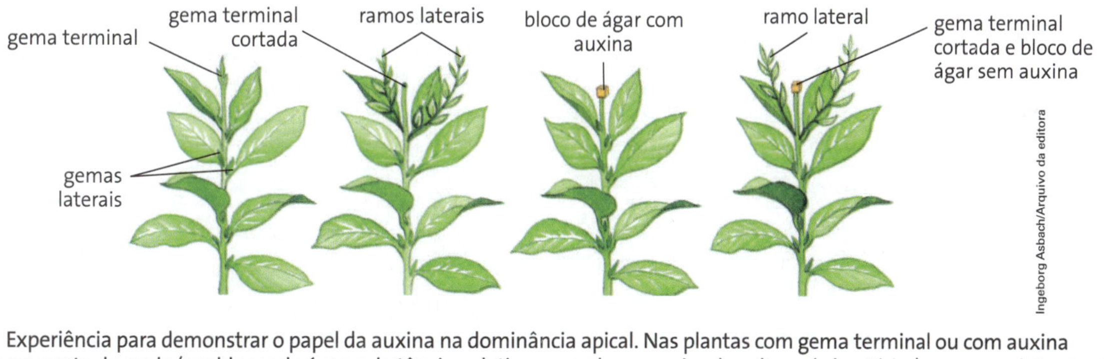

Figura 4 Experiência para demonstrar o papel da auxina na dominância apical. Nas plantas com gema terminal ou com auxina colocada na ponta do caule (em blocos de ágar, substância gelatinosa usada em meios de cultura de bactérias), as gemas laterais não crescem. Nas plantas sem gema terminal e sem a adição de auxina, desenvolvem-se ramos laterais. O bloco de ágar sem auxina funciona como controle: ele mostra que o ágar não é responsável pela inibição dos ramos laterais. (Os elementos da ilustração não estão na mesma escala; cores fantasia.)

Citocinina

As **citocininas** são produzidas por tecidos em crescimento e atuam estimulando a divisão celular. O crescimento das gemas laterais, por exemplo, é estimulado por elas, mas o efeito final depende da concentração relativa de auxinas e citocininas. As citocininas também atuam na germinação da semente e retardam o envelhecimento da folhas.

Giberelina

As **giberelinas** são produzidas principalmente por raízes e folhas jovens e estimulam o crescimento de caules e folhas. Elas ainda promovem a germinação da semente e o desenvolvimento dos frutos.

Ácido abscísico

Inibe o crescimento das gemas e o desenvolvimento da semente no outono e no inverno. Também provoca o fechamento dos estômatos.

Etileno

Substância gasosa e incolor, o **etileno** é produzido por vários órgãos vegetais e se espalha pelos espaços intercelulares. Está relacionado à abscisão e amadurecimento dos frutos.

A diminuição da concentração de auxina e o aumento da concentração de etileno resultam na queda das folhas. A **camada de abscisão**, responsável por essa queda, se forma na base do pecíolo.

Movimentos vegetais

Os vegetais reagem a estímulos do ambiente por meio de movimentos de partes de seu corpo. Os **tropismos** se referem a mudanças na direção do crescimento e podem ser positivos, quando a planta cresce no sentido do estímulo, ou negativos, quando ela cresce em sentido contrário a ele.

Fototropismo

Esse tipo de tropismo tem a luz como estímulo. Se um vaso com uma planta for colocado na região mais escura de um ambiente, ela crescerá em direção à região iluminada. A luz provoca a migração de auxina para o lado mais escuro, e na ponta do caule há um pigmento fotorreceptor sensível à luz azul. Como o lado escuro fica com células maiores, a planta cresce em direção à região iluminada, provocando a curvatura do caule para esse lado (figura 5).

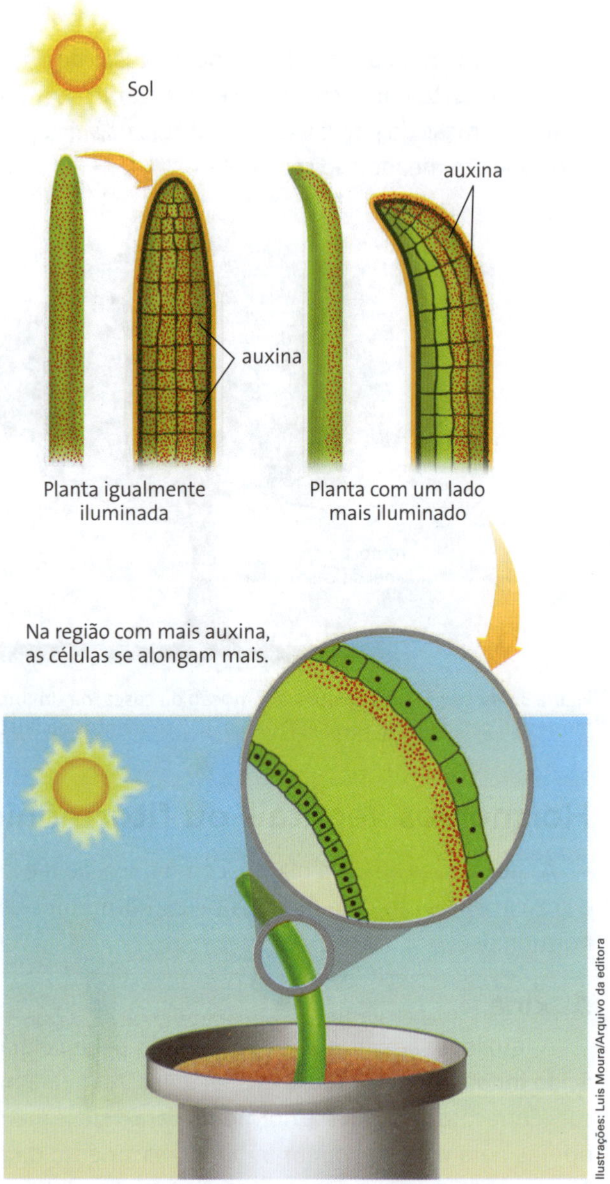

Figura 5 Auxina e fototropismo: observe que a região que recebe menos luz fica com mais auxina, o que provoca o alongamento das células e a curvatura do caule. (Os elementos da ilustração não estão na mesma escala; cores fantasia.)

Gravitropismo ou geotropismo

A gravidade é o estímulo desse tipo de tropismo. Caso uma semente germinada seja colocada deitada, com o eixo caule-raiz na horizontal, nota-se que, após alguns dias, o caule se curva para cima, enquanto a raiz se curva para baixo. Isso ocorre por causa do acúmulo de auxina na porção inferior dos órgãos. Na raiz, ocorre a inibição das células de baixo, o que causa um maior crescimento das células de cima e faz a raiz se curvar a favor da gravidade, no chamado gravitropismo positivo. O efeito contrário ocorre no caule: as células da face inferior crescem mais por causa do acúmulo de auxina, resultando em um gravitropismo negativo e fazendo o caule se curvar para cima (figura 6).

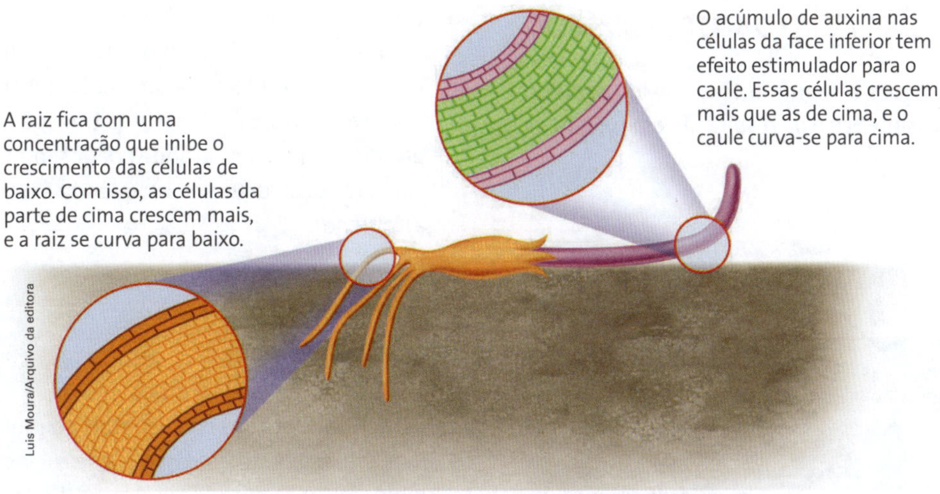

Figura 6 Gravitropismo na raiz e no caule (os elementos da ilustração não estão na mesma escala; as células são microscópicas; cores fantasia).

Tigmotropismo

Refere-se ao movimento de curvatura da planta estimulado pelo contato com um suporte. É o caso, por exemplo, das trepadeiras.

Fotoperiodismo

O **fotoperíodo** corresponde à duração do dia em relação à noite, em um período de 24 horas. A reação da planta a ele é denominada **fotoperiodismo**.

Plantas que não dependem do fotoperíodo para florescer são chamadas **plantas neutras** ou **indiferentes**. Outras florescem em determinada estação do ano, havendo as **plantas de dia longo** e as **de dia curto**. Experimentos comprovaram que a duração da noite é que desencadeia a floração, pois o importante é o tempo que a planta passa sem receber luz. Dessa forma, plantas de dia longo florescem quando a duração do período que elas passam no escuro é menor que o fotoperíodo crítico. As de dia curto florescem quando a duração da noite é maior que ele.

Uma planta de dia longo (noite curta) e fotoperíodo crítico de 13 horas somente florescerá se as noites durarem menos que esse intervalo. Já uma de dia curto (noite longa), com fotoperíodo crítico de 8 horas, por exemplo, só florescerá quando as noites durarem mais que isso. No entanto, se um período escuro for interrompido por alguns minutos, a planta de dia curto não vai florescer (figura 7).

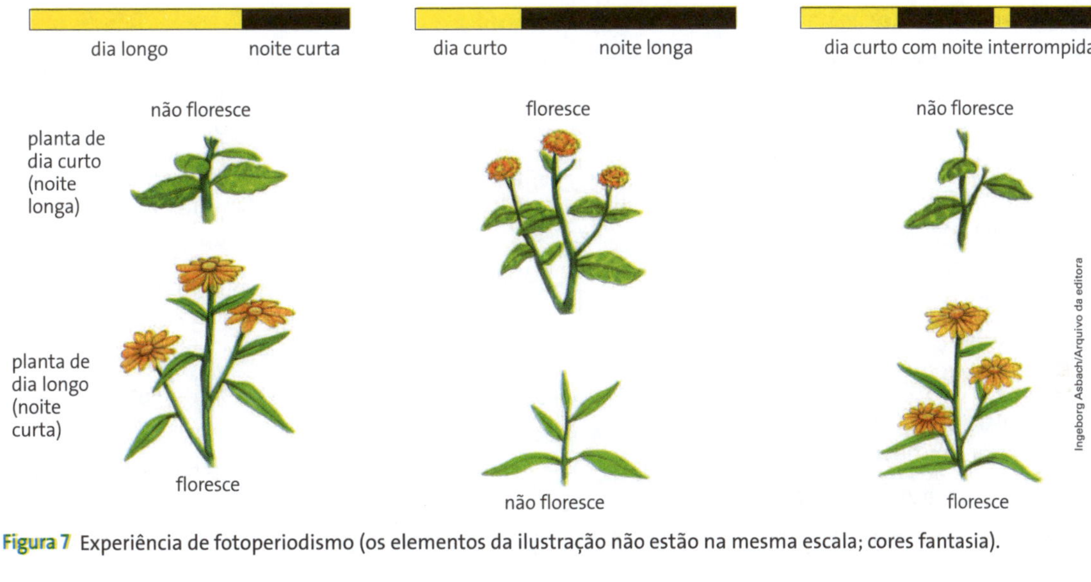

Figura 7 Experiência de fotoperiodismo (os elementos da ilustração não estão na mesma escala; cores fantasia).

Exercícios propostos

1. (UFU-MG) A figura a seguir ilustra a velocidade do processo fotossintético e da respiração em função da intensidade luminosa.

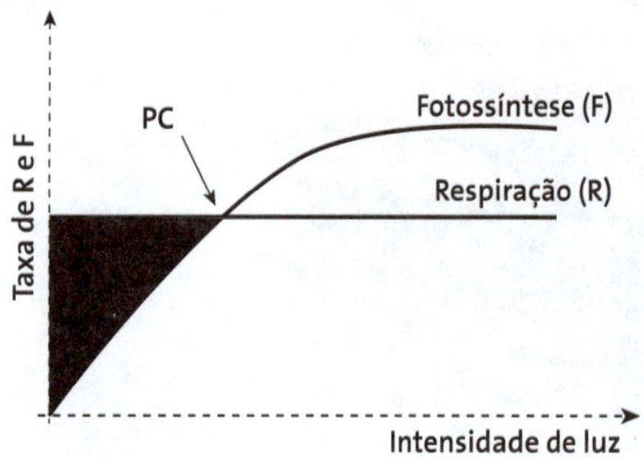

Analise as afirmativas abaixo.

I. Acima do ponto de compensação (PC), a taxa de fotossíntese não aumenta quando a intensidade luminosa aumenta.
II. No ponto de compensação (PC), a taxa de fotossíntese se iguala à respiração, não havendo saldo energético.
III. Em qualquer intensidade de luz, a taxa de fotossíntese é maior do que a taxa de respiração.
IV. Acima do ponto de compensação (PC) as plantas podem armazenar reservas para o período em que apenas respiram.

Marque a alternativa correta.

a) Somente III e IV estão corretas.
b) Somente I e II estão corretas.
c) Somente II e IV estão corretas.
d) Somente I e IV estão corretas.

2. (Udesc) Nos vegetais a transpiração é um mecanismo importante para promover o crescimento. Leia e analise as proposições abaixo.

I. A transpiração nos vegetais é estomatar e cuticular.
II. A transpiração nos vegetais ocorre apenas através dos estômatos.
III. A intensidade luminosa, a concentração de gás carbônico e o suprimento hídrico na planta influenciam na abertura dos estômatos.
IV. A teoria da coesão-distensão explica a condução da seiva bruta em decorrência da transpiração.

Assinale a alternativa correta.

a) Somente as afirmativas I e IV são verdadeiras.
b) Somente as afirmativas II e III são verdadeiras.
c) Somente as afirmativas II e IV são verdadeiras.
d) Somente as afirmativas I e III são verdadeiras.
e) Somente as afirmativas II, III e IV são verdadeiras.

3. (Uerj) Em algumas plantas transgênicas, é possível bloquear a produção de um determinado fito-hormônio capaz de acelerar a maturação dos frutos. Com o objetivo de transportar frutos transgênicos por longas distâncias, sem grandes danos, o fito-hormônio cuja produção deve ser bloqueada é denominado:

a) etileno
b) giberelina
c) ácido abscísico
d) ácido indolacético

4. (Ufac) A adaptação dos vegetais ao meio ambiente, e as situações de estresse a que eles podem estar expostos, é resultado de um eficiente mecanismo metabólico, onde os hormônios desempenham papel fundamental. As figuras abaixo ilustram dois experimentos clássicos realizados com vegetais.

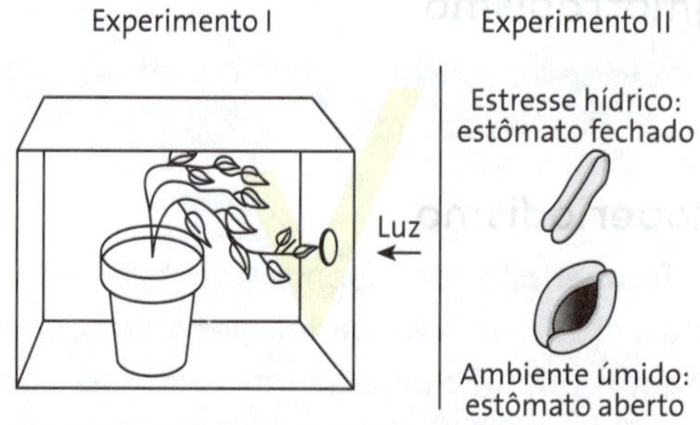

A opção que indica, respectivamente, os hormônios vegetais envolvidos com os resultados dos experimentos observados é:

a) Auxina e etileno.
b) Ácido abscísico e etileno.
c) Citocinina e giberelina.
d) Auxina e ácido abscísico.
e) Auxina e giberelina.

5. (UFRGS-RS) Assinale a alternativa correta em relação à condução da seiva bruta em angiospermas.

a) O fluxo da seiva bruta ocorre das folhas para outras partes da planta através do floema.
b) A explicação para a seiva bruta mover-se pela planta é dada pela hipótese do fluxo por pressão.
c) A transpiração aumenta a pressão osmótica e promove o fluxo da água desde as raízes até as folhas, no interior do xilema.
d) A absorção de CO_2 na fotossíntese pode aumentar o fluxo da seiva bruta para as folhas.
e) Ao retirarmos um anel ao redor do caule (anel de Malpighi), é possível verificar a morte da planta pela interrupção do fluxo da seiva bruta.

MÓDULO 36 • Conceitos aplicados em Ecologia, fluxo de matéria e energia

Níveis de organização

Indivíduos de uma mesma espécie vivendo em uma mesma área e estabelecendo relações entre si constituem uma **população**. Populações que habitam um mesmo local e mantêm relações entre si formam uma **comunidade**, **biocenose** ou **comunidade biótica**.

Os elementos químicos e físicos do ambiente, como luz, temperatura, gás carbônico e água, são os **fatores abióticos**. Eles interagem com os **fatores bióticos**, formados pelos seres vivos. A interação entre as comunidades e o ambiente físico forma um **ecossistema** ou **sistema ecológico**. A **biosfera** compreende o conjunto de todos os ecossistemas e pode ser definida como a região do planeta onde há vida.

Os níveis de organização da vida são apresentados na figura 1.

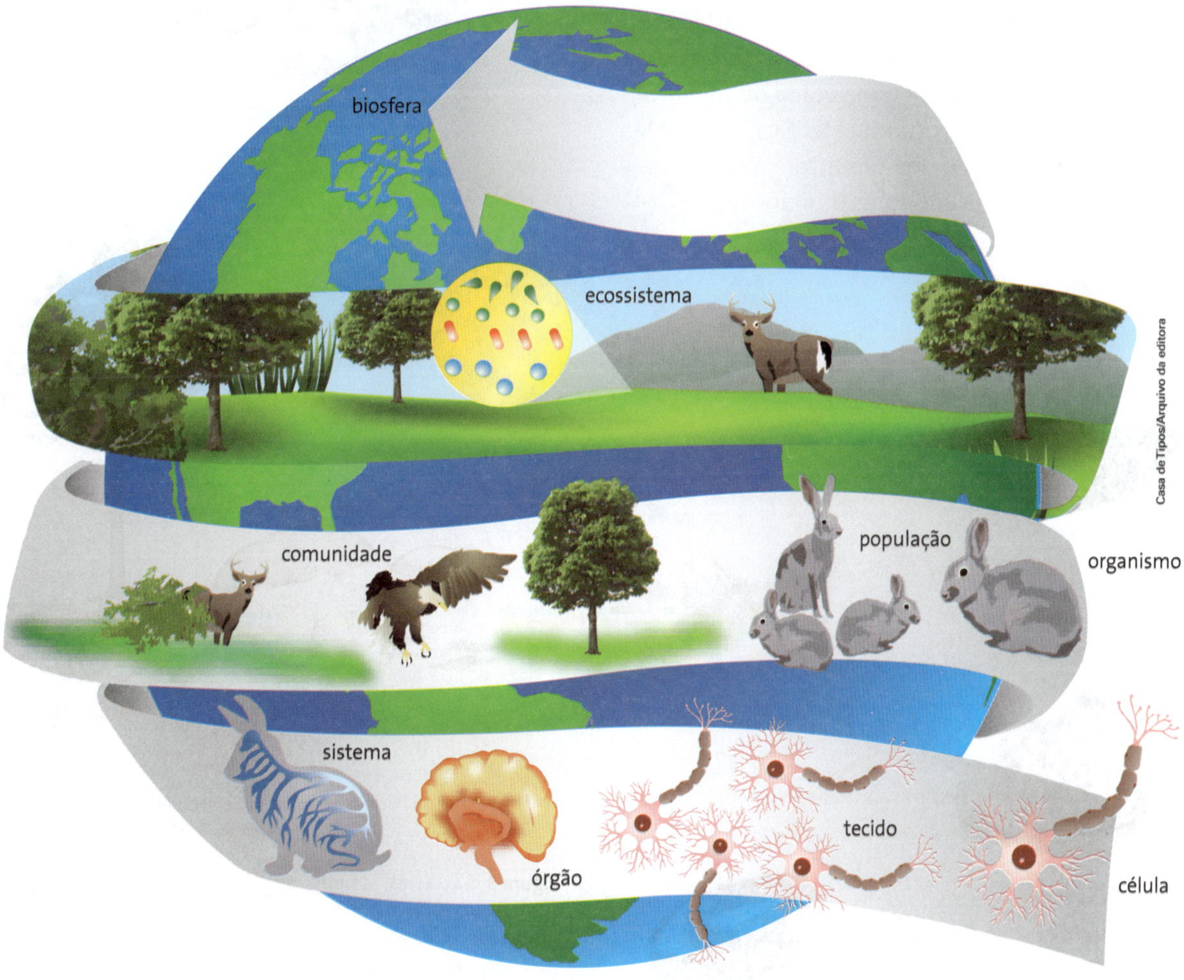

Figura 1 Níveis de organização da vida (os elementos da figura não estão na mesma escala; cores fantasia.)

Habitat e nicho ecológico

O ***habitat*** corresponde ao local onde uma espécie pode ser encontrada. As relações que ela estabelece com outras espécies e com o ambiente corresponde a seu **nicho ecológico**. O nicho inclui, por exemplo, o tipo de alimento consumido e os locais de reprodução e abrigo, isto é, está relacionado ao modo de vida ou papel da espécie no ecossistema em que vive.

Várias espécies podem viver em um mesmo *habitat* e terem nichos ecológicos diferentes.

Fluxo de energia e de matéria

Cadeia alimentar

A **cadeia alimentar** é a sequência de seres vivos em que um serve de alimento para o outro e ao longo da qual há a passagem de matéria e energia.

Os únicos organismos capazes de produzir compostos orgânicos a partir de compostos inorgânicos são os autotróficos. Por esse motivo, são indispensáveis para qualquer comunidade, pois servirão de alimento para os seres heterotróficos. Os autotróficos são os **produtores** do ecossistema.

Os organismos que se alimentam dos produtores, como os animais herbívoros, são chamados **consumidores primários**. Os que se alimentam deles são classificados como **consumidores secundários**. Eles servem de alimento para os **consumidores terciários**, e assim por diante (figura 2). Cada etapa da cadeia alimentar corresponde a um **nível trófico**: as plantas ocupam o nível trófico dos produtores; os animais herbívoros, o dos consumidores primários; etc.

Figura 2 Exemplo de cadeia alimentar. As setas indicam que a transferência do alimento e da energia ocorre do produtor para os consumidores (comprimento médio dos organismos: capim: 40 cm a 100 cm; gafanhoto: 1 cm a 8 cm; sapo: 14 cm a 18 cm; serpente: 3 m a 5 m).

Parte da matéria orgânica obtida por um ser vivo é utilizada na obtenção de energia para a realização de suas atividades. No processo de quebra dos compostos orgânicos, no caso da respiração celular aeróbia, há liberação de gás carbônico e água. Outra parte da matéria orgânica é utilizada, por exemplo, no crescimento e na reposição de partes gastas do organismo. Essa porção da matéria orgânica retorna ao ambiente após a morte do indivíduo. Isso ocorre pela ação de **decompositores**, organismos que atacam cadáveres e excretas para obter energia e substâncias importantes para seu funcionamento (figura 3).

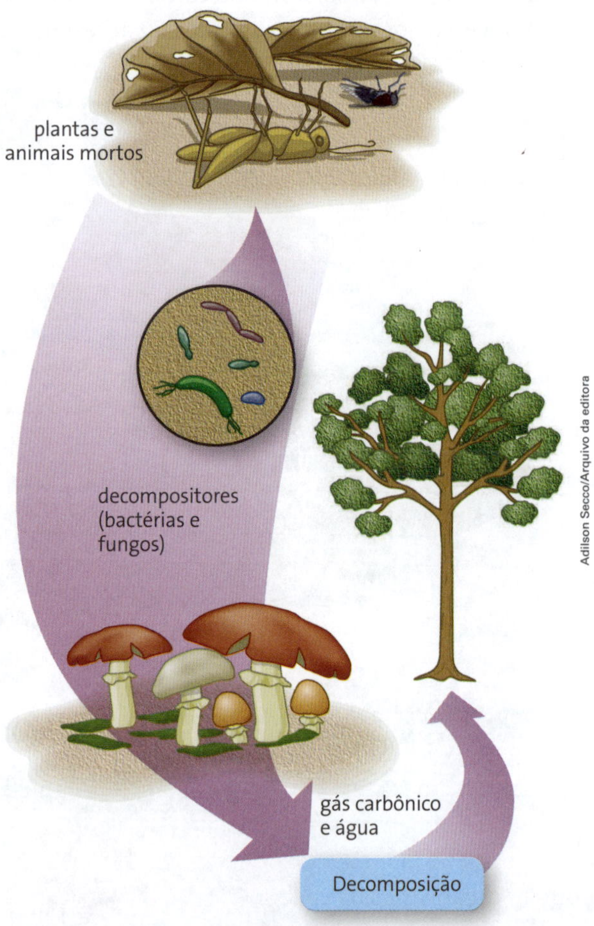

Figura 3 Bactérias, fungos e outros decompositores transformam a matéria orgânica em substâncias minerais que serão utilizadas pelas plantas na fotossíntese. (Os elementos da figura não estão na mesma escala; cores fantasia.)

Os fungos e bactérias são os principais responsáveis por esse processo, que tem como produtos gás carbônico, água, amônia e outras substâncias. As substâncias minerais resultantes da decomposição podem ser utilizadas por outros seres vivos. Daí o papel dos decompositores na reciclagem de matéria orgânica.

Teia alimentar

A interligação entre cadeias alimentares forma uma **teia** ou **rede alimentar**. Como demonstrado na figura 4, muitos animais se alimentam de mais de uma espécie de ser vivo, enquanto outros servem de alimento para mais de uma delas. Além disso, dentro de uma teia alimentar, um mesmo organismo pode ocupar níveis tróficos diferentes.

Oswaldo Sequetin/Arquivo da editora

Figura 4 Esquema de teia alimentar (os elementos da figura não estão na mesma escala; bactérias e vários fungos são microscópicos; cores fantasia).

Os principais produtores no ambiente terrestre são os vegetais, enquanto no aquático são as algas microscópicas, que fazem parte do fitoplâncton. As algas servem de alimento para o zooplâncton, a porção heterotrófica do plâncton e que serve de alimento para outros organismos da cadeia.

Parte da matéria orgânica produzida pela planta é consumida por ela na respiração e eliminada como gás carbônico e água. Assim, a planta obtém energia, da qual parte é liberada pelo organismo na forma de calor. O restante da matéria orgânica passa a constituir o corpo do vegetal. A energia e a matéria orgânica que permanecem nos produtores compõem o alimento disponível para os consumidores.

Os consumidores primários aproveitam diretamente a matéria orgânica e a energia retida nos produtores. Parte das substâncias ingeridas é eliminada nas fezes e na urina. Outra parte, oxidada pela respiração para a produção de energia. Há ainda a parte que fica disponível para o nível trófico seguinte, que é aquela que foi incorporada ao corpo do consumidor primário.

Esses processos se repetem ao longo de todos os integrantes de uma cadeia alimentar. Em média, apenas 10% da energia de um nível trófico passa para o seguinte (figura 5). Uma vez que a matéria orgânica é reciclada pelos decompositores e os nutrientes ficam novamente disponíveis para a cadeia alimentar, podemos dizer que a matéria nunca se esgota. A energia, porém, é transformada em trabalho celular ou sai do organismo na forma de calor. Daí a necessidade de o ecossistema receber energia de fora. O fluxo de energia em uma cadeia alimentar vai sempre dos produtores para os consumidores, ou seja, é unidirecional.

A **produtividade primária bruta** (**PPB**) corresponde à quantidade de matéria orgânica produzida pelas plantas de um ecossistema em dado intervalo de tempo por determinada área. A **produtividade primária líquida** (**PPL**) desconta da produtividade primária bruta a parte consumida pela planta em sua respiração (**R**). A produtividade pode ser expressa em gramas ou quilogramas de matéria orgânica seca por metro quadrado por ano (ou por dia). Pode ser expressa também em função da energia absorvida ou transferida para determinado nível da cadeia.

Luis Moura/Arquivo da editora

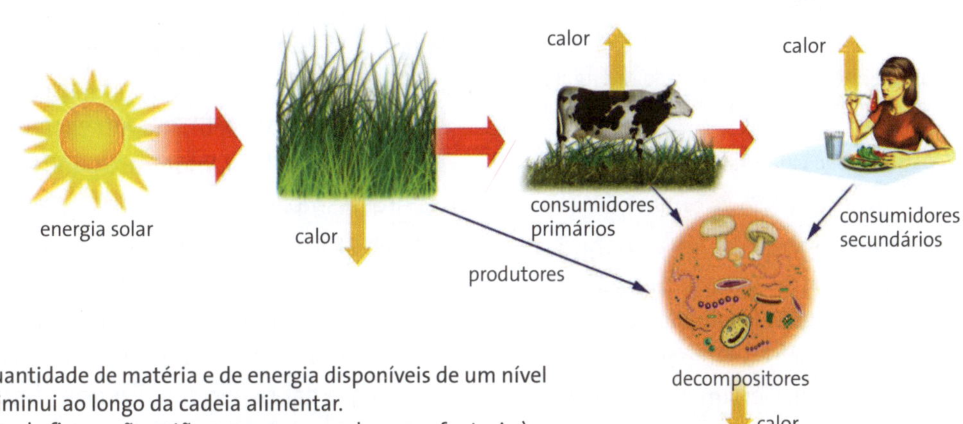

Figura 5 A quantidade de matéria e de energia disponíveis de um nível para outro diminui ao longo da cadeia alimentar.
(Os elementos da figura não estão na mesma escala; cores fantasia.)

Pirâmides ecológicas

As pirâmides ecológicas podem ser de três tipos: **número**, **biomassa** e **energia**.

A quantidade de organismos presentes em cada nível trófico de uma cadeia alimentar pode ser representada pela pirâmide de números (figura 6). Em algumas cadeias, o número de indivíduos tende a diminuir nos últimos níveis tróficos, pois apenas uma pequena fração da energia e matéria chega até eles. Em outras, como em cadeias de parasitas, a pirâmide é invertida (a base menor que o ápice), pois há mais de um parasita em um único hospedeiro. Há também casos em que a pirâmide começa invertida e, depois, assume o aspecto tradicional, como na segunda pirâmide apresentada na figura 6.

Ilustrações: Casa de Tipos/Arquivo da editora

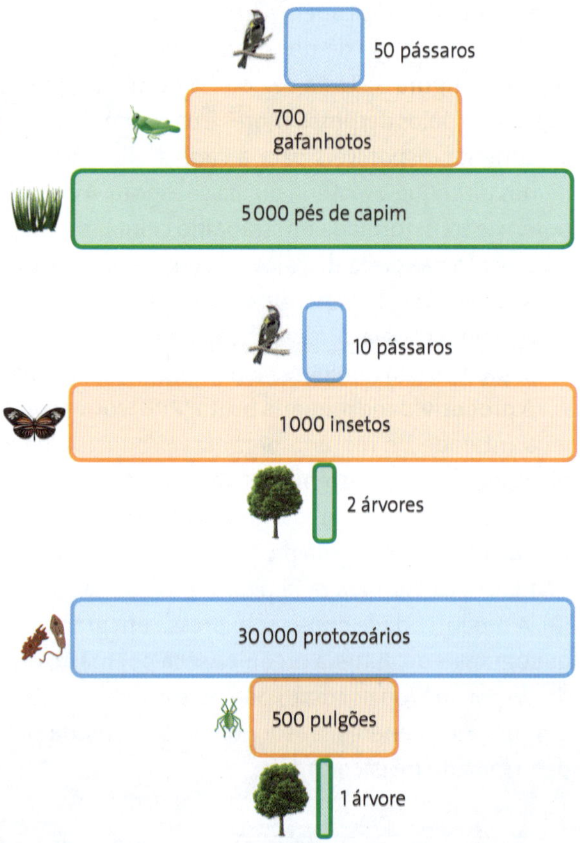

Figura 6 Pirâmides de número. A largura de cada retângulo é proporcional ao número de indivíduos (por metro quadrado) em cada nível trófico.
(Os organismos ilustrados não estão na mesma escala; cores fantasia.)

A pirâmide de biomassa representa a quantidade de matéria orgânica presente no corpo dos organismos de cada nível trófico (figura 7). Em razão da perda de matéria entre os níveis tróficos, a biomassa, em geral, diminui ao longo da cadeia. Geralmente, é expressa em peso seco por unidade de massa ou de volume. Essa pirâmide também pode ser invertida em algumas situações: a biomassa do fitoplâncton, por exemplo, pode ser menor que a de zooplâncton. Isso ocorre porque a medição da biomassa é relativa apenas àquele momento, e não considera a taxa de renovação da matéria orgânica.

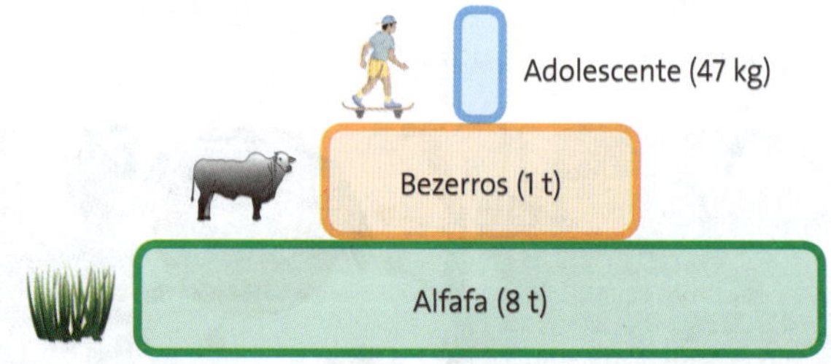

Figura 7 Pirâmide de biomassa. A largura de cada retângulo indica a quantidade de matéria orgânica, por hectare, em cada nível trófico em determinado momento. (Os organismos ilustrados não estão na mesma escala; cores fantasia.)

Na pirâmide de energia é representada a quantidade de energia acumulada em cada nível trófico (figura 8). Ela é expressa por unidade de área ou de volume por unidade de tempo. Esse tipo de pirâmide nunca é invertido, pois o fluxo de energia em uma cadeia alimentar é unidirecional (vai dos produtores para os consumidores).

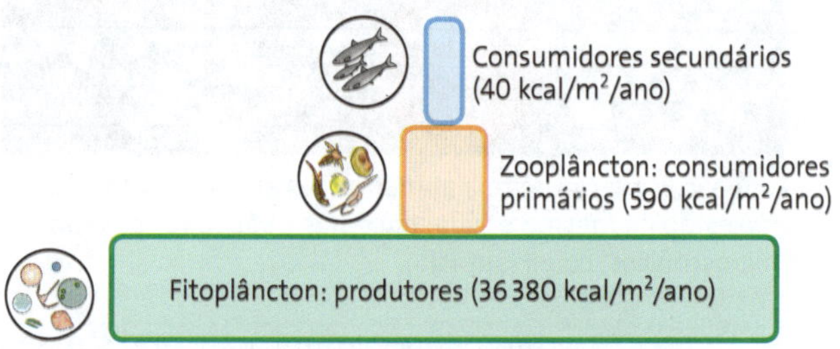

Figura 8 Exemplo de pirâmide de energia em um lago (os elementos da figura não estão na mesma escala: fitoplâncton e zooplâncton são microscópicos; cores fantasia).

Magnificação trófica

O acúmulo de substâncias tóxicas no ambiente, muitas delas **não biodegradáveis** ou **poluentes persistentes**, pode levar a um fenômeno conhecido como **magnificação trófica**, **biomagnificação**, **bioacumulação** ou **amplificação biológica**. Quando absorvido por um organismo, esses poluentes demoram a serem eliminados e se acumulam até atingirem concentrações nocivas. Uma vez que a biomassa é reduzida de um nível trófico para outro, a concentração das substâncias tóxicas aumenta ao longo da cadeia alimentar. Assim, os organismos dos últimos níveis absorvem altas doses desses poluentes.

Exercícios propostos

1. (FASM-SP) Suponha uma mesma lagartixa em duas situações diferentes, na primeira situação ela se alimenta de um pernilongo macho herbívoro e, na segunda situação, ela se alimenta de um pernilongo fêmea hematófago.
Ao considerar essas duas situações, é correto afirmar que a lagartixa ocupará o
a) 2º nível trófico na primeira situação e o 3º nível trófico ou superior na segunda situação.
b) 2º nível trófico na primeira situação e o 4º nível trófico ou superior na segunda situação.
c) 1º nível trófico na primeira situação e o 2º nível trófico ou superior na segunda situação.
d) 1º nível trófico na primeira situação e o 3º nível trófico ou superior na segunda situação.
e) 3º nível trófico na primeira situação e o 4º nível trófico ou superior na segunda situação.

2. (PUCC-SP) Os organismos listados a seguir pertencem à mesma cadeia alimentar.
I. gaviões.
II. gramíneas.
III. lagartas.
IV. sapos.
V. serpentes.
Entre eles ocorre um fluxo de energia que diminui à medida que atinge os níveis tróficos mais elevados.
O esquema que reflete corretamente a referida diminuição de energia é
a) I → II → III → IV → V.
b) II → III → IV → V → I.
c) II → III → IV → I → V.
d) III → II → V → I → IV.
e) III → IV → II → V → I.

3. (Acafe-SC) "É no crepúsculo ou à noite que eles atacam". Ou melhor, elas.
O pernilongo macho vive principalmente de néctar ou seivas vegetais. Mas a fêmea precisa de um complemento de proteínas em sua dieta, para produção de ovos.
Para isso, o sangue de mamíferos (inclusive o homem) ou de aves e até de anfíbios é uma fonte ideal. "E, então, as fêmeas atacam como vampiras."
Nesse contexto, apesar de serem da mesma espécie, é possível afirmar que machos e fêmeas de pernilongos ocupam diferentes:
a) nichos ecológicos.
b) *habitat*.
c) ecótonos.
d) populações.

4. (UEG-GO) As transformações, a distribuição e o aproveitamento de energia na natureza apresentam muitas peculiaridades. Dentre elas, destaca-se:
a) a energia na forma de luz é convertida em energia química dos alimentos e perde-se na forma de calor, que não é reutilizado.
b) a fotossíntese transforma energia luminosa em energia física que, por sua vez, é armazenada na matéria orgânica.
c) a quantidade de energia aumenta a cada transferência de um ser vivo para outro, confirmando a entropia natural.
d) nos ecossistemas, a energia tem fluxo unidirecional, ou seja, é constantemente reciclada e reaproveitada.

5. (Uerj) A biomassa de quatro tipos de seres vivos existentes em uma pequena lagoa foi medida uma vez por mês, durante o período de um ano. No gráfico abaixo estão mostrados os valores obtidos.

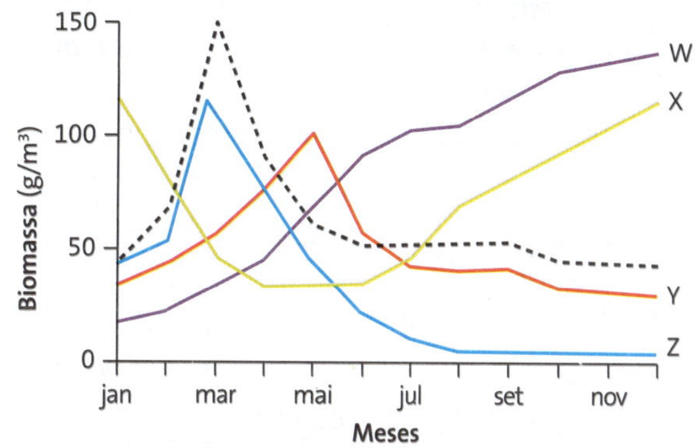

A curva pontilhada representa a variação da biomassa do fitoplâncton. A variação da biomassa do zooplâncton está representada pela curva identificada por:
a) W
b) X
c) Y
d) Z

6. (UFSJ-MG) Quanto aos níveis de organização biológica, assinale a alternativa CORRETA.
a) Em um lago, peixes carnívoros se alimentam de filhotes de outros peixes carnívoros, que comem pequenos microcrustáceos aquáticos, que dependem de microalgas produtoras de alimento. O lago citado constitui um ecossistema e os seres vivos citados, os componentes de sua população.
b) Peixes de diferentes espécies de um aquário constituem a população do aquário.
c) Uma lagoa poluída, contendo apenas vermes comedores de detritos e bactérias decompositoras, não pode ser considerada um ecossistema.
d) Um rio, pertencente à bacia do Rio Grande, em Minas Gerais, é um ecossistema.

MÓDULO 37 • Relações ecológicas e ciclos biogeoquímicos

Relações ecológicas

As interações ou associações entre os seres vivos de uma comunidade correspondem às **relações ecológicas**. Quando ocorrem entre indivíduos da mesma espécie, tais relações são chamadas **relações intraespecíficas**. As relações entre seres de espécies diferentes são denominadas **relações interespecíficas**.

Existem relações nas quais há prejuízo para ambos os envolvidos. Elas são, então, consideradas **desarmônicas**. Aquelas em que os participantes são beneficiados ou em que um deles não sofre benefício nem prejuízo são chamadas **harmônicas**. Os efeitos das relações ecológicas podem ser representados por sinais: "+" quando há benefício para o participante; "–" quando há prejuízo para o envolvido; "0" quando não há benefício nem prejuízo para ele.

O quadro abaixo apresenta diversos tipos de associação.

Relações em que não há prejuízo para nenhum participante	intraespecíficas	• sociedade • colônia
	interespecíficas	• mutualismo • protocooperação • comensalismo
Relações em que há prejuízo para pelo menos um dos participantes	intraespecíficas	• canibalismo • competição
	interespecíficas	• competição • predatismo • parasitismo

Sociedades

As **sociedades** são agrupamentos de indivíduos da mesma espécie. Elas podem ser instáveis, como os **bandos** de aves que se reúnem em locais de reprodução, ou permanente, como ocorre com os insetos sociais (por exemplo, abelhas, formigas e cupins). Esse último caso se caracteriza pela divisão do trabalho, tão bem definida que o corpo dos integrantes da sociedade é adaptado para a função que cada um realiza. Como resultado, pode-se encontrar, na mesma espécie, indivíduos com características diferentes. Esse fenômeno é conhecido como **polimorfismo morfológico**, e cada grupo morfologicamente diferente constitui uma casta.

A sociedade das abelhas, por exemplo, é altamente organizada. As **operárias**, fêmeas estéreis, realizam quase todo o trabalho da colmeia e têm o corpo especializado para a colheita do pólen. A **rainha** tem como única função botar os ovos, cerca de mil por dia. Durante o **voo nupcial** ela é fecundada por um ou mais machos, os **zangões**.

Colônias

As **colônias** são agrupamentos em que há união anatômica dos organismos. Elas podem ser classificadas em:

- **homotípicas**, **homeomorfas** ou **isomorfas**, quando não há divisão de trabalho nem diferenças morfológicas entre seus constituintes. Ocorre em protozoários, algas e corais;
- **heterotípicas**, **heteromorfas** ou **polimorfas**, nas quais há diferenciação e divisão de trabalho entre os indivíduos. Ocorre em alguns cnidários, que apresentam indivíduos especializados na reprodução, na nutrição, na defesa e no ataque.

Mutualismo

O termo **mutualismo** se refere a associações em que os dois indivíduos de espécies diferentes obtêm vantagens. Em casos mais específicos, a dependência entre os associados é tão grande que a sobrevivência dos organismos separados é impossível. Esse tipo de relação envolve trocas de alimentos e de produtos do metabolismo, resultando em benefícios mútuos.

A associação entre certas bactérias e as raízes de leguminosas é um caso de mutualismo. As bactérias fornecem nitrogênio, que será utilizado pela planta na fabricação de proteínas. Em troca, a leguminosa fornece a elas nutrientes. Essa associação é chamada bacteriorriza (figura 1). Os liquens (associação entre fungos e algas) e as micorrizas (associação entre fungos e raízes de plantas) também são relações mutualísticas e caracterizadas pela troca de vantagens entre os participantes.

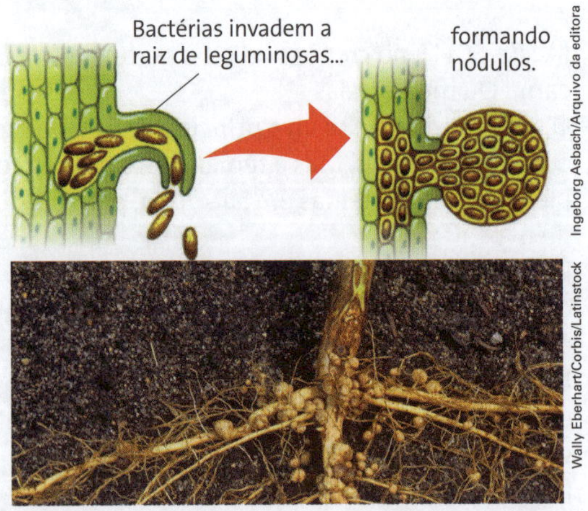

Figura 1 Mutualismo entre bactéria e leguminosas. Na foto, raízes de soja com nódulos formados por grande número de bactérias do gênero *Rhizobium* (bactérias são microscópicas; os nódulos têm entre 1 mm e 3 mm de diâmetro).

Protocooperação

Neste tipo de associação, a dependência entre os dois organismos é menor do que a existente no mutualismo. Isso permite, portanto, que consigam viver isolados caso seja necessário. A **protocooperação** é também chamada de mutualismo facultativo.

Um exemplo clássico desse tipo de relação ecológica ocorre entre o peixe-palhaço e a anêmona (figura 2). Ela se beneficia ao aproveitar os restos de alimentos do peixe-palhaço, enquanto ele obtém proteção vivendo entre os tentáculos da anêmona.

David Mckee/Shutterstock/Glow Images

Figura 2 Peixe-palhaço (em torno de 5 cm a 10 cm de comprimento) acima dos tentáculos da anêmona.

Comensalismo

O tipo de associação em que apenas uma das espécies se beneficia, mas não há prejuízo para a outra, é chamado **comensalismo**. O benefício pode estar relacionado à alimentação, quando uma espécie aproveita as sobras de alimento da outra, ao transporte de uma delas pela outra, ou quando uma serve de abrigo ou suporte para o associado. Este é o caso, por exemplo, das **epífitas**, como as orquídeas, que vivem sobre as árvores em busca de suporte, mas não causam nenhum prejuízo a elas.

Competição intraespecífica

É aquela que ocorre entre indivíduos da mesma espécie. Os seres vivos podem competir por recursos como matéria orgânica, água, luz, parceiros para reprodução, etc.

Esse tipo de competição é um fator de controle do tamanho populacional, pois pode levar à morte dos indivíduos ou afetar sua reprodução. Os prejuízos abrangem inclusive o organismo vencedor, uma vez que, para se sobressair, houve gasto de tempo e de energia que poderiam ser utilizados para outros fins.

Competição interespecífica

Em 1934, com base no estudo da competição interespecífica em duas espécies de *Paramecium* (*P. aurelia* e *P. caudatum*), o cientista russo G. F. Gause concluiu que espécies que competem pelo mesmo recurso não podem coexistir indefinidamente em um determinado local (figura 3). Uma delas, no caso do estudo, a *P. aurelia*, é mais eficiente na conquista dos recursos, enquanto a outra (*P. caudatum*) é eliminada pela competição. Essa conclusão é conhecida como **princípio da exclusão competitiva** ou **de Gause**. Em outras palavras, esse princípio enuncia que duas espécies não podem viver indefinidamente em um mesmo *habitat* ocupando o mesmo nicho ecológico, já que a competição ocasionará a eliminação de uma delas.

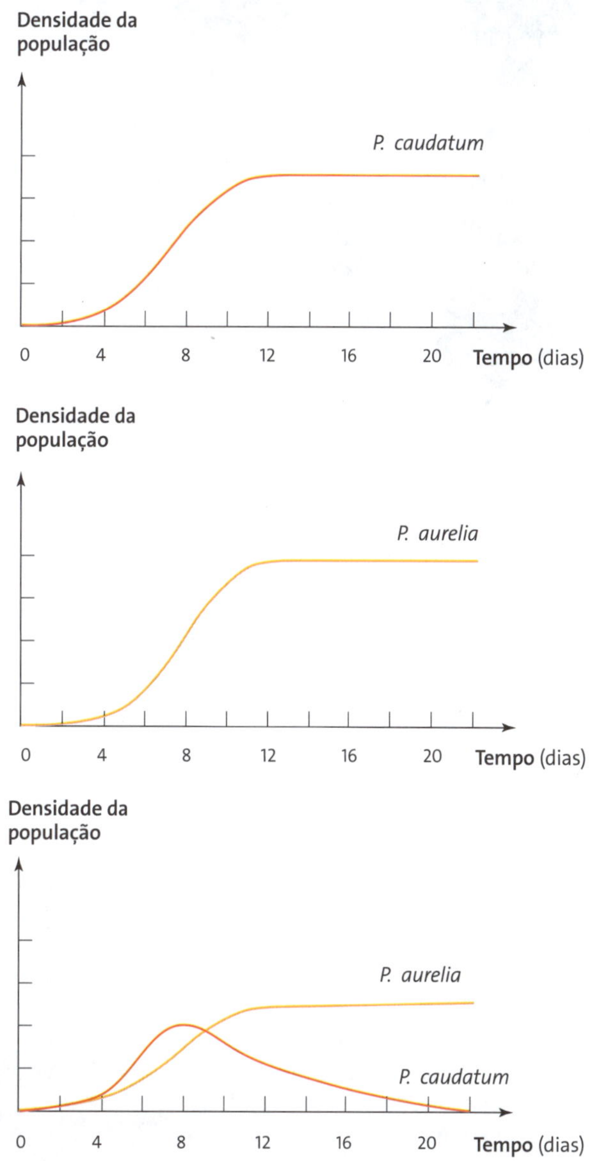

Figura 3 Competição entre dois paramécios pelos mesmos recursos: uma das espécies é eliminada.

Se duas espécies coexistem ao mesmo tempo no mesmo local, é possível que ocorra uma diferenciação de nichos ecológicos, diminuindo a intensidade da competição. A figura 4 mostra espécies diferentes de pássaro do gênero *Dendroica* e que se alimentam de insetos presentes em uma mesma árvore. Como cada espécie ocupa uma altura diferente da árvore, seus nichos também são distintos, o que evita a competição direta.

Figura 4 Zonas de alimentação de três espécies de pássaros do gênero *Dendroica* (cerca de 12 cm a 14 cm de comprimento; os elementos ilustrados não estão na mesma escala; cores fantasia).

Predatismo e herbivoria

Muito frequente na natureza, o **predatismo** ou **predação** é a relação ecológica em que um organismo (predador) mata e se alimenta de outro (presa). Já a **herbivoria** ou **herbivorismo** ocorre quando um animal herbívoro se alimenta de plantas.

Predadores mais eficientes e presas ou plantas com mais defesas contra eles são favorecidos pela seleção natural. Entre os artifícios utilizados por esses organismos para obterem maior êxito estão a camuflagem (quando o animal se confunde com o ambiente em que vive), a coloração de advertência (ou **aposemática**, que funciona como sinal de que a presa tem defesas contra o predador) e o mimetismo (quando um animal, geralmente inofensivo, se assemelha a outro que seja perigoso para o predador).

Parasitismo

Nesse tipo de relação, um organismo, chamado de parasita, se instala no corpo de outros seres, os hospedeiros, para obter alimento. Em geral, o parasita não causa a morte do hospedeiro, mas prejudica suas funções e o enfraquece. Os parasitas estão distribuídos nos mais diferentes grupos de organismos: vírus, bactérias, protozoários, fungos, vermes, insetos e até vegetais.

Ciclos biogeoquímicos

A retirada e devolução dos elementos químicos pelos seres vivos à natureza formam os **ciclos biogeoquímicos**, apresentados a seguir.

Ciclo do carbono

A **fixação do carbono** ou **sequestro do carbono** consiste na absorção desse elemento químico e sua transformação em substâncias orgânicas pelos organismos autótrofos. A partir de então, o carbono circula na cadeia alimentar na forma de moléculas orgânicas e retorna ao ambiente pelo gás carbônico liberado na respiração dos seres vivos e na decomposição de cadáveres (figura 5).

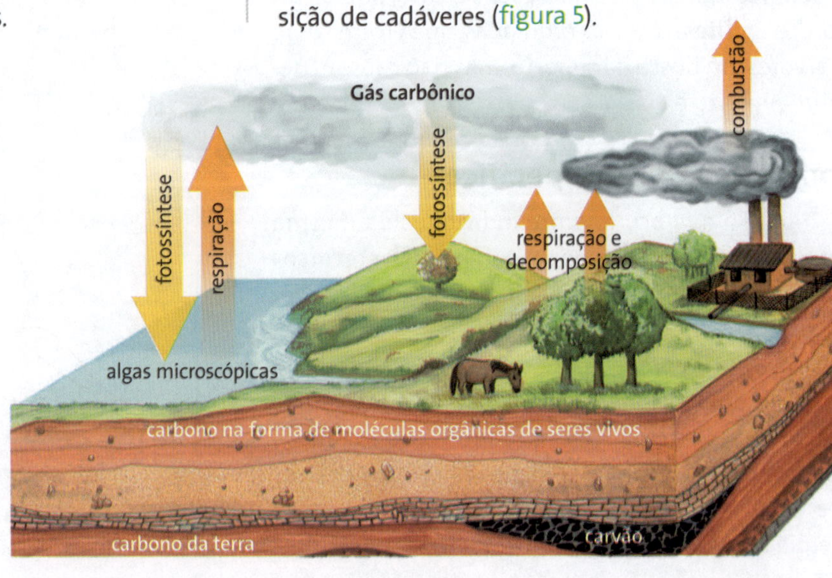

Figura 5 Ciclo do carbono. Pela respiração, pela decomposição e pela combustão, o gás carbônico é lançado no ambiente. Pela fotossíntese, é retirado. (Os elementos da figura não estão na mesma escala; cores fantasia.)

Parte do carbono está nos compostos minerais e depósitos orgânicos fósseis, originados a partir de vegetais e outros seres vivos que foram soterrados há milhares de anos. O carbono neles contido pode voltar à atmosfera por meio da queima de combustíveis fósseis. No ambiente aquático, existem algumas alterações no ciclo, pois o gás carbônico reage com a água.

O gás carbônico é o principal gás responsável pelo **efeito estufa**, o efeito da atmosfera sobre a temperatura em nosso planeta. As radiações do sol passam pela atmosfera e esquentam a superfície da Terra, que emite raios infravermelhos. Parte dos raios retorna à atmosfera, enquanto parte é absorvida por gases nela presentes e irradiada de volta para a superfície, mantendo a temperatura de nosso planeta como a conhecemos. Sem o efeito estufa, a Terra estaria permanentemente coberta por uma camada de gelo. Além do gás carbônico, colaboram para o efeito estufa o vapor de água, o gás metano, o dióxido de nitrogênio e os clorofluorcarbonos.

Ciclo do oxigênio

O gás oxigênio é produzido durante a fotossíntese e consumido nos processos de respiração e combustão (figura 6). Assim, seu ciclo está intimamente relacionado ao do carbono.

Parte do gás oxigênio forma óxidos ao se combinar com metais do solo, enquanto outra parte é transformada em ozônio pelos raios ultravioleta do Sol na estratosfera. Na reação inversa, o ozônio é transformado em oxigênio. A camada de ozônio atua como um filtro protetor, retendo grande parte da radiação proveniente do Sol.

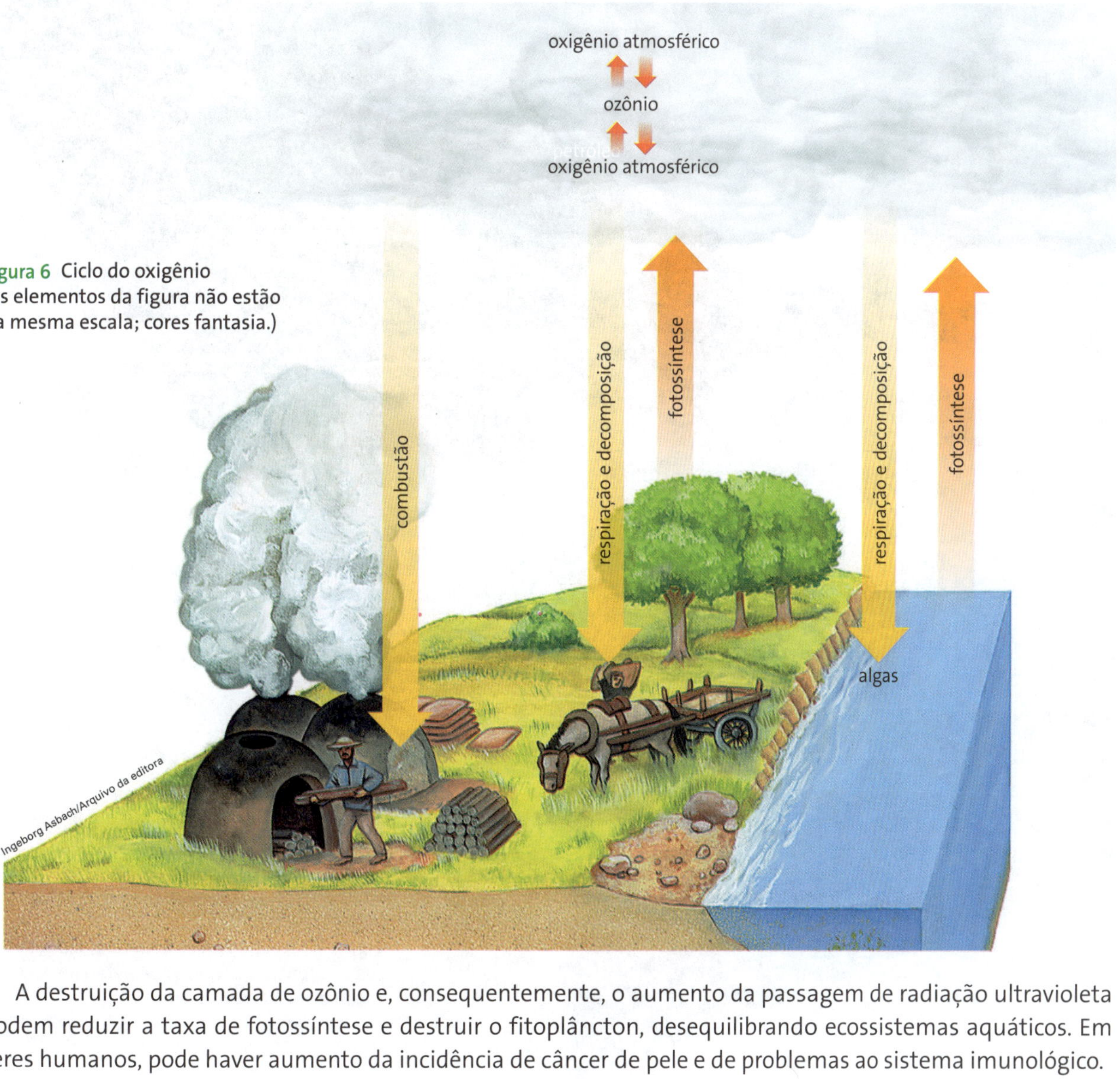

Figura 6 Ciclo do oxigênio (os elementos da figura não estão na mesma escala; cores fantasia.)

A destruição da camada de ozônio e, consequentemente, o aumento da passagem de radiação ultravioleta podem reduzir a taxa de fotossíntese e destruir o fitoplâncton, desequilibrando ecossistemas aquáticos. Em seres humanos, pode haver aumento da incidência de câncer de pele e de problemas ao sistema imunológico.

Ciclo da água

Por causa da energia solar, a água em estado sólido é evaporada constantemente e chega à atmosfera no estado de vapor. Nas camadas mais altas e frias, o vapor se condensa e forma as nuvens. Posteriormente, há precipitação na forma de chuva, neve ou granizo (figura 7).

Por um escoamento superficial, a água pode formar rios e lagos e voltar para o oceano. Pode, ainda, infiltrar-se no solo e formar **lençóis subterrâneos**, ou **freáticos**, ou reservatórios subterrâneos chamados **aquíferos**.

Existem dois tipos de ciclo da água: **curto** ou **pequeno** e **longo** ou **grande**. O primeiro ocorre pela evaporação da água dos oceanos, rios, mares e lagos e retorna à Terra na forma de chuva ou neve. No segundo, a água passa pelo corpo dos seres vivos antes de voltar ao ambiente.

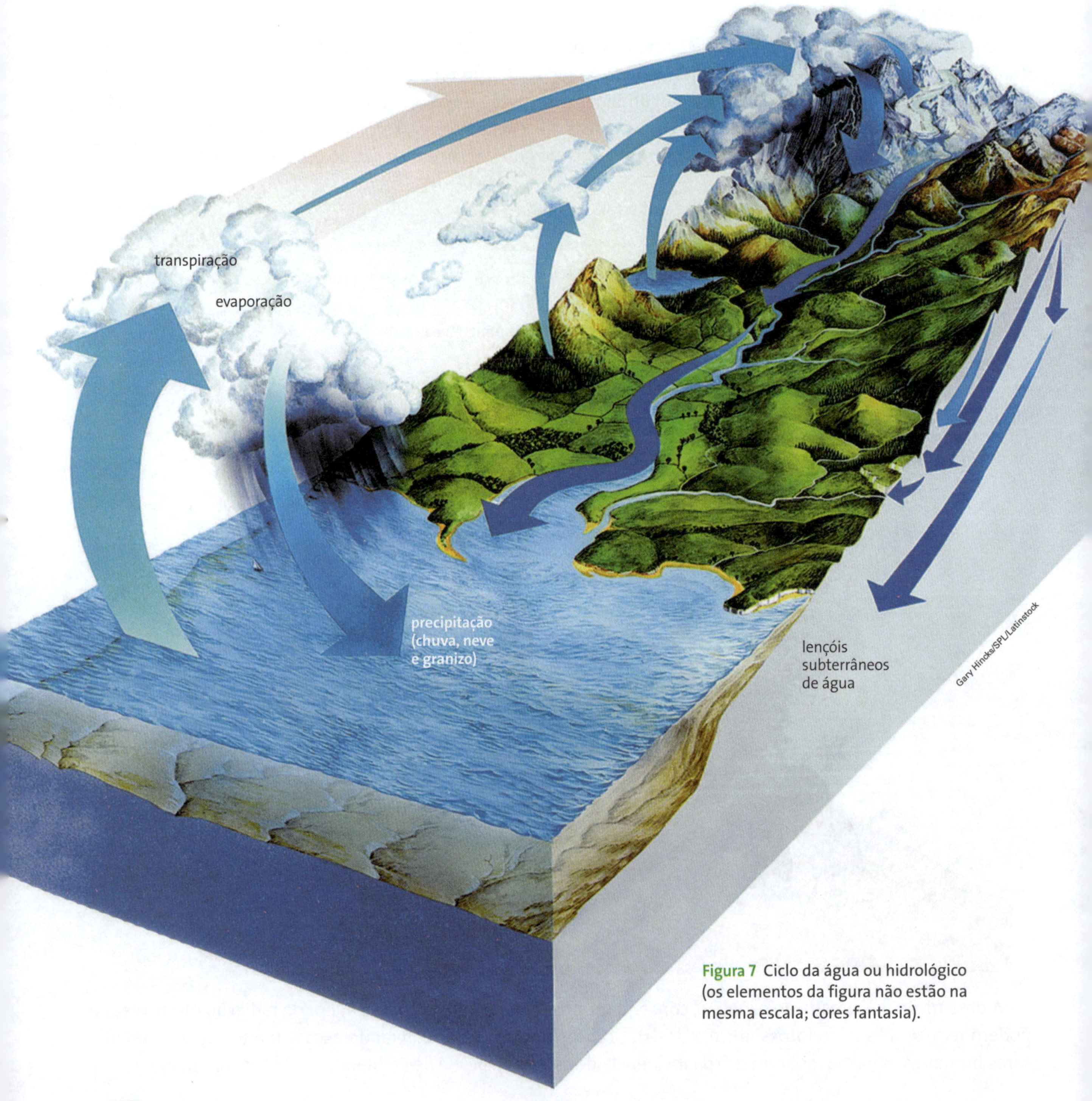

Figura 7 Ciclo da água ou hidrológico (os elementos da figura não estão na mesma escala; cores fantasia).

Ciclo do nitrogênio

Embora a atmosfera seja composta de 78% de nitrogênio, elemento químico fundamental por ser constituinte de proteínas e ácidos nucleicos, a maioria dos seres vivos não consegue usá-lo diretamente. Os animais o aproveitam na forma de aminoácidos, enquanto os vegetais podem utilizá-lo na forma de amônia (NH_3) ou de nitrato (NO_3^-).

O ciclo do nitrogênio é constituído por quatro etapas: **fixação**, **amonificação**, **nitrificação** e **desnitrificação** (figura 8).

A **fixação do nitrogênio** é realizada por bactérias e corresponde à transformação do gás nitrogênio em amônia. Assim, a amônia pode ser incorporada às substâncias orgânicas ao se combinar com o gás carbônico, formando aminoácidos. As bactérias fixadoras podem ser encontradas no solo, na água ou associadas a raízes das plantas.

A amônia pode também ser formada pela decomposição de proteínas, ácidos nucleicos e resíduos nitrogenados em um processo conhecido como **amonificação**. Esse processo é realizado por bactérias, fungos e outros decompositores.

A **nitrificação** é a transformação da amônia em nitrato e ocorre em duas etapas: a **nitrosação** e a nitratação. Na primeira, bactérias dos gêneros *Nitrosomonas*, *Nitrosococcus* e *Nitrosolobus* oxidam a amônia em nitrito. Na segunda, os nitritos liberados no solo pelas bactérias **nitrosas** são oxidados em nitratos pelas bactérias **nítricas**. Os nitratos podem ser utilizados pelas plantas na síntese de compostos orgânicos e passam para os animais pela cadeia alimentar.

No solo existem também bactérias capazes de usar o nitrato para oxidar compostos orgânicos, um processo chamado **desnitrificação**. Parte dos nitratos é transformada em nitrogênio e retorna à atmosfera, fechando o ciclo desse elemento químico.

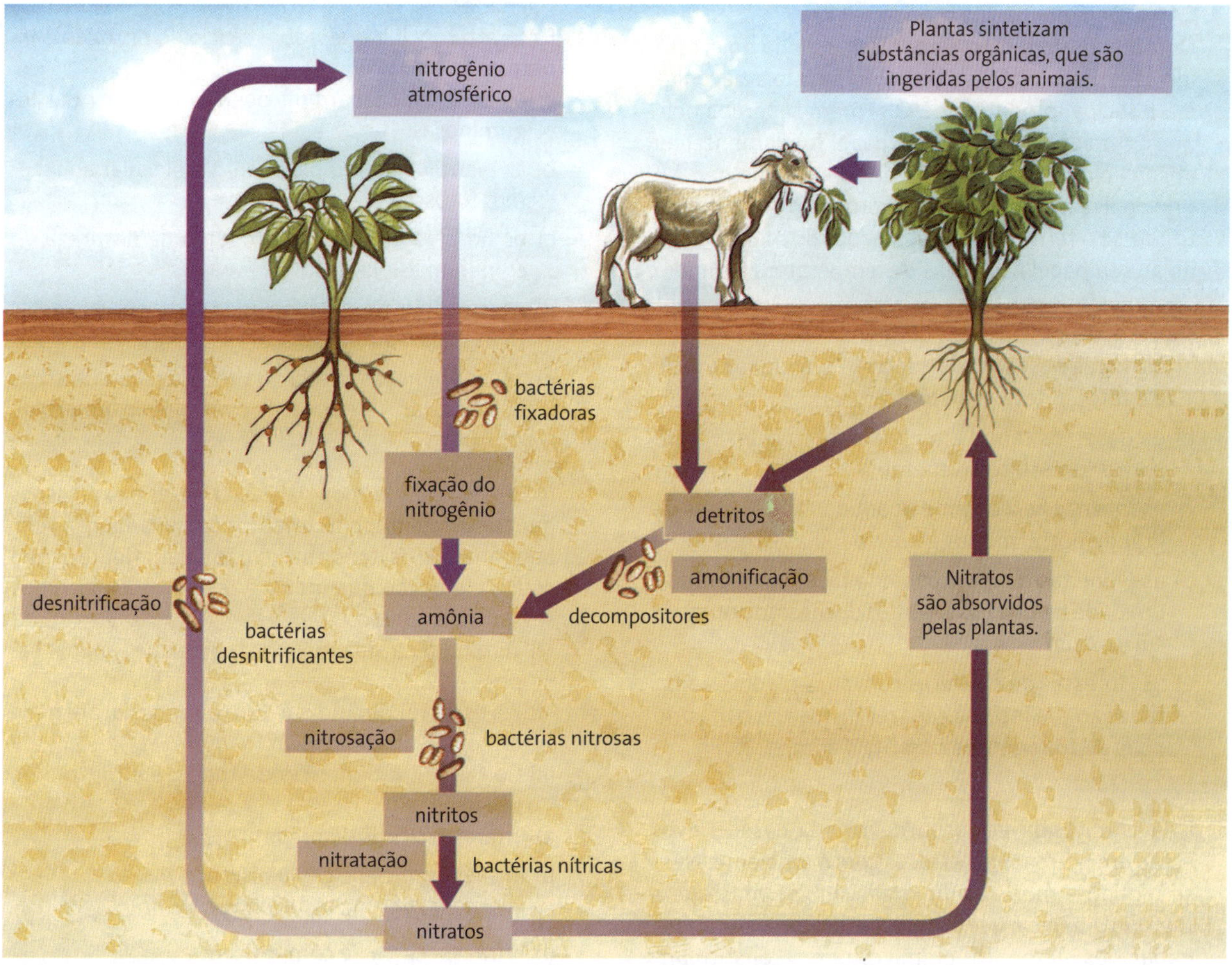

Ingeborg Asbach/Arquivo da editora

Figura 8 Ciclo do nitrogênio (os elementos da figura não estão na mesma escala; cores fantasia).

Exercícios propostos

1. (Fameca-SP) Recentemente os jornais publicaram uma lista dos carros mais poluentes e os respectivos combustíveis que eles usavam. Causou espanto que alguns desses veículos utilizavam álcool como combustível. Sobre esse assunto são feitas as afirmações a seguir:
   I. o sequestro de carbono realizado pelos vegetais que produzem o álcool é uma vantagem do uso desse combustível;
   II. os veículos atuais apresentam tecnologia para impedir a eliminação de qualquer tipo de poluente quando se utiliza combustível fóssil;
   III. o uso da colheita mecanizada no lugar das tradicionais queimadas da cana constitui um ponto positivo do uso desse combustível;
   IV. a produção de monóxido de carbono durante a queima de álcool é consumida pelo vegetal ao realizar fotossíntese.

   É correto o que se afirma, apenas, em
   a) I.
   b) IV.
   c) I e III.
   d) II e IV.
   e) II, III e IV.

2. (Fepecs-DF) Leia o texto abaixo:
   "Amazônia pulmão do mundo"
   Durante muito tempo, e até mesmo ainda hoje, essa ideia permanece. A ideia de que a floresta amazônica é a principal produtora de O_2. Porém sabemos hoje que a Amazônia tem sim um papel fundamental na absorção de CO_2 e liberação de O_2, mas que não é a principal responsável por esse processo. Atualmente utiliza-se o termo "ar condicionado" do mundo devido ao seu papel nas trocas de temperatura e umidade atmosféricas.
   Na verdade, os "pulmões do mundo" são:
   a) os mares e oceanos devido a sua grande superfície e a fotossíntese planctônica;
   b) os desertos tendo em vista a intensa insolação para a fotossíntese vegetal;
   c) as savanas pela enorme quantidade de árvores de grande porte, muitos galhos e folhas largas;
   d) as Florestas de Monções que recebem a grande umidade trazida pelos ventos de mesmo nome, no sul da Ásia;
   e) as Florestas de coníferas com suas plantas adaptadas ao frio intenso capazes de realizar o mesmo nível de fotossíntese durante o ano.

3. (Ufac) Através da reciclagem da matéria, os seres vivos estão em permanentes trocas com o ambiente. Nesse sentido, a morte de um organismo permite que a matéria orgânica, que compõe seu corpo, seja degradada, e os elementos químicos que a constituíam retornem ao ambiente.
   No que se refere às taxas de carbono e oxigênio, marque a alternativa que contém os dois processos responsáveis pela manutenção dessas taxas na atmosfera.
   a) Fotossíntese e respiração
   b) Fotossíntese e fecundação
   c) Respiração e calor
   d) Respiração e ciclo de Krebs
   e) Respiração e digestão

4. (Fatec-SP) Sabendo-se que
   - o maior reservatório de nitrogênio do planeta é a atmosfera, onde esse elemento químico se encontra na forma de nitrogênio molecular (N_2);
   - apenas umas poucas espécies de bactérias, conhecidas genericamente como fixadoras de nitrogênio são capazes de utilizar diretamente o N_2, incorporando esses átomos em suas moléculas orgânicas;
   - algumas bactérias do gênero *Rhizobium* (rizóbios), fixadoras de N_2, vivem no interior de nódulos formados em raízes de plantas leguminosas, como a soja e o feijão;
   - a soja e o feijão, graças à associação com os rizóbios, podem viver em solos pobres de compostos nitrogenados.

   É correto concluir que, sobre o ciclo do nitrogênio na natureza,
   a) os rizóbios recebem nitrogênio molecular das leguminosas.
   b) as plantas fixam o nitrogênio molecular ao fazerem fotossíntese.
   c) os herbívoros obtêm nitrogênio na natureza ao comerem as plantas.
   d) o nitrogênio atmosférico pode ser absorvido pelas folhas das leguminosas.
   e) as leguminosas usadas na recuperação de solos pobres fixam diretamente o nitrogênio molecular.

5. (UFJF-MG) Ditados populares são frases e expressões que transmitem conhecimentos comuns sobre a vida. Suponha que os itens abaixo não sejam figurativos e assinale a opção que indica a relação ecológica nos seguintes exemplos.
   I) Tem hora na vida que nós temos que "engolir sapos".
   II) Fui esperto! "Em rio que tem piranha, jacaré nada de costa", do contrário...
   III) Coitado! Em benefício de todos, ele foi "boi de piranha".

   a) Interespecíficas de predatismo
   b) Intraespecífica de canibalismo
   c) Interespecífica de competição
   d) Intraespecífica de competição
   e) Interespecífica de parasitismo

MÓDULO 38 • Comunidades, populações e sucessão ecológica

Crescimento das populações

A **densidade populacional (D)**, conceito importante para os estudos acerca de uma população, é definida como o número de indivíduos **(N)** por unidade de área **(S)** (no caso de espécies terrestres) ou por unidade de volume **(V)** (no caso de espécies aquáticas). Assim, D = N/S ou D = N/V.

Quatro taxas podem afetar a densidade de uma população: **natalidade**, que corresponde ao número de indivíduos que nascem por unidade de tempo; **mortalidade**, que se refere ao número de indivíduos que morrem por unidade de tempo; **imigração**, que é a quantidade de indivíduos que entram na população; e **emigração**, correspondente à quantidade de indivíduos que saem da população.

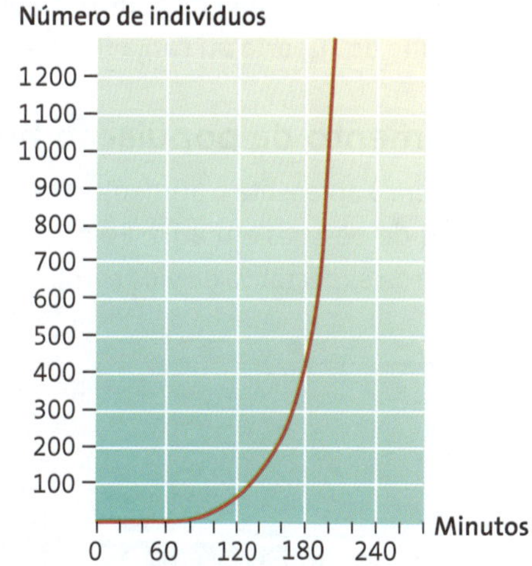

Figura 1 Curva de crescimento exponencial de uma população de bactérias em condições ideais.

As taxas de natalidade e de imigração contribuem para o aumento da população e, consequentemente, da densidade populacional. As taxas de mortalidade e de emigração atuam de forma inversa, tendendo a diminuí-la. A razão entre a taxa de natalidade e a de mortalidade é chamada **índice de crescimento** e permite verificar se determinada população está crescendo (quando o índice é maior que 1) ou diminuindo (quando o índice é menor que 1).

Se não houvesse nenhuma forma de interferência, uma população cresceria de forma exponencial (figura 1). No entanto, existem fatores que impedem tal aumento do número de indivíduos, mantendo a população em equilíbrio. Entre eles, podem ser citados a quantidade de alimento, a competição por recursos, a presença de predadores e parasitas, etc.

O **potencial biótico** ou **reprodutivo** é a capacidade de uma população crescer em condições ideais e sem fatores que interfiram nesse processo. A resistência ambiental, indicada pela diferença entre o crescimento máximo possível e o crescimento em condições naturais, se refere ao conjunto de fatores que se opõem a esse aumento no número de indivíduos.

Estudos em laboratório de populações de microrganismos mostraram que, a princípio, o crescimento era exponencial. Ao atingir certo ponto, a velocidade de crescimento diminuía, a população parava de crescer e o número de indivíduos permanecia quase constante (figura 2).

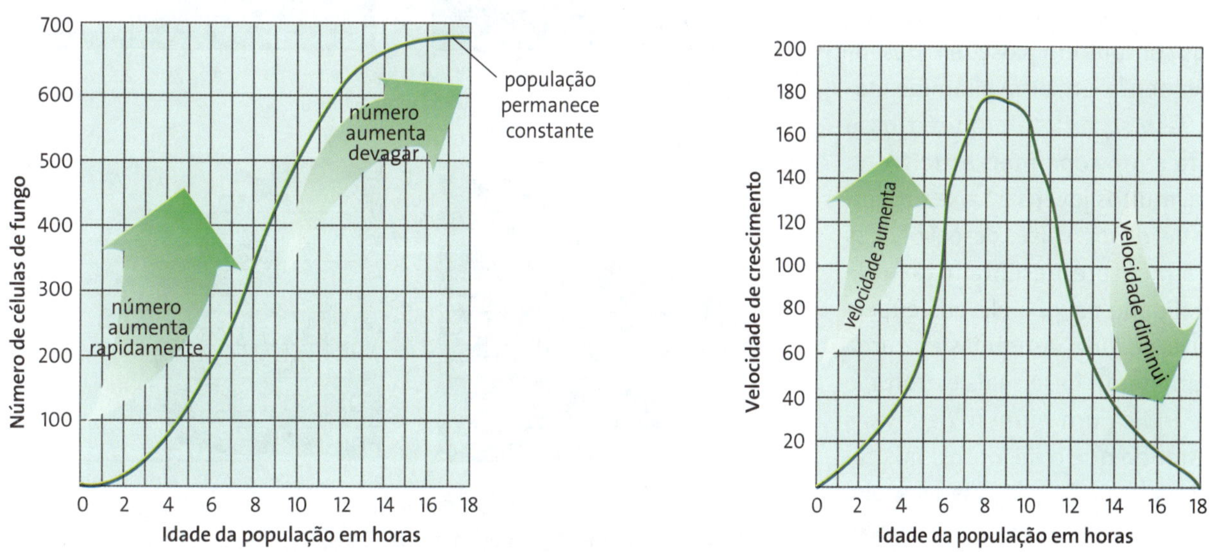

Figura 2 Curvas de crescimento de uma população de fungos em laboratório.

Quando os recursos são limitados, a representação gráfica do número de indivíduos em função do tempo é chamada de **curva sigmoide** ou **curva em S** e indica que a população em baixa densidade está crescendo segundo seu potencial biótico. A resistência ambiental, então, passa a interferir na velocidade de crescimento, diminuindo-a. A população se estabiliza quando a resistência do meio e o potencial biótico se equilibram.

A densidade máxima de indivíduos que o meio consegue suportar é denominada **capacidade de sustentação**, **capacidade de suporte** ou **carga biótica máxima**.

Crescimento da população humana

A figura 3 apresenta o aumento do número de seres humanos a partir da Revolução Industrial e que chegou aos 7 bilhões de pessoas em 2012. Esse crescimento é chamado **explosão demográfica** e se deve, principalmente, ao aumento da expectativa de vida e à diminuição da taxa de mortalidade, resultantes da associação de muitos fatores.

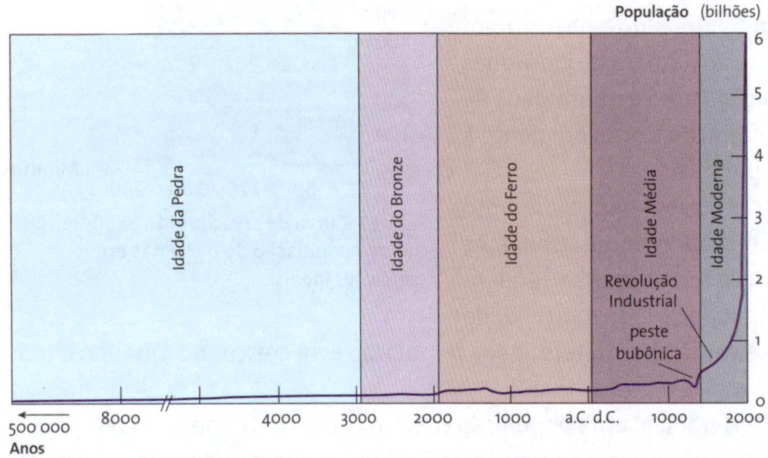

Figura 3 Observe o crescimento exponencial da população humana a partir da Revolução Industrial.

As proporções dos sexos e das diferentes faixas etárias em uma população são representadas pelas chamadas pirâmides etárias ou pirâmides de idades. As informações obtidas da análise desses gráficos são importantes para o planejamento socioeconômico de um país.

Alta taxa de natalidade e baixa expectativa de vida são características comuns em países em desenvolvimento. Em uma pirâmide etária, isso se reflete em uma base larga e um topo mais estreito, ou seja, muitos jovens e baixa proporção de idosos. Países desenvolvidos geralmente apresentam taxa de natalidade baixa e elevada expectativa de vida, refletidas em uma pirâmide de base mais estreita, o que indica um número de jovens menor do que o de idosos. Tais características são relativas a populações mais maduras e com baixo crescimento (figura 4).

Fonte: U.S. Census Bureau, International Database.

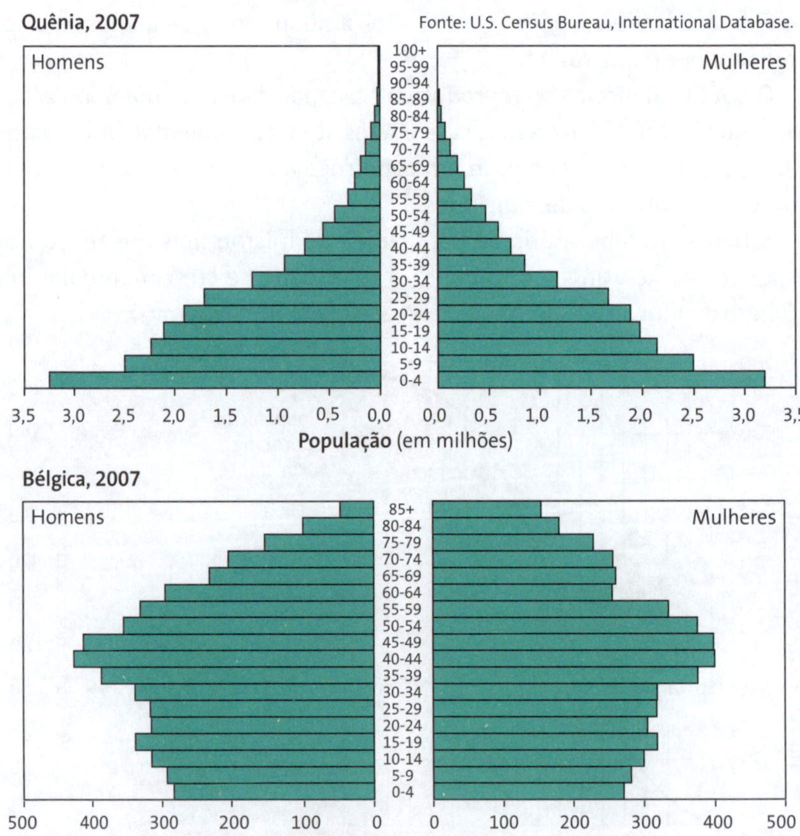

Figura 4 Pirâmide etária de país em desenvolvimento (Quênia) e de país desenvolvido (Bélgica).

Sucessão ecológica

A **sucessão ecológica** corresponde à colonização de uma área por seres vivos e às muitas transformações que ocorrem ao longo do tempo na comunidade.

Etapas da sucessão

Mesmo em áreas com condições ambientais adversas, intoleráveis para muitos seres vivos, existem organismos capazes de se instalar e iniciar o estabelecimento de uma nova comunidade. As **espécies pioneiras**, como os liquens, são as primeiras a ocupar uma nova área. O conjunto dessas espécies forma uma **comunidade pioneira**.

Com o tempo, a comunidade pioneira, composta principalmente de liquens, por exemplo, altera as condições iniciais do local: o solo começa a se formar devido à dissolução das rochas, e os organismos pioneiros, ao morrerem, enriquecem o solo com matéria orgânica. Assim, o terreno passa a apresentar maior quantidade de nutrientes e retém melhor a umidade. Tais condições permitem que espécies de maior porte, mas ainda com pouca necessidade nutritiva, como os musgos, se instalem. Seus esporos podem ser trazidos pelo vento ou pela água.

O estabelecimento da população de musgos continua a alterar o ambiente, propiciando condições para a sobrevivência de plantas herbáceas. A maior quantidade de matéria orgânica permite a sobrevivência de animais e o desenvolvimento de plantas maiores. Essa modificação da estrutura da comunidade ao longo do tempo é chamada sucessão ecológica (figura 5).

Quando a comunidade atinge o equilíbrio com o ambiente físico é denominada **comunidade clímax**, embora muitos ecologistas prefiram os termos comunidades jovens, para as etapas iniciais de sucessão, e **comunidade madura**, quando já está relativamente estável.

Inicialmente, instalam-se liquens sobre a rocha.

Com o tempo, são criadas condições para o desenvolvimento de musgos.

Finalmente, instalam-se bromélias, cactáceas e pequenos arbustos.

Fotos: Fabio Colombini/Acervo do fotógrafo

Figura 5 Exemplo de sucessão ecológica em uma rocha nua. Fotografias tiradas em Ubatuba (SP).

Ao longo do processo de sucessão há aumento da quantidade de matéria orgânica (biomassa), como descrito anteriormente, e da biodiversidade, uma vez que novas espécies encontram condições propícias para se estabelecerem. No entanto, deve-se considerar que a comunidade formada varia de acordo com as características do clima e de outros fatores físicos da região. Em locais de transição entre duas comunidades, a diversidade de seres vivos é maior, havendo também maior competição por recursos. Essas regiões são chamadas **ecótone** ou **ecótono**.

Sucessão primária e secundária

A sucessão ecológica pode ser classificada de duas formas: **primária** ou **secundária**. A primeira ocorre em regiões totalmente desabitadas, como rochas expostas ou dunas em formação. Quando ocorre em locais onde a vegetação foi parcial ou totalmente removida, caso de plantações abandonadas, lagos que secaram ou à beira da estrada, a sucessão é considerada secundária. O solo nesses locais já habitados não foi destruído e as sementes ou esporos ainda permanecem viáveis.

Exercícios propostos

1. (Unifor-CE) Uma população com 100 indivíduos foi monitorada durante quatro anos e os dados obtidos constam da tabela abaixo.

Tempos (anos) / **Nº de indivíduos por**	**1**	**2**	**3**	**4**
nascimentos	45	65	72	30
imigração	4	10	9	56
morte	12	12	7	8
emigração	3	1	2	1

Com base nesses dados, pode-se afirmar que a população:

a) manteve-se estável durante todo o período.

b) caiu rapidamente para a metade do número original.

c) diminuiu lentamente a partir do primeiro ano.

d) aumentou ao longo de todo o período.

e) aumentou até o terceiro ano, depois entrou em declínio.

2. (Fuvest-SP) Em um ecossistema, larvas de mosquito (I) são comidas por larvas de outro inseto (II). Qual dos seguintes gráficos é o que melhor representa a variação das duas populações durante um certo período de tempo?

a)

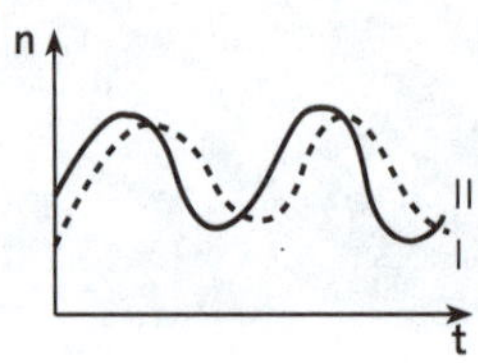

d)

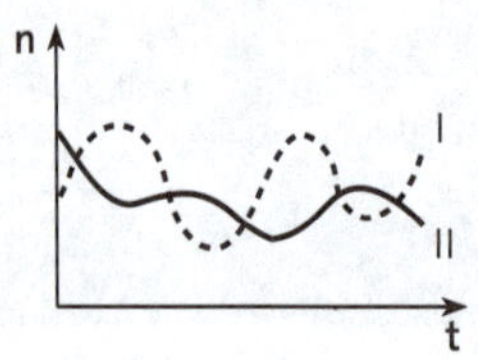

b)

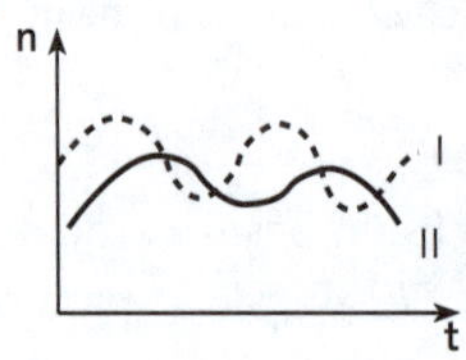

e)

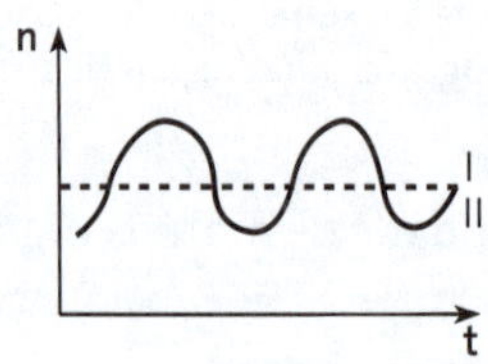

c)

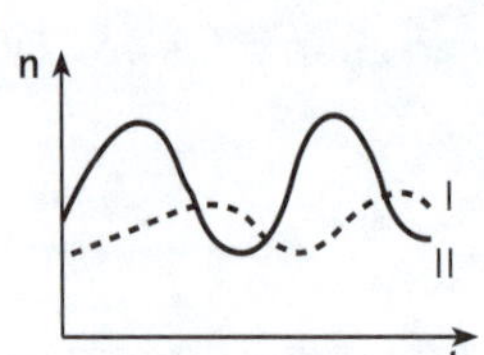

3. (Furg-RS) Numa rocha originariamente nua, começaram a aparecer líquenes. Mais tarde, desenvolveram-se musgos, seguidos por pequenas samambaias. Posteriormente apareceram gramíneas, seguidas de insetos e pássaros.

Assinale a alternativa que indica o fenômeno que corresponde à descrição acima.

a) alelobiose total.

b) alelobiose parcial.

c) sucessão secundária.

d) comunidade convergente.

e) sucessão primária.

4. (Unifal-MG) Estudos do número de espécies vegetais em uma área de pântano sugeriram que as abundâncias relativas das espécies numa comunidade assumem distribuições previsíveis. No gráfico abaixo, as associações às classes de frequência estão baseadas em percentuais de 25 áreas de amostragens.

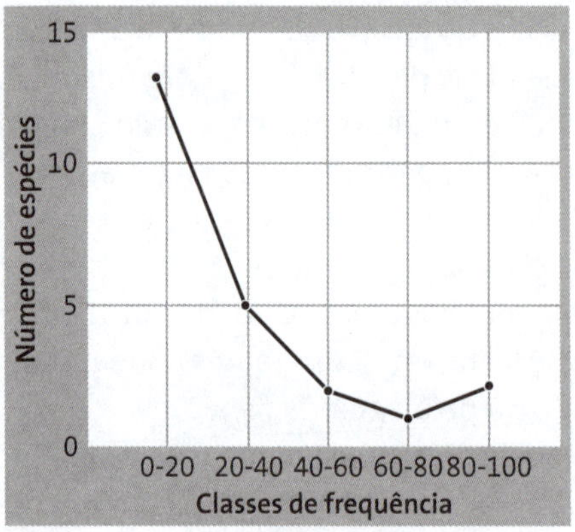

Com base no gráfico, assinale a afirmativa INCORRETA:

a) O número das espécies assume uma forma de "j" invertido.

b) Na comunidade, a maioria das espécies é relativamente rara.

c) Poucas espécies na comunidade são abundantes.

d) Não há evidência, no gráfico, de espécies em extinção.

e) Aproximadamente 14 espécies são as mais frequentes.

5. (UFRN) O estudo das variações de densidade populacional, ao longo do tempo, indica crescimento, equilíbrio ou declínio no tamanho da população estudada. Considerando

TN = TAXA DE NATALIDADE
TM = TAXA DE MORTALIDADE
TI = TAXA DE IMIGRAÇÃO
TE = TAXA DE EMIGRAÇÃO,

Uma população que apresenta DIMINUIÇÃO da sua densidade pode ser assim representada:

a) $TN + TE < TI + TM$

b) $TN + TI = TM + TE$

c) $TN + TI > TM + TE$

d) $TN + TM < TI + TE$

e) $TN + TI < TM + TE$

MÓDULO 39 • Biomas terrestres e desequilíbrios ambientais

O conjunto de ecossistemas terrestres recebe o nome de **epinociclo**. A diversidade de espécies nele encontrada é consequência da especiação, favorecida pela variação climática e pelo número de barreiras geográficas.

Biomas

Os **biomas** são grandes comunidades caracterizadas, principalmente, pelo tipo de vegetação predominante. A fauna e a flora de cada bioma estão adaptadas a condições ecológicas específicas e são influenciadas pelo tipo de solo e por fatores climáticos. A latitude influencia o clima de cada região e quanto maior a altitude, menor a temperatura (figura 1). As regiões tropicais apresentam um número maior de espécies, que diminui gradativamente em direção aos polos.

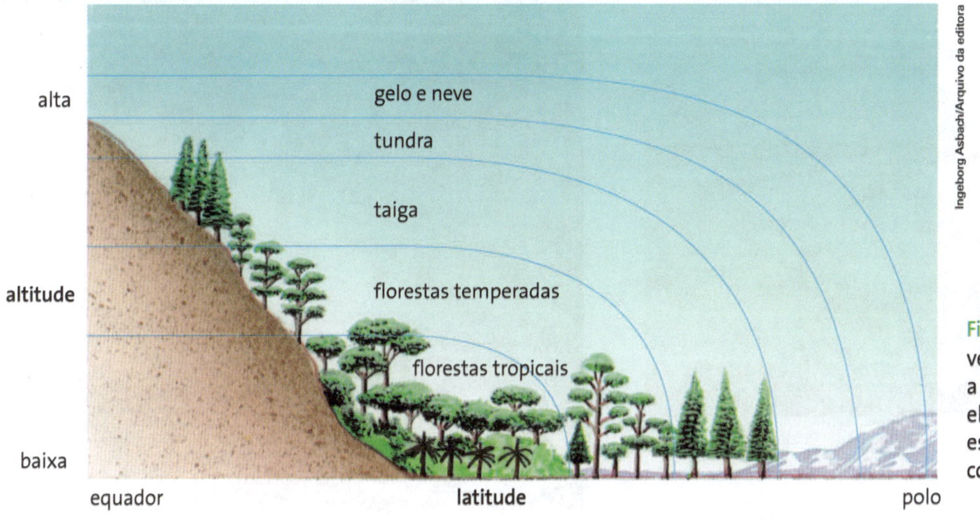

Figura 1 Variação da vegetação de acordo com a latitude e a altitude (os elementos da figura não estão na mesma escala; cores fantasia).

Na figura 2 são apresentados os principais biomas terrestres: tundra, taiga, florestas temperadas, florestas tropicais, campos e desertos.

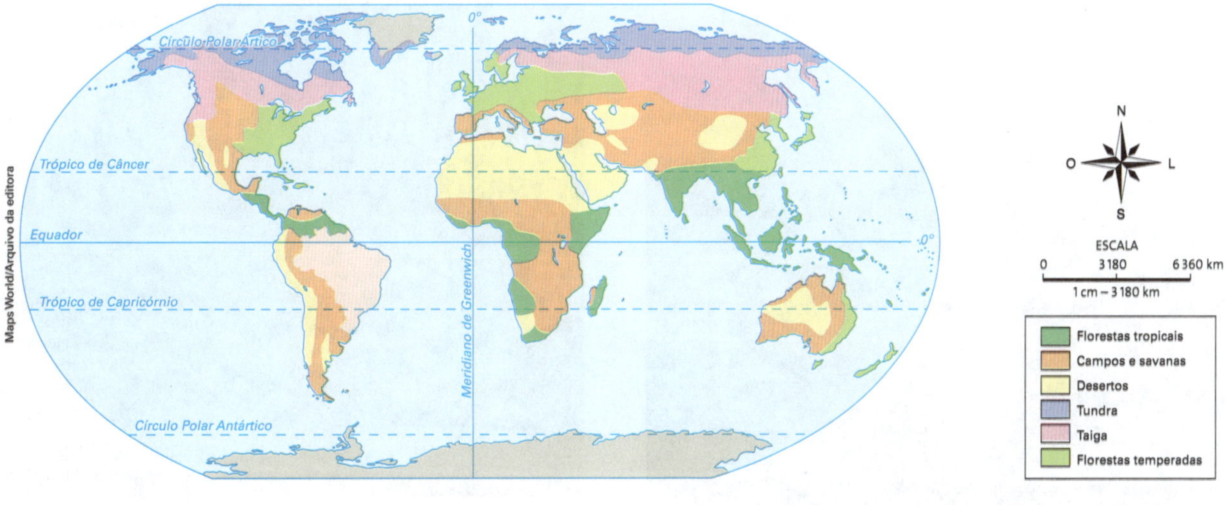

Figura 2 Principais biomas do planeta.

Tundra

A **tundra** é caracterizada por temperaturas baixas, clima frio e seco, baixa precipitação e pouca luminosidade. Esse bioma é encontrado ao redor do polo norte e no topo das montanhas mais altas. O solo permanece congelado a maior parte do tempo e descongela durante o verão, o que permite o surgimento de uma vegetação rasteira devido à formação de charcos. A flora é composta de musgo, liquens, capim e pequenos arbustos. Entre os animais estão insetos, pássaros, lemingues, lebre ártica, raposa polar e lobo-ártico (figura 3).

Francesco Dazzi/Shutterstock/Glow Images

Figura 3 Tundra alpina, nos Andes (Peru).

Taiga

Conhecida como floresta de conífera ou floresta boreal, a **taiga** localiza-se ao sul da tundra, sendo também encontrada em elevadas altitudes. A vegetação é composta por coníferas, como o pinheiro e o abeto, e a fauna é mais rica que a da tundra (figura 4).

Andre Nantel/Shutterstock/Glow Images

Figura 4 Aspecto da vegetação da taiga (Canadá).

Florestas temperadas

As **florestas temperadas** são também chamadas de **decíduas** ou **caducifólias**, pois as árvores perdem suas folhas no fim do outono, reduzindo a perda de água durante o inverno (figura 5). Na primavera, as folhas voltam a crescer. O carvalho é uma das árvores dominantes, mas também são encontrados musgos e samambaias. Essas florestas são encontradas em regiões de clima temperado, com as quatro estações do ano bem definidas. A fauna é composta de invertebrados, anfíbios, répteis e mamíferos como veados, ursos, linces, lobos, raposas e esquilos.

Florin Mihai/Shutterstock/Glow Images

Stephane Bidouze/Shutterstock/Glow Images

Figura 5 **A**: vista de floresta temperada no outono; **B**: vista de floresta temperada no inverno.

Florestas tropicais

As **florestas tropicais** ocorrem em regiões de clima quente e úmido, tais como a equatorial, a América Central, norte da América do Sul, partes leste e oeste da África central, sul da Ásia, nas ilhas do Pacífico e no nordeste da Austrália (figura 6). As chuvas são abundantes, o que justifica o outro nome desse tipo de floresta: floresta pluvial tropical. O maior exemplo desse bioma é a Floresta Amazônica. Embora ocupem uma pequena porcentagem da superfície da Terra, as florestas tropicais abrigam mais espécies que todos os outros biomas juntos.

Figura 6 Vista do interior de uma floresta tropical (Malásia).

Em geral, as plantas são **perenes** ou **perenifólias**, isto é, não perdem suas folhas durante o ano.

O crescimento das plantas rasteiras é limitado devido à copa das árvores de grande porte, que intercepta parte da luz solar. Cipós e epífitas estão presentes em grande número sobre as árvores. Em geral, as plantas rasteiras têm folhas grandes, otimizando a captação da pouca quantidade de luz que chega nesse estrato da floresta.

A destruição das florestas tropicais afeta o equilíbrio ecológico do planeta, pois leva à redução progressiva da quantidade de chuvas e da umidade, podendo resultar em um clima do tipo semiárido. A água devolvida pela transpiração forma nuvens que são levadas para o sul pelos ventos e regulam o clima em muitos países. O desmatamento pode ainda levar à extinção de muitas espécies animais devido ao desaparecimento das florestas.

Campos

Os **campos** são encontrados em regiões tropicais e temperadas que recebem uma quantidade de chuvas intermediária entre o deserto e a floresta. Por esse motivo, o desenvolvimento de árvores de grande porte é prejudicado. Em contrapartida, o de plantas pequenas é facilitado. A **savana**, na África e na Austrália, e o **cerrado**, no Centro-Oeste do Brasil, são campos das regiões tropicais e apresentam gramíneas, arbustos e árvores esparsas. Em regiões temperadas, os campos são formados por extensões de capim. É o caso dos estepes, na Ásia e na Europa, das pradarias, na América do Norte, e dos **pampas**, no sul da América do Sul.

O tipo de vegetação propicia a sobrevivência de muitos herbívoros e dos carnívoros que se alimentam deles. Na savana africana, por exemplo, são comuns as girafas, zebras, leões, guepardos e chacais (figura 7).

Figura 7 Zebras (2,5 m a 3 m de comprimento, fora a cauda) em savana africana (Reserva Nacional do Masai Mara, Quênia).

Desertos

Os **desertos**, situados em torno de 30° de latitude, são encontrados em regiões da África, da Ásia, dos Estados Unidos, do México e da Austrália. Nesses locais, o clima é seco, com precipitação anual muito baixa, e o solo é árido.

Nos desertos quentes, a temperatura varia muito: durante o dia pode chegar aos 54°C, enquanto a noite é bastante fria. Essa variação ocorre porque o calor escapa rapidamente do solo por causa da falta de vapor de água. Nos desertos frios, que ficam em latitudes altas, a variação diária da temperatura é menor.

A vegetação é esparsa e as plantas que conseguem persistir apresentam adaptações ao clima seco. Tais plantas são denominadas **xerófilas** ou **xerófitas** ou **xeromorfas**. Entre as adaptações estão: epiderme com cutícula espessa, rica em ceras ou pelos que retêm a umidade do ar; estômatos pequenos localizados no interior de cavidades da folha, diminuindo a perda de água por transpiração; raízes muito desenvolvidas; tecidos especiais para o armazenamento de água; ou ainda folhas transformadas em espinhos, como ocorre com os cactos (figura 8). Os espinhos, além de diminuir a superfície relativa da planta, também auxiliam na proteção contra animais herbívoros.

Com relação à fauna, estão presentes, entre outros, roedores, répteis, insetos, aracnídeos e aves.

David Nunuk/SPL/Latinstock

Figura 8 Cacto (um a vários metros de altura) no deserto do Atacama, no Chile.

Biomas brasileiros

Embora o Brasil apresente uma grande diversidade de ecossistemas, abrigando quase 20% de todas as espécies animais e vegetais do mundo, todos os seus biomas já sofreram com a degradação causada pelo homem. A figura 9 mostra as áreas que já foram prejudicadas pela ocupação humana.

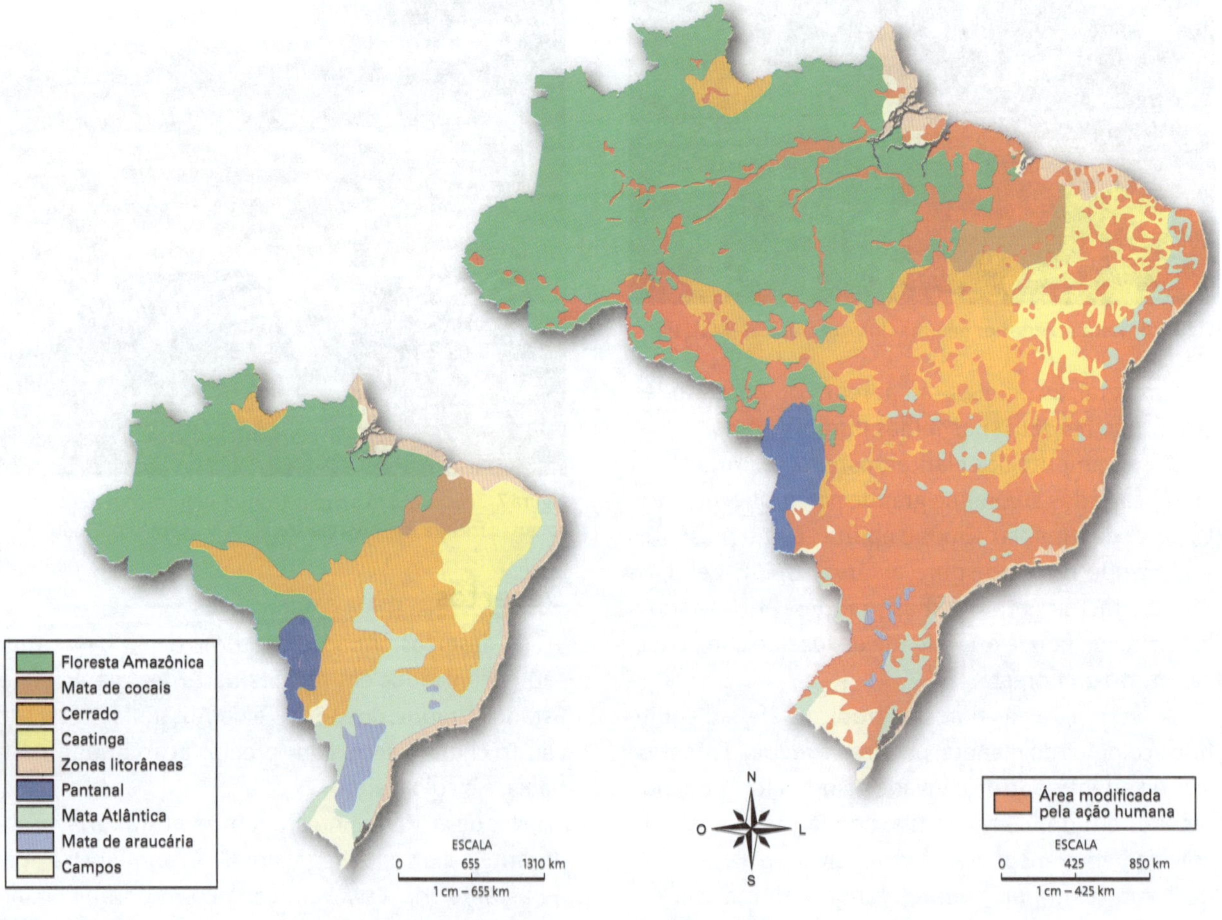

Maps World/Arquivo da editora

Fonte: *Almanaque Abril*, 2009.

Figura 9 No mapa menor, a situação original dos biomas brasileiros. O mapa maior mostra as áreas modificadas pela ação humana (cores fantasia).

Floresta Amazônica

Grande parte da região ao norte da América do Sul é coberta pela **Floresta Amazônica**. O clima é quente e úmido, e as chuvas são abundantes. A reciclagem de matéria orgânica é eficiente e importante para a comunidade, pois o solo é pobre em nutrientes.

A Floresta Amazônica pode ser dividida em mata de terra firme, localizada em regiões onde não há inundações, e alagada, a chamada mata de igapó e que está próxima a rios. Por isso, permanece quase constantemente inundada. Há ainda a mata de várzea, cuja inundação é temporária.

Além de árvores altas, a floresta abriga trepadeiras e um grande número de epífitas. As vitórias-régias, com suas folhas circulares flutuantes, são também bastante comuns na superfície das áreas tomadas pela água (figura 10).

Videowokart/Shutterstock/Glow Images

Figura 10 Vitórias-régias (*Victoria amazonica*; pode chegar a 2,5 m de diâmetro).

Com relação às espécies animais, a Amazônia possui a maior variedade de aves, primatas, roedores, sapos, insetos, lagartos e peixes de água doce do mundo. Podemos citar, entre os mamíferos, muitos primatas, carnívoros, preguiças, veados e mamíferos aquáticos, como o peixe-boi. Entre as aves, tucanos, mutuns, araras e papagaios. Lagartos, jacarés, tartarugas e serpentes representam os répteis. Anfíbios, peixes e invertebrados também apresentam uma grande diversidade de espécies.

O bioma vem sofrendo uma contínua degradação para dar espaço à agricultura, pecuária e extração de diferentes recursos, além da caça predatória e contaminação dos rios por mercúrio dos garimpos. Todos esses fatores contribuem para a destruição e poluição da região Amazônica.

A preservação da Amazônia é extremamente importante. Além de abrigar a maior biodiversidade do planeta, a floresta é responsável pela produção de um enorme volume de vapor de água, que responde pela formação de grande parte das chuvas que caem em diferentes regiões do Brasil. Assim, sua destruição eleva o aquecimento global e promove outras alterações climáticas.

A exploração das florestas tropicais deve ser feita de forma a não alterar o equilíbrio ecológico, visando a sustentabilidade e extração consciente dos recursos.

Mata Atlântica

A **Mata Atlântica** é uma floresta tropical, de clima quente e úmido. Também chamada **floresta pluvial costeira**, hoje em dia é fragmentada ao longo do litoral brasileiro. Apresenta árvores como a quaresmeira, o ipê e a embaúba, e grande variedade de trepadeiras, mata-paus e pteridófitas (figura 11).

Fotos: Fabio Colombini/Acervo do fotógrafo

Figura 11 Vista aérea da Mata Atlântica (Serra de Paranapiacaba, SP).

Na Mata Atlântica vivem diversos mamíferos, entre os quais podemos citar o mico-leão-dourado, a onça-pintada, o porco-do-mato, a capivara e a preguiça. Entre as aves, araponga, gaviões e muitas espécies de beija-flor. No entanto, várias são as espécies animais ameaçadas de extinção nesse bioma, que sofre a ação humana desde o início da colonização de nosso país.

Entre os principais responsáveis pela devastação ecológica estão a extração do pau-brasil, o ciclo da cana-de-açúcar e do café, a mineração, a extração de madeiras nobres, a pecuária, a caça predatória e o crescimento das cidades. Atualmente, restam 11,62% da vegetação original. Com o cerrado, a Mata Atlântica é o ecossistema mais ameaçado do mundo. Por ter pelo menos 1500 espécies endêmicas e ter perdido mais de 70% de sua área original, a mata Atlântica é considerada um *hotspot*.

Manguezais e restingas são ecossistemas costeiros associados à Mata Atlântica. A vegetação, composta de ervas, arbustos e algumas árvores, está adaptada ao tipo de solo: arenoso e seco.

Caatinga

A **caatinga** abrange estados do Nordeste e o norte de Minas Gerais. O clima é semiárido, com baixo índice pluviométrico e seca prolongada. Nesse período, a maioria das árvores perde suas folhas. Com o retorno das chuvas, as folhas voltam a aparecer e o verde retorna à paisagem.

Na caatinga, a vegetação está adaptada ao clima seco, sendo comum a família das cactáceas e também plantas arborescentes, como o mandacaru e o xiquexique (figura 12). Várias espécies de lagartos, serpentes, quelônios, anfíbios, aves e mamíferos estão presentes.

O desmatamento vem provocando a degradação do solo, com ameaça de **desertificação**.

Fotos: Fabio Colombini/Acervo do fotógrafo

Figura 12 Algumas plantas da caatinga: **A**: cactos mandacaru (*Cereus jamacaru*; até 5 m de altura). **B**: cactos xiquexique (*Pilosocereus gounellei*; até 3 m de altura).

Cerrado

O **Cerrado**, bioma semelhante à savana, ocupa parte dos estados de Mato Grosso, Mato Grosso do Sul, Maranhão, Minas Gerais, Goiás e Tocantins. Composto de gramíneas e árvores e arbustos esparsos, aparece também em São Paulo e no Paraná.

O clima é quente e os períodos de chuva e seca são alternados. Durante a seca, é comum a vegetação queimar espontaneamente. Quando as cinzas esfriam, novas plantas brotam do solo e os animais retornam à área queimada. Raízes profundas e caules subterrâneos ou a presença de uma cutícula espessa, que age como isolante térmico, garantem a sobrevivência das árvores. Geralmente, elas se encontram esparsas e apresentam caules tortuosos e retorcidos e folhas coriáceas (figura 13).

Durante a seca, muitas plantas perdem as folhas, enquanto em outras permanece apenas o caule subterrâneo. O solo é bastante ácido, tornando difícil a absorção de nutrientes pela raiz. Como exemplo de plantas típicas estão o buriti, a catuaba, o pequizeiro e o ipê-do-cerrado. Entre os mamíferos, o tamanduá-bandeira, o tatu-canastra, o sagui, a onça-pintada e o lobo-guará. A seriema, a asa-branca, a gralha, o pica-pau, o gavião-carcará e o urubu-rei são os principais representantes das aves.

A utilização excessiva do solo para a agricultura, além da criação de gado, ocasionou, ao longo dos anos, um esgotamento do solo do Cerrado.

Figura 13 Tronco retorcido de árvore.

Pampas

Os pampas são também conhecidos como **campos sulinos** ou **campos do sul**. Localizados no extremo sul do Brasil, apresentam vegetação formada por gramíneas, com alguns arbustos espalhados (figura 14). A região é comumente utilizada para agricultura e pecuária, o que tem levado à erosão do solo.

Figura 14 Aspecto de pampa (Área de Proteção Ambiental do Ibirapuitã, em Santana do Livramento, RS).

Pantanal

No **Pantanal**, o verão é quente e úmido, e o inverno, seco. Situado entre os estados de Mato Grosso e Mato Grosso do Sul, se estende até a Bolívia e o Paraguai. Quase dois terços de sua região ficam alagados na época das chuvas. No resto do ano, permanecem várias lagoas formadas durante as enchentes dos rios (figura 15).

Figura 15 Aspecto do Pantanal durante alagamentos.

Estão presentes mais de cem espécies de mamíferos, como a onça-pintada, a jaguatirica e o tamanduá-bandeira, e a maior diversidade de aves do mundo. Dentre estas estão os tuiuiús, as garças e os colhereiros. O jacaré-do-pantanal e a sucuri são exemplos de répteis. O dourado, o pintado e o pacu, de peixes.

A pecuária e a agricultura, bem como o garimpo e a caça e pesca clandestinas, são os principais fatores que contribuem para a degradação do Pantanal.

Mata de araucária

A **mata de araucária** é encontrada na região sul do Brasil e em regiões das serras do Mar e da Mantiqueira. O nome do bioma origina-se da espécie vegetal predominante *Araucaria angustifolia*, nome científico do pinheiro-do-paraná (figura 16). Entre os animais estão várias espécies de insetos, aves e mamíferos, muitas das quais se alimentam da semente do pinheiro, o pinhão. Quase toda a mata já foi devastada para a extração de madeira e cultivo de espécies diferentes do pinheiro-do-paraná. Hoje, restam apenas 2% da vegetação original.

Fotos: Fabio Colombini/Acervo do fotógrafo

Figura 16 Aspecto da mata de araucária (Parque Estadual de Campos do Jordão, SP).

Mata dos cocais

A **mata dos cocais** (figura 17), situada nos estados do Maranhão, Piauí, Ceará e Rio Grande do Norte, é constituída por diferentes tipos de palmeira, sendo o babaçu a principal delas. De suas sementes são extraídos óleo, álcool, fibras e outros produtos. O ambiente, assim como as pessoas que dependem dos produtos extraídos das palmeiras, sofre com o desmatamento para a instalação de monoculturas.

Figura 17 Mata de cocais (Açu, RN).

Manguezal

O **manguezal**, também conhecido apenas como **mangue**, é encontrado em vários pontos da costa brasileira, sendo característico de regiões onde a água doce dos rios encontra o mar. As condições resultantes da mistura entre água doce e salgada limita a variedade da vegetação (figura 18).

As raízes-escoras, que partem de diversas alturas do caule, são adaptações de plantas como *Rhizophora mangle* e ajudam na sustentação. Plantas do gênero *Avicennia* apresentam pneumatóforos, ramificações verticais das raízes que afloram do solo e facilitam a absorção do oxigênio do ar através dos pneumatódios.

Entre os animais são comuns os moluscos, vermes poliquetos, crustáceos, peixes, aves, jacarés e mamíferos. A maioria vem do mar e vive no mangue apenas durante uma fase da vida.

Parte dos mangues já foi degradada por causa da especulação imobiliária. A construção de moradias acaba por poluir o mar com esgoto doméstico. Além disso, existe o impacto causado nos mangues por derramamento de petróleo, pesca sem controle e exploração de madeira.

Casa de Tipos/Arquivo da editora

Figura 18 Esquema de manguezal.

Restinga

Nas zonas litorâneas, além do mangue existe a **restinga**, região arenosa com ervas, arbustos e árvores (figura 19).

Fabio Colombini/Acervo do fotógrafo

Figura 19 Vegetação de restinga.

Desequilíbrios ambientais

Poluição do ar

Diversas atividades humanas dependem da queima de combustíveis fósseis, o que acaba por liberar na atmosfera muitos produtos tóxicos, como o gás carbônico, principal causador do aquecimento global.

Outro desses produtos é o monóxido de carbono (CO), também liberado na fumaça do cigarro e extremamente perigoso por se combinar às hemácias, reduzindo sua capacidade de transportar oxigênio. Como os tecidos ficam sem oxigenação adequada, em algumas situações o indivíduo pode morrer por asfixia.

A combustão que acontece em veículos e fábricas que utilizam combustíveis fósseis também pode produzir gases com nitrogênio e enxofre, prejudiciais à saúde humana. Ao se combinarem com o vapor de água, geram ácidos como o nítrico (HNO_3) e o sulfúrico (H_2SO_4), provocando a formação de chuva ácida. Com pH menor que 5,6, a chuva ácida prejudica plantações, florestas e a vida aquática, além de degradar prédios e monumentos.

Alguns hidrocarbonetos (compostos de carbono e oxigênio), também emitidos por veículos e fábricas na queima de combustíveis, são mutagênicos e cancerígenos. Há ainda os poluentes particulados, que ficam em suspensão na atmosfera e podem causar irritação nos olhos e doenças respiratórias.

Inversão térmica

As camadas inferiores de ar são aquecidas pelo reflexo dos raios solares no solo. Com esse aquecimento, o ar mais próximo ao solo fica menos denso que o ar das camadas acima, fazendo surgir correntes de convecção. Tais correntes facilitam a dispersão de poluentes, pois o ar quente sobe e é substituído por ar frio, que desce (figura 20).

No entanto, em determinadas condições atmosféricas, uma camada de ar quente pode ficar sobre uma camada de ar frio próxima ao solo, como representado à direita na figura 20. Esse fenômeno é conhecido como **inversão térmica** e é comum no inverno, pois durante essa estação os raios solares são mais fracos e não aquecem de forma eficiente o ar próximo ao solo para que sejam formadas as corrente de convecção. Como a dispersão do ar é dificultada nas camadas mais baixas, a concentração de poluentes aumenta, causando graves problemas respiratórios.

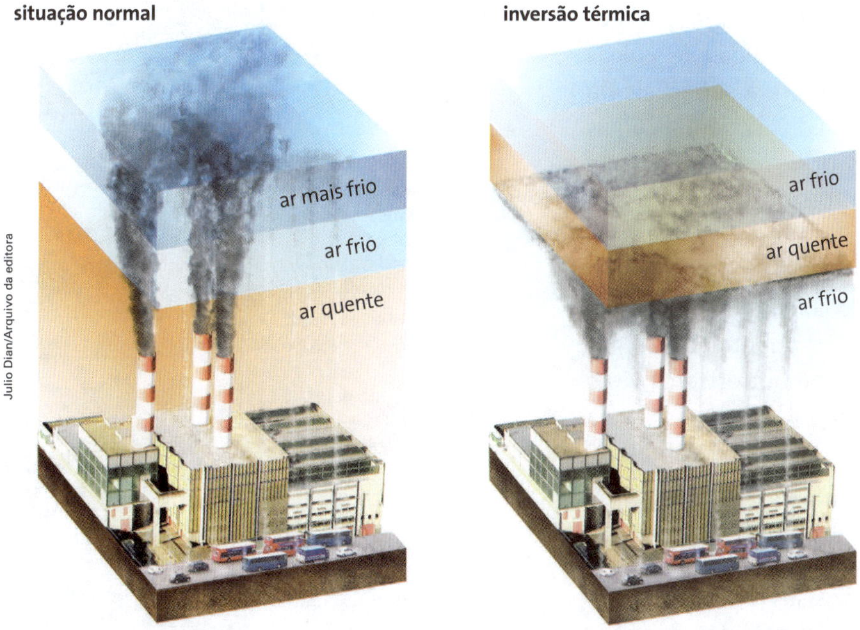

Figura 20 Por causa da inversão térmica, os poluentes ficam junto ao ar frio, próximo ao solo. (Os elementos da figura não estão na mesma escala; cores fantasia.)

Diferentes medidas podem ser adotadas para diminuir e até mesmo evitar a poluição do ar. Entre elas, podemos citar: adoção de filtros e equipamentos não poluentes por fábricas e indústrias; aprimoramento da eficiência energética de máquinas e veículos; implantação de mais áreas verdes em centros urbanos; controle da qualidade dos combustíveis e da emissão de poluentes por veículos automotores; investimento em transporte coletivo; utilização de veículos movidos à eletricidade, biocombustíveis ou gás natural.

Poluição da água

O lançamento de produtos não biodegradáveis, como metais pesados, agrotóxicos e outros poluentes persistentes, é um dos problemas mais sérios da poluição da água. Tais produtos tendem a se acumular ao longo das cadeias alimentares, prejudicando principalmente os organismos dos últimos níveis tróficos.

Parte do excesso de gás carbônico liberado na atmosfera se dissolve na água, transformando-se em ácido carbônico. A presença deste ácido eleva a acidez da água e causa prejuízos a muitos animais marinhos e ao plâncton.

O vazamento de petróleo traz consequências graves ao ecossistema aquático: o petróleo adere às brânquias dos peixes, impedindo que respirem; se prende às penas das aves e aos pelos dos mamíferos, eliminando a camada de ar retida entre essas estruturas e, consequentemente, diminuindo a capacidade de isolamento térmico. Como o animal não consegue se proteger do frio, pode acabar morrendo por hipotermia. A camada de petróleo que se espalha na superfície de água também afeta drasticamente a teia alimentar aquática, pois diminui a passagem de luz e impede a troca de gases necessária para a realização da fotossíntese e da respiração dos seres vivos que habitam esse ambiente.

O excesso de minerais na água, provocado por esgoto doméstico sem tratamento, ou quando detergentes, fertilizantes ou adubo são lançados nela, provoca uma proliferação excessiva de algas. Tais algas formam uma camada densa sobre a superfície da água, dificultando a passagem de luz para as algas em camadas mais profundas, o que resulta na morte destas devido à redução da fotossíntese. A morte das algas leva ao acúmulo de substâncias orgânicas na água, favorecendo a multiplicação de bactérias decompositoras. O aumento do consumo de oxigênio por esses organismos diminui a quantidade do gás disponível na água para peixes e outros seres vivos aeróbios, que acabam morrendo. A decomposição da matéria orgânica passa, então, a ser anaeróbica, levando à produção de gases tóxicos. Esse processo é denominado **eutrofização** ou **eutroficação**, e pode ser natural ou causado por atividade humana.

Embora os avanços nos processos técnicos tenham contribuído para a limpeza de rios poluídos, a melhor opção ainda é evitar que estes sejam contaminados. Isso pode ser feito, por exemplo, por meio da construção de biodigestores (que possibilitam a utilização de resíduo sólido como adubo), da proibição do lançamento de produtos químicos na água, do controle da poluição nos garimpos, da fiscalização das atividades relacionadas à exploração do petróleo, da melhoria do saneamento básico, do uso correto de fertilizantes ou adubo e do desenvolvimento de energias alternativas para reduzir o consumo de produtos derivados do petróleo.

Destruição dos solos

A erosão é um fenômeno natural e lento. Ela acontece quando o impacto das chuvas desagrega as partículas que formam a camada mais superficial do solo, o que facilita seu transporte pelo vento e pela água das chuvas. No entanto, atividades humanas, como as queimadas e o desmatamento de florestas, diminuem a proteção natural do solo contra a erosão, acelerando esse processo.

A cobertura vegetal protege o solo porque impede que a chuva chegue até ele de forma muito intensa, o que retiraria sua camada superficial. Além disso, as raízes das árvores ajudam a reter as partículas do solo, proteção importante para evitar a lixiviação (processo no qual a água das chuvas leva os sais minerais para camadas mais profundas do solo e onde as raízes não alcançam). As árvores impedem também a erosão do solo pela ação dos ventos (figura 21).

1. A vegetação natural protege o solo contra a ação dos ventos, do sol e das enxurradas.

2. O desmatamento facilita o início da erosão: chuvas e ventos carregam a camada superficial do solo, empobrecendo-o.

3. O solo é atingido pelos raios solares. Os ventos e as chuvas intensificam a erosão.

4. O solo fica parecido com o de um deserto, não oferecendo condições para a agricultura.

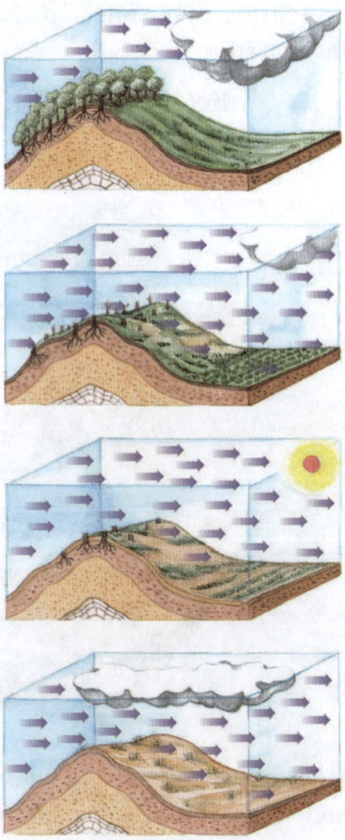

Hiroe Sasaki/Arquivo da editora

Figura 21 Esquema simplificado das etapas do processo de erosão (os elementos da ilustração não estão na mesma escala; cores fanatasia).

A substituição da mata original por lavoura também é um fator erosivo, pois muitas plantações deixam o solo exposto durante longo período. Além disso, suas raízes, por serem curtas e espaçadas, não conseguem reter o solo de forma eficiente nem absorver os sais levados para camadas mais profundas. O desmatamento por queimadas é outro fator agravante, pois destrói microrganismos decompositores, responsáveis pela reciclagem dos nutrientes.

Com a retirada da vegetação, pode ocorrer o processo de desertificação, pois há diminuição da transpiração e da quantidade de chuvas na região, contribuindo para um clima mais seco. No caso da remoção da mata ciliar ou de galeria, que fica nas margens de rios e lagos, a erosão pode provocar o acúmulo de sedimento no fundo do rio. Isto acarreta uma menor capacidade de escoamento, visto que o rio fica mais raso. Além disso, o desmatamento em áreas de encosta aumenta o risco de desmoronamento, que pode provocar consequências graves para aqueles que vivem na região.

Para controlar o ataque de insetos e outros parasitas sobre as culturas agrícolas, o ser humano desenvolveu diferentes tipos de defensivos. Alguns deles, como os organoclorados, são degradados lentamente e tendem a se acumular ao longo das cadeias alimentares. Uma vez que os agrotóxicos matam diferentes tipos de insetos, podem acabar também com aqueles que se alimentam de pragas ou que são responsáveis pela polinização. Podem ainda ser prejudiciais aos agricultores que os aplicam. Por isso, é necessário o uso de proteção durante o manuseio desses produtos.

O solo deve ser cultivado de modo a diminuir ao máximo a erosão e o esgotamento dos seus minerais. Para isso, existem diferentes técnicas de cultura, o que permite uma preservação maior do solo e de seus recursos.

Lixo

Quando não recebe o tratamento e destino adequados, o **lixo** torna-se uma das principais formas de agressão ao meio ambiente. Além de poluir e contaminar o solo e os ambientes aquáticos, o lixo pode provocar doenças em seres humanos e causar enchentes por obstruir bueiros e cursos de água.

O lixo produzido fica amontoado ao ar livre, em terrenos denominados **lixões**. Por ficar exposta, a matéria orgânica em decomposição atrai diferentes animais que podem transmitir organismos causadores de doenças. Este e outros problemas fazem do lixão uma má solução para o lixo.

Na figura 22 é apresentado o esquema de um aterro sanitário. Nele, o lixo é depositado em trincheiras abertas no solo e revestidas com uma manta impermeável para protegê-lo. Estão também presentes sistemas que permitem o escoamento do chorume e da água das chuvas, bem como uma tubulação para a saída de gases provenientes da decomposição da matéria orgânica.

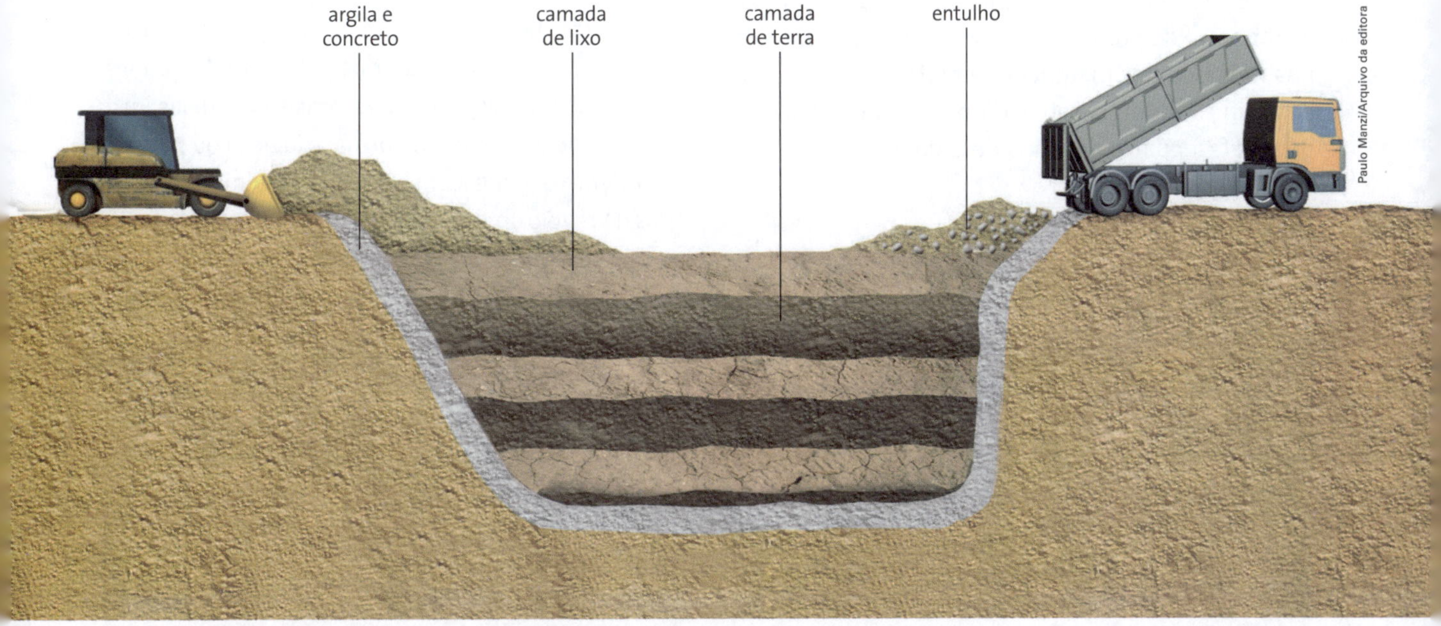

Figura 22 Ilustração de como é formado um aterro sanitário. (Os elementos da figura não estão na mesma escala; cores fantasia).

Ao contrário do que ocorre no lixão, no aterro sanitário o lixo não fica exposto ao ar livre. Após ser compactado, ele é coberto com terra ou com manta impermeável, permitindo que uma nova camada de lixo seja depositada em cima da primeira. Se construído adequadamente, o aterro sanitário não polui o ambiente.

A **incineração** consiste na queima controlada do lixo em equipamentos especiais. Sua principal vantagem é reduzir o volume de resíduos e, consequentemente, o de áreas necessárias para aterrar o que sobra desse processo. Também destrói organismos causadores de doenças, como os presentes nos lixos hospitalar e industrial.

A **compostagem** transforma os restos orgânicos do lixo em matéria orgânica. Posteriormente, esse material pode ser utilizado como adubo. Além dele, a decomposição do lixo orgânico pode produzir gases que serão usados como combustíveis. A compostagem também reduz o volume de lixo que é encaminhada para os aterros sanitários.

O reaproveitamento de materiais total ou parcialmente é denominado **reciclagem**. Esse processo, que utiliza materiais como plástico, papel, metal e vidro, diminui o consumo de matéria-prima e economiza energia. A reciclagem apresenta ainda outras vantagens: evita a poluição do solo e da água, diminui o volume de lixo que vai para lixões e aterros e gera trabalho tanto na coleta dos materiais como nas usinas de reciclagem.

Visando diminuir a produção de lixo, cada indivíduo pode adotar medidas em seu dia a dia. Evitar o uso de sacolas plásticas para carregar as compras, evitar o uso de produtos descartáveis, não jogar lixo nas ruas, separar material que pode ser reciclado e economizar energia são exemplos de atitudes que podem fazer parte da rotina de cada pessoa.

Poluição radioativa

Embora não polua o ar, caso das usinas que queimam carvão e petróleo, as usinas nucleares dividem opiniões em razão das consequências que eventuais acidentes podem acarretar. Os resíduos radiativos, por exemplo, podem causar mutações. Algumas delas podem ocasionar câncer ou alterações que serão transmitidas para os descendentes caso elas ocorram em células reprodutoras. Por causa dos riscos, os produtos radioativos devem ser acondicionados em recipientes apropriados e devem ser enterrados ou estocados em instalações especiais.

Poluição sonora

A poluição sonora e seus efeitos dependem da sensibilidade de cada pessoa, bem como da intensidade do som e do tempo de exposição. Além de causar zumbidos e até a perda irreversível da audição, a poluição sonora pode estimular a produção de adrenalina e colesterol e favorecer problemas cardíacos e distúrbios emocionais.

Entre as medidas que podem ser aplicadas pelos governantes para minimizar o problema estão: obrigar o uso de protetores auriculares para profissionais que trabalham em lugares com muito ruído, promover campanhas educativas para motoristas evitarem buzinas desnecessárias, desviar o trânsito pesado para longe de áreas residenciais, conservar e ampliar áreas verdes e que funcionam como isolantes do som.

Destruição da biodiversidade

Cerca de 2 milhões de espécies já foram identificadas pelos cientistas e estima-se que esse número ultrapasse os 30 milhões. A destruição dessa grande variedade de seres vivos é hoje uma das maiores preocupações ecológicas.

Atualmente, as atividades humanas são as principais responsáveis pela extinção das espécies. A destruição de *habitat* para a implantação de lavoura, pastagens, construção de cidades e extração de recursos, bem como a caça e a pesca indiscriminadas, são alguns exemplos das atividades que causam grande impacto no ambiente.

A introdução de espécies invasoras é, depois da destruição de *habitat*, a principal causa de extinção de espécies. As **espécies invasoras** são aquelas introduzidas no ambiente de forma acidental ou para fins econômicos e que, com a ausência de inimigos naturais na região em que foram inseridas, se reproduzem e competem com espécies nativas, podendo causar sua extinção. Entre outras consequências, a extinção de uma espécie pode levar ao desequilíbrio de um ecossistema.

A preservação do ambiente natural das espécies é essencial para a proteção da biodiversidade. Assim, a criação e manutenção de unidades de conservação se mostra a principal alternativa para evitar que mais espécies sejam extintas. É necessário também um combate efetivo à pirataria, a fim de coibir o envio ilegal de seres vivos para o exterior.

Exercícios propostos

1. (Udesc) As florestas cobrem 31% de toda a área terrestre do planeta e têm responsabilidade direta na garantia da sobrevivência de 1,6 bilhão de pessoas e de 80% da biodiversidade terrestre. Pela importância que têm para o planeta, elas merecem ser mais preservadas e valorizadas, por isso a ONU declarou 2011 o Ano Internacional das Florestas.

   Analise as proposições abaixo, em relação às florestas:

   I. A Floresta Atlântica é uma floresta tropical de clima quente e úmido distribuída ao longo do litoral brasileiro.

   II. A Floresta Amazônica é a maior floresta tropical do mundo e está situada no norte da América do Sul.

   III. A Mata de Araucárias é um tipo de floresta subtropical onde predomina o pinheiro-do-paraná.

   IV. Na Floresta Atlântica há o predomínio de cactáceas e gramíneas de pequeno porte, e poucas árvores e arbustos.

   Assinale a alternativa correta.

   a) Somente as afirmativas I, III e IV são verdadeiras.
   b) Somente as afirmativas II e IV são verdadeiras.
   c) Somente as afirmativas I, II e III são verdadeiras.
   d) Somente as afirmativas I, II e IV são verdadeiras.
   e) Todas as afirmativas são verdadeiras.

2. (UFC-CE) Um pesquisador interessado em descobrir se o fósforo representava o elemento químico responsável pelo aumento da população de cianobactérias (bactérias aeróbicas) causadoras do processo de eutrofização realizou o seguinte experimento: separou dois conjuntos de lagos e, em metade deles (grupo 1), adicionou grandes quantidades de nitrogênio e carbono. Nos lagos correspondentes à outra metade (grupo 2), ele adicionou grandes quantidades de nitrogênio, carbono e fósforo. Se o fósforo realmente for o elemento responsável pelo aumento da população de cianobactérias, qual deveria ser o resultado esperado depois de algumas semanas após o início deste experimento?

   a) Os lagos do grupo 2 deveriam apresentar maior abundância de peixes vivos que os lagos do grupo 1.
   b) Os lagos de ambos os grupos deveriam se tornar turvos e apresentar menor disponibilidade de oxigênio.
   c) Nos lagos do grupo 2, diferentemente dos lagos do grupo 1, deveria haver alta mortalidade de peixes.
   d) Nos lagos do grupo 1, deveria haver alta mortalidade de peixes, e os lagos do grupo 2 deveriam permanecer inalterados.
   e) Os peixes e os invertebrados deveriam morrer mais rapidamente nos lagos do grupo 1 se comparados aos dos lagos do grupo 2.

3. (UFPA) Nas florestas tropicais, a maior parte dos nutrientes é encontrada na biomassa viva, e não no solo. Isso se deve ao fato de a matéria orgânica morta ser rapidamente degradada, e os nutrientes resultantes serem logo aproveitados pela vegetação. Tal característica deste tipo de bioma está relacionada com o(a)(s):

   a) escassa vegetação próxima ao solo, uma vez que pouca luz consegue chegar ali.
   b) maior retenção de matéria orgânica nos solos em processo de intemperização.
   c) eficiência da fixação de nitrogênio atmosférico realizada pelos vegetais.
   d) alta temperatura e umidade, que aceleram os processos de decomposição.
   e) intenso processo de erosão, que diminui os nutrientes do solo.

4. (Uece) Frequentemente a mídia divulga a mortalidade de peixes em várias lagoas de Fortaleza, fenômeno relacionado a desequilíbrios ambientais que podem levar à eutrofização de reservatórios existentes na cidade. A sequência que melhor explica a eutrofização dos lagos e lagoas é:

   a) 1 - aumento da quantidade de matéria orgânica na água;
      2 - multiplicação dos microrganismos anaeróbios;
      3 - diminuição da concentração de oxigênio na água;
      4 - proliferação de microrganismos aeróbios;
      5 - mortalidade dos peixes.
   b) 1 - multiplicação de microrganismos anaeróbios;
      2 - diminuição da concentração de oxigênio na água;
      3 - aumento da quantidade de matéria orgânica na água;
      4 - proliferação de microrganismos aeróbios;
      5 - mortalidade dos peixes.
   c) 1 - mortalidade dos peixes;
      2 - aumento da quantidade de matéria orgânica na água;
      3 - proliferação de microrganismos aeróbios;
      4 - diminuição da concentração de oxigênio na água;
      5 - proliferação de microrganismos anaeróbios.
   d) 1 - aumento da quantidade de matéria orgânica na água;
      2 - proliferação de microorganismos aeróbios;
      3 - diminuição da concentração de oxigênio na água;
      4 - mortalidade dos peixes;
      5 - proliferação dos microrganismos anaeróbios.

Exercícios-tarefa

MÓDULO 19

1. (UFG-GO) Os dados a seguir relatam características fenotípicas e genotípicas de um fruto de uma determinada espécie vegetal, bem como o cruzamento entre os indivíduos dessa espécie.

   I. A característica cor vermelha do fruto é dominante e a característica cor amarela do fruto é recessiva.

   II. Na geração parental ocorreu o cruzamento entre um indivíduo homozigoto de fruto vermelho e um homozigoto de fruto amarelo, originando a geração F_1.

   III. Dois indivíduos dessa geração F_1 cruzaram entre si.

   Com base nos dados apresentados, a probabilidade de se obter frutos vermelhos em heterozigose em F_2 é:

   a) 0
   b) 1/4
   c) 1/2
   d) 3/4
   e) 1

2. (UFRGS-RS) Em genética, o cruzamento-teste é utilizado para determinar:

   a) o número de genes responsável por uma característica.
   b) o padrão de herança de uma característica.
   c) a recessividade de uma característica.
   d) o grau de penetrância de uma característica.
   e) a homozigose ou a heterozigose de um dominante.

3. (Fuvest-SP) Dois genes alelos atuam na determinação da cor das sementes de uma planta: **A**, dominante, determina a cor púrpura e **a**, recessivo, determina a cor amarela. A tabela abaixo apresenta resultados de vários cruzamentos feitos com diversas linhagens dessa planta:

CRUZAMENTO	RESULTADO
I × aa	100% púrpura
II × aa	50% púrpura; 50% amarelo
III × aa	100% amarelo
IV × Aa	75% púrpura; 25% amarelo

   Apresentam genótipo Aa as linhagens:

   a) I e III
   b) II e III
   c) II e IV
   d) I e IV
   e) III e IV

4. (Uerj) No homem, a sensibilidade ao gosto amargo da substância P.T.C. é devida a um gene dominante **A**, e a insensibilidade ao alelo recessivo **a**. Assim, os indivíduos **AA** e **Aa** são sensíveis ao P.T.C., enquanto os **aa** são insensíveis. Se uma mulher sadia **aa** resolver ter um filho com um homem sadio **Aa**, seu óvulo terá a seguinte probabilidade de ser fecundado por um espermatozoide contendo o gene **A**:

   a) 0%
   b) 25%
   c) 50%
   d) 75%
   e) 100%

5. (Fuvest-SP) Considere os seguintes cruzamentos para ervilha, sabendo que **V** representa o gene que determina cor amarela dos cotilédones e é dominante sobre o alelo **v**, que determina cor verde.

   I. VV x vv
   II. Vv x Vv
   III. Vv x vv

   Um pé de ervilha, heterozigoto e que, portanto, produz vagens com sementes amarelas e com sementes verdes, pode resultar

   a) apenas do cruzamento I
   b) apenas do cruzamento II
   c) apenas do cruzamento III
   d) apenas dos cruzamentos II e III
   e) dos cruzamentos I, II e III

6. (Unimes-SP) A cor da porção suculenta do caju é determinada por um par de alelos. O alelo recessivo condiciona cor amarela e o alelo dominante, cor vermelha. Qual a porcentagem esperada para coloração dos pseudofrutos dos cajueiros, resultante de cruzamentos entre plantas heterozigóticas com pseudofrutos vermelhos?

   a) 50% cajus vermelhos e 50% cajus amarelos.
   b) 25% cajus vermelhos e 75% cajus amarelos.
   c) 75% cajus vermelhos e 25% cajus amarelos.
   d) 100% cajus vermelhos.
   e) 100% cajus amarelos.

7. (Uneb-BA) As pessoas que sentem gosto amargo ao provocarem o Phenil-Tiocarbamida (PTC) são consideradas sensíveis (têm sensibilidade gustativa para a droga) e as que não sentem esse gosto são chamadas insensíveis. O gene para a sensibilidade (**S**) é dominante sobre o que determina a insensibilidade (**s**). Do cruzamento de uma pessoa sensível com outra insensível nasceram crianças dos dois tipos: sensíveis e insensíveis. Os genótipos dessa família são:
a) pais: Ss e SS; filhos: Ss e ss.
b) pais: Ss e Ss; filhos: Ss e SS.
c) pais: Ss e ss; filhos: Ss e ss.
d) pais: Ss e Ss; filhos: Ss e ss.
e) pais: SS e ss; filhos: Ss e SS.

8. (UFMG) Quando Mendel cruzou plantas de ervilha apresentando vagens de coloração verde com plantas de vagens de coloração amarelas, obteve na primeira geração (F_1) todos os descendentes de coloração verde. Na segunda geração (F_2) obteve 428 verdes e 152 amarelas. Todas as alternativas apresentam conclusões a partir desses resultados, exceto:
a) A expressão do alelo recessivo do gene desaparece apenas em F_1.
b) As plantas com vagens verdes ou amarelas da geração parental devem ser homozigotas.
c) O alelo dominante do gene se expressa em cor verde.
d) O caráter é controlado por um par de genes.
e) Os indivíduos que apresentam vagens de coloração verde em F_2 são heterozigotos.

9. (UFG-GO) Após seu retorno à Inglaterra, Darwin casou-se com sua prima Emma, com quem teve dez filhos, dos quais três morreram. Suponha que uma dessas mortes tenha sido causada por uma doença autossômica recessiva. Nesse caso, qual seria o genótipo do casal para esta doença?
a) Aa e Aa.
b) AA e aa.
c) AA e Aa.
d) AA e AA.
e) aa e aa.

10. (Ufal) Há uma linhagem pura de milho cujas plantas são sensíveis à temperatura: apresentam folhas claras a temperaturas menores que 20 °C. Esta linhagem foi cruzada com uma linhagem pura selvagem, cujas folhas apresentam coloração escura, independente da temperatura. Os descendentes de F_1 foram cruzados entre si. O experimento foi mantido sempre a 18 °C. Caso a sensibilidade à temperatura seja uma característica monogênica recessiva, espera-se obter plantas com folhas
a) escuras (50%) e claras (50%) em F_1 e escuras (75%) e claras (25%) em F_2.
b) escuras (100%) em F_1 e escuras (50%) e claras (50%) em F_2.
c) claras (100%) em F_1 e escuras (25%) e claras (75%) em F_2.
d) escuras (100%) em F_1 e escuras (75%) e claras (25%) em F_2.
e) escuras (100%) em F_1 e escuras (100%) em F_2.

11. (FGV-SP) Na genética, uma expressão bastante conhecida diz que *fenótipo é o genótipo mais o ambiente*. Essa expressão significa que:
a) o ambiente altera o genótipo do indivíduo, visando a sua adaptação.
b) o genótipo do indivíduo é o resultado da ação do ambiente sobre seu fenótipo.
c) o fenótipo do indivíduo é o resultado da expressão de seu genótipo em um dado ambiente.
d) o genótipo do indivíduo pode variar como resultado da expressão de seu fenótipo em diferentes ambientes.
e) o fenótipo do indivíduo é invariável e resulta da expressão de seu genótipo, em qualquer que seja o ambiente.

12. (UFRN) A fibrose cística é uma doença hereditária causada por alelos mutantes, autossômicos, recessivos. Em uma família hipotética, um dos genitores apresentava o fenótipo, enquanto que o outro não. Esses genitores tiveram dois descendentes: um apresentou o fenótipo e o outro não.
Com relação ao genótipo dessa família,
a) ambos genitores seriam heterozigotos, um descendente seria homozigoto recessivo, e o outro, heterozigoto.
b) um dos genitores e um dos descendentes são homozigotos recessivos, e os outros dois, genitor e descendente, são heterozigotos.
c) ambos genitores seriam homozigotos recessivos, um descendente seria homozigoto recessivo e o outro, heterozigoto.
d) um dos genitores seria homozigoto recessivo, enquanto que o outro genitor e os descendentes seriam heterozigotos.

13. (FEI-SP) Sabendo-se que o albinismo é um caráter recessivo, determine a porcentagem de descendentes com o fenótipo igual ao do pai, resultantes do casamento de um homem heterozigoto para esse fator, com uma mulher de igual genótipo.
a) 0%
c) 50%
e) 100%
b) 25%
d) 75%

14. (UEPB) Sobre o vocabulário genético, associe corretamente:

I. genótipo

II. fenótipo

III. gene

IV. heredograma

A. É a montagem de um grupo familiar com o uso de símbolos, também conhecido como genealogia, mapa familiar ou *pedigree*.

B. Cada segmento de DNA capaz de transcrever sua mensagem em uma molécula de RNA.

C. É a constituição genética de um organismo, ou seja, o conjunto de alelos que ele herdou dos genitores.

D. São as características internas ou externas de um ser vivo, geneticamente determinadas.

Assinale a alternativa correta:

a) I-A ; II-B ; III-D ; IV-C

b) I-C ; II-D ; III-B ; IV-A

c) I-B ; II-A ; III-D ; IV-C

d) I-A ; II-C ; III-B ; IV-D

15. (Vunesp-SP) O gene autossômico, que condiciona pelos curtos em cobaias, é dominante em relação ao gene que determina pelos longos. Do cruzamento de cobaias heterozigotas nasceram 300 cobaias, das quais 240 tinham pelos curtos. Entre as cobaias de pelos curtos, o número esperado de heterozigotos é:

a) 45.
c) 90.
e) 180.
b) 60.
d) 160.

MÓDULO 20

1. (UFPR) Considere um casal em que ambos os indivíduos são heterozigotos para um lócus dialélico (**A** e **a**). A probabilidade de virem a ter um filho homem e heterozigoto para este gene é de:

a) 25%

b) 75%

c) 12,5%

d) 0%

e) 50%

2. (Unifal-MG) Se a família Oliveira tiver 4 filhos, e a família Almeida 5, qual a probabilidade de que todos os filhos dos Oliveira sejam meninos, e todos os dos Almeida sejam meninas?

a) 1/512

b) 1/8

c) 9/325

d) 1/1754

e) 9/525

3. (UFMG) O mal de Huntington é uma doença autossômica dominante caracterizada por deterioração mental progressiva, convulsões e morte. Os indivíduos afetados são heterozigotos.

Analise este gráfico, em que se mostra o percentual de indivíduos doentes entre aqueles que possuem genótipo favorável:

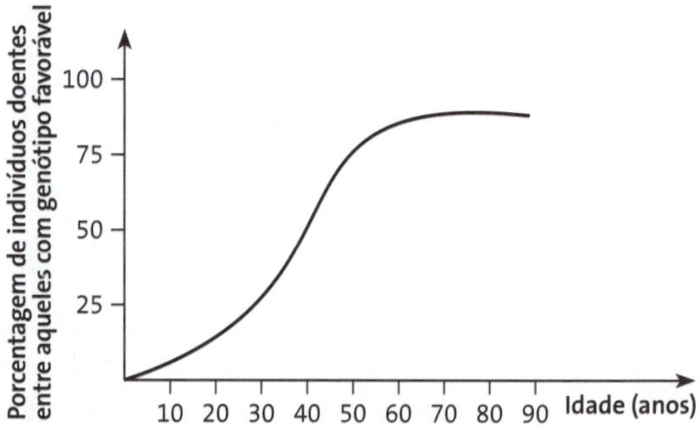

Com base nas informações desse gráfico e em outros conhecimentos sobre o assunto, é incorreto afirmar que,

a) em torno dos 65 anos, cerca de 85% dos indivíduos heterozigotos já manifestaram a doença.

b) antes de atingirem a idade de 15 anos, indivíduos portadores do alelo mutante podem expressar a doença.

c) aos 30 anos, aproximadamente 75% dos indivíduos **Aa** se apresentam sem os sinais clínicos da doença.

d) aos 40 anos, filhos de casais **Aa** × **aa** têm 50% de probabilidade de manifestar a doença.

4. (UFSM-RS) Uma criança de aproximadamente 1 ano, com acentuado atraso psicomotor, é encaminhada pelo pediatra a um geneticista clínico. Este, após alguns exames, constata que a criança possui ausência de enzimas oxidases em uma das organelas celulares. Esse problema pode ser evidenciado no dia a dia, ao se colocar H_2O_2, em ferimentos. No caso dessa criança, a H_2O_2 "não ferve". O geneticista clínico explica aos pais que a criança tem uma doença de origem genética, é monogênica com herança autossômica recessiva. Diz também que a doença é muito grave, pois a criança não possui, em um tipo de organela de suas células, as enzimas que deveriam proteger contra a ação dos radicais livres. Qual é o genótipo dos pais da criança descrita no texto e qual a probabilidade de o casal ter outro filho com essa mesma doença?

a) AA × aa; 1/8.

b) Aa × aa; 1/2.

c) Aa × Aa; 1/4.

d) Aa × aa; 1/4.

e) Aa × Aa; 1/8.

5. (Uece) A transmissão hereditária monogênica de caracteres autossômicos, levando em conta um par de alelos frequentes, pode ser generalizada. Assim, designando um par de alelos autossômicos frequentes por **A** e **a**, teremos os genótipos **AA**, **Aa** e **aa**, os quais se distribuirão de modo idêntico nos indivíduos de ambos os sexos. Isso permitirá a distinção de seis tipos de casais: **AA** × **AA**; **AA** × **Aa**; **Aa** × **Aa**; **Aa** × **Aa**; **Aa** × **AA** e **aa** × **aa**. Então, se uma mulher **Aa** casar-se com um homem **Aa** e se o gene **A_** expressa pele normal e o gene **a** expressa o albinismo (**aa**), a probabilidade desse casal vir a ter um filho do sexo masculino e albino é de

a) 1/8. b) 2/4. c) 1/3. d) 1/4.

6. (Ufscar-SP) Suponha uma espécie de planta cujas flores possam ser brancas ou vermelhas. A determinação genética da coloração é dada por um gene, cujo alelo que determina a cor vermelha é dominante sobre o alelo que determina a cor branca. Um geneticista quer saber se um representante dessa espécie de planta, que produz flores vermelhas, é homozigótico ou heterozigótico para esse caráter. Para resolver a questão, decide promover a polinização dessa planta com outra que produza flores brancas porque,

a) se a planta for homozigótica, 100% da descendência será de plantas que produzem flores vermelhas.
b) se a planta for heterozigótica, 75% da descendência será de plantas que produzem flores vermelhas e 25% de descendentes com flores brancas.
c) se a planta for homozigótica, 50% da descendência será de plantas com flores brancas e 50% de descendentes com flores vermelhas.
d) se a planta for heterozigótica, 100% da descendência será de plantas que produzem flores brancas.
e) se a planta for homozigótica, 75% da descendência será de plantas com flores vermelhas e 25% de descendentes com flores brancas.

7. (UFRGS-RS) Em gatos, a cor da pelagem preta é dominante em relação à cinza. Uma fêmea preta, chamada Filó, tem mãe preta homozigota e pai preto, chamado Bigode. A mãe de Bigode é cinza. Se Filó cruzar com um gato cinza, a probabilidade de nascer um descendente cinza é de:

a) 1/8. c) 1/3. e) 3/4.
b) 1/4. d) 1/2.

8. (Mack-SP)

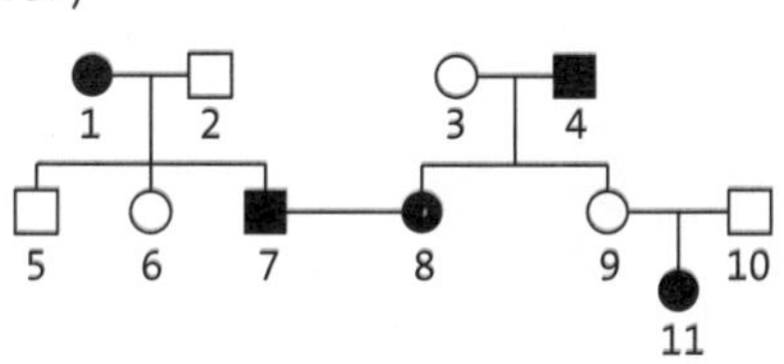

No heredograma anterior, se os indivíduos marcados são afetados por uma característica genética, as probabilidades dos casais 7 × 8 e 9 × 10 terem crianças normais são, respectivamente, de:

a) 100% e 50%.
b) 0 e 75%.
c) 50% e 50%.
d) 0 e 25%.
e) 100% e 75%.

9. (FGV-SP) O heredograma traz informações a respeito da hereditariedade de uma determinada característica fenotípica, indivíduos escuros, condicionada por um par de alelos.

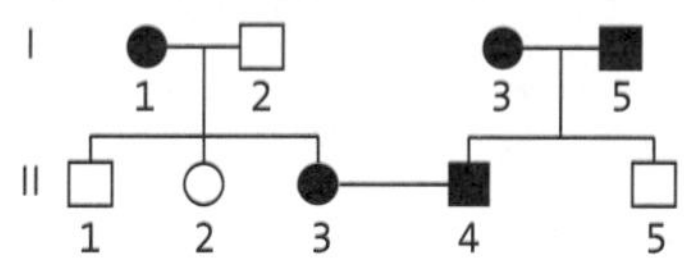

Admitindo que o indivíduo II–4 seja homozigoto, a probabilidade de nascimento de uma menina, também homozigota e afetada por tal característica, a partir do casamento entre II–3 e II–4, é

a) 3/4. c) 1/4. e) zero.
b) 1/2. d) 1/8.

10. (UFC-CE) No heredograma ao lado, a criança II-1 tem fibrose cística, uma doença causada por um alelo recessivo autossômico. As probabilidades de que sua irmã (II-2) não afetada seja carreadora ou não carreadora da fibrose cística são, respectivamente:

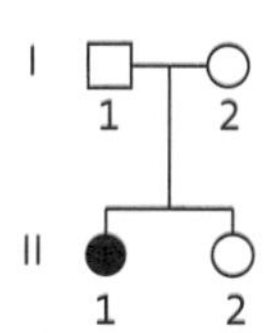

a) zero, 1/4 c) 1/4, 1/4 e) 1/2, 1/4
b) 1/4, 1/2 d) 2/3, 1/3

11. (UFPE) Renata (III–1), cuja avó materna e avô paterno eram albinos, preocupada com a possibilidade de transmitir o alelo para o albinismo a seus filhos, deseja saber qual a probabilidade de ela não ser portadora deste alelo. Assinale a alternativa que responde ao questionamento de Renata.

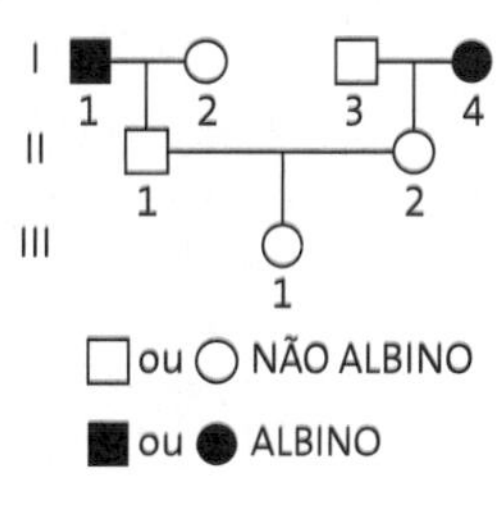

a) 0 c) 3/4 e) 1
b) 1/4 d) 1/3

12. (UFRGS-RS) A anemia falciforme é uma doença hemolítica grave cujas manifestações clínicas incluem anemia, icterícia, obstrução vascular e infartos dolorosos em vários órgãos como os ossos, o baço e os pulmões, podendo ser fatal se não tratada no início da infância. Devido a sua importância, a detecção de portadores de anemia falciforme está sendo incluída, no Rio Grande do Sul, no teste do pezinho. O seu padrão de herança é autossômico recessivo. Um casal normal que pretende ter um filho consulta um geneticista, já que cada um dos cônjuges tem um irmão com anemia falciforme. Se você fosse o geneticista, antes de realizar qualquer exame, qual a resposta correta que daria à pergunta sobre a probabilidade de nascimento de uma criança com este tipo de anemia?

a) 1/2
b) 1/4
c) 1/8
d) 1/9
e) 1/16

13. (PUC-RS) Estudos genéticos permitiram verificar que um casal tem 1/4 de probabilidade de ter um descendente com uma determinada anomalia. Esse casal tem __________ de probabilidade de ter um descendente do sexo masculino e portador da disfunção genética mencionada.

a) 2/3
b) 3/9
c) 1/8
d) 2/5
e) 1/25

14. (PUC-RS) Em uma dada espécie vegetal, o caráter planta alta é dominante sobre o caráter planta baixa, sendo os genes alelos localizados em autossomos. Pelo cruzamento de plantas altas heterozigóticas, obtiveram-se 160 descendentes.
O número provável de plantas baixas entre esses descendentes será:

a) 140
b) 120
c) 100
d) 80
e) 40

15. (FOS-SP) A polidactilia (presença de mais de 5 dedos em cada membro) é condicionada por um gene dominante **P**. Se um homem com polidactilia, filho de mãe normal, casa-se com uma mulher normal, qual a probabilidade de que o casal, em sucessivas gestações, venha a ter 6 crianças com polidactilia?

a) 1/16
b) 1/32
c) 1/64
d) 1/128
e) 1/256

MÓDULO 21

1. (Udesc) No heredograma abaixo, a cor clara nos símbolos representa indivíduos normais e a cor escura representa indivíduos afetados por uma doença genética.

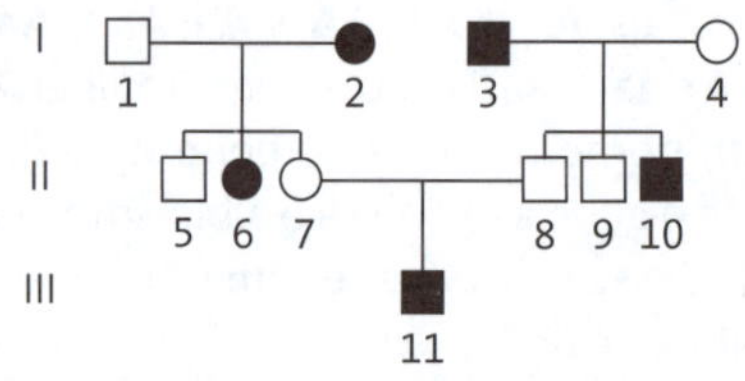

Assinale a alternativa correta, quanto à representação dos indivíduos nesse heredograma.

a) São heterozigotos os indivíduos 2, 3, 6, 10 e 11.
b) São homozigotos os indivíduos 2, 3, 6, 10 e 11.
c) São heterozigotos apenas os indivíduos 5, 7, 8 e 9.
d) São homozigotos apenas os indivíduos 6, 10 e 11.
e) São homozigotos apenas os indivíduos 5, 7, 8 e 9.

2. (UFG-GO) Um estudo genético revelou a presença de uma mutação no estado heterozigoto em vários membros de uma mesma família, como mostrado a seguir.

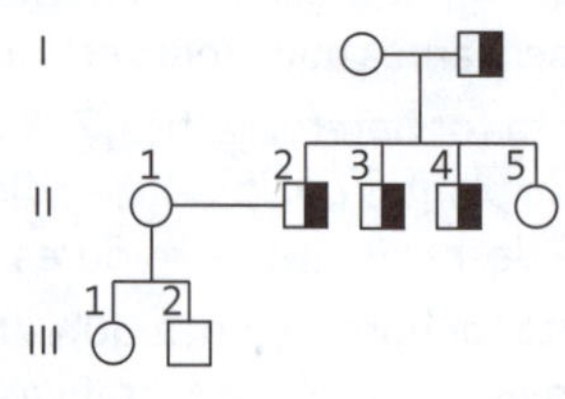

Pela análise do heredograma, quantos indivíduos são obrigatoriamente heterozigotos e qual é a probabilidade de nascer um filho portador da mutação genética indicada no cruzamento entre II-1 (homozigoto dominante) e II-2?

a) 5 indivíduos e 1/2
b) 5 indivíduos e 1/4
c) 4 indivíduos e 3/4
d) 4 indivíduos e 1/2
e) 4 indivíduos e 1/4

3. (Cesgranrio-RJ) Na espécie humana há um tipo de surdez hereditária que é determinada por um par de genes. No heredograma abaixo, as pessoas surdas estão representadas por símbolos hachurados:

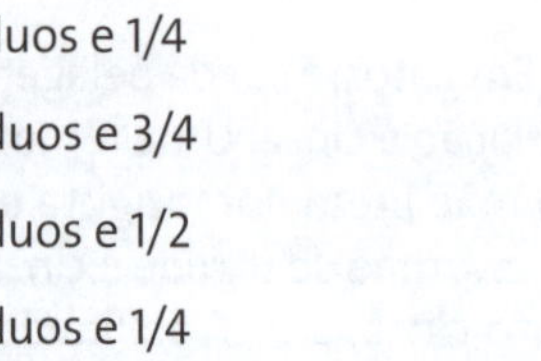

Com base nessa afirmação, assinale a opção correta quanto ao tipo de herança e os genótipos dos indivíduos 1, 2, 3 e 4, respectivamente:

a) dominante - ss, Ss, ss e ss.

b) dominante - SS, ss, SS e SS.

c) recessiva - Ss, ss, Ss e Ss.

d) recessiva - SS, ss, Ss e SS.

e) dominante - Ss, SS, Ss e Ss

4. (Uerj) A doença de von Willebrand, que atinge cerca de 3% da população mundial, tem causa hereditária, de natureza autossômica dominante. Essa doença se caracteriza pela diminuição ou disfunção da proteína conhecida como fator von Willebrand, o que provoca quadros de hemorragia.
O esquema abaixo mostra o heredograma de uma família que registra alguns casos dessa doença.

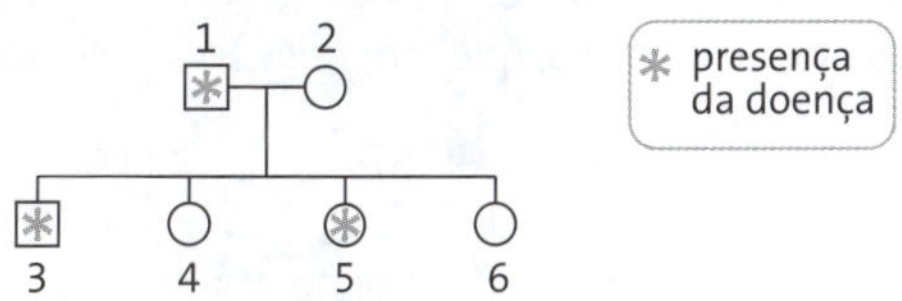

Admita que os indivíduos 3 e 4 casem com pessoas que não apresentam a doença de von Willebrand.
As probabilidades percentuais de que seus filhos apresentem a doença são, respectivamente, de:

a) 50 e 0

b) 25 e 25

c) 70 e 30

d) 100 e 50

5. (Etapa-SP) Gatos *manx* não possuem cauda. O seu fenótipo é determinado por um único gene com dois alelos: normal e *manx*. Cruzamentos entre gatos *manx* produzem descendentes na proporção de 2 *manx* : 1 normal.
Essa proporção sugere que:

a) o alelo *manx* é recessivo.

b) trata-se de um exemplo de codominância.

c) trata-se de um exemplo de genes letais.

d) o alelo *manx* é ligado ao sexo.

e) gatos *manx* são homozigotos para o alelo *manx*.

6. (UFGD-MS) Maria (III–12), cujos avô materno e avó paterna eram albinos, estava preocupada com a possibilidade de transmitir o albinismo para seus filhos. Para solucionar tal dúvida, desejava saber qual era a probabilidade de ser portadora deste alelo. Qual das alternativas a seguir corresponde à resposta correta ao questionamento de Maria?

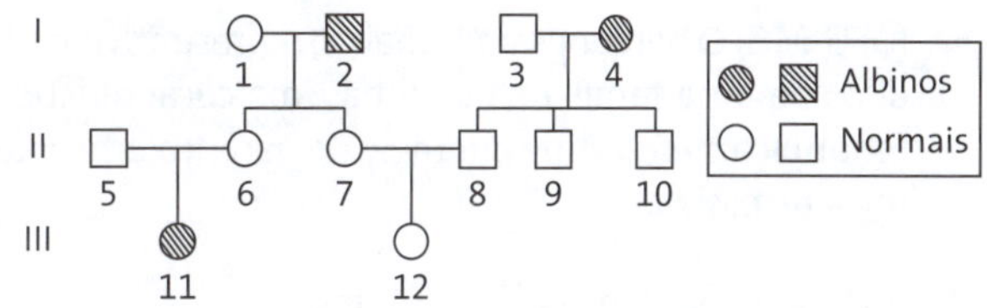

a) 0. b) 2/3. c) 1/2. d) 1/3. e) 3/4.

7. (Mack-SP) No heredograma abaixo, os indivíduos marcados são polidáctilos e os não marcados são normais para essa característica.

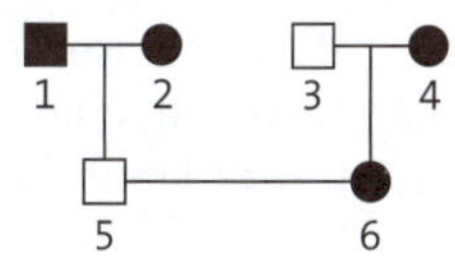

Assinale a alternativa correta.

a) O casal 1 × 2 não pode ter crianças heterozigotas.

b) O indivíduo 6 poderia ter um irmão normal.

c) O indivíduo 3 é certamente filho de pais normais.

d) O casal 5 × 6 tem 25% de probabilidade de ter crianças polidáctilas.

e) O indivíduo 4 é certamente heterozigoto.

8. (Udesc) A herança da cor da pelagem em coelhos com fenótipo Selvagem (genótipo CC, Cc^{ch}, Cc^{h} e Cc), Chinchila (Genótipo $c^{ch}c^{ch}$, $c^{ch}c^{h}$ e $c^{ch}c$), Himalaia (genótipo $c^{h}c^{h}$ e $c^{h}c$) e albino (cc) é uma condição de monoibridismo relacionado a alelos múltiplos.
Assinale a alternativa que corresponde ao percentual de fenótipo resultante do cruzamento de um coelho de pelagem Chinchila (genótipo $c^{ch}\,c^{h}$) com um coelho de pelagem Himalaia (genótipo $c^{h}c^{h}$).

a) 25% Chinchila, 50% Himalaia e 25% Selvagem

b) 75% Chinchila e 25% Himalaia

c) 50% Chinchila e 50% Himalaia

d) 75% Chinchila e 25% Selvagem

e) 25% Chinchila e 75% Himalaia

9. (UFG-GO) No homem, a acondroplasia é uma anomalia genética, autossômica dominante, caracterizada por um tipo de nanismo em que a cabeça e o tronco são normais, mas os braços e as pernas são curtos. A letalidade dessa anomalia é causada por um gene dominante em dose dupla. Dessa forma, na descendência de um casal acondroplásico, a proporção fenotípica esperada em F_1 é:

a) 100% anões.

b) 100% normais.

c) 33,3% anões e 66,7% normais.

d) 46,7% anões e 53,3% normais.

e) 66,7% anões e 33,3% normais.

10. (UFU-MG) O heredograma, abaixo, representa indivíduos de uma família na qual há uma característica fenotípica transmitida por meio de herança autossômica recessiva.

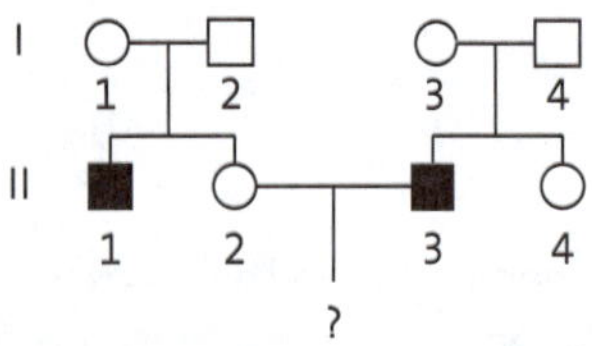

■ portador da característica fenotípica em questão

Com relação aos dados apresentados, a probabilidade do casal II.2 e II.3 ter uma filha homozigota recessiva para a característica fenotípica em questão é:

a) de 1/6.
c) de 1/4.
b) de 1/3.
d) zero.

11. (Uncisal) Analise o heredograma que mostra uma anomalia ocorrendo num grupo de animais.

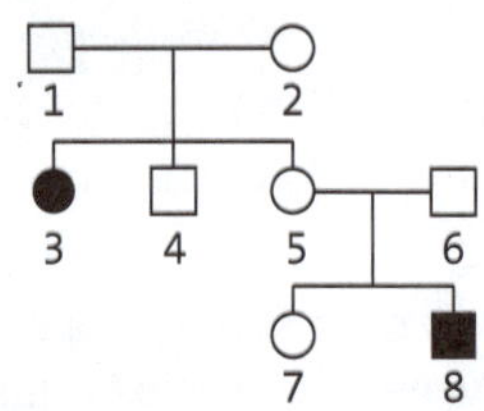

■ ● afetados □ ○ normais

Pode-se afirmar que a anomalia é

a) determinada por um gene recessivo ligado ao sexo e a probabilidade de o animal 4 ser portador desse alelo é de, aproximadamente, 50%.
b) determinada por alelo dominante e ligado ao cromossomo X e a probabilidade de o animal 5 ter transmitido para esse alelo é de, aproximadamente, 50%.
c) um caso de herança restrita ao sexo; assim, 100% dos animais que possuem o alelo serão afetados.
d) causada por gene autossômico recessivo e a probabilidade de 7 e 8 gerarem um descendente afetado é de, aproximadamente, 33%.
e) um caso de herança autossômica recessiva e a probabilidade de 4 e 5 gerar um descendente afetado é de, aproximadamente, 25%.

12. (UFRGS-RS) Suponha que em uma certa espécie diploide exista um caráter relacionado com uma série de quatro alelos (alelos múltiplos). Em um determinado indivíduo da espécie referida, o número máximo de alelos representados relacionados ao caráter em questão será igual a

a) 2.
c) 6.
e) 10.
b) 4.
d) 8.

13. (UFMG) Em aconselhamentos genéticos, um dos recursos utilizados é a elaboração de heredogramas, como este:

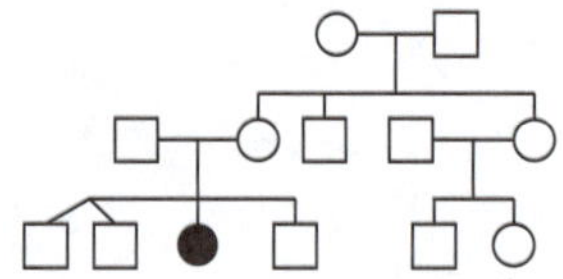

● ■ afetados
○ □ normais

É INCORRETO afirmar que a análise de heredogramas pode

a) determinar o provável padrão de herança de uma doença.
b) ilustrar as relações entre os membros de uma família.
c) prever a frequência de uma doença genética em uma população.
d) relatar, de maneira simplificada, histórias familiares.

14. (UFBA) No heredograma a seguir, os símbolos em preto representam indivíduos afetados pela polidactilia e os símbolos em branco, indivíduos normais. Conclui-se, desse heredograma, que, em relação à polidactilia:

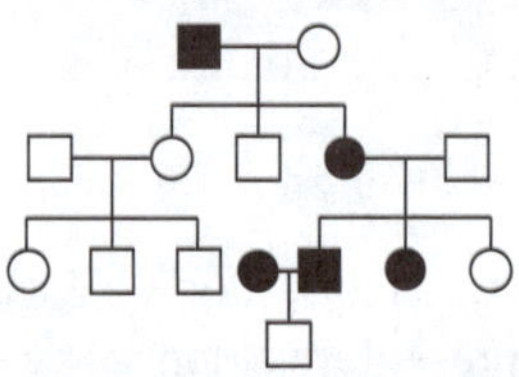

a) os indivíduos afetados sempre são homozigotos.
b) os indivíduos normais sempre são heterozigotos.
c) os indivíduos heterozigotos são apenas de um sexo.
d) pais normais originam indivíduos homozigotos recessivos.
e) pais normais originam indivíduos heterozigotos.

15. (Unimep-SP) Alelos múltiplos são aqueles que

a) afetam mais de um caráter.
b) afetam caracteres quantitativos.
c) estão situados em diferentes lócus de cromossomos homólogos.
d) representam mais de duas formas alternativas de um gene e estão situados no mesmo lócus de cromossomos homólogos.
e) afetam caracteres qualitativos.

MÓDULO 22

1. (Mack-SP) Um homem pertencente ao tipo sanguíneo AB, Rh^+, que teve eritroblastose fetal ao nascer, casa-se com uma mulher doadora universal. Sabendo que o casal já tem uma criança que apresentou eritroblastose fetal, a probabilidade de terem uma criança pertencente ao tipo A Rh^- é de:

a) 75%
c) 25%
e) 100%
b) 50%
d) zero

2. (FMABC-SP) Na genealogia abaixo, a pessoa indicada pelo número 4 apresentou a doença hemolítica do recém-nascido. Sabe-se que a pessoa indicada pelo número 6 apresenta antígeno Rh em suas hemácias e que as pessoas indicadas pelos números 3 e 7 não apresentam esse antígeno em suas hemácias.

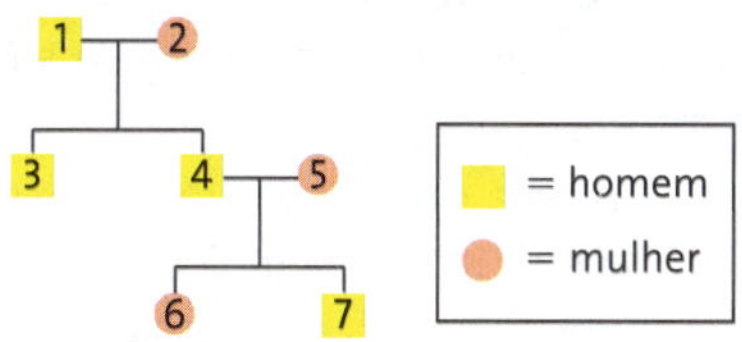

A partir da análise desses dados, assinale a alternativa INCORRETA:

a) A pessoa indicada pelo número 1 é Rh positivo.
b) A pessoa indicada pelo número 2 é Rh negativo.
c) A pessoa indicada pelo número 5 pode ser Rh negativo.
d) As pessoas indicadas pelos números 3 e 7 são capazes de produzir anticorpos anti-Rh, caso recebam sangue Rh positivo.
e) A pessoa indicada pelo número 6 tem chance de ter descendentes com a doença hemolítica do recém-nascido.

3. (UNIRG-TO) A descoberta dos sistemas sanguíneos ABO e Rh teve grande impacto na área médica, pois permitiu realizar transfusões de sangue apenas entre pessoas de grupos sanguíneos compatíveis. Uma pessoa com sangue do tipo AB/Rh^- pode doar sangue para:

a) Pessoas com sangue do tipo A/Rh^+
b) Pessoas com sangue do tipo O/Rh^-
c) Pessoas dom sangue do tipo B/Rh^-
d) Pessoas com sangue do tipo AB/Rh^+

4. (Unisa-SP) Analise o heredograma.

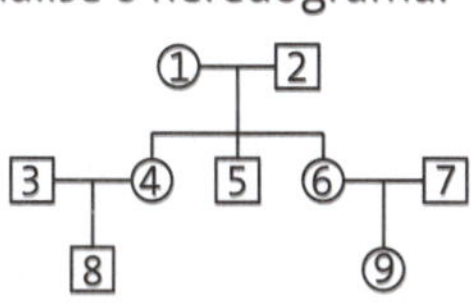

Dos nove indivíduos, apenas os indivíduos 2, 5 e 6 não doaram sangue para realizar a tipagem sanguínea. Os resultados dos exames dos demais indivíduos constam na tabela:

	anti-A	anti-B
1	–	+
3	+	–
4	–	+
7	–	–
8	–	–
9	+	–

A partir do heredograma e dos resultados da tabela é possível afirmar que

a) a probabilidade de o casal 3 e 4 gerar uma criança do grupo AB é nula.
b) os indivíduos 2 e 6 podem doar sangue para os indivíduos 3 e 4.
c) o genótipo da mulher de número 9 pode ser determinado com certeza.
d) o indivíduo de número 7 apresenta ambos as aglutinogênios em seu plasma.
e) o fenótipo do indivíduo de número 5 não pode receptor universal.

5. (UFTM-MG) Em suas duas primeiras gravidezes, Patrícia não procurou o acompanhamento médico devido. Seus dois filhos nasceram em casa e, felizmente, saudáveis. Apenas no final de sua terceira gestação, submeteu-se aos exames pré-natais.
Já na primeira consulta, o obstetra solicitou uma série de exames complementares, os quais confirmaram sua suspeita: o feto havia desenvolvido eritroblastose por incompatibilidade Rh.
Pode-se dizer que a criança dessa terceira gestação é de tipo sanguíneo

a) Rh^+, e a eritroblastose desenvolveu-se devido à presença de anticorpos no sangue materno contra antígenos das hemácias do feto.
b) Rh^+, e a eritroblastose desenvolveu-se devido à presença de anticorpos no sangue do feto contra antígenos das hemácias da mãe.
c) Rh^-, e a eritroblastose desenvolveu-se devido à presença de anticorpos no sangue materno contra antígenos das hemácias do feto.
d) Rh^-, e a eritroblastose desenvolveu-se devido à presença de anticorpos no sangue do feto contra antígenos das hemácias da mãe.
e) Rh^-, e a eritroblastose desenvolveu-se devido à ausência de anticorpos no sangue materno contra antígenos das hemácias do feto.

6. (Unimontes-MG) A técnica usualmente empregada para a determinação dos grupos sanguíneos é a prova de aglutinação, feita em lâminas ou em tubos, com soros contendo anticorpos de especificidade conhecida. O tipo sanguíneo é determinado pela observação da ocorrência ou não da reação de aglutinação. A figura abaixo representa o resultado do exame feito em uma mulher casada com um homem do sangue tipo O, fator Rh negativo. Analise-a.

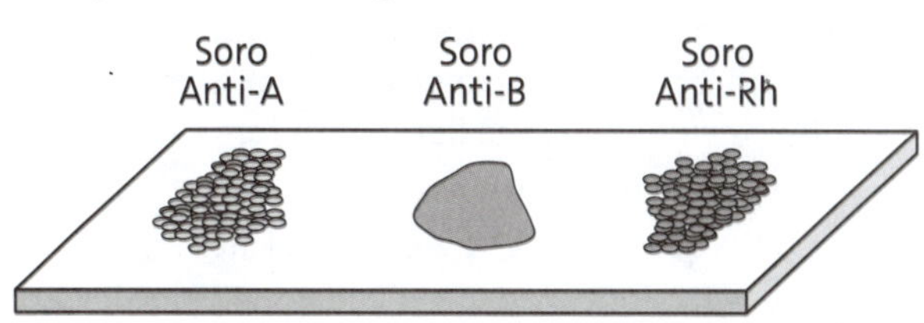

Considerando a figura, os dados apresentados e o assunto relacionado a eles, analise as afirmativas abaixo e assinale a alternativa correta.

a) Caso essa mulher seja heterozigota para os alelos do Sistema ABO e do Fator Rh, esse casal poderá ter filho com alelos homozigotos para as duas características.

b) Ao ser realizado o mesmo exame no homem citado, ocorrerá aglutinação com os três tipos de soros.

c) Todos os filhos desse casal apresentam resultados para o Fator Rh iguais ao resultado apresentado pela mãe.

d) A mulher citada pode receber transfusão sanguínea de doadores do sangue tipo B, fator Rh positivo.

7. (UEPB) Tem-se como estatisticamente comprovado que grande número de abortos se deve a uma incompatibilidade sanguínea materno-fetal, condicionada por uma determinação genética. Em tais casos, os possíveis genótipos do pai e da mãe, são respectivamente:

a) $I^BI^BRR \times I^AI^Arr$

b) $iirr \times I^AI^Arr$

c) $I^AI^Arr \times iirr$

d) $I^BI^Brr \times iiRR$

e) $I^BI^BRR \times I^BI^BRR$

8. (UEPB) Dois pacientes, em um hospital, têm as seguintes características de sangue:

PACIENTE 1: apresenta tanto anticorpos Anti-A como Anti-B no sangue.

PACIENTE 2: não apresenta anticorpos Anti-A nem Anti-B no sangue.

Pode-se afirmar que:

a) o paciente 2 é do tipo doador universal.

b) o paciente 1 pode receber sangue do paciente 2.

c) o paciente 1 só pode receber sangue A.

d) o paciente 2 só pode receber sangue AB.

e) o paciente 2 pode receber sangue A, B, AB ou O.

9. (Unesp-SP) No romance Dom Casmurro, de Machado de Assis, Bentinho vive uma incerteza: Ezequiel, seu filho com Capitu, é mesmo seu filho biológico ou Capitu teria cometido adultério com Escobar?

O drama de Bentinho começa quando, no velório de Escobar, momentos houve em que os olhos de Capitu fitaram o defunto, quais os da viúva. Escobar havia sido o melhor amigo de Bentinho e fora casado com Sancha, com quem tivera uma filha.

Suponha que, à época, fosse possível investigar a paternidade usando os tipos sanguíneos dos envolvidos. O resultado dos exames revelou que Bentinho era de sangue tipo O Rh^-, Capitu era de tipo AB Rh^+ e Ezequiel era do tipo A Rh^-. Como Escobar já havia falecido, foi feita a tipagem sanguínea de sua mulher, Sancha, que era do tipo B Rh^+, e da filha de ambos, que era do tipo AB Rh^-.

Com relação à identificação do pai biológico de Ezequiel, a partir dos dados da tipagem sanguínea, é correto afirmar que:

a) permaneceria a dúvida, pois os tipos sanguíneos de Sancha e de sua filha indicam que Escobar ou tinha sangue tipo O Rh^+, e nesse caso ele, mas não Bentinho, poderia ser o pai, ou tinha sangue tipo AB Rh^-, o que excluiria a possibilidade de Escobar ser o pai de Ezequiel.

b) permaneceria a dúvida, pois os tipos sanguíneos dos envolvidos não permitem excluir a possibilidade de Bentinho ser o pai de Ezequiel, assim como não permitem excluir a possibilidade de Escobar o ser.

c) permaneceria a dúvida, pois, no que se refere ao sistema ABO, os resultados excluem a possibilidade de Escobar ser o pai e indicam que Bentinho poderia ser o pai de Ezequiel; mas, no que se refere ao sistema Rh, os resultados excluem a possibilidade de Bentinho ser o pai e indicam que Escobar poderia sê-lo.

d) seria esclarecida a dúvida, pois, tanto no sistema ABO quanto no sistema Rh, os resultados excluem a possibilidade de Bentinho, mas não de Escobar, ser o pai de Ezequiel.

e) seria esclarecida a dúvida, pois os tipos sanguíneos de Ezequiel e da filha de Sancha indicam que eles não poderiam ser filhos de um mesmo pai, o que excluiria a possibilidade de Escobar ser o pai de Ezequiel.

10. (Unifor-CE) Durante um processo judicial para reconhecimento de paternidade, o advogado de defesa sugeriu que fossem realizadas conjuntamente as tipagens sanguíneas do sistema ABO/Rh da mãe, do filho e do suposto pai, com a alegativa de que as determinações dos grupos sanguíneos poderiam esclarecer o caso com o mínimo de despesas financeiras para o casal, evitando assim a necessidade de realização de exame de DNA. Em parte, o advogado tinha razão, pois em alguns casos a tipagem sanguínea pode ser esclarecedora em relação à paternidade. Por sorte os resultados obtidos dos exames foram realmente reveladores, pois segundo o advogado de defesa do suposto pai, perante os resultados das classificações sanguíneas encontrados, era impossível o seu cliente ser o pai biológico da criança.

Marque a alternativa que representa os resultados dos exames das tipagens sanguíneas que estão de acordo com a hipótese levantada pelo advogado.

a) a mãe era A/Rh^+, o filho A/Rh^+ e o suposto pai O/Rh^-.
b) a mãe era O/Rh^+, o filho A/Rh^+ e o suposto pai A/Rh^+.
c) a mãe era A/Rh^+, o filho AB/Rh^+ e o suposto pai B/Rh^+.
d) a mãe era B/Rh^+, o filho O/Rh^+ e o suposto pai AB/Rh^-.
e) a mãe era A/Rh^+, o filho O/Rh^+ e o suposto pai A/Rh^+.

11. (Unioeste-PR) Um homem, tipo sanguíneo AB e MN, casa-se com uma mulher tipo sanguíneo O e N. Analise as alternativas abaixo e assinale a CORRETA.

a) A probabilidade de nascer uma criança A e N é 1/8.
b) A probabilidade de nascer uma criança B e MN é 1/8.
c) A probabilidade de nascer uma criança A, N e menino é 1/16.
d) A probabilidade de nascer uma criança B, MN e menina é 1/8.
e) A probabilidade de nascerem duas crianças B, N e meninos é 1/32.

12. (UFSJ-MG) Dois casais desconfiaram que seus bebês foram trocados na maternidade e entraram em contato com um especialista em genética para saber como poderiam ter certeza da troca. Fez-se então uma tipagem sanguínea quanto ao sistema ABO, que chegou ao seguinte resultado:

Identificação	Tipo sanguíneo
Bebê 1	O
Bebê 2	A
Sra. A	B
Sr. A	AB
Sra. B	B
Sr. B	B

Com base nesses resultados, é CORRETO afirmar que

a) o bebê número 2 é necessariamente filho do casal Sr. B e Sra. B.
b) não é possível, com o teste proposto, ser conclusivo sobre o parentesco dos bebês em questão.
c) o bebê número 1 não pode ser filho do Sr. A com a Sra. A.
d) o bebê número 1 é necessariamente filho do casal Sr. A e Sra. B.

13. (UFTM-MG) Analise a genealogia.

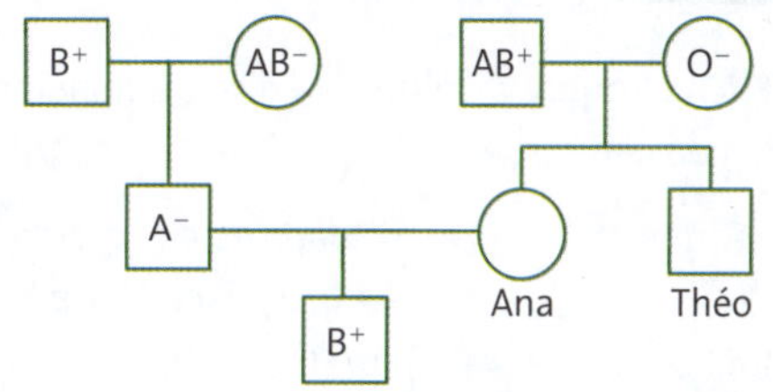

Ana e Théo são irmãos e não sabiam os seus respectivos tipos sanguíneos. Antes de se submeterem ao teste sanguíneo, seria possível deduzir algumas informações, com base nessa genealogia. Assim, pode-se afirmar corretamente que

a) a probabilidade de Ana gerar uma criança do grupo AB e Rh positivo é 1/4.
b) Théo pertence ao grupo sanguíneo receptor universal e pode ser Rh positivo.
c) Ana pertence obrigatoriamente ao grupo sanguíneo B e Rh positivo.
d) a probabilidade de Théo pertencer ao grupo doador universal é 1/2.
e) Ana poderia gerar uma criança com eritroblastose fetal para o fator Rh.

14. (Uespi) Joana sofreu um acidente de trânsito e necessita de transfusão sanguínea. Contudo, o hospital não possui seu tipo sanguineo, "AB-negativo", ou sangue em estoque do tipo "O". Uma alternativa possível seria receber sangue de pessoas com os genótipos:

a) I^Ai e Rr
b) I^Bi e rr
c) I^AI^B e RR
d) I^Ai e RR
e) I^AI^B e Rr

15. (PUC-MG) Os esquemas mostram as possíveis transfusões de sangue tradicionais em relação aos sistemas ABO e Rh.

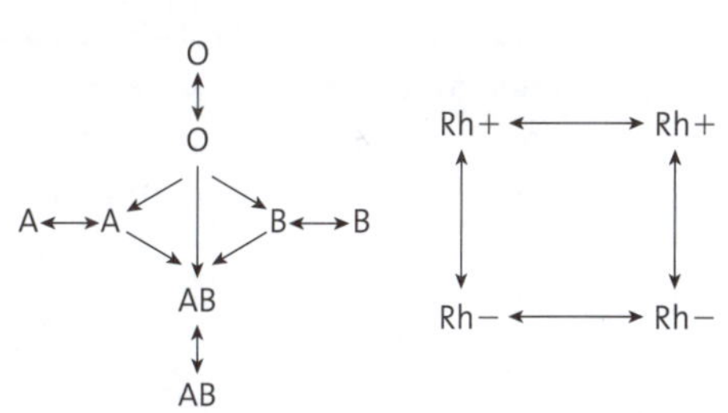

Pode-se dizer que os tipos sanguíneos mais difíceis e mais fáceis para receber sangue são, respectivamente:

a) O Rh^+ e O Rh^-
b) O Rh^- e AB Rh^+
c) A Rh^- e OB Rh^+
d) AB Rh^+ e O Rh^-

MÓDULO 23

1. (UFF-RJ) Numere a coluna da direita, relacionando-a com a da esquerda.

Indivíduos	Quantidade de cromatinas sexuais (corpúsculos de Barr)
(1) 45, X	( ) quatro
(2) 46, XX	( ) duas
(3) 49, XXXXX	( ) nenhuma
(4) 49, XXXXY	( ) uma
(5) 47, XXX	( ) três

Assinale a opção que apresenta a sequência correta de numeração.

a) 2, 4, 1, 3, 5
b) 3, 5, 1, 2, 4
c) 2, 3, 1, 4, 5
d) 3, 2, 1, 4, 5
e) 2, 1, 3, 4, 5

2. (Unioeste-PR) Suponha o heredograma a seguir; o caráter *A* é encontrado em indivíduos pelos símbolos hachurados.

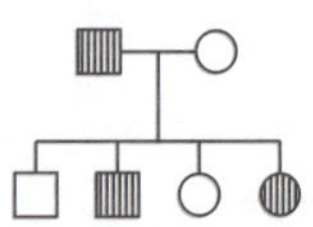

Assinale a alternativa cujo padrão de transmissão para *A* é incompatível com este heredograma.

a) Herança autossômica dominante.
b) Herança autossômica recessiva.
c) Herança dominante ligada ao cromossomo X.
d) Herança recessiva ligada ao cromossomo X.
e) Herança autossômica influenciada pelo sexo.

3. (UFF-RJ) Alguns métodos em desenvolvimento poderão permitir aos pais a escolha do sexo de seus futuros filhos. Dentre eles, alguns se baseiam em executar a fecundação em tubo de ensaio, implantando, a seguir, o ovo fertilizado no útero da mãe. Dentre as opções abaixo, os gametas que precisam ser necessariamente identificados e separados para uso no processo de fecundação, caso os pais desejem um filho do sexo feminino, são:

a) espermatócitos secundários diploides portando os cromossomos X e Y;
b) oócitos primários diploides portando os cromossomos Y;
c) espermatozoides derivados de espermátides portando o cromossomo X;
d) óvulos haploides portando o cromossomo Y;
e) oogônias portando o cromossomo X e espermatogônias portando o cromossomo Y.

4. (UEFS-BA) O esquema representa, de forma simbólica, a configuração dos cromossomos sexuais na determinação da herança genética do sexo.

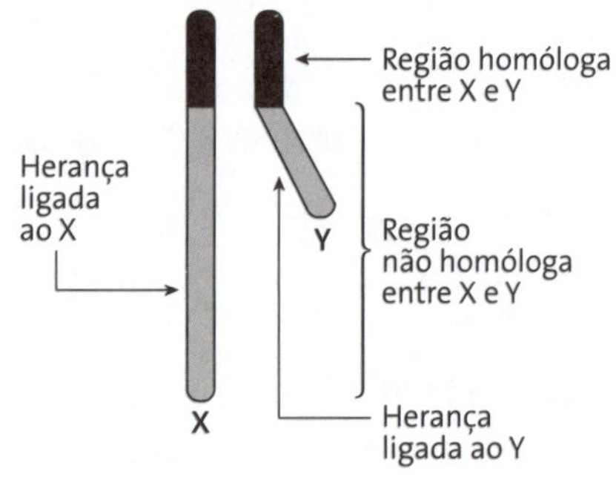

Com base nas informações apresentadas e no conhecimento atual em relação a esse tipo de herança, pode-se afirmar que a

a) ligada ao sexo é determinada por genes presentes na porção não homóloga de X e Y.
b) ligada ao sexo é determinada por genes presentes apenas na porção não homóloga de X.
c) restrita ao sexo é determinada por genes posicionados na porção homóloga de Y e X.
d) parcialmente ligada ao sexo é determinada por genes posicionados na porção homóloga apenas de X.
e) influenciada pelo sexo é determinada por genes posicionados na porção homóloga de X e Y.

5. (IFPR-PR) Uma forma da determinação da cor em cavalos (brancos, marrons e pretos) ocorre por um procedimento epistático dominante. O gene **W** inibe a manifestação da cor. O gene **B** determina pêlos pretos, seu alelo recessivo, marrons. Um garanhão duplo heterozigoto e quatro éguas de igual genótipo tiveram juntos, em toda a vida, 32 filhos. Quantos destes descendentes provavelmente eram brancos?

a) 32
b) 24
c) 18
d) 6
e) 2

6. (FCMSCSP) Lembrando que em aves o sexo heterogamético é o feminino e que em pombos existe um gene letal embrionariamente, recessivo e ligado ao sexo, qual a proporção sexual esperada na descendência de um pombo heterozigoto para tal gene?

a) 1 macho, 1 fêmea.
b) 2 machos, 1 fêmea.
c) 1 macho, 2 fêmeas.
d) 3 machos, 2 fêmeas.
e) 2 machos, 3 fêmeas.

7. (Mack-SP) Em galinhas, a cor da plumagem é determinada por 2 pares de genes. O gene **C** condiciona plumagem colorida enquanto seu alelo **c** determina plumagem branca. O gene **I** impede a expressão do gene **C**, enquanto seu alelo **i** não interfere nessa expressão. Com esses dados, conclui-se que se trata de um caso de:
   a) epistasia recessiva.
   b) herança quantitativa.
   c) pleiotropia.
   d) codominância.
   e) epistasia dominante.

8. (UFSM-RS) Considere as afirmações:
   I. Em humanos, a determinação do sexo cromossômico do zigoto (XX ou XY) depende do gameta masculino que fecunda o óvulo.
   II. Em mamíferos, as fêmeas possuem apenas um cromossomo X e os machos, dois.
   III. Em mamíferos, nas células somáticas de fêmeas normais, é possível observar o cromossomo X que foi inativado, pois este corresponde ao corpúsculo de Barr ou cromatina sexual.

   Está(ão) correta(s):
   a) apenas I.
   b) apenas II.
   c) apenas III.
   d) apenas I e II.
   e) apenas I e III.

9. (UEL-PR) A tabela a seguir classifica características hereditárias da espécie humana. Assinale a alternativa que corresponde à classificação correta.

	Herança quantitativa	Herança ligada ao sexo	Ausência de dominância
a)	daltonismo	sistema MN	cor da pele
b)	cor da pele	daltonismo	sistema MN
c)	sistema ABO	cor da pele	sistema MN
d)	sistema MN	sistema ABO	cor da pele
e)	cor da pele	sistema ABO	daltonismo

10. (Unirio-RJ) Quanto aos cromossomos sexuais X e Y, podemos afirmar que:
    a) como não são completamente homólogos, não se pareiam na meiose.
    b) como são completamente homólogos, pareiam-se na meiose.
    c) se pareiam na meiose, pois possuem uma região homóloga.
    d) não se pareiam na meiose, pois possuem uma região não homóloga.
    e) os genes que se encontram na região não homóloga do X condicionam um tipo de herança chamado herança restrita ao sexo.

11. (Faap-SP) Na espécie humana a determinação sexual é feita por um par de cromossomos, X e Y. O indivíduo do sexo feminino apresenta dois cromossomos X enquanto que o indivíduo de sexo masculino apresenta um cromossomo X e outro cromossomo Y. Com base neste texto é INCORRETO afirmar:
    a) O sexo masculino é heterogamético e é sempre o homem quem determina o sexo dos filhos.
    b) O sexo feminino é homogamético e o gameta feminino normal sempre apresenta um cromossomo X.
    c) na mulher um cromossomo X está sempre condensado e recebe o nome de cromatina sexual.
    d) A hipertricose auricular é uma característica restrita ao sexo masculino, pois o gene está localizado no cromossomo Y.
    e) Toda doença hereditária e recessiva ligada ao cromossomo X só afeta as mulheres.

12. (UEL-PR) Em cebola, dois pares de genes que apresentam segregação independente participam na determinação da cor do bulbo: o alelo dominante **I** impede a manifestação de cor e o recessivo **i** permite a expressão; o alelo dominante **A** determina cor vermelha e o recessivo **a**, cor amarela. Uma proporção de 2 incolores: 1 vermelho: 1 amarelo é esperada entre os descendentes do cruzamento:
    a) IIAA × iiAa.
    b) IiAA × iiAa.
    c) IIaa × ii aa.
    d) IiAa × IiAa.
    e) IiAa × iiaa.

13. (Fatec-SP) Na espécie humana, a determinação cromossômica do sexo é dada pelos cromossomos X e Y. O cromossomo Y apresenta genes holândricos, isto é, genes que não possuem homologia com o cromossomo X. As características condicionadas por tais genes são
    a) transmitidas da mãe para 100% das filhas.
    b) transmitidas do pai para 100% dos filhos homens.
    c) transmitidas do pai só para as filhas.
    d) transmitidas do pai para os filhos homens e filhas em 100% dos casos.
    e) exclusivas das mulheres.

14. (Unitau-SP) Determinada característica quantitativa depende da ação de cinco pares de genes. Do cruzamento entre dois indivíduos com genótipo AaBbCcDdEe resultam
    a) 5 classes fenotípicas.
    b) 9 classes fenotípicas.
    c) 10 classes fenotípicas.
    d) 15 classes fenotípicas.

15. (PUC-SP) A análise do cariótipo de exemplares de uma dada espécie revelou que o número diplóide é idêntico em ambos os sexos e que o sexo heterogamético é o feminino. Com base nesses dados, é possível dizer que o sistema de determinação do sexo nessa espécie é do tipo:

a) XX : XY

b) XX : X0

c) XX : Y0

d) ZZ : ZW

e) ZZ : Z0

MÓDULO 24

1. (UECE) Em periquitos australianos observam-se, principalmente, as seguintes cores de plumagem: amarela, azul, branca e verde, condicionadas por dois pares de genes de segregação independente e que interagem entre si. Sabendo-se que os indivíduos homozigotos recessivos são brancos; os indivíduos que apresentam em ambos os loci pelo menos um dos alelos dominantes são verdes; e que os indivíduos que apresentam um loci com genes recessivos e o outro com, pelo menos, um alelo dominante ou são azuis ou amarelos, podemos afirmar corretamente que a proporção esperada de um cruzamento de periquitos com ambos os loci heterozigotos é:

a) Amarela: 9/16; Azul: 3/16; Branca: 3/16; Verde: 1/16.

b) Amarela: 1/16; Azul: 3/16; Branca: 9/16; Verde: 3/16.

c) Amarela: 3/16; Azul: 3/16; Branca: 1/16; Verde: 9/16.

d) Amarela: 3/16; Azul: 1/16; Branca: 3/16; Verde: 9/16.

2. (PUC-SP) No ciclo de vida de uma samambaia ocorre meiose na produção de esporos e mitose na produção de gametas. Suponha que a célula-mãe dos esporos, presente na geração duradoura do ciclo de vida dessa planta, seja heterozigota para dois pares de genes, AaBb, que se segregam independentemente. Considerando que um esporo formado pela planta apresenta constituição genética AB e que a partir desse esporo se completará o ciclo de vida, espera-se encontrar constituição genética

a) ab nas células da geração esporofítica.

b) AB nas células da geração gametofítica.

c) ab em um anterozoide (gameta masculino).

d) AB em um zigoto.

e) ab em uma oosfera (gameta feminino).

3. (UPE) A *Drosophila melanogaster* tem sido um modelo biológico muito utilizado pela genética clássica e pela molecular para compreensão dos modos de herança. Dentre os genes mapeados desse organismo, suponhamos que os genes para cor do corpo e tipo de asa estejam localizados no cromossomo 2, distantes um do outro a 18 unidades de recombinação. A cor cinza do corpo é condicionada pelo alelo dominante P, e a cor preta, pelo alelo recessivo p. A asa longa é condicionada pelo alelo dominante V, e a asa vestigial, pelo alelo recessivo v.
Considerando esses dados, verifique seus conhecimentos sobre genes ligados, analisando as proposições.

I. Uma fêmea de corpo cinza e asas longas, em que um dos parentais tinha corpo cinza e asas longas, e o outro tinha corpo preto e asas vestigiais, sendo fecundada por um macho duplamente recessivo para essas características, terá 9% de probabilidade de ter moscas de corpo cinza e asas vestigiais.

II. Uma fêmea duplamente heterozigota e que porta os genes em posição *trans*, poderá originar dois tipos de gametas recombinantes nas seguintes proporções: 9% PV e 9% pv.

III. Uma fêmea de genótipo Pv/pV, durante a gametogênese, não havendo *crossing-over*, poderá dar origem a quatro tipos de gameta nas seguintes proporções: 25% PV; 25% pv; 25% Pv; 25% pV.

IV. Estimando-se que um terceiro gene (A) esteja localizado a 3 unidades de recombinação do gene P e a 21 unidades de recombinação do gene V, deduz-se que a frequência de permutação entre os genes A e V será de 24%.

Assinale a alternativa que apresenta as proposições corretas.

a) apenas I e II.

b) apenas I e IV.

c) apenas III e IV.

d) apenas II e III.

e) I, II, III e IV.

4. (UFPE) A frequência de recombinação entre os locos A e B é de 10%. Em que percentual serão esperados descendentes de genótipo AB // ab, a partir de progenitores com os genótipos mostrados na figura?

a) 5%

b) 90%

c) 45%

d) 10%

e) 20%

5. (Unioeste-PR) A genética é o ramo da ciência que estuda as leis da transmissão dos caracteres hereditários. Analise as alternativas abaixo e assinale a correta.

a) Tratando-se de genes A e B ligados, distantes 20 unidades de recombinação, uma planta com genótipo AB/ab formará 40% de gametas AB, 40% de gametas ab, 10% de gametas Ab e 10% de gametas aB.

b) Tratando-se de genes A e B não ligados, uma planta com genótipo AaBb formará somente gametas AB e ab.

c) Em um indivíduo, genótipo é o conjunto das características morfológicas ou funcionais e fenótipo é a constituição genética.

d) Codominância e dominância incompleta são denominações diferentes para formas idênticas de interações alélicas.

e) Epistasia é uma herança monogênica que ocorre devido à interação por alelos múltiplos.

6. (Unimep-RJ) Um homem apresenta o genótipo Aa Bb CC dd e sua esposa, o genótipo aa Bb cc Dd. Qual é a probabilidade desse casal ter um filho do sexo masculino e portador dos genes bb?

a) 1/4

b) 1/8

c) 1/2

d) 3/64

e) nenhuma das anteriores

7. (Fatec-SP) Na espécie humana, a habilidade para o uso da mão direita é condicionada pelo gene dominante **E**, sendo a habilidade para o uso da mão esquerda devida a seu alelo recessivo **e**. A sensibilidade à feniltiocarbamida (PTC) é condicionada pelo gene dominante **I**, e a insensibilidade a essa substância é devida a seu alelo recessivo **i**. Esses dois pares de alelos apresentam segregação independente.
Um homem canhoto e sensível ao PTC, cujo pai era insensível, casa-se com uma mulher destra, sensível, cuja mãe era canhota e insensível. A probabilidade de esse casal vir a ter uma criança canhota e sensível ao PTC é de:

a) 3/4.

b) 3/8.

c) 1/4.

d) 3/16.

e) 1/8.

8. (UFRGS-RS) O esquema abaixo refere-se a uma célula diploide que, durante a meiose, sofrerá permutação entre os genes A e B.

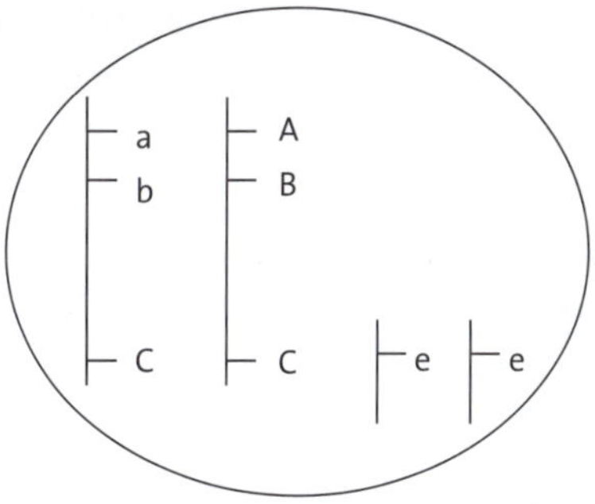

Assinale a alternativa que apresenta todos os tipos de gametas normais que podem ser formados por essa célula.

a) AbCe; abCe; aBCe; ABCe

b) AbC; e; aBC; e

c) AbCe; ABCe

d) AbCe; aBCe

e) AabCe; AaBCe; AbCe; aBCe

9. (UEPB) Um indivíduo X, de genótipo ignorado, foi cruzado com o birrecessivo cd/cd, produzindo os seguintes descendentes:

8% CD/cd	42% cD/cd
42% Cd/cd	8% cd/cd

Os resultados acima expostos permitem concluir que:

a) O genótipo do indivíduo X é CcDd – Cis.

b) A distância entre os loci c e d no mapa genético é de 84 morganídeos.

c) A distância entre os loci c e d no mapa genético é de 16 morganídeos.

d) Os gametas parentais formados pelo indivíduo X são CD e cd.

e) Os gametas recombinantes formados pelo indivíduo X são Cd e cD.

10. (Fuvest-SP) Considerando os genes X, Y e Z de um cromossomo, sabe-se que há 15% de recombinação entre os genes X e Y, entre Y e Z há 30% e entre os genes Z e X ocorre 45%. Qual a posição relativa desses três genes no cromossomo?

a) ZXY

b) XYZ

c) YZX

d) XZY

e) YXZ

11. (PUCC-SP) Considere que a surdez no homem esteja relacionada a dois pares de genes (Dd - Ee) localizados em cromossomos não homólogos. Os indivíduos homozigotos dd ou ee são surdos; os indivíduos com audição normal possuem, pelo menos, um gene D e um E.

Qual é a probabilidade de um casal DdEE × ddEe vir a ter uma criança com surdez?

a) 0%
b) 25%
c) 50%
d) 75%
e) 100%

12. (UEL-PR) No cruzamento entre indivíduos heterozigotos para dois pares de genes que se segregam independentemente, espera-se que a proporção de descendentes heterozigotos para apenas um par de genes seja:

a) 9/16.
b) 1/2.
c) 1/4.
d) 3/16.
e) 1/16.

13. (FCC-SP) Os gens **a** e **b** encontram-se num mesmo cromossoma, sendo a distância entre eles de 17 unidades. A frequência de gametas **AB** formados por um indivíduo **AB/ab** é de:

a) 8,5%
b) 17%
c) 34%
d) 41,5%
e) 83%

14. (UFRGS-RS) Em porcos, a cor dos pelos pode ser branca (P_) ou preta (pp), e o tipo de casco é determinado por alelos que segregam em outro cromossomo, sendo que F_ condiciona casco indiviso e ff, casco fendido. Se porcos diíbridos são cruzados entre si e produzem, entre várias ninhadas, 64 descendentes, quantos desses apresentarão fenótipo diferente dos pais?

a) 4.
b) 16.
c) 28.
d) 36.
e) 60.

15. (Vunesp-SP) No homem, os genes A e B, autossômicos, distam entre si 10 unidades de recombinação. Examine o cruzamento abaixo.

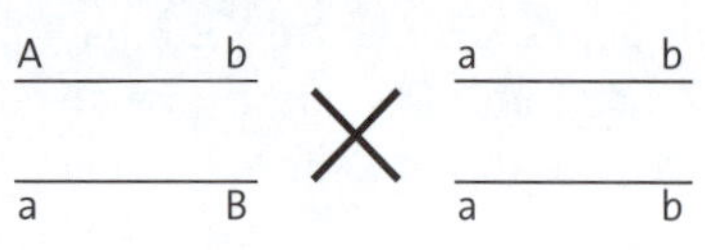

A frequência de descendentes com fenótipos AB é igual a:

a) 90%.
b) 45%.
c) 2,5%.
d) 10%.
e) 5%.

MÓDULO 25

1. (UFRN) A Síndrome de Down, uma aneuploidia autossômica, caracteriza-se pela trissomia do cromossomo 21 e decorre do(a)

a) erro de disjunção do cromossomo 21 durante a formação dos gametas.
b) fecundação de um gameta feminino diploide por um gameta masculino haplóide.
c) senilidade dos ovócitos em mulheres com idade a partir dos 35 anos.
d) fato de as células autossômicas dos portadores terem 46 cromossomos.

2. (UFU-MG) Organismos que recebem e incorporam genes de uma outra espécie são conhecidos como transgênicos. Analise as afirmativas abaixo, relacionadas à produção dos transgênicos.

I. A técnica de transgenia consiste em extrair o DNA plasmidial de um microorganismo e injetá-lo no núcleo da célula, animal ou vegetal, que se deseja transformar.
II. Quando o organismo transgênico se reproduz, os genes incorporados são transmitidos aos descendentes.
III. Por meio da transgenia, foram produzidas plantas resistentes a herbicidas e ao ataque de insetos.

Assinale a alternativa correta.

a) Apenas I e III são verdadeiras.
b) Apenas I e II são verdadeiras.
c) Apenas II e III são verdadeiras.
d) I, II e III são verdadeiras.

3. (FASM-SP) Em relação às plantas transgênicas destinadas ao cultivo, pode-se afirmar que:

a) são produzidas através de diversos cruzamentos entre indivíduos da mesma espécie e seleção dos exemplares com as características desejadas.
b) algumas variedades são resistentes aos herbicidas podendo ocasionar o uso exagerado dos mesmos pelos agricultores, poluindo o ambiente.
c) são estéreis para que não haja risco de poluição genética devido a cruzamentos com variedades selvagens ou espécies aparentadas.
d) a substituição dos cultivares tradicionais pelos transgênicos aumenta a variabilidade genética da lavoura, tornando as plantas mais resistentes às pragas.
e) o cultivo de plantas transgênicas pode tornar o Brasil o maior exportador mundial de grãos, pois os alimentos transgênicos são mais aceitos no mercado europeu.

4. (PUC-RJ) A ovelha Dolly, primeiro clone animal oficialmente declarado, após adulta foi acasalada com um macho não aparentado. Desse cruzamento resultou o nascimento de um filhote com características "normais". Este filhote:
a) é geneticamente idêntico à sua mãe, a ovelha Dolly.
b) é geneticamente igual à sua avó, mãe da ovelha Dolly.
c) não tem nenhum patrimônio genético de seu pai.
d) tem todo seu patrimônio genético herdado de seu pai.
e) tem parte do material genético de seu pai e parte de sua mãe.

5. (UFPB) A tecnologia do DNA recombinante abriu novas perspectivas no melhoramento genético dos organismos. Essa técnica consiste na inserção de um segmento de DNA de uma espécie em outra e, para o seu desenvolvimento, diversas enzimas são utilizadas. Com base na literatura sobre a tecnologia do DNA recombinante, é correto afirmar:
a) As enzimas de restrição identificam o segmento de DNA que será inserido na célula alvo.
b) Os plasmídeos são enzimas importantes para unir as moléculas de DNA.
c) A enzima DNA ligase é importante para inserir o DNA na célula alvo.
d) As enzimas de restrição são utilizadas para cortar a molécula de DNA.
e) O uso de plasmídeos diminui a eficiência das técnicas de manipulação do DNA.

6. (UFF-RJ) O cariótipo humano é constituído pelo conjunto completo dos cromossomos ordenados de um indivíduo. No exame pré-natal de um casal cuja futura mãe tenha mais de 35 anos de idade e apresente casos de doenças genéticas na família, o médico deve indicar uma avaliação do cariótipo fetal.

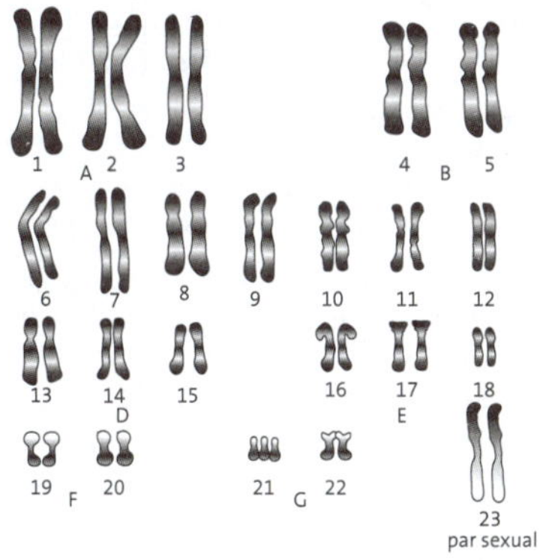

O cariótipo humano esquematizado acima é referente a um indivíduo com certas características apontadas em uma das opções. Indique-a.
a) Normal e do sexo masculino.
b) Com síndrome de Klinefelter e do sexo masculino.
c) Com síndrome de Down e do sexo masculino.
d) Com síndrome de Klinefelter e do sexo feminino.
e) Com síndrome de Down e do sexo feminino.

7. (UEG-GO) As técnicas de engenharia genética podem ser consideradas ferramentas que possibilitam a identificação de pessoas com base na análise do DNA, além de propiciar aconselhamentos genéticos e resolver casos de paternidade desconhecida e problemas criminais. Sobre essas técnicas e sua importância, é CORRETO afirmar:
a) o aconselhamento genético é indicado para casais normais e consanguíneos, em que um dos cônjuges recebeu irradiação ionizante ou fez ingestão de drogas mutagênicas.
b) a terapia gênica, também conhecida como geneterapia, consiste em introduzir genes anormais e recombinantes em pessoas que tenham o alelo que causa uma determinada doença.
c) a identificação de pessoas com base na análise do DNA possibilita um nível de certeza similar ao utilizado nas impressões digitais, ambas as técnicas são conhecidas como DNA *fingerprint*.
d) a engenharia genética permite alterar a composição gênica dos indivíduos num intervalo de tempo maior, visto que a reprodução seletiva não permite a manipulação de genes.

8. (PUC-PR) Na espécie humana podem aparecer certas anomalias cromossômicas originadas durante a meiose, com a produção de gametas anormais. Com relação à Síndrome de Turner e à Síndrome de Klinefelter, relacione as colunas considerando as suas respectivas caracterizações:

(a) Síndrome de Klinefelter
(b) Síndrome de Turner

( ) Cariótipo 2A XXY.
( ) Sexo feminino, baixa estatura, pescoço curto e largo.
( ) Cariótipo 2A X0.
( ) Sexo masculino, esterilidade, braços e pernas longos, ausência de pelos.

Assinale a alternativa que contém a sequência correta:
a) a, b, a, b.
b) a, b, b, a.
c) a, a, b, b.
d) b, a, a, b.
e) b, b, a, a.

9. (UFMG) A tecnologia do DNA recombinante permitiu a inserção e a expressão, em bactérias, do gene humano responsável pela síntese da insulina. Todas as alternativas apresentam resultados esperados do êxito dessa técnica, EXCETO:
a) Possibilidade de expressão em bactérias de outros genes de interesse médico.
b) Possibilidade de tratamento para pacientes com intolerância à insulina animal.
c) Independência de pâncreas de animais para produção de insulina.
d) Obtenção de uma nova espécie de bactéria produtora de insulina humana.

10. (FMJ-SP) Pesquisadores da Universidade Federal de Viçosa desenvolveram um teste capaz de detectar se o grão ou outro subproduto da soja tem modificações genéticas, isto é, se é um produto transgênico. O teste identifica, na soja, a presença de um gene originário de uma bactéria e que determina a resistência ao herbicida glifosato. A presença desse gene na soja indica que
a) os gametas da planta receberam diretamente o gene da bactéria que confere resistência ao herbicida.
b) uma relação simbiótica da bactéria com os vegetais foi responsável pelo desenvolvimento do herbicida.
c) a ocorrência de melhoramento genético foi responsável pela associação da planta com a bactéria resistente.
d) ao entrar em contato com a bactéria, a planta desenvolveu resistência genética ao herbicida.
e) ocorreu transferência do gene bacteriano para células do vegetal que passou a apresentar a resistência.

11. (UEL-PR) A manipulação genética de microrganismos, principalmente a manipulação de bactérias, já possibilitou a obtenção de resultados benéficos para a medicina e para outras áreas do conhecimento.
Com base nessa informação e nos conhecimentos sobre manipulação genética de micro-organismos, analise as seguintes afirmativas:
I. São utilizadas pequenas porções circulares de DNA dispersas no citoplasma bacteriano e que têm replicação independente do cromossomo.
II. Promove-se o corte de moléculas de DNA com o uso de enzimas que reconhecem sequências nucleotídicas específicas no DNA.
III. Se duas diferentes moléculas de DNA forem cortadas por uma mesma enzima de restrição, serão produzidos iguais conjuntos de fragmentos.
IV. A tecnologia do DNA recombinante (ou engenharia genética) fundamenta-se na fusão de segmentos de DNA de organismos de diferentes espécies para a construção de DNA híbrido.
Assinale a alternativa correta.
a) Somente as afirmativas I e II são corretas.
b) Somente as afirmativas I e III são corretas.
c) Somente as afirmativas III e IV são corretas.
d) Somente as afirmativas I, II e IV são corretas.
e) Somente as afirmativas II, III e IV são corretas.

12. (PUC-SP) Uma mulher triplo-X é fértil e produz óvulos normais e óvulos com dois cromossomos X. Sendo casada com um homem cromossomicamente normal, essa mulher terá chance de apresentar
a) apenas descendentes cromossomicamente normais.
b) apenas descendentes cromossomicamente anormais.
c) 50% dos descendentes cromossomicamente normais e 50% cromossomicamente anormais.
d) 25% dos descendentes cromossomicamente normais e 75% cromossomicamente anormais.
e) 75% dos descendentes cromossomicamente normais e 25% cromossomicamente anormais.

13. (UFV-MG) O exame de paternidade tem sido muito utilizado na medicina forense. Esse teste baseia-se na identificação de marcas genéticas específicas que podem ser encontradas no DNA da mãe, do pai e dos filhos. O resultado do teste, representado abaixo, contém padrões dessas marcas de uma determinada família.

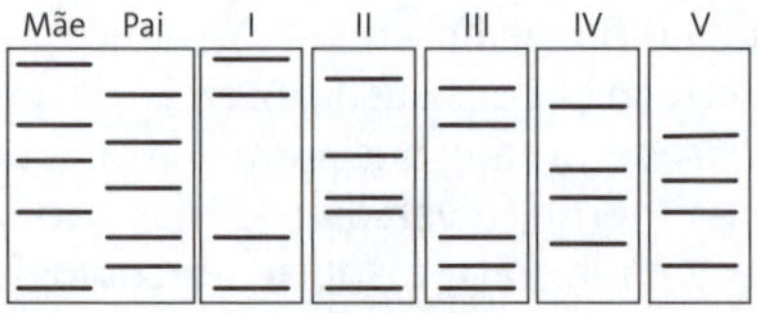

Com base neste resultado, assinale a alternativa INCORRETA:
a) I é filho biológico do casal.
b) II não é filho deste pai.
c) III é irmão biológico de I.
d) IV pode ser filho adotivo do casal.
e) V não pode ser filho biológico deste casal.

14. (Unifesp) Os gatos possuem 38 cromossomos, com o sistema XX/XY de determinação sexual. No desenvolvimento embrionário de fêmeas, um dos cromossomos X é inativado aleatoriamente em todas as células do organismo. Em gatos domésticos, a pelagem de cor preta (dominante) e amarela (recessiva) são determinadas por alelos de um gene localizado no cromossomo X. Fêmeas heterozigóticas para cor da pelagem são manchadas de amarelo e preto. Um geneticista colocou um anúncio oferecendo recompensa por gatos machos manchados de amarelo e preto. A constituição cromossômica desses gatos é:
a) 37, YO.
b) 37, XO.
c) 38, XX.
d) 39, XXY.
e) 39, XXX.

15. (PUC-RJ) Sobre transgênicos, é errado afirmar que
a) são organismos que recebem determinados genes de interesse, através de plasmídeos de bactérias.
b) não causam mal à saúde e ao ambiente, segundo provas científicas incontestáveis.
c) são produzidos através do uso do *Bacillus thuringiensis*, no caso de alguns transgênicos de tomate, milho e batata.
d) são resistentes aos herbicidas, no caso da soja produzida pela Embrapa (Empresa Brasileira de Pesquisas Agropecuárias).
e) algumas contra argumentações sobre a sua produção são: reduzir a diversidade genética, promover o uso exagerado de herbicidas e transmitir os genes modificados para populações naturais.

MÓDULO 26

1. (Ufscar-SP) O programa "Fantástico", exibido pela Rede Globo em 1/8/2004, apresentou em um de seus quadros um provável animal do futuro, uma possível espécie de ave que poderá existir daqui a alguns milhões de anos. Por essa época, o encontro entre massas continentais provocará o aparecimento de imensas cordilheiras, muito mais altas que as atualmente existentes. Segundo o programa, nesse ambiente possivelmente existirão aves portadoras de 2 pares de asas, o que lhes garantiria maior sustentação em condições de ar rarefeito. Essas aves seriam as descendentes modificadas de espécies atuais nas quais há apenas um par de asas. Se isso realmente ocorrer, e considerando que o par de asas das aves atuais é homólogo aos membros anteriores de mamíferos e répteis, é mais provável que esse novo par de asas
   a) seja homólogo ao par de pernas das aves atuais.
   b) seja análogo ao par de pernas das aves atuais.
   c) seja homólogo ao par de asas das aves atuais.
   d) apresente os mesmos ossos das asas atuais: úmero, rádio e cúbito (ulna).
   e) apresente novos ossos criados por mutação, sem similares dentre os das aves atuais.

2. (UFMG) Desenvolvida, há 150 anos, por Charles Darwin e Alfred Wallace, a ideia da seleção natural pode ser sustentada por observações científicas atuais. Assinale a alternativa que contém uma informação que NÃO é sustentada pela Teoria Evolutiva por Seleção Natural.
   a) A reposição do fator de coagulação mediante transfusão de sangue aumenta a adaptabilidade dos hemofílicos.
   b) Certas bactérias, em face de mudanças no ambiente, adquirem a capacidade de produzir novas substâncias.
   c) O vírus HIV pode sofrer mutações, o que dificulta o tratamento de indivíduos soropositivos.
   d) Os peixes cegos apresentam menor chance de sobrevivência em ambientes iluminados.

3. (UFRGS-RS) Considere as afirmações abaixo sobre os fósseis.
   I. Partes de organismos são consideradas fósseis, somente se encontradas em rochas sedimentares.
   II. O processo de fossilização requer condições ambientais específicas, o que contribui para a sua raridade.
   III. Fósseis mais antigos podem ser encontrados na camada superior do sedimento, em função das movimentações da crosta terrestre.

   Quais estão corretas?
   a) Apenas I.
   b) Apenas II.
   c) Apenas I e III.
   d) Apenas II e III.
   e) I, II e III.

4. (UFTM-MG) Algumas espécies de aves, como os patos, apresentam os pés palmados, nos quais os dedos estão interligados por uma membrana, o que lhes facilita a locomoção na água. De acordo com a teoria da evolução de Darwin, nas populações ancestrais desses animais, alguns indivíduos
   a) foram condicionados a desenvolver essas estruturas para sobreviver, e foram favorecidos pela seleção natural.
   b) foram estimulados a sofrer mutações que resultassem na formação de membranas, estas lhes favoreceram no ambiente aquático, com isso permitindo a propagação dessa característica.
   c) nasceram com primórdios de membranas interdigitais, as quais lhes favoreceram no ambiente aquático, e nas gerações seguintes, conseguiram sobreviver sob pressão seletiva.
   d) sobreviveram graças à ocorrência de mutações direcionadas pelo esforço repetitivo na água.
   e) tiveram a sorte de desenvolver membranas interdigitais, devido à ocorrência de mutações induzidas pelo meio aquático.

5. (Uece) "Chega ao Brasil a exposição que abre as comemorações dos 200 anos de nascimento do cientista que explicou como a vida evolui na terra. Ele se tornou um herói da racionalidade."

   Fonte: Revista *Veja*, 9 de maio de 2007.

   O cientista citado na manchete é Charles Darwin, responsável por mudar a visão sobre as questões relacionadas à origem e às transformações que ocorrem no mundo vivo. Identifique, nas alternativas abaixo, aquela que NÃO corresponde às ideias difundidas por Darwin:
   a) A escolha de parceiros reprodutivos fortes e competitivos é determinada pela necessidade de garantir a proteção e a sobrevivência da prole.
   b) A competição entre espécies iguais ou diferentes é consequência do número elevado de indivíduos em uma situação em que os recursos naturais são escassos.
   c) A seleção natural determina a sobrevivência dos indivíduos mais adaptados ao meio e estes indivíduos possuem mais chances de deixar seus descendentes.
   d) Características morfológicas, resultantes da utilização constante de determinadas partes do corpo, desenvolvem-se e são transmitidas aos descendentes, acentuando-se ao longo de gerações.

6. (Unifor-CE) Lamarck contribuiu de maneira decisiva para o estudo da evolução porque, ao propor sua teoria, chamou atenção para a importância:
   a) da extinção dos menos aptos.
   b) do isolamento reprodutivo.
   c) da luta pela vida.
   d) das adaptações.
   e) da especiação.

7. (UFV-MG) Dentre as afirmativas seguintes, assinale a que NÃO corresponde a uma evidência que apoie a **Teoria de Evolução** das espécies:
   a) Estudos de anatomia comparada mostram que as semelhanças internas entre seres de espécies diferentes são resultantes de irradiação adaptativa.
   b) Os embriões dos vertebrados apresentam os mesmos padrões básicos de desenvolvimento, decorrentes do parentesco entre eles.
   c) Os estudos envolvendo fósseis indicam que a vida na terra sofreu alterações ao longo do tempo, além de permitirem comparações com os seres vivos atuais.
   d) Ao longo de sua vida, os seres vivos sofrem alterações de seu material genético, em consequência das pressões seletivas do ambiente em que vivem.

8. (UEPB) O naturalista francês Jean-Baptiste Lamarck foi o primeiro estudioso a propor uma explicação para o modo como a evolução deveria ocorrer. Um dos exemplos clássicos da Teoria de Lamarck refere-se à atrofia de órgãos, que ele fundamentou a explicação através:
   a) da seleção natural.
   b) das mutações.
   c) da segregação independente dos caracteres.
   d) da especiação.
   e) da lei do uso ou do desuso.

9. (UFF-RJ) As teorias de Lamarck e Darwin diferem-se com relação à evolução. No Lamarckismo, o ambiente é o agente responsável pela mudança das espécies, enquanto no Darwinismo o processo se inicia dentro das próprias espécies. Portanto, a essência do Darwinismo reside em:
   a) evolução por caracteres adquiridos.
   b) variações individuais herdáveis, que, através do espaço e tempo, se convertem em variação interespecífica.
   c) evolução por meio de mutações súbitas, imprimidas pelo meio ambiente.
   d) transformação das populações por meio de mutações lentas, as quais são úteis para a adaptação.
   e) variações que dão origem, respectivamente, a novas espécies.

10. (Cesgranrio-RJ) A borboleta *Kallima* sp., quando pousada, parece uma folha seca. Igualmente o bicho-pau se parece com um graveto. Qual das explicações a seguir é correta para explicar o fato?
   a) O animal adota a forma para melhor se defender.
   b) É resultado do seu hábito alimentar.
   c) É totalmente fortuito.
   d) Animais e vegetais tiveram a mesma origem.
   e) É o resultado da seleção natural.

11. (UGF-RJ) “Os morcegos, mamíferos que tanto contribuem para a dispersão de sementes, são chamados de animais notívagos por terem perdido a visão para se adaptarem à escuridão”.
   Essa afirmativa revela uma ideia:
   a) abiogenética.
   b) biogenética.
   c) lamarckista.
   d) fixista.
   e) neodarwinista.

12. (UFPI) A figura a seguir mostra o desenvolvimento embrionário de diferentes vertebrados. Observando-a com atenção, pode-se concluir corretamente que:

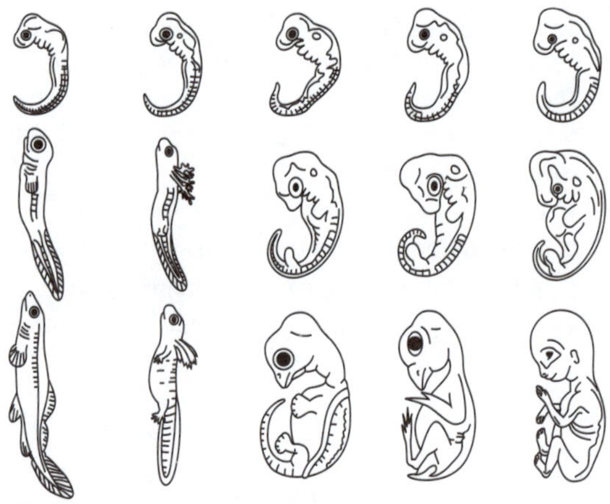

   a) Existe uma grande semelhança no desenvolvimento embrionário dos diferentes animais, sobretudo nos primeiros estádios.
   b) A presença de cauda é uma característica comum nos estádios finais do desenvolvimento dos diferentes animais.
   c) Os estádios jovens do desenvolvimento embrionário de um animal são bastante diferentes dos estádios jovens do desenvolvimento embrionário de seus ancestrais.
   d) Uma ancestralidade comum não pode ser evidenciada através da observação do desenvolvimento embrionário.
   e) Quanto mais diferentes são os organismos, maior a semelhança embrionária entre eles.

13. (PUC-RS) Responder à questão com base nos itens numerados de 1 a 4, correspondentes a estudos que são úteis na investigação da evolução biológica de um táxon.
   1. Anatomia e embriologia comparadas.
   2. Similaridade com o DNA de outros táxons.
   3. Registros paleontológicos (fósseis).
   4. Existência de órgãos vestigiais.

   A alternativa que contém o somatório de todos os itens corretos é
   a) 6 b) 7 c) 8 d) 9 e) 10

14. (Uece) Asas de aves e asas de insetos possuem origem embrionária diferentes e exercem a mesma função. Portanto, são consideradas órgãos:
a) vestigiais.
b) análogos.
c) homólogos.
d) miméticos.

15. (FGV-SP) Assim, a forma do corpo e os membros em forma de barbatanas são caracteres puramente semelhantes quando se compara a baleia com os peixes, porque constituem, nas duas classes, uma adaptação especial em virtude do modo de locomoção aquática.

(*Charles Darwin, in A origem das Espécies*)

No trecho acima, ao comparar os caracteres citados, Darwin está se referindo a uma situação hoje conhecida por
a) convergência adaptativa, resultante da ação da seleção natural em ambientes com as mesmas características.
b) convergência adaptativa, resultante da ação da seleção natural em ambientes com características distintas.
c) divergência adaptativa, resultante da ação da seleção natural em ambientes com as mesmas características.
d) divergência adaptativa, resultante da ação da seleção natural em ambientes com características distintas.
e) irradiação adaptativa, resultante da competição entre diferentes espécies em um dado ambiente.

MÓDULO 27

1. (UFRN) A produção agrícola teve um grande aumento ao longo dos últimos 50 anos. Uma parte significativa desse crescimento deveu-se à seleção de variedades de vegetais com características mais adequadas tanto à produtividade quanto à aceitação pelos consumidores. Uma alternativa que possibilita acelerar a obtenção de novas variedades do vegetal é expor os exemplares a uma fonte de radiação gama antes de se realizar a polinização.
O aumento da ocorrência de novas variedades nessas amostras de vegetais expostas à radiação gama é decorrente:
a) da eliminação de amostras mais fracas.
b) de alterações provocadas no material genético.
c) da formação de vegetais transgênicos.
d) do surgimento de sementes clonadas.

2. (Unirio-RJ) A respeito das mutações, leia as afirmações abaixo.
I. Ocorrem para adaptar o indivíduo ao ambiente.
II. Ocorrem em células sexuais e somáticas.
III. Podem alterar o número, a forma e o tamanho dos cromossomos.

A(s) afirmação(ões) correta(s) é(são):
a) somente a II.
b) somente a I e a II.
c) somente a I e a III.
d) somente a II e a III.
e) a I, a II e a III.

3. (Uerj) Pesquisa desvenda o paladar
"Cientistas descobriram uma proteína que tem uma significativa participação na percepção do sabor. A proteína recém-descoberta, batizada de gustducina, tem estrutura muito similar às proteínas da retina. A estreita semelhança entre as duas proteínas é uma forte evidência que sustenta a ideia de que os processos evolutivos podem partir de uma única proteína primitiva e modificá-la, para que cumpra uma variedade de funções."

(*Trechos de texto do JORNAL DO BRASIL de 20/06/92*)

O processo que permite o surgimento de proteínas modificadas como citado no texto acima, é consequência do seguinte fenômeno biológico:
a) convergência adaptativa.
b) deriva genética.
c) recombinação.
d) analogia.
e) mutação.

4. (UFTPR) A Teoria Sintética da Evolução é:
a) um outro nome da teoria de Darwin.
b) um outro nome da teoria de Lamarck.
c) uma mistura das teorias de Darwin e Lamarck.
d) um desenvolvimento da teoria de Darwin, incluindo conceitos mais recentes.
e) um desenvolvimento das teorias de Darwin e de Lamarck, excluindo delas os conceitos conflitantes.

5. (UFC-CE) Um problema para a teoria da evolução proposta por Charles Darwin no século XIX dizia respeito ao surgimento da variabilidade sobre a qual a seleção poderia atuar. Segundo a Teoria Sintética da Evolução, proposta no século XX, dois fatores que contribuem para o surgimento da variabilidade genética das populações naturais são:
a) mutação e recombinação genética.
b) deriva genética e mutação.
c) seleção natural e especiação.
d) migração e frequência gênica.
e) adaptação e seleção natural.

6. (PUC-RJ) A seleção natural pode agir sobre a diversidade das populações de maneiras diferentes. Numa delas, as condições do ambiente favorecem fenótipos que representam a média da população, desfavorecendo fenótipos extremos.
Esta forma de seleção é denominada:
a) Disruptiva.
b) Estabilizadora.
c) Direcional.
d) Sexual.
e) Diversificadora.

7. (Unifesp) Compare as duas mensagens seguintes.

– "Compre o telefone celular XYZ: tira fotos, baixa músicas e se conecta à internet. Muito melhor que os outros: a evolução do celular."

– "A biodiversidade global, tal como a vemos hoje, é resultado da evolução da vida no planeta."

Considerando o ponto de vista biológico, podemos afirmar corretamente que os conceitos de evolução expressos nas duas mensagens são

a) os mesmos: a evolução biológica sempre agrega melhorias a partir de características pré-existentes, aperfeiçoando-as. Isso se dá basicamente por mutações.

b) parecidos: enquanto um produtor visa melhorar seu produto, a evolução tem por finalidade produzir organismos melhores a partir da seleção de mutações benéficas e adaptativas.

c) semelhantes: embora a evolução não vise à melhoria, o fato é que as características selecionadas são sempre melhores que as anteriores, resultando em organismos atuais melhores que seus ancestrais.

d) distintos: evoluir biologicamente significa "mudar no tempo", e não necessariamente melhorar. Uma característica será melhor que outra somente se interpretada num contexto histórico e ambiental.

e) diferentes: evoluir não significa que um único indivíduo tenha todas as melhorias. As características adaptativas são diferentes nos indivíduos e a população como um todo é que se apresenta melhorada.

8. (UFMG) Observe estas figuras:

Sabe-se que a origem das espécies resultou de uma interação de fatores evolutivos.

É correto afirmar que, entre esses fatores, NÃO se inclui a

a) seleção.

b) autofecundação.

c) mutação.

d) migração.

9. (UFRJ) Leia o texto a seguir, sobre principais teorias da evolução.

"Darwin propôs a sua teoria da evolução em 1859, quando as leis de herança biológica ainda eram desconhecidas. Por isso, ele não pode explicar certos aspectos dos mecanismos pelos quais a evolução se processa. Descobertas mais recentes nos campos da Genética, da Biologia Molecular, da dinâmica populacional e do comportamento animal deram à teoria evolucionista de Darwin uma nova dimensão."

SOARES, José Luis. "Biologia no terceiro milênio". São Paulo: Scipione, 1999. vol. III.

Considerando a informação acima, é correto afirmar que:

a) a evolução das espécies independe das variações que possam surgir por mutações que ocorrem em um determinado período de tempo.

b) entende-se por mutação gênica qualquer alteração apresentada pelos cromossomos de um determinado indivíduo.

c) uma forma de recombinação gênica ocorre através da permutação, fenômeno observado pelos indivíduos que se reproduzem assexuadamente.

d) a moderna teoria evolucionista reconhece como principais fatores evolutivos a mutação gênica, a recombinação gênica e a seleção natural.

e) a evolução obedece a causas próprias da organização intrínseca aos organismos vivos.

10. (PUC-MG) Leia as afirmativas a seguir:

I. As mutações são causadoras de variabilidade nas espécies.

II. Indivíduos com características que os tornam mais adaptados a um determinado ambiente são preservados pela seleção natural.

III. Quando o ambiente se modifica, modifica-se também a ação da seleção natural.

A afirmativa está CORRETA em:

a) I, II e III.
b) I e II, apenas.
c) II e III, apenas.
d) II, apenas.
e) III, apenas.

11. (Mack-SP) Considere as seguintes ocorrências nos seres vivos.

I. Reprodução assexuada

II. Autofecundação

III. Predatismo

IV. Competição

V. Mutação

São favoráveis para a ocorrência de evolução, apenas:

a) I e II.
b) III e IV.
c) IV e V.
d) I, II e V.
e) III, IV e V.

12. (Unifesp) Considere as quatro afirmações seguintes.

I. As mutações são alterações que ocorrem nos organismos sempre que o ambiente se torna desfavorável.

II. A seleção natural privilegia características determinadas por genes dominantes.

III. As migrações e as modificações ambientais são fatores que alteram as frequências genéticas das populações.

IV. A recombinação genética amplia a variabilidade existente em uma população de reprodução sexuada.

Das afirmações apresentadas, são corretas:

a) I e III.
b) I e IV.
c) II e III.
d) II e IV.
e) III e IV.

13. (UFPE) De conformidade com a Teoria Sintética da Evolução, aqueles que herdam combinações gênicas favoráveis à sobrevivência e à reprodução, em um dado ambiente, são os mais aptos. Sabendo-se que os fatores evolutivos X e Y geram variabilidade genética e que o fator evolutivo Z atua sobre esta variabilidade, conduzindo à adaptação, assinale a alternativa que indica X,Y e Z, nesta ordem.

a) Fluxo gênico, mutação e recombinação.
b) Migração, deriva genética e seleção natural.
c) Seleção natural, deriva genética e recombinação.
d) Migração, recombinação e deriva genética.
e) Mutação, recombinação e seleção natural.

14. (Faap-SP) Durante o ano de 95 no "Jô Soares Onze e meia" surgiu uma questão interessante "Por que as baratas inglesas são mais resistentes aos venenos e inseticidas comuns?" Uma explicação coerente com as ideias de Darwin e neodarwinista seria que:

a) as baratas inglesas ganharam, com o passar do tempo, resistência aos venenos, tornando-as imunes aos mesmos.
b) as baratas inglesas são mais sadias, mais bem alimentadas que de outras partes do mundo.
c) as baratas inglesas foram selecionadas durante toda a industrialização inglesa por conviverem com lixo tóxico, sobrevivendo apenas aquelas com características resistentes a todo tipo de toxinas.
d) as baratas inglesas tornaram-se imunes as toxinas de tanto comê-las.
e) as baratas inglesas selecionam o tipo de lixo que comem, evitando assim de comer lixo tóxico.

15. (Cesgranrio-RJ) Assinale a opção que apresenta a SEMELHANÇA e a DIFERENÇA entre a teoria darwinista clássica e o neodarwinismo, respectivamente:

a) Seleção natural e mutação.
b) Seleção natural e fixismo.
c) Seleção natural e caracteres adquiridos.
d) Mutação e oscilação genética.
e) Mutação e frequência de genes.

MÓDULO 28

1. (FPS-PE) A capacidade de enrolar a língua em forma de U, mostrada abaixo, é controlada por um gene com dois alelos. Pessoas com tal característica são homozigotas dominantes ou heterozigotas, enquanto as que não apresentam são homozigotas recessivas. Do ponto de vista evolutivo, considere uma população de 3 900 pessoas em equilíbrio de Hardy-Weinberg, sendo que 3276 tinham a capacidade de enrolar a língua. Qual é a frequência do alelo dominante e do alelo recessivo, respectivamente?

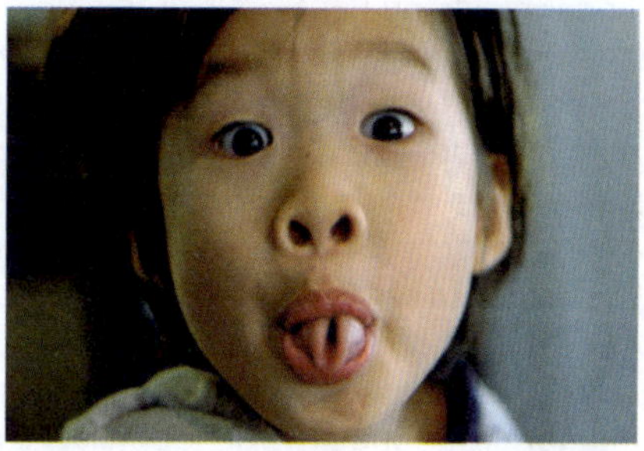

a) 1 e 0.
b) 0,7 e 0,3.
c) 0,6 e 0,4.
d) 0,5 e 0,5.
e) 0,8 e 0,2.

2. (UFF-RJ) Faz 100 anos que Hardy (matemático inglês) e Weinberg (médico alemão) publicaram o teorema fundamental da genética de populações, conhecido como Equilíbrio de Hardy-Weinberg.
Para se aplicar este princípio, a população deve ser de tamanho:

a) aleatório, visto que não influencia para a aplicação do teorema, já que a probabilidade dos cruzamentos depende de processos migratórios que ocorrem naturalmente nas populações;
b) pequeno, de modo que possam ocorrer cruzamentos de forma experimental, de acordo com as leis de Mendel, ou seja, os cruzamentos entre indivíduos de diferentes genótipos devem acontecer sempre a partir de alelos heterozigotos;
c) muito grande, para que possam ocorrer cruzamentos seletivos, de acordo com a teoria evolutiva, ou seja, os efeitos da seleção natural a partir de mutações ao acaso devem ser considerados;
d) pequeno, de modo que possam ocorrer cruzamentos entre os organismos mutantes, de acordo com as leis das probabilidades, ou seja, novas características devem ser introduzidas de forma controlada na população;
e) muito grande, de modo que possam ocorrer todos os tipos de cruzamentos possíveis, de acordo com as leis das probabilidades, ou seja, os cruzamentos entre indivíduos de diferentes genótipos devem acontecer completamente ao acaso.

3. (Mack-SP) Sabendo-se que uma população está em equilíbrio genético e que a frequência de indivíduos homozigotos para um caráter autossômico e dominante (AA) é de 25%, concluímos que a frequência de indivíduos homozigotos recessivos (aa) é de:

a) 6,25%
b) 12,5%
c) 25%
d) 50%
e) 75%

4. (UEFS-BA) Uma mudança evolutiva dentro de uma população consiste na mudança das frequências dos alelos nessa população. As mudanças nas proporções dos alelos podem ser devidas a qualquer um dos dois processos pelos quais certos indivíduos deixam mais descendentes do que outros, legando, desta forma, mais genes às gerações subsequentes. Um desses processos, a deriva genética, é resultado da variação aleatória da sobrevivência e da reprodução de genótipos diferentes. Na deriva genética, as frequências dos alelos oscilam por puro acaso. A outra causa principal de mudança nas frequências alélicas é a seleção natural. Uma consequência comum da seleção natural é a adaptação, uma melhora da capacidade média dos membros da população de sobreviver e reproduzir no seu meio ambiente.

FUTUYMA, Douglas J. Evolução, Ciência e Sociedade. São Paulo: Sociedade Brasileira de Genética, 2002.

Ao se considerarem os principais fatores responsáveis pelas mudanças evolutivas e os mecanismos utilizados por esses fatores para estabelecer essas modificações, é correto afirmar que:

a) a deriva genética é da maior importância quando os alelos de um gene são vantajosos, ou seja, quando eles não diferem substancialmente quanto a seus efeitos na sobrevivência ou na reprodução.
b) o processo evolutivo irá apresentar tanto na seleção natural quanto na deriva genética, um caráter direcional na escolha dos alelos a serem preservados na população ao longo das gerações.
c) as circunstâncias ambientais, durante a deriva genética, influem de forma fundamental na determinação de qual variante terá maior valor adaptativo.
d) a deriva genética resulta em uma mudança evolutiva a partir de uma mudança do conjunto gênico da população, sem necessariamente resultar em adaptação.
e) a seleção natural tende a eliminar alelos e características que reduzem o valor adaptativo de uma população, gerando, logo a seguir, outras características que possam substituir as que foram previamente eliminadas.

5. (UEG-GO) Em um grupo de 100 pessoas, verificou-se que quatro delas apresentavam fenótipo albino, característica que é condicionada por um par de alelos autossômicos recessivos. Nesse grupo, de 100 pessoas, o número esperado de indivíduos homozigotos dominantes é:

a) 96.
b) 80.
c) 64.
d) 20.
e) 16.

6. (UFPA) O isolamento geográfico pode favorecer fatores que influenciam na formação de novas espécies, quando

a) a população acumula, durante o isolamento, mutações que a torna diferente da original e a isola reprodutivamente.
b) reduz o fluxo gênico e induz a formação de homozigotos recessivos e estéreis.
c) induz a formação de híbridos hermafroditas.
d) induz o cruzamento inter-espécies que permaneceram isoladas numa mesma área, criando raças geográficas híbridas.
e) induz a autofecundação.

7. (Furg-RS) O isolamento reprodutivo é um mecanismo fundamental no processo de especiação. Com relação a esse mecanismo, podemos afirmar:

I. O isolamento mecânico é aquele no qual as estruturas reprodutoras externas diferem a ponto de impedir a cópula efetiva.
II. Um exemplo de isolamento de *habitat* é o dos vaga-lumes, no qual as fêmeas só respondem aos sinais luminosos dos machos da mesma espécie, para fins de cópula.
III. Mesmo que a cópula ocorra, pode haver a esterilidade do híbrido, o que caracteriza um isolamento pós-zigótico.
IV. O isolamento sazonal ocorre, por exemplo, quando a polinização de duas espécies de plantas do mesmo gênero, com *habitat* sobrepostos, acontece em diferentes estações.

Quais afirmativas estão corretas?

a) Apenas I e II.
b) Apenas I e III.
c) Apenas II e IV.
d) Apenas I, III e IV.
e) Apenas II, III e IV.

8. (PUC-RJ) Duas espécies de plantas intimamente relacionadas (do mesmo gênero) são encontradas em uma floresta, produzem flores na mesma época e partilham os mesmos polinizadores. No entanto, mesmo que ocorra polinização entre indivíduos das espécies, não haverá produção de frutos e sementes. Que tipo de barreira reprodutiva mantém essas espécies separadas na natureza?

a) Barreira pré-zigótica de isolamento temporal.
b) Barreira pré-zigótica de isolamento gamético.
c) Barreira pós-zigótica de inviabilidade do híbrido.
d) Barreira pós-zigótica de esterilidade do híbrido.
e) Barreira pós-zigótica de isolamento temporal.

9. (UFG-GO) Considere que a cor dos olhos seja determinada por um par de alelos em que o gene para a cor preta é dominante e para a cor azul, recessivo. Admitindo-se que, em uma comunidade de 5 000 indivíduos, 450 tenham olhos azuis e que essa população esteja em equilíbrio de Hardy-Weinberg, o número de heterozigotos, nessa população, é de:
a) 1050.
b) 1500.
c) 1900.
d) 2100.
e) 3500.

10. (Unirio-RJ) A característica de ter covinha nas bochechas é determinada por um par de genes, seguindo a primeira lei mendeliana. Imagine que, numa população de 500 indivíduos, 84% das pessoas possuam covinhas (CC e Cc). Admitindo que essa população esteja em equilíbrio de Hardy-Weinberg, determine, respectivamente, qual é a frequência do gene "c" e qual é o número esperado de heterozigotos nessa população.
a) 0,4 e 420 indivíduos.
b) 0,16 e 180 indivíduos.
c) 0,6 e 240 indivíduos.
d) 0,4 e 240 indivíduos.
e) 0,6 e 180 indivíduos.

11. (Ufla-MG) Em face da destruição acelerada de ecossistemas naturais, uma espécie de roedor foi separada em duas populações geograficamente isoladas, uma em áreas de caatinga e outra na região do chaco paraguaio. Supondo que estas populações possam futuramente originar novas espécies, qual sequência de eventos seria mais provável a partir do isolamento:
a) isolamento - reprodutivo - mutação - seleção - especiação.
b) recombinação - seleção - isolamento reprodutivo - especiação.
c) seleção - divergência - isolamento reprodutivo - especiação.
d) plasticidade fenotípica - mutação - seleção - recombinação.
e) mutação - plasticidade fenotípica - seleção - recombinação.

12. (UFRGS-RS) Dinossauros e mamíferos surgiram no final do período Triássico e conviveram por cerca de 150 milhões de anos. Durante esse tempo, os mamíferos viveram à sombra dos dinossauros, apresentando baixa representatividade. No entanto, após a extinção destes, os mamíferos sofreram rápida especiação, dispersando-se amplamente e explorando novas oportunidades ecológicas.
O processo evolutivo descrito refere-se:
a) à pan-mixia.
b) à oscilação genética.
c) à irradiação adaptativa.
d) à divergência evolutiva.
e) ao gargalo de garrafa.

13. (PUCC-SP) Embora na espécie humana a aplicação do conceito de raças seja bastante controverso, em muitos animais ocorrem populações da mesma espécie que diferem em determinadas características e estão adaptadas a ambientes diferentes. A condição inicial para o estabelecimento de raças é:
a) o isolamento reprodutivo.
b) a seleção natural.
c) o fluxo gênico.
d) o isolamento geográfico.
e) a superioridade do híbrido.

14. (PUCC-SP) Com a intensificação dos estudos, a caatinga tem se revelado um ecossistema rico em espécies e processos especializados de polinização. Nas margens do rio São Francisco, por exemplo, ocorrem alguns pares de espécies de lagarto, onde uma é encontrada apenas na margem direita e outra apenas na esquerda. De acordo com uma das hipóteses para explicar essa distribuição, o rio corria para um lago do interior do nordeste, e não para o mar. Já o estudo sobre a morfologia dos cactos revelou fatos interessantes. A cabeça arredondada dos cactos, por exemplo, é coberta por espinhos. Começando pelo centro e conectando os pontos de cada espinho até seu vizinho, chega-se a uma espiral com 2,5 ou 8 galhos – a sequência de Fibonacci.
Segundo o texto, os lagartos passaram por processo de especiação em
a) simpatria.
b) parapatria.
c) peripatria.
d) alopatria.
e) estasipatria.

15. (UEL-PR) A sequência de letras P, Q, R, S, T, U e V representam 7 populações vizinhas. P cruza-se livremente com Q, Q cruza-se com R, R com S e assim por diante. Através desses cruzamentos, os genes de P podem fluir até V e vice-versa. Suponha que as populações P e V desapareçam. Se isso acontecer, o número de espécies
a) continuará a ser 7.
b) passará a ser 6.
c) passará a ser 5.
d) passará a ser 2.
e) continuará a ser 1.

MÓDULO 29

1. (PUCC-SP) As enzimas são catalisadores naturais que, para atuação adequada, dependem do pH, como indica a tabela seguinte:

Enzima	Faixa de pH ideal de atuação
pepsina	2 a 4
ptialina	6 a 8
tripsina	8 a 10

A maior velocidade de reação no estômago humano decorre da atuação SOMENTE da
a) pepsina.
b) ptialina.
c) tripsina.
d) pepsina e da ptialina.
e) ptialina e da tripsina.

2. (Uerj) A atividade das enzimas no organismo humano varia em função do pH do meio.

Observe o gráfico:

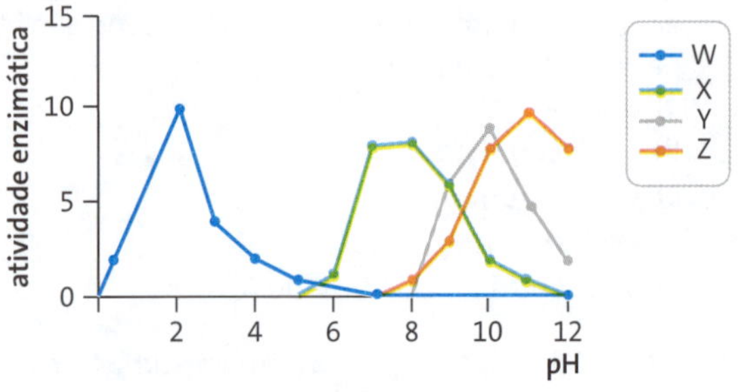

A curva que representa a variação da atividade da quimiotripsina, enzima proteolítica encontrada no suco duodenal, é a identificada pela seguinte letra:

a) W. b) X. c) Y. d) Z.

3. (IFPE) A digestão consiste na quebra de moléculas complexas, convertendo-as em moléculas simples para serem absorvidas. Na espécie humana, essa quebra se dá pela ação de enzimas hidrolíticas liberadas durante o percurso do bolo alimentar pelo tubo digestivo. A sincronização entre a passagem do alimento e a liberação de enzimas nos humanos é feita pela ação de alguns hormônios.

Sobre esses hormônios e suas respectivas ações, assinale a única afirmativa correta.

a) O hormônio secretina é produzido no duodeno, conduzido até ao estômago, estimulando a secreção do suco gástrico.

b) O hormônio gastrina é produzido no estômago e atua na vesícula biliar estimulando a liberação de bile.

c) O duodeno libera o hormônio secretina que, levado ao pâncreas, estimula a liberação de suco pancreático.

d) É o hormônio enterogastrona que, produzido no intestino delgado, é transportado ao estômago onde estimula a liberação do suco gástrico.

e) O hormônio colecistocinina produzido no fígado estimula as contrações da vesícula biliar e, consequentemente, a liberação de bile para o duodeno.

4. (UFRN) A ingestão de alimentos gordurosos (frituras, por exemplo) provoca a secreção de bile, e esta promove o emulsionamento das gorduras, facilitando a ação da lipase. Marque a opção que contém o hormônio estimulante da secreção da bile e o órgão onde ele é produzido.

a) Hormônio: secretina; Órgão: pâncreas.

b) Hormônio: secretina; Órgão: fígado.

c) Hormônio: colecistocinina; Órgão: vesícula.

d) Hormônio: colecistocinina; Órgão: duodeno.

5. (UFPR) Considere a figura abaixo, que apresenta as principais porções do sistema digestório. A tabela mostra o gradiente de pH e a biomassa bacteriana em algumas destas porções, listadas em ordem aleatória.

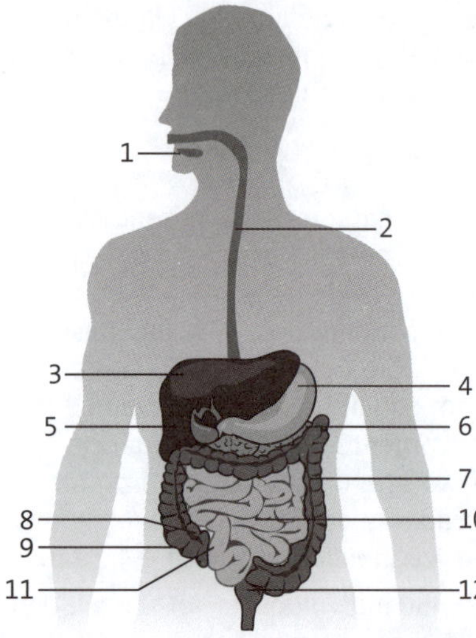

Local	Gradiente de pH	Biomassa bacteriana (células/mL)
jejuno	7,0 - 9,0	10^{4-5}
cólon	5,0 - 7,0	10^{11}
íleo	7,0 - 8,0	10^{8}
estômago	1,5 - 5,0	10^{2-3}
duodeno	5,0 - 7,0	10^{3-4}

A partir das informações apresentadas, é correto afirmar:

a) O pH mais ácido favorece a proliferação bacteriana.

b) A porção 12 apresenta o menor número de células bacterianas por mL.

c) Ao longo do trajeto pelo tubo digestório, o alimento é exposto a um gradiente decrescente de pH.

d) O maior número de células bacterianas por mL é encontrado nas porções 10 e 11.

e) O número de células bacterianas por mL encontrado na porção 7 é maior do que o encontrado na porção 4.

6. (PUC-SP) "No duodeno ocorre grande parte da digestão enzimática dos alimentos. Nessa região do trato digestório, a enzima I, presente no suco II, digere III."

No trecho acima, as lacunas I, II e III podem ser preenchidas correta e, respectivamente, por:

a) amilase, gástrico e amido.

b) pepsina, entérico e gorduras.

c) tripsina, entérico e gorduras.

d) pepsina, pancreático e proteínas.

e) tripsina, pancreático e proteínas.

7. (PUC-RS) Considere o diálogo abaixo.

– A cirurgia foi um sucesso!
– Que bom! O que fizeram, afinal?
– Retiraram a vesícula biliar.
– E agora?! Como será sem a vesícula?

Uma resposta correta para a última pergunta seria: "Após a retirada da vesícula biliar, a pessoa

a) reduz a capacidade de armazenar e de destruir as células sanguíneas. Assim, a remoção da vesícula afeta a disponibilidade de anticorpos protetores, comprometendo o sistema imunológico."
b) deixa de produzir a bile, mas com o tempo outros órgãos (principalmente o fígado) aumentam sua capacidade de combate às infecções para compensar essa perda e, por essa razão, o risco de infecções reduz."
c) deixa de produzir a bile, mas pode retomar a sua vida normal, sem qualquer tipo de complicação ou alteração grave. A vesícula é um prolongamento do ceco, na porção inicial do intestino grosso e deve ser retirada em situações de infecção aguda."
d) deixa de concentrar a bile, e o fígado passa a liberá-la diretamente no intestino delgado. Como a bile auxilia na digestão de gorduras, estas, na ausência da vesícula, deverão ser reduzidas na dieta, para evitar diarreias pelo excesso de gordura nas fezes."
e) terá aumento de volume dos gânglios linfáticos, os quais são pequenos órgãos que atuam na defesa do organismo produzindo anticorpos. A ausência da vesícula abrirá caminho a infecções e à formação de ínguas."

8. (UFGD-MS) Na praça de alimentação de um "Shopping Center", um jovem casal resolveu lanchar. O rapaz comeu um sanduíche de carne bovina, ovo frito, bacon e queijo e tomou um refrigerante. A moça comeu um pedaço de pizza de rúcula e tomou suco natural.

Analise as afirmativas abaixo e assinale a alternativa que indica as corretas.

I. O pão do sanduíche do rapaz começou a ser digerido quimicamente no estômago.
II. O processo digestivo da refeição da moça teve início na boca, pois era rica em carboidratos.
III. O rapaz necessitou de maiores quantidades de pepsina e tripsina para concluir a sua digestão.
IV. O intestino delgado não é o local que ocorre o final da digestão das proteínas, lipídios e carboidratos.

a) I e III.
b) I, III e IV.
c) II e III.
d) II, III e IV.
e) III e IV.

9. (PUC-MG) Observe o esquema, que indica as partes do aparelho digestivo.

Boca 1 → Estômago 2 → Intestino delgado 3 → Intestino grosso 4

Com base no esquema, é correto afirmar, EXCETO:

a) Em 1, há ação de enzima produzida em estruturas do próprio local.
b) Em 2, há ação de hormônios produzidos no próprio órgão e em outros locais.
c) Em 3, há a ação de enzimas e outras substâncias não enzimáticas.
d) Em 4, há a ação de substâncias produzidas pelas glândulas anexas que atuam na digestão.

10. (UTF-PR) As ações químicas, sobre os alimentos como, insalivação, quimificação e quilificação ocorrem ao longo do sistema digestório. Assinale a alternativa correta com relação a estas ações.

a) A quimificação ocorre na boca pela ação da bile sobre as gorduras.
b) A insalivação ocorre no intestino delgado pela ação da saliva sobre as proteínas.
c) A quilificação ocorre no estômago pela ação da tripsina sobre a maltose.
d) A quimificação ocorre no estômago pela ação da pepsina sobre as proteínas.
e) A quilificação ocorre no fígado pela ação do suco pancreático.

11. (UPF-RS) A digestão no ser humano inicia-se na boca com a mastigação e a atividade da ____________, que atua sobre os ____________. A massa formada pelo alimento mastigado e insalivado é chamada de bolo alimentar. Por ação da língua, esse bolo é empurrado para a ____________, de onde passa para o ____________ e deste para o ____________.

O que completa correta e respectivamente a frase se encontra na alternativa:

a) ptialina/lipídeos/faringe/esôfago/intestino
b) pepsina/carboidratos/laringe/estômago/intestino
c) pepsina/protídeos/laringe/esôfago/estômago
d) amilase/carboidratos/faringe/esôfago/estômago
e) amilase/amidos/laringe/estômago/intestino

12. (Mack-SP) Assinale a alternativa correta a respeito do processo digestivo.

a) A digestão enzimática de carboidratos só se inicia no duodeno.
b) O pH ácido do estômago inativa todas as enzimas digestivas.
c) A retirada da vesícula biliar pode provocar dificuldade de digestão de lipídios, devido à falta de enzimas.
d) A superfície interna do jejuno-íleo apresenta dobras para facilitar a absorção de nutrientes.
e) As bactérias presentes no intestino grosso são parasitas, mas só provocam sintomas quando seu número se eleva muito.

13. (UFRGS-RS) Tiago comeu um sanduíche de pão francês com queijo, presunto e manteiga, acompanhado de um copo de suco de laranja sem açúcar.
Relacione cada um dos itens do lanche de Tiago, listados na coluna 1, com as principais enzimas que atuarão na sua digestão, indicadas na coluna 2.

Coluna 1	Coluna 2
( ) pão francês	1 – pepsina
( ) manteiga	2 – lipase
( ) presunto	3 – amilase
( ) queijo	4 – sacarase
( ) suco de laranja	

A sequência correta de preenchimento dos parênteses, de cima para baixo, é:
a) 3 - 2 - 1 - 1 - 4.
b) 4 - 3 - 2 - 1 - 3.
c) 1 - 4 - 3 - 2 - 2.
d) 1 - 3 - 2 - 4 - 4.
e) 2 - 1 - 4 - 3 - 3.

14. (UFU-MG) O processo de digestão nos humanos é composto por duas fases: uma mecânica, na qual a correta mastigação é essencial, e outra enzimática, controlada por hormônios da digestão. Sobre estes hormônios, analise as afirmações a seguir e marque a alternativa correta.
a) As gorduras parcialmente digeridas, presentes no quimo, estimulam as células do duodeno a liberarem o hormônio secretina, que provoca a eliminação da bile pela vesícula biliar.
b) A acidez do quimo, que chega ao duodeno, estimula certas células da parede intestinal a liberar, especialmente, o hormônio colecistoquinina, que agirá no pâncreas, estimulando-o a liberar, principalmente, bicarbonato de sódio.
c) A secreção do suco gástrico é estimulada por impulsos nervosos e pelo hormônio gastrina, produzido no estômago.
d) A digestão de proteínas inicia-se no estômago e completa-se no duodeno por ação de três proteases secretadas pelo pâncreas: enteroquinase, pepsina e procarboxipeptidase.

15. (UFSM-RS) Observe essa interessante comparação: "Na parte mais superficial do sistema radicular (primeiros 30 cm), é onde se dá o maior volume de absorção de nutrientes, enquanto as raízes profundas vão em busca de umidade. Analogamente, nosso __________ tem como função principal a absorção dos nutrientes digeridos. O __________, por sua vez, reabsorve a água e sais minerais remanescentes".

(*Horta é Saúde, 1998, adaptado.*)

Assinale a alternativa que preenche corretamente as lacunas.
a) pâncreas - esôfago.
b) fígado - intestino grosso.
c) estômago – fígado.
d) estômago - intestino delgado.
e) intestino delgado - intestino grosso.

MÓDULO 30

1. (UFCG-PB) O ar dos pulmões é constantemente renovado, de modo a garantir um suprimento contínuo de gás oxigênio ao sangue que circula pelos alvéolos pulmonares.
Com relação a esse assunto, julgue os itens abaixo e assinale a alternativa CORRETA:
a) O diafragma sobe e as costelas descem, aumentando o volume da caixa torácica e forçando o ar a entrar nos pulmões.
b) A entrada de ar nos pulmões denominada de inspiração dá-se pela contração da musculatura do diafragma e dos músculos intercostais.
c) Durante a expiração ocorre uma compressão da caixa torácica favorecendo a liberação do excesso de oxigênio.
d) Em regiões de altitudes elevadas a respiração é facilitada devido à baixa tensão de oxigênio no ar.
e) A atividade muscular, relativamente intensa, aumenta a taxa de CO_2 no sangue, e consequentemente reduz a frequência respiratória.

2. (Uece) Analise com atenção as afirmativas a seguir:
I. A respiração acontece efetivamente nas mitocôndrias, quando os nutrientes são oxidados, liberando a energia necessária para a manutenção dos processos vitais.
II. O feto humano respira através de brânquias, enquanto está na bolsa amniótica e, a partir do oitavo mês, as brânquias se transformam em pulmões.
III. O sangue contém pigmentos respiratórios, que são moléculas orgânicas de estrutura complexa, formadas por uma proteína e um grupo prostético que contém ferro.
IV. O ar que penetra pelo nariz segue o seguinte trajeto: faringe - laringe - traquéia - brônquios - bronquíolos - alvéolos, onde se dá a troca dos gases.

Sobre as afirmações anteriores, assinale o correto.
a) São verdadeiras a I e a II, somente.
b) São verdadeiras a I, a II, a III e a IV.
c) São verdadeiras, apenas, a III e a IV.
d) São verdadeiras a I, a III e a IV, somente.

3. (PUC-SP) "Por meio de ___I___, o sangue ___II___ chega ao coração e sai deste para os tecidos por meio da ___III___".
No trecho acima, as lacunas I, II e III, podem ser preenchidas correta e respectivamente, por:
a) artérias pulmonares, pobre em oxigênio e veia aorta.
b) artérias pulmonares, rico em oxigênio e veia aorta.
c) veias pulmonares, pobre em oxigênio e artéria aorta.
d) veias pulmonares, rico em oxigênio e artéria aorta.
e) artérias e veias, rico em oxigênio e veia aorta.

4. (Acafe-SC) O câncer de laringe diagnosticado no ex-presidente Luiz Inácio Lula da Silva atinge entre 8 e 10 mil pessoas por ano no Brasil. Segundo o Instituto Nacional do Câncer, o câncer de laringe é um dos mais comuns a atingir a região da cabeça e do pescoço, representando cerca de 25% dos tumores malignos identificados nessa área. No mundo, há uma incidência média de 5 casos para cada 100 mil homens. Em São Paulo, são até 15 casos para cada 100 mil homens. Isso se deve à poluição ambiental, um dos fatores que podem levar a esse tipo de câncer. Um tumor nesse órgão pode afetar tanto a voz quanto a deglutição e a respiração.

Câncer de laringe atinge entre 8 e 10 mil pessoas por ano no Brasil (adaptado). 31/10/2011; www.correiobraziliense.com.br

Sobre tema é correto afirmar, exceto:

a) A laringe é um tubo curto de cartilagem que conecta a faringe à traquéia e tem a função de dar passagem ao ar e de produzir a voz.
b) A laringe é um órgão comum aos sistemas respiratório e digestório.
c) São fatores de risco para o câncer de laringe a poluição do ar, o tabagismo e o uso abusivo de álcool.
d) A cartilagem tireóidea forma a parede anterior da laringe, sendo conhecida popularmente como pomo de Adão e em sua margem anterior e no osso hióide fixa-se a epiglote.

5. (IFPE) Considere a figura do coração humano abaixo esquematizado. Nele se podem observar os vasos sanguíneos que chegam ao coração e que dele saem.

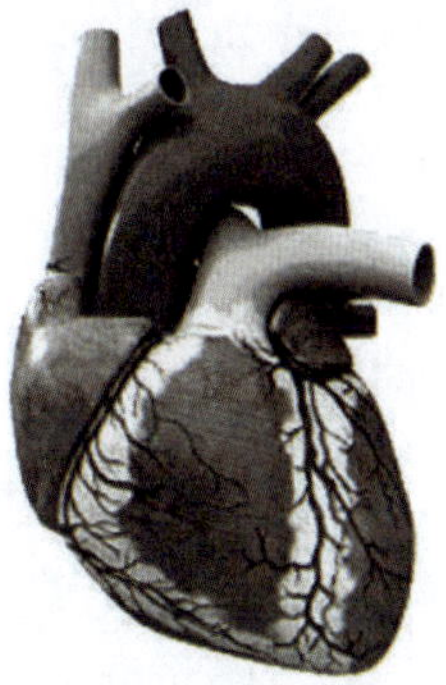

Sobre a figura apresentada, podem-se fazer todas as afirmações abaixo, exceto:

a) Na circulação pulmonar, o sangue venoso sai do ventrículo direito pela artéria pulmonar e segue em direção aos pulmões.
b) Na grande circulação, o sangue arterial sai do ventrículo esquerdo pela artéria aorta, levando oxigênio a todas as partes do corpo.
c) O sangue arterial chega ao átrio esquerdo do coração por meio das veias pulmonares.
d) As veias cavas chegam ao átrio direito do coração conduzindo o sangue venoso recolhido de todo o corpo.
e) Tanto as veias cavas como as pulmonares transportam sangue venoso para o coração.

6. (IFSP) "Asma é o estreitamento dos bronquíolos (pequenos canais de ar dos pulmões), que dificulta a passagem do ar provocando contrações ou broncoespasmos. As crises comprometem a respiração, tornando-a difícil. Quando os bronquíolos inflamam, segregam mais muco o que aumenta o problema respiratório. Na asma, expirar é mais difícil do que inspirar, uma vez que o ar viciado permanece nos pulmões provocando sensação de sufoco."

(drauziovarella.com.br/doencas-e-sintomas/asma Acesso em: 22.10.2012.)

Leia atentamente as seguintes afirmativas sobre o processo de respiração no corpo humano.

I. No processo de inspiração, o ar percorre o seguinte caminho pelos órgãos do sistema respiratório: cavidades nasais – faringe – laringe – traqueia – brônquios – bronquíolos – alvéolos pulmonares (pulmões).
II. A sensação de sufoco provocada pela asma decorre do fato da expiração não ser realizada adequadamente, ficando o pulmão carregado com ar rico em CO_2, o que limita o processo de trocas gasosas adequadas para o organismo.
III. O muco e os cílios presentes no epitélio dos brônquios e bronquíolos têm um papel fundamental na respiração, pois promove a retenção de partículas e micro-organismos do ar, que serão "varridos" em direção à garganta.
IV. No processo de inspiração, a musculatura intercostal se contrai e o diafragma se eleva, aumentando o volume da caixa torácica, o que permite a entrada de ar nos pulmões.

Está correta apenas a alternativa:

a) I.
b) I e III.
c) II e IV.
d) I, II e III.
e) II, III e IV.

7. (UFRN) O coração humano tem sido alvo de estudos da engenharia para a produção de dispositivos alternativos que ajudem a resolver as dificuldades decorrentes dos transplantes naturais. Embora existam hoje corações artificiais, nenhum deles substituiu o original à altura no seu funcionamento. Alguns detalhes mecânicos são fundamentais para o seu perfeito funcionamento. Assim, na construção de um protótipo mais parecido com o coração humano, é necessário considerar que:

a) as válvulas devem impedir o retorno do sangue dos ventrículos para os átrios.
b) o lado direito deve possuir uma maior capacidade de bombeamento do sangue.
c) o lado direito da bomba deve ter a capacidade de aspirar e o esquerdo, de impelir o sangue.
d) os conectores de entrada e saída devem ser 4, um para cada átrio e um para cada ventrículo.

8. (FGV-SP) Suponha a seguinte situação: o preparador físico de um time brasileiro de futebol propôs uma nova estratégia para treinamento de seus atletas. Os jogadores realizariam exercícios físicos respirando através de equipamento que simulava condições de baixa pressão atmosférica. Este treinamento deveria preceder, em semanas, as viagens para os jogos que iriam se realizar em cidades de alta altitude, como La Paz, na Bolívia.
Segundo o preparador físico da equipe, este treinamento poderia melhorar a condição física do atleta quando dos jogos.
Questionado sobre o porquê desse treinamento, o preparador físico explicou que:
   I. Para o ar penetrar no tubo respiratório e chegar aos pulmões, é necessário haver uma diferença entre a pressão atmosférica e a pressão existente na cavidade torácica. Quanto menor a diferença, menor a quantidade de ar que chega aos pulmões.
   II. Em cidades de alta altitude, como La Paz, a pressão atmosférica é menor que a pressão existente na cavidade torácica, o que impede a captação de ar pelos pulmões.
   III. O treinamento fortaleceria a musculatura intercostal e o diafragma dos atletas, permitindo que pudessem inspirar mesmo sob as condições de baixa pressão atmosférica das cidades onde os jogos se realizariam.
   IV. Para que o oxigênio atmosférico chegue aos tecidos do corpo, é necessário que se ligue às proteínas da superfície da membrana das hemácias, o que ocorre nos alvéolos pulmonares.
   V. O treinamento estimularia o organismo a aumentar a produção de hemácias. O atleta submetido a esse treinamento, ao chegar a cidades de alta altitude, já teria um aumento na concentração de hemácias, facilitando a captação do pouco oxigênio presente nos alvéolos pulmonares.
São corretas as afirmações:
a) I e V, apenas.
b) II e III, apenas.
c) I, III e V, apenas.
d) I, II, III e IV, apenas.
e) I, II, III, IV e V.

9. (IFSP) Assinale a alternativa que explica corretamente a difusão dos gases respiratórios entre o ar atmosférico e o ar alveolar nos seres humanos.
a) O oxigênio, encontrado em menor concentração no ar atmosférico, difunde-se para dentro dos alvéolos pulmonares.
b) O oxigênio difunde-se para dentro dos alvéolos pulmonares por estar em maior concentração no ar atmosférico.
c) O oxigênio difunde-se dos alvéolos para o ar atmosférico porque está em maior concentração no ar alveolar.
d) O gás carbônico difunde-se para dentro dos alvéolos porque está em maior concentração no ar atmosférico do que no ar alveolar.
e) O gás carbônico difunde-se para fora dos alvéolos por estar em maior concentração no ar atmosférico.

10. (Fatec-SP) Numere a segunda coluna de acordo com a primeira e assinale a alternativa que apresenta a ordem correta.
1 – Conduzem o sangue do coração para as diversas partes do corpo.
2 – Permitem a grande irrigação sanguínea com todas as células do corpo.
3 – Coletam o sangue das diversas partes do corpo e conduzem-no de volta ao coração.
( ) Veias
( ) Artérias
( ) Capilares
a) 2, 1, 3
b) 2, 3, 1
c) 3, 1, 2
d) 3, 2, 1
e) 1, 3, 2

11. (UEL-PR) Nos vertebrados terrestres, a circulação sistêmica tem início e término, respectivamente, na
a) artéria aorta e na veia cava.
b) veia cava e na artéria aorta.
c) artéria pulmonar e na veia cava.
d) artéria aorta e na veia pulmonar.
e) veia pulmonar e na artéria pulmonar.

12. (UFRN) O tabagismo pode causar enfisema, um problema pulmonar crônico que se caracteriza pela destruição da parede dos alvéolos e perda da elasticidade dos pulmões. As referidas alterações podem ocasionar
a) diminuição de CO_2 no alvéolo e aumento de oxiemoglobina no sangue.
b) diminuição da hematose, com aumento da frequência respiratória.
c) aumento da hematose, diminuindo a troca de sangue venoso pelo arterial.
d) hipertensão pulmonar, com sobrecarga do lado esquerdo do coração.

13. (PUC-RJ) Na circulação dos mamíferos, o coração funciona como uma bomba que se contrai e se relaxa ritmicamente. O sangue bombeado percorre todo o corpo numa sequência constante.
Assinale a afirmação correta entre as abaixo apresentadas.
a) O sangue venoso passa do átrio para o ventrículo direito e de lá é bombeado para a artéria pulmonar.
b) A artéria pulmonar se ramifica levando o sangue arterial para o pulmão, onde ocorre a hematose.
c) O sangue arterial volta ao coração pela aorta, entrando pelo átrio direito e recomeçando o trajeto.
d) É chamada pequena circulação a via que leva o sangue arterial aos tecidos e traz de volta o sangue venoso para o coração.
e) O sangue venoso é vermelho vivo devido à combinação da hemoglobina com o oxigênio, enquanto o sangue arterial é azul escuro.

14. (Uerj) Num contraste radiológico, uma substância opaca ao raio X foi injetada por via venosa no braço de um paciente submetido a uma radiografia dos rins. Essa substância, logo após a injeção e antes de atingir os rins, passa pela seguinte sequência de estruturas anatômicas:
a) pulmões - átrio cardíaco direito - ventrículo cardíaco direito - átrio cardíaco esquerdo - ventrículo cardíaco esquerdo.
b) átrio cardíaco direito - ventrículo cardíaco direito - pulmões - átrio cardíaco esquerdo - ventrículo cardíaco esquerdo.
c) pulmões - átrio cardíaco esquerdo - ventrículo cardíaco esquerdo - átrio cardíaco direito - ventrículo cardíaco direito.
d) átrio cardíaco esquerdo - ventrículo cardíaco esquerdo - pulmões - átrio cardíaco direito - ventrículo cardíaco direito.

15. (UFV-MG) Observe o esquema representado abaixo, de parte do sistema respiratório humano, e assinale a alternativa INCORRETA.

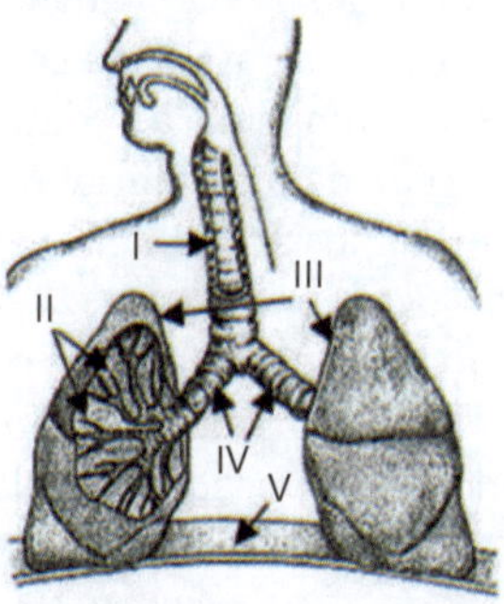

a) O ar chega aos pulmões pelo esôfago, indicado por I.
b) O diafragma, indicado por V, auxilia nos movimentos respiratórios.
c) Os pulmões e brônquios estão indicados por III e IV, respectivamente.
d) Embora não esteja indicada, a laringe se localiza acima da traqueia.
e) Os bronquíolos, indicados por II, conduzem ar aos alvéolos.

MÓDULO 31

1. (UGF-RJ) Algumas dietas para emagrecimento incluem hormônios que aceleram o metabolismo celular. Esse procedimento, em muitos casos, é prejudicial à saúde, provocando até cardiopatia a problemas renais.
Em condições normais esses hormônios são produzidos no organismo pelo (a):
a) adrenal
b) tireóide
c) paratireóide
d) pâncreas
e) fígado

2. (UFT-TO) A fisiopatologia do diabetes está relacionada a importantes alterações metabólicas induzidas por hormônios. Analise as assertivas a seguir e marque a alternativa CORRETA:
a) A captação de glicose pelas células é facilitada pelo glucagon na ausência de insulina.
b) Na ausência de insulina, ou de receptores de insulina, a glicose fica acumulada no fígado até ser eliminada pela urina.
c) A insulina produzida e secretada pelas células beta do pâncreas se liga ao seu receptor na membrana plasmática permitindo a entrada da glicose na célula-alvo.
d) O diabetes é causado pela falta do hormônio insulina e por uma fraca responsividade do glucagon nos tecidos-alvo deste hormônio.
e) Altos níveis de glicose no sangue causam o movimento de água do sangue para as células por osmose, e os rins diminuem a eliminação de urina.

3. (Unirio-RJ) A tiroxina é um aminoácido iodado que regula a taxa de respiração celular, a calcitonina é um peptídeo que inibe a liberação de cálcio dos ossos e a prolactina é uma proteína que estimula a produção de leite em mamíferos.
Os hormônios citados acima são produzidos nas seguintes glândulas, respectivamente:
a) tireóidea - tireóidea - hipófise
b) tireóidea - hipófise - tireóidea
c) paratireóidea - hipófise - mamas
d) testículo - tireóidea - hipófise
e) ovário - paratireóidea - hipófise

4. (Ufop-MG) Após um indivíduo ingerir um grande volume de líquido é observado que este indivíduo apresenta também um grande volume urinário. Em relação a este fato, todas as alternativas estão corretas, exceto:
a) a ingestão de um grande volume de líquido diminui a pressão osmótica do indivíduo.
b) a liberação do hormônio antidiurético (ADH) é inibida.
c) neste caso, ocorre reabsorção de água a nível dos túbulos renais distais e coletores.
d) o centro da sede é inibido.
e) o volume sanguíneo deste indivíduo apresenta-se aumentado.

5. (PUC-SP) A baixa liberação do hormônio antidiurético pela ___I___ provoca uma diminuição da reabsorção de água nos ___II___ e, consequentemente, eliminação de ___III___ volume de urina.
No trecho apresentado, as lacunas I, II e III podem ser preenchidas, correta e respectivamente, por
a) hipófise, túbulos renais e grande.
b) hipófise, túbulos renais e pequeno.
c) tireoide, néfrons e grande.
d) tireoide, néfrons e pequeno.
e) suprarrenal, néfrons e grande.

6. (Uerj) Em um experimento em que se mediu a concentração de glicose no sangue, no filtrado glomerular e na urina de um mesmo paciente, os seguintes resultados foram encontrados:

Líquido biológico	Concentração de glicose (mg/dL)
sangue	140
filtrado glomerular	120
urina	0,12

Esses resultados mostram que as células epiteliais dos túbulos renais do paciente estavam reabsorvendo a glicose pelo mecanismo denominado:

a) difusão passiva
b) transporte ativo
c) difusão facilitada
d) transporte osmótico

7. (Mack-SP) Com relação a diabetes melito, é correto afirmar que

a) essa condição ocorre devido à produção excessiva de hormônio na medula suprarrenal.
b) a glicose permanece no sangue e não é encaminhada para dentro das células.
c) devido aos altos níveis de glicose no sangue, as pessoas afetadas podem fazer grandes intervalos entre as refeições.
d) é causada pelo excesso de insulina.
e) os indivíduos diabéticos, frequentemente, apresentam valores de pressão arterial menores que os normais.

8. (Udesc) Os hormônios agem como mensageiros químicos e atuam em receptores específicos nas membranas celulares. Associe as colunas abaixo:

1. Paratormônio.
2. Somatrotófico.
3. Cortisol – glicocorticoide.
4. Calcitonina.
5. Ocitocina.

( ) Promove a conversão de aminoácidos e lipídeos em glicose pelo fígado.
( ) Estimula a liberação de leite e a contração do útero.
( ) Controla a concentração de cálcio no sangue.
( ) Diminui a liberação de cálcio no sangue.
( ) Estimula o crescimento corporal, a síntese proteica e é hiperglicemiante.

Assinale a alternativa que contém a sequência correta, de cima para baixo.

a) 4 – 1 – 2 – 5 – 3.
b) 3 – 2 – 4 – 1 – 5.
c) 1 – 5 – 4 – 2 – 3.
d) 3 – 5 – 1 – 4 – 2.
e) 1 – 4 – 5 – 3 – 2.

9. (UEL-PR) A adrenalina é muito associada aos esportes radicais devido à excitação à qual a pessoa que os pratica está submetida. Este hormônio prepara o corpo para enfrentar situações de perigo ou de emergência. Em qual(is) glândula(s) endócrina(s) humana(s) é produzida a adrenalina?

a) Hipófise.
b) Tireoide.
c) Paratireoides.
d) Suprarrenais.
e) Pâncreas.

10. (PUC-RJ) A presença de ureia na urina de humanos é consequência direta da:

a) degradação de lipídeos.
b) degradação de proteínas.
c) degradação de açúcares.
d) incorporação de vitaminas.
e) transformação de O_2 em CO_2.

11. (Uece) Analise o texto:

"Eita! que cervejinha incômoda! Exclamou Justina que comentou com Juliana: – Veja quantas vezes o Juca foi ao banheiro, quando assistia à contenda final entre o "Brasil e Irã" (imaginação criativa). Também, o Brasil é o campeão da diplomacia! Ainda bem que a gente vai bem menos ao banheiro, porque só bebemos um bom suco".

Podemos afirmar corretamente que o fato de Juca ter ido inúmeras vezes ao banheiro se deve a uma disfunção hormonal provocada pelo álcool da cerveja sobre o hormônio

a) ADH.
b) Somatotrofina.
c) ACTH.
d) TSH.

12. (PUC-PR) O cálcio desempenha papel importante em vários processos fisiológicos do homem. Por isso, é indispensável a manutenção dos níveis plasmáticos de cálcio em estreitos limites, o que ocorre com a participação de alguns hormônios. Acerca do exposto acima, pode-se afirmar:

a) A diminuição da concentração plasmática de cálcio é um fator de estímulo para a liberação do paratormônio pelas paratireoides.
b) A elevação da concentração plasmática de cálcio é um fator de estímulo para a liberação de triiodotironina e tiroxina pela tireoide.
c) A elevação da concentração plasmática de cálcio é um fator de estímulo para a liberação de aldosterona pelo córtex das adrenais.
d) A diminuição da concentração plasmática de cálcio é um fator de estímulo para a liberação de calcitonina pelas células parafoliculares da tireóide.
e) A diminuição da concentração plasmática de cálcio é um fator de estímulo para a liberação de adrenalina pela medula das adrenais.

13. (UFF-RJ) Suave caminho de volta ao sono natural

> Novas pesquisas condenam o uso de comprimidos de melatonina e médicos defendem a receita tradicional contra insônia: medidas antiestresse e dieta sem cafeína.
>
> (MARINHO, Antonio, In: *O Globo*, Jornal da Família, 25/8/96)

O texto reproduzido alerta para o uso indiscriminado e abusivo da melatonina como medicamento. Esta substância é normalmente produzida pelo organismo e tem efeitos sobre vários órgãos e sistemas. Seus níveis de concentração são finamente regulados para as diferentes situações biológicas. Havendo interferência externa neste processo de *feedback*, podem ocorrer alterações orgânicas indesejáveis.
A melatonina é produzida na:

a) pineal.
b) hipófise.
c) tireoide.
d) paratireoide.
e) adrenal.

14. (UEL-PR) Considere a frase a seguir,
"Nos mamíferos, as células eliminam ___I___ para o sangue e, no fígado, essa substância é transformada em ___II___"
Para completá-la corretamente, é necessário substituir I e II, respectivamente, por

a) ureia e amônia.
b) ureia e ácido úrico.
c) ácido úrico e ureia.
d) amônia e ácido úrico.
e) amônia e ureia.

15. (PUC-RJ) O controle da taxa de glicose no sangue é feito por dois hormônios: a insulina e o glucagon. Sobre esses dois hormônios, é correto afirmar que:

a) ambos são produzidos no fígado e agem para diminuir o nível de glicose no sangue.
b) a insulina é produzida no pâncreas, e sua ação diminui o nível de glicose no sangue; o glucagon é produzido no fígado e age transformando o glicogênio em glicose.
c) ambos são produzidos no pâncreas, mas provocam efeitos opostos: a insulina provoca a diminuição do nível de glicose, e o glucagon, o aumento.
d) a insulina transforma o glicogênio em glicose, e o glucagon facilita a entrada de glicose nas células.
e) ambos são produzidos no fígado, mas provocam efeitos opostos: a insulina provoca a diminuição do nível de glicose, e o glucagon, o aumento.

MÓDULO 32

1. (UFC-CE) No homem, os canais semicirculares, órgãos responsáveis pela manutenção do equilíbrio, estão localizados:

a) no ouvido interno.
b) no cerebelo.
c) na medula.
d) nas articulações.
e) nenhuma anteriores.

2. (Cesgranrio-RJ) É comum ouvir expressões como estas: "Meu coração disparou", "Fiquei tão nervoso que comecei a suar", "Senti a boca seca". Estas reações são características de um estado emocional alterado, e são controladas sob a ação do(s):

a) sistema nervoso autônomo.
b) sistema nervoso somático.
c) hormônios da tireoide.
d) nervos do cerebelo.
e) centro nervoso medular.

3. (UEL-PR) O sistema nervoso usa potenciais de ação (impulsos nervosos) para regular as atividades corporais; detecta as alterações nos ambientes externos e internos do corpo, interpreta essas alterações e responde a elas por causar contrações musculares ou secreções glandulares.

(TORTORA, G.J.; GRABOWSKI, S.R. *Princípios de anatomia e fisiologia*. 9. ed. Rio de Janeiro: Guanabara Koogan, 2002. p.5.)

Com base no texto e nos conhecimentos sobre o tema, analise as afirmativas a seguir:

I. O sistema nervoso periférico autônomo tem por função controlar a atividade dos sistemas digestivo, cardiovascular, excretor e endócrino.
II. O cerebelo é o principal centro integrador entre os sistemas nervoso e endócrino, e o hipotálamo é o responsável pela manutenção da postura corporal.
III. Destacam-se como substâncias que atuam como neurotransmissoras: a acetilcolina, a adrenalina, a noradrenalina.
IV. A presença da bainha de mielina, que recobre a maioria dos axônios, além de proteger o axônio, facilita a propagação do impulso nervoso.

Assinale a alternativa que contém todas as afirmativas corretas.

a) I e II.
b) II e IV.
c) III e IV.
d) I, II e III.
e) I, III e IV.

4. (Udesc) Os animais possuem órgãos dos sentidos que lhes permitem relacionarem-se com o meio ambiente. Esses órgãos podem ser classificados de várias maneiras. Um dos sistemas de classificação os situa em categorias de acordo com o tipo de estímulo a que são sensíveis.
RELACIONE cada órgão dos sentidos de acordo com o estímulo a que é sensível.

(I) quimiorreceptor — (1) tato
(II) mecanorreceptor — (2) calor
(III) fotorreceptor — (3) odor
(IV) termorreceptor — (4) luz

Assinale a alternativa CORRETA.

a) I - 3; II - 1; III - 2; IV - 4.
b) I - 4; II - 1; III - 3; IV - 2.
c) I - 3; II - 1; III - 4; IV - 2.
d) I - 3; II - 4; III - 1; IV - 2.
e) I - 4; II - 2; III - 4; IV - 1.

5. (UTFPR) O nosso corpo possui inúmeros órgãos, relacionados às mais variadas funções. Os ossículos martelo, bigorna e estribo estão relacionados com uma dessas funções. Assinale a alternativa que relaciona corretamente a localização e a função destes ossículos.
a) Orelha externa; recebe as ondas sonoras.
b) Orelha interna; mantém o corpo em equilíbrio.
c) Orelha média; transmitem vibrações sonoras para a orelha interna.
d) Orelha média; mantém o equilíbrio do corpo.
e) Orelha interna; transmitem vibrações sonoras para a orelha média.

6. (PUC-RS) O sistema nervoso autônomo (SNA) é subdividido em simpático e parassimpático, os quais têm atividades, em geral, antagônicas, reguladas pela liberação das catecolaminas (adrenalina e noradrenalina) e da acetilcolina, respectivamente. Um dos importantes efeitos desencadeados pela ativação simpática é
a) a contração da pupila.
b) a constrição dos brônquios.
c) a diminuição da atividade mental.
d) o aumento da freqüência cardíaca.
e) o aumento do peristaltismo.

7. (Mack-SP) Em alguns acidentes em provas automobilísticas, têm-se dado como causa de lesões sérias ou morte do piloto a desaceleração violenta sofrida pelo encéfalo, mesmo que não haja fratura da caixa craniana. Porém, há um mecanismo de proteção do encéfalo, responsável por absorver os choques mecânicos, exercido:
a) pelas meninges.
b) pelo líquido cefalorraquidiano.
c) somente pela aracnoide.
d) tanto pela aracnoide como pela dura-máter.
e) somente pela dura-máter.

8. (UEL) Para o desempenho das práticas desportivas, o equilíbrio é fundamental. Os órgãos de equilíbrio detectam a posição do corpo e permitem perceber se estamos de cabeça para cima ou para baixo e a velocidade em que estamos nos deslocando. A orelha humana é o órgão responsável pela audição e pelo equilíbrio e uma de suas regiões, a orelha interna, é um complexo labirinto membranoso conhecido como aparelho vestibular.
Qual das estruturas citadas a seguir é um dos componentes do aparelho vestibular responsável pelo equilíbrio?
a) Cóclea.
b) Membrana timpânica.
c) Canais semicirculares.
d) Bigorna.
e) Órgão de Corti.

9. (PUC-MG) Todos nós já experimentamos a salivação estimulada pela visão ou pelo aroma da comida. Essa resposta é um reflexo autônomo, assim como é o ato de deglutir após a estimulação tátil que ocorre na boca. É CORRETO afirmar que o reflexo autônomo da salivação:
a) depende do envolvimento do sistema nervoso central.
b) depende do estímulo luminoso coordenado pelo sistema nervoso periférico.
c) é ação combinada envolvendo sistema nervoso periférico, enzima e atividade endócrina.
d) depende de estímulos coordenados por mensagens neuro-hormonais do sistema nervoso simpático, mas não do parassimpático.

10. (UFRGS-RS, modificado) Associe adequadamente a lista de cinco estruturas que fazem parte do sistema nervoso com as características de três dessas estruturas.
1 - bulbo
2 - cerebelo
3 - hipófise
4 - hipotálamo
5 - medula espinhal

( ) É responsável pelo controle das funções motoras do corpo.
( ) Possui grupos de neurônios envolvidos no controle de respiração e circulação.
( ) Possui o centro do controle para manutenção da temperatura corporal.

A sequência correta de preenchimento dos parênteses, de cima para baixo, é
a) 3 – 5 – 4.
b) 2 – 4 – 3.
c) 3 – 5 – 1.
d) 2 – 1 – 4.
e) 5 – 1 – 3.

11. (PUCC-SP) Construída a toque de caixa pelo regime militar, Tucuruí inundou uma área de 2 000 km^2, sem que dela se retirasse a floresta. A decomposição orgânica elevou os níveis de emissão de gases, a ponto de fazer da represa, nos anos 90, a maior emissora de poluentes do Brasil. Ganhar a vida cortando árvores submersas exige que um mergulhador desça a mais de 20 metros, com praticamente zero de visibilidade e baixas temperaturas. Amarrado ao tronco da árvore, maneja a motoserra.

(Adaptado de *Veja*. Ano 37. n. 23. ed. 1857. São Paulo: Abril. p.141)

Espera-se que nos olhos do mergulhador, no momento em que volta à superfície, ocorra:
a) contração do cristalino.
b) paralisia do músculo da íris.
c) diminuição do tamanho das pupilas.
d) registro do grau de claridade pelos cones.
e) registro das cores do ambiente pelos bastonetes.

12. (UFG-GO) Um chimpanzé com lesão no cerebelo tem comprometida a sua capacidade de
a) mastigar e engolir os alimentos.
b) equilibrar-se sobre os galhos de árvores.
c) enxergar a fêmea para o acasalamento.
d) ouvir o som dos predadores.
e) sentir o odor dos feromônios.

13. (UFRGS-RS) Os animais possuem estruturas que são capazes de perceber alterações ambientais. Quais estruturas detectam alterações de pressão?
a) Quimiorreceptores.
b) Mecanorreceptores.
c) Fotorreceptores.
d) Termorreceptores.
e) Radiorreceptores.

14. (UFMG) Se forem comparados os elementos envolvidos nos processos de visão do olho humano e nos de elaboração de uma foto a partir de uma câmera fotográfica, podem ser feitas algumas correlações. Assinale a alternativa que apresenta uma correlação INCORRETA.
a) Câmara escura - Globo ocular.
b) Diafragma - íris.
c) Filme - Retina.
d) Lente - Córnea.
e) Revelador - Cérebro.

15. (UFF-RJ) Um beijo estimula eventos fisiológicos importantes de origem involuntária como a vasodilatação. O sistema nervoso autônomo consiste em duas divisões que diferem anatômica e fisiologicamente: o simpático e o parassimpático.
O beijo registrado por fotografia térmica infravermelha – técnica que capta as variações de calor e as traduz em distintas cores. O vermelho indica as áreas quentes (onde há mais sangue circulando). O azul, zonas frias.

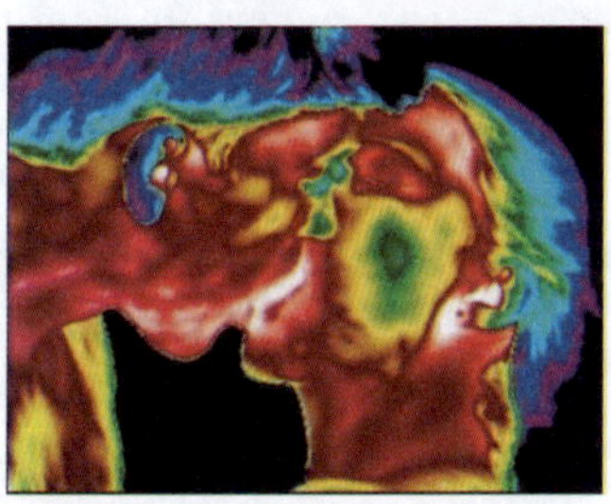

VEJA, 24 de maio de 2006.

O sistema simpático, no caso do beijo, será responsável pela:
a) contração da pupila, redução dos batimentos cardíacos e produção de noradrenalina.
b) contração da pupila, redução dos batimentos cardíacos e produção de acetilcolina.
c) dilatação da pupila, redução dos batimentos cardíacos e produção de acetilcolina e noradrenalina.
d) contração da pupila, aceleração dos batimentos cardíacos e produção de adrenalina e noradrenalina.
e) dilatação da pupila, aceleração dos batimentos cardíacos e produção de adrenalina e noradrenalina.

MÓDULO 33

1. (Uespi) As plantas avasculares são pequenas e são comuns em ambientes sombreados. Sobre suas características reprodutivas, observe o ciclo de vida exemplificado abaixo e assinale a alternativa correta.

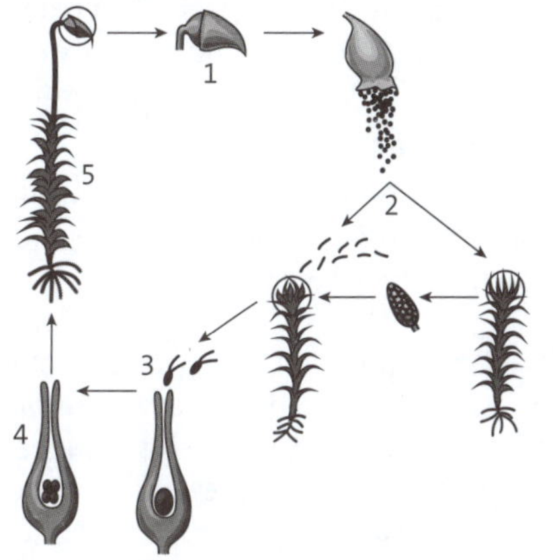

a) Na cápsula, ocorre a meiose, formando-se esporos haploides que são eliminados no solo (1).
b) Cada esporo desenvolve-se formando gametófitos unicamente masculinos (2).
c) Anterozoides haploides fecundam oosferas diploides (3), ocorrendo a seguir divisões meióticas sucessivas.
d) O arquegônio com o embrião diploide (4) desenvolve-se formando uma estrutura haploide.
e) O esporófito (5) representa a fase assexuada do ciclo reprodutivo.

2. (Unimep-SP) Os organismos que apresentam ciclo de vida esquematizado abaixo, são classificados como:

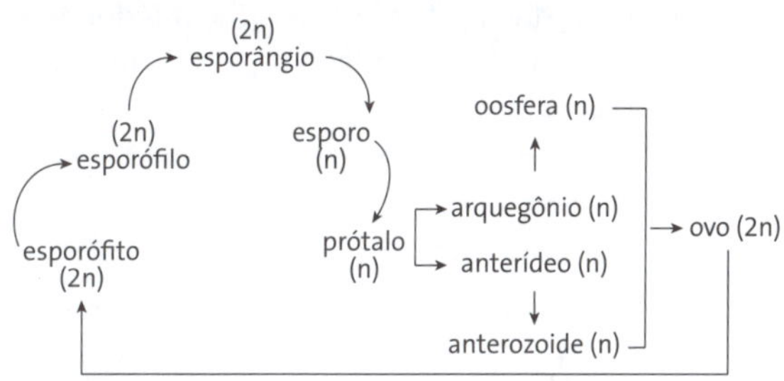

a) angiospermas.
b) gimnospermas.
c) pteridófitas.
d) briófitas.
e) nenhuma das anteriores.

3. (Fatec-SP) Considere as seguintes características dos vegetais:
I. sistema vascular
II. grãos de pólen e tubo polínico
III. sementes nuas.
Dessas, são comuns às gimnospermas e angiospermas.
a) somente I.
b) somente II.
c) somente III.
d) I e II apenas.
e) I, II e II.

4. (Unaerp-SP) Sobre a reprodução das angiospermas é correto afirmar que:
a) o óvulo contém várias células haploides que serão todas fecundadas dando origem às sementes.
b) existe grande necessidade de água líquida para que um núcleo espermático fecunde a oosfera.
c) após a formação do endosperma e do embrião, a parede do ovário dará origem ao fruto.
d) a fusão entre um núcleo espermático e a oosfera dá origem à semente.
e) o óvulo é formado por uma única célula haploide que, quando fecundado por um núcleo espermático, dá origem ao embrião.

5. (UFPA) Escavações arqueológicas em solos rochosos do período Carbonífero, com aproximadamente 300 milhões de anos, descobriram fósseis vegetais. A análise dos fósseis mostrou a presença de traqueídes, com paredes reforçadas de lignina, e ausência de óvulos. Baseando-se nas características dos vegetais fossilizados, pode-se incluí-los no grupo das
a) Pteridófitas.
b) Angiospermas.
c) Gimnospermas.
d) Briófitas.
e) Fanerógamas.

6. (UFF-RJ) Comparando sementes recém-germinadas de feijão e de milho, pode-se observar que:
a) Ambos os brotos apresentam dois cotilédones, sendo que no broto de milho os cotilédones são mais desenvolvidos.
b) No broto de feijão, ao contrário do que ocorre no broto de milho, não há cotilédones, existindo apenas o endosperma que atua como órgão de reserva.
c) Nenhum dos brotos apresenta cotilédones possuindo raízes fasciculadas com função de órgão de reserva.
d) No broto de milho é encontrado apenas um cotilédone, enquanto no broto de feijão são encontrados dois cotilédones.
e) O broto de milho apresenta raiz ramificada, sem a presença de cotilédones.

7. (Fatec-SP) Na maioria dos sistemas de classificação, o reino das plantas é dividido em dois filos denominados Briófitas e Traqueófitas. O filo das briófitas caracteriza-se por:
a) Apresentar vaso condutor de seiva e não apresentar sementes.
b) Não apresentar vaso condutor de seiva e apresentar semente.
c) Apresentar raiz, caule, folha e semente.
d) Apresentar raiz, caule, folha e não apresentar semente.
e) Não apresentar vaso condutor de seiva e não apresentar sementes.

8. (Vunesp-SP) Os principais grupos de plantas que colonizaram o ambiente terrestre foram as gimnospermas e as angiospermas. Muitos autores acreditam que os insetos tiveram um papel importante no sucesso das angiospermas nesse ambiente. Uma característica das angiospermas que possibilitou a associação com os insetos é a presença de:
a) fruto com mesocarpo carnoso, que impede a ingestão das sementes pelos insetos durante a polinização.
b) grãos de pólen com envoltórios resistentes, produzidos em estróbilos com áreas secretoras, que atraem os insetos polinizadores.
c) carpelos múltiplos não ovulados e anteras plumosas, que forçam insetos polinizadores a visitar muitas plantas.
d) flores com pétalas com cores, aromas ou secreções, que atraem insetos que atuarão na polinização da planta.
e) sementes descobertas, formadas em flores rudimentares, que facilitam sua dispersão pelos insetos.

9. (Fuvest-SP) Ao longo da evolução das plantas, os gametas:
a) tornaram-se cada vez mais isolados do meio externo e, assim, protegidos.
b) tornaram-se cada vez mais expostos ao meio externo, o que favorece o sucesso da fecundação.
c) mantiveram-se morfologicamente iguais em todos os grupos.
d) permaneceram dependentes de água, para transporte e fecundação, em todos os grupos.
e) apareceram no mesmo grupo no qual também surgiram os tecidos vasculares como novidade evolutiva.

10. (UFRR) As sementes surgiram em um determinado momento da evolução das plantas, representado pelo número 3 no diagrama de relações filogenéticas entre as algas e os principais grupos de plantas atuais.

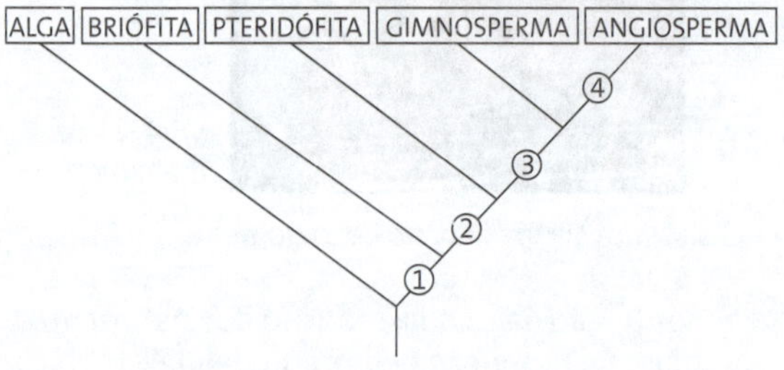

A que característica evolutiva, adquirida ao longo de milhares de anos, correspondem respectivamente os números 1, 2 e 4?
a) tecidos condutores, flor e fruto.
b) embrião, fruto e flor.
c) embrião, tecidos condutores e fruto.
d) alternância de gerações, fruto e flor.
e) alternância de geração, embrião e flor.

11. (Fuvest-SP) Qual o produto meiótico no ciclo de vida de uma samambaia?

a) Anterozoides.
b) Oosferas.
c) Anterozoides e oosferas.
d) Esporos.
e) Zigotos.

12. (Mack-SP)

I. B e D representam as fases esporofíticas, formadas por células diploides (2n).
II. A e C representam as fases gametofíticas, formadas por células haploides (n).
III. B e C são originadas a partir do zigoto.
IV. Anterozoide e oosfera são produzidos por meiose.

Estão corretas apenas:

a) I e II.
b) I e III.
c) II e III.
d) I e IV.
e) III e IV.

13. (PUC-MG) Relacione a primeira coluna com a segunda:

1. Cálice
2. Corola
3. Androceu
4. Gineceu

( ) Conjunto de estames
( ) Formado pelas sépalas
( ) Conjunto de pétalas
( ) Formado por uma ou mais folhas carpelares.

a) 1, 2, 3 e 4.
b) 4, 3, 1 e 2.
c) 3, 1, 2 e 4.
d) 2, 1, 4 e 3.
e) 2, 4, 3 e 1.

14. (UEM-PR) As angiospermas são consideradas as plantas com maior sucesso de colonização no ambiente terrestre, por apresentarem flores, frutos e sementes. Sobre esses órgãos, assinale a(s) alternativa(s) **correta(s)**.

01. A semente resulta do desenvolvimento do ovário, após ter ocorrido a fecundação.
02. Anemocoria é um mecanismo de dispersão de sementes e frutos pelo vento.
04. O fruto do tipo cariopse apresenta uma só semente, a qual está ligada à parede do fruto por toda sua extensão.
08. Endosperma é um tecido triploide, rico em substâncias nutritivas, originado da fusão dos núcleos polares com o núcleo espermático.
16. A fertilização consiste no transporte do grão de pólen da antera de uma flor masculina até o estigma de uma flor feminina.

15. (UEL-PR) O esquema a seguir representa uma flor de angiosperma:

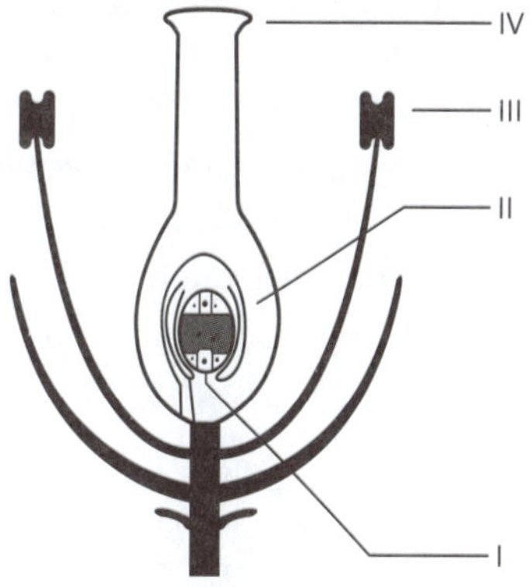

Assinale a alternativa que associa corretamente os algarismos do esquema com as letras da lista a seguir:

A. Formação de grãos de pólen.
B. Deposição dos grãos de pólen.
C. Transformação em semente.
D. Transformação em fruto.

a) I – A; II – D; III – B; IV – C.
b) I – B; II – A; III – C; IV – D.
c) I – C; II – D; III – A; IV – B.
d) I – C; II – B; III – D; IV – A.
e) I – D; II – B; III – C; IV – A.

MÓDULO 34

1. (UFRGS-RS) Um laboratorista responsável pelo controle de qualidade de uma empresa fitoterápica analisou um chá sem identificação. Os aspectos anatômicos encontrados nos fragmentos da planta foram: presença de estômatos, parênquima clorofílico (paliçádico e lacunoso), epiderme uniestratificada, pelos glandulares e cutícula. Certamente este chá era constituído por

a) caule de monocotiledônea.
b) raiz de monocotiledônea.
c) flor de dicotiledônea.
d) caule de dicotiledônea.
e) folha de dicotiledônea.

2. (UFSM-RS) As plantas parasitas obtêm alimento do hospedeiro através dos ________ que são ________ especializadas.

Selecione a alternativa que completa corretamente as lacunas.

a) haustórios - raízes
b) pneumatódios - folhas
c) pneumatóforos - raízes
d) haustórios - folhas
e) pneumatóforos – folhas

3. (UEPB) Na estrutura de uma raiz são encontrados diferentes tipos de tecidos: epidérmico, parenquimático, meristemático, condutor, entre outros. Os meristemas têm a função de:
a) proteger a planta contra a desidratação.
b) realizar as trocas gasosas no processo de respiração.
c) promover o crescimento da raiz.
d) absorver do solo água e nutrientes.
e) proteger a raiz contra o desgaste produzido pelas partículas do solo.

4. (UFRGS-RS) O quadro abaixo se refere às adaptações morfológicas ocorrentes em algumas plantas.

Planta	Órgão	Adaptação morfológica
mangue-vermelho	I	pneumatóforo
II	folha	catafilo
videira	caula	III
laranjeira	IV	espinho
V	raiz	haustório

Assinale a alternativa cujos elementos preenchem de forma correta os espaços I, II, III, IV e V, respectivamente.
a) raiz – cebola – gavinha – caule – erva-de-passarinho
b) caule – erva-de-passarinho – rizoma – folha – milho
c) raiz – milho – rizoma – folha – erva-de-passarinho
d) caule – cebola – rizoma – raiz – milho
e) folha – erva-de-passarinho – gavinha – caule – cebola

5. (PUC-PR) Relacione as estruturas vegetais com as suas funções específicas e, a seguir, assinale a alternativa correta.
ESTRUTURA.
I. Vasos liberianos.
II. Tecido lacunoso.
III. Colênquima.
IV. Células especializadas da epiderme.
V. Fibras esclerenquimáticas.
FUNÇÃO
a) Transporte de água e sais minerais.
b) Circulação de ar e fotossíntese.
c) Eliminação de água sob a forma líquida.
d) Aumento da superfície de absorção da água e sais minerais.
e) Sustentação e flexibilidade.

a) I-a, II-b, III-c.
b) I-b, II-d, IV-a.
c) III-e, IV-b, V-a.
d) II-b, III-e, IV-d.
e) II-e, III-a, IV-e.

6. (Uece) Dentre as plantas citadas abaixo, a opção que contém somente aquelas que NÃO apresentam meristema secundário é:
a) carnaubeira; milho; capim
b) feijoeiro; soja; abacateiro
c) coqueiro; cajueiro; mangueira
d) catingueira; ficus-benjamin; goiabeira

7. (UFTM-MG) Duas sementes, A e B, produzidas por uma mesma espécie de planta, foram colocadas em diferentes vasos com a mesma quantidade de terra e água e submetidas à mesma condição de temperatura e pressão. A semente A tinha cinco gramas a mais que B. Os vasos foram colocados no interior de duas caixas de 40 cm de altura, totalmente vedados para impedir a entrada de luz no interior. As sementes germinaram e geraram plantas estioladas, porém uma atingiu altura maior que a outra. O esquema ilustra o resultado da experiência.

Analisando-se o experimento descrito, pode-se concluir que o crescimento foi
a) maior em A porque esta planta conseguiu absorver mais gás CO_2 proveniente do ar.
b) maior em A porque esta planta tinha mais reservas nutritivas no interior do endosperma.
c) menor em B porque esta planta não tinha nutrientes para realizar várias meioses rapidamente.
d) menor em B porque esta planta não conseguiu realizar a quimiossíntese para gerar ATP.
e) menor em B porque esta planta não absorveu o gás CO_2 do meio e consequentemente não respirou.

8. (UEL-PR) Numa árvore angiosperma de 5 metros de altura, um indivíduo escreveu com canivete o seu nome a 1 metro do nível do solo. Após 10 anos, o indivíduo retornou ao local e constatou que a árvore atingira o triplo da altura. A que distância do solo está a inscrição com o nome do indivíduo, decorridos esses 10 anos?
a) 1 metro.
b) 3 metros.
c) 5 metros.
d) 10 metros.
e) 15 metros.

9. (Unifor-CE) O esquema abaixo representa um corte transversal do caule de uma dicotiledônea.

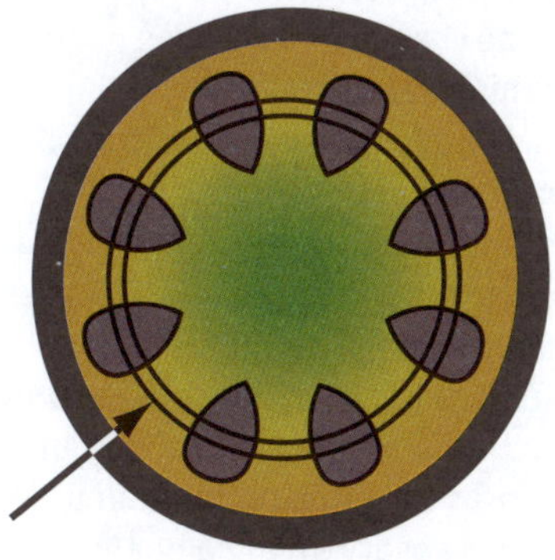

A seta assinala um anel formado por ________ que produzirá ________ voltado para o centro do caule e ________ voltado para seu córtex.
Para completar corretamente a frase acima, basta preencher as lacunas, respectivamente, por:
a) meristema – floema - xilema.
b) meristema – xilema – floema.
c) meristema – parênquima – xilema.
d) felogênio – parênquima – xilema.
e) felogênio – floema – parênquima.

10. (UCP-RJ) "A cultura de tecidos visa a reprodução de plantas a partir de células meristemáticas localizadas nas gemas do caule, no subápice da raiz ou mesmo nas folhas. Inicialmente, isolam-se algumas células meristemáticas da planta-mãe e em seguida essas células são imersas num tubo de ensaio contendo uma solução nutritiva portadora de todos os elementos necessários para o desenvolvimento celular. Em condições de luminosidade e temperatura controladas, as células multiplicam-se no interior do tubo de ensaio e depois de alguns meses cada uma delas origina uma pequena muda."

PAULINO, Wilson Roberto. *Biologia Atual*. v. 1. p. 237.

Quanto aos tecidos meristemáticos podemos afirmar que:
I. possuem células dotadas de alto poder proliferativo.
II. os meristemas primários promovem o crescimento diametral da planta.
III. os meristemas secundários promovem o crescimento longitudinal da planta.
IV. o felogênio e o câmbio são meristemas secundários.
Portanto, estão corretas:
a) as alternativas I, II e III.
b) as alternativas II, III e IV.
c) apenas a alternativa I.
d) as alternativas I e IV.
e) todas as alternativas.

11. (Fuvest-SP) Enquanto a clonagem de animais é um evento relativamente recente no mundo científico, a clonagem de plantas vem ocorrendo já há algumas décadas com relativo sucesso. Células são retiradas de uma planta-mãe e, posteriormente, são cultivadas em meio de cultura, dando origem a uma planta inteira, com genoma idêntico ao da planta-mãe. Para que o processo tenha maior chance de êxito, deve-se retirar as células
a) do ápice do caule.
b) da zona de pêlos absorventes da raiz.
c) do parênquima dos cotilédones.
d) do tecido condutor em estrutura primária.
e) da parede interna do ovário.

12. (Unisc-RS) Relacione os tecidos vegetais com sua respectiva função.
(1) Floema
(2) Colênquima
(3) Meristema
(4) Esclerênquima
(5) Xilema
( ) Formado por células de natureza ainda indiferenciada que se destinam a formar todos os demais tecidos das plantas.
( ) Tecido de sustentação formado por células com formato de fibra, porém curtas e ainda vivas. Os feixes desse tecido são superficiais, fornecendo pequena rigidez que não impede a flexibilidade de caules finos.
( ) Transporte de água das raízes para os caules e as folhas.
( ) As células deste tecido fornecem suporte rígido após morrerem.
( ) Transloca carboidratos e outros nutrientes.
A sequência correta de preenchimento dos parênteses, de cima para baixo, é:
a) 3 – 4 – 1 – 2 – 5.
b) 4 – 3 – 1 – 2 – 5.
c) 3 – 2 – 5 – 4 – 1.
d) 1 – 2 – 3 – 4 – 5.
e) 5 – 4 – 3 – 2 – 1.

13. (Uerj) Cortando-se, em forma de anel, a casca do caule de uma planta, a parte situada entre o corte e a raiz não é nutrida e morre. O fluxo de seiva elaborada, com substâncias nutritivas, ocorre, das folhas para a raiz, no:
a) xilema
b) floema
c) meristema
d) parênquima

14. (UFRRJ) Sobre o esquema a seguir são feitas algumas afirmativas:

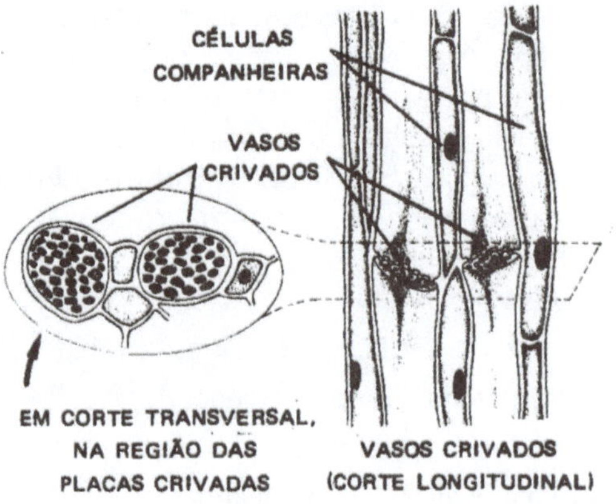

I. O esquema representa o tecido vegetal de sustentação.
II. Neste sistema movimenta-se uma solução orgânica onde predominam açúcares solúveis.
III. Este tecido está presente em todos os vegetais terrestres.
IV. A movimentação de solução orgânica neste sistema faz-se da região mais concentrada para amenos concentrada.

Sobre as afirmativas, pode-se concluir que apenas

a) II e III estão corretas.
b) II e IV estão corretas.
c) I e IV estão corretas.
d) I e II estão corretas.
e) I e III estão corretas

15. (PUCC-SP) O azeite é extraído do fruto da oliveira, a azeitona. Este fruto apresenta o pericarpo suculento. Durante a formação do fruto, o pericarpo é resultante do desenvolvimento

a) do óvulo fecundado.
b) da parede do ovário.
c) da oosfera fecundada.
d) do receptáculo floral.
e) do endosperma da semente.

MÓDULO 35

1. (UFPE) Existem fatores que interferem na taxa de fotossíntese de uma planta. A esse propósito, analise os itens mencionados a seguir.

1. Intensidade de energia luminosa.
2. Concentração de gás carbônico.
3. Temperatura.
4. Concentração de oxigênio.

Interferem na taxa fotossintética:

a) 1, 2, 3 e 4.
b) 1, 2 e 3 apenas.
c) 2 e 3 apenas.
d) 3 e 4 apenas.
e) 1 e 2 apenas.

2. (Udesc) Analise as proposições abaixo, em relação à fisiologia vegetal:

I. O estômato é formado por duas células clorofiladas que são chamadas de células-guarda. Elas possuem o formato de rins.
II. As células do parênquima clorofiliano, quando perdem água, começam a secretar o ácido abscísico, que é um hormônio inibidor do transporte ativo de íons potássio, promovendo o fechamento dos estômatos.
III. Os estômatos das folhas devem estar fechados para que a planta realize uma boa fotossíntese. Assim, as folhas ficam menos concentradas e, por osmose, absorvem água por transpiração.
IV. A absorção de energia luminosa é um dos fatores que estimula o transporte ativo de íons de potássio que se acumulam na célula, permitindo a abertura dos estômatos.

Assinale a alternativa correta.

a) Somente as afirmativas I, III e IV são verdadeiras.
b) Somente as afirmativas II e III são verdadeiras.
c) Somente as afirmativas II, III e IV são verdadeiras.
d) Somente as afirmativas I e II são verdadeiras.
e) Somente as afirmativas I, II e IV são verdadeiras.

3. (Vunesp-SP) A análise do líquido coletado pelo aparelho bucal de certos pulgões, que o inseriram no caule de um feijoeiro adulto, revelou quantidades apreciáveis de açúcares, além de outras substâncias orgânicas. Plântulas de feijão, recém-germinadas, que se desenvolveram sobre algodão umedecido apenas com água e sob iluminação natural, tiveram seus órgãos de reserva alimentar (folhas primordiais modificadas) sugadas por outros pulgões. A análise do líquido coletado dos aparelhos bucais destes pulgões também revelou a presença de nutrientes orgânicos. Os resultados destas análises indicam que os pulgões que sugaram o feijoeiro adulto e os que sugaram as plântulas recém-germinadas inseriram seus aparelhos bucais, respectivamente, no

a) parênquima clorofiliano e súber.
b) xilema e cotilédones.
c) esclerênquima e xilema.
d) floema e súber.
e) floema e cotilédones.

4. (Fuvest-SP) A sequência normal do deslocamento de água numa planta vascular é:

a) coifa, periciclo, lenho, líber.
b) pêlos absorventes, coifa, lenho, líber.
c) zona pilífera, endoderme, periciclo, estômatos.
d) coifa, zona primária, zona secundária, folhas.
e) pêlos absorventes, córtex da raiz, vasos lenhosos, estômatos.

5. (UCS-RS) Observe a figura abaixo.

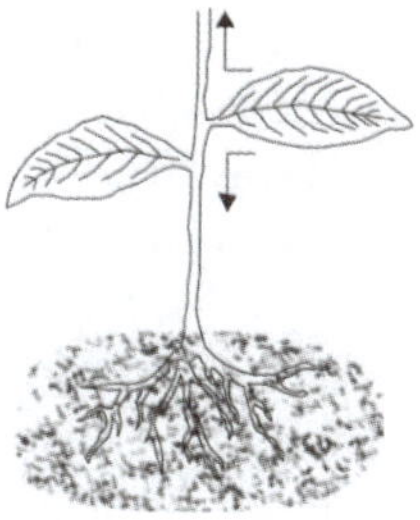

Nas plantas,

a) o xilema transporta para as raízes a glicose resultante da respiração.

b) o floema transporta glicose para todos os tecidos, que a armazenam na forma de glicogênio.

c) a seiva ascendente é conduzida pelo floema, e a descendente, pelo xilema.

d) a raiz, por ser uma região de baixa pressão de turgor, não consome a glicose transportada.

e) o floema transporta para todos os tecidos a glicose resultante da fotossíntese foliar.

6. (Cesgranrio-RJ) Ao preparar uma cerca-viva, o jardineiro tem o cuidado de fazer podas periódicas assim que as pontas dos galhos atingem determinada altura. Ao fim de algum tempo, resulta uma cerca densa através do surgimento de novos galhos. Verifique as afirmativas a seguir para explicar, cientificamente, o procedimento do jardineiro.

I. As podas periódicas possibilitam um suprimento extra de nutrientes que estimula a produção de novos galhos.

II. Nas pontas dos galhos são fabricadas auxinas que, em altas concentrações, inibem o surgimento de novos galhos.

III. A prática das podas periódicas serve para manter as partes inferiores da planta igualmente iluminadas, produzindo mais nutrientes.

Está(ão) correta(s) somente a(s) afirmativa(s):

a) I c) III e) I e III

b) II d) I e II

7. (UFMS) Os fitormônios são compostos orgânicos produzidos pelas plantas e que, em pequenas concentrações promovem, inibem ou modificam o crescimento vegetal. Com relação ao efeito da citocinina, é correto afirmar que:

a) Promove o amadurecimento dos frutos.

b) Inibe a floração.

c) Promove a divisão celular.

d) Inibe o crescimento do caule.

e) Promove a queda das folhas.

8. (UFC-CE) A teoria de Dixon é uma das hipóteses que tenta explicar o transporte de água da raiz até as folhas de árvores com mais de 30 metros de altura, como a castanheira-do-pará. Assinale a alternativa que contém aspectos nos quais se baseia essa teoria.

a) Coesão entre as moléculas de água, adesão entre essas moléculas e as paredes do xilema, tensão gerada no interior dos vasos pela transpiração foliar.

b) Aumento da concentração osmótica no interior dos vasos xilemáticos da raiz, entrada de água por osmose, impulsão da seiva para cima.

c) Semelhança dos vasos do xilema a tubos de diâmetro microscópico, propriedades de adesão e coesão das moléculas de água, ocorrência do fenômeno da capilaridade.

d) Permeabilidade seletiva das células do córtex da raiz, presença da endoderme com as estrias de Caspary, transporte ascendente da seiva bruta.

e) Produção de carboidratos nas folhas, aumento da concentração osmótica nesses órgãos, ascensão da seiva bruta, por osmose e capilaridade, nos vasos do xilema.

9. (Fameca-SP) Os hormônios vegetais ou fitormônios são importantes para o crescimento e desenvolvimento dos vegetais. Foram feitas algumas afirmações a respeito de alguns deles:

I. As auxinas e giberelinas, normalmente, estimulam a distensão celular.

II. O etileno é um hormônio gasoso que estimula o amadurecimento dos frutos e a abscisão foliar.

III. Crescimentos de curvatura orientados por um estímulo estão relacionados com a ação do ácido abscísico.

IV. É possível produzir fitormônios sintéticos, como a auxina sintética 2,4-D (ácido 2,4-diclorofenoxacético) que, em altas doses, têm ação herbicida e não afetam a saúde humana.

Está correto, apenas, o que se afirma em

a) I. c) II e III. e) II, III e IV.

b) I e II. d) I, II e IV.

10. (Fatec-SP) Grupos de angiospermas das espécies I, II e III foram submetidos a tratamentos fotoperiódicos, manifestando os resultados descritos abaixo:

- Quando receberam diariamente 3 horas de luz e 21 de escuro, I não floresceu, mas II e III floresceram.
- Quando foram expostos a 10 horas diárias de luz e 14 de escuro, I e II floresceram, porém III não floresceu.

Com base nesses dados pode-se concluir acertadamente que I, II e III são, respectivamente, plantas:

a) de dia curto, neutras e de dia longo.

b) de dia curto, de dia longo e neutras.

c) neutras, de dia curto e de dia longo.

d) de dia longo, neutras e de dia curto.

e) de dia longo, de dia curto e neutras.

11. (PUCC-SP) Analise o gráfico abaixo onde AIA significa ácido indolil-acético (auxina).
Com base nos dados nele representados, é possível afirmar que:

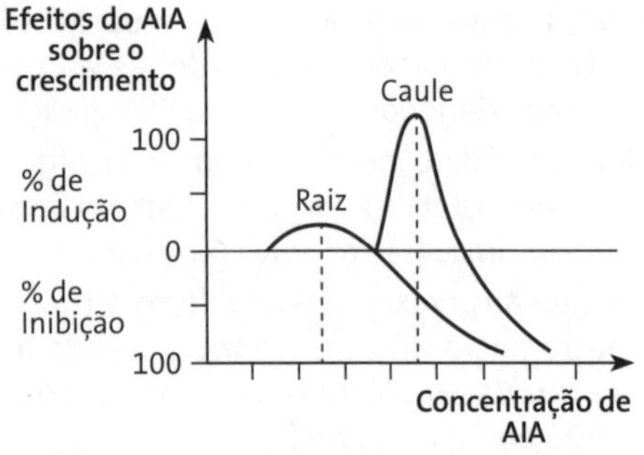

a) Quanto maior for a concentração de AIA, maior será o crescimento da raiz e do caule.

b) A raiz e o caule são igualmente sensíveis ao AIA.

c) O AIA, por ser um hormônio, sempre estimula o crescimento.

d) As concentrações de AIA que estimulam o crescimento do caule têm efeito inibidor na raiz.

e) Não há relação entre concentração de AIA e crescimento de raiz e caule.

12. (UFTM-MG) Para determinada planta, o ponto de compensação fótica é atingido com intensidade luminosa de 1000 lux, enquanto o ponto de saturação luminosa dá-se com 1500 lux. Essa planta foi encerrada por 4 horas no interior de um tubo de vidro e exposta, nas duas primeiras horas, a uma intensidade luminosa de 800 lux e, nas duas últimas horas, a uma intensidade luminosa de 1700 lux.
Durante o período em que esteve iluminada, sensores registraram, a intervalos regulares, a concentração de CO_2 e O_2 no interior do tubo. Pode-se dizer que, no interior do tubo, durante as duas primeiras horas, a concentração de CO_2

a) diminuiu e a concentração de O_2 aumentou. Nas duas últimas horas, a concentração de CO_2 aumentou e a concentração de O_2 diminuiu.

b) aumentou e a concentração de O_2 diminuiu. Nas duas últimas horas, a concentração de CO_2 diminuiu e a concentração de O_2 aumentou.

c) e a concentração de O_2 diminuíram. Nas duas últimas horas, a concentração de CO_2 e a concentração de O_2 aumentaram.

d) e a concentração de O_2 não se alteraram. Nas duas últimas horas, a concentração de CO_2 diminuiu e a concentração de O_2 aumentou.

e) e a concentração de O_2 não se alteraram, o mesmo ocorrendo durante as duas últimas horas.

13. (Mack-SP) Algumas etapas fundamentais do desenvolvimento das plantas são controladas por fitormônios (hormônios vegetais). Faça a correta correlação de cada fitormônio listado abaixo, com a principal ação sobre o desenvolvimento do órgão vegetal, de I a V.

I. Promove o amadurecimento do fruto.
II. Dormência das sementes.
III. Estimula o alongamento do caule.
IV. Atua no fototropismo e geotropismo.
V. Astimula a divisão celular.

( ) auxina
( ) etileno
( ) citocinina
( ) giberelina
( ) ácido abscísico

A sequência correta, de cima para baixo é:

a) I, IV, III, V e II.

b) III, I, IV, II e V.

c) I, II, V, III e IV.

d) IV, I, V, III e II.

e) II,III, I, V e IV.

14. (Cesgranrio-RJ) Com base na análise do esquema a seguir, assinale a opção que apresenta os fenômenos que estão ocorrendo respectivamente no caule e na raiz:

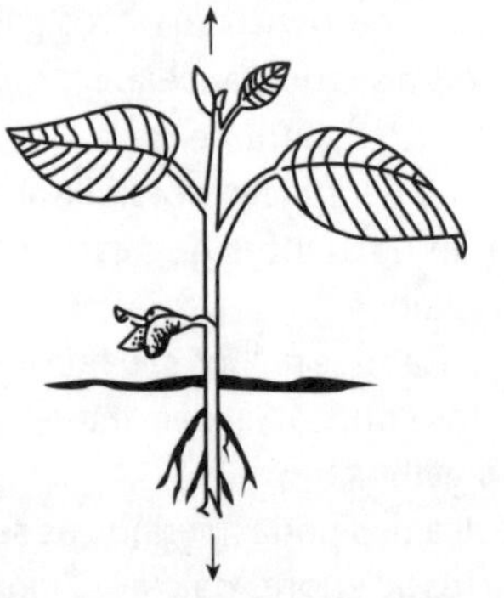

a) fototactismo positivo e fototactismo negativo.

b) fototactismo negativo e fototactismo positivo.

c) geotropismo positivo e geotropismo negativo.

d) geotropismo negativo e geotropismo positivo.

e) fototropismo negativo e fototropismo positivo.

15. (UEL-PR) Quando um caule é iluminado unilateralmente, ele apresenta fototropismo positivo devido ao acúmulo de auxinas que provoca aumento da:

a) distensão celular no lado não iluminado.

b) divisão celular no lado não iluminado.

c) distensão celular no lado iluminado.

d) divisão celular no ápice do caule.

e) divisão celular no lado iluminado.

MÓDULO 36

1. (Fuvest-SP) Considere o seguinte diagrama que representa uma pirâmide de números.
Em qual das alternativas, estão corretamente relacionados os organismos indicados no diagrama, na ordem I, II, III e IV.

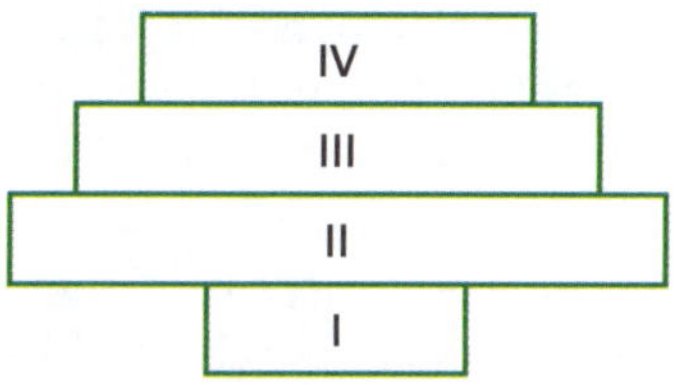

a) jacarandá, larva de borboleta, besouro, coruja.
b) capim, besouro, coruja, rato.
c) capim, rato, coruja, larva de borboleta.
d) jacarandá, pássaro, rato, coruja.
e) jacarandá, larva de borboleta, coruja, rato.

2. (PUC-RJ) Considere os conceitos de nicho ecológico e *habitat* apresentados abaixo:
I. O nicho de um organismo é seu papel ecológico.
II. A ocupação de nichos distintos por diferentes espécies reduz a competição por recursos.
III. Nicho ecológico é o lugar onde um organismo vive.
IV. Um determinado *habitat* pode proporcionar diferentes nichos aos organismos.
Estão corretas:
a) todas as afirmações.
b) apenas a I.
c) apenas I e IV.
d) apenas II e III.
e) apenas I, II e IV.

3. (Vunesp-SP) João e Antônio apresentaram-se como voluntários para o experimento de um nutricionista. João, depois de passar um dia em jejum, foi alimentado com 500 g de milho cozido. Antônio, também depois de jejuar, foi alimentado com 500 g da carne de um frango que cresceu alimentado apenas com milho. Com relação à transferência de energia ao longo da cadeia alimentar, pode-se dizer que, no experimento,
a) a quantidade de energia obtida por Antônio foi igual àquela necessária para a formação de 500 g de carne de frango.
b) a quantidade de energia obtida por João foi igual àquela necessária para a formação de 500 g de milho.
c) João e Antônio receberam a mesma quantidade de energia, igual àquela necessária para a formação de 500 g de milho.
d) João e Antônio receberam mais energia que aquela necessária para a formação de 500 g de milho.
e) João e Antônio receberam menos energia que aquela necessária para a formação de 500 g de milho.

4. (Unaerp-SP) Considere uma cadeia alimentar simples, como indicado, e assinale a opção correta com relação ao fluxo de energia e a quantidade de matéria na mesma:

planta (produtor) $\rightarrow$ herbívoro (presa) $\rightarrow$ carnívoro (predador)

a) A quantidade de energia será menor no predador.
b) A quantidade de energia poderá ser maior no predador, dependendo da quantidade de presas disponíveis.
c) A quantidade de energia será constante em cada nível trófico, apenas a quantidade de matéria será maior no predador.
d) A quantidade de energia e a quantidade de matéria serão maiores no predador.
e) A quantidade de matéria será maior no produtor e a quantidade de energia será maior no predador.

5. (FGV-SP) Durante a aula de campo, a professora chamou a atenção para o fato de que, naquela área, havia inúmeros formigueiros, cada um deles de uma diferente espécie de formiga e todos eles interagindo pelos recursos daquela área. Em ecologia, cada formigueiro em particular, e o conjunto de formigueiros naquela área, referem-se, respectivamente, a:
a) ecossistema e população.
b) comunidade e ecossistema.
c) população e ecossistema.
d) comunidade e população.
e) população e comunidade.

6. (Udesc) A teia alimentar mostrada abaixo apresenta as relações entre os diversos tipos de organismos. Sobre isso, é incorreto afirmar:

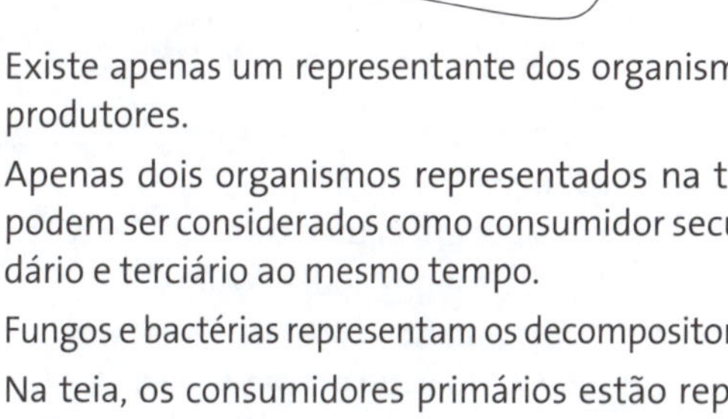

a) Existe apenas um representante dos organismos produtores.
b) Apenas dois organismos representados na teia podem ser considerados como consumidor secundário e terciário ao mesmo tempo.
c) Fungos e bactérias representam os decompositores.
d) Na teia, os consumidores primários estão representados por dois organismos.
e) Existe apenas um consumidor estritamente secundário.

7. (UFPA) Os organismos fotossintetizantes formam a base de todas as cadeias alimentares, pois conseguem captar a energia da luz solar e convertê-la em energia química. Ao longo de uma cadeia alimentar,

a) a energia química armazenada nos compostos orgânicos dos seus produtores é transferida para os demais componentes da cadeia e permanece estável.
b) a cada nível trófico, parte da energia que ingressou na cadeia alimentar é dissipada nas atividades vitais.
c) a quantidade de energia aumenta devido à produção de energia realizada pelos consumidores.
d) a energia é transferida de um nível trófico para outro e retorna integralmente ao ecossistema pela ação dos organismos decompositores.
e) há concentração da energia química nos níveis tróficos superiores.

8. (PUC-SP) Considere três espécies de animais que vivem em uma comunidade, indicadas por 1, 2 e 3:

I. a espécie 1 é presa de 3;
II. a espécie 2 é predadora de 1;
III. a espécie 3 é presa de 2.

Um pesquisador constatou que a espécie 1 é herbívora, o que permite concluir que na cadeia alimentar em questão:

a) 1 é produtora.
b) 2 é consumidora secundária e terciária.
c) 3 é consumidora secundária e terciária.
d) 1 e 2 são consumidoras primárias.
e) 2 e 3 são consumidoras primárias.

9. (Fatec-SP) As relações alimentares entre os diversos organismos de um ecossistema costumam ser representadas por meio de diagramas, denominados teias ou redes alimentares. Observe a teia alimentar a seguir.

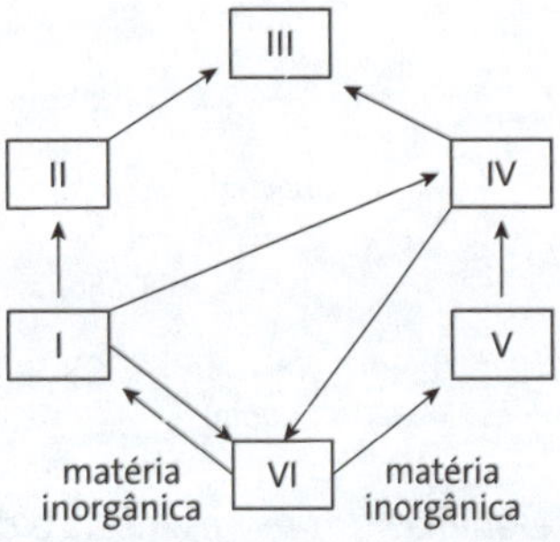

Com base na figura e nos conceitos de ecologia, considere as seguintes afirmações:

I. Galinhas podem ocupar os níveis II e IV.
II. Bactérias e fungos podem ocupar o nível VI.
III. Minhocas podem ocupar os níveis V e VI.
IV. O ser humano pode ocupar o nível III.

Está correto o contido apenas em:

a) III.
b) II e III.
c) I e IV.
d) I, II e IV.
e) II, III e IV.

10. (Unioeste-PR) As relações de forrageio entre seres vivos podem ser representadas graficamente através da construção das chamadas pirâmides ecológicas. Com relação a essas representações gráficas, estão corretas todas as alternativas, EXCETO

a) a pirâmide de biomassa é de forma direta nos ecossistemas terrestres, e que tem produtores com biomassa muito maior que os consumidores.
b) a pirâmide de biomassa é representada pelo peso seco consumido numa cadeia alimentar e expressa a quantidade de matéria orgânica por área.
c) a pirâmide de número representa o número de organismos que participa de uma determinada cadeia alimentar, e jamais poderá ser invertida.
d) a pirâmide de biomassa é invertida em ecossistemas aquáticos, onde os produtores são bem menores e consumidos em grande quantidade por consumidores cada vez maiores.
e) a pirâmide de energia jamais poderá ser invertida.

11. (Mack-SP) Um ecossistema pode ser representado sob a forma de pirâmides ecológicas de três tipos: de número, de biomassa e de energia. A esse respeito, são feitas as seguintes afirmações:

I. Em todas elas, os produtores ocupam a sua base.
II. Em um ecossistema equilibrado, a pirâmide de energia sempre apresenta a base maior do que o topo.
III. A pirâmide de número nunca se apresenta na forma invertida.
IV. Os decompositores não são mostrados na pirâmide, pois não representam parcela importante no ecossistema.

Assinale se estão corretas, apenas,

a) I e II.
b) I e III.
c) I e IV.
d) II e III.
e) II e IV.

12. (PUC-RS) O DDT é um inseticida do grupo dos hidrocarbonetos clorados que atua como um veneno de contato, afetando a transmissão de impulsos nervosos. Descoberto em 1948, nos Estados Unidos, foi banido na década de 1970, por causar efeitos colaterais nefastos sobre diversos organismos das comunidades ecológicas. Sabendo-se que o DDT é acumulado ao longo da cadeia alimentar no corpo dos organismos, é correto afirmar que uma maior concentração de DDT é observada no nível

a) do fitoplâncton.
b) do zooplâncton.
c) dos carnívoros.
d) dos herbívoros.
e) dos produtores.

13. (Vunesp-SP) A sequência indica os crescentes níveis de organização biológica:

célula → I → II → III →
→ população → IV → V → biosfera

Os níveis I, III e IV correspondem, respectivamente, à
a) órgão, organismo e comunidade.
b) tecido, organismo e comunidade.
c) órgão, tecido e ecossistema.
d) tecido, órgão e bioma.
e) tecido, comunidade e ecossistema.

14. (Uerj) Nos ecossistemas, o fluxo de energia dos organismos produtores para os consumidores pode ser representado por um diagrama.

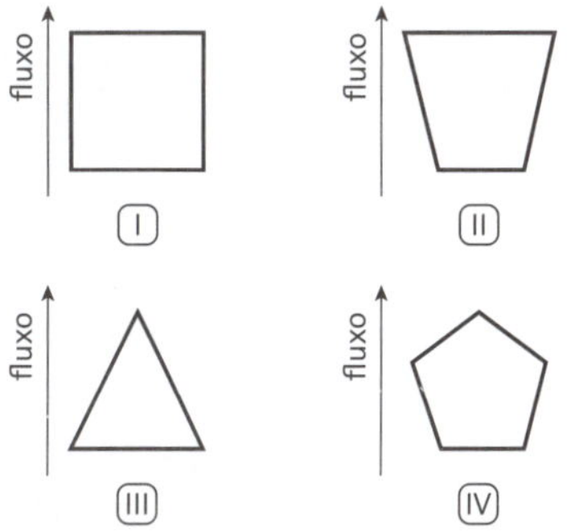

Dentre os diagramas anteriores, o que melhor representa esse fluxo na cadeia alimentar é o de número:
a) I. b) II. c) III. d) IV.

15. (Fuvest-SP) Em um lago, estão presentes diversas espécies de animais, plantas, algas, protozoários, fungos e bactérias. O conjunto desses seres vivos constitui:
a) uma cadeia alimentar.
b) uma comunidade biológica.
c) um ecossistema.
d) uma população.
e) uma sucessão ecológica.

MÓDULO 37

1. (Udesc) As orquídeas e a erva-de-passarinho são plantas que fazem fotossíntese e vivem sobre outras plantas. As orquídeas apenas se apoiam sobre as plantas, enquanto a erva-de-passarinho retira água e sais minerais das árvores em que vivem.
Assinale a alternativa correta quanto às relações da erva de passarinho e das orquídeas com as plantas hospedeiras, respectivamente:
a) amensalismo e parasitismo.
b) parasitismo e epifitismo.
c) parasitismo e predatismo.
d) parasitismo e protocoperação.
e) protocoperação e epifitismo.

2. (UEL-PR) Os gráficos, a seguir, representam a interação ecológica entre as populações A e B, pertencentes a espécies distintas numa comunidade. O gráfico I representa o crescimento das populações dos organismos A e B ao longo de um período de tempo quando estavam em ambientes isolados e o gráfico II representa o crescimento quando ocupavam o mesmo ambiente e passaram a interagir.

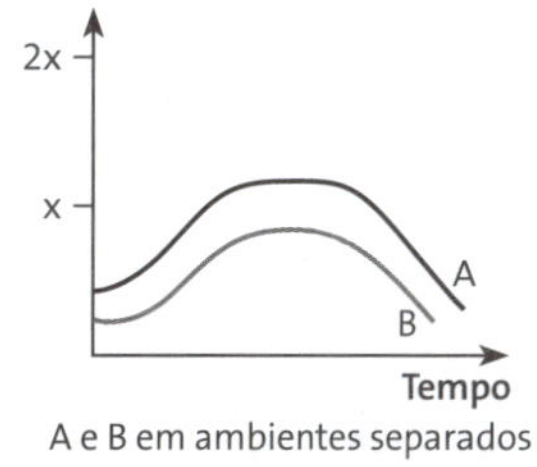

A e B em ambientes separados

Gráfico I

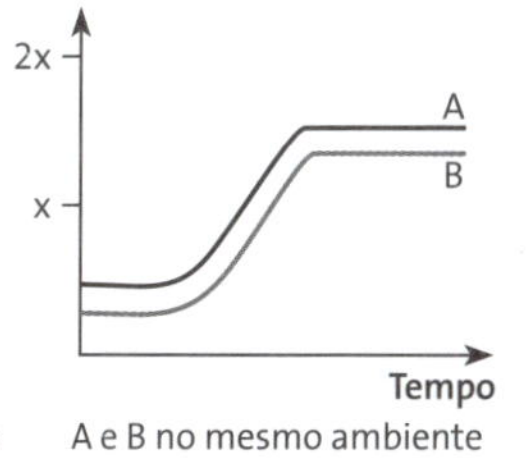

A e B no mesmo ambiente

Gráfico II

Com base nas informações contidas nos gráficos e nos conhecimentos sobre interações ecológicas, assinale a alternativa correta:
a) As espécies A e B possuem nichos ecológicos distintos, mantendo uma interação ecológica de independência do tipo comensalismo.
b) As espécies A e B possuem o mesmo nicho ecológico, mantendo uma interação ecológica do tipo competição interespecífica.
c) As espécies A e B possuem nichos ecológicos semelhantes, mantendo uma interação ecológica independente do tipo protocooperação.
d) As espécies A e B possuem nichos ecológicos distintos, mantendo uma interação ecológica de dependência obrigatória do tipo mutualismo.
e) As espécies A e B possuem nichos ecológicos semelhantes, mantendo uma interação ecológica dependente não obrigatória do tipo inquilinismo.

3. (Uerj) O ciclo do nitrogênio é extremamente importante para os seres vivos. Esse elemento faz parte de diversos compostos orgânicos, como proteínas e ácidos nucleicos. Na tabela, há exemplos de formas químicas do nitrogênio incorporadas por alguns seres vivos.

Seres vivos	Composto nitrogenado	
	orgânico	inorgânico
plantas	aminoácidos	amônia (NH_3) nitrato (NO_3^-)
bactérias		amônia (NH_3) nitrato (NO_3^-) nitrito (NO_2^-)
animais		–

No ciclo do nitrogênio, as bactérias desnitrificantes estão relacionadas à função apontada em:
a) conversão da amônia em nitrito.
b) produção de nitrato a partir da amônia .
c) liberação de gás nitrogênio para o ambiente.
d) incorporaração de nitrogênio molecular em aminoácidos.

4. (UFU-MG) Nas figuras "a" e "b" abaixo, as linhas pontilhadas representam curvas de crescimento de populações de *Paramecium caudatum* e as linhas contínuas de *Paramecium aurelia*. Essas figuras representam o clássico experimento de Gause, no qual em "a" as duas espécies foram criadas separadamente e em "b" foram criadas juntas. De acordo com o Princípio de Gause e com base nas informações das figuras, assinale a alternativa correta.

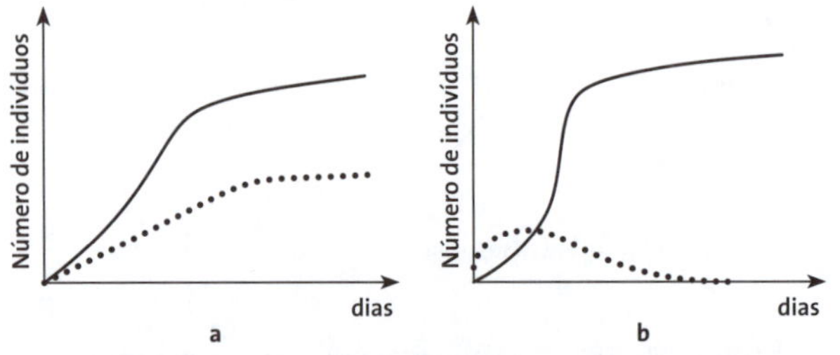

a) Pelo Princípio de Gause, duas espécies, sendo criadas separadamente, poderiam crescer indefinidamente, pois nunca ultrapassariam a capacidade de suporte (k) do meio. Sendo mantidas juntas, os recursos do meio ambiente se esgotariam para a maior delas.
b) Duas espécies de animais ou plantas não podem ter exatamente o mesmo nicho ecológico por muito tempo. Quando isso ocorre, há competição entre as duas espécies em todos os níveis, o que leva ao desaparecimento de uma delas, cedendo lugar à outra.
c) Gause demonstrou o Princípio da Predação. Criadas separadamente, em um mesmo meio de cultura, as duas populações cresceram satisfatoriamente. Porém, quando em conjunto, uma espécie passou a predar os indivíduos da outra espécie, o que ocorreu em "b".
d) O Princípio de Gause, ou do "esgotamento das propriedade químicas do meio", demonstra que os protozoários, quando vivem separadamente, têm crescimento explosivo e, quando em conjunto, uma das espécies pode poluir quimicamente o meio, tornando o ambiente inóspito às outras espécies.

5. (UFTM-MG) A água de lastro funciona como um contrapeso visando à estabilidade de embarcações. Um navio, ao atracar num porto, pode despejar a água de lastro armazenada em seus tanques e disseminar espécies exóticas nesse novo ambiente, afetando espécies nativas por:
a) competição e protocooperação.
b) predatismo e competição.
c) parasitismo e comensalismo.
d) predatismo e inquilinismo.
e) competição e mutualismo.

6. (UFT-TO) Considere a figura abaixo, na qual o ciclo da água está esquematizado:

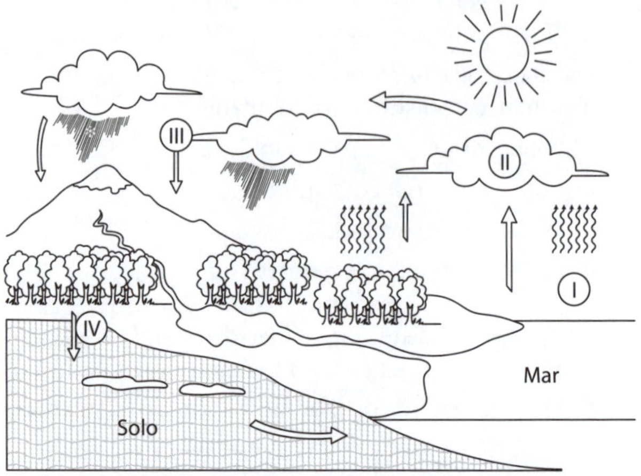

Marque a alternativa correta:
a) I – evaporação; II - condensação; III – precipitação e IV - infiltração.
b) I – condensação; II - infiltração; III – evaporação e IV – precipitação.
c) I – infiltração; II - precipitação; III – condensação e IV – evaporação.
d) I – precipitação; II - evaporação; III – infiltração e IV – condensação.
e) I – evaporação; II – infiltração; III – precipitação e IV – condensação.

7. (Udesc-SC) As orquídeas são monocotiledôneas que produzem sementes incompletas, ou seja, não apresentam endosperma. Para que ocorra o brotamento das sementes é necessário que se estabeleça uma relação ecológica com fungos que irão fornecer os nutrientes necessários para o embrião da planta se desenvolver. Esta relação não traz benefícios nem prejuízos ao fungo.
Analise a informação e assinale a alternativa correta correspondente ao tipo de relação ecológica acima descrita.
a) competição
b) amensalismo
c) simbiose
d) comensalismo
e) sociedade

8. (Unisc-RS) De uma forma geral, podemos classificar as relações entre os seres em harmônicas e desarmônicas. A alternativa abaixo que apresenta uma relação desarmônica é:
a) colônia.
b) sociedade.
c) mutualismo.
d) protocooperação.
e) amensalismo.

9. (Acafe-SC) Apesar de o nitrogênio ser o componente majoritário da atmosfera terrestre, na sua forma gasosa ele é incapaz de ser absorvido pela imensa maioria dos seres vivos. Há cem anos, em 1908, dois alemães descobriram como fixar o nitrogênio sem o auxílio de microrganismos. Essa descoberta foi importante para a produção de fertilizantes e o desenvolvimento da agricultura, mas também culminou na produção de explosivos e armamentos que, segundo estimativas, levaram à morte de 100-150 milhões de pessoas nos conflitos armados do século passado. Os impactos ambientais dos fertilizantes nitrogenados são imensos e vão desde a contaminação de ecossistemas terrestres e aquáticos, com a consequente perda de biodiversidade, até alterações no balanço de gases de efeito estufa na atmosfera.

BORGES, Jerry Carvalho. Uma descoberta que mudou o mundo (adaptado), http://cienciahoje.uol.com.br/; 3/10/08.

Em relação ao enunciado acima é correto afirmar, exceto:

a) Amônia e nitrato produzido pelas bactérias são absorvidos pelas plantas e utilizados para a biossíntese de aminoácidos, proteínas, ácidos nucleicos e polímeros de paredes celulares.
b) A desnitrificação leva à conversão do nitrato em óxido nitroso, que contribui para o efeito estufa, sendo particularmente acentuada em solos agrícolas com práticas incorretas de manejo.
c) O nitrogênio lixiviado de solos agrícolas com manejo inadequado, quando carreado para os corpos hídricos, pode levá-los à eutrofização, com consequências dramáticas para a fauna e flora aquática e perda de biodiversidade.
d) A fixação do nitrogênio é a conversão do nitrogênio atmosférico em amônia e nos processos natural e industrial é realizada por certas espécies de bactérias de vida livre ou simbióticas de plantas.

10. (Cefet-MG) A ilustração abaixo mostra um efeito decorrente da emissão de gases poluentes, devido ao avanço do crescimento mundial em relação à qualidade do meio ambiente.

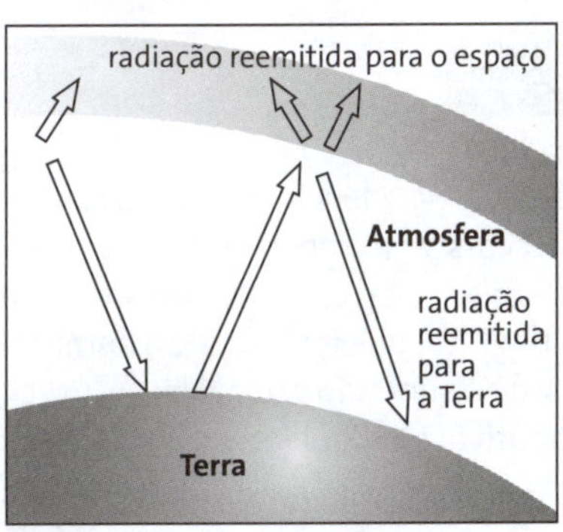

Esse efeito está diretamente ligado ao ciclo do:

a) fósforo.
b) carbono.
c) oxigênio.
d) nitrogênio.

11. (Uesc-BA) O esquema a seguir representa de forma parcial o ciclo do nitrogênio presente na natureza com alguns dos seus componentes bióticos.

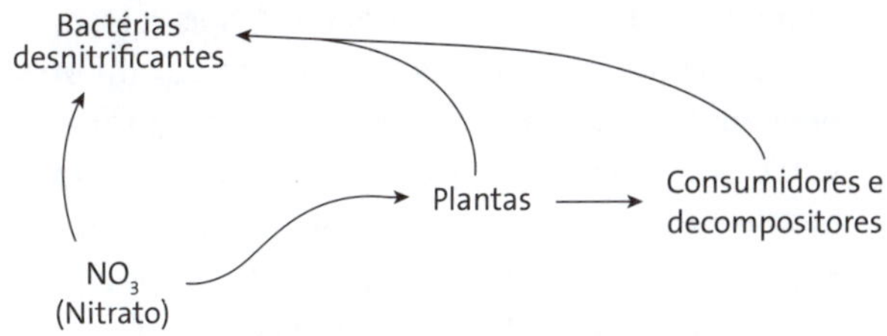

A respeito da dinâmica desse ciclo e das informações obtidas no esquema, é correto afirmar:

a) A reciclagem dos resíduos nitrogenados pelos consumidores permite a reutilização desses compostos pelas bactérias nitrificantes.
b) As bactérias desnitrificantes convertem o nitrogênio molecular, presente na atmosfera, fixando-o ao solo na forma orgânica.
c) As plantas convertem o componente inorgânico em moléculas orgânicas que contém nitrogênio, que poderá ser transferido para os outros níveis tróficos através das cadeias alimentares.
d) O nitrato fixado pelas bactérias desnitrificantes deve ser convertido inicialmente em nitrito e finalmente em amônia para que possam estar acessíveis aos vegetais.
e) Consumidores e decompositores que consomem matéria nitrogenada se posicionam invariavelmente no 1o nível trófico das cadeias alimentares.

12. (UFRN) Nas comunidades, os indivíduos interagem entre si, exercendo influências nas populações envolvidas, de maneira positiva ou negativa.

"Mas... o seu perfil no facebook diz que você é vegetariano..."

Nesse contexto, a predação é uma interação ecológica em que

a) há perda para ambas as espécies, por se tratar de uma associação interespecífica.
b) a especificidade presa-predador é determinante, pois os predadores se alimentam de um único tipo de presa.
c) há uma íntima associação entre duas espécies, manifestada por um comportamento canibalístico.
d) a população de predadores poderá determinar a população de presas e vice-versa.

13. (PUCC-SP) A pelagem das preguiças parece ser realmente um bom meio de cultura de algas. Tem estrias e fissuras e, ao contrário do pelo de outros mamíferos, absorve água. Além de fornecer um despiste cromático para os mamíferos, as algas talvez sejam uma pequena fonte extra de nutrientes que seriam absorvidos por difusão pela pele das preguiças. Outras hipóteses ainda não testadas têm sido propostas para explicar essa estreita ligação entre algas e preguiças. As algas poderiam, por exemplo, produzir substâncias que deixariam os pelos com a textura mais apropriada para o crescimento de bactérias benéficas. Ou ainda produzir certos tipos de aminoácidos que absorveriam raios ultravioleta, ou seja, atuariam como protetores solares para as preguiças.

(Adaptado: Revista *Pesquisa Fapesp*, junho de 2010, p. 61)

Não se sabe ao certo qual a relação ecológica estabelecida entre algas e preguiças. No entanto, o texto levanta várias possibilidades. Assinale a alternativa que associa corretamente a descrição da relação ecológica e o termo que a designa.

a) Caso a alga tenha somente no animal o ambiente adequado para se desenvolver e a preguiça dependa da proteção das algas para sobreviver, configura-se o mutualismo.

b) Se as algas produzirem alimento e as preguiças comerem as algas, ficaria caracterizado o comensalismo.

c) Caso a vida das algas dependa da preguiça e ao mesmo tempo a relação seja indiferente para o mamífero, a relação ecológica seria a de parasitismo.

d) Caso a relação entre as espécies seja imprescindível para a vida de ambas, fica configurada a protocooperação.

e) Se ficar comprovado que as preguiças absorvem nutrientes pela pele, a relação estabelecida é a de parasitismo, e as algas seriam as hospedeiras.

14. (PUC-RJ) Johanna Döbereiner foi uma pesquisadora pioneira no Brasil, que correlacionou a maior produção de biomassa vegetal em leguminosas com a presença de nódulos em suas raízes. Essas estruturas estão relacionadas a que processo abaixo descrito?

a) Denitrificação.

b) Fixação de N_2.

c) Fixação do CO_2.

d) Respiração das raízes.

e) Amonificação.

15. (IFSP) Na Natureza existem inúmeros tipos de associações entre os seres vivos de mesma ou de diferentes espécies. Algumas dessas associações beneficiam ao menos um dos indivíduos envolvidos sem prejuízo ao outro (relações harmônicas), e outras prejudicam um deles (relações desarmônicas).

Uma atenta observação de um campo de pastagem do Brasil permite o reconhecimento de vários tipos de relações entre os seres vivos.

Nos campos de pastagem, há predominância de vegetação rasteira com vários tipos de capim. Nas poucas árvores, os troncos podem ficar recobertos por líquens e plantas epífitas. Algumas árvores são atacadas pela erva-de-passarinho que recobre totalmente a copa. Nos galhos, podem se fixar colmeias ou vespeiros.

Os bois que pastam têm carrapatos presos na pele, além de feridas causadas pelo berne, a larva de uma mosca.

No grande estômago, há um número enorme de bactérias que os auxiliam na digestão.

Adaptado de: JUNIOR, C.S.; SASSON, S.; SANCHES, P.S.B. *Ciências – Entendendo a Natureza*. São Paulo: Saraiva, 18 ed, 2001. p. 274-5.

Assinale a alternativa que apresenta a associação correta entre a relação ecológica dos seres vivos e a sua classificação.

	Associação	Classificação
a)	liquens (algas e fungos)	harmônica
b)	erva-de-passarinho e copa das árvores	harmônica
c)	abelhas de uma colmeia	desarmônica
d)	bactérias no estômago de bois e vacas	desarmônica
e)	carrapatos na pele de bois e vacas	harmônica

MÓDULO 38

1. (Unifal-MG) A sequência de alterações de comunidades em um ecossistema ao longo do tempo é denominada de sucessão ecológica. Assinale a alternativa que apresenta um fator que NÃO tende a aumentar durante o processo de sucessão ecológica:

a) Produtividade líquida.

b) Estabilidade ambiental.

c) Biodiversidade.

d) Complexidade ambiental.

e) Biomassa.

2. (Fuvest-SP) Considere as seguintes comparações entre uma comunidade pioneira e uma comunidade clímax, ambas sujeitas às mesmas condições ambientais, em um processo de sucessão ecológica primária:

I. A produtividade primária bruta é maior numa comunidade clímax do que numa comunidade pioneira.

II. A produtividade primária líquida é maior numa comunidade pioneira do que numa comunidade clímax.

III. A complexidade de nichos é maior numa comunidade pioneira do que numa comunidade clímax.

Está correto apenas o que se afirma em:

a) I. c) III. e) I e III.

b) II. d) I e II.

3. (UnirG-TO) O estudo de crescimento populacional é importante para entender o comportamento de populações em um ecossistema. Medidas do tamanho de uma população informam se ela está em expansão, em declínio ou estável. O gráfico abaixo representa as curvas de crescimento populacional.

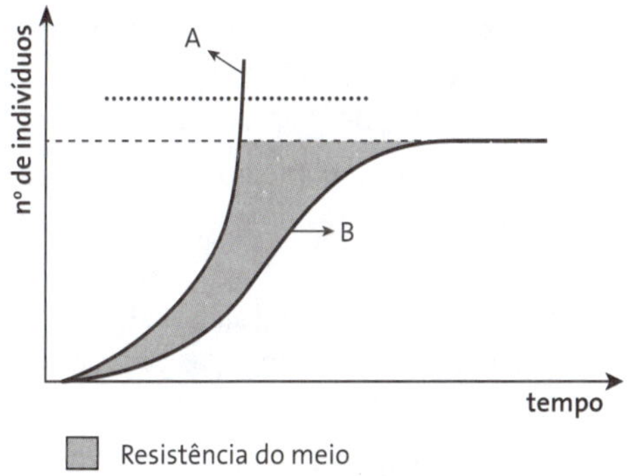

No gráfico as curvas A e B representam, respectivamente:

a) Potencial biótico e Crescimento real.

b) Crescimento ideal e Crescimento real.

c) Tamanho máximo da população e Potencial biótico.

d) Crescimento real e Tamanho máximo da população.

4. (UFF-RJ) Um aluno ao fazer uma pesquisa verificou que uma fêmea de mosca é capaz de pôr em média cento e vinte ovos. Ele considerou que, se metade desses ovos desse origem a fêmeas e que, se cada uma delas colocasse também cento e vinte ovos, após sete gerações, o número calculado de moscas seria próximo de seis trilhões.

Na verdade, isso não acontece, pois a densidade populacional depende de alguns fatores.

Um fator que NÃO é determinante para a densidade populacional é a:

a) imigração.

b) mortalidade.

c) emigração.

d) natalidade.

e) sucessão ecológica.

5. (Unimontes-MG) A sucessão é um fato evidente quando há um distúrbio externo em um ecossistema, como fogo ou enchente. Nessa situação, tanto o meio físico-químico como os fatores bióticos passam por várias mudanças. A figura abaixo representa as fases de uma sucessão ecológica do tipo secundária. Analise-a.

Considerando a figura acima e o assunto relacionado a ela, analise as afirmativas abaixo e assinale a alternativa **CORRETA**.

a) No estágio de clímax, a produtividade vegetal é maior que a atividade respiratória dos organismos.

b) Na fase inicial, verifica-se, na comunidade pioneira, uma grande complexidade das teias alimentares.

c) As extinções e alterações na abundância das populações ocorrem, principalmente, na fase de transição.

d) A chegada de seres colonizadores representa a etapa de maior maturidade numa determinada sucessão.

6. (PUC-SP) Considere os itens abaixo:

I. Biomassa

II. Biodiversidade

III. Tipos de relações ecológicas

Ao longo do processo de sucessão ecológica constata-se

a) aumento de I, II e III.

b) aumento de I e II e diminuição de III.

c) aumento de I e III e diminuição de II.

d) aumento de I e diminuição de II e III.

e) diminuição de I, II e III.

7. (UFRN) O gráfico abaixo apresenta as densidades de duas populações num certo ambiente, ao longo do tempo.

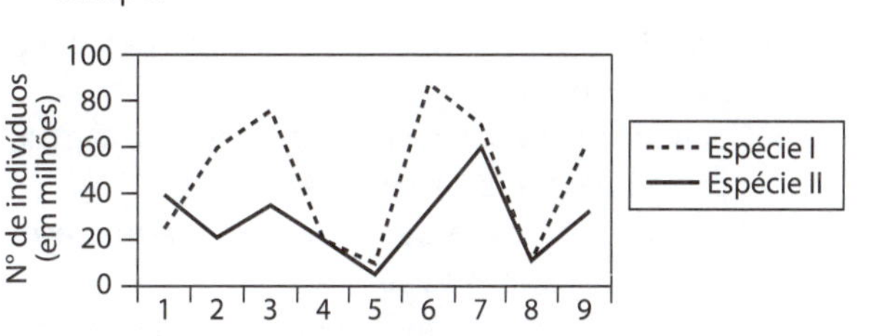

Com base no gráfico, pode-se afirmar que

a) II pode ser parasita de I, mas nunca I de II.

b) I é consumidor secundário; II, consumidor primário.

c) II transfere matéria para I, mas nunca I para II.

d) I é produtor; II, consumidor primário.

8. (Uncisal) As curvas de sobrevivência das populações permitem visualizar quais os períodos de vida são mais sensíveis à ação humana.
Com esse conhecimento, o homem pode saber qual melhor período pode interferir numa população. Uma população de anfíbios que produz uma grande quantidade de formas jovens e que poucas atingem a fase adulta, pode ser representada pelo gráfico:

a) 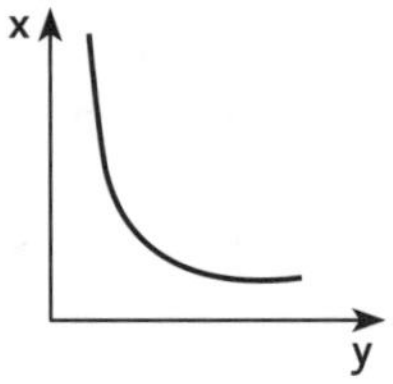

b) 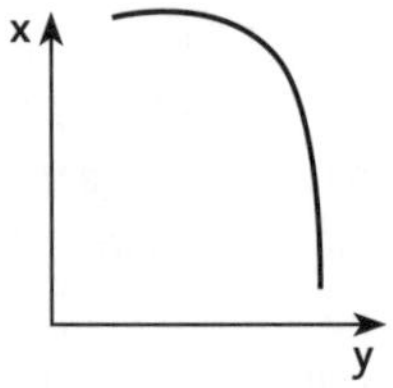

c) 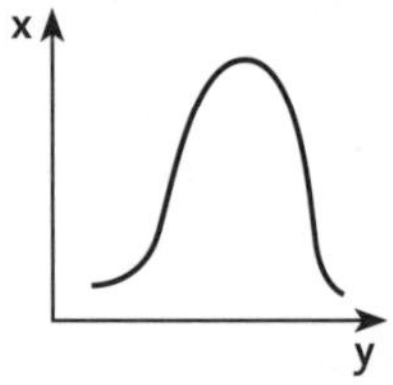

d) 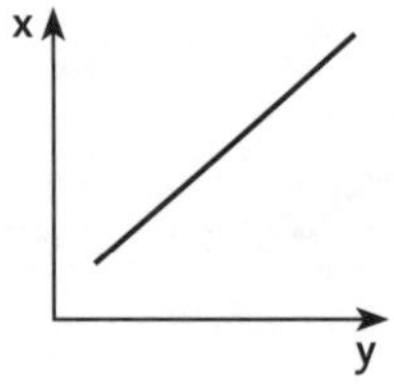

e) 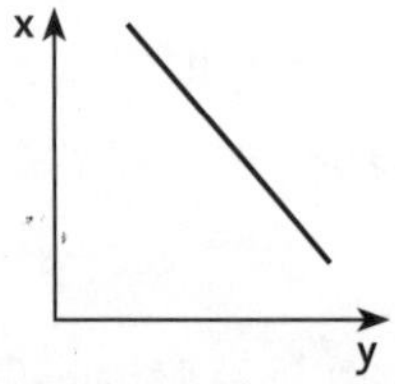

X = porcentagem de sobrevivência; Y = idade

9. (UFRGS-RS) Considere as seguintes afirmações sobre sucessão ecológica.
I. Quando uma comunidade atinge o estágio clímax, a teia alimentar torna-se mais complexa.
II. A composição das espécies tende a permanecer constante ao longo da sucessão.
III. Os diferentes organismos dos estágios serais ocasionam modificações nas condições ambientais locais.

Quais estão corretas?
a) Apenas I.
b) Apenas II.
c) Apenas I e III.
d) Apenas II e III.
e) I, II e III.

10. (UEPB) A sucessão ecológica é uma sequência de alterações da composição das comunidades, culminando com a formação de uma comunidade relativamente estável, em equilíbrio com o ambiente. Em se tratando da sucessão ecológica, é correto afirmar:
a) no decorrer de uma sucessão ecológica, ocorre diminuição no número de nichos ecológicos disponíveis.
b) a medida que ocorre a sucessão, dá-se uma diminuição na complexidade da comunidade, permitindo que se estabeleça um menor número de relações ecológicas.
c) a composição das espécies tende a manter-se constante ao longo da sucessão ecológica.
d) a sucessão ecológica é um processo direcional e previsível.
e) a sucessão ecológica começa com o estabelecimento de uma comunidade clímax.

11. (UEL-PR) Sobre uma população ecológica em declínio, é correto afirmar que:
a) ou a taxa de mortalidade ou a de emigração, ou ambas, devem estar suplantando a soma das taxas de natalidade e de imigração.
b) ou a taxa de natalidade ou a de imigração devem estar suplantando a soma das taxas de mortalidade e de emigração.
c) a soma das taxas de natalidade e imigração deve estar suplantando a soma das taxas de mortalidade e de emigração.
d) o declínio é resultado de uma emigração menor.
e) as taxas de emigração e imigração não influenciam o tamanho populacional.

12. (UFTM-MG) Uma área florestal, de relevo plano, foi desmatada para a construção de um condomínio fechado, na cidade de Uberaba. Em razão de uma ordem judicial, porém, o local ficou abandonado por alguns anos. Nessa situação, é correto afirmar que:
a) os mesmos vegetais irão ocupar essa área e recuperar totalmente o ecossistema local, gerando a mesma floresta.
b) haverá nessa área um aumento da biodiversidade depois de certo tempo, possivelmente superando a que havia anteriormente.
c) a área será ocupada inicialmente por árvores e arbustos; depois, será povoada por gramíneas e líquens.
d) haverá uma ocupação sucessiva por diferentes organismos, porém, não é possível afirmar que os mesmos vegetais farão parte dessa floresta.
e) o solo ficará nu, transformando-se em um ambiente com características desérticas, pois não será possível seres vivos sobreviverem nesse local.

13. (UFPB) A estrutura das populações não é estática e mudanças bióticas e abióticas podem levar a um aumento ou diminuição dos componentes dessas populações ao longo do tempo. A análise dessas variações pode ser observada pelo estudo da dinâmica das populações, como mostra o gráfico abaixo.

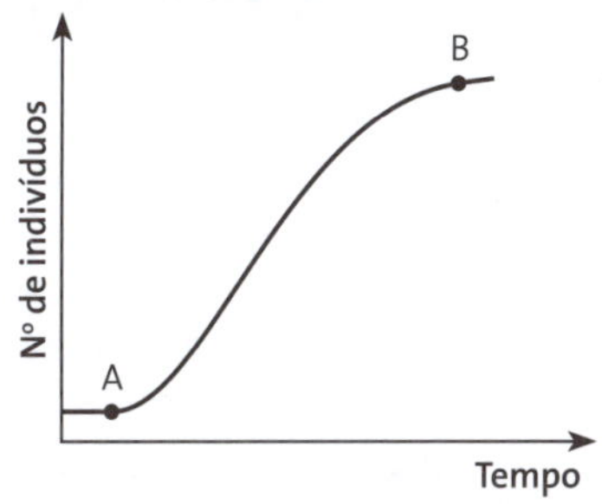

Analisando gráfico a partir da literatura sobre o tema abordado, é correto afirmar que a população

a) cresce independente da competição entre os indivíduos.
b) não apresenta, no ponto B, os efeitos da idade dos indivíduos.
c) cresce pouco até o ponto A, devido à elevada idade dos indivíduos. d) não sofre os efeitos da mortalidade dos seus representantes.
e) tende, ao longo do tempo, ao equilíbrio, devido à capacidade de suporte do ambiente.

14. (PUC-RJ) Observe a figura abaixo e classifique as afirmações como Falsas ou Verdadeiras:

I. **C** corresponde a um ecótono.
II. **A** corresponde à comunidade pioneira.
III. A sucessão mostrada na figura é primária.
IV. A biomassa se mantém estável no sentido de **A** para **E**.

a) Apenas III é verdadeira.
b) Apenas I é falsa.
c) Todas são falsas.
d) Apenas I e III são verdadeiras.
e) Apenas II e IV são falsas.

15. (UFSM-RS) Considerando o processo de sucessão, indique se é verdadeira (V) ou falsa (F) cada uma das afirmativas a seguir.

( ) Espécies pioneiras não são capazes de modificar o ambiente, por isso acabam sendo substituídas por outras espécies de plantas e animais.
( ) Comunidade clímax é a comunidade complexa que se estabelece no final de um processo de sucessão.
( ) A sucessão que se estabelece em campos de cultivo abandonados é chamada de secundária.

A sequência correta é:

a) F – F – V.
b) F – V – V.
c) V – F – F.
d) F – V – F.
e) V – V – V.

MÓDULO 39

1. (UPE) Relacione os biomas terrestres com algumas de suas características.

1. Tundra
2. Campos
3. Deserto
4. Taiga

( ) As plantas apresentam poucas folhas ou estas são modificadas em espinhos, que as protegem dos animais; geralmente possuem caules verdes e largos que armazenam água e realizam a fotossíntese.
( ) A vegetação rasteira permite a sobrevivência de animais herbívoros. Os animais carnívoros se alimentam dos herbívoros e, em geral, são animais velozes, adaptados ao ambiente, como os antílopes, zebras e hienas.
( ) O bioma permanece congelado a maior parte do tempo, embora o verão seja um período em que não cai neve e dura cerca de 3 meses, com temperatura em torno dos 10 °C.
( ) Localiza-se em áreas do Canadá, da Sibéria e dos Estados Unidos, mas estando mais próximo ao Equador, recebe maior quantidade de energia solar. As árvores típicas são as coníferas, como o cedro e o pinheiro.

Assinale a alternativa CORRETA.

a) 3, 2, 1, 4.
b) 3, 1, 2, 4.
c) 2, 3, 4, 1.
d) 2, 4, 1, 3.
e) 1, 3, 4, 2.

2. (UFRGS-RS) As chuvas ácidas são causadas pelas alterações humanas nos ciclos do

a) carbono e do fósforo.

b) carbono e do enxofre.

c) carbono e da água.

d) nitrogênio e do enxofre.

e) nitrogênio e do fósforo.

3. (Unifor-CE) As afirmações abaixo referem-se a ecossistemas brasileiros.

I. São classificados como florestas pluviais tropicais a Mata Atlântica e a Mata de Araucária.

II. Árvores de troncos retorcidos e súber espesso é uma característica dos campos cerrados.

III. O solo da Floresta Amazônica, sendo muito fértil, é próprio para a manutenção de monoculturas e de campos de pastagem.

É correto o que se afirma SOMENTE em:

a) I.

b) II.

c) III.

d) I e II.

e) II e III.

4. (UEL-PR) O Brasil apresenta diversos tipos de biomas. Relacione os biomas a seguir com as características de sua vegetação.

I. Floresta Amazônica

II. Cerrado

III. Caatinga

IV. Manguezal

( ) Árvores baixas e arbustos que perdem as folhas periodicamente. Plantas xeromórficas.

( ) Árvores com raízes escora e pneumatóforos. Ausência de vegetação herbácea.

( ) Árvores de grande porte e ampla diversidade de espécies.

( ) Árvores de pequeno porte e arbustos distribuídos de forma esparsa. Caules tortuosos com casca espessa e raízes profundas.

Assinale a alternativa que apresenta, de cima para baixo, a sequência correta.

a) III, I, IV e II.

b) II, IV, III e I.

c) II, IV, I e III.

d) II, I, III e IV.

e) III, IV, I e II.

5. (PUC-SP) Nas áreas próximas a Brasília, encontramos parte do Cerrado, um bioma que apresenta árvores de troncos tortuosos com folhas geralmente endurecidas. Algumas delas apresentam flores, como o ipê-amarelo e o ipê-roxo, e frutos como o pequi e a mangaba. Em um trecho da canção de Caetano Veloso denominada Flor do Cerrado, diz-se

"Mas da próxima vez
Que for a Brasília
Eu trago uma flor do cerrado pra você."

Com relação às informações descritas acima a respeito desse bioma, foram feitas três afirmações:

I. O aspecto da vegetação do cerrado deve-se à escassez de nutrientes no solo.

II. O fato de as plantas apresentarem folhas endurecidas é uma adaptação para evitar a perda de água.

III. As flores e os frutos referidos no texto indicam a presença de plantas do grupo das angiospermas nesse bioma.

Assinale:

a) se apenas uma das afirmações for verdadeira.

b) se apenas as afirmações I e II forem verdadeiras.

c) se apenas as afirmações I e III forem verdadeiras.

d) se apenas as afirmações II e III forem verdadeiras.

e) se as três afirmações forem verdadeiras.

6. (UEG-GO) Sobre os biomas brasileiros, é CORRETO afirmar:

a) a floresta amazônica possui extensão que abrange a Argentina, o Chile e o Peru; devido a sua localização, concentra um terço das espécies existentes no planeta.

b) a mata Araucária possui vegetação xerófila, sendo sua fauna formada por lagartos, aracnídeos e cobras.

c) a floresta latifoliada tropical possui a maior parte das espécies de animais brasileiros ameaçados de extinção.

d) o pantanal possui vegetação homogênea e abrange a planície sulista, atingindo os territórios argentino e venezuelano.

7. (Uerj) Com as chuvas intensas que caíram na cidade do Rio de Janeiro em março de 2013, grande quantidade de matéria orgânica se depositou na lagoa Rodrigo de Freitas. O consumo biológico desse material contribuiu para a redução a zero do nível de gás oxigênio dissolvido na água, provocando a mortandade dos peixes.

Os dois principais grupos de seres vivos envolvidos no processo de diminuição da taxa de oxigênio disponível são:

a) algas e bactérias

b) plantas e bactérias

c) algas e microcrustáceos

d) plantas e microcrustáceos

8. (UFRGS-RS) Assinale com V (verdadeiro) ou F (falso) as afirmações abaixo, referentes a alterações do equilíbrio ambiental.

( ) A borracha, o plástico e o isopor são exemplos de materiais não biodegradáveis.

( ) Os lixões a céu aberto são responsáveis pela proliferação de animais que causam doenças, como a leptospirose.

( ) Nos aterros sanitários, o lixo contamina o solo.

( ) As pilhas e baterias são ricas em metais pesados e devem ser recolhidas e depositadas em aterros sanitários.

A sequência correta de preenchimento dos parênteses, de cima para baixo, é

a) V – F – V – V.

b) F – F – V – F.

c) F – V – F – V.

d) V – V – V – F.

e) V – V – F – F.

9. (Unicamp-SP) No decorrer de sua existência, a espécie humana tem sido uma das principais responsáveis pelo desaparecimento de muitos organismos de nosso planeta. Nos tempos mais remotos, a caça indiscriminada de animais mais vulneráveis, como, por exemplo, aves não voadoras, era um dos principais motivos de extinção de várias espécies. Atualmente o ser humano continua sendo o principal promotor da perda de biodiversidade. Um conjunto de possíveis causas de extinção de espécies nos tempos atuais é:

a) fragmentação de *habitat*, uso de cobaias em pesquisas científicas e caça controlada.

b) fragmentação de *habitat*, introdução de espécies exóticas e poluição.

c) poluição, introdução de espécies exóticas e reprodução de espécies em cativeiro.

d) poluição, reprodução de espécies em cativeiro e crendices populares.

10. (UFPI) A costa brasileira apresenta, numa superfície de cerca de 20 mil quilômetros quadrados, desde o Amapá até Santa Catarina, uma estreita faixa de floresta, composta de pequeno número de espécies arbóreas, que se desenvolvem principalmente nos estuários e na foz dos rios, onde há água salobra, com fauna composta por crustáceos, moluscos e peixes. Esta paisagem descreve o (a):

a) Floresta Atlântica.

b) Cerrado.

c) Pantanal.

d) Manguezal.

e) Floresta Amazônica.

11. (UFPB) O mapa, a seguir, apresenta a localização dos principais biomas brasileiros.

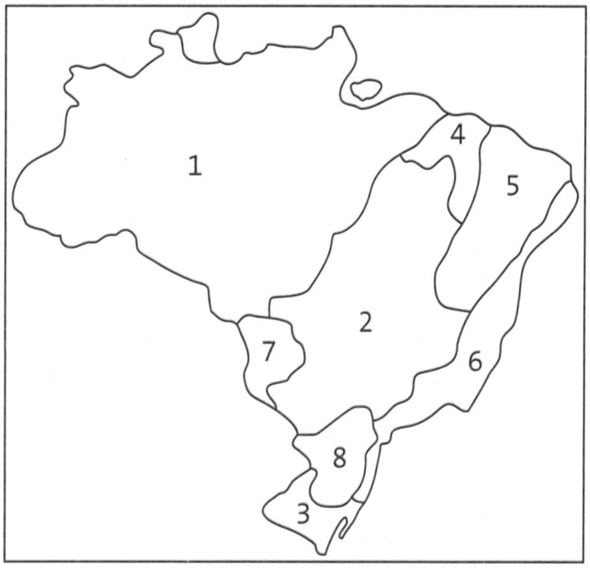

Uma competição de rali foi realizada e teve um percurso que passou, sequencialmente, pelos biomas indicados por 3, 8, 2, 6 e 5. De acordo com essas informações, a sequência correta dos biomas percorridos durante o rali foi:

a) Pampa, Mata de Araucárias, Cerrado, Mata Atlântica e Caatinga.

b) Pampa, Pantanal, Cerrado, Mata Atlântica e Zona dos Cocais.

c) Mata de Araucárias, Pantanal, Cerrado, Mata Atlântica e Caatinga.

d) Mata de Araucárias, Cerrado, Caatinga, Mata Atlântica e Manguezal.

e) Manguezal, Pampa, Cerrado, Mata Atlântica e Caatinga.

12. (UFMS) Um determinado bioma brasileiro caracteriza-se pela vegetação esparsa, com árvores apresentando troncos retorcidos e casca grossa, provavelmente, pela baixa disponibilidade de alguns nutrientes no solo. O outro bioma corresponde a uma vasta planície de inundação com um período de inundação intercalado com um período seco e algumas áreas com formações extensas de paratudo e carandá. Esses dois biomas são, respectivamente, denominados:

a) Caatinga e Pantanal Mato-Grossense.

b) Cerrado e Várzea.

c) Cerrado e Manguezal.

d) Caatinga e Manguezal.

e) Cerrado e Pantanal Mato-Grossense.

13. (Uerj) O processo de eutrofização ocorrido em um determinado lago acarretou alterações em diversos parâmetros medidos na água, dentre eles, as concentrações de nutrientes, de oxigênio dissolvido, de organismos aeróbicos e de organismos anaeróbicos. Observe os gráficos abaixo, que relacionam as concentrações desses parâmetros e o tempo no processo citado.

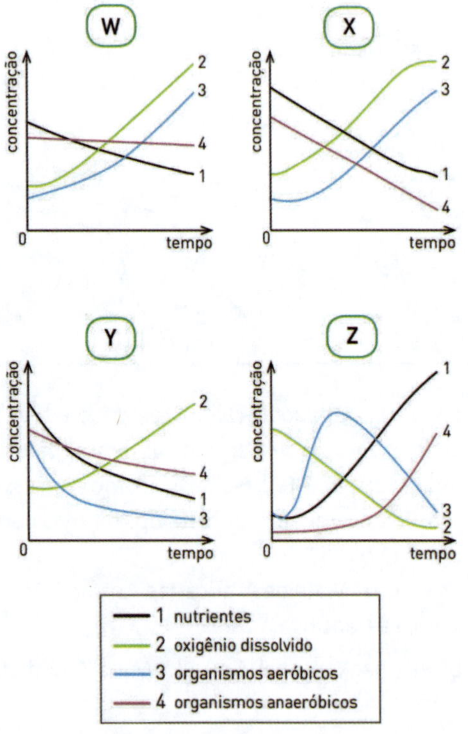

O gráfico que representa o processo de eutrofização ocorrido na água desse lago está indicado pela seguinte letra:

a) W b) X c) Y d) Z

14. (UEPB) Os animais e vegetais, muitas vezes, apresentam adaptações morfofisiológicas, a fim de sobreviverem num determinado Biociclo Terrestre (Epinociclo). Observe as características abaixo enunciadas:

Dos vegetais: redução da superfície foliar, estômatos com ação mais rápida e capacidade de armazenamento de água.

Dos animais: formação de urina e fezes concentradas, escassez ou ausência de glândulas sudoríparas e capacidade de utilização de água metabólica.

As adaptáveis acima citadas são características dos vegetais e animais que habitam:

a) as tundras.

b) as florestas tropicais.

c) os desertos.

d) as florestas temperadas decíduas.

e) a taiga.

15. (UFG-GO) Analise o mapa abaixo e as características descritas a seguir.

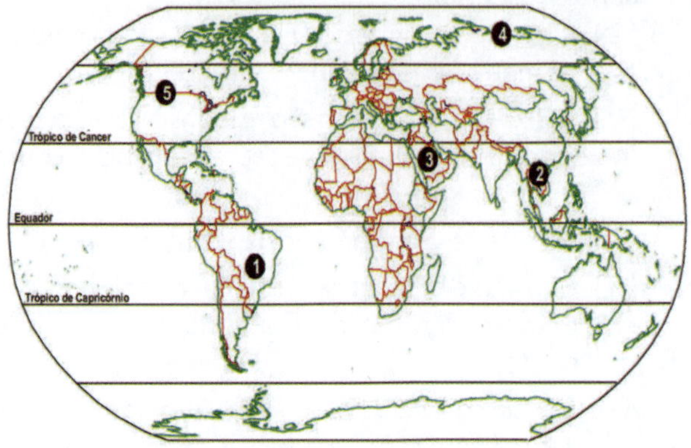

I. Baixíssima biodiversidade; baixas temperaturas o ano todo; umidade moderada.

II. Alta biodiversidade endêmica; temperatura alta a moderada; umidade sazonal.

III. Altíssima biodiversidade; temperatura e umidade altas o ano todo.

Dentre os biomas 1, 2, 3, 4 e 5 indicados no mapa, quais são os que correspondem, respectivamente, às características I, II e III?

a) 1, 5, 4

b) 2, 4, 3

c) 3, 2, 5

d) 4, 1, 2

e) 5, 3, 1

16. (Ufscar-SP) Nas zonas urbanas das grandes cidades, cada habitante produz cerca de 1 kg de lixo diariamente. A maior parte desse material acaba sendo depositada em lixões ou aterros sanitários. Sobre esses dois métodos de destinação do lixo, pode-se dizer que

a) os lixões são mais indicados que os aterros apenas quando localizados fora do perímetro urbano e quando houver controle sobre o acesso de pessoas.

b) lixões e aterros apresentam o inconveniente de inviabilizar a coleta seletiva do lixo e a reciclagem de material.

c) os aterros apresentam a vantagem de minimizar o risco de transmissão de doenças, mas são desvantajosos porque não impedem a contaminação do solo e das águas subterrâneas.

d) os lixões mantêm o lixo exposto a céu aberto, atraindo animais e provocando mau cheiro. Quando cobertos com lona ou mantidos sob galpão, são denominados aterros sanitários.

e) os aterros, assim como os lixões, produzem gás metano e chorume, mas nos aterros há controle sobre a produção e drenagem desses produtos, de modo a não contaminar o solo e a atmosfera.

Respostas

Exercícios propostos

MÓDULO 19

1. e 2. c 3. d
4. c 5. b 6. a
7. a

MÓDULO 20

1. c 2. b 3. c
4. a 5. c

MÓDULO 21

1. b 2. e 3. b
4. d 5. a

MÓDULO 22

1. d 2. a 3. c
4. e

MÓDULO 23

1. a 2. c 3. a
4. d 5. b

MÓDULO 24

1. a 2. e 3. c
4. c 5. b

MÓDULO 25

1. c 2. b 3. c
4. b 5. b

MÓDULO 26

1. c 2. e 3. b
4. b 5. d

MÓDULO 27

1. c 2. c 3. c
4. d 5. c

MÓDULO 28

1. e 2. d 3. c
4. d 5. b

MÓDULO 29

1. a 2. b 3. c
4. b 5. d

MÓDULO 30

1. b 2. c 3. c
4. d 5. a

MÓDULO 31

1. d 2. b 3. d
4. d 5. d

MÓDULO 32

1. a 2. d 3. a
4. d 5. a

MÓDULO 33

1. c 2. c 3. a
4. a 5. a

MÓDULO 34

1. d 2. c 3. d
4. d 5. c 6. e
7. e 8. d

MÓDULO 35

1. c 2. d 3. a
4. d 5. c

MÓDULO 36

1. e 2. b 3. a
4. a 5. c 6. d

MÓDULO 37

1. c 2. a 3. a
4. c 5. a

MÓDULO 38

1. d 2. b 3. e
4. e 5. e

MÓDULO 39

1. c 2. c 3. d
4. d

Exercícios-tarefa

MÓDULO 19

1. c 2. e 3. c
4. c 5. e 6. c
7. c 8. e 9. a
10. d 11. c 12. b
13. d 14. b 15. d

MÓDULO 20

1. a 2. a 3. d
4. c 5. a 6. a
7. b 8. b 9. c
10. d 11. d 12. d
13. c 14. e 15. a

MÓDULO 21

1. b 2. d 3. c
4. a 5. c 6. b
7. b 8. c 9. e
10. a 11. d 12. a
13. c 14. d 15. d

Respostas

MÓDULO 22

1. c	2. e	3. d
4. c	5. a	6. a
7. a	8. e	9. b
10. d	11. d	12. c
13. c	14. b	15. b

MÓDULO 23

1. b	2. c	3. c
4. b	5. b	6. b
7. e	8. e	9. b
10. c	11. e	12. e
13. b	14. d	15. d

MÓDULO 24

1. c	2. b	3. a
4. c	5. a	6. b
7. b	8. a	9. c
10. b	11. c	12. b
13. d	14. a	15. e

MÓDULO 25

1. a	2. c	3. b
4. e	5. d	6. e
7. a	8. b	9. d
10. e	11. d	12. c
13. e	14. d	15. b

MÓDULO 26

1. a	2. b	3. d
4. c	5. d	6. d
7. d	8. e	9. b
10. e	11. c	12. a
13. e	14. b	15. a

MÓDULO 27

1. b	2. d	3. e
4. d	5. a	6. b
7. d	8. b	9. d
10. a	11. e	12. e
13. e	14. c	15. a

MÓDULO 28

1. c	2. e	3. c
4. d	5. c	6. a
7. d	8. b	9. d
10. d	11. b	12. c
13. d	14. d	15. e

MÓDULO 29

1. a	2. b	3. c
4. d	5. e	6. e
7. d	8. c	9. d
10. d	11. d	12. d
13. a	14. c	15. e

MÓDULO 30

1. b	2. d	3. d
4. b	5. e	6. d
7. a	8. a	9. b
10. c	11. a	12. b
13. a	14. b	15. a

MÓDULO 31

1. b	2. c	3. a
4. c	5. a	6. b
7. b	8. d	9. d
10. b	11. a	12. a
13. a	14. e	15. c

MÓDULO 32

1. a	2. a	3. e
4. c	5. c	6. d
7. b	8. c	9. a
10. d	11. c	12. b
13. b	14. d	15. e

MÓDULO 33

1. a	2. c	3. d
4. c	5. a	6. d
7. e	8. d	9. a
10. c	11. d	12. a
13. c	14. 2+4+8=14	15. c

MÓDULO 34

1. e	2. a	3. c
4. a	5. d	6. a
7. b	8. a	9. b
10. d	11. a	12. c
13. b	14. b	15. b

MÓDULO 35

1. b	2. e	3. e
4. e	5. e	6. b
7. c	8. a	9. b
10. d	11. d	12. b
13. d	14. d	15. a

MÓDULO 36

1. a	2. e	3. e
4. a	5. e	6. e
7. b	8. b	9. d
10. c	11. a	12. c
13. b	14. c	15. b

MÓDULO 37

1. b	2. d	3. c
4. b	5. b	6. a
7. d	8. e	9. d
10. b	11. c	12. d
13. a	14. b	15. a

MÓDULO 38

1. a	2. d	3. a
4. e	5. c	6. a
7. d	8. a	9. c
10. d	11. a	12. d
13. e	14. c	15. b

MÓDULO 39

1. a	2. d	3. b
4. e	5. e	6. c
7. a	8. e	9. b
10. d	11. a	12. e
13. d	14. c	15. d
16. e		

PROJETO MÚLTIPLO

Caderno do Enem

Biologia

Ensino Médio

Sérgio Linhares

Bacharel e licenciado em História Natural pela Universidade do Brasil (atual UFRJ).

Foi professor de Biologia Geral na Universidade do Brasil (atual UFRJ) e de Biologia no Colégio Pedro II e em outros colégios e cursinhos pré-vestibulares do Rio de Janeiro.

Fernando Gewandsznajder

Licenciado em Biologia pelo Instituto de Biologia da Universidade Federal do Rio de Janeiro.

Mestre em Educação pelo Instituto de Estudos Avançados em Educação da Fundação Getúlio Vargas (RJ).

Mestre em Filosofia pela Pontifícia Universidade Católica do Rio de Janeiro.

Doutor em Educação pela Faculdade de Educação da Universidade Federal do Rio de Janeiro.

Foi professor de Biologia e Ciências no Colégio Pedro II e em outros colégios e cursinhos pré-vestibulares do Rio de Janeiro.

editora ática

editora ática

Diretoria editorial: Lidiane Vivaldini Olo
Editoria de Ciências e Biologia: Cármen Matricardi
Editores: Helena Pacca e Felipe Murro Capeli
Supervisor de arte e produção: Sérgio Yutaka
Supervisor de arte e criação: Didier Moraes
Coordenadora de arte e criação: Andréa Dellamagna
Editor de arte: André Gomes Vitale
Diagramação: Typegraphic editoração eletrônica
Design gráfico: UC Produção Editorial, Andréa Dellamagna (miolo e capa)
Gerente de revisão: Hélia de Jesus Gonsaga
Equipe de revisão: Rosângela Muricy (coord.), Ana Paula Chabaribery Malfa, Gloria Cunha, Luís Maurício Boa Nova e Sheila Folgueral; Flávia Venézio dos Santos e Gabriela Macedo de Andrade (estags.)
Coordenação de iconografia: Fabiana Manna da Silva
Pesquisa iconográfica: Ellen Finta, Graziele Costa, Marcella Doratioto e Tamires Castillo
Foto da capa: alice-photo/Shutterstock/Glow Images
Grafismos: Shutterstock/Glow Images

Av. das Nações Unidas, 7221, 3º andar, setor C
Pinheiros – São Paulo – SP
CEP 05425-902
Tel.: 4003-3061
www.atica.com.br/editora@atica.com.br

2022
ISBN 978 85 08 16707-4 (AL)
ISBN 978 85 08 16708-1 (PR)
Código da obra CL 738362
CAE 501280 (AL)
CAE 501281 (PR)
1ª edição
7ª impressão

Impressão e acabamento: Ricargraf

Uma publicação Abril EDUCAÇÃO

Material elaborado por:
João Carlos Rodrigues Coelho
Nelson Caldini Júnior
Nelson Henrique Carvalho de Castro
Sasson Sezar
Uzunian Armênio

Sumário

AULA 1

Competência 4	**Compreender interações entre organismos e ambiente, em particular aquelas relacionadas à saúde humana, relacionando conhecimentos científicos, aspectos culturais e características individuais.**

Habilidade 14	Identificar padrões em fenômenos e processos vitais dos organismos, como manutenção do equilíbrio interno, defesa, relações com o ambiente, sexualidade, entre outros.

Em classe

OS PADRÕES DOS ORGANISMOS NOS NÍVEIS DE SUAS CÉLULAS E DE SUAS MOLÉCULAS

Resumo

Uma samambaia, um peixe e uma bactéria que vive no intestino humano são muito diferentes quanto à sua estrutura e aos ambientes em que vivem. Apesar dessas diferenças, esses três organismos são semelhantes em muitos aspectos. Todos têm organização celular.

As células, embora apresentem diferenças entre si, mantêm uma notável **identidade** na sua organização geral e nas funções que desempenham.

Outro exemplo desta "identidade" dos seres vivos é o controle genético da atividade celular. Em sua maioria, o DNA é a molécula informacional, com duas capacidades importantes: a duplicação, que permite a "propagação" da informação para células-filhas; e a produção de RNA, relacionado à síntese de proteínas.

Outro importante exemplo de identidade entre os seres vivos é a presença de **enzimas** – proteínas consideradas ferramentas do metabolismo – nas suas células.

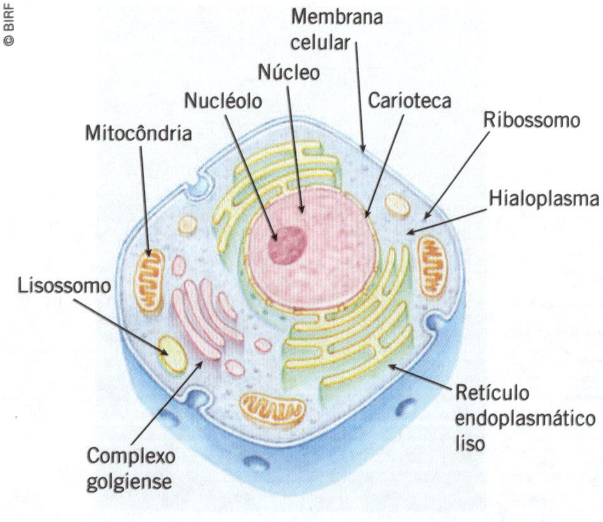

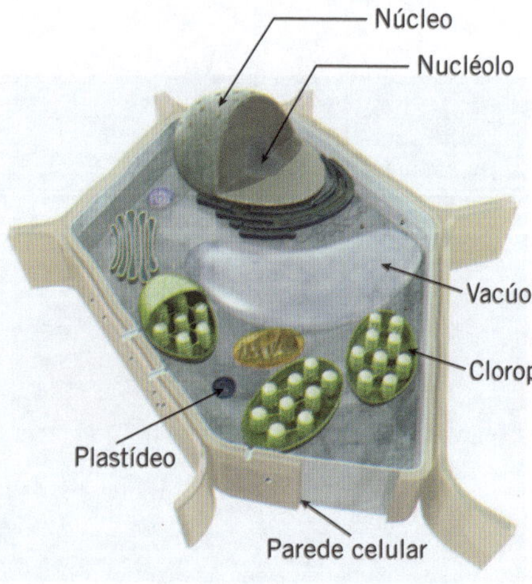

A célula animal (acima) e a célula vegetal (à direita) são muito mais complexas quando comparadas à célula bacteriana.

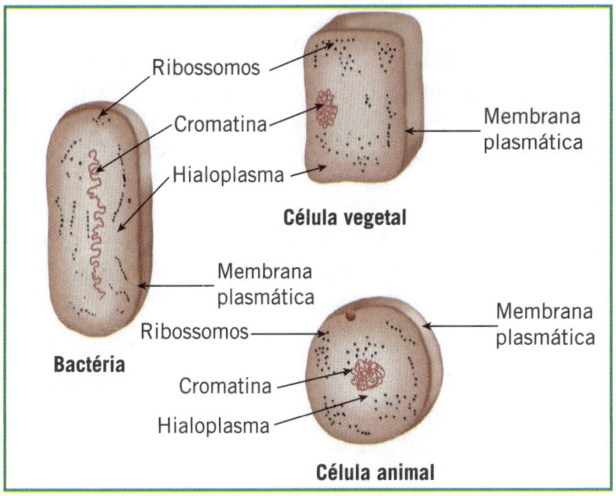

A bactéria, a célula animal e a célula vegetal apresentam várias estruturas comuns, que podem ser consideradas as estruturas "mínimas" para o funcionamento da célula.

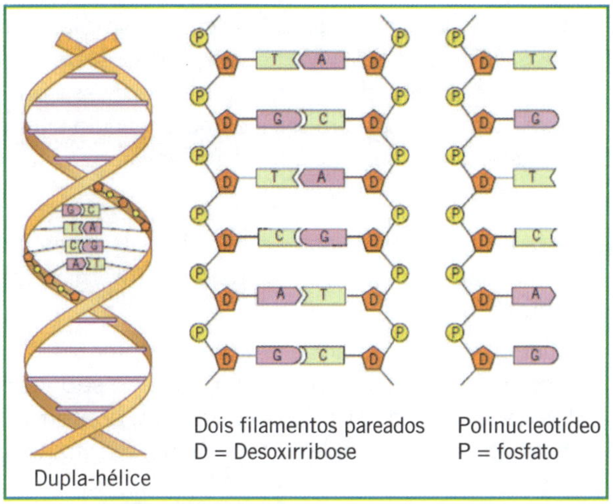

O DNA, semelhante em todos os seres vivos, é constituído por duas cadeias de polinucleotídeos.

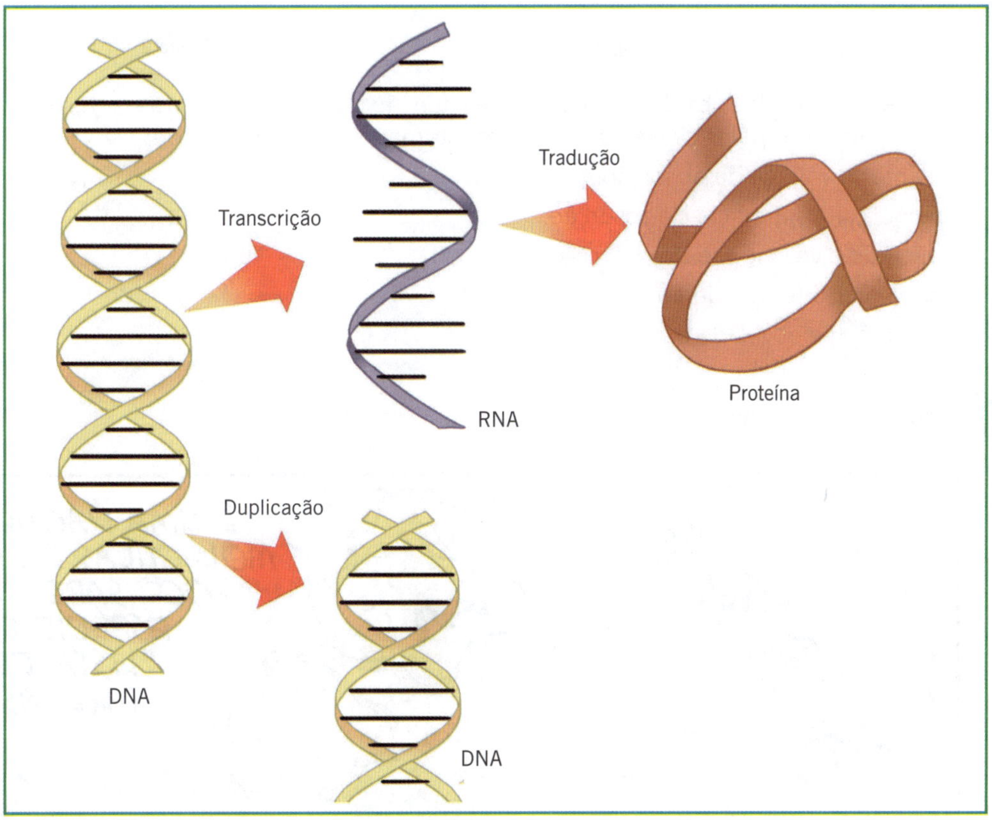

O DNA, ao se duplicar, permite a transmissão da informação às células-filhas; ao produzir RNA, permite à célula que produza as proteínas necessárias a seu metabolismo.

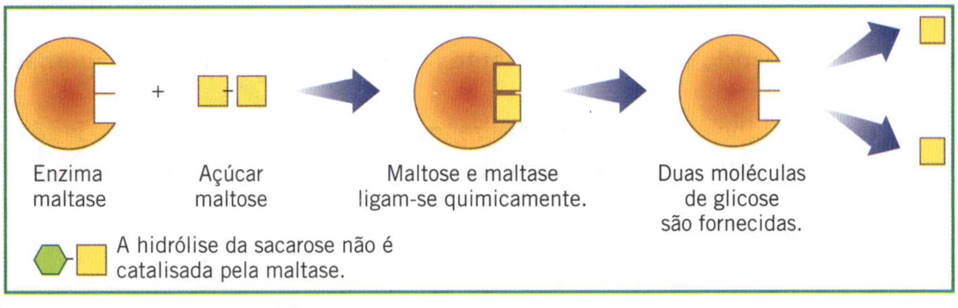

No esquema, a enzima maltase catalisa a transformação do açúcar maltose em duas moléculas de glicose. As estruturas espaciais da maltase e da maltose são complementares, o que permite que elas reajam entre si (esquema chave-fechadura). A maltase não catalisa a hidrólise da sacarose.

Texto para a questão 1

Na história da vida, acredita-se que as células simples, como as das bactérias atuais, tenham precedido as células mais complexas, como as células animais e vegetais. Além do fato de estas células mais "modernas" terem adquirido compartimentos especializados em funções específicas, como as mitocôndrias e os cloroplastos, também desenvolveram um extenso sistema membranoso, como o retículo endoplasmático e o complexo golgiense. Considera-se que estas estruturas membranosas, de certa forma, levaram a um aumento da superfície de contato com o meio.

1 (Enem) Para explicar a absorção de nutrientes, bem como a função das microvilosidades das membranas das células que revestem as paredes internas do intestino delgado, um estudante realizou o seguinte experimento:

Colocou 200 mL de água em dois recipientes. No primeiro recipiente mergulhou, por 5 segundos, um pedaço de papel liso, como na figura 1; no segundo recipiente, fez o mesmo com um pedaço de papel com dobras simulando as microvilosidades, conforme figura 2. Os dados obtidos foram: a quantidade de água absorvida pelo papel liso foi de 8 mL, e pelo papel dobrado foi de 12 mL.

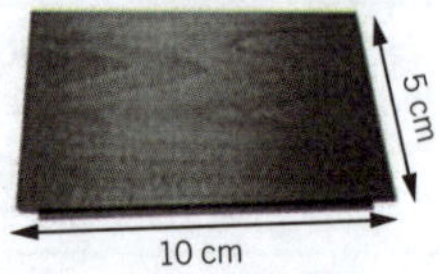

Figura 1

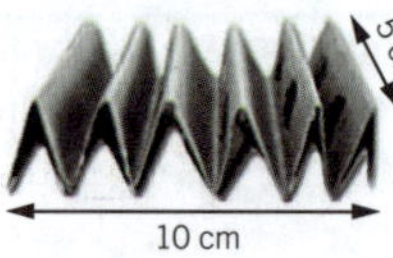

Figura 2

Com base nos dados obtidos, infere-se que a função das microvilosidades intestinais com relação à absorção de nutrientes pelas células das paredes internas do intestino é a de:

a) manter o volume de absorção.
b) aumentar a superfície de absorção.
c) diminuir a velocidade de absorção.
d) aumentar o tempo de absorção.
e) manter a seletividade na absorção.

2 (Simulado Enem – Anglo)

Frank & Ernest. Bob Thaves. *O Estado de S. Paulo*. 7 jan. 2002. TV & Lazer.

Observando o quadrinho acima e utilizando seus conhecimentos sobre o DNA, assinale a alternativa correta:

a) A "lista de tarefas" citada pela célula significa que o DNA realiza todas as funções metabólicas da célula.
b) O comentário da célula indica que o DNA é uma substância que não é encontrada normalmente na célula.
c) As informações para o funcionamento celular estão contidas na "lista de tarefas" do DNA.
d) O DNA é uma molécula viva que obriga as células a realizar tarefas desagradáveis e perigosas.
e) As células podem evitar suas tarefas impedindo a entrada das moléculas de DNA.

3 (Enem) O milho-verde recém-colhido tem um sabor adocicado. Já o milho-verde comprado na feira, um ou dois dias depois de colhido, não é mais tão doce, pois cerca de 50% dos carboidratos responsáveis pelo sabor adocicado são convertidos em amido nas primeiras 24 horas.

Para preservar o sabor do milho-verde, pode-se usar o seguinte procedimento em três etapas:

1º – descascar e mergulhar as espigas em água fervente por alguns minutos;

2º – resfriá-las em água corrente;

3º – conservá-las na geladeira.

A preservação do sabor original do milho-verde pelo procedimento descrito pode ser explicada pelo seguinte argumento:

a) O choque térmico converte as proteínas do milho em amido até a saturação; este ocupa o lugar do amido que seria formado espontaneamente.

b) A água fervente e o resfriamento impermeabilizam a casca dos grãos de milho, impedindo a difusão de oxigênio e a oxidação da glicose.

c) As enzimas responsáveis pela conversão desses carboidratos em amido são desnaturadas pelo tratamento com água quente.

d) Microrganismos que, ao retirarem nutrientes dos grãos, convertem esses carboidratos em amido são destruídos pelo aquecimento.

e) O aquecimento desidrata os grãos de milho, alterando o meio de dissolução onde ocorreria espontaneamente a transformação desses carboidratos em amido.

4 (Simulado Enem – Anglo) A diversidade é uma característica marcante do fenômeno vida. Os organismos podem ser tão diferentes quanto um mosquito e um elefante, um cavalo e uma ostra, uma bactéria e uma árvore alta da floresta. No entanto, todos eles apresentam algumas características comuns, que revelam um parentesco entre eles, por mais diferentes que sejam.

Considere os atributos abaixo relacionados:

I. Presença de células em praticamente todos os organismos;

II. Variabilidade morfológica dentro de um mesmo grupo;

III. Capacidade de produzir o próprio alimento orgânico;

IV. Utilização de um mesmo código genético;

V. Uso de enzimas como ferramentas do metabolismo.

Quais dessas características reforçariam a noção de que todos os organismos tiveram uma origem comum nos primórdios da história da vida?

a) I, II e III.
b) I, III e IV.
c) I, IV e V.
d) II, III e V.
e) III, IV e V.

Em casa

TEXTO DE APOIO

A identidade dos seres vivos

Embora com muitas diferenças visíveis, uma samambaia, um peixe e uma bactéria têm, nos seus níveis de estudo mais íntimos, uma série de características que mostram sua grande identidade, ou semelhança. Essas semelhanças, algumas das quais vamos descrever a seguir, são um forte indício de que todos os seres vivos atuais tenham ancestrais comuns, ou seja, todos seriam aparentados, em termos da Evolução Biológica.

Veja, a seguir, três destas semelhanças.

1. Organização celular

a) Os três organismos citados na aula – e todos os demais seres vivos, com exceção dos vírus – têm nas suas células alguns componentes celulares mínimos: a membrana plasmática, que controla as trocas com o meio; o hialoplasma, sede das muitas reações do metabolismo; a cromatina, ou material genético, constituída basicamente por DNA, com a informação a ser transmitida para as células-filhas e que controla tudo que a célula faz; e, por fim, os ribossomos, dos quais são construídas as proteínas, fundamentais para a vida.

As células de organização mais simples, as das bactérias, são chamadas de **procarióticas**. As células animais e vegetais, mais complexas, são ditas **eucarióticas**.

b) Nas células eucarióticas, além dos componentes mínimos, encontramos "compartimentos" que realizam determinadas funções. Assim, existe, por exemplo, um sistema de membranas relacionado ao armazenamento e à produção de substâncias: trata-se do retículo endoplasmático e do complexo golgiense. A própria carioteca, ou membrana nuclear, pode ser considerada uma extensão do retículo, e envolve a cromatina, constituindo um **núcleo** diferenciado. No caso das bactérias, não há carioteca, ficando a cromatina mergulhada diretamente no hialoplasma.

c) Quanto à necessidade de energia das células eucarióticas, as **mitocôndrias**, tanto em células animais como em vegetais, representam um compartimento especial que realiza a respiração celular, processo em que é liberada energia a partir de "combustíveis" como a glicose. Os **cloroplastos**, por sua vez, são exclusivos das células vegetais e estão relacionados à nutrição autotrófica destes organismos: fazem **fotossíntese**, na qual produzem matéria orgânica a partir de substâncias simples (gás carbônico e água), utilizando como fonte de energia, na natureza, a luz do Sol. Vale lembrar que os autótrofos – organismos que produzem seu próprio alimento orgânico – estão na base de todos os ecossistemas, sendo denominados **produtores**, por produzirem o alimento orgânico e o fornecerem a todos os componentes das teias alimentares.

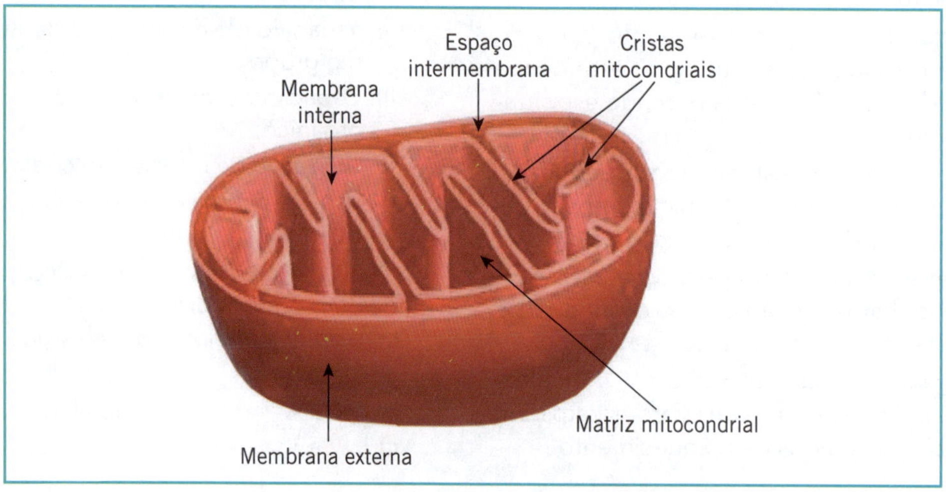

Uma mitocôndria, em corte. Várias reações da respiração ocorrem nas cristas mitocondriais.

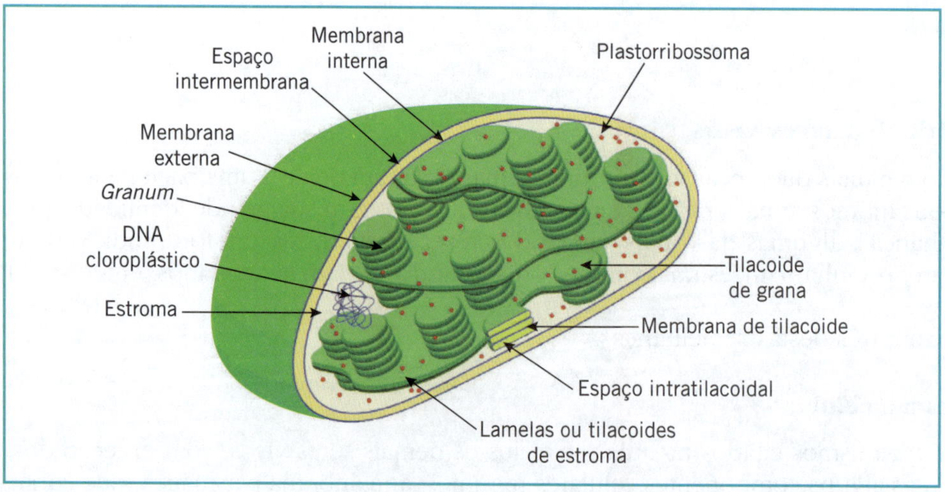

Um cloroplasto, em corte, com suas estruturas internas. As estruturas com aspecto de "moedas" empilhadas, ricas em clorofila, são chamadas de "tilacoides". Cada conjunto de tilacoides é um *granum*.

Uma observação: a maioria das bactérias, embora não tenha mitocôndrias, é capaz de realizar a respiração celular; isso porque elas têm as enzimas necessárias para esta função no seu hialoplasma. Há, ainda, bactérias autótrofas fotossintetizantes que, embora sem cloroplastos, têm o "equipamento" bioquímico necessário à fotossíntese no seu hialoplasma.

2. O DNA como material genético

DNA e suas propriedades

O DNA (ou ácido desoxirribonucleico) é considerado uma molécula **informacional**, no sentido de que ele contém informações, tanto sobre as características de determinada espécie, como sobre o que cada célula deve fazer para se manter viva, em termos de seu metabolismo. **Todos os seres vivos** de estrutura celular utilizam o DNA para este fim. Deve ficar claro que, embora em todos os seres vivos o DNA tenha a mesma estrutura (dupla-hélice) e seja constituído das mesmas unidades básicas (os nucleotídeos), as diferenças entre os DNAs de distintos seres vivos são determinadas pelas diferentes **sequências de nucleotídeos**.

A informação, para poder ser transmitida às células-filhas, precisa ser **replicável**, ou seja, é necessário que ela tenha a propriedade de poder ser **copiada** ou **duplicada**. Assim, uma das características fundamentais do DNA é a capacidade de **replicação**, também chamada de **autoduplicação**. Uma molécula de DNA, portanto, é capaz de organizar duas moléculas-filhas, idênticas à molécula inicial na sequência de seus nucleotídeos, mantendo assim a informação genética. Às vezes, ocorrem pequenas falhas neste processo de duplicação, aparecendo moléculas-filhas ligeiramente diferentes da original. Neste caso, a própria informação muda acidentalmente. Este acidente é conhecido como **mutação**.

Outra propriedade do DNA é a **transcrição**. O DNA é capaz de produzir outro ácido nucleico, o RNA (ácido ribonucleico), com uma sequência de nucleotídeos correspondente, que leva ao citoplasma – mais especificamente, aos ribossomos – a informação sobre o tipo de proteína a ser fabricada. Está claro que DNAs diferentes transcrevem RNAs diferentes, que, por sua vez, produzem proteínas diferentes.

O processo em que o RNA, no ribossomo, participa da síntese da proteína é chamado de **tradução**. Voltando ao fenômeno da mutação, repare que um DNA mutado (portanto, um pouco diferente do original) produzirá um RNA um pouco diferente na sua sequência, que produzirá uma proteína diferente, que, eventualmente, poderá não exercer a função correta na célula.

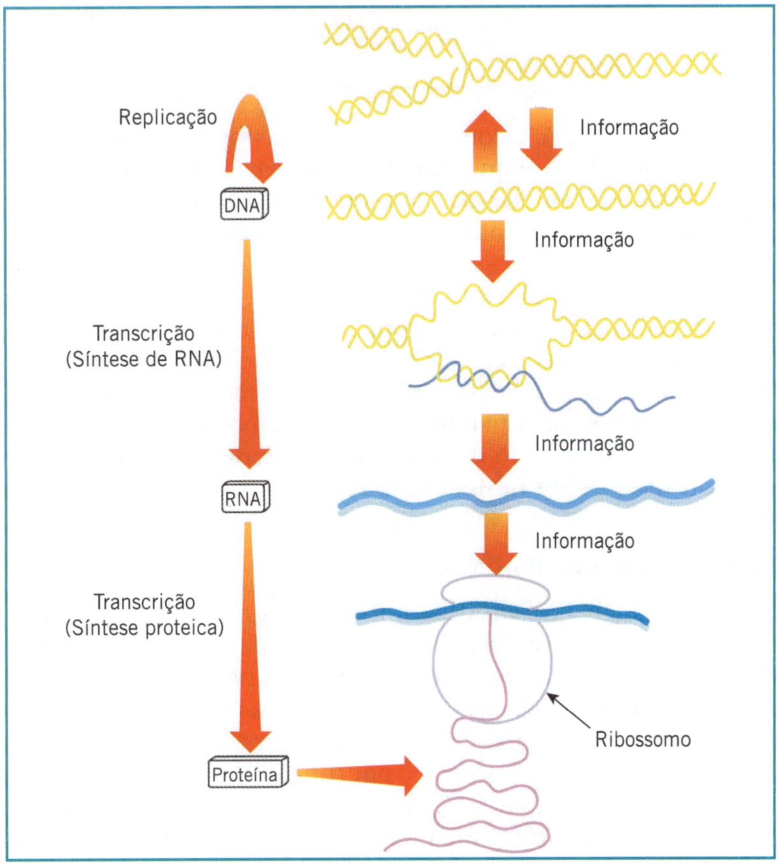

O esquema mostra as propriedades do DNA, como molécula capaz de transmitir a informação, em níveis diversos: na duplicação, na transcrição e na tradução.

A estrutura do DNA e sua capacidade de duplicação

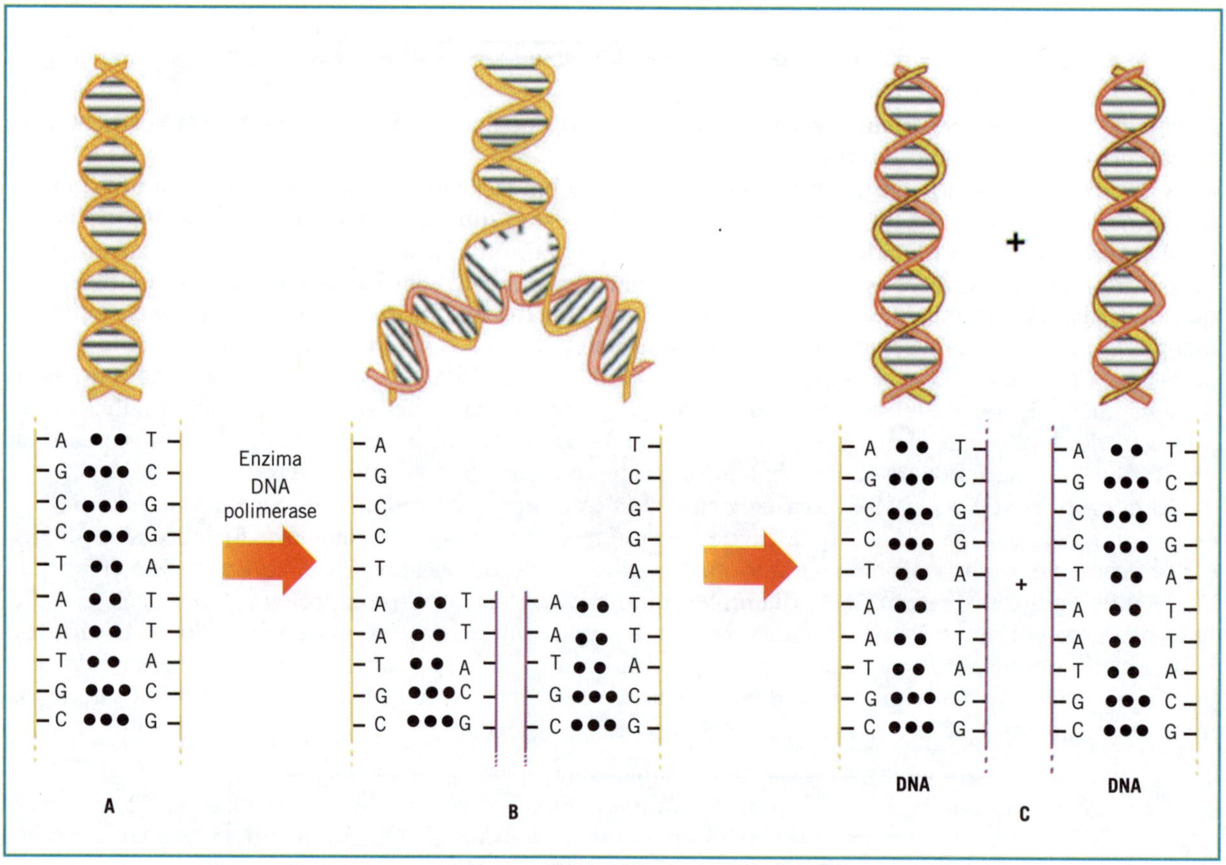

Observe o esquema acima. O DNA é constituído por duas hélices, enroladas uma sobre a outra, sendo cada uma delas chamada de "polinucleotídeo" (fase A). Na parte inferior do esquema, as fitas são mostradas no plano. Cada nucleotídeo do DNA tem uma base nitrogenada, que pode ser A (adenina), T (timina), C (citosina) e G (guanina). Adenina sempre pareia com timina, e citosina sempre com guanina.

Veja agora a fase B. As fitas se separam, e cada uma delas é complementada por nucleotídeos livres existentes na célula. Assim, cada fita da molécula original funciona como um molde, um "guia", já que ela admite somente os nucleotídeos correspondentes: onde houver A na fita original, entra T, onde houver C, entra G, e assim por diante. Na fase C, temos duas moléculas de DNA idênticas à original: cada uma das moléculas novas tem uma fita que pertencia à molécula-mãe, e outra fita nova, montada a partir da primeira. Fala-se, aqui, em **duplicação semiconservativa**, no sentido de que cada molécula-filha **conservou metade da molécula-mãe**.

3. Enzimas: as ferramentas do metabolismo

Enzimas são proteínas especiais que **catalisam** as reações químicas no interior das células. Catalisar quer dizer "facilitar". Sem enzimas, as reações nas células não ocorreriam, ou ocorreriam tão lentamente que não permitiriam o fenômeno da vida. O metabolismo de todos os seres vivos de organização celular, sem exceção possível, depende portanto das enzimas.

Vamos a algumas propriedades das enzimas:

a) Toda proteína é produzida nos ribossomos, em função da "informação" transmitida por uma molécula de DNA específica. Portanto, enzimas diferentes são produzidas por DNAs diferentes.

b) Devido à sua estrutura terciária (ou "forma" da molécula), as enzimas são ditas **específicas**. No resumo do começo da aula, você viu uma representação esquemática da enzima maltase, que catalisa a transformação do açúcar maltose em duas moléculas de glicose.

Esquematicamente, veja a reação abaixo, que descreve como as enzimas funcionam:

$$E + S \rightleftharpoons ES \rightleftharpoons E + P$$

em que E é a enzima, S é o **substrato** (substância sobre a qual a enzima age), ES é o complexo enzima--substrato, e P é o produto da reação.

c) As enzimas não são consumidas na reação. Após terem facilitado a reação, elas se destacam do produto e podem catalisar a reação de mais moléculas do mesmo substrato. A reação acima demonstra isso.

d) As enzimas tanto funcionam em reações de "quebra", ou hidrólise – como é o caso das enzimas digestivas –, como em reações que, a partir da catálise, são construídas moléculas novas – por exemplo, na duplicação do DNA. De forma simplificada, o esquema abaixo mostra uma enzima agindo em uma reação de síntese (ou construção) de uma molécula maior.

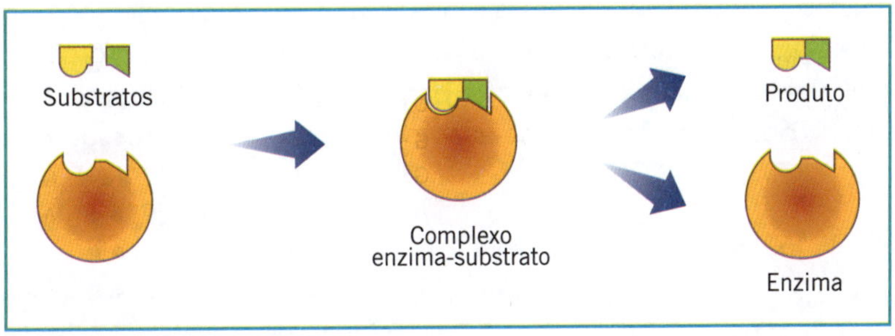

Esquema do complexo enzima-substrato.

e) As enzimas dependem de alguns fatores para agir adequadamente. Um deles é o pH do meio em que estão; outro, a temperatura. Existe um pH dito ótimo para cada enzima, no qual ela age de forma mais eficiente. Há também uma temperatura ótima para cada enzima. Nos mamíferos, por exemplo, a maioria das enzimas tem seu ótimo de temperatura ao redor dos 37 °C. Veja nos gráficos abaixo a ação das enzimas, tanto no ótimo como acima ou abaixo dele.

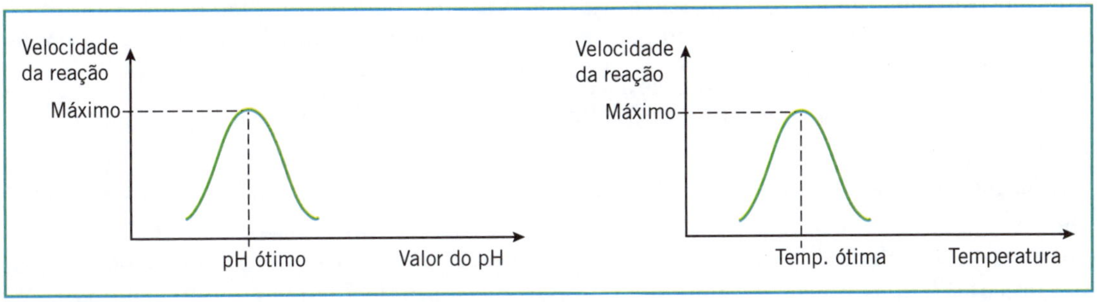

Os gráficos mostram o comportamento das enzimas em pH e temperaturas diferentes. Repare nos pontos ótimos de cada gráfico, em que a enzima age com sua velocidade máxima.

f) Acima de determinada temperatura, as enzimas **se desnaturam**, ou seja, sua estrutura se modifica de tal maneira que elas deixam de funcionar. A maior parte das enzimas começa a se desnaturar em temperaturas a partir de 50 °C, sendo esta desnaturação irreversível. O esquema abaixo exemplifica o que ocorreria a uma enzima caso sofresse desnaturação: por ter sua estrutura modificada, a enzima maltase não seria mais capaz de catalisar a hidrólise da maltose.

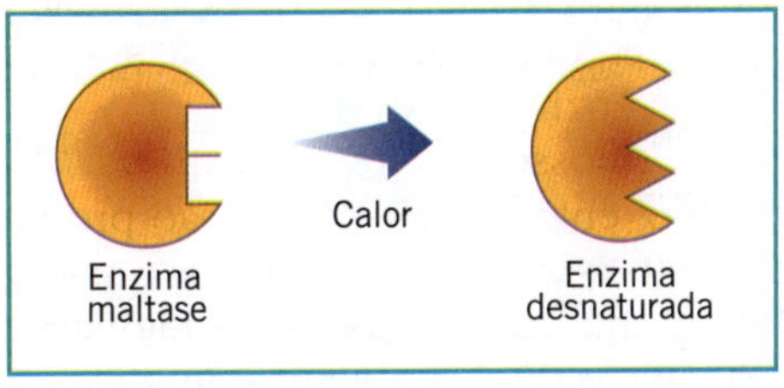

Representação da desnaturação de uma enzima.

1 (Enem) A figura seguinte representa um modelo de transmissão da informação genética nos sistemas biológicos. No fim do processo, que inclui a replicação, a transcrição e a tradução, há três formas proteicas diferentes, denominadas A, B e C.

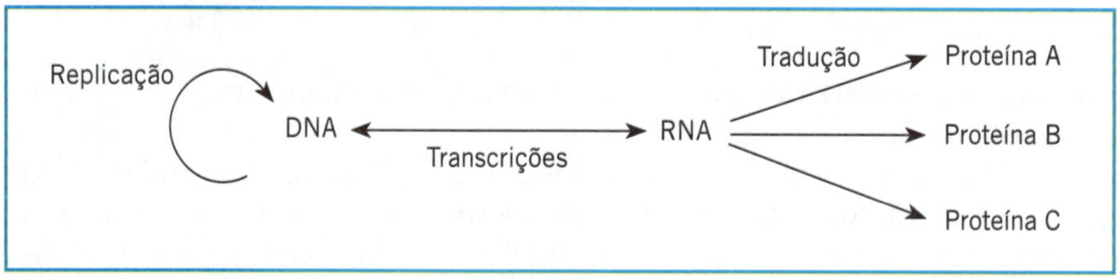

Depreende-se do modelo que:

a) a única molécula que participa da produção de proteínas é o DNA.

b) o fluxo de informação genética, nos sistemas biológicos, é unidirecional.

c) as fontes de informação ativas durante o processo de transcrição são as proteínas.

d) é possível obter diferentes variantes proteicas a partir de um mesmo produto de transcrição.

e) a molécula de DNA possui forma circular, e as demais moléculas possuem forma de fita simples linearizadas.

2 (Enem)

Nos dias de hoje, podemos dizer que praticamente todos os seres humanos já ouviram em algum momento falar sobre o DNA e seu papel na hereditariedade da maioria dos organismos. Porém, foi apenas em 1952, um ano antes da descrição do modelo do DNA em dupla-hélice por Watson e Crick, que foi confirmado sem sombra de dúvidas que o DNA é material genético. No artigo em que Watson e Crick descreveram a molécula de DNA, eles sugeriram um modelo de como essa molécula deveria se replicar. Em 1958, Meselson e Stahl realizaram experimentos utilizando isótopos pesados de nitrogênio que foram incorporados às bases nitrogenadas para avaliar como se daria a replicação da molécula. A partir dos resultados, confirmaram o modelo sugerido por Watson e Crick, que tinha como premissa básica o rompimento das pontes de hidrogênio entre as bases nitrogenadas.

GRIFFITHS, A. J. F. et al. *Introdução à Genética*. Rio de Janeiro: Guanabara Koogan, 2002.

Considerando a estrutura da molécula de DNA e a posição das pontes de hidrogênio na mesma, os experimentos realizados por Meselson e Stahl a respeito da replicação dessa molécula levaram à conclusão de que:

a) a replicação do DNA é conservativa, isto é, a fita dupla filha é recém-sintetizada e o filamento parental é conservado.

b) a replicação de DNA é dispersiva, isto é, as fitas-filhas contêm DNA recém-sintetizado e parentais em cada uma das fitas.

c) a replicação é semiconservativa, isto é, as fitas-filhas consistem de uma fita parental e uma recém-sintetizada.

d) a replicação do DNA é conservativa, isto é, as fitas-filhas consistem de moléculas de DNA parental.

e) a replicação é semiconservativa, isto é, as fitas-filhas consistem de uma fita molde e uma fita codificadora.

3 (Enem) Para que todos os órgãos do corpo humano funcionem em boas condições, é necessário que a temperatura do corpo fique sempre entre 36 °C e 37 °C. Para manter-se dentro dessa faixa, em dias de muito calor ou durante intensos exercícios físicos, uma série de mecanismos fisiológicos é acionada.

Pode-se citar como o principal responsável pela manutenção da temperatura corporal humana o sistema:

a) digestório, pois produz enzimas que atuam na quebra de alimentos calóricos.

b) imunológico, pois suas células agem no sangue, diminuindo a condução do calor.

c) nervoso, pois promove a sudorese, que permite perda de calor por meio da evaporação da água.

d) reprodutor, pois secreta hormônios que alteram a temperatura, principalmente durante a menopausa.

e) endócrino, pois fabrica anticorpos que, por sua vez, atuam na variação do diâmetro dos vasos periféricos.

AULA 2

Competência 4	**Compreender interações entre organismos e ambiente, em particular aquelas relacionadas à saúde humana, relacionando conhecimentos científicos, aspectos culturais e características individuais.**

Habilidade 13	Reconhecer mecanismos de transmissão da vida, prevendo ou explicando a manifestação de características dos seres vivos.

Em classe

OS GENES MENDELIANOS E OS CROMOSSOMOS

Resumo

Cada característica de um organismo é condicionada por dois genes, sendo que o gameta deste organismo recebe apenas um dos dois genes (Primeira lei de Mendel).

As diferentes **modalidades** de um gene são chamadas de **alelos**. No caso de dois tipos de alelos, um deles pode ser dominante e o outro, recessivo. Em alguns casos, os alelos não apresentam dominância entre si.

O **genótipo** de um indivíduo é sua composição genética (por exemplo, **AA**, **Aa**, **aa**). Por outro lado, o **fenótipo** descreve suas características visíveis ou verificáveis – por exemplo, se dizemos que ele é albino, ou hemofílico, ou que tem coagulação normal do sangue.

A observação da meiose, durante a qual os cromossomos homólogos se separam, justifica, em termos citológicos, a noção mendeliana de que **apenas um gene** para cada característica vai para o gameta.

Na espécie humana, o sexo é determinado por cromossomos sexuais, X e Y. Homens têm a composição cromossômica XY e mulheres, XX. Cerca de metade do número dos espermatozoides carrega o cromossomo X e a outra metade, o Y. Os óvulos sempre carregam um cromossomo X. O sexo da criança será determinado, portanto, pelo espermatozoide que fecundar o óvulo.

Genes localizados no cromossomo X, na região não correspondente ao Y, condicionam a **herança ligada ao sexo**. O daltonismo e a hemofilia são exemplos na espécie humana.

Os genes são trechos de moléculas de DNA e comandam a produção de proteínas. Tanto o gene dominante como o recessivo produzem cada um sua proteína; em muitos casos, apenas a proteína produzida pelo gene dominante é funcional. Assim seria explicado o fenômeno de que tanto homozigotos dominantes como heterozigotos apresentem o mesmo fenótipo.

As mitocôndrias possuem um DNA próprio, independente do DNA nuclear. Na espécie humana, todas as mitocôndrias das células de um organismo originaram-se das mitocôndrias do óvulo; assim, o DNA mitocondrial de qualquer indivíduo, seja ele de sexo masculino ou feminino, é sempre de origem materna.

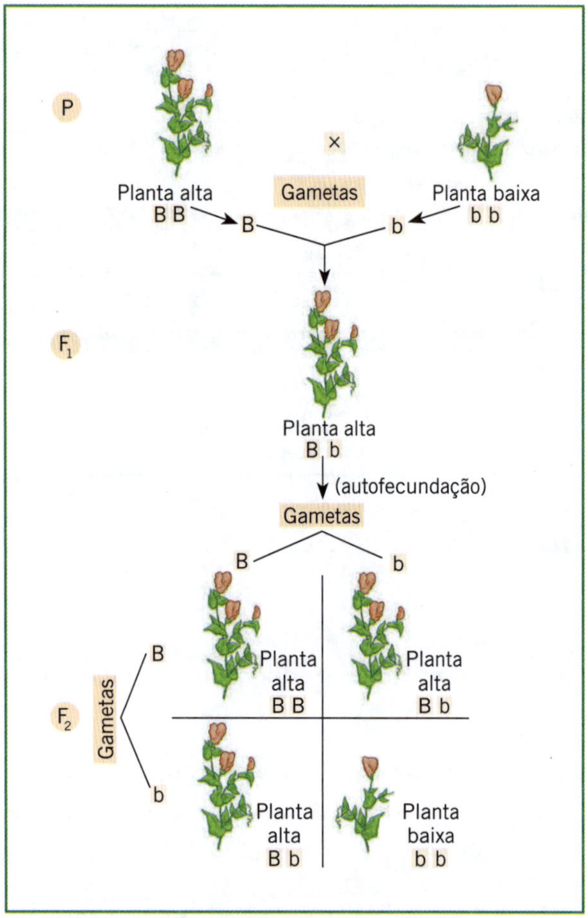

Um exemplo de cruzamento mendeliano. Plantas altas, de genótipo **BB**, são cruzadas com plantas baixas, de genótipo **bb**. Apenas um dos dois genes passa para os gametas, nascendo em F_1, portanto, plantas **Bb**, heterozigotas, também altas, porque o gene **B** é dominante. Em F_2, obtém-se a proporção de três plantas altas para uma baixa (3:1).

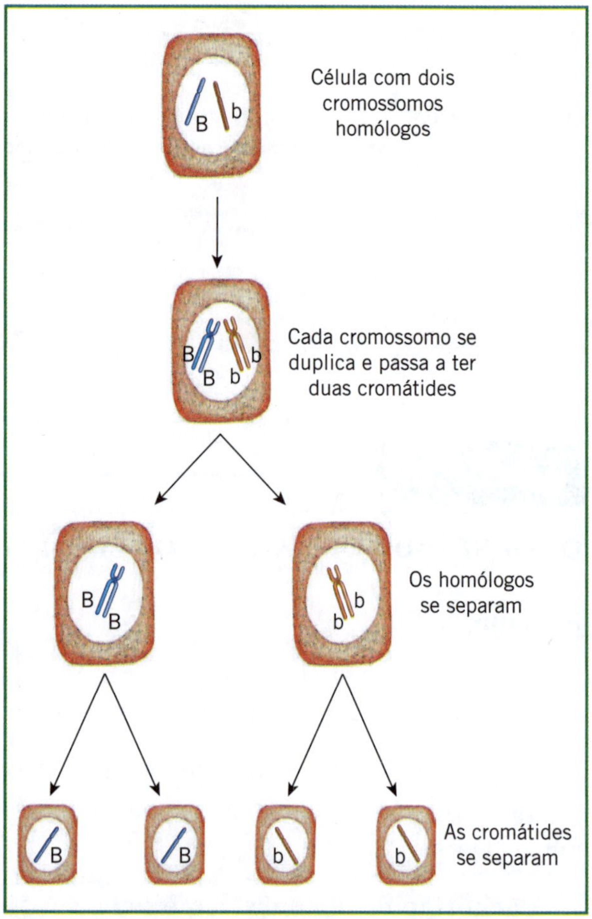

A observação da meiose justifica as premissas de Mendel: pelo fato de os cromossomos homólogos se separarem no processo, os genes alelos também se separam, indo apenas um gene para cada célula resultante.

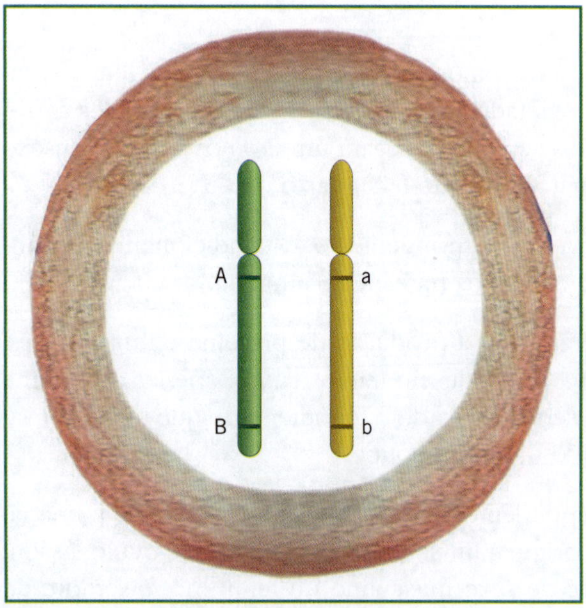

Os genes se localizam ao longo dos cromossomos.

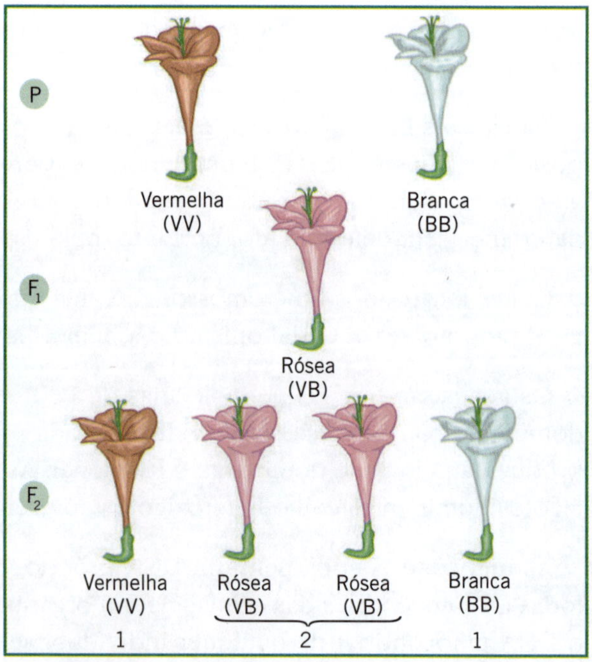

Herança sem dominância em maravilha.

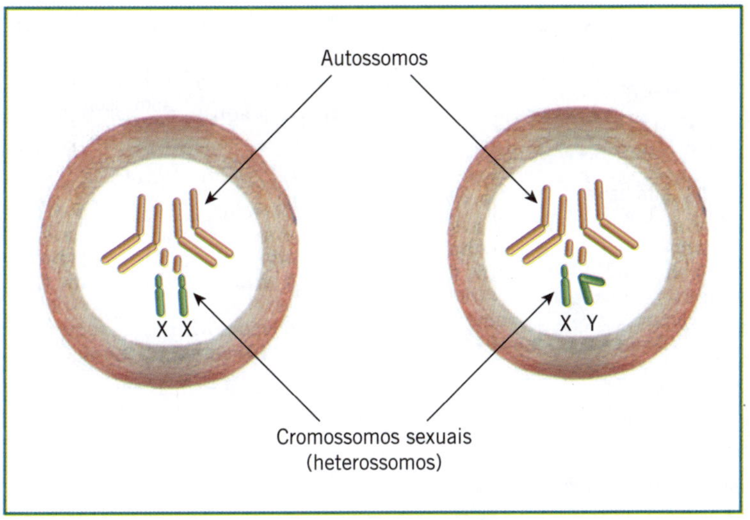

Dentre os oito cromossomos da drosófila, dois deles são chamados "cromossomos sexuais", por determinarem o sexo. As fêmeas apresentam dois cromossomos chamados X; os machos, um X e um menor, Y. A determinação do sexo na espécie humana ocorre por um mecanismo semelhante.

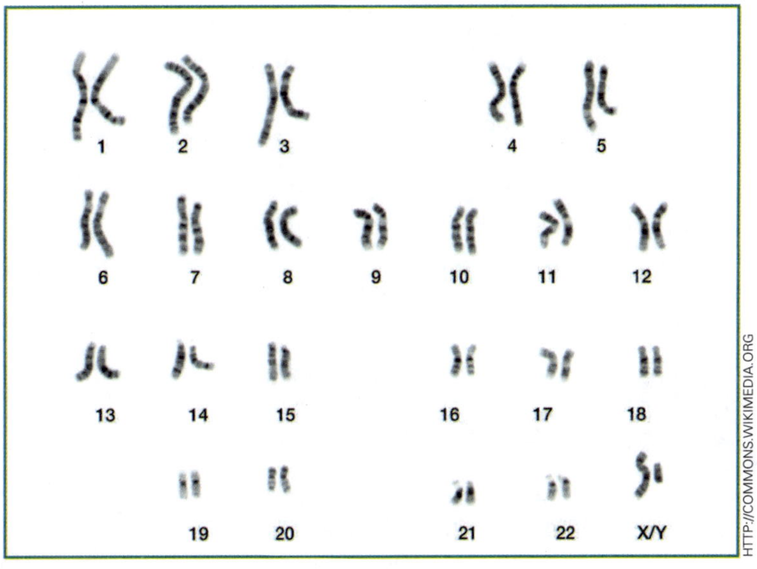

Foto de cariótipo humano de sexo masculino. Repare nos cromossomos sexuais, um X e um Y, de menor tamanho, no canto direito inferior da fotografia.

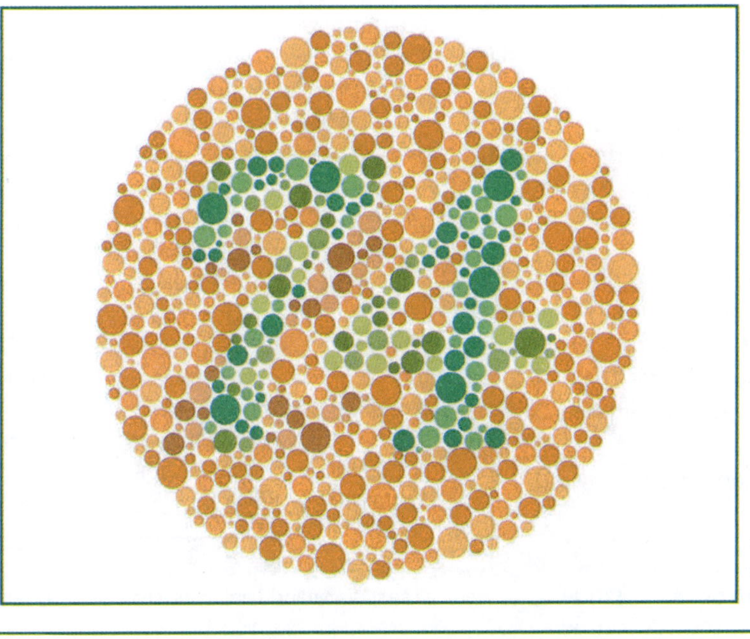

Quadro de Ishihara: o daltônico enxerga o número 21.

Texto para a questão 1

Os geneticistas aceitam a noção de que o **fenótipo** depende não apenas dos genes que o indivíduo possui, mas também do efeito do ambiente. Por exemplo, os pais de uma pessoa podem ter transmitido a ela genes que condicionam alta estatura (genótipo); no entanto, se ela sofrer de desnutrição na infância, sua estatura poderá ser mais baixa do que a média (fenótipo).

1 (Enem) Em um experimento, preparou-se um conjunto de plantas por técnica de clonagem a partir de uma planta original que apresentava folhas verdes. Esse conjunto foi dividido em dois grupos, que foram tratados de maneira idêntica, com exceção das condições de iluminação, sendo um grupo exposto a ciclos de iluminação solar natural e outro, mantido no escuro. Após alguns dias, observou-se que o grupo exposto à luz apresentava folhas verdes como a planta original e o grupo cultivado no escuro apresentava folhas amareladas.
Ao final do experimento, os dois grupos de plantas apresentaram:

a) os genótipos e os fenótipos idênticos.
b) os genótipos idênticos e os fenótipos diferentes.
c) diferenças nos genótipos e fenótipos.
d) o mesmo fenótipo e apenas dois genótipos diferentes.
e) o mesmo fenótipo e grande variedade de genótipos.

2 (Unifesp) Uma planta A e outra B, com ervilhas amarelas e de genótipos desconhecidos, foram cruzadas com plantas C que produzem ervilhas verdes. O cruzamento A × C originou 100% de plantas com ervilhas amarelas e o cruzamento B × C originou 50% de plantas com ervilhas amarelas e 50% verdes. Os genótipos das plantas A, B e C são, respectivamente,

a) Vv, vv, VV.
b) VV, vv, Vv.
c) VV, Vv, vv.
d) vv, VV, Vv.
e) vv, Vv, VV.

3 (Fuvest-SP) Numa espécie de planta, a cor das flores é determinada por um par de alelos. Plantas de flores vermelhas cruzadas com plantas de flores brancas produzem plantas de flores cor-de-rosa.
Do cruzamento entre plantas de flores cor-de--rosa resultam plantas com flores:

a) das três cores, em igual proporção.
b) das três cores, prevalecendo as cor-de-rosa.
c) das três cores, prevalecendo as vermelhas.
d) somente cor-de-rosa.
e) somente vermelhas e brancas, em igual proporção.

4 (PUC-SP – Modificada)
Filha de um hemofílico, uma advogada holandesa temia transmitir essa condição a seus descendentes. Distúrbio que dificulta a coagulação do sangue, a hemofilia é causada por um gene em um dos cromossomos que determinam o sexo. [...] Impressionada com o sofrimento que essa condição sempre causou a seu pai, a advogada, ao ficar grávida, resolveu fazer teste genético pré-natal para saber se seu filho seria hemofílico.

A ciência das escolhas difíceis. Revista *Veja*, 7 set. 2011.

Sabendo-se que o marido desta mulher não é hemofílico, as chances de ela transmitir o gene da hemofilia para um descendente qualquer, e as chances de ter um filho hemofílico são, respectivamente:

a) 100% e 50%
b) 50% e 50%
c) 50% e 25%
d) 100% e 100%
e) 25% e 75%

5 (Enem) Uma vítima de acidente de carro foi encontrada carbonizada devido a uma explosão. Indícios, como certos adereços de metal usados pela vítima, sugerem que a mesma seja filha de um determinado casal. Uma equipe policial de perícia teve acesso ao material biológico carbonizado da vítima, reduzido, praticamente, a fragmentos de ossos. Sabe-se que é possível obter DNA em condições para análise genética de parte do tecido interno de ossos. Os peritos necessitam escolher, entre cromossomos autossômicos, cromossomos sexuais (X e Y) ou DNAmt (DNA mitocondrial), a melhor opção para identificação do parentesco da vítima com o referido casal. Sabe-se que, entre outros aspectos, o número de cópias de um mesmo cromossomo por célula maximiza a chance de se obter moléculas não degradadas pelo calor da explosão.
Com base nessas informações e tendo em vista os diferentes padrões de herança de cada fonte de DNA citada, a melhor opção para a perícia seria a utilização:

a) do DNAmt, transmitido ao longo da linhagem materna, pois, em cada célula humana, há várias cópias dessa molécula.
b) do cromossomo X, pois a vítima herdou duas cópias desse cromossomo, estando assim em número superior aos demais.
c) do cromossomo autossômico, pois esse cromossomo apresenta maior quantidade de material genético quando comparado aos nucleares, como, por exemplo, o DNAmt.
d) do cromossomo Y, pois, em condições normais, este é transmitido integralmente do pai para toda a prole e está presente em duas cópias em células de indivíduos do sexo feminino.
e) de marcadores genéticos em cromossomos autossômicos, pois estes, além de serem transmitidos pelo pai e pela mãe, estão presentes em 44 cópias por célula, e os demais, em apenas uma.

Em casa

TEXTO DE APOIO

A primeira lei de Mendel

Os experimentos e resultados de Gregor Mendel, em 1865, inauguraram um novo ramo do conhecimento em Biologia: de que maneira os genes (que ele chamava de "fatores") se transmitem de pais para filhos. Os experimentos de Mendel foram realizados com ervilhas e deram início à compreensão dos mecanismos da transmissão da hereditariedade.

Em última análise, os resultados dos cruzamentos com ervilhas permitiram a Mendel inferir algumas conclusões:

- Cada característica da ervilha (cor da semente, forma da semente, cor da vagem, altura do pé, etc.) é condicionada por dois genes. Apenas um desses dois genes passa para a célula reprodutora.
- Para cada um destes pares de genes, existem duas modalidades diferentes, que chamamos hoje de "alelos". Um dos alelos é dominante e o outro, recessivo. Imaginemos, por exemplo, o alelo dominante **A**, que condiciona a cor amarela da semente, e o alelo recessivo **a**, que condiciona a cor verde. Uma semente **AA** será amarela; a semente **Aa** será também amarela. Para ser verde, uma semente terá de ser **aa**.
- Em outras palavras, o gene dominante, mesmo em dose simples, condiciona a cor, ou seja, tanto **AA** como **Aa** têm cor amarela. O gene recessivo, neste caso, precisa estar em dose dupla (**aa**) para que a cor verde se manifeste.
- Um indivíduo **AA**, assim, formará células reprodutoras, todas elas com um gene **A**; o indivíduo **Aa** formará 50% de células reprodutoras com o gene **A** e 50% com o gene **a**; e, por fim, o indivíduo **aa** produzirá todas suas células reprodutoras com o gene **a**.

Alguns termos técnicos utilizados em Genética

- **Gene dominante**: representado geralmente por letra maiúscula, se expressa mesmo em dose simples (**A_**), fazendo com que a característica que ele condiciona seja exibida.
- **Gene recessivo**: representado geralmente por uma letra minúscula, somente se expressa quando em dose dupla (**aa**).
- **Homozigoto**: indivíduo que tem dois alelos iguais para um caráter. Exemplos: **AA** ou **aa**.
- **Heterozigoto**: indivíduo que apresenta dois alelos diferentes para um dado caráter. Exemplo: **Aa**.
- **Genótipo**: conjunto de genes que determina certa característica; é a composição genética do indivíduo quanto a essa característica.
- **Fenótipo**: forma como o genótipo se expressa no indivíduo, mostrando determinada característica. Exemplo: quando dizemos que a semente de uma ervilha é de cor verde, estamos nos referindo a seu fenótipo. O fenótipo depende da interação do genótipo com o ambiente.

A herança sem dominância (fala-se também em codominância)

Verificou-se, a partir de 1900, que as leis de Mendel se verificavam não apenas em ervilhas, mas em praticamente todos os organismos estudados. Também foram notadas algumas variações dessas leis à medida que os pesquisadores trabalhavam com organismos e características diferentes.

Uma das variações é o que chamamos de "herança sem dominância". Em uma planta chamada maravilha, as flores podem ser de cor vermelha, branca ou cor-de-rosa. O cruzamento de plantas de flores vermelhas (**VV**) com plantas de flores brancas (**BB**) formava sempre descendentes com flores rosas (**VB**). Trata-se de um caso em que não houve dominância.

Como interpretar o que aconteceu? Não se esqueça de que os genes são, na verdade, trechos de DNA que produzem, na célula, certas proteínas. Assim, pode-se supor que o gene **V** permite a produção de um pigmento vermelho, e o gene **B**, um pouquinho diferente, não é funcional na célula, e não permite esta produção.

Organismos **VV** produziriam o dobro do pigmento vermelho em relação a organismos **VB** (cuja cor seria de um vermelho menos intenso, portanto rosa). Organismos **BB** não produziriam pigmento algum, e suas flores seriam brancas.

Outro exemplo de herança sem dominância é o caso do tipo de cabelo na espécie humana. Simplificadamente, admite-se que pessoas de cabelos crespos sejam **CC** (**C** = gene para cabelo crespo); pessoas de cabelos lisos, **LL** (**L** = gene para liso); enquanto pessoas **CL** teriam cabelos ondulados.

Genes e cromossomos

Na época de Mendel, não se conheciam os cromossomos nem a divisão celular. Todas as conclusões que ele tirou de seus experimentos (um par de genes para cada característica, apenas um dos genes no gameta) se basearam na análise quantitativa dos resultados obtidos. No entanto, quando a meiose e os cromossomos foram mais tarde estudados, ficou justificada a noção de que apenas um dos genes do par vai para a célula reprodutora. Sabe-se, hoje, que os dois genes para uma característica localizam-se num par de cromossomos homólogos, ficando um gene em cada cromossomo, em posições correspondentes (*loci*). Quando se formam as células reprodutoras, no processo de meiose, o par de homólogos se separa; assim, apenas um dos homólogos vai para cada gameta, e, portanto, para apenas um dos dois genes.

Os cromossomos sexuais e a determinação do sexo

Há, em cada uma das células de um indivíduo da espécie humana, 46 cromossomos, dois dos quais determinam o sexo. São os cromossomos X e Y. Você já viu, ao longo dessa aula, a partir de uma ilustração, os cromossomos em drosófila, em que a determinação do sexo é semelhante à nossa. Viu, ainda, a fotografia de um conjunto de cromossomos humanos arrumados aos pares, sendo um cariótipo de um humano do sexo masculino.

Os homens têm um cromossomo X e um Y; as mulheres, dois X. Os espermatozoides, portanto, serão de dois tipos, X e Y, mais ou menos 50% de cada um deles. Os óvulos, por sua vez, serão sempre X. O sexo da futura criança depende, portanto, do espermatozoide – com X ou com Y – que irá fecundar o óvulo.

Alguns genes, na espécie humana, se localizam no cromossomo X, numa região que não tem correspondência com o Y. É o caso dos genes para o daltonismo e para a hemofilia. Para estas características, o homem apresenta apenas um gene nas suas células (por ter apenas um X), e a mulher apresenta dois genes. Trata-se da chamada **herança ligada ao sexo**. Vamos ao exemplo do daltonismo, em que a visão das cores é prejudicada. Imagine um gene **D**, que condiciona visão normal, e um gene **d**, que condiciona o daltonismo. Os possíveis genótipos, para homens e mulheres, são os seguintes:

Homem normal: X^DY

Homem daltônico: X^dY

Mulher normal: X^DX^D

Mulher normal, heterozigota: X^DX^d (fala-se, também, em mulher portadora)

Mulher daltônica: X^dX^d

Repare em um detalhe interessante: o gene para o tipo de visão (**D** ou **d**) não existe no cromossomo Y, apenas no X. Desta forma, os homens têm apenas **um gene** para a característica. Tendo os homens o gene **D**, serão normais, e tendo o **d** serão daltônicos. Já no caso das mulheres, que têm dois cromossomos X, elas podem ser normais homozigotas (**DD**), normais heterozigotas (**Dd**) e daltônicas (**dd**). Um mecanismo semelhante ocorre com a hemofilia, que também se caracteriza como uma herança ligada ao sexo.

As genealogias

É útil, às vezes, representar uma situação de herança de uma família por meio de um esquema especial, chamado *pedigree* ou genealogia. Existem algumas regras, para representar adequadamente uma genealogia, que reproduzimos abaixo.

a)		= homens ou mulheres sem a característica estudada.
b)		= homens ou mulheres com a característica estudada.
c)		= o traço significa casamento.
d)	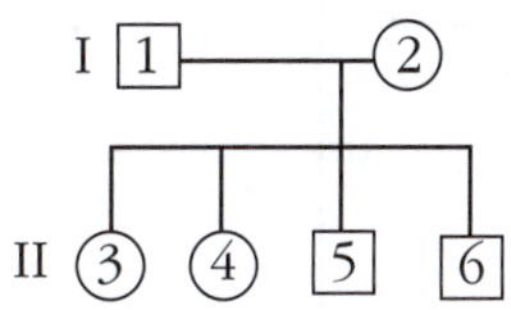	= essa representação mostra irmandade. As moças 3 e 4 e os rapazes 5 e 6 (geração II) são irmãos, filhos dos indivíduos 1 e 2 (geração I).
e)		= um traço duplo unindo o casal representa casamento consanguíneo, ou seja, os cônjuges são parentes próximos.
f)	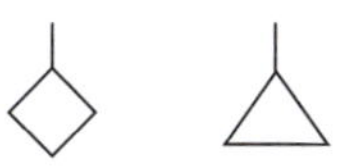	= indivíduo de sexo ignorado.

1 (Enem) Mendel cruzou plantas puras de ervilha com flores vermelhas e plantas puras com flores brancas, e observou que todos os descendentes tinham flores vermelhas. Nesse caso, Mendel chamou a cor vermelha de dominante e a cor branca de recessiva. A explicação oferecida por ele para esses resultados era a de que as plantas de flores vermelhas da geração inicial (**P**) possuíam dois fatores dominantes iguais para essa característica (**VV**), e as plantas de flores brancas possuíam dois fatores recessivos iguais (**vv**). Todos os descendentes desse cruzamento, a primeira geração de filhos (F_1), tinham um fator de cada progenitor e eram **Vv**, combinação que assegura a cor vermelha nas flores.

Tomando-se um grupo de plantas cujas flores são vermelhas, como distinguir aquelas que são **VV** das que são **Vv**?

a) Cruzando-as entre si, é possível identificar as plantas que têm o fator **v** na sua composição pela análise de características exteriores dos gametas masculinos, os grãos de pólen.

b) Cruzando-as com plantas recessivas, de flores brancas. As plantas **VV** produzirão apenas descendentes de flores vermelhas, enquanto as plantas **Vv** podem produzir descendentes de flores brancas.

c) Cruzando-as com plantas de flores vermelhas da geração P. Os cruzamentos com plantas **Vv** produzirão descendentes de flores brancas.

d) Cruzando-as entre si, é possível que surjam plantas de flores brancas. As plantas **Vv** cruzadas com outras **Vv** produzirão apenas descendentes vermelhas, portanto as demais serão **VV**.

e) Cruzando-as com plantas recessivas e analisando as características do ambiente onde se dão os cruzamentos, é possível identificar aquelas que possuem apenas fatores **V**.

2 (Fuvest-SP) O heredograma abaixo mostra homens afetados por uma doença causada por um gene mutado que está localizado no cromossomo X.

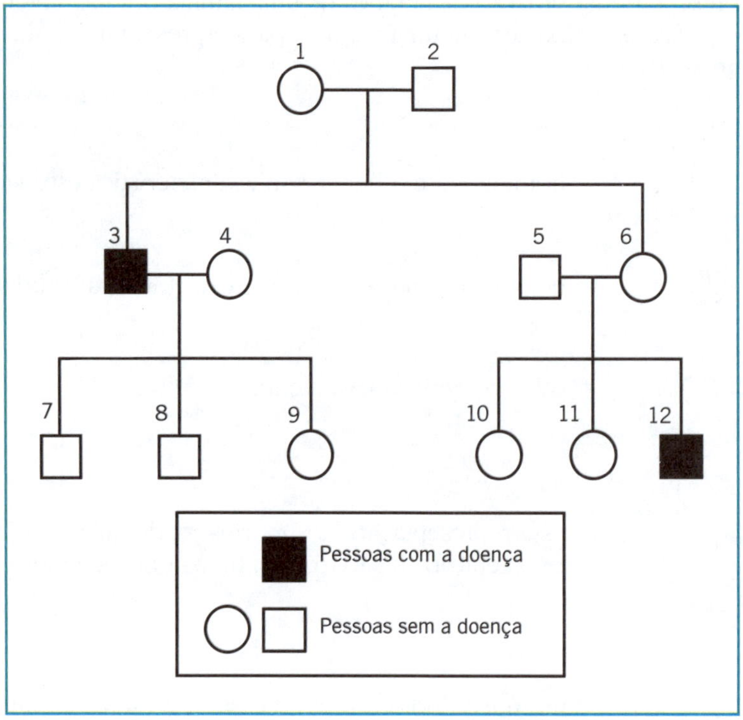

Considere as afirmações:

I. Os indivíduos 1, 6 e 9 são certamente portadores do gene mutado.

II. Os indivíduos 9 e 10 têm a mesma probabilidade de ter herdado o gene mutado.

III. Os casais 3-4 e 5-6 têm a mesma probabilidade de ter criança afetada pela doença.

Está correto apenas o que se afirma em:

a) I. b) III. c) II. d) I e II. e) II e III.

Texto para a questão 3

A regra do E

A probabilidade de ocorrência de dois eventos independentes simultâneos, isto é, de ocorrer um evento A e um evento B é igual aos produtos das duas probabilidades isoladas. Portanto, p (A e B) = p (A) × p (B).

3 (Enem)

Anemia falciforme é uma das doenças hereditárias mais prevalentes no Brasil, sobretudo nas regiões que receberam maciços contingentes de escravos africanos. É uma alteração genética, caracterizada por um tipo de hemoglobina mutante designada por hemoglobina **S**. Indivíduos com essa doença apresentam eritrócitos com formato de foice, daí o seu nome. Se uma pessoa recebe um gene do pai e outro da mãe para produzir a hemoglobina **S**, ela nasce com um par de genes **SS** e, assim, terá a anemia falciforme. Se receber de um dos pais o gene para a hemoglobina **S** e do outro o gene para a hemoglobina **A**, ela não terá a doença, apenas o traço falciforme (**AS**), e não precisará de tratamento especializado. Entretanto, deverá saber que, se vier a ter filhos com uma pessoa que também herdou o traço, eles poderão desenvolver a doença.

Disponível em: <opas.org.br>. Acesso em: 2 maio 2009. Adaptado.

Dois casais, ambos membros heterozigotos do tipo **AS** para o gene da hemoglobina, querem ter um filho cada. Dado que um casal é composto por pessoas negras e o outro por pessoas brancas, a probabilidade de ambos os casais terem filhos (um para cada casal) com anemia falciforme é igual a:

a) 5,05% b) 6,25% c) 10,25% d) 18,05% e) 25,00%

AULA 3

Competência 4	Compreender interações entre organismos e ambiente, em particular aquelas relacionadas à saúde humana, relacionando conhecimentos científicos, aspectos culturais e características individuais.

Habilidade 16	Compreender o papel da evolução na produção de padrões e processos biológicos ou na organização taxonômica dos seres vivos.

Em classe

EVOLUÇÃO BIOLÓGICA E ESPECIAÇÃO

Resumo

1. Evolução biológica – leva à adaptação dos seres vivos aos ambientes de vida.

2. Adaptação – ajuste (ou sintonia) do ser vivo ao meio em que vive.

3. Teorias da evolução biológica – lamarckismo, darwinismo e teoria sintética (neodarwinismo).

4. Lamarckismo – lei do uso e do desuso e lei da transmissão das características adquiridas.

5. Darwinismo ou teoria da seleção natural – o ambiente "escolhe", dentro da variabilidade preexistente nos seres vivos, os já dotados das adaptações necessárias à sobrevivência e à reprodução.

6. Wallace e Malthus – impulsionadores da teoria da seleção natural.

7. Darwin não conseguiu esclarecer as causas da variabilidade dos seres vivos.

8. Teoria sintética (ou neodarwinismo) – esclarecimento das causas da variabilidade dos seres vivos: mutações (causa primária) e recombinação gênica.

9. Especiação: mecanismo de formação de novas espécies.

a) Exemplos de adaptação

A coloração das mariposas *Biston betularia* e a coloração e o formato do urutau (mãe-da-lua), ave da espécie *Nyctibius griseus*.

©HENRIK LARSSON/SHUTTERSTOCK

Mariposa da espécie *Biston betularia* pousada em tronco de árvore recoberto de liquens.

©MARK CAUNT/SHUTTERSTOCK

Urutaus (mãe-da-lua) *Nyctibius griseus*, pousados em galho de árvore.

b) Lamarckismo

A		Toda estrutura ou órgão intensamente solicitado tende a se desenvolver, ao contrário dos órgãos ou estruturas menos utilizados, que tendem a reduzir.
B		Toda característica introduzida durante a vida de determinado organismo pode ser transmitida a seus descendentes pela reprodução.

c) Darwin – a viagem: uma longa jornada rumo à teoria da seleção natural

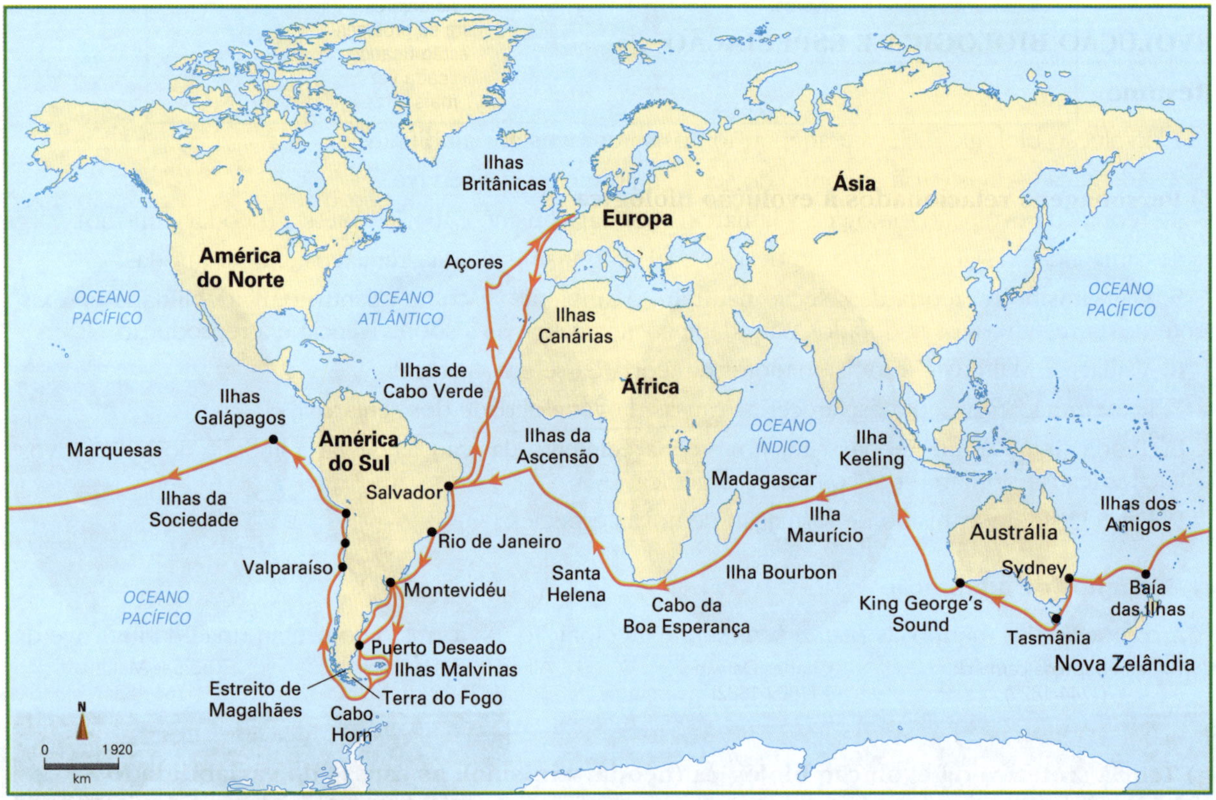

Fonte: CAMPBELL; REECE et. al. *Biologia*. 8. ed. Porto Alegre: Artmed, 2010.

d) Darwinismo: a seleção natural em ação

ESQUEMA DO DARWINISMO

e) Lamarck e Darwin frente a frente: o tamanho do pescoço das girafas

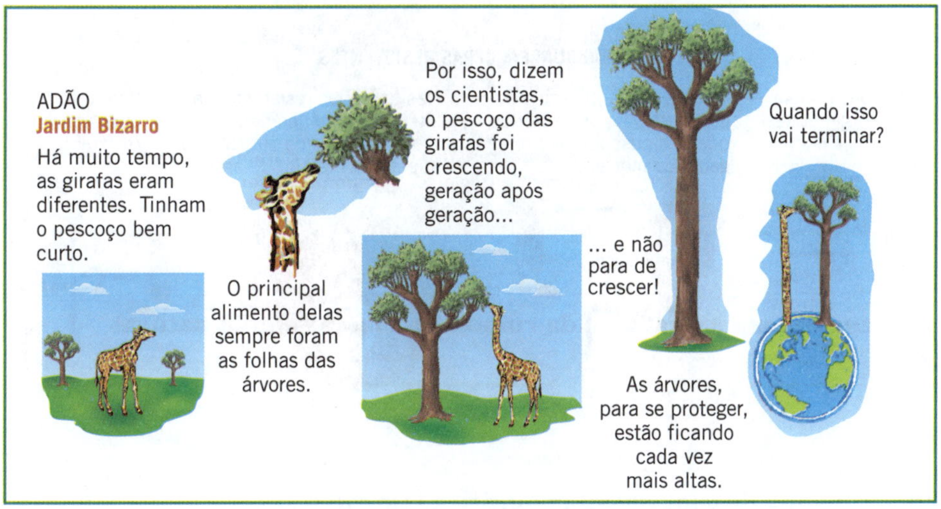

f) Personagens relacionados à evolução biológica

HTTPS://COMMONS.WIKIMEDIA.ORG

Jean-Baptiste Lamarck
(1744-1829)

WWW.SCIENCEBUZZ.ORG

Charles Darwin
(1809-1882)

HTTP://GRUPOPALAIOS.BLOGSPOT.COM.BR

Alfred Russel Wallace
(1823-1913)

HTTPS://EN.WIKIPEDIA.ORG

Thomas Malthus
(1766-1834)

g) Teoria sintética da evolução biológica (neodarwinismo): as causas da variabilidade

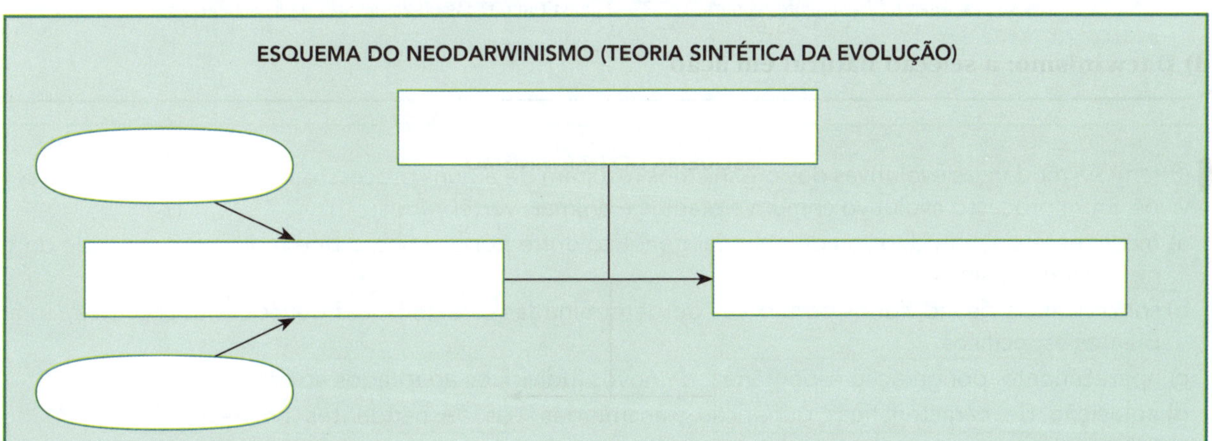

h) Resistência de bactérias a antibióticos – aplicação da teoria sintética da evolução biológica (neodarwinismo)

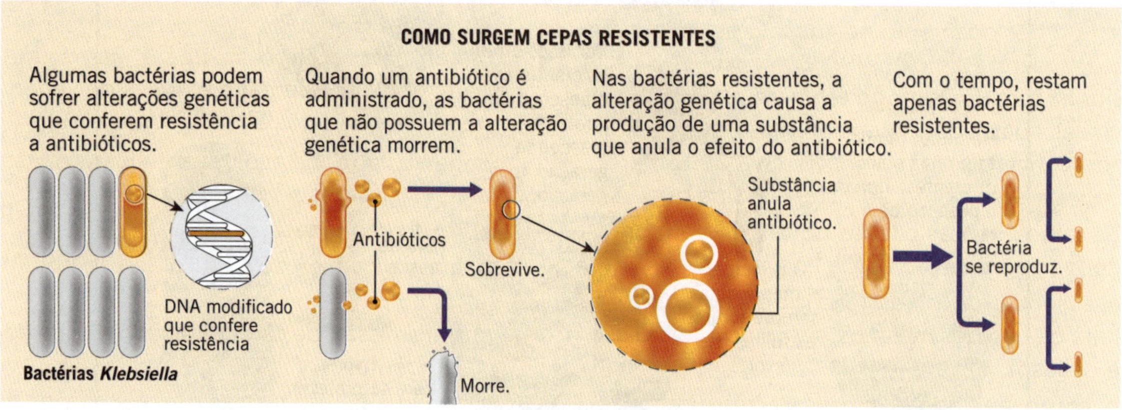

i) Especiação – esquema de especiação geográfica (alopátrica)

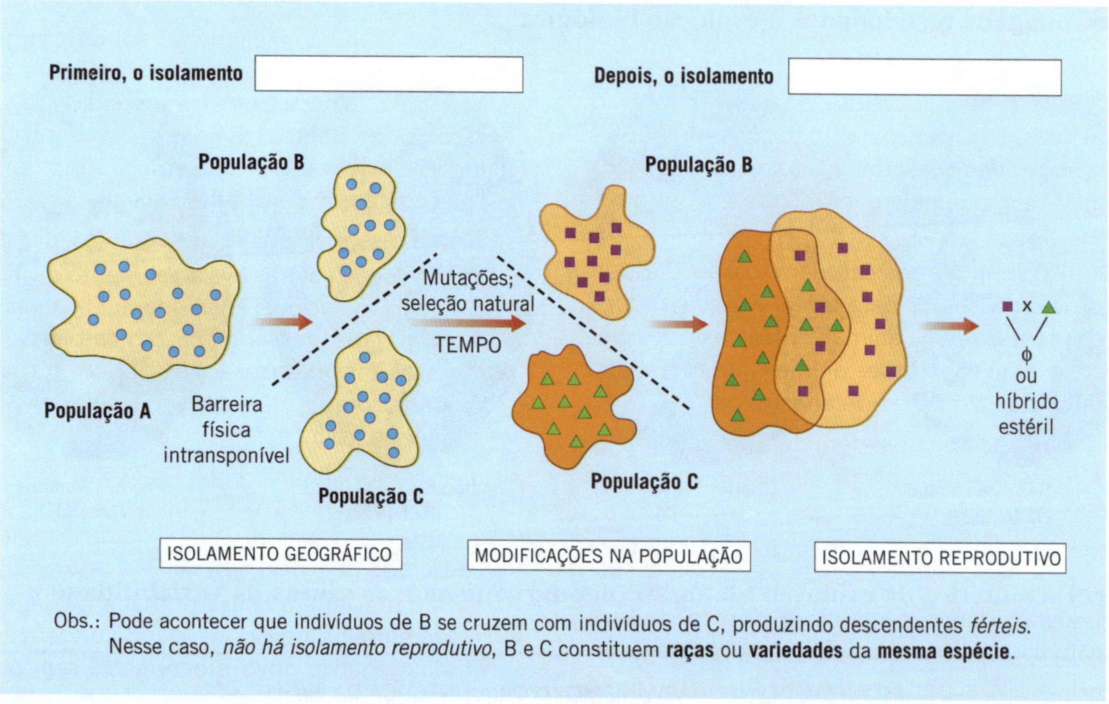

1 (Enem) As mudanças evolutivas dos organismos resultam de alguns processos comuns à maioria dos seres vivos. É um processo evolutivo comum a plantas e animais vertebrados:

a) movimento de indivíduos ou de material genético entre populações, o que reduz a diversidade de genes e cromossomos.

b) sobrevivência de indivíduos portadores de determinadas características genéticas adaptativas em ambientes específicos.

c) aparecimento, por geração espontânea, de novos indivíduos adaptados ao ambiente.

d) aquisição de características genéticas transmitidas aos descendentes em resposta a mudanças ambientais.

e) recombinação de genes presentes em cromossomos do mesmo tipo durante a fase da esporulação.

2 (Enem) Alguns anfíbios e répteis são adaptados à vida subterrânea. Nessa situação, apresentam algumas características corporais como, por exemplo, ausência de patas, corpo anelado que facilita o deslocamento no subsolo e, em alguns casos, ausência de olhos.

Suponha que um biólogo tentasse explicar a origem das adaptações mencionadas no texto utilizando conceitos da teoria evolutiva de Lamarck. Ao adotar esse ponto de vista, ele diria que:

a) as características citadas no texto foram originadas pela seleção natural.

b) a ausência de olhos teria sido causada pela falta de uso dos mesmos, segundo a lei do uso e desuso.

c) o corpo anelado é uma característica fortemente adaptativa, mas seria transmitida apenas à primeira geração de descendentes.

d) as patas teriam sido perdidas pela falta de uso e, em seguida, essa característica foi incorporada ao patrimônio genético e então transmitida aos descendentes.

e) as características citadas no texto foram adquiridas por meio de mutações e, depois, selecionadas por serem mais adaptadas ao ambiente em que os organismos se encontram.

3 (Enem) Paleontólogos estudam fósseis e esqueletos de dinossauros para tentar explicar o desaparecimento desses animais. Esses estudos permitem afirmar que esses animais foram extintos há cerca de 65 milhões de anos.

Uma teoria aceita atualmente é a de que um asteroide colidiu com a Terra, formando uma densa nuvem de poeira na atmosfera.

De acordo com essa teoria, a extinção ocorreu em função de modificações no planeta que

a) desestabilizaram o relógio biológico dos animais, causando alterações no código genético.

b) reduziram a penetração da luz solar até a superfície da Terra, interferindo no fluxo energético das teias tróficas.

c) causaram uma série de intoxicações nos animais, provocando a bioacumulação de partículas de poeira nos organismos.

d) resultaram na sedimentação das partículas de poeira levantada com o impacto do meteoro, provocando o desaparecimento de rios e lagos.

e) evitaram a precipitação de água até a superfície da Terra, causando uma grande seca que impediu a retroalimentação do ciclo hidrológico.

4 (Enem) Os anfíbios são animais que apresentam dependência de um ambiente úmido ou aquático. Nos anfíbios, a pele é de fundamental importância para a maioria das atividades vitais, apresenta glândulas de muco para conservar-se úmida, favorecendo as trocas gasosas e, também, pode apresentar glândulas de veneno contra microrganismos e predadores.

Segundo a teoria evolutiva de Darwin, essas características dos anfíbios representam a:

a) lei do uso e desuso.

b) atrofia do pulmão devido ao uso contínuo da pele.

c) transmissão de caracteres adquiridos aos descendentes.

d) futura extinção desses organismos, pois estão mal adaptados.

e) seleção de adaptações em função do meio ambiente em que vivem.

5 (Fuvest-SP) O conhecimento sobre a origem da variabilidade entre os indivíduos, sobre os mecanismos de herança dessa variabilidade e sobre o comportamento dos genes nas populações foi incorporado à teoria da evolução biológica por seleção natural de Charles Darwin.

Diante disso, considere as seguintes afirmativas:

I. A seleção natural leva ao aumento da frequência populacional das mutações vantajosas num dado ambiente; caso o ambiente mude, essas mesmas mutações podem tornar seus portadores menos adaptados e, assim, diminuir de frequência.

II. A seleção natural é um processo que direciona a adaptação dos indivíduos ao ambiente, atuando sobre a variabilidade populacional gerada de modo casual.

III. A mutação é a causa primária da variabilidade entre os indivíduos, dando origem a material genético novo e ocorrendo sem objetivo adaptativo.

Está correto o que se afirma em:

a) I, II e III.

b) I e III, apenas.

c) I e II, apenas.

d) I, apenas.

e) III, apenas.

6 (Enem) O que têm em comum Noel Rosa, Castro Alves, Franz Kafka, Álvares de Azevedo, José de Alencar e Frédéric Chopin? Todos eles morreram de tuberculose, doença que ao longo dos séculos fez mais de 100 milhões de vítimas. Aparentemente controlada durante algumas décadas, a tuberculose voltou a matar.

O principal obstáculo para seu controle é o aumento do número de linhagens de bactérias resistentes aos antibióticos usados para combatê-la. Esse aumento do número de linhagens resistentes se deve a:

a) modificações no metabolismo das bactérias, para neutralizar o efeito dos antibióticos e incorporá-los à sua nutrição.
b) mutações selecionadas pelos antibióticos, que eliminam as bactérias sensíveis a eles, mas permitem que as resistentes se multipliquem.
c) mutações causadas pelos antibióticos, para que as bactérias se adaptem e transmitam essa adaptação a seus descendentes.
d) modificações fisiológicas nas bactérias, para torná-las cada vez mais fortes e mais agressivas no desenvolvimento da doença.
e) modificações na sensibilidade das bactérias, ocorridas depois de passarem um longo tempo sem contato com antibióticos.

7 (Enem) No Período Permiano, cerca de 250 milhões de anos atrás (250 m.a.a.), os continentes formavam uma única massa de terra conhecida como Pangeia. O lento e contínuo movimento das placas tectônicas resultou na separação das placas, de maneira que já no início do Período Terciário (cerca de 60 m.a.a.), diversos continentes se encontravam separados uns dos outros. Uma das consequências dessa separação foi a formação de diferentes regiões biogeográficas, chamadas biomas. Devido ao isolamento reprodutivo, as espécies em cada bioma se diferenciaram por processos evolutivos distintos, novas espécies surgiram, outras se extinguiram, resultando na atual diversidade biológica do nosso planeta. A figura ilustra a deriva dos continentes e as suas posições durante um período de 250 milhões de anos.

©ENEM

Período Permiano (250 m.a.a.) | **Período Cretáceo** (100 m.a.a.) | **Início do Período Terciário** (60 m.a.a.)

De acordo com o texto, a atual diversidade biológica do planeta é resultado:

a) da similaridade biológica dos biomas de diferentes continentes.
b) do cruzamento entre espécies de continentes que foram separados.
c) do isolamento reprodutivo das espécies resultante da separação dos continentes.
d) da interação entre indivíduos de uma mesma espécie antes da separação dos continentes.
e) da taxa de extinções ter sido maior que a de especiações nos últimos 250 milhões de anos.

Em casa

TEXTOS DE APOIO

As teorias da Evolução Biológica

A teoria de Lamarck

Divulgada no ano de 1809, é constituída de duas leis: lei do uso e desuso e lei da transmissão das características adquiridas. Segundo a lei do uso e desuso, ao sentirem necessidade de atingir folhas localizadas em galhos elevados, as girafas esticariam o pescoço para alcançá-las. Quanto mais elevados fossem os galhos, mais as girafas esticariam o pescoço, o que levaria, em cada geração, a um pequeno aumento no comprimento dele, característica adquirida que seria transmitida à geração seguinte. De geração em geração, o esforço para alcançar folhas localizadas em galhos elevados faria que o pescoço aumentasse cada vez mais.

A teoria de Darwin

Divulgada em 1859, a teoria de Darwin, ao contrário da de Lamarck, propõe a existência prévia de girafas ancestrais dotadas de diferentes tamanhos de pescoço. Essa variabilidade intraespecífica seria essencial para a ocorrência de seleção das girafas que já possuíam pescoço de tamanho adequado, que lhes permitia alcançar folhas localizadas em galhos elevados. As girafas de pescoço curto, não sendo capazes de alcançar as folhas, sobreviveriam menos, pela maior dificuldade de conseguir alimento, e teriam chances menores de reprodução. As de pescoço mais longo, ao contrário, sobreviveriam e se reproduziriam com mais facilidade, "espalhando" a característica "pescoço longo" pelas gerações seguintes. Assim, a população como um todo, no decorrer do tempo, sofreria adaptação a um ambiente com árvores de tamanho elevado, cujas folhas constituem o alimento desses animais. A existência prévia de **variabilidade**, portanto, seria a matéria-prima sobre a qual atuaria a **seleção natural** das variedades já dotadas de **adaptações** favoráveis a um determinado ambiente.

A teoria sintética

A grande lacuna deixada pela teoria darwiniana refere-se justamente à explicação da origem da variabilidade. Com os conhecimentos disponíveis à época (1859), Darwin não pôde elaborar uma explicação convincente para esse fenômeno. Não eram ainda conhecidos os mecanismos de divisão celular. Nada se sabia acerca da transmissão hereditária entre os seres vivos. Em algumas ocasiões, Darwin recorreu inclusive às ideias lamarckistas na tentativa de justificar a ocorrência de variabilidade. As noções sobre a origem da variabilidade só começaram a ser entendidas com o trabalho de Mendel, depois com as descobertas de Morgan, culminando com a elucidação da descoberta da estrutura do DNA por Rosalind Franklin, James Watson e Francis Crick. Ainda é comum denominar-se a teoria sintética da evolução biológica de **neodarwinismo**. É preciso deixar claro que essas noções sobre as fontes de variabilidade eram inteiramente desconhecidas tanto por Lamarck como por Darwin, à época da divulgação de suas teorias.

As fontes da variabilidade para a ocorrência de evolução

Com a compreensão do processo da meiose e da natureza do material genético, ficou fácil estabelecer as fontes da variabilidade nos seres vivos. O material genético, no momento de sua duplicação, é sujeito a "acidentes", que podemos chamar de "mutações". A **mutação gênica** é a fonte primária de variabilidade. Graças à ocorrência desse fenômeno, surgem genes "novos" que, quando favoráveis, proporcionam a adaptação das populações aos meios em constante modificação. A mutação é um fenômeno que ocorre tanto na reprodução sexuada como na assexuada.

Na reprodução sexuada, há outros mecanismos que garantem a variabilidade. Um deles é a segregação independente dos cromossomos. O outro é a ocorrência de *crossing-over*. Ambos são fenômenos que ocorrem na meiose e conduzem à recombinação dos genes já existentes. Esses dois fenômenos garantem a ocorrência de variabilidade nas células formadas e, portanto, nos descendentes. Um terceiro fator gerador de variabilidade, na reprodução sexuada, é o encontro de gametas na fecundação, que permite a mistura de material genético dos gametas.

Lamarck e Darwin frente a frente

Explicando o tamanho do pescoço das girafas

Para ilustrar a ocorrência de evolução biológica, normalmente é utilizado o tradicional exemplo do tamanho do pescoço das girafas. Supõe-se que as "girafas" ancestrais possuíam pescoços de pequeno comprimento e que, ao longo do tempo, o tamanho aumentou. O ocapi, por exemplo, animal africano muito semelhante às girafas atuais, possui pescoço de pequeno tamanho, comparado ao das girafas. Admite-se que animais semelhantes ao ocapi tenham sido os ancestrais das girafas. Então, a pergunta que se faz é: se as girafas ancestrais tinham pescoço curto, qual foi o mecanismo responsável pelo aumento do tamanho do pescoço? A resposta a essa pergunta frequentemente é dada recorrendo-se às teorias da evolução biológica, dentre as quais a teoria de Lamarck e a de Darwin. Para Lamarck, as girafas simplesmente "esticariam" o pescoço, esforçando-se para alcançar folhas localizadas em galhos elevados de árvores, adaptando-se, assim, por necessidade, às condições ambientais. Essa explicação é relacionada à lei do uso e desuso. Sendo bem-sucedidas, essas girafas se reproduziriam e transmitiriam às suas descendentes a nova característica adquirida, ou seja, pescoço de tamanho adequado para alcançar folhas localizadas em galhos elevados de árvores. Para Darwin, a existência prévia de girafas de vários tamanhos de pescoço – variabilidade intraespecífica – é essencial para a ocorrência de seleção das mais capazes de alcançar folhas localizadas em galhos elevados de árvores.

A cegueira de sapos de Fernando de Noronha

A cegueira e outras deficiências são frequentes entre os sapos de Fernando de Noronha. Os cientistas sabem como os bichos conseguem sobreviver. No continente, um sapo cego seria comido por uma serpente antes que pudesse refletir sobre a sua condição. Mas, em Noronha, o animal não tem predadores. A interpretação de Lamarck seria a seguinte: pela não necessidade de olhos funcionais, devido à ausência de predadores, estes órgãos tornaram-se inúteis, e foram se atrofiando pelo desuso, desaparecendo finalmente.

Mas, vamos pensar agora numa interpretação que leve em conta a teoria sintética, ou *neodarwinismo*. Uma dúvida é entender como pelo menos metade dos sapos da ilha teve malformações. Uma possibilidade é a contaminação ambiental, que tem grande potencial para criar deformações. Noronha, porém, é uma ilha limpa, e todo o lixo é enviado para o continente. Outra hipótese é a de que cruzamentos entre sapos aparentados entre si teriam contribuído para que mutações "ruins" se espalhassem. Faz sentido, porque a espécie apareceu em Noronha faz um século. "É extremamente intrigante", diz D. Irschick, biólogo da Universidade de Massachusetts. "A inexistência de predadores talvez tenha feito que *faltasse a pressão que remove os mais doentes e fracos*, uma ideia instigante", diz. Isso teria feito que os genes "defeituosos" não tivessem sido eliminados, explicando a grande quantidade de sapos cegos em Noronha. Essa explicação, que recorre à existência de genes mutantes para a produção de olhos não funcionais, guarda relação com a teoria sintética da evolução biológica, quanto à origem da variabilidade nos seres vivos. Quanto ao trecho "*... faltasse a pressão que remove os mais doentes e fracos*", refere-se à atuação da seleção natural no favorecimento (ou melhor, no não desfavorecimento) de sapos cegos, na ausência de predadores naturais.

MIOTO, R. Sociedade de sapos cegos vive isolada. *Folha de S.Paulo*. São Paulo, 20 jun. 2010. Ciência. p. A20. Adaptado.

1 (UFRN) Atualmente, a História da Ciência procura entender como o conhecimento foi construído em determinada época, de modo contextualizado, e considera que cada cultura e tempo têm questões peculiares a serem solucionadas. Nesse contexto, em relação às teorias evolutivas, Jean-Baptiste de Lamarck:

a) era defensor de que as espécies não evoluíam de outras espécies.
b) acreditava que os seres vivos não se modificavam ao longo do tempo.
c) propôs o princípio da seleção natural antes mesmo de Darwin.
d) foi um dos primeiros pesquisadores a propor que os seres vivos evoluíam.

2 (Udesc) Assinale a alternativa correta quanto à evolução das espécies.

a) Wallace, em seus estudos, chegou às mesmas conclusões que Lamarck quanto à evolução e à seleção natural das espécies.
b) Segundo a teoria de Lamarck, a característica do pescoço longo das girafas era resultante da seleção natural.
c) Na teoria de Darwin as características resultantes de condições ambientais, como a atrofia muscular ou hipertrofia, podem ser transmitidas para os descendentes.
d) O neodarwinismo, ou teoria sintética da evolução, reinterpretou a teoria da evolução de Darwin; além da genética e dos conhecimentos em hereditariedade, incluiu fatores fundamentais da evolução, da mutação gênica e da recombinação gênica.
e) A lei do uso e desuso e a lei da transmissão dos caracteres adquiridos foram estabelecidas por Darwin.

3 (Fuvest-SP) Em 2009, comemoraram-se os 150 anos da publicação da obra *A origem das espécies*, de Charles Darwin. Pode-se afirmar que a história da biologia evolutiva iniciou-se com Darwin, porque ele:

a) foi o primeiro cientista a propor um sistema de classificação para os seres vivos, que serviu de base para sua teoria evolutiva da sobrevivência dos mais aptos.
b) provou, experimentalmente, que o ser humano descende dos macacos, num processo de seleção que privilegia os mais bem adaptados.
c) propôs um mecanismo para explicar a evolução das espécies, em que a variabilidade entre os indivíduos, relacionada à adaptação ao ambiente, influi nas chances de eles deixarem descendentes.
d) demonstrou que mudanças no DNA, ou seja, mutações, são fonte da variabilidade genética para a evolução das espécies por meio da seleção natural.
e) foi o primeiro cientista a propor que as espécies não se extinguem, mas se transformam ao longo do tempo.

4 (UEL-PR)

Darwin, empolgado com as maravilhas da natureza tropical, em Salvador e no Rio, registrou: A viagem do Beagle foi sem dúvida o acontecimento mais importante de minha vida e determinou toda a minha carreira. As maravilhas das vegetações dos trópicos erguem-se hoje em minha lembrança de maneira mais vívida do que qualquer outra coisa.

MOREIRA, I. C. Darwin, Wallace e o Brasil. *Jornal da Ciência*, ano XXII, n. 625, 11 jul. 2008. p. 6. Adaptado.

Darwin, em sua teoria de seleção natural, forneceu uma explicação para as origens da adaptação. A adaptação aumenta a capacidade de um organismo de utilizar recursos ambientais para sobreviver e se reproduzir. Com base na série de observações e conclusões de Darwin e nos conhecimentos sobre o tema, considere as afirmativas:

I. O tamanho das populações naturais mantém-se constante ao longo do tempo, sendo limitado por fatores ambientais, como a disponibilidade de alimento, locais de procriação e presença de inimigos naturais.

II. Uma luta contínua pela existência ocorre entre indivíduos de uma população, e a cada geração muitos morrem sem deixar descendentes; os que sobrevivem apresentam determinadas características relacionadas à adaptação.

III. Os indivíduos de uma população possuem as mesmas características, o que influencia sua capacidade de explorar com sucesso os recursos naturais e de deixar descendentes.

IV. Os indivíduos mais adaptados se reproduzem e transmitem aos descendentes as características relacionadas a essa adaptação, favorecendo a permanência e o aprimoramento dessas características ao longo de gerações sucessivas.

Assinale a alternativa correta.

a) Somente as afirmativas I e II são corretas.
b) Somente as afirmativas I e III são corretas.
c) Somente as afirmativas III e IV são corretas.
d) Somente as afirmativas I, II e IV são corretas.
e) Somente as afirmativas II, III e IV são corretas.

5 Imagine que o texto hipotético abaixo tenha aparecido numa revista de divulgação científica.

Os pernilongos estão ficando silenciosos?

Pernilongos picam as pessoas em muitas partes do corpo, entre elas o rosto. A coceira resultante das picadas incomoda muita gente.

Normalmente, ao ouvirem o barulho desses insetos durante as horas de sono, as pessoas despertavam e procuravam "caçá-los", frequentemente com enorme sucesso. Ocorre que, ultimamente, as picadas aumentaram, e com elas as coceiras, mas os pernilongos não têm acordado as pessoas. Isso pode significar que os pernilongos estão ficando mais silenciosos, o que passa a ser um problema, pois, se as pessoas não ouvem os sons por eles emitidos, aumentam os riscos de picadas e, claro, de coceiras.

Acreditando-se que a descrição acima seja verdadeira, a explicação darwinista para o fato de os pernilongos estarem ficando silenciosos é que:

a) a necessidade de não serem descobertos e mortos mudou o seu comportamento.
b) alterações no seu código genético surgiram para torná-los mais silenciosos.
c) mutações sucessivas foram ocorrendo para que eles pudessem adaptar-se.
d) as variedades mais silenciosas de pernilongos foram selecionadas positivamente.
e) as variedades barulhentas sofreram mutações para se adaptarem à presença de seres humanos.

6 (Enem) Os ratos *Peromyscus polionotus* encontram-se distribuídos em ampla região na América do Norte. A pelagem de ratos dessa espécie varia do marrom-claro até o escuro, sendo que os ratos de uma mesma população têm coloração muito semelhante.

Em geral, a coloração da pelagem também é muito parecida à cor do solo da região em que se encontram, que também apresenta a mesma variação de cor, distribuída ao longo de um gradiente sul-norte. Na figura a seguir, encontram-se representadas sete diferentes populações de *P. polionotus*. Cada população é representada pela pelagem do rato, por uma amostra de solo e por sua posição geográfica no mapa.

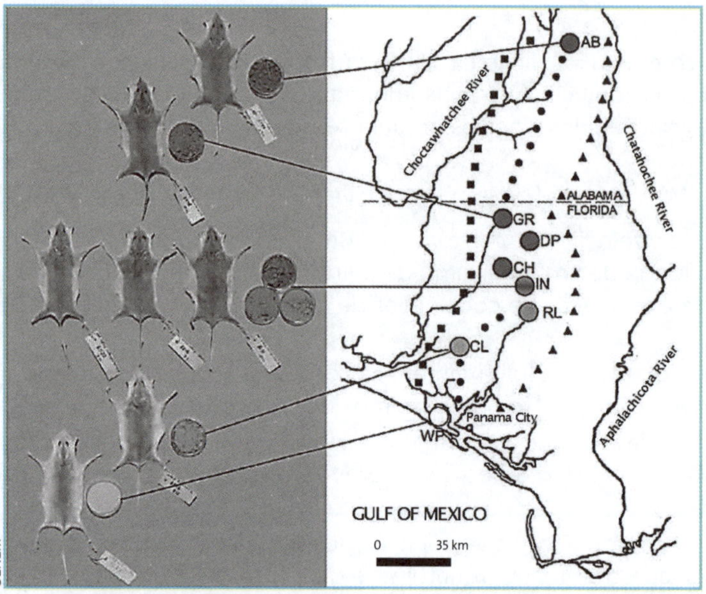

Fonte: MULLEN, L. M.; HOEKSTRA, H. E. Natural selection along an environmental gradient: a classic cline in mouse pigmentation. *Evolution*, 2008.

O mecanismo evolutivo envolvido na associação entre cores de pelagem e de substrato é:

a) a alimentação, pois pigmentos de terra são absorvidos e alteram a cor da pelagem dos roedores.
b) o fluxo gênico entre as diferentes populações, que mantém constante a grande diversidade interpopulacional.
c) a seleção natural, que, nesse caso, poderia ser entendida como a sobrevivência diferenciada de indivíduos com características distintas.
d) a mutação genética, que, em certos ambientes, como os de solo mais escuro, tem maior ocorrência e capacidade de alterar significativamente a cor da pelagem dos animais.
e) a herança de caracteres adquiridos, capacidade de organismos se adaptarem a diferentes ambientes e transmitirem suas características genéticas aos descendentes.

7 A ilustração a seguir se refere a uma proposta de surgimento de resistência em bactérias, relativamente a antibióticos utilizados para o seu controle. Analise-a com atenção e, a seguir, responda à questão.

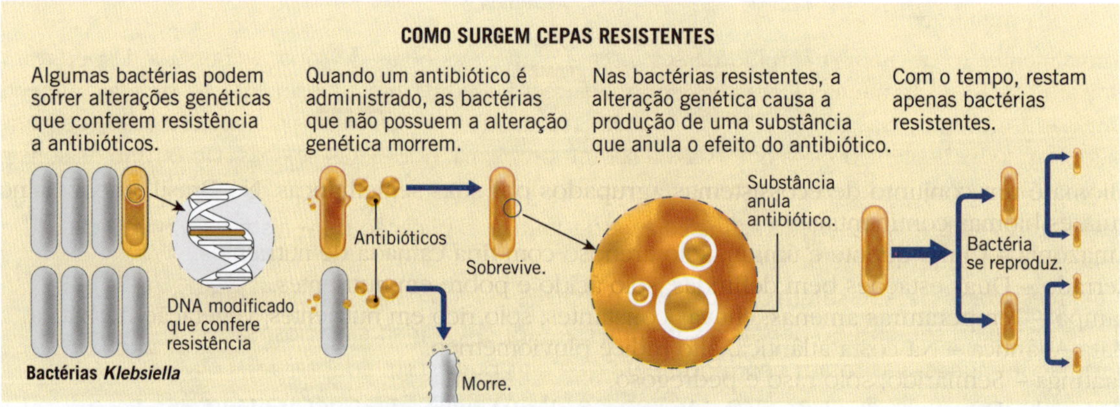

Considere os seguintes trechos do texto que acompanha a ilustração: a) "algumas bactérias podem sofrer alterações genéticas que conferem resistência a antibióticos" e b) "quando um antibiótico é administrado, as bactérias que não possuem a alteração genética morrem". Assinale a alternativa que contempla, respectivamente, em termos neodarwinistas, os eventos relacionados aos trechos destacados:

a) mutações e lei do uso e do desuso.
b) lei do uso e do desuso e transmissão de características adquiridas.
c) mutações e seleção natural.
d) recombinação gênica e mutações.
e) adaptação e seleção natural.

AULA 4

Competência 8	Apropriar-se de conhecimentos da Biologia para, em situações-problema, interpretar, avaliar ou planejar intervenções científico-tecnológicas.

Habilidade 28	Associar características adaptativas dos organismos com seu modo de vida ou com seus limites de distribuição em diferentes ambientes, em especial ambientes brasileiros.

Em classe

ADAPTAÇÕES DOS SERES VIVOS AOS BIOMAS CONTINENTAIS BRASILEIROS

Resumo

Bioma é um conjunto de ecossistemas agrupados por suas semelhanças. No Brasil, encontramos os seguintes biomas continentais:

- Amazônia – Clima quente e úmido; solo arenoso com fina camada de nutrientes.
- Cerrado – Duas estações bem definidas; solo ácido e pobre em nutrientes.
- Pampa – Temperaturas amenas; chuvas constantes; solo rico em nutrientes; vegetação herbácea.
- Mata Atlântica – Na costa atlântica, alto índice pluviométrico.
- Caatinga – Semiárido; solo raso e pedregoso.
- Pantanal – Duas estações bem definidas: seca e chuva; maior planície inundável do planeta.

Os ambientes dos biomas realizam o processo de seleção natural, isto é, cada ambiente favorece os seres vivos portadores das características mais vantajosas à sobrevivência e reprodução, direcionando a adaptação.

Na Caatinga, por exemplo, as plantas podem apresentar como adaptações os espinhos e caules armazenadores de água; no Cerrado, as árvores apresentam casca grossa e raízes profundas, por conta dos solos ácidos e das queimadas naturais.

1 Preencha as lacunas abaixo com as principais características dos biomas destacados.

© HTTP://PBRASIL.WORDPRESS.COM

© CLAUDIO LARANJEIRA/EDITORA ABRIL

© HTTP://CALIANDRADOCERRADOGO.BLOGSPOT.COM.BR

2 (Fuvest-SP)

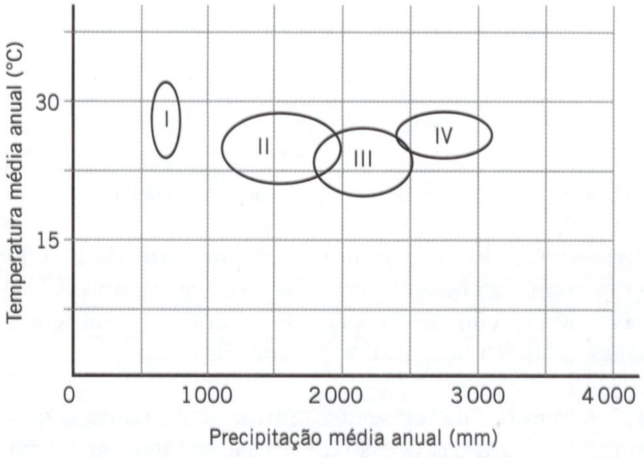

Os biomas do Brasil, cujas condições ambientais estão representadas no gráfico pelas regiões demarcadas I, II, III e IV, correspondem, respectivamente, a:

a) Cerrado, Caatinga, Floresta Amazônica e Floresta Atlântica.
b) Pampa, Cerrado, Floresta Amazônica e Complexo Pantaneiro.
c) Cerrado, Pampa, Floresta Atlântica e Complexo Pantaneiro.
d) Caatinga, Cerrado, Pampa e Complexo Pantaneiro.
e) Caatinga, Cerrado, Floresta Atlântica e Floresta Amazônica.

3 (Enem) As cobras estão entre os animais peçonhentos que mais causam acidentes no Brasil, principalmente na área rural. As cascavéis (*Crotalus*), apesar de extremamente venenosas, são cobras que, em relação a outras espécies, causam poucos acidentes a humanos. Isso se deve ao ruído de seu "chocalho", que faz com que suas vítimas percebam sua presença e as evitem. Esses animais só atacam os seres humanos para sua defesa e se alimentam de pequenos roedores e aves. Apesar disso, elas têm sido caçadas continuamente, por serem facilmente detectadas. Ultimamente os cientistas observaram que essas cobras têm ficado mais silenciosas, o que passa a ser um problema, pois, se as pessoas não as percebem, aumentam os riscos de acidentes.

A explicação darwinista para o fato de a cascavel estar ficando mais silenciosa é que:

a) a necessidade de não ser descoberta e morta mudou seu comportamento.
b) as alterações no seu código genético surgiram para aperfeiçoá-la.
c) as mutações sucessivas foram acontecendo para que ela pudesse adaptar-se.
d) as variedades mais silenciosas foram selecionadas positivamente.
e) as variedades sofreram mutações para se adaptarem à presença de seres humanos.

4 (Enem) O *Puma concolor* (suçuarana, puma, leão-da-montanha) é o maior felino das Américas, com uma distribuição geográfica que se estende da Patagônia ao Canadá.

O padrão de distribuição mostrado na figura está associado a possíveis características desse felino.

I. É muito resistente a doenças.
II. É muito facilmente domesticável e criado em cativeiro.
III. É tolerante a condições climáticas diversas.
IV. Ocupa diversos tipos de formações vegetais.

Características desse felino compatíveis com sua distribuição biogeográfica estão evidenciadas apenas em:

a) I e II.
b) I e IV.
c) III e IV.
d) I, II e IV.
e) II, III e IV.

5 (Enem) Alunos de uma escola no Rio de Janeiro são convidados a participar de uma excursão ao Parque Nacional de Jurubatiba. Antes do passeio, eles leem o trecho de uma reportagem publicada em uma revista:

Jurubatiba será o primeiro parque nacional em área de restinga, num braço de areia com 31 quilômetros de extensão, formado entre o mar e dezoito lagoas. Numa área de 14000 hectares, ali vivem jacarés, capivaras, lontras, tamanduás-mirins, além de milhares de aves e de peixes de água doce e salgada. Os peixes de água salgada, na época das cheias, passam para as lagoas, onde encontram abrigo, voltando ao mar na cheia seguinte. Nos terrenos mais baixos, próximos aos lençóis freáticos, as plantas têm água suficiente para aguentar longas secas. Já nas áreas planas, os cactos são um dos poucos vegetais que proliferam, pintando o areal com um verde pálido.

Depois de ler o texto, os alunos podem supor que, em Jurubatiba, os vegetais que sobrevivem nas áreas planas têm características tais como:

a) quantidade considerável de folhas, para aumentar a área de contato com a umidade do ar nos dias chuvosos.
b) redução na velocidade da fotossíntese e realização ininterrupta desse processo, durante as 24 horas.
c) caules e folhas cobertos por espessas cutículas que impedem o ressecamento e a consequente perda de água.
d) redução do calibre dos vasos que conduzem a água e os sais minerais da raiz aos centros produtores do vegetal, para evitar perdas.
e) crescimento sob a copa de árvores frondosas, que impede o ressecamento e a consequente perda de água.

6 (Enem)

Apesar da riqueza das florestas tropicais, elas estão geralmente baseadas em solos inférteis e improdutivos. Grande parte dos nutrientes é armazenada nas folhas que caem sobre o solo, não no solo propriamente dito. Quando esse ambiente é intensamente modificado pelo ser humano, a vegetação desaparece, o ciclo dos nutrientes é alterado e a terra se torna rapidamente infértil.

CORSON, Walter H. *Manual Global de Ecologia*, 1993.

No texto anterior, pode parecer uma contradição a existência de florestas tropicais exuberantes sobre solos pobres. No entanto, este fato é explicado pela:

a) profundidade do solo, pois, embora pobre, sua espessura garante a disponibilidade de nutrientes para a sustentação dos vegetais da região.
b) boa iluminação das regiões tropicais, uma vez que a duração regular do dia e da noite garante os ciclos dos nutrientes nas folhas dos vegetais da região.
c) existência de grande diversidade animal, com número expressivo de populações que, com seus dejetos, fertilizam o solo.
d) capacidade de produção abundante de oxigênio pelas plantas das florestas tropicais, consideradas os "pulmões do mundo".
e) rápida reciclagem dos nutrientes potencializada pelo calor e umidade das florestas tropicais, o que favorece a vida dos decompositores.

7 (Enem) Sabe-se que uma área de quatro hectares de floresta, na região tropical, pode conter cerca de 375 espécies de plantas, enquanto uma área florestal do mesmo tamanho, em região temperada, pode apresentar entre 10 e 15 espécies. O notável padrão de diversidade das florestas tropicais se deve a vários fatores, entre os quais é possível citar:

a) altitudes elevadas e solos profundos.
b) a ainda pequena intervenção do ser humano.
c) sua transformação em áreas de preservação.
d) maior insolação e umidade e menor variação climática.
e) alternância de períodos de chuvas com secas prolongadas.

8 (Enem) Dois pesquisadores percorreram os trajetos marcados no mapa. A tarefa deles foi analisar os ecossistemas e, encontrando problemas, relatar e propor medidas de recuperação. A seguir, são reproduzidos trechos aleatórios extraídos dos relatórios desses dois pesquisadores.

Trechos aleatórios extraídos do relatório do pesquisador P1:

I. "Por causa da diminuição drástica das espécies vegetais deste ecossistema, como os pinheiros, a gralha-azul também está em processo de extinção".
II. "As árvores de troncos tortuosos e cascas grossas que predominam nesse ecossistema estão sendo utilizadas em carvoarias".

Trechos aleatórios extraídos do relatório do pesquisador P2:

III. "Das palmeiras que predominam nesta região podem ser extraídas substâncias importantes para a economia regional".
IV. "Apesar da aridez desta região, em que encontramos muitas plantas espinhosas, não se pode desprezar a sua biodiversidade".

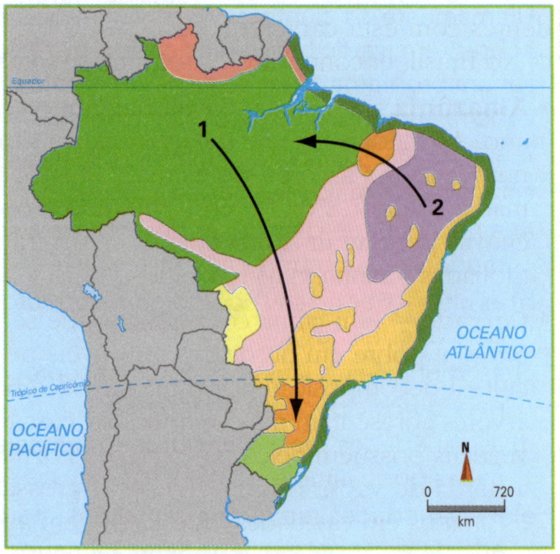

Ecossistemas brasileiros: mapa da distribuição dos ecossistemas. Disponível em: <http://educacao.uol.com.br/disciplinas/ciencias/ecossistemas-brasileiros-mapa-da-distribuicao-dos-ecossistemas.htm>. Acesso em: 20 abr. 2010. Adaptado.

Os trechos I, II, III e IV referem-se, pela ordem, aos seguintes ecossistemas:

a) Caatinga, Cerrado, Zona dos Cocais e Floresta Amazônica.
b) Mata de Araucárias, Cerrado, Zona dos Cocais e Caatinga.
c) Manguezais, Zona dos Cocais, Cerrado e Mata Atlântica.
d) Floresta Amazônica, Cerrado, Mata Atlântica e Pampas.
e) Mata Atlântica, Cerrado, Zona dos Cocais e Pantanal.

Anotações

Em casa

TEXTO DE APOIO

Bioma é uma área do espaço geográfico caracterizada por seu conjunto de seres vivos e por aspectos ambientais, como clima, solo e ocorrência de alagamentos.

Os seres vivos que vivem e se reproduzem nos diferentes biomas brasileiros são submetidos à seleção natural, processo realizado pelo ambiente, que favorece os indivíduos portadores das características mais vantajosas para sua sobrevivência e reprodução. Consequentemente, os descendentes recebem de seus genitores os genes para as características vantajosas. Por exemplo, plantas de regiões pantanosas vivem em solos e meio aquático pobres em oxigênio; neste tipo de ambiente, os indivíduos com raízes aéreas, as quais absorvem oxigênio do ar atmosférico, sobrevivem e geram descendentes com esta característica.

No Brasil, encontramos os seguintes biomas continentais:

- **Amazônia** – Seu clima equatorial é quente e úmido, com pouca variação de temperatura ao longo do ano. As médias de precipitação anuais são muito altas. O solo é arenoso, com uma fina camada de nutrientes. As árvores são as mais altas do país e suas copas dificultam a passagem de luz para as camadas inferiores da floresta, inibindo a ocorrência de espécies de plantas rasteiras. O alto índice de chuvas permite uma alta taxa de transpiração (plantas higrófilas). Assim, as árvores – muitas delas latifoliadas – mantêm as folhas verdes ao longo do ano.
- **Cerrado** – Tem clima com estações de seca e de chuvas bem definidas. O solo é ácido, rico em alumínio e pobre em nutrientes utilizáveis pelas plantas (solo oligotrófico). A longa estação de seca dificulta a decomposição por fungos e bactérias, e favorece os incêndios naturais causados por raios. As árvores apresentam raízes profundas, casca grossa resistente ao fogo e caules tortuosos. Muitas espécies vegetais possuem pelos refletores de luz nas folhas, o que reduz o aquecimento e, consequentemente, a perda de vapor-d'água. As folhas grossas, ricas em biomassa, ainda apresentam cutícula grossa e estômatos em cavidades, que diminuem a transpiração.
- **Pampa** – Tem clima subtropical com temperaturas amenas, chuvas constantes e solo rico em nutrientes. Sua vegetação de campo é rica em espécies herbáceas. Os terrenos das planícies e dos planaltos gaúchos são planos; e as coxilhas, de relevo suave-ondulado.
- **Mata Atlântica** – Esse bioma, que ocupa toda a faixa continental atlântica leste brasileira e se estende para o interior no Sudeste e no Sul do país, é definido pela vegetação florestal predominante e pelo relevo diversificado. Tem alto índice pluviométrico, favorecendo plantas higrófilas. É composto por diversas formações florestais: muitas espécies de árvores altas, pteridófitas, palmeiras, musgos, bromélias, orquídeas e outras epífitas.
- **Caatinga** – Com clima semiárido, solo raso e pedregoso, o bioma é composto por um grande número de espécies de plantas caducifólias, arbustivas, de caule muito ramificado, cactáceas e euforbiáceas (muito semelhantes aos cactos), típicas de ambiente seco (xerófilas). Muitas espécies apresentam espinhos originados da modificação das folhas no processo evolutivo. Caules e raízes armazenadoras de água são comuns também.
- **Pantanal** – Apresenta clima quente e úmido no verão; o inverno é caracterizado como a estação de seca. É a maior planície de inundação contínua do planeta. Está presente apenas nos estados do Mato Grosso e Mato Grosso do Sul, que apresentam grande diversidade vegetal e onde são observadas diferentes regiões, como a de campo com predomínio de plantas gramíneas, regiões de cerrado e regiões de brejo.

Sites recomendados

- Página do Serviço Florestal Brasileiro (SFB) que aborda, a partir de dados e imagens, os biomas continentais do Brasil: <www.florestal.gov.br/snif/recursos-florestais/os-biomas-e-suas-florestas>.
- Documento publicado pelo Ministério do Meio Ambiente e pelo SFB: <www.fundoamazonia.gov.br/FundoAmazonia/export/sites/default/site_pt/Galerias/Arquivos/Publicacoes/Florestas_do_Brasil_em_resumo_SFB_2010.pdf>.

1 (Enem) Experimentos realizados no século XX demonstraram que hormônios femininos e mediadores químicos atuam no compartimento materno de determinados animais, como cachorros, gatos e ratos, reduzindo o medo e a ansiedade, o que proporciona maior habilidade de orientação espacial. Por essa razão, as fêmeas desses animais abandonam a prole momentaneamente, a fim de encontrar alimentos, o que ocorre com facilidade e rapidez. Ainda são capazes de encontrar rapidamente o caminho de volta para proteger os filhotes. Considerando-se a situação descrita sob o ponto de vista da hereditariedade e da evolução biológica, o comportamento materno decorrente da ação das substâncias citadas é:

a) transmitido de geração a geração, sendo que indivíduos portadores dessas características terão mais chance de sobreviver e deixar descendentes com as mesmas características.

b) transmitido em intervalos de gerações, alternando descendentes machos e fêmeas, ou seja, em uma geração recebem a característica apenas os machos e, na outra geração, apenas as fêmeas.

c) determinado pela ação direta do ambiente sobre a fêmea quando ela está no período gestacional, portanto todos os descendentes receberão as características.

d) determinado pelas fêmeas, na medida em que elas transmitem o material genético necessário à produção de hormônios e dos mediadores químicos para sua prole de fêmeas, durante o período gestacional.

e) determinado após a fecundação, pois os espermatozoides dos machos transmitem as características para a prole, e, ao nascerem, os indivíduos são selecionados pela ação do ambiente.

2 (Enem) A biodiversidade é garantida por interações das várias formas de vida e pela estrutura heterogênea dos hábitats. Diante da perda acelerada de biodiversidade, tem sido discutida a possibilidade de se preservarem espécies por meio da construção de "bancos genéticos" de sementes, óvulos e espermatozoides. Apesar de os "bancos" preservarem espécimes (indivíduos), sua construção é considerada questionável do ponto de vista ecológico-evolutivo, pois se argumenta que esse tipo de estratégia:

I. não preservaria a variabilidade genética das populações;

II. dependeria de técnicas de preservação de embriões, ainda desconhecidas;

III. não reproduziria a heterogeneidade dos ecossistemas.

Está correto o que se afirma em:

a) I, apenas.
b) II, apenas.
c) I e III, apenas.
d) II e III, apenas.
e) I, II e III.

3 (Enem)

A biodiversidade diz respeito tanto a genes, espécies e ecossistemas, como a funções, e coloca problemas de gestão muito diferenciados.

É carregada de normas de valor. Proteger a biodiversidade pode significar:

- a eliminação da ação humana, como é a proposta da ecologia radical;
- a proteção das populações cujos sistemas de produção e cultura repousam num dado ecossistema;
- a defesa dos interesses comerciais de firmas que utilizam a biodiversidade como matéria-prima para produzir mercadorias.

GARAY, I. & DIAS, B. *Conservação da biodiversidade em ecossistemas tropicais*. Adaptado.

De acordo com o texto, no tratamento da questão da biodiversidade no planeta,

a) o principal desafio é conhecer todos os problemas dos ecossistemas, para conseguir protegê-los da ação humana.

b) os direitos e os interesses comerciais dos produtores devem ser defendidos, independentemente do equilíbrio ecológico.

c) deve-se valorizar o equilíbrio do meio ambiente, ignorando-se os conflitos gerados pelo uso da terra e seus recursos.

d) o enfoque ecológico é mais importante do que o social, pois as necessidades das populações não devem constituir preocupação para ninguém.

e) há diferentes visões em jogo, tanto as que só consideram aspectos ecológicos, quanto as que levam em conta aspectos sociais e econômicos.

4 (Enem) Na transpiração, as plantas perdem água na forma de vapor através dos estômatos. Quando os estômatos estão fechados, a transpiração torna-se desprezível. Por essa razão, a abertura dos estômatos pode funcionar como indicador do tipo de ecossistema e da estação do ano em que as plantas estão sendo observadas. A tabela a seguir mostra como se comportam os estômatos de uma planta da Caatinga em diferentes condições climáticas e horas do dia.

Condições climáticas	Horas do dia					
	8h	10h	12h	14h	16h	17h
Tempo chuvoso	2	2	2	0	2	2
Seca	1	1	0	0	0	0
Seca intensa	0	0	0	0	0	0

0 = estômatos completamente fechados
1 = estômatos parcialmente abertos
2 = estômatos completamente abertos

Considerando a mesma legenda dessa tabela, assinale a opção que melhor representa o comportamento dos estômatos de uma planta típica da Mata Atlântica.

a)

Condições climáticas	Horas do dia					
	8h	10h	12h	14h	16h	17h
Tempo chuvoso	2	2	2	0	2	2
Seca	1	1	0	0	1	1
Seca intensa	1	1	0	0	0	0

b)

Condições climáticas	Horas do dia					
	8h	10h	12h	14h	16h	17h
Tempo chuvoso	1	1	1	1	1	1
Seca	1	1	0	0	1	1
Seca intensa	0	0	0	0	0	0

c)

Condições climáticas	Horas do dia					
	8h	10h	12h	14h	16h	17h
Tempo chuvoso	1	1	0	0	0	0
Seca	1	1	0	0	0	0

d)

Condições climáticas	Horas do dia					
	8h	10h	12h	14h	16h	17h
Seca	1	1	0	0	0	0
Seca intensa	0	0	0	0	0	0

e)

Condições climáticas	Horas do dia					
	8h	10h	12h	14h	16h	17h
Tempo chuvoso	2	2	2	0	2	2
Seca	2	2	2	0	2	2

5 (Unifesp) O Brasil é apontado por cientistas de todo o mundo como um dos países de maior biodiversidade do planeta. Sobre essa diversidade de organismos, foram feitas as afirmações seguintes.

I. A diversidade é produto de processos evolutivos mediados por mecanismos de seleção natural.

II. Assim como a especiação, a colonização de novas áreas é um processo que aumenta a biodiversidade.

III. A alta biodiversidade nos trópicos surgiu porque os solos são muito ricos em nutrientes nessas regiões e, por isso, permitem a instalação de florestas de grande porte.

IV. Existem grupos de organismos em que o número de espécies ainda não é totalmente conhecido no Brasil, como os insetos.
Em contrapartida, estima-se que todos os vertebrados de nossa fauna já estejam catalogados.

V. Extinção, perda de hábitat e competição com espécies introduzidas (não nativas) estão entre os fatores que conduzem à perda da biodiversidade.

Estão corretas:

a) I, II e V.
b) I, III e IV.
c) II, III e V.
d) II, III e IV.
e) III, IV e V.

Anotações

AULA 5

Competência 8 Apropriar-se de conhecimentos da Biologia para, em situações-problema, interpretar, avaliar ou planejar intervenções científico-tecnológicas.

Habilidade 29 Interpretar experimentos ou técnicas que utilizam seres vivos, analisando implicações para o ambiente, a saúde, a produção de alimentos, matérias-primas ou produtos industriais.

Em classe

AS CÉLULAS-TRONCO EMBRIONÁRIAS E SUA UTILIZAÇÃO TERAPÊUTICA

Resumo

Tendo em vista a **reprodução humana assistida**, muitos casais procuram hospitais ou clínicas especializadas em busca de ajuda para engravidar. Em certos casos, é necessário realizar a **fertilização artificial**, ou seja, promover o encontro dos gametas masculino e feminino fora do corpo humano.

Como resultado desse procedimento, são produzidos **embriões humanos (blastocistos)** que serão posteriormente implantados no interior do útero da mãe. Os embriões extranumerários não utilizados são mantidos congelados em um banco de embriões.

A legislação brasileira permite a obtenção de **células-tronco embrionárias**, para fins de pesquisa e terapia, a partir de embriões humanos produzidos por meio de técnicas de **fertilização** *in vitro*, desde que sejam declarados inviáveis ou que estejam congelados há três anos ou mais.

As células-tronco são assim denominadas porque são **células indiferenciadas** e, portanto, capazes de originar os mais diversos tecidos, desde que convenientemente estimuladas para isso. Além das embrionárias, existem células-tronco no cordão umbilical, na placenta e em tecidos adultos, como, por exemplo, na pele, na medula óssea e na musculatura.

A **terapia com células-tronco** é um campo novo da Medicina, ainda de caráter experimental; há muitos aspectos promissores nesse tipo de procedimento, como, por exemplo, a possibilidade de recuperação de pacientes com doenças degenerativas ou com lesões nervosas traumáticas.

Multiplicação celular

Células-tronco são aquelas capazes de proliferar e se especializar em outros tipos celulares. Existem diversos tipos de células-tronco e a nomenclatura é confusa, mesmo entre os pesquisadores. Células-tronco adultas têm uma capacidade de especialização menor, em geral restrita ao tecido de onde foram isoladas. Já as células-tronco embrionárias podem se especializar em todos os tipos celulares do organismo.

Essa capacidade de proliferar em largas quantidades e depois serem induzidas a adquirir uma identidade específica fez que as células-tronco virassem vedetes da medicina regenerativa. Em teoria, bastaria produzir células pancreáticas em laboratório e introduzi-las em um paciente diabético para que esse se tornasse independente de insulina. Porém, descobriu-se que a cura não vem tão fácil assim e o número de doenças humanas tratadas com células-tronco ainda é baixo. É preciso aprender como manipulá-las de forma eficiente, evitando uma proliferação descontrolada que levaria, por exemplo, a um tumor indesejado.

A outra aplicação das células-tronco é no estudo das doenças em si. Observando como elas se especializam em diferentes tecidos, descobrimos os mecanismos moleculares que acarretam doenças. Nesse aspecto estamos indo muito bem.

Em consequência desses estudos, é possível desenvolver medicamentos não necessariamente na forma de um transplante celular, mas novas drogas que ajustem as vias moleculares alteradas em diversas síndromes humanas. Os avanços no entendimento dessas síndromes ocorrem diariamente, e nunca se viu na história período tão fértil como agora.

MUOTRI, Alysson R. *O Estado de S. Paulo*, 22 abr. 2012, p. J7.

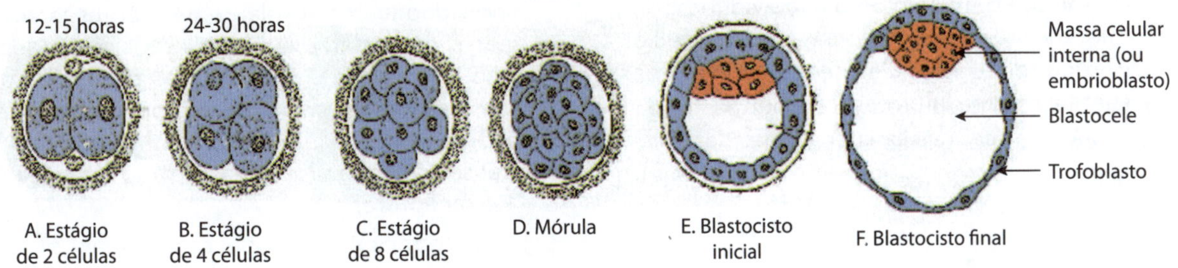

1 (Fuvest-SP) Células-tronco são células indiferenciadas que têm a capacidade de se diferenciar em diversos tipos celulares. Para que ocorra tal diferenciação, as células-tronco terão necessariamente de alterar:

a) o número de cromossomos.
b) a quantidade de genes nucleares.
c) a quantidade de genes mitocondriais.
d) o padrão de atividade dos genes.
e) a estrutura de genes específicos por mutações.

2 (Unifesp) Um pesquisador precisa obter células-tronco para iniciar experimentos em terapia gênica. Aponte a alternativa que relaciona o procedimento e a justificativa corretos para que tal pesquisador tenha sucesso.

a) Obter células-tronco de embriões em fase de gástrula em vez de obtê-las da blástula, quando ainda não é possível conseguir células tão indiferenciadas.
b) Trabalhar apenas com embriões em vez de organismos adultos, uma vez que em adultos não existem células-tronco.
c) Conseguir células germinativas do ovário de uma fêmea adulta pois, ali, elas estão menos diferenciadas do que as células germinativas nos testículos de um macho adulto.
d) Optar pela obtenção das células do cordão umbilical de recém-nascidos em vez de obtê-las da fase de gástrula, já que no cordão a diferenciação é menor e o número de células, maior.
e) Obter células do embrião em fase de blástula, quando a indiferenciação é maior, em vez de obtê-las da gástrula ou do cordão umbilical, quando as células já estão mais diferenciadas.

3 (UPF-RS) As células-tronco, pela pluripotência que apresentam, trazem a possibilidade de regenerar partes debilitadas do corpo e de curar doenças que ainda desafiam os tratamentos convencionais. Porém, a possibilidade de repor ou regenerar partes debilitadas de um organismo com novos tecidos, derivados de células-tronco, provoca esperanças, controvérsias e alegações científicas conflitantes. Células-tronco são encontradas:

a) no tecido sanguíneo dos adultos.
b) na medula amarela dos ossos longos.
c) no cordão umbilical.
d) nas hemácias.
e) nas meninges.

4 (UEL-PR)

Existe hoje um grande entusiasmo quanto às possibilidades de empregar células-tronco para tratar numerosas doenças humanas.
Os maiores desafios imediatos são a identificação de fontes abundantes de células purificadas e a padronização de métodos adequados para condicionar sua diferenciação no sentido do tecido necessário. No momento, as fontes mais promissoras para terapia são as células-tronco de adultos obtidas de medula óssea ou de sangue periférico, além daquelas que poderiam ser obtidas do sangue de cordão umbilical [...].

ZAGO, M. A. Injeções de vida: clonagem e terapia celular. *Pesquisa Fapesp*, n. 73, 2002. Disponível em: <http://revistapesquisa.fapesp.br>. Acesso em: 28 jan. 2005.

Com base no texto e nos conhecimentos sobre o tema, considere as afirmativas a seguir.

I. Todos os tipos de células presentes no sangue periférico seriam capazes de sofrer diferenciação.
II. As maiores dificuldades na utilização de células-tronco são de ordem técnica, pois os métodos de obtenção e de manipulação dessas células ainda são precários.
III. A diferenciação das células-tronco independe das condições do microambiente em que elas se diferenciam.

IV. As células-tronco obtidas da medula óssea ou do sangue periférico de um indivíduo podem diferenciar-se em qualquer tipo de tecido, porque todas as células desse indivíduo possuem a mesma informação genética.

Estão corretas apenas as afirmativas:

a) I e II.
b) I e III.
c) II e IV.
d) I, III e IV.
e) II, III e IV.

5 (PUC-PR) Atualmente já existem protocolos de pesquisa utilizando células-tronco embrionárias na busca de tratamento para várias doenças humanas, como diabetes, Parkinson e Alzheimer. Dentre os itens a seguir, qual NÃO representa uma vantagem na utilização de células-tronco embrionárias para o tratamento de doenças humanas?

a) As células-tronco são capazes de ativar uma resposta imune.
b) As células-tronco são capazes de originar os mais diferentes tecidos.
c) As células-tronco podem se dividir.
d) As células-tronco são capazes de se diferenciar localmente.
e) As células-tronco são células completamente indiferenciadas.

6 (Enem) A utilização de células-tronco do próprio indivíduo (autotransplante) tem apresentado sucesso como terapia medicinal para a regeneração de tecidos e órgãos cujas células perdidas não têm capacidade de reprodução, principalmente em substituição aos transplantes, que causam muitos problemas devido à rejeição pelos receptores.

O autotransplante pode causar menos problemas de rejeição quando comparado aos transplantes tradicionais, realizados entre diferentes indivíduos. Isso porque as:

a) células-tronco se mantêm indiferenciadas após sua introdução no organismo do receptor.
b) células provenientes de transplantes entre diferentes indivíduos envelhecem e morrem rapidamente.
c) células-tronco, por serem doadas pelo próprio indivíduo receptor, apresentam material genético semelhante.
d) células transplantadas entre diferentes indivíduos se diferenciam em tecidos tumorais no receptor.
e) células provenientes de transplantes convencionais não se reproduzem dentro do corpo do receptor.

Em casa

TEXTOS DE APOIO

1. A reprodução humana assistida

A infertilidade pode ser definida como a incapacidade de engravidar após um período de tentativas regulares. Muitos casais procuram ajuda médica para conseguir uma gravidez. Esta ajuda pode variar de um simples aconselhamento médico a um tratamento proporcionado pelas técnicas de reprodução assistida.

Como é feita a fertilização *in vitro* (FIV)

O Estado de S. Paulo, 5 out. 2010, p. A14.

Os tratamentos promovidos pela reprodução assistida são de caráter variado, conforme cada caso. De modo geral, há basicamente dois tipos de procedimentos: os de baixa complexidade, geralmente realizados em consultório; e os de alta complexidade, realizados em clínicas especializadas. Dentre estes últimos está a fertilização *in vitro* com transferência de embrião (FIV-TE).

Como resultado desse procedimento, são produzidos embriões humanos (blastocistos) que serão posteriormente implantados no útero da mãe. Haverá, em geral, um número excedente de embriões, que serão congelados e preservados nas clínicas de fertilização assistida (bancos de embriões congelados).

2. As células-tronco embrionárias

As células-tronco são assim denominadas porque são células indiferenciadas e, portanto, capazes de originar os mais diversos tipos celulares, à medida que certos grupos de genes são ativados ou inativados durante o processo do desenvolvimento embrionário. Com a fecundação, forma-se uma célula totipotente, o zigoto. Tem início então o processo de segmentação, por meio do qual multiplica-se o número de células do embrião; sucedem-se os estágios de mórula, blástula, gástrula e nêurula. À medida que a mórula se transforma em blástula, ocorre um rearranjo espacial das células que vai determinar diferentes destinos para cada uma das células resultantes.

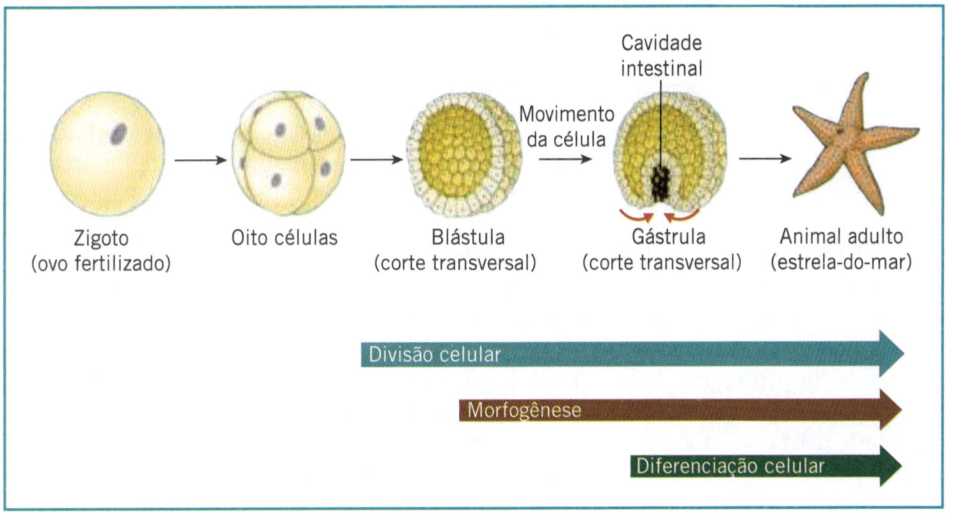

Nos mamíferos, o estágio posterior ao da mórula é denominado blastocisto. Este apresenta uma camada de células mais externas, o trofoblasto, que irá se desenvolver na parte fetal da placenta; e uma massa celular interna (ou embrioblasto), que dará origem ao embrião propriamente dito. As células da massa celular interna de um blastocisto são, portanto, células-tronco pluripotentes, uma vez que a partir delas se desenvolverão todos os distintos tipos de tecidos e órgãos que formarão o futuro indivíduo.

A legislação brasileira permite hoje a obtenção de células-tronco embrionárias a partir de embriões humanos mantidos em bancos de embriões de clínicas de reprodução assistida, desde que sejam considerados inviáveis ou que estejam congelados há três anos ou mais.

As células-tronco embrionárias assim obtidas podem ser cultivadas *in vitro*, ou seja, em laboratório, em meios adequados à cultura de células. A adição de determinadas substâncias ao meio de cultura (os chamados "fatores de diferenciação celular") faz que aquelas células se desenvolvam em certa direção, adquirindo determinada constituição estrutural e fisiológica. Dessa forma, as células-tronco embrionárias podem se diferenciar em vários tipos de células ou tecidos a ser utilizados em pesquisas ou na terapia experimental de tecidos e órgãos lesados.

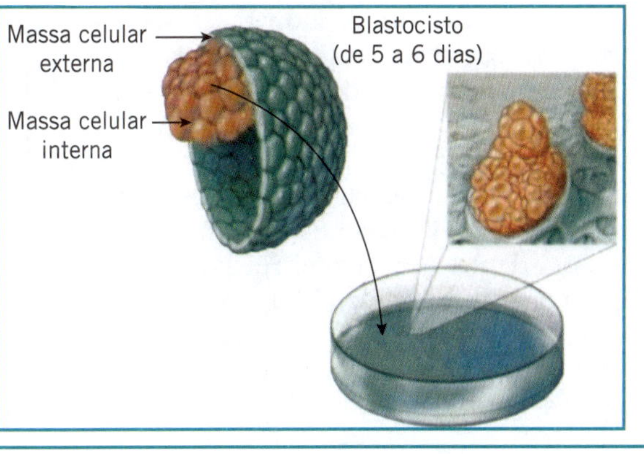

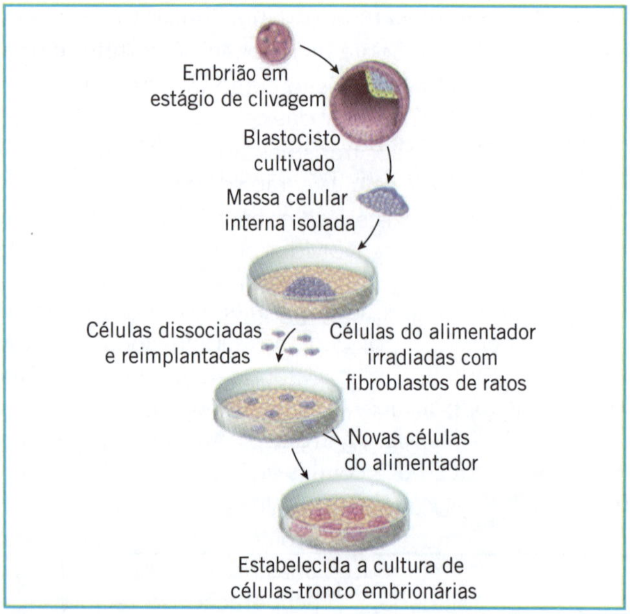

Esquema de cultura de células-tronco embrionárias em laboratório.

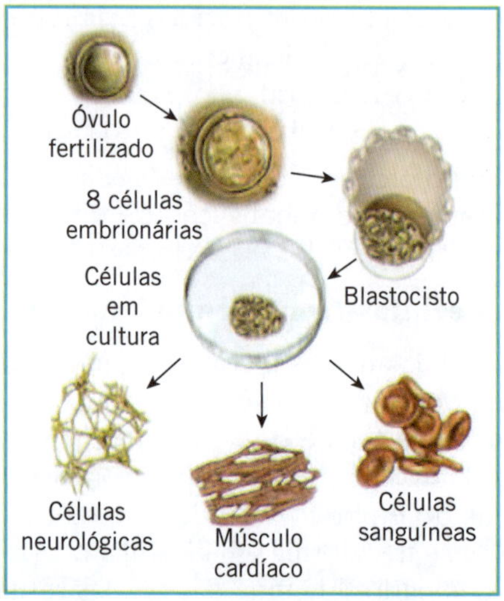

As células-tronco pluripotentes são aquelas capazes de se diferenciar em outros tecidos humanos. No esquema, é possível observar a formação das células neurológicas, sanguíneas e cardíacas.

Existem também células-tronco no cordão umbilical e na placenta. No indivíduo adulto, populações autorrenováveis de células-tronco podem ser encontradas na medula óssea vermelha (tecido hematopoiético, produtor de sangue), no epitélio gastrointestinal, na pele, na musculatura esquelética e no fígado.

3. O uso de células-tronco para fins terapêuticos

A terapia com células-tronco ainda é um campo experimental da medicina moderna; há muitos aspectos promissores nesse tipo de procedimento, como, por exemplo, a possibilidade de recuperação de pacientes com doenças degenerativas ou com lesões nervosas traumáticas. A inserção de células-tronco em meio às células de um tecido lesado pode, em certos casos, levá-las à diferenciação daquele tipo celular específico, recompondo e regenerando o órgão afetado.

Há, basicamente, dois caminhos para a terapia com células-tronco:

- o **transplante heterólogo** de células-tronco embrionárias, isto é, a utilização de células embrionárias provenientes de um embrião congelado, que difere geneticamente do paciente. Os riscos são rejeição e desenvolvimento de tumores.
- o **transplante autólogo** de células-tronco adultas do próprio paciente; nesse caso, evidentemente, o risco de rejeição é muito menor.

Uma terceira possibilidade, bastante promissora, seria a obtenção de células-tronco embrionárias derivadas de células do próprio paciente, isto é, obtidas a partir de um clone do paciente. Nesse procedimento, uma célula somática do indivíduo a ser tratado teria seu núcleo retirado e implantado em um óvulo enucleado. Formaria-se assim uma célula-ovo que, ao se desenvolver *in vitro*, daria origem a um blastocisto; as células da massa celular interna desse embrião seriam então retiradas e utilizadas na terapia daquele paciente. Há notícias de que tal procedimento já foi realizado em outros países; no Brasil, no entanto, é proibida, atualmente, a clonagem de seres humanos, mesmo que para fins terapêuticos.

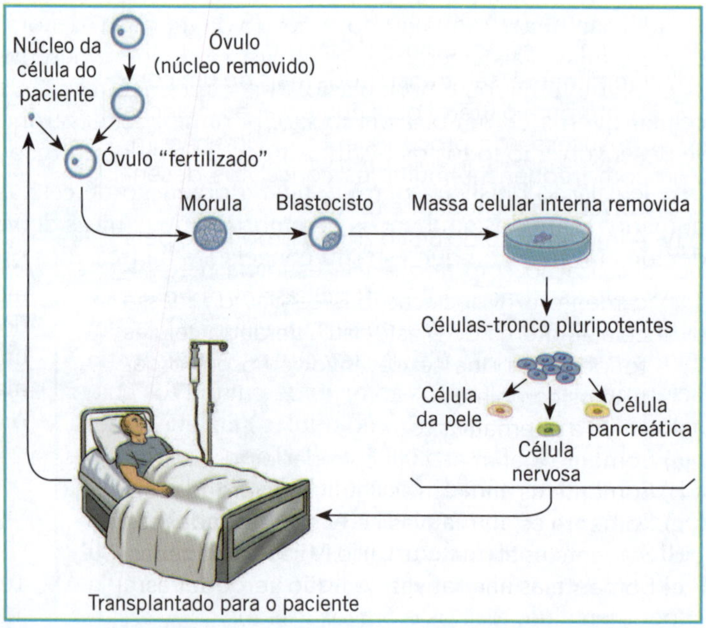

Clonagem terapêutica para obtenção de células-tronco embrionárias.

1 (Enade) Considere os seguintes tipos de células humanas: epitelial, nervosa e secretora. As diferenças nas formas que apresentam e nas funções que exercem devem-se:

a) à eliminação de parte do seu material genético no processo de diferenciação celular.
b) à ativação e à inativação de diferentes genes em cada um dos tipos de célula.
c) ao fato de cada tipo de célula ter um código genético diferente.
d) a respostas aos ambientes diferentes em que se desenvolvem.
e) à expulsão seletiva de diferentes organelas que ocorre em cada um dos tipos de célula.

2 (UFPR) Os métodos de reprodução assistida vêm se popularizando e sendo tecnicamente aprimorados. À medida que o sucesso desses métodos aumenta, a frequência de gestações múltiplas decorrentes da fertilização *in vitro* vem diminuindo, embora ainda apresente taxas acima da média quando comparada à fertilização natural. Com relação aos motivos do aumento da incidência de gestações múltiplas após a fertilização *in vitro*, considere as seguintes afirmativas:

I. A grande proporção de gametas masculinos em relação aos femininos disponíveis *in vitro* aumenta as chances de polispermia, ou seja, de que mais de um espermatozoide fecunde o mesmo ovócito.
II. A separação das células da massa celular interna do blastocisto produz duas populações de células totipotentes, sendo que cada uma dessas populações irá originar um organismo completo. Substâncias presentes no meio de cultura estimulam essa separação em taxa acima do esperado naturalmente.
III. Geralmente, são transferidos mais de um concepto para o útero, para aumentar as chances de sucesso do procedimento *in vitro*. Assim, com frequência, múltiplos conceptos desenvolvem-se e chegam a termo.
IV. A implantação do único zigoto produzido pela fertilização com frequência estimula mecanicamente a dissociação das células da massa celular interna do blastocisto, gerando células totipotentes que se desenvolverão em organismos completos.

Assinale a alternativa correta.

a) Somente a afirmativa III é verdadeira.
b) Somente as afirmativas II e III são verdadeiras.
c) Somente as afirmativas I e IV são verdadeiras.
d) Somente as afirmativas I, III e IV são verdadeiras.
e) Somente as afirmativas I e II são verdadeiras.

3 (PUC-PR) Recentemente, pesquisadores sul-coreanos desenvolveram os primeiros clones de humanos. Com esta pesquisa, a clonagem terapêutica tornou-se uma realidade muito mais próxima. Sobre a clonagem, é correto afirmar:

a) os clones são como irmãos gêmeos fraternos do doador das células.
b) órgãos transplantados do clone para o doador das células serão sempre rejeitados.
c) já existem seres humanos que foram originados e desenvolvidos plenamente por clonagem.
d) o material genético do doador das células e do clone é idêntico.
e) se o doador de células sofrer a perda de um membro antes de ser realizada a clonagem, o organismo originado posteriormente, por esse processo, nascerá sem o referido membro.

4 (PUC-MG) As células-tronco embrionárias são uma grande promessa da medicina para o tratamento de várias doenças humanas pela possibilidade de recuperação de tecidos lesados ou degenerados. A receita é a seguinte:

- Tire uma célula da pele e transplante o seu núcleo para um óvulo do qual o núcleo foi removido.
- Dê condições ao clone de se desenvolver até a fase de blastocisto com aproximadamente 140 células.
- A massa celular interna do blastocisto são células-tronco que podem dar origem a qualquer tecido humano, menos à placenta.

A esse respeito, é possível afirmar, EXCETO:

a) as células-tronco assim produzidas apresentam o mesmo genoma nuclear da célula da pele.
b) a diferenciação das células-tronco pode depender de fatores que influenciam no controle da expressão gênica.
c) na fase de blastocisto, ainda não ocorreu diferenciação celular.
d) implantadas em outro indivíduo, as células-tronco podem ser rejeitadas.

5 (Vunesp)

No futuro, quando alguém fizer aquele velho comentário sobre crianças fofinhas: "Nossa, é a cara do pai!", será preciso perguntar: "Do pai número um ou do número dois?". A ideia parece absurda, mas, em princípio, não tem nada de impossível. A descoberta de que qualquer célula do nosso corpo tem potencial para retornar a um estado primitivo e versátil pode significar que homens são capazes de produzir óvulos, e mulheres têm chance de gerar espermatozoides.

Tudo graças às células iPS (sigla inglesa de "células-tronco pluripotentes induzidas"), cujas capacidades "miraculosas" estão começando a ser estudadas. Elas são funcionalmente idênticas às células-tronco embrionárias, que conseguem dar origem a todos os tecidos do corpo. Em laboratório, as células iPS são revertidas ao estado embrionário por meio de manipulação genética.

Revista *Galileu*, maio 2009.

Na reportagem, cientistas acenaram com a possibilidade de uma criança ser gerada com o material genético de dois pais, necessitando de uma mulher apenas para a "barriga de aluguel". Um dos pais doaria o espermatozoide e o outro, uma amostra de células da pele que, revertidas ao estado iPS, dariam origem a um ovócito pronto para ser fecundado *in vitro*. Isto ocorrendo, a criança:

a) necessariamente seria do sexo masculino.
b) necessariamente seria do sexo feminino.
c) poderia ser um menino ou uma menina.
d) seria clone genético do homem que forneceu o espermatozoide.
e) seria clone genético do homem que forneceu a célula da pele.

6 (Vunesp-SP)

Nunca se viram tantos gêmeos e trigêmeos. As estatísticas confirmam a multiplicação dos bebês, que resulta da corrida das mamães às clínicas de reprodução. O motivo pelo qual a reprodução assistida favorece a gestação de mais de uma criança é a própria natureza do processo. Primeiro, a mulher toma medicamentos que aumentam a fertilidade e, em consequência, ela libera diversos óvulos em vez de apenas um. Os óvulos são fertilizados em laboratório e introduzidos no útero. Hoje, no Brasil, permite-se que apenas quatro embriões sejam implantados – justamente para diminuir os índices de gravidez múltipla.

Veja, mar. 2011.

Suponha que uma mulher tenha se submetido ao tratamento descrito na notícia, e que os quatro embriões implantados em seu útero tenham se desenvolvido, ou seja, a mulher dará à luz quadrigêmeos. Considerando-se um mesmo pai para todas as crianças, pode-se afirmar que:

a) a probabilidade de que todas sejam meninas é de 50%, que é a mesma probabilidade de que todos sejam meninos.
b) a probabilidade de as crianças serem do mesmo sexo é de 25%, e a probabilidade de que sejam dois meninos e duas meninas é de 50%.
c) embora as crianças possam ser de sexos diferentes, uma vez que se trata de gêmeos, serão geneticamente mais semelhantes entre si do que o seriam caso tivessem nascido de gestações diferentes.
d) as crianças em questão não serão geneticamente mais semelhantes entre si do que o seriam caso não fossem gêmeas, ou seja, fossem nascidas de quatro diferentes gestações.
e) as crianças serão gêmeos monozigóticos, geneticamente idênticos entre si e, portanto, todas do mesmo sexo.

7 (UEL-PR) Alguns tecidos do organismo humano adulto se regeneram constantemente por meio de um processo complexo e finamente regulado. Isso acontece com a pele, com os epitélios intestinais e especialmente com o sangue, que tem suas células destruídas e renovadas constantemente, como mostra o esquema a seguir:

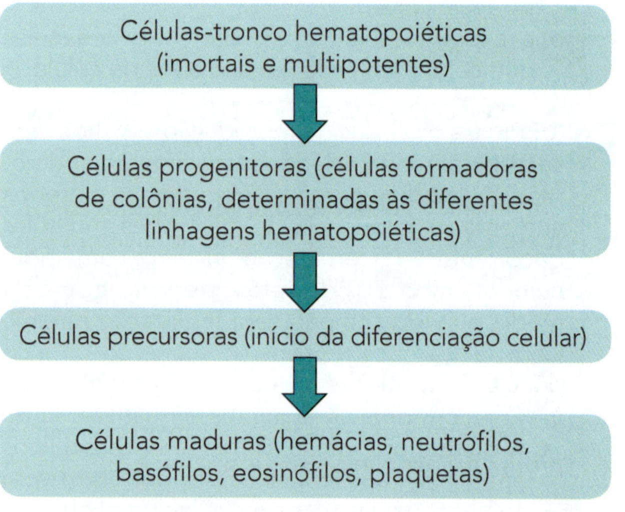

Baseado nas informações anteriores e nos conhecimentos sobre o tema, considere as afirmativas a seguir:

I. Células-tronco hematopoiéticas apresentam potencial para diferenciar-se em qualquer célula do sangue e também gerar outras células-tronco.
II. A hematopoese resulta da diferenciação e da proliferação simultânea de células-tronco que, à medida que se diferenciam, vão reduzindo sua potencialidade.
III. As diferentes linhagens hematopoiéticas geradas no sistema apresentam altas taxas de proliferação.
IV. Existe um aumento gradual da capacidade de autorrenovação das células durante este processo.

A alternativa que contém todas as afirmativas corretas é:

a) I e II.
b) I e IV.
c) III e IV.
d) I, II e III.
e) II, III e IV.

Sites recomendados

- Um pouco mais sobre a reprodução humana assistida: <http://portal.saude.gov.br/portal/sas/mac/area.cfm?id_area=832>.
- Página da Rede Nacional de Terapia Celular, em que as células-tronco são abordadas: <www.rntc.org.br/ceacutelulas-tronco.html>.

AULA 6

Competência 3 Associar intervenções que resultam em degradação ou conservação ambiental a processos produtivos e sociais e a instrumentos ou ações científico-tecnológicas.

Habilidade 11 Reconhecer benefícios, limitações e aspectos éticos da biotecnologia, considerando estruturas e processos biológicos envolvidos em produtos biotecnológicos.

Em classe

OS ORGANISMOS GENETICAMENTE MODIFICADOS E A CLONAGEM

Resumo

- Organismos geneticamente modificados são, como o nome indica, organismos que, por meio da manipulação genética em laboratório, tiveram seus genomas alterados. O principal exemplo são os organismos transgênicos, isto é, organismos aos quais foram incorporados genes de outra(s) espécie(s).
- Alguns exemplos: bactérias ou animais em cujas células foram inseridos genes humanos para a síntese de substâncias de interesse farmacêutico (como, por exemplo, a insulina); plantas em cujas células foram inseridos genes de outros organismos que lhes conferem maior produtividade, resistência à seca, à salinidade do solo e/ou ao ataque de pragas.
- A clonagem é um processo por meio do qual um organismo é manipulado em laboratório a fim de se produzir uma cópia geneticamente idêntica a ele, o clone.

1. Como é feito um organismo transgênico

Uma mesma enzima de restrição é utilizada para "recortar" as duas moléculas de DNA (humana e bacteriana). Enzimas de restrição (endonucleases) reconhecem sequências de bases específicas nas moléculas de DNA. Assim, por exemplo, a enzima de restrição EcoRI corta a molécula de DNA apenas entre os nucleotídeos G e A em cada filamento do palíndromo:

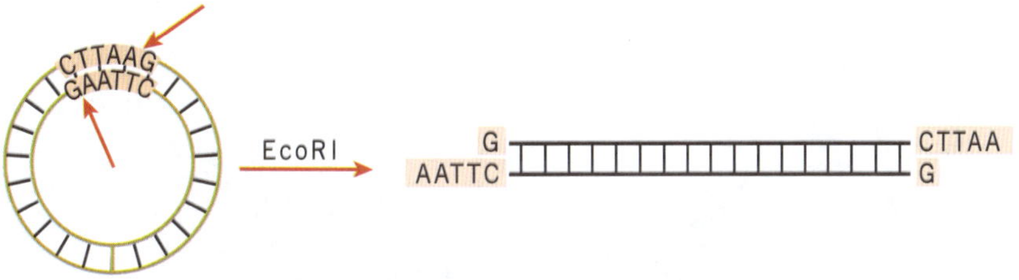

Dessa forma, as extremidades do gene a ser inserido ligam-se às bases complementares do DNA do plasmídeo:

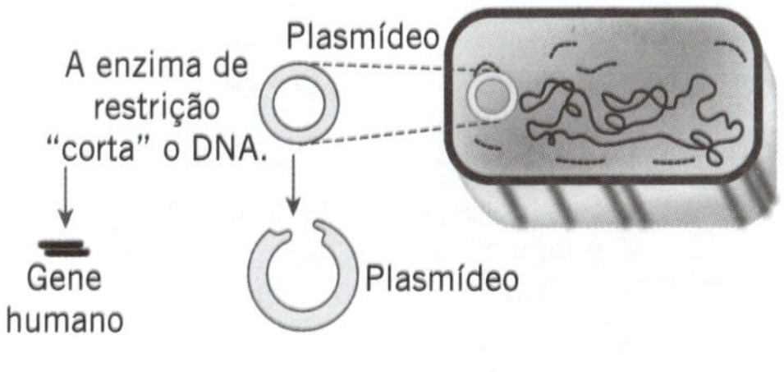

Por fim, o plasmídeo transformado é incorporado a uma bactéria; esta torna-se um organismo transgênico e, se o processo for bem-sucedido, deverá expressar o gene recebido.

O NASCIMENTO DE UM TRANSGÊNICO

A criação em laboratório do arroz dourado teve quatro etapas ao longo de sete anos

1. A BUSCA DOS GENES

Os cientistas identificam na erva narciso e na bactéria erwinia os genes responsáveis pela produção de betacaroteno, o nutriente que serve como construtor da vitamina A. Com o auxílio de enzimas, eles são isolados.

O arroz dourado: toque humano e betacaroteno

2. O INTERMEDIÁRIO

Os genes, com os segmentos do DNA responsáveis por sua ativação, são inseridos em plasmídeos, moléculas de DNA com capacidade de duplicação autônoma existentes no interior das agrobactérias conhecidas como *Agrobacterium tumefaciens*.

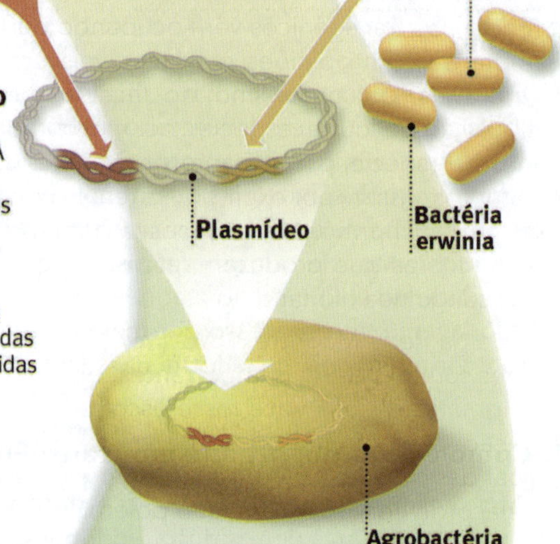

3. O TRANSPLANTE

Embriões de arroz comum, colocados em dois recipientes, são infectados pelas agrobactérias. No processo, assimilam os genes portadores da instrução para produzir betacaroteno.

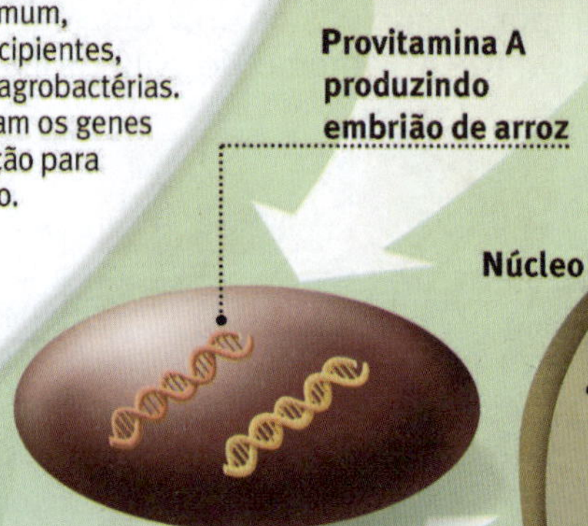

4. A SELEÇÃO

Como no processo convencional de melhoramento genético, as primeiras plantas do arroz transgênico são submetidas a cruzamentos entre indivíduos da mesma espécie, permitindo a seleção daquelas que apresentam padrões desejáveis. São as sementes destas que irão germinar nos campos de culturas geneticamente modificadas.

Superinteressante. São Paulo: Abril, n. 158, nov. 2000.

2. Cientistas chineses clonam ovelha transgênica

Cientistas chineses clonaram uma ovelha geneticamente modificada contendo um tipo de “gordura boa” encontrada naturalmente em nozes, sementes, peixes e verduras, que ajuda a reduzir o risco de ataques cardíacos e doenças cardiovasculares. “Ela está crescendo muito bem e é muito saudável, como uma ovelha normal”, disse o cientista Du Yutao, do Instituto de Genômica de Pequim, em Shenzhen, no sul da China. Du e seus colegas inseriram o gene ligado à produção de ácidos graxos poli-insaturados em uma célula de doador retirada da orelha de um carneiro Merino chinês. A célula foi então inserida em um óvulo não fertilizado e implantado no útero de uma ovelha receptora. “O gene era originalmente da espécie *C. elegans* (verme); esse gene aumenta os ácidos graxos insaturados, como já foi demonstrado em estudos anteriores, o que é muito bom para a saúde humana”, disse Du.

O Estado de S. Paulo. Cientistas chineses clonam ovelha com gordura boa para coração. Disponível em: <http://estadao.com.br/noticias/vidae,cientistas-chineses-clonam-ovelha-com-gordura-boa-para-coracao,864849,0.htm>. Acesso em: 12 abr. 2013.

1 (Enem) Os transgênicos vêm ocupando parte da imprensa com opiniões ora favoráveis ora desfavoráveis. Um organismo, ao receber material genético de outra espécie, ou modificado da mesma espécie, passa a apresentar novas características. Assim, por exemplo, já temos bactérias fabricando hormônios humanos, algodão colorido e cabras que produzem fatores de coagulação sanguínea humana.

O belga René Magritte (1896-1967), um dos pintores surrealistas mais importantes, deixou obras enigmáticas. Caso você fosse escolher uma ilustração para um artigo sobre os transgênicos, qual das obras de Magritte a seguir estaria mais de acordo com esse tema tão polêmico?

a) 

FOTOS: © ENEM

b) 

c) 

d) 

e) 

2 (Enem)

Um novo método para produzir insulina artificial que utiliza tecnologia de DNA recombinante foi desenvolvido por pesquisadores do Departamento de Biologia Celular da Universidade de Brasília (UnB) em parceria com a iniciativa privada. Os pesquisadores modificaram geneticamente a bactéria *Escherichia coli* para torná-la capaz de sintetizar o hormônio. O processo permitiu fabricar insulina em maior quantidade e em apenas trinta dias, um terço do tempo necessário para obtê-la pelo método tradicional, que consiste na extração do hormônio a partir do pâncreas de animais abatidos.

Ciência Hoje, 24 abr. 2001. Disponível em: <http://cienciahoje.uol.com.br>. Adaptado.

A produção de insulina pela técnica do DNA recombinante tem como consequência:

a) o aperfeiçoamento do processo de extração de insulina a partir do pâncreas suíno.
b) a seleção de microrganismos resistentes a antibióticos.
c) o progresso na técnica da síntese química de hormônios.
d) impacto favorável na saúde de indivíduos diabéticos.
e) a criação de animais transgênicos.

3 (Enem)

Desde os anos 1990, novas tecnologias para a produção de plásticos biodegradáveis têm sido pesquisadas em diversos países do mundo. No Brasil, foi desenvolvido um plástico empregando-se derivados da cana-de-açúcar e uma bactéria recém-identificada, capaz de transformar açúcar em plástico. "A bactéria se alimenta de açúcar, transformando o excedente do seu metabolismo em um plástico biodegradável chamado PHB (poli-hidroxibutirato). Sua vantagem é que, ao ser descartado, o bioplástico é degradado por microrganismos existentes no solo em no máximo um ano, ao contrário dos plásticos de origem petroquímica, que geram resíduos que demoram mais de 200 anos para se degradar."

GOMES, A. C. Biotecnologia ajuda na conservação do ambiente. *Revista Eletrônica Vox Sciencia.* Ano V, n. 28. São Paulo: Núcleo de Divulgação Científica José Gomes. Adaptado.

A nova tecnologia, apresentada no texto, tem como consequência:

a) a diminuição da matéria orgânica nos aterros e do mau cheiro nos lixões.
b) a ampliação do uso de recursos não renováveis, especialmente os plásticos.
c) a diminuição do metabolismo de bactérias decompositoras presentes nos solos.
d) a substituição de recursos não renováveis por renováveis para fabricar plásticos.
e) o lançamento no meio ambiente de produtos plásticos inertes em relação ao ciclo da matéria.

4 (Enem) A Embrapa possui uma linhagem de soja transgênica resistente ao herbicida Imazapir. A planta está passando por testes de segurança nutricional e ambiental, processo que exige cerca de três anos. Uma linhagem de soja transgênica requer a produção inicial de 200 plantas resistentes ao herbicida e destas são selecionadas as dez mais "estáveis", com maior capacidade de gerar descendentes também resistentes. Esses descendentes são submetidos a doses de herbicida três vezes superiores às aplicadas nas lavouras convencionais. Em seguida, as cinco melhores são separadas e apenas uma delas é levada a testes de segurança. Os riscos ambientais da soja transgênica são pequenos, já que ela não tem possibilidade de cruzamento com outras plantas e o perigo de polinização cruzada com outro tipo de soja é de apenas 1%.

A soja transgênica, segundo o texto, apresenta baixo risco ambiental porque:

a) a resistência ao herbicida não é estável e assim não passa para as plantas-filhas.
b) as doses de herbicida aplicadas nas plantas são três vezes superiores às usuais.
c) a capacidade da linhagem de cruzar com espécies selvagens é inexistente.
d) a linhagem passou por testes nutricionais e após três anos foi aprovada.
e) a linhagem obtida foi testada rigorosamente em relação a sua segurança.

5 (Enem)

Segundo Jeffrey M. Smith, pesquisador de um laboratório que faz análises de organismos geneticamente modificados, após a introdução da soja transgênica no Reino Unido, aumentaram em 50% os casos de alergias. "O gene que é colocado na soja cria uma proteína nova que até então não existia na alimentação humana, a qual poderia ser potencialmente alergênica", explica o pesquisador.

Correio do Estado/MS. 19 abr. 2004. Adaptado.

Considerando-se as informações do texto, os grãos transgênicos que podem causar alergias aos indivíduos que irão consumi-los são aqueles que apresentam, em sua composição, proteínas:

a) que podem ser reconhecidas como antigênicas pelo sistema imunológico desses consumidores.

b) que não são reconhecidas pelos anticorpos produzidos pelo sistema imunológico desses consumidores.

c) com estrutura primária idêntica às já encontradas no sistema sanguíneo desses consumidores.

d) com sequência de aminoácidos idêntica às produzidas pelas células brancas do sistema sanguíneo desses consumidores.

e) com estrutura quaternária idêntica à dos anticorpos produzidos pelo sistema imunológico desses consumidores.

Texto para as questões 6 e 7

A sequência a seguir indica de maneira simplificada os passos seguidos por um grupo de cientistas para a clonagem de uma vaca.

I. Retirou-se um óvulo da vaca Z. O núcleo foi desprezado, obtendo-se um óvulo anucleado.

II. Retirou-se uma célula da glândula mamária da vaca W. O núcleo foi isolado e conservado, desprezando-se o resto da célula.

III. O núcleo da célula da glândula mamária foi introduzido no óvulo anucleado. A célula reconstituída foi estimulada para entrar em divisão.

IV. Após algumas divisões, o embrião foi implantado no útero de uma terceira vaca Y, mãe de aluguel. O embrião se desenvolveu e deu origem ao clone.

6 (Enem) Considerando-se que os animais Z, W e Y não têm parentesco, pode-se afirmar que o animal resultante da clonagem tem as características genéticas da vaca:

a) Z, apenas.
b) W, apenas.
c) Y, apenas.
d) Z e da W, apenas.
e) Z, W e Y.

7 (Enem) Se a vaca Y, utilizada como "mãe de aluguel", for a mãe biológica da vaca W, a porcentagem de genes da "mãe de aluguel" presente no clone será:

a) 0%.
b) 25%.
c) 50%.
d) 75%.
e) 100%.

Em casa

TEXTOS DE APOIO

1. A tecnologia do DNA recombinante

A tecnologia do DNA recombinante, popularmente conhecida como "Engenharia Genética", permite a manipulação do material genético de seres vivos de modo a produzir novas combinações genéticas de interesse para o ser humano. Basicamente, os passos a ser seguidos são:

1. Identificação do gene a ser transferido;
2. Recorte do gene e do DNA receptor com uma mesma enzima de restrição (enzima capaz de cortar a molécula de DNA em regiões específicas);
3. Inserção do gene na célula receptora;
4. Expressão gênica.

Dessa maneira, foram obtidos vários tipos de microrganismos geneticamente modificados, como bactérias transgênicas, por exemplo, capazes de produzir hormônios, fármacos e outros produtos de interesse médico.

Também foram obtidas bactérias e leveduras modificadas capazes de conferir maior eficiência a processos naturais (como a fixação do nitrogênio) ou industriais (como a produção de etanol a partir do açúcar da cana); e ainda microrganismos geneticamente alterados para ser utilizados na remediação ambiental como, por exemplo, nos derramamentos de petróleo em rios e mares.

2. As plantas transgênicas

Atualmente podem ser encontradas muitas espécies de vegetais que foram modificadas por meio da tecnologia do DNA recombinante, a fim de se obterem benefícios para o ser humano. Dessa forma, plantas transgênicas como certas variedades de soja, milho, algodão e tomate, entre outras, foram criadas pelas mãos do homem a fim de apresentar maior resistência a pragas (vírus, bactérias, fungos, insetos), maior valor nutricional, maior resistência a condições ambientais adversas (frio, seca, salinidade do solo), resistência seletiva a herbicidas, retardo na maturação dos frutos, etc.

Criando um tomate rico em vitaminas com um gene da cenoura

A bactéria *Agrobacterium* infecta plantas na natureza. Ela carrega alguns de seus genes num pedaço de DNA circular, chamado plasmídeo. Por meio dos plasmídeos, a bactéria insere seus genes em células vegetais. Em laboratório, os cientistas são capazes de remover do plasmídeo os genes que provocam doenças nas plantas e adicionar genes de interesse para o homem.

1. Os cientistas copiam um gene da cenoura capaz de converter pigmentos vegetais em betacaroteno (um precursor da vitamina A).

2. Eles inserem o gene da cenoura em um plasmídeo da *Agrobacterium*.

3. O plasmídeo é reintroduzido na bactéria.

4. No laboratório, ao infectar a planta, a bactéria transfere o gene da cenoura para as células do tomate.

5. As células de tomate crescem e se dividem num meio de cultura contendo hormônios que as levam a se desenvolver em gemas e raízes.

6. À medida que as novas plantas crescem, o gene da cenoura converte os pigmentos do tomate em betacaroteno, originando uma nova linhagem de tomate com maior valor nutricional.

3. Organismos transgênicos – problemas potenciais

I. Possibilidade de danos à saúde humana:
- Reações alérgicas a alimentos transgênicos;
- Danos fisiológicos imprevistos;
- Aumento e disseminação da resistência a antibióticos nas bactérias;
- Perda da equivalência substancial.

II. Possibilidade de danos ecológicos:
- Danos a espécies que vivem próximo a ou se alimentam de plantas transgênicas;
- Perda de biodiversidade e erosão genética;
- Aumento e disseminação da resistência de insetos a inseticidas;
- Aumento e disseminação da resistência de ervas daninhas a herbicidas.

4. A clonagem animal

Para clonar um mamífero, a técnica usualmente empregada é a transferência de um núcleo de uma célula somática do indivíduo que se deseja clonar para um óvulo que teve seu núcleo celular retirado; a célula formada, equivalente a uma célula-ovo ou zigoto, é colocada no útero de uma fêmea daquela espécie, a fim de completar seu desenvolvimento embrionário.

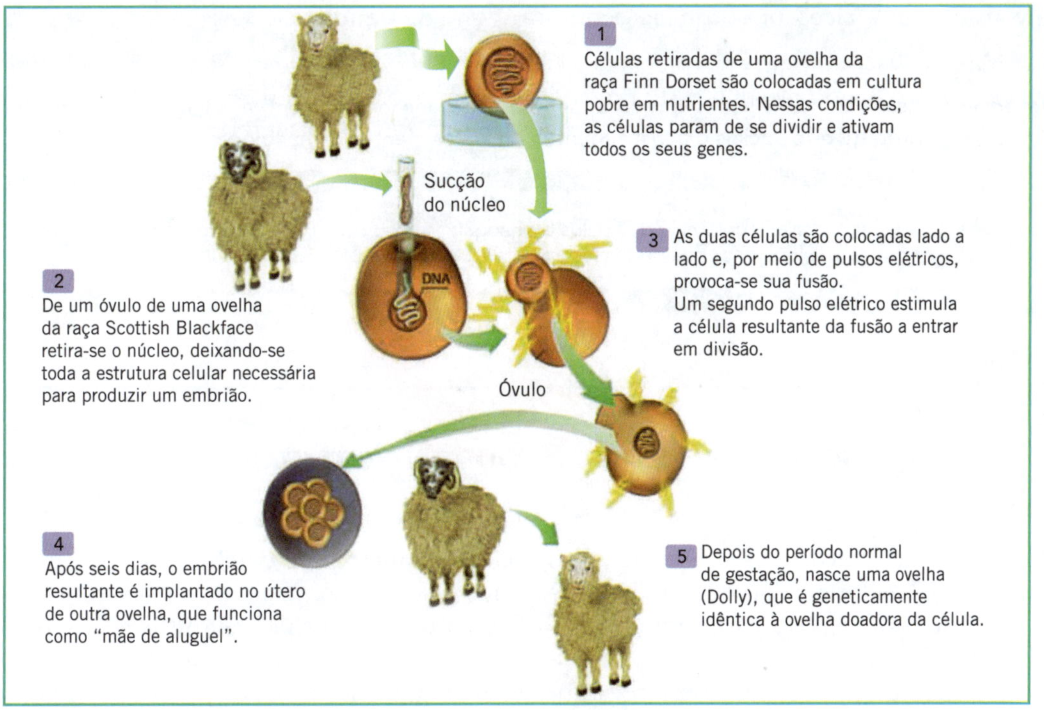

1 (Unifesp) Com relação à técnica de criação de organismos geneticamente modificados (transgênicos), o caderno Mais!, do jornal *Folha de S.Paulo*, (07/10/2001), afirmou: "O que torna a técnica tão atrativa e produtora de ansiedade é que qualquer gene de qualquer espécie pode ser transferido para qualquer outra espécie". Essa afirmação:

a) não é válida, se as espécies forem de filos diferentes.
b) não é válida, se as espécies forem de classes diferentes.
c) é válida, desde que as espécies sejam do mesmo reino.
d) é válida, desde que as espécies sejam da mesma ordem.
e) é válida para todas as espécies, independentemente de sua classificação.

2 (Cefet-SP) A respeito de recombinação de DNA, cuja tecnologia é responsável pela produção de transgênicos, são feitas as afirmações a seguir:

I. O DNA recombinante é formado pela união de dois pedaços de DNA vindos de fontes diferentes.
II. Uma bactéria, ao receber uma molécula de DNA que codifica uma proteína humana, poderá produzir essa proteína.
III. A soja transgênica, variedade resistente aos herbicidas, tem um gene recebido de outra espécie de ser vivo.

É correto o contido em:

a) I, apenas.
b) II, apenas.
c) I e II, apenas.
d) II e III, apenas.
e) I, II e III.

3 (PUC-RJ) A ovelha Dolly, primeiro clone animal oficialmente declarado, após adulta foi acasalada com um macho não aparentado.
Desse cruzamento, resultou o nascimento de um filhote com características "normais". Este filhote:

a) é geneticamente idêntico à sua mãe, a ovelha Dolly.
b) é geneticamente igual à sua avó, mãe da ovelha Dolly.
c) não tem nenhum patrimônio genético de seu pai.
d) tem todo seu patrimônio genético herdado de seu pai.
e) tem parte do material genético de seu pai e parte de sua mãe.

Sites recomendados

- O que você precisa saber sobre transgênicos: <www.cib.org.br/wp-content/uploads/2012/08/Guia_Transgenicos_2012.pdf>.
- "Leite humano" produzido por vacas: <www.cienciahoje.pt/index.php?oid=48356&op=all>.
- Clonagem: limites e possibilidades: <www.ufmg.br/diversa/4/clonagem.htm>.

AULA 7

Competência 3 Associar intervenções que resultam em degradação ou conservação ambiental a processos produtivos e sociais e a instrumentos ou ações científico-tecnológicas.

Habilidade 9 Compreender a importância dos ciclos biogeoquímicos ou do fluxo de energia para a vida, ou da ação de agentes ou fenômenos que podem causar alterações nesses processos.

Em classe

CICLO DO CARBONO, EFEITO ESTUFA E AQUECIMENTO GLOBAL

Resumo

1. Ciclo do carbono: fotossíntese, respiração aeróbia, decomposição e combustão.
2. Plantas e fitoplâncton: absorvedores de gás carbônico.
3. Desequilíbrio do ciclo do carbono: aumento das emissões do CO_2 pela utilização crescente de combustíveis fósseis.
4. Efeito estufa: retenção de calor pelo cobertor de gases atmosféricos. Fenômeno obrigatório para o desenvolvimento e para a manutenção da vida na Terra.
5. Acentuação do efeito estufa: a espessura do cobertor de gases atmosféricos está aumentando, com maior retenção de calor. A temperatura do planeta também está subindo (aquecimento global), com risco para a sobrevivência dos seres vivos.
6. Duas consequências do aquecimento global nos oceanos:
a) Com o aquecimento dos oceanos, diminui a solubilidade do gás carbônico na água e ocorre a redução do fitoplâncton.
b) Em mares mais frios, aumenta o teor de gás carbônico, gerando acidificação da água, colocando em risco os recifes de coral e os organismos dotados de esqueleto calcário.
7. Desmatamento e acentuação do efeito estufa: com o desflorestamento, diminui a cobertura vegetal, gerando menor absorção de gás carbônico. O plantio de árvores propicia a ocorrência de "sequestro de carbono", atenuando, assim, as consequências resultantes das crescentes emissões de gás carbônico.

1. Ciclo do carbono

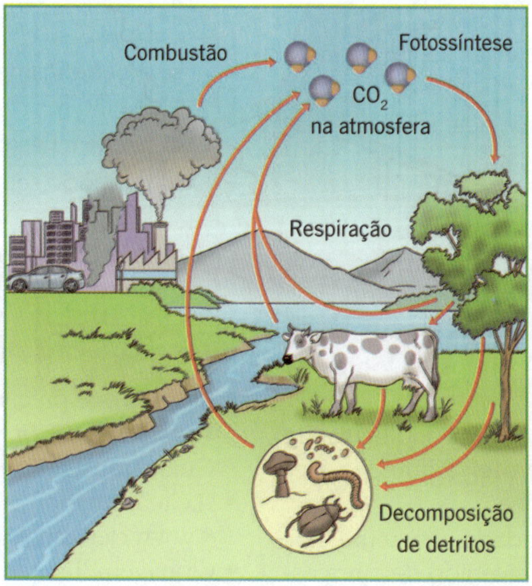

2. Efeito estufa

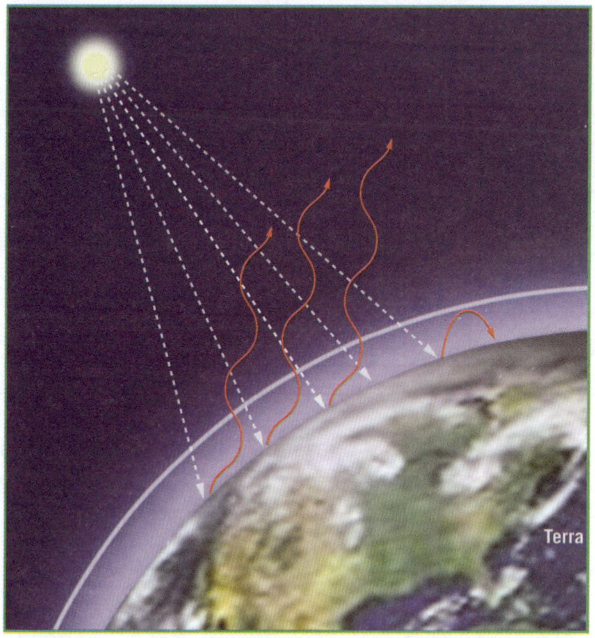

O calor proveniente da radiação solar é retido pelo cobertor de gases (carbônico e metano, principalmente). A Terra é uma estufa, que favorece a vida no planeta.

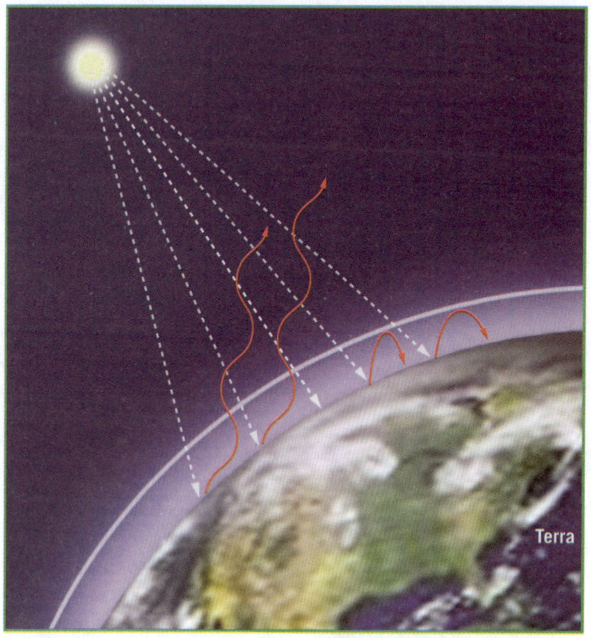

O cobertor de gases está ficando mais espesso, o que faz com que o efeito estufa se acentue e a temperatura terrestre aumente. Esse fenômeno é chamado de aquecimento global.

STIX, G. A Climate Repair Manual. *Scientific American*. Special Issue. Set. 2006, p. 46.
Disponível em: <www.ecolab.unipr.it/files/stuff/Scientific_American_2006_Special_Energy_Issue.pdf>. Acesso em: 17 jun. 2013.

3. Por que estufa?

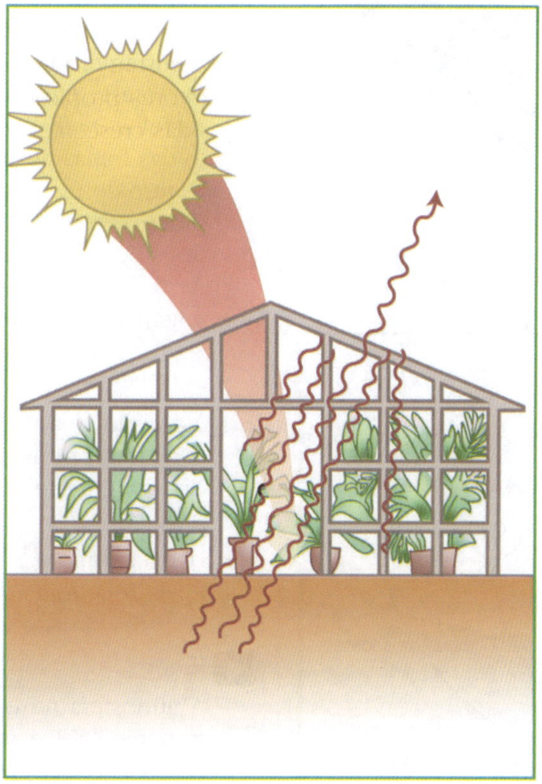

O esquema mostra que a energia solar atravessa o teto de vidro da estufa aquecendo-a. O mesmo ocorre com a atmosfera, que aquece a Terra. A maior parte do calor irradiado fica retido pela barreira de CO_2 atmosférico, que atua como as paredes de vidro de uma estufa.

4. Aumento da concentração de CO_2 na atmosfera

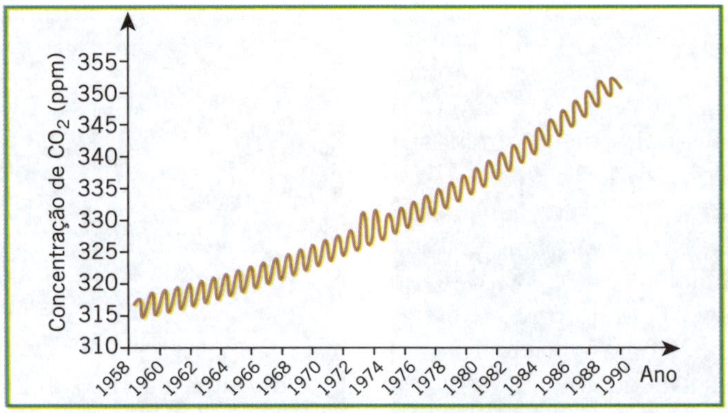

Aumento da concentração de gás carbônico na atmosfera. Atualmente a taxa atingida é a de 380 ppm.

1 Preencha as lacunas do esquema com os termos: respiração aeróbia, decomposição, combustão e fotossíntese.

2 (UFV-MG) Observe as indicações I, II, III, IV e V que completam o ciclo biogeoquímico representado abaixo.

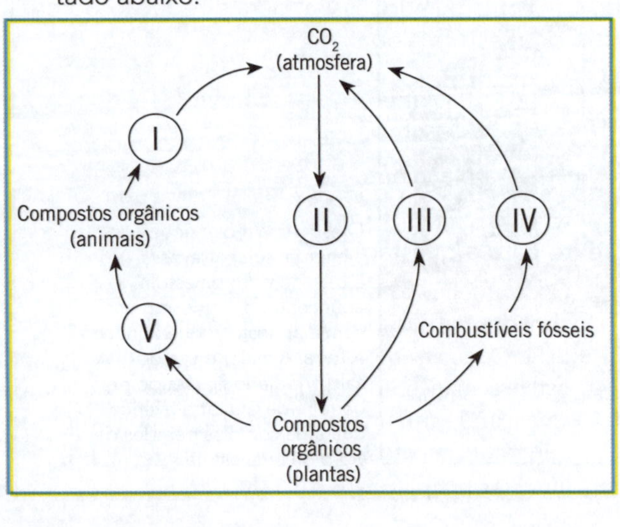

Após observação, assinale a alternativa que contém duas indicações corretas.

a) II. Fotossíntese; IV. Nutrição
b) I. Respiração; III. Respiração
c) III. Nutrição; IV. Combustão
d) II. Fotossíntese; V. Fotossíntese

3 (Enem) O texto "O voo das folhas" traz uma visão dos índios Ticunas para um fenômeno usualmente observado na natureza.

O voo das folhas

Com o vento
as folhas se movimentam.
E quando caem no chão
ficam paradas em silêncio.
Assim se forma o *ngaura*. O *ngaura* cobre o chão da floresta, enriquece a terra e alimenta as árvores.
As folhas velhas morrem para ajudar o crescimento das folhas novas.
Dentro do *ngaura* vivem aranhas, formigas, escorpiões, centopeias, minhocas, cogumelos e vários tipos de outros seres muito pequenos.
As folhas também caem nos lagos, nos igarapés e igapós.

A natureza segundo os Ticuna/O livro das árvores.
Organização Geral dos Professores Bilíngues Ticunas, 2000.

Na visão dos índios Ticunas, a descrição sobre o *ngaura* permite classificá-lo como um produto diretamente relacionado ao ciclo:

a) da água.
b) do oxigênio.
c) do fósforo.
d) do carbono.
e) do nitrogênio.

4 (Enem)

A atmosfera terrestre é composta pelos gases nitrogênio (N_2) e oxigênio (O_2), que somam cerca de 99%, e por gases traços, entre eles o gás carbônico (CO_2), vapor-d'água (H_2O), metano (CH_4),

ozônio (O_3) e o óxido nitroso (N_2O), que compõem o restante 1% do ar que respiramos. Os gases traços, por serem constituídos por pelo menos três átomos, conseguem absorver o calor irradiado pela Terra, aquecendo o planeta. Esse fenômeno, que acontece há bilhões de anos, é chamado de efeito estufa. A partir da Revolução Industrial (século XIX), a concentração de gases traços na atmosfera, em particular o CO_2, tem aumentado significativamente, o que resultou no aumento da temperatura em escala global.
Mais recentemente, outro fator tornou-se diretamente envolvido no aumento da concentração de CO_2 na atmosfera: o desmatamento.

BROWN, I. F.; ALECHANDRE, A. S. Conceitos básicos sobre clima, carbono, florestas e comunidades. In: MOREIRA, A. G.; SCHWARTZMAN, S. *As mudanças climáticas globais e os ecossistemas brasileiros*. Brasília: Instituto de Pesquisa Ambiental da Amazônia, 2000. Adaptado.

Considerando o texto, uma alternativa viável para combater o efeito estufa é:

a) reduzir o calor irradiado pela Terra mediante a substituição da produção primária pela industrialização refrigerada.
b) promover a queima da biomassa vegetal, responsável pelo aumento do efeito estufa devido à produção de CH_4.
c) reduzir o desmatamento, mantendo-se, assim, o potencial da vegetação em absorver o CO_2 da atmosfera.
d) aumentar a concentração atmosférica de H_2O, molécula capaz de absorver grande quantidade de calor.
e) remover moléculas orgânicas polares da atmosfera, diminuindo a capacidade delas de reter calor.

5 (UEG-GO) O gás carbônico age como um gás estufa e suas concentrações na atmosfera têm mudado no decorrer dos anos, conforme apresentado no gráfico a seguir.

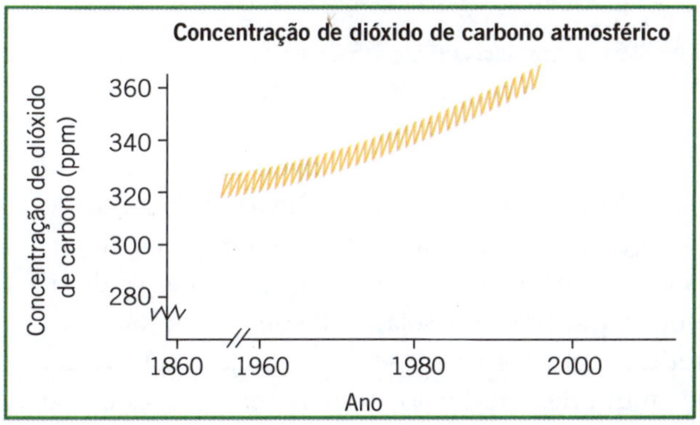

RICKLEFS, R. E. *A economia da natureza*. Rio de Janeiro: Guanabara Koogan, 2009. p. 473.

Sobre esse assunto, é correto afirmar:

a) O aumento na concentração de CO_2 foi maior nos últimos 30 anos, atingindo a estabilidade a partir do ano 2000.
b) Os níveis crescentes de CO_2 na atmosfera, a partir de 1860, podem ter sido ocasionados pela diminuição da temperatura média da Terra.
c) A diminuição da concentração de CO_2, na atmosfera, antes de 1960, pode ter sido causada pelo menor consumo de carvão, óleo e gás para produção de energia.
d) Antes de 1860, a concentração de CO_2 na atmosfera era escassa numa ordem de 280 ppm, havendo um aumento para mais de 350 ppm, durante os últimos 150 anos.

6 (Fuvest-SP) Uma das consequências do "efeito estufa" é o aquecimento dos oceanos. Esse aumento de temperatura provoca:

a) menor dissolução de CO_2 nas águas oceânicas, o que leva ao consumo de menor quantidade desse gás pelo fitoplâncton, contribuindo, assim, para o aumento do efeito estufa global.
b) menor dissolução de O_2 nas águas oceânicas, o que leva ao consumo de maior quantidade de CO_2 pelo fitoplâncton, contribuindo, assim, para a redução do efeito estufa global.
c) menor dissolução de CO_2 e O_2 nas águas oceânicas, o que leva ao consumo de maior quantidade de O_2 pelo fitoplâncton, contribuindo, assim, para a redução do efeito estufa global.
d) maior dissolução de CO_2 nas águas oceânicas, o que leva ao consumo de maior quantidade desse gás pelo fitoplâncton, contribuindo, assim, para a redução do efeito estufa global.
e) maior dissolução de O_2 nas águas oceânicas, o que leva à liberação de maior quantidade de CO_2 pelo fitoplâncton, contribuindo, assim, para o aumento do efeito estufa global.

Texto para a questão 7

O vazamento de petróleo no Golfo do México, em abril de 2010, foi considerado o pior da história dos EUA. O vazamento causou o aparecimento de uma extensa mancha de óleo na superfície do oceano, ameaçando a fauna e a flora da região. Estima-se que o vazamento foi da ordem de 800 milhões de litros de petróleo em cerca de 100 dias.

7 (Unicamp-SP) Por ocasião do acidente, cogitou-se que todo o óleo vazado poderia ser queimado na superfície da água. Se esse procedimento fosse adotado, o dano ambiental:

a) não seria grave, pois o petróleo é formado somente por compostos de carbono e hidrogênio, que, na queima, formariam CO_2 e água.

b) seria mais grave ainda, já que a quantidade (em mols) de CO_2 formada seria bem maior que a quantidade (em mols) de carbono presente nas substâncias do petróleo queimado.

c) seria praticamente nulo, pois a diversidade de vida no ar atmosférico é muito pequena.

d) seria transferido da água do mar para o ar atmosférico.

Em casa

1. Ciclo do carbono

O carbono existente na atmosfera, na forma de CO_2, entra na composição das moléculas orgânicas dos seres vivos a partir da fotossíntese. Sua devolução à atmosfera ocorre por respiração aeróbia, decomposição e combustão da matéria orgânica. Observe a ilustração a seguir:

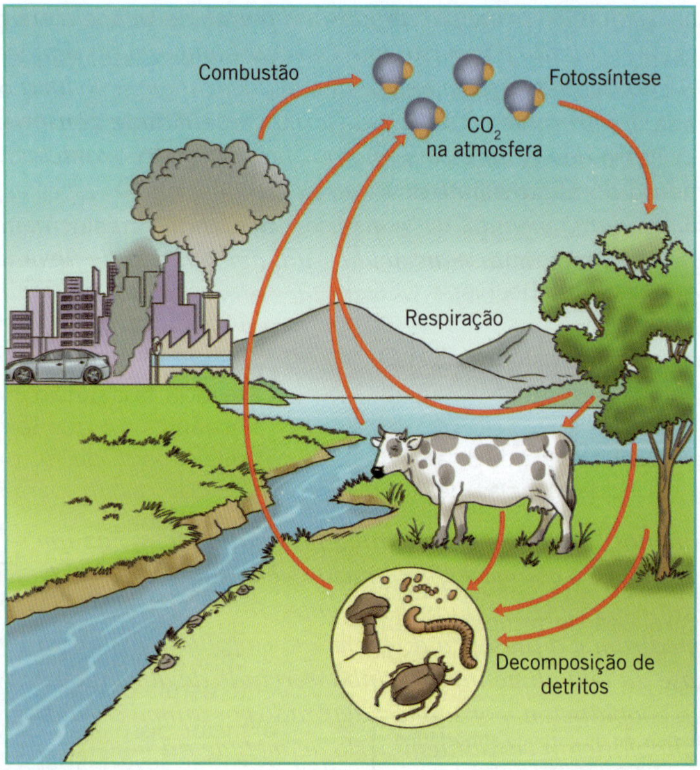

2. Desequilíbrio do ciclo do carbono

As plantas e muitos seres marinhos, principalmente os componentes do fitoplâncton (conjunto de microscópicas algas marinhas) absorvem gás carbônico e, com a utilização da água e da luz solar, executam a fotossíntese, produzindo matéria orgânica e liberando gás oxigênio (O_2) para a atmosfera. Até pouco tempo, o ciclo do carbono encontrava-se em equilíbrio, ou seja, a devolução do gás carbônico para a atmosfera era compensada pela sua retirada por fotossíntese. A queima excessiva de combustíveis fósseis e as queimadas florestais provocam um desequilíbrio, aumentando a taxa desse gás na atmosfera.

3. Efeito estufa e aquecimento global

A radiação solar que penetra em nosso planeta atravessa uma camada de vapor-d'água e gases, e é absorvida pela superfície terrestre (rochas, solo, vegetação, etc.) sob a forma de calor. Ao retornar para o espaço, uma parte desse calor é retida pelo cobertor de gases atmosféricos, principalmente os gases carbônico (CO_2) e metano (CH_4), este liberado por hidrelétricas e no processo digestivo de mamíferos ruminantes. O calor "aprisionado" pelo cobertor de gases aquece a Terra (aquecimento global), da mesma forma como ocorre em uma estufa de plantas, em que a luz passa pelo vidro, mas o calor não.

É evidente que, no passado, o aquecimento gerado pela retenção de calor por esses gases contribuiu para o desenvolvimento da vida em nosso planeta, o que continua ocorrendo até hoje. Sem essa camada de gases, a Terra congelaria. Ocorre, porém, que com a continuada emissão do gás carbônico, o cobertor de gases aumentou de espessura. Com isso, passou a haver maior retenção de calor, acentuando-se o efeito estufa, com aumento da temperatura média do planeta, ocasionando o aquecimento global. Muitos cientistas acreditam que o aquecimento global coloca em risco a vida no planeta.

4. Fitoplâncton e aquecimento global

Nos oceanos, o fitoplâncton é o principal responsável por absorver gás carbônico, o mais importante dos gases estufa. O resultado é inverso: mais gás carbônico, mais aquecimento, impedindo ainda mais a reprodução do fitoplâncton, o que desencadearia em um clima ainda mais quente. Os recifes de coral também sofreriam. Os recifes são formações calcárias construídas por minúsculos pólipos de cnidários, dentro dos quais vivem microscópicas algas zooxantelas, em uma interação biológica benéfica e obrigatória para ambos. Tanto eles quanto muitas espécies do fitoplâncton do mar aberto dependem, em larga medida, de "esqueletos" construídos com carbonato de cálcio. Oceanos com mais gás carbônico têm água mais ácida – um ambiente nada favorável à formação das carapaças de carbonato de cálcio. Os efeitos dessa acidez aumentada sobre a vida marinha já estão sendo notados.

LOPES, R. J. Oceano pode se revelar ponto fraco na armadura de "Gaia", *Folha de S.Paulo*, São Paulo, 29 jul. 2010. Ciência, p. A20. Modificado.

5. Os oceanos estão ficando menos "verdes"

Os oceanos estão menos "verdes" – e isso é uma péssima notícia. Faz um século que a quantidade de algas microscópicas, o chamado fitoplâncton, tem caído cerca de 1% ao ano. A conclusão veio da análise de exatas 445 237 medidas, feitas entre 1899 e 2008 em mares de todo o planeta. O que os cientistas mediram é a presença do pigmento clorofila, que dá cor verde às microalgas. O fitoplâncton é a base da teia alimentar marinha, servindo de alimento para o conjunto de animais microscópicos, o zooplâncton, por sua vez devorado por animais maiores, como os peixes. Os microrganismos do fitoplâncton constituem perto de metade da matéria orgânica do planeta e produzem 50% do oxigênio da Terra. A diminuição estaria ligada ao aquecimento do planeta e ao aumento da temperatura dos oceanos, dizem os pesquisadores responsáveis pelo estudo. A explicação, não muito cabeluda de entender, de acordo com os pesquisadores, é a seguinte: "o que ocorre quando as águas da superfície estão muito quentes é que surge uma estratificação, ou seja, uma separação mais ou menos estanque entre líquido quente, no topo, e frio, nas profundezas. Acontece que a maior parte dos nutrientes essenciais para que o fitoplâncton floresça se encontra nas águas frígidas do fundo. Se essa água não subir, o fitoplâncton – que também depende da luz do Sol e, portanto, precisa ficar perto da superfície – não consegue crescer".

BONALUME NETO, R. Aquecimento solapa base da vida marinha. *Folha de S.Paulo*. São Paulo, 29 jul. 2010. Ciência, p. A20;
LOPES, R. J. Oceano pode se revelar ponto fraco na armadura de "Gaia". *Folha de S.Paulo*. São Paulo, 29 jul. 2010. Ciência, p. A20.

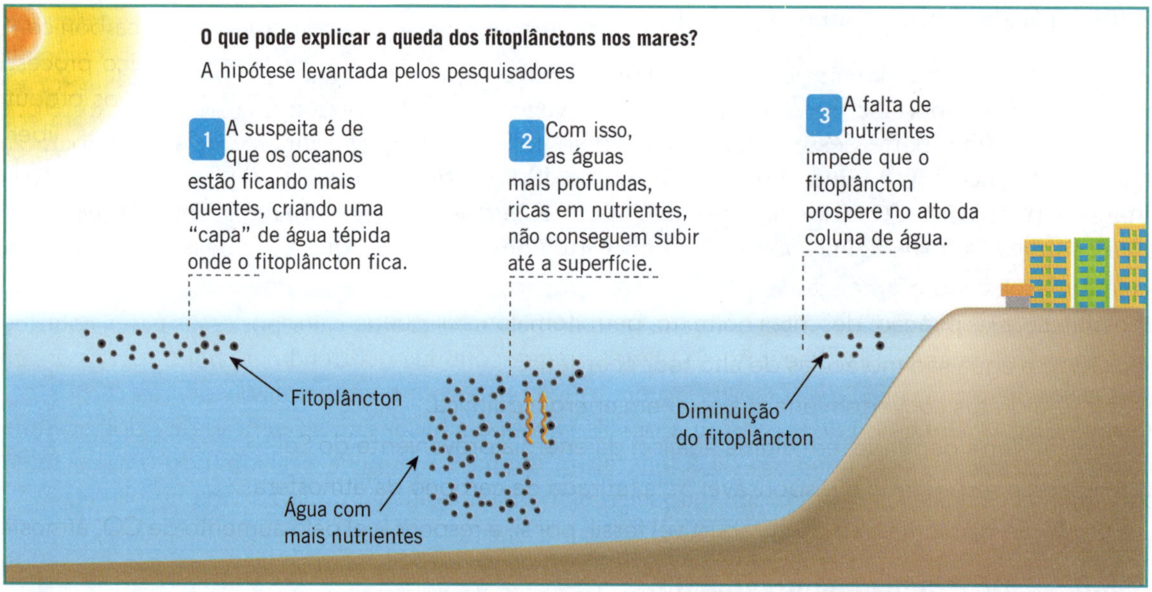

6. Desmatamento e acentuação do efeito estufa

O desmatamento no Pantanal tem ritmo mais intenso do que o da Amazônia. O dado vem do primeiro monitoramento via satélite do bioma, que abrange os estados de Mato Grosso e Mato Grosso do Sul. Entre 2002 e 2008, o Pantanal perdeu 2,82% de sua área, enquanto o desmatamento da Amazônia atingiu 2,54% do terreno total. O estudo divulgado pelo Ministério do Meio Ambiente revelou que o desmatamento do Pantanal atingiu 4279 km², o equivalente a quase três vezes a área da cidade de São Paulo. Quanto à Amazônia, o desmate cresceu 40% em abril de 2010 em relação ao mesmo mês de 2009, de acordo com os dados divulgados. Com a diminuição da cobertura florestal, menos gás carbônico é absorvido pela fotossíntese. Com o aumento das emissões desse gás e com a redução da cobertura vegetal, o cobertor de gases estufa aumenta de espessura, acentua-se o efeito estufa e, como consequência, ocorre o aquecimento global.

GUIMARÃES, L. Pantanal some mais depressa que a Amazônia, indica satélite. *Folha de S.Paulo*. São Paulo, 8 jun. 2010. Ciência. p. A18. Adaptado.

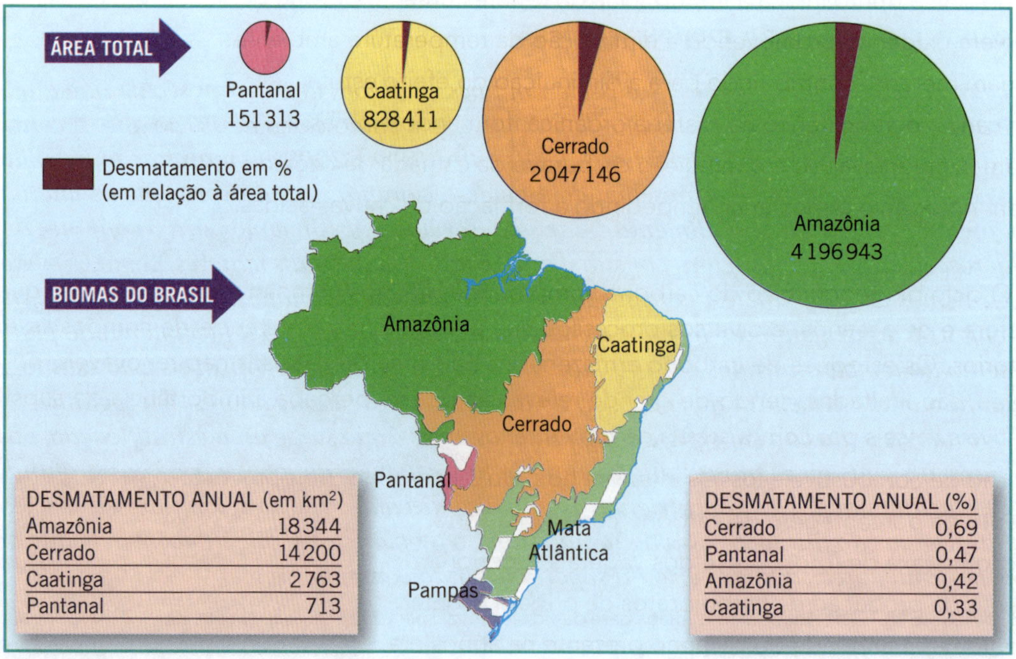

DESMATAMENTO ANUAL (em km²)	
Amazônia	18344
Cerrado	14200
Caatinga	2763
Pantanal	713

DESMATAMENTO ANUAL (%)	
Cerrado	0,69
Pantanal	0,47
Amazônia	0,42
Caatinga	0,33

1 (Enem) A fotossíntese é importante para a vida na Terra. Nos cloroplastos dos organismos fotossintetizantes, a energia solar é convertida em energia química que, juntamente com água e gás carbônico (CO_2), é utilizada para a síntese de compostos orgânicos (carboidratos). A fotossíntese é o único processo de importância biológica capaz de realizar essa conversão. Todos os organismos, incluindo os produtores, aproveitam a energia armazenada nos carboidratos para impulsionar os processos celulares, liberando CO_2 para a atmosfera e água para a célula por meio da respiração celular. Além disso, grande fração dos recursos energéticos do planeta, produzidos tanto no presente (biomassa) como em tempos remotos (combustível fóssil), é resultante da atividade fotossintética.

As informações sobre obtenção e transformação dos recursos naturais por meio dos processos vitais de fotossíntese e respiração, descritas no texto, permitem concluir que:

a) o CO_2 e a água são moléculas de alto teor energético.

b) os carboidratos convertem energia solar em energia química.

c) a vida na Terra depende, em última análise, da energia proveniente do Sol.

d) o processo respiratório é responsável pela retirada de carbono da atmosfera.

e) a produção de biomassa e de combustível fóssil, por si, é responsável pelo aumento de CO_2 atmosférico.

2 (PUC-RJ) Observe a figura a seguir:

A ação de Chico Bento indica a importância do reflorestamento porque as plantas em crescimento:

a) absorvem oxigênio, promovendo a diminuição da temperatura ambiente.

b) eliminam metano, contribuindo para a diminuição do efeito estufa.

c) fixam carbono atmosférico na matéria orgânica, formando biomassa.

d) liberam ozônio, levando à diminuição do buraco da camada de ozônio.

e) oxidam nitrogênio atmosférico, impedindo a formação de chuvas ácidas.

3 (Enem) O ciclo biogeoquímico do carbono compreende diversos compartimentos, entre os quais a Terra, a atmosfera e os oceanos, e diversos processos que permitem a transferência de compostos entre esses reservatórios. Os estoques de carbono armazenados na forma de recursos não renováveis, por exemplo, o petróleo, são limitados, sendo de grande relevância que se perceba a importância da substituição de combustíveis fósseis por combustíveis de fontes renováveis.

A utilização de combustíveis fósseis interfere no ciclo do carbono, pois provoca:

a) aumento da porcentagem de carbono contido na Terra.

b) redução na taxa de fotossíntese dos vegetais superiores.

c) aumento da produção de carboidratos de origem vegetal.

d) aumento na quantidade de carbono presente na atmosfera.

e) redução da quantidade global de carbono armazenado nos oceanos.

AULA 8

Competência 1 Compreender as ciências naturais e as tecnologias a elas associadas como construções humanas, percebendo seus papéis nos processos de produção e no desenvolvimento econômico e social da humanidade.

Habilidade 4 Avaliar propostas de intervenção no ambiente, considerando a qualidade da vida humana ou medidas de conservação, recuperação ou utilização sustentável da biodiversidade.

Em classe

O DESENVOLVIMENTO SUSTENTÁVEL E A PRESERVAÇÃO DA BIODIVERSIDADE

Resumo

Um modelo de **desenvolvimento sustentável** deve atender às necessidades do presente sem comprometer a capacidade das gerações futuras de suportar suas próprias necessidades.

"Diversidade biológica, ou **biodiversidade**, refere-se à variedade da vida no planeta Terra, incluindo: a variedade genética dentro das populações e espécies; a variedade de espécies da flora, da fauna e de microrganismos; a variedade das funções ecológicas desempenhadas pelos organismos nos ecossistemas; e a variedade das comunidades, hábitats e ecossistemas formados pelos organismos." (DIAS, B. F. S. *Biodiversidade: perspectivas e oportunidades tecnológicas.*)

As **unidades de conservação ambiental** estabelecidas pelo poder público no Brasil dividem-se em duas grandes categorias: as chamadas **unidades de proteção integral** (reservas biológicas, estações ecológicas, parques nacionais, monumentos naturais, refúgios de vida silvestre) e as **unidades de uso sustentável** (áreas de relevante interesse ecológico, florestas nacionais, reservas de fauna, reservas extrativistas, reservas de desenvolvimento sustentável, reservas particulares do patrimônio natural, áreas de proteção ambiental).

Distribuição original dos biomas brasileiros, à época do descobrimento.

Texto de apoio

Plataforma Intergovernamental para Biodiversidade e Serviços Ecossistêmicos

A Plataforma Intergovernamental para Biodiversidade e Serviços Ecossistêmicos (IPBES, na sigla em inglês) teve sua criação aprovada no dia 21/04/2012, na Cidade do Panamá, depois de vários anos de intensas discussões internacionais. O IPBES é um painel intergovernamental que terá a função de fazer com que o conhecimento científico acumulado sobre biodiversidade seja sistematizado para dar subsídios a decisões políticas em nível internacional.

"Espero que esse órgão permita que a biodiversidade seja levada em conta nas estratégias de desenvolvimento sustentável, assim como o Painel Intergovernamental sobre Mudanças Climáticas, o IPCC, tem feito nos últimos 20 anos em relação às alterações do clima. A perda de biodiversidade é um indicador importante das mudanças que estão afetando o planeta", afirmou o coordenador do encontro no Panamá.

Segundo o documento assinado no Panamá, as funções centrais do IPBES consistirão em: identificar e priorizar informação científica necessária para as políticas públicas e para catalisar esforços na geração de novo conhecimento; realizar avaliações regulares do conhecimento sobre a biodiversidade e os serviços ecológicos e suas interligações; apoiar a formulação e a implementação de políticas ao identificar ferramentas e metodologias relevantes; e priorizar a capacitação para o aprimoramento da interface entre ciência e política e fornecer financiamento e apoio para as necessidades de alta prioridade ligadas a suas atividades imediatas.

"IPCC da biodiversidade" tem criação aprovada. Disponível em: <http://agencia.fapesp.br/15492>. Acesso em: 17 jun. 2013.

1 (Enem)

Quanto mais desenvolvida é uma nação, mais lixo cada um de seus habitantes produz. Além de o progresso elevar o volume de lixo, ele também modifica a qualidade do material despejado. Quando a sociedade progride, ela troca a televisão, o computador, compra mais brinquedos e aparelhos eletrônicos. Calcula-se que 700 milhões de aparelhos celulares já foram jogados fora em todo o mundo. O novo lixo contém mais mercúrio, chumbo, alumínio e bário. Abandonado nos lixões, esse material se deteriora e vaza. As substâncias liberadas infiltram-se no solo e podem chegar aos lençóis freáticos ou a rios próximos, espalhando-se pela água.

Anuário Gestão Ambiental 2007, p. 47-8. Adaptado.

A respeito da produção de lixo e de sua relação com o ambiente, é correto afirmar que:

a) as substâncias químicas encontradas no lixo levam, frequentemente, ao aumento da diversidade de espécies e, portanto, ao aumento da produtividade agrícola do solo.
b) o tipo e a quantidade de lixo produzido pela sociedade independem de políticas de educação que proponham mudanças no padrão de consumo.
c) a produção de lixo é inversamente proporcional ao nível de desenvolvimento econômico das sociedades.
d) o desenvolvimento sustentável requer controle e monitoramento dos efeitos do lixo sobre espécies existentes em cursos d'água, solo e vegetação.
e) o desenvolvimento tecnológico tem elevado a criação de produtos descartáveis, o que evita a geração de lixo e resíduos químicos.

2 (Enem)

As queimadas, cenas corriqueiras no Brasil, consistem em prática cultural relacionada com um método tradicional de "limpeza da terra" para introdução e/ou manutenção de pastagens e campos agrícolas. Esse método consiste em: a) derrubar a floresta e esperar que a massa vegetal seque; b) atear fogo, para que os resíduos grosseiros, como troncos e galhos, sejam eliminados e as cinzas resultantes enriqueçam temporariamente o solo. Todos os anos, milhares de incêndios ocorrem no Brasil, em biomas como Cerrado, Amazônia e Mata Atlântica, em taxas tão elevadas, que se torna difícil estimar a área total atingida pelo fogo.

CARNEIRO FILHO, A. Queimadas. *Almanaque Brasil Socioambiental*. São Paulo: Instituto Socioambiental, 2007. Adaptado.

Um modelo sustentável de desenvolvimento consiste em aliar necessidades econômicas e sociais à conservação da biodiversidade e da qualidade ambiental. Nesse sentido, o desmatamento de uma floresta nativa, seguido da utilização de queimadas, representa:

a) método eficaz para a manutenção da fertilidade do solo.
b) atividade justificável, tendo em vista a oferta de mão de obra.
c) ameaça à biodiversidade e impacto danoso à qualidade do ar e ao clima global.
d) destinação adequada para os resíduos sólidos resultantes da exploração da madeira.
e) valorização de práticas tradicionais dos povos que dependem da floresta para sua sobrevivência.

3 (Enem) Sabe-se que o aumento da concentração de gases como CO_2, CH_4 e N_2O na atmosfera é um dos fatores responsáveis pelo agravamento do efeito estufa. A agricultura é uma das atividades humanas que pode contribuir tanto para a emissão quanto para o sequestro desses gases, dependendo do manejo da matéria orgânica do solo.

ROSA, A. H.; COELHO, J. C. R. Cadernos Temáticos de Química Nova na Escola. São Paulo, n. 5, nov. 2003 (adaptado).

De que maneira as práticas agrícolas podem ajudar a minimizar o agravamento do efeito estufa?

a) Evitando a rotação de culturas.
b) Liberando o CO_2 presente no solo.
c) Aumentando a quantidade de matéria orgânica do solo.
d) Queimando a matéria orgânica que se deposita no solo.
e) Atenuando a concentração de resíduos vegetais do solo.

4 (Enem) Química Verde pode ser definida como a criação, o desenvolvimento e a aplicação de produtos e processos químicos para reduzir ou eliminar o uso e a geração de substâncias nocivas à saúde humana e ao ambiente. Sabe-se que algumas fontes energéticas desenvolvidas pelo homem exercem, ou têm potencial para exercer, em algum nível, impactos ambientais negativos.

CORRÊA, A. G.; ZUIN, V. G. (Orgs.). *Química Verde: fundamentos e aplicações*. São Carlos: EdUFSCar, 2009.

À luz da Química Verde, métodos devem ser desenvolvidos para eliminar ou reduzir a poluição do ar causada especialmente pelas

a) hidrelétricas.
b) termelétricas.
c) usinas geotérmicas.
d) fontes de energia solar.
e) fontes de energia eólica.

5 (Enem) Se a exploração descontrolada e predatória verificada atualmente continuar por mais alguns anos, pode-se antecipar a extinção do mogno. Essa madeira já desapareceu de extensas áreas do Pará, de Mato Grosso, de Rondônia, e há indícios de que a diversidade e o número de indivíduos existentes podem não ser suficientes para garantir a sobrevivência da espécie a longo prazo. A diversidade é um elemento fundamental na sobrevivência de qualquer ser vivo. Sem ela, perde-se a capacidade de adaptação ao ambiente, que muda tanto por interferência humana como por causas naturais.

Disponível em: <www.greenpeace.org.br>. Adaptado.

Com relação ao problema descrito no texto, é correto afirmar que:

a) a baixa adaptação do mogno ao ambiente amazônico é causa da extinção dessa madeira.
b) a extração predatória do mogno pode reduzir o número de indivíduos dessa espécie e prejudicar sua diversidade genética.
c) as causas naturais decorrentes das mudanças climáticas globais contribuem mais para a extinção do mogno que a interferência humana.
d) a redução do número de árvores de mogno ocorre na mesma medida em que aumenta a diversidade biológica dessa madeira na região amazônica.
e) o desinteresse do mercado madeireiro internacional pelo mogno contribuiu para a redução da exploração predatória dessa espécie.

6 (Enem) A biodiversidade é garantida por interações das várias formas de vida e pela estrutura heterogênea dos hábitats. Diante da perda acelerada de biodiversidade, tem sido discutida a possibilidade de se preservarem espécies por meio da construção de "bancos genéticos" de sementes, óvulos e espermatozoides. Apesar de os "bancos" preservarem espécimes (indivíduos), sua construção é considerada questionável do ponto de vista ecológico-evolutivo, pois se argumenta que esse tipo de estratégia

I. não preservaria a variabilidade genética das populações;
II. dependeria de técnicas de preservação de embriões, ainda desconhecidas;
III. não reproduziria a heterogeneidade dos ecossistemas.

Está correto o que se afirma em:

a) I, apenas.
b) II, apenas.
c) I e III, apenas.
d) II e III, apenas.
e) I, II e III.

7 (Enem) Analisando-se os dados do gráfico apresentado, que remetem a critérios e objetivos no estabelecimento de unidades de conservação no Brasil, constata-se que:

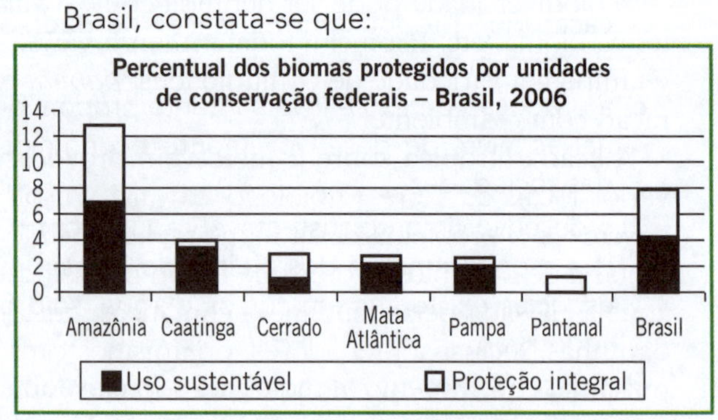

© ENEM

Ministério do Meio Ambiente. Cadastro Nacional de Unidades de Conservação.

a) o equilíbrio entre unidades de conservação de proteção integral e de uso sustentável já atingido garante a preservação presente e futura da Amazônia.

b) as condições de aridez e a pequena diversidade biológica observadas na Caatinga explicam por que a área destinada à proteção integral desse bioma é menor que a dos demais biomas brasileiros.

c) o Cerrado, a Mata Atlântica e o Pampa, biomas mais intensamente modificados pela ação humana, apresentam proporção maior de unidades de proteção integral que de unidades de uso sustentável.

d) o estabelecimento de unidades de conservação deve ser incentivado para a preservação dos recursos hídricos e a manutenção da biodiversidade.

e) a sustentabilidade do Pantanal é inatingível, razão pela qual não foram criadas unidades de uso sustentável nesse bioma.

Em casa

1. O desenvolvimento sustentável

A primeira Conferência das Nações Unidas sobre o Meio Ambiente foi realizada em 1972. Nessa reunião, houve o reconhecimento unânime, por parte das nações participantes, da gravidade dos problemas ambientais que atingiam todo o planeta. A partir da década de 1980 ficou ainda mais evidente a necessidade de uma estratégia global, que se preocupasse com a regulação da exploração e do consumo dos recursos naturais e que considerasse esse problema não só como ambiental, mas também como uma crise global, que afetava tanto o plano ambiental como o social e o econômico. Como resultado, surgiu o conceito de desenvolvimento sustentável.

De acordo com a Comissão Mundial sobre Meio Ambiente e Desenvolvimento, este seria um modelo de desenvolvimento "que procura satisfazer as necessidades da geração atual, sem comprometer a capacidade das gerações futuras de satisfazerem as suas próprias necessidades; significa possibilitar que as pessoas, agora e no futuro, atinjam um nível satisfatório de desenvolvimento social e econômico e de realização humana e cultural, fazendo, ao mesmo tempo, um uso razoável dos recursos da terra e preservando as espécies e os hábitats naturais".

Na prática, o modelo de desenvolvimento sustentável implica muitas alterações nas atitudes de uma sociedade e também nos hábitos pessoais – por exemplo, na preocupação com o consumo de energia e de recursos não renováveis; na reciclagem de materiais diversos, na destinação dos resíduos domésticos e industriais, no uso racional da terra e da água, na busca por biocombustíveis e outras formas de energia limpa e na conservação da biodiversidade.

2. A biodiversidade

A riqueza em espécies biológicas é um dos maiores patrimônios da humanidade. Plantas, animais, bactérias e fungos são essenciais para a continuidade da vida humana de muitas e variadas maneiras – por exemplo, na manutenção das condições adequadas do ambiente que nos cerca, como fontes de alimento, na produção de medicamentos, etc.

A biodiversidade pode ser definida como a variedade da vida existente em certa região, país, ecossistema, bioma, etc. Ela inclui toda a imensa variedade de espécies de microrganismos, plantas e animais, e também a variedade de comunidades, *habitat* e ecossistemas formados por esses organismos em interação com o ambiente.

A ação antrópica sobre o meio vem provocando uma alarmante diminuição da biodiversidade em vários locais da Terra. O biólogo Edward Wilson, em seu livro *A criação: como salvar a vida na Terra*, descreveu o problema desta maneira: "o declínio da biodiversidade da Terra é uma consequência involuntária de múltiplos fatores que foram intensificados pela ação humana. [...] Perda dos hábitats, inclusive aquela causada pelas mudanças climáticas induzidas pelo homem; espécies invasoras (espécies exóticas daninhas, inclusive predadores, organismos causadores de doenças e concorrentes dominantes que expulsam os nativos); poluição; superpopulação humana, causa básica dos outros quatro fatores; e exploração excessiva (caça, pesca e coleta)".

3. As unidades de conservação ambiental no Brasil

O Brasil conta hoje com várias unidades de conservação ambiental, estabelecidas ao longo das últimas décadas pelo poder público, a fim de assegurar a proteção de nossa fauna e flora. Essas unidades têm caráter variado, obedecendo a diferentes objetivos e modos de funcionamento. Algumas categorias mais conhecidas são: os Parques Nacionais, as Reservas Biológicas, as Áreas de Proteção Ambiental e as Reservas Particulares de Patrimônio Natural. Os parques nacionais, por exemplo, englobam dezenas de ecossistemas diferentes e compõem um painel bastante representativo da grande diversidade de cenários do ambiente brasileiro.

JÚNIOR, C. S.; SASSON, S.; CALDINI JÚNIOR, N. *Biologia*. São Paulo: Saraiva, 2010, vol. 1, p. 194.

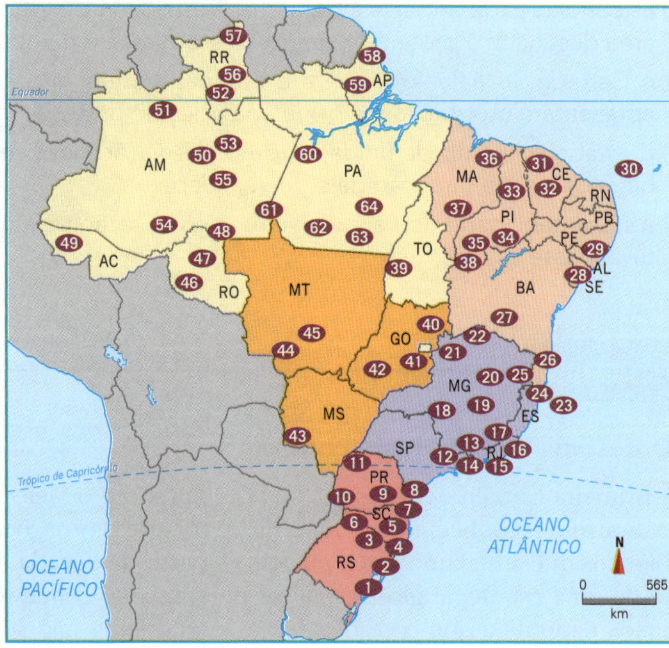

1. RS – Parque Nacional do Peixe
2. RS/SC – Parque Nacional dos Aparados da Serra
3. SC – Parque Nacional de São Joaquim
4. RS – Parque Nacional da Serra Geral
5. SC – Parque Nacional da Serra do Itajaí
6. SC – Parque Nacional das Araucárias
7. PR – Parque Nacional Superagui
8. PR – Parque Nacional Saint-Hilare/Lange
9. PR – Parque Nacional Campos Gerais
10. PR – Parque Nacional de Iguaçu
11. PR – Parque Nacional de Ilha Grande
12. SP/RJ – Parque Nacional da Serra da Bocaina
13. RJ – Parque Nacional da Serra dos Órgãos
14. RJ/MG – Parque Nacional de Itatiaia
15. RJ – Parque Nacional da Tijuca
16. RJ – Parque Nacional Restinga de Jurubetiba
17. MG/ES – Parque Nacional de Capará Bocaína
18. MG – Parque Nacional da Serra da Canastra
19. MG – Parque Nacional da Serra do Cipó
20. MG – Parque Nacional das Sempre-Vivas
21. MG – Parque Nacional Cavernas do Peruaçu
22. MG – Parque Nacional Grande Sertão Veredas
23. BA – Parque Nacional Marinho de Abrolhos
24. BA – Parque Nacional do Descobrimento
25. BA – Parque Nacional Monte Pascoal
26. BA – Parque Nacional do Pau-Brasil
27. BA – Parque Nacional Chapada Diamantina
28. SE – Parque Nacional Serra de Itabaiana
29. PE – Parque Nacional do Catimbau
30. PE – Parque Nacional Marinho de Fernando de Noronha
31. CE – Parque Nacional Jericoacoara
32. CE – Parque Nacional de Ubajara
33. PI – Parque Nacional de Sete Cidades
34. PI – Parque Nacional da Serra Capivara
35. PI – Parque Nacional Serra das Confusões
36. MA – Parque Nacional dos Lençóis Maranhenses
37. MA – Parque Nacional da Chapada das Mesas
38. PI/MA/TO – Parque Nacional das Nascentes do rio Parnaíba
39. TO – Parque Nacional do Araguaia
40. DF – Parque Nacional de Brasília
41. GO – Parque Nacional da Chapada dos Veadeiros
42. GO – Parque Nacional das Emas
43. MS – Parque Nacional da Serra da Bodoquena
44. MT – Parque Nacional do Pantanal Mato-grossense
45. MT – Parque Nacional Chapada dos Guimarães
46. RO – Parque Nacional Pacaás Novos
47. RO – Parque Nacional da Serra de Cutia
48. AM – Parque Nacional Campos Amazônicos
49. AC – Parque Nacional da Serra do Divisor
50. AM – Parque Nacional do Jaú
51. AM – Parque Nacional do Pico da Neblina
52. RR – Parque Nacional do Viruá
53. AM – Parque Nacional de Anavilhanas
54. AM – Parque Nacional de Mapinguari
55. AM – Parque Nacional de Nascentes do Rio Jaré
56. RR – Parque Nacional da Serra da Mocidade
57. RR – Parque Nacional do Monte Roraima
58. AP – Parque Nacional do Cabo Orange
59. AP/PA – Parque Nacional Montanhas do Tumucumaque
60. PA – Parque Nacional da Amazônia
61. MT – Parque Nacional do Juruena
62. PA – Parque Nacional Jamaxim
63. PA – Parque Nacional do Rio Novo
64. PA – Parque Nacional Serra do Pardo

A Unesco, por meio de seu programa MAB (O homem e a biosfera), criou uma rede de reservas da biosfera, territórios que são exemplos de conservação do meio natural e integração das atividades humanas. O Brasil possui seis dessas reservas em seu território: Amazônia Central, Serra do Espinhaço, Caatinga, Cerrado, Pantanal e Mata Atlântica (incluindo o cinturão verde de São Paulo). É importante salientar que foram declarados Patrimônios Naturais da Humanidade pela Unesco os Parques Nacionais do Iguaçu, da Chapada dos Veadeiros, do Jaú, da Serra da Capivara, das Emas e de Fernando de Noronha; a Reserva Biológica do Atol das Rocas, o Complexo do Pantanal Mato-grossense e as regiões Nordeste e Sudeste da Mata Atlântica.

***Sites* recomendados**

- Ministério do Meio Ambiente: <www.mma.gov.br/sitio/>.
- Instituto Brasileiro do Meio Ambiente e dos Recursos Naturais Renováveis: <www.ibama.gov.br/>.
- Instituto Chico Mendes de Conservação da Biodiversidade: <www.icmbio.gov.br/menu/institucional>.

1 (Unirio-RJ) A ideia de desenvolvimento sustentável tem sido cada vez mais discutida junto às questões que se referem ao crescimento econômico. De acordo com este conceito, considera-se que:

a) o meio ambiente é fundamental para a vida humana e, portanto, deve ser intocável.

b) os países subdesenvolvidos são os únicos que praticam esta ideia, pois, por sua baixa industrialização, preservam melhor o seu meio ambiente do que os países ricos.

c) ocorre uma oposição entre desenvolvimento e proteção ao meio ambiente, e, portanto, é inevitável que os riscos ambientais sustentem o crescimento econômico dos povos.

d) se deve buscar uma forma de progresso socioeconômico que não comprometa o meio ambiente sem que, com isso, deixemos de utilizar os recursos nele disponíveis.

e) são as riquezas acumuladas nos países ricos em prejuízo das antigas colônias, durante a expansão colonial, que devem, hoje, sustentar o crescimento econômico dos povos.

2 (FGV-SP) Preservar a biodiversidade é condição básica para manter um ambiente sadio no planeta. Esta frase é uma preocupação:

a) mundial porque as espécies levaram milhões de anos para se constituir e podem desaparecer em poucas décadas no mundo se o desmatamento e a poluição indiscriminados tiverem continuidade.

b) mundial porque o desaparecimento das espécies de animais de porte médio e grandes pode ser responsável por problemas alimentares e aumento de pragas pela ruptura da cadeia alimentar.

c) apenas para os países da Europa e dos Estados Unidos que por terem sido industrializados, há muito tempo, destruíram quase totalmente suas florestas temperadas e frias.

d) apenas para os países que se organizaram politicamente em áreas áridas ou semiáridas; como Namíbia, e que dependem do pouco que resta de seus ecossistemas.

e) apenas para os países que têm uma tecnologia altamente desenvolvida e que precisam dos organismos vivos como fonte original dos princípios ativos.

3 (Enem) Várias estratégias estão sendo consideradas para a recuperação da diversidade biológica de um ambiente degradado, dentre elas, a criação de vertebrados em cativeiro. Com esse objetivo, a iniciativa mais adequada, dentre as alternativas a seguir, seria criar:

a) machos de umas espécies e fêmeas de outras, para possibilitar o acasalamento entre elas e o surgimento de novas espécies.

b) muitos indivíduos da espécie mais representativa, de forma a manter a identidade e a diversidade do ecossistema.

c) muitos indivíduos de uma única espécie, para garantir uma população geneticamente heterogênea e mais resistente.

d) um número suficiente de indivíduos, do maior número de espécies, que garanta a diversidade genética de cada uma delas.

e) vários indivíduos de poucas espécies, de modo a garantir, para cada espécie, uma população geneticamente homogênea.

AULA 9

Competência 8 Apropriar-se de conhecimentos da Biologia para, em situações-problema, interpretar, avaliar ou planejar intervenções científico-tecnológicas.

Habilidade 30 Avaliar propostas de alcance individual ou coletivo, identificando aquelas que visam à preservação e à implementação da saúde individual, coletiva ou do ambiente.

Em classe

SAÚDE PÚBLICA – PREVENÇÃO DE DOENÇAS TRANSMISSÍVEIS

Resumo

Doenças negligenciadas

Segundo a Organização Mundial da Saúde (OMS), são um conjunto de doenças associadas à situação de pobreza, às precárias condições de vida e às iniquidades em saúde. Apesar de serem responsáveis por quase metade da carga de doença nos países em desenvolvimento, os investimentos em pesquisa, tradicionalmente, não priorizaram esta área.

Principais doenças negligenciadas:
– doenças virais: dengue, febre amarela, gripe;
– doenças bacterianas: tuberculose, hanseníase, leptospirose;
– protozooses: malária, doença de Chagas, leishmaniose;
– verminoses: esquistossomose.

Prevenção e tratamento de doenças infecciosas

• Resposta imunitária primária e secundária:
  – vacinas – prevenção (imunização ativa).
  – soros – tratamento (imunização passiva).
  – antibióticos – tratamento contra bactérias.

Doenças Sexualmente Transmissíveis (DSTs) e saúde pública

• Aids: epidemia sob controle?
• HPV: verrugas e câncer.
• DSTs: bacterianas.

1 (Enem) Entre 1975 e 1999, apenas 15 novos produtos foram desenvolvidos para o tratamento da tuberculose e de doenças tropicais, as chamadas doenças negligenciadas. No mesmo período, 179 novas drogas surgiram para atender portadores de doenças cardiovasculares.
Desde 2003, um grande programa articula esforços em pesquisa e desenvolvimento tecnológico de instituições científicas, governamentais e privadas de vários países para reverter esse quadro de modo duradouro e profissional.
Sobre as doenças negligenciadas e o programa internacional, considere as seguintes afirmativas:

I. As doenças negligenciadas, típicas das regiões subdesenvolvidas do planeta, são geralmente associadas à subnutrição e à falta de saneamento básico.

II. As pesquisas sobre as doenças negligenciadas não interessam à indústria farmacêutica porque atingem países em desenvolvimento sendo economicamente pouco atrativas.

III. O programa de combate às doenças negligenciadas endêmicas não interessa ao Brasil porque atende a uma parcela muito pequena da população.

Está correto apenas o que se afirma em:

a) I.
b) II.
c) III.
d) I e II.
e) II e III.

2 (Enem) Durante as estações chuvosas, aumentam no Brasil as campanhas de prevenção à dengue, que têm como objetivo a redução da proliferação do mosquito *Aedes aegypti*, transmissor do vírus da dengue. Que proposta preventiva poderia ser efetivada para diminuir a reprodução desse mosquito?

a) Colocação de telas nas portas e janelas, pois o mosquito necessita de ambientes cobertos e fechados para a sua reprodução.
b) Substituição das casas de barro por casas de alvenaria, haja vista que o mosquito se reproduz na parede das casas de barro.
c) Remoção dos recipientes que possam acumular água, porque as larvas do mosquito se desenvolvem nesse meio.
d) Higienização adequada de alimentos, visto que as larvas do mosquito se desenvolvem nesse tipo de substrato.
e) Colocação de filtros de água nas casas, visto que a reprodução do mosquito acontece em águas contaminadas.

3 (Enem)

Em 2009, o município maranhense de Bacabal foi fortemente atingido por enchentes, submetendo a população local a viver em precárias condições durante algum tempo. Em razão das enchentes, os agentes de saúde manifestaram, na ocasião, temor pelo aumento dos casos de doenças como, por exemplo, a malária, a leptospirose, a leishmaniose e a esquistossomose.

Cidades inundadas enfrentam aumento de doenças. *Folha On-line*. 22 abr. 2009. Disponível em: <www.folha.uol.com.br>. Acesso em: 28 abr. 2010. Adaptado.

Que medidas o responsável pela promoção da saúde da população afetada pela enchente deveria sugerir para evitar o aumento das doenças mencionadas no texto, respectivamente?

a) Evitar o contato com a água contaminada por mosquitos, combater os percevejos hematófagos conhecidos como barbeiros, eliminar os caramujos do gênero *Biomphalaria* e combater o mosquito *Anopheles*.
b) Combater o mosquito *Anopheles*, evitar o contato com a água suja acumulada pelas enchentes, combater o mosquito flebótomo e eliminar caramujos do gênero *Biomphalaria*.
c) Eliminar os caramujos do gênero *Biomphalaria*, combater o mosquito flebótomo, evitar o contato com a água suja acumulada pelas enchentes e combater o mosquito *Aedes*.
d) Combater o mosquito *Aedes*, evitar o contato com a água suja acumulada pelas enchentes, eliminar os caramujos do gênero *Biomphalaria* e combater os percevejos hematófagos conhecidos como barbeiros.
e) Combater o mosquito *Aedes*, eliminar os caramujos do gênero *Biomphalaria*, combater o mosquito flebótomo e evitar o contato com a água contaminada por mosquitos.

4 (Enem) A tabela apresenta dados comparados de respostas de brasileiros, norte-americanos e europeus a perguntas relacionadas à compreensão de fatos científicos pelo público leigo. Após cada afirmativa, entre parênteses, aparece se a afirmativa é falsa ou verdadeira. Nas três colunas da direita aparecem os respectivos percentuais de acertos dos três grupos sobre essas afirmativas.

	% Respostas certas		
Pesquisa	**Brasileiros**	**Norte-americanos**	**Europeus**
Os antibióticos matam tanto vírus quanto bactérias. (Falsa)	41,8	51,0	39,7
Os continentes têm mudado sua posição no decorrer dos milênios. (Verdadeira)	78,1	79,0	81,8
O *Homo sapiens* originou-se a partir de uma espécie animal anterior. (Verdadeira)	56,4	53,0	68,6
Os elétrons são menores que os átomos. (Verdadeira)	53,6	48,0	41,3
Os primeiros homens viveram no mesmo período que os dinossauros. (Falsa)	61,2	48,0	59,4

Percepção pública de ciência: uma revisão metodológica e resultados para São Paulo. *Indicadores de ciência, tecnologia e inovação em São Paulo*. São Paulo: Fapesp, 2004. Adaptado.

De acordo com os dados apresentados na tabela, os norte-americanos, em relação aos europeus e aos brasileiros, demonstram melhor compreender o fato científico sobre:

a) a ação dos antibióticos.
b) a origem do ser humano.
c) os períodos da pré-história.
d) o deslocamento dos continentes.
e) o tamanho das partículas atômicas.

5 (Enem) A vacina, o soro e os antibióticos submetem os organismos a processos biológicos diferentes. Pessoas que viajam para regiões em que ocorrem altas incidências de febre amarela, de picadas de cobras peçonhentas e de leptospirose e querem evitar ou tratar problemas de saúde relacionados a essas ocorrências devem seguir determinadas orientações.

Ao procurar um posto de saúde, um viajante deveria ser orientado por um médico a tomar preventivamente ou como medida de tratamento:

a) antibiótico contra o vírus da febre amarela, soro antiofídico caso seja picado por uma cobra e vacina contra a leptospirose.
b) vacina contra o vírus da febre amarela, soro antiofídico caso seja picado por uma cobra e antibiótico caso entre em contato com a *Leptospira* sp.
c) soro contra o vírus da febre amarela, antibiótico caso seja picado por uma cobra e soro contra toxinas bacterianas.
d) antibiótico ou soro, tanto contra o vírus da febre amarela como para veneno de cobras, e vacina contra a leptospirose.
e) soro antiofídico e antibiótico contra a *Leptospira* sp. e vacina contra a febre amarela caso entre em contato com o vírus causador da doença.

6 (Enem)

A Síndrome da Imunodeficiência Adquirida (aids) é a manifestação clínica da infecção pelo vírus HIV, que leva, em média, oito anos para se manifestar. No Brasil, desde a identificação do primeiro caso de aids em 1980 até junho de 2007, já foram identificados cerca de 174 mil casos da doença. O país acumulou, aproximadamente, 192 mil óbitos devido à aids até junho de 2006, sendo as taxas de mortalidade crescentes até meados da década de 1990 e estabilizando-se em cerca de 11 mil óbitos anuais desde 1998. [...] A partir do ano 2000, essa taxa se estabilizou em cerca de 6,4 óbitos por 100 mil habitantes, sendo esta estabilização mais evidente em São Paulo e no Distrito Federal.

Disponível em: <www.aids.gov.br>. Acesso em: 1º maio 2009. Adaptado.

A redução nas taxas de mortalidade devido à aids a partir da década de 1990 é decorrente:

a) do aumento do uso de preservativos nas relações sexuais, que torna o vírus HIV menos letal.
b) da melhoria das condições alimentares dos soropositivos, a qual fortalece o sistema imunológico deles.
c) do desenvolvimento de drogas que permitem diferentes formas de ação contra o vírus HIV.
d) das melhorias sanitárias implementadas nos últimos trinta anos, principalmente nas grandes capitais.
e) das campanhas que estimulam a vacinação contra o vírus e a busca pelos serviços de saúde.

7 (Enem) Uma nova preocupação atinge os profissionais que trabalham na prevenção da aids no Brasil. Tem-se observado um aumento crescente, principalmente entre os jovens, de novos casos de aids, questionando-se, inclusive, se a prevenção vem sendo ou não relaxada. Essa temática vem sendo abordada pela mídia:

Medicamentos já não fazem efeito em 20% dos infectados pelo vírus HIV. Análises revelam que um quinto das pessoas recém-infectadas não haviam sido submetidas a nenhum tratamento e, mesmo assim, não responderam às duas principais drogas anti-aids. Dos pacientes estudados, 50% apresentavam o vírus FB, uma combinação dos dois subtipos mais prevalentes no país, F e B.

Jornal do Brasil, 2 out. 2001. Adaptado.

Dadas as afirmações acima, considerando o enfoque da prevenção, e devido ao aumento de casos da doença em adolescentes, afirma-se que:

I. O sucesso inicial dos coquetéis anti-HIV talvez tenha levado a população a se descuidar e não utilizar medidas de proteção, pois se criou a ideia de que estes remédios sempre funcionam.
II. Os vários tipos de vírus estão tão resistentes que não há nenhum tipo de tratamento eficaz e nem mesmo qualquer medida de prevenção adequada.
III. Os vírus estão cada vez mais resistentes e, para evitar sua disseminação, os infectados também devem usar camisinhas e não apenas administrar coquetéis.

Está correto o que se afirma em:

a) I, apenas.
b) II, apenas.
c) I e III, apenas.
d) II e III, apenas.
e) I, II e III.

Em casa

Doenças negligenciadas

Uma **endemia** (do grego *endemeion* – dentro do povo; no sentido de habitar, permanecer um longo tempo em um lugar) ocorre quando uma doença infecciosa está permanentemente instalada em uma determinada região geográfica, atingindo uma parcela significativa da população.

Já a **epidemia** (do grego *epidemeion* – sobre o povo; no sentido de visitar, passar rapidamente por um lugar) indica o aparecimento repentino de uma doença infecciosa em uma região, afetando um grande número de indivíduos de uma população.

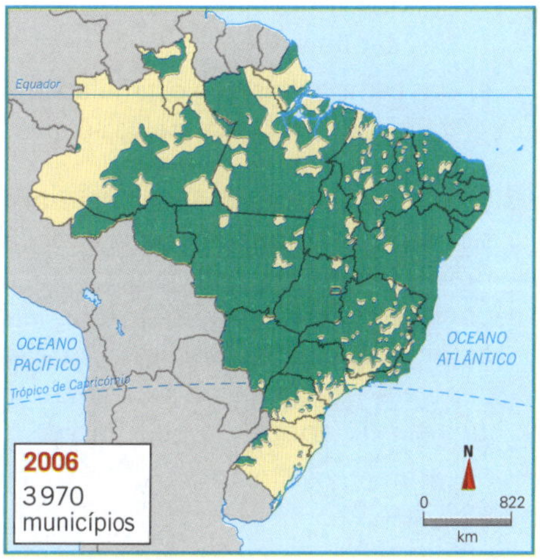

Incidência de dengue.

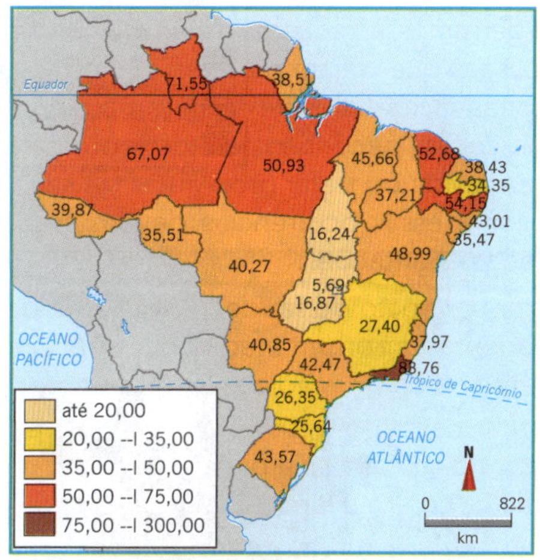

Incidência de tuberculose.

Disponível em: <www.senado.gov.br/sf/comissoes/cas/ap/AP_20080604_Doencas_Negligenciadas.pdf>. Acesso em: 18 jun. 2013.

Muitas doenças negligenciadas têm um caráter endêmico no Brasil; outras, como a dengue e a gripe, apresentam quadros epidêmicos. O quadro a seguir mostra as características das principais doenças infecciosas no Brasil, contra as quais existem programas de controle e erradicação no Ministério da Saúde.

Doença	Causador	Transmissor	Modo de transmissão
Dengue	Flavírus	Mosquito *Aedes*	Picada do mosquito fêmea
Febre amarela	Flavírus	Mosquito *Aedes*	Picada do mosquito fêmea
Gripe	Influenza vírus (epidemia – H1N1)	Homem	Gotículas de saliva e secreções nasais
Tuberculose	Bactéria *Mycobacterium tuberculosis*	Homem	Gotículas de saliva e secreções nasais
Hanseníase (lepra)	Bactéria *Mycobacterium leprae*	Homem	Gotículas de saliva e secreções nasais
Leptospirose	Bactéria *Leptospira interrogans*	Rato	Ingestão da urina ou partículas de fezes do rato em água ou alimentos
Malária	Protozoário *Plasmodium* sp.	Mosquito *Anopheles*	Picada do mosquito fêmea
Chagas	Protozoário *Trypanosoma cruzi*	Percevejo *Triatoma infestans* (barbeiro)	Fezes do barbeiro depositadas junto à picada
Leishmaniose	Protozoário *Leishmania braziliensis*	Mosquito *Phlebotomus*	Picada do mosquito fêmea
Esquistossomose	Verme platelminto *Schistosoma mansoni*	Caramujo de água doce *Biomphalaria*	Penetração de larvas aquáticas (cercárias) pela pele

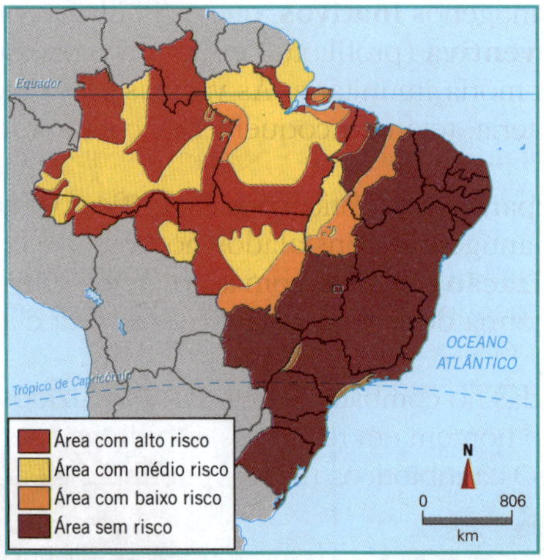

Incidência de malária no Brasil em 2009.

Transmissão da doença de Chagas.

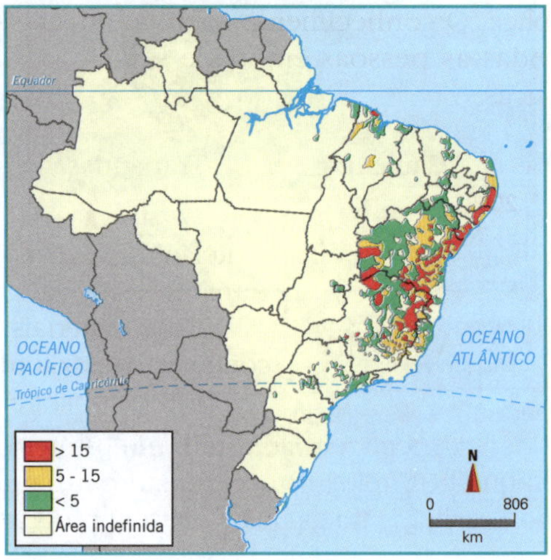

Distribuição da esquistossomose no Brasil.

Prevenção e tratamento de doenças infecciosas

O sistema imunológico reage contra ameaças externas produzindo proteínas específicas de defesa, os **anticorpos**. Essas ameaças são os **antígenos**, representados por proteínas estranhas ao organismo.

Os **linfócitos** são as células do sistema imunológico responsáveis pelo reconhecimento dos antígenos e produção de anticorpos. Este processo envolve dois tipos de respostas:

- **Resposta primária** – reação inicial e lenta contra um antígeno desconhecido; normalmente não evita uma doença infecciosa, servindo para o aprendizado e produção de células de memórias, que mantêm a informação contra aquele antígeno.
- **Resposta secundária** – reação rápida e intensa contra um antígeno conhecido, por ativação das células de memória. Evita uma nova ocorrência da doença infecciosa.

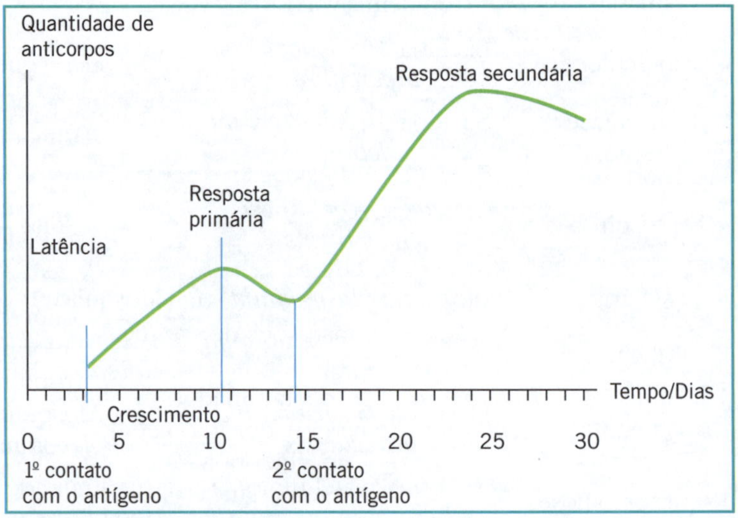

Gráfico de resposta imunitária primária e secundária.

As **vacinas** são preparados de antígenos **inativos**, que estimulam a produção de anticorpos (resposta primária). Elas têm finalidade **preventiva** (profilaxia) e são um processo de **imunização** (obtenção de anticorpos) **ativa** e **produzem** memória imunitária. As vacinas Sabin (contra poliomielite), BCG (contra a tuberculose), Tríplice (contra difteria, tétano e coqueluche), contra a febre amarela, contra o HPV são importantes exemplos.

Os **soros terapêuticos** são preparados de anticorpos específicos (obtidos de outro organismo previamente imunizado) para combater antígenos já instalados no organismo. Têm finalidade **curativa** (terapêutica) e são processos de **imunização passiva**, com ação rápida que não produz memória imunitária. Os soros antiofídicos, contra a peçonha de serpentes como a jararaca e a cascavel, são importante exemplo de soros terapêuticos.

Os **antibióticos** são drogas usadas no combate a bactérias. Produzidos originalmente por fungos como o *Penicillium* e transformados pelo homem em remédios, são drogas perigosas e só devem ser utilizadas com ordem e supervisão médica. Os antibióticos não têm nenhum efeito contra os vírus.

Doenças Sexualmente Transmissíveis (DSTs) e saúde pública

As DSTs constituem um grupo importante de doenças que representam um grave problema de saúde pública. O conhecimento sobre a transmissão e a prevenção contra estas doenças é fundamental para todas as pessoas em idade sexual ativa. Observe o quadro com as principais DSTs e suas características.

Doença	Causador	Transmissão	Consequências	Prevenção
Aids	Vírus HIV	Relações sexuais; transfusões de sangue ou por materiais contaminados; da mãe portadora para a criança na gravidez	Deficiência imunitária e infecções oportunistas	Uso de preservativo e evitar promiscuidade sexual; controle do sangue doado; uso de materiais descartáveis; pré-natal e tratamento de gestantes portadoras
Papiloma	Vírus HPV	Relações sexuais; contato com a pele infectada pelo vírus	Verrugas, câncer de colo de útero, condiloma de pênis (crista de galo)	Vacina; uso de preservativo e evitar promiscuidade sexual
Clamídia	Bactéria *Chlamydia trachomatis*	Relações sexuais	Estreitamento da uretra masculina; obstrução das trompas e infertilidade feminina	Uso de preservativo e evitar promiscuidade sexual
Gonorreia	Bactéria *Neisseria gonorrhoeae*	Relações sexuais	Estreitamento da uretra masculina; obstrução das trompas e infertilidade feminina	Uso de preservativo e evitar promiscuidade sexual
Sífilis	Bactéria *Treponema pallidum*	Relações sexuais; transfusões de sangue ou por materiais contaminados; na gravidez, da mãe portadora para a criança	Cancro duro; lesões deformantes na pele; ruptura de artérias; lesão da medula espinal; demência sifilítica	Uso de preservativo e evitar promiscuidade sexual; controle do sangue doado, uso de materiais descartáveis; pré-natal e tratamento de gestantes portadoras

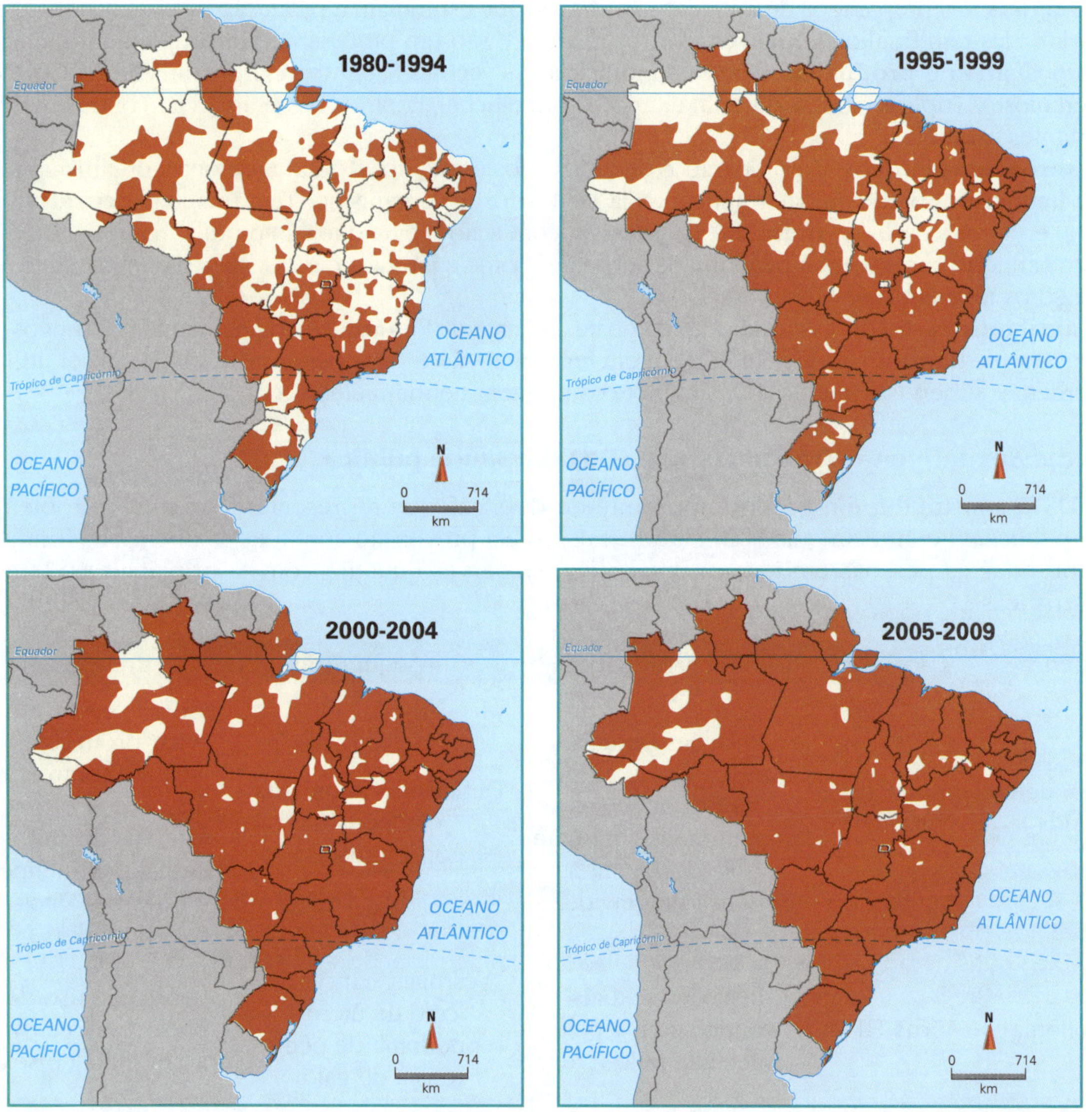

Número de municípios com pelo menos um caso de aids diagnosticado.

IMSYSVS/Departamento de DST, aids e Hepatites Virais.

Nota: Casos notificados no Sinan e registrados no SISCEL/SICLOM até 30/05/2009 e declarados no SIM de 2000 a 2008. Dados preliminares para os últimos anos.

Disponível em: <http://blogs.odiario.com/inforgospel/2009/11/27/o-mapa-atualizado-da-aids-no-brasil-confira/>. Acesso em: 18 jun. 2013.

Sites recomendados

- *Site* com informações sobre aids, HPV e DSTs bacterianas: <www.aids.gov.br>.
- *Site* com informações e orientações sobre vacinação, DSTs, doenças emergentes: <http://portalsaude.saude.gov.br/portalsaude/area/2/cidadao.html>.
- Debate sobre os principais temas associados à saúde pública no Brasil: <http://veja.abril.com.br/tema/desafios-brasileiros-saude-publica>.
- Artigo sobre algumas das doenças negligenciadas: <www.finep.gov.br/imprensa/revista/edicao6/inovacao_em_pauta_6_doencas_negl.pdf>.
- Artigos sobre vacinas, processos e calendários de vacinação: <http://saude.abril.com.br/edicoes/0284/medicina/conteudo_225179.shtml>.

1 (Enem)

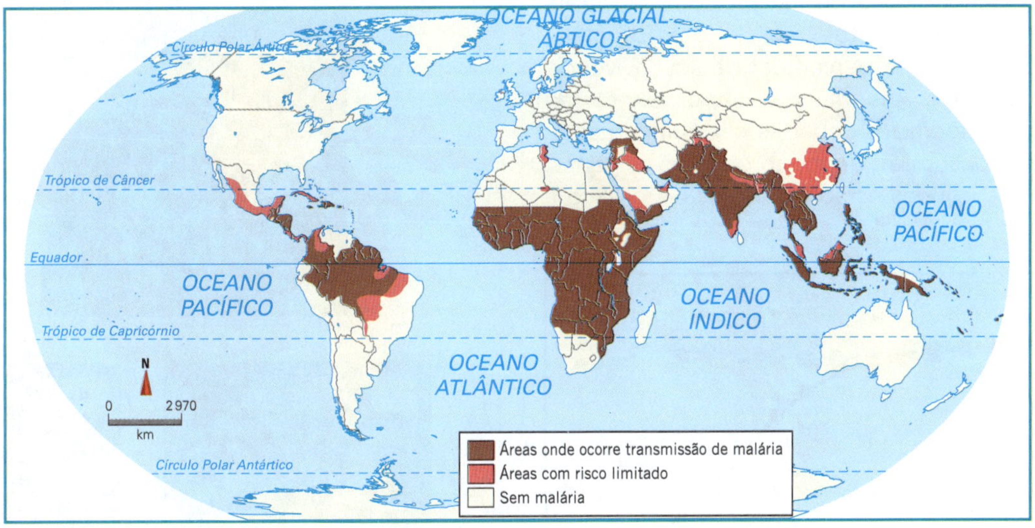

O mapa mostra a área de ocorrência da malária no mundo. Considerando-se sua distribuição na América do Sul, a malária pode ser classificada como:

a) endemia, pois se concentra em uma área geográfica restrita desse continente.

b) peste, já que ocorre nas regiões mais quentes do continente.

c) epidemia, já que ocorre na maior parte do continente.

d) surto, pois apresenta ocorrência em áreas pequenas.

e) pandemia, pois ocorre em todo o continente.

2 (Enem/Simulado) O gráfico a seguir ilustra, de maneira hipotética, o número de casos, ao longo de vinte anos, de uma doença infecciosa e transmissível (linha vermelha), própria de uma região tropical específica, transmitida por meio da picada de inseto. A variação na densidade populacional do inseto transmissor, na região considerada, é ilustrada pela linha azul. Durante o período apresentado não foram registrados casos dessa doença em outras regiões.

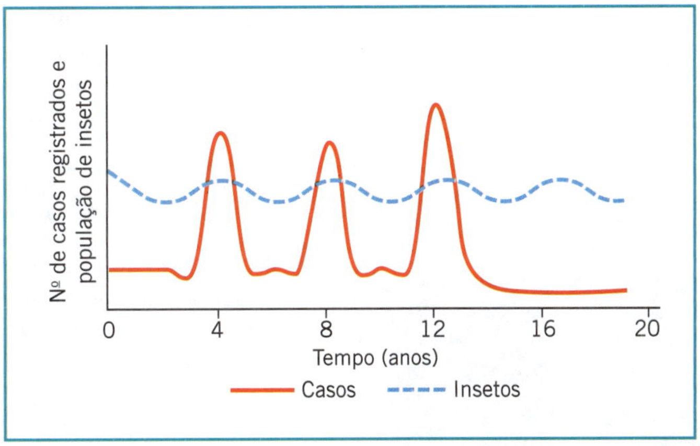

Sabendo que as informações se referem a um caso típico de endemia, com um surto epidêmico a cada quatro anos, percebe-se que no terceiro ciclo houve um aumento do número de casos registrados da doença. Após esse surto foi realizada uma intervenção que controlou essa endemia devido:

a) à população ter se tornado autoimune.

b) à introdução de predadores do agente transmissor.

c) à instalação de proteção mecânica nas residências, como telas nas aberturas.

d) ao desenvolvimento de agentes químicos para erradicação do agente transmissor.

e) ao desenvolvimento de vacina que ainda não era disponível na época do primeiro surto.

3 (Enem) Foram publicados recentemente trabalhos relatando o uso de fungos como controle biológico de mosquitos transmissores da malária. Observou-se o percentual de sobrevivência dos mosquitos *Anopheles* sp. após exposição ou não a superfícies cobertas com fungos sabidamente pesticidas, ao longo de duas semanas. Os dados obtidos estão presentes no gráfico a seguir.

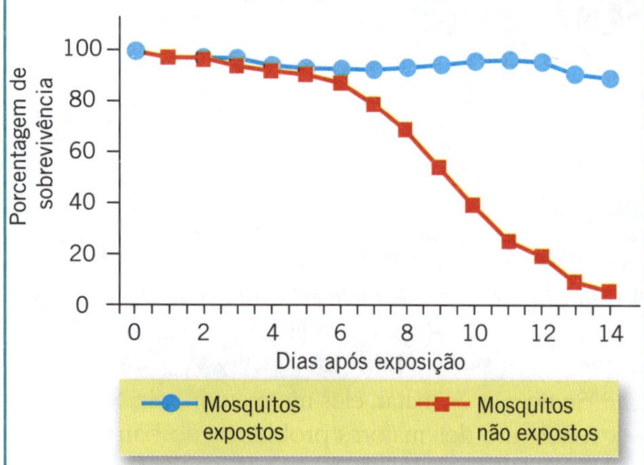

No grupo exposto aos fungos, o período em que houve 50% de sobrevivência ocorreu entre os dias:

a) 2 e 4.
b) 4 e 6.
c) 6 e 8.
d) 8 e 10.
e) 10 e 12.

4 (Enem) Cândido Portinari (1903-1962), um dos mais importantes artistas brasileiros do século XX, tratou de diferentes aspectos da nossa realidade em seus quadros.

FOTOS: © ENEM

Sobre a temática de *Os retirantes*, Portinari também escreveu o seguinte poema:

[...]
Os retirantes vêm vindo com trouxas e embrulhos
Vêm das terras secas e escuras; pedregulhos
Doloridos como fagulhas de carvão aceso
Corpos disformes, uns panos sujos,
Rasgados e sem cor, dependurados
Homens de enorme ventre bojudo
Mulheres com trouxas caídas para o lado
Pançudas, carregando ao colo um garoto
Choramingando, remelento
[...]

PORTINARI, Cândido. *Poemas*. Rio de Janeiro: José Olympio, 1964.

No texto de Portinari, algumas das pessoas descritas provavelmente estão infectadas com o verme *Schistosoma mansoni*. Os "homens de enorme ventre bojudo" corresponderiam aos doentes da chamada "barriga-d'água".

O ciclo de vida do *Schistosoma mansoni* e as condições socioambientais de um local são fatores determinantes para maior ou menor incidência dessa doença.

O aumento da incidência da esquistossomose deve-se à presença de:

a) roedores, ao alto índice pluvial e à inexistência de programas de vacinação.
b) insetos hospedeiros e indivíduos infectados e à inexistência de programas de vacinação.

c) indivíduos infectados e de hospedeiros intermediários e à ausência de saneamento básico.
d) mosquitos, à inexistência de programas de vacinação e à ausência de controle de águas paradas.
e) gatos e de alimentos contaminados, e à ausência de precauções higiênicas.

5 (Enem) Algumas doenças que, durante várias décadas do século XX, foram responsáveis pelas maiores percentagens das mortes no Brasil, não são mais significativas neste início do século XXI. No entanto, aumentou o percentual de mortalidade devida a outras doenças, conforme se pode observar no diagrama:

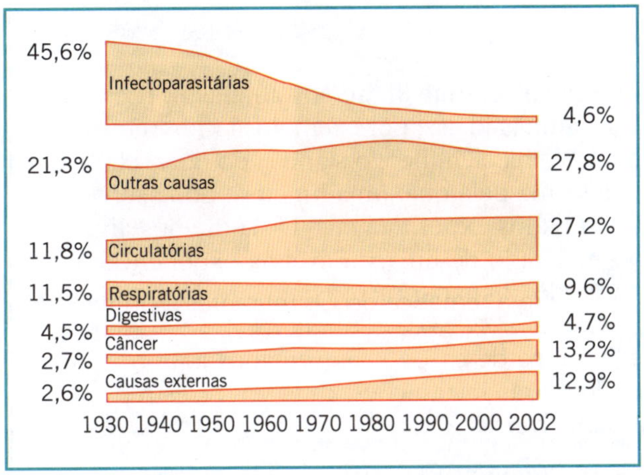

Fonte: (MS/SV/DACIS/CGIAE/Sistema de informação sobre Mortalidade – ENSP/Fiocruz).

No período considerado no diagrama, deixaram de ser predominantes, como causas de morte, as doenças:
a) infectoparasitárias, eliminadas pelo êxodo rural que ocorreu entre 1930 e 1940.
b) infectoparasitárias, reduzidas por maior saneamento básico, vacinas e antibióticos.
c) digestivas, combatidas pelas vacinas, vermífugos, novos tratamentos e cirurgias.
d) digestivas, evitadas graças à melhoria do padrão alimentar do brasileiro.
e) respiratórias, contidas pelo melhor controle da qualidade do ar nas grandes cidades.

6 (Enem) A partir do primeiro semestre de 2000, a ocorrência de casos humanos de febre amarela silvestre extrapolou as áreas endêmicas, com registro de casos em São Paulo e na Bahia, onde os últimos casos tinham ocorrido em 1953 e 1948. Para controlar a febre amarela silvestre e prevenir o risco de uma reurbanização da doença, foram propostas as seguintes ações:

I. Exterminar os animais que servem de reservatório do vírus causador da doença.
II. Combater a proliferação do mosquito transmissor.
III. Intensificar a vacinação nas áreas onde a febre amarela é endêmica e em suas regiões limítrofes.

É efetiva e possível de ser implementada uma estratégia envolvendo:
a) a ação II, apenas.
b) as ações I e II, apenas.
c) as ações I e III, apenas.
d) as ações II e III, apenas.
e) as ações I, II e III.

7 (Enem)

Casos de leptospirose crescem na região

M.P.S. tem 12 anos e está desde janeiro em tratamento de leptospirose. Ela perdeu a tranquilidade e encontrou nos ratos [...] os vilões de sua infância. “Se eu não os matar, eles me matam”, diz. Seu medo reflete um dos maiores problemas do bairro: a falta de saneamento básico e o acúmulo de lixo [...]

O Estado de S. Paulo. 31 jul. 1997.

Oito suspeitos de leptospirose

A cidade ficou sob as águas na madrugada de anteontem e, além de 120 desabrigados, as inundações estão fazendo outro tipo de vítimas: já há oito suspeitas de casos de leptospirose [...] transmitida pela urina de ratos contaminados.

Folha de S.Paulo. 12 fev. 1999.

As notícias dos jornais sobre casos de leptospirose estão associadas aos fatos:

I. Quando ocorre uma enchente, as águas espalham, além do lixo acumulado, todos os dejetos dos animais que ali vivem.
II. O acúmulo de lixo cria ambiente propício para a proliferação dos ratos.
III. O lixo acumulado nos terrenos baldios e nas margens de rios entope os bueiros e compromete o escoamento das águas em dias de chuva.
IV. As pessoas que vivem na região assolada pela enchente, entrando em contato com a água contaminada, têm grande chance de contrair a leptospirose.

A sequência de fatos que relaciona corretamente a leptospirose, o lixo, as enchentes e os roedores é:
a) I, II, III e IV.
b) I, III, IV e II.
c) IV, III, II e I.
d) II, IV, I e III.
e) II, III, I e IV.

AULA 10

Competência 4 Compreender interações entre organismos e ambiente, em particular aquelas relacionadas à saúde humana, relacionando conhecimentos científicos, aspectos culturais e características individuais.

Habilidade 15 Interpretar modelos e experimentos para explicar fenômenos ou processos biológicos em qualquer nível de organização dos sistemas biológicos.

Em classe

O MÉTODO EXPERIMENTAL EM BIOLOGIA

Resumo

Em função da habilidade que esta aula se propõe a desenvolver, trabalharemos aqui as noções relacionadas à experimentação em Biologia. Serão discutidas algumas ideias: por exemplo, a importância da observação e organização dos dados relacionados a um problema científico; o significado de se elaborar uma hipótese capaz de explicar um problema existente; a forma pela qual uma hipótese pode ser testada, por meio de um experimento; a interpretação dos resultados experimentais. Discutiremos ainda a importância de se utilizar um controle experimental; o significado de uma variável na experiência, etc. Em alguns casos seremos desafiados a pensar na elaboração de um experimento para a resolução de um determinado problema.

Para desenvolver estas noções, realizaremos alguns "estudos de caso", representados aqui por uma coletânea de testes e de questões, tanto do Enem como de outras instituições, cada um deles representando uma ou algumas dessas noções que queremos desenvolver.

Vamos ao trabalho, portanto!

1 (Enem) Um grupo de ecólogos esperava encontrar aumento de tamanho das acácias, árvores preferidas de grandes mamíferos herbívoros africanos, como girafas e elefantes, já que a área estudada era cercada para evitar a entrada desses herbívoros. Para espanto dos cientistas, as acácias pareciam menos viçosas, o que os levou a compará-las com outras de duas áreas de savana: uma área na qual os herbívoros circulam livremente e fazem podas regulares nas acácias, e outra de onde eles foram retirados há 15 anos. O esquema a seguir mostra os resultados observados nessas duas áreas.

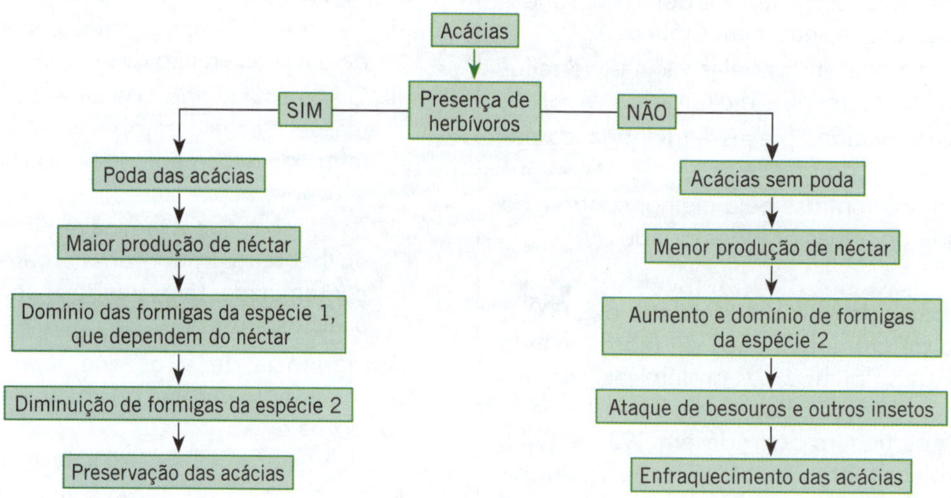

Disponível em: <http://cienciahoje.uol.com.br>. Adaptado.

De acordo com as informações anteriores,

a) a presença de populações de grandes mamíferos herbívoros provoca o declínio das acácias.
b) os hábitos de alimentação constituem um padrão de comportamento que os herbívoros aprendem pelo uso, mas que esquecem pelo desuso.
c) as formigas da espécie 1 e as acácias mantêm uma relação benéfica para ambas.
d) os besouros e as formigas da espécie 2 contribuem para a sobrevivência das acácias.
e) a relação entre os animais herbívoros, as formigas e as acácias é a mesma que ocorre entre qualquer predador e sua presa.

2 (Fuvest-SP) A figura ao lado representa uma preparação incluída em uma experiência feita para verificar se levedos em atividade produzem CO_2 quando dispõem de sacarose.

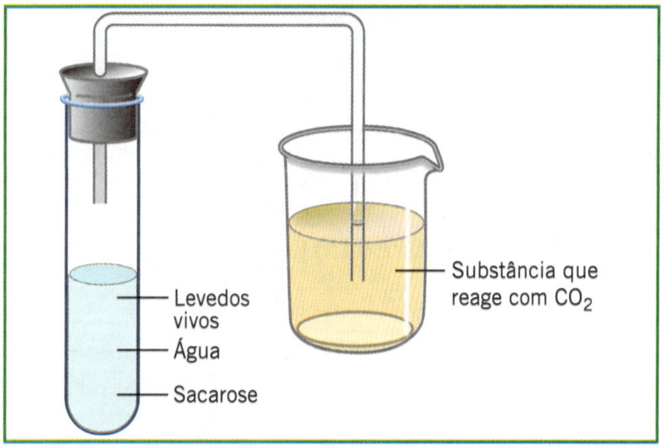

Um controle adequado para essa experiência é uma preparação semelhante contendo:

a) levedos vivos em água e glicose.
b) levedos vivos em água.
c) levedos mortos em água e glicose.
d) levedos mortos em água.
e) apenas água.

3 (Fuvest-SP) O experimento descrito ao lado foi planejado com o objetivo de demonstrar a influência da luz no processo de fotossíntese. Em dois tubos iguais, colocou-se o mesmo volume de água saturada com gás carbônico e, em cada um, um espécime de uma mesma planta aquática. Os dois tubos foram fechados com rolhas. Um dos tubos foi recoberto com papel-alumínio e ambos foram expostos à luz produzida por uma lâmpada fluorescente (que não produz calor).

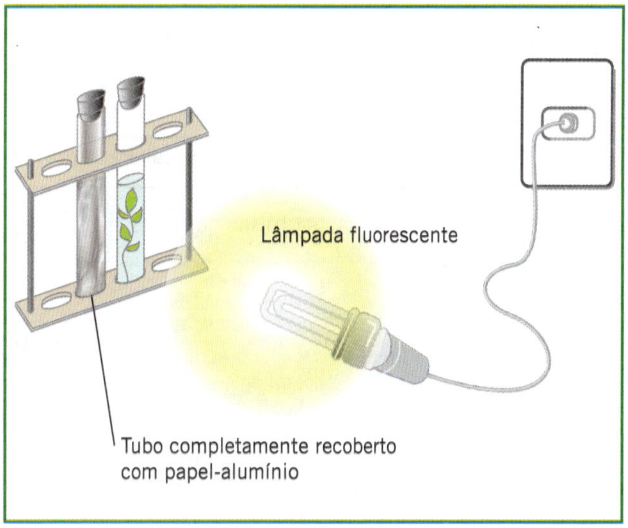

a) Uma solução aquosa saturada com gás carbônico é ácida. Como deve variar o pH da solução no tubo não recoberto com papel-alumínio, à medida que a planta realiza fotossíntese? Justifique sua resposta. No tubo recoberto com papel-alumínio, não se observou variação de pH durante o experimento.

b) Em termos de planejamento experimental, explique por que é necessário utilizar o tubo recoberto com papel-alumínio, o qual evita que um dos espécimes receba luz.

4 (Fuvest-SP) Uma colônia de bactérias em que todos os indivíduos se originaram de uma única célula era incapaz de metabolizar lactose. Durante várias gerações, essas bactérias foram cultivadas em meio que continha glicose e lactose. Dessa cultura, foram retiradas duas amostras com quantidades iguais de células, que foram transferidas para novos meios de cultura: o meio A continha apenas glicose e o meio B apenas lactose, como únicas fontes de carbono.

O gráfico abaixo mostra as curvas de crescimento bacteriano nas culturas A e B.

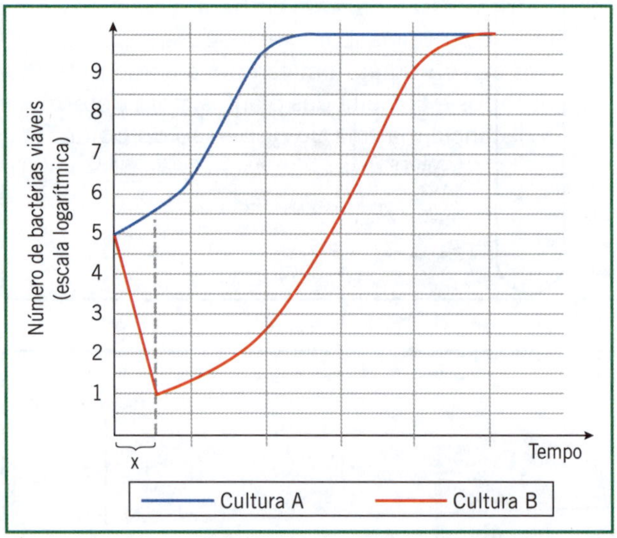

a) Como surgiram as bactérias capazes de sobreviver na cultura B?

b) Dê a razão para a diferença entre as curvas A e B no intervalo X.

Texto para as questões 5 e 6

No ano de 1975 foi iniciada uma plantação de maracujá que rendeu, em média, 80% de frutos durante os anos de 1976 a 1981. No ano de 1982, a produção caiu abruptamente para 30% e assim permaneceu nos dois anos seguintes. Sabe-se que este maracujá é polinizado por grandes abelhas (mamangavas), que fazem ninhos em troncos e paus secos. A plantação de maracujás era cercada com mourões de madeira que, num dado momento, foram trocados por mourões de concreto.

5 (Unicamp-SP – Adaptada) Assinale a alternativa que contenha o gráfico que ilustre a diminuição da produção de maracujás em decorrência da substituição de mourões de madeira por mourões de concreto.

a) 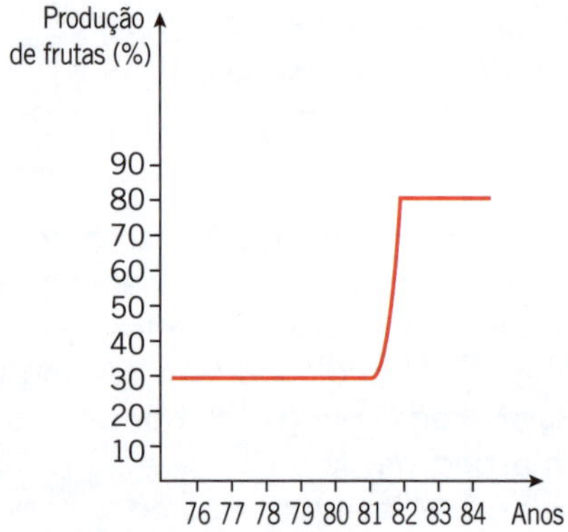

b) 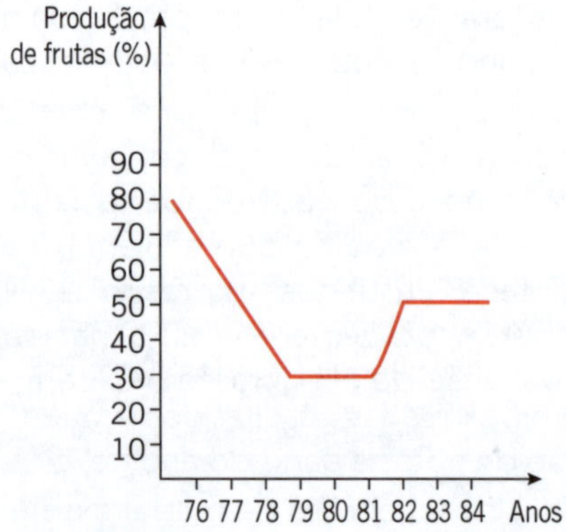

c) 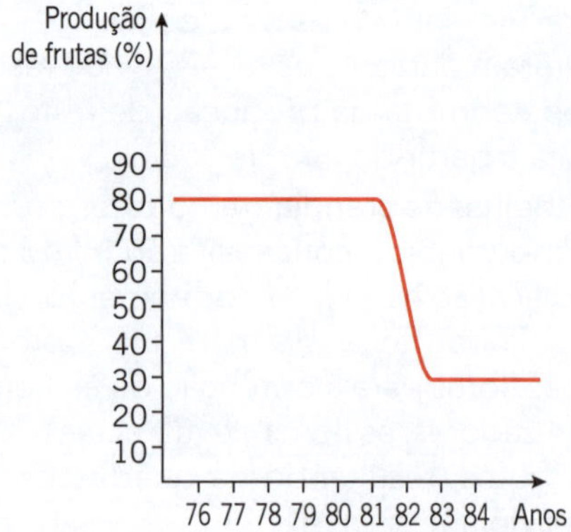

d) 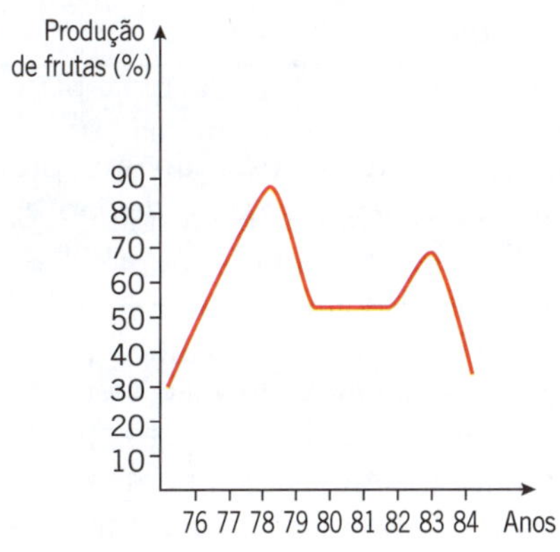

e) 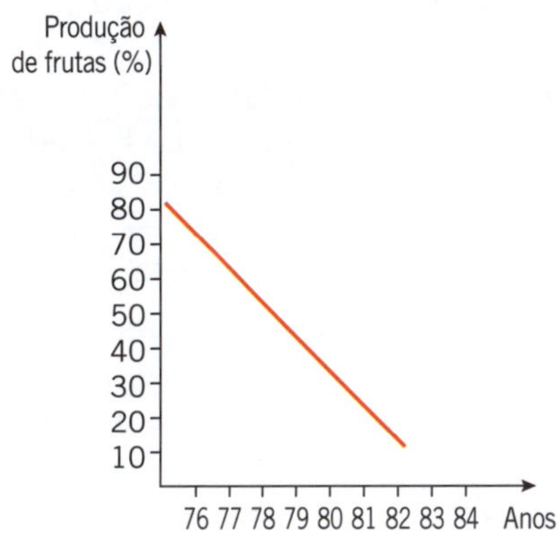

6 (Unicamp-SP – Adaptada) Tendo em vista as informações do texto, assinale a alternativa que contenha uma hipótese viável que explique corretamente a queda na produção de frutos de maracujá, a partir do ano de 1981.

a) Mourões de concreto liberam substâncias químicas que inibem todas as abelhas mamangavas da região, resultando na queda abrupta e total da produção de frutos de maracujá a partir do ano de 1981.

b) Com a substituição dos mourões de madeira por mourões de concreto, as abelhas não puderam fazer seus ninhos, reduzindo sua população; como consequência, menos flores de maracujá foram polinizadas, resultando na queda da produção de frutos a partir do ano de 1981.

c) A troca dos mourões de madeira por mourões de concreto inibiu a produção de flores de maracujá; sem flores para polinizar, as abelhas migraram para outros locais, o que resultou na queda abrupta da produção de frutos de maracujá a partir do ano de 1981.

d) As abelhas "aprenderam" a fazer seus ninhos em mourões de concreto; isso provocou uma modificação no seu comportamento, deixando de polinizar flores de maracujá e procurando outras flores para a obtenção de alimento; sem polinizadores, as flores de maracujá não formaram frutos, resultando na queda observada a partir do ano de 1981.

e) Ninhos de abelhas feitos em mourões de concreto são defeituosos, resultando em menor produção de abelhas; com o menor número de abelhas, diminuíram as polinizações das flores de maracujá, resultando na queda abrupta da produção de frutos a partir do ano de 1981.

7 (Unicamp-SP) Numa espécie de planta, a polinização é feita pelo vento. Sementes brancas são condicionadas por um gene recessivo **b** e sementes amarelas pelo alelo dominante **B**. Sementes amarelas homozigotas e sementes brancas estão disponíveis para o plantio. Como você distribuiria, para semeadura, esses dois tipos de sementes num campo, e como procederia, após a colheita das plantas, para determinar a distância máxima de dispersão do pólen?

Em casa

1 (Fuvest-SP) Observando plantas de milho, com folhas amarelas, um estudante de Agronomia considerou que essa aparência poderia ser devida à deficiência mineral do solo. Sabendo que a clorofila contém magnésio, ele formulou a seguinte hipótese:

> As folhas amareladas aparecem quando há deficiência no solo.

Qual das alternativas descreve um experimento correto para testar tal hipótese?

a) Fornecimento de sais de magnésio ao solo em que as plantas estão crescendo e observação dos resultados alguns dias depois.
b) Fornecimento de uma mistura de diversos sais minerais, inclusive sais de magnésio, ao solo em que as plantas estão crescendo e observação dos resultados dias depois.
c) Cultivo de novos lotes de plantas, fornecendo à metade deles mistura completa de sais minerais, inclusive sais de magnésio e à outra metade, uma mistura com os mesmos sais, menos os de magnésio.
d) Cultivo de novos lotes de plantas, fornecendo à metade deles mistura completa de sais minerais, inclusive sais de magnésio, e a outra metade, apenas sais de magnésio.
e) Cultivo de um novo lote de plantas, em solo suplementado com uma mistura completa de sais minerais, incluindo sais de magnésio.

2 (Fuvest-SP) Dez copos de vidro transparente, tendo no fundo algodão molhado em água, foram mantidos em local iluminado e arejado. Em cada um deles, foi colocada uma semente de feijão. Alguns dias depois, todas as sementes germinaram e produziram raízes, caules e folhas.

Cinco plantas foram, então, transferidas para cinco vasos com terra e as outras cinco foram mantidas nos copos com algodão.

Todas permaneceram no mesmo local iluminado, arejado e foram regadas regularmente com água destilada.

Mantendo-se as plantas por várias semanas nessas condições, o resultado esperado e a explicação correta para ele é:

a) Todas as plantas crescerão até produzir frutos, pois são capazes de obter, por meio da fotossíntese, os micronutrientes necessários para sua manutenção até a reprodução.
b) Somente as plantas em vaso crescerão até produzir frutos, pois, além das substâncias obtidas por meio da fotossíntese, podem absorver, do solo, os micronutrientes necessários para sua manutenção até a reprodução.
c) Todas as plantas crescerão até produzir frutos, pois, além das substâncias obtidas por meio da fotossíntese, podem absorver, da água, os micronutrientes necessários para sua manutenção até a reprodução.
d) Somente as plantas em vaso crescerão até produzir frutos, pois apenas elas são capazes de obter, por meio da fotossíntese, os micronutrientes necessários para sua manutenção até a reprodução.
e) Somente as plantas em vaso crescerão até produzir frutos, pois o solo fornece todas as substâncias de que a planta necessita para seu crescimento e manutenção até a reprodução.

3 (Fuvest-SP) Sementes de duas espécies de plantas foram cultivadas em um mesmo vaso, verificando-se que, nessas condições, as sementes da espécie X germinam mais rapidamente do que as da espécie Y.

Qual dos seguintes procedimentos é melhor indicado para testar a hipótese da inibição da germinação de Y por X?

a) Preparar vasos apenas com sementes de X e cultivar no escuro.
b) Preparar vasos apenas com sementes de Y tratadas com hormônio de crescimento.
c) Colocar extrato de sementes de X em vasos contendo apenas sementes de Y.
d) Colocar extrato de sementes de Y em vasos contendo apenas sementes de X.
e) Preparar vários vasos contendo o mesmo número de sementes de X e Y e tratar com hormônio de crescimento.